建筑与建筑工程辞典

DICTIONARY OF ARCHITECTURE AND CONSTRUCTION

（原著第四版）

［美］西里尔·M·哈里斯　编著
姜忆南　王　茹　主译

中国建筑工业出版社

著作权合同登记图字：01-2003-2629号

图书在版编目(CIP)数据

建筑与建筑工程辞典（原著第四版）/(美）哈里斯编著；姜忆南，王茹主译．—北京：中国建筑工业出版社，2012.1
ISBN 978-7-112-13917-0

Ⅰ.①建… Ⅱ.①哈…②姜…③王… Ⅲ.①建筑工程-词典 Ⅳ.①TU-61

中国版本图书馆CIP数据核字(2011)第278221号

Dictionary of Architecture and Construction, 4e/Cyril M. Harris
ISBN 0-07-145237-0

《建筑与建筑工程辞典》（原著第四版）为建筑业的全能辞典，几乎包罗万象：建筑、施工、设备、规划、材料等；是最具权威性的专业辞典，其专业术语的界定之准确几十年来没有哪一本同类辞书能出其右；图文并茂，约含词条27 000个，含插图2300余幅。作者为最具影响力的专家，具备广泛的行业背景。

* * *

责任编辑：黎　钟　赵梦梅　辛海丽　朱象清　董苏华
责任设计：董建平
责任校对：王誉欣　王雪竹

建筑与建筑工程辞典（原著第四版）
[美] 西里尔·M·哈里斯　编著
姜忆南　王　茹　主译

*

中国建筑工业出版社出版、发行（北京西郊百万庄）
各地新华书店、建筑书店经销
北京科地亚盟排版公司制版
北京圣夫亚美印刷有限公司印刷

*

开本：787×960毫米　1/16　印张：64　字数：1838千字
2012年10月第一版　2012年10月第一次印刷
定价：**168.00**元
ISBN 978-7-112-13917-0
(21959)

翻译委员会

翻译委员会主　任：姜忆南　王　茹

翻译委员会副主任：汪一骏

翻译委员会委　员：冯　东　刘彦青　蒙小英　罗　奇　李　栋
熊　瑛　王　佳　孙　军　张成平　王彬彬
佘高红　吴燕燕　陈　岚　李文利　李　波
徐梅娜

主　审：刘纯康　黎　钟　李晓明　庄国伟　肖　斌
罗尧治

译者前言

《建筑与建筑工程辞典》是根据西里尔·M·哈里斯（Cyril. M. Harris）博士编著的《Dictionary of Architecture and Construction》翻译出版的。本书汇集的词目涵盖了建筑学、建筑工程以及建筑相关法规条文等领域，是一本具有较强综合性、实用性的词汇工具书。编著者不仅对每一词目的主要含义作出详细的解释，而且图文并茂，因此，本书也是一本难得的大型建筑与建筑工程参考书。

翻译工作从麦格劳-希尔教育出版公司出版的本书第三版开始，历时近八个春秋，目前呈现在读者面前的辞典已是 2006 年的第四版。第四版与第三版相比，增加了后出现的新词目 2500 条及 100 幅插图，包括了建筑相关理念与技术领域的最新成果。

翻译与审定过程中始终坚持准确地表达原书词义，但为了通俗、达意和理解，译者做了具体编排。不足和错漏之处在所难免，衷心期待广大读者指正，以便修正。

读者反馈邮箱：ac_feedback@126. com

谨以此书献给哥伦比亚大学艾弗里图书馆（Avery Library）敬爱的 Adolph K. Placzek。正是在他的领导下，艾弗里图书馆现已成为全世界建筑学藏书最丰富的图书馆之一。非常感谢他曾与我进行长期且富有成效的讨论，并展现出优良的治学风范，同时感谢他慷慨地与我分享经验和学识，以及赠予我宝贵的人生礼物——友谊。

前　　言

与同类英文辞典相比，第四版《建筑与建筑工程辞典》在建筑与建筑工程领域收集了更为广泛的词汇。近10年来，建筑材料与设备、施工工艺、工程实践、规范撰写、环保领域、社会规章制度、法律条文以及相关领域有了显著的变化和长足的发展，因此本版辞典新收录2500条新词汇，并增添100幅插图。庞大的信息覆盖不仅使本辞典成为建筑与工程领域专业人士最新的实用性工具书，同时也为环保主义者、规划师、建筑史学家及学生提供了宝贵的学术资源。

本辞典在内容的选取上力求全面、丰富。从古典建筑到绿色建筑，从传统材料到最新产品，从建筑风格的确切定义到某一特定规范的撰写，词条范围涵盖建筑工程的各个方面。伴随着建筑设备领域的不断扩大，许多新词条相继出现，词条内容囊括空调、供电、燃气供应、照明、噪声控制、垂直交通、安保服务、废物处理、供水以及消防等系统的专业词汇。除此以外，词条释义范围还涉及环保问题、古建筑保护、社会规章制度以及最近实施的美国残疾人法。本辞典采用英制单位并附标准国际单位换算值。

西里尔·M·哈里斯

鸣 谢

对于参与完成这部高质量大辞典的54位核心成员，编者在此表示由衷的感谢。他们中既有经验丰富的建筑师、专业工程师，又有相关规范的著者、工匠、承包商及美术史学家，是他们为这部综合性权威著作的撰写提供了必要的专业指导。感谢 Walter F. Aikman；Willam H. Bauer；Bronson Binger，美国建筑师协会（AIA）会员；Donald Edward Brotherson，美国建筑师协会（AIA）会员；Robert Burns，美国建筑师协会（AIA）会员；A. E. Bye，美国景观设计师协会理事（F. A. S. L. A.）；Richard K. Cook，博士；William C. Crager，C. S. P.；Frank L. Ehasz，博士，产品工程师；Francis Ferguson，美国建筑师协会（AIA）会员，美国物理学会（AIP）会员；Frederick G. Frost，美国建筑师协会资深会员（FAIA）；Alfred Greenberg，产品工程师；John Hagman；Michael M. Harris，美国建筑师协会资深会员（FA-IA）；R. Bruce Hoadley，林学博士；Jerome S. B. Iffland，产品工程师；George C. Izenour，美国电机及电子工程师协会（AIEEE）会员；Curtis A. Johnson，理学硕士，产品工程师；Ed-gar Kaufmann，Jr.，HAIA；Thomas C. Kavanaugh，理学博士；Robert L. Keeler；George Lacancellera，美国工程规范协会（CSI）会员；Paul Lampl，文学硕士，美国建筑师协会（AIA）会员；Valentine A. Lehr，土木工程学硕士，产品工程师；Robert E. Levin，博士，产品工程师；George W. McLellan；Emily Malino，美国国际开发署（AID）；Roy J. Mascolino，英国皇家艺术学会（R. A.）会员；Donald E. Orner，产品工程师；John Barratt Patton，博士；Adolf K. Placzek，博士；Albert J. Rosenthal，法学士；Henry H. Rothman，F. F. C. S.；James V. Ryan，理学硕士；John E. Ryan，产品工程师，美国消防工程师协会（S. F. P. E.）会员；Reuben Samuels，产品工程师，美国土木工程师学会研究员（F. A. S. C. E.）；Joseph Shein，美国建筑师协会（AIA）会员；Joseph M. Shelley，建筑理学学士；Kenneth Alexan-der Smith，美国建筑师协会（AIA）会员，产品工程师；Perry M. Smith，产品工程师；Fred G. Snook，理学硕士；Carl A. Swanson，土木工程学士，美国工程规范协会（CSI）会员；Kenneth Thomas，理学硕士，英国皇家特许工程师（C. Eng）；Charles W. Thurston，博士，产品工程师；Marvin Trachtenberg，博士；Everard M. Upjohn，建筑学硕士；Oliver B. Volk；Byron G. Wels。

对以下准许我从其受版权保护的出版物中引用释义和（或）插图的机构深表敬意：部分释义选自美国建筑师协会出版的《AIA Glossary of Construction Industry Terms》一书；部分资料选自美国国家标准学会（ANSI）和美国实验材料学会（ASTM）出版的《ASTM Book of Standards》一书；其余部分选自英国标准协会（British Standard Institution）出版的《BS

56》、《BS 3921》和《CP 121》。未经明确授权禁止对上述版权资源进行进一步引用。

资料引用授权同样适用于以下出版物：美国沥青协会（Asphalt Institute）的《The Asphalt Handbook》；Portec公司Pioneer部门的《Facts and Figures》；美国总承包商协会（Association of General Contractors of America）的《A Manual for General Contractors》；结构性黏土制品研究所（Structural Clay Products Institute）H. C. Plummer撰写的《Brick and Tile Engineering》；美国陶瓷协会（American Ceramic Society）的《Ceramic Glossary》；麦格劳·希尔出版社（McGraw-Hill）出版的杂志《Plastics Glossary of Modern Plastics》；美国木结构协会（American Institute of Timber Construction）John Wiley和Sons出版的《Timber Construction Manual》；J. J. Hammond等人撰写、McKnight出版的《Woodworking Technology》；Callaghan及其同伴出版的《Fundamentals of Business Law》；加拿大施工信息公司（Canadian Construction Information Corp.）出版的《Product Line Dictionary》；美国国家建筑用金属制造商协会（National Association of Architectural Metal Manufacturers）的《Glossary of Architectural Metal Terms》；《ASCE Manual of Engineering Practice》；美国采暖、制冷与空调工程师学会（ASHRAE）出版的《Guide and Data Books》。

感谢以下机构授权从其出版物中引用释义和（或）插图：美国铝业协会（Aluminum Association）；美国钢结构研究所（American Institute of Steel Construction）；美国钢铁协会（American Iron and Steel Institute）；建筑用铝制造商协会（Architectural Aluminum Manufacturers Association）；铜业发展协会（Copper Development Association）；Revere Copper and Brass Co.；加拿大钢铁公司（The Steel Company of Canada）；美国钢桁协会（Steel Joist Institute）；美国锌学会股份有限公司（Zinc Institute，Inc.）；美国消防协会（National Fire Protection Association）；照明工程学会（Illuminating Engineering Society）；美国建筑五金协会（National Builder's Hardware Association）；美国混凝土学会（American Concrete Institute）及其委员会。进一步引用需得到上述组织授权。对于已授权引用其释义或插图的机构和出版物不再特别明示。感谢William A. Pierson授权将其照片作为“Round Arch style”词条的插图。

作为麦格劳-希尔教育出版公司从事建筑、设计和结构书籍出版工作的资深编辑，Cary Sullivan给予的帮助我将铭记于心。在International Typesetting and Composition，Mona Tiwary协同出版商将辞典的手稿印刷出版，在此感谢她不辞辛劳的工作。

作者简介

西里尔·M·哈里斯（Cyril M. Harris）博士是哥伦比亚大学建筑规划及保护研究生院（Graduate School of Architecture，Planning and Preservation）的荣誉教授，作为建筑技术系（Division of Architectural Technology）主任已有10年之久。他同时也是哥伦比亚大学电气工程专业的查尔斯·巴奇勒荣誉教授（Charles Batchelor Professor Emeritus）。多年前，当他在美国试验材料学会（ASTM）（现称作美国国家标准技术研究所，NIST）C-20委员会和美国标准协会（American Standards Association）术语委员会工作期间，便开始致力于撰写专业词汇简明、通俗的释义。

哈里斯博士现已获得美国建筑师协会颁发的建筑师学会奖（AIA Medal）和哥伦比亚大学为鼓励其为国家作出的杰出贡献而颁发的普平奖（Pupin Medal），是美国国家科学院（National Academy of Sciences）和美国国家工程院（National Academy of Engineering）的成员。他在纽约大都会歌剧院（Metropolitan Opera）和肯尼迪中心（John F. Kennedy Center）表演剧院（Performing Art）等厅堂中所做的声学设计已获得国际认可。他在麻省理工大学获得物理学博士学位，并分别在西北大学（Northwestern University）和新泽西理工大学（New Jersey Institute of Technology）获得荣誉博士的称号。

哈里斯博士撰写或编纂的建筑书籍还包括：American Architecture，An Illustrated Encyclopedia（W. W. Norton & Company）；Illustrated Dictionary of Historic Architecture（Dover Publications）；Acoustical Designing in Architecture（Acoustical Society of America）。另有7本著作仍在刊印中。

A

Å　缩写＝“angstrom”，光线或一般辐射波的长度单位，埃。

A　1. 缩写＝“ampere”，安培，电流单位。2. 缩写＝“area”，面积。

AA　缩写＝“Architectural Association”，英格兰最大的建筑学校，地址：34～36 Bedford Square，London，WC1B3ES。

AAA　缩写＝“Architectural Aluminum Association”，建筑铝业协会。

AAI　缩写＝“Architectural association of Ireland”，爱尔兰建筑协会。

AAMA　缩写＝“Architectural Aluminum Manufactures Association”，建筑铝业制造商协会。

A&E　建筑师兼工程师；见 architect-engineer。

Aaron's rod　亚伦杆；一种装饰，由一根直杆和等间距排列在两侧的尖叶子或涡卷饰组成。

ABA　缩写＝“Architectural Barriers Act.”，建筑围挡条例。

abaciscus　1. 一种镶嵌块，用于马赛克镶砌中，亦称 abaculus。2. 一种小的柱冠。

abaculus　镶嵌细工中的嵌块；见 abaciscus，1。

abacus　柱冠；柱头顶部构件，通常是一块方石板，有时有线脚或其他装饰。

A—柱冠

abamurus　扶壁，扶壁柱；起加强作用的扶壁或辅助墙。

abate　1. 剔除，琢去；如在做石雕工艺时。2. 制作金属浅浮雕图案或造型时切割或敲凿的方法。

abated　指以切割或敲凿的方法在表面制作浅浮雕图案或造型；又见 relief。

abatement　木屑，刨花；将原木锯开或刨平成材时产生的木头废料。

abat-jour　1. 透光窗，窗亮子；在墙上开的透光窗洞，洞的两边斜向放大，下边也向下斜，使得光线更多的照入室内。2. 窗亮子（skylight）。

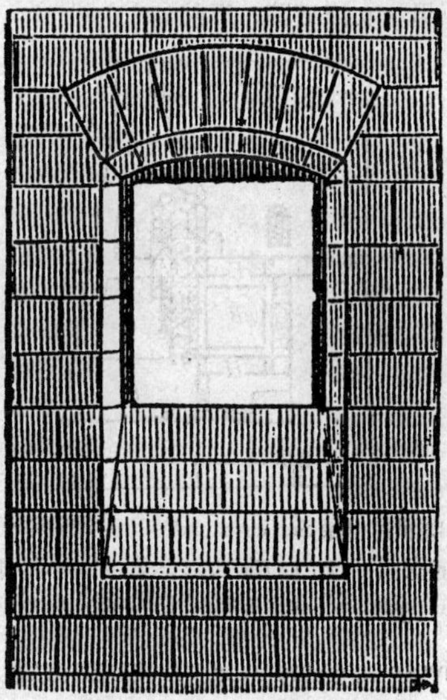

透光窗

abaton　圣堂；公众不能随便进入的圣殿。

abat-sons　声音反射板；指用来向下反射声波的一个面。

abat-vent　1. 折转板，致偏板；设置在外墙洞口可以透光、透气、挡风的百叶窗。2. 一种斜坡屋顶。3. 新奥尔良的法国本土红建筑（French Vernacular architecture）中延伸至走廊顶上的屋顶。

abat-voix 教堂讲坛顶上和后面的声音反射装置。

教堂讲坛顶上和后面的声音反射装置

abbey 男、女修道院；寺院。

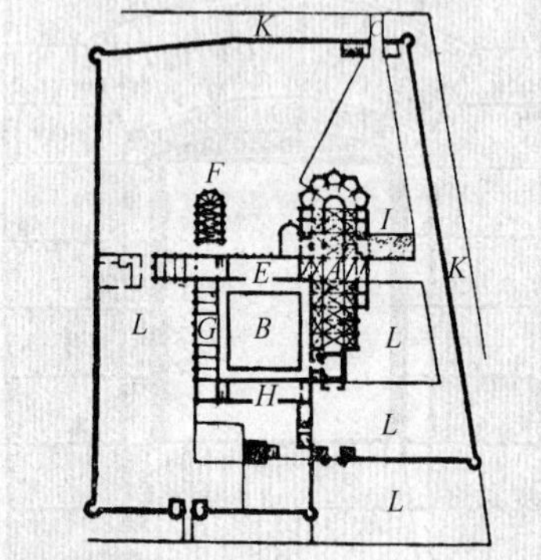

修道院：13世纪巴黎 St. Germain-des-Pres 寺院平面图。*A*—教堂；*B*—回廊；*C*—大门；*E*—牧师会堂；*F*—小礼拜堂；*G*—餐厅；*H*—地窖；*I*—修道院长的住处；*K*—沟渠；*L*—花园

abbreuvoir 同 abreuvoir；石块间的接缝。

ABC 1. 缩写＝“aggregate base course”，集（骨）料基层。2. 缩写＝“Associated Builders and Contractors”，建筑商及承包商联合会。

A-block A形砌块；一种一端封闭，另一端开口、中间有肋的空心混凝土砌块，砌于墙时一块砌块有两个空腔。

Abney level 阿勃尼水准仪；一种手持水准仪，由一个小望远镜、水准管和竖向弧形分度器组成，用于测量竖向角。

above-grade building volume 建筑的地面体积（以立方英尺或立方米计）；高度为地坪平均高程到屋顶的平均高度之差，长度为从外墙到外墙，但不包括走廊、门廊和露台（晒台）范围内的体积。

abrade 磨、擦，将表面磨去或擦掉的装饰或痕迹，尤指用力摩擦。

Abrams' law 亚伯拉姆定律；用于给定材料和条件的混凝土检测。混凝土混合料的良好和易性和强度是由其水灰比决定的。

abrasion 磨损面；长期磨蹭或刻画成的粗糙面。

abrasion resistance 耐磨力；物体的表面遭到另一物体不断摩擦而抵抗磨损或保持其原有外观的能力。

abrasion resistance index 耐磨指数；测量在规定条件下硫化材料或合成橡胶材料的耐磨性能与标准橡胶材料耐磨性能的比值。

abrasive 打磨用材料；以碾磨、摩擦的方式来使材料表面抛光的一种坚硬物质；常见的打磨用料有碳化硅、碳化硼、金刚石、金刚砂、石榴石、石英、硅藻土、浮石、铁砂、金属砂，以及各种砂；通常粘在纸或布上使用。

abraum 一种红色赭石，用作颜料给红木桃花心木染色。

abreuvoir 圬工缝；砌体石块间的缝隙，以灰浆或水泥填充。

ABS 缩写＝“acrylonitrile-butadiene-styrene”，丙烯腈-丁二烯-苯乙烯。

abscissa 横坐标；笛卡尔坐标系的平面上一点的 x 轴水平坐标，可以通过测量该点沿着平行于 x 轴的线到 y 轴的距离得到。

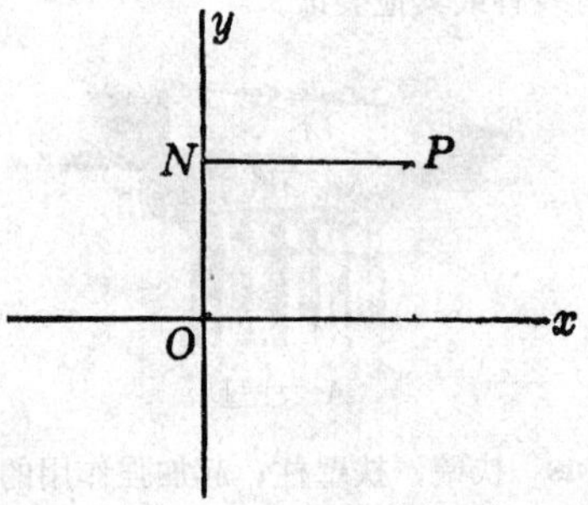

横坐标：*P*—任一点；*NP*—其横坐标值

abside 同 apse；教堂后的半圆后殿。

absidiole 同 apsidiole，教堂中的小型半圆室。

absolute humidity 绝对湿度；单位体积空气中水蒸气含量。

absolute pressure 绝对压力；计示表压力（gauge pressure）与大气压（atmospheric pressure）之和。

absolute volume 绝对体积；1. 对于颗粒状物体，指颗粒的总体积，包括颗粒本身的可渗透和不可渗透孔隙，但不包括颗粒间的空隙。2. 对于液体，指液体所充满的空间。3. 混凝土或灰浆中某种成分所占体积。

absorbed moisture 吸附水；已被吸入固体中的水分。在相同的温度和压力条件下，它具有完全不同于普通水的物理性质；又见 absorption。

absorbency 吸收能力；衡量材料吸收液体的能力。

absorbent 吸收剂；对某种物质具有吸附力的材料，将一种或几种物质从包含它们的液体或气体中用吸收剂提取出来。在这个过程中吸收剂将发生物理或化学变化，或者两种变化都发生。

absorber 吸收器；1. 盛有吸收挥发的制冷剂或其他蒸汽的液体装置。2. 吸收系统（absorption system）中的低压一侧用于吸收制冷剂的挥发气体。3. 太阳能集热器，其主要功能是吸收辐射的太阳能。

absorber plate 同 solar collector；太阳能集热器。

absorbing well，dry well，waste well 渗水井、排水井；用于排除地表水，将其导入地下，由土层吸收的井。

absorptance 吸收比；照明工程中被吸收光量与入射光量的比。

absorption 1. 吸收过程；液体或气体和液体的混合物被吸进或充满多孔固体材料可渗孔的过程，该过程通常伴随有材料的物理或化学变化，或两者兼有。2. 吸水；多孔固体材料由于液体渗入其可渗孔隙而使其重量增加。3. 吸水率；在规定的时间内把一块砖或瓦浸入冷水或沸腾的水中，而使其增加的重量，以该重量占无水状态下重量的百分比表示。4. 入射到表面的太阳能被转化成其他能量形式的过程。5. 见 sound absorption。6. 见 light absorption。

absorption bed 吸收床；一个相当大的用以吸收化粪池流出的污水的槽，其中填满粗骨料，并设有一套配水管系统。

absorption coefficient 吸收系数，吸收率；见 sound absorption coefficient。

absorption field，disposal field 吸收场地；含有粗骨料和配水管的沟壕系统，化粪池流出的废水经过这些沟壕渗入周围土中。

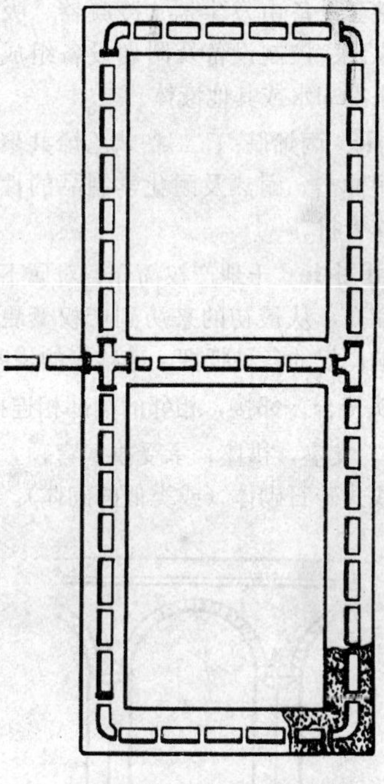

由吸收沟槽形成的，吸收场地：
配粗骨料的范围用阴影表示

absorption rate，initial rate of absorption 吸水率，初始吸水率；砖块被部分浸没一分钟吸收的水的重量，通常以“克/分钟”或“盎司/分钟”表示。

absorption system 吸收系统；在制冷系统中，蒸发器内生成的制冷气体由吸收器吸收，并（在加热的条件下）在发生器中释放。

absorption trench 吸收槽；填有粗骨料和输送化粪池污水的配水瓦管、上有由土层覆盖的沟壕。

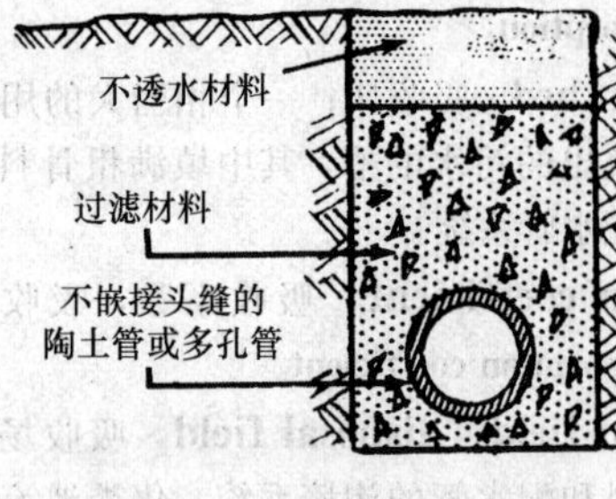

吸收槽

absorption-type liquid chiller 吸收型液体冷却设备；整套设备由发生器、冷凝器、吸收器、蒸发器、水泵、控制设备及附属设备组成，利用吸收技术来冷却水或其他液体。

ABS plastic 丙烯腈-丁二烯-苯乙烯共聚塑料；有良好的耐冲击、耐热及耐化学制品的性质，尤其适用制作管材。

abstract of title 土地产权简介；对属下一块地产的历史简介，从最初的来历到产权变更，以及凡涉及影响产权的各种抵押、冻结等的说明。

abut 对头接合；邻接，相邻的端部相连接。

abutment 支座，拱座；承受拱、穹顶，或支撑推力的大块式砖石砌体（或类似的砌体）。

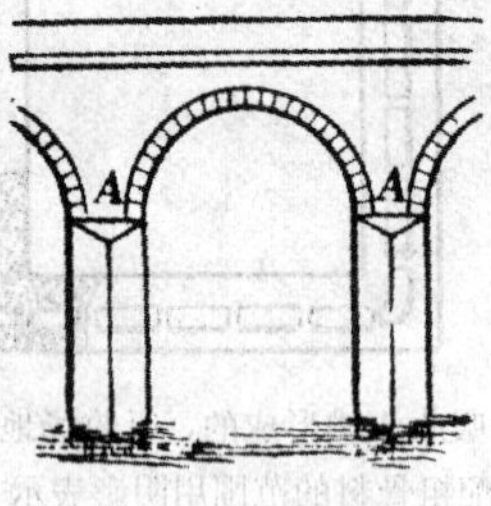

A—拱座

abutment piece 基石（木），支座，桥台；见 solepiece。

abuttals 土地界限；与另一块地邻接的边界。

abutting joint 对接缝；两块木材其木纹相互形成一定角度（通常是 90°）对接而成的接缝。

abutting tenon 对接榫；两榫舌从相反方向插入同一榫眼，相互贴靠在一起形成的对接榫。

ac，a-c，a. c. 缩写＝“alternating current”，交流电。

AC 1.（制图）缩写＝“alternating current”，交流电。2.（制图）缩写＝“armored cable”，铠装电缆。3. 缩写＝“air conditioning”，空调。4. 缩写＝“asbestos cement”，石棉水泥。

acacia 同 gum arabic，阿拉伯树胶。

Acadian cottage 同 Cajun cottage，阿卡迪小屋。

acanthus 叶纹装饰，卷叶饰；以地中海的一种普通植物锯齿状的大叶子为模式的一种装饰，作为科林新式柱顶和罗马混合式柱型的柱头典型装饰。这种卷叶装饰还常见于雕带和镶板上。

卷叶饰

ACB 1. 缩写＝“asbestos-cement board”，石棉水泥板。2. 缩写＝“air circuit breaker”，气动断路器。

accelerated aging 加速老化；材料的老化（aging）进程加快；在常规条件下，材料短时间出现老化现象。加速老化通常是由于材料被暴露于富含水分、臭氧、氧气或阳光的环境中。

accelerated life test 加速寿命试验；将一个或多个参数（如温度）在一个合理的时间段内增加或减少超出其正常或额定值范围以外以确定其引起蜕退的测试。

accelerated weathering 加速风化试验；在一个相当短的时间内，于试验室中测定涂料膜或其他外露面的耐风化能力的试验检测技术。

accelerating admixture 促凝添加剂；一种加速水硬性混凝土的凝结或（和）发展早期强度的添加剂。

acceleration 1. 加速度；运动物体的速度改变率。2. 促凝作用；变化速率，特别指自然进程的加快，如混凝土的硬化、凝结或强度发展。

acceleration of gravity 重力加速度（g）；在地

球表面由地球引力所产生的加速度（根据国际规定 g 值是 386.089in/s^2＝32.174ft/s^2＝9.807m/s^2）。

acceleration stress 由于加速加载而在钢缆（或类似物体）中产生的附加应力。

accelerator 1. 促凝剂；加入混凝土、砂浆或水泥浆中的一种添加剂，它能增加水硬性水泥的水化作用、缩短凝结时间、增加硬化率或增长强度。2. 催化剂；与硫化剂共同作用能加速硫化过程，并提高硫化物的物理性质。3. 同 **accelerating admixture**。

accent lighting 重点照明；强调一个特定物体或突出某一个特定区域的任一直接照明。

acceptable air quality 可接受的室内空气质量；在至少有 80％使用者评论认为，建筑内部空气的污染物浓度达到无害的程度。

acceptable water pressure 容许水压力；见 **maximum acceptable pressure** 和 **minimum acceptable pressure**。

acceptance 验收，接收，认可；见 **final acceptance**。

acceptance test 验收检验；由购买者（或其代理）所进行的检验：（a）确定所交付的材料、装置或设备是否与购买合同说明书相符，和（或）（b）确定与供货商提供样品的一致程度。

access 进出通道；如一条马路，街道或人行道。

access door 便门，检修门；通常是一个小门，提供进入已竣工的结构，如管道、顶棚、墙后或庞大机械设备内部等的通道，用以检修房屋或设备。

检修门

access eye 检修孔，清扫孔；见 **cleanout，1**。

access floor 同 **raised floor**；活动地板，出入过道地板。

access flooring system 活动地板；见 **raised flooring system**。

accessibility standards 达到残疾人可用的标准；见 **Americans with Disabilities Act** 和 **Uniform Federal Accessibility Standards**。

accessible 1. 伸手可及的；只打开一个覆盖物、门、建筑的某一部分或饰面层便伸手可及的。2. 便于检修的；方便进入卫生电气设备、仪器或装置的入口，进入入口时需移开的覆盖物、板或类似的障碍物。3. 方便进出；指可供建筑、设施或场地方便进出并能为残障人士使用的。4. 无障碍的；依据美国残疾人法（**Americans with Disabilities Act，ADA**），专门指为残疾人或伤残者（包括视力、听力、精神或行动有障碍的）以及无需他人协助便可顺利进入一些地方（空间）的条款（或术语）。

accessible means of egress 供行动不便的人士使用的通向公用通道（**public way**）的道路。

accessible route 一条连续的无障碍通道；根据美国残疾人法，连接着一栋建筑内所有可到达的空间和房间，包括走廊、坡道、电梯等，并能方便清洁桌椅、家具，为所有残障人使用的通道。

accessible space 无障碍空间；空间内的设施均满足美国残疾人法要求。

accessory building 附属建筑，辅助房屋；与主建筑同处一地的次要建筑。

accessory use 附带用途；一幢建筑的主要用途之外的附属功能。

access panel 检修门；安装在顶棚或墙中框架上的可活动盖板（通常用螺钉固定），供进入到常不为人所注意到的隐蔽处。

access plate 检修孔盖板；一块活动盖板（通常用螺栓固定），可进入不被人注意地方的出入口，或进入不便进入的地方的检修。

access platform 同 **cherry picker**；车载升降台。

access stair 普通楼梯；连接一楼层与另一楼层的

楼梯，一般与安全楼梯分开；又见 **exterior stair**。

access street 车辆出入道路；通常为独立住宅使车辆进出于繁重交通道路上的低通行量的道路。

access way 停车场进出通道。一种以公共道路铺筑至不临街停车场，以供车辆进出的道路。

accident 意外事件；一种随时随地的突发性的意外事件；又见 **occurrence**。

accidental air （混凝土中的）封闭的空气；见 **entrapped air**。

acclivity 山边的坡道。

accolade 葱形饰；一种由两条在中间交汇的双曲线形成的浮雕装饰，用于拱、门或窗的上方。

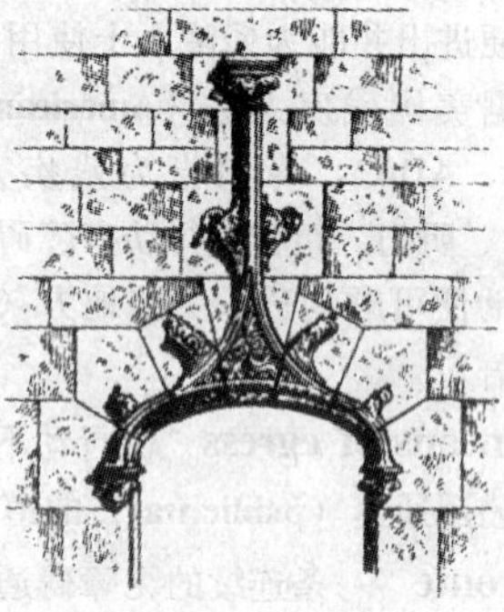

葱形饰

accompaniment 装饰物；为了增加建筑美观而添加在建筑上的装饰。

accordion door 1. 折叠门；以织物饰面悬挂于门顶部导轨上，能像手风琴风箱一样折叠起来的门。2. 悬吊式折叠门；由悬挂于门顶部导轨的一系列门板组成的折页门；门打开时，门板板面相互平叠在一起；门关闭时，毗邻的门板板边相互对接（或锁接）连成一块整体的大门隔板。

accordion partition 折叠隔断（屏风）；以织物做成悬挂于顶部的导轨上，能像手风琴风箱一样折叠起来的隔断。

accouplement 对柱；两根成对靠在一起布置的立柱或壁柱。

accrued depreciation 1. 应计折旧；由于磨损、损坏或过时，一段时间后资产实际价值的减少。

对柱

2. 累计折旧；填写财务或税收资金平衡表时，所显示使用一段时间后的资产价值的累计减少值。

accumulator 1. 储蓄器；制冷系统中，低位液态制冷剂的存储室，又称 **surge drum** 或 **surge header**。2. 缓冲器；制冷剂循环过程中，用于减少脉动的容器。

ACD 缩写＝**"automatic closing device"**，自动关闭装置。

ACE 缩写＝**"Architects Council of Europe"**，欧洲建筑师委员会。

acetone 丙酮；一种易燃、易挥发的溶剂，用作亮漆、油漆去除剂和稀料等。

acetylene 乙炔，电石气；一种无色气体，与氧气混合可燃烧至3500℃的温度，用于焊接工艺中。

acetylene torch 乙炔焊炬喷嘴，电石气焊枪；用在焊接和金属切割中的一种由乙炔和氧气的混合气体助燃的焊炬喷嘴。

AC generator 交流电发电器；在原动力发动机（**prime mover**）带动下能产生交流电的发电装置。

Achaemenid architecture 在波斯（公元前 6 世纪到前 4 世纪中期）的 **Achaemenid** 统治下通过对周边国家的建筑元素进行综合和融合而产生的一种建筑形式，多柱厅是其中一个高度原创的新型建筑。

achromatic 消色的，非彩色的；指不带色彩的建筑，如希腊复兴时期（**Greek Revival**）的白色建筑。

achromatic color 亮白色；不产生色调的一种颜色。

ACI 缩写＝"**American Concrete Institute**"，美国混凝土学会。

acid-etched 酸化的，被酸侵蚀的；指金属（例如铁钉）经过酸洗以使得其表面粗糙。

acidic 酸性岩石的；指二氧化硅含量超过65％的一种火成岩。

aciding 酸性腐蚀；铸石人造石块表面的一种轻度腐蚀。

acid lead 酸性铅；经过精炼并加入微量铜的铅，其纯度为99.9％。

acid neutralizer 酸性中和器；安装在排水系统上的一种装置，可以使其中的酸性物质得到中和，达到安全的排放要求。

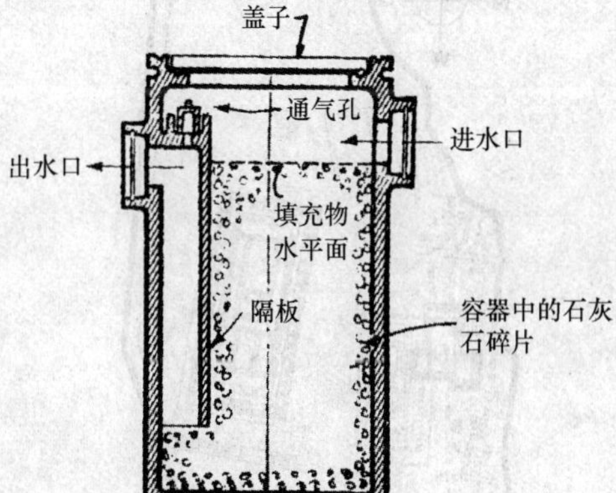

酸性中和器

acid polishing 酸性抛光；对玻璃表面进行的酸性抛光处理。

acid resistance 抗酸性；某表面，例如搪瓷表面，抵抗酸性侵蚀的程度。

acid-resistant brick 耐酸砖；适用于与化学物品接触的工程中的砖；通常要用耐酸砂浆一起使用。

acid-resistant cast-iron pipe 耐酸铸铁管；一种含有14.25％～15％的硅元素及少量锰、硫和碳元素的铸铁管加工而成的铸铁管件。

acid soil 酸性土；偏酸性的土，通常指pH小于6.6的土。

acisculis 石工小锤；泥瓦匠使用的一种小锤子，一端是平的，一端是尖的。

acorn 橡子饰；形状类似于橡树坚果的一种小的装饰物；可用作端个装饰、悬垂端饰或断山花装饰，或者作为雕刻的嵌板上的装饰。

橡子饰

acous 1. 缩写＝"**acoustical**"，听觉的，声学的。2. 缩写＝"**acoustics**"，声学。

acoustic，acoustical 听觉的，声学的，有关声音的；由其限定的词有以下含义：指由声音引起、受声音影响或包含、产生声音或与声音有关。通常，当明确限定与声波有关物体的特性、尺度或者物理特征时用**acoustic**；确切地来限定形容声音的特性，用**acoustical**（如**acoustical engineering**）。有时这两个词可以互换使用。

acoustical barrier 声障、声垒；见**sound barrier**。

acoustical board 吸声板；见**acoustical ceiling board**。

acoustical ceiling 吸声顶棚；由吸声材料铺覆或者构成的顶棚。

acoustical ceiling board 吸声顶棚，隔声顶棚；由吸声材料制成的板材，主要用于吊顶中。

acoustical ceiling system 吸声吊顶系统；一种支撑吸声吊顶的结构体系；可与照明器材和空调扩散器结合。

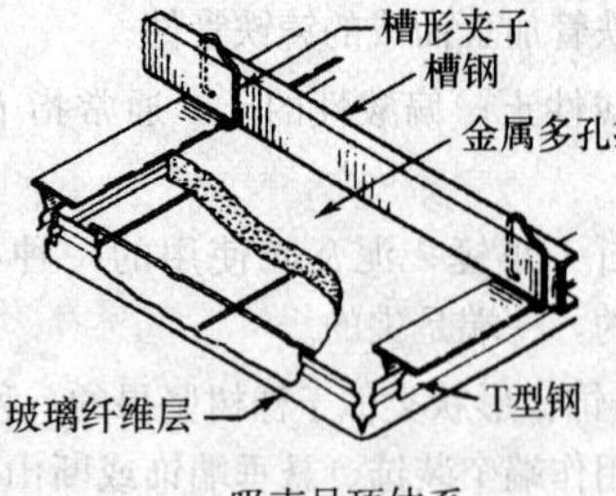

吸声吊顶体系

acoustical door 隔声门；门上框和边框均带密封垫条、通常有自动门底部隔声装置（automatic door bottom）的一种实心重质门，用来隔声；通常这种门要符合隔声等级，以满足一定的隔声效果。

acoustical duct lining 管道隔声衬壁；见 duct lining。

acoustical insulation board 隔声板；板状的多孔材料，作为吸声材料用于建筑隔声构造中。

acoustical lay-in panel 吸声嵌板；嵌入外露的格构式吊顶系统中的一种吸声板。

acoustical material 隔声材料，吸声材料；专门吸收声音的材料。

acoustical model 声学建筑模型；用来研究足尺观众厅或房间内的声压的分布、声音传播轨迹和聚焦现象等特定声学特性的模型。

acoustical panel 同 acoustical lay-in panel；隔声嵌板。

acoustical plaster 吸声灰浆；一种低密度的特殊吸声灰浆，用作饰面层。

acoustical power 声功率；见 sound power。

acoustical sprayed-on material 喷涂隔声材料；用于喷涂工艺中以形成连续的饰面层的一种隔声材料。

acoustical tile 吸声瓦；一种由吸声材料制成的板，标准尺寸通常等于或小于 24in×24in（大约 61cm×61cm）。主要用于顶棚，也可用于侧墙。

acoustics 1. 声学；一门研究发声和声波传播及影响的科学。2. 音响效果；指一观演厅或空间内影响人对室内音乐或说话声的感知及判断质量的各物理特性的总和。包括墙面或顶棚上，用于发射声音、吸音或控制室内噪声水平的构件的形状和尺寸。

acph 缩写＝“air changes per hour”，小时换气量。

acquiescence 1. 协调条例；当界线不能通过测量确定或者更加准确的位置不存在时，相邻业主解决地界之争或建立共用边界的条例。2. 默许条例；在双方有争议的边界上虽然可能存在侵占相邻业主的土地，但经一方业主默许不提出异议。

acre 英亩；土地测量单位，等于 43，560ft^2 或 4046.85m^2；1mile^2（2.59km^2）等于 640acre。

acre-foot 英亩-英尺；在 1acre 面积上 1ft 深的水量；等于 43，560ft^3（4046.9m^3）；通常用于测量堆放材料（例如砂砾）。

acrolith 石木雕塑；头部、手及脚采用石材、其余部分通常是木质的雕像或雕塑。

acropodium 1. 高支座；垫在雕像下部的基座，尤指包括下部结构的支座。2. 设置有下部基座雕像支座。

acropolis 1. 雅典的卫城，古希腊城市的卫城；城市的高地或城堡，通常有神庙。2. （大写）雅典卫城。3. 任何作为城市标志的高的建筑群。

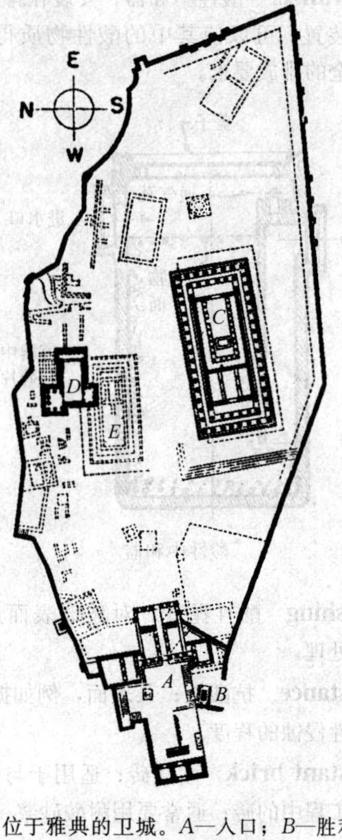

卫城：位于雅典的卫城。*A*—入口；*B*—胜利神庙；*C*—帕提农神庙；*D*—伊瑞克提翁神庙；*E*—公元前6世纪雅典旧庙的基础

acroterion, acroter, acroterium 1. 装饰物台座；特指屋顶转角或屋脊部位装饰物下部的基座。2. 通常用于指装饰物本身。

装饰物台座

装饰物台座—装饰物

acrylic carpet 腈纶地毯；丙烯酸纤维和聚烃烯纤维混纺地毯。具有优良的抗拉性、耐久性，外观形似羊毛织物。

acrylic fiber 丙烯酸纤维；由聚合丙烯腈制成的一种合成纤维。

acrylic paint 丙烯酸漆；由丙烯酸树脂制成的一种乳胶漆；也称作丙烯酸乳胶漆。

acrylic resin, acrylate resin 丙烯酸树脂；由丙烯酸酯制成的一类热塑性树脂，具有耐磨、稳定、抗化学侵蚀、透明等特性；作为片状胶粘剂，也用作空气处理胶粘剂，或作为填缝和密封材料的主要成分。

acrylonitrile-butadiene-styrene (ABS) 丙烯腈-丁二烯-苯乙烯聚合物；用于制作排水管、雨水管和地下电力管道等的一种塑料。

ACS 缩写＝“American Ceramic Society”，美国陶瓷学会。

ACT. （制图）缩写＝“actual”，实际的，现行的。

act curtain, act drop, front curtain, house curtain 幕布、落幕、前幕、剧院幕布；剧院台口石棉幕布后面的幕帘，靠近台口，用作划分每幕或每场戏的演出开始或结束。

act drop 落幕；见 act curtain。

acting area 演出区域，舞台；剧院演员表演的舞台区域。

acting area light 演出区灯光；用来照亮特定演出区域的聚光灯。

acting level 演出平台，位于剧院舞台上供演员表演的平台。

actinic glass 护目玻璃、光化玻璃；一种可用于工厂窗户或天窗上的，可以降低红外线和紫外线的透射的黄色玻璃。

action hinge 同 double-acting hinge；双向铰链。

activated alumina 活性氧化铝，氧化铝干燥剂；能迅速吸收潮气的一类氧化铝，可用作干燥剂。

activated carbon 活性炭；见 activated charcoal。

activated charcoal, activated carbon 活性木炭、活性炭；有机材料在缺氧情况下碳化制成的木炭；通常呈颗粒状或粉末状；能高效地吸除空气中的气味或去除溶液中的颜色。

activated rosin flux 活性松香熔剂，松香；主要成分是合成树脂或树脂的一种熔剂，被焊工用作增加湿润度的添加剂。

activated sludge 活性污泥；经强力加气和微生物分解的下水道沉积物。

activator 同 catalyst；催化剂，触媒剂。

active door 先启门扇；双开门中安锁的门，以及开门时先开的门扉。

active earth pressure 主动土压力；土体作用在挡土墙上的水平分压力。

active lateral pressure 施加在挡土结构上的水平土压力。

active leaf, active door 主门扇；双扇门中安装门锁的门扇，通常开门时能先开启；有时两扇都能同时开启。

active sludge 活性污泥；一种富含活性细菌的污泥，用于分解刚倾倒的污水。

active solar energy system 主动式太阳能系统；主要通过机械装置（如鼓风机、泵）收集并转换太阳能的建筑子系统，机械装置的运行以太阳能以外的能源为动力；与被动式太阳能系统（passive solar energy system）相对应。

active sound attenuator 主动式噪声衰减器；一种特殊类型的噪声衰减器，其中产生的声波能抵消 HVAC 系统中风扇产生的噪声。

activity 工序；关键线路法（CPM-critical path methed）术语，完成一项工程必须执行的程序。

activity duration 工序持续时间；关键线路法（CPM）术语，预计完成一道工序所需的时间。

actual start of construction 建造工地上建筑物开工的第一项永久工程安排，例如打桩或浇灌混凝土板或基础。

acuminated 尖头；一点上的结束部分，如高耸的哥特式屋顶。

acute angle 锐角；小于 90° 的角。

acute arch，lancet arch 尖拱，锐尖拱；一种尖锐的拱，两拱的圆心大大超出拱洞口之外。

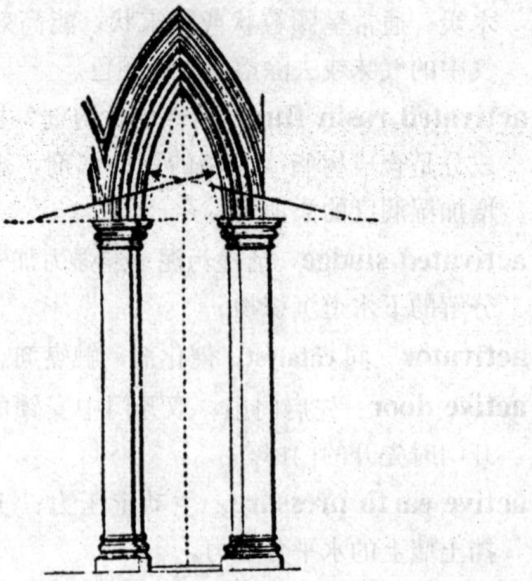

尖拱

a. d. 缩写＝“air-dried”，风干的。

AD 1. 缩写＝“air-dried”，风干的。2. 缩写＝“access door”，通道门，人孔门，检修门。3. 缩写＝“area drain”，地面排水。4. 缩写＝“as drawn”，如图所示。

ADA 缩写＝“Americans with Disabilities Act”，美国残疾人法案。

Adamesque style 亚当风格中派生的一种风格，但因年代和地点不同而可能有所不同。

Adam Revival 殖民复兴，亚当复兴；见 Colonial Revival。

Adam style 亚当风格；源于罗伯特·亚当（1728—1792）和他弟兄们的作品的一种建筑风格，18 世纪后期占据英国的建筑风格的主流，并深刻地影响了美国、俄国和其他地区。其特征是形式清晰、善用色彩、精致的细部构造和统一的室内设计。作为新古典主义风格，它也源于新歌德式、埃及的和伊特拉斯坎的艺术。

亚当风格的壁炉

adapt 使适应、改装、改编；通过修正或改变以达到特定的目标、适应新的要求或条件。

adaptability 适应性；建筑空间和建筑元素通过改造以适应特殊需求的能力，如非普通人和残疾人需要。

adaptable 可适应的；依据美国残疾人法，卧室和浴室具备安装扶手的条件或是依据残疾人需求可以进行适应性的改变。

adaptable dwelling unit 可改建的住宅单元；一种类型的住宅单元，出入方便，可以通过最低程度的改造以适应残疾人员使用。

adaptation 反应性调整，适应；眼睛接触强光或弱光时，自动调整感光度并适应的过程。

adapter 1. 适配器；与不同大小、工作特性或样式的零件、管道或设备（特别是电动的）相匹配，并将其连接的一种部件。2. 转接器；能将不同尺寸或类型的龙头、管子等连接起来的一种部件。

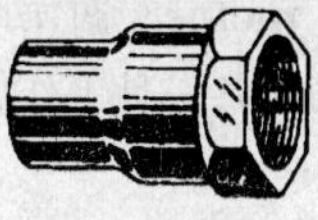

适配器

adaptive use，adaptive re-use 适应性使用；对现有结构或建筑进行扩建、改建和（或）翻新，以适应新的用途。

ADC 缩写＝“**Air Diffusion Council**”，空气扩散委员会。

ADD. 1.（制图）缩写＝“**addendum**”，附录。2.（制图）缩写＝“**addition**”，附加。

added lean-to 同 **integral lean-to**；单坡屋顶。

addendum 附录，补遗，附件；合同签订前用来修正或解释投标文件的一种文字的或图示的文件，包括图纸和说明书中的添加、删除、说明或更正事项，作为合同文件的一部分。

addition 1. 附属建筑；附属于既有建筑物的单层或多层、一间、一翼或其他延伸部分。2. 建筑物的附加部分；建筑规范中的术语，指任何现有建筑在高度或面积上新增加的部分（如门廊或附属车库）。3. 附加款项，通过索赔法使得合同款项增加的一部分钱。又见 **extra**。

additional service authorization 附加职责；美国建筑师协会要求建筑师需履行的附加职责，该职责不包含在原建筑师工作职责范围内，获得附加收费。

additional services 附加职责事项；由建筑师负责的超出“业主—建筑师协议”之外的职责事项，该责任事项是应业主之要求或认可而提供的专业服务。

additive 添加剂；用以改善某种材料的某种性能或能增强其特性的材料，用量非常小，如用在油漆、灰泥、砂浆中等。

additive alternate 补充标书；投标者提交的基本标书之外的一种补充标书；又见 **alternate bid**。

additus maximus 古罗马圆形竞技场的主要出入口。

addorsed，adorsed 指具有背靠背并置的动物图案或图像的装饰性雕塑。

对称雕塑—海豚

addressable system 定位火灾报警系统；一种火灾报警系统，可以监控并容易确定发生火灾的位置；还可以由一个控制装置遥控并监控火灾监测器的敏感性。

ADF （木材工业）缩写＝“**after deducting freight**”，运费扣除。

ADH （制图）缩写＝“**adhesive**”，胶粘剂。

adherend 附着物；通过胶粘剂粘附于另一物体上的物体。

adhesion 1. 粘合；两片木质、铁质、塑料或其他材料表面之间由粘结材料如水泥、胶水等形成的连接。2. 附着，粘着；通过物理和化学的方法使两个表面粘合在一起，如漆膜粘合在表面一样。

adhesion bond 粘合力；用于砌筑砌块的水泥或砂浆粘合能力。

adhesion-type ceramic veneer 粘贴型陶瓷板；无需金属锚固，靠灰泥的粘合作用粘贴于结构构件和基底上的薄陶瓷面砖，其厚度不超过 1.25in（3.2cm）；又见 **anchored-type ceramic veneer**。

adhesion-type filter 吸附式过滤器；当空气流经过滤器时，通过吸附的方式将流经过滤器空气中的粉尘颗粒过滤。

adhesive 胶粘剂；通过表面粘结使不同材料成为整体的物质。

adhesive failure 胶结破坏，脱胶；通过胶粘剂连接在一起的两个表面在小于规定的外力作用下分离的情形。

adiabatic 绝热的，隔热的；不吸热，也不散热的现象。

adiabatic curing 隔热养护；混凝土或灰浆养护期内需保温隔热的养护。

Adirondack Rustic style 乡村风格；见 **Rustic style**。

adit 入口；入口或通道。

adjoining grade elevation 相邻建筑物所有外墙平均高度，从建筑物周围一定（通常 10ft 或 3m）范围内地面算起。

adjustable base anchor 可调地锚；将门框固定于已完工的地面上的一种装置。

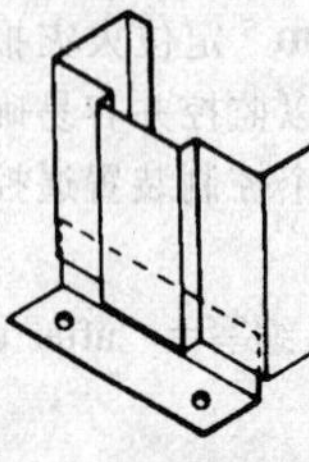

可调地锚

adjustable doorframe 可调门框；一种有可调节边框，以便于安装在不同厚度墙上的门框。

adjustable hanger 可以调整长度的吊架，钩、杆、筋。

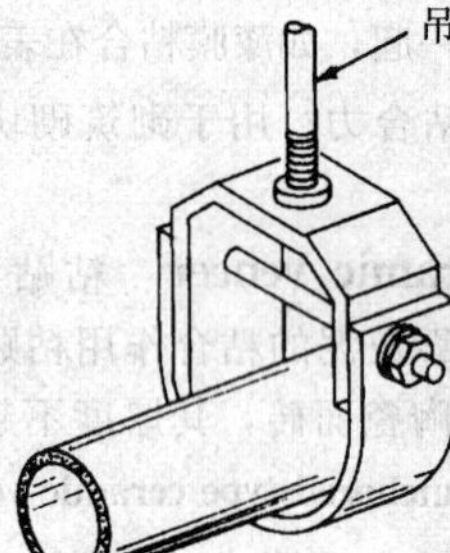

可调吊架

adjustable multiple-point suspension scaffold 1. 多点调节吊脚手；见 **mason's adjustable multiple-point suspension scaffold**。2. 泥瓦匠使用的可调多点悬吊脚手架；见 **stone-setter's adjustable multiple-point suspension scaffold**。

adjustable proscenium 可调舞台；剧院舞台之中的舞台（台中台），其高度、宽度和位置可以改变；可悬吊于上部转动装置或在地板装置上。

adjustable shelving 可调整高度的搁板；采用金属夹或其他可移动支架支撑的搁板，可独立调整高度的搁板。

adjustable shore, adjustable steel prop 可调支撑，可调钢支撑；用于支撑钢筋混凝土梁和板的模板。竖向支撑通常采用钢或钢木组合；可在一定范围内升降。

adjustable-speed motor 调速电动机；速度渐变范围较大的电动机，一旦工作转速调定，将不受加载的影响。

adjustable square, double square 可调直角尺、两用方尺；一种尺臂与把手成直角的曲尺，把手可在尺臂位置上移动，形成 L 形和 T 形。

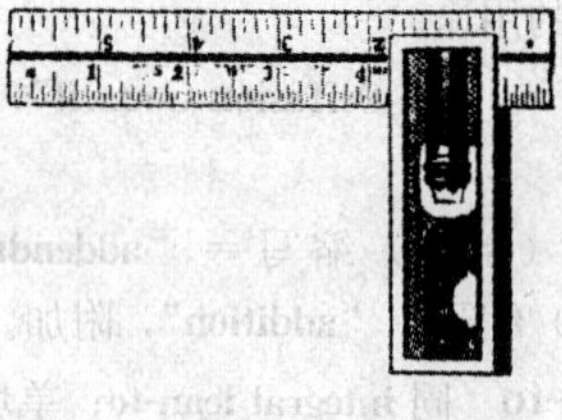

可调直角尺

adjustable wrench 活扳手；由一个固定钳夹和一个可调钳夹组成的扳手；依靠一个有凸轮的螺杆调节，以适应所要求的尺寸。

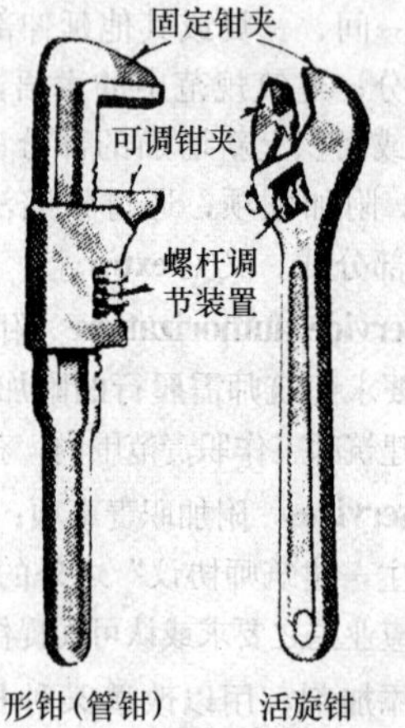

活扳钳

administration of the construction contract 施工合同管理；见 **construction phase-administration of the construction contract**。

administrative authority 行政管理负责人或负责部门；由城市、乡村、州或依法成立的行政分部门建立并授权的个人、官方、委员会、部门或代理处，从事管理或强制执行某一规范。

admixture 添加剂；混凝土或灰浆中除水、骨料、石灰或水泥以外的一种材料，在拌合料拌合前或拌合过程中加入，如防水剂、着色剂、缓凝剂或促凝剂（改变拌合料凝结速度）等。

adobe 土坯砖、灰质黏土；主要由黏土和淤泥质土构成的黏土，砂粒被包含在其中；加入水，以及稻草、泥粪和瓦砾碎片等能增加机械强度和粘结力的材料。可用作灰泥或者制砖，通常用木模具手工制形，然后日晒；常见于西班牙殖民建筑和其演化风格建筑中。土坯砖墙通常涂以石膏以增强其抵抗侵蚀的能力，作为增加其耐久性的面层。

adobe blasting 同 **mud-capping**；泥盖爆破法。

adobe brick 风干砖坯；大量的、粗制的、日晒黏土砖，通常有各种不同尺寸。

adobe quemado 烘干砖坯；一种在窑中烘干的砖坯，其窑内温度要低于过火砖所需的温度；这种砖一般为深红色，相对较软，纹理粗糙。

adobero 将黏土混合模塑成砖的架子。

adopted street 英国的一种专用车道。

ADS 缩写＝“**automatic door seal**”，自动门密封垫。

adsorbed water 1. 吸附水；吸附于某种材料表面的水，其物理性能与相同温度和压强下的那些内含水或化合水完全不同。2. 由于土颗粒表面电荷和水分子电荷之间的吸引力作用而约束于土颗粒上的水。

adsorbent 吸附剂；能从气体、液体或固体中吸收某些物质并使之附着于其内表面的一种材料，而吸附这些物质并不引起其自身物理或化学性能改变（如活性炭）。

adsorption 吸附；物体从空气（或气体与液体的混合物）中吸附某种物质的现象，该表面上将形成一凝聚层；此现象发生不会引起该物体的物理或化学变化。

adulterine 在中世纪的英国，形容在没有授权建造城堡情况下建立的呈锯齿状的城堡。授权由当权统治者给予，并向城堡主人征收现款。

advance slope grouting 斜向压力灌浆；将砂浆通过压力水平注入预先设置好的集料中。

advance slope method 混凝土斜面浇注法；一种混凝土浇注方法，新拌制混凝土朝混凝土浇注方向推动；新拌制混凝土前沿面呈斜面状。

advanced nursery stock 高级出圃苗木；指定大小的落叶乔木经多次移植，其根系已被多次修剪，已具备最终移植条件。

adverse possession 提前侵占；财产被非真正的主人公开的、恶意的、持久的侵占；见 **statute of limitations**；**squatter's right**；**proscription**。

advertisement curtain 广告幕布；剧院舞台上用来做广告的幕布；通常位于石棉幕布的后面，石棉幕布通常与其分开设置。

advertisement for bids 招投标公告；为某个建设项目公开发布的招标公告；仅限于法律意义上的公众监督项目，并发布在区内公共资金支撑的报纸上。

adytum，adyton 1. 内殿；教堂或神殿里为神父保留的内殿。2. 神庙内最神圣的地方。

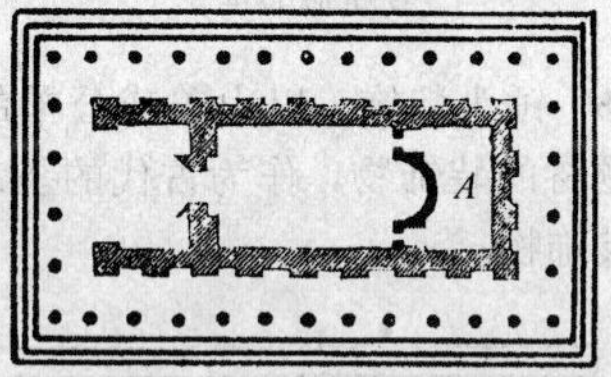

内殿：罗马教堂的平面图，A—内殿

adz 锛子；一种砍劈工具，其弓形薄刀刃垂直于把手；用于木材的粗加工。

锛子

adze 英国英文中拼写为“**adz**”。

A/E 缩写＝“**architect-engineer**”，建筑师兼工程师。

AEA 缩写＝"**Aluminum Extruders Association**"，铝制挤压机协会。

aedes 1. 在古罗马遗址中，指大的建筑物或稍小一点的神殿，但不是正规祭祀的地方。2. 指小礼拜堂或庙宇。

aedicula 1. 有篷盖的壁龛，作为雕像的遮蔽所或神龛。2. 壁龛式门窗；以柱子或壁柱作为门窗的边框并冠以弧形檐式。3. 小型的礼拜堂。4. 小的教堂。

有篷盖的壁龛

aegicranes 锤头装饰；以山羊或公羊的头或头骨为雕塑题材的装饰物，作为古代的圣坛、中楣等上面的装饰物。

锤头装饰

aerarium 古罗马的国库；古罗马的公共财务库。

aerate 充气，吹风，加气；用自然或人工的方法使空气渗入土中或水中。

aerated concrete 加气混凝土；见 **cellular concrete**。

aerated plastic 同 **foamed plastic**；泡沫塑料；充气塑料。

aeration 1. 通风；使物体暴露在流动的空气中。2. 在园林建筑学中，将空气补充到土壤中的做法。在土壤改良过程中，通过犁状机械翻耕或是将类似蛭石、泥炭沼的增氧物添加到土壤中的做法。

aerator fitting 充气器，曝气设备；向流动的水流中充气的装置。

aerial cable 高空（天线）电缆；一种架在杆或其他支撑结构上的高架电缆（在架设位置现场架设）。

aerial photograph，aerophoto 航空照片；在空中飞行时拍摄的照片。

aerial photomap 航测地图；添加基本的地图信息如地名、边界等的航空照片或航拍图。

aerial photomosaic 航空照片拼接图；由航空照片合成的描述地球表面某一部分地形的图片。

aerodynamic noise 气流噪声；由于空气流动而产生的噪声；通常在空调系统中当气流碰到凸起物、粗糙的表面和（或）钝边时所产生。

aerofilter 污水过滤器；一种用于污水快速过滤的粗糙材料池，经过过滤以实现对污水的再循环使用。

aerograph 喷气染色器；用来绘画的一种喷枪。

aerophoto 航空摄影；一种航空照片。

aerosol paints 喷雾涂料；装在有压力的容器中通过压缩液化气体加压喷洒的涂料。

aes 古罗马或希腊指铜、锡或含有这些金属的合金。

aetoma，aetos 三角楣饰；山墙的三角形檐饰。

A/F 波特兰水泥混合料中，缩写＝"**molar or weight ratio of aluminum oxide to iron oxide**"，氧化铝和氧化铁的体积或重量比。

affronted, affronté 面对面人兽图案雕饰；指山墙或门顶上面对面的动物或人像装饰。

面对面人兽图案雕饰

AFNOR 缩写＝“Association Francaise de Normalisation”，法国标准协会。

A-frame A形构（刚）架；由三根构件形成的如直立的大写字母“A”形的刚性框架。

A-frame house A形框架房屋；一种木结构房屋，其屋顶自屋脊向两侧陡峭地向下延伸几乎至房屋的基础；形成如大写字母“A”形的刚性框架。通常房屋的一侧或两侧装有玻璃，起居部分位于地面层并通高至屋顶，卧室位于屋顶下的阁楼上，房屋一端或两侧设有室外平台。又见 rafter house。

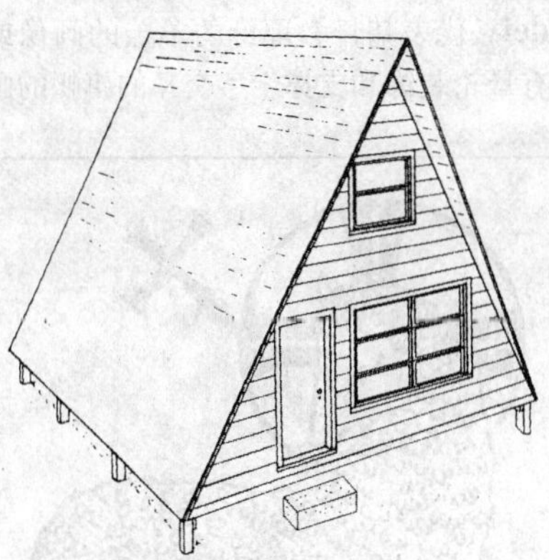

A形框架房屋建筑

African cherry 非洲樱桃木；见 makore。

African ebony 非洲黑檀木；见 ebony。

African mahogany 同 khaya；卡欧属木材；非洲桃花心木。

African rosewood 花梨木，青龙木，非洲红木；见 bubinga。

after cooler 后冷却器；将空气压缩后冷却的装置。

afterfilter, final filter 后滤器，终端过滤器；空调系统中安装在靠终端设备的一种高效过滤器。

afterflaming 余火；材料明火撤离后自身持续燃烧的火焰。

after-flush 冲后水封；卫生洁具冲洗后残存的水，即冲洗后，逐渐从储水箱中流出存于存水弯的水。

afterglow 余晖；在撤走某种材料的外部火源后或火苗熄灭（自熄或人工方法熄灭）后所发出的光。

aftertack, residual tack 残缝，残胶；长久残留于涂膜上的粗缝或胶粘剂。

AG 1. 缩写＝“above grade”，等级以上。2. 缩写＝“against the grain”，逆纹理。

AGA 缩写＝“American Gas Association”，美国煤气协会。

agalma 献神供品，礼器；古希腊指献给神的艺术品。

agba 尼日利亚产带粉红色至棕色的硬木；生长于非洲中部的一种树木，木质相当轻，其颜色由奶油色到略带粉红的褐色变化等；用作胶合板、室内木制品和木器。

AGC 缩写＝“Associated General Contractors”，总承包商协会。

age hardening 时效硬化（金属）；某些金属在室温下强度和硬度增加的时效过程。

ageing 英文单词 aging 的另一种写法；老化。

agency 1. 代理处；是某一组织代表，被授权代表另一组织的合法权利，参与有约束力的事务处理，通常被称为负责人，例如，以他人的名义或代表他人参与某合同的签订或购买或出售资产。2. 行政机构；政府（联邦的、国家的或地方的）的行政部门。

agent 代理人；被授权代表他人参与有约束力的事务处理的人，通常被称为负责人。

age softening 时效软化；在应变硬化结构中，某些合金在室温下由于自身残余应力的降低而导致的强度和硬度的损失。

agger 1. 古罗马指土方工程，人工堆土或筑垒。2. 为筑路在低洼地上填土。

agglomerate stone 人造石；见 **artificial stone**。

agglomeration 凝聚，结块；由小的悬浮颗粒聚集在一起形成大团块的过程，大团块将很快稳定下来。

AGGR （制图）缩写＝"**aggregate**"，聚合物。

aggradation 填积；地表加入某种材料以使地表或斜坡表面平稳。

aggregate 1. 骨料；天然与人工砂石、蛭石、珍珠岩和高炉冷却矿渣等惰性颗粒材料，用来掺入水泥浆中制成混凝土或者砂浆。2. 可以加入到石膏灰泥中的某种惰性颗粒材料。

aggregate bin 骨料仓库；专门用来贮存和配制干燥的粒状建筑材料如砂子、碎石和砂砾等的构筑物；其底部如漏斗，材料可漏到构筑物下部的一个出口闸门。

aggregate blending 骨料混合；由两种或多种骨料混合而成的具有不同性质的骨料。

aggregate interlock 骨料咬合，集料嵌锁；混凝土骨料突出或分在接缝处或裂缝处嵌入另一侧凹陷处，从而实现压力和剪力传递，并保持交接而不变。

aggregate strength 总强度；通过对单根钢绞线的设计断裂强度进行求和得到的钢索的强度。

agiasterium 早期的教堂里，长方形教堂设立祭坛的部分。

aging，（英）**ageing** 1. 材料老化；材料的化学或物理性质随龄期的增加而逐步变化；在天然橡胶或合成橡胶中，通常表现为氧化引起的老化；又见 **age hardening**，**age softening**。2. 贮存清漆以提高其透明度和光泽度。

agitating lorry 搅拌卡车；英式英语中单词 **agitating truck** 的写法。

agitating speed 搅拌速度；搅拌混凝土的搅拌卡车或装置的鼓形容器或桨叶的旋转速度。

agitating truck，（英）**agitating lorry** 混凝土搅拌车；带有鼓形容器的汽车，用于将新拌制的混凝土从拌合地点运至施工现场，鼓形容器不断的旋转以搅拌混凝土。

agitation 1. 搅拌；对混凝土缓慢搅拌的过程，以防止其离析或可塑性降低。2. 混合；通过风动或机械方式使灰浆或细磨粉末混合并拌合均匀。

agitator 1. 搅拌器；在容器中将液体混合的一种机械装置。2. 搅拌器；通过搅拌使得混凝土保持可塑性和防止离析的装置。

agitator body 搅拌器转筒；用来运送新拌制混凝土的装在卡车上的鼓形圆筒；圆筒内部转动的短桨或鼓形圆筒本身转动以防止混合料在运送到指定地点之前凝结。

搅拌器转筒

AGL 缩写＝"**above ground level**"，地面标高以上。

agnus dei 代表基督教耶稣的羊羔的画像或图像，特指有晕轮装饰和支撑十字交叉的旗帜的画像。

代表基督教耶稣的羊羔的画像

agora 市场，广场；古希腊城市中主要的集会场所或市场。

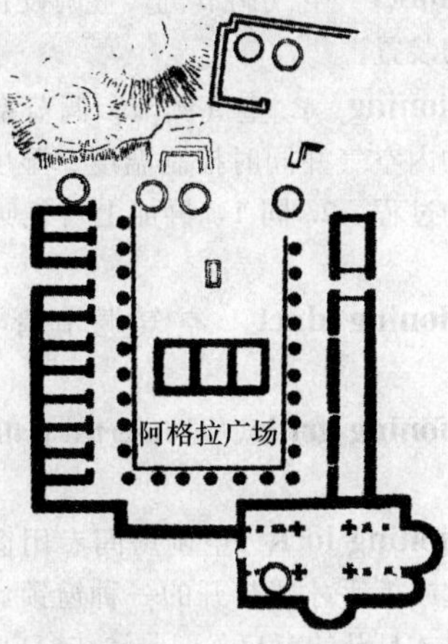

市场：安提费洛斯（Antiphellus）的市场平面图

agrafe，agraffe 拱门的拱石或拱心石，特指雕刻成漩涡形状的拱石。

拱石

agreement 1. 一致。2. 两人或多人之间达成的具有约束力的约定。3. 合同；在建设项目中，记录建筑合同基本条文的文件，也涉及其他合同文件。4. 意向书；建筑师和业主之间或建筑师和顾问之间达成最终合同之前的文件。5. 协议；表明合同的意图而不必执行所有的强制性条款的协定。又见 agreement form，contract。

agreement form 协议表格；在正式书面协议签署之前定的文件，文件中留有可插入涉及细节项目的特殊数据的空白处。

Agrément Board 鉴定委员会（对新材料和新技术进行试验和鉴定）；见 British Board of Agrément。

agricultural drain 同 agricultural pipe drain；农田排水管道。

agricultural lime 农业用石灰；用来改良土壤的氢氧化钙（熟石灰）。

agricultural pipe drain 农田排水管道；置于砾石（或类似物质）的管沟中的多孔或穿孔的管道系统；主要用于下层土的排水。

aguilla 教堂塔楼的方尖石塔或尖顶。

Ah 缩写＝“ampere-hour”；安培-小时。

aha 同 ha-ha；矮墙，分隔沟。

AHU 缩写＝“air-handling unit”，空气调节装置。

AIA 缩写＝“American Institute of Architects”，美国建筑师协会。

AIA uniform system 美国建筑师协会统一制度；见 contract documents 和 uniform system。

AIEE 缩写＝“American Institute of Electrical Engineers”，美国电气工程师协会。

aiguille 钻石器，钻孔器；用于岩石上钻炮孔或打眼的一种细长型钻孔机。

aileron 半山墙、翼墙；封闭单坡屋面或教堂侧房端部的山墙。

AIMA 缩写＝“Acoustical and Insulating Materials Association”，声学和绝缘材料学会。

aiming angle 同 angle of illumination；照明角度；单位是“度”。

air balancing 空气平衡；调节暖通和空调系统中气流，使整个系统中的气流达到设计要求的过程。

air barrier 空气幕；用于防止空气泄漏的一层膜。

air-blown mortar 同 shotcrete；喷射混凝土；气吹制浆。

air blowpipe 气流吹洗管；喷射空气的管子；用来清除物体表面残渣。

airborne sound 空气传声；声音从声源通过空气传播到建筑物某一点。

air-bound 气塞；指管道或设备内部由于存在气团而阻止或减缓其中液体流动的情况；又见 air lock，2。

air break 空气断路设施；排水系统中，连接设备、装置或洁具与另一个设备、贮池或截流管之间的一段与大气相通的管子装置，用来防止虹吸作用或回流现象的产生。

air brick 多孔砖；砌入墙体中的多孔砖或砖块大小的多孔金属砌块，用于通风。

airbrush 喷枪；利用压缩气体来均匀地喷涂涂料、染料、水彩或油墨的一种小型工具。

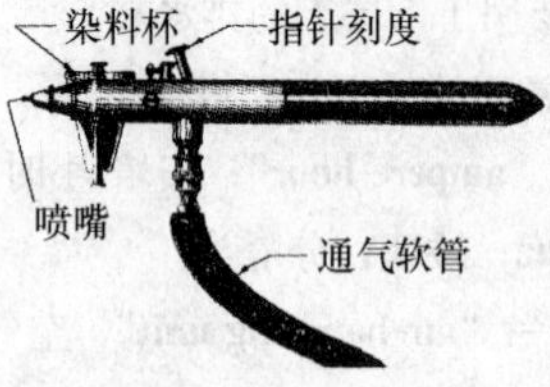

喷枪

air chamber 气囊，气腔；给水系统中，靠近阀门或水龙头的竖立管内，上端密封的一段气室，用来在阀门突然关闭时对水流形成一个气垫，从而消除水锤的噪声。

air changes 换气量；建筑物（或房间）中进气或排气的体积，通常用每小时空气交换的换气量来表示。

air circuit breaker 空气（电路）断路器；用在中压供电的商业建筑中的一种断路器；其中触点间的绝缘介质为“air”（空气）。

air circulation 空气循环；自然或人工的空气流动。

air cleaner 空气滤清器；一种清除由空气传播的杂质如尘埃、烟雾或烟气的装置。

air cock 同 **pet cock**；气嘴，气阀，风门。

air compressor 空气压缩机；一种以足够大压力的压缩空气驱动工具或装运行的设备。其中压缩空气由正常大气压下空气不断补充。

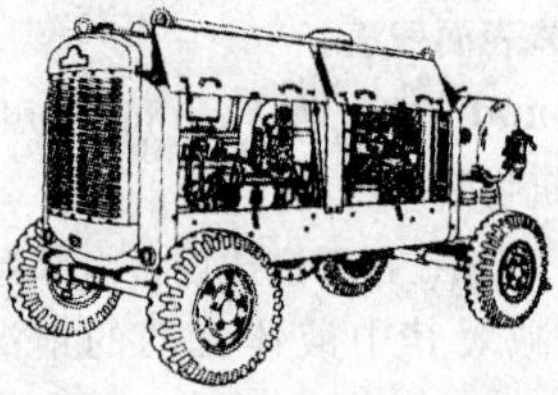

空气压缩机

AIR COND （制图）缩写＝“**air condition**”，空气调节。

air conditioner 空气调节机，空调设备；进行空气调节的装置。

air conditioning 1. 空气调节；调节室内如房间或建筑物内空气并同时控制温度、湿度、清洁度和分布的过程。2. 同 1，再加上对气味和噪声的控制。

air-conditioning duct 空气调节管道；见 **air duct**。

air-conditioning grille 同 **inserted grille**；空气调节搁栅。

air-conditioning lock 空调房间专用窗锁；需特定的钥匙或扳手才能打开的一种窗锁，只用于特殊用途时才打开的窗户，如要清洁窗户时。

空调房间专用窗锁

air-conditioning system 空调系统；在设有空气调节的空间里用来调节空气以控制其温度、湿度、清洁度和分布的元件的组合。系统的类型可能不同，但均包括以下基本元件：进风口、预热器、回风口、过滤器、干燥器、供暖盘管、加湿器、鼓风机、通风管、出风口、空气终端设备、制冷设备、管道、泵和水或者盐水。见 **heating, ventilating** 和 **air-conditioning system**。

air-conditioning unit 同 **room air conditioner**；空气调节器。

air content 含气量；水泥浆、灰浆或混凝土中气孔的体积，不计集料颗粒自身的孔隙，通常用占混合料总体积的百分比表示。

air control valve 同 **air maintenance device**；空气调节阀。

air-cooled blast-furnace slag 气冷高炉矿渣；在正常气压状态下熔化的高炉矿渣凝固而成的材料；又见 **blast-furnace slag**。

air-cure 空气养护；在室内常温下或不加热条件

下的硬化。

air cushion tank 同 **expansion tank**；膨胀水箱。

air curtain 空气幕，空气帘；一般方向向下流经出入口的高速气流，使有空调的房间出入口在全开放情况下，阻止热量通过出入口的散失并隔绝飞虫、外部气流等进入，用于外门、装卸平台等处。

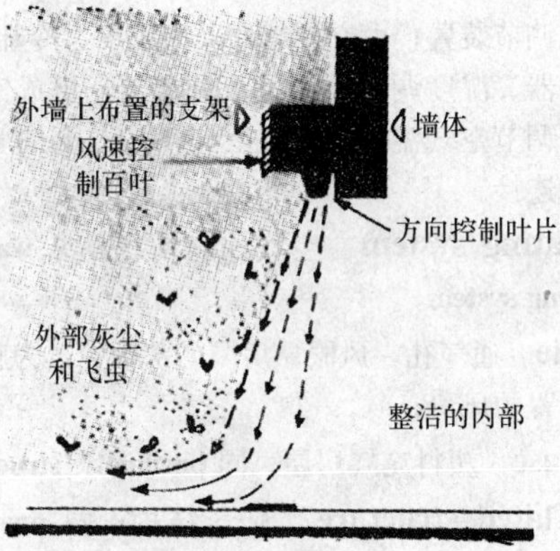

空气幕或空气门

air damper 挡风板；见 **damper，1**。

air diffuser 空气扩散器；位于顶棚内（吊顶内）由转向叶片组成的空气扩散口，使气体沿不同方向扩散，其设计及布置可促进室内原有的空气和新鲜的空气混合。

空气扩散器

air-distributing acoustical ceiling 空气扩散吸声顶棚；一种吸声吊顶，由机械加工分布均匀的多孔金属板或瓦片组成，使吊顶内的压力通风系统向室内输送适当气流。

air door 同 **air curtain**；空气幕；空气门。

air drain 防潮沟；围绕在建筑物基础外侧的浅沟，用来防止基础墙上贴的土使墙体受潮。

air-dried lumber，natural-seasoned lumber 风干木材，自然风干木材，在自然条件下放置于空气中干燥的木材；一般含水率不超过24%。

air drill 同 **pneumatic drill**；风钻。

air-dry moisture content 风干后水分含量；木材不经烘干而是长时间暴露于环境中，从而使含水量与环境温度平衡时的含水率。

air drying 空气干燥，常温干燥；在环境温度和湿度条件下缓慢干燥的过程，如木材的自然风干或油漆的凝固过程。

air duct 通风管道；由金属、玻璃纤维或混凝土制成的管子，用于两地之间空气输送。

air eliminator 排气器；在管线系统中，能将空气从水、蒸气或制冷剂中清除的设备。

air-entrained concrete 多孔混凝土，加气混凝土；由加气水泥或某种加气剂制成的混凝土；同 **cellular concrete**。

air entraining 加气；指水泥浆、混凝土或灰浆中依靠某一材料或过程能产生大量微小气泡。

air-entraining admixture 加气剂；用于混凝土或灰浆的混合料的搅拌过程中产生气泡的添加剂。

air-entraining agent 加气剂；在混凝土或灰浆的搅拌过程中使空气以微小气泡形式与混合料均匀混合在一起的添加剂，以增加混凝土或灰浆的和易性和抗冻性。

air-entraining hydraulic cement 加气水硬性水泥；使用一定量的加气剂，在砂浆中掺入规定限量空气的水硬性水泥。

air entrainment 加气处理；为了提高其和易性在混凝土或灰浆搅拌过程中，使空气以微小气泡（通常小于1mm）的形式掺入混凝土或砂浆中。

air exfiltration 渗漏，泄漏；见 **exfiltration，1**。

air-exhaust ventilator 1. 排风机；从高炉、矿筛等设备中除去烟气的排气装置；其中可能包括油脂萃取装置或者空气过滤器，还可能包括灭火装置。2. 用来清除尘埃、烟气（如工业厂房内）的装置，可能是机动式或重力式的。

air filter 空气过滤器；用来清除空气中固态的和（或）气态的污染物的装置。

air filtration 空气过滤；使用空气过滤器提供清洁空气。

airflow vane 同 turning vane；导向装置，转动叶片；气流叶片。

air flue 风道，烟道；见 flue。

air-fuel ratio 空气燃料比；燃料燃烧所需要的空气的体积（或重量）与燃料的体积（或重量）的比值。

air gap 1. 气隙；从水龙头出水口到盛水容器（如储水池或盥洗池）溢水面之间的垂直距离。2. 排水系统中，排污管出口到排水容器溢水面之间的垂直净距。3. 空气隙；电路或电磁回路之间的间隙，用作电路中的高电阻。

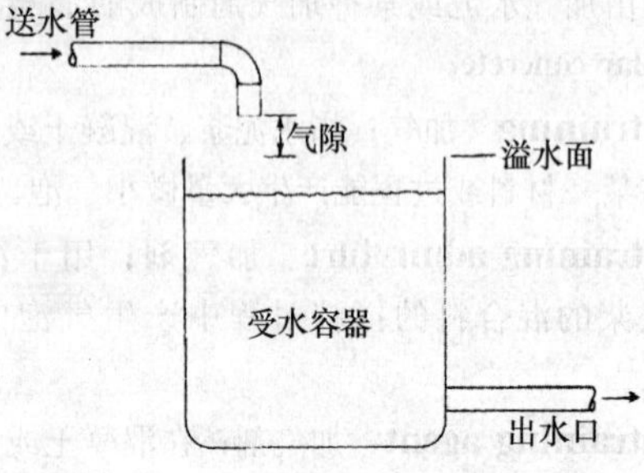

气隙，1

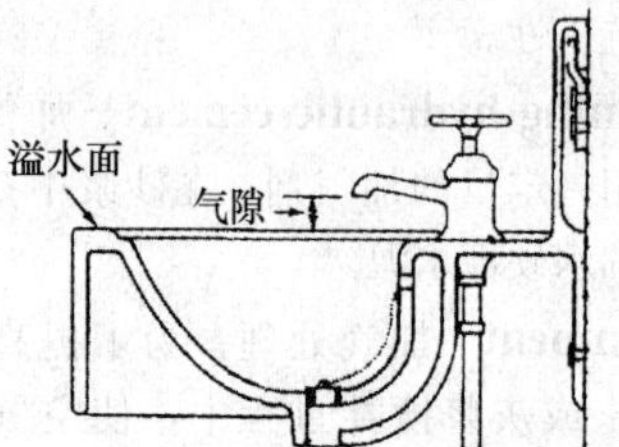

气隙，2

air grating 1. 通风搁栅；建筑物外部固定的用于进气或排气的金属格窗。2. 一种空气扩散器。

air grille 通风花窗；一种类型的通风搁栅。

air gun 1. 同 spray gun；喷漆枪，喷漆装置。2. 喷混凝土枪，见 shotcrete gun。

air hammer，pneumatic hammer 气锤；一种便携式气动工具，配有凿子、锤子或类似的配件。

air-handling luminaire 同 air-light troffer；空调照明设备，兼照明的空调器。

air-handling system 带有空气处理的空调系统；只对部分空气进行处理的空调装置。

air-handling unit，packaged fan equipment 空气调节装置；由空调组件（如风扇、冷却盘管、过滤器、湿度调节器和气流调节器）组成完备的用于调节空气温湿度的一套设备，与金属管道系统相连接。

air heating system 空气加热系统；见 warm-air heating system。

air hole 通气孔，风眼；房屋的基础中，为爬行空间设置的风口。

air house 塑料充气房屋；同 pneumatic structure。

air-inflated structure 充气结构；同 pneumatic structure。

air inlet 进风口，进气孔；空调系统中，用于室内排气的装置。

air intake 进风口，进气孔；同 outside-air intake。

air lance 气压喷枪压缩空气喷出高速气流的杆状装置，用以清除表面残渣。

air leakage 1. 由于室内外压差而在一定时间内经过封闭的门窗渗透出去的气体量。2. 漏气；从风道接头泄漏出来的空气。3. 通风系统中额外与无法控制的漏风。4. 经过缝隙或门窗的无法控制的气流，如空调设备（HVAC）进气增压，或者通过建筑物外墙渗出、入的气流。

airless spraying，hydraulic spraying 液压喷涂；采用高压与特殊的装置喷涂油漆。

air lift 1. 通过气压以管道来输送浆液或者干燥粉末的装置。2. 以压缩气体清除下端开口的管桩或者围堰底部附着物。

air-lift pump 气压提升泵，空气升液泵；用于从井中抽水的泵，其中一根较小口径的管子外套有大口径管子，向小口径的管道中充入压缩空气致使大口径管道中水位上升。

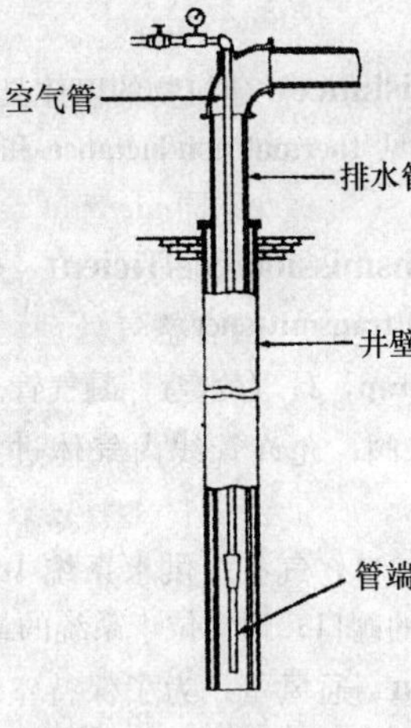

气压提升泵

air-light troffer 通风吸顶灯（兼有照明与通风的功能）；空调系统中，将照明和通风功能组合在一起的组件。

air line 进气管道；向气动工具或者设备中输入压缩空气的软管或者管道。

air lock 1. 气闸；用来隔离空调房间与相邻房间的空间。2. 气锁；水泵或者管道系统中因滞留空气的存在而导致断流。3. 斗门；设在两个房间之间的带有可控门的封闭空间，用于尽量减少两房间之间流入或流出的空气。

air lock strip 转门挡风条；安在旋转门边缘的盖缝条。

air maintenance device 控制压力储水箱中的充气阀门。

air meter 用于测量混凝土和砂浆中含气量的仪器。

air-mixing plenum 混合送气室；空调系统中，混合再循环空气与新鲜空气的封闭箱体。

air monitoring 大气监测；在清除建筑物内的石棉制品时，对空气中石棉纤维含量的测定。

air motor 用于开关制动器的气动马达。

air moving device 鼓风机；见 fan。

air outlet 出气口，送风口；空气系统中，在输送管的末端用来送风的装置。

air permeability test 透气性试验；用来测试粉末物质如硅酸盐水泥细度的试验。

air pipe 少用，而多用 vent pipe，通风管道。

airplane bungalow 一种手工艺术风格的平房，其立面平行于屋顶的主缩脊，二层只有一个房间。

air pocket 气泡；充满液体的管道或仪器中的气泡。

air pressure-reducing valve 空气减压阀；见 pressure-reducing valve。

air pressure relief vent 同 relief vent；安全阀。

air pump 空气泵；用于排除或者压缩空气，或向另一设备送气的泵；又见 air compressor。

air purge valve 排气阀；用来排除管道系统中滞留的空气的装置。

air quality 空气质量；见 indoor air quality。

air receiver 储气罐；空气压缩机中的储气罐。

air register 同 register；调节气门，空气调节器。

air regulator 空气调节器；一种调节气流的装置，如炉子中的燃烧器。

air reheater 空气再热器；供暖系统中，给循环空气加热的装置。

air release valve 放气阀；一种手控阀门，用于排除水管或器具中的空气。

air right 上空使用权；某区域土地上空的合法权益，通常指上空使用权，但不包括土地使用权，如在铁路轨道上空可以建造建筑物的权力。

air-ring 多嘴喷嘴；向流动材料中充气的多孔喷嘴。

air scrubber 空气洗涤器；见 air washer。

air-seasoned lumber 风干木材；见 air-dried lumber。

air separator 风力（粒径）分级器；能将碾碎的物质分成不同尺寸的设备。

air-set 自然硬化；常温、常压下，使材料硬化。

air shaft，air well 天井，竖井；处于一幢建筑物内或建筑物之间没有屋顶的通风竖井，竖井周围可有如窗户等开口。

air shutter 调风门；用来调节掺与煤气燃烧的空气量的装置。

air-slaked 表面由于暴露在潮湿空气中而吸湿。

air slaking 潮解；生石灰或者水泥吸收空气中的水汽及二氧化碳并引起其化学成分的改变。

air space 空域；需要授权使用的公共或私人领空。

air-supported structure 充气结构，空气支撑结构；见 **pneumatic structure**。

air tap 同 **air vent**；空气阀。

air terminal 避雷针；安装在建（构）筑上部避雷系统中的金属杆及其底部支座。

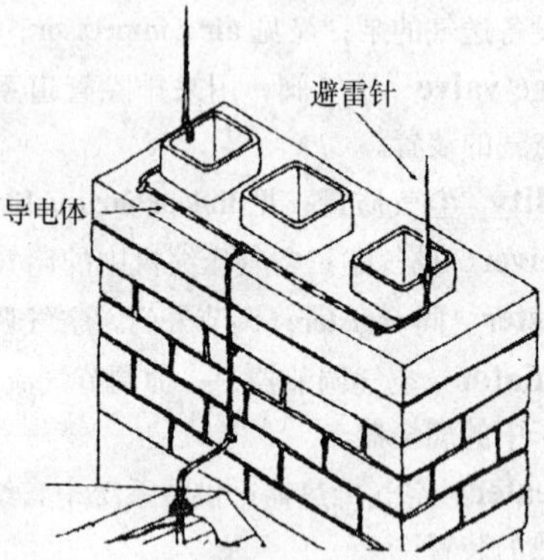

避雷针

air terminal unit 同 **terminal unit**；空调终端设备。

air test 气密试验；测试整个排水系统在均匀气压条件下的漏气试验。由于存在试验过程中水结冰造成的危险，推荐采用通水试验来代替。

气密试验

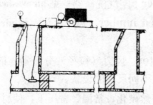

air test，pneumatic test 测定排水系统、通风系统或管道系统中渗漏的试验，将所有开口密封，充入压缩气体，用U形仪或者其他压力仪来测试空气的渗漏。

air tight 密封的；指用盖子或者屏障阻挡空气流通。

air-to-air resistance 建筑物的墙体具有的保温隔热能力；又见 **thermal conductance** 和 **thermal resistance**。

air-to-air transmission coefficient 热传导系数；又见 **thermal transmittance**。

air trap 同 **trap，1**；存水弯，凝气管。

air valve 气阀；允许管线内气体进入或排出的阀门。

air vent 排气口，气孔；供水系统中，用来排除水中的空气的阀口；通常位于系统的最顶部。

air ventilation 通风量；为了保持室内的空气质量需要的供气量。

air vessel 1. 封闭在水管中的一段可压缩性空气，可使水锤影响降至最小。2. 气室；管道中的一段空腔，利用其中可压缩空气促使管道中的水流均匀。

air void 气孔（穴）；充入水泥浆、灰泥或者混凝土中气泡所占据的空间；见 **entrapped air，entrained air**。

air washer 空气滤清器；为了降尘、调湿所使用的喷水系统或装置。

air-water jet 1. 汽—水混合喷射器；以高速喷出空气与水的混合物的喷嘴，来清洗混凝土或者岩石的表面。2. 清洗混凝土或岩石表面时使用的能高速喷出空气与水的混合物的喷嘴。

air-water storage tank 气压式储水箱；水位以上空间空气具有一定压力的储水箱。

airway 空气层；在隔热层与屋面板之间空气流通所需的通道。

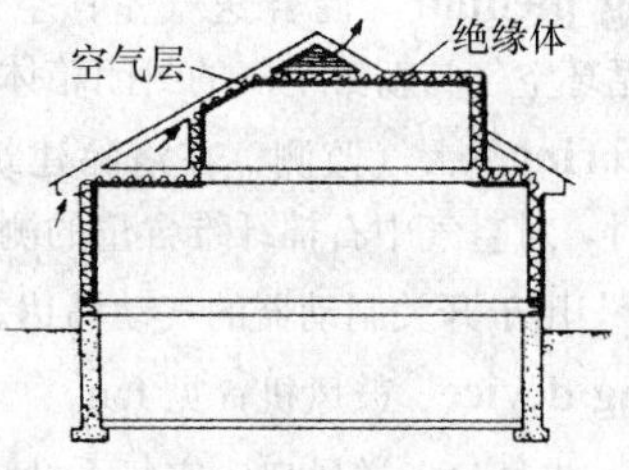

空气层

air well 通风井，天井；见 **air shaft**。

AISC 缩写＝“American institute of Steel Construction”，美国钢结构协会。

AISI 缩写＝“American Iron and Steel Institute”，美国钢铁结构协会。

aisle 1. 过道；在礼堂或者教堂的座位席之间的纵向通道。2. 侧廊；教堂的侧向并平行于中厅的空间，通常用柱子隔开，主要用于人流通行，有时也带有座位。

aisle access way 为了给残疾人提供足够的空间，在座椅、家具、桌子周围设置的连续的无障碍通道。

aisleway 通道；工厂、仓库或者商场内的车辆通行的通道；又见 aisle。

AITC 缩写＝“American Institute of Timber Construction”，美国木结构学会。

aiwan 客厅；古代帕提亚人的建筑物中的接待大厅。

ajaraca 砖浮雕；西班牙的南部地区，出现在砖墙中的装饰雕刻，图案有半砖深，或简单或复杂。

ajour，ajouré 镂空花格；在木头、石头、金属或者其他材料上穿孔或切割形成装饰性的镂空。

AL （制图）缩写＝“aluminum”，铝。

ala 1. 古罗马的房屋中面向其中庭的凹室或小房间。2. 在王殿两侧的某一小房间。

alabaster 雪花石膏；通常指白色或者柔和色调的细腻状的、半透明的纯石膏。

A-labeled door 保险公司认证满足 A 级门的要求的门。

alameda 林荫（散）走道；有阴凉的人行道或者散步的地方。

alarm system 报警系统；建筑中安装的为了避免陌生人进入或是火灾发生的电控装置。当系统被激活时，报警器（例如声响信号或闪动的光线）将被启动。见 fire alarm system 和 burglar alarm system。

alarm valve 报警阀；见 wet alarm valve。

alatorium 1. 广场，走廊或者有顶盖的人行道。2. 建筑物的侧面。

albani stone 胡椒色石料；在大理石被普遍的应用之前，古罗马建筑中常采用的一种胡椒色的石头。

albarium 白石灰；由大理石烧制成的用于抹灰的一种白色石灰。

albronze 同 aluminum bronze；铝青铜，矾铜。

album 在古罗马建筑中，在白石灰涂刷过的墙上的一块用来发布公告和公众发表意见的地方，一般位于公众的场合。

alburnum 同 sapwood；边材，白木质。

alcazar 摩尔或者西班牙式堡垒。

alclad 铝衣合金；外层镀有铝或铝合金防腐层的金属产品。

alcove 凹室；直接朝向一个较大房间的凹进小室。

alder 赤杨，桤木；一种颜色和重量适中的硬木，干后颜色变为鲜亮色或者褐色；通常上面有斑点，与樱木，桃花心木或胡桃木相似，通常用作夹板芯材和胶合板材。

aleatorium 赌场；古罗马建筑中用来玩骰子的房间。

ale house 酒店；在英国与美国的早期社会中，被允许卖酒的小村庄酒店。

alette 1. 建筑物伸出的小壁翼。2. 门边框。3. 后部半露柱。4. 在承重柱子的两侧伸出的扶壁翼。

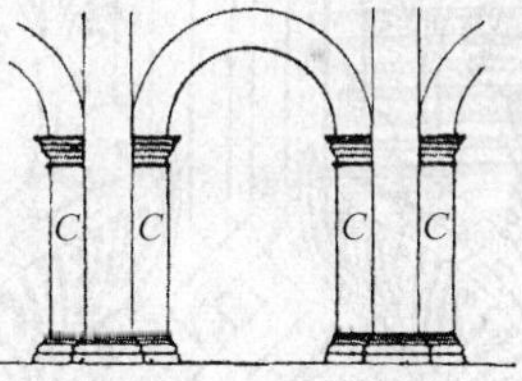

C—扶壁翼

Alexandrian work 同 opus Alexandrinum；彩色大石块镶嵌的马赛克。

Alexandrinum opus 同 opus Alexandrinum；紫翠玉作品。

alfiz 门洞或拱券上的装饰。

Alhambra 由格拉纳达的摩尔王国于 14 世纪在西班牙南部建造的城堡和宫殿。

Alhambresque 宫殿式的；形如宫殿里的独特风格的装饰。

alicatado 由瓷砖（azulejos）来完成的瓷砖作品，用来装修路基和墙，尤其在庭院中。

门洞或拱券上的装饰

宫殿式的

alidade 照准仪；勘测仪器的一部分，包括带有定位指示器的观测装置和读取或记录附件。

alienation 财产从一个人户名下转移到另外一个人户名下。

aliform 翼状物；具有像翅膀一样的形状或伸出的部分。

aligning punch 定位铳；铆钉或者螺栓钻孔前为打孔定位标记的冲击铳；同 **drift punch**。

定位铳

alignment 1. 标准直线。2. 定线；确定建筑物施工位置或者单个构件的形状（如曲梁或直梁）的线。3. 高速公路或者其他勘测中，表明路线走向的平面图，不同于断面图。4. 在古建筑中，立石块砌的小路，如在法国的卡纳克。

alipterion 浴场油身室；在古罗马建筑中，用来给浴疗者涂油或软膏的房间。

alite 阿利特；波特兰水泥熟料的一种主要成分；主要为三钙硅酸盐，但含有少量镁氧化物，铝氧化物，铁氧化物与其他氧化物。

alive 同 live，1；通电的，带电的，加电压的。

alkali 碱；类似于一种金属盐的可溶性化学物质钾或钠，可溶于水，混凝土或者灰泥中含有此物质会导致有害膨胀。

alkali-aggregate reaction 碱-骨料反应；在混凝土或者灰泥中的化学反应，是在波特兰水泥中的碱与骨料中的某些物质之间产生，这种反应在一定的条件下，会导致混凝土或者灰泥的有害膨胀。

alkalinity 碱性浓度；见 **pH**。

alkaline soil 碱性土；含有类似于钾、钠等可溶性盐的土壤，**pH** 为 7.3～8.5。

alkali reactivity 碱反应性；混凝土的骨料中，对碱—骨料反应的敏感度。

alkali resistance 1. 抗碱性；涂料抵抗与碱性物质发生反应的能力，比如与石灰，水泥，灰泥，肥皂等，是浴室、厨房、洗衣店里不可避免接触的物质。**2.** 耐碱性；瓷釉抵抗可溶于水碱性物质侵蚀的能力。

alkali-silica reaction 碱—硅反应；波特兰水泥中，在碱性物质与特殊的硅酸盐岩石或者其他某些存在于集（骨）料中的矿物质所发生的反应；可导致混凝土在正常使用状况下的非正常膨胀与裂缝的发生。

alkali soil 碱土；含有对植物有害的盐的土壤，其 **pH** 达 8.5 或者更高。

alkyd paint 醇酸漆；在涂料中添加醇酸树脂作为颜料的介质。

alkyd resin 醇酸树脂；是热塑性塑料的合成树脂类的一种，用于胶粘剂或者油漆和清漆中。

allée 林荫宽走道；宽阔的人行道，道路的两侧种植树木，通常高是路宽的两倍。

allège 窗下墙；外墙上比其他墙面薄的部分，尤指在窗下的墙。

窗下墙

allegory 有象征意义的图案；象征性地表示很多含义的图案。

有象征意义的图案：13 世纪的 Worms 大教堂，四头怪兽象征四种信仰

Allen head 六角形凹槽（螺杆）；带有六角形凹槽头的螺栓。

Allen wrench 六角孔扳手；专门拧六角凹槽头形螺栓的扳手，由六角形截面的钢棍弯成直角形制成。

六角孔扳手

alley **1.** 小径，小路；在建筑物后面或之间的一条狭长的小路，作为通向毗邻的次要的服务性通道，通常只允许一辆车通过。**2.** 花园里在树丛中的小路。

all-heart lumber 全心木材，而非边材。

alligator hide 鳄皮现象；非常粗糙的瓷器表面，如橘皮一样。

alligatoring **1.** 鳄皮纹；漆膜表面形成的类似于鳄皮表面的裂纹，由于其底层半塑性或者热塑性收缩引起的；也称作 **crocodiling**。**2.** 鳄皮裂痕，龟裂；沥青由于重复堆积而产生的氧化和收缩应力使表面出现如鳄皮般的裂纹，这种情况只出现在底层沥青外露时。

alligator shears, lever shears 鳄式剪切机；类似于鳄鱼的下巴宽嘴剪刀，用来剪切金属板材；用脚踏杠杆操作。

alligator wrench 鳄式扳手；锯齿状钳的 V 形扳子，适用于拧管道等圆柱状的物体。

all-in aggregate 天然混合集料；见 **bank-run gravel**。

all-in contract 同 **turn-key job**；总承包合同。

allotment garden 供分配使用的园地；个人或者公共拥有的庭院，已经被划分为若干部分，分配给个人使用。

allover 重复图案；重复图案布满整个表面。

ALLOW. （制图）缩写＝“**allowance**”，容许量，

限额。

allowable bearing value, allowable soil pressure, allowable bearing capacity 容许承载力；为保证地基不破坏或者基础位移沉降量不损坏上部结构，所容许的最大压应力。

allowable load 容许荷载；在结构的薄弱截面处承受最大应力时的荷载。

allowable pile bearing load 单桩容许荷载；一根桩保证不发生危害其上部结构安全性的位移所能承受的最大容许荷载。

allowable pile load 桩的容许荷载；作用在沿桩中心轴线上的容许集中荷载。

allowable soil pressure 容许承载力；又见 allowable bearing value。

allowable stress 容许应力；在结构设计中，在规范规定的荷载作用下最大的容许应力。

allowance 1. 现金的津贴；见 cash allowance。2. 额外的津贴补助；见 contingency allowance。

alloy 合金；为了达到所要求的特性，将两种或者两种以上金属融合形成的金属混合物。

alloy steel 合金钢；除含有碳元素的铬、钼或者镍以外含有一种或多种合金元素，其含量超出规定的标准将影响钢的物理、机械或者化学性质。

all-risk insurance 全损险；在结构工程中，区别于特定的专项保单，保障投保者全部风险损失的保险。

all-rowlock wall 空斗墙，通斗墙；见 rowlock cavity wall。

all-stretcher bond 全顺砖砌；墙外表面全为顺砖的砌合方式；同 stretcher bond。

allure 院廊；见 alure。

alluvial deposit 冲积土，冲积层；被流水冲刷而沉淀下来的泥土、砂子、砾石、岩石或者其他矿物质。

alluvium 冲积土，冲积层；砾石、砂子、粉砂、土壤或者其他被流水沉淀下来的物质。

ALM （制图）缩写＝"alarm"，警报器。

almariol 牧师外衣的储存室；一种橱柜。

almary 橱柜，教堂的圣器置放所；见 ambry。

almehrabh 阿拉伯清真寺中指向麦加的壁龛。

almemar, almemor 1. 贫民所，救济所。2. 读经台；在犹太教堂中，宣读经文时用来放圣经的台子。

almena 一种锯齿状的任意四边形的女儿墙。

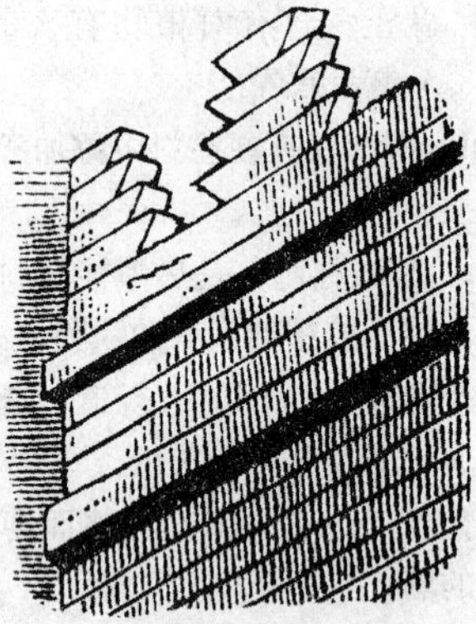

一种锯齿状的任意四边形的女儿墙

almery 橱柜，教堂的圣器置放所；见 ambry。

almocarabe 同 ajaraca；装饰砖雕。

almond 神像画中的光环。

almonry 施赈所；用来分发救济品的处所。

almorie 同 almariol；牧师外衣的储存室。

almorrefa 西班牙建筑中混有瓷砖的圬工，用作地板。

almshouse 1. 贫民所，救济院；用来为穷人分发物品的处所，建于英格兰与美国早期的一些城市与居住区中；又见 poorhouse。2. 一种施赈所。

alpha brass 锌铜合金；含有 51%～61%的铜与 39%～45%的锌的合金；由于其较强的抗腐蚀能力，通常用于热水供应系统。

alpha gypsum 一种特制石膏，低稠度，抗压强度高，通常能承受超过 5000 lb/in^2（$352kg/cm^2$）的压强。

ALS 缩写＝"American Lumber Standards"，美国木材标准。

ALT （制图）缩写＝"alternate"，交流发电机。

altana 柱承式阳台；屋顶上用作类似眺望台的轻型装饰性结构。

altar 1. 祭坛；高台或由石头构成的构筑物，一般为长方形或者圆形，用作宗教仪典、摆放祭祀、祭品的地方。2. 祭台；基督教教堂中的条案。

祭坛

altar frontal 祭台饰罩；在祭坛前方悬挂的装饰物或面板。

altar of repose 罗马天主教教堂中，布置在侧面的圣台、圣库或壁龛，用来摆放从周四洗足礼到周五祈祷所用的物品。

altarpiece 在祭坛后部上方的一种装饰屏、装饰画或雕刻。

altar rail 圣坛栏杆；祭坛前面的低矮扶手或者栅栏，横在教堂的主轴线上，隔开行使职务的牧师与参加礼拜者。

altar screen 圣坛屏风；一个由石头、木材、或者金属制成的充满装饰的屏风，把祭坛与其后部的空间隔开。

altar slab, altar stone 圣坛台面；用石头或者石板构筑的圣坛的顶面。

altar tomb 祭坛式墓；外形如祭坛或有覆盖纪念物的坟墓。

alteration 改建；建筑物中改变局部结构、机械装备或者开口位置，并不增加建筑物的整个面积的施工。

alterations 1. 改变现有结构（或部分结构）的所有或特定部分的工程项目，不同于对现有结构新增部分构件的项目。2. 改型。

alternate 工程变更，用来描述建筑合同文件中，为业主提供的多种选择用以增加或减少工程中的生产、建材、或系统，和（或）权利。

alternate bid 根据项目材料和（或）施工方法可以接受的更改，相应从投标基本报价中增加或降低的标价，并在投标书中加以说明。

alternating current 交流电；电量和方向周期性变化的电流、也即正弦方式变化的电流。每一次循环称一个周期（cycle），每秒钟的循环次数称为频率（frequency）；通常表示为赫兹（Hz）。

alternating Flemish bond 交替式一顺一丁砌砖式；通过交替采用一瞬一丁砌砖式和普通砌砖式形成的砌砖图案。

alternating sprinkler system 一种灭火喷水系统，可由夏季的湿管喷水系统变成冬季的干管喷水系统。

alternator 交流发电机；通过转子的转动产生交流电的发动机。

ALTN （制图）缩写＝"alteration"，变更。

alto-rilievo, alto-relievo 高凸浮雕；见 high relief。

alum 明矾，白矾；加在石膏中加速石膏硬化的化学成分。

ALUM （制图）缩写＝"aluminum"，铝。

alumina 铝土；铝氧化物，用于砖、瓦片以及耐火材料中的重要成分。

aluminium 英式英语 aluminum 的写法。

aluminize（英）**aluminise** 金属镀铝，采用喷射或者浸入熔融的铝池中的方法给金属或者其他材料表面镀铝，以大大提高其抗腐蚀能力。

aluminous cement 铝酸盐水泥；见 calcium aluminate cement。

aluminum（英）**aluminium** 铝；一种有光泽的、银白色的、无磁性的、重量轻的金属，有很好的延展性，有较好的导热性能与导电性能，反射热性能与反射光性能较强。大部分铝用于合金中，以增加其强度，通过热处理可使强度进一步提高，可用于挤压、浇铸成型和压成板材，有很好的抗氧化能力；通常用作阳极氧化处理电镀而不易被腐蚀；使表层坚硬和（或）满足建筑所需的颜色。

aluminum brass 铝黄铜；加入铝的黄铜，以提高其抗腐蚀能力。

aluminum bronze 铝黄铜合金；黄铜与铝的合金，通常含有3%～11%的铝，并含有其他外加剂；有较好的抗腐蚀能力，可以铸造或者冷加工。

aluminum door 以铝材作为边梃和横档的门，一般装有玻璃。

aluminum foil 铝铂；非常薄的铝片（不足0.006in或者0.15mm）；通常用于热反射和蒸气防护层。

aluminum oxide 同**alumina**；氧化铝（亦称矾土）。

aluminum paint 铝粉涂料，银粉漆；由铝粉及成膜剂（如清漆）制成的涂料，有较好的反射光与反射热的性能及较好的防渗水能力。

aluminum powder 铝粉，银粉；铝铂在油脂润滑（如硬脂酸钠）的条件下经过破碎或球磨变成呈银亮的晶体形式的碎屑，与矿物溶液混合呈胶状。

aluminum primer 铝粉底漆；具有防水性能较高的铝粉打底涂料。

aluminum-silicon bronze 铝硅铜合金；黄铜主要加入铝和硅构成的一种合金，以增加其强度和硬度。

aluminum window 铝（合金）窗；主要由金属铝制成的窗户。

aluminum-zinc coating 铝锌镀层；金属表面，类似镀锌涂层的防腐涂层。

alure，allure，alur 城堡防护矮墙；环绕教堂屋顶或者沿着修道院的走廊或者通道。

A—城堡防护矮墙

ALV 代表**alarm valve**，报警阀。

alveated 蜂房式的；指形如蜂窝的拱顶。

alveus 古罗马时，嵌入楼层的浴室，其上半部分处于楼面以上，下半部分则嵌入楼面中。

ALY （制图）缩写＝“**alloy**”，合金。

amado 传统日本建筑中，一种由木板制成的滑动的百叶门窗，不用时将其滑入门侧靠外墙的箱式壁柜中，通常在晚上拉出。

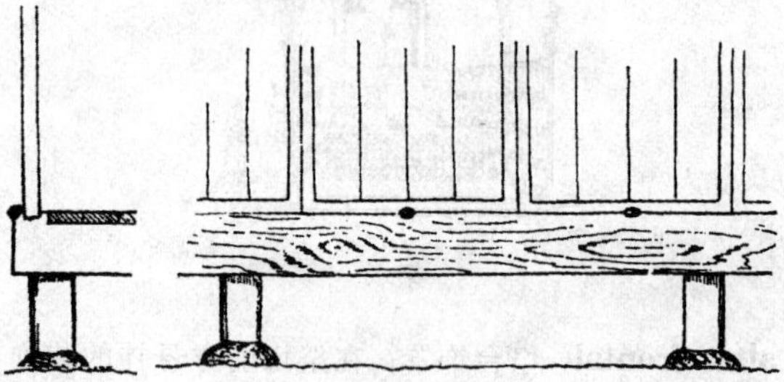

传统日本建筑中一种百叶门窗

AMB 缩写＝“**asbestos mill-cut board**”，石棉覆面板。

ambient lighting 环境照明；某一区域内的一般的背景照明。

ambient noise 环境噪声；某一区域内由不同远近、不同频率声源混杂成的背景声，如来自隔壁的或者礼堂的噪声。

ambient pressure 周围压力；在供水系统中任一点上的额定工作压力。

ambient temperature 环境温度；周围的大气温度。

ambitus 1. 古罗马或者古希腊坟墓下的墓室，用来安放骨灰。2. 中世纪，同样是这样的墓室，被扩大用来安放棺材。3. 圣地；中世纪教堂周围用来祭祀的地方。

ambo，ambon 1. 颂经台，布道台；早期的基督教教堂中，阅读或者唱诗用的讲道坛。2. 当代指巴尔干半岛或者希腊教堂中一个大讲坛或书桌。

ambrices 挂瓦条；古罗马建筑中，屋顶椽子和瓦之间的十字交叉的板条。

ambry，almary，almery，aumbry 1. 壁龛；供

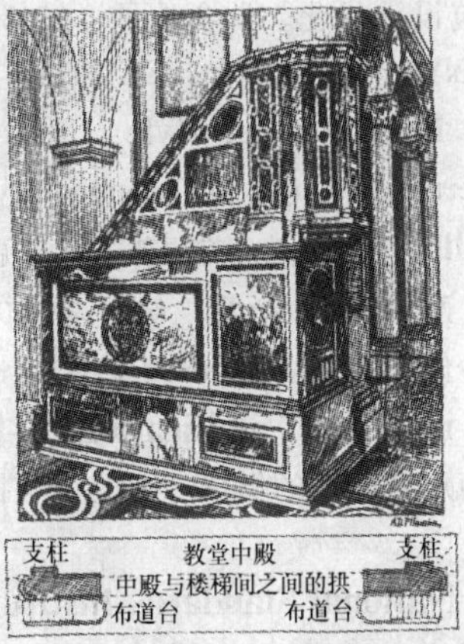

颂经台，布道台

奉基督圣器的壁橱或壁龛。2. 橱柜，壁橱，食品室；储藏地点，储物室，壁橱或配餐室。

供奉基督圣器的壁橱或壁龛

ambulatory 1. 教堂祭坛后曲廊；教堂半圆形的走廊，或者环绕圣殿的走廊。2. 回（走）廊，步道；修道院有屋顶的走道。

修道院有屋顶的走道

ambulatory church 十字形布置圆顶教堂；中心圆穹顶周边带有三个方向走廊的教堂。

AMCA 缩写＝“**Air Movement and Control Association**”，空气流动和控制协会。

AMD （制图）缩写＝“**air-moving device**”，气动装置。

amended water 改良水；加入表面活化剂的水。

amendment 修正案；对建筑合同文本的修订。

American basement 美国式地下室，半地下室；建筑的一层下半部分位于地面以下，上半部分位于地面以上，常用作建筑物的入口层，又见 **basement**。也称地下出口（**walk-out basement**）。

American bond 同 **common bond**，**English garden-wall bond**；四顺一丁、五顺一丁或六顺一丁砌法，普通砌法。

American Bracketed style 偶尔用来指意大利式。

American Chateauesque style 美国悬臂式；见 **Chateauesque style**。

American Colonial architecture 美国殖民式建筑；特指英国人移民新大陆时在美国建造的殖民时代建筑，经常根据美国的不同地区进行划分。在殖民“新英格兰”早期，典型的房屋是木销连接的木框架形式，外墙常敷以硬石膏抹灰，再外贴护墙板或风雨板。简单的房屋只有一个房间上层常有一个阁楼，好点的房屋，通常有一层半或两层高，一个或两个房间进深，在起居室里的每一边内墙都有一个大的、处于中心位置的壁炉和大烟囱；在立面上有从悬挑的二层楼板下面悬挂的吊饰。许多早期的房屋都有陡峭的人字坡屋顶，山墙或者是挑檐不大的四坡屋顶；未装玻璃的窗户上有实木百叶窗，后期被装有棱形玻璃窄窗框的窗户取代，门为厚拼板门。又见 **saltbox house**，**stone ender**，**whale house**。偶尔也叫早期殖民建筑。

在南部殖民地和中部大西洋海岸，早期居住者使用的单间房屋经常类似于新英格兰的单间平房，还带有黏土砖砌成的烟囱。后来，随着房屋越来越大，又形成了客厅平面或者中心厅平面。外墙通常是砖墙，屋顶覆盖手劈的屋面板；一边或两边的山墙外侧有巨大的装饰性砖石烟囱，带有台阶状烟囱帽。在中部大西洋海岸，单坡屋顶很常见。主要由非英国移民所建造；见 **Dutch Colonial architecture**，**French Colonial architecture**，**German Colonial architecture**，**Spanish Colonial architecture**。

American Colonial Revival 美国殖民复兴式；建筑样式通常基于在美国建造的英国殖民建筑原型，但又包括了一些原型中找不到的或几乎不存在的特点。这种建筑的特点有：通常以经典挑檐为立面特色，圆屋顶，单走道，殖民建筑细部，带有细灰缝的斜边或光滑砖墙，通常一顺一丁砌法砌筑，八字形过梁，石板瓦或木屋面板覆盖的四坡式、人字形或折线形屋顶，固定百叶窗，在上部和底部的窗扇带有多块窗格玻璃的双层悬矩形窗，立面上窗户对称布置，主要入口门带楣窗并且门两侧有侧窗，前门通常冠以山墙，向前延伸并支承在柱上以形成入口门廊。

American four-square house **1.** 美国四边形房屋；一层或两层的房屋，由四个房间（每间各居一角）组成方形平面，四坡屋顶，入口门偏离中轴线，广泛流行于1905～1925年。**2.** 草原房屋，主要流行于约1900～1920年，有低坡四坡屋顶和对称立面。

American Institute of Architects (AIA) 美国建筑学会；一个成立于1857年的专业组织，其宗旨在于建立和促进成员的专业化和责任感，并促进建筑设计优化。学会地址：1735 New York Avenue NW，Washington，DC 2006。

American International style 美国国际风格；又见 **International style** 和 **Contemporary style**。

American linden 椴树，美国菩提树；见 **basswood**。

American Mansard style 第二帝国风格的同义词，很少使用。又见 **Mansard style**。

American method of application 一种美国采用铺贴的矩形屋面瓦的做法，即上下层搭接，侧边不搭接。

American National Standards Institute 美国国家标准学会；一种独立于贸易协会、技术学会、专业团体和消费者协会的组织；建立和出版标准，前身是众所周知的美利坚合众国标准协会（USASI 或 ASI），更早以前是美国标准联合会（ASA）。

American oriental carpeting 由美国织布机织造的阿克明斯特绒头地毯或威尔顿机织绒头地毯，颜色和图案与东方地毯相似。

American Renaissance Revival 美国文艺复兴；偶尔用于指意大利文艺复兴。

American Rundbogenstil 同 Round Arch style；半圆拱建筑形式。

American Society of Landscape Architects (ASLA) 美国风景建筑师学会；成立于1899年的美国风景建筑专业组织。学会地址：636 Eye Street，NW，Washington，DC 2008。

American Society for Testing and Materials 美国实验和材料学会；建立标准实验和建筑材料规程的非营利性组织，这里的实验和规程特指由ASTM数字化设计制定的实验和规程。学会地址：100 Bar Harbor Drive，West Conshohocken，PA 19428。

American standard beam 美国标准梁；热轧结构钢制成的工字形梁，构件的尺寸规格前面以S标明。

American standard channel 热轧结构钢制成的C形构件，构件尺寸前用C加以标明。

American standard pipe threads 美国标准管径及管子螺纹；美国采用的标准管径及管子螺纹，

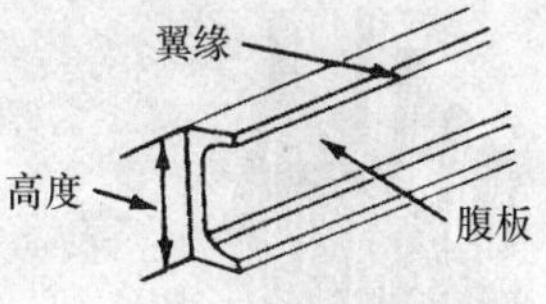

美国标准槽钢

通常用于水管、天然气管或蒸汽管管径及管子螺纹的标准。

American Standards Association 美国标准协会；见 **American National Standards Institute**。

Americans with Disabilities Act（ADA） 美国残疾人草案；于 1990 年颁布的联邦法律，要求公众场所允许身体有残疾的人进入，这项法律的制定使已有行动障碍被取消或改变，残疾人进入公共场合不再受到阻碍。要了解详细信息，可致信给平等就业机会委员会，地址：1801 L Street NW，Washington，DC 20507。见 American National Standards Institute（ANSI）Standard A117.1～1992，又见 **Uniform Federal Accessibility Standards** 和 **physical disability**。

American table of distances 由爆炸物制造者协会通过的爆炸物储存安全距离表。

American Tudor style 美国都铎式建筑；见 **Tudor Revival**。

American wire gauge，American standard wire gauge，Brown and Sharpe gauge 美国线材标准规格，美国标准线材规格；布朗和夏皮标准规格；美国使用的一种规格体系，用于定义电线的直径或者铝、铜和铜片的厚度，范围从 6/0（0.58in 或 16.3mm）～40（0.0034in 或 0.079mm）。

Amer Std 缩写＝**“American Standard”**，美国标准。

amino plastic 氨基塑料；由氨基合成的塑料。

ammeter 安培表，电流表；测量电流的装置，通常以安培为单位。

ammonia 氨水；一种化学制剂，可用作制冷剂，因其制冷能力强尤其适用于大型低温制冷系统（如溜冰场）中。

ammonium chloride 氯化铵；见 **sal ammoniac**。

amoretto，amorino 同 **cupid**；丘比特，爱神。

amorini 同 **putti**；文艺复兴时期建筑与绘画中的装饰性部分，表现的是些圆胖可爱的裸体小孩。

amorino，amoretto 带翅膀的小天使。

amorphous 非晶体结构的岩石。

amortizement 扶壁或突出式柱墩的斜压顶。

扶壁或突出式柱墩的斜压顶

amount of mixing 搅拌量；特指混凝土或砂浆进行骨料混合搅拌的搅拌机性能的标志量值，对固定搅拌机来说，指混合时间；对货车搅拌机来说，指水泥和水以及骨料混合后滚筒旋转数或叶片的搅拌速度。

amp 缩写＝**“ampere”**，安培。

ampacity 载流量；电线或电缆的电流通过量，用安培表示。

amperage 安培数；回路中的电流量，用安培表示。

ampere 安培；电流的国际标准单位，电流流速单位，等于 1V 的电压作用并通过 1Ω 的电阻上所产生 1A 的电流。

amphiprostyle 柱廊式；指前后有列柱式的门廊为标志的古典庙宇，左右两侧无柱。

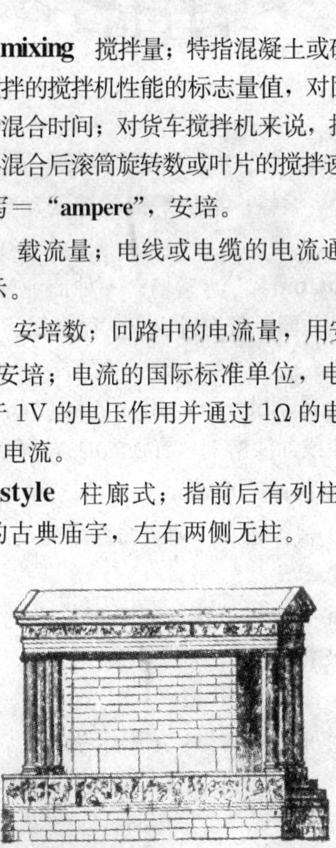
柱廊式

amphistylar 在两侧或两端有列柱式的古典庙宇。

amphitheatre，amphitheater 1. 圆形剧场，角斗场；中心是竞技场，四周由阶梯形升高的坐席环绕的圆形、半圆形或椭圆形剧场。2.（英国）剧院楼座的头等坐席区。3. 特指古典希腊式室外剧院。

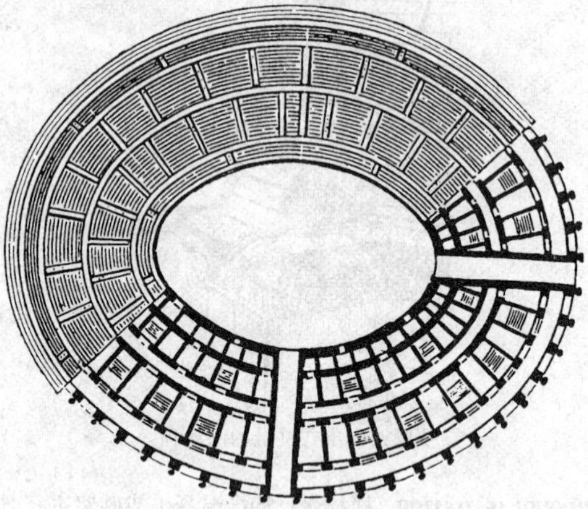

圆形剧场

amphithura 希腊教堂圣壁入口的布帘。

amplitude 振幅；指从平衡位置摆动或振动的最大位移。

amusement park 游乐场；一种商业性质的有娱乐特色的公园，带有过山车、射击场、旋转木马、小吃摊等。

amyl acetate，banana oil 乙酸戊酯，香蕉油；一种清漆或油漆溶剂，有强烈的香蕉气味。

amylin 糊精；见 **dextrin**。

anaglyph 浅浮雕；一种装饰性雕刻或浮雕；又见 **bas-relief**。

analemma 1. 古希腊或罗马剧院边上的挡土墙。2. 用作支撑或支座的升高的构筑物。

analogion，analogium 1. 书桌，诵经台或读经台。2. 东正教教堂里，放唱诗经（歌）的架子。

anamorphosis 变形失真的形象；从特殊的角度或用特殊的装置观看会呈扭曲状的图像。

anatase （矿）锐钛矿；见 **titanium dioxide**。

变形失真的形象

anathyrosis 希腊的一种不用灰浆的组合砌筑方法，砌块间周边的接缝加以修饰，而中间不加处理并稍微凹进。

anchor，anchorage 1. 锚固件；连接一个物体与另一个物体的金属连接件，经特殊成形的金属连接杆、线或片，用于紧固木材、砌体、桁架等。2. 锚具；在预应力混凝土中，用于锚定预应力钢筋，使其处于应力状态的装置。3. 锚具；在预制装配式混凝土施工中，用于装配单元与建筑框架连接的装置。4. 使楼板或墙板紧固于地基或相邻结构的装置，用于防止相对于基础、相邻结构或地基发生位移。5. 木销。6. 木橛；窗或门框固定于结构上的装置，通常在三维空间可以调整；又见 **doorframe anchor**。7. 见 **jamb anchor**，**masonary anchor** 等。8. 锚箭饰；在卵饰线脚中的锚饰箭头，也称作 **anchor dart**。9. 开脚扁铁；管道安装中确保管道和结构连接牢固的装置，典型做法是用一金属件埋入混凝土板或梁中。10. 锚形装饰；铸铁夹具，出于佛兰德斯人，为了防止相邻砖墙分离，采用钢拉筋拉链。拉筋端部的锚形夹具外露于砖墙表面，连接件通常做成数字的形式以说明建筑的年代，或者做成字母的形状表示主人名字的缩写，或者只是简单而有趣的形状。

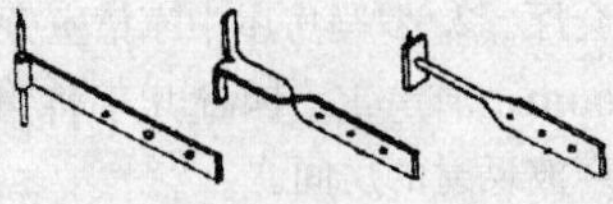

锚固件，1

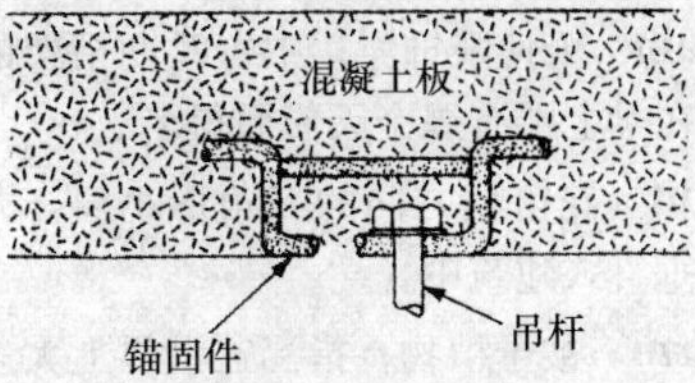

锚固件，9

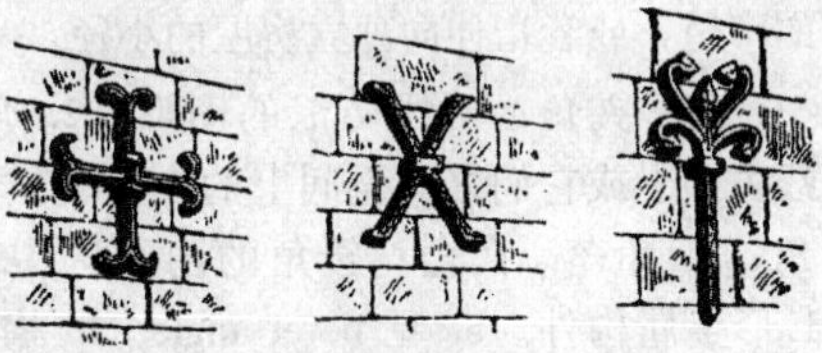

锚形装饰；熟铁夹具
中世纪锚固件，10

anchor beam 锚梁；在典型美洲殖民地荷兰式棚中横跨棚中前后两山墙的整体水平原木。

anchorage 1. 锚具；在后张法中，使预应力钢筋锚固定于后张拉混凝土构件上的装置。2. 在先张法中，混凝土硬化期间临时锚固预应力钢筋的装置。3. 同 anchor，3。

anchorage bond stress 锚固粘结应力；等于钢筋所需锚固力除以钢筋的周长和预埋长度的乘积。

anchorage deformation，anchorage slip 锚具变形，锚固滑移；在预应力混凝土中，当预应力传给锚固装置时，由于锚固件变形或预应力筋滑移而导致预应力筋缩短。

anchorage device 锚固装置（件）；用于锚固的装置构件。

anchorage loss 同 anchorage deformation；锚固损失。

anchorage system 锚固体系；一组相互作用的锚件和构件。

anchorage zone 1. 锚固区；在后张法中，临近锚

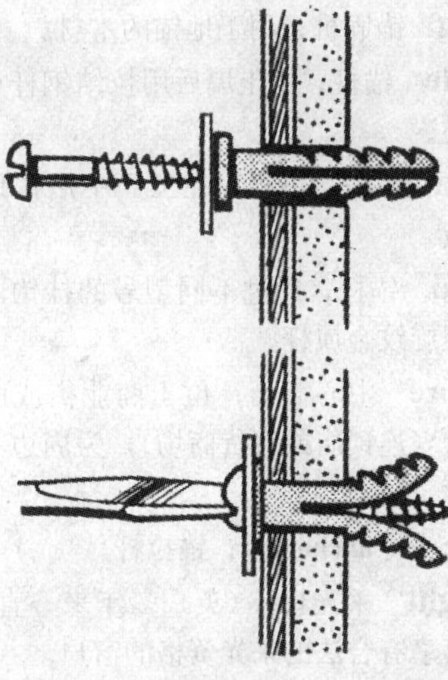

锚固装置（件）

固件的区域，承受预应力分配形成的次应力。2. 在先张法中，传递的锚固应力发展的区域。

anchor block 木楔，木砖；嵌在墙体中代替砌砖的木块，用来在上面钉钉子或紧固连接件。

anchor bolt，foundation bolt，hold-down bolt 1. 锚固螺栓，底脚螺栓；固定在建筑结构上的钢螺栓，其螺纹外露用于紧固框架、木材、机器底座等。2. 固定饰面的预埋件；见 brick anchor。

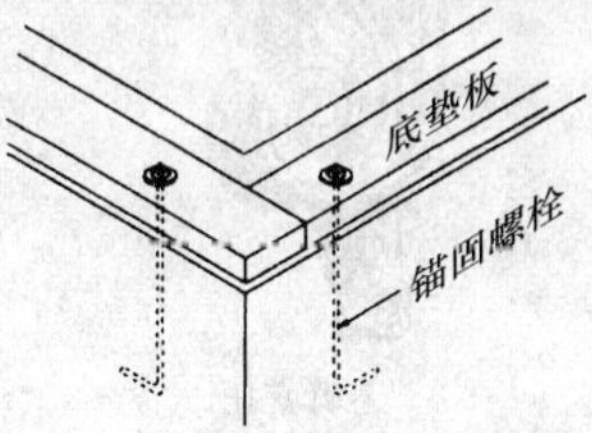

锚固螺栓

anchor cable 锚索；一端固定的缆或线。

anchor dart 锚尖饰；见 anchor，8。

anchor fastener 锚固件；加固木料或木结构的机械装置（如螺钉或长钉）。

anchored-type ceramic veneer 用金属件固定的陶瓷面砖；通过薄浆和有色金属锚件固定于基层的陶瓷面，其总厚度不小于 1in（2.54cm）。

anchor iron 同 beam anchor；梁端锚固。

anchor line 同 archor cable；锚线。

anchor log 锚固桩；用于地锚的木材。

anchor pile 锚桩；挡土墙后用拉结钢杆或钢索相连接的桩。

anchor plate 锚定垫板；在工厂中用作地板的方形金属板。

anchor rod 锚杆；通过不同型号的挂钩固定管道系统的螺旋纹金属杆。

anchor store 中心商店；位于商业街或商业区中心的商店（连锁店或百货商场），为周边小型商店吸引客源。

anchor tie 同 **anchor**，**1**；锚拉杆。

ancient light 采光权；（英）多年来一直有采光，仍将继续享有合法的采光资格的窗户。

ancillary 辅助用房；一组建筑中辅助或从属功能的房屋，如附属用房。

ancon（复）**ancones** **1.** 悬臂支托；卷形的和螺形的托架，支撑挑檐或门窗上口。**2.** 凸出物；圆筒柱或墙砌块上的凸出物。

悬臂支托

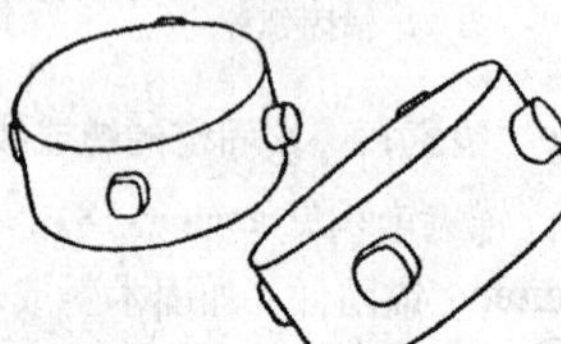

凸出物

anda 舍利塔的半球形穹顶。

andiron 壁炉柴架；壁炉中盛木柴的铁架，常为一对。

andron，**andronitis** **1.** 集会厅；古希腊男宾室，特别是宴会厅。**2.** 罗马房屋中家谱室旁的走道。

anechoic room 消声室；四壁几乎将声波完全吸收，没有声波反射的房间。

anemometer 风速计，风力计；测量空气流动速度的仪器。

angel beam 天使雕饰梁；中古时期桁架的悬臂托梁，因在梁上雕有一个天使而得名。

angel light 花窗棂之间的三角形小窗，尤其多见于英国垂直式建筑中。

angiosperm 被子植物；指涵盖世界上大多数开花类植物的种子植物（种子包在子房里）。

angiportus 小路；古罗马，两所房子或一排房子之间的窄道，或者指伸向独立房屋的小径。

angle **1.** 角，夹角；两线交汇的图形。**2.** 角度；交叉线方向上或它们之间空间上的夹角。**3.** 突出或尖角。**4.** 角落，阴角；转角的隐藏区。**5.** 角钢；L 形金属构件。**6.** 见 **bevel angle**。**7.** 檐沟上使檐沟方向改变的配件。

angle bar **1.** 窗角竖梃；多边形窗、凸窗或圆弧窗两个面汇合处的直梃。**2.** 角铁。

angle bead **1.** 墙角卷边条。**2.** 角接缝条；嵌入粉刷墙角的金属条或木条，用以保护墙角或者作为粉刷找平的标志。

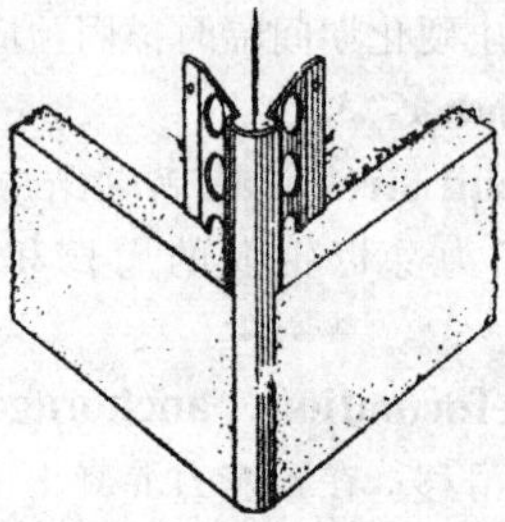

角接缝条

angle blasting 小于 90°角的喷砂处理或类似的喷砂处理。

angle block，**glue block** 节点支块，三角木块；用于连接相邻构件或为了加固木框架而粘贴在其角部的三角小木块，通常为直角三角形。

angle board 角导板；表面按要求角度切割而成的木板，用作切或刨块角度的木板的导板。

angle bond 墙角拉筋；墙转角处圬工砌合用的拉筋。

angle brace 1. 对角撑；临时固定在框架两端以加强其刚度的一根构件，如窗框或门框在就位之前，其四角临时钉上交叉的木条以确保其在运输或搬运时保持四角方正，也称作 **angle tie**。2. 角钢（**angle iron**）。3. 当钻孔时没有足够的空间使普通的曲柄把手转动时所使用的一种特殊曲柄。

angle bracket 角撑架，角钢托，角形托架；不垂直于墙面的突出托架。

angle brick 角砖（非90°角）；用于砌筑斜凸角的楔形砖。

angle buttress 转角扶壁；两个扶壁互相垂直，形成结构的转角部分。

angle capital 角柱的柱头；特指罗马及希腊建筑中有以柱顶对角线方向（而不是两个平行方向）向外突出的四个涡形卷饰的爱奥尼柱头。

角柱柱头

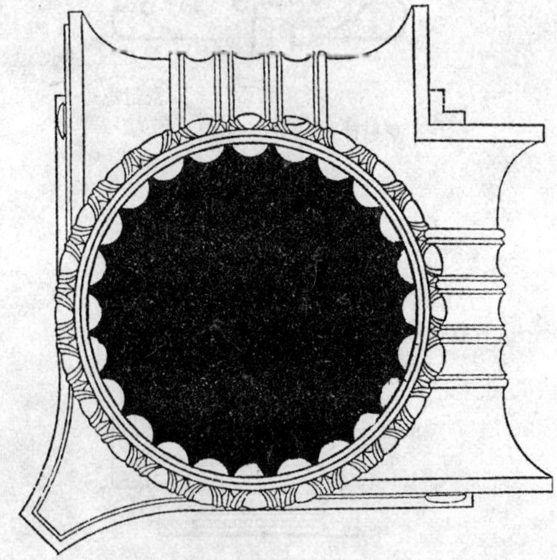

爱奥尼柱头平面图

angle chimney 斜置烟囱；与房间的侧墙成一角度而置的烟囱。

angle cleat 同 **angle clip**；短角钢，角钢夹。

angle clip 角形钢夹板，用于连接相互正交的构件。

angle closer 墙角半砖；使墙角砌筑闭合的特殊形状的砖。

angle collar 铸铁承插管弯头；一段两端都有承插接口的铸铁管，用于不在一条线上的两根管子的连接。

angle column 角柱；置于建筑转角部的柱子，可以不承重，也可承重，如柱廊角柱。

angle corbel 角形梁托，L形直角梁托；竖直面固定于墙上，水平面支托结构构件。

angled bay window 八角窗；从墙面向外突出平面呈三角形的凸窗。

angled chimney stacks 对角烟囱；见 **diagonal chimney stacks**。

angle divider 分角仪器（规）；可以设置或平分角度的直尺，铰接的另一翼可转动，当两翼成90°时，可作曲尺。

angle dozer 角铲推土机；其刮铲呈某一角度的推土机。

angledozer 同 **bulldozer**；侧推式推土机。

angled stair 转弯楼梯；两梯段之间的夹角非180°，通常为90°，其中间由平台接续。

angle fillet 三角盖板；断面为三角形木条，用于覆盖两个面汇交所形成的小于180°角的接缝。

angle fireplace 墙角壁炉；占据房间一角的壁炉；如见 **fogón**。

angle float 角镘，角抹子；两表面成90°角的抹子，用于浇筑混凝土或抹灰的角部处理。

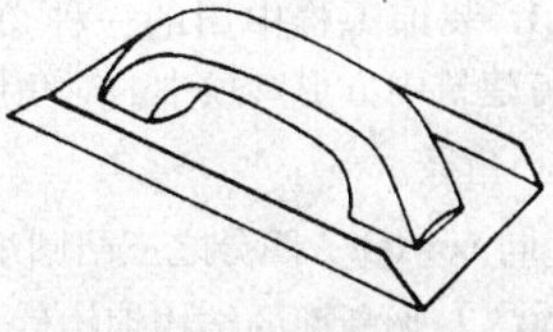

角镘，角抹子

angle gauge 角规；建筑施工中，设置角度或检查角度的模板。

angle globe valve 转角球阀；设置在供水管道中

直角转弯处的球形阀，省了设置弯头，并多了一个控制水流的节点。

angle hip tile 角形坡脊瓦。

angle iron，angle bar 角铁，角钢；L形铁结构或钢构件。

angle joint 角接，隅接；两块不同方向改变的木材所形成的节点，例如鸠尾榫接头或镶榫接头。

angle lacing 角钢拉条；在连系杆系统中，用角钢代替拉条。

angle leaf 叶形角饰；中古建筑中，用于遮盖柱下部方形柱基突出的一角的雕花或马刺。

angle-lighting luminaire 角光照明；投向某一方向而非对称的照明。

angle modillion 檐角托饰；挑檐角部的飞檐托饰。

angle newel 楼梯扶手转变支柱。

angle niche 角龛；常见于中古建筑中角落的壁龛。

angle of illumination 照明器轴线和照射垂直面之间的夹角。

angle of repose 休止角，材料堆坡度角；一堆材料放置无坍塌时与水平线成的最大坡度。如同挖方或堤岸，假定水平面和最大坡面之间的角度是自然形成的。

angle of rest 同 **angle of repose**；自然倾斜角，休止角。

angle paddle 角板；饰面抹灰用的手工工具。

angle pier 角墩；两墙相交处外侧设置的墩子。

angle post 角柱；砖木结构中的角柱。

angle rafter 角椽，屋脊椽。

angle rail 角轨；沿木材长度方向将一块方形锯成两个横截面呈三角形的型材。

angle rib 1. 装饰工程中用的一种角型线脚。2. 角肋；歌特建筑中方形穹顶中的对角肋。

angle ridge 角椽。

angle-roll 同 **bowtell**；四分之三凸圆饰。

angle section L形断面的结构钢构件。

angle shaft 1. 角柱；诺尔曼门窗直角凹槽内的门框柱。2. 装饰件；如贴在建筑外角的小柱或带装饰的墙角护条。

angle staff，staff angle 墙角护条，护角线条，角饰；嵌于两粉刷面相交外角上，与表面平齐的垂直木条或金属条，起保护作用或作为抹平导板。

angle stile 三角形嵌条；用于遮盖木质表面与墙相交如角橱边接缝的狭木条。

angle stone 同 **quoin**；隅石。

angle strut 角钢压杆；用来承压的角钢结构构件。

anglet 呈90°角的沟槽。

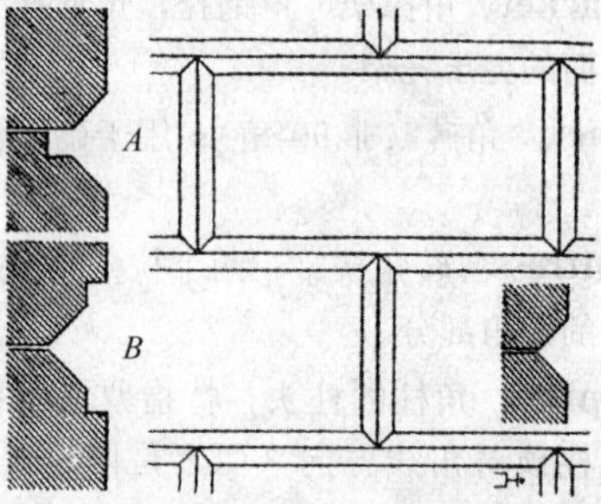

含有90°角的沟槽

angle tie 角钢拉杆；见 **angle brace，1**。

angle tile 用于覆盖屋脊的瓦，有时也用于覆盖建筑的角部以防风雨。

angle trowel 角边抹子；抹灰用的抹子。

angle valve 角阀；控制液体或气体流动的阀，其中流体流入与流出方向呈直角。

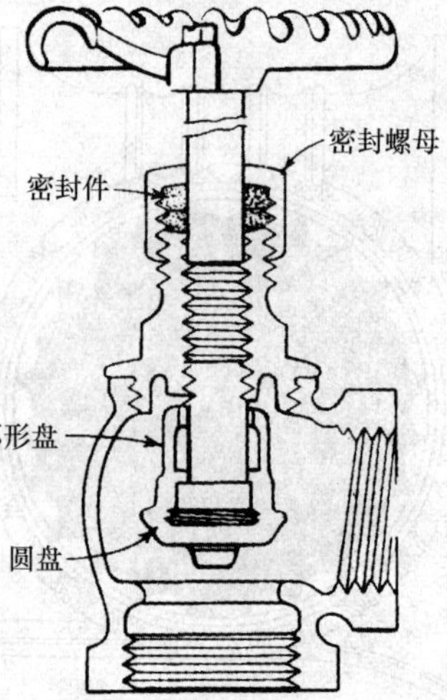

角阀

angle volute 角柱顶；见 **angle capital**。

Anglo-Italian Villa style 偶尔指意大利形式；盎格鲁—意大利别墅式。

Anglo-Palladianism 盎格鲁—帕拉第奥主义；一场为反对巴洛克风格而兴起的建筑运动，主要出现在1710～1760年的英国，以再现伊尼古·乔纳斯的作品和安德烈亚·帕拉第奥的早期作品为标志。有时被称作柏林顿风格（**Burling tonian style**）或古典主义复兴。

Anglo-Saxon architecture 盎格鲁—撒克逊式建筑；诺曼底军事征服（公元1066年）之前英国的前罗马风格建筑，随后不久即消失，其特点是墙体厚重，圆拱，有束带层或壁柱，三角拱，长短砌合。

盎格鲁—撒克逊式建筑

angstrom 埃；用于表示电磁波长的单位，缩写为Å，1Å＝10^{-10}m＝1/10nm。

angular aggregate 棱角骨料；其颗粒在粗糙平面交接处具有棱角分明的骨料。

angular capital 同 **angle capital**；角柱的柱头。

angular frequency 角频率（ω）；周期性运动的频率数乘以2π，用弧度（rad）表示。

angular hip tile 同 **angle tile**；戗脊瓦。

angular pediment 山墙，山形墙；有水平挑檐，其两斜边于顶部汇交到一点所形成的三角形山墙，也写作 **triangular pediment**。

山墙，山形墙

anhydrite 硬石膏，硫酸钙矿；一种天然硫酸钙矿物质，用于普通水泥生产时控制其凝固时间。

anhydrous calcium sulfate, dead-burnt gypsum 无水石膏；去掉所有结晶水的石膏。

anhydrous gypsum plaster 无水石膏灰浆；相对普通石膏灰浆，由于其中大量结晶水被去除，致使其用作饰面粉刷时，需要添加速凝剂方可使之凝固。

anhydrous lime 无水石灰，生石灰；见 **lime**。

animal black 兽骨炭；用于涂料中由碳化的动物骨头制成的颜料，通常用炭黑来表示色度或黑度，共分三个等级：骨炭黑、稍黑、象牙黑。

animal glue, hide glue 动物胶，兽皮胶；由骨头、兽皮、牛角和动物筋制成的胶，加热使用结合力增强，耐水性较差。

anisotropic 非均质的；形容材料（如木材）在不同方向上物理性质不同。

ANL （制图）缩写＝“**anneal**”，退火，煅烧热处理。

annealed glass 退火玻璃；在生产中，熔融的液态经过较长过程后慢慢冷却的玻璃。

annealed tube 退火管；见 **soft copper tube**。

annealing 退火，热处理，韧化；使材料持续保持不高于熔点的高温的工艺过程，以消除材料的内应力。

annex, annexe 附件，附属建筑；靠近或与主体建筑相邻的辅助部分。

annexation 合并，归并；通过政府界定的新边界，例如城市或州之间。

annual plant 一年生草本植物；生命周期为一个生长季的植物。

annual ring, growth ring 年轮，生长环；树木生长一年而产生的一层纹理。

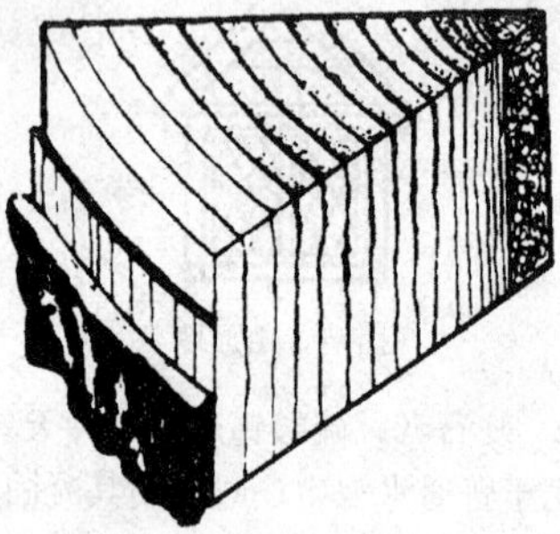

年轮，生长环

annular 环的，环形的，有环纹的；指环形结构或物体。

annular crypt 环状地下室；由半圆形回廊构成的地下室，通向设有圣徒遗物的主室。

annular molding 环状线脚；其平面呈环形的线脚，如环状半圆线脚装饰。

annular nail 环形钉；钉体上有环形纹的钉子，以提高钉子的抓力。

annular vault 环形穹隆；平面呈环（非直线）状的筒形拱顶；覆盖在两同心圆之间或其他任何类似的空间上。

环形穹隆

annulated column 环柱；柱身上有一系列间隔环纹的单柱或群柱。

annulet 环形线脚；平面呈环形，其断面是矩形或三角形的细线脚，特指多立克式柱颈部以上柱头下部的环绕线。

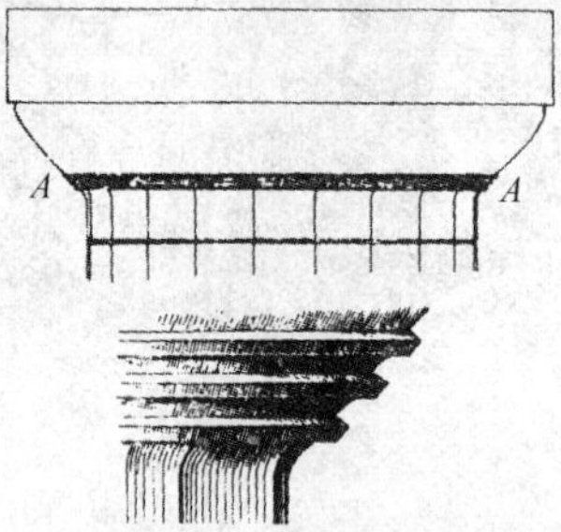

环形线脚：*A*—多立克式柱头
图示为放大的柱头下部环绕线

annunciator 1. 信号器，报警器；一种信号装置，由电路控制，启动按钮后可以发出声音信号和图像示意。2. 汽车报警器；见 **car annunciator**。

ANOD （制图）缩写＝“**anodize**”，阳极防腐。

anode 阳极；插入土中的金属棒以避免地下铁管

或构筑物与土壤发生电化反应。直流电经过金属棒导入铁管或构筑物固边的土壤，与土壤对其的电化反应相抵消。

anodic coating 阳极镀层；阳极氧化后形成的表层，如氧化过程中加入染料或颜料也可以形成彩色表层。

anodize 阳极氧化处理；通过电解反应，在金属（特别是铝）表面形成坚硬度高的、耐腐蚀的电解氧化膜。

anse de panier 同 **basket-handled arch**；三心拱。

ANSI 缩写＝“**American National Standards Institute**”，美国国家标准学会。

anta（复 **antae**） 壁角柱；通过加厚末端墙形成的壁柱或矩形墩子，通常突出立面或柱廊，其柱头和柱基不同于柱廊的列柱，成对出现在柱廊两侧。如与其相邻的柱廊间便称为角柱间。又见 **distyle in antis**。

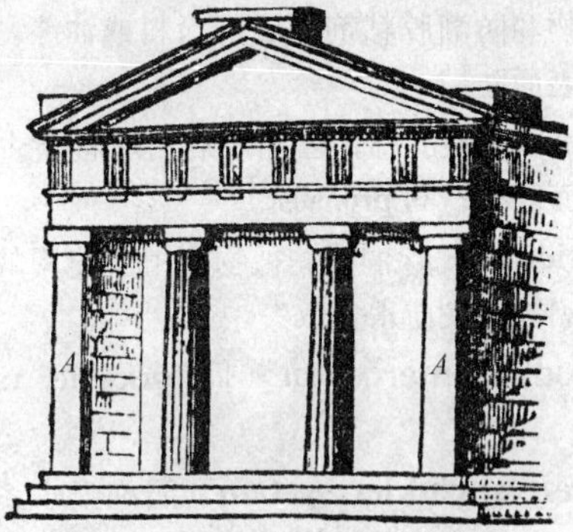

壁角柱

anta cap 壁角柱的柱头。

antebellum 战前的（尤指美国南北战争）；指美国南北战争（1861—1865）之前。

antecabinet 前室；宽敞而装饰优雅的空间，可通往私人接见室或内室。

antechamber 1. 前厅；接待室之前的房间。2. 接待室；休息室，大厅，门厅。

antechapel 教堂门厅；礼拜堂前面作为门廊或前厅的独立空间。

antechoir 唱诗班前室；唱诗班席位内、外之间或开放或封闭的空间。

antechurch 教堂前厅，前廊；教堂前面带有中厅和侧廊的纵长厅。

antecourt 前庭；主庭院前面的入口庭院或外庭院，如同凡尔赛宫。

antefix 1. 瓦檐饰；古典建筑中的直立装饰构件，用于封堵扣瓦开放的端部。2. 屋脊上类似的装饰。

瓦檐饰

antemural 城堡外墙；围绕城堡的外围护墙体。

antenave 前殿；引向教堂中厅的前廊或门廊。

antepagment 1. 用于门窗的边框和上部装饰的石头或拉毛粉刷；同 **architrave**，**2**。2. 门边框或塑模贴脸板。

门边框和塑模的贴脸板

antependium 帷幔；中世纪教堂祭坛前面悬挂的木幔。

antepodium 唱诗班后面留给牧师的座椅。

anteport 外门，大门；作为主要入口的外门或大门。

anteportico 前门廊；古典庙宇中主回廊前面的外廊或回廊。

anterides 扶垛，扶壁；古希腊、古罗马建筑中抵在外墙处的一种加强结构或扶壁，尤其指用于地下室外墙中的。

扶壁

anteroom 接待室，前厅；与主要大厅相连的房间，通常用作休息区。

ante-temple 教堂前厅；古代礼拜堂的前廊。

anthemion, honeysuckle ornament 棕榈叶饰；棕榈叶形状的古希腊建筑装饰，用于石柱或瓦檐饰上或者作为中楣的周边装饰。

棕榈叶饰

antic, antic work 奇特的，奇特物；由动物、人和树叶组成的不和谐的、奇异的雕塑，用作线脚的结束部分和中世纪建筑的其他部分。有时指“奇异的”或“阿拉伯式的”同义词。

奇特物

anticorrosive paint 防腐漆，防锈漆（涂料）；由耐腐蚀颜料（例如铅铬酸盐，锌铬酸盐或红铅）、化合物和防潮胶粘剂制成的涂料或油漆，用于铁和钢表面防护。

anticum 寺庙门廊；区别于后门廊特指古典建筑的前面门廊；同 pronaos。

antidesiccant 保湿膜；植物移植前使用的材料以避免因其蒸发使水分散失。

antiflooding interceptor 同 backwater valve；止回阀。

antifreeze sprinkler syetem 防冻喷水系统；系统中添加防冻液的湿管喷水系统。当系统启动时，防冻液被排出，随后水便从与之相连的水管中流出。

antifriction bearing 抗摩擦轴承，能有效地减小摩擦力的轴承。

antifriction latch bolt 减摩擦碰簧销；在建筑五金件中的一种销，以减小在锁舌片插入门鼻子时的摩擦。

antimonial lead, hard lead, regulus metal 锑铅合金，硬铅，铅锑合金；含10%～25%锑与适量铅的合金，锑有助于增加抗拉性并使铅硬化，可用作屋面、油罐衬里和覆层材料。

antimony oxide 氧化锑，锑白；一种不透明的白颜料，用于涂料和塑料中以提高阻燃性。其阻光度，仅次于二氧化钛。

antimony yellow 锑黄，铅锑黄；见 Naples yellow。

antiparabema 拜占庭教堂入口一端的两个小礼拜堂其中之一。

antipumping 当电路断路进行维修时，用于防止开关重新关合的挡片。

antique crown，eastern crown 古王冠，一种古代王冠，由头圈和顶边伸出不定数量的尖头放射式饰物组成。

古王冠

antique glass 仿古玻璃；用于彩色玻璃窗中厚度不均的粗糙圆形玻璃，特性类似于中世纪的彩色玻璃。

antiquing 通过漆成梳纹、木纹或大理石纹，使涂漆暴露一部分底漆的饰面装饰技术。

antiquum opus 同 **opus incertum**；毛石墙。

antis，in 墙角柱间，双柱门廊；见 **in antis**。

anti-sing lamp 同 **low-noise lamp**；低噪声电灯。

anti-siphon 指一种如阀门的机械装置，可消除虹吸作用。

anti-siphon trap 防虹吸存水弯；见 **deep-seal trap**。

anti-siphon vacuum breaker 避免产生反虹吸力的装置（或方法）。

antislip paint 防滑漆；其中添加了沙、木粉或木屑而具有高摩擦系数的油漆，用于台阶、门廊和人行道以防滑。

antismudge ring 除污环；环绕顶棚上空气扩散的周边安装的一种装置，可最大限度减少顶棚的环形积灰。

antistatic agent 抗静电媒质，抗静电剂；使塑料中的静电减少的化学添加剂，或接地的金属装置。

anti-sun glass 反光玻璃；见 **coated glass** 和 **tinted glass**。

AP 缩写＝“**access panel**”，观测台，观测板。

APA 缩写＝“**American Plywood Association**”，美国胶合板协会。

apadana 波斯宫殿中圆形的会客厅；古波斯宫殿中的大厅。

apartment **1.** 公寓；多层住宅中彼此独立的由许多相似的一个房间或包括多个房间的单元组成，其中至少带一个浴室。**2.** 至少包含三套上述居住单元的建筑。又见 **efficiency apartment**，**garden apartment**，**apartment hotel**。

apartment hotel **1.** 出租适合于少量家务的居住寓所，并提供旅馆式服务的酒店。**2.** 旅馆公寓；具备很少家务的居住寓所及提供公共餐饮设施的公寓房。

apartment house 公寓楼；见 **apartment**，**2**。

apartments （英）单元；拥有多个房间组成供单身或家庭使用的居所。

APC （制图）缩写＝“**acoustical plaster ceiling**”，吸声粉刷顶棚。

apex 顶点，峰点；建筑物的高点、顶尖或顶点。

apex stone，saddle stone 拱顶石，山墙顶石；双坡屋顶两端的山墙、三角檐饰、拱顶或穹顶上最顶上的石头，通常为三角形，装饰华丽。

apodyterium （古希腊、罗马浴场）更衣室；古希腊或古罗马浴室中，或体育馆里的洗浴者或者参加体育锻炼的人换衣服的房间。

aponsa 单坡屋顶，屋面的椽子只嵌入墙中或搁置在墙上的屋顶。

apophyge **1.** 柱底或柱头凹线；从柱基或柱头至柱身过度的一小段凹曲线，也称作 **scape** 或 **congé**。**2.** 一些古典柱头钟形圆饰下方的凹入部分（例如凹形边饰）。

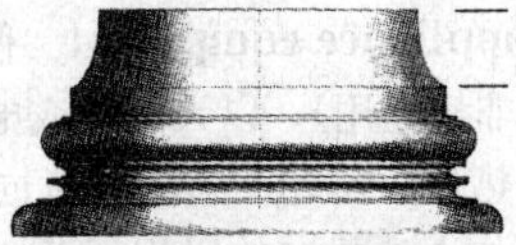

柱底或柱头凹曲线

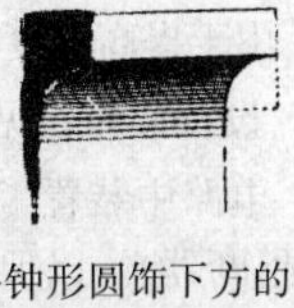

古典柱头钟形圆饰下方的凹入曲线

apostheses 同 **apophyge**；凹线脚。

apostilb 阿熙提（亮度单位），等于每平方米 1/π 烛光。

apotheca 藏酒窖；古希腊或古罗马用于贮藏酒的储藏室。

appareille 通往堡垒平台的斜坡或上坡。

apparent brightness 表观亮度；见 **brightness**。

apparent candlepower 表观烛光；指在规定范围内的扩散光源：在该距离内点光源产生同样亮度的烛光。

apparent density **1.** 视密度；置于单位体积内的绝热材料的质量。**2.** 表观密度，表观重度；单位体积材料的质量（或单位体积的重量），包括材料固有的空隙。

APPD （制图）缩写＝"**approved**"，批准。

appentice, pent, pentice 坡顶；附着在建筑物侧墙外的单坡屋顶。

坡顶

appliance, appliance equipment 任何用具，器具，设施（非工业用）；以天然气或电为能源具有调节空气、热量、发光、制冷或者同时具有更多种功能（例如洗碗机）的民用设备，通常有标准尺寸和类型，按套出售。

appliance lamp 用于提高温度的电灯。

appliance outlet 设备插口；见 **outlet**。

appliance panel 电路中装置了两个或多个特定元件的金属盒（如熔断器），以保护带电的便携式电气设备防止电流过载。

appliance regulator 设备调节器；能控制和保持向设备提供的燃气压力均匀的调节装置。

application for payment 以书面合同规定因为材料运输或储存拖延工程进度所需支付的费用。

application life 同 **working life**；使用寿命。

applied molding 镶板或护墙板分格线脚；钉于或粘贴在表面而非嵌入的线脚。

applied ornament 同 **appliqué, 2**；嵌花，贴花，附饰物。

applied trim 用于边框（例如门框）的表面附加的或单独的装饰木条或线脚。

appliqué **1.** 一种有特色的附加装饰。**2.** 嵌花，贴花，附饰物；装饰工程中将一种材料附贴于另一种材料上的方法。

appraisal 评价，估价，鉴定；对市场、土地或设施的价值、支出、效用状况作出的评价或估价（尤指具备资格的专业评估者）。

approach-zone district 引道区域；明确限制建筑物的高度或其他危害飞机飞行的物体四周向外延展后所包括的区域。

approval drawing 批准图；房屋建筑中，由制造商绘制完成得到买方认证的图纸。该认证证明制造商已完全履行了合同要求。

approved **1.** 被认可的；特指材料、设备或结构被具有资格的权威机构所认证，需通过由权威指定的代理进行实验或调查，或者由国家权威机构以及技术或科学组织可以接受的原则或实验来确定。**2.** 经核准的；特指被有资格的权威机构接受的，拥有或应用，需通过提交与权威机构制定的基本要求一致的充分证明来确定。

approved equal 经建筑师认可的用于工程中的材料、设备或方法，其基本属性要与合同文件中所注明的等同。

approved ground 符合国家电力法规或其他应用规范要求的接地方式（例如建筑的钢框架，混凝土外包的电极，或接地圈）。

approving authority 由符合法规的行政区域政府部门批准设置、有权执行特殊规定的机构、董事会、部门或官方组织。

APPROX （制图）缩写＝“approximate”，大约。

appurtenance 1. 附属物；嵌入建筑物中的非结构部分，如门、窗、通风设备、电力设施、隔断等。2. 附带的财产所有权，如可通行权。

appurtenant structure 附属结构；安装在建筑物外部或竖立在屋顶的结构，通常用于支撑服务设施或广告牌等类似设施。

APPX （制图）缩写＝“appendix”，附录。

apron 1. 宽台板；紧贴窗下槛的装饰平木板。2. 挡板；置于橱柜底部的平木板。3. 同 counterflashing；泛水盖帽。4. 同 apron flashing；遮檐板、披水扳。5. 护板；建筑外立面起保护或装饰作用的镶板。6. 散水坡；建筑外立面紧邻地面部分向外挑出的混凝土板，如同车库地面的延伸一样。7. 护墙；洗涤盆或抽水马桶后面的竖嵌板。8. 前舞台；位于剧院中舞台前部，幕布线以外向观众席方向悬挑去的舞台部分。

apron flashing 1. 披水板；覆盖在立墙和坡屋面相接处（如烟囱的根部）的防雨板。2. 引水板；使水沿立面流向雨水槽的泛水板。

apron lift 幕布提升机；前舞台处用于扩大舞台台口的液压或机械提升机。

apron lining 窗肚墙装修；覆盖楼梯承台梁（apron piece）粗糙面上的木板条。

apron molding 柜底护板；见 apron，2。

apron piece，pitching piece 承台梁；水平固定于墙上，并向外伸出的木梁，支承楼梯的踏步梁、靠墙斜梁和楼梯平台小梁。

apron rail 有装饰线脚的装锁横档。

apron stage 舞台口的外延部分。

apron wall 上下窗间墙；外墙上从窗台向下延伸到下面窗顶部的部分。

apse 教堂半圆形的后殿；教堂里半圆形（或接近半圆形）或多边形的空间，位于轴线底端设置祭坛的位置。

apse aisle 后殿走廊，教堂唱诗班通道；环绕教堂后殿或礼拜堂的过道或回廊。

apse chapel 放射状小礼拜堂；教堂后殿呈放射状的小礼拜堂，有放射状的小礼拜堂成为法国哥特式建筑的显著特征。

教堂半圆形的后殿

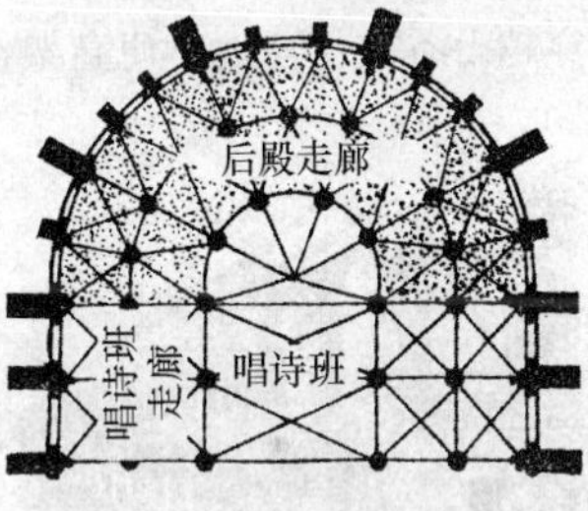

后殿走廊

apsidal 半圆室；从属于后殿的半圆形室或类似于半圆形室。

apsidiole 教堂中小型半圆室；特指从教堂后殿突出的小的半圆形礼拜堂。

apsis 教堂后殿半圆形壁龛，半圆室；矩形房间端部的半圆形堵头。

APT 1.（制图）缩写＝“apartment”，单元。2. 缩写＝“Association for Preservation Technology”，保护技术协会。

apteral 无侧柱的；指一端或两端有柱廊但侧面没有列柱的古典庙宇或类似建筑形式。

APW （制图）缩写＝“architectural projected

教堂中小型半圆室

window"，（建筑）凸窗。

aqueduct 沟渠，导水管；供水沟渠，一般在地下沟渠，当穿越山谷或低洼地时便高架在经建筑处理的拱上。

沟渠，导水管

aquifer 含水土层，蓄水层；能为喷泉和井提供达到使用质量水的由砂砾层、透水岩或砂层组成的一层蓄水层。

aquila 用雕刻装饰的拱圈山墙（门楣）。

AR 1.（制图）缩写＝"as required"，按照要求。2.（制图）缩写＝"as rolled"，根据细目单。

ara 天坛座；高于地面的古典结构，用于摆放供奉神明的贡品。

arabesque 1. 阿拉伯式图饰；伊斯兰国家使用的复杂的几何图案或植物纹样。2. 指在古罗马和文艺复兴建筑中，镶板或壁柱上的叶形装饰卷、垂花饰、支状烛台、动物或人形图案等装饰图案。3. 泛指采用彩绘镶嵌或者浅浮雕方式装饰表面或线脚。

阿拉伯式图饰

Arabic arch 一种马蹄形拱。

araeostyle 同 areostyle；柱式建筑物；见 intercolumniation。

araeosystyle，areosystyle 对柱式，疏柱式；柱距等于柱径二倍和四倍，交替排列成对柱式或疏柱式。

arbitration 仲裁，公断；由一个或多个中间人（通常叫仲裁人）代替司法程序作出的有约束力的解决方案，解决合同双方在执行合同之前或之后产生的纠纷。仲裁的特点是不如法庭正式，并且不使用法庭上的证词规则和大多数实质性的法律规则。

arbor 1. 枝编棚架；由树枝形成轻型的网格结构，以支撑花藤所形成的树阴凉棚。2. 见 counterweight arbor。3. 圆锯、纺锤、造型机、牛头刨等的旋转轴（杆）。

arboretum 林园，植物园；大尺度的非正式花园，主要用于树木展示、教学或科研。

arc 1. 弧光，电弧；电流流过由气体包围的电极之间的间隙而持续放电发出的光柱。2. 碳弧灯；见 carbon-arc spotlight。3. 弧；圆周的一部分。4. 弧度；一种角度。

arca custodiae 禁闭室，牢房；古罗马禁闭囚犯的小室。

arcade 1. 柱或桥墩上的拱圈走廊；又见 blind arcade, coupled arcade, interlacing arcade, intersecting arcade, surface arcade, wall arcade。2. 一侧或两侧有拱券的走廊。3. 一侧有拱券另一侧为带有商店或办公室的走廊。4. 一侧有单层或多层店铺的走廊，顶部采光。

arcading 柱子上的拱券走廊，其实心墙上显示有浮雕一般的装饰，有时拱券支座连成一体。

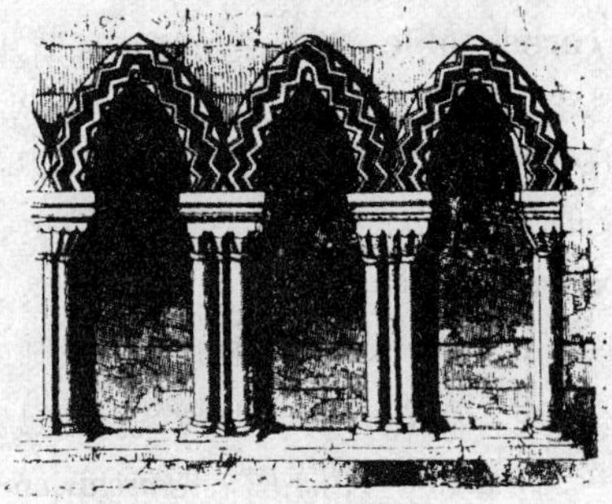

柱子上的拱券走廊

arcae 古罗马建筑中内庭的排水沟。

arcature 1. 连拱饰。2. 作装饰的袖珍型拱廊。

arc-boutant 同 flying buttress；飞扶壁。

arc cutting 电弧切割；用电极和金属之间产生的电弧将其融化而形成的切割过程。

arc de cloître 有凹角的交叉拱。

arc de triomphe 同 triumphal arch；凯旋门，教堂大拱门。

arc discharge 电弧放电，弧光放电；高阴极电流密度和阴极低电压降的放电产生光的现象。

arc doubleau 大跨拱；通常指大尺度、大跨度的拱，用以支承正交筒形拱或加固筒形拱。

arcella 中世纪的奶酪房。

arc formeret 墙拱或肋墙，或者如哥特式穹顶中靠近中厅和侧廊之间的拱廊对应的肋。

arc gouging 电弧割槽；金属弧割时形成的凹槽和坡面。

arch 拱；一种跨越洞口的结构，通常呈弧形，由楔形砌块组成，砌块狭的一端向洞口中心，拱形式变化多样，自微曲线或直线到有尖点曲线。又见 acute arch, anse de panier, arrière-voussure, back arch, basket-handle arch, bell arch, blind arch, camber arch, catenary arch, cinquefoil arch, compound arch, cusped arch, diminished arch, discharging arch, Dutch arch, elliptical arch, equilateral arch, flat arch, Florentine arch, foil arch, French arch, garden arch, gauged arch, Gothic arch, horseshoe arch, inverted arch, jack arch, keel arch, keystone arch, lancet arch, Mayan arch, memorial arch, miter arch, Moorish arch, ogee arch, pointed arch, Queen Anne arch, raking arch, rampant arch, rear arch, relieving arch, round arch, rowlock arch, safety arch, sconcheon arch, secondary arch, segmental arch, semicircular arch, semielliptical arch, shouldered arch, skew arch, straight arch, three-centered arch, transverse arch, trefoil arch, triangular arch, triumphal arch, Tudor arch, two-centered arch。

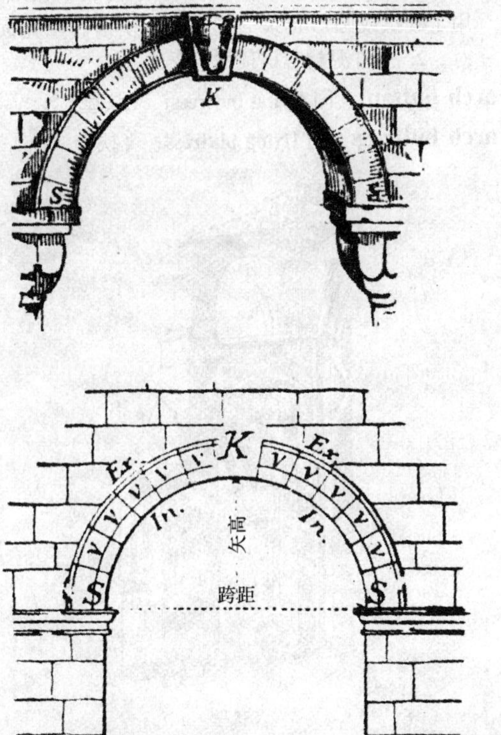

拱：*Ex*—拱弧外曲线；*In*—内弧面；*K*—拱顶石；*S*—拱脚石；*v*—拱圈楔块

ARCH （制图）缩写＝“architect，architecture，或 architectural”，建筑师，建筑，建筑的。

archarium 同 archivium；在古代希腊和罗马时期，存放城市或州之档案文件的房屋，又称档案库或档案保管所。

arch band 拱带；形成拱的一部分或与拱连系的窄长条带。

arch bar 拱板，拱铁条；支撑壁炉或窗口上面的砌体重量的曲形铸铁或钢筋。

arch barrel roof 筒形屋顶；见 barrel vault。

arch beam 同 arched beam；拱梁，拱形梁。

arch brace 拱支撑；支撑屋顶框架起拱作用的成对出现的曲线支撑。

arch brick，compass brick，featheredge brick，radial brick，radiating brick，radius brick，voussoir brick 1. 拱砖，圆辐射形砖，楔形砖；用于砌拱或圆形建筑的楔形砖，楔形砖以宽面相对。2. 来自泥封窑拱顶的过火砖。

arch buttant 同 flying buttress；飞扶壁。

arch buttress 同 flying buttress；飞扶壁。

飞扶壁

arch center 券模，拱架；在施工期间支撑拱券的楔块模板。

arch corner bead 拱角护条；现场切割的护角线条，用于保护和加强拱洞口曲线。

arched barrel roof 同 barrel roof；筒形拱屋顶。

arched beam 拱（形）梁；上表面轻微弯曲的梁。

arched butment 同 flying buttress；拱扶垛。

arched buttress 同 flying buttress；拱扶垛。

arched construction 拱式结构；依靠拱和穹隆支承墙壁和楼面的构造。

arched corbel table 连拱式挑檐；早期基督教和罗马风建筑及其派生建筑中，由一系列坐落在挑梁上的小拱组成的高架的饰带，其间由与拱廊壁柱相交的节点划分。

arched dormer 拱形天窗，拱形老虎窗；近乎半圆形的屋顶天窗，天窗上的窗扇上沿或圆或平。

arched tomb 放置在墙体拱形壁龛内的纪念碑。

archeion 古希腊罗马档案库；见 archivium。

archeria 射箭孔；中世纪防御工事墙上射箭手或弓箭手射箭的洞口。

archiepiscopal cross 大主教十字架；其有两根横臂的十字架，较长横臂更靠近十字架中心。

arching 1. 拱作用；从土体屈服部分向毗连或被约束部分土体应力的传递作用。2. 拱系，拱架。3. 弓状结构；结构的拱形部分。

architect 1. 建筑师；在建筑设计方面受过训练、具有经验并能协调和管理建筑施工所有方面的人。2. 建筑师事务所；经合法程序指定的个人或组织，具有专业资格并适时授予许可能提供建筑服务，包括项目要求分析、工程设计、制图、说明、投标以及施工合同总体管理。建筑师需要表达满足建筑，包括建筑的各组成部分、附属物及其外部空间关于艺术、科学和美学方面的设计功能，还要考虑生命、健康和公共财产的安全；其工作包括洽商、评价、计划、初步设计、设计和施工，也可以包括施工管理和施工组织。

architect-engineer 建筑师兼结构师；在建筑和结构两方面提供专业服务的个人或组织，这个词通常出现在政府特别是联邦政府的合同中。

architect-in-training 同 intern architect；见习建筑师。

architectonic 建筑技术的；与建筑技术原理有关

的或一致的。

architect's approval 建筑师的认可；建筑师对于应用于工程的材料、设备或施工方法作出的书面认可，或者对合同要求或条款有效性的认可。

architect's scale 三棱尺，比例尺；边缘有刻度的三棱尺，用于采用英尺（或米）直接测量有比例的图。

architectural **1.** 建筑学的；和建筑有关的特性、特点或详图。**2.** 建筑上的；和建造或装饰结构的材料有关的，如镶嵌的，青铜色的等。

architectural area 建筑面积；从建筑物的外表面或两建筑共用墙中轴线计算的总的地面面积，一般不包括露天阳台。有屋顶门廊或拱廊的面积按实际面积的一半进行计算。

architectural barrier 建筑上的障碍；建筑中，导致残疾人无法自由通行的某项建筑特征。

Architectural Barriers Act 建筑障碍方案；1968年美国国会通过的一项法案，要求联邦资金和（或）拥有或租用建筑的联邦政府向建筑建造或改建项目中投入资金支持，使建筑达到残疾人无障碍通行的使用要求。

architectural bronze 建筑（用）青铜；并非真正的铜，是由57％铜、40％锌、2.75％铅、0.25％锡组成的合金，用作线脚件或锻件。

architectural coating 建筑涂料；用于建筑物内墙和（或）外墙表面的罩面。

architectural concrete **1.** 装饰（用）混凝土；用于结构和装饰工程的钢筋混凝土。**2.** 建筑混凝土，装饰混凝土；在非混凝土框架结构中，具有美学效果的外露混凝土。

architectural details 建筑细部；指建筑物中较小的构件和饰面设计。

architectural drawing 建筑图纸；建筑师为工程项目绘制的一套图纸，如平面图、立面图和详图。

architectural fountain 装饰性喷泉；由水泵、水管、管道、操纵装置、阀门、喷嘴组成的系统。通过压力喷出各种装饰性的喷水，夜晚加上灯光有特殊效果。

architectural glass 建筑玻璃；指几种印花玻璃或图案玻璃。

architectural hardware 装饰小五金；也称为 **finish hardware**。

architectural ironmongery 建筑小五金（英）；同 **architectural hardware**。

architectural millwork, custom millwork 定做木工制品；工厂制作的木工制品，特指满足特定工程要求的木制品，有别于标准尺寸或库存的构件。

architectural mode 建筑模式；根据建筑的几种共同特点对建筑进行的大致的划分，不同于建筑风格，但这种划分相对传统建筑而言不考虑设计、形式或装饰的协调性。当一些建筑似乎效法了早期的原型（例如，美国殖民复兴时期）时，原型中有特色的地方经常在尺度和重要性上被省略或夸大，而且可能加入一些原型中没有的其他类型的设计元素（像屋顶窗、烟囱或窗户），或者用新型材料代替原型中有特色的建筑材料，可参照 **architectural style**。

architectural projected window 一种窗户，其窗框和平开窗扇（**ventilator, 2**）构件比商业用的平开窗用钢量多。

architectural section 建筑剖面；见 **section, 2**。

architectural sheet metal 建筑金属板；见 **sheet metal**。

architectural style 建筑风格；对有许多共同属性的建筑的一种划分，包括总体造型、主要装饰单元的布置、材料的使用以及形状、尺度和结构等的相似性。这样的建筑形式经常和特殊历史时期、地理区域、民族传统、宗教或者更早期的建筑有关。通常情况下，包含单词 style 的术语（如 Santa Fe style）是指建筑模式而不是建筑风格。

architectural terra-cotta 建筑陶瓦；用于建筑施工中的一种高温烧制的坚硬陶土制品，无论有釉或无釉，有或无装饰，机器成型或手工制模，比普通砖或饰面砖尺寸稍大。又见 **ceramic veneer**。

architectural volume 建筑容积；由建筑面积和高度相乘得出的建筑立方体积。对基础而言，其高度指底部到楼面饰面层的平均深度，对屋顶而言（不包括平屋顶），指平均高度。

architecture **1.** 建筑学；设计和建造房屋或大型建筑群的艺术和科学，具有审美和功能要求。

2. 建筑；和上述原则一致所建造的房屋。

architrave 1. 额枋；古典柱式檐口的最低部分，是柱与柱之间的梁，直接放在柱头上；又见 **order**。2. 门窗贴脸；包在门洞口的边框和过梁或洞口周围部位的装饰性线脚。

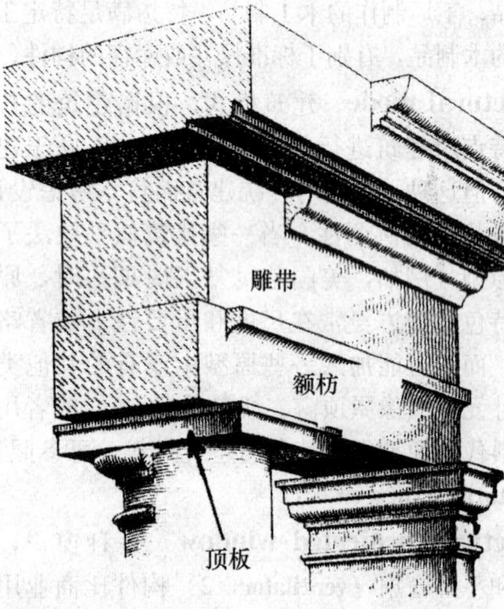

额枋

architrave bead 紧靠窗洞或门洞口固定在墙上的金属条，被贴脸板覆盖。

architrave block 同 **skirting block**；线条板座块，门头线墩子。

architrave cornice 门窗框上口檐板；直接放置在额枋上的一种檐板，中间省掉了雕带。

archivium 古代希腊和罗马时期，存放城市或州之档案文件的房屋，又称档案库或档案保管所。

archivolt 拱门饰；在曲线拱的正面沿拱腹线的装饰线脚或装饰带。

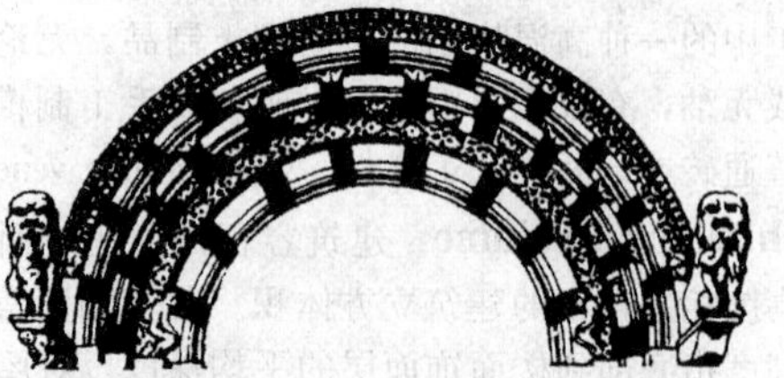

拱门饰

archivoltum 中世纪倾倒废物的阴沟或容器，如下水道或污水渗井。

arch order 1. 罗马建筑中，框在柱与檐口之间的拱券。2. 中世纪建筑中，连续的拱和相套柱的竖直面。

罗马建筑中，框在柱与檐口之间的拱券

arch rib 1. 拱肋；罗马建筑中，穿越中殿或垂直于侧廊的横肋。2. 肋拱的主要承重构件。

arch ring 拱环；在拱形建筑中，承担主要荷载的曲线构件。

arch stone 同 **voussoir**；拱石。

arch surround 拱门饰；沿拱边界的装饰，很少使用的词语；同 **archivolt**。

arch truss 拱形桁架；一种具有拱形上弦（向下凹）和直线下弦的桁架，上下弦之间有竖向吊杆连接。

archway 拱道，拱廊；从拱下穿过的通道，通道较长时，如同筒形拱顶。

arch light 弧光（灯，照明）；两个金属电极或两个碳棒之间产生的强亮度发光光源，又见 **carbon-arc spotlight**。

arcosolium 地下墓穴中拱顶小穴；在罗马地下墓穴中的一种拱形壁龛或墓室。

arcs doubleaux 同 **arch band**；拱带，拱箍。

arc spotlight 同 **carbon-arc spotlight**；碳弧聚光灯。

arcuated 拱式的；指基于拱形或以类似拱形曲线或穹窿特征的构造体系，是梁式建筑和拱式建筑之间的一种普通的划分方式。

arcuated lintel 一种叙利亚拱。

arcuatio 在古罗马，由拱或拱廊组成的结构用以支撑任何形式的构筑物，如输水渠。

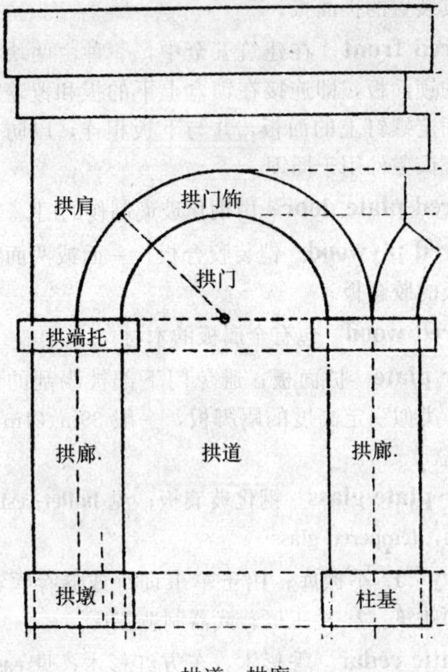

拱道，拱廊

arcus ecclesiae 中世纪教堂中殿与唱诗班或高坛间的拱。

arcus presbyterii 中世纪建筑中穿越看台的拱。

arcus toralis 教堂中殿与唱诗台间的格构式隔断。

arcus triumphalis 凯旋门。

ARC W，ARC/W （制图）缩写＝“**arc weld**”，弧焊缝。

arc weld （电）弧焊；由电弧提供热来熔合的焊接。

arc welding （电）弧焊；以熔合作为金属件之间的连接，其热量由电弧产生，有时还需要使用焊条或加压。

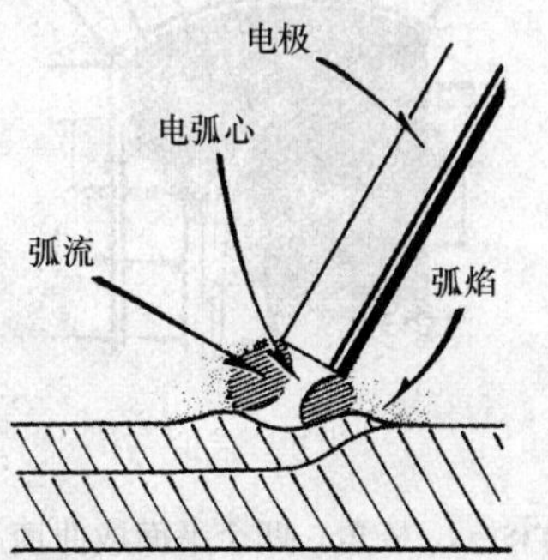

（电）弧焊：裸露的电极

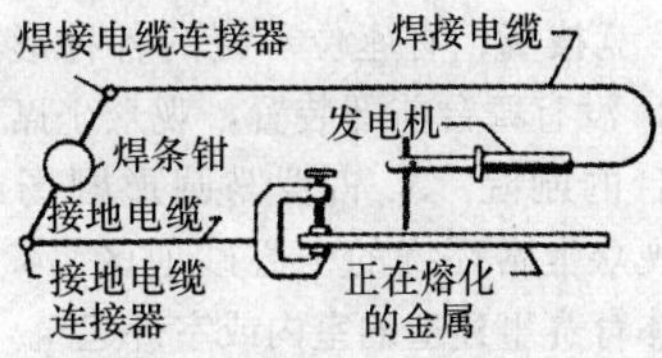

（电）弧焊：电路

are 公亩；面积单位，等于 $100m^2$。

area **1.** 面积；在特定边界内的表面尺寸测定。**2.** 区域；建筑内外具有特定用途的尺寸空间，例如休闲区和（或）公园区。**3.** 没有阻隔的室内空间。**4.** 地下室前的空地（或建筑物之间的通道）。**5.** 钢筋的截面积。

area divider 将屋顶防水层分隔成小面积区域的凸起边缘。

area drain 地面排水沟；设计重用于汇集地表雨水的贮槽。

area efficiency 面积效率；建筑中净使用面积（或净租用面积）与建筑总面积的比值。

area grouting 为了增加岩层上部的强度、减少其渗透性，需要在其区域范围内按一定规律钻密而浅的孔进行灌浆处理。

area light **1.** 一种具有两个方向的光源，如窗的采光或采光顶棚。**2.** 场地灯光；用于大面积的照明。

area method 面积法；由调整后的总地面面积与每单位面积预计费用相乘得到的总体施工费用概算的方法。

area of refuge 避难区；当紧急撤离建筑物时，能直接通向一个区域的出口或辅助的竖向出口，该区域在人们无法使用楼梯时可暂时停留等待指令或救援的地方。

area of rescue assistance 同 **area of refuge**；避难区。

area of steel 钢材面积；见 **area**，**5**。

area separation wall 分隔墙，防火墙；防止火从临近区域向外扩散的按防火等级设置的隔墙。

area wall 四周挡土墙；环绕采光井的挡土墙。

areaway 与建筑物相邻的开敞的半地下空间，用于地下室或爬行空间采光通风或能供人出入。

arena 1. 竞技场；有座位环绕的各种形状的表演空间。2. 没有舞台前部装置，观众坐席层叠升起围绕舞台的剧院。3. 古罗马圆形剧场或杂技场中，由观众坐席环绕的中心砂地区。4. 体育场；任何为体育赛事建造的室内或室外建筑。

arenaceous 砂的，多砂的，砂质的；主要由砂组成的，砂化的。

arena theater 舞台设在观众席中央的剧场；见 **arena**，**2**。

arena vomitory 通向中央舞台的进出口；通过坐席区，为演员进入剧院舞台的特殊入口。

areostyle，**araeostyle** 四柱径间式；见 **intercolumniation**，**2**。

argillaceous 黏土质的；主要由黏土或页岩组成的，黏土的，黏土状的。

argillite 硅质黏土岩，厚层泥岩；主要由黏土组成的岩石，含有黏土岩、粉砂岩或页岩，可作为建筑石材就地使用，不适于商业开采。

ARI 缩写＝“**Air-Conditioning and Refrigeration Institute**”，空气调节和制冷研究所。

aris 尖脊，棱角，棱边；见 **arris**。

ark 经柜；储存犹太教律法经卷的装饰精美的封闭贮藏库。

arkose 长石砂岩；含有25％或更多长石颗粒的砂岩，用作建筑石材。

armarium 同 **ambry**；教堂圣台上的碗柜或壁龛。

armature 1. 电动机或发动机的强大电流线圈转子。2. 螺线管或继电器的线圈。3. 构成框架或条状的构架式铁制品（一般用在中古代建筑中），用来加强细长柱子或加固雨罩或悬挂物构件，如浮雕饰用于窗格的装饰。

arm conveyor 悬臂输送机；循环绕在悬臂支架上的带子或链条，用来运送建筑材料。

armored cable，**metal-clad cable** 铠装电缆；金属保护外壳包裹在由两个或两个以上独立绝缘的电导体而成的电缆；又见 **BX**。

armored clamp 电缆护铠末端或电缆进入接线盒处的夹具。

armored faceplate 金属护面板；嵌入门框以覆盖锁具装置的护面板。

armored front 在建筑五金中，一种由两块板组成的锁面板，即连接在锁盒上下的板和覆盖在柱状固定螺钉上的面板，并与下板相连，以防止撬锁。该零件用于插锁。

armored-plate door 由钢化玻璃制作的门。

armored plywood 铠装胶合板；一面或两面贴金属板的胶合板。

armored wood 包有金属板的木材。

armor plate 护面板；避免门下部被踢刮的金属板，类似一定高度的踢脚板，一般39in（1m）或更高。

armor-plate glass 钢化玻璃板；见 **bullet-resisting glass**，**tempered glass**。

armory 1. 军械库；用于军事训练或储存军事装备的建筑。2. 兵工厂；武器制造工厂。

aromatic cedar 香杉木，东方红杉木；见 **eastern red cedar**。

arrectarium 古罗马建筑中承重的柱子。

arrester 1. 挡板，挡火器；位于焚化炉或烟囱顶部，防止火星或燃料从下面的焚烧堆上扬的金属丝网筛。2. 避雷器；见 **lightning arrester**。3. 电涌放电器；见 **surge arrester**。4. 防水锤器；见 **water-hammer arrester**。5. 避雷器；防闪电装置。

arrière-voussure，**rear arch** 1. 背拱，后拱；厚墙内承担门或窗上部墙重的拱或穹窿。2. 墙面后面的辅助拱。

背拱，后拱

arris，**aris** 1. 棱角；两个平面或曲面相交形成的外角，如线脚或多立克柱身两凹槽之间，或者爱奥尼或科林斯柱身的凹槽之间。**2.** 棱边；砖的边。

arris fillet 檐口三角垫条；在檐沟上沿，将最低一层屋面瓦垫高的三角形木板条。

arris gutter V形天沟；固定于屋檐的V形木天沟。

arris hip tile，angle hip tile 屋脊瓦；屋脊上的L形断面的特殊屋面瓦。

arris rail 三角木条；三角形截面的木条，一般由矩形截面沿对角线切成，以最宽面作为底面。

arrissing tool 成圆边工具；类似于混凝土抹子，其形状适用于抹圆角。

arris tile 角形瓦；屋脊盖瓦，戗脊盖瓦。

arris-trenched 被屋脊间接分隔的房屋。

arrisways，arriswise 对角线砌法；指瓦、砖或木材对角铺砌。

arrow diagram 箭头图，指示图；在施工组织管理中，表示工程进展的箭头指示图。

arrow loop，loophole 放箭孔，望孔；中古时期堡垒外墙上用于射箭的竖向狭长开口，其边框向内部逐渐张开。

放箭孔，望孔

arrow slit 同 **arrow loop**；放箭孔，望孔。

ARS （制图）缩写＝“**asbestos roof shingles**”，石棉屋面瓦。

ART. （制图）缩写＝“**artificial**”，人工的。

Art Deco 装饰艺术派；在1925年巴黎国际装饰艺术暨现代工业博览会上备受推崇的一种装饰风格，20世纪30年代广泛应用于建筑物中，如纽约的克莱斯勒大厦等摩天大楼均采用这种装饰风格；以锐角或曲面造型和装饰见长；可参考 **Style Moderne**。

artemiseion 专门用来膜拜月亮与狩猎女神的建筑或庙宇。

arterial street 城市干道；长距离衔接城市的不同区块的直达道路。

arterial vent 主通风孔；建筑物排水和公共下水道的通风孔。

artesonado 西班牙建筑中一种嵌板顶棚，由垂直或和交叉骨架支承。

art glass 艺术玻璃；19世纪末20世纪初流行用于窗户上的一种彩色玻璃，其特点是具有不寻常的色彩组合，形成透光与不透光组合的特殊效果。

article **1.** 文献的一部分。**2.** 文章、项目；工程项目说明书的主要组成部分，还可以进一步分为章节、段落和句子。

articulated drop chute 相连接的漏斗；由一系列竖立的连续锥形金属筒组成的溜管，每个金属筒的下端与相连的金属筒的上端（形状和尺寸）相吻合，用于滑落混凝土。

articulated structure 铰接结构；构件间可以发生相对移动的一种结构形式（例如，以一个或多个滑动或铰接节点连接的结构）。

artifact 人工制品；见 **building artifact**。

artificial 人造的；加工成类似自然的材料或形状，例如人造大理石。

artificial daylight 人造日光；采用人工能源发光，具有和自然光接近的光谱分布和与之对应的色温。

artificial horizon 水平仪；来指示水平面的装置如气泡、摆或某种液体的水平面。

artificially dried 人工干燥；见 **kiln-dried**。

artificial marble 人造大理石；见 **artificial stone**。

artificial monument 人工标志物；用来识别勘测点或边角位置的相对永久的物体。

artificial sky 人造天空；由隐藏的光源照亮的穹顶式封闭空间（通常是半球形的）；是用来试验和研究置于靠近半球形球心位置的建筑物模型的天然采光。

artificial stone 人造石材；由碎石屑或碎片混合砂浆、水泥或石膏而成的混合体，其表面经过打磨、抛光、造型或者被仿石处理；分别称为艺术大理石（**art marble**），人造大理石（**artificial marble**），铸石（**cast stone**），人造大理石（**marezzo**），专利石（**patent stone**）和再生石（**reconstructed stone**）。

art marble 艺术大理石；见 **artificial stone**。

Art Moderne 主要指20世纪30年代建造的房屋中出现的一种建筑风格，继早期的艺术装饰风格之后，其一般特征包括光滑的粉刷墙面、平屋顶、强调水平外观的细部构造、圆外墙角、在墙转角处连续的带形窗、玻璃砖、不对称的立面。其风格中锯齿状式样也被称作Z形模式（**Zigzag Moderne**），又见 **Internationals tyle**。与装饰艺术（**Art Deco**）和流线形模式（**Streamline Moderne**）不同。

Art Nouveau 新艺术派，新艺术风格；19世纪末最早起源于法国和比利时的一种采用艺术的建筑装饰风格；以有机和动态造型、曲线设计、链线为特点。这种形式在德国被称为“青年风格”，在奥地利则成为“脱离派”，在意大利被称为“自由阶梯”，而在西班牙则是“现代主义风格”。

Arts and Crafts Movement 工艺美术运动；由一群建筑师和技工发起的、重点突出工艺水平的重要性和所有建筑细部高水平构造的运动；主要受威廉·莫里斯（William Morris）杰出的作品和他在伦敦附近的工匠公司的影响。这场开始于19世纪末期并一直持续到20世纪初的运动，对美国缓坡屋顶和宽檐的草原建筑风格和工匠风格产生很大的冲击。美国加利福尼亚州帕萨迪纳的建筑师 Charles Sumner Greene（1868—1957）和他的兄弟 Henry Mather Greene（1870—1954）在其设计中运用其工艺和精良的细节，使建筑细部达到很高的艺术水平。

art window 艺术窗户；指一种上下窗扇窗格尺寸不一的窗户，上层窗扇由许多小的彩色玻璃窗格组成。

arx 一个古老城镇的城堡或根据地。

AS 缩写＝“**automatic sprinkler**”，自动洒水器。

ASA 缩写＝“**American Standards Association**”；美国标准协会；见 **American National Standards Institute**。

asarotum 古罗马人早于马赛克技术之前采用的一种彩绘铺砌面。

asb 1. 缩写＝“**apostilb**”，阿熙提的（亮度单位）。2. 缩写＝“**asbestos**”，石棉。

ASBC 缩写＝“**American Standard Building Code**”；美国标准建筑法规。

asbestos，asbestos fiber 石棉，石棉纤维；从天然含水硅酸镁中提取的一种纤细的、柔韧的、不可燃的无机纤维，能经得起高温而不变形，不导热，可单独或与其他成分混合制成多种形式的材料，是一种危害健康的材料。

asbestos abatement，asbestos removal 石棉抽丝，石棉去除；清除石棉纤维或去除材料中含有石棉成分的工序（如封装工序）；又见 **air monitoring，HEPA filter** 和 **wet cleaning**。

asbestos blanket 石棉毡；将石棉纤维（单独或与其他纤维混合）缝合、粘结或者编织成柔韧的毛毡，用于高温绝热或防火。

asbestos board 石棉板，见 **asbestos-cement board**。

asbestos-cement board，asbestos-cement wallboard，asbestos sheeting 石棉水泥板；一种密实的、坚硬的板，主要由高比例的石棉纤维和硅酸盐水泥粘结制成平板和波形板，可用作高温绝缘材料或防火屏障。

asbestos-cement cladding 石棉水泥板覆面；石棉水泥板与支撑框架构成的墙体系统，可作为墙体或作为墙饰面。

asbestos curtain，fire curtain，safety curtain 石棉幕帘，防火幕帘，安全幕帘；火灾发生时自动将剧院舞台封闭，与礼堂隔开以防止火焰和浓烟蔓延的幕帘，通常由石棉和钢丝编织制成，有柔性的、半刚性的或刚性的多种类型。

asbestos felt 石棉毡；浸泡了沥青或其他的胶粘剂如人造橡胶粘结的石棉毛毡产品。

asbestos fiber 石棉纤维；见 **asbestos**。

asbestos joint runner，pouring rope 填缝石棉绳；当用熔融的铅水对管道接缝灌缝时为了防止铅液流淌用来在道管周围绕圈并用夹具加以固定的石棉绳。

asbestos plaster 石棉粉刷；由石棉和作为胶粘剂的膨润土构成的防火材料。

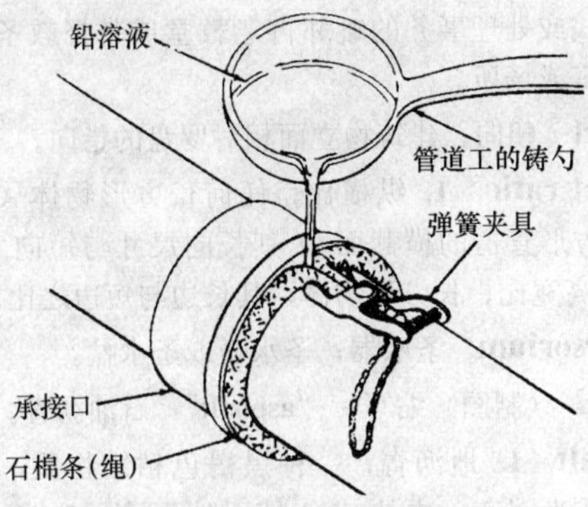

填缝石棉绳

asbestos roofing 石棉瓦屋顶面；由石棉水泥制成的屋面或墙外覆面材料，有平板、波状的或其他形状，又见 **asbestos cement board**。

asbestos roof shingle 石棉屋面瓦；一种主要由石棉构成的耐火屋面瓦。

asbestos runner 同 **asbestos joint runner**；填缝石棉绳。

asbestos structural roofing 石棉结构屋面；直接由屋架支撑的厚石棉水泥板，作为屋面板和屋面覆面层。

as-built drawing 竣工图；包含了建造过程中修改内容。隐藏工程（例如房屋设备中的管线）的施工图，为后续维护提供信息。也称执行图纸。

ASC 缩写＝“**asphalt surface course**”，沥青面层。

A-scale 采用听觉校正回路的声级计，普遍用于测量建筑或社区中的噪声等级。声级计的测量值比声压计（同样标有声级刻度，但没有采用听觉校正回路）的测量值更接近噪声的实际声级。

ASCE 缩写＝“**American Society of Civil Engineers**”，美国土木工程师学会。

ascendant 门窗口装饰衬框；又见 **chambranle**。

as-constructed 建成时的；见 **as-built drawing**。

ash 梣木，槐木；生长于美国东部的一种坚硬的、结实的直纹硬木，有很好的抗冲击和弯曲能力，用作地板、贴脸板和装饰用饰面板。

ash dump 灰渣口，除灰口；在壁炉或燃烧室底板上的开孔，用于将灰渣投入其下部的灰渣坑中。

ash house 灰房；美国殖民时期，用于储存制造肥皂的灰粉的小房间。

ashlar 1. 方石；建筑用正方形的石头。2. 方石砌体。3. 楼层横梁和屋顶椽子之间的垂直龙骨。

ashlar anchor 方石锚；或同 **cramp**。

ashlar brick，rock-faced brick 琢面砖，粗琢石砖；一种表面经敲琢以模仿粗琢石的砖。

ashlaring 1. 方石的统称。2. 楼板中的横梁和屋顶椽子之间短木龙骨，墙板附着其上。

ashlar line 琢石线；石砌墙外表面的水平线。

ashlar masonry 琢石圬工，方石砌筑工程；由矩形烧结黏土砌块、页岩或石头构成的砌体，砌块尺寸通常比砖大，经过敲打、修琢或整平，并用灰浆铺砌粘结。

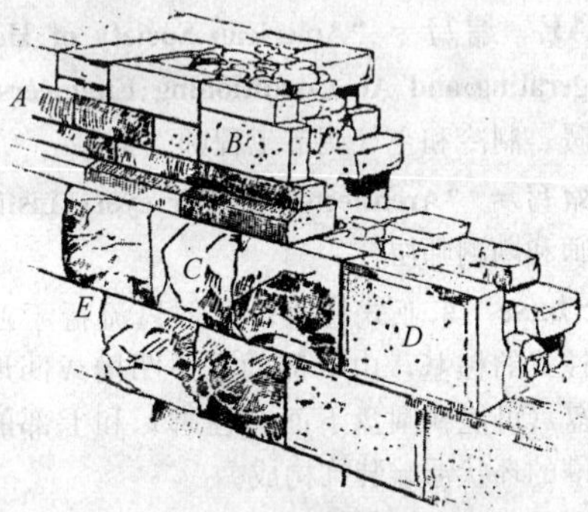

琢石圬工，方石砌筑工程：
A—任意形式排列的粗面琢石；
B—任意形式排列的精琢琢石；
C—层列粗面琢石；
D—石缘琢边的层列精琢琢石；
E—琢石间的胶粘剂；
f—琢石后面的橡胶填充物

ashlar piece 楼层横梁和屋顶椽子之间的垂直龙骨。

ashlar veneer 方石饰面；由方石砌筑的饰面墙。

ashlering 砌琢石墙面；见 **ashlaring**。

ashpan 炉灰盘；壁炉下用来收集和清除灰渣的金属容器。

ashpit 炉灰池，灰坑；位于壁炉或燃烧室下用来收集和清除灰渣的小池坑。

ashpit door 灰坑门；供灰坑往外清除灰渣的铸铁门。

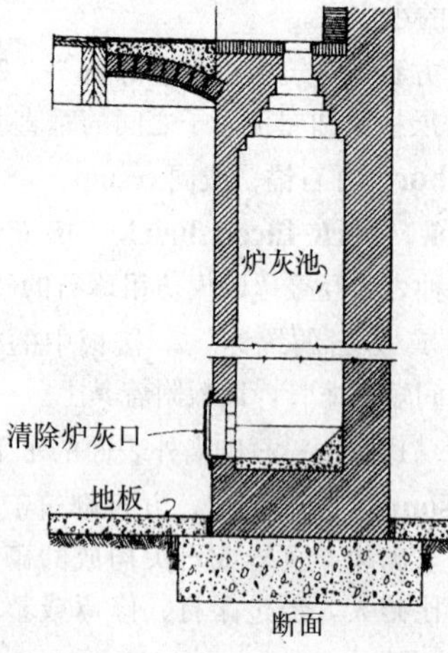

炉灰池，灰坑

ASHRAE 缩写＝“American Society of Heating, Refrigerating and Air-Conditioning Engineers”，美国供暖、制冷和空气调节工程师学会。

ASI 缩写＝“Architects and Surveyors Institute”，建筑师和勘测师协会。

Asiatic base 东亚式柱座；一种只流行于亚洲爱奥尼柱式的柱基，由下部的水平凹槽或凹形边饰的圆盘（可能在圆盘下面有柱脚）和上部的有水平凹槽的环状浮雕装饰构成。

Asiatic water closet 蹲式便器；一种其边沿与地板几乎齐平，使用者可以蹲下使用的便器，在亚洲一些地区广泛采用。

ASID 缩写＝“American Society of Industrial Designers”，美国工业设计师学会。

asistencia 在西班牙殖民地建筑中，一种通常没有专职传教士而依靠巡游牧师提供兼职帮助的小教堂。

asistencio 在西班牙殖民地建筑中，一种捐建的小教堂。

askarel 一种不燃的合成绝缘液体，电解后生成的气体也不燃。

ASLA 缩写＝“American Society of Landscape Architects”，美国园林建筑师学会。

ASME 缩写＝“American Society of Mechanical Engineering”，美国机械工程师学会。

aspasticum 主教或牧师接受教徒访问或举行宗教仪式或处理事务的毗邻古老教堂或基督教圣堂的公寓或场所。

aspect 朝向；建筑物立面相对罗盘的指向。

aspect ratio 1. 纵横比；任何长方形物体（比如长方形管道的横截面），其长向尺寸与短向之比。2. 高宽比；长方形物体，其长边与短边之比。

aspersorium 圣水器；圣水壶或圣水盆。

ASPH （制图）缩写＝“asphalt”，石油沥青。

asphalt 1. 地沥青；一种黑褐色粘结物质，呈固态或半固态，主要成分是天然沥青。2. 石油沥青；人工炼石油时得到的一种相似的物质，作为防水剂用在组合屋盖体系中。3. 沥青混合料，上述物质和骨料的混合物，用于铺路面。

asphalt binder course 沥青结合层；见 binder course，1。

asphalt block 沥青块；由88％～92％的碎石和剩余比例的沥青胶结料的混合物制成的铺路块体。

asphalt cement 沥青胶结料，沥青膏；经过提炼达到铺路、用于工业和特定用途要求的沥青；见 asphaltic cement。

asphalt color coat 有色地沥青封层；在沥青表面覆盖一层可以产生预期色彩的矿物骨料的处理方法。

asphalt concrete 沥青混凝土；见 asphaltic concrete。

asphalt cutter 沥青面层切割机；一种带转动刀具的动力机械，用来切割沥青的面层材料。

asphalt-emulsion slurry seal 乳化沥青密封膏；由缓凝乳化沥青、细骨料和矿物填料加水混合成一定稠度的浆状混合物。

asphalt felt 沥青毛毡；见 breather-type asphalt felt。

asphalt filler 沥青填缝料；见 asphalt joint filler。

asphalt fog seal 沥青喷雾封膏；一种沥青表面处理剂，由不含矿物质液态沥青骨料形成的薄层封膏。

asphalt heater 地沥青加热锅；用于铺路沥青加热的一种装置，通常沥青在一个由燃烧炉加热的空腔内的管子里循环。

asphaltic base course 沥青下垫层；在铺沥青路

面时采用的由矿物骨料和沥青结合而成的基层。

asphaltic cement，asphalt cement 沥青胶结剂；一种无水而不含杂质的特制沥青，其灰渣不超过1%，使用时必须加热至液态；其质量和稠度可直接用作铺地沥青。

asphaltic concrete，asphalt paving，blacktop 沥青混凝土；沥青和级配骨料的混合物，广泛用作已铺设基层的铺地材料，通常在加热状态下浇灌、摊平、压实，但也可以不加热进行铺设；又见 **cold mix**。

asphaltic felt 石油沥青油毡；见 **asphalt prepared roofing** 沥青预制屋面，又见特殊类型的毛毡，如 **mineral-surfaced felt，sanded flux-pitch felt**，等。

asphaltic macadam 沥青碎石路面；一种和碎石路面相似的用沥青而非焦油作为胶粘剂的路面。

asphaltic mastic，mastic asphalt 沥青玛琋脂；一种沥青和填充材料如细砂或石棉的黏性混合物，暴露在空气中会硬化，用作粘合剂、节点处的密封剂、屋面防水材料。

asphalting 沥青铺设；用于如在地下室和屋面的防水工程中不同构造目的的沥青铺设工序。

asphalt intermediate course 沥青粘结层；同 **binder course，1**。

asphalt joint filler 沥青接缝填料；在路面或其他结构中应用的填充裂缝或节点的一种沥青产品。

asphalt lamination 沥青层压板；以沥青为胶粘剂用纸或毡等片材形成的层压板。

asphalt leveling course 沥青找平层；一种用不同厚度的铺设（沥青骨料混合物）层来消除既有基层高度差异的找平层，是在面层材料铺设之前进行。

asphalt macadam 沥青碎石路面；见 **asphaltic macadam**。

asphalt mastic 沥青玛琋脂；见 **asphaltic mastic**。

asphalt overlay 沥青覆盖层；在既有路面上铺设的一层或多层沥青层；通常包括校正既有路面高度的找平。

asphalt paint 沥青涂料；一种液体的沥青产品，有时含有少量其他物质如烟黑（锅黑）、铝粉和矿物颜料等成分。

asphalt panel 沥青板；见 **premolded asphalt panel**。

asphalt paper 沥青油纸；一种经过沥青涂层、浸渍或层压以提高其韧性和防水性能的纸质材料。

asphalt pavement 沥青路面；在持力层上以沥青和胶结矿物骨料作面层的路面。

asphalt pavement sealer 沥青路面保护层；一种用在沥青路面上来保护其表层不受磨损、风化和石油产品腐蚀的化合物。

asphalt pavement structure 沥青路面结构；所有铺设在路基或改良的路基上的沥青骨料混合物。

asphalt paving 沥青铺面；见 **asphaltic concrete**。

asphalt plank 沥青板材；一种由沥青纤维和矿物填料的混合物制作的板材，通常用钢丝网或玻璃纤维网进行加强；有时包含矿物砂粒形成砂纸质感。

asphalt prepared roofing，asphaltic felt，cold-process roofing，prepared roofing，rolled roofing，rolled strip roofing，roofing felt，sanded bituminous felt，saturated felt，self-finished roofing felt 现成的沥青屋面材料，沥青油毡，冷铺沥青屋面材料，现成的屋面材料，屋面卷材，瓦楞条形屋面材料，屋面油毡，砂面沥青油毡，浸透沥青的毛毡，无经加工的屋面油毡；一种屋面材料，先将干毛毡浸透沥青，然后将浸透的毛毡用混合了细粒矿物质、玻璃纤维、石棉或有机稳定剂的硬质沥青涂层即可制得，成卷供应，其外露的一面可覆盖一层矿物颗粒或滑石粉或云母粉，其反面则覆盖一层防止打卷时粘附的材料，这种细粒表面的材料可以用作组合屋面结构的覆盖层。

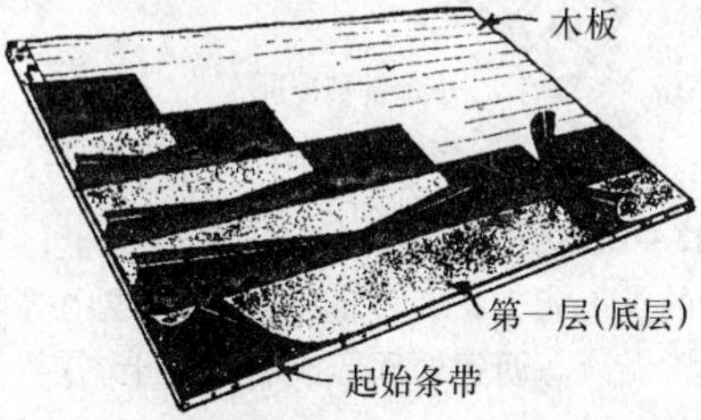

现成的沥青屋面材料的铺设图

asphalt prime coat 沥青底层；沥青首层涂层，作为上层处理或构造的基层。

asphalt primer 沥青底漆，沥青打底漆；一种低黏度的液体材料，既有面层防水，并作为下一沥青涂层的基层用于无沥青的表面上，并被完全吸收。

asphalt roofing 沥青屋面；见 **asphalt-prepared roofing**。

asphalt seal coat 沥青密封涂层；一种沥青涂层，有骨料或无骨料，用于路面的防水和保护，并改进已涂沥青涂层的质感。

asphalt-shingle nail 同 **roofing nail**；沥青屋盖板钉。

asphalt shingles，composition shingles，strip slates 沥青瓦；由浸透沥青的屋面毛毡（石板瓦、石棉瓦或玻璃纤维板）制成的屋面瓦，用沥青作涂层，暴露在空气中的一侧粘有矿物质颗粒。

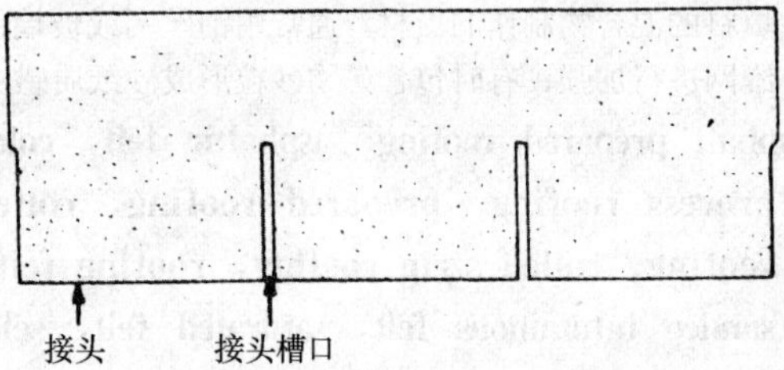

沥青瓦条

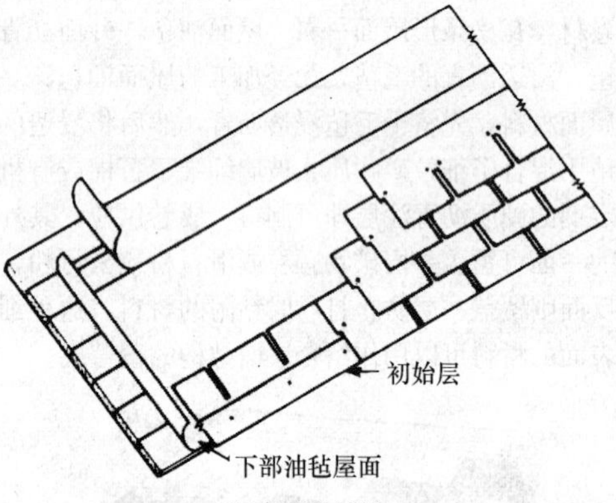

沥青瓦的铺设

asphalt soil stabilization 沥青稳定土；为了提高土的承重能力，天然的非塑性土或中等塑性土经过常温液态沥青处理形成的地基土。

asphalt surface course 沥青面层；沥青路面的最上面一层。

asphalt surface treatment 沥青敷面处理；在任何类型的路面面层或道路面层上铺设沥青材料，可加或不加矿物骨料。

asphalt tack coat 沥青黏性涂层；在已有的沥青表层或硅酸盐水泥混凝土表层上铺设的一薄层液态沥青；保证原有表层和其上新的覆盖层之间良好的粘结。

asphalt tile 沥青砖；一种有弹性的、廉价的地面砖，由石棉纤维、极细的石灰石填料、矿物颜料和沥青或树脂胶粘剂制成，需打蜡和抛光，用胶合料粘贴在木质或混凝土的毛地板上，除非经过特殊处理，一般是不防油脂的。

asphaltum 1. 天然沥青。2. 在原油残渣中提炼出来的沥青，用作涂料。

aspiration 吸气；在空调房间里，将空气扩散气排出再加入到循环的空气中。

aspirator 抽风机，吸气器，水流抽气器；一种通过吸力作用使得水流或者气流通过的装置，这种吸力是由在孔洞中流动的液体流产生的。

ASR 缩写＝“**automatic sprinkler riser**”，自动洒水器的上水管。

Assam psychrometer 阿萨姆干湿球温度计；包含一个小风扇和两个小球温度计，其外层有防辐射罩，用小风扇向两个温度计的小球上吹气。

ASSE 缩写＝“**American Society of Sanitary Engineering**”，美国卫生工程学会。

assemblage of orders 柱式组合；同 **supercolumniation**；又见 **orders**。

assembling bolt 装配螺栓；铆接时暂时用来将建筑物各部分连接在一起的一种带丝扣的螺栓。

assembly area 同 **assembly space**；装配厂。

assembly building 聚会建筑；供人们聚集在一起参加娱乐、会议、聚餐、饮酒、教育、交际、教导或候机（车、船）的建筑。

assembly occupancy 集体使用的房屋；为了某种目的聚集在一起使用某个房间、某个大厅或某栋建筑物如教堂、餐馆或者公共汽车站等的人们。

assembly drawing 装配图；装置完整的机械图，常包含组件的细部图。

assembly space 聚会空间；在主要开放时间段内，被许多人占用的聚集场所（如礼堂、演出场所等）；有些建筑规范规定一个观众厅的每排座位都应是一个单独的聚会空间。

asser 在古老的木工中：1. 弧形吊顶的肋或托座。2. 屋顶的檩条或椽子。3. 梁或搁栅。

assessed valuation 估价，税捐估价；由市政当局为了估算税收的目的而确定的财产价格；通常此定价要比这块地产的市场价低。

assessment 征收的税额；对某地产的征税、出价、抵押：1. 作为一种不动产税的计算方式。2. 支付特殊的维护或装修的费用。

assessment ratio 估价比；对某地产，市场价格和估算价格之间的比率。

assignment 1. 某项合法权益的转让。2. 在房产出租的情况下，房产所有者转让给房客的租赁权，并应保留租约所有的条款；又见 **sublease**。

assidua 教堂中放置圣坛的区域。

assize 1. 一单体的石质圆柱体。2. 砌石工程的一层（皮）砌块。

associate 协作者；在建筑公司中有特殊雇佣合同的建筑师成员。

associate architect，associated architect 合伙建筑师；为某个项目或一系列项目的服务得以顺利开展，而和其他建筑师有临时的合作、合营或雇佣协议的建筑师；又见 **joint venture**。

assommoir 投掷石台；城堡出入口上方的通廊，在上面可以向下面的敌人投掷石块或其他重物。

ASST 缩写＝“assistant”，助手，助理。

assumption of mortgage 承担产权抵押；地产的买主可能向卖主承诺他将承担支付抵押款的义务。在这种情况下，抵押权人通常可以强制买主遵守其承诺，并且在买主未支付抵押款时，抵押权人有权没收抵押品并向买主（或卖主）收回抵押品出售所得与抵押品应付钱款之间的差额；又见 **subject to mortgage**。

Assyrian architecture 亚述建筑；亚述帝国的建筑（在西南亚以底格里斯河和扎卜河上游和下游为中心）；从公元前 9～前 7 世纪，作为亚述帝国权力和对美索不达米亚及其相邻许多国家占领的象征，建筑材料主要为灰砖，石头只用在城墙和纪念性的装饰雕刻上。考古发掘显示大型宫殿、神殿和金字塔以及巨大的城堡一样复杂。

亚述建筑：柯尔萨巴德的彩色瓷砖

亚述建筑：尼姆鲁德的路面板

亚述建筑：装饰性浮雕

亚述建筑：头像

astler 方石；单词 ashlar 古英语的写法。

ASTM 缩写＝"**American Society for Testing Materials**"，美国材料试验学会。

ASTM portland cement 按美国材料试验学会标准分类的八种硅酸盐水泥中的一种。

astragal 1. 通常指半圆小线脚，一侧或两侧或倒角，或为平面。用来描述由一串小圆球或连环状的小圆球装饰的小凸面构成的线脚更准确。2. 一种单纯的珠缘线脚，又称为串珠花边（**roundel**）、圆凸线（**baguette**）或串珠饰（**chaplet**）。3. 半圆饰、小圆凸线、（门窗的）半圆形挡水条；固定在双扇门或平开窗上的盖缝条，盖住相碰门梃之间的接缝，防止气流、光线和噪声的传播，并在火灾时阻止烟和火的扩散；又见 **overlapping astragal**，**split astragal**。

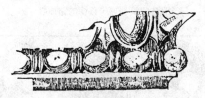

在希腊建筑中半圆小线脚

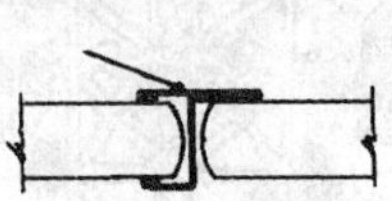

搭接的挡水条

astragal front 半圆线脚的锁面；配有半圆线脚门边缘的锁面。

astragal joint 水落管承插式接头；在铅制水落管（或相似的构件）导水口承窝处嵌装有半圆形的装饰线脚。

astreated 用星形进行装饰。

astylar 无柱式的；通常指没有柱子、壁柱等类似构件的建筑物的正面。

asylum 精神病院；用来为精神病患者提供庇护的建筑或建筑群。

AT. 1. 缩写＝"**asphalt tile**"，（石油）沥青砖瓦。2.（制图）缩写＝"**airtight**"，气密的。

atadura 在玛雅建筑中，建筑正面外墙上连续的水平装饰雕带上部和下部的线脚。

ataracea 不同颜色的镶嵌细木工。

ATC 1.（制图）缩写＝"**architectural terra-cotta**"，建筑用陶砖。2.（制图）缩写＝"**acoustical tile ceiling**"，隔声镶板吊顶。

atelier 1. 画室；艺术家的工作室。2. 雕刻室；技术工人生产艺术品或手工艺品的地方。3. 工作室；讲授美术，包括建筑学的工作室。

ATF （制图）缩写＝"**asphalt-tile floor**"，沥青瓷砖地板。

at grade 建筑结构中的某一部分与相邻地面处在同一水平高度。

Athenaeum 雅典娜神庙；教堂或供奉雅典娜或密涅瓦的庙，特指在罗马由哈德良（Hadrian）创立了一个开展文学和科学的研究会，并在大教区得到效仿。

atlantes 男像柱；见 **atlas**。

atlas（复）**atlantes** 男像柱；用在支撑柱上檐部的有男人形象的石柱；也称 **telamon**。

atm 缩写＝"**atmosphere**"，空气，大气。

atmospheric burner 常压燃烧器；在常压空气下助燃燃炉煤气喷灯。

atmospheric pressure，barometric pressure 大气压，气压；地球大气层对某一点作用的压力；在标准状况下等于 14.7 lb/in^2（1.01×10^6 Pa），相当于 29.9in（76.0cm）高水银柱的压力。

atmospheric-pressure steam curing 同 **atmospheric steam curing**；常压蒸汽养护。

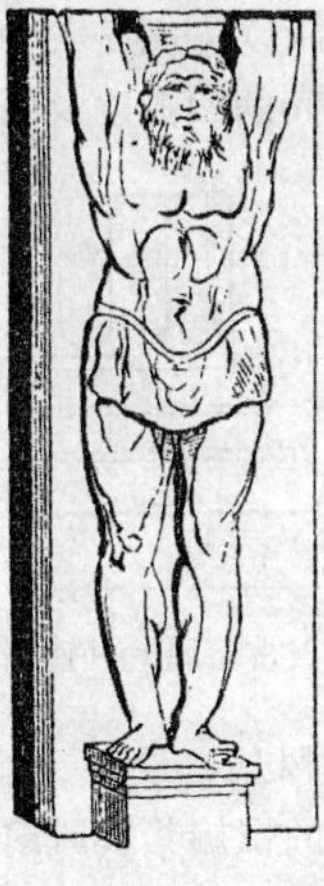

男像柱

atmospheric steam curing 常压蒸汽养护；混凝土或水泥制品在标准大气压下的蒸汽养护，通常周围最高温度在 100～200 ℉（40～95℃）之间。

atmospheric-type vacuum breaker 空气型真空断路器；一种包含监测浮标、监测底座和空气入口舱的回路抑止器；当水流过此装置时，监测浮标上升离开底座，因此水就可以在里面流动；如果失去了水溯流而上的压力或水流方向发生了逆转，监测浮标就会下降，从而使得空气进入管道并阻止回流。

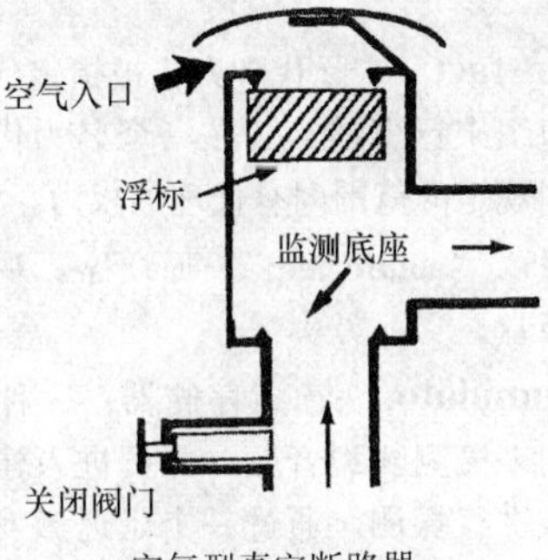

空气型真空断路器

atomization 雾化法，喷雾；形成微小水滴或者水雾，就像喷漆时通过喷雾器喷射的空气作用在小股油漆上产生的效果一样。

atomizing-type humidifier 雾化型增湿器；一种湿度调节器，可以把微小的水滴散布到空气中。

atrio 中庭；加利福尼亚教会建筑中的有墙的前院。

atriolum 1. 古罗马指小型的中庭。2. 形成墓室入口的小室。

atrium 中庭；当代建筑中，指位于建筑内部中间的，连接三层或多层垂直的开口（或一系列开口），其顶部有时有屋顶，许多标准禁止将其作为一个封闭楼梯、电梯间或者公用管道井来使用。

中庭，1

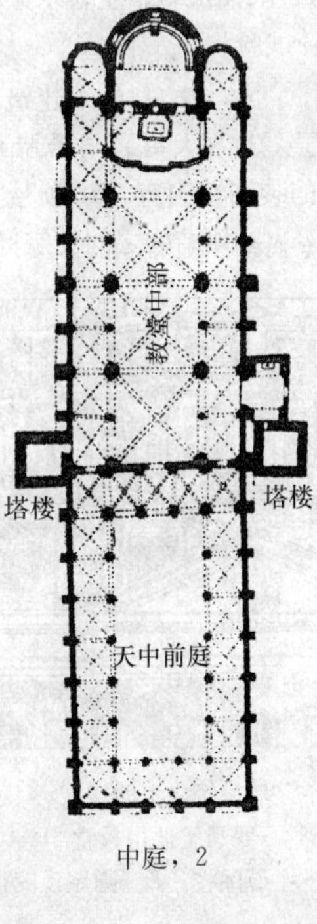

中庭，2

atrium tetrastylum 由设置在庭院内方形蓄水池四角上的圆柱支撑的中庭顶棚。

attached column 附柱，半柱；指嵌墙柱、壁柱、半露柱。

attached garage 1. 毗连式车库；和主要建筑至少共用一面墙（或者一面墙的一部分）的车库。2. 附着式车库；通过一个有顶的走廊和主要建筑连接在一起的车库。

attached house 毗连住宅；通过一共用隔墙（界墙）和相邻一个或多个住宅连接起来的房子。

attached pier 同 **engaged pier**；扶垛，壁柱。

attachment plug 连接插头（销）；指插入插座以连通导体（线）的装置，其插头通过附带的电线（软）使插座和导体之间连接起来。

attemperator 温控（恒温）器；见 **coil**。

attenuation 衰减；见 **sound attenuation**。

attenuator 衰减器，消声器；见 **sound attenuator**。

Atterberg limits 阿太堡格极限；在塑性土中，由标准测试方法确定的不同稠度状态之间的含水量界限。又见 **liquid limit**，**plastic limit**，**shrinkage limit**。

Atterberg test 阿氏试验，土含水限度试验；测定土塑性的一种试验。

attic 1. 顶楼，阁楼。2. 在传统建筑中，筑在墙挑檐之上的楼层。3.（大写）与希腊阿提亚地区相关。4. 檐部的装饰性构造。5. 顶楼，阁楼；最高层的顶棚结构和屋顶结构之间的空间。

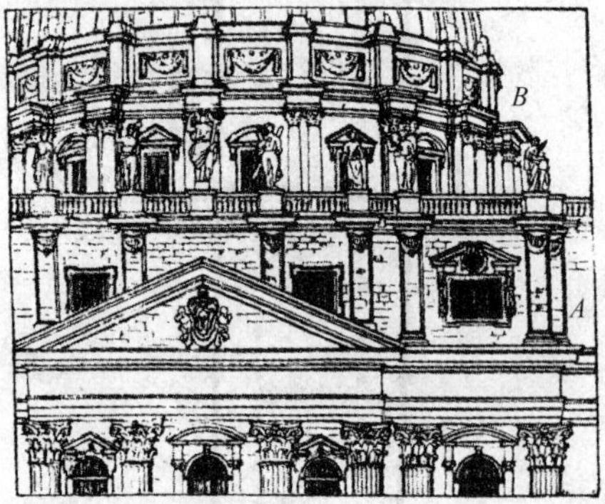

墙挑檐之上的楼层

罗马圣彼得教堂

A—主厦阁楼；*B*—圆屋顶阁楼

Attic base （古希腊）柱座；一种古典式柱基，由上、下圆环和中间的凹弧以及两条槽楞组成。

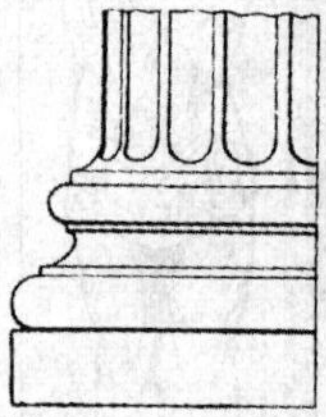

（古希腊）柱座

attic fan 屋顶排风扇；设置在建筑顶部（如阁楼上）将空气排出的螺旋桨式风扇。

attic order （古典建筑柱型的）雅典的列柱式，顶层角柱式；装饰阁楼外部的小的柱子或者壁柱。

attic story 屋顶层内的空间；见 **attic**，2。

attic tank 屋顶（楼顶）水箱；安装在建筑中最高层卫生间顶上的敞口水箱，依靠重力给卫生间供水，通过一个浮阀来控制其自身上水。

Atticurge 指门洞两侧门梃微微向内倾斜，使门入口处比门顶要宽。

attic ventilator 屋顶通风机；安装在住宅阁楼的机械通风机，在相对较低转速运转下使大量的空气流通。

attorney-in-fact 实际代理人；被指定代表另一个人或者组织来行事的人，在一个名为代理权力的书面说明规定的范围内有代理的权力。

aud 缩写＝“**auditorium**”，听众席，观众席，礼堂，大会堂。

audio accumulator 音频存储器；一种音频收集装置，用来探测断裂音频，并可进入建筑物内的安全区域进行探测。通过一个延迟激发警报的电路设计把错误警报减小到最小，只有在选定的时间内探测到的声音积聚到预先设定的数量时警报才会发出。

audio frequency 可听声频；人耳可听见的声波振动的频率，通常在 15～20 000Hz（每秒内的振动周期）范围内。

audio visual aids 音频视频辅助设备；在训练、示范或教学中使用的设备和（或）材料，可同时使用视频和音频。

auditorium 听众席，观众席；剧院、学校或公共建筑中留出的用来让听众（观众）听讲和观看的空间。

auditorium plan 教堂建筑内圣殿平面，有点类似于现代会堂的普通平面。

auditorium seating 听众（观众）座位；在房间或者其他听众（观众）占用区域内，在有阶梯、有层次或者倾斜的地面上设计安装成排的椅子。

auditory 聆听室；在古代教堂里，人们站着接受福音教诲的地方，如今叫做中殿。

auger 1. 一种比普通木工手钻大的手持木工钻孔工具，有一个不大于1in（25mm）直径的长钻头。2. 麻花钻，螺旋取土钻；一种螺旋钻孔机，通常是电动的，用来在土上或者岩石上钻圆孔。

auger bit 麻花钻头；一种带有方形手柄的钻，可以装入钻孔器旋转，用来在木材上钻孔。

augered pile 钻孔桩；在螺旋取土钻钻孔中现浇的混凝土桩，其底部多半是钟形，适用于干土地区。

Augustaeum 奥古斯塔斯神庙；为奥古斯塔斯神而建的建筑或者神殿。

aula 在古建筑中，指大厅或者会堂，尤指附属于住宅的开敞的庭院。

auleolum 小教堂；小的教堂或者礼拜堂。

aumbry 橱柜；见 **ambry**。

aureole 光轮，光环；围绕在神像头或身体周围的放射性椭圆光圈或光环，神像周围闪烁的光。

auricular 耳的，耳状的；指一种造型类似于耳朵的装饰物。

authority 权威，权力；见 **administrative auth ority**。

authority having jurisdiction 管辖权，管辖机构，管辖者；一个联邦、州、地区或其他区域性部门，或者一个人如消防部门主管、消防官、消防署负责人（或者劳动部门、卫生部门）、建设办公室人员、电力监察员或其他个人等，有法律管辖权。“管辖机构”可以是一个保证监察或检定部门或其他起保证作用的组织代理人。多数情况下，有产阶级或者他们委派的代表承担管辖者的角色；在政府部门中，部门官员或部门公务员就是“管辖者”。

光轮，光环

AUTO （制图）缩写＝“**automatic**”，自动化。

autoclave 高压锅；一个能产生高温高压蒸汽的压力容器，用于混凝土制品的养护和水凝水泥稳定性的测试。

autoclave curing 蒸压养护；混凝土制品、灰砂砖、石棉水泥制品、水化硅酸钙绝缘制品或水泥的蒸汽养护。在蒸压容器里的最高温度通常在340～420 ℉（170～215℃）范围内。

autoclaved aerated concrete 高压蒸汽养护的加气混凝土；通过向混凝土灰浆中添加铝粉或碳化钙经高压蒸汽养护制成的轻质混凝土。

autoclaving cycle 1. 蒸压周期；在蒸压养护时温度上升段的开始和升温段结束之间的时间间隔。2. 蒸压循环；温度压力的周期表。

auto court 汽车旅馆。

autogenous healing 自动强化，愈合，自合；混凝土或砂浆在潮湿环境下裂缝闭合和填充的自然过程。

autogenous volume change 自生体积变化；由于持续的水泥水化作用产生的体积变化，不包括由于外力、水灰比变化或者温度变化引起的体积变化。

autogenous welding 气焊；在非熔融状态下将金属连接的焊接方法。

automatic 自动装置；指用于门、窗或者其他洞口保护设备，由预定的温度或当温度上升到预定值控制其自动运行。

automatic batcher 自动配料器；用于混凝土制拌的配料器，一个开关启动，自动开始每一种材料的称量，达到要求重量时会自动停止。

automatic circuit break 自动电路断流器；见 **circuit breaker**。

automatic circuit recloser 电路自动重合闸；一个用于断开和重新连接交流电电路自动控制设备，按照预先设定的顺序断开和重新连接，然后再归零，保持连接或者断开等操作。

automatic closing device 自动闭合装置；见 **closing device**。

automatic control valve 自动控制阀；一种通过可调测流孔来控制蒸汽、水、气体或其他流体的阀门，可调测流孔的位置通过操作机构响应传感器或控制器的信号来定位。

automatic door 1. 一种动力驱动门，当探测到反常的环境高温或不寻常的温度上升或者不正常的烟雾出现时会自动关闭。2. 自动门；一种当人或车辆靠近时能自动打开的动力驱动门。

automatic door bottom 自动门底部隔声装置；安装在门底部的一个可移动的活塞，关门时一个水平突出的操作杆撞击门框使活塞落下，封闭门槛，消减噪声传递。

automatic dry-pipe sprinkler system 干式管喷水灭火系统；一种自动喷水灭火系统，其连接喷嘴的管道中充满大气压强的空气或压缩空气，供水由干式管阀控制；见 **dry-pipe sprinkler system**。

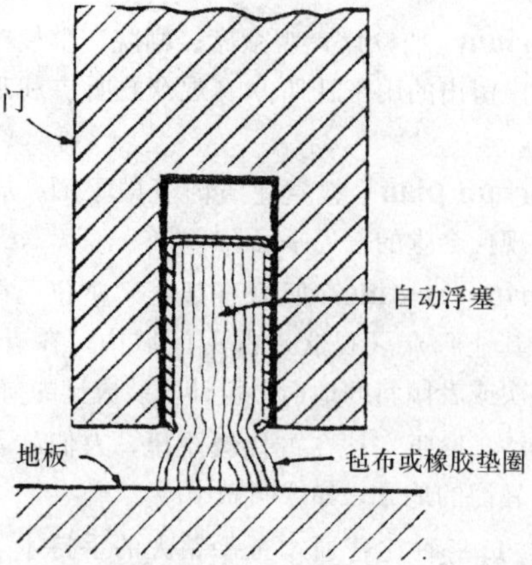

自动门底部隔声装置

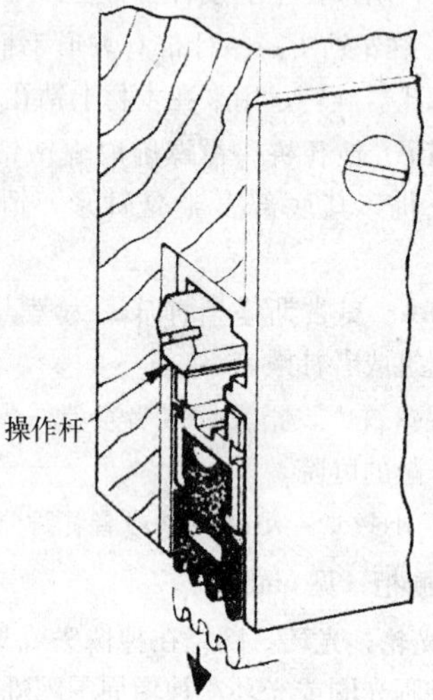

自动门底部隔声装置

automatic dry standpipe system 自动干式高位水箱系统；一种高位水箱系统，其中所有的管道都充满压缩空气或者标准大气压强空气，水通过一个控制阀进入系统，控制阀或者由系统内空气压强的减小自动控制或者通过安装在水龙带位置的遥控装置手动启动。

automatic elevator, self-service elevator 自动电梯，自助电梯；电梯，通过每一层电梯平台或者在电梯内按动按钮控制其运行和停止。

automatic fire-alarm system 自动火灾报警系

统；一种火灾报警系统，能监测火灾发生，并根据监测结果自动发出信号。

automatic fire detector 自动火灾探测器；一种依据监测热、烟或其他燃烧物而自动启动的装置。

automatic fire door 自动防火门；当房间中的温度达到某一设定值后，或由于温度提升速度过快、房间中物品燃烧并产生烟雾等原因将自动分隔空间的防火门。

automatic fire-extinguishing system 自动灭火系统；一种火灾探测改良系统，可自动探测火灾，并向火中或火灾区域注入有效的灭火剂。

automatic fire pump 自动消防泵；一种可为消防高位水箱或者洒水装置提供所需水压的自动控制泵，当系统中的水压力降低到预先设定值以下时，由传感器使泵启动，当水压恢复时便停止。

automatic fire-suppression system 自动火灾抑止系统；一种使用加二氧化碳、湿泡沫或化学干粉灭火剂、卤化灭火剂或清洁灭火剂的灭火设计系统，运用在自动喷淋系统中，依靠探测并通过固定管道和喷头自动喷洒灭火。

automatic fire vent 1. 一种安装在大型单层建筑屋顶的设备，在火灾发生时可以自动运转向室外排烟并控制火势发展，以便更有效的灭火。2. 自动排烟孔；见 smoke and fire vent。

automatic flushing system 自动冲洗系统；可以自动的、周期性的冲洗小便池或其他卫生设备及因坡度小而不能有效排水的管道的水箱设施。

automatic gas shutoff device 燃气自动关闭系统；在燃气热水器中，当热水器中的水温达到预先设定的限值时自动切断燃气供应的装置。

automatic load shedding 自动减荷装置；当建筑物的主要电力供给断电时，自动切断建筑物中的一部分电路负荷，可以减少应急发电机的电力负荷。

automatic operation 自动操作；依靠电梯箱的启动影响反应到楼梯平台上操作装置的瞬时驱动器和（或）反应到任何自动机械装置，从而使电梯箱自动停在楼梯平台处。

automatic operator 自动运行设施；一种自动门的驱动和控制装置，并由靠近通道或遥控开关启动。

automatic pilot 自动驾驶仪；见 safety shutoff device。

automatic smoke alarm system 烟气自动报警系统；一个自动报警系统，其烟气探测器可以自动启动并发出报警信号。

automatic smoke vent 自动排烟天窗，自动出烟口；见 smoke and fire vent。

automatic sprinkler 自动喷淋装置；关闭的喷嘴，当受热达到预定限值时其中的可熔物熔化，或者其中充满液体的玻璃球破裂而打开。

automatic sprinkler system 1. 自动灭火喷水系统；与合适的供水系统相连，用于火灾情况下及时而持续不断的喷水灭火系统。2. 喷水灭火系统，可以无需人为操作自动运行，一种自动的防火喷水系统。

automatic threshold closer 同 automatic door bottom；门底自动防风隔声设施。

automatic transfer switch 1. 复合电力控制开关；双掷转换开关和控制面板，在正常情况下，与公用电力电源连接通电，当电力供应中断时，转换开关自动通电与应急备用发电机连接，直到电力供应恢复正常，再重新连接到公用电力电源上。2. 自动转换开关；电路中，如果普通电源发生故障或者电压低于预先设定值时，开关自动从正常的电源转移一部分负荷到紧急备用电源。

automatic water supply 自动给水；不依赖任何手动装置，如运行阀、启动泵或连接器等运行的一种供水系统。

automatic wet-pipe sprinkler system 湿管自动喷水器；一种自动喷水系统，其所有管道和喷嘴中充满着具有压力的水，当喷头开动时系统会立即连续喷水，并一直持续到系统被关闭。

auto-suppression system 自动灭火器；一个英国名词，用来表述当监测到火灾发生时自动工作的一种保护系统；一种自动喷水系统。

aux 缩写＝“auxiliary”，辅助的，附加的；辅件，备用品。

auxiliary dead latch, auxiliary latch bolt,

deadlocking latch bolt, trigger bolt 辅助固定插销，辅助碰簧销，防松螺栓，锁定螺栓；一种门锁中辅助的插销，当门关上后自动将主插销锁死。

auxiliary energy subsystem 备用能源子系统；(不同于太阳能)，指用于为太阳能源系统提供补充或储备能源。

auxiliary heat 备用热能；当采用传统加热系统的房屋其太阳能装置不能提供足够的热能时，为了达到舒适室温而额外采用的热能。见 auxiliary energy subsystem。

auxiliary heating fraction 备用热能与总热能需求的比值。

auxiliary loads 建筑必须承受的所有动荷载，区别于设计荷载。

auxiliary rafter 辅助椽子；位于主椽构件上，用以加强主椽或第二主椽，通常用于多竖腹杆桁架。

auxiliary reinforcement 辅助钢筋；在预应力结构构件中，除预拉筋之外的其他起预加应力作用的钢筋。

auxiliary rim lock 辅助弹簧锁；安装在门上提供附加安全性的次要或辅助的锁。

auxiliary rope-fastening device 辅助拉索装置；连接在电梯轿厢、平衡锤或顶端的索扣装置，能在钢缆（索）破坏的情况下自动支撑轿厢或平衡锤。

available short-circuit current 电路中出现电路故障时电力系统在指定处释放的最大电流。

avalanche protector 尘崩防护装置；阻止松散材料滑入挖掘机的履带或车轮的网罩。

avant-corps 前亭；显著突出于建筑主体部分的那一部分建筑物，如亭子（楼阁）。

AVE 缩写＝"avenue"，林荫道，大街大道。

aventurine 不包含不透明材料的彩色镶金饰片的玻璃（或釉料）。

avenue 1. 林荫道；宽阔而笔直的街道，通常种有树木。2. 大街；通口或入口处的道路。

average bond stress 平均粘结应力；等于钢筋配筋受的力除以钢筋周长和埋入长度的乘积。

average concrete 普通混凝土不含人工骨料和外加剂的混凝土；其强度不由试验测定而由其水灰比来假定。

average-end-area method 平均面积法；计算两个横截面之间土方体积的一种方法，等于两横截面面积的平均值乘以横截面之间的距离。

average frequency of occurrence 平均降雨频率；降雨量等于或超过某个设定值的暴雨出现的年份间隔的平均值，有时也称作"return period"，逆程周期。

average grade 平均坡度；在建筑物建造范围内，不同地面海拔高度的算术平均值。

average haul 平均运程；土方挖方和填方之间搬运距离的平均值。

AVG （制图）缩写＝"average"，平均的。

avodire, white mahogany 白桃花心木；出产于非洲西部的一种木材，颜色黄白色，其质地及重量多样，带状纹理，用作内饰面、胶合板和镶嵌板。

AW 缩写＝"actual weight"，实际重量。

A/W 缩写＝"all-weather"，全天候的，耐风雨的。

award 认可书；来自业主的接受投标或洽商的认可书，是合作双方的一种合法契约。

A-weighted sound level 声频加权（用分贝计）的声级；使用声频加权的声级表测定的声级，改变了使用频率的声级表的敏感性，从而在耳朵不灵敏的地方声级表对频率的敏感程度也有所降低，通常用在有特殊声级要求的建筑物中。

AWG （制图）缩写＝"American wire gauge"，美国钢丝规格（标准）线规。

AWI 缩写＝"Architectural Woodwork Institute"，美国木工协会。

awl 锥子，尖钻；一种用来在薄木板或硬纸板上穿孔的尖锐的工具。

awning 雨篷，遮阳篷；一种像房顶的帆布罩或类似的覆盖物，通常可以调节，置于门、窗等上面，用来遮阳、避雨和防风。

awning blind 上悬百叶窗；顶部装有铰接的一种

百叶窗，上悬至合适的位置用支撑固定。

上悬百叶窗

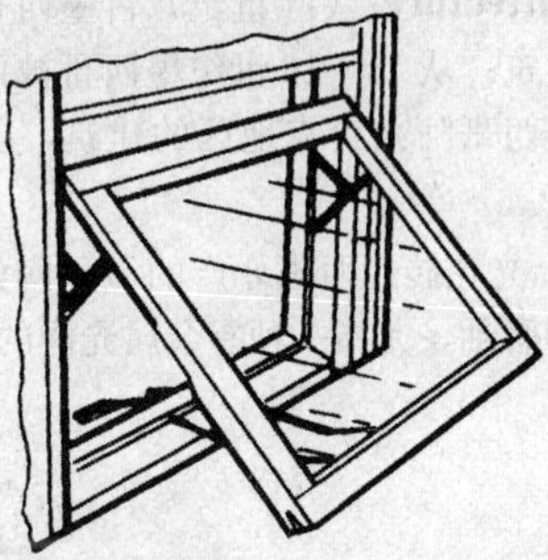

上悬窗

awning window 上悬窗；一种用在窗框上部铰接固定的多窗扇窗户，窗扇的下部可以向外开启，通过一个控制装置操作。

AWPA 缩写＝"American Wood-Preservers' Association"，美国树木保护者协会。

AWS 1. 缩写＝"all wood screws"，木螺栓。2. 缩写＝"American Welding Society"，美国焊接学会。

A. W. W. I. 缩写＝"American Wood Window Institute"，美国木窗协会。

ax 1. 斧头；一种锋利的劈木头、砍木材的钢质工具。2. 一种石工斧。

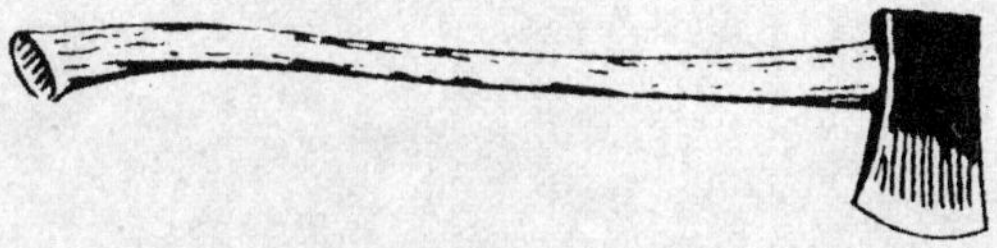

斧头

axed arch 斧琢砖拱；用粗削成楔形的砖建造的拱。

axed brick，rough-axed brick 斧砍砖，粗削砖；一种斧头形不经修饰的砖，其砖接缝比标准砖的砖缝宽。

axed work 凿石，琢石；（英）其表面能显露斧头、凿子或石工锤等工具痕迹的人工修琢的石头。

axhammer 斧槌；打碎或修琢粗石的一种斧头；一头是刀刃，另一头是锤子或者两头都是刀刃。

axial-flow fan 1. 轴流鼓风机；包含下列几种形式：叶片轴流式、管轴流式或螺旋桨式鼓风机，该类鼓风机通过叶片转动带动空气运动，各种类型因叶片形状的不同、长轴和短轴直径比的不同、叶片倾斜度的不同和叶片数量的不同而不同，可能会加入导向叶片以使风流直吹并提高效率。2. 见 centrifugal fan。

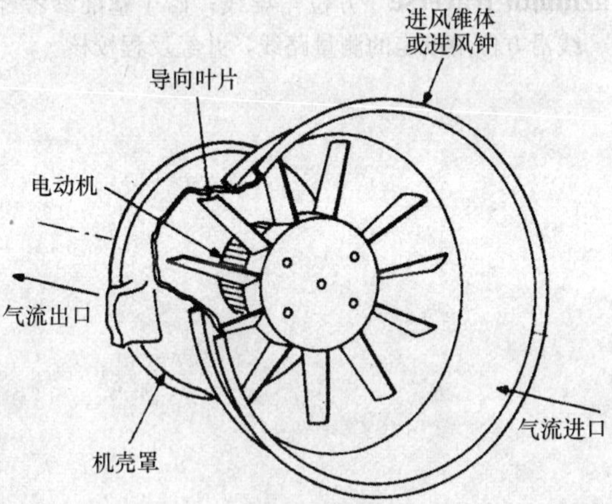

轴流鼓风机

axial force 轴向力；见 axial load。

axial force diagram 轴力图；在静力学中，用图形表示作用在结构构件每一个截面上的轴力的方法，构件上每一点的轴力沿着一条代表构件长度的基准线，按比例用正确的符号作为纵坐标绘出。

axial load，axial force 轴向力；垂直作用于结构构件横截面上，并作用于质心的内力在轴向的合力，可产生均匀应力。

axis 轴；一条代表立体或者平面的对称中心的直线。

axle pulley 提拉窗滑轮；见 sash pulley。

axle-steel reinforcing bar 车轴钢钢筋；由有轨

电车车轴碳钢制成的钢筋。

Axminster carpet 阿克明斯特地毯；有绒毛的地毯，通过在经线之间成排的插入绒毛，然后通过纬纱捆绑从而使绒毛附在地毯衬底上。这种方法制作的地毯可以设计复杂花样，颜色丰富。

axonometric projection 三向投影图，轴侧投影图；正视图投影的一种形式，即一个矩形体投射在一个平面上，显现出三个面。两种普通投影图中的一种（另一种是斜投影）；通常分三种类型：等角、正二轴、正三轴。

ayaka 放置在佛塔的附属平台上的柱子。

azimuth 方位角；在平面测量中，从正北向沿顺时针方向量度到某一个物体或某一点的方位间的水平角。

azimuth traverse 方位角导线；始于基准参考经线沿方位角设定的测量路线，并经反程校核。

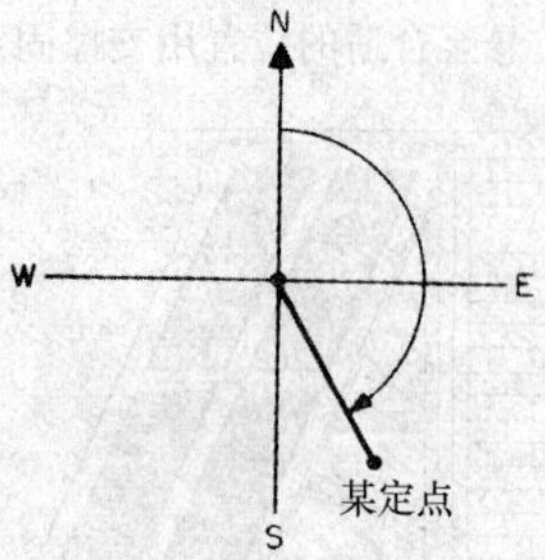

方位角

azotea 平屋顶或平台；西班牙建筑中屋顶的露台或者平台。

Aztec architecture （14 世纪）古墨西哥建筑，阿兹台克建筑；从 14～16 世纪墨西哥被西班牙征服期间，墨西哥阿兹台克地区的建筑，以及随后的玛雅建筑。

azulejo 上光花砖；西班牙产的一种陶瓷砖，有色彩丰富的彩釉，尤指一种有金属光泽的陶瓷砖。

B

B 缩写＝“beam”，梁。

B&B 在木材工业中，缩写＝“grade B and better”，B级和B级以上的木材。

B&S 1. 缩写＝“beams and stringers”，（横）梁和楼梯斜梁（制图）。2. 缩写＝“bell and spigot”，承口，插口（制图）。3. 缩写＝“Brown and Sharpe gauge”，布朗沙普标准（制图）。

B1S 1. 缩写＝“banded one side”，一端连接。2. 缩写＝“bead one side”，一侧串珠饰。

B2E 缩写＝“banded two ends”，两端带状线脚。

B2S 1. 缩写＝“banded two sides”，两侧带状线脚。2. 缩写＝“bead two sides”，两侧串珠饰。3. 缩写＝“bright two sides”，两侧带光泽的木材（条、板）。

B2S1E 缩写＝“banded two sides and one end”，两侧和一端带状线脚。

B3E 缩写＝“beveled on three edges”，三面斜削边（坡口边）。

B4E 缩写＝“beveled on four edges”，四面斜削边（坡口边）。

BA 缩写＝“bright annealed”，光亮退火的，非氧化退火的。

Babylonian architecture 巴比伦建筑；古巴比伦建筑物的特点：灰砖建造；墙通过壁柱和壁凹铰接，墙饰面用烧制的砖和釉料砖；房间狭小，大多数情况下用直木材和灰土屋顶覆盖；在排水管道和路面结构中广泛应用沥青，且被用作灰浆。

back 1. 建筑物、工具或物体的后面、背面、被遮挡面、较远一点的部分或不重要的部分。2. 支座；更显著的或更容易看到的构件的支撑，如，墙板的支座是要抹灰的部分。3. 瓦背；铺石板、瓷砖或其他相似物体的上部或暴露的部分，与底座面相反。4. 上侧，上翼；水平构件或建筑，如托梁、椽子或屋顶的脊或顶部。5. 主椽木，上弦木，人字木。6. 拱背；拱门的拱背或上表面，通常隐藏在周围的砌筑结构中。7. 背衬层；胶合板建筑中用在下层的低级的胶合板。8. 护墙板；在（有直槽上下拉动启闭的）窗框下部的壁板，一直延伸到地板。

back addition 房屋上向后伸出的悬臂梁。

back arch 同 arrière-voussure；八字砖，盖板砖。

backband 门窗框外缘饰带；用在矩形窗框或门框周围将（门或窗）框和墙之间的缝隙填上或起装饰作用的木饰带；又称 backbend。

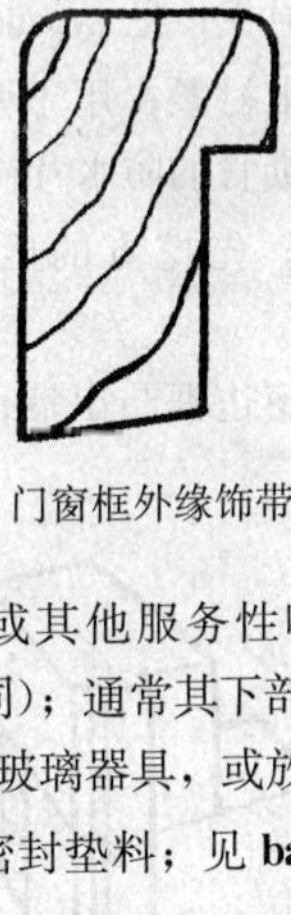

门窗框外缘饰带

backbar 酒吧台或其他服务性吧台后面的工作台（和吧台高度相同）；通常其下部有一个橱柜用来储存、摆放瓶子或玻璃器具，或放置冰柜；后柜台。

back bedding 密封垫料，见 back putty。

backbend 1. 同 backband。2. 在金属门或窗框架的外侧，朝向墙表面的板；贴脸板。

backboard 脚手架外表面临时的板；后挡板，靠背板。

back boxing 背衬，腔衬；盒背衬；见 back lining 1。

back-brush 回刷；在刚刚刷过漆的饰面上进行第二次反向刷漆。

back check 反向减速制动器；在水压关门器中，

一种减速机械装置，通过它可以把门打开。

back choir 唱诗班席后部；同 **retrochoir**。

back clip 背夹；安装在石膏板背后的特殊夹子，通过卡在结构框架的凹槽中将石膏板固定。

backcloth 同 **backdrop**；背景幕。

backcoating 背面涂层；为了增加织物的耐久性，在织物背面覆盖的薄涂层（如氯丁橡胶），涂层用来防潮或阻挡气流。

back counter 后台；餐馆里在前面服务台后面的工作台，通常包括简单的烹饪设备，储物柜、储物架等。

back-draft damper 回风风挡，反向排风气流调节器；一种仅允许空气朝一个方向流过的气流调节器，依靠重力驱动叶轮。

backdrop 背景幕；在剧院舞台上，一张巨大的用绳子拉紧的平帆布，通常悬挂在舞台后部的栅格以遮盖后台区域。

back edging 周边凿切陶管法；沿陶管环周凿切，直至凿穿，使其断开的切割陶管方法。

backerboard 背衬板；见 **gypsum backerboard**。

backer strip 防水衬条；用于两块墙板竖向接缝处的背面，涂有沥青的防水背衬条。

backfill 回填土；先挖方的区域又被重新回填的土。

back fillet 门或窗边框凸出墙面部分的后缩倒脚边缘（**return**）。

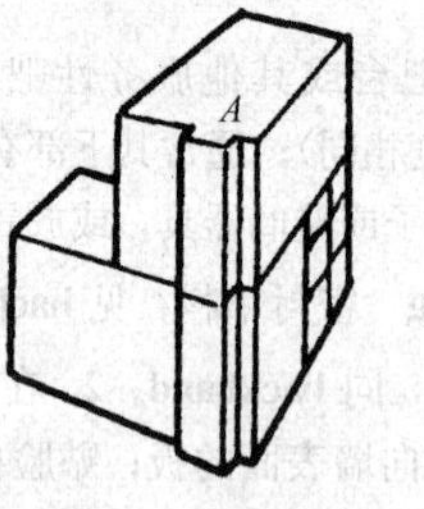

A—后缩倒脚边缘

backfill concrete 找平混凝土；浇筑结构混凝土前采用的非结构混凝土，用以填补开挖中的凹坑或过分开挖部分。

backfilling，backfill 1. 面层下或双层墙之间的填充砌体。2. 拱背填充物。3. 填充墙；木框架中的砖砌体；见 **nogging**。4. 回填土，回填料；开挖边或护壁板与结构物外围或基础墙周边之间的空间回填土或碎石，以提供基础排水。

back flap，back fold，back shutter 百叶窗里扉；百叶窗折在外露扇里面的窗扇，即折向窗框凹槽的那部分。

backflap hinge，flap hinge 板翼式合页，板翼式铰链；用螺钉拧紧于百叶窗或门上的片状或条状金属铰链。

backflow 1. 饮用供水配管中来自非水源地的混有其他液体或杂质的水；见 **back siphonage**。2. 倒流；与天然或设定方向相反流向的水流。

backflow connection 回流连接，倒流连接；输水管、洁具水管或排水管等管道中可产生回流的装置。

backflow preventer 回流防止器；饮用水配水系统中用于防止水或液体倒流的装置。

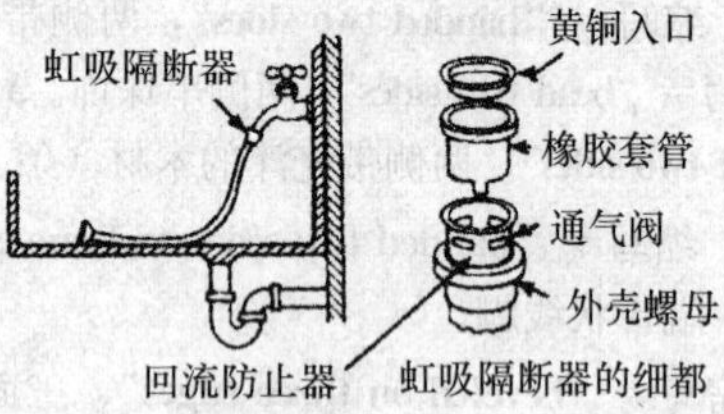

软管接头上的回流防止器

backflow valve 逆止阀，单向阀；见 **backwater valve**。

back fold 折叠扇，里百叶门窗；见 **backflap**。

back form 底模；见 **top form**。

background noise 本底噪声；被关注声源以外的任何噪声。

back gutter 背排水沟；设置在坡屋顶烟囱上坡的水沟；用于烟囱周边的排水。

back hearth，inner hearth 炉内炉膛；壁炉侧壁以内的炉床或地面部分。

backhoe 反铲挖土机；挖沟用的挖土机；连在起重杆上的铲斗可朝铲土机方向像锄头一样挖土，然后翻转将土倒出。

backhouse，back building 1. 厕所或外屋。2. 后

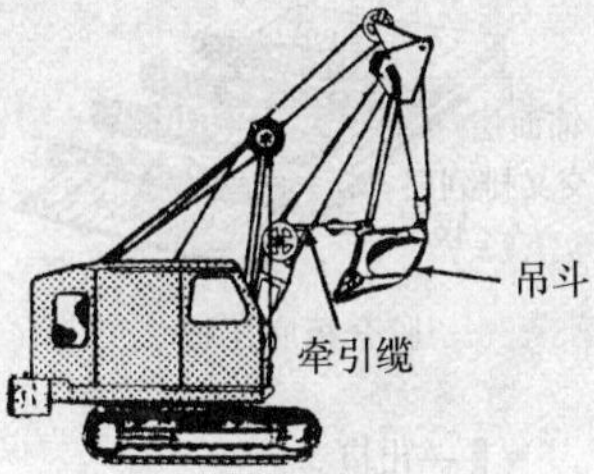

反铲挖土机—吊车上的附件

屋；位于房屋后，起辅助作用的建筑物。

backing 底布；见 carpet backing。

backing board 石膏衬板；吸声吊顶中用于粘结或机械连接吸声板的石膏平板。

backing brick 背衬砖，墙心砖；用于面砖或其他石材面层内侧的较低质的砌体。

backing coat 底涂层，打底层；除面层以外的抹灰层。

backing ring 垫圈；焊接管道接缝时用的环形背衬。

backing up 砌体结构中背衬砖的砌筑。

back jamb 背衬条；见 back lining，1。

backjoint 留槽；砌体结构中类似于烟囱内壁上为插隔板预留的槽口。

back land 腹地；被其他所有人的土地所包围没设置进入道路的空地。

backlighting 逆光；光线来自物体的背后。

back lining 1. 沿窗套为滑动窗扇提供平滑面作为吊窗滑槽的薄木条，又称窗盒周板，也写作 back boxing 或 back jamb。2. 窗框的衬条；形成百叶窗匣背面的凹槽。

back lintel 背衬墙过梁；支承背衬墙的过梁，与支承面层材料的过梁相对。

back-mop 背面涂敷；铺设组合屋面时，采用沥青或柏油涂抹油毡背面或底面。

back mortaring 同 backplastering 和 pargetting，3；背面抹灰。

back-nailing 防水层钉合；组合屋面构造中，（除热涂敷外）为了防止防水层滑动，将防水层铺钉在屋面板上的做法。

back nut 1. 螺帽（母）；带丝扣的螺母一端为盘形，以卡住密封垫圈，用于管道的密封接头。2. 在管道零件、水龙头或阀门体上的紧锁螺帽（母）。

back observation 同 backsight；向后观测。

back-paint 背面涂漆；在物体的背面或内侧面涂漆，起防潮湿侵蚀的作用。

backplastering 板条背面的抹灰层（装饰面的反面）。

backplate 衬板；用作结构构件背衬的金属板或木板。

backplate lamp holder 带底板灯座；可用螺栓固定于水平台面上的灯座。

back pressure 反压力；管道、沟槽、沟渠等设施中反向作用于水流或气流的压力，由液流流动中的摩擦力、重力或其他阻力形成。

back-pressure valve 止回阀；见 check valve。

back propping 背部支撑；为了稳固墙体，将木料交叉或倾斜顶住墙体的放置方式。

back putty，bed glazing 打底油灰；安装玻璃时用于嵌固玻璃与窗框或窗扇的材料。

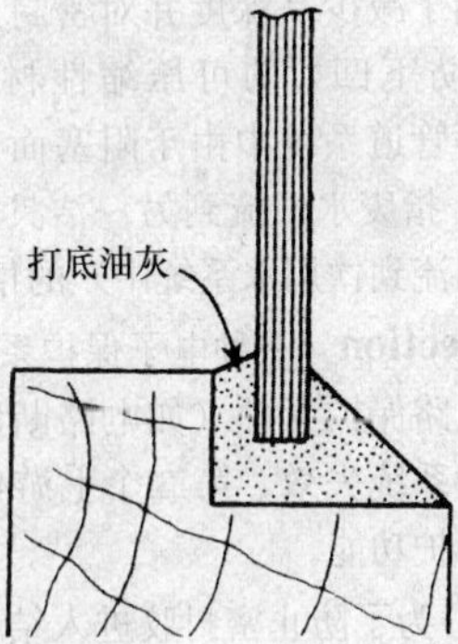

打底油灰

backsaw 手锯，镶边短锯；脊上带有起加强作用的金属条的锯，其刃薄且锯齿细小，用于精细操作，如锯斜角缝。

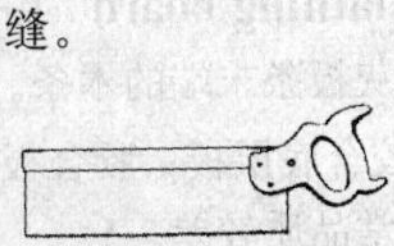
手锯，镶边短锯

backset 1. 从锁或弹簧锁面到钥匙孔、把手或锁筒中心的水平距离。2. 同 setback；缩进、收进、后退。

back shore 背撑；在建筑物侧面起临时支撑作用的斜撑中，位于外侧的构件。

back shutter 百叶门（窗）里扉；见 **backflap**。

backsight 沿原测线观测；在测量中按已确定的测点或测线上的观测。

back siphonage 倒虹吸作用；指由于管道中压力降低使污水或卫生洁具中的污水倒流到供水管中的现象。

back siphonage preventer 倒虹吸作用阻止器；见 **vacuum breaker**。

backsplash 后挡板；水池或柜台后面墙上的护板；一种挡板（**apron，7**）。

backstage 指剧院舞台防火墙后的全部区域；包括后台、储藏室和化妆间。

back stay 同 **brace，1**；背撑。

back-to-back house 背靠背房屋；指背面及沿边有一道共用隔墙（**party wall**）的房屋。

backup **1.** 墙饰面内侧的砌体墙部分。**2.** 衬垫物；密封层下用于减少其深度并对密封层起支撑作用（防下垂、防下凹）的可压缩性材料。**3.** 溢流；指排水管等管道系统中由于阻塞而产生的水流溢出现象。**4.** 指废水回流到另一洁具、舱室或水管线（没有回流到饮用水系统中）的情况。

backup protection 一种电子保护系统，通过感应器探测到电路保护元件（如电路断路器）失效而启动；如若系统失效，第二个上游保护装置将代替其发挥保护功能。

backup rod 为了防止密封胶进入结合处而在结合处填入的塑料泡沫。

backup strip 衬背带材；安装在天花和墙面转角处的木条，作为石膏面板的收边。

backup strip，lathing board 固定在隔断或墙拐角，用于钉固灰板条末端的木条。

back veneer 胶合底层板；胶合板中位于饰面层下面的一层，通常品质较差。

back vent 虹吸排气管；卫生洁具上位于存水弯一侧（**trap，1**）下游（下水道）的独立出气口，用以防止存水弯内发生虹吸现象。

胶合板底层板

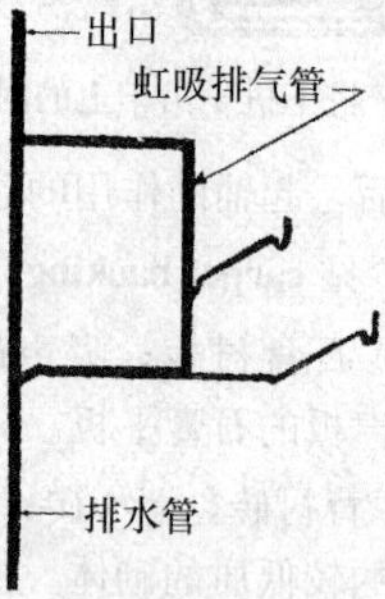

虹吸排气管

backwater valve，backflow valve 逆止阀；排水管中一种防止水倒流的阀门，当产生倒流时能使阀门关闭而断流。

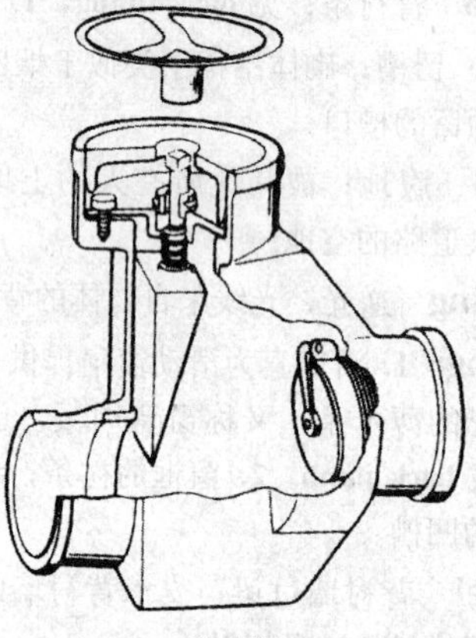

逆止阀

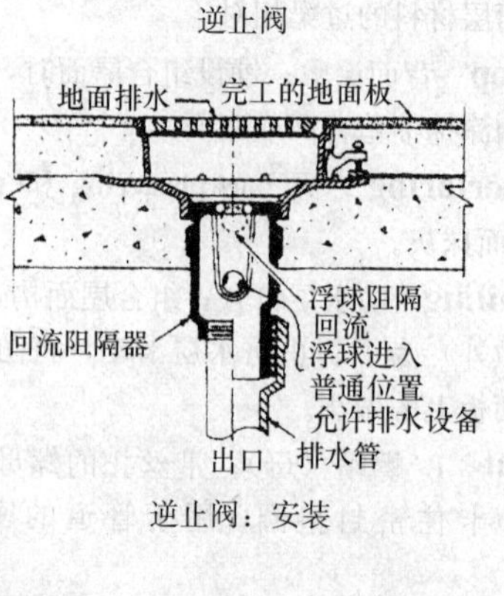

逆止阀：安装

bacterial corrosion 细菌腐蚀；物质中由于某种细菌滋生造成的腐蚀（例如氨酸或硫酸）。

badger 1. 管道清理器；用于清除管道或下水道中多余砂浆或沉淀物的工具。2. 同 **badger plane**；槽刨。

badger plane 槽刨；刨削刀口倾斜，可以刨出角棱的手工工具。

badigeon 嵌填膏泥；用于填充或修补圬工和木工的材料。

baffle 1. 挡水板；用于控制液体流量（速）的挡板。2. 遮光板；一种不透明或半透明的挡板，用于遮挡某种角度的直射光线。3. 遏声器；一种可减弱声音传播的反射板或挡板。4. 导流板，折流板；阻碍和（或）改变空气、混合气流或烟道废气流向的挡板。

bag，sack 波特兰水泥定量单位：在美国是 94 lb；加拿大是 87.5 lb；英国是 112 lb（50.8kg）；大多数采用公制的国家里是 50kg。

bagasse 甘蔗渣；甘蔗被榨汁后产生的副产品，用作燃料以及纤维吸声板的主要原料。

bagged brickwork 袋装砌块；外表面涂抹了一层薄灰浆的砌块。如同将砖块装入存有灰浆的粗麻袋中。

bag molding 袋压成型；指一种工艺，将填料填入带有弹性盖子的弧形刚性模具中并对盖子施压，填料在压力作用下在模具内成型。

bagnette 细小线脚；见 **bead molding**。

bagnio 1. 澡堂。2. 妓院。3. 土耳其监狱。

bag plug 袋栓；一种充气式止水塞，其工作原理是依靠对其充气将管道封闭。通常将其设置于管道系统的最低点。

bag-rubbed joint 同 **flush-cut joint**；平灰缝。

bag trap S形存水弯；其进水口和出水口竖向平头接合在一直线上的存水弯。

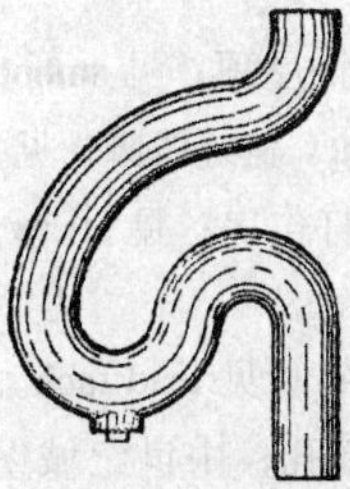

S形存水弯

bague 半圆线脚；一种环状线脚，环绕在柱基础和柱头之间，或柱身上间隔出现。

baguette 一种凸圆细线脚。

bahut 1. 砌体墙或女儿墙上的圆拱形压顶。2. 檐口上方支撑屋顶的矮墙。

baignoire 剧院最下层的包厢席。

bail 1. 中世纪城堡外庭院的围墙。2. 提升重物用的铰链圆环。

bailey 1. 中世纪防御工事外围的开阔地带，复杂的城堡中几层墙之间的小巷叫外城，中间地带叫作内城。2. 中世纪城堡的外墙。

bajarreque 由甘蔗渣组成的土坯墙，表面涂有石膏与黏土和稻草的混合物。

baked finish 烤漆面；油漆或清漆工艺中的最后一道经过烘烤的薄膜，烘烤温度通常在 150℉（65℃）以上，以使漆膜牢固、耐用。

bake house 烘烤屋；曾经在教区或种植园中常见的一种小型辅助性房屋，带有一个或多个专门用于烘烤面包或者面食的烤炉。为避免引起火灾，通常将其独立于主体房屋之外。

bake oven 殖民地住宅中的一种砖砌烤炉，带有圆形或椭圆形的穹顶。通常位于壁炉主炉膛的一角，并高于炉膛几英尺。这种烤炉起初是壁炉主体的一部分，后被专门用于烘烤食物。将待烘烤的食物放入，关闭铁质炉门，由壁炉中的燃烧的木炭或灰烬对食物进行烘烤。又称作蜂窝炉、面包炉、砖炉或荷兰烤炉。

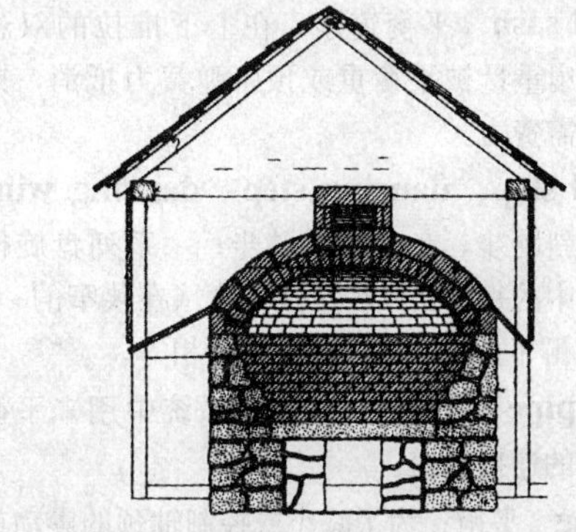

烤炉（横剖面）

baking，stoving 烘干；通过烘烤未干油漆面，以加快稀料蒸发，并促使胶粘剂发挥作用，从而形成一层坚硬的聚合薄膜。

balance arm 窗扇平衡臂；凸窗（projected window）一侧设有支撑杆，因此窗扇开启时其重心不会有显著的改变。

balance beam, balance bar 平衡梁，平衡杆；连在大门（或吊桥等）上的长梁，用于平衡门开关时的重量。

balanced circuit 平衡电路；指三相电路中各相负荷相等的电路。

balanced construction 均衡结构；由奇数层叠加而成的胶合板或夹心板的结构，因此，其中间板层两侧的构造层次相同。

balanced door 平衡式门；由重力控制开关的门。

balanced earthwork 平衡土方工程；挖方和填方工程量大致相等的土方（cut and fill）工程。

balanced failure condition 平衡破坏；受压破坏与受拉破坏同时出现的状态。

balanced ladder 平衡梯；为了保持垂直，附加了与梯子重量相等的导架而使梯子保持垂直。

balanced load 1. 对称负荷；指加载在电路（如三相电路）中的负荷可保持各相电路输出电流及功率系数相等。2. 平衡力；碾压混凝土和轧制钢铁时产生的反向负荷。

balanced reinforcement 平衡钢筋；钢筋混凝土受弯构件中钢筋的数量和分布状态，可使受拉钢筋拉应力和受压混凝土的压应力同时达到允许值。

balanced sash 平衡窗扇；在上下推拉的双悬窗中，窗扇重量被平衡重或预张弹簧力抵消，推拉窗时无需费力。

balanced step, dancing step, dancing winder 均衡斜踏步，盘旋楼梯踏步；一系列盘旋楼梯斜踏步中的每一斜踏步平板宽度（在狭窄的一端）几乎与相邻直段楼梯踏步板宽度相等。

balance pipe 平衡管道；管道系统中用来平衡两点压力的连接管道。

balancing 平衡；为了减小或控制轴颈的震动或受力对转子质量分布进行平衡调节的过程。

balancing plug cock 平衡阀门；见 balancing valve。

balancing valve, balancing plug cock 平衡阀门；管道内只起控制液体流量作用，而不阻断水流的阀门。

balaneion 浴池（希腊术语）。

balaustre, canary wood 一种出产于南美的木材；其表面光滑、质地坚硬、密度大；木质呈黄褐色、橙色或紫褐色。

BALC （制图）缩写＝“balcony”，阳台。

balconet 挑台式窗栏；一种假阳台，装饰性的低矮窗栏，稍突出于门槛或窗台外。

挑台式窗栏

balcony 1. 阳台，露台；由下部支承或悬挑围有栏杆或扶手的建筑物伸出的平台。2. 包厢，楼座；观众厅中突出的楼座；位于主厅地面的上方。3. 高架平台；剧院中常设舞台。

balcony outlet 阳台排水口；能使阳台的雨水排入阳台外的竖向雨水管中的入口配件。

balcony rail 阳台栏杆；见 rail，2。

balcony stage 如伊丽莎白时代剧院中用于表演场地的阳台。

baldachin, baldacchino, baldachino, baldaquin, ciborium 祭坛华盖，墓华盖，王座华盖；位于圣坛、坟墓或宝座上方，由柱子支撑的装饰顶罩。

bald roof 无装饰屋顶；见 smooth-surfaced roof。

balection molding 盖缝线脚；见 bolection molding。

bale house 1. 打包房；见 straw bale house。2. 仓库（旧时用词）。

bale tack 打包钉；见 lead tack。

balistraria 射箭孔；中世纪城堡外墙上弓箭手用来射箭的十字形孔。

王座华盖

射箭孔

balk，baulk 1. 梁木；一种建房用的方木。2. 垄，界埂；土地轻微隆起线用以标明界限。

balk tie 木结构屋顶中用于拉结所有墙柱以防止墙散开的连系梁。

ball and flower 花球装饰；见 ballflower。

ballast 1. 石碴；浇筑混凝土时铺于底层的粗石，砂砾，矿渣等。2. 镇流器；荧光灯、水银灯或其他放电灯具中可提供启动电压和控制电流的装置。3. P级：能满足产品安全认证实验室有限公司（Underwriter' Laboratories Inc.）要求的荧光灯镇流装置，它包含一个自动温度调节保护器，可在温度超过额定值时切断电源。4. 同 constant-wattage ballast；恒功率镇流器。

ballast factor 镇流系数；灯在镇流器运作时输出的光通量与标准条件下输出的光通量之比。

ballast noise rating 镇流器噪声等级；荧光灯镇流器产生的噪声分级；等级分为 A（噪声最小）～F（噪声最大）级。

ball-bearing hinge 滚珠轴承枢轴；一种在其连接处安装有滚珠轴承以减小摩擦的枢轴。

ball breaker 同 wrecking ball；撞锤。

ball catch 碰珠闭门器；带有一个由弹簧顶着的金属球的闭门器。金属球嵌入锁舌，可使门在不受外力时保持关闭状态。

ball-check valve 球形逆止阀；管道系统中一个带有弹簧的防逆阀（check valve）；当水向一个方向流动时，水流压力推动球塞使水流通过；当水流动方向相反时，球塞被推回塞座，阻断水流。

ball cock 浮球阀；一种带有浮球的浮动阀门（float valve）。

balled and burlapped 根球移植法；一种应用于园林中的植物移植方法。为了在移植过程中便于处理并保护根系，根系的主要部分连同周围的土壤被切成球形并装入粗麻袋中。

ball float 浮球；一种近似球形的浮动装置，用来控制球阀。

ballflower 球形花饰；嵌有三个花瓣样式的球形装饰，通常用于英国装饰式样中的线脚凹陷处。

球形花饰

balling up 起球；焊接时由于没有与焊接金属充分融合产生的金属铜焊球或焊剂球。

ballium 中世纪防御工事中间围合的院子。

ball joint 球窝连接；一种连接点，其中一个部件的球形端包含在另一个部件的球形凹陷处，可以使这一部件的轴线与另一部件之间设定在任意夹角上。

balloon 球饰；位于支柱、山墙、窗间墙或其他类似屋顶上的球状物或圆形物，作为顶冠（**crown，1**）。

balloon framing，balloon frame 轻型木构架，轻便型构架；一种木结构框架体系；它的外承重墙和内隔墙中的龙骨等竖向结构构件均延伸到框架的整个高度，即从基底板到屋顶板的全高，所有地板搁栅均钉于龙骨上。可与 **braced framing** 相比。

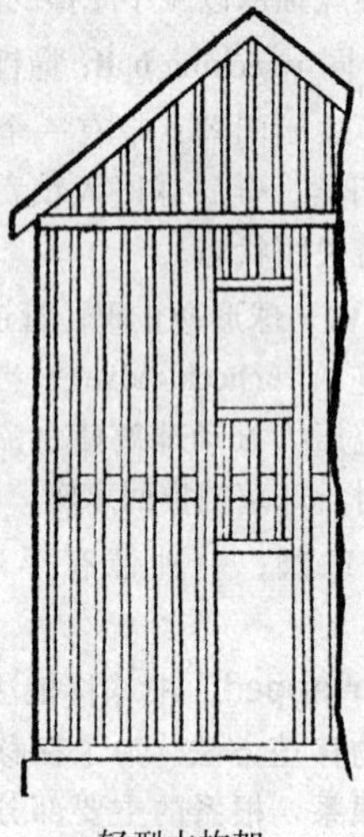

轻型木构架

balloon-payment loan 最后一笔付款数额大的分期贷款；一种贷款合同，合同中规定无论是否有抵押，由于贷款到期，最后一笔付款数额远大于分期贷款期中的以前曾经付款的数额。

ball peen hammer 圆头手锤；带有圆锤头的锤子。

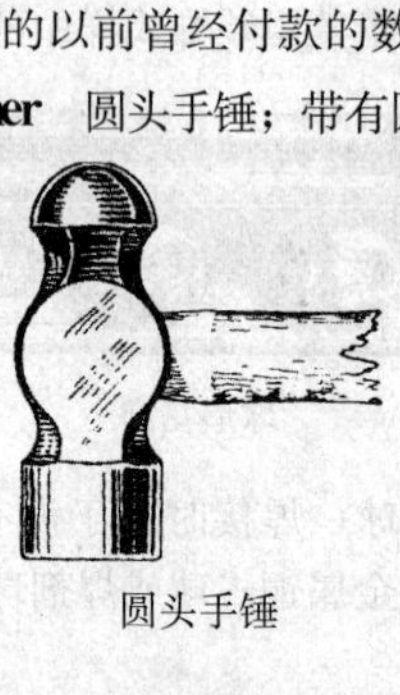

圆头手锤

ball-penetration test 球体贯入试验；按美国材料试验标准测定混凝土稠度的试验方法。用一个底部为半圆形的金属重物放在混凝土平整的表面，以测其沉入的深度来表明其稠度。

ballroom 舞厅，舞场，社交厅；主要用于跳舞的社交大厅，也经常用于聚餐或聚会。

ball test 1. 落球试验；见 **Kelly ball test**。2. 滚球试验；排水管道中用一个直径（按规定尺寸）小于相应的管道直径的球滚动通过整个管道，以测定排水管道的阻塞程度及管径圆度的试验。

ball valve （浮）球阀，球形阀；用一个可移动球与球形座窝吻合程度调整液体流量的阀门。

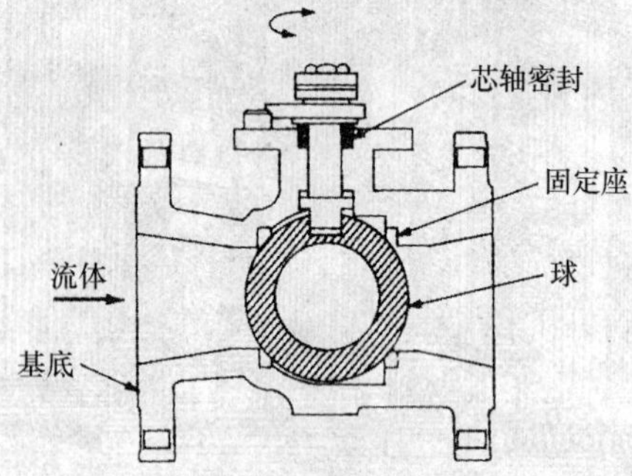

球形阀

balnea，（复数）balneum （罗马）公共大浴场。

balnearium （古罗马）私人浴室。

balsa，corkwood 软木；一种最轻的木材，其密度约为 7～10 lb/ft^3（110～160kg/m^3），可用作轻质夹芯板或模型等的芯材。

balteus 1. 爱奥尼柱头承垫中间的带箍。2. 爱奥尼柱头螺旋饰之间的连接带。3. 古罗马剧场中观众座位之间的走道或竞技场上下看台之间的宽台阶。

baluster，banister 1. 栏杆（小）柱，瓶状竖构件；通常断面为圆形，用作支撑楼梯扶手或顶梁的一系列短竖构件。2.（复数）**balustrade** 栏杆柱。3. 爱奥尼柱头侧面的涡卷（**bolster，pulvinus**）。

baluster column 1. 瓶状栏杆柱，短粗圆柱；一种类似于瓶状竖构件一样的柱身短粗的柱子。2. 次要部位上用的短粗柱子，如用于早期意大利式的钟塔的窗户上。

瓶状竖构件

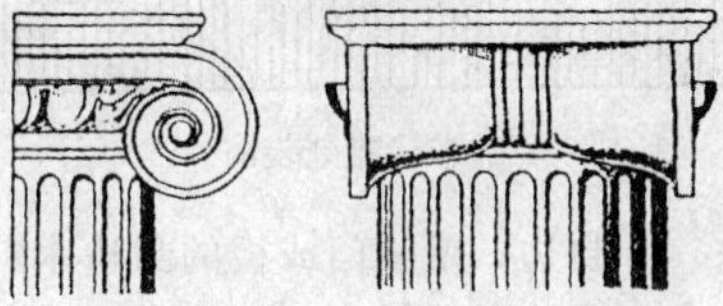
爱奥尼柱头的涡卷

瓶状栏杆柱

baluster shaft 同 **baluster column**；瓶状栏杆柱，短粗圆柱。

baluster side 爱奥尼卷形柱头的侧面，两涡卷之间的面。

爱奥尼卷形柱头的侧面

balustrade 栏杆；沿阳台外边的一套完整的栏杆系统，包括栏杆扶手、栏杆柱以及底部横档。

balustrum 同 **altar rail**；圣坛栏杆。

bamli 印度建筑中的院子。

banana oil 香蕉水，香蕉油；见 **amyl acetate**。

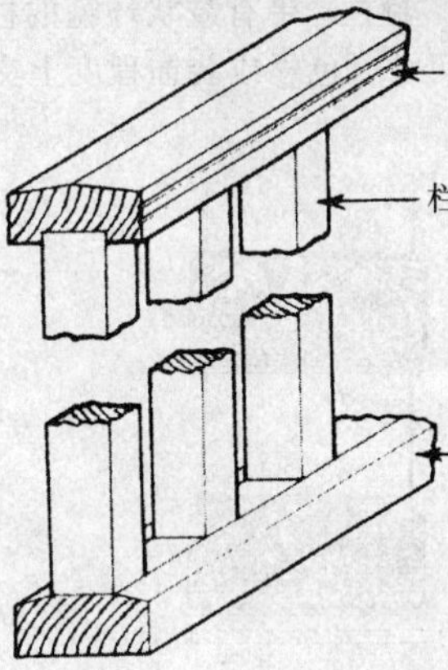

栏杆

banco 西班牙建筑及其派生的建筑中的固定座位。

band 1. 带饰线脚；墙面上用于划分墙面的一根或一组稍微凸起的线脚，又称为带状线脚（**band molding**）或扁带层（**band course**）。2. 扁带饰；断面呈矩形或轮廓线微微外凸的线脚，既可作为一条连续的饰带又可为其他形状镶边用于饰面，又称镶条（**fillet**，**list**）。3. 古典柱顶上的装饰线脚（**fascia**）。

扁带饰

bandage 箍带；围绕在建筑物周围的起紧固作用并保持各部分结合并固定的圈带、环或链条，如圆屋顶起拱线周围。

band clamp 管箍；由两金属片组成，两端用螺栓固定于立管上的管夹。

band course 同 **belt course**；扁带饰，带层。

banded architrave 饰带门头线；流行于英国、意

大利、法国等国的新古典主义风格晚期建筑上的一种门头装饰（**architrave，2**），门头装饰是由线脚和沿线脚等距离挑出的多个光滑的突出块体组成。

banded barrel vault 石制半圆形拱顶；截面为半圆形的石砌穹窿，由下方间隔规律的一系列拱肋支撑。

banded column 箍柱；带有鼓状环箍的柱子，这些鼓状环箍在尺寸、色彩或装饰程度上交替出现在柱子上。

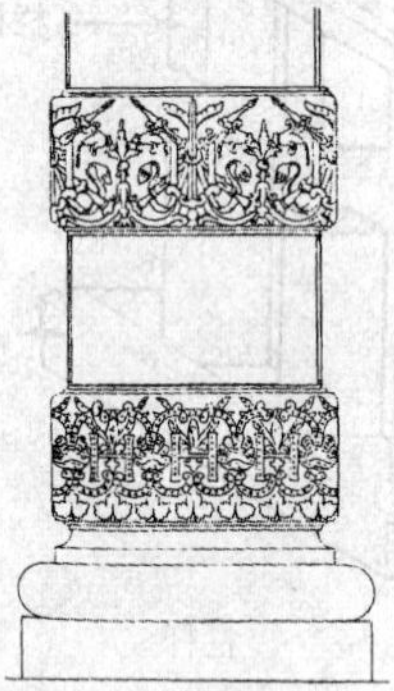

箍柱

banded impost 带状线脚拱座；中世纪建筑中采用的带状水平线脚的拱座，拱座以上的截面与拱座下柱身截面相似。

带状线脚拱座

banded pilaster 带状线脚壁柱；以箍柱式样为装饰的壁柱。

banded rustication 条带石砌层；以光滑方石与粗琢石块砌层交替组成的砌体，常见于文艺复兴时期建筑中。

banded surround 带状边缘装饰；一种带状边缘装饰物（例如：门口，壁炉或窗户周围的建筑装饰构件），通常是由两种不同尺寸的砌块毗连砌成；例如，见 **Gibbs surround**。

bandelet **1.** 同 **annulet**；柱环饰。**2.** 细带饰。

banderol，banderole，bannerol 扁带状雕刻装饰；带状或长卷形装饰花纹，通常应用于徽章或铭文中。

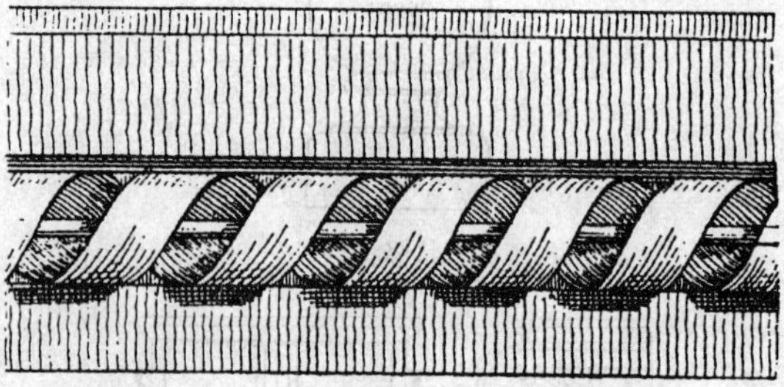

扁带状雕刻装饰

banding **1.** 封边；镶板门或板的封边木料，通常用于胶合板或芯板的封边。**2.** 嵌条；一条或几条装饰木条；装饰镶嵌物。**3.** 箍条；捆扎用的金属，塑料或纤维条。**4.** 木桩顶端的带箍，用于防止打桩锤击时木材劈裂。

banding plane 线脚刨；木匠用于刨槽和镶嵌直线和圆形的线脚时使用的刨子。

band iron 扁铁，扁钢；被用作拉杆，吊钩等的薄金属带。

bandlet 同 **bandelet**；细带饰。

band molding 同 **band，1**；带形线脚。

band saw 带锯；绕在两个轮子上的环状钢齿条锯，两个轮子其中一个为驱动轮。

band shell 反射屏音乐台，露天舞台后回声墙；通常在户外使用的一种声音反射构造，可将舞台上演奏的声音直接反射给观众席。

band window 带形窗；由三扇以上的窗户水平连系在一起的窗，其间只用竖梃分割，在建筑物立面上形成一个水平带；例如，见 **frieze-band window**。1900年以后建造的房屋方见得到，又称条窗。

banister **1.** 楼梯扶手。**2.** 栏杆。

bank **1.** 土堆；高出开挖地面的一堆土。**2.** 银行；用于存款、借贷、外汇买卖以及其他金融交易活动的建筑物。

bank barn （建在山坡边的）谷仓，畜棚；一种通常是嵌入山坡而建的两层谷仓，其朝向能使谷仓下层免受主导风的袭扰。谷仓上层开有一可滑动大门，连接着一条缓坡车道，上层空间用于打谷、存放粮食和牲口食料；下层为牲口棚，其开口对着一个围合的院子。这种谷仓在美国也被叫作德国谷仓、宾夕法尼亚谷仓或宾夕法尼亚荷兰式谷仓。又见 **barn**，**forebay barn**，**Swiss barn**，**Yankee barn**。

谷仓，畜棚

band cubic yard（meter） 实体立方码（或立方米）；用来衡量土石方材料体积的单位。

bank depository 银行存款柜；银行外墙上安装的保险柜，用于营业时间以外存放钱款。

banker 造型台，工作台；砖瓦匠和石匠用于调制材料或制模的长凳或桌子。

banker-mark 石工标记；中世纪，为了标明石料的加工者在经过加工的石料上刻凿的标记。

banker mason 同 **master mason**；琢石工。

bank gravel 河滩砾石，河卵石；见 **bank-run gravel**。

bank house 一种山上小屋，德国样式殖民建筑；见 **German Colonial architecture**。

bank material 土石方工程材料；尚未被挖掘或爆破的土或石。

bank measure 1. 土石方量测定；开挖前对天然状态下的土石方体积的测定。**2.** 土方量；天然状态下测定的土石方量值。

bank meters 材料在原始状态下的立方米数。

bank-run gravel，bank gravel，run-of-bank gravel 河卵石，岸滩砾石；直接采自自然沉积下来的集料；粒径有大有小。

bank sank 岸沙；带有尖锐的边缘的沙子，这一点与湖沙不同，这种沙子用于抹灰时砂浆自身的强度和粘合强度会更好。

bank yards 原料在原始状态下的立方码数。

bannerol 扁带形雕饰；见 **banderol**。

banner vane 风向标；像旗子一样的气象风向标，由另一侧的重量控制平衡。

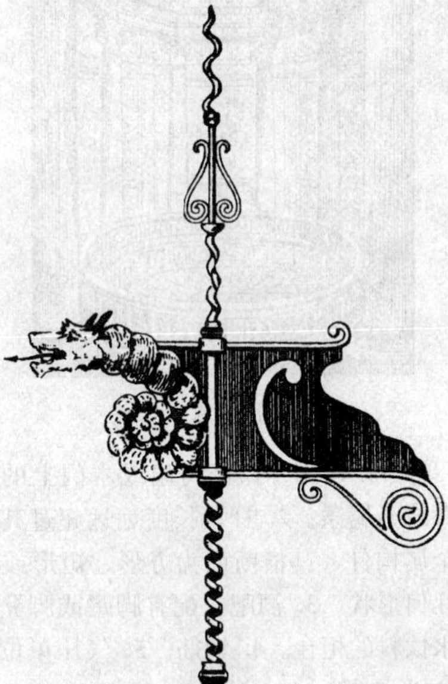

风向标

banquet hall 宴会厅；用于进餐、聚会或会议的房间，可容纳为数众多的人。

banquette 1. 软长凳；靠墙放置的长条凳。**2.** 护坡道；沿道路高出路面的窄道。**3.** 人行道；美国南方某些地方曾经用于对人行道的叫法。

banquette cottage 19世纪早期新奥尔良地区的一种紧靠人行道的小型住宅。

baptistery 洗礼堂；举行洗礼仪式的建筑或部分建筑。

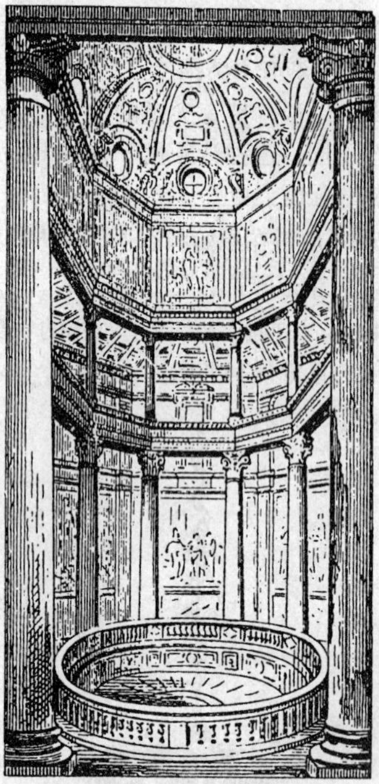

洗礼堂

bar 1. 门窗棂；用于镶嵌窗扇或木门上的玻璃的窄木条或金属条。2. 杆；长度远远超过其宽度的实心金属构件，其横断面为方形、矩形或其他简单的几何形状。3. 酒吧；配有脚蹬或脚凳，能提供酒水饮料的柜台。4. 钢筋。5. 气压单位；等于每平方米 10^5 Pa、10^5 N/m²、10^6 dyn/cm²。6. 用于窗扇或木门分隔的窄木条或金属条。7. 同 **iron mantel**，3；壁炉铁架。

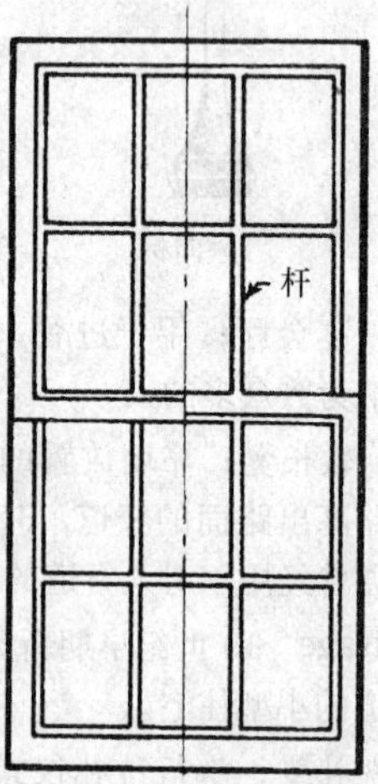

门窗棂

baraban 同 **drum**，2；俄罗斯早期建筑。

barbacan 茅屋；见 **barbican**。

barabara 1. 草皮屋。2. 半地下房屋。

barb bolt，rag bolt 倒钩螺栓，棘螺栓；带有齿状边缘的螺栓，可防止其从钉入的物体中被拉出。

barbed 带毛刺的，带倒钩的；杆件（如钉子的杆）上带有或浅或深，或倾斜或交叉，或斜交或垂直的重复性的纹路或锯齿。

barbed wire，barwire 带刺铁丝网；两条或更多的带弯钩或尖钩的铁丝（或者单独的一条带钩的铁丝）缠绕在一起，用作围栏。

bar bender 同 **hickey**；钢筋弯折机，弯管器。

bar bending 钢筋弯曲，弯钢筋；钢筋混凝土施工中把钢筋弯曲成各种形状的操作。

barbette 炮座；在城堡女儿墙后设置的放置军械的台座。

barbican，barbacan 碉堡，外堡；城堡或城镇外围的防御工事，门口经常有瞭望塔。

碉堡，外堡

barbwire 刺铁丝；见 **barbed wire**。

bar chair 钢筋支架；见 **bar support**。

bar clamp 杆夹；木工活中的夹钳装置，由一长金属杆和可调钳夹组成。

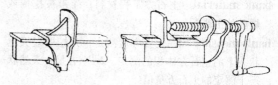

杆夹

bare 不足；形容一块材料比规定尺度小。

bare conductor 裸电线，裸导电体；没有外皮或绝缘套的导电体。

barefaced tenon，bareface tenon 裸面雄榫，半肩榫；只在一侧切肩形成的雄榫。

bargain and sale deed 财产买卖契约；财产转让者声明他对转让的财产拥有某些权力的契约，即无需授权的情况下，他拥有独立的土地财产所有权。这份契约通常带有一份授权书，说明在财产拥有期内，转让者不得滞留财产或将财产的任何一部分转让。又见 **quitclaim deed，warranty deed**。

barge arch 驳船拱；桥梁下供驳船通行的低矮拱。

bargeboard，gableboard，vergeboard 山墙封檐板；两侧山墙上悬挑檐外的挂板。中世纪时期的挂板常有精细雕刻和装饰。

山墙封檐板

barge couple 1. 檐口人字木；支承出挑于山墙以外的那部分屋顶的一对椽子。2. 山墙挑檐椽；（山墙压顶下）用于固定山墙封檐板的一对椽木。也称作 **barge rafter**。

barge course 1. 山墙压顶；砖砌山墙上缘的一层砖压顶。2. 山墙檐瓦；铺设在瓦屋顶山墙上主椽之外（山墙封檐板）的瓦片。

barge rafter 同 **barge couple，2**；山墙挑檐椽。

barge spike，boat spike 船钉，大方钉；木结构中使用的截面为正方形的长钉。

barge stone 封檐石；组合砌体山墙上沿倾斜面的石块，这层石块通常向外挑出。

bar iron 熟铁，铸铁；坚硬的、可锻造的铁棒，可用于打造工具、马蹄铁、五金器件或者精致的装饰品等；见 **wrought iron**。

barite 重晶石；一种可作为屏蔽高密度辐射的混凝土集料的矿石；也叫作 **barium sulfate**。

barium plaster 含钡石膏；一种含有钡盐的特殊的石膏灰泥，用于X射线房间的墙壁砌筑中。

barium sulfate 硫酸钡；见 **barite**。

bar joist 轻钢桁条；单一钢条弯成锯齿形作为腹杆与上下弦接触点焊成的格构式钢桁架。

bark 树皮；树木的保护性外皮，由内细胞、传导细胞和外层像软木一样的组织组成。

bark house 树皮屋；美国某些印第安部落曾经使用的住屋。支撑框架由捆扎的木杆组成，覆盖着重叠的树皮板。

bark mill 树皮加工厂；在其中制备树皮用于皮革染色和鞣革的小房子。

bark pocket，inbark，ingrown bark 夹皮；几乎或全部被包裹在木材中的少量树皮。

barley-sugar column 同 **spiral column**（英国）；螺旋状柱子。

bar mat 钢筋网；由两层或多层钢筋焊接或捆绑而成的网格。

bar molding 柜台边棱线脚；安装在柜台或吧台的边缘的凸起线脚，作为保护性的包角。

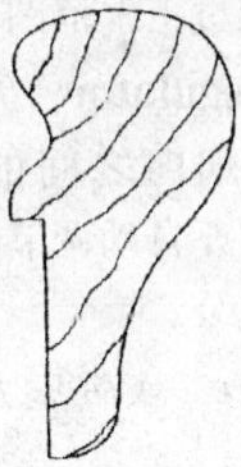

柜台边缘线脚

barn 谷仓，畜棚；农场中的一种矩形房屋（也呈圆形或多边形），用于饲养牲畜、存放农具、打谷和储存谷物、干草或其他农产品。其建造形式通常因条件变化而变化，如当地的气候及建筑传统式样；可使用的建筑材料；所具有的建造技术和建造所需时间以及花费等。例如，见 **bank barn，basement barn，circular barn，connected barn，Connecticut barn，crib barn，double barn，Dutch barn，English barn，forebay barn，four-crib barn，German barn，hex barn，New England connected**

barn, octagon barn, Pennsylvania barn, Pennsylvania Dutch barn, potato barn, raised barn, round barn, side-hill barn, Sweitzer barn, Swiss barn, three-bay barn, tabacco barn, Yankee barn。

barn-door hanger 库房推拉门吊架；外推拉门的吊架，包括可沿轨道水平移动的门框架，门框架依靠滑轮吊在吊架上。

barn-door stay 库房推拉门吊架滑轮；可使库房门沿水平导轨上滑动的滚动小轮。

barn raising 吊立谷仓；19 世纪在美国需依靠集体协作方可在空地集装和吊立起来的大型谷仓框架。这种谷仓的墙体由粗大的木框架支撑，也称作 bent frames。其过程是先挖地窖并在上面铺设地板结构；然后，在旁边的空地上将不同的框架组成构件拼装在一起，并用木钉打入事先钻好的孔中加以固定；最后，两榀框架在适当的位置上用带铁尖的长竿（如谷仓矛 barn pikes）将它竖起并将它们相互连接起来。见 bent frame 下的图表示框架竖起的过程。吊立谷仓需要相当多的人力，常要邻居的帮助。整个合作过程也称为吊立谷仓集体工程。

barometric damper 气流挡板；一种热电设备中自动调节通过气流的装置，可使装置的运行不受烟囱过量拔风量超过正常范围的影响。

barometric draft regulator 大气气流调节器；一种安装在锅炉和烟囱之间的烟道内的节气阀（damper），可按需要自动调节进入烟道内的空气，保持燃烧室燃烧充分。

barometric pressure 大气压力，表压；见 atmospheric pressure。

Baroque 巴洛克；一种欧式建筑和装饰风格。源于 17 世纪意大利的文艺复兴晚期风格和风格主义形式，18 世纪初在德国和奥地利南部的教堂、修道院和宫廷建筑上发展到极致。其主要特征是椭圆形室内空间、曲线的外立面、大量使用装饰、雕刻和颜色，并相互融合。发展到晚期时称为洛可可。流行于建筑风格拘谨的英国和法国的又被称为古典巴洛克式。

bar post 外门的门栏；工地上为标示大门分置的两根柱子。

barracks 营房，工棚；军人使用的、偶尔也被用于工人作业的永久性或临时性建筑。

bar-rail molding 同 bar molding；柜台边缘线脚。

barreaux 路易斯安那州及其郊外的一种法国乡土建筑（French Vernacular architecture）中的墙立柱间形成格构的横木（包封在墙内），并对墙体内填充物（infilling）起支撑作用。

barred-and-braced gate 无门板门；用剪刀撑加强其横档木的大门。

barred gate 栅门；由一根或多根横档木构成的大门。

barrel 1. 美国波特兰水泥曾经采用的重量单位，相当于 376 lb。2.（美国）能容纳 31.5gal 液体的容器。3. 带有固定的内径和壁厚的管段。

barrel arch 筒拱；由混凝土板或钢板弯曲形成的拱，不同于由单根构件弯曲或拱肋形成的拱。

barrel bolt, tower bolt 筒销，管销；在筒状销套内转动的门销；无需钥匙开启。

barrel ceiling 半圆筒形顶棚。

barrel drain 筒形排水渠。

barrel fitting 套筒接头；带有螺纹的一小段连接套管，如螺纹接套头（nipple）。

barreling, tumbling 滚动涂漆；将小零件放入油漆筒内滚动的涂漆方式。

barrel nipple 螺纹接套；两端均有螺纹的筒形接头（barrel fitting）。

barrel roof, barrel shell roof 1. 筒形屋顶；断面为半圆形的屋顶；其长向跨度与筒的轴线平行。2. 同 barrel vault；筒形穹顶。

barrel shell 筒形薄壳；一种加强型壳体屋顶，在结构的跨越上，一个轴向类似折板结构，另一个轴向类似筒形拱顶。

barrel vault, barrel roof, cradle vault, tunnel vault, wagonhead vault, wagon vault 筒形穹顶；一种石砌半圆形断面的拱顶，由平行的墙体或拱廊支撑，形成纵长的空间。

barricade 路障；阻挡行人或车辆通过的障碍物。

barrier 1. 同 barricade；路障。2. 依据美国残疾人法案，任何阻碍残疾人自由出入建筑的障碍。

barrier fort 1. 中世纪城堡；保护了乡村大片土地的多个联合城堡之一。2. 可以抵御有限围攻的

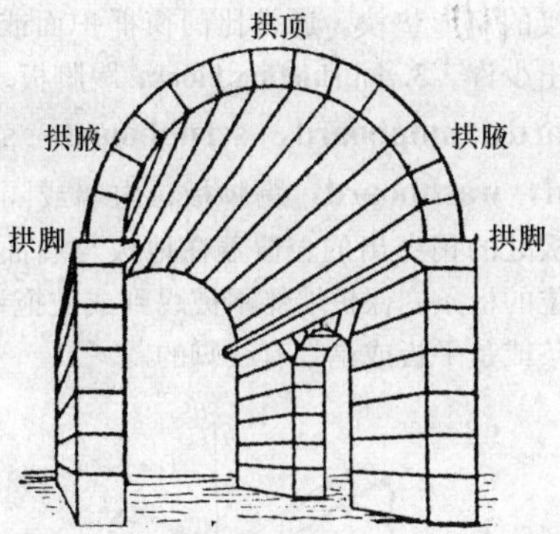

筒形屋顶

独立城堡。

barrier-free 无障碍的；形容建筑或设施可供残疾人自由通行。

barrier-free environment 无障碍空间；依据美国残疾人法案，不妨碍残疾人自由通行的空间。

barrow 1. 同 wheelbarrow；手推车。2. 古墓；覆盖史前墓室或有墓道的墓穴上方（passage grave）的长条形人工土丘。

barrow area 填充料供给区，提供用于垫高既有地平面高度的土堆。

barrow hole 建筑施工过程中在外墙上临时性打开的洞口，供出入建筑用。

barrow run 手推车道；建筑工地上由木板铺成的、供手推车顺利通行的临时通道。

Barryesque 一种变革后的意大利风格，是由设计过英国国会大厦的维多利亚时期的建筑师查尔斯·巴雷爵士（Sir Charles Barry）提出的。

bar sash lift 吊窗拉手；安装在窗扇下槛的用于推拉的把手。

bar schedule 钢筋混凝土中各种所需钢筋的数量、形状、长度和规格的钢筋表。

bar screen 铁栅筛，格筛；分离大小块石子用的粗筛，小块石头可从栅条等距离排列的筛孔中漏下去。

bar size section 小断面型钢；最大截面尺寸小于3in（7.6cm）的热轧成型角钢、槽钢、T 形或 Z 形钢。

bar spacing 钢筋间距；平行钢筋间中心到中心的距离（垂直于纵向轴线方向）。

barstone （炉栅发明前）一对直立于壁炉两旁的石头，用于搁置金属棍。

bar strainer 铁搁栅；由一根或多根平行铁棍组成的栅筛；用于阻挡物体进入排水管；又见 bar screen。

bar support，bar chair 钢筋垫座；浇注混凝土前或浇注时用来支撑和（或）固定钢筋（reinforcing bar）的设施。

bartisan 同 bartizan；城堡上的箭塔。

bartizan 小望台，顶塔，城堡上的箭塔；城墙的转角或城门附近设置的悬挑结构，带有瞭望孔。

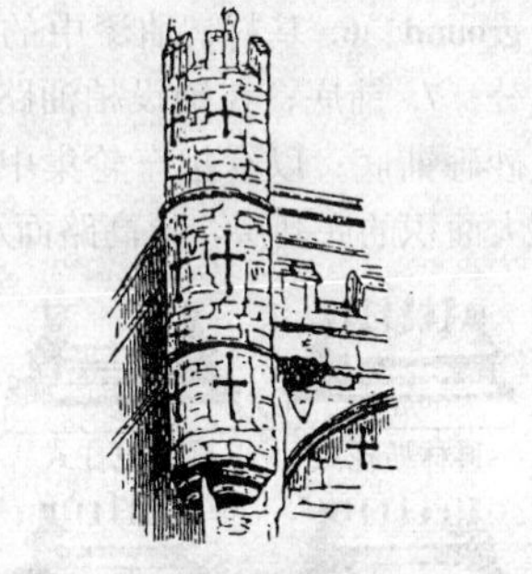
城堡上的箭塔

bar tracery 条饰花格窗；哥特式拱窗中由交叉的石棂构成某种图案的窗。

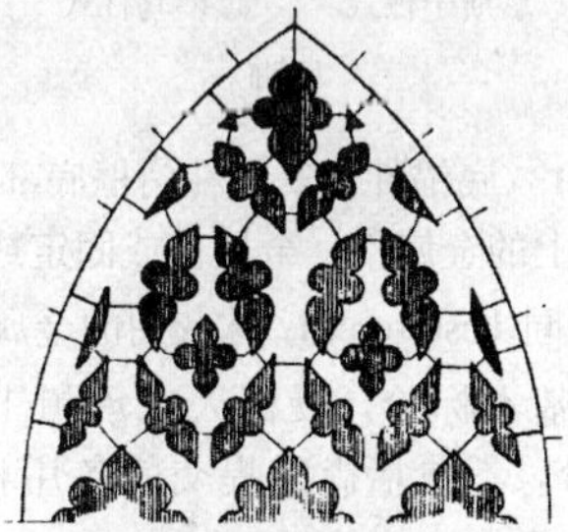
条饰花格窗

bar-type grating 条式搁栅；等距离排列的承重金属杆（bearing bars）与十字相交杆（cross bars）刚性连接构成的镂空金属格构。

barway 依靠移动横杆打开的大门。

barytes 同 barite；重晶石混凝土。

basalt 玄武岩；一种黑色的、质地细致的火成岩，多用于铺路，极少用于建筑。

bascule 平衡装置，等臂杠杆，活动桁架；一端带有（平衡结构重量的）平衡物、类似于跷跷板一样的可围绕转轴转动的结构。

base 1. 基座；指建筑最接近地表面、经特殊处理的部位（通常是最宽的部分），它与基础的明显区别是外露而不埋于地下。2. 墙基；墙体最下部、也是墙最厚的部分；同 wall base。又见 socle。3. 柱脚；柱子或桥墩下部宽于柱身的部分，置于柱基，基座，墩座，或柱座之上。又见 Asiatic base，Attic base。4. 同 baseboard；踢脚板，壁脚板。5. 打底层；铺设地面、抹灰、涂漆等操作前，对加工面即抹底灰的面进行的预加工。又见 backing，ground。6. 基料；油漆中的介质或主要的化学成分。7. 铺底；在铺设柏油路或水泥路时以碎石或砂砾铺底；以承担车轮集中压力并将其分布到更大面积的底基层，提高路面承载能力。

柱脚

base anchor 底锚件；安装在门框底部、将门框固定在地板上的金属件，金属件或固定或可调。

basebead 同 base screed；抹灰用的金属刮板。

base bid 基本标价，投标人对承担工程（work，1）的出价，不包括尚需提交的备用报价（alternate bids）项目。

base bid specifications 基本标价明细表；仅仅是基本标价（base bid）中的材料、设备和施工方法的花费的详细列表或清单，不包括备用报价（alternate bids）。又见 specification 和 closed specifications。

base block 1. 基底垫块；作为基座最底下的构件或直接作为基座的块料，例如门窗镶边底下的构件，通常没有装饰。2. 门窗框套或柱脚下与踢脚板邻接的矩形垫块，通常比门窗框护面或踢脚板要厚出少许。3. 同 skirting block；踢脚板。

baseboard，mopboard，scrubboard，skirting board，washboard 踢脚板；内墙或隔墙在靠近地板处的稍突出的、覆盖在地板与墙面间的衔接部位的板条，保护墙体不被踢到或被拖把弄污。该板条或是平板或是带有线脚的。

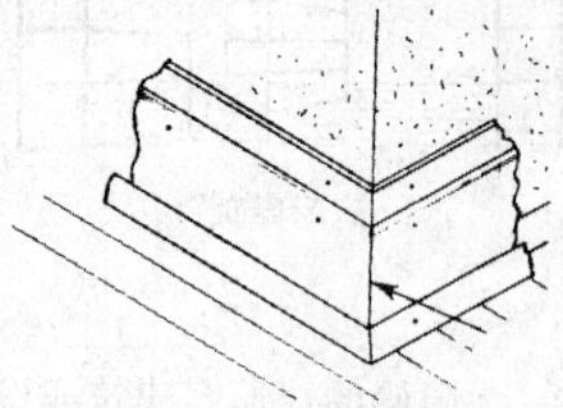

踢脚板

baseboard heater 踢脚板供暖器；暖气元件以面板形式沿墙体踢脚板安装的取暖设备。

baseboard raceway 踢脚板导线槽；在已有建筑中，沿踢脚板布置的容纳电缆的导线槽，这种导线槽盖板可活动以方便电线安装。

baseboard radiator unit 踢脚板散热器；一种沿墙安装的、取代了踢脚板的散热器。散热器面板的热量直接来自板内流经的热水或热气（或来自电采暖元件），由散热器面板将热量传导到的房间中。对于肋片管型的散热器，传导到房间中的热量来自散热器面板的长孔，散热器内的叶片由有热水或热气流经的管子加热。

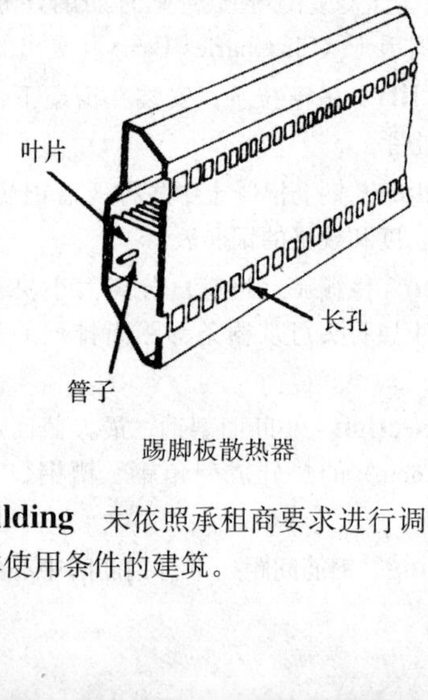

踢脚板散热器

base building 未依照承租商要求进行调整而只具备基本使用条件的建筑。

base cap 踢脚板压顶条；见 **base molding**。

base clip 同 **base anchor**；门框底锚件（装在门底，使门扇固定在某位置）。

base coat 1. 抹灰基层；罩面抹灰施工前的所有抹灰层。可有一层做法；亦可有刮毛基层和两道抹灰。2. 基层；饰面构造层次的底层，如油漆的底漆层。3. 底漆；施于木器表面、先于着色或其他修饰前的首层漆。

base coat floating 底层抹灰；为了保证面层的相应的平整度，将打底灰浆摊匀、压实并平整好的操作。

base course 1. 墙底层；砌体墙的最下层。2. 铺砌的基层；基础下卧层上面一定厚度的特定材料层，其作用可以是一种或多种，如分布荷载、排水、减少受冻作用等。3. 路面下层；道路施工的最下层。

base-court，basse-cour 1. 城堡外室后面的院子。2. 农场中，饲养家禽的院子。3. 房屋的后院。4.（英）低级法院。

base elbow 支座弯头；带有起支承作用的底盘或法兰盘的铸铁弯管。

base exchange 同 **cation-exchange soft-ending**；（水的软化中采用的）阳离子交换，碱性离子交换。

base flashing 1. 屋面防水层边缘向上弯转形成的泛水（**flashing**）。2.（接缝、立墙）泛水；屋面材料接缝之间或与垂直面（如墙或女儿墙）之间的金属泛水或组合泛水。

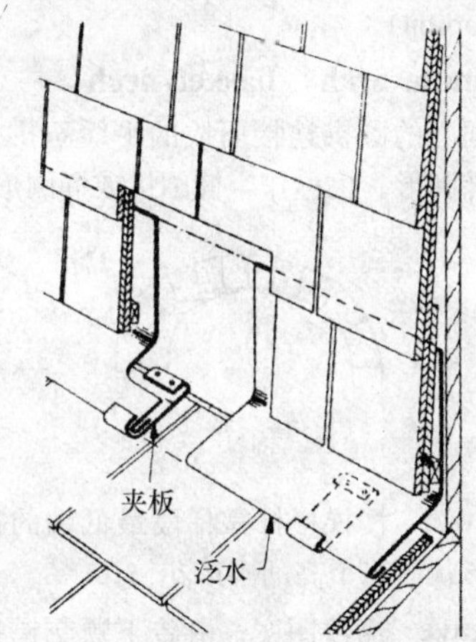

泛水

base line 基线；特别建立的测量线，用于定位和校正的测量参考线。

base map 基准图；城市规划设计中，标明了区域内有意义的物体（如街道、河流、停车场、铁路线等）特征的地图，可作为后续所有制图的基础图。

basement 1. 地下室；房屋全部或部分在地面标高以下的底层；又见 **celler**，**American basement**。2. 墙体较低的部分。3. 柱础；柱或拱地面之下的结构部分。现行房屋规范规定：地下室仅仅是指地下一层的楼层；又见 **American basement**，**English basement**，**French basement**，**raised basement**，**wall-out basement**。

basement barn 有时对倾斜谷仓（**bank barn**）的用词。

basement house 有地下室的住宅；住宅的房间主要都位于地面层以上，对外出入口在地面层或在一层之上。

basement soil 地基；见 **subgrade**，**1**。

basement stair 通向地下室的楼梯；连接上层起居区域与地下室的楼梯。

basement wall 基础墙；房屋地下围合可使用区域的墙体。

basement window 地下室窗；住人地下室的窗。

base metal 基料；被电焊或锡焊的金属。区别于焊接过程中沉积的填料（**filler metal**）。

base molding 踢脚板压顶条；内墙踢脚线上缘封边线脚（**base cap**）。

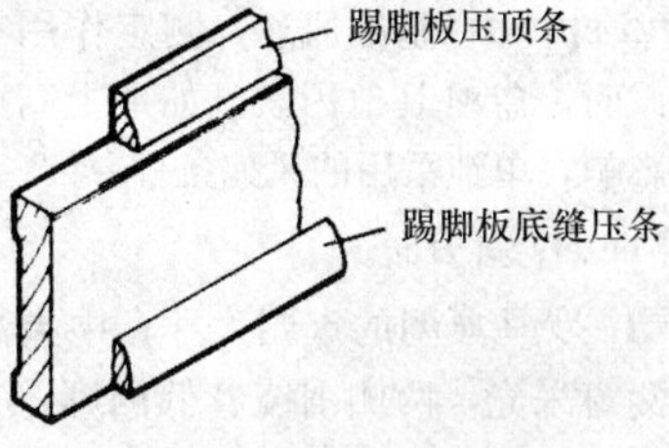

踢脚板压顶条和底缝压条

baseplate 1. 底板；用于传递不均匀荷载的金属板。2. 柱脚板；柱身下的金属板。3. 垫板；用作重型机床基础的金属板（**bed plate**）。

base ply 铺设在屋面板上，组合屋面下的油毡层，在上面施工组合屋面。

base screed 分隔条；抹灰时作为分隔条、并起控制（ground）抹灰厚度作用的带有多孔凸边（可伸缩调整）的金属条。

base sheet 底层油毡；经浸渍或/和涂敷的油毛毡，用作组合屋面的底层。

base shoe, base shoe molding, floor molding, shoe molding, carpet strip 踢脚板底缝压条；内墙踢脚板与地板之间的压缝线脚。

base shoe corner 墙角饰条；房间拐角处，消除底缝压条 45°拼接缝的饰块。

base table 踢脚板的压顶条（base molding，2）。

base tee 支座三通；带有支座的三通管（pipe tee）。

base temperature 基准温度；确定度-日（degree-day）的参考温度。

base tile 底层面砖；砖饰面墙上的最底一层贴面砖。

Basic Building Code 基本建筑规范；在美国，特别是中西部和东北部各州广泛采用的标准守则。

basic creep 混凝土结构中，混凝土不吸收或蒸发水分情况下所产生的徐变（creep）。

basic insulation level（BIL） 电子设备（如变压器）承受特定电压冲击条件下的绝缘能力。

basic services 基本服务项目；建筑师在一个项目以下五个阶段中提供的服务，即方案设计、编制设计、施工图设计、投标或谈判和签订管理合同这五个阶段。

basic wind speed 基准风速；测定作用在结构上的风荷载时，忽略其他因素（如地上高度和防护层）的影响，单纯采用的风速条件。

basil 同 bezel；斜刃面。

basilica 1. 罗马典型的审判大厅；中央高起的中厅由高侧窗采光，两侧围绕着低侧廊，半圆室或部分半圆室处设法官的座椅。2. 巴西里卡；一种早期形式的基督教教堂，中央高中厅带有高侧窗，两侧有低侧廊，尽端有半圆室，主厅前常设有前厅或前院。较大的巴西里卡还有交叉甬道，有的甚至有五条侧廊。

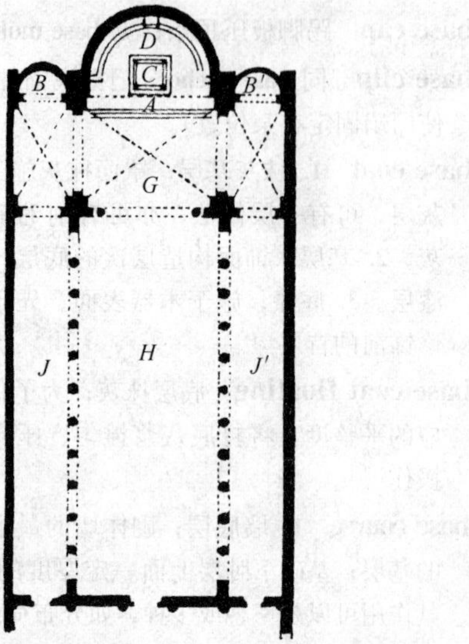

巴西里卡 典型平面
A—半圆形室 B，B′—次半圆形室 C—高台
D—法官座 G—交叉甬道 H—中厅 J，J′—侧廊

basin 1. 水盆；用于盛水（或其他）的浅容器。2. 蓄水池；天然或人工的浅池或槽。

basin fittings 水盆配件；水盆上的配件，通常包括一个或多个龙头，以及存水弯、溢流管和适配器等。

basket 篮，筐；见 bell，1。

basket capital 花篮形柱头；形状类似于一倒置的铃铛、表面装饰着如席纹纹样（basket weave）的柱头（capital）。

basket-handle arch, basket arch 三心拱；由三段不同心的圆拱连接而成的平缓石拱，其形状类似于椭圆形。也称作半椭圆拱或椭圆形拱。

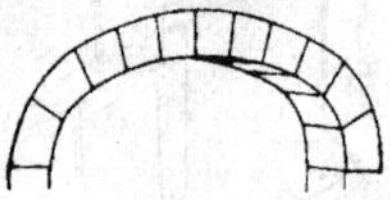

三心拱

basket newel 楼梯栏杆靠梯段最低端的扶手转角柱；其形状如一个高的圆形花篮。

basket weave 席纹图案；由砖丁顺交错排列成的方格图案。

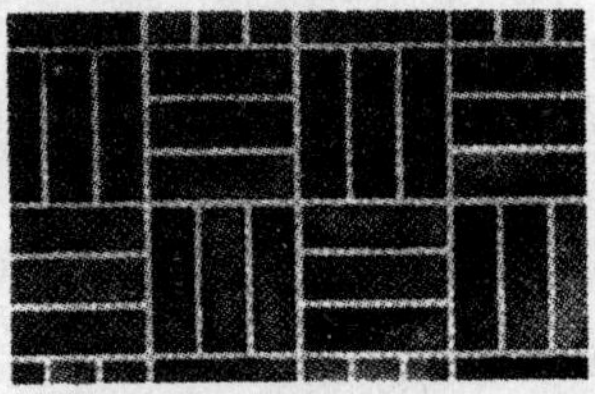

席纹图案

basket weave bond 席纹砌合，棋盘式砌合；用砖块以交错排列成棋盘式铺砌的图案。

bas-relief，basso-relievo，basso-rilievo 浅浮雕；轻微突出于背景面的雕刻、浮雕或塑雕。

basse-cour 英国低级法院；见 **base-court**。

basso-rilievo，basso-relievo 浅浮雕；见 **bas-relief**。

basswood，American linden 椴木，美洲菩提树；出产于北美的一种奶酪色、细纹理、低密度的树木；大量用于胶合板、木芯板和装饰板材的生产。

bas-taille 同 **bas-relief**；浅浮雕。

bastard 假冒品，劣等货；不标准的产品；指大小不标准、形状不规则或质量差的产品。

bastard ashlar，bastard masonry 1. 面饰石料；用于砖墙或毛石墙表面的装饰性矩形薄石片，铺设后呈粗琢石（ashlar）的效果。2. 粗琢石；仅仅在采石场经粗加工的建筑石料。

bastard bond 同 **header bond**；丁砖砌合。

bastard file 加工等级；按照粗糙程度划分的四个基本等级系列：粗糙、略粗、一般、光滑。

bastard granite 假花岗岩；采石场上对用于砌筑墙体的片麻花岗岩的叫法，尚不是真正的花岗岩。

bastard joint 同 **blind joint**；假缝。

bastard masonry 混杂圬工；见 **bastard ashlar**。

bastard pointing 粗嵌灰缝；见 **bastard tuck pointing**。

bastard-sawn 粗锯木料；见 **plain-sawn**。

bastard spruce 同 **Douglas fir**；美国松。

bastard stucco 粗粒水泥粉刷；含有刮毛层、第二道粉刷和粉刷面层等三层做法的粉刷。

bastard tuck pointing，bastard pointing 粗嵌灰缝，简便勾凸缝；一种仿勾凸缝做法，勾缝外表面与墙面平行、稍微突出、有阴影效果。

bastel house，bastille house，bastle hourse 堡塔房屋；底层通常为拱券结构、局部设防御工事的房屋。

bastide 1. 中世纪的一种防御性建筑，平面通常为几何形，多见于法国。2. 法国南部的小型乡村住宅。

堡塔建筑

bastille，bastile 1. 堡塔；一种防御工事或城堡，多数用作监狱。2. 城镇防御工事中的塔或堡垒。

bastille house 堡塔房屋；见 **bastel house**。

bastion 棱堡，堡垒；城墙外周边上挑出的防御性建筑，其平面呈圆形、矩形或多边形。

bastle house 堡塔房屋；见 **bastel house**。

bastion 堡垒；一种平面呈圆形、方形或多边形的防御工事，以环绕一周的防御城墙最具代表性。

bastle house 堡塔房屋；见 **bastel house**。

baston，baton，batoon 1. 同 **torus**；柱脚圆盘线脚。2. 板条；见 **batten**。

bat 1. 半砖；一端被敲掉的砖，也称作 **brickbat**。2. 一块毛毡隔热板（**batt insulation**）。3. 支撑木；用于支撑的木头。4. 同 **batten**；小方料。

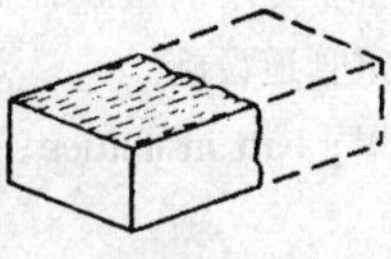

半砖

Bataan mahogany 同 tanguile；红柳安木。

bat bolt 棘螺栓；螺杆上有倒钩、锯齿的螺栓，使连接更牢固。

batch 1. 一次配制混凝土或砂浆的分量。2. 批量；胶粘剂每次的拌合量。

batch box 配料量斗；测量混凝土、石膏或砂浆等搅拌配料用的已知容量的容器，以确保适当的比例。

batched water 拌合用水；搅拌前或搅拌时一次性加入混凝土或砂浆的拌合用水。

batcher 混凝土材料计量器；称量混凝土拌合配料的设备。

batching 配料；称量出一定体积的混凝土或灰泥的各种配料，并将其倒入搅拌器中的操作。

batch mixer 分批搅拌机；一批接一批搅拌混凝土或砂浆的设备。

batch plant 分批配料装置；安装有配料器和搅拌器等设备，用于配料或搅拌的地方；也称作混凝土搅拌站（mixing plant）。

batement light 跛窗；底边倾斜而非水平、以适应拱或斜底边上的窗户，用于垂直式花格窗（perpendicular tracery）中。

bath 1. 浴池；洗澡用的敞口盆。2. 浴室；带浴盆的房间。3.（复数）罗马公共澡堂；包括热水区、温水区、冷水区，还有蒸汽室、运动器械或其他服务；同 balnea，thermae。

bathhouse 1. 浴室；装备有洗浴设施的房屋。2. 更衣室；设有更衣间或衣帽柜的小型构筑物，如海边更衣室。

bathroom 浴室；装备有抽水马桶、盥洗池和浴盆或淋浴的房间。

bathroom cabinet 同 medicine cabinet；梳洗贮藏柜。

bath trap 浴盆存水弯；浴缸污水管线上的P形存水弯。

bathtub 浴盆；洗澡用的水盆，通常有一套供单人洗澡用的固定管道设施。

bat insulation 同 batt insulation；柔性毡垫状保温隔声层。

baton 同 batten；半圆线脚。

bâtons rompus 一段短直的凸线脚，如诺曼底式建筑或罗马式建筑中由这些线脚形成的波浪和锯齿形饰。

batoon 盖缝板条，灰板条，挂瓦条；见 batten。

batt 毛毡绝缘层。

batted work，broad tooled 阔粗凿石；表面经手工敲凿，从上到下刻画出一条条平行的、或垂直或倾斜的凿痕（通常每英寸8～10条，每厘米20～25条）的石材。

batten 1. 板条，压条；遮盖两块平行排列的木板接缝处的细长木条。2. 连接横木条；用于固定或拴接两块或多块平行排列木板的横向木条；也称作横向木条（cross batten）。3. 灰板条；钉于墙面、用作钉条板或抹灰基层的木板条；也称作furring strip。4. 挂瓦条；屋顶构造中，钉在屋面板或屋顶承重构件上的木条，用于挂石板瓦、木头或黏土瓦片。5. 盖缝板；见 board and batten。6. 厚2in（5cm）～4in（10cm），通常用于钉板条的承重板或地面材料的木板。7. 安全出口处固定金属地面的钢条。8. 撑条；剧院舞台中支架或加固一个房间或连接多个房间的木条。9. 缀条；剧院舞台上用于连接悬挂幕布或灯具的索具的空心长金属杆，其截面通常为圆形、方形或矩形，如 pipe batten 或 lighting batten。

battenboard 板条芯胶合板；见 coreboard。

battened column 缀合柱；由双柱柱身被横板条刚性连接而成的柱子。

battened door 板条门；一种没有门梃（stiles）的木门，由横板条（battens）将竖木板拼装在一起制成，也称直板门，拼板门（batten door，ledged door）和无框门（unframed door）。

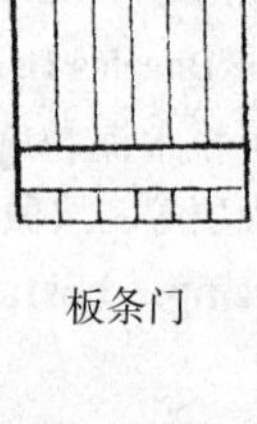

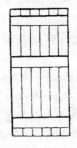

板条门

battened shutters 由横板条（battens，2）拼装成的结实的、无框的百叶（挡光）窗；结构上类似于板条门（battened doors）。

battened wall，strapped wall 板条墙，板壁；将木板条固定连成的墙。

battening 墙筋板条；固定在板墙上的窄板条或窄木条，用来钉灰板条并抹灰用。

batten plate，stay plate 缀合板，连接钢板；连接两平行构件（如翼缘或角钢）的钢板，以形成组合柱、梁或支撑等。钢板在两构件间传递剪力。

batten roll，conical roll 卷边接缝条；金属屋面上的一种咬口缝（卷边接缝），这种卷边是由金属薄板盖在三角形木条上形成的。

[illegible]en seam 接缝条；金属屋面中采用的木条周围形成的接缝。

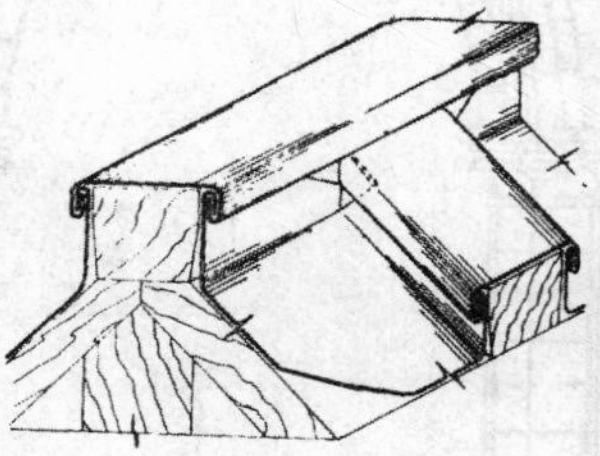

接缝条

batter 倾斜；相对于垂直方向的倾斜，即指墙体随着高度增加而渐渐缩进。

batter board 1. 放线槽板，龙门板，定位板；一对互相垂直定位用的板，钉在三根开挖基坑转角外的短柱上。即分别在两块木板上拉线来标明建筑物的确切转角。2. 搭跨在管沟上的木板，用来缠绕定位（grade line）线或绳。

batter brace，batter post 斜撑；用在桁架端部起加固作用的斜撑。

battered 指相对垂直方向而倾斜的表面，如斜面墙（battered wall）。

battered wall 斜面墙；有倾斜度的墙。

batter level 测斜仪；用于测量斜面的倾斜度的仪器。

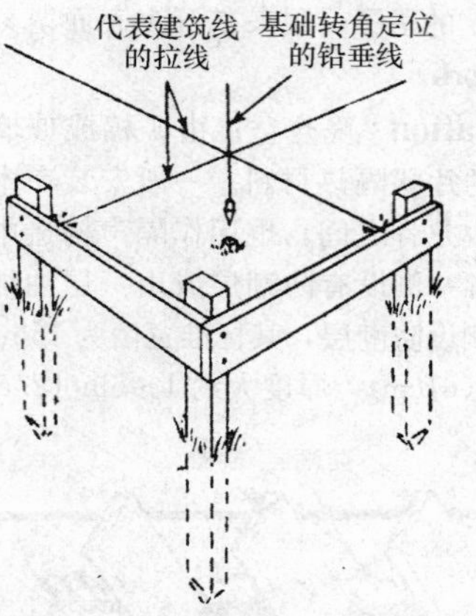

放线槽板，龙门板，定位板

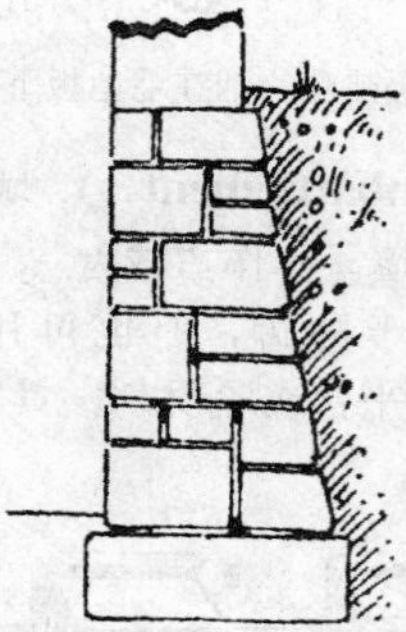

斜面墙

batter pile，brace pile，spur pile 斜桩；倾斜以抵抗水平力的桩。

batter post 1. 斜撑；见 batter brace。2.（横板条设在背面）防护柱；在门一边或建筑物转角处设的柱子，以防备车辆撞击。

batter rule 定斜度规；砌筑斜墙时用来调整倾斜程度的仪器。

batter stick 测斜杆；垂直悬挂的一个楔形木板；用来测定墙表面的倾斜度。

battery 1. 电池组，（蓄）电池；由两个或多个电池组成，能通过电解方式蓄存和供给直流电。2. 由两个或多个相似的卫生器具排污至共用废水或污水支管中。

batting 同 batted work；阔粗凿石。

batting tool 阔凿，刀口宽约 3～4.5in（7.6～

11.4cm）的凿子；用来在石头表面凿刻条纹；见 **batted work**。

batt insulation 隔热毡；由矿棉或玻璃纤维制成的柔软的片状隔热材料。一般安装在木框架结构的立筋或龙骨之间，也用作隔声构造中的吸声材料。通常一侧设有防潮层或由一层油纸整体包裹并在一侧设防潮层，其标准宽度为16in（40.6cm）或24in（61cm），厚度大约1～6in（2.5～15cm）。

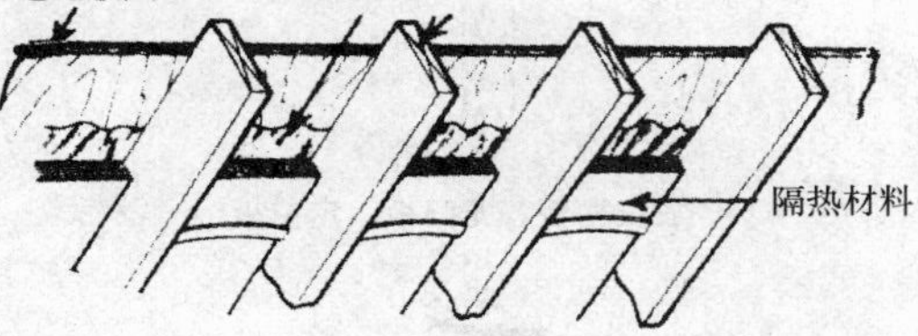

隔热毡—铺在毛地板下

battlement，embattlement 1. 城垛（垒）；有垛口的城堡女儿墙。称作"城齿"、"枪眼"或"垛口"。通常用于防御，但也可用作装饰艺术。2. 用于放哨的平台或屋顶。3. 具有雉堞墙外形的装饰艺术。

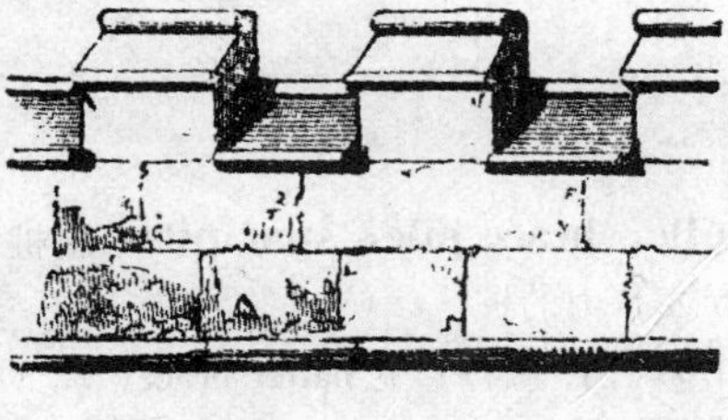

城垛

Bauhaus 包豪斯；由沃尔特·格罗皮乌斯于1919年创办于德国魏玛的一所设计学校。这个词实际上已成为建筑学和实用艺术的现代教育模式的同义词，也可指工业化时代的功能美学。其特点是：强调合乎功能的设计；在建筑的构件重复，并保持几何形式。强调建筑本身不一定对称，但建筑的主要组成部分，如开间、门和窗的位置仍与间距相等（重复）的构件相一致。

baulk 同 **balk**；1. 方（梁，棱）木。2. 田埂。3. 障碍，阻塞。

baulk-tie 梁木连系梁；见 **balk-tie**。

bawn 1. 围绕农场或城堡的防卫性土石墙；多见于爱尔兰。2. 为躲避敌人袭击，筑有大砌块墙的设防房屋（尤其在17世纪）；又见 **garrison house**。

bay 1. 开间；建筑中由立柱和横梁等构件所限定的有规律的重复空间其中之一。2. 包含凸窗的突出结构。3. 窗棂间透光部分。4. 景观建筑设计中由植物形成的门槽或壁龛。5. 抹灰时，用来控制抹灰厚度的准条的间距。

拱廊的开间

bayle 城堡外庭；城堡两道围墙间的空地。

bay leaf 月桂树叶装饰，用在半圆形线脚装饰中。

bayonet holder，bayonet socket 卡口灯座；英国采用的一种对灯泡既有支持作用又为其提供电力连接的灯座。

bayonet saw 同 **saber saw**；机动竖锯，轻便电锯。

bay stall （英）嵌入式窗座。

bayt 1. 穆斯林住所；主要供一户拥有的帐篷或房

屋。2. 单独的住房单元（早期穆斯林皇宫）。

bay window 凸窗；从主要墙面向外突出的凸窗，其平面为曲线形、多边形、半圆形或方形，为一层楼高或多层楼高；也见 **angled bay window**，**bow window**，**cant window**。

凸窗

bazaar 集市，市场；多见于东方国家的把货物摊出来销售的市场。由一条或多条挤满了小商店或摊位的小街小巷构成，或集中式的、在同一屋顶下划分出多条窄小通道的购物中心。

b/b_0 代表混凝土单位体积中粗骨料固体体积与捣实的干燥粗骨料单位体积中粗骨料固体体积之比（**course-aggregate factor**）。

bbl 缩写＝"**barrel**"，涵洞，洞身。

BC 缩写＝"**building code**"，建筑法规、规范。

BCM 缩写＝"**broken cubic meter**"，立方米散料。

BCY 缩写＝"**broken cubic yard**"，立方码散料。

bd. 缩写＝"**board**"，（木材工业）木板。

bd. ft. 缩写＝"**board foot**"，板英尺。即 12″×12″×1″＝144in³＝1/12ft³，系英美各国材积单位。

bdl 缩写＝"**bundle**"，（木材工业）捆，扎，束。

beacon house 同 **lighthouse**；灯塔，信号塔。

bead 1. 小圆棍线脚。2. 紧贴在门或窗框边上的窄木条。3.（镶玻璃）木（金属）压条，压在玻璃周围使之固定在窗框上。4. 玻璃珠串珠状雕饰，一般是串联的，或与其他形式组合；又见 **bead and reel molding**。5. 串珠线脚；（柱头处）圈线脚，或串珠饰。6. 与其他装饰组合，而构成线脚的功能或形态，例如凹槽线脚、墙角护条、护角条等。7. 雕饰或连续的圆线脚；串珠球缘饰。8. 由铁皮屋面或泛水的边缘折叠或将其边缘卷成管形以加劲或固定。9. 一种在工厂冷弯成型的薄壁金属条，具有一或两侧短翼缘或不同形状的凸缘作为粉刷面的终止带或四周的圆线脚边框，同时具有加固转角处边缘的作用。10. 多余的颜料或清漆硬化后形成的滴珠。11. 由密封材料形成的狭凸条。12. 焊缝。

bead, butt and square 平圆方角接；类似于平圆结合，不同的是圆侧表面有镶边条，另一侧为方形（外露）的角接。

bead and butt, beat butt, bead butt work 平圆结合（门芯板与门梃处）；门芯板面与门梃平齐，门芯板两侧沿顺纹方向各有一条凸圆线脚，两端则为平的。

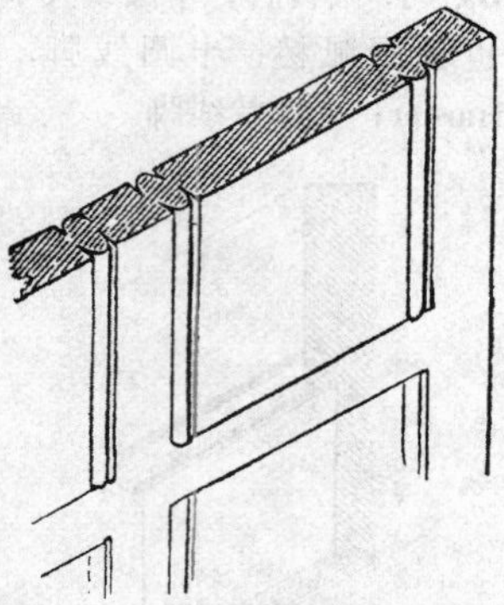

平圆结合（门芯板与门梃处）

bead and flush panel 串珠镶板门；见 **beadflush panel**。

bead and quirk 圆凹饰；见 **quirk bead**。

bead and reel, reel and bead 珠盘饰凸圆线脚，珠链饰；具有以圆盘与球面或拉长的珠子连续交替出现的装饰。

珠盘饰凸圆线脚，珠链饰

bead butt，bead butt work 平圆结合；见 bead and butt。

beaded clapboard 珠饰护墙板；见 clapboard。

beadflush panel，bead-and-flush panel 串珠镶边板；四周镶有平的串珠线脚。

bead house 教堂附近供贫穷宗教信徒居住的房屋，以便于善男信女们为安葬在教堂里的创始人的灵魂祈祷。

beading 收口；用串珠线脚装饰在规定表面周围；又见 bead。

beading plane，bead plane 圆线刨，线脚刨；有曲线刀刃的刨子，用于木料凸圆线脚的加工。

bead-jointed 凸圆接缝；为接缝不很明显，在交接缝的一边所做凸圆线脚。

bead molding 1. 圆线脚；半圆或大于半圆的小凸圆线脚，也称圆弧棱；半圆线脚；凸圆线脚。2. 同 paternoster；串珠状线脚。

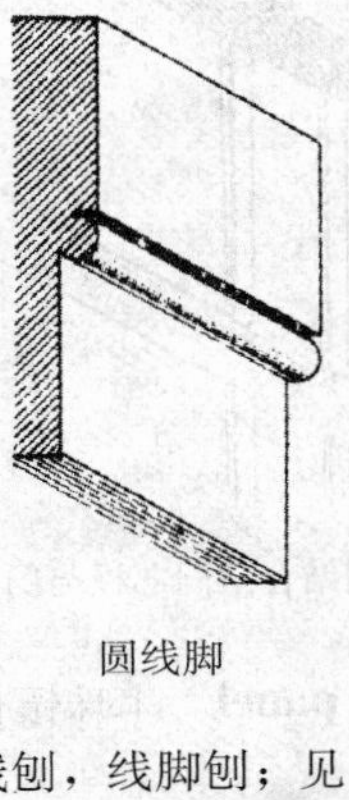

圆线脚

bead plane 圆线刨，线脚刨；见 beading plane。

bead weld 同 surfacing weld；珠（堆）焊。

beadwork 同 beading；各种半圆形，凸圆线脚。

beakhead 鸟嘴头饰；一种装饰，几个锥形怪兽头，锥尖下垂似鸟嘴状，常用在富丽的诺曼门口上；又见 catshead。

beakhead molding，bird's-beak molding 同 beak molding，2；鸟嘴头饰线脚。

beaking joint 尖口接缝；由多条凸圆缝连接形成一条直线的接缝，用于铺设木地板中的连接。

beak molding 1. 鸟嘴头饰线脚；一种在挑檐、滴水槽或带饰的边缘上的背面带槽的悬饰条。因其轮廓像鸟嘴而得名。2. 以鸟嘴或头修饰的线脚。

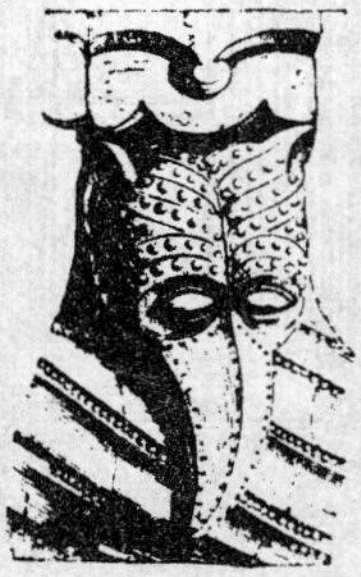

鸟嘴头饰线脚

beam 1. 梁；主要用来承担竖向荷载的结构构件，如桁条、组合梁、横梁和檩条。可用形容词修饰来指明其位置，例如“端梁”或“边梁”；见 anchor beam，binding beam，breastsummer beam，camber beam，ceiling beam，collar beam，cross beam，dragon beam，floor beam，ground beam，hammer beam，I-beam，laced beam，perimeter-beam，summerbeam，tie beam，top beam，wind beam。2. 一组几乎平行的光线。

beam anchor，joist anchor，wall anchor 梁锚栓，墙锚；用于将梁、搁栅锚固到墙上，或将楼板牢固地固定在墙上的金属拉杆。

beam-and-column construction 同 post-and-lintel construction；梁柱结构（框架结构）。

beam-and-girder construction 主次梁梁板结构，双向梁板结构；荷载由板传递到主次梁的楼板结构体系。

beam-and-slab floor 梁板式楼板；混凝土楼板由钢筋混凝土梁支承的楼板体系。

beam bearing plate （金属）承梁板，梁垫板；位

于梁端支点下的基座板，用于分配端支点荷载。

beam blocking 1. 梁套；在搁栅、梁或大梁外面加套或加罩，使其外观更大。2. 做架梁用的木条。

beam bolster 梁筋支座；钢筋混凝土梁的模板中支承钢筋的支座。

beam bottom 梁的底面。

beam box 同 **wall box**；墙上支承梁的凹槽。

beam brick 过梁面砖；贴在现浇混凝土过梁上的面砖。

beam casing 混凝土梁护面；为增强梁的防火性能，在钢梁外包裹的混凝土或蛭石石膏护面。

beam ceiling 1. 梁板式吊顶；装饰成外露的横梁及楼面板的一种木制吊顶。2. 露梁顶棚；外露楼板底面的梁，只在楼板底下装饰的顶棚。

beam-column 梁柱；同时承受压力和弯矩的梁。

beam compass 长脚圆规；画足尺大图中的大圆和大弧时使用的仪器。由一根水平杆和两个可沿其来回滑动的端头构成，一端装铅笔，一端装针尖。两尖头间距即为圆的半径。

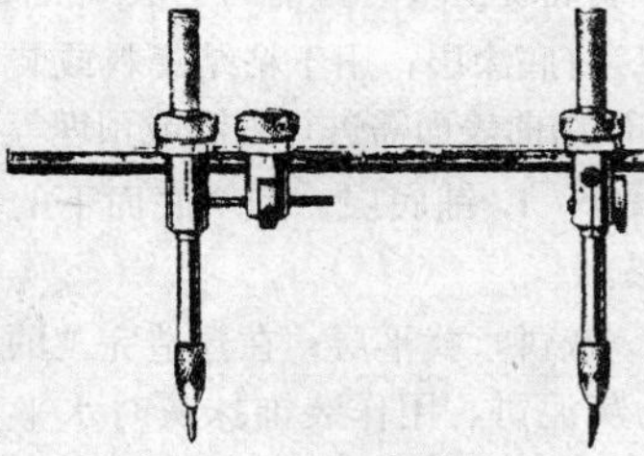

长脚圆规

beam cutoff angle 截光角；在光源不可见处，通过测量光源的光轴强度获取的角度。

beam divergence （英）同 **beam spread**；光束发散，光束散度。

beam encasement 同 **beam casing**；截光角。

beam fill，beam filling 梁间墙；搁栅或横梁之间位于其支承部位的石、砖或水泥填料，其作用是提高防火性能。

beam form 梁模；现浇混凝土梁成形，并形成其外饰面的模板（**form**）。

beam hanger 1. 梁托，梁模吊架；绑扎在承重构件上的条带、钢丝或其他类似装置，用于支承模板。2. 箍筋。

beam infilling 梁填充，梁填充空隙；见 **infilling**。

beam iron 同 **beam anchor**；梁锚栓。

beam link 连杆梁；位于柱子或支撑杆间的混凝土梁。

beam pocket 1. 梁槽，梁穴；梁上安放垂直构件的凹槽。2. 梁模槽；柱或大梁模板上为插入交叉梁模板预留的凹槽。

beam saddle 同 **beam hanger**；梁模吊架。

beam side 梁模侧板。

beam spread 光线发散度；两个方向上光的夹角，此角度内的光强度等于最大基准强度的某个百分比。

beam-spread angle 光线发散角度；光束延长线的交点与光强降至最大值一半时光束宽度形成的夹角，以度数计量。

beam test 梁抗弯试验。以标准素混凝土梁测定混凝土抗弯强度（挠折模量）的试验。

bearer 1. 梁、搁栅等承重的水平构件。2. 楼梯平台或斜踏步的支承。3. 轻型木构架中支承二层楼板搁栅的板条。4. 支承工作平台的脚手架上的水平构件，可能由横木支承。

bearer bracket 同 **roofing bracket**；屋面托梁。

bearing 1. 水平承重构件。2. 承载点，支承（座，架）；梁、桁架或其他水平构件的支座部分。3. 支承转子轴杆，枢轴的轴承。4. 方位，象限角；测量中一条线与其所在象限相邻的参考子午线之间的水平夹角。

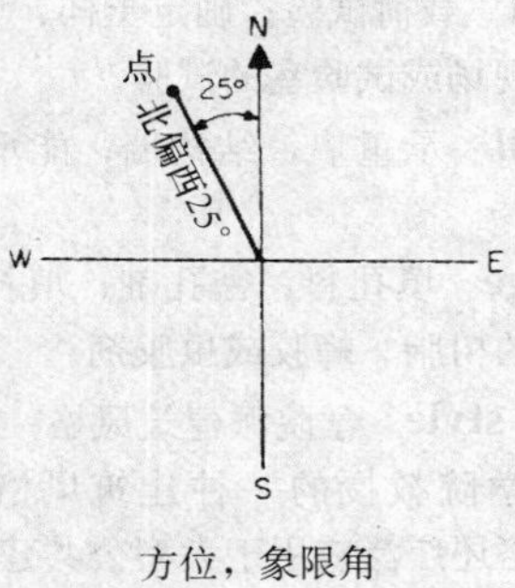

方位，象限角

bearing bar 1. 水平垫块；置于砌体上的锻铁件，用于支承楼板搁栅的水平支座。2. 支架；沿搁栅跨度方向伸出的支承搁栅的支架。

bearing bar centers 金属搁栅板中承重杆的中心间距。

bearing block 承重垫块；能向其下平面上传递荷载的垫块。

bearing capacity 1. 土壤单位面积安全承载力。2. 桩承载力；见 **pile bearing capacity**。3. 不超过屈服强度所能施加在土壤上的压力。4. （桩）破坏荷载。

bearing distance，span 梁的支撑长度。

bearing length 支撑长度；结构梁在支撑结构间的长度。

bearing partition 承重隔墙；见 **load-bearing partition**。

bearing pile 承重桩；承受竖向荷载的桩。

bearing plate 支承板，垫板；置于梁、桩或桁架下的钢板，将梁端产生的反力传递给支座。

bearing pressure 承压应力；承压区域上的压力，即承压面承受的荷载除以承压面面积。

bearing stone 基石；砖石墙体中强度高于其他砌块的砌体。

bearing stratum 持力层，（地基）承压层；对桩或沉箱等起支承作用或承受混凝土基础或底板荷载的土层或岩层。

bearing strength 1. 承压强度；柱、基础、节点或墙在破坏时能承受的最大荷载除以有效支承面积。2. 桩的无损极限荷载，用于在现场确定其支承强度。

bearing stress 支承应力；见 **bearing pressure**。

bearing test 载荷试验；确定土样、单桩、桩基等承载力的现场或试验室的试验。

bearing wall 承重墙，结构墙；能承担外加荷载的墙体。

beaumontage 填孔料，密孔剂；填补小木孔或金属裂缝用的树脂、蜂胶或虫胶剂。

Beaux-Arts style 学院派建筑风格；19 世纪晚期，巴黎美术学院教授的一种建筑风格，直至 1930 年，其风格还广泛应用于大型公共建筑，如法院、图书馆、博物馆、火车站及一些豪华住区。其特征主要是形式主义的设计，包括对称的平面和立面；厚重的、发券的粗琢石墙体，首层及露出的地下室部分的粗琢石基座层，巨大的突出的阁楼层，气派的立面饰以雕像并带有装饰繁复的细部，古典柱式，丰富的挑檐、雕带和过梁，纪念性的大台阶，关键石；对称布置的矩形窗户上或饰有过梁或饰以圆拱及带有花瓶栏杆柱的阳台；大门被镶有玻璃的雨棚罩住，门两侧有成对的柱式，门板外侧有铸铁的格子窗；平屋顶或缓坡四坡顶有突出的穹隆顶等。又称为学院古典主义。

beaver board 同 **composition board**；木纤维板，木纤维绝热墙板。

bed 1. 层；砌体或砌砖中砌块形成的水平砌层。2. 砂浆垫层；铺设砌块下面的砂浆层。3. 石板的底面。4. 用腻子嵌固窗户玻璃。5. 用于建筑的层状石块中，与层理平行的面。6. 两垫层之间的石砌层。

bed chamber 卧室；用于睡眠或休息的房间。

bedding 1. 垫料，垫层；指砂浆、腻子之类的材料，如抹于窗框槽内的腻子，或用于砌砖的砂浆，具有使其结合紧密并均匀承压的作用。2. 基底，基床；砌砖或混凝土块时备铺的土层或混凝土层。

bedding coat 打底涂层；用于粘结集料或装饰面层的涂层。其硬结前表面需进行划刮或预埋等处理。

bedding course 1. 铺底层；砌块底面下的头层砂浆。2. 垫层。

bedding dot 灰饼，找平层；在建造完工的墙面或顶棚上做的灰泥饼，用作装饰抹灰时水平和垂直方向的参考点。

bedding plane 节理层；层状岩石的两层理连接的层面。

bedding plants 花床植物，花坛草花；园林中一年生植物。

bedding putty 窗槽口处安装玻璃时采用的腻子。

bedding stone 验平石；砖石工用作检验磨面砖表面平整度的大理石平板。

bed glazing 安装玻璃的油灰层；见 **back putty**。

bed joint 1. （砌体两砌层间）水平灰缝，平缝，底层接缝。2. （拱券）放射性灰缝。3. 大块岩石的水平裂缝。

水平灰缝

bed molding 1. 檐板下的线脚；紧靠檐口滴水或檐壁下面的线脚。2. 底层构件的带形线脚。3. 突出部分下面的线脚的统称，如屋檐与侧墙间的线脚。

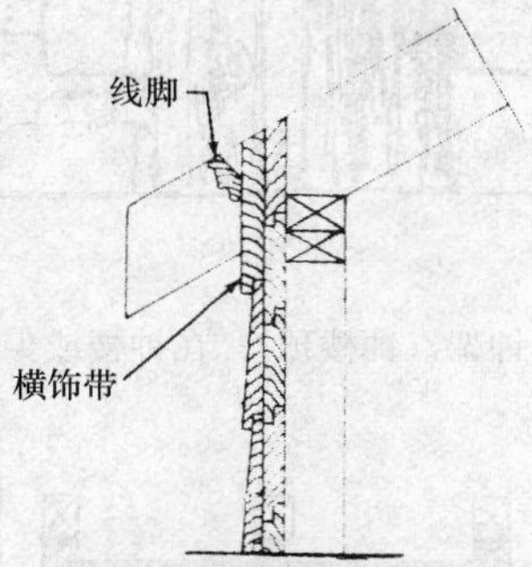

屋檐与侧墙间的线脚

bed place 床龛；可放置一张床的凹室，多见于欧洲各地的许多住宅中。

床龛

bedplate 底座；支承重型物体诸如机器或高炉的底板、框架或平台。

bed putty 同 back putty；打底油灰，油灰底层。

bedrock 基岩，岩床，底岩；地球表面或表面土层下的坚固岩层，用作建造房屋的坚实基础。

bedroom 卧室；适用于睡眠的房间。

bedroom community 卧城；见 satellite community；也称郊外住宅区。

bed sill 木构架建筑物的直接设置在地面或埋在地下的横底木，垫底横木；同 groundsill，2。

bedstone 基石；支撑结构构件的大块平石。

bed surface 基面；与砂浆粘结的砖水平表面。

bed-type filter 在给水管中，一种以多孔材料为介质的过滤器，使水在压力作用下通过时除去水中悬浮的固体颗粒。

beech，beechwood 山毛榉树或其木材；生长于北美或欧洲的一种木质致密的硬木树种。其纹理均匀、耐久性好、颜色从浅白色到浅红褐色。适合车制小的木构件或用作木地板。

beehive house 同 trullo；石顶圆屋。

beehive oven 同 bake oven；蜂窝炉。

beehive tomb，tholos tomb 迈西尼时期的一种纪念性的地下蜂窝形坟墓。

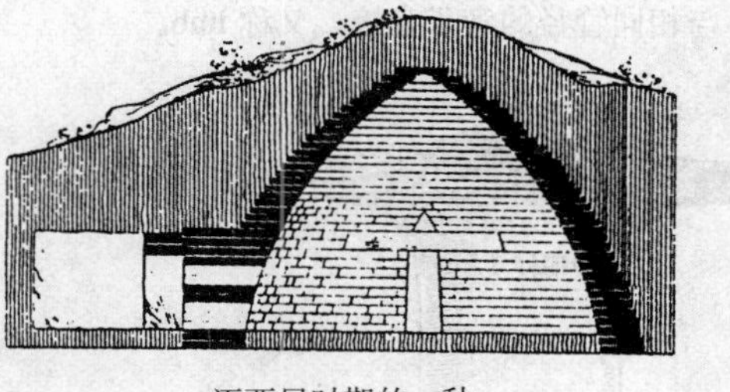

迈西尼时期的一种
纪念性的地下蜂窝形坟墓，剖面

beetle 大槌；用于将石块夯入路面铺路或槌打楔子等的大木槌或木夯。

beggin，begging 1. 比村舍大一些的住宅。2.（英格兰北郊和苏格兰）房屋。3. 棚屋，茅舍（用泥炭铺盖）的专有名词。

beit hilani 1. 公元前叙利亚北部的一种宫殿。其前部有两个横向房间，一至三根柱子构成的门廊，一间君主的房间。2. 古叙利亚建筑的宫殿柱廊。

bel 贝尔；音量、声级单位，表示两个音量的比值与能量呈正比，贝尔的数值等于该比值的对数，1B＝10dB。

belection 凸出平面的线脚；见 **bolection molding**。

Belfast roof 贝尔法斯特（北爱尔兰首府）弓形屋顶（**bowstring roof**）。

Belfast sink 带溢流平沿的水槽；由供水系统、下水管和深沿脸盆构成的一套石制卫生洁具。

Belfast truss 贝尔法斯特弓形桁架（**bowstring truss**）；全部使用木料制作的大跨度桁架，其上弦呈弓形，下弦水平。

belfry **1.** 钟楼，钟塔；独立或依附于教堂的钟塔（**bell tower**）。**2.** 尖塔上的木框架用来悬挂钟。

Belgian block 比利时块石；加工成截头角锥形的铺路石，铺砌时块石的角锥向下。

Belgian truss 比利时屋架，斜腹杆三角形桁架；见 **Fink truss**。

belite 贝利特；硅酸盐水泥熟料中的一种成分，又称硅酸二钙。

bell **1.** 钟形柱头；去掉叶饰后的科林斯柱头或混合柱头，又称钟形饰（篮花状）柱头（**vase** 或 **basket**）。**2.** 管子突口；被扩大的管端部分，用于与相同管径的管子套接。又称 **hub**。

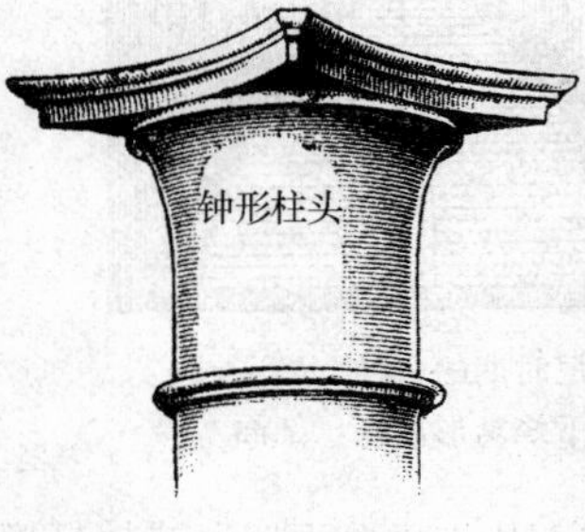

钟形柱头

管子突口

bell-and-spigot joint, bell-and-socket joint, spigot-and-socket joint 套接，承插连接；一段管子的一端插入另一段管子的扩大口径的一端，并以填隙物或可压缩环加以密封而形成的连接。

bell arch 钟形拱；由两个巨大的托臂支承的圆拱，形成将钟形加高的外观。

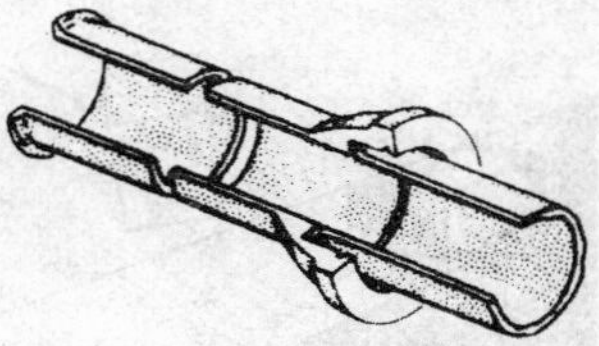

套接，承插连接

钟形拱

bell cage 钟架（钟楼顶）；在钟楼或尖塔上支承钟的木框架。

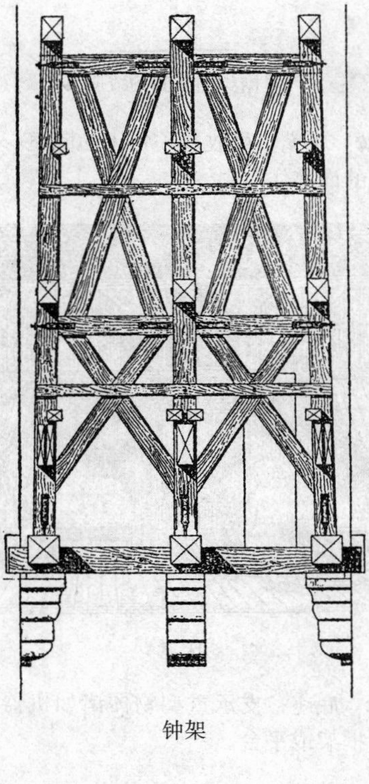

钟架

bell canopy 钟顶雨篷；遮盖在钟上的双坡屋顶。

bell capital 1. 钟形柱头（capital）。2. 科林斯柱头上用于贴叶饰的钟形的中心部分。

bellcast eaves 同 flared eaves；钟口屋檐，扩口屋檐。

bellcast roof 同 bell roof；钟形屋顶。

bell cote 骑于教堂屋脊上有尖顶的小钟楼。

骑于教堂屋脊上有尖顶的小钟楼

bell deck 钟楼地板；钟塔内在下层房间顶面的钟楼地板。

belled caisson 钟形沉箱；具有扩大底盘的沉箱。

belled excavation 钟形开挖坑；底部呈钟形的基坑。

belled pier 扩底墩；墩身底部呈钟形般扩大，如平截圆锥形。

bellexion molding 凸出平面的线脚；见 bolection molding。

bellflower 风铃草；钟形花卉图案装饰。

bell gable 开有一个或多个吊钟孔洞的山墙。

bell house 钟楼；（爱尔兰）一种挂钟的塔形建筑。

bellied 圆凸形的。

开有一个或多个吊钟孔洞的山墙

belling 桥墩、沉箱或桩的构造中放大了基础的底板，以增加持力层的支承面积。

bell joint 承插式接头；见 bell-and-spigot joint。

bellows expansion joint 波纹式伸缩缝；管道中连接以弹性的波纹管形成的可伸缩式连接，用于补偿管道中的线性拉伸或压缩。

bell pull 拉铃；大型住宅中传唤仆人用的装置，每个房间均安有一个带绳子的把手，可以直接拉响挂在仆人房间的铃铛。各房间铃声不同，以确定需要服务的房间。

bell roof 钟形屋顶；剖面类似钟形的屋顶，其底边向外扩出。

bell tower 钟楼；支承一个或多个钟的竖高构筑物，或独立或为某一建筑的一部分；又见 belfry。

bell transformer 电铃变压器；门铃等采用的一种输出低压的变压器。

钟形屋顶

bell trap 钟形盛水弯；用于地面排水，后被《国家管道工程规范》（美国）禁用。

bell turret 钟楼，钟角楼；内置一个或多个钟的尖顶小塔。

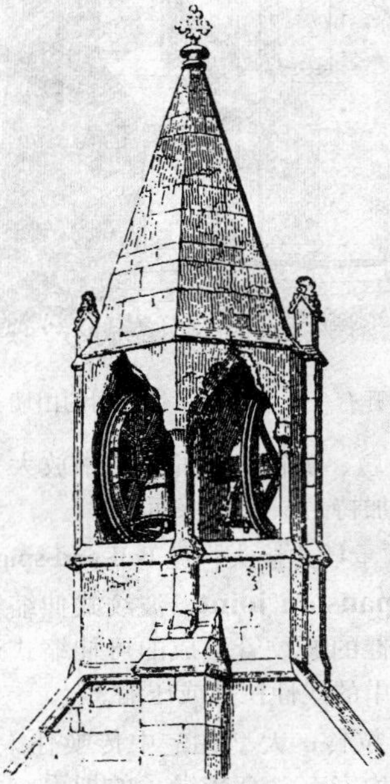

钟楼，钟角楼

bell wire 小截面、小电流的电线，以低于 30V 电压额定量的绝缘材料包裹。

below grade 地下层；地平面以下的部分。

belowstairs 地下室内，底层内。

belt conveyor 皮带运输机；用动力驱动在滚轮上运行的环状传送带，用于传输建筑材料等。

belt course **1.** 束带层，腰带层；横穿整个建筑正立面，偶尔可见绕四周的砌块层，一般凸出墙面，并可能饰以线脚或丰富的雕饰，亦称带层。设在窗台下的又称窗台砌层或虎头砖（**sill course**）。**2.** 横穿建筑立面上的带状板。

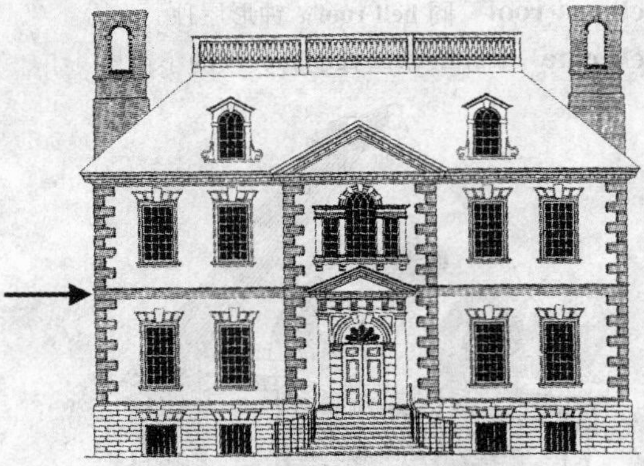

束带层，腰带层

belt-driven machine 皮带传动机器；由皮带传递动力的机器。

belt loader 带式装料机；自身带有动力的一种挖掘机。随着机器的掘进，挖掘出来的土可通过传送带不断提升到装载车上。

belt sander 带式磨光机；缠有一圈砂布（纸）带的便携式电动工具，用于表面抛光。

beltstone 一种应用于带状层的石材。

beluardetto 中世纪古堡女儿墙上的一种小型军事堡垒，常位于主要防御堡垒前的宽沟中。

belvedere **1.** 瞭望塔楼，观景楼；屋顶上可欣赏风景的亭楼。**2.** 屋顶塔楼、凉亭（**gazebo**）。**3.** 屋顶亭子（**mirador**）。

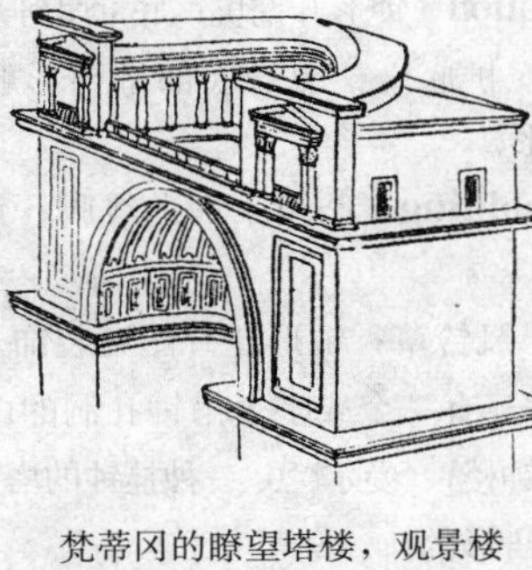

梵蒂冈的瞭望塔楼，观景楼

bema 1. 圣职席；教堂中比侧房和中殿地面高出几踏步的横向空间，并用半圆壁龛与之隔开。2. 圣台，讲坛；犹太教堂中高出地面的讲经台。

bematis 同 diaconicon，1；教堂安放圣器处。

bench 1. 长凳；有或没有靠背、能座多人的长木凳。2. 阶地，台阶。3. 同 pretensioning bed；预应力张拉台。

bench brake 台式弯（金属）扳机。

benched foundation 同 stepped foundation；台阶式基础。

bench end 教堂信徒席的凳端装饰性木围屏。

bench hook，side hook 挡头木，台卡；木工工作台上能使工件不向后移动的装置。

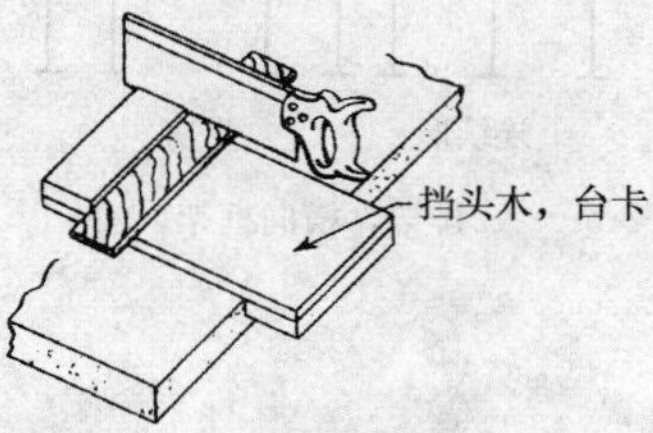

挡头木，台卡

benching 1. 边坡；排水槽两侧与检查井相交处的混凝土斜墙。2. 倾斜的混凝土护坡。3. 管座；沿管线两边设置的混凝土通长附加支座。

bench mark 水准基点，基准点；测量中作为参考的、已知高程的点，通常为固定在永久性物体上的带铁饼的混凝土块。依据该点可测定其他测点或目的物的标高。

bench plane 台刨，手工短刨；在工作台上初次刨平用的刨子，如粗刨或横木纹刨。

bench sander 台式抛光机，台式砂轮；装有磨料转盘或袋的表面磨光电动工具，通常安装在台子上，自身不移动。

bench stake 同 stake，1；（金属薄板工作台上）小台钻。

bench stop 刨木台的止推条，木工台挡头；台面上以丝杆固定工件的扣件。

bench table 墙台，墙基，柱台座；内墙基础或柱基础周围凸出的石砌层，一般其宽度足以供人坐靠。

墙台，墙基，柱台座

bench terrace 阶地；切入山脚下的台地。

bench trimmer，trimming machine，guillotine 木工修整机，木工裁边机；用于以任意角度截切两块相接木头端部的机器。

bench vise 台钳，台虎钳；固定在工作台上，用于卡住被加工的工件的普通钳（vise，1）。

benchwork 台子上手工作业。

bend 弯管；见 pipe bend。

bender 弯管机；见 hickey，2。

bending beam 连系梁；见 tie beam。

bending iron 铅管调直器或拉伸机。

bending moment 弯矩，挠（曲力）矩；梁及其他结构截面上产生弯曲的力矩，其值等于对该截面重心所产生的各力矩之和。

bending pin 弯管钉；弯铅管时采用的连续曲线上的多个钉子中的一个。

bending schedule （弯）钢筋明细表，配筋表；钢筋混凝土结构设计中，由工程师制成的表格，表格汇集了特定项目所用钢筋的型号、规格及数量。

bending strength 抗弯强度；结构构件抵抗弯曲破坏的能力。

bending stress 弯曲应力；由非轴向应力在结构构件上产生的压力或拉力。

bending tool 同 hickey；螺纹接合器。

bend radius 弯曲半径；材料不被破坏所能弯曲的最小曲率半径。

beneficial occupancy 受益使用权，实际使用权；（业主在项目完工前）预定的全部或部分工程项目的使用。

beneficiation 改良；通过除去杂质或改变材料内部不良成分的方法，使其物理或化学性能得到提高。

benefits (mandatory and customary) （法定及常规）利益；个人各种权益，包括法定的（如社会保险、工人工资、伤残保险等）；惯例的（如病假、过节和度假等）以及自营企业自行决定的（如人寿保险、医疗补贴和退休计划等）方面等。

benitier 圣水盆（教堂入口处）。

bent 1. 同 bent frame；排架，横向框架。2. 一种根茎类草，形成柔软的天鹅绒般质感的草地。

圣水盆

bent approach 弯道；私人住宅或庙宇中，不在一条线上的两道大门之间的通路，从第一到第二道门需要一个转折相联系。此手法常用于防卫。

bent bar 弯起钢筋，弯筋；从结构构件的一面弯向另一面的纵向钢筋。

bent chisel 同 corner chisel；角凿，L形凿。

bent ferrule 直角套管。

bent frame 横向排架；大型谷仓或木构架结构房屋中使用的木构架。构架与房屋的纵向相垂直，每榀排架均可承受横向和竖向荷载。排架通常先在地上拼装，然后拉起到垂直位置并与相邻的排架相互拉结。如吊立谷仓中描述的。

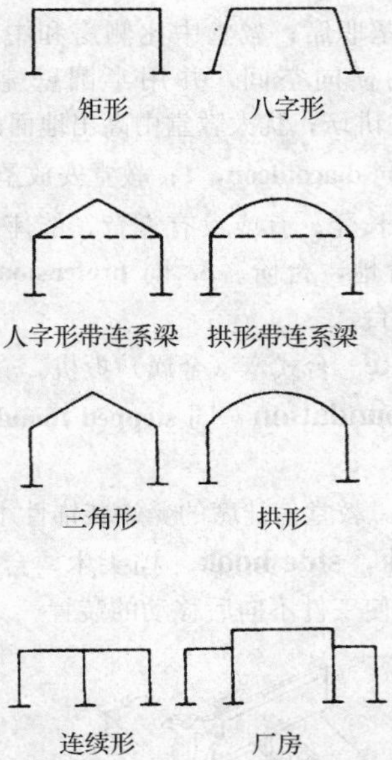

排架，横向框架

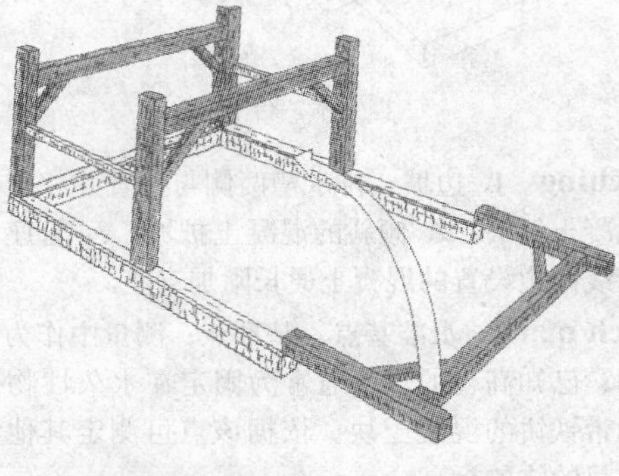

横向排架—建设谷仓时在此地方的命名

bent glass 曲面玻璃；由平面玻璃经加温后塑成的曲面形态。

bent grass 一种根茎类草；见 bent，2。

bentonite 膨土岩，斑脱岩，膨润土；一种火山灰分解形成的黏土，富含蒙脱土成分。具有吸收大量水分后较其自然体积相应膨胀的性能。

bent shoe 圆弧形转弯的底座线脚（base shoe）。

bentwood 弯木；弯曲成型而非机械加工成型。

Berlin blue 柏林蓝；见 Prussian blue，2。

berliner，palladiana 一种水磨石罩面，是由大

小理石块铺设，其间为标准水磨石模式。

berm 1. 道路两旁的土堤。2. 紧贴砌体墙的台堤。3. 支承梁或管子的地基槽。4. 土堤；城墙外坡道与护城河之间平地。5. 在土方工程中的挖土部分，通常四周放坡，而不用挡板或支撑。6. 为避免堤岸两侧坡度太长而在中间设置的台地。

Bermuda stone 百慕大石；由破碎的贝壳和珊瑚形成的软质石灰石，常被切成长方体砌块用于建筑建造中。

besant 圆盘形装饰，圆币饰；见 bezant。

bestiary 中世纪教堂中一组奇兽画或雕刻，极富想象力与象征性。

BET. （制图）缩写＝“between”，两者之间。

bethel 圣地，礼拜堂。

Bethell process 填满细胞法；一种通过加压向木材的细胞中注入杂酚油的防腐处理方法。

béton 一种混凝土，由石灰、砂子、砾石混合而成。

béton armé 同 reinforced concrete；钢筋混凝土。

béton brut 混凝土拆模后的未经处理的粗糙表面，表面留有模板接缝、木纹及周围的紧固件等痕迹，常常为了建筑效果而故意留着；见 Brutalism。

bettering house （古语）救济院；济贫院。

bev （木材工业）缩写＝“beveled”，有斜面的。

bevel 1. 斜角；非直角相交的两表面之间的夹角。2. 装锁梃；见 door bevel。3. 锁舌斜面；见 lock bevel。4. 量角规，斜角规。

bevel angle 斜角，斜面角，坡口角度；焊接件上，备好的边与另一构件垂直表面之间的夹角。

bevel board 斜形板；按要求斜切的木板，作为构屋顶、楼梯或其他角形木结构。

bevel chisel 具有斜面刃口的切木材的凿子。

bevel collar 同 angle collar；斜接管套。

bevel cut 斜切；非直角的锯切加工。

beveled 斜角；见 bevel。

beveled closer 斜面封口砖，斜斩砖；见 king closer。

beveled edge 斜削边；从门板面到侧边纵垂面的斜度。每 2in（5cm）倾斜 1/8in（0.3cm）。

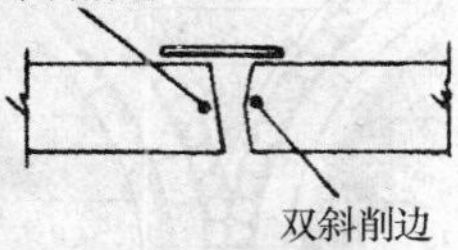

门的斜削边

beveled halving, bevel halving 斜对接，斜面板叠接（half-lap joint）；木材接头面切成斜面的半叠接头。

beveled joist 斜切搁栅；其顶边切斜的地板搁栅。

beveled pipe 管子的斜角端头与另一根管子的余角端头相匹配。

beveled-rabbeted window stool 斜嵌式内窗台板；窗框下的内窗台板镶嵌在侧梃斜面上并与窗框的外窗台坡度相匹配。

beveled siding 互搭楔形壁板；见 clapboard。

beveled washer 斜垫圈；可让螺栓或螺杆穿过的一边倾斜的金属垫板，以使其能与螺母贴紧。

bevel jack 斜锯架；锯斜面时固定木线条的装置。

bevel joint 斜削接头；非直角相接的木接缝。

bevel protractor 活动量角器；带转轴的半圆量角规。

活动量角器

bevel siding 互搭楔形壁板；见 clapboard。

bevel square 斜角规，分度规。类似于角尺（square）的木工工具，有一片能调整角度的尺规。

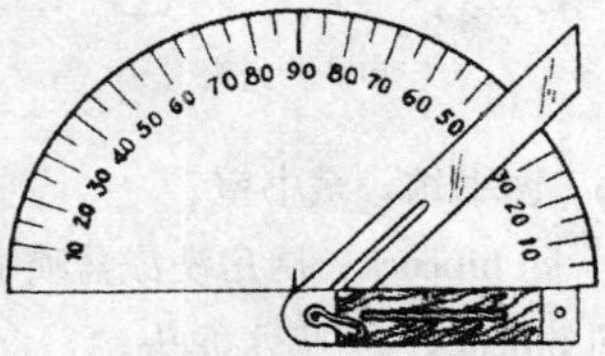
斜角规，分度规

bezant, besant, byzant 圆盘形装饰；形似钱币或圆盘的装饰，一般用于串联的装饰性线脚设计中。

bezel, basil 切削刀具，如斧子或凿子的锋刃边。

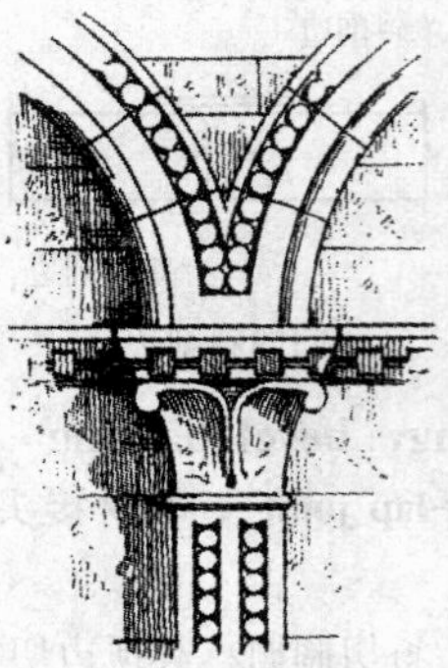

圆盘形装饰

BFP 缩写＝"**backflow preventer**"，防回流装置。

Bh 缩写＝"**Brinell hardness**"，布氏硬度。

Bhn 缩写＝"**Brinell hardness number**"，布氏硬度值。

bhp 缩写＝"**brake horse power**"，制动马力。

BIA 缩写＝"**Brick Industry Association**"，制砖工业协会，赖斯顿，VA 201191-1525。前身是美国砖块制造协会（Brick Institute of America）。

biaxial bending 双轴弯曲；一构件上同时绕两相互垂直轴线的弯曲。

bib，bibb 活门，龙头，活塞，弯管旋塞；见 **bibcock**。

bibcock，bib，bibb，bib tap 龙头，弯嘴，活塞；管嘴向下弯的水龙头（**faucet or stopcock**）。

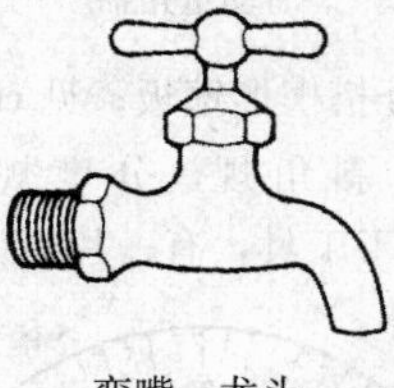

弯嘴，龙头

bibliotheca 图书馆，藏书室。

bib nozzle 同 **bibcock**；厨房洗涤盆喷嘴。

bib tap 同 **bibcock**；弯嘴水龙头。

bib valve 龙头，阀门；向下拧手柄，使垫圈落入卡座而关闭的普通龙头活塞（**bibcock**）。

bicoca 瞭望塔。

bicycle-wheel roof 车轮式屋顶；其主要构件从建筑物的中心向周边类似自行车轮一样成辐射状的屋面结构系统。

bid **1.** 投标报价；完成某项合同中规定的工程项目的报价。**2.** 标书；针对将要进行的某项工程，以符合投标要求的数据为基础，签署的完整且恰当的承诺书。

bid bond 投标保单；主要投标人或担保人出具的投标保障性文件；又见 **bid security** 和 **surety**。

bid date 投标日期；被业主或建筑师确定的接受投标的日期；又见 **bid time**。

bidder 出价人，投标人，投标商；与业主（**owner**）签署了主要合同（**contractor**）的人，即成为承包人。他再与分包人签分包合同。

bidding documents 投标文件；包括招标公告、投标指南（**instructions to bidders**）、投标格式和格式性的合同（**contract documents**）的正式文件。格式性的合同中含有接受投标之前签署的附录。

bidding or negotiation phase 投标或议标阶段；建筑师提供基本服务之前，为了达成合同双方进行的竞价阶段或谈判阶段。

bidding period 投标期限；自发布投标要求和合同文件到规定的投标日期止的时间段；又见 **bid time**。

bidding requirements 投标要求；包括招标须知、投标人指南、邀请函和样本格式的文件；又见 **bidding documents**。

bidet 坐浴盆，下身浴盆（法），妇洗器；可坐浴，浸洗下身的卫生洁具。

bid form 标书格式；可供投标人填写并提交的有固定格式的标书。

bid guarantee 同 **bid security**；投标担保，承包担保。

bid letting 开标；见 **bid opening**。

bid opening 开标；按符合规定的程序，对在规定时间内递交的标书进行开标和列表；见 **bid time**。

bid price 开价，投标价格；投标人对承担某项工程的出价总数。

bid security 投标担保，投标保证金；投标人以现金、银行支票、现金支票、银行汇票、汇票及投标保单的形式向业主提交的投标担保。以确保投标人如果获得合同，他必须遵守投标要求及合同条款。

bid time 收标限期；由业主或建筑师规定的截标日期及时间；又见 **bid date**。

biennial plant 两年生植物。

bifolding door 双折门；由两对折叠门组成，每一对门包括连在一起的两扇内开和外开的门扇。内开门扇（靠中心的一扇）挂在上部轨道上，而外开门扇则绕门框转动。

bifora 被短柱分隔成两个拱形洞口的窗洞。

biforate 双扇门（窗）。

bifrons 背靠背的两人半身雕塑像，即一对半身像。

背靠背的两人半身雕塑像

bifronted 同 **biforns**；背靠背的两人半身雕塑像。

biga （古代地中海国家的）双马双轮战车。

BIL 基本绝缘标准；见 **basic insulation level**。

bilection molding 凸出线脚；见 **bolection molding**。

billet 1. 错齿饰，错齿式粉刷线脚；一种诺曼底式或罗马风式线脚，由一系列的圆形（偶尔已有方形）柱体形成，并以单行或多行交替排列的凹槽形式出现。2. 厚钢板；放置在柱下向承重砌体传递荷载的厚钢板。3. 木料的三面锯平而第四面保留圆面。4. 木坯料；制作结构构件的木料。

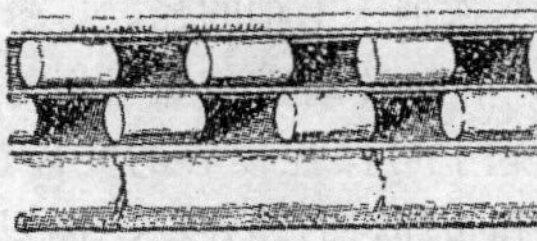

错齿饰，错齿式粉刷线脚

bill of materials 同 **quantity survey**；（施工所需）材料表，材料清单。

bill of quantities 同 **quantity survey**；数量明细表，工程量清单。

bimah 犹太教堂的讲经台。

bimetallic corrosion 双金属腐蚀；由于长时间接触而发生在不同金属间的一种腐蚀现象。

bimetallic element 双金属元件；由不同热膨胀系数的两片金属连在一起构成，用于温度指示和温度控制的设备。

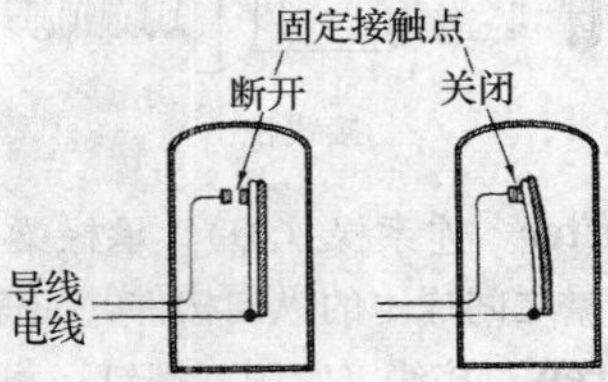

温控元件 恒温器中

bin 料箱，料仓；存放松散材料如砂子或碎石的容器。

binder 1. 粘合材料；由熟石灰水泥或水泥产品或石灰与活性含硅材料混合成粘结材料，用来将松散材料胶结在一起。2. 粘结料；将两个物体粘结在一起的材料。3. 胶粘剂。4. 土壤胶粘剂。5. 联结搁栅。6. 拉结石。7. 将框架结构组件连接在一起的构件。

binder course，binding course 1. 粘结层；沥青混凝土路面的面层与基层之间铺设的由沥青与中等粒径的石子的拌合料层。2. 用于连接内外墙的一排砌块（设在内外墙之间）。

binder lead 环绕镶嵌玻璃一周用于固定玻璃的铅条。

binder soil 胶黏土，黏性土；主要含有细土粒（细砂、粉土、黏土或胶体）材料，具有很好的粘结性能；又称作 **clay binder**。

binding agent 胶粘剂，胶结料；颜料中能将颜料颗粒粘结在一起，并使其附着在物体的表面的成分。

binding beam 连系梁，联结梁；框架中在两构件之间起拉结作用的木料；见 **surmmerbeam**。

binding course 粘结层，结合层；见 **binder course**。

binding joist, binder 连接搁栅；支承上部楼板搁栅及下部顶棚搁栅的搁栅，通常连接在两根立柱上。

binding piece 连系件；钉在两根相向主梁或搁栅之间，防止其发生侧向变形的木构件，连系梁。

binding post 接线柱；可方便地将电线或电缆固定在一起，实现两者间连接的连接柱。

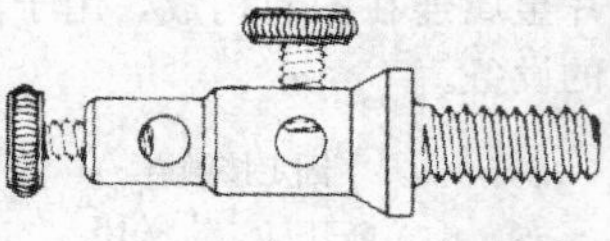

接线柱

binding rafter 连系椽（檩），承椽梁；支承跨越屋脊和屋檐之间椽木的纵向构件，如檩条。

binding screw 接线（紧固）螺钉；一种类型的定位螺钉。

binding stone 拉结石；砌体结构中起拉结作用的石头，如穿墙石。

binding wire 同 **tie wire**；绑扎钢筋。

binnacle 古时对住所的称谓（现已废弃）。

biparting door 同时开启的对开双拉门；在同一平面上，可同时向两边滑动、在中心线相遇的双扇门。

birch 桦木，赤杨；出产于北美和北欧的高密度、硬度适中的黄褐色木材，其均匀纹理和木纹适合做饰面板、地板和车制木制品。

birdbath 路面低凹处出现的小积水坑。

birdcage scaffold 鸟笼状脚手架；由双排立柱和横杆组成的临时平台，承载工人和建材。

bird peck 鸟啄斑纹；木材表面由啄木鸟啄出的小孔洞，致使树木生长时纹理在啄伤周围产生扭曲。

bird's-beak molding 鸟嘴式线脚；见 **beak molding, 2**。

bird screen 鸟网屏；安装在烟囱顶上，防止鸟进入的网罩；见 **rain cap**。

bird's eye 鸟眼；糖枫树年轮受到小而尖的局部挤压后形成眼睛形状的纹理。这种纹理在其他树种中亦存在。

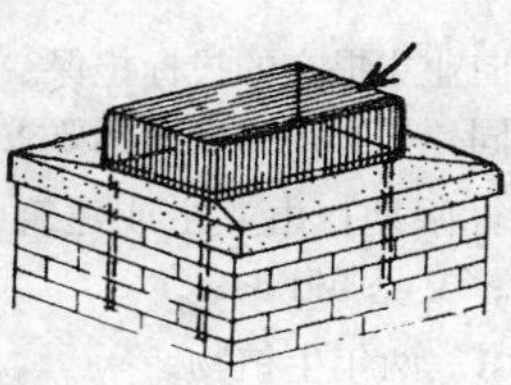

鸟网屏

bird's-eye lamp （直接光的）白炽灯泡；见 **incandescent direct-light lamp**。

bird's-eye maple 鸟眼枫树；其木材切面带有无数小的环形波状纹理，极具装饰性。

bird's-mouth **1.** 角槽口；椽木下侧与纵向杆件（如墙上承椽板）啮合的直角槽切口。**2.** 两构件间处于 90°～180°之间的夹角。

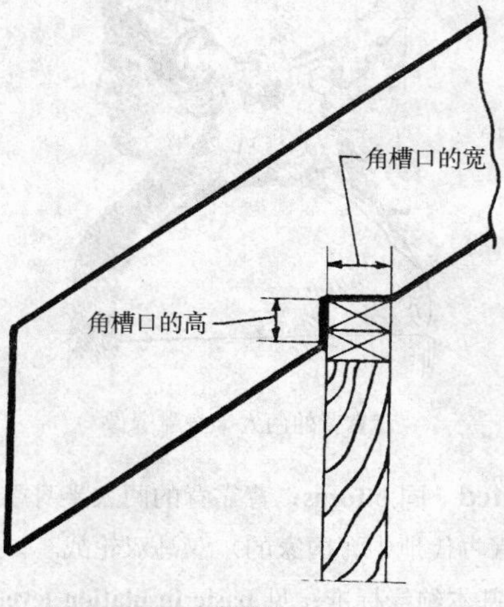

角槽口

bird's-mouth joint 角槽口接头，三角形企口接合，啮接；木料端部切口与上面相垂直木料（如椽子）上相吻合切口形成的接头。

bisellium （古罗马）荣誉座；留给对国家具有特殊贡献人的椅子或座位。

bisomus 具有两室的石棺。

bisque 煅烧一次但未上釉的瓦。

bit **1.** 钻头；依靠转动进行钻孔的小型工具。**2.** 钥匙齿；钥匙上可操控锁心的突齿。**3.** 烙铁头；烙铁上传热和布焊料的部分。**4.** 刨刀口。

bitbrace 手摇钻，钻孔器。

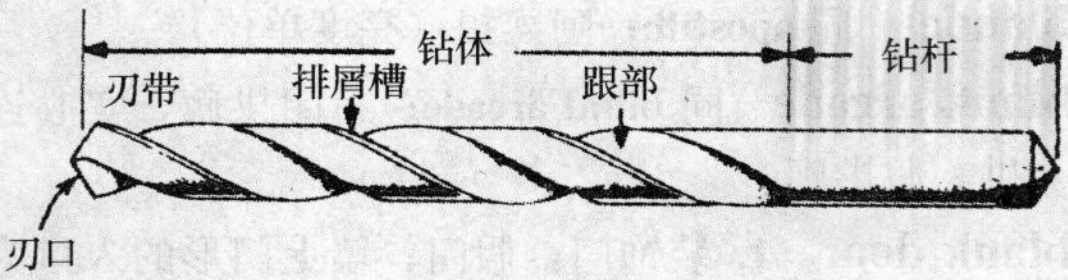

钻头

bite 嵌入宽度；镶玻璃时，玻璃或板的边缘和窗框内侧（压条）之间的搭接量。

bit gauge，bit stop 钻头定程停止器；临时固定在钻头上的金属片，用于钻盲孔（不通孔）时防止钻头钻入过深。

bit key 带齿钥匙；带有能与锁心啮合并开动的凸出叶片或翼缘的钥匙。

bit stock 摇钻，钻孔器。

bit stop 钻头阻进装置；见 **bit gauge**。

bitumen 沥青，地沥青；从煤或石油中提炼出的各种半固态碳氢化合物，如煤焦油沥青或石油沥青。需先在溶剂中溶化、乳化或加热成液态方可使用。

bitumen macadam 沥青碎石路；依据石料体积，被定量沥青覆盖的碎石路。

bituminized fiber pipe 沥青纤维管；由焦油沥青与纤维制成的轻质下水管。

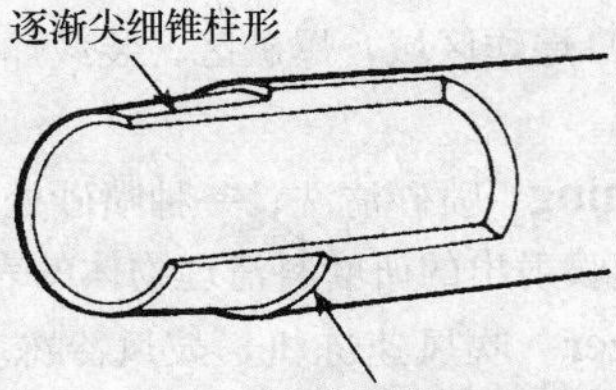

沥青纤维管

bituminous cement 沥青胶结料，沥青胶泥，沥青膏；一种常温下呈固态、半固态或液态的黑色物质，由各种碳氢化合物组成，仅溶解于易挥发的液态碳氢化合物中。用于封堵组合屋面的接缝或混凝土路面的裂缝。

bituminous coating 沥青涂层；用于面层、起保护作用的石油沥青或焦油沥青混合物。

bituminous concrete 沥青混凝土；见 **asphaltic concrete**。

bituminous distributor 沥青喷布机；坦克式车身后部装备有可喷洒热焦油、路油或其他沥青制品的多孔喷嘴，用于铺设沥青面层。

bituminous emulsion 沥青乳胶，乳化沥青；融于水中呈小球状悬浮状态的沥青，用作不重要部位的防潮保护层。

bituminous felt 沥青油毡；见 **asphalt prepared roofing**。

bituminous grout 沥青（砂）浆；由沥青与骨料如砂子混合而成的砂浆，加热后可液化，用作接缝或裂缝的填缝剂，常温下养护。

bituminous hot-mix 以沥青作为胶粘剂的路面，铺装时温度很高。

bituminous paint 沥青涂料，沥青漆；由煤沥青、稀释剂和挥发油制成的廉价涂料，用于防水混凝土或管道防腐。

bituminous varnish 沥青清漆；含有沥青成分的黑色清漆。

bituminous waterproofing 沥青防水；类似柏油的防水材料。

bivalate，bivallate 军事建筑中，一组防御式沟渠和岩土筑堤，通常以同心的形式环绕筑堤或要塞。

BK SH （制图）缩写＝“**book shelves**”，书架。

BL （制图）缩写＝“**building line**”，建筑红线，房基线。

B/L 缩写＝“**bill of lading**”，提货单。

B-labeled door 防火标准 B 级门；符合保险实验室有限公司的标准 B 级门。

black ash mortar，black mortar 石灰煤渣灰浆，黑（灰）砂浆；高钙石灰、水、粉煤灰或炉渣混合而成，其硬化程度有赖于其胶结性。

blackbody 1. 黑体；相应于同一温度的电磁辐射，其辐射的每一波长的均为最大的物体。2. 黑体；能吸收全部投射光，使之呈黑色的物体。

black blot 粗制螺栓；经热压成形制成的钢结构用螺栓，带有一层黑色氧化皮，直径尺寸不均匀。

black diapering 同 **diaperwork**；菱形图案装饰性砌体或工艺品，棋盘形砌合。

black ebony 黑檀木；见 **ebony**。

black japan 漆黑，沥青漆；高品质沥青涂料，作为金属表面清漆。

black light 荧光；接近于可见光谱的紫外线（不可见）电磁能量，可激活荧光漆而使其变成可见光。

black light fluorescent lamp 荧光灯；使其磷光体发荧光的白炽灯。

black locust 洋槐，刺槐；见 **locust**。

black mortar 黑砂浆，石灰煤渣灰浆；见 **black ash mortar**。

black steel pipe 黑钢管；无涂层的钢管，称"黑"是因为钢管外层氧化铁呈黑色，常用于低压热水管道中。

blackout switch 剧院舞台上同时能使所有灯光熄灭的总开关。

black plate 黑钢板；无涂层的冷轧钢板，其板宽通常从 12in（30.5cm）～32in（81.3cm）。

blacksmith shop 铁匠店，制马蹄店；锻铁加工或钉马掌的店。

blacktop 沥青（路面）面层，黑色（路面）面层；见 **asphaltic concrete**。

blade **1.** 抹子平的金属底部；抹子用来抹灰的平金属面。**2.** 刀刃，刀口。**3.** 推土铲；推土机上能推土的宽而微微内凹的铲面。**4.** 人字屋架上弦木之一。**5.** 移动、散布或夷平类似沙土的材料，或是利用平路机平整碎石路。

blade frequency 风扇叶片的频率；风扇叶片每一秒时间内转过某点的次数等于风扇叶片的数量乘以风扇每秒钟的转数。

blader grader 同 **grader**；平路机。

Blaine apparatus 布赖恩空气渗透仪；以空气渗透性原理，测量诸如水泥等磨细材料的表面积的仪器。

Blaine fineness 布赖恩细度；用布赖恩试验仪测定磨细材料如水泥的细度，以其表面积平方厘米/克为单位。

Blaine test 布赖恩细度试验；以空气渗透法，测定某一磨细材料样品如水泥在一定条件下的细度的试验。

blanc fixe 用作涂料中的白颜料的磨细硫酸钡粉。

blandel 同 **apostilb**；阿熙提（亮度单位）。

blank arcade 同 **blind arcade**；封闭拱廊，实心连拱，假拱廊。

blank door **1.** 装饰门，假门；墙上门形的入口为了与另一真门对称出现。**2.** （洞口）封堵门；封堵后仍清晰可见的门。

blanket encumbrance 揽总抵押；按比例分摊到各分块地产中的抵押。

blanket grouting （路面）覆盖层灌浆；见 **area grouting**。

blanket insulation 隔热（声）毡，绝缘毡（毯）；主要由玻璃纤维制成的绝热材料，适应于包裹曲面、不规则表面、大口径管道或箱子等。可有各种密度或厚度，有时覆以面层，也可作为隔声材料用于隔声构造中。

blank flange 无螺栓孔的法兰（盘），不带螺栓孔的法兰盘。

blank jamb 门边框；不安装小五金的门边竖框。

blank wall，blind wall，dead wall 无门窗墙，闷墙，暗墙；不开设门、窗或其他洞口的墙。

blank window，blind window，false window **1.** 假窗，盲窗；外墙上的一窗形凹龛。**2.** 封堵的窗；被封堵但仍清晰可见其窗形。

blast area 爆炸区域，爆破区；装载炸药和发生爆炸的区域。

blast cleaning 喷砂清洗；一种喷砂处理方法，它依靠高速喷射出的研磨料清理物体的表面。

blast freezer 吹风速冻机，鼓风冷冻室；立式低温冷冻柜机，可快速冷冻食品，由鼓风机使低温空气循环。

blast-furnace slag 高炉渣；高炉冶炼铁矿石时在熔化状态下与铁同时生成的非金属物。其基本成分包括硅酸钙和硅酸钙铝等，其固体产物是用分离方法从铁水熔化状态中分离出来；又见 **air-cooled blast-furnace slag，expanded blast-furnace slag，granulated blast-furnace slag**。

blast-furnace slag cement 高炉矿渣水泥；见 **portland blast-furnace slag cement**。

blast heater 鼓风加热器；由一组传热线圈和风扇

组成，靠高速风传热的加热器。

blast hole 炮眼，爆破眼；岩石上装填炸药的钻孔。

blasthole drill 炮眼钻；用于在岩石上打炮眼的钻。

blasting 爆破；用炸药炸散岩石或其他坚实材料的方法。

blasting agent 爆破材料；据美国劳动部职业资金与卫生管理规定（OSHA）：由燃料和氧化物混合而成，用于爆破的物质，其不被划分为炸药类，并且其成分没有炸药成分，此分类以当其被接触时，接触设备不能够被 8 号测试雷管所引爆作为限制条件。

blasting cap 起爆雷管，引信，起爆筒；一端封闭、另一端开口并卷曲着安全引信的金属管。其中装有一种或多种爆炸物，可由来自引信的火花或火焰引爆。

blasting mat 防爆（钢）网；一种由钢缆编织而成沉重的弹性网面，一般爆破时覆盖在岩石上，防止碎石四下飞散。

blast-resistant door 防爆门；可以承受由爆炸造成的压力高达 3 000 lb/in^2（211kg/cm^2）的应力的钢门。

bldg 缩写＝“**building**”，房屋，建筑物。

bleachers （体育场的）露天看台；其座位通常不带靠背的大看台。

bleacher seating 露天看台座位；有木板分层排列、不划分座位的看台。

bleaching 漂白，泛白；使表面泛白或脱色的化学或光化学反应。

bleb 气泡，水泡；流体或已固化的材料（如玻璃）中的小气泡。

bleb timber 泌脂原木；能够渗出树脂液的木材。树脂液的渗出虽然可能影响其外观，但其强度一般不降低。

bleeder 放出（水）阀；用于排空管道、散热器及容器等管道中液体的小阀门。

bleeder pipe，bleeder tile 放水管（泄水瓦管）；连接排水沟与下水道的黏土管。

bleeding **1.**（油漆）透底，渗色；下层的颜料色透过面层漆显现出来的现象。**2.** 泌浆（混凝土），泛油（沥青路面）；指炎热气候条件下，路面面层下的灰浆渗出的现象。**3.** 放出（液体或气体），渗出；可能由于邻近多孔表面的吸收作用，涂在缝隙中的密封膏的某种或多种成分的析出。**4.** 泌水性；（灰浆）新浇筑的大块混凝土中固体物的沉降引起过量搅拌水在其表面渗冒的现象，又称 **water gain**。**5.**（色彩）扩散；基层的颜色透过面层渗透出来，或由于该渗透使表层颜色减退。

bleeding capacity 灰浆（砂浆）泌水性；灰浆或砂浆中渗出水的体积与灰浆体积之比。

bleeding rate 泌浆率；灰浆或砂浆渗出多余水量的速率。

bleeding test 泌水测验；美国试验与材料协会的方法（**ASTM C232**），用于测定新拌制混凝土表面渗出多余水分趋势的试验。

bleed-through，strike-through 透胶；层压板面层由于胶结剂渗出造成的褪色。

blemish 轻疵，瑕疵，表面污点；木材、大理石等较小的外观上缺陷，但不至于影响其耐久性或强度。

blended cement 混合水泥；硅酸盐水泥在磨机中研磨时或后与诸如颗粒状高炉矿渣、火山灰、熟石灰等形成的混合物。

blended lamp 同 **self-ballasted lamp**；自动镇流灯（如高压灯）。

blender 调漆刷；一种柔软的圆头油漆刷，用于调和颜料和刷匀用粗刷在油漆面上留下的纹路。

blending 掺合，混合；在热水供水系统中，在出水端使冷水与热水混合，以提高冷水的温度。

blending valve 混合阀；一种三通阀，它能使一端进入的液体与阀内重复循环的液体混合，流出温度适当的液体。

blight 一种引起植物枯萎的真菌。

blighted area 不发达地区；对于公众而言指经济和文明落后的地区。

blind **1.** 遮帘，百叶窗（门）；遮挡视线或阻挡光线的设施，如屏幕、屏风或百叶。**2.**（管道接口）封闭盘；检修供水系统时，插入管道连接处、用于阻断水流的实心圆盘。

blind alley 死胡同，尽头路；只有一端开口的小路、小巷或通道；又见 **cul-de-sac**。

blind arcade 实心拱廊；装饰性的系列拱券。作为墙面的装饰性元素，多见于罗马风建筑。

实心拱廊

blind arch 假拱，填塞的拱，装饰拱，实心拱；被墙体永久封闭洞口的拱。

blind area 沿地下室外墙四周设置墙身防潮的区域。

blind attic 装有地板但内部装饰未完成的屋顶阁楼；又见 **loft**，**1**。

blind casing，**subcasing** 未加修饰的毛窗框，粗窗框。

blind door **1.** 同 **blank door**；假门，装饰门。**2.** 百叶门（**louvered door**）。

blind dovetail 同 **secret dovetail**；暗燕尾榫。

blind drain 盲沟；不与排污系统相连的下水道。

blind fast 百叶窗固定器；保持百叶门窗开或关位置的挂钩。

blind flange 法兰盖，盲法兰；封堵管口的法兰盘。

blind floor 同 **subfloor**；毛地板。

blind header **1.** 丁砖；看似全长但非全长的砌块。**2.** 修饰丁砖，假丁砖；形似丁砖的半砖。

blind hoistway 盲井；各层不开门、全封闭的升降机井道。

blind hole 盲孔；未钻透材料厚度的孔。

blinding **1.** 用于填隙的贫混凝土薄层或细砾石或砂子层，以形成更光滑、干燥、清洁或更耐久的罩面，如新拌制的沥青混凝土上的细砾石或砂子层。**2.** 铺石屑。**3.** 回填土；向管道上回填某种材料直至将管道完全填没。**4.** 直接将排水瓦管上面的盖土压实，从而减少盖土向瓦管中移动的趋势。

blind joint **1.** 双面荷兰式砌合中两顺砖间的细砖缝位于下层丁砖正中。**2.** 暗缝；看不见的接缝。

blind lancet 假竖高尖头拱。

blind mortise，**stopped mortise** 暗榫眼；深度小于杆件厚度、不穿透杆件的榫眼。

blind-mortise-and-tenon joint，**stub mortise and tenon** 暗榫结合；由暗榫眼和短榫舌形成的接头，连接后榫及卯均不外露。

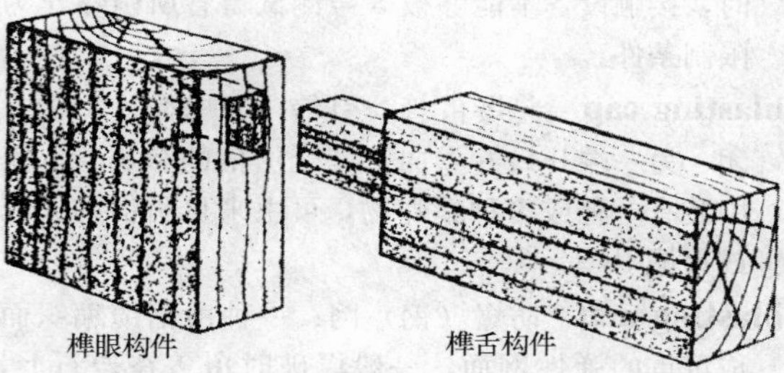

暗榫结合

blind nailing，**concealed nailing**，**secret nailing** **1.** 加工面上看不到钉头的打钉法。**2.** 暗钉；在已完成铺贴的屋面中，使用的钉子不暴露在外。

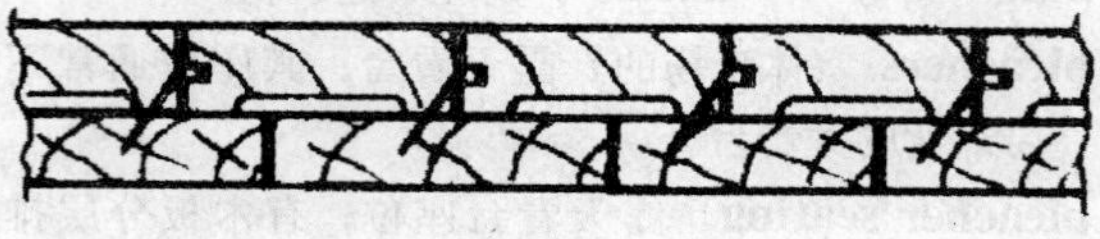

暗钉

blind nipple 一端带帽封口的螺纹接套。

blind pocket 暗匣；窗头顶棚上、收纳提起的软百叶帘的沟槽。

blind rivet 埋头铆钉；钉杆可膨胀的小头钉，用于连接轻薄金属片。

blind row 剧院中的一排座位，其第一个座靠过道，最后一个座位靠侧墙。

blind seat 剧院中至舞台的视线被遮挡或部分被遮挡的座椅。

blind slat 百叶窗叶片；挡雨但不挡光的斜板条。

blind stop （矩形）暗挡条。钉在外贴脸与外滑动扇之间的矩形线条，用作窗扇或纱窗的挡条，防暴风雨并防空气渗入。

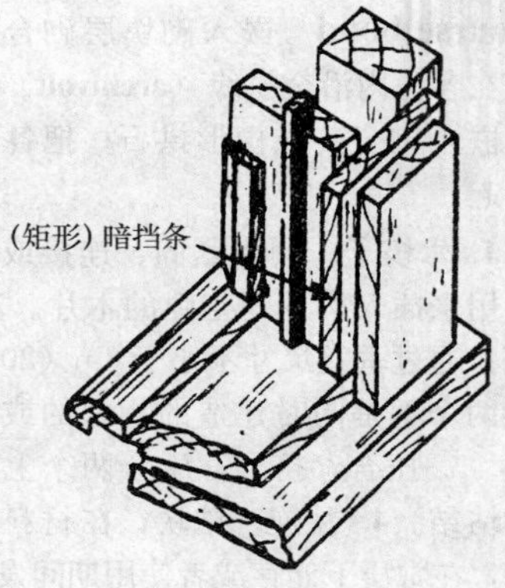

(矩形) 暗挡条

blindstory 1. 无窗的楼层。2. 哥特式教堂大门上的拱廊。

blind tenon 暗榫；不穿入榫眼全部深度的榫舌。

blind tracery 无孔花格窗，实心窗格。

blind wall 无门窗墙，闷墙。

blind window 假窗，盲窗；见 **blank window**。

blister 1. 叠层结构如胶合板的层间小面积鼓起，一般是由潮气滞留所致；又称 **steam blow**。2. 屋面防水薄膜的局部鼓起，由于膜内水或空气膨胀所致。3. 金属表面在热处理时气体膨胀形成的气孔、砂眼等。4. 未完全硬化的模压塑料表面因其中所含气泡挤压形成的起皮现象。5. 起泡；见 **blistering**。6. 管道表面上的鼓起区域表明其内部的分离现象。

blister figure，quilted figure 木饰面板上的不均匀，泡状花纹似棉被似的图案，一般是由不均匀的木纹结构所致。

blistering 1. 由于基层未干或过早在粉刷面上抹光，造成粉刷面层起泡或起鼓；又称 **turleback**。2. 起泡；见 **blister**。3. 砂浆或混凝土工程完工时或完工后不久出现灰浆或混凝土表面起皮。4. 陶瓷烧制时留下的结疤、气泡。

blk 1. 缩写＝“**block**”，块体，大厦区段。2. 缩写＝“**black**”，黑色。

BLKG (制图) 缩写＝“**blocking**”，木填条（片），分段。

BLO (制图) 缩写＝“**blower**”，鼓风机，增压器，（玻璃）吹制工，灯工。

bloated 膨胀的；犹如在混凝土中用的轻质骨料在加工过程的膨胀现象。

bloated clay 膨胀黏土；煅烧过程中产生膨胀的黏土，因混入空气或因其中的硫化物或其他成分分解所致。由于既轻又多孔，适用作轻质混凝土的绝热骨料；又见 **expanded clay**。

blocage 由不规则石块与砂浆筑成的砌体。

block 1. 砌块，混凝土砌块。2. （英）长、宽、高三向尺寸比普通转砖大的砌块。3. 实心木块。4. 由厚木板或厚木作为两点之间桥连接或相似形式。5. 呆石中的大块石材，通常为方正的，由采石场送往磨房锯平用以以后的工作。6. 一种机械装置，可以封入一个或多个滑轮。通常通过链条或绳索来提升物体。7. 城市或城镇中由街道相邻、交叉而划分出的小块区域，这种区域的一边的边长。8. （英）被划分出多个小单元的大建筑，作为一块平地的地块。

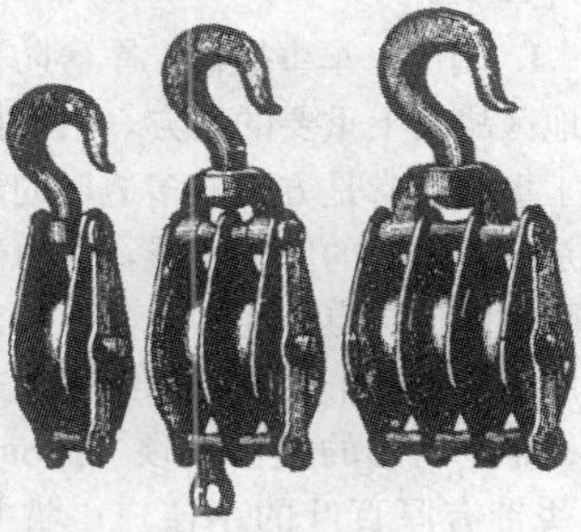

一种提升物体的机械装置

block-and-cross bond 同 **common-and-cross bond**；一种交叉砌砖和普通砌砖相混合的砌砖方式。

block and tackle 滑轮组；带有绳子或缆索的滑轮（**block，6**）组，用来吊升或移动货重物。

block beam 砌块梁；由预加压应力（**prestressing**）将各个混凝土砌块连接在一起组成的弯曲形结构构件。

blockboard 板条（芯）胶合板；见 **coreboard**；**stip core**。

block bond 美式砌砖，普通砌砖式；同 **common bond**。

block bonding 多层咬合接槎；在砖墙的一部分

与另一部分连接中，采用多层砖砌合的方式。

block bridging, solid bridging, solid strutting 托梁支撑；垂直固定在楼板搁栅之间用以加固搁栅的短构件（木板）。

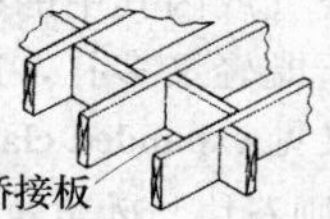

托梁支撑

block capital 方块式柱头；同 **cushion capital**。

block coin 同 **block quoin**；突角，隅石。

block cornice 砌块飞檐；用于意大利式建筑中的一种檐口；通常由底座装饰线脚、一排檐口悬臂石块以及檐顶或檐尖组成（底座装饰线脚可以没有）。

block flooring 木地板块，用作铺面或楼板面层的木块。

blockholing 爆孔碎石；通过引爆填塞在钻孔内的炸药来破碎巨石。

blockhouse **1.** 碉堡，军事掩体，军事防御工事；建筑于边境地区战略上重要的地方，用来抵抗敌人进攻的防御工事，通常是方形或多边形的建筑物，其典型特征是，由砍伐的原木建造，其角部由燕尾榫槽形成牢固的刚性接点。通常，其上层出挑；经常在一层使用砌体墙而上层使用木结构，或者全部使用木结构；金字塔形的棱锥屋顶（**pyramidal roof**）；通常有一些带有厚百叶的小窗户；墙上开的枪眼（**loophole**）允许枪支以各种角度来射击。**2.** 掩蔽所，人防构筑物；一种钢筋混凝土构筑物，用来提供掩蔽以避免火烧、爆炸或核辐射的危害。

碉堡

block-in-course 方石；经锤子琢磨的具有正方形面的石料（其长度是不同的），密（细）缝砌筑，每层高度不超过 12in（30cm）；用于重型工程的圬工结构中。

block-in-course bond 嵌入砌块层砌合；多段同心拱中，在各段内沿全拱缘（**archivolt**）高度砌合面间间隔嵌入砌合砖或楔形拱石；把各段同心拱连接在一起。

blocking **1.** 木楔子；用于紧固、连接或用作加劲件，或者用来插入构件间空隙的木片。**2.** 墙体咬合连接法；通过垂直尺寸不小于 8in（20cm）的壁阶来连接两个不是同时建造的相邻的或者相交的墙的方法。**3.** 压合，挤合；压合两个上过涂料的表面使其粘结。**4.** 黏连；结块；在材料的层间互相接触中，在常压下储存或者使用期间发生不需要有的黏连。**5.** 垫块；用于衬垫的小木块。**6.** 设置在屋面系统的屋面板上面但在防水层及泛水下面的木条，用来加强屋面板上开洞四周，并作为保温隔热层挡条，也作为防水层和泛水板的受钉材料。

blocking chisel 宽口凿子；制有各种型号的宽口凿子；同 **bolster**，**4**。

blocking course **1.** 压檐墙；直接设在檐口之上的没有装饰的一段砌体。**2.** 束带层；沿外墙立面统长水平装饰带（砖或石），稍稍凸出墙面，有时还象征楼层间层高（**string course**）。

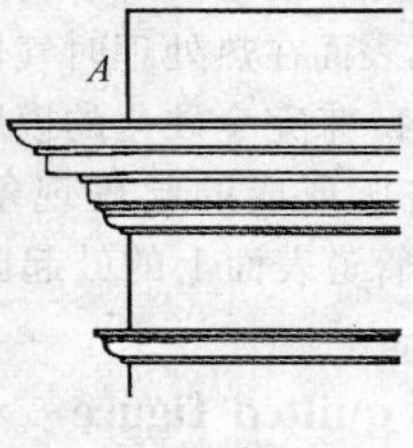

A—压檐墙

block insulation 隔热板，保温板；刚性的或半刚性的隔热板。

block modillion 飞檐下无装饰的悬臂块；见 **modillion**。

blockout 预留孔堵块；在混凝土结构浇注的施工中，防止浇入混凝土的空间。

block plan 区划平面图；一个建筑物的小比例简化平面，简要表明其位置和周围环境。

block plane 短刨；铲型工具；用一只手操作的短刨（**plane**）；刀刃的角度很小（通常大约 20°）；主要用来清理纹端向外的和斜接面木材。

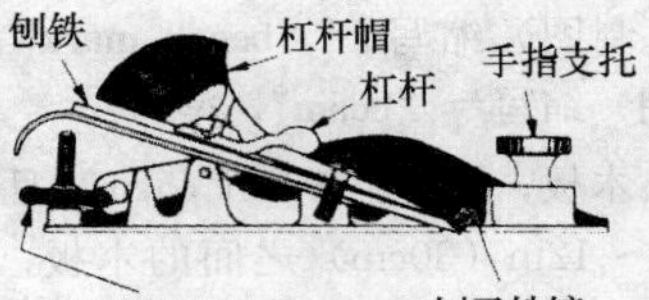

短刨

block quoin 突角，隅石；由砖砌成的墙角（quoin），通过反差的外观或凸出的形式形成与邻近砌体的区分。

block tin 纯锡块；管道工程中使用的纯锡。

blockwork 混凝土砌体；混凝土块和砂浆组成的砌体。

bloom 1. 油漆表面的云状物；油漆表面的薄霜；在油漆表面上一薄层物质的形成引起其呈现光泽较暗以及乳白色。其成分是随油漆的特性而变化，有时用湿布可以擦去。2. 风化物；砌体上出现的一种风化形式。3. 橡胶老化层；橡胶制品表面变色或外观改变，是由液体或固体在表面移动而引起的。4. 表面云状瑕疵；新涂清漆表面出现的瑕疵，如云状薄膜。

blooming 起膜的油漆面；见 **bloom**，**4**。

blow 1. 鼓风，吹气；见 **throw**，**1**。2. 围堰决口；围堰内的水和沙的爆发，从而引起洪灾。

blowback 安全阀的一种特性，即在有压差的情况下阀门开启，而在多余压力释放后，阀门即自动关闭。

blow count 1. 入土锤击数；把物体打进土里所需要的锤击数。2. 土壤钻探时，取样器推进 6in（15.2cm）或 12in（30.5cm）所需要的锤击数。3. 在打入桩中，把桩推进 12in（30.5cm）所需要的锤击数或每推进单位距离所需要的锤击数。

blowdown period 高压釜降压时间；在高压釜中，压力从最大减到常压所花费的时间。

blower 鼓风机；通常指用于重负荷情况的鼓风机，如，通过管道系统将新风吹入地下开挖区的鼓风机。

blower-coil unit 风机线圈单元；空调系统中，将气流吹过冷却盘管、采暖盘管和空气过滤器的鼓风机。

blow hole 1. 气泡，气窝；同 **gas pocket**。2. 混凝土施工时形成的气孔洞；同 **bug hole**。

blowing 1. 起泡；见 **popping**。2. 由地下水压力作用，在开挖区或围堰的底部的土壤向上拱起（现象）。

blowlamp **blowtorch** 的英国术语，喷灯。

blown asphalt 氧化沥青；经过升温后向其中吹气处理的沥青，以满足各种特殊用途，如用作屋面材料、管道包覆层、硅酸盐水泥混凝土路面的路基封闭层、供水设备包裹膜面。

blown joint，**blow joint** 吹接接头；铅管通过喷灯吹接形成的接头。

blown oil 吹制油，氧化的脂肪油；趁热向其吹气使其氧化得到的一种脂肪油。通过氧化提高其干燥能力和黏滞性与矿物油混合后用作滑润剂；或用于油漆和清漆中。

blow-off 锅炉的水垢出口；锅炉上排出水中聚集的沉淀物的出口。

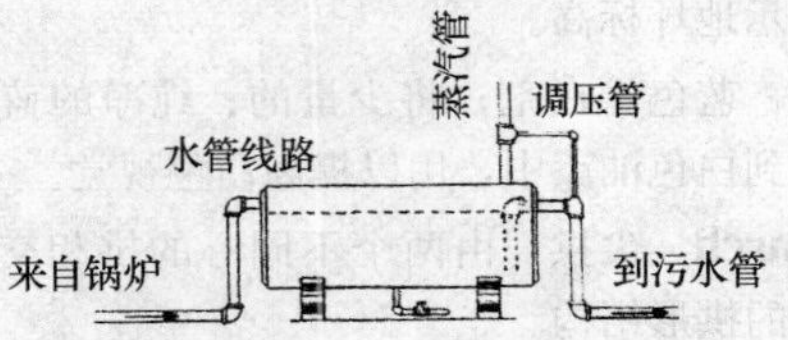

接受锅炉的水垢出口排出物的水箱

blowout 吹出，爆裂，漏气；同 **blowing**，**2**。

blowtorch，（英）**blowlamp** 喷灯（焊灯）；能产生高温火焰的小喷灯；用来加热焊烙铁、烧除油漆等。

blow-up 道路的鼓起或破裂；刚性道路路面由纵向压力引起的局部压曲或破裂。

BLR （制图）缩写＝“**boiler**”，锅炉。

blub 在铸模或石膏铸件中因封闭的空气形成的小孔。

blue asbestos 青石棉；同 **riebeckite asbestos**。

blue brick，**sewer brick**，**Staffordshire blue** 青砖；一种高强度青色砖块，青色是由于在窑中

烧制时缺氧造成的。

blued 氧化蓝的；指被加热的钢钉表面的氧化蓝色。

blue lias lime （英）水硬性石灰；由蓝色水硬石灰石烧制而成的水硬性石灰。与水混合时的凝固过程不同于普通石灰。

blue metal 泥质页岩；一种坚硬的蓝色岩石，轧碎后可用于碎石路（**macadam**）中。

blue print 蓝图，设计图；在感光纸上通过一个晒图过程而得到的复制图，使蓝色图纸上的白线产生的负像；例如用在建筑工地的这种复制的建筑图纸或施工图纸。

blue stain 蓝变，蓝斑，霉斑；某些种类的树木的白木质中的暗斑，通常由真菌引起；但不会削弱木质的强度；也称作 **sap stain**，木材变色。

bluestone 蓝灰砂岩；铺路青石；一种坚硬的、细粒的、通常为长石质的和云母状的砂岩或粉砂岩，其色或暗绿或蓝灰，沿其层面容易劈开形成薄片；通常用来铺设人行道的面层。铺路石板（**flag-stone**）的一种。

blue top 标高顶面；打入地面以下的标桩，其顶面表示地坪标高。

bluing 蓝色漂白剂；将少量的、纯净的蓝着色剂加入到白色油漆中，用以提高白色视觉。

blunt arch 尖拱；由两个不同心的拱相交，顶点升高的拱形结构。

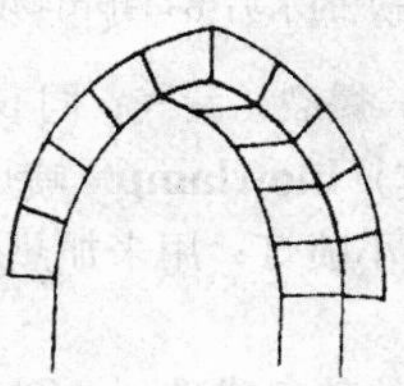

尖拱

blushing 发白；由于胶粘剂中的固体成分不溶于水、油或溶剂而沉淀，以致在高亮度油漆上出现白或淡灰色泽现象。

B/M （制图）缩写＝“**bill of materials**”，材料表。

b. m. （木材制造业）缩写＝“**board measure**”，板尺度量制。

BM 1.（制图）缩写＝“**bench mark**”，水准点。2.（制图）缩写＝“**beam**”，梁。

board 1. 木板；厚度小于 2in（5cm）且宽度在 4in（10cm）～12in（30cm）之间的木板；宽度小于 4in（10cm）的木板可称为木条（**strip**）。2. 短的用于配电盘（**switchboard**）的简写。3. 剧场或售票房的票台或座位图。

board-and-batten construction 木板和板条结构；木构架房屋中的墙体构造，其饰面由竖直铺设的木板组成，木板之间的接缝处以木条覆盖。

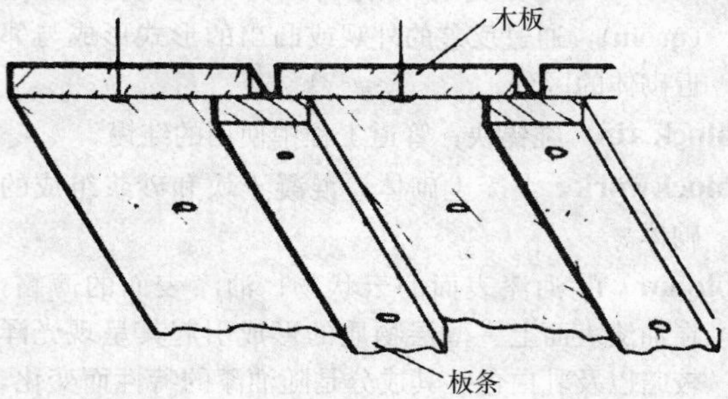

木板和板条结构

board-and-batten door 木板和板条门；同 **battened door**。

board and brace 木板镶接；沿两块两侧开槽的木板之间插入一块较薄的木板形成的连接。

board butt joint 在喷混凝土施工中，与水平铺板相接所形成的斜坡接缝。

boarded door 木板门；同 **batten door**。

boarded wall 木板墙；木构架房屋中的一种外饰面墙，其墙板通常是水平铺设的，偶尔也有竖直铺设的墙板。

board false plate 放置在承梁垫板上面的木板，通过支撑结构来承载、分散由屋顶所产生的压力。

board fence 木栅栏；由木板组成的栅栏，木板按一定间隔水平钉固在方木柱上。曾广泛应用，由于其造价较高现在只用于在高级田园社区。

board foot 板英尺；用于测量木材的体积单位；相当于面积 1ft^2（92903.0mm^2）、厚 1in（25.4mm）的体积。

board house 1. 木板墙房屋；木板和板条或双层木

板墙结构房屋，或类似结构的房屋。2. 独间小屋；16世纪后期，西班牙殖民地时期的佛罗里达州地区的木框架的小屋，仅有一间房间，外墙采用竖直的柏树木板。板条门、泥土地面以及棕榈叶人字茅草屋顶，沿屋脊开洞作为正下方的炉子排烟口。

boarding 木板；用作望板（衬板）的木板。

boardinghouse 寄宿处；公寓；配备家具等所需之物供出租的房屋，并为寄宿者提供膳食。按周或按月收取租金；尤指18～20世纪初主要出现在厂矿生活区供工人和过客使用的房屋。

boarding in 安装木板；在房屋的外层框架上钉面层木板的过程。

boarding joist 楼板搁栅；钉上木地板的搁栅（**joist**）。

boarding school 寄宿学校；为学生提供食宿的高中或小学。

board insulation, insulating board, insulation board 保温板；刚性或半刚性的保温隔热板材，其厚度较其他方向的尺寸要小，密度通常4～16 lb/ft³（64～256 kg/m³）；结构强度较低。

board lath 条板；见 **gypsum lath, wood lath, insulation lath**。

board measure 板英尺；木材计量单位：在美语中，术语 **board foot**；在许多使用国际单位制的国家，术语 **board metre**。

board metre 板米；用于测量木材的体积单位，等于面积1m²、厚度25mm的体积。

board of trade unit 电能消耗单位；（英）耗电量单位，相当于1kW·h。

board-on-board construction 双层木板墙构造；有双层几乎同宽的竖直木板覆盖木框架建筑墙体构造；通常第二层木板搭盖在第一层木板间的接缝处。

board rule 量木尺；不经计算便可量得木板的板英尺数的测量工具。

board sheathing 木望板；屋面木望板，通常采用密排方式，但是一些屋顶构造也使用间隔的疏排方式。

board siding 在建筑外墙饰面上，一系列横排的

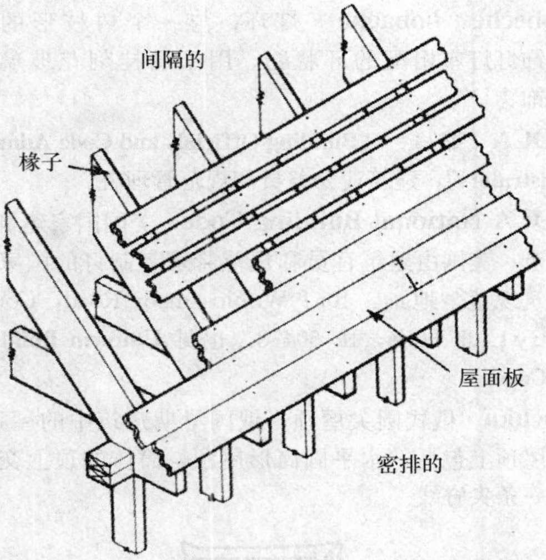

木望板

木板用以挡风防雨；见 **siding**。

boardwalk 木板人行道，木板铺成的步行道；常作为沿着海岸或海滩的散步之用。

boast 粗琢；粗凿石头，为雕刻备料。

boasted ashlar 粗琢石；一种具有粗琢表面的方石砌体。

boasted work 刻石，刻槽琢石；（通常由手工）其表面呈现出大致平行而宽窄不一凿槽的石头，刻槽有时是局部的。

boaster 阔凿；砖石匠用于石头修琢的一种扁平的钢凿。

boasting drawing 石材设计、加工过程中，石匠粗略描绘大致图案。

boat dock 船坞；见 **scenery wagon**。

boathouse 停船棚屋；船库；存放不使用船只的建筑物；一般临水而建并部分在水上；有时供作社会活动场所。

boat scaffold 悬挂式脚手架；同 **flying scaffold**。

boat spike 船用方钉；同 **barge spike**。

boatswain's chair 高空操作椅；由吊索悬挂的座位，可容纳一位工人。

bob 测锤，铅锤；同 **plumb bob**。

bobache （法语）烛台托盘，灯台柱环；见 **bobeche**。

bobeche，bobache 灯环；与一个树枝形的装饰灯灯座相配的环状物，用于悬挂刻花玻璃装饰物。

BOCA 缩写＝**"Building Officials and Code Administrators"**，建筑业公务员和规范管理者。

BOCA National Building Code 美国国家建筑规范；美国由建筑官员和规范管理者制订的国家建筑规范。地址：4051 W. Flossmoor Road，Country Club Hills，IL 60478。也见 **Uniform Building Code**。

bochka 俄式圆尖屋顶；俄国早期建筑中的屋顶，屋顶上包括一水平圆筒形屋顶，筒体的顶上交成一条尖脊线。

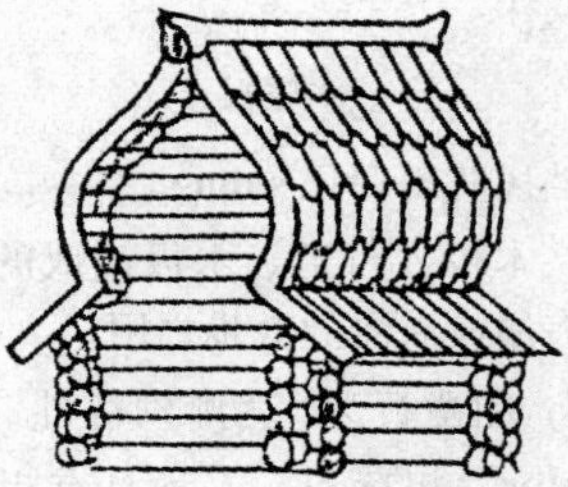

俄式圆尖屋顶

bodhika 柱头；印度建筑中柱子的柱头。

bodied linseed oil 稠的亚麻油；通过化学或加热的工艺变稠的亚麻油；其黏滞性介于天然亚麻油状态和凝胶状态之间。

bodily injury 人身伤害；人遭受的自然损伤、病痛或疾病。也见 **personal injury**。

body 主要部分，主体；一栋建筑物的主要部分，如教堂的中殿。

body bricks 烧窑中质量最好的砖。

body coat **1.** 在涂漆中最后一道面漆。**2.** 同 **undercoat**。

bodying in，bodying up 擦漆；一种法国涂漆工艺，经多次涂刷清漆以增加漆膜厚度，并对其表面进行打磨，以使每一层光滑而平整。

b of b （缩写）＝**"back of board"**，木板背面。

bog 沼泽；湿软而多孔的地域，其土壤主要由腐烂了的以及正在腐烂的植物构成。

bog house 厕所；户外厕所（**outhouse**）的同义词。

bogie 舞台悬挂装置；剧院舞台用于上空轨道的吊架，以悬挂舞台布景，如成套房间或板壁。

bog plant 沼泽植物；一种持续生长在湿地，处于不流动的水中的植物。

boil 地基管涌现象；开挖基坑的底部或在护壁板下面涌出液化物质。

boiled oil，pale-bodied oil 聚合油；油脂，尤指亚麻油，与干燥剂一起加热至大约 500 ℉（260℃）时发生部分聚合而干燥。

boiler 汽锅；锅炉；一个密闭的容器，通过直接加热锅炉的外层而使其里面的液体被加热或被蒸发。

boiler and machinery insurance 专门为建筑中蒸汽锅炉或者其他与压力有关的设施所设置的保险设施。

boiler blow-off 锅炉排污；同 **blow-off**。

boiler blow-off tank 收集锅炉排放物的容器；用来接受从锅炉排放口排出的排放物的容器，使排放物得以冷却到可以安全地进入排水系统的温度。

boiler compound 锅炉防锈防垢剂；添加到锅炉水中的化学药品，以防止锈蚀、起泡沫或锅炉垢（**boiler scale**）的形成。

boiler feed valve 用来维持锅炉里水的总量的全自动阀门。

boiler horsepower 锅炉马力（英制锅炉功率单位）；测定蒸汽锅炉功率的单位；相当于每小时 34.5 lb 的水在 212 ℉以及在 212 ℉以上时蒸发到干燥的饱和蒸汽的蒸发量。

boiler jacket 锅炉保温层；包裹在锅炉外面的保温层。

boiler plate **1.** 锅炉钢板；用于制造锅炉或容器的钢板。**2.** 锅炉零件；与锅炉设备相关联的零件和附件。**3.** 建筑说明书（**specifications**）的某些部分；适用于大多数建筑的说明部分，因此常常被复制使用。

boiler rating 一个汽锅的热容量（**heat capacity**）。

boiler return trap 锅炉回水隔气具；当冷凝水不能靠重力流进锅炉的时候，用来使冷凝水返还到低压汽锅中的装置。

boiler room 锅炉房；放置一台或多台蒸汽锅炉或热水锅炉以及相关联的设备的房间。

boiler scale 锅炉垢；从锅炉的里层表面分解以及剥落的金属（与铁锈形成相似）。

boiler steel 锅炉钢；用于制造锅炉，厚度从0.25in（0.6cm）～1.5in（3.8cm）厚的中等硬度的轧制钢。

boiling 沸腾，翻浆；同 **blowing，2**。

boiling tub，maturing bin 化灰池；用来消化高钙或镁生石灰而制成石灰膏的大池。

boiserie 细木工护墙板；内墙用的木饰面板，通常高度从地板到顶棚；一般有雕刻、修饰或涂漆，偶见镶嵌装饰。亦见 **paneling，wainscot**。

bolection molding，balection，belection，bellexion，bilection，bolexion 凸式线脚；表面凸出的线脚；用来覆盖在护墙板接缝和门窗框周围，以隐藏不在一个水平面上两表面的接缝。

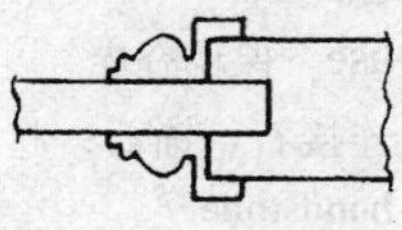

凸式线脚

bollard 标柱，护柱；一根独立短柱或一系列短柱，通常为石柱，用于防止机动车辆进入某个区域而设置。

bolster 1. 承枕；放在柱子顶上用来支承并缩短梁或主梁跨度的一根水平短木料或钢构件。2. 爱奥尼式的柱头涡卷；一种漩涡装饰，形成爱奥尼式的柱头的各边，连接前面和后面的涡形花样；**baluster** 或 **pulvinus**。3. 在拱的中间连接拱肋并支承拱楔块的横杆。4. 泥瓦铲；圬工用的宽口铲（**blocking chisel**）。5. 垫木；平置于柱子顶上的经装饰的水平木块，用于扩大承受荷载的支承面积。

泥瓦铲

bolster work 隆腹状砌筑；被砌成如鼓座侧边的砌筑方式。

bolt 1. 螺栓；一端有钉头，另一端有螺纹的金属杆或金属棒；配以螺帽，用于将构件或构件的一部分连接起来。2. 短木棍；从树干上锯下来的一小段。3. 可锯成薄木片的短圆木。

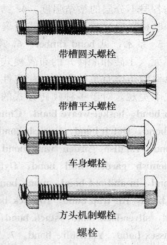

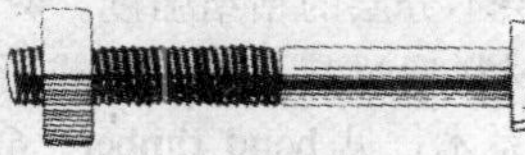

带槽圆头螺栓

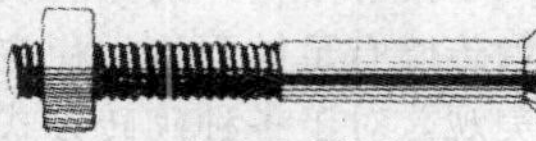

带槽平头螺栓

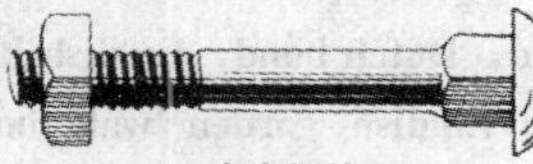

车身螺栓

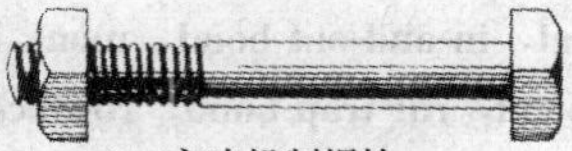

方头机制螺栓

螺栓

bolt blank，screw blank 螺栓毛坯；有固定端头、但无螺纹或螺帽的螺杆，以备进一步加工螺纹用。

bolted pressure switch 闭合压力开关；电路中当开关闭合时一种在重压下安装在电路关口的刀闸开关；这种重压能够保证电路的低电阻连接。

boltel 圆棍线脚；见 **bowtell**。

bolt head 螺栓头；为提供支撑而在螺栓的一端预先加工形成的扩大部分。

bolting mill 磨坊；在商用面粉面市之前，用于筛分面粉的小房子。

bolt shooting 螺栓射入；见 **stud shooting**。

bolt sleeve 螺栓套管；在混凝土施工中，保护墙上螺栓的管子，以阻止混凝土粘住螺栓。

bolt stud 柱头螺栓；见 **stud，2**。

BOM 缩写＝“**bill of materials**”，材料清单。

bombé 球形凸出；膨胀；具有向外凸出的形状。

bona fide bid 有效投标；诚信的、完整的和以规定格式递交的投标，其格式符合投标要求，并严格由依法被授权人签名。

bond 1. 金融担保；由担保公司所作的金融担保，保证按照合同执行。也见 **bid bond**，**completion bond**，**contract bond**，**labor and material payment bond**，**performance bond**，**surety bond**。2. 屋顶维修保证书；见 **roofing bond**。3. 粘结强度；确保组合屋面的各层不分层的粘结强度。4. 结合物，粘结物；一些材料通过其自身黏性或凝聚性而连接在一起。5. 系木；见 **bond timber**。6. 砌合方式；即砌体单元（丁砖和顺砖）的布置模式，依据该模式，以保障砖墙有足够强度、稳定性，并在可能的情况下美观。对于各种砌砖方式的描述，见 **American bond**，**basket-weave bond**，**Chinese bond**，**common bond**，**Dutch bond**，**English bond**，**English Cross bond**，**English garden wall bond**，**Flemish bond**，**Flemish garden wall bond**，**flying bond**，**header bond**，**in-and-out bond**，**monk bond**，**raking stretcher bond**，**rat-trap bond**，**rowlock bond**，**running bond**，**silver-lock bond**，**stack bond**，**stretcher bond**，**Sussex bond**，**Yorkshire bond**。7. 耦合；连接两个金属结构或部分结构的低电阻导体。

bond area 粘结面积；接合部位；两个构件粘结发生（或可能发生）部位，例如混凝土和钢筋之间的粘结。

bond beam 结合梁。水平混凝土梁用来巩固圬工墙，以防止其裂缝。这种梁通常环绕整个墙体。

bond-beam block 结合梁砌块；一种空心混凝土砌块，其下凹部分形成连续的沟槽，用以埋置钢筋在其中的水泥灌浆中。过梁砌块（**lintel block**）有时被用来作为结合梁砌块。

bond blister 起泡；空鼓；处于金属外层与其包裹内核的分界面处起泡。

bond breaker 1. 阻粘剂；用来阻止密封剂粘合到接缝底层的材料。2. 混凝土阻粘材料；用来阻止新浇灌的混凝土和基层之间粘结的材料。3. 隔粘剂；能防止两个部件之间粘结，以保证各自独立并可相互移动的材料。

bond coat 1. 粘结层；用以对后续粉刷层有粘结作用的一层胶粘剂或灰泥。2. 底漆；底层涂料；用来作为保护层或用来保证能粘结面层漆的一层底漆。

bond course 砌合层；把面层砌体与衬层砌体砌合的一层丁砖或束石。

bonded roof 砌合屋顶。有书面保证的屋顶，（通常在一定期限内）能够防自身裂缝以及由天气原因导致的其他屋面问题。

bonded member 预应力锚固筋；预应力混凝土中的（**prestressed concrete**）结构构件，无论是直接还是通过灌注水泥浆使之与混凝土粘结的钢丝束。

bonded post tensioning 后张预应力灌浆；在预应力混凝土中，在钢丝束被施加应力后，把水泥浆灌入预留的钢丝束周围的环状空隙中，从而将钢丝束与周围混凝土相粘结。

bonded rubber cushioning 地毯加工过程中，粘合在地毯下部的海绵状橡胶铺垫物。

bonded tendon 预应力锚固筋；在预应力混凝土中预应力拉筋，通过水泥浆或直接与混凝土粘结。

bonded terrazzo 底架直接浇筑在结构层地面上的一种水磨石铺地面层。

bonded warehouse 保税仓库。

bonder 束石，连接石，锚石；起连接作用的砌体单元；也称作 **bondstone**。

bonderized 磷化处理；磷酸盐镀层的；磷酸盐处理过的；指金属表面磷化处理。

bond face 粘结表面；接缝施以密封胶粘剂的那一面。

bond header 丁头石，拉结丁砖；砌体中，贯穿墙体整个厚度的束石；也称作 **throughstone**。

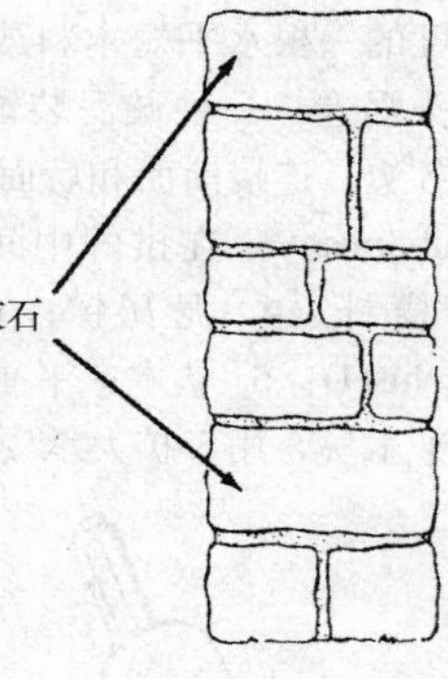

露头束石

bonding 1. 接地；把一个系统中的所有电气导线连接在一起接地，以便消除它们与大地之间的电压差。**2.** 连接包皮层；电缆包皮层和相邻导线的护套之间的互相连接，从而在接地的金属部分之间不存在电压差。**3.** 管道接地；由国家电气规范或其他适用的规范指定的煤气管道系统与合格的接地电极的连接。

bonding agent 胶粘剂；涂于相溶基层上的一种化学物质，用以在该基层和后续层之间产生粘结，如涂在基层和水磨石面层之间或表层抹灰与其基层之间。

bonding brick 束石砖；担当束石的砖。

bonding capacity **1.** 信用度；信誉度；承包商的信用等级的标志。**2.** 担保金；在对一个建筑承包商的承包合同中担保公司将提供保证金的最大数额。

bonding compound 粘结混合料；见 **dressing compound**。

bonding conductor 接地导线；同 **bonding jumper**。

bonding jumper **1.** 接地导线；用来提供一个系统的金属部分之间的连接的接地导线。**2.** 金属片；良导体；保证所连接的金属部分之间有良好导电性的良导体。

bonding layer 结合层；一层 1/8～1/2in（3～13mm）厚的砂浆，在浇筑新混凝土之前，将其敷设在浸湿的、待施工的、已硬化的混凝土表面。

bonding stone 束石；同 **bondstone**。

bond length 对 **development length** 的旧称。

bond plaster，concrete bond plaster 结合灰泥，混凝土结合灰泥层；工厂混合的包含少量石灰的石膏灰泥；使用之前与水拌合，然后在事先准备好的混凝土表面涂抹不大于 1/4in（0.6cm）厚度。作为混凝土和后续的石膏灰泥涂层之间的粘结层。

bond prevention **1.** 无粘结隔离；在先张拉预应力混凝土的结构中为了防止所选择的钢丝束与混凝土粘结，对于距弯曲构件端头的距离采取一定措施。**2.** 防止粘结；采取措施来防止混凝土或砂浆与其所敷设的表面的粘结。

bondstone，bonder 束石，连接石；在石砌体中，将最大尺寸方向垂直于墙面来摆放的石头。以便把砌体墙连接到墙衬层上。当束石足够大时亦可将其最大尺寸方向平行墙面摆放，仍可作为连接石。

bond strength **1.** 粘结强度；抵抗砂浆和混凝土与和其接触的钢筋（或其他材料）分离的能力。**2.** 抗分离力；抵抗分离的各种力，例如粘结力，由收缩引起的摩擦力，以及由钢筋变形引起混凝土中的纵向剪力。**3.** 在粘结组合物上产生拉力、压力、弯曲、剥落、冲击、劈裂、或剪力等，而使破裂出现在粘结面上或其附近时所需要施加的荷载（粘结强度试验）。

bond stress **1.** 粘结应力；在两个粘结的接触表面之间单位面积上的粘结力，例如在混凝土和钢筋（**reinforcing bar**）之间。**2.** 防滑移应力；防止钢筋和周围混凝土之间相对运动的钢筋表面剪应力。

bond timber 墙结合系木；水平砌入砖墙或石墙中的木料，起加强墙体或在施工中拉结墙体作用；还可用作连接层和固定木板条和托架。

bone black 骨黑（颜料）；见 **animal black**。

bone-dry wood 全干木材；见 **ovendry wood**。

bone house 尸骨仓；见 **ossuary**。

boning in （英）在测量中，打入地面的一系列定位标桩，依据其顶点标识所需要的坡度。

bonnet **1.** 烟囱帽（**chimney cap**）。**2.** 烟囱上的铁丝网罩，用以防止火星冒出。**3.** 防鸟罩；同 **bird screen**。**4.** 桩帽；用以防止打桩时对桩的破坏。**5.** 凸窗顶盖；凸窗上的小屋顶。**6.** 门窗罩；外门或窗顶上的罩，用来遮阳挡雨和（或）装饰性的构件；也见 **pent**。

bonnet hip tile，cone tile 戗脊弯瓦；类似于女士筒帽似的瓦；用来覆盖四坡屋顶上的戗脊。

bonnet roof 帽状屋顶；一种变坡四坡屋顶，下段坡度比上段坡度平缓；常常延伸到开敞的门廊上，既有很好的遮阳作用又使之免遭雨淋。多见于法式乡土建筑（**French Vernacular architecture**）中。

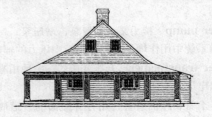

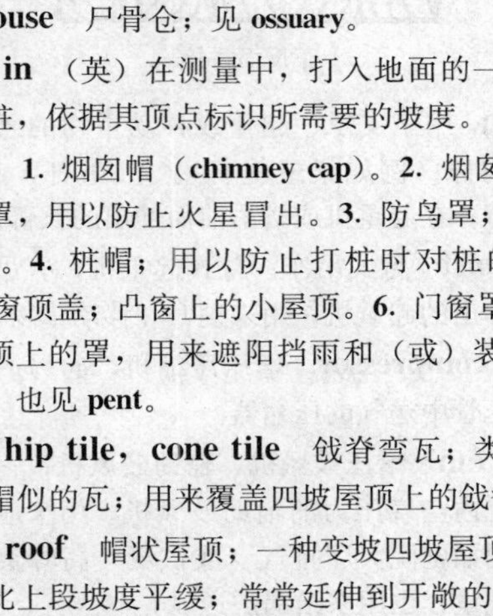

帽状屋顶

bonus-and-penalty clause 奖惩条款；建筑工程合同中对于先于规定的期限完成任务（**work，1**）而给予承包商的奖励，以及在规定的期限内没有完成任务罚款的条款。

bonus clause 在施工合同中，由合同主提供，因工程提早竣工或建设经费节约所余留下来的经费，可被用作奖金。

book matching，herringbone matching 正反面拼接，人字式拼接；采用同一块木料的相邻剖面外露薄板拼成的镶板。形成邻接的木板之间的接缝处呈现对称的木纹图案。

正反面拼接

boom 1. 用于支承、起重或移动重物的悬臂或挑出的构件（例如梁或桅杆）。2. 吊杆，起重杆，起重臂；在起重机或塔吊前面伸出的长臂。

boom hoist 臂式吊车；臂式起重机；有吊杆从底座上伸出的起重机；用来提升和移动重物。

booster compressor 增压压缩机，向另一压缩机的负压管中送气的压缩器。

booster fan 增压鼓风机，辅助鼓风机；一种可增加系统内空气压力的辅助鼓风机，用来应付有空调空间如剧院大厅排气（或供气）高峰负荷时提供补气量；也用来给锅炉送风。

booster heater 辅助加热器；安装在热水管道系统中，为系统的某个部分提供额外热量的辅助加热器。

booster pump 接力泵，前置泵，增压泵；一种在管道系统中用作增加或维持系统中压力的辅助泵。

booster transformer 升压变压器；一种用来升高电路电压的变压器。

boot 套管，屋面管套；用在穿屋面的管道周围的法兰及金属套筒。

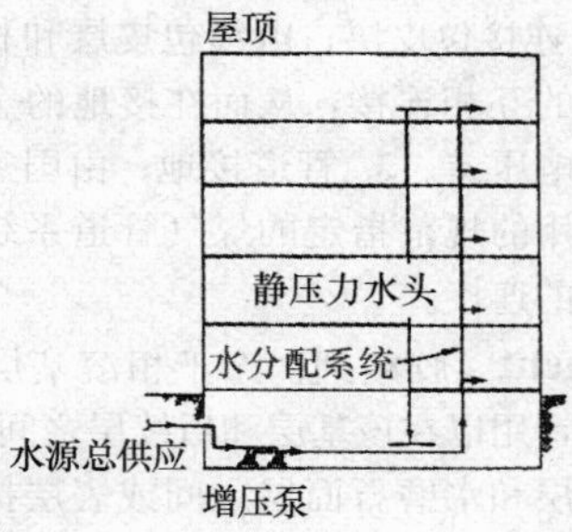

接力泵

booth 1. 饭店里的座位单元；饭店或酒吧间里固定座位单元；通常由两个高靠背座位和其间（或部分地，由座位围绕）的桌子组成。2. 剧院灯光控制器；见 **lighting booth**。

boot lintel 带凸边（过）梁；能支承一层面砖的过梁。

boot scraper 刮靴器，刮鞋器；固定在小框架上的一小块水平金属小板，曾经出现于大多数建筑物前面的台阶附近；用于人们在进入建筑物之前刮掉鞋底或靴子底上的泥土；出现铺面路后不再使用了。

border 舞台上部缘饰；在剧院中，水平展开，悬挂在舞台上部，系在绳索上的一条幅或窄幕，用来遮掩台顶（布置控制处）、灯光、和舞台布景或高架的机械装置。

borderlight 舞台灯光；平行悬挂于舞台前沿的水平灯光带；用于舞台总体照明。

border stone 路缘石，界石；同 **curbstone**。

bore 1. 内径；管道、阀门等配件的内径。2. 钻孔；钻出的圆孔。

bored latch 弹簧锁；能安装在门上圆孔中的锁。

bored lock 圆柱锁；能安装在门内圆孔中的锁。

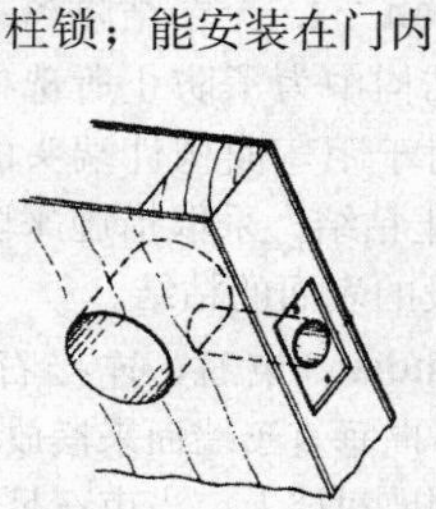

门上装有圆柱锁的装置

bored pile 钻孔桩；同 **cast-in-place pile**。

bored well 钻井；用螺旋钻在地上钻孔，并安装金属套筒而形成的井。

borehole 钻孔；见 **boring**。

boring, borehole 取样钻孔；为了获得评估的土样以及获得地层的资料在地上钻孔。

borning room 婴儿房，饲养室；在殖民的新英格兰房子里，婴儿出生并在婴儿期居住的小房间[与温暖的厨房或起居室（**keeping room**）相邻]。

boron-loaded concrete 含硼高密度混凝土；含有硼化物作为附加剂或集料的高密度混凝土，用作中子（辐射）衰减材料。也见 **radiation-shielding concrete**。

borrow 取料；采料；为了别处填料，从一个地方取料。

borrowed light 1. 装有玻璃的内隔墙框架，能使其中一个空间的灯光照到另一个地方。2. 透光玻璃窗；能透过灯光的玻璃窗。

borrow pit 取土坑；堤岸或坑中取土用作别处填方。

bosket 树丛；小树林；花园、公园等地方的灌木丛或小树丛。

bosquet 树丛；同 **bosket**。

boss 1. 浮雕装饰；处于拱肋、穹棱、梁等交叉点或线脚末端上凸出的富丽浮雕装饰物。2. 砌体凸石；镶嵌在砌体上，凸出留待雕刻的粗石。3. 锤打金属片使形成凹凸不平的表面。4. 管道上的凸台；在管道、配件部件上的凸台用来增加（管道）强度、在安装期间有助于找直并可起到夹紧作用等。

bossage 粗凸面琢石；在砌体砌筑期间凸出的粗制石头，留待后续的雕刻装饰。

bossing 金属片加工；软金属片如铅的加工成形，以使其符合所要施加的表面；也称作 **dressing**。

bossing mallet 锤击金属片的大槌；用于把金属片锤击成形的大槌。

bossing stick 锤击铅片的木槌；用来加工油罐铅片衬里的工具。

Boston hip, Boston ridge, shingle ridge finish 波士顿屋脊；在四坡屋面上铺木瓦、石板瓦或瓦片的一种形式；两排平行的木瓦，在戗脊处上下层错开并上下逆向搭接，以提高防水性。

浮雕装饰

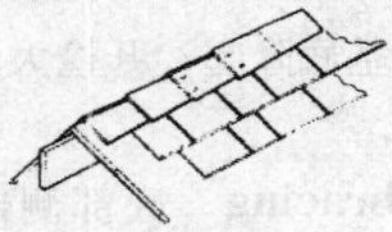

波士顿屋顶

bosun's chair 吊篮；由一根绳子固定的供单人使用的吊椅，有时替代脚手架用于次要工作；其高度可由装有动力的绞盘或滑轮来调整。

botanical garden 植物园；一个汇集和培育各种植物，以供科学研究和展示之用的植物园；常包括热带植物的温室。

bothie, bothy 1. 茅屋；特别指在北英格兰、苏格兰或爱尔兰的小茅舍或棚屋。2. 劳动者的合住小屋；工人宿舍；供同一个公司、农场或雇主的许多工人住宿的房子。

botress, botrasse 扶壁；同 **buttress**。

bottle 圆形或弧形线脚或凸圆饰，**bowtell** 的古英语。

bottle brick 瓶形砖；一种空心砖，其形状可以使类似相邻砖块用机械方法相互连接；并可铺设钢筋予以加强。

bottle-nose curb, bottle-nose drip 瓶鼻形缘边，瓶鼻形滴水槽；铅片屋顶边上卷成圆形的滴水槽。

bottlery 瓶装货物库房；用来储存瓶装货物如啤酒和麦酒的房间。

bottom arm 底边闭门装置；底部闭门器连杆；附着在门底边横档上的臂形机械装置，将它连接到地面闭门器（**floor closer**）或枢轴的转轴上。

bottom bolt 底边门闩；底边门插销；安装在门底部上的门闩；靠其插销滑入地面的插座来锁门；用手提起可打开门，并由门扣使插销保持在提起状态。

bottom car clearance 轿箱底部净空尺寸；当电梯轿箱停止在被完全压缩的缓冲器（**elevator pit**）上时，从电梯底坑的地面到安装在电梯轿箱平台下面最低的结构或机械部分的垂直净距离（除导轨座或滚轮、安全钳口装置、和平台挡板或防护装置以外）。

bottom chord 下弦；桁架下部的纵向构件。

bottom heave 基底隆起；开挖大坑底部土层的向上拱起。

bottom lateral bracing 底部侧向支撑；桁架下弦平面内的侧向支撑。

bottomless hole 贯通洞；完全穿透某种材料的孔洞。

bottom plate 底板，垫板；同 **sole plate**。

bottom rail 1. 底边横档下冒头；门框或窗框的与其垂直构件互相连接的最下面的水平结构构件。**2.** 底层横档；栏杆的底层横档。

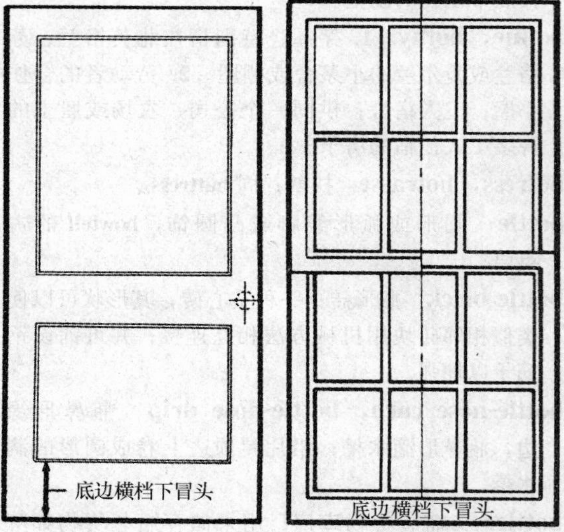

门的底边横档下冒头　　窗户的底边横档下冒头

bottom register 底部通风装置；接近地面、沿墙安置的通风装置。

bottom shore 底部斜撑；在支撑墙体的斜撑体系中，最靠近墙面的斜撑。

bottom stone 基石；同 **footing stone**。

boudoir 女士的私室，闺房；见 **chamber，1**。

boulder 蛮石，巨石；直径大于 10in（25cm）的天然圆形岩石碎块；用于以砂浆砌筑毛石墙体和基础。

boulder clay 冰渍土，漂石黏土；见 **till**。

boulder ditch 石砌排水沟；法式排水沟（**French drain**）。

boulder wall 蛮石墙；用砂浆砌筑蛮石形成的墙体。

boule 通风木垛；圆木平锯成木板后仍然按照原来彼此关系，使相邻模板之间保持等距的排列。

bouleuterion 1.（古希腊的）议事厅，会议室；古希腊一个公共团体的集会场所。**2.**（现今希腊的）立法机构的议事厅，会议室；在现代希腊，立法机构开会的房间或包括这个开会的房间的建筑物。

boulevard 林荫大道；一条重要干道，通常中央带有花草间树木，隔离带或在道牙与人行道之间有类似花草式的隔离带。

boulevard strip 道路用地的一部分，介于道路缘石和人行道之间。

boultine，boultel 凸圆线脚；见 **bowtell**。

boundary 界线，边缘；见 **land boundary**。

boundary marker 边界标志，界石；标明某种界线的标志或刻有标记的石头；对于实例见 **meridian stone**。

boundary survey 边界测量；沿场地表明正确的尺寸、方位及角度的整个外围边界闭合线图。具有官方土地测量员签署的许可证，以及场地界线或其他的书面描述。

boundary trap 截水沟；同 **intercepting drain**。

bouquet 花形顶；在雕球饰、叶尖饰、屋脊或类似物顶端的花或叶形装饰物。

Bourdon gauge 布尔登压力表，弹性金属曲管式压力计；包含有一个金属弯管的压力表，金属管在内部压力作用下趋于伸直，就此转变为刻度盘上的读数。

bousillage，bouzillage 草泥；黏土和寄生藤或黏土和草的混合物；用作填充结构框架之间空隙的灰泥；尤多见于 18 世纪早期的路易斯安那的法式乡土建筑（**French Vernacular architecture**）中。一系列木棒（*barreaux*）置于柱子之间，有助于保持填充的泥灰固定就位。因此，又称为 *briquette-entre-poteaux*。也见 **pierrotage**。

bouteillerie 备室或酒仓；见 **buttery**。

boutel，boutell 凸圆线脚；见 **bowtell**。

bow 1. 挠度；沿杆、棒、管道或木板长度方向的曲率。2. 用于设置大曲率曲线的弹性杆。3. **flying buttress** 的古英语。

弓形弯曲率

bow compass 圆规；两脚规；用于画圆弧或圆的工具，一只腿上装有铅笔或钢笔，两只腿由弓形弹簧来连接。

bow divider 弹簧分规；用于画圆弧或圆的圆规，但两只规腿端部都为针尖，用于将图的一部分量得的尺寸转移到另一部分上去。

bowed roof 弓形屋顶；同 **segmental roof**。

bower 1. 村舍；小型而独具特色的乡村房屋。2. 闺房；在大型中世纪住宅中，女士的私人房间。3. 凉亭；公园中有遮蔽的休息处。

bowfront 半圆形或弧形的飘窗（**bay window**）。

bow girder 弓形大梁；建筑物外观弧形“角部”处的弧形梁。

bowl 反射罩，灯罩；开口向上以遮蔽光源、改变光线方向或发散光线，能产生漫射光的玻璃或塑料罩。

bowl capital 碗形柱头；形如碗形的不加装饰的普通柱头（**capital**）。

bowled floor 倾斜地板；向中心区域倾斜下去的地面，例如剧院中向舞台倾斜的地面。

凉亭

bowling green 木（滚）球草坪；一片细心维护的平整草坪，最初用作木（滚）球运动场。

bow saw 弓形锯；安装在弓形框架上，并被绷紧的窄锯片。

bow-shaped 弓形栏杆柱；见 **double-bellied**。

bowstring beam，bowstring girder，bowstring truss 弓弦式梁，弓弦式大梁；弓弦式桁架；梁、大梁、桁架在中有一弧形构件（常常是圆形的或抛物线的形状）和一直线形或起拱构件，两者在弧形两端连接在一起。

bowstring roof，Belfast roof 弓弦式屋顶；贝尔法斯特式屋顶；由弓弦式桁架支承的一种屋顶。

bowtell，bolted，boultine，boutell，bowtel，edge roll 1. 凸圆饰；一种没有装饰的圆曲线脚，其截面为四分之三圆。2. 圆环线脚（**torus** 或 **round molding**）。3. 束柱的柱身。4. 凸圆线饰（**roll molding**）。5. 四分之一圆或圆凸形线脚（**quarter round** 或 **ovolo**）。

bow window，compass window 弧形窗，半圆形凸窗；一种凸窗（**bay window**），其平面呈扇形从墙面向外凸出。

box 1. 专席，包厢；观众席中的私人座位区域，通常位于楼座的前部或侧边，可以容纳活动座椅。**2.** 机箱，电气设备箱；安放电气设备及相关的电路导线或插接导线的盒子。

box-and-strip construction，box construction 箱条式构造；在美国曾用于小型住宅及小房子的一种相对简单而经济的墙体构造形式；外观类似于板条盖缝木板（**board-and-batten construction**）墙体构造。墙面由大约1in（25cm）厚的板材无间隙竖直铺钉而成，仅以板条覆盖外表面的板缝上。底轨（**sillplates**）锚固于平坦的石头基础上。

box beam，box girder 箱形梁，箱形大梁；一种矩形截面空腹梁，由钢板焊接或是在角部由角钢铆接而成。

box bolt 盒式栓；一种截面为矩形的滑动插栓；固定在门的边缘，靠其滑入插座中以使门固定。

box casing 箱衬；箱式窗套的内衬。

box chisel 起钉凿；一端有凹口的凿子，用来撬钉箱子的钉子。

box column 箱形柱；一种由木材组成的空腹组合柱，一般为矩形或正方形的截面。

箱形柱

box culvert 箱形涵洞；一种矩形截面钢筋混凝土涵洞。

box dam 围坝，箱形坝；同 **cofferdam**。

box dovetail 盒式燕尾榫接；见 **common dovetail**。

box drain 箱形排水沟；截面为矩形的混凝土或砖地下排水沟。

boxed cornice，box cornice，closed cornice 空心檐口，封闭檐口；由木板、线脚、屋面瓦封闭成空心的挑檐，可以挡住椽子的下端，使其不外露。又称为封闭檐口。

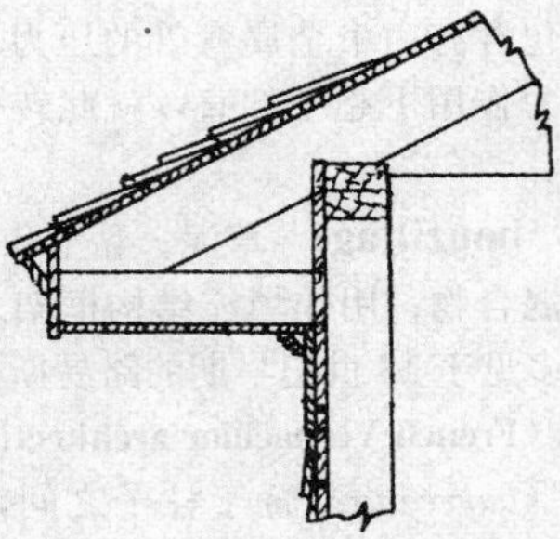

空心檐口

boxed eaves 箱式屋檐；屋顶挑出外墙的部分（例如屋檐），由木板和（或）线脚封闭而使椽子不外露。

boxed frame 空心窗框；见 **cased frame**。

boxed gutter 箱形天沟；同 **box gutter**。

boxed heart，boxed pith 箱形芯材；原木被锯掉四面外皮剩下的木材。

boxed mullion 盒式竖框；在窗框中能收纳窗扇平衡重的空心木制竖框。外形类似于实心柱。

boxed pith 箱形树心；绕树心四周切去剩余的芯材［例如树心（**pith**）］。

boxed shutter 能折入箱中的百叶窗扇；同 **boxing shutter**。

boxed stair 箱式楼梯，踏步左右均靠墙；同 **box stair**。

boxed stringer 暗式楼梯梁；同 **close string**。

box frame **1.** 箱形构架；一个个空腔排列的墙体和（或）竖向构件组成的结构框架。构成空腔的横墙承重，将荷载传递到基础；也称为 **cellular framing** 或 **cross-wall construction**。**2.** 楼板和墙体均由整片钢筋混凝土板构成的结构构架。**3.** 一种箱式窗框（**cased frame**）。

box garden 格形花园；由黄杨木篱笆分隔成区段的花园。

box girder 箱形大梁；见 **box beam**。

box gutter 箱形天沟；安装在屋面底边缘下的矩形木天沟；通常用铅片或油毡作里衬。

box-head window 带顶匣的窗；窗扇能向上推入顶上的箱匣内的窗，以扩大通风面积。

box house 箱形房屋；带有山墙的住宅；通常为两至三间面宽，两间进深大小。

boxing 1. 窗匣；在窗框架两侧有箱形凹进处，可以收纳折叠成箱形的百叶窗。2. 一种箱形框架（**cased frame**）。3. 混合；将一个铁罐涂料灌入另一个铁罐中使其混合。4. 围焊；将构件的角焊缝围绕拐角连续延伸施焊，作为主要焊缝的补充或加强。

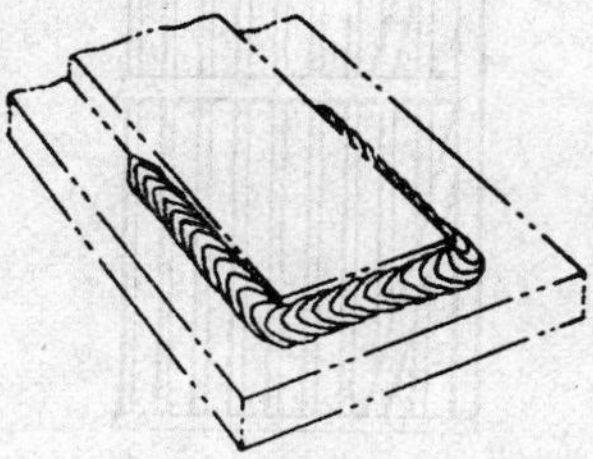

围焊

boxing shutter, folding shutter 箱形百叶窗；可以被折叠收入箱内框或侧面凹槽内的百叶窗。

box lewis 起重楔块（吊楔）；一种组合金属部件，其部分或全部向上渐渐变细小将其插入柱顶或其他大型砌块向下渐大的开孔内，以便起吊。

box lock 插孔门锁，匣式锁；一种扁平的矩形匣式金属门锁，一般由黄铜制成，安装在门板室内一侧。

box mullion 双悬窗上面构造用的箱形边框；有开洞的内装平衡重。

box nail 箱用钉；较普通钉细长的钉子（**common nail**），其钉杆或光滑或有刻痕。

box office 票房；有一个或多个开向剧院大厅或其公共区域的窗口用于卖票的小房间。

box out 混凝土预留方孔；在混凝土中通过盒状模板预留一个开口或凹坑。

box pew 教堂内高扶手和靠背的长凳；教堂内由高的靠背和侧壁作屏障或包围的长凳。

box pile 箱形桩；由两块弧形钢板桩（**sheet piles**），槽钢或其他类似杆件沿两者接触边焊接而成的空心桩；其中空心或填充混凝土，或空着。

box scarf 箱式斜接；木水槽沿其长度方向的斜接接头方式；即将一段凸出的端头镶入下一段凹进端，形成平齐接缝，由螺钉及油漆加以固定。

box section 箱形断面；指矩形横截面的混凝土管道。

box sill 箱形底木；建筑物木框架结构的一种底木（**sill, 1**），由铺设在基础上的底木和设置在上面的丁头搁栅（钉在楼板搁栅端头）构成。

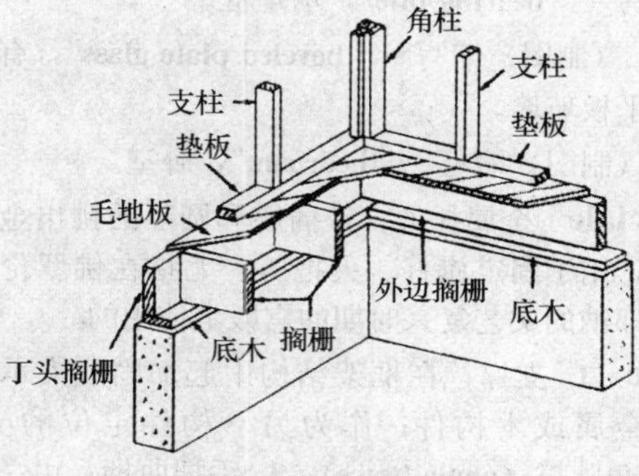

箱形底木

box stair, closed stair 箱形楼梯；封闭楼梯；两侧都有封边斜梁的室内楼梯，通常由墙或隔墙围合，并在每一层上都留有门洞。

box stall, loose-box 厩的分格间；在畜舍或马厩里，供单个动物在其中自由活动的单独隔间。

box staple 门锁槽；在门柱上，能容纳锁紧螺栓端部，使门被锁住的插座。

box stool 箱式座凳；在座位下有一个箱子的吊挂座凳。

box stoop 箱形门廊；由一段沿着建筑物进入的，形成直角转弯的高门廊正面的楼梯引导。

box strike plate, box strike 箱形锁舌板；门边框上让门锁闩伸入其中的金属板，起保护门闩不被撬开的作用。

box stringer 封边楼梯斜梁，同 **close string**。

box union 螺纹接头；同 **union, 1**。

box up 装箱，困住；用木板包装，如在板墙筋（龙骨）上盖板并用钉子钉牢。

boxwinder 方形螺旋楼梯；入口隐藏在与壁炉紧邻的门后的楼梯；在布局上与壁炉另一侧面的备膳室门相平衡；多见于 18～19 世纪的豪宅。

boxwood 黄杨木；一种纹理细密、质地坚硬、材质致密的木头，黄白色；尤其适用于车削工艺或镶嵌工艺。

box wrench 套筒扳手；一种扳钳，通常两头均有一个可容纳螺帽或螺母的承窝。

BP 1.（制图）缩写＝“**blueprint**”，蓝图。2. 在图纸上，底板（**baseplate**）的缩略语。3.（制图）缩写＝“**bearing pile**”，承重桩。

BPG （制图）缩写＝“**beveled plate glass**”，有斜边的平板玻璃。

BR （制图）缩写＝“**bedroom**”，卧室。

bracciale 金属托架；带插座和圆环的挑出金属托架，用于固定旗杆、火把等；尤指在佛罗伦萨和锡耶纳的文艺复兴时期的宫殿上使用的。

brace 1. 支撑；在框架结构中起加固或支承作用的金属或木构件；作为另一构件定位的支撑。2. 角隅撑（**angle brace**）。3. 手摇曲柄；由一个把手、转动曲柄以及钻夹头组成的工具；夹住钻头或螺丝钻，用手旋转曲柄来钻孔；也称为 **bit stock**。4. 摇杆；同 **raker**，2。

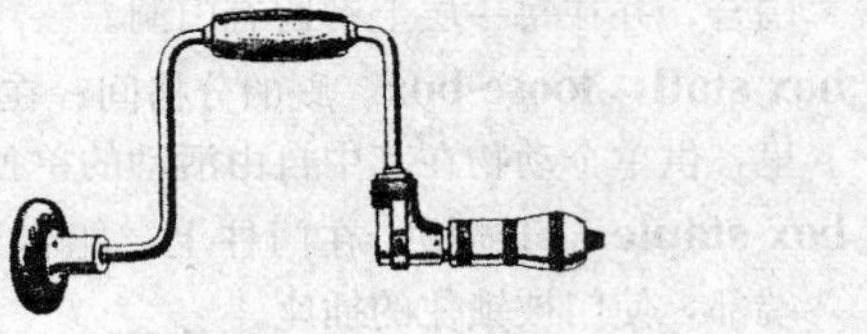

手摇曲柄

brace block 木键；用来插入组合木梁锁住相邻层的木块。

braced 联结的；采用支撑进行加固的或交叉连接的。

braced arch 桁拱；拱形网架。

braced door 直拼斜撑框架门；见 **framed door**。

braced excavation 撑架开挖；开挖（**excavation**）周边界支木板（**sheeting**）挡土。

braced frame，braced framing，full frame 1. 有支撑的框架；一种建筑物的框架，由交叉支撑、K 形支撑或其他形式的支撑来抵抗侧向力或保证稳定性。2. 加撑框架；配有支撑的大型木框架结构，在框架结构的全长以圈梁与实心柱榫接，柱子高度为框架的全高并加交叉支撑，下部有一层楼高的墙筋（龙骨）。

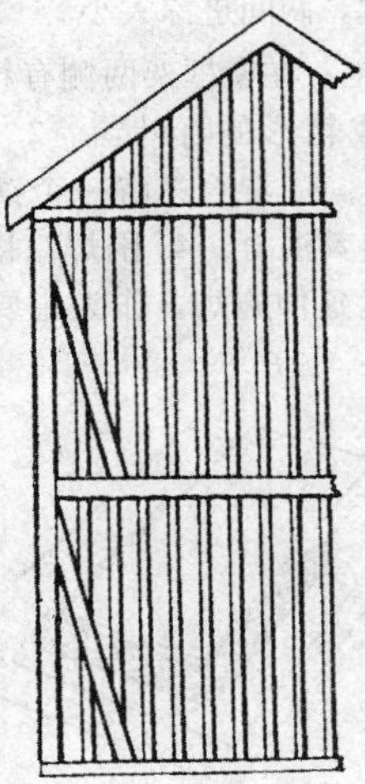

有支撑的建筑物框架

brace molding 斜撑式线脚；通过将两个 S 形曲线与凸起的端部连接在一起而形成的线脚，其截面类似于用作打印的标识的斜撑。也见 **keel molding**。

brace piece 壁炉架（**mantelpiece**）。

brace pile 斜桩；见 **batter pile**。

brace table，brace scale，brace measure 斜撑表，斜撑长度表（木工用的）；以不同长度的尺腿表示等腰、直角三角形斜边长度的表；供木匠按照其长度锯木头。

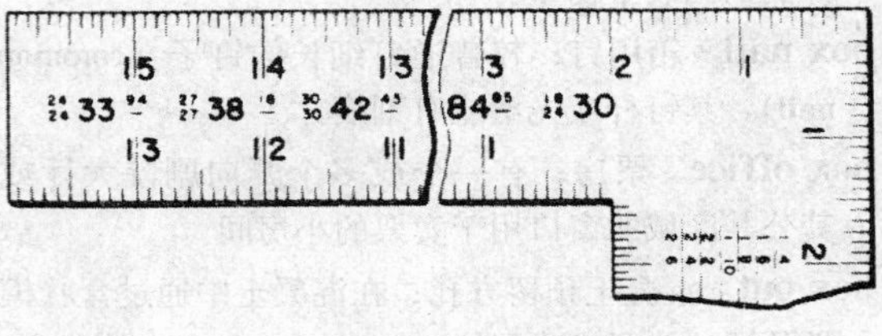

在钢直角尺上的斜撑表

bracing 1. 支撑，撑杆；用来为其他构件提供约束或支撑（或两者）安装的结构构件，使整个组合形成一个稳定结构，支撑可以由角隅撑、缆索、系杆、直撑、拉条、顶撑、横隔板、刚性框架等，单独或组合使用。2. 同 **braces**。

brack 不合格的，有缺陷的；见 **cull**。

bracket 1. 凸出的牛腿；从墙或其他物体挑出的任何悬挑构件，用来支承挂在墙外的物体（例如檐口）。2. 牛腿；连接柱子或斜撑与顶上直撑的角隅撑（**knee brace** 或 **batter brace**）。3. 凸出墙面的电气装置。4. 附着在楼梯斜梁上的短木板，用于支承踏步板。5. 附在楼梯踏步侧板突缘下面的装饰图形。也见 **eaves bracket**，**stair bracket**，**step bracket**，**wall bracket**。

突出的牛腿

在门上具有装饰作用的挑檐

bracket baluster 踏步侧边栏杆柱；其底部弯成直角，埋置在砌体楼梯踏步侧面的金属栏杆。

bracket capital 1. 伸臂柱头；由伸出牛腿形成的柱头，可减小柱子之间的净跨度，常见于中东、穆斯林、印度和一些西班牙建筑中。2. 承枕；同 **bolster**，1。

bracketed cornice 悬臂式檐口；由一系列成对出现经装饰的牛腿支承的深挑檐。

bracketed eaves 托架屋檐；见 **eaves bracket**。

带有木结构支撑挑檐的小屋

bracketed hood 挑檐；窗门上方由牛腿支承的凸出的挑檐；起遮蔽或装饰作用。

bracketed stair 悬臂楼梯；露明楼梯段，其斜梁外露一侧的踏步板下有装饰性托条与踏步板凸沿相接。

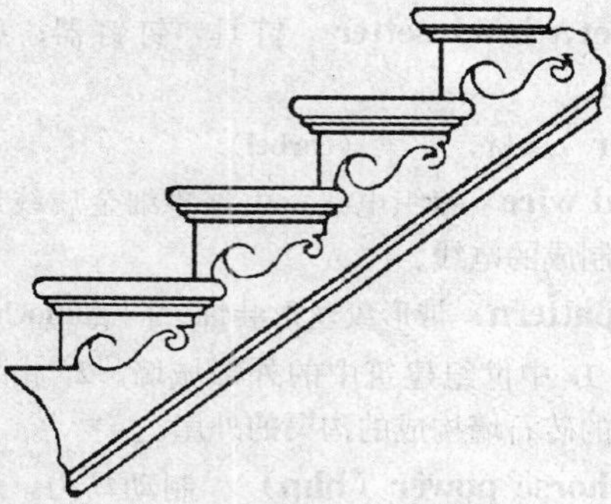

悬臂楼梯

bracketed string 牛腿式装饰的楼梯斜梁；一种露明楼梯斜梁侧面，在斜梁外露一侧和踏步凸缘下面的牛腿式装饰。

bracketed style 悬臂式；偶尔用于意大利风格（**Italianate style**）的术语。

bracketing 1. 托架；一种承托系统。2. 承托底层；所布置的木托架被用作抹灰、线脚或其他石膏装饰的骨架支座。

bracket pile 带托座的桩；埋入基础周边的土中，并支承基础的群桩；群柱上焊有支撑，在基础下方，将基础荷载传入土中。

bracket saw 曲线锯；用来进行曲线切割的手锯。

bracket scaffold，**bracket staging** 挑出式脚手架；由附着在建筑物上的金属支架支承的脚手架。

bracket valve 有支架截止阀；其阀体与支承管道支架相结合的截止阀。

brad 1. 平头钉；饰面用小钉，通常粗细一致，平头与钉身等粗或略微伸出一点。2. 带有暗钉头的锥形方体饰面钉。

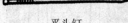

平头钉

brad awl 打眼钻；用来为平头钉或螺丝钉打起始孔的小尖钻。

brad punch，brad set 钉钉器；钉小饰面钉或平头钉的工具。

brad pusher 平头钉钉钉器；在不方便操作的地方，将平头钉钉入木头表面所用的手持工具。

brad set，brad setter 钉具，钉钉器；见 **brad punch**。

bragger 承材，枕梁（**corbel**）。

braided wire 编织电线；由许多细金属线编织或绞扭制成的电线。

braid pattern 带形绞丝形装饰；同 **guilloche**。

braie 1. 中世纪建筑中的外部城墙。2. 由木栅或低矮的砖石墙构成的沟渠的外崖。

brake horse power（bhp） 制动马力，刹车马力；由发动机提供的有效机械动力，其大小由作用在发动机的轴或齿轮上的摩擦片或制动测功器确定。

branch 支管；在管道系统中，相连接干管、次干管、立管或通风管的管道。

branch cell 支弯管；一条管线上与干管形成夹角（通常是垂角）的管道配件。

branch circuit 分支电路；在配电系统中，连接到最后的过电流保护器（例如保险丝）以保护电路的部分电路。

branch conductor 分支导线；在避雷系统中，从连续导线上以一定角度分叉出来的导线。

branch drain 排水支管；建筑中，将污水管或卫生洁具与主管连接起来的排水管。

branch duct 分支风管；主风管上分支的风管，在该点上主风管截面减小。

branch fitting 分支管配件；用来将一个或多个支管连接到主管上的配件。

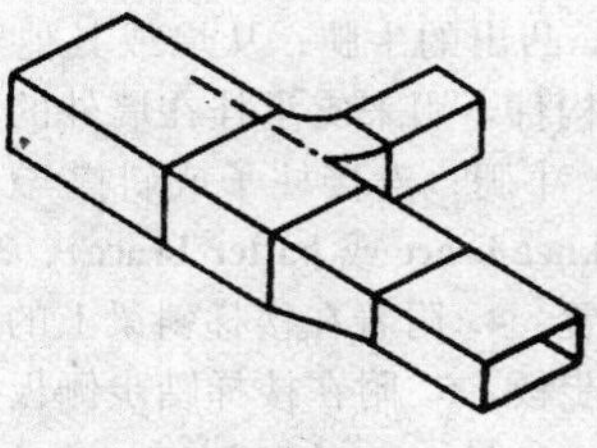

分支风管

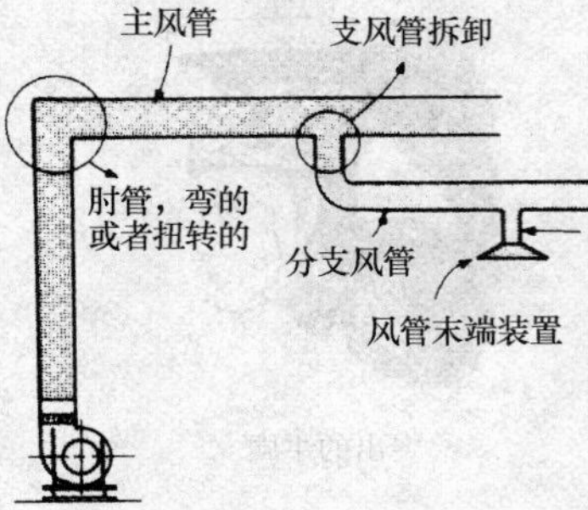

分支风管：组装

branch interval 分支间隔；分支距离；污水立管或废水立管的长度，通常为一层楼高，但不小于8ft（2.4m），每隔此高度从建筑物某一层楼连接一根水平支管到立管上。

branch joint 1. 三通接头，分线接头；岔开主管的接头。2. 分支连接；一管道从另一管道分支出来采用的锡焊的接头。

branch knot 岔节，树节；树枝从同一个点生长而形成的岔节。

branch line 1. 分支供水管线；将一个或多个固定装置连接到供水主管、立管或其他支管的供水管线。2. 洒水灭火装置管道；连接洒水灭火装置（例如洒水装置的莲蓬头）的管道。

branch pipe 三通管；带有一个或多个支管的管道。

branch rib 同 **lierne rib**；枝肋。

branch sewer 污水支管；接纳较小区域污水的下水管。

branch tracery 枝形花格窗；15 世纪晚期和 16 世纪早期德国哥特式窗格式样；以大树枝和树节形式来模仿原始风格。

branch vent 1. 通风支管；将一个或多个单独的

通气口和通风竖管（vent stack）或立管（stack vent）连接起来的通风管。2. 带支管的通气管；连接两个或多个通风管道装置的通气管。

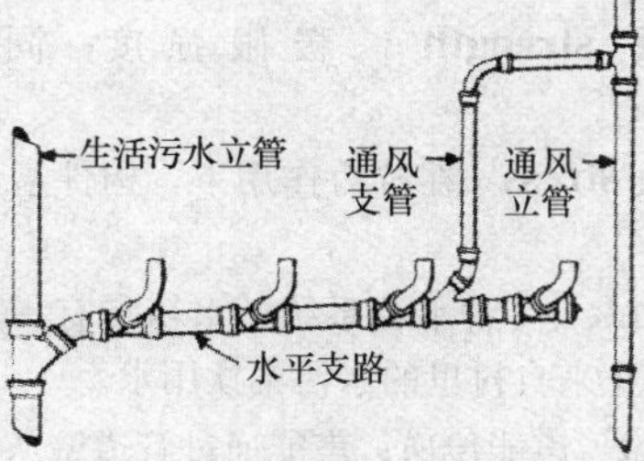

通风支管

brander 钉板条。

brandering 钉抹灰板条用的横垫条；见 cross-furring。

brandishing 透空花格；同 brattishing。

brandrith 井栏；围绕井口的栅栏或围栏。

brashy，short-grained 易脆的；指木料由于较小震动或弯曲会突然断裂的状态。

brass 1. 黄铜；主要含有锌和铜的合金，也常含有少量的其他元素。2. 黄铜碑铭；带有纪念题字的铜板，其上时常还带有雕像，置于教堂地面上以标志一座坟墓。

雕像

brass pipe 黄铜管；由含 85%铜和 15%锌的合金制成的管道。黄铜管的特点类似于铜管，承担一定压力，并且黄铜管之间的连接可以采用栓接或锡（铜）焊。

brattice，bretesse，bretêche 木建筑的塔或房顶的凸出部分；在中世纪的防御工事中，木建筑的塔或房顶的凸出部分。

木建筑的房顶凸出部分

brattishing，brandishing，bretisement 花格装饰；哥特式屏风、墙板、女儿墙或檐口顶上所加的装饰，通常为一花卉形式的透空雕饰。

braze 钎焊；采用坚硬的、有色金属填料（通常为棒状或线状）的金属焊接，其熔化温度在 800 ℉（427℃）以上。

brazed joint 铜焊接头，铜焊接合；铜管系统中由铜焊形成的气密及水密的管道接头。

brazier 火钵，炭火盆；盛燃烧的煤或焦炭的容器；用来使建筑物干燥。

Brazilian rosewood，palisander 巴西花梨木，黑黄檀；呈褐色和蓝紫色中带黑条纹的红色、杂色、质地坚硬、密度极大的木材；用于制作饰品和用作装饰镶板。

brazing solder 同 hard solder；铜焊料。

brc 缩写＝"brace"，支撑。

brcg 缩写＝"bracing"，支撑。

BRE 建筑研究机构，Building Research Establishment 的缩写；从前也称 the Building Research Station（BRS）。

breached 违约。指建筑合同中，建筑合同中的一方或多方不能够完全履行合同内容的状况。

bread room 面包存放间；中世纪，备有放面包和饼干的架子，以及放面粉和糖果的箱柜的房间；是伙食房的一部分。

break 折点；通常指墙在平面上方向的改变。

breakaway wall 设计为可倒塌的墙；附着在建筑物内的非承重墙，在规定的侧向力作用下通过设计和构造使其倒塌不会引起建筑物的抬高部分或基础系统的破坏。

breakdown voltage 击穿电压；导致绝缘体（electrical insulation）破坏时的电压，绝缘体遭致破坏，电流可通过。

breaker 碎石机；一种岩石碾碎机，能通过其中颚板的冲击或破碎产生大量碎石块。

breaker ball，headache ball 撞击锤；一个金属重球，挂在起重机臂上来回摆动；用于毁坏砌体或混凝土房屋。

breakfast nook 便餐角；吃便餐的屋角；通常有固定的桌椅。

break-glass call-point （英）火警盒（fire alarm box）。

break-in 砖墙开孔；砌砖时在砖墙上预留孔，以塞入木砖。

breaking down，conversion 原木锯为板；将原木锯成木板的过程。

breaking ground 破土，动工；表明建造开始的初次挖掘。

breaking joints 交错接缝；砌筑砌块时，使相邻砌块间的竖缝不连续，呈交错形式。

breaking load，failure load，fracture load，ultimate load 极限荷载，破坏荷载；作用于结构或试件上大到足以破坏结构或试件的荷载数值。

breaking radius 破坏半径；一片木头（或胶合板）被弯曲而不断裂的最小曲率半径。

breaking strength 极限强度；同 ultimate strength。

breaking stress 在拉力作用下，构件遭到破坏的应力。

break tank 一种水箱系统。水箱带有一层空气间隙以防止来自衬里的水污染饮用水。

break-out 声能传递；声能通过管道壁从供暖通风（HVAC）管道内向管道周围空间的传递。

breast 1. 炉胸；墙体凸出的部分，如烟囱。2. 窗下墙；地板和窗户之间的墙体。3. 构件下侧；扶手、梁、椽子等构件的下部。

breast beam 托墙梁；见 breastsummer。

breast board 挡土板；用来保护开挖土坑侧壁的挡板。

breast drill 胸压式手摇钻；一种手摇钻，带有一块以人胸部抵压的板以增加摇钻的力量。

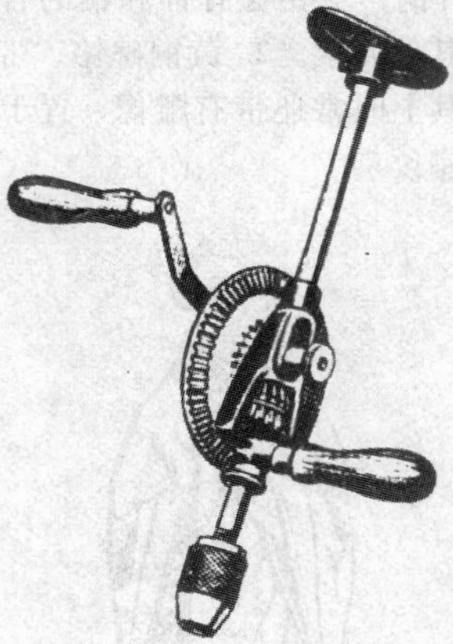

胸压式手摇钻

breast lining 窗下墙装修；窗台与踢脚线间的内墙木镶板。

breast molding 1. 窗下墙线条；窗台或窗下墙上的装饰线条。2. 窗下板；窗户下面的镶板。

breastsummer，breast beam，bressummer，brestsummer 托墙梁；外墙跨越较宽洞口的水

平梁（过梁）；**summer**，**3**。

breast timber 水平横梁；同 **wale**。

breast wall，face wall **1**. 挡土墙（**retaining wall**）。**2**. 胸墙；胸部高度的护墙。

breastwork **1**. 壁炉腔砌筑。**2**. 建筑的女儿墙。**3**. 防御用的粗制墙，大约齐胸高。

breathe 透气（湿）性，一种材料层的性质，能够允许空气或水分通过，而不伤害材料面层。

breather membrane 油毛毡；同 **breather-type asphalt felt**。

breather-type，asphalt felt 油毛毡；屋面用浸透沥青的片状衬垫，允许水蒸气传递；常用作石棉水泥屋顶板的衬垫。

breccia 角砾岩；由棱角状碎石相互嵌入固结的岩石。许多大理石的特殊外形呈现归因于其角砾岩化作用。

breech fitting 叉形配件；见 **breeching fitting**。

breeching **1**. 烟道；连接蒸汽锅炉或其他燃料燃烧设备与烟囱的管道或管子，用于排除其产生的气体。**2**. 叉形配件（**breeching fitting**）。

breeching fitting，breech fitting，breeching 管道配件；Y 形对称管道配件，将两根平行管子汇聚成一根管子。

breeze 炉渣，煤渣；见 **pan breeze**。

breeze block 焦渣混凝土块；以炉（煤）渣（**pan breeze**）为骨料制成的混凝土砌块。

breeze brick 焦渣砖；由炉（煤）渣和波特兰水泥制成的砖，因其具有良好的握钉能力常常用于砌筑在普通砖墙。

breezeway 有顶的通路；有屋顶的室外过道，连接在两间小屋、一所房子的两个部分之间，或位于房子和车库之间；一般作为一个室外休息场所；也称作 **dogtrot**。

bressummer 托墙梁；见 **breastsummer**。

brestsummer 托墙梁；见 **breastsummer**。

bretessé 防卫工事；见 **brattice**。

bretisement 透空花格；同 **brattishing**。

BRG （制图）缩写＝“**bearing**”，支座，支承。

brick 砖，砖块；一种黏土制成的固体砌块，将塑性状态下的黏土制成长方形块体，然后在砖窑中高温烧结使其变硬，具有机械强度以及抗潮湿的能力；经砖窑处理后的砖被称为烧结砖（**burnt**）、烧结硬化砖（**hard-burnt**）、砖窑烧结砖（**kiln-burnt**）、烧结砖（**fired**）、烧结硬化砖（**hard-fired**）。长向平行于墙面的砖称为顺砖（**stretchers**）；与墙面垂直的砖称为丁砖（**headers**）。砖的颜色有暗红、玫瑰红、橙红色、粉红色、深蓝色和紫色，其颜色差别有赖于黏土的种类以及砖窑中的烧结温度。一般砖的各种砌筑方式在砌合（**bond**）词条下被描述。目前美国标准砖是 8in（20.3cm）长；$3^3/_4$in（8.26cm）宽；以及 $2^1/_4$in（5.6cm）厚；其他国家各有其标准尺寸。特殊形式的砖详见 **adobe quemado**，**air brick**，**angle brick**，**arch brick**，**axed brick**，**brindled brick**，**building brick**，**bull stretcher**，**burnt brick**，**cant brick**，**capping brick**，**closer**，**common brick**，**compass brick**，**concrete brick**，**coping brick**，**cow-nose brick**，**dogleg brick**，**dog-tooth course**，**Dutch brick**，**engineered brick**，**engineering brick**，**fire-brick**，**fired brick**，**flooring brick**，**gauged brick**，**glass brick**，**glazed brick**，**hard-burnt brick**，**hollow brick**，**kiln-fired brick**，**molded brick**，**mortar**，**mud brick**，**pug-mill brick**，**pressed brick**，**radius brick**，**rough-axed brick**，**rubbed brick**，**rustic brick**，**sailor**，**salmon brick**，**sand-faced brick**，**sand-lime brick**，**semiengineering brick**，**soft brick**，**soldier**，**solid brick**，**standard brick**，**stock brick**，**twin brick**，**unburnt brick**，**vitrified brick**，**wire-cut brick**。砌砖的阐述见 **bond**。在太阳下烘烤变硬的砖的阐述见 **adobe**。

brick anchor 固定饰面的砖锚；由变形金属杆制成的零件，埋在建筑的结构混凝土中以支承砖或其他饰面材料。

brick and brick 无灰浆砌筑；砌砖时不使用砂浆粘结使砖与砖直接接触；灰浆仅用于填补砌体表面的不平整。

brick-and-half wall 一砖半墙；其厚度等于一丁砖加一顺砖的砖墙。

brick-and-stud work 木龙骨间填砖作业；见 **brick nogging**。

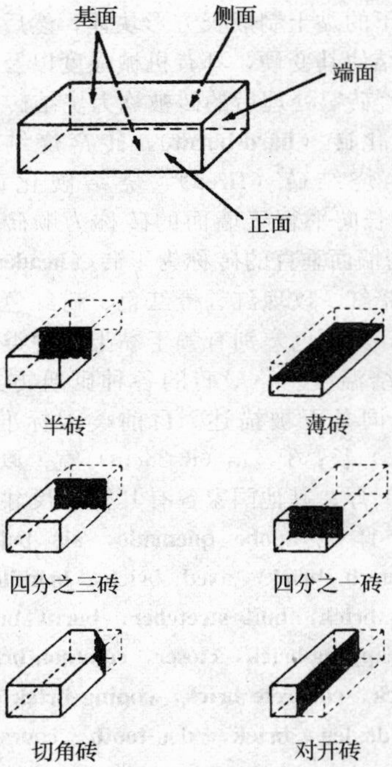

砖的名称

brick ashlar 墙里面，细方石的正面和砖的背面。

brick ax 劈砖斧，瓦工锤；同 **brick hammer**。

brickbat 碎砖，砖块（**bat，1**）。

brick beam 配筋的砖过梁。

brick bond 砌砖法；同 **bond，6**。

brick cement 砌筑水泥；用于砌筑作业的防水水泥。

brick core 填空粗砌；填充木过梁和承重拱圈之间空间的砌体。

brick earth 制砖用土；用于制砖的粉质黏土。

brick face 砖面；作为砌体结构外露面的砖面。

brick facing 砖饰面，砖砌面层；见 **brick veneer**。

brick filling 填充砖；半木结构构造中，填充在大型木结构之间的砖，用以保温隔热、防火以及提高结构刚度。

brick gauge 砖层数计量；砖层的标准高度，例如四层砖高 12in（30cm）。

brick grade 美国材料实验协会（**ASTM**）对砖的耐久性的分级，分为剧烈风化耐久度，中等风化耐久度和轻微风化耐久度。

brick hammer，bricklayer's hammer 瓦工锤，砖锤；一种钢制锤子，其一端为一方形平面，用来破碎砖、钉钉子等；另一端为一尖头凿子，用于修琢砖块。

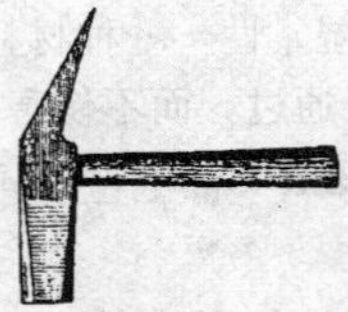

砖锤

bricking up 填砖；用砖填塞门或窗洞口。

brick insert 置于砌砖当中的混凝土插件；同 **concrete insert**。

bricklayer's hammer 瓦工锤，尖尾手锤；见 **brick hammer**。

bricklayer's square scaffold 砖工脚手架；较支承平台和木框架构成的脚手架；只被限于较轻和中等荷载。

bricklaying 砌砖，砖工；包括砌砖及所有填缝、清扫、灌浆勾缝以及防水处理等工作。

brick ledge 砖壁架，砖建筑转角处突出来起支撑作用的壁架。

brick masonry 砖砌体，砌砖工程；见 **brickwork**。

brick molding 压缝条；用来覆盖门窗框和砌体上门之间缝隙的木线脚。

brick nogging，brick-and-stud work 砖填木架隔墙，砖木墙；在木框架墙中木龙骨之间的空间中砌砖形成的墙体；也见 **nogging**。

brick on bed 平卧砖；砌砖墙时所有砖均以大面铺砌。

brick on edge 侧砌砖；其砖墙体均以窄面铺砌。

brick oven 砖炉；见 **bake oven**。

brick paver 砖制铺路材料；见 **paver**。

brick seat 砖座；在基础或墙上支承砌体砌层的横档。

brick set 砍砖砧；砍砖的枕垫（**bolster**）。

brick slip 仿砖贴面，面砖；一种实心的砖片，可由砖切割得到，或按尺寸制作；通常约 1in (2.5cm) 厚。用于预制或现浇混凝土构件表面以模仿砖砌构造式样。

brick tile 贴面砖；能模仿砌筑砖的正面或端头的面砖。

brick trimmer 砖托梁；紧挨着壁炉正面木过梁的砖拱，用来支承炉床；壁炉前砖拱。

brick trowel 泥瓦刀；一种铲灰、抹灰手工具，在把手的曲柄端带有三角钢制平铲，用以铲取和摊铺砂浆，平铲的窄端被称作“铲尖”；宽端为“铲跟”。

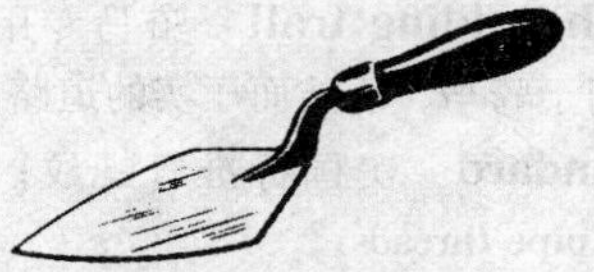

泥瓦刀

brick tumbling 斜砌砖；见 **tumbling course**。

brick type 美国材料协会对砖的抗剪能力和抗弯能力的分级。

brick veneer, brick facing 砖砌面层；在外墙正面砌筑的砖饰面层；作为一种耐久的装饰墙面，通常做法顺砖铺砌，构造比较薄而经济。

brickwork, brick masonry 砖圬工，砖砌体；由砖和砂浆组成的砌体。也见 **skintled brickwork, reinforced-grouted brick masonry, rendered brickwork**。

brickwork column 砖柱；单独的垂直承重构件，其截面宽度不超过 4 倍的厚度。

brickwork cube 砖砌立方体；边长 9in (22.86cm) 的砖砌立方体，广泛作为大不列颠国家砌体结构承重的质量控制试验。

brickwork movement joint 砖砌体伸缩缝；在墙体与相邻结构之间允许有相对位移，而不会削弱结构整体性功能条件下所设的缝。

bridal cable 拉索；与拉力线垂直的锚索。

bridal hitch 拉索装置；在拉索和滑轮组或滑车组之间的连接。

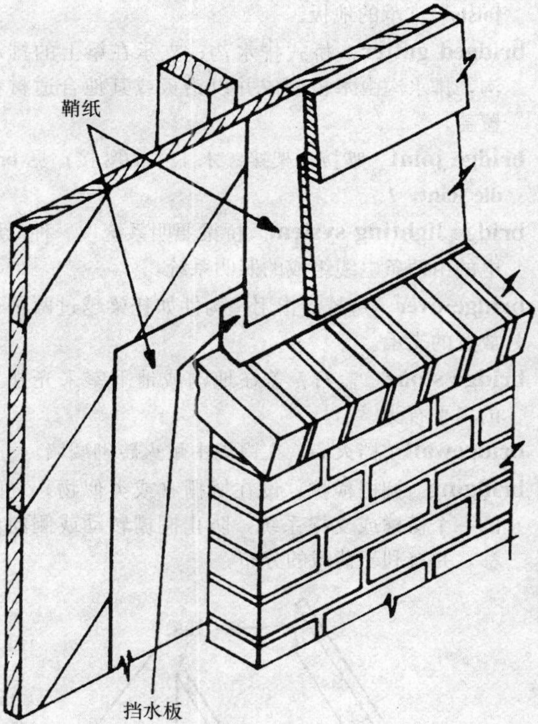

砖切面层

bridge 1. 桥；跨过低洼处的高架结构，供行人、车辆等通过。2. 桥式防护棚；在邻近爆破或建筑工地的人行道上面架设的防护棚，以保护行人和机动车辆不被落下的物体或碎片砸伤。3. 舞台操作台；在剧院的后台，舞台上空或沿侧面设置的平台或走道（固定的或可调整高度的）；供布景师（见 **paint bridge**）、灯光师（见 **light bridge**）和舞台管理者所使用。

bridgeboard 楼梯侧板（帮，梁）；支承木楼梯踏板和踢板的锯齿状侧板；一种露明或切口的楼梯斜梁。

bridge crane 桥式起重机；横跨两侧固定的轨道可以行进的高空起吊机器，固定轨道可以是建筑结构的一部分或专用来支承起重机而设置的；起重机也可以在轨道之间横向移动；用来搬运位于机械车间或制造厂的材料。

bridged floor 桥式楼板；使用普通搁栅（**common**

joists）支承的地板。

bridged gutter 桥式排水沟；支承在梁上的排水沟，排水沟由木板制成并以铅板或其他合适材料覆盖。

bridge joint 啮接，架接；木工中的啮接；见 **bridle joint，1**。

bridge lighting system 桥梁照明系统，一种低压电的由两条电缆组成的照明系统。

bridge-over 跨越；指用一构件如托梁越过两平行放置的支承。

bridge stone 盖石；盖在地沟或地下室采光井上的扁平石头。

bridgewall 挡火墙；在锅炉中耐火砖砌矮墙。

bridging 搁栅横撑；设在搁栅（或类似物）之间的一个横撑或支撑系统，防止搁栅转动或侧向位移，并有利于荷载的分布。

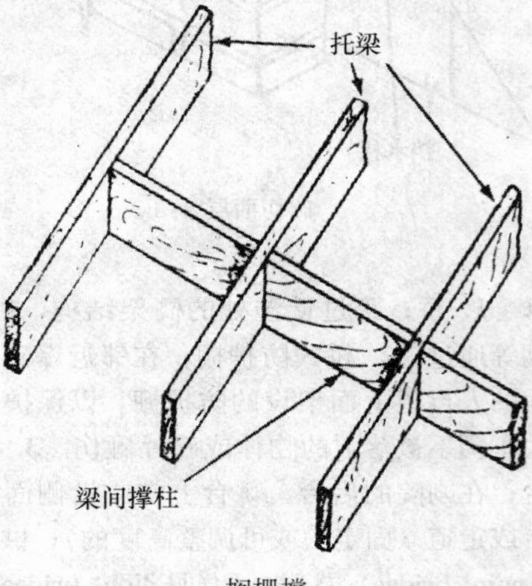

搁栅撑

bridging floor 架空地板；不用大梁支承而只有普通搁栅支承的地板。

bridging joist 搁栅加斜撑，桥式搁栅；同 **common joist**。

bridging piece 搁栅撑，加劲件；安装在地板搁栅之间或横跨地板搁栅来使其稳定或承载隔墙的木构件。

bridle iron 搁栅托架，悬挂铁条；同 **hanger，2**。

bridle joint 木工中：**1.** 啮接；由两木材之间榫卯相接形成的接头。**2.** 双榫接；将一杆件靠两侧突出两个平行的榫舌，榫接入另一杆件相对应的榫槽内所形成的接头方式。

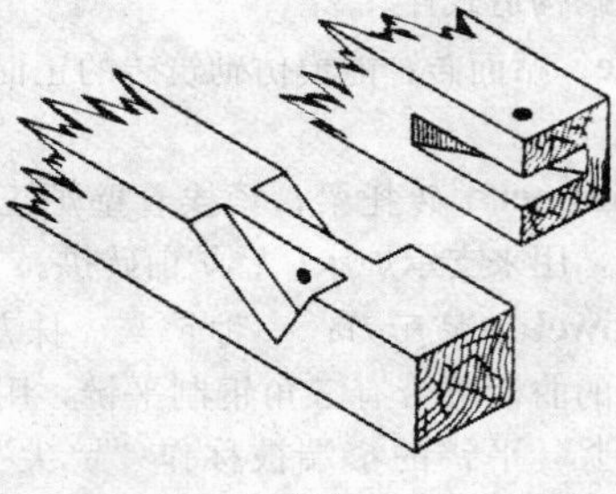

啮接

bridle path，riding trail 骑马专用道；隔离车辆专门用于骑马、清洁而压实的道路。

Briggs standard 美国标准管螺纹；见 **American standard pipe threads**。

bright 原色木材；刚刚锯下的木材或没有变色的薄板。

bright dip 浸渍抛光；浸渍磨光；能使黄铜表面光亮的溶液浸渍；常由硫酸、硝酸、盐酸和水混合而成。

bright glaze 光泽釉；有高光泽的无色的或有色的釉。

brightness 明亮度；观测两个不同亮度之间的差别的视觉感觉。现又称为亮度（**luminance**）。

brightness meter 亮度计；**luminance meter** 的一般描述。

brilliance 光彩；色彩或光泽的透明度、强度和明亮度。

brindled brick 有斑纹的砖；有褐色斑点表面的砖；有时用作饰面砖。

brine 盐溶液；制冷液；在制冷系统中，用作热传输介质的液体，通常是无机盐的水溶液，该介质具有 150 ℉（66℃）以上的闪燃点或没有闪燃点。

Brinell hardness 布氏硬度；压球硬度；材料抵抗压痕的量度；用一机器在标准荷载条件下将标准硬钢球压入材料表面，测其压痕深度由布氏硬度值（**Brinell hardness number**）来表达其硬度，数值越高，材料越硬。

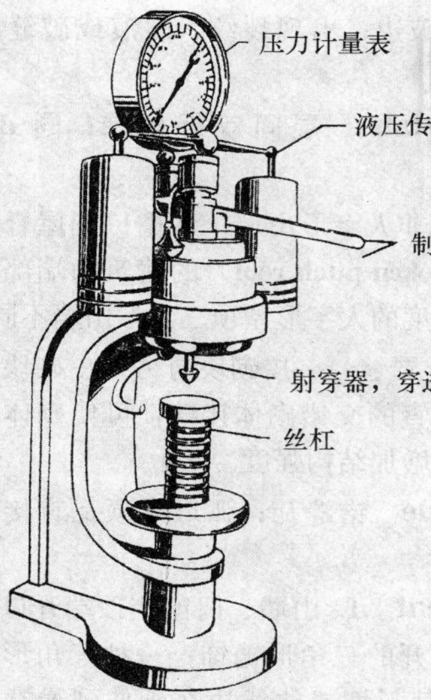

布氏硬度计

Brinell hardness number 布氏硬度值，以荷载的公斤数除以压痕面积的平方毫米数（施加在球上，通常直径 10mm）来获得。

briquette，briquet 水泥砂浆 8 字形试块；两端大而中间缩小至一定面积大小呈十字断面的水泥砂浆试件，用于水泥砂浆抗拉强度的测试。

briquette-en-poteaux 法国路易斯安那州的本土建筑中，砌有煤砖的竖向木框架。

briquette-entre-poteaux 柱和对角支撑之间的多孔砖；在路易斯安娜的法式本土建筑中，用来填充木框架住宅（**timber-framed construction**）中的立柱和对角支撑之间空间的相对便宜的多孔砖；常见于 **poteaux-en-terre houses** 住宅中；通常整个外墙表面用石灰粉饰加以保护；也常用覆面板。许多两层城镇住宅和富有的种植园主的住宅都以砖为墙基础而上部墙仍采用多孔砖。也见 **bousillage**。

brisance 破坏效力；强爆炸产生的击碎或震裂的效果。

brise-soleil 遮阳装置；为了阻止太阳辐射直接进入房间而设置的固定或可移动的装置，如鱼鳞板或百叶窗。

bristle brush 硬毛刷；用动物毛发（通常是从狗身上）或人造纤维制成的刷子。

Bristol glaze 陶釉，窑釉；用于陶瓦制作的含有氧化锌的陶瓷原料。

British Board of Agrément 英国批准委员会；独立的英国组织，它在政府批准下执行关于新建筑材料（或以新方法使用的旧材料）构件、产品和（或）建筑系统性能的试验、评估和签署许可证。

British Standard，British Standard specification 英国标准规范；关于材料、构件等的级别、质量、尺寸等方面的规范，由英国标准协会出版。

British Standards Institution 英国标准协会；制定和出版标准规范的国家组织（相当于美国国家标准协会和美国材料试验协会）。

British thermal unit 英国热量单位；将 1 lb 水温度升高 1 ℉所需要的热量。写成 *Btu*。

brittle 1. 脆性的；指材料在低应力下没有明显的变形就断裂的性质。2. 指漆膜不能承受不致破裂或变形的拉伸或刮擦。

brittle fracture 脆性破裂，脆性断裂；指事先没有延性变形而出现断裂。

brittleheart 脆芯；原木中心处腐朽的或脆性的部分。

BRK （制图）缩写＝“**brick**”，砖，块料。

BRKT （制图）缩写＝“**bracket**”，托架，牛腿。

brl 缩写＝“**barrel**”，桶，圆筒，涵洞。

broach 1. 钻孔剥石；在采石中，通过一列很近的钻孔形成的一个切面把石块从岩石上分离下来。2. 割痕装饰；由尖的凿子在石头表面凿出的平行斜纹的宽凹槽装饰。3. 方塔转角上向八角塔尖过渡的半锥形体。4. 塔形建筑；任何尖顶的装饰性建筑物。

broached post 梁式桁架；同 **king post**。

broached spire 有半角锥作为过渡体的塔体；同 **broach，1**。

broached work 石工粗刻作业，石工刻线槽；同 **broach，2**。

broach post 桁架中柱，人字桁架中柱；同 **king post**。

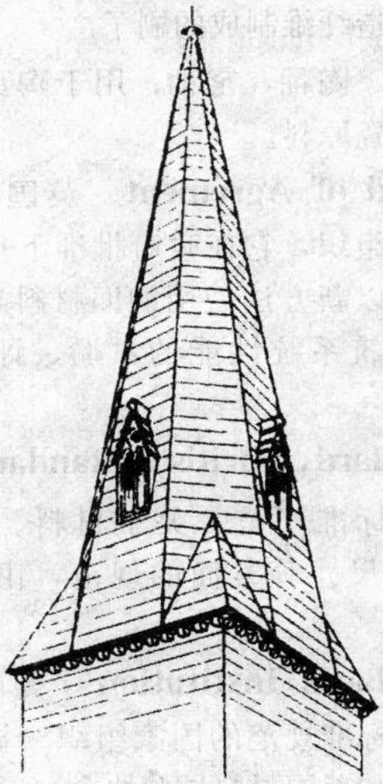
有半角椎体过渡的塔体

broach stop 倒角，凹线，沟，渠，槽；同 **chamfer**。

broadax 大斧；有宽大刀刃的斧子；用于木材的粗加工。

broad glass 圆筒法吹制的窗玻璃；同 **cylinder glass**。

broad knife，stripping knife 铲刀，刮刀；一种四边形，楔形刀片的铲刀，类似于油灰刀，但刀片较宽，用来铲除涂料或墙纸。

broad-leaf tree 硬木；同 **hardwood**。

broadloom 宽幅地毯；在宽的织布机上编织的、机织的、无缝合线的地毯，通常 6～18ft（1.8～5.5m）宽。

broad stone 琢石，铺面大石板；同 **ashlar**。

broad tool 宽凿；一种用来打磨石头的宽的钢凿。

broad tooled 阔粗凿石；见 **batted work**。

brob 钩头大钉；用于一木料的端部与另一木料的侧面平接所使用的楔形长钉。

broch 来自苏格兰西部海岸的一种史前圆形石塔。

broken arch 断拱；拱的中央不连续，以装饰物代替的拱段形式；常常用于门或窗楣之上的墙上。

broken ashlar 不等形琢石块；见 **random work，2**。

broken-color work 古老漆法；见 **antiquing**。

broken edge 破边；出现裂纹、裂痕或破缝的金属片边缘。

broken-flight stair 层间双折楼梯；同 **dogleg stair**。

broken gable 非人字形山墙；从檐口到屋脊有不连续斜度（**broken-pitch roof**）的建筑物端部垂直面。与单一斜度的人字形屋顶三角形山墙不同。

broken joints 错缝；一皮砌块与另一皮砌块竖缝错开，形成垂直的交错砌体接缝，可使砌体具有较好的联结，增加结构强度。

broken-joint tile 错缝瓦；弧形屋顶瓦直接搭接在下层瓦上。

broken pediment **1.** 山墙、门窗上顶端开口的三角形檐饰，断开的三角形檐饰；一种三角形檐饰（**pediment**），其斜坡或曲线边在延伸到最高点之前中断，留出一个开口，在其间常置有坛子、涡卷饰或其他装饰物；有时称作开口三角形檐饰（**open pediment**）或断顶三角形檐饰（**broken-apex pediment**）。**2.** 底端开口三角形檐饰；一种三角形檐饰（**pediment**），其斜坡或曲线边的底部在中间断开；也称作底部中断三角形檐饰（**broken-base pediment**）。

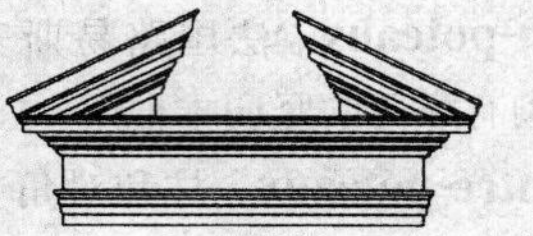
顶端开口的三角形檐饰

broken-pitch roof 变坡屋顶；屋脊两侧均为一个以上斜度的屋面。

broken rangework 断层石砌体；由不同高度的水平砌层构成，而其中一层能中断在（相隔一定距离）两层或更多层之间的砌体中。

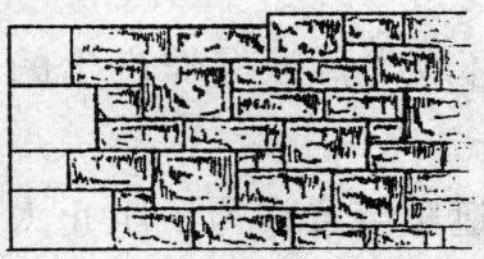
断层石砌体

broken-scroll pediment 同 **swan's-neck pediment**；

S形挑檐（漩涡型三角檐饰）。

broken-stripe veneer 不连续条纹板；一种带状条纹饰面板（**ribbon-stripe veneer**），其条纹是断断续续的；由四份对开后的木纹板拼接而成。

broken white 褪变了的白色；年久褪色的白色涂料，通常已成为米色的。

bronteum 雷鸣装置；在古希腊和罗马戏院中，用于产生雷声的装置，由石头撞击特制的大型花瓶内壁发出。

bronze 1. 青铜；含有铜和锡的合金。2. 含铜合金；青铜色的、含有添加剂，以改变基本性质的铜，例如铝铜、镁等。

bronze glass 青铜色玻璃。可反射太阳光，减弱光线的能量，通常用于反射表面。

bronzing 1. 涂层粉化；漆膜因风化而粉化（**chalking**）的一种形式，此时从不同的角度观察时漆膜可出现各种颜色。2. 使用青铜粉的涂层。

broom 1. 刮压；将屋面材料压在刚刚敷设的沥青上，以使各层材料之间紧密的粘结。2. 扫毛面；用扫帚扫灰泥以形成刮擦层，以增强其与二道抹灰的粘结力，即形成扫毛面（**broom finish**）。3. 桩顶散裂；锤击木桩使其顶部散裂。

broom finish 1. 散裂状面层；在新抹混凝土或砂浆表面上划动扫帚而获得的饰面纹理。2. 扫毛面；见 **broom**，2。

brooming 扫毛面，抹灰印痕；见 **broom**，2。

brotch 茅草屋顶U形树枝；被弯成U形的细树枝，用来将盖屋顶的茅草扎牢在屋顶上；也称为 **buckle** 或 **spar**。

Brown and Sharpe gauge 布朗—沙普规（亦称美国线规）；见 **American wire gauge**。

brown coat，floating coat 二道抹灰；在饰面层下面的粗粉刷层；该层是涂刷在刮擦层上，并由饰面层覆盖；在两道粉刷工程中的底层是涂刷在板条或砌体上，但其配料比要比刮擦层（**scratch coat**）的砂浆高。

brown-glazed brick 褐釉砖；见 **salt-glazed brick**。

browning 抹第二层灰，找平层；同 **brown coat**。

brownmillerite 钙铁石；出现在波特兰水泥和高铝水泥中的无机物；由氧化钙、铝和铁组成。

brownout 1. 抹底灰；完成底层粉刷的敷设。2. 底灰硬化；底层粉刷的硬化，其硬化过程中颜色变深或变成褐色。3. 电灯暗淡；由电业部门供电给城市某一区（或整个城市）的电压较低时使得灯光暗淡。

brown rot 木材褐腐；破坏木纤维的菌蚀，形成褐色的粉渣。

brown stain 褐变；一些松树的边材（**sapwood**）中的真菌产生的巧克力色的褐色色斑。

brownstone 1. 褐砂石；暗褐色或浅红褐色长石砂岩，广泛用于19世纪中期和晚期的早期美国建筑中。2. 褐色砂石建筑；用褐色砂石作饰面的住宅，一般为成行列式住宅（**row house**）。

browpiece 门过梁，托墙梁；门口上的梁；**breastsummer**。

brow post 横梁，顶梁；同 **crossbeam**。

browsing room 阅览室；图书馆中为用户用来研究或偶然阅读一批馆藏书籍、杂志或文件的区域。

BRS （制图）缩写＝“**brass**”，黄铜。

Br Std 缩写＝“**British Standard**”，英国标准。

Brunswick black 布伦兹维克黑；一种含沥青的涂料（**bituminous paint**）。

Brunswick blue 普鲁士蓝；见 **Prussian blue**。

Brunswick green，lead chrome green 永久绿，布伦兹维克绿；由铬酸铅和铁青色颜料制成的一种浅绿色颜料。

brush 1. 刷子；天然或人造毛固定于一把手或刷背上的制成的工具；用于表面的清洁或涂刷。2. 电刷；运行中的电动机或发电机中可保持旋转部件和固定部件之间电流接触的导体（例如铜条或碳棒）。

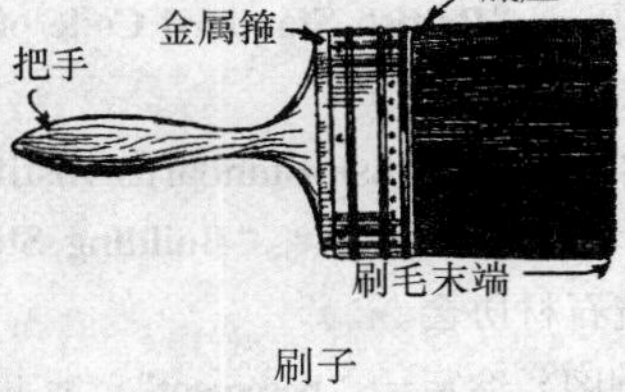

刷子

brushability 涂刷性，易刷性；涂料或清漆可以用刷子很流畅地涂刷的特性。

brushed finish 刷面处理；用旋转的钢丝刷处理石墙表面。

brushed surface 拉毛表面；指用硬刷刮划新浇筑或轻微硬化的混凝土后形成毛面。

brush finish，brushed finish 刷纹饰面；由滚动式钢丝刷处理的饰面。

brush graining 仿木纹；木纹的模仿效果；先用清洁的干刷子拖过深色液体染料，再刷到干燥的浅色基层涂层上所产生的模仿木纹的效果。

brush mark 刷痕；擦痕；由硬毛刷子在漆膜上擦刷产生的小的隆起和凹陷。

brushout 涂刷样板；小面积涂刷用于试验的油漆。

brush rake 刷耙；固定在拖拉机或其他推进器前面的重型叉齿架，清扫场地时用来收集和堆积碎屑。

Brussels carpet **1.** 布鲁塞尔地毯；由几种颜色精纺纱线织成的地毯，背面有结实的亚麻衬背；绒面形成捲毛图案。**2.** 单色的便宜的布鲁塞尔地毯代用品。

Brutalism，New Brutalism 粗野主义；起源于20世纪60年代的一种现代建筑形式，它强调沉重的、巨大的、素混凝土形式和未加工的表面；呈现出浇筑混凝土所采用的粗糙的木模板纹理。这种形式的建筑常常使人联想到厚重的雕塑物。

BRZ （制图）缩写＝“**bronze**”，青铜。

BRZG （制图）缩写＝“**brazing**”，铜焊，硬焊。

BS **1.** 缩写＝“**British Standard**”，由英国标准协会（**British Standards Institution**）出版的英国标准。每个标准号都由字母BS后跟一个数字构成。**2.**（制图）缩写＝“**both sides**”，两侧。**3.**（制图）缩写＝“**beam spacer**”，梁间横档。

BSCP 缩写＝“**British Standard Code of Practice**”，英国标准实施规范。

BSI **1.** 缩写＝“**British Standards Institution**”，英国标准学会。**2.** 缩写＝“**Building Stone Institute**”，建筑石材协会。

BSMT （制图）缩写＝“**basement**”，地下室，基底。

BSR 缩写＝“**building space requirements**”，建筑空间要求。

BSS 缩写＝“**British Standard Specification**”，英国标准规范。

bstd 缩写＝“**bastard**”，粗糙的，非标的。

BTB 缩写＝“**bituminous treated base**”，沥青处理过的基层。

Btr.，btr （木材业）缩写＝“**better**”。

Btu 缩写＝“**British thermal unit**”，英国热量单位。

bubble glass 气泡玻璃；在制造中充入了装饰性气泡的玻璃。

bubbling 起泡，鼓泡；油漆在涂刷时或在干燥时其表面出现的空气或溶剂蒸发的气泡。

bubile 牛棚；饲养牛的构筑物。

bubinga，African rosewood 非洲花梨木；西非的一种树木，颜色呈浅红色或紫罗兰色，常有紫色的条纹，质地坚硬、密度高；用作内饰面和装饰板材。

buck **1.** 门基框（**door buck**）。**2.** 锯木架（**sawhorse**）。

bucket 铲斗；搬运或挖掘机上的铲斗，用于挖掘或运送松散材料如土、砂砾、石头或混凝土等物料，有便于卸货的开关装置。

bucket loader 斗式装载机；见 **chain-bucket loader** 和 **tractor loader**。

bucket sink 庳斗池；为了方便与供水管和排水管相连而将水池靠近楼板设置的卫生洁具。

bucket trap 浮子式阻汽器，浮桶式疏水器；利用倒置的、竖直的杯状物来阻止蒸汽通过的一种机械浮力控制的阻汽排水阀。

bucket-wheel excavator 铲斗轮式挖土机；一种装有带齿铲斗的转轮式挖掘机，机器在其自身动力驱动下一边向前移动，一边挖掘土层，并将土装到传送带上。

buck frame，core frame 芯框粗门框；固定在隔墙龙骨上的木框，安装门套的底框。

bucking 将伐倒的树木锯成木料。

buckle **1.** 压曲；荷载作用下梁或主梁表面发生的扭曲；是由不均匀荷载分布、温度或湿度或材料组织不均匀引起。**2.** 片状材料皱折；片材表面出现的变形，例如沥青处理的屋顶（**asphalt prepared roofing**）的扭曲或起皱。**3.** 茅草屋顶U形树枝（扎茅草用）（**brotch**）。

buckler 古建筑中柱石横梁与挑檐之间的中楣装饰；有环形的或菱形的多种形式。

中楣装饰

buckling 弯曲屈服，细长的构件受到相向挤压而产生弯曲直至突然塌裂。

buckling load 压曲临界荷载。

buckling load（英）**crippling load** 压曲临界荷载，临界载荷；使柱子或其他竖向结构构件开始产生侧向弯曲的轴向荷载。

buck opening 毛门洞；同 **rough opening**。

bucksaw 大木锯；由一个H形框架和设置在上面的锯片组成的木锯。

buck scraper 横板刮土机；一种铲土机，当铲子装满时，其两侧的导滑轮能将其从地面升起。

buckstay **1.** 拱边支柱；一种加强拱形砌体炉子或烟道侧墙以承受推力的垂直构件，通常是横向成对连接。**2.** 任何与拱撑类似的构件。

bucranium，bucrane 牛头雕饰；以牛头或牛头骨为代表的雕刻花环装饰品；常用在罗马爱奥尼式和科林斯柱式中楣上。

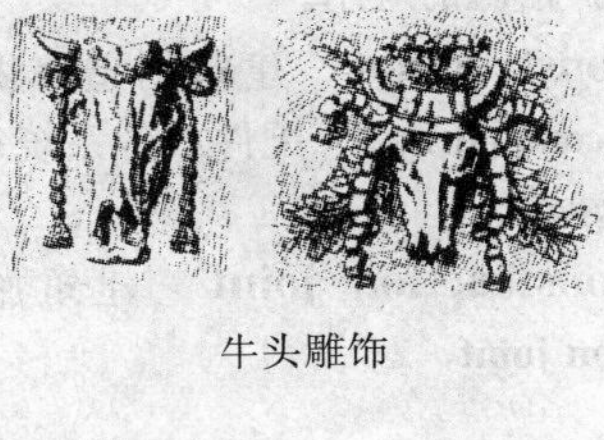

牛头雕饰

bud **1.** 芽接；通过将一种植物的芽塞插入另一种植物的枝干内而形成的嫁接。**2.** 科林斯式柱头芽状物；在科林斯式柱头中的一个构件。

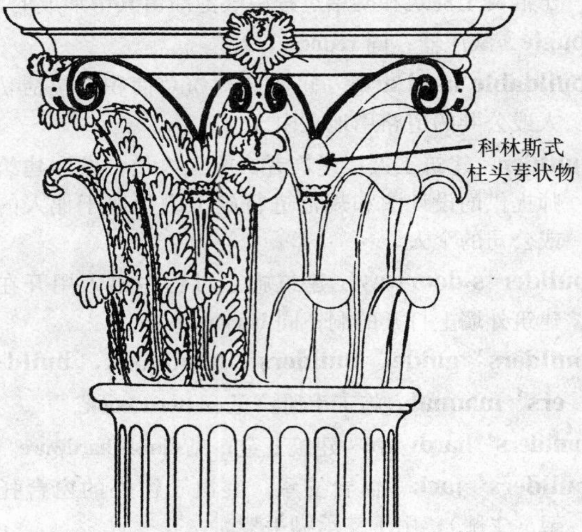

科林斯式柱头芽状物

bud capital 科林斯柱式柱头；同 **lotus capital**。

buff **1.** 擦亮，抛光；对某一表面进行清理和磨光以获得较高光泽效果。**2.** 打磨地面；对水磨石地面等外露骨料的混凝土地面进行的打磨和（或）抛光处理。

Buffalo box 路缘闸门箱；见 **curb box**。

buffer **1.** 减震装置，缓冲装置；减轻冲击产生的机械震动的一种装置、设备或材料。**2.** 缓冲器；安装在电梯井道底部的一种装置，用来阻止轿厢或配重下降超过其运行的正常限度；储备、吸收和消散轿厢或配重下行的动能。**3.** 爆破屏障；限制石头爆破后四散的屏障。**4.** 一种能够从大气中吸收水分的材料，并在周围空气变得干燥时将水分释放出来。**5.** 通过风景造园阻挡部分或全部的一个视野。**6.** 围绕着水资源的一块地区或湿地设计用来保护水资源。**7.** 毗邻河流、海岸线或者湿地的一块发展受到限制的地区。

buffer yard **1.** 用来阻挡周边设施的景观美化。**2.** 同 **buffer，5**。

buggy，concrete cart 混凝土运输小车；两轮或四轮运料车，橡胶轮胎电动小车，用于将少量混凝土从出料斗或搅拌机运到浇筑处的短程运送。

bug holes 麻面；混凝土表面上的规则或不规则的小凹坑，其直径一般不超过 5/8in（15mm），是由于混凝土浇筑和凝结过程中气泡滞留其中形成的。

bugle 减压器；同 **reducer，2**。

buildable land area 可扩建建筑总面积，包括私人或公共的道路用地在内。

builder 建筑工人，建筑者，施工人员；按照建筑师提供的设计图和规范进行施工的受雇于他人的或公司的个人。

builder's doorway 建筑施工过程中出入用开在建筑外墙上打开的洞；同 **barrow hole**。

builders' guide，builders' handbook，builders' manual 施工手册；见 **pattern book**。

builders' hardware 建筑五金；见 **finish hardware**。

builders' jack 窗台支承；突出于窗外的窗台托架（牛腿），用于支承脚手架。

builders' level 1. 施工水准仪；装在长木框或合金框架内的水平仪（**level，1**）。2. 微倾水准仪（**tilting level**）或定镜水准仪（**dumpy level**）的简单形式。

builder's lift 起重机；用来在建造过程中吊起工人和建筑材料。

builders' risk insurance 工地财产保险；施工过程中工程项目（**work，1**）的财产保险的一种形式；也见 **property insurance**。

builders' shed style 同 **Shed style**；20 世纪后半叶美国殖民建筑的一种形式。

builders' staging 重型脚手架；由方木搭成的重型脚手架；通常用于装卸重型材料。

builders' tape 施工卷尺；在美国通常指 50ft 或 100ft 装在环形盒子内的卷尺（**tape measure**）。

builder's trench 在建筑施工期间，为了埋置建筑的基础而开挖的沟渠。

building 建筑物；或多或少被围合的永久性的建筑，用于居住、商业、工业等，区别于移动建筑和不适宜居住的建筑；也见 **accessory building**。

building alteration 建筑物改建；见 **alteration**。

building area 建筑面积；建筑物所覆盖的区域在水平面上测得的总面积。平台和未被覆盖的门廊通常不包括在内，尽管抵押贷款时或政府备案时要求包括它们。

building artifact 建筑工艺品；建筑物中经工艺加工的构件，例如彩色玻璃窗。

building block 建筑砌块；矩形砌体砌块，不同于砖，是由烧结黏土、水泥、混凝土、玻璃、石膏或其他多种材料制成。

building board 建筑饰面板；适合用作内墙、顶棚等饰面的建筑板材，常用纸或乙烯树脂贴面。

building brick，common brick 普通砖；用于一般建筑物而未对材质或颜色做特别处理的砖。

building classification 对建筑的功能和使用相一致的分类。

building code 建筑规范；由管辖区当局批准的作为控制建筑设计施工、改造、维修与材料的质量、使用和占有以及建筑相关因素的适当规则和标准的汇总；包括最低的建筑、结构、设施、卫生设施、公共健康、福利、安全的标准以及采光通风要求。也见 **Uniform Building Code** 和 **BOCA National Building Code**。

building code division 规范划分；同 **division**。

building combined drain 合流排水管；既排污水又排雨水的排水管。

building combined sewer 合流阴沟；排除污水和雨水的污水沟。

building component 1. 建筑构件；工厂生产的，并能够与其他构件拼接的，独立的建筑构件。2. 建筑组件；根据国家电力规范（NEC），用于某个结构或其部分的子系统或组件，包括电力、消防、机械、管道工程以及结构和影响健康和安全方面的系统或组件。

building conservation 建筑保护；防止建筑老化、损坏、滥用或废弃的管理，包括建筑的历史纪录和保护措施的应用。

building construction 建筑构造；将建筑部件（**building components**）、配件或各系统等进行安装进行房屋建造。

building construction joint 建筑施工缝；见 **construction joint，2**。

building contract 建筑合同；见 **contract documents**。

building contract certificate 建筑合同证明书。由责任方签署的书面文件，以保证、说明建筑合同中的相关需求的原因。

building core 建筑核心筒；见 **core，10**。

building converage 建筑覆盖率（建筑密度）；建筑基底面积与占用地面积之比。

building cover area 建筑基地面积；同 **footprint of a building**。

building drain 房屋排水管；是排水系统中最低的管道部分，它将埋置在房屋墙体内的污水管、废水管等排出物，依靠重力输送到房屋以外的污水管中。

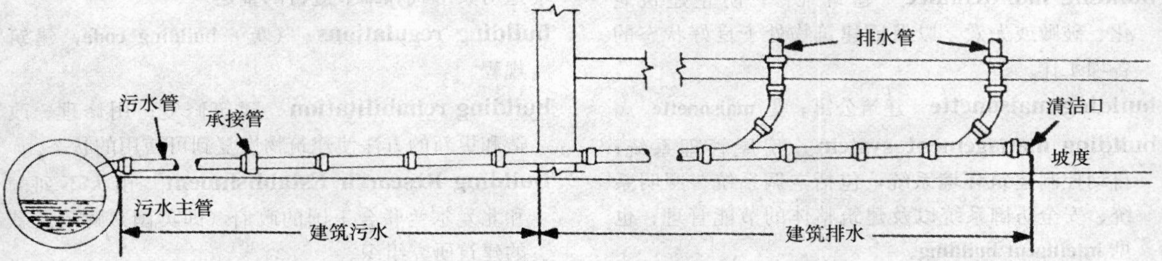

房屋排水管

building-drainage system 房屋排水系统；用来将废水、污水等从建筑物内输送到街道排水沟或沉淀池的所有管道。

building envelope 建筑物外围结构；见 **envelope，1**。

building environment 建筑环境；能影响、改变人、某一设备或房屋系统等各种因素的综合，（包括光线、噪声、温度、相对湿度和（或）气味）。

building element 一个建筑物、设备或场所的建筑构成要素。

building foundation 建筑基础；见 **foundation，1**。

building frame 建筑框架；建筑的结构构架体系，有完整的空间结构用以支撑竖向荷载。

building grade 房屋地面标高，设计标高；由政府机构所确立，作为规范建筑物高度的依据的地坪标高。

building gravity drainage system 建筑的重力排水系统；依靠重力将污水排入排水沟的建筑排水系统（**building-drainage system**）。

building gross area 建筑总面积；见 **gross floor area**。

building heat-loss factor 建筑热量损失系数；热量损失率的度量；单位为 Btu/(℃·d) ［J/(℃·d)］。度天数乘以该系数即为该段时间内的热能需求。

building height 建筑高度；从控制点或地坪标高到平屋顶最高点或折线形屋顶斜屋顶、人字屋顶、四坡顶或复斜屋顶的平均高度的垂直距离；当电梯机房、阁楼等相对较低并且面积较小时，其面积不包含在内。

building house-drain 房屋排水管，房屋雨水管；同 **building drain**。

building house sewer 建筑家庭污水管道；污水系统中的一部分管道将建筑的排水沟末端和公共污水管、私人污水管、个体下水道处理系统或者是其他的污水处理节点相连接；见 **building sewer**。

building improvement 房屋改建；见 **improvement**。

building inspector 建筑监理师；房屋管理局的工作人员，具有综合业务工作，负责检查建筑物是否符合建筑规范和校审通过的设计要求；并检查在用建筑是否违反建筑规范。

building insulation 建筑隔热材料；见 **thermal insulation**。

building lime，finish lime，mason's lime 建

筑石灰；用于粉刷或砌筑的石灰。

building line 建筑红线，房屋界线；由法令或合约确立建筑物不可超越的地界线。无屋顶的入口平台、阳台和台阶不在限制之中。

building main 房屋给水总管；从给水干管或其他水源供水到分水系统的第一支管之间的供水管（包括工具和附件）。

building maintenance 建筑维修；防止建筑老化、破败或失效，以保证建筑物处于良好状态的各项工作。

building maisonette 建筑公寓；见 **maisonette**。

building management system 房屋管理系统；自动控制建筑环境系统，包括空调系统、照明系统、安全防御系统以及建筑整体的节能管理；也见 **intelligent building**。

building material 建筑材料；建造施工使用的材料，如钢、混凝土、砖、砌体、玻璃、木头等。

building official 建筑官员；由政府机构任命的各级官员，管理并执行适用的建筑规范中的各条款和其他应用法规。

Building Officials and Code Administrators International 国际建筑官员和法规管理人员协会（现称国际法典委员会）；见 **BOCA National Building Code**。

building ordinances 建筑规范；见 **building code** 和 **building regulations**。

building paper 防潮纸，隔声纸，保温纸；密度高、相对便宜而耐久的纸，例如沥青纸（**asphalt paper**），多用于框架建筑构造中，以提高保温能力并作为防潮隔汽屏障。专用的如隔热纸（**sheathing paper**），用于衬板与护墙板之间；地板衬纸（**floor lining paper**），用于毛地板与面层之间。

building permit 施工执照；允许某个项目进行施工的书面核准书，由有管辖权的地方政府机构在设计被审阅存档后颁发。

building plan 建筑设计图；同 **plan**，**1**。

building preservation 建筑保护；维护和维持建筑物的现有材料、完整程度以及房屋形式包括其结构和建筑制品（**building artifacts**）的措施过程。

building protection 建筑保护措施；指为避免建筑物和其内部物品损坏、年久失修（由于火灾、水灾等原因）以及未经认可的改造等所制订的措施。

building reconstruction 建筑重建；对已不存在的建筑物或建筑制品按其曾经的面貌采用新的构造对其形式和细节进行的重建。

building regulations （英）**building code**，建筑规程。

building rehabilitation 建筑修复；用修理、改造和更新的方法使建筑物恢复到可使用的状态。

Building Research Establishment 由大不列颠和北爱尔兰联合王国的政府（即英国）财政拨款的建筑研究组织。

building restoration 建筑重建；对建筑及其建筑制品以及所建造场地的形式和细节的准确重建，通常指那些具有特定历史价值、因现有工程要求移走的建筑或对已经移走的建筑的重建。

building restriction 建筑限制；对于建筑物建造或土地使用的一系列限制中的任何一个；可能被包含在规范或其他文件中，例如限约（**restrictive covenant**）；可以是法定的或约定的。

building restriction line 建筑红线；由当地法令划定的建筑不可以超出的线；通常平行于街道。

building retrofit 建筑翻新；在旧建筑中增添原先未有的新材料、构件和配件等。

building sanitary drain 房屋生活污水的排水；见 **sanitary drain**。

building sanitary sewer 建筑污水管；排放污水而非雨水的污水管（**building sewer**）。

building section 建筑区段；建筑物内的任何部分，例如在同一个防火分区内的一个或多个房间和楼层。

building service chute 建筑服务管槽；运送和控制物体下落如邮件、送洗的衣物和垃圾到底层的垂直或倾斜的管道或沟槽。

building services 建筑设施，公共服务设施；建筑内和建筑环境相关的公用和服务设施，包括：

热力、空调、灯光、供水设施、排水设施、供电、防火和安全保护等。

building sewer 建筑污水管；延伸到建筑排水管末端以外的排水系统的水平管道，接收建筑排水管的排放物并将其输送到公用污水管、独立污水处理系统或其他排放点。

building site 建筑工地；见 **site**。

building society 房屋建筑会，建屋互助会。英国为分期付款的购房者提供经费和附加利息支持的一个组织，通常由保险公司支持。

building space 包括建筑在外围护结构以内的所有建筑空间。

building standards 建筑规范；见 **building code**。

building stone 建筑石材；用于建造房屋的石材，如花岗岩、石灰石、大理石等。

building storm drain 雨水管；仅排放雨水的房屋下水道。

building storm sewer 1. 雨水干管；仅排放雨水的排水干管。2. 雨水排水系统中，从雨水管延伸的水平管道，接收排放物并将其排送到公用污水管或其他排放点。

building subdrain 地下排水管；不依靠重力排放到污水管中的另一种排水系统，是将废水从暗沟集中到污水坑中并用泵排出。

building subhouse drain 房屋地下排水系统；同 **building subdrain**。

building subsystem 1. 建筑附属系统；已建成建筑物内的一个整套单元组件或形成整体功能的部分设置。2. 建筑附属设备系统；建筑物内实现特殊功能的一整套设备元件，如风扇、管道系统、空气扩散器、和控制器组成的空调系统。

building subsystems 建筑机械设备；同 **building services**。

building survey 建筑鉴定；建筑物现有外观和结构条件的完整而详细的报告，如包括正面和其他墙面的描述及砌体状况分析。

building surveyor 建筑专业人员；英国对于接受过各种建筑工程方面特殊训练的人的专用称呼，例如：工程项目规划、施工技术、工程费用以及建筑工程法律方面的人员。美国对此没有直接的对应称谓。也见 **Chartered Building Surveyor**。

building system 1. 建筑体系；按照美国国家电气规范（NEC）：指有关已建成的建筑系统或组件的形式（**building components**）的规划、说明和文件，包括被条例特别许可的改变，而这种改变是作为建筑系统的一部分提交的。2. 满足建筑功能要求的整个建筑子系统的组合。也见 **closed building system**，**industrialized building system**，**open building system**。

building tile 建筑用瓦，空心砖；见 **structural clay tile**。

building trades 建筑业；与建筑工程有关的特殊技能，例如木工、石工、管道工、抹灰工等。

building transportation services 升降运输服务；见 **vertical transportation services**。

building trap, main trap 建筑总存水弯；排水管排出端上（所有排水连接的排出端上）的存水弯；防止排水管和污水管之间的气味外溢。

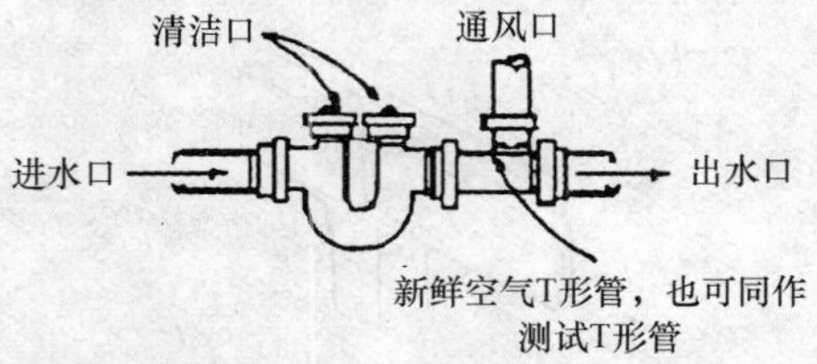

建筑总存水弯

building unit 建筑单元；达到特定的耐久性、强度和其他结构特性的标准单元（例如建筑砖或结构黏土瓦），但标准不涉及其外观。

building volume 建筑体积；见 **above-grade building volume**。

build out 扩建；同 **fit out**。

build up 叠加，组合，装配；指连续的多层重叠以形成一个较厚的体块。

build-up plate 建筑组合板材；能够多次叠加组成的一个更厚的板材。

built beam 组合梁，叠合梁；同 **built-up beam**。

built environment 建造的环境；由人工构成的物

理环境和条件的集合，有别于自然环境（**natural environment**）条件。

built-in 内建（装、接、插）的；指作为一个较大建筑的组成部分的建造，如建筑物中设备的安装。

built-on-the-job 现场制作装配；完全在现场的制作，如由标准尺寸的木材进行的细木制作。

built rib 组合肋；同 **built-up rib**。

built-up **1.** 装配的；指将许多分件组装在一起的。**2.** 叠合的，合成的；由多层、多张、多片层叠在一起的。

built-up air casing 现制空气罩；现场制造的围绕空气处理系统的罩子，通常设置在有地面排水的防水混凝土地基上，其周边围绕排水沟或地面向排水管口方向倾斜。

built-up beam **1.** 组合钢梁；由多个金属结构构件（例如钢板和角钢）铆接、栓接或焊接在一起而成的梁。**2.** 组合混凝土梁；通过剪力连接件连接多个预制混凝土构件而成的梁。**3.** 组合板梁（**flitch beam**）。**4.** 组合木材；由多片木材连接成较大尺寸的木料。

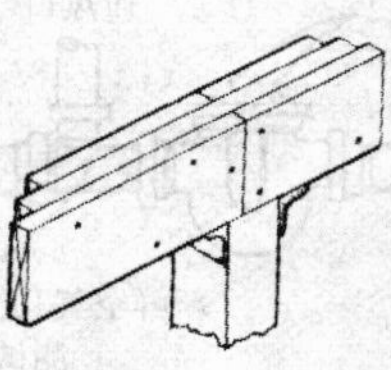

在柱子上的组合钢梁

built-up fan equipment 组合风扇设备；用于空调系统（**HVAC system**）中的术语，该系统中风扇作为独立元件与系统中的其他元件构成整体，风扇相对于其他元件例如盘管、空气过滤器和控制风门等作为独立元件。

built-up girder 组合大梁；同 **built-up beam**。

built-up rib 叠合肋；由不同厚度的木片叠合而成的肋。

built-up roofing, composition roofing, felt-and-gravel roofing, gravel roofing 组合屋面材料；铺设在平屋顶或缓坡屋顶上的连续覆面层，由多层沥青或煤焦油树脂与油毡或卷材（**cap sheet**）交替铺叠。也见 **tar-and-gravel roofing**。

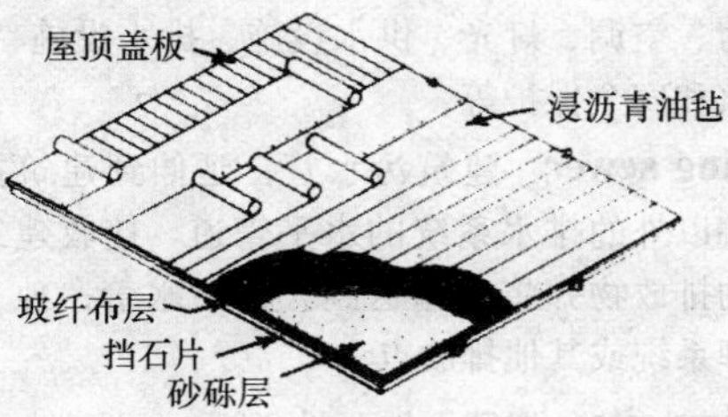

组合屋面材料

built-up string 组合弧形木楼梯梁；由双向夹紧装置将木构件连在一起形成的曲线形楼梯梁。

built-up timber 组合木材；同 **built-up beam，4**。

bulb 电灯泡，照明灯泡；见 **lamp bulb**，**light bulb**。

bulb angle 圆趾角钢；一种角钢（**angle iron**），其一翼缘在边缘变厚，形成圆柱形边肋。

圆趾角钢

bulb bar 球缘扁材；一种钢或铁棒，其一边向边缘变厚，在边缘形成圆柱形边肋。

bulb of pressure 压力泡；同 **pressure bulb**。

bulb pile 爆扩桩，球基桩，护底桩（**pedestal pile**）。

bulb shape 灯泡形；见 **lampbulb**。

bulb tee 圆头丁字钢；球缘T形材；其腹板向边缘变厚，形成圆柱形边肋的T字形钢（**tee，3**）。

bulk cement 散装水泥；散装（通常用特殊结构的车辆）而不是成包运输或运送的水泥。

bulk density 容积密度，单位容积重量，松密度，体积重量；包括空隙的单位体积材料的重量（包括固体颗粒和所含的水分）。

bulk excavation 挖掘的全过程，包括将挖掘出的材料运送到另一个地点。

bulkhead **1.** 屋顶突出结构；在屋顶上的围护水箱、竖井或服务设备等结构。**2.** 屋顶开洞间；屋顶楼梯井或其他开洞上的一种结构构筑物，以围合所需空间。**3.** 堵壁，堤岸，挡土墙；防止土向开挖区域一侧塌落的挡土结构。**4.** 房屋室外到地下室或竖井的水平或倾斜的门。**5.** 侧窗构件；形成门边侧窗底板的入口门框的构件。**6.** 堵头；在浇注混凝土时，用来堵住一段湿混凝土或封堵模板端部（如结构接缝处）的隔离物。

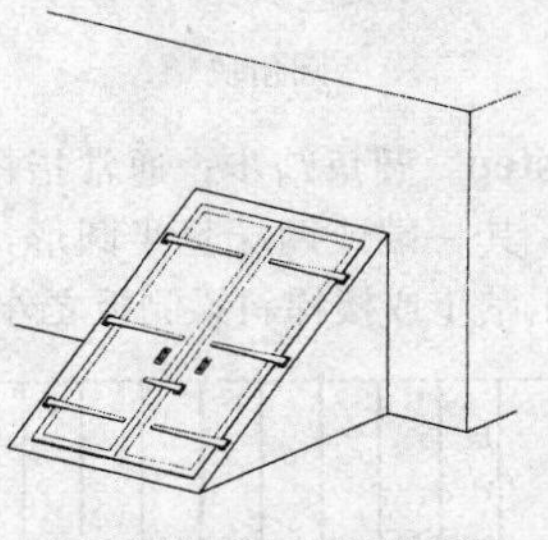

房屋室外到地下倾斜的门

bulkhead luminaire 一种通常安装在房檐顶端的照明设备，通常用一金属网罩住一个碗状的玻璃灯罩从而保证灯泡不被破坏，用于建筑工地的临时照明。

bulkhead packer 压实器；一种垃圾压缩机（**refuse compactor**），垃圾在机器内部被挤压成规定的体积，装入一个或多个袋子中。

bulking 湿膨胀，隆起；材料在潮湿条件下的体积比干燥条件下的体积增大；也称作 **moisture expansion**。

bulking factor 体积膨胀系数；用潮湿砂的体积与干燥砂的体积之比表示。

bulking value 容积值（比容）；颜料的比重量度值，通常用加仑/100 磅或升/千克表示。

bulk modulus of elasticity，modulus of volume elasticity 体积弹性模量；表示材料抵抗弹性体积变形的数值；弹性限度内，作用在材料上的压力（用于改变其体积）和由此产生体积变化之比。

bulk oxygen system 氧气供应系统；一套用于通过管道供氧的径流调节设备（例如氧气储存罐、压力调节器、安全阀、蒸发器、集合管及交互连接管道），如医院内氧气无论储存在固定的还是可移动的容器中，无论是液体或是气体。

bulk specific gravity 毛体积比重；（a）在规定温度下一定体积的材料质量（包括孔隙内的水质量，但是不包括颗粒之间的空隙）与（b）在规定温度下相同体积的蒸馏水质量的比值。

bulk strain，volume strain 体积应变；在物体上应力施加之后的物体的体积与原始体积的比值。

bulk strength 块体强度；每单位固体体积的机械强度。

bulla 印玺式饰物；古罗马人用作门扣的圆形金属浮雕装饰，极富装饰性。

印玺式饰物

bull clam 弯曲刮刀推土机；刀片前部带有铲斗的推土机（**bulldozer**）。

bulldog clip 夹纸用的鳄形夹；同 **sleeper clip**。

bulldog plate 齿式板；见 **toothed plate**。

bulldozer 推土机；其机械臂前端装备有推土铲的拖拉机；用于推堆土石。

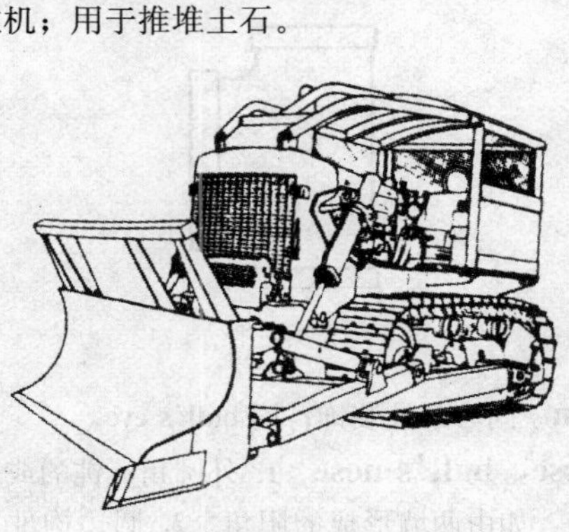

推土机

bullet catch 自动门扣；通过弹簧将钢珠推出并被卡住，使门保持在一定位置上的一种扣件，当门关闭时，钢球就被压回；同 **ball catch**。

bulletin board 公告牌；用图钉张贴公告、信息等展示的板面。

bulletproof glass 防弹玻璃；见 **bullet-resisting**

glass。

bullet-resisting glass 防弹玻璃；由四层或更多层玻璃与多层透明塑料树脂交替叠合，经加热和加压粘结在一起制成。

bull float 混凝土抹平器；用来抹光新浇筑混凝土表面的工具或机器。

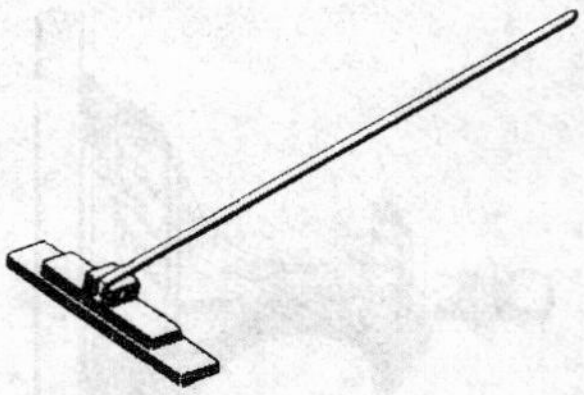

混凝土抹平器

bull header, bull head 1. 圆头丁砖；砌体中有一个角是圆形的丁砖（**header**）；用作砖窗台或门道的隅石（**quoin**）。2. 露顶侧砖；砌在边缘上的丁砖（**header**），砌块端部外露。

bullhead tee, bullheaded tee 1. 长支管三通；在管道工程中，连接比主管长的支管的三通管（**pipe tee**）。2. 大头三通；其出口大于管道直通口的T形管。

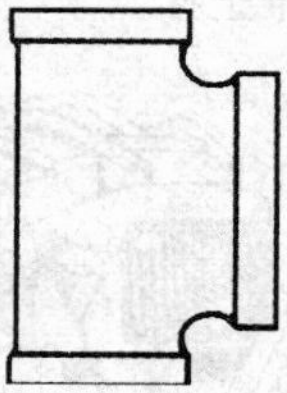

大头三通

bullion 同心条纹装饰；同 **bull's eye**。

bullnose, bull's-nose 1. 外圆角；钝的或弧形的外角，如由两墙形成的阳角。2. 圆边构件；有圆边的结构构件或镶边，如在楼梯踏步板、窗台、门等上。3. 外角珠缘；在抹灰工作中，用在圆外角上的金属圆线条。4. 小木工刨；刨刀靠近把手前部的小型手工木工刨。

bullnose block 圆角块；带有一个或多个圆形外角的砖或混凝土砌块。

bullnosed plane 小型圆角刨；见 **bullnose**, 4。

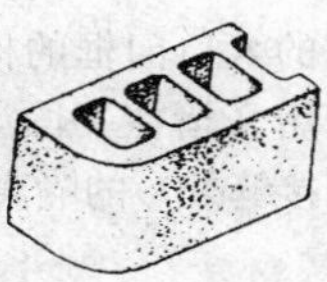

圆角块

bull-nosed step 圆角踏步；通常指楼梯段中最底下的踏步，其一端或两端呈半圆形，围绕楼梯的角柱，突出踏步或楼梯斜梁侧板之外。

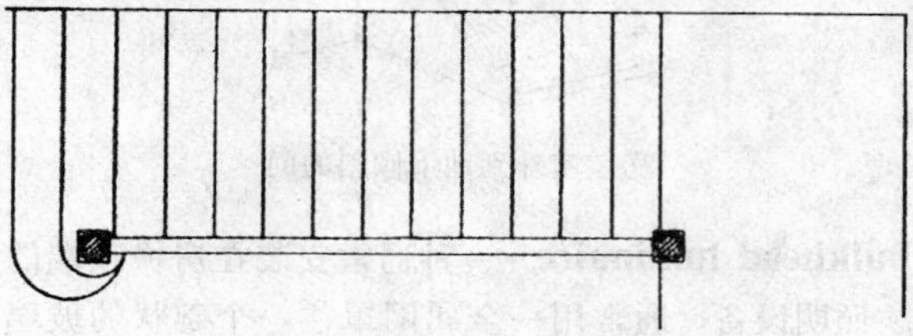

圆角踏步

bullnose stretcher 圆角顺砖，露边侧砖；见 **bull stretcher**。

bullnose trim 有圆边的装饰镶边；同 **bullnose**, 2。

bull-point 钢钎，钢凿；带尖头的钢手持钻，以锤子敲击之；用于破碎小片砌体或岩石。

bull's-eye 1. 同心条纹装饰；同心的条纹的饰物或装饰纹样。2. 小圆窗；装百叶或玻璃的圆形或椭圆的开孔或开洞，眼形（**oculus**）或圆窗（牛眼窗）（**oeil-de-boeuf**）。3. 圆孔罩；上述孔洞的罩子，由两块或四块拱顶砌块组成的双面拱形顶框。4. 圆心升高的玻璃圆盘。

牛眼窗

bull's-eye window 1. 圆孔玻璃窗；装有玻璃的圆孔，安装有逐渐变厚的同心圆玻璃的窗；同 **glazed bull's-eye**，2；也称为圆形（**oculus**）、卵形窗（**oxeye window**），或牛眼窗（**oeil-de-boeuf**）。**2.** 圆洞窗；类似于圆孔玻璃窗，可以敞开或装有百叶，但不装玻璃。

bull's head 牛头雕饰；同 **bucranium**。

bull stretcher，bullnose stretcher 1. 长边为圆角的顺砖；沿长圆角边顺砖砌筑的砌体，形成如窗台形式。**2.** 露边侧砖；砌在边上以宽面外露的顺砖。

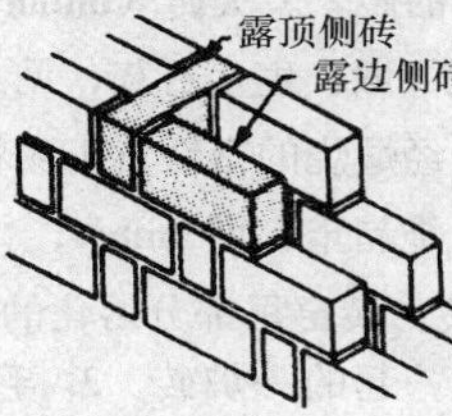

露边侧砖，露顶侧砖

bulwark 壁垒，掩体；坚固的低矮防御墙，可以进行防御性射击。

bumper 1. 缓冲器；用来阻止电梯轿厢或平衡重下降超过其运行限度的装置［不同于油缓冲器（**oil buffer**）或弹簧缓冲器（**spring buffer**）］；轿厢撞击缓冲器吸收冲击力。**2.** 消声器；安装在门框上，用来降低因关门引起的噪声的橡胶消声装置（**rubber silencer**）。

bumper bar 保险杆；见 **guard bar**。

bumper guard 护栏；见 **guard bar**。

bund 堤岸；一片水域边上连续的矮墙或堤防。

bundled bars 成捆钢筋；一组相互挨着的钢筋（**reinforcing bars**）（数量不超过 4 根），用箍筋或拉筋绑扎成捆，用于钢筋混凝土中。

bundled tubes 紧密排列的圆柱，作为建筑的外墙，形成坚实的支撑结构。

bundle of lath 板条捆；用于粉刷等的板条捆。木条通常为：50 片，每片尺寸为 5/16in×1.5in×48in（0.16cm×3.81cm×121.9cm）；石膏板条为：6 片，16in×48in（40.6cm×121.9cm）。

bundle pier 群柱；集柱；一种哥特柱式，其平面轮廓线为连续的波浪形和不断开线形，呈现一束密集挺拔的外形，它与组合柱（**compound pier**）的柱身截然不同。

bungaloid house 平房式房屋。形状类似平房的两层房屋。

bungalow 平房；木造小平房；一种小型的一层或一层半住宅，外形低矮，木框架结构（**wood-frame construction**），带有外廊。多见于 20 世纪早期的美国，因为造价相对较低，可以按照已出版的标准图纸来建造，或可购买早在 1908 年就有的现成预制木板和木料建造。有时称为平房式的房屋。也见 **prefabricated house**。

bungalow court 平房宅第；由三间及以上单层独户住宅组成的群体，在共同所有权下设置公用和附属设施。

bungalow sash 平房窗扇；上下推拉窗的上层窗，上层窗通常被窗格条（**muntins**）分隔成垂直长窗格（**double-hung window**）；下层窗不分格。

bungalow siding 平房墙板；宽度大于 8in（20cm）的墙板。

bunk 铺位；狭窄的固定的床。

bunker 1. 料仓；被分格的高架仓室，用于储存混凝土集料、煤等。**2.** 冰室；冰箱中制冰或制冷的空间。

bunker fill roof 屋面梁支承的平屋顶；在美国西南部的土坯结构房屋中的一种平顶，由剥皮后的大树干做屋面梁；屋面板搁在木梁上，依次铺上防潮纸和土，然后再铺第二层防潮纸和沥青层及砂砾层。

buon fresco 湿壁画；见 **fresco**。

buoyant foundation 浮基；一种钢筋混凝土基础（**foundation**），其重量加上所受载荷大约等于被置换的土和（或）水的重量。

buoyant uplift 水或其他液体的浮力致使建筑的地基露出地面。

burden 1. 岩基覆盖层；覆盖在岩基上的土石料等。**2.** 爆破炸药深度；爆破时所装的炸药与被爆破材料自由面之间的距离。

burglar alarm system 防盗报警系统；用来监测非法进入及未经许可进入的电子系统。系统通过闭合开关（如踏上垫子、开窗等）、通过电子光柱的中断或通过移动监测器（**motion detector**）而启动。

burglar bond 突出于墙面的端梁上具有装饰性的石刻花样。

burh 1. 远古盎格鲁撒克逊人村庄的公共的筑城防御工事。2. 自治市镇、区。

buried cable 埋地电缆；需要挖土置埋在地下的电缆。

buried plate electrode 直埋金属板电极；厚度至少0.06in（1.5mm），面积至少 $2ft^2$（$0.2m^2$）埋入室外土中的金属板（铁、钢或有色金属），代替接地体，在不允许使用接地棒（**ground rod**）的情况下使用。

burl 1. 树瘤，树节；树干上不正常的生长或凸起；也称作 **knur**，**knurl**。2. 树疤木板；带有树节的装饰木板。

burlap，（英）**hessian canvas** 粗麻布；由黄麻、大麻或亚麻（较少用）织成的粗糙织物，用于混凝土表面养护的保水覆盖物或用作抹灰泥中的增强材料。

Burlingtonian style 伯林顿风格；见 **Anglo-Palladianism**。

burned joint 熔融接缝；将一根铅管插入另一根铅管的扩口中，通过沿全周长均匀加热，熔化搭接边缘将其熔合在一起所形成的接缝。

burner 燃烧装置；熔炉、锅炉等中盛载火焰的部分。

burning 气割；用于切割金属板的火焰。

burning-brand test （屋面材料）灼烙试验；一种屋面材料耐火试验将特制燃着的木头固定在坡屋顶试验台的试件上，试件处于特定的风环境中；这是屋面材料三个耐火试验其中之一。也见 **intermittent-flame-exposure test**。

burning off 烧除；通过使用乙炔喷枪或喷灯烧热软化干燥而老化的涂层，以便将其刮除。

burning rate 燃烧率；塑料在已知温度下燃烧性的量度；一类基于虫胶的塑料在比较低的温度下很容易燃烧。另一类塑料没有真正燃烧就已熔化或分解，再有一类塑料只有暴露在火焰中才燃烧。

burning velocity 燃烧速度；见 **flame speed**。

burnish 磨光，抛光；通过摩擦抛光，使表面变光滑，并具有光泽。

burnishing 摩擦抛光；通过摩擦增加表面的光泽。

burn rate 燃烧速度；材料离开火源后，继续燃烧的速度。

burnt brick 烧结砖；在高温砖窑中烧制的砖，通过高温使其硬化、具有机械强度以及抗潮能力。区别于未烧透的砖，欠火砖（**unburnt brick**）。

burnt lime 烧（煅，生）石灰；见 **lime**。

burnt sienna 经煅烧的富铁黄土颜料（**sienna**）。

burnt umber 烧赭土；见 **umber**。

burr 1. 过火砖；砖窑里部分熔化的废砖。2. 熔融砖；被熔合在一起的一炉砖。3. 毛口；毛头；由切割工具切割留在金属上的粗糙和锋利的边缘。4. 树节，树瘤；同 **burl**，1。

bursting strength 1. 脆裂强度；采用专门仪器，在特定条件下对片材一侧施加压力测得的其抵抗断裂的能力。2. 破坏压力；管道或配件中导致其破坏所需的内部压力。

burst pressure 破坏压力；缓慢对阀门（**valve**）施加（例如，室温下，持续30s）而不致使其破坏的最大压力。

bus 1. 母线（**busbar**）。2. 总线；作为电源和负载回路之间普通连接的粗大的刚性电导线。

busbar 母线；粗的刚性电导线（通常是非绝缘的铜或铝），作为电源控制装置（例如开关和环路断路器）之间的连接或作为几个回路之间的连接。

bus duct，**busway** 母线管道；用来收纳和保护其中母线的预制管道。

bush hammer 凿石锤；气动凿毛机；带有许多锥状锯齿面的锤子；用来凿毛混凝土或石头表面；起初是手工工具，现在通常由动力驱动。

bush-hammered concrete 凿毛混凝土；暴露集料的混凝土饰面；通常用动力驱动的凿毛机去除（通过冲击切割）集料颗粒周围的1/16～1/4in

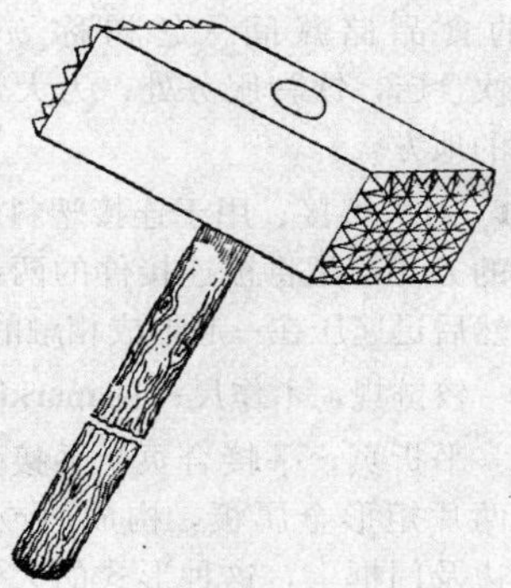

凿石锤

（1.59～6.35mm）的深度范围的水泥砂浆。

bushhammer finish 凿毛饰面；用凿毛机凿毛的石头或混凝土表面。用于装饰或增加踏步板、地板和人行道表面的摩擦。

bushing 1. 螺栓缩接；在管道系统中，内外表面都刻螺纹的管子配件，可以用来连接不同尺寸的两个管子（或其他配件）。2. 衬套，套管；用丝扣拧入或其他扣件连接到开口上的套筒，用于保护在其中穿过的缆索或杆件等免于破坏。

business district 商业区；用于商业目的的城镇或城市的区域，通常由不同的法规来定义和限定。

busway 母线管道；见 **bus duct**。

butcher block，chopping block 砧板，剁肉板；由矩形硬木块组合而成，每块木边缘涂胶并用销子连接，并采用液压方法压制；专用作厨房里的操作台面。

butler's pantry 餐具室，配膳室；小的服务用房，位于厨房和餐厅之间，通常配备有水槽和碗碟橱、小炉子，常常有附加冰箱和器具。

butler's sink 带溢流平沿的水槽，同 **Belfast sink**。

butlery （英）餐具室，配膳室；（**Buttery**；**butler's pantry**。）

butment 墩台，拱座，桥台；同 **abutment**。

butment cheek 接缝面；榫眼与榫舌肩相抵的表面。

butt 1. 长度不足的屋面材料。2. 木瓦厚端。3. 平折合页；平接铰链（**butt hinge**）。

butt and break 对头交错；在龙骨构件上的相邻木板条的对接交错，以增加墙的强度，减小灰泥开裂。

butt-and-miter joint 混合接缝；在表面的上半部对接而下半部斜接的木工接缝。

butt block 对接贴板，对接缝衬垫。夹在承压缝上面的木板。

butt casement hinge 平开窗铰链；一种用于平开窗窗扇上的平接铰链类型。

butt chisel 平头铲刀，平头木凿；带有短刃的木铲刀，专用于在门或门框上安装五金件。

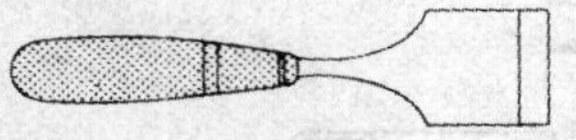

平头铲刀

butted frame 平接门框；指门框厚度小于或等于安装门框的墙厚，门框与墙的洞口平接。

butt end 厚端；木料、把手等较厚的端头。

butt-end treatment 木材端部防腐处理；通过在木材防腐剂中浸泡木构件的端部（伸入土壤和（或）水中）使其避免腐蚀的技术。防腐剂通常采用溶解在柴油中的木馏油或五氯苯酚等。

butter 1. 抹平；用镘刀抹平泛水板上可塑的屋面水泥或胶粘剂。2. 涂抹；用镘刀将灰泥涂抹到砌块上。

butterup yellow 毛茛黄；见 **zinc chromate**。

butterflies 饰面斑；石膏灰饰面上色彩瑕疵，是由未筛过的石灰中混有没被打碎的结块造成的，在墙上刮灰时结块抹散使饰面产生白斑。

butterfly 蝶形楔；见 **butterfly wedge**。

butterfly damper 蝶形阀；同 **butterfly ralve**。

butterfly hinge 蝶形铰链；有如蝴蝶外形的装饰性铰链。

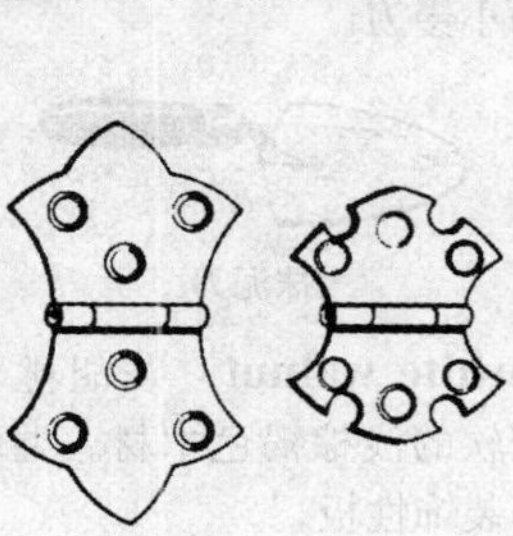

蝶形铰链

butterfly nut 蝶形螺母（**wing nut**）。

butterfly roof 蝶形屋顶；从屋谷向屋檐翘起的双坡屋顶，形如蝴蝶的翅膀。

butterfly spring 蝶形弹簧；作为闭合器的轻质金属弹簧，安装在门铰的销钉上部。

butterfly tie 蝶形墙拉结筋；同 **butterfly wall tie**。

butterfly valve 蝶形阀；用来控制液体流量的阀门；其两个盘片铰接在同一轴上，用来单向控制通过端口的流量。

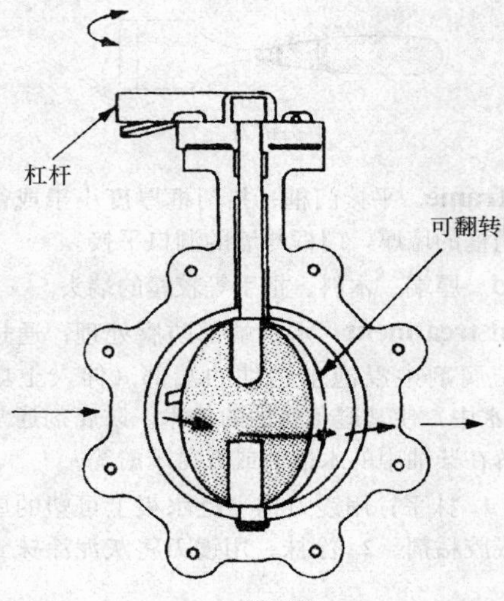

蝶形阀

butterfly wall tie 蝶形系墙铁，蝶形墙面拉结筋；由大号钢丝制成的墙面拉结筋，形状如8字形。

butterfly wedge, butterfly 蝶形楔子；在两木板侧边连接中使用的双鸠尾形榫接头（**dovetail**）。

buttering 涂砂浆；用镘刀在砌块上铺抹砂浆。

buttering trowel 抹泥刀，灰刀；砌砖时往砖上涂抹砂浆的小镘刀。

抹泥刀

butternut, white walnut 灰胡桃木；一种密度低，质地较软的浅棕褐色木材。类似胡桃木的纹理，多用作装饰性板。

buttery 1. 食品室，酒贮藏室；食品室或酒窖，中世纪时的食品储藏间（起初称 *bouteillerie*）。2.（英）饮食店，饮食服务处；为大学生提供食物和饮料的地方。

butt fusion 对头熔接；用于连接塑料管、片等热塑性树脂的方法，是将被连接件的两端加热到熔化状态，然后迅速压在一起形成相融的均匀结合。

butt gauge 铰链规，木作尺；见 **marking gauge**。

butt hinge 平折页，平接合页，平接铰链；由销钉连接的两片矩形金属板，构成门或窗的铰链，安装在门边及门框上，这种形式的大铰链其中的销钉是可拔出的，而小铰链中的销钉通常不能拔出。

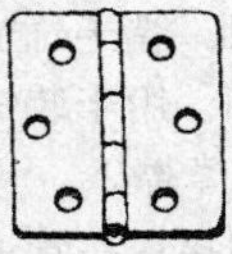
平折页

butt-hung door 铰链门；用平接铰链（**butt hinges**）安装的门。

butt joint 1. 对接头；两构件之间垂直连接，接缝与其中一构件平面成直角；两构件成直角相抵连接而非搭接；也见 **oblique butt joint**。2. 两结构构件形成的平接接缝，当构件发生相互错动，该接缝将承受拉力或压力。

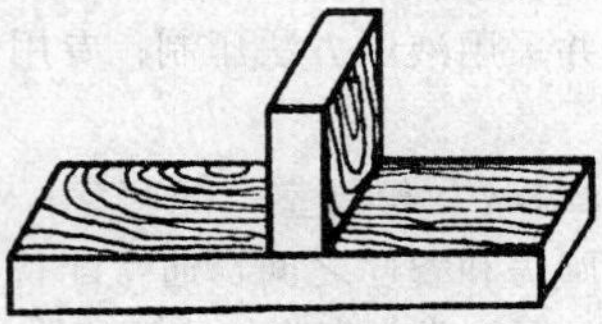
由两片木板组成的对接头

焊接的对接头

butt-joint glazing 对接平缝镶嵌玻璃。一种玻璃装置技艺，两块玻璃镶板之间没有竖框相隔，取而代之的是用密封剂。

button 1. 门扣；小的凸出构件诸如木或金属件，用来固定门或窗框。2. 旋钮（turn button）。

button catch 门扣；同 button，1。

buttonhead 半球形端头；长棍、螺钉、铆钉或螺杆上的半球形端头；通常是小于半球形顶面，作为扁平的承压面。

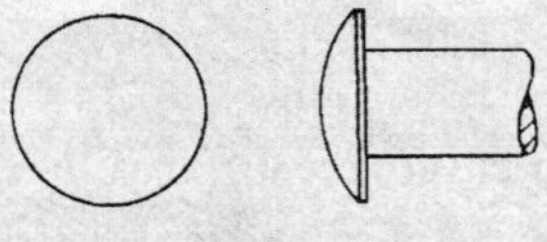

半球形端头

button punching 冲孔搭接；沿两相邻金属铺面板的搭接的部分等距离冲压后卷边；使两面板锁紧在一起。

button set 铆钉墩座，铆钉圆头成型器；用于将铆钉头压成按钮形的铆钉墩座（rivet set）。

buttonwood 美国梧桐；同北美的悬铃木（sycamore）。

buttress 扶壁；与墙成直角或砌入墙体的室外大块砌体，起加固和支承作用；扶壁常常用来抵抗拱顶的侧推力；也见 flying buttress，hanging buttress。

砌入墙体的外部大块砌体

buttress pier 1. 扶壁柱；用作扶壁抵抗侧推力的支柱。2. 部分扶壁柱；升高到拱顶推力作用点以上的扶壁部分。

buttress tower 扶壁塔；拱形入口外侧的塔，起扶壁作用或看似扶壁。

butt splice 对接夹板拼接；在平接接头两侧各加钉一块拼接护板所形成的接头（butt joint，1）。

butt stile 门窗铰链梃；见 hanging stile，1。

扶壁柱

butt strap 对接护板；覆盖并保护对接接头（butt joint，1）的两片金属带或板。

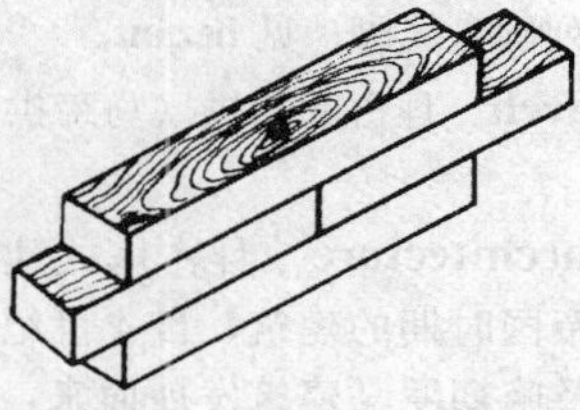

对接夹板拼接

butt veneer，stump veneer 根材单板；从树根或树桩上锯下来的皱状纹理的薄板。

butt weld 对接接头（butt joint，1）的焊接。

buttwood，stump wood 根材；从树根或树桩上锯下来的木头。

butyl rubber 异丁（丁基橡胶）。

butyl stearate 硬脂酸丁酯；一种无色无味的油质材料，用作混凝土的防潮层。

buzz saw 圆锯；同 circular saw。

BV 缩写＝“**butterfly valve**”，蝶形阀。

BW 缩写＝“**butt weld**”，对焊。

BX，BX cable 多芯导线，铠装电缆；以螺旋形柔软的钢套管作为保护层的多芯导线铠装电缆；用于与电气设备的连接以及在配线间内的连接。

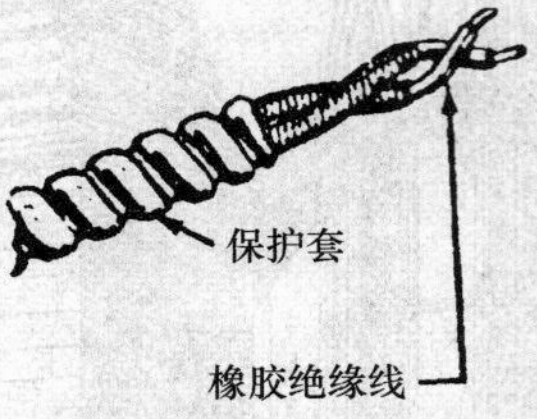

多芯导线

by-altar 附属的祭坛。

bypass 旁通路；环绕元件外围，使液体在元件外流动的管子，液体不经过原件流动。

by-pass door 双扇拉门；见 **double sliding door**。

bypass valve 旁阀阀门，分流阀；用作分流（**by-pass**）控制装置的阀门（通常在关闭位置）。

bypass vent 旁路气管；平行于粪便立管（或废水立管）的通风立管（**vent stack**），两立管隔一定间隔便有连通。

byre 牛棚，畜栏；家畜的厩。

byzant 系列圆盘线脚；见 **bezant**。

Byzantine arch 拜占庭圆拱（马蹄拱）；同 **horse-shoe arch**。

Byzantine architecture 拜占庭式建筑；拜占庭或东罗马帝国时期的建筑，自 4 世纪由早期基督教建筑以及晚期罗马建筑发展而来，主要兴盛于希腊，并持续整个中世纪，直到君士坦丁堡被土耳其人（1453 年）占领后。其特征是以巨大的三角帆拱支承的穹顶、圆拱和复杂精美的柱子、富于装饰性构件和色彩。最著名的实例是伊斯坦布尔的索菲亚大教堂（532～537 年）。

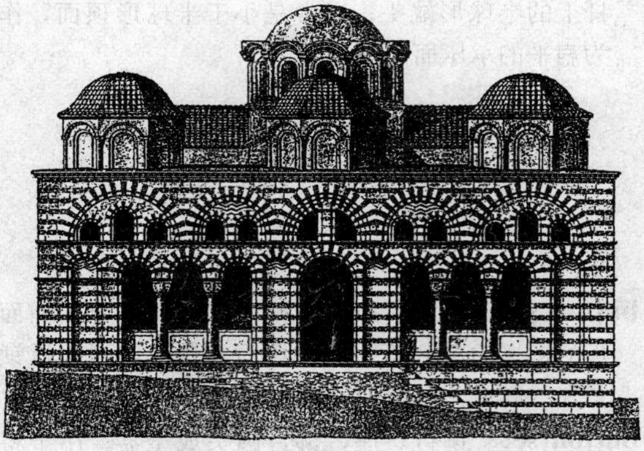
拜占庭式建筑

Byzantine Revival 拜占庭式复兴式；19 世纪后半叶拜占庭式建筑的重新流行；在一定程度上借用拜占庭式建筑的特殊形式的一种建筑，这种形式包括帆拱支承的穹顶、圆拱和复杂精美的装饰性柱子和柱头。

拜占庭式柱头

C

1/C 缩写＝“**single conductor**”，单股导线。

2/C 缩写＝“**two conductors**”，双股导线。

C 1.（制图）缩写＝“**course**”，层。2. 缩写＝“**centigrade**”或“**Celsius**”，摄氏的。

C&Btr. 在木材工业中，缩写＝“**grade C and better**”，C 级以及好于 C 级。

Caaba 麦加大寺院中的穆斯林圣堂；同 **Kaaba**。

CAB 缩写＝“**cement-asbestos board**”，石棉水泥板。

CAB. （制图）缩写＝“**cabinet**”，小室，小间。

cabaña 1. 简易棚屋；游泳池旁或海滩上的敞开的或帐篷式的构筑物。2. 小屋；原指类似于棚屋或木板屋的简易西班牙住宅。

cabanne 老式单间住房；密西西比河流域的早期法国拓荒者使用的，作为临时住所的原始的单间住房；由柱子及交织在柱子之间的枝条组成框架；陡峭的人字形屋顶，以矮棕榈叶条或树皮覆盖在屋顶木框架上；类似于佛罗里达的棕榈棚屋（**palma hut**）的做法。

cabin 茅屋，小木屋；简单的单层村舍或棚屋，常常指相对简陋的房屋；见 **center-hall cabin**，**continental cabin**，**dog-run cabin**，**dogtrot cabin**，**double-pen cabin**，**log cabin**，**possumtrot cabin**，**saddle-bag cabin**，**single-pen cabin**，**stone cabin**，**tourist cabin**，**verticallog cabin**，**Virginia cabin**。

cabin court 汽车旅馆；通常指由多个独立小木屋组成的汽车旅馆（**motel**）。

cabinet 1. 私人房间；用于个人学习或会谈的房间；2. 展室；用于展示科学和艺术珍品的一系列房间。3. 壁橱；储藏柜；由架子、门和抽屉组成的箱子或盒子，主要用于储藏。4. 配电箱，配电盒正面带有一扇或多扇合页门的柜子，用来收纳电气设备或连接导线。

cabinet conditioner 柜式空调；见 **room air conditioner**。

cabinet drawer kicker 抽屉拉出防坠落装置；见 **drawer kicker**。

cabinet drawer runner 抽屉滑条；见 **drawer runner**。

cabinet drawer stop 抽屉推入挡块；见 **drawer stop**。

cabinet file 半圆锉，细木锉；一种单刃锉，一侧是半圆形的，另一侧是扁平状的。

cabinet filler 橱柜间垫块；填塞在橱柜与相邻墙或顶棚空隙间的木块。

cabinet finish 壁板装修；以清漆或抛光方式进行的室内硬木装饰，不同于涂漆类的软木装饰。

cabinet heater 柜式散热器；内部包含有加热元件以及一个风扇的金属箱式散热器，通常下部有使空气进入的搁栅，上部有热气的出口。

cabinet jamb 饰面门框；将粗制木门框（**rough buck**）包裹起来的装饰性金属门框，通常由三片或多片构成。

cabinet lock 弹簧闩（**spring bolt**）。

cabinet scraper 细木刮刀，细刨；进一步处理已经刨光过的木头表面，使其表面更加平滑或用于处理涂料表面等的钢扁平刮刀。

cabinet window 陈列橱窗；用于商店货品展示的一种突出的窗或凸窗；多见于 19 世纪早期。

cabinet work 细木工；常指高质量的细木制作，如用于橱柜和书架的镶嵌构造中。

cable 1. 多芯导线；由多根小截面导线绞在一起的电导线。2. 电缆；彼此绝缘的一组电导线。3. 缆

陈列橱窗

绳；绳索；用于吊挂、施力或控制机械装置的粗绳子或金属线。**4.** 装饰性凸嵌线；嵌入壁柱或柱凹槽内的小凸嵌线。

cable bond 电缆连接；用在（a）两根相邻电缆的护套之间，（b）穿过一根电缆的护套中的接头处或（c）电缆护套和大地之间的电缆。

cable conduit 电缆管道；见 **conduit**，**1**。也见 **cable duct**。

cable fluting，ribbed fluting，stopped flute 肋形柱槽；在柱子凹槽中形成的凸起部分的装饰线条，通常位于柱的三分之一以下。

cable duct 电缆敷设管；用于电流强大的绝缘电导线或电缆穿过的刚性金属管；当采用地下敷设电缆时，通常用钢筋混凝土管。

cable grip 电缆钳，电缆夹，电缆扣；临时连接到电缆端部的装置，在电缆敷设期间用来帮助拖拉电缆。

cable jacket 电缆外壳；芯材、绝缘材料或电缆护套上的保护性覆盖层。

cable molding 诺曼底式建筑的卷缆花饰；见 **cabling**。

cable pulling compound 电缆润滑剂；在电缆敷设管或电缆沟拖拉电线时使用的起润滑作用的物质。

cable rack 电缆托架；见 **ladder cable tray**。

cable roof 悬索屋盖；由缆索支承屋面板和覆盖层的屋面结构系统。

cable sheath 电缆护套；电缆外层的一层或多层保护层。

cable support box 电缆支承盒；安装垂直走向的电线时，在管沟内安装一支承电缆的盒子，用于限制其因自重产生的应变。

cable-supported construction 悬索结构；由缆索保持稳定的结构。

cable tray 电缆支架；用来支承绝缘导线的金属组件；其底部和侧面由扶梯状金属框架组成，顶部敞开的，其功能类似于金属电缆敷设管。

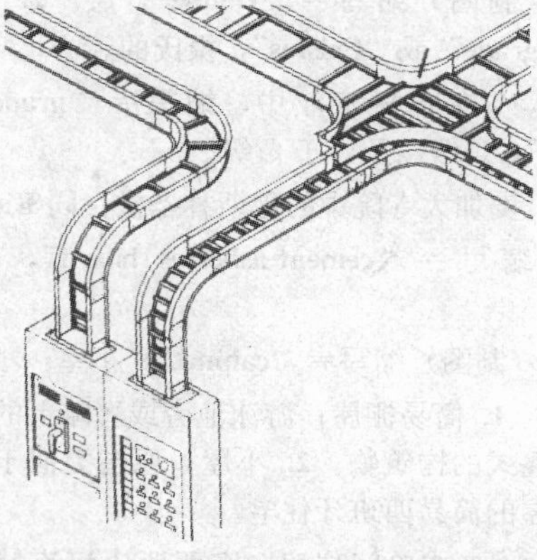

电缆支架

cable vault 电缆地下室；用于拖拽或接合敷设在地下的电缆的地下室。

cableway 空中索道，钢绳吊车；建筑工地上运送材料的装置；由悬挂在两支点之间的一根钢缆及吊篮等组成。吊篮可沿钢缆来回拉拽。

cabling，cable molding **1.** 卷缆柱，卷绳状雕饰；形如卷拧的绳状装饰物。**2.** 小凸嵌线；古典柱式底部凹槽的凸起的装饰线条。又见 **rope molding，reeding**。

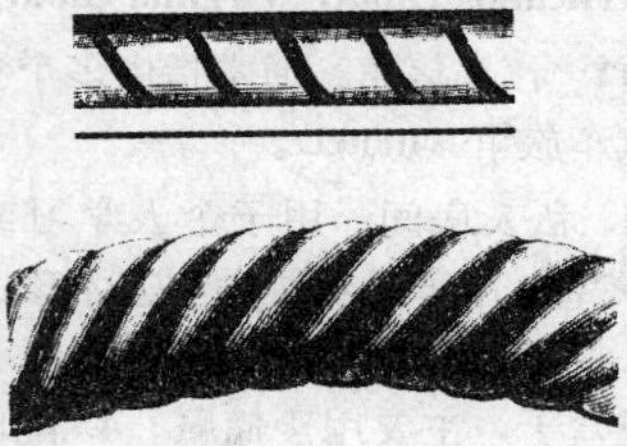

形如卷拧的绳状装饰物

Cabot's quilt 卡伯特保温层；一种由多层布或纸之间夹上干鳗草构成的保温绝热材料，现今很少采用。

CAB plastic 醋酸-丁酸纤维塑料；见 **cellulose acetate butyrate plastic**。

cab-tire cable 柔韧电缆；由橡胶或氯丁橡胶厚包层包裹的电缆。

CAD 缩写＝"**computer-aided design**"，计算机辅助设计（计算）。

cadaster 地籍册，土地清册；对土地的价值、发展以及所有权的统计和概括，作为基础的征税标准。

cadastral survey 地籍测量；界定土地边界线与地界线的测量，建立土地单位，以便于过户或界定其所属权。

cadmium plating 镉电镀术；金属表面的防腐涂层的电镀技术。

cadmium yellow 镉黄；明黄颜料，硫化镉，一种具有良好的耐久性的涂料。

caementicius 不规则砌体；古罗马时期，由粗石块（任何方向都不是方形的）建造的砌体。

caementum 黏浆；古罗马时期的将碎石块和水泥混合而成的砌体。

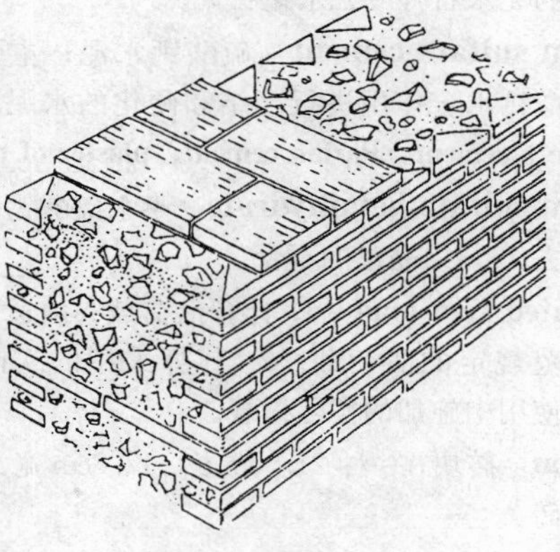

黏浆

Caen stone 卡昂石；来自卡昂（在诺曼底）的石头，用于英国某些中世纪建筑物。

caer- 表示加强的墙、城堡或城市的前缀，出现在威尔士以及英国西部和北部的地名中。

caernarvon arch 卡纳封拱；见 **shouldered arch**。

cage 1. 骨架构，支撑架；起加强作用的刚性构架。2. 外壳；阳台聚光灯的金属外壳。3. 小教堂；小礼拜堂；由花格屏障（**tracery**）分隔的小教堂或小礼拜堂。

caged beam 笼式梁；以防火层包裹的箱式梁。

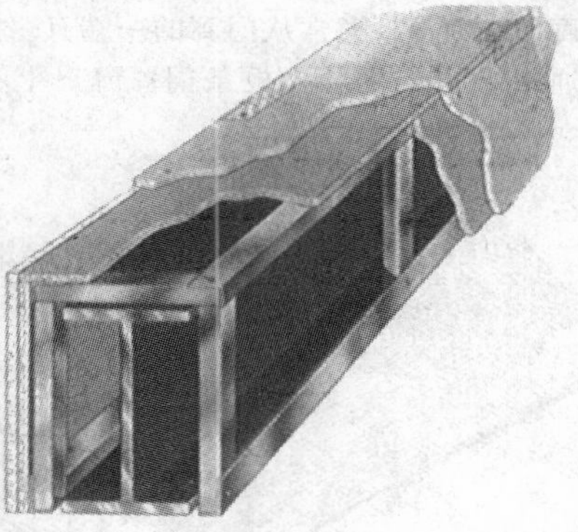

笼式梁

caged column 笼式柱；以防火材料包裹的箱式柱；也见 **column casing**。

cage of reinforcement 钢筋骨架；见 **reinforcing rods** 解释的例证。

caher 古防御建筑；在爱尔兰早期，作为某个教堂或多个宗教建筑的防御功能的石建筑。

cairn 石堆纪念碑；堆石界标；石冢；堆起来用作地界标、纪念碑或墓碑的一堆石头；冢；坟墓（**tumulus**）。

caisson 1. 沉箱；潜水箱；一种防水结构或防水箱，用于水下基础或结构施工中。2. 藻井；拱形顶棚或穹隆顶内的凹进的装饰镶板（**coffer**）。

caisson drill 水下钻孔机；用于基础工程中螺旋形钻孔机，从事土下垂直或倾斜圆井施工（或起重机的附属物），使基础达到承载的土层。

caisson pile 沉管灌注桩；现场浇注的桩；通过将管打入地下，清空管内积土，然后用混凝土填充而制成。

Cajun cottage，Cajun cabin 卡真人小屋；卡真人木屋；由加拿大 Maritime 省的移民（加拿大

人）建造的简易住房，他们的后裔现在通常被称为卡真人，卡真人从1760～1790年广泛定居在路易斯安那州南部的河口地区。在19世纪早期，典型的卡真人木屋建造在支承于柏木块或砖墩上的横木基础（**groundsills**）上；其特征是木瓦覆盖、中等坡度人字形屋顶，手工劈制的楔形墙板（**siding**）；房间从房子前部到后部一字排开；前部和后部的落地窗有助于房子的空气对流；没有围栏的门廊贯穿前部；通常从门廊的一端有一陡峭的楼梯通往上层的阁楼；板条门；窗户上有板条百叶。

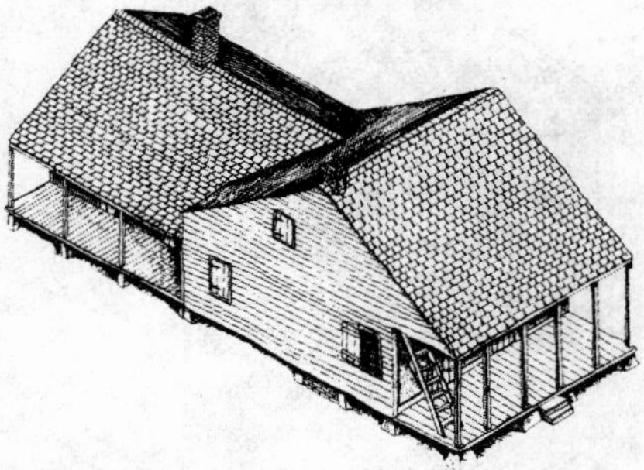

卡真人木屋

caking 结团；结块；指油漆中硬的稠密颜料块，难以用手工搅动散开。

CAL （制图）缩写＝"calorie"，卡路里。

calathus 篮球状柱头；钟状柱头；篮球状或钟状的柱头中心部分，特别是科林斯式柱头。

calcareous 石灰质的；含钙的；含有碳酸钙，或较少用的，含有钙元素的。

calcimine，kalsomine 墙粉，石灰浆，可赛银粉；由胶粘物和白粉（通常是粉状碳酸钙）与水混合而成的低成本粉刷涂料，可加入色彩；用于石膏或砌体表面粉刷。

calcine 煅烧；为了去除其中的化合水或改变其化学和物理特性，把物质加热至未熔化温度。

calcined gypsum 煅烧的石膏；经过加热被部分脱水的石膏。

calcite 方解石；碳酸钙的一种矿物形式；是石灰石、白垩和大理石的基本组成成分；通常用作波特兰水泥的主要原料。

calcite streak 方解石纹理；通过钙的沉积作用重新接合和加强的原有裂缝或裂层（在石灰石中）所形成的纹理。

calcium aluminate cement，aluminous cement，（英）**high-alumina cement** 铝酸钙水泥；（英）高铝水泥；由水泥熟料研磨成的粉状产物，熟料主要是由熔化或烧结的含铝材料和含钙材料以适当比例混合而成的水硬性的铝酸钙。

calcium carbonate 碳酸钙；涂料中的低密度白色颜料；不透明主要起平整作用。

calcium chloride 氯化钙；作为促凝剂用于塑性混凝土中的一种化学盐。

calcium hydroxide 氢氧化钙，消（熟）石灰；同 **hydrated lime，2**。

calcium oxide 氧化钙，熟石灰；见 **lime**。

calcium silicate brick 硅酸钙砖；灰砂砖（**sand-lime brick**）。

calcium silicate insulation 硅酸钙绝缘材料；由无机纤维增强材料与含水硅酸钙混合浇注而成的刚性材料。

calcium stearate 硬脂酸钙；由石灰和硬脂酸形成的化合物；主要用作混凝土中的减水剂。

calcium sulfate 硫酸钙；经煅烧除去所有结晶水形成的无水石膏或二水化石膏。

calcium sulfate cement 硫酸钙水泥；主要依赖于硫酸钙水合作用进行凝结和硬化的水泥；包括 **Keene's cement，Parian cement，plaster of paris**。

calcium sulfate hemihydrate 半水硫酸钙；经煅烧除去75%结晶水的石膏。

calculated live load **1.** 计算活荷载；由适用的建筑规范规定的活荷载。**2.** 计算采用的实际活荷载；使用中施加的实际荷载。

calculon 砖块；一种21.9cm长、17.8cm宽、6.6cm高的砖。

caldarium 高温浴室；罗马浴中的热水池。

calefactory 修道院暖室；修道院内有取暖的公共房间。

calendar 月份牌；雕塑的或着色的一系列月份标记。

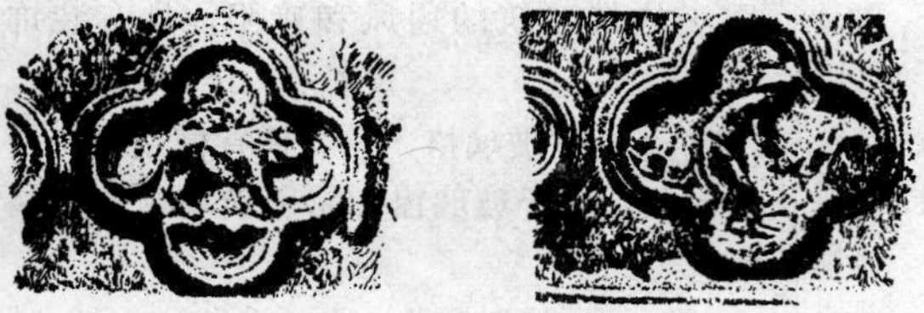

13世纪亚眠大教堂上的月份标记

calfdozer 小型推土机（bulldozer）。

calf's-tongue molding, calves'-tongue molding 牛舌饰；由一系列尖舌形单元组成的线脚，所有单元围绕着拱圈，都指向同一方向或都朝向同一中心。

牛舌饰

calfiz 西班牙建筑中，在门周边有装饰性的矩形框架结构。

calfret 堵缝的早期术语。

caliber 口径；一般指铁管子的公称内径。对于黄铜和铜管则指外径。

calibre （管、柱）口径；同 **caliber**。

caliche 钙质层；由多孔的碳酸钙或其他盐粘结的砂砾、砂子或杂土等物质的组成。

caliduct 1. 取暖管道；用来输送热风、热水或蒸汽的管道或管子。2. 暖气管道；古罗马火炉取暖系统中的热风管，由赤土陶管或砖砌加瓷砖贴面而成。

California bearing ratio 加州地基承载系数；用于确定地基承载能力的系数；定义为 $3in^2$（$19.4cm^2$）的圆形活塞以每分钟 0.05in（1.27mm）的速度插入土壤 0.1in（2.54mm）深所需要的单位面积上的力与标准碎石地基材料插入相应土壤同样深度所需要的力的比值。

California bungalow, California Craftsman 加利福尼亚小屋；加州小屋；一种工匠式小木屋的统称，只有一层或一层半高，多见于 1890～1920 年间的加利福尼亚以及美国其他地区。

California ranch house 加州农场式房屋；见 **ranch house**。

caliper 卡规；测径器；弯脚器；一种具有两只可调节的规腿的仪器，类似于圆规，用来测量物体直径或厚度。也见 **inside caliper** 和 **outside caliper**。

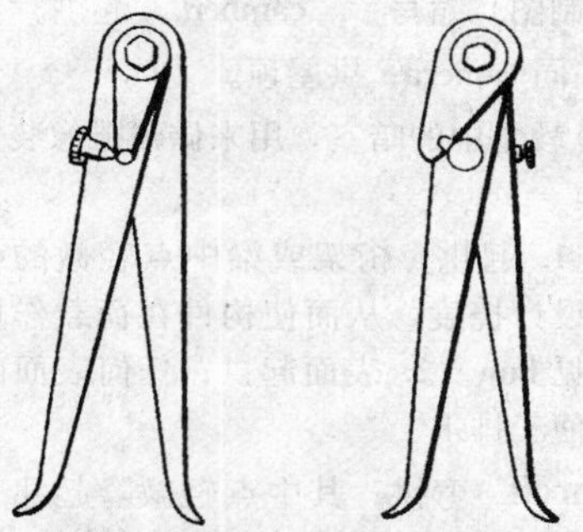

卡规

caliper stage 有左右侧台的舞台；剧院中，在主台或前台的两侧有侧翼，可以用于表演。

calking 填缝料；同 **caulking**。

calliper 卡尺（规、钳），两脚规；同 **caliper**。

call box 火灾报警箱；见 **fire alarm box**。

call loan 活期贷款，短期同行拆借；出借人需要时随时需偿还的贷款；在某些情况下，借方也有权利随时还款。

call for bids 需求开价。建筑工程中，所有工作开展正式开价。

call point 火警盒；见 **fire-alarm box**。

calme 有槽铅条；见 **came**。

calorie 卡路里（热量单位）；1g 水升高温度 1℃所需要的热量。

calorific value 热值；单位重量（或者如果是气体，则为单位体积）的燃料燃烧所释放的热量。

calorifier （英）热水器；一种封闭的供热水的容器。

calotte 圆顶；圆屋顶、穹顶等类似的结构物，如罩形顶棚、凹室圆顶等。

calves'-tongue molding 牛舌线脚，牛舌饰；见 calf's-tongue molding。

calyon 砾石；砌墙的燧石或小卵石。

calyx 花萼状装饰物；类似于花状外壳的装饰物；如科林斯柱式的柱头。

cam 凸轮；锁具中，连接在锁圆柱销末端的转动部件，用来啮合锁闭机械装置。

CAM （制图）缩写＝"camber"，起拱。

camara 同 camera；拱屋顶。

camarn 教堂中的暗室，用来储藏雕像装饰品等相关物件。

camber 1. 起拱；桁架或梁中点轻微的凸起，用以补偿设计挠度，从而使构件在荷载作用下不挠曲。也见 bow。2. 表面起拱；任何表面的轻微隆起，以便于排水。

camber arch 弯拱；其中点轻微隆起几乎看不出曲线的拱（arch），基本上是平拱。

camber beam 弓背梁，上拱梁；中点轻微向上弯曲的梁。

camber board 起拱模板；与起拱曲线图（camber diagram）相同功能的样板。

camber diagram 起拱曲线图；施工中，表明沿桁架或梁长度上的各点起拱（camber）高度的图。

camber piece，camber slip 砌拱模板；砌筑有微小矢高的砖拱时，用于支承的微微弯曲的木板。

camber window 拱形窗；顶部起拱的窗。

cambium 形成层；新生组织；树皮和白木质之间木组织的细胞层。

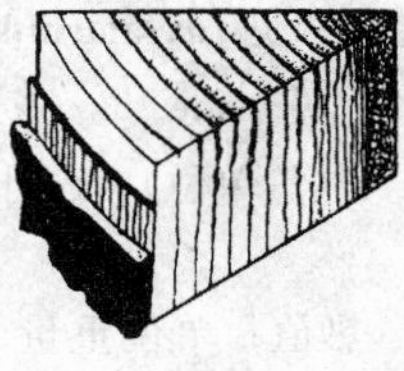

形成层

cambogé 横孔混凝土砌块；有横向开孔的混凝土砌块；用于热带建筑的通风和遮阳，具有装饰效果。

came 带槽铅条；嵌玻璃格条；一种有槽或没有槽的细长铸铅条，用于玻璃窗和彩色玻璃窗中窗格镶嵌玻璃。

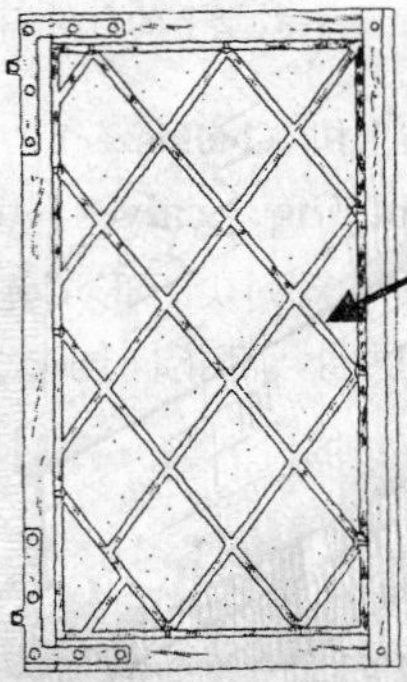

带槽铅条

camelback truss 驼峰式桁架；上弦为折线形的桁架，形成骆驼背上的驼峰形状。

camelhair mop 驼毛刷；用于刷漆、涂金粉或在狭小空间内填补油漆的软毛刷。

camera 1. 拱屋顶；穹窿；古典建筑中的拱形屋顶、顶棚等；拱形圆屋顶。2. 拱顶房间；穹窿房间；有拱形顶棚的房间。3. 拱顶小房间、小礼堂或会客室。

camerated 拱形的；指弓形或拱状外观的。

camera vitrea 穹隆顶棚；用玻璃板覆盖表面的穹隆顶棚。

cam handle，locking handle 转动把手；一种用于有旋转枢轴的窗扇（sash）（ventilator，2）的窗子中的把手，通过将其楔入锁帽中而将窗扇锁定在关闭位置上。

campana 科林斯式柱头的一部分。

campanario 钟楼；钟塔；西班牙天主教建筑（Mission architecture）中，挂钟的钟楼或用作钟塔的有拱孔的墙。

campaniform 钟形的。

campanile 钟楼，钟塔；位于教堂附近独立的高塔。

钟楼

campanulated 钟形的。

camp ceiling 1. 平顶锥形顶棚；形如截头角锥体的内部顶棚。2. 平顶双坡顶棚；建筑物屋顶内顶棚中间是平的，两侧顺着椽子向两侧倾斜。

camp sheeting 板桩；用于沙土地区基础工程的板桩（Sheetpiling）。

campus 大学、学院或学校所包含的场地和建筑物。

can 缩写＝“canvas”，帆布，防水布，帐篷。

Canadian Standards Association 加拿大标准协会；制订和出版标准的非营利性组织；其试验和批准的标准被加拿大电子检验机构认可。

canal，canalis 槽形线脚；爱奥尼柱式柱头螺旋饰木折之间的凹槽。

canale 屋顶女儿墙外排水口；西班牙殖民建筑（Spanish Colonial architecture）中平屋顶上的雨水口（waterspout）；穿过屋顶女儿墙向外伸出。

canaliculus 小沟，小槽；如三陇板表面上刻出的凹槽。

canary whitewood 美国产白木；同 tulipwood，1。

canary wood 加那利木；见 balaustre。

cancela 大门；在西班牙风格建筑中，常常指巨大的铁制大门或厚重的大木门，通常用纺锤式分格（spindlework）或搁栅来装饰。

cancelli 教堂的搁栅；早期基督教建筑中，在长方形教堂中分隔神职人员和众人的屏风。

candela 坎德拉；新烛光；发光强度的国际标准单位；非常近似于早期公认的单位“国际烛光”。

candelabrum 1. 枝状大烛台；有中轴、分枝及其装饰物的可移动的烛台。2. 华柱；用来作为建筑物固定设备的照明装置，其组成如上述定义 1。也见 lamppost。

candela per unit area 单位面积上的坎德拉；见 luminance。

candle beam 教堂插烛横杆，烛台梁；在老式教堂中插烛扦的横杆，每根烛扦下都有一承接烛泪的浅碟或托盘；横杆一般设在圣坛上方或附近或设在唱诗班席位或教堂高坛的入口处，更富有的教堂中还设有支撑十字架的横梁或教堂十字架围屏。

candlepower（cp） 烛光；光源的照度，以坎德拉表示，缩写为 cp.；也见 apparent candlepower。

candle-snuffer roof 圆锥形屋顶；同 conical roof。

cane bolt 插销；顶部弯成直角的手杖形插栓；安装在门的底部。

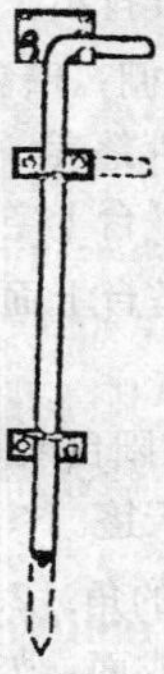

门插销

cane fiberboard 纤维板。主要由经过榨汁后得到的甘蔗纤维，通过粘合压制形成的纤维板材。

canephora，canephorus 1. 顶篮少女装饰；头顶一篮庆典礼物的少女的装饰雕塑。2. 少女柱；头上顶有篮子的女像柱；既起支承作用又可用作独立式的花园装饰物。

顶篮少女装饰

雨棚，1

cannelated 凹槽的；指表面有凹槽的或沟槽的。

caño 西班牙建筑上的输送水的沟渠、导管或者水落管。

canonnière 排水孔；挡土墙中预留的孔，以允许墙后土中的水通过其排出。

canopy 1. 华盖，雨棚；壁龛、讲道台、唱诗班席位等处顶上的装饰性篷盖。2. 挑棚；从建筑外墙延伸到出口或装载平台上空的覆盖物。

canopy of honor 圣台上面的装饰性平顶；同 **celure**。

canopy roof 覆盖在阳台或走廊上空的顶棚，通常采用悬挂的曲面布天篷。

cant 1. 外角；凸出的角。2. 斜面；相对于另一条线或面成角度的线或面，如斜墙。3. 斜缝；一层表面倾斜的砌体中两块矩形砌块之间的接缝。而一层水平砌体中两块砌块之间形成竖缝。4. 方形原木；被部分或整个锯成方形的原木。

cant bay 切口；被切去棱角的轮廓平面上的竖向间隔。

cant-bay window 凸肚窗（**cant window**）。

cant beam 转动梁。边缘倾斜或者销角的横梁。

cant board 侧立板，天沟侧板，斜面板；倾斜放置的板，如屋面第一排木瓦下或用来支承天沟两侧的铅皮镶边板条（**cant strip**）。

cant brick 斜面砖；见 **splay brick**。

canted 指斜面（**cant**，2）墙等。

canted coursing 拱顶的砖或石制的适度高跨比。

canted molding 倾斜线脚（**raking molding**）。

canted wall 斜墙（**cant wall**），角交墙。

cantharus 庭院水池；古代或一些东方教堂前的天井或庭院内的喷泉或水池，用于人们进入教堂之前洗手。

cantherius 古代木屋顶中的主椽。

cantilever 1. 悬臂；水平伸出于承受竖向荷载的搁栅、大梁、桁架、构件等。2. 悬臂托架；用于承载檐口或建筑物伸出的屋檐的托架（牛腿）。

cantilever arch 悬臂拱；由对面墙的水平挑出构件支承的拱。

cantilever barn 悬臂式谷仓。二层突出于一层的谷仓，常见于美国南部。

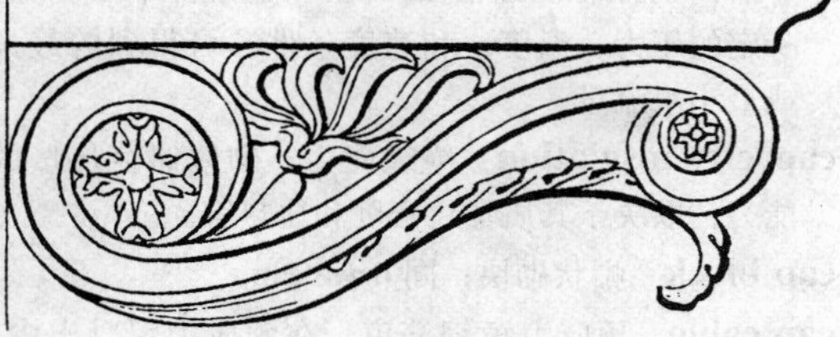

悬臂托架，2

cantilever beam 悬臂梁；仅在一端设有支撑的梁。

cantilevered window 凸肚窗；同 **oriel**。

cantilever footing 悬臂式基础；采用系梁与另一个基础相连的基础（**footing**）。

cantilever form 滑模；同 **slip form**。

cantilever retaining wall 悬臂式挡土墙；见 **cantilever wall**。

cantilever steps 悬臂踏步板；一端嵌入墙体内，而另一端仅以下一步踏步板为支承的踏步板。

cantilever truss 悬臂桁架；一端支点是悬挑的而另一端是锚固的桁架（**truss**）。

cantilever wall 悬臂式挡土墙；通过使用悬臂式基础（**cantilever footings**）来抵抗倾覆的钢筋混凝土墙。

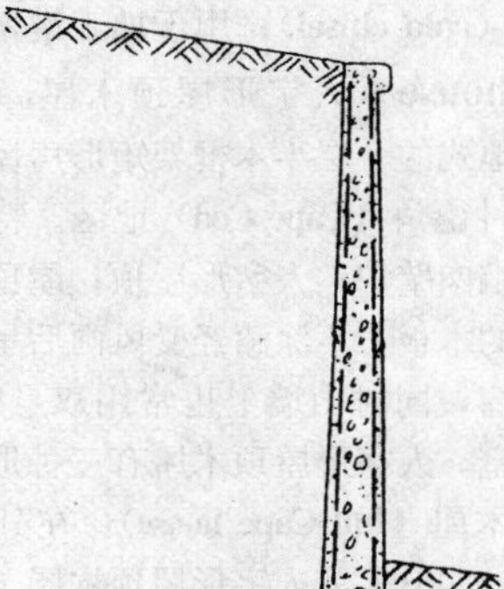

悬臂式挡土墙

canting strip 泄水倾斜面板（**water table，1**）。

cant molding 倾斜线脚；有外斜面的正方形或矩形线脚。

canton 建筑物装饰性外角；由凸出的砌体、壁柱等装饰的建筑物角部。

建筑物装饰性外角

cantoned 角部装饰的；角部用凸出的壁柱装饰的。

cantoned pier 隅角墩柱；同 **pilier cantoné**。

cantoria 唱诗班席位；教堂唱诗班的边座座位。

cantoris 在（或属于）领唱者或预备领唱者的一侧；如教堂中唱诗班的一侧；面向圣坛的左侧即北面的一侧。

cant strip 1. 斜角条；有斜面的木条或其他材料条，特别是用于组合屋面下部卷材折起的地方，作为缓和的过渡；以防止覆盖其上的屋面卷材断裂；如角条（**arris fillet**）。2. 披水条（**tilting fillet**）；双面板（**doubling piece**）。3. 斜面板（**cant board**）。

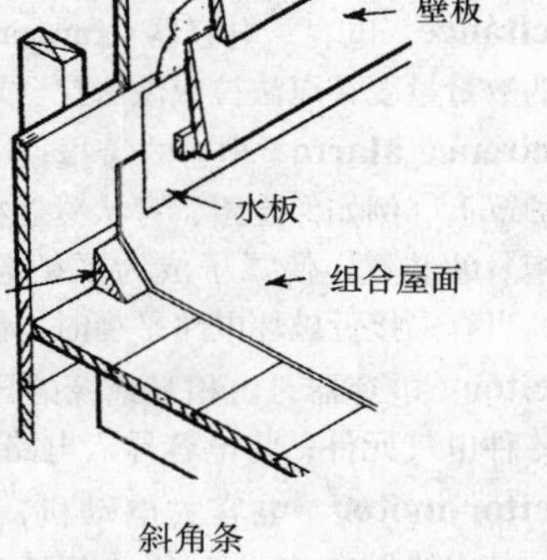

斜角条

cant wall 斜墙；平面图中倾斜的墙。

cant window，cant-bay window 三角形凸肚

窗；依其平面图中斜线而建造的凸窗；窗两侧相对于墙面成一个角度；也见 **angled bay window**。

三角形凸肚窗

CANV （制图）缩写＝“**canvas**”，帆布，帐篷。

canvas 帆布；一种由棉、大麻或亚麻密织而成的织物；贴附在墙或屋面板上用作油漆的基层；或用于屋顶平台上的遮阳。

canvas wall 帆布墙；将一层帆布粘贴在抹灰的墙上，作为壁纸饰面的基层。

cap 1. 柱头，压顶；垂直的建筑构件顶部，通常带有凸出的滴水使垂直构件免受潮湿影响，如墙的压顶、基座或扶壁的顶部，门过梁等。2. 基础垫层；铺设在基底部岩石上的一层混凝土，用于找平，防风化以及保护岩层。3. 上部构件；柱、壁柱、门檐的上部构件；也称 **cap trim**，**wainscot cap**，**dado cap**，**chair rail cap**，**capital**。4. 用来封闭管状楼梯角柱顶端的配件。5. 起爆雷管帽（blasting cap）。6. 管端帽，堵头；用来封闭管子端部的配件。7. 覆盖面；强度测试时为保证均匀的荷载分布，而粘结在试件支承面的找平层。

capacitance 电容；电容器（**capacitor**）的电储电能力的数量量度；以法拉或微法拉（10^{-6}F）为单位。

capacitance alarm 电容式警报；一种连接到金属防护罩上（例如保险箱、穹状覆盖物、存储器或保险柜）的装置，使罩子成为平衡电容回路的一部分。当有人接近破坏电路平衡时，便启动警报器。

capacitor 电容器；由相互绝缘的导电金属片组成的一种电气元件；将电容导入电路。

capacitor motor 电容式电动机；一种单相电动机；其主线圈与电源上的单相感应电动机连接，辅助线圈与电容器串联连接以便于启动。

capacity 1. 见 **carrying capacity**。2. 容积；包含在容器内的体积。3. 流量；在一定条件下（例如，一定的压力、温度、和速度条件）可得到的最大或最小水流量。

capacity insulation 绝缘能力；砌体储存热量的能力；取决于其质量、密度和比热容。

cap block 帽状砌块；同 **drive cap**。

cap cable 预应力短钢筋束；在预应力混凝土中，用以给负弯矩区施加预应力的短钢丝索。

Cape Ann house 复折式屋顶房屋；一种一层或一层半高矩形房屋，类似于 **Cape Cod house**，但采用的是木瓦覆盖的复折式屋顶（**mansard roof**），而不是人字形木瓦屋顶（**gable roof**）。

复折式屋顶房屋

cape chisel 扁尖凿，削凿；带有长的锥尖和窄刃的长錾子（**cold chisel**）；用于加工键槽等。

Cape Cod house 人字形屋顶木屋，科德角式房屋；殖民地式的一层半木框架矩形房屋，源于马萨诸塞州的科德角（**Cape Cod**）地区。特征包括：粗大的中心烟囱壁炉；人字形屋顶；屋顶和外墙覆以手工劈制的木板，不涂漆经受风雨后呈灰色；一层采用双悬窗，同时山墙上也常用双悬窗；镶板门；局部地下室。人字形屋顶木屋有三种形式：完全人字形屋顶木屋（**full Cape house**），在其前门的每边有两个窗；四分之三人字形屋顶木屋（**three-quarter Cape house**），在其前门的一边有两个窗。

Cape house 新英格兰某些地区对科德角式小屋的叫法。

cap flashing 同 **counterflashing**；盖帽泛水。

capellaccio 古罗马建房时采用的一种当地的石灰质石头。

cap house 塔或角楼楼梯间顶部的顶楼，由此可通

人字形屋顶木屋

向屋顶的女儿墙。

capilla abierta 一种西班牙公共的小礼拜堂，常邻近一座教堂。

capilla major 1. 西班牙教堂中的主教堂。2. 围着祭坛高台的区域。

capillary action，capillarity 1. 毛细管作用，毛细作用；在土壤或其他可渗透物质孔隙中液体由于表面张力作用而产生的运动。2. 地下水水位以上干土的吸湿现象。又见 **capillary flow**。

capillary break 毛细管的阻断层；在物体中有意留出的一个间隔，其间距足以阻止水气借助毛细作用而穿过。

capillary flow 毛细流；在毛细孔系间流动的液流，例如混凝土毛细孔隙中。

capillary groove 毛细管槽；在两构件间形成的沟槽，可以阻止构件间的毛细管作用。

capillary joint 同 **sweat joint**；毛细裂缝。

capillary migration 见 **capillary flow**；毛细流动。

capillary space 毛细空隙；水泥砂浆中混入的气泡，其中既无干水泥，又无水泥浆，不能视为水泥砂浆的一部分。

capillary tube 毛细管，内径极细的管；制冷时用来控制制冷剂的液流，或作为冷凝器和蒸发器之间的胀凝装置；或用于传输温度控制传感球至操作控制元件之间压力的管子。

capillary water 毛细水，由于毛细作用而被吸至水位线之上的那部分水。

capital 柱子；壁柱、壁角柱等的顶部构件，通常带装饰，可以支撑装饰面板或作为拱基座，如下图中各柱式。见 **angle capital，basket capital，bracket capital，bud capital，Byzantine capital**（见 **Byzantine architecture** 的说明），**Composite capital，Corinthian capital，corner capital，cushion capital，Doric capital，Hathoric capital，protomaic capital，Ionic capital，lotus capital，palm capital，scalloped capital，water-leaf capital.**

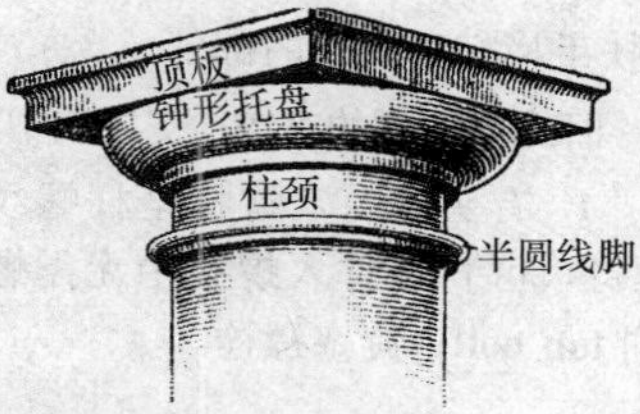

柱头：术语

柱头

captial cost 建设投资；包含建筑全部加建部分在内的投资总额。

capital messuage 家宅；庄园中的主要住房；见 **messuage**。

capitol 议会大厦；立法机构召开官方会议的地方。

cap molding，cap trim 镶边，线脚，嵌线。1. 装饰墙裙或者柱墩顶的镶边。2. 门或者窗顶部简单修饰用的嵌线。

cappella del coro 唱诗班或小礼拜堂唱诗班的座席。

capping 压顶；筑中作盖顶用的构件，如墙压顶。

capping brick 同 **coping brick**；压顶砖。

capping in 屋顶平台铺设油毡。

capping piece, cap piece, cap plate 压顶板，顶板；连系一列立柱或其他垂直构件顶的板件。

capping plane 将木顶面修成光滑半圆的扶手木。

cap plate 1. 顶板。2. 托木；钢柱或杆件顶部用以承受荷载的顶板。

cap rail 扶手栏杆顶面上的部件。

capreolus 旧式木屋顶的支撑、支柱或中柱和拉杆。

cap screw 1. 有头螺钉，钉杆全杆螺纹，钉头有倒角的螺钉，可直接拧入螺孔中无需螺母即可紧固。2. 同 **tap bolt**；旋塞螺栓。

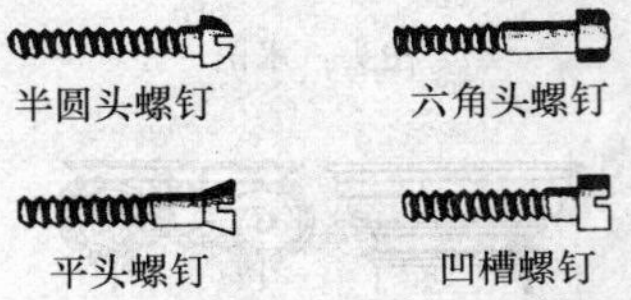

有头螺钉

cap sheet 屋面露明卷材；常用矿物质材料作表层，用作组合式屋面覆盖层的最上层；见 **asphalt prepared roofing**。

cap tile 墙顶上类似盖顶石的砖瓦。

capstone 1. 压顶石，作墙压顶的石块。2. 拱顶石；置于石拱顶端的石块。

captain's house 新英格兰殖民地时的坡顶住宅，脊尖为斜截形的屋顶，烟囱依附于两侧山墙墙体上，屋顶有走道和（或）有小圆顶。

captain's walk 屋顶走道；见 **widow's walk**。

cap trim 顶线脚；见 **cap molding**。

car 升降机轿厢；见 **elevator car**。

caracole 螺旋楼梯；见 **spiral stair**。

car annunciator 电梯信号指示器；电梯轿厢内的电子装置，可直观其所到达的楼层。

carapa, crabwood, Surinam mahogany, West Indian mahogany 苏里南红木，西印度桃花心木；南美洲和非洲出产的一种带微红色的棕色树种，硬度和密度适中、纹理直顺、结构均匀，用于一般结构和层压板中。

caravansary, caravanserai 供商队住宿的客店。1. 在中东地区，能供大篷车旅行队投宿的旅店，通常有一个高大入口，四周环以实体围墙。2. 可引申为旅店或饭店。

客店的内景

carbonaceous 碳素物；指含有有机物的岩石。

carbon-arc cutting 碳弧切割；一种电弧切割作业。其原理是依靠切割金属和炭精电极之间产生的电弧高温作用使其熔化。

carbon-arc lamp 碳弧灯；一种利用炭精电极之间电弧放电的高亮度灯。

carbon-arc spotlight 碳弧聚光灯；使用高强电弧光作为光源的聚光灯。

carbon-arc welding 碳弧焊接；一种电弧焊接作业，其原理是依靠焊接金属和炭精电极之间产生的电弧高温作用使其融合。

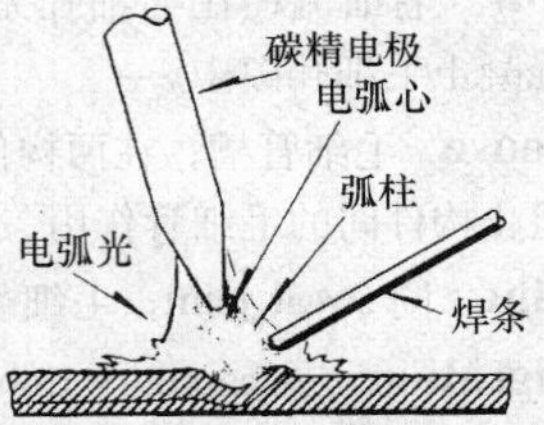

碳弧焊接

carbonation 碳化作用；指二氧化碳和钙离子之间的反应，尤指在水泥浆、灰浆或混凝土中产生碳酸钙的反应。

carbon black 炭黑；合成的黑色颜料，几乎为纯炭，因其遮盖力强（着色性）而用于有色涂料和混凝土中；又见 **animal black**。

carbon dioxide extinguishing system 二氧化碳

灭火系统；以二氧化碳为灭火剂的灭火系统，是利用容器中存在的巨大的压力，通过导管和喷嘴喷射出二氧化碳灭火剂；系统包括一套火情自动监测和灭火自动开启的装置。

carbon steel 1. 碳素钢；未规定合金元素最低含量的钢材。2. 含铜量不超过 0.40% 的钢材。3. 锰、硅、铜含量分别不超过 1.65%、0.60%、0.60%的钢材。

carcase 同 carcass；骨架。

carcass，carcase 1. 构架；房屋没有安装护墙板或其他覆盖物时的框架。2. 骨架；未经装修、装饰的砌体墙、楼板、门窗、粉刷和粉饰等均未施工的结构主体部分。

carcass flooring 毛地板；上面支承地板，其下吊挂顶棚的木框架。

carcass roofing 屋顶骨架；支承屋顶板及其他覆盖物的横向木框架。

carcer 1. 监狱。2. 罗马时代马戏团用于赛马或两轮无蓬马车赛车的起点。3. 圆形剧场的兽室，斗兽场关野兽的洞穴。

card frame，card plate 标签框，标牌（签板）；钉在门或抽屉上用于插标签或说明卡片的金属框。

cardo 旧式建筑中的门铰链或转轴。

car door 见 elevator car door；轿厢门。

car door contact，gate contact 门碰联动开关；控制电梯使其只有当电梯门处于关闭状态下才能开动的电子装置。

care，custody，and control 指责任保险中一种标准的免责条款。在此条款下，责任险不适合于受保人所监管财产的损失，也不适合受保人以任何理由实施实际控制的财物的损失。

car-frame sling 同 elevator car-frame sling；电梯轿厢框架吊环。

carillon 1. 钟楼，钟塔。2. 一套固定安置的钟，通常悬挂于塔内，以锤敲击发出钟声。

carnarvon arch 卡那文式拱，以拉杆支撑于牛腿上的一种拱。

carnauba wax 棕榈蜡；一种质硬、高溶点的蜡，用于木材表面上光，形成亚光效果。

carnel，crenelle 同 the embrasure of a battlement；城或墙头的垛口。

carnificina 古罗马的地牢；对犯人施行拷打和施加其他刑法的地方。

carol 修道院中用幕布、隔板、栏杆等装饰分隔出的区域；与 carrel 用法相似。

Carolean 卡洛林王朝；对英格兰查理一世（1625—1649）和查理二世（1660—1685）执政期间的称呼；也写作 Caroline。

Carolingian architecture 卡洛林式建筑；流行于公元 8 世纪至 9 世纪末期法国和德国的前罗马风式建筑，起源于罗马式，Cathedral of Aachen 帝国后得名，最著名的实例是亚琛大教堂。

carolytic，carolitic 叶饰柱身，指有叶状装饰的柱身。

carousel packer 自动垃圾处理机；能自动将垃圾废料压缩并装入环形托架上依次排放的袋中的装置。其特点是容量高、存放期长，无需专人操作。

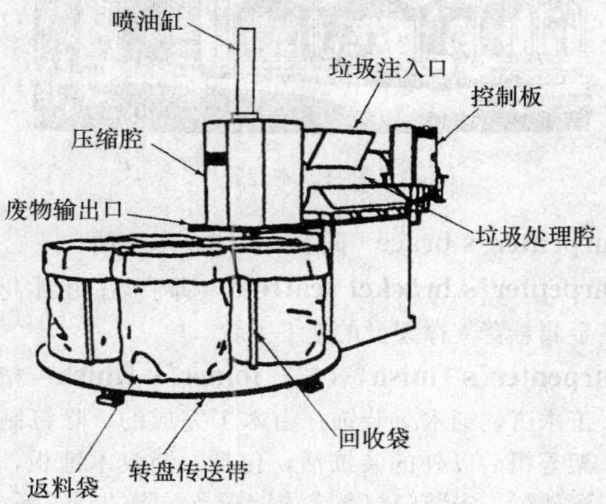

自动垃圾处理机

car park （英）停车场。

Carpenter Gothic，Carpenter Gothic Revival 19 世纪中叶流行于美国的以哥特式装饰为主题的住宅或教堂形式。这些建筑物通常由木匠或建造者直接设计并建造。其具体特征如下：平面通常不对称，立面强调垂直元素，如凸入山墙的尖拱、叶状装饰、带尖的墙垛、卷叶形凸雕、有装饰的托架、卷曲窗格、尖塔、角楼以及老虎窗无不显示哥特式建筑的信息；门廊为平缓的哥特式或都德王朝式拱门式样；立陡的坡屋顶或人字屋顶形成以山墙为中心的立面或交叉屋顶；丰富纹饰的博封板和尖叶式装饰的山墙和老虎窗；屋面装饰以木瓦图案；装饰性很强的高耸的烟囱常常会成簇排在一起；无论凸窗还是平开窗，其玻璃多为菱形或矩形；尖拱窗、复曲线形拱窗、凸肚窗、彩色玻璃窗、三角拱窗均有大量细镶条分隔；入口大门的门板绘制有哥特式花；整板门或拼板门均显示古典时期的特点；门边框偶有侧灯。通常称之为哥特式木建筑。

哥特式木建筑

carpenter's brace 同 **brace，3**；木工钻。

carpenter's bracket scaffold 脚手架；由木材或金属悬臂支撑架设的施工平台。

carpenter's finish，（英）**joiner's finish** 精加工木工，细木工装饰；由木工完成的、除钉制框架等粗活以外的装饰活，包括：铺设木地板，装配楼梯，安装门窗，完成壁橱及线脚的制作等。

carpenters' guides，carpenters' handbooks 见 pattern book；木工手册。

carpenter's level 木工水平尺；一种用来测定水平或垂直直线的木工工具，带有一个安装在木板或金属板上的气泡水准仪。

carpenter's punch 木工射钉枪，木工水平尺（**nail set**）。

carpenter's square，framing square 矩尺，角尺；一种木工常用的扁平的钢制角尺。

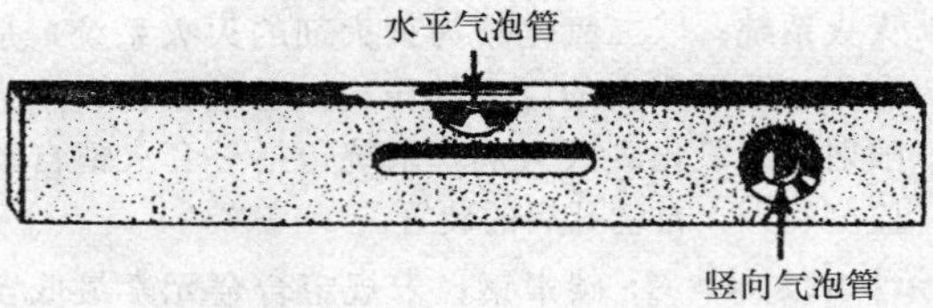

木工水平尺

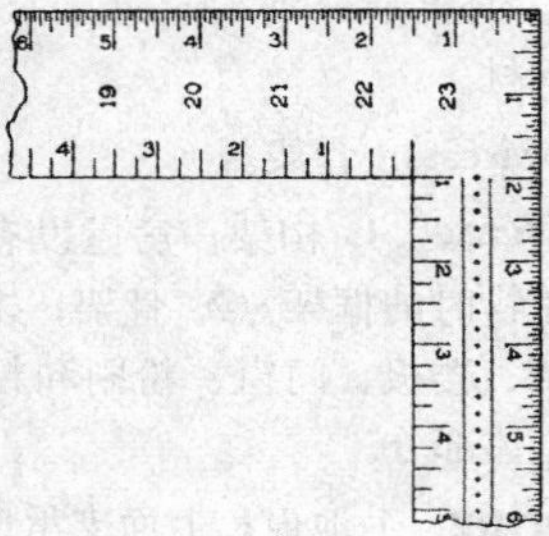

木工角尺

carpentry 木工，木作；一种建筑行当，从事对建筑或结构中木材的锯割、钉及合连接伙构架等作业。

carpet 地毯；一种厚重耐久的、由编织或针织物制成的地板覆面层，一般用平头钉、U形针或粘接材料安装固定。

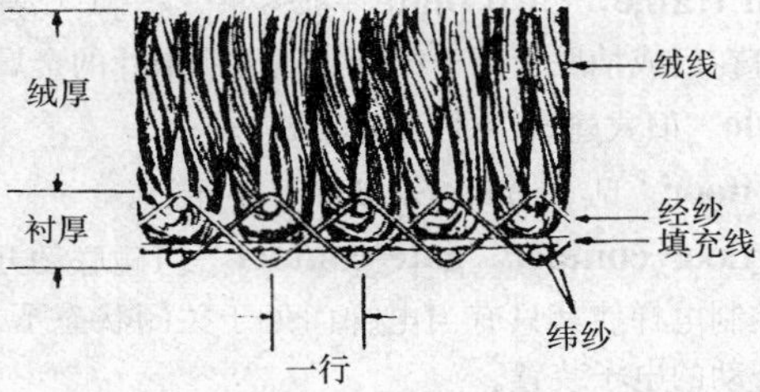

地毯构造

carpet backing 地毯基层；由棉、人造地毯丝、牛皮纸线、黄麻纤维制成的地毯底层材料，有的会有乳胶涂层。

carpet bedding 地毯式垫层；带有装饰性的枝叶或花的一年生小型草本植物垫层，间或填充砾石，布置在样板四周。

carpet construction 地毯编织结构；形容地毯的制作方法及纤维成分编织到地毯基层的方式。常分编织、植绒、针织三类。

carpet cushion 同 **carpet underlayment**；地毯式衬垫，屋面衬垫材料。

carpet density 地毯密度；沿纵向每英寸所含绒束的行数。

carpet face weight 地毯毛束的重量；在美国常以每平方码毛束重量的盎司计量。

carpet fiber 地毯纤维材料；编织地毯所用的纱线，如羊毛、醋酸盐、丙烯酸树脂、棉、尼龙、聚酯、聚丙烯、人造丝等纱线。

carpet float 毛毡滚筒；包裹着一块密织的毡层的木制滚筒，用于在抛光表面滚压出细致的纹理饰面。

carpet installation 地毯；见 **stretch-in carpet installation**。

carpet pile 地毯绒束；直立于地毯基层的纱线束，其上端被修剪平整或绕成环状组形成地毯面。

carpet pile height 地毯绒毛厚度，地毯毛束高度；地毯基材以上的绒毛高度，一般以英寸或毫米表示。

carpet pitch 地毯经密；幅宽方向每英寸经线纱束端头的数量；通常以宽度 27in（68.6cm）的地毯所含纱束端头数量为单位来表示。

carpet repeat 利用成卷地毯上重复出现的特殊花纹间的距离丈量地毯纵向的长度。

carpet strip 1. 地毯扣边；用以固定地毯边缘的木条。2. 在门槛处安装在地面上的木板条（与地毯厚度大致相同）。

carpet stuffers 地毯背底增厚线料；纵向编织在地毯背底中附加的纱线，多为黄麻纤维，以增加地毯的厚度和重量。

carpet tile 小方地毯；用于铺设地面的正方形地毯块，通过胶粘剂粘贴在地板上，形成连续的地面铺装。

carpet underlayment 地毯衬垫；铺装地毯时直接置于地面上和地毯下的衬垫材料，通常为人造毛毡、泡沫橡胶、黄麻纤维毛毡、海绵橡胶或其他类似的合成材料。

carpet warp 地毯经纱；沿地毯纵长方向编织、与纬纱上下交错的纱线。

carpet weft 地毯纬纱；沿地毯宽度方向从地毯的一边织到另一边的纱线。

car platform 同 **elevator car platform**；电梯平台。

carport 汽车棚，车库；独立住宅附属的汽车棚（车库），一边或多边开敞。

carreau 方形或菱形玻璃或彩瓦，用作装饰玻璃。

carrefour 1. 路口广场，开阔的场地；多条不同方向道路或街道汇集的地方。2. 引申为十字路口。3. 公共广场，方场。

carrel，cubicle 小阅读室；图书馆中独立的分隔间或凹室，供单人学习用。

carrelage 特指中世纪用赤陶制成的装饰性地砖，现代砖瓦多有仿制。

carriage 1. 楼梯边梁；在木制楼梯中支承踏步板两端的斜梁；又称 **carriage piece**，**horse**，**rough-string**。2. 在舞台装置中的平衡重支架。3. 用以支承其他可移动物体的可滑动框架。

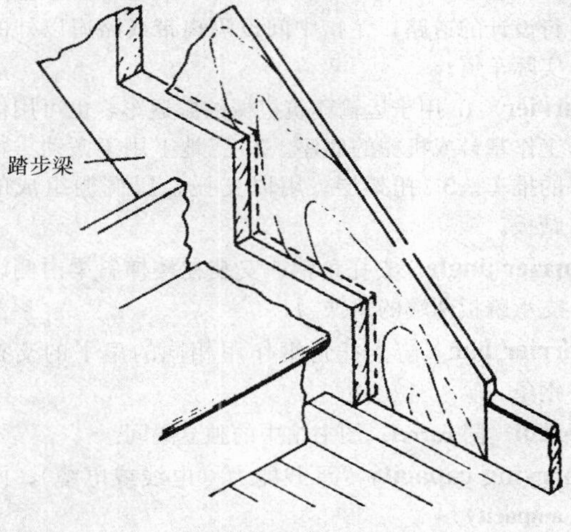

楼梯，边梁

carriage bolt 车身螺栓，方颈螺栓；带螺纹的圆头螺栓，承压面（钉头）成扁平或凸圆形，能够利用自身（如螺钉头下方的方肩）阻止螺栓的转动。

carriage clamp 木工用的一种 C 状夹钳。

carriage house 车屋；见 **coach house**。

carriage piece 楼梯边梁，楼梯踏步梁；见 **carriage，1**。

carriage porch 车廊；大门到建筑物之间有顶盖的车道，可防坏天气对车辆出入时的影响；也见 **porte cochere**。

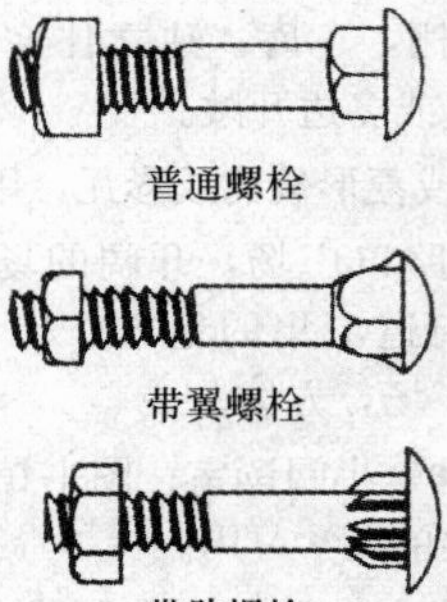

车身螺栓

carriage shed 车棚；简陋的有顶盖结构，一面或多面敞开，旧式用作临时存放马拉大车的车棚，如建在教堂庭院中。

carriageway （英）车行道；为车辆通行而不是人行设计的道路，尤指中间设隔离带或路肩以外的实际车道。

carrier **1.** 用于运输建筑机械的搬运车，也可用作工作基台或机械的底座。**2.** 工地上用于搬动重物的推车。**3.** 托架层；用以支托金属搁栅组成的踏板。

carrier angle 支托角钢；安装在楼梯斜梁内侧以支承踏板两端的角铁。

carrier bar 与支托角钢作用相同的扁平的支托钢条。

carrol 同 **carrel**；图书馆中的独立隔间。

carrying capacity 承载能力（电线或电缆）；同 **ampacity**。

carrying channel 主龙骨；吊顶构造中用于支承整个吊顶的槽形（三面围成）金属构件。

carrying freezer 冷藏室；温度维持在－20 ℉（－28.9℃）～20 ℉（－6.7℃）。

carry up 砖石砌筑时，将墙砌至规定高度。

car safety 电梯保险装置；一种装于轿厢框架或平衡重框架上的机械装置，其作用是当轿厢超过规定速度或要自由下落，或发生绞绳松弛时，他便使轿厢或平衡重停止行驶或受到约束。

car-switch operation 轿厢启停操作；对电梯轿厢的启停和运行方向的操作直接通过且只能通过电梯司机手动控制设在轿厢内的开关或连续按压按钮来实现。

cart house 马车车库；存放双人两轮马车的库房。

cartload 马车承载量；一辆马车的容积，常为 1/4～1yd^3（约合 0.2～0.8m^3）。

carton pierre 制型纸；一种由树胶、白铅粉、纸浆、白垩组成的混合物，经过模制、干燥、修饰后形成的耐久的室内仿石或仿金属装饰物构件，比石膏的还轻。

cartoon 足尺大样图；建筑装修用绘制或印制的全比例细部图纸。

cartouche **1.** 一种装饰匾；经雕刻或装饰镶有涡卷状的雕饰。**2.** 涡卷饰。**3.** 在埃及的象形文字及其演变成的围绕法老名字周围的装饰框。

1. 装饰匾额

cartridge 同 **cartouche**；涡形装饰。

cartridge fuse 熔丝管；密封于管内的保险丝，用以对电路中电流过量时保护电路。

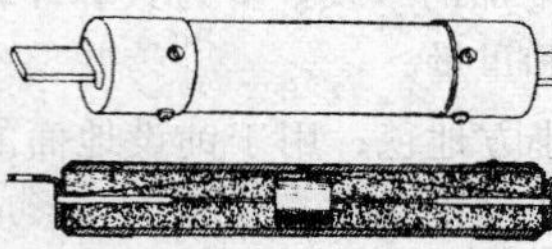
熔丝管：管状保险丝的截面

cartridge heater 筒式加热器；套以金属管筒外壳的电热线圈。

cartridge-type filter 筒状滤水器。

carved work **1.** 雕刻作业；手工雕刻，有不易被仿制的特点。**2.** 砖雕中使用的砖块比常规砖大一些。

carvel joint 平接；两块厚木板之间相邻紧靠的接头。

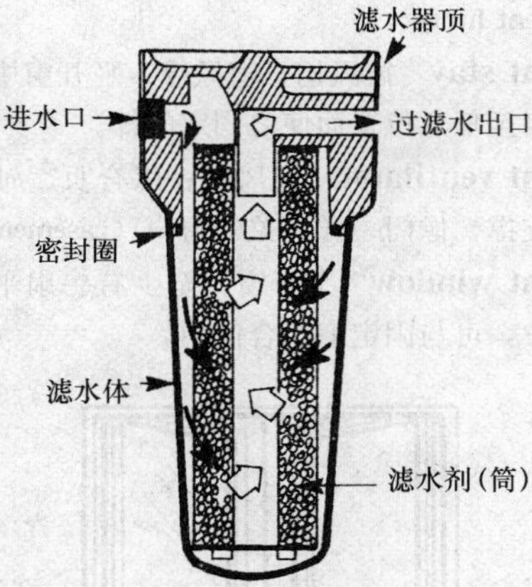

筒状滤水器

雕刻作业：英国早期的雕刻柱头

caryatid 女像柱；通过雕刻或用凹模浇筑成女性人体形象的柱、墩或壁柱等起支承作用的；见 **canephora**。

casa del campo 一种西班牙殖民时期的建筑及其派生的形式；为单层的、中间有天井的乡村砖木结构房屋，双坡顶或平缓的单坡屋顶，屋面铺以筒瓦，屋檐挑出较多以利庇荫。

casa del pueblo，casa del poblador 18～19 世纪流行于城乡的一种西班牙殖民建筑，是由土坯砖垒成的房屋，外墙抹灰并刷白，屋顶由墙上的檩条支承，上铺筒瓦，木框平开窗，面向街道开启的窗户围以护栏或铁栅。

casa del rancho 特指流行于 18～19 世纪的一种西班牙殖民建筑形式：为牧场的主要住所。通常由几部分组成：一个大院子、一个畜栏和一组围成封闭或半封闭天井的房屋。院子入口设有高大的木门；全体家庭成员、仆佣的生活起居处，饲养的家禽家畜的房舍以及附属的储藏室都在一起。

casa de tablas 16 世纪佛罗里达的早期西班牙殖民者居住的单间木框架房屋；同 **tabla house**。

cascade refrigerating system 串联式制冷系统；由两组或两组以上制冷流转回路构成的制冷系统。每一组都有压缩机、冷凝器和蒸发器，其中一个温度较低回路的蒸发器为另一回路的冷凝器提供冷却。

case 1. 饰面；用一种材料覆盖在另一种材料上。2. 同 **casing**，1；贴脸。3. 锁具外壳。4. 玻璃柜；展示和存放食品的设备，常用透明玻璃或塑料制成，做了隔热处理，置于柜台上或悬挂在墙上。

case bay 梁间，桁间；楼板或屋面两主梁或屋架之间的部分。

cased beam 1. 箱形梁。2. 同 **caged beam**。

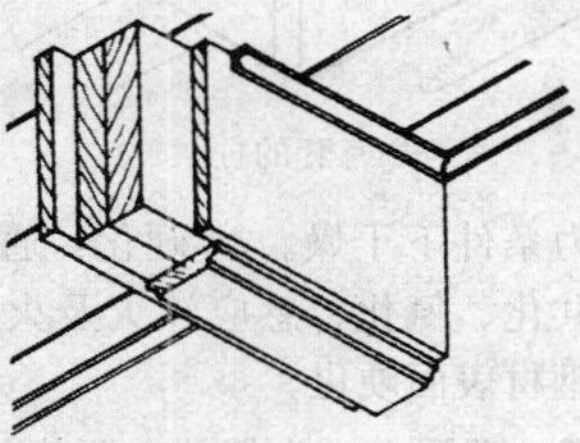
箱形梁

cased pile 钢壳混凝土桩；一种钻孔灌注桩。将混凝土灌注在钢壳中埋入地下的混凝土桩。

cased-in timber 同 **cased beam**；箱形梁。

cased column 同 **caged column**；箱形柱。

cased frame，boxed frame，box frame 箱形窗框；推拉窗的木制框架，中空的侧壁或中梃，内设便于窗子上下拉动的平衡重。

cased glass，case glass，overlay glass 套色玻璃；由两层或多层不同颜色的玻璃叠合而成，有时将上层错开以便露出下层的颜色。

cased opening，trimmed opening 饰边门洞；周边饰以花边的门框洞口，为便于房间彼此联系而不安装门。

cased post 有套的柱。

cased sash-frame 箱形框架。

case-hardened 1. 表面硬化的（合金）；钢或铁合金材料表面经碳化后进行热处理。2. 指由于干燥过快而使表面干裂的（木材）。

case-hardened glass 同 **tempered glass**；钢化玻璃。

case-hardening 1. 使木材表面干燥；（木材工业）木材外层不是在收缩的情况下，而是在内外层之

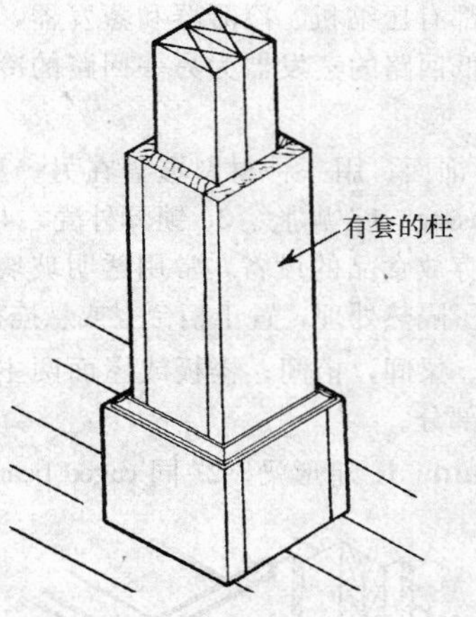

有套的柱

间产生应力条件下干燥。**2.** 硬化：通过碳化、氰化、碳氮共化、氮化、感应淬火及火焰硬化等处理手段使钢材表面硬化。

casein 酪素，酪蛋白；牛奶的主要营养成分。

casein glue 酪蛋白胶，干酪胶；从牛奶中提炼的胶，用于木工或细木工胶合。

casein paint 酪蛋白漆，干酪漆；由干酪乳胶制成可作为胶粘剂的漆。

case lock 安装在表面的锁，例如箱锁。

casemate 暗炮台；堡垒上的拱顶屋或暗室，有供武器射击的洞口。

casemate wall 城堡要塞；由内外两层石墙围合而成的防御工事，中间以横向隔墙加固，隔墙间的空隙可填土或作储藏用。

casement **1.** 平开窗扇（**ventilator，2**）；洞口两侧靠合页转动的一对窗扇；见 **casement window**。**2.** 空心造型，主要用于檐部的中空装饰条。

casement adjuster 窗钩；窗扇开启时可在任意位置将其固定的装置；也见 **casement stay**。

casement combination window 混合窗，部分为平开窗的窗户。

casement door 平开门。

casement fastener 同 **casement stay**；窗风钩，窗风撑。

casement hinge 平开窗的铰链；又见 **butt casement hinge, close-up casement hinge, extension casement hinge**。

casement stay 窗风钩，窗风撑；平开窗中控制窗扇开启至任意位置而使之固定的杆。

casement ventilator 通风窗；以合页、轴或弹簧铰链支撑，像门一样开关的窗户（**casement**）。

casement window 平开窗；至少有一扇平开窗扇的窗户，可与固定窗组合使用。

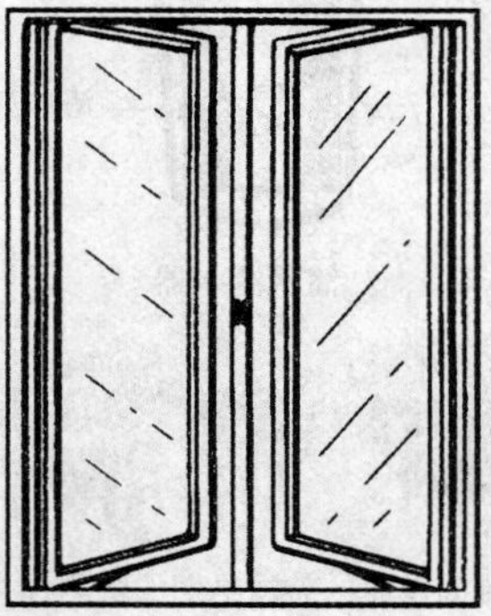

平开窗

casement sash 同 **casement window**；平开窗。

caserne 同 **barracks**；营房，兵营。

case mold 石膏壳模；石膏制成的壳模，用以将模具的不同部件固定在适当的部位，也用来保护上胶或上蜡的模具不受毁坏。

case steel 表面硬化合金钢。

casework 用集合部件（包括框架、饰面、门、抽屉等）组装成的箱子或柜橱。

cash allowance 合同条文中确定的资金数；在合同文件中规定的包含在合同总价中的一额度，用于未说明细节的花销项目，并规定此金额与该项目最终实际花费之间的差额将计入“变更条款”之中，以正确反映总价的变化。

cashel 爱尔兰的一种毛石砌成的围墙，曾经用于保护教堂或其他宗教建筑。

casing **1.** 贴脸；门窗框外露平的或某种造型衬板。**2.** 套，罩，护面；断面均匀的预制成品，覆盖管道或梁柱等结构构件。**3.** 用作孔（洞）衬的一段管道，被打入，钻入或放置入位；也称之为套管。**4.** 水泵中封闭叶轮的外壳。

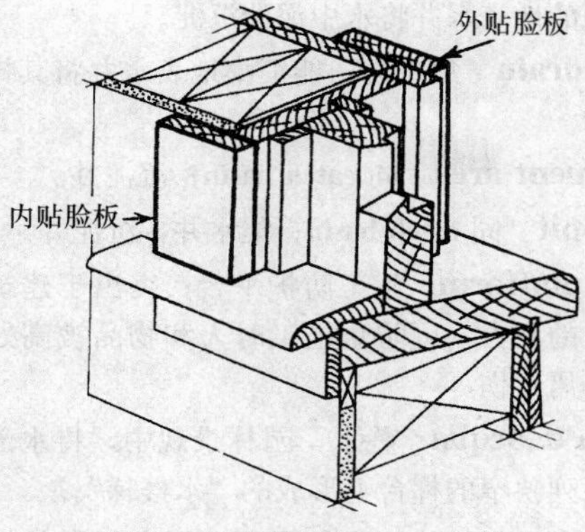

贴脸板

casing bead 珠饰；粉刷面边缘的串珠饰，用于收边或为分隔两种不同材料而设。

casing-bead doorframe 带嵌条的门框；衬以金属串珠饰的抹灰门框。

casing knife 修饰刀；（裱糊工）用来修饰贴脸板、线脚及护壁板边上墙纸的刀具。

casing nail 饰面钉，小头钉；用于装饰工程的细长钉，钉头较小，呈轻微喇叭状。

包装用圆钉

casing-off 在土与桩之间用套筒来消除部分桩与周围土之间的摩擦力。

casino 1. 俱乐部或公共娱乐场所，尤指用于赌博的地方。2. 舞厅；供跳舞的场所。3. 凉亭或看守小屋；宁静的休息处所。

Cassel brown 深棕色；见 **Vandyke brown**。

cassoon 凹镶吊顶；凹入吊顶或顶面的嵌板，镶板。

cast glass 铸造玻璃；将熔化的玻璃灌入模具中塑型的玻璃。

cast，staff （泥抹工）抹灰，塑形；具有装饰性的造型，用模具浇铸成型后再固定就位。

castable refractory 可铸耐火材料；由水硬性水泥（通常为钙铝酸盐水泥）与一定比例的耐火材料混合而成的材料，使用时加入水调合成耐热混凝土或耐热砂浆。

castellated 1. 担负城堡外层防卫的要塞的，特指防卫墙，炮台等。2. 装饰成防卫墙或堞形的。

castellated block 拥有垂直螺纹外饰面的混凝土砌块。

castellum 具有建筑特征的蓄水池，位于输水道的末端、向各个输水道输配水。

casting 见 **founding**；铸造。

casting bed 浇铸台；由玻璃纤维或胶合板制成的模型，用于塑型灌浇混凝土。

casting plaster 浇铸石膏；浇铸时采用的一种加入添加剂的精细研磨石膏，添加剂可增加其硬度并控制其收缩和膨胀。

cast-in-place concrete，in situ concrete 现浇混凝土；浇筑在结构某部位，硬结时与结构形成一体的混凝土，区别于预制混凝土。

cast-in-place pile 现浇混凝土桩；有套或无套的混凝土桩，浇筑后不再移动，与预制混凝土桩相对应。

cast-in-situ concrete 同 **cast-in-place concrete**；现浇混凝土。

cast iron 铸铁；一种含有碳和硅的铁基合金，这种金属抗压强度高，但抗拉强度较低。将熔融的铁水注入砂模、然后进行机械加工可制成多种建筑制品。

铸铁：排污管

cast-iron architecture 铸铁结构建筑；在采用钢结构之前建筑中广泛采用的以锻铁件连接的铸铁构件，可用作商业大厦的结构框架，也可做铸铁的立面构件。该建筑具有以下特点：大量重复的预制铸铁构件；立面上可开比砖石建筑宽大的窗户，由于砖石建筑的墙体会因开大窗而降低强度。

cast-iron boiler 铸铁锅炉；由分段式铸铁部件在安放地组装而成的锅炉，锅炉的容量可以随锅炉段的增加而扩大。

cast-iron front 铸铁立面建筑；由预制构件组成的承重外墙，常用于 1850～1870 年间的商业建筑。

cast-iron lacework 铸铁花边；批量生产的花样复杂的铁制装饰品，经铸铁工艺加工而成，成本比锻铁便宜。

cast-iron pipe，cast-iron soil pipe 铸铁管，铸铁污水管；由含碳硅的铁合金制成的铁管，常以水泥或煤焦油磁漆做接头，外部敷其他材质的涂层以减少土壤腐蚀。也称灰铸铁管。

cast-iron register 铸铁记录器；见 **mantel register**。

cast-iron stove 铸铁炉；见 **Franklin stove**。

castle 城堡，要塞；单独或一组防卫性很强的、供王室或贵族们居住的防御性建筑物。

castlery 环绕城堡且在城堡统治范围内的土地。

cast molding 浇铸的装饰件；用石膏、水泥或其他材料在模具中浇铸成的装饰组件，硬化后方可安放就位。

castrum 古城堡或要塞等坚固堡垒。

cast staff （泥抹业）抹灰，塑型；抹灰时用模具连续铸塑形成线脚并将其固定就位。

cast stone 水泥石，浇筑石；见 **artificial stone**。

CAT. （制图）缩写＝“**catalog**”，目录，一览表。

cat 成卷的草泥混合物，用于填充墙体木料间的空隙。

catabasis，catabasion 缓解期；见 **katabasis**。

catacomb 地下墓穴；埋藏于地下、有放石棺的凹龛的坑道。小型的仅用于存放骨灰盒。

catacumba 长方形教堂的门廊或庭院。

catafalque 灵柩台；在教堂内搭建的一种带顶的台子，用来放置死者的棺材或肖像。

catalyst 1. 催化剂；能加速化学反应过程、而自身不参与反应的物质。2. 硬化剂；在加热或常温条件下可加速胶粘剂固化的物质，一般与合成树脂混合使用。

catalytically-blown asphalt 在吹制过程中使用催化剂制成的氧化沥青。

cat-and-clay chimney 同 **stick-and-clay chimney**；稻草泥烟囱。

catch 闩；用于紧固各种门且只能从门的一侧手动开启的装置。

catch basin 沉泥井；一种蓄水池，专用于汇集大面积的地表水并将水中泥沙沉淀。

catch drain 集水沟；能汇集地表水并将其排走的地沟。

catchment area 同 **catch basin**；沉泥井。

catch pit 同 **catch basin**；集水井，沉泥井。

catch platform 施工防护平台；突出于建筑结构之外的平台，可防止施工时人和物品被高处落下的碎屑致伤。

catena d'acqua 叠水；园林景观中，将水流引入一系列狭窄的梯台上形成的“水楼梯”。

catenary 悬链线；由一根两端固定的柔软绳索形成的曲线。

catenary arch 悬链状拱；形如倒置悬链线的拱。

catenated 悬链饰的；链状花边装饰的。

caterpillar 同 **crawler tractor**；履带式拖拉机。

catface 表面的凹凸；抹灰面上的坑、裂痕、瑕疵等缺陷。

cathead 槽口楔块；置于两块模板之间使其形成一定夹角的凹槽楔块。

cathedra 主教宝座；老式基督教堂中安放在教堂后殿的宝座。

主教宝座

cathedral 主教大教堂；一般指主教区的教堂。

cathedral glass 磨砂玻璃；未经打磨的透明玻璃板。

cathedral precinct 教堂管辖区；被教堂直接环绕的区域。

Catherine-wheel window 有辐射状中梃的圆窗，又称玫瑰窗、轮窗。

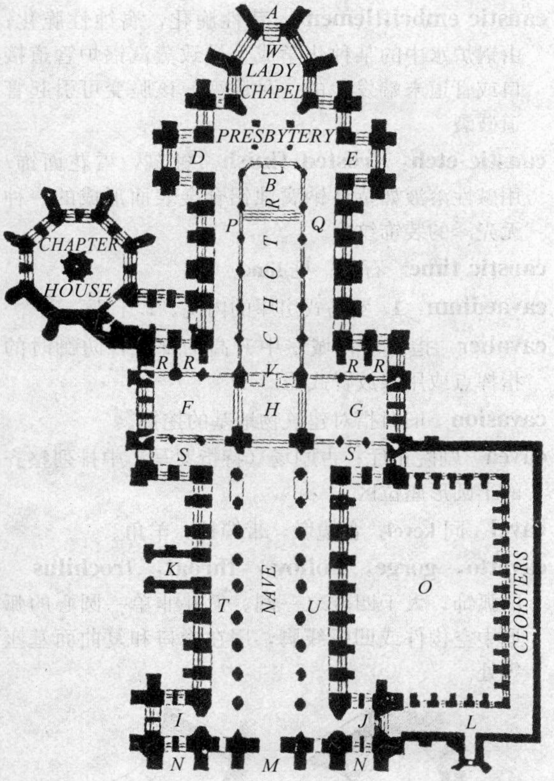

cathedral：威尔斯大教堂平面图。*A*—半圆壁龛；*B*—祭坛，圣坛；*D*，*E*—（十字形教堂的）东部左右两翼；*F*，*G*—（十字形教堂的）西部左右两翼；*H*—主塔；*I*，*J*—西侧塔；*K*—北走廊；*L*—图书馆；*M*—西门；*N*，*N*—北边门；*O*—修道院天井；*P*，*Q*—南北唱诗班通道；*S*，*S*—（十字形教堂的）左右两翼的东西通道；*T*，*U*—教堂中殿的南北通道；*R*，*R*—小教堂；*V*—十字架幕；*W*—女性教堂的祭坛

cathetus 圆柱的轴线；特指爱奥尼柱式中经过柱顶螺旋饰风眼的轴线。

cathodic corrosion 同 **galvanic corrosion**；原电池反应引起的腐蚀。

catholicon 见 **katholikon**。

cathodic protection，electrolytic protection 一种通过防止原电池反应保护水下或潮湿土壤中的含亚铁成分的金属结构的方法；一般把该结构与另一种更具负电荷的金属棒相连，或通以相应大小的反向电流，抵消引起原电池腐蚀的电流。

cation-exchange softening 阳离子交换器软化；以易溶的钠离子取代硬水中的有害离子（如形成水垢的镁钙离子）使水软化的方法。

cat ladder，duckboard，gang boarding，roof ladder 便梯；钉有一道道细木条的木板，可作为修葺坡屋面时工人落脚的临时步级板。

cat's eye 木节，直径小于 1/4in（0.6cm）的针状木节。

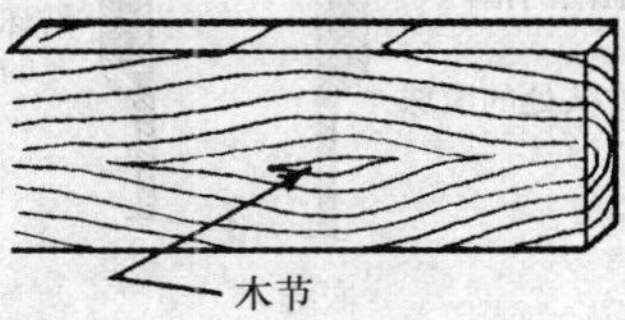

木节

catshead 猫头饰；由一系列动物头像组成的装饰物，与鸟嘴头饰相似（**beakhead**）。

猫头饰

catslide 1. 低斜坡屋顶。2. 美国南部特指盐箱小屋。

catslide house 美国南部特指的盐箱小屋。

catstep 陡坡上建的窄阶见 **corbiestep**。

CATW （制图）缩写＝"**catwalk**"，轻便栈道。

catwalk 轻便栈道；通往不易靠近区域的轻便设施，如轻型桥等。常用在挖掘现场的上方、高层建筑物的周围、礼堂或戏院顶棚的上方、或舞台台口等处。

catstone 同 **barstone**；（炉栅发明前）一对直立于壁炉两旁的石头，用于搁置金属棍。

caul 均压板；金属或木制平板，可作为胶合板、刨花板、纤维板等压制成型时的保护层。

cauliculus，caulicole 科林斯柱式或混合柱式柱头涡卷状叶饰物之间的茎梗饰。

caulis 典型的科林斯柱式每边的第二排爵床植物

叶间的主要茎梗，用以支撑角上的涡卷饰。

caulk 堵缝；用堵缝材料对缝隙或裂痕进行填堵。

caulked joint 嵌缝；铸铁管套口对接时，将一截管的套口放入另一段管的套节中，用麻丝或麻绳填塞其间的环状缝隙并留 1in（2.5cm）深的掩口，注入熔化的铅，最后用封口铁进一步捣实。

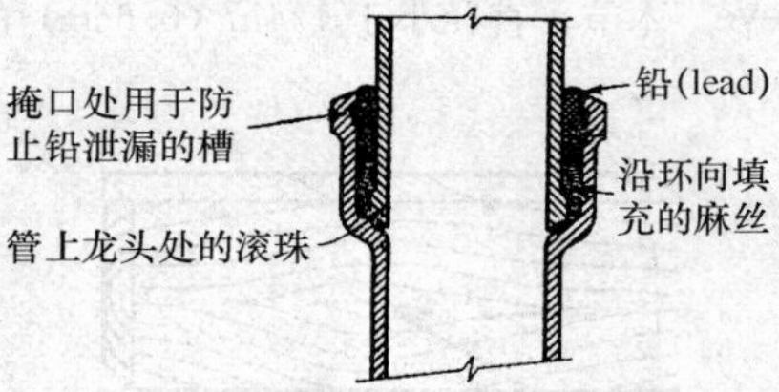

嵌缝

caulked rivet 堵缝铆钉；非常规钉入的铆钉，与孔壁间留有缝隙，但经过冷凿等工艺将铆钉边缘凿下可使其咬合的相当紧实。

caulking，calking 1. 填缝材料；通常指含有硅树脂、沥青或橡胶基等能防水并具有弹性的材料。用于封堵裂缝、填堵接缝、防止渗漏。又见 **caulking compound**。2. 又写作 **cogging**。

caulking cartridge 嵌缝填料筒；填缝枪内由塑料、纤维板或金属制成的一次性的装堵缝材料的筒状容器。装有塑料管口，一般尺寸为直径 2in（5cm），长约 8in（20cm）。

caulking compound 嵌缝膏；一种软质油灰状材料。用于防止构件间的接缝渗漏或封填伸缩缝。常见的两种稠度分别是适用于堵缝枪的“喷射稠度等级”和适用于油灰刀的“刮刀稠度等级”。

caulking ferrule 嵌缝套圈；用于嵌实堵缝的黄铜环箍。

caulking gun 填缝枪；一种挤出式工具枪，手动式需通过手动挤压使堵缝剂渗出；气动式需用气动压力方可操作。

caulking recess 承插口凹缝；指水管的连接处，法兰盘内面为了嵌实用于灌铅的凹槽或对接口。

causeway 1. 高于四周地面的铺砌道路或通道。2. 埃及庙宇间和金字塔间的甬道。

caustic dip 腐蚀浸泡；为了除锈而将金属浸泡在化学溶剂中。

caustic embrittlement 苛性脆化，腐蚀性脆化；由锅炉水中的某种化学成分导致蒸汽锅炉管道接口或管道末端发生的一种脆变，该脆变可引起管道破裂。

caustic etch，frosted finish 蚀刻，雪花面饰；用碱性溶液如苛性钠腐蚀铝合金表面形成的一种无光泽的装饰纹理。

caustic lime 石灰；见 **lime**。

cavaedium 1. 罗马式房屋的内院。2. 门廊。

cavalier 指挥塔；城堡中升高的部分，防御时的指挥点或用来放置武器。

cavasion 旧时指对建筑物地基的挖掘。

cavea 剧院正厅；古剧场（特指罗马）中排列整齐的半圆形座位区。

cavel 同 **kevel**；盘缆墩，带缆柱，羊角。

cavetto，gorge，hollow，throat，trochilus 凹弧饰；大于四分之一圆、但并非单一圆心的弧形中空构件或凹弧线脚，用在檐口和复曲面基座等处。

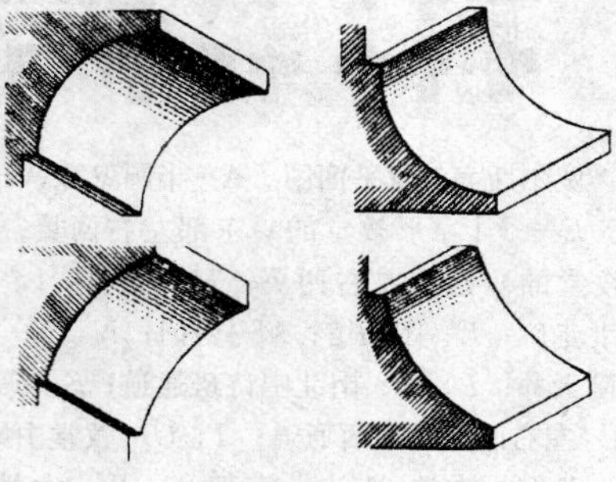

几种凹弧饰

cavetto cornice 凹弧形屋檐；见 **Egyptian gorge**。

cavil 同 **kevel**；盘绳栓。

cavitation 气蚀，空蚀作用；流水中气泡的形成与破裂的现象。

cavitation damage 空蚀破坏；由于水流中气泡破裂引起混凝土上的坑洞。

cavity barrier 同 **fire stop**；防火墙。

cavity batten 墙腔木板条；在砌筑空心墙时，用以接住脱落砂浆而置于其中的木板条。

cavity fill 空腔填充料；空心墙、双层墙或组合地板层中用来增强隔声效果或隔热性的材料。

cavity flashing 空腔泛水；空心墙内分隔空腔用的大片防水材料层。

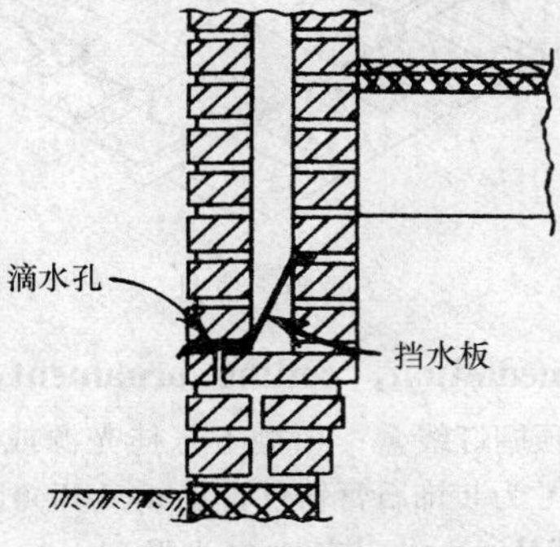

空腔泛水

cavity tie 见 cavity wall tie；空心墙体连接件。

cavity tray （英）空腔泛水（cavity flashing）。

cavity wall, hollow masonry wall, hollow wall 空心墙；一种砖石砌筑的外墙，由连续的空气层将内外墙隔开，但以金属条或板连系，空腔中静态的空气层有利于提高墙体的隔热性能。

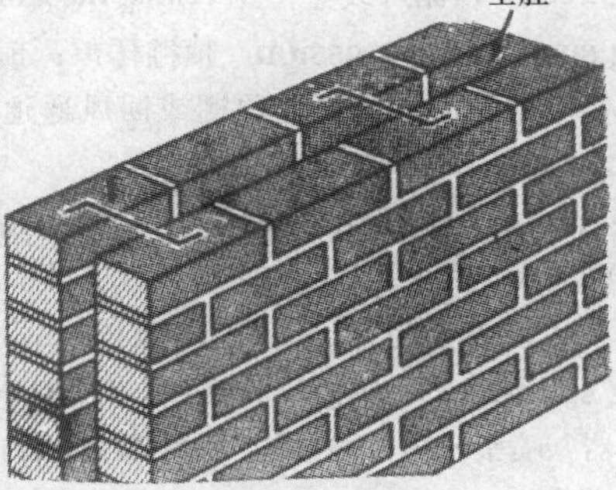

空心墙

cavity wall tie 空心墙体连接件；连接空心墙墙肢的高强度、耐腐蚀的金属连接件。

cavity vent 石材贴面墙上的开洞，用于将空心墙内部的空气和湿气排到墙体外。

cavo-rilievo, cavo-relievo 见 sunk relief；凹浮雕。

cayola 类似砂浆的硬质石膏或灰泥。

CB 缩写＝“catch basin”，集水池。

CB1S 缩写＝“center beam one side”，单向梁。

CB2S 缩写＝“center beam two sides”，双向梁。

CBM 缩写＝“Certified Ballast Manufacturers Association”，注册镇流器生产协会。

CBR 缩写＝“California bearing ratio”，加州承载比。

C/B ratio, saturation coefficient 饱和系数；作为砖石抗冻融能力的一个指标，指砖石构件浸入冷水中与浸入沸水中吸水的重量之比。

c-c 缩写＝“center-to-center”，中心距。

cc, CC 缩写＝“cubic centimeter”，立方厘米。

C-clamp 钢制夹具；一种形如字母C的钢夹具。将两种材料置于C形的前端，通过C形另一端的螺杆施压将其间的材料夹紧。

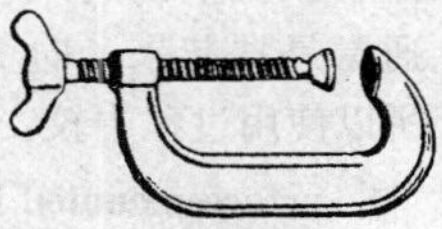

C形夹具

CCTV 缩写＝“closed-circuit television”，闭路电视。

CCTV surveillance system 闭路电视监视系统；见 closed-circuit TV surveillance system。

CCW （制图）缩写＝“counter-clockwise”，逆时针。

cd 缩写＝“candela”，新烛光。

cedar 杉木；以防腐性好而闻名的耐用软木，主要有西部赤柏、白松和东部赤柏。

cedro 指西班牙殖民建筑中用在顶棚中的去皮红杉幼木树杆。

ceil 1. 装顶棚。2. 以饰壁板、护墙板等覆盖物进行的室内装饰。

ceiling 吊顶；室内上空用于隐藏上层楼板或结构屋顶的装饰性覆盖物。

ceiling area lighting 顶棚照明；整个顶棚作为一整个光源发光的照明方式。

ceiling beam 同 ceiling joist；吊顶搁栅。

ceiling binder 平顶搁栅的吊筋。

ceiling cable distribution system 电缆分布系

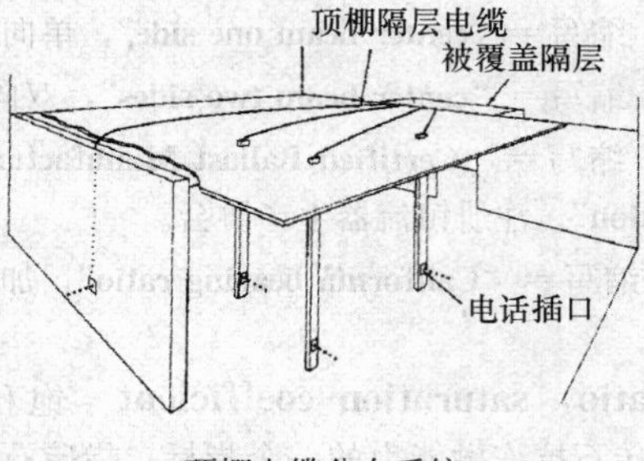

顶棚电缆分布系统

统；分布在顶棚与结构顶面之间的电缆。

ceiling cornice 见 cove molding；顶棚线脚。

ceiling diffuser, ceiling outlet 顶棚空气扩散器；装在顶棚内将空气水平分布于使用空间内的圆形、方形、矩形或条形散流器。

ceiling fan 吊扇；顶棚上的送风装置，由三至五片扇叶组成。通常悬挂起来，向下直接送风。由于转速较慢，所以使用过程中较安静。

ceiling fitting 同 surface-mounted luminaire；顶棚照明设备。

ceiling flange 同 escutcheon，2；顶棚法兰盘。

ceiling floor 顶棚板；用于支撑下方吊顶而不是上方楼板的框架。

ceiling hanger 顶棚挂钩；悬挂顶棚的挂钩，由金属杆或金属丝组成。采用合成橡胶或金属弹簧组件隔绝来自上部结构的噪声。见 resilient hanger 插图。

ceiling hook 顶棚吊钩；一端为木螺钉状的钩子。

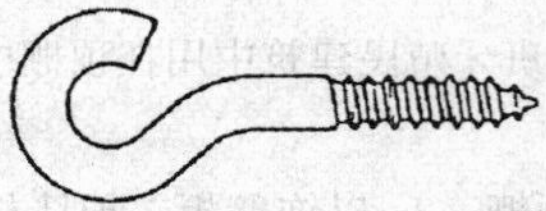
顶棚吊钩

ceiling height 室内净高；竣工后楼面到顶棚面层间的垂直净高。

ceiling joist 1. 承载顶棚的搁栅。2. 固定屋顶顶棚的小梁，榫接在两边联结搁栅并钉于中间搁栅的下面或用板条悬挂在搁栅下面。

ceiling light 吊顶照明；指掩藏在顶棚内的光源提供的照明。

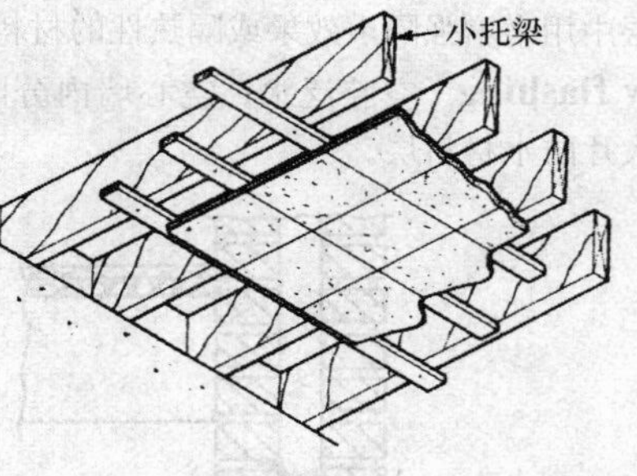

支承吸声顶棚

ceiling medallion, ceiling ornament, ceiling rose 顶棚灯线盒；顶棚上悬挂光源或吊灯架的铸件，常为装饰石膏铸件；见 medallion，2。

ceiling outlet 1. 吊顶空气扩散器。2. 顶棚引出线；安装在顶棚上、供照明灯具或其他电力设备接线的金属电路控制盒。

ceiling plenum 顶棚气隙；（空调系统）吊顶与其上部楼板下表面间的空间，可用作空调的回风通道。

ceiling ratio （照明工程）光源上方的顶棚接受的光流量与光源向上所发出的光流总量的比率。

ceiling rose 顶棚灯线盒；见 ceiling medallion。

ceiling sound transmission 顶棚传声；顶棚系统中相邻房屋间通过相通的顶棚或回风通道中传递声音。

ceiling sound transmission class, ceiling STC 顶棚传声级；以相邻房间顶棚吊顶的隔声值划分的单一数字等级。

ceiling sprinkler 经特别设计安装于顶棚上的灭火洒水器（喷头），有凹嵌式、平齐式或隐藏式等。

ceiling STC 同 ceiling sound transmission class；顶棚传声级。

ceiling strap 吊顶木条；钉于屋顶桁架或椽子底面用于悬吊或固定顶棚的木条。

ceiling strut 一个用于墙体砌筑前固定门框的可调节的垂直杆件，从门框上部伸向上部结构中；也见 strut guide。

ceiling suspension system 顶棚悬吊系统；用来支撑或悬挂主要用于吸声顶棚的一组金属杆件，也可用于照明顶棚或通风顶棚。

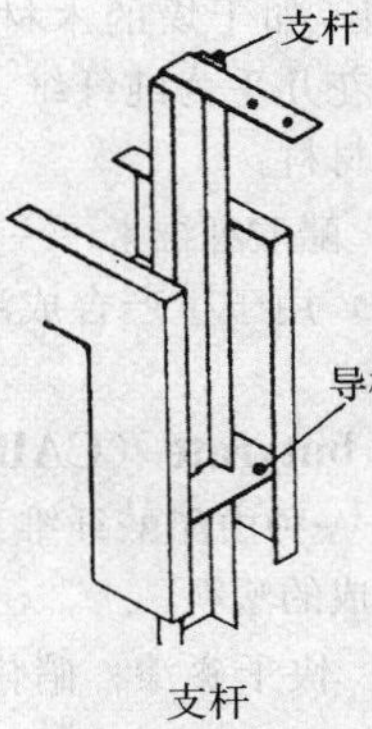

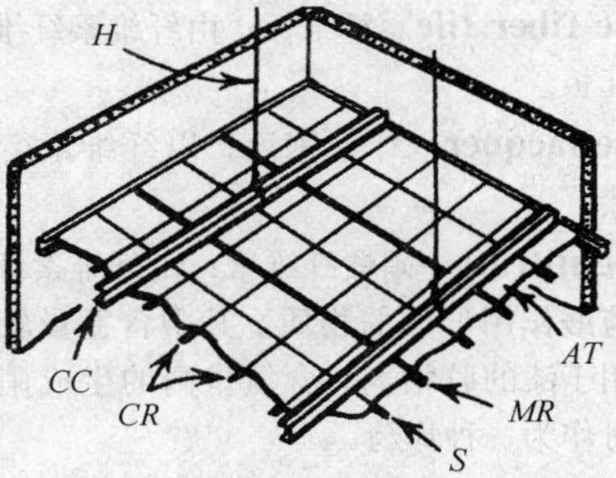

顶棚悬挂系统

AT—吸声瓦片；*CC*—承重凹导槽；*CR*—交叉龙骨；
H—吊杆；*MR*—主横龙骨；*S*—止转楔，花键

ceiling switch 同 **chain-pull switch**；拉线开关。

ceilure 墙上或顶棚上的雕饰；见 **celure**。

celature 金属表面经雕刻、雕镂或浮雕形成的装饰。

cell **1.** 单元；见 **core**。**2.** 部分或全部由墙围成的单独的小隔间。**3.** 格仓式肋穹顶的肋间部分。**4.** 僧侣或囚犯睡觉用的小室。**5.**（电力系统）分格式或地板下管线系统中的单根电缆槽。**6.** 电瓶；（蓄电池）一组提供电源输出的单个供电组件。

cella，naos 古典庙宇中供奉圣像的圣堂。

cellar **1.** 地窖；一间、多间或整层的地下或半地下的空间。因其冬暖夏凉，常用于储藏或作为首层地面或混凝土底板与房间木地板之间的空气绝热层。**2.** 指房间的那部分空间，其大于一半的净空高度处于地面以下；也见 **earth cellar**，**root cellar**，**storm cellar**，**basement**。

cellar bulkhead，cellar cap 地下室隔墙；见 **bulkhead**，**4**。

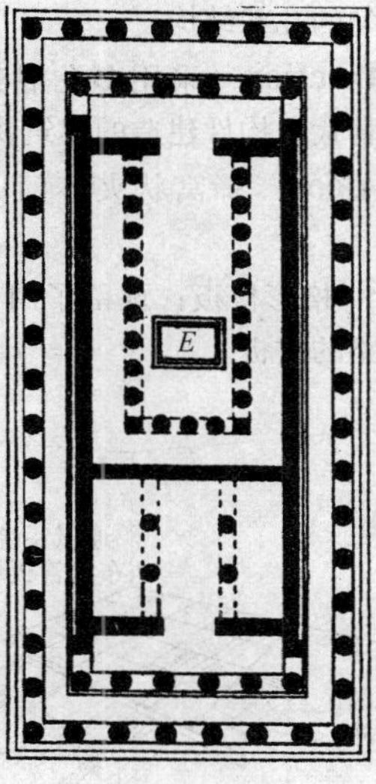

圣堂

E—供奉圣象 *A* 的地方

cellar door 地下室门。

cellar hole 地下坑洞；挖掘地窖后留下的空洞。

cellarino 罗马式或文艺复兴式建筑中塔斯干或陶立克柱式的柱颈。

cellar rot 同 **wet rot**；湿腐。

cellar sash 安装在房屋基础墙上的窗扇，窗扇通常位于水平地梁或水平地面等承担上部墙体重量并起锚固作用的构件之下。

cellarway 地下室通道；通向一间或串联多间地下室的通道。

cellula **1.** 古罗马小神庙中的小圣堂。**2.** 小的房间或储藏室。

cellular block 空心混凝土块；散布着均匀空隙的混凝土砌块。

cellular brick （英）多孔砖；带有一端封闭的孔洞且孔洞率超过 2.0％的砖。

cellular cofferdam 格式围堰；由相互连锁的钢板桩组成的独立围堰，可将内外墙分隔成格。

cellular concrete，aerated concrete 轻质多孔混凝土，加气混凝土；通过在硅酸盐水泥、二氧化硅水泥、火山灰水泥、石灰火山灰或石灰二氧化硅浆或含有这些成分的混合物中加入发泡剂制

成，具有均匀的孔状结构。

cellular construction 采用多孔混凝土（部分混凝土由空隙替代）构件建造的建筑物。

cellular-core door 蜂窝状夹芯门；见 **mesh-core door**。

cellular floor 格形楼板；预留了用于布置通讯或电力线的管路的楼板。

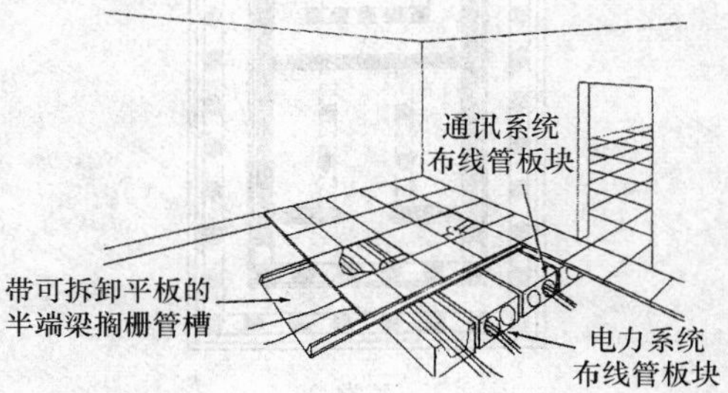

格形楼板

cellular framing 箱形框架结构；见 **box frame，1**。

cellular glass 泡沫玻璃，蜂窝状玻璃；见 **foam glass**。

cellular material 蜂窝状材料；包含大量均匀分散的、或开放或封闭或兼而有之的孔洞的材料。

cellular office 分格式办公室；被固定墙体分隔成众多独立型办公室的楼层空间，对比 **open-plan office**，开敞式办公室。

cellular plastic 泡沫塑料；含有大量均匀分布的孔洞的塑料。

cellular polystyrene 蜂窝状聚苯乙烯；主要成分为蜂窝状聚苯乙烯硬质泡沫的绝缘材料。

cellular raceway 蜂窝状导线槽；组装楼板中用于穿电线的预留通道。

cellular rot 同 **wet rot**；湿腐。

cellular rubber 泡沫橡胶；含有孔状蜂窝的橡胶产品。

cellular striation 多孔塑料条纹缺陷；多孔塑料中，材料性能与其他孔隙构造完全不同的孔隙层。

celluloid 赛璐珞；一种难燃、易成型、易着色但光稳定性差的硬塑料，用樟脑塑化硝酸纤维素制成。

cellulose 纤维素；存在于多种植物中由单个葡萄糖原组成的多糖，如干燥的木材、黄麻、亚麻、大麻、苎麻；棉花几乎为纯纤维素。广泛用于制造各种建筑合成材料。

cellulose acetate 醋酸纤维素；一种由纤维素转化而成的酯类材料，用于生产合成漆、涂料、塑料以及绝热材料。

cellulose acetate butyrate（CAB）plastic 醋酸-丁酸纤维素；一种由醋酸纤维素丁酸酯、塑化剂和其他成分组成的塑料。

cellulose enamel 快干磁漆；硝化纤维素制成的漆；又见 **lacquer**。

cellulose fiber tile 纤维板；由纤维素纤维制成的吸声瓦板。

cellulose lacquer 纤维素漆；以纤维素衍生物为基的漆。

cellulose nitrate 硝酸纤维素；由纤维素纤维与硝酸及硫酸作用形成的物质。其中含氮量较低的易燃，用于漆的胶粘剂；含氮量高的生成硝化纤维素，可作为一种炸药。

cellure 墙上或顶棚上的雕饰；见 **celure**。

Celsius scale 摄氏温标；同 **centigrade scale**。

Celtic cross 凯尔特十字架；竖轴长、水平臂短、交叉处有一平环的十字架。

凯尔特十字架

celure, ceilure, cellure 1. 中古时期的教堂内圣台上方的装饰性顶棚。2. 神坛或十字架像上的镶板顶棚。

CEM （制图）缩写＝“cement”，水泥。

cem ab 缩写＝“cement-asbestos board”，石棉水泥板。

cement 1. 水泥；一种或多种原料（除骨料外）的混合物，它是一种水硬性胶结材料。常被误指为混凝土，如把水泥块误称为混凝土块，又见 portland cement。2. 水硬水泥；经焙烧的石灰石和黏土的混合物。拌有骨料并加入水后发生化学反应，凝结硬化形成石头状的物质。尽管古罗马人发现了可以在水中硬化的水泥（称为水硬性水泥），但直到 17 世纪中叶，在英格兰的实验室里才生产出了不论在或不在水中都能快速凝结的水泥。又见 hydraulic cement, portland cement, Roman cement, water cement。

cement-aggregate ratio 水泥-骨料比率；水泥与骨料的重量或体积之比。

cement-asbestos board 石棉水泥板；由硅酸盐水泥与高比例的石棉纤维粘结而成的一种结实、难燃、抗风化较强的板材；又称为 asbestos-cement board。

cementation 水泥胶结。

cement bacillus 水泥杆菌；见 ettringite。

cement block 水泥砌块；见 concrete block。

cement brick 水泥砖；将水泥和砂子混合、经加压制坯和 200 ℉（93℃）的温度条件下蒸汽养护制成的砖。用在面砖的下面等不暴露在酸碱的环境中。

cement clinker 水泥熟料；见 clinker, 1。

cement-coated nail 水泥涂层钉；在钉的表面涂上一层水泥以增加其握力。

cement content, cement factor 水泥含量；单位体积混凝土或砂浆中的水泥含量，以重量表示，但通常多以每立方码混凝土中水泥的袋数表示，如 6½-袋水泥的混合物。

cemented soil 胶结土；被化学物将颗粒固定在一起的土壤。

cement factor 水泥系数；见 cement content。

cement fillet, weather fillet 水泥线脚；指屋面板与立墙相交处的泛水上的砂浆抹灰，用于防止渗水。

cement fondu 同 calcium aluminate cement；铝酸钙。

cement gel 水泥（凝）胶体；由大量含有熟化氢氧化物的多孔水泥浆组成的块状胶体，存在于充分水化水泥浆的孔隙间。

cement gravel 由砾石和黏土、碳酸钙、硅砂或其他胶结物质粘结而成的砂砾块。

cement grout 稀水泥砂浆；见 grout。

cement gun 水泥浆喷枪；以压缩空气为推进动力均匀喷涂水泥浆的机械。

cementitious 水泥的。

cementitious material 胶结材料；与水混合后具有可塑性和粘结性（有或没有骨料）的材料，该特性是使其就位和塑型的必需条件。

cementitious mixture 粘结性混合物，灰泥浆；混凝土或含有水硬水泥浆的混合物。

cement mixer 混凝土搅拌机；见 concrete mixer。

cement mortar 水泥砂浆；水泥、石灰、砂或其他配料与水的混合物；用于砌体结构表面上浆或砌筑坐浆。加入石灰是为了提高塑性和防潮能力；也见 mortar。

cement paint, concrete paint 1. 水泥涂层；通常由白色硅酸盐水泥、水、颜料、碱石灰、防水剂、吸湿盐混合而成的涂料，用于砌体结构表层防水。2. 水泥表面抗碱侵蚀的涂料。

cement paste 水泥浆。

cement plaster 1. 水泥粉刷；以硅酸盐水泥为胶结剂、现场添加砂和石灰而成的材料，用于潮湿的室外工程或高度潮湿的部位。2. 在某些地区指石膏粉刷。

cement rendering 水泥粉刷；用硅酸盐水泥和砂子混合物对墙面进行的涂刷。其抗侵蚀（风化）能力较差。

cement rock, cement stone 水泥灰岩；指黏土质石灰石。其中矾土、石灰、硅土的含量不同决定了水泥品种的不同；决定是否可不添加其他材料单独使用。

cement screed 水泥砂浆找平层。

cement slurry 水泥灌浆料，粉刷料；一种水泥与水的混合物。用于对预先填好的骨料注浆或对表面涂浆。

cement stucco 同 stucco；水泥拉毛粉刷。

cement temper 水泥增强剂；作为添加剂使用的硅酸盐水泥，加入石灰浆中提高其强度和耐久性。

cement-water paint 水泥涂料；见 cement paint。

cement-wood floor 水泥木屑地面；用硅酸盐水泥、砂子和木屑的混合物浇筑的地面。

cemetery beacon 12～13 世纪的欧洲存在的一种带有祭坛的灯塔。

cem. fin. 缩写＝“cement finish”，水泥罩面。

CEM FL （制图）缩写＝“cement floor”，水泥地面。

CEM MORT （制图）缩写＝“cement mortar”，水泥砂浆。

CEM PLAS 缩写＝“cement plaster”，水泥粉刷。

cen 缩写＝“center”或“central”，中心。

cenaculum 古罗马时指一种小型非正式餐厅，常设在楼上。

cenatio 古罗马时指一种住宅内的正式餐厅，有时甚至是在一独立房子内。

cenotaph 纪念碑（无遗体埋葬的）；为纪念而立的碑，死者并不埋在里面或下面。

center 1. 胶合板的中板层。2. 叠层结构的中心层。3. 拱鹰架。4. 圆心；圆的中心点，到弧上各点的距离相等的点。

center bit 中心钻，转柄钻；一种在木头上钻孔的工具。通过锐利的尖头（或螺纹钉头）对钻孔定位，以突出的切刃刻出孔径，以曲柄控制钻的转动。

center flower 中央花饰；圆形石膏装饰品。

center-gabled pediment 山墙立面中间的三角山花，与山墙齐平或向前突出。

center gutter 同 valley gutter；中央排水沟。

center-hall cabin, central-hall cabin 一种由

中心钻：钻头

走廊连系两个房间的房屋，两个房间外侧墙上各有一外置壁炉，与过廊小屋（dogtrot cabin）和鞍袋形小屋（saddlebag cabin）比较。

center-hall plan 美国殖民建筑的平面形式，通常房屋每层对称布置有两个房间，中间以走廊相隔，走廊上的楼梯可通向顶部阁楼。

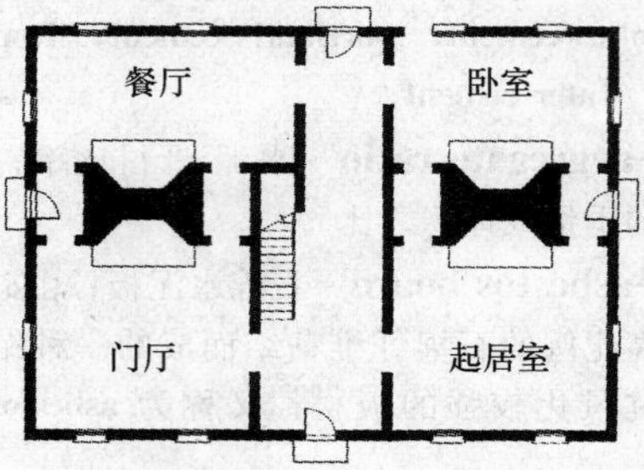

美国殖民建筑的平面形式

center-hung door, center-pivoted door 中旋门；由一根轴支撑并绕其旋转的门，轴被暗装在地板内，并对准门的中心；分单旋和双旋两类。

center-hung sash 中旋窗；绕水平轴转动的窗扇。

centering 拱鹰架（装置）；在结构能够承受自重前支撑穹顶或拱顶的临时结构。

centering rafter 中心椽；毗邻角椽的普通椽子，连接屋顶顶部的纵向构件。

center line 中线；表示对称的轴线，在制图中常以虚线表示。

center-matched 中心企口板；企口居中的板，与企口在一侧的标准板不同。

center nailing （屋面石板瓦）中心钉法；沿下层石板瓦的接缝处敲击上层石板瓦的中上部位将其钉牢。

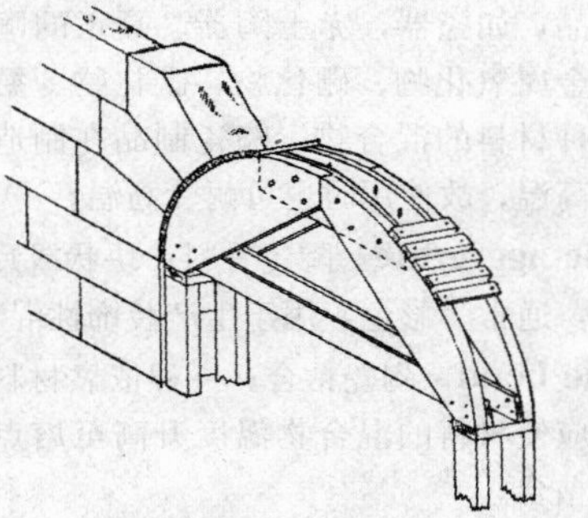

两种拱鹰架

center of gravity, center of mass 重心；物体内的一点，如果将整个物体的质量集中在该点，地球对该物体的引力作用维持不变。

center of mass 质心；见 center of gravity。

center of twist 扭转中心；见 shear center。

center-opening door 同 biparting door；双向滑动门。

centerpiece 中心花饰；置于物体中心的装饰，如顶棚中间的装饰品。

center pivot （门的）中心枢轴；位于门中心线上的转轴，通常安在距合页边框 2¾in（7cm）处。

center-pivoted door 中旋门；见 center-hung door。

centerplank, heart plank 中心板；一般指原木近中心处锯成的硬质木板。

center punch 中心冲头；一端为一尖锐冲头的钢钎，通过手持操作在金属表面标记钻孔位置。

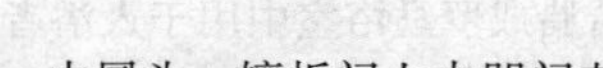

中心冲头

center rail 中冒头；镶板门上内凹门芯间的横挡，一般位于门锁高度。

centers 拱架；见 centering。

center shaft 转门立轴；转门旋转环绕的垂直轴杆。

center stringer 楼梯中间斜梁；位于楼梯段下部中间位置的斜梁，支撑楼梯踏步板使其处于悬臂状态。

center-to-center, on center 中心距；一元件、构件或组件（例如板墙龙骨或搁栅）中心之间的直线距离。

centi 标示百分度的前缀。

centigrade 摄氏温度计的；摄氏温度计的刻度分为 100 个，以水的冰点作为 0℃，沸点作为 100℃。

centigrade heat unit 同 pound-calorie；摄氏热量单位。

centimeter 厘米；在公制系统中表示百分之一米的量度，缩写为 cm。1in 等于 2.54cm。

central air-conditioning system 中央空调控制系统；指由一台或多台设备对空气进行集中处理的空调系统，利用风扇或泵通过管道对各个房间送风或回风。

central air-handling unit 中央空调机组；通过管道将调节后的空气输送到位的一套机组。

central fan system 中央通风系统，空调的机械系统；空气经外部设备处理并通过管道进行分配的一套机械系统。

central-hall plan, central-passage plan 同 center-hall plan；大堂平面图。

central heating system 中央供热系统；将集中锅炉中产生的热力通过管网输送到建筑各部位的系统。

centralized HVAC system 中央空调系统；拥有独立制热和（或）制冷源进行配风的加热、通风系统。

centralized structure 主轴的长度相同的建筑结构。

centrally located chimney, central chimney 中心壁炉；位于房屋中心区域为整栋房屋冬天供暖的大体积炉子。

central-mixed concrete 集中拌制的混凝土；在定点的搅拌站完成搅拌混合后送至工地的混凝土。

central mixer （混凝土）集中搅拌站；定点的混

凝土搅拌站，能将新搅拌好的混凝土运送到工地。

central newel 中心柱；螺旋楼梯围绕旋转的柱子。

central pavilion 中央亭楼；纪念建筑或大宅院正立面居中的突出部分。通常为圆顶，两层高，通过多种装饰元素加以强调。

central-plant refrigeration system 集中制冷系统；由多个制冷压缩机和循环泵组成的制冷系统。制冷介质由制冷中心向远端区域分配。

central-services core 核心筒；高层建筑中，电梯、梯井、楼梯和厕所所在的中心区域。

central station 总站；建筑物内控制一套或多套报警系统的控制室，控制室与消防队、警察局或其他外部机构有直达电话线相联系，由操作员监视、管理和控制这些系统。

centric load，concentric load 集中荷载；通过构件横截面形心并垂直于截面的荷载。

centrifugal compressor 离心式（空气）压缩机；依靠离心泵产生压缩的压缩机。

centrifugal fan 离心式风扇；被置于螺旋形机壳内、能将轴线方向来的气流呈放射状发散出去的风扇，风扇可由皮带传动或由发动机直接驱动。

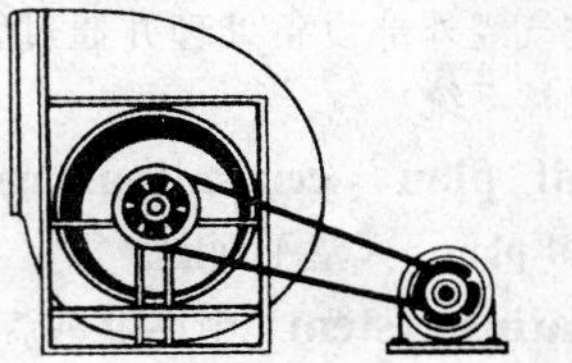

离心式风扇

centrifugally-cast concrete 离心浇筑混凝土；见 **spun concrete**。

centrifugal pump 离心泵；通过旋转的叶轮将产生的离心力施加给流体的泵。

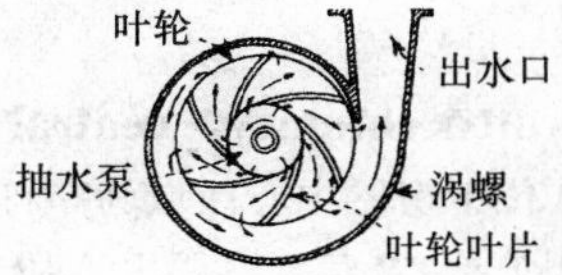

离心泵

centring 同 **centering**；拱鹰架（装置）。

centroid 形心；二维图形的中心点，平面的重心。

centry-garth 坟场，墓地或公墓。

CEQ 缩写＝“**Council on Environmental Quality**”，改善环境质量委员会（美国）。

CER （制图）缩写＝“**ceramic**”，陶瓷制品。

ceramic 陶瓷制品；以黏土或类似材料制成的一类产品，如瓷器，赤土陶器。真正的陶瓷制品都含有金属氧化物、硼化物、碳化物、氮化物或以上几种材料的混合物。陶瓷制品在制造过程中经受过高温，故使用时也可耐受高温。

ceramic aggregate 陶瓷骨料；块状或片状的陶瓷制品，通常为彩色，用于生产装饰性混凝土。

ceramic bond 陶瓷粘合；一种依靠材料之间热化学反应使材料的混合物温度升高至熔点而产生的一种粘合。

ceramic coating 陶瓷涂层；涂于金属表面上的非金属无机保护层，使金属适于灼热工作环境。

ceramic color glaze，ceramic glaze 釉，磁釉；一种不透明的、彩色的釉面或有光泽的装饰。釉是通过喷涂或浸渍工艺使黏土胎表面附着上一层金属氧化物、添加剂与黏土形成的化合物，再在高温下烧制，使化合物熔融并与胎体结合获得。

ceramic-faced glass 釉面玻璃；一种在高温作用下将彩色的陶瓷材料熔融并永久附着在玻璃表面上制成的玻璃。

ceramic tile 陶瓷马赛克砖；用陶瓷或天然黏土通过粉尘加压法或塑造法制成的一种未上釉的瓷砖。通常每块1/4～3/8in（0.64～0.95cm）厚，大小不少于6in^2（38.7cm^2），粘贴于一薄纸上以便于铺贴。

ceramic veneer 陶瓷面砖；一种表面为釉质、呈片状的建筑用赤土陶瓷。背面有刻痕（凹槽）或棱纹，以使瓷砖能牢固地附着于墙面或其他表面。

cercis 希腊剧场两个阶形通道之间的楔形或梯形断面的座位。

ceroma 希腊或罗马浴室中用于入浴者和摔跤选手涂抹一种被蜡稠化的人体油的房间。

certificate for payment 付款证书；由建筑师向业主提供的一份付款报表，确认业主应付给承保人所完成的工程款或购买适当存储材料及设备的费用。

certificate of compliance 合格证；依照准则、法规和规范，政府职能部门向整栋建筑或指定部分办法的证明文件。

certificate of insurance 保险单；一种保险契约，由一个被保险公司授权的代表所发布的对指定投保户有效保险的类型、保额和有效期的契约。

certificate of occupancy 使用许可证；由政府权力机关颁发的证明，证明建筑物要遵从于可适用的法令和规章条例，并允许占有者按指定用途使用，也称为“an occupancy permit”或“a certificate of use and occupancy permit”。

certificate of substantial completion 竣工证明；建筑师检查后出示的合格证明，(a) 确定工程或工程中的某一部分已经满足按建设目的投入使用的需求；(b) 确定实际竣工的日期；(c) 确定过渡时期所有者和承包商在供热、维修、安保和可能出现的损坏及保险方面所承担的责任。(d) 确定承包商完成检查单中条款的具体时间（见 punch list）。

certificate of title 产权证书；由相关房产注册局出示的证明材料，确定在审核的土地是合法持有，同时出示土地性质及有关土地的妨碍缔约条件。

certification 证书；对符合说明书或一定规范标准的特别产品或服务出示的书面说明。

certified 证明合格的；由实验室、高级工程师、生产商或承包商出示的证明，证明材料、装置或组件满足适用规范要求。

certified ballast 鉴定合格的镇流器；一种按“注册镇流器生产协会”规定的性能指标制造的荧光灯镇流器。

Certified Ballast Manufacturers Association 独立的荧光灯镇流器制造业组织。

certified construction specifier 得到美国施工规范协会考核认证的专业人士，证明其在建筑建造计划书的准备方面中具有专业的文化及艺术素养。

certified output rating 同 gross output；额定输出功率。

certosa 天主教加尔都西会教士的修道院，如在意大利。

cesspit 同 cesspool；污水坑。

cesspool 1. 污水渗井；埋于地下有衬层及顶盖的地坑，收集从污水系统中排出的生活污水或其他有机废弃物；其设计形式便于截留有机物和固体，而允许液体从底部和侧面渗出；也称为“a leaching cesspool”或“pervious cesspool”。2.（英）有铅衬的木盒子，用作屋面天沟，收集雨水并导入落水管中。

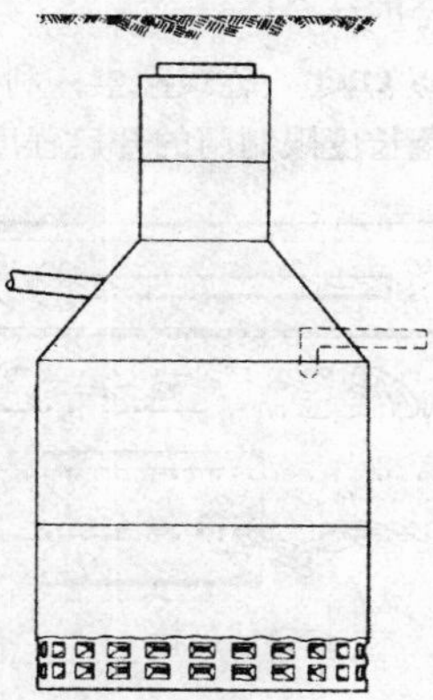

污水渗井，污水池

CF 1. 缩写＝“cost and freight”，货价加运费。2. 缩写＝“cooling fan”，冷风扇。

cfm 缩写＝“cubic feet per minute”，立方英尺/分。

CFR 缩写＝“Code of Federal Regulations”，联邦管理规范。

CG 1. 缩写＝“coarse grain”，粗颗粒。2.（制图）缩写＝“ceiling grille”，吊顶搁栅。3. 缩写＝“corner guard”，护角。4. 缩写＝“center of gravity”，重心。

CG2E 缩写＝“center groove two edges”，中心槽两边。

chafer house （古英语）酒店。

chaff house 农场中用于储藏饲料的附属建筑，如储藏玉米壳、切好的干草等。

chain 测链；土地测量员使用的标准距离测量仪器；又见 Gunter’s chain。

chain block, chain fall, chain hoist 链滑轮组，链滑车；由一条足够长的索链悬挂在高架轨道上，用于手动提升重物。

chain bolt 带链插销；门顶端的弹簧闩，通过附着其上的链条带动。

chain bond 链式埋件；通过在砌体中埋置铁棒或拉条使砌块相互拉紧。

chain bucket loader 链斗式装载机；铲斗装于滚轮链上的勺轮装载机。

chain course 链式砌合层；将砌块端部用铁箍使砌块相互集合的结合层。

chain door fastener 链式门栓；利用安装在门和门框间的链条长度限制门的开启程度的一套装置。

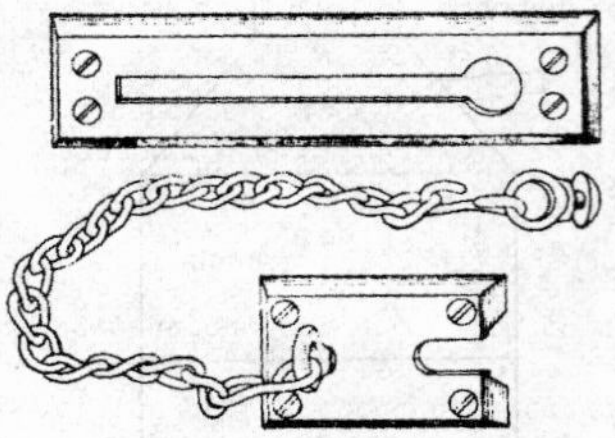

链式门栓

chain-driven machine 链（齿轮）传动机械；靠可逆转式发动机的链条传动电梯等装置的机械。

chaînes 流行于17世纪法国乡土建筑中的一种墙饰面，以竖直的粗面石条将正立面划分成凸出或凹入状形式。

chain fall 链绳；见 **chain block**。

chain hoist 吊链；见 **chain block**。

chaining 链测法；用测链或卷尺测量距离的方法。

chaining pin，surveyor's arrow，taping arrow，taping pin 测钎；用于地面测量时标记钢卷尺测量长度的铁钎。

chain intermittent fillet weld 链式跳花贴角焊；连接处两条间断的角焊缝链，一条焊缝与另一条基本对应。

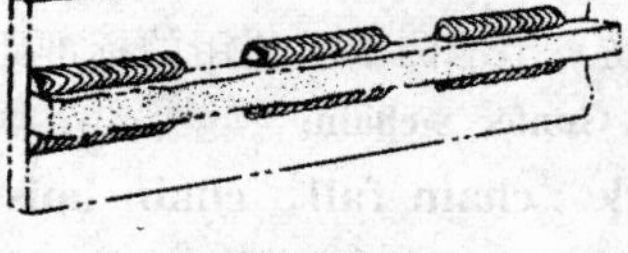

链式跳花贴角焊

chain link fence 金属防护网；用粗铁丝（一般有锌或其他保护层）以相互交织的方式编织成的栅栏。铁丝之间保持连续啮合但不打结（镶边除外）。铁丝围栏以金属柱来固定就位。

chain molding 链条花边；雕刻有链条图案的线脚。

chain-pipe vise 链台钳；以链条钳夹紧固铁管的便携式虎头钳。

chain pipe wrench，chain tongs 链式管子扳手；一种用于旋转管子的水管工扳钳，包括一根具有利齿的手柄。可将管子与一根可调节的短链紧密啮合在一起，链条牢牢地缠绕管子以保证在旋管时管子不松动。

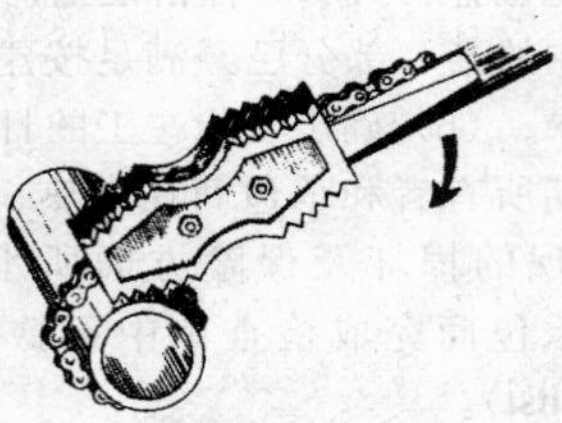

链式管子扳手

chain-pull switch 拉绳开关；一种以链或灯绳来控制室内电路的开关，通常安装于顶棚上。

chain pump 链泵；由一条安装在铰盘上的长链通过管道传动的水泵，用于抽取泥浆。

chain riveting 平行铆接；一种由两列铆钉沿接缝平行布置，铆钉排列不交错的铆接形式。

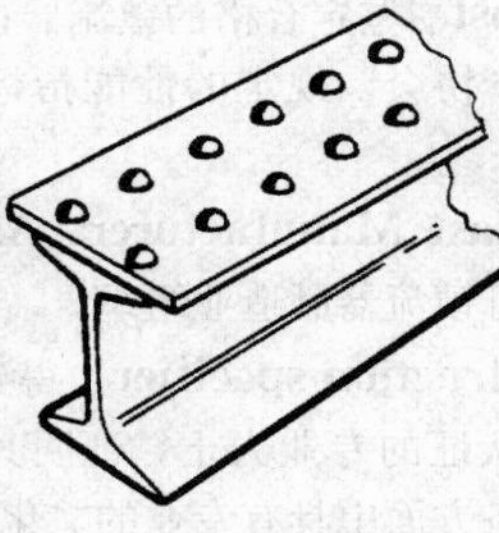

平行铆接

chain saw 链锯；一种手持式动力驱动的木锯，伸出的臂上装有一条链条，链条内侧装有用于切割的锯齿。

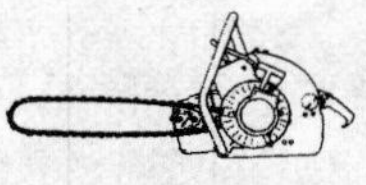
链锯

chain scale 链式比例尺；绘图员或工程师用的比例尺，用英寸为单位，以 10 和 10 的倍数为刻度。

chain timber 系木，木圈梁。

chainwire 铁丝网编织的图案样式。

chair **1.** 钢筋（支）座，钢筋（支）架。**2.** 一种埋入薄的隔墙和楼板中的金属框，用于支撑卫生设备（如脸盆，厕所用具）以免与楼板直接接触。

chair board 同 **chair rail**；靠椅栏。

chair house 同 **cart house**；存放双人两轮马车的库房。

chairlift 吊椅；为了满足美国残疾人法案要求，在私人住宅或商业建筑楼层间设置的运送独立乘客的电动升降机，乘客坐在椅子上可以上下倾斜的楼梯。

chair rail 护墙板条，靠椅栏；水平贴于灰板墙上的木质板条，其高度恰好可以保护墙体不受椅背碰撞而损坏。

chair rail cap 护墙板条或靠椅栏顶面上的压条；见 **cap**，**3**。

chaitya 石窟寺；佛教或印度教避难所、圣地或寺庙。

chaitya hall 紧邻佛教寺院的佛堂。

chalcedony 玉髓；一种亚微观种类的石英，通常为半透明状，含有数量不定的蛋白石，可在硅酸盐水泥中与碱反应。

chalcidicum，chalcidic **1.** 一种有圆柱的门廊或以柱支撑的大厅或任何具有与古罗马长方形会堂特征相关的附属建筑；也包括与基督教堂相关的附属建筑。**2.** 古罗马长方形基督教堂的前厅。**3.** 古罗马建筑中用作司法机构功能的建筑物。

chalcidium 古罗马法庭（长方形会堂）主要部分之外的供委员会使用的屋子。

chalet **1.** 一种仅见于阿尔卑斯山地区的原木屋，以其陈列性和装饰性结构件、阳台、楼梯的使用而著称，上层通常比下层要凸出。**2.** 任何与之设计相似的建筑；见 **Swiss cottage architecture**。

chalk 白垩；一种软质石灰石，常为白色、灰色或浅黄色，主要成分是石灰质的海洋生物遗体。

chalkboard 粉笔书写板，黑板；用于标记的面板，主要使用粉笔，可擦干净后反复使用。

chalkboard trim 包括外框、书写板及其他小五金。

chalked 粉化，哑光；见 **chalky**。

chalking 粉化；由于风化作用或环境因素引起的破坏使粘结料或合成橡胶的分化瓦解形成粉状表面的过程。如水泥涂料表面，当胶粘剂分解后涂料松散地附着，用手擦拭，就像粉笔灰一样易于擦掉。

chalk line **1.** 粉线；用一段涂着粉笔灰的细绳在施工板表面抻弹后留下一条直的标记线。**2.** 用这种方法划下的白线。

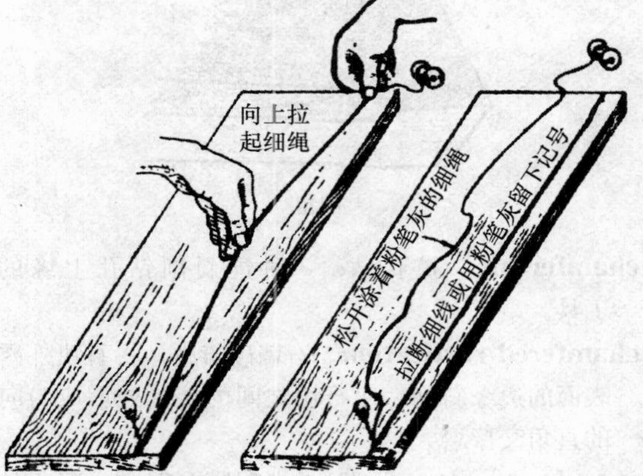
向上拉
起细绳
松开涂着粉笔灰的细绳
拉断细线或用粉笔灰留下记号
粉线

chalky，chalked 粉化的，无光的；指瓷器表面釉质失去其自然光泽并变成粉末状的状态。

CHAM （制图）缩写＝“**chamfer**”，斜面，倒角。

chamber **1.** 寝室；用于私人起居、会友、交流的房间，有别于较公开和正式活动的房间；又见 **bed room**，**boudoir**，**cabinet**，**closet**，**den**，**parlor**，**solar**，**study**。**2.** 其功能具备了社会性的房间，如参议院，接见室（觐见室）等。**3.** （英，复数）一套私人居住的房屋。**4.** （复数）具有特殊功能及技术装备的空间，如刑讯室、燃烧室。

chamber story 寝室层；住宅中完全被卧室占据的一层，又称为 **chamber floor**。

chamber test 建材防火试验；由美国保险商联合试验有限公司从事的楼面材料防火测试室，测定火焰的蔓延速度和距离。

chamber tomb 墓室；见 **passage grave**。

chambered hall 平面为一间房，高两层的房屋。

chambranle 门窗框饰；环绕在门、窗框的顶端和边框以及壁炉洞口四边的装饰。顶片或楣称之为横框饰，边框或边柱称之为竖框饰。

chambrel 复斜屋顶的旧称。

chamfer **1.** 斜面，倾角；砌体墙的阳角的斜削面。**2.** 波形线条。**3.** 犁开的沟槽。**4.** 削角，斜削如木板或石料的边缘或角造成的斜面，通常为 45°角。

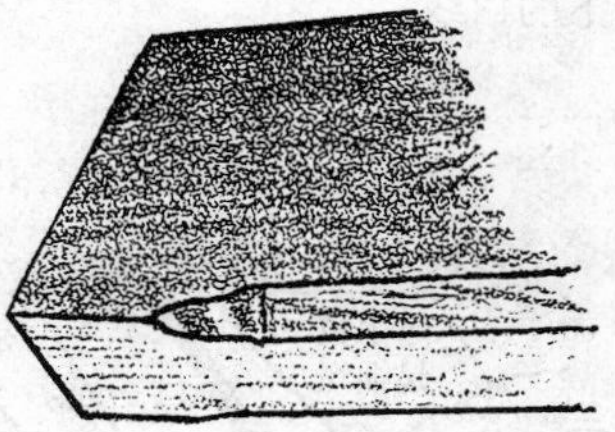

削角

chamfer bit 扩孔钻；一种能斜削钻孔上缘的工具。

chamfered rustication 石墙砌筑中，将石块外露表面的边缘斜削，使石块之间的接缝处形成内向的直角交接。

chamferet，chamfret **1.** 凹的斜面。**2.** 深凹的水道或沟槽。

chamfer plane 能调角度的刨；特指被用于削边的木工刨，沿其底边有 V 形槽或可调节的导轨以利于切削木料斜面。

chamfer stop **1.** 任何终止倒角的装饰物。**2.** 一个倒角挡。

chamfer strip 镶边板条，斜面饰条。

champ 用于雕刻的表面。

champfer 同 **chamfer**；斜面，削角，槽。

chancel 教堂高坛（包括唱诗班席位）；教堂中为

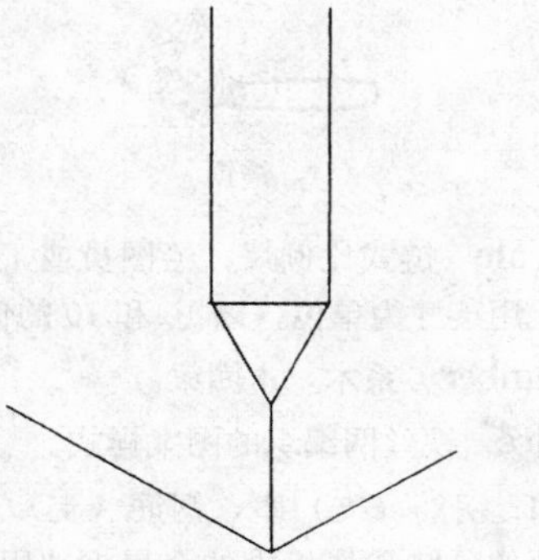

倒角挡

牧师预留的地方。

chancel aisle 通高坛耳堂；大教堂内的边廊，通常要绕至教堂半圆形后殿，形成一个可供走动的场所。

chancel arch 高坛拱顶；在许多教堂内将教堂高坛或圣坛与教堂中殿或教堂主体空间划分开来的拱门。

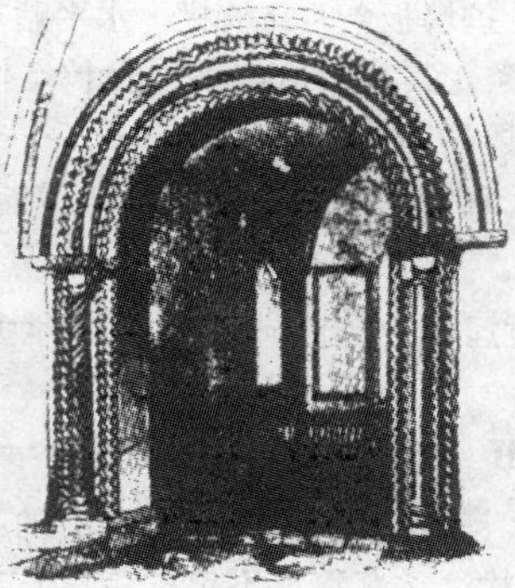

高坛拱顶

chancellery，chancellory **1.** 官邸；大臣的办公室或包含大臣办公室的建筑物。**2.** 大使馆办事处。

chancel rail 高坛围栏；高坛屏风处的栏杆或栅栏，高坛屏风将教堂高坛与教堂中殿划分开来。

chancel screen 高坛屏风；将教堂高坛与中殿划分开来的屏风。

chancery 设计用于以下用途的一幢建筑物或整套房间，如特殊法庭、档案馆、书记处、秘书处、领事馆等。

chandelier 悬挂在顶棚上的枝形吊灯，花灯；由灯具组成枝状造型的一组照明吊灯。

chandlery，chandry 蜡烛仓；气灯及电灯发明之前，存放蜡烛及蜡烛灯具的地方。

chandry 蜡烛仓；见 **chandlery**。

change 变更；建筑施工中对原始合同文件中议定的工程设计及范围进行经过核准的变动。

change of use 使用变更；对现有建筑允许用途进行的变更，这样的变更可能导致对其他可适用规定的强加变更，如从那些建筑物出入的管理方式的变更。

change order 工程变更通知书；合同开始实施后，由业主和建筑师签署的对承包商的书面通知，授权对原合同中关于工程施工的变动，或调整原定的合同总额或工期。变动包括增加减少工程或改变工程规模。此通知书也可由建筑师单独签署，（条件是建筑师需由业主对此操作程序的授权，且在承包商要求时提供给其业主授权书副本），或由承包商签署，如果其同意对合同总额或工期进行的调整。

changeover point 转换点；当一幢建筑物失热量与得热量相等时，既不需要制冷又不需要供暖时，此时的温度称为转换点。

changes in the work 工程项目更动；由业主提出的合同变动，包括增加、删减或在合同范围内的变动，合同总额和工期也相应需要调整。所有工程项目更动，除那些不引起合同总额和合同工期变化的次要调整之外，都应该经过合同条款变动的许可。又见 **field order**。

channel 1. 槽钢；一种结构或轧制的型钢。2. 槽；一种木工或石工中装饰的沟槽。3. 护罩；一种包括用于荧光灯的镇流器、启动器、灯座、电线等的护罩，或类似用于白炽灯（常为管状）的护罩。

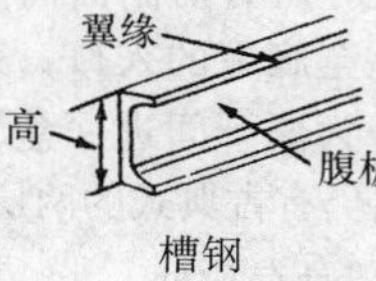

槽钢

channel bar 槽钢；见 **channel iron**。

channel beam 槽形梁；具有 U 形横截面的结构构件。

channel block 槽形砌块；局部带槽的混凝土砌块，连接起来形成沟槽，其中可设置钢筋和灌浇混凝土。

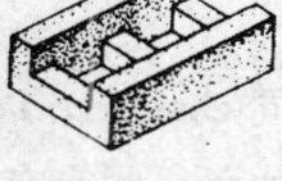
通路砖

channel clip 1. 槽形夹；吊顶系统中挂在槽钢上的一种金属夹，金属夹用于连接多孔的金属盘。2. 一种特别的扣件，由薄钢板或钢丝制成，用于将石膏板条等紧附于槽钢上。

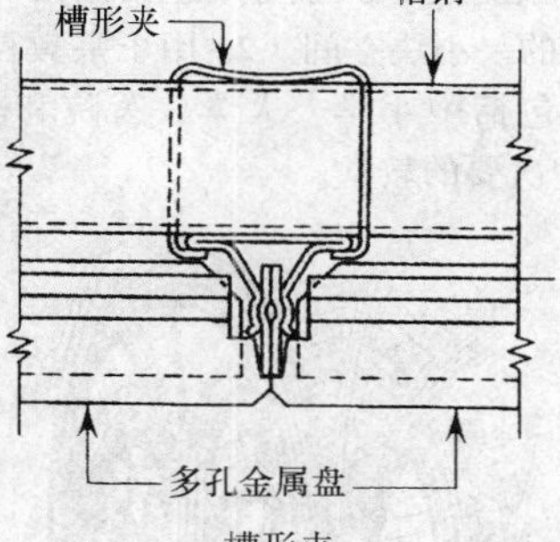

槽形夹

channel glazing 槽嵌玻璃法；用可抽取式的、安装于表面的 U 形金属销或金属珠固定玻璃的方法。

channeling 凿沟；建筑构件（如柱）上的一系列沟槽。

凿沟

channel iron，channel bar 槽钢，槽铁；轧制的截面为 U 形钢或铁，U 形截面是由称为腹板的主板与两边翼缘构成。

channel mopping 条铺沥青法；见 **strip mopping**。

channel pipe 半圆排水管；截面大于半圆或 3/4 圆形的敞口排水管。

channel runner 主龙骨；吊顶结构中大的水平构件。

channel section 同 **channel，1**；通道截面。

chantlate 檐口滴水条；固定在屋檐椽头、凸出于墙面的木条，以防止雨水冲刷墙面。

chantry 小礼拜堂；主教堂内的小礼拜堂，为捐献者或某人灵魂作宗教仪式用。

chantry chamber 礼拜堂室；牧师（们）用的、附属于小礼拜堂的房间。

chapel **1.** 礼拜室；大教堂中包括祭坛和专门用于私人祈祷的一小块空间。**2.** 用于宗教目的的综合建筑物，包括中小学、大学、医院和其他机构。**3.** 教区中次要的教堂。

礼拜室

chapel of ease （偏远教区的）小教堂；在教区范围内为了照顾那些不能方便去主教堂的人而建的教堂。

chapel royal 王室教堂；王室城堡或宫殿内的教堂。

chapiter 同 **capital**；柱头。

chaplet 串珠花饰；一种以雕刻花叶为装饰的半圆形或串珠线脚。

chapter house 宗教或兄弟般平等相待的修道组织用以进行事务会议的地方，通常包括他们组织成员的住宅。

chaptrel 弯形柱身的精细柱头。

弯形柱身，柱头

charcoal filter （木）炭（过）滤器；以活性炭为过滤材料的过滤器，用于除去空气中的气味、水蒸气、灰尘微粒等。

charette **1.** 为了在规定时间内解决建筑学术问题而做的巨大努力。**2.** 完成上述工作花的时间。

charge 制冷系统中制冷剂的用量。

charging 加料、装料；对混凝土或水泥进行搅拌之前，先将原料倒入搅拌器或容器内。

charging chute 设有加料口，用于将垃圾倾倒入焚化炉中的封闭式导槽。

charging door 加料口；焚化炉中垃圾进入燃烧室的一道门。

Charleston house 18 世纪～19 世纪早期流行于南卡罗莱纳州查尔斯顿镇的一种住宅。这种住宅通常是两层高且首层高出地平面的乔治王时代或希腊复兴时代风格的建筑。住宅分两大类型：一是为数较多的普通型，称之为“**single house**”：单开间进深的狭长平面，以短边临街，长边面向庭院，有两层通高廊柱，所有房间面向廊柱敞开，从街道通过大台阶上至廊下的入口；第二类是称之为“**double house**”，为两开间进深盒子状，仍以短边临街，正面中间仍有古典式的两层廊柱为门廊。

charnel house 尸骨存放处。

Charonian steps，Charon's staircase 早期希腊剧场中从舞台中央通向乐队演奏处的踏步。

Charpy test 查皮法单梁冲击试验，冲击韧性试验；一种利用摆锤下落冲断两端固定试件的单击冲击韧性试验，试件通常事先开了槽。

Chartered Building Surveyor 具有英国皇家工程检查员协会会员资格的建筑检查员。

chartered builder 皇家特许建造师；被英国皇家特许建造学会认证的成员。

chartered engineer 特许工程师；特许工程结构组织的正式会员。

Chartered Institute of Building 英国皇家特许建造学会；英国向所有建筑领域的专业认识开放的机构。

Chartered Institute of Building Services 英国负责与建筑环境相关的咨询服务工作的机构，咨询内容包括：供暖，空调，照明，声质，上下水，电力、燃气供应及防火安全保障等多方面。

charterhouse 查特修道院；天主教加尔都西教士的修道院。

chartophylacium 档案库；可安全保存档案或其他有价值文件的地方。

chartreuse 法国查特修道院的教士。

chase 1. 管槽；砌墙时留出的连续的凹槽，可嵌入水管或排污管中。2. 凹槽；在石墙上凿出的凹槽以嵌放水管和管道等。3. 为装饰对金属制品外表面进行的加工（打出浮雕花样）。

chase bonding 凹槽结合法；将新旧砖石结构结合的一种方法，通过其墙面通高的竖直凹槽相连接。

chase mortise，pulley mortise 暗榫；一种暗榫槽，槽的一个窄边倾斜以便榫能顺利推入。

chase wedge 一种带把手的楔形工具，用于敲打加工薄铅板。

chase tenon 可以侧向或纵向放入暗榫中的榫舌。

chasovnya 早期俄国建筑中一种与主体分开的小礼拜堂。

chasse 装有圣人遗物的存放箱。

chat 燧石砾岩；一种与黑硅石十分类似的石质的矿物材料，伴随金属矿物开采出来。

château 1. 古法兰西贵族豪华的乡村别墅。2. 现代用来指任何法国乡村房屋。

古法兰西乡村别墅

château d'eau 沟渠终端设计成公共喷泉的喷水池。

Châteauesque style，Château style，Châteauesque Revival 古堡风格；仿照16世纪法国大型的城堡设计的一种形式丰富的建筑式样，盛行于19世纪晚期及其以后。建筑特征为：砌体墙面之上有一层阁楼；有独立的或连续的阳台；强调竖向构件如壁柱等的运用；老虎窗上带有冲破屋顶线的山尖；交叉屋顶；有水平饰带；陡峭的四坡屋顶或在屋脊相交和（或）交点连成一水平直线；有铸铁顶饰；老虎窗直抵檐口；老虎窗上有人字形女儿墙、小塔尖及尖顶等；圆柱状角楼冠以圆锥形顶；高高的装饰性烟囱和烟囱帽；成对的窗户被粗石直棱分隔；采用凸肚窗（凸出壁外的窗户）半圆形凸窗；大门顶上发券；入口设有雨篷。

古堡风格

châtelet 小型的城堡。

chat-sawn finish 切割石块时，用燧石屑作为切割添加剂锯出中等粗糙程度的石材表面。

chattel 1. 动产；不包括土地及其上的任何财产。2. 同1，再加上远小于不动产的田产利息，当使用这种命名法时，私人财产（**chattel personal**）就是指像物品和钱等实际财产，（**chattel real**）指远少于不动产的不动产生息，如一年期的租赁利息。

chattel mortgage 动产抵押；以动产作为贷款抵押物的一种抵押权益。

chatter marks 振（跳）纹，颤动擦痕；材料表面的一种间歇的横向记号，是由于转动、挤推、凿刻或描画时颤动所产生的。

chattra 佛塔顶上象征尊贵的石质庇护物，由一个石柱和上面的水平圆盘构成。

chattravali 与 **chattra** 相似，具有三个水平石质圆盘；三层塔伞；见 **stupa** 图解。

chauntry 同 **chantry**；小教堂。

cheapener 廉价添加剂；一种涂料调合剂，加入涂料中可使其具有理想的性能，如硬度、耐磨性、光洁性和易于涂刷性等。

check 1. 径裂，幅裂；与环形的年轮圈垂直、平行于木材纹理的细小裂纹，通常是由木材干燥收缩引起。这些细小裂纹能影响胶合板的外观。2. 钢铁由于骤冷而产生的瞬间裂纹。3. 限制构件活动的附件，如门制止器。4. 见 **checking**。

径裂

check cracks 表面裂纹；见 **checking**。

check dam 护坝，节制坝，防冲坝；易受冲刷的水道中为控制水流的挡水坝。

checked back 带有退缩式企口的缝。

checker, chequer 方格图案，格纹背（衬）；由两种形式的颜色或纹理交替形成的图案，如棋盘上的小方格；又见 **diaper**。

checkered plate 1. 具有扁平突出状棋盘图案的铁板或钢板。2. 波纹板，网纹钢板。

checkerwork 方格式铺砌；类似棋盘形状对墙面

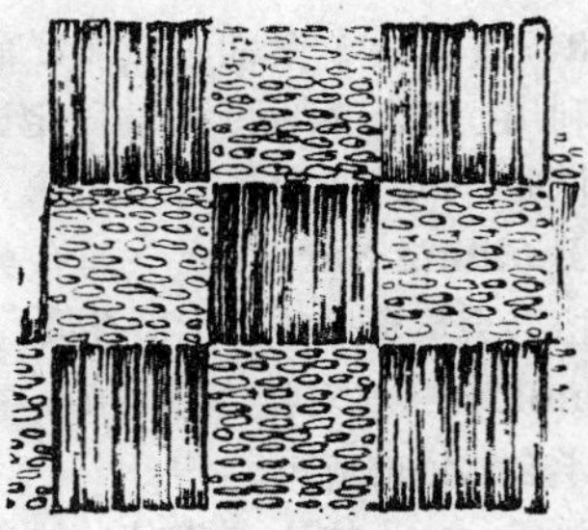

方格式铺砌

或路面图案进行的铺砌。

check fillet 屋面上用于排控雨水的围栏。

checking, check cracks, map cracks, shelling 1. 表面裂纹；混凝土表面或抹灰面出现的密布的不规则浅纹。2. 龟裂；油漆膜面出现的格子状表层浅纹。3. 细裂缝；石灰装修表面由于压光不够或粉刷厚度不足产生的蜘蛛网状的裂缝。4. 见 **check**。

checking floor hinge 控制式落地门枢；一种安装在地板下的门枢，包括一组控制关门速度的机械装置。

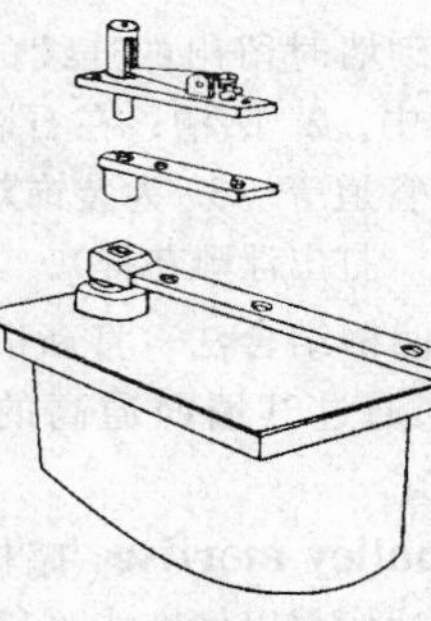

控制式落地门枢

checking resistance 具有抵抗细小裂纹向基层发展能力的油漆涂层。

check lock 门锁防松装置；用于控制门锁锁簧的小锁。

check nut 同 **locknut**, 2；防松螺母。

check rail 碰头横挡；上下推拉窗窗扇的中横挡，尤指碰合时与另一横挡搭接的横挡。

checkroom 衣帽间；衣帽寄放处；见 **cloakroom**, 2。

check stop 用来固定可滑动构件的沟槽或嵌条，如推拉窗底部的沟槽。

check strip 分隔条。

check throat 滴水槽；位于窗台或门槛下的防止雨滴冲刷墙面槽。

check valve，back-pressure valve，reflux valve 单向（防逆、止回、节制）阀门；允许液体单向流动的阀门；又见 **nonreturn valve**。

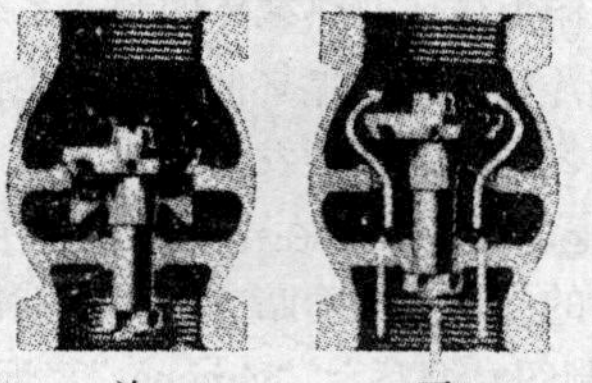

单向阀门

cheek 侧壁，边框；建筑或结构构件的端部窄立面，洞口的侧壁。

cheek boards 侧模板、堵头板；混凝土模板中的侧模板、堵头板。

cheek cut，side cut 椽子端部斜切口；短椽的下端或其他椽的上端带有斜切口，以使其能与屋脊椽子或屋谷椽子相吻合。

cheesiness 乳酪状干燥；半干油漆薄膜特有的状态：指甲划过可导致破裂。

chemical bond 化学粘结；由于相似材料层间相近的构造和晶体间聚合力产生的粘结。

chemical brown stain （由气干或窑干引起的心材变色）褐变；见 **kiln brown stain**。

chemical closet 消毒厕所；见 **chemical toilet**。

chemical flux cutting 化学溶剂切割；一种氧气切割的方法，是利用化学溶剂的作用切割金属。

chemical grout 化学灌浆；用于提高土壤化学稳定性的液态化学剂。

chemically foamed plastic 化学泡沫塑料；一种多孔塑料，因自身元素发生化学反应产生气体而形成多孔结构，类似泡沫塑料。

chemically prestressed cement 化学预应力水泥；一种膨胀水泥，其膨胀元素含量比收缩补偿水泥多很多。

chemically prestressed concrete 自膨胀预应力混凝土；钢筋与膨胀水泥制成的特殊混凝土，由于水泥膨胀使钢筋预拉，从而使混凝土产生预应力。

chemical plaster 同 **patent plaster，2**；化学灰泥。

chemical-resistant paint 耐化学漆；采用不易受化学药品影响的胶粘剂和颜料特制的油漆。

chemical stabilization 化学稳固（土壤）；向土中注入化学药剂，以增加土的强度，降低其渗透性。

chemical staining （木材）化学着色处理；为了加强纹理对比度，用化学药品对木材进行处理。

chemical toilet，（英）**chemical closet** 化学处理厕所；没设传统的给排水系统，只使用消毒剂和除臭剂等流体以化学的方法处理污物的厕所。

chemin-de-ronde 堡垒后连续的通路；用于联系城墙的各个堡垒。

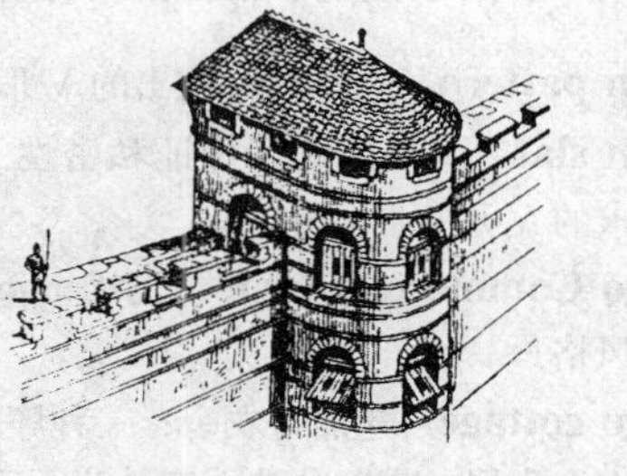
堡垒后连续的通路

chemise 环绕中世纪城堡或城墙建造的围墙（常与城墙同轴）。

cheneau **1.** 房屋的装饰性檐口。**2.** 装饰性的顶饰。

chequer 方格形图案；见 **checker**。

cherry 樱木；出产于美国东部的一种质地均匀、密度适中、光泽度高的深红棕色木材，用于细木工或制造镶板和嵌板。

cherry mahogany 樱桃红木；见 **makore**。

cherry picker 车载升降台；以平台一侧可伸缩的吊杆来升降人或材料的机器，常安装在有轮的交通工具上，以便于移动。

chert 燧石，黑硅石；由玉髓或蛋白石组成一种颗粒非常细微稠密的岩石，有时还含有一些石英或方解石、氧化铁、有机物或其他杂质。纹理均匀，呈白、灰或黑色；其中一些成分可能会与水泥碱起反应，因此不适合做暴露在北方气候中的混凝土中的骨料。

chestnut 栗木；一种轻质、粗纹、中硬度的木材，用于装饰装修。

cheval-de-frise，（复数）**chevaux-de-frise** 顶上设有尖头钉或长钉的栅栏。

chevet 教堂里的后殿回廊和多角的小礼拜堂。

chevron **1.** V字形饰；一种单独或成组使用，尖头向上或向下的V形图案，用在徽章和制服上，引申为任何V形图案的装饰。**2.** 罗马风式建筑中锯齿状排列线脚，曲折或者锯齿状花饰。

罗马风式建筑中锯齿状排列线脚

chevron pattern 在砌砖时砌出的V形装饰图案。

chevron slat 洞口处既可保证私密性又可满足通风要求的V形百叶板条。

Chicago Commercial style 见 **Commercial style**；商业风格。

Chicago cottage 芝加哥农舍；一种廉价简易的砖基础农舍小屋，带部分地下室，流行于1800年代中后期的芝加哥。其主要特征为：轻便木骨架外敷搭接式墙板，由室外楼梯进入设于二层的入口，二层上带有阁楼。

Chicago School 芝加哥学派；19世纪末一批具有高度影响力的建筑师，包括爱德勒、沙利文、伯纳姆和鲁特、詹尼以及他们的追随者们。学派的哲学思想的中心就是建筑设计必须有时代感。最初，他们把这一思想运用于摩天大楼与住宅的设计中，但其影响最大、成就最高的还是在摩天大楼的结构设计上。

Chicago window 一种大的玻璃窗，用于商业建筑，由于其面积大并且两侧窗可以开启，通风良好；比早期窗户有更好的自然采光，19世纪后期广泛应用于芝加哥高层建筑中。

chicken house 鸡场；见 **poultry house**。

chicken ladder 同 **crawling board**；爬行梯。

chicken wire 细号钢丝网；一种六边形网眼的质轻、电镀钢丝网。

chien 地面上的标准单元或中国住宅的开间。

chien-assis 较小的未镶玻璃的天窗，常用于中世纪坡屋顶下阁楼的采光和通风。

chigi 日本神庙屋脊一对向上交叉的木雕装饰。

chilled-water refrigeration system 冷水制冷系统；用水作为循环散热载体的制冷系统。

chiller 制冷器；建筑循环制冷系统中的机械装置，由压缩机、冷凝器和蒸发器组成。

chilling 上了漆的表面在干燥的过程中由于冷热不均而产生的一片片的晦暗或光泽度减低的现象。

CHIM （制图）缩写＝“**chimney**”，烟囱。

chimney 烟囱；一个或多个向外疏导壁炉、高炉或锅炉中燃烧后留下的废气、由耐火材料构成的直立构筑物。又见 **clay-and-sticks chimney**，**double chimney**，**double-shouldered chimney**，**end chimney**，**flush chimney**，**mud-and-sticks chimney**，**outside chimney**，**pilastered chimney**，**sloped-offset chimney**，**stepped-back chimney**，**sticks-and-clay chimney**，**diagonal chimney stacks**。

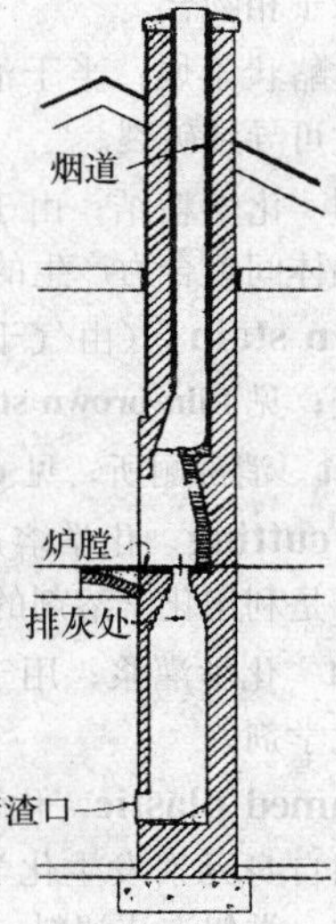

烟囱

chimney apron 烟囱裙板；嵌在砖石烟囱结构中

的有色金属防水板，用于烟囱穿过屋面处的防水。

chimney arch 烟道拱；在壁炉开口处用于支承炉膛的拱门。

chimney back 烟道衬壁；见 fireback。

chimney bar，turning bar 壁炉条；两侧支承在侧壁上，承托炉膛上方砖石的铸铁或钢条（过梁）；若弯曲则被称为拱形铁条。

chimney block 烟囱砖；用于砌筑圆形烟筒的表面弯曲的混凝土砌块。

chimney board 同 fireboard；壁炉遮盖板。

chimney bond 烟筒内部结构的顺砖砌合法。

chimney breast，chimney piece 壁炉腔（架、台）；壁炉的前壁向房间一侧突出的那个部分。

chimney can 烟筒管帽。

chimney cap，bonnet 1. 烟囱顶端的檐口装饰。2. 换气扇；一套依靠风力驱动的旋转装置，烟可通过出口百叶风扇的转动顺利排出，同时阻止雨雪的飘入。3. 烟筒帽。

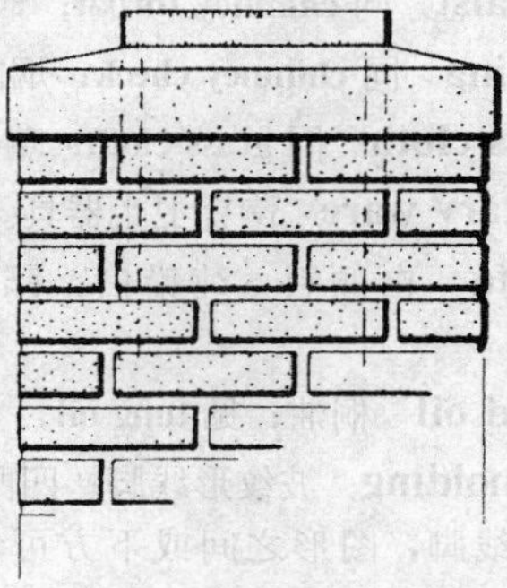

烟筒顶

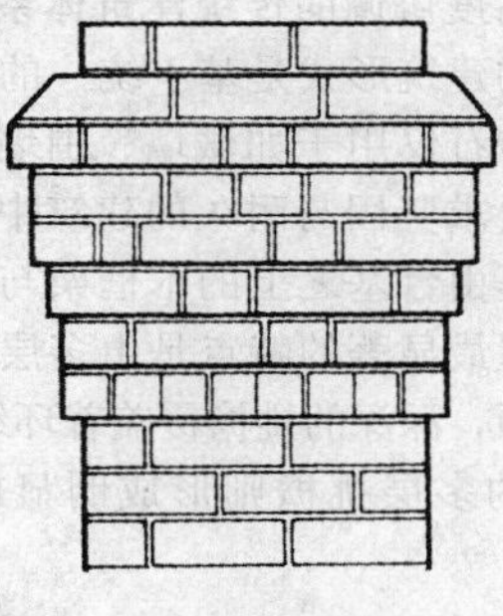

带出挑的烟筒顶

chimney cheek 壁炉侧壁；支撑壁炉架的壁炉口侧面。

chimney connector 烟囱连接管；连接炉子与烟道的水平管道。

chimney corner，inglenook，roofed ingle 壁炉墙角；靠近壁炉外墙的凹角，通常设有座位（椅）。

chimney cowl 烟筒通风帽；烟道上端安装的能加速上升气流又能阻止倒风的金属风帽。

chimney crane 壁炉吊臂；置于壁炉后部的可转动的铸铁吊臂，用于吊挂可煮食的罐子。

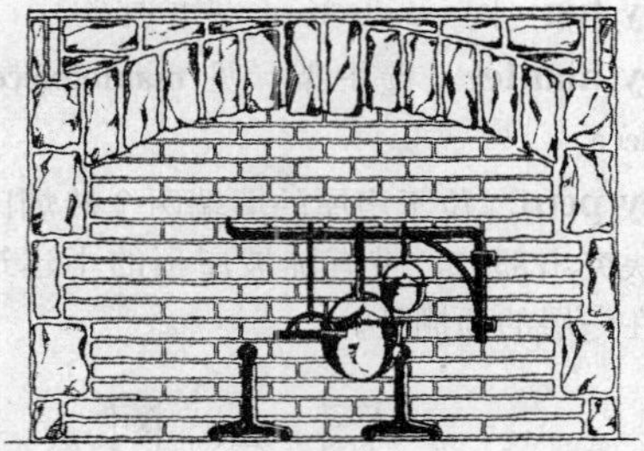

壁炉吊臂（1796 年）

chimney cricket 烟筒后面与主要屋顶接缝处的小假顶，用于防止烟筒穿出屋顶处漏水。

chimney crook，chimney hook 壁炉吊钩；壁炉中从壁炉吊臂或其他支持物上悬下的底端为钩状的铸铁条，其长度是可调，用于挂罐子。

chimney effect，flue effect，stack effect 烟筒效应，抽吸作用；竖井或其他竖向管道中的空气、烟等被加热时由于密度较低而产生的上升趋势。

chimney flue 烟（囱管）道；见 flue。

chimney foundation 地下室中支撑巨大的壁炉及厚重的中央烟囱的庞大的基础。这样的基础通常为矩形，由砖或石材砌筑，能将荷载传递至下面的土或岩石中。

chimney girt 木结构房屋中支撑烟囱托柱的水平框架梁。

chimney gutter 烟囱边沟；一种预制的有色金属遮雨板，用于烟囱穿出屋顶处的泛水。

chimneyhead 烟囱顶端。

chimney hood 烟囱风帽；保护烟囱出口的遮

烟囱风帽

盖物。

chimney hook 壁炉挂钩；用于悬挂煮食瓦罐的装置；见 **chimney crane**。

chimney jamb 壁炉侧壁。

chimney lining 烟囱衬壁；见 **flue lining**。

chimney lug 同 **randle bar**；壁炉挂钩。

chimney mantel 壁炉架；见 **mantelpiece**，**chimney piece**。

chimney pent 位于房屋的墙端两个砖烟囱之间的一小块突出部分，带有陡坡屋顶的小建筑，其高度约在一层的顶棚处。

带有陡坡屋顶的小建筑

chimney piece 壁炉架；装饰覆盖炉腔的金属罩或壁炉台的箱框。

chimney post 烟囱托柱；木结构房屋中，作为烟囱前后侧的主要竖向结构支撑的木柱之一。

chimney pot，chimney can 烟囱管帽；烟囱顶部的砖、陶瓦或金属圆柱管，以增强排烟效果。

chimney shaft 烟囱筒身；穿出房屋屋顶的部分烟囱。

chimney stack 1. 集合烟囱；束集在一起的一组烟囱。2. 高烟囱；断面通常为圆形、多用于工厂、制造厂等的烟筒。

chimney stalk 同 **chimney stack**；高烟囱。

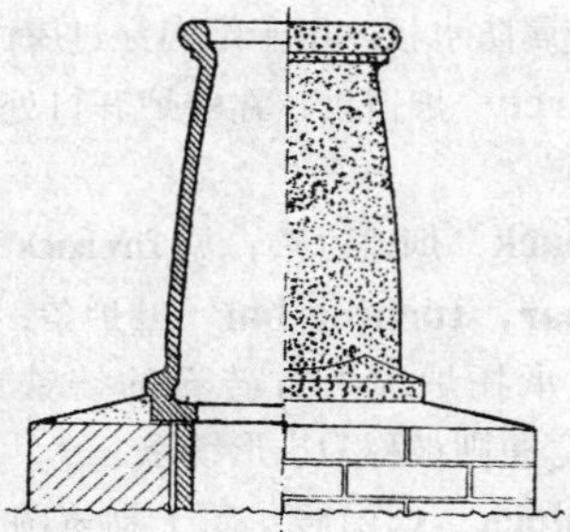

烟囱管帽

chimney terminal 同 **chimney cap**；烟囱帽。

chimney throat，chimney waist 壁炉咽喉；烟道中最狭窄的部分，位于集灰坑与烟道之间，通常设有减速装置。

chimney tile 壁炉瓷砖，饰瓦；同 **fireplace tile**；又见 **Dutch tile**。

chimney top 烟囱顶；屋顶以上部分的烟囱或烟囱筒身的顶冠。

chimney tun 一排烟囱筒身。

chimney waist 同 **chimney throat**；烟道咽喉。

chimney wing 同 **chimney cheek**；烟囱侧壁。

China grass cloth 同 **grass cloth**；草席，芦席帘。

china sanitary ware 陶瓷卫生器具。

China white 白颜料，纯铅白，锌白；见 **silver white，2**。

China wood oil 桐油；见 **tung oil**。

chinbeak molding 波纹形线脚；凹凸形曲线首尾衔接而成线脚，图形之间或下方可饰有带状物，是另一种S形或凸凹圆线脚。

Chinese architecture 中式建筑；一种延续了多个世纪的高度协调的传统建筑体系。其简单、方整而平缓的建筑形式是基于统一的模数及营造法式而成。砖石仅用于如城墙、围墙、陵墓、宝塔及桥梁等要求坚固与耐久的建筑中。而一般房屋绝大多数是由台基之上的木框架与不承重的幕墙构成。房屋最显著的特点是由多层斗拱挑出形成的坡瓦屋顶，深深的挑檐覆盖着环绕主体的廊子，而宝塔上的多层挑檐则形成明显的韵律感与水平感。

Chinese blue 1. 钴蓝色颜料。2. 普鲁士蓝。

Chinese bond 同 rat-trap bond；捕鼠夹。

Chinese Chippendale 齐本德尔中式家具；由托马斯．齐本德尔（1718—1779）设计的家具。齐本德尔是英国当时最为知名的家具制造商，由水平、垂直以及斜线条组成的几何图案具有明显的中式特色，直角框架内设计格子的图案用于栏杆扶手等处。

Chinese fret 齐本德尔中式家具设计中，一种能体现中式特色的格子图案。

Chinese lacquer，Japanese lacquer，lacquer 天然漆，中国漆；天然耐磨漆，如取自日本漆树的漆。

Chinese lattice 由水平、垂直、斜向线条、条板或杆件组成的几何学图案，类似齐本德尔中式家具中的图案。

Chinese white 中国白；主要以氧化锌为原料的颜料。

chink 裂缝，裂口；墙上长度远超过宽度的缝隙。

chinking 填缝（例如长裂缝，孔穴或裂沟等）材料；尤指组成木屋外墙的圆木之间的缝隙，缝窄时通常填泥或灰泥，缝宽可以填木片、小块卵石、麦秆或小树枝等。

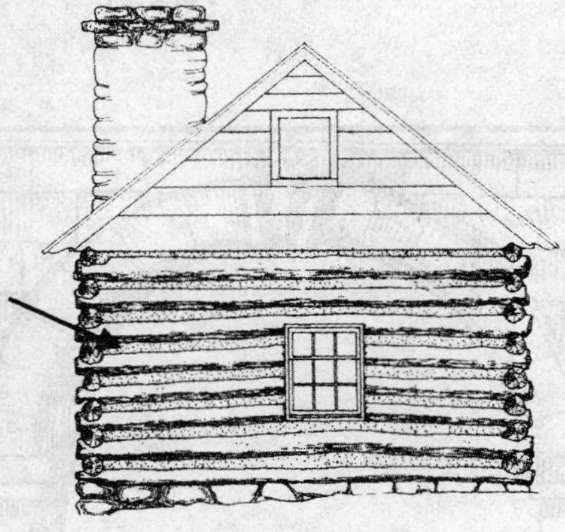

填缝材料

chinking board 填缝板；用于盖住外墙缝隙的木板。

chinoiserie 中国式装饰艺术，盛行于 18 世纪西欧大陆和英国洛可可式风格设计中的一种使用中国元素的建筑和装饰设计。

chip 石块，石片；按指定的尺寸筛出的大理石或其他矿物集料的碎石。

chip ax 剁斧，琢石斧；修琢木材或石块成形用的小斧子。

chipboard 见 particleboard；硬纸板。

chip carving 雕饰；通过手工在木材表面刨出经设计的几何图案；意译为手工雕饰。

chip cracks，eggshelling 同 checking；微裂纹；除裂缝边缘由于丧失黏性，与基层粉刷脱开而起翘之外的裂缝。

chip concrete 以碎石作为集料的混凝土；由于碎石表面粗糙，因此比以卵石作为集料的混凝土提供更高的抗弯、抗拉强度。

chipped glass 碎玻璃；见 chunk glass。

chipped grain 由于设计不周或加工缺陷而留有削痕的木材表面。

chipper 铲东西的人或工具；见 paving breaker。

chipper chain saw 锯齿经过塑型的链锯，可以锯出弯曲切口。

chipping 凿；用凿子对硬化混凝土表面进行加工的方法。

chipping resistance 抗剥落性；漆膜抵抗由于撞击而从其附着表面剥离的能力。

chisel 凿子；一端有刀刃的金属（常为钢材）手持工具，用于修整或加工木材、石材、金属等，使用时通常以锤或木槌敲打。

凿子

chisel bar 撬棍；一端为凿口的手持式粗大钢钎。

chisel chain saw 一种具有特殊锯齿形状的链锯，只能直线拉锯。

chisel knife 铲刀；宽度小于 1.5 in（3.8cm）的方头刮刀，用于刮去宽边刃剥（铲）刀不能使用的地方的油漆或墙纸。

chisel pattern 一种切去下角的屋面木瓦或瓷瓦的形式。

chlorinated paraffin wax 氯化石蜡；一种黏滞性的液体或固体，用作可塑剂或用于阻燃的油漆中。

chlorinated polyethylene 聚氯乙烯；广泛应用在屋顶上的人造合成材料。

chlorinated polyvinyl chloride （PVC）聚氯乙烯；一种有较强的抗腐蚀性塑料，广泛应用于冷热水管系统和污水管系统。

chlorinated rubber 氯化橡胶；一种用氯与橡胶反应制成的白色粉末，其中橡胶含量67%，用于塑料、黏合剂和抗酸耐腐蚀油漆中。

chock 楔塞块；用于阻止物体移动的楔或木块。

choir 唱诗班席位；位于教堂中圣坛与中殿之间的座位。

唱诗班席位

choir aisle 与唱诗班的席位邻接且平行的走廊。

choir loft 楼台唱诗座。

choir rail 唱诗班栏杆；将唱诗班席位与中殿或通道交叉口隔开的栏杆。

choir screen, choir enclosure 礼拜堂中隔断；分隔中殿、走廊和交叉口的幕屏等。

礼拜堂中隔断

choir stall 唱诗班席位；带扶手和高背的座位，通常带有华盖，为神职人员和唱诗者准备。

choir wall 将唱诗班与走廊隔开的拱廊柱间的墙。

choltry 同 **choultry**；商业旅馆，大旅馆。

chomper 同 **split-face machine**；表面切割机。

choneion 希腊正教中的鱼池。

chopping block 见 **butcher block**；砧板。

choragic monument 文艺纪念碑；古希腊纪念性建筑物，由狂欢节中合唱与舞蹈竞赛的获胜者建造，纪念碑上展示作为奖赏的青铜三脚架。后来的纪念碑会被有名的艺术家作进一步装饰。

choragium 古希腊和罗马剧场和舞台后的大空间，用于合唱队排练和小型道具的存放。

choraula 教堂唱诗班排练室。

chord **1.** 弦杆；桁架中的主要杆件，是上下成对的通长弦杆，主要起抗弯作用。**2.** 弧线上两点间的直线。**3.** 拱的跨度。

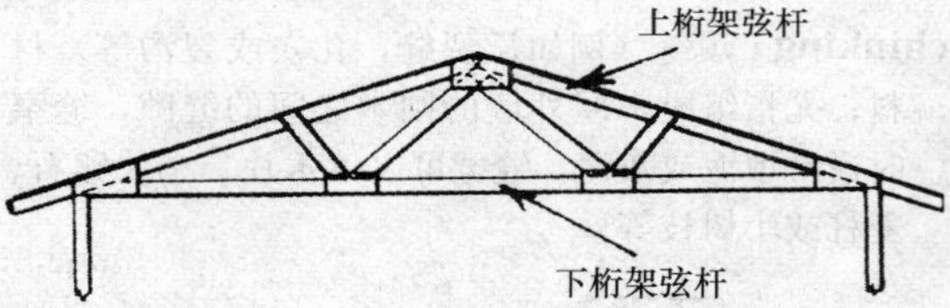

弦杆

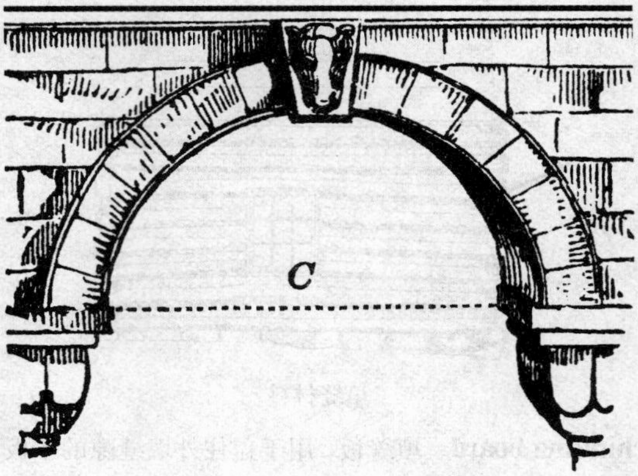

拱的跨度

chord modulus 弦向模量；见 **modulus of elasticity**。

choultry 1. 商业旅馆，大旅馆。2. 在印度指大型的乡村厅堂或集合场地。

chrismatory 圣油瓶龛；靠近教堂洗礼盘的壁龛，存放用于洗礼的圣油。

chrismon "救世主"一字的希腊字母的头两字组成的词，"救世主"符号。

Christian door 基督教门—新英格兰殖民地的房屋的镶板前门，门板上的横挡与竖梃形成十字。十字架横挡以下两块凹下的镶板象征打开的书，代表《圣经》，也称为十字架圣经门。

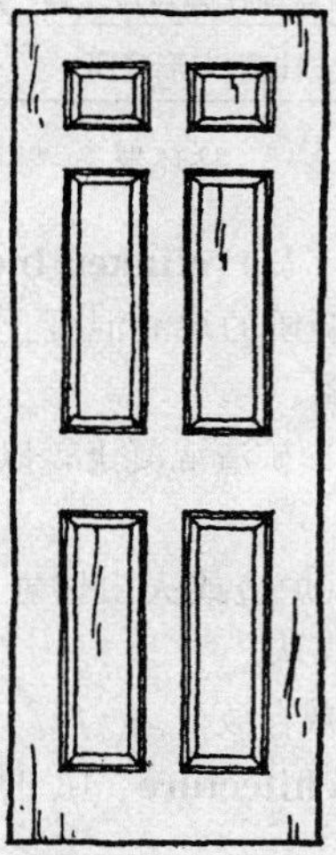

十字架圣经门

Christogram "救世主"的希腊字母符号；见 **chrismon**。

chromate 铬酸盐防锈；以铅或锌铬酸盐为主的底漆，用于金属表面防锈。

chromaticity 色度；颜色在可见光下的主导（或对比的）光波长度以及纯度。

chrome green 1. 铬绿；由铬铅黄和铁蓝颜料混合得到的颜料。2. 氧化铬。

chrome steel 铬钢；非常硬质耐磨的钢，弹性极限高；通常含有2%铬和0.8%～2%的碳。

chrome yellow，Leipzig yellow 铬黄；一族无机黄颜料系，主要为铬酸铅，并掺有硫化铅或其他铅盐，生产出由黄至橘红之间的颜色。

chromium 铬；质硬而脆、颜色灰白的抗腐蚀性金属，用于合金或电镀，退火后可提高塑性。

chromium oxide 氧化铬；耐久的绿色颜料，具有良好的抗碱腐蚀性，用量较少但价格昂贵。

chromium plating 镀铬；电镀金属铬以形成一个相当抗腐蚀和相当坚硬的保护层，或用于装饰使表面光滑亮泽。

chromium steel 同 **chrome steel**；铬钢。

chronic-disease hospital 慢性病医院；一处主要为需要长期治疗的慢性病人提供治疗服务的地方。

chryselphantine 金与象牙制器，代表神圣，如奥林匹亚的宙斯像，木制的躯壳外以金为肌，以象牙为服饰。

CHU 缩写＝"**centigrade heat unit**"，摄氏温度单位。

chuck 钻轧头；一套带有可调夹盘的装置，夹盘用于安装钻头等。

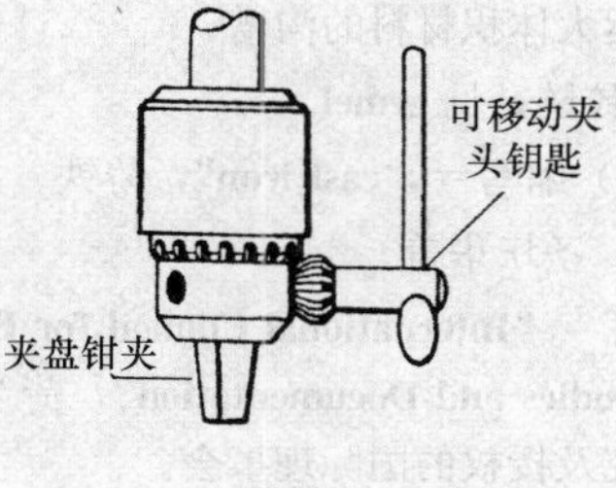

钻轧头

chuff brick 低质红砖，未烧透的砖；见 **salmon brick**。

chunk glass 玻璃毛坯；一种比普通玻璃厚很多倍的玻璃。

church 教堂；基督教礼拜用的大型建筑物或集会的场所。

church house 教区中用于非宗教性社会活动的建筑物。

church stile 古英语中指（教堂的）讲坛。

churn drill 冲击钻；利用升降冲击式钻头的方式实现切割作用的钻头。

churn molding 同 **zigzag molding**；Z字形（锯齿形）装饰。

Churrigueresque style 西班牙巴洛克式装饰风格，流行于17世纪晚期至18世纪中叶，其特征为：精巧细致而异常丰富的巴洛克式装饰与细节设计，以西班牙建筑师 **José Churriguera**（1655—1725）的名字命名，又见 **Mission architecture，Plateresque architecture，Spanish Colonial architecture**。

巴洛克式装饰风格的教堂正面上方

chute 倾卸槽，滑运槽；端部开放、依靠重力作用向下传运大体积材料的沟槽。

chymol 铰链；见 **gemel**。

CI （制图）缩写＝"**cast iron**"，铸铁。

ciborium 圣坛华盖。

CIB 缩写＝"**International Council for Building Research Studies and Documentation**"，荷兰鹿特丹的建筑研究及授权的国际理事会。

CIBS 缩写＝"**Chartered Institution of Building Services**"，特许建筑服务设施协会。

CIE 缩写＝"**Commission Internationale de-l'Eclairage**"，国际照明委员会。

cif 缩写＝"**cost'insurance，and freight**"，到岸价格。

cilery 装饰性雕刻，涡旋形装饰，如围绕柱头的枝叶饰。

cill 基石，门槛，窗台，底木；（英）同 **sill**。

cillery 同 **cilery**；柱头的叶形雕饰。

cill-wall 为了防止底部木梁腐烂，支撑木框架结构的狭窄的矮石墙。

cima 反曲线线脚；见 **cyma**。

cimbia 束柱带；环绕柱身上的带子或镶边。

cimborio 在西班牙教堂中，圣坛上方屋顶上穹隆状或筒状采光气楼。

cimeliarch 放置教会宝物的房间，如仪式用的装束和神圣的物品等。

cinch 见 **lead pipe cinch**；铅管系带。

cincture，girdle 柱环带；围绕柱身顶端或底部的带状装饰线条，将柱身与柱头或基座部分隔开；绕柱带；又见 **necking**。

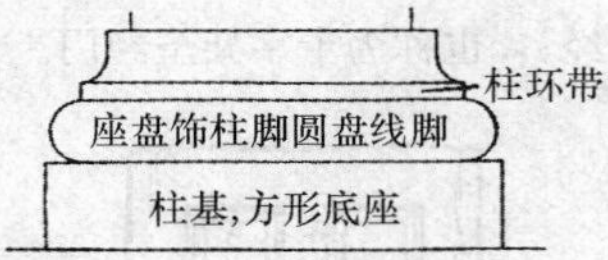

柱环带

cinder block，（英）**clinker block** 矿渣砌块，矿渣砖；一种轻质的炉渣混凝土砌块，广泛用于砌筑内部的隔墙。

cinder concrete 矿渣混凝土；以矿渣作为粗骨料的轻质混凝土。

cinders **1.** 鼓风炉渣或火山熔岩。**2.** 煤灰；特别是烟煤所产的煤灰。

cinerarium 骨灰存放处。

Cinquecento architecture 16世纪意大利文艺复兴时期的建筑。

cinquefoil 梅花饰；五叶形花饰；又见 **foil**。

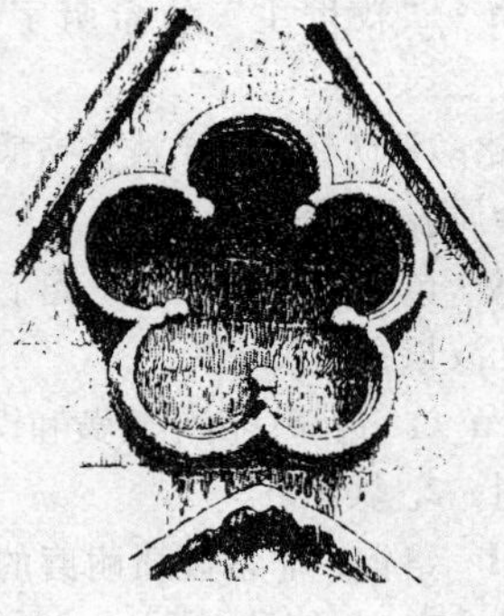

梅花饰

cinquefoil arch 五心连拱，五弧拱；内弧面为五叶形花饰的尖拱。

五弧拱

CIOB 缩写＝“**chartered institute of building**”，特许建筑协会。

CIP 缩写＝“**cast-iron pipe**”，铸铁管。

cippus 碑石，小型柱石；用于纪念碑边界标点、基石等。

CIR 1.（制图）缩写＝“**circle**”或“**circular**”，圆，圆弧。2.（制图）缩写＝“**circuit**”，电路，环路，线路。

CIR BKR （制图）缩写＝“**circuit breaker**”，断路器。

CIRC （制图）缩写＝“**circumference**”，圆周。

circle end 半圆形起始踏步。

circle-on-circle face 见 **circular-circular face**；旋转曲面。

circle trowel 圆泥刀；带有凹或凸刀刃的泥刀，用于曲面抹灰。

circline lamp 环形日光灯管；整个灯管形成一个环形管（电子回旋加速室）。

circuit 1. 电路，环路；供电流流经的电路或控制系统。2. 由水管及接头组成、供热水形成环流的系统。

circuit breaker 断路器；起超负荷保护作用的控制电路开和关的电动装置。当电路实际电流超过了设计允许值时能自动跳闸断路；重复闭合时不需要更换任何组件。

circuit controller 电路控制器，转换开关。

circuit main 环形总管；见 **main**，**1**。

circuit vent 环路通气管；管道工程中，两个以上存水弯系统采用的通气支管，安装在末端洁具前的水平支管与竖向通气总管之间。

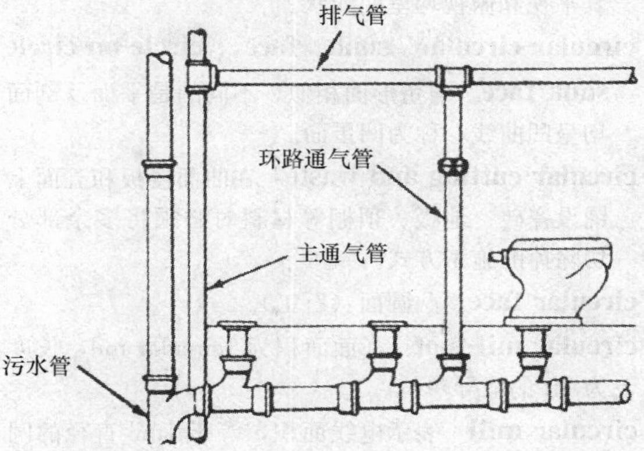

环路通气管

circular arch 圆弧拱，圆弧形的拱。

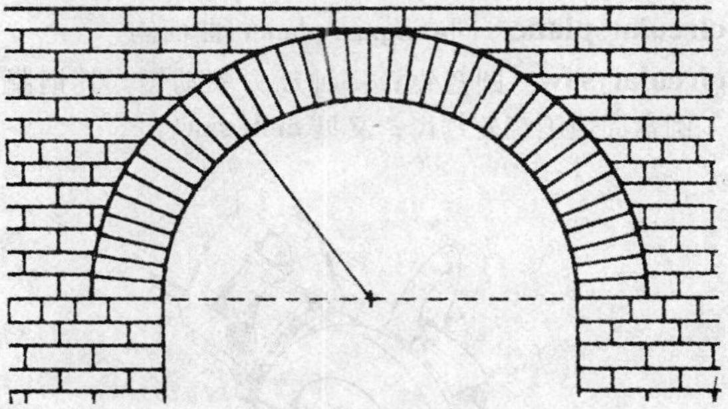

圆弧拱

circular barn 圆形谷仓；平面为圆形的谷仓，与同容量的矩形谷仓相比有节省建筑材料的特点，但造价通常会多一些。也称 **cylindrical barn** 或 **a round barn**。

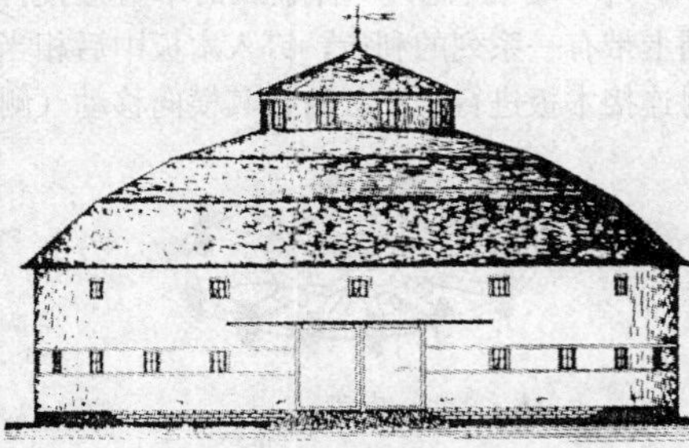

圆形谷仓

circular-circular face，circle-on-circle face 蛋形面；石工、木工、细木工中凸出的球状面，即其平视和俯视均呈曲线状。

circular-circular sunk face，circle-on-circle sunk face 与蛋形面相似，不同的是平面及剖面均呈凹曲线，称为凹蛋面。

circular cutting and waste 在曲面楼板和五面上铺设瓷砖、地板、顶棚等材料时必须将多余部分切除掉的施工方式。

circular face 凸圆面（石工）。

circular mil-foot 断面面积为 1circular mil，长度为 1ft 的电导单位。

circular mill 表示电线面积，等于 1mil 直径的圆面积，相当于 0.00051mm^2。

circular miter 弧形接缝；由凸曲面与直面交接成弧形接缝。

circular plane 同 **compass plane**；曲面刨。

circular saw 圆盘锯；一种动力驱动锯，其钢制圆盘周边围绕着锯齿；又见 **table saw**。

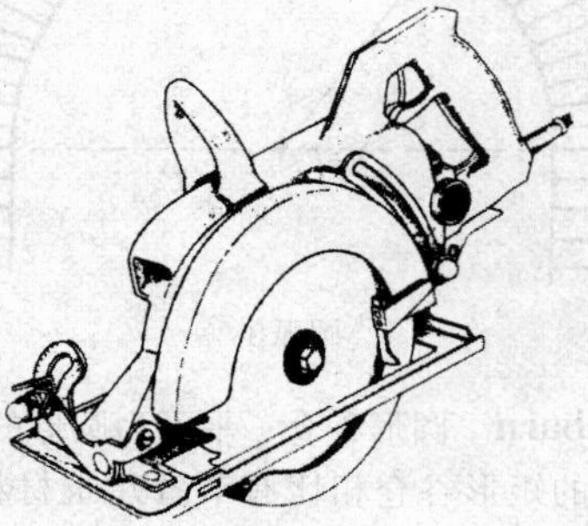

圆盘锯

circular spike 齿盘；一种金属的木材连接件。其圆周上带有一系列的利齿，钉入木板中后相当于螺钉对连接木板进行紧固，防止其横向移动（侧摆）。

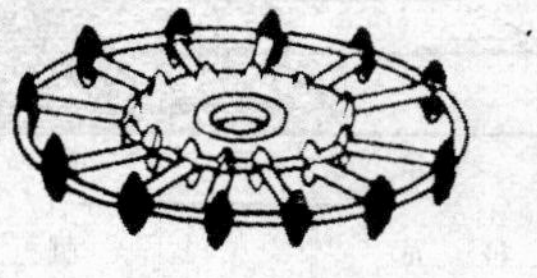

齿盘

circular stair 同 **spiral stair**；螺旋式楼梯。

circular sunk face （石工）凹圆面；与凸圆面相对。

circular window 圆形窗；形如满圆的大窗，常有环形加放射状的装饰物。

circular work 见 **compass work**；圆木作。

circulating head，circulating pressure 循环水头，循环压力；在热水供给系统中，利用热水产生的压力使得水流循环于回路中的一种形式。

circulating water system 循环水系统；使用原有的水绕闭合回路循环的系统；必要时少量水补给以弥补损失。

circulation 1. 区域或建筑中的交通模式。2. 建筑物内方便、顺畅、高效的交通设计方案。3. 建筑物内的交通空间，例如门厅，走廊，楼梯，电梯。4. 环流，在封闭环路中连续的液流或气流。

circulation area 人过流面积；见 **primary circulation area**。

circulation path 建筑物内的交通空间；同 **circulation，3**。

circulation pipe 循环管；形成主干或次级热水循环系统的水管。

circulation-type hot-water supply system 环形热水供给系统；循环水在水泵作用下在储水罐与一套或多套燃气加热器之间循环；循环方式可加快热传递，使系统中各处温度均匀。

circum-vallate 城墙，壁垒。

circus，hippodrome （古罗马）竞技场，圆形马戏场；用于赛马和斗剑者表演的露天围场，通常是一端为圆形的长方形场地，场地中心下沉，周边有栅栏，观众的座位通常在两边和圆的一端。

竞技场

CIRIA 缩写＝"**Construction Industry Research and Information Association in Britain**"，英国建筑工业研究与情报协会。

cissing，sissing 1. 轻度龟裂；发亮的油漆涂层由于收缩导致的均匀小裂纹，裂纹之间可见到内层油漆。2. 用海绵将木材表面弄湿以漆成木纹的做法。

cist 同 cistvaen；石柜，石棺。

cistern 蓄水池，储水池，人工蓄水池；存储常压下的水（如从房屋顶上收集到的雨水）以备用的池子。

cistern head 同 leader head；水落斗。

cistvaen，kistvaen 凯尔特式的墓室，用扁平的石块围成盒子状，再在上面覆土成坟丘状。

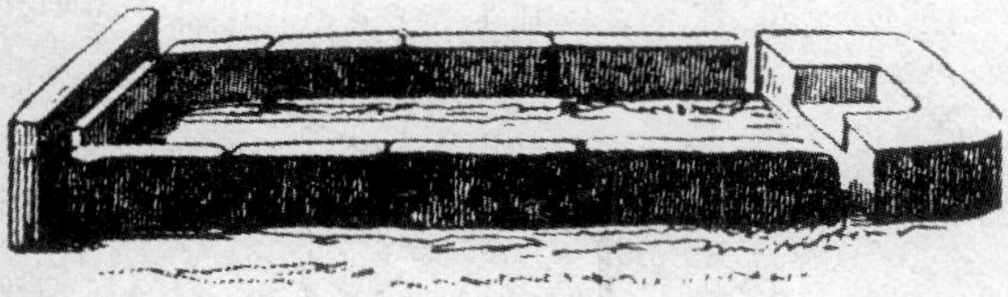

凯尔特式墓室

citadel 城堡，避难所；城市中或附近的城堡要塞，保障居民生活安宁或在被围城时用作最后的避难所。

city plan 城市平面图；大比例的城市地图，按比例标有街道、重要建筑物和其他城市设施。

city planning，town planning，urban planning 城市规划；以一种有机的方式和有机的规划布局对未来社区的规划或对现有社区的扩建与完善，考虑诸如社区居民的生活便利、环境条件、社会配套、娱乐设施、整体视觉设计和经济可行性等；包括对目前需要和当前条件的研究、对未来的前瞻；规划中通常包括对其执行的建议；见 community planning。

civery 见 severy；（哥特式建筑）穹顶的分隔间。

civic center 市政中心；城市中市府建筑物集中的区域，特指包括市政大厅、法庭、公共图书馆和市政礼堂、艺廊等的其他公共建筑物。

civic crown，civic wreath 纪念性建筑中，（古罗马）花帽箍，獬叶环饰；一种荣誉性的装饰，由橡树枝花环组成，戴在战争中挽救了罗马城居民生命的人的头上。

civil engineer 土木工程师；在诸如房屋、道路、隧道、桥梁和水的控制以及排污系统的静力结构设计方面受过培训的工程师。

City Beautiful movement 城市美化运动；为了倡导美化在 1890～1920 年间发生在美国的城市运动。

CKT （制图）缩写＝“circuit”，电路，线路，环路。

CKT BKR （制图）缩写＝“circuit breaker”，断路器，开关。

CL 缩写＝“center line”，中心线。

C-labeled door 具有美国担保人试验有限公司认证的门，达到 C 级门的标准。

clachan （苏格兰或爱尔兰）小村庄。

clack valve 止回阀；以铰链固定于一侧的控制元件，当液流从一个方向通过时可打开，而反方向流动时则闭合。

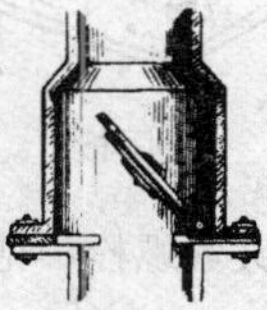

止回阀

clad 覆面，覆层。

clad alloy 包覆合金；表面有金属镀层的合金，用于防腐与美观，也用于铜焊等。

clad brazing sheet 单面或双面覆以铜焊片的金属片。

cladding 1. 覆面；见 siding。2. 金属覆层，粘贴在另一种金属表面上的金属覆层；见 clad alloy。3.（焊接）金属表面焊料的处理，以获得适当的性能或尺寸；也称为表面处理（surfacing）。4. 非结构材料，用于建筑物的骨架或结构框架的外层覆盖。5. 固定木瓦、木片、石瓦或隔板、墙面板的表面，又见 siding 和 veneer。

cladding rail 同 girt；圈梁，柱间连系梁。

clairecolle （粉刷、油漆等时使用的）白铅胶，打底腻子；见 clearcole。

clairvoyée，claire-voie 铁制的栅栏；孔状围栅，可以欣赏到街景的通透的大门或格子窗等。

clam 蛤壳式挖泥机的铲斗。

clamp 夹钳；一种木制或金属装置，用于粘接、车刨、焊接等加工时夹紧被加工构件。

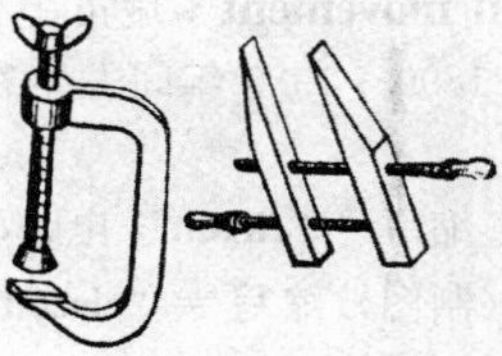

夹钳

clamp brick 夹砖；在窑中烧制时用夹具夹着的普通砖。

clamping plate 夹固板；一种金属的连接器，钉入木结构接头处以加强连接。

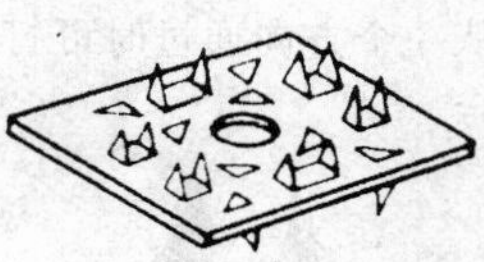

夹固板

clamping screw 夹紧螺栓；见 **screw clamp**。

clamping time 夹固时间；粘结接头时达到粘牢所需夹固的时间。

clamp nail 夹钉；用于将斜接接头拉住并夹紧的特别装置。

clamshell 1. 哈壳线脚；剖面形状类似蛤壳的线脚。2. 起重机或挖掘机在处理粒状材料时用的抓斗，由缆索或液压来控制其锷状的抓斗开闭。

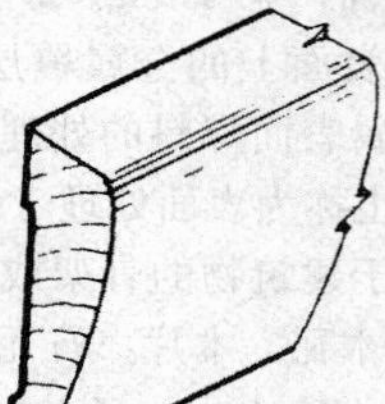

哈壳线脚

clapboard, bevel siding, lap siding 护墙板，斜截面护墙板；一种框架结构的外覆墙板。木板顺纹理横铺并上下披搭，每块板厚边在下，薄边在上。

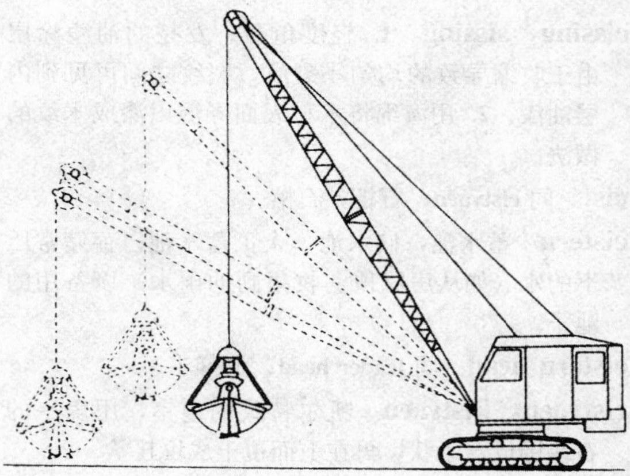

抓斗

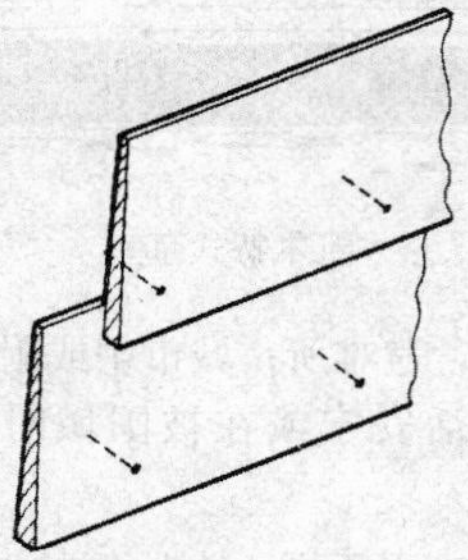

护墙板

clapboard gauge, siding gauge 卡规；用于控制护墙板，以使它们能彼此平行的装置。

clapboard house 通常用作 **Vinginia house** 的同义词。

clapper 阀门；自动喷水灭火系统中一种密闭装置。

clapper valve 同 **clack valve**；止回阀，瓣阀。

clapping stile 同 **lock stile**；带锁具的窗边梃。

clarification drawing 说明图纸；建筑师对制定的图纸或其他合同文件补遗更改的图示详述。

Clarke beam 木组合梁；由小梁或木板钉成的组合梁，两边接缝钉以木条加固。

clasp nail 同 **cut nail**；扒钉，切制钉。

clasping buttress 环绕在建筑转角处的扶壁。

class 混凝土等级，依据混凝土的品质（如抗压强度）或视用途而定的级别。

class A, B, C, D, E, F 适用于防火门、防火窗、屋面材料、内部修饰、装配场合等的等级划分，显示其防火等级；见 **fire-endurance**, **fire-door rating**。

class-A door 具有 3h 耐火等级的门，适用于 A 级通路的封堵。

class-B door 具有 1～1½h 耐火等级的门，适用于 B 级通路的封堵，例如防火出口和通路。

class-C door 具有 3/4h 耐火等级的门，适用于 C 级通路的封堵。

class-D door 具有 1～1/2h 耐火等级的门，适用于 C 级及 D 级通路的封堵。

class-E door 具有 3/4h 耐火等级的门，适用于 E 级通路封堵。

Classical architecture 古典建筑；作为古希腊和古罗马帝国建筑，意大利文艺复兴建筑及随后的巴洛克和古典复兴式建筑发展的基础，以五柱式为典型特征；见 **order** 中的图。

Classical order 见 **order**；古典柱式。

Classical Revival style 古典复兴式建筑；大约在 1770～1830 年间及以后的一段时间中影响到许多公共建筑的设计，它以简洁、高贵、纪念式和纯粹为代表风格。尽管后期带有一些希腊古典复兴式，但其主要是基于罗马古典式样，因此被称为早期古典复兴式、杰弗森古典主义、新古典复兴式或罗马古典主义风格。这类风格的建筑在平面上一般为矩形，两进深，以山墙为正立面，长边沿街，特征如下：类似于古典教堂的对称外形，两层高，两侧附有一或两层的两翼；砖、灰泥、石或木结构的墙体；两层高的纪念性柱廊被刷成白色，三角形山花，门楣上有半圆形窗户；人字形屋顶通常由方形基座上的四根柱子支撑；柱顶有连梁相连；平缓的四坡屋顶，有时部分被五个一组排列的栏杆遮挡；半圆或椭圆形窗的下方是镶板门。古典复兴式建筑再度流行于 1895～1940 年，并进行一些改进。如新古典主义风格（**Neo-classical style**）下的解释。

classic box 四坡屋顶并带有全面宽柱廊的殖民复兴风格的住宅。

classicism 古典主义（建筑）；其设计仅强调采用古罗马、希腊风格，而且也有意大利文艺复兴式样。

Classic Revival 古典复兴式，作为 **Classical Revival style** 同义词。

classified excavation 典型挖方；为普通挖方（不含大石块）和采石（挖方）工程分别计费的方法；与非典型挖方（**unclassified excavation**）相对。

class P ballast 镇流器；见 **ballast**。

classroom window 教室窗户；其宽度为普通窗的两倍，通常由两个以上并排的下旋式窗扇和它们上面的一个固定窗扇组成。

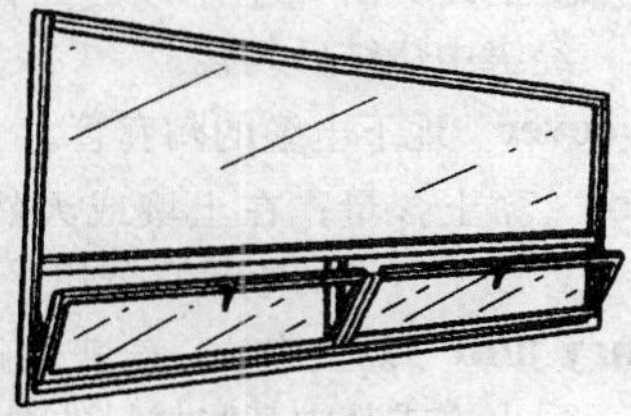

教室窗户

clathri 铁栅；关动物的笼子或窗户上的栅栏。

clause 条款；美国建筑师协会文献中用 4 个数来鉴别分层标识，例如 3.3.10.1。

claustral, cloistral 修道院的，隐居的。

clavel, clavis 拱心石。

clavis 拱顶石；见 **clavel**。

claw bar 爪杆，带爪撬棍；见 **pinch bar**。

claw chisel 爪凿；石工用的带锯齿状凿刃的凿子。

claw hammer 鱼尾锤，拔钉锤；一种木工锤，锤头的敲击面为平面，另一端弯曲分为两个爪，用于拔钉。

claw hatchet 爪斧；见 **shingling hatchet**。

claw plate 爪板；一种圆形的木材连接器。

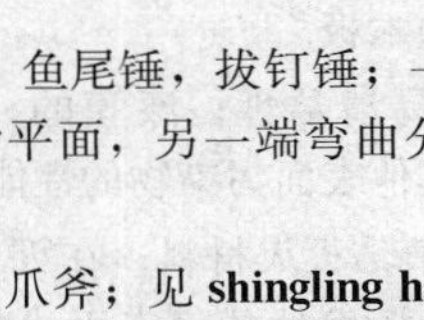

爪板

clay 黏土；一种细颗粒、有黏性的天然土壤；充分润湿时可塑，干燥时坚硬，在窑中高温烧结则陶化；可制砖、填墙缝以及作为篱笆墙的抹灰。

clay-and-hair mortar 毛泥抹面；一种含有黏土、水和动物毛发的可塑混合物，添加毛发可增加抹面干燥后的强度。

clay-and-sticks chimney 黏土柴泥烟囱；一种由黏土或泥浆和柴草垒成的烟囱，内层抹黏土或粉刷，保护火炉上方的烟囱；适合于一些边远地区没有砖、石头和石灰砂浆的房子采用。

clay binder 胶结土；见 **binder soil**。

clay brick 黏土砖；由黏土制成的固体砌块，通常为矩形，经窑中烧结后硬化。

clay cable cover 地下电缆的陶套管。

clay content 黏土含量；在土壤或天然混凝土骨料等材料中，黏土所占的重量百分比。

clay masonry unit 黏土砌块；较普通砖大，由陶粒、页岩、耐火土或其中某些材料的混合物构成。

clay-mortar mix 黏土灰浆；添加了细黏土的泥灰浆，用于砖石抹灰。

clay pipe 陶（土）管；见 **vitrified-clay pipe**。

clay puddle 胶泥；见 **puddle**。

clay size 黏土粒径；特指粒径小于 0.002mm 的细小颗粒土。

clay spade 黏土铲；路面破碎机上的附属装置，带有宽而平的作业铲刀，用于铲黏土等黏性材料。

clay tile 1. 陶土瓦。2. 铺底砖，缸砖。

cleading 开挖基坑支撑；贴于挖掘基坑、深坑或竖井等侧壁的木板。

cleanability 易清洁性；漆膜的一种便于清除灰尘、污点和其他表面污染物的性能。

clean agent 清洁灭火材料；在灭火系统中，具有电绝缘性，易挥发性的气态灭火材料，当其蒸发以后，不会留下残渣。

clean aggregate 清洁骨料；不含诸如黏土、淤泥或有机质等物质的无论粗细的骨料。

clean back 光洁石面；（石工）用作拉结石料的外露面。

cleaning eye 清理孔。

cleaning sash, cleaning ventilator 清洁时可开启窗扇；仅供清洁窗户时才打开的可移动窗户部分，通常以特殊的钥匙或扳手开启。

cleanout 1. 清扫口；管道上装有可拆卸旋塞的清洁管道，也称为 **access eye or cleaning eye**。2. 出渣口；壁炉和烟囱的烟道基底开洞，用于清除灰尘、煤烟灰等。3. 混凝土模板上的开口，用于清除残渣废料，混凝土浇注时将其封堵。

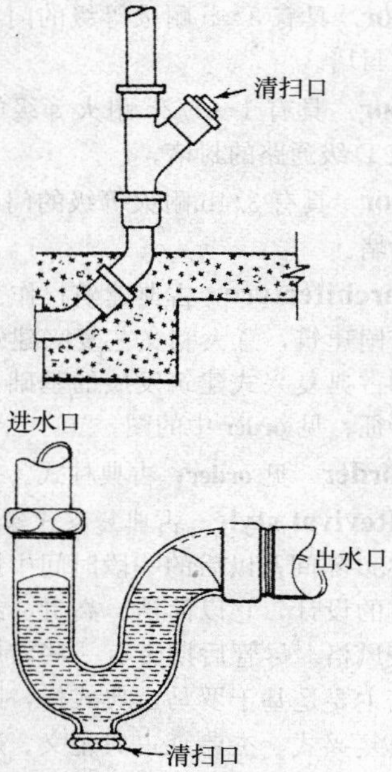

清扫口：上，用于直通管；
下，用于P形存水弯

cleanout door 1. 除灰门。2. 清渣门；通向排污管，柱模的底部等处的开口。3. 出灰口。

clean power 静音电源；噪声和谐振几乎不存在的电源，因此，其电压的波形大致为正弦波。

clean room 洁净室；精密产品的装配室，通常墙壁光滑不积尘，并采用空气沉淀剂或过滤器将灰尘、纤维绒等降至指定的最低标准，避免产品质量会受到灰尘、纤维绒或空气中传播病菌等的影响。

clean stuff 同 **clear lumber**；（无节疤等）木料。

clean timber （英）**clear lumber**；无节疤木料。

clear 净距离；两个表面或区域之间的净距离。

clearage 同 clearance；间隔，空隙，裂缝。

clearance 1. 间隔，净空；建筑物两个构件之间用于补偿施工就位、构件尺寸的误差或允许构件无约束变形所需的空间。2. 间隙；结构中允许锚固或建造过程中以及调节尺寸时所需的空间或距离。3. 门底与地板间的缝隙；见 door clearance。

clear ceramic glaze 透明陶瓷光釉面；烧结在陶瓷表面的釉质，呈现或透明或有光泽的彩色外观。

clearcole，clairecolle 1. 油漆涂底，细白垩胶，白铅胶；主要由胶、水和铅白或白垩组成。2. 敷金箔层前的清漆涂层。

clear dimension 净距；建筑组件间的空间。

clear floor space 楼地板净空间；依据美国残疾人法案，允许轮椅使用的最小净面积。

clear glaze 透明瓷釉；无色或有色的透明的瓷釉；又见 ceramic color glaze。

clear height 净高；净空的竖向高度。

clearing 将砍倒灌木和树木的根和树桩刨除。

clearing arm 上下水管道上的支管，以便疏通棒通过支管来疏通管道。

clear lumber，clean timber，clears，clear stuff，clear timber，free stuff 无疵木料。

clear span 净跨；跨度两端支撑点的内侧距离。

clearstory 同 clerestory window；天窗，通风窗。

cleat 楔子；钉在构件上或置于构件表面、用于支撑或临时定位的小木块或木条。

cleat wiring 露明线安装；用起绝缘作用的瓷夹板在墙上或其他表面上固定电线，不使用暗线管或电线槽使电线外露的方法。

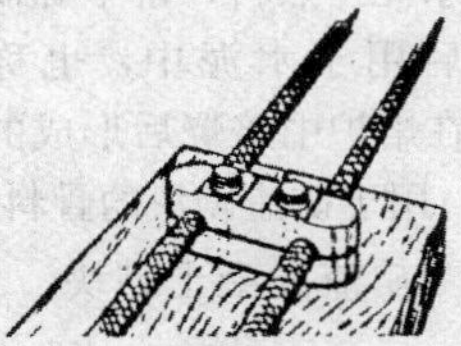

露明线安装

cleavage 1. 岩石中如页岩表面较密的顺纹开裂的趋势。2. 在石制品加工中，沿沉积层将岩石劈开的做法。3. 将两个粘在一起的硬质材料借助杠杆撬动作用从中劈开的方法。4. 木头中如木瓦沿厚度方向开裂的趋势。

cleavage plane 劈裂面；在结晶物质中，如某些类型的岩石中易于产生劈裂的层面。

cleave board 同 rived borad；沿顺纹劈裂的木板。

cleft finish 形容沿平行平面具有良好节理的石料，例如板岩。

cleft timber 顺纹几乎贯通劈开的木材。

cleithral 同 clithral；有屋顶的。

clench 钉牢；见 clinch。

clench bolt 铆钉；见 clinch bolt。

clenching，clench nailing 砸弯（钉尖）；将钉子的尖端用锤子敲弯与木材表面贴合以确保剧烈振动时连接牢靠。

clench nail 弯头钉；见 clinch nail。

clerestory，clerestory window 1. 高侧窗；开在墙壁上方的窗户，以保证极高的屋子中间的亮度。2. 天窗。

天窗

clerk of the works 同 project representative；现场监工员。

clevis 马蹄铁；呈马蹄形、马镫或 U 字形的弯铁（或链中的一环），两端有供穿销或螺栓的孔。

CLG （制图）缩写＝“ceiling”，吊顶，顶棚。

climbing crane 爬升式起重机；用于高层建筑物施工的提升装置，其竖直桅杆固定于建筑框架的结构构件上，随着施工中结构的上升而上升；装有

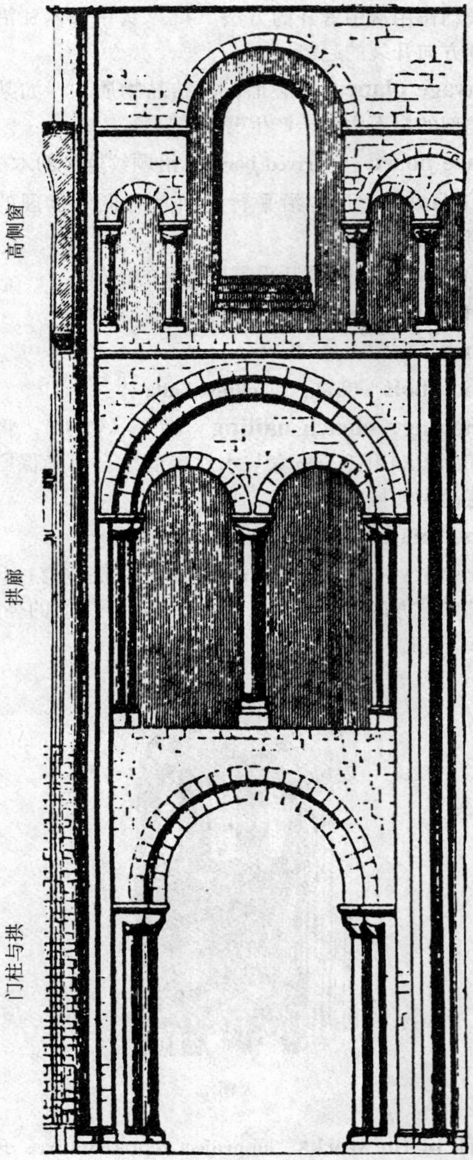

高侧窗

绞盘、提升钢索以及能绕竖向桅杆顶端旋转的水平起重杆。

climbing form 提升式模板；在特定结构中浇注完一段混凝土之后可竖直提升的模板，它通常是以锚栓或杆埋入先前浇注段的混凝土顶部来支承；模板只有在全段浇筑完并部分硬化后方可移动，它不同于滑动式模板，在混凝土浇注完后即可移动。

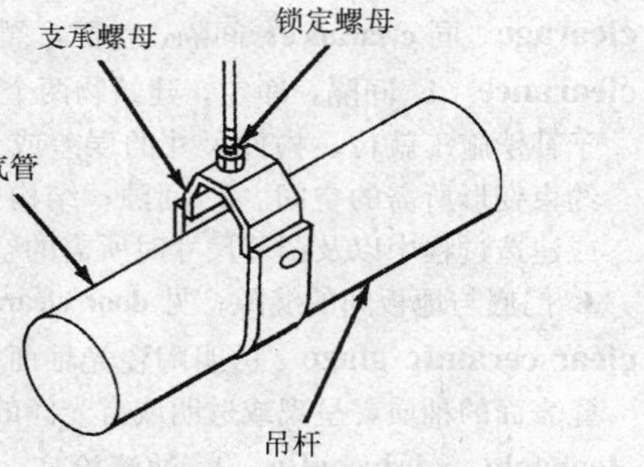

马蹄铁挂钩

clinch, clench 敲弯，钉牢；用锤子将钉子、螺钉等伸出的尖端敲弯、打平、钉牢。

clinch bolt, clench bolt 弯头螺栓；为防止回缩而特设的一端弯曲的螺栓。

clinching 见 **clenching**。

clinch joint **1.** 同 **lap joint**；搭接接头。**2.** 用弯头钉加固。

clinch nail, clench nail 弯头钉；用于打入之后可敲弯的钉子。

clinic **1.** 诊所；一种独立于医院或是其附属部分的便利机构，接受非住院病人在此进行内科和外科的诊断和治疗等。**2.** 专科或全科机构，如心脏医学临床（诊所）或小儿科临床（诊所）。

clink **1.** 尖头钢凿；需以大锤敲击的凿子，用于破碎人行道或车行路路面。**2.** 裂纹，钢铁受热不均匀膨胀形成的许多的小裂纹。**3.** 封边，相邻的柔性金属屋面块料之间的接缝。

clinker **1.**（水泥）熟料；窑中烧制的部分熔融的产品，磨碎后用于水泥中，也称为水泥熔渣。**2.** 炼渣，煤在熔炉中焙烧后形成的玻璃状或半玻璃状的残渣；用于矿渣砌块的骨料。**3.** 缸砖。

clinker block 矿渣混凝土砌块，（英）指 **cinder block**。

clinker brick 缸砖；高温烧结使之几乎完全陶瓷化的砖，其形状已经扭曲，用于铺砌路面。

clinometer 倾斜仪，量坡仪；用于测量竖向角度的仪器。

clip 1. 半截砖；按需要长度切剩下的砖块部分。2. 钢夹；由薄钢片或钢丝制成的特别扣件，用于将石膏板条固定于槽钢或钢墙筋上。3. 靠摩擦力或机械作用将大的部件固定的小金属装置，例如一个将玻璃固定在窗户上的弹簧金属件。

clip angle，lug angle 耳状角铁，短角钢；起承受物件部分内力作用的角铁。

clip bond 面砖内边切角斜面与顺砖砌体砌合面形成槽口形式的接缝。

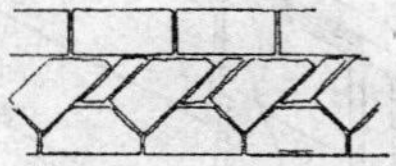

面砖内边切角斜面与顺砖砌体砌合面形成槽口形式的接缝

clip course 利用加厚灰缝砌筑砌块的方法。

clipeus 大理石或其他材质的盾形装饰圆盘；悬挂于古罗马住宅前庭的柱子之间。

clip joint 加厚灰缝；比常规灰缝厚，以便使砌体层达到要求的高度。

clipped eaves 短檐；由于宽度超过天沟而不挑出外墙面的屋檐。

clipped gable 两坡式屋顶；见 **jerkinhead**。

clipped header，false header 半砖头，假丁砖；像丁砖一样摆放的半砖，用以呈现统一的砌砖图案，如荷兰式砌合（同层丁顺砖交错）。

clipped lintel 剪切过梁；以与其相邻构件承受荷载的过梁。

clithral 早期希腊建筑中的“全遮蔽的屋顶”，如某些庙宇的；与（无屋顶的庙宇）hypaethral 相对。

CLKG （制图）缩写＝“**caulking**”，堵缝。

CLO （制图）缩写＝“**closet**”，壁橱，套间，盥洗室等。

cloaca 古罗马时的阴沟，下水道。

cloak rail 挂衣板；在壁柜墙板上安装挂衣钩的木板。

cloakroom 1. 衣帽间；用以存放或寄存外衣等的房间（地方）。2. 立法机构议院、会所门口处挂衣帽的小休息室。3. 包裹、行李存放处，如在剧场、火车站或机场的寄存处。4. （英）盥洗室。

clocher 钟楼，钟塔；独立或依附于教堂的钟塔（**bell tower**）；同 **belfry**，1。

clochan 爱尔兰特有的原始房屋，外形如蜂窝状，以石头砌筑，既不用水泥砌筑也不用抹面装饰，屋顶逐层收束，最终以一块石头覆盖。

爱尔兰特有的原始房屋

cloisonne 景泰蓝瓷器；具有不同颜色的珐琅或釉质构成特定图案的表面装饰，用于搪瓷表面时，以金属丝构图，金属丝则与金属胎体焊牢；用于瓷砖和陶瓷时，以从小孔中挤出的瓷泥条构图。

cloister 回廊；环绕庭院的有顶走道，常用来连接教堂与修道院中其他建筑物。

cloistered arch 同 **coved vault**；大弧拱。

cloistered vault 回廊穹隆。

cloister garth 带回廊的院子。

cloistral 修道院的；见 **claustral**。

clone 克隆，无性繁殖；植物中通过切块或其他植物性的方法来延续几代的繁殖方法。

close 1. 建筑物周围或边侧的封闭性场地，特指与大教堂临近的场地。2. 甬道；从街道分出的窄巷。

closed bidding 同 **closed competitive selection**；邀请招标，选择性招标。

close-boarded，close-sheeted 1. 密合铺板，以彼此紧贴的方木板条封盖的方式，如屋顶板或壁板。2. 封板，中间完全不留间隙的用竖板钉成的围栏。

close-contact glue 密合胶；紧密接缝用的胶。

close couple 紧密连接；见 **couple-close**。

close-coupled tank and bowl 紧密连接水箱的坐式大便器。

紧密连接水箱的坐式大便器

close-cut 屋脊（或屋谷）处的石板瓦、木板瓦或陶瓦片要切割以保证其相互契合。

closed building system 封闭的建筑系统；只有其自身的子系统、部件和组件是可相互调换的建筑系统。

closed cell 闭孔；在泡沫橡胶或泡沫塑料中的微孔，这些微孔完全由材料壁所封闭而不与其他微孔相通。

closed-cell foam 闭孔泡沫料；内部微孔彼此不相通的多孔材料。

closed-circuit grouting 循环式灌浆；将水泥浆以一定的体积和压力注入交叉裂缝或空隙中，有效的压力使水泥浆顺利地注入空隙中，剩余的水泥浆被送回泵站以便循环使用。

closed-circuit TV surveillance system 闭路电视监视系统；通过同轴电缆连接由电视摄像机和监控器组成的系统，用于提供可视观测，是建筑物安全系统的重要附件。

closed-circuit telephone 闭路电话，内线电话。在一定范围内提供电话通信的电话，例如在一栋单独的建筑中，这个电话既不能接收外部信号也不能呼叫外部，只能内部呼叫。也叫 **house telephone** 或 **house phone**。

closed competitive selection 邀请招标，选择性招标。由采招标人（或其代表），选择一定数目的法人或其他组织（不能少于三家），向其发出招标邀请书，邀请他们参加投标竞争，从中选定中标的供应商。

closed construction 封闭结构；隐蔽构造，需要拆卸和破坏才能对其中各部件进行检查的建筑构件或构造做法。

closed cornice **1.** 飞檐式窗帘盒。**2.** 一种挑出很少的仅有檐口束腰板和顶饰条而无底板的木挑檐。

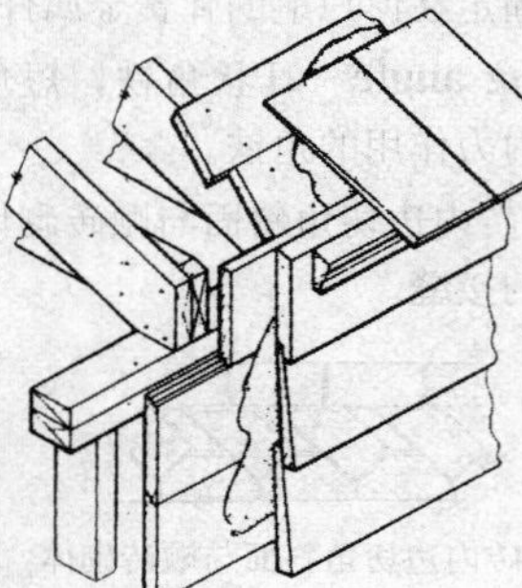

封闭式挑檐

closed eaves 封闭式挑檐；凸出屋面的构件，由檐口封板封闭而不外露的挑檐。

closed impeller 封闭式涡轮；在气泵或水泵中，涡轮有两个保护罩（也即两个圆盘把涡轮叶片封闭起来），这样的泵较少需要维护且较开敞式涡轮泵能有效地工作更长的时间。

closed joint 密缝，两块石板间无间隙或间隙很小。

closed list of bidders 审定的密封投标人名单；见 **invited bidders**。

closed mortise 封闭式榫孔；同 **blind mortise**。

closed newel （盘旋梯）封闭式中心筒体：建于旋转楼梯中心的实心或空心的筒式墙体。

closed shaft 有顶井筒；顶部封闭或盖有屋顶的井筒。

closed sheathing 连续式挖方支撑；见 **closed sheeting**。

closed sheeting, closed sheathing, tight sheeting 封闭式板撑；由紧密相连的竖向或水平向挡土墙板形成连续的支撑结构以稳定开挖土方面。

closed shelving 隐蔽式壁架；带有橱门的壁橱中的壁架。

closed shop 封闭施工作业。需要一部门成员在必要条件下联合进行的建设工程。

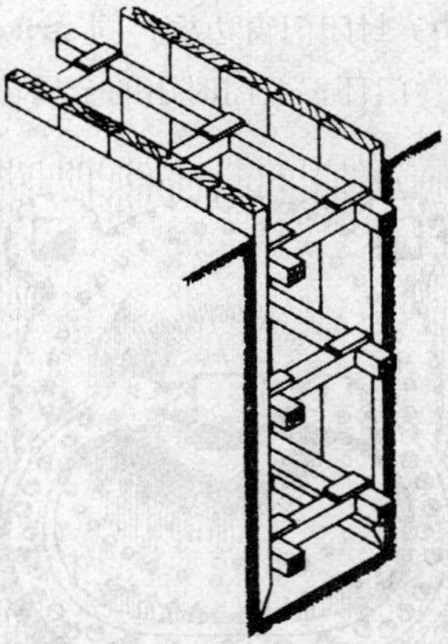

封闭式板撑

closed specifications 详细规范；特殊项目或过程的详细说明。

closed stair 箱形楼梯（**box stair**）。

closed stair string 全包式楼梯斜梁；同 **close string**。

closed string 铲口斜梁；同 **close string**。

closed string stair 全包式斜梁楼梯；楼梯斜梁夹在踏步外侧，在楼梯侧面看不到踏步的楼梯。

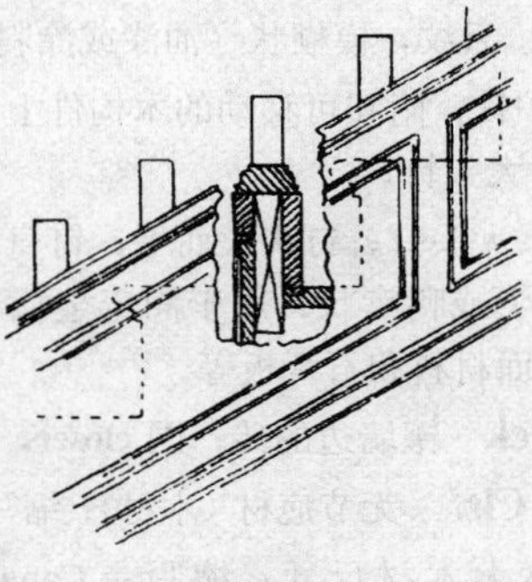

全包式斜梁楼梯

closed system 专用建筑体系（体制），封闭系统；加热或制冷管网系统，管网中循环水或盐水全封闭，并在高于大气压的压力下流动。

closed valley 隐蔽式斜天沟；同 **concealed valley**。

closed water piping system 封闭式给排水管网系统。

close-grained, close-grown 闭形纹理的；见 **narrow-ringed**。

close nipple 螺纹管接头，指没有无螺纹部分及具有按标准操作允许的最小长度。

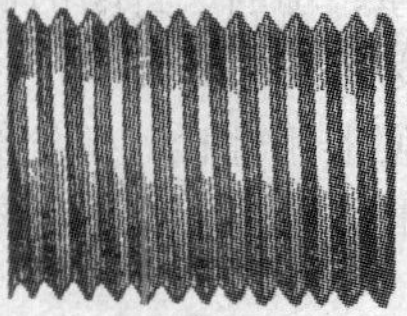

螺纹管接头

closer 1. 一个完整的砌筑单元或装饰单元中，水平层砌筑的封口砖。2. 窗下槛的石饰层；见 **king closer**，**queen closer**。

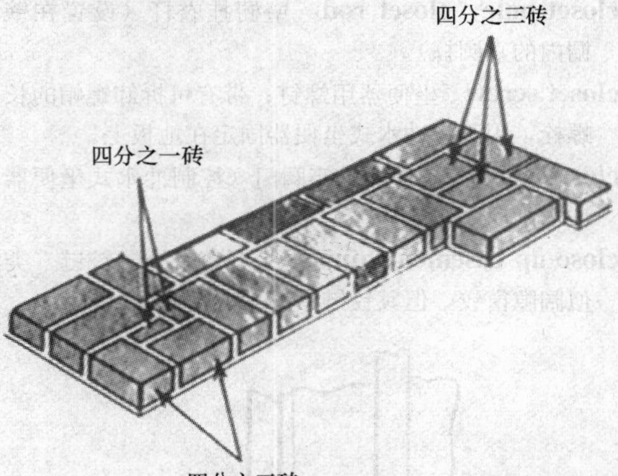

水平砌筑的封口砖

closer mold 封口砖样板；临时用于将砖切成特殊尺寸的木模。

closer reinforcement 关门器加固板；门或门框架上用于加固关门器的金属板。

closer reinforcing sleeve 关门器加固套；加强门框的两侧及底部槽口的加强板。

close-sheeted 围栏木板的；见 **close-boarded**。

close sheeting 隐式板撑；同 **closed sheeting**。

close string, close stringer, closed stringer, curb string, housed string 全包楼梯梁；楼梯斜梁的顶边为直线，且平行于底边，使楼梯踏板和踢脚板由楼梯斜梁遮挡，而在楼梯侧面不可见。

close studding 密肋抹灰构造；板条布置较密，其间抹灰浆的构造。

closet 1. 储藏室；小的、封闭的储藏空间。2. 小更衣室；常作为卧室的套间。

closet bolt 坐便器用螺栓；螺栓头圆而薄，且直径特别大的螺栓。常用于将厕所的坐便器固定在地板上。

close timbering 坑道或沟渠的衬板。

closet lining 壁橱内衬板（常用红杉，其气味可驱虫）。

close tolerance 高精度公差，其值小于标准差（standard tolerance）。

closet pole，closet rod 壁橱挂衣杆（设置在壁橱内的直圆杆）。

closet screw 坐便器用螺钉；带有可拆卸螺帽的长螺栓，用于将冲水式坐便器固定在地板上。

closet valve 坐便器水箱阀门（控制冲水式坐便器冲水阀门）。

close-up casement hinge 平开窗密合式铰链（类似阔隙窗铰，但其铰链紧靠平开窗侧面）。

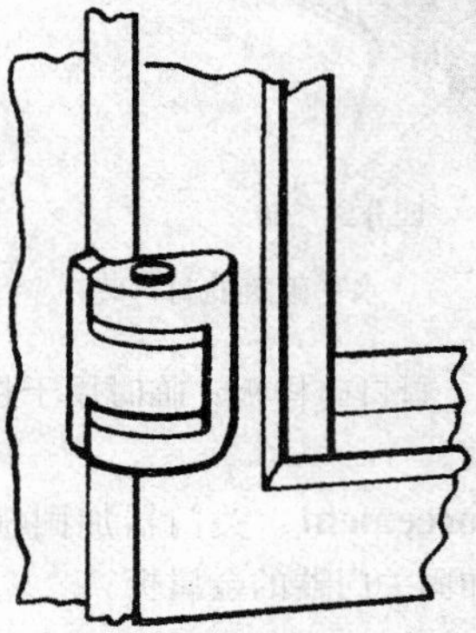

平开窗密合式铰链

closing costs 房地产成交手续费；房地产成交过户或保证的附加费，例如法定记录费和所有权保险费。

closing device，automatic closing device，self-closing device 1. 防火门在火警时能自动关闭的装置。2. 自动关门装置。

closing jamb 封闭门窗边框；同 strike jamb。

closing ring 门环；关门时用的金属环拉手。

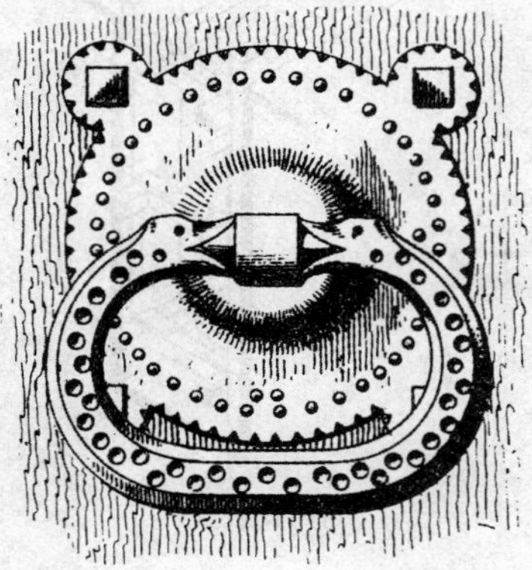

门环

closing stile 装锁边梃；同 lock stile。

closure bar 盖缝条；覆盖楼梯斜梁与侧墙之间缝隙的金属条。

closure strip 密封条；预制的沥青或弹性填充条，用于密闭屋檐波纹板、外墙板底边和窗内侧的空隙等。

clothes chute 洗衣槽（laundry chute）。

cloudiness 云纹，模糊状（油漆或涂料薄膜）。

clout 1. 护铁；附在可移动的木构件上，防止构件损坏。2. 大头钉。

clout nail 大头钉；钉头大而平，钉身为圆杆，顶尖细长而尖或鸭嘴状；用于固定金属板、沥青处理过的屋面材料和石膏板等。

closure brick 镶墙边的砖；同 closer，1。

clr.，Clr，Clr. 无节疤材（木材）；缩写＝“clear”。

CLS 加拿大木材尺寸；缩写＝Canadian lumber sizes。

club hammer 砌砖用的手锤。瓦工中，短柄重锤，锤面通常是圆形或八角形。

clunch 硬化黏土，硬制白垩（用于早期的英式建筑）。

cluster development 聚集住宅；见 cluster housing。

clustered column 群柱；多个柱子组成一体，充

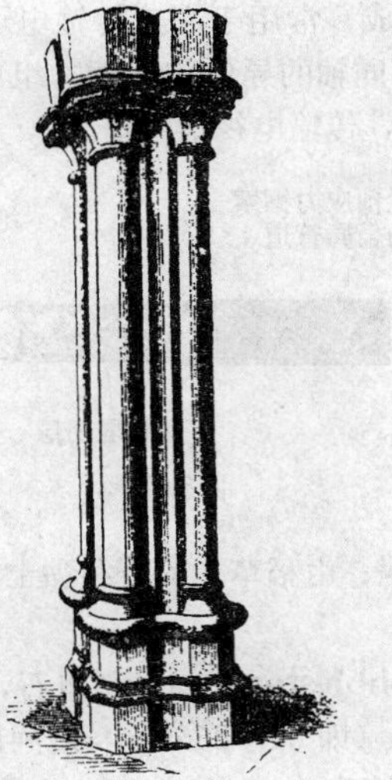

群柱

当一个单独的结构构件。

clustered pier 群墩；由多个柱身组成，中心处的墩或心柱尺寸较大，其余的墩围绕中心柱身布置。

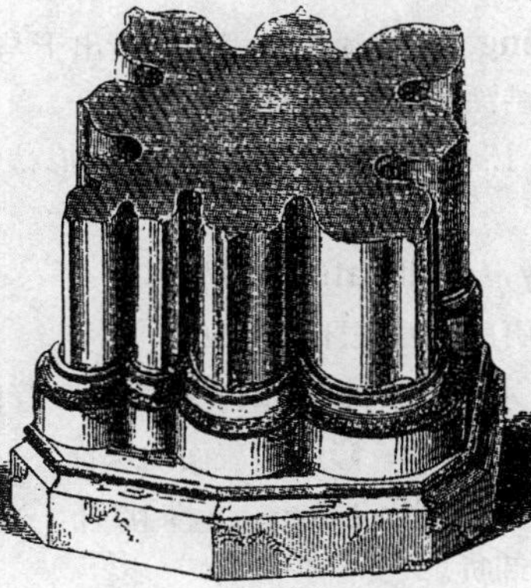

群墩

cluster housing 住宅群；许多住宅组成相对紧凑的住宅组团，住宅群之间的空地供行人步行和娱乐，这种组合方式是较常规的分散布局密度高。

clutch 离合器，传动器；使机器驱动部分与主要动力源连接或分离的装置，通常根据与摩擦面接触或分离的原理运行（其他类型包括一个流体连接器）。

cm 厘米；缩写＝"centimeter"。

CM 中心榫接；缩写＝"center matched"。

CMP （制图）波纹钢管；缩写＝"corrugated metal pipe"。

CMU 混凝土砌块；缩写＝"concrete masonry unit"。

CND （制图）导管，管线；缩写＝"conduit"。

CNRC 加拿大国家研究协会；缩写＝"Canadian National Research Council"。

CO 1. 变更通知；缩写＝"change order"。2. 拥有证书；缩写＝"certificate of occupancy"。3. 清理，清除；缩写＝"cleanout"。4. 中断（保险）装置；缩写＝cutout。

coach bolt 方头螺栓；同 carriage bolt。

coach house，carriage house 车马房（建筑或其中的一部分）。

coach-mounting steps 小型且有一定高度的站台，供人们上下马车或客车使用；通常设置在房屋门口附近。

coach screw 方头（木）螺钉；见 lag bolt。

coak 1. 榫接头。2. 木销钉（用于叠接木板）。

coalescence 凝聚；水分蒸发后树脂或聚合物的微粒相溶合形成的薄膜。

coal house 存煤用的附属建筑，通常与铁匠房相连。

coal-tar felt 用精制的焦油沥青浸透的毛毡。

coal-tar pitch，tar 焦油；焦油沥青；一种深褐色的碳氢化合物，由焦炉焦油蒸馏获得；软化点接近 150 ℉（即 65℃）；用作复合屋面的防水剂。

coaming 屋顶或地板洞口四周的挡水围槛（其顶标高高于屋顶或地板面）。

coarse aggregate 粗骨料，粗集料；经 4 号筛（孔径为 4.76mm）筛选后留在筛上的骨料；另见 crushed gravel，crushed stone，gravel，pea gravel。

coarse filter 粗过滤器，粗滤池；用于空调系统中；同 prefilter。

coarse fraction 粗颗粒；土试件中直径大于 200 号筛［即直径大于 0.003in（0.075mm）］的土颗粒。

coarse-grained 1. 宽年轮的；见 wide-ringed。2. 粗纹理的；见 coarse-textured。

coarse stuff 粗灰浆；一种由毛绒物、砂子和石灰浆混合而成的抹灰打底材料。

coarse-textured，coarse-grained，open-grained 纹理松的，粗木纹的，粗质地的；指疏松多孔结构的木材，通常需填料方得光滑的表面。

coarse-textured wood 各种具有粗糙结构的木材。

coat 涂层，抹灰层。

coated bar 涂有防腐涂层的钢筋。

coated base sheet，coated base felt 经浓稠沥青浸渍的毛毡，是一种具有较强抗渗性的屋面材料。

coated electrode，light-coated electrode 包剂焊条，轻质涂层焊条。

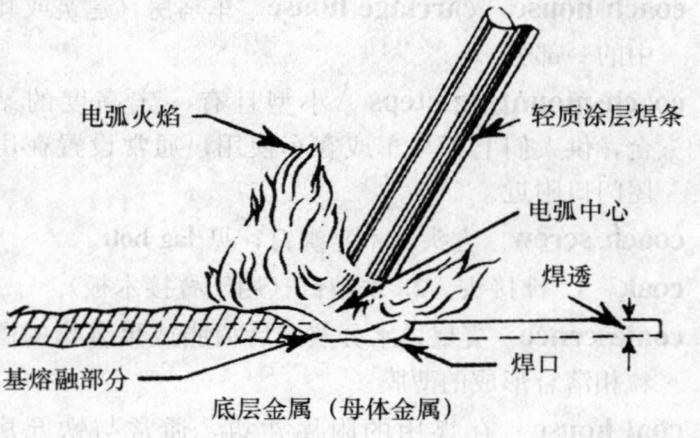

包剂焊条

coated glass 涂膜玻璃；带有涂层的玻璃，允许大部分可见光透射，阻止紫外线和红外线通过；具有保温隔热作用，冬季可使室内产生的大部分热量不被玻璃传导出去；常用于双层玻璃窗中。

coated macadam 伴有沥青的碎石；见 **bitumen，macadam**。

coated nail 涂面钉（釉面钉、水泥涂面钉或镀锌钉）。

coating 涂层；通常用涂刷、喷射、抹灰或浸渍的方法使材料覆上涂层起装饰、保护或密封作用，使材料表面平滑。

coat rack 衣帽架；可挂置衣帽架和雨伞、滴水碟。

coatroom 1. 衣帽间。2. 寄物处；存放外衣的地方。

coaxial cable 1. 同轴电缆；由两层彼此绝缘的同轴导体组成，常用于高速传输电子数据或视频信号。2. 由同轴的导体和屏蔽物组成的电缆，用于通信领域，传输电视信号等。

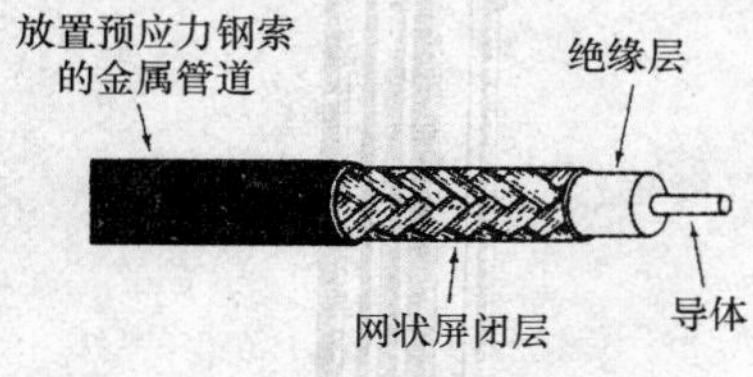

同轴电缆

cob 草筋泥；由稻草、碎石和黏土混合而成的墙体材料。

cobble，cobblestone 1. 大卵石，粗砾，直径在 2½～10in（即 64～256mm）之间的大石块，用于铺路、筑墙和砌筑基础。2. 公称尺寸在 3～6in（即 75～100mm）之间的混凝土粗骨料。

cobblestone house 毛石砌体墙为卵石表面的房屋。

cob wall 土墙；由碎稻草和含碎石的黏土混合筑成的墙体。

cobwebbing 网纹喷胶；用喷枪喷出干与半干的高聚合粘结涂料，形成蛛网状涂层。

cochlea 1. 螺旋形楼梯间。2. 螺旋形楼梯（**spiral stair**）。

cochleary，cochleated 螺旋形。

cocina 厨房（西班牙建筑中）。

cock 1. 水龙头；见 **faucet**。2. 龙头，管闸。

cock bead 隆珠；隆起于表面的珠饰。

cocking 1. 同 **cogging**；凸榫接合，嵌齿扣合。2. 侧倾卸货。

cocking piece 链轮齿；见 **sprocket**。

cockle-shell cupboard 同 **shell-headed cupboard**；嵌入式的碗碟柜。

cockle stair 螺旋楼梯（**spiral stair**）。

cockloft 阁楼、顶楼；另见 **loft，2**。

cockscomb 鸡冠饰，一种齿状修饰器（**drag**）。

cockspur fastener 平开窗扣件。

coctile 建筑用烧制品（如砖、陶瓷）。

coctilis 古罗马记载的一种砖结构建筑采用，窑中烧制硬化的砖而非日晒砖。

code 1. 规范；在一个行政区域内（例如城镇、乡村、州、省、地方自治区等）施行，限定了设计、施工和安装的最低标准，并限定材料、部件、机械装置及配件的最低性能。2. 针对建筑业、建材业和安装业的法规，旨在保护公众的健康、财产及生命安全，例如建筑法、健康法；由市、州或联合委员会制定（通常具有法律效力）。

coded fire-alarm system 编码火警系统；火警信号由预定的编码序列组成，可显示已启动火警器的建筑物所在地。

code of practice 实施规范，业务法规；阐明不同材料，不同功能的良好构造标准的技术文件，通常不具有法律效力。

COEF （制图）系数；缩写＝“coefficient”。

coefficient of beam utilization 光束利用系数；由强力照明灯或其他类似的光源发出的光，到达指定面积的光束与总光束之比。

coefficient of discharge 1. 流量系数；由洞口排出的实际水流与相应的理论值之比。2. 空气扩散器中有效面积与流量面积之比。

coefficient of elasticity 弹性系数；同 modulus of elasticity。

coefficient of expansion 膨胀系数；材料因温度每改变一度单位长度的变化量。

coefficient of friction 摩擦系数，下滑力与正压力（两接触面之间）之比。

coefficient of heat transmission 导热系数；同 coefficient of thermal transmission。

coefficient of hygrometric expansion 吸湿膨胀系数；见 hygrometric expansion。

coefficient of light transmission 光传导系数；见 luminous transmittance。

coefficient of performance 1. 热水泵中产生的热量与供应能量之比（无量纲）。2. 制冷系统中，减少的热量与产生上述热量的能量之比（无量纲）。

coefficient of runoff 径流系数；在设计雨水排水系统中，估算由于蒸发、渗透和表面受压引起水量减少的系数。

coefficient of static friction 静摩擦系数；沿滑动方向开始滑动所需力的摩擦系数。

coefficient of subgrade friction 地基摩擦系数；基础底板与地基之间的摩擦系数。

coefficient of subgrade reaction 地基反力系数；土壤在单位面积上所受的荷载与相应的变形之比。

coefficient of sound absorption 吸声系数；见 sound absorption coefficient。

coefficient of thermal expansion 热膨胀系数；同 coefficient of expansion。

coefficient of thermal transmission 热传导系数；隔墙（板）两侧单位面积上温度每改变一度每小时传递的热量；如每平方英尺温度改变一华氏度每小时传递的热量。

coefficient of utilization，（英）**utilization factor** 利用系数；工作面接收到的光束与光源发出的总光束之比。

coefficient of variation 标准差（用平均百分比值表示）。

coelanaglyphic relief 平浮雕（不高于周围平面的浮雕）。

coenaculum 古罗马房屋中的餐室。

coenatio 古罗马房屋中的正式餐厅；同 cenatio。

coenobium 修士集居的房舍。

coffer, lacunar 1. 顶棚嵌板。2. 沉箱（caisson, 2）。

cofferdam 临时性的挡水围堰；防止水浸入正在新建结构的地基，在其周围建起挡水围护用水泵将其水抽出排水。

coffered ceiling 带有深凹镶槽的吊顶，通常有华丽的装饰；同 coffering，1。

coffering 1. 带有深凹镶槽的吊顶，通常有华丽的装饰。2. 如大理石、砖，混凝土、灰浆或灰泥效果；见 caisson，2。

coffer panel 方格吊顶中的一块镶板。

cog 凸榫。

cogeneration 建筑物中电能和蒸气或热水的发电设备（在美国一些城市中使用，多余的电可卖作公用）。

带有深凹镶槽的吊顶

cogged joint 凸榫接合，交错十字接头，由两块分别开榫槽和凸榫的十字交木块的连接形成接合。

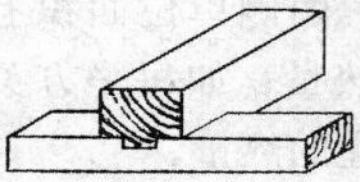

凸榫接合，交错十字接头

cogging, cocking 凸榫接合，嵌齿扣合。

cohesion 1. 黏结力，黏聚力。2. 土颗粒中黏结在一起的聚合力。

cohesionless soil 无黏性土；土样浸入水中无明显的黏性或在空气中干燥后无明显强度的土。

cohesive failure 黏结破坏；表面附着力超过分子间的凝聚力而引起的材料连接节点处撕裂。

cohesive soil 黏性土；土样浸入水中有明显的黏性或空气中干燥后保持相当强度的土。

coign 楔形石；见 **quoin**。

coil （各种构造形式的）管状热交换器，又称作过热调节器、散热器等。

coiled expansion loop 环形膨胀节；同 **expansion bend**。

coin, quoin 1. 屋角。2. 砌成墙角的石块或（砖）。3. 楔形物。

coke grating 壁炉炉栅；安装在普通壁炉内燃烧三号焦炭，尺寸为 1/2～1/4in（即 1.3～3.1cm）的一种特殊炉箅子，通常装有整体式煤气燃烧器以促进燃烧。

COL （制图）柱；缩写＝"**column**"。

colarin 古典圆柱的柱颈花边饰；同 **collarino**。

cold-air return 冷气回流；木框架房屋的空调系统中，利用搁栅间的空间作回风通道。

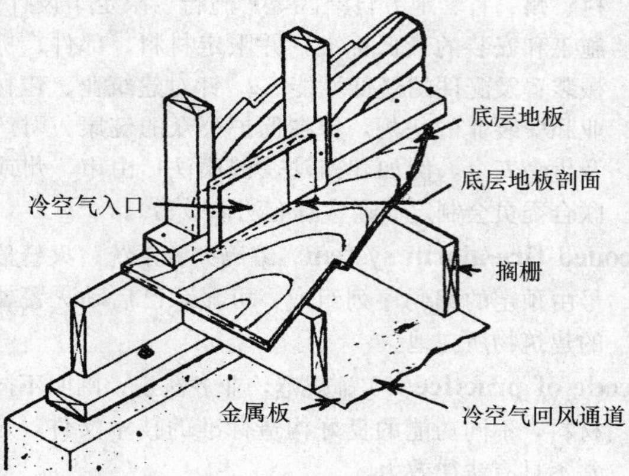

冷气回流

cold bending, cold gagging 冷弯；无需加热，如弯金属管。

cold bridge 冷桥；隔热层上的局部不连续，形成其附近隔热的"短路"现象。

cold-cathode lamp 冷阴极灯，荧光灯管；在相对较低的电流和相对较高的电压下低温工作的灯管。

cold cellar 地窖；用于冬季存放农作物，窖内温度高于零度。

cold check 冷裂纹，低温裂纹；由于冷热温度交替变化，造成木材表面形成细裂纹。

cold chisel 冷凿；由淬火钢制成，用于金属冷加工的凿子。

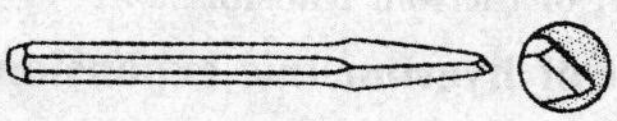

冷凿

cold cut, cold cutter 冷切，冷加工。

cold-drawn 冷拔；无需热处理，金属通过一系列模具而减小其横截面的加工工艺，可用于钢杆、钢管和钢丝的加工。

cold-driven rivet 无需加热的冷铆铆钉。

cold-finished bar 冷加工钢筋；金属棒经冷拔后使之达到最终尺寸，其结果是改善其表面光洁度，并减小截面尺寸误差。

cold-finished steel 冷加工钢筋；碳素钢通过清理和酸洗后，经模具轧制或冷拔生产出截面尺寸合适，表面光洁（并通常伴随其他性能的改善）的钢筋。

cold flow 1. 冷变形；在恒定应力作用下，材料的永久性变形。2. 徐（蠕）变；室温条件下，材料（随着瞬时初始变形）在静载作用下的持续变形。

cold forging 冷锻；无需加热的锻制金属技术。

cold-formed member 冷加工成型钢构件。

cold-formed steel construction 冷弯型钢的钢结构；全部或部分由薄钢板或冷弯成型的钢构件构成的结构。诸如屋面板、墙板、楼板、楼层搁栅、龙骨、屋面檩条或其他结构构件。

cold gagging 冷压；见 **cold bending**。

cold glue 冷胶粘剂。

cold joint 施工缝；头道混凝土结硬而形成的施工缝，其粘结力较差，未经特殊的工艺处理。

cold-laid mixture 冷铺拌合料；在常温下铺设和压实的各种拌合料。

cold mix 冷拌合；用相对轻和结硬慢、未经加热的沥青拌制而成的沥青混凝土，其坚固性和耐久性均不如热拌合的沥青混凝土。

cold molding 1. 冷成型制品。2. 冷成型材料。

cold patch 未经加热的沥青拌合料，用于小面积路面上。

cold pie 砌块砌筑中过剩的灰浆。

cold pressing 冷压。

cold-process roofing 冷铺屋面；用冷沥青或乳化沥青作涂层的屋面；另见 **asphalt prepared roofing**。

cold riveting 冷铆。

cold-rolled 冷轧；室温条件下对金属进行滚轧成形的加工，以提高其表面光洁度和抗拉强度。

cold room 冷房，冷藏间。

cold saw 室温下切割金属的锯子，如切割金属的圆锯。

cold set 冷作工具；一种带有扁平刀口的短钢凿，用于切割金属或凿平金属板间的接缝。

cold-setting adhesive 冷固化胶粘剂；常温固化胶粘剂，温度不超过 68 ℉（即 20℃）。

cold-shortness 冷脆性；在室温条件下金属脆化。

cold shut 在铸件上出现卷折或皱纹等缺陷。**cold-solder** 冷焊；无需加热的焊接（焊料采用铜汞合金）。

cold-solder joint 虚焊；电路板中节点处焊接的缺陷，由于加热不足造成焊料仅覆盖节点，并未与节点熔合在一起。

cold-start lamp 冷启动灯；同 **instant-start fluorescent lamp**。

cold-storage cooler 冷藏室；隔热的，其温度不低于 30 ℉（即－1.1℃）的人工冷藏室。

cold-storage door 冷藏室门；其框架内充满隔热材料的厚门，用于冷藏室和冷却器。

cold strength 冷态强度；耐火混凝土在烘烤前的抗弯强度。

cold-water paint 一种在冷水中溶化或扩散的颜料。

cold-welding 冷焊；常温下金属（例如铝板）表面经彻底清洗后由机械压力受压而结合。

cold-worked steel 冷加工钢材；常温下，采用滚轧、拉、扭等方法进行加工钢筋和钢绞线。

cold working 冷加工；金属在室温下的塑性变形（通过冷压、冷拉、滚轧、冲压等方法成型）。

cold wrap 缠绕在管子的外侧耐腐蚀的带子，用于绝热。

coliseum 大剧场；见 **colosseum**。

collapse 皱缩；木材处理中，急速干燥引起的细胞的机械破损。

collar 1. 穿出屋面通风管的环状泛水。2. 环绕金属柱或木柱一周的凸带。3. 增强焊接能力的凸起部分。4. 柱颈。5. 不施压铝热焊的加强金属板。6. 门锁覆板；同 **escutcheon**。

collar beam, spanpiece, sparpiece, top beam, wind beam 系梁；连接人字屋架左右对称方向相反的两根椽子之间的水平构件，通常位于椽子的中间。

collar beam roof, collar roof 有系梁的人字屋面。

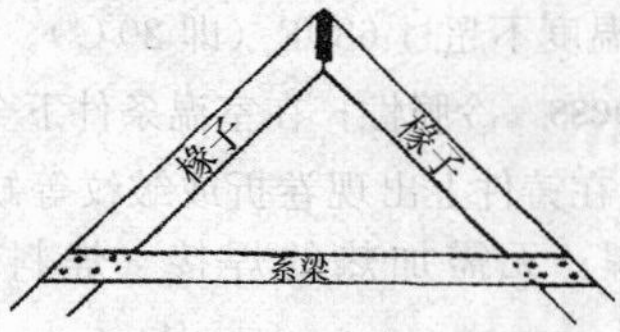

系梁

collar brace （中世纪的屋顶结构中）加强系梁的结构构件。

collared hole 为了防止在材料上钻深孔时钻头滑动，事先做的浅槽。

collaring **1.** 在挑出的檐口或板下面的水泥砂浆勾缝。**2.** 环形浅槽。

collarino **1.** 柱颈（古典塔司干柱式、陶立克柱式或爱奥尼柱式柱颈）。**2.** 半圆饰。

collar joint **1.** 人字木屋架椽子与系梁节点。**2.** 两砌体墙间的竖向接缝。

collar tie 屋架拉条，圈梁（防止木屋架变形）。

collected plants 天然植物。

collecting safe area 紧急情况下，可安置辖区居民的安全地带。

collection hopper 混凝土浇注车；带有轮子的手推车，用于向溜槽或疏通管中浇灌混凝土，在空间受限且较浅的部位浇注混凝土时使用。

collector 吸收器；见 **solar collector**。

collector box 屋面排水系统中，水落管和排水沟之间的过渡部分。

collector street 有交通限制的交通干线或高速公路。

Collegiate Gothic 大学哥德式建筑；19 世纪晚期至 20 世纪初许多大学效仿旧的牛津、剑桥建筑的风格形成的建筑流派。

colloid 胶体，胶质；颗粒极细，在液体中呈悬浮状的黏性物质。

colloidal concrete 胶质混凝土；以胶体作为集料胶粘剂的混凝土。

colloidal grout 胶质浆体，胶质悬浮。

colloidal mixer 胶浆搅拌机。

collusion 同谋，串通舞弊；欺骗性的或不合法的秘密协议。

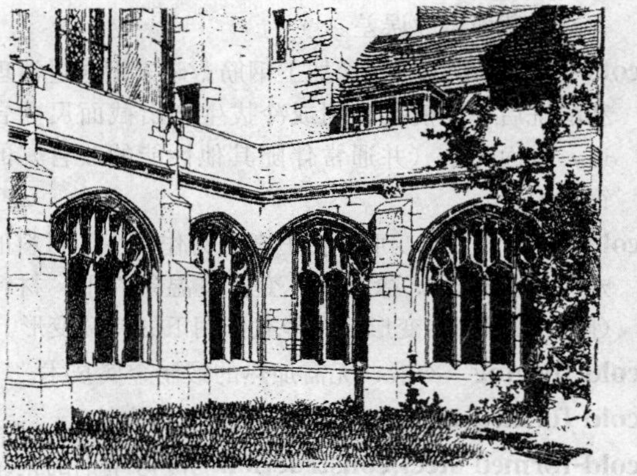

大学哥德式建筑

colluviarium 古罗马水渠中隔一定间距设置的开口，起通风作用。

Cologne earth，**Cologne brown** 科隆土；由美国黏土焙烧而成的深褐色颜料，含赭石和沥青。

colombage 砖木混合结构。

colonette，**colonnette** **1.** 装饰用小柱。**2.** 中世纪建筑中薄圆扶壁柱或束柱中的一根形成竖向线条。

Colonial architecture 殖民建筑；例子见 **American Colonial architecture**，**Dutch Colonial architecture**，**English Colonial architecture**，**French Colonial architecture**，**German Colonial architecture**，**Spanish Colonial architecture** 与 **Colonial Revival** 相近。

colonial casing 装饰性线脚。

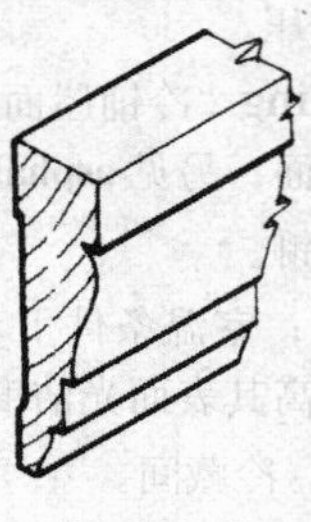

装饰性线脚

Colonial joint 同 **tooled joint**；勾缝。

colonial panel door 美国初期方格嵌板门；四周门梃中间的门芯板上采用木条分隔成方格形的门。

美国初期方格嵌板门

Colonial Revival 殖民地复兴建筑；尤指大约1870年以前的殖民地建筑式样的建筑形式。在美国通常指美国式英国殖民地建筑，与这种形式的原型（多为乔治式和联邦式）无关，后产生“乔治式复兴”和“联邦式复兴”这两个词汇；其特点为建筑式样灵活，大空间，建筑风格与结构形式相匹配，注重装饰及细部处理。其他类型的殖民地复兴建筑见 **Dutch Colonial Revival**，**Chateauesque style**，**French Eclectic architecture**，**Spanish Colonial Revival**，**Mission Revival**，**Pueblo Revival**，也见 **Neo-Colonial architecture**。

colonial siding （美国）殖民地时期的外墙板；另见 **weatherboarding**。

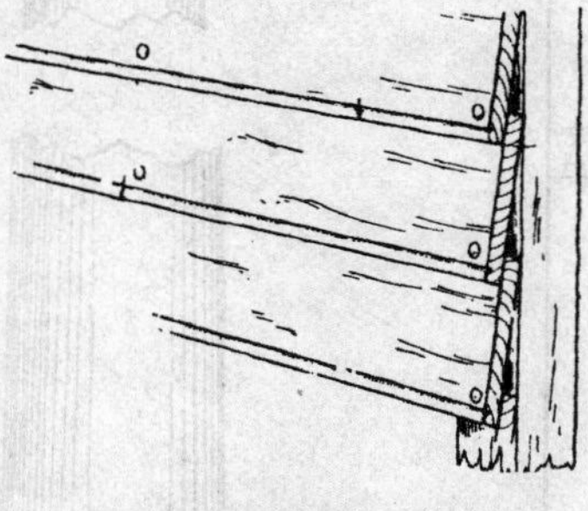

（美国）殖民地时期的外墙板

colonnade 列柱，柱廊；等距有序排列的柱子，支承挑檐连系梁和雕带（通常位于屋面的侧边）。

colonnette 装饰性小圆柱；同 **colonette**。

colophony 松香；见 **rosin**。

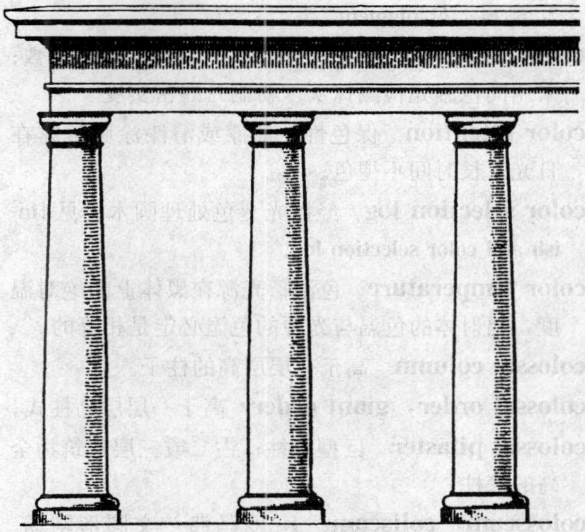

列柱，柱廊

color 颜色；通过视觉可观察到的颜色属性，以黄、红、蓝等颜色或由这些颜色组成的复合色，是物体表面的一种特性，与形状、质感、尺寸等特性不同，与入射光的光谱组成成分、物体的反射光和观察者对光谱的反应有关。

color chart 颜色图表，颜色样卡；由各种颜色（或其描述）系统排列构成的图表。

color code 色标；用于识别管道、电缆、布线或类似线路的颜色系统。

colored aggregate 彩色集（骨）料；由彩色的砂、碎石或其他骨料组成，这种集料构成的混凝土可直接外露，具装饰作用。

colored cement 彩色水泥；加入颜料的水泥。

colored concrete 彩色混凝土；**1.** 配制时加入彩色水泥或颜料而成的彩色混凝土。**2.** 用颜料涂刷硬化后的混凝土。

colored finishes 彩色罩面；涂有含调配而成彩色骨料或颜料的罩面。

color frame 一种支撑彩色透明材料置于光源前面的金属框架，尤指置于聚光灯和强光照明灯前面。

coloring pigment **1.** 油漆颜料，彩色颜料；见 **pigment**。**2.** 着色剂（液），色料；见 **stainer**。

color pigment **1.** 天然或人工合成的颜料，通常是铁或铬的氧化物拌入砂浆或砌块混凝土中。

2. 颜料；见 **pigment**，1。

color rendering index（CRI） 彩色重现指数；采用同色温光检测抹灰（粉刷）的密实度。

color retention 保色性；油漆或清漆涂膜曝露在日光下长时间不褪色。

color selection log 经抛光上色处理圆木；见 **finish and color selection log**。

color temperature 色温；光源在黑体上的绝对温度，辐射体的色温与光源的色温必定是相等的。

colossal column 高于一层层高的柱子。

colossal order，giant order 高于一层层高柱式。

colossal pilaster 巨型壁柱；占二或三层建筑物全高的壁柱。

colosseum，coliseum 1. 罗马弗兰文圆形剧场。2. 罗马大剧场。3. 大体育场、竞技场（敞开的或带屋顶的）。

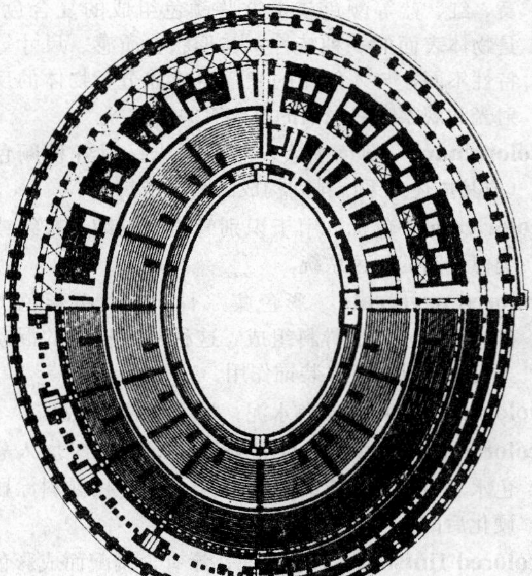

罗马圆形剧场 展示各层的座位和平面

colour 颜色，颜料；见 **color**。

columbage 路易斯安那州的法式建筑中，一种具有斜支撑的木框架结构，框架之间采用泥或砂石浆填充。

columbarium 尸骨安置所。

尸骨安置所

columella 小型柱（装饰性）；同 **colonette**。

column 1. 建筑物中，细长的受压的结构单元，例如支柱、台柱、支撑；承受竖向荷载（轴心受力或偏心受力）。2. 古典建筑中，由（除希腊陶立克建筑之外）基础、柱身和柱头组成，柱身是整块的或由不同直径的圆筒组成。3. 独立柱。

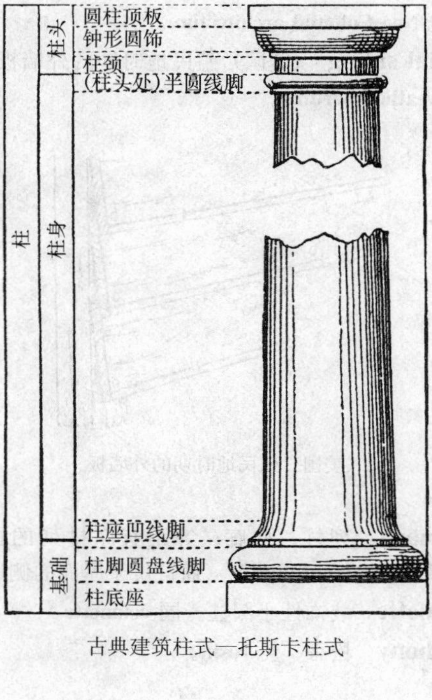

古典建筑柱式—托斯卡柱式

columna cochlis 古罗马建筑中，位于螺旋形楼梯中心的柱子。

columna rostrata 船头饰纪念柱；同 **rostral column**。

columna triumphalis 凯旋柱；见 **triumphal column**。

column baseplate 柱底板；柱底的水平板，将柱荷载传递和分布至板下支撑物体上。

column cage 钢筋混凝土柱中一组用于结构支撑的组合钢筋。

column capital 柱头；柱子上端蘑菇形的钢筋混凝土增大部分，使柱子与上部楼板连接从而增加抗剪能力。

column casing 钢柱（防火）外罩；根据耐火等级，由石膏板等耐火材料制成的箱型钢柱围护结构；见 **caged beam**。

column clamp 一种使混凝土柱子的四周模板固定在一起的连接件。

column curve 表示沿轴向抗压强度与长细比之间的关系的图。

column footing 柱脚，柱基础；见 **footing**。

column head 柱头；同 **column capital**。

columniation 列柱（古典建筑）；另见 **intercolumniation**。

column side 混凝土柱的侧模板。

column splice 两个柱子之间的拼接部分。

column strip 柱上板带；无梁楼板中柱中心线两侧相应各跨度的四分之一的部分板带。

colymbethra 希腊教堂中的洗礼室或洗礼盘。

COM 缩写＝“**customer's own material**”，客户自有的原料。

Com，Com. 木材工业中，普通的，共同的；缩写＝“**common**”。

comb 1. 见 **Combing**，1。2. 见 **drag**，1。3. 各种用于梳理的工具。

COMB. （制图）缩写＝“**combination**”，组合，联合。

comb board 鞍形板；上缘带有凹槽的板。

comb ceiling 蜂窝楼板；带有一系列蜂窝形凹陷的顶板，又称 **camp ceiling** 或 **tent ceiling**。

comb cut 蜂窝形挖土；同 **plumb cut**。

combed 反作用力的；同 **dragged**。

combed-finish tile 齿面瓦；表面具有不等距的平行刻痕的瓦，用以增加与砂浆、灰浆或拉毛水泥之间的粘结力。

combed joint 角榫接，燕尾榫，齿结合，齿连接。

comb-grained 斜纹的；见 **edge-grained**，**quarter-sawn**。

combination column 组合柱；使钢空心柱与其中混凝土协同工作，共同承受荷载的柱子。

combination door 冬夏两用门；门芯根据季节冬天换成玻璃以挡风雨，夏天换成纱门以通风的外门。

combination faucet 冷热水混合龙头。

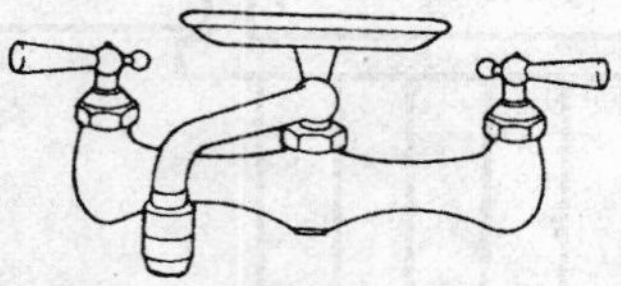

冷热水混合龙头

combination fixture 复合（组合、成套）洗涤设备；将厨房洗池与洗衣池组合而成一体。

combination frame 组合框架，在轻型木框架建筑中，一种整体框架与轻型骨架相组合的结构。

combination ladder 便携式梯子，可用作直爬梯、伸缩梯、单梯或自立支架梯的梯子。

combination plane 1. 组合刨，万能刨；刀具可更换的刨子。2. 刨的导轨可从一边换到另一边或做竖向调整。

combination pliers 万能钳，多用钳；带有可滑动锯齿面的铰接钳，锯齿用于夹住圆（横）截面的物体，锯齿与刀口协同作用可以切断金属线。

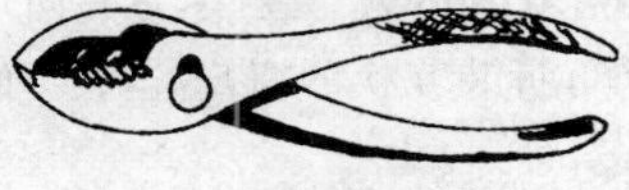

万能钳

combination sheet 复合纸；玻璃纤维毡与牛皮纸复合而成的屋面材料。

combination square 组合角（曲）尺，多功能量

具；可调式木工具，钢尺，通过调节节点滑动，可用作曲尺、斜角尺、水平尺、画线尺、铅垂尺和直尺。

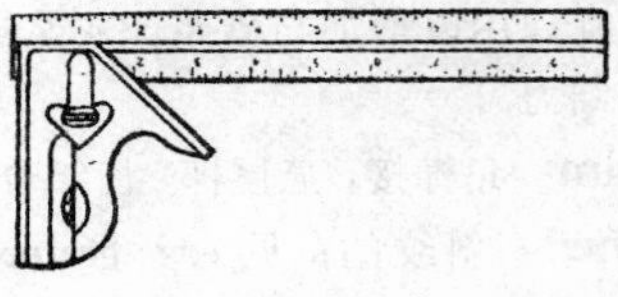

组合角（曲）尺

combination stair 复合楼梯；有主、辅楼梯共用的一个平台的楼梯。

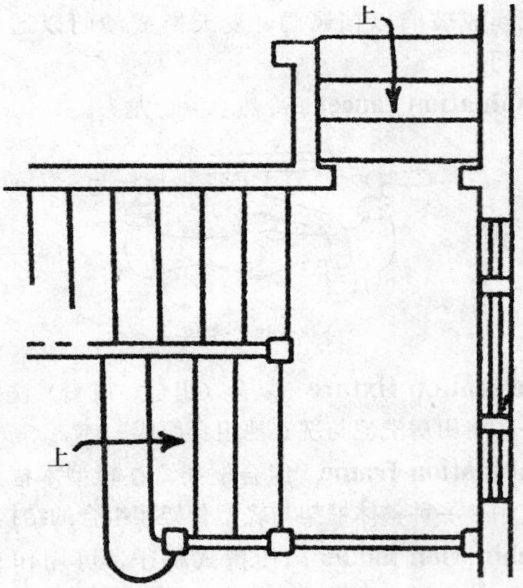

复合楼梯

combination waste and vent system 排水及通风合用系统；一种加大排水管径的特殊通气系统，即排水管又作为通气管，（固定的）存水弯管起密封作用，这种系统与常规的单独安置通气系统的排水连接管相比更经济实用。

combination window 1.（冬夏）两用窗；其纱窗和玻璃可拆装互换的窗户。2. 具有几种窗扇的窗。

combined aggregate 混凝土粗细混合集（骨）料。

combined-aggregate grading 粗细混合集（骨）料的级配。

combined building drain 建筑物综合排水（污水和雨水）。

combined building sewer 雨水与污水合用的下水管。

combined dry-pipe/preaction system 干管与预警混合系统；自动喷水（如喷淋头）管网中有加压空气的，并与一防火分区内的预警控制装置结合的系统；见 **dry-pipe sprinkler system** 和 **preaction sprinkler system**。

combined footing 联合底座，联合基础，双柱基础，复合基柱。

combined frame 组合门框；门的一侧或两侧带有固定玻璃窗的门框。

combined load 组合荷载，混合荷载；同时作用在结构上的两种或更多种不同类型的荷载（如恒载、活载或风载）。

combined sewer 雨水和生活污水合流下水道。

combined stack 同时排放粪便和其他污废的污水管道。

combined stresses 复合应力。

combing 1. 屋面上紧邻屋脊的木板瓦。2. 漆画木纹；采用梳子或刷子在新施漆上刷出的图案；见 **antiquing**。3. 修刮，刮糙，琢面。

combplate 梳形板；自动扶梯或走道两端及踏板表面上成排齿状的表面。

combustibility 可燃性，易燃性。

combustible 可燃的，易燃的。

combustion 燃烧；发光发热产生火焰的化学反应。

combustion liquid 易燃液体；闪燃点在 140 ℉（60℃）～200 ℉（93.4℃）之间的液体。

combwork 抹平；墙面抹灰泥或石膏未硬化之前用齿状工具来回划出表面。

come-along 混凝土铺平工具（类似锄头）；其铲片大约 20in（50cm）宽，4in（10cm）高。

comedor 西班牙殖民地住宅的餐厅。

comfort chart 舒适焓湿图；反映有效温度、干球温度、湿球温度和空气流动与人类舒适程度之间的关系的图，也反映了适合人类生存的舒适环境区域。

comfort station 公共卫生间，公共厕所。

comfort zone 舒适温度范围；绝大多数成年人感觉舒适的温度区间。

commaunder 木舍，圆小木屋；同 **blockhouse**。

commercial bronze 工业用青铜；由 90％铜和 10％锌组成的合金，其颜色为青铜色，用作雨密封条。

Commercial Italianate style 商业意大利风格；见 **Italianate style**。

commercial projected window 成品平开窗；商业、工业建筑采用的钢平开窗，窗四周内外无需修饰。

Commercial style 由芝加哥学派创造的一种商业建筑式样，主要用于多层办公楼和商用建筑，流行于 1875～1930 年间。通常情况下，其主要特点是三段式：高度为 1～3 层高的基座、通高的巨柱和 1～3 层高的顶部，多为平屋顶，悬挑屋檐；门窗无过多装饰，多为矩形大窗（如见 **Chicago window**），装饰丰富的拱肩墙托出的凸窗。有时也称做芝加哥商业建筑式样。

commercial tolerances 商用公差；相对于规定的尺寸而言，其允许的正负偏差。

Commission Internationale del'Eclairage 国际照明委员会；缩写为 CIE。

commode step 圆角踏步，宽踏步；梯段起始处的两、三个踏步，其踏板外缘为弧形，突出于楼梯斜梁之外并环绕楼梯栏杆柱。

common 公有地，共用地；篱笆围起的大块公共绿地，通常位于乡村或城镇的中心；早期曾用作牧场。

common alloy 热处理时强度不增加，但经应变硬化有可能增强合金。

common American bond 普通砌砖式；同 **common bond**。

common-and-cross bond 一种交叉砌砖和普通砌砖相混合的砌砖方式，交叉砌砖砌筑为表面，普通砌砖为内衬。

common area 公用场地（面积、部分）；供特定建筑或建筑群的用户使用的位于室内或室外的一块场地。

common ashlar 普通方石，普通琢石。

common bond 普通砌筑式，美式砌筑；每三、五、六或七层放丁砖（丁砖的长边与墙外表面垂直），其他位置放顺砖（顺砖的长边与墙表面平行），这是一种被广泛采用施工快捷的施工方法。

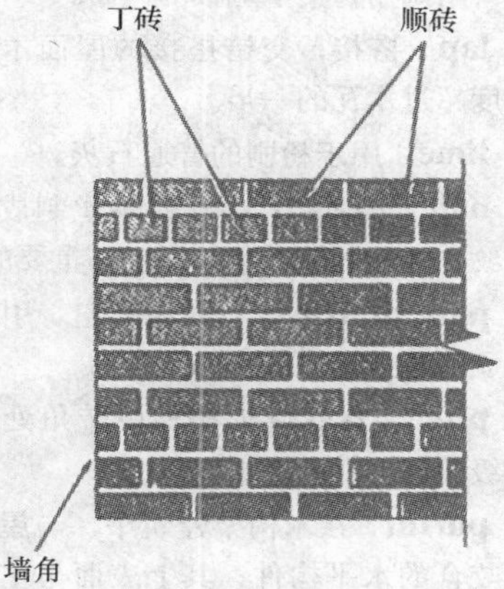

普通砌筑式

common brass, high brass 普通黄铜；含 65％铜和 35％锌的合金，最常用于制作精巧的黄铜制品以供出售。

common brick 普通砖；同 **building brick**。

common dovetail, box dovetail, through dovetail 普通燕尾榫。

普通燕尾榫

common excavation 一般挖方，普通挖方；无需爆破的挖方，如土壤，与开挖固体岩石不同。

common ground 场地；见 **ground, 1**。

common house 1. 修道院的一部分，冬天修士们在那里点火取暖。2. 佛罗里达州西班牙殖民建筑中的一种由单个房间取暖的村舍；18 世纪初盛行，其特点为：外墙为白灰粉饰，由茅草覆盖的四坡屋顶，屋顶上有排烟口。另见 **Saint Augustine house**。

common joist，bridging joist 地板搁栅，普通搁栅，共用搁栅；支承地板的搁栅。

common lap 搭接；交错搭接的屋面木瓦，每层搭接宽度超过木瓦的一半。

common lime 用于粉刷的普通石灰。

common nail 普通钉；由低碳钢丝制成，钉身细长无螺纹，钉端呈钻石状，用于不重要的饰面处。

common path of travel 共用通道，引道；两条彼此独立的通道出口共用的通道。

common pitch 在螺旋形楼梯中转角处上下踏步梯级的级距。

common purlin 在木构架建筑中，与屋脊平行且与椽子咬合的水平构件，其上表面与主椽子表面平齐；另见 **purlin** 檩条。

common rafter 普通椽木，共用椽木；在木构架中，一根从屋脊到屋檐倾斜的结构构件，用于支撑屋面。这些构件通常具有相同的尺寸，沿屋脊均匀布置。

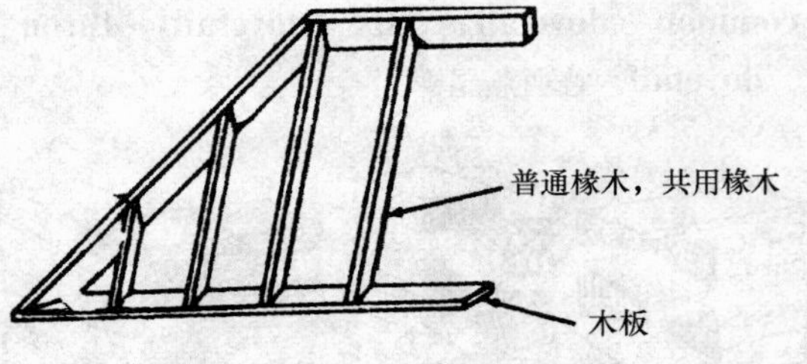

普通椽木，共用椽木

common return 同时连接两个或两个以上电路的导体。

common room 1.（大学里）公共休息室。2. 小旅店顾客的公共休息室。

common vent 公用通风管；见 **dual vent**。

common wall 公共隔墙；见 **party wall**。

communicating frame 互通门框；一种双槽口的门框，内外边各一个槽口，可以设置两扇门，其开启方向相反。

communion rail 教堂中围绕在圣坛旁边的低矮的栏杆，供领受圣餐的圣徒在其内下跪悬谈。

Communion table 圣餐台；新教中，行圣餐礼时使用的桌子。

community 团体；具有相同权益或者居住在同一地区遵守相同法律法规的人群。

community center 社区中心；为附近或整个社区社交、文化或教育活动所使用的一个建筑或一群公共建筑。

community-facilities plan 乡镇公用设施规划图；图解和成文的声明，用来描述公共设施（如学校和公园）理想的布置形式：包括选址、规模和计划中需服务人群的数量。

community plan 居住区规划；见 **city plan** 和 **town plan**。

community planning 居住区规划，社区规划，乡镇规划；规划一个未来社区的设计，或者目前社区扩展的向导。根据居民的便利程度、环境条件、社交需求、娱乐设施、审美设计和经济可行性有组织，有条理地进行设计。这个规划包括近期和远期需求的可行性分析，也包括实施计划的建议。

COMP 1.（制图）缩写＝“**compensate**”。2.（制图）缩写＝“**component**”。3.（制图）缩写＝“**composition**”。

compacted volume 1. 在填方区所填的土或石块经压实后的容积。2. 土压实体积。

compacted yards 用立方码量度的压实体积。

compacting factor 压实系数，夯实系数；标准尺寸和形式容器中，标准条件下混凝土压实前的重量与压实后的重量之比。

compaction 1. 压（夯、振、碾）；调配好的混凝土或砂浆，在浇筑过程中通过振捣、集中振捣、夯实或组合以上方式使固体微粒排列更紧密。2. 密实；水泥、土、骨料等拌制过程的一种方式。

compaction pile 挤密桩；打入表层松散土挤密从而增加其承载能力的一组桩。

compactor 1. 一种用重力、振动或两者兼有的压实机器。2. 一种由马达驱动的机器（一般有一个或更多的压实器），用压力将废料压入活动容器内。

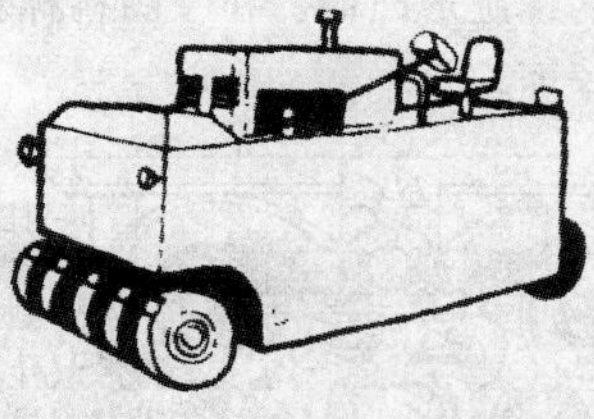

碾压机，土壤压实机

companion flange 1. 钻有孔洞，标准法兰或配件的钻孔相配的管子凸缘。2. 与法兰阀门或配件相连接的管子法兰。

company town 企业城；该社区中的居民主要受雇于一家公司，该公司的服务可以满足居民的生活需要，为员工及其家属提供住房、学校、商店、娱乐设施及教堂和图书馆。

compartment 分隔；在一个大的封闭区域被隔墙分隔成的小空间。

compartmentalization 防火分区；建筑中为了防火而划分的区域，每一个区域都与其他区域隔离开，可以阻止火灾发生时火势的蔓延。

compartment ceiling 分格棚顶；一种分格的吊顶，通常用线脚装饰四周。

compartment wall 防火隔断墙。

compass 圆规；画圆的工具，也可用于测量两点间的距离。这种工具由端部尖锐的两肢组成，在两肢的交点或轴销处转动，通常一肢端部插入一支笔。

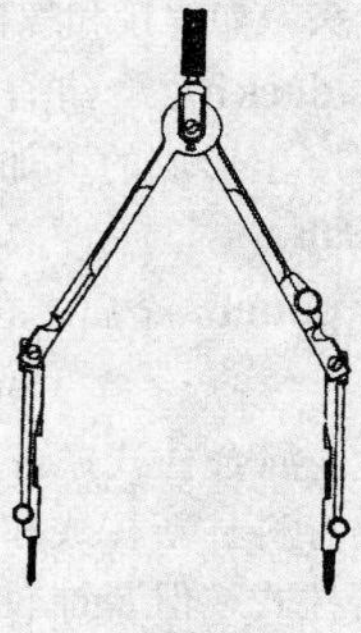

圆规

compass brick 弧形砖，拱砖。

compass-headed arch 半圆形拱。

compass plane 凹刨，刳刨，曲面刨。

compass rafter 轮椽；一侧或两侧为弧形装饰的椽子。

compass roof 1. 采用轮椽的屋面。2. 由椽子、系梁和支撑组成的拱形屋架的屋面形式。

compass saw 曲线锯，斜形挟圆锯，截面锯，细木锯；刀锋较窄的手锯，用于锯切精细的或小直径的圆形。

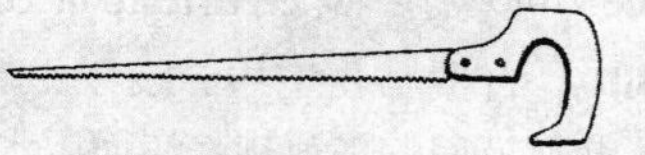

曲线锯

compass survey 罗盘测量；一种导线测量，用磁针确定方向或直线的方位。

compass timber 弯（曲）木（料）。

compass window 1. 弦形窗；凸出建筑外墙的弦形窗，其平面投影为弦形；同 **bow window**。2. 半圆形的凸肚窗。3. 上部为圆形或半圆形的窗户。

compass work，circular work 圆形细木工。

compatible materials 建筑结构中相容的建筑材料。

compensation 1. 薪水；提供服务、生产产品或送货等工作的报酬。2. 赔偿，补偿。

compensator 补偿器；自动喷水灭火系统中设置的一种装置，用于减少该系统在水压稍有增加时发出错误报警信息的机会。

competitive bidding 招标；同 **open competitive selection**。

COMPF. 组合楼；（制图）缩写＝“**composition floor**”。

completed operations insurance 完成施工保险，完满运行保险；保险的内容包括个人人身意外伤害和财产损失，期限到该工程截止日，保险截止的标志；（a）工程合同结束或被废弃时；（b）一个现场工程工作结束；（c）当因过度使用人力和物力时而受伤或受损。

complete fertilizer 园艺中，植物所需的全部营养成分，例如氮、磷、钾。

complete fusion 完全熔接；焊接时在焊缝处底料表面和各层间完全熔合。

completion bond, construction bond, contract bond 完工（施工，承包）保证书；为免除所有的限制和财产抵押承包商要提交的承包工程的保证书。

completion date 完工日期，竣工日期（由合同确定）。

completion list 完工项目清单；见 **inspection list**。

compliance 可塑性；见 **certificate of compliance**。

compluvium 古罗马住宅中，设于中庭屋顶中心的开口，开口坡向贮水池排除屋面雨水。

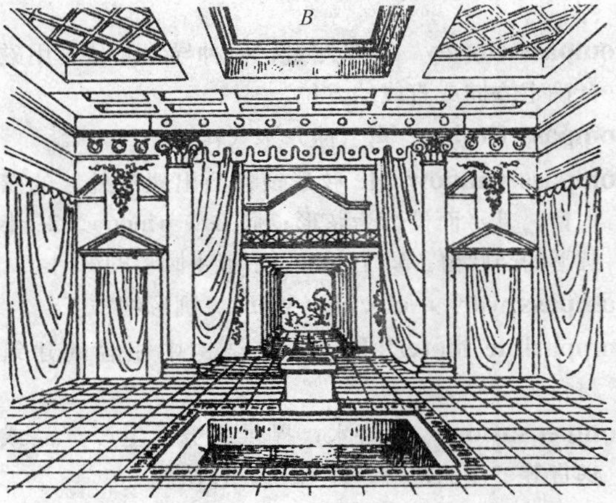

B—古罗马住宅屋顶中心排放雨水的洞口

compo 1. 任何组合材料。2. 由水泥、石灰和砂按一定比例组成的水泥石灰砂浆。3. 各种水泥或胶凝料暴露在空气中结硬。

component depreciation 在建筑单个部件折旧的基础上对建筑的折旧估价，是建筑总体上实用性折旧的评估。

composite 混合料；在传统材料如石膏中，混合增强纤维如碳、玻璃生成强度高的混合材料。

composite arch 复合拱，尖拱（英国哥特式建筑）。

composite beam 组合梁；由不同材料组成，作为一个整体共同承担荷载的梁。

composite board 组合板，复合板（特指用于隔热的复合板）。

Composite capital 组合柱头；罗马古典柱式中最顶上部分，如科林新式柱头精细，具有类似爱奥尼式柱头的螺旋形凸面，和一圈科林新式柱头中用的叶纹装饰。

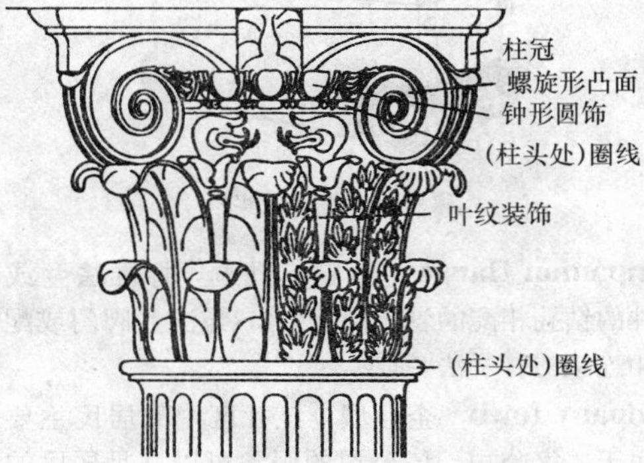

组合柱头

composite column 组合柱；金属芯柱外包混凝土，混凝土中布置纵向及附加钢筋。

composite construction 组合结构；由不同材料（如混凝土和钢）或不同施工方法（如现浇混凝土和预制混凝土）完成的构件组合而成的结构。

composite door 复合门，组合门；由各种芯材复合而成的门，并由钢、木或层压材料盖面或封边。

composite fire door 复合防火门；由芯材和经化学处理的木边框及天然木饰面板或层压板和外包铁皮组成的防火门。

composite girder 1. 组合大梁；见 **plate girder**。2. 组合结构中的大梁。

composite joint 复合接头；采用多种方法将构件固定在一起的接头，如焊接和螺栓连接。

composite metal decking 组合结构金属铺板；波形钢板结合混凝土形成的更加坚固的面材。也叫做 **composite slab**。

composite metal panel 金属复合板；见 **sandwich panel**。

Composite order 混合柱式；古罗马建筑中的一种典型柱式，兼有科林新柱式和爱奥尼柱式的特点；类似科林新柱式，但装饰较多；柱头沿用爱奥尼柱头，但柱头的叶纹装饰用科林新式柱头，见图例。

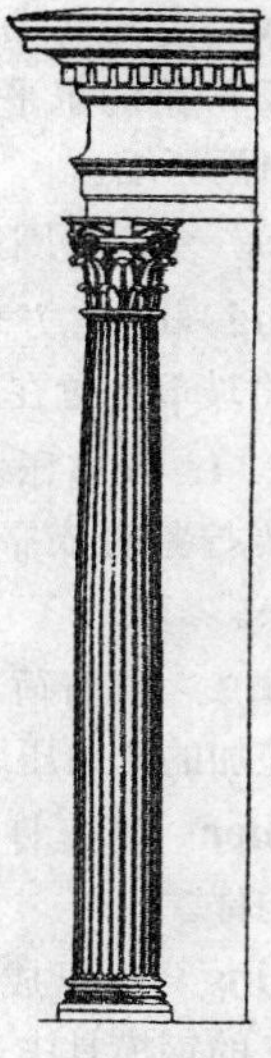

混合柱式

composite pile 1. 组合桩；（由不同材料组合而成，例如混凝土与木材）。2. 钢构件首尾相连形成的一根桩。

composite sample 混合试样，混合两个或更多的试样而成的试样。

composite structure 混合结构；采用不同材料共同承担同一个荷载的结构。

composite truss 组合桁架；以木构件为受压构件，而以金属构件为受拉构件组合而成的桁架。

composite wall 组合墙，混合墙体；砌体面层或芯体不同材料的砌筑而成的墙体。

composition board 复合镶板，组合板；由木纤维中加入胶粘剂，在高温高压下压制而成的建筑板材。

composition joint 组合接头；用水泥、麻刀、麻绳和树脂等材料密封的承插式套管接头。

composition mortar 混合砂浆；由混凝土、石灰、沙子和水混合在一起的水泥浆。

composition nail 钉板瓦的铜钉（英称）。

composition roofing 组合屋面；见 **built-up roofing**。

composition shingles 组合屋面板；见 **asphalt shingles**。

compost 混合肥料（含有大量可分解的有机物）。

compound arch 组合拱；由多个同心拱一个套一个组合而成的拱。

compound beam, built-up beam 组合梁，拼装梁；将较小木料通过钉子、螺栓或胶连接组合成的矩形梁。

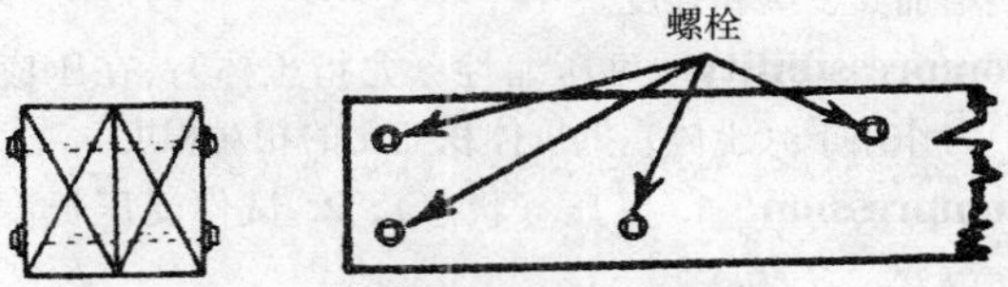

组合梁，拼装梁

compound column 组合柱；同 **clustered column**。

compound order 组合柱式；见 **Composite order**。

compound pier, compound pillar 组合柱墩（由小型柱围合而成）；另见 **bundle pier**。

compound rafter 组合椽；由双层椽子组合而成。

compound shake 复合裂缝；几种类型的裂缝同时出现的木材裂缝。

compound vault 复式穹隆；主要穹隆的承重墙内每边置有悬垂饰。

compound wall 组合墙；由不同材料组合而成的非均质结构墙。

COMPR 1.（制图）组合屋面；缩写＝"**composition roof**"。2.（制图）受压；缩写＝"**compress**"。3.（制图）压缩机；缩写＝"**compressor**"。

compregnated wood, resin-treated wood 胶压木；木材浸渍热凝树脂后热压使树脂熔化和木材压缩而成。

comprehensive general liability insurance 一种范围宽广的保险，包括个人人身意外伤害和财产损失（在所有可能的情况下），同时包括不可预测的损失及特定的契约内容。

comprehensive planning 综合规划；见 **community planning**。

comprehensive services 由建筑师提供的除基本服务之外的特殊服务，如相关区域的分析计划、土地使用情况调研、可行性研究、财务情况、建设管理和特殊的咨询服务。

compressed cork 压制软木；同 **corkboard**。

compressed fiberboard 压制纤维板；见 **hardboard**。

compressed straw slab 压制纸板；见 **strawboard**。

compressed wood, densified wood 压制木材，压实木材；制作过程中浸渍树脂并施加高压，以增加其密度和强度。

compressibility 可压缩性（尤指土体）；在压应力作用下（土体）抵抗体积变化的相对程度。

compression 1. 受压（状态）。2. 试件受压长度改变。

compression bearing joint 承压接头；连接两个受压单元并传递压力。

compression coupling 用于连接无突口管材、防酸铸铁管或玻璃管的连接器；由内部弹性垫圈和外部金属套管组成的连接件，并使用固定螺栓拧紧压住封口。

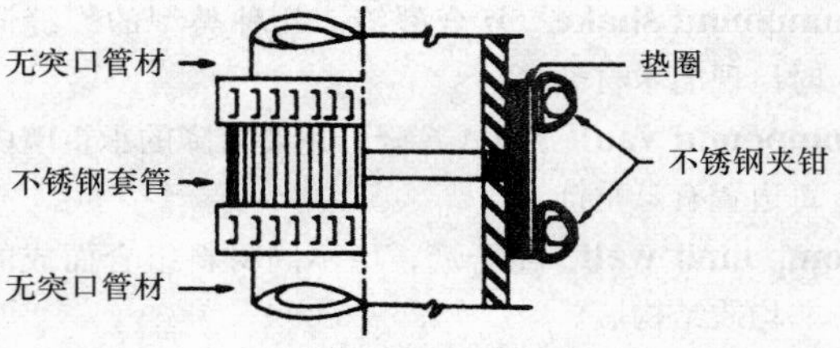

连接器

compression failure 1. 木材在沿其纹理方向受压而产生彻底机械性破坏或弯曲。2. 受压破坏；见 **primary compression failure**。

compression faucet 挤压式水龙头；通过一个扁平圆盘向下旋拧至底座而使水流关闭的装置。

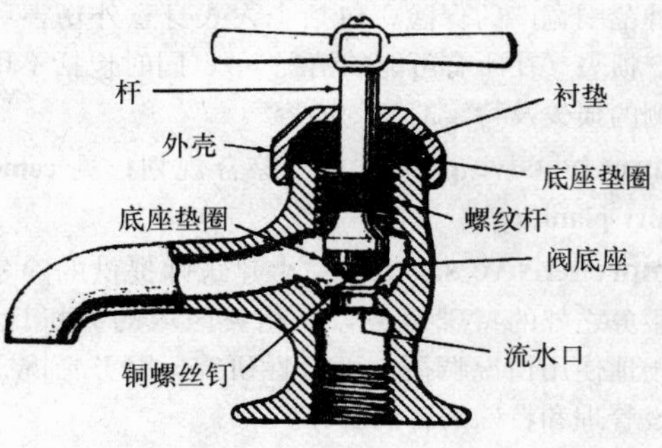

挤压式水龙头

compression flange 受压翼缘；梁或主梁的水平宽展部分如单跨 T 形梁的水平翼缘，其在竖向荷载作用下由于弯曲而压缩。

compression gasket 承压垫圈；用于承压的垫圈。

compression glazing 1. 将方玻璃安装在外侧的玻璃嵌边上。2. 将玻璃放置在适当的位置。

compression joint 1. 依靠压力凸缘连接管子所形成的接头。2. 当拧紧时依靠挤压楔形套管使管子四周紧密的接头。

compression loading 压缩荷载，压力荷载；弹性构件沿着外力施加的方向压缩。

compression member 受压杆（构）件；基本应力为纵向压力的构件。

compression molding 热压成型，模压法；要成型的材料放在磨光的钢模具中，加热加压成型。

compression reinforcement 受压钢筋；用于承受压力的钢筋。

compression seal 压力密封料；在节点接触面之间通过压力形成密封的材料。

compression set 压力定形，受压残余变形；弹性密封材料的永久变形，是由于受压使内部结构部分或完全破坏，因而变形不能恢复。

compression test 抗压试验；测量灰浆或混凝土试件的抗压强度。在美国，除注明者外，灰浆试件为 2in 的立方体，混凝土试件为直径 6in、高 12in 的圆柱体。

compression valve （压力）阀门；由一扁平圆盘向下旋拧到底座上而使水流关闭的阀门。

compression wood 受压木，被压材；在针叶树（软质木材树）枝或斜干下部形成的非正常树干，其强度较低且易收缩。

compressive strain 压应变。

compressive strength 抗压强度；材料所能承受的最大压应力。

compressive stress 1. 压应力。2. 在抽样试验中，试件原始截面单位面积上所承受的压力。

compressor 空气压缩机；制冷系统的基本组成部分，在低压下，将汽化的冷冻剂从蒸发器压送出去，然后再排放到冷凝器中。

compressor-type liquid chiller 压缩式液体冷却器；利用压缩机、冷凝器、蒸发器、控制系统和附件冷却水或其他次生液体冷却的装置。

compulsory acquisition 征用权、支配权；同 **eminent domain**。

computer-aided design（CAD） 计算机辅助设计；通过计算机进行结构分析、设计、立体成型、仿真、平面布置等。

CONC **1.**（制图）混凝土；缩写＝“**concrete**”。**2.**（制图）同轴心；缩写＝“**concentric**”。

concameration **1.** 拱或穹。**2.** 公寓，房间。

concave joint 凹缝（砌体）；使用弧形钢制勾缝工具在灰缝上形成弧形凹槽，防止雨水渗入砖缝中，尤其用于多雨多风地区。

凹缝

concealed 隐蔽的；指由结构或饰面所遮蔽的建筑材料、构件、开关等。

concealed arch 弧形拱，上部有轻微凸出，使得当其受压时不产生下垂的拱。

concealed cleat 暗摺夹板条；一种金属板条或夹板条，用于锚固金属屋面薄板或屋面泛水，用作金属薄板下的暗锚。

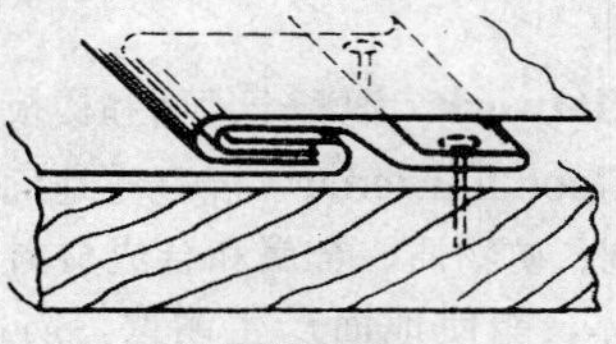

暗摺夹板条

concealed closer 门的暗式开关器；见 **overhead concealed closer**。

concealed downspout 隐蔽式水落管。

concealed flashing 暗式泛水；屋顶上被屋面瓦完会遮盖的泛水。

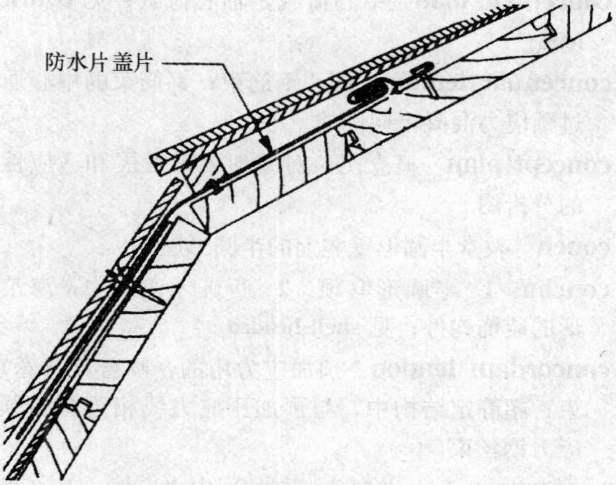

暗式泛水

concealed-grid ceiling system 从下面看不可见的搁栅支撑系统，用来悬挂吸声瓦顶棚。

concealed gutter 暗式雨水沟，暗天沟；位于屋面檐口内的天沟，通常用金属板做衬里。

concealed heating 隐蔽式供暖（如辐射板供暖，嵌入式供暖）；被隐蔽或被房间的建筑部件所伪装的采暖构件。

concealed nailing **1.** 暗钉，斜钉；见 **blind nailing**。**2.** 见 **nailing**。

concealed piping 暗管；需拆除永久性建筑构件方可接近的管道。

concealed routing 暗凹口；橱柜柜门或抽屉的底部代替拉手的凹口。

concealed suspension system 隐藏吊顶；吊件不外露的隔声吊顶。

concealed valley 暗斜沟；一种屋面斜沟的形式，即木板铺设在屋面，交接而成斜沟上覆盖一金属衬板。

concentrated load 集中荷载；作用面积小的荷载，与分布荷载不同。

concentric 共中心的，同心的。

concentric castles 瓮城，两座防御城堡有共同的中心线；内部的防御墙要高于外部，防御时可以有两个面向敌人开火。

concentricity 同心性；如圆管的内、外壁同心。

concentric load 中心荷载，轴心荷载；见 **centric load**。

concentric tendon 同心钢筋束；钢筋束的中心通过预应力混凝土构件的重心。

concept plan 概念图，对基地未来发展和适应性的分析图。

conch 教堂半圆形壁龛上的半圆形屋顶。

concha 1. 半圆形穹顶。2. 西班牙建筑中，海浪形的装饰构件；见 **shell-headed**。

concordant tendon 预加应力用的，吻合钢（丝）束；超静定结构中，与预加压应力线相重合的预应力钢丝束。

concourse 1.（许多路汇交的）中央广场。2.（车站内或建筑物内的）中央大厅。

concrete 混凝土；由骨料（如不规则的石子和压碎的石块）、水泥（起胶粘作用）和水组成可硬化的混合物，波特兰水泥（普通水泥）19 世纪开始用于混凝土。另见 **average concrete**，**cyclopean concrete**，**poured concrete**，**reinforced concrete**。

concrete admixture 混凝土外加剂；见 **admixture**。

concrete aggregate 混凝土骨料；见 **aggregate**。

concrete agitation 混凝土搅拌；见 **concrete vibration**。

concrete anchor 预应力混凝土锚具；见 **anchor**。

concrete block 混凝土砌块（实心或空心）；由水泥、骨料和水按一定比例组合制成的砌块，可加入石灰、干灰、加气剂或其他掺合料；这种砌块有时误称为“水泥砌块”。

混凝土砌块

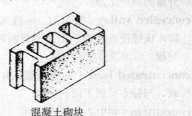

concrete bond, concrete bond plaster 混凝土粘结层；见 **bond plaster**。

concrete border 1. 舞台前沿灯光吊杆。2. 舞台前沿遮盖灯光吊杆的幕布。

concrete boxing 玻璃纤维或者夹板做的模子，用于使浇注混凝土成型。

concrete breaker 混凝土破碎机，混凝土捣碎机；一种破碎混凝土的风动工具。

concrete brick 混凝土砖；一般尺寸小于 4in×4in×12in（即 10cm×10cm×12cm），由水泥、骨料和其他物质制成的砖。

concrete cart 运混凝土小车；见 **buggy**。

concrete cancer 混凝土中因掺入杂质而造成的混凝土剥落、断裂，尤其是导致腐蚀的现象。

concrete collar, doughnut 混凝土柱环，钢筋混凝土柱箍；沿已有的柱四周围闭，依靠混凝土收缩而使柱环箍得更牢。

concrete compliance conformity 混凝土可塑性。

concrete column 混凝土柱（素混凝土或钢筋混凝土）。

concrete curing blanket 混凝土养护草垫；见 **curing blanket**。

concrete curing compound 混凝土养护剂；一种用于混凝土表面，以防止早期水泥水化作用时失去水分的化学制剂。

concrete-encased beam 钢梁外包混凝土（与混凝土板整体浇筑）。

concrete-encased electrode 混凝土被覆电极；见 **encased electrode**。

concrete finishing machine 1. 带有凸缘轮盖，架设在路面上的混凝土上表面修整机器，例如铺路面。2. 用于混凝土板表面抹平和修整的便携式动力机器。

concrete flatwork 混凝土地面和楼板的装饰。

concrete floor hardener 混凝土地面增硬剂；由化学制剂、矿物质、金属和合成材料而成的混合物或液体，能使地面产生耐磨、防滑和着色等效果。

concrete footing 混凝土基础；见 **footing**。

concrete form 浇混凝土用的模板；见 form。

concrete form coating 混凝土模板涂油；见 form coating。

concrete formwork 混凝土模板工程；见 formwork。

concrete frame construction 混凝土框架结构；由钢筋混凝土梁、主梁和柱刚接而成的结构。

concrete grout 薄水泥浆。

concrete gun 混凝土喷枪；由压缩空气推动新拌的混凝土沿软管通过喷嘴喷出的装置。

concrete hardener 混凝土硬化剂；采用改善混凝土水化作用的速度从而增加其强度的化学品。

concrete insert 混凝土锚塞；采用塑料、木纤维或金属（通常是铅）制成的锚塞，埋入墙或顶棚内，用作锚具或支承荷载的连接。

混凝土锚塞

concrete masonry 1. 混凝土砌体；由砂浆砌筑混凝土砌块而形成的砌体。2. 现浇混凝土砌体。

concrete masonry unit 混凝土砌块，混凝土砌筑构件；由水泥和骨料（无掺料）组成的砌块；另见 A-block，breeze block，cinder block，concrete block，concrete brick。

concrete mixer，cement mixer 混凝土搅拌机；由桨叶或转动圆筒搅拌混凝土，搅拌筒开口处加入原材料搅拌后，又从开口处倾倒出。

concrete nail 混凝土钉；由硬质钢制成，具有扁平状沉头和菱形尖的钉，用于钉入混凝土或砖石砌体。

混凝土钉

concrete paint 混凝土表面粉刷；见 cement paint。

concrete pile 混凝土桩（打入地下或灌注）；包括钢筋混凝土预制桩 、灌注桩或预应力混凝土桩。

concrete pipe 预制混凝土多孔管；主要用于地下排水的管道。

concrete planer 混凝土路面整平机；带有一系列旋转叶片和圆筒，用以整平旧的混凝土路面。

concrete plank 预制、预应力空心混凝土板；重量较轻的结构板材，用作楼板和屋面板。

concrete posttensioning 后张法预应力混凝土；见 posttensioning。

concrete pump 混凝土泵；搅拌混凝土并将混凝土通过管道传送到浇筑点的机器；另见 pneumatic placement。

concrete reinforcement 钢筋混凝土；见 reinforcement。

concrete retarder 混凝土缓凝剂；一种混凝土添加剂，能减缓水化作用的速率而延长固结时间。

concrete saw 混凝土锯；在未固结的混凝土上开槽（防止产生裂缝）或切割混凝土板用的动力锯。

concrete slab 钢混凝土板；用于楼面、屋面和垫板。

concrete vibrating machine 混凝土振捣机；对新浇注混凝土层进行振动压密的机器。

concrete vibration 混凝土振捣；对新灌注的混凝土用机械振动设备以一定的高频振捣密实并有助于固结。

concrete vibrator 混凝土振捣器；用于对新灌注的混凝土以一定的高频振捣密实的振捣设备。

concreting paper 建筑物用纸（防潮纸、油纸、隔声纸等）。

concurrent loads （设计时考虑）两个或两个以上的恒载或活载同时作用。

condemnation 1. 征用；私有财产变为公有（无论所有者同意与否），同时得到一部分赔偿。2. 废弃（法律）。

condensate 冷凝；由蒸汽冷凝成液体，在蒸汽供热中由蒸汽冷凝成水，在空调系统中从空气中汲取水。

condensate unit 由水槽和泵组成的可储存并输送冷凝蒸汽的一套装置。

condensation 1. 冷凝；在制冷系统中，吸收冷凝剂中的热量使其变为液体。2. 见 surface condensation。

condensation gutter，condensation channel，condensation groove，condensation trough 冷凝槽；处于玻璃窗（门）洞内槛顶部的排水沟，用作接受和排除玻璃内侧面上形成的水汽。

condenser 冷凝器，制冷装置；制冷系统中的热交换装置，由容器或成排管子组成。在其中的冷冻剂蒸汽由于散热而液化（冷凝）。

condenser tube 冷凝管；根据特殊要求（如公差、光洁度和硬度）制成的金属管材，用于热交换器冷却水系统中。

condensing unit 冷凝机组；在制冷系统中，由一个或多个动力驱动的空气压缩机、冷凝器、液体回收器和控制附件组成的单体压缩机。

condition appraisal 条件评估；基于资产自身情况的检查对其价值的评估。

condition-based maintenance 基础状况维护；对建筑的基础状况的监督和维护，采取相应的处理，以防止建筑内部构件或项目的损坏、破败。

conditioned air 建筑中经过处理的空气，如制冷、加热、加湿、干燥。

condition monitoring 检测参数；各种有关机组的机械状态，如振动、油压和运行情况等参数的测定，用作预测近期机器运行状态。

conditions of acceptance 验收条件；测定或观测试件的特性必须在所要求的阈值（限值）范围内。

conditions of the bid 通知投标者有关投标的条件，包括投标须知、招标启事、邀请投标或其他有关规定条件的文件。招投标活动据此进行准备、实施、提交和接受。

conditions of the contract 承包合同条件；合同文件的组成部分，包括合同术语、签约双方的权利与义务、符合有关法律和法规的要求、有关安全的要求、有关工程管理和对承包商的付款条款及有序地执行合同等。

conditory 储藏室，特指地下墓室。

condominium 多户住宅的一种产权形式；住户拥有自己的单元，但与其他单元内住户共同拥有住宅的门厅、电梯、卫生设施等；另见 cooperative。

conductance 传导性（率、系数）；见 thermal conductance。

conduction 导热；见 thermal conduction。

conductive flooring 防静电地面；可消除或防止地面产生静电或火花的地板。

conductive loss 在空间加热过程中的热损失或因渗漏产生的热损失。

conductive rubber 防静电橡胶；在制作过程中，添加炭黑，使其具有足够的导电性能，从而防止产生静电的橡胶。

conductivity 传导率，导热率；见 thermal conductivity，electrical conductivity。

conductor 1. 导电体（线、管）或为电路提供低电阻的装置。2. 导热较快的材料。3. 导水管，水落管。4. 各种（包括建筑物内部的）排放雨水，垂直设置的管子。

conductor head 水落斗；见 leader head。

conductor shielding （四周围以导电体的）金属屏蔽。

conduit 1. 用于保护电线的套管。2. 用于输送流体的管道。3. 封闭或开敞的水道（用于输送水）。

conduit body 导管连接件；根据美国国家电气规程（NEC，national electrical code）制定的标准，电线导管两个分开的部分，在两个或更多区段的端点上，能通过电线的一个或更多的可拆卸的导管连接件。

conduit box 接线盒；见 junction box。

conduit fitting 1. （导电）导管的附件，如套管或管口零件。2. 电线导管系统的附件。

conduit hanger 管道吊钩或吊架；见 hanger，1。

cone bolt 三角（皮）带；见 cone-nut tie。

cone-cut veneer 锥形卷刨的木刨面。

cone-drum cyclorama 鼓形旋转的天幕；见 rolling cyclorama。

conehead rivet （锥头）铆钉。

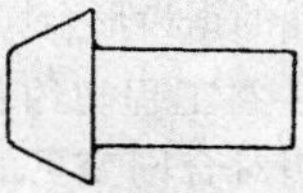

铆钉

cone-nut tie, cone bolt （用于混凝土墙体模板的）一种拉杆，两端有圆锥体，也可作为板间横向支撑。

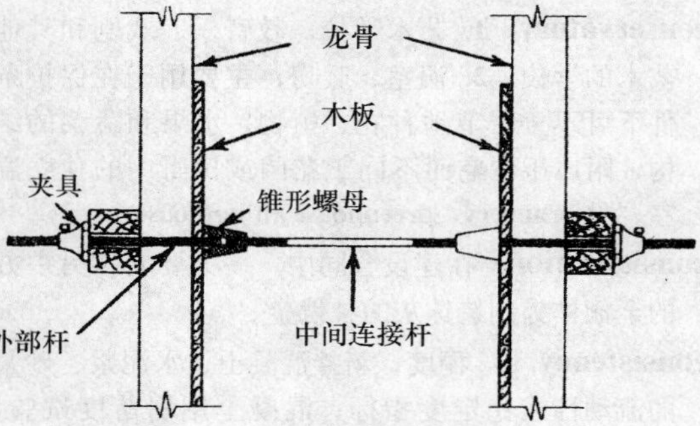

锥形螺母拉杆

cone of depression 位于地下水泵周围的锥形凹坑。

cone tile, cone hip tile 戗脊锥形筒瓦；见 **bonnet hip tile**。

confession, confessio 殉道者或忏悔者的坟墓；祭坛建在坟墓上面，则要加上死者的名字，并伸到地下室上。后来有时在墓室顶上建长方形会堂，并将整个建筑物称作忏悔室。

confessional 教士听忏悔的小室；教士坐在小室内，忏悔者在小室外，通过挂有窗纱的小窗或小洞，忏悔者小声地向教士倾诉。

configurated glass, figured glass 图案玻璃，印花玻璃；在制作过程中滚压形成的表面不平整的玻璃片，用于透视模糊或扩散光线。

configuration 将木屑、木片、刨花、木纤维等进行结构重组，用于制作碎料板、纤维板等。

confined concrete 有侧限混凝土，约束混凝土；加密横向钢筋使混凝土沿垂直于应力的方向受到约束。

conflagration hazard 火灾事故；建筑自身起火或由于与起火的建筑物相毗邻而发生火灾。

教士听忏悔的小屋

confluent vent 与多个卫生设备排放口或竖管通风口相连的通风口。

congé 1. 见 **apophyge**。2. 四分之一圆弧凹形线脚与垂直面相切，并有镶嵌线条平行于弧面。3. 浴室瓷砖墙底部的凹形线脚瓷砖。

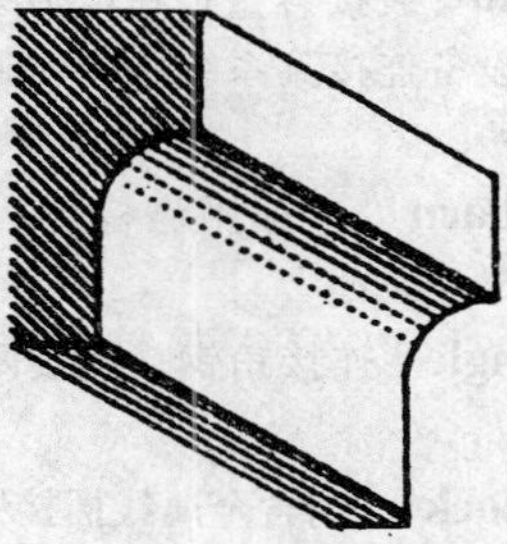

凹形线脚

congelated 凝结；同 **frosted，1**。

conglomerate 砾岩，碎屑岩（由细粒和圆形卵石粘结成团的岩石）。

congregate residence 集体住宅；根据现行建筑规范的要求，建筑物（或部分）内设卫生设备和卧室等居住设施，也可能设与普通家庭不同的烹饪和进餐设施，一般用于女修道院，宿舍和避难所等类建筑。

conical roll 锥形接缝条；见 **batten roll**。

conical roof 圆锥形屋顶，倒圆锥形屋面；通常在屋顶上有一圆锥形塔，也称作烛花剪屋面或女巫的帽子。

conical vault 锥形穹顶；截面为圆弧形，其一端

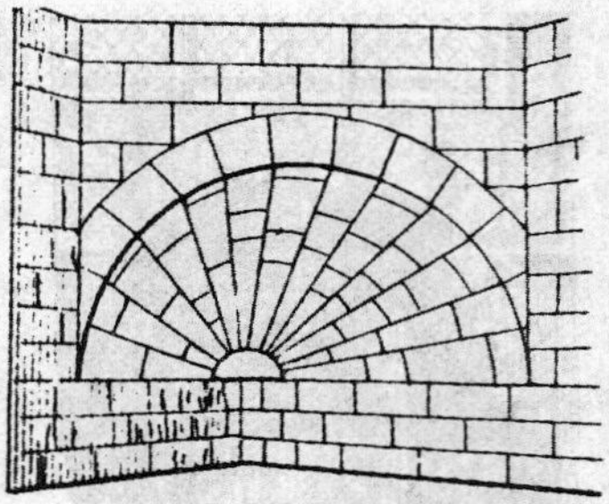

锥形穹顶

圆弧要大于另一端。

conifer 针叶树；一种锥形轴承状或树枝锥形排列的树，木质较软，有柏树、冷杉、松树、云杉等。

conisterium 力士润肤室（古希腊、罗马体育场的附设房间，摔跤运动员用油擦身体后再喷洒上砂或尘土）。

connected barn 连续的仓库；见 **continuous house**。

connected load 装接容量；在电力系统中，当所有的仪器和设备连接到系统中同时通电时的电荷（单位为瓦特）。

Connecticut barn 一种用涤棕色石料建造的仓库；同 **Yankee barn**。

connecting angle 连接角钢；连接两结构构件的角钢。

connecting block （内含金属线插接终端的）塑料块；用于电路的连接。

connection 连接节点；在钢结构中，能传递二根或更多构件之间的力的连接节点。

connector 1. 连接器；电路中，一种由低电阻路径连接的两个及以上的导体装置的非永久接头。2. 一种机械装置，用于连接二个或以上的构件或部件包括锚固件，扣件或墙拉杆。

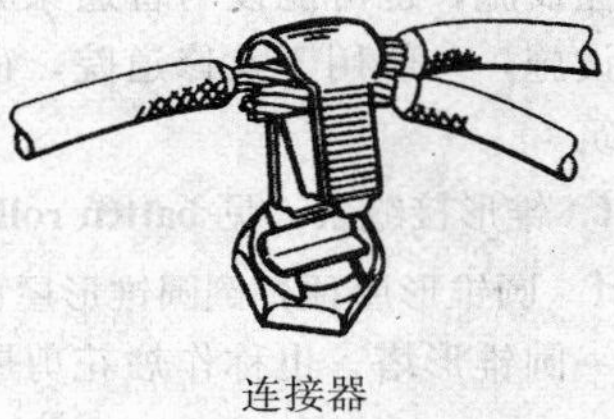

连接器

connector plate 连接板；桁架中位于节点处传递作用力的预先打孔的锯齿形金属件。

consent of surety 在工程契约和（或）劳工和材料付款契约上写明对合同变更的承诺的保证（合同变更包括变更订货、减少承包商的暂留工程款项、最后付款项或放弃变更合同的通知等）。

conservation 采用各种测量方法，对建筑物进行管理和维护以防止其损坏；见 **building conservation** 和 **building preservation**。

conservatory 1. 艺术学校；教音乐、戏剧和其他艺术的学校。2. 温室、暖房；主要用于在保护条件下可不分季节地种花、植物、水果和蔬菜的结构，附属于住宅而不同于花园或田野中的独立温室；见 **orangery**，**greenhouse** 和 **hothouse**。

consideration 在建设合同中，一方要支付另一方的金额作为制造抹灰的补偿金。

consistency 1. 稠度；新拌混凝土、水泥浆、砂浆的流动性或稳定度指标；混凝土用坍落度试验，水泥浆或砂浆用流动性试验测得。2. 黏土的物理特征。

consistency index 稠度指数；同 **relative consistency**。

consistency limits 稠度界限（阿特伯格极限）；同 **Atterberg limits**。

consistometer 稠度计；测量砂浆、水泥浆和混凝土稠度的仪器。

consistory 用于教堂法庭的房间。

console 1. 雕刻成涡卷形的竖向装饰性牛腿，用以支承檐口板、门或窗的上档。2. 弹奏风琴的操纵台；包括键盘、踏板和止动器等。3. 控制盘（台、柜）；包括刻度盘、仪表、开关和其他用于控制机器、液电或电器设备的仪表。

console bracket 螺形支托。

console lift 剧场或大讲堂部分能升降的楼面。

console table 靠在墙上并支在螺形支柱上的桌子。

consolidation 1. 通常用振动、离心或打夯的方法来压实模板中的新灌混凝土或砂浆，消除预埋件和钢筋中的空隙（空气）；另见 **compaction**。2. 压实，捣实；通过持续施压使固体颗粒排列更加紧密。

卷形花式牛腿

consolidation grouting 1. 用水泥砂浆注入可压缩的土体使其形成能承重的结构。2. 同 area grouting。

consolidation settlement 固结（压密）沉降；受荷黏土在数年期间产生的沉降。

con spec 施工规范；缩写＝“construction specification”。

CONST （制图）建造，构造；缩写＝“construction”。

constant-voltage transformer 一种特殊的变压器，它的输出电压是固定的，而输入端连接线路的电压是可变的。

constant volume system 定风量空气调节系统，单位时间内提供定风量的空调系统，空气温度经过系统内部进行调节。

constant-wattage ballast 恒定功率的整流器（用于高强度放电灯）可使电压变动的影响减到最小，并可提高功率系数。

constratum 木板地板（古罗马）。

construction 1. 建筑施工；新建或改建建筑的所有现场工作，从清理场地到工程验收，包括开挖土方、安装和拼装以及构件和设备的安装。2. 建筑物。3. 建筑方法。

construction administrator 建设管理员；对施工合同中的责任进行监管的人，其责任有检查核对合同中的数量，准备契约，变更工程进度检查、确定完工时间。与 construction manager 相对比。

construction bolt 施工中，临时固定用的普通钢螺栓。

construction bond 完工保证书，完工契约。

construction budget 工程预算；1. 由业主制定的工程项目所需全部金额。2.（对于一个具体工程来说）规定所能接受的最高标价。

construction class 建筑物防火等级；根据耐火等级对建筑物（或其中的一部分）进行分级。

construction close-out log 建筑施工全记录；施工临近结束阶段的对变更证明、操作、维护的全部过程的记录。

construction contract 施工合同；见 contract for construction。

construction contract administrator 建筑施工管理员；见 construction administrator。

construction cost 建设成本，工程造价；工程建设所需的全部费用，一般包括建设合同的总价和其他直接施工费用（不包括建筑师及其他咨询人员的费用、土地使用费、道路使用费和其他由业主承担的费用）。

construction documents 施工图及其说明书。

construction documents phase 建筑师基本服务工作的第三个阶段在该阶段中建筑师根据业主确认的设计方案，制作施工图及说明书（提供招标所需的信息），并帮助业主准备投标用的合同，协议等文件。

construction drawings 建筑合同中用图表表现的建筑施工工作的一部分。

construction equipment 建筑器材，如起重机、吊装机、梯子、材质处理设备、操作台、轨道、保护措施、保险装置、脚手架，以及其他所有建筑施工中用到的机械设备。

construction inspector 工程检查员；见 project representative。

construction joint 1. 两段连续浇筑的混凝土接触面。2. 结构（施工、建筑）缝；允许结构单元在温度改变、地震或风力作用下自由（伸缩）变形。

construction loads 施工荷载；在施工中结构所受的荷载。

construction loan 工程贷款；在永久性投资之前，给营造商提供的短期贷款。

construction management 施工管理；施工阶段由建筑师或其他专业人员提供的管理服务（以与业主签定的协议为准则），不属于建筑师的基本服务范畴，属建筑师的综合服务范畴。

construction manager 1. 建筑施工中，由甲方指定的人作为其代表在规定时间和预算内准备标书、合同，签约、定承包商。2. 建筑施工阶段，由甲方任命对建筑施工过程进行专门管理的负责人。

construction phase-administration of the construction contract 属于建筑师基本服务的第五和最后阶段，包括制定建筑合同的总承包业务管理；另见 **contract administration**。

Construction Specifications Canada（CSC） 加拿大一个研究规范性建筑的非营利机构。对公共和私人开放，其注册纲要编码通过国家 NMS 基本编号和标题编制，总公司在加拿大多伦多圣·卡尔顿街，邮编为 M5A4K2。

Construction Specifications Institute（CSI） 加拿大的一个关于建筑分类，并且与美国的专家有联系的非营利性机构。其注册纲要编码与 Constrution Specifications Canada 相连。总公司在弗吉尼亚亚历山大市运河中心广场 99 号，邮编为 22314。

construction survey 施工测量；见 **engineering survey**。

construction wrench 安装扳手；一端用于拧转螺栓和螺母，斜柄的另一钝头端在钢结构安装时对准两构件连接螺栓孔用。

constructive eviction 建设性收回（房产）；由于房主不恰当的委托或不履行法律责任，根据法律将其房屋或土地收回；见 **eviction**。

Constructivism 结构主义风格；1917 年自莫斯科兴起，产生于雕塑界的艺术风格，对建筑界影响巨大，许多雕塑作品在建筑界广泛应用。着重表现建筑构造，强调机械加工部分的功能。1920 年莫斯科第三届国际展览会上 Tatlin 的纪念碑就是著名的例子。

结构主义风格：Tatlin 的作品

constructor 施工方。在建筑合同条款的约束下，对建筑建设因素负责的人。

consulate 领事馆；用于领事公务的建筑物。

consulting engineer 顾问工程师；通常情况下由甲方或者设计师雇佣的对建筑项目中机械设计部分进行专门设计的人。

consultant 顾问；受业主或建筑师雇用以补充或辅佐建筑师工作的职业顾问（可以是个人或一个组织）。

CONT （制图）延伸；缩写＝“**continue**”。

contact 接触点；一部分导电体提供低电阻通过电流并与另一部分导电体相连接。

contact adhesive，contact-bond adhesive，dry-bond adhesive 一种胶粘剂，表面上摸上去是干的，但触贴在上面即刻就粘住。

contact-bond adhesive 压敏胶粘剂；见 **contact adhesive**。

contact ceiling 附顶顶棚，无龙骨，直接固定在上面的结构上。

contactor 接触器；反复地接通或断开电路的

装置。

contact pressure 挤压力，触压力（由基础的自重及其传递的压力产生，力的作用方向与基础及土壤的接触面垂直）。

contact pressure adhesive 室温条件下可永久胶结的胶粘剂，只要稍加压力，就能粘接到多种形式的表面上。

contact splice 搭接接头；钢筋混凝土中钢筋之间连接的一种形式，即两钢筋直接接触搭接。

container packer 压缩垃圾的一种废物压缩器，其中钢容器用特制的铰索装置与压缩器连接。

containerized plant 在园林建筑中，连同正在生长的根部，原封不动的与容器一起卖的植物。

containment grouting 内芯高压法灌浆；同 **perimeter grouting**。

contamination 污染，弄脏；将污水、废弃物和化学物品排放到饮用水中，致使饮用水不能饮用。

Contemporary style 现代风格；自 1940～1970 年及以后一段时间盛行的一种建筑风格，后被认为是代表现代建筑风格（这是一个不严密的术语），其特点是宽挑檐、屋面梁外露、带有巨柱的山墙、带有悬臂遮阳板的阳台，并设有为起居区服务的内庭院；另一种类型是沿用当时国际上流行的立面和平屋顶。

contents hazard classification 建筑物内潜在危险性等级（常分为正常，高或低）。

contextualism 与周围建筑相协调（在建筑的比例、形式、体量和色彩方面）。

contignation 梁系构架。

continental cabin 一层半的木屋（由移居美国的德国人引入）；木屋的前部是一个大房间，后部是一个卧室、大房间的旁边有一个窄长厨房，厨房内有一个大火炉供烧饭，并为其毗邻的大房间取暖。

continental seating 在剧院观众席中座位排由中间走廊或跨越的方式不间断地排列，要入座时需要从座位排端头的走廊或沿侧墙的门进入。

contingency 意外事故金。建筑工程中，包含在预算之内的因为一些未被授权的特殊原因而产生开销的一笔钱。这笔钱用来支付预算中没有被考虑进来无法预料的因素。

contingency allowance 不可预见工程项或业主要求变更项的总费用。

contingent agreement 意外事件的协议，关于发生规定的突发事件时双方参与者所履行的权利或义务的协议；如业主与建筑师之间制定的协议，建筑师的补偿费取决于业主通过公民投票、出售债券、其他财政收入或协议特殊规定的条件。

continuous accessible path of travel 无障碍通道；见 **accessible route**。

continuous acoustical ceiling 连续隔声吊顶，隔墙仅延伸到隔声吊顶的底面。

continuous beam 连续梁；有三个或三个以上的支点的梁，共用支点使作用在一跨内已知的荷载可计算出某对其他跨的影响。

continuous block core，edge-glued core，stave core 拼木板，细木工板；由许多木块粘结在一起，经平整成相同的厚度，作为坚固的芯板，可用于制作木门和其他建筑板材。

continuous footing 一种支承两个或两个以上同排柱子的联合基础。

continuous foundation 连续基础；承受许多独立荷载的基础。

continuous girder 连续主梁；有两个以上支点的主梁。

continuous grading 颗粒连续级配（土壤，砂砾等），（混凝土骨料）连续级配；一种材料（如骨料）的粒径分布，其中中等粒径部分都作为填充空隙的颗粒。

continuous handrail 弯曲楼梯的连续扶手，通长扶手。

continuous header 连续顶梁；由木梁端部（沿其长度方向并在转角处）连接组成的顶板，绕结构四周形成连续刚性框架，经过墙的洞口时充当过梁，具有足够的强度。

continuous hinge，piano hinge 钢琴铰链与启闭部件长度相同的长铰链。

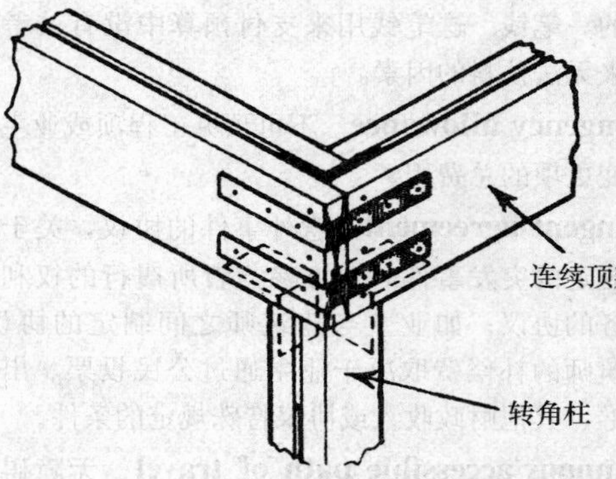

连续顶梁

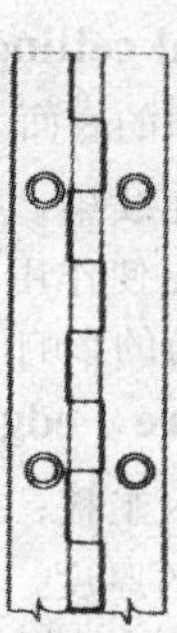

长铰链，钢琴铰链

continuous house 与谷仓、厕所、货棚或马棚等附属设施相连的房屋，其特点是在严冬时使用者不必出户外，可以从户内直接进入这些附属设施。可与“套房”相比。

continuous impost 哥特式建筑中一个拱的线脚不间断地一直延伸到地板上或没有任何起拱点的痕迹。

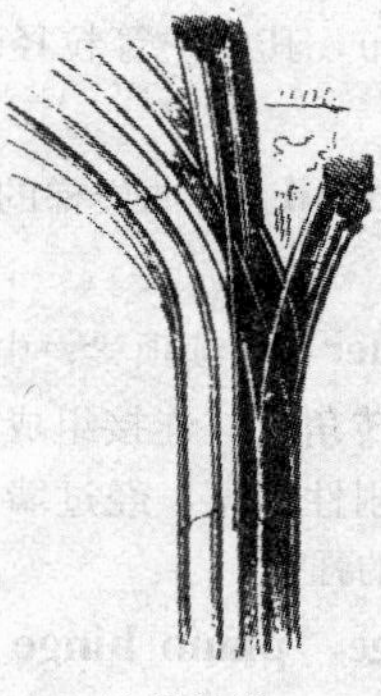

连续拱墩

continuous kiln 连续作业窑；见 **progressive kiln**。

continuous load 连续电荷，持续电荷；要求最大电流每次至少可持续 3h 以上的电荷。

continuously reinforced pavement 连续配筋路面；没有横向接缝的路面，只有带有拉筋的施工缝，该缝设置在隔天要连续浇筑混凝土的交接处，该处要配置足够的纵向钢筋并满足搭接要求以保证连续传递拉力。

continuous mixer 连续搅拌机；混凝土或砂浆边搅拌边加料边浇筑。与“分批搅拌”不同。

continuous moving formwork 滑动模板；见 **slip form**。

continuous-pressure electric elevator 手控按钮电梯；在电梯厢中和楼梯平台上需要人工操作按钮，使电梯升降的一种电梯。

continuous ridge vent 贯穿人字屋顶屋脊上的过滤排气孔，与通风机相连。

continuous rating 在设计温度变化范围内，电动设备所能承受的最大固定负荷。

continuous slab 连续楼板，连续板（整块板有三个或更多支座）。

continuous span 连续跨；由一系列彼此刚性连接的连续跨组成（三个或更多支座），因节点连续或刚性，弯矩可从一跨传至相邻跨。

continuous string 弯曲楼梯的连续斜梁。

continuous truss 连续桁架：一个支承在三个或更多的支座上的桁架。

continuous vent 连续排气管；连接排水管、排污管或废水管的通气（排气）立管，可将管内气体排至屋面。

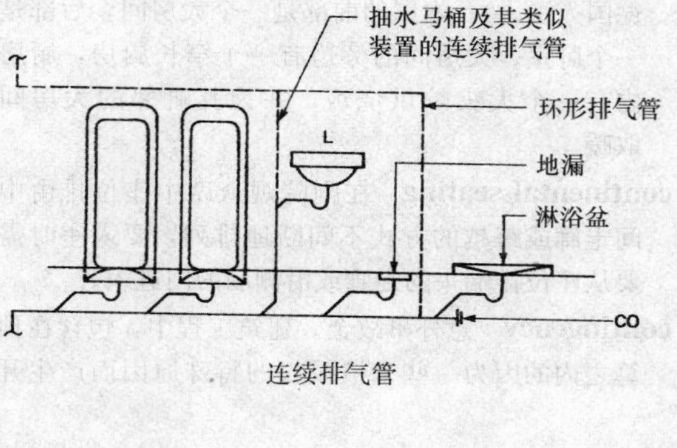

连续排气管

continuous waste 公共污水，多源污水；由两个或更多卫生洁具排水管接到一个存水弯上。

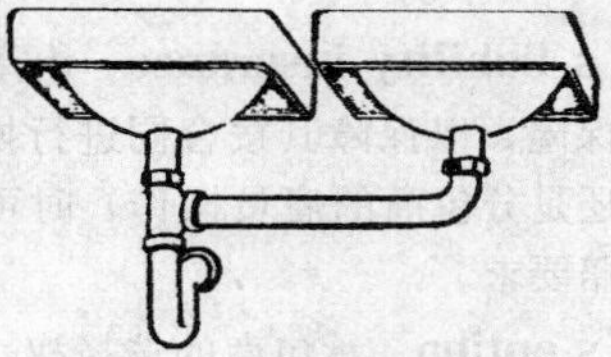

多源污水

continuous waste-and-vent 排水管与排气管直线相连。

contour basin 在斜坡地上的水平水槽，用作汇集雨水。

contour curtain 剧院舞台的一种幕帘，可由个别绳线（分别附在部件上）将独立的叠合布分别升起，从而可控制其形状和轮廓。

contour interval 等高线距；相邻等高线的垂直距离。

contour line 等高线；在地图上代表地面等高点连成的线。

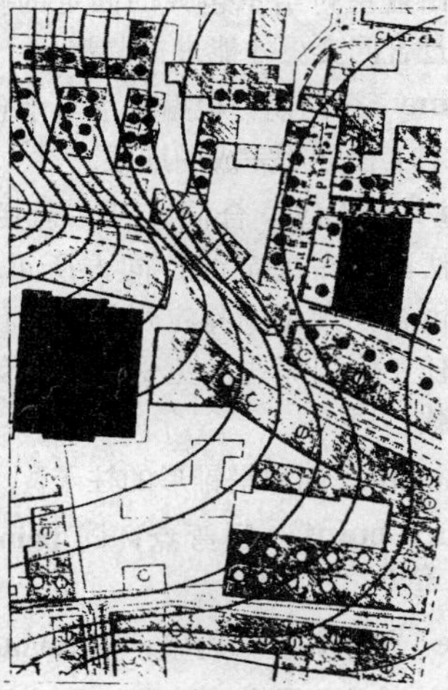

等高线

contour map 等高线图；用等高线绘制地形起伏的地形图，等高线间距小的地方表示地面坡度较大。

CONTR （制图）承包者，承包单位；缩写＝"contractor"。

contract 合同，契约；一种法律上可实施的协议或两人或更多人之间的协定；另见 **agreement**。

contract administration 承包业务管理；建筑师在施工阶段的责任和职责。

contract award 合同裁决；招标人给投标人发去的中标通知，这个裁决通知对双方有法律上权利与义务的约束。

contract bond 合同担当书；见 **completion bond**。

contract carpet 一种重型耐用的地毯，通常大批量采购用于非居住用。

contract date 合同（订立）日期，签约日期；同 **date of agreement**。

contract documents 合同文件；包括业主-承包商协议、合同条款、图纸、施工说明、合同附加条款、合同变更和合同特殊条款等。

contract drawings 承包契约书里面的图表。

contract for construction 甲方与施工方根据合同文件在一定期限内完成建筑施工（或其他设计工程）而达成的协议，同意由甲方支付建造金额。

contracting officer 业方指定工程项目的全权代表。

contraction 混凝土经历所有对体积的影响作用产生的体积变化之和。

contraction joint **1.** 伸缩缝。**2.** 结构相邻两部分之间的缝，从构造上可使两部分之间相对移动。

contraction joint grouting 收缩缝（压力）灌浆。

contract limit 在图纸或合同文件中，用界线或周边线规定建筑场地的边界线，供承包商施工用。

contract load 合同中规定要购买的电梯额定荷载或规定的建筑物允许承受的荷载。

contract manager 承包经理；见 **contracting officer** 和 **construction manager**。

contract modification 合同变更；经协商后双方同意由书面记载下来对工程的修改或变更。

contractor 承包商；在业主-承包商合同中承诺完成工程施工的责任，包括提供劳动力和材料，按照计划和技术要求并在合同规定的造价和进度下完成工程项目。

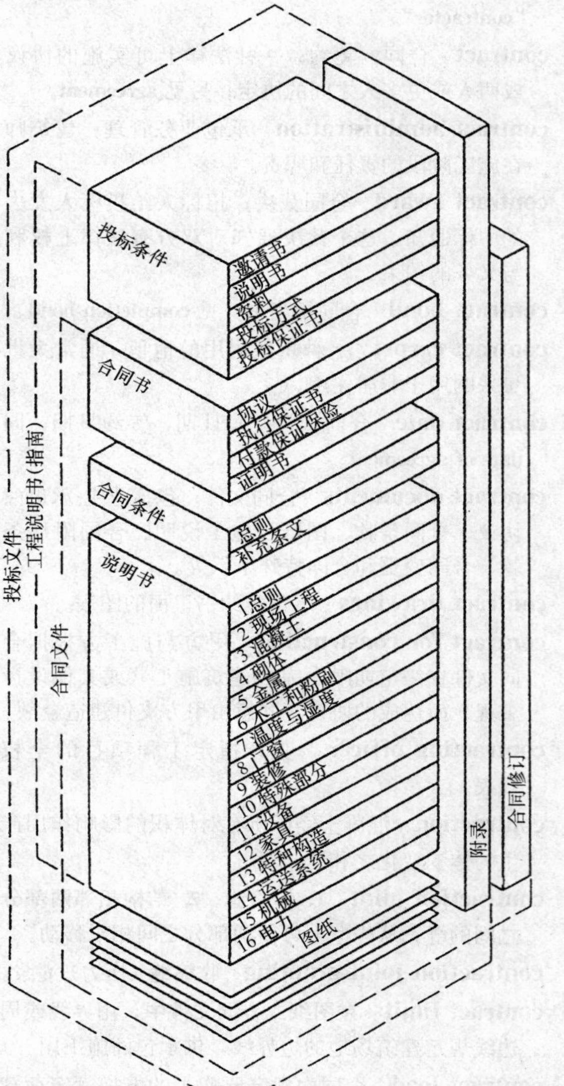

合同文件

contractor's affidavit 承包商的保证书；经公证的保证书的内容包含承包人的偿还债务与索赔，放弃财产留置权或类似事项都需要明确规定，作为业主的保障。另见 **noncollusion affidavit**。

contractor's breakdown 工程分项价值表；见 **schedule of values**。

contractor's estimate **1.** 承包商对整个工程或工程的一部分的造价进行预估，非投标报价。**2.** 该名词有时用于代表承包商的申请款或请求付款进度表。

contractor's liability insurance 由承包商购置并持有的保险，以保障其按合同进行操作（不论是承包商还是分包商的雇员操作）时可能发生所规定的索赔要求。

contractor's option 承包商的选择权（包括在合同文件中），在不变更工程总造价的前提下，承包人可以自主选择某些指定材料或施工方法。

contractor's proposal 投标书；见 **bid**。

contractor's qualification statement 承包商资质证明；包括承包商的建设经验、经济能力、曾承担的项目以及人员构成。这个资质证明与项目清单、专业参照资料一同成为评判承包商是否具有完成项目履行合同义务的能力。

contract period 合同期限；见 **contract time**。

contract speed 在合同中确定的所需购买电梯的速度或领取施工执照的速度。

contract sum 承包费用；在业主与承包人的契约中确定的由业主付给承包人的固定的费用，该费用只有通过合同变更才能进行调整。

contract time 合同期；根据业主与承包人的契约或法律规定工程必须完成的期限。

contractual liability 合同责任；运用规定的文字，根据法律程序确定的合同方所承担的责任，不仅包括由合同规定的特定责任，而且还可能包括其他责任，例如那些由免受损失或免受伤害而产生的条款。

contractura 由底到顶呈锥形的柱子。

contraflexure point 反弯点；同 **point of inflection**。

contramure 复壁，复墙内壁；同 **countermure**。

contrasted arch S形拱（其中包含反向曲线）。

contrast ratio 对比率；黑色基片上干涂料膜的反射率小于或等于5%与同样涂料刷在基片上的反射率为80%之比。

contrast sensitivity 对比灵敏度；识别不同亮度的能力，是对比度阈值的倒数。

contrast threshold 对比度阈值；最小敏感限。**1.** 眼睛可识别的最小对比度。**2.** 观察者可以识别的光的对比度。

contravallation 军事建筑，守备军队建造的多面堡垒和临时防御工事。

contrefort 中世纪建筑中，垒道、（堡垒的）外崖上用砖砌筑的防御物砌筑面。

contre-imbrication 鳞甲饰；（一种装饰形式）由表面悬挑构件形成。

contrevents 同 **wood shutters**；法国建筑。

contributing chapel 小教堂；西班牙殖民建筑的小教堂，其中没有专职的神父，要依靠外请的兼职神父来主持宗教仪式。

control 控制装置；在其正常运行期间，通过手动或自动控制一套系统或部件的装置。

control area 控制区；用来分配、管理、储藏或使用危险品的建筑或建筑物的局部。

control board，control desk，control panel，control rack 控制盘，配电盘，配电板；由总开关、刻度指示器、调控器、数字显示器或类似表盘集合组成的控制盘，用于控制和监测遥控操作系统（例如照明系统、声音系统或空调系统）和设备。

control desk 操纵台；在图书馆、公共休息室和医院中，可进行观察和管理的位置（地方）。

control factor 控制系数；材料（例如混凝土）的最小抗压强度与平均抗压强度之比。

control gap 伸缩缝；同 **control joint**。

control joint 控制缝，伸缩缝，调节缝；用锯或其他工具在混凝土或砌体结构中开槽以控制裂缝的位置和数量并使结构物尺寸变化处可以分开从而避免应力集中。

伸缩缝

control-joint grouting 在控制缝中灌浆。

controlled construction 建筑设计师和有许可证的专业工程师在建筑规范下达成一致的前提下对建筑、结构或与其相关的部分进行实际的工程施工。

controlled fill 控制填方，逐层填土，压实；准备作为承受结构荷重的填土，需要分层填实，填方土样需经过实验检测以满足规定的压实标准。

controlled flow 指控制屋面排雨水流量的屋顶排水系统。

controlled-flow roof drainage system 一种屋面排水系统，允许暴雨后积水排放速度（受控制的）比平时雨水排放速度比快得多。

controlled low-strength material 低强材料；抗压强度每平方英寸不超过 1200 lb（即 8300kPa）的材料。

controlled materials 由可信任的经销商提供的符合要求质量好的建筑材料。

controller 控制器；一种连接在设备上可由手工控制或自动控制系统的开、停、反向、变速等多种操作功能的装置。

control room，console room 控制室；（剧院）与观众厅相邻的小室，能看到舞台，用于控制舞台音响和灯光。

control set-point 在自动装置系统中，必须经过调控才能达到最初的预期值的设定值。如在空调系统中，温度的设定值必须经过预先设定才能达到适合的环境温度。

control survey 控制测量；提供测点的水平和竖向位置作校正用的补充测量。

control valve 控制阀（用于调节液体流量）。

CONT-W （制图）连续窗；缩写＝“**continuous window**”。

conv. 热空气循环对流器，换流器；缩写＝“**convector**”。

convalescent home 康复院，疗养院，保养所；为那些不需要较长时间的医疗或服务的病人康复提供医疗护理的机构，服务包括病人急性病或术后的康复护理工作。

convection 对流；由自然力或外力（如扇子）形成的热传导形式，因为不同温度的空气具有不同的密度，从而产生的空气流动。

convection circulation 对流循环；热水供暖系统中，管道中的水重力作用下的流动，热水向上，冷水向下流动。

convection current 对流；因空气的流动而导致的热传递现象。通常情况下由于温度的不同而产生的热空气流动的空气气流现象。

convection heating 热传递；由于空气（或其他气体、液体）的流动产生热传递（由较热的空间流向较冷的空间）。

convection loss 对流损失；建筑中由于温度不同而产生的热损失现象。

convective movement 对流传递（自然通风）；见 **natural convection**。

convector 对流器；主要或全部热量通过其热表面传递给周围空气的热交换器，包括水暖或汽暖，这种取暖器通常挂在墙体上或凹入墙内。

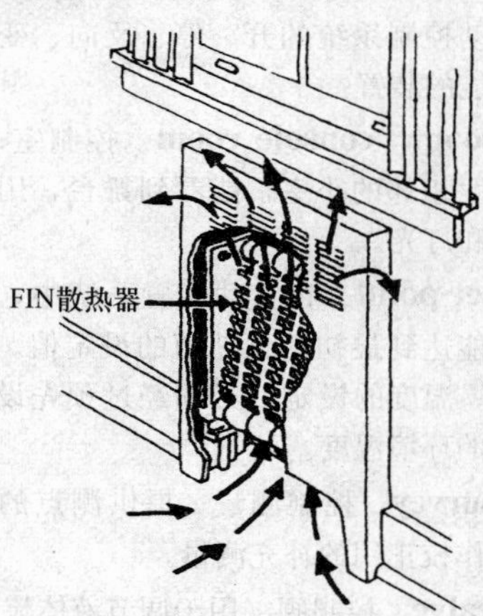

水暖或汽暖式散热器

convenience outlet 电源插座；安装在墙上，保证电灯和（家用）电器设备供电的电源插座。

convenience receptacle 插座；同 **receptacle**。

covent 1. 修道院修道士、和尚、修女（目前通常是修女）的社团。2. 由修女等居住的建筑群。

conventional design 传统设计：采用被广泛接受的应力或弯矩的设计方法。

conventional door 除防火门、隔声门等特殊门之外的普通门（包括包铁皮门）。

conventional sprinkler 防火系统中能向各个方向喷水的喷淋头，可直接向楼板和顶棚喷水，而向下喷水占总水量的40%～60%。

convention center 会展中心。一种用于会议、集会等多用途建筑，装备有空调设备，供工业团体、专业团体、贸易组织在其中进行展示活动。其规模从小型到巨大型，有时甚至占地达两百万平方英尺（约 18hm²）。其内部空间灵活可变，可分割成不同大小形态各异的空间，其中还要有会议空间、保洁设备区、装卸区、供热供冷、供电以及联通设备及培养维修人员使用空间。

convento 西班牙式的修道院；包括生活区、工作区、存储区和庭院。

conversion 1. 更换；见 **breaking down**。2. 改建；建筑物因与规范要求不符（例如出口、防火、照明和暖通、荷载、结构及区域要求等不符合规范）而需要改变建筑物的用途。

conversion burner 带有控制单元的燃烧炉（室）；用来代替现有的锅炉或燃烧炉。

conversion factor 换算系数，兑换率，折算率；是一种量值，一种体系的单位必须乘以该量值才能换算成另一体系的单位。

converted timber 锯制木材，成材；原木锯成的木材或板材。

converter 整流器；交流变直流或直流变交流的设备。

conveyance 1. 财产转让。2. 转让生效的文件或证书。3. 运输；运输工具。

conveying hose 输送管，输料软管；同 **delivery hose**。

conveyor 机械传送带，传输机；用于连续输送物料的动力驱动机械装置，例如循环输送带或连续运输机。

cooked glue 热用胶（使用前需加热）。

cook house 外厨；同 **outkitchen**。

coolant 冷媒；见 **cooling medium**。

cool cellar 冷藏室。一种房屋下的地窖，其中温度持续较低以储存饮料、干物、肉、蔬菜等。

cooler 1. 冷却器；具有隔热外壳的冷却器，以保证其冷却温度。2. 空气调节器。

coolhouse 冷藏室，低温室（维持不结冰的低温）。

cooling capacity 制冷量；一小时内从房屋中消除热量的最大值。

cooling load 冷却荷载；为使居住者对温度感到舒适，从房屋中消除总热量。

cooling medium，coolant 冷却剂，冷却介质；一种可将热量由一个或多个热源传送到热交换器后散热的液体。

cooling pond 冷却池；见 **roof pond**。

cooling range 水冷却器的冷却幅度；在水冷却装置中，水流进入装置前的平均温度与流出装置后的平均温度的变化范围。

cooling tower 冷却塔；通常设置在屋顶上的结构物，水在其中循环接触空气而使之冷却。

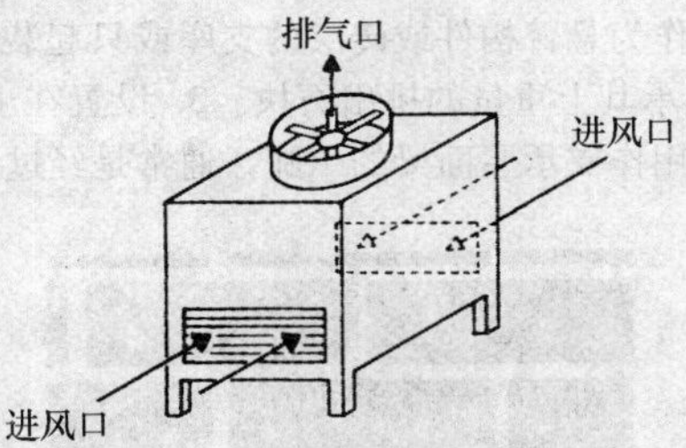

螺旋桨引风式冷却塔

cooperative 合作组织；多元住房结构房地产所有权的一种形式，由非营利性公司将部分不动产租赁给股东，而股东是公司的部分业主，他们并不拥有自己的公寓，股东要定期（通常是按月）支付一定的费用，包括保证金、养护维修费和税款；股东具有不动产的使用权而不拥有所有权。

cooperculum 教堂祭台华盖（**baldachin**）或者祭台上天盖（**ciborium**）的盖子。

coopered joint 在曲面上外观类似于桶上的接缝。

COORD （制图）坐标；缩写＝“**coordinate**”。

coordinator 协调器；双扉门中保证固定扉能在活动扉之前关闭的机构装置。

cop 城堞，城齿；同 **merlon**。

cop. 墙压顶，墙梁；缩写＝“**coping**”。

copal 使清漆具有亮度和硬度的天然树脂。

copal varnish 用催干油（例如亚麻籽油和树脂）配制而成的高亮度清漆。

cope **1.** 通过切割使成形木构件的外形与相邻构件外形相吻合。**2.** 在钢梁或槽钢上开缺口，使之与另一构件对接。**3.** 压顶。**4.** 形成压顶。

cope chisel 凿槽刀；同 **cape chisel**。

coped joint，scribed joint 密合接头，密合接缝，暗缝；一构件中两块木板之间的接缝，其中一块木板切口与成另一块木板的外形相吻合。

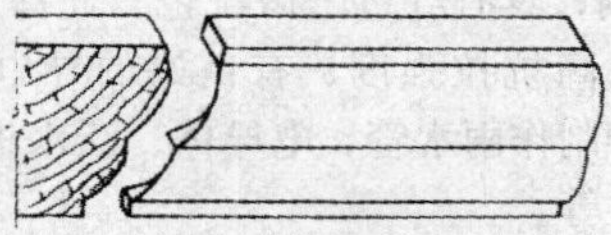

密合接头

copestone 墙帽，盖石；同 **coping stone**。

coping 外墙、女儿墙、柱墩、附壁柱或烟囱的压顶（通常由石块、混凝土、金属或木材制成），为平面、斜面、双坡面或弧面的防雨覆盖层，通常伸出墙外两侧，并形成滴水，其防水效果更加有效；见 **featheredge coping**。

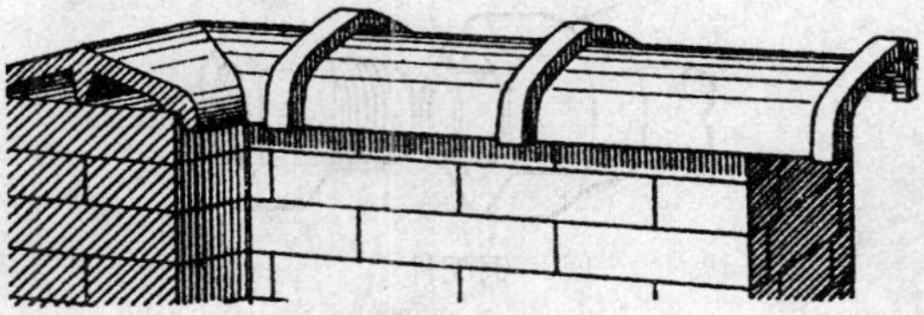

瓦压顶

coping block 实心压顶混凝土砌块，用作墙体顶面的压顶和顶皮砌块。

coping brick 特制的压顶砖。

coping course 构成压顶的砌体水平层。

coping saw 弓形锯，手弓锯；带有细密小齿窄锯条的弓形锯，用于锯出木料中的小曲线。

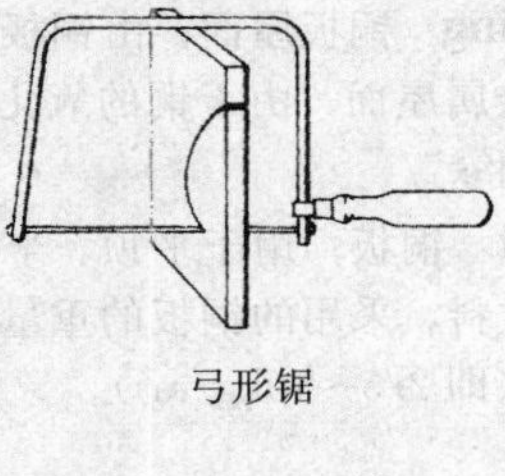

弓形锯

coping stone, capstone, copestone 压顶石，帽石。

压顶石

copper 铜；具有红色（微红色）光泽的金属，高延展性、高抗拉强度、有良好的导电导热性能，广泛用于制作雨水管、电导体、泛水板、排水沟、屋面材料等。

copper alloy 含铜大于 40%，且少于 99.3%的合金，其他元素含量均少于铜的含量（除某种铜-镍-锌合金中锌的含量略微超过铜的含量外）。

copper bit, coppering bit 管工使用的气热铜焊头。

copper fitting 铜配件；由红铜、黄铜和青铜为原料制成，通过锡焊、丝扣或压力配件与铜管连接。

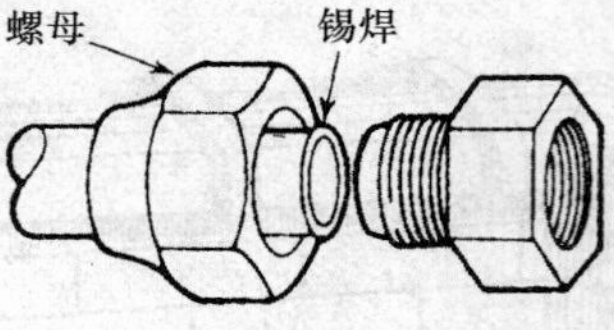

铜配件

copper glazing 铜条嵌装玻璃；同 **copperlight glazing**。

copperlight glazing, copper glazing, electro-copper glazing, fire-retarding glazing 由铜电焊条分隔各自独立的玻璃窗格构成的防火窗（门）。

copperplating 镀铜；通过电镀或浸渍的方法在金属表面镀铜保护层。

copper roofing 铜板屋面；由铜板连接而成呈绿色的延性金属屋面，由于铜的氧化物呈绿色，也被称作“铜绿”。

copper sheet 铜板；用于平顶、半圆形或坡顶屋面的屋面材料，采用的铜板的重量为每平方英尺 0.5～2 lb（即 2.5～10kg/m^2）。

copper slate 含铜板岩；见 **lead slate**。

coppersmith's hammer 铜匠锤；球形锤头，用来敲打钢板，使其形成需要的形状。

copper tube 紫铜管；由纯铜（含铜 99.9%）制成的无缝管材，平直端头的柔软件或冷拔管体，通过锡焊或铜焊连接；另见 **type-DWV tubing**。

coquillage 贝壳花饰。

coquina 贝壳石灰石，贝壳（灰）岩。

cora 建筑上用的女像柱。

COR BD （制图）墙角圆线条；缩写＝“**corner bead**”。

corbeil, corbeille 花篮形装饰；另见 **calathus**。

corbel 1. 砌体的挑出部分或逐层挑出部分（出挑随台阶梯增加而增加），通常用于墙体或烟囱四周，作为悬臂构件或砖层的支座或只起装饰作用。2. 支承其上重量的挑出石块。3. 设置在土坯砖墙内，用作支承屋面梁的牛腿，通常是经过装饰的。

砖墙出檐

corbel arch 突拱；墙上洞口上面的砖砌装饰拱，仅起装饰作用，而非真正的拱。

corbel course 用作牛腿或装饰线脚的砌层；另见 **stringcourse**。

corbeled chimney cap 烟囱顶上的挑出帽盖，出挑随台阶梯增加而增加。

corbeled cornice 框架飞檐；见 **corbie step**。

corbel gable 踏步式山墙。

牛腿

突拱

corbeling 砌体的挑出部分或逐层挑出部分；同 corbel，1。

corbeling iron，corbel pin 悬挑铁件，翅托铁件；用作支承托梁（墙内）垫板的金属销钉（代替挑出的砖层）。

corbel out 支托，悬挑（由砖石组成，支托墙板）。

corbel piece 支撑（物）挑出块；见 bolster。

corbel pin 悬挑铁件；见 corbeling iron。

corbel ring 柱环物；同 annulet。

corbel-step 踏步式挑出墙（马头墙）。

corbel table 挑檐；由一排牛腿支承的一条挑出的砖或砌体层；另见 arched corbel table。

挑檐

corbel vault，corbeled vault 托臂（挑檐）穹窿（拱顶），山墙挑出成阶梯状的拱顶；一种砌体屋面，是由两片相对或圆形墙的底边开始砌筑，并有规律地将两边的每皮砖向内挑出直至相遇形成拱顶。其阶梯状表面可磨成弧形，但不起拱的作用。

corbie gable，crow gable，step gable 具有踏步状的山墙，马头墙。

corbiestep，catstep，crowstep 具有踏步状的山墙，马头墙；作为坡屋面端部的女儿墙，是北欧在 14～17 世纪盛行的式样。

踏步状的山墙

Corbusian style 柯布西耶风格，也称现代主义风格。勒·柯布西耶（1887—1965）的建筑风格是法国对现代主义建筑的建筑师的赞颂。

cord 绳、索、线、电线；见 **electric cord**。

corded door 折叠百叶门；来用棉布带或纤维条将窄木条串成的门，通常悬挂安装在顶上的轨道中。

cordon **1.** 带形线条，带饰。**2.** 飞檐层。

corduroy work 由细长平行相连的中凸的芦苇秆平行相连构成的光滑表面，其背面有柱形槽。

core **1.** 胶合板或组合板的芯层；可由原木（实心的或胶合的）或木屑板组成，用作饰面的基层。**2.** 空心门的内部结构。**3.** 榫碎木。**4.** 扶手上的金属棒。**5.** 高级装饰抹灰打底用的内部结构。**6.** 混凝土砌块中的孔洞。**7.** 空心石墙中的空腔。**8.** 窗过梁与辅助拱间的填充部分。**9.** 用岩芯管钻取的混凝土或岩石的岩芯、样芯。**10.** 多层建筑中多功能和实用功能部分，如电梯、楼梯井等。**11.** 磁芯部分，通常由钢铁的叠片组成螺旋形的线圈，可作为电磁装置，例如变压器、螺线管、继电器等。**12.**（英）电缆中的导线和绝缘材料，不包括外面的保护层。**13.**（框架内的）铁栅。**14.** 石膏板的面层纸和底层纸之间填充的硬化材料。**15.**（英）同 **blockout**。

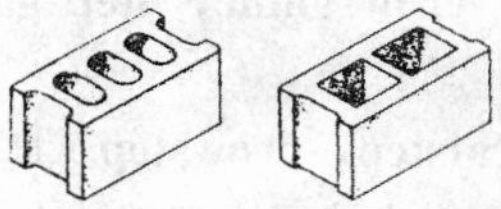

混凝土砌块中的空腔

core area 核心面积；散热器通风口内铁栅中空气流经的总面积。

core barrel 钻管；嵌有碳化物和金刚石管的空心岩心钻管。

coreboard，（英）**battenboard** 胶合板的芯层。

core boring 在施工现场用钻探工具取土（岩）芯，用来确定地质特性和地下岩层厚度。

cored beam **1.** 断面带有空心的梁。**2.** 已取芯样的梁。

cored block，**cored tile** 石膏浇制的建筑构件。

core bracing 横向支撑体系中竖直的结构，围绕在墙承重建筑的内井旁边。

cored cellular material 蜂窝状多孔材料，其孔洞通常垂直于最大面并部分或全部贯穿整个材料。

core drill 空心钻；通过钻管钻取岩芯，以测定基岩的剖面或对岩芯进行试验。

core driver 取芯棒；与孔洞尺寸相同的硬木或钢质圆柱体，置入孔内用来清除孔洞中的碎物。

cored masonry unit 空心砌块；见 **hollow masonry unit**。

core frame 芯框；见 **buck frame**。

core hole 钻孔；同 **cell**，**1**。

core module 诸如电、热、水及相关子系统的模块。

core rail 与楼梯栏杆顶部相连用以支撑栏杆扶手的钢条。

core sample 岩芯；同 **core**，**9**。

core test 芯样试验；通过岩心钻对硬化后的混凝土取样，进行抗压试验。

coring 从混凝土结构或岩石基础上钻取芯样，供抗压试验用。

coring out 用粘刷清除烟囱内壁上的粘挂物。

Corinthian capital 科林新柱式柱头。

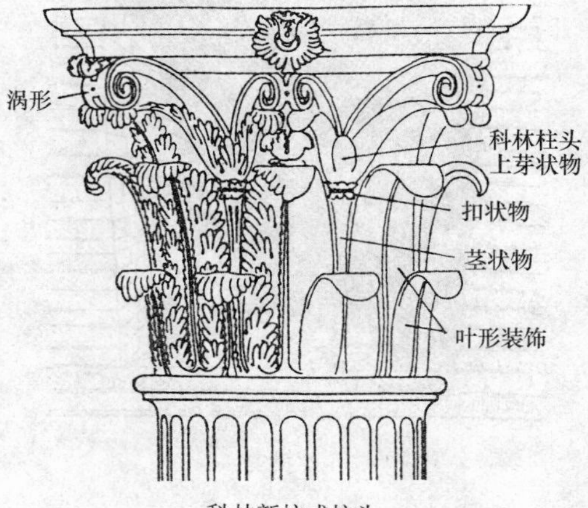

科林新柱式柱头

Corinthian order 科林新柱式；在古典建筑中，希腊最早的三种柱式中柱身最细、装饰最多的一种，通常具有精巧的上楣和波纹状柱身，有关科林新式柱的描述见 **bases**。

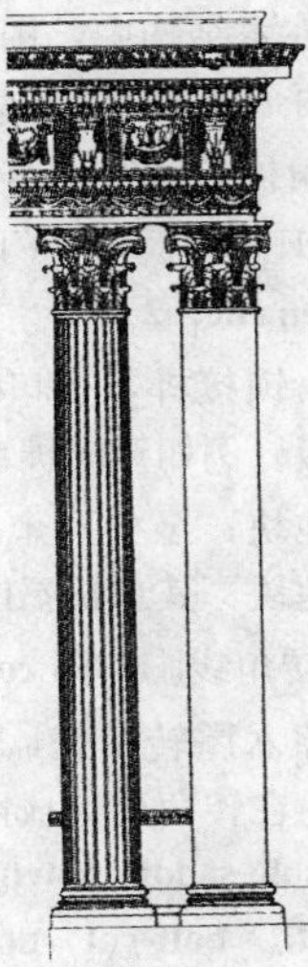

科林新柱式

cork 软橡木树的外皮，质轻、隔热，可作衬垫，起减振作用。

corkboard 软木板；由软木颗料压成并经烘干制成，密度在 6～12 lb/ft^3（即 96～192kg/m^3）之间，用于隔热与减振。

corking 雄榫接合；同 **cogged joint**。

corkscrew stair 螺旋楼梯。

cork tile 软木砖（瓦）；主要由软橡木树外皮颗粒和人工合成树脂组合成的弹性材料，外表面用石蜡、磁漆、树脂或为便于维护仅在其顶面涂一层聚乙烯氯化物作为保护层；其天然表面要上蜡或磨光，而有保护层的只要磨光即可。软木砖砌块置于木材或混凝土毛地板的玛蹄脂上。

corkwood 软木；见 **balsa**。

corn. 挑檐，檐饰，上楣；缩写＝“**cornice**”。

corncrib，corn house 谷仓；用于存放（去壳）谷物的建筑物，其设计规模及形式多种多样，但要求空气流通，从而保持谷物在存放期内干燥。大多数情况下，其底部较小，顶部较大，侧面倾斜。

corner 土地测绘中作为地产边界所建立的界石或其他标志物，设置在边界交界处。

corner bead，angle bead，angle staff，corner guard，corner molding，plaster bead，staff bead 1. 转角护条，护角，转角线脚；通常为平角、圆角、刻槽圆角线角。2. 护角；成型的镀锌金属板，有时在粉刷前连上金属拉条以加固护角条。

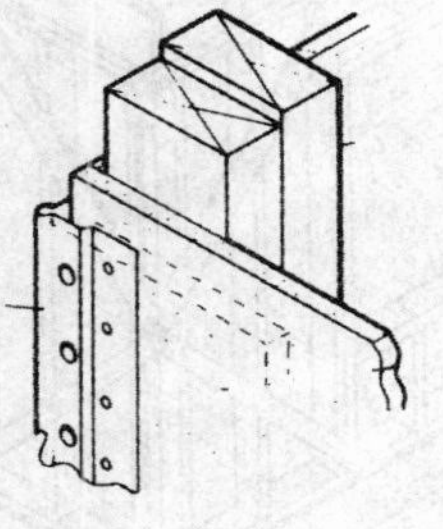

护角条

corner bit brace 角斜撑；同 **angle brace，3**。

corner block 1. 墙角空心砌块；见 **corner return block**。2. 置于木门框两侧上面转角处的正方形木块，通常有雕饰。

装饰木门框用的正方形木块

corner board 木框架结构的转角镶板。

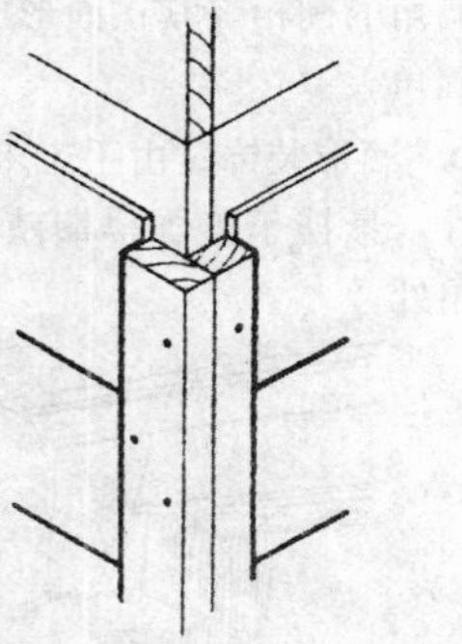

木框架结构的转角镶板

corner brace 木框架结构的转角支撑，斜撑；伸入龙骨以加固木框架结构的转角。

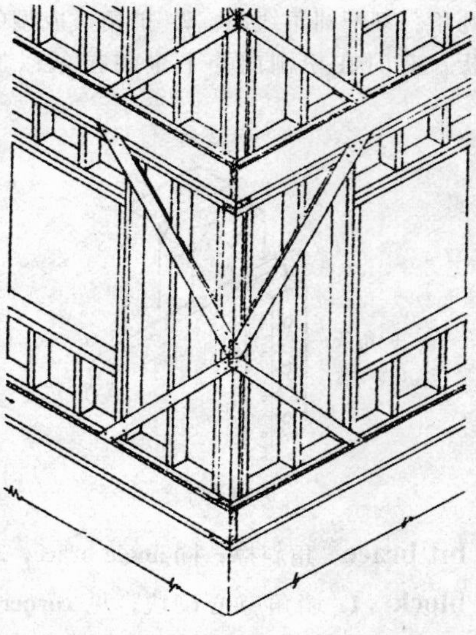

转角支撑，斜撑

corner bracket 角托架；位于门枢处，与门框边框上端相连，用来支撑外露而架空的关门关闭器，仅适用于外开门。

corner capital 转角柱头装饰；同 **angle capital**。

corner chimney 转角烟囱；位于两面墙的交界处（烟囱的墙面为房间的转角墙）。

corner chisel 角凿；一种有两个相互垂直的刀刃的凿子，用于切割榫眼的角部。

corner clamp 斜角夹板；同 **miter clamp**。

corner cupboard 角隅式橱柜，三角形柜；一种置于房间墙角的橱柜，其正面形成 45°面，以便贴放在房间墙角。

corner drop 滴形装饰；由手工刻制或工车旋制的木装饰构件，悬挂于美国早期殖民地建筑二层悬挑梁的转角处。

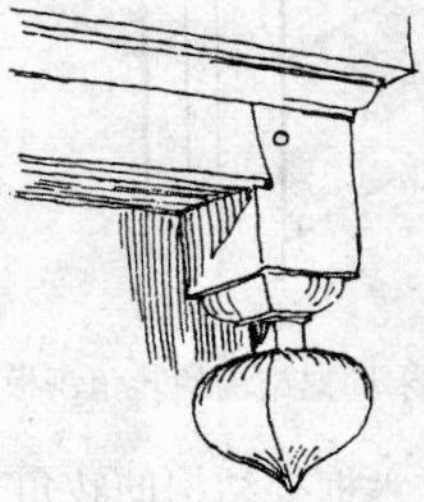

滴形装饰（悬挂在悬挑梁上）

corner framing 在木结构中，用来固定内外饰面的角柱，通常由两个或更多支柱组成。

corner guard 墙角护条；见 **corner bead**。

corner lath 转角钢丝网板条（门窗上角抹灰用）；见 **corner reinforcement，2**。

corner locking 角锁接榫，企口连接；由两根木料在角部形成连接（例如燕尾榫或鸠尾榫接）。

corner lot 角隅地块；至少两个相邻边与街道或公共场所相邻的地块，其总长不应小于规范规定。

corner molding 转角线脚；同 **corner bead，1**。

corner notch 在原木屋转角处，木外饰面板在靠近端部切成榫槽，在转角处连成刚性节点。见 **diamond notch，double-saddle notch，dovetail notch，half-dovetail notch，half-cut notch，halved-and-lapped notch，lap notch，log notch，round notch，saddle notch，single notch，single-saddle notch，square notch，V-notch**。

corner pilaster 转角壁柱；附墙角柱或支柱，常带有柱帽和基础，位于建筑或柱廊的转角部。

corner post **1.**（转）角柱；在木结构中，转角处用的支柱。**2.** 门窗中的金属竖框，连接转角处的两块玻璃。

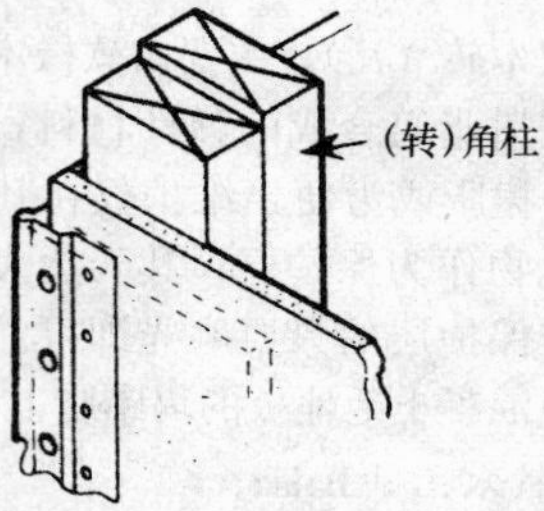

（转）角柱

corner reinforcement **1.** 可拆卸的或焊接门框转角处的加固件。**2.** 抹灰墙与顶棚等的内角处，用弯成 90°角的金属网加固，也称转角加固网。**3.** 见 **exterior corner reinforcement**。

转角加固件

corner return block, corner block 角部砌块；一端和两侧为实心平面的混凝土砌块。

角部砌块

cornerstone 1. 墙角石；在结构中形成转角的石材。2. 奠基石，基石；置于建筑物基础转角的石块，记载开工典礼大事记的信息，少数情况下，石块上覆以拱或穹隆顶。

墙角石，奠基石

corner stud 角柱；同 **corner post**。

corner tile 1. 角瓦；用于覆盖屋脊的鞍形瓦。2. 角砖。

corner trap 舞台前部的活动板门；用于演员表演时出入。

corner trowel 抹角泥刀，角镘刀；抹灰或砌砖时，抹内外角的手持抹子。

corn house 玉米谷仓；同 **corncrib**。

corniccione 建筑立面上端主要的飞檐。

cornice 1. 顶饰，檐饰；屋顶或檐口上的突出部分。2. 檐口；古典柱式的顶部，置于雕带上。3. 内檐线脚；顶棚下，沿房间内墙四周的塑料或木制装饰线脚，形成窗或门框的顶部构件。4. 墙与顶部交接处的外部装饰，通常包括檐下线脚、挑檐板、封檐板、装饰压条。其特殊形式见 **architrave cornice**，**boxed cornice**，**bracketed cornice**，**cavetto cornice**，**closed cornice**，**eaves cornice**，**modillion cornice**，**open cornice**。

cornice lighting 沿墙线照明，檐板照明；光源隐藏于平行于墙并与顶棚相连的遮护板内，或隐藏于墙上边缘，可使光线均布的墙面上。

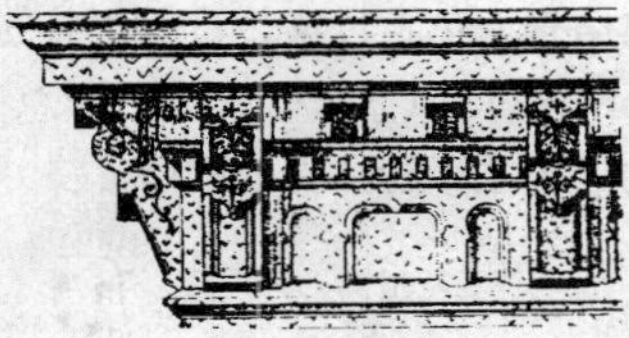

顶饰，檐饰

cornice return 挑檐的转向（延续），檐口在不同方向的延续部分，通常在房屋山墙的端部，多为直角。

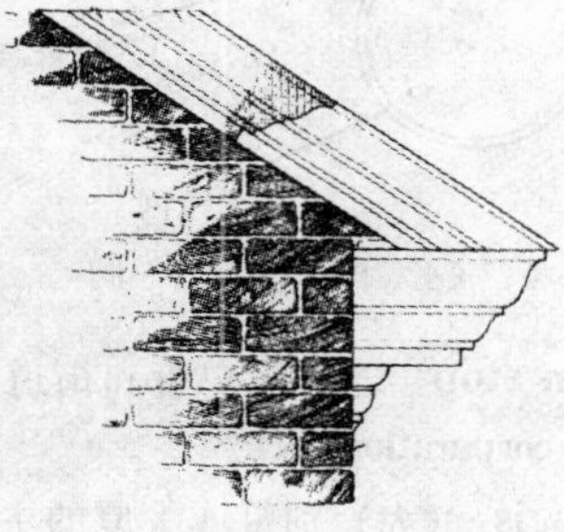

檐口的延续

coro 唱诗房；位于西班牙教堂交叉通道西面的独立建筑。

corona 檐口滴水板；挑檐中的垂直板状突出构件，由底部反曲线线脚支撑，通常带有滴水以防雨水冲刷建筑物墙面。也见 **cornice**。

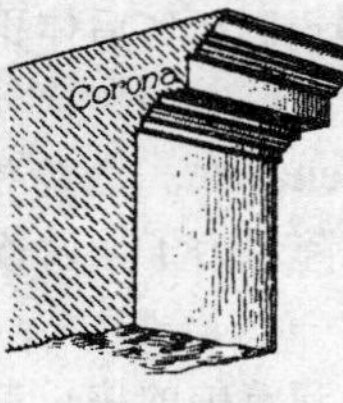

檐口的滴水板

corona lucis 教堂用的圆环形烛灯圈；悬挂或置于支架上。

coronarium 古罗马式挑檐装饰抹面。

coronet 门头线饰；在窗或门上部墙墙面的浮雕门头饰或其他装饰。

CORP （制图）缩写＝“**corporation**”，公司。

Corporate style 简朴、庄重风格建筑；19 世纪初期流行于新英格兰的简朴风格工业建筑，其特点是红砖墙结合白色石过梁，具有优美的比例。

corporation cock （水，气）入户管总阀；水或气入户管的靠近主干管一端的阀门。

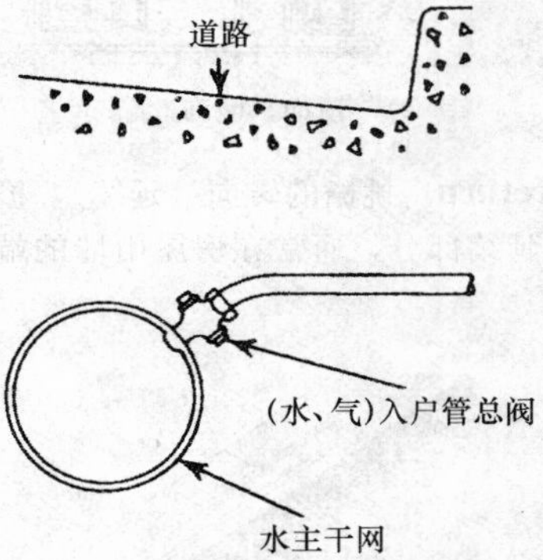

（水、气）入户管总阀

corporation stop 连接用户管和街道给水干管的阀门；同 corporation cock。

corps de logis （大）别墅或大厦的主要部分，不包括侧厅（厢房、耳房）及其他的附属部分。

corpse gate （教堂）墓门；同 lych-gate。

corpsing 抹灰面层中的凹浅疵。

CORR （制图）波状的；缩写＝“corrugate”或“corrugated”。

corral 家畜（通常为马）的围栏。

corrected net fill 因压实后体积减小而修正后的净填方量。

corrective maintenance 故障检修，故障维修；设备出现紧急故障后为了让设备恢复正常使用而做的维修。

corredor 西班牙建筑中的狭长走廊或拱廊，通常设在整个建筑物的正面或沿建筑物的一个或多个侧面布置；建筑物的走廊。

corridor 1. 连接多个房间的内部通道。2. 由多个房间或空间通向出口的公共通道。3. 回廊；另见 exit 或 passage way。

corrosion 腐蚀，侵蚀，锈蚀；由于风蚀，潮湿，化学制品或其他环境因素引起的金属或混凝土变质化学反应或电化学反应。

corrosion inhibitor 腐蚀抵制剂，缓蚀剂，防锈剂，防腐面层；通过表面涂层或油漆打底以及合金等形式防止金属氧化的材料。

corrugated aluminum 1. 瓦楞铁；见 corrugated metal。2. 波纹铝板；打孔后作为吸声棚顶材料。

corrugated asbestos 波纹石棉水泥板（墙板或屋面材料）。

corrugated fastener，joint fastener 转角连接；用于两块木料转角连接的小波纹铁板，其一端尖锐，所以打入木块中而不显露。

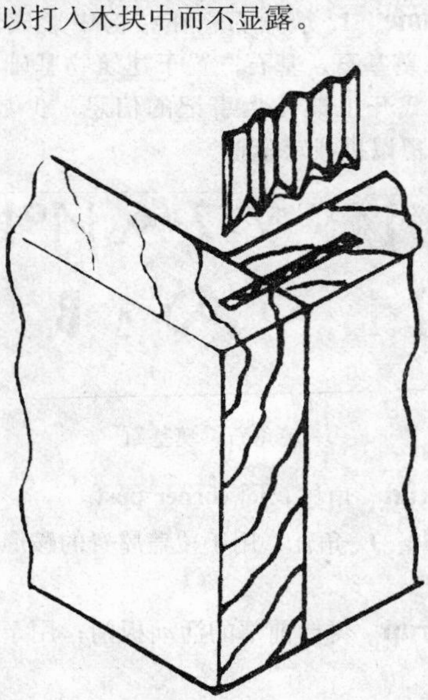
波纹连接件

corrugated glass 波纹玻璃（扩大光的漫射）。

corrugated iron 波纹铁板，瓦楞薄钢板（通常镀锌）。

corrugated metal 波形金属薄板；金属经拔制或轧制制成具有平行沟脊交替外观，以增加其机械强度，通常镀铝或锌，被广泛应用。

corrugated roofing 波纹屋面板，波纹屋顶；通常为镀锌或石棉水泥脊沟交替形状板。

corrugated-roofing nail （波纹瓦）屋面钉；同 roofing nail。

corrugated tubing 波纹软管；同 flexible seamless tubing。

corsae 古罗马建筑中，用来装饰大理石门柱用的嵌线和装饰板条。

corseria 中世纪时期，沿着塔或城堡墙面的过道，以连通两座塔。

cortile 皇宫庭院；由宫殿或其他大型建筑围绕而成的内院，通常有拱廊。

cortina （西班牙语拼写为 curtain）西班牙式或其派生的建筑中位于阳台或窗台下的挑出石块砌体。

corundum 金刚砂；一种坚硬的、有研磨作用的矿物铝化物。涂于表面使表面粗糙。如涂在步行坡道上可防滑。

cosine law 余弦定理；见 Lambert's cosine law。

Cosmati work 常见于意大利罗马建筑中在大理石中嵌入的彩色石材、玻璃或镀金材料的模式。

cost adjustment 成本调整；在建筑工程中，因为某些原因而产生的总花费的变更，其变化经过工程委托方、设计师、承包商的同意。

cost-benefit analysis 成本效益分析；工程合同中对所有建筑花费的鉴定和收益的评估的分析。

cost breakdown 成本细目；见 schedule of values。

cost consultant 工程造价顾问；有经验和专业知识的人，能对工程造价提供准确的评估。

cost control 对建筑工程的管理，以确保工程开销不会超过投标时的数值。

cost of construction 建筑工程直接和非直接开销的总值；大致包括设备费用、管理费用、施工费用、材料费用、绿化费用以及盈利。

cost of light 光源评价；见 lighting cost。

cost-plus-fee agreement 成本加费用协议；承包人与业主之间或业主与建筑师之间的协议，包括直接费和间接费，注明约定的费用以总额或成本的百分比表示。

cost proposal 对承包商在投标书生效后提出的对工程经费变更的申请的回复。

cot 1. 小屋。2. 简易床；轻便小床。

cot bar （半圆形窗框的）弧形铁条。

cotloft（英） 各仓阁楼；见 loft，2。

cottage 1. （乡村、郊外或海滨的）小住宅。2. 度假时居住的小住宅。3. 仅供暂时栖身用的住宅。4. 富丽的大厦，可以在罗德岛的新港（Newport）见到。另见 banquette cottage，Cajun cottage，Chicago cottage，Dutch cottage，Normandy cottage，one-and-one-half bay cottage，one-bay cottage，one-room cottage，palma cottage，prairie cottage，raised cottage，tidewater cottage，two-bay cottage。

cottage hospital 1. 乡村医院；病人可以住在家庭式的小单元内，每个单元还可供小团体膳宿。2. （英国）由当地非专业的普通医生提供服务的小医院。

cottage orné 粗石砌小庄宅；流行于 18 世纪末至 19 世纪初的乡村中的一种小住宅，其以笔直的树干作柱子，精选的树杈作支托，精心地设计，外观美丽如画。

cottage roof 小跨度屋盖；其屋盖上的椽子一端直接搁在墙上，另一端在屋脊处相交，没有屋面大梁。

Cottage style house 1. 当地一种居住建筑式样，通常为木结构，盛行于 19 世纪，起源于建筑师（Andrew Jackson Downing）安德鲁·杰克逊·唐宁（1815—1852）和（Alexander Jackson Davis）亚历山大·杰克逊·大卫（1803—1892）的建筑样版图集，其特点为不对称的布局，板条墙结构，带阳台，装饰性的烟囱，陡坡屋顶和凸窗。2. 平房，现较少使用的术语。

小住宅建筑样式

cottage window 双悬窗；上部窗扇略小于下部窗扇，上部窗格玻璃通常要经过装饰。

cotter 楔形销、扁销；一种木质或金属的楔形构件，楔入紧固件。

cotter pin 开尾销；固定用的金属销，其可掰开的端部在销孔外凸出部分可以沿销的轴线向后弯转。

cotton mats 覆盖在混凝土表面，用于养护的棉毯。

固定的金属开尾销

coulisse，cullis 1. 用作框架滑道的槽形构件或带槽木材。2. 特指两侧幕之间的剧院后台区域。

council school （英）英国公办中小学学校；由公众税收支持，与美国的公立学校（public school）类似的学校。

count 金属丝织物每英寸长度的孔洞数。

counter 1. 柜台；一个长的水平表面，用作货品展示、工作面或办理商业事务 2. 厨房柜台的顶面或工作面。

counter apse 两个教堂半圆形后殿，东西相对设置，通常西侧后殿下有地窖（作墓穴用）。

counter arch 垛拱；用于抵消另一拱推力的拱。

counterbalanced window 平衡窗；双悬窗的上、下窗框重量相互平衡。

counterbalance system 平衡重系统；同 **counter weight system**

counter batten 1. 固定在木板背面起加强作用的板条。2. 钉固在椽子上的铺毡屋面的木板上并与椽子平行的板条。

counterbore 为了容纳螺帽或螺母扩孔。

counterbrace 交叉撑；可抵消斜撑变形的另一斜撑（用于桁架中的腹杆）。

counterbracing 交叉支撑系统。

counterceiling 假平顶；同 **false ceiling**。

countercramp 双向夹紧装置；用于连接组合楼梯斜梁段或其对应的顶面，在沿楼梯斜梁面连接点处用开槽木条固定，折叠式楔形薄片沿开槽木条插入槽中以紧固节点。

counterflashing，cover flashing，cap flashing 屋面金属泛水盖板；常被砌入砖墙中，并向下翻盖在基层泛水上的金属片，用于防止雨水进入

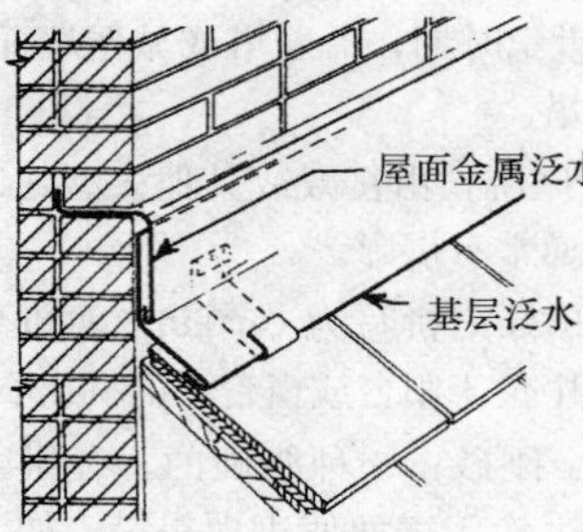

屋面金属泛水盖板

砖墙和屋面基层泛水之间的接缝边缘中。

counterfloor 粗地板，垫板；见 **subfloor**。

counterfort 砌体结构中的扶垛、扶壁、礅子；从基础、地下室内侧、扶垛或挡土墙向上延伸的凸出部分，用于抵抗部分侧推力。

counterfort wall 扶垛墙，扶壁墙；用扶垛壁和扶垛柱加强的悬壁墙。

counter gauge 榫规（划榫线规）；同 **mortise gauge**。

counterguard （堡垒或城墙的）壁障。中世纪城堡中，设置在沟渠上堡垒前，起辅助保护作用的构筑物。

counter-imbrication 瓦状叠盖盖帽；见 **contre-imbrication**。

counterlathing 檩条，钉抹灰板条用的横垫条；见 **cross-furring**。

counterlight 正对面的窗。

countermure 副壁；防御工程中处于内墙与外墙之间的墙，既可起到辅助防御作用又对守卫者有所帮助。

counter-relief 一种表面凹陷的雕刻、铸造或压花纹技艺。

counterscarp 侧壁向防御者倾斜的城堡壕沟。

counterscarp wall 堡垒外崖的铺面，通常以砖石建造，有时也有木质构造。

countersink 埋头钻，锥口钻；具有圆锥形铣刀的钻头，用于钻孔能使其中的螺栓头或螺母不突出表面。

countersunk bolt 埋头螺栓；具有圆锥形的承压面及平顶螺母，安装后螺栓头与表面齐平。

埋头钻

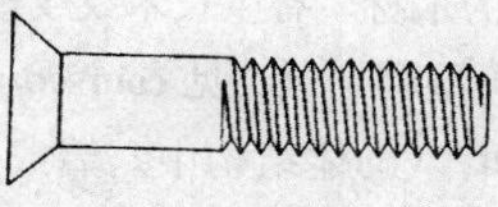

埋头螺栓

countersunk rivet 埋头铆钉；加热时经锤打进入埋头锥形钻孔的埋头铆钉。

countervault 反拱，倒拱。

counterwall 1. 共用墙；与山墙相邻但彼此分离的墙。2. 同 countermure。

counterweight 1. 平衡重。2. 剧院舞台上，用于平衡悬挂布景的重物，常采用铁、砂石或铅球。

counterweight arbor 对重架；堆有配重系统相当的平衡重物的可移动框架。

counterweighted window 每个窗扇都带有平衡重的窗户。

counterweight safety 电梯安全装置；见 elevator car safety。

counterweight system 永久性的、位于空中的剧院舞台绳索系统，用于升降舞台布景或灯光设备，通过平衡重在舞台侧面轨道中竖向移动进行控制。

counting house 主要用于存放账本和簿记的房子。

country seat 别墅，乡间大宅。

couple 力偶；一对大小相等方向相反，相互平行的力；力矩等于力乘以力臂。

couple-close，close couple 成对椽子；一对相对放置的椽子，由系梁连接，并在顶点拉结在一起。

coupled arcade 由双柱支撑的拱廊。

coupled columns 双柱；两根紧靠成为一对的柱子。

coupled pilasters 两紧靠成对的壁柱。

coupled windows 双扇窗，成对窗（两紧靠成对的窗）。

a—双柱

双扇窗，成对窗

coupler 连接金属管脚手架的联结器。

couple roof，coupled roof 在小跨度的双坡屋面中，两相对椽子中间不设拉杆，而是由两侧的墙承受向外推力。

couples 一对椽子。

coupling 管接头；内部带丝扣的短管，用于连接两个管子或其他导管。

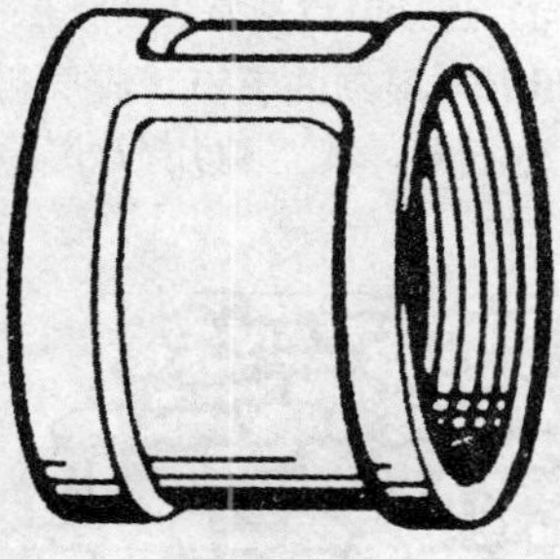

管接头

coupling pin 连接竖向升降模板脚手架用的销子。

cour d'honneur 建筑物的前院（特指纪念性的前院）。

course 1. 由砂浆砌筑的一（水平）层砖石砌块；极少用于（弯曲的）拱中。2. 指作为屋面板或瓦片等材料的连续的一层（一皮）。3. 混凝土的（水平）浇筑层，具体形式见 band course，base course，belt course，blocking course，bond course，coping course，corbel course，dog-tooth course，masonry course，random course，sill course，springing course，staggered course，stringcourse，tumbling course。

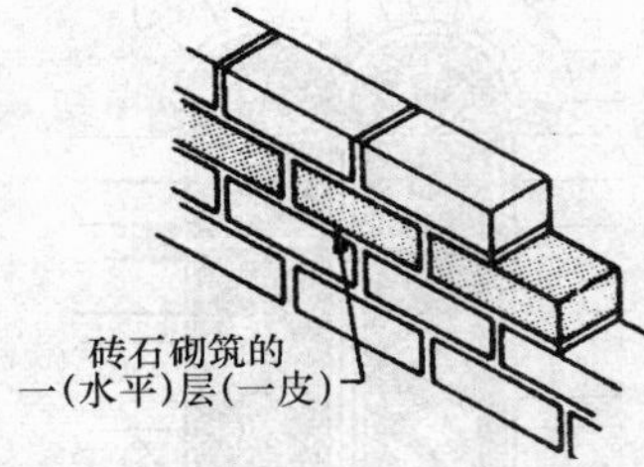

砂浆砌筑的一（水平）层砖石砌块

coursed ashlar，range masonry，rangework，regular coursed rubble 成层琢石砌体，成层琢面，层砌琢石（砖）墙面；各层琢石高度相同，但并不是所有层的琢石高度都相同。

coursed masonry，course work 成层砌体，层砖（石）砌体；正规地成层砌筑石块（砖块），非毛石砌筑体。

coursed pattern 屋面板成层有序放置，每一（水平）层高度相同，不同层上下搭接，上与下层的竖向（纵向）连接节点通常位于下层中点。

coursed rubble 层砌的毛石，成层粗石砌体；每层石块大小不同，其空隙用较小石块或砂石浆填充。

层砌的毛石

coursed square rubble 成层方块毛石；同 random ashlar。

coursed veneer 饰面层；用相同高度的饰面石块砌筑，水平缝连续贯通饰面全长，竖缝彼此错开。

course-grained 生长木纹的；指有明显年轮的树木所加工成的木材，有生长木纹纹理。

course work 层砌砌筑；见 coursed masonry。

coursing joint （砌体结构中）墙或拱的（两层之间的）砂浆水平缝或拱形缝。

court 1. 庭院，天井；无顶盖，开敞的未被占用的空地，周边部分或全部由墙或建筑物围绕。2. 法庭。3. 贵族或皇室的住所（包括内部庭院）。

courthouse 1. 法官、陪审员及法院工作人员办公楼。2. 法院行政管理官员办公楼（通常包括郡或县的监狱）。

courtroom 法官办公的主要房间。

courtyard 庭院，院落；周边部分或全部由建筑物或墙围绕的空地（有时也指内庭院）；另见 placita。

coussinet 1. 设置在拱墩底脚的石块，由此砌筑第一块拱石。2. 爱奥尼柱头正面顶板和拇指圆饰之间部分。

cove 位于墙与天棚或墙与地面的转角处的凹面或线脚。

cove base 凹（凸）形线脚。

cove bracketing 用于钉顶棚板条的凹圆形木支架。

coved base 位于墙底部与地板交接处凹弧形镶边条。

coved ceiling 与墙连接处的凹圆形平顶。

与墙连接处的凹圆形平顶

coved eave 凹圆形屋檐，挑出外墙的屋面部分，

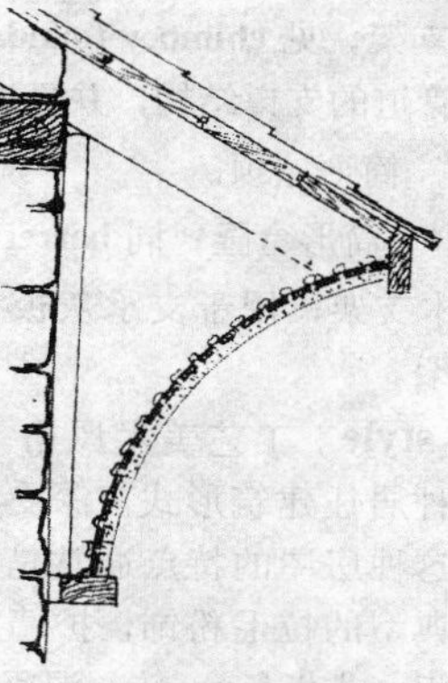

凹圆形屋檐

用圆形面遮盖椽子。

coved vault, cloistered arch, cloistered vault 弧形拱顶（穹顶）；由四个四分之一圆柱面或穹形相交组成的穹顶，沿对角线截得拱形截面，从拱底至拱顶水平尺寸渐渐变小。

弧形拱顶（穹形）

cove header brick, cove header 一端为凹圆形的砖。

cove lighting 隐蔽照明；藏灯在顶棚凹圆处的照明。

covemold frame 断面类似于凹圆形线脚的木门边框的钢门框。

cove molding, cavetto 凹圆形线脚，凹圆形压条；常用于装饰中的镶边或盖缝。

covenant 契约，盟约；见 **restrictive covenant**。

covenanter door 同 **Christian door**；克里斯坦门。

cover 1. 保护层；钢筋混凝土结构中，钢筋表面到混凝土外表面的距离。2. 瓷瓦或木瓦的搭接部分。

coverage 1. 当厚度达到规定值时，一加仑油漆覆盖的面积，通常以“平方英寸/加仑”表示一密耳（0.001in）厚干漆膜。2. 由特定数量的屋面材料所能覆盖的屋面面积。

cover block 垫木，隔板；同 **spacer**。

cover coat 在制陶术中，通常指涂在底涂层上的瓷料（珐琅）层。

covered bridge 一种带顶盖的桥梁，是典型的原木桁架结构，侧面部分或全部封闭，主要出现在下雪大的地区。

covered joint 搭接。

covered shaft 有顶的竖井；建筑内部连通一层或多层楼板的洞口，有时可通向楼顶的封闭空间。

cover fillet 盖条；见 **cover molding**。

cover flange 钥匙孔盖，门锁的覆板；同 **escutcheon**。

cover flap 箱形百叶窗的铰链活动盖板。

cover flashing 泛水，披水；见 **counterflashing**。

covering capacity 覆盖能力；现由 **hiding power**（遮盖力）代替。

covering power 覆盖力，遮盖力；见 **hiding power**。

cover molding, cover fillet 盖缝条，覆在镶板接缝上各种光面的或带线脚的木条。

cover plants 生长缓慢且覆盖地表防止土壤流失的植被。

cover plate 1. 盖板；固定于梁翼缘上的板，增大梁的截面。2. 翼缘的顶板或底板，也叫翼缘板。

coverport 中世纪城堡中，对前面的门起保护作用的小型防御结构。

coverstone 盖石，罩面石料（置于钢梁上，作为砖石砌体的基础）。

cover strip 盖缝条，压缝板。

cover tile 槽瓦；同 **imbrex**。

covertway 1. 在岸崖上面的步道。2. 廊道。

coving 1. 拱，穹隆。2. 外墙在檐口或其他突出部位呈竖向向外曲线形状。3. 凹圆线脚，曲线线脚；沿支承教堂顶楼或长廊（包括大十字架）的梁的凹形线脚。4. 曲线形或喇叭形火炉侧壁，前宽后窄。

cow barn，cow house，cow shed 用作牛舍的附属建筑。

cowl （通风）盖，风雨帽（如污水管或通风立管上端防止雨雪进入的顶盖）。

cownose-brick 一端为半圆弧的砖。

cp 烛光；缩写＝“candlepower”。

CP （制图）污水池；缩写＝“cesspool”。

CPFF 成本加上固定费；缩写＝“cost plus fixed fee”。

CPM 关键（工序）线路法（统筹方法）；缩写＝“critical path method”。

cpm 每分钟转数；缩写＝“cycles per minute”。

cps 每秒钟转数；缩写＝“cycles per second”；同 Hz（缩写＝“hertz”）。

C-purlin C 型钢，C 型檩条；见 C-section。

CPVC 塑料管，聚氯乙烯管；缩写＝“chlorinated polyvinyl chloride”。

CR 1. 冷轧；缩写＝“cold-rolled”。2. 顶棚中的热风调节器；缩写＝“ceiling register”。

Cr 缩写＝“cross”。

crab 1. 蟹爪式起重机，安装在机器上的短轴，具有方形端头，以容纳手摇柄，用作卷扬带动重物的绳索。2. 卷叶饰卷叶形浮雕，形成交叉裂缝；见 crocket。

crabwood 山楂木，沙果木；见 carapa。

crack 裂缝，裂纹；房屋中单个构件或连续构件中存在的缺陷（由全部或部分开裂形成）。

crack-control reinforcement 控制裂缝钢筋；使裂缝均匀分布，减小裂缝或防止裂缝发生的钢筋。

cracked section 开裂断面，裂缝区段，裂缝断面；设计时假设混凝土无抗拉强度的断面。

cracking 破裂、开裂、裂缝；见 crazing，alligatoring，crawling，hairline cracking。

cracking load 开裂荷载；使混凝土构件中的受拉应力超过混凝土的抗拉强度的荷载。

crackle 裂纹；能在较软的底漆上形成均匀网状细小裂纹的油漆工艺。

crack length 缝隙长度；测量沿窗框外边和围绕窗扇的内侧压条的缝隙总长度，用于在已知空气渗透率时，确定整个窗户的空气渗透量。

cradle 1. 支架；见 chimney foundation。2. 支撑被置于下部管道的支撑结构，并且连接管道一端。

cradle roof 筒形屋顶。

cradle vault 筒形穹隆；同 barrel vault。

cradling 木支架；用于支承灰板条粉刷或穹顶砌体的木支架。

Craftsman style 工艺美术风格；20 世纪初美国本土的一种居住建筑形式，深受美术和手工业运动影响。这种房屋的特点通常是：非对称的建筑正立面，典型的拉毛粉饰，护墙板或墙面板很少使用薄木板（或板条）、砖、混凝土块或石块；通常底层为砌体墙，第二层为护墙板；偶尔使用斜面基础；尖顶门廊（凹进或格子式，面向街道）；门廊的一侧通常有供车辆出入的门；中等坡度的人字形屋顶；外露的椽、梁、假梁或人字形山墙下三角形角隅支撑的镶嵌装饰；梁外露的人字形老虎窗或牛眼窗；双悬窗或带边框的平开窗。内部特点为高护壁板，且门与窗作为结构装饰的一部分。从起居室至上层楼板的这段楼梯经常被看作重要的设计元素。

住宅上层过厅

Crafts movement 工艺美术运动；有其特征：不对称的外观，典型的外立面是具装饰性的泥灰墙、木制护墙板、木制屋顶板，少数带有木板、板条、砖、混凝土砌块或者石头。通常情况下，一层为石砌墙，二层为木制护墙板和木制屋顶板；偶见倾斜的基础；凹陷或格构的山墙的门廊正对街道；通常门道在门廊的一侧，比前面的山墙屋顶矮；房屋的屋顶椽子、梁、假梁、三角形弯头、支柱暴露在外，作为山墙的装饰性元素；梁暴露在外的老虎窗或者牛眼窗；双悬窗内部的特点是高护壁板和门窗一起作为结构装饰的一部分。楼上为卧室，直通楼下的楼梯是设计中很重要的一部分。

cragstone 支承其较重的挑出石；同 **corbel**，**2**。

crail work 起装饰作用的铁制品。

cramp **1.** U 形夹铁；将相邻两砌块连接在一起的 U 形铁扣件（骑马钉），如女儿墙或墙压顶上的铁扣件。**2.** 矩形框架；带有紧固螺栓，用于紧固要粘结的木构件。**3.** 施工时用于定位框架的装置。

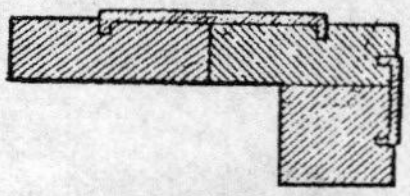

U 形夹铁

cramp iron U 形夹铁。

crampon **1.** 夹钳式起重机（起吊石块、木材等）。**2.** 起重吊钩。

crandall 凿石锤（锥）；手柄端部的狭长孔可由多根钢尖凿穿过的锤状工具，用于修琢石材。

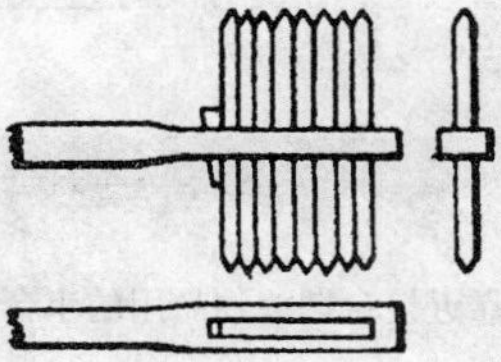

凿石锤（锥）

crane **1.** 起重机，吊车，升降设备（可以升降或平移重物），起重机械是起重机不可分割的部分，根据机架、吊杆和起重能力进行分类。**2.** 见 **fireplace crane**。

crane boom 起重机吊架；见 **boom**，**2**。

crane gantry 起重机起重架；见 **gantry crane**。

crank arm operator 曲臂开关器；同 **roto operator**。

crank brace 手摇钻、曲柄钻；同 **brace**，**3**。

起重机

crapaudine door，**center-pivoted door** 设在过梁内枢轴上转动的门，其门槛并非统一跟竖边转动。

crash bar 推杆；紧急出口装置的门闩，用作启动紧急出口门的推杆。

cratchet 上端 Y 形叉开的树干，常用用来支撑屋面的脊梁。

上端叉开的树干

cratering **1.** 麻点；漆膜上由于气泡破裂而形成的小坑，气泡是涂漆施工时带入的。**2.** 磨顶槽。**3.** 腐蚀，侵蚀。

crawl 覆盖不匀；油漆未干前，由于其厚度分布不均匀而自行流动重新分布，形成漆面粘结不匀。

crawl boards 为了防止人工作业踏坏屋面而事先铺设的木板。

crawler tractor 履带式拖拉机；由汽油或柴油发

动机动力驱动的车辆，运行轨迹为两条辗压（彼此平行的）履带用于压实松软土层。

履带式拖拉机

crawling 1. 搪瓷中的缺陷，形成巴结或不规则分布的斑点。2. 陶瓷制品釉面在干燥或烘烤时产生的分离和收缩现象，表现为釉料聚积而成无釉面斑点。

crawling board 屋顶作业防滑板；板上钉有等距防滑条，供屋顶作业工人使用，不可传送材料。

crawl space 1. 低矮空间；各种内部高度有限的空间。但足以保证工人进入，进行隐蔽式管道系统、排水管或配线管施工等。2. 无地下室的房屋底层下未完工的通行空间，其高度小于一层楼高度；四周由地基围合。3. 爬行沟槽。

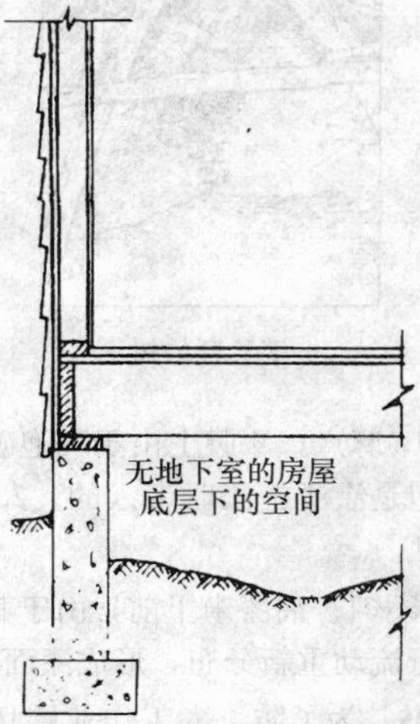

无地下室的房屋底层下的空间

crawlway 爬行通道，断面单一的爬行空间。

crazing，cracking，craze cracks 无规律的微（细、发、开、隙、龟、纹）裂；灰浆、水泥砂浆、混凝土、陶瓷或漆膜表面由于收缩而引起的细小裂纹或网状裂缝。

crazy paving 碎石路；随意铺设的石子路，宽度及边界不明确。

crease tile 脊瓦；见 **crest tile**。

creasing 1. 挑檐；铺砌在墙或烟囱顶部的一皮或多皮瓦或砖，每皮挑出 1～2in（即 2.5～5cm）用作滴水，也称作“逐层挑出的砖”。2. 置于凸出的砌体层或窗顶上的一层石板或金属板，起泛水作用。

creasing course 逐层挑出的砖墙；同 **creasing，1**。

credence 靠近祭台，摆放圣餐、容器、书等的小台或小架子。

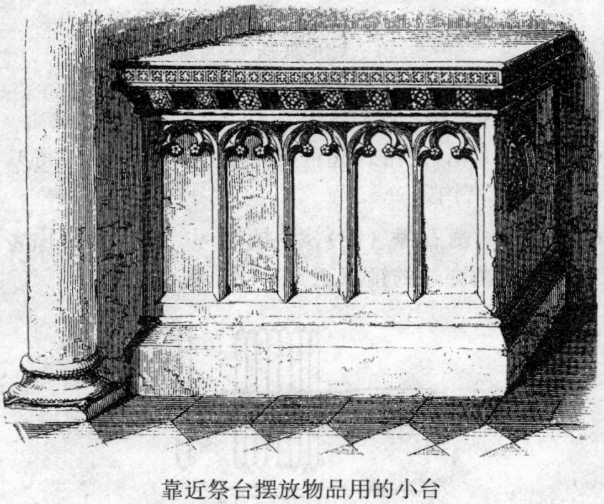

靠近祭台摆放物品用的小台

creekstone 小溪石头；被水流冲洗光滑的石英石头。

creep 1. 蠕变，徐变；随时间变化的持续应变，荷载作用下随着初始弹性变形持续的材料变形。2. 不易察觉需经长期观测的岩屑或土颗粒的缓慢运动。3. 由于持续应力引起塑性流动，造成结构尤其是混凝土框架或屋面板的永久性变形。4. 由温度和湿度变化引起的屋面防水层永久性的伸缩。5. 沿着建筑物和周围土壤或岩石基础之间界面的水流。

creeper 1. 匍匐砖；在墙中与拱相邻的并切成与

拱背同曲率的砖。2. 卷叶饰；同 **crocket**。

creep strength 蠕（徐）变强度；在规定温度和已知蠕变速率下所产生的应力。

creep trench 匍匐沟槽；地板下低矮的水平通道，通常高度小于 3.25in（即 1m）；另见 **crawl space**。

crematory，crematorium 火葬场。

cremone bolt，cremorne bolt （门窗）长插销；落地窗上固定窗扉的装置由转动把手带动两根反向滑动的插销杆分别插入窗框一侧的插孔中。

cremorne bolt 门窗长插销；见 **cremone bolt**。

crenation 钝锯齿状；圆锯齿状。

crenel，crenelle 齿状城墙的凹口。

B—齿状城墙的凹口

crenelated，crenellated 1. 有枪眼的防御墙。2. 齿状的防御墙。

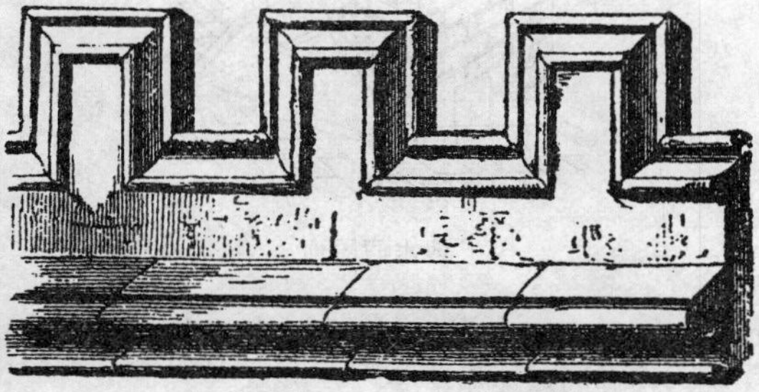

齿状的防御墙

crenelated molding，crenellated molding，embattled molding 防御工事中代替城垛和墙眼有凹槽的铸件。

防御工事中代替城垛和墙眼有凹槽的铸件

crenelet 1. 小堡眼（防御或装饰用）。2. 射箭小孔。

crenellation 城垛；见 **battlement**。

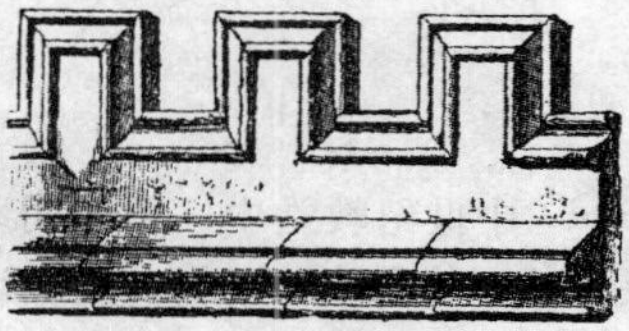

城垛

Creole house 克里奥尔建筑；由 18 世纪早期墨西哥湾区及其沿岸说法语的欧洲人的祖先克里奥耳人采用的一种建筑形式，以适应当地高温潮湿环境，建筑通常为有一到两个房间的矩形平面，有屋顶层，或中部屋脊两侧为单坡屋顶，上层的一侧或两侧有围廊环绕，由围廊上的落地门进入房间，楼上供人居住，房间中设有由地面升起的竖井，以增强通风；参见 **Cajun cottage**。

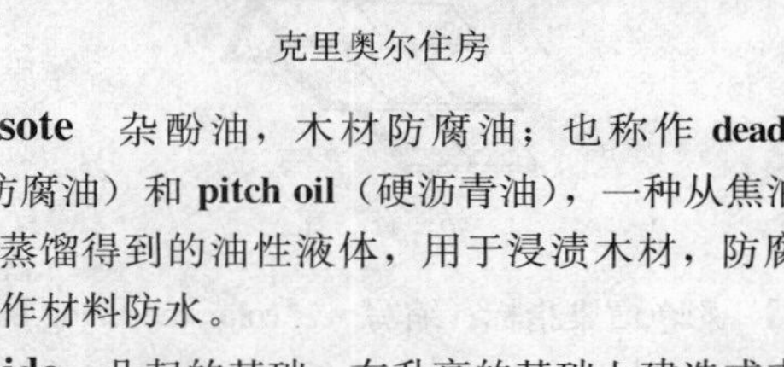

克里奥尔住房

creosote 杂酚油，木材防腐油；也称作 **dead oil**（防腐油）和 **pitch oil**（硬沥青油），一种从焦油沥青蒸馏得到的油性液体，用于浸渍木材，防腐并用作材料防水。

crepido 凸起的基础；在升高的基础上建造或支承另外一种建筑物，如古罗马寺庙或祭坛。

crepidoma 古希腊寺庙的踏步式基础；另见 stylobate。

crescent 新月式，月牙式；一栋建筑或一排建筑平面成弯曲新月形式布局。

crescent arch 马蹄形拱。

crescent truss 月牙形桁架；桁架的上弦与下弦弯曲曲率半径不同，两者都向上弯曲，或都向下弯曲，交点位于两端，腹杆连接上、下弦杆，形成月牙形。

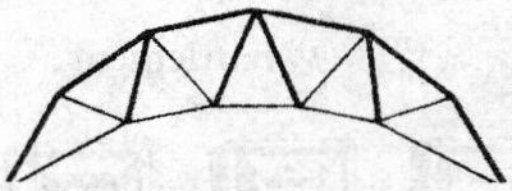

月牙形桁架

cresset stone 中世纪教堂中一种照明装置，用挖空的石头装油。其中放一油绳，点燃油绳可为周围的环境提供照明。

cress tile 屋脊瓦；见 **crest tile**。

crest **1.** 尖叶饰。**2.** 有规律排列装饰性较强的屋顶，封火山墙、外墙或壁龛上的一种装饰，通常是镂空的。

屋顶、封火山墙、外墙或壁龛上的一种装饰

cresting 屋顶装饰，脊瓦竖饰；见 **crest**，**2**。

crest tile，crease tile，cress tile **1.** 脊瓦；位于屋脊上的瓦（似马鞍形）。**2.** 屋顶装饰瓦。

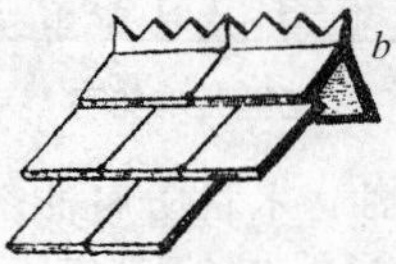

b—脊、瓦

CRI 彩色渲染指标；缩写＝“**color rendering index**”。

crib **1.** 竖井的衬里，如木构架。**2.** 由方形断面的木、钢或混凝土构件组成的构架，用于支撑挡土墙体或上部构件。**3.** 半封闭的干草库、谷仓；另

屋顶装饰物

见 **corncrib**。

crib wall 框格式墙；由木头、混凝土或金属作为结构构件的支撑骨架形成的墙。

crib barn 简陋仓房；用于饲养牲畜或堆放农产品的简陋房屋，通常为木框架结构，有时用圆木建造。

cribbing **1.** 支架（系统）。**2.** 一种用木、混凝土或金属构件组成的开口料仓，其中填以碎石或透水砂土，用作土堤的挡土结构。**3.** 由木底座、钢构件（或钢板）制成的构架，用于支撑移动式吊车或类似设备。

cribbled 凸出或凹进的小点饰面（描述饰面和背景）；另见 **scumbled**。

crib test 检测经处理的木材处于火中的可燃性能。

cribwork **1.** 叠木框，叠层井字构架。**2.** 棚架；同 **cribbing**。

crick 小型螺丝千斤顶（顶升脚手架）。

cricket，saddle 坡屋顶上烟囱迎坡一侧的泄水假屋顶。

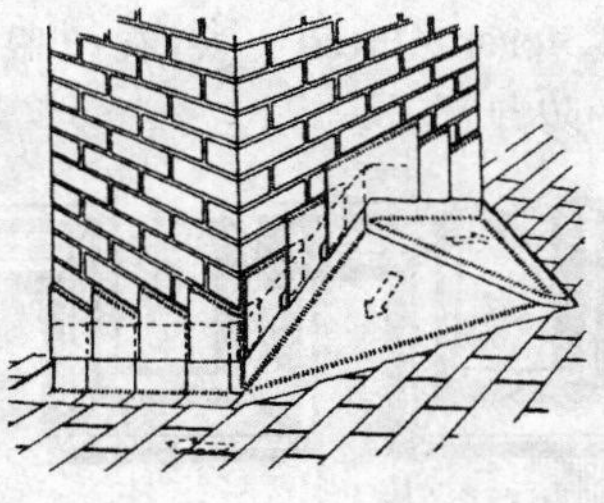

泄水假屋顶

crimp **1.** 卷曲，卷边。**2.** 偏移钢构件，使其能与另一构件的翼缘相结合。

crimped copper 波形铜板；小波纹断面铜板或铜板条可伸缩，并可增加刚度或起装饰作用。

crimped wire 波形钢丝；具有一系列波形的钢丝，其波形可增加钢丝与混凝土的握裹力。

crimping 工艺过程与瓦楞铁相似，但其表面（主要是平的）带有等距离的小波纹。

crinkle-crankle（英）（18世纪的）蛇纹形墙；同 **serpentine wall**。

crinkled 搪瓷表面一种纹理（组织）效果。

crinkling 皱纹，起皱纹；见 **wrinkling**。

cripple 1. 门洞上或窗台下的小柱子。2. 固定于屋脊线上的托架，用来架设屋面工人的操作平台。

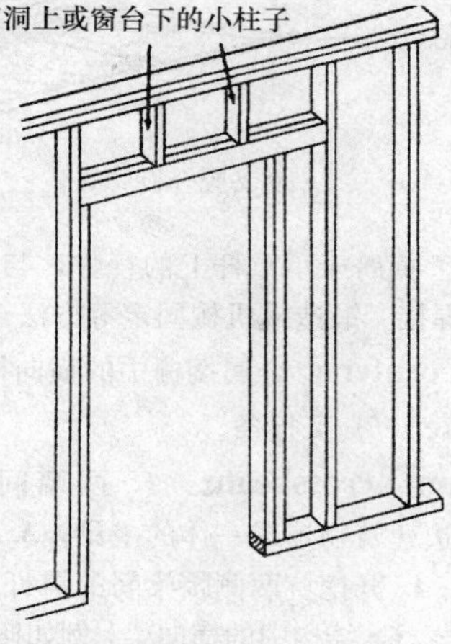

门洞上或窗台下的小柱子

cripple rafter 搭接椽（四坡屋顶的），短椽。

cripple stud 短构件。

cripple wall 在高度上比一整层高度矮的墙。

cripple window（英） 老虎窗。

crippling load 压曲临界荷载，英式拼写为 **buckling load**。

criss 脊瓦模具。

criterion 1. 标准；关于建筑环境决策依据的标准或规范。2. 作为设计依据的规范。

critical angle 临界角；安全与舒适的最大坡度，楼梯为50°，坡道为20°。

critical density 临界密度；材料快速变形时，饱和颗粒材料的容重超出时强度增加，容重降低时强度减少。

critical height 临界开挖高度；黏性土中不需支撑的最大垂直开挖高度。

critical level 临界高度，临界面；设定防回流装置或真空隔断器，是以超过洪水的水位或可接受的水位作为确定其容许最低水位线。

critical load 临界荷载；构件或结构要发生破坏时承担的荷载。

critical path 关键线路；建筑工程中不可删减的最长工序，其决定了工程持续的最短时间。

critical path method, CPM 统筹方法，施工组织计划优选法；反映总体工程计划与各单项工期进度等各种信息的系统：包括建立最佳工序和操作持续时间，展示有关完成建设项目所需的全部计划以及完工日期等。

critical section 临界截面；结构中构件最有可能破坏的截面或位置。

critical slope 临界坡度；一定高度的斜坡土堤能保持坡面而不需支撑的最大角度（与水平底面相交的角度）。

critical speed 临界速度；旋转式机器的转动角速度（转速）产生过大的振动，在该转速下，机器的周期性干扰力与机器的转子和（或）机器本身或支承基础的固有周期相吻合而发生共振。

critical temperature 1. 临界温度；当钢结构受热产生屈服，而不能够继续支持其设计中所承受的荷载值时的临界温度。2. 自燃温度；同 **self-ignition temperature**。

critical velocity 临界速度；管道中流动的液体由层流转变成湍流的临界速度。

critical void ratio 临界孔隙比；与临界密度相对应的孔隙率。

CRMS 冷轧低碳钢；缩写＝"**cold-rolled mild steel**"。

crocidolite 青石棉，钠闪石；同 **riebeckite asbestos**。

crocket 卷叶形花饰；哥特式建筑及其风格建筑中，沿斜坡或突出外观的直边等距离布置的装饰（如尖塔、尖顶和山墙），通常指面向上，形如植物的饰物。

crocket capital 带有一系列卷叶饰的柱头。

crocking 摩擦掉色；由于摩擦引起的表面掉色，是油漆的一种缺陷。

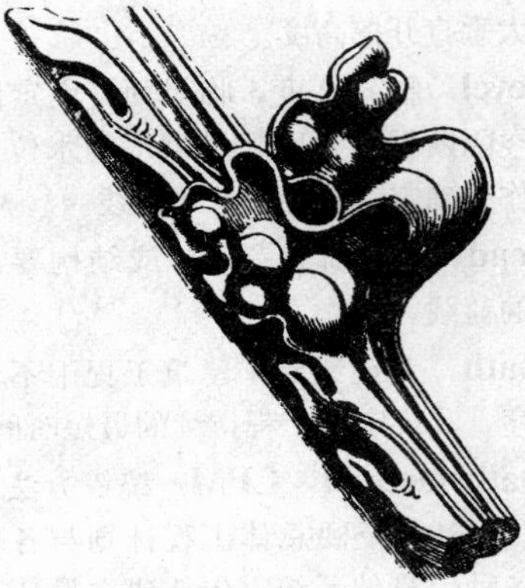

卷叶形花饰

crock tile 釉面沟瓦，有时带有钟形端头。

crocodiling （粉饰、油漆）表面龟裂；见 **alligatoring，1**。

croft 1. 地下通道。2. 小田地，小农场。

croisette 门窗框角突肘，拱楔肩；同 **crossette**。

cromlech 1. 大石台；史前或不能确定建造年代的带有圆形石围栏的纪念物。2. 史前巨石基，石窟，石牌坊。

crook 1. 弯曲，翘曲；木板沿一个侧边向下翘曲。2. 一块翘曲的木材；一个弯头。

crook rafter 曲椽。

crop，crope 在叶尖饰、尖顶饰或类似装饰体上加工或雕塑的一串叶饰。

croquet 卷叶饰卷叶形浮雕；同 **crocket**。

crosette 门窗框角突肘，拱楔肩；同 **crossette**。

cross 1. 十字架；通常是基督教的标志物。2. 十字形的纪念碑或小型建筑物。3. 十字（四通）管，十字管接头。

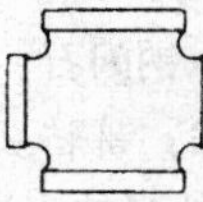

十字管接头

cross aisle 1. 教堂座位间的横向通道。2. 观众厅中与座位平行，连接其他走廊或出口的通道。

cross-and-bible door 克里斯坦门；同 **Christian door**。

crossband，crossbanding，cross core 1. 胶合板中与面层纹理垂直的夹板层。2. 横纹饰带；木纹垂直于主要饰面层板材的纹理装饰板条。

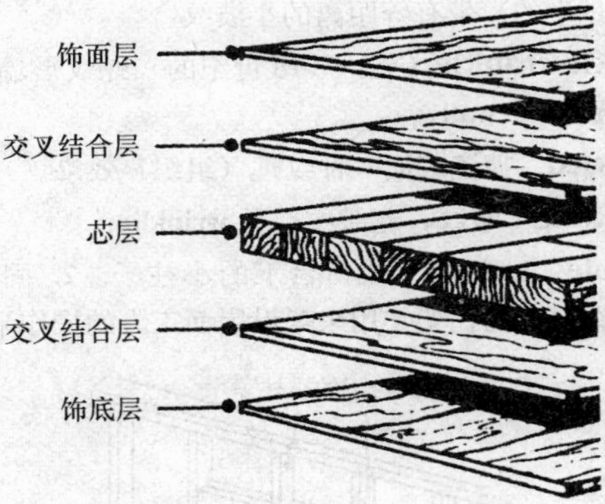

交叉胶合板

cross bar 横跨于承重杆上的杆件，与承重杆交接处通过焊接、锻造或机械固定等方法连接的钢筋。

cross bar centers 金属搁栅中的横向杆件的间距。

cross batten 交叉板条。

cross beam，crossbeam 1. 两墙间的主横梁。2. 使侧边建筑物连成一体的主梁。3. 与其他梁交叉的梁。4. 开挖坑两侧腰梁间的撑杆。5. 结构的中间横梁。6. 结构中的横向梁，例如搁栅（檩条）。

cross-bedding 交错层理；由沉积岩层倾斜叠层或层理形成彩色图案，这种材料可用作建筑石材。

cross bond 交叉砌合；砖墙砌筑中使砌缝交错的砌法（上皮砖的灰缝正对下皮砖的中间）。

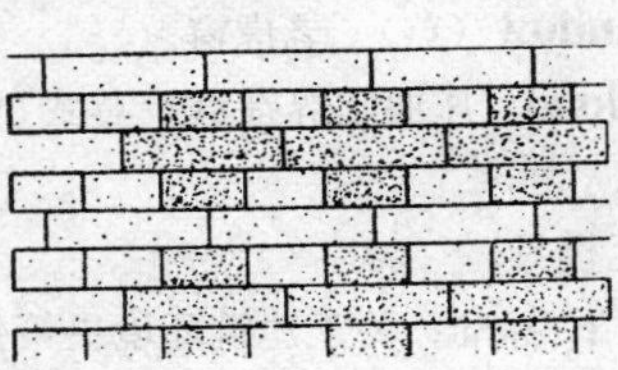

交叉砌合

cross brace 交叉支撑，横拉条；同 **X-brace**。

cross bracing 1. 交叉支撑（X 形支撑）2. 围堰或衬板的横撑。3. 柱间支撑，以提高组合承载力。

cross break 横纹开裂（木材垂直于木纹方向的开裂）。

cross bridging, diagonal bridging, herring-bone strutting 交叉撑，剪刀撑，鱼骨形撑；成对布置在相邻楼板搁栅之间用于防止梁扭转的支撑。

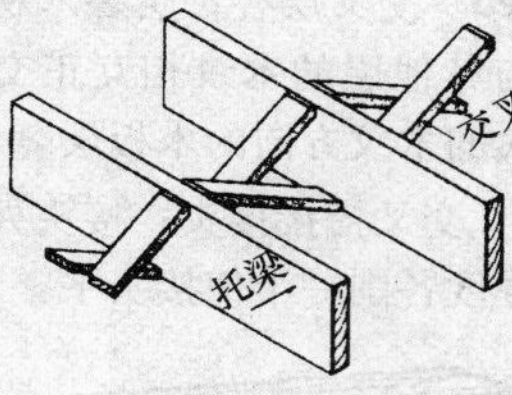

交叉撑

cross-church 十字形教堂（具有十字形平面）。

cross-connection 1. 交叉连接；饮用水管与非饮用水管两个分离系统之间的连接。2. 消防系统中的双重接头连接到水塔或自动喷水系统。

cross core 胶合板层间的纹理交叉；见 cross banding。

crosscut 与木纹成直角的切割。

crosscut saw 配有锉锯的手工锯，用于垂直于木纹而不是顺木纹锯切。

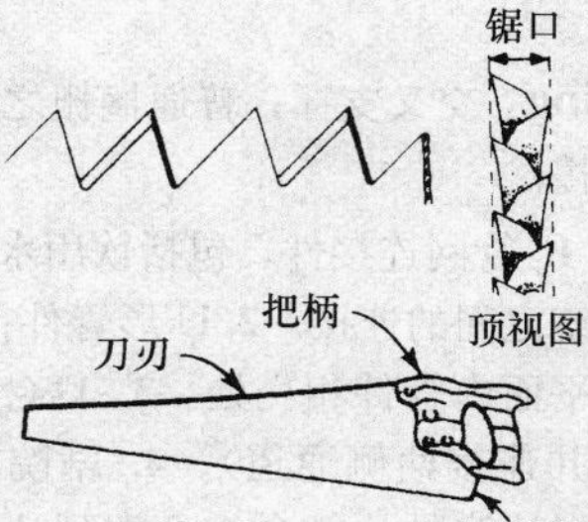

横截锯

crossette 1. 门耳，窗耳；绕门、窗或壁炉炉口一角类似耳朵的装饰，是18世纪后期流行的一种装饰，亦称“狗耳”。2. 拱砌块（拱石）凸出的一小部分，架在相邻拱石的上面。

cross fall 横向坡度，横坡，横穿建筑物宽度的坡度（位于地表）。

cross fire, cross figure 小提琴形状的纹理。

crossflow filtration 通过半透水膜将污物与水分离的过程。大部分液体在过滤器上部流过，而少部分水在压力作用下通过过滤膜。

门耳，窗耳

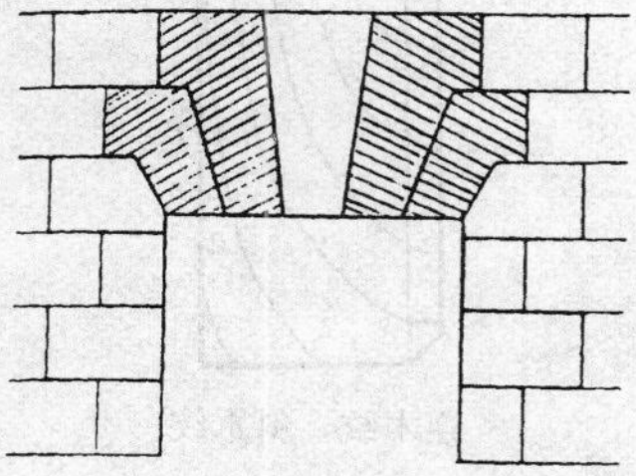
拱砌块凸出的一小部分

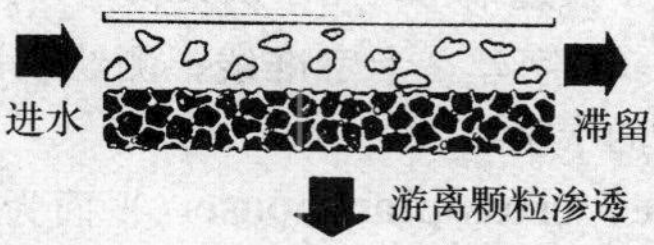

水通过半透水膜将污物与水分离的过程

cross-furring, brandering, counterlathing （搁栅底下）横钉板条、板带或楞条；通常与框架构件垂直，用于粉刷。

cross gable 平行于屋脊的人字山墙。

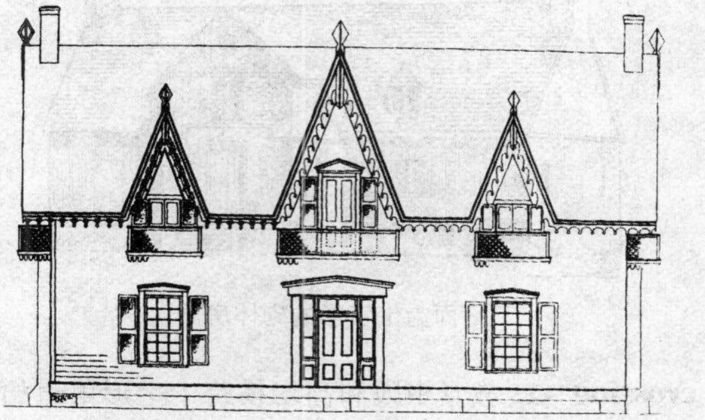
与屋脊平行的人字山墙

cross-garnet hinge T形铰链；长肢连于门扇，短肢连于门框。

cross girder 横向主梁；与纵向主梁连成一体的梁。

cross grain 逆木纹，斜木纹；木纹不与木材纵向平行或不规则的木纹。

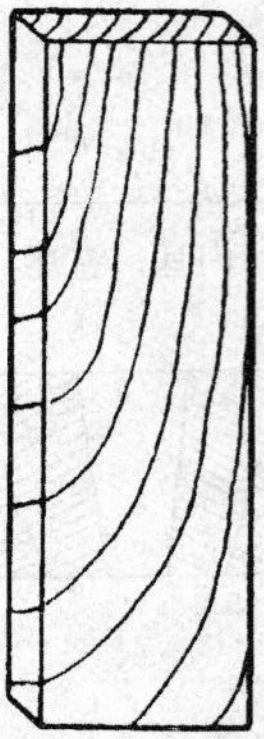

逆木纹，斜木纹

cross-grained float 横纹木抹子；抹灰浆的抹子木纹与抹子短边平行，用于灰浆找平和抹光。

crosshairs 十字丝，十字准线；测绘仪的望远镜聚焦面上的十字线。

cross house，cross-plan house 平面为十字形的砌体房屋；常见于马里兰和弗吉尼亚殖民地，房屋正面大门设有十字形的横向伸出的二层楼正面，其后部底层由一个围合的门廊围绕，其中包括一个通往上层房间的小的坡度较大的楼梯，在住房附近的厨房制作膳食。

平面为十字形的砌体房屋

crossing **1.** 教堂中殿和高坛横跨十字形甬道的地方。**2.** 交叉刷涂油漆技术，使油漆分布均匀。**3.** 同 **crossbanding**。

cross-in-square plan 十字交叉（集中式）平面。早期天主教堂的一种平面形式，共有九间。中间是一个大的方形平面，在其中间设置圣坛；四角的每个间狭小、阴暗，平面呈方形。剩下的四个间是四个桶形穹窿。

cross joint 垂直接缝，十字接缝；见 **head joint**。

cross-laminated 交叉层叠；层叠木材中，某些层的木纹方向与其他层的木纹相互正交叠合，或与抗拉强度最大的木纹方向的木板层叠合。

crosslap joint 交叉搭接接头；接头处相交叉，搭接木构件的厚度各削一半使接头平整。

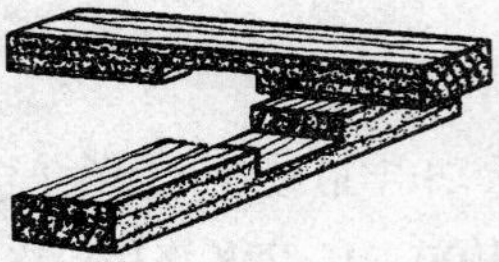

交叉搭接接头

crosslight 交叉光线；来自相互垂直的窗户的光线。

crosslighting 交叉采光；相反方向的两束光照亮某一物体。

crosslot bracing 水平压缩的杆件，从坑道一端连接到另一端，用来支撑薄板。

cross main 交叉干管；直接或通过竖管给支管供水的管子。

cross nogging 交叉支撑；普通搁栅之间呈人字形排列的支撑。

crossover **1.** 管网连接件，包括饮用水的供水管网或供水系统之间的连接。**2.** U 形管件；端部外翘，用于同一平面内管件相交处。**3.** 舞台前过道（与座排平行并连接两侧通道）。**4.** 剧院舞台后面的过道，可以让演员从舞台的一端到达另一端而不被观众看到。

crossover fitting 旁通管件；见 **crossover，2**。

cross panel 长边平行于水平方向的矩形板材。

cross passage 穿过开敞走廊后端的过道，起分割走廊和服务走廊的作用。

cross peen hammer 丁字尖锤，斧锤（带有斧状尖端的锤）。

crosspiece 墙间或两部分之间的横木（梁）。

cross quarters 花格窗中十字形花饰。

crossrail 横档格式；格式镶板门框架中除上下边以外的横向构件。

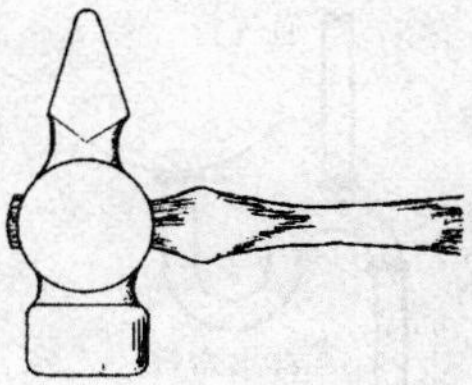

钉子锤，斧锤

cross rib 横肋；同 arch rib。

cross riveting 十字形铆接；同 staggered riveting。

cross runner 横向搁栅；吸声吊顶系统中的次搁栅；另见 cross-furring。

cross seam 交叉缝；碾压铺地的长边形成的接缝。

cross section 横断面，横截面；用于描述建筑或其中一部分的内部构造的剖面图。

cross-sectional area 横截面积，见 net cross-sectional area。

cross-sill 横向基石；与房屋长度方向垂直。

cross slit 中世纪的防御工事，建筑上带有横向开口的炮眼，能让士兵向敌人瞄准。

cross slope 横坡，垂直于运动方向的斜坡坡面。与 running slope 相反。

cross springer 1. 两正交穹顶的交叉穹肋。2. 穹棱屋顶的横肋。

crosstalk 因与其他电路耦合，使电路中出现干扰信号。

cross tee 倒T形薄壁型钢构件，用于支撑相邻模板的端部。

cross tongue 木材（横纹板或胶合板）的榫舌，用于榫接框架中两构件，以增强其刚度。

cross valve 四通阀，转换阀；安装在两平行管道之间的横向管上的阀门，使两平行管道通流。

cross vault 交叉穹隆；两筒形拱顶正交后形成。

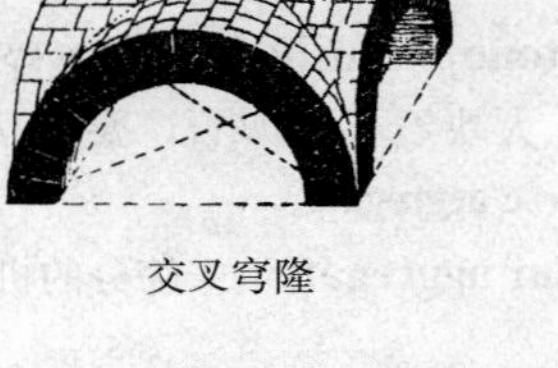

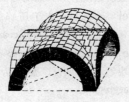

交叉穹隆

cross ventilation 对流通风；房间中两相对的窗、门洞口或其他的开口形成的新鲜空气循环流动。

cross walk 横跨街道的人行横道，过街人行道（用特殊标记或铺路材料标识）。

cross-wall construction 横墙（承重）结构；见 box frame，1。

cross welt，transverse seam 横向接缝；（柔性屋面材料）片状材料间平行于天沟或屋脊的接缝。

cross window 由窗扇内竖梃和横档组成的十字形窗格。

cross-wire weld 交叉钢丝或钢筋之间的焊接。

crotch 树杈（树枝与树干交接点）。

crotchet 叉架，叉柱。

crotch veneer 取自树杈的木饰面；显示异形和装饰性纹理，另见 curl。

croud （教堂）地下室，（教堂）地窖作墓穴等用，同 crowde。

crowbar，crow 撬棍；一端是平的或微弯，用于撬动重物的铁棍，并可作为杠杆移动重物。

crowde 教堂的地下室。

crowfoot 1. “砂岩中纵向缝隙纹”的俗称。2.（建筑或结构）图中标尺寸的箭头。

crowfooted 踏步形的（山墙顶部）。

crowfooted gable，crowgable 马头墙；同 corbie gable。

crow gable 踏步形山墙；见 corbie gable。

crown 1. 建筑物的顶端特征。2. 拱冠（包括拱顶石或拱顶）。3. 飞檐底板（包括上部构件）。4. 起拱的梁。5. 凸面的中心部分。6. 冠顶饰。7. 道路断面中心的最高点。8. 树冠。9. 水封，存水弯管；该处将水流方向由向上改变为向下。

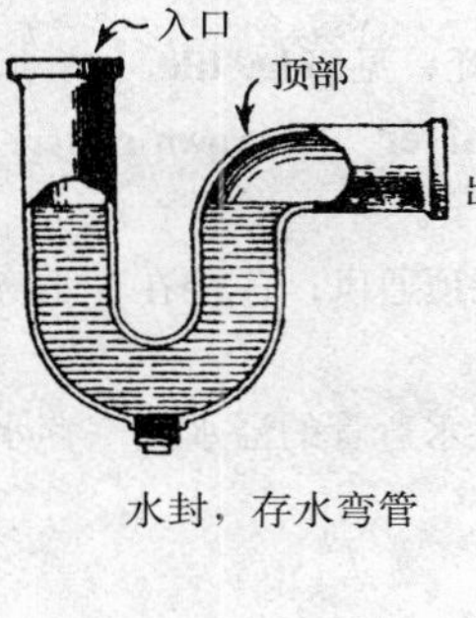

水封，存水弯管

crown course 屋脊处的弧形石棉板或一层瓦。

crown glass 人工吹制玻璃片；原料采用石灰与苏打水组成的混合物，该工艺用于19世纪早期（现已废弃），当玻璃未变硬前被吹成一个空心球，然后旋转使其形成一个近似平面的圆盘，旋转过程中形成与圆盘同心的波纹线，圆盘中心部分的玻璃片可用于小圆窗；另见 **glass**。

crowning 凸形面；见 **crown**。

crown molding 冠状线脚；挑檐等处形成冠状物或其他装饰构件的线条。

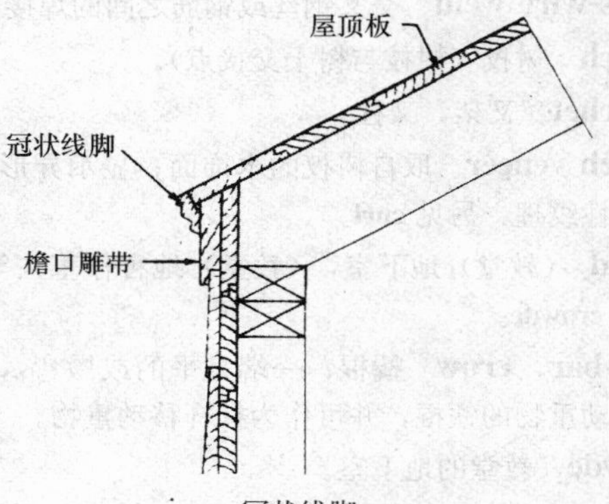

冠状线脚

crown plate 1. 梁枕，梁垫；同 **bolster**。2. 栋梁，屋面顶尖的纵向构件（屋脊大梁），用于支椽子的上端。

crown post 屋架中的坚杆，特指桁架中柱。

crown rafter 四坡屋顶中两坡共用的椽子。

crown saw, cylinder saw, hole saw 圆孔锯，沿空心圆柱带有锯齿的转锯，用于锯切圆孔。

crown silvered lamp 冠状镀银灯；见 **CS lamp**。

crown steeple 冠状塔尖（塔顶或塔楼上的冠状装饰）。

crown tile 脊瓦；见 **ridge tile**。

crown under rafter 同 **crown rafter**；四坡屋顶中两坡共用的椽子。

crown vent 冠顶通风；连接在存水弯管顶上的通气管。

crown weir 存水弯管的溢水面（存水弯管内最高水面）。

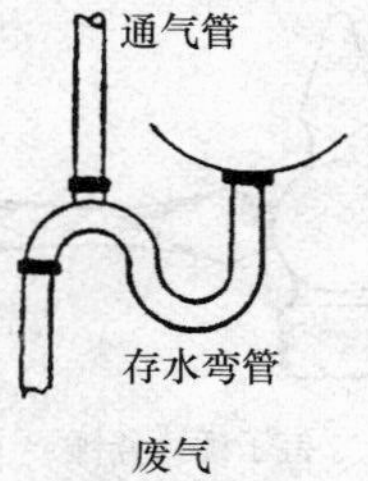

冠顶通风

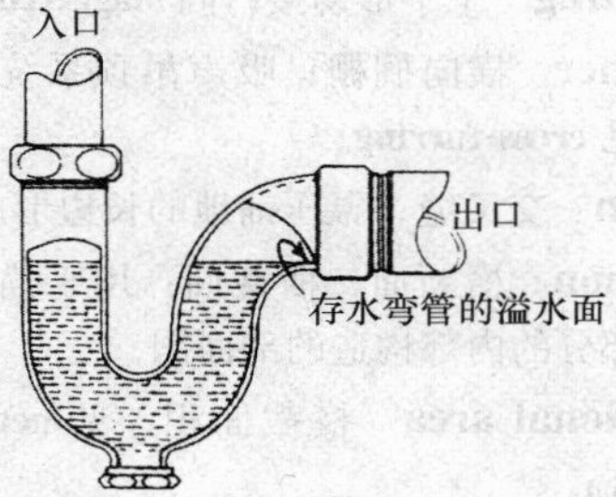

存水弯管的溢水面

crownwork 中世纪的防御构造，由一个棱堡和两个半棱堡组成。

crow's-foot 爪形皱纹；同 **crowfoot**。

crowsfooting 爪形皱纹；油漆干燥过程中出现个别的不连续的鸟爪形波纹的缺陷。

crowstep 翅状踏步；见 **corbiestep**。

crowstep gable 阶形山墙；同 **corbie gable**。

crowstone 马头山墙的水平顶石。

cruciform 1. 十字形。2. 中殿、内殿和后殿以及十字甬道组成哥特式和其他大型教堂所采用的典型十字平面形式。

cruck 叉柱；木房屋或乡村房屋中，沿外墙用于支撑脊梁的成对自然弯曲的木构件。

cruck house 柯鲁克式构架住宅。中世纪的一种房屋形式，其屋顶是由一对天然的弯曲木料支撑。

crushed gravel 碎砾石；人工压碎的砾石，每一块碎石至少有一个破碎面；另见 **coarse aggregate**。

crushed stone, crushed rock 碎石；人工压碎的岩石、大块石、大卵石，要使所有面均破碎；另见 **coarse aggregate**。

crusher-run aggregate 未筛分的机碎骨料。

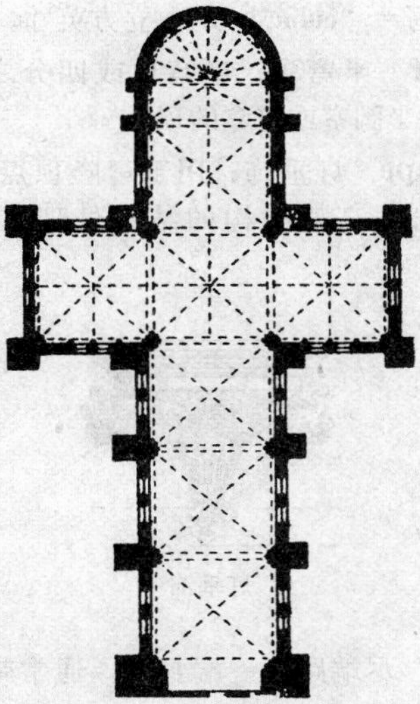

十字形平面形式

教堂主楼层下的地下室

crusher-run base 机碎骨料垫层（沥青或普通混凝土路面下）。

crushing strength 破碎强度；脆性材料（如混凝土）被压碎的极限强度；在破碎前能经受的最大压力。

crush plate 1. 木模边框保护条；拆模时可保护木模不致损伤。2. 拆模条。

crush-room（英） 休息室。

crutch，cruck 叉柱；由外墙升起的成对自然弯曲的木构件，用以支撑屋脊梁，与一个或两个系梁在顶部相联结，形成（古英式）拱形框架，叉柱等距布置。

crutch house，cruck house 一种中世纪英式建筑，屋顶上叉柱成对布置。

crypt 1. 教堂主楼层下的地下室或部分地下室，尤其是圣坛下面的部分，通常包含小礼拜堂，一般时候是墓室。2. 地窖（包括通道和隐秘房或套房）。

cryptocrystalline 隐纹；只有通过光学显微镜方可识别的岩石纹理（构造）。

cryptoporticus 由墙和窗（而非柱列）组成的密闭走廊，通常情况下为了更持久的保温而设在地下。

crystal glass 几乎没有杂色的纯色玻璃。

crystalline glaze 结晶釉；一种表面包含肉眼可见结晶块的釉。

crystallized finish 由于快干介质含油而导致没有气密，产生有皱纹的油漆漆面。

cryptoporticus （古罗马的）地道；以墙及窗围合的通道，其间没有柱子，置于半地下可使其中温度保持恒常。

crystal glass 结晶玻璃；一种透明的、几乎无色的玻璃。

crystalline glaze 结晶釉；一种表面包含肉眼可见结晶块的釉。

crystallized finish 由于含油的快干介质而导致没有气密产生皱纹的油漆漆面。

crystal palace 1. 水晶宫；为举办 1851 年的世界博览会，在伦敦海德公园以铁和玻璃为主要材料建造的展览大厅。2. 用上述同样方式建造的展览大厦。

CS 1. 缩写＝“caulking seam”，嵌缝。2. 缩写＝“cast stone”，铸（人造石）石。

CSA 缩写＝“Canadian Standards Association”，加拿大标准协会。

C-section 作为结构框架构件的 C 形截面构件。

CSG （制图）缩写＝“casing”，罩、套、外壳。

CSI 缩写＝“Construction Specifications Institute”，施工规范标准协会。

CSI division 施工文件制定并列举的 16 个部门之一。

CSK （制图）缩写＝“**countersink**”，埋头。

CS lamp 一种白炽灯，内部镀银作为反光面，用于聚拢光线。

CTB （制图）缩写＝“**cement treated base**”，水泥处理基地。

CTD （制图）缩写＝“**coated**”，有涂（盖）层的。

C to C （制图）缩写＝“**center to center**”，中到中。

CTR （制图）缩写＝“**center**”，中心。

cu 缩写＝“**cubic**”，立方体的，三次方的。

cubage 建筑体积，容积；建筑物各部分的建筑面积与从其底层结构下表面至屋顶平均表面高度乘积的总和。

cubby **1.** 小壁橱或小贮藏空间。**2.** 小房间。**3.** 舒适的小房间。

cube strength 立方强度；在普通水泥强度测试中，采用标准试验方法，对标准尺寸混凝土立方体试块进行加载试验，测得的破坏时单位面积上承受的荷载。

cubical aggregate 立方形碎石骨料；绝大多数颗粒的长、宽、高几乎相等的棱角骨料。

cubicle **1.** 非常小的封闭空间。**2.** 图书馆中的阅览小间。

cubiculum **1.** 古罗马建筑中的寝室或卧室。**2.** 毗连教堂的葬礼小教堂。**3.** 墙壁上有分格用以存放死者的墓室。

cubic yard 立方码；美国测量土方、工程、垃圾等体积的惯用单位，相当于边长为 3ft 的立方体的体积，等于 0.765m^3。

cubic yard bank measurement（cybm） 采土坑中原位土的立方码体积。

cubic yard compacted measurement（cycm） 回填土方压实后的立方码体积。

cubiform capital 方块柱帽；同 **cushion capital**。

cubit 腕尺；古长度单位，在古埃及相当于 20.62in（52.4cm）。

cu ft 缩写＝“**cubic foot**”，立方英尺。

cu in 缩写＝“**cubic inch**”，立方英寸。

cul-de-four 半穹顶；半穹顶或四分之一圆球拱顶，作为半圆室或壁龛的顶。

cul-de-lampe 灯垂饰；用于穹隆顶点的尖悬饰，作为突出的高架结构的结束处理；又见 **drop**，**pendant**。

灯垂饰

cul-de-sac 尽端路；一端封闭，通常带有圆形回车场的街道、小巷或巷道。

culina 古罗马的厨房。

cull，brack，wrack 不合格材料，废品；质量低于标准或最低容许级别的木材或砖。

cullis 穿堂门厅，舞台侧面布景，屋顶排水天沟；见 **coulisse**。

cult temple 用于膜拜神灵的神庙；有别于祭祀逝者的祭祠。

cultured marble 一种人造大理石。

culver hole 墙上脚手架孔；同 **putlog hole**。

culvert 涵洞，涵管，下水道；用于水流通过的埋于地下的大口径金属或混凝土管。

cu m 缩写＝“**cubic meter**”，m^3。

cumar gum 聚库玛隆树胶；一种具有抗碱性的合成树脂，用于清漆中。

Cumberland house 一层住宅，常见于美国田纳西州，乡土建筑，其特征：单侧或双侧山墙以及用作全家活动中心的前廊。

cumulative batching 累积配料；混凝土中的每种成分依次添加到同一配料容器过程中，自动计量器不断累积重量直至达到总重量，如此可测出容器内混凝土中的多种成分的重量。

cuneiform 楔形的；指形如楔子一样形状的，特指古代美索不达米亚人和波斯人使用的字符或铭刻这类字符的。

cuneiform pile 楔形桩；分段楔形的桩。

cunette 干壕沟；围绕古堡无水的防御壕沟，中间建有干沟渠用于排水。

cuneus 1. 古代剧院中的一组梯形座排。2. 同 voussoir 或者 wedge；砌拱用的楔形砖。

cuniculus 低矮的地下通道。

cup 1. 用刨子将木板刨平后产生的偏差。2. 插入埋头螺钉孔内的金属嵌入件。

cup base 杯形基座；圆筒形钢柱柱基上的定位装置。

cupboard 柜橱、碗柜；厨房、餐具室里的带阁板的封闭贮藏空间，专门用于贮藏碗碟、玻璃器皿等。

cup escutcheon 碟形覆板；推拉门上带有凹形手抠处的遮护板，以及与遮护板表面齐平的平拉环。

cup joint 套接；两根铅管沿直线相接时，一根为缩口管（锥形端口）与另一根扩口管（喇叭形端口）形成的连接。

cupola 1. 圆屋顶或穹形顶棚。2. 屋面小穹顶；一种穹顶结构，置于圆形或多边形的屋顶基座或柱子上，镶嵌有玻璃或安装有百叶，为室内空间提供采光和通风用。

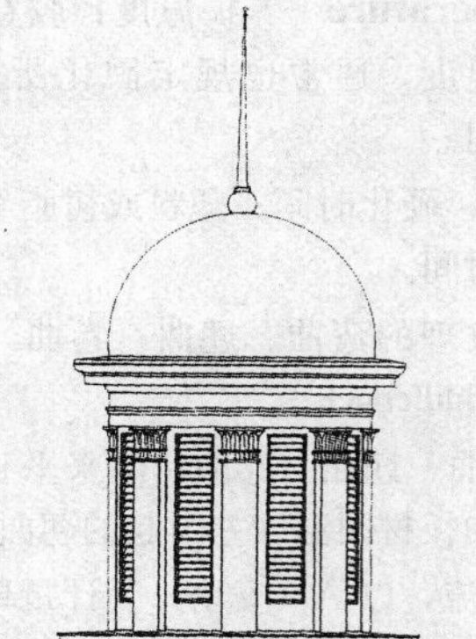

圆屋顶或穹形顶棚

cup shake （木材）年轮之间的裂纹；（木材）环裂。

curb，（英）**kerb** 1. 缘墙；环绕屋面洞口或用来承托屋顶设备的木质、金属或砖石矮墙。2. 道牙；马路、人行道、绿化区的边界上突起的混凝土、石头或金属缘饰。3. 与屋脊平行的板式檩条。

curb box，**curb-stop box**，**curb-valve box**，**Buflalo box** 路边的水阀门箱；路边地面下装有内置水栓的垂直套管，水栓由伸入套管的长柄开关来转动。

curb cock，**curb stop** 路边地下水栓，井内关断阀；建筑给水控制阀门，通常置于人行道和路缘石之间，用于紧急情况下关阀断水。

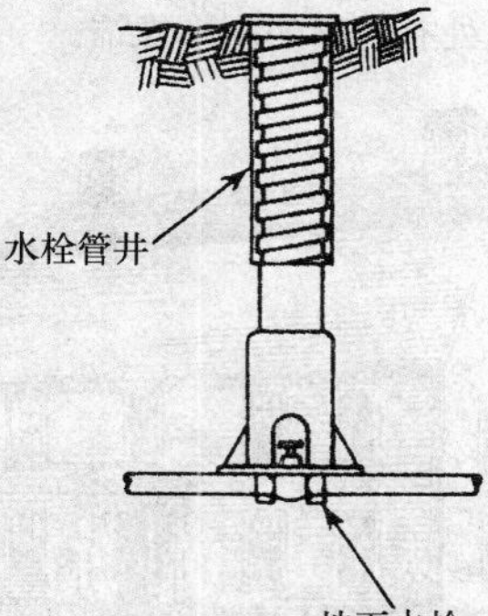

路边地下水栓

curb edger 路缘修边器；一种路缘石施工工具；见 curb tool。

curb form 路缘模板，路缘钢模；特制的混凝土模板，与路缘施工工具一起使用，在混凝土路缘上做出预期的形状和饰面。

curbing 1. 用作路缘的材料。2. 路缘石；在人行道边缘形成或直或曲的突起的石块或混凝土块。

curbing machine 路缘石自动铺设机；能随其前行，连续挤压出一条有特定形状的沥青或混凝土条带的设备或机器。

curb joint，（英）**curb roll**，**knuckle joint** 复折形屋面两个斜面相交处的水平接缝。

curb level 1. 由市政机构确定的街道地面的标高。2. 正对临街墙中点的街面标高。3. 路缘标高；房屋前路缘石的法定标高，以正立面线的中点为准。

curb line 路缘线，与车行道相邻的街道的路缘表面相一致的线。

curb plate 1. 圆形、椭圆形穹顶结构或天窗的墙板。2. 复折形屋顶中位于转折处的檩条，用以支承椽子。

curb rafter 侧椽，一种复折屋顶上部的椽子。

curb ramp 路缘坡道。

curb roll 1. 同 curb joint；复折屋面上下两个斜面相交处的水平接缝。2. 复折屋顶上下两个斜面相交处由铅皮包裹的木卷盖瓦。

curb roof 复折形（复斜、孟莎）屋顶；以屋脊为对称轴，两侧均有两个坡度的变坡斜屋面，通常在坡度变化处有升高的水平缘饰。

复折形（复斜、孟莎）屋顶

curbstone 路缘石，侧石，道牙，边石；形成路缘或路缘的一部分的石头。

curb stop （设在路边的）用户的地下水栓；见 curb cock。

curb-stop box 用户地下水栓管井；见 curb box。

curb string, curb stair string 同 close string；封闭式楼梯斜梁，全包楼梯梁。

curb tool, curb edger 路缘修边器，路缘瓦刀；按照设计形式，对混凝土路缘石表面进行加工的工具。

curb-valve box 路边水阀箱；见 curb box。

curdling 凝固，乳凝；清漆在罐内稠化现象。

cure 1. 硫（熟、塑、固、硬）化；通过浓缩、聚合、硫化等改变胶粘剂或密封胶的物理性能，通常采用单独加热或与催化剂结合方法，不需加压。2. 混凝土养护；见 curing。3. 为粉刷灰浆或普通水泥水化过程提供有利条件。4. 为砂浆提供充足的水和合适温度以促水泥硬化。

curf 同 kerf；开槽沟，切缝，锯痕。

curia 罗马市政府议会厅。

curing 养护；在混凝土浇筑、浇制等施工之后特定时期内，为使水泥充分水化并保证混凝土的正常硬化，保持其湿度和温度的做法。

curing agent 催化剂，硬化剂。

curing blanket 养护覆盖物；为给早期的水化过程提供水分，并保持恒温，覆盖在刚浇筑完的混凝土上的潮湿的麻布、湿土、木屑、稻草等材料。

curing compound 混凝土养护剂；为了延缓养护过程中的失水，喷洒（或其他方式）在新浇筑混凝土表面的化学剂。

curing cycle 养护周期。1. 见 autoclaving cycle；蒸压养护周期。2. 见 steam-curing cycle；蒸养周期。

curing kiln 混凝土蒸汽养护床（窑）；见 steam box。

curing membrane 养护薄膜；放置或喷洒在新浇筑的混凝土表面的非渗透性材料层，以阻止其中的水分的蒸发，保证混凝土水化过程；又见 membrane curing。

curing temperature 养护温度；胶粘剂充分固化所需要的温度，通常也规定固化所需要的时间，即养护时间。

curing time 硬化时间；塑料或树脂经化学反应硬化所需的时间。

curl 木材纹理的弯曲、翘曲、卷曲，常见于树杈处，又见 fiddleback。

curling 扭曲、翘曲、卷曲；原来平直的构件发生的变形，如板材因温度差引起的翘曲。

current 电流，以 A（安培）为计量单位。

current-carrying capacity 载流容量；电器设备不因过热而导致提前破坏或燃烧所能负荷的最大电流；又见 ampacity。

curstable 有线脚的石砌层，可作为束带层或檐口的一部分。

curtail 卷形端头；建筑构件的螺旋形或涡形端头，如楼梯扶手的端头。

curtailment 截断处；端部弯曲的钢筋条，用在钢筋混凝土中可加强结构强度。

curtail plate 用作复折式屋顶改变坡度处的支撑板。

curtail step, scroll step 卷形踏步；其一端或两端呈螺旋形或涡形，凸出在楼梯扶手转角柱以外，通常为底部起始踏步。

curtain 同 **curtain wall, 2**；护墙，古代城堡中连接两个城堡或防御塔之间的围墙或土墙。

curtain board, draft curtain 防火幕屏，防烟垂幕；非燃烧材料制成的垂幕，沿防火分区周边的屋顶或顶棚悬垂，能将垂幕区内的热气和烟气导引至排烟口，以阻止火势蔓延。

curtain coating 帘式淋涂；让被漆物体通过不断倾泻的呈帘状的油漆，使物体表面涂上油漆的方法。

curtain drain 闸门式泄水系统；同 **intercepting drain**。

curtain grouting 帷幕灌浆；地面下注射灌浆，用以形成以预期水流截面为方向的灌浆。

curtaining 淌漆；指漆膜大面积下垂，形成类似于窗帘褶饰纹理的现象；又见 **sagging**。

curtain line 帷幕下垂线；剧院舞台帷幕在地板上的投影线。

curtain set 幕布系统；与剧场舞台幕布配套的辅助装置（绳索、棚架、捆束、操纵索等）。

curtain track 幕布导轨；支撑幕布的连续水平导轨，幕布可以沿导轨拉动。

curtain wall 1. 幕墙；在钢框架结构的高层建筑中的非承重外墙；又见 **metal curtain wall**。2. 护墙；古代城堡中，连接两个城堡或防御塔之间的围墙或土墙。

curtilage 宅地；与住宅毗连，并属于住宅的土地，如院子、花园或天井。

curvature friction 预应力混凝土后张法中钢筋束的曲面摩擦；特定形状的后张预应力钢筋束由于弯曲或曲线配筋而产生的与孔道壁间的摩擦。

curved muntin 弯曲窗棂；上端弯曲的、次要的格构构件（如窗棂）。

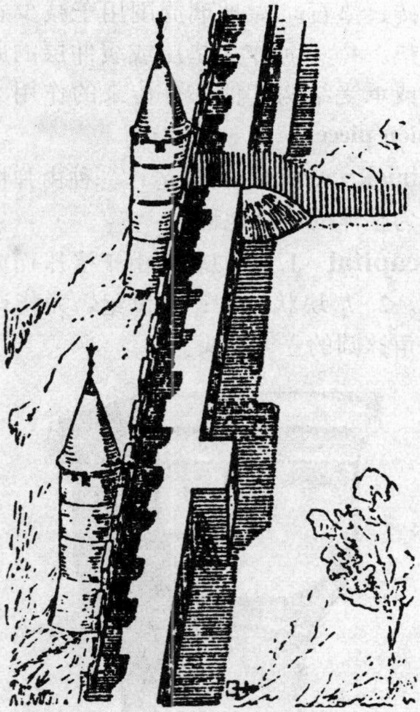

护墙

弯曲窗棂

curved pediment 弧形山墙檐饰；同 **segmental pediment**。

curvilinear gable 弧形顶山墙；同 **multicurved galbe**。

curvilinear parapet 由多段曲线和直线组合成的女儿墙，如在 **mission parapet** 西班牙式女儿墙。

Curvilinear style 14 世纪下半叶，英国哥特式建筑盛行晚期时的装饰风格。

curvilinear tracery 曲线窗花格；见 **flowing tracery**。

cusec 秒立方英尺；英制液体流量单位，即 1 立方英尺/秒。

cushion 1. 形似衬垫的凸形构件。2. 用于铺设屋面的挑砖、垫石。3. 玻璃周围用于减少震动和磨损的衬垫。4. 一种作为垫层或缓冲层的原木，用来抵抗或承受结构其他部分传来的作用力；垫木（a cushion piece）。

cushion-back carpet 衬垫毡；一种由弹性材料制成背面为整体的垫状地毯。

cushion capital 1. 看似轮廓由于受压而向外膨出的柱头。2. 垫块状柱头；中世纪，尤指诺曼底建筑中下角抹圆的立方柱头。

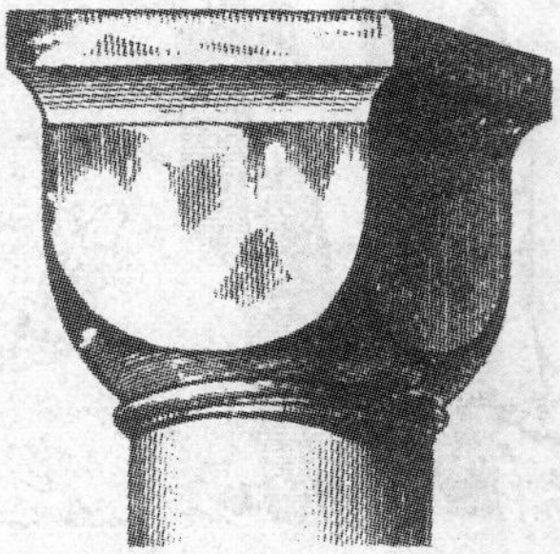

垫块状柱头

cushion course 1. 凸形柱头盘座面饰；又见 torus。2. 垫层；同 bedding course，2。

cushioned vinyl flooring 带有弹性泡沫层的乙烯基薄板的地面（材）。

cushion frieze 枕垫状雕饰带；轮廓线向外膨胀的雕饰带，见于一些古典柱式中出现的轮廓线向外凸出的檐壁。

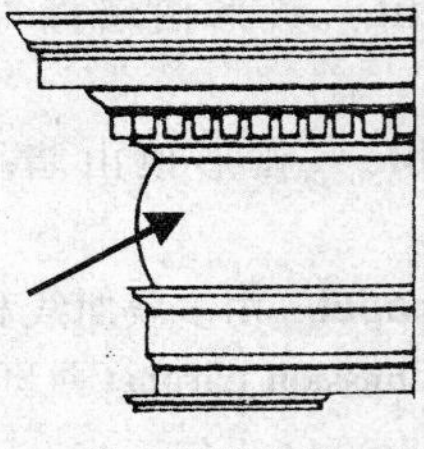

枕垫状雕饰带

cushion head（英）**pile helmet** 桩头（帽），桩垫头；打桩时盖住桩头，起保护作用的桩帽。

cushioning 弹性垫层，减震；同 carpet underlayment。

cushion piece 垫木，垫块；见 cushion，4。

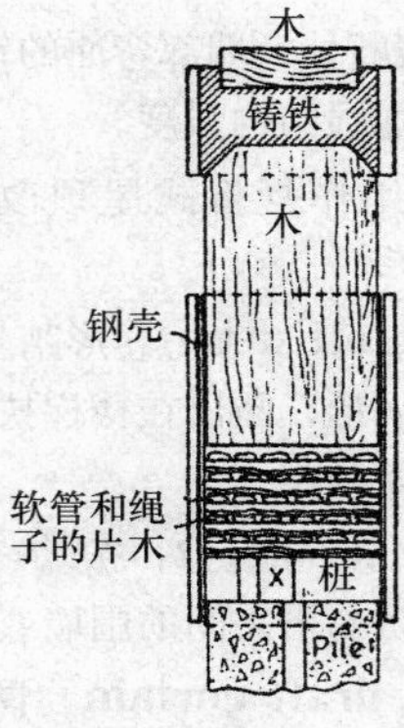

桩头（帽）

cushion rafter 垫椽，辅助椽；见 auxiliary rafler。

cushion sand 砂垫层；混凝土拌合物浇灌处用作基层的砂子。

cusp 1. 尖端；在花格窗内两条弧线或叶状饰的交点 2. 弧形交点处形成的尖角造型；又见 foil。

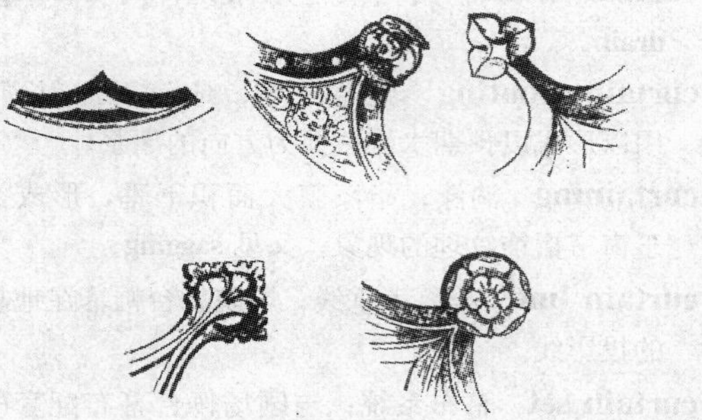

各种尖端形式

cusped arch 尖拱；见 foil arch。

cuspidation 弧线相交的尖角装饰系统。见于多叶拱。

custom-built 现场制造；建造材料在现场制造而非预制，区别于“工厂制造”。

custom-grade lumber 常规级木料；与 economy-grade lumber（廉价木料）和 premium-grade lumber（高级木料）相比较而言，材料和工艺水平都属普通或中等的木料，用于制造常规质量的制品。

customhouse 海关；办理海关事务的地方。

custom millwork 特约定货，定做的加工件，见 architectural millwork。

cut 1. 挖掘开挖料。2. 切口；材料开挖后留下的空穴。3. 切口深度；材料表面被开挖出预期坡度所形成的深度。4. 凹槽；剧场中用以移动布景横穿舞台地面的通长狭槽。

cut-and-cover 随挖随填法；修筑地道或铺设管道的一种方法。即先挖沟，随后铺设管道或做地道衬砌，再用挖出的土覆盖地沟。

cut and fill 移挖作填；将挖出的土用作另一地填土的施工。

cut-and-fill line 总平面图中连接既不挖掘也不作填（放置多余材料）的点的线。

cut and fit 同 **scribed joint**；盖顶接头，对缝接头。

cut-and-mitered string 竖边与踢脚板端部斜接斜切的明楼梯斜梁。

cut-and-mitered valley 剪得很短的屋面排水沟。

cut-and-rubbed brick 切磨砖；砍切至合适尺寸后，经打磨而成所需饰面效果的砖。

cutaway drawing 剖视图；假设物体被切除一部分后显示其内部构造的图。

cutback asphalt 轻制沥青，稀释沥青；一种使用时无需加热，可溶于挥发性溶剂中，作为屋面防水或泛水胶结剂的有机沥青。也可用作混凝土及砖石表面的防潮处理材料。

cut bracket 起支撑或装饰作用的托座形构件（如外露面带牛腿装饰的楼梯梁）。

cut brick 砍砖；用阔凿砍削并修整成所需粗糙外形的砖。

cut glass 磨（刻）花玻璃；用磨蚀方法在表面打磨出人物形象或图案的装饰，再进行抛光处理的玻璃。

cut line 剧场舞台中控制防火幕帘和（或）排烟口的绳子，后台失火其被砍断时，可使石棉防火幕帘自动降下和（或）开启排烟口。

cut nail 方钉；一种由薄钢板剪切而成钉头方而钝的楔形钉子。

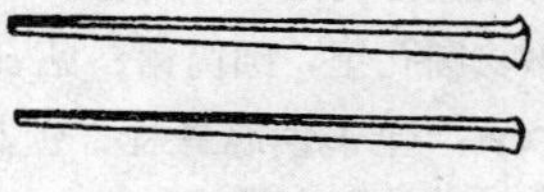

方钉

cutoff 1. 桩顶设计标高，在此标高以上的一段桩需截去。2. 防渗墙；用于阻挡或减少多孔岩层的渗透的结构，如墙体。

cut-off elevation 在发包图纸中标明的桩顶标高。

cutoff sprinkler 当火警系统被激活时，在门口处喷洒水幕以防火势蔓延的消防喷淋头。

cut off stop 门框带门槛；与门框连在一起稍高出地面的门槛。

cut-off wall 截水墙；为阻止渗水而建造的地下墙。

cutout 1. 砖石、金属搁栅板或木材表面的开口，如门框上安装五金件的开口。2. 由金属或其他材料的板材冲压而成的构件。3. 断路器，阀门；回路中用于切断电路或管道连接的断路器或阀门。

cutout box 闸箱；电力布线中，装有断路器或保险丝，被露明安装并带有双开转动的门或盖子，便于检修的金属箱。

cut pile 割绒织物；由均匀绳线编织的底面附着绒毛的地毯；见 **carpet pile height**。

cut roof，terrace roof 平台屋顶；无屋脊坡屋顶、单坡屋顶。

cut splay 斜切（砖）；将砖斜切用于斜面、八字形墙等处。

cut section 切口深度；同 **cut，3**。

cut stone 料石，装饰工程用石料；采用手工或机械方法按照设计图纸加工而成，具有规定尺寸和形状，砌筑在特定位置用于装饰的石料。

cut string，cut stringer 明楼梯斜梁、锯齿形切口楼梯斜梁；同 **open string**。

cut size 切裁尺寸；形容被型材切割成定制安装尺寸的平板玻璃的切裁尺寸。

cut stock 切割材料；在工厂将切割过程中产生极多废料的软木型材。

cutter，rubber 由于便于切割或打磨，而常用于饰面的一种软砖。

cutting 横切或锯劈形成的小段木块。

cutting and waste 刨花，锯屑；见 **circular cutting and waste**。

cutting gauge 切割规；用于切割胶合板和薄木片

类似于画线规尺的工具，其端头带有可调节的切割刀片而非指针。

cutting in 墙角、顶棚、门窗框的齐边刷漆仔细涂刷。

cutting list 记叙用于加工某一工件或工程的木板或木料尺寸的下料清单。

cutting pliers 扁嘴钳；用于剪切电线、钢丝具有锋利钳牙的钳子。

cutting screed 用于整平喷射混凝土表面的边缘锋利的刮板。

cutting stock 在选石矿中，尺寸和厚度适于加工石材的石料。

cutting torch 切割锯；氧气切割、空气切割或粉末切割中用于控制和导引预热气体的装置。

cutting waste 由建筑工程所需尺寸与批量生产的型材尺寸不匹配而造成的材料浪费。

cut-work 华丽派建筑；见 **gingerbread**。

cu yd 缩写＝"**cubic yard**"，立方码。

CV 代表 **swing check valve**，回旋逆止阀。

CV1S 缩写＝"**center vee one side**"，单面 V 形坡口焊。

CV2S 缩写＝"**center vee few sides**"，双面 V 形坡口焊。

CW **1.**（制图）缩写＝"**cold water**"，冷水。**2.**（制图）缩写＝"**clockwise**"，顺时针方向。**3.** 缩写＝"**cool white**"，冷白色。

C/W 缩写＝"**clerk of the works**"，现场监工员。

cwt 缩写＝"**hundred weight**"，英担，英国＝112 lb，美国＝100 lb。

CWX 缩写＝"**cool white deluxe**"，高级冷白色。

cybm 缩写＝"**cubic yard bank measurement**"，以立方码计量的原位土石方量。

cycle （交流电）循环，周期；见 **alternating current**。

cycles per second 频率单位；rad/s。

cycloid 圆滚线，摆线；当圆在一个平面内沿直线滚动时，其上某点所产生的曲线轨迹。

cycloidal arch 摆线拱；内弧面为圆形形状的拱。

cyclone cellar 地下避风室；躲避危险风暴、有顶的地下庇护场所。又名防风地下室。

cyclone collector 旋风集尘器；由金属片制成利用离心力分离和收集空气尘粒的圆锥形设备，常用于工厂中的排气系统。

Cyclopean **1.** 巨毛石建筑；由巨大石块干垒而成的史前石建筑。**2.** 远古时代的巨石碑。

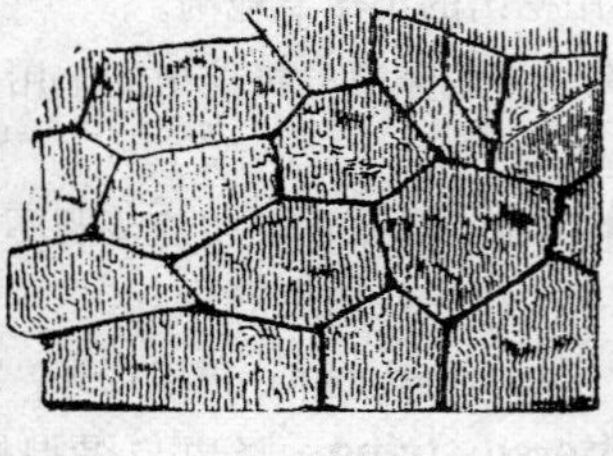

毛石干垒墙

cyclopean concrete 毛石混凝土；将每块重达 100 lb（45.4kg）以上称做圆砾石或毛石的巨石浇筑在大体积的混凝土中；石块间隙通常大于 6in（15cm），石块表面离混凝土外表面不小于 8in（20cm）；又见 **rubble concrete**。

cyclorama 舞台天幕；剧场舞台后部的弧形布景，有时延伸至舞台口呈 U 字形，通常被涂成模仿天空的样子。

cyclostyle 环列柱式；中央敞开，沿圆周排列的柱廊。

cycm 缩写＝"**cubic yard compacted measurement**"，以立方码计量的压实土石方量。

cylinder 弹子锁，锁内包括转动装置与钥匙孔道的一套小圆柱形的装置，用相配的钥匙才能开启。

cylinder collar 锁头锁眼下面的片或环。

cylinder glass 圆筒法平板玻璃；在过去将融化的玻璃吹制成圆筒，并沿纵向切开，然后趁热滚压平整而成的一种相对低质的吹制玻璃。比优质厚玻璃便宜得多而可供使用，也叫薄板玻璃，平板玻璃。

cylinder lock 圆筒销子锁；制栓与锁孔置于圆柱体内，并与锁盒分离的一种门锁。

cylinder saw 圆孔锯，圆筒锯；见 **crown saw**。

cylinder screw 弹子锁芯螺栓；锁具里，防止安装后的锁芯转动的固定螺栓。

cylinder strength 混凝土圆柱体强度，即抗压强度。

cylinder test 混凝土圆柱抗压强度试验；将混凝土圆柱体试件置于受压状态，从而测得混凝土抗压强度的试验。

cylinder wrench 圆筒扳手；同 **pipe wrench**。

cylindrial barn 圆筒形谷仓；同 **circular barn**。

cylindrial lock 圆柱形锁；圆形锁盒与独立弹簧锁闩相配而成的圆柱锁。

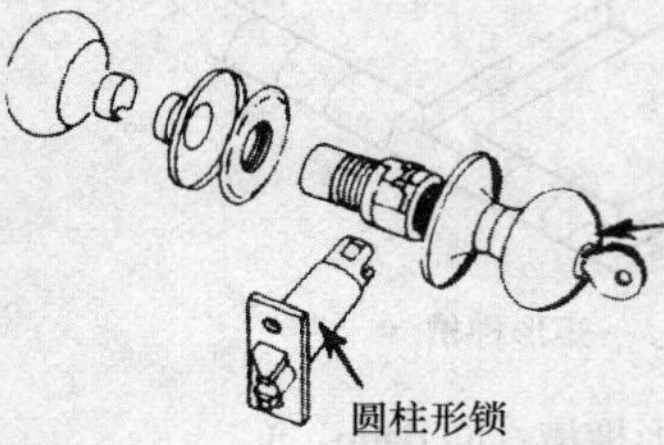

圆柱形锁

cylindrial stair 螺旋楼梯；同 **spiral sfair**。

cylinder vault 一种筒形拱。

CYLL （制图）缩写＝“**cylinder lock**”，弹子锁。

cyma, cima 波纹线脚；双曲线形或S形的线脚。

cyma recta, Doric cyma S形线脚；上凹下凸形双曲线形线脚。

cyma reversa, Lesbian cyma 反S形线脚；上凸下凹形双曲线形线脚。

S形线脚　　反S形线脚

cymatium 古典建筑檐口上的盖顶线脚，通常为S形线脚、圆凸形线脚或凹弧形线脚。

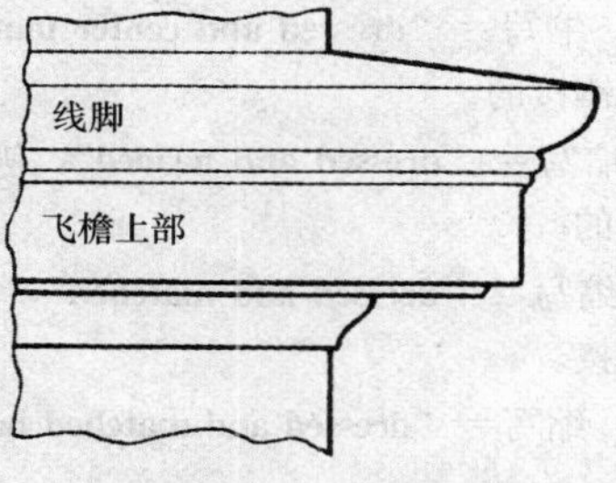

古典建筑檐口上的盖顶线脚

cymbia 束柱带；见 **cimbia**。

cypress 柏木；一种强度中等、质地坚硬、比重较大、生长于美国的针叶树，其芯材防腐，可用于需耐久的室外和室内构造中。

cyrfostyle 凸出的弧形门廊，通常是半圆形的柱廊。

D

d 缩写＝“**penny**”，分，表示钉子长度单位。

D 缩写＝“**down**”，下。

D&CM 缩写＝“**dressed and center matched**”，刨平中间镶接的。

D&H 缩写＝“**dressed and headed**”，刨光并在端部作榫的。

D&M 缩写＝“**dressed and matched**”，企口拼合，刨光镶接。

D&MB 缩写＝“**dressed and matched beaded**”，刨光榫接。

D&SM 缩写＝“**dressed and standard matched**”，刨光标准镶接。

D1S 缩写＝“**dressed one side**”，单面刨光。

D2S 缩写＝“**dressed two sides**”，双面刨光。

D2S&CM 缩写＝“**dressed two sides and center matched**”，双面刨光中间镶接。

D2S&SM 缩写＝“**dressed two sides and standard matched**”，双面刨光标准镶接。

D4S 缩写＝“**dressed on four sides**”，四面刨光。

dabber 刷清漆用的软毛刷子。

dabbing，daubing 石面凿毛；用尖头凿子修整出使之生麻点状外观的石头表面。

DAD （制图）缩写＝“**double-acting door**”，双开弹簧门。

dado **1.** 基座（或柱基）与柱基座线脚（或柱上挑檐，柱帽或柱顶盘）之间的台座中间部分；也叫底座，墩身。**2.** 墙裙；设置在墙下半部、踢脚板以上部分，中间部分（有时为全部）起保护和装饰作用的墙板。**3.** 矩形榫槽；木板一侧用与另一木板端头插接、横贯整个宽度的矩形槽口。

dado cap 墙裙帽；墙裙顶部的护墙板或挑檐板。

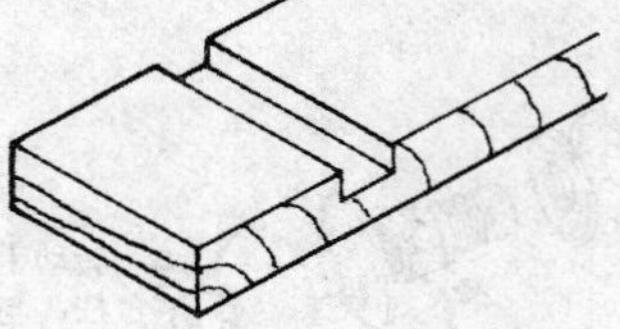

矩形榫槽

dado groove 矩形榫槽；同 **dado**，**3**。

dado head 开槽机；由两片圆锯及夹在中间的凿子组成的电动旋转的，用来在木材上加工平底槽的切割机。

dado joint 嵌接，企口连接；见 **housed joint**。

dado rail 装在墙裙上的木条，是一种保护墙板。

dagger 以变形的尖状装饰、尖底为特色小窗花格；有尖形的卵状开口的窗花格。

dagoba 舍利塔；佛教建筑中用以保存佛或佛教圣徒遗骨或遗物的纪念性构筑物。

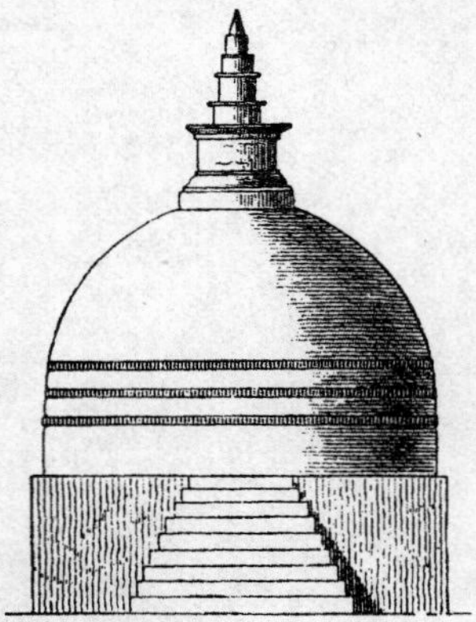

位于斯里兰卡的舍利塔

daily noise dose 日常噪声量；见 **noise dose**。

dairy 牛奶场，乳制品场；见 **milk house**。

dais 高台，讲台；放置讲演者和贵宾座席的高台。

讲台

dalan 波斯或印度建筑中，四周或多或少敞开，由柱子支承屋顶的一种游廊，或较正式的接待厅。

dallan （波斯或印度建筑）有顶的阳台；同 **dalan**。

dalle 装饰板材；表面带雕饰或其他装饰的石板、石头或陶土瓦板，犹如中世纪教堂铺地和覆在墙面上的雕花石板。

damages 违约罚金，日罚款额；见 **liquidated damages**。

dammar，damar，dammer，gum dammar 达玛（树）脂；一种因为色浅而用于制作油漆和清漆的天然树脂。

damp check 防潮板，防潮层；见 **damp course**。

damp course，damp check，damp proof course 防潮层；砖石砌体中由瓷砖、致密石灰石或金属等材料制成的一层不透水材料，用于阻挡地表及地下由于毛细管作用而上移的水分，也用于压顶下、壁炉出屋顶的烟囱处或其他地方，阻止水分下渗。

damper 1. 调节板；可以改变出风口、进风口或导管内的气流流量，但不明显影响气流流动形式的装置。2. 调节风门；位于壁炉喉部，即壁炉与烟气室之间的旋转铸铁板，以开合转动来调节气流。3. 壁炉阻尼器；同 **fireplace damper**。

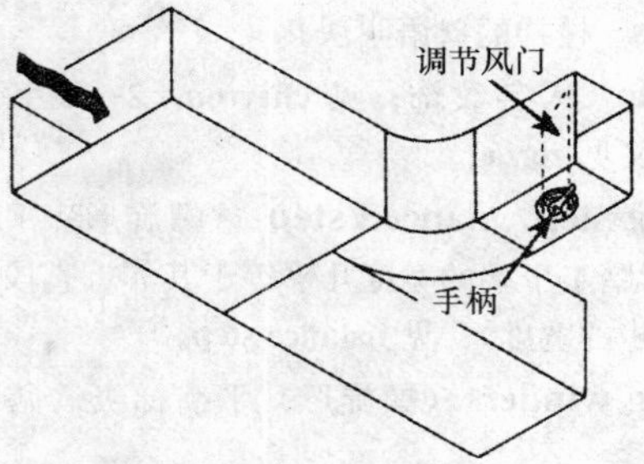

调节风门

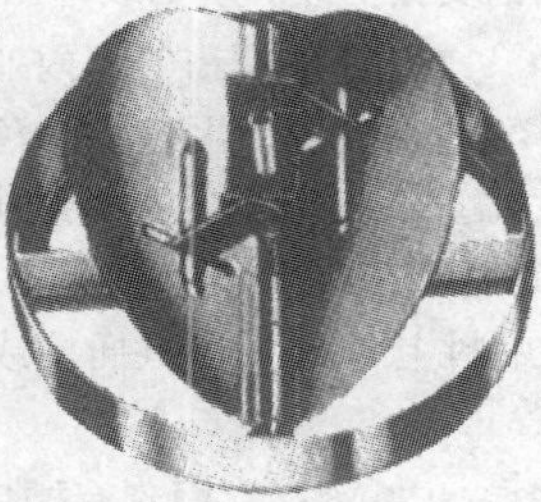

蝶形调节风门

damping 阻尼；能量随时间的消耗，如机械系统中自由振动随时间延长而导致振幅减小的能量消耗。

damping material 阻尼材料；涂在振动物体表面（如金属板）上的黏滞材料，以减小其发出的噪声。

dampproof course 防潮层；见 **damp course**。

dampproofing 1. 防潮处理；应用防水涂层或使用适当的掺合剂对砂浆或混凝土表面进行处理，以阻止水或水蒸气的通过或吸收。2. 防潮层。3. 在构件表面（如墙面）涂抹不渗水材料，防止水汽通过。

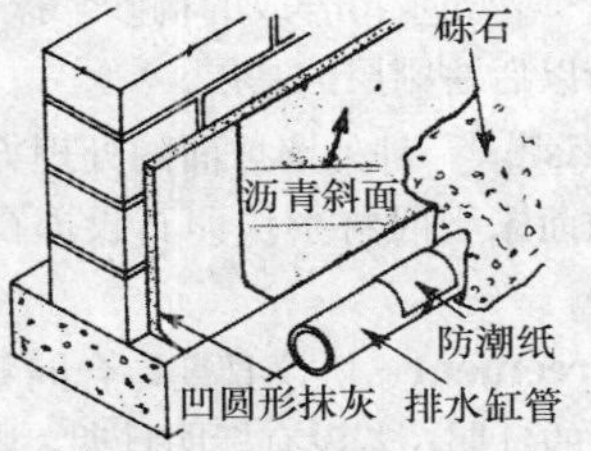

在构件表面（如墙面）涂抹不渗水材料防止水汽通过

damp-proof membrane 防潮表层；见 **membrane waterproofing**。

dancers 楼梯的口语叫法。

dancette 人字纹饰；见 **chevron**。**2**；Z 字形曲折线；又见 **zigzag**。

dancing step，danced step （螺旋形）平衡梯级（扇形踏步窄端的宽度几乎等于其邻近直段部分楼梯踏步的宽度）；见 **balance step**。

dancing winder （螺旋形）平衡梯级；见 **balance step**。

Danish knot 同 **Runic knot**；通常在盎格鲁撒克逊建筑中使用的交错的或缠绕的装饰。

dao，paldao 产于菲律宾和新几内亚具有深浅不一的灰色、绿色、黄色、褐色、粉色的暗色纹理的中等强度比重大的的杂色木材；用于家具、胶合板和室内面饰。

dap 槽口；木料上与另一木料插接或与桩头相配的槽口。

dapped beam 开槽梁；上面刻有槽口，可以同其他开槽后的梁搭接的梁（或桁架）。

dar **1**. 印度和波斯建筑的门道。**2**. 东方建筑中的住宅。

darby，derby slicker **1**. 镘尺；木制或金属制的镘灰工具，约 4in（10cm）宽、42in（约 1m）长，带两个把手：用来在涂面层之前镘平粉刷的底涂层，或在抹光之前平整粉刷面层。**2**. 通常为 3～8ft（1～2.5m）长的手动刮泥板，用于混凝土初期找平。

dart 蛋形与箭头装饰线脚，锚形装饰；见 **egg-and-dart molding**；**anchor**，**8**。

dash-bond coat 泼涂打底层；用抹子或刷子将硅酸盐水泥、砂和水掺合成的稠砂浆抹涂在（构件）表面作为以后粉刷层的基层。

dashed finish 一种外墙抹面的处理方式，当光滑的水泥抹面未干时将小块卵石投掷在上面；又见 **rock dash**。

date of agreement 协议日期，合同日期；协议封面上标明的日期；若没有标明日期，则以记录的实际签订合同的日期或经裁决的日期作为协议日期。

date of commencement of work 开工日期；在执行通知中确立的开工日期，如果没有通知，则（这一日期）可以是合同日期或由各方商定的其他日期。

date of substantial completion 竣工日期；当工程或工程某个部分按照合同要求竣工，且达到业主入住与使用要求后，由建筑师签署的日期。

date stone 许多古建筑中埋入墙内刻有建筑物竣工日期的石块。

日期石

datum 基准面或基准点；用于测量其他平面标高的参照水平面或点。

datum dimension 基准尺寸；基准点、基准线、基准面的定位尺寸。

datum line 基准线；同 **reference line**。

datum point 基准点；测量其他点时所需参考的点。

daub **1**. 粗灰泥；将黏土、砂浆、泥浆、石膏（通常混合有麦秆）等材料涂于原木之间的空隙作为墙面的罩面或抹泥篱笆的隔墙。**2**. 打泥底；用石膏或泥浆做粗抹面层。

daubing **1**. 石面凿毛；见 **dabbing**。**2** 粗抹灰泥；一种施工时将灰浆直接甩在墙面上形成的粗糙的抹灰饰面。

davit 吊柱；突出建筑一侧的可移动式起重机。

day 大教堂窗户上一块窗格。

day gate 银行主要保险室门开启时通向金库内部的铁搁栅门。

daylight factor 日照系数；给定平面上某点的光照亮度，与设定的或已知照度值分布的全无阻碍天空投向水平面光照亮度的比值，即此点日照的量度。

daylight glass 日光玻璃；通常为钴染蓝玻璃，将其与白炽灯合用，可以吸收光谱中过多的红色光

（辐射）波，从而产生日光效果。

daylighting 日光照明；建筑内部采用的自然照明方式。例如开侧窗或天窗。

daylight lamp 1. 日光灯；光线光谱分布接近于日光条件的灯。2. 白炽日光灯；见 **incandescent daylight lamp**。

daylight saturation level 形容照明状态等同或超过人工光的自然光照状态。

daylight width，sight size，width 日照宽度，采光宽度，可导入日光的窗口宽度。

dB 缩写＝“**decibel**”，分贝。

dB（A） 声级单位；A级声级测量仪读数。

DB. Clg. 缩写＝“**double-headed ceiling**”，双嵌线顶棚。

DBL （制图）缩写＝“**double**”，双倍的，双重的。

DBT 缩写＝“**dry-bulb temperature**”，干球温度。

dc，d-c.，DC 缩写＝“**direct current**”，直流电。

D-crack，D-line crack 1. 混凝土表面不规则的细密裂纹。2. 混凝土公路路面上平行于边缘或接缝处的细微裂缝以较大裂缝或转角处斜穿的裂缝。

DD （制图）缩写＝“**Dutch door**”，双截门。

deactivation 灭活作用；让加热后的水通过碱活化池来减少或除掉水中的腐蚀性物质。

deactivator 碱活化池；用以除去通过的水中的活性氧和其他腐蚀性物质的盛有铁锉屑的池子。

dead 指不与电源相连的电线。

dead-air space 闭塞空间；建筑物中不通风的空间，如竖井、顶棚内或空心墙中的空间。

dead bolt 矩形截面锁；一种锁舌横截面为矩形，由钥匙或执手操作的门锁。

矩形截面锁

dead-burnt gypsum 硬石膏，抹灰用的无水石膏；见 **anhydrous calcium sulfate**。

dead door 假门，盲门；同 **blank door**。

dead end 1. 闭塞端，固定端；与污水管、下水管、通气管相连，一端由管帽塞子或其他配件封闭，不形成回路，并且与之相接的卫生设备不向其排放污物的一段管道。2. 指绕绳时固定的一端，另一端绕在绕绳筒上。3. 混凝土构件中，对着施加压力的端部。4. 尽端；走廊上与单向出口相反的一端。

dead-end anchorage 固定锚；与张拉方向相反的锚索尽端固定支座。

deadening 因使用阻尼材料所致的衰减、衰弱。

dead flue 废弃的烟道；用砖砌或其他方式封闭的烟道。

dead-front 指区别于与大地相接的电气设备，其前面板上没有可触及的带电组件的电器设备。

dead knot （木材的）腐节、死节；与周围木材没有纤维联系很容易松动和脱落或被敲落的树节。

deadlatch 安全门闩，紧锁闩；同 **night latch**。

dead leaf 固定门扉；同 **standing leaf**。

dead leg 单流管；同 **dead end**。

dead level 坡度小于2%的屋面。

deadlight 固定窗；见 **fixed light**。

dead load 1. 恒荷载，静载；包括永久固定在结构上的设备或装置以及结构自身的重量。2. 施加在地沟管道上的荷载，其大小与地沟的深度、宽度和覆盖在上面的回填土重力密度等参数有关。

deadlock 1. 只装有矩形截面锁舌的锁。2. 由钥匙或指钮转动锁舌，使其正确地停在伸出的位置上的锁。

dead locking latch bolt 闭锁插销，关门时固定锁舌的附加锁闩；见 **auxiliary dead latch**。

deadman 埋件，锚件；预埋于土壤中作为锚固构件的混凝土块、圆木、板材或类似的重物。如用于锚固挡土墙的拉杆的锚件，是依据挡土墙自重及其被动土壤承压力而定。

dead man anchor 固定桩；同 **guy anchor**。

dead parking 无人管理的停车坊；长期无人看管

的存车处。

dead-piled 指没有隔垫而紧实堆放的木材或木板。

dead room 静室，消声室；声音几乎全被吸收的房间。

dead sand 可用作松散石块或砾石面层下面的砂垫层的砂子。

dead shore 支撑杆；用作支撑房屋结构变换时的静荷载的直立的大木料，特别指横架支托两端的支撑。

dead-soft temper 屋顶盖法中对铜板的回火软化处理。

dead wall 没有门窗或任何开洞的墙；平壁，无门窗墙。

dead weight 静载，自重；见 **dead load**。

dead window 假窗，盲窗；同 **blank window**。

deadwood **1.** 枯木；枯死的树枝。**2.** 取自枯树的木材。

deal **1.**（美）切割成指定尺寸的松木板或杉木板，通常至少为 3in（76mm）厚、9in（229mm）宽。**2.**（英）尺寸为 1.875～4in（47.6～101.6mm）厚、9～11in（228.6～279.4mm）宽的方块的软木木料。

dealbatus 古罗马人用来掩盖毛石或圬工的一种白水泥或白灰泥涂层装饰饰面。

deambulatory **1.** 教堂半圆形后殿的侧廊。**2.** 修道院的回廊或与其类似的走廊。

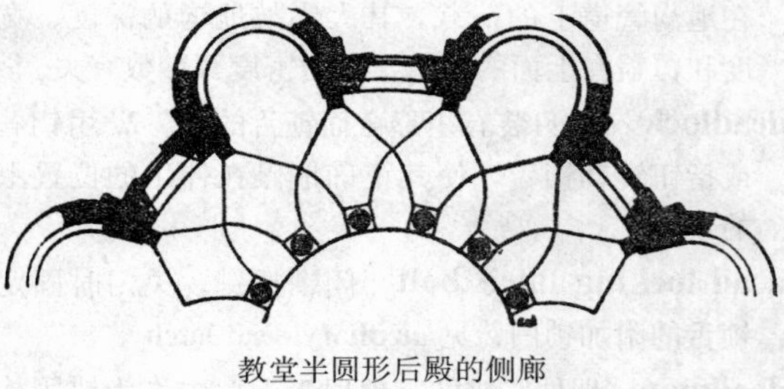

教堂半圆形后殿的侧廊

de-bording 在预应力结构中，为防止钢丝束与混凝土粘合，在弯曲构件端部的一定距离内采取防止粘合的措施。

debt servicer 债券支付；定期偿还的包括应计利息和部分本金的一笔贷款。

DEC （制图）缩写＝“**decimal**”，十进制。

decal，decalcomania 用于翻制素烧、上釉陶器或玻璃器皿而画在专用纸张上的着色设计。

decani side 教堂南侧，即面对圣坛时的右侧。

decarburization 脱碳作用；为了加工碳钢或改变其机械性能，将碳钢加热，使其表面的碳素减少。

decastyle 十柱式建筑；有十个柱子或一排十根柱子的门廊或柱廊的建筑。

十柱式建筑

decatetrastyle 一种前后由十四根圆柱组成的经典建筑门廊。

decay 腐朽，褐斑朽，白斑朽；见 **brown rot**，**white rot**。

decayed knot （木材）腐节，朽节；见 **unsound knot**。

decay rate **1.** 衰减率；当声源停止发声后，房间里的声级在给定的频率下衰减的速率，单位为 dB/s。**2.** 封闭空间中声波的混响声压级减小速率，通常以 dB/s 为单位。**3.** 机械振动系统的固有特征（如振幅）随时间减小的速率。

decenter 拆卸拱模；去除中心或支撑。

decibel 分贝（dB）；表示各种声学总量级别的单位。

deciduous 落叶的（树）；指温带树木或灌木每年一次的落叶，是多数阔叶和少数针叶树木共有的特征。

deck **1.** 房屋或构筑物的室内地面。**2.** 屋顶上平坦开敞的平台。**3.** 屋面覆盖系统作用下的结构表层。**4.** 接近平面的折线形屋面或复折形屋面的顶部。

deck clip **1.** 屋面板夹件；用来将屋面板材与结构框架连接的金属紧固件。**2.** 扣件；用来连接相邻两胶合板材，以保证其平整度的 **H** 形金属片。**3.** 紧固件；将隔热保温材料紧固在屋面板上的装置。

deck curb 盖板缘饰；围绕屋面板边缘的缘饰边。

deck dormer 平截四坡老虎窗，因切去顶端而有水平屋顶的四坡老虎窗。

deck drain 一种排水口，与普通屋面排水口不同的是它带有平滤网，并且位于院子和通道等平地处。

decking **1.** 铺面板；用作楼面结构层的厚板，通常铺于托梁之间长跨之上或直接用于承重，又叫铺板 **planking**。**2.** 经加肋、压槽或其他方法处理以提高整体刚度，适用作楼面或屋面结构的薄钢板。**3.** 楼盖板；见 **roof decking**。

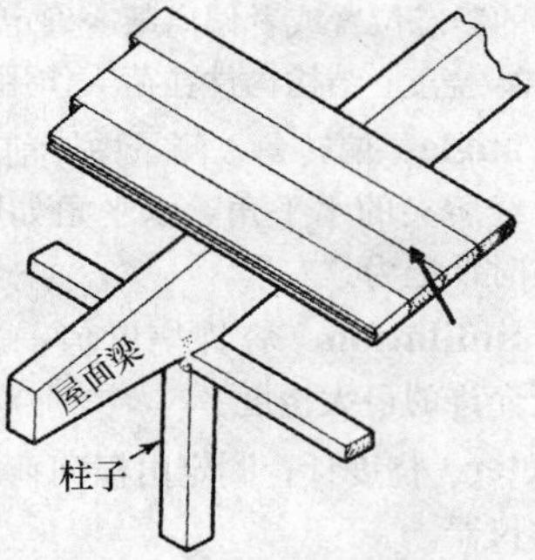

铺面板

deck-on-hip 顶部为平屋顶，下部为四坡屋顶的屋面。

deck paint 耐磨地面涂料；适用于门廊等处地板使用的具有强抗机械磨损性能的磁漆。

deck roof，deck-on-hip roof 顶部被平截而成的平顶的四坡屋顶。

deck screens 多层筛；2～3 层筛子叠在一起组成的筛子。

Deconstructivist architecture 解构主义建筑；通过摆脱结构和功能约束以及与主题固定的关联，采用非矩形的、令人着魔的、外观上无条理的形式，追求达到一种新的建筑表现形式。此类作品通常反映出对法国德里达哲学理论的应用。德里达力图达到语言学的新视角，排除字词本身传统的、隐含的解释。这种哲学在 20 世纪晚期被应用于建筑结构中。

decor 装饰风格；室内装饰中综合运用材料、家具和物件的组合以产生一种气氛或风格。

Decorated style 华饰风格；在 1280～1350 年间英国哥特式建筑三个阶段的第二阶段，延续早期的英国风格，随后是垂直风格；特点是装饰丰富，具有花格窗、多重肋架和支肋，且常有葱头拱。早期发展阶段称几何式（花格窗），后期称曲线式（花格窗）。

华饰风格

decorative block 装饰砌块，饰面砌块；为达到某种建筑外观效果，将其外露面进行特殊处理的混凝土砌块，其处理手段包括：使用带色或不带色的骨料，或表面刻槽使斜光照射时产生图案化外观。

decorative half-timbering 装饰在建筑外表面只起装饰作用不起结构作用的木材或木板，又叫露明木构造。

decorative paint 装饰油漆；覆盖表面具有装饰

性和保护性的油漆面层。

decorative stone 用于建筑的装饰石块。

decoupling 房屋中为减少传热量、声音或荷载从一个构件传至另一构件的分隔构件。

dedicated street 由所有者提供给当局，为公众永久或暂时使用的街道名称的街道。

dedication cross 绘制或雕刻在教堂墙壁上的十字架，象征在教堂奉献仪式上由主教将圣油涂刷在十二块圣石中的一块。

deductible 可扣除的；一种针对建筑工程损耗的保险类型，被保险者有义务明确说明开户金额，保险公司需承担这部分金额。

deduction 因为合同条款变动，而需从合同数额中扣除的款额。

deductive alternate 降低标价的标单；由同一投标人提供的在标底基础上减额的更换报价，又见 **alternate bid**。

deed 契约，文件，证书；任何经充分证实的签名盖章的书面文件，交付之后使过户、债券或婚约生效，如不动产或股权的转让文件。

deed restriction 契约限定；在契约中阐明的土地使用的限制。

deep bead 挡风条；见 **draft bead**。

deep beam footing 承载重荷载、抵抗剪力的连系梁。

deep cutting，deeping 深切割；平行于表面、沿木材纵向再次锯开。

deep foundation 深基础；通过向深沟中填充混凝土而形成的一种连续基础。

deeping 深切割；见 **deep cutting**。

deep-seal trap，antisiphon trap 深度密封存水弯；指管道工程中水封大于 4in（10cm）的 U 形存水弯。

deep well 深井；从不透水层汲水的井。

default 违约；未履行建筑合同规定义务的行为。

defect 木材缺陷；降低木材耐久性、适用性或强度的缺陷。

defective work 不合格工程；未达到合同要求的工程。

deferred maintenance 延期维修；由于某些原因而推迟维修日期，如设备需全时间运转，维修资金缺乏或零件不适用。

deferrization 除铁；利用水去除可溶性含铁化合物。

deficiencies 缺陷；见 **defective work**。

deflagration 爆燃；伴随火焰和烟雾急速蔓延的迅速燃烧。

deflected shape 挠曲形状；形容结构承受荷载后变形的轮廓。

deflected tendons 弯曲钢丝束；混凝土构件中，相对于构件重心轴呈曲线形的钢丝束。

deflection 1. 偏斜（转、移）；在力的作用下，物体偏离它的静态位置或者偏离某一确定方向或平面的位移。2. 挠度；结构构件在荷载作用下的变形。

deflection angle 偏转角；测量中，前后两个测量导线延长线所夹的水平角，水平角如顺时针记为“右”，逆时针记为“左”。

deflection limitation 容许挠度值；规范或优质工程中所允许的最大挠度。

deflectometer 挠度计；测定由横向荷载引起梁挠曲程度的仪器。

deformation 变形；物体在应力或外力的作用下，各部分的连续性不被破坏所产生的形式或尺寸的改变。

deformed bar，deformed reinforcing bar 变形钢筋；能与周围混凝土形成锚固表面具有刻痕的钢筋。

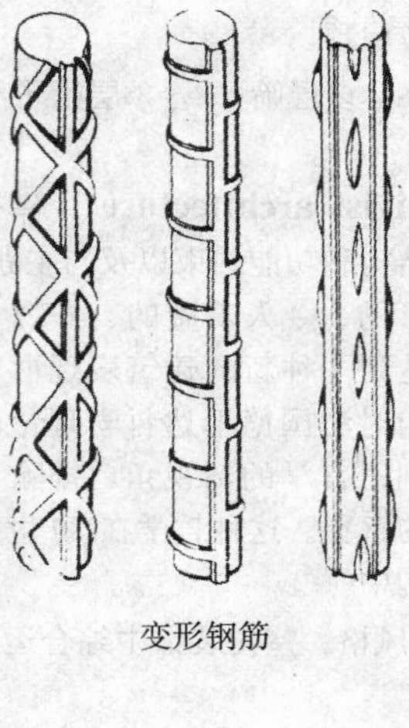

变形钢筋

deformed metal plate 压（变）形金属板；在构造中使用波纹（或其他变形形式）的金属板，以形成竖向接缝，与相邻结构部件形成互锁。

deformed reinforcement 变形钢筋；包括钢筋、钢条、刻痕钢丝、焊接钢丝网片、焊接刻痕钢丝网片在内的混凝土结构中的钢筋。

deformed tie bar 连系钢筋，变形系杆；使两板状构件保持紧密接触用作连接杆的变形钢筋。

defrosting 解冻；将冷冻物品上的积冰去除。

defurring 除垢；同 **deliming**。

DEG （制图）缩写＝“**degree**”，度。

degradation 老化，变质；由于受热、受潮、光照或其他自然因素引起的漆膜退化。

degrades 再次检查过程中，被证实其质量比原定级别低的木材。

degree 1.（楼梯的）一级踏步。2. 一段楼梯或一级梯段。

degree-day 度每日；用于计算建筑采暖负荷的单位，即 24 小时内室内平均温度低于基准温度的值，在美国基准温度取 65℉（18.3℃），在英国取 60℉（15.6℃）。

degree of compaction 密实度；土壤填料的测量标准；也见 **voids，2**。

degree of saturation 饱和度；同 **percent saturation**。

dehumidification 1. 将空气温度降至零点以下，其中水蒸气的冷凝析出。2. 除湿；用化学或物理方法除去空气中的水蒸气。

dehumidifier 减湿器，干燥器，脱水装置；用于除去空气中水分的设备或仪器。

dehydration 脱水（作用）；利用吸附作用或使用吸附物质，除去空气中的水汽。

deionization 消除电离（作用），反电离（作用），见 **cation-exchange softening**。

DEL （制图）缩写＝“**delineation**”，草图图解。

delamination 因夹层间分离或丧失粘结力而致使层压结构的破坏（失效），如出现在组合屋面或者胶合板中。

delay cap 缓爆雷管；通电激活后经过设定时间才爆炸的雷管。

deletion 一种减少原合同中规定的工作范围的工程变更通知单。

deliming 除垢；除去锅炉或热水加热器内部的水垢。

deliming tee 置于热水器入口和出口处，用来定期安装临时除垢设备的三通管。

deliquescence 潮解；涂料或砖中某种盐分对空气中水分的吸收，导致其表面因潮湿而局部颜色加深。

delivery hose 加压输送新鲜混凝土、砂浆等使用的软管。

delivery point 交割地点；见 **point service**。

delphinorum columnae 古罗马竞技场中栅栏一端的双柱，上面放置海豚星座的大理石人物雕像。

delta connection （电工）三角接线法；三相电流转换器的连接方式，三翼顺次连接形成希腊字母 Δ 形的闭合回路。与 **wye connection**（Y 形连接）相对比。

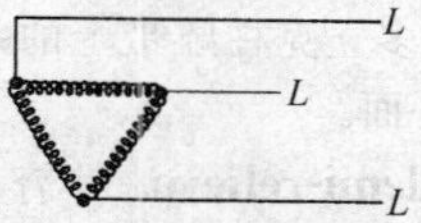

三角接线法

delubrum 1. 古罗马建筑中的圣所或圣殿。2. 至圣堂；古典神庙中圣坛或神像所处的地方，是神庙中最神圣的地方。

deluge sprinkle system 1. 集水喷洒体系；集水式的干管自动喷水消防系统，可由烟感或温感装置启动的自动阀门所控制，向火灾区域密集而均匀地洒水。2. 使用集水灭火器（如集水喷头）的自动喷水消防系统。当火灾探测系统探测到着火后，喷水阀门开启，水即从各灭火器的喷口同时喷洒而出。该系统通常能快速阻止高危火灾的快速蔓延。

deluge valve 集水阀门，喷水控制阀门；一种用于正常情况下，阻止自动喷淋系统管道的水外溢的专用阀门，该阀门只能由独立的火灾探测系统启动。

DEL V 缩写＝“**deluge valve**”，喷水控制阀门。

demand 1. 电负荷；某一系统在一段时间内的电力总负荷，常以 W（瓦）或 kW（千瓦）为单位。2. 单位时间内一台或多台燃气设备消耗的燃气量（常用单位为 ft^3/h 或 L/s）或产生的热量（常用单位 Btu/h 或 MJ/h）。3. 水流速率；指正常情况下，卫生器具和出水口的给水系统水流速率。常用单位为 L/s。

demand factor 需用率；系统最大负荷与系统相关负荷总和之间的比值。

demand mortgage loan 活期抵押放款；一种通过抵押，保证其可靠的通知放款。

demand surcharge 用电高峰期对公共电力设备追加的用电费用。

demesne 私有地；隶属于庄园主的所有土地。

demi-bastion 军事建筑中，一种仅有正面和侧面的堡垒，也称 **half-bastion**。

demi-berceau 筒形拱顶的一半。

demicolumn 嵌墙柱，半柱；同 **half column**。

demilune 半月形城堡；同 **ravelin**。

demimetope 多立克柱雕带上的一半的或不完全的三槽板间平面。

demi-relief，demi-relievo 半浮雕，浅浮雕；同 **mezzo-reliveo**。

demising wall 分隔承租人之间空间的隔墙。

demographic study 人口统计学研究；对特定人群的数量、分布、构成以及变化的研究。

demolition 拆除；对建筑物全体或部分进行的有计划拆除。

demountable partition，relocatable partition 活动隔墙，可拆卸隔墙；采用预制构件以干作业组装而成的非承重隔墙，可由一地拆卸搬至另一地重新组装，墙高可以是通高，也可以是半高的。

demurrage 滞留费；火车、卡车或船只运输的建筑构件或材料，由于超过正常装载和（或）卸载时间，发货商收取的额外费用。

den 小房间，书房；室内用于工作或休闲的小房间；又见 **chamber，1**。

dendrochronology 年轮学；通过研究年轮确定木料的成材时间。

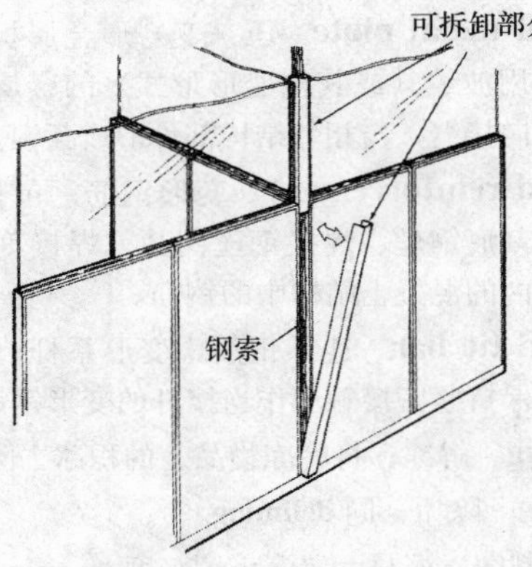

活动隔墙

dendrology 树木学；研究树木和灌木的植物学分支。

dense concrete 重混凝土，密实混凝土；空隙最少的混凝土。

dense-graded aggregate 密级配骨料；经压实而得到空隙率低、重量为最大的级配骨料。

densified impregnated wood 浸压木板；见 **compressed wood**。

density 密度；聚集的程度，分布在单位面积上的任何实体的数量，如人数/英亩、户数/英亩、居民点数/平方公里。

density control 密度控制；对现场浇筑混凝土密度进行控制，以确保达到标准测试规定的数值。

density rules 通过夏材数量和成长率评价木料密度的方法。

denticulated，denticular 齿形装饰。

dentil （檐下）齿饰；由一排细小矩形齿状小块组成的爱奥尼（柱）式、科林新（柱）式、混合（柱）式以及部分陶立克（柱）式有特色的装饰部分。

dentil band 1. 古典建筑中，由一列齿饰形成的线脚。2. 齿饰带；模仿齿饰所砌筑的砖石砌层，砌砖时，将与小块砖交错排列的丁砖凸出，形成齿饰的效果。

Department of Housing and Urban Development（HUD） 住房和城市发展部；颁布经国会通过的住房条例的美国政府机构。

dependency 靠近或附属于主体建筑的辅助建筑。

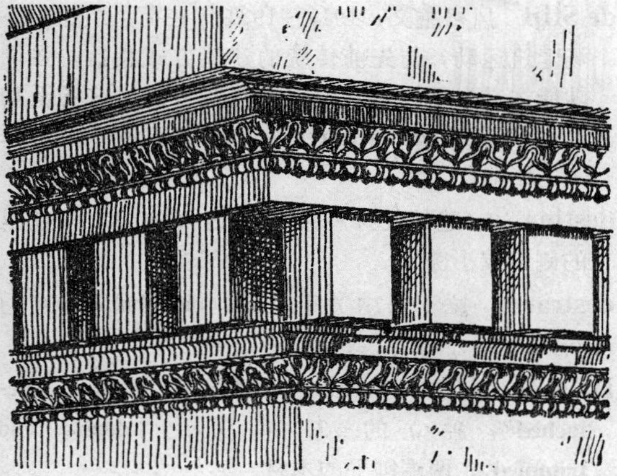

爱奥尼齿饰

depeter 粉石凿面，碎石面饰；同 **depreter**。

depolished glass 毛玻璃；具有漫（反）射表面的玻璃。通常经蚀刻法、喷砂法等工艺加工而成。

deposited metal 融化金属，堆焊金属；焊接操作中加入的金属填料。

deposit for bidding documents 投标文件保证金；获取一系列建设文件和投标要求所必需的保证金，通常在规定时间内，能完整归还投标文件，并参加投标的投标者，其保证金将如数返还。

depository 存放处，仓库；见 **bank depository**。

depot 1. 存储地点；货栈或仓库。2. 火车站；接待乘客及接收经铁路运输货物的建筑。

depreciation factor 折旧率；与 **maitenance factor**（维修率）对应的词。

depressed arch 低圆拱，平圆拱。

depression storage 洼地蓄水；由地面小坑洼积水造成的暴雨雨水损失总量。

depreter 碎石、干粘石毛饰面。

DEPT （制图）缩写＝“**department**”，公寓。

depth gauge 深度计；用来测量洞口、切口、凹槽等凹口深度的仪器，通常包括一把通过横档而可以滑动的刻度尺。

depth of fixity （桩）埋深，桩在地面以下由土壤握裹着的深度。

derating 设备因处于异常工作环境而使正常额定值减小的折减量。

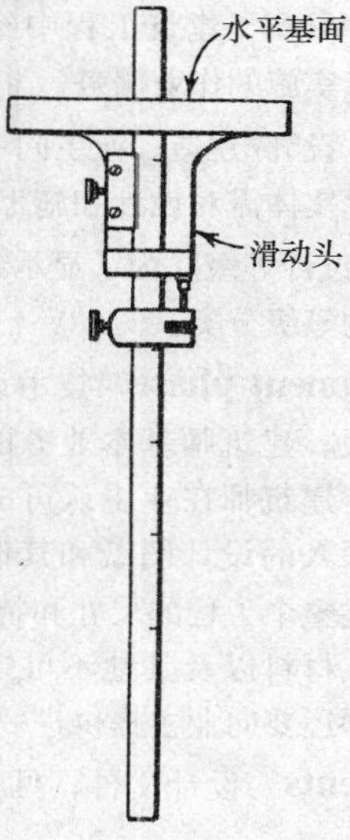

深度计

derby，derby float 刮尺（抹灰用）；见 **darby**。

derrick 动臂起重机，起货桅杆起重机；起吊重物的机器，通常由一个垂直桅杆和一个水平或倾斜吊杆组成，由钢丝绳控制吊杆移动，由独立起重引擎或发动机控制的起重缆提供提升动力，有别于悬臂起重机，后者有起重悬臂而非吊杆。

desague 排水管；西班牙建筑中，安装在墙壁上将雨水排至建筑两侧的排水管道。

descaling 脱锈，除锈；除去热水器和锅炉内部的水锈。

descriptive specification 规格说明；一种书面描述材料、设备、结构系统和工程所需技术等级的说明书。与 **prescriptive specification** 和 **performance specification** 相对比。

desiccant 吸湿剂，干燥剂；能除去物质中的水分或水汽的液体或固体吸收剂。在制冷系统中，干燥剂不能溶于制冷剂。

desiccation 1. 干燥；利用干燥剂弄干。2. 除湿；通过加热空气移除潮气，如放置在干燥炉中的木料除湿。

design 1. 建筑方案设计；构思一幢房屋的设计。2. 设计图纸；表达房屋的建筑构思的平面图、立面图、渲染图及其他图纸。3. 艺术品或机械产品等人工制品的直观构思。

designated services 建筑工程中经建筑师、工程师和顾问同意实施的作业服务。

design/build 设计/建造；业主同单一实体签订的施工项目，此实体需对设计和施工两方面负责。

design class 设计等级；为了显示建筑构件抗疲劳能力而进行的等级分类。

design development phase 技术设计阶段，扩大初步设计阶段；建筑师基本业务的第二阶段。在这个阶段内，建筑师在业主认可的概念性设计基础上，完成深入的设计图纸和其他设计文件，用来确定并描述整个工程的尺寸和特征，诸如结构、设备、电气、材料以及其他不可缺少部分的设计要求，建筑师还要向业主提供进一步的工程预算。

design documents 设计文件；见 **structural design documents**。

design life 设计使用周期；在无需更换或大规模维修情况下，建筑及其构件满足安全使用需求的时间周期。

design load 1. 设计荷载；结构体系设计的承受荷载和外力的最不利组合的总和。2. 空调系统中设计的承担最大热负荷。3. 计算极限荷载；见 **design ultimate load**。

design occupancy 环境系统中设计的所能容纳的人数和（或）活动量。

design phase 设计阶段；完成项目设计，在施工阶段 **construction phase** 之前进行的建筑工程前期工作。

design professional 建筑设计专业人士；经过专业训练的建筑师、工程师或两者兼具的专业人员，业主委托其承担工程设计任务。

design strength 1. 设计强度；在设计允许应力值的基础上计算得到的构件承载能力。2. 用混凝土强度的假定值和钢筋的屈服强度计算出截面的理论极限强度。

design ultimate load，factored load 极限设计荷载；结构设计中，使用荷载乘以荷载系数得到的荷载值。

desornamentado 16 世纪西班牙文艺复兴时期相对简朴的建筑风格。

de Stijl 风格主义；1917～1931 年在荷兰组织的一场建筑运动，与先前传统的建造方式相比，强调功能主义、理性主义及现代建造方法。这场运动对现代建筑 **Modern architecture** 的发展产生了深远的影响。

destina 1. 建筑支撑柱或其他支承物。2. 教堂里的侧廊或小房间。

destraria 拉丁语中关于漫游（**deambulatory**）的新词。

DET 1. 缩写＝“**detail**”，详图。2. 缩写＝“**detached**”，独立的。3. 缩写＝“**double end trimmed**”，两端刨平的木材。

detached garage 1. 独立式车库；周围均为开敞空间的车库。2. 与带有开敞露台的建筑毗连的车库。

detached house 独立式住宅；没有共用墙，完全独立的住宅。

detail 1. 建筑设计或构思中某一局部。2. 详图；以更大比例画出某张图的某部分的图，详细表明所示构件和材料的设计位置、组成以及相互关系等细节。

detail drawing 详图；同 **detail，2**。

detailed estimate of construction cost 工程造价详细预算；根据对工程用料和所需人工的详尽分析而提出的工程预算，与基于现有面积、体积或类似单元所做的造价预算不同。

detectable warning 可探测预警；依据美国残疾人法案，对步行路面改变可能对残疾人造成的伤害而进行的提前预警。

detector 探测器；见 **sensor**。

detention basin 滞洪区；雨水管道系统中，洪涝时期临时滞留洪水的排水区。

detention door 防护门；一种厚重的金属安全门，门上的固定玻璃窗用防撬钢条加以保护，用于监狱和精神病院。

detention screen 防护纱窗；专用于拘留场所由不锈钢粗绳编织而成的窗纱，由厚重的钢框架支撑，使纱窗网处于拉紧状态。

detetion window 专用于拘留场所的金属上悬窗，

窗扇仅 6～8in（15～20cm）高，绕直径 1in（2.5cm）的硬钢棍旋转。

deterioration 混凝土老化；同 **disintegration**。

deteministic design 基于材料的机械及物理性能、房屋构件和相关结构而进行的设计。

detonating cord 引爆线，导爆索；装有极易爆炸药芯的柔索；引爆时，引爆与之相连的雷管式爆炸装置。

detonator 雷管；引爆雷管（**blasting cap**），电雷管（**electric blasting cap**），电控延迟雷管（**electric-delay blasting cap**），非电延时爆炸雷管（**non-electric delay blasting cap**）。

detritus 岩屑，碎岩；岩石风化剥蚀后产生的松散材质。

detritus tank 沉渣池；环境卫生工程中，用来去除污水中较重固体颗粒的沉降池。

detrusion （木材）顺纹劈裂；见 **cleavage，4**。

developed area 开发区；获得开发的区域。

developed distance 由水平、垂直对角直线或绕角测量得出的，在大气中飞行两点间最短距离。

developed length 展开长度；沿管道和配件中心线测量的管线长度。

development **1.** 住宅开发区；以前未开发的再次分割时确定用于住宅建设的一片土地，提供有道路、给水、电力、排污等所有必要设施。**2.** 住宅开发计划；大规模住宅建设计划。**3.** 对改善过的或没有改善过的不动产所做的任何人工改造，包括但不局限于疏浚、开挖、凿孔作业，在泛洪地区的填土、铺路作业等。

development area （英）开发区；在此区域内政府鼓励新型的特别是多样化工业发展，以促进工业稳定性。

development bond stress 锚固粘结应力；同 **anchorage bond stress**。

development length **1.** 直线钢筋或钢筋棍锚固在混凝土中所需的临界长度。**2.** 使截面达到设计强度所需的钢筋临界埋置长度。

development rights 开发权；按照当地土地使用规章，所有人对土地持有的开发权利。

device 电力系统中，起传输作用但不消耗电能的元件，如开关。

device function numbers 图纸或书面文件中，能方便标识各种类型电子元件功能的数字（该数字由 ANSI/IEEE 标准 C37.02 指定）。

devil float，devil，nail float 带钉抹子；四角有凸起的钉子的木制手工抹子，用来刮毛粉刷表面，使之与下一道粉刷良好结合。

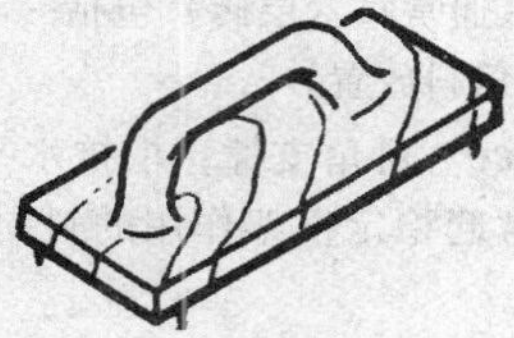

带钉镘板

deviling 划毛表面；刮擦或拉毛粉刷（表面）。

devitrification 玻璃中的结晶。

dewater 排水；使用排水管或抽水泵从开挖工作现场排水。

dewatering 排水；从场地抽水，以保证施工过程中有干燥稳固的工作条件。

dewpoint 露点；空气中水蒸气达到饱和时所对应的温度，当温度低于露点温度时，水蒸气将会凝结，露点温度随空气中水蒸气的含量不同而不同。

dextrin，amylin，starch gum 淀粉胶；具有黏性的淀粉类化合物，是一种非结晶、无味、甜味、色白、水溶的树胶，用作墙纸的胶粘剂。

DF **1.** 缩写＝“**daylight factor**”，日光系数。**2.** 缩写＝“**drinking fountain**”，饮用喷泉。

DFI 缩写＝“**Deep Foundations Institute**”，深基础协会。

dflct 缩写＝“**deflection**”，挠度。

d. f. u 缩写＝“**drainage fixture unit**”，设备的排水能力测定单位（单位体积/分钟）。

DHW 缩写＝“**double-lung window**”，双悬窗。

DIA （制图）缩写＝“**diameter**”，直径。

diabase 辉绿岩；与玄武岩具有相同组织结构，但有肉眼可见的大块晶体的岩石，也叫暗色岩（**traprock**）。

diaconicon 1. 旧时保存教堂仪式用的器皿的地方。2. 希腊教堂中祭坛右边的圣器收藏室。

DIAG 1.（制图）缩写＝“**diagonal**”，对角的。2. 缩写＝“**diagram**”，图解。

diaglyph 1. 凹雕；浮雕的反面。2. 凹陷浮雕。

diagonal 斜杆；格构结构中交叉镶嵌板上的斜向构件，如在桁架结构中。

diagonal bond 对角砌合；一种在厚砖墙上斜砌砖的方法，（通常每六层砖）包括一丁砖层，砖的内外表面对角斜放置。

diagonal brace 对角支撑；抵抗水平作用力（如风力），通常起稳定框架作用的斜向压杆和（或）拉杆。

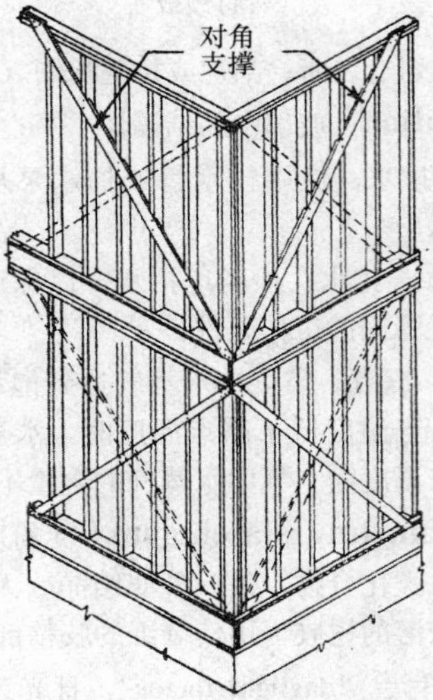

对角支撑

diagonal bridging 1. 剪刀撑；见 **crossbridging**。2. 斜撑；见 **bridging**。3. 在同一平面内，水平支撑与斜撑组合而成的支撑；连接梁（或搁栅）的上翼缘与相邻梁（或搁栅）下翼缘，并横跨在两者垂直平面内。

diagonal buttress 斜扶壁；从相互垂直的两堵墙的墙角部以 45°角延伸的扶壁。

diagonal chimney stacks 横截面为正方形的几个砖砌烟囱对角直线排列，并通过顶部出挑连在一起。

斜撑

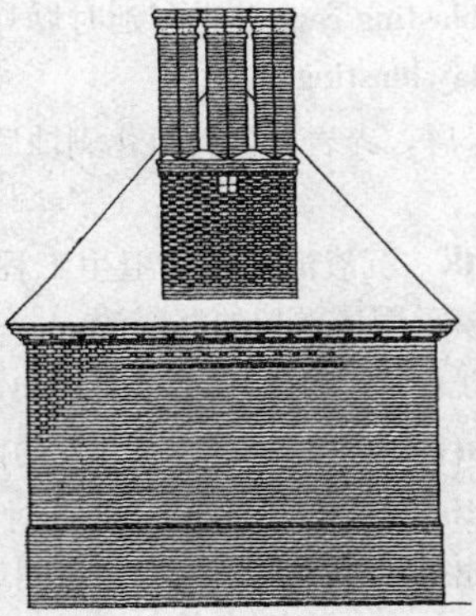
对角成排的烟囱

diagonal crack 斜向开裂；在混凝土构件受拉一侧沿与中心线成 45°角的斜向开裂。

diagonal grain 斜纹；一种由于粗心的割锯导致木材纹理与（木料）纵长方向成一定角度的木材缺陷。

diagonal joining 用砖、瓦拼成的强调水平或竖直方向的对称斜纹图案装饰。

diagonal pitch 错孔铆距；在多于两排的错列铆钉连接中，从某排铆钉至下一排最近的铆钉之间的距离。

diagonal rib 斜肋，交叉肋；对角跨越穹顶开间或分隔间的斜肋。

diagonal sheathing 斜衬板；倾斜约 45°钉在外墙龙骨或椽子上的一层墙衬板。

diagonal slating, drop-point slating 瓦材斜铺；使每片瓦的对角线始终呈水平状态的铺瓦方法。

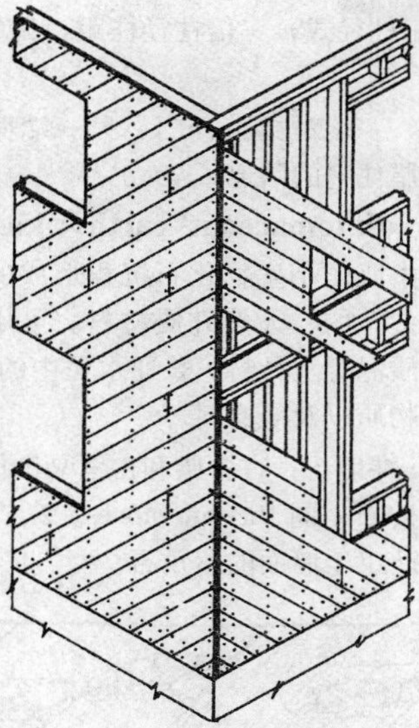

斜衬板

两种菱形线脚

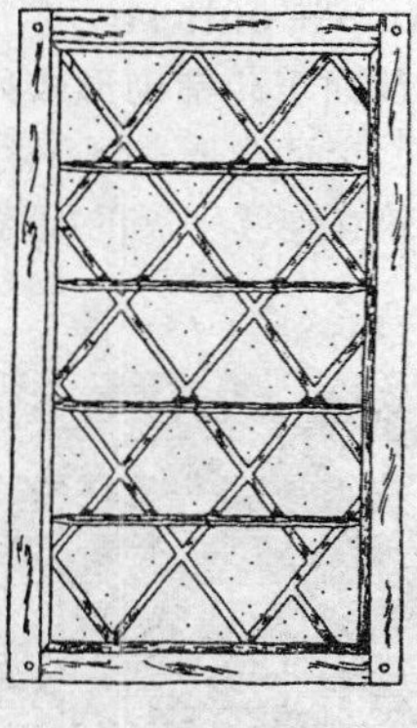

菱形玻璃

diagonal tension 斜向拉力；在钢筋混凝土或预应力混凝土中，由竖向与横向应力合成的主拉应力。

diakonikon 位于早期基督教堂东端的凸出部分或壁龛。

diametral compression test 径向受压试验，劈裂试验；同 **splitting tensile test**。

diamiction 古罗马建筑中一种具有内部空腔并填以各种碎料的空心砖石墙。

diamond-bond pattern 菱形式砌合；同 **diaperwork**。

diamond ashlar 一面呈锥形的矩形建筑石材。

diamond drill 金刚石钻岩机；核心钻头上镶有钻探用黑色金刚石的钻机。

diamond fret, lozenge fret, lozenge molding 菱形线脚；由一系列连续相互交叠的楞形线组成的菱形或斜方形线脚。

diamond light, diamond pane 一小块菱形的或方形的玻璃，对角地嵌在窗扇上的铅槽中，也叫菱形玻璃（**diamond glass**）。

diamond matching, four-piece butting matching 菱形拼接；一种由四边切方的木饰板排列成中心为菱形图案的切割和四邻边拼接方法。

diamond-mesh lath 菱形抹灰网；一种常用作抹灰基层的金属网。

diamond notch V形槽；同 **V-notch**。

diamond pattern 菱形图案；屋面砖瓦或木瓦低边呈V形排列构成的图案。

diamond slate 菱形瓦；形状约呈方形的石棉水泥瓦或板瓦，当瓦材斜铺时两角咬合。

diamond work 菱形砌筑；见 **diaperwork**。

diamond vault 一种采用薄混凝土板结构的无肋菱形穹顶。

diaper 菱形花纹图案，一种以某一主题重复排列形成的布满花纹的图案，尤指矩形或菱形的网格图案。

菱形花纹图案

diaperwork, diaper pattern 菱形图案砌合；由外露端为深色釉面丁砖铺砌形成的装饰性砖石图案，常呈菱形、交叉线形、倒V字形或人字形的重复图案，砌筑在连续平展的山墙上，又叫 **black diapering**。

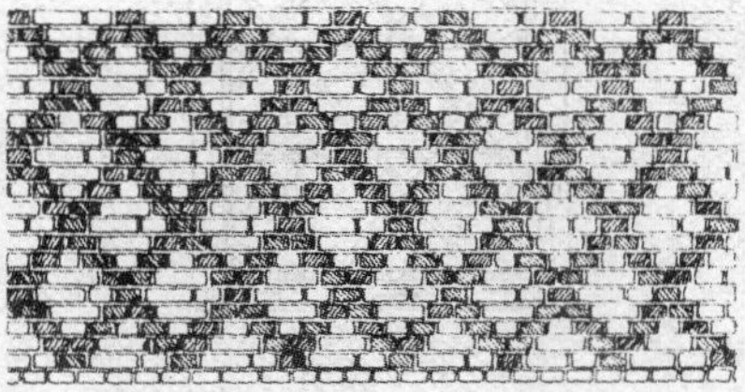

菱形图案砌合

diaphragm 1. 隔膜。2. 隔板；具有足够平面剪切刚度和强度，可将水平力传至承力体系的地（楼）板、金属墙板、屋面板等。

diaphragm action 指一种楼板体系，这种体系中所有在楼板上组成框架的柱子上下相互之间保持位置不变。

diaphragm plate 横隔板；一种通常为矩形相对较薄的板材，用于增加钢框架结构的强度和刚度。

diaphragm pump 隔膜泵；用制动隔板取代活塞的泵，由固定在隔板中心往复运动的杆使之振动。

diaghragm valve 隔膜阀；由作用在隔膜上的流体压力控制其运动的阀门。

diastyle 三柱径式，三倍柱径柱距；见 **intercolumniation**。

diathyrum 一端对街道开门，另一端面向院子开门的古希腊住宅的门道。

diatomite, diatomaceous earth, kieselguhr 硅藻土；由海洋小生物化石沉积形成的白色或浅灰色的、白垩的、天然硅质材料。可用作油漆调和料、轻质混凝土骨料、普通水泥中的防水材料、水的过滤物质以及研磨料。

diatoni 1. 穿墙石；古希腊和古罗马砌体工程中贯穿墙厚的砖石；同 **through stones**。2. 凸隔石；两面修琢、凸出于墙面的屋角石。

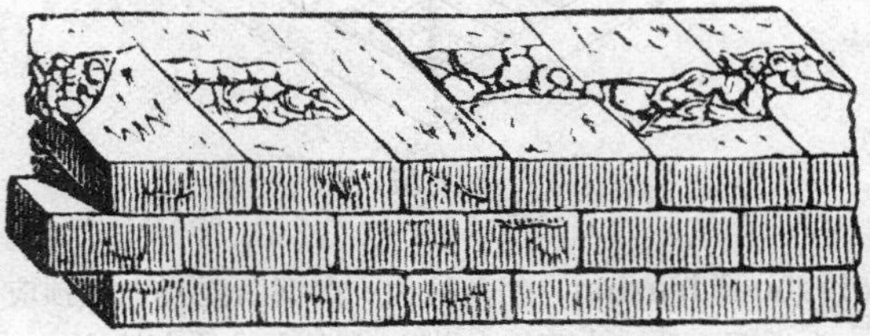

带有穿墙石的古代构筑物

diazoma 剧坊过道；希腊剧场中，上下排座位之间的宽大水平过道。

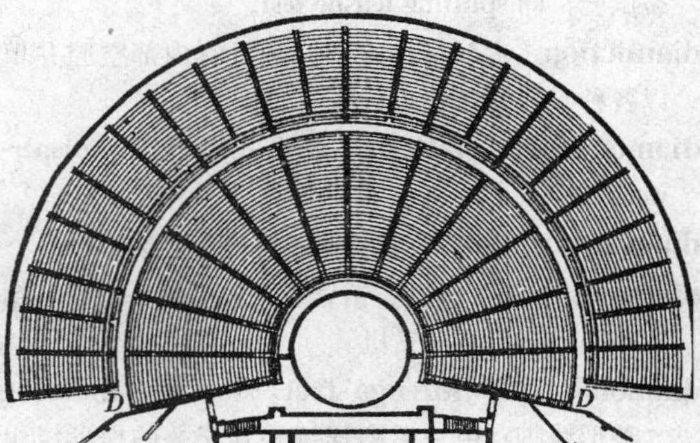

剧坊过道

dichroic reflector lamp 分光反射器灯；带有嵌入式光线过滤器的白炽灯（通常是 **PAR lamp** 反射灯），过滤器给光线着色或者去除光束中大部分红外线。

dictyotheton 古希腊人使用的一种由方石块砌成

网格或棋盘状图案的砌体工程，类似于罗马人的（**opus reticulatum**）方石网眼砌墙。

die 1. 底座墩身；座基（或柱基）和柱基饰之间的台座中间部分，又叫 **dado**。2. 螺丝扣绞板；在管道和螺钉上套丝扣的工具。

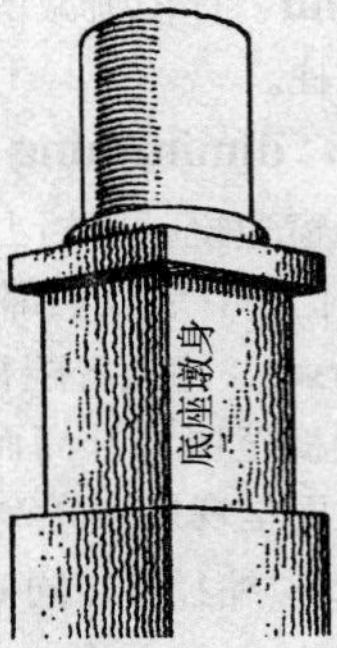

底座墩身

dieback 梢枯；木本植物稍端出现的植物细胞枯死变褐的现象，这种现象将会发展至植物的木质和多年长的部分。

die-cast 模铸；指将融化的金属注入模具制成铸件的工艺。

die cut 形容板材经打磨成型后形成的构件或装置。

dielectric filting 绝缘配件；在给水系统中，用来连接铜管和铁管的专用接合器（如接头），可防止不同金属之间电化学作用导致的腐蚀性破坏。

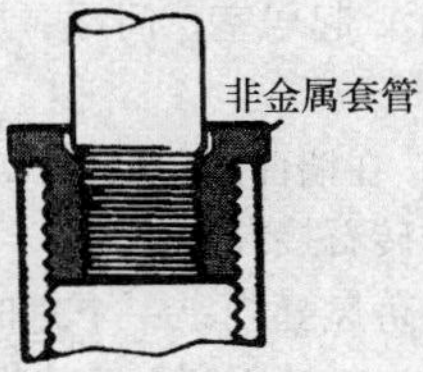

绝缘配件

die line 模痕；由于模具表面缺陷造成的拉伸或挤压材料表面的纵向凹陷或凸起。

die-squared timber 方木，枋子；每边至少 4in（10cm）长的横截面为方形的木材。

differential leveling 高程差测量；使用水准仪和标杆测定任意两点间不同标高差距的作业过程。

differential settlement 不均匀沉降；由结构不均匀下沉引起的结构不同部分之间的相对位移。

differential subsidence 结构中两点沉降间的差异。

diffuse illumination 漫射照明；由多个方向而非单一方向向物体投射的照明光。

diffuse light 散射光，漫射光；向任意方向发散的光。

diffuse-porous wood 散孔木材；一种具有大小均匀孔隙并分布在每个年轮上的硬木。

diffuser 1. 扩散器（物、面）；能使点光（声）源发出的光线（或声波）发生散射的装置、物体或表面。2. 散流器；空调系统中的空气扩散器；见 **air diffuser**。

diffuse reflection （光线）漫反射；由粗糙表面反射而形成光线各个方向散射状态。

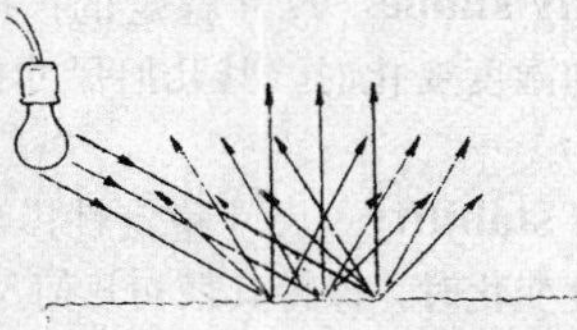

漫反射

diffuse sound 漫射声音，扩散声音；当声波以相同概率在所有方向上传播，并且反射声的声级在各处是相等时，称声音在房间内是完全扩散的。

diffusing glass 散光玻璃；由于表面凹凸不平，而扩散光线的玻璃；它可以是滚压制成的平板状或吹制成的中空状。

diffusing panel 漫射板；照明装置上的半透明材料，例如它可以用来罩在灯上以使光线分散至更大区域，并起到隐蔽灯泡和照明装置内部的作用。

diffusing surface 漫射表面；向各个方向分散入射光线（或声波）的反射面。

diffusion lens 滤色镜；通过散射扩大光源分散角度的玻璃透镜。

diffusion streak 扩散条痕；在镀层薄板的热处理过程中，合金成分从内部向面层扩散形成面层的（镀层）表面条纹。

dig-down pit 沉渣坑；同 **sunken pit**。

digestion tank 消化池；化粪池系统的第一个池子，用来分解有机物质。

digger 一种小型的挖掘机（**excavator**）。

diglyph 双陇板；有两个直立的槽或沟的构件，而没有三陇板所特有的两道侧向半沟。

dike，dyke **1**. 干石墙。**2**. 土埂；长而低矮的堤。**3**. 开挖形成的土堤。**4**. 防止开挖区进水的围堰。

dilatancy 剪胀（性）；非黏性土因剪切变形而引起的膨胀。

diluent 一种稀释剂（**thinner**）。

diluent air 稀释用空气；为稀释燃烧产生的浓烟而导入烟道的空气。

DIM （制图）缩写＝"**dimension**"，尺寸。

dimension 尺度；设计中的几何元素，如长度、角度或数量值。

dimensionally stable 尺寸稳定的；描述房屋材料在温度和湿度变化时，其几何尺寸保持相对不变的性质。

dimensional stability 尺寸稳定性；当材料经受温度和湿度变化时，保持其最初几何尺寸的程度；见 **equilibrium moisure content**。

dimension lumber，dimension stuff 规格木料；锯成特定尺寸，堆放在料场用于建筑工业的木料，通常为 2～5in（5.1～12.7cm）厚，5～12in（12.7～30.5cm）宽。

dimension ratio 水管平均直径额定值与最小管壁厚值之比。

dimension shingles 规格木瓦；尺寸统一的木（片）瓦。

dimension stock **1**. 规格板材；四边刨方的木板通常尺寸；软木至少为 4in × 12in（10.2cm × 30.5cm），硬木为 4½in（11.5cm）厚。**2**. 由规格木料切割成的木材；最大的废料被留在切割机中。

dimension stone 规格石料；经挑选、修琢、切割至所需形状和（或）尺寸的石料，用作建房石材、纪念碑石、铺装砌块、铺路石块或路缘石等。

dimension stone tile 一种厚度小于¾in（20mm）的规格石料。

dimension stuff 规格木料；见 **dimension lumber**。

dimension work 由规格石料砌筑的砌体。

diminished arch，skeen arch，skene arch 平圆拱；拱的高度或弓形高度低于半圆形的拱。

diminished bar 断面看起来比实际尺寸细的玻璃框或窗棂。

diminished column 直径渐减的柱；柱基比柱顶直径大很多的圆柱。

diminished stile，diminishing stile，gunstock stile 不等宽门窗边梃；横档上下宽度不相等的门边梃，如玻璃门中，装玻璃部分的边梃更窄些。

diminishing courses 缩减行距瓦层；屋面上，各瓦层随高度从屋檐至屋脊升高而逐步减少其外露长度，从而使屋面呈现更加高耸的外观。

diminishing piece 缩径管；同 **diminishing pipe**。

diminishing pipe，taper pipe 缩径管；直径缩小用作承插接头插口的管子。

diminishing rule 用来确定圆柱凸线的样板。

diminishing stile 不等宽门框；见 **diminished stile**。

dimmer 调光器；改变光源光强度但基本不十分影响光线空间分布的装置，通常由一电子控制装置改变电流大小而改变灯的发光强度。

dimmer room 调光室；放置调光器，控制礼堂或剧院中光线的房间。

DIN 缩写＝"**Deutche Industrie Normal**"（**Germany Industry Standard**），德国工业标准。

dinette 小餐厅；起居室、门厅、厨房内，用于进餐的凹室。

dinging 勾缝；在墙面的单层粗抹灰饰面上，用工具画线以模仿砖石接缝。

dingle 雨棚，防风暴门；一个过时的术语指建在房屋入口处，以抵挡不利天气的临时围护结构。

dining bay，dining recess 小餐厅；同 **dinette**。

dining room 餐厅；住宅中家庭成员聚集或者旅馆中旅客在进餐时聚集的主要用于吃饭的房间。

Diocletian window 戴克里汀（一罗马皇帝）窗；见 **Venetian window**。半圆形窗或中间由二根竖窗框分成三扇窗，而中间窗扇宽于两侧的窗。

diorama **1**. 透视画；在昏暗的房间里，用于向观者展示视觉感受上如现实景象般的一幅画或一系列画面。**2.** 透视画馆；展示上述画作的建筑。

diorite 闪长岩；以斜长石和角闪石为主要矿物成分的、中等至粗糙颗粒的岩石。

dip 存水弯管最低部分的内顶面。

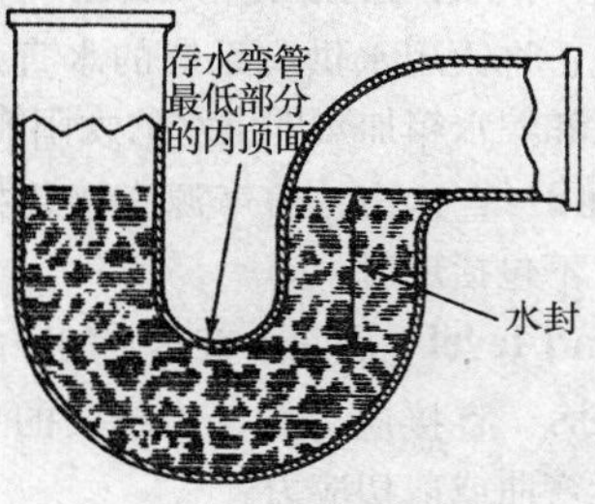

存水弯管最低部分的内顶面

dipcoat 浸涂涂层；通过把物件完全浸入料池中而形成的油漆或涂塑层，可作为饰面层或防水层。

dip edge 金属泛水板的边棱，起到使流水飞离竖直表面的作用。

diplinthius 古罗马建筑中两砖厚的砖砌筑工程。

dip solution 浸渍溶液；使铜或铜合金产生特定颜色或饰面的化学处理方法。

dipteral 双排柱围廊式建筑；内堂四周有两排而不是一排柱子的古典神庙；又见 **peripteral**，**pseudodipteral**。

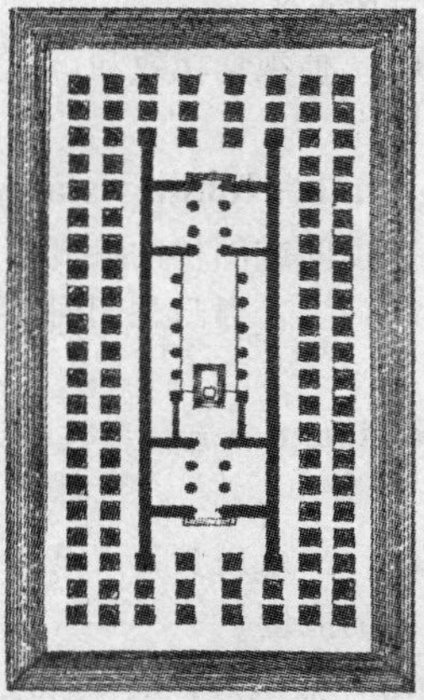

双排柱围廊式神庙，平面上显示

dipylon **1.** 双门扇的大门；古希腊建筑中，由两扇并排相互独立的门扇组成的大门。**2.** （**CAP**）特指雅典西北部地区的这种类型的大门。

direct-acting thermostat 直控式恒温计；当达到设定温度时，便可启动控制电路的装置。

direct cold-water supply 从供水总管的出水口直接流出的水。

direct cross-connection **1.** 直接交叉连接；连续的十字连接或交叉连接，以便当两个管道系统稍有压力差时，水流可由一个系统流向另一系统。**2.** 用于饮用水管和非饮用水源之间的连接（如关闭阀门），当（a）阀门泄漏时或本应关闭的；（b）阀门处于开启状态可能造成供水污染时使用。

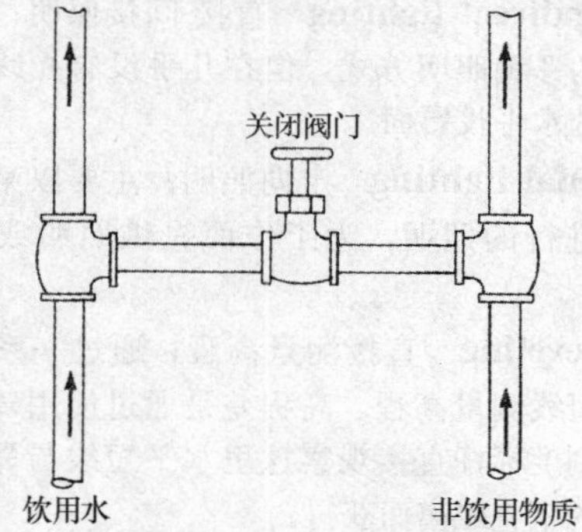

直接交叉连接

direct current 直流电；电路中，只朝一个方向传输的电流；又见 **alternating current**。

direct cylinder 直燃式热水器（**direct-fired water heater**）水箱。

direct dumping 直接浇筑；混凝土从起重机翻斗或搅拌机直接倾卸的浇筑。

direct expense 直接费用；由特定工程、任务或工作直接产生的所有花费。

direct-fired air heater 直燃式空气加热器；将燃烧产生的所有热量直接加热空气的加热器，用于工厂、仓库等，使室外进入的空气温度升高至室温。

direct-fired water heater 直燃式热水器；将如天然气、石油或电等加热能源放置在水箱里的热水器，它不同于间接燃烧热水器（**indirect water heater**）。

direct glare 直接眩光；由于视野内存在高亮度或不充分遮蔽的光源，或由于高亮度反射区域而产生的眩光。

direct glazing 直接装配玻璃；将玻璃装配在结构上而不是镶嵌在结构洞口的边框上。

direct glue down 直接铺装地毯与地面粘贴的方式；见 **glue down**。

direct heating 直接供暖；通过外露表面热源（如火炉、火、散热器或热水管）为空间供暖的方式，这时热辐射和热对流同时发挥作用。

direct hot-water system 水在锅炉中心部分加热并被输送到房屋各处的系统；见 **hot-water system** 下的插图。

direct-indirect lighting 直接-间接照明；属于漫射式的一种照明方式，但在几乎没有光线通过照明器的水平投影面。

directional lighting 定向照明；主要以某一预设角度进行的照明，为工作面提供照明或者照向物体。

direct leveling 直接测量高程；通过一系列续串水平短线测量高程。高程差是通过使用气泡水准仪和刻度标杆直接观察这里水平短线与邻近地标之间的垂直距离而获得。

direct lighting 直接照明；照明器将发出光线的90％～100％直接投向的照明受光面上，通常为向下的方向。

direct luminaire 直接照明器；将其发出光线的90％～100％直接投射到下方水平面上的照明器。

direct nailing 表面钉固；同 **face nailing**。

direct-plunger elevator 由活塞（柱塞）直接驱动的升降机轿箱框架的液压升降机。

Directoire style 执政风格；帝国风格之前的一种古典主义过渡风格，得名于法国（1795～1799年）的执政管理规则。

directory board 指示牌；可以更改字符或标识的信息板。

direct personnel expense 直接人工费；一项工程、任务或工作的负责人及雇员的薪水和工资，包括强制性的和惯例性的福利。

direct return system （水暖）直接回水系统；一种供暖（或空调或制冷）系统的布管方式，这种方式中，热水或冷水经过每一个热交换器后，以最短的直接路径返回锅炉（或蒸发器）。

direct selection 直接选择；建立在对承包商能力、技术、声誉和费用评估的基础之上，业主对承包商的选择，

direct solar water-heating system 直接太阳能热水系统；将饮用水供应系统的水直接流经太阳能集热板和贮水箱加热即供水的太阳能热水系统。

direct sound 直达声；由声源直接传播至观测点的声音，不包括反射声。

direct sound level 房间内直达声的声级。

direct stress 直接应力；仅为单一的压应力或拉应力，无弯曲或剪切应力。

direct system 与周围物体或空间直接交换热量的供暖、空调或制冷系统。

direct water heater 直燃式热水器；同 **direct-fired water heater**。

dirt-and-stick chimney，dirt chimney 柴泥烟囱；同 **clay-and sticks chimney**。

dirt-depreciation factor 积灰折减系数；见 **luminaire dirt depreciation factor**。

dirt resistance 干燥涂料表面抵抗由于被外来物质沉积、嵌入造成污染的能力。

disability 残疾；依照美国残疾人法案，对无能的或不合适的合法定义。

disability glare 使视觉功效和可视性减弱并常使视觉不适的眩光。

disappearing stair，folding stair，loft ladder 一种通向屋顶间或阁楼的旋开折叠式楼梯。楼梯固定在活动门上，当门关闭时，从下面看不到楼梯。

discharge coefficient 流量系数；见 **coefficient of discharge**。

discharge head 出水压头；水泵出水口处每单位重量流体具有的能量。

discharge lamp 放电灯；对一种或多种气体或蒸气通电，导致灯管内磷粉发光的灯（如：见 **fluorescent lamp**）。

discharge opening 卸废口；可使垃圾通过垃圾槽滑落到垃圾箱或压实式垃圾箱内的垃圾槽底部的

开口。

discharge pipe 排水（污）管；排除卫生器具、设备等中污水的管道。

discharge valve 排水阀；控制或关闭液体流量的阀门。

discharging arch，relieving arch，safty arch 卸荷拱；置于门窗过梁以上，将过梁上的墙体重量传递至门窗两侧的拱，通常为弓形的盲拱。

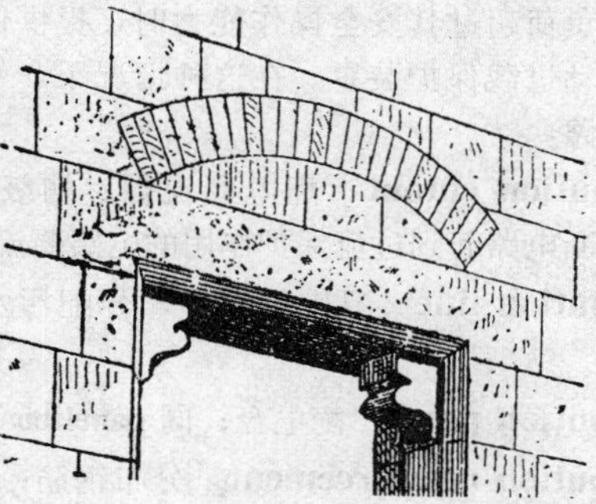

卸荷拱

discoloration 任何由初始颜色或所需颜色发生的颜色变化。

discomfort glare 不舒适眩光；产生不舒适感但不影响视觉行为和可视性的眩光

disconnecting means 断路装置；切断导体电源的装置（通常是电流断路器、保险开关等）。

disconnecting trap 截流存水弯头，截流水封；同 **interceptor**。

discontinous construction 不连续构造；房间与房屋结构之间或建筑物的两部分之间采用非固体连接的构造方式，专门用来防止噪声沿固体路径传播。

discontinuous easement 对间歇使用非已有的权利要求；如在他人土地上的通行权。

discontinuous impost 拱身线脚与来自拱脚的线脚不同的竖井或拱墩。

disc tumbler lock 圆柱形锁；同 **cylindrical lock**。

dished hole 盘状孔洞，上缘放大的孔、洞。

dishing 使地面或路面倾斜，常用来促进排水。

disintegration 分解（离析）；混凝土等材料变质

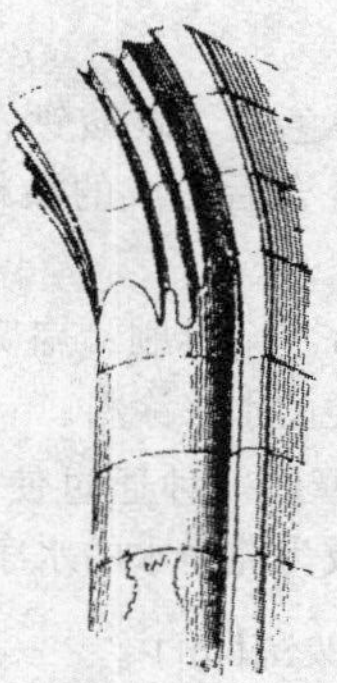

线脚不连续的拱墩

分解成小碎块或小颗粒。

disk sander 圆盘抛光机；带有旋转圆形研磨盘（常是砂纸）用来抛光或磨光物体表面的抛光机。

dispersant 研磨助剂；能够使精细磨碎物质保持悬浮状态的掺合剂；用作泥浆稀释剂或研磨辅助剂。

dispersing agent 分散剂（减水剂），微粒悬浮剂；增加灰浆、砂浆或混凝土的流动性的添加剂或混合剂。

dispersion 弥散现象 1. 任何含有细小分散悬浮颗粒的气体、液体或固体。2. 含有细小分散颜料或乳液颗粒的油漆。

displacement pile 排土桩；下端封闭的实心或空心桩，以使在打桩过程中，（通过挤压或者使土位移）置换与桩身相同体积的土。

displuviatum 顶部从房顶采光井向外（而不是向内）倾斜的中庭。

disposal field 垃圾处理场；同 **absorption field**。

disposal unit 废物处理器；见 **waste-disposal unit**。

dissolved solids 溶解固体；见 **solutes**。

distance block 定距隔块；以固定距离分隔两个部件的木块。

distance piece 垫片，定距片；同 **setting piece**。

distance separation 防火间隔；防火要求中房屋外墙与产权范围内的建筑红线或者毗邻的街道中心线或者另一房屋外墙之间的间隔，所有尺寸均量到建筑外墙的直角距离。

distegia 古希腊、罗马剧院布景房的上层；同

episkenion。

distemper 矿物色料、碳酸钙、颜料、粘胶料或酪蛋白，与水混合后形成的涂料；胶质壁画颜料 **tempera**。

distemper brush 涂料刷；扁宽形的长毛刷，用来涂刷墙粉一类的水浆涂料。

distillation 蒸馏；一种通过使水汽化为水蒸气，再冷却水蒸气成为纯净水的水净化过程。

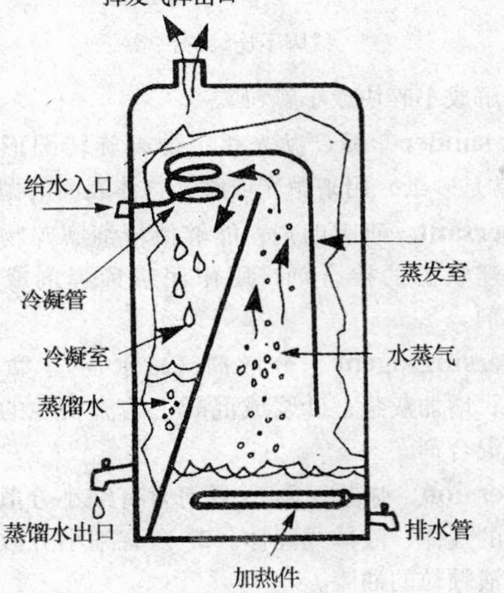

蒸馏过程

distributed load 均布荷载，分布荷载；均匀作用于结构构件或承载面的荷载。

distribution 采用机械或手工方式运送新拌合混凝土到灌注点的运送。

distribution-bar reinforcement, distribution steel 分布钢筋；钢筋混凝土板中通常垂直于主钢筋的小直径的钢筋，用来分散板上的集中荷载并可防止开裂。

distribution board 配电盘；同 **distribution switchboard**。

distribution box 1. 配水井；卫生工程中，将化粪池流出的废水均匀分配到排水管线并经排水管线将废水排放至吸收场的井。2. 接线盒。

distribution center 配电中心；房屋建筑电力系统中可将次一级电压（通常是低压）分配到建筑

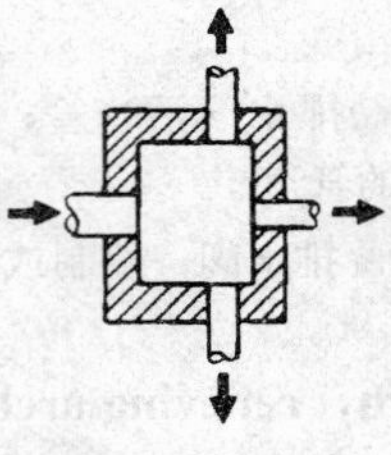

配水井

中的不同回路地方的配电点，通常包括当系统承载的负荷超过其安全操作能力时，提供保护措施的自动过载保护装置。在这种情况下，系统被自动断路。

distribution cutout 配电断流器；初级电路中，可切断电路起到过流保护作用的电路断流器。

distribution line 卫生工程中，分配污水的一条瓦管。

distribution panel 配电盘；同 **panel board**。

distribution reinforcement 分布钢筋；见 **distribution-bar reinforcement**。

distribution steel 分布钢筋；见 **distribution-bar reinforcement**。

distribution switchboard 配电盒；在房屋建筑中分配电能的配电盘；为一个将电流断路器，保险丝和开关封闭在内的金属盒子。

distribution tile 排水瓦管，污水分配管；污水处理系统中，由黏土或混凝土制成的瓦管，由露缝（不嵌缝）接头承接来自配水井的水流。

distribution transformer 将原始电压减为次级电压（低压）以用于房屋中配电的变压器。

district surveyor （英）工程检查员；同 **building inspector**。

distyle 双柱式；描述古典建筑中前面有两个柱子的术语。

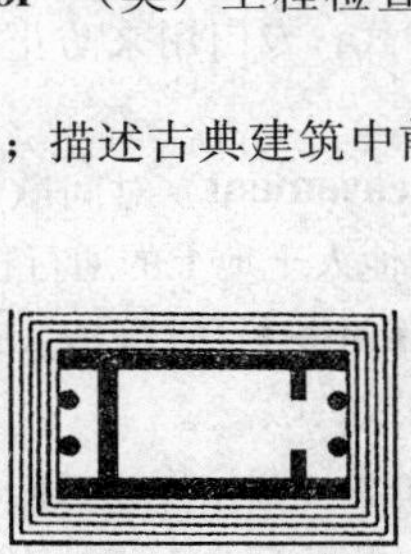

双柱式，神庙平面

distyle in antis 双柱式（门廊）；在前门廊的端墙

间有两根柱子。

ditcher, ditching machine 挖沟机；见 **trencher**。

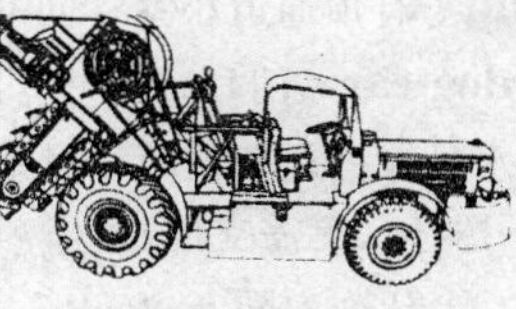

挖沟机

ditriglyph 双三陇板间距；古典柱式顶部的雕带在两根柱子之间容纳两个三陇板而不是通常的一个。

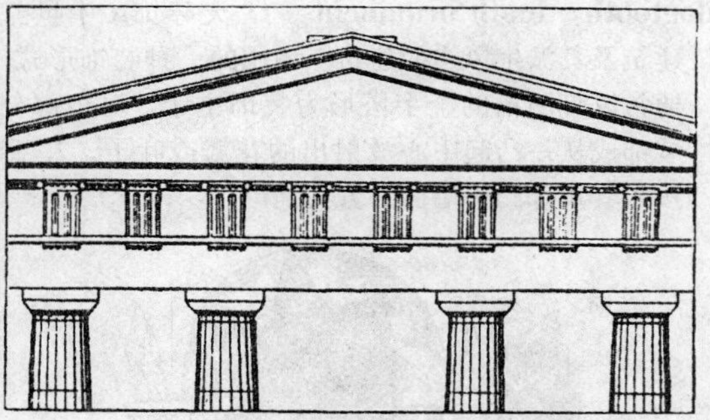

双三陇板间距

DIV （制图）缩写＝“**division**”，分区；部门。

divan 1. 伊斯兰国家中，法院的法庭或大厅。2. 吸烟室。

diversion valve 转向阀门；同 **diverter**。

diversity 多样性；在系统任何给定部分非同时发生的多种性质。

diversity factor 1. 差异系数，同时使用系数；电路系统中，各个分系统单独最大负荷的总和与整个系统最大负荷的比值。2. 天然气系统中，预计的最大负荷与可能的最大负荷之间的比值。

diverter 分流器；位于三通管接头处用来使水流从一条支管转而流向另一支管的阀门（有时是电动的）。

divided door 两截式门；同 **Dutch door**。

divided light 分隔玻璃（门、窗）；窗户或玻璃门上，被次骨架构件进一步划成较小窗格的玻璃；见 **mutin**。

divided tenon 双雄榫，双舌榫；同 **double tenons, 1**。

dividers 分规；两个规脚都是尖的圆规，用来精确测量、转换或比较两点之间的距离，还用来划出弧、半圆或圆的轮廓以及直接从尺子上比较、转换量得的尺寸。

divider strip 水磨石嵌条；作为伸缩缝或装饰件嵌在水磨石上的金属条。

division 美国建筑师协会统一标准体系中负责法规、数据归档、费用计算的十六个次级组织机构中的一个。

division bar 窗棂；见 **muntin**。

division wall 防火墙；见 **fire wall1**。

diwan 吸烟室，咖啡馆；同 **divan1**。

dkg 缩写＝“**decking**”，铺面，盖板。

DL 1. （制图）缩写＝“**dead load**”，恒荷载。2. （制图）缩写＝“**deadlight**”，固定窗。

D-line crack 混凝土表面不规则的细密裂缝；见 **D-crack**。

DN （制图）缩写＝“**down**”，向下。

DO. （制图）缩写＝“**ditto**”，同上，相同物品，复制品。

doat 腐朽（木材瑕疵）腐烂；见 **dote**。

dobying 起泡，泡痕；同 **mud-capping**。

dock 1. 装卸台；与地面或货车车厢高度平齐的适合装卸货物的站台。2. 道具布景储存室（**scene dock**）的简称。

dock bumper 装卸台车档；安装在装卸平台上，以消除卡车冲撞力的弹性减震装置。

docked gable 山墙尖呈斜坡的双坡式屋顶，同 **jerkinhead roof**。

document deposit 投标文件保证金；见 **deposit for bidding documents**。

dodecastyle 十二柱式；古典建筑中前排有十二根柱子的样式。

DOE 缩写＝“**US Department of the Environment**”，美国环境部。

dog 扒钉；同 **dog iron**。

dog anchor 两爪铁扣，骑马钉，扒钉；见 **dog iron**。

dog bars 门下部的直楞，档条。

dog-ear 1. 折边收口；片材折叠后所形成的收边而不需切边。2. 折叠转角。3. 门耳，窗耳，同 crossette。4. 门或窗套转角处的凸出部分。

dog-eared fold 折边收口，折叠转角；同 dog-ear。

dogging device 钩具；扣紧太平门闩使其处于紧闭状态的机械装置。

dog iron，dog anchor 扒钉，骑马钉，两爪铁扣；两端直角弯折且有尖头的短铁件，用来把两件东西结合在一起。

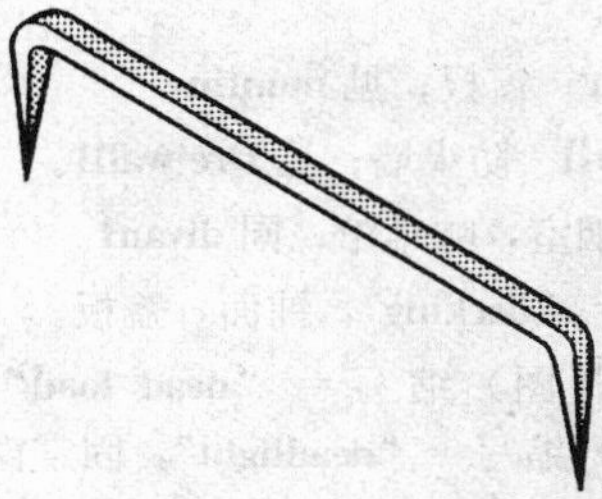

扒钉

dogleg 折线的；形容某一设施具有一个或多个直角弯曲。例如双折楼梯（dogleg stair）中的。

dogleg brick 专门用于砌筑钝角墙的特殊砖，其最窄一侧的边不垂直而呈钝角，砌钝角墙时，其避免在墙面改变方向时砍砖和设灰缝。

dogleg chisel 折线凿，角凿；同 corner chisel。

dog-leg pile 打桩时变弯曲的桩。

dogleg stair，doglegged stair 连续梯段之间没有楼梯井，上下梯段的扶手和栏杆在同一垂直面上的双折楼梯。

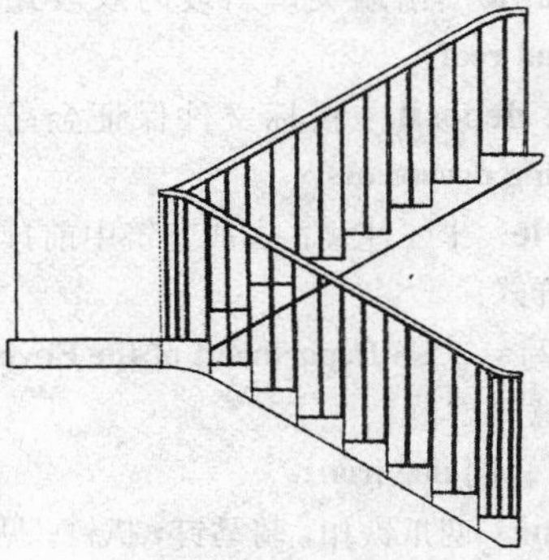

双折楼梯

dog nail 1. 道钉；钉头显著凸向一侧的大钉子。2. 用于固定门铰链的锻铁钉。

dog-run cabin 有顶通道小室；同 dogtrot cabin。

dog's ear，dog ear 门耳，窗耳；同 crossette。

dog shore 水平撑杆；架在两相对垂直墙面如两建筑间的水平撑杆（无需支撑）。

dog's tooth 犬牙饰；同 dogtooth。

dog's-tooth course 犬牙式砌合层，悬挑斜列砖层；同 dog-tooth course。

dog-tooth frieze 水平方向排列的砖倾斜摆放在砖结构边缘，形成类似雕带（frieze）效果的装饰。

dogtooth，tooth ornament 1. 犬牙饰；中世纪建筑及其派生风格的建筑上使用的一种装饰形式。通常以带凹槽的金字塔形为装饰主题，对角部分装饰成从一凸起中心放射出的花瓣或叶子。2. 砖按照其角部凸出墙面的方式铺砌。

犬牙饰

dog-tooth course 犬牙饰砌合层；砖边对角摆放成的一条水平砖带，或一层砖。每块砖通常按照其角部与墙面成 45°凸出墙面的方式摆放。度角，也叫 dog's-tooth course。

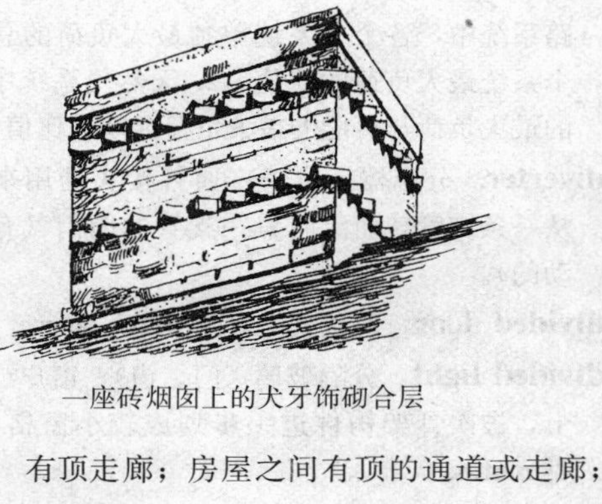

一座砖烟囱上的犬牙饰砌合层

dogtrot 有顶走廊；房屋之间有顶的通道或走廊；

连接两座屋房之间的走廊（a breezeway）。

dogtrot cabin 由原木建造的住宅，包括两栋相互独立的单间房屋以及联系二者的有顶敞廊，每栋房屋在山墙端有自己单独的出入口和烟囱，两者有木瓦斜屋顶覆盖的共同的屋顶，连廊不仅仅起连接作用，还可作为室外起居空间。也叫 double-pen cabin，双幢联合小木屋。

dogtrot plan 有顶通道平面；见 possum-trot plan。

dollop 凝结块；水泥等粘结材料凝固后结成的块，应用于特定区域。

dolly 1.（打桩）垫盘；置于桩上端的硬木块，用作延长部件和打桩时的垫块。2. 铆钉托；在铆钉另一端打铆时，用来夹住钉头并吸收冲击振动的工具。3. 手推车，小机车；用于搬运笨重或大件设备的低平的运货二轮车或卡车。

Dolly Varden siding "多列发丁"护墙板；沿底企口啮合的斜截面木护墙板。

dolmen，table stone 石台；史前坟墓前的立石，通常冠以大平板。

dolomite 1. 白云岩；一种碳酸钙镁矿石，作为建筑石灰石的成分。2. 主要含有白云岩的石灰石。

dolomitic lime 白云岩石灰；高镁石灰的商业名称，是不当的名称，因为产品中不包含白云岩。

dolomitic limestone 白云岩石灰石；含有10%以上，80%以下白云岩的石灰石。

dolostone 白云石；见 dolomite，2。

dome 1. 穹顶；覆盖球面形空间的曲面屋顶结构。2. 井字梁凹槽的模板；预制的方形平凹模板，用于混凝土双向格式隔栅楼板结构。3. 形状多为半球形吊顶为同样形状的拱顶，偶有尖顶或鼓出；又见 geodesic dome 和 saucer dome。

dome light 穹顶天窗；由玻璃或塑料制成的浅穹形的天窗，可以安装在屋顶上，为下面的空间提供额外的日光照明。

domestic hot-water heater 家用热水器；加热生活用水的带外壳的设备。

Domestic Revival style 一种英格兰19世纪的建筑风格。这种风格不严格地继承了安妮皇后风格 Queen Anne style，Domestic Revival 的建筑元素以及 Picturesque Movement 及工艺美术运动建筑的外观，一般特征如下：采用木框架，有装饰华美的山墙封檐板；菱形图案的砖墙，高耸的带装饰的烟囱，以及铅条镶嵌的窗户。这种风格是使用陶瓦片并非木瓦屋顶，是木瓦屋的前身。又叫旧英格兰风格。

domestic sewage 生活污水；见 sanitary sewage。

domical 圆屋顶的，穹隆式的；附属于、类似或以穹顶为特征的，如圆屋顶教堂。

domical vault 穹形拱顶

dominant estate 对某地产的产权方用地权的限制，以授权给另一地产的产权方支配，前者称为让出有限用地权的地产（servient estate），后者称为具有支配权的地产（dominant estate）。例如，对某片土地的所有权授与其所有者穿越其邻居的土地以到达高速公路，有此权利的所有者的地产称为支配地产，而被穿越的地产称为出让用地权的地产。

donjon 堡垒，城堡主楼（塔）；同 keep。

dook 木楔；插在墙中间的木楔；用来固定饰面层。

door 1. 入口。2. 一种通常为实体的屏障，通过旋转、滑动、翻起、折叠去封闭墙体或橱柜等上面的洞口。具体类型及其进一步的释义，见 automatic door，balanced door，battened door，blank door，blind door，board-and battened door，car door，casement door，cellar door，Christian door，Class-A door，class-B door，class-c door，class-D door，class-E door，crapaudine door，cross-and-bible door，divided door，double-acting door，double door，double-margin door，Dutch door，dwarf door，Egyptian door，elevator car door，false door，fire door，flap door，flush door，folding door，framed door，French door，half door，Holy door，jib door，landing door，ledged-braced door，ledged door，overhung door，Palladian door，paneled door，pocket door，revolving door，roll-up door，sash door，scuttle door，sham door，single-acting door，sliding door，storm door，swinging door，trap door，unframed door，vertical plank door，weather door，wicket，witch door，z-braced

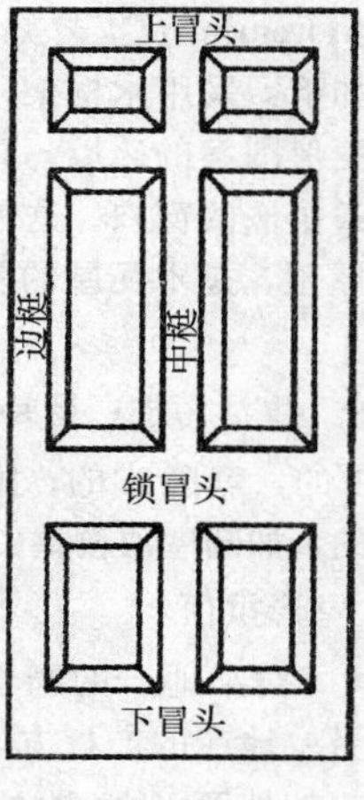

门的命名

battened door，zambullo door。

door band 门闩；同 **door bar**。

door bar 门闩；跨越门两扇，插入门框两边的金属支托内，防止门被打开的粗重的棍子。

门闩

door bevel 门梃斜角；（装锁的）门扇边梃上的斜角，以便于门扇能在门框间自由旋转，斜角通常与门档成 3°。

door bolt 门销；固定在门上，手动操作、用来锁门的滑杆，一般不带弹簧。

门销

door brand 1. 门闩；用于扣紧门的棍子。2. 固定门镶板的扁铁合页。

door buck 门边立木；固定在墙上的木制或金属辅助框架，用来固定门框，也叫 **rough buck** 或 **sub-buck**。

door bumper 门档；见 **door stop，2**。

door cap 门洞正上方带有装饰的墙面或构件。

door casing，door case 门套，门筒子板；门周边经装修的外露木框。

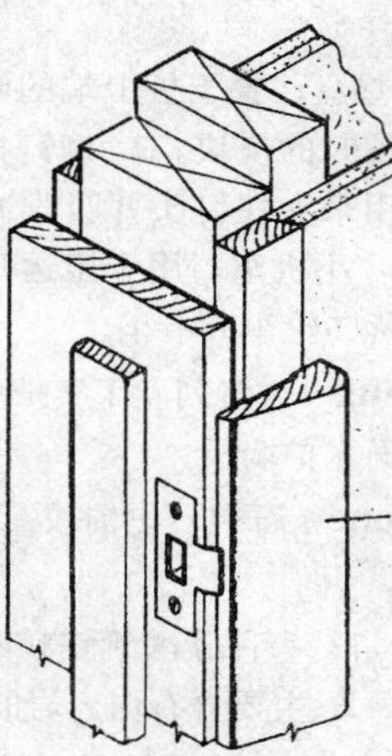

门套

door catch 门插销，门扣；见 **catch**。

door check 门制止器，自动闭门装置；同 **door closer，1**。

doorcheek 门边框，门侧柱，门樘，门框侧板。

door class 门（防火）等级；见 **class-A door，class-B door** 等。

door clearance 1. 门间隙；门底部与已完工的地面之间的间隙。2. 框间隙；同 **frame clearance**。3. 一对门扇的碰合门梃之间的间隙。

door closer 1. 自动闭门器；由关门弹簧与装有液体或气体的压缩腔室组成的闭门装置，装置通过压缩流体或空气缓慢溢出能控制关门的速度，也叫 **door check**。2. 升降机中借助重力或弹力关闭开启的轿厢或井道的门的装置或装置组。

door closer bracket 关门器座；使自动闭门器安装在门框而非直接装在门上的装置。

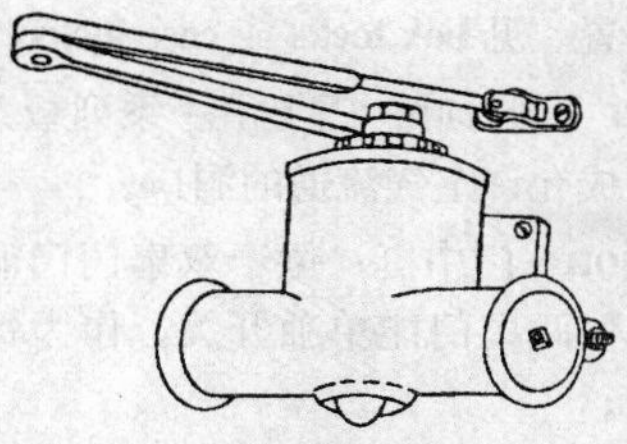

自动闭门器

door contact, door switch 固定在门框上的触摸式电路的开或关，是通过开关门扇来控制的。

door frame 门框；嵌在墙里的组件，包括两根垂直构件（边框）和一根横跨门洞的上槛（门楣），圈起门洞并为悬挂门扇提供支撑。

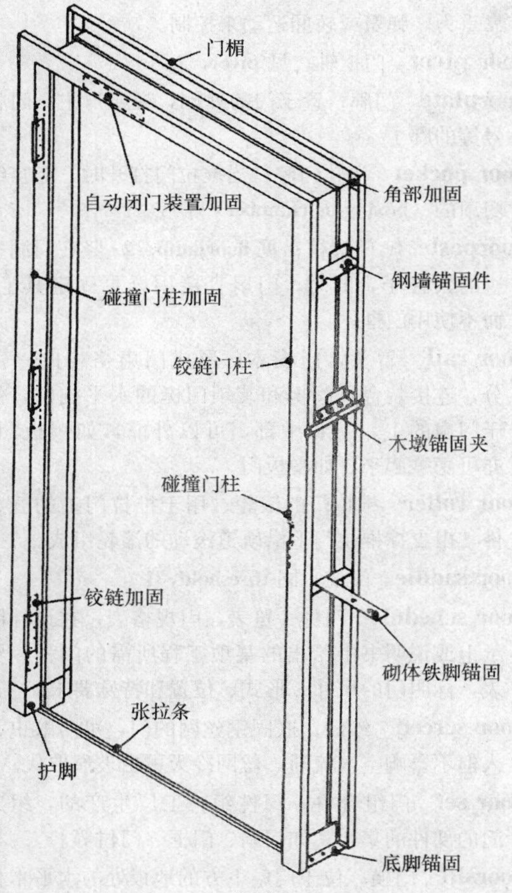

门框

door frame anchor 门框锚固件；用来将门框固定在周边结构中的金属制可调节的装置；又见 **jamb anchor**。

door furniture （英）除锁和铰链以外的，具有功能性或装饰性的门配件。

door grille 门搁栅；在预留的门洞中普通门的搁栅，允许空气流通、阻挡视线，起一定阻隔作用。

door guide 门导轨；保持推拉门滑动正确的轨道。

door hand 开门方向，门的左右摆向；见 **hand**。

door head 1. 门框上槛；门框最上面的部件。2. 门上方的水平凸出部分。

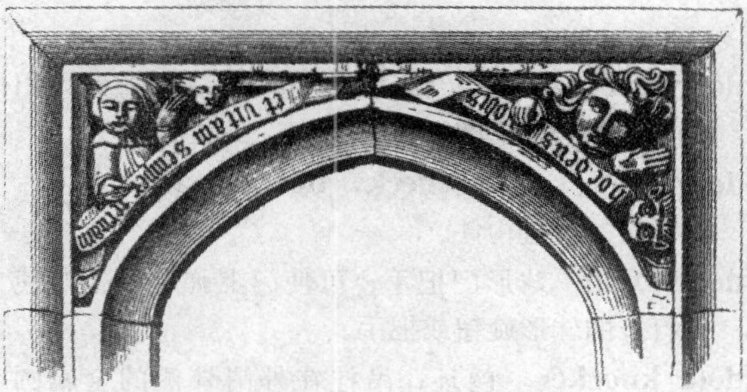

门头，英国（15世纪）

门楣、门边框

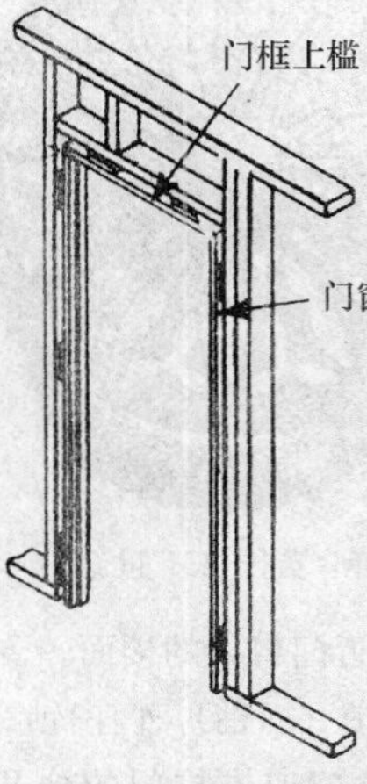

门框上槛，门框边框

door holder 门定位器；能保持门扇开启到某一指定位置的装置。

door hood 门上雨篷；外门顶上凸出的罩子，用于防雨雪。

门上雨篷

door jack 装门架；将门从铰链上卸下修整时，用来固定木门的框架。

door jamb，door check，door post 门边框；门两边的垂直构件。

door knob 球形门把手；可使门上弹簧锁松开使门打开的球形旋钮或把手。

door knocker 门环；吊挂在外门外侧的金属圆块、长棒或环，用来通报来人的到来。

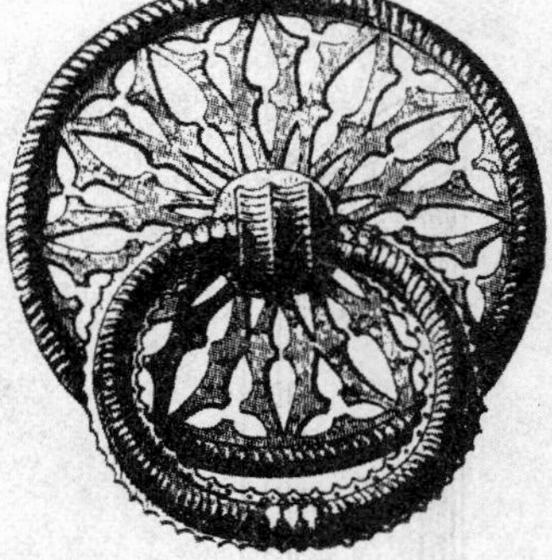

门环，英国（15 世纪）

door landing 临近门口处的楼面。

door latch 门碰锁（插销），门闩锁；见 **latch**。

door leaf 1. 折叠门或推拉门的分开门扇。2. 双开门中的一扇。

door light 门上镶玻璃的部分，门上透光面。

door lining 门框内饰面，门衬；绕门洞上边和两侧的木质、金属或大理石等饰面。

door lock 门锁；保证门除非使用钥匙，否则无法打开的装置。见 **box locks** 或 **case locks**，又见 **lock**。

door louver 门百叶；门上由一系列板条、木片或穿孔板组成允许空气流通的洞口。

door mullion 门中梃；位于双扇门门洞中间的竖向构件，使两扇门能单独开关，作为每一门扇的碰撞门柱。

doornail 1. 护门帽钉，用于使门环撞击（发出声响）的护门钉。2. 用于装饰或保护门的大头钉。

door opening，opening size 门洞尺寸；门边框至门边框和地板（或门槛）至门楣的门框开洞尺寸，通常等于门的实际尺寸与门边所需间隙之和。

door operator 电梯门电动开关；电梯轿厢门和（或）梯井门的开关，由电动控制，而非手动，或靠重力、弹簧或轿厢运动来控制。

door pivot 门枢轴；见 **pivot，2**。

doorplate 门牌；置于门的外侧，说明户主、门牌号等的牌子。

door pocket 滑轨门腔；当推拉门打开时，能容纳门扇的（**boxing or chamber**）槽腔。

doorpost 1. 门边框；见 **doorjamb**。2. 竖在门洞一边的大柱子，旧时，门扇直接用合页固定其上，而不使用门框。

door rail 冒头，门横木；形成门扇格构的一部分，连接装合页门梃和装锁门梃的水平构件，位于门扇的上、下和中部，可以外露，如镶板门，亦可隐藏起来，如平板门。

door roller 推拉门的滚轮；用于推拉门上的五金件，由支撑推拉门上沿轨道滚动的滚轮组成。

door saddle 门槛；同 **threshold，1**。

door schedule 门种一览表，门规格表；在设计图纸上或说明书中给出的某项工程所需的门种一览表，标明门的尺寸、形式、位置和特殊要求。

door screen 纱门；嵌固钢丝网的门，可防蚊虫飞入但不影响空气流通，丝网冷天可由玻璃取代。

door set 门组合件，门件组；工厂生产的，组成门的部件的集合，如门扇、门框、门付等。

doorsill 门槛；位于门扇下方的地板处的水平木板或金属板，遮盖两种地板材料的接缝，也叫门口踏板。

doorstead 门口，包括门扇和门框。

doorstep 门阶；门口处的踏步，通常指大门外面的多级台阶。

door stile 门扇边梃；构成门扇骨架的垂直或许能拆卸的构件，与被称为门边框的门框垂直构件不同，内边梃（靠近门转轴的边梃）称为装合页边梃，外边梃称为装锁边梃。

doorstone 门槛处的阶石。

doorstop 1. 门挡，门框企口，门框止口（条）；关门时，门扇与之紧靠的木条。2. 止门器；固定在门背后的墙上或凸出于地板上，防止门被过度开启的装置，也叫门缓冲器。

door strip 门底挡雨线脚板，撇水板；紧贴在门扇底边上，遮盖门底边与门槛之间缝隙的木条。

door surround 环绕门洞口的装饰，例如，见 **Gibbs surround**，吉布斯洞口装饰。

door sweep 门扇防风刷，门刮刷；见 **sweep strip**。

door swing 门的左右摆向，开门方向；见 **hand**。

door switch 门触开关；见 **door contact**。

door threshold 门槛；同 **threshold**，1。

door track （推拉）门轨；支撑推拉门往复运动的金属轨道。

door transom 门中槛。

door tree 门柱；门边框或侧梃。

door trim 门框贴脸，门框饰；门框四周的筒子板或线脚，起遮盖门框与墙间接缝的作用或起装饰作用。

door unit 1. 门组件，门扇及门框。2. 建筑法规规定的防火出口处每扇门能开启的洞口净尺寸。

doorway 门道，门口；墙上的开洞，装有门，作为房间或建筑物出入的通道。

door window 法式门，落地窗。

dope 1. 添加剂；加入砂浆或灰膏等材料中，能减缓或加速其凝结的材料。2. 加入涂料中，能调节其稠度，使其符合规范要求的材料。3. 用作多孔纤维材料保护面层的硝酸纤维素溶剂。4. 制造管道接头时使用的润滑剂，以确保接头不漏。

Doric capital 陶立克柱头；陶立克柱式的柱子或壁柱的顶端构件。

Doric cyma 陶立克反曲线脚，上凹下凸的双弧形线脚。

Doric order 陶立克柱式；在古典建筑及其演化的风格中，由希腊陶立克人发展的柱子及檐部的样式。其特点是：粗壮的比例，简洁的柱头，檐壁由等距离排列的三陇板和陇间壁组成，檐口有托檐石，比科林斯和爱奥尼柱式平实（尽管后来的塔斯干柱式更为平实）。罗马式的多立克柱式有柱基础，但通常没有柱身凹槽（见下面图解），相反，希腊的多立克柱式通常有柱身凹槽但没有柱基座，（与塔斯干柱式相比较）。

多立克柱式：*a*—希腊；*b*—罗马

dormant，dormant tree 主梁，横梁；在木框架房屋中，承托次梁的大横梁。

dormant window 老虎窗；同 **dormer**。

dormer，dormer window 老虎窗；坡屋顶上凸出的独立结构，一般装有直立的窗户，为屋顶或阁楼里的房间提供采光和通风。各类的老虎窗的定义和解释，见 **arched dormer**，**deck dormer**，**eyebrow dormer**，**flat-head dormer**，**gable dormer**，**hipped dormer**，**inset dormer**，**mission dormer**， oval dormer, Palladian dormer, pedimented dormer, pitched-roof dormer, pointed dormer, polygonal dormer, recessed dormer, ridge dormer, round dormer, segmental dormer, shed dormer, through-the-cornice dormer, triangular dormer, wall dormer, watershed dormer。

dormer cheek 老虎窗侧壁；老虎窗的竖直侧面。

dormer window, dormer 老虎窗；从坡屋面凸出的垂直窗户，没有人家小屋顶。

老虎窗

dormitory 一处、一间或一幢睡觉的场所。

dormitory suburb 郊外居住区；见 satellite community。

dorsal 雨篷，同 canopy。

dorsel 1. 挑篷，雨篷。2. 祭坛背后的饰物，同 reredos。

dorter, dortour 庙宇中的宿舍。

dosing tank 投配池；环卫工程中，存放污水的收集池，以便为随后排放做进一步处理。

dossal 祭坛背后的饰物；同 reredos。

dossel 1. 祭坛背后的饰物；同 reredos。2. 悬挂于教堂祭坛后面或圣坛两边的丝、缎、绵或金线织成的布等。

dosseret 副柱头；设在柱头顶上的构件或附加柱头；见 impost block。

dot 灰饼，灰点；置于抹灰面上的灰膏点或临时性的钉子，用作抹灰工人抹灰时的厚度参考。

dote, doat, doze （木材）腐朽；木头变松软，呈没有实用价值的状态。

doty 指腐朽的木材。

double-acting butt 双向合页；同 double-acting hinge。

double-acting door 双开式门；绕在合页上可以向内外两个方向旋转的门；见 swinging door。

double-acting frame 双向门框；没有门挡的门框，可允许安装双开式弹簧门。

double-acting hinge 双向合页；允许门朝任意方向转动的合页，用于双开式弹簧门。

double-acting pump 双动式水泵；活塞可往复运动的水泵。

double angle 双角钢构（杆）件；背靠背地固定在一起的两根 L 形金属结构构件。

double architrave 围绕（房屋墙面上的门窗）洞口的两条装饰带，两条装饰带通常不在同一平面内，由华丽的线脚分开。

double ax 双刃斧；两边有刃的斧子。

double back 双层面层做法；见 double up。

double bead 双珠饰；由两条小圆珠组成靠在一起中间无其他面层或线脚的线脚。

double-bellied 形容上部和下部轮廓一致的栏杆。

double-bellied baluster 上部与下部外形对称的栏杆小柱。

double-bend fitting 双弯配件；管道工程中，S 形管道配件。

double-beveled edge 双斜面；从装锁门梃的中线分别斜向两侧门面的边。

double-break switch 双断开关；电力布线中，可以在两处关闭电路的开关。

double bridging 搁栅双行剪刀撑，双交叉撑；支撑在相邻搁栅之间，将搁栅分成三份的横撑。

double capital 双层柱头；同 dosseret。

double-center theodolite 双中心经纬仪，同 repeating theodolite。

double chimney 1. 尺寸大致相同的一对烟囱，各位于房屋的山墙两端。2. 为不同房间服务的两个背靠背壁炉的烟囱，通常有两个烟道。

double church 两层教堂；上下两层的教堂，可供两处做礼拜，在教堂上层的楼板上设一大洞，以便两层的教徒能听到同一个广播。

double-cleat ladder 双行道梯；类似于单行道梯，但比它宽，附加的中间扶手允许工人双向上下。

double cloister 被一系列圆柱或柱墩分为两部分

的回廊。

double-cone molding 由双锥体装饰的线脚，锥体底对底，尖对尖。

double corner block，pier block，pilaster block 双棱混凝土砌块；侧面和端面均为矩形平面的混凝土砌块。

双棱混凝土砌块

double course，doubling course 双板层；双层墙板或类似双层片材，一层在另一层上面，提供厚度最小的两层片材覆盖，见图注解。

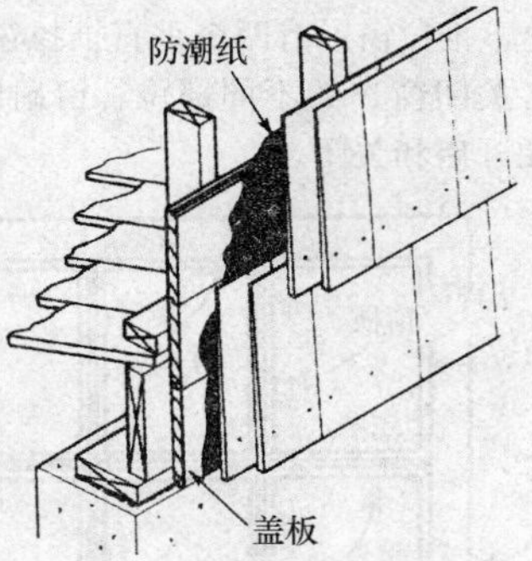

双板层

double-crib barn 双层粮囤（仓）；见 **crib barn**。

double cross-vault 双层交叉拱顶；见 **cross vault**，交叉拱顶。

double-cut file 双（交）纹锉；有两组锉纹的锉刀，一组与另一组十字相交，锉纹方向与锉刀中线斜交。

double-cut saw 双向齿锯；齿刃在推拉时都在切割的锯子。

double decker 两户合住的两层住宅，一层住一户，每户有独立的出入口。

double-decker barn 建在陡峭的山坡上的三层小房子（包括阁楼）。

double-decker porch 双层小公寓门廊；见 **two-tiered porch**

double dome 双穹；一个位于另一个内部的成对穹顶，两个穹顶的中央曲率相同。

double door 双扇门；一副门框上装有两扇独立门扇的门。

上面有扇形窗的双扇门

double-door bolt 双门闩；同 **cremone bolt**。

double-dovetail key，hammerhead key 双燕尾榫，锤头榫；硬木制成的，用来连接两块木料的键，它的两端各有一个鸠尾榫，用以插入相应木料的凹槽中。

double eave course 双檐沟层；同 **double course**。

double egress frame 双向开门框；用来承接两扇朝相反方向开启的单向门的门框，两扇门有同一个把手。

double-ended substation 双端配电室；由两个配电器共用一个表盘组成的配电室，电路断路器将配电器实体和其电源分开。

double ender 教堂东端和西端具有相同圆形壁龛的中世纪教堂。

double-end-trimmed 两端锯齐的；形容将木板两端锯成近似四边形的锯法。

double-entry stair 双合式楼梯；同 **double stair**。

double-extra-strong pipe 超强钢管，特厚管；壁厚超过标准重量的管，以使强度达到标准管两倍的钢管。

double-faced 1. 类似双向线脚那样的细木工，线脚的两部分分别在不同平面内。2. 双面的；形容两面均经精细加工的材料。

double-faced hammer 双头锤；两端都有击打面的锤子。

double-faced ware，porcelain enamel ware 双釉面瓷器；两面均涂有釉面层的陶器。

double feathering 双叶瓣饰；将大的尖角饰进一步分为两个更小的部分的分支。

double Flemish bond 双面梅花丁式砌合；墙的两面都显示梅花丁图案式砌合的砌砖。

double floor，double-joisted floor，framed floor 双层楼面；由次梁支承上部楼面搁栅及其下面吊顶的楼板。

double format pavior 双开铺面砖；具有双底面或与底面垂直的较长的侧面的面砖。

double-framed floor 双梁系楼板；由大梁承托小梁（小梁再承托地板搁栅）的双重支撑楼板。

double-framed roof 双坡式屋顶，檩椽体系屋顶；使用纵向构件（如脊梁或脊檩）的屋顶。

double framing 双倍用料构架；使用正常数量两倍的构架材料以具备额外强度的构架。

double-fronted lot 前后两面临街的地产。

double-gable roof 双脊屋顶，M形屋顶。

double glazing 双层中空玻璃；两片平行的玻璃之间夹有空气层，以增加隔热和（或）隔声效果。

double glue-down 双层地毯直接粘地铺装；见 **glue down**。

doublehanded saw 双人锯；由两个人操作每人各执一端的锯。

double-headed nail，scaffold nail，form nail 双头钉；有两层钉头的钉子，上层钉头的作用是被锤子锤打，并可在拔钉子时用，下层钉头的作用是压住钉入的表面。常用在脚手架、模板工程等临时结构中。

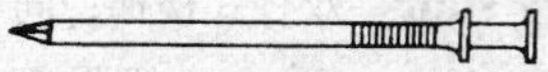

双头钉

double header 双木端（搁栅）；由两块木板 构成的端头搁栅，用螺栓或钉子固定以产生比单块木板更大的强度。

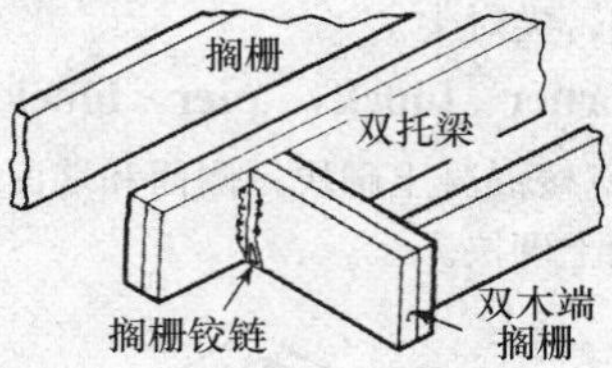

双木端搁栅

double-hipped roof 双斜面的四坡屋顶；又见 **bonnet roof**。

double house 1. 一对联立式住宅，平面沿公共墙为对称轴，每个单元各有独立的入口。2. 科德角式住宅；见 **Cape Cod house**。3. 查尔斯顿式住宅；见 **Charleston house**。

double-hung window，double-hung sash window 上下推拉窗；有两个垂直推拉窗扇的窗户，两窗扇各关闭窗户的不同部位，窗扇的重量相互平衡以便开启和关闭。

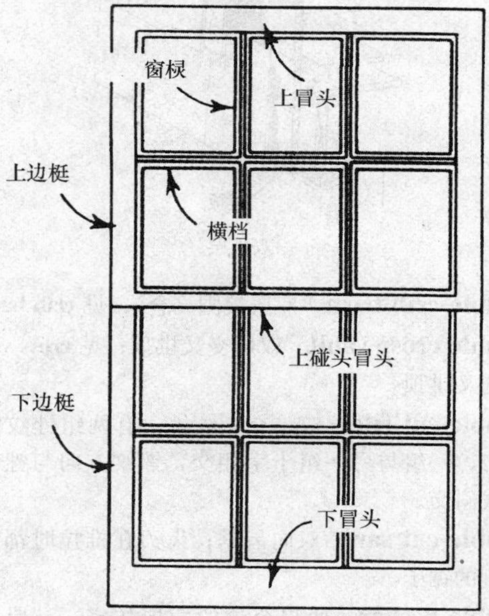

上下推拉窗：专用名词

double-intersection truss 双向交叉桁架；各桁架节间有两条对角相交杆件的桁架。

double jack rafter 连接垂脊和斜天沟的椽子。

double-joisted floor 双层楼板；见 **double floor**。

double junction 双联接头；两边都有支管的水管或排污管的接头。

double lancet window 中间有竖框的双尖窗；由直棂分隔出两个锐尖窗的窗户。

double lath 双面抹灰板条，加厚抹灰板条；两倍于正常厚度的抹灰板条。

double lean-to roof 中间有天沟的双坡屋顶；由双个单坡屋顶底边相交形成带天沟的 V 形屋顶。

double-lock seam 卷边咬合接缝；相邻两金属薄板边缘之间的一种接缝，先将双层薄板折叠，再将折叠部分压平后形成的接缝。

卷边咬合接缝

double-lock welt 卷边咬合接缝；同 **double-lock seam**。

double L stair 三折式楼梯；有两个中间休息平台的楼梯，一个平台靠近顶面，一个靠近底面，每个休息平台处梯段做 90°转弯。

double-margin door 重梃宽门；有双扇门外观的门。

double measure 双面装饰；细木工中，双面都有线脚的活计。

double meeting rail 双碰头冒头；两扇相邻的旋转窗扇相碰处水平的固定碰头冒头。

double meeting stile 双碰头边梃；双碰头冒头的垂直对等部分。

double-molded 指门框的两面都有线脚的门。

double monastery 统一管理的男女修道院；共用同一所教堂，并由同一位修道院院长管理的相毗邻的男女修道院。

double offset 双偏置（管）；管道工程中，管道连续两次方向的改变。

double partition 双隔墙；两面依靠各自独立框架建造的隔墙，中间形成空腔，用来隔声或隐藏推拉门。

double-pen cabin 同一屋顶下有两间毗邻房间的圆木小屋，小屋两端各有一烟囱，通常有通面宽的门廊；又见 **center-hall cabin**，**dogtrot cabin**，**saddlebag cabin**。

double-pile house 有两间进深的住宅；又见 **pile**，**2** 和 **sigle-pile house**。

double-pitched （屋顶）屋顶具有双折向坡的；像斜折屋顶一样，单个斜坡面上有两种倾斜度。

double-pitched roof 双坡屋顶；中央屋脊两侧各有两个缓坡的屋顶，例如，见 **gambrel roof**。

double-pitched skylight 双坡天窗；又立在屋脊上有两个斜坡的采光窗。

double-pole scaffold 双排柱脚手架；由双排柱从基础支撑的脚手架，不受墙体支撑的约束，由柱、梁、水平平台和对角斜撑组成。

double-pole switch 双刀开关；电力布线中，有两个闸刀盒的开关，用来同时接通或切断两端的电路。

double porch 双层门廊；看起来一层和二层设计上相同的门廊

double pour 二次涂刷；在组合屋面中，分别涂抹的两道沥青涂层和面层，用于有组织排水的平屋顶中。

double-quirked bead 双槽凸圆线脚；见 **quirk bead**，**2**。

double-rabbeted frame 双企口门框；两边都有凹槽的门框，因而门扇可以固定在门框的任意一侧。

double raised panel 双面凸板；见 **raised panel**。

double-rebated frame 双企口门框；同 **double-rabbeted frame**。

double return stair，**side flights** 双分式楼梯；从主楼层向上为一个宽梯段，至中间休息平台后向两侧分为两个窄梯段通向上面楼层的楼梯。

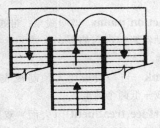

双分式楼梯

double Roman tile 复式罗马瓦；瓦的中心线上有附加瓦筒的罗马瓦，附加瓦筒与瓦边处的瓦筒相匹配且平行。

double roof 檩椽体系屋顶；一种木构架体系，椽子搁置在中间支撑的主檩上。

double-run stairs 剪式楼梯；由起始和终止在相同高度的两个梯段组成，两个梯段交叉大致在各自的中点处。

double-saddle notch 圆木小屋拐角处的双鞍形凹槽；水平圆木尽端处的一对圆形开槽，槽口对开在圆木两面，与另一未开槽圆木呈直角结合，形成转角接缝，有时简单称为 **saddle notch**，鞍形凹槽；又见 **notch**。

double shear 双剪；当剪应力沿两个截面作用时，构件所承受的剪力。

double-shell tile 双面陶瓦；由短肋分开具有双面层分隔的陶瓦。

double-shouldered chimney 双肩烟囱；同 **stepped-back chimney**。

double sliding door 双扇拉门；具有独立轨道可交叉滑行的一对拉门。

double skirting 双层高踢脚板；大大高于普通高度的踢脚板。

double square 双直角尺；见 **adjustable square**。

double stair 双合式楼梯；从休息平台向下合并成一个梯段的开敞式楼梯，与（**double-return stair**）双分式楼梯相比，通常设计得更有趣。

double step 双阶齿榫木构体系中，在支撑椽子的系梁上开出的双凹槽。

double-strengh glass 加厚玻璃，高强玻璃；厚度在 0.113～0.118in（2.87～3.00mm）之间的平板玻璃。

double-suction pump 双吸式泵；带螺旋形套管，水从推动器两端进入的泵，这样可避免水压的不平衡。

double-sunk 当一块板比大预制板表面下沉时，而凹进或压低两个踏步。

double surface treatment （表面）双层处理；施用于表面处理的两个步骤，如先用沥青材料后用矿物颜料。

double-swing door 双旋门；同 **double-acting door**。

double-swing frame 双旋门门框；用于安装一对单旋门扇的门框，两扇门朝同一方向开启。

double T-beam 双T形梁；由两根梁和同一块贯通顶部的板组成的预制混凝土构件。

double tenons 1. 双雄榫；构件一端有两个并排的榫，也叫 **divided tenon**。2. 双榫同轴；构件两端各有一个在同一轴线上的榫。

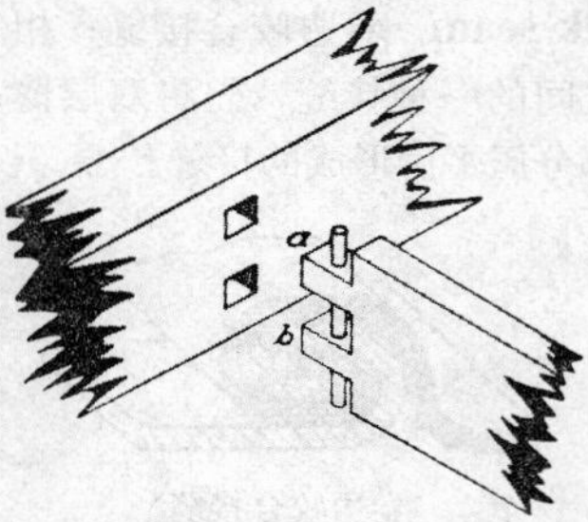

双雄榫：*a*，*b*

double-throw bolt 两程门插销；有两个销入长度的门锁舌，可以从第一长度伸长至第二长度（或全长），可更加安全。

double-throw switch 双投开关；电力布线中，有两个触点的开关，通过将开关弹片从一个触点移至另一个触点，从而改变电路连接。

double-tiered porch 双层门廊；同 **two-tiered porch**。

double-tier partition 两层高隔墙。

double up，double back 抹灰的两层做法；首先抹基层，在基层抹灰未干燥凝结前，再在基层上面覆盖同一种灰浆，是两道抹灰作业的一种形式。

double vault 复式穹顶；由相互分离的内、外拱壳组成的穹隆形的拱顶。

double wall 中空夹壁墙，双肢墙；由两道墙以及中间空隙组成的墙体，中空部分通常填塞玻璃纤维，用以隔热或隔声。

double-wall cofferdam 双壁围堰；由双重护墙形成的围堰，并且用泥土或碎石回填。

double waste and vent 双重污水管；同 **dual vent**。

double-welded joint 双面焊接接头；电弧焊或气焊中任何双面焊接的接头。

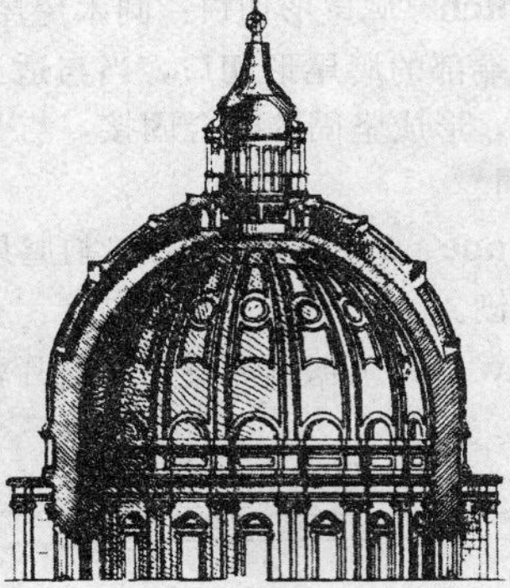

双层穹顶

doublt welt 双咬口；同 double-lock seam。

double window 1. 双重窗，两层重叠的窗，如风雨窗，用于提高隔热和隔噪声性能。2. 双层窗；有两层玻璃的窗户，中间有空气层。3. 并排的两扇窗户，形成一个建筑元素。

double wrench 双头扳手；两端各有一套钳口的扳手。

double-wythe wall 空心墙；见 double wall。

doubling course 两层片材；见 double course。

doubling piece 1. 披水条。2. 檐口垫瓦条。3. 棱形倒角；见 arris fillet。

doubly prestressed concrete 双向预应力混凝土；在两个相互垂直的方向预加应力的混凝土。

doubly reinforced concrete （截面配）双筋的混凝土；同时配有受压钢筋和受拉钢筋的混凝土。

doucine 反曲线脚。

doughnut （混凝土）圆环；见 concrete collar。

Douglas fir，Oregon pine，red fir，yellow fir 洋松；强度高、密度中等、质地中等的软木，广泛适用于胶合板，也用作工程木料和木板。

dovecote 鸽棚；供燕子或鸽子居住的构筑物。平面通常为四边形、六边形、八边形或圆形，一层半或两层楼高，顶端带装饰。由于鸟肉可食用，因而这种屋子一度很流行。棚内是蜂窝状的小龛间，小鸟可以在其中休息。也叫 pigeonhouse（鸽子房）或 pigeonnier（鸽舍）。

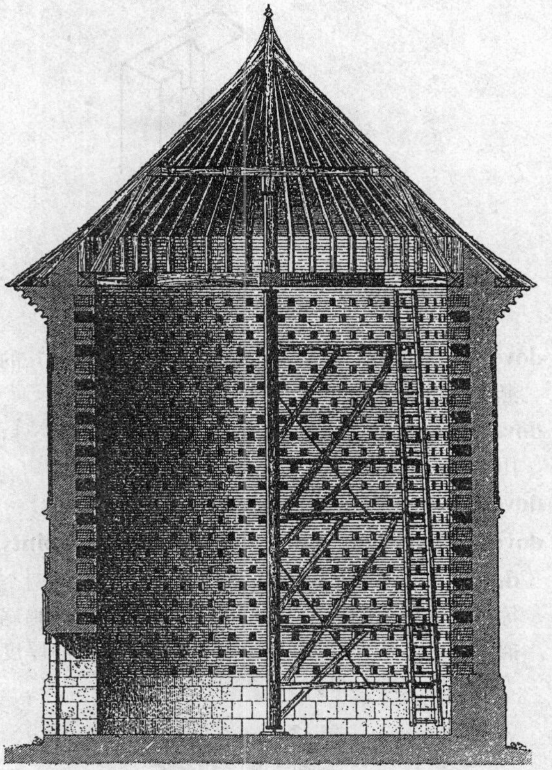

鸽棚

dovetail 1. 鸠尾榫；八字形榫，状如燕尾，端部较根部宽。2. 鸠尾连接；将燕尾榫插入相应的榫眼所形成的连接。

鸠尾榫

dovetail anchor slot 鸠尾锚定槽；钉入混凝土模板的狭槽（其开口端靠着木材），狭槽两端用木材或蜂窝状泡沫塑料临时封堵。混凝土浇筑后，移去模板，狭槽用来将砌体锚固至混凝土。

dovetail baluster 楼梯的鸠尾榫栏杆；底部为鸠尾形，用于连接楼梯踏步的栏杆。

dovetail brick 燕尾砖；一端为楔形，另一端为凹槽的砖，凹槽端与另一块砖的楔形端首尾相连。

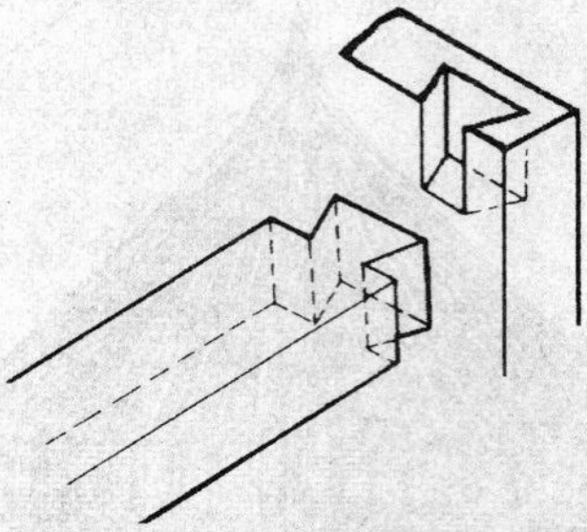

鸠尾连接

dovetail cramp 燕尾夹；用来提抓砌块（砖）的燕尾形钳夹。

dovetail cutter 燕尾铣刀；一种旋转切割工具，用于切割燕尾榫。

dovetail feather joint 双燕尾键。

dovetail half-lap joint，dovetail halved joint，dovetail halving joint 鸠尾对开叠接；由两个等厚构件形成的连接，将其中一构件端部的鸠尾插入另一个构件相应的槽内，鸠尾和槽口的厚度为构件厚度的一半。

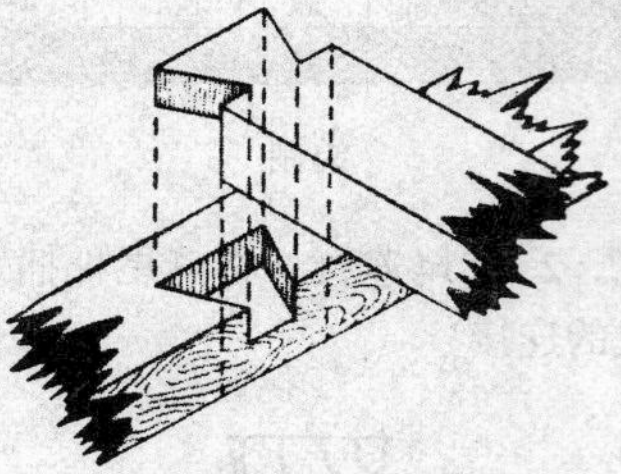

鸠尾半连接

dovetail hinge 燕尾合页；同 **butterfly hinge**。

dovetail joint 鸠尾榫接；同 **dovetail，2**。

dovetail lath，dovetail sheeting 鸠尾钢丝网，鸠尾挂灰网；一种挂灰钢丝网，现在称为带 **V** 形肋的钢丝网。

dovetail margin 鸠尾条，鸠尾带；鸠尾形的条或带。

dovetail miter 鸠尾斜接；同 **secret dovetail**。

dovetail molding，triangular fret molding 鸠尾形线脚，三角回纹线脚；由鸠尾形回纹装饰的线脚。

dovetail notch 鸠尾形切口；圆木房屋的转角处，外露方梁端部的鸠尾形切口，当与适当的切口劈木插合时，形成坚固的咬合固接，与 **half-dovetail notch** 不同。

dovetail plane 鸠尾刨；用于切割鸠尾连接的榫和企口的刨。

dovetail saw 鸠尾锯，榫头锯；刀片薄、锯齿细的小榫锯。

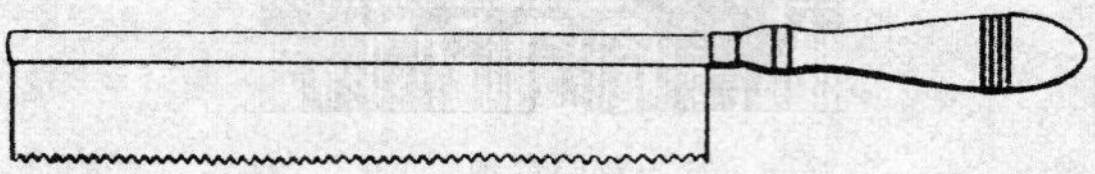

鸠尾锯

dovetail sheeting 鸠尾挂灰网；见 **dovetail lath**。

dowel 榫钉，销钉，键；圆柱形木质或金属棍，插入贯穿两构件的孔洞中，用以固定两片木板、石板或混凝土板等。

dowel-bar reinforcement 连接筋，接缝筋，合缝钢条；在两混凝土构件接缝处伸入两侧长度大体相等，从而增加接缝强度的短钢筋。

dowel bit，spoon bit 半圆形木钻；一种钻孔工具，其杆身为半圆柱形，端头是圆锥形切边或放射状刀尖，需与支架合用。

dowel joint 暗销连接；任何使用销子的木构件连接。

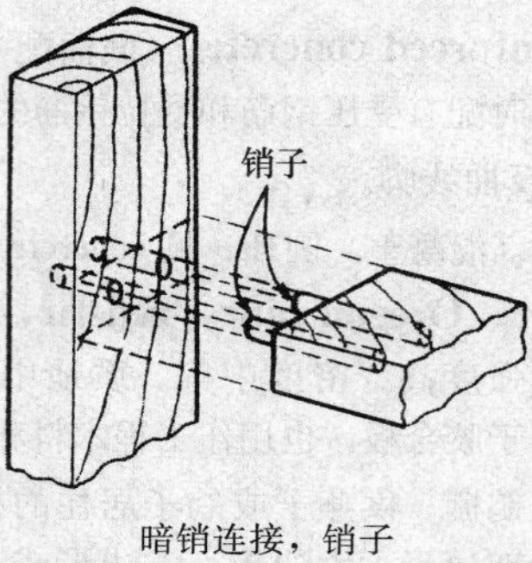

暗销连接，销子

dowel lubricant 连接筋润滑剂；涂在伸缩缝处钢筋上的润滑剂，可减少钢筋与混凝土之间的粘结力，从而促进无限的纵向滑动。

dowel pin **1.** 销子。**2.** 端头尖利或变形的金属销钉，用以固紧榫卯连接。

dowel plate 销钉板；经过淬火处理、用于制作木销子的钢盘。上面有大小不同的圆孔，木栓穿过这些圆孔，其多余部分被除去而制成木钉。

dowel screw 双头螺纹栓；两端有螺纹的销子

downbrace 角柱和门槛间的木料。

downcomer 1. 泄水管，落水管，水落管。2. 水流在其中垂直流动的管道。

down conductor 落地导线；防雷系统导线的垂直部分，形成雷电从避雷针至地面的电流通路。

downdraft，（英）**downdraught** 1. 倒风；常指烟囱或烟道中带烟气的向下气流。2. 下行气流；空气流经窗户表面时，窗表面使气流冷却致密度增大，因而产生向下流动的气流。

down-feed system 1. 上行下给式系统；供暖（或空调或制冷）系统的一种布管方式。在这种布管方式中热流或冷流在干管中循环流动，干管高度高于其服务的供暖或制冷单元。2. 重力给水系统；配水系统中，配水干管位于压力区顶端，它向立管给水，立管向下配水直至压力区最底端。

down lead （天线）引下线；同 **down conductor**。

downlight 下射灯顶棚隐灯；凹入、表面凹进或垂挂的小的直射照明器，它发出的光线垂直向下照射。

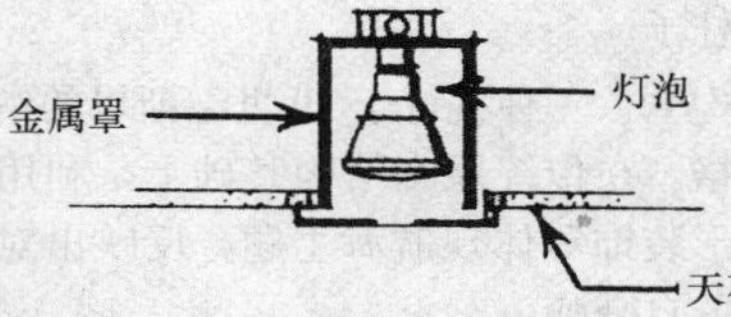

下射灯顶棚隐灯

downpipe 水落管；见 **downspout**。

downspout，**conductor**，**downcomer**，**downpipe**，**leader**，**rain leader**，**rainwater pipe** 泄水管，水落管；通常由金属薄板制成的竖直管道，把水从屋面檐沟或排水沟导向地面或蓄水池。

downstage 舞台前部；离观众最近的舞台前面的部分。

downstairs 楼下；住宅的下面一层或各层。

downzoning 降低密度区划；区域分类由高密度性质降至低密度。例如，从商业开发转向住宅开发。

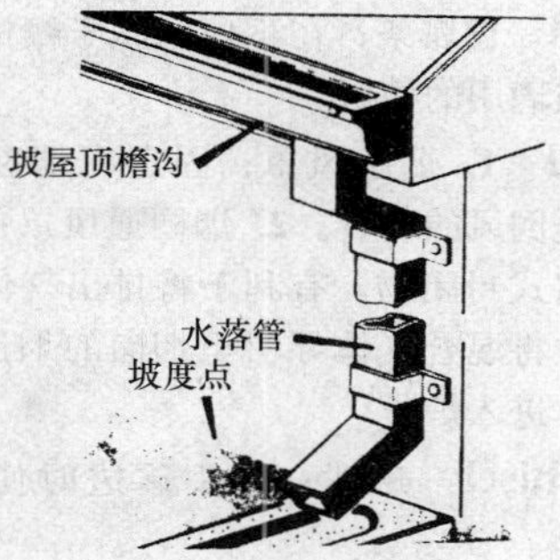

水落管

DOZ （制图）缩写＝“**dozen**”，一打，十二个。

doze （用推土机）推土；见 **dote**。

dozer 推土机；同 **bulldozer**。

dozer shovel 铲斗前凸的推土机；铲斗前凸，用以挖土、卸土或推土的机械。

dozy （木材等）腐烂的；见 **doty**。

DP （制图）缩写＝“**dew point**”，露点。

dpc 缩写＝“**dampproof course**”，防潮层。

d. p. c. brick 防潮砖；平均吸水率（以重量计）不大于4.5%的砖。

dpm 缩写＝“**dampproof membrane**”，防潮薄膜。

DR 1.（制图）缩写＝“**drain**”，排水道。2. 缩写＝“**dressing room**”，化妆间。3. 缩写＝“**dining room**”，餐厅。

draft，（英）**draught** 1. 流经烟道、烟囱或加热器的空气流或气流，或导致皮肤表面散热量较正常散热量增大的局部气流。2. 琢边；环绕石头表面经凿饰的窄边，边的宽度通常与凿子边刃宽度相当，也称为 **drafted margin** 或 **margin draft**。

draft bead，**deep bead**，**sill bead**，**ventilating bead**，**window bead** 窗下槛止风条；固定在上推下拉窗下槛处的小木条，窗户在碰头冒头处允许通气，却阻止下槛处的气流通过，也称 **draft stop**。

draft chisel 琢凿；同 **drafting chisel**。

draft curtain 气流幕；见 **curtain board**。

drafted margin 琢边；见 **draft**。

drafted masonry 粗琢方石；表面具有琢边的石料。

draft fillet 窗镶条；在不使用腻子镶嵌玻璃的窗上安置玻璃用的槽楞。

draft hood 1. 烟囱风罩；固定在烟囱内壁或顶部，防止倒风的装置。2. 烟橱通风罩；燃气炉上的可开启式封闭物，有利于将排出气体与空气相混合，并将混合气体导引至烟囱的烟道，并防止回流气体进入炉子。

drafting chisel 琢凿；石头琢边时使用的专用凿子。

drafting machine 绘图仪；综合丁字尺、比例尺、三角板、量角器的功能，固定在绘图板或绘图桌上用来绘图的仪器。

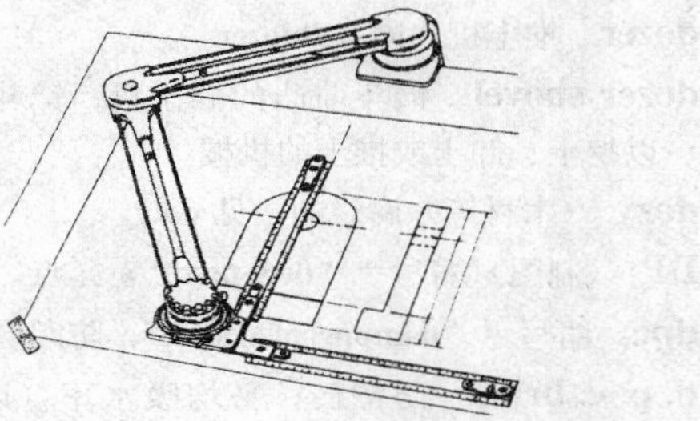

绘图仪

drafting pen 鸭嘴笔；机械制图时使用的专用墨水笔；见 **drawing pen**。

鸭嘴笔

draft regulator 通风调节器；通过自动减少某一特定量的气流，从而保持天然气器具中所需气流量的设备。

draft stop 挡火墙，顶棚防火板；用来防止空气、烟气、可燃气和火苗经过大截面隐蔽通道，如吊顶等扩散到房屋其他部分的建筑构件。

drag 1. 长向为锯齿边的薄钢片，用来抹平石膏并刮毛，为下一道工序打底。2. 钢齿耙（石工修饰器）；边缘为细小锯齿的钢片制成的工具，用以在石头表面来回刮磨，制作饰纹。

dragged （被）打毛的；形容表面经打毛处理产生纹理的

dragging beam 承托脊椽梁；同 **dragon beam**。

dragging piece 承托脊椽梁；同 **dragon beam**。

dragline 索铲挖土机，拉铲挖土机；在起重机上附有铲斗，通过伸拉铲斗进行装卸土操作的挖土机。

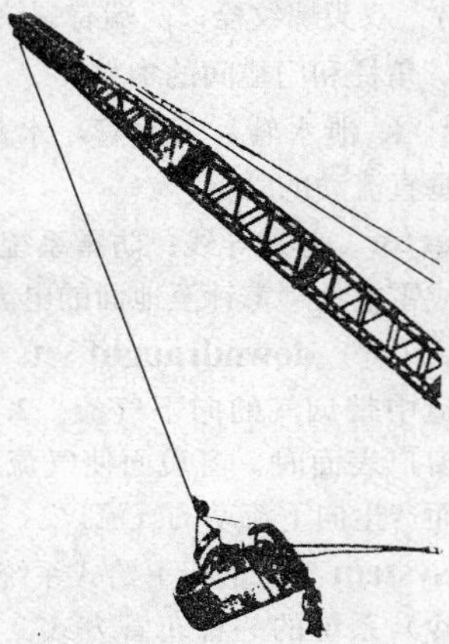

索铲挖土机，拉铲挖土机

dragon beam, dragon piece 承托脊椽梁；木构建筑中，接纳并支撑垂脊椽底端以抵消其推力的短梁。

dragon's blood 龙血树脂；深红色天然树脂，主要用作清漆中做染色剂。

dragon piece 承托脊椽梁；见 **dragon beam**。

dragon post 应用在前方和一侧设有防波堤建筑转角处的柱子。

Dragon style 一种盛行于 19 世纪斯堪的纳维亚的建筑风格，在传统原木结构基础上，利用装饰船头的龙形装饰等体现航海主题，反映出对北欧海盗时代的自豪感。

dragon summer 超大尺寸的垂脊椽梁。

dragon tie 垂脊椽梁斜撑；支撑垂脊椽梁一端的斜撑。

drag shovel 拖铲挖土机，拖拉铲运机，反向机械铲；同 **backhoe**（有伸缩挖掘装置的）锄耕机。

drag strut 阻力撑杆；将横向荷载通过建筑传递至垂直支撑结构上的构件。

drain 1. 排水管；房屋排水系统中的管道，输送废水。2. 排水管，排水沟；输送废水或雨水的管道或沟渠。

drainage 1. 人工或自然的排水系统。2. 排水；将水排除。

drainage area 排水区；地表铺设排水渠的区域。

drainage basin 流域；地表水由高海拔流向低海拔的区域。

drainage channel 排水沟；将暴雨径流排走的沟渠。常由混凝土、草、乱石等构成，以防其被侵蚀。

drainage envelope 管道裹覆材料；完全缠绕在管道的外面，为其提供支撑和（或）保护的材料。

drainage fill 1. 排水沟填料；浇筑于屋面或楼面上帮助排水的轻质混凝土。2. 防潮填料；置于地基和地板之间的颗粒材料，可阻止潮气通过毛细作用上升。

drainage fitting，Durham fitting 铸铁排水管配件；排水管道中带螺纹的铸铁配件，带有管肩，以便与管道连接时内表面平整而连续。

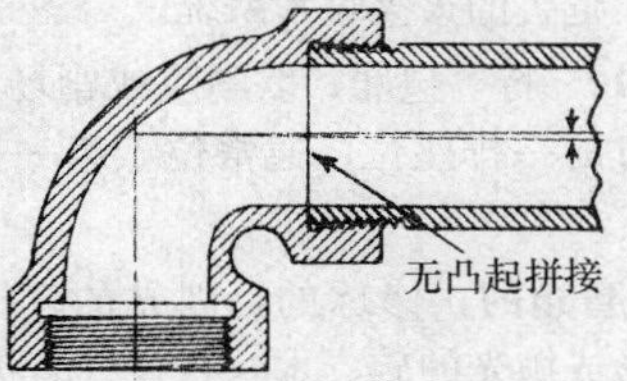

排水配件，连接面平齐

drainage fixture unit 排水设备单元；同 **fixture unit**。

drainage hole 泄水口；结构如挡土墙上用于排除墙后土壤中多余水分的开孔。

drainage piping 排水管（网）；排水系统的全部管道或其中一部分管道。

drainage system 下水管系统，排水系统；建筑物内部的一套管网系统，将污水、雨水或其他废水输送至公共污水管道或私人处理设施之类的排放点。

drainage tile 排水陶管；同 **drain tile**。

drainboard，（英）**draining board** 排水板；洗涤盆旁的工作面，有嵌入式斜面可以向洗涤盆排水。

drain cock 放水旋塞；位于消洗池最低点的水龙头或旋塞，用来排除液体。

drain field （废水）排放场地；同 **absorption field**。

drainpipe 1. 各种用于排水的管道。2. 水落管同 **downspout**。

drain spout 水落管；同 **downspout**。

drain test 检漏试验；排水系统或通风系统的检漏试验。

drain tile 排水陶管；首尾相接的中空陶管，放置在饱和土中排水，或将管中的水散布到周围的土壤中。

drain trap 排水弯管；同 **trap，1**。

draped tenon 偏榫；同 **deflected tenon**。

drapery panel 1. 见 **linenfold**；帷幕条。2. 帷幕的一个单元。

drapery track 帷幕轨道；同 **curtain track**。

draught 气流，琢边；同 **draft**。

draught excluder 门挡风雨条，门板条的英式称谓。

draught stop 挡火墙，顶棚防火板；同 **fire stop**。

draw bar 拉杆，牵引杆；拖拉机后部的竖杆，上面固定着牵引绳、绞索、拖拽的机器以及其他负荷。

drawbolt 紧固螺栓；同 **barrel bolt**。

drawbore 钻销孔；当榫接头中的榫与卯不吻合而留下缝隙时，将销钉打入其中，以使接头更加牢固。

drawbridge 吊桥；位于防御工事入口处，跨越护城河或壕沟的桥，安装有升降机械装置，可使桥升起或落下，以达到禁止或允许通行的目的。

吊桥

draw cock 水龙头；见 **pet cock**。

draw curtain 拉幕；水平移动的剧院幕布，通常从中间向两侧分开，每边均可被拉至舞台的一侧。

drawdown 水位落差；抽水后地下水位的下降的距离。

drawer dovetail 抽屉燕尾榫；见 **lapped dovetail**。

drawer kicker 抽屉挡块；防止抽屉抽出时向下歪斜的木块。

drawer roller 抽屉滚珠；便于抽屉开关滑动的装置，通常由金属槽加滚动的金属或纤维质滑轮构成。

drawer runner，drawer slip 抽屉滑条；抽屉框中的一对窄条，抽斗可在其上滑动。

drawer slide 抽屉滑轨；一种采用导轨和滚珠制作的机械装置，既起支撑抽屉作用，又使抽屉便于滑动。

drawer stop 抽屉挡；当抽屉到达适当位置，阻止其向外进一步移动的挡块。

drawing room 客厅，休息室；位于大宅、大厦或庄园显著位置的正式接待室。

Drawings 图纸；以图形或图画形式表现工程各要素的设计、位置以及尺度等，是合同文件中的一部分。

draw-in box 引线盒；同 **pull box**。

draw-in system 电缆拉入系统，管沟敷线系统；一种电力布线系统，其导体安装在导线管、管道、布线槽和接线盒中，因而在去除或更换任意一导体时不影响建筑结构或装修饰面。

draw-off tap 排水龙头、排水塞；见 **bibcock**。

drawknife，drawshave （两端有手柄的）木刮刀；由两端手柄和刀片组成的木工工具，使用时可朝向使用者方向用力拖动。

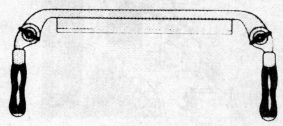

（两端有手柄的）木刮刀

drawn finish 冷拉表面；将金属管、线、棍、杆和条通过钢模冷拉在其表面上形成的光亮表面。

drawn glass，flat-drawn glass，flat-drawn sheet glass 拉制玻璃，普通窗玻璃；通过将熔化玻璃从熔炉中不断拉出制成的平板玻璃，其表面经火抛光处理，表面不完全平整和平行，有稍许变形。

drawn product 拉拔制品；将一物体拉伸通过一个或多个模具制成的产品。

drawn wire 冷拔钢丝；将钢丝拉伸穿过一个或多个模具制成的钢丝，其截面尺寸需达到所需要求。

draw shave 木工刮刀。

dredge 1. 挖泥船；清除水下淤泥或岩石的浮动式挖掘机，通常由蛤壳状挖泥器、粉铲、或带吸入线的切割头组成。2. 挖泥，疏浚；在水下除泥。

drencher system 灭火喷水系统；保护建筑外部免受火灾危害的灭火喷水系统。

dress circle 特等包厢；歌剧院或剧场中，主要座位区上方的一排座位，通常位于第一排或最低坐席上方。

dressed 磨光的，修琢的，刨光的；指经过预处理、整形或抛光的砖、木、石材（的状态），包括其一个或多个表面的处理。

dressed and matched boards，D and M boards，dressed and matched lumber，planed matchboards，tongue-and-groove boards 企口板；一块两边互为榫槽企口的刨光板，其榫槽可相互插接。

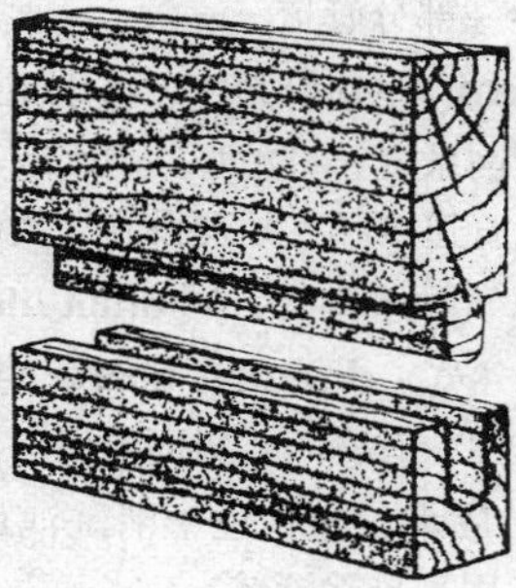

企口板

dressed dimension 修琢后的尺寸；见 **dressed size**。

dressed lumber, dressed stuff, surfaced lumber 刨光木板；木板一面或多面被刨平。

dressed size 刨光尺寸；木料经锯和刨之后的尺寸，通常厚度比名义尺寸薄 3/8in（0.95cm）或宽度比名义尺寸窄 1/2in（1.27cm）。

dressed stone 琢石；按需要的形状加工、外露面平滑、可以进行安装的石料。

dressed stuff 刨光木板；见 **dressed lumber**。

dressed timber 刨光木料；见 **dressed lumber**。

dresser 整修工具；铅管工用来平整铅板，拉直铅管的工具。

dresser coupling 无螺纹的管接头；非螺纹管的夹钳式连接。

dresser joint 诺曼底式接头的一种。

dressing, dressings 1. 装饰线脚；各种凸起的装饰线脚和雕刻装饰。2. 洞口、墙面修饰；质地优于中间部分面砖或砖石的线脚，修饰洞口的周围或角部，通常由标准砖制成。3. 磨平石块表面。4. 凸饰装饰。

dressing compound, bonding compound 沥青涂料；屋面油毡面上覆盖的热敷或冷敷的沥青液体。

dressing room 化妆室；剧场、歌剧院中，用来更换服装及化妆的房间。

dress plate 面板；同 **cover plate**。

DRG （制图）缩写＝"**drawing**"；图纸

drier 1. 干燥剂；混合在漆料或清漆中的添加剂，通过从空气中吸收氧气来加速干燥。2. 见 **soluble drier**。3. 制冷循环设备中含有的干燥剂，用来收集并保留系统中超出制冷循环限度的水分。

drier scum 干燥剂泡沫；见 **scum**。

drier white 陶器干燥泛白；陶器在干燥过程中的表面脱色，常由于溶盐附着在陶器表面引起。

drift 1. 侧向位移；由于风或其他荷载引起的建筑的侧向弯曲。2. 洒水器中，由于空气流经设备，设备中未蒸发的水。3. 见 **driftpin**。4. 冲积，堆积，沉积；由水、风、冰把砾石、岩石、碎片、黏土等松散材料堆集在一起沉积下来。

driftbolt 1. 穿钉；插入木方钻孔中的短木钉，用来连接相邻木方或将木方与木柱相连，长度约为 1～2ft（0.3～0.6m），有平头或尖头，也叫 **drift**（穿钉）或 **driftpin**（穿孔器）。2. 用来顶出另一螺栓的钢螺栓。

drifter 一种气动冲击式凿岩机。

drift index 1. 房屋侧移指数；房屋侧向位移与其高度的比值。2. 楼层侧移指数；房屋某层的侧向位移与该层高度的比值。

drift limitation 侧移限度；见 **drift index**。

driftpin 1. 销子；没有螺纹的方形或圆形金属杆，用来插入预先钻好的孔洞中，以代替螺栓、螺钉或其他紧固件。2. 冲钉；直径由粗逐渐变细的短杆，用以扩大铆钉钉孔或使铆钉钉孔对齐，也叫 **drift** 穿孔器。3. 穿钉。4. 直径由粗逐渐变细的小圆杆，用来校准两片或多片金属构件上的孔洞。

销子

drift plug 1. 软管矫直木塞；为了矫直软金属管，插入其中的圆柱形硬木塞。2. 扩口销；将一锥形塞推入软金属管的一端，使管口张开的圆锥形塞子。

drift punch 冲头，打孔器；带有较长的、渐细的端头，尖头较钝的，用来校正孔洞。

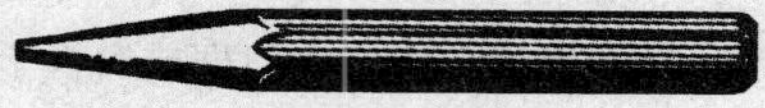

冲头

drill 1. 钻；用来在材料上钻孔的手动或电动旋转工具，带有钻头。2. 穿孔器；在材料一端通过反复击打从而形成所需孔洞的手持工具。3. 在地面上或岩石上打洞的机器，例如可以用来钻取岩心标本。

drill bit 钻头；同 **bit**，1。

drilled-in caisson 管柱沉箱；复合基础桩，在厚壁管中填充混凝土，使其上端可支承地面结构，下端固定在岩石基坑中。

drilled pier, drilled pile 钻孔桩；在泥土或岩石中预先钻孔，然后灌注混凝土形成的桩。

drilled pile 钻孔桩；同 **augered pile**。

drill press 置于台座上的钻床，其手柄可将钻头（可绕一垂直轴旋转）放低使之与工件对位。

drinking fountain 喷嘴式饮水器；由浅水盆和喷水嘴组成的设施，为人们提供饮用水。

drinking-water cooler 饮用水制冷器；工厂制造的带有小型冷却系统的机器组件，具有冷却并分配饮用水的功能。

drip，headmold，hoodmold，label，throating，weather，molding 1. 滴水凸缘；门窗顶部的最外边线脚，用以往外泄除雨水。2. 引管；见 **throat**，2。3. 冷凝水管；一段管道或是由蒸汽阀和管道组成的单元，能将凝结水从管道系统中蒸汽产生的一侧送回到回水收集一侧。4. 冷凝液收集器；安装在管道系统中的低处，用来收集冷凝物（气体系统中可能产生的液体）的容器。

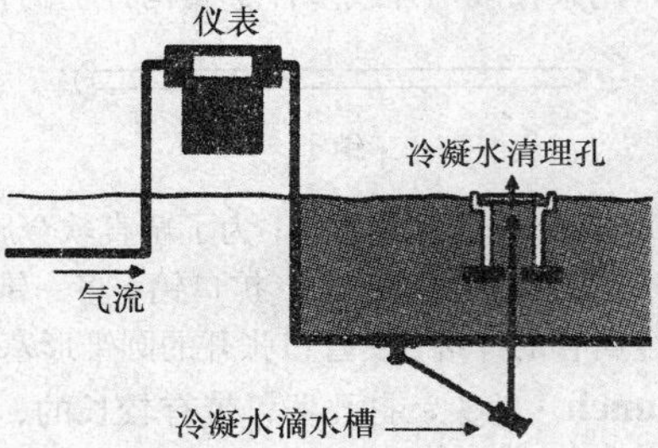

滴水槽

drip cap 滴水挑檐；固定在门框或窗框上的水平线脚，将雨水从上冒头上泻除，在门（窗）框以外处滴落。

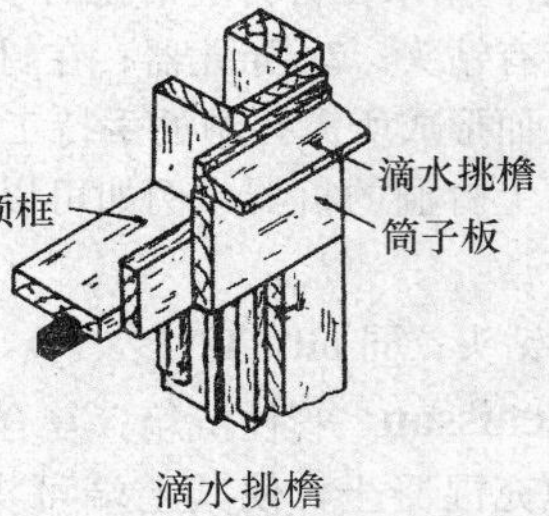

滴水挑檐

drip channel 滴水槽。

drip course 滴水石层；同 **dripstone course**。

drip edge 滴水檐；位于屋顶最外边，将雨水泻除的条板。

drip line 滴水线；投影在地面上的植物枝梢轮廓线。

drip mold，drip molding 滴水线；其形状和位置用作滴水功能的线脚。

drippage 1. 通过滴落聚积液体。2. 檐沟漏水；从房屋檐沟或屋檐处将水引出滴落的构件。

dripping eaves 滴水檐；伸出墙外的屋檐，没有檐沟，使屋面雨水可直接落至地面。

drip sink，lead safe 接近楼地面标高处的浅水盆，用来承接水龙头等处的滴水。

dripstone 滴水石；石质的滴水挑檐。

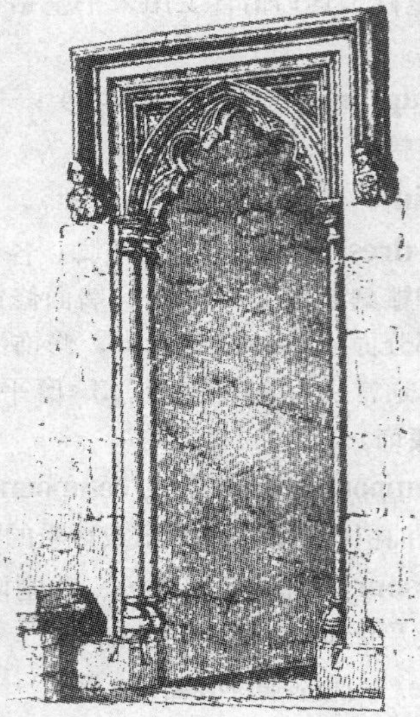

滴水石

dripstone course 滴水石层；砖石墙面上连续的水平的滴水线脚。

driptight 阻水的；形容具有阻止滴水（在特定角度范围）漏入的各种防护物。

drive band 打桩防裂钢带；打桩时，箍在木桩端头防止其在击打时被劈裂的钢带。

drive cap 桩头护帽；箍在桩头防止桩打入地下时桩头遭到破坏的钢质附件。

drive nail 打入螺钉；见 **drivescrew**。

drive-in 免下车的（汽车服务）；指顾客在汽车上即可享受来自零售店、银行或电影院的服务。

driven pile 打入桩；施工现场内可以被打至最终就位状态的桩，如预制桩。

打桩防裂钢带

driven well 管井；将管子沉入地面而形成的井，通常包括了接缝并配有滤网。

drivepipe 一端尖利、便于钻入地下的钢管，用以获取地面以下某一部位的土样，或打入到地下水层（取水）等。

driven point 降低地下水位的井点；同 **well point**。

drivescrew, screw nail 阳螺纹钉；可锤入的金属紧固件，其退出难度较平体钉大，其中有一些类型则可用改锥取出。

drive shoe 桩靴；桩底配置的钢件，可防止桩在打入时遭到破坏。

driveway 私宅车道。

driving band 打桩防裂钢带；见 **drive band**。

driving machine 传动机器；升降电梯或配餐梯，或推动自动扶梯、自动步道等的电动机件。

driving resistance 贯入阻力；打桩锤把桩打入地下某一深度所需的锤击次数。

drn 缩写＝"**drain**"，排水管，或"**drainage**"，排水的。

dromos 墓道；古埃及坟墓或迈锡尼蜂房墓中通向墓室的长而幽深的通道。

droop 固定偏差；流量从最小控制流量增加到额定流量时，控制器控制流体液面高度、温度和压力等方面与设定值之间的偏差。

drop **1.** 滴珠饰；多立克柱式檐部的檐底托板或三陇板下面的滴珠饰。**2.** 橱柜锁中，从锁的外饰边至锁芯中心线的垂直距离。**3.** 落差；空调中，水平喷射气流从送风口处的初始高度降落至射程末端的垂直距离。**4.** 同 **drop curtain**；垂幕。**5.** 同 **drop panel**；柱托板。**6.** 楼梯上，用来封闭管形扶手底部的配件。**7.** 垂花饰；同 **pendant, 2**；又见 **corner drop**。**8.** 同 **turned drop**；车制滴珠。

墓道

drop apron 金属屋面滴水槽，檐口金属薄板；用作滴水的金属条，竖直固定在屋檐或檐沟下面的柔性金属片。

drop arch 垂拱，低圆拱，平圆拱；拱高小于拱跨一半的拱。

drop black 黑色料滴；见 **animal black**。

drop bottom-seal 自动斗门；见 **automatic door bottom**。

drop box 吊盒；悬挂的电线出线盒，如为剧院舞台上空的格架上的电缆供电的出线盒。

drop ceiling 低顶棚，低吊顶，低平顶，下降平顶；见 **dropped ceiling**。

drop chute 跌水槽，混凝土（灌筑用）溜槽；作为控制或导引倾倒的混凝土浆液的工具，由浸渍过橡胶的厚帆布制成。

drop cloth 苫布；大片的布、纸或塑料布等，用于临时覆盖地板、家具，防止其被油漆滴落或溅污。

drop cord 悬垂的照明电线；从天花板出线端垂下供电的电力照明线。

drop curtain 垂幕；剧院舞台上可上下移动而非左右移动的幕布。

drop elbow 起柄弯头；两边带凸缘，以便连接至支撑物上的管道弯头。

drop ell 起柄弯头；同 **drop elbow**。

drop escutcheon 下垂式钥匙孔盖；绕枢轴转动，盖住锁眼的销眼盖。

drop hammer 打桩锤；在重力作用下沿导轨下落，击打桩头的重物。

drop handle 垂门柄；不用时保持垂悬状的门把手，常用黄铜或锻铁制成。

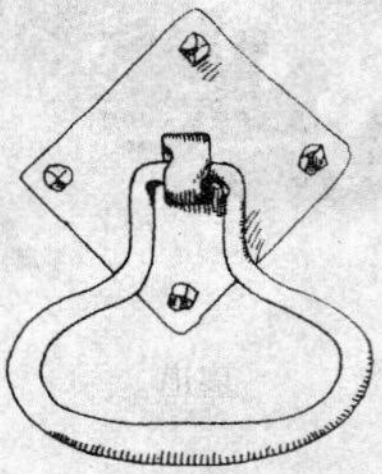

垂门柄

drop-head window 下槽式窗；下面的窗扇可下落穿过窗下槛，滑进下槛下面的凹槽内的推拉窗。

drop-in beam 下挂梁；由悬臂支撑的简支梁，节点的设置可使其安装时下滑就位。

drop key plate 钥匙孔盖板；悬在销眼外面，保护锁眼的锁盖片。

droplight 1. 活动吊灯；由一根可伸缩的绳索从天花板上垂挂下来的电灯。2. 带防护罩的电灯，可伸缩的一端可移动的工作照明。

drop molding （低于门梃横档）镶板门下沉线脚。

drop ornament 悬吊装饰；滴珠状的垂花饰或其他艺术品。

drop-out ceiling 一种带有半透明或不透明的热感面板的吊顶系统，当受热时，面板从吊顶系统下落，露出安装在里面的自动喷水消防系统。

drop panel 无梁楼板在柱顶处加厚的托板，下垂板座；混凝土楼板围绕柱子、柱帽或支架的加厚部分。

drop panel form （无梁楼盖钢筋混凝土）柱顶加厚托板用模板；一种浇筑柱托板使用的模板，起到支撑作用的同时使其一次成形，脱模后无需再做饰面。

dropped ceiling, drop ceiling 1. 吊顶棚。2. 见 **soffit**。

dropped girder 顶承搁栅；置于地板搁栅下，支撑地板搁栅的大梁。

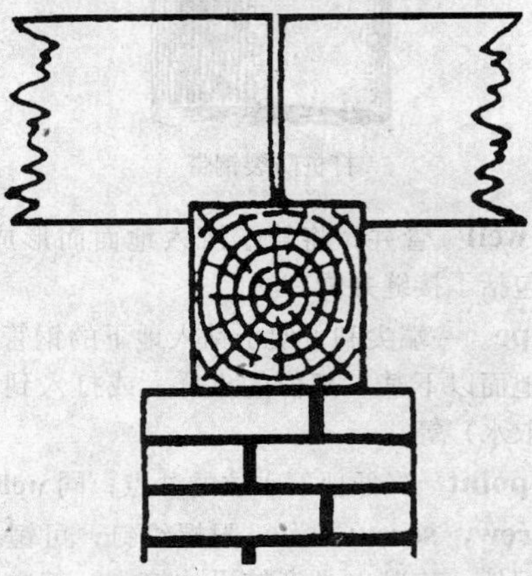

顶承搁栅

dropped girt, dropped girth 顶承梁，下柱间的连系梁；置于地板搁栅下面支撑地板搁栅的柱间连系梁。

dropped roof 房子附属部分的屋顶，通常是单坡屋面，屋面顶端低于主体房屋的屋檐。

drop-point slating 板材斜铺法；见 **diagonal slating**。

drop ring 球形活络把手；操纵锁或插销的环，不用时保持垂落状态，提拉并绕转轴旋转操纵锁的开关。

drop siding, novelty siding, rustic siding 企口披叠板；由木板或其他材料，如铝或乙烯等制成的外墙包覆层。每块板上边有倒角，下边开有企口或槽口，以便使每块板与邻接板互锁在一起。

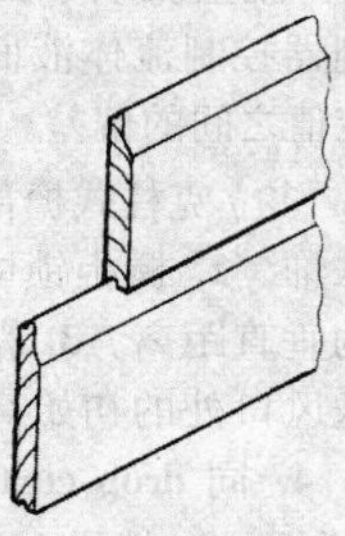

企口披叠板

drop spreader 一种园林用于计量并播撒草种和（或）施肥的机器。

drop tee 悬吊三通，起柄三通；每端均带有可与支撑物连接的凸耳的三通管。

drop tracery 花格吊窗；位于拱底的雕花格窗。

drop vent 通气管；管道工程中，与排水管或卫生洁具通气管相连接的独立通气管。

drop window （上下滑动）吊窗；窗扇可以降入窗下槛的开口中的推拉窗，以保证整个窗洞口开敞通风。

drop wire 用户引入（电）线，电源线；从户外电线杆引入房屋内部的电线。

drove 平凿，粗石凿；砖石工使用的刀片宽度 2～4in（5～10cm）的凿子。

drove chisel 石工平凿，阔凿，粗石凿；同 **boaster**。

drove work 石工粗凿；用平凿修饰过的石块；同 **boasted work**。

drum **1.** 鼓形石块；用于制作圆柱的一块圆柱形石块。**2.** 鼓座；穹顶下面的圆形或多边形墙座，通常开窗。**3.** 铃状柱头；复合式柱头或科林斯柱头的铃状柱头。

鼓形石块

drum hoist 卷筒式卷扬机；同 **hoist**，**2**。

drum paneling 皮面门板；一种镶板门，两面蒙以布或皮革。

drum trap 鼓形存水弯；管道工程中，轴向垂直的圆筒形存水弯，有一块可以旋开让水进入的盖板，通常用于浴盆排水管或用在浴室地板下。

drunken saw，wobble saw 开槽锯，摇摆圆锯，宽口圆锯；刀刃可不在一个平面上转动的锯，用来开企口或截口。

druxy 失去强度后变得易碎的木板。

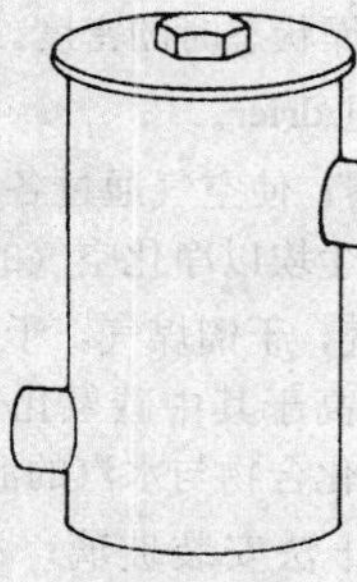

鼓形存水弯

drwl 缩写＝“**dry wall**”，干墙，干法筑墙，干砌墙，清水墙。

dry area 房基墙窗，房基通风井，地下室通风井；地下室外墙和挡水墙之间的掩蔽空间，作用是保持地下室外墙干燥。

dry-batch weight 干料配比重量；材料去除水分后的重量，配制混凝土所用的干料重量。

dry-bond adhensive 干粘胶粘剂；见 **contact adhensive**。

dry-bulb temperature 干球温度；经辐射作用修正后，干球温度计标明的空气温度。

dry-bulb thermometer **1.** 普通温度计。**2.** 干湿球温度计中干球的一支。

dry-butt joint 一种应用于砖石建筑中无需砂浆的连接件。

dry chemical extinguishing system 干粉灭火系统；通过高压气体喷洒化学灭火剂的灭火系统。通过连接管道与喷嘴喷洒适量的灭火剂。

dry concrete 干硬性混凝土，稠混凝土；含水比例低的混凝土，相对较硬，特别适用于大体积混凝土的浇筑或者在斜面上使用。

dry construction 干法施工；建造房屋过程中，使用石膏板、胶合板或墙板等干性材料，不使用灰膏或灰浆的施工方式。

dry course 干底层（干砌底层）；组合屋面材料中的第一层，不施沥青，直接铺在隔离层或结构板上。

dry-dash finish 当灰泥未干时，通过向其投掷小鹅卵石形成的饰面。

dry density （土壤）干密度；土壤加热至 221°F

(105℃) 达到干燥状态时的密度。

dryer 干燥器；见 **drier**。

dry filter 干滤器；使空气通过各种筛网、纤维玻璃等除去其中的尘埃以净化空气的过滤器。

dry gas 脱水煤气，干馏煤气，干气体；当管道要经受的使用温度高于其中碳氢化合物的露点温度时，管道中碳氢化合物与水汽的混合物。

dry glazing 1. 干法安装玻璃；不使用玻璃密封条，而使用弹力护条将玻璃安装在窗框内的方法。2. 无油灰镶装玻璃（**Patent glazing**）。

dry hide 涂料完全干后的覆盖能力。

dry hydrate 用碳酸钙或碳酸镁石灰石制成的精制熟石灰。

drying 干燥；由于溶剂挥发或化学作用或二者共同作用所导致的液体涂料或清漆涂层表面变硬的物理变化；又见 **air drying**，**forced drying**。

drying agent 干燥剂；见 **soluble drier**。

drying creep 蠕变；由于干燥导致的材料蠕变变形。

drying inhibitor 缓干剂；添加在涂料和清漆中防止其迅速干燥或表面干燥的物质，用来增加光泽避免表面起皱。

drying oil，**paint oil** 干性油；暴露在空气中易氧化形成干硬薄膜的植物油，多用于涂料中。

drying shrinkage 干缩量；灰膏、水泥、灰浆或混凝土由于失水导致的体积缩小。

dry joint 干砌缝；不用灰浆的接缝。

dry kiln 干燥炉；用来干燥木材的炉子。

dry laid 干摆的；形容不用灰浆砌筑砖石。

dry lining 干衬壁；使用石膏板条而无需施湿灰膏平整墙面。

dry masonry 干砌体；不用灰浆砌筑的砖石砌体。

dry mix 干拌混合料；相对于其他成分，含水少的灰浆或混凝土的拌合料。

dry mixing 干拌；在加入混合水前，为制成灰浆、混凝土而混合搅拌的固体物质。

dry-mix shotcrete 干拌喷射混凝土（砂浆）；用气压传送的喷射混凝土，混合水是在喷嘴处加入。

dry moat 城壕；围绕古堡四周的深而宽的无水沟渠。

dry mortar 干硬性水泥砂浆；通过调整各种组成成分比例可使其在充分水化作用后比一般灰浆明显坚硬的灰浆。

dryout 干透；在石膏凝结前，因水分蒸发导致石膏灰泥呈现的一种状态。这种石膏灰泥通常柔软、粉状，颜色浅。

dry-pack 干填法；通过锤击将少水的普通水泥骨料混合物注入诸如混凝土柱、基础顶部和建筑底部基础之间的有限空间，这种低收缩的填料能将房屋荷载传递至基础结构。

dry-packed concrete 干填混凝土；需通过重锤捣实方可施工的干燥的混凝土混合料。

dry partition 干筑隔墙；不使用湿灰膏砌筑与修饰的隔墙。

dry-pipe sprinkler system 1. 带洒水喷头的完全防火喷洒系统，在火灾时，系统被激活（自动或者手动）后供水。适用于零度以下的区域或避免管道渗漏或胀破事故的区域。2. 干管洒水系统；包含充满压缩空气和氮气的管网和自动洒水喷头组成的洒水喷头系统，当喷头打开，空气或氮气释放出来，开启阀门（叫做干管阀门），然后水流进入管道，从开启的洒水喷头流出。

dry-pipe valve 干管阀；安装在可防止机械损害和冰冻危害的位置，可激活干管或消防洒水系统的控制阀门。

dry-powder fire extinguisher 粉末灭火器；储存在容器中的粉末与气体混合物，通过压力可喷射出细小、干燥的粉末（通常是碳酸氢钠、碳酸氢钾或磷酸铵），适用于B级和C级火灾。

dry press 干压；采用少水的颗粒状混合物，通过对模具盒的上下两面施压，制成砖石或其他陶瓷物件的方法。

dry-press brick 干压（黏土）砖；在高压模具中用含水率只有5%～7%的黏土制成的砖。

dry-process enameling 搪瓷上釉。先将金属胚胎加热至高于挂釉的成瓷温度，然后将干粉喷在金属表面，最后烧制成型。

dry return 干回水（管）；在蒸汽供暖系统中，同时输送凝结水和空气的回水管。

dry riser inlet （消防用）干立管接口；同 **fire de-**

partment connection。

dry riser system 干立管系统；同 dry stand pipe system。

dry rising main 主干立管（英式英语）。

dry-rodded volume 标准粗骨料体积；在标准条件下骨料压缩干燥后所占据的体积，用于称量骨料单位重量。

dry-rodded weight 标准粗骨料重量；在标准条件下骨料压缩干燥后单位体积的重量。

dry rodding 捣实压缩（干骨料）；测定单位体积粗骨料重量时，在标准条件下，标准容器中捣实压缩干骨料的过程。

dry rot 干腐；木料由一种寄生的真菌引起的腐朽，是因真菌把水分带进木料中。

dry rubble construction 干砌毛石砌筑；不施灰浆砌筑的毛石砌体工程。

dry saturated steam, dry steam 干蒸汽；不含悬浮水的蒸汽。

dry shake （水泥粉）干撒抹面；见 monolithic surface treatment。

dry sheet 屋面板和屋面材料之间的非沥青油毡或轻质屋面纸，用以防止屋面材料与屋面板相互粘结，并防止屋面材料与屋面板之间的相互移动。

dry shotcrete 喷浆机；经两个分别装有干性材料和水的独立管道喷出并将其混合的机器。混合物经喷嘴高速喷至基层表面。

dry sprinkler 干管式消防喷水系统；同 dry-pipe sprinkler system。

dry sprinkler system 干管式消防喷水系统；见 dry-pipe sprinkler system。

dry-stacked surface-bonded wall 两层或多层、由不同材料构成的砌体连接而成的组合墙，其中一层为衬墙，另一层为面层。

dry standpipe 干立管；只有火灾情况下经由火灾控制中心控制使其通水，而通常情况下指管内无水的立管。

dry standpipe system 干式立管系统；通常情况下保持干燥的立管系统。

dry steam 干蒸汽；见 dry saturated steam。

dry stock 经干燥处理的木材；见 dry wood。

dry stone wall 干砌石墙；不用灰浆砌筑的石块墙体。

dry strength 干强度；在特定条件下，干燥后立即测定的粘结强度，或在标准实验中经过一段时间的检验后确定的粘结强度。

dry system 干式系统；见 dry-pipe sprinkler system。

dry-tamp process 干捣法；通过锤击少水的混合料使混凝土或灰浆到位的施工法。

dry timber 干木料；几乎不含水分的木料。

dry topping 干撒抹面；见 monolithic surface treatment。

dry-type transformer 干式变压器；芯子和线圈均不浸没在隔离油中的变压器。

dry vent 干式通气管；既不输送水也不输送水浮废物的通气管。

dry-volume measurement 干（料）容积计量；通过毛体积测量灰浆、灰泥或混凝土成分的测量方法。

dry wall 1. 干作业内墙；用石膏板或胶合板等干作业墙面板材料建造的内墙；又见 dry construction。2. 砌体砌筑时，不用灰浆砌筑的自承重石墙或琢石墙。

dry-wall construction 干墙板施工；同 dry construction。

dry-wall finish 干作业墙面板；室内饰面材料通常采用大片或大块材料，如石膏板或胶合板进行铺装，不需要使用水泥砂浆。

dry-wall frame 干作业墙门框；一种分件组装式门框，竖起由墙骨柱和干面板（如石膏板）组成的墙体后，再安装门框。

dry wall partition 干作业隔墙；建造中不使用湿灰浆的隔墙。

dry weight 干重，净重；材料的干密度与其体积的乘积。

dry well 1. 渗水井；有干砌里衬或填有粗骨料的有盖井坑。通过它，可以将屋顶流下的水、地下室、基础或空地周边排水陶管流出的水渗透或沥滤到到周围的土壤中。2. 同 cesspool；污水池，污水渗井。3. 吸水井（absorbing well）。

dry wood 烘干木材，干木材；1.（美）干燥至含水量15%～19%的木材。2.（英）干燥至含水量15%～23%的木材。

DS （制图）缩写＝“downspout”，落水管。

D. S.，D/S，D/Sdg 缩写＝“drop siding”，企口批叠板。

DSGN （制图）缩写＝“design”，设计。

DT （制图）缩写＝“drum trap”，鼓形存水弯。

DT&G 缩写＝“double tongue and groove”，双企口。

DU （制图）缩写＝“disposal unit”，泔水处理器。

dual duct 双导管；内部有连续的分离装置，形成两套独立电力布线系统（如一个为电力系统，另一个为音响系统）布线槽的管道。

dual-duct system 双风管空气调节系统；空调系统中，冷热空气经各自送风管输送到达房间时，冷热空气先在金属箱（又叫混合箱）内混合，然后输送入空调房间中。

dual-duct terminal unit 双风管终端盒；同 mixing box，见 dual-duct system。

dual-element fuse 双成分熔断器；具有两种不同熔断值的电流反应装置的熔断器。

dual-fiber cable 由封闭在塑料护皮里的两根独立电缆组成的光纤电缆，通过剥开护皮可分别对电缆进行操作。

dual-flush water closet 双冲式马桶；提供两种冲水装置的马桶。其中一个按钮为全冲式水量，另一个为半冲式水量。

dual-fuel system 双燃料系统；供热系统中，可以燃烧两种燃料的锅炉，在美国通常是燃油和煤气，其中一种为主要燃料而另一种为备用燃料。

dual glazing 双层玻璃窗；同 double glazing。

dual-head nail 双头钉；同 double-headed nail。

dual-pitched roof 屋脊两侧中分为两段斜坡的屋顶，如斜折屋顶。

dual-temperature system 双温热水系统；供应两种不同温度热水的热水系统。

dual vent，common vent，unit vent 公用通气管；排水管道系统中，连接在两件卫生洁具排水管接合处，二者共用的通气管。

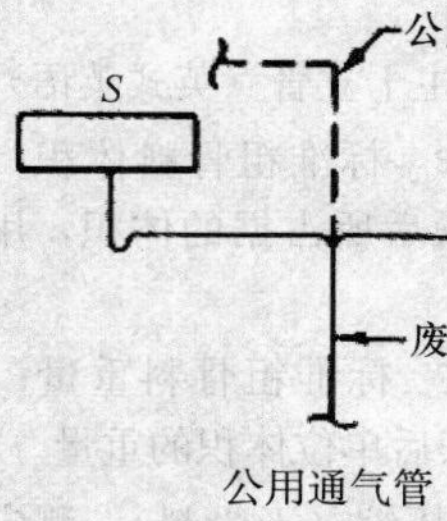

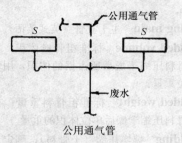

dub 找平；采用敲击、砍削、磨擦或用灰膏装饰等方法，以形成光滑或类似的表面。

dubbing out，dubbing 1. 刮平，抹灰找平；在面层抹灰作业之前，用灰浆填补孔洞和不规整的基面。2. 在涂抹面层之前，塑造抹灰檐口大致形状。

duck 帆布，粗布；见 mouse。

duckboard 1. 修缮房屋时使用的临时步级板。2. 木跳板，临时道板；铺在泥泞地上的木板等。

duckfoot bend 鸭脚弯头；同 rest bend。

duck tape 在沥青或弹性胶体化合物中浸渍过的一卷重棉或合成纤维。

duct 1. 烟道；见 air duct。2. 电缆沟；电力系统中，可以埋置在地下或混凝土楼板中用来容纳电线或电缆的金属或非金属管（通常是圆形、卵形、四边形或八边形）。

duct fan 管道式风扇；见 tubeaxial fan。

duct furnace 烟道采暖炉；带有燃烧器和热交换器的无风机的暖风机，与风机一同安装在管道系统中。

ductile 韧性的，可延展的，柔软的；可以被拉伸或变形而不断裂。

ductile-iron pipe 以石墨取代碳的铸铁合金管道，除具有铸铁管道相同的优点以外，还具有较强的抗冲击能力，但价格高于铸铁管。

ductility index 延度；最大荷载下的总变形与弹性极限变形之间的比值。

duct lining 风道衬里；空调系统中，金属薄管内用作衬里的玻璃纤维毡材料，能减少沿管道传播的噪声，并具有隔热作用。

duct sealing compound 管道封口胶；用以封闭电缆管道或导线管端部的弹性材料。

duct sheet 制管薄板；标准宽度和厚度适合制作管道卷板或平板。

duct silencer 管道消声器；同 **sound attenuator**。

duct system 管道系统；将空气从风机传送至服务空间的一系列管道、辅助弯头、连接件、气流调节器和出风口等。

ductwork 管道工程；供热、通风或空调系统中的管道。

due care 合格质量验收；合理管理、技术、处理和解决的标准；该标准由合同规定，当没有合同时，由法律来规定，如果达不到该标准可定义为过失。这一用语隐含了某一专业部门的职责和服务水平应与同一地区同时代的负有盛誉的专业部门所提供的服务水平相一致。

dugout 地下掩体；简陋掩蔽处，通常包括在山坡前空地上挖掘的洞穴，和以柱子为支撑并在其上用树皮和草皮掩盖的遮蓬；又见 **half-dugout**。

dug well 掘井，挖土井；挖大直径的竖井并安装井壁而成的水井。

dumbbell tenement 哑铃式公寓；多住户低标准公寓，通常三到五层高，内部包含相对窄长的住宅单元，仅在每个单元的前面和后面开窗，单元一边或两边有竖井，为朝内部开窗的房间提供采光和通风。每一楼层的平面呈哑铃状，也叫 **railroad flat**。

dumbwaiter 食物运送升降机；房屋中配置的升降机械，配备有竖向（沿导轨）升降的小轿箱，专门用于运送食物。

dummy cylinder 假锁芯；门锁中，没有可进行机械操作的假锁芯。

dummy joint 假（半）缝，企口接缝；同 **groove joint**。

dumped fill 倾填，堆填；通常直接从卡车后部倾倒挖掘来的泥砂，而无须特殊布撒或压实处理。

dumpling 矮土墩；常指位于挖掘场地的中心的一大块未被挖掘的大实心土块，当土方工程接近完成时才被移走。

dump truck （自动）倾卸式卡车，翻斗卡车；车斗可以翘起卸载的各种卡车。

dumpy level 定镜水准仪；用来直接测量高差的观测仪器，包括一个望远镜和酒精水准器（它平行于望远镜，置于望远镜下面），望远镜则固定在水准器基座上。

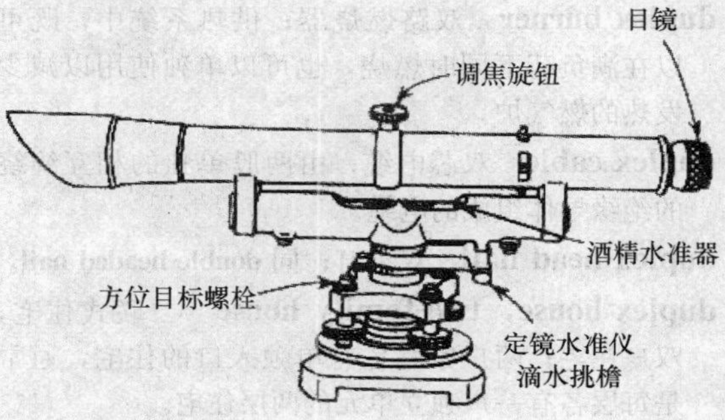

定镜水准仪

dungeon 1. 城堡主楼。2. 地牢；中世纪城堡中主楼地下昏暗的囚室。

城堡主楼

dunnage 冷却塔的结构支撑构件等，但它不属于房屋结构的一部分。

dunter machine 石面抛光机；见 **surfacer**，3。

duomo 意大利大教堂；意大利对主教堂的专门称呼。

主教堂，在布雷西亚，剖面

DUP （制图）缩写＝“**duplicate**”，两倍的。

duplex **1.** 双层式公寓。**2.** 双户住宅。

duplex apartment 双层式公寓；公寓楼中的独立居住单元，包括两个楼层，内部含独立的垂直交通。

duplex burner 双路燃烧器；供热系统中，既可以在满负荷下同时燃烧，也可以单独使用以减少发热的燃气炉。

duplex cable 双芯电缆；由两股单独的相互缠绕的绝缘导体组成的电缆。

duplex-head nail 双头钉；同 **double-headed nail**。

duplex house，two-family house 二联式住宅，双户住宅；两户家庭各有单独入口的住宅，通常是每层各有一户独立单元的两层住宅。

duplex outlet 双路出线盒；见 **duplex receptacle**。

duplex receptacle 双插座；电力布线中，在一个出线盒内彼此独立的两个插座。

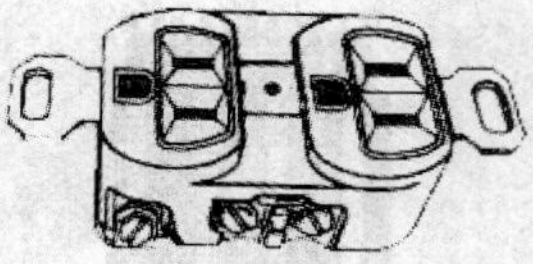

双插座

durability 耐久性，耐用性；材料、部件、组件或房屋，使用过程中抵抗风化作用、化学侵蚀、磨损以及其他作用的能力。

durability factor 耐久性系数；材料暴露在潜在导致变质的环境下，其效能（随时间）变化的量度，通常用暴露前后效能的百分值表示。

duraluminum 硬铝；除了主要成分铝，另外含有大约 4％黄铜，0.2％～0.75％镁和 0.4％～1％锰的合金，可能还含有少量硅和铁。

duramen （木料）心材，木心；见 **heartwood**。

durbar 接见大厅；印度王子宫殿中的接见厅。

Durham fitting 铸铁螺纹接头；见 **drainage fitting**。

Durham system 达勒姆系统；所有管子刚性接头部位都带有螺纹，并采用的内凹口配件的排污系统。

durn 门木框架；以实心木料作为门两侧垂直构件的木框架。

durometer 硬度计；测量材料硬度的仪器；又见 **shore hardness**。

dust board **1.** 挡尘板；放置在装配式檐口的上面，防止进灰的木板。**2.** 抽屉分隔；木抽屉之间的板状分隔。

dust collector 集尘器；防止工具或机器产生的灰尘散入周围空气的附属设备，它的吸力将灰尘吸入一个口袋中。

dust cover box 防尘罩；同 **plaster guard**。

dust dry 同 **dustfree**；脱尘干燥。

dustfree 防尘的，无尘的；指涂料或薄膜干燥后灰尘将不会再粘附在其表面上的。

dust-free time 无尘时间；在表面涂刷的涂料或化合物在干燥前所需的时间。

dusting 硬化混凝土表面起灰过程。

dust-laying oil 防尘油；涂抹时不必预热的低黏性的油，是缓慢固化的沥青产品或不含沥青的非挥发性石油的馏出物，用于敷设在非铺装表面。

dustproof 防尘的；不被积尘干扰操作的建造或保护方式。

dustproof strike 防尘锁舌碰片；锁孔中锁舌片带有弹簧，被锁杆推开方可开锁。

dust-tight 防尘的；有围护物（如带垫圈）可防止灰尘进入的。

Dutch arch，French arch 荷兰式拱，法国式拱；砖砌平拱，拱心两侧的拱半径上砌块均向外倾斜相同角度，并没有交点，严格说来它不是拱；同 **flat arch**。

Dutch barn **1.** 荷兰式谷仓；以山墙为正面的壁板结构谷仓，由美国的早期荷兰移民建造，平面大体为正方形，建在石方柱上，屋顶坡度很陡。屋顶通常铺设交错的厚板利于泄水，外面的厚板可以暂时移动便于维修，典型的入口上方盖有坡屋顶，便于马车停靠，靠近山墙顶部有鸟洞，既可以通风，食谷鸟类也可以通过这一孔洞进入谷仓。**2.** 同 **bank barn**；斜坡谷仓。**3.** 同 **hay barrack**；干草房。

Dutch bond 荷兰式砌合。**1.** 同 **English cross bond**；英国式交叉砌合。**2.** 同 **Flemish bond**；梅花丁式砌合。

Dutch brick （荷兰式）炼砖，高温烧结砖；黄色的硬质砖，常用于荷兰殖民地风格建筑的室内，通常用来铺设壁炉炉床的地面。有时（这种说法）系指厚度仅为 1½in（3.8cm）的砖；又见 **klinkart**。

Dutch Colonial architecture 荷兰殖民地建筑；形容 17 世纪早期盛行于美国的荷兰聚居区的建筑样式，初期的房屋是简单的一层，只有单个房间。房屋就地取材，或采用石块，或采用砖建造。如用砖建造则采用梅花丁式砌筑方法；如用木材建造则采用宽护墙板的木结构。其他特点通常包括：盖木板或瓦片的屋顶、带女儿墙的陡斜山墙、带悬臂外屋檐的斜折屋顶、烟囱位于房屋山墙端或斜折屋顶端厚实外墙内、带小窗格和板条百叶的落地窗、两截门、厚板条地面、烤炉等等。在阿姆斯特丹等城市中，典型的房屋通常为二层半或三层半高，如果首层开店，上层居住，那么房屋的层数可达四或五层。特色还包括：木结构构成的厚重外墙；外面砌成梅花丁式的砖饰面，饰面砖由装饰性锻铁锚固件固定在木结构上；有时，木质护墙板作为外墙围护替代饰面砖；而有时采用石墙；带女儿墙的山墙一层通常面向街道；典型的山墙是阶梯形或陡斜直线山墙；斜折屋面；外墙有砖砌烟囱并冠以烟囱帽；落地窗户由小块玻璃嵌在有槽铅条上；板条百叶（后来由双悬窗取代）；双截式门或镶板双开门，上面常有气窗；门前通常有门阶。

Dutch Colonial Revival 荷兰殖民地复兴建筑；19 世纪晚期以来的复古建筑，基于荷兰殖民地建筑风格原型，包括斜折屋顶、外倾屋檐、双截式门、多格玻璃双悬窗。复古房屋通常保留其原型的大部分特征，由于加入现代元素如带老虎窗的斜折屋顶、带装饰设计的百叶以横向复斜屋顶，而与建筑原型显著不同。

Dutch diaper bond 荷兰式菱形砌合；同 **English cross bond**。

Dutch door 双截式门；由两扇独立门扇组成的门，一扇重叠在另一扇的上面，两扇门扇可以独立开关也可以同时开关。

Dutch door bolt 双截式门门栓；固定双截式门上下门扇的装置，可使上下门扇独立开关。

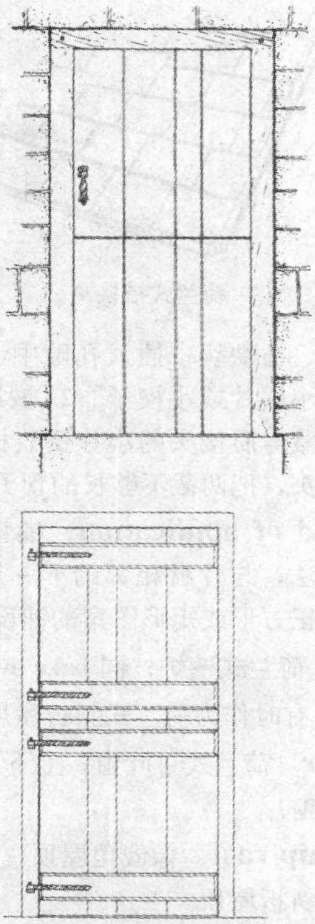

双截式门，外立面，内立面

Dutch dormer 荷兰式天窗；见 **shed dormer**。

Dutch gable 荷兰式山墙；**1.** 同 **Flemish gable**；梅花丁式山墙。**2.** 踏步形山墙。

Dutch gambrel roof 荷兰式斜折屋顶；斜折屋顶的一种，屋面屋脊每边有两个斜面，下面初始的斜坡与屋脊成 22°角，然后变陡至 45°。接近下端，坡度更小并且有外倾屋檐。不同于 **English gambrel roof** 英国式斜折屋顶，**New English gambrel roof** 新英国式斜折屋顶，和 **Swedish gambrel roof** 瑞典式斜折屋顶。

Dutch kick 呈漏斗状的屋顶，类似 **Dutch gambrel roof**。

Dutch lap 荷兰式搭接；铺设片材或板材的一种方法，即每片片材同时盖在下面一片和旁边一片的上面。

Dutch light 荷兰式窗；用于花房中可拆卸的玻璃窗扇。

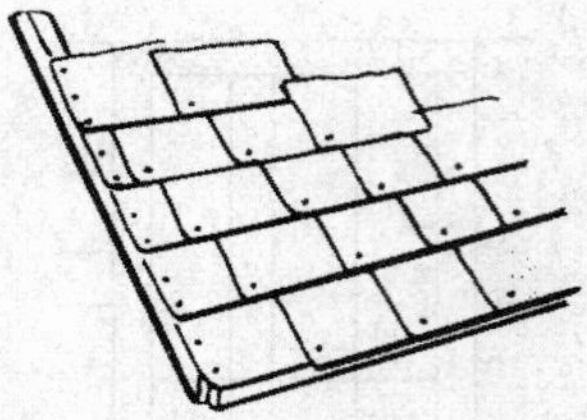

荷兰式搭接

dutchman 1. 补缺块；插入孔隙中，作为填充物堵塞孔隙的小嵌片或小楔子。2. 嵌缝条；用来覆盖缺陷，隐藏劣质接头的小片覆盖材料。3. 短的铅制套管接头，把两截不够长的管子接合在一起。

Dutch method of application 铺设矩形屋面片材的一种方法，与片材相邻的下一片及旁边一片均搭接形成正方形或矩形图案的铺设方法。

Dutch oven 荷兰式壁炉；同 bake oven。

Dutch roof 有时作为荷兰式斜折屋顶的同义词。

Dutch shutler 荷兰式百叶窗；上下两部分能独立开关的百叶窗。

Dutch slice-hip roof 像戗角屋顶一样，两端被截去的荷兰式斜折屋顶。

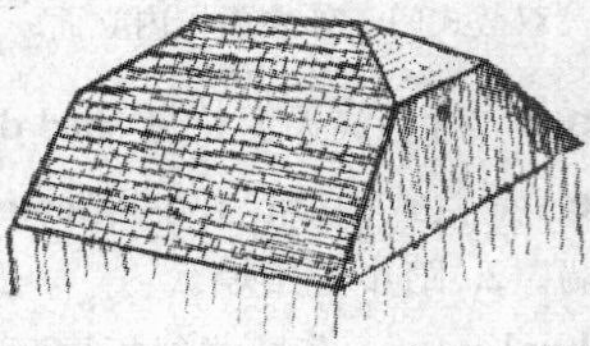

荷兰式斜折屋顶

Dutch stoop 荷兰式门廊；一种小型木质门廊，入口两侧设置长凳，顶部常覆盖出挑雨棚。

Dutch tile （荷兰式）釉砖，饰瓦；来自荷兰的正方形装饰片材，多用于壁炉表面，曾经一度有多种颜色，但代尔夫特蓝是最流行的颜色。

DVTL （制图）缩写＝“dovetail”，鸠尾榫，鸠尾搭接。

dwang 1. 铁挺、撬棍之类的工具。2. 插在木料之间，加固它们的撑杆。

dwarf door 矮门；高度稍低于正常高度的门。

dwarf gallery 矮走廊；有顶小型连拱廊，位于墙体外表面处的走廊。

dwarf patition 半截隔墙；高度不到顶的隔墙。

dwarf rafter 小椽；同 jack rafter。

dwarf wainswting 矮护壁；局限在墙下部的护壁板。

dwarf wall 1. 矮墙；高度低于房屋层高的墙。2. 房屋底层地面木搁栅下面的地垄墙。

dwelling 住宅；设计或用作一户或多户家庭使用的住处。

dwelling unit 居住单元；设计为一个或多个家庭提供居住空间的房屋中的一个或多个房间。

dwg，DWG 缩写＝“drawing”，图纸。

D-window 1. 半圆形扇形窗；同 semicircular fanlight 半圆形扇形窗。2. 半圆形窗（semicircular window，2）。

DWV 缩写＝“drainage，waste，and vent”，排水管，废水管。

DWV tubing 排水管道系统；见 type-DWV-tubing。

dye 染料；通过渗透，使某一材料上色的染色材料或化合物。

dyke 堤；见 dike。

Dymaxion House 由巴克明斯特·富勒（1895—1983）发明，于1928年取得专利的非传统轻质住宅。最初称为4-D住宅，是一种实现预制装配式建造的实验性住宅单元，平面八边形或圆形，这种实验性住宅由中间巨大的竖井支撑，竖井内容纳诸如电力、管道系统等所有房屋设备。

dynamic 动力的；形容结构的物理性能与时间有关，而非静态的。

dynamic analysis 动力（学）分析，动态分析；在瞬时荷载作用下，结构系统功能位移的分析。

dynamic balancing 动平衡；见 balancing。

dynamic load 活荷载；如风荷载、移动活荷载等任何非静止荷载。

dynamic loading 动荷载；一件由于机械或设备的振动或移动（除静荷载外）所施加的荷载。

dynamic modulus of elasticity 动力弹性模量，动态弹性模量；由试件的物理特性（尺寸、重量和形状）以及它的基本振动频率计算出来的弹性模量。

dynamic penetration test 动力触探实验，即贯入度试验；在测试设备上，土壤经多次振动致使下陷的触探实验。

dynamic pile formula 动力测桩；通过击桩能量和每次击打后桩探入的深度，计算打入桩承载能力的公式。

dynamic pressure 动压力；当水流通过时在管道内壁产生的压力。该压力值大于水流静止时产生的压力。

dynamic resistance 动力阻抗，动态阻力；击打桩锤遇到的阻力，用单位打入深度所需的击打次数表示。

dynamics 动力学；力学的分支，研究物体的运动和产生或改变它们运动的力的作用。

dyostyle 双柱式；同 **distyle**。

E

E 代表“**90° elbow**”，90°转弯。

E/A 缩写＝“**engineer/architect**”，工程师/建筑师。

EA 缩写＝“**exhaust air**”，废气。

eachea 安装在露天剧场座位下面用来“加强”演员声音的陶制的或青铜的瓶饰；但使用它能否起到相应作用值得质疑。

eagle 古希腊建筑的人字山墙。

E&CV1S 缩写＝“**edge and center bead one side**”，边缘和中心焊珠一侧。

E&CV1S 缩写＝“**edge and center vee one side**”，边侧和中心 V 形槽饰一侧。

E and OE 缩写＝“**errors and omissions excepted**”，错误和过失例外。

ear **1.** 突耳，耳状物；起装饰或结构作用的任何凸出的小构件或结构。**2.** 支撑环；见 **shoulder**，**1**。**3.** 门耳，窗耳；同 **crossette**，**1**。

eared architrave 同 **crossette**；门窗框角凸耳，拱楔肩。

EAR lamp 耳形灯；以部分椭圆反射面作为灯罩的白炽灯，可作为小口径射灯使用。

earliest event occurrence time 施工项目管理中，指事件之前的所有活动均完成的最迟时间。

Early American 早期美国的；见 **American Colonial architecture**。

Early Christian architecture 早期基督教建筑；从 4～6 世纪罗马建筑的最后阶段，主要是教堂建筑，它与拜占庭建筑的兴起同步并与之相关。

Early Classical Revival 早期古典复兴；几乎是 1770～1830 年风行美国的古典复兴风格的同义词，加上副词 Early 是为了区别于新古典主义风格，即 1895～1940 年重新使用古典建筑元素的风格。

Early English Colonial architecture 早期英国殖民地建筑；见 **American Colonial architecture**。

Early English Style 早期英国风格；1180～1280 年之间的英国哥特式建筑三阶段中的第一阶段，它承袭诺曼和法国风格，后继盛饰风格，主要特点是不带窗棂的尖拱窗。

早期英国风格，威斯敏斯特教堂

早期英国风格，窗

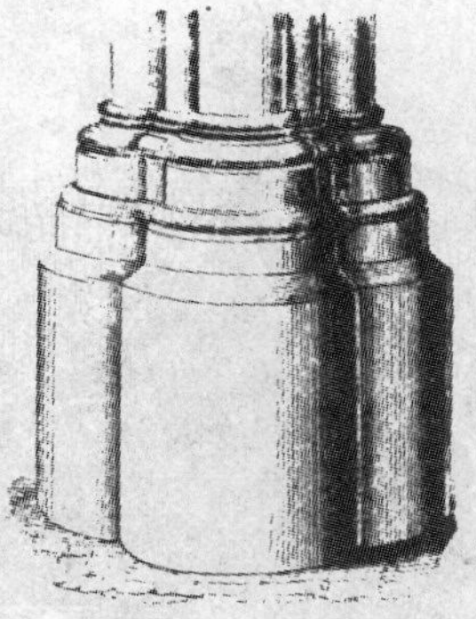

早期英国风格，柱础

early finish time 最早完成时间；施工项目管理中，指完成工序所有内容无事可做的时间。

Early Gothic Revival 早期哥特复兴；见 **Gothic Revival**。

Early Romanesque Revival 早期文艺复兴；有时等同于 **Romanesque Revival，2**。

early start time 最早开工时间；施工项目管理中，指在前面所有工序完工后，开始下道工序的最早时间。

early stiffening 早硬结；见 **false set**。

early strength 早期强度；混凝土或灰浆浇筑之后72h之内形成的强度。

Early Victorian 早期维多利亚式建筑；见 **Victorian architecture**。

early wood 早材，春材，幼材；见 **springwood**。

earth **1.**（英）地面。**2.** 泥土；见 **soil，1**。

earth auger 土螺钻，麻花钻。

earth berm 截水土堤；见 **berm**。

earth building 草皮房子；同 **sod house**。

earth cellar 土窖；在陡坡中挖成的土洞，其地面标高同门口处的地面。因为周围泥土保持地窖内阴凉，所以是有效的储存食物的地方。区别于 **roof cellar**（屋顶阁楼）。

earth dike 土堤；同 **dike，4**。

earth drill 钻土器，钻土机；同 **auger，2**。

earth electrode 接地导体；电力布线中，埋在土里，确保电流通过并传入土层的金属板、水管或其他形式的导体。

earthenware **1.** 陶器，瓦器；上釉的或不上釉的非玻璃质的陶器，吸水率超过3%。**2.** 见 **stoneware**。

earthfast 指埋在地面下的木柱支撑而不是基础的木框架结构；又见 **post-in-ground construction** 和 **poteaux-enterre house**。

earth floor 许多早期住宅中，具有足够耐磨度并适于行走的地面面层，常由泥土、灰土、黏土（如果有的话）和诸如石灰、卵石或稻草之类的添加物所组成的混合物压制而成，一度认为额外添加动物的血液可以增加这种压实土的稳定性；又见 **rammed earth**。

earthing conductor 地线，接地导体；（英）**grounding electrode conductor**。

earthing lead 接地导体；（英）**grounding conductor**。

earth material 土质材料；各种岩石、填土、天然土壤之类的物质。

earth pigment，mineral pigment，natural pigment 土质颜料，矿物颜料，天然颜料；直接从土中开采得到的物质，经物理方法处理后得到的颜料。

earth plate **1.** 接地电极板；埋在土里的金属电极板。**2.**（英）埋地电极板；同 **buried plate electrod**。

earth pressure **1.** 土压力；由挡土形成的水平推力。**2.** 施加在结构上的压力，如由土施加在挡土墙上的压力。

earthquake load 地震荷载；由地震对结构产生的作用。

earth roof 草皮屋顶；见 **sod roof**。

earth-sheltered construction 其墙体和屋顶至少50%的面积被泥土覆盖的建筑。

earth table （墙基、柱基、台基）贴地层，贴地石座；同 **ground table**。

earth-wall dwelling 夯土墙住宅；见 **jacal，pueblo architecture，sod house**。

earthwork **1.** 土方工程；与土方相关的作业。**2.** 用泥土建造的结构。

ease 楼梯栏杆底部的曲线，与螺旋楼梯中心柱相连并支撑栏杆。

eased 指微圆形边缘的房屋构件，如楼梯踏步小突沿。

eased edge 小圆棱；微圆形的边缘。

小圆棱

easement 1. 役地权；使用他人拥有土地的权利，如通行、采光或通风权利。2. 平缓曲线；两个构件交接处形成的平滑曲线，两个平面之间形成平缓过渡的弧形连接。3. 仅在竖直方向上弯曲的楼梯扶手部分。

easing 1. 研口；为了保证折线适应所容许的空间而去掉多余的材料。2. 基坐层；见 **basement，2.**

east end 中世纪教堂中摆放主祭坛的一端，西端为主入口。

Eastern closet 东方盥洗室；同 **Asiatic water closet** 亚洲盥洗室。

eastern crown 东方冠；见 **antique crown**。

eastern hemlock，hemlock spruce，spruce pine （美国）东部铁杉，加拿大铁杉；生长于北美东部的针叶树，木材耐潮、质软、质地粗糙、纹理不平整，易于切割，不适于结构用材。

Eastern method 挤浆法砌砖；见 **pick and dip**。

eastern red cedar，aromatic cedar 北美圆柏；浓香的、中等密度的、纹理细腻的木材，具有白色木纹和独特红色，广泛用作栅栏杆、木瓦或防蛀橱柜的隔板。

Eastern Stick Style 东部板条风格；同 **Stick Style**；又见 **Western Stick Style**。

eastern water closet 东方盥洗室；同 **Asiatic water closet**。

Easter Sepulcher 复活节圣物储藏所；一些教堂圣坛左墙上的斜窗洞里摆放圣物的地方。

East Indian Laurel 生长在印度和缅甸的一种密实的、中等强度的木材；颜色浅棕或深棕，带深色木纹。用作橱柜、镶板和室内饰面，类似于黑胡桃木。

复活节圣物储藏所

East Indian rosewood 东印度红木；密实的硬木，颜色淡紫色，带黑色木纹，用作装饰性镶板和橱柜。

Eastlake ornamentation，Eastlake Style 一种装饰风格，而不是建筑风格，与英国设计师 **Charles Locke Eastlake**（1836—1906）联系在一起。装饰元素包括：**spindlework**（特别是栏杆柱或车床上的短柱）、穿孔板和三角饰、雕刻镶板、巨大的装饰性扇形隅撑、高级装饰性线脚、装饰性五金配件如门把手和门锁。

east window 教堂歌坛一侧的窗户；教堂建筑中，教堂歌坛一端的窗户，它通常位于教堂东端。

eave lead 铅檐沟，铅制屋檐水槽。

eaves 屋檐；突出外墙的屋顶部分，通常是坡屋顶的低边；又见 **bellcast eaves，boxed eaves，bracketed eaves，closed eaves，coved eaves，flared eaves，open eaves**。

eaves board 屋檐板；同 **eaves fascia**。

eaves bracket 屋檐斜撑；支撑屋面出檐的成对斜撑。

eaves channel 檐槽；沿墙顶的通道或小檐沟，将屋面落水输送至落水管或滴水嘴。

eaves cornice 屋檐处的柱头檐部。

eaves course 1. 檐口层；屋檐处的第一层板材、片材或瓦材。2. 双檐沟层；同 **double course**。

屋檐斜撑

eaves fascia 檐口板；垂直钉在屋顶椽子端头的木板，有时可支撑檐沟，又叫 **fascia board**（封檐板）。

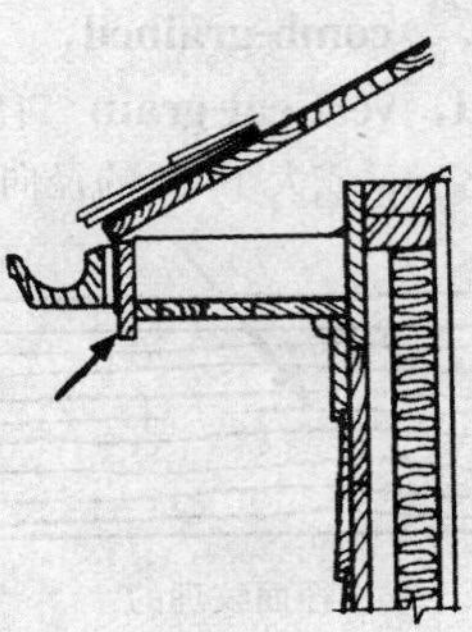

封檐板

eaves flashing 挡水板，批水，檐口泛水；檐沟上作为泛水的金属条。

eaves gutter 屋檐雨水沟；见 **gutter，1**。

eaves lath 屋面最低处瓦片下面的木条（如檐沟处），用于抬高瓦片的下端，使最低处瓦片层保持与其上一瓦片层以相同的斜度。

eaves plate 屋面低端屋檐处的水平木梁，由木柱支撑。

eaves pole 披水条，檐口嵌条，檐瓦垫条。

eaves soffit 挑檐平顶板；挑檐下方的平顶板。

eaves tile, starter tile 檐口瓦；檐沟处的首层瓦片，比屋面上别的瓦片短且平整。

eaves trough 檐槽；见 **gutter，1**。

EBIS 缩写＝ **“edge bead one side”**，镶边珠一边。

ebonize 采用涂料涂黑或用化学方法染色使之看起来像乌木。

ebony 乌木，黑檀；许多热带树种的木材，显著特征为色深、耐久、硬度高，用于雕刻、装饰细木等。

eccentric 偏心的；没有共同圆心或中心线。

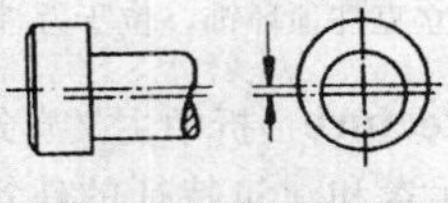

偏心的螺杆与螺帽

eccentric-braced frame 偏心支撑框架；支柱中心线偏离柱子和梁交叉点的框架。

eccentric fitting 偏心配件；中心线偏离管道中心线的配件。

eccentric load 偏心荷载；作用在圆柱或桩上相对于中心轴不对位，因而使构件产生弯曲力矩的荷载。

eccentric tendon 偏心预应力钢筋；预应力混凝土中不与构件重力轴重合的预应力钢筋。

ecclesiology 建筑教堂学；研究教堂布置和装饰的学科。

échauguette 吊楼。

echinus 柱帽，柱顶环饰；多立克柱头中支撑柱顶石的偏心凸圆线角。各种具有相似轮廓或装饰的线脚。其他柱式柱头对应的特征部位通常有卵箭式；又见 **ovolo，bowtell**。

柱顶环饰

echinus and astragal 类似于卵箭饰，下面带珠盘线脚的装饰物。

echo 回声；反射给听众的声波。具有足够的声强和时间延迟，因此，听众可以将它与直达声区分开。

多立克柱顶环饰，位于万神殿

eclectic architecture 折中主义建筑；广泛汇集历史风格建筑元素和建筑特征的建筑，参见外来折中主义建筑、法国折中主义建筑、新折中主义建筑、西班牙折中主义建筑。

Eclecticism 折中主义；综合了多样风格元素，盛行于19世纪下半叶的欧洲和美国的建筑装饰风格。

École des Beaux-Arts 巴黎美术学院；位于巴黎的建筑学校，教授装饰性历史风格的折中主义建筑，设计基于古希腊和罗马帝国时期的古典建筑的纪念性尺度，吸纳了16世纪、17世纪和18世纪法国建筑特点，在1863年成为法国国家性研究机构，现在仍然是法国建筑教育的中心；又见 **Beaux-Arts Style**。

economic rent 经济租金；足以支付所有运行、维护费用和抵押借款（但不包括水、电、气或其他服务）的房产的租金。

economy brick 经济砖；空心的、模数化的砖。名义尺寸为4in×4in×8in（10.16cm×10.16cm×20.36cm），实际尺寸为3½in×3½in×7½in（8.89cm×8.89cm×19.05cm）。

economy-grade lumber 经济级木材；最低等级木材，用于以价格为主导因素的工程中，区别于 **coustom-gradelumber**（用户级木材）和 **premium-grade lumber**（优质级木材）。

economy wall 经济墙；4in（10cm）厚的砖墙，背面抹灰，每隔一定间距用竖向附墙柱加强，以支撑楼板或屋面构架。

ecphora 突现；突出于构件或线脚表面的各种构件或线脚的突起。

ectype 复制品，副本；浮雕的复制品或图像。

eddy flow 涡流，紊流；见 **turbulent flow**。

edge-bar reinforcement （板）边框加固钢筋，板边拉力钢筋；混凝土结构中用来加强混凝土板边强度的受拉钢筋。

edge bead 边护条；见 **corner bead**。

edge beam 边梁；板边的加固梁。

edge-bedded 边缘垫层的；见 **face-bedded**。

edgebend 英国术语中指 **crooked**，**1**。

edge clearance 边净空；玻璃片与窗框或镶板与门框之间的距离。

edge isolation 同 **expansion strip**；伸缩缝嵌条。

edged tool 修边工具，有刃工具；见 **edge tool**。

edge form 边模板；避免浇筑混凝土时沿平面或侧向流淌的模板。

edge-glued core 拼木板，细木工板；见 **continuous block core**。

edge-grained，comb-grained，quartersawn，rift-grained，vertical-grain 径面纹理的；年轮与材面相交45°或大于45°的径向锯木纹理。

径面纹理的

edge joint **1.** 端接；两块胶合板或层压板顺纹理方向形成的接缝。**2.** 边连接；两块板并肩形成的连接。

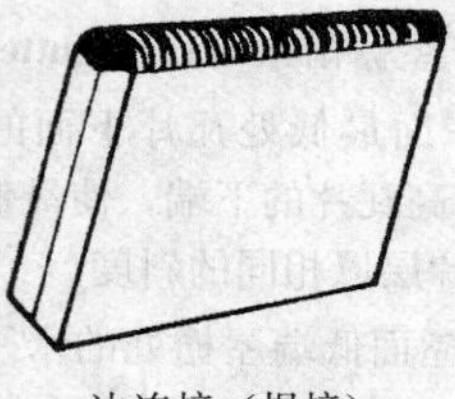

边连接（焊接）

edge molding，edge strip 边缘线脚；门、柜台或其他相对较薄的构件边缘的线脚。

edge nailing，toenailing （地板）暗钉；钉在木板边缘的钉子，钉痕被相邻木板所掩盖。

edge plate 护边板；用来保护门边的角铁或管状护圈。

edge pull 嵌入推拉门边的拉手。

edger **1.** 角寸；用来抹圆新浇筑混凝土或灰浆边缘的工具。**2.** 在木地板边上进行打磨的机器。

角寸

edge roll 边缘半圆饰；见 **bowtell**。

edge shafts 支撑肋架拱；大量用于诺曼建筑中的一种支撑拱。拱与相邻的墙或扶壁柱连成一体。

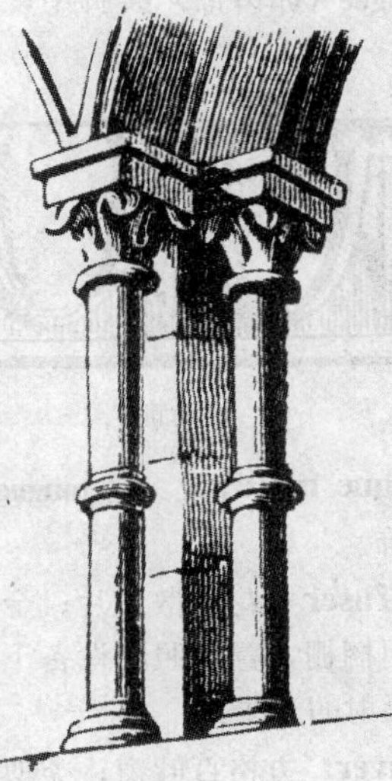

支撑肋架拱

edge-shot 刨边；把边刨平，使之与板齐平。

edge spacer 边块；窗户制造中，防止玻璃边缘相互接触，并防止玻璃在支撑框格内移动的边块。

edgestone （道路）边缘石；用作路缘石的石块。

edge toenailing 斜钉拼板法；见 **edge nailing**。

edge tool，edged tool 修边工具，有刃工具；有锋利刀刃的工具，如刨子或凿子。

edge tracking 滚筒粉刷时，由涂料筒一端或两端形成的刷痕。

edge vent 屋盖周边气孔；屋顶周边，排放屋面系统中存留的水分的多个开孔。

edging **1.** 边线脚。**2.** 边条；金属、木质或其他材料的带线脚板或条，用来保护镶板边或遮盖胶合板或屋顶望板的叠合部分。**3.** 混凝土饰面中，将暴露的板边抹圆以减少可能的碰撞导致缺口或碎裂的做法。

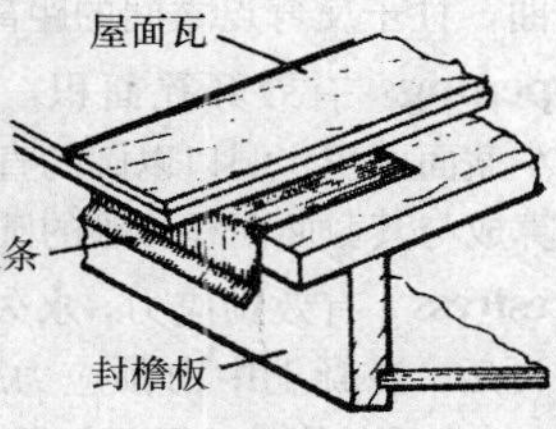

边条

edging strip 边条，门边镶条；同 **edging，2**。

edging trowel 角寸；同 **edger，1**。

edicule 小型建筑物，建筑小品。

edifice 大厦，大型建筑物；规模宏大或地位重要的建筑物。

Edison-base fuse 额定电流达 30A 的保险丝，包括镶进插座的小玻璃盒或陶质盒，有一个可以观察到保险丝是否熔断玻璃窗。

Edison screw 白炽灯底部的金属螺纹。

EDR 缩写＝“**equivalent direct radiation**”，等量直接辐射。

educational occupancy 容纳六人以上共同接受教育的建筑，包括学校、大学、学院、研究所、托儿所、幼儿园。

EE **1.** 缩写＝“**eased edges**”，小圆棱。**2.** 表示 45°转弯。

eelgrass 大叶藻；由一种干燥的海洋植物组成的有机材料。可制成像毯子一样的隔热材料，通常用牛皮纸密封，形成封闭空气层阻止热量流动。

effective area 有效面积；进风口、出风口的净面积，等于设备的（规定）净面积乘以流量系数。

effective area of reinforcement 钢筋有效面积；预应力混凝土中钢筋截面面积乘以它与作用方向夹角的余弦。

effective bond 有效砌合，（砖墙）的高效砌合；以 2½ in（5cm）砖封闭端部的砖墙砌合。

effective depth 有效高度；梁板截面中，从受压面至受拉钢筋形心之间的高度。

effective flange width 有效翼缘宽度；梁的深度或板的厚度。

effective length （压杆）有效长度，计算长度；当柱子弯曲，柱子反弯点之间的距离。

effective opening 有效开孔面积，有效孔径；排水口的最小截面面积，洞口以圆的直径表示，非圆洞口则换算成与其截面面积相等的圆的直径表示。

effective prestress 有效预应力，永久预应力；去除预应力损失后，混凝土中由预应力张拉引起的应力，包括构件自重的影响，但不包括外荷载的影响。

effective reinforcement 有效钢筋；能够有效抵抗施加应力的钢筋。

effective span 有效跨度，计算跨度；梁等构件的支座（从中心到中心测量）之间的距离。

effective stress 有效应力；预应力混凝土中，在预应力损失发生以后，保留在预应力钢筋中的应力。

effective temperature 有效温度；将温度、湿度、空气流动等因素综合为一个数值，它表示人体冷热感觉，其数值等于产生相同感觉的静止饱和空气的温度。

efficacy 效率，效能，功效；见 **luminous efficacy**。

efficiency apartment 既当起居室又当卧室的单个房间与壁嵌式厨房和浴室组成的小套公寓。

efficiency ratio 效率比；建筑使用面积和总面积的比值。

effigy 画像；类似于雕像，全身或半身的画像。

efflorescence 风化，（岩石）粉化；沉积在岩石、砖、石膏或灰浆表面的白色溶解盐形式，通常由于潮气的作用，自由碱从灰浆或毗邻的混凝土中沥滤出来所产生的。

effluent 废液，污水，废水；环卫工程中排出的废液，尤指从化粪池中排出的废液。

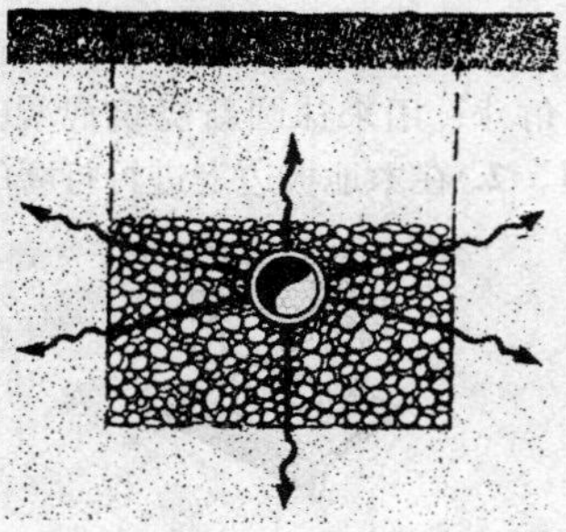

废液，排入土壤中

EG 缩写＝“**edge（vertical）grain**”，径面（垂直）纹理。

e. g. 拉丁文缩写＝“**exempli gratia**”，例如。

egg and dart，echinus，egg and anchor，egg and arrow，egg and tongue 卵箭饰，卵锚饰，卵齿饰；卵形和箭形的装饰物交替出现，用来丰富凸圆线脚和柱帽线脚，也呈条带状。在 **egg-and-anchor**（卵锚饰），**egg-and-arrow**（卵箭饰）和 **egg-and-tongue**（卵齿饰）线脚中，箭形饰的形式是变化的。

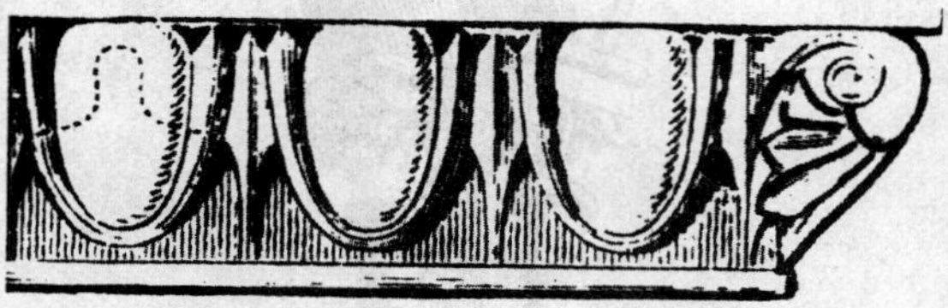

卵箭饰

egg-and-tongue molding 同 **tongue-and-egg molding**；卵齿饰。

eggcrate diffuser 花格散光片；金属或塑料配件组装成照明搁栅，置于照明设备下面，以使照明设备发出漫射的光线。

eggcrate louver 方格百叶窗；类似鸡蛋包装时采用的方格形成的窗洞口。

eggshell，eggshelling 蛋壳，蛋壳纹；类似蛋壳表面肌理的釉面或搪瓷亚光表面，有时可能是一种表面缺陷。

eggshell gloss 蛋壳光；低光泽涂膜，介于光滑或粗糙饰面之间的亚光光泽。

eggshelling 蛋壳纹；见 **chip cracks**。

egress 出口或出口方式；又见 **means of egress**。

Egyptian architecture 埃及建筑；公元前三千年至罗马时代的埃及建筑，其最突出的成就在于用石头建造的祈求永恒的大型陵墓、纪念碑和庙宇，特征为梁柱结构和叠涩拱而没有拱券和筒拱。

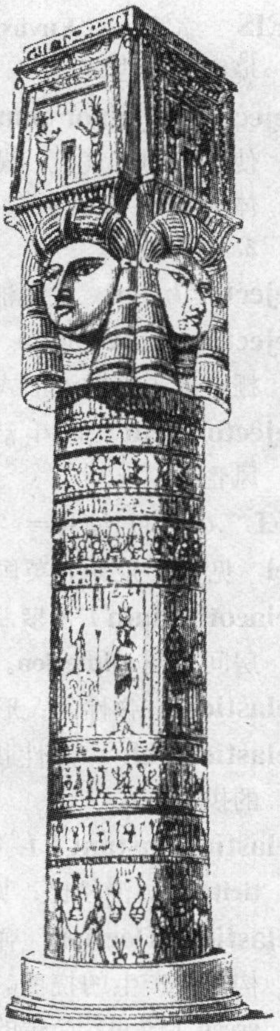

埃及建筑：左一霍鲁神庙的立面；右一哈索尔神庙

Egyptian door 埃及门；门框上面比下面窄的门，门侧顶端向内侧倾斜。

Egyptian gorge，cavetto cornice 埃及凹线脚檐口；大多数埃及房屋的特殊檐部，包括用垂直叶饰和其下滚珠线脚装饰的凹线脚。

Egyptian Revival 埃及建筑复兴；古埃及建筑的一种复兴建筑形式；流行于1800～1850年间，1920～1930年再度流行。这种风格的建筑通常包括下列特征以及（或）者装饰要素：细琢石外墙顶部向内倾斜、窗框上部比下部窄、埃及门、莲花柱头、柱子外凸或柱顶和柱底模仿纸莎草茎捆束、埃及凹线脚檐口、翼翅太阳盘、入口两侧矗立着倾斜的侧壁，形成纪念性大门。

EIC 缩写＝“**Egineering Institute of Canada**”，加拿大工程院。

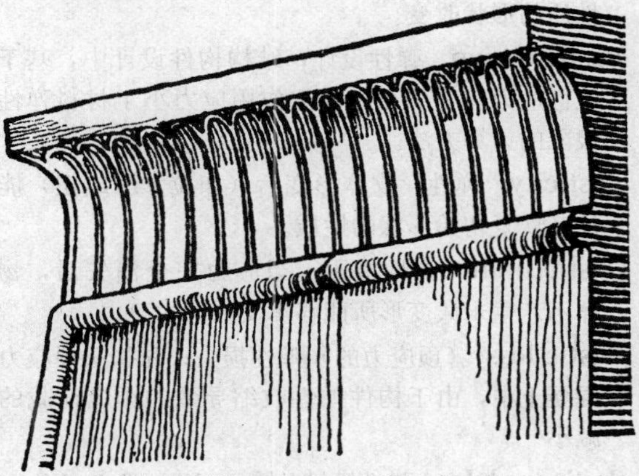

埃及凹线脚檐口

EIFS 缩写＝“**exterior insulation and finishing system**”，外墙保温及饰面体系。

EIS 缩写＝“**Enviromental impact statement**”，环境影响报告。

ejector, ejector pump **1.** 喷射泵；通过抽真空使其中的空气流、蒸汽流或水流移动从而引导液体喷射出来的泵，用于坑槽中抽取水或泥浆。**2.** 清扫孔。

ejector basin 收集池；收集生活污水的容纳池。

ejector grille （英）**1.** 送风搁栅；狭条的通风搁栅，适于以散流形式排出空气。**2.**（英）散流器。

ejector vent 向生活污水收集池输送空气的通风管。

EL （制图）缩写＝“**elevation**”，立面。

el 见 **ell**；厄尔，英国长度单位。

elaeothesium 古罗马澡堂用以（给身体）擦油的房间；同 **alipterion**。

elastic 有弹性的；形容具有弹性性质的材料。

elastic arch 弹性拱；依据材料弹性理论设计的拱。

elastic constant **1.** 弹性常数；见 **modulus of elasticity**。**2.** 泊松比；见 **Poisson's ratio**。

elastic deflection 弹性挠曲；由荷载作用造成结构构件产生的挠曲，当荷载转移后挠曲消失，与 **creep**（蠕变）产生的挠曲相对。

elastic deformation 弹性变形；不削弱材料弹性性质的形状改变。

elastic design 弹性设计；结构构件设计中，基于线性应力应变关系、假定作用应力小于材料弹性极限的计算方法。

elasticity 弹性；物体形变后（如拉、压或扭）能使其恢复初始形状的性质。

elastic limit 弹性极限；当应力完全消失后，物体不产生永久变形所能够承受的最大应力。

elastic loss （预应力的）弹性损失；先张法预应力混凝土中，由于构件弹性收缩导致的预应荷载的减小

elastic modulus 弹性模量；同 **modulus of elasticity**。

elastic shortening **1.** 弹性缩短；结构构件（在施加荷载作用下）与荷载成线性比例的长度缩短。**2.** 在预应力混凝土中，施加预应力后立刻出现的构件长度缩短。

elastomer 弹性材料；在微小应力作用下发生物理变形，当应力释放后，可大致恢复到初始尺寸和形状的大分子材料（如橡胶或具有同样性质的合成材料）。

elastomeric 弹性体的；形容具有弹性材料性质的材料，如可以拉伸和层叠而不破裂的屋面材料。

elastomeric bearing 弹性支承（支座）；由弹性材料制成的伸缩承载区域，它允许结构支承发生移动。

elbow **1.** 90°弯头；有 90°弯的管子、铁皮或配件，也叫 **ell**。**2.** 托座（**crossette, 1**）。**3.** 榫肩（**shoulder, 1**）。

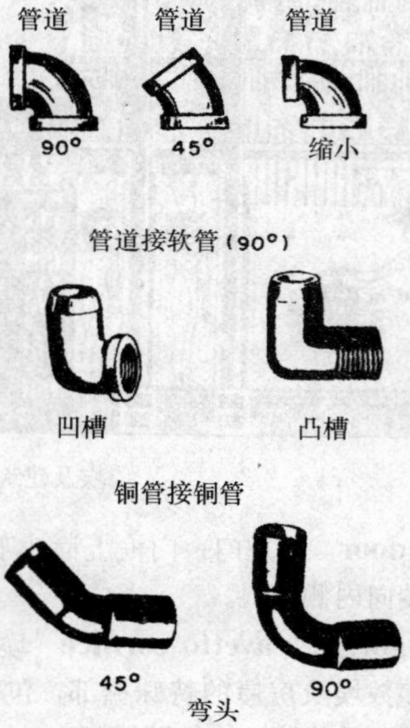

elbow-action tap 出水阀流量通过手肘或手臂压力控制的水龙头。

elbow board **1.** 肘形板。**2.** 窗台板；同 **window stool**。

elbow catch 肘形锁扣，门搭扣；锁闭橱柜门常用的非活动合页的弹簧锁装置，当非活动合页闭合时，锁扣一端的弯钩自动扣住锁扣板，因而固定门扇。

elbow rail 肋板；固定在隔墙上，作为扶手的板条，又叫 **elbowboard**（肘形板）。

elec, ELEC 缩写＝“electric 或 electrical”，电的，有关电的。

electric box 电箱；同 box，2。

electric, electrical 电的，有关电的；带电的、产生电、由电引起、由电激活、与电相关。修饰词与电相关的性质、尺寸或物理特征明确时，用 electric；修饰与电相关的性质、尺寸或物理特征的关系不明确时，用 electrical（如，电机工程）。但有时这两个词可以互用。

electric filament lamp 白炽灯；同 incandescent lamp。

electric riser 电动升降机；同 riser，5。

electric strike plate 移动式抗冲击板。

electrical codes 见 National Electrical Code（NEC）and National Electrical Safety Code（NESC）；国家电力规范（NEC）及国家电力安全规范（NESC）。

electrical conductivity 电导率；材料传导电流能力的量度。

electrical conduit 电缆；同 conduit，1。

electrical curing 电养护；用电热器养护混凝土。

electrical distribution cutout 配电盘保护开关；见 distribution cutout。

electrical fault 漏电；见 fault。

electrical insulation, insulating material 绝缘材料；导电能力极差的材料。

electrical insulator 电绝缘件；由具有足够大电阻，可以作为非导电体的材料制成的组件或设备。

electrically supervised 电监控的；指电路中设备或装置发生故障时，利用微小电流（电流小到不足以激活由它供电的设施）产生报警信号的电力布线系统。

electrical metallic conduit（EMC） 金属导线管；通常由钢材制成的导线管，用于封闭电线，使之免受外界损坏。金属导线管和金属布线槽之间的区别是导线管管壁较厚，且端部有螺纹，而金属布线槽较之壁薄，且端部没有螺纹。介于这二者之间是 intermediate metallic conduit（IMC）直接金属导线管，它比金属布线槽轻 25%，且比它便宜，可以有螺纹，也可无螺纹。

electrical metallic tubing 金属布线槽；圆形横截面、薄壁金属布线槽，线槽安装就位后，再敷设或撤出电缆或电线，采用接线器和接头套管而不是用螺纹类接头。

electrical nonmetallic tubing（ENT） 非金属布线槽；埋在混凝土中，或隐藏在耐火时间大于 15min 的吊顶中，而吊顶不用作回风气室的圆形波纹塑料管。

electrical porcelain 绝缘陶瓷；具有绝电功能的玻化涂釉器具。

electrical resistance 电阻；在设备、导体、电池、电路支路或电路系统中，当电流流经时，电能以热的形式损失的现象，它是电导体对于电流表现出的物理性质，以欧姆（Ω）为单位。

electrical resistivity, specific resistance 电阻率；单位长度、单位横截面面积的电导体的电阻以欧姆（Ω）为单位

electrical rod 照明杆；照明杆的古英语。

electrical service connection 电气辅助开关；见 service connection。

electrical tape 绝缘胶带，电工胶布；见 friction tape, thermoplastic insulating tape, thermoplastic protective tape。

electric appliance 电器，耗电器具；见 appliance。

electric-arc welding 电弧焊；见 arc welding。

electric blasting cap 电雷管，电引信；设计由（或能够）电流引爆的雷管。

electric cable 电缆；见 cable，1 和 cable，2。

electric cord 电线；配有端头，并由柔韧的绝缘外皮包裹的一条或多条的电导体。

electric-delay blasting cap 电（控）延迟雷管；当电作用于引爆系统后，在预定时间爆炸的雷管。

electric device 电力设备；见 device。

electric-discharge lamp 气体放电灯；当电流流经某种蒸汽或气体而发光的灯，它因填充的决定辐射主要光谱的气体而得名（如汞灯、氖灯等），或由物理尺寸和操作参数而得名（如短弧灯、高压灯等），或由用途而得名（如黑光灯、杀菌灯

等)。

electric drill 电钻;手持电动钻头,通常按照夹头的能力分级,可以是定速的,也可以是变速的。

electric eye 电眼;见 **photoelectric cell**。

electric heating element 电热元件;由电阻材料、绝缘支座和与电源接头组成的单元,用作热源。

electricity meter 电量计;测量并记录与时间相关的总电量的仪器,如电表。

electric lock 电锁;由作用在锁具端头的电压激活锁舌或插销移动的锁闭装置。

electric motor control 电动控制;见 **motor controller**。

electric operator 用来开关如竖铰链窗、格子门、烟囱风门等的电动机械。

electric outlet 电源插座;见 **outlet**。

electric panel heating 电辐射采暖;见 **panel heating**。

electric precipitator 静电除尘器;同 **electrostatic precipitator**。

electric receptacle 电插座;见 **receptacle**。

electric resistance welding 电阻焊;见 **resistance welding**。

electric sign 电标识;可显示词语或标识的自照明式固定或可移动设备,用于传递信息或引人注意。

electric space heater 电暖器;利用电能提供热能的小型供暖器。

electric squib 电气导火管,电力起爆器;在爆炸操作中用来引爆炸药的电力激活设备。

electric stairway 电动扶梯,自动扶梯;同 **escalator**。

electric strike 电动开门器;可在远处开启门的电气设备。

electric water heater 电热水器;由储水箱及操作和安全控制器构成的热水器。储水箱内配有一个或多个电热元件,可以实现全自动控制。

electric welding 1. 电焊;见 **arc welding**。2. 电阻焊;见 **resistance welding**。

electroacoustics 电声学;研究声能与电能相互转换的科学,如麦克风或扩声器发声原理的研究。

electrochemical corrosion 电化学腐蚀,电偶腐蚀;同 **galvanic corrosion**。

electrocopper glazing 镀铜(嵌固)玻璃,电解铜釉;见 **copperlight glazing**。

electrode 1. 电极,焊极;电弧焊中焊接电路中的组件,可以将电流引至电极夹和电弧之间。2. 电焊条;电阻焊中,焊接机器中的将电流直接引(通常伴随着压力)至工作面。

electrode hot-water heater 电热水器;一种利用水箱内电极加热的家用热水器

electrogalvanizing 电镀锌;通过电镀法沉积锌的镀锌方法。

electrogas welding 电气焊;金属惰性气体保护焊接的一种。

electrolier 枝形电灯架;电力照明装置的支架,尤指照明装置悬挂形成枝形。

electroluminescence 电致发光;黄磷经由电磁能激发而发出的光线。

electroluminescent lamp 电致发光灯;由电致发光的薄片灯具,或固定,或伸缩。特点是低亮度和低功效。

electrolysis 电解作用;电流通过化合物可产生电解金属的变化。

electrolytic copper 电解铜;经过电解沉积作用提纯铜,用于制造硬铜和铜合金。

electrolytic corrosion 电解腐蚀,电化腐蚀;同 **galvanic corrosion**。

electrolytic protection 电解保护;见 **cathodic protection**。

electromagnetic contactors 电磁开关,电磁继电器;开关电力电路的电动设施。

electromagnetic interference 电磁干扰;发射或接收通信信号时,由于电磁场辐射导致的干扰。

electromotive force 电动势;引起(或趋于引起)导体内产生电流的力;电源两端的电压差值。

electroplated 电镀的;形容金属表面有薄层黄铜、锌、铜、钙、锡或镍等金属沉积物,这种薄层沉积通常是将金属浸没在电解池后产生电化学反应的结果。

electroslag welding 电渣焊；使用电液化熔渣将被焊接的两个表面熔化在一起的焊接过程，电液化熔渣既熔化填料金属又熔化两个焊接表面。

electrostatic air cleaner 静电空气清洁器；同 **electrostatic precipitator**。

electrostatic filter 一种静电式沉淀器。

electrostatic paint-sprayer 静电喷漆机；一种利用雾化喷漆颗粒和喷雾器间的电位差操动的电动喷枪。漆料经喷口喷射形成均匀的漆面效果。

electrostatic precipitator 静电除尘器；安装在烟囱等处防止烟尘和灰尘颗粒扩散的设备。灰尘颗粒在通过充电屏时带上电荷，然后当带电灰尘颗粒通过两块充电板时，被其中一块吸附。而且灰尘会被不时地从板上清除掉。

electro-zinc plated 镀锌的；见 **galvanized**。

electrum 琥珀金；金和银的天然合金，古代，有时用于寺庙和宫殿中的装饰物。

element 构件；见 **building element**。

elementary school，grade school 中小学；提供初级的一至六年或八年教育的教学机构。

elemi 芳香树脂；从热带树中获得的黄褐色芳香树脂，用于清漆和真漆中。

elephant trunk 象鼻管，混凝土输送管，喷力排泥管；长圆筒形的管道，其顶部呈漏斗状，用作溜管把混凝土灌入的竖井或模板的深处。管内时刻充满混凝土，以避免物体自由下落以及物体自由下落带来的各组成物质的分离。

elevated floor 活动地板；见 **raised floor**。

elevated water tank 高位水箱。

elevated-water-tank system 高位水箱系统；见 **gravity water system** 重力水箱系统，一种房屋给水系统。系统中水从主水管经水泵升至系统最高处和液压最远点的高架贮水箱内，储水箱的高度可以增加配水系统中水的压力。

elevation **1.** 立面图；用垂直正投影显示房屋内外垂直要素的图。**2.** 标高；高于或低于某一参考高度的垂直距离。

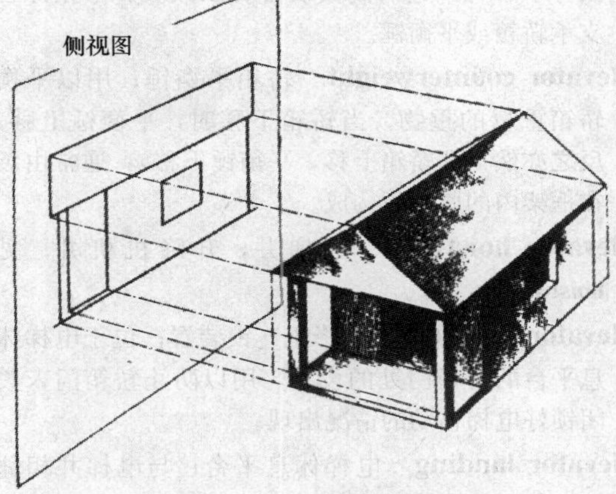

elevator 电梯，升降梯；配有沿导轨垂直升降、服务房屋或构筑物的二层或更多楼层的轿箱或轿箱平台的升降机械；又见 **dumbwaiter**；又见 **freight elevator**，**hand elevator**，**hydraulic elevator**，**passenger elevator**，**power elevator**，**sidewalk elevator**。

elevator buffer 电梯缓冲区；见 **buffer**，**2**。

elevator bumper 电梯缓冲器；见 **bumper**，**1**。

elevator car 升降机轿箱；升降机的负载单元，包括平台、轿箱架，外围护以及轿箱门。

elevator car annunciator 停靠层指示装置；显示呼梯按钮已经按下的升降梯休息平台层数的电器设备。

elevator car door 轿箱门；升降梯轿箱入口的门。

elevator car-frame sling 升降梯支撑框架；固定升降梯轿箱平台、导轨、电梯安全器、卷扬绳（或绞缆轮），以及（或者）辅助设备的框架。

elevator car-leveling device 轿厢平层装置，将轿箱升降至休息平台处，并使其准确停止的机械或控制装置。

elevator car platform 轿箱平台；形成轿箱地面并且直接承重的结构。

elevator car safety，counterweight safety 电梯安全器，平衡锤安全器；固定在电梯轿箱架或平衡锤框架上的机械设备。当发生轿箱超速或自由坠落，或者钢丝绳松动、断裂或从紧固物中拨出等事故时，这一机械设备可以减缓、停止并且支承轿箱或平衡锤。

elevator counterweight 轿箱平衡锤；用以平衡轿箱重量的重物，当轿箱下移时，平衡锤上移，反之亦然（即轿箱上移，平衡锤下移），通常由装在框架内的厚钢板构成。

elevator hoistway 电梯井，升降机机井；见 **hoistway**。

elevator interlock 升降机连锁装置；位于电梯休息平台的轿箱门处的设备，用以防止轿箱门未关闭锁好电梯移动的情况出现。

elevator landing 电梯休息平台；与电梯井相邻的楼板、阳台或平台，用于聚集或疏散乘客或货物。

elevator machine beam，elevator sheave beam 电梯大梁；电梯机房内位于电梯起重机械下方、支撑起重机械的钢梁，通常设置在电梯井的正上方。

elevator pit 电梯坑；底层电梯休息平台下延伸的电梯梯井部分，以提供轿箱底部超常规行程及轿箱底部停靠所需的空间。

elevator shaft 电梯井。

elevator sheave beam 电梯大梁；见 **elevator machine beam**。

elevator stage，drop stage，lift stage 舞台升降台；设置于升降机上可垂直升降的剧院舞台地面，可将一套布景迅速置换成另一套布景，包含各个单元或连接组件。

elevator vestibule 电梯前室；依据法规要求，电梯厢须被不可燃的防烟板隔离房间。

Elizabethan architecture 伊丽莎白式建筑；英国哥特式风格与文艺复兴风格间过渡的一种风格，因流行于伊丽莎白一世（1558—1603）时期而得名，它主要是乡村住宅，以大的直棂窗和交织凸起带状饰为特征。

Elizabethan Manor Style 伊丽莎白庄园风格；见 **Tudor Revival**。

ell，el **1.** 与主体建筑方向相垂直的次要的一翼或加建部分。**2.** 90°弯头；同 **elbow**。

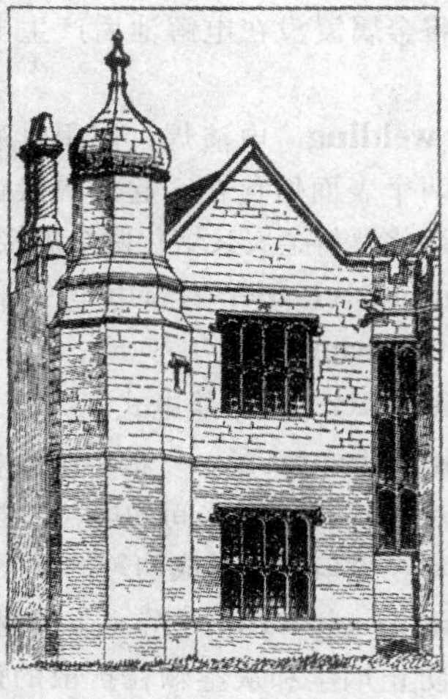

伊丽莎白式建筑

elliptical arch 椭圆拱；近似由三段圆弧连接而成半圆弧拱。

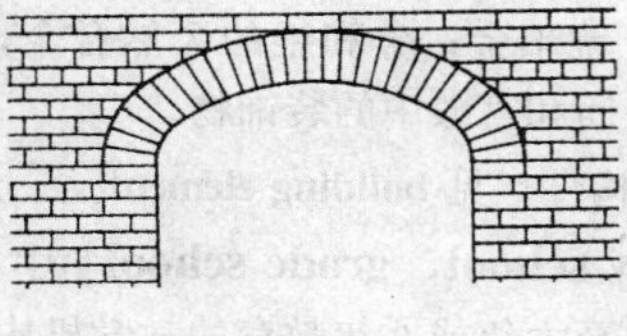

椭圆拱

elliptical fanlight 椭圆扇形窗；门上面的半椭圆形的扇形窗。从一点辐射出的窗棂让人联想起扇形，也叫半椭圆扇形窗。

elliptical stair 椭圆梯井楼梯；踏步围绕实心椭圆形柱或椭圆梯井螺旋上升的楼梯。

elm 榆木；坚硬、高强、中高密度的褐色硬木，通常有互锁扭曲的木纹。其树木常用来遮阴或美化环境；其木材用作装饰性镶板、木柱和厚板。

elongated piece 长粒料，长骨料；长与宽的比值大于某一特定值的骨料颗粒。

elongation 伸长；见 **strain**。

eluriation 淘洗（分，净）；使用洁净水或工业废水对含有生活污物中的淤泥进行一系列处理，以清除淤泥中的特定组成成分，从而减少化学处理的工作量。

EM 缩写＝“**end matched**”，端头榫接的。

emarginated 被槽口打断板边的。

embankment 堤防，路堤；泥土、岩石或砾石筑成的高起构筑物，用来挡水或承载路基。

embarrado 西班牙殖民建筑中，将土坯或泥浆涂抹在建筑上形成的粗糙饰面。

embattled，embattlemented 有雉堞的，有城垛的。

embattled molding 堞形线角。

embattlement 雉堞；同 **battlement**。

embedded column 暗柱；部分嵌在墙内的柱子。

embedded reinforcement 埋入钢筋，（混凝土中）配置钢筋；见 **reinforcement，1**。

embedding compound 所含成分；同 **taping compound**。

embedment 锚固件；埋在混凝土内将外部施加荷载传至混凝土结构的钢构件。

embedment drawings 锚固件图纸；标示承载钢梁组件安装位置的图纸。

embedment length 锚固长度；锚固钢筋超出临界截面的长度。

embellishment 装饰，修饰；用装饰元素修饰。

emblemata，emblema 浮雕装饰；早期罗马人用来装饰地面、镶板等的一种镶嵌工艺。

浮雕装饰

emboss 压纹，压花；在材料表面刻出或压印的图案，常用带图案的滚筒制作。

embow 使成拱形，使成穹形；形成拱顶或穹顶。

embowed 外凸；指带有外凸曲线的，如凸窗。

embrasure **1.** 雉堞之间的凹处或间隔。**2.** 斜面门窗洞；面向墙的内表面呈现八字形扩大的门窗洞口。

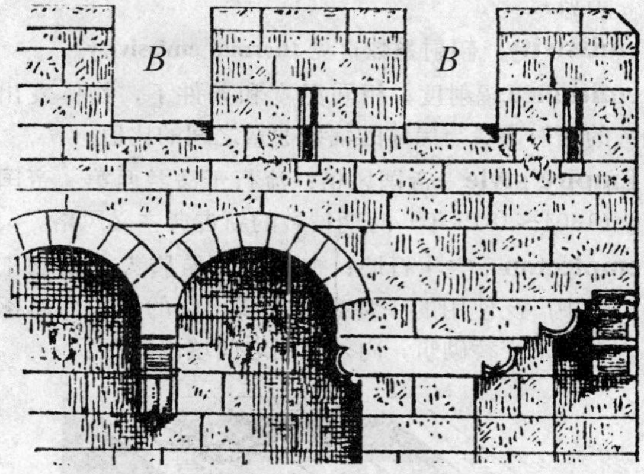

B—雉堞之间的凹处或间隔

EMC 金属导线管；见 **electric metallic conduit**。

emergency-exit lighting 紧急出口照明系统；当建筑正常照明发生故障时，用以确保紧急出口处照明的照明系统。

emergency-exit window 紧急出口窗；见 **fire-escape window**。

emergency lighting 事故照明；当正常供电发生故障时，用来提供照明保证安全的必要照明。

emergency power generator 应急发电机；见 **standby power generator**。

emergency release 应急安全装置；安装在门口上方在紧急情况下使用的安全装置，与紧急出口装置（**panic exit device**）不同。

emery 金刚砂；不纯的碳化硅的颗粒，用来研磨或打磨玻璃、石头和金属表面。

emery cloth （金刚）砂布；涂有金刚砂涂层的布，在干、湿状态下类似于砂纸的方式使用（通常在金属上），专门用于精细打磨。

emf 缩写＝“**electromotive force**”，电动势。

eminent domain 土地征用权；国家以合理补偿所有者的方式征收私人不动产，用于公共用途的权力。

eminently hydraulic lime 快速水硬性石灰；一种凝结很快的水硬性石灰，凝结时间通常小于一周。

emission 辐射；能量辐射（如，电磁、热、光或声波）。

emissivity 辐射系数；见 **thermal emissivity**。

emittance 辐射度；相同温度和条件下，物体发出的辐射通量与黑体的辐射通量之间的比值。

Empire style 帝国风格；流行于法兰西第一帝国（1804～1815 年）时期精致的新古典主义风格。

emplecton 空斗石墙；古罗马和希腊人在防御工事中广泛使用的一种砌体形式，墙的外表面由琢石顺丁交替砌筑，内外表面之间填以碎石。

空斗石墙

employer's liability insurance 雇主责任保险；保护雇主免受雇员因工受伤或患病而提起基于公共法律过失而非工人赔偿义务的赔偿诉讼的保险。

emporium 商场；古罗马城镇中，存储从海外进口的，未批发给零售商的外国商品的大型建筑物。

empty-cell process 空细胞法；在压力作用下以液体防腐剂浸渗木材的方法。

EMT 缩写＝“**electrical metallic tubing**”，金属布线槽。

emulsified asphalt 乳化沥青；含有少量乳化剂的沥青水泥和水的乳胶体。

emulsifier 乳化剂；调节胶滴表面张力，防止胶滴聚合并保持胶滴悬浮的物质。

emulsion **1.** 乳胶体；非溶解的液体以细微液滴形式悬浮在另一种液体里而形成的混合物。**2.** 乳胶体；固体颗粒悬浮在非溶解的液体里而形成的混合物，如沥青与水的混合物，其中均匀地分散着沥青溶液，当水分蒸发后，产生屋面工程和防水工程需要的胶结作用。

emulsion glue 乳胶；由乳化聚合物制成的胶，通常可冷敷设（施工）。

emulsion paint 乳胶漆，乳液涂料；由树脂颗粒与颜料颗粒均匀拌合而形成带有颜料的油漆。随着水分蒸发，树脂颗粒聚合形成薄膜，和颜料颗粒一起粘附在物体的表面上。

emulsion sealant 乳胶密封剂；见 **latex sealant**。

ENAM （制图）缩写＝“**enamel**”，磁漆。

enamel 磁漆；由细腻的矿物颜料和树脂结合剂形成的油漆，干燥后能形成光滑的、玻璃状的无纹理薄膜。

enameled brick 玻璃砖；见 **glazed brick**。

encarpus 垂花饰；雕刻有水果和花卉图案的垂花饰。

垂花饰

encased 包壳的；形容现浇混凝土完全包裹所有独立框架构件的钢框架结构。

encased beam 包壳梁；通常包在混凝土里的金属梁。

encased electrode 包壳电极；包裹在混凝土里的电极（位于混凝土底板或基础底面内或周围），由钢筋或钢杆件组成，必须与地极相接。

encased knot 死节，枯树节疤；不与周围木材交互生长的节疤。

encasement **1.** 包外壳；包围在管子周围，提供额外支撑或保护的刚性结构或管子。**2.** 桩壳；见 **pile encasement**。

encastré 埋置的。

encaustic **1.** 蜡画法的；形容用颜料溶剂和蜂蜡的混合物绘画，然后加热固定。**2.** 上釉烧制的；涂刷在砖、玻璃、陶器和瓦片上的颜色，通过加热固定。

ecaustic tile 彩瓦，琉璃瓦，釉面瓦；以一种颜色的黏土为背景，以另一种颜色的黏土进行图案镶嵌制成的装饰砖，用于地面铺装和墙面装饰。

中世纪彩瓦铺地一部分

enceinte 1. 城廓；城堡或城镇的围墙。2. 围地；被封闭的区域。

enchased 雕镂的；形容多种锤制金属的工艺，它通过把背景或图案锤击使制之表面下陷形成浮雕图案。

enclosed fuse 保险丝管，封闭式熔断器。

enclosed knot 暗节；完全被周围木材覆盖，不显露在木材表面的节疤。

enclosed platform 部分封闭、升高的装配式空间，其顶棚比舞台台口的顶部高出一定距离，上演戏剧或其他娱乐节目时用来隐藏布景、舞台垂幕、装饰物等。

enclosed shaft 封闭附柱；同 covered shaft。

enclosed stair 封闭式楼梯；同 box stair。

enclosure wall 1. 幕墙；骨架结构中的非承重墙，通常锚固在窗间墙、柱或楼板上。2. 围绕转门的弯曲的金属或玻璃墙。

encorbelment 悬挑件；砌体中上层较下层突出的砖层。

encroachment 侵占；占据他人土地，进行房屋不合法扩建和加建。

encumbrance 财产留置权；限制使用不动产，或强制以地产作担保的付款，但这种强制不妨碍地产的转手。

end anchorage 端部锚具；在先张构件中，将预应力传递给钢筋混凝土的机械设备。

endbeam 端梁；见 beam。

end-bearing pile 端承桩；将桩靴置于或锚固于承重岩层上作为主要支承（点）的桩。

end-bearing sleeve 套在两根钢筋的毗邻端头，确保将轴向压力从一根传递至另一根的装置。

end-bedded 竖向纹理铺砌，竖向石砌筑；同 face-bedded。

end block 预应力钢筋张拉的末端锚头；构件的端部截面放大，用以将锚固应力值减至允许值之内。

endboard 用来封闭挑檐檐部转向端的木板。

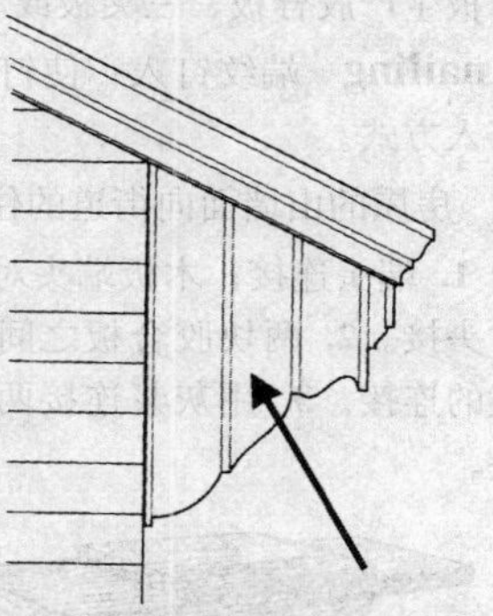

用来封闭挑檐檐部转向端的木板

檐口

end butt joint 对（头）接，端接缝；同 end joint。

end channel 端部支肋（加劲肋）；与金属空心门的顶端和底端焊接的水平肋，用以增加门的强度和刚度。

end checks （木材）端部裂缝；木料干燥过程中，沿端部木纹产生的细裂缝。

end chimney 端部烟囱；位于住宅山墙处的烟囱，包括与外墙齐平的内突烟囱，以及突出于山墙外表面的外突烟囱。

end-construction tile 端部结构空心砖；主要承

受平行于单元轴向应力、沿竖向单元的轴向砌筑的砖。

end dam 密闭端；由于设置挡水板而无法流出水的一端。

en délit 采用垂直纹理而非水平纹理的哥特式石柱。

end distance 端距；固定木材端头螺栓与最近的螺栓孔中心间的距离。

end gable 端山墙；位于房屋尽端的山墙。

end girt 早期木框架住宅中主要用作二层楼板的水平承重构件的大木梁。沿住宅的端部布置，将木框架每一角柱与相临柱联系在一起，见 **timber-framed house** 下面的图解。

end grain （木材）端纹；沿垂直于木纹方向切割时留下的纹理。

end-grain core （胶合板）端纹心板；用木纹与板面垂直木板生产胶合板、三夹板或三合夹心板。

end-grain nailing 端纹钉入；使钉子的钉杆与木纹平行钉入方式。

end house 房屋的山墙面向街道的住宅。

end joint **1.** 端头连接；木板端头对端头形成的连接，如对头接。**2.** 两块胶合板之间形成的接缝与木纹垂直的连接。**3.** 用灰浆连接两块砖的端头形成的连接。

对头接（带头板）

end lap 搭接接头中的搭接长度，如屋顶油毡层的端头搭接。

end lap joint 端部叠合搭接；两构件形成转角时的接头方式，即其中一构件切去一半厚度，搭在另一个同样切去一半厚度的构件上。

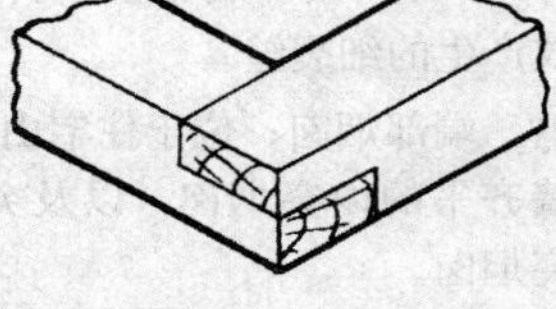

端部叠合搭接

endless saw 带锯；同 **band saw**。

end-matched 端头榫接的，企口的；指一端为榫，另一端为卯的木板或木条。

endothermic 吸热的；形容吸热后发生的变化。

end post （桁架）端压杆；桁架端头受压的杆或结构构件。

end scarf 榫接头；两块木材之间通过一端插入另一端中形成的斜接，类似于 **mortise and tenon joint** 榫卯连接。

end scroll 卷涡；同 **volute**。

end stiffener 端部加劲肋；梁端与腹板垂直相连的肋板，用以加强梁腹板，将端部剪力传递至支座垫板、底板或支承构件。

end thrust 轴端推力；施加在结构构件端部的力。

endurance limit 耐久极限；疲劳测试中材料可以承受的不导致材料破坏的最大应力。

energized 与电源有关的、带电的。

energy 能；作功的能力，一个系统能够作功的数值。

energy cutoff device 当热水系统中任何一处的温度或压力超过某一预定值时，热水器中切断热量供给的安全装置。大多数产品规范中要求设置这一安全装置，以保护热水器，并防止辅助设备损坏和（或）造成人员伤亡。

enfilade 使一相邻房间的多个门轴线对位。

enframement 装框架的；同 **surround，1**。

engaged 嵌入的，附墙的；形容通过部分嵌入或砌合，从而与墙相连（或外观上相连）的，如附墙柱。

engaged bollard 标示柱；与墙或柱部分结合的矮柱，保护墙面免受机动车的损坏。

engaged column，attached column 附墙柱；非临空耸立而是部分嵌在墙内的柱。

engaged order 一系列的附墙柱。

engaged pier 嵌墙墩；一部分建在墙内的支柱。

engaged porch 整体门廊；同 **integral porch**。

engineer 工程师；受过专门工程职业训练和实践，由地方主管部门认证具有从事工程实践资格的人。

engineer-architect 工程师—建筑师；见 **architect-**

附墙柱

engineer。

engineered brick 工程用砖；名义尺寸为 $3\frac{1}{5}$ in×4in×8in（8.13cm×10.16cm×20.36cm）的砖。

engineered fill 回填土；将土壤或碎石压实作为填方。

engineering brick 高强度砖，半釉砖；（英）密实的、高强的、半釉质的砖，符合下列极限值，A级：抗压强度为 $69.0\times10^6 N/m^2$，最大吸水率为4.5%；B级：抗压强度为 $48.5\times10^6 N/m^2$，最大吸水率为7%。

engineering geology 工程地质学；运用地质学及其原理，对土木工程设计中涉及的天然岩石及土壤进行勘测评估的学科。

engineering officer 工程管理员，责任工程师；由军事部门或企业任命，具有管理某一特定工程运作的权力和职责的人。

engineering services 工程设施；见 **building services**。

engineering survey 工程测量；为工程的规划或预算的制定与编制提供重要信息的勘测工作。

engineer-in-training 助理工程师；对合乎职业工程注册要求，但不具备必要职业实践的人的称呼。

engineer's chain 工程测链；土地测量中测量距离的工具，包括一系列金属链条，在美国每一链条长1ft，链子总长100ft。

engineer's level 工程水准仪；测量高差时，用来确定视线水平的精确水准测量仪器。

engineer's scale 工程比例尺，每英寸统一划分为多规格的十等分的三棱工具，绘图时距离、荷载、受力等均可以十进制值计量。

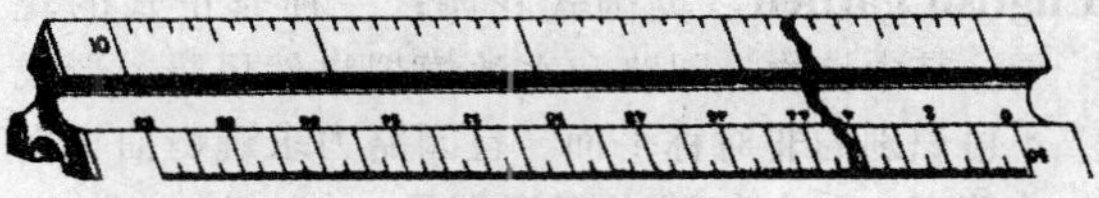

工程比例尺

English barn **1.** 英国式谷仓；采用木材或石头建造的木框架谷仓，通常由一系列附属建筑与住宅相连。**2.** 美国式谷仓；同 **Yankee barn**。

English basement 英国式地下室，半地下室；美国住宅中的最底层，部分沉入地坪以下，大部分位于地坪以上，房屋主入口位于此楼层的上层。

English bond 英国式砌合；丁砖层与顺砖层交替的砌合方式，是一种坚固砌筑方式。

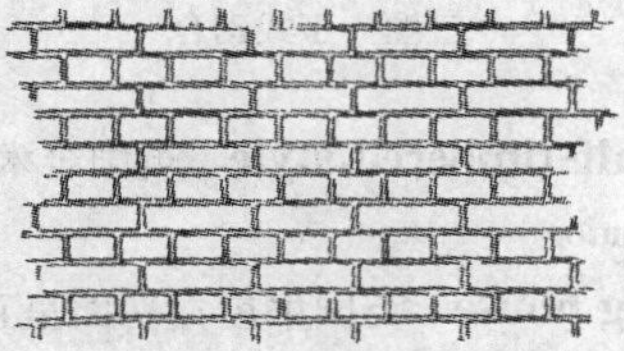

英国式砌合

English cottage 英国式村舍；有时用作 **cottage orné** 的同义词。

English cross bond, Saint Andrew's Cross bond 英国式交叉砌合，圣安德鲁式交叉砌合；类似于英国式砌合，在隔层的顺砖层处，接缝由顺砖长度的一半代替。

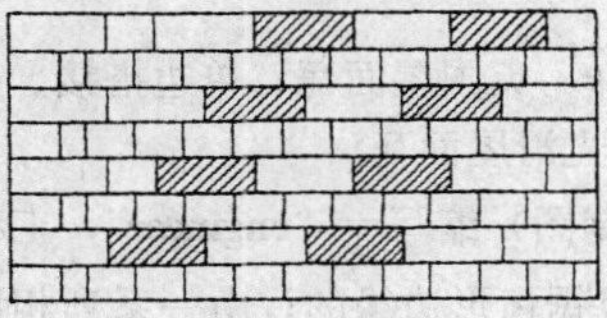

英国式交叉砌合

English frame house 英国式木框架住宅；沿袭英国传统框架技术，以坚固接头连接大块木料的木框架住宅。17 世纪中后期在美国，尤其是沿大西洋海岸中部地区盛行。

English gambrel roof 英国式斜折屋顶；上下斜面近似等长的斜折屋顶，但下面的斜面更陡，大约为 60°。

English garden 英国式花园；一种非正式的花园，其中植物、园路和水池模拟自然风景，形成不可识别的非对称平面。且园路力求蜿蜒曲折而非笔直，乔木和灌木随意布置。与（**formal garden**）正式花园形成对照。

English garden wall bond 三顺一丁式砌合；类似于五顺一丁式砌合，只是每四皮出现一层丁砖。

三顺一丁式砌合

English half-timbered style 英国半木结构风格；见 **Neo-Tudor**。

English log house 英国木屋；平面呈正方形，山墙立有烟囱的一室木屋。正立面和北立面中间各有一扇门。

English one-bay house 英国单跨房屋；在 17 世纪的美国，一种被英国移民广泛采用的单间住屋。

English Regency 英国摄政时期的；见 **Regency Revival**，**Regency style**。

English Revival，English Tudor style 英国复兴风格，英国都铎风格；见 **Tudor Revival** 和 **Neo-Tudor**。

English tile 英国屋面瓦；单边搭接、平整的、有互锁边的光滑屋面瓦。

ENGR （制图）缩写＝“**engineer**”，工程师。

engrailed 锯齿形边缘的；由一系列相同尺寸的小凹曲线沿边缘切割形成。

engraved glass 雕花玻璃；利用金刚石、铜轮或金刚砂笔研磨玻璃表面，形成表面具有装饰效果的玻璃。

ENGRG （制图）缩写＝“**engineering**”，工程（学）。

enlucido 形容西班牙建筑及受其影响的建筑中采用的抹灰表面。

enneastyle 九柱式的；形容门廊正立面有九根柱子。

enplecton 琢石面层中间填以毛石的希腊或罗马的砌体工程。

enriched 雕刻装饰的；带装饰的；又见 **entail**。

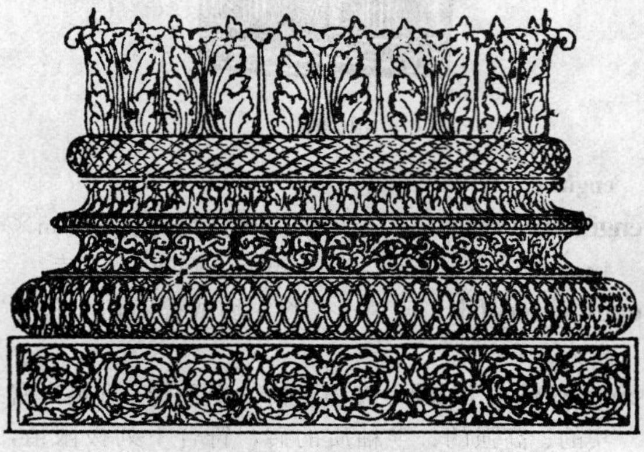

雕刻装饰的，科林新柱础

enrockment 填石，堆石体；同 **riprap**。

ENT 非金属电线管；见 **electrical nonmetallic tubing**。

entablature **1.** 檐部；古典建筑及受其影响的建筑中，由柱子支承的装饰性水平条带和线脚，分为三个基本要素：额枋（最下面部分）、檐壁（中间部分）和檐口（最上面部分）。每种柱式檐部的比例和细部不同，并被严格规定。**2.** 压在墙、窗或门上的类似构件。

entablement **1.** 放在基座座身上的平台。**2.** 檐部。

entail **1.** 雕刻。**2.** 凹雕，镶嵌。

entasis 收分；锥形柱的竖直边线的有意微微外凸的曲线，用来克服直边柱特有的凹陷视错觉。

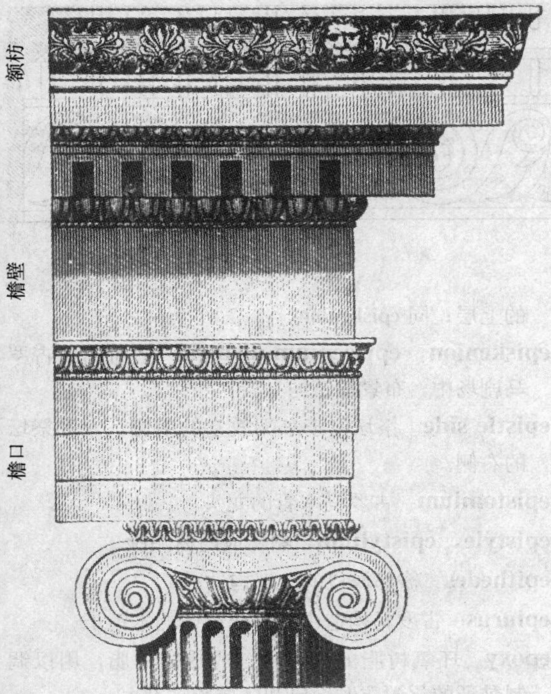

檐部（爱奥尼柱式）

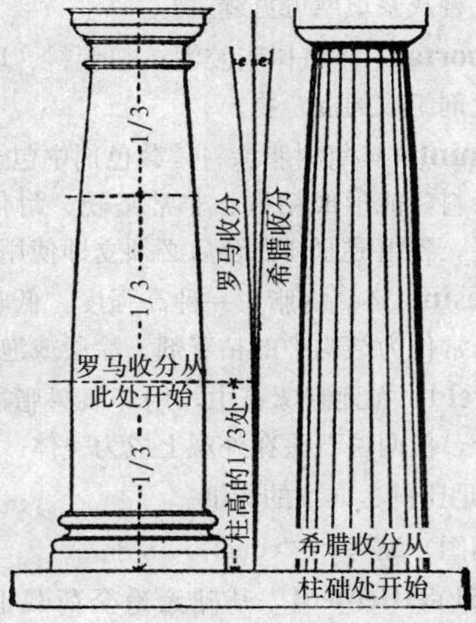

收分：比例被放大

enterclose 通道；房屋中两个房间或空间之间的走道。

entrained air 渗入空气；搅拌砂浆或混凝土时有意掺入的微小气泡，其典型的直径尺寸为 10～1000μ，近似球形。

entrainment 加（含）气（混凝土）；见 **secondary air motion**。

entrance 入口；进入房屋的入口处，外门、前厅或接待厅。

entrance cap 一种入户线终端接头，具有防止雨水进入接头内部的功能；同 **service head**。

entrance hall 门厅；乔治风格住宅主入口处的大前厅或大门厅。通常吊顶很高、照明充足，被椭圆拱分为两间空间；接待厅和装饰华丽的露明斜梁楼梯所在的楼梯厅。

entrapped air，accidental air 封闭气泡；混凝土中的截流空气，直径通常为 1mm 或更大，由无意掺入的空气形成。

entrelacs 交叉，交错，交织；见 **interlace**。

entresol 夹层；见 **mezzanine，1**。

entry 入口、小厅或外门内的前厅。

entryway 入口通道；又见 **entry**。

envelope **1.** 包络线；指房屋最大体积外轮廓，用以校验与分区规定有关的平面和退红线距离（或类似的限制）。**2.** 组合屋面材料最底层的膜材卷盖在面层顶部形成的连续卷边，防止沥青滴入暴露的边接缝和水渗入隔热层。

Envenomation 表面变质；在相互靠近或贴在一起的两石膏表面发生的变质，可出现变软、褪色、斑驳或产生细微裂纹等现象。

enviroment 环境；见 **built enviroment** 和 **nalural enviroment**。

environmental assessment 环境评估；对提议行为可能造成的环境影响进行评估，以确定是否需要出具环境影响报告书。

environmental design professions 环境设计专业；负责设计人类生存的物质环境的职业，包括建筑、工程、景观建筑、城市规划和类似的与环境有关的职业。

environmental impact statement 环境影响报告书；可能对环境质量产生巨大影响的联邦立法、大型联邦举措或使用联邦资金的大型建设项目计划，对其进行的可能的环境后果的详尽分析，生效于1969年的国家环境法（**National Enviromental Policy Act of** 1969（42U. S. C § 4321 et seq））要求做出这种陈述报告。

environmental load 环境荷载；由风、雨、雪、地震或极端温度等自然力在结构上产生的荷载。

Environmental Protection Agency（EPA） 环境保护局；通过制定并强制执行有关法案，阻止类似污染物扩散等有害公共健康的情况发生，保护自然环境的政府机关。

environmentally friendly 形容一个过程或一件产品不破坏环境。

environmentally sensitive area 环境敏感区；河漫滩、湿地等易遭受负面环境影响冲击的区域，或是噪声等级过高的区域，或是环保协会制定的植物、鱼类和动物的栖息地。

ephebeion 一种希腊体育馆。

epaule 中世纪古堡上棱堡正面与侧面交接的转角处。

épi 屋面尖顶或转角上装饰用的螺旋形收束。

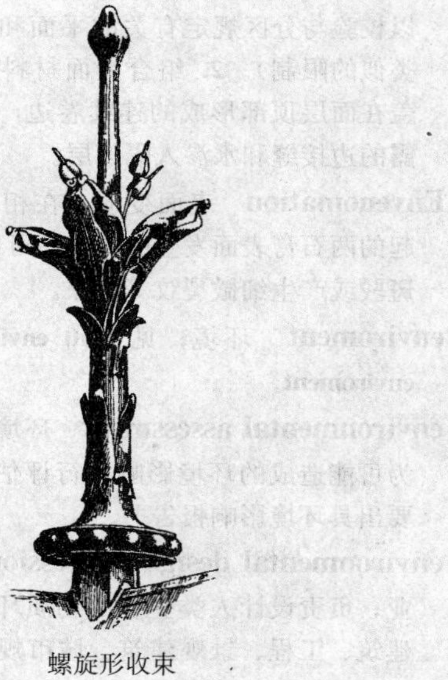

螺旋形收束

epicranitis，epikranitis 内檐饰；**1.** 突显墙顶或形成檐口顶部的线脚。**2.** 室内檐口。

pinaos 后圣堂；见 **opisthodomos**。

episcenium（古希腊或古罗马剧场中）布景建筑的上层；同 **episkenion**。

内檐饰

episkenion，episcenium distegia 古希腊或古罗马剧场中，布景建筑的上层。

epistle side 祭坛位于东端教堂的南侧；人看祭坛的右侧。

epistomium 古罗马水管的龙头。

epistyle，epistylium 额枋或门窗贴脸。

epithedes 檐部檐口的上部构件。

epiurus 古罗马构造中，用作钉子的木销子。

epoxy 环氧树脂的；一种合成热固树脂，用以调制黏稠的化学防腐涂层和优质胶粘剂。

epoxy joint 环氧树脂勾缝；砌体工程中，用环氧树脂代替灰浆填塞可见缝。

epoxy mortar 环氧树脂胶泥；细骨料、环氧树脂和催化剂组成的混合物。

epoxy paint 环氧树脂涂料；载色剂中包含热固树脂的涂料，能形成粘稠、非常坚硬、耐化学腐蚀的涂层，各组成原料混合后必须立即使用。

epoxy resin 环氧树脂；一种高强度、低收缩的聚合物，常作为结构中的粘着剂、涂层或泡沫材料。

epoxy weld 在预制琢石中，用环氧树脂进行阴角的接合，使两块石头在外观上成为一体。

épure 足比例、详细的图纸。

EQ（制图）缩写＝"**equal**"，等于。

equalized settlement 基础无论全荷载下是否均匀承压，只考虑恒载下均匀沉降的设计方法。

equalizing bed 地沟中放置在管线下面的材料（如碎石），为管线提供均匀支承。

equilateral arch，equilateral pointed arch，three-pointed arch 边二心桃尖拱；曲率半径

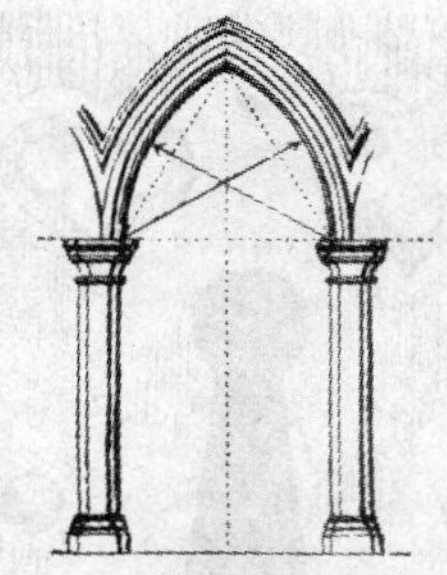

伊瑞克先神庙，东立面

等于拱跨的两心尖拱。

equilateral roof 等边坡屋面；屋面两边以 60°倾斜，在横截面上形成等边三角形。

equilibrium 平衡，平衡状态；作用在物体上的力相互平衡的状态。

equilibrium moisture content 平衡含湿度；木材与周围环境达到平衡时的含湿度，这种状态极大依赖于周围空气的相对湿度。

EQUIP （制图）缩写＝"**equipment**"，设备。

equipment ground **1.** 接地通路；电器仪表布线中仪表箱外露金属的接地连接，在电器内绝缘失效致使电器外表部件带电时，可确保提供与大地的连接通路以及仪表或设备的非带电部件与大地的连接通路。**2.** 接地连接件；电力设备的非载流金属部分的接地件或电线安装设备的金属屏蔽部分接地件。

equipment regulator 供气设备中的设备调整器；同 **appliance regulator**。

equity 资产净值；资产所有者的收益值，由总资产值减去未偿清的抵押或贷款值。

equivalent continuous sound level, average sound level 平均连续声级，平均声级；平均时间内声能随时间变化具有与权重为 A 级相等的稳定声音的声级，单位为分贝，记为 Leq。

equivalent duct diameter 等效管直径；与矩形管具有同样面积的圆形管的直径，近似等于矩形管宽与高乘积的平方根。

equivalent embedment length 等效锚固长度；与钩子或机械锚固件产生相同应力的锚固钢筋长度。

equivalent round 等效直径；与非圆管周长相等的圆管直径。

equivalent temperature 等效温度；类似于有效温度，但不考虑湿度影响。

equiviscous temperature 沥青达到组合屋面铺设的适宜黏性的温度。

equivalent thickness 等效厚度；质量相同条件下，若空心砌块不被掏空所具有的厚度。

equivalent uniform load 等效均布荷载；静荷载或动荷载的传统表达方式。设计中代替有效荷载。

equiviscous temperature 等黏温度；沥青达到铺设屋顶黏度时的温度。

边二心桃尖拱

Erechtheum 伊瑞克先神庙；雅典卫城的一神庙，是爱奥尼风格的重要纪念性建筑，是女像柱门廊的优美典范。

erection 安装、架设；通常使用起重机等动力机械，进行房屋结构构件的起重和安装。

erection bolt 安装螺栓；一端为平头的直杆螺栓，常用于结构构件的临时连接。

erection bracing 安装斜撑；在架设施工时使用的斜撑，用于保证框架处于安全状态，使永久结构安装就位并具有足够稳定性。

erection drawing 装配图；描绘构筑物全部或部分部件或构件相对位置的工作图，为配合安装过程而正确标识了字母和数字。

erection stress 安装应力，架设应力；在结构安装施工中荷载产生的应力。

erection tower 在施工现场，用来吊装房屋构件或设备的临时构架。

ergastulum 关押奴隶和负债人的罗马工房。

erosion **1.** 冲蚀；流体或运动固体的摩擦作用引起的磨损。**2.** 腐蚀；由于胶粘剂降解或人行交通等机械摩擦所产生的涂膜逐步变质，并导致粉化。

erratum 勘误；对打印、印刷或编辑错误的纠正。

errors and omissions insurance 过失保险；见 **professional liability insurance**。

ERW 缩写＝"**electric resistance welding**"，电阻焊。

escalator，moving staircase，moving stairway 自动扶梯；供乘客上下楼用的连续电动楼梯。

escape 柱底凹线；柱础处凹曲的柱身弯曲部分。

escape hatch 应急出口；通过易击碎或可移动面板逃离建筑内部的手段。

escape lighting 太平照明；当正常电源发生故障时，启动独立配套的光源所提供的照明。

escape stair，fire-escape stair 太平梯；法律规定的发生火灾时供逃离的室内或室外楼梯。

escape route 疏散通道；紧急情况下，保证建筑中任何一点均能安全抵达出口的通道；也见 **fire escape**。

escarpment 阻碍敌人接近的城堡前的陡坡。

escayola 一种硬质的石膏或灰泥。

escheat （无继承）产业归公；在没有所有权继承人的情况下，由国家拥有财产所有权的规定。

esconson 门窗口内侧墙面；同 **sconcheon**。

Escorial 埃斯科里亚尔宫殿；西班牙国王的宫殿，由菲利普二世在 16 世纪建造，位于马德里附近。

escrow 第三者代管契约；一种应用在施工合同中的合法手段，凭借向作为受托人的第三方抵押部分价值，作为履行合同条款的担保。

escutcheon **1.** 遮护板；环绕在门的钥匙孔周边或电灯开关等处的保护性盖板，也称 **scutcheon**。**2.** 管道上的凸缘，用来盖住楼板穿过管道周边的缝隙。**3.** 木柱或木柱端头的保护性或装饰性盖板或贴在楼梯踏面、楼板或墙面上的木条。

escutcheon pin 遮护板钉；用来固定遮护板的黄铜小钉，通常具有装饰性。

esonarthex 房屋有两个前厅时，指入口处的第二个前厅。

esp. 缩写＝"**especially**"，特别地。

espadaña 教会建筑中，教堂山墙顶端装饰有多重曲线的女儿墙，并有一个引人注目的假立面，一般不放置时钟。

钥匙孔板，遮护板

遮护板钉

espagnoletle bolt 法国式窗插销；同 **cremone bolt** 长插销。

espalier **1.** 树棚；各种形状的果木棚架，可使果树枝或果灌木依附其上，呈扇形状在一个水平面内伸展，保证更加自由的空气流通和更好的日照。**2.** 棚式植物；这样生长的树或植物。

esplanade 平地，广场；人行或车行的平坦开敞空间，通常具有景观供观赏。

esquisse 草图；显示工程总体特征的初始草图或很粗略的设计图纸。

essential facility 关键设施；为应对严重地震等大的灾难发生，建筑中的某些具有公共服务功能的设施。

Essex board measure 艾塞克斯木材计量制；在木工专用钢尺上，表示以 1in 厚的木板为计量单位的板英尺数和不同标准尺寸数值的列表。

EST （制图）缩写＝"**estimate**"，预算。

estate **1.** 遗产；死者死亡时拥有的财产。**2.** 通常指由土地带来的财产收益。

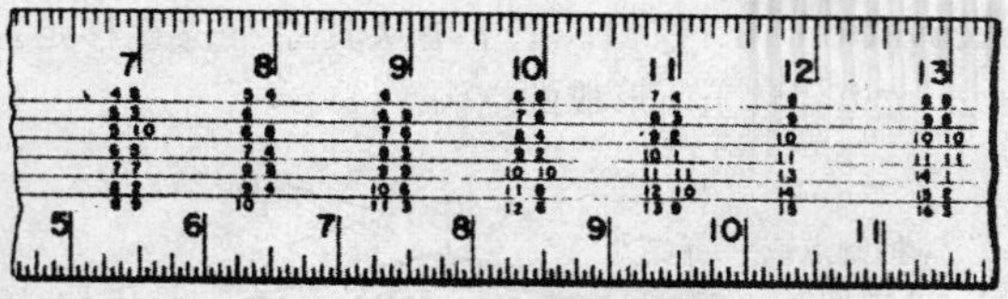

艾塞克斯木材计量制

estimate 1. 预算；见 **detailed estimate of construction cost**。2. 概算；见 **statement of probable construction cost**。3. 估算；见 **contractor's estimate**。

estimated design load 设计计算负荷；在供暖或空调系统中的有效传热量及其管道和各辅助设备的传热量总和。

estimated maximum load 最大估算负荷；在供暖或空调系统中，系统可能提供的最大计算传热量。

estimator 估价员；凭借训练和经验，能够对建筑或建筑中某一部分造价进行估计的人员。

estípite 在西班牙和拉丁美洲的风格主义建筑及受其影响的建筑中，一种横断面是方形，断面尺寸向下逐渐变小的柱子。经常与其他非常规元素合用，整体像柱式一样被使用。

estlar ashlar 方石旧时英语的用词。

estrade 平台或讲台。

etch 1. 蚀刻；用强酸或摩擦作用去除玻璃或金属表面而形成图案的方法。2. 侵蚀，酸洗；用酸除去浇筑石表面使其露出骨料。3. 通过化学侵蚀作用而改变陶器釉质的表面肌理。

ethylene glycol 乙二醇；一种酒精，完全溶解于水，当凝固时，用在乳胶或水基涂料中作为稳定剂，也可用在供热和供冷系统中，作为导热流体。

ETL 缩写＝"**Electrical Testing Laboratories, Inc**"，电器测试实验室。

Etruscan architecture 伊特鲁里亚建筑；意大利中西部的伊特鲁里亚人，在公元前 8 世纪～公元前 281 年被罗马人征服之前建造的建筑，除了一些地下坟墓和城墙外，大部分已经失传，但其建造方法尤其是石拱，对罗马建筑产生重大影响。

ettringite 钙矾石；富含硫酸钙的矿物质，由天然产生或硫酸侵蚀灰浆或混凝土生成，在旧文献中被称为水泥细菌。

伊特鲁里亚建筑，奥古斯都拱门，佩鲁吉亚

eucalyptus 桉树；桉树木材，原生于澳大利亚和塔斯马尼亚，但现在在世界各地生长着许多种类，其物理特性随种类不同而差异明显；又见 **gumwood**。

eucharistic window 窥视窗，斜孔小窗；同 **squint**，1。

euripus 1. 在古罗马用来装饰别墅的人工池塘或沟渠。2. 环绕圆形剧场、竞技场防止野兽逃跑的沟渠。

eurythmy 比例和谐、有序、优美。

eustyle （古希腊、古罗马神庙的）柱式（其柱间距为柱直径的 2.25 倍）；见 **intercolumniation**。

euthynteria 古典希腊庙宇基础的顶层，用于平整不规则形状的基础。

EV1S 缩写＝“**edge vee one side**”，边缘形槽饰一边。

evaporable water （可）蒸发水；存留在凝固的水泥浆毛细孔中或由表面张力吸附于水泥中的水分，可通过特定条件使其蒸发而测出含量。

evaporation 蒸发；指水（的蒸发）或溶剂（的挥发）的失去现象，如水从涂膜中蒸发。

evaporation retarder 蒸发阻滞剂；一种有机液体，当它被洒到混凝土表面水膜上时，可减缓由于水分蒸发导致的水分丧失。

evaporative cooling 蒸发冷却；随着水分的蒸发冷却，从而使干球温度下降，空气湿度增加。这一原理应用在冷却塔和干热气候中房屋的降温。

evaporative cooling tower 蒸发式冷却塔；见 **cooling tower**。

evaporative equilibrium，true wet-bulb temperature 蒸发平衡；当湿球温度计暴露在风速超过 900ft（274.3m）/min 的空气中，其指针指向某一恒定温度时的状态。

evaporator 蒸发器；制冷系统中输出冷量的设备，依靠其中制冷剂的蒸发吸收外界热量，达到制冷的目的。

evasé 开敞的，张开的。

event 在施工组织流程图中，某项作业的起始点，只有当该项作业所有准备工作完成后才能起始。

even-textured 平纹的；形容木材中的春材和夏材因其纤维粗细差别很小而形成的均匀纹理。

evergreen 常绿的；形容四季常绿植物或树，如松树和其他针叶树，属冬青科、杜鹃花科等。

eviction 收回；收回租借房产，依据包含在租约中的授权条款，当承租人不履行租借义务，诸如不支付租金，或别的原因，诸如租约到期之类，收回是合法的。收回使得条款的实行得以保证。不合法的收回一般将给予租户毁约的权利，在适当的情况下恢复房产的所有权；又见 **construtive eviction**。

exastyle 六柱的；同 **hexastyle**。

EXC （制图）缩写＝“**excavate**”，挖掘。

excavation 1. 挖掘；把土壤从其原有位置移走。2. 坑道；移土所形成的空洞。

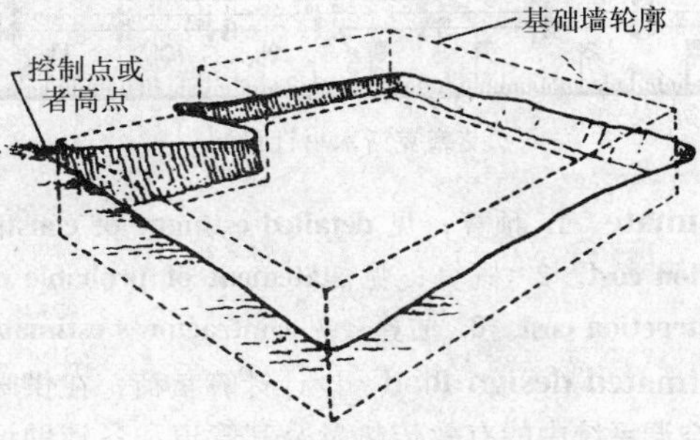

挖掘

excavator 挖土机；用来挖掘、移动和运输土壤、砾石等的各种动力驱动的机器。

exceedance probability 任何一年中出现超过正常降雨量的暴雨的概率，用于排洪系统的设计中。

excelsior，wood wool 细刨花；木材上刨削下来卷曲的、小刨花。

excess condemnation 超征土地；为某项公共改扩建项目征收超出所需数量的土地。

excess current 过载电流；同 **overcurrent**。

excess joint 突出的灰缝；砌体灰缝处，砂浆抹灰超出砖石砌合所需的砂浆量，使得一些砂浆突出墙面，导致不规则表面，且这种砂浆接缝处，防恶劣天气能力相对较弱。

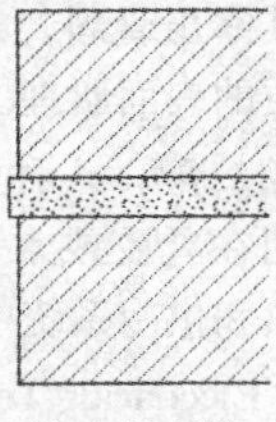
突出的灰缝

exchequer 使用或具有方格状图案。

exclusionary provision 排他性条款；包含建筑潜在损失在内的保险条款，特定类型的损失已从条款涉及范围中排除。

excubitorium 1. 教堂中，在节日前夜用于保存公共钟表的廊厅。2. 在中世纪修道院中，负责叫醒修道士做夜礼拜的更夫的住所。

exedra，exhedra **1.** 通常带座凳的宽敞的凹形空间，平面呈半圆形或方形，或带顶或没顶。**2.** 教堂内，正常情况下沿主轴线进行扩建的宏大的半圆形后殿空间。

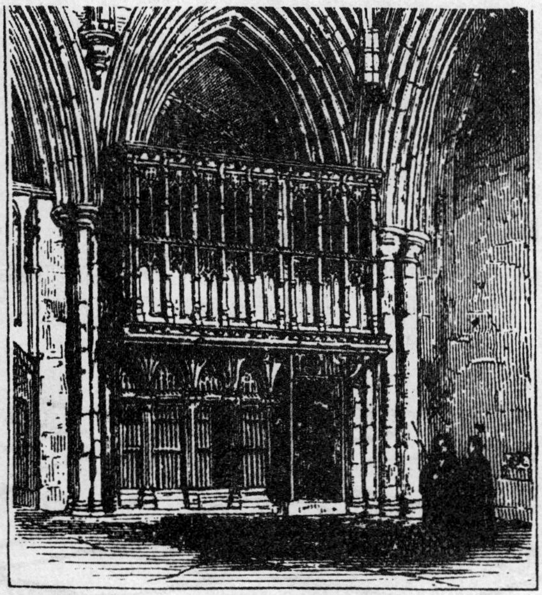

教堂中的廊厅

半圆形带坐凳的空间

exfiltration **1.** 空气通过墙、接缝等向外泄露。**2.** 污水管中排放到周围土壤中的污水的流量。

exfoliated vermiculite 膨胀蛭石；通过加热膨胀至初始体积数倍的蛭石，适合做轻骨料，尤适用于隔热目的的隔热层。

exfoliation 叶状剥落；石头或矿物质表面因风化作用引起或受热所致的起皮、膨胀或脱层现象。如蛭石之类的矿物质受热后体积膨胀至初始尺寸的若干倍。

EXH （制图）缩写＝“**exhaust**”，排水管。

exhaust air 排气；空气由备有空调设备的房间排至室外。

exhaust-air grease extractor 油污提取器；见 **grease extractor**。

exhaust fan 排气扇；从建筑的局部区域或某一空间（如厕所）中抽气直接排掉的风扇，而不必将抽出的气送回至中央空气处理系统中。

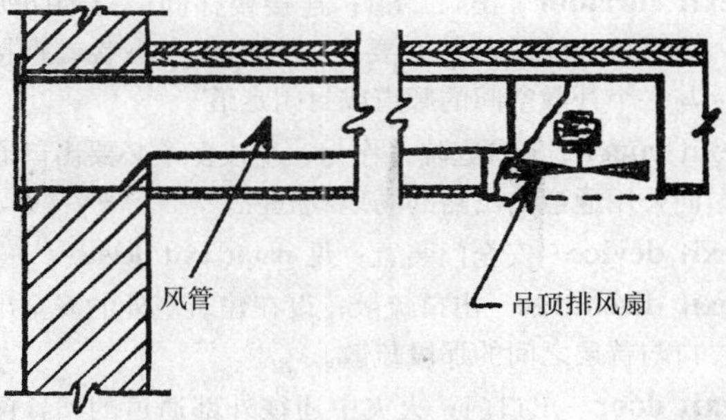

排风扇

exhaust fume hood 排风罩；预制的罩子，将有气味的、有毒的、带腐蚀性的烟气集中起来进行排放或循环过滤，特别适用于实验室中。

exhaust grille 排气搁栅；空气从有空调的空间排放至大气所穿过的搁栅。

exhaust-heat recovery system 废热回收系统；见 **waste-heat recovery system**。

exhaust hood 排气罩；烟雾和热气排出位置（例如厨房炉灶）上的保护罩，通过排气扇排走。

exhaust opening 排气孔；气流从一空间排放，所穿过的排气搁栅或任何形式的开孔。

exhaust shaft 竖排风道；废气排放至大气所穿过的与排气扇相连的出风管。

exhaust ventilation 排气通风；用排气扇等机械方式将房间中的废气排除，使新鲜空气通过可用的或可控的开口进入。

EXIST. （制图）缩写＝“**existing**”，现状。

existing building 现有建筑；在法规或规范中指已经建成的建筑或依照以前的法律或规范建造的建筑。

existing grade 现有（地面）高程；挖填前的标高。

existing work 在法规或规范中指在现行法规和规

范执行之前的诸如公用事业（供水、电、煤气等）或系统（或其中一部分）等项目。

exit 出口；以墙、楼板、门或其他方式与房屋其他部分隔开，在发生火灾时，为房屋的使用者提供有适当防护的逃生出路。

exit access 出口引道；通向出口的通道部分。

exit corridor 出口廊道；连接楼梯间、防烟防火分隔楼梯间或其他必要出口与街道、小巷或直接与一个开敞空间的廊道或封闭走道。

exit court 出口庭院；作为一个或多个必要出口通向公用通道的出路的场地或庭院。

exit device 安全门装置；见 **panic exit device**。

exit discharge 出口疏散；设在建筑室外的安全出口与首层之间的那段疏散。

exit door 出口门；火灾中通往外部通道的门，门上需安装满足现行规范标准的出口标志。

exit light 出口照明；用来识别出口的照明标识。

exit passageway 出口通道；连接出口或出口庭院与公用通道之间的那段封闭通道。

exonarthex 外门厅；如果有两个前厅，指距离入口最近的门厅。

exostes 有阳台的敞廊。

exothermic 放热的，放能的；形容发生放热反应的。

exotic plant 外地植物；不是本地生的植物。

exotic revival，Exotic Eclectic 外国复兴，外国折中；形容某建筑风格与外国的原型之间有松散联系的词汇，主要在 1835～1890 年间比较流行。见 **Egyptian Revival，Moorish Revival，Oriental Revival，Swiss Cottage architecture**。

expanded blast-furnace slag，foamed blast-furnace slag 膨胀高炉矿渣，多孔高炉矿渣；轻质多孔状材料，由熔化的高炉矿渣与水或水蒸气、压缩空气等其他添加剂经过某些控制过程产生。又见 **blast-furnace slag** 高炉矿渣。

expanded cement 膨胀水泥；见 **expansive cement**。

expanded clay 膨胀黏土；一种黏土，当被加热至半塑性状态时，由于内部产生气体使其体积膨胀至初始体积的数倍，可用作轻骨料。

expanded corner bead 宽翼护角条；宽翼缘的墙角护条；翼缘易于弯折就位，能提供更好的保护效果。

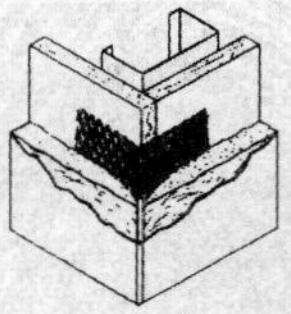

宽翼护角条

expanded glass 膨胀玻璃；见 **foam glass**。

expanded metal 多孔金属板网；一种通过切缝后拉成的金属网，可有各种图案和厚度，表面或平整或不平整。

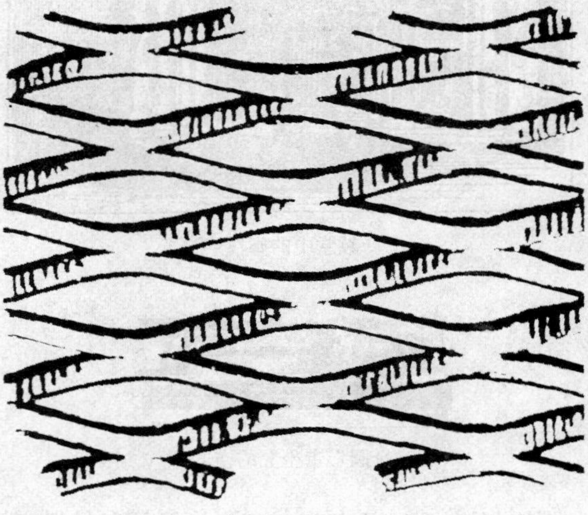

多孔金属板网

expanded-metal lath 挂灰金属拉网；一种用作挂灰基层的金属板网，通常将金属板切缝后拉伸形成网眼，网眼使灰泥挤入并牢固地粘结在板网上。

expanded-metal partition 挂灰金属拉网隔墙；在细的框架或支承构件上面固定挂灰金属拉网后抹灰形成的隔墙，金属拉网两面抹灰形成的隔墙通常 $1^1/_2$～$2^1/_2$in（3.8～6.4cm）厚。

expanded perlite 膨胀珍珠岩；一种天然火山岩，是一种玻璃质的轻质多孔材料，适用作混凝土中的轻骨料。

expanded plastic 1. 泡沫保温塑料；见 **cellular plastic**。2. 见 **foamed plastic**。

expanded polystyrene 泡沫聚苯乙烯；一种泡沫苯乙烯类塑料；具有高热阻的性能，以重量而论其机械强度也相对较高。

expanded polyurethane 泡沫聚氨基甲酸乙酯；一种膨胀的泡沫塑料，常作为空心墙内的隔热材料。一些类型泡沫塑料可在现场塑型。

expanded rubber 泡沫橡胶；有密集孔洞、由固体橡胶化合物制得的泡沫橡胶。

expanded shale 膨胀页岩；经过热处理，使体积膨胀至初始尺寸数倍的页岩，可用作轻骨料。

expanded slate 膨胀板岩；一种板岩，由于叶状剥落过程中产生的热量使内部形成大量气体，可使其体积膨胀至初始体积的数倍。经冷却后成为多孔结构材料，适用作轻骨料。

expanding bit 膨胀钻头；同 **expansion bit**。

expanding cement 膨胀水泥；同 **expansive cement**。

expanding pile 扩展桩；桩的下端带有机械装置用来扩大其底面，从而产生更大的支承力和抗拔阻力。

expanding vault 圆锥拱。

expansion 膨胀；由于温度、湿度或其他环境因素引起材料或物体长度或体积的增加。

expansion anchor 膨胀螺栓；同 **expansion bolt**。

expansion attic 备用阁楼；完工住宅中的未完成顶楼，可以转变为居住空间。

expansion bearing 伸缩支座，活动支座；允许结构伸缩的跨端支承。

expansion bend, expansion loop 胀缩弯管，(膨胀) 补偿器；插在管线中的弯管（通常为马掌形或 Ω 状），允许管线由于温度变化产生胀缩。

xpansion bit, expansive bit 膨胀钻头；在木材上打孔用的大小可调的钻头。

expansion bolt 膨胀螺栓；带有可胀开外壳的锚固件，当螺栓固紧后，外壳胀开，从而将木材固定在砖石墙体中。

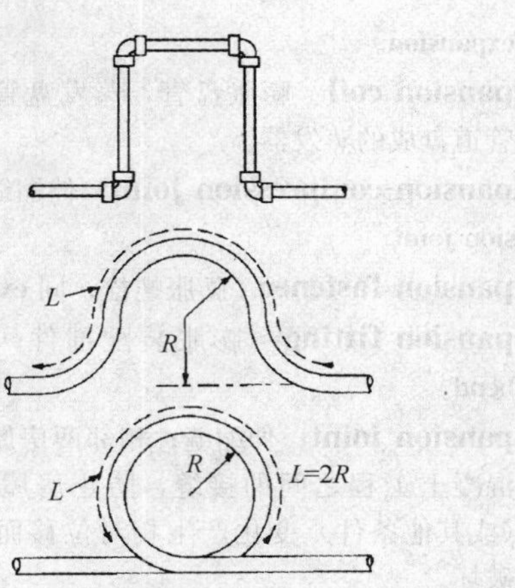

胀缩弯管

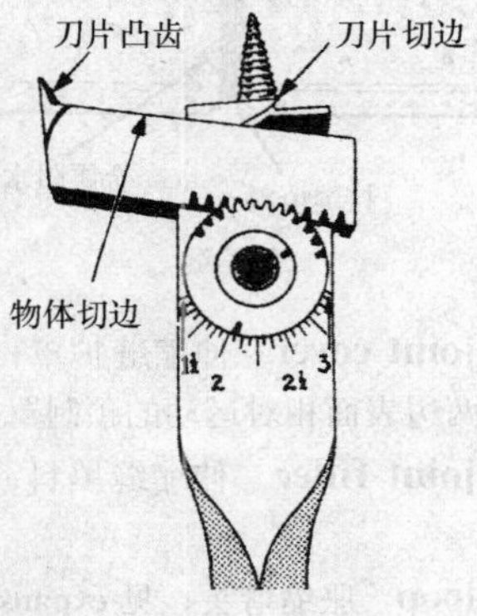

膨胀钻头

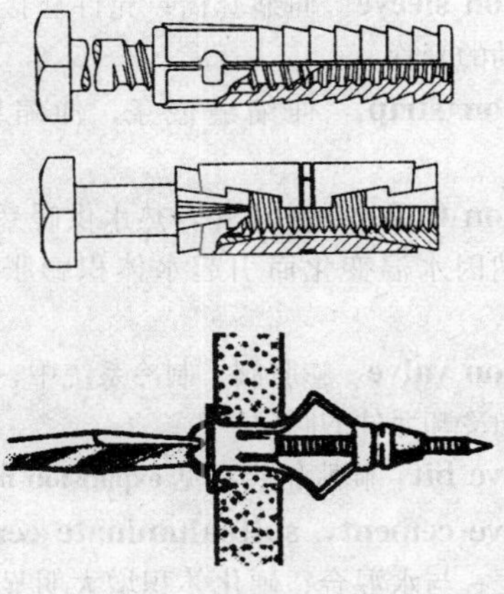

膨胀螺栓

expansion coefficient 膨胀系数；见 **coefficient of**

expansion。

expansion coil 膨胀盘管，蒸发盘管；由管子或管道盘成的蒸发器。

expansion-compression joint 伸缩缝；同 **expansion joint**。

expansion fastener 膨胀螺栓；同 **expansion bolt**。

expansion fitting 膨胀装配部件；见 **expansion bend**。

expansion joint 伸缩缝；相邻两房屋、构筑物或混凝土工程之间的接缝，防止房屋等由于温度（或其他条件）变化产生相对位移而造成开裂或破坏。

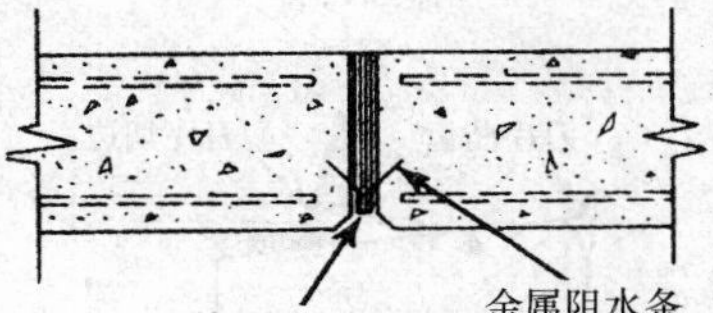

伸缩缝

expansion joint cover 伸缩缝护罩；保护伸缩缝允许接缝两边表面相对运动的预制罩。

expansion joint filler 伸缩缝填料；见 **joint filler，2**。

expansion loop 胀缩弯头；见 **expansion bend**。

expansion shield 膨胀螺栓；同 **expansion bolt**。

expansion sleeve 伸缩套筒；允许套接部件在其中运动的套管。

expansion strip 伸缩缝嵌条；伸缩缝处的填充物。

expansion tank 膨胀水箱；热水供暖系统中，可以容纳因水温变化而引起水体积膨胀与收缩的水箱。

expansion valve 膨胀阀；制冷系统中，控制制冷剂流向冷却元件的阀门。

expansive bit 膨胀钻头；见 **expansion bit**。

expansive cement，sulfoaluminate cement 膨胀水泥；与水混合、硬化体积增大明显大于硅酸盐水泥的一种水泥，用以补偿因收缩而导致的体积缩小，或用以减少钢筋中的拉应力。分级为 **K** 型：含无水硫酸铝，与硅酸盐水泥一同烧制；或者单独烧制后与硅酸盐水泥熟料一起研磨，或与硅酸盐水泥、硫酸钙、石灰混合形成；**M** 型：与硅酸盐水泥、铝酸钙水泥和硫酸钙的混合物；**S** 型：含铝酸三钙成分的硅酸盐水泥，其性状因超出正常含量的硫酸钙而改变。

expansive-cement concrete 膨胀混凝土；为了减小或控制养护期间的体积变化而由膨胀水泥制成的混凝土；又见 **self-stressing，shrinkage-compensating**。

expansive hydraulic cement 膨胀水硬性水泥；一种水硬性水泥，与水混合后形成的浆体浇筑后，在硬化初期其体积有一定程度的增大。

expansive soil 膨胀土；随含水量增加，体积趋于增大的泥土。

EXP BT （制图）缩写＝**"expansion bolt"**，膨胀螺栓。

expert witness 专家证人；法庭案件或其他司法过程中，或仲裁过程中，基于他在某一专门领域或专题方面的经验、知识和技能能准确提供某一领域或专题有关事务的意见的人。

expiatory chapel 为赎谋杀或其他深重罪名而建立的教堂。

expletive 填充物，填补物；用来填充与修补的东西，如用来填充孔洞的砖石之类。

exploded view 部件分解图；用来表示一件电器、设备或机械的拆解后的单个构件的线条图、渲染图等，部件位置按照它们被组装时，表现相互之间的正确位置关系。

exploration 勘探、勘察；对土壤组成成分进行鉴定、分类的综合性作业。

explosion-proof 防爆的；指能承受其内部气体或蒸汽爆炸，并且防止外围气体或蒸汽引爆的。

explosive 炸药、爆炸物；以产生爆炸（如瞬时释放气体和热量）作为主要用途的，任何具有爆炸性的化合物、混合物或装备装置。这类化合物、混合物、装备由美国交通部专门鉴定定级。**A** 级：具有爆炸危险，如甘油炸药或硝化甘油；**B** 级：具有易燃危险，如推进剂炸药；**C** 级：包括 **A** 级或 **B** 级炸药，但含量有限。

explosive actuated gun 射钉枪；见 stud gun。

explosive rivet 带炸药铆钉；在中空钉杆中填有炸药的铆钉，铆钉插入后，通过锤击钉杆引爆炸药使钉杆膨胀。

exposed 1. 暴露的；形容带电元件可被人触及或与人的距离不足安全距离，没有做好安全防护、隔离或绝缘（的情况）。2. 外露的；指可在装修表面看见得管道系统，如天然气管道系统或电力布线系统（exposed-aggregate finish）裸露骨料的饰面；通常在混凝土完全硬化之前，除去外层水泥浆从而暴露粗骨料的混凝土饰面。

exposed finish tile 外露砖；表面欲裸露或只涂刷涂料的砖，砖表面或平滑、或毛糙，或有梳齿痕的。

exposed masonry 清水砌体，清水墙；除了在墙面涂刷涂料，不做任何饰面装饰的砌体工程。

exposed nailing 外露钉钉法；见 nailing。

exposed suspension system，grid system 外露悬挂系统，搁栅系统；房间中外露支挂吸声材料的吸声顶棚悬挂系统。

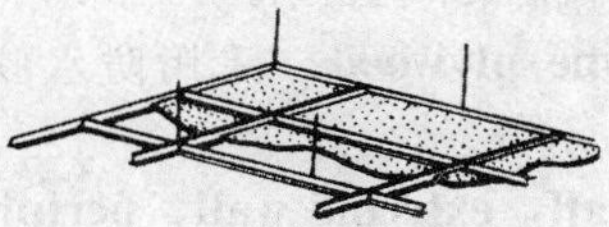

外露悬挂系统

exposure 木材的环裂；同 weather，1。

exposure hazard 着火危险性；房屋四周或邻近地产环境中发生火灾的可能性。

exposure line 木材环裂线；横跨木材环裂绘制的一条假想的线，将环裂分成上下面积相等的两部分，线下的面积为环裂暴露在环境中的部分。

expulsion fuse 排气式保险丝；依靠电弧熔化时保险丝盒衬产生的气体，熄灭保险丝所产生的电弧。

EXT （制图）缩写“exterior”，室外。

extended-care facilily 康复医院；为住院病人提供比正规医院的医疗条件简单一些的治疗性、护理性和恢复性服务的机构。可以是独立的建筑也可以是医院的附属部分。

extended coverage insurance 1. 延伸范围的保险；见 property insurance；不动产保险。2. 见 steam boiler and machinery insurance；蒸汽锅炉和机械保险。

extended coverage sprinkler 自动洒水消防系统中的一种洒水器（如洒水喷头），其喷洒面积超过最大防护面积，被列为特殊洒水器。

extended pigment 经过添加物（如碳酸钙或重晶石粉），沉淀硫酸钡稀释的有机颜料。

extended-service lamp 长命灯；见 long-life lamp。

extended surface 延伸面，有肋面；管道上用来传热的附加表面，常包括金属鳞板、板、针状物或条状物。

extender 1. 改性剂；一种低透明性的白色惰性矿物质颜料，用在涂料中产生膨松、纹理或降低光泽或者降低涂料花费。普通的改性剂是碳酸钙、二氧化硅、硅藻土、云母和黏土。2. 补充剂；添加在合成树脂胶粘剂中，用来增加体积，减少费用而不影响质量的物质。

extensibility 延展性；密封剂张拉伸展的能力。

extension 房屋扩建部分；在现有房屋上增加的一翼或结构部分。

extension bolt 长柄门插销；同 extension flush bolt。

extension casement hinge 长翼合页，阔隙窗铰；用作平开式平开外窗的合页，当窗打开时留有可以从里侧向外擦窗的空隙。

长翼合页

extension device 竖向调高装置；（除了可调节螺钉以外）具有竖向调节功能的任何装置。

extension flush bolt 长柄门插销；一种平插销，锁舌头通过插在门孔里的小棍与操作机械相连。

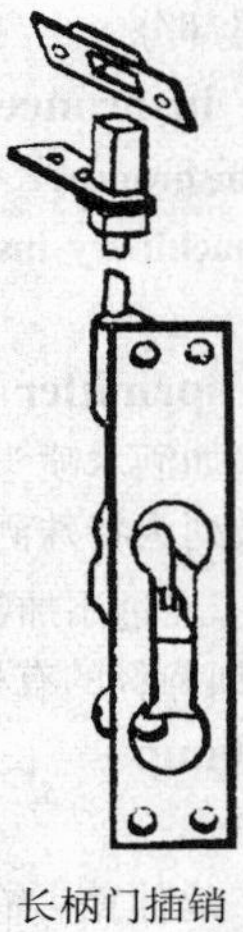

长柄门插销

extension ladder 伸缩梯，消防云梯；由多节组成的梯子，上一节滑进入下一节里面，因而可以在长度方向上伸缩。

extension link 伸缩连接件；在门锁中，使锁面至钥匙孔中心距离增长的五金件。

extension rule 伸缩尺；带有可伸长校准用滑动插件的尺子。

extension trestle ladder 自支撑并且长度可调的梯子，包括梯基和可互锁且垂直方向可调节的梯子。

exterior balcony 外阳台；从房屋墙面外突的阳台或门廊。

exterior chimney, external chimney 室外烟囱；位于室外的烟囱，通常紧靠住宅外墙的山墙端、斜折端或折线端。

exterior corner reinforcement 外墙护角；用来加强外部装饰抹灰或抹灰转角的，预先成形的膨胀金属片。

exterior door 外门；连接室内室外的门。

exterior finish 外饰面，外装修；防风化或用作装饰元素的建筑外饰面。

exterior glazed 外部镶嵌玻璃的；形容房屋外面安装玻璃的。

exterior insulation and finishing system 由聚苯乙烯泡沫外覆盖合成饰面抹灰组成的房屋外墙饰面，这种饰面抹灰（与传统的多孔水泥基抹灰相反）防水并且是喷挂的。

exterior paint 外用漆；含耐久胶粘剂和颜料，专门调配用于暴露在空气中耐大气的漆。

exterior panel （无梁楼板结构的）端跨；至少一端不与其他楼板相接的混凝土楼板。

exterior plywood 室外用胶合板；通过防水胶缝粘连的胶合板。

exterior ramp 室外坡道；附属于建筑物的坡道，可通向现有地面层的上一层或下一层。

exterior separation 建筑物最外侧的外墙至相邻街道或公共空间的中线，或至内部基地线，或至此外墙与同一基地上另一建筑的墙面之间的中线之间的距离。

exterior stair 户外楼梯，防火（安全）楼梯；暴露在户外的楼梯，常为规范要求的出口。

exterior trim 屋外线脚；设置在外墙上，移去或破损后不影响房屋围护结构稳定，且安装后不降低围护物耐火等级的任何物件。包括束带层、檐部、封檐饰面、檐沟、露明框架、出挑屋檐、百叶、门窗环形区、格子墙和门窗四周的线脚，但不包括门窗框架和门窗扇。

exterior-type plywood 采用防水胶制成的胶合板。

exterior wall, external wall, periphery wall 外墙；作为房屋外围护一部分的墙，有一面暴露在空气中或泥土里。

external dormer 见 **dormer window**；老虎窗。

external leaf 空心墙上面向外部的门扉。

external thread 外螺纹；同 **outside thread**。

external vibration 表面振捣；通过安装在混凝土模板外特定位置的振动设备，用以振捣新拌和混凝土。

external wall 外墙；见 **exterior wall**。

EXTR （制图）缩写＝**"extrude"**，挤压。

extra 附加工作，额外工作；超出建设合同中的图纸和设计说明要求的施工工作或必要款项，即含有额外花费的工作项目；又见 **addition，3** 附加工作。

extractives 提取物；木材中的诸如色素、油脂、丹宁酸、树脂等物质，不属纤维细胞结构的组成部分，可以用溶剂除去。

extrados 拱背线；拱的外缘曲线或可视面的外边界。

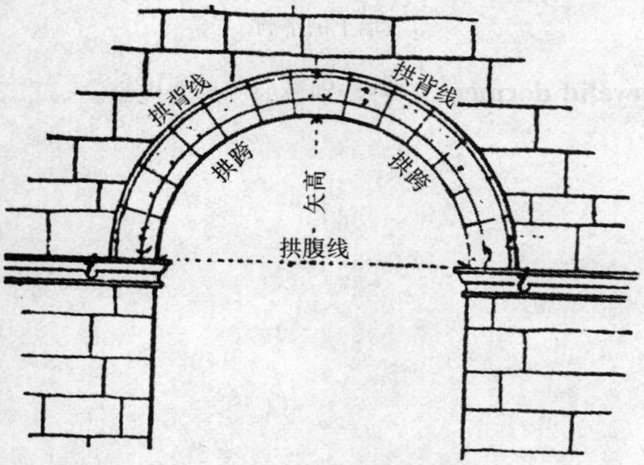

拱背线

extradosed arch 拱背完全或几乎平行于拱腹的拱，具有明显的拱缘装饰。

extra heavy 加厚的；形容超过标准厚度的管子（通常是铸铁管）。

extra-high-pressure mercury lamp 高压汞灯；在大于等于10大气压力下工作的汞蒸气灯。

extra-rapid-hardening cement 快速硬化水泥；见 **high-early-strength cement**。

extra service 附加服务；见 **additional services**。

extra-strong pipe 加强型钢管；指壁厚比标准（重量）管厚的钢管或锻铁管。

extra work 额外工作；任何不包含在合同文件中的工作。

extruded brick 挤压砖；见 **wire-cut brick**。

extruded compactor 垃圾压缩机，废物压缩机；一种将废物挤压成连续筒状并包裹塑料外皮的压缩机，它类似于将香肠装入肠衣中的方式，包装后按方便搬运的尺寸进行切割、封包。

extruded corner 位于两体块所形成凹角处的向外突出的区域，适合于设置楼梯。

extruded joint 砌体中灰缝砂浆外露的冷僻说法。

extrution **1.** 挤压（成形）；迫使加热金属在撞锤压力下穿过印模洞口，生产出横截面固定的金属件的过程。**2.** 由这种工艺过程制作的物件。

extrusion coating 将融化的树脂经挤压紧贴在基层上形成薄膜，不采用粘胶剂就可形成一个面层。

exudation 渗出物，流出液；混凝土表面通过细孔、裂缝、开口渗出的任何液体或类似于液体的物质。

eye **1.** 图案或装饰中的圆形物。**2.** 爱奥尼柱头上卷涡的圆形中心部分。**3.** 哥特式花窗格的窗格之间大体三角形的小开口。**4.** 专指穹顶顶端的天眼。**5.** 材料上面的穿孔，允许销钉穿过或用作连接方式。

eyebar 带孔拉杆；一端或两端有孔的杆件，用作钢桁架中的受拉构件，销子穿过孔眼形成节点。

eyebolt 吊环螺栓，有眼螺栓；端头为环状或孔眼的螺栓。

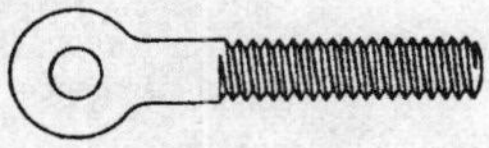

有眼螺栓

eyebrow，eyebrow dormer 波形老虎窗；没有脊的低矮老虎窗，屋面材料以连续的波纹线形式覆盖在老虎窗上面。

eyebrow eave 在瓦屋顶中，覆盖在门入口处的连续波纹形的屋檐。

门入口处的连续波纹形的屋檐

eyebrow lintel 窗上的过梁以连续的波纹线横跨在窗上。

eyebrow moniter 矮老虎窗，波形顶屋顶窗（或老虎窗）；见 **trapdoor monitor**。

eyebrow window **1.** 墙顶窗；窗框上缘紧贴墙顶，是希腊复兴式屋檐处一组窗户中的一个。**2.** 老虎窗上的一窗扇。

eye-catcher 引人注目的建筑物；见 **folly**。

eye-house 见 **I-house**；**I** 型住宅。

eyelet **1.** 中世纪城堡中，在墙或女儿墙上用来采光、通风或投掷武器而设的小开口，小环洞。**2.** 墙上的小洞。

墙上的小洞

eyelid dormer 一种特别矮的波形老虎窗。

F

F 缩写＝“**Fahrenheit**”，华氏温度。

FA **1.**（制图）缩写＝“**fresh air**”，新风管部分。**2.** 缩写＝“**fire alarm**”，火警。

FAB （制图）缩写＝“**fabricate**”，装配、预制。

fabric 房屋骨架；建造房屋的基本要素，不包括饰面或装饰的构架。

fabricated structural timbers 装配式建筑木料；建筑木料在商店中装配后运抵施工现场进行安装。

fabrication 装配；钢构件搭建前的准备过程。投入使用前，构件按照要求切割成所需长度并开洞、打孔。

fabric roofing 结构屋面；见 **built-up roofing**。

façade 正立面，门面；房屋正面的外表面，有时通过精致的建筑装饰或细部处理而区别于其他立面。

façade gable 正立面山墙；房屋建筑正面的山墙。

façade gutter 正立面排水沟；见 **façade gutter**。

façade retention 外观保留；结合重要历史性建筑物的外立面对其进行改造。

face **1.** 墙、砌块或板材的外露面。**2.** 饰面；用作外饰面的构件表面，如饰面砌体或有一面为饰面的胶合板。**3.** 木板、木料或镶板的宽面。**4.** 拱的垂直暴露面。**5.** 锤子的打击面。**6.** 掘进面、工作面；隧道在施工作业中，被开挖的表面。**7.** 将一种材料的面层安装在另一材料上，如用砖给混凝土砌块墙覆面。

face-bedded，edge-bedded 竖向石砌筑，竖向纹理铺砌；使层状石材的层理平行于外露面的砌筑。

face brick 饰面砖，面砖；见 **facing brick**。

face clearance 面净空；玻璃板或玻璃窗与其最近的框架面或压条面之间的距离，通常从玻璃板或玻璃的表面起量。

faced block 饰面砌块；表面经专门的陶瓷、釉质、塑化或抛光处理的混凝土砌块。

faced plywood 贴面胶合板，覆面胶合板；用非木质板材覆面的胶合板。

faced wall 光面墙；正面与背面相互砌合，以便在荷载作用下协同工作的墙。

face edge 基面棱边，规准面边；见 **work edge**。

face feed 在铜焊或锡焊过程中，通过手工方式将金属填料填入焊缝中。

face glazing 镶装窗玻璃；将玻璃镶嵌在 L 形的或带槽的框架内，用三角形玻璃密封料将其固定。

face guard 护面具；保护墙面或柱面免受二轮或四轮货运马车损害的预制条状物。

face hammer 琢面锤，平锤；一端为尖头用于雕琢，另一端为平面用于击打的锤子。

face joint 表面接缝，露面灰缝；砌体墙面中的可见接缝，通常制作比其他接缝或勾缝精细。

face mark 刨面标记，表面记号；标明已刨平的木料正面的铅笔标记（X）。

face measure **1.** 测量木板面积（**surface measure**），（**superficial measure**）。**2.** 面宽。

face mix 饰面混合料；用于琢石外表面的混凝土混合料，在外观和耐久性方面比后浇筑且与之粘合的混凝土优良。

face mold 表面成型模具；**1.** 用来从标记木板上切割出如装饰性扶手的模板。**2.** 用来检查木材或石材表面形状的模板。

face nailing 露头钉面，表面钉住；垂直于材料表面钉钉子的钉法。

face panel 面板；木板门中贴有饰面的胶合板，

面板需与门芯和（或）横档连接。

faceplate 诸如遮护板或榫眼锁上的面板之类的保护性面板。

face putty，front putty 露面油灰，饰面用油灰；抹在窗框中玻璃外面上的腻子，在玻璃镶嵌到位后，用腻子刀按照窗扇的角度抹成

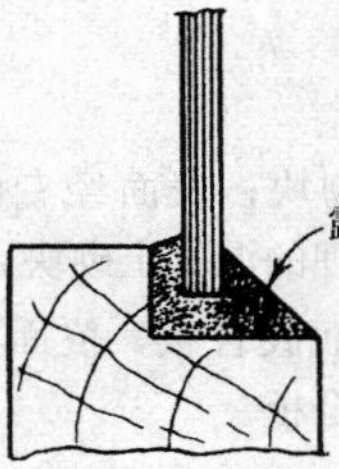

露面油灰

face shell 混凝土空心砌块的边壁，空心砌块侧面。

face side 木作表面，材料正面，正面；见 work face。

face stone 镶面石；用作房屋外饰层的石块。

face string，finish string 楼梯梁外侧板；外侧梁板，其用料或饰面通常比当中的梁板好，可作为承重构件的一部分或敷于承重构件的表面。

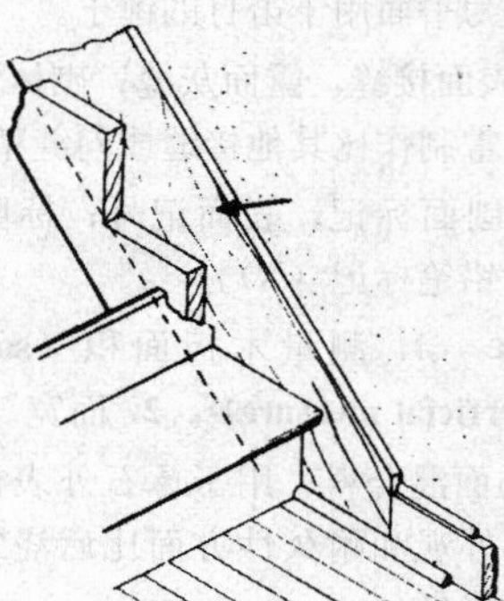
楼梯梁外侧板

facet 1. 多面体其中的一个面。2. 柱子两凹槽之间的平面。

faceted glass 玻璃毛坯；同 chunk glass。

face-to-face dimension 阀门或配件中，从输入端口面至输出端口面的尺寸。

facette 面，小平面；同 facet。

face velocity 表面风速；排风罩或风道末端装置罩口面处的气流速度。

face veneer 镶面木板；只为装饰性而非强度要求所选用的护面木料。

镶面木板

face wall 1. 挡土墙。2. 房屋的正面墙。

face weight 表皮重量；见 carpet face weight。

face width 表面宽度；刨光板面净宽度。

face work 镶（饰、涂、贴）面工作；见 facing。

fachwerk 在18～19世纪移居美国、说德语的移民对露明木结构的称谓。如中世纪的一种斜撑木框架住宅，其结构木框架中常填以砖块，并以拌有稻草的黏土为粘结料，墙面外覆以抹灰（尽管木料通常外露）。

facia 招牌；见 fascia。

facility 设施；指具有特定功能或进行各种活动的建筑、构筑物以及场地的全部或局部。

facility management 设备管理；建筑竣工并交付使用后，任何有关维修和管理建筑的相关活动（如设备的维修和安检）。

facilities planning 设施规划；对建筑和建筑设施所作的长期规划，包括设备的操作、维修和可能进行的更新和扩充工作。和 life-cycle planing（使用周期规划）同义。

facing，face work 1. 饰面，镶面，贴面，护面；用来装饰粗糙的或不太吸引人的材料表面，是一种非结构材料的饰面，如石头、赤土陶制品、金属、装饰抹灰、灰泥和木材等。2. 护面；用作护面，形成墙体一部分的任何材料。3. 保护层；敷设在隔热层最外层，保护性、功能性或装饰性表面。

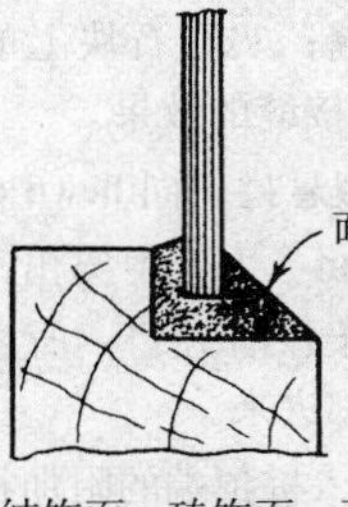

粘结饰面，砖饰面，石饰面

facing bond 保持墙面的外观为顺砖的砌合方法。

facing brick，face brick 饰面砖；使用时，不需粉刷、抹灰或其他墙面处理。由特定的黏土、经专门制作或按特定要求生产具有人们喜欢外观和所需颜色的砖。

facing hammer 琢面锤，修整锤；带凹槽的矩形头的锤子，用来琢饰混凝土或石块。

facing pavoir 过火面砖；高温焙烧砖，常用作饰面砖。

facing tile 饰面砖；一种具有外饰面的黏土空心砖；见 **ASTM** 标准。

factabling 盖梁，墙帽；同 **coping**。

factored load 1. 设极限计荷载；见 **design ultimate load**。2. 计算荷载；标准荷载与荷载系数的乘积。

factor of safety，safety factor 1. 结构物或压力容器的极限应力与设计工作应力之间的比值。2. 安全系数；构件或材料或设备的极限破坏强度与实际工作应力或使用时的安全荷载之间的比值。

factory，（英）works 工厂，制造厂；生产或制造商品的一幢建筑或建筑群。

factory-built house 装配式房屋；同 **prefabricated house**。

factory-built chimney 经具有管辖权的官方机构授权，且满足授权标准，由相关组织所建造、检测并列出相关信息的烟囱，

factory lumber 厂制木料；见 **shop lumber**。

factory square $10m^2$ 面积（$108ft^2$）。

fadding 使用一块叫"**fad**"的板刷刷虫胶漆。

fadeometer 褪色计；确定树脂和其他材料褪色阻值的仪器，通过使物体经受波长与太阳光大体相等的高强度紫外线照射，从而加速褪色过程。

fading 褪色；暴露在太阳下或室外大气中的涂料膜的失色。

fagón 在房间一角向外凸出的壁炉。

Fahrenheit scale 华氏温度；一种度量温度的计量，32°表示冰点，212°是在正常大气压下海平面标高处的沸点。

FAI 缩写＝"**fresh-air intake**"，新风进口。

F. A. I. A 缩写＝"**Fellow of the American Institute of Architect**"，美国建筑师协会会员。

faïence，faïence ware 涂有透明釉质的陶器；从前指用任何不透明釉质装饰的陶器。

faïence mosaics 瓷砖，嵌花地砖，釉陶锦砖；其表面积小于 $6in^2$（$38.7\ m^2$）通常 3/8in（0.95 cm）厚。

faience tile 饰面瓷砖，釉面陶砖；釉面瓷砖或非釉面瓷砖，在表面、边缘和釉质方面呈特征性变化，具有手工的、非机械的装饰性效果；又见 **majolica**。

fail-safe system 安全装置；为了保护建筑破坏后（或是建筑的某一部分破坏后）危及操作人员或是其附近人员安全的建筑装置。

failure 破坏；结构工程中，指结构构件（或它的材料）不能继续完成其设计承载功能的情况，由断裂或过大的永久性塑性变形引起。

failure by rupture 断裂破坏；见 **shear failure**。

failure load 破坏荷载；见 **breaking load**。

fair-faced 清水混凝土的；形容混凝土浇筑、养护、硬化后其表面无需要进一步装饰的情况。

fair-faced brickwork 清水砖砌体；清水砌筑的平整的砖砌表面。

fair raking cutting 砍削露明砖或饰面使其与水平线成角度，如沿山墙砌砖。

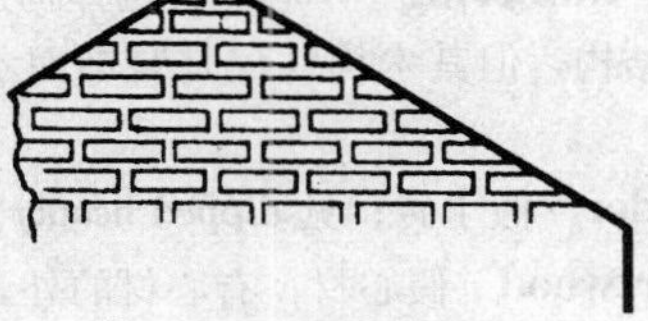

沿山墙的砌砖

fall 落差；管子、导管或管道的斜度，用英寸/英尺（或厘米/米）或百分比表示。

fallback 由于过热导致组合屋面沥青软化点的下降。

falling door 降落式门，吊门；同 **flap door**。

falling mold 细木工中，用来控制扶手表面形状的模板。

falling stile 垂落门梃；同 **lock stile**。

falling wainscot 分隔两个相邻房间的活动隔墙，在吊顶高度处沿顶边设铰链，可使隔墙翻转到顶上，将两个房间合二为一。

fallout shelter （放射性）坠尘掩蔽处；免受核爆炸后放射尘有害放射的构筑物（或其中的房间）。

fall-pipe 水落管；同 **downspont**。

false arch 装饰拱；具有拱的外观，但不具结构作用，如突拱。

false attic 假屋顶层；主要檐部上面的建筑构造，它遮盖了屋顶但没有窗户或封闭房间。

false bearing 虚支承；不直接支承在竖向支座上的支承。

false body 假黏度，假稠度；涂料从外表看黏性好，但当涂刷或搅拌时黏滞性却相对容易。

false ceiling 假平顶；用来构成服务空间（如管道空间）以及改变房间比例的次要吊顶，又见 **suspended ceiling** 吊顶。

false door，blind door 假门；看似一扇门，实际上是用来保持一组门的完整或形成对称所用的盲门。

false ellipse 近似椭圆拱；近似于椭圆的曲线，实际由几段圆弧连接而成。

false front 1. 房屋假立面；超出房屋外墙的正立面，以产生印象更加深刻的立面。2. 房屋正面伸出屋顶的墙。

false half-timbering 形容一种墙体构造，它看似露明木结构，但其木构件仅是装饰而不承担结构功能。

false header 假丁砖；见 **dipped header**。

false heartwood 假心材；有心材的外观但没有其性能的木材。

false joint 假灰缝；实心石块上的凹痕（通常突出的），用来模拟接缝的效果。

false overhang 假悬挑；同 **hewn overhang**。

false machicolation 古堡中突出的防御结构，上面开有枪眼，由于没有开口，所以攻击者的石块和热液体无法投掷进来。

false pile 加在打入桩顶端的附加长度。

false plate 墙上承梁板，梁下垫板；同 **wall plate**。

false proscenium 紧挨前台拱后面的舞台上的框架，以露出舞台的小块台面。

false roof 吊（悬屋）顶；顶层房间或阁楼中的吊顶，形状像屋顶但实际通过密闭的空间与屋顶分离。

false set，early stiffening，hesitation set，plaster set，premature stiffening，rubber set 新拌合的硅酸盐水泥、砂浆、混凝土在不产生水化热的情况下的快速结硬，这种结硬可以通过搅拌消除，无需添加水即可重新恢复塑性。

false tenon，inserted tenon 紧固榫，假榫；在强度不足的榫接头处插入的硬木榫。

false tongue 假榫舌；见 **spline**。

false window，blind window 假窗，配景窗；为保持一列窗的完整或形成对称而插入的看似窗的盲窗。

false woodgraining 假木纹；用透明染色剂涂在表面然后用木纹刷、梳子和抹布在染色剂表面形成适当图案，从而产生木质外观，达到模仿木纹的效果，也叫 **faux bois**。

falsework 脚手架；施工时对不能承受自重的结构支设的临时支撑。

family 家庭；城市规划中，占有一个独立居住单元的一个或多个人。

fan 1. 风扇；由涡轮或叶片和外壳或活动百叶组成的驱动空气运动的设备。2. 安全挡板，脚手架护坡；建造或拆除一幢房屋中向上突出布置的脚手架和网子，用来承接任何可能坠落至地面的碎石，又见 **axial-flow fan，centrifugal fan，plenum fan，propeller fan，retum fan，supply fan，tube-axial fan，vaneaxial fan**。

fan-coil unit 风机盘管机组；空调中，包含空气过滤器、空气加热和（或）制冷盘管和离心扇的单元（位于空调空间中），这一单元从中央系统或从靠近机组后部的外墙开口处获得新风。

fan convector 扇式对劣热器；一种暗装散热器，风扇将空气从对流器的散热片上吹出。比同体积未安装散热片和风扇的散热器提供更多的热量。

fane 异教徒祷告的庙宇。

fan Fink truss 扇形芬克式桁架；芬克式桁架的一种形式，其副斜撑从中心点向外发散。

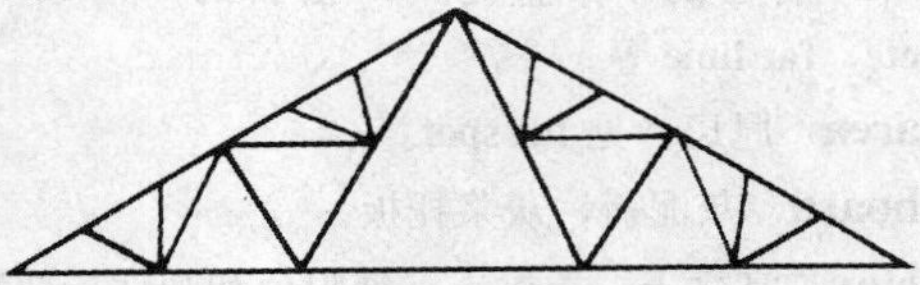
扇形芬克式桁架

fan groin 扇形锥状穹顶；同 **fan vault**。

fanlight 扇形窗；门亮子的半圆形或半椭圆形窗户，通常带有发散形的窗棂，可让人联想到展开的扇子。

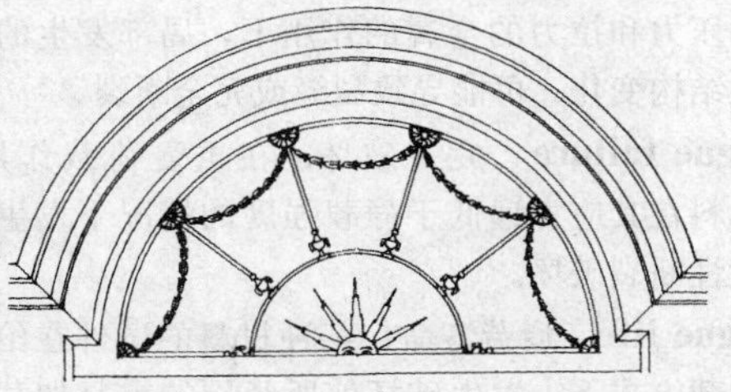
扇形窗

fanlight catch 扇形窗窗钩；锁住铰链窗的弹簧窗钩，提供一种固定控制索的方式，专用于扇形窗。

fan-powered terminal （**FPT**），**fan-powered box** 空调系统中，带有辅助风扇，将吊顶处的导入空气与主体空气混合的可调节空气阀。

fan sash 扇形窗；同 **fanlight**。

fantail 扇形饰；具有扇形构架形状的任何构件或构筑物，特别用于有放射状杆的拱架。

fan tracery，**fanwork** 扇形肋（架）；肋架象扇肋一样发散的穹顶底面的格架。

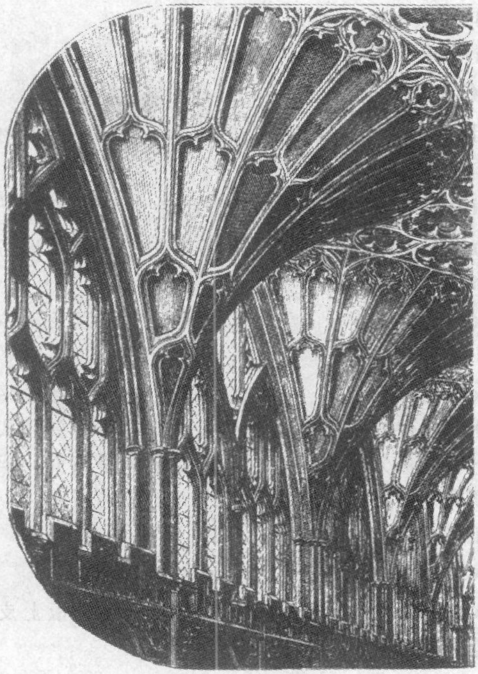
扇形肋架

fan truss 扇形桁架；杆件根部由普通悬挂构件支承，从支承点向外放射，像扇肋一样分叉的桁架。

fan vault 扇形锥状穹顶；一种凹面圆锥形拱，等长和等曲的肋架像扇肋一样从起拱点向外放射。

扇形锥状穹顶

fan window 扇形窗。

fanwork 扇形肋架；见 **fan tracery**。

FAO 缩写＝“**finish all over**”，完全结束。

FAR 缩写＝“**floor area ratio**”，房屋净面积比例，容积率。

farmery 位于修道院中的医疗室。

farmstead 农庄；包括农场主住宅及其邻近房屋和辅助设施用地。

fasces 罗马政权的象征，由一捆木棍以及从中突出的斧刃构成。

fascia，facia **1.** 挑口饰；任何几乎不出挑的平整水平构件或线脚，如爱奥尼柱式和科林新柱式檐部额枋被分成的条带。**2.** 相对窄的垂直面（但比楞宽）或突出、或悬臂、或支承在柱或物体，而不是支承在下面的墙上。

fascia board 封檐饰板；同 **eaves fascial**。

fascia bracket 檐沟托座；附着在封檐板上支承檐沟的支架。

fascia gutter 一种排水沟。

fasciate 由挑口饰带，如爱奥尼柱式额枋，或色带组成的装饰。

fascine 圆柱形灌木捆，这种柴捆是用作基础垫或防止木柱基础腐蚀的。

fastener 扣件，固定器，接线柱、紧固件；用来将两个以上部件或构件连接在一起的机械连接、焊接或铆接的装置。

fastigium **1.** 有柱门廊的三角形山花，因为它延续了屋顶的形式而在古代建筑中被这样称呼。**2.** 屋脊。

fast-joint butt 轴合页，固轴铰接；同 **fast-pin hinge**。

fast-pin hinge 销钉永久固定到位的合页。

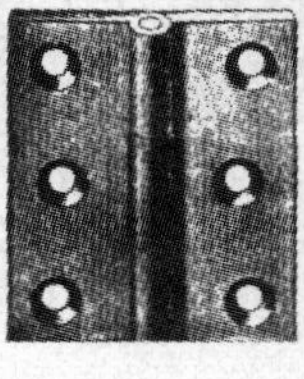

轴合页

fast-response sprinkler 一种热敏型洒水喷头，它能在火灾初期作出反应。

fast-sheet 无（窗）框（的）固定玻璃，固定窗；见 **fixed light**。

fast-to-light 耐候的；形容暴露在太阳光下不褪色的材料，如耐久涂膜。

fast track 边设计边施工（方法）；一种施工管理方式，为使工程尽早完工，在施工细节设计尚未全部完成之前就开工的做法。

fat **1.** 残积灰浆；平抹灰中积聚在镘刀上的材料，用来填补小的不平整处。**2.** 富料的；见 **fat concrete**，**fat lime** 等。

fat area 厚斑；见 **fat spot**。

fat board 灰泥板，灰浆托板。

fat clay 富黏土，重黏土；液限值和塑性指数高的黏土。

fat concrete 富混凝土；水泥含量比例高的混凝土。

fat edge 肥边，（涂料）堆集边缘；在外角尖锐的木器、线脚或其他涂面上的厚涂膜。

fatigue 疲劳；在远低于抗拉强度极限值的周期性的压力和拉力的金属的作用下，局部发生的渐进性结构变化，可能导致裂缝或完全断裂。

fatigue failure 疲劳破坏；在重复荷载作用下，材料在其应力远低于静载强度的情况下发生的突然性断裂破坏。

fatigue life 疲劳寿命；某种材料的试件在给定的加载方式下，发生破坏前所经历的重复加载循环次数，作为该材料有效寿命的量度。

fatigue limit 疲劳极限；荷载低于某一数值情况下，材料可以周期性无限使用而不被破坏。

fatigue strength 疲劳强度；在有限次重复荷载作用下，一种材料或结构构件承受荷载而不破坏的能力的量度。

fat lime，rich lime **1.** 一种纯石灰，或者是生石灰或者是熟石灰。**2.** 具有良好延展性的石灰腻子，涂抹镘平时用来填补饰面上的孔洞。

fat mix，rich mix 富灰混合料；含有高比例黏着骨料胶粘剂的混凝土或砂浆混合物，具有更好延展性和可塑性。

fat mortar，rich mortar 富灰砂浆；含有高比例水泥的砂浆，黏稠的且易黏着在镘刀上。

fat sand 高黏土砂；黏土比例很高的砂土。

fat spot，fat area 沥青过多处；沥青铺设过厚的地方。

fattening 稠化；当盛涂料的容器中还不满的情况下，涂料搁置一段时间后变稠的现象。

fatty paint 储藏过程中由于干油脂媒介剂的氧化作用和聚合作用而变稠的涂料。

fauces 一种古罗马建筑的通道；古罗马住宅中从街道至中庭或从中庭至周圈柱廊的走道。

faucet，bibcock，water tap 水龙头，旋塞；出水的阀门，又叫龙头。

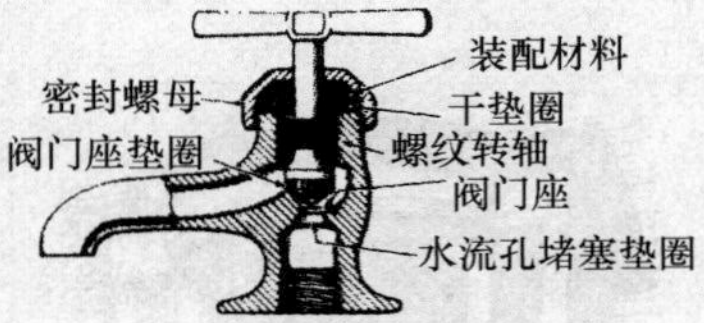

水龙头

faucet ear 固定管子扣件；管道工程中，作为机械连接的承插口上的突出部分。

fault 漏电；电路中的任何组件或设备在绝缘性或导电性方面的故障，导致电流中断或异常电流的意外通路。

fault current 接地电流；由于两者之间异常连接导致的从一导体流向地面（或另一导体）的电流。

faulting 接缝或裂缝两侧的板（构件）之间发生的相对竖向位移。

fausse-braye 一种中世纪的次级防御工事，由连续的壁垒和低矮的挡墙构成，设置于主体工事之前。

faux bois 假木纹；可见于法国乡土建筑上；同 **false woodgraining**。

faux marbre 手工漆制的、看似大理石的木圆柱。

favissa 在古罗马指地窟、地窖或地下库房。

favus 切割成六角形的大理石片或板，铺装时可拼出蜂窝状图案。

faying surface 接触面，结合面；焊接中与将要连接的另一构件相接触或非常靠近的某一构件的表面。

fayre house 木构住宅的早期用语。

fbm 木材工业中，缩写＝“**foot board measure**”，板尺计量。

fc 缩写＝“**footcandle**”，尺烛光。

FD 缩写＝“**floor drain**”，楼面排水。

FDB 缩写＝“**forced-draft blower**”，强制通风鼓风机。

FDC 缩写＝“**fire-department connection**”，水泵接合器。

FDN （制图）缩写＝“**foundation**”，基础。

FE 缩写＝“**fire escape**”，火灾安全出口。

FEA 缩写＝“**Federal Energy Administration**”，联邦能源部。

feasibility study 可行性研究，技术经济论证；为使工程经济合理、资金节省、技术可行而进行的细致调查和分析计划。

feather **1.** 薄舌片；细木工中板边的凸出部分，正好可插入另一块板的凹槽中，形成一对企口接合，又叫企口（嵌入）榫。**2.** 造成楔形边。

feather boarding 一种护墙板，上面的一块板边缘可以搭盖住下面一块板的一部分。

feather crotch 有羽毛状木纹理的胶合板。

featheredge 楔形边。

featheredge board 薄边板；一边削薄以盖住下一块板一部分的木板；又叫 **clapboard**。

featheredge brick 弧形砖，削边砖；同 **arch brick**。

featheredged coping，splayed coping，wedge coping 斜压顶，楔形压顶；向一个方向（不是屋脊状或山墙状的）倾斜的压顶。

featheredge rule 薄边尺，斜削边尺；加工灰泥的金属直尺或木直尺，用来拉直角，通常 2～6ft（0.6～1.8m）长，带有斜边。

feathering **1.** 叶形饰；同 **foliation**。**2.** 花窗格上的尖角。

feather joint 插楔接合；两块板之间装配紧密的

接缝，这种接合中两块板的侧边呈现直角，而每块板沿长向切出凹槽，与共用的凸榫匹配形成的。

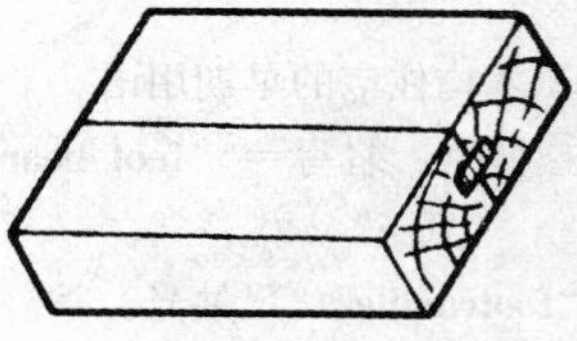

插楔接合

feather tip 羽状端部；锯带具有环形裂纹的木材时，由于不正确的锯法，在其端部留下的薄而参差不齐的茬口。

feather tongue 同 **cross tongue**；销板，横舌榫。

featured edge 薄边；适用于特殊设计或用途的纸面石膏板边。

Federal Housing Administration 美国联邦住房管理局；美国政府机构，其职责是确保私人贷款机构提供的贷款用于私有房屋的购买、拆迁和建造。

Federal National Mortgage Association（**Fannie Mae**） 联邦国民抵押协会；由美国政府定义的准私人公司，作为私人住宅的次级抵押市场。

Federal Revival 联邦式（1870～1970 年）复兴；泛指 1870～1970 年间美国建筑中重新运用或极力模仿早期联邦风格的立面造型或风格。

Federal style 联邦风格；美国后殖民时期（1780～1820 年）的一种建筑风格；以形式简洁、明了、色彩的巧妙运用、细节的精细处理以及光的运用而著称。这种风格受罗伯特·亚当作品的极大影响（见 **Adam style**），其特征通常为：对称的正立面，宽敞的入口柱廊（有时为圆形的）；外墙或采用荷兰式砌合法（同层丁顺砖交错）加薄灰缝的砖墙砌体，或采用木结构的护墙板包墙角板形式；腰线环绕一二层之间；檐板有古典建筑的装饰元素，如垂花雕饰，花冠，卵石尖状装饰等等。侧面山墙，中间山墙和坡度适中的四坡屋面。檐口上饰有栏杆；在北部各州烟囱常位于房屋中央；而南部则在两侧靠外墙；上下推拉窗，石过梁，百叶窗（早期）；门廊由细柱、通高的壁柱组成，形成精致的入口；镶板门上部为扇形窗或矩形格子窗，门两侧配有侧窗。联邦风格和亚当式风格极其相似。

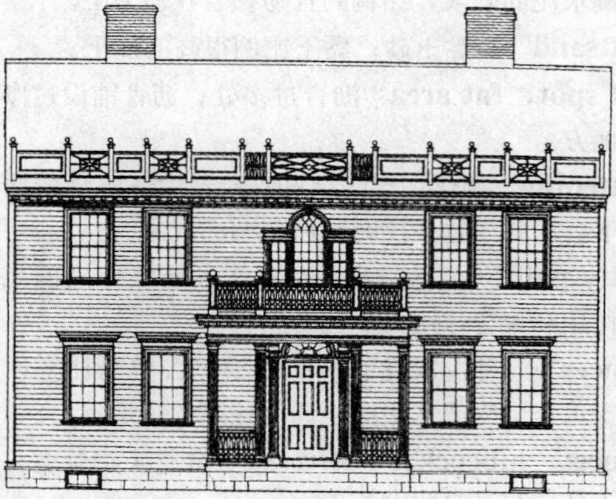

美国联邦古典复兴式风格，正立面（1796 年）

美国联邦古典复兴式风格，门

Fed Spec 缩写＝“**Federal Specification**”，联邦规范。

fee 酬金；职业工作的报酬。

feebly hydraulic lime 弱水硬性石灰；由含有少量黏土的石灰石制成的石灰。

feeder **1.** 馈电线；电力分配系统中，由主配电中心引出的一组导线，该导线是给一个或多个次配电中心或支路配电中心或两者兼有的配电中心供电用的。**2.** 送（给）水管；供水系统中，连接供（给）水管与用水器具的水管。

feed barn 饲喂场；同 Yankee barn。

feed main 供气干管，给水总管；连接供应立管和交叉干管的管道。

feed pump 供水泵；为蒸汽锅炉供水的泵。

feed water 供（给）水；为蒸汽锅炉补给供水。

feeler gauge 测隙规；一系列不同厚度的薄片，用于测量缝隙净尺寸。

测隙规

fee-plus-expense agreement 开支加酬金合约；同 cost-plus-fee-agreement。

fee simple 可继承的土地所有权；土地所有者的权利可以延续到第一个业主所有的直系和旁系继承人都去世后，方可自由转让。

fee tail 个人获得的特定类别继承权利，限定的不动产继承。

feint 泛水或泛水盖帽的小卷边，用来阻断毛细管现象的形成。

feldspar 长石；一类比石英软的天然矿石，含硅酸钙、硅酸钾和硅酸钠铝等成分。

felt 毛毡；毡制品；非编织织物，由疏松的纤维如木材、纸张、破布、石棉或玻璃中提取纤维，经加湿、加热、滚压制成。

felt-and-gravel roofing 油毡绿豆砂屋面；见 built-up roofing。

felting down 粘脱；用湿的毛毡垫沾研磨剂擦拭已干的油漆或清漆膜，以减少其表面的光泽。

feltwork 表面经过塑型后的沥青卷材屋面；例如，在屋顶边缘正下方形成排水沟。

felt nail 同 clout nail；油毡钉，大帽钉。

felt paper 防潮（隔声）纸；绝缘（油毡）纸。

female connector 通常是指各种（电的）承插式接线盒。

female coupling 内丝扣接头；内丝扣套管；管内有螺纹的接头件。

female thread 隐螺纹，内螺纹；同 inside thread。

femerall 通风天窗；见 femerell。

femerell 屋顶排气笼；屋顶无烟囱时，通过百叶窗来排烟的通风口；又见 louver。

femur 多立克柱式三槽板槽间的分隔片。

fence 栅栏；围墙；篱笆；限定场地、土地、院落等财产边界的护栏，具体类别的定义和图例；见 barbed-wire fence，board fence，chain-link fence，picket fence，plank fence，post-and-rail fence，rail fence，split-rail fence，sunk fence，Virginia rail fence，worm fence，zigzag fence。

fencerow 形成一道围栏或沿围栏的种植。

fender 挡板；木制的保护性栅栏等。

fender post 系船柱，护柱；同 bollard。

fender wall 防护墙；地下室内砌筑在首层壁炉炉膛石下方的矮砖墙。

fenestella 1. 神殿中为瞻仰圣物而设的玻璃小窗洞。2. 窗形壁龛；洗礼用水盆（池）或祭台上的小壁龛。

窗形壁龛

fenestra bifors 古代落地长窗。

fenestral 1. 小窗户。2. 在发明玻璃之前，以纸或布作为透光材料的窗。

fenestra method 通过窗户的自然采光来测算室内照度的方法。

fenestration 窗的布局与设计。

fengite 古代被用作窗户的半透明的方解石或大理石。

feng-shui 风水；中国用于规划建筑物布局和其内部房间朝向的一种传统手法，目的在于追求与基地周围建筑环境和自然环境的和谐。

fer a cheval 中世纪带有曲线形女儿墙的城墙，用于抵御入口处的进攻。

feretory 神龛；圣骨龛；教堂祭坛后面保存圣物的空间，常用作小礼拜堂。

ferme ornée 乡村粗面石砌小住宅；见 **cottage orné**。

ferritic stainless steel 铁素体不锈钢；一种含铬量在10.5%～18%之间低碳不锈钢，具有磁性且热处理后不会变硬。

ferrocement，ferrocemento 钢丝网水泥板；由多层钢丝网浇筑水泥砂浆形成的复合材料；可制成一种薄而结实且具有柔性的隔板；用于试验性建筑和作为重复使用的混凝土浇筑用的模板。

ferroconcrete 钢筋混凝土；见 **reinforced concrete**。

ferrocyanide blue 氰亚铁酸盐兰；见 **Prussian blue**。

ferrous metal 以铁为主要成分的金属。

ferruginuous 含铁的；如岩石中含有棕红色斑点，即表明含铁。

ferrule 管箍；金属管套，尤其指与螺纹给水栓相匹配的管套。设置在管子侧面开口处，用于观察或清理管子内部。

fertilizer 肥料；有机物或无机物；天然的亦或人造的养料。

fertre 同 **feretory**；神龛。

festoon 花彩，纤维垂饰；用于帘、台布、窗罩等边沿的花彩装饰穗；见 **garland**。

festoon curtain，festoon drape 剧院的舞台幕布；用穿过吊环、分别固定在相对一侧的两根绳子提起的舞台口大幕，大幕布提起后，仍有部分幕布露在台口外，可形成垂花状舞台装饰边框。

festoon lamp 一种管状小白炽灯，两端各有一插座。

festoon lighting （电）灯彩链；霓虹灯；用电线将许多小白炽灯连接在一起，形成柔软链状的照明。

festoon stain 花纹形玷污；建筑外墙因雨水冲刷不匀所形成的一种污斑。

festoon tab 光彩飘带。

FG 1. 缩写＝“**flat（slash）grain**”，平直纹理。2. 缩写＝“**fine grain**”，细粒。

FH 1. 缩写＝“**fire hose**”，消防水龙带。2. 缩写＝“**flat head**”，平头，扁头。

FHA 缩写＝“**Federal Housing Administration**”，联邦住房管理局。

FHC 缩写＝“**fire-hose cabinet**”，灭火水龙带柜。

FHWA 缩写＝“**Federal Highway Administration**”，联邦高速公路管理局。

fiberboard 纤维板；木丝板；一种用木纤维、竹纤维和其他植物纤维，通过胶合剂压制成的薄板；其物理特性与所用纤维、胶合剂及其密度和饰面品质有关。又见 **hard-board，medium-density fiberboard，board insulation**。

fibered plaster 石膏纤维灰浆；含有毛发、玻璃、尼龙或剑麻纤维的石膏灰浆。

Fiberglas 一种玻璃纤维的名字。

fiberglass，fibrous glass，glass fiber 玻璃纤维；将熔化的玻璃进行拉丝或吐丝制成像绒线团似的毛团或10～30μm直径的细丝。玻璃绒线丝团用作不同密度的保温及隔声材料。细丝可用于织物、玻璃纤维及绝缘材料或掺入其他材料中以增强其强度。

fiberglass cloth 玻璃纤维织物；见 **glass cloth**。

fiber house 由树枝、树干建造的简易棚屋；同 **brush house**。

fiber optical system 光纤系统；通过光缆连续传送光信号的系统。

fiber-reinforced concrete 纤维增强混凝土；见 **fibrous concrete**。

fiber saturation point 木材纤维（干湿）饱和点；干材或湿材，其纤维壁达饱和状态而细胞腔内没有水分时的状态。

fiber stress 纤维应力；构件如梁中的沿轴向的压应力或拉应力。

fibre 纤维；见 **fiber**。

fibrous concrete 纤维混凝土；混凝土中含有石棉、玻璃纤维或其他纤维；以降低混凝土单位体积重量并改善其抗拉强度。

fibrous glass 纤维玻璃；见 **fiberglass**。

fiber plaster, sick-and-rag work 纤维石膏；以帆布和木丝（锯屑）增强的浇铸石膏制品。

fiddleback, cross figure, cross fire, ripple figure 木材，尤其是枫木和桃心木，因纤维走向呈波浪形而形成急弯波纹的外观。

fiducial mark 基准标志；测量中的一种标志线或点作为参考的依据。

fief 封地；在英国封建时期，土地或不动产的保有时间由有利于阶级统治者的封建义务决定。

field 1. 镶板；指中间部分比边缘厚，因而板面高出周围边框或墙面的护墙板。2. 墙垛；指外墙上部处于檐口与墙裙间，或檐壁与墙裙间的墙面。

field bending 工地弯制钢筋；在现场而非工厂加工的钢筋。

field check 1. 对工地现状的测量，也称现场勘测。2. 核对既有建筑物与图纸上的尺寸，也称现场测量。

field concrete 现浇混凝土；无论是运送还是现场拌制，在现场浇筑及养护的混凝土。

field-cured cylinders 现场养护的圆柱体试件；养护条件与模板撤除或实际使用状态相近时的混凝土柱体试件。

field drain 同 **agricultural pipe drain**；场地排水沟。

fielded panel 中凸形镶板；见 **raised panel**。

field engineer 现场工程师；政府机构任命在施工现场的代表；又见 **project representative**。

field house 用于篮球或径赛等运动的大跨度建筑物。

field impact insulation class（FIIC） 采用美国试验与材料学会的 E989 测试方法，现场测得的楼板（及其附属结构）隔绝冲击噪声的等级。

field joint 现场接合；现场对相邻构件进行的连接。

field measure 现场测试；见 **field check，2**。

field-molded sealant 现场模塑填缝料；可以随缝隙形状成型的液体或半固体材料。

field observation （施工）现场观测；见 **field check，1**。

field order 变更通知；工地通知书；由建筑师在施工阶段向承包商签发的工程变更的书面通知书，该变更不涉及合同的总价款或约定时间方面的内容。

field painting 现场油漆；在施工过程中，对安装就位后的钢结构构件或其他金属件进行的油漆。

field report 现场报告；由建筑师或其指定者在施工现场周期性检查后准备的报告。包括工作、草图和图片上的文字信息。也见 **punch list**。

field representative 工地代表；见 **project representative**。

field rivet 现场铆钉；钢结构安装时使用的铆钉。

fieldstone 1. 散石；地面上或土中松散的、未经加工的石料。2. 片石；沿节理劈开的片状石料，用于砌筑无浆的石墙。

field sound transmission class（FSTC） 根据相关标准对建筑隔墙的隔声效果做现场测试，划分的隔声等级级数。

field supervision 现场监督；建筑师承担的在施工现场的服务工作。

field tile 同 **drain tile**；农田排水瓦管。

field work 现场工作；野外作业。

figure 木纹；木纤维质及木射线的不规则排列及颜色差别形成的纹样或图案，由这些变化与差别产生了鸟眼纹、波浪纹等木纹样。

figured dimension 图示尺寸；制图中利用数字表示的尺寸。

figured glass 压花玻璃，图案玻璃；用表面带有浅浮雕的模具滚压玻璃表面制成的透明玻璃板。其透明程度取决于模具的纹样。

FIIC 缩写＝"**field impact insulation class**"，现场撞击声压级。

filament 灯丝，常用字母来代表其形状和构造的白炽灯灯丝：如S为直线形；C为圈状；CC为环绕形。

filament lamp 白炽灯；见 **incandescent lamp**

file 锉刀；一种金属（钢）工具，其断面呈矩形、三角形、圆形或非规则形，沿长向呈锥形或不同宽度及厚度的，其表面被齿或棱纹覆盖，用于金属、木材或其他材料的打磨（磨光或磨毛）。

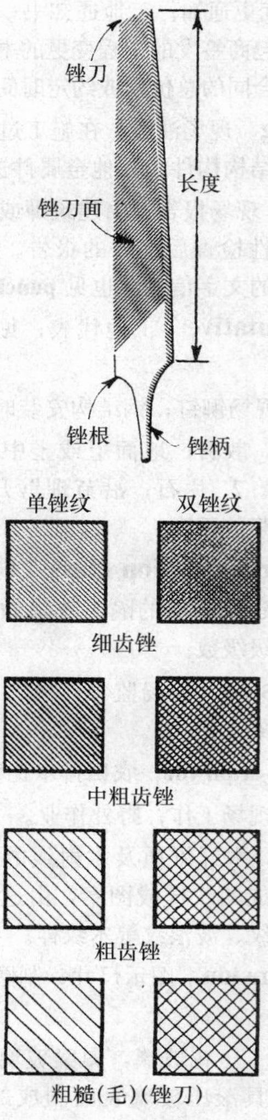

术语，专门名词

filigree 金银细丝工艺品；一种由雕刻细工制作的复杂的金属装饰。

fill 1. 填料；用于垫高现有地基或作为人工地基的土壤、碎石或废弃料。2. 填土（方）；上述填料的体积或厚度。3. 垫板；置于钢结构平台或楼梯踏步上的胶结材料如混凝土或水磨石板层。4. 屋面上的垫坡料。

filled-cell masonry 填充砌体墙；竖孔中灌满砂浆的空心砌块墙体。

filler 1. 掺合料；一种细矿物骨料，用于改善沥青涂料和塑性沥青胶结材料性能的填充剂。2. 一种细粉介入剂（如石灰石粉、硅土或胶状物质），添加到硅酸盐水泥涂料或其他材料中，以减少其使用时的收缩、改善其和易性。3. 带色浆体，用于面饰前填补外露木纹表面处的微小孔洞的有色浆料。4. 添加到合成树脂胶粘剂中，以改善其性能或降低成本的介入剂。5. 填隙板；恰好填补剩余缝隙的薄板。6. 腻子；油漆前使用的有色混合物，用于填补表面孔洞或找平表面的。

filler block 填充块；填充在从搁栅或主梁之间的混凝土砌块，为现场浇灌混凝土楼板提供操作平台。

filler coat 打底漆；油漆、清漆或其他类似饰面材料的第一道涂层。

filler metal 填充金属；焊接时加入到焊缝中的金属，其熔点或接近或低于被焊金属。

filler plate 1. 填补开口槽的封口钢板。2. 垫板；用于结构构件之间或部件之间的空隙的板。

fillet 1. 一种扁平带形装饰线脚，其断面常为方形。该术语有时被不恰当地用于所有的方形线脚。一般它与其他线脚或装饰一起或分别使用，如柱身凹槽间的线条。又见 **band**，**lattice molding**，**fret**，**reglet**，**annulet**，**supercilium**，**cincture**，**cimbia**，**fascia**，**platband**，**listel**，**tringle**。2. 具有流动状的带饰。3. 嵌条，楞条；安装楼梯栏杆时用嵌入栏杆与扶手或栏杆托梁间空隙中的窄木条。4. 镶边板条。5. 凹缝。

fillet chisel 平边凿；加工石头时用的凿子。

fillet gauge，**radius gauge** 圆角规；用于测定微小凹形或凸形表面曲度半径的尺规。

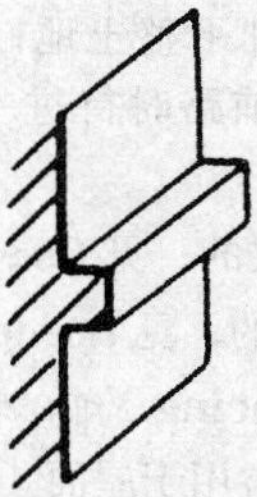

平边条

fillet gutter　狭条水槽；烟囱等构件与斜屋顶迎水面之间的狭长水槽，由金属薄板包木嵌条构成。

fillet joint　用作玻璃框四周止风条的密封胶，横截面呈三角形。

fillet weld　贴角焊缝，楞边焊缝，角隅填焊；三角形断面的焊缝，用于两个以直角相交的表面的连接。

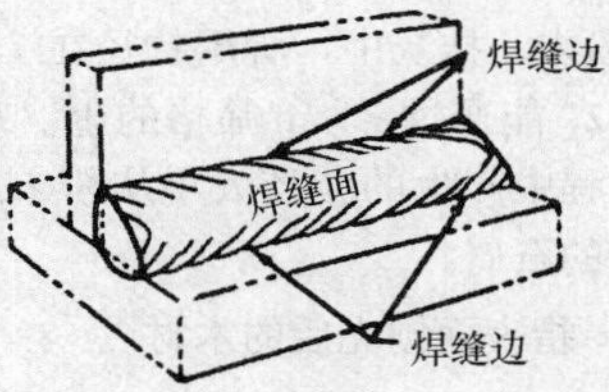

贴角焊缝

filling　**1.** 填充（塞）；对表面裂缝、凹坑或其他缺陷进行的填充。**2.** 同 **infilling**；填充物。

filling-in piece　填塞块；比类似构件略短的各种木料，如小椽子。

filling knife　填缝刀，填塞刀；有弹性的用于刮腻子的刮刀。

filling piece　填塞片，嵌片；用于填充另一材料间，使两者表面平整呈整块的材料。

fill insulation　**1.** 保温绝热（材料）；填充在构件之间的绝热材料；又见 **granular-fill insulation**，**loose-fill insulation**，**batt insulation**，**blanket insulation**。**2.** 可浇筑的松散绝热材料；又见 **Loose-fill insulation**，**granular-fill insulation**。

fillister　**1.** 窗梃外侧用于镶嵌玻璃的企口槽。**2.** 槽刨（木材）。

fill lighting　补充（辅助）光，柔和光；用于减少阴影或降低明暗对比度的辅助光。

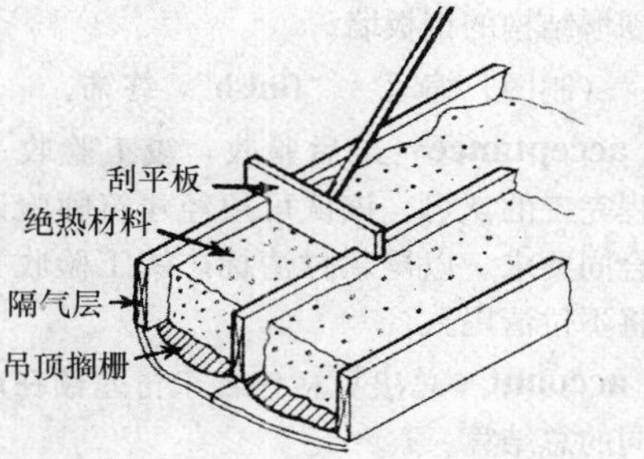

绝热材料（填充在搁栅间）

fill pump　离心供水泵；给高架水箱或密封储水箱供水的泵，通常是离心式的。有各种性能规格可供选择。

fill-type insulation　同 **fill insulation**；填层绝缘。

fill wire　金属丝网中沿宽度方向布置的金属线；同 **shute wire**。

film　漆膜；覆在物体表面上的一层或多层涂料或清漆。

film glue　薄膜胶，薄膜胶粘剂；一层薄纸或浸有热固树脂的粗格布，粘贴于高级装饰漆面上或热压无孔隙胶合板上，用于吸附渗出的胶粘剂。

filter　**1.** 过滤器；去除空气中悬浮的固体物质（如灰尘）的装置。**2.** 滤层；分离液体中固体物质的装置。**3.** 木炭过滤器。**4.** 设置在下水系统中，由一层或多层透水材料组成的滤层，以隔除水流中随水流动的颗粒物。**5.** 热滤装置；见 **heat filter**。**6.** 滤光器；见 **light filter**。

filter bed　过滤层，滤床；用于去除水或污水中杂质的石粒层；又见 **sand filter**。

filter block　空心上釉黏土砌块，有时上盐釉，铺砌于污水处理厂的滤池地面上的砌块。

filtration　过滤，滤除；用机械方式通过诸如滤床、滤网等装置，除去水中悬浮的固体物和（或）细菌污染物。

fin　**1.** 散热金属肋片。**2.** 铝窗框边向四周凸出的薄翼，以保护木或砖石洞口的框架。**3.** 混凝土表面因灰浆从模板间渗出形成的线形凸出体。**4.** 铸件或锻件的毛刺，因金属装饰件在浇铸时由于压力作用下在铸模周围渗出而形成的。**5.** 凸出于主要围堰结构的钢板墙。

FIN. （制图）缩写＝“**finish**”，终饰。

final acceptance 最后验收，竣工验收；业主对工程完工的认可。该认可须经建筑师验证工程符合合同要求。以尾款付清标志竣工验收完成；否则将不付清尾款。

final account 总决算；包含未付差额在内的施工合同的总结算。

final backfill 最后回填材料；用于填充沟槽中从垫层（基底）至面层间的材料。

final certificate 最终品质证明；由业主向承包商授权给予结算的证明；也见 **certificate for payment**。

final completion 最后完工，竣工；指承包商按合同要求全部完成工程项目。

final design 最终设计；初步设计后所做的设计。

final filter 终端过滤器；见 **afterfilter**。

final grade 同 **grade level**；地平线。

final grind 最后抛光；精细磨光；见 **polish grind**。

final inspection 工程验收；建筑师在签署支付凭证之前，对工程进行的最后详细检查。

final payment 最后付款，尾款付清；由业主支付给承包商的合同总价中未付的款项，须经建筑师签署支付凭证后方可支付。其中包括合同总价款随工程变更应有的上下浮动。

final prestress 有效预应力；见 **final stress，1**。

final set 终凝（水泥或混凝土）；水泥（或混凝土及灰浆）和水的拌合物大于初凝时硬度的凝结程度，通常用时间来描述，即水泥浆充分凝结后，阻止测试针穿透所需的时间。

final setting time 终凝时间；水泥浆、砂浆或混凝土拌合后至终凝所需的时间。

final stress **1.** 有效应力值；预应力混凝土构件中，出现所有预应力损失后还存余的内应力。**2.** 最终应力值；构件承受了所有荷载后的应力。

fine aggregate **1.** 细骨（集）料；由粒径小于 9.51mm（3/8in）的砂子构成，几乎全部粒径小于 4.76mm，但大于 74μm 的骨料。**2.** 部分粒径小于 4.76mm，大部分大于 74μm 的骨料。

fine grading 精细平整土地；经初步平整后，用于播种、种植或铺路时待进一步平整的场（土）地。

fine-grained 细纹的；见 **fine-textured**。

fine-grown 细纹的；见 **fine-textured**。

fine mineral surfacing 细矿物面材；一种不溶于水的无机材料，常用于屋面。

fineness **1.** 粒径分布的量度，颗粒级配量度。**2.** 油漆中颜料的颗粒细度。

fineness modulus （骨料）细度模数；衡量骨料细度的细分标准。采用骨料样品分别经下述筛子筛分后的残留量相加，再除以 100 即获得一个比例系数（模数）来表示。采用的筛子分别是：No. 100（150μm）、No. 50（300μm）、No. 30（600μm）、No. 16（1.18mm）、No. 8（2.36mm）、No. 4（4.75mm）、9.5mm、19.0mm、38.1mm。

fines **1.** 粉末；抹灰中，所用粒径在 75μm 以下的小骨料。**2.** 能通过 75μm 筛格的土。**3.** 碎屑；岩石加工过程中产生的粒径大小从粉末或灰尘到砂砾或粉砂的石屑。

fine sawn 指表面刨光后的木材。

fine stuff 面层抹灰中用的细石灰膏。

fine-textured，fine-grained，fine-grain，fine-grown 指纹理均匀、质地细密的木材。

finger guard 门边框上的软条（带）；主要为避免关门时手指夹在门和门框中而受伤的软条（带）。

finger joint 指形接头；用胶粘剂将两块端头呈指形的木板交错拼接在一起所形成的接缝。

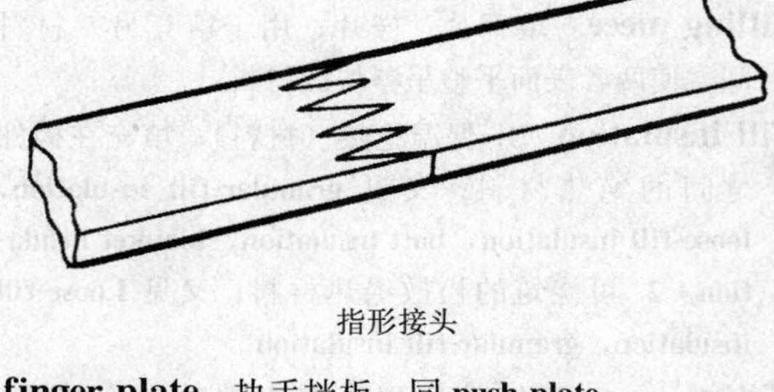

指形接头

finger plate 执手挡板；同 **push plate**。

fingers （**A drag，1**）抓手，销。

finial 叶尖（尖顶）饰；塔尖上端的装饰；也见

尖顶饰

acroterion, crop, knob, 2, pineapple, pommel。

fining off 面层粉刷饰面。

finish 1. 表面的质感、色彩、纹理和光滑度以及其他影响外观的属性。2. 经碾实和压光的混凝土表面的纹理和光滑度。3. 饰面层。4. 饰面；见 finishing。

finish and color selection log 产品说明书中，包含完工申请在内的必要信息。

finish builders' hardware 建筑装修五金；见 finish hardware。

finish carpentry 同 joinery；装修木工。

finish casing 贴脸，台口线，框饰。

finish coat, fining coat, finishing coat, setting coat, skimming coat, white coat 罩（饰）面层；用作饰面或装饰面底层的油漆或抹灰，厚度一般为1.6～2.4mm。

finished grade 同 finish grade；修整好的面层。

finished size 同 dressed size；装修后的尺寸。

finished stair string 同 face string；露明楼梯斜梁。

finished stone 石材成品；表面附有一层或多层饰面的石材。

finished string 同 face string；露明楼梯斜梁。

finish floor, finished floor 地板面层；垫层之上的地板终饰面。

finish flooring 地面装修材料，如硬木，面砖，瓷砖等。

finish grade 修整好的面层；草坪、人行道及车行路面的最上层，或施工完成后经处理的表面。

finish hardware 建筑小五金；同 architectural hardware。

finish hardware, architectural hardware, builders' finish hardware, finish builders' hardware 建筑装修小五金；具有实用功能又起装饰作用的小五金件，尤其是用在门、窗、橱柜上的如合页、锁、挂钩等。

finishing 抹面；指对混凝土或砂浆表面进行的整平、镘光或压实处理。

finishing brush 对饰面石灰膏进行水镘处理时用的刷子。

finishing carpentry 同 joinery；细木工，细木器。

finishing coat 同 finish coat；饰面层。

finishing compound 表面处理剂，使表面光滑、平整的专用化学剂。

finishing hardware 精致小五金；见 finish hardware。

finishing hydrated lime 适用于罩（饰）面（涂）层的熟石灰。

finishing machine 整面机，磨光机；用于修整混凝土面的机具。

finishing nail 饰面用钉；用于装修工程的细长钉。比普通钉子还细，钉头为扁头形。钉入后其钉头略低于表面，以腻子抹平。

饰面钉

finishing off 细木饰面准备工作；细木活中，做饰面前进行的磨光作业或表面修整。

finishings 建筑装修；对建筑物所有面层进行处理并安装建筑竣工所必备的固定设施（如门窗、各种管线等），但不包括建筑物保养。

finishing sawhorse 锯木架（木凳）；同 **sawhorse**。

finishing tool 饰面工具；用于面层抹灰的小型工具，如灰泥镘刀或抹子。

finishing trades 饰面行业；建筑饰面行业，包括铺地板、喷漆、涂抹灰泥和盖瓦等。

finishing varnish 饰面清漆；见 **floor varnish**。

finish lime，finishing lime 抹面石灰；见 **building lime**。

finish plaster 同 **finish coat**；抹灰罩面，最后刷白。

finish plate 防撬（金属）护面板；见 **armored front**。

finish size，finished size 完工后的尺寸；构件加所有装饰后的尺寸。

finish string 露明楼梯斜梁；见 **face string**。

finish tile 饰面砖；用作饰面的瓷砖。

fin wall 翼缘墙；利用一系列等间距支撑增加强度的空心墙。

Fink truss，Belgian truss，French truss 芬克式桁架；支承较大跨度斜坡屋顶的对称桁架。由三个等腰三角形构成，中间三角形的底边与水平拉杆重合，两侧两个三角形的底边与桁架斜边上弦杆重合。

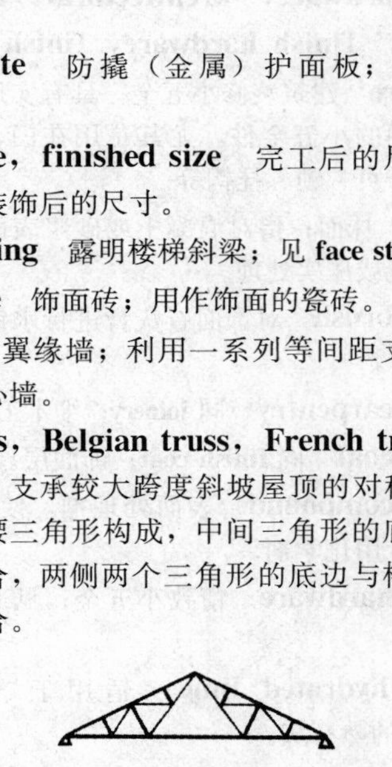

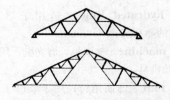

上—芬克式桁架；下—大跨度芬克式桁架

finned tube 鳍状散热器；一组带鳍的金属管，用垂直于管子长度方向的金属薄板连接，通过鳍状薄片来进行管子与其周围空气的热量交换。

fir 杉木，冷杉；生长于温带气候条件下的针叶木，用于室内装饰，包括花旗松、白杉、银杉和冷杉。

fire alarm box 火警盒，报警器；盒面上带有玻璃或塑料薄片的红色小盒，可以通过打破玻璃或塑料片启动火警系统。

fire alarm system **1.** 消防警报系统；建筑物内安装的电子消防装置。由火灾探测系统启动并发出警报声。**2.** 探测火灾发生的警报系统。

fire and extend coverage insurance 火灾财产保险；见 **property insurance**。

fire area 防火分区；由防火墙和外墙围成的一定面积大小的室内区域（面积）。通过在该区域（面积）周围的防火构造处理使火灾蔓延得以控制。

fire assembly 防火组合；由防火门，防火窗或防火挡板组成。还包括其五金件，锚固件，框架和窗台或门槛等；又见 **self-closing fire assembly**。

fireback，chimney back 壁炉后墙；由耐高温的砖石砌筑或用精致的铸铁或熟铁板装饰壁炉的后侧的墙。既有装饰作用，可以向房间辐射热量。

铸铁壁炉后墙

fire block 挡火板。

fire box 燃烧室；壁炉中火焰燃烧的地方。

fireboard，chimney board，summer piece 壁炉盖，挡火板；壁（火）炉不用时，用来遮挡炉门口的板或卷帘之类的构件。

firebreak **1.** 防火带；建筑物之间或区域中留有可

以防止火灾蔓延的空间。**2.** 防火隔断；建筑物内防止火蔓延的防火楼板、防火墙、防火门、防火卷帘等。

fire brick 耐火砖；由难熔的陶瓷材料做成耐高温的砖（硅含量高），常用于砌炉道内壁、砌壁炉和烟囱。

fire bridge （炉内的）火墙；由耐火砖砌筑的分隔燃烧室和炉膛的矮墙。

fire canopy 防火悬板；外墙出挑的水平防火构件，用于防止从窗洞窜出的火焰蔓延到上层空间。

fire cement 耐火水（胶）泥；砌耐火砖用的水泥胶凝材料，如高铝水泥。

fire certificate 防火认证书；由消防官员颁发的认证书，证明建筑中的消防设备已经满足了防火安全要求。

fire check door 阻燃门；见 **fire door**。

fire clay 耐火泥（黏土）；主要用于制造耐火砖的黏土，其熔点高于 1600℃。

fire command station 消防控制室；火灾监控系统、报警系统以及主要设备所在地，可实施人工控制操作的房间。

fire compartment 防火分隔间；建筑物内由防火构件围成的区域，火灾发生时其防火门可以自动关闭。

fire control 火灾控制；采用方法包括：(a) 喷水减少热量的辐射；(b) 预先喷湿邻近的易燃物；(c) 控制天花板热气温度以免楼板结构功能丧失，将火灾控制在最小范围内。

fire control damper 防火控制挡板（阀）；火灾发生时关闭风道的装置。

fire control room 消防控制室；同 **fire command station**。

fire crack 炽烈，干裂；见 **crazing**，**checking**。

fire curtain 防火幕帘；见 **asbestos curtain**。

fire cut 断火切头，梁端斜面；将伸入墙体的搁栅或梁端头切成斜面，以便烧断时其自行掉落，而不至于殃及砖墙。

fire damper 防火挡板；火灾发生时能自动关闭风道，阻止烟火通过的挡板。

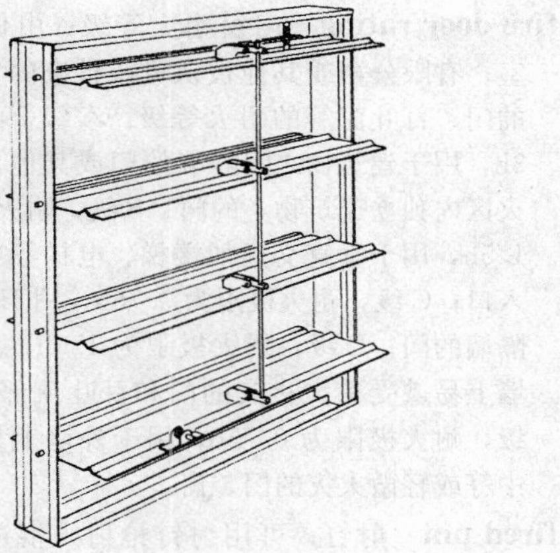

防火挡板

fired brick 煅烧黏土砖，窑制砖；在窑里经过高温烧制的砖，区别于在空气中晾干的砖。

fired clay tile 陶土瓦；同 **ceramic tile**。

fired glass 煅烧玻璃；一种彩色玻璃，是在高温条件下将陶瓷料附着在玻璃表面制成。

firedog 薪架；壁炉中用于支撑原木的一对铁架，也称 **andiron**。

fire department inlet connection 消防供水管；建筑物内与当地消防部门相通的水管，为水塔供水系统或自动喷淋消防系统供水。

fire department standpipe system 建筑消防供水系统；平时不储水的干式消防水塔供水系统，是由消防部门供水。

fire detection system 火警探测装置，自动火警警报系统；可以探测火情和提供火灾报警信号的传感装置系统。

fire division wall 防火隔墙；将建筑物分隔成若干防火区间，以防火灾蔓延的墙体。

fire door **1.** 防火门；由门框和五金组成的防火门，火灾发生时自动关闭，并满足设计规定的防火等级。**2.** 炉门；锅炉（火炉）添加燃料的门。

fire-door assembly 防火门组合件；由防火门、门框、附属组件及其加固件构成的组合件，附属组件包括五金件、关闭装置及其加固构件。

fire-door hardware 防火门五金件；经测试满足门窗耐火等级的五金件。

fire-door rating 门窗耐火等级；由保险商实验室、有限公司或其他被认可或批准的实验室制定的门、百叶窗等的耐火等级：A 级，耐火极限为 3h，用于建筑物之间隔墙的门或其他出入口或防火区内独立建筑物上的门；B 级，耐火极限为 1～1.5h，用于垂直交通如楼梯、电梯等中的门及出入口；C 级，耐火极限为 0.75h，用于走廊和房间隔墙的门；D 级，耐火极限为 1.5h，用于建筑外墙上易遭受重大火灾的门和百叶窗部位；E 和 F 级，耐火极限为 0.75h，用于外墙上易遭受外来中等或轻微火灾的门、窗。

fired pin 射钉；可用射钉枪射入混凝土的硬质钢钉。

fired strength 耐火强度；耐热混凝土经过规定的时间和规定的首次燃烧并冷却后测得的抗压、抗弯强度。

fire draft stop 挡火物；见 **fire stop**。

fire endurance 耐火持久性，耐火时间；规定测试条件下，材料、部件或构筑物在火（或高温）中还具有安全性时所持续的时间。

fire escape 安全出口；建筑内连续无障碍的逃生通道。

fire-escape window，emergency-exit window **1.**（防火）安全窗；火灾中可以打开逃生的窗。**2.** 紧急出口窗；作为紧急出口，设于一层的可如门般打开的窗。

fire exit 安全出口，太平门；见 **fire escape**。

fire-exit bolt 太平门栓；见 **panic exit device**。

fire exposure 材料或结构暴露于外高温热源环境中的状态，无论是否有火苗存在。

fire extinguisher 灭火器，一种快速方便的灭火设备；A 级，用于普通易燃物如木材、布料、纸、橡胶和多种塑料的灭火，主要通过水降温或某种干燥化学涂层来阻止燃烧；B 级，用于液体、气体、油脂类灭火，主要通过隔绝空气或阻止可燃气释放；C 级，用于电气设备的灭火；D 级，用于易燃金属如镁、钠等的灭火，采用不与金属发生反应并吸热的灭火介质。

fire-extinguishing system 灭火系统；能为房间或建筑物提供足够的灭火能力的全部设施，包括自动喷淋、泡沫喷口、消防水龙带和（或）便携式灭火器。

firehood 一种为了将烟尘排向烟囱而安装在灶台或火炉上的金属盖或金属罩（或同等砖石结构）。

fire frame 炉门框；固定在大型壁炉门口上以缩小洞口大小的铸铁框。

fire grading 火灾分级；建筑物或构筑物的火灾危险级别，以小时计；见 **fire-protection rating**。

fire hazard 火灾危险；建筑内火灾发生和蔓延时产生大量的烟或气甚至发生爆炸对使用者带来相应的危险；又见 **hazardous area**。

fire-hazard classification 火灾危险分级；基于建筑物或构筑物内存放的物品和使用性质，或基于室内装饰或附属物的火焰蔓延等级划分的火灾隐患级别，分高、中、低三级。

fire hose 消防水龙带；一种直径很大的水管，常缠绕在建筑墙壁上的圆轴上，该装置利于水管迅速被拉至着火地点。

fire hydrant，fireplug 消防栓；与供水干管相联，火灾情况下使用的供水栓。

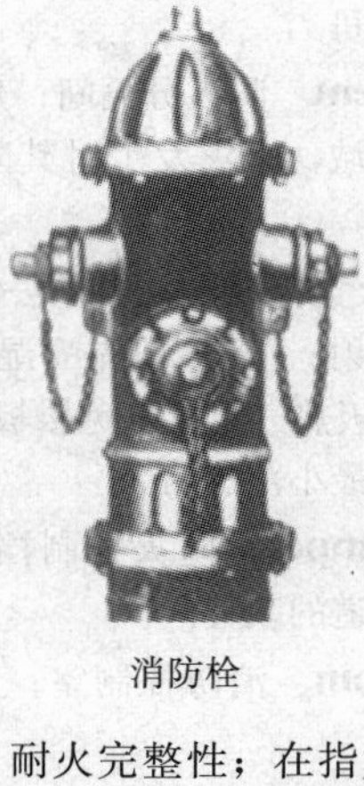

消防栓

fire integrity 耐火完整性；在指定时间内，材料阻止火焰从一侧向另一侧蔓延的能力。

fire limits 消防线，火警线，火灾危险分界线；对已发生火灾或可能存在火灾危险区域设立的防护界限。

fire line **1.** 消防（专用）管线；消防（灭火）供水设备管道系统。**2.** 消防水龙带。

fire load 火灾荷载；建筑保险合同中涉及的全部

可燃材料，包括作为结构和（或）饰面的易燃材料。

fire load，fire loading 1. 可燃物重量，以每平方英尺建筑面积内有可燃材料或室内装饰物的磅数计。2. 消防（火灾）负荷；建筑物内能燃烧和助燃燃料的数量。

firemark 消防捐赠标志；美国殖民时期建筑物正面上镶嵌（或挂）的铸铅徽标。表示其主人曾向当地消防部门作出过捐赠（钱）。

消防捐赠标志

fire main 消防用水管；一种末端位于建筑中指定用于灭火的水管，与公共供水系统相连。

fire partition 防火隔墙；建筑物内耐火等级不低于 2h 的隔墙，但不作为防火墙。

fire path 消防通道；火灾发生时供消防车和其他车辆行驶的通道。

fire performance characteristic 耐火特性；在有控制的火灾环境下，材料、产品和（或）其构成的套件对热源或燃烧的耐受能力。

fireplace 壁（火）炉；通常砌筑在墙体中，上部开洞口与烟囱连接的火炉。

fireplace cheeks 壁（火）炉侧壁，壁炉两侧的八字形侧壁。

fireplace crane 壁炉挂件；安装在壁炉后墙的水平铸铁杆。可以在炉火上面任意角度旋转，用于挂罐（锅）和水壶等。又见 **randle bar** 和 **trammel**。

fireplace damper 壁炉调节板；安装在烟囱喉口上，可旋转的金属薄板。用于控制和调节从壁炉升至烟囱的气流或燃烧产生的热量；也可以在壁炉不使用时，封住烟囱。

fireplace lintel 炉门过梁；支撑壁炉洞口上部墙体重量的水平结构构件，同壁炉过梁。如果采用木构件，通常以抹灰增强其耐火性能；亦可采用金属构件。

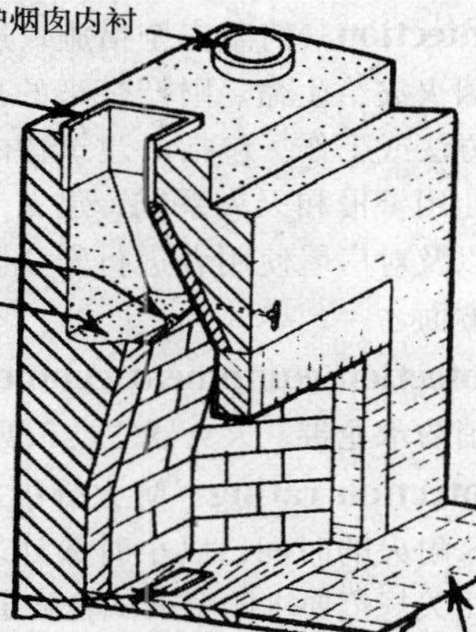

壁炉

fireplace mantel 壁炉架；见 **mantel**。

fireplace surround 壁炉外观；由砖、瓷砖、大理石或细木作构成的壁炉装饰性边框。

fireplace throat 壁炉导烟口；同 **chimney throat**。

fireplace tile 炉门周围装饰用的瓷砖；如荷兰式瓷砖。

fire plug 消防栓，消防龙头；同 **fire hydrant**。

fire point 1. 着火点，燃点；见 **flash point**。2. 燃料起燃的温度。

fire-protected 火灾保护；指装备有火灾检测系统和（或）消防系统的状况。

fireproof 1. 防火的，耐火的；指不燃烧或几乎不燃烧的材料或结构。由于完全不燃烧的材料或结构是不存在的，“防火的”通常是指材料或结构有较强的防火、阻燃性能。2. 防火处理；采用化学制剂处理，使材料阻燃，达到耐（防）火的目的。

fireproof curtain 防火幕；见 **asbestos curtain**。

fireproof door 1. 防火门；完全由防火材料制成的门。2. 金属包皮防火门，也称之为薄钢板包皮防火门。

fireproofing 防火措施，防火处理；在结构构件或系统上使用的，能增强防（耐）火能力，但不起结构功能的材料；又见 **sprayed fireproofing**。

fireproofing tile 耐火砖（瓦）；用于建筑构件防火的砖（瓦）。

fire protection 消防安全措施；进行防火或尽量减少因火灾给生命、财产带来的损失所采用的材料、方法或工作。包括对建筑物的合理设计和建造；使用警报和灭火系统；建立足够的消防服务机构以及对房屋使用者进行安全防火和逃生的培训等方面。

fire-protection equipment cabinet 消防设备箱；存放消防水龙带、灭火器之类东西的箱子。

fire-protection rating 防火分级；材料（或材料组件）耐火的时间，以小时数计。此数值需通过符合相关规范要求的耐火试验确定。

fire-protection sprinkler system 喷水消防系统；见 **sprinkler system**。

fire-protection sprinkler valve 消防喷水阀；在喷水灭火系统中用来自动控制喷水量大小的阀门。

fire-protection system 消防系统；由专用的电气设备、装置以及火灾探测系统、警报系统和扑救系统组成。

fire pump 消防灭火泵；经特殊设计、测试和编录在册、用于灭火的水泵。尽管其很少使用，也要定期测试其性能，以保证其处于良好的工作状态。

fire-rated door 测定耐火等级的门；见 **fire-door rating**。

fire resistance **1.** 耐火性，阻燃性；材料或结构耐火或防火的能力；以限制火情和（或）继续承担结构功能的能力作为评定标准。**2.** 建筑构件的耐火能力，以满足（英）英国标准协会（BSI）规定的耐火时间。**3.** 根据美国职业安全与卫生法（OSHA），在规定时间内和标准热度条件下，以构件不丧失结构功能，且背火面温度不高于某一温度值而确定的耐火性能。

fire-resistance rating 耐火等级，耐火额定值；指材料或结构在火烧中能支持的时间，以小时记。其分级依据与通常认可标准一致，或由标准试验中得出数据。

fire-resistive, fire-resistant, fire-resisting 耐火性。

fire-resistive ceiling 耐火顶棚（天棚）；其耐火极限至少为 1h 的顶棚（天棚）。

fire resistive construction 耐火结构；建筑物中的结构构件（包括墙、隔墙、柱、地板和屋面）均为不可燃材料，其耐火极限大于等于相应权威部门规定的数值。

fire resistive wall 防火墙；满足规范或保险商规定的防火等级的墙体，未必完全不燃燃。

fire-retardant chemical **1.** 阻燃剂；用于降低可燃性或阻止火焰蔓延的化学品或化学制品。**2.** 耐火剂；涂刷在易燃材料上的化学制品，在火灾中可延缓材料起火和燃烧的时间。

fire-retardant coating **1.** 阻燃层；涂刷在建筑构件表面以增强构件面层燃烧阻力的材料。**2.** 耐火面层；覆盖在材料表面以延缓材料着火和燃烧的保护层。

fire-retardant finish 阻燃饰面；含有如氯化石蜡、天然（合成）树脂、硅硐、锑白和其他不可燃材料配制的涂料。其可在可燃物表面形成一道阻止火焰迅速蔓延的保护层。

fire-retardant treatment 阻燃处理；包括经化学阻燃剂处理或采用耐火面层的措施。

fire-retardant wood 阻燃木材；在加压状态下，经天然有机盐浸泡的木材和胶合板。在发生火灾时，燃烧的木材和无机盐释放出不可燃的气和水汽以代替可燃气体，减小了木材可燃性或易燃性。

fire-retarding glazing **1.** 耐火玻璃，钢丝网玻璃，夹丝玻璃。**2.** 用防火分隔铜条装配玻璃。

fire riser 消防立管；见 **standpipe**。

fire risk **1.** 火灾危险概率。**2.** 火灾对居住者生命财产的危害程度。

fire risk assessment standard 火灾发生概率评价标准；指在具体环境或条件下，对材料、产品和组件发生火灾可能性评价方法的标准。

fireroom 该词汇在美国殖民时期偶尔被用来指任一设有壁炉的房间。

fire safety plan 安全防火计划；满足适当管理规定的建筑火灾扑救和逃生措施。

fire screen 壁（火）炉栏；设置在壁炉前面，防止火花或燃屑飞出的搁栅。

fire section 建筑喷淋区段，采用耐火等级不低于2h的非燃烧结构隔开的区域范围。

fire separation 防火分隔；以符合相关机构的耐火等级要求的地板或墙体结构分隔，以阻止火灾的蔓延。墙体包括未开洞口的墙体和有洞口但设有充分保护措施的墙体。

fire separation assembly 用于防护洞口和阻止火焰蔓延的、有耐火等级的、水平和（或）垂直构件。

fire-setting 利用火焰加热将小碎片从砖或石材表面清除的方法。

fire shutter 防火百叶窗；符合规范规定的耐火等级的金属百叶窗（包括窗框和五金件）。其防火等级取决于百叶窗特性或洞口所在位置。

fire tape 在石膏板构造中，用于石膏板连接的密封带；见 **gypsum board**。

fireside，ingleside 炉床边；壁炉周围的空间。

fire sprinkler 消防喷水器；防火系统中以特定方式喷水的喷嘴（喷淋头）。

fire sprinkler system 消防喷水系统；一套完整的地下和（或）高架的管道系统，由一个或多个自动供水设备与消防喷水（如喷头）设施连接组成，也称防火喷淋系统。

fire stair 消防梯，防火楼梯；四周为防火墙体围合的楼梯，其出入口必须设可以自行关闭的防火门。

fire standpipe 消防高位水箱（水塔）；见 **standpipe**.

fire standpipe system 消防高位水箱（水塔）系统；见 **standpipe system**。

firestat 恒温器；在防火空调系统中的恒温器，其设定温度通常是 52°C（125°F）。符合法规及安全保障要求。

fire stone 耐火石；泛指有耐热力的石头，如砂岩，适宜建造壁（火）炉。

fire stop 挡火条；用于堵住空心结构空腔的、以阻止火势蔓延的材料或构件。

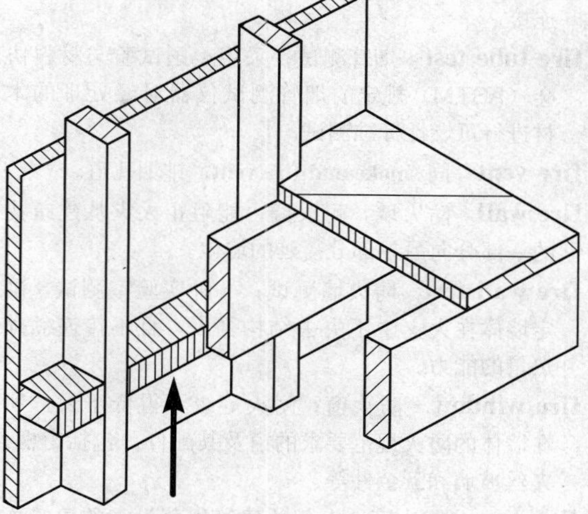

挡火条

fire-stopping 防火阻隔措施；以砖、混凝土、石膏板、石棉、矿棉、岩棉、混凝土金属板条或石膏灰泥金属板条以及其他符合要求的不可燃材料封堵地板、天棚或屋顶等内部空腔，形成有效的防火阻隔。

fire suppression 火势抑制；通过在燃烧物表面喷水的方法来明显降低火源热量的释放速度，以抑制火势进一步发展。

fire suppression system 建筑物内的一种灭火系统，以消防喷水系统和消防立管系统为最常见的类型。

fire terrace 防火台阶；凹入建筑外墙的一个台阶。高度同建筑入口与街道之间的高差。该台阶用作消防梯下端的平台。

fire testing 耐火实验；测定材料是否可燃、火灾风险评估和（或）火焰蔓延指数的标准测试。

fire test exposure severity 火焰照射强度试验（测试）；测试根据美国试验与材料协会（ASTM）的测试方法 E119，E152 和 E163 进行。

fire tower 防火防烟楼梯间；建筑物内具有一定耐火等级、可作为安全出口的垂直封闭空间（内设有楼梯）。

fire-tube steel boiler 一种（烟管）整装式钢管锅炉；通过管内燃气燃烧加热管子使外围流经的水沸腾。锅炉整体运输，就位后即可进行管道连接。

fire-tube test 烟管测试；采用美国试验与材料协会（ASTM）规定的烟管测试仪器对经处理的木材进行可燃性标准测试。

fire vent 同 smoke and fire vent；排烟孔道。

fire wall 防火墙，耐火墙；能阻止火灾从建筑物的一部分向另一部分蔓延的墙体。

fire wall test 防火墙测试；一种实验室测试，确定墙体在火灾中不失去结构强度，且不传递额外热量的能力。

fire window 防火窗；耐火等级不得低于窗户所在墙体的防火规范要求的窗及其配件，包括窗框、夹丝玻璃和五金件等。

fire zone 防火区；由相关建筑规范设定的建筑物内火灾发生概率相对较高的区域。

fir fixed 定位木条；只用钉子钉住的未刨平木条。

firing 焙烧；通过控制窑温或炉温使陶制品达到理想品质的工艺过程。

firing port 同 riflehole；射击孔。

firmer chisel 榫凿；一种木匠用来凿榫眼的凿子。其刀刃宽度与厚度成相应比例。

firmer gouge 半圆凿；木匠用来凿槽的圆凿，其外侧带有斜边。比例与榫凿相仿。

firring 同 furring；灰板条。

first coat 打底，底涂，头道抹灰；在两道抹灰中被称为“基层抹灰”，在三道抹灰中被称之为“刮涂抹灰”。

first fixings （常用复数）嵌固件；用来固定细木工制品的预埋木块、嵌条或木楔（栓）。

first floor 1.（美）指一层楼，底层。2.（英）指二层楼。一层楼通常称之为“ground floor”。

first gallery （剧院）楼座。

first mortgage 优先抵押权；同一地产的权益中抵押权优先。

First Period Colonial architecture 美国早期殖民建筑；特指从他们定居开始到佐治亚建筑风格（18 世纪初）形成前的建筑风格；见 American Colonial architecture。

first pipe 安装在剧院舞台紧靠台口内的横管，用来悬挂灯光设备。

First Pointed Gothic 早期英国建筑；见 Early English architecture 和 Lancet style。

first story 底层，一层；在美国，指建筑物中在平均地坪以上的最下一层；在欧洲许多国家指二层。

fish beam 1. 夹板接合梁，装配式木梁，两根梁首尾相接，连接处两侧面以夹板加固而形成的梁。2. 鱼腹式梁；梁边像鱼腹一样鼓起（凸出）的梁。

fish-bellied 鱼腹式的（主梁或桁架）；指主梁下翼缘或桁架的下弦杆是向下凸出的。

fish bladder（fischblase） 鱼鳔式图案（窗）；哥特晚期窗饰的一种基本图形，令人联想起鱼鳔的形状。

窗饰

fished joint 鱼尾板（夹板）接合；以夹板来加强对接缝的连接。

fisheye 鱼眼斑；因为石灰结块，形成抹灰面层上直径约为 6.4mm 的斑点。

fish glue 鱼胶，鳔胶；由鱼皮和鱼鳔制成的胶，同动物胶。

fish wire 电线牵引线；将导线拉过管道的线绳。

fishing wire 同 **snake，1**；螺旋形钢丝。

fish joint 鱼尾板（夹板）接合；见 **fished joint**。

fish mouth 鱼嘴形开口；组合屋面系统中，各层相叠处因边缘皱褶而成的开口。

fishplate （木或金属的）夹板，接合板；木制或金属板连接件，借助钉子或螺栓将两个构件端部夹接在一起。

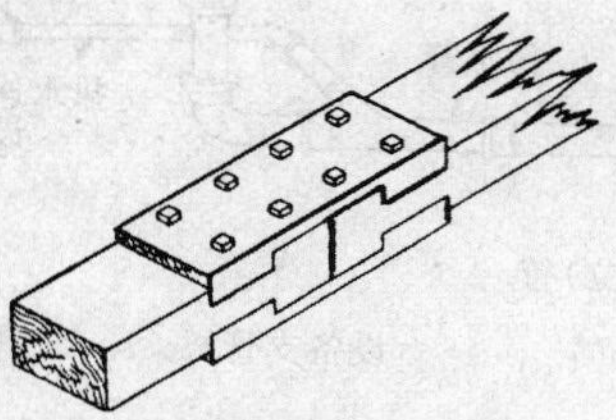

夹板，接合板

fishscale pattern 鱼鳞式图案；用一定形状的瓦片或木瓦相互搭接排成的鱼鳞状的图案；见 **imbrication**。

fishtail 鱼尾状楔块；楔形木条作为混凝土肋形加腋楼板模板的一部分。

fishtail bolt 鱼尾状锚固螺栓；埋在混凝土中，端部分叉、用作锚固件的螺栓。

fish tape 同 **snake，1**；波纹状板带。

fishtail tie 一种端部裂开成螺旋状的金属杆，形似鱼尾巴。

fissured soil 裂隙土；沿着特定平面出现裂痕的压缩土。

fistula 古罗马建筑中铅制或陶制的水管。

fitch **1.** 小毛刷；木制长柄的涂刷薄形涂料（油漆）小刷，主要用于凹入处的涂刷。**2.** 薄饰面板。**3.** 板堆；从原木上按顺序切割下的一捆薄木板。**4.** 钢木组合梁中的板材。

fitment 家具设备；见 **fitting**。

fitting **1.** 管道连接件；（常用作复数）用来连接两个或两个以上的管子的标准接头。如弯管，偶联管，十字（四通）管，肘管，渐缩管，三通管，管接头等。**2.** 零部件；衬套、偶联管、防松螺母或电力系统的其他零件。该电力系统执行机械而非电动功能。**3.** 同 **window hardware**；窗五金件。**4.** （英）照明设备。**5.** 建筑物内建成后安装上去的具有装饰性或功能性的构件，又称之为家具设备。

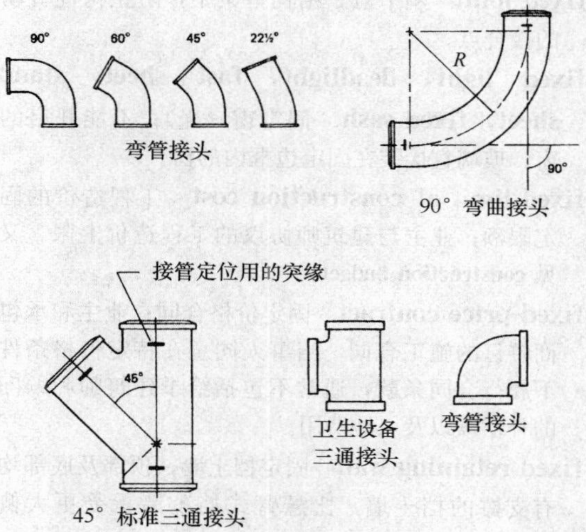

管道连接件

fit out，fit up 装配，安装；建筑物中为用户提供的建筑设施，包括供暖、照明、供排水、天然气、供电、消防、垃圾处理、废物处理、空调和安保设备。

fitting-up 预安装；指将不同结构构件用螺栓暂时连接，为最终连接作准备。

fitting-up bolt 预安装螺栓；构件间永久连接前，用于预安装的普通螺栓。

five-centered arch 五心拱；由五个圆心弧组成的拱。

five-part mansion 殖民地时期的豪宅，其两侧联廊都带有附属建筑。

FIX. （制图）缩写＝“**fixture**”，卫生设备；电气设备。

fixed-bar grille 固定铁栅栏；空调系统中，回风口和排气口上的不可调节的铁栅栏。

fixed beam fixed-end beam 固定（端）梁；端

部固定的承重梁

fixed-cost contract 固定费用合同；见 **fixed-price contract**。

fixed-end column 端部固定的柱子。

fixed-ended 端部固定的；形容为了防止旋转将端部固定的柱子或梁。

fixed joint 刚节点；结构框架中，防止构件转动的接合点。

fixed light, deadlight, fast sheet, stand sheet, fixed sash 固定窗（光）；不能开启的窗；玻璃直接装在固定边框内的窗。

fixed limit of construction cost 工程造价的固定限额；业主与建筑师协议的工程造价上限。又见 **construction budget**。

fixed-price contract 固定价格合同；业主和承包商签订的施工合同，当事人同意在特定价格条件下履行合同条款，通常不包括给予建筑师和顾问的补偿款以及土地费用。

fixed retaining wall 固定挡土墙；顶部及底部均有支撑的挡土墙，比悬臂式挡土墙承受更大侧向力。

fixed sash 固定窗扇，固定玻璃。

fixed transom 亮子；门上部不能开启的玻璃框。

fixing 1. 镶玻璃；在墙、隔墙或天棚上安装玻璃窗扇。（而在门上、窗上、商店铺面、幕墙、间接采光窗等处安装的玻璃称之为装配玻璃）。2. 同 **ground, 1**。

fixing block 可钉砌块；能受钉的轻质混凝土砌块。

fixing brick 1. 同 **nog**；木砖（墙内）。2. 受钉砖；能受钉的轻质砖。

fixing compound 洞口中固定玻璃片的材料。

fixing fillet 嵌缝木条；见 **ground, 1**。

fixing pad 同 **ground, 1**；受钉嵌条或压缝条。

fixing slip 固定滑条；见 **ground, 1**。

fixity 稳定性，固定性，不挥发性；见 **depth of fixity**。

fixture 1.（不动产的）固定设施；泛指附着在不动产上成为其组成部分的那部分有形的个人资产。2. 电气设备；正确安装在墙壁、天棚的电气设备和固定灯具，如照明设备。3. 卫生设备，见 **plumbing fixture**。

fixture branch （给排水系统水管）设备支管；用来连接多个室内卫生设备的管道，如连接两三个卫生设备的排污管或连接配水管与几个卫生设备的给水管。

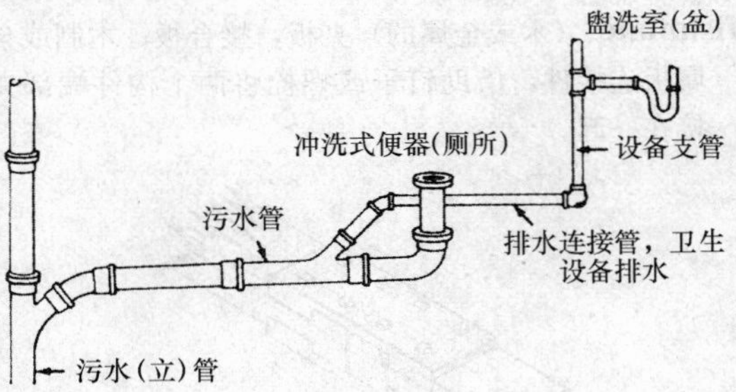

设备支管

fixture carrier 用来支撑脱开楼板的室内管道系统的金属装置。

fixture clearance 卫生洁具到最近物体的间距。

fixture drain 排水连接管，卫生设备排水；从室内卫生设备的存水弯到排水系统与其他排水管之间的连接管。

fixture fitting 设备装置；用来控制或调节设备中的给水流量或排水量的装置。

fixture joint 固定连接；两根导线间的连接方式。具体的是先将两根导线的裸露端头交叉，然后用其中一根缠绕另一根导线，再折叠起来。

固定连接

fixture supply 卫生设备给水管；连接卫生设备和给水支管，或将其直接连到给水主管的水管。

fixture trap 同 **trap, 1**；卫生设备存水弯。

fixture unit 卫生器具单位；各种卫生设备的排水量大小的量度，以立方尺体积/分钟为单位。一件卫生设备的排水量与单位时间排水量、一次排水时间以及使用平均间隔时间相关。

fixture-unit flow rate 卫生设备单位流率；根据规范，卫生器具流率等于单位卫生器具每分钟总流量加仑数除以 7.5，此值作为该卫生设备流量的单位，卫生设备的流量是流率的倍数。

fixture vent 固定排气道；连接排水管与一个排气管或直接引到室外的通气管。

fL 缩写＝“**footlambet**”，英尺-朗伯（照度单位）。

FL **1.** 缩写＝“**floorline**”，楼层线。**2.**（制图）缩写＝“**floor**”，楼地板。**3.**（制图）缩写＝“**flashing**”，泛水。

flabelliform 扇形的；由棕榈叶等构成的一种扇形装饰。

flag 石板，片石。

flag lot 成不规则形状的小块场地，临街面大小仅供车辆通行。

flagging **1.** 石板，片石。**2.** 石板铺砌的面层。**3.** 铺砌石板的方法。

flagpole 旗杆，标杆；用来升起和展示旗帜或标志以及象征物的竖杆。

flagstone，flag，flagging 石板；厚度为 2.5～10cm 扁平石片。常用作踏步、平台或室外地面铺砌；石片既有自然形成，也有以人工顺岩石纹理劈开的或用锯子锯出的。

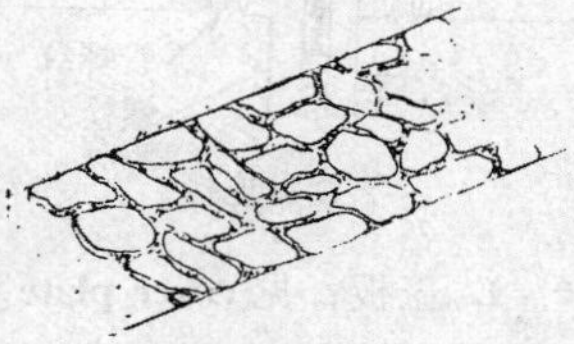

铺砌的步行道

flail 铰链破碎锤；通过一个或多个随轴旋转而转动的锤子来击碎或轧压材料的设备。

flake board 同 **particleboard**；刨花板。

flaking （油漆或涂料成片状）剥落；涂料膜失去粘结力和附着力而形成的剥落。

flambeau 装饰烛台；类似燃烧的火炬形的照明装置。

flambé glaze 看似流动的嵌铜陶瓷釉，产生一种杂色效果。

flamboyant finish 火焰式饰面层；一种装饰饰面层。在抛光的金属基底上涂以透明的清漆或挥发性漆所形成的饰面效果。

Flamboyant style 火焰式风格；15 世纪下半叶，法国哥特建筑最后期的建筑风格。以流线式和火焰式的交织线条窗花格为特征。

火焰式风格

flame 火焰，燃烧；悬浮在燃烧物上的气体和（或）微粒物质组成的热气团（通常是发光的）。

flame cleaning 火焰净化法；用高温火焰除去钢板表面的涂料、（钢筋）轧屑、潮气和表面污垢的方法。

flame-cut 气割，火焰切割；以氧气燃烧方式沿薄钢板的长边切割。

flame cutting 火焰切割；用火焰来将金属割开的操作。又见 **oxygen cutting** 和 **oxyacetylene torch**。

flamed finish 利用火焰炙烤富含二氧化硅的石头形成的一种粗糙质地的饰面。也称 **flame-textured finish**。

flame front 火焰峰（前缘）；通过气体混合物或穿越液体、固体的表面形成火焰传播的前沿。

flame resistant 耐火性，阻燃性；耐受火焰燃烧或提供燃烧防护的能力。

flame-retardant chemical 阻燃剂；能延缓易燃物起火及减缓火势蔓延的化学添加剂。

flame-retardant coating 阻燃面层；可以延迟可燃物着火及减缓火势蔓延的液体涂层。

flame-retardant treatment 耐火处理；包括使用阻燃剂或阻燃面层处理等措施。

flame speed 火焰（扩散）速度；指相对一个固定的参考点，火焰在易燃气体中的传播速度。

flame spread 火焰蔓延（扩散）；沿物体表面的燃烧扩散，不同于因空气流动引起的火焰转移。

flame-spread index 火焰蔓延（扩散）指数；表示某种建筑材料阻止燃烧在该材料面层蔓延能力的指标，根据美国试验与材料协会（ASTM）试验标准来测定火焰蔓延速率。未经处理的木材其火焰蔓延速率值定为 100，不可燃的石棉水泥板的值定为 0。

flame-spread rating 火焰蔓延等级；表示材料（或一组材料）面层火焰蔓延的大小，由适用规范里指定的程序确定。

flame treating 火焰氧化处理；将惰性的热塑性物体容入墨、漆、涂料、胶粘剂等，并置入燃烧火焰中以促进面层氧化的方法。

flameproof coating 防火涂层；现已被 **flame-retardant coating** 代替。

flammability 可燃性，易燃性；材料燃烧或助燃烧的能力

flammable 可燃的，易燃的。

flammmable liquid 可燃液体；着火点低于 60℃，绝对蒸汽压力不超过 2.8kg/cm² 时，起火点为 37.8℃的液体。

flanch, flaunch （烟囱防水的）凸边；为减少雨水流入烟道，将烟囱上沿加宽并向外倾斜的边缘。

flange 1. 法兰；管道、杆状物等周边外凸的圆环状边缘。2. 翼缘；沿主次梁纵向、与腹板成直角突出的翼缘，是承担拉伸或压缩的主要部位。

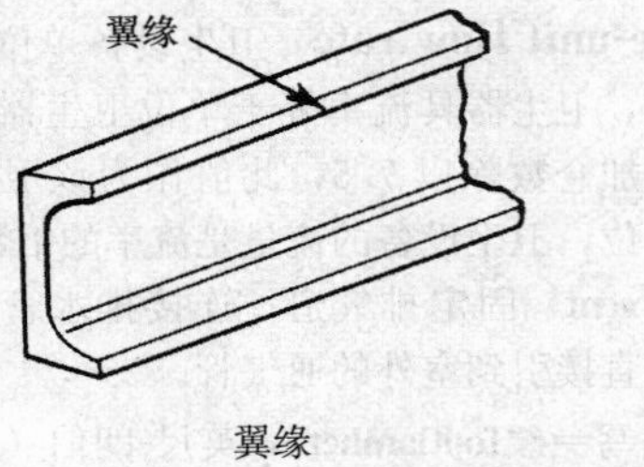

flange angle 翼缘角钢，凸缘角钢；主梁中的部件，上翼缘或下翼缘的角钢。

flange cut 翼缘切口；次梁或主梁翼缘上便于连接或其他构件通过的切口。

flanged joint 法兰接头；由两个凸缘组成的接头。通过螺栓连接，中间垫密封圈防渗漏。

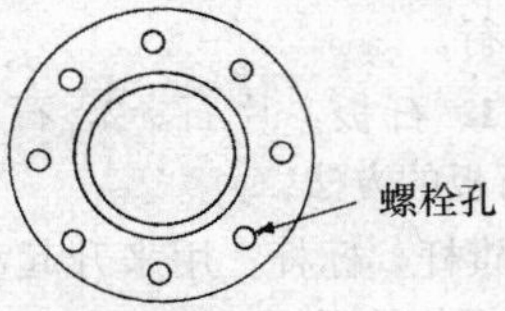

正视图

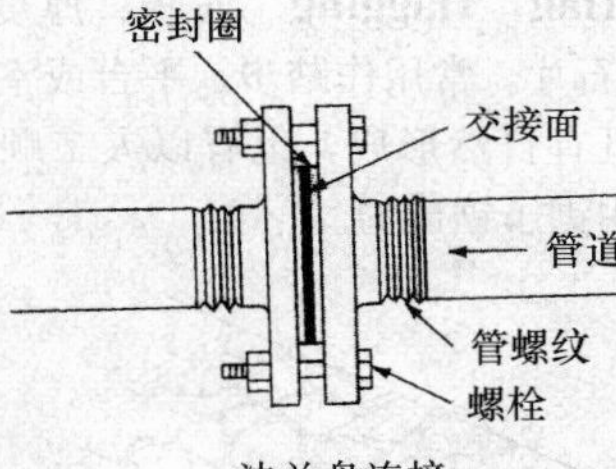

法兰盘连接

flange plate 1. 盖板；见 **cover plate**，2。2. 凸缘板，翼缘板；栏杆端部（或栏杆构件）与毗邻的结构或支撑构件间的平板。

flange splice 翼缘拼接接头；次梁或主梁的翼缘拼接接头。

flange union 法兰连管；在管道工程中，两根管子分别拧入带有丝扣的法兰盘，然后通过螺栓将两个法兰盘连接。

flank 侧面，翼；建筑物或拱的一侧。

flanked 形容被其他防御工事包围的堡垒。

flanker 侧翼建筑；建筑物一侧的附属建筑或服务性建筑。

flanking transmission （声音）迂回传播；声音不是通过房间的隔墙而是通过其他传播路径从一侧房间传到另一侧房间。

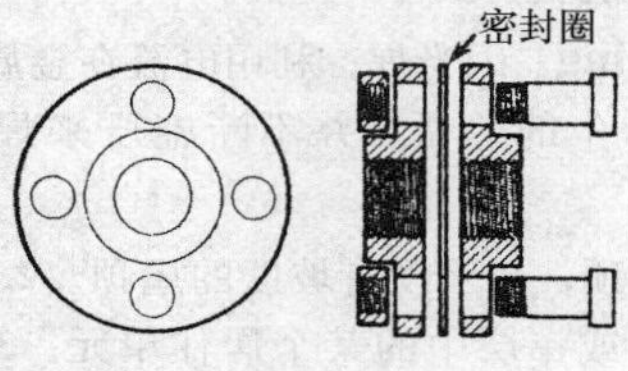

法兰连管

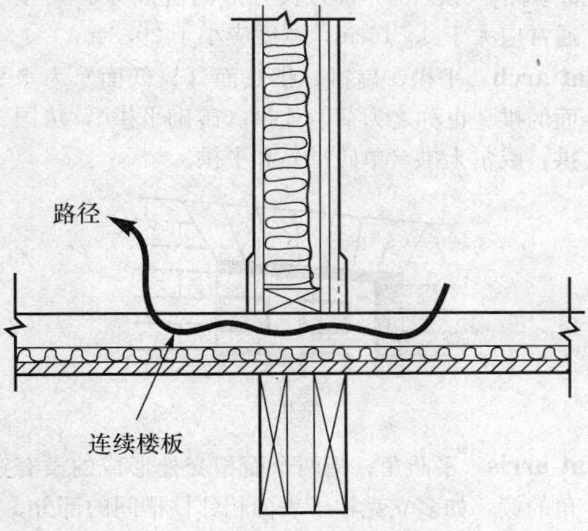

（声音）迂回传播

flank wall 边墙，侧墙；除建筑正面或背面墙以外的墙。

flank window, flanking window 同 **sidelight**；侧向窗，走廊窗。

flanning 窗边框的内斜角。

flap door 吊门，活板门；铰链水平安装在底边的小门，门向下翻开。

flap hinge 明铰链；见 **backflap hinge**。

flap trap 逆止器（阀）；管道中带铰接的折板，只允许水流单向流动。

flap valve 逆止阀；管道中防逆阀门，它只允许水流单向流动。

flared brick 由于在窑炉中处理时太靠近火源而使端部出现深色碎片的烧成砖。

flared eaves 喇叭形挑檐（檐口）；坡度逐渐变缓，出挑于外墙而成喇叭形张开的檐口。这种挑檐（檐口）形式常见于荷兰殖民时期的田园建筑中。

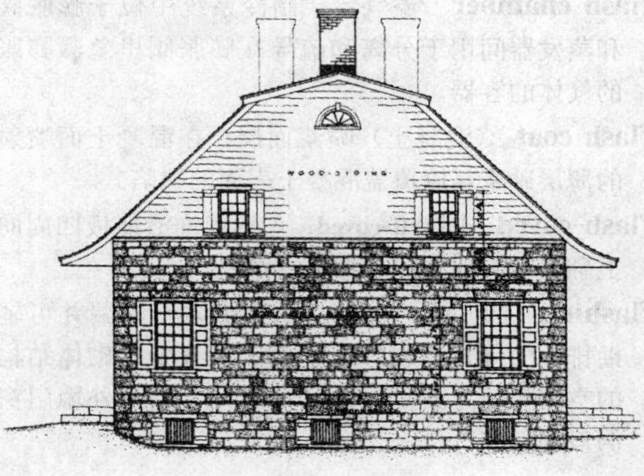
喇叭形挑檐（檐口）

flared joint 喇叭形（漏斗形）接头；两根铜或塑料管间便于拆装的机械接头。将管子一端做成喇叭形口与相匹配的管子形成的连接。用于禁止明火的情况下。

flared post 喇叭形支柱；木结构房屋角落上的大柱。柱子上端为喇叭形，以较大截面承受上部传来的荷载。柱子偶尔也用在墙中部的，为托墙梁提供附加支承。

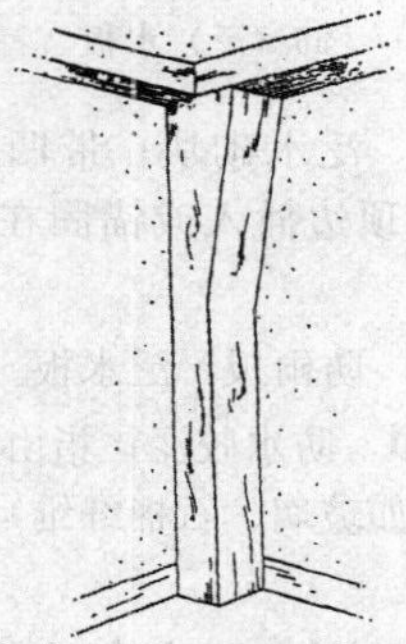
喇叭形支柱

flare fitting 扩口接头；管子的一端扩成喇叭口形，以便与另根管子形成机械连接。主要用于软金属管的连接。

flare header 深色丁砖；砖石建筑中，颜色比整个墙面都暗的露头砖。

flash **1.**（砖）变色；指砖表面色彩有意或无意形

成的变化或差异，由表面混色或上釉薄膜的花纹不同所致。**2.** 缩写＝“**flashing**”，泛水，防雨板。

flash chamber 溢气室；制冷系统中位于膨胀阀和蒸发器间用于分离和疏导在膨胀阀里急骤膨胀的气体的容器。

flash coat （混凝土）喷浆面层；在混凝土面喷射的薄层砂浆，以覆盖混凝土表面的缺陷。

flash-coved 同 **self-coved**；乙烯地饰沿地板四周向上翻起，起到类似踢脚砖的作用。

flashing 卸（泛）水板；结构中防水渗漏并可辅助排水的薄片材料。用于砂浆灰缝中和砌体结构的空隙间，尤其是屋顶和墙之间，以及外墙门窗洞口等部位。

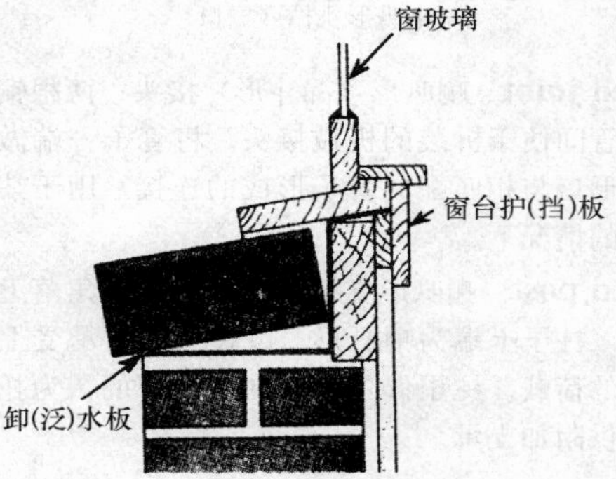

卸（泛）水板

flashing block 泛水砌块；带凹槽的特殊砌块，可将泛水板的顶边插入或锚固在砌块的凹槽中。又见 **raggle**，**1**。

flashing board 防雨板，泛水板。

flashing cement 防水胶泥；指由沥青、溶剂、无机增强纤维（如玻璃、石棉纤维）形成的混合物，可用瓦刀施工。

flashing compound 防水合成材料；见 **flashing cement**。

flashing ring 管道套圈；管道穿墙或地板处的固定套圈。

flash point 着火点，闪点；易燃材料受热后释放出足够的蒸汽并与空气混合，产生燃烧的最低温度。

flash set，**grab set**，**quick set** （水泥砂浆、混凝土）急凝；新拌合的硅酸盐水泥砂浆、灰泥或混凝土中产生的快速凝结现象。其间要释放大量的热。须添加水，才能消除这种凝结，并需进一步搅拌才能重新获得可塑性。

flash welding 闪光焊；利用电流在金属两面形成的电阻产生的热量，并不断施压来焊接的一种工艺。

flat **1.** 平顶；几乎没有坡度的屋顶。**2.** 多层房屋中的一层或一层中的某个居住单元。**3.** 无光漆。**4.** 平面背景布；一片不比边框厚的舞台背景布。**5.** 扁钢（铁）；断面为长方形的金属条。其厚度通常应大于 0.516cm，宽度应小于 20.3cm。

flat arch 平拱，扁拱；拱底面（较低面）为水平面的拱。也称之为荷兰式拱（砖砌平拱），法国式拱，威尔士拱（单砖拱）和平拱。

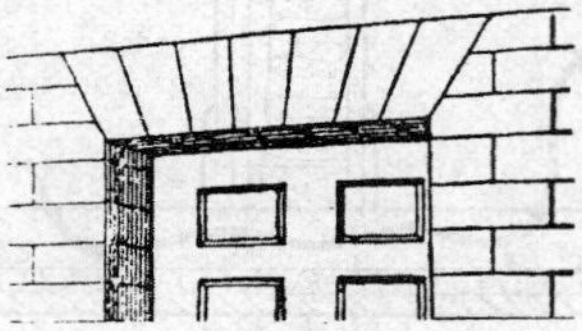

平拱

flat arris 平凸角；指两个面相交处形成的没有锐角的棱，如多立克柱子表面相邻柱槽间的部分。

flat band 方形素面的拱墩。

flat-chord truss 平行弦桁架；顶部和底部的弦杆几乎相互平行的桁架。

flat coat 中层漆；用作面层漆的基底，打底涂层。

flat cost 净成本；去除普通开支或利润后在材料和劳工上的开支。

flat cutting 平锯，平切；见 **ripsawing**。

flat-drawn glass，**flat-down sheet glass** 平板玻璃；见 **drawn glass**。

flat enamel brush 磁漆板刷；细木工中涂刷磁漆用的毛刷，一般宽 5～7.5cm，端头呈斜面；又见 **flat wall brush**。

flat glass 平板玻璃；见 **window glass**，**plate glass**，**float glass**，**rolled glass**，**sheet glass**。

flat-grained 直木纹；见 **plain-sawn**。

flat ground edge 采光口边缘经磨平后垂直于玻

璃表面。

flathead 1. 平头（螺钉）。2. 平头（铆钉）。

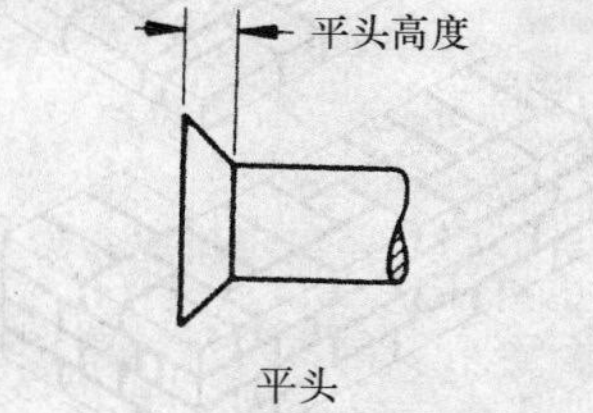

flathead dormer 同 shed dormer；牛眼窗，屋顶床，天窗。

flathead rivet 平头铆钉；锤击处为平面的而非圆面的铆钉。

flat joint 同 flush-cut joint；平灰缝。

flat-joint jointed pointing 窄槽平缝接合勾缝；勾平缝，是沿每皮砖缝中心线的窄槽上下做进一步装饰。

flat keystone arch 平锁石拱；有一拱顶石居中的平拱。

flat paint 无光漆（涂料）。

flat paintbrush 扁油刷；见 flat wall brush。

flat piece 扁平骨料颗粒；指骨料颗粒的宽度与其最大厚度之比大于规定值；又见 elongated piece。

flat plate 无梁板，平板；混凝土无梁板，没有柱帽或柱顶托板的钢筋混凝土楼盖。

flat pointing, flat-joint pointing 勾填平缝；用扁平抹子将砂浆填入砌砖接缝中，并抹与砖面齐平。是一种最简单的勾缝形式。

flat rolled 平轧的；指用表面光滑的轧辊轧制产品（如钢板、铅皮、薄板）。与特殊型材的轧制相区别。

flat roof 平屋顶；没有坡度或仅有满足排水要求坡度的屋顶，坡度通常小于10°。屋顶四周环以女儿墙或挑檐。

flat-sawn 同 plain-sawn；顺锯。

flat seam 平接缝；一种金属薄板的接缝形式。先将靠接缝处一侧的两个板边（一长一短）折起，然后将长边折叠于短边板上，最后将其压平。这样形成的接缝通常还要施加锡焊。

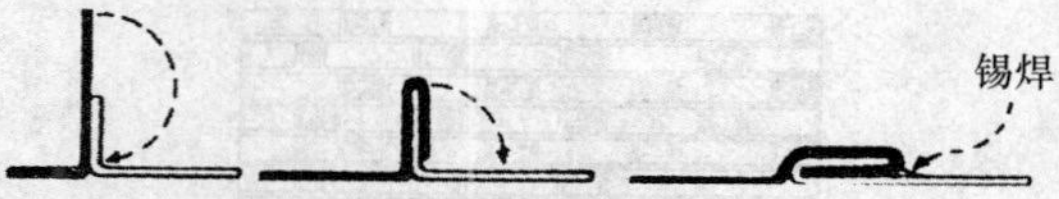

平接缝的形成

flat skylight 平天窗；基本呈水平或仅有满足排水坡度的天窗。

flat slab 无梁板；有双向或多向配筋的混凝土平板，一般无次梁或主梁来传递荷载。

flat spot 暗斑；光亮油漆（涂料）面层上的无光斑点，缺乏光泽的斑点常因底层气孔所致。

flat spray sprinkler 平式喷淋；防火系统中，喷出呈抛物线形水雾的喷头，它能将60%～80%的水喷向地板，其余的水喷向天花板。

flatting 1. 同 flat cutting；平锯，平切。又见 rip-sawing。2. 磨光，磨平；同 flatting down。

flatting agent 消（减）光剂；加入油漆或涂料中，以降低其光亮度的一种物质。

flatting down, rubbing 研磨（平）；为了减少表面光泽和使面层平整，以研磨粉等打磨面层。

flatting oil 减光剂；在带有光泽的油漆或涂料中加入的稀释溶剂，使其光泽减半或全无光泽。

flat truss 同 parallel-chord truss；平行弦桁架。

flat top truss 同 Howe truss；豪威式屋架。

flat varnish, matte varnish 哑光清漆；干后无光泽或有较弱的光泽的清漆。

flat wall brush, flat painbrush 扁墙刷；宽约10～15cm的由人造纤维制成的长而硬的毛刷。

flaunch 同 flanch；（烟囱防水）法兰。

fleaking 同 thatching；茅草屋顶。

flèche 尖顶塔；屋脊上细小的高尖塔。尤指哥特教堂中殿和左右两翼屋顶交汇处升起的尖塔。

fleck 斑点；木材因胶质的自然沉积等正常或非正常的生长特征形成的小斑点。

fleet angle 偏角；卷扬机上绕在滚筒上并从滚筒处拉出的绳子和滚筒轴垂直的线的最大夹角。

Flemish bond 丁顺式砌合，荷兰式砌合；每皮砖一顺一丁交替砌筑的一种砌合方式。并使每皮丁砖位于上下两皮顺砖中央。

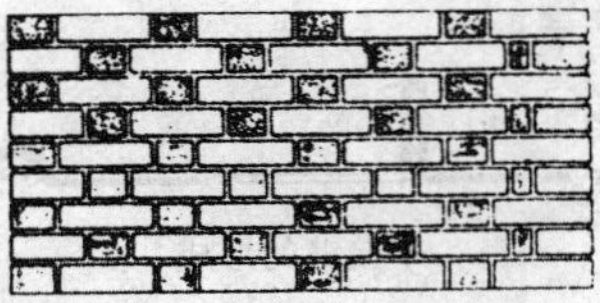

丁顺式砌合，荷兰式砌合

Flemish cross bond 荷兰式交错砌合；类似于丁顺式砌合方式，但以一定间隔用两个丁砖取代顺砖的砌筑。

Flemish diagonal bond 一顺一丁与全顺层交替砌筑，荷兰式对角砌筑；一顺一丁的一皮之后是全顺式砌一皮，由这两皮相互交替砌筑所形成斜列式图样的砌合方式。

Flemish eaves 同 **flared eaves**；荷兰式屋檐，三角形屋檐。

Flemish gable 荷兰式山墙，三角形山墙；顶部轮廓的每侧都有两个或两个以上弧的山墙。

荷兰式山墙，三角形山墙

Flemish gambrel roof 同 **Dutch gambrel roof**；荷兰式复斜屋顶。

Flemish garden-wall bond 荷兰式花园墙砌合；每皮三顺一丁砌合。同一顺一丁式砌筑法，但用三顺砌合替代了原来的一顺砌合

fletton （英国）弗莱顿砖；由英国牛津黏土、采用半干压工艺制成的砖。产量占现在英国砖产量的

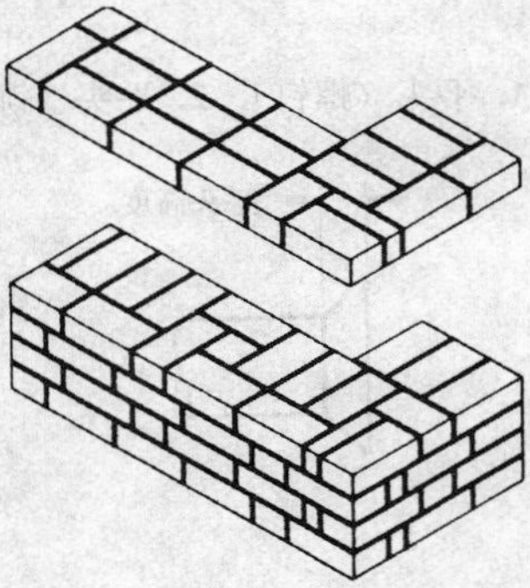

荷兰式花园墙砌合

40%以上。

fleur-de-lys 百合花饰；法国高贵的百合，作为哥特建筑晚期的传统装饰主题。

fleuri cut 平行于石材层面切割形成的斑点效果。

fleuron **1.** 百合花饰；科林斯柱头每边中心位置上的小花。**2.** 花形图案装饰。

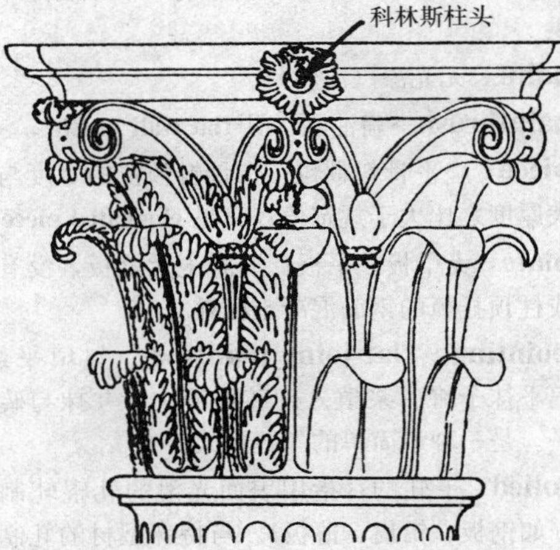

百合花饰

flexibility 柔韧性，易弯性；材料可以弯曲，而不损坏（并且不降低强度）并能恢复原形的性质。

flexible cable 挠性电缆，软电缆；见 **cable**，**1** 和 **cable**，**2**。

flexible conduit 软管，蛇形管；见 **flexible metal conduit**，**flexible nonmetallic tubing**，**flexible metallic hose**，**flexible seamless tubing**。

flexible connector 1. 柔性接头；管道系统中位于风扇与管道或管道与管道之间的非金属密闭接头，用来减少风扇的振动沿管道传播。2. 由金属丝网和非金属材料构成的管道系统接头；用于减小振动沿管道系统（管子与管子之间或管道与泵间）的传播或是降低管道校准的误差。3. 可伸缩接头，挠性接头；旋转式机器的接头部分之间允许伸缩或相对移动的电器接头。

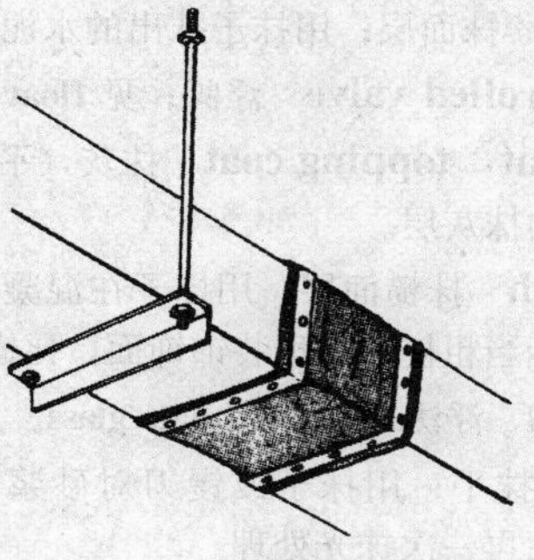

柔性接头

flexible coupling 柔性偶连器；机器转动时，能适应强烈横向运动或扭转运动的联结器。

flexible drop-chute 软溜槽；带有弹性的或橡胶帆布柔性管子，用作落差较大时。

flexible duct connector 柔性管接头；一种应用在空调系统中的无孔弹性材料，插在金属管道与空气扩散器（或空气调节器）之间，防止系统构件间的振动传递。

flexible ductwork 柔性管道；空调系统中为了减少管道间震动的传递而采用的圆形柔性导管。位于金属片风槽内，可以传递空气并减少安装费用。

flexible joint 弹（柔）性连接；用于两根导线管、通风管或水管间的一种连接。这种连接允许其中一根发生变形或移动，但不过分影响另一根。

flexible metal conduit 柔性金属（导）管；横断面呈圆形的柔性电线套管。当套管固定装置安装好后，允许电缆或电线穿过并可推送或拉拽。

flexible metallic hose 柔性金属管；也可叫“金属软管”。采用金属条带连续缠绕成的软管，互锁式及其接缝槽处的密封填料的构造形式，适于用作低压水、油和气软管。

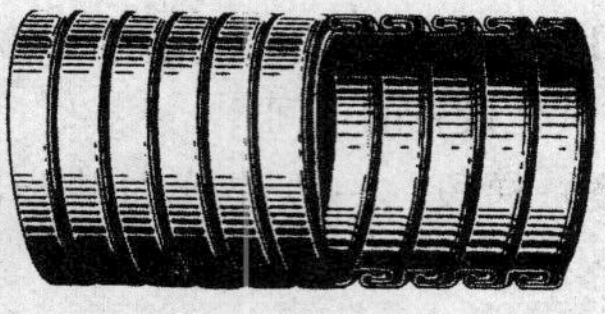

金属软管

flexible-metal roofing 金属薄板屋面；覆盖金属薄板如铝、铜和镀锌铁板的屋顶。

flexible-metal sheeting 薄钢板；见 **sheet metal**。

flexible mounting 柔性垫板（底座）；安装在旋转式的机器与基座间或机器与固定板间的柔性支承垫，用来减少机器振动向其基座或固定板的传播。

flexible nonmetallic tubing 非金属软管；由内表面光滑的软管和采用绝缘纤维材料管壁制成导线外人工保护套。

flexible pipe connection 同 **flexible connector**；软接头。

flexible seamless tubing 无缝（金属）软管；由钢、铜、不锈钢或各种合金的无缝焊接或锡焊制成的金属软管。有时管内还增加弹性的编织物。尤其适用于输送加压气体和挥发性气体，密封性好，不易造成泄漏。

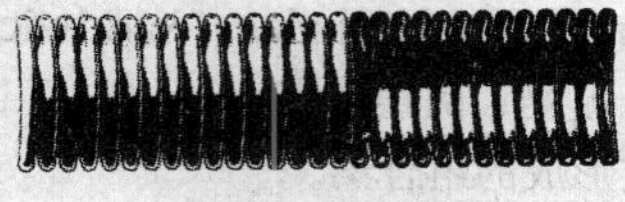

无缝（金属）软管

flexural bond 抗弯握裹力；预应力混凝土加载后混凝土与预应力钢筋之间产生的应力。

flexural center 弯曲中心；见 **shear center**。

flexural rigidity 抗弯刚度；结构构件刚度等于弹性模数和惯性矩的乘积除以构件长度。

flexural strength 抗弯强度；表示固体物质承受弯曲的能力。

flexure 弯曲；加载状态下构件的受弯。

FLG （制图）缩写＝“**flooring**”，楼地面。

flier，**flyer** 1. 踏步；直跑楼梯中的踏步，其踏板都是等宽的，区别于螺旋式楼梯中的变宽的踏步。2. 横撑。

flies, fly loft 剧院舞台上空通过可移动的绳索悬挂背景或其他设备的空间。

flight （楼）梯段；一段连续的踏步，其中间无平台。

flight header 梯段横梁；楼梯构造中，处于楼板或平台标高上的水平承重构件。对楼梯斜梁起支撑作用。

flight rise 梯段高度；梯段两端地板间或平台间的垂直距离。

flight run 同 **run，3**；梯段踏步。

flint 燧石；一种密实的、纹理均匀的石头。属石英的一种，以球状存在于自然中，颜色有灰色、棕红、黑色等暗色，但球状体和其他碎块有从表面向内部风化变白或变浅的趋势。燧石或破碎成球状石块可用作大卵石或劈开（打散）用作砌石墙的材料，常见于英国。

flint glass **1.** 钠钙石英玻璃，有较高透明度。**2.** 含铅玻璃。

flitch **1.**（锯）料板；从原木上锯制而成的板材。**2.** 薄板堆；按从原木上切割次序堆积起来的薄木片堆。**3.**（有树皮的）厚木材，粗加工大料，毛枋；一边或多边带树皮的厚木材。**4.**（组合梁）贴板；形成钢木组合梁的板材。

flitch beam, flitch girder, sandwich beam 钢木组合板梁；两层木板中间夹一层钢板，并用螺栓固定形成的组合梁。

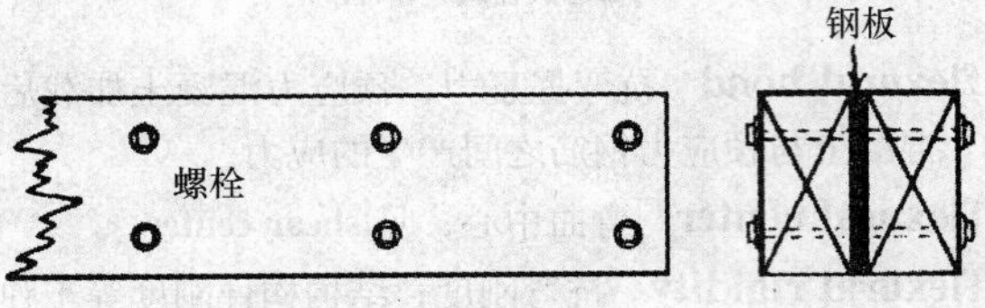

钢木组合板梁

flitch plate （钢木组合板梁中的）组合钢板；钢木组合板梁中夹在两层木材间的钢板。

float 抹子；背面带有手柄的扁平工具。用于处理混凝土或灰浆面层使其平整光滑或有纹理。又见 **angle float, carpet float, rotary float bull float**。

float check 浮阀；单向阀的一种。当水流入常压下的真空断流器时，浮阀会升起并密封住通气口，水就可以流过；当关掉水后，浮阀会下落，通气口就打开，从而阻止水回流。

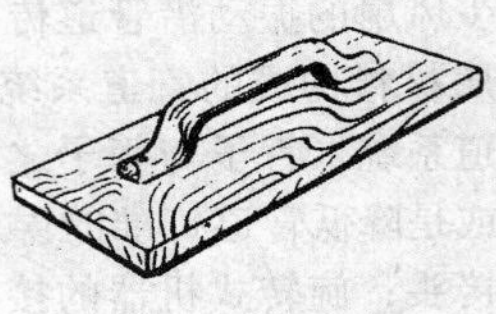

抹子

float coat 抹面层；用抹子抹出的水泥罩面层。

float-controlled valve 浮阀；见 **float vavle**。

floated coat, topping coat 抹灰（平）层；抹在底层上的抹灰层。

float finish 抹糙面层；用抹子在混凝土或砂浆表面抹出相当粗糙的纹理装饰饰面，比镘抹面还糙。

float glass 浮法玻璃；见 **plate glass**。

floating 抹平；用抹子或镘刀对砂浆、灰泥和混凝土表面再一次抹光处理。

floating brick 轻质砖。

floating coat 同 **brown coat**；罩面基层灰。

floating floor 浮式（夹层）地板；一种建筑隔音构造，用有弹性的衬垫将地板（或地板组件）与地板的结构层（从受力上脱离）完全脱开的做法。这种构造减少了设置在浮式地板上的机器振动。

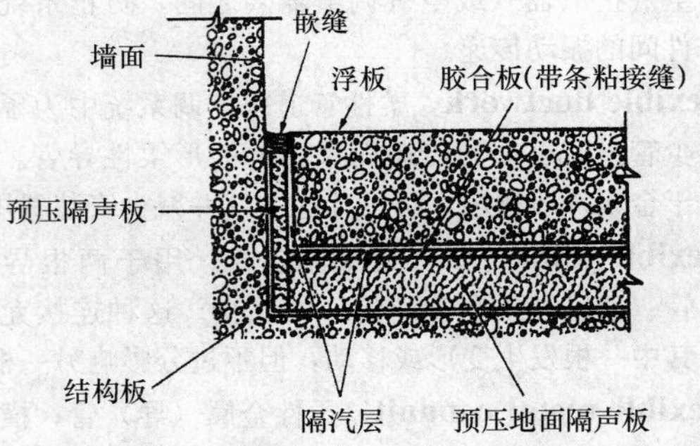

玻璃纤维隔声板的混凝土浮式地板构造

floating foundation 浮筏基础；在承载力较低的土壤中采用钢筋混凝土板承受从柱子传来的集中荷载，又称之为筏基或筏式基础。

floating rule （抹灰用的）刮尺；用作抹子的长

直尺。

floating slab 浮飘板；安装在隔振器或弹性材料层上的钢筋混凝土板；见 **floating floor**。

floodwall 防水石堤；能预防一片地区遭遇洪水的墙体。

floating wood floor 浮式木地板；架在有弹性的材料层上，完全脱离于建筑物的结构的木地板。

float scaffold 吊板式脚手架；从上部用绳子吊挂的脚手架。并组成下面具有交叉支撑的牢固平台，该平台可靠地放置在与平台跨度垂直的两根平行的支承木梁上。

floatstone 磨石；砌砖时，用来磨圆角或除去斧印的石头。

float switch 浮控开关；一种自动控制的电子开关，依靠浮在液体表面的浮球是否到达设定水位来控制开关。

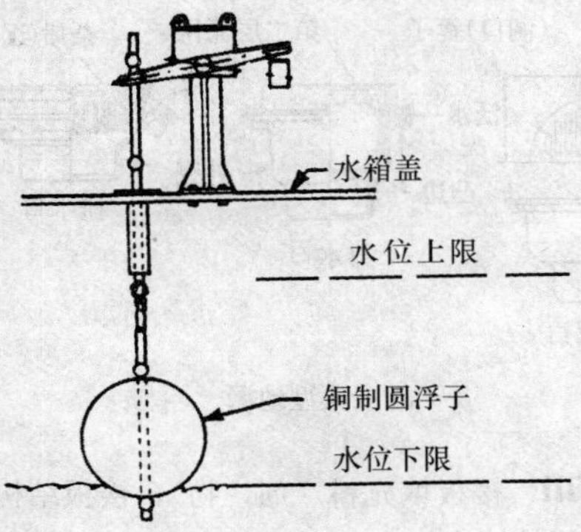

水箱里的浮控开关

float trap 机械浮动操作的冷凝阀；在凝气阀中用随冷凝蒸汽数量而上下变化位置的浮球来控制冷凝阀的排气量。

float valve，float-controlled valve 浮阀；控制水流量的阀。依靠浮在水箱水面上浮球的上升与下降来打开或关闭水的开关的供水阀，如用于冲洗式便器中。

flock spraying，flocking 喷絮植绒；是将棉花、真丝、尼龙或其他材料短纤维吹在一层漆膜上，起到一种回纹织物的效果，类似于带毛皮革。

flood coat 1. 浇涂；见 **flow coat**。2. 沥青防水涂层；浇在建成屋顶的集料表面的最上层的沥青。

flooding 1. 漆膜中不同色彩颜料的分层现象。2. 往管道周围的回填土里浇水，以使回填土更密实。3. 泛滥，淹没；正常情况下的干燥土地暂时性地部分或全部被洪水淹没。其原因有（a）内陆或潮水的泛滥；（b）所在地地表雨水径流量的迅速增加。

flood level 溢水水位；卫生设备中，水开始从器具顶部或溢水口溢出的水位高度。

flood-level rim 溢水（卫生器具）；卫生器具界限处的溢水口。当器具注满水后，超过此界限水将流出溢水口。

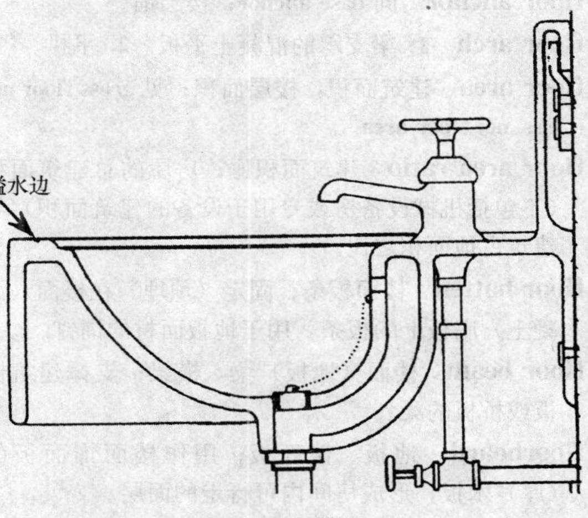

溢水（卫生器具）

floodlight 1. 聚光灯；探射型的照明设备。用于大面积区域照射或有具体照明要求的物体的照射。能使该物体照射光亮度远大于周围环境的亮度。2. 泛光灯；舞台照明系统中，罩在金属罩里的一组或多组灯光，一般不聚焦，用于较大范围的漫射照明。

flood plain （洪水）泛滥平原；易于被水淹没的土地。

floor 1. 地板（楼板）；房间内人行走的面层。2. 楼层；划分上下层空间，形成房屋中的一平面。又见 **blind floor，counterfloor，earth floor，finish floor，ground floor，lowest floor，threshold floor，underfloor，upper floor**。

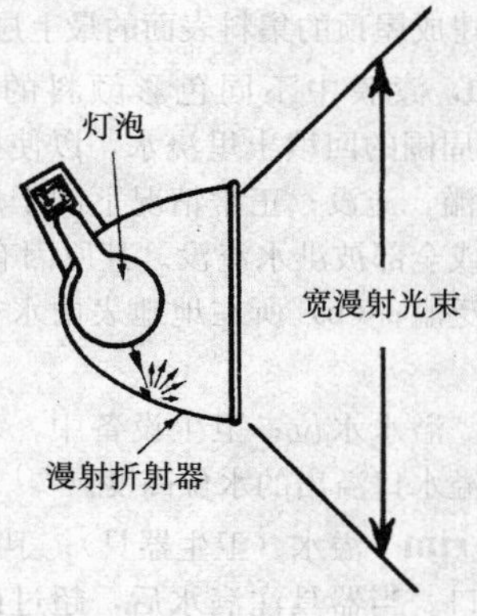

聚光灯

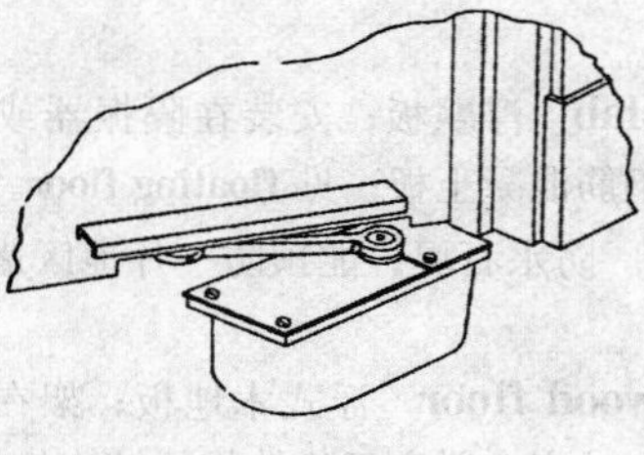
地面门挡

floor anchor 同 base anchor；楼层锚。

floor arch 1. 梁支承的混凝土平板。2. 平拱。

floor area 建筑面积，楼层面积；见 gross floor area；net floor area。

floor area ratio 建筑面积比；房屋的总建筑面积（不包括机械设备房或专用于设备的建筑面积）与建筑占地面积之比。

floor batten 楼面板条；固定（预埋）在楼面（混凝土）底板上的板条，用于地板面材的铺钉。

floor beam 楼面（地板）梁，横梁；支撑建筑楼板或桥板的梁。

floorboard 地板，楼面板；用作楼面饰面板的（厚）木板，形成房间内可行走的面层。

floor box （楼板中的）接线盒；用于连接从埋置在楼面内导线管中引出的导线。

floor brick 地面砖；用作地板面层的装饰地砖。其平滑、密实、耐磨性强。

floor chisel 铺地板錾紧凿；用来凿开楼面板的钢凿子，宽刀刃和长手柄。

floor clamp，floor clamp，floor dog 紧板铁马，楼面夹具；在搁栅上钉地板时，用来夹紧地板，使其相互靠紧的夹子。

floor clearance 门底净空；门底边到楼板面层（装饰后）或门槛的距离。

floor clip 同 sleeper clip；混凝土楼面嵌固条，木地板固定条。

floor closer 地面门闭合器；安装在门下地板凹槽里的开关装置。作为门开关、转动的导轨。

floorcloth 铺地织物，用厚重帆布制成的小地毯，作装饰。

floor decking 同 decking，1；平台。

floor dog 同 floor clamp；紧板铁马，安装夹具。

floor drain 楼面排水，地漏；将楼面水排到卫生设备管道中的小装置。家用型通常带有一个深型水封（存水弯）。

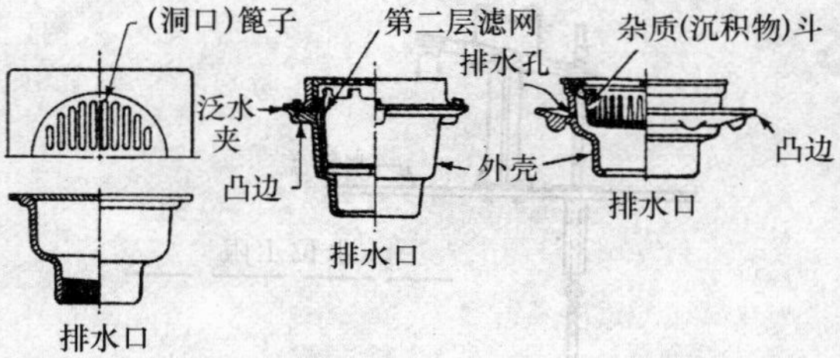

典型地漏

floor fill 楼板填充料（剂，物）；楼板结构层和饰面层间的填充物。

floor flange 同 escutcheon，2；肋板缘板。

floor framing 楼板骨架；由普通的楼板搁栅、斜撑、剪刀撑和其他支撑构件组成的支承楼板的骨架。

floor furnace 地板炉；见 floor-type heater。

floor furring 楼板垫木；安装在楼板底层上的木垫条。用来保证楼板底层上铺设的管道和导线管所需的净空。

floor guide （滑动门轨）地面导槽；在地板上预留凹槽或在地板表面嵌入五金件，作为滑动门的导轨。

floor hanger 支承地板托梁的钉。

floor hatch 楼板开口；允许人进入地板内的，带有铰接盖板的出入口。

floor hinge 同 **floor closer**；装在门底与地板之间的铰链。

floor hole 楼板孔洞；根据（美）职业安全与卫生条例（OSHA）规定：各种地板、屋面、平台上的孔洞如传送带口、管道开口或狭长开口等，其尺寸应大于 2.5cm，并小于 30.5cm，以保证构件穿过而人不掉进去。

flooring 地板材料；用于地板饰面层的材料，如薄板、砖、厚木板或瓷砖。

flooring block 地板木块；紧密排列铺装在一起用作地面的木块。通常采用不同颜色的木块以形成装饰效果。

flooring brick 地砖；密实坚硬的面砖，其表面具有很强的耐磨性。

flooring cement 同 **Keene's cement**；金氏水泥。

flooring nail 楼板钉；一种钢钉，钉身经机械加工变形成螺旋纹，圆锥形平顶头，钝菱形顶尖。

楼板钉

flooring saw （木）地板锯；一种手锯。锯身为尖锥形，沿上边和底边都有锯齿。常用来在木地板上锯洞孔。

flooring strips 条木地板；见 **strip flooring**。

flooring tiling 地板平铺；见 **floor tile**。

flooring underlayment 地板衬垫材料；见 **underlayment**。

floor joint 地板接缝；薄（木）板或厚（木）板相互拼接的接缝。

floor joist 地板搁栅，楼板搁栅；支承地（楼）板的搁栅。

floor light 地板窗；地板面上的窗户。可以使光线照射到地板下面的空间里。窗户应采用厚的玻璃，以支承楼面的正常荷载。

floor line 楼面线；弹在墙上的一条线或一组短线，作为地板面层的参考高度。

floor lining paper 防潮纸；见 **building paper**。

floor load 楼面荷载；保证楼面安全性的设计活荷载。是除重型设备放置以外，其他地方均为统一的均布荷载。

floor molding 踢脚板底压缝条，地面周边饰条；见 **base shoe**。

floor opening 楼板人孔；根据美国职业安全与卫生法（OSHAC）规定，地板、屋顶或平台上人可能跌落的洞口，尺寸至少为 30.5cm。

floor outlet 同 **floor receptacle**；（电）地面出口。

floor panel （预制装配或）楼板单元；由地板面材、楼面底板和加劲搁栅组成的预制单元。支承在柱、墙或梁上。

floor pit 地坑；凹入地板板面下，用来容纳机器底部部件的地坑，如电梯坑。

floor plan 楼层平面图；楼板水平投影图。图中表示出围合房间的墙体、门窗以及室内空间的布置。

floor plate 1. 垫板（金属的）；地板下带有狭槽用以固定设备的金属板。2. 防滑地板；带有隆起图案的钢板，用作防滑地面。

floor plug 地面插座；见 **floor receptacle**。

floor pocket 剧院舞台地板下的电源插座。

floor receptacle 地板电源插座；安装在出线盒上、并与地板面平齐的外接电源插座。

地板电源插座

floor register 楼面通风口；与地板保持平齐的通风装置。

floor sealer 地板罩面料；一种液体的封闭底漆。用来封闭水泥或木楼面上的小孔。

floor slab 钢筋混凝土楼板；采用钢筋混凝土板承重的楼板；又见 **slab，1**。

floor sleeve 楼板套管；埋在地板中并贯穿其中的金属管。

floor socket outlet 同 **floor receptacle**；地面插座。

floor stilt 门框垫块；附在门两侧边框上的支撑装置。以保持门框底边高出地板面层。

floor stop 安装在地面上的门吸。

floor strutting 楼盖梁加劲条；同 **bridging**。

floor surfacing 为了使楼面干净平整，对其进行的打磨。

floor system 1. 楼板系统；分隔房屋各楼层的结构构件系统。2. 房屋主梁和次梁间的水平承重构件。

floor tile 1. 用作地板饰面的一种弹性材料；如沥青、乙烯树脂、橡胶、乙烯塑料、软木或油毡等新材料制成的标准单元。2. 楼面和屋面上的瓷砖。

floor trap 一种防盗警报装置。将一根根细的导线埋在地板里，导线一旦发生移动或破损，便会发出警报。

floor-trap heater，floor furnace 地板炉；由燃烧器、热风散热器和散热口组成的加热器。散热口的箅子挂在地板（单层房屋）搁栅下，热气从位于房间中部、与地板平齐的箅子中升起，回风口则设在地板的周边。

floor varnish，finishing varnish 地板清漆；使木地板结实，持久高光泽和耐磨的清漆。

floor ventilate 地板通风；建筑物下部基础墙上洞口间的通风口。

Florentine arch 两心拱，佛罗伦萨式拱；半圆拱。

Florentine lily 同 **giglio**；佛罗伦萨百合。

Florentine mosaic 佛罗伦萨式马赛克；一种由较珍贵的石头做成的马赛克。镶嵌在白色或黑色大理石等材料上，构成精致的花卉图案等。

floriated，floreated 花形的，具有花卉装饰的；用花图案装饰的。

florid 华丽的；指装饰极其繁琐。

flounder house 一间进深、多开间面宽的二或三层单坡屋顶的房屋。

flounder roof 同 **shed roof**；单坡屋顶。

flow 1. 冷塑加工；见 **cold flow**。2. 测定新拌混凝土、砂浆或水泥浆的稠度；以一个斜截圆锥（截去锥顶）试件沉入刚拌和的混凝土、砂浆或水泥浆中，经一定次数的振动，测定沉入试件直径的增长。3. 油漆（涂料）的特性，能形成一个均匀光滑的面膜而不显露使用刷子和其他工具的印迹。

罗马柱头

flow chart 程序框图（表）；描述对问题或承担任务的定义、分析和解决以及采取的步骤的图表。

flow coat 浇（流）涂；完全浸透涂料、并将过量的涂料去除后形成的物体面层，又称之为漫水涂层。

flow cone 稠度仪（堆）；测定灰浆稠度的仪器。其原理是已知灰浆体积大小和流出洞口的尺寸，以灰浆流出洞口所需时间（被称流量因数）来表述其稠度。

flow-control device 在流量受控的屋顶排水系统中，一种控制屋面雨水排水量的装置。

flow factor 流量因素；见 **flow cone**。

Flowing style 流线风格；英国装饰风格和法国哥特建筑火焰式风格晚期的一种旧称。旧称源于窗花格的流线形特征。

flowing tracery，curvilinear tracery，undulating tracery 流线形窗花格；以连续的曲线形图案为主的窗花格［大部分是S形（葱形）］具有装饰风格和火焰式风格的特征。

flow pressure 流动压力；当水龙头或出水口打开有水流出时，给水管道中靠近龙头口或出水口处

流线形窗花格：Little St. Mary's 剑桥（c. 1350）

的水压力。

flow promoter 增流剂；用来增加饰面涂料的可涂性、流动性和平整性的添加物质。

flow slide 泥流，塑流型滑坡；土壤滑坡不是出现在界限清晰的滑坡面的情况。

flow test 流动性试验；测定混凝土、砂浆或水泥浆稠度的标准的实验室试验。

flow trough （混凝土）滑（溜）槽；依靠重力作用运送混凝土的沟槽。混凝土从作业料斗或搅拌机沿其滑落到指定的位置。

flown 形容悬挂在剧场梁架上的幕布，相对竖在舞台上的幕布。

flue 烟道；烟囱里由不燃的、耐火的材料围合起来的通道。通过它可以将火炉里燃烧产生的烟气排放到通道外的大气中。通常一家几个火炉连着一个大烟道，但一个烟道连着一个火炉也是常见的。

flue block 烟道砖；见 **chimney block**。

flue effect 拔风效应；建筑物内热气上升，外界冷气从底部补充进去的现象；见 **chimney effect**。

flue gathering 烟道；见 **gathering**。

flue grouping 烟道组合；为了使穿过建筑物的竖向管道数量减至最少，将多个烟道共用一个烟囱或竖管。

flue lining, chimney lining 烟囱内衬；内衬由特殊耐热或耐火黏土砌块、耐火玻璃制品或特殊混凝土块构成。可以避免烟道内的火、烟和气从烟道周围扩散出去。

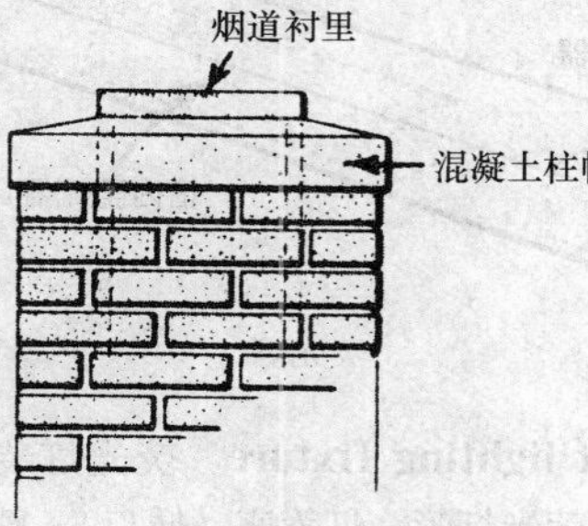

烟囱内衬

flue pipe 烟道，烟筒管；将火炉中燃烧产生的烟气排放到大气中或烟囱竖管中的不透气导管。

flue surface 在锅炉的烟道中，接触高温或热气的总表面积。

flue terminal 烟囱帽；同 **chimney cap**。

flueway 烟道净空。

fluid-applied roofing 柔性屋面料；见 **asphalt-prepared roofing**。

fluid-filled column 充水柱子；其中充满了液体的钢结构柱。如果接触火焰，封闭系统中的液体会吸收热量并在其中升温，以替代冷却液。

fluidifier 压力灌浆添加剂；加入灰浆中以降低灰浆流量（灰浆流出标准洞口的时间），但又不改变灰浆含水量的添加剂。

fluidity 流动性；液体流动的程度，即液体不能抵抗切向应力而向四周散开的特性。

fluing 边框向里斜展（平面呈八字形）的窗。

flume 水槽；引水的明槽；通常由金属、混凝土或木头制成。

FLUOR （制图）缩写＝“**fluorescent**”，荧光的。

fluorescence 荧光体；因吸收辐射的短波而发出可见光的物质，如磷。

fluorescent lamp 荧光灯；低压辉光灯；通过汞蒸气电弧产生紫外线，灯管内壁面层涂以荧光剂来吸收紫外线，并把它转换成可见光。

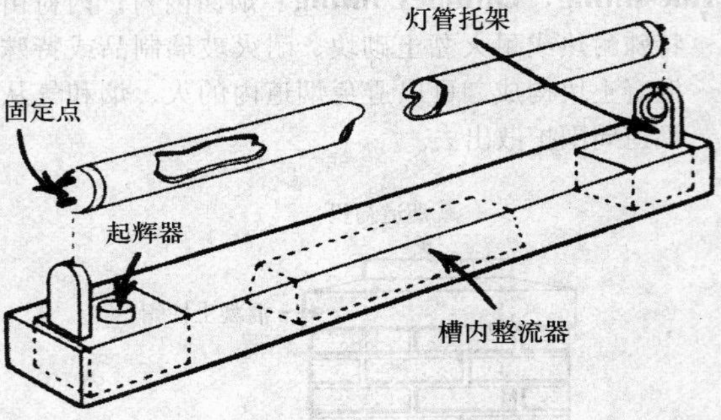

荧光灯

fluorescent lighting fixture 荧光灯装置，照明装置；由荧光灯管、灯管座（插口）、整流器、反光罩和防直射灯罩或漫射装置组成。

fluorescent-mercury lamp 荧光汞灯；见 **phosphor mercury-vapor lamp**。

fluorescent paint 有光泽的油漆；见 **luminous paint**。

fluorescent pigments 能吸收紫外线辐射能量，并使其重新放射出可见光的异常亮的涂剂。

fluorescent reflector lamp 在荧光体和局部管壁间涂有反光剂的荧光灯；有助于增大光通量系数。

fluorescent snaking 日光灯管里出现明显的涡状和螺旋状形的暗弧，这是新灯管开关多次前出现的普遍现象。

fluorescent strip 日光灯的照明装置，灯管安装在设有整流器和灯管托架的凹槽里，通常没有反射罩或透镜。

fluorescent tube 荧光灯，日光灯；见 **fluorescent lamp**。

fluorescent U-lamp U 形荧光灯，在灯管中间折弯 180°（水平）形成一个 U 形灯管。

fluosilicate 氟硅酸盐；用于混凝土表面硬化含镁或锌的盐。

flush 弄平，使平整；使外表面、正立面或标高与邻接面齐平。

flushed 形容由于处理不当产生棱角的石料。

flush bead 平焊缝；见 **quirk bead，2**。

flush bolt 埋头螺栓；用于门上的螺栓，其螺栓头与门侧边或门板面保持齐平。

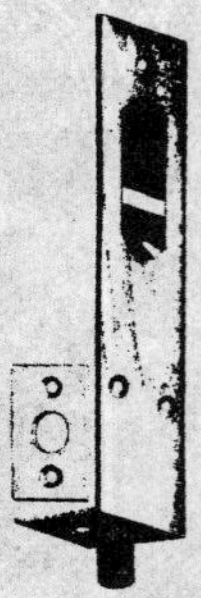
埋头螺栓

flush bolt backset 埋头螺栓偏移；从门窗扇开关侧边的垂直中心线到埋头螺栓中心线的距离。

flush bushing 嵌入式管头；给排水系统中无肩状突起的缩接管，嵌入相应的连接装置中。

flush chimney 嵌入式烟囱；外表面与外墙齐平的壁内烟囱。

flush-cup pull 杯形拉手，平齐式拉手；嵌入门板面的一种拉手，其凹进处可以使手指伸入来拉门。

flush-cut joint，flush joint 平头结合，平灰缝；砌体工程中，将过量灰浆抹在砖的接缝处，并用镘刀沿砖表面刮去多余灰浆，保持灰缝与墙面齐平。但在镘刀刮去灰缝多余灰浆时会留下细小裂缝而导致防水性能降低。

flush door 平面门，光面门，全板门；表面平整的板门，其门横档、门梃或其他构件全被隐蔽起来。

flush eaves 平头檐；没有出挑的屋檐，也不设底

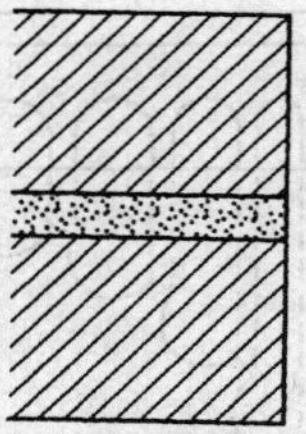

平头结合，平灰缝

板横木，这种檐口的封檐板被直接固定在墙面上。

flush girt 平行于托梁且与托梁在同一水平面上的箍梁。

flush glazing 平装玻璃；将玻璃嵌入窗框槽或窗框档中，使其保持与窗框表面齐平。

flush-head rivet 埋头铆钉。

flushing cistern 抽水箱；见 **flush tank**。

flushing tank 抽水箱；见 **flush tank**。

flushing-type floor drain 冲洗式地面排水；一种地面排水设施，配置有能冲洗排水集水器或存水弯的整体式排水器。

flushing valve 冲洗阀；见 **flush valve**

flush molding 与木制构件或类似物体表面齐平的线脚。

flushometer，flushometer valve 冲洗阀，冲水阀，冲洗定量阀；一种冲水量固定的阀门，是直接靠水压来进行冲洗，而不需要蓄水器或冲洗水箱。

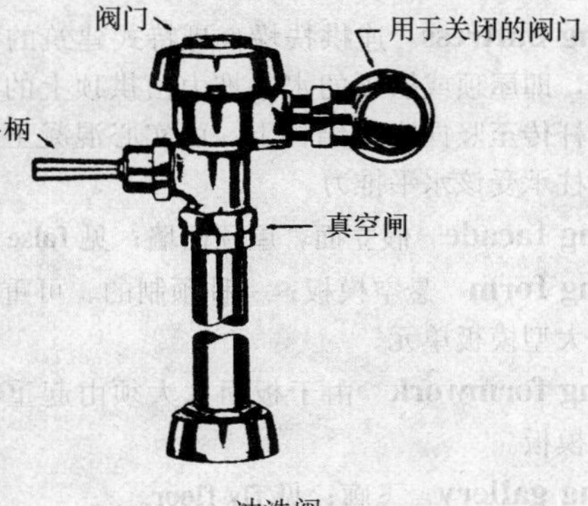

冲洗阀

flush panel 平镶板；与周围框架表面齐平的镶板。

flush paneled door 单面或双面装有横杆和门梃形成格子的板门。

flush pipe 输送冲洗用水由供水水源至卫生洁具的直管。

flush plate 平板盖，平槽板；嵌入式接线盒上的金属或塑料盖板，使插座或开关表面平整，它通常用螺栓固定在金属盒上，表面预留孔用于开关的控制或插座接头的拔插。

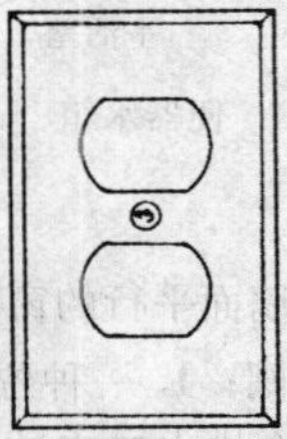

平板盖

flush pointing 平勾缝；砌砖时，用泥刀将灰浆抹入接缝处，再把多余的灰浆去掉并与墙面镘平的勾缝。

flush ring 平拉环；嵌入门板中的齐平式环形拉手，拉手不使用时可折入拉手槽中。

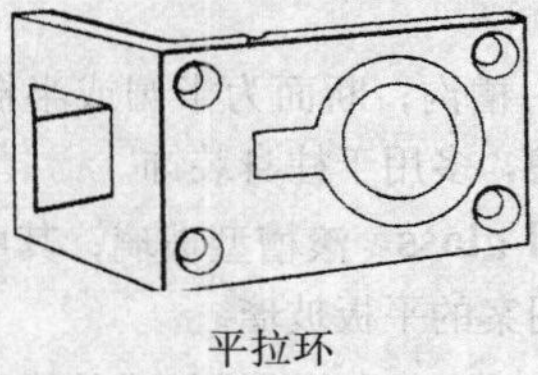

平拉环

flush siding 平接企口墙板；在新英格兰殖民建筑中，木结构房屋中采用的一种木质外墙板。这种墙板通常以松木刨光制成，比普通墙板宽，水平铺钉于龙骨上。每块板的上沿一般成斜面，以便由上一块墙板搭接。

flush soffit 平底面；三角形楼梯踏步的梯段板下的平滑底面。

flush sprinkler 全部或部分安装在吊顶上面的消防喷淋器（头）。

flush switch 嵌入式开关；在电路布线中，一种接在嵌入墙体的接线盒上的开关，只有表面外露。

flush tank 便器水箱；装有给水管、用于冲洗卫

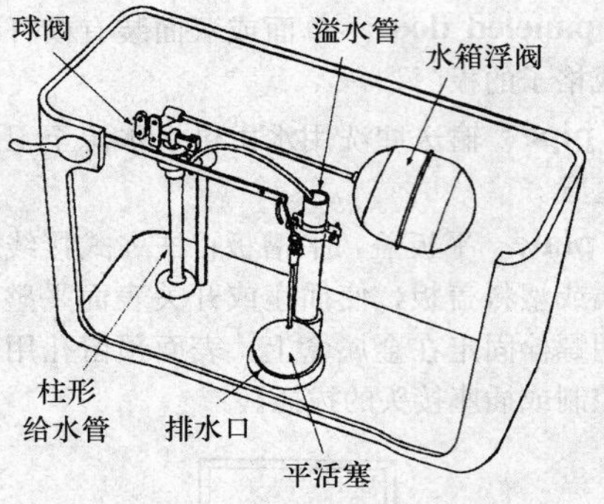

便器水箱

生洁具的水箱。

flush tracery 与墙面平行的窗花格。

flush valve 冲洗阀；1. 一种位于水箱等洁具底部的阀门，通过这个排水口来冲洗卫生洁具。2. 一种隔膜式冲洗阀。

flush wall box 嵌入式电气盒；埋入隔墙、天花或地板中的电器接线盒，其表面与安装表面齐平。

flush water 冲洗水，洗涤水；见 **wash water**。

flushwork （英）一种采用碎燧石的砌体，以劈裂面作为砌体外表面，不同于墙面平滑的琢石砌体结构。

flute 凹槽，槽沟；断面为半圆或半椭圆形、平行排列的沟槽，多用于柱身装饰。

fluted rolled glass 滚槽型玻璃；其中一面印有平行窄凹槽图案的平板玻璃。

fluted work 由一系列凹槽组成的饰面效果，相对于 **corduroy work**，由一系列凸状物组成的饰面。

fluting 柱槽；柱身上的一系列凹槽。

flutter echo 颤动回声；声波在两面平行墙体之间地来回反射引起一阵快速连续的回声。通常是由一个尖锐声引起。

flux 1. 助熔剂，焊剂；一种熔剂用于氧气切割、焊接、铜焊或焊熔过程中，有助于金属熔化，防止表面氧化。2. 软化剂；一种用于软化其他沥青的液体沥青。

flux-cored arc welding 药芯式电弧焊；指任何采用电弧加热的焊熔过程；电弧产生于焊条电极与焊件之间。

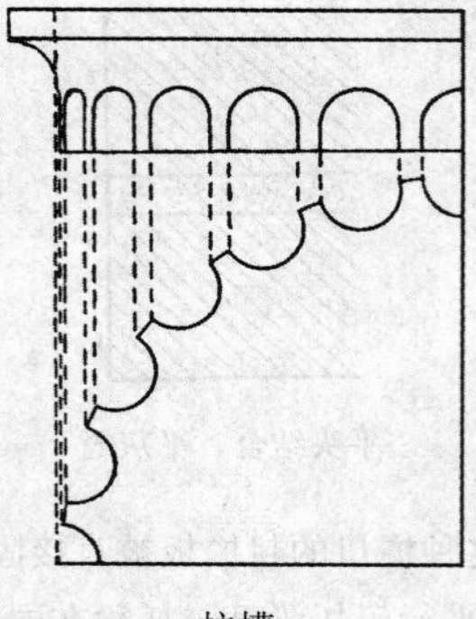

柱槽

flux oil 稀释剂；石油中一种浓稠的、相对不易挥发的成分。

fly ash 烟（飞）灰，粉煤灰；燃烧粉末状煤而产生的细小颗粒，由废气从锅炉燃烧室带出。

fly ash concrete 粉煤灰混凝土；以粉煤灰作为集料的混凝土。

fly bridge 天桥；剧院舞台上，用于支撑灯具或其他通过索具悬挂设备的平台。

fly curtain 悬幕；一种能升至舞台上部空间的舞台屏幕。

flyer 同 **flier**；梯级，踏步板。

fly floor, fly gallery （舞台上部的）布景廊；处于剧院舞台上空两侧的窄长平台，有时与后墙相交。

fly galley 布景廊；见 **fly floor**。

flying bond 同 **monk bond**；两顺一丁的砌筑方式。

flying buttress 连拱扶垛；哥特式建筑的主要特征，即屋顶或拱顶的水平推力由拱顶上的砌体斜直杆传至竖向砌体结构上，由实心混凝土墩或扶壁柱承受该水平推力。

flying façade 假立面，屋顶面墙；见 **false front**。

flying form 悬空模板；一种预制的、可重复使用的大型模板单元。

flying formwork 由于板面太大须由起重机移动的模板。

flying gallery 飞廊；见 **fly floor**。

flying gutter 呈漏斗状的屋顶；同 **Dutch kick**。

flying rib 飞肋；砖石壳体外的支撑肋。

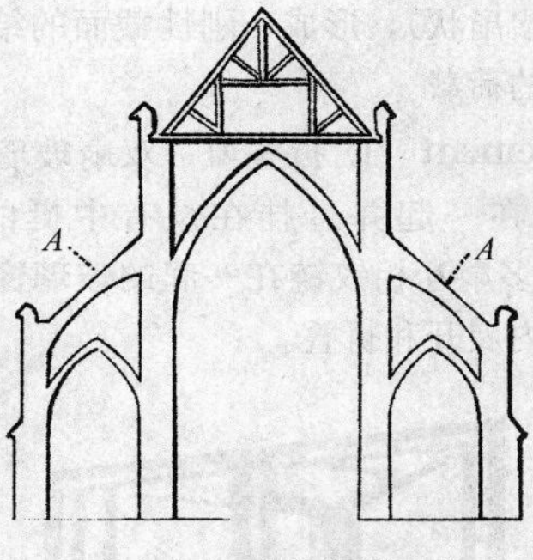

A—连拱扶垛

flying scaffold 挑出式脚手架，吊脚手架；吊挂在建筑的顶部挑出梁下的脚手架。

flying shelf 悬空搁板；壁炉上方、从烟囱外壁挑出的支架。

flying shore 用于两墙之间的临时水平支撑。

fly ladder 舞台的旁侧或后面进入布景廊的梯子。

fly line 悬空绳；在剧院舞台上，从舞台上悬吊和隐蔽布景的空间处来悬挂场景和设备的绳索。

fly loft （剧院舞台上）侧翼；见 **flies**。

fly rafter 横椽；人字形屋顶山墙挑檐的封檐板。

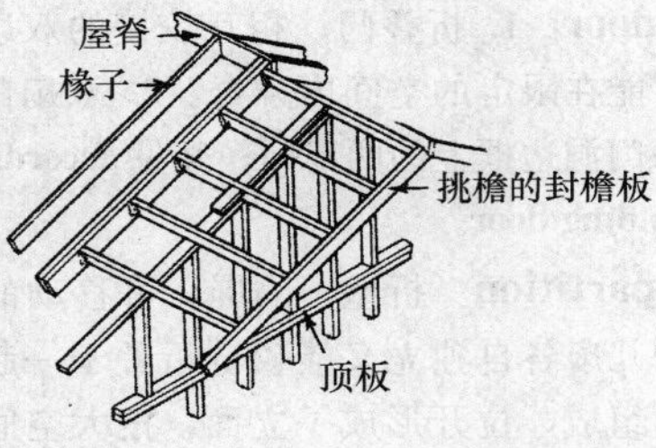

横椽

fly rail, pinrail, working rail （舞台天桥上的）栏杆；剧院中舞台侧边，当景幕拉入悬吊和隐蔽布景的空间处时，用于固定绳索的栏杆。

flyscreen 一种有外围护层的框架结构。同 **screen, 2**。

fly screen door 纱门、铁丝网门；同 **screen door**。

fly stair 悬挑楼梯；从剧院舞台上到悬空廊及上方的一段楼梯。

fly wire screening 纱窗；同 **insect wire screening**。

F. M. T 缩写＝"**flush metal threshold**"，嵌入式金属门槛。

foam concrete 泡沫混凝土；见 **foamed concrete**。

foam core 泡沫塑料芯板，泡沫芯层；夹芯板中的坚硬泡沫材料。

foamed adhesive 发泡胶粘剂；一种胶粘剂，由于其中无数气泡的释放而使其密度大大减小。

foamed blast-furnace slag 泡沫高炉炉渣；见 **expanded blast-furnace slag**。

foamed concrete, foam concrete 泡沫（加气）混凝土；在混合物未固化前添加能生成泡沫或生成气体的物质形成一种非常轻的蜂窝状混凝土。

foamed-in-place insulation 泡沫绝缘材料；一种用作保温隔热材料的泡沫塑料，可于浇筑前或注入空腔前或使用喷枪前掺入发泡剂制成。

foamed-in-situ plastics 泡沫塑料；见 **foamed-in-place insulation**。

foamed plastic, plastic foam **1.** 泡沫塑料；一种通过化学、机械或加热的方式使其膨胀的轻质塑料，具有封闭微孔结构，用作保温隔热材料，又见 **chemically foamed plastic**。**2.** 海绵状的柔性或刚性树脂，具有封闭或连通式微孔结构。

foamed polystyrene 泡沫聚苯乙烯；一种密度约 $0.016g/cm^3$、耐油、价低、保温隔热性能好的泡沫塑料。

foamed slag 泡沫熔渣；见 **expanded blast-furnace slag**。

foam fire-extinguishing system 泡沫灭火系统；一种通过特殊方式将浓缩的泡沫释放出来覆盖在扑救区域的灭火系统。

foam glass, cellular glass, expanded glass 泡沫玻璃；将气体引入软化的玻璃体中形成许多封闭气泡，制成具有封闭微孔结构的板状或块状隔热材料，密度大约 $144\sim160kg/m^3$。

foaming agent 发泡剂；起泡剂；添加在塑性状态时的混凝土、石膏、塑料或橡胶等材料中能生成气体形成泡沫轻型结构的制剂。

foam rubber 同 **sponge rubber**；泡沫橡胶；海绵橡胶。

FOB 缩写＝"**free on board**"，离岸价格，船上交

货价格。

fodder house 饲料房；小型的棚式结构，用于储存牲畜食物。

fog curing 喷雾养护；在一高湿度房间中养护混凝土制品，也见 **moist room**。

fogón 在西班牙殖民建筑中，一种带烟囱的壁炉或炉灶，常置于房间转角处，通常由风干土坯砖砌筑，外抹灰泥。

fog room 同 **moist room**；喷雾室。

fog sealed （路面）雾状封面，薄层封面；表面只轻敷一层沥青，不再覆盖砂石层。

FOHC 木材工业，缩写＝"**free of heart centers**"，无髓心木材。

foil **1.** 叶形饰；由多个圆形相交形成的窗花格，广泛用于哥特式建筑、哥特复兴式建筑及学院哥特式建筑中；见 **trefoil**，**quatrefoil**，**clinqnefoil** 和 **multifoil**。**2.** 衬托物，箔薄片；一种通过滚压制成的极薄的金属片。

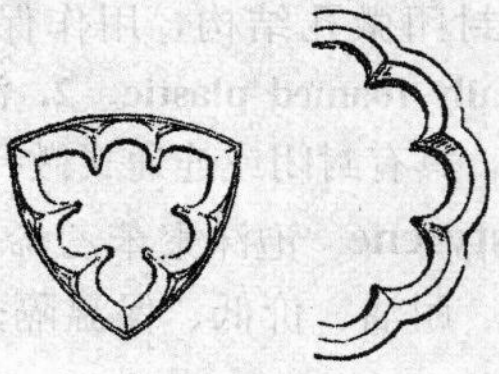

叶形饰

foil arch 叶形饰拱；有尖头或叶形的拱内圈。

foil-backed gypsum board，**insulating plasterboard** 金属箔石膏板；一面覆有一层铝箔的石膏板，铝箔起隔汽作用，并能提高保温隔热性能。

foil-backed gypsum lath 铝箔石膏板条；一面覆盖一整张铝箔的石膏板条。

foil-backed gypsum wallboard 铝箔石膏板墙；石膏板墙表面覆盖有一层铝箔。

foiled 铝饰；用铝箔装饰。

foiled arch 同 **cusped arch**；尖拱。

FOK 缩写＝"**free of knots**"，无节疤。

folded-plate construction，**hipped-plate construction** 折板结构，折板建筑；由混凝土、钢材或木材薄板组成的结构，板之间以刚性折角相连（类似褶扇状），形成一刚性截面的结构，能承受大跨度的荷载。

folding casement **1.** 折叠窗；双扇玻璃窗扇中间用铰链连在一起并悬挂在没有中挺的窗框内。**2.** 双扇或多扇互相铰链在一起的玻璃窗扇，可在一定范围内展开和折叠。

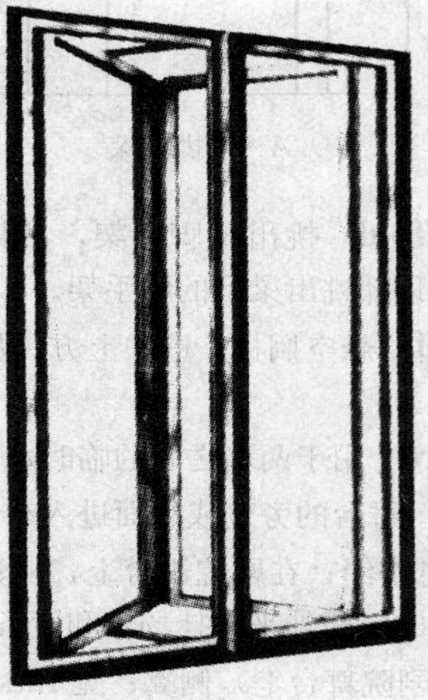

折叠窗

folding door **1.** 折叠门；相互铰接的双扇或多扇门扇，能在限定的空间内开合。**2.** 双扇门；悬挂在单一门洞边框上的两扇门；又见 **accordion door**，**multifolding door**。

folding partition 折壁，隔屏；可移动的门或屏风，由几扇各自独立又能铰链折叠于一起的门扇或隔扇组成，拉开形成一立面，把大空间分隔成相对较小的几部分。与升降壁板（**falling wainscot**）相对；又见 **accordion partition**，**operable partition**，和 **sliding door**。

folding rule 折尺；一根由几段固定长度的部分连在一起组成、方便携带的尺。

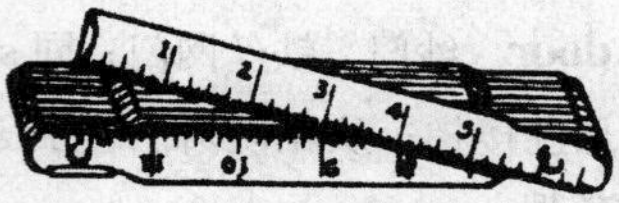

折尺

folding shutter 折叠百叶窗；见 **boxing shutter**。

folding stair 折梯；一种可以收起来的梯子。

folding wall 折叠隔墙；一种可折叠的隔墙；又见 **accordion partition**。

foliage capital 叶饰柱头。

foliated 1. 叶形饰花窗格。2. 样式化的叶状饰片，常用于柱头装饰。

弧形窗饰

柱头装饰

foliated arch 叶饰拱；带叶饰的拱。

foliated joint 嵌接；两板嵌（榫）接的一种接缝，接缝处可形成一个连续面。

foliation 1. 用于哥特式窗分隔的装饰尖头或叶状饰片。2. 叶状装饰。

Folk architecture 乡土建筑；泛指与当地气候、基地环境相适应，仅提供生活基本庇护的建筑物。这种建筑物不追随建筑时尚，往往由住户（想在此居住的人）自己用当地材料和现成的工具建造而成。

Folk Victorian architecture 同 **Gingerbread Folk architecture**；维多利亚式乡土建筑。

follow current 通过避雷器持续传递到地面并放电的电流。

follow spot 剧院舞台上用于跟踪表演者的聚光灯。

folly，eye-catcher 常用于模仿废墟遗迹的无实际功能的构筑物。有时作为一种风景建于公园中。

fonar 俄国早期建筑中一种天窗的形式，由一个带有许多小窗户的穹顶组成。

fons 利用构筑物或雕塑覆盖，并装饰自然泉水形成的人造喷泉，喷射出来的水柱流入人造水池中。

font 洗礼盘，圣水器；石质的用于盛洗礼用水的盆。

food display counter 食品陈列（展览）柜；用于展览食品的柜台，尤其是熟制品；通常有温度控制。

food tray rail 自助餐厅中，置于配餐台前的一种用几根轨条组成的连续搁架。

food waste disposer 食物残渣处理机；同 **waste-disposal unit**。

foot base 勒脚上部的线脚。

foot block 地基上用于分散承载柱或支撑柱上荷载的混凝土、钢制或木制底板。

foot bolt 安装在门底部用脚来开关的插销；插销内有弹簧顶起插栓，使门保持打开状态。

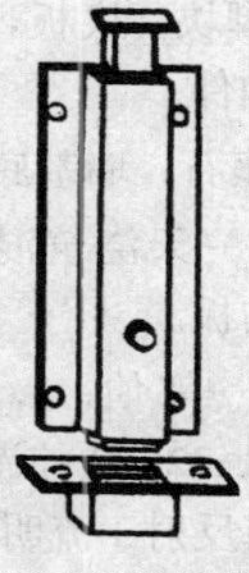

门底部的插销

footbridge，pedestrian bridge 人行桥，步行桥；用来供行人通过的窄桥。

footcandle 英尺一烛光；美国通用的一种光照单位，相当于每平方英尺上的 1 流明数等于 10.76 勒克司。

footcandle meter 同 **illumination meter**；尺烛光米。

foot cut 椽脚切口（搁接墙顶横木）；见 **seat cut**。

footer 同 **footing**；建筑中的支撑面或地基。

footing 基础，基（底、垫）脚，大放脚，桩基，垫层；建筑物的基础部分，可将荷载直接传至地基土上，可作为墙或柱的拓宽部分、基础墙下的扩展层或柱下基础等等，将受荷面积扩大以防止或减少地基沉降。

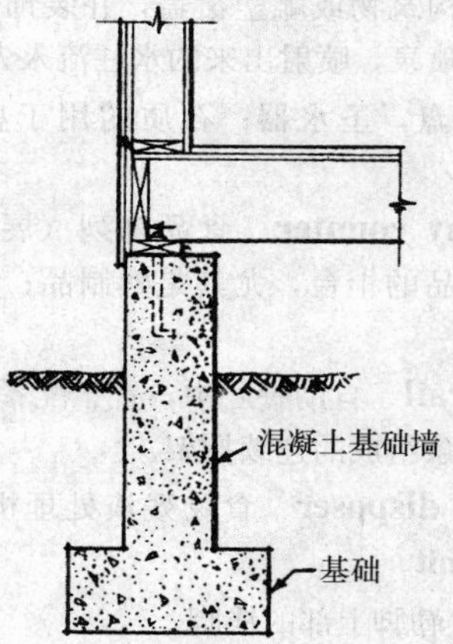

基础

footing beam 同 **tie beam，2**；基础梁。

footing course 基层，底层；墙底部的一层砌体，较上面的各层宽。

footing piece 底脚块，底板，底脚垫；脚手架上支撑平台的水平构件。

footing stone 底座石；墙基底层使用的宽石板。

footing stop 作为一天浇筑混凝土的终结临时嵌入混凝土模板中的板。

footlambert 英尺—朗伯；**1.** 亮度单位等于 1/π 坎德拉每平方英尺。**2.** 纯粹漫射光面上，每平方英尺的面积辐射或反射 1 流明光的平均亮度。

footlight 舞台（前缘）灯，舞台脚灯，脚光；在舞台幕前的一条全台宽灯槽内装有一排灯具。

舞台脚灯

footlight spot 一种小型聚光灯，可安装在舞台（前缘）灯槽内。

foot-meter rod 英尺—米标尺；一侧用尺和十等分标注，另一侧以米和百等分标注。在测量中用一种单位测定距离和高度，再换算成另一侧单位的读数。

footpace **1.** 讲台，高台。**2.** 楼梯的休息平台，鞋台。

footpath 美国称之为人行道。

footpiece 导流片；在采暖、通风或空调系统中改变气流方向的管道构件。

footplate **1.** 底脚板；木框架结构中的作为墙龙骨的底板，用于分散集中荷载。**2.** 木拱脚悬臂托梁（英国）。

footprint 建筑结构（或设备）正下方水平面上的投影，与该结构（或设备）有相同的边缘界限。

foot run **1.** 同 **board measure**；测量木材的特殊计量单位。**2.** 泛指一尺长度的任意材料。

foot scraper 刮鞋板；同 **boot scraper**。

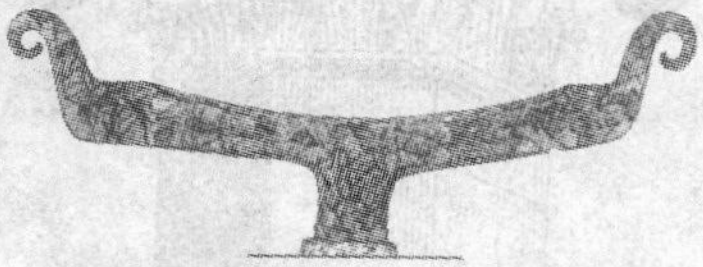
刮鞋板

footstall **1.** 基脚，柱墩，（柱墩的）底座；经过建筑处理的柱或墩的底座。**2.** 支撑柱或雕像等的底座。

footstone 基石；山墙拱底石。

footway **1.** 步行道。**2.** 人行路。

force account 成本加费用账款；对工程费总额或单价不做预先规定，按用量、材料费、设备费、保险和税费等计费，并按预先约定的百分比附加上间接费用和利润的一种计费方式。

force cup 搋子（排堵橡皮碗）；同 **plumber's friend**。

forced-air furnace 强制通风式加热炉，鼓风加热炉；配有鼓风机的加热炉，鼓风机使空气在窑炉和管道中循环。

forced-air heating system 强制气流加温系统；一种传统的散热系统，热量借助风扇循环。

forced circulation 压力环流（循环）；通过机械方式促成的水流或气流循环，如使用风扇或泵。

forced-circulation register 依靠外力强制通风的管道系统中的一种调风器，可两个以上方向同时排风。

forced-circulation boiler 强制循环锅炉；利用机械泵将循环水注入水管中的锅炉。

forced convection 强制对流；利用机械作用，如利用风扇、喷射器和泵等使水或空气等流体循环流动，从而达到热传递的目的。

forced draft 压力送风，强力通风；在燃料填入燃烧室之前，用压力将空气混入燃料中。

forced-draft boiler 压力抽风（送风）锅炉；装有电动风扇的锅炉，风扇为燃烧器和锅炉送入空气，并将燃烧产生的气体通过烟囱强力排出。

forced-draft fan 鼓风机；制造正压将风鼓入燃烧室的风扇。

forced-draft water-cooling tower 鼓风式冷却塔；气流出入口处装有一个或一个以上风扇的水冷却塔。

forced drying 强力干燥，加温干燥；通过缓慢加热使油漆加速干燥的方法，温度逐步达到 150°F（65℃）。

forced fit 压力装配；结构构件或部件之间依靠压力形成的连接而不用紧固件。

forced ventilation 强制通风；利用风扇或鼓风机制造的循环风。

forebay 前突楼；比下层突出较多的上层完整结构部分；见 forebay barn。

forebay barn 常建在山脚下有一前突楼（通常在斜坡一边），由一系列的大桩子或支墩支撑的农舍。

forebuilding 城堡为了保证楼梯及入口处安全而在城堡外部建造的防御工事。

fore choir 教堂唱诗班坐席入口处；同 antechoir。

forechurch 教堂前厅；大型教堂前肃穆空间的延伸部分。

foreclosure 取消抵押赎回权；因抵押贷款的债务人未能如期偿还借款，由法律规定取消其赎回权而使债权人拥有该抵押品权利（的法律程序）。

foreclosure sale 拍卖抵押品；当债务人未能如期偿还借款时，抵押债权人可选择采取拍卖抵押品并将销售净收入冲抵未还债款的权利。

forecourt 前院；作为建筑物或建筑群入口的广场。

forend 英国术语中指 lock front，锁端。

fore plane 中刨；一种木匠使用的中等长度的刨子，介于粗刨和长刨之间。

forestage 舞台前部；**1.** 舞台前端或幕与布乐池之间靠近观众的部分。**2.** 舞台口；见 apron，8。

foreyard 前院；位于建筑前部的室外庭院。

forging 锻件；通过锤打、礅锻或碾压等程序而做成预定形状的金属构件。

foris 庄严的大型古典建筑门扇中的一扇。常用作复数（fores）。

fork-and-tongue joint 一种用于连接屋顶顶部木梁的雄雌榫接头（mortise-and-tenon joint）。

forklift truck 叉车，叉式起重车，铲车，叉车；带有钢叉条的有动力装置的车，它能够将叉条插入平板架上重物底部并抬起，常用于施工现场材料的搬运。

叉式起重车

form 模板，模壳；采用胶合板或玻璃纤维制成的临时性模板，用于将混凝土浇筑成既定形状。

formaldehyde，methylene oxide 甲醛；一种无色、有刺激性气味的液体，易挥发、可溶于水；广泛应用于塑料、树脂工业和用作消毒水。

formal garden 规格式的花园；植物、人行道、水池、喷泉等都遵循定式规划的花园，这种花园

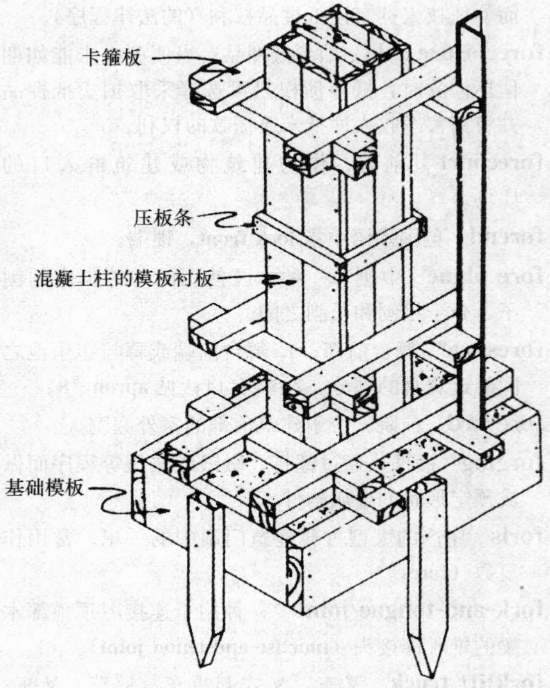

混凝土柱模板

通常为对称布置，并注重几何形式的运用。

form achor 模板瞄固装置；为固定模板而将其预先埋在先浇筑的具有足够强度的混凝土中。

format 美国建筑师联合会订立的工程手册标准内容，其中包括投标信息、合同格式、合同条件以及再细分的 16 个部分的规格说明。

formation level 路基标高，路基石路面-路基交界面；施工基面；同 **grade level**。

form board，form liner，form lumber 木模板、模板壳；制作模壳所使用的木板条。

form coating 模板涂料、模壳涂油；用于混凝土制模的一种涂料，它使浇筑构件更易于脱模。

form deck 为了增加机械强度，被卷成带有平行凸起和凹陷的金属板。可作为钢筋混凝土盖板的模具。

formed plywood 模压胶合板；由上下模具压制而成型的胶合板。

formeret，wall rib 拱形肋筋（土木建筑）附墙拱肋；依墙的拱形顶中的一条拱肋。

form hanger 模板挂钩，模板吊架；将模板吊在框架上的挂钩（吊架）。

Formica 专指粗糙、耐久的层压塑料。

forming 成型，压型，模压；运用机械方式使金属成型的过程，不同于切屑加工，锻压、铸造等。

form insulation 模板绝热材（混凝土冬季施工用模板外防寒保暖材料）；混凝土模板外部的绝热材料，有足够厚度和隔汽层，用于留住水化产生的热量，使混凝土在寒冷的天气下能保持成型所需要的温度。

form lining 模板内衬；用在模板靠混凝土一侧的衬里：（a）用于吸收混凝土中的水；（b）使混凝土有一个光滑或带图案的表面；（c）对成型表面施缓凝剂。

form nail 模板钉；见 **double-headed nail**。

form oil 脱模油，模板涂料（混凝土脱模用）涂于混凝土模板内表面，使脱模时更加容易的油。

form of agreement 合同协议书格式；一般合同条款的印制模式，需提供可插入相关数据的空间。

form of contract 合同形式；见 **conditions of the contract**。

form-pieces 中世纪对花饰窗格的称谓。

form pressure 模板压力；混凝土建筑中，垂直或倾斜作用于模板表面的侧压力，这种压力是由模板内部未凝固混凝土的流动性而造成的。

form release agent 拆模作用力；见 **release agent**。

form scabbing 拆模伤斑、模板刮清；由于脱模不彻底，使得一些混凝土粘附在模板上，造成构件表面的混凝土缺失的现象。

form spreader 装模机；同 **spreader，2**。

form stop 模板堵头，浇筑混凝土的堵头板；一天工作结束时，在模板中尚未浇筑完的部分用临时木板条封堵以防止混凝土流动。

form stripping agent 拆模作用力；同 **release agent**。

form tie 模板系杆；拉紧的系杆，用于防止由于新浇注或未凝固的混凝土的流体压力引起模板张开的系杆。

formwork 模板，模壳，支模；将新浇筑混凝土固定成所需形状的一种临时结构。

formwork nail 一种双头钉。

forniciform 穹状屋顶或顶棚。

fornix 穹窿；古罗马建筑中的穹面。

Forstner bit 一种专用的手摇木钻头；在木件上钻不穿透孔的钻头。

fort 堡垒；特指军事用途的防御工事，一般由一系列突出于堡垒的外墙部分的棱堡连接而成，抵御敌人来自周边的进攻，通常由军队驻守；见 **bastion**，**battlement**，**breastwork**，**casemate**，**embrasure**，**loophole rampart**。

fortalice，**fortilage** 中世纪主要用于指代堡垒。从中世纪开始，也被偶尔用来指比较小的城堡。

fortress 1. 要塞；大型的防御工事，有时包含城市的中心，亦称 **stronghold**。2. 避难场所。

45°pipe lateral 45°支管接头；类似于 T 形管（**pipe tee**）的接头，但其侧向出口呈 45°。

forum 古罗马用作交易或集会的广场；周围环绕着纪念性的建筑物，如长方形会堂（古罗马用作法庭用的）或神庙的广场，是城市的中心，有时这种广场是纯商业性的。

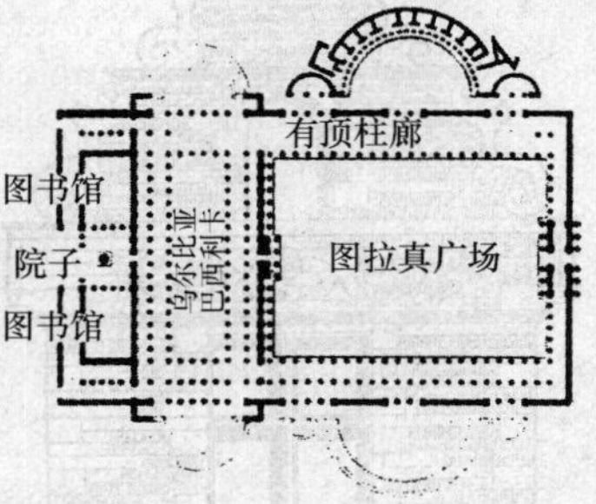

大约公元 110 年，罗马图拉真广场

forward-curved fan 前弯式叶片风机；主要为供暖、通风、空调系统（HVAC）提供低压和大体积流量气流的风机。

foss 沟、槽、渠、壕。

fosse 壕沟；一种抵御外敌侵犯的沟渠。

fossil resin 化石树脂，琥珀；天然形成的坚硬树脂如柯巴树脂和琥珀，采掘出来提炼后用于制造清漆。

foul drain 排污道；见 **soil drain**。

foul sewer 污水道；见 **soil drain**。

foul water 秽臭水；垃圾和污水的混合物。

foundation 1. 基础；建筑物中将荷载传递给土层或岩层的部分，一般位于地坪以下；砖石砌体地下结构。2. 支承；构筑物的土层或岩层。3. 支承或锚固机器的底座结构。

foundation bolt 地脚（基础）螺栓；见 **anchor bolt**。

foundation course 基础层；见 **base course**。

foundation drainage tile 用于向地下污水容器（如化粪池）中排放聚集污水的瓦管或管道。

foundation engineering 基础工程，基础工程学；（是关于）评估土的承载能力，设计地下结构或传力杆件，将上部结构的荷载传给土层的工程学。

foundation failure 基础故障；见 **differential settlement**。

foundation investigation 地基调查。

foundation mat 筏形基础；见 **mat foundation**。

foundation pier 基墩；埋于地下土层中，由建筑物首层地面至基础顶面或桩基承台的一段柱。当基墩直接作用于土层，没有中间基础或桩承台时，基墩的长度为首层地面以下墩柱的全长。

foundation pile 桩基；一种插入土层中较长的柱子，支承在坚硬土（石）层上或靠桩周围的摩擦来承重，或靠二者同时承重。

foundation planting 基础设施；大量建筑物基础部分附近的设施。

foundation soil 地基、地基土，持力层；承受建筑物荷载的那部分土层。

foundation stone 基石（础）、根底；1. 构成基础的石头。2. 墙角石；同 **cornerstone**。

foundation wall 基础墙、地基墙；基础中形成建筑物地下永久性挡土墙的部分。

founding，**casting** 铸造、铸件；在铸造厂将熔化的金属注入模具中生产金属制品（的工艺）。

fountain 1. 喷泉；见 **architectural fountain**。2.（学校，车站，机关中的）喷嘴式饮水处；见

drinking fountain。3.（装有龙头的）汽水容器；见 **soda fountain**。4. 洗涤池；见 **wash fountain**。

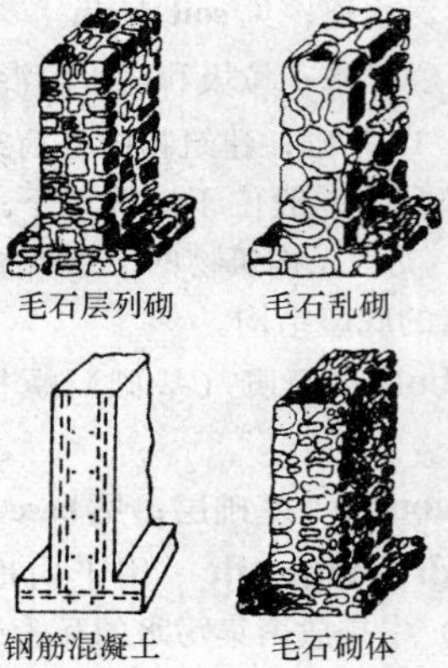

基础墙

four-centered arch 四心拱，四心挑尖拱，扁平拱；拱腹的弧线有四个圆心。

four-centered pointed arch 四心尖拱；见 **tudor arch**。

four crib barn 有四个垛式支架的库房；见 **crib barn**。

four-leaved flower 四叶花饰；一种形如一朵四叶花瓣的镂空装饰。

four-over-four 上下拉动的窗子；上下窗扇各有四个窗格，可上下拉动的窗子。

four-pant valt 十字穹顶，四分拱顶；由两筒穹相交处形成的两穹窿。

four-piece butt match 四边平接缝；见 **diamond matching**。

four-square house 正方形房；一层半或两层半的正方形平面的房屋，四个房间各占一角，厨房与其中一间屋相连，中心为楼梯，具有陡峭的四坡屋顶或棱锥形屋顶；亦称之为美式方形房。

four-square plan 正方形平面；有四个房间，平面布局成方形或矩形的房屋。

four-way reinforcement 四向配筋；一种无梁楼板结构的配筋方式，除沿平行于两相邻边的方向布置钢筋外，也沿两对角线方向布置钢筋。

fox bolt 开尾螺栓、端缝螺栓；与狐尾楔配套使用的螺栓；尾部有分叉，通常作为锚固螺栓。

foxtail 狐尾楔；同 **foxtail wedge**。

foxtail saw 楔形榫锯；同 **dovetail saw**。

foxtail wedge, foxwedge, fox tenon 狐尾楔、扩裂楔、紧榫楔；用于固定榫眼中分叉榫舌或孔中分叉螺栓分叉的小楔，小楔打入分叉时，其末端的扩展使榫舌或螺栓固定。

foxy timber 红褐色木材；外观带淡红色时表明已经开始腐朽的木材。

foyer 门厅，门廊；1. 从建筑物外部进入内部的通道。2. 剧场休息室；介于外门廊与会堂之间的区域。3. 大厅。

FPRF （制图）缩写＝“**fireproof**”，防火的。

fps 缩写＝“**feet persecond**”，英尺每秒（英尺/秒）。

FPT 电力风扇终端机，缩写＝“**fan-powered terminal**”。

fractable （山墙端）盖顶（石）；由阶形或曲线构成有装饰性轮廓的山墙的压顶。

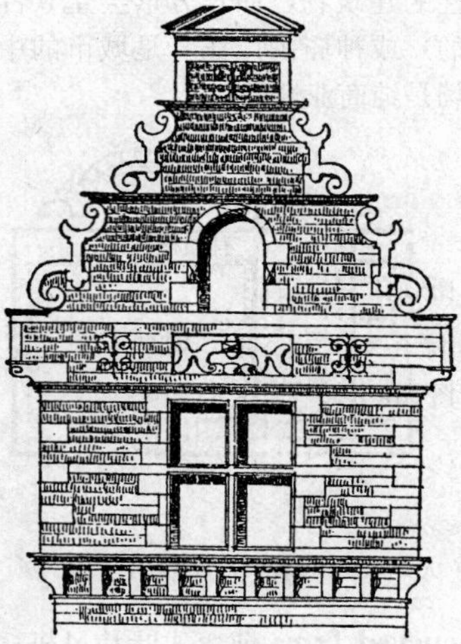
盖顶

fracture load 断裂荷载，破坏荷载；见 **breaking load**。

fracture toughness 临界应力强度系数，断裂韧性；衡量构件断裂前吸收能量的能力。

frake 西非榄仁树；同 **limba**。

frame 房屋骨架；建筑物外围和支承结构构件（木结构或钢结构）；见 **bent frame，doorframe，space frame，window frame，framing**。

frame anchor 框架固定；见 **doorframe anchor**。

frame building 构架式建筑物；同 **framed building**。

frame clearance 门框间隙；门与门框之间的缝隙。

frame construction 框架结构（构造）；由木构件、钢构件或组合构件作为建筑主要承重构件的结构；见 **steel-frame construction、wood-frame construction**。

framed，ledged，and braced door 直拼门、斜撑门和框架门；有一个或多个斜撑的直拼门和框架门。

framed and braced door 框架斜撑门；同 **framed，ledged，and braced door**。

framed and ledged door 框架直拼板门；由门档和门梃组成框架，在其面上镶入比门框薄的竖板条，竖板条将中档和底档（下槛）覆盖住，而中档和底档的厚度比上档和门梃薄。

framed building 构架式建筑物；通过框架而不是承重墙将荷载传至地基的建筑物。

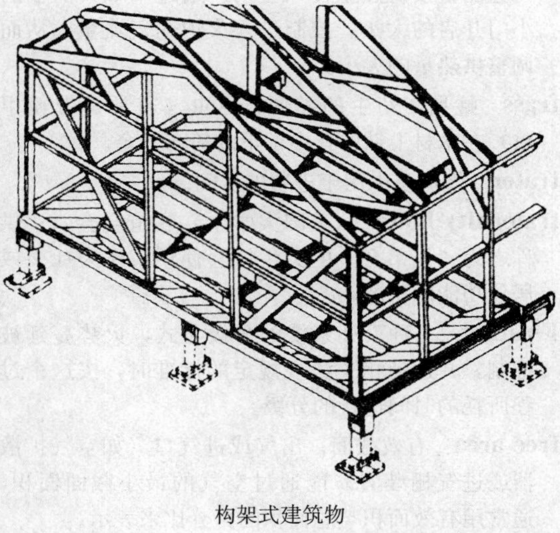

构架式建筑物

framed door 框架门；由上档、中档、下档及铰链门梃和装锁门梃构成的一种门。

framed floor 框架楼板；见 **double floor**。

framed ground 门侧柱，门窗框木砖，框架底木；固定在门洞周边带有榫舌接头并与墙面平齐的木构件，用于连接门框的上档和边挺。

framed house 框架房屋，木板房；木框架结构的房屋；见 **timbar-framed house**。

framed joist 框架上的搁栅；带切口的能与其他横木连接的搁栅。

framed overhang 悬框；上一层的楼房突出于下一层楼的那部分；见 **overhang，felse overherg，hewn overherg**。

悬框

framed partition，trussed partition 构架式隔墙，木隔墙；由覆面板、龙骨、横撑及支撑，组成的框架式隔墙。

framed square 未装修的镶板门；见 **square-framed**。

frame gasket 门框衬垫；一种弹性条型材料，粘附在门樘边，使关门能密封。

frame-high 框口净高；砌体结构中指洞口过梁或门窗框顶面的高度。

frame house 框架房屋；覆盖搭接式或板式墙板和木瓦屋面的木框架房屋。

frameless partition 无框架分隔；一种没有框架支撑的分隔。例如，钢化玻璃的分隔。

frame pulley 窗框滑轮；安装在窗框内带拉窗绳的滑轮。

frame saw 框锯；同 **gang saw**。

frame tie 紧墙铁，墙箍；同 **wall tie**。

frame wall 构架墙；木框架墙体。

framework 构架（工程），骨架（工程）；由各种承重构件或单元构成的框架，如多层房屋、刚性框架棚子或桁架。

framing **1.** 木结构体系。**2.** 建筑物的木结构构件，如隔墙、地板和屋顶。**3.** 任何框架工程如外墙洞口的边框；见 **balloon framing**，**brace framing**，**iron framing**，**platform framing**，**post-and bean framing**，**post-and-gort framing**，**post-and-linted framing**，**skeleton framing**，**nestern framing** 又见插图 **timber-framed house**。

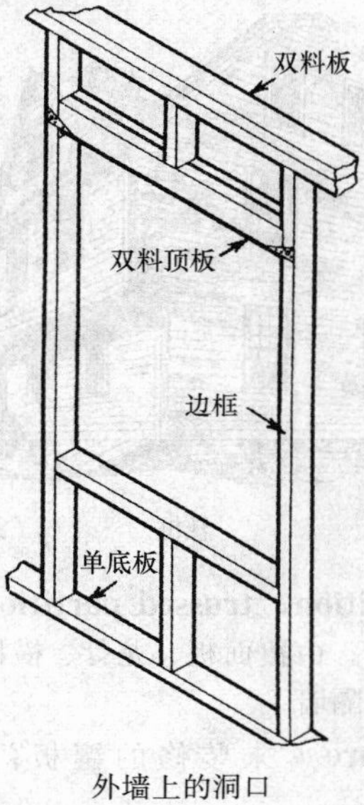

外墙上的洞口

framing achor 构架锚件；轻型木构架中连接龙骨、搁栅或椽子的金属件。

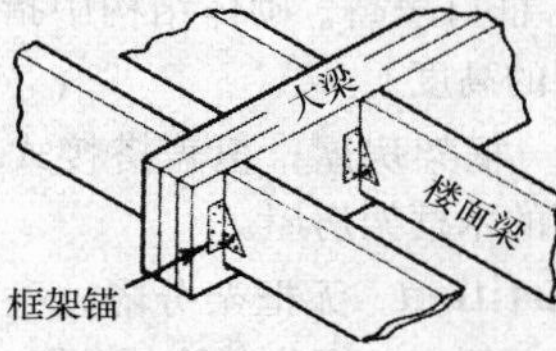

构架锚件

framing chisel 榫凿，框架凿；见 **mortise chisel**。

framing drawing 构思框架图；见 **erection drawing**。

framing plan 构架平面布置，构架平面图；用简单的线、标志等勾画的平面布置图，它显示出房屋每一层的梁和主梁布置及连接。

framing square 木工角尺；见 **carpenter's square**。

framing table 椽架；同 **rafter table**。

framing timber 构架材；木结构房屋中的结构构件。例如在美国殖民时期手工切割的大型椽木木料。

Francois I（Premier）style 弗朗西斯一世风格；法国早期文艺复兴建筑发展巅峰时期的风格，以弗朗西斯一世（1515—1547）命名。该建筑风格将哥特式设计手法与意大利装饰风格融为一体，其代表作如 **Fontainebleau**。

Franco-Italianate style 弗朗西斯-意大利式风格（第二帝国风格）；同 **Second Empire style**。

frank 与窗框中的横杆交叉所形成的斜接头。

Franklin 非贵族出身的地主；**lightning rod** 的旧称。

Franklin stove 弗兰克林净式取暖炉；由本杰明·弗兰克林设计的独立式的圆形生铁火炉。其短支脚使空气在炉子上下及四周循环，能起到火炉向四周散热的功能，与壁炉相比更为有效，因为它能直接将热量传入室内。通过调节其前端的小门开启的大小，控制进入火炉的气流量，从而调整供热量的大小。

frass 蛀屑，幼虫的粪便；昆虫（通常是带粉甲虫）在木材上钻的孔中留下的粉末残余。

frater 修道院中用于进餐的房间。

fraternity house （美国大学生）联谊会会堂；供称之为“兄弟会”的男生协会使用，作为社交或居住功能的房屋。

F-rating 一种灭火系统的分级方式，火势蔓延被控制，并达到相关法规规定的标准时，按这个过程所耗的时间进行的分级。

free area 有效截面；出气或进气口（如空气扩散器或进气栅装置）能通过空气的最小截面面积，通常用有效面积与总面积的百分比来表示。

freeboard 水箱中最高水位线与箱顶的垂直距离。

弗朗西斯一世建筑风格：奥尔良，安伯纳斯·索尔的住宅

free convection 自然对流，自由对流；同 **natural convection**。

free delivery-type unit 自由传递式机组；将空气直接吸进和排出以净化空间的设备，由于不设有外部管道，使空气没有阻力。

free façade 自由立面；没有与结构支撑柱相连的建筑外立面。

free fall **1.** 不用漏斗槽或限制措施，而是采用新搅拌的混凝土自然下落的浇灌方式。**2.** 指这种自然下落的浇灌距离。**3.** 骨料不受控制地下落。

free-field room 消声室，自由场室；同 **anechoic room**。

free float （工程进度上的）自由浮动，（施工组织）关键线路法（CPM）的术语，指尽早开始各种工作而产生的多余时间；在不影响后续工作情况下能分配到一项工作中的浮动时间。

free-flying staircase 结构支撑不明显的楼梯。

free haul 免费运距；不需附加费用所能运送挖掘物的距离。

free hold **1.** 一种土地（或不动产）的占有形式，具有处置权不受限制的绝对所有权，或指定继承人继承的所有权，或终身占有权。**2.** 以上述方式占有的土地（或不动产）。

free moisture 集料表面湿度，自由水分；未被集料吸收或存留的湿气。

free-span roof 墙体间没有柱子支撑的屋顶。

freestanding 独立式的；指建筑构件仅由底部基础固定，沿其垂直高度上没有约束的。

freestone 易雕凿、纹理密致的石头，没有向任何周边方向开裂的倾向，适合于雕刻或精细碾磨。通常为砂岩或粒状石灰石。

free stuff 上等材；见 **clear lumber**。

free tenon 两端开有榫舌的木料。通过将榫舌插入匹配的榫眼中，从而将两块独立的木料连接起来。

free water **1.** 自由水；见 **surface moisture**。**2.** 由于重力作用在土壤中可自由流动的水。

freeze-and-thaw tests 冻融试验；美国材料试验协会（C666 测试法规）评估混凝土样品在水中抗迅速冻结，随之在水中融化，而后在大气中抗迅速冻结和融化能力的测试方法。

freezer 冰柜；机械制冷的房间或橱柜，用来保存冷冻食品，一般温度维持在 10°F（大约-12°C）左右。

freight elevator，（英）**goods lift** 货梯；仅供货物、电梯操作员及装卸货人员使用的电梯。

French arch 荷兰式拱。

French basement 半地下室；所属建筑物主要入口在一层以上；同 **raised basement**。

French Canadian architecture 法裔加拿大人的建筑风格；见 **Cajun cottage** 和 **galerie house**。

French casement window 落地长窗；同 **French window**。

French Colonial architecture 法国殖民式建筑；指自 1699 年在新奥尔良及路易斯安那州发展起来的法国殖民建筑风格。该建筑风格一直延续至 1830 年，尽管那时那些地区已不属于法国。这种建筑的特征是：将入口抬高，抬高的地下室作为公用设施或商业用途；前门居中且正立面对称，有门廊（法国式门）；具有典型的陡峭的斜屋顶或四坡屋顶，木瓦屋顶由木柱或砖柱支撑，砖砌烟囱。在新奥尔良，铁制栏杆阳台环绕楼层并延伸到人行道之上；带有板条或百叶的法国式门；在一些高雅住宅里，正门上方还有亮子。见 **Cajun cottage**，**Creole architecture**，**Creole house**，**plantation house**，**raised house**（受阿卡迪亚人和克利奥尔人影响的具有强烈移民风格的建筑；见 **French Vernacular architecture**）。

French door，**casement door**，**door window** 玻璃门，法国式门，窗式门；有上档、底档及门梃，全长（或几乎全长）都有玻璃格，常为双扇的一种门。

French drain，**boulder ditch**，**rubble drain** **1.** 排水盲沟；用松散石子填充并覆盖泥土的排水沟。**2.** 排水瓦沟；同 **drain tile**。

French Eclectic architecture 法国折中式建筑风格；模仿法国早期建筑而形成的住宅建筑风格，将法国历史长河中许多风格的元素和特征结合起来；典型特征包括：具有砖、石或灰泥墙；墙角饰以包角石；偶尔会以木料做装饰；圆柱形的楼梯上覆有圆锥形屋顶；小门廊前有栏杆；陡峭的斜屋顶上一面或多面山墙覆盖陶瓦或木瓦；屋檐伸展；有一个或多个大烟囱；拱形、人字形或四坡顶老虎窗冲破檐口；有落地长窗；上下推拉窗；上层窗打断屋面线；入口大门洞口两侧饰以石头或赤陶或立有两根长方柱。

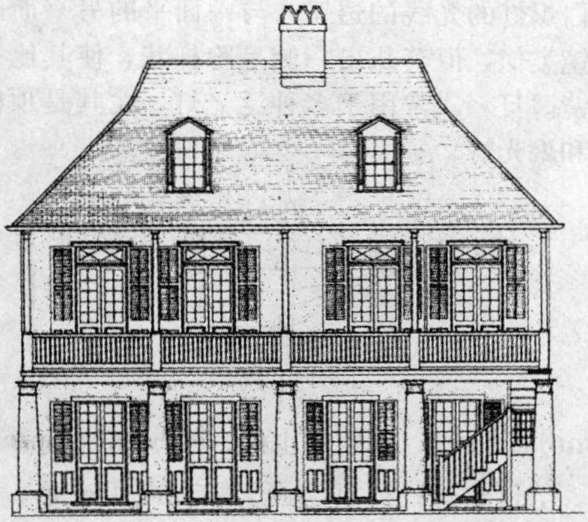

法国殖民式建筑：西班牙式住宅，新奥尔良

玻璃门，法国式门，窗式门

French embossing 用酸性物质在玻璃上蚀刻字母或装饰的方法；四种浓度的氢氟酸（或是加入碱作缓冲剂的酸）可用来蚀刻出四种不同的表面纹理。

French flier, French flyer 法式梯级；沿楼梯井回转 270°的楼梯（三跑楼梯）的梯级。

Frenchman 勾缝溜子；勾缝用的工具。

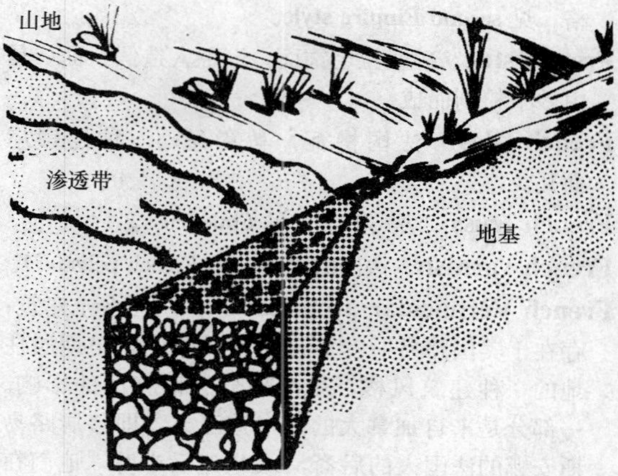

排水盲沟

French method of application 屋顶铺瓦的一种方法，至少将瓦的三个角剪下使之成为六边形，铺设时将其对角线垂直于屋檐，且它们上端及侧边相互搭接。

French Norman style 法国诺曼风格；1920 年后在诺曼底和布列塔尼兴起的一种建筑风格。特点是采用陡峭的圆锥屋顶或四坡屋顶，墙壁粉灰，楼梯塔呈圆形，且平面不规则。

French polish **1.** 法国抛光漆；家具抛光漆或虫胶与酒精或油混合而成的罩面漆，即 **French varnish**；法国清漆。**2.** 多次使用这种清漆，经手工打磨成光亮表面。

French Revival 法国折中主义建筑；见 **French Eclectic architecture**。

French roof 法式屋顶，折线式屋顶；双折四坡屋顶的称谓，其侧边坡度很陡，几乎是垂直的。

法式屋顶

French sash 法国长窗；见 **French window**。

French Second Empire style 法国第二帝国风

格；见 second Empire style。

French stuc 砂浆拉毛饰面，一种人造假石面，是由砂浆粉刷而成。

French tiles 法国槽瓦，马赛瓦；一种连锁屋面瓦。

French truss 法式桁架；见 Fink truss。

French varnish 法国磨光漆；见 French polish，1。

French Vernacular architecture 法国乡土建筑；存在于美国路易斯安那州沿密西西比河早期居住地的一种建筑风格，受两部分法语移民的影响。一部分是来自加拿大的阿卡迪亚人，即移居路易斯安娜的法国人的后裔，18 世纪后半叶，他们在路易斯安那州的长沼地区定居，并建造了被称为 Cajun cottages 的质朴房屋；第二部分人包括克利奥尔人，出生在密西西比河谷、墨西哥湾沿岸和西印度群岛讲法语的欧洲后裔，他们的房屋被称为克利奥尔式房屋（Creole house）。房屋具体特征见 abatvent，banquette cottage，barreaux，bluffland house，bonnet roof，bousillage，briquette-entrepoteaux，cabanne，columbage，faux marbre，piece sur piece construction，pierrotage，pilier，plaunch debout en terre construction，poteaux-en-terre house，poteaux-sur-solle house，raised house。

French Victorian style 法国维多利亚式；见 Second Empire style in the United States。

French white 法国白；见 silver white。

French window 通阳台的双扇落地长窗；长度延伸至地面的窗户，又称 French door。

French-window lock 双扇落地长窗插销；见 cremone bolt。

frequency 频率；下列物体或物理量每秒钟震（变）动次数：（a）交流电路中的电流或电压；（b）声波；（c）震动的物体，以赫兹（Hz）或每秒转数（cps）表示。

fresco，buon fresco 壁画；在湿石膏粉刷面上作的壁画。先在湿石膏粉刷面上作水彩画使颜色与之结合，然后待石膏粉刷干燥之后，再加以润饰。

fresco secco，secco 干壁绘画法；易褪色的壁画。在干石膏上粉刷面上作的水彩画。

fresh air 新鲜空气；从外部进入建筑物的空气。

fresh-air inlet 进风口；连接在住宅靠房屋一侧排气主管的通气管。

fresh-air intake 新风口；同 outside-air intake。

fresh concrete 新浇混凝土；可以进入凝固状态的未硬化混凝土。

Fresnel lens 菲涅耳透镜；用于聚焦来自小光源如白炽灯的光线的透镜。与一面平的另一面凸的透镜类似，但其凸出一侧呈阶梯状，使其比平凸透镜薄且轻。常用于多种泛光灯，尤其是顶棚嵌灯和聚光灯。

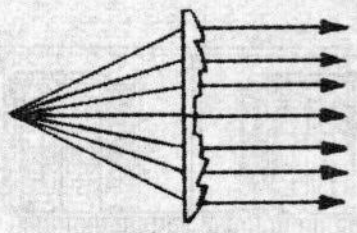

菲涅耳透镜

Fresno scraper 弹板刮土机；同 buck scraper。

fret 1. 回纹饰；通过绘画、雕刻或用嵌条、带条以及各种各样平嵌饰线组合形成的连续线型构成的几何图案装饰。如回纹波形饰、希腊回纹波形饰。2. 嵌条以斜角组合交叉形成的装饰图案，常见于东方装饰中。

回纹饰

fretsaw 钢丝锯；有一窄刀片张拉固定于两端的细齿锯，适用于锯薄木片，特别是装饰图样。

fretty 作为装饰性元素的一系列结点。

fretwork 浮雕细工；浮雕上装饰性的透雕细工和织细工，尤指精细部分和明暗对比处。

friable 易碎的，脆的；易成粉状的。

F. R. I. B. A. 缩写＝“**Fellow of the Royal Institute of British Architects**”，英国皇家建筑学院院士。

friary 修士居住的修道院，特别是钵修会。

friction 摩擦力；物体接触面在相对移动、滑动或滚动中产生的阻力。

friction brake 摩擦型制动器；通过摩擦来减慢或制止两接触面间的相对转动或滑动的设备。

friction catch 摩擦搭扣，摩擦制动装置，摩擦止门器；当搭扣的锁舌与承窝相接触时，由于摩擦作用会使其停留在此位置上的装置。

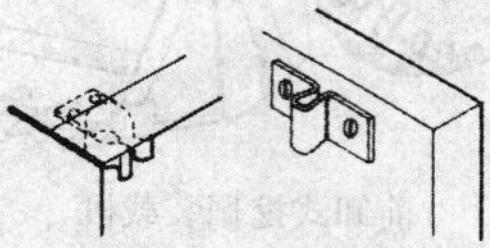

摩擦止门器

friction-grip bolt 摩擦型紧固螺栓；见 **high-tension bolt.**

friction head 管道系统中，为克服摩擦对流动的阻力而消耗的压力。

friction hinge 摩擦铰链；由于铰链的摩擦作用，使门或窗能保持开启在所希望的位置上。

friction loss 摩擦损失；在混凝土结构中，张拉预应力钢筋钢绞线时，钢筋在张拉过程中与其他设备间的摩擦作用所产生的预应力损失。

friction pile，floating pile foundation 摩擦桩；靠桩的侧表面与土之间摩擦力将荷载传递到土层中，桩尖不承重。

friction shoe 摩擦瓦；可调节或者预压的摩擦装置，用于使窗框停留在随意开启的位置。

friction tape 摩擦带；用于电缆线绝缘保护的纤维带，浸有粘性防水的化合物。

friction welding 摩擦焊；一种通过摩擦产生足够热量将物质软化而焊接热塑性材料的方法。

frieze **1.** 在古典建筑以及派生建筑中，古典柱式顶部三个主要水平分隔的中间部分，位于柱顶过梁上，檐口下。**2.** 室内墙顶或顶部附近檐口下的装饰带。**3.** 房屋建造中，连接侧壁顶部与檐口下侧的水平构件；又见 **cusion frieze**。

古典建筑及派生建筑中，古典柱式顶部三个主要水平分隔的中间部分

帕提农神庙的装饰带

frieze-band window 檐口下由一系列小窗所构成的水平带，通常横跨建筑的正立面；这种形式在希腊复兴式建筑中尤其常见。

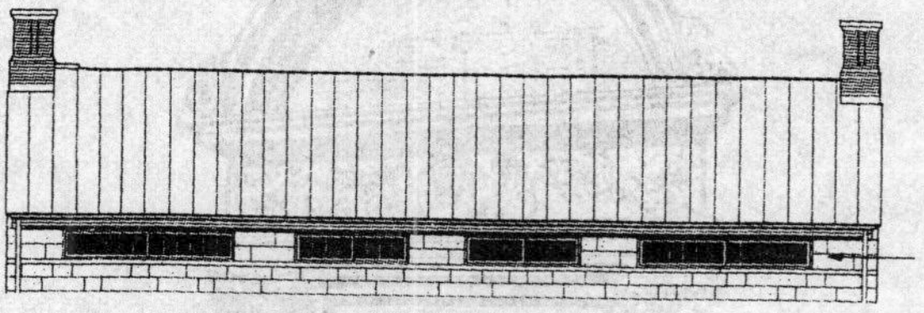

檐口下由一系列小窗所构成的水平带

frieze panel 上冒头，最上一块门芯板上冒头；在多块镶板门中最顶部的板。

frieze rail 最上一块门芯板下的中冒头。

frigidarium 冷水浴室；古罗马浴池中的凉水浴池，有时包括一个游泳池；又见 **bath，3**。

frit 玻璃料；熔融玻璃物质经过淬火产生的脆性小颗粒。

frithstool 平安座；某些教堂中放置在祭坛附近的座位（通常是石头制），用作寻求庇护待遇的人的庇护场所。

froe 木工撑锯缝用的缝楔。

frog, panel 凹槽；在砖或砌块表面留出的凹陷部分，以便使砖与灰浆更好地结合。

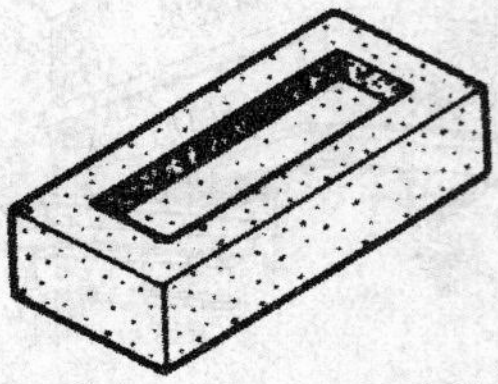

有凹槽的砖

frons scaenae 古罗马剧院前的舞台台口墙。

front 1. 正立面；建筑物最突出并且有主要入口的立面。2. 门闩移动面，通常通过开槽使门闩与门边齐平；也称 **lock front**。

frontage 沿街宽度；边界长度；建筑物临街或毗邻其他公共道路的长度，或者是临水面的长度。

frontage line 临街建筑线；同 **frontage**。

frontal 祭坛立面装饰的织品和镶板。

祭坛立面装饰的织品和镶板

front curtain 大幕；见 **act curtain**。

front door 前门，正门；建筑物或公寓的主要入口。

front elevation 建筑物的正立面图，主视图。

front-end loader 1. 拖拉机前端的铲斗和举臂，通过液压汽缸升降举臂，并倾斜铲斗，使其能在升起的位置倾倒货物。2. 前卸式挖掘装载机；具有上述装备的整个机械。3. 一种自行式机器，使用履带或者车轮，前端装配有铲斗用于挖、举、拖、倒入储料堆或拖车；同时可以装上不同的配件，使得该机器可以进行诸如劈裂，敲碎和开沟等其他工作。

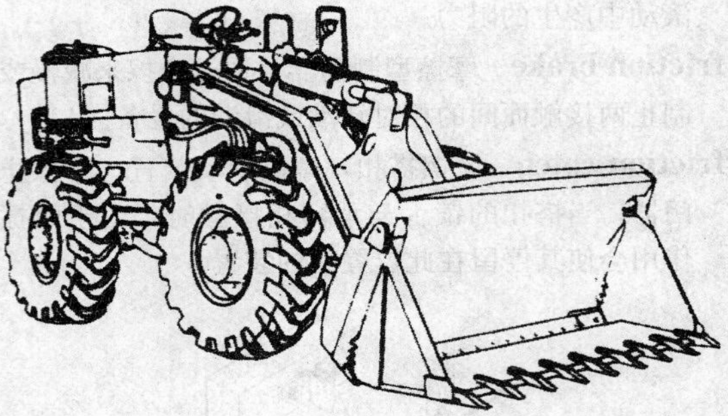

前卸式挖掘装载机

front foot 用步测地界线的长度。

front-gabled, front-facing gable 正立面有人字形墙的房屋。

front girt 早期木框架房屋中，沿正面的水平承重构件或围梁；见 **timber-framed house** 的插图。

front hearth, outer hearth 壁炉前地（火口前部）；位于壁炉靠室内一侧的炉膛或炉底石。

frontispiece 1. 门脸；经过装饰的建筑立面或开间。2. 经装饰过的门廊或主要山墙。3. 卷首插图；建筑方案展示的精美的开始部分，尤指建筑学院学生的设计。

frontispiece entrance 装饰门廊；位于建筑前方由列柱或壁柱装饰的墙。

front light 1. 安装在舞台前听众席一侧的照明装置。2. 安装在露天舞台端部中心的照明装置。

front lintel 支承空心墙外侧墙肢的过梁。

front of the house 剧院中位于观众席一侧防火墙上的部分。

fronton 山墙；见 **pediment**。

front putty 面灰；同 **face putty**。

front stage 舞台台口；距离舞台脚灯最近的地方。

front yard 前庭；面对街道的庭院，从建筑物临街立面边沿至宅基地界最外边并横跨整个宅基宽度的区域。

frost 结霜；温度为0°C（32°F）以下时水蒸气在物体表面（例如地面）结冰的现象。

frost action 霜冻作用；材料中湿气的冻结、融化作用，指这种冻融作用对材料、使用这种材料的结构或与其接触的结构的影响。

frost boil 1. 由于聚集在表面的湿气在冻融的作用下混凝土膨胀，继而不断剥蚀所形成的混凝土表面的缺损。2. 解冻期间，由于冰融化成水使得土壤软化的现象。

frost crack 冻裂；由于霜冻使得树木纵向分裂，通常限止于根部。

frosted 1. 粗琢的；对定型的钟乳石或冰坝进行粗琢。2. 亚光的，无光泽的；使表面呈均匀、不耀眼反光效果。3. 磨砂的；网状或经磨砂使不透明。

frosted finish 带微裂纹的饰面，磨砂饰面；见 **caustic etch**。

frosted glass 磨砂玻璃，毛玻璃；表面经过处理可以散射光线或者模拟结霜效果的玻璃。

frosted lamp bulb 毛玻璃（闷光）灯泡；经过化学蚀刻或者喷砂处理以散射所发出光线的灯泡；白炽灯通常内表面作此处理；钨素灯则在外表面作此处理。

frosted work 仿霜花装饰，垛斧做法；一种粗琢装饰做法，表面看上去像植物上结的霜。

仿霜花装饰，垛斧做法

frost heave 冻胀路面，冻土隆起；由于路面下方土层中的水聚集结冰，造成路面隆起。

frosting 1. 油漆表面由于非常细微的起皱导致表面不光洁。2. 没有光泽的金属或玻璃表面。

frost line 冰冻线；土壤的冻结深度。

frostproof closet 防冻厕所；便器中没有水，存水弯和供水控制阀安装在冰冻线以下的厕所。

frost-protection blanket 防冻毛毯，防冻垫层；同 **curing blanket**。

frow 木工撑锯缝用的缝楔。

frowy 变软且发脆的陈木。

frt 缩写＝**"freight"**，运费。

FS （制图）缩写＝**"Federal Specifications"**，联邦规范。

fsp 缩写＝**"fire standpipe"**，消防水塔（水箱）。

FSTC 缩写＝**"field sound transmission class"**。

ft （制图）缩写＝**"foot"**，英尺。

ft-c 缩写＝**"footcandle"**，英尺烛光。

FTG 1.（制图）缩写＝**"footing"**，底座，基础。2.（制图）缩写＝**"fitting"**，配件。

FT-LB （制图）缩写＝**"foot-pound"**，英尺-磅。

fuel bunker 固体燃料的储存容器。

fuel contribution rating 计算建筑材料燃烧时可产生的热能。

fuel-fired boiler 燃烧炉；利用固体、液体或者气体燃料燃烧来加热水或者产生蒸汽的自动装置，由燃烧炉、燃烧控制器和辅助设备组成机组，可在工厂或工地组装。

fuel load 建筑内所有可燃物的数量，包括所有构件和织物。

fugitive 褪色的；由于颜料或其介质耐久性差或因暴露在空气、阳光等下而导致的颜色改变的。

fugitive color 褪色；形容喷涂表面褪去的颜色。长时间曝露在阳光下、自然环境中和（或）清洗后造成的颜色改变。

full 指尺寸稍微超过标准的。

full bond 顶砖砌合；砌体结构中，所有砖块都作丁砖的砌法。

full-bound 窗扇边梃与上下冒头等宽的窗扇。

full Cape house 正门两侧有两个双悬窗的科德角式房屋。

正门两侧有两个双悬窗的科德角式房屋

full-cell process 满细胞法；一种木材加压灌油防腐法；同 **Bethell process**。

full-centered 采用一种仿效弧形轮廓的建筑特色。

full coat 最佳厚度的漆膜。

fuller's earth 漂白土；一种自然形成的泥土，类似陶土，但缺乏可塑性。作为清除建筑石材上污点的泥敷剂。

Fuller faucet 富勒式水龙头；通过将橡皮球推入管道口来控制水流的龙头。

full-façade portico 占据房屋立面全宽和全高的圆柱门廊。

柱廊全貌

full-flush door 由两片钢板组成的空腹金属门，顶部和底部皆齐平或者由槽钢覆盖；只在门边缘才能看见接缝。

full frame 全框架；见 **braced frame**。

full glass door 全玻璃门；除了门边梃与上下横档以外全镶有玻璃的门（通常为钢化玻璃）；有时可用门中间横档分隔玻璃。

full gloss 高光泽度。

full header 组成丁砖排列方式的砖层。

full-height porch 全高度门廊；带屋顶的门廊，其高占据房子整个高度，但不一定是整个房屋宽度。

full house 烟囱两侧对称布置于房间的房屋。例如，见 **full Cape house** 插图。

full-louvered door 全百叶门；门边梃和横档所围成的区域全是百叶的门。

fullness 宽松位；计算窗洞上布帘或窗帘的褶皱数量的方法，以百分比方式表达超出窗洞尺寸的布帘宽度。例如，100％宽松位说明窗帘宽度比窗洞宽度长一倍。

full-open valve 指阀门开启状态时的截面积至少达到所连接管道截面积的 85％的一种关闭阀。

full-penetration butt weld 全焊透对接焊缝；焊缝厚度与两被焊物体中较薄物体的厚度相等的一种对焊接缝。

full size 足尺；按 1∶1 比例绘制。

full splice 与被拼接构件强度相同的拼接。

full-surface hinge 常在门板面和门框上，不需凿榫眼的铰链。

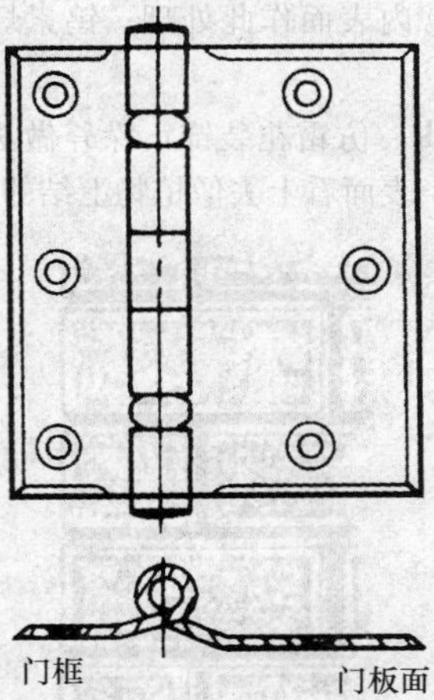

常在门板面和门框上，不需凿榫眼的铰链

full torching 全焊接；见 **torching**。

full-way valve 同径阀，全通阀；见 **gate valve**。

full-width porch 全宽度门廊；与房子等宽但高

度不完全相同的门廊。

fully-tempered glass 回火玻璃；在 ASTM C1048 或等效文件指导下，经回火处理过的玻璃。在同等厚度条件下，回火玻璃的强度是退火玻璃的五倍。

fully welded seamless door 门面上和侧边的所有连接均为连续焊接，并且焊缝经平磨而像无缝一样。

fumed oak 因暴露在氨气中而变黑的橡木。

fume hood 通风橱；一种半封闭装置，用于吸出并移除封闭空间内的烟尘和气味。

functional spaces 功能空间；建筑中安置主要使用功能的空间或房间。

functionalism 功能主义；一种建筑设计哲学，认为建筑形式应该服从其功能，展示其结构，表现其材料、构造和用途的特点，并且尽量减少或消除那些纯粹的装饰。见释义中路易·沙利文（**Louis H. Sullivan**）1896 年关于此内容的陈述："……形式永远追随功能"。

fundula 古罗马的死胡同。

fungicide 杀菌剂，防霉剂；可抑制或者阻止真菌生长的物质。

fur 钉板条。

furnace **1.** 炉子，燃烧室；锅炉或供热设备中燃料燃烧的地方。**2.** 一套完整的供热系统中，将燃料燃烧后产生的热量风送给供暖系统的装置。

furnace slag 炉渣；同 **blast furnace slag**。

furnish 木材粗加工的副产品，如刨花，锯屑和板片；用作碎屑胶合板、纤维板的原材料。

furniture 家具；可移动的物体或用具，如桌子、椅子，或者室内外居住空间的装饰物。

furniture wall 空腹金属隔墙；内有能布置电线的垂直和水平线槽。

furred 使用钉板条以使两物体间保留空气隔层，如在砂浆层与墙壁间、地面与底层地板之间。

furring **1.** 间隔；固定在建筑物搁栅、龙骨、墙或者天棚上的衬垫木板条或槽钢，可使其表面平整；也见 **wall furring**。**2.** 用于固定石膏或者钢丝网片的搁栅。**3.** 砖石墙室内墙面的装饰方法，留出一定空间用于隔热、防止潮气浸入或者为装饰面层找平。**4.** 由于硅石和水中含有的其他物质沉积而在锅炉、热水器和管道内表面形成的水垢。同 **scale**，**8**。

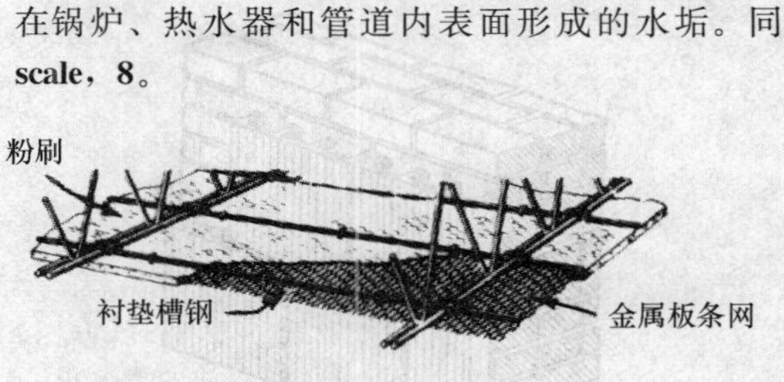

固定石膏或者钢丝网片的搁栅

furring brick 贴面砖；用于装饰室内墙面的空心砖，大小和普通砖相同，砖背面有凹槽或者划痕以便与灰浆很好地结合，不承受附加荷载，只承受自重。

furring channel 用作衬垫的槽钢。

furring channel clip 管道夹；同 **channel clip**。

furring nail 板条钉；经电镀的低碳钢钉子，平顶、菱形尖头，钉上有用来固定钢丝网片的垫圈或调整垫片，并使其与受钉构件保持一定距离。

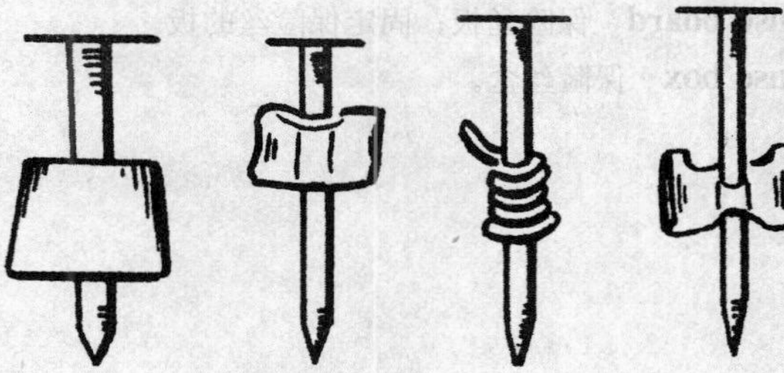

板条钉

furring strip 用于钉罩面板的木条，用作垫板的木条；又见 **batten**，**3**。

furring tile 墙面瓷砖；砌在外墙内侧的不承受附加荷载，具有瓦楞表面，以便于抹灰的瓷砖。

furrowed 石面作沟槽饰（的）；指凿过边的方石或琢石，其表面刻有竖向凹槽的。

furrowing 划槽；用于提高砌砖速度的技术，瓦匠在砂浆基层中用瓦刀尖划出一个槽。

fus 缩写＝"**fusible**"，可熔的。

fusarole （多立克、爱奥尼和科林斯柱头中钟形圆饰下的）凸圆线脚；凸圆形装饰嵌线，通常刻成串珠状。

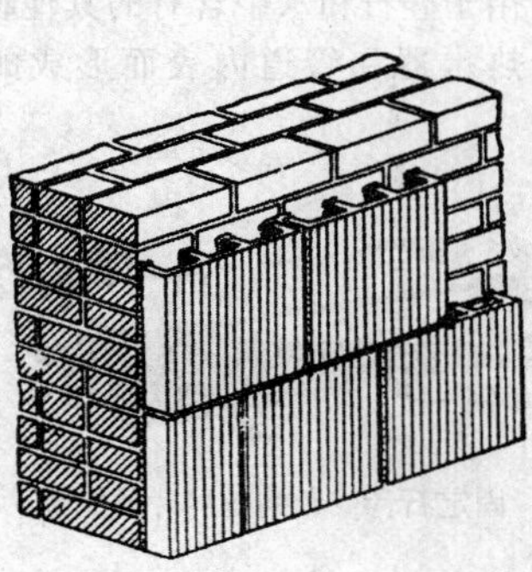

墙面瓷砖

fuse 保险丝；过量电流保护装置。具有金属片、带或丝，当电流超过额定电流时，金属会自动熔断而切断电路。

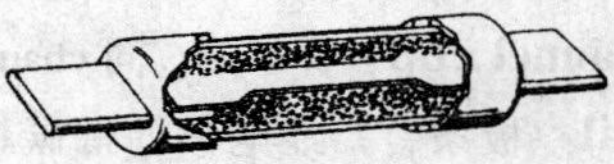

灯座夹头的保险丝管

fuse block 熔线板；同 **fuse board**。

fuse board 保险丝板；固定保险丝的板。

fuse box 保险丝盒。

fuse lighter 点火器；用于点燃安全导火线的特殊装置。

fusible-element sprinkler 防火系统中，因某个部件（如易熔堵嘴）起火产生的热量熔化而打开喷水的喷嘴。

fusible link 易熔接件，熔线；由低熔点合金制成的金属丝；起火时，金属丝熔断，便可触发阀门或门等关闭。

fusible metal 易熔金属合金；低熔点的合金金属，常用于起火时启动防火装置。

fusible plug 可熔插塞；同 **fusible link**。

fusible solder 易熔焊料；含铋的低熔点合金，其熔点低于铅锡焊料，如低于 361°F (183°C)。

fusible switch 熔断开关；有保险丝盒的电源开关。

fusible tape 连接带；见 **joint tape**。

fusion 熔接；焊接中，焊料与被焊接金属一起熔化或者仅将被焊接金属熔化而将金属焊接在一起。

fust 柱身；立柱或者壁柱的杆状部分。

fuzzy texture 瓷器面上的瑕疵，包括微小的气泡，小凹窝等。

FW 缩写＝“**flash welding**”，弧光焊。

G

G 1.（制图）缩写＝"gas"，煤气。2.（制图）缩写＝"girder"，主梁。

ga. 缩写＝"gauge"，行距，量规（gage）。

gabbro 辉长岩；类似于闪长岩的火成岩，主要由肉眼可见的铁磁性矿物晶体组成；与玄武岩有相同的矿物组成。

gabion 用于基础建设中装满石料的柳条或金属筐。

gable 坡屋顶两端的山墙；建筑中与坡形屋面相接、垂直墙面从屋檐到屋脊，其形状通常是三角形，但因女儿墙和坡屋顶的类型不同而不同；如果以山墙为正立面而不是在端部，则称为正面山墙。至于特定类型的定义和插图，可参见 **bell gable**，**broken gable**，**clipped gable**，**corbie gable**，**corbiestep gable**，**cross gable**，**cowfooted gable**，**crowstep gable**，**curvilinear gable**，**docked gable**，**Dutch gable**，**end gable**，**façade gable**，**Flemish gable**，**front-facing gable**，**hanging gable**，**intersecting gable**，**muticurved gable**，**parapeted gable**，**segmental gable**，**side gable**，**stepped gable**，**straight-line gable**，**truncated gable**，**tumbled-in gable**，**wall gable**。

gableboard 山墙封檐板；见 **bargeboard**。

gable coping 山墙压顶；凸出于屋顶线以上、覆盖在山墙墙顶上的护檐。

gable dormer，**gabled dormer** 位于屋顶最高处的三角形屋顶窗（老虎窗）；同 **triangular dormer**。

gable elbow 直线形山墙基础部分的单级台阶。

gabled roof 人字形屋顶，三角形屋顶，双坡屋顶；见 **gable roof**。

gabled tower 人字形塔楼，山形塔；塔身在两面或者所有面都采用三角形墙，替代一般采用尖顶做法的塔。

gable end 端山墙；房屋端部的山墙，称为 **gable wall**，也可称为 **gable-end wall**。

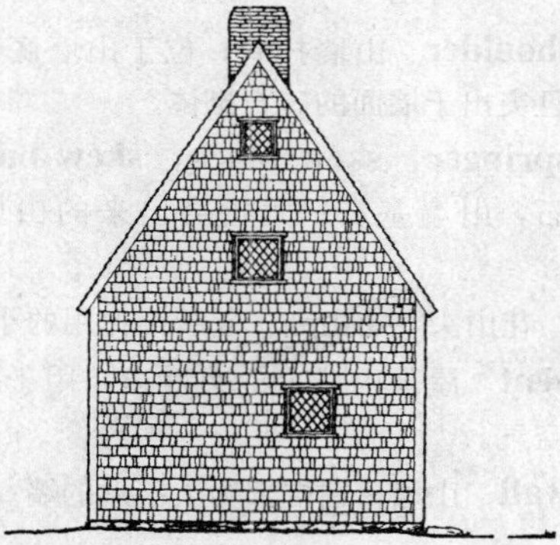

端山墙

gable finish 山墙端部的挑檐或装饰线脚，通常位于建筑物的檐口处。

gable front 以山墙作为正立面。

gable-front-and-wing plan 房屋长边垂直于街道，山墙临街为正面，背面有一侧翼的平面设计。

gable-fronted 以山墙为正立面的；同 **front-gabled**。

gable-on-hip roof 歇山顶；一种四坡屋顶，其屋顶的各个坡面并非单坡，而是两端坡面靠近屋脊处各有一竖直端面，形成与屋脊相垂直的小山墙。

歇山顶

gable ornamentation 山墙面装饰；比如山墙顶端附近的纺锤雕饰。

gable post 山墙小柱，封檐板顶端支撑；山墙顶端用于固定（山墙）封檐板的小短柱。

gable roof 双坡屋顶；人字屋顶；屋脊两侧为单坡的屋顶；通常在屋顶一端或两端有山墙。

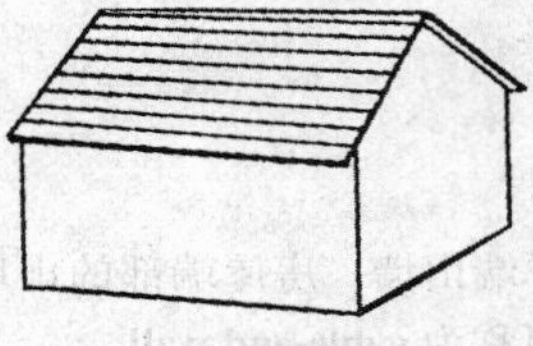

双坡屋顶

gable shoulder 山墙托肩；位于山墙底部起支撑作用且突出于墙面的砖石砌体。

gable springer, skew block, skew butt 山墙拱底石，山墙基石；尤指突出来的山墙底部的基石。

gablet 花山头，小山墙；起装饰作用的小山墙

gable vent 屋顶山墙上的百叶窗，用于排出阁楼中的空气。

gable wall 山墙；墙端部为人字形的墙。

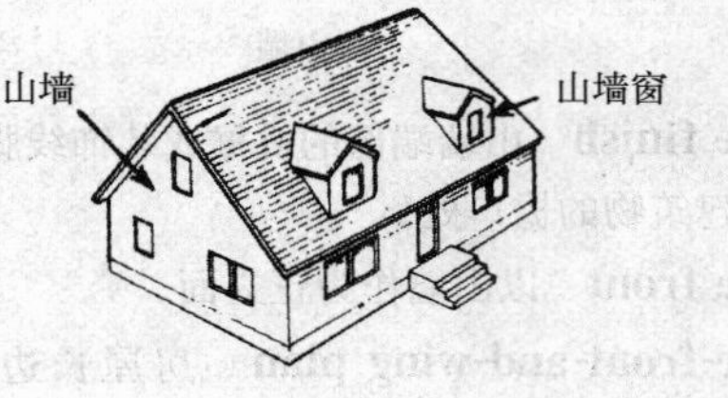

gable window 1. 山墙上的窗户。2. 形似山墙的窗户。

gaboon, okoume 加蓬木；类似于非洲红木，但较为柔软且重量较轻。

gadroon, godroon 卵形凹凸刻纹，圆弧线条装饰；主要由卵形或者更为细长的凸饰物首尾相接规则排列形成的装饰。

gage 标准度量，计量器；见 **gauge**。

gaged （用计量器）计量过的，度量过的；见 **gauged**。

gaged brick 标准尺寸砖；见 **gauged brick**。

gaging 计量的，度量的；见 **gauging**。

gag process 矫直过程；在矫直压力机作用下，使弯形构件矫直的过程。

gain 开槽，榫接；木工活中，将一块木头刻出凹槽或勾缝，便于与另一块木头对接。

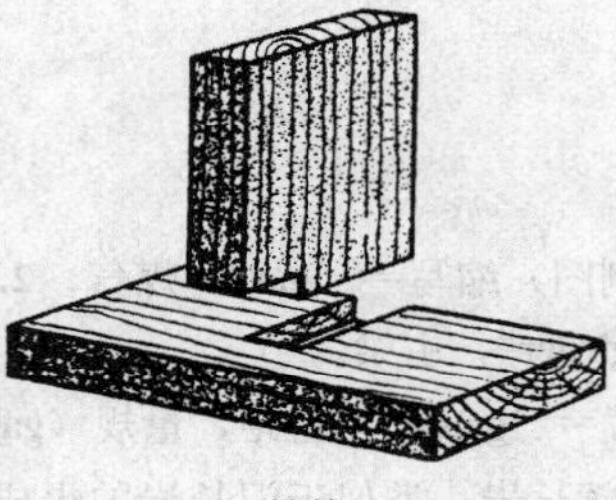

榫接

gaine 装饰性的基座；尤其指方锥形基座，也可见 **estipite**。

gal （制图）缩写＝**"gallon"**，加仑。

galería 西班牙殖民建筑中，开敞的、有顶的、临庭院或街道的门廊，通常为拱顶。

galerie 走廊或者门廊；在路易斯安那州的法国乡土建筑中，单面开敞有屋顶的走廊。该走廊通常延伸并穿过正立面或穿过正立面和另外一面或两面，或者是环房屋上层平面一周设置。

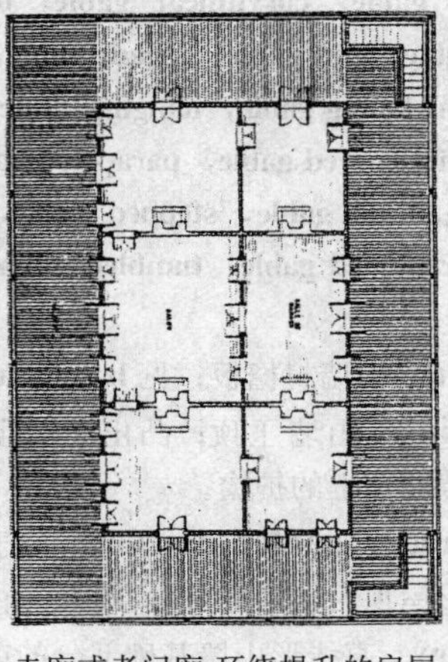

走廊或者门廊 环绕提升的房屋

galerie house, gallery house 路易斯安娜地区，由讲法语居民建造的、有法国乡土建筑风格的农舍或者种植园房屋。通常沿建筑正面或沿正面及另外一面或者两面设有门廊，其屋面以带人字形

老虎窗为其典型特征。也可见 **Cajun cottage** 和 **Creole house**。

galilee 教堂西端用于祭祀的前廊或小教堂。

galilee porch 直接通往教堂外部的门廊，可以作为通往教堂主要部分的前厅。

gall 瘿，植物瘤状物；因外部物质侵入，如化学试剂、真菌或是机械损伤而造成植物组织的不正常生长。

gallery 1. 走廊；建筑室内、室外通道或者连接两建筑间的长距离的有顶过道。2. 在建筑室内或者室外的一处高架区域，如堂内小眺台（**minstrel gallery**），音乐长廊（**music gallery**），屋顶走廊（**roof gallery**）。3. 剧院楼座，最高楼座；礼堂观众席中抬高部分的坐席，比如最顶层楼座。4. 室内公众祭拜场所或者类似的地方，有时因做特殊用途而隔开。5. 地下通道，供给通道；室内供给（水、电、气、电话线）通道，或者连接室内地下室与外部出口的通道。某些（水、电、气、电话线）通道也为游客服务，比如在罗马圣彼得大教堂（**St. Peter's**）穹顶基座处的光廊。6. 用于特殊活动的长而狭窄的房间，比如射击练习等。7. 顶部采光的房间，通常用于艺术品展示。8. 满足艺术品展示的建筑物。9. 长廊；见 **long gallery**。10. 在剧院舞台旁边或者后面高架起来的工作平台。11. 指有拱顶的走廊，有拱的长形房屋，有拱的通道。12.（英）与灯座连接在一起，用于支撑灯罩等的装置。

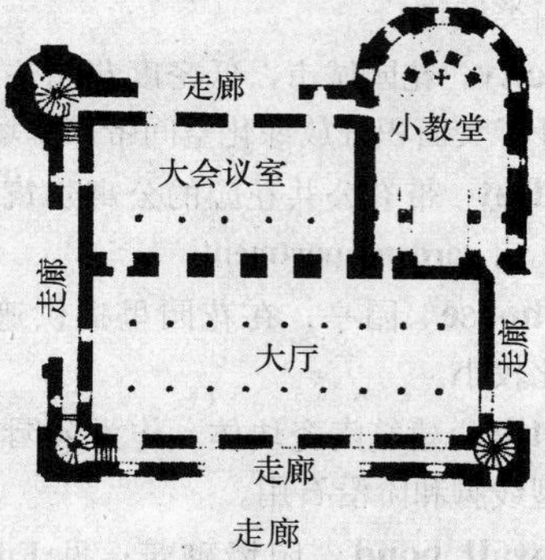

gallery apartment house 廊式公寓住宅；每层单元的入户有外廊的公寓住宅。

gallery grave 由石砌长廊构成的史前墓地，没有墓室，只以土堆覆盖的墓。

gallet 碎石（块，片），石屑。

galleting, garreting 1. 碎石片嵌灰缝；将碎石塞入毛石缝中，以减少砂浆用量或是使更大石块就位，或者是为增加外观清晰度。2. 垫高屋脊瓦的碎瓦片，用来调整正脊瓦或坡脊瓦的高度。

gallows bracket 构架斜撑；固定在墙上的三角形支撑，如棚架的支撑。

GALV （制图）缩写＝"**galvanize**"，电镀。

galvanic anode 阳电极；见 **sacrificial anode**。

galvanic corrosion 电解侵蚀；一种电化学反应，发生于两种不同的金属间，在电解液中接触所发生的腐蚀。

galvanize 镀锌，电镀；将铁或钢构件插（浸）入盛有锌溶液的槽中，给铁或钢件镀锌。

galvanized iron 镀锌铁，防锈镀锌铁片；广泛用于泛水板、屋顶天沟、屋顶周围凸缘、柔性金属屋顶等。

galvanized pipe 镀锌管；外表镀上一薄层锌的标准尺寸的熟铁管或钢管。

galvanizing 镀锌；将铁或钢浸入盛有锌溶液的槽中进行镀锌的过程。

gambrel end 具有复折（斜）式屋顶建筑的山墙。

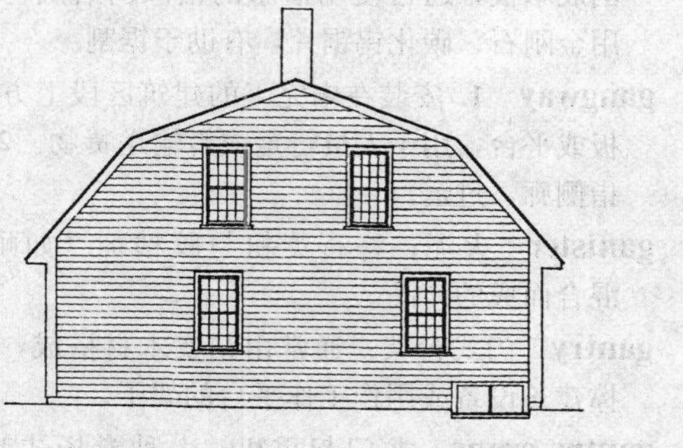

具有复折（斜）式屋顶建筑的山墙

gambrel roof, gambrel 1.（美）复折式屋顶，复斜式屋顶；每一侧有两个坡度的屋顶；在英国称为复折式屋顶 **mansard roof**。2.（英）靠近一端屋脊处有一小山墙的屋顶；该部分屋顶下方的屋面是倾斜的。也可见 **Dutch gambrel roof**，**English**

gambrel roof, Flemish gambrel roof, New England gambrel roof, Swedish gambrel roof。

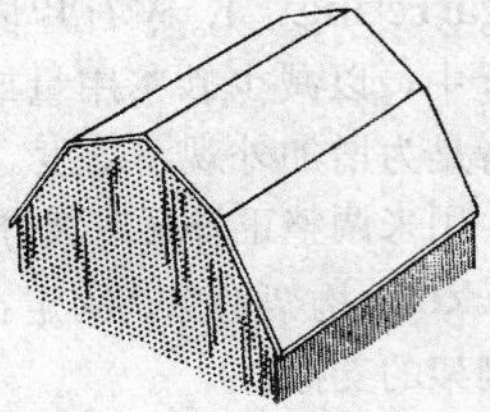

复折式屋顶

game room 文娱室，游艺室；主要用于娱乐消遣的房间，通常在住宅下（底）层。

gamma protein 从大豆中得到的蛋白；用作水性漆的浓缩剂。

gang boarding 木条跳板；见 cat ladder。

ganged form 成套预制模板，大型组装模板；可组装较大单元，便于安装、脱模和重复使用的预制模板，通常采用横撑、加强横撑或者特殊的起吊五金件进行联结组装。

Gang Nail 一种群钉体系（Gang-Nail System）公司的注册商标；带有许多竖直齿钉的金属板，是一种木材连接件的形式。

gang saw 排（框、直、组）锯；一组带动力装置的、齿片相互平行的往复式锯片，用来将圆木锯割成木板，通常使用掺水的松散研磨剂，或者使用金刚石、碳化钨锯片，有助于锯割。

gangway 1. 安装在未完工的建筑区段上方的步行板或平台，用于人员行走或者输送货物。2.（英）指侧廊，过道。

ganister 火泥；将石英粉与胶粘剂（如耐火泥）混合而成的产品。

gantry 门式台架；通常由结实木材搭成，用于支撑建筑设备或用作工作平台的架子。

gantry crane 龙门起重机；一种卷扬式起重机，其带滚筒的底座可以沿轨道移动，比同样大小的固定式起重机能覆盖更大的施工区域。

gap 墙上的开口；开缝接口。

gap-filling glue 填缝粘合胶；用于填合在安装时未能闭合缝隙的胶。

gap-graded aggregate 间断级配骨料；颗粒大小呈现间断级配分布特性的骨料。

gap-graded concrete 间断级配混凝土；由间断级配骨料拌制的混凝土。

gap grading 间断级配；骨料等材料中缺少某种中间粒径颗粒的粒径分布状态的级配。

gar. 缩写＝"garage"，车库。

garage 1. 存放机动车辆的建筑。2. 修理维护车辆的地方。也可见 attached garage, detached garage。

garage door 车库门；见 overhead door。

garbage 垃圾，废料，污物；来自于饭店、旅馆、市场以及类似地方的动植物废物；含有大约70％的水分和5％左右的不可燃物质。也可见 refuse, rubbish 和 trash。

garbage chute 垃圾槽；见 refuse chute 和 gravity-type refuse chute。

garbage-disposal unit 垃圾站；同 waste-disposal unit。

garçonnière 单身公寓；法国乡土建筑中，和正房不相连的单身住宅。

garden （菜、果、花）园；种植蔬菜、水果、花卉、装饰植物的场地。

garden apartment 1. 能通往花园或其他相邻室外空间的平房公寓。2. 带有公共花园的两层或三层公寓建筑，一般位于郊区。

garden arch 花园拱廊；花园中的装饰性拱廊，通常是网格式结构，在其上种植葡萄、玫瑰或者其他爬墙类植物。

garden city 花园城市，低密度花园住宅区，经规划设计了大面积开放绿化空间带停车场的居住区。

garden flat 带有公共花园的公寓建筑，一般位于郊区；同 garden apartment。

garden house 园亭；在花园里提供遮蔽作用的，通常比较小。

garden tile 建筑陶瓷块体，作为公园或天井通道中造型线脚和阶沿石用。

garden wall bond 园墙砌筑；见 English garden wall bond, Flemish garden wall bond, mixed garden wall bond。

garden wall cross bond 园墙交替砌筑；一层丁

砖，交替一层一丁三顺砖的砌筑方式。

garderobe 1. 衣帽间；见 **wardrobe**。2. 小卧室或书房。3. 中古时代建筑中厕所的委婉说法。

garetta 加雷塔；同 **garretta**。

gargoyle 滴水口；从屋顶排水沟延伸出来的排水口，通常雕刻成怪异的形状。

滴水口

garland 花彩，花冠，类似花冠的装饰；花带，花环或者由叶子、水果、花卉组成的花彩等形式的带状装饰品。

garland drain 设于基坑周围，用于排除流入基坑之前的地表水或潜水的浅沟。

garner 粮仓，仓库；同 **granary**。

garnet 石榴石，金刚砂；有多种颜色和分子结构但具有相同化学式的等晶体结构的矿物质。

garnet hinge T形门铰，丁字铰链；同 **cross-garnet hinge**。

garnet paper 石榴石砂纸；表面涂有非常细的石榴石粉末的砂纸；用于表面精加工或抛光。

garret 1. 屋顶结构内的空间；有时称作阁楼。2. 顶楼；通常指直接在屋顶下面，天花板有坡度的房间。

garreting 碎石填嵌灰缝；见 **galleting**。

garric bolt 一种末端呈楔形的回火钢制装置，与承载石材或其他砖石构件上的楔形榫头凹槽吻合。形似吊楔螺栓（**lewis bolt**），但体积较小，形状较长。

garrison house 1. 早期由石块或者粗削的圆木建造的有防御功能的建筑。二层悬挑，通常设有观察小窗（**loopholes**）；紧急情况下该建筑可以给家庭提供一个安全的避难所，和平时期则为家庭的居住场所。2. 如今多指二楼出挑的殖民复兴建筑。

圆木屋

garth 修道院里的开放庭院，通常是一片草坪。

gas burber 具有多个供可燃气体流出并燃烧的装置。

gas checking 气致皱纹；油漆或者清漆在凝固过程中，由于接触煤气火烤导致的皱纹。

gas concrete 加气混凝土；在混凝土未凝结前，向拌合料中充入气体制成的多孔的轻质混凝土，气体通常是由铝粉添加剂与水泥中的碱反应产生的。又见 **foamed concrete**。

gas distribution piping 煤气配送管网；从住宅煤气表到给用户提供燃料或照明气体装置的供气管道系统。

gaseous discharge 气体放电；在电流的激发下，气体原子发光的现象。

gaseous discharge lamp 气体放电灯管；利用电流激发灯管内气体使气体发光的灯管，常用气体包括氖气、氦气和氙气。

gas-filled lamp 充气灯；一种白炽灯。灯丝在充满惰性气体的灯泡内工作。

gas-fired 燃气的，烧气（体燃料）的；通过气体燃料燃烧进行加热。

gas-fired water heater 燃气热水器；以天然气、煤气或者丙烷气作为燃料的直接加热式热水器。

gas flow meter 气体流量表；测定气体流速或流

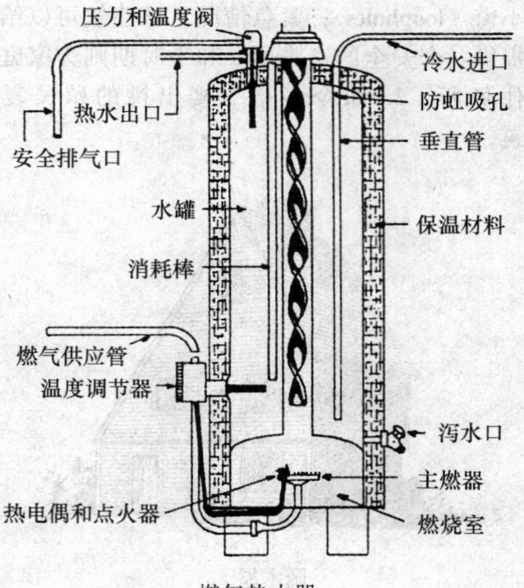

燃气热水器

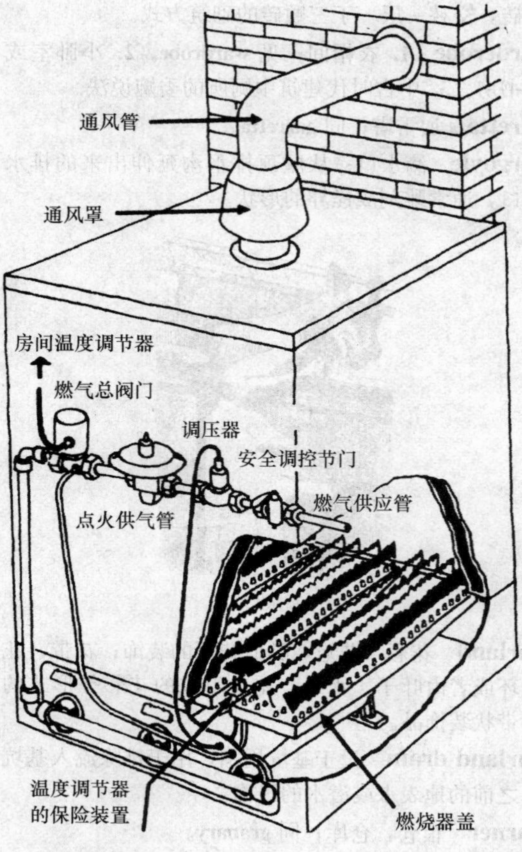

燃气炉

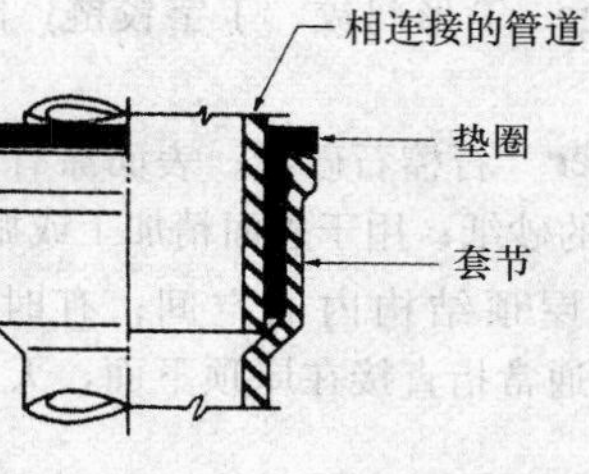

密封垫圈接缝

量的仪表。

gas furnace 燃气炉。

gasket 1. 密封条；一条弹性材料制成，粘在门框或门边上的带条，使得门框和门更加密闭；起遮挡风雨、光线和隔音的作用。2. 密封垫圈，垫片；弹性材料制成的环状物，用于防止接头滴漏。

gasket glazing 封边玻璃；安装在洞口并由弹性垫圈支撑的玻璃。

gasketed joint 密封垫圈接缝；依靠压力作用而密封的垫圈，用于连接铸铁污水管、球墨铸铁污水管及压力管的接头。各管端应与接头相匹配。

gas main 煤气总管；自市政公用设施向用户输送煤气的管线。

gas metal-arc welding 气体保护电弧焊；通过焊条与被焊接件之间产生的电弧加热而达到连接目的的电弧焊接过程。

gas meter 煤气表；测量通过某一固定点煤气体积总量的机械装置。

gas meter piping 由供气管线阀门至煤气表调节器出口（如果没有调节器，则和煤气表连接）的管道。

gas piping system 煤气管道系统；供气管道、煤气表管道和煤气分配管道的集合总称。

gas pliers 煤气管钳；有锯齿状凹爪的紧固钳，适用于夹住管道或者其他圆形物体。

gas pocket，blowhole 铸件气孔，气泡；由于空气侵入使铸件中产生的气孔或者孔隙。

gas pressure regulator （煤）气压调节器；用于

控制和维持恒定气压的装置；当煤气供应压力超过供气支管或燃气设备的额定压力时需要该装置。

gas refrigeration 燃气制冷；一种制冷方式，采用燃气加热制冷剂的机械。

gas room 煤气屋；一个完全封闭单独进行通风的空间，里面使用和保存了有毒和剧毒压缩气体以及相关设备和补给品。

gas service-line valve 供气管线阀门；位于地面或地面以下，在煤气表或者调节器的供给管线一侧的阀门。

gas service piping 从街道供气总管道至用户煤气接入管道阀门（包括在内）的煤气供应管道。

gas station 加油站；售卖机动车燃料的建筑。加油站中通常有修理机动车辆的设施。

gas vent 排烟管；从煤气炉或其他燃气装置通向室外的通气管，用于排除燃烧中的气体产物。

gas welding 气焊；通过气体燃烧产生的火焰使焊件接合的焊接过程；有时需用焊丝，焊接时对被焊物可施压或不施压。

gatch 蜡饼；波斯用于装饰的粉刷。

gate 大门；篱笆、墙或其他障碍物上的可开启通道上的可以通过滑动、下拉或者旋转来打开或者关闭的门。

gate contact 门触点，车厢拉门触点；见 **car door contact**。

gatehouse 门房；围起或包含有城堡、庄园宅第等重要建筑的门道的建筑物。

gate operator 大门起闭控制器；通电后，能自行开关大门的电子机械装置。

gate pier 由砖块、混凝土或者石块砌筑而成的门墩。

gatepost 门柱；通常为一对，门在其间旋开或拉开；见 **hanging post**。

gate tower 门楼；带有通往堡垒大门的塔楼。

gate valve, full-way valve 闸门阀；一种流量控制装置。有一楔形闸门，全开启时流体顺畅通过，部分开启时降低流量；一般不完全关断流量。

门房

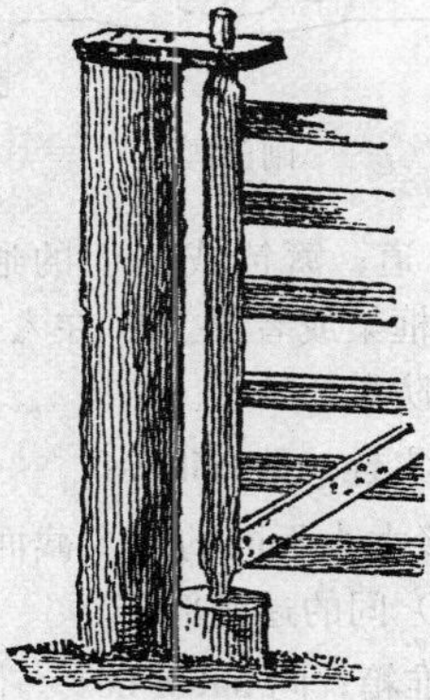
门柱

门楼

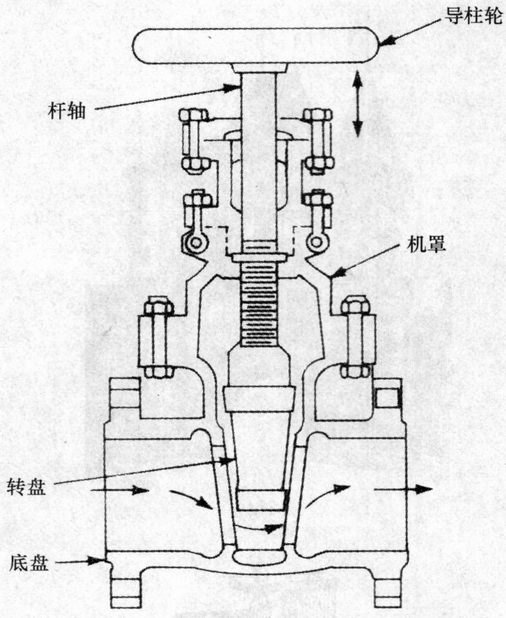

闸门阀

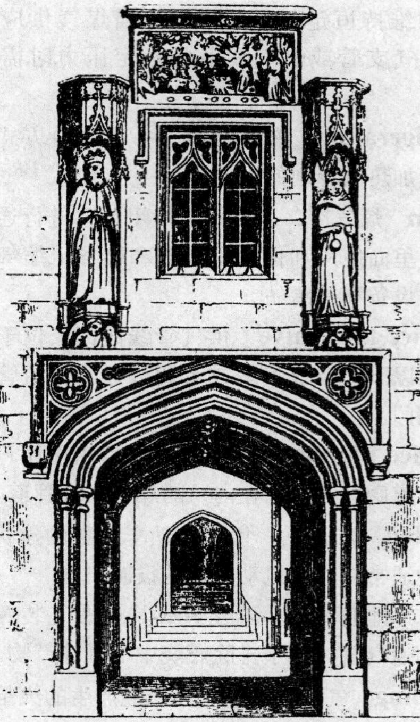

默顿学院牛津［英国］（1416）

gateway 1. 门道；篱笆或墙上的通道。2. 门框架；悬挂门的框架或者拱。3. 在入口或者大门处用于装饰或者防御的结构。

gather 聚集，集合；见 **fullness**。

gathering 连接大小不同的两个截面（比如烟囱，烟道或者风管）间的过渡部分。

gauge box 规准箱；同 **batch box**。

gauge, gage 1. 金属板或者金属管的厚度，通常以数字来表示。2. 金属线或者螺钉的直径；通常以数字来表示。3. 两点之间的距离，比如连接点之间的平行线。4. 金属条或者木条，用作控制柏油或者混凝土路面厚度的定位板；当在抹灰中使用时，可以称作找平板。5. 测量设备，尤指测量液位、尺寸或压力的设备。6. 榫眼间距；见 **mortise gauge**。7. 屋顶上暴露在外面的瓦片、石板或者花砖的长度。8. 罩面石膏灰浆的用量，其与普通石灰混合，可加速凝结速度。9. 将普通石灰浆与罩面石膏灰浆拌合，以更好地控制石膏灰浆的凝结速度、防止收缩，并增加其强度。10. 将石块或者砖块切割或者研碎成大小相同或形状统一的材料。

gauge board 1. 规准板，样板；同 **gauging board**。2. 沥青板。

gauged 研磨过的；经研磨而具有相同厚度或所需形状的（材料）。

gauged arch 规准砖拱；由楔形砖砌成的圆拱，其灰缝沿一中心点呈辐射状。

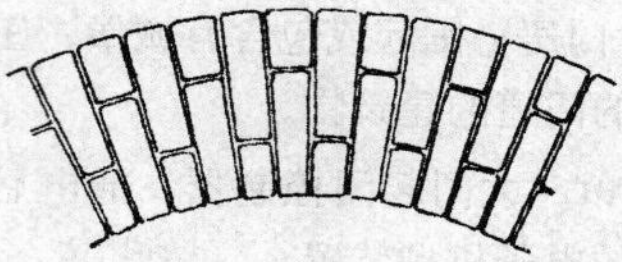

规准砖拱

gauged brick 1. 标准尺寸砖；经过凿或锯切割成特殊形状的砖块，然后进行研磨（比如，在砂石上）来达到精确尺寸。2. 楔形拱砖。

gauged mortar 混合砂浆；将水泥、石灰和砂子按一定比例混合而成的灰浆。

gauged skim coat 装饰面层，罩面；在抹灰工程中，最后一道极薄的涂层，是将普通灰浆和石膏灰浆用镘刀镘成一个光滑、坚固的面层。

gauged stuff 装饰石膏；同 **gauging plaster**。

gauged work 1. 规准砖工；精细砖瓦活，将砖块切割或者锯成规整的形状，然后磨成大小一致、表面光滑的砌块。2. 规准抹灰工作；用装饰灰浆进行抹灰，如做石膏线脚和饰品。

gauge glass 液位指示玻璃管；标示桶等容器中液位的装置。

gauge pile 定位桩，导桩；见 **guide pile**。

gauge pressure 表压，指示压力；液体或气体的绝对压力与大气压力之差。

gauge rod 标准杆，标杆；用于检查砖墙砌筑准确度的测量杆，如果用于标记楼板和窗台高度，可以叫做楼层标尺，皮数杆。

gauge stick 标准量尺；见 **scantle**。

gauging 为了修正材料性能，在石灰砂浆材料测定量上增加的数值。

gauging board 灰浆拌合板；在上面拌合水泥、灰浆或者石膏的板。

gauging box 一种配料量斗。

gauging plaster 罩面层石膏灰浆；一种混合了石灰膏的特殊石膏，用作饰面层。

gaul 灰浆孔隙，涂层起泡；灰浆或砂浆表面的点状或片状空隙。

gault brick 泥灰岩砖；由砂子和重黏土混合制成的砖，介于白色和淡黄色之间，颜色轻重取决于黏土含量。

gauze 1. 纱布，纱罗织物；任何薄、网状的织物，通常是透明的。2. 精细的金属丝网；也称细筛 **lawn**。

gazebo 凉亭，瞭望亭；观景视角绝妙的小亭。通常建在花园、公园或者溪流旁，起装饰作用；同 **belvedere** 或 **summerhouse**。

gazophylacium 保存贵重物品的地方，如教堂或者宫殿的宝库。

GB 缩写＝“**glass block**”，玻璃砖。

GC 缩写＝“**General Contractor**”，总承包人。

G-cramp 细木工使用的大 C 形夹具。

geison 墙面出挑物，如挑檐、压顶等凸出墙面的一部分。

凉亭，瞭望亭

gel 胶质体，凝胶体；有一定弹性的半固体材料，由不溶解的胶状物质组成；在溶剂中呈悬浮状态；又见 **cement gel**。

gelatin mold 明胶石膏模型；由明胶制成的半刚性模型；用于塑造石膏制品。

gel coat 凝胶涂层；树脂的薄外层，有时掺有颜料，用于改善增强塑料模制品的外观。

gelling 胶凝；颜料或者清漆增浓达到类似胶体稠度的过程；又见 **livering**。

gemel, chymol, gimmer, gymmer, jimmer 一对，一付，一双；构造中被视作成对的两个对应的构件。如：一扇窗装在一双窗洞口内或一扇窗有两个洞口。

gemel window 对窗，孪窗；两洞口里各有一扇窗或有两个透光窗格的窗户。

geminated 成对（双）的；如对柱，联用柱。

general bid 个人试图成为承包商或总承包商的投标行为，与分包商不同。

general conditions 总则；发包工程合同文件中，陈述权利、职责以及合同涉及的双方关系的那个部分；又见 **conditions of the contract**。

general contract 1. 在单一合同系统下，业主与承包商之间关于承建整个工程的合同。2. 在分包合同系统下，业主与分项承包商之间关于建筑和结构施工的合同。

general contractor 总承包人；在建筑工地负责

大部分工作，包括由分包人承担完成工作的总承包人。

general diffuse lighting 普通漫射照明；发光体发出的光 40%～60%向上散射，其余则向下。

General Grant style 在美国偶尔用于指第二帝国建筑风格，因为在格兰特将军任美国总统期间（1869～1877 年），建造了一批该风格的公共建筑。

general hospital 综合医院；由一栋或多栋建筑组成的公共机构。可以诊断和治疗大多数疾病、创伤或残疾的场所，接受的病人不分性别和年龄。

general industrial occupancy 常规工业建筑；除高危性工作外，通过常规设计可以满足多种类型生产加工使用的建筑。

general lighting 全区照明；为某一区域提供大致均匀的照明水平的照明设计。

generally accepted standard 建筑及相关领域内具有权威性的规程、规范、规则、指南及操作程序等。

general requirements 一般规格要求；美国建筑师学会统一系统第一章的标题，是关于建筑说明，数据归档和成本计算的统一标准。

generator 发电机；将机械能转化为电能的机器。

generator set 发电机组；由发动机及其驱动的发电机组成的机组。

genets 早期英国式建筑风格中入口拱券上的尖头。

gentrification 中产阶级化，社区复兴；城市功能恶化区域的房地产档次升级，通常导致该区域现有居民迁出，富裕人口的迁入。

geodesic dome 网架球顶；由大量相似、轻且直的构件（通常处于张力状态）组成的结构，形成一个穹顶形状的网架。

geodetic survey 大地测量；考虑了地球曲率影响的土地测量；适用于大面积和远距离测量，用于对（控制其他测点的）测量基点的精确定位。

geometrical stair 螺旋形楼梯；沿楼梯井建造，且在拐弯处不设转角柱的楼梯。

Geometric style 几何式风格；14 世纪上半叶，英国哥特盛世建筑风格的早期发展形式，其特征是窗花格为几何形式。

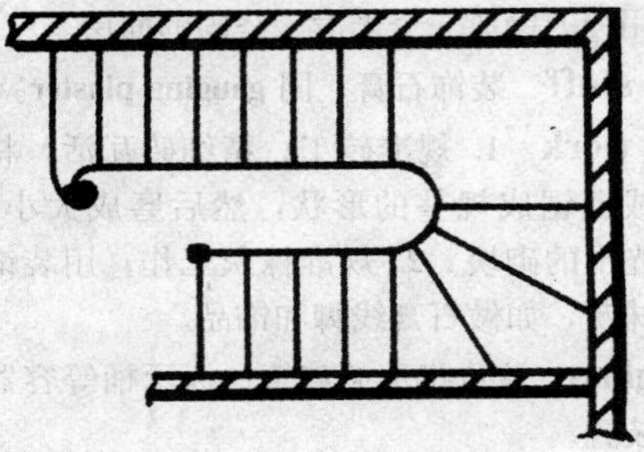

螺旋形楼梯

几何式风格

geometric tracery 几何形窗饰；具有简单几何图案的哥特式透雕细工，主要为圆和多叶饰形状。

Georgian arch 佐治亚拱，平圆三心拱；同 **camber arch**。

Georgian glass 乔治式夹丝玻璃；内部添加了钢丝网片进行加强的厚玻璃；见 **wire glass**。

Georgian plan 乔治式平面；一种乔治式建筑所采用的平面。常有两间房进深，中央大厅两边各有一间房，厨房位于房后。烟囱贴在房屋两侧外立面上。

Georgian Revival 乔治式复兴；见 **Colonial Revival**。

Georgian style 乔治时代建筑风格；指在大不列颠乔治一世到乔治四世统治时期（1714～1830 年），流行的建筑风格；由古典式、复兴式和巴洛克式派生而来；在美国，用于指出现于1700～1780年的类似建筑风格。乔治式建筑特点是矩形平面，通常两边带有对称侧翼，正面为对称的砖石墙；人字形山墙；挑出式集中柱廊，柱子有二层楼高；巨大的壁柱贯穿整个立面的高度；有凸出墙面的带状装饰层；铺石板瓦的四坡屋顶（通常被栏杆包围并阻断）；装饰性的古典檐口；五排矩形双悬窗户，窗上有过梁；底层正面窗户通常为人字（弧）形；常为帕拉第奥式；经过装饰的正门入口；无论是单扇或双扇门，每一扇都有多块镶板；顶部经过装饰，门上为弧形并有凸出的山花；门上方有扇形窗或楣窗，两侧均有侧窗；门道侧面有装饰壁柱或嵌墙柱。在高级住宅中，进入正门后是一个宽敞的门厅。

在美国的不同地区，乔治式风格的引入有所不同；在新英格兰，中央式烟囱的两层木框架形式比较流行；在南方，广泛使用砖石砌体建筑，壁炉烟囱在房子端部；大房子比较盛行采用半地下室，尽管初期缺乏装饰，但随着时间推移，乔治式风格住宅变得越来越宽大，装饰更加精细。某些建筑历史学家将早期乔治式与晚期乔治式进行主观区分，认为1750年是划分的界线。事实上这种变化是渐进的，且随地区差异有所不同。

几何形窗饰

geotechnical investigation 岩土工程勘察；为了确定可能影响建筑设计的地下轮廓及地层强度而对土壤进行的钻孔和取样（结合实验室测量）。也称 **subsurface investigation**，地下勘探。

典型立面

入口示例

German barn, Swiss barn 德国式谷仓，瑞士式谷仓；18～19世纪由移民到新大陆说德语的居民建造的谷仓，通常也可用于居住；其特征是复折式或人字形盖瓦屋顶；谷仓的二楼悬挑出谷仓一侧的基础线以外；通常有一倾斜车道直接通往打谷楼面（小麦进行脱粒、存储秸秆以及居民居住的地方），地下室用作马、牛和羊的畜栏；通常打谷楼面以下为砌体结构，而上面则为木结构。许多石砌谷仓墙上有狭长的垂直小孔用作通风。又见 **bank barn, forebay barn, grundscheier, Pennsylvania barn, Sweitzer barn, slit ventilator**。

German Colonial architecture 德国式建筑；大约在1680～1780年之间移民到美国的德语居民所

建造的房屋。很多早期移民在他们能建造永久住宅之前，用粗削过的方木建造一个临时住宅。这种临时住宅的特征主要有：正面对称，石砌厚墙，用木瓦或者陶瓦覆盖的陡坡斜屋顶；阁楼在山墙处开窗和在屋面开顶窗，门廊位于山墙端立面或正立面，有百叶的平开小窗，后改为双悬窗。若建于坡地，称为边坡房屋（**bank house**）；又见 **fachwerk**，**grundscheier**，**Pennsylvania Dutch**，**rauchkammer**，**springhouse**。

German siding 德国式墙板，德国披叠板；每块顶边有凸缘，与上一块板底边的凹槽披叠而成的外墙板。

gesso 石膏底粉饰；由石膏浆、胶和白粉制成的混合物；用作装饰涂层的底涂层。

geyser 快速热水器。

GFCI 缩写＝“**ground fault circuit interrupter**”，接地故障电路断路器。

ghost trap 舞台凹槽；同 **grave trap**。

GI （制图）缩写＝“**galvanized iron**”，镀锌铁。

giant arbor vitae 金钟柏；同 **thuya**。

giant order 大笔定单；见 **colossal order**。

giant pilaster 大尺寸的壁柱；同 **colossal pilaster**。

gib **1.** 夹条；将两个物体紧扣在一块的钢条。**2.** 与墙门平齐的门；同 **gib** 或 **jib door**。

gib-and-cotter joint 夹条扁销连接；用钢夹和楔子以及紧拉的钢扁条构成的木结构接头。

Gibbs surround 门或窗户的框架；由拱顶石（通常是三块）构成顶部，由突出的矩形石块砌在门框边上构成侧柱。

gib door 平门，隐门；见 **jib door**。

giglio 佛罗伦萨徽章，如鸢尾花形的徽章。

gig stick 一个制作成圆形线脚的半径杆。

gild 镀金，装饰；见 **guildhall**。

gilding **1.** 以金箔、金片、黄铜等作为表面装饰材料。**2.** 按此方法装饰出来的表面。

gilding metal 仿金合金；标称含 95％铜和 5％锌的合金，通常有板、条、线几种形式制品。

gilloche 扭索纹建筑装饰；见 **guilloche**。

门或窗户的框架

Gilmore needle 吉尔摩针；用于测定水硬性水泥凝固时间的仪器。

gilsonite，uintahite 硬沥青；天然形成的沥青，用于地板、颜料、铺路以及屋顶。

gimlet 木工手钻；一端带有尖端螺钉的小型工具；用手旋转可在木头上打小孔。

gimmer 一对；见 **gemel**。

gin block 单滑轮车，手拉链式起重器；由单轮及绕在上面的一根绳索构成的简单起重装置。

gingerbread 华丽派装饰；繁华装饰的精细木工制品，通常使用车床和（或）曲线锯进行加工。

Gingerbread folk architecture 华丽派民俗建筑；1870～1910 年，美国住宅广泛应用的一种乡土建筑风格，大量使用繁华装饰、纺锤饰以及封檐板。这些精细的装饰品时常被添加到老式房子中进行装饰或者应用到新房子中使得其跟上潮流。繁华装饰的门廊非常普遍；在一些大房子中，很多有两层高，有用纺锤式和花边状拱肩装饰的栏杆。又见 **Carpenter Gothic**，**Queen Anne style**，**Steamboat Gothic**，**Victorian architecture**。

华丽派民俗建筑

Gingerbread style 华丽派风格；19 世纪美国繁华建筑装饰的时尚潮流。

girandole 壁灯架；枝状灯架，带底座或者从墙上挑出来的灯座。

girder 大梁；钢、钢筋混凝土或者木结构的大梁或主梁；用于承受沿其长度方向各点的集中荷载。

girder bracket 加劲搁栅，千斤搁栅；同 **trimming joist**。

girder casing 大梁护面，梁模；完全包围住大梁的材料，如在顶棚下方的凸出物。

girder post 大梁支承柱。

girding beam 圈梁；见 **side girt** 和 **end girt**。

girdle 抱柱带；通常是水平的带子，尤指环抱柱身的条带。

girdle cornice 形似抱柱带，环绕建筑的檐口。

girt 圈梁，柱间连系梁；早期木构架房屋框架的一种水平构件，用于支撑顶棚托梁末端并作为上方楼板的主要支撑构件；通常位于地板与墙顶之间大约一半的位置。该词条（**girt**）经常带形容词前缀，表示其所处的位置，如 **front girt** 表示沿正面墙的水平木梁；**rear girt** 表示沿房子后墙的水平木梁；**chimney girt** 表示在烟囱立柱之间起主要水平支撑作用的木梁；见 **timber-framed house** 下方的插图。

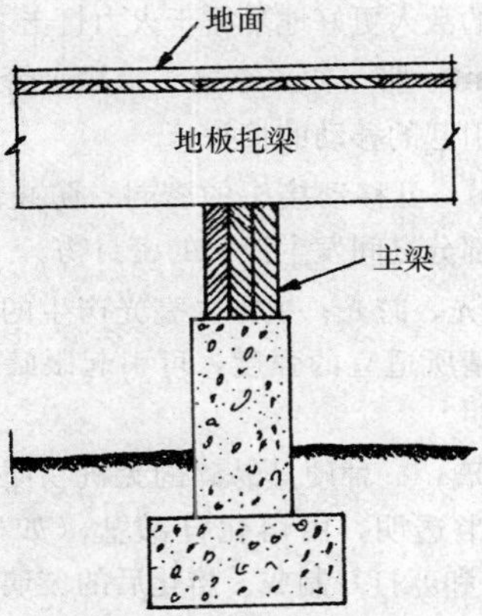

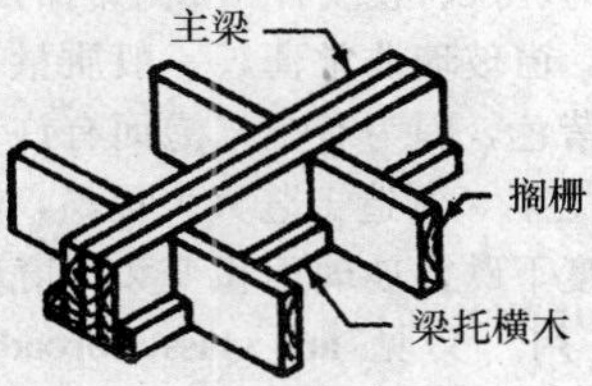

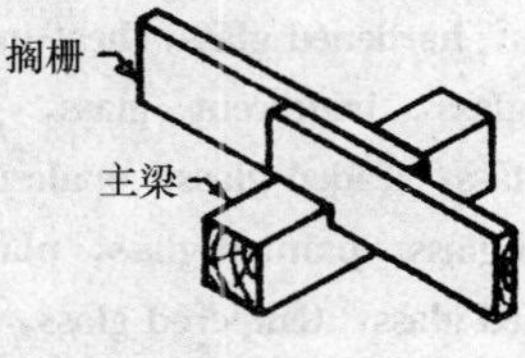

大梁

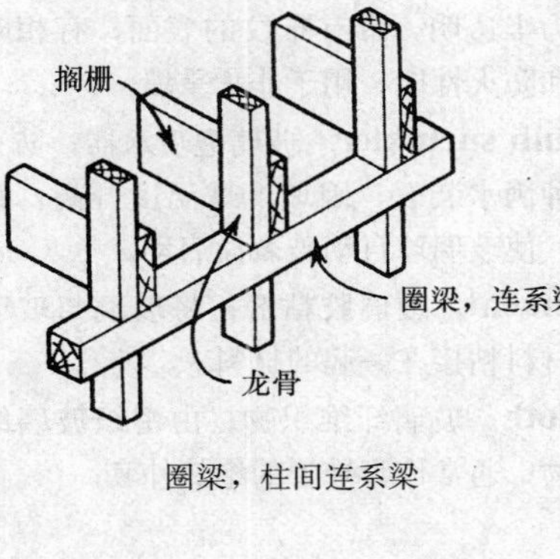

圈梁，柱间连系梁

girt board 一种木圈梁。

girt strip 梁托板，梁底板；同 **ledger board**。

GL （制图）缩写＝“**glass**”，玻璃。

glacial till 冰碛物；见 **till**。

glacis 斜堤；位于堡垒前面的斜堤，其高度正好能使进犯的敌人更好地暴露于火力打击之下。

gland joint 胀（伸）缩接头；热水管中，允许热胀冷缩引起的移动的接头。

gland seal 可移动接头的密封；防止固定部分与可移动部分之间发生泄漏的密封物。

glare 强光，眩光；视野内亮光产生的视觉，大大超过眼睛所适宜的强度，可引起眼睛疲倦、不适甚至失明。

glass 玻璃；一种硬且易碎的无机物质，通常为透明或者半透明，由熔化硅酸盐（如砂）和溶剂（如石灰和苏打）制成。熔化后的玻璃通常可以进行吹、铸、拉、卷或者压成不同的形状。几个世纪以前，窗玻璃非常薄，一般质量很差，通常为绿色或紫色，因为有空气泡而有许多条纹；大约1700年之后，制造工艺大大提高，因此玻璃价格也大幅度下跌，玻璃面积变大，窗玻璃也得到广泛的使用。又见 **art glass**，**broad glass**，**crown glass**，**cylinder glass**，**figured glass**，**float glass**，**ground glass**，**hardened glass**，**heat-insulating glass**，**insulating glass**，**iridescent glass**，**jealous glass**，**laminated glass**，**leaded glass**，**opalescent glass**，**organic-coated glass**，**painted glass**，**plate glass**，**sheet glass**，**stained glass**，**tempered glass**，**Tiffany glass**，**toughened glass**，**wire glass**。

glass block，glass brick 玻璃砖；空心玻璃块，通常为半透明，带有布纹的表面；有相对较低的绝热和防火性能；用于非承重墙。

glass bulb sprinkler 玻璃泡喷水器；防火系统中的一种洒水装置，因玻璃球温度升高，其内液体膨胀，使玻璃球自动破裂而启动。

glass cement 玻璃胶粘剂；将玻璃与玻璃或者与其他材料粘接在一起的材料。

glass cloth 玻璃纤维织物；由密织玻璃纤维制成的织物；通常作为导管的绝热外套。

glass concrete 镶嵌玻璃的混凝土板；点式镶嵌着半透明玻璃透镜的混凝土板；这些透镜通常呈几何形排列并能通透光线。

glass cutter 玻璃刀；用于切割玻璃或在其上刻痕的手工工具，手柄头上装有一个小而尖的硬质钢轮或者一小块金刚石尖头。

glass door 玻璃门；经过钢化处理或是回火处理的厚玻璃门，没有横档或门框。

glass fiber，glass fibre 玻璃纤维；见 **fiber glass**。

glass house 1.（英）玻璃暖房，温室；同 **greenhouse**。2. 指外墙几乎完全由玻璃建成的住宅；代表性例子为菲利普·约翰逊（**Philip Johnson**）在康涅狄格（**Connecticut**）设计的玻璃房子。

glass paper 玻璃砂纸；由玻璃粉制成的研磨其他物品的砂纸。

glass pipe 玻璃管；由低膨胀硼硅酸盐玻璃制成，碱含量较低；主要用于排放各种腐蚀性液体的管子。非常易碎，因此仅用于对机械损伤有保护措施的场合。

glass reinforced concrete 玻璃（纤维）增强混凝土；通过添加玻璃纤维而使强度增强的混凝土。

glass seam （石灰岩）玻璃缝；石灰石中由于透明方解石的沉积并封固形成的缝隙，有这种裂缝的石灰石其结构是坚固的。

glass silk 玻璃棉（绒）；玻璃纤维；同 **glass wool**。

glass size （窗）玻璃尺寸；用于窗格的玻璃尺寸，应在玻璃边与镶嵌槽之间留有适当的间隙。

glass slate 玻璃瓦（板）；同 **glass tile**。

glass stop 1. 镶玻璃条。2. 支承玻璃底边的专用镶嵌条，防止玻璃滑落。

glass surface coating 1. 一种应用在玻璃表面的涂层，通过着色控制天阳光线的入射量。当玻璃在熔炉中处于熔融状态时可附着涂层，或者通过化学处理的方式经加热烘干，使涂层附着在玻璃表面。2. 真空条件下浓缩在玻璃表面的金属镀层。

glass tile，glass slate 玻璃瓦；透明或半透明的瓦，用于屋面采光。

glass wool，glass silk 玻璃棉；松散的玻璃纤

维，类似棉状，用作空气过滤器，和制作玻璃纤维板、玻璃纤维毯、玻璃纤维瓷砖等的隔热材料。又见 **mineral wool**，**fiberglass**。

glaze 1. 釉，瓷釉；一般既薄又光滑似玻璃状，通常用作陶器等表面涂层。2. 制作陶瓷涂层的材料。3. 安装门、窗、店面、幕墙以及建筑其他部分的玻璃。

glaze coat 1. 组合屋面中顶面的光滑沥青层。2. 当屋面浇筑和找平被延误时，保护组合屋面层的临时沥青涂层。3. 能使覆盖在下面的底漆被隐约看见的薄而透明的有色漆层。

glazed 1. 像玻璃的；装有玻璃的洞口，如玻璃窗户。2. 上釉；由陶瓷材料烧结而成的光滑表面，通常起防潮作用。

glazed block 一面上釉的混凝土块，上釉面光滑、坚硬且常被着色。

glazed brick 釉面砖；在高温窑里经过灼烧的砖块，其表面一层黏土和砂石熔化，形成一种深色玻璃状的表面。

glazed door 1. 有上下横档且镶有玻璃的门。2. 法国式门。

glazed interior tile 室内用釉面砖；室内使用的不透明的釉面陶瓷砖，不适用于经常受到撞击或者冻融的环境中。

glazed tile 釉面砖；熔铸了不透水的釉面（无色、白色或者彩色）的瓷砖，该釉面通过将陶瓷材料熔融到砖表面形成；制成的砖可能是透水的（未釉面化的）、半透水的或者不透水的。

glazed work 釉面砖圬工。

glazement 防水釉材料；涂在砌体表面的防水釉。

glazier's chisel 油灰刀；形似凿子的油灰刀，用于镶嵌玻璃。

glazier's point，**sprig** 镶玻璃用的三角或四边形的小薄钢片；三角形或者四边形的金属小薄片，用于上油灰时固定窗格内的玻璃。

glazier's putty 油灰；一种镶玻璃用的混合物；又见 **putty**。

glazing 1. 装玻璃。2. （窗、门等）玻璃表面。

glazing bar 玻璃格条，玻璃窗棂；玻璃框架内用

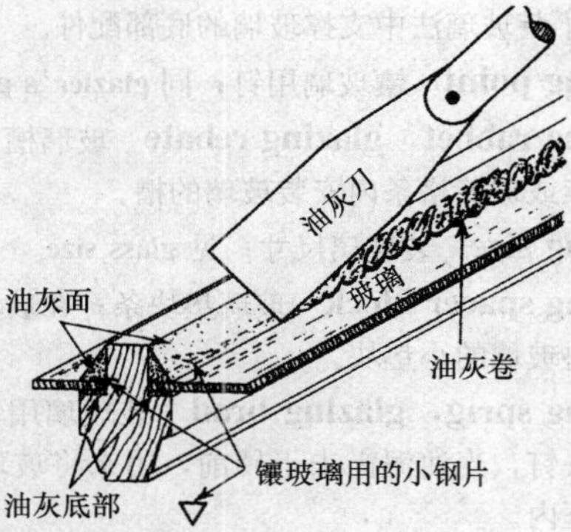

釉工

于固定玻璃的水平或垂直格条。

glazing bead，**glass stop** 1. 木（金属）压条，压在玻璃周围使之固定在窗框上；同 **bead**，**3**。2. 在玻璃窗洞口上起固定玻璃作用的可拆卸的镶边。

glazing block （定工具尺寸用）块规；同 **setting block**。

glazing brad 镶玻璃用钉；同 **glazier's point**。

glazing clip 镶玻璃夹；上油灰时，在金属框内固定玻璃用的金属夹。

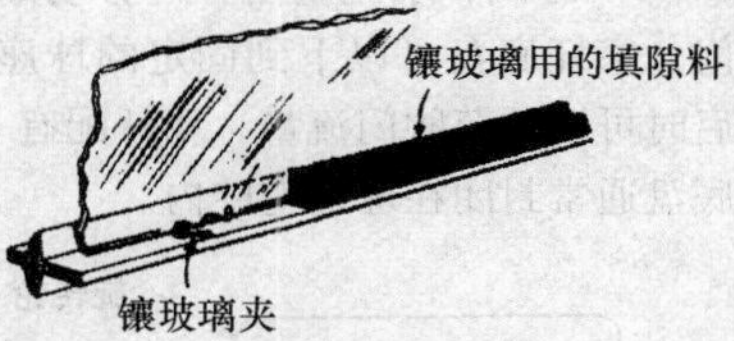

镶玻璃夹

glazing color 透明色料；用于覆盖底层漆的透明涂层。

glazing compound 镶玻璃用的填隙料；密封玻璃的油灰状材料；但与油灰不同的是其能在很长一段时间内保持塑性。

glazing fillet 玻璃压条；将玻璃固定在窗框槽内的小木条。

galzing gasket 镶玻璃密封，镶玻璃垫条；干装玻璃工艺中用于密封和固定玻璃或玻璃部件的预制条，无需使用填缝料或胶带即可将玻璃固定于窗框或窗洞内。

glazing molding 1. 玻璃线脚，用作玻璃压条。

2. 干装玻璃法中支撑玻璃的底部配件。

glazing point 镶玻璃用钉；同 **glazier's point**。

glazing rabbet，glazing rebate 玻璃槽口；玻璃框架或玻璃格条内安装玻璃的槽。

glazing size 装玻璃尺寸；见 **glass size**。

glazing spacer block 玻璃垫块条；在玻璃框架内支垫玻璃的小垫块。

glazing sprig，glazing brad 装玻璃用钉；一种无头钉，当油泥尚未干硬前，用来将玻璃固定于木框内。

glazing stop 同 **glass stop**；玻璃横档。

galzing tape 玻璃密封条；由弹性材料制成的条带，用于将玻璃密封于窗（门）框（扇、洞）内。

glebe house 对牧师住宅（**parsonage**）的旧称。

gliding window 滑窗扇推拉窗扇；同 **sliding sash**。

global illuminance 昼光照度；自然光源产生的光量：直射的天光或地面反射光。

globe，light globe **1.** 灯罩；用于保护光源、散射或者改变灯光方向，或者改变光线颜色的透明或漫射灯罩（通常是玻璃的）。**2.** 白炽灯。

globe valve 球阀；水流量由一可移动的塞杆控制的阀门，塞杆底盘可以下到固定的球座上，当向上开启时可以调节阀门流量。塞杆配有一密封圈。塞杆底盘通常封闭在球形空腔内。

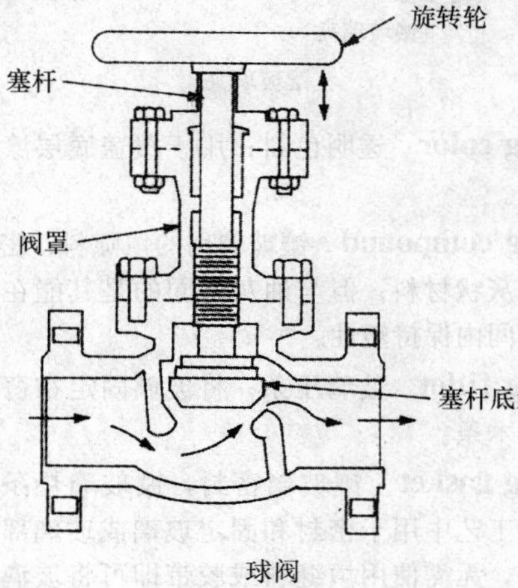

球阀

glory 彩光；环绕于神像头部和整个身体周围的能够散射的光环。

彩光

gloss 表面光泽度；从无光泽的粗糙表面到几乎镜子般光洁的表面之间范围；中间状况（按光泽度排序）是无光泽，蛋壳般光泽，半光泽，高光泽。

glossing up 粗糙表面经用手指摩擦后有光泽的效果；又见 **burnishing**。

glossy paint 光亮漆；烘干后具有特殊色彩和光泽的喷漆。对比 **flat paint**（平光漆）。

glow discharge 辉光放电；低压下气体放电产生散射光芒；其特点表现为阴极温度低，低电流密度和高电压降。

glow lamp 辉光灯；由靠近电极处的离子化气体放电发光的灯；因功率消耗低，通常用作指示灯。

glue 胶；用于连接物体的黏稠性流体物质，较重，通常指不需要加热就可以使用的胶：动物胶，鱼胶和乳胶等。

glue block，angle block 角木块；由两块木板相接形成的向内弯角木块，并胶粘以加强连接点。

glue down 铺装地毯时，将地毯垫面直接粘接在地板上的铺装方式。

glued-laminated timber 胶合木层板；由四层或更多层的木板叠压并胶粘制成的板材，板厚均不超过 2in（5cm），可以首尾相接连成任意长度或是侧边相胶接以增加宽度。

glued-up stock 用胶粘接在一起的木制品（包括

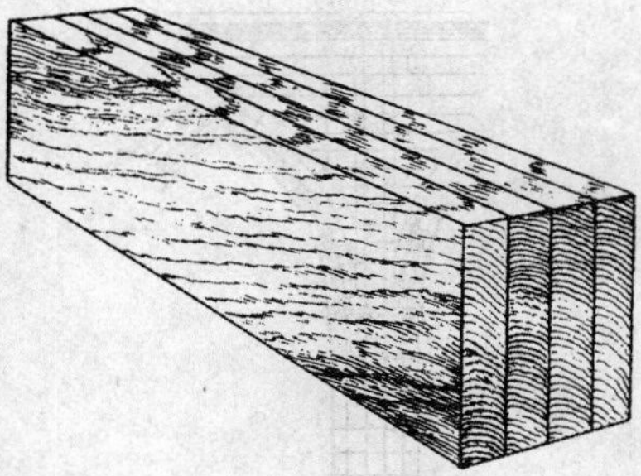

胶合木层板

饰面板或家具）。

glue line 胶合线（面）；两块板面之间胶合的层线，犹如胶合板中的层片。

glycerol，glycerin，glycerine 甘油；无色无味的液体，用于与合成或天然树脂混合制成油漆或清漆或用于生产某些胶合剂。用在色浆涂料中使其更柔韧。

glyph 1. 竖面浅槽饰；V形竖向凹槽，用于古典复兴风格及其派生风格的装饰物；常见于多立克柱式的横饰带上，如三联浅槽饰（**triglyph**）。2. 雕像。

glyptic 雕刻的。

glyptotheca 雕像画廊。

GM 缩写＝“**grade marked**”，等级。

gneiss （德语）片麻岩；纹理粗且有不连续分层的变质岩，常为暗色，主要由石英、长石、云母以及铁镁矿物构成，在建筑石材中通常被归类为片麻岩材。

goblet pulpit 教堂中支撑在截面呈六边形或圆形支撑体上的讲道坛，形似高脚杯。

go-devil 清管器，油管清扫器；用于清扫管线的装置，放置在管线的泵口，利用水压将其贯通管道。

godown 仓库；印度和远东地区任何形式的仓库。

godroon 圆线条装饰；见 **gadroon.**

going （英）1. 踏步宽；两连续梯阶踏步竖板之间的水平距离。2. 楼梯水平长度；楼梯第一步与最后踏步竖板之间的水平距离。

going rod 定距标杆；用于建造楼梯踏步定位（放线）的杆或棒。

gold bronze 金色铜粉；用于制造金色或铜色涂料的铜合金粉；其成分包括铜、锌、铅和锡。

golden section 黄金分割；线段被分割成两段，原线长度与分割后长线段长度的比值等于分割后长线段长度与短线段长度的比值。该比值曾被一些人认为具有潜在的美学价值。

gold foil 金色叶形片；见 **gold leaf**。

gold leaf 金叶；辊压或敲击出的极薄金片，用于在玻璃上镀金或贴金；通常其中含有少量的铜和银，有时厚金叶归为金箔。

gold size 贴金漆；能将金叶或金箔贴到表面的清漆；涂刷后很快变粘，然后缓慢干燥。

golosniki 在俄罗斯早期建筑中，由黏土制成的声音共鸣器，安装在某些教堂墙的上半部分；共鸣器的嘴面对着教堂内，和墙表面齐平。类似的共鸣器，也在某些希腊古典建筑和北欧早期教堂中出现。

gonge 盎格鲁撒克逊人对“厕所”的称谓。

gont 薄木板，俄罗斯早期建筑的铺屋面材料。

good morning stairs 在建于突兀台地的房屋中，从前厅通往阁楼的楼梯；在烟囱处，楼梯分成左右两侧，以便两侧都可以使用。

goods lift （英）运货的升降机。

goose neck 1. 鹅颈管，U形管；形似鹅脖子或者U形的管道部分；有时是柔性的。2. 在管道系统中，被倒置的U形管，管口有篦子，用于进气或排气。3. 弯曲连接件；栏杆扶手弯曲部分，在扶手角柱的顶部形成扶手的端部。

gopuram 印度庙宇山门；在印度建筑中，高高的纪念门。

gore 穹顶的楔形构件；同 **lune**。

gore lot 一块三角形土地。

gorge 1. 在某些柱式建筑中，靠近柱顶附近环绕柱身的窄带，或是柱顶底部附近形成柱头的一部分；将柱身和柱头从外形上分开的嵌条或者窄带。2. 凹弧饰或者空凹线脚。3. 进入堡垒的狭长通道。

gorge cornice 鹰嘴台口线；同 **Egyptian gorge**。

gorgerin 柱颈；见 **hypotrachelium**。

gorgoneion 在古典装饰中，带有蛇形头发的妖女人面装饰，用于避邪。

gospel hall 福音堂；新耶稣教徒朝拜的地方。

Gospel side 教堂北侧（当主祭坛位于东侧时），朗读《新约》的地方。

Gothic arch 哥特式拱圈，哥特式尖拱；泛指尖顶拱，比如尖拱（**lancet arch**）。

Gothic architecture 哥特式建筑；西欧中世纪时期的建筑形式，12 世纪后半叶，由法国拜占庭式和罗马式建筑发展而来。其代表作品为大教堂，特征为尖拱，肋拱圈，外部拱扶垛的展现等，不断减少了的墙面逐渐被极富装饰的门窗组合所取代。哥特式尖拱式建筑风格延续至 16 世纪，被文艺复兴式所替代。在法国和德国，人们以早期、鼎盛期和晚期来划分哥特建筑风格；法国中期、晚期哥特建筑又分别称为辐射式和火焰式；在英国建筑中通常划分为早期英式风格，装饰风格和垂直哥特式风格。

哥特式建筑：哥特式教堂的构造示例，
独立柱支撑和飞扶壁

哥特式建筑：晚期哥特式柱础，
鲁昂（**Rouen**）

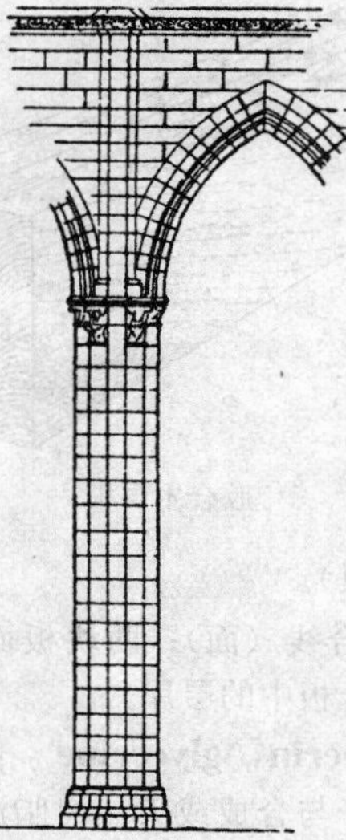
哥特式建筑：哥特式立柱

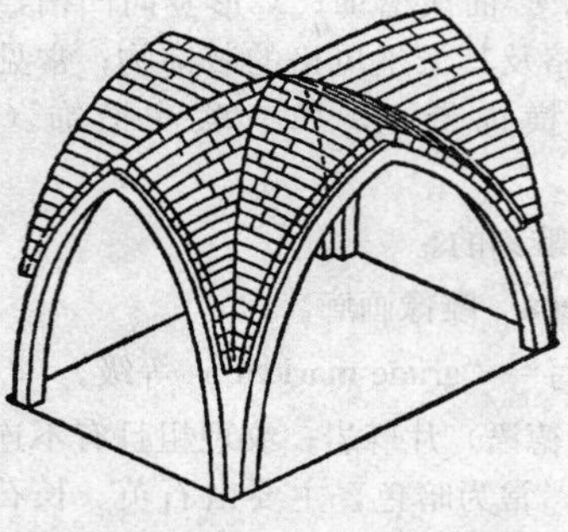
哥特式建筑：十字拱顶构造

Gothick 哥特式的；见 **Neo-Gothic**。

Gothic Revival 哥特复兴式；起源于 18 世纪，以复兴哥特建筑的精神和形式为目的风格，19 世纪在欧洲和美国发展到鼎盛。常用于乡村小舍、教堂、某些公共建筑以及城堡式建筑中。哥特复兴式建筑特征通常为琢石砌体，彩砖或木墙延至山墙；哥特式主题，诸如城垛、装饰托座、尖顶饰、金尾薄片、叶状装饰、尖券、塔、塔楼；带有扁平的哥特或都铎拱式门廊；对称的正面；陡峭的山墙通常用华美的封檐板装饰；出挑的屋檐；屋顶饰以石板或瓦片；偶尔也有带有锯齿状和垛形护墙的平屋顶；装饰的烟囱和烟囱管；屋脊线上有铸铁装饰带；窗户延伸至山墙；通常以精美的板式前门置于尖拱内，入口常有凹式门廊或雨篷，有时带有侧窗。初期称为"早期哥特复兴式"（**Early Gothic Revival**）；后期称为"晚期哥特复兴式"（**Late Gothic Revival**）或者"维多利亚哥特式"（**Victorian Gothic**）。也可见 **Collegiate Gothic**，**High Victorian Gothic** 和 **Carpenter Gothic**。

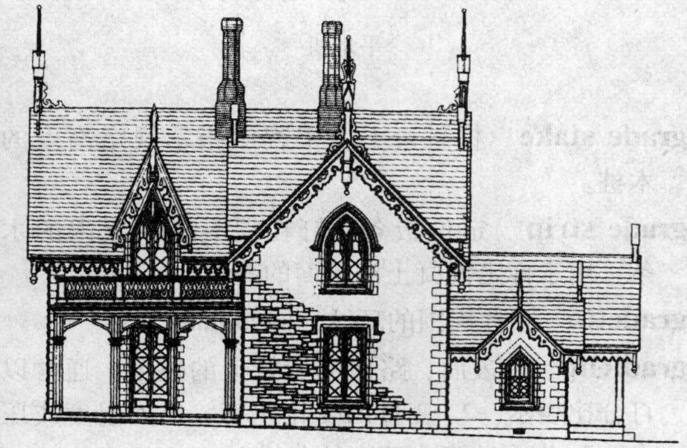

哥特式复兴：住宅立面

Gothic sash 偶尔用于对尖头窗（**lancet window**）的称谓。

Gothic survival 哥特式建筑衰落后的很长一段时期内（比如 17 世纪晚期），遗存的哥特形式和建筑技术；区别于哥特式复兴风格，通常限于局部运用。

gouache **1.** 树胶水彩画法；一种使用在水中研磨成粉的不透明颜料与树胶混合的作画方法。**2.** 树胶水彩画；按这种方法绘得的画。**3.** 此画法使用的不透明颜料。

gouge **1.** 半圆（弧口）凿；带有纵向弧形刀片的凿子，用来在木头或石块上凿洞或刻槽。**2.** 地面弹性覆盖物的磨损形式，通常表现为保护层的磨损并深入表层之下乃至接近地面。

gouge bit 弧口钻；形似圆凿的钻头，其锐利的端部呈半圆形，用于剪去被锉木洞边缘残留的纤维；几乎与实心钻一样切削木材。

gouge slip，oilstone slip，slipstone 圆弧磨石；用于磨锐尖凿和圆凿的油石。

gouge work 用凿雕刻的木工；用曲刃凿子刻出装饰花纹的木装饰表面。

government anchor V 形锚铁；一种插入钢梁腹板孔中的钢锚杆；用于将支承在墙上的梁固定在砌体结构中。

government house **1.** 政府主要的办公建筑部分，尤其在英国殖民地或英国联邦国家中。**2.** 统治者的正式住宅；尤其是在英国直辖殖民地。

GOVT （制图）缩写＝"**government**"，政府。

gpd 缩写＝"**gallons per day**"，加仑/天。

gpm 缩写＝"**gallons per minute**"，加仑/分。

gps 缩写＝"**gallons per second**"，加仑/秒。

GR （制图）缩写＝"**grade**"，等级。

grab bar 扶手；一般指安装于淋浴间的防滑把手。

扶手

grab bucket 抓斗。

grab crane 有抓斗的起重机。

grab rail 扶手；同 **grab bar**。

grab set 快速凝固；见 **flash set**。

gradation 分等级；见 **particle-size distribution**。

grade **1.** 等级；按质量进行的分类；在木材、胶合板和建筑板材中，这种分类通常仅取决于单面的质量。**2.** 地面标高；建筑外墙或者建筑场地其他部分的预期或现有的地面高度或标高。**3.** 坡度、梯度；公路上升或者下降的斜率，通常用英尺/100 英尺，米/千米，或百分比来表示，上升为正，下降为负。**4.** 管线相对于水平线的斜率；通常表示为英寸/英尺（或 cm/m）。**5.** 桩的截断处标高。

grade beam 指没有地下室的房屋中，支承着上部结构的外墙下的基础；一般设计成梁的形式，如条形基础，直接支承柱脚，也承受自重。

grade correction 坡度校正；根据斜面上测量的距离修正成两端点间的水平距离。

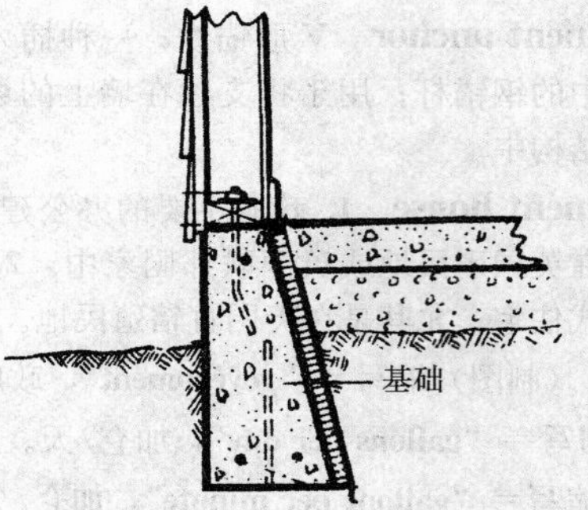

基础

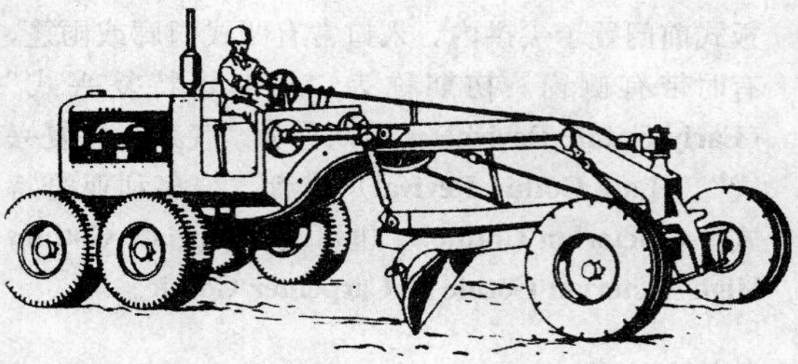

平地机

grade course 墙体自地面起的第一皮砖（石、砌块），通常采用防潮层或防水挡板做防水处理。

graded aggregate 级配骨料；颗粒尺寸按均匀级配方式由粗至细分布的混合集料。

graded sand 级配砂；直径在 1/4in（6.4mm）以下的混合细集料，颗粒尺寸按均匀级配方式分布。

graded standard sand 标准级配砂，渥太华砂；经过 600μ（U.S标准 No.30）和 150μ（U.S标准 No.100）筛孔精确筛选的砂子；用于水泥实验中；又见 **Ottawa sand，standard sand**。

grade hallway 火灾时用于逃离的封闭通道；通道出口处为大街、露天空间或与大街相连的院子。

grade level 地平线；移挖作填后地面水平线。

grade line 坡度线；常用标桩或其他标记标示，以同一基准点标示高度；通过测量和计算这些高度，可以得到端点之间的坡度。

grade passageway 火灾逃离通道；同 **grade hallway**。

grade plane 室外地坪；指一参考平面，代表建筑物外墙处的平均地面标高。

grader，towed grader 平地机；用于平整路面、筑路拱、混料、铺料、挖沟、筑堤、堆土或少量剥除表土等作业的多功能机械；一般不用于大规模挖土工程。

grade ring 检查井口处的预制混凝土环形构件，用于将井口调整到合适的角度。

grade school 小学；见 **elementary school**。

grade slab 地基板；直接放置在地面上的钢筋混凝土板，用作上部结构的基础。

grade stake 标桩；土方工程中指示规定高度的木桩。

grade strip 定位板条；钉在混凝土模板内的木条，用于标定混凝土浇筑面的高度。

gradetto 圆柱周围的环纹；同 **annulet**。

gradient 1. 表面、路面或者管道的坡度，通常以百分比表示。2. 变量的变化速率，比如温度或压力。3. 表示此变化速率的曲线。

gradienter 斜度仪；经纬仪上的一个附件，工程师可以用其测出角度的正切（tanθ）确定其倾斜角度，而不是度数或弧度。

gradinata 古代圆形剧场的台阶。

gradine 1.（阶梯的）一级。2. 祭坛背后上方的架子。

grading 1. 挖填或两者结合的施工作用。2.（骨料）级配；见 **particle-size distribution**。

grading curve 粒径级配曲线；表示材料不同粒径比例的图表；由点绘材料通过不同的已知筛孔孔径的累计量或者单一比率得到。

grading plan 地形或路面高程图；显示给定场地修整后的计划地面状况平面图，通常通过等高线和路面标高得到。

grading rules 分级规则，分等标准；根据质量来划分木材、胶合板等等级的规程。

grading timber 根据缺陷类型和数量将木材、圆木等进行分类。

graduated course 递减行距瓦层；从屋檐到屋脊行距不断减小的瓦片层中的某一层。

graecostasis 罗马论坛广场中来自外国使节听取辩论和参加仪式的平台。

graffito 粗绘；在墙上绘画表述或非正式评论；和 **sgraffito** 不是同义词。

graft 嫁接；将某一种植物的芽扦插到另外一种类似的植物树干上。

grain **1.** 纹理；指木材纤维或者石块、石板等内部岩层的排列方向、方式以及它们的外观。**2.** 石块最容易产生裂缝的方向。**3.** 颗粒；微小坚硬的颗粒。**4.** 格令；英制重量单位，7000 格令＝1 磅；用于测量空气中潮气的重量。

graining 漆木纹；仿木材或大理石纹理的油漆法，先在被油漆的表面上施涂透明着色剂，然后用梳子、刷子和抹布等工具做出适当的图案；见 **false woodgraining**，**faux bois**，**woodgraining**。

grain size 粒径；对土壤或岩石颗粒大小的测量。是影响土壤力学性能的一个物理量值，用于土壤分类和鉴定。

grain slope 木纹斜度；木材纹理和其长度的平行线之间的夹角。建筑用木材（比如用于大梁）角度的斜率，限制在 1/8 之内。

granary 谷仓；用于储存脱粒后谷物的仓库。

grandmaster key 总钥匙；能开启好几组锁的钥匙，而每一组锁中有其自己的钥匙。

grandstand 大看台；竞技场、球场、大厅或类似公共场所供观众站或坐的席位的支承结构，一般都有屋顶。

grand tier 歌剧场内正厅上方紧接着渐升座位的行列。

grange **1.** 农场。**2.** 农舍及其周围场地。

granite **1.** 有肉眼可见的水晶或颗粒的火成岩；主要成分包含石英、长石和云母以及其他有色矿物。**2.** 在建筑石材工业中，指有可见纹理的硅酸盐晶体岩石；包括片麻岩和火成岩，严格讲它们不是花岗岩。

graniteware 花岗石纹的法琅瓷器；在灼烧前通过控制金属基层腐蚀而产生杂点斑纹的上釉瓷器。

granitic finish 仿花岗岩石饰面；由花岗岩碎石混凝土饰面的面层。

granolithic concrete 人造石饰面混凝土；适用于磨损面的地面混凝土；由水泥与特别选择的具有适当硬度、表面纹理和颗粒形状的物质（原为花岗岩片）混合配制成的。

granolithic finish 人造石饰面；在新浇筑或已凝固的混凝土表面铺设人造石饰面。

granular-fill insulation 一种松散隔热填料，例如规则或不规则球状、粉状或片状颗粒的蛭石或珍珠岩。可以用人工浇灌、摊铺而无需机械。又见 **loose-fill insulation**。

granular material 粒状材料；没有黏性或塑性的碎石，砂砾或者粉砂；其渗透性比黏性或塑性土壤强。

granular soil 颗粒状土壤；由残渣和松散的无黏土废料（例如碎石、砂或粉土）构成的土壤，干燥后易松散。

granulated blast-furnace slag 粒状高炉渣；主要成分为铝矽酸钙和硅酸钙的非金属产品，在炼铁高炉里与铁同时产生，并通过在水、蒸汽或者空气中对熔融金属进行淬火而得到粒化。也可见 **blast-furnace slag**。

granulated cork 软木屑，填料；用作疏松隔热填料的软木小颗粒，也可用来制作软木砖等。

grapevine joint 葡萄藤连接；见 **scribed joint 2**。

grapevine ornament 由带有葡萄串和葡萄叶子的葡萄树构成的连续花饰。

graphics 制图法；尤指根据数学规则制图的技术，如绘制建筑、工程等的透视、投影图等。

graphite，plumbago 石墨；碳元素的自然存在形式之一；有导电性；其粉末可用作润滑剂。

graphite paint 石墨涂料；由石墨粉和油混合而成的涂料；涂于金属结构上可防腐蚀。

grapple 抓斗；有三个以上爪的抓斗；尤其适宜抓石块。

grappler 抓钩器；打入砌体中的尖头销钉，用于支撑脚手架牛腿。

grass cloth，China grass cloth 植物纤维墙布，植物纤维疏松织物；一种用于覆盖墙面的植物纤维疏松纺织品。

grass house 由茅草、芦苇或蕨草等自然材料建成的原始房屋，平面常呈圆形或矩形，盖茅草屋顶。

例如 **palma hut**（帕尔马小屋）和 **Hawaiian hale**（夏威夷草屋）。

grass table 泥土台；同 **ground table**。

grassed waterway 一个盛水的玻璃表面管道，通常用于盛带表面径流及减少表面前损。

grate 炉栅；（炉膛内）一种开有适当洞口的用于支托燃料的篦面，可使燃料上方的空气流通。还可以除去未燃烧的残渣，这种开口篦可以是水平的、倾斜的，固定的或者活动的。

grating 1. 炉箅；也可见 **coke grating**。2. 搁栅。3. 格床；同 **grillage**。4. 条式搁栅；见 **bar-type grating**。5. 板式搁栅；见 **plank-type grating**。

gravel 砾石；天然或由岩石破碎而成的粒颗粒集料，比砂子大，能通过 76.1mm 孔径的筛子，而 4.76mm（No. 4）孔径的筛可将其截住。

gravel board, gravel plank 砾石板；木栏底下的砾石板，使栅栏不接触地面，防止栅栏底边腐蚀。

graveling-in 在组合屋面的沥青防水层顶面铺放砂砾。

gravel plank 砾石板；见 **gravel board**。

gravel roofing 砾石屋面；见 **built-up roofing**。

gravel stop, gravel strip, slag strip 屋顶挡砾石条；通常为金属凸缘，用于防止屋顶面的砂砾或者疏松表面被雨水冲走；亦可用作组合式屋面的平整边缘。

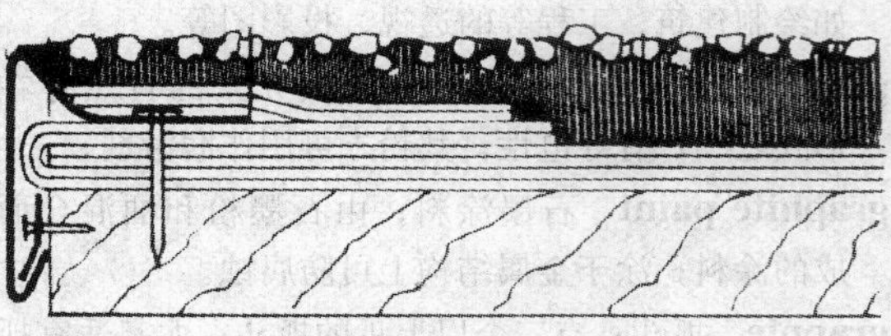

屋顶挡砾石条

grave trap 舞台凹槽；位于剧院舞台中央的长方形凹槽，有时设有升降的机械装置。

gravitational water 重力水，自流水；同 **free water 2**。

gravity convection 重力对流；由于空气或水的密度不同（由于温度不同）导致热量传递，从而产生空气或水的流动。

gravity drainage system 重力排水系统；见 **building gravity drainage system**。

gravity feed 重力给料槽；依靠重力将废弃物或废织物等从建筑物某层运至另一层的斜槽沟。

gravity flow 重力流；在重力作用下管道中产生的水流。

gravity hinge 重力铰链；装于门上，在门自重的作用下可以自动关闭的铰链。

gravity main 重力输水管道；见 **building gravity drainage system**。

gravity supply, gravity water system 重力式供水；水源比用水地点高的供水系统。

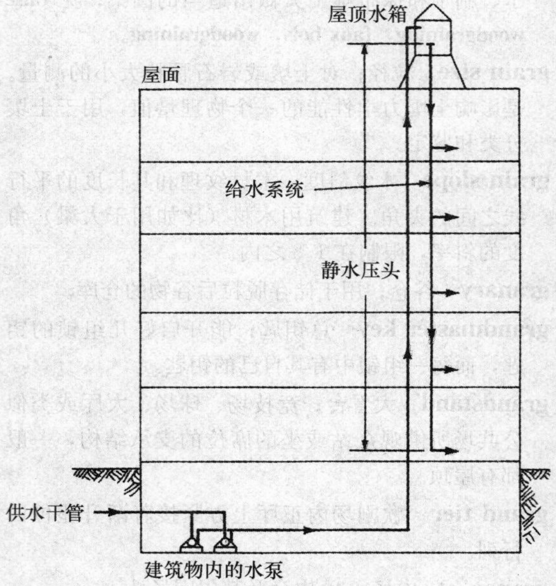

重力式供水

gravity-type refuse chute 重力型垃圾井筒；通过重力使垃圾坠落的井筒。

gravity wall 重力墙；利用自重来防止倾覆的大型混凝土墙。

gravity water system 重力供水系统；见 **gravity supply**。

gravity water tank, gravity tank 自流式送水箱；下行系统中依靠重力作用给水的储水箱，水箱内为正常大气压，水箱通常放置于屋顶上，通过水泵来充水。

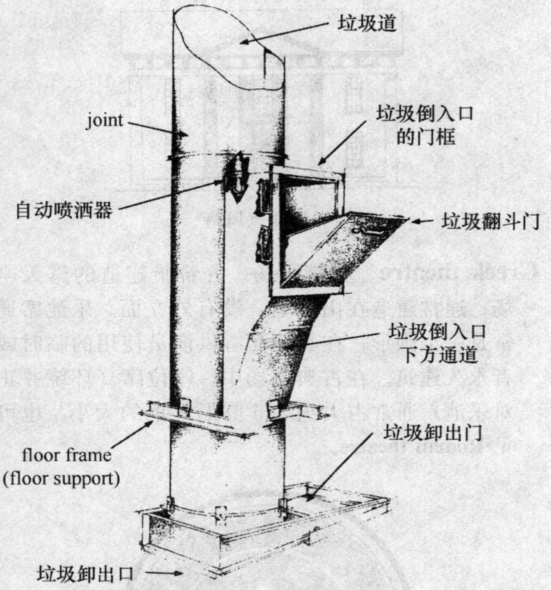

重力型垃圾井筒

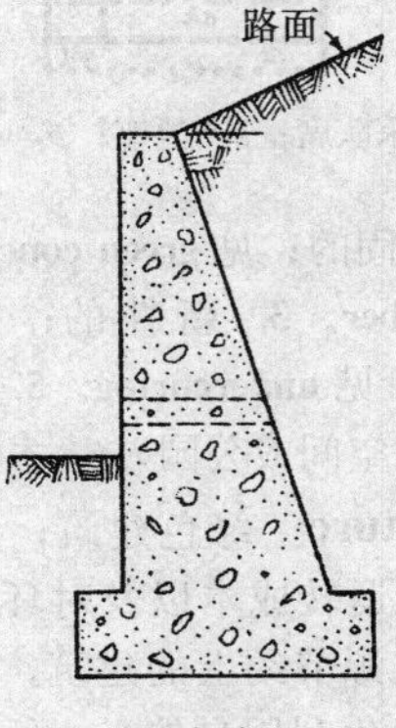

重力墙

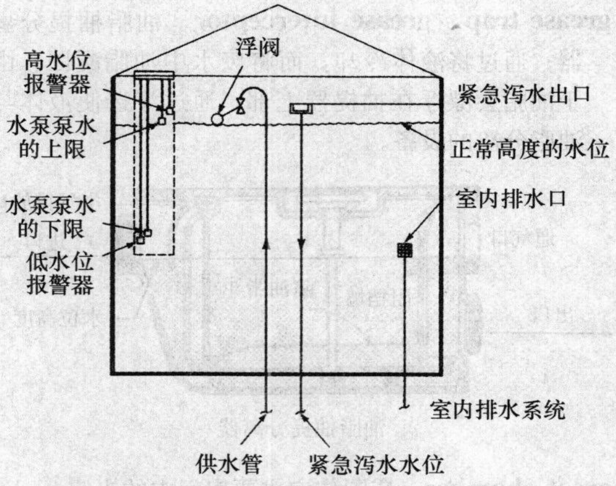

自流式送水箱

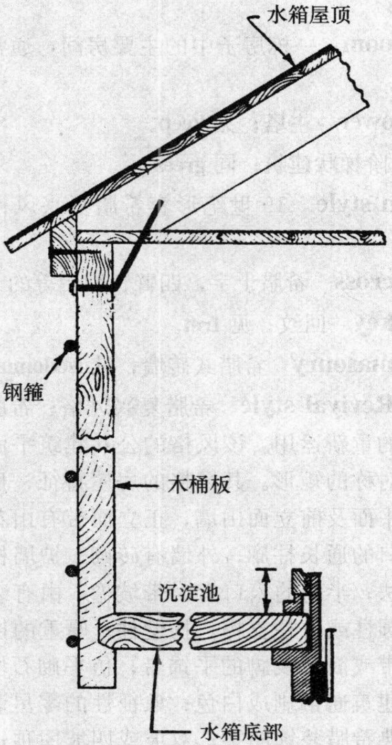

自流式送水箱

gravel roofing 卵石屋面；见 **built-up roofing**。

gray cast-iron pipe 灰色铸铁管；见 **cast-iron pipe**。

gray scale 亮度（灰度）色标；由白到黑不同亮度系列颜色的样板。

gray water 无粪生活污水；除厕所污水之外的生活污水。

grazing light 设置在材料表面的灯光，反射光源，常用于加强材料质感。

gre 阶梯状建筑；见 **grees**。

grease extractor 抽油烟机；收集从烹饪设备排出的油脂和油脂气体的设备。

grease interceptor 油脂拦截器；见 **grease trap**。

grease trap、grease interceptor 油脂抽提分离器；通过将液体冷却，而将废水中油脂凝固。由于油脂会漂浮在抽提器上部，通过浮选使液体与油脂分离的设备。

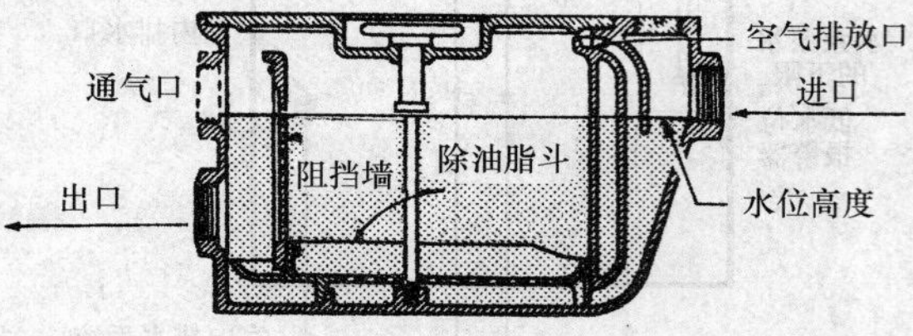

油脂抽提分离器

great chamber 庄园住宅主要房间中的小室。

great house 庄园或者种植园中主要或者核心的住宅。

great room 一栋房子中的主要房间，通常也是最大的。

great tower 主塔；见 **keep**。

grece 阶梯状建筑；同 **grees**。

Grecian style 19 世纪形容希腊复兴风格的专业术语。

Greek cross 希腊十字，四臂长度相等的十字架。

Greek key 回纹；见 **fret**。

Greek masonry 希腊式砖墙；见 **isodomum**。

Greek Revival style 希腊复兴风格；希腊式建筑风格的重新运用。该风格的公共建筑平面布局通常为对称的矩形。其风格的房屋特征一般有：对称的平面及前立面山墙，正立面带有山花及有古典檐口的通长柱廊；外墙有砖砌、护墙板或石砌等做法；半高的入口有时带坡檐，由有装饰性柱头的圆柱或方柱支撑；扶壁柱；厚重的挑檐下方有雕带或简单线脚的平饰带；仿平砌石墙面；木结构建筑通常刷成白色；象征性的零星装饰，包括古典希腊装饰图案；双坡或四坡屋顶；间隔很大的双悬窗，带有装饰窗边；两侧立柱使得入口显得宽大；入口门上部有水平方向排列的亮子；门两侧各有一纵排玻璃窗。在美国，大约从1820～1850 年期间为鼎盛时期，希腊复兴经常被称为国际风格。也可见 **Classical Revival style** 和 **Neoclassical style**。

希腊复兴风格

Greek theatre 希腊剧场；古希腊建造的露天剧场；通常建造在山坡上，没有外立面。乐池席通常是一个圆形；在其后面有供演员使用的临时或者永久建筑。在古典剧场中，座位席（环绕并正对乐池）通常占大约 3/5 圆形场地的大小。也可见 **Roman theatre**。

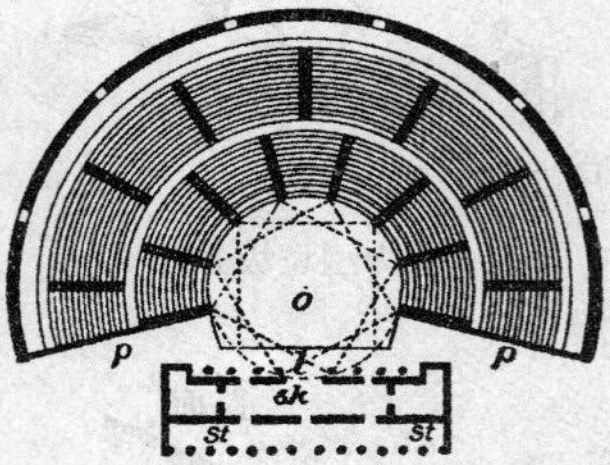

希腊剧场：*o*—为乐队席；*l*—池座；*p*，*sk*—舞台；*st*—柱廊

green **1.** 未凝固的；见 **green concrete**。**2.** 未干的；见 **green lumber**。**3.** 新拌的；见 **green mortar**。**4.** 未固化的；见 **undercuring**。**5.** 位于城镇或者乡村中心的开放空间或公园。**6.** 木球草坪。

green architecture 绿色建筑；为了减少能源开支、耗水量、运转成本以及对环境的影响，将设计重点放在能源节约上的建筑。提高能源效率的途径包括最大化利用自然光、低辐射玻璃、太阳能系统、节能照明系统、采用烟囱效应的通风系统以及可以减少建筑热能损失的新型材料和技术。

greenbelt 绿化带；环绕社区的大面积公园、农场或者未开发的空地。

green concrete 新浇混凝土；已初凝但尚未达到一定强度的混凝土。

green glass 因天然原料不纯而呈绿色的低级玻璃。

greenheart 绿心硬木；圭亚那产的硬木，其密度及强度高；难以加工；用作木桩，铺板等强度要求很高的地方。

greenhouse，glasshouse 温室；用玻璃密封并能进行温度调节的建筑。用于保护植物生长和储存过季的水果蔬菜。也可见 **conservatory，hothouse，orangery**。

green lumber 生材，湿板；没有干燥或晾干（风干）的木材。

green manure 绿肥作物；绿色草本植物，被犁翻入地下后可增加土壤肥力的作物。

green mortar 已初凝但未硬化的砂浆。

green room 剧院后台休息室；在演出前后，演员和音乐家休息或接受访问的地方。

green timber 新伐木料；未在干燥室烘干的新鲜木料，水分含量很高，常高于50%。

greensand 用树脂对可溶铁在水中进行氧化，然后过滤出的砂子。

greenstone 由于含有铁硅酸盐而呈绿色的火成岩；开采后制成一定规格的石料用于装饰和结构工程中。

greensward 常指经过精心照看的草地。

grees，gre，greese，gryse 中世纪建筑中，楼梯的一级或踏步。

G/Rfg，G/R 缩写＝“**grooved roofing**”，企口屋面，材料。

grid 1. 格状物；见 **gridiron**。2. 搁栅排列；见 **grillage**。3. 网格坐标；测量中互相垂直且间距密集的参考线；通常以这些线的交点作为高程的测点。

grid bearing 坐标象限角；投影平面内某直线与南北坐标网格线间的夹角。

grid ceiling 网格顶棚；可使自然光或人造光通过的网格顶棚。

grid foundation 搁栅式基础；由一系列带形基础相互交叉形成的组合式基础。荷载作用于纵横基础相交节点处，基础投影面小于其覆盖范围外轮廓线限定的面积的75%。

gridiron 布景格架；剧院中介于舞台与舞台顶棚之间的，用来挂布景和灯具的金属构架；也可称为 **grid**。

grid plan 网格平面布置；街道沿矩形边线布置，从而形成规整的矩形网格的城市布局。

grid pulley，grid sheave 安装布景格架上的滑轮，用于穿过传动系统的绳子或者缆索。

grid sheet system 由基坑护坡桩和水平联板组成的系统；用来支撑深沟或槽口的侧壁。竖桩承受的水平力来自水平联板和腰梁。

grid system 网格系统；见 **exposed suspension system**。

griffe 凸壁；见 **spur，1**。

griffin，griffon，gryphon 狮身鹰头翼兽形建筑装饰。

grillage 1. 基础格底板；用大截面的木材、钢或者钢筋混凝土大梁纵横交叉相互叠放布置形成的网格结构。可以将较大荷载分布到较大面积上，尤其适用于软弱地基。2. 重型钢梁栅；由一系列钢梁用螺栓连接在一起，置于基础上部以分布来自其顶部的集中荷载。

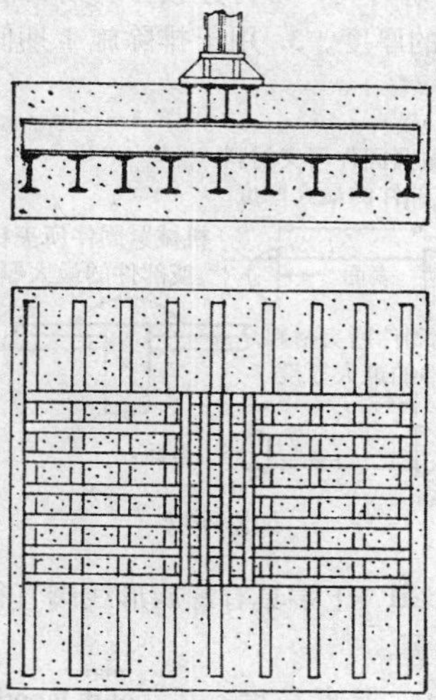

钢梁格排基础

grille 1. 搁栅，护栅；用来覆盖、隐藏、装饰或保护墙体、地板或屋外路面上的洞口的搁栅，多以金属制作，有时也采用木头、石材或混凝土。2. 格子窗；百叶窗式或多孔式通气口的盖板，用于墙体、顶棚或地板上。

grillroom，（英）**grille room** 餐馆、俱乐部或者饭店用于非正式用餐的房间。

搁栅，护栅

grillwork 功能或者外观像搁栅的制品。

grinder pump 处理固体垃圾的特殊泵，用于将污水渣滓磨成精细的泥浆。

grindstone 磨石，砂轮；用于打磨、修整、磨尖或者抛光物体的可转动的石轮（经常为砂石）。

grinning through 1. 露板条；能从抹灰层上看见板条骨架。2. 露底（漆膜缺陷）；能从表层上看到底漆层。

grip 1. 机械紧固件所能夹固的材料或部件的最大厚度。2. 铆钉类；铆钉连接中，铆钉所能穿过板材或部件的厚度。3. 用于排除施工期间基坑雨水的管沟。

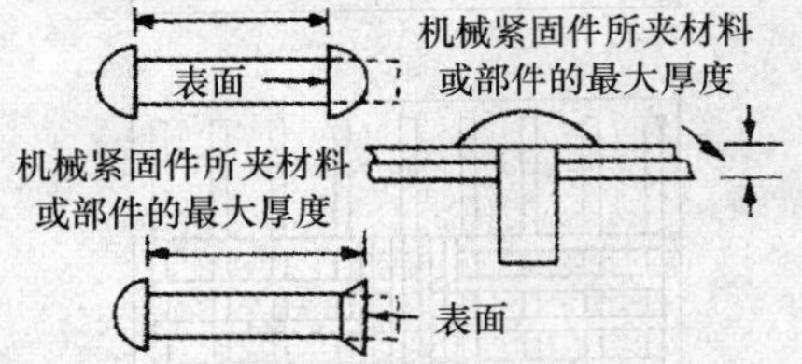

加紧厚度

grip handrail 上端具有螺旋形线脚直径大小利于抓握的扶手。

grip length 握裹长度；见 **bond length**，**development length**。

grisaille 1. 灰色装饰画法；以深浅不同的灰色涂料体系装饰或表现物体，如浮雕。2. 按此方法涂过色的玻璃。

grisaille glass 1. 营造乳白光效果的白玻璃覆层。2. 呈浅灰色的玻璃制品，常带有上釉图案。

gristmill 早期采用风、流水、河流或者潮汐作为动力用于磨谷物的磨坊。

grit 砂粒；粒状磨料（如由氧化铝或者金刚砂颗粒组成），作为在布料、纸张或者砂轮的涂层；可用于打磨或抛光，也用作表面防滑层。

gritblast 喷砂；见 **sandblast**。

grit trap 截留井，集泥井；同 **catch basin**。

grizzly 铁栅格筛；固定式的筛网或者一系列按某一角度排列的等距条栅，用于筛除骨料或其他类似物质中过大的颗粒。

grizzly brick 青砖；同 **salmon brick**。

grnd 缩写＝“ground”，地面。

grog 碎砖或碎陶瓷构成的碎的防火材料，产品生产过程中可低于额定热量。

groin 穹（拱）棱；位于两个交叉的穹顶相交处的曲线形边缘或脊。

A—穹（拱）棱

groin arch，**groined arch** 十字拱的弓形区域。

groin centering 1. 建造无肋穹顶时使用的遍布于穹面下的膺架。2. 建造带肋穹顶时石拱肋的拱架；施工时，应对拱肋设支撑，完成后拱肩的支撑可以由拱肋自身承担。

groined 1. 有穹（拱）棱的。2. 两个半圆柱或者拱相交产生的曲线。

groined rib 交叉肋棱；在穹棱曲线下的肋，起装饰或支撑作用。

groined vault，**groin vault** 交叉拱；筒形拱相交叉的复合拱，形成拱穹棱。

groining 由各种单拱以任意角度相交所形成的穹棱体系。

groin rib 拱棱（肋）；见 **groined rib**。

剖面放大示意

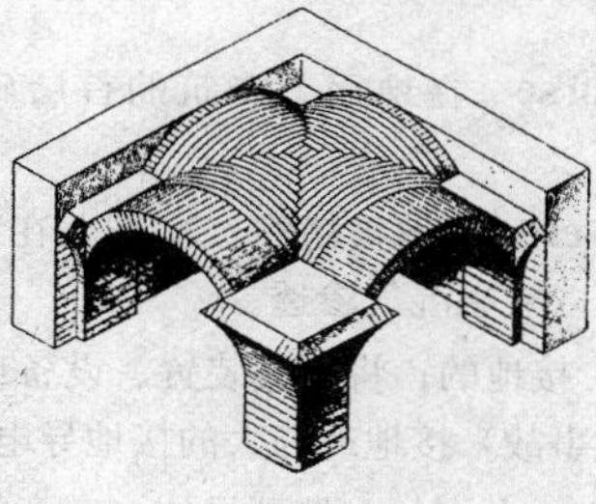

交叉拱

groin vault 交叉拱棱；同 **groined vault**。

grommet 护孔环，垫环；对连接孔起保护作用的金属或塑料孔环。

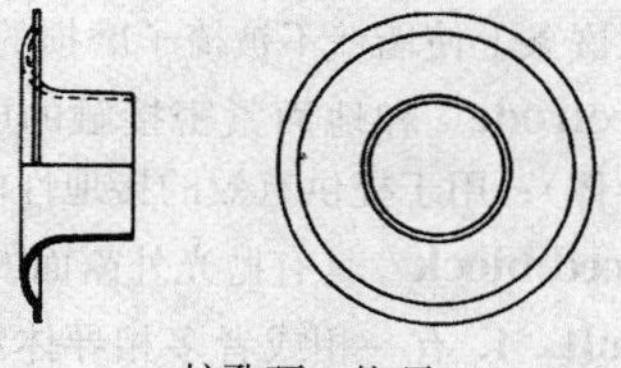

护孔环，垫环

groove 凹槽；木构件边缘或者表面上的狭长刻槽，与木纹交叉的刻槽称为 **dado**；与木纹平行的刻槽称为 **plow**。

grooved joint 槽式接合；连接两根钢管或球墨铸铁管的接头，包括一个内置弹性垫圈和外面裂环金属套，通过配套螺栓将之紧固在一起。

grooved seam 折缝接合；将两金属片边沿弯折大约 180°，然后相互对扣，再压平并施压紧固的缝。

groove joint 槽式缝；地板、墙壁或者路面上由凹槽形成的构造缝，用于控制随机裂缝产生。

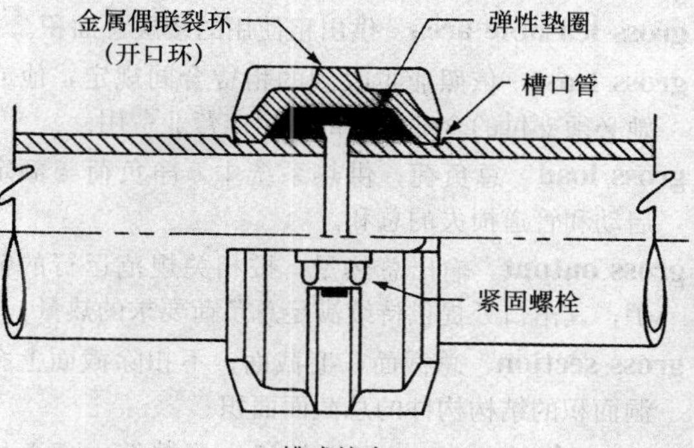

槽式接合

折缝接合

groover 开槽机；对硬化前的混凝土板开凹槽的工具，用于控制裂纹位置或形成装饰图案。

groove weld 坡口对焊；在边缘预先加工成坡口的两坡焊件间施焊。

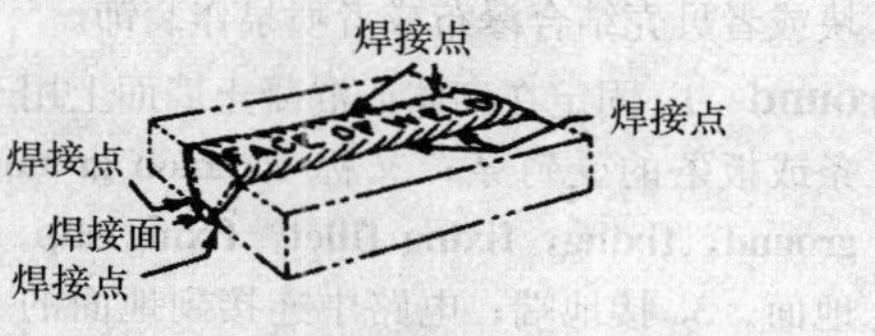

坡口对焊

grooving plane 开槽刨；木匠用于开槽的刨子。

gross area，gross cross-sectional area 混凝土砌块与荷载方向垂直的总截面面积，包括砌块孔以及两端凹槽面积，除非凹槽被相邻砌体填充。

gross building area 总建筑面积；建筑的全部面积，常用平方英尺或平方米表达。

gross density of housing 单元面积在满足分区法条件下，安排居住单元的最大数量，常用单元每英亩或单元每公顷表达。

gross floor area 建筑总面积；建筑外墙围合的面积，从外墙内表面开始算起，不扣除门厅，楼梯，壁柜，墙、柱及其他内部结构的面积，用于确定所需要的出入口数量或者是房屋的类别；也可见 **net floor area**.

gross leasable area 供出租使用的楼层总面积。

gross lease 依照业主收到的租赁合同规定，他或她必须支付的全部或大部分房产营业费用。

gross load 总负荷；供热系统中，净负荷与额定启动和管道损失的总和。

gross output 输出总热量；按相关规范运行的锅炉，其出口处提供持续满足总负荷要求的热量。

gross section 总截面，毛截面；不扣除截面上孔洞面积的结构构件的总截面面积。

gross volume 1. 水泥搅拌机中旋转筒内部总体积。2. 上开口搅拌器中，假定搅拌容器垂直方向的尺寸不大于中轴底部曲面半径的两倍，腔内混合物的总体积。

gross wall area 包含门、窗等洞口在内的墙面面积。

grotesque 怪诞的；以人或动物的怪异扭曲形式雕刻或绘制的装饰物，有时结合一些植物图案，尤其是图腾等自然界没有的图案。

grotto 洞室；天然或者人工挖掘的洞穴，常用石块或者贝壳结合瀑布或者喷泉作装饰。

ground 1. 固定在砌体或混凝土墙面上用于钉木饰条或板条的受钉条；又称 **common ground**，**rough ground**，**fixing**，**fixing fillet**，**fixing slip**。2. 水泥地面。3. 接地端；电路中连接到地面的一端，用作电流公共回路。

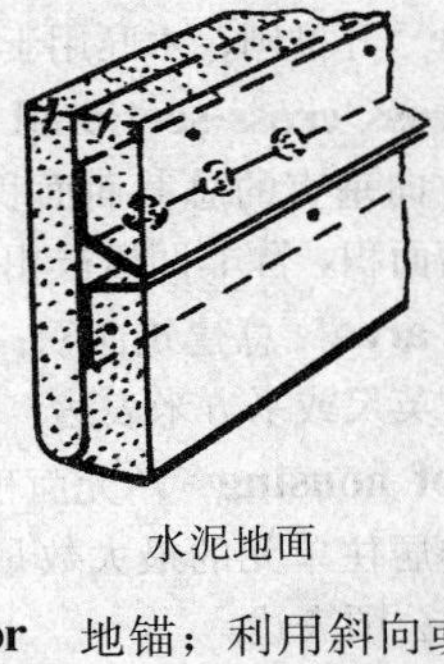

水泥地面

ground anchor 地锚；利用斜向或侧向力固定结构的装置。

ground bar 接地棒；用作多个接地端的公共电导体。

ground beam 1. 基础梁。2. 水平置于地面或者接近地面的木制或钢筋混凝土大梁，用于分配其承受的荷载。

ground brush 大漆刷；用于大面积区域涂刷的椭圆或者圆形刷。

ground bus 连接设备和接地端的总线；旋转式总线可有一点或者更多点接地。

ground casing 百叶窗的窗框。

ground coat 1. 底漆；第一层油漆或者瓷釉，尤其指可透过表层漆显示的底漆。2. 直接刷在金属表面的瓷釉，作为金属和外层漆的中间层。

ground conductor 接地导体，将（a）设备外壳或者系统某一部分与（b）接地棒或者接地电极连接的导线。

ground course 在地面上砌筑的首层砌体（首皮砖）。

ground cover 1. 地被植物。2. 覆盖在地面上的塑料薄膜，以减小湿气渗透。

grounded 接地的；将电气装置、设备或系统有目的地（或事故）接地或与大的接地导电体连接。

grounded conductor 接地导体；有意接地的电气系统或者电路导体。

grounded system 至少有一个导体有目的地接地（固定或者通过限流设备）的导电系统。

grounded work 细木工，诸如钉在室内墙上的金属或木材嵌条上使墙壁不被椅子磨损的木条。

ground electrode 和地面紧密接触的电导体（或者一组导体）；用于提供有效的接地性能。

ground-faced block 具有抛光外露面的混凝土块。

ground fault 1. 有一相或者多相导体和接地端的电气短路。2. 在导体和接地间或是与设备外壳间出现的绝缘故障。

ground fault circuit interrupter（**GFCI**） 接地故障电路中断器；在人容易遭受电击区域（如潮湿地区）设置的地面故障保护器；使用能捕捉毫安级的地面电流设备，使设备处于相对安全电流范围内。

ground fault protection 防止由于接地故障产生的短路；可以通过电路熔断器、继电器或者接地故障电路切断器实现。

ground fill 地面填方；见 **fill**，**1**。

接地故障电路中断器

ground floor 最接近周围地表面的建筑物地面；在美国通常指一层（楼），有时也指地下室和一层之间的夹层。

ground glass 毛玻璃，磨砂玻璃；经过喷砂或者酸蚀等粗糙化处理的玻璃，使其变得不透明。

grounding conductor 用于将电气设备或接地回路系统与接地电极相连的导体。

grounding electrode 接地电极；埋入地下的导体，用于维持与之相连的零电势。

grounding electrode conductor 用于将用电设备的接地导体和（或）电路的接地导体与接地电极相连的导体。

grounding outlet 接地插座；装配有连接电极和接地线容器的电插座。

grounding plug, grounding-type plug 接地的插头（销）。带有插销片的插头，供电气设备接地使用。

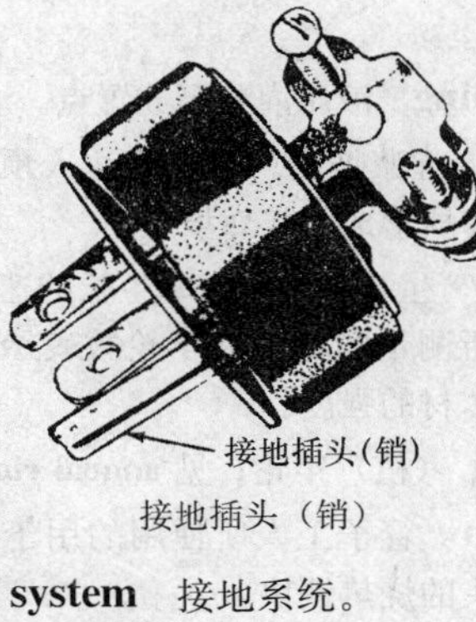

接地插头（销）

grounding system 接地系统。

ground investigation 地面调查；同 **site investigation**。也见 **geotechnical investigation**。

ground joint **1.** 无浆连接；砖石建筑中，不用灰浆砌筑的紧密接缝。**2.** 没有衬填或垫圈，通过机器加工就能紧密连接的金属接头。

ground joist 地搁栅；架设于地面圈梁、石基或者矮墙上面的搁栅；用于地下室或者一楼地面。

ground-key faucet 旋塞龙头；通过带孔的斜度较小的锥形塞来调节流量的阀门，当龙头打开时，液体流过小孔；当旋塞旋转 90°，则关闭。

ground-key valve 旋塞阀；流量控制方式与旋塞龙头类似的阀门。

旋塞阀

ground lease 土地租约；指明租户在合同期内每年付给主人土地使用费的义务的合同。租户可以在所租土地上建造房屋，但是在合同期满后房屋所有权归土地主人所有。

ground level 地坪线；见 **ground line**。

ground light 被水平地面反射的来自于太阳和天空的可见光。

ground line 地坪线；地面上的水平标志面；可作为测量建筑物的高度或向下测出挖掘的深度的基准面。

ground niche 落地壁龛。

ground plan, ground plot 平面图；取建筑物在地面标高上的平面图。

ground plane 地平面；在透视图中的水平投影平面；图中有目标物的水平面。

ground plate 基础横木。

ground rent 地租；根据土地租约按年度支付的租金。

ground ring 基环；埋置在屋外地面下裸露的铜线环，在建筑转角和其他合适的地方，安装接地棒并与环线相连。

ground rod 接地棒；插入地面，用作接地导体的金属棒。通常插得越深，其接地电阻越小。

groundsel 基础横木；同 **groundsill**。

ground sign 由立柱或者支撑固定于地面或地上的标志牌。

groundsill，ground beam，ground plate，mudsill，sole plate 地基梁，基础梁，卧木；在框架结构中，最靠近地面或位于地面的底梁；用来分配集中荷载。

ground story 一层（楼），底层（楼）；同 **ground floor**。

ground table，earth table，grass table （墙基、桩基、台基）贴地层；最贴近地基的挑出层；地面可见的最底层。

ground wall 建筑物的地基墙

groundwater 地下水；处于地表下，含在下层土壤中的流通水。

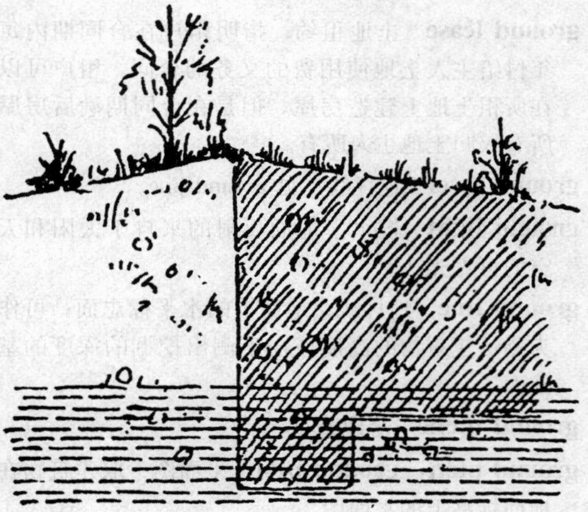

地下水

groundwater level 地下水位；在特定场地的地表以下的下层土和岩性土层，充满水状态时的水位高度。

groundwater recharge 地下水补给；见 **recharge**。

ground wire 1. 接地线；和地线相连的导体。2. 作为喷浆施工中建立水平和倾斜标志线的钢丝线，一般为高强细钢丝。

groundwork （屋面）挂瓦条；设置在屋面板上的挂瓦条，用作铺设屋面材料的支座板条。

grouped columns 群柱；通常在同一基座上有三根或者更多互相靠近的一组柱子。

grouped pilasters 壁柱群；通常在同一基座上有三根或更多相互靠近的一组壁柱。

group house，row house 联排房屋；与邻居有共用隔墙的连排房屋中的一户。

group relamping 同时更换照明系统中的所有灯泡；又见 **spot relamping**。

group vent 组合通风管；在管道系统中，接有两个或多个管口的通风支管。

grout 1. 灌注砂浆；含水较多的砂浆，因此具有黏滞液体的稠度，可以浇注或者泵入到砌体墙和地板的接缝、孔洞和缝隙中，或是陶片，石板、地砖间的间隙、裂纹中，以及屋顶板的接缝中。2. 在地基工程中，由水泥、水泥砂、黏土或者化学添加剂组成的混合物；用于填补粒状土壤间的空隙，通常被连续注射到所打的孔中去。

grouted-aggregated concrete 灌浆混凝土；通过将水泥浆注射到粗骨料中去制成的混凝土。

grouted frame 砂浆填充金属门框；由水泥浆或砂浆浇筑填满空心金属门框。

grouted masonry 1. 灌孔砌体；将混凝土空心砌块的孔洞灌实而形成的砌体结构。2. 多立砌隔砖空斗墙砌体结构；墙隔砖间的空间用砂浆填实。

grouting 用砂浆填充骨料、砌块和瓷砖间的缝隙。

grouting sand 灌浆用砂；能通过 841μm（No. 20）筛孔，而通过 74μm（No. 200）不超过 5%的砂子。

grout pumping 液压灌浆泵放置点。

grout slope 灌浆坡度；水泥浆注入预先拌合的混凝土骨料中所形成的自然坡度。

growth rate 生长速率；树木生长的速率，以从木髓到树皮所测量的每英寸年轮数表示，有时用于衡量软质木材的强度。

growth ring （植）年轮；见 **annual ring**。

grozing iron 管子工人所使用的用于最后整平低温焊接接头的烧热铁块。

grub 场地清理；移除树桩、树根和类似东西以清理场地。

grub axe 掘根斧；挖掘树根或灌木的工具，如鹤嘴锄。

grub saw 大理石手锯；用于将诸如大理石之类的石头切割成板、片状的手工锯。

grub screw 木（平头）螺钉；见 **setscrew，1**。

grummet 绝缘孔圈（护孔环）；同 **grommet**。

grundscheier 早期移民到美国讲德语的人所建造的谷仓；其结构形式多样，并取决于当地可用的材料和地形，通常建造在略带坡度的地面上。见 **German barn.**

gryphon 狮身鹰头翼兽形建筑装饰。

gryse 阶梯状建筑；见 **grees**。

GSA 缩写＝"**General Services Administration**"，普通服务管理。

guarantee **1.** 保证书；产品（或服务）有效时间和质量的法律保证凭证。**2.** 担保；某人对另外一个人能正常履行合同的法律保证。

guaranteed maximum cost 在业主与承包商间通过合同确立的完成指定工作的最高报价，根据劳力成本、间接费用（管理费用）和利润计算而得。

guaranty bonds **1.** 投标保证金；见 **bid bond**。**2.** 材料费和工费支付保证金；见 **labor and material payment bond**。**3.** 履约保证金；见 **performance bond**。**4.** 标价契约；见 **surety bond**。

guard bar 栏杆，扶手；起保护作用或者作为安全防护手段的护栏，如窗户栏。

guard bead **1.** 墙角护条。**2.** 麻刀抹灰的圆弧线条。

guard board 护板，挡（边）板；脚手架边缘竖起的木板，防止工人或者工具从平台上掉落下来。

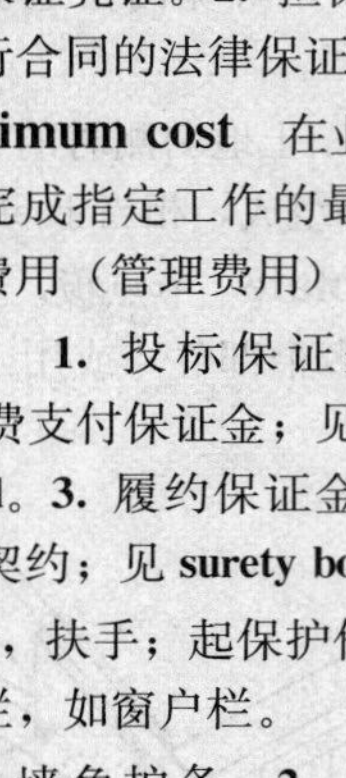

把挡板固定到脚手架上的夹子

guarded 被保护的；为防止危险性接触，通过设立适当的栏杆、屏障等圈起的或围成的，或用盖子、垫子或者平台等盖住的（东西）。

guard rail 护栏；自动门处附带的一种用于分开和控制逆向通行的栏杆。

guard post 防护柱；同 **bollard**。

guardrail system 护栏体系；沿上人屋面、阳台、休息平台、平台、斜坡等的外边缘的防护栏体系。

guard system 防护系统；高架通道外侧设置的保护系统，避免人从行走通道上掉落事故的发生。

gudgeon 将两块或者两片石头紧固在一起的金属销。

guesthouse **1.** 在私人地界内或是提供食宿的高标准住宅内专供客人居住的独立住宅。**2.** 宾馆；用于接待参观者的建筑。

guest room **1.** 多室住宅中，有一间供出租的房间。**2.** 独户或者两户住宅中，主体建筑或附属建筑中用于客人免费居住的房间。

guglia 长叶尖饰。

guide bead 活页窗导条；同 **inside stop**。

guide coat 涂在由密封膏和填料形成的隆起或瑕疵上的一薄层浅色涂料，能显示出需要打磨修补的位置。

guide pile 定位桩；垂直打入地面的大截面方木桩，用作钢板桩的定位。

guide rail 导轨；用于滑动式（推拉式）门或窗的轨道。

guide wire 在剧院舞台中：**1.** 引导幕帘垂直运动的钢缆。**2.** 作为牵引平衡重的架子运动的绳索。

guildhall 行会会馆，同业工会集会所；用于工匠或商人群体之间相互帮助的场所；同中世纪出现的组织或者行业协会类似。

guilloche 扭索纹建筑装饰；由两条或者更多的带子互相扭转，形成一连续的装饰物，其中的圆形开口则经常用圆形装饰品填充。

guillotine 截断机；同 **bench trimmer**。

guillotine window 上下推拉窗；有两个垂直推拉窗扇的窗户，两窗扇各关闭窗户的不同部位，窗扇的重量相互平衡以便开启和关闭；同 **double-hung window**。

扭索纹建筑装饰

gula 1. 空心线脚。2. 波状花边。3. 峡谷。

gulbishche 在早期俄罗斯建筑中，环绕在建筑周围的平台。

gullet 锯齿间空隙。

gulley，gully 集水沟；在排水系统中，安装在排水管上端，收集污水管排出的废水或者雨水的装置。

gum 1. 橡胶木，枫木；生长于美国东部和南部中等高密度的硬木。颜色从白色到灰绿色均有，木纹均匀；用于低等级面板，胶合板和粗制橱柜。2. 树胶；由植物渗出或提取的一种胶状物质。该物质在水里可以溶解并膨胀，潮湿时具有黏性。

gum arabic，acacia，gum acacia 由某种刺槐提取而来白色粉末状溶于水的树胶，用于制造黏性和透明涂料。

gum bloom 漆斑；因使用了不正确的还原剂而引起的油漆面层的瑕疵，外观看起来缺少光泽。

gumbo 细黏土；细颗粒黏土，湿时黏性非常强。

gum pocket 树胶囊；见 **gum vein**。

gum rosin 松香；见 **rosin**。

gum seam 胶缝；用树胶填塞木材上的辐裂或环裂。

gum streak 树胶斑；见 **gum vein**。

gum vein，gum pocket，gum streak 树胶脉纹；硬木中，局部树脂沉积或条痕。

gumwood 树胶树的木材，尤其是桉树；用于室内装饰。

gun 1. 喷枪；见 **spray gun**。2. 用于气动喷出新拌混凝土混合物的圆柱形压力容器。3. 混凝土喷浆设备，也可见 **shotcrete gun**。

gun consistency 喷射稠度；见 **gun grade**。

gun finish 喷射混凝土形成的饰面；不需要再进行手工修饰。

gun grade，gun consistency 喷射稠度等级；适合用填缝枪进行喷射的填缝料或者彩釉的混合物柔软（稠度）度等级。

gun hole，gun loop，gun port，gun slot 建筑外墙上用于防守的射击孔，其开口可以使防守者以较大的角度射击。

Gunite 压力喷浆；喷浆（**shotcrete**）的专有词。

gunning 喷射；使用喷枪喷射混凝土浆。

gun pattern 喷射混凝土操作时，由喷枪喷出的浆体的轮廓。

gunshot house 碉堡；同 **shotgun house**。

gun-stock post 枪托状门窗边梃；同 **musket-stock post**。

gun-stock stile 不等宽门窗边梃；门窗边梃由宽变窄或由窄变宽。

Gunter's chain 土地勘测时的一种测量工具，由100个金属链环组成，相当于66ft长。

gusset，gusset plate 节点板，角（撑）板；用于连接两个或者多个部件，或用于加固框架的三角形的板。

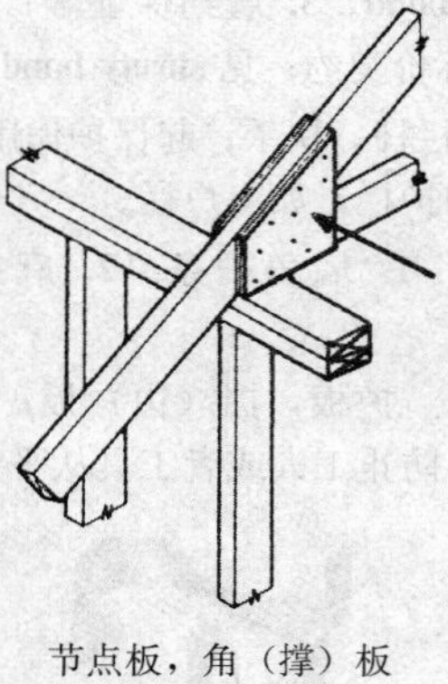

节点板，角（撑）板

gutta （复数 **guttae**）圆锥形建筑装饰；在古典建筑中，矩形排列的下垂圆锥体；多见于立克柱式横梁下方。

guttae band 希腊多立克柱式横梁的扁饰带。

gutter 1. 天沟；位于屋檐下方接收屋顶雨水的金属或者木质浅沟槽；又称 **eaves gutter**，**eaves trough**，**roof gutter**。2. 电路中，配电板或者开关板内允许安装主线和支线所需的上下、左右的留空。又称 **eaves gutter**，**eaves trough**，或者 **roof gutter**；见 **box gutter**，**concealed gutter**，**flying gutter**，**standing gutter**，**sunk gutter**，**through gutter**。

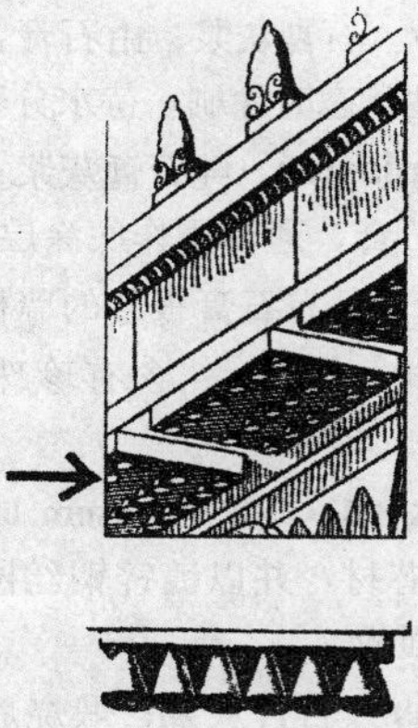

上图，多立克柱式上的圆锥形装饰；
下图，圆锥形装饰物细部

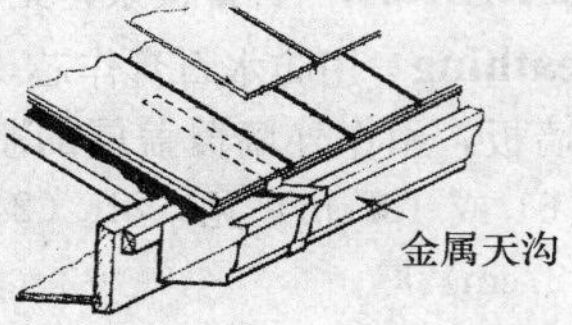

天沟

gutter bearer 檐槽托；固定排水沟槽板的构件。

gutter bed 天沟挡水板；沿檐沟靠墙一侧的柔性统长金属片，用于防止雨水溢流，渗到墙上。

gutter board，**gutter plank** 檐槽挑口板；木檐沟中，放置檐沟衬垫层的板。

guttered 指以包覆或者切削方式掩饰了结构构件外观的用词。

gutter hook 檐沟吊钩；固定或支承金属天沟的薄壁金属条。

gutter plate 1. 箱形檐沟的一侧面。2. 支撑引水檐沟的梁。

gutter spout 水落管，雨水管；同 **downspout**。

gutter tool 开沟工具；给水泥排水沟塑型并平整表面的工具。

guy 拉索；一端固定，另一端拉接在目的物或者结构上使其稳定的支撑绳索、缆绳或钢丝。

guy anchor 拉索锚；埋在地下用于固定拉索的部件。

guy derrick 牵索起重机；由吊杆和由绳索支撑的把杆组成的起重机。

GV 缩写＝“**gate valve**”，闸阀，滑门阀。

gymmer 见 **gemel**；成对的。

gymnasium 1. 体育馆；用于体育教育和室内活动的大房间或建筑物。除活动空间外，通常还有工作人员办公室、更衣室、淋浴间和观看设施。2. 大学预科；在欧洲大陆，学生准备上大学的学校。3. 希腊和罗马建筑中，用于健身的露天院子，周围有按摩室和讲堂等；**palaestra**（练习角力及各种竞技的公共场所），**ephebeion**（可供运动的场所）。

gynaeceum 希腊房屋或是教堂为妇女保留的场所。

GYP （制图）缩写＝“**gypsum**”，石膏。

gypsite 含土石膏；含有黏土、粉质黏土和砂子，纯度在 60％～90％之间的石膏。

gypsum 石膏，硫酸钙；含有水合硫酸钙的软矿物质，通过加热可以制得石膏抹灰粉；纯净时为无色，用作普通水泥的缓凝剂。

gypsum backerboard 石膏衬板；用作粘附瓷砖或者石膏墙底板的石膏板；与石膏墙板类似，但相对粗糙一些；表面为灰色。

gypsum block，**gypsum tile**，**partition tile** 1. 由石膏制成的空心或实心建筑砌块，用作非承重隔墙，可作为灰浆底面。2. 浇筑的石膏砌块。

gypsum board 石膏板；以石膏板为芯材的表面覆纸的墙板，芯材阻燃。

gypsum cement 金氏水泥；见 **Keene's cement**。

gypsum concrete 石膏混凝土；石膏烧结料和木片以及其他集料的混合物。当与水混合时，会形成凝聚的物质；用于浇筑石膏屋面板。

gypsum core board 石膏芯板；单层或者复合的石膏板，用作实心或半实心石膏板隔墙上的龙骨或板芯；通常厚度为 3/4in（19.0mm）～1in（25.4mm）之间。

gypsum fiber concrete 石膏纤维混凝土；由刨花、纤维或木头片等集料制成的石膏混凝土。

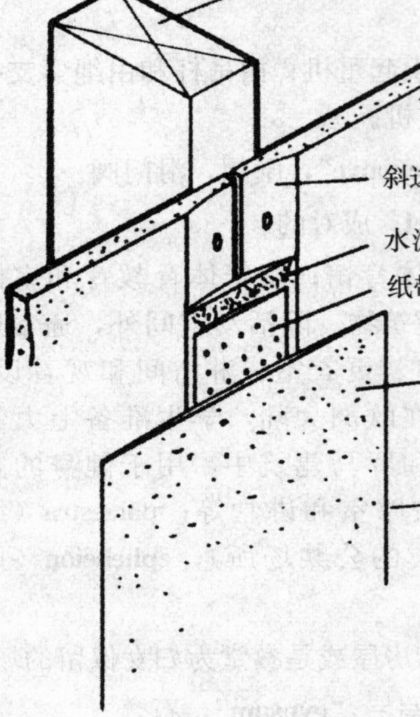

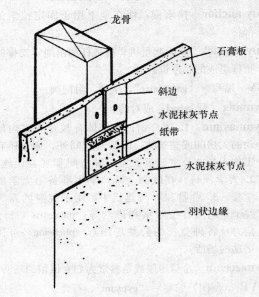

石膏模板：连接方式的细节展示

gypsum formboard 用作浇筑石膏屋面板的永久性（不拆除）的石膏模板。

gypsum insulation 用作保温隔热松散填充层的颗粒状石膏。

gypsum lath，board lath，gypsum plasterboard，rock lath 石膏板条；板芯由石膏做成，表面覆纸，用作抹灰底板有较好的粘结力；通常的面板规格为 16in×48in（40.6cm×121.9cm）或 24in×96in（61.0cm×243.8cm），厚度为 3/8in 或 1/2in（0.95cm 或 1.27cm），其板边有圆弧或者直角两种。

gypsum-lath nail 石膏板条钉；用于固定石膏板和灰泥板的低碳长钢钉。钉头大而平，钉尖为菱锥形。

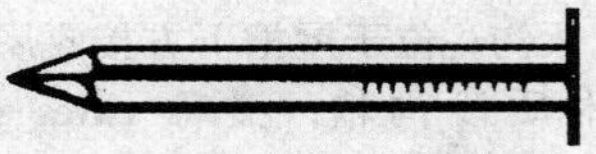

石膏板条钉

gypsum molding plaster 熟石膏灰泥；主要用于灰浆浇筑或铸模；偶尔也用作罩面灰浆。

gypsum mortar 石膏灰浆；由石膏、水和砂拌合成的灰浆。塑性状态时涂刷，待水分蒸发后便硬固。

gypsum neat plaster 纯石膏灰浆；煅烧的、不含其他骨料的石膏，通常用作底涂层。

gypsum panel 具有石膏板芯的墙板。

gypsum perlite plaster 含有珍珠岩的石膏涂底灰浆。

gypsum plank 1.（英）**gypsum lath**，石膏条板。2. 以石膏为芯材，并以镀锌钢丝网片加强的轻质防火预制屋面板。

gypsum plaster 石膏灰浆；煅烧后添加了添加剂制成的石膏与水和骨料拌合，可用作底层灰浆。各种添加剂可控制其凝固速度和质量。

gypsum plasterboard 石膏板条；见 **gypsum lath**。

gypsum sheathing 用防水石膏作芯，表面贴防水纸的石膏墙板，用作外墙覆盖层的基层；通常为 2 或 4ft（61 或 122cm）宽，8ft（243.8cm）长，1/2in（1.27cm）厚。

gypsum tile 1. 石膏砖；石膏浇筑的建筑砌块。2. 石膏块材；见 **gypsum block**。

gypsum trowel finish 以熟石膏为主料，经工厂配制的各种性质的饰面涂料。

gypsum vermiculite plaster 以蛭石为骨料的石膏底层灰浆。

gypsum wallboard 石膏墙板；主要用作建筑内墙面的材料。

H

¼H （制图）缩写＝“**quarter-hard**”，低硬度。

½H （制图）缩写＝“**half-hard**”，中硬度。

H （制图）缩写＝“**hard**”，硬度。

h 缩写＝“**hour**”，小时。

H&M （木材工业），缩写＝“**hit and miss**”，断续木纹。

habit，habit of growth 生长特征；植物生长过程中外观和形式的明显特征。

habitable area 居住面积；不包括地下室、车库和设备用房面积在内的住房建筑总面积。

habitable room 居室；用于居住、睡觉、吃饭或者烹饪或上述数项合用的场所，但不包括浴室、壁橱、大厅、储存室、公用以及类似的空间。

habitable space 适于居住的地方；用于居住、睡觉、吃饭或者烹饪（然而通常不包括厨房）的地方，相对与非居住空间而言。

habitacle 1. 住宅。2. 放雕像用的壁龛。

HABS 缩写＝“**Historic American Buildings Survey**”，对美国具有历史意义建筑物的调查。

hachure （表示地形断面的）影线，阴影线；地形图上一系列表示山脉或沟壑等地貌的平行线。坡度越大，影线越浓，越密。

hacienda 1. 受西班牙文化影响的北美和南美大庄园。2. 在此类庄园和农场中的主要房屋。

hacking 1. 凿毛；通过用工具敲打，将表面弄粗糙。2. 砌砖，使砖底边嵌入到墙平面内。3. 石墙砌筑中，不同高度墙在交接处的那一层石砌块。

hacking knife，hacking-out tool 油灰刀；在重新装配玻璃前，刮除原有窗框内油灰的小刀。

hacksaw 钢锯；一种将细齿锯条安装在可调节金属架上的锯，用于锯金属。

hafner ware 哈夫内陶器；在北欧文艺复兴以及派生的装饰艺术中经制模并上铅釉处理的陶器，用作取暖炉贴面砖饰。

haft 工具的手柄。

hagiasterium 一个神圣的地方；洗礼盆。

hagioscope 斜孔小窗；窥视窗。

ha-ha 壕沟形式的屏障；一种下沉式的屏障（围栏），用来防止家畜穿越。

HAIA 缩写＝“**Honorary Member，American Institute of Architects**”，美国建筑协会的名誉成员。

haikal 科普特教教堂中位于三个圣堂中间的那个。

hair beater 毛发剔除器；从前泥瓦匠用于去除粉刷中的毛发或纤维的工具；由两片木板片组成，一端用绳线固定。

hair checking 发丝裂缝；同 **hairline cracking**。

hair cracking 发丝裂缝；见 **hairline cracking.**

hair felt 毛毡；由牛毛制成的无基毛布，曾用作建筑隔热材料。

haired mortor 含有毛发或纤维的灰缝。

hair hook 麻刀灰拌合钉耙；现在已经过时的一种工具，有好多分叉，将毛发和纤维混合到灰浆中。

hair interceptor，hair trap 集毛器；在污水进入排水管道前过滤毛发的装置。

hairline cracking，hair cracking，plastic shrinkage cracks 发丝裂缝；随机排列的细小裂缝，通常不完全穿透漆膜和混凝土外层等。

hairline joint 对接细缝；相邻两物件之间的接缝，宽度不超过 1/64in（0.38mm）。

hair mortar 麻刀灰浆；传统上包括牛毛、石灰和砂子等混合物的灰浆。

hairpin 1. 用于紧固模板拉杆的楔子。2. 发夹形

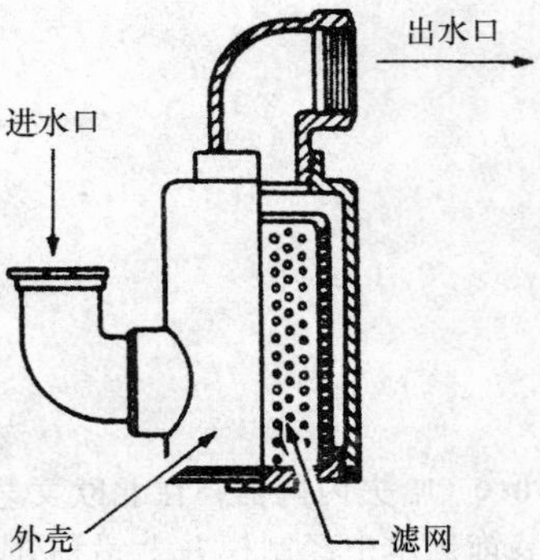

滤网

的锚固件，在混凝土未凝固前埋入。

hale 夏威夷地区的一种原始房屋，尤其指木框架，以茅草遮盖的房屋。

half baluster 半露出栏杆柱；一种嵌入式栏杆，露出部分大约为其直径的一半。

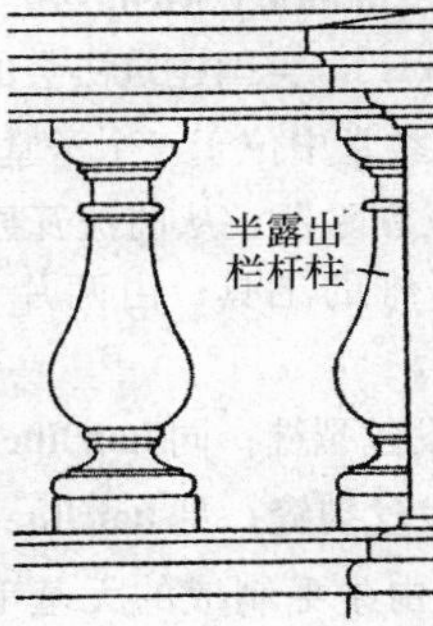

半露出栏杆柱

half-bastion 半基础；同 **demi-bastion**。

half bat, half brick, snap header 半砖；切掉一半长度的砖块。

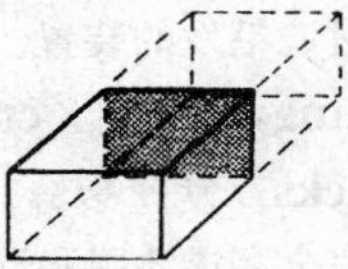
半砖

half bath 无浴缸的盥洗室；包含一个洗手盆和便桶的卫生间。

half-blind dovetail 盖头燕尾榫；同 **lapped dovetail**。

half bond 顺砖砌合；同 **stretcher bond**。

half-brick wall 半砖墙；墙厚与砖（顺砌时）的宽度相等的墙。

half Cape house 仅正面大门一侧有两扇双悬窗的科德角式房屋。

half column 半露壁柱，半柱；柱子外露大约为其一半直径（通常稍微多一点）的嵌墙壁柱。

半露壁柱

half-cut notch 在木屋转角处木料之间的简单搭接；通过将上方的木料的下半部分切去，然后以直角搭接到下方的已被切除上半部分的木料上形成，以长钉或者木栓钉固。

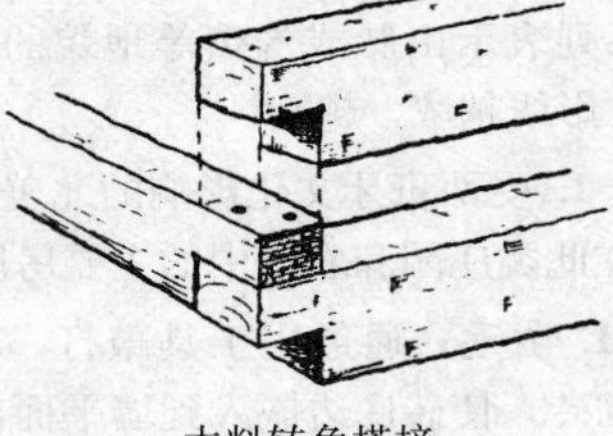
木料转角搭接

half door 两截门（上下两部分可各自分别开关的门）的下半部分。

half dovetail 半燕尾榫接头；类似于燕尾榫的木接头，不同的是榫的一边外倾；另一边竖直。

half-dovetail notch 木屋的转角（连接方式），在靠外面一方木料的端头开半燕尾榫形的槽；与另一木料上相匹配的以直角嵌接形成的连锁接头；与燕尾榫接头有所不同。

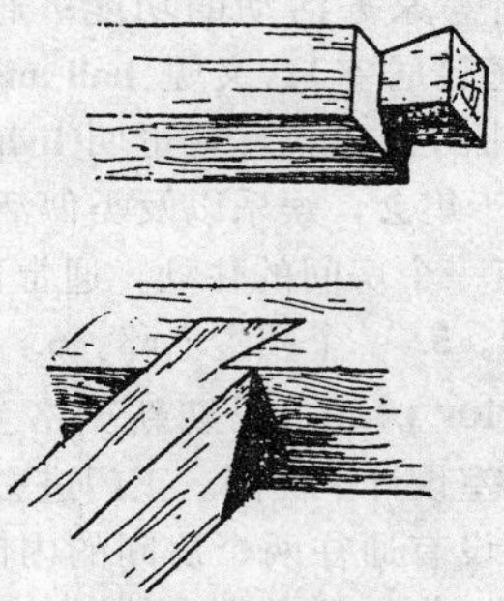

木屋的转角

half-dugout 一种以茅草搭建的临时性棚屋，其主要部分位于地面以下；又见 **sod house**。

half figure 柱式胸塑像；同 **terminal figure**。

half-gabled 单坡斜屋面的。

half-glass door 半玻璃门；门锁横档上面有玻璃的门。

half hatchet 与板条锤相似但刀面较宽的斧。

half header 收头半砖；用作砌砖端部收头的砖块或者混凝土砌块。一般为纵向切开的半砖，或再横向一刀切成的四分之一砖。

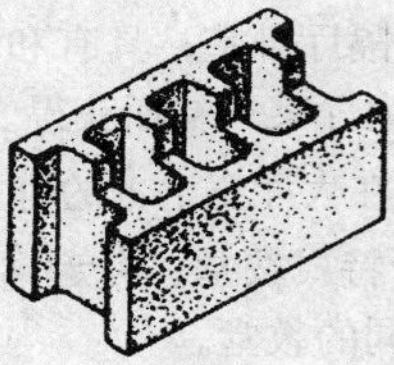

收头半砖

half-hipped roof 半复斜（斜折线形）屋顶；同 **gambrel roof**。

half house 一种科德角式或斜盖盐箱式房屋，但仅正面大门一侧有两扇窗户。

half landing 楼梯平台；同 **halfpace**。

half-lap joint, halved joint, halving joint 对搭接；两块相同厚度木板交接处各切去一半厚度后叠放在一起所形成的平整接头。

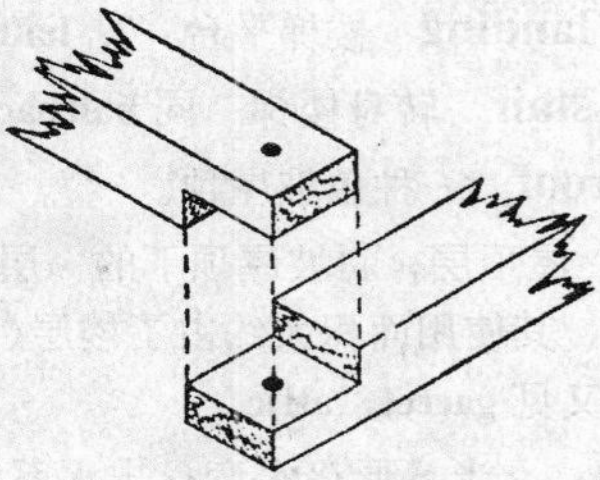

对搭接

half-lattic girder 半格构搁栅；见 **Warren truss**。

half-moon 半月形；一个略像新月形状的要塞工事；也见 **ravelin**。

half-mortise hinge 一种一叶嵌固在门扇上另一叶直接安在门侧柱上的铰链。

halfpace, half-space landing 半层平台；位于两前进方向相差 180°梯段交接处水平前进方向的楼梯平台。楼梯平台长度等于两梯段宽度加上梯井宽度。

halfpace stair 转身楼梯；转了 180°的楼梯，通常设有半层平台。

half-pitch roof 坡度成 45°的屋顶。

half principal 半主椽；一种并不伸到屋脊梁上而是将其上端支承在屋架檩条上的屋面构件或椽子。

half-relief 半浮雕；同 **mezzo-relievo**。

half-ripsaw 细齿木锯；同粗齿锯类似的手锯，但其锯齿排得比较密。

half-round gutter 半圆形排水沟；横截面呈半圆形的排水沟。

half round, half-round molding 半圆材；有半圆形轮廓的线脚或凸线条。

半圆材

half-round file 半圆锉；断面一侧凸起，另一侧为平面的锉。

half-shaft 安置在窗洞等开口处两侧的螺旋形线脚。

half slating 疏铺石板；同 **open slating**。

half-space landing 楼梯平台；见 **halfpace**。

half-space stair 转身楼梯；同 **halfpace stair**。

half-span roof 一种单坡屋顶。

half story 屋顶层；斜坡屋顶下的一层(楼)，通常有老虎窗，其使用面积大约占了楼层(下层）面积的一半。又见 **garret**，**attic**。

half S-trap； 半S形存水弯；排水系统中类似于P形存水弯。

half-surface hinge 半露铰链；一叶直接钉入门扇，另一叶嵌入侧柱的铰链。

half timber 截面不小于 5in×10in（12.7cm×25.4cm）的木材。

half-timbered 半木结构的；指16、17世纪的一种房屋，以粗大的木料作基础、斜撑、转角及立柱，以灰泥或砖石材料作填充墙。

半木结构的

half-timbered construction 砖木混合结构；与中世纪木结构撑系框架房屋类似，是以大木料作为支撑和承重结构，在木结构之间填充砖墙或禾秸（作为拉结料）泥巴（常取自挖基坑的土）篱笆墙，墙体可以增加房屋整体强度并保证其足够的绝热性能；也可见 **columbage**，**fachwerk**，**false half-timbering**，**pierotage.**

half truss 半桁架；一种小桁架，其形状是半榀普通屋架，部分由主屋架支撑，并成一角度。

half-turn 双跑楼梯；指转了180°或者每一平台转两个90°的楼梯，可以参考 **dogleg stair**。

halide lamp 检卤（漏）灯；见 **metal halide lamp**。

halide torch 卤素灯，检卤素灯；用于检测制冷卤化炭泄漏的测试装置。通常用酒精做燃料，燃烧起来呈现蓝色火焰；当采样管收集到制冷卤化炭时，火焰颜色会发生变化。

hall **1.** 厅；中世纪及其以后作为家居中心的房间，通常包含了厨房、餐厅、起居室以及诸如纺纱、缝纫和制蜡等家务活动的功能；通常叫 **keeping room**（家庭起居室）；又见 **hall-and-parlor plan**。**2.** 宽敞宏伟的入口大厅；也叫 **living hall**（起居室）。**3.** 用于集会，娱乐以及类似活动的大房间。**4.** 设计只有一个房间的住处，通常比较小，相对也比较原始。**5.** 一个领主宅邸。**6.** 走廊。

hall-and-parlor plan 早期新英格兰殖民统治时期常见的两室设计平面图。正门进去是一个小厅，称为门廊，设有通往两个房间的内门，其中一个房间称为厅，作为整个家庭的活动中心；另外一个房间为客房，有最好的家具和父母的床。两房间由一个带共用大烟囱的墙隔开，通过厅内楼梯可以到达上层的阳台。也可见 **center-hall plan**。

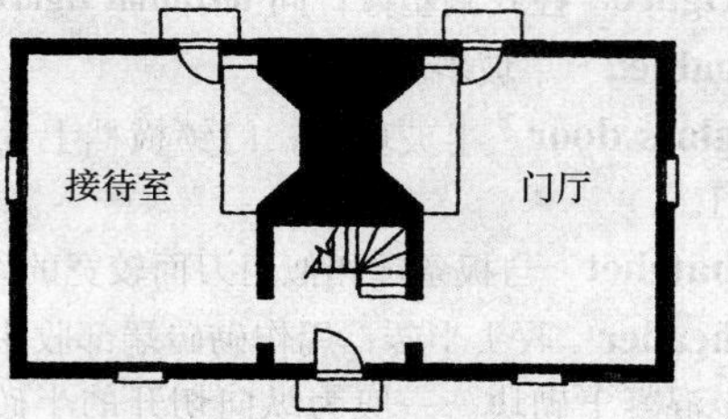

两室平面图

hall bedroom 隔厅卧室；具有和厅一样宽度的卧室，通过隔开大厅某一端而获得。

hall chamber 在大厅正上方的卧室。

hall church 哥特式教堂；有走廊，没有天窗，内部高度大致相同的教堂。

hall keep 大厅和卧室相邻的长方形房子。

hallway 过道，走廊。

halogen lamp 卤素灯；见 **tungsten-halogen lamp**。

halon extinguishing system 采用卤盐气体作为灭火剂的防火系统，用于存有贵重物品地方的灭火。但现在由于存在环境问题，已经限制使用这种气体灭火了。

halved-and-lapped notch 半搭接合；同 **half-cut notch**。

halved-faced 二等分的；同 **fair-faced**。

halved joint 一种半搭接接头（**half-lap joint**）。

halved splice 同 **half-lap joint**；半叠接。

halving 半开叠接；将两木构件各在其一端切去一半厚度；当切头的两个表面叠放在一起时，重叠部分即形成搭接接头或者半搭接接头。

halving joint 半搭接接头。

hammam （土耳其式）澡堂，浴室；带有蒸汽室的东方式洗澡澡堂。

hammer 铁锤；一种手工工具，锤头和手柄垂直；用于钉钉子、敲打、平整物体。

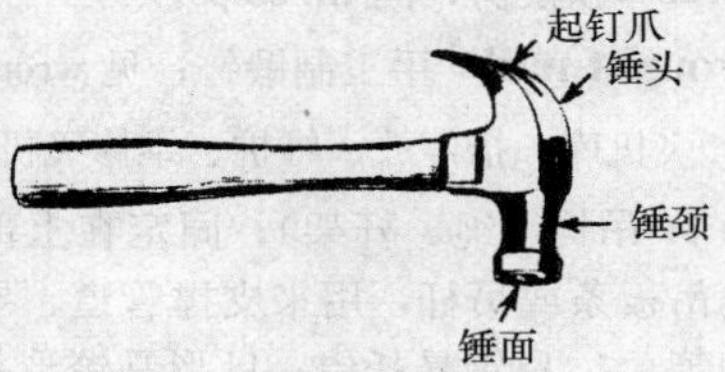

铁锤：术语

hammer ax 板条锤。

hammer beam 椽尾梁，托臂梁；固定在屋架主椽根部的一对水平短梁以替代水平拉杆。

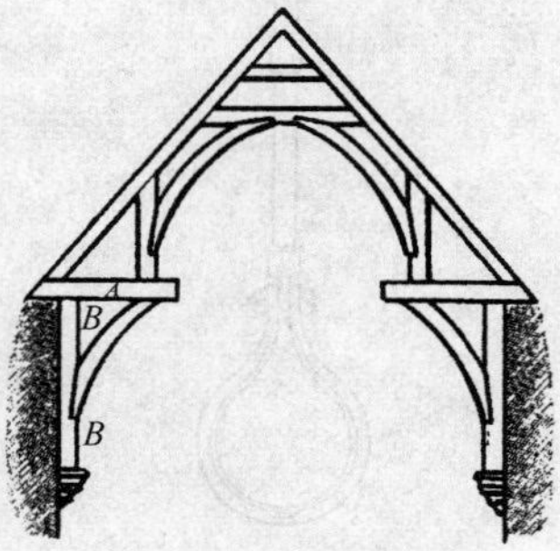

A—椽尾梁，托臂梁

hammer-beam roof 托臂梁或屋架。

hammer brace 椽尾架斜撑；在托臂梁底下并支撑梁的支架。

hammer-dressed 锤琢的（石块）；仅用锤子敲琢石块砌体，以平整其表面并修整其形状。

hammer drill 锤钻，冲击钻；用压缩空气为动力的冲击型岩石钻。

托臂梁或屋架

hammered glass 锤痕玻璃；一种半透明的玻璃，由普通玻璃的一面经过模纹滚压形成如锤打过的金属般的纹理而成。

hammer finish 锤纹漆（罩面）；一种油漆饰面，漆料通过将不漂浮的金属颜料和染料经特殊容器混合而成。饰面如在锤击过的金属面上涂漆的效果。

hammerhead crane 锤头式起重机；一种重型旋臂（挺杆）起重机，因带有一平衡锤，使得外形呈 T 形。

hammerheaded 有钝头的凿子，用锤子而不是木槌敲击其钝头。

hammerhead key 双燕尾键，锤头开键；见 **double-dovetail key**。

hammer post 壁柱形的下垂物；用作椽尾架斜撑的支座构件。

Hamm tip 橄榄形喷嘴；一种混凝土喷枪使用的喷嘴；其中间段直径比入口和出口处都要大一些。

hance 拱腰；三心或四心弧拱两端拱座处的最小半径弧。

hance arch 平圆拱，三心拱；同 **hanse arch**。

hand 1. 门的开启方向，门的旋转方向；指观察者处于门外侧时，左转开门或右开门及附属的门框和五金件。左转开门的合页在左侧，门开启时远离观察者；**left-hand reverse door**（左手反旋门）旋转方向朝着观察者；**right-hand door**（右手门）合页在右边，门旋转方向远离观察者，**right-hand reverse door**（右手反旋门）门旋转方向朝着观察者。2. 螺旋楼梯中，楼梯的转向；**right-hand**（右旋梯）指当人下楼梯时沿顺时针方向转；**left-hand**（左旋梯）指下楼梯时沿逆时针方向转。

hand brace 手摇钻；同 brace，3。

hand clamp 螺栓夹钳；同 screw clamp。

hand-dressed stone 修琢石；料石；同 dressed stone。

hand drill 手摇钻；drill，1（钻）。

hand elevator 手拉升降机；人力驱动的小型升降机，曾用于传递楼层间手写信息和轻质货物。

hand file 手锉；见 file。

hand float 手镘板；用来填充和砂浆抹面的木制工具；如用于抹平底面或抹带纹理面层的镘板。

handhole 检修井；一种尺寸偏小的检修井。通常设在地下管线入户线的终端。

handicap accessblility 无障碍设计；见 Americans with Disabilities Act（ADA）。

hand level 手持水准仪；一种手持式粗略检测水平高程的仪器，通常限制测定区范围在 200ft（大约 60m）半径内。有一个金属观察筒（不是望远镜），从筒内可以看到被测点处标尺上尺寸线并将其对准十字交叉发丝的水平线即可测得标高。

hand line 用于手动控制舞台传动系统中的平衡重锤，幕帘等的线。

handling reinformcement 在产品最终安装前，为防止运输、搬运、卸载以及储存过程遭到破坏而附加的加固措施。

handling rope 用于手动控制舞台传动系统中的平衡重锤，幕帘等的线；同 hand line。

hand plate 推板；见 push plate。

handrail 扶手；同 rail，1。

handrail bolt，joint bolt，rail bolt 扶手螺栓，连接螺栓；两端都有螺母和螺纹的金属杆，用于平接两接合面。

handrail height 扶手高度；扶手顶面离地面的垂直距离。

handrailing 1. 扶手；同 handrail。2. 包含平台和螺旋楼梯扶手涡卷端的扶手部分。

handrail scroll 扶手涡卷端。

handrail wreath 螺旋扶手端头；同 handrail scroll。

handsaw 手锯；一端有手柄的手持锯，用于锯木头。

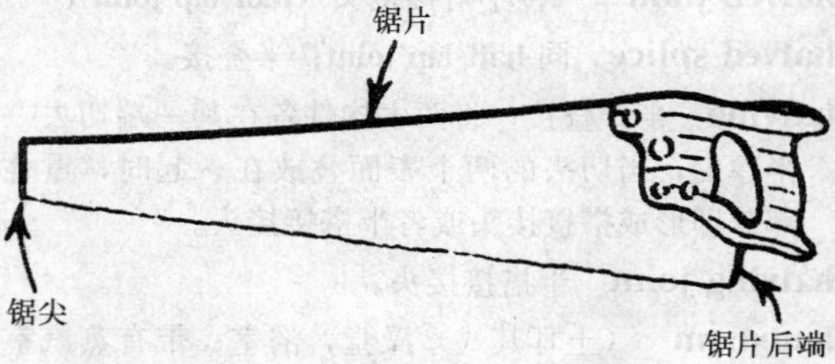

手锯：术语

hand screw 手动千斤顶；同 screw clamp。

hand snips 铁皮剪；同 tin snips。

hand-wrought nail 手工制锻钉；见 wrought nail。

hangar 飞机库；指停放、维护、维修飞机的地方。

hanger 1. 吊钩（绳、杆架）；固定在上部结构上的吊筋吊板条或吊杆，用来支撑管道、导管或吊顶骨架等。2. 扁钢悬托镫；U 形马镫形托座，用来将小梁或搁栅连接到石墙或大梁上。3. 能将某一构件悬挂到另一构件下方的装置。

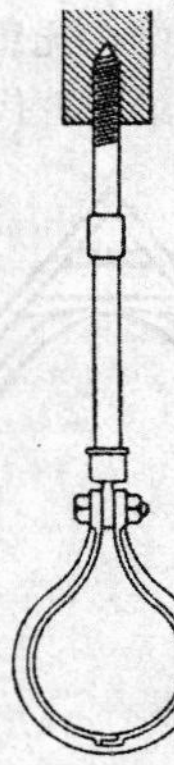

吊钩（绳、杆架）

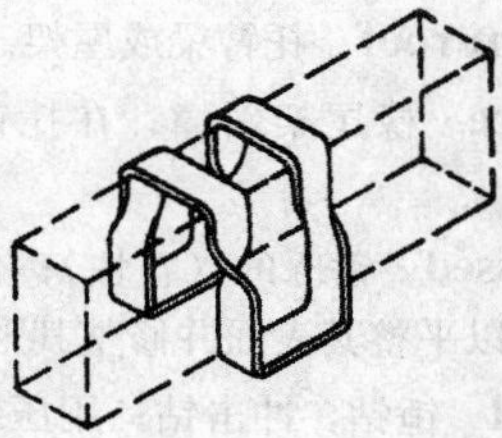

扁钢悬托镫

hanger bolt 吊挂螺栓；一端为带螺钉的机制螺栓，另一端为锥形木螺钉；用于大截面木构造中。

吊挂螺栓

hanging 1. 将门安装在门框上的铰链（合页）。2. 将窗扇安装到窗框内。

hanging buttress 悬挂扶壁；晚期哥特式建筑及派生建筑中，由墙上的牛腿支承而不是支承在其基础上的独立式支柱或扶壁。

hanging gable 谷仓或房屋的山墙上屋脊处的屋顶部分向外的稍微挑出，以覆盖安装升降装置的屋脊梁。

山墙屋顶部分的出挑

hanging gutter 吊挂天沟；用金属扣吊挂在屋檐处的金属沟槽，有时用托架支撑。

hanging jamb 门框上安装铰链的部分。

hanging pew 设在短柱上抬高的座位，通常与次等座位分开，并有专用楼梯。

hanging post 挂门柱，吊柱；用于悬挂门的柱子。

hanging rail 铰链冒头；门上可以固定合页的横挡。

hanging sash 吊窗，垂直拉窗

hanging scaffold 悬吊式脚手架；用绳子和滑轮悬挂的脚手架。

hanging shingling 悬挂木瓦；悬挂在垂直或几近垂直坡度的屋面上的瓦。

hanging stair, hanging step 1. 从墙上出挑的、一端自由悬空的石级。2. 悬臂梯级；见 **cantilever steps**。

hanging step 半旋梯级；没有连续踏步梁支撑的楼梯；梯级连续叠在一起，相互支撑；常见于基督教震荡派（**Shakers**）建筑中。震荡派是起源于英国，18 世纪晚期传到美洲的一个宗教派系。

hanging stile 铰链门窗梃；见 **hinge stile**。

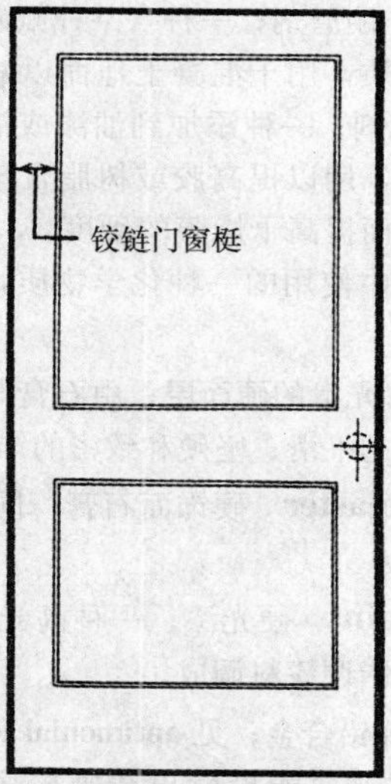

铰链门窗梃

hanse arch, haunch arch 加腋拱；拱顶与拱腰曲率不同是这种拱的显著标记，通常是 **basket-handle** 或 **three-centered** 或 **four-centered arch**。

hard asphalt 硬地沥青；正常贯入度大于 2 小于 10 的固体沥青。

hardboard 硬质纤维板；由木质纤维压制而成的板材；广泛用于建筑中，如作室内护墙板或耐用壁板等。

hard-burnt 接近陶瓷状态的；指黏土制品经高温烧制后，通常具有较低的吸水率和较高的抗压强度的特性。

hard-burnt brick, hard-fired brick 硬烧砖，过火砖；按照设计形状制模，然后在高温的窑中烧制以提高其机械强度、防潮性以及抗风化性能的一种黏土砌块；见 **brick**。

hard-burnt plaster 金氏水泥；同 Keene's cement。

hard compact soil 压实土，稳定土；根据（美国）职业安全与卫生条例（OSHA）标准，所有未被归类为流动或不稳定土质的土类。

hard-dry （涂层）干透，干硬；指涂层的干燥程度，即当用拇指拈压涂层时，漆膜不出现损伤。此时涂层经得起使用、擦磨或施加覆面层。

hardened glass 钢化玻璃；同 tempered glass。

hardener 1. 耐磨剂；一种含某种氟矽化物或硅酸钠的化学物质，用于混凝土地面以减少磨损和灰尘。2. 硬化剂；一种添加到油漆或清漆调漆料中的化学物质，用以提高胶或树脂含量或是提高氧化速率。进而提高干燥膜的硬度。3. 在两组分涂料或胶合剂中使用的一种化学物质，它可导致树脂硬化。

hard finish 光滑的硬面层；由石膏与石灰拌合成的灰浆抹成的平滑、坚硬和致密的饰面层。

hard-finish plaster 硬饰面石膏；同 martin's cement。

hard gloss paint 硬光漆；一种高光泽度的磁漆，由干硬性树脂调漆料调成。

hard lead 锑铅合金；见 antimonial lead。

hard light 强光；能投射出清晰轮廓、明确阴影的光。

hardness 1. 硬度；木头、橡胶、密封膏、塑料或金属对由于受压或球印软度试验产生的塑性变形的抵抗能力。木头的硬度主要与密度有关，通常采用 rockwell，brinell，scelroscope 和 vickers 方法测试。2. 油漆或清漆涂膜的一种属性，用于描述其抵抗损伤、摩擦等引起的破坏的能力。3. 硬度的指标；水的硬度取决于水中钙盐、镁盐的含量，以每加仑多少格令（注：英制质量单位 1 格令＝0.064g）或者每百万份中占有碳酸钙的份数表示。4. 见 mohr's scale；摩尔硬度（仪）。

hard oil 硬油；一种用于室内的干硬性油漆或清漆。

hardpan 硬质地层；一种非常密实坚硬而难以挖掘的土层、粗砾石或卵石层。

hard pine 硬松（黄松木）；同 yellow pine。

hard plaster，gauging plaster，molding plaster 一种用于饰面的快凝性灰浆，向其中需添加缓凝剂以控制结硬速度。

hard rock 硬石岩；挖掘过程中发现只能用气动工具或爆破方式移动的岩石。

hard solder 硬焊料；熔点高于铅锡合金焊料的焊料，如银焊料或铝焊料；用硬焊喷灯焊接。

hard steel 1. 硬钢；经过硬化处理的钢。2. 高碳钢；同 high steel。

hard-top 硬路面的公路。

hardwall 石膏打底抹灰；一种纯石膏灰浆，用作底涂层。

hardware 五金件；用于建筑中的金属配件如螺栓、钉子、螺钉；见 rough hardware；零件如拉手，铰链，锁等；见 finish hardware 及工具。

hardware cloth 钢丝网；网眼尺寸为 1/8～3/4in（3.18～9.53mm）的钢丝网，通常经过镀锌。

hard water 硬水；含有矿物质（硫酸钙和硫酸镁，碳酸盐和重碳酸盐）的水；又见 water softener。

hardwood 1. 阔叶树；属于被子植物的树木；通常是阔叶且落叶的，如樱桃，红木，枫树，橡树等。2. 硬木；来自该类树木的木材。

hardwood dimension stock 小规格木料；经打磨后，大量废料遗留在工场中的木料。

hardwood strip flooring 条形基础；同 strip flooring。

harl，harling 干粘石或喷粘石墙面，同 rock dash。

harling 粗糙粉刷；同 rough cast。

harmonic 谐波；由多个频率合成的声音。各频率均为最低频率的整数倍。

harped tendons 偏离构件重心轴配置的钢丝束，同 deflected tendons。

harsh mixture 粗糙搅拌料；一种由于缺少砂浆或者不良级配而使和易性和稠度都较差的混凝土混合料。

harsh mortar 难以涂抹的砂浆。

Hartford loop，underwriters' loop 连接到蒸汽锅炉上的回水管的设计；以保证锅炉的供回端之间的压力平衡，以防止沸水从锅炉反向流入回水端。

hasp 搭扣，铁扣；一种扣紧装置，由一个环扣和一个开槽的铰链构成，以挂锁锁住。

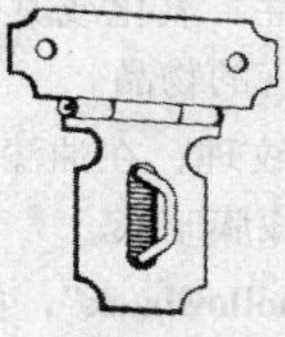

搭扣

hastarium 拍卖行；古罗马在政府监督下进行公开拍卖的场所。

hatch （门、墙壁、地板上的）开口；在屋顶或楼板上带翻盖的洞口，洞口用作人员或者货物在楼层间的通道或作为通风口。

hatched molding 锯齿状线脚；同 **notched molding**。

hatchet 短柄斧；用于砍劈和凿掘的工具，由木柄和带锤面、刀刃的斧头构成，其斧上有用于起钉子的叉口。

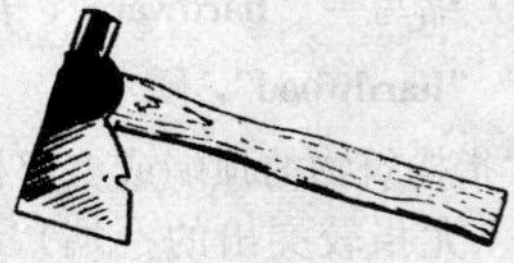

短柄斧

hatchet door 两截门，一种上下部分可分别开或关的门；同 **dutch door**。

hatchet iron 斧形烙铁；水暖工使用的焊接工具，有一个形状像短柄斧的刀刃。

hatchway 屋顶出入口；见 **roof hatch**。

Hathoric，hathor-headed 埃及柱的，其柱头带有埃及牛头女神哈梭（**Hathor**）的面具。

Hathoric capital 爱神柱头；柱头带有埃及牛头女神哈梭（埃及神话中的爱神）的面具。

hathpace 高台，平台；同 **halfpace**。

haul，haul distance 1. 将挖掘出的东西从挖方地里运到填料地的距离。2. 沿着运输车从挖料中心处运到填料中心的最可行距离。

haunch 1. 拱腰；拱脚和拱顶之间的部分。2. 梁腋在屋顶板或者地板下大梁突出的部分。3. 圆桶从桶底至起鼓点逐渐加粗的部分。4. 指一根圆管下部圆周的 1/3 部分。5. 加腋；横梁在靠近支座处截面逐渐加高的部分。

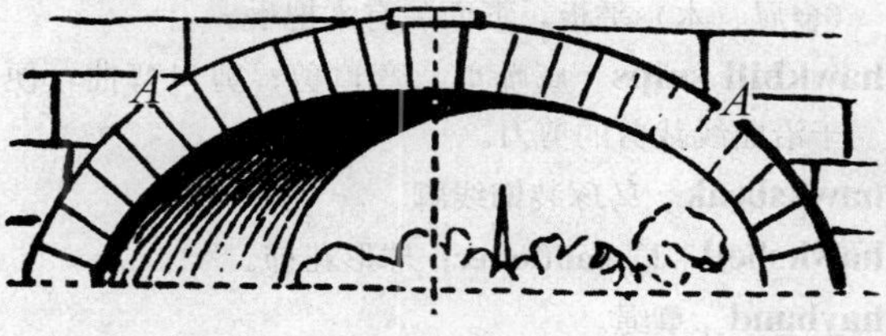

A—拱腰

haunch arch 多心拱；见 **hanse arch**。

haunch board 梁腋侧板；浇筑混凝土大梁两侧的模板。

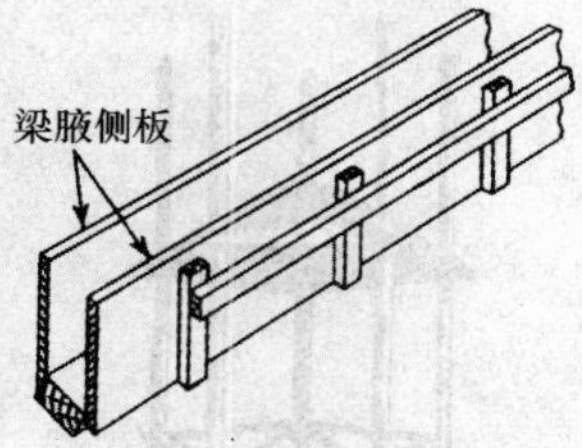

梁腋侧板

haunched beam 变截面梁，加腋梁；沿着其支撑端截面逐渐加高的横梁。

haunched mortise-and-tenon joint 有榫腋脚的榫接头。

haunched tenon 腋式榫舌；较木构件整体宽度窄，应用在榫接部位的榫舌。

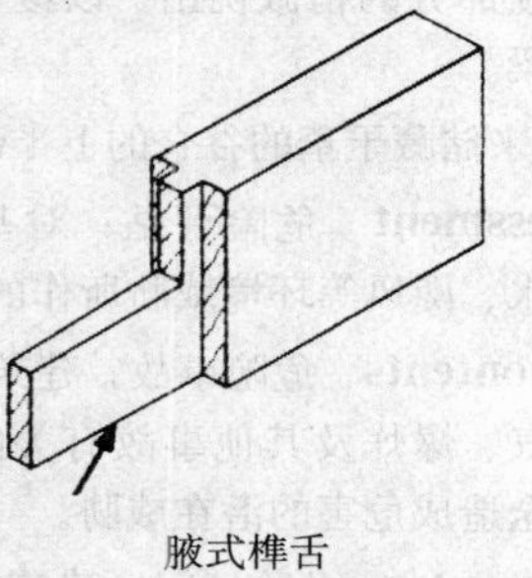

腋式榫舌

haunching 1. 加腋；在管道凸起的部位周围铺设垫料。2. 路边阴沟或在位于填层上的下水管道混凝土座。

hautepace，hautpace 楼梯平台；同 **halfpace**。

haw-haw 同 **ha-ha**；矮篱墙。

hawk 托灰板，灰浆托板；泥瓦匠用来托灰泥的（金属、木）平板，下面装有木把手。

hawkbill snips 鹰嘴剪，弯口剪；剪口弯曲，便于沿曲线裁剪的剪刀。

hawksbeak 鸟琢装饰线脚。

hawksbell 同 **ballflower**；球形花饰。

hayband 草绳。

hay barrack 干草棚；用来储藏农仓堆放不下的干草，结构四面开敞，通常有一个四角或五角形的顶盖，顶盖可以随着下方所存干草量的增加而沿着支柱向上移动。

干草棚

haydite 陶粒；通过加热页岩膨胀产生的多孔轻质混凝土骨料。

hay hood 同 **hanging gable**；谷仓或房屋山墙上屋脊处的屋顶部分的稍微挑出，以覆盖安装升降装置的屋脊梁。

hayloft 用来储藏干草的谷仓的上半部分。

hazard assessment 危险评估；对基地可能遭受地震、洪水、飓风等环境威胁所作的评估。

hazard of contents 危险事故；建筑物内与火灾、烟雾、毒气、爆炸及其他事故有关的，对居民生命财产安全造成危害的潜在威胁。

hazardous area 1. 危险区间；建筑物内存放高度易燃易爆物品的区域，或是该区域用以生产酸性或碱性的有毒气体或液体，以及任何具有可燃、易爆、有毒或刺激性危害的化学试剂。2. 危险地区；任何藏有可能爆炸或自发燃烧的颗粒或粉尘的地区。

hazardous substance 危险物品；由于本身的爆炸、燃烧、有毒性、氧化或其他有害性质甚至可能造成死亡或伤害的物品。

haze 油漆的混浊纹理；在油漆过程中，由于基面处理不细而形成漆膜暗淡。

HB 1. 缩写＝“**hollowback**”，曲背柱。2. 缩写＝“**hosebib**”，软管龙头。

H-bar 结构系统中使用的一种 H 型钢（条、棒、杆）；工字（条、棒、杆）；作为吸声吊顶中的主滑道是其中之一。

H-beam 工字梁；H 型钢。

H-block 两端具有半空腔（砌块的空腔）形状开口的混凝土空心砌块。

H-brick 多孔砖。

HD （制图）缩写＝“**head**”。

H/D ratio 高度 H 与直径 D 的比率。

HDW （制图）缩写＝“**hardware**”，五金件。

hdwd 缩写＝“**hardwood**”，硬木。

head 1. 通常指构筑物的顶端或上部构件；构件的顶部或端部（尤指较突出的一端）。2. 门框或窗框顶部，位于边框之间的水平构件。必要时对上面的构筑物起结构支撑作用，如门框或窗框的上槛。3. 位于转角或门窗口墙面的露头石。4. 檐口瓦（与普通瓦同宽，长度为普通瓦的一半，是屋檐上的第一层瓦）。5. 见 **static head**。

headache ball 撞击捶；见 **breaker ball**。

head casing 门额，门头罩，门窗头线条板；门（窗）上口的水平罩。

header 1. （拉结）丁砖，露头砖；两端外露，叠砌于两块或多块顺砖之上起连接作用的砖；锚石，丁砖。2. 同 **header joist**；封头檩条。3. 搁栅横梁；横跨并支承搁栅、椽子端头的框架构件，并将搁栅椽子的荷载传递到其两端的搁栅椽子上。4. 管道系统中的集管，主管道工程，干管；有多个接口的管道，接口或平行或垂直于管道轴线。5. 联管；有多根管道开口接入的小室箱。6. 同 **platform header**。7. 一种横向配线管道，具有通向多孔楼板的通道，以便于安装导电线。8. 紧靠

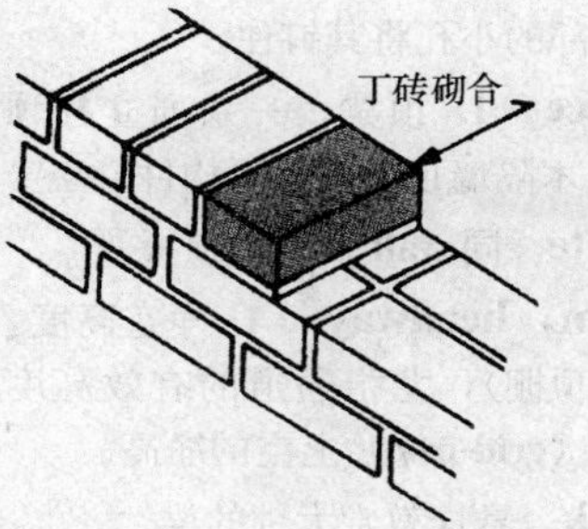

丁砖

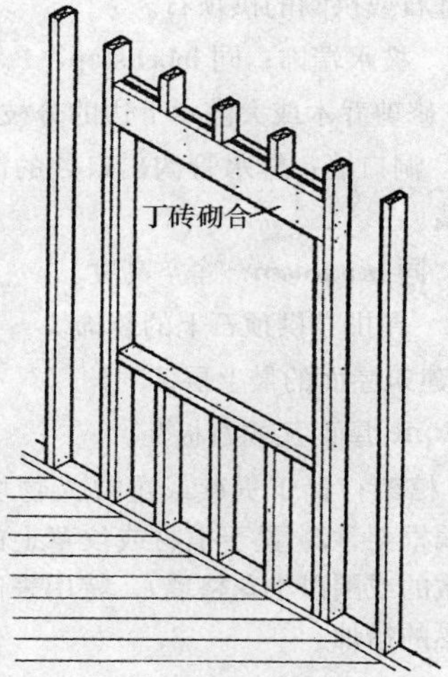

搁栅横梁

门洞上方的结构件；门上槛。

header block 丁头接缝砌块；一种混凝土砌块，其一面的部分被切去，以便与相邻的砌块连接。

header bond 丁砖砌合；全部使用丁砖的砌筑方式，每层砖与上下层错位半个丁砖宽度。

丁砖砌合

header course，heading course 丁砖层，全丁砖皮（层）；砌体结构中连续的一层丁砖。

header duct 使电缆从供电室通向配电槽的集线管或馈线导管。

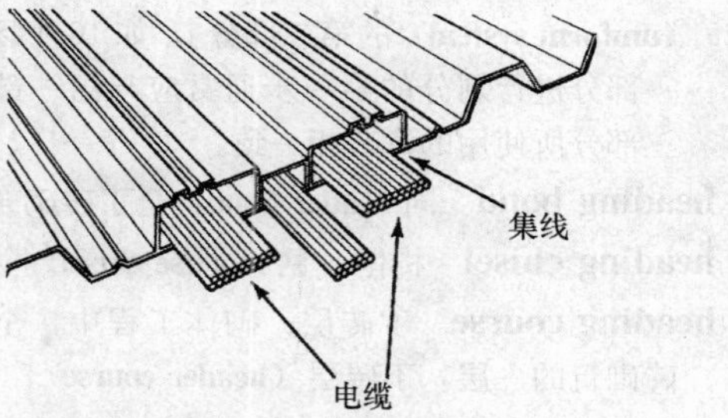

集线电缆

header-high 砌体墙到第一丁砖层的高度。

header joist，header，lintel，trimmer joist 封头搁栅（檩条），搁栅横梁，过梁，搁栅端头大梁；洞口处用于支承搁栅的短小构件。固定于通长且平行的两条构件之间，并与之垂直。如木地板中长方形开洞周边构架中的短搁栅托梁；又见 **tail piece**。

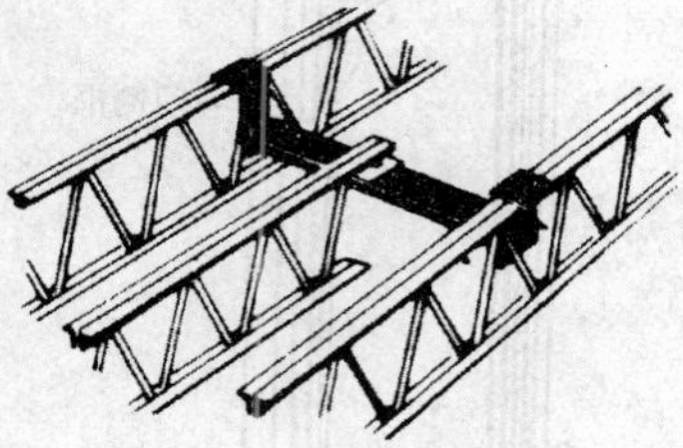

封头搁栅（檩条）

header tile 带槽面砖；带有凹槽的面砖，用作砌面墙的丁砖。

head flashing 顶面泛水；埋在砖墙窗洞口或突出物上方的泛水。

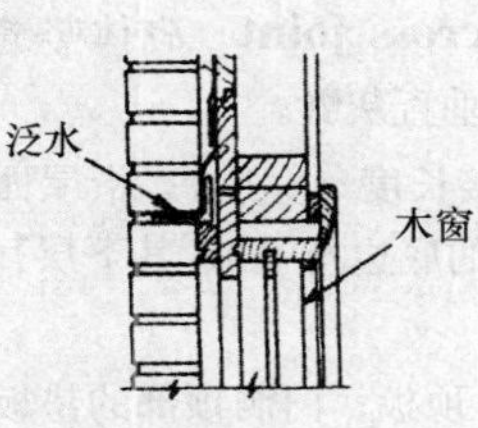

顶面泛水

head guard 门窗框上端的挡空腔的泛水（**cavity flashing**）。

heading 1. 同 **upsetting**；镦锻。2. 美国建筑学会档案系统中所使用的相关资料分类［统一系统

(uniform system) 的第二部分], 如 16 个区段的每一部分进行划分的第一步通常应与第一部分和第三部分所使用的章节相一致。

heading bond 同 header bond; 全丁砖砌合。

heading chisel 榫凿; 见 mortise chisel。

heading course 丁砖层; 砌体工程中, 全部由丁砖砌筑的一层, 丁砖层 (header course)。

heading joint 1. 端缝; 两块木料端对端直线拼接所形成的接缝。2. 砌体竖缝; 在相同一砌层中两块砌体之间的接缝。

head jamb, yoke 门上框, 门上槛; 门洞上方的水平构件, 门框上槛。

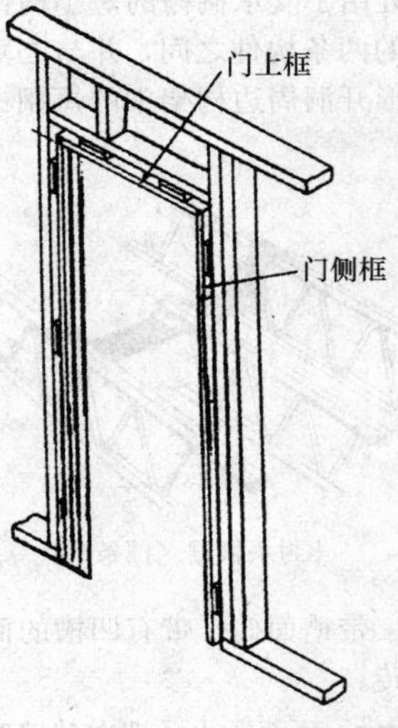

门上框

head joint, cross joint 砌体竖缝; 砌块以端部相接形成的垂直灰缝。

headlap 搭接长度 (宽度); 指屋面木板瓦搭接中 (a) 上层瓦的底边与 (b) 其下层瓦的上边之间的最短距离。

head lining 顶板; 门洞顶部的垫板。

head loss 同 pressure drop; (水) 压头损失。

headmold, dripstone, head molding, hoodmold, weather molding 门窗头线, 门窗额饰; 门窗洞口周边或上面的线脚。

head nailing 端部钉法, 上部钉法; 通过靠近石板瓦顶部的小孔将其钉住。

head piece 1. 顶梁; 一系列立柱顶上的压顶构件。2. 木隔墙顶上的水平构件。

head plate 同 wall plate; 顶板。

headroom, headway 1. 净空高度, 净高 (如从地板至顶棚), 尤指通道的有效高度。2. 剧院舞台格架 (grid-iron) 上空的净高。

headstock 悬挂教堂大钟的梁。

headstone 基石; 基础中起重要作用的石头, 如建筑物的基石或拱圈的拱顶石。

head stop 披水端饰; 同 label stop, 1。

head up 修剪乔木或大灌木下边的分枝。

headwall 洞口墙; 排水管沟出口处的混凝土或砖质挡土墙。

headway 同 headroom; 净空高度。

headwork 在拱券拱顶石上的装饰。

healing 建筑屋面的最上层。

healing stone 屋面瓦或石板瓦。

hears 1. 棺架; 置于贵族或重要人物坟墓或棺材上的金属框架。2. 置于棺材或坟墓上的雨罩 (通常是开敞的或围以小花格墙), 特用来固定举行仪式时点燃的蜡烛。

棺架

heart 髓心; 原木的中心部分, 通常与心材有关。

heart and dart 叶与箭线脚装饰; 见 leaf and dart。

heart bond 全丁砖砌合; (砖体工程中) 砖石墙的砌合法, 两块丁砖在墙体的中间相接, 另一块丁砖覆盖在接缝上起连接作用。

heart-face boards 心材面板; 锯掉边材的木板。

hearth 1. 壁炉地面, 火炉垫板; 壁 (火) 炉的地板 (通常由砖、瓷砖或石块铺成) 以及周围铺有防火材料的区域。2. 炉床; 炉室下铺设耐久性乃

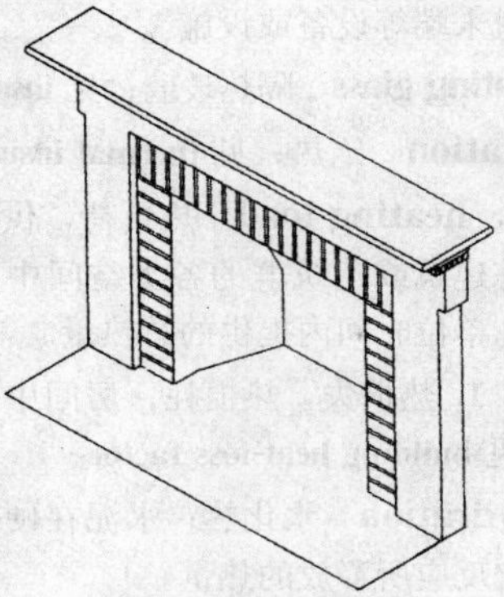

壁炉地面

火材料的底板及其周边。

hearthstone 1. 壁炉块石，炉膛石；炉膛底下整块大石块。2. 筑炉料（如耐火砖、耐火黏土制品、混凝土等）。用以组成炉室。

hearth trimmer 壁炉前的托梁；见 **trimmer**。

hearting （填筑）心墙；砌筑墙、柱等中间的砌体。区别于抹面，贴面工程。

heart plank 心材板；见 **centerplank**。

heart shake 木心辐裂；通常由于干燥方式不正确而导致木材以中心发散，沿半径方向出现的放射裂纹。

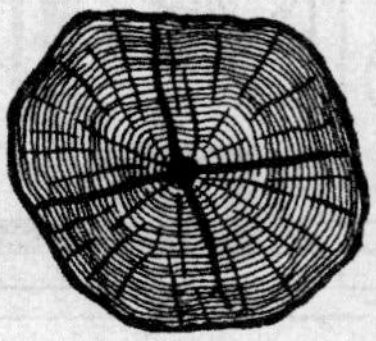

木心辐裂

heartwood, duramen 心材；有年轮树的；心材，通常较边材更耐用，颜色较深。

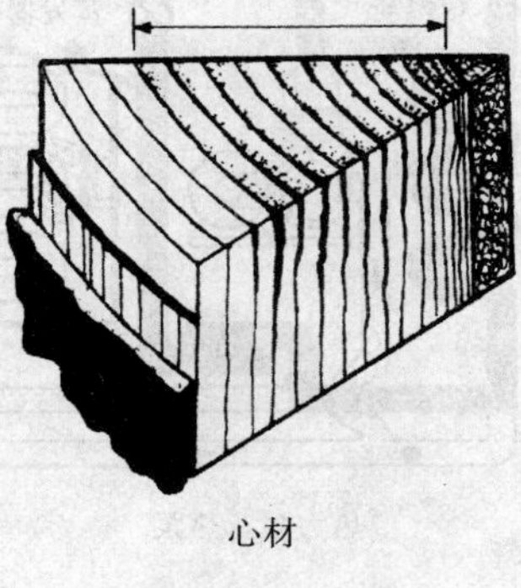

心材

heat 热量，热能；存在温差的两物体之间，由较热向较冷一方传递的一种能量形态。

heat-absorbing glass 吸热玻璃；一种呈蓝绿色的半透明厚玻璃板或浮法玻璃，能从通过的阳光中吸收 40%的红外线和大约 25%的可见光。该玻璃所受光照必须均匀，以避免由于受热不均而导致破裂。

heat-activated adhesive 热熔胶粘剂；一种通过加热、加压而产生黏性或液化的干胶。

heat and smoke vent 同 **smoke and fire vent**；屋顶排烟口。

heat balance 1. 测定燃烧效率的方法：燃烧过程产生的总热量（100%）减去所有的热损失量（以百分比表示）即为燃烧效率。2. 热平衡；空间失热与得热相等的状态。

heat capacity, thermal capacity 热容量；某一物质温度升高 1°所需吸收的热量，其数值等同于物质的质量乘以比热（**specific heat**）。

heat conductivity 导热率；见 **thermal conductivity**。

heat detector 热探测器，热感应器；火警探测系统（**fire-detection system**）中的警报启动装置，用来探测非正常的升温或高温。

heated space 建筑物内供热空间。

heat exchanger 热交换器；依靠管内流动的液体与管外流动的液体之间的温度差来传递热量的装置；通常由筒形的外壳和许多纵向的管子构成。

heat filter 滤热玻璃，吸热滤镜；置于光路中的一种光学滤镜，能透过可见光、反射近红外线，以此来减少光源的热效应。

heat flow 热流；见 **heat transfer**。

heat-fusion joint 热熔接头，热熔接点；通过加热使塑料管头插入塑料套接管零配件使其融合，待冷却后形成的牢固的接头（仅用于平口塑料管与特制的零配件的相连）。

heat gain 热增量；空间内热量的净增值。

heating cable 加热线；见 **strip heater**。

heating capatity, recovery capacity 热容量；热水器在一小时内使一定数量（加仑或升）的水增加规定的温度值的能力，如从 40～140℉（4.4～60℃），通常用比特/小时（Btu/h）或千瓦/小时

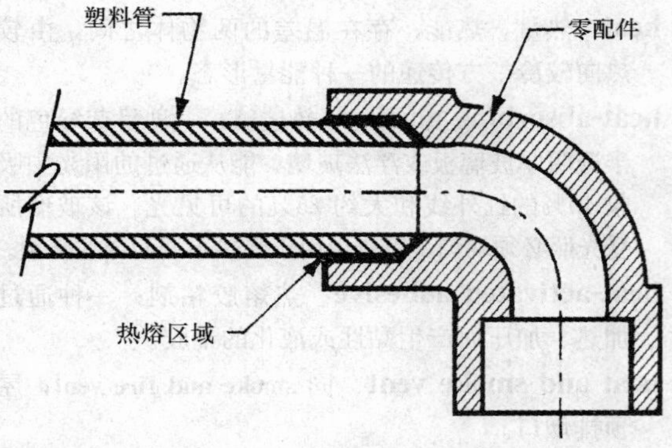

热熔接头

(kW/h)表示。不包括热水器供热系统的热损失。

heating degree-day 同 degree-day；度每日。

heating element 电热元件；见 electric heating element。

heating load 热负荷；见 heat load。

heating medium 载热体，热媒；用于将热量从热源（如加热炉）直接或通过适当的供热设备传递给目标物体或空间的任何固体或流体物质（如热水、蒸汽、空气或废气）。

heating plant 供热站，集中供暖系统；为独栋建筑物或建筑群采暖的供暖系统，通常包括蒸汽锅炉和连有散热器的管道系统或锅炉、通风管及排风口等。

heating rate 加热速率；（如高压锅，干燥炉中）温度上升的速率，以摄氏度/小时（℃/h）表示。

heating system 供热系统；见 forced-air heating system，hot-water heating system，one-pipe system，radiant heating system，sealed hot-water system，solar heating system，steam heating system，warm air-heating system。

heating unit 供热元件；见 electric heating element。

heating, ventilating, and air-conditioning system (HVAC system) 采暖、通风和空调系统；一套用来满足空调房间的环境条件的机械系统，通常包括控制温度、相对湿度、通风及换气的功能。系统类别各不相同，但有一套基本的系统通常包括室外空气入口、冷冻机预热器、除湿器、加热盘管、加湿器、风机、管道系统、排风口及风道末端等设备或设施。

heat-insulating glass 隔热玻璃；见 insulating glass。

heat insulation 绝热；见 thermal insulation。

heat load, heating load 热负荷，供热负荷；为维持独栋建筑或建筑群的各类空间中的特定温度而需要在单位时间内提供的总热量。

heat loss 1. 热损失，热损耗；房间中的热量净损失。2. 见 building heat-loss factor。

heat of hydration 水化热；水泥在硬化和凝固过程中水化反应所释放的热量。

heat of solution 溶解热；物质溶解于溶剂过程中释放出来的热量。

heat pump 热力泵，热泵；在冷暖空调中，通过热交换器，使热量从低温容器向高温容器传递、实现热交换的设备。在该过程中需消耗机械能，这种冷却循环也能逆转，可起到供暖作用。

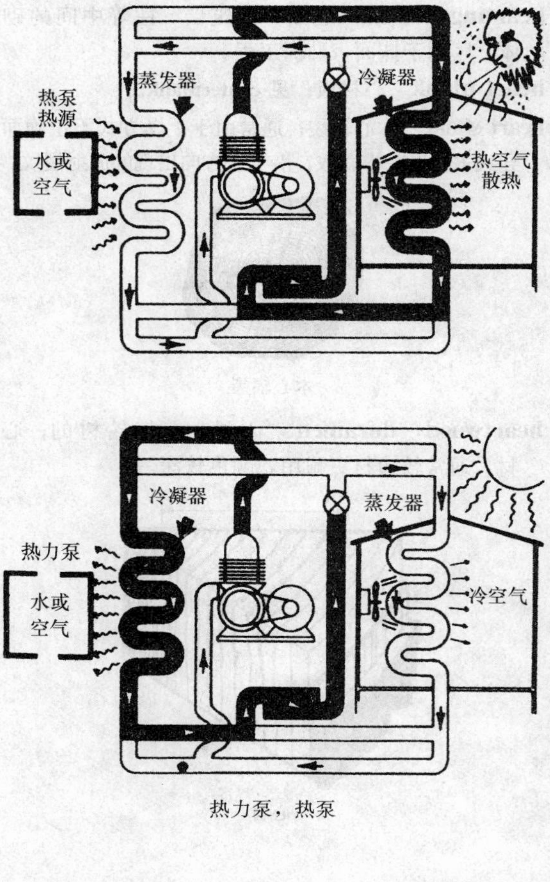

热力泵，热泵

heat quantity 热量；热的被测量，常用英国热单位或大卡表示。

heat recovery 热回收；从任何热源（如光照、发动机排气等）中吸取热量。

heat-reflective glass 热反射玻璃；见 **reflective glass**。

heat-release link 热线；见 **fusible link**。

heat-resistant concrete 耐热混凝土；持续或周期性置于陶瓷烧结温度以下的环境中却不发生分解的混凝土。

heat-resistant glass 耐热玻璃；由于膨胀系数低而较普通玻璃更耐高温的玻璃。

heat-resistant paint，heat-resistant enamel 耐热涂料；耐受120～400℃温度范围的特殊涂料。

heat-sealing 热封合；一种通过对接触面同时加热和加压而使塑料片（膜）结合的方法。

heat sink 散热；将热源传递过来的热量散发出去的介质或环境，通常指大气或水体。

heat source 1. 热源，可以获取热量的地方或环境。2. 冷冻系统中释放热量的地方。

heat storage 蓄热；白天蓄积大量太阳能以备后用。

heat-strengthened glass 钢化玻璃；经过以下程序处理后形成的玻璃（a）按规定大小切割；（b）加热至接近软化；（c）快速冷却并放置时使其内面受拉、外面和边受压。经过如此处理后的玻璃其强度大约增长一倍。

heat transfer 传热；热流会从温度高的物体流向温度低的物体，直至两者温度相同。

heat transfer coefficient 传热系数；见 **thermal conductance**。

heat-transfer fluid 传热流体，传热媒质；从热源，如太阳能集热器（**solar collecter**），吸收热能并将其传递给热交换器或其使用点的流体。

heat transmission 传热，热传递，热传导；单位时间内的热流量，通常指传导、对流和辐射的综合效应。

heat transmission coefficient 传热系数；用于计算各种材料或结构之间以传导、对流或辐射方式传递的热量；又见 **thermal conductance，thermal conductivity，thermal resistance，thermal resistivity，thermal transmittance**。

heat transmittance 同 **thermal transmittance**；热传递。

heat-treated glass 同 **tempered glass**；钢化玻璃。

heat treatment 热处理；可以改变金属或合金物体的物理和机械性能的加热和冷却处理方式。

heave 指土壤因膨胀而形成的隆起。如因吸湿、卸载、打桩及霜冻等形成的胀起。

heave-off hinge 见 **loose-joint hinge**；抽芯合页。

heavy-bodied paint 高稠度油漆。

heavy concrete 见 **high-density concrete**；重混凝土。

heavy-duty scaffold 重负荷脚手架；根据美国职业安全和健康署（OSHA）的规定，设计工作荷载不超过75 lb/ft²（367.5kg/m²）的脚手架。

heavy grading 通过深挖及填埋搬运大量土方以平整土地。

heavy joist 重型搁栅；厚度不低于4in（10cm），宽度不少于8in（20cm）木料。

heavy soil 黏质土；主要由粉砂和黏土构成的细粒的土壤。

heavy-timber construction 重型木结构，耐火木结构，大型木结构，大木建筑；通过规定木构件的最小尺寸以及木楼板、木屋面最小厚度和构造方式；使用承重墙以及难燃的非承重外墙；消除屋面或楼板下的隐蔽空间以及使用合格的连接构件、构造细部和构件胶粘剂从而获得耐火能力的木结构。

heavyweight aggregate 重骨料，重集料；用于制造高密度混凝土如重晶石、磁铁矿、褐铁矿以及钢铁的骨料。

heavyweight concrete 重混凝土；见 **high-density concrete**。

hecatompedon 百尺庙；指长或宽超过100ft（30.5m）的建筑物，特指雅典的帕提侬神庙的大殿。

hecatonstylon 百柱式建筑。

heck 1. 上下可独立开合的双扇门或带有窗孔或格构式面板的门。2. 格构式大门。

hectare 公顷；等于 10,000m²，约合 2½英亩。

hectastyle 同 **hexastyle**；有六柱的。

hedge 1. 树篱；生长密集的矮小乔木等形成的屏障。2. 绿篱；一行生长密集的灌木。

hedgerow 绿篱，树篱，栅篱；用来限定或围合某一场地的成行的乔木及灌木。

heel 1. 柱脚；直立柱的底端。2. 门铰链梃(**hanging stile**)的下端。3. 楼板木梁支撑（木梁支撑砖墙）。4. 推土机刨刀的后边。

heel cut 同 **seat cut**；椽子檐端的水平截口。

heelpost 1. 厢房隔墙自由端的小柱。2. 装有大门铰链的小柱。

heel stone 门挺基石；门墩底部用以安装大门铰销的石块。

heel strap 椽梁系板；将椽子与柱梁连接用的钢扣件。

height 1. 高度；两点之间的直线垂直距离。2. 房屋高度；房屋中，从建筑物前边或后边地面的平均高度或邻近建筑物的路边路牙平均高度到屋顶平均高度之间的垂直距离。

height board 楼梯踏步高度样板；楼梯施工中，楼梯安装时，用于定位踏步踢板高度的尺规。

height zoning 建筑高度分区；见 **zoning**。

held water 同 **capillary water**；吸附水（毛细水）。

helical hinge 双门弹簧铰链，双开式旋转铰链；双开弹簧门（**double-acting door**）上用的特制铰链。

helical reinforcement 螺旋形钢筋，呈螺旋形的钢筋（**reinforcing rod**）。

helical stair 螺旋形楼梯。

helicline 螺旋形坡道。

heliodon 日影仪；用来调整光源（太阳）与建筑模型相对方位的仪器，根据纬度、时辰及季节等进行校准。以研究天然采光技术和说明由太阳光直照下形成的射影。

helioscene 同 **shade screen**；可拆遮阳棚架。

heliport 直升机机场；直升机起降及维护或修理的设施。

helix 1. 涡形饰；科林斯柱头中顶板下从卷叶茎所伸出的涡卷。2. 爱奥尼柱头中的涡旋饰。

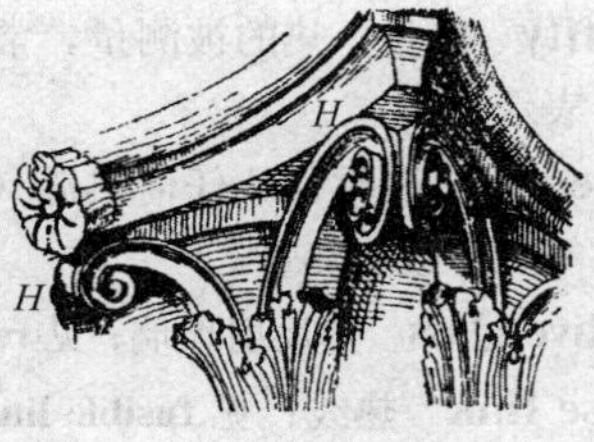

H—涡形饰

helix stair 同 **spiral stair**；螺旋形楼梯。

Hellenic 古希腊时期的；约从公元前 480 年至公元前 323 年亚历山大死为止。

Hellenistic 公元前 323 年，亚历山大死后的希腊艺术形式特征。

helm roof 四坡塔尖屋顶；具有四个面的屋顶，每面均为陡坡，形成塔尖，四条脊线汇集于尖顶。

四坡塔尖屋顶

helve 斧（手、锤）柄。

hem 爱奥尼柱头上挑出的涡卷饰。

hemicycle 1. 半圆形角斗场。2. 半圆室。3. 半圆形壁龛。

hemicyclium 能够容纳一群人就座的半圆形壁龛。

hemiglyph 三槽板（陶立克建筑中）两侧的半竖槽。

hemi hydrate 半水化合物；以 0.5 摩尔（克分子）水配 1 摩尔化合物得到的水化物。最常见的有半脱水的石膏（熟石膏）。

hemi hydrate plaster 同 **plaster of paris**；熟石膏灰泥，半脱水石膏灰泥。

hemitriglyh 三槽板部分，有时出现在回旋雕带内转角处。

hemlock 美国的针叶树木；又见 **eastern hemlock**，**western hemlock**。

hemlocd spruce 铁杉；见 **eastern hemlock**。

hench 1. 烟囱的窄边。2. 同 haunch；梁腋、拱腋。

henhouse 鸡舍；见 poultry house。

henostyle in antis 在建筑前部、壁角柱中间设置一个独立柱的风格样式。

Henri II (Deux) style 亨利二世风格；法国文艺复兴早期的一种建筑风格，以弗朗西斯一世的继任人亨利二世（1547—1559）的名字命名。建筑和装饰中开始用意大利的古典主题取代哥特元素。以卢浮宫内院的西立面为杰出代表。

亨利二世风格

henri IV (Quatre) style 亨利四世风格；法国古典主义早期的一种建筑风格，以亨利四世（1589—1610）的名字命名。早于路易十三世及路易十四世式建筑。尤以居住建筑和城镇规划布局为甚。以巴黎的孚日住宅（1605—12）为著名的实例之一。

HEPA filter 高效率空气过滤器；对于长度大于0.3微米（μm）的石棉纤维的过滤率不低于99.9%的空气过滤器。

heptastyle 七柱式：一端或两端为七根柱子的柱廊。

七柱式

Heraeum 赫拉女神庙。

herbaceous border 多年生草本植物的永久绿饰；通常以常绿树或石墙为背景。

herm 半身像柱；一种长方形石柱，向下逐渐变细，柱顶是赫尔黑斯及诸神的头像，或者是普通人的头像。

hermitage 1. 私人隐居室。2. 僻静的住处。3. 某一寺院安排的房间。

heroum 纪念英雄的建筑墓碑；通常立在墓穴之上。

herringbone bond 人字形砌合；对角砌筑工程的类型之一。每一行丁砖（headers）之间相互成直角排列，从而在平面上形成一系列锯齿形案。

herringbone bracing 同 herringbone bridging；人字撑。

亨利四世风格

半身像柱

herringbone bridging 人字撑；搁栅（joists）之间的一种支撑系统。用来稳定搁栅，固定其位置，分担其荷载；这些支撑沿搁栅横向交错设置，形成人字形图案。又称 **herringbone strutting**（十字撑），**cross bridging**（交撑），**diagonal bridging**（对角撑）。

herringbone matching 底纹镶嵌；见 **book matching**。

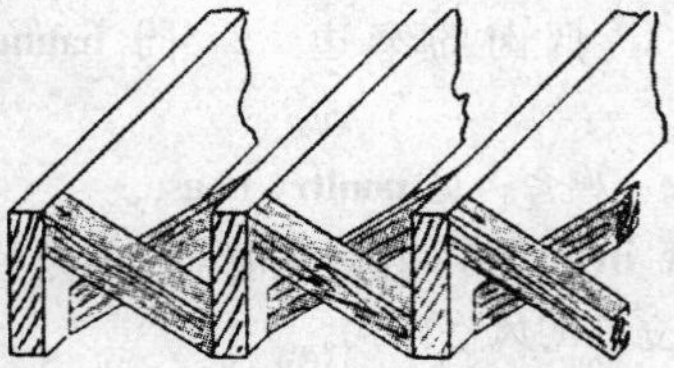

人字撑

herringbone pattern 人字形图案，席纹式；在铺装或砌砖工程中，用砖或类似的方形砌块以对角方式砌合成“之”字形图案；外墙或顶棚上的木条或其他长方形饰材也可采用此种方式。

人字形图案

herringbone strutting 同 **cross bridging**；十字交叉撑。

herringbone work 斜向砌合工程，“之”字（鱼脊）形砌合工程，人字铺面工程；在砌筑工程中，砌块的铺砌与道路的总体方向成45°角，正逆倾斜行交替铺设，形成“之”字形图案效果。

herse 同 **hearse**；吊架。

hertfordshire spike 同 **needle spire**；针状尖顶。

hertz 赫兹；频率单位（周/秒），缩写为：**Hz**。

hesitation set 假凝；见 **false set**。

hessian 同 **burlap**；粗麻布。

hew stone 被切割的石材。

hewn **1.** 用锤或凿粗琢石料。**2.** 用斧头砍平原木料。

hewn-and-pegged joint 镶榫接头的一种，通过削切榫舌使之与对应的榫穴镶合以连接二者，然后用木销固定，如用于木梁柱结构中镶榫接头。

hewn overhang 在早期的木结构房屋中，建筑上层较其下一层有不超过几英寸的挑出的形式。其做法是有一根重型木柱从房屋的基础一直延伸至上层，该木柱从紧邻上层楼板到地槛切去一部分，从而造成建筑的上层稍稍悬挑于底层之外与（**framed overhang**）构架悬挑相似。

HEX （制图）缩写＝"**hexagon**"六边（角）形或"**hexagonal**"，六边（角）形的。

hexagonal method of application 屋顶铺六角形瓦的一种方式；见 **French method of application**。

hexapartite vault 同 **sexpartite vault**；六肋穹顶。

hexaltyle，exastyle 六柱式，如六柱式门廊。

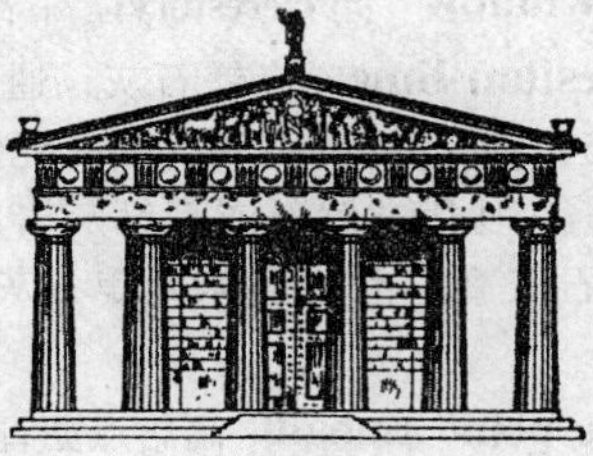

六柱式

hex barn 一种饰以着色的十六角形符号的畜舍。这种符号为彩色几何图案外环以圆环，称 **Hexenfoos**。尤多见于宾 夕法尼亚州的荷兰人聚居区。这种符号可能源于一种巫术，保护牲畜免遭"魔鬼之眼"的伤害。

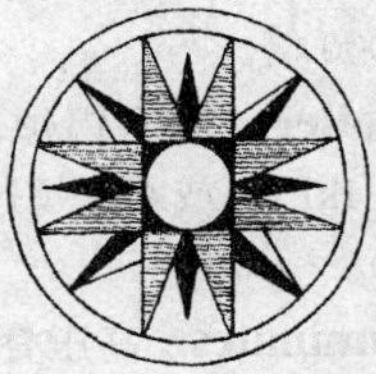

饰以着色的十六角形符号的畜舍

HF （制图）缩写＝"**hot finished**"，加热饰面。

HGT （制图）缩写＝"**height**"，高度，顶点。

H-hinge，parliament hinge，shutterhinge 长脚铰链，长翼合页，**H** 形铰链；一种长叶铰链，合页比普通铰链大，打开时呈"**H**"形。

hickey hicky 1. 螺纹接合器；用于将照明设备安装在接线盒中或螺杆或管子上。2. 弯管器。

hick joint 平缝；见 **rough-cut joint**。

hickory 山核桃木；出产于北美的一种质地坚韧的木材，具有高度的抗冲击及抗弯强度。

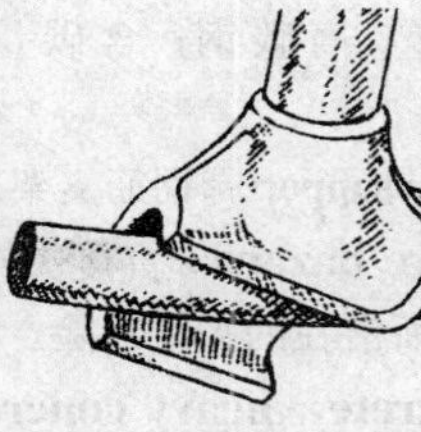

弯管器

HID 缩写＝"**high-intensity discharge**"，高强度排放。

hidden joint 通过堵缝隐藏在石板间不可见的连接件。

hidden line 隐藏线；在建筑绘图中，用虚线代表存在但不可见的线。

hidden nailing 同 **blind nailing**；盲钉，暗钉。

hide glue 皮胶；见 **animal glue**。

hiding power，covering power （油漆的）遮盖力；涂刷油漆的油膜能完全遮盖表面上的图案、印记或色彩。

hieroglyph 象形文字，图画文字；一种象形图案：（a）表达某种观念；（b）传达某种意思或代表某个单词或词根或者；（c）代表单词某一部分音节。尤指在古埃及纪念碑上发现的雕刻符号。

hieron 神位圣舍，庙舍。

high altar 教堂的主祭坛。

high-alumina cement 高铝水泥；见 **calciumaluminate-cement**。

high-bay lighting 高架灯具；主要用于工业装备的一种照明系统，可把直射或半直射光源架设在离地面很高的位置。

high-bond bar 表面变形钢筋，竹节钢筋。

high-bond mortar 高强砂浆；在砌体结构中，较普通砂浆提供更高粘结强度的砂浆。

high brass 高锌黄铜；见 **common brass**。

high-build coating 多层涂层；由多道均匀的瓷面涂层构成，其厚度大于 5 密尔（千分之一英寸）比通常涂膜层厚，但比墁刀抹灰层要薄。

high-calcium lime 高钙石灰；主要成分为氧化钙或氢氧化钙的石灰，而氧化镁或氢氧化镁的含量不超过 5%。

high-carbon steel 高碳钢；含碳量在 0.6%～1.5%之间的钢。

high chair 同 **bar support**；钢筋支架。

high-challenge fire hazard 高度火灾危险；由于存放大量可燃物所潜在的火灾危险。

high-density concrete，heavy concrete，heavy-weight concrete 高密度混凝土，重混凝土；由重骨料拌合成的，单位质量很高的混凝土，尤用于防辐射。

high-density overlay 高密度贴面胶合板；将一层浸渍过热硬化树脂的纸覆合在胶合板上，形成光滑、坚硬、耐磨损的面层，用作高品质混凝土浇筑模板和铺面板。

high-density plywood 高密度胶合板；把树脂浸渍过的薄板叠合起来，经过加热并施加 500 lb/in^2（35kg/m^2）以上压力形成的胶合板。密度通常为普通胶合板的两倍；由于其硬度极高，很难以普通的手工工具加工。

high-discharge mixer 斜轴式混凝土搅拌器；见 **inclined-axis mixer**。

high-early-strength ement，extra-rapid-hardening cement，type III cement 快硬水泥，早强水泥。

high-early-strength concrete 快硬混凝土，早强混凝土；使用早强水泥的混凝土。

high explosive 高度易爆物；瞬间起爆物。

high gloss 高光强度；见 **gloss**。

High Gothic 同 **Decorated style**；高级哥特式；指英国哥特式建筑三个发展时期的第二阶段。

high hat **1.** 凹入式顶棚灯（**downlight**）。**2.** 聚光灯灯罩；安装在光源前部的黑色筒形罩，用来减少除照射方向之外的光照损失。

high-hazard contents （建筑中的）高危险品；建筑物内极易燃或燃着能放出有毒气体、发生爆炸的物品。

high-hazard industrial occupancy 使用具有高度危险品的建筑物。

high-intensify discharge lamp 高强度放电灯，高压汞灯，高压金属卤化物灯，弧光灯，钠光灯。

high-joint pointing 凸勾缝；砌体砌筑时在灰浆未硬化之前，先在接缝上刮抹灰泥，使之与墙面齐平，然后在接缝两侧沿着砖的边缘刮出沟槽。

high-lift grouting 灌浆升高程；每一浇筑段的升起高度至少 12ft（3.7m）的墙体灌注技术。

highlight **1.** 加亮区，最显著（重要）部分；在一个视域内，通过增加某局部区域的照明从而被重点显示出来的区域。**2.** 高光区；金属表面经打磨或抛光的部位是最亮的部位。

high-light window 同 **clerestory，2**；高窗。

high-magnesium lime 高镁石灰；通过煅烧白云灰岩或白云石而生产的石灰，其氧化镁的含量达 37%～41%，比用方解石或高钙灰岩以及大理石生产出的石灰高。也被误称为镁石灰“dolomitic lime”。

high-melting-point asphalt 高熔点沥青；用来在坡度大的屋面板上铺贴隔热保温层和（或）隔汽层。

high-output fluorescent lamp 大功率荧光灯；一种快速启动荧光灯（**rapid-start fluorescent lamo**），其工作状态的电流比普通的要高。相应地，使得单位长度的灯管中光通量（流明）增加。

high polymer 高分子聚合物；通常但并不一定由低分子集合单元的重量组成，其单元分子重量可达原先的 10，000 倍。

high-pressure boiler 高压锅炉；蒸汽压力大于 15 lb/in^2（130.4kPa）或水温超过 250℉（120℃）的锅炉（**boiler**）。

high-pressure laminates 高压叠层板；压制叠层板的压力不低于 1,000 lb/in^2（70kg/cm^2），通常压力范围在 1,200～2,000 lb/m^2（84～140kg/cm^2）之间。

high-pressure mercury lamp 高压水银灯；在局部汞气压力接近或超过 1 个大气压下运行的水银灯。

high-pressure overlay 高压塑料面板；用经苯酚或三聚氰胺浸渍过的叠层纸板在高压下压成的薄板（为了装饰效果，纸板通常印上图案）。这种薄板具有良好的耐磨性能，常被粘贴在桌面或门面的木材基层上。

high-pressure sodium lamp 高压钠灯；照明时

局部气压约为 0.1 大气压；产生具有广谱淡黄色的光。不同于低压灯的钠射线光色。

high-pressure steam heating system 高压蒸汽供暖系统；供暖蒸汽压力通常高于 100 lb/in^2 (7kg/cm^2)。

high relief，alto-relievo，alto-rilievo 深刻浮雕；雕刻的形象凸出其厚度一半以上的浮雕。

深刻浮雕

High Renaissance 高文艺复兴式；主要指 16 世纪意大利文艺复兴风格的盛期（**cinquecento**）以罗马的圣彼得教堂为最著名的实例。

high-rise 高层建筑；往往其建造的地方地价很高。

high-rise building （必须安装电梯的）高层建筑，摩天楼，又见 **sdyscraper**。

high school，secondary school （美）中学；小学之后的教育机构，通常指 9～12 年级，有时包括 7、8 年级。

high-silicon bronze 高硅青铜；见 **silicon bronze**。

high-silicon iron pipe 同 **acid-resistant cast-iron pipe**；耐酸铸铁管。

high steel 高碳钢，硬钢；相对高的碳含量为 0.5%～1%。

high-strength bolt 高强螺栓；用高碳钢或经过淬火与回火处理的合金钢生产的螺栓。

高文艺复兴式：罗马，圣彼得时期

high-strength concrete 高强混凝土；为了达到更高标准的强度，在高水灰比的混凝土中加入类似强塑剂和硅酸盐混合的特殊混合物。

high-strength low-alloy steel 高强低合金钢；在其中添加了某种化学成分，使其具有较高的机械性能，或者较强耐锈蚀性。

high-strength steel 高强度钢，具有高屈服点的钢材，如屈服点为 6000 lb/in² (4.4MPa)。

High-Tech architecture 高技派建筑；一种建筑设计时尚，其特点是暴露并突出表现公共建筑设施，如将各种管道和管沟着以明亮的色彩以表达各自的功能。著名的实例有巴黎的蓬皮杜中心。

high-temperature brazed joint 高温硬焊接合；一种气密焊接方式，焊接温度高于 1500 ℉ (816℃)，但低于焊接部件的熔点。

high-temperature-water heating system 高温水暖系统；以供热温度高于 350 ℉ (177℃) 的水为介质，将集中锅炉生产的热量经管道传送至各种散热器中。

high-tensile bolt 高强抗拉螺栓；见 **hith-tension bolt**。

high-tensile reinforcement 高强抗拉钢筋，高强钢筋；用于混凝土中的钢筋，其最小屈服强度高于某一特定值。

high-tensile steel 高强钢；屈服强度可达到 50 000～100 000 lb/in² 的低合金钢 (3.4×10^8～6.9×10^8 N/㎡)。也称 **high-strength steel**。

high-tension bolt 高强抗拉螺栓；一种依靠测力扳手拧紧的高强螺栓，以代替铆钉。

high tomb 同 **altar tomb**；塔形墓。

high-transmission glass 高透射玻璃；一种表面入射率很高的玻璃。

high-velocity duct system 高速管道系统；其中空气流速可达 2400ft/min (约 730m/min) 以上。

High Victorian architecture 维多利亚盛期建筑，见 **Victorian architecture**。

High Victorian Gothic 维多利亚盛期哥特式建筑；对哥特式建筑复兴晚期 (约 1860～1890) 的一种十分精确的解释；砖石墙面上以彩色的条带加以装饰，或使用彩色屋面瓦；外观厚重，如采用厚重的山墙和门廊。有时又称为晚期哥特复兴或罗斯金哥特风。考虑到“维多利亚”一词仅仅是对一个时代的描述，而这个时代包含了许多特定的、注重雍容华丽和高度装饰的建筑风格，因此有些建筑历史学家避开使用这一名称。

High Victorian Italianate 维多利亚盛期意大利式建筑；一般指意大利建筑风格的晚期 (19 世纪 60 年代至 1880 年)，较早期意大利建筑风格更加精制。

hiling 覆盖层，或建筑物的屋面。

hinge 铰链，合页；一种连接小五金，由两个叶片及一个轴组成，其一端支挂着门扇，另一端固定于门框上，门可绕枢轴转动，以便启闭；又见 **action hinge**，**butterfly hinge**，**butt hinge**，**dovetail hinge**，**gravity hinge**，**H-hinge**，**HL-hinge**，**pintle hinge**，**side hinge**，**strap hinge**。

hinge backset 门铰链收进；从门铰链的边缘到门挡 (**stop**) 边的水平距离。

hinged latch bolt 同 **swinging latch bolt**；悬舌式弹簧销。

hinge jamb 安装铰链的门边框。

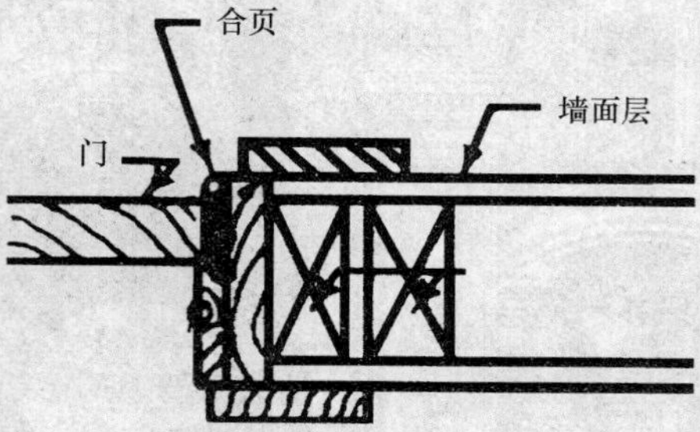

安装铰链的门边框

hinge joint 铰接；相邻构件不允许相互间移动，但允许像铰链一样转动的连接。

hingeless frame 刚构架；见 **rigid frame**。

hinge post 铰接桥墩；见 **hanging post**。

hinge reinforcement 铰链板；固定于门或门框上用来安装铰链的金属片。

hinge stile 铰链门梃；门框中用来固定铰链并作

为旋转轴的垂直构件，亦称 **hanging stile**。

hinge strap 铰链式装饰；一种安装于门面上的样子像长面铰链的金属条（常为装饰用）。

hip 1. 垂脊，戗脊；两坡屋面交汇处。2. 屋脊椽。3. 桥梁桁架中上弦与端斜杆相交处。

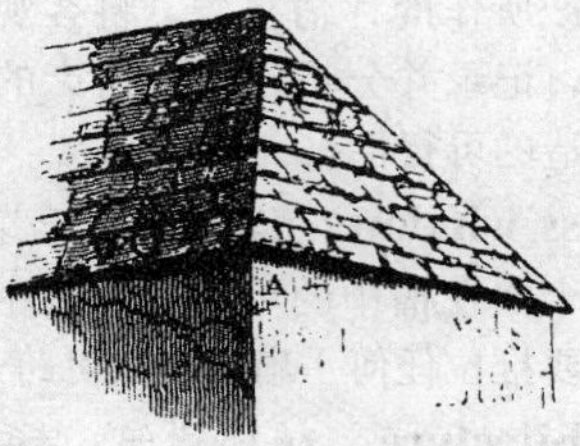

垂脊，戗脊

hip-and-valley roof 屋脊与屋谷屋顶；既有屋脊又有屋谷的屋顶。

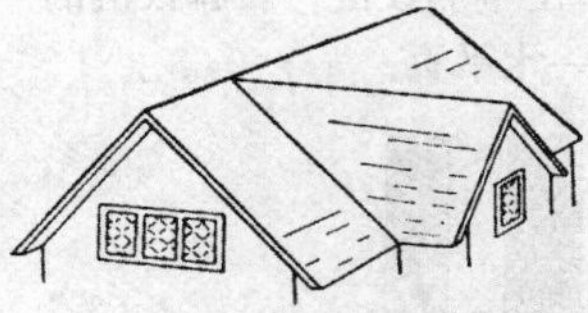

四坡带斜天沟屋顶

hip bevel 1. 屋（戗）脊斜角，两坡面相交角由屋脊加以分开，2. 端部的椽子必须予以斜切，其斜度应符合屋脊斜度。

hip capping 屋（戗）脊盖瓦。

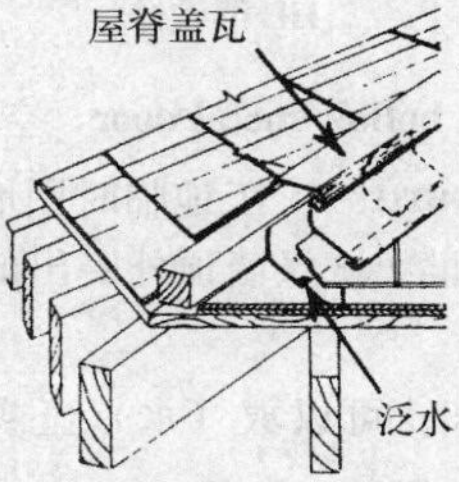

屋（戗）脊盖瓦（脊瓦）

hip-gambrel roof 在美国，一种由四坡顶和复折式屋顶组成的屋顶形式。

hip hook，hip iron 屋脊挂瓦条，戗脊挂瓦钩；安装在脊椽根部的小煅铁条，挂脊瓦用。

hip iron 屋脊挂瓦钩。

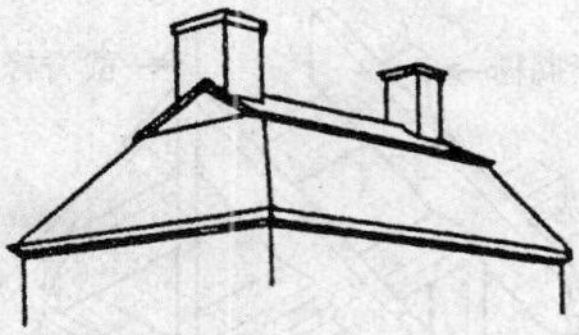

美国一种四坡顶和复折式屋顶组成的屋顶形式

hip jack （四坡屋顶的）端坡椽；一端与戗脊相交的端坡椽。

hip joint 同 **hip，3**；桁架中上弦与端斜杆的节点。

hip knob 屋（戗）脊端饰；四坡顶顶尖或山墙顶尖处的装饰。

hip molding 戗脊线脚；装饰在戗脊椽上的线脚。

hip-on-gable roof 同 **jerkinhead roof**；歇山式屋顶。

hipped dormer 有戗脊的老虎窗；形式如同四坡屋顶的老虎窗，其屋顶为单斜坡的两侧边以及前面均有斜坡顶。

hipped end 端坡顶；四坡屋顶上端部三角形的坡面。

hipped gable 歇山式屋顶山墙；见 **jerkinhead**。

hipped gable roof 歇山式屋顶不常用此词，而常用 **jerkinhead roof**。

hipped-plate construction 折板结构；见 **folded-plate construction**。

hipped roof，hip roof 四坡屋顶，庑殿式屋顶；沿建筑四面周边向上起坡，相邻的坡屋面在戗脊椽处交会；又见 **pyramidal roof**。

hippodrome 1. 椭圆形竞技场。2. 各种形式的现代体育竞技场。

hip rafter，angle rafter，angle ridge （戗）脊椽，四坡屋顶相邻坡屋面相交的戗脊椽。

hip rib 圆屋顶中的弧形戗椽。

hip roll，ridge roll 屋脊卷筒形外包装饰；材料一般为木、陶、金属或合成材料等。

hip roof，hipped roof 四坡屋顶，庑殿式屋顶；沿建筑物向上起坡，四角各有一根戗脊椽。

hip skylight 戗脊（**hips，1**）天窗（**skylight**）；具有人字坡度，设在屋脊的天窗。

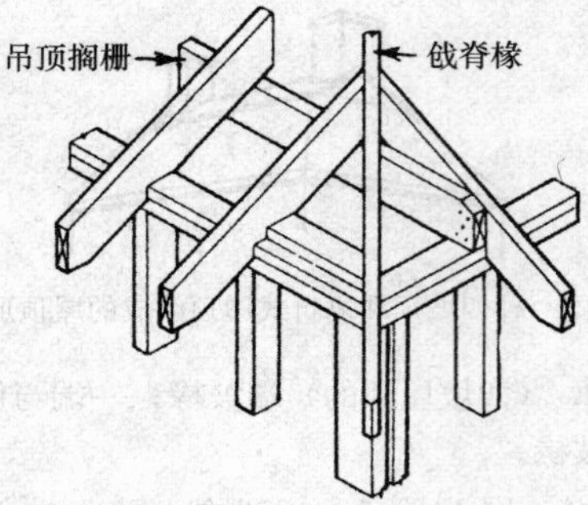

戗脊椽

四坡屋顶

hip tile 垂脊盖瓦，戗脊瓦；覆盖戗脊的鞍形瓦。

hip vertical 戗架拉杆；附在戗脊上的竖向拉杆，如果在桁架中可在该拉杆的端部承载地扳梁。

Hispanic Colonial architecture 西班牙殖民建筑；见 **Spanish Colonial architecture**。

historiated capital 雕刻有记录重大事件或历史故事图案的柱头。

Historic American Buildings Survey（HABS） 美国历史性建筑总览；收集了在美国有一定历史价值的建（构）筑物或遗址的测绘图（*measured drawings*）、照片和记录。收集的对象包括：(a) 具有某种特定的历史价值、历史意义或代表着某种特定的建筑风格的建（构）筑物或遗址；(b) 代表着某种重要的建造方法的建（构）筑物或遗址；(c) 由某一个重要的建筑师设计的作品，或 (d) 在美国本土由某一个种族集体创作的典型作品。该总览存放在美国国会图书馆，是一种重要、有用且有意义的资源。地址：华盛顿特区20013—7127，国家公园局室内部，邮编：37127

historic building 古建筑；已经或有资格被列入美国国家历史名胜名录或是任何国家、州、郡、县、地区的同等资质证明的建筑。

historic fabric 在建筑中具有历史意义的那部分结构。

historic marker 历史建筑标牌；见 **marker**。

historic preservation 历史建筑保护，古迹保存；见 **building preservation**。

historic structure report 为古建筑、结构、景观或一类财产所作的评估报告。将客观实物和图示作为依据，记录并分析建筑或财产的内部结构以及后续改造的可行性。

hit-and-miss window 推拉窗；上扇为玻璃窗；下扇由两个嵌在槽中的可滑动窗扇组成，可以根据通风需要推拉任何一扇，最大可跨过另一扇窗。

Hittite architecture 赫梯建筑；赫梯王国时期（公元前14～13世纪）赫梯人在安纳托利亚中部建造的一种防御工事性建筑，十分坚固，以堡垒以及寺庙著称。

HL-hinge 工字形铰链；长脚铰链的一种，在铰链页端伸出一水平页。

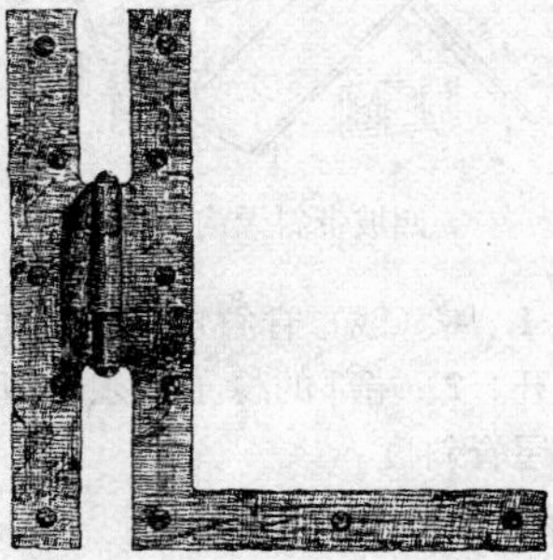
HL 形铰链

HMD 缩写＝**hollow-metal door**，空心金属门。

hoarding, hoard **1.** 工地临时围墙（篱），栅墙，板围。**2.** 中世纪城堡墙顶外突出的防护用的木制通廊。

hob 炉旁铁架；可以放（水）壶或（水）盆以保温。

hod 砂浆桶；砌筑工程时盛灰用的木制或金属制 V 形桶，有一长手柄。

hoe 锄、锹、铲；见 **backhoe**。

hogan 美国西南部纳瓦霍印第安人传统的独家住宅，典型地以原木、树干、树枝作为支撑框架，外包一层树皮，再覆一层厚草泥；房屋顶部中央有一个排烟孔，正对着下面的火盆，以利排烟，同时兼作采光用；房间没有窗户。

hog-backed 向上拱曲，反挠；尤指在中部似下垂的屋脊。

hoggin 1.（用作路基的）级配碎石，道砟。2. 夹砂砾石；砾石，砂与黏土的混合物。

hogging 指木料中部受支撑而两端下垂形成的拱（弯，翘）曲。

hog's-back tile 抛物线断面脊瓦；断面不完全是半圆形的脊瓦。

hoist 1. 升降机；房屋施工中向上运送工人及材料的机械。2. 起重机，卷扬机；驱动钢丝绳滚筒而提升重物的设备。

hoisting machine 提升机、起重机械；一种利用卷扬机升降重物的动力机械设备及钢缆（除滚筒外），还包括（但不限于）缆道、升降架或把杆等。

hoist tower 吊机塔，起重塔；建筑施工中搭设的临时（或可移动）的构架，作为向上各层运送材料平台的垂直井道。

吊机塔，起重塔

hoistway 提升物体的垂直通道，如电梯竖井。

hoistway door 井道门；电梯竖井与卸货楼面之间的门，除非电梯停在卸货楼面处，乘客装卸货物时打开，正常情况下关闭。

hoistway door interlock 井道门连锁；一种防止起重机在井道门呈开启状态时处于运行的设备，它还可以保证当轿箱不在卸货区或在卸货区但未停稳的情况下保持井道门关闭。

hold-down bolt 锚固螺栓；见 anchor bolt。

hole-down clip 1.（吸声吊顶中的）固定夹；用来固定吸声吊顶板或使镶嵌板与外露的悬挂系统的支承构件紧密连接的柔性金属夹。2. 压紧夹板；铺设屋面金属瓦时固定相邻两瓦片的弹性金属夹。

holder bat 一侧有挂耳，便于固定在墙上的盾牌式饰板。

holdfast 固定物体的小构件，如吊钩，螺栓，长钉等。

hold harmless 1. 赔偿责任转移；见 contractual liability。2. 赦免；见 indemnification。

holding-down bolt 同 Anchor bolt；锚固螺栓。

holding period 同 presteaming period；混凝土蒸养前的养护期。

hole saw 管钻，孔锯；见 crown saw 。

holiday，skip 1.（油漆中的）漏刷小区。2. 装配式屋面中漏涂沥表面的空斑。

holing 石板瓦钻孔；石板瓦在屋面安装前打孔。

hollow-backed 背凹板；为了和不平的面结合得更紧密，背阴挖空的木或石板。

hollow bed 空心砌块平缝层，空心砌块底层接缝；砌筑平缝的一种，每一空心砌块仅在边上抹有灰浆，中间没有灰浆的平缝。

hollow block 空心砌块。

hollow brick 1. 空心（灰）砖；在美国，空心砖要求平行于承压面上的任何一处平面的净截面积不少于该平面总截面积的 60%。2. 在英国，空心砖中孔洞的体积不少于空心砖总体积的 25%，孔洞的宽度至少 3/4in（1.91cm），或孔洞的面积至少 3/4in^2（1.84cm^2）。

hollow chamfer 凹圆削角。

hollow clay tile 同 structural clay tile；空心黏土砖。

hollow concrete block 空心混凝土砌块。

hollow-core construction 空心构造，在两层胶合板之间填以轻质材料作为夹心层的结构形式。

hollow-core door 空心门。

hollow glass block 空心玻璃砌块；见 glass block。

hollow gorge 同 Egyptian gorge；埃及式凹槽。

hollow masonry unit 空心砌块；平行于承压面上的任何一处平面的净截面积少于该截面总面积的 75%。

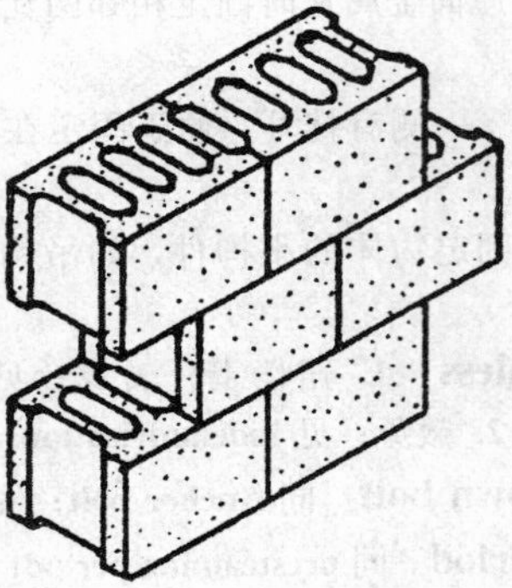

空心砌块

hollow-metal （用薄钢板制成的）空腹金属制品。

hollow-metal door 空心金属门；一种由薄钢板以轻型钢条加强的中空门（通常为平板门），空心部分常以轻质材料填充。

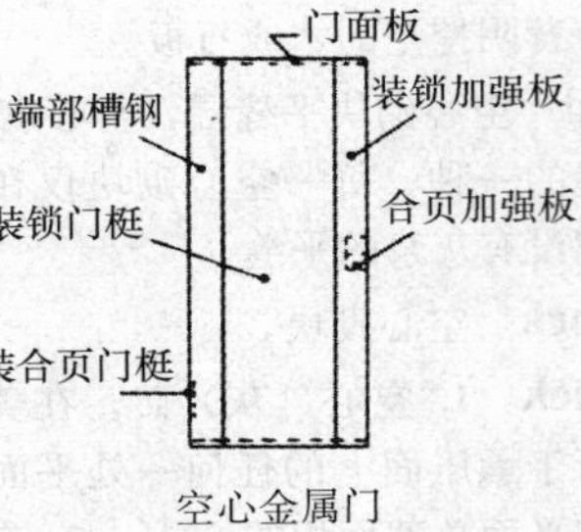

空心金属门

hollow-metal fire door 中间夹有绝缘层的空心金属防火门，门板用钢材厚度大于 20gauge。

hollow molding，gorge，trochilus 凹圆环形线脚。

hollow newel，hollow newel stair 1. 筒状旋梯的角柱或中柱。2. 非封闭的旋梯井孔。

hollow newel stair 无中心柱螺旋形楼梯；见 open-newel stair。

hollow partition 空心隔墙；见 cavity wall。

hollow plane 槽刨；带有凸刀刃，能形成凹线脚的木工刨。

hollow relief 同 sunk relief；凹雕。

hollow roll 咬口接缝；一种接缝方式，将两片金属铺材接头处顺屋面最大坡度方向同时向上卷起，然后后弯成卷筒。

hollow square molding 凹入的金字塔形方阵线脚；一种普通的诺曼底式装饰线脚，由一系列凹入的金字塔体形成的一个个方形底面构成。

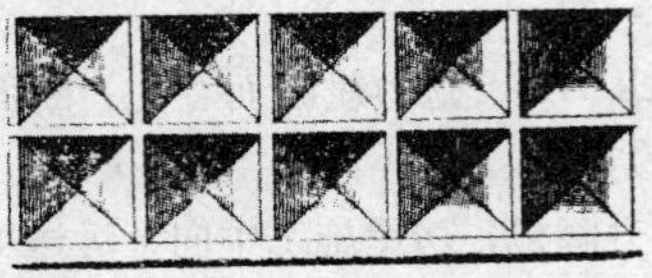

凹入的金字塔形方阵线脚

hollow tile 同 structural clay tile；空心黏土瓦。

hollow-tile floor slab 空心砖钢筋混凝土楼板，在成行排列的黏土砖上浇筑混凝土制成。

hollow-unit masonry 由空心砌块用砂浆砌筑的砌体。

hollow wall，hollow masonry wall 空斗墙；见 cavity wall。

hollow-web girder 同 box beam；箱形梁。

Holy door 圣门；希腊东正教教堂中圣像间壁的门。

holy-water stone （教堂门口的）圣水石盘。

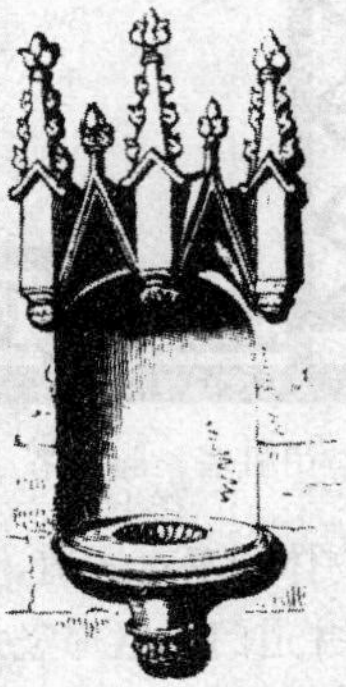

圣水石盘

home for the aged 养老院；对老年人提供最基本的住宿服务及最低限度的医疗保障的机构。

homestall 供一个家庭所需的限额用地；见 homestead，2。

homestead 1. 宅基地，自耕农场；为了鼓励西部开发和增加税收，1862 年美国国会通过住宅法，该法律规定任何一位年满 21 岁的公民，只要他是家庭的户主，并且在一块无人居住的公共土地上连续居住 5 年以上，他就可以通过缴纳一定的费用而永久性地获得一块面积为 160acre 的土地，这一面积被认为足可以支撑一个家庭的使用。2.（宅基地上的）住宅。3.（英）形成一个家庭的一组建筑物的基地。

homogeneous material 均质材料；一种不会因其内部状态不同而改变特性或性质的材料。

hone 同 **oilstone**；油石。

honed finish 细磨加工面，磨制表面，珩磨面；石块经手工或机械打磨后非常光滑的表面。

honeycomb 1. 蜂窝；六角形结构或样式。2. 蜂窝状结构；混凝土内部由于灰浆没有有效填充骨料间的孔隙而留下的空洞。3. 由于腐蚀或铸造缺陷在金属中留下的裂痕，一种瑕疵。

蜂窝

honeycomb brickwork 蜂窝状砌砖；在砖墙中，指为了通风或装饰目的，局部漏砌几块丁砖（**header**）或顺砖（**stretchers**）。

honeycomb core 蜂窝芯子；金属制夹层构造，由坚固的薄壁六边形结构组成，参考 **honeycomb**。

honeycombing 在干燥过程中，木材内部形成的辐裂或劈裂，通常从表面看不见。

honeycomb slating 蜂窝状铺砌；类似于斜铺法（**diagonal slating**）铺砌，不同的是将铺材（石板）下角切去。

honeycomb structure 蜂窝构造，蜂窝状结构。土颗粒的排列比较松散而稳定，类蜂窝结构。

honeycomb vault，honeycomb work 钟乳拱；立体悬挑的蜂窝状装饰；见 **muqarnas**。

honeycomb wall （蜂窝状）地龙墙，用于支撑地板搁栅的、仅一砖高的砖墙，这些墙体或在顺砖之间留缝或开洞以供地板下的通风。

honeysuckle ornament 希腊的装饰性雕塑中常见的叶状平纹。

叶状平纹

honing gauge 磨刀夹具；在平置的磨石上磨凿子时可保持凿子角度不变的装置。

hood 1. 门宽洞口上的帽盖、门罩、出檐、遮檐板。2. 烟囱风帽，通风罩；烟囱上用于增大抽力的罩子（或支或悬或挑），有的还加装滤油网或排气机和灭火器或照明设施等。

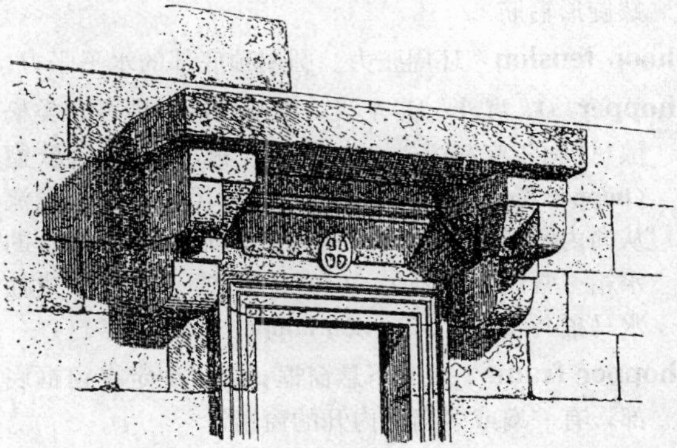

门宽洞口上的帽盖、门罩、出檐、遮檐板

hooded crown 有檐的窗户上帽头。

hoodmold，hood molding 门窗上口挑出的拱形线脚，又称 **dripstone**。

hook 1. 挂物品的金属弯钩，弯脚。2. 钢筋端头的弯钩；又见 **hooded bar**。

hook-and-butt joint，hook butt scarf，hook-scarf 嵌接；两木材端部互锁式的连接。

hook-and-eye fastener 钩环扣件；由一金属弯钩

与另一金属套钩的眼形成的连接。

hook bolt 钩头螺栓。

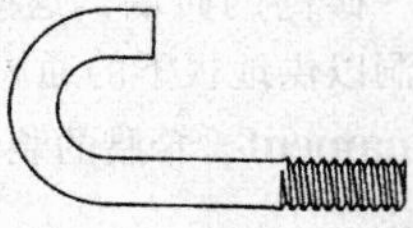

钩头螺栓

hooked bar 弯钩钢筋；钢筋混凝土中的钢筋端部弯钩，可起锚固作用。

Hooke's law 胡克定律；在弹性极限内，弹性物体的变形与所受的压力成正比。

hook strip 壁橱内壁上用来固定挂衣服挂钩的木板。

hoop iron 连接砌体薄钢板条。

hoop-iron bond 砌体铁件拉接；砌体结构中由铁条或铁箍拉接而成的一种链式砌合（**chain bond**）。

hoop reinforcement 混凝土柱（桩）中环绕主筋布置，将主筋起连接在一起的环筋，箍筋（不是螺旋形箍筋）。

hoop tension 环周张力。圆屋顶底部的水平张力。

hopper 1. 戽斗；漏斗状，用于装诸如砂石之类松散材料的装料斗。2. 侧挡风板；内开下悬窗（**hopper light**）两侧的三角形的挡风板，避免气流从向内倾斜的窗扇两侧流动。3. 底部有排水管的水箱（常用于厕所）。4. 抽水马桶（常指斗式抽水马桶）。5. 见 **collection hopper**。

hopper frame 内开下悬窗框；合页固定在窗框底部，有一扇或多扇向内开的窗扇。

hopper head 水漏斗，雨水斗。一种漏斗形的水落斗（**leader head**）。

hopper light 1. 内开下悬气窗扇；合页固定在底部，向内开的窗扇，主要用于通风，又称 **hopper vent or hopper ventilator**。2. 侧铰内开窗扇；枢纽安在窗扇两侧，窗扇向内开启时绝大部分空气通过窗扇只有一小部分气流通过窗扇的底部。

hoopper vent, hopper ventilator 内开下悬气窗扇；见 **hopper light, 1**。

hopper window 内开下悬窗。

内开下悬气窗扇

HOR （制图）缩写＝“**horizontal**”，水平，水平的。

horizon 地平线，视平线；无论从何处观察，均与天或地相连的一条线。

horizon cloth 画布制成圆形舞台背景。

horizon light （由下向上照射的）天幕灯槽。

horizontal 水平的；指即不垂直、又不倾斜而平行于地平线的，与铅垂线正交的。

horizontal angle 水平角，方位角。

horizontal-axis mixer 水平轴式（混凝土）搅拌机。

horizontal bracing 水平面内的支撑。

horizontal branch 排水管的水平分支；从单个或多个卫生设备排出污水或废水的支管排水系统，或通风立管接到污（废）水立管或建筑物下水道的水平支管排水系统。

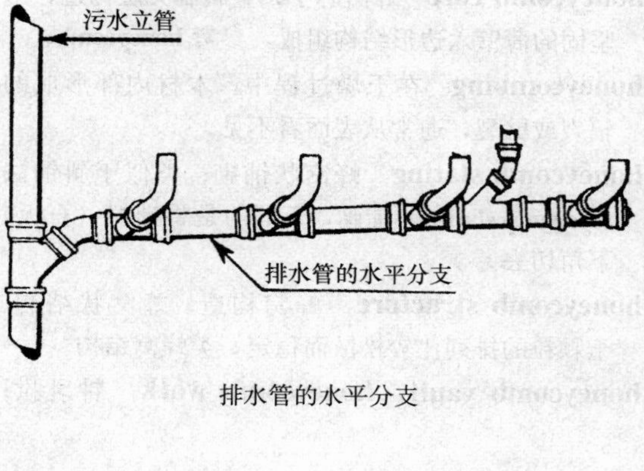

排水管的水平分支

horizontal bridging 1. 水平搁栅撑。2. 与大梁或搁栅垂直并设置在边缘水平面内的支撑。

水平搁栅撑

horizontal cell tile 平砌带孔砖；一种带孔的瓷砖，砌墙时保持孔轴水平。

horizontal circle 安装于经纬仪底盘的水平刻度盘，用于测量水平角（方位角）。

horizontal control （测量）水平控制（点）；在测量基本网络中已被精确确定水平位置及相互关系的测点。

horizontal cornice 水平檐饰，与两斜檐一起形成古典建筑的三角形楣饰。

horizontal diaphragm 水平隔板；用于分散水平面上的力。

horizontal exit 水平安全出口；同一住户的两栋建筑物之间的通道或同一建筑物中的一部分通过有一定防火等级的隔墙进入另一部分，这两部分均属同一住户。

horizontal line 水平线（与铅垂线正交的）。

horizontal panel （长边水平的）墙上横板。

horizontal passage 水平通道；建筑同层房屋或空间之间的通道。

horizontal pipe 水平管；水平或与水平方向交角小于45°的管道。

horizontal plane 水平面，地平面；与铅垂线垂直的平面。

horizontal shear 水平剪力；木板轴向抵抗剪应力的能力。

horizontal sheeting 横木排板护壁，水平挡土板；挖方工程中，固定于竖桩之间用来挡土的木板、钢板或混凝土板。

水平挡土板

horizontal shore 1. 横跨立柱之间并支承混凝土楼板的模板的梁或桁架。2. 横撑，水平顶撑。

horizontal shoring 1. 支撑跨度较大混凝土模板的可调式梁式或桁架式构件，以减少模板中间采用的支柱数量。2. 共同作用的数根水平支撑。

horizontal sliding door 水平推拉门；门和门框带有可使门水平滑动的道轨。

horizontal sliding window, horizontalslider 水平推拉窗；具有两个窗扇的窗，可在水平槽或滑道内滑动，当关闭时两窗扇边框相遇并可连锁。

horizontal spring hinge 水平弹簧铰链；水平固定于门的下槛上并且通过枢轴与地板以及上框相连的弹簧铰链。

H or M （木材工业）中，缩写＝ **"hit or miss"**，不定的。

horn 1.（直角木门框架节点上的）羊角。2. 窗框凸角。3. 窗台凸出侧壁外的水平延伸。4. 同 **spur**，1。5. 同 **volute**，1。6. 同 **acroterion**，2。

hornwork 一双半堡垒的城堡外围工事。

hors concours 指某个应邀参展作品或参展人由于具有公认的优势而不适于授予竞赛奖励。

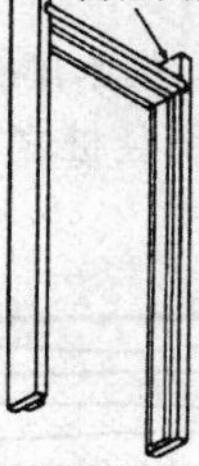

horse 1. 见 sawhorse。2. 见 carriage。3. 临时支撑构架。

horse block 下马石，常放在大门附近，供上马或下马用的踏台。

horsed joint 同 saddle joint，1；鞍形接头。

horse mold 挑檐抹灰样板，砖坯模。

horsepower 马力；功率单位，等于 746 瓦特。

horsepower-hour 马力时；功或能的单位，相当于输出功率为 1 马力的机械在一小时内所做的功。

horse scaffold 木马架支撑的操作平台，用作中小工程的脚手架。

horse shed （临时性）马棚；简易结构，一侧或多侧开敞。

horseshoe arch，Arabic arch，Moorish arch 马蹄形拱；拱脚宽度小于上部最宽处的圆形拱。

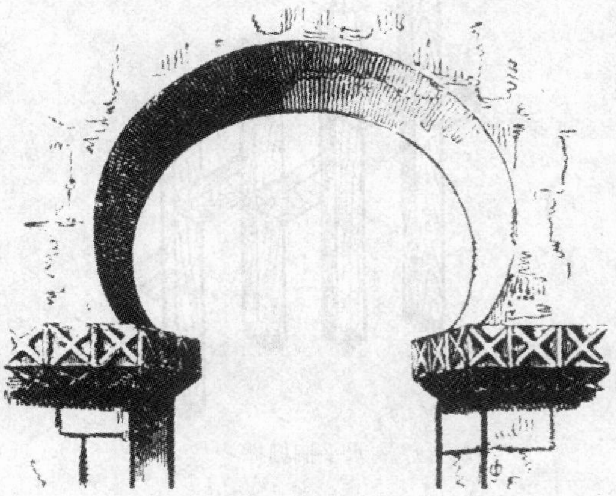
马蹄形拱

horsing 同 outrigger shore；临时挑出支撑。

horsing up 用可滑动线脚抹灰模板制作的石膏线脚。

hortus 1. 古代的游乐场或游乐园，风格和布局类似于现代意大利庄园。2. 泛指古罗马花园。

古代的游乐场或游乐园

hose bib 同 sill cock；软管接嘴，水龙带龙头。

hose cock 同 sill cock；软管接嘴，水龙带龙头。

hose station 墙式消火栓；消防系统中由水管、喷嘴、阀门和管架组成的那一部分。

hose-stream test 水龙射水试验；测试过火后的隔墙或门承受消防水龙的射水冲击、冲刷或冷却的效果。

hose thread 软管螺纹；用以连接橡胶软管的标准螺纹接头，管径 3/4in，每英寸管长有 12 道螺纹。

HOSP （制图）缩写＝hospital，医院。

hospice 供旅客住宿和娱乐的胜地。

hospital 医院；24h 内可以为 4 名以上病人提供医疗、助产或手术服务的建筑。

hospital arm pull 医院的带臂门拉手，不需用手开门，只要钩住拉手上的悬臂即可开门。

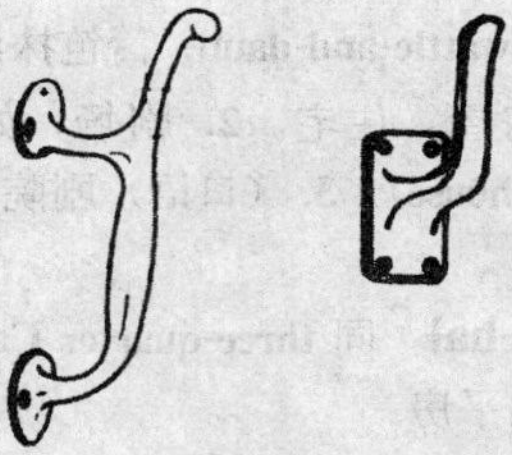

医院的带臂门拉手

hospital door 医院门，平面门，光板门；门的大小足以能使病床或担架通行，装有特制五金件。

hospital frame 带有止门器的门框。

hospitalium **1.** 罗马住宅中的会客室。**2.** 戏剧表演中供外国人用的方便入口。

hospital stop 止门器；见 **terminated stop**。

hospital window，hopper window 两侧带有侧挡风板（防止两侧拔风）的下悬内开窗。

hospitium 旅店。

hostel **1.** 青年旅馆；为徒步或骑自行车旅行的人提供的住宿场所。**2.**（英）某些大学中的学生宿舍。

hostry 小旅店。

hot-air furnace 热风炉；一种带箱子的加热设备，其中的热空气在自动对流或鼓风机的作用下通过建筑物中的管子循环流动。

hot-air heating 热气供暖系统，热气采暖器；把空气经燃烧室加热后通过管道传送的一套系统。

hot-air-seasoned 同 **kiln-dried**；窑干。

hot-applied sealant 热注密封材料；一种在熔化状态下使用而在环境温度下凝固的混合物。

hotbed 温床；一小块以低矮玻璃顶篷及围墙封闭的基床，通过沼气或电缆加热，用于促进基床上的植物在过季的情况下生长或保护脆弱的外地植物。

hot-cathode lamp 热阴极灯；一种通过电弧放电发光的辉光灯（**electric-discharge lamp**，放电灯），其阴极既可通过放电加热也可通过外部的热源加热。

hot cement 热水泥；生产后通常未充分冷却使水泥处于高温状态。

hot closet 热烘干箱；在壁炉或烤炉附近，用来烘干湿衣服的壁橱。

hot-dip galvanizing 热浸渍镀锌层；通过将黑色金属浸入锌的熔液池中形成的一层保护膜。

hot-driven rivet 使用前要预热的铆钉。

hotel 大型旅馆；向旅客提供住宿及其他服务如膳食的建筑物，主要面向短期客人，偶尔也常驻客。

hot food table 电热餐桌；见 **steam table**。

hot glue 预热胶粘剂；必须事先加热才能使用的胶粘剂，又见 **hot-setting adhesive**。

hothouse （主要靠人工加热的）温室（**greenhouse**）；又见 **conservatory** 和 **orangery**。

hot-laid mixture 热铺混合料；在加热状态下可摊开和压实。

hotmelt 热熔涂料；涂抹在木材或其他材料上的涂层，起罩面、密封或粘合作用的热塑性材料。

hot-melt sealant 同 **hot-applied sealant**；热熔密封。

hot mopped 将液化的沥青铺设在屋面上的过程。

hot-pressing 热压定型；在加热的胶合板、层压板、刨花板或纤维板等板材之间加入热硬化树脂施压并加热养护成型。

hot-rolled finish 热轧加工；通过热轧使金属形成一种青黑的、氧化的、相对粗糙的表面。

hot rolling 热轧；金属板通过热轧形成的薄板。

hot-setting adhesive 热凝胶粘剂，热固化胶粘剂；温度达 210℉（100℃）以上才能固化的胶黏剂。

hot spraying 热喷涂；一种利用加热而非采用溶解剂或稀释剂的喷漆技术，该技术要求的喷涂压力较低，以减少喷涂过度而造成的浪费。

hot surface **1.** 高碱性表面。**2.** 高吸收性表面。**3.** 高温表面，热表面。

hot-water blending 热水拌（掺）合；见 **blending**。

hot-water cylinder 同 **hot-water storage tank**；热水箱。

hot-water heater 热水加热器；见 **domestic hot-water heater**。

hot-water heating 热水供暖；依靠热水在管道、盘管及散热器中循环的加热方式。

hot-water heating system 热水供暖系统；以温度低于250℉（121℃）的热水作为热媒，将集中锅炉产生的热量经由管道系统向各类散热器传热的系统。

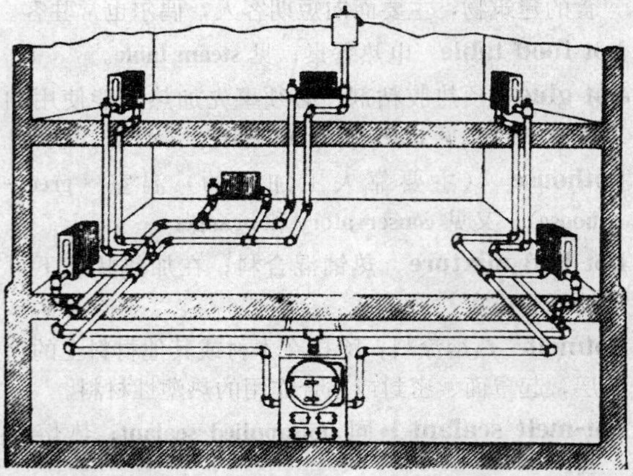

热水供暖系统

hot-water recirculation system 热水循环系统；由热水配送系统附加热水回流管及回收泵构成，该系统将未使用的热水回收到加热器中进行再循环，以弥补由于对流、辐射和传导引起的系统损失。

hot-water storage tank 热水箱；满足规范要求的热水存储水箱。具体要求取决于水箱的大小和箱内的压力以及管辖当局。水箱容积的确定一般应保证在水箱中的水温下降到一定的限度不用前水箱中的水有60%～80%能被用掉。

hot-water supply 热水供应；能够连续供应120～140℉（约50～60℃）的家用热水的设备和管道系统。

hot-wire anemometer 热敏电阻风速计；把电阻丝与电路相连，通过测试气流对电阻丝温度的影响而确定气流速度的一种风速表（**anemometer**）。

hot working 热加工；在金属温度高于其塑性变形温度的条件下对金属进行加工成型的过程。

hound's-tooth 同 **dog's-tooth course**；犬牙砌合层。

hourdis 同 **wattle-and-daub**；篱笆抹泥墙。

house 1. 房屋，住宅。2. 剧场，如营业性戏院（**legitimate house**）。3.（口语）剧院的观（听）众席。

house-and-a-hal 同 **three-quarter Cape Cod house**；美国科德角平房。

house board 通常仅控制剧院观众厅的照明配电盘

house connection 同 **building sewer**；住户连接管线。

house curtain 剧院台幕；见 **act curtain**。

housed 指一物体嵌入另一物体。

housed joint, dado joint （木构件之间的）镶嵌接头，嵌入连接；两构件之间通常成直角的连接，其中一个构件的侧边或端部全部嵌入另一构件相应的榫槽中。

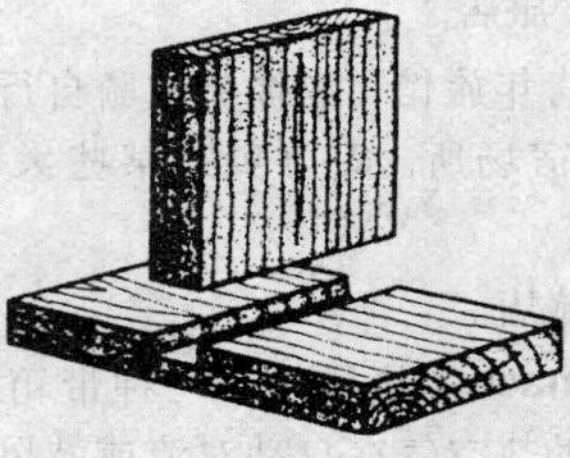

镶嵌接头

house drain 1. 同 **building drain**；住宅排水管。2. 同 **sanitary building drain**。

housed stair 同 **box stair**；封闭式楼梯。

housed string, housed stringer, housed stair string 同 **close string**；封闭式楼梯斜梁。

household 户，家庭；住在一户内的全体成员，包括家庭成员和非家庭成员。

houselights （剧场中的）观众大厅照明；演出前后及中间休息时大厅照明。

housemaid's sink 盥洗池；见 **bucket sink**。

housephone 同 **closed-circuit telephone**；闭路电话。

house pump 重力水箱中的水泵；建筑物中给重力水箱（**gravity tank**，高架水箱）供水的水泵。

house raising 邻里助建房；见 **barn raising**。

house sewer 同 **building sewer**；家庭生活污水管。

house slant （T形或Y形的）室内外下水道之间的三通接头。

house tank 1. 建筑用储水箱（storage tank）。2. 重力水箱，高架水箱（gravity tank）。

house tabs 剧院幕帘；见 act curtain。

house trap 同 building trap；房屋下水出口存水弯。

housing 1. 木构件上形成嵌接的榫槽；亦称 trench。2. 居住地，房屋群。3. 陈设雕像的壁龛。

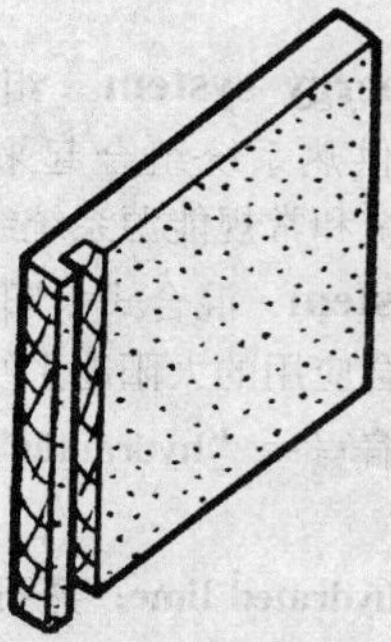

榫槽

housing project 住宅工程；见 project，3。

housing unit 住房单元；供独立居住的住宅、公寓、一排房间或一间房间。

hovel 1. （饲养家畜、储藏农产品或住人的）四周开放的棚。2. 简陋的茅舍。

hoveling 1. 烟囱砌筑法；在烟囱的顶上加盖，而侧面留孔，或使烟囱的两边高出另外两边的处理方式。2. 按上述砌筑法砌筑的烟囱。

Howe truss 豪威桁架；由上下弦以及中间的立杆和斜杆构成的桁架，其立杆受拉，而斜杆受压。

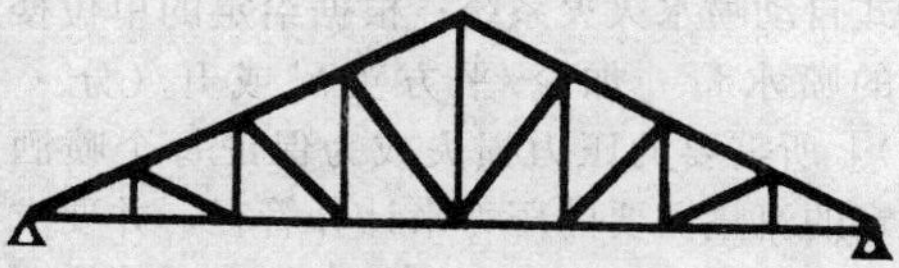

豪威桁架

Hoyer effect 霍耶效应；在预应力混凝土中，由于钢筋有恢复其初始直径（如受压前的直径）的趋势而产生的摩擦力。

hp，HP 1. 缩写＝"horsepower"，马力。2. 缩写＝"high pressure"，高压。

H-pile 1. H型钢；用作支承桩（bearing pile）的、截面为H型钢。2. 作用桩（pile）的H型钢。

H-plan H形平面；建筑的基底平面形如大写字母"H"，围有两个开敞庭院。

HPS 缩写＝high-pressure sodium，高压钠灯。

HP-shape HP型钢；一种用作桩的标准热轧钢，断面为工字形，其标号（尺寸）前加HP表示。

HPT （制图）缩写＝"high point"，高点。

HR （制图）缩写＝"hour"，小时。

HRMS 缩写＝"hot-rolled mild steel"，热轧软钢。对比 CRMS。

Hrt. （木材工业）缩写＝"heart"，木芯。

Hrt. CC （木材工业）缩写＝"heart cubic content"，芯材立方含量。

Hrt. FA （木材工业）缩写＝"heart facial area"，芯材面积。

Hrt. G （木材工业）缩写＝"heart girth"，芯材周长。

H-runner 吊顶用H形薄壁钢滑道；外形像字母"H"，上下翼缘分别卡在龙骨和吊顶板的槽口内。

H形薄壁钢滑道

HSE （木材工业）缩写＝"house"，房屋。

H-section 同 H-beam；H形断面。

HTR （木材工业）缩写＝"heater"，锅炉。

hub 1. 建筑的芯筒；通常包含一部或多部楼梯、电梯和走廊辐射的地方。2. 锁芯。3. 测站标桩。4. 见 bell。5. 轮毂，车辙。

HUD 缩写＝"Department of Housing and Urban Development"，（美）住房与城市开发部。

hue 色彩，色调，色相，色度，色泽；对颜色的主观体验，如红、黄、绿、蓝、紫等以及其混合色。黑、白和灰色没有色相（深浅浓淡）。

hull （旧用词）＝framework，模板。

humidification 加湿；向一定体积空气中加入水分的过程。例如向空调系统中。

humidifier 加湿器；向空气中加湿的装置。

humidisat，hygrostat 恒湿器，湿度调节器（箱）；用于自动控制室内相对湿度的调节装置。

humidity 湿度；空间中水汽含量。

humiture 温湿度；对温度与湿度的综合测定，等于华氏温度值加上相对湿度值被 2 除后取整。

humus 腐殖质，腐殖土；由动植物机体腐烂后形成的黑或褐色物质构成土的有机成分。

hung ceiling 同 suspended ceiling；吊顶。

hung scaffold 悬式脚手架；悬挂在建筑永久性结构上的脚手架。

hungry，starved 缺油面；指油漆涂刷后漆膜显示油漆基底的细部效果，给人以用漆不足的感觉。

hungry joint （砌筑工程中的）凹缝，凹式接缝；贫灰浆致使防水能力降低的接缝。

hung sash，habnging sash 上下推拉窗，上下推拉（窗）扇格；两侧边悬挂在与平衡物相连的绳索或链条上，可沿上下方向滑动的窗扇（格）。

hung slating **1.** 石板瓦贴面；一种贴在垂直面（如墙体）而非坡面（如屋顶）或水平面（如楼板）上的石板。**2.** 用钢丝夹而不用钉子固定的石板瓦。

hung window 上下推拉窗；含有一扇或多扇上下推拉扇的窗户。

hurricane clip 安装在檐口瓦层的机械装置，防止瓦片被风掀起。

hurricane test，dynamic test 抗风试验，风动试验；通过模仿飓风的推力和冲击力来测试窗户和幕墙的结构稳定性以及防渗漏性能。

husk garland 花环支架；用在花环前的装饰物。例如坚果壳花环。

hut **1.** （主要用来驻扎军队的）临时性简陋营房。**2.** （乡村棚屋或相类似的结构简单的）茅舍。

HVAC system 缩写＝"heating，ventilating，and air-conditioning system"，暖通和空调。

HVY （制图）缩写＝"heavy"，重的。

HW （制图）缩写＝"hot water"，热水。

HWRC system 见 hot-water recirculation system；热水循环系统。

HWY （制图）缩写＝"highway"，公路，道路。

hybrid 杂交（植物）。

hybrid beam 组合梁；不同屈服强度的腹板制成的组合钢梁。

hybrid solar energy system 组合太阳能系统；把两种独立的供热系统组合起来的太阳能系统，如把太阳能系统和常规能源系统组合。

hybrid solar system 混合式太阳能系统；将主动式和被动式混合应用的太阳能系统。

HYD （制图）缩写＝"hydraulic"，水力学，液压系统。

hydralime 同 hydrated lime；熟石灰，水化石灰。

hydrant **1.** （大量供水用）消防栓；由一根金属管和一个或多个管嘴构成、接于供水干管的一套装置，管嘴可以接软管，安装阀门或其他龙头。**2.** 消防龙头；见 fire hydrant。

hydrate **1.** 水化。**2.** 熟石灰，水化石灰。

hydrated lime **1.** 同 dry hydrate；水化石灰。**2.** 在现场制石灰膏，消石灰，熟石灰（slaked lime）。

hydration **1.** 水合作用。**2.** （水泥）水化作用。**3.** 硅酸盐水泥、石膏等物质和水发生的化学反应，释放热量，形成晶体结构并硬化的过程。

hydraulically designed（sprinkler）system 液压式自动喷水灭火系统；根据给定的单位楼层面积的喷水量［加仑/平方英尺或升/(分·平方米)］所需要的压力损失或为保证每个喷洒头有一定的流量需要的压力来计算管径，并要求整个喷水区的供水量有一定均匀度的自动喷水灭火系统。

hydraulic cement 水硬性水泥；见 cement。

hydraulic collapse 水压破坏；由于地下水压导致薄壁桩套破坏。

hydraulic elevator 液压升降机；由气缸中的液压推动活塞升降电梯；又见 **plunger hydraulic elevator**；**roped hydraulic elevator**。

hydraulic excavator 液压单斗挖土机；由液压气缸、铲斗和起重杆组成的机械，它依靠液压动力将起重杆端部的铲斗推入土石中，然后向自身方向拉动并提起卸在挖土区外。

hydraulic fill 水力冲填，水力填土。

hydraulic friction 水力摩阻；流体流动与管道之间的摩擦力或暖通管道输送液体时的阻力。

hydraulic glue 防水胶。

hydraulic gradient **1.** 水压梯度；单位距离内水头的耗损。**2.** 水位差；排水系统中存水弯出口与通气管线路之间的坡度。

hydraulic hydrated lime 水硬性熟石灰；由含硅和铝的石灰石煅烧而成干的水泥质的氮氧化物。这种干粉的水凝特性是其中有足够的氧化钙进行水化，而硅酸钙并不是水化而形成。

hydraulic jack 液压千斤顶，液压起重器；对连接在小活塞上的杠杆施加的一个小的作用力，就能在大活塞上产生很大的作用力。

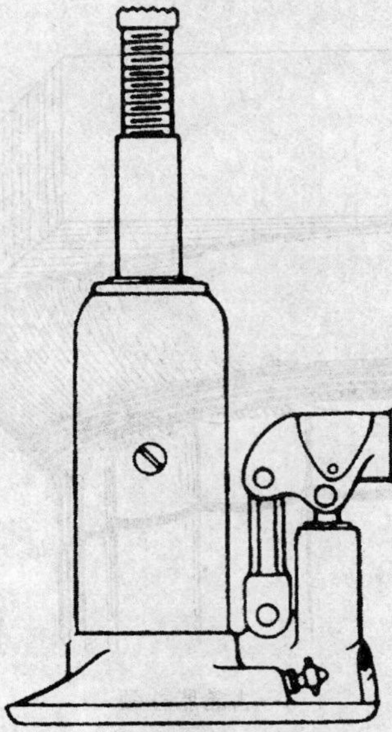

液压千斤顶

hydraulic jump 水跃；立管（如排水竖管）中当水流从高处落下改变方向进入水平管（水流速度由高到低）时，在立管的底部，即水流改变方向的地方水流出现一小段断流现象。

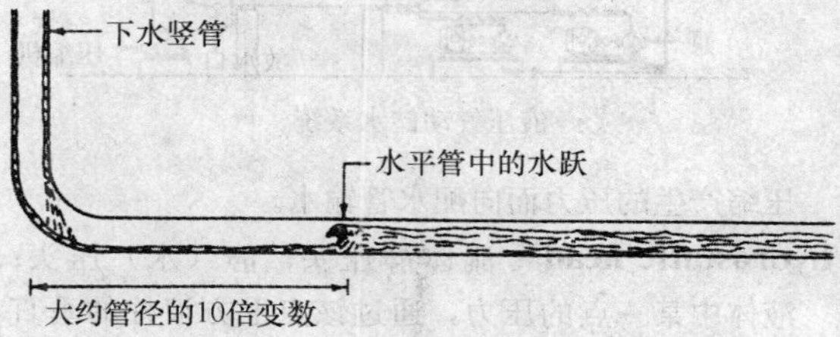

水跃

hydraulic lift 同 **hydraulic elevator**；特指用来顶汽车的液压升降机。

hydraulic lime 水硬性石灰；硅酸盐含量高于10%，遇水硬化的石灰。

hydraulic monitor 高压水枪；用来喷射高压水流的设施，有多种用途，如表面清洗。

hydraulic mortar 水硬性砂浆，具有水下凝固及硬结能力的砂浆。

hydraulic pump 液力泵，是施工机械液压系统中的组成单元和主要推动器。

hydraulic radius 水力半径；水管中水流的截面积与水管的湿周之比。

hydraulics 水力学；研究液体流动的学科，是工程学科的一个分支。

hydraulic splitter 水力劈石机；在石头（混凝土）上钻孔，打进膨胀楔子，然后施加液压使楔子胀开以达到碎裂石头（混凝土）的目的。

hydraulic spraying 液压喷涂；见 **airless spraying**。

hydraulic test 水压（力）试验；用加压的水测试水管在受压状况下的密封性的试验。

hydrologic soil group 土壤水文类型；通过水分渗入和流失特性划分土壤类型。

hydrophobic cement 防潮水泥；一种经处理不易吸潮的未经水化的水泥。

hydro pneumatic tank system 液压气动储水系统；一种家用供水系统，依靠泵将水吸到压力储水罐中，在水量增加的同时使储水罐中的空气被

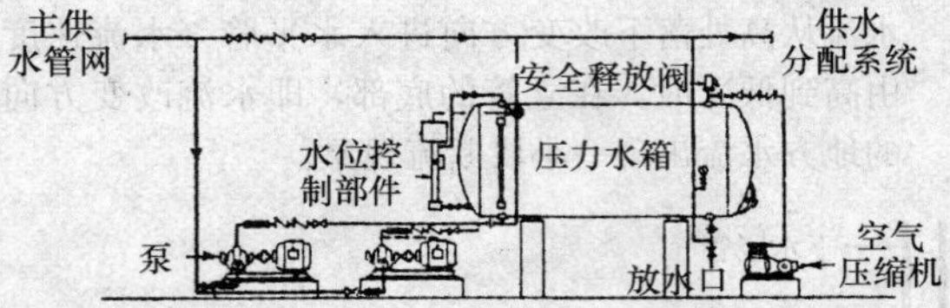

液压气动储水系统

压缩产生的压力而向配水管输水。

hydrostatic head 流体静压头，静（水）压头；液体中某一点的压力，通过该点上方液柱的垂直高度表示。

hydrostatic pressure 静水压；一定高度的水柱产生的压力。

hydrostatic strength 静水压强；管道在规定条件下所能承受的规定大小的内压力的能力。

hydrostatic test 静水力试验；测定混凝土管（或其连接处）承受管内静水压能力的试验。

hygrograph 自动湿度记录计。

hygrometer 湿度计；测定环境中空气湿度（通常为相对湿度）的仪器。

hygrometric expansion 吸湿膨胀；指材料（尤指有机材料）在吸湿状况下的膨胀和在干燥状况下的收缩的现象。

hygroscopic （易于）吸湿的。

hygrostat 恒湿器；见 **humidistat**。

hymn board 教堂公布赞美诗和圣咏数目的布告板。

hypaethral，hypethral （建筑物）露天或半露天的。

hypaethron 院子，天井，建筑中的露天（没屋顶）的部分。

hyperbolic paraboloid roof 双曲抛物面屋顶；呈双曲抛物面几何形状的屋顶，整个屋顶仅由两个支架支撑，形似飞行中的鸟。

hyperthyrum 门楣上的装饰性檐饰及檐壁。

hyphen 连廊，带廊；核心位置的主要房屋与侧翼或附属房屋之间的连系廊（如带顶的步廊），连廊可为直线，也可为弧线；又见 **five-part mansion**。

hypobasis 1. 基础的底座或基础最低下的组成部分。2. 重要基础下的底座。

hypocaust （古罗马）火炕式采暖装置；一种利用火炉中的热气流经中空地板或墙体中的陶管烟道到达屋顶的过程供暖的集中供暖系统。

hypogeum 古代的地下建筑，尤指地下墓室。

hypophyge 陶立克柱头下的凹曲线脚。

hypopodium 同 **hypobasis，2**；重要基础下的底座。

hyposcenium 古希腊剧场舞台前部下面的矮墙。

hypostyle hall 1. 多柱厅；古埃及建筑中常见的一种大空间，以一排排柱子支撑其平屋顶。2. 屋面四周以多组高低不一的柱子或柱墩支撑的一种建筑物，通常有高侧窗采光。

多柱厅：底比斯，拉美西斯二世神庙剖视图

hypotrachelium，gorgerin 古希腊柱颈；（陶立克柱）柱顶与柱头之间的空间，或两层柱颈之间的空间。

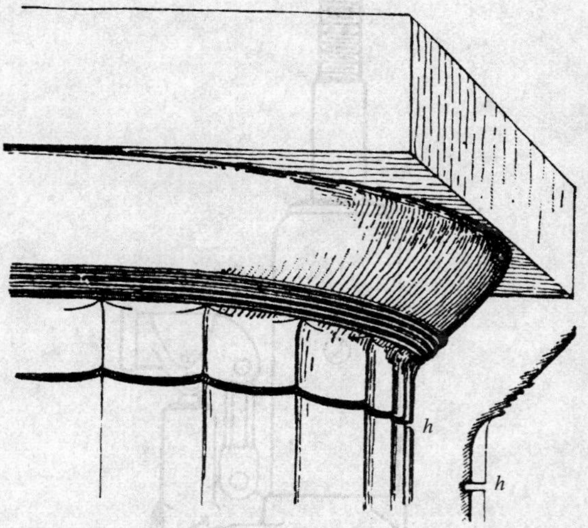

h—古希腊柱颈

hypsometric map 地形图；见 **relief map**。

Hz 缩写＝“**Hertz**”，赫兹（频率单位）。

I

IALD 缩写＝“International Association of Lighting Designers”，国际照明设计师协会。

IB 缩写＝“I-beam”，工字梁。

I-bar 工字钢；截面呈Ⅰ形的钢或铁条。

I-beam 工字钢梁；截面呈Ⅰ形的轧制或挤压成型的结构钢梁。

ICC 国际规范协会；见 **International Code Council**。

ICE 缩写＝“Institution of Civil Engineers”，（伦敦）土木工程师学会。

ICEA 缩写＝“Insulated Cable Engineers，Association”，绝缘电缆工程师协会。

ice dam 冰坝；在坡屋顶屋檐处积聚的冰雪。

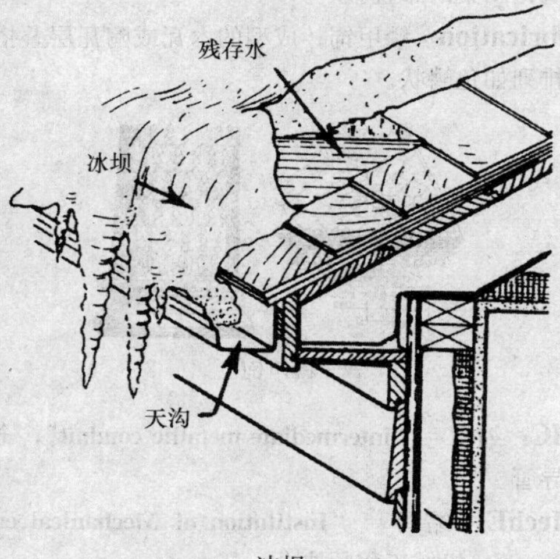

冰坝

icehouse 冰屋；冬季用来储藏从冻结的湖（河、池）面切割的冰块以备用的建筑；常位于阴凉处；屋檐通常外挑，外墙很厚，覆以绝热材料并涂成白色以减少对太阳辐射热的吸收。

ichnography 地图绘制法；绘制地图的表示法。

ICI 缩写＝“International Commission on Illumination”，国际照明委员会。

iconostasis 希腊东正教常中的圣障，圣壁；上面饰有圣像，它将圣坛与俗人开放地隔开。

ID （制图）缩写＝“inside diameter”，内径。

IDSA 缩写＝“Industrial Designers Society of America”，美国工业设计师协会。

IEE 缩写＝“Institution of Electrical Engineers”，（伦敦）电气工程师协会。

IEEE 缩写＝“Insiute of Electrical and Electronics Engineers”，电气电子工程师协会。

IERI 缩写＝“Illuminating Engineering Research Institute”，照明工程研究所

IES 1. 缩写＝“Illuminating Engineering Society of North America”，北美照明工程协会。2.（英）缩写＝“Illuminating Engineering Society”。

IF 缩写＝“inside face”，内表面。

igloo，iglu 爱斯基摩人的圆顶冰屋；外形为半球形，以冰块或压实的雪块砌成，供单独家庭临时居住；基底直径约 10～15ft（3～4.5m），通常有一部分地板面低于周围地面。以屋顶上一块或数块相对透明的淡水冰、或留孔并以半透明的海豹内脏覆盖来为室内提供采光。通过有圆顶的通道进入冰屋。

igneous rock 火成岩；熔岩凝固形成的岩石，如果纹理粗糙，通常称为花岗岩。

ignitability 可燃性，易燃性。

ignition 点燃，点火；伴随有发光、发热或爆炸现象。

ignition source 火源；具有足够能源将材料引燃的加热源。

ignition temperature 着火温度；某种材料着火需要的最低温度。

I-house 一种双坡屋顶住宅（两端为人字山墙）。一层半或两层高，进深一间，面阔两间，中间夹一穿堂带楼梯。

IHVE 缩写＝“**Institution of Heating and Ventilating Engineers**”，供热与通风工程协会。

ILC 缩写＝“**impact isolation class**”，冲击噪声隔离等级。

I-joist 工字梁；截面呈工字形的钢梁。

ILI 缩写＝“**Indiana Limestone Institute**”，印第安石灰石研究所。

illite 伊利石；一种含结晶水的硅酸钾、铝、铁及镁黏土矿。遇水剧烈膨胀而干燥则均匀收缩。

illuminance 照（明）度，施照度；光照强度，又称 **illumination**，均匀入射到单位平方英尺面积上的一流明光通量产生光照度一烛光一英尺；按照国际单位制则等于入射到单位平方米面积上的一流明光通量产生一勒克斯的光照度。

illuminated sign 照明标志；采用外部人工光源照亮的标志。

illumination 照（明）度；照射在单位表面积上的光通量，一般以 lm/ft^2（流明每平方英尺）或英尺-烛光（FC）和 lm/m^2 或勒克斯（lx）表示。

illumination level 照度；照射在物体表面的光量，单位是 **foot candles**（英尺烛光）或 **lx**（勒克斯）。

illumination meter （英）**illumination photometer** 照度计；测量表面照度的仪器，一般由阻挡层光电池与照度检测表连接组成，可直接显示照度的仪表。

illumination photometer （英）照度计；见 **illumination meter**

ILLUS （制图）缩写＝“**illustrate**”，注解，示范。

ilmenite 钛铁矿石，通常用作高密度混凝土骨料的矿石，又称 **iron titanate**。

image 影像，肖像；某种形式或特征的真实反映，只是特指一个完整的人像，可以是雕塑、肖像、胸像、浮雕、凹雕等。

肖像

imaret 土耳其为穆斯林朝圣者及普通游客提供食宿的旅店。

imbow 弯曲的，弧形的；见 **embow**。

imbrex 1. 槽瓦，筒瓦；盖在屋面瓦之间的半圆形陶瓦。2. 鳞甲饰（**imbrication**）装饰的叶片。

imbricate 部分重叠；类似于规整搭接放的木瓦或陶瓦图案的布置。

imbrication 鳞甲饰；成型的木瓦或陶瓦层叠搭接排列如鱼鳞状。

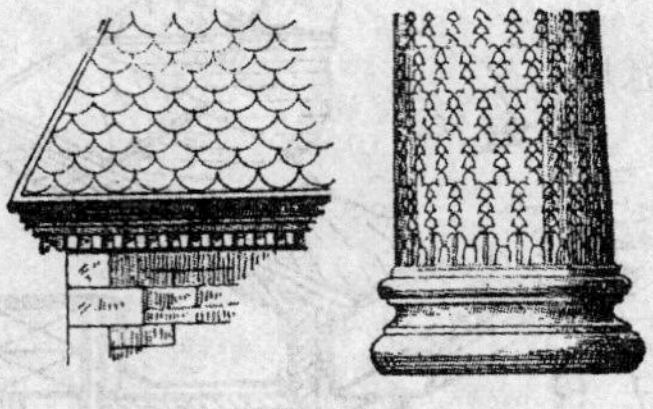

磷甲饰

IMC 缩写＝“**intermediate metallic conduit**”，金属导管。

IMechE 缩写＝“**Institution of Mechanical engineers**”，机械工程师协会。

immersion heater 浸入式加热器；由浸在水箱中的电加热元件（**electric heating element**）构成的加热器，电加热元件由设在水池内或与之连接的恒温器控制。

immersion vibrator 插入式振捣器；在搅拌（agitation）过程中插入正在拌制的混凝土中的振捣棒。

impact factor 冲击系数；结构设计中的一个系数，静荷载乘以这个系数，相当于除静荷载以外所增加的动力影响值。

impact insulation，impact isolation 1. 冲击噪声隔离；用于减少在建筑物中冲击噪声（impact noise）传递的构造或材料。2. 冲击减缓；使用了绝缘材料或构造后减少冲击噪声（impact noise）传递的程度。

impact insulation class（IIC） 冲击噪声隔离等级；量化显示对楼板—吊顶构造的隔声效果的评价。

impact load 冲击荷载；无论运动还是静止的结构当受到另一运动物体瞬间碰撞时的动力影响。

impact noise 冲击噪声；由于冲击产生的结构中的声传播，如脚步声、开关门声。

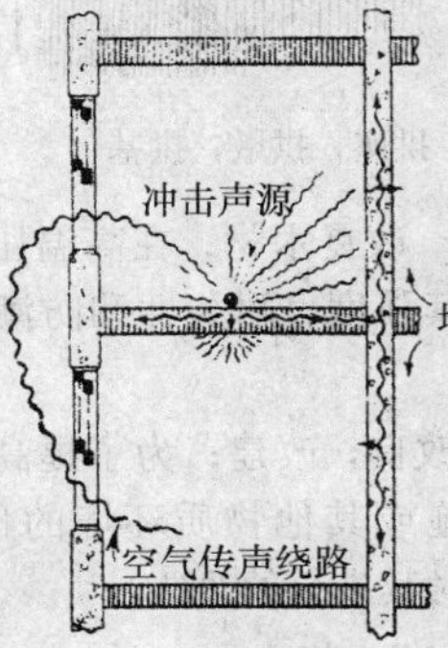

冲击噪声的传导

imact noise rating（INR） 冲击噪声隔离等级；表示楼板层隔绝冲击噪声效果的量化值，即数值越高，效果越大。

impact resistance 冲击抵抗力；材料或产品的表面抵抗冲击的能力，如重击。

impact strength，impact energy 冲击强度；冲击能量；断裂某一材料所需能量，即材料抵抗机械冲击的能力。

impact test 冲击试验；测定试件受到动力冲击后抵抗断裂能力的试验。

impact wrench 脉动扳手；能产生一系列连续的脉动扭矩的风动或电动扳手。

impages 1. 门横档（door rail）；横跨在两竖门梃之间的窗横档，它将门板上下彼此分开。2. 门镶板的边框或框架。

impasto 油彩的厚涂层。

impedance 阻抗；交流电路中一定电压下对电流的阻力，单位为欧姆。

impeller 叶轮，涡轮；水泵（pump）中的转动部件，由安装在圆盘上的叶片组成，转动起来因液体受加速离心力而运动。

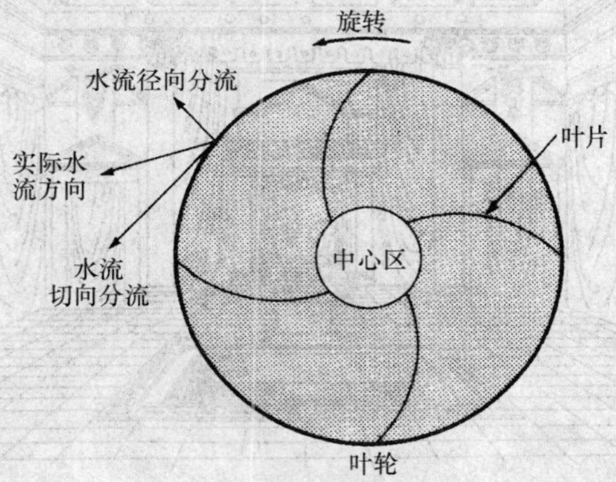

水泵中的转动部件

impending slough （喷射混凝土的）稠度，临界稠度；混凝土喷射后保持不流淌或塌落的最大含水量。

imperfect arch 平圆拱（diminished arch）。

imperial staircase 英制楼梯；见 double-return stair。

impermeable 不能透水的；指土壤颗粒相当紧密，致使水流很慢或不透水。

impervious 不透的，防潮的；除地面砖或墙面砖的吸水率不大于0.5%以外的陶瓷制品吸水率为零的情况，其玻璃化程度完全能阻止颜料的渗透。

impervious cover 不透水地面；水分无法渗透的地面，导致地表径流量加大。

impervious soil 不透水土；各种细颗粒土如黏土孔隙太小，除非缓慢的毛细管作用，不允许水通过。

impetus 房屋、屋顶或拱的跨度。

IMPG （制图）缩写＝“**impregnate**”，灌注，浸渍，渗透。

implied indemnification 默认补（赔）偿；法律本身包含的补偿，非合约规定的补偿。

impluvium 古罗马住宅的天井或柱廊中积存屋顶流下雨水的方形蓄水池。

古罗马住宅中的蓄水池

imposed load 作用荷载，结构承受除自重（**dead load**）外的其他荷载。

impost 1. 拱座，拱墩，拱基；拱端部用来承受和分配拱端推力的砌体构件；亦见 **abutment**，**springer**。2. 窗竖框，窗间立柱。

impost block，**dosseret**，**supercapital** 柱头拱墩；柱头上用来承受拱端推力的转换构件，通常为锥体。

impregnated cloth 树脂，清漆，虫漆等浸渍的织物。

impregnated timber 加压浸渍防腐（虫）剂、阻燃剂的木料。

impregnation 灌注，浸渍法；给木材加压浸渍化学防腐剂、树脂或阻燃剂的处理方法；又见 **Bethell process**。

improved land 已完成三通一平的开发区；适合居住或工业开发的有上下水、人行道及其他基础设施的地段。

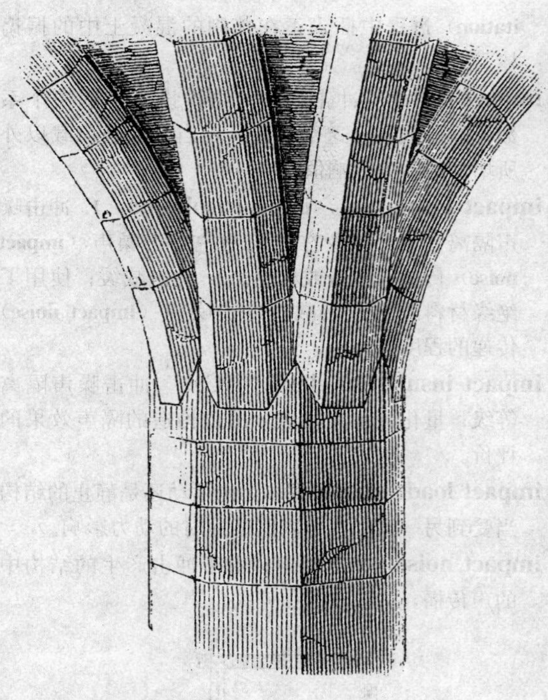

拱座，拱墩，拱基

improved wood 改良木材；在高温压力下经浸渍树脂处理过、其强度、耐久性和防潮性能得到提高的木材。

improvement 改良，改建；为了提高某一房地产项目、公共设施或其他物质环境的价值和效用，或改善其面貌对其进行的改造。

in. 缩写＝“**inch**”，英寸。

inactive leaf，**inactive door** 待用门扇；双扇门中一扇没有锁的门扉，其上安有门鼻子（**strike plate**）可供活动门扇（**active leaf**）的插销插入。固定门扉通过上下的插销固定，保持关闭。

in-and-out bond 砖墙丁砖层与顺砖层竖向交错砌合，尤指在转角处与转角石块形成转角。

in antis 双柱式门廊；见 **anta** 及 **distyle in antis**。

in-bank measure 测量土地被挖掘前的体积。

inbark 树穴夹皮（木板上的缺陷）；见 **bark pocket**。

inbond （砖石墙）丁砖砌合；主要由丁砖或束石砌筑形成砖石墙墙厚的砌合。

INC 1.（制图）缩写＝“**incorporated**”，合并的。

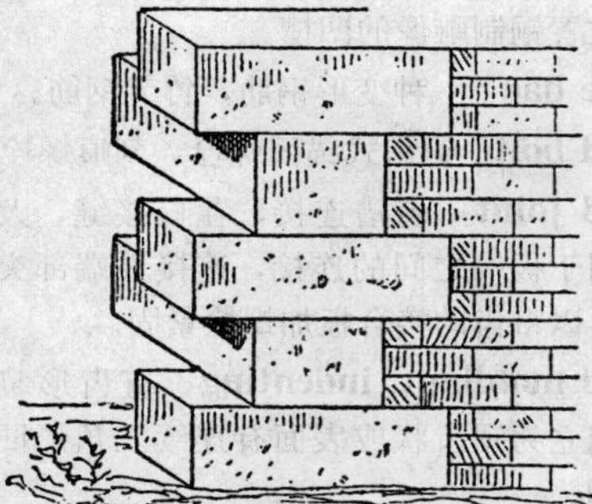

丁砖，顺砖

双柱式门廊

2. （制图）缩写＝“**incoming**”，进来的。

Inca architecture 印加建筑，秘鲁印第安式建筑；12 世纪秘鲁印加王国时期到 16 世纪被西班牙征服为止的建筑，尤指厚重石墙砌筑的防御性城镇。

incand 缩写＝“**incandescent**”，发光的，白炽的。

incandescence 由于加热而发出的白炽光。

incandescent daylight lamp 白炽日光灯；一种用蓝绿色玻璃作灯泡的白炽灯，通过吸收部分的黄色和红色光使灯光更白，比标准白炽灯的效率要低大约 35％

incandescent direct-light lamp，bird’s-eye lamp 直接光的白炽灯；灯泡为 PS 形或 A 形，从灯泡的最大圈处到灯头部分镀银，与灯头相对的半球形为透明或雾状玻璃发光区。

incandescent lamp，incandescent filament lamp 白炽灯；通过电流使钨丝发热而发出白炽光的灯。

incandescent lamp base 白炽灯头；见 **lamp base**。

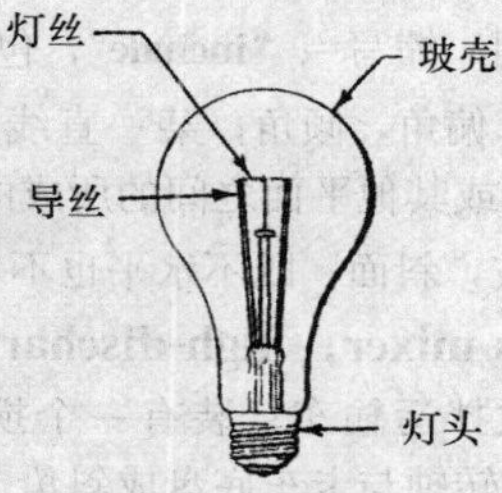

白炽灯

incandescent lamp filament 白炽灯；见 **filament**。

incandescent lighting fixture 白炽照明设备；由白炽灯、插座、反射罩等组成的一套照明设备，通常带有散热孔和漫射光媒。

incandescent special-service lamp 白炽专用灯；一类具有特殊性能，满足特殊需要的灯，如防振灯，防潮灯，耐寒灯等。

incasement 同 **encasement**；镶板饰面。

in cavetto 反浮雕；不同于凹雕，而是将图像印刻在石膏或瓷土内。

incavo 凹雕中的雕空或雕刻部分。

incense cedar 香杉，翠柏（北美），质密并有芳香味，极为耐潮。

incertum opus 混凝土芯墙镶砌形状不规则的石块的砌体，见 **opus incertum**。

inches of mercury 英寸汞；压强单位，即 1in（2.5cm）水银柱所产生的压强，相当于 3386.4N/m²。

inch of water 英寸水；压强单位，即 1in 高的水柱在温度为 39.2℉（4℃）时所产生的压强。

inch stuff 英寸材；公称一英寸厚度的建筑材料（即是不到一英寸也称为一英寸）。

INCIN （制图）缩写＝“**incinerator**”，焚化炉，燃烧炉。

incinerator 垃圾焚化炉；固体、半固体或可燃气态废物焚烧设备。

incipient decay （木头的）初期腐化；出现颜色变化，但尚未影响木材的强（硬）度。

incise 1.（对表面进行装饰性的）雕刻（凿），如陶瓷器皿有面的蚀刻。2. 在原木、木柱、木杆等表面打孔以增加木材防腐剂的渗透。

INCL （制图）缩写＝“include”，包括、深入。

inclination 偏角，倾角；某一直线或平面与水平或垂直面，或其他平面之间的所成的角度。

incline 斜坡，斜面，既不水平也不垂直的平面。

inclined-axis mixer；high-discharge mixer 斜轴混凝土搅拌运输车；装有一个搅拌桶的卡车，搅拌桶的旋转轴与卡车底盘成斜角。

inclined end post 桁架端受压斜构件，端斜压杆。

inclined lift 斜面升降机；自动载人扶梯于上下楼层间运行。

inclined shore 斜撑。

inclinometer 倾角计，倾角罗盘，倾斜计；测量土体水平运动的仪器。

inclusion 包含，掺杂；成品中杂质含量。

incombustible 同 noncombustible；不燃物。

increaser 异径接头，扩径管，管道系统中，用于连接管子的锥形套管。

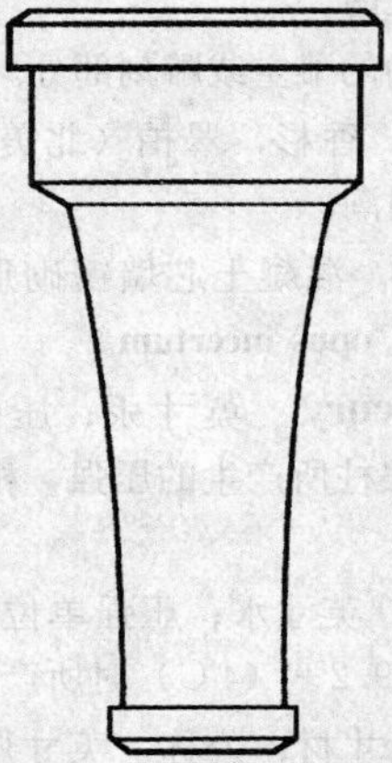

异径接头

incrustation 1.（锅炉或管子内的）沉垢，水垢流经管子、器皿或设备的液体中的化学成分形成沉积物。2. 公共建筑的表面装饰。

IND （制图）缩写＝“industrial”，工业公司，企业家，产业工人。

indemnification 保险，免遭损失，赔偿，补偿；个人或组织承担对方的某些损伤或损失。

indent 1. 预留接砌的茬口，在砖石或任何砌块砌筑时，为日后接茬而留有的接口。2. 教堂墙面上用于放置铜制雕像的凹槽。

indentde bar 一种变形钢筋，竹节钢筋。

indented bolt 锯齿式锚固螺栓，刻痕螺栓。

indented joint 齿槽连接，茬口接缝，犬牙交错缝；用于板端之间的连接，连接件端部突尖相交接，再以带齿的接合板加螺栓紧固。

indented molding，indenting 有齿形装饰的线脚；侧立为锯齿状或表面有连续三角形凹陷形成的线脚。

有齿形装饰线脚

indented wire 刻痕钢丝，变形钢丝；钢筋混凝土中为了增加钢筋的结合力和预张力而使钢筋表面呈现锯齿状。

independent-pole scaffold 双排柱脚手架；同 double-pole scaffold。

index of key words 指数关键词；施工规范、资料存档、成本核算中制式管理的第四部分。

index of plasticity 可塑性指标；见 plasticity index。

Indian architecture 印度建筑；印度次大陆上的建筑，起初为木质和泥砖质，但未有留存。早期佛教纪念碑、支提堂、佛塔和礼门模仿木结构，木结构成为浮雕代表。所有现存建筑均为石质，

印度建筑

采用连梁柱、托架和梁托组成的特殊结构体系。很简单的印度结构形式被有规律叠加的壁柱、檐口、线脚、小型建筑物、屋顶、尖顶装饰以及丰富生动的雕刻装饰所掩盖。

Indian oak 印度栎木；见 teak。

Indian shutters 在美国很多殖民地样式房屋中安装在内墙上的滑动门板，用来抵御印第安弓箭攻击。

indicator bolt 指示门销；一种显示厕所（water closet）是否被占用的门销。

indicator button 指示门钮；一种组合在旅馆房间的门锁中的装置，用来显示房间是否被使用。

indicator light，indicator lamp 指示灯；同 pilot light，1。

indicator valve 指示阀；带有某些机械装置用来显示设备是开启的还是关闭的一种阀门。

indigenous 本土的，当地的；指其为当地生长的植物或树木。

indirect cost 间接成本；在建筑项目中，用于管理支出的费用，而非任何专项作业或特定组成部分支出；例如给予工地办事处督导人员的支出。

indirect drain pipe 间接下水管；同 indirect waste pipe。

indirect expense 间接费用；对一个特定项目或任务的非直接发生的以及非直接负担的费用。

indirect footlight 反射型舞台脚光；光源的放置使舞台采光是经反射面来的反射光，而不是直接光线照射舞台的一种脚光装置。

indirect heating 间接采暖；见 central heating。

indirect lighting 间接照明；光源发出的光90%～100%的光是向上照射以使照明主要来自反射光而不是直接光。

indirect luminaire 间接型灯具；通过其上部水平面发出全部光量90%至100%的照明设备。

indirect solar water heating system 间接太阳能热水系统；采用封闭循环回路热交换器进行的太阳能热水系统；流过太阳能集热器（solar collector）的液体与系统中的其他液体相隔离。

indirect system 间接空调系统；一种加热、空调或制冷系统，其中的流体在被加热或冷却的空间或材料中循环，或者其中的流体用于加热或冷却所流经的空气；流体（例如空气、水、或盐水）由燃料、电热器、或制冷剂来加热或制冷。

indirect waste pipe 间接排水管；不直接与建筑物的排水系统连接，而是通过一个适当的存水弯或贮水器向排水系统中排水的排水管。

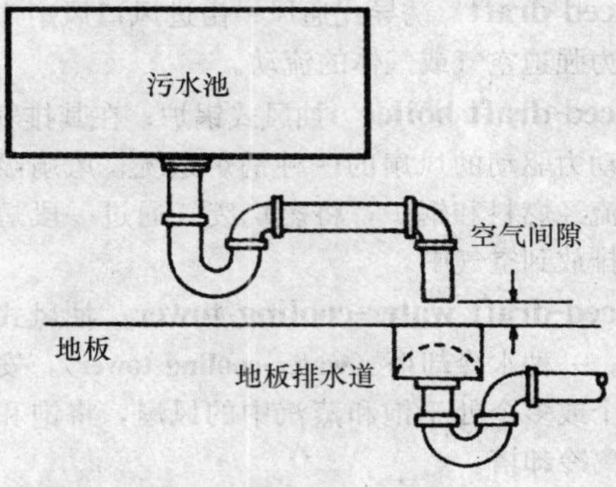

间接排水管

indirect water heater 间接热水器；系统中的水温由远置热交换器（heat exchanger）来升高的一种热水器。

individual sewage-disposal system 单独的污水处理系统；用于单个建筑、设施、或场地，而不是由公共下水道来处理的污水处理池和处理设备的系统。

individual vent 独立通气管；把卫生器具的排水管与其上部的通气主管相连的管道。

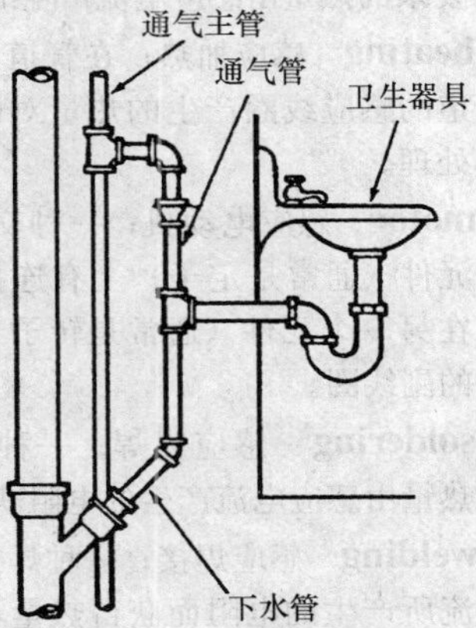

独立通气管

individual water supply 单独供水；不同于被认可的公共供水而只是给一个或多个家庭供水。

indoor air quality 室内空气质量；建筑内部的空气质量；如果其中不含有害污染物，且建筑中80%以上呼吸该空气的人群未对其表示不满，则该室内空气质量被ASHRAE（美国采暖、制冷与空调工程师协会）认定合格。

induced draft 诱导式通风；由进风口风扇产生的吸力强迫空气或气体的流动。

induced-draft boiler 抽风式锅炉；在其排气端装有动力驱动的风扇的一种锅炉系统；风扇吸动空气流经燃料和锅炉，将燃烧废气通过一段短的烟囱排放到空气中。

induced-draft water-cooling tower 抽风式冷却塔；一种水冷却塔（**water-cooling tower**），安装有一个或多个处于饱和蒸汽中的风扇，将饱和蒸汽抽离冷却塔。

induced siphonage 感应虹吸作用；卫生器具存水弯中水的虹吸作用（例如，形成存水弯水封的水的流走）；通常由通气管的不正确安装引起。结果是，当连在同一个通气管的另一个卫生器具排水时，可导致感应虹吸作用。

induction 1. 空调引入式进风；在有空气调节的情况下，房间中空气流动是由出风口处的空气流引发的。2. 感应，感应现象；通过向一个导体内通入电流使其邻近的导体产生电流的方式。

induction brazing 感应铜焊；一种铜焊法（**brazing**），所要求的热量由感应电流产生的电阻获得。

induction heating 感应加热；在管道系统中，利用围绕管道的感应线圈产生的热量对已焊完的管子进行热处理。

induction motor 感应电动机；一种交流电动机，其在一个元件（通常是定子）上有连接到电源的主线圈；在另一个元件（通常是转子）上有传送感应电流的副线圈。

induction soldering 感应锡焊；一种锡焊过程，所要求的热量由感应电流产生的电阻获得。

induction welding 感应焊接；一种焊接过程，通过感应电流所产生的电阻而获得热量，通过加压或不加压来连接。

industrial area 工业区；主要从事于制造业的地区。

industrialized building system 工业化建筑系统；一种从事机械化生产设计的建筑系统，将子系统和部件整合到全过程中，包括规划、设计、程序设计、生产、运输和现场装配技术。也见 **systems building**。

industrial design 工业设计；通过在生产、销售、和使用中考虑诸如安全、经济和效率等因素，利用工艺方法来创造和改进适合人类的产品和系统。该设计可以在一定程度上通过外部特征进行表述，但是综合结构关系、适应人类对有意义形式的不断需求仍是该设计的表述重点。

industrial lift 工业升降机；完全在建筑物同一层内进行垂直升降作业，采用动力驱动完成提升和下降的非便携式机械。

industrial occupancy 1. 制造业用房；用于各种产品制造的建筑物。2. 工业用房；用于加工、装配、配料混合、包装、涂装或装饰、修理等工作的建筑物。也见 **general industrial occupancy**, **high-hazard industrial occupancy**, **special-purpose industrial occupancy**。

industrial park 工业园区；被规划过的工业或与技术有关的街区或城市；用作轻工业、工业，科研或仓储用途；常坐落在城市周边的开放土地上或规划过的市区内。

industrial tubular door 工业钢管门；由冷弯薄壁钢管加工的门；门转角处经焊接连接，所有连接点焊缝都要磨光；门板由一层或两层钢板牢固连接到门梃和横档上。

industrial waste 工业废水；工业生产过程所产生的废水；其成分不同于生活污水。

industry standard specification 工业标准规范；在建筑业，建立在法规、技术报告和公开性原则，或测试程序和结果被证明是被广泛认可之上的规范。

inelastic behavior 非弹性变形，塑性状态；指材料在卸掉使其产生变形的外力后，不能恢复的变形。

inert base 惰性基料；不具有遮盖、色彩或干燥性质的涂料基料。其主要功能是提供稳固基层（solids），其成本通常较低廉。

inert filler 惰性填充剂；油漆业中；同 **inert base**。

inertia block 惯性隔振块；作为机械设备如鼓风机或泵的基础的混凝土块；该混凝土块被设置在弹性支座上以减小对建筑结构的振动传递。

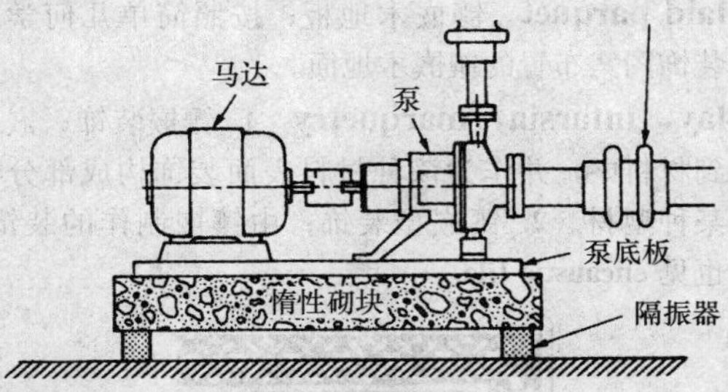

在惯性隔振块上的泵

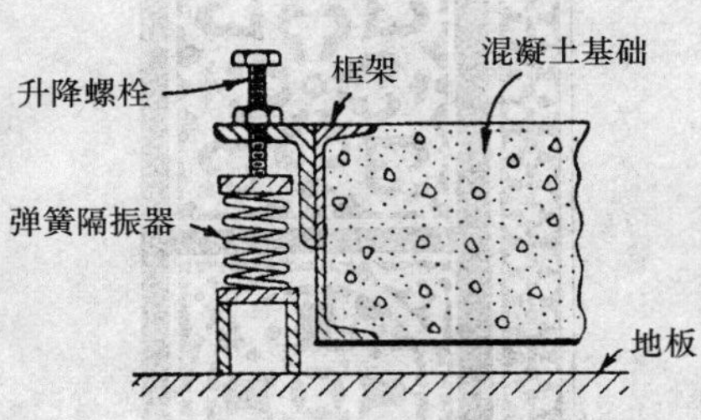

惯性隔振块

inert pigment 1. 惰性颜料；非活性的颜料。2. 一种体质颜料；用作基层（solids）和扩充体积作用。

infant school （英）幼儿学校；为小学之前4～7岁孩子提供入学教育的一种学校形式。

infilling 填入，填充物；在框架中，用来填充建筑结构构件之间的空间材料；提供附加的隔热、防火以及刚度性能；也见 **fill insulation**。

infiltration 1. 渗入；通过窗周围、门下等的缝隙进入房间或空间的空气渗漏或流动。2. 渗入量；在埋入土中的混凝土下水管道中，进入管道系统中的地下水的量。

infiltration basin 渗透池，入渗池；表平面开敞且不带排水口的存水区域，区别于紧急排洪道。

infirmary 医务室；为居民或学校等机构成员提供简单医疗和护理的地方。

inflammable 易燃的；同 **flammable**。

inflatable gasket 膨胀型密封圈，充气密封垫；一种密封垫，借助压缩空气使其膨胀从而实现密封效果。

inflatable structure 充气结构；见 **pneumatic structure**。

inflected arch 反弯拱；同 **inverted arch**。

inflection point 反弯点，拐点；同 **point of inflection**。

inflow 流入量；直接从外部流入下水管道的各种污水流量，不包含地下渗入量。

INFO （制图）缩写＝"**information**"，信息，数据。

information outlet 电话线插口；在建筑物的电话线路系统中，位于电话线端头固定位置（通常在墙上）上的连接装置；插口包括可插入插头的插座（jack）。这种插口用来将电话、传真、电话答录机等设备连接到电话线路上。

infrared 红外线；指波长比可见光谱稍长的电磁波频谱范围；通常是不希望由光源在该频谱范围内产生的热量产生的（因为它表示效率的损失），但是这种热量可用于干燥、烘焙表面等工业用途。

infrared drying 红外线烘干；通过使用红外灯来缩短干燥时间的烘干方式。

infrared emittance 红外发射率；见 **emittance**。

infrared lamp 红外灯；一种在红外线范围内比标准白炽灯有较高辐射功率的白炽灯；由于灯丝温度较低，因此其平均使用寿命较长；可以通过采用红色玻璃灯泡减少辐射可见光。

infrasound 次声；频率低于可听见声音低频下限（大约16Hz）的声音振动。

infrastructure 基础设施；建筑运行所需的必要设备。

in-glaze decoration 釉面装饰；在未焙烧的釉面上进行陶瓷装饰，然后带釉焙烧。

ingle 壁炉；炉膛。

inglenook 房间转角处的壁炉；旁边通常有座位；同 **chimney corner**。

ingot 金属锭，铸锭；由大量的熔化金属浇筑到模子中凝固形成；不同于经轧制或锻造制成的成品或半成品铸件。

ingot iron 铁锭；同 **mild steel**，**1**。

ingrown bark，inbark （树木）夹皮；见 **bark pocket**。

inhibiting pigment 防锈颜料；加入油漆中的一种颜料（例如铅锌铬酸盐、氧化锌、红丹、锌金属以及偏硼酸钡），用来抑制或防止金属生锈、腐蚀或者发霉。

inhibitor 抑制剂，缓蚀剂，防锈剂；加入油漆中的一种物质，用来延缓干燥、皱皮、发霉等。也见 **corrosion inhibitor**，**inhibiting pigment**，**drying inhibitor**。

initial backfill 初始回填物；用于填充从管沟基床顶部到管道以上规定高度的材料。

initial drying shrinkage 初始干缩度；湿混凝土试件的初始长度与其初期干燥后达到稳定的长度之差；以初始湿长的百分比表示。

initial grade 原始地面的自然标高；同 **natural grade**。

initial prestress 初始预应力；预应力混凝土（**prestressed concrete**）张拉期间钢筋传递到混凝土构件上的预加应力（**prestressing**）（或力）。

initial rate of absorption 初始吸水率；见 **absorption rate**。

initial set **1.** 初凝；水泥（混凝土或砂浆）和水的混合物的硬化程度，小于终凝（**final set**）；通常以水泥浆硬化至足以抵抗重力试验针刺入时所需要的时间表示。**2.** 初硬化；对于胶粘化合物、胶粘剂或涂层，在养护或干燥期间当其表面硬化到用手指接触时没有痕迹的状态。

initial setting time 初凝时间；新混合的水泥浆、砂浆或混凝土达到初凝（**initial set**）所需要的时间。

initial shrinkage 早期收缩；由于水分蒸发造成调节水泥、混凝土、黏土、灰浆或类似物时产生的干燥收缩。

initial stress 初始应力，初应力；预应力混凝土（**prestressed concrete**）构件中任何预应力损失发生前的应力。

injection burner 喷射式煤气灶；利用煤气喷嘴将用于助燃的空气注入煤气灶并与煤气混合的一种煤气灶。

injection molding 喷射造型法，喷射模塑法；将热塑性材料由气缸压入相对较凉的产品模具管腔内的一种铸型过程。

inlaid parquet 镶嵌木地板；按照简单几何学或装饰图案布置的镶嵌木地面。

inlay，intarsia，marquetry **1.** 镶嵌装饰；嵌入到材料中，并作为该种材料表面装饰构成部分的某种型材。**2.** 镶嵌型装饰；由镶嵌制作的装饰。也见 **encaustic tile**。

镶嵌白色和黑色大理石

in-line centrifugal fan 直连式离心通风机；通风管道与通风机室排风口成一条直线连接的离心通风机（**centrifugal fan**）。

in-line pump 串连式泵；为了节省地面空间，通常装在管道上部，由管道系统（例如，承受泵重量的管道）直接支承的泵。

inn **1.** 酒馆；为公众提供吃喝的场所，但不提供住宿；同 **tavern**。**2.** 小旅馆；同 **hotel**。**3.** 学生宿舍，学生公寓。**4.** 救济所；同 **hospice**，美国的一种福利救济机构，其服务内容包括：善终服务、向病人提供精神和物质资助等。

inner bailey 中间带有防御性城堡的庭院。

inner bead 灰饼，抹灰导点；同 **inside stop**。

inner casing 门窗内框；同 **inside casing**。

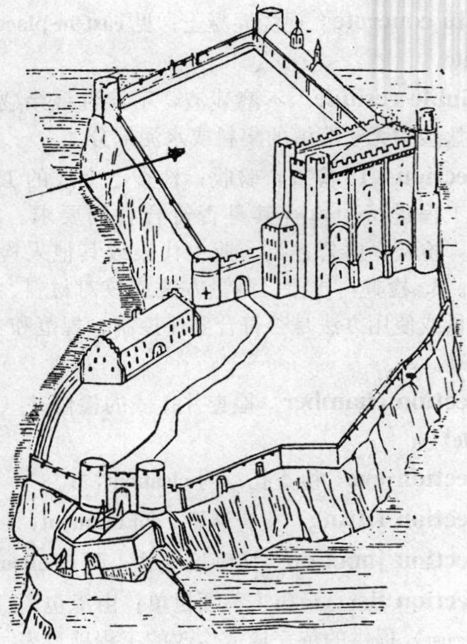

中间带有防御性城堡的庭院

inner court 1. 天井；四周由建筑物或结构外墙（**exterior walls**）环绕的开放的空间。2. 庭院，院子；由建筑外墙以及地界边线围绕的开放性空间。

inner hearth 内炉膛；炉内炉膛的一部分；同 **back hearth**。

inner sanctum 内圣所；最神圣的地方。

inorganic material 无机材料；由矿物质组成或由矿物质制造的材料；本身不是动物或植物。

inorganic silt 无机淤泥；见 **silt**。

inosculating column 簇状柱；几根柱子集合在一起形成单根柱子，这是建筑上的需要；同 **clustered column**。

inpaint 修补油漆；在油漆或涂油漆的表面通过重漆来对损坏范围进行修复。

INR 缩写＝"**impact noise rating**"，冲击噪声级。

inrush current 合闸电流；见 **lamp inrush current**。

INS （制图）缩写＝"**insulate**"，隔离，绝缘。

insanitary 不卫生的，有害健康的。

inscription 题字，碑铭；装饰建筑物内外部的常常在纪念碑上书写的文字。

insect screen, window screen 窗纱，窗帘；用来防止昆虫飞进开敞的窗子或门内的轻质钢丝网。

insect wire screening 窗纱，窗帘；具有防昆虫通过的网眼的钢丝网窗纱。

insert 1. 嵌补法；对叠层木料的外表缺陷进行非结构性的修补。2. 插入；在饰面板或镶板中，用薄木片、补钉或楔形块填充胶合板中的孔洞。3. 见 **patch**，2。

insert card reader 插入式门卡；控制锁着的门开启的装置。持卡人必须将卡（通常有磁条）插入该装置来开门锁。

inserted column 嵌入式柱；部分嵌入墙内的柱子；同 **engage column**。

inserted grille 嵌入式窗格；安装在预留门洞上的预制窗格。

inserted tenon 榫槽；接受榫舌插入的槽口；见 **false tenon**。

inset dormer 嵌入式天窗，老虎窗；部分装在斜屋顶下面的天窗（**dormer**），与突出在斜屋顶之上的普通天窗完全不同。

inset porch 嵌入式门廊；同 **integral porch**。

inside-angle tool 内角抹子；在抹灰泥和砌筑中用于形成内角的灰泥镘刀（**float**）。

inside caliper 测内径器，内卡量规，内弯脚器；一种测径器（**caliper**），用来测量筒体的内径或轮廓之间的距离。

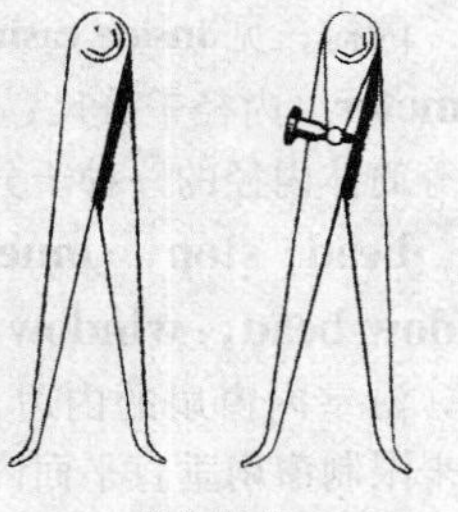

内卡量规

inside casing, interior casing 门窗内框；室内一侧围绕门框或窗框的内镶边（**inside trim**）。

inside chimney 室内烟囱；同 **interior chimney**。

inside corner molding 内角嵌线；内角装饰线脚；用来覆盖两个相交表面内角接缝的装饰线，

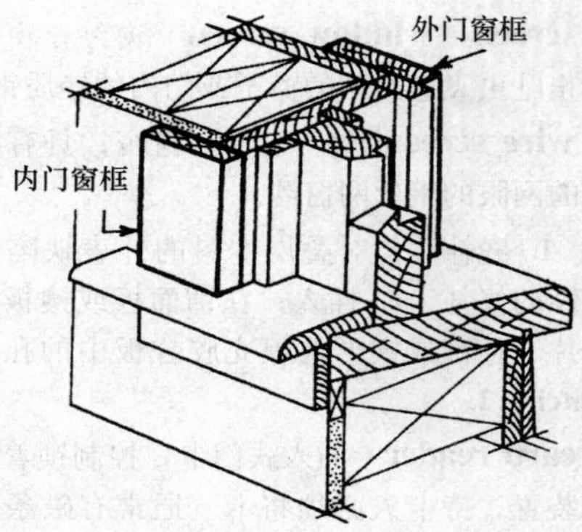

门窗内框

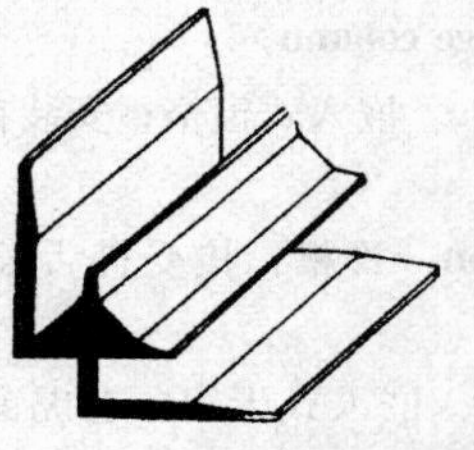

内角嵌线；内角装饰线脚

例如用铝塑板作成凹陷的金属线脚等。

inside-door lock, room-door lock 内门锁，房门锁；用钥匙控制插销锁定，带有弹簧插销（由球形捏手控制）的一种锁。

inside finish 内装修；见 **interior trim**。

inside glazing 内镶玻璃；从建筑内部安装的外侧玻璃；也见 **internal glazing**。

inside lining 内衬；见 **inside casing**。

inside micrometer 内径千分尺；特别设计用来精确测量管子等筒体内径的一种千分尺。

inside stop, bead stop, inner bead, stop bead, window bead, window stop 止窗条；在双悬窗中，沿室内窗扇的内边，固定在窗套上的木条；用来限制窗扇垂直平面内的运动。

inside thread 内螺纹；管子、零件或机器螺钉内表面上的螺纹。

inside trim **1.** 内饰；泛指建筑物内部的装饰。**2.** 围绕门或窗洞口的镶边；也见 **inside casing**。

in situ 现场，原地，在原位置，在原处；例如 **cast-in-place concrete**，现浇混凝土。

in situ concrete 现浇混凝土；见 **cast-in-place concrete**。

insoluble residue 不溶残渣，不溶性残余物；在稀盐酸中无法溶解的集料或水泥部分。

inspection **1.** 检查，验收；检查已完成的工程或在工程进行中检查其是否符合合同要求。**2.** 检查，检验；由公务员、业主代表或其他人检查工程。**3.** 检查，质检；测量方法或核对材料、工程质量或使用方法是否符合质量控制、规范和（或）标准。

inspection chamber 检查井；浅的检修井（**manhole**）。

inspection eye 检查孔；同 **cleanout，1**。

inspection fitting 检查装置；同 **cleanout，1**。

inspection junction 接管检查井；同 **cleanout**。

inspection list 承包工程项目单；由承包商（contractor）提供的待完成或修改的工程项目表。

inspector 检查员。**1.** 见 **building inspector**。**2.** 见 **owner's inspector**。**3.** 见 **resident engineer**。

instability 不稳定性；结构刚度损失导致的承载能力下降，某些情况下将导致结构失效。

instal 缩写＝"**install**"或"**installation**"，安装，装配。

instantaneous-type water heater 瞬时式热水器；一种热水器，当水流过围绕电热线圈的管子时水温迅速升高；最适用于连续式热水供应。当热水需求量较低时必须小心使用，因为难以精确控制低流速水流温度。

instant lock 碰锁（弹簧锁）；当门被关闭时能自动（通过弹簧）锁牢的锁。

instant-start fluorescent lamp 瞬时启动荧光灯；不需预热电极即可由高电压启动的荧光灯；通常具有单触点连接；同 **slim-line lamp**。

InstCES 缩写＝"**Institution of Civil Engineering Surveyors**"，木工工程测量师学会。

Institute of Electrical and Electronic Engineers (IEEE) 电气与电子工程师协会；总部设在皮斯卡塔维（**Piscataway，NJ08855**）的电子工程师专业组织。

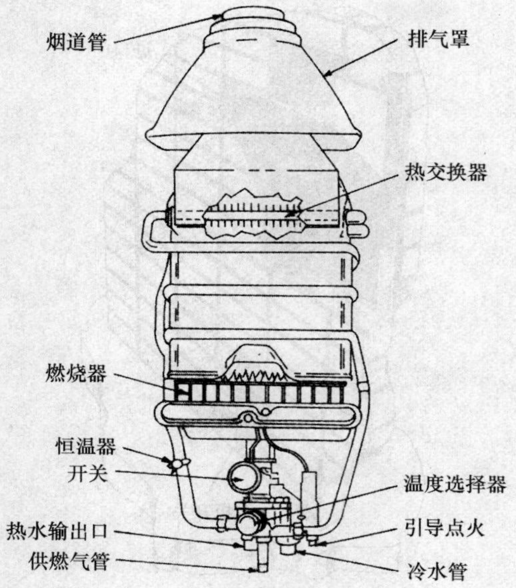

瞬时式热水器

Institution of Electrical Engineers (IEE) 电气工程师学会；总部设在萨沃伊（Savoy Place, London WC2R OBL)，有关电气、电子及系统工程师的专业组织。

Institution of Structural Engineers 结构工程师协会；总部设在贝尔塔莱维亚大街（11 Upper Belgravia Street, London 5W1 8BH)，有关结构工程师的专业组织。

institutional occupancy 社会公共机构用房；用于医疗或护理患病或身体虚弱的人；用于幼儿、康复病人或老年人的护理，或用于拘禁或教养目的的建筑。

instructions to bidders 投标细则；针对建造项目（project）的投标要求中，有关编制和提交投标的细则；也见 **notice to bidders**。

instructions to tenderers 投标人需知，招标通知书；同 **notice to bidders**。

insul 缩写＝“insulate”或“insulation”，绝缘，隔声，隔热。

insula 1. 建筑群；在罗马城镇规划中，由街道环绕的建筑街区。2. 建筑公寓；占用这种街区的罗马公寓。

insulated flange 绝缘法兰盘；一种金属管道联结器，用于截断意外传导的电路。

insulating board 绝缘板，隔热板，隔声板；见 **board insulating**。

insulating cement 1. 绝缘胶；由水凝胶粘剂（或其他粘结成分）和疏松绝缘填料混合而成的类似油灰的塑胶；用于填充孔隙、接缝等的绝缘体。2. 隔热水泥；干燥的粒状、纤维状、层状或粉状材料与水混合后形成的具有可塑性的粘结物，干燥时形成具有显著抵抗热传递能力的粘结层。

insulating concrete 隔热混凝土；具有低导热性的混凝土；用来隔热。

insulating fiberboard 隔热纤维板；隔热纤维材料（例如木材、藤条或其他植物纤维）和胶粘剂结合形成的板材。工厂加工板材具有多种厚度、线性尺寸、密度、隔热能力及机械强度。

insulating form board 隔热模板；用作现场浇注石膏或轻质混凝土屋面板的永久性隔热式模板。

insulating glass 隔热玻璃；由双层玻璃组合而成，沿边缘密封使其成为一块中空的玻璃单元；玻璃片之间的空隙或为真空或充满气体。这种单元可有效降低热传导。

insulating glass unit 隔热玻璃单元；边缘密封的双层玻璃（**double glazing**）板；提高隔热和隔声能力。

insulating material 绝缘材料，隔热材料；见 **electrical insulation**, **thermal insulation**。

insulating oil 绝缘油；变压器、开关或其他电器设备外壳内的一种具有绝缘或冷却作用的油。

insulating plasterboard 隔热石膏板；见 **foil-backed gypsum board**。

insulating strip 隔离条；同 **expansion strip**。

insulating varnish 绝缘清漆；用于电线或电路绝缘的清漆。

insulation 绝缘（热）；见 **electrical insulation**, **thermal insulation**。

insulation board 隔声（热）板；见 **board insulation**。

insulation lath 隔热灰板条；背面用铝箔叠合而

成的石膏板条，为防止热量损失而形成蒸汽屏障和反射绝热层。

insulation resistance 绝缘电阻；由于外加直流电压作用，电流通过绝缘材料产生阻抗；通常用欧姆表示。

insulation test 绝缘电阻测试；试验测定对直流电的电绝缘能力（阻抗）。

insulator 绝缘体，绝缘子；见 **electrical insulator**。

insurance 保险；见 **builder's risk insurance**；**completed operations insurance**；**comprehensive general liability insurance**；**contractor's liability insurance**；**employer's liability insurance**；**liability insurance**；**loss of use insurance**；**owner's liability insurance**；**professional liability insurance**；**property damage insurance**；**property insurance**；**public liability insurance**；**special hazards insurance**；**steam boiler and machinery insurance**；**workmen's compensation insurance**。

INT 1.（制图）缩写＝"**intake**"，进水口，入口。2.（制图）缩写＝"**interior**"，里面（的），室内（的）。3.（制图）缩写＝"**internal**"，内部的。

intaglio 1. 凹雕；凹入表面的雕刻，与浮雕相反。2. 凹雕作品；产生这种效果的作品。

intaglio rilevato 不凸出于平面的浮雕；见 **sunk relief**。

intake 入口，进口，通风口；水或空气（或任何流体）进入系统、腔室、高压间、管道或机械设备的开口；也见 **outside-air intake**。

intake belt course 缩窄带层；在墙体变窄处的挑出式砌体带层。

intake door 进口门；垃圾槽封闭墙上的门，通过其投弃废物。

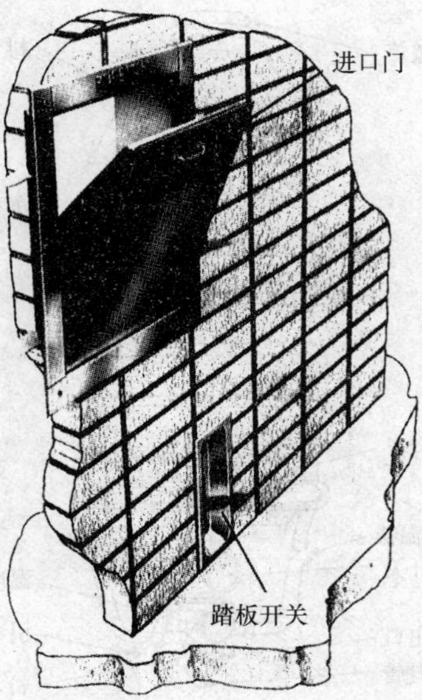

进口门

intarsia 细木工镶嵌装饰；特指木镶嵌形式装饰。

integral frame 整装门架；一种门框形式；门框的镶边、背折边、企口或门档都是由一块钢板制成，对应的门梃和上档也各自由一块钢板制成。

integral garage 与建筑物结构连成一体的车库。

integral lean-to 整体单坡屋顶；在美洲殖民地木框架住宅中，一种属于原来房屋一部分的（不是外加的或独立结构）、单一坡度的坡屋顶（**lean-to**），从屋脊到檐口的椽子是通长的，从而形成较长且均匀的坡度屋面。

integral lock 整体锁；一种镶嵌锁（**mortise lock**），具有球形把手。

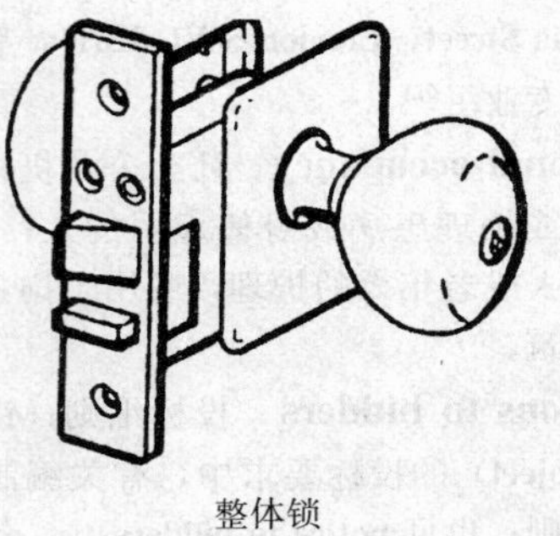

整体锁

integral mullion 窗间立柱；见 **impost**，**2**。

integral porch 整体门廊；一种门廊，其地面是在房屋主体结构内，不同于房屋的附属结构，例如挑出门廊（**projecting porch**）。

integral waterproofing 刚性防水，自防水；水泥搅拌过程中添加外加剂（**admixture**）制成的所谓"防水"混凝土。

整体门廊

integrated ceiling 集成吊顶；将吸声、照明和空气调节构件组合成为一个整体的吊顶系统。

intelligent building 智能建筑；具有一整套通过电脑管理系统监测并控制其内部建筑设施运转的建筑物。

intercepting chamber 截流检查井；同 **manhole**。

intercepting drain 截水（排水）沟；在水源和保护区之间的排水沟。

intercepting sewer 截流污水管；接收来自多支管或排水口的少雨期（以及有确定雨量）流量的污水管。

intercepting trap 截流器、过滤器；同 **interceptor**。

interceptor 截流器，过滤器；从流经的生活污水中拦截、清除或分离有毒的、有害的或者不需要的物质（例如油、油脂、汽油、砂子和沉淀物）的装置，允许生活污水或废液由重力排放。

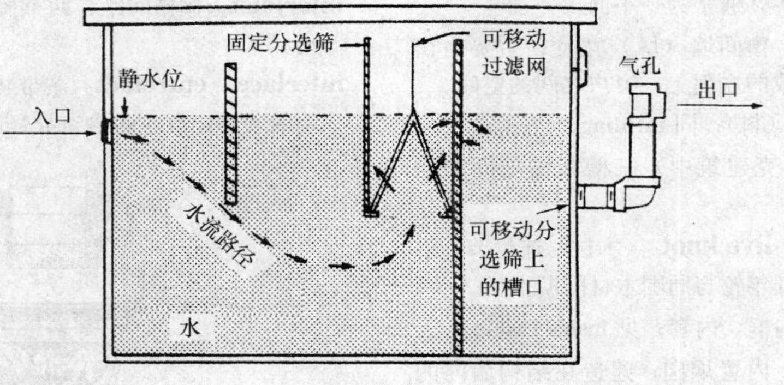

集油器

intercolumniation **1.** 柱子间距；相邻两个柱子之间的净距离，通常测量柱身的较下面部分。**2.** 由式样确定柱间距的系统；其式样分为：列柱式，柱间距为 1.5 倍柱径；两径间排柱式，柱间距为 2 倍柱径；二径又四分之一柱式，柱间距为 2.25 倍柱径；长列柱式，柱间距为 3 倍柱径；疏柱式，柱间距为 4 倍柱径。

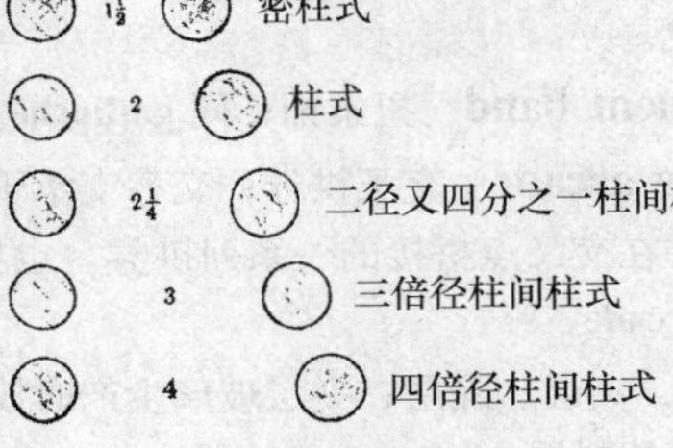

柱间距图示

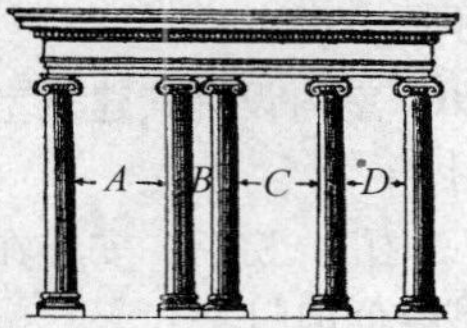

柱间距实例：*A*—四倍径柱间柱式；*B*—对柱；*C*—三倍径柱间柱式；*D*—二径又四分之一柱间柱式

intercom 内部通信系统；见 **intercommunication system**。

INTERCOM （制图）缩写＝“**intercommunication system**”，内部通信系统。

intercommunication system 内部通信系统，内部通信设备；一幢建筑内或建筑群之间的两点或多点使用麦克风和扩音器来通话的通信系统。

interconnection 互连；两个独立建筑供水系统间

管道的连接和布置方式，其内部水流将从某一系统流向另一系统，水流方向取决于系统之间的压力差；也称作 cross-connection，交叉连接。

inter-crimp 钢丝网（wire cloth）中，钢丝交点间的波纹状的皱折；通常应用于宽网孔的细金属丝网上，以保证钢丝在网面上正确定位。

intercupola 1. 双复层圆穹隆顶间的空间。2. 圆薄壳屋顶之间的中间夹层。

interdentil 齿饰间距；齿状装饰之间的空隙。

interdome 圆屋顶内壳与外壳之间的空间。

interduce （窗框中）窗台木和窗头木之间的交接横木；同 intertie。

interface 分界面，接触面，界面；两个物体或材料之间的共同边界，通常为一平面。

interfenestration 窗间墙（墩）宽度；主要由窗户及其装饰物组成的立面上，窗户之间的空间。

interfilling 填平（料）；同 infilling。

interglyph （陶立克建筑中）三槽板槽陇间的空间。

intergrown knot，live knot （木材）连生节，活节；一种节疤，其年轮与周围木材同期生长。

interior casing 内框，内套；见 inside casing。

interior chimney 内置烟囱；建造在结构墙内的烟囱；常常根据其位置加以分类，如，端壁烟囱；与外露烟囱不同。

interior design 室内设计；建筑室内的规划、装饰及陈设设计。

interior door 内门，房门；安装在内墙上用于分隔户内房间或空间的门。

interior finish 室内饰面；利用墙纸、涂料或装饰物修饰建筑室内暴露在外的粉刷或木质墙面。内饰面可以根据 ASTM 关于建筑材料的燃烧特性试验分类，以抵抗火的蔓延为例，A 级为最佳，E 级为最差。

interior fit-out 精装修的；按照建筑功能所需对屋顶、地面、陈设以及隔墙进行的装饰。

interior glazed 室内玻璃；指安装在建筑物内部的玻璃。

interior hung scaffold 室内悬挂脚手架；在顶棚或屋顶结构上悬挂的脚手架。

interior lot 临街地块；仅一边以街道为边界的地块。

interior plywood 室内用胶合板；用胶粘结的胶合板，由于其抗潮湿能力有限，因此不能用于室外或长期处于潮湿的地方。

interior stair 室内楼梯；依据规范要求，建筑物内作为逃生通道（exit）的楼梯。

interior trim，inside finish 内部装修；用于建筑物内部的装饰，特指门或窗框、踢脚板以及楼梯周围的装饰等。

interior wall 内墙；建筑物内完全处于外墙（exterior walls）包围之中的墙。

interjoist 搁栅间距；两个搁栅（桁条）之间的距离。

interlace，entrelacs 条带装饰；由条带或茎梗缠绕的装饰，有时包含奇异怪诞的图案。也见 knot。

带有条带装饰的装饰件

interlaced arches 交叉拱，交织拱；见 interlacing arcade。

interlaced fencing，interwoven fencing，woven board 交织的篱笆；由细扁条编织在一起制成的篱笆。

interlacement band 扭索饰；同 guilloche。

interlacing arcade 交叉拱券；交替支承于成排的柱子上并在交叉点搭接的一系列拱券。也见 intersecting arcade。

interlayer 夹层、隔层；夹层玻璃生产时放在两层玻璃间的塑料层。

交叉拱券

interlocked 连锁的；两个或多个单元、构件或设备零件，通过采用机械或电子布局进行操控，或相互之间按照某种特定关系进行摆放。

interlocked grain, twisted grain 交错纹理；原木采用四开法锯开时出现的条带状纹理，是由少量年轮的纤维呈不同方向倾斜而产生的。

interlocking joint 1. 企合砌缝；用一块石头上的突出体来填补另一块石头上的槽或沟；防止其相对位移的一种啮合形式。2. 卷边接缝；通过啮合金属片边缘而形成的接缝，该啮合形成一个连续的封闭接缝。

interlocking tile 咬口式屋面槽瓦；在同一层瓦片中，一片瓦边缘与下一片瓦边缘凹槽相配的单片搭接瓦。

intermediate course 粘结层；同 **binder course**。

intermediate floor beam 中间楼板梁；在楼板结构平面中，处于两端梁之间的任何楼板梁。

intermediate joist 众多全长的普通搁栅中的一件，从一面墙延伸至另一面墙，用作地板板材铺设。

intermediate landing 中间平台；两层楼板间，位于楼梯梯段之间的水平平台。

intermediate metal conduit (IMC) 见 **electrical metallic conduit**；电线金属导管。

intermediate post 中间立柱；功能类似但尺寸小于主立柱的垂直立柱。

intermediate rafter 中间椽子；见 **common rafter**。

intermediate rail 中间横档；门的顶部横档和底部横档之间的水平构件。

intermediate rib 1. 居间拱；拱形顶中辅助主肋的肋。2. 中间肋；六肋拱穹顶中，在开间中部的中间较小柱墩上的横肋。

intermediate stiffener 中间加劲肋；位于梁或主梁上端加劲肋之间的加劲肋。

intermediate-temperature-setting adhesive 中间温度胶粘剂；在 87～211℉（31～99℃）温度范围内凝固的胶粘剂。

intermediate truss 中间桁架；三跨桁架中的中间桁架。

intermetium 中间屏障区；在古罗马圆形竞技场中，两个圆锥形标柱（**metae**）之间竞技场的长栅栏。

intermittent-flame-exposure test 间歇式火焰暴露试验；ASTM 中关于屋顶覆盖层的耐火试验；根据屋顶覆盖层的分类，规定对试件施加燃气火焰循环燃烧 3～15 次。

intermittent weld 跳花焊缝；由非焊接空隙打断其连续性的焊缝。

intermodillion 檐托座间，斗拱间；两个檐口托饰（**modillions**）之间的凹进部分。

intermutule 两个飞檐托块之间的空间。

internal dormer 内天窗；坡屋顶内凹天窗；与通常由小斜屋顶罩起来的老虎窗不同，它是从屋顶主坡向下内凹的竖向天窗。

internal drainage 内排水；通过组合墙外层渗透实现排水功能（例如，通过疏水孔）。

internal glazing 室内玻璃；安装在内隔墙上的玻璃；也见 **inside glazing**。

internal lining 内搪层；空调系统管道内表面采用诸如玻璃纤维的不可燃吸音衬料，用来减弱管道内侧的空气传声。

internally fired boiler 内燃锅炉；其炉膛（燃烧室）全部或部分被水包围的锅炉。

internal-partition trap 内隔板存水弯；管道系统内，采用内隔板形成密封的存水弯（**trap, 1**）；因为隔板可能出现空隙，故不是理想的选择。

internal-quality block 室内质量砌块；仅适用于

隐蔽工程的砌块。

internal-quality brick 室内质量砖块；仅适用于隐蔽工程的砖块。

internal stress 内应力；在去除所有施加的外力后仍存在于组成部分内（例如，在接缝处）的应力。

internal thread 内螺纹；同 **inside thread**。

internal treatment 内部处理；将化学药剂投入锅炉，而不是在水流进锅炉前撒入的一种水处理方式。

internal vibration 插入式振捣；在选定位置处插入振动装置来给予新拌混凝土有力的搅拌。

intern architect 实习建筑师；在开业建筑师的指导下进行项目培训和实践的人，目的是使其具有注册建筑师（**architect**）资格。

International Code Council（ICC） 国际规范协会；用来联合国际职业建筑人员与法规管理人员联合会、国际建筑官员协会和南方建筑规范国际联合会的组织。

International Conference of Building Officials（ICBO） 国际建筑高级员工会议；美国制定被广泛使用的建筑规范的组织。办公地：Whittier CA 90601-2298。

International Revival 国际复兴；偶尔指 19 世纪 70 年代强调纯几何型的国际式风格。

international rubber hardness degree 国际橡胶硬度；一种硬度度量，其大小等于专用硬度计刺入试件的深度；0°代表材料对于刺入没有抗力，100°代表材料不能被刺入。

International Standards Organization，International Organization for Standardization（ISO） 国际标准化组织；促进世界性标准并出版这种标准的组织。

International style 国际式建筑；一种建筑形式，其概念上是极简抽象派艺术、缺乏地域性特征、注重功能主义（**functionalism**）、并且丢弃所有不必要的装饰性成分；它强调建筑的水平元素；它源自 19 世纪 20～30 年代期间的西欧以及美国，以鲍豪斯学派为主要代表。这种形式的建筑通常以简单的几何形式，常常是由直线组成的、使用钢筋混凝土和钢结构带有一非结构性的外表面；有时圆柱形表面；未经装饰的、朴实的、平滑的墙面，由玻璃、钢或涂白的外墙拉毛粉饰组成典型的外表面；完全没有装饰和装潢；常常是整个空白的墙面；上层常常外挑或挑阳台；开放的内部空间；没有凸缘的平屋顶；屋檐终止于墙面；从地板到天花板的大面积玻璃窗或玻璃幕墙；金属窗框与外墙齐平；通常是水平带形窗；平开窗；推拉窗；转角处的玻璃与玻璃的接缝而无框架；没有明显装饰细节的光面门；房屋一般是不对称的；相反，该风格的商业建筑不仅是对称的，而且由一系列重复单元组成。

International System of Units（SI） 国际单位制；基于下列基本计量单位：米、千克、秒、安培、开尔文、坎德拉及摩尔。

interpier sheeting 支墩间采用支墩间挡板；在基坑不需要连续支撑处，设置的水平挡板（通常是木头的）。

inter pit sheeting 在混凝土支墩之间的水平挡板（**interpier sheeting**）。

interrupted acoustical ceiling 不连续的隔声顶棚；被内隔墙顶部伸过顶棚而分隔成不连续的、隔声吊顶。隔墙不一定要伸至上层结构。

interrupted arch 间断拱；没有圆心的间断弧形装饰。

interrupted arch molding 断拱装饰线脚；用一系列间断拱组成的普通诺曼底式装饰线脚。

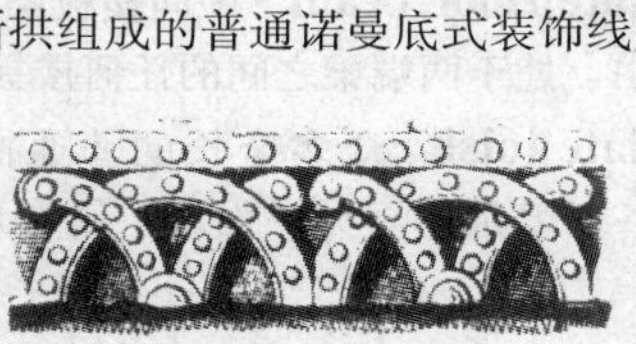

断拱装饰线脚

interrupted foundation 由独立桩基或支柱组成的基础。

interrupted shear wall 从顶端到基础并不连续的剪力墙。

intersecting arcade 交叉拱券；交替支撑在一排柱子上，并在同一平面内交叉连接的一系列拱券。

交叉拱券

也见 **interlacing arcade**。

intersecting gable 交叉面山墙；见 **cross gable**。

intersecting tracery 交叉窗花格；由向上弯曲的、叉形弧线和连续的直棂形成的窗花格，是从交替间隔的直棂或每三条直棂伸出并互相交叉形成的。

interstitial condensation 缝隙凝结（水）；在墙内等建筑构件内发生的水蒸气凝结。

interstitium 十字形教堂中的交叉点。

intertie 框架联系梁；在框架中，位于底槛与顶梁之间的水平构件，它连在两相邻龙骨之间以加强其刚度。

inter-tie 立柱之间的水平加固木；同 **nogging piece，1**。

intertriglyph 柱间壁；陶立克柱式中檐板中的两个三槽板之间的光面；同 **metope**。

interval tower 沿幕墙长向设置的塔架。

interwoven fencing 交织的围篱；见 **interlaced fencing**。

intgl 缩写＝“**integral**”，整体的，完整的。

intonaco 由白大理石粉末调制的精细粉刷层，用于油漆绘制壁画。

intrados 穹隆的内面，拱的下面，内弧面，拱腹线；拱或穹隆下面形成内凹面的内弧线或内弧面。

intruder alarm system 防盗警报系统；见 **burglar alarm system**。

intumescence 起泡沫，发泡；遇热时的膨胀过程，例如用于隔热的蛭石在加热处理时便会膨胀。

intumescent 起泡沫的，发泡的；指某材料遇火膨胀并在火焰和材料之间形成防火绝缘层。

intumescent paint 防火漆；暴露在火焰中会膨胀并烧焦，形成材料与火焰间的阻燃屏障。

inverse condemnation 法定赔偿；由于政府行为而使私有财产被破坏或在价值上产生相当大的损失，该特定情况下，法律上认为政府的行为侵犯了财产权，政府必须按照等价来赔偿财产所有者。

inverse-square law 平方反比定律；用于光源（或声源）的定律，即在远离任何反射表面的空间内：垂直于一点和光源之间连线的平面上的光强随该点和光源之间距离的平方成反比变化（对于声波，距离声源每增加两倍的声强相当于降低声压 6dB）。

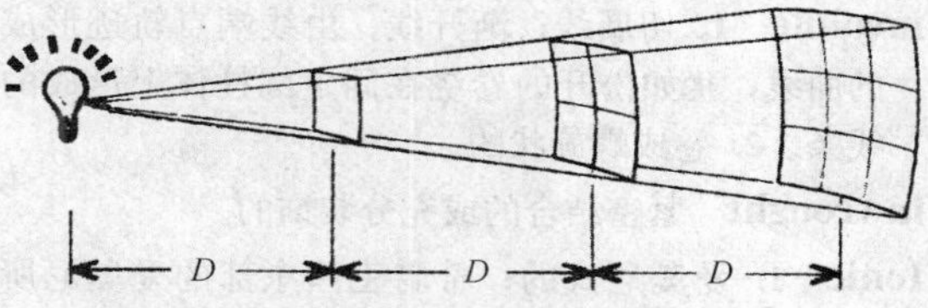

平方反比定律

invert 倒拱；管道最低内表面；在管道工程中，排水沟渠、上水管、排水管的最低点或最低内表面。

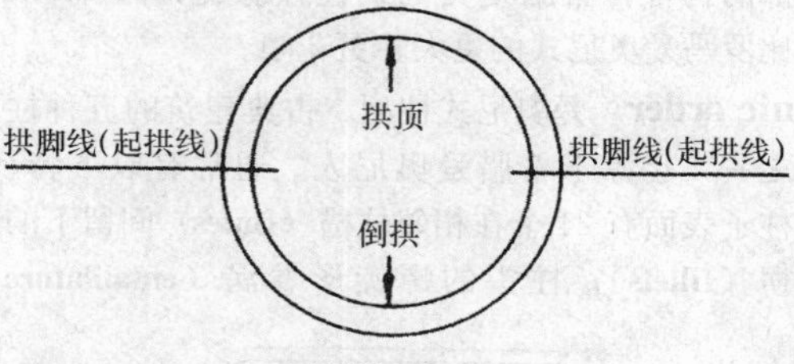

圆倒拱（仰拱）

inverted arch 倒拱，仰拱；拱腹在起拱线之下的拱，尤指基础中用来分散集中荷载的拱。

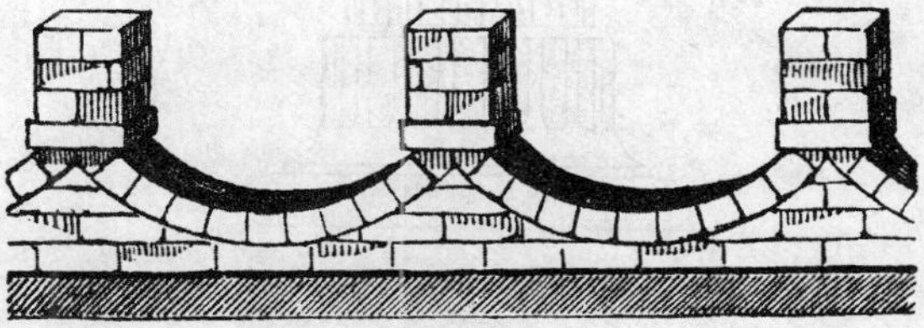

倒拱（仰拱）

inverted joint 反向接头；一种上下位置颠倒的接头（fitting，1）。

inverted roof 防水层位于顶部而非底部的卷材屋顶。

inverting ballast 反相镇流器；能在直流电上运行的一种整流管（ballast，1）。

invisible hinge 不可见铰链；门关闭时，完全不暴露的铰链。

invitation to bid 邀标；邀请竞标。在私人建筑项目，但也有可能政府项目，这种方式通常用于物料或其他货物的购买或财物的变卖。也见 **advertisement for bids**。

invitated bidders 邀请投标人；由建筑师和业主所挑选出来的投标人，其投标将被采纳。

involute 1. 切展线；渐开线；由线端点轨迹形成的曲线，犹如松开的卷绕在固定圆柱体上形成的线条。2. 卷成螺旋状的。

inwrought 紧密结合的或充分装饰的。

Ionic 1. 爱奥尼式的；希腊王国东部的爱奥尼所固有的或具有其特征的。2. 爱奥尼式柱型；同 **Ionic order**。

Ionic capital 爱奥尼式柱头；爱奥尼式柱的最顶部的构件；希腊爱奥尼式柱顶螺旋饰（volutes），比罗马爱奥尼式的更大、更花哨。

Ionic order 爱奥尼式柱型；古典建筑的五种柱式之一，起源于希腊爱奥尼人。通常有以下特征：柱子表面有24个在相邻柱槽（flutes）间留下的窄楞（fillets）；柱头的螺旋形卷涡（entablature），檐部有三层挑口的额枋；装饰丰富的檐壁和齿饰上叠梁出挑的檐口；不如考林辛式柱型（corinthian order）复杂精美，也不如陶立克式柱型（doric order）笨重。爱奥尼壁柱常常具有有凹槽的柱身，其柱头由一束花束状装饰组成，上面有卵箭饰线脚。

爱奥尼式柱型

ionization-type detector 电离式探测器；利用放射源穿透探测器内空气缝隙产生电流的一种防火探测器；燃烧产物一旦进入探测器，探测器就改变电流，并激活警报器，尤其适用于有必要进行早期预警探测的地方，用于有特殊安全要求或保护高价值的财产的地方。

IPS 1. 缩写＝“iron-pipe size”，铁管口径的公称尺寸；内径。2. 缩写＝“International Pipe Standard”。3. 缩写＝“inside pipe size”，内径尺寸。

IR 缩写＝“inside radius”，内半径。

iridescent glass 虹彩玻璃；有类似于肥皂泡上晕色的半透明玻璃；见 **opalescent glass**。

Irish moss 爱尔兰苔藓；大西洋海岸的海藻；用来制作油漆的填料。

iron 铁；用以制造生铁（pig iron）和钢的有延性的金属元素；利用其相对原生形态（粗铁）来制造工具、铸件等。也见 **bar iron**，**cast iron**，**malleable iron**，**ornamental iron**，**wrought iron**。

iron back 铸铁壁炉背墙。

iron blue 铁蓝色；蓝灰色；见 **Prussian blue**。

iron cement 铁质胶合剂；由铸铁屑或浆料、氯化氨以及用于修补或连接铸铁件的外加剂所组成的铸铁胶合剂。

iron core 铁心；在楼梯中，由木扶手包裹的钢条。

iron framing 铁构架；建筑物铁制承重构架，最早起源于18世纪末。1853年在纽约建造的水晶宫，成为在美国使用铁承重的一个生动实例。又见 **cast iron** 和 **cast-iron front**。

ironmongery （英）特指用在门窗上的五金件术语。

iron oxide 氧化铁；无机颜料家族中的一种主要成分，广泛用于涂料中，颜色范围从黄色到红色，从紫色到黑色。

iron pipe size 铁管尺寸；管道的公称内径。

iron titanate 钛铁矿石（一种重混凝土集料）；见 **ilmenite**。

ironwork 铁制品，铁制部件；由铸铁（**cast iron**）或熟铁（**wrought iron**）制成的物体或物体的某一部分；最初以实用性为主，后来常具有精巧和装饰性；也见 **cast-iron lacework**。

铁制品，铁制部件

irradiance 辐射照度；照射在表面上的光通量密度。

irregular pitch 不规则屋顶斜度；坡度不一致的屋顶。

irrigation pipe 灌溉水管；输送用于灌溉水的各种管道。

irrigation system 喷灌系统；见 **lawn sprinkler system**。

Isabelline architecture 喜马拉雅建筑；见 **Plateresque architecture**。

Isabellino style 伊莎贝拉和费迪南统治时期（1474～1516）很流行的喜马拉雅建筑风格。

I-section 工字形截面；工字形横截面，如上翼缘和下翼缘由垂直腹板连接起来的工字梁。

Islamic architecture，Muslim architecture 伊斯兰建筑，穆斯林建筑；信仰伊斯兰教的人（也称作伊斯兰教徒）的建筑，从 7 世纪延续至今，横跨整个地中海国家远至印度和中国。在其基础上，产生了各种地域性建筑和地方性装饰风格。它以圆屋顶、马蹄形和圆拱门、筒形拱顶以及丰富的装饰为特征，其装饰均为几何图形，禁用人和动物的画像。也见 **Muslim architecture**。

伊斯兰马蹄形拱

island 停车场设计中带路缘的凸起区域，用来划分行车道和（或）指示灯。

island-base kitchen cabinet 独立橱柜；放在餐台或操作面下面的不靠墙橱柜；橱柜两侧没有安装门。

ISO 缩写＝"International Standards Organization"，国际标准化组织。

isocephalic 等高头部；在浅浮雕中，所有人头像基本在同一水平线高度上；尤其指檐板或扁带饰中人头像。

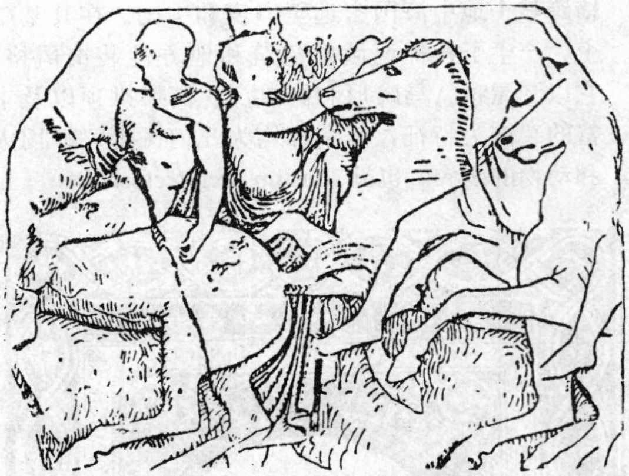

等高头部：帕提农神殿中楣

isodomum 等高层砌墙法；古罗马和希腊砌体墙中一种极规则的砌筑方式，使用统一长度和高度的石块以便使垂直缝居于其下层砌块的中间。水平缝连续，竖缝为不连续的直线；**opus isodomum**。

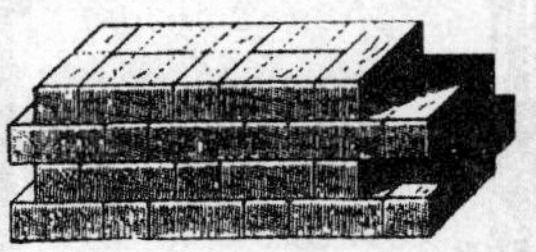

等高层砌墙法

isofootcandle line 等照度线；见 **isolux line**。

isolated 独立的；指除非使用特殊进入方法，否则不易让人进入的空间。

isolating strip 绝缘嵌条；同 **expansion strip**。

isolating switch 隔离开关，切断开关，断路器；断开电路和其电源的一种开关；只有当电路已被某些其他方式断开后方可启动。

isolation joint 隔离缝；在两个相邻非直接接触的结构之间的一种接缝，例如伸缩缝。

isolation strip 隔离带；同 **expansion strip**。

isolation transformer 分离变压器；电气系统中，防止系统的一部分对另一部分产生不良影响的变压器。

isolator 隔离器，隔振器；见 **vibration isolator**。

isolux diagram 等照度图；见 **isolux line**。

isolux line 等照度线；平面上照度相同的各点的连线；如果用英尺烛光来表示照度则称为等英尺烛光线（**isofootcandle line**，等照度线）。由各种等照度线组成"等照度线图"。

isometric drawing 等角图（立方图）；三维投影图的一种形式，其中所有的主要面都按平行于定位轴线和实际尺寸绘制；水平线通常与正交轴系的水平轴成30°绘制；垂直线与正交轴系的垂直轴保持平行。

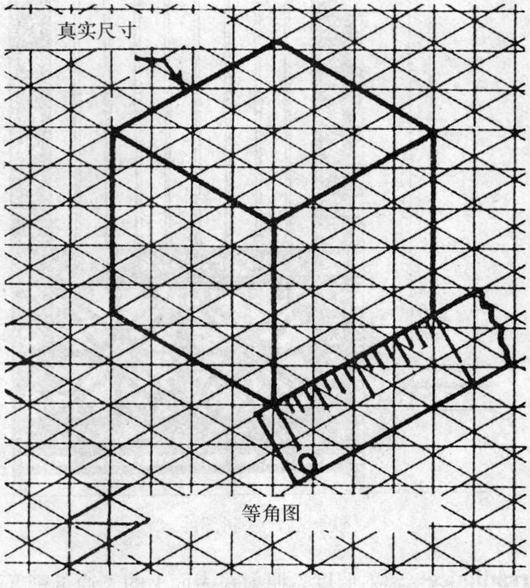

等角图

isothermal 等温的，恒温的；指在恒温下所发生的过程。

isotropic 各向同性的；材料各方向都具有相同的物理特性。

IST 缩写＝“**inside trim**”，内框，门窗内镶边。

IstructE 伦敦结构工程师协会专有名称。

ISWG 缩写＝“**Imperial standard wire gauge**”，英制标准线规。

Italianate style 意大利风格；受意大利风格影响的居住和商业建筑的折中形式；18 世纪 40 年代到大约 1890 年流行于英国和美国的一种建筑风格。意大利风格的居住建筑可以被分为：城郊别墅（**villas**）：模仿意大利北部豪华的庄园或乡村风格住宅的居住建筑；通常两层高，有阁楼；城镇住房（**town houses**）：市区内联排住宅，通常三层到四层高，平屋顶或平缓坡屋顶；直棂将上层和下层窗扇都竖直分为两片；意大利式（**Commercial Italianate style**）商业建筑：立面中心的屋顶轮廓线之上有升起的山墙，其上常有建筑名称和（或）建成日期，以及铸铁立面；豪华的宫殿（**Palazzi**）：见 **Italian Renaissance Revival**。

意大利风格建筑通常具有以下特征：一般为两层，外墙为平滑的石块贴面砌体和毛坯砖、拉毛粉刷或木护墙板；古典式柱子，以及壁柱；有栏杆的阳台；束带层（**belt course**）环绕建筑物；宽的凸出的檐口由有装饰的牛腿支承；墙角隅石；方塔；门廊；人字形屋顶和（或）四坡顶（**hipped roof**）；炮楼或观景楼，有装饰烟囱帽的烟囱；窄长的双悬窗扇；上扇窗上部一般为拱形（而不是矩形）并有罩盖，或由有装饰的牛腿支承的顶部罩盖；主入口为一对有装饰的格子式镶板门，其上部装有玻璃；门常常为圆形顶部或被安装在圆拱内。

意大利风格别墅

后期意大利风格有时指维多利亚式意大利盛期风格，它比其早期对应部分有着更多的装饰。也见 **Tuscan Villa style**。

Italian molding 意大利式装饰线脚；一种宽大的凸嵌线装饰线脚（**bolection molding**），常常用于壁炉四周。

Italian order 意大利柱式，混合柱式；同 **Composite order**。

Italian Renaissance Revival 意大利文艺复兴时期风格；效仿意大利北部文艺复兴时期豪华宫殿的建筑形式；从 18 世纪到大约 19 世纪 30 年代最为流行。这种形式的建筑通常有以下特征：正立面一般是对称的，并且基本上没有凹凸；矩形或方形平面；通常两或三层高；砌体或拉毛粉刷墙；不同层立面进行不同的建筑处理；层与层之间有精美的束带层；巨大的檐口直接置于柱顶檐梁上（不设置雕带）；壁柱、凸出的墙角石、檐下齿形装饰以及装饰其他细部；古典式的柱子或壁柱立于凹进的入口门廊两侧；公共建筑地面层有突出的拱廊，二层有凹进的拱廊；一般，为中小坡度的陶瓷瓦四坡屋顶；宽大外挑屋檐下面有装饰的牛腿；偶尔，也见在精制的檐楣上面带有栏杆的女儿墙的平屋顶；通常每层有不同形式的窗；首层为精巧的、窄高的窗，以规则形式布置，对称于主入口的两侧；二层窗顶常有三角形或弧线檐饰，并在精细装饰的建筑物中，这种檐饰由肘托（**ancons**）支承；顶层窗通常最小，最简单，方形；外门上部常为拱形；有顶的入口通道；入口处有由壁柱支承的门廊。有时称为意大利文艺复兴风

意大利文艺复兴时期风格

格或第二次文艺复兴风格，这种风格有时分为北意大利式或威尼斯式以及罗马—托斯卡纳或佛罗伦萨式。

Italian Renaissance style 意大利文艺复兴风格；同 **Italian Renaissance Revival**。

Italian roof 四坡屋顶；意大利式屋顶；见 **hipped roof**。

Italian tile 意大利筒瓦；同 **mission tile**。

Italian tiling 意大利屋面瓦（瓦屋面）；同 **pan-and-roll roofing tile**。

Italian Villa style 意大利别墅风格；该术语常常用作意大利风格（**Italianate style**）的同义字。

itinera versurarum 古罗马剧院中从其侧面到舞台的侧面入口。

ivory black 象牙黑；见 **animal black**。

iwan 拱顶大厅；一侧面向庭院的有拱顶的大厅；流行于帕提亚、萨桑王朝以及穆斯林建筑。

izba 小木屋；俄罗斯的小木屋（**log cabin**）、木房或棚屋。

izod impact test 摆式冲击试验；由下落摆锤制造一次冲击的一种冲击试验（**impact test**）。

J

J 符号＝**joule**，焦耳的代表符号。

J&P 缩写＝**"Joist and planks"**，搁栅和板构造（结构）。

jacal 1. 储藏用茅屋；部分围起或四面开敞的矩形结构，作为临时性储藏用，例如储藏谷物；通常是由每边两根或四根柱子（取决于其尺寸）支承的平屋顶，且常覆盖一层（风干）泥浆或稻草。2. 小茅屋；美国西南部一种简陋的房屋，墙由紧密排列的打入地下的柱子构成，柱子之间用小树枝交织；然后用泥或土坯泥覆盖；通常用粉刷以提高防风雨能力；平屋顶由水平原木支承，再用茅草覆盖，常常在茅草之上再盖一层土坯。3. 同 **wigwam**。

jack 1. 起重器，千斤顶；通过产生巨大的推力短距离移动重物的一种便携式装置，有各种构造方式。亦见 **hydraulic jack**；**jack screw**。2. 插孔，插座；一种弱电插座，通过插入插头（**plug**，7）使通信线路得以接通。

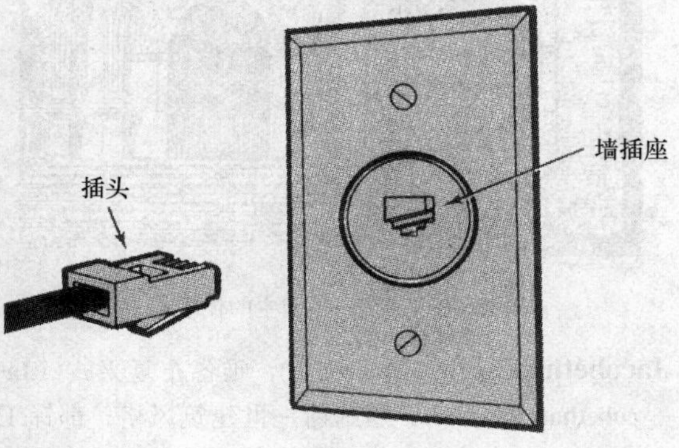

插座

jack arch 平拱；同 **flat arch**。

jack beam 支撑另一根横梁的梁，避免使用支柱。

jack boom 起重吊杆；支承滑轮的吊杆（**boom**），滑轮安装在工作吊杆的一条线上。

jacked pile 托换基础桩；一种桩（**pile**）（通常多段管道拼接在一起），靠外力打入地下直至持力层，用来顶住上部建筑物或结构物；起初用作托换基础。

jacket 1. 隔热护套；覆盖在隔热层上的金属或织物覆盖层，它用于暴露的热力管子或管道。2. 绝热体；管子或容器的外壳，外壳与外壁之间的空隙填充有使管子或容器冷却、加热或保持温度稳定的液体。

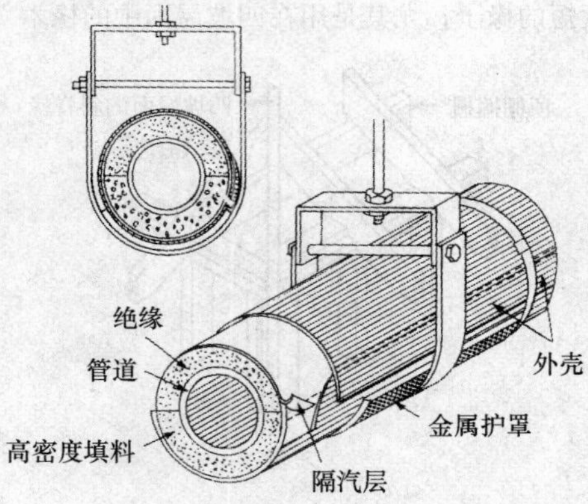

外壳

jackhammer 1. 风镐；同 **airhammer**。2. 手提式风钻；手提气动钻石机。

jacking 用千斤顶顶桩；用千斤顶施加静力压入桩；该技术已广泛用于桩基工程中。

jacking device 1. 升板装置；用来提升竖向滑动模板（**slipform**）的一种装置。2. 张拉设备；用来在预应力混凝土中给钢丝束施加应力的一种装置。

jacking dice 顶桩填块；基础工程中，用千斤顶顶桩过程中用作临时的填块。

jacking force 张拉力；对预应力混凝土（**prestressed concrete**）中的钢丝束（**tendons**）预加应力时由拉力设备临时施加的拉力。

jacking plate 顶桩垫板；千斤顶压桩过程中置于桩顶面上的一块钢板，用来向桩传递千斤顶的力。

jacking stress 张拉控制应力；在预应力混凝土（**prestressed concrete**）中的钢丝束（**tendons**）施加应力过程中所产生的最大应力。

jack lagging 拱模架；拱穹隆同心（**centering**）的支拱鹰架（**lagging，2**）。

jack pile 顶入式桩（没有噪声和振动的打桩方法）；同 **jacked pile**。

jack plane 粗刨；用于粗加工的中等尺寸木工刨（**plane**）。

jack post 撑柱；由两段可伸缩柱组成的可调节高度的柱子；用来支承地板梁。

jack rafter 短椽；同一个建筑物中比一般全坡长度短的椽子；尤其是用在四坡屋面中的椽木。

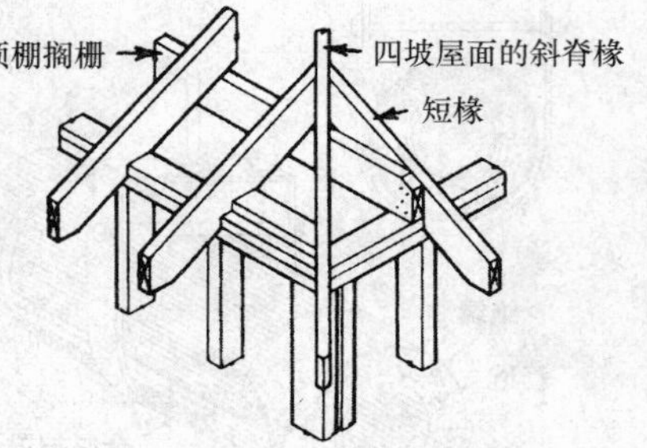

短椽

jack rib 短肋材；在框架拱或穹顶中比之其他肋短的肋材。

jackscrew 螺旋起重机；一种用螺杆提升的起重机；附带有提升承受荷载的金属板。

jack shore 顶撑；可伸缩的或可调节的金属单柱顶撑。

jack timber 短撑木；在框架中被某些其他杆件阻隔的木料，它比其余木料短。

jack truss 小桁架；屋顶中通常由于所在位置的原因尺寸小于其他桁架的桁架，例如在四坡顶（**hip roof**）中。

Jacobean architecture 雅各布建筑；詹姆斯一世时期的建筑；一个不准确的定义，指 17 世纪早期英国建筑从伊丽莎白式向美洲文艺复兴式过渡期的风格，指詹姆斯一世（1603—1625）统治及以后的时期建造的建筑风格。高大的房屋通常两三层高，并且带有精巧的多重曲线的荷兰式山墙、都铎王朝式的拱、装饰性的烟囱以及被砖石水泥直棂分隔的平门窗、钻石形玻璃通过槽铅条安装就位。

雅各布建筑—庄园主的住宅

Jacobethan style 雅各布式，雅各布复兴式（**Jacobethan Revival**），詹姆斯一世建筑风格；都铎王朝复兴式建筑（**Tudor Revival architecture**）的一种，从 18 世纪到大约 1920 年这种风格的建筑得到局部地区的流行，它将詹姆斯一世式和伊丽莎白式建筑风格混合在一起；因此，这个词是复合词。其特征：正立面有山墙高高升起；精细的砌石砌墙面的角部包有隅石；偶尔设有高塔或塔楼；石砌直线山墙（**straight-line gables**）或多曲线的山墙（**multicurved gables**）、带有装饰的高烟囱；矩形窗，其中窗扇由铅条分隔成小格玻璃块。

jagging 有缺口，开槽口；开凹口或锯齿，如在梁上。

jail **1.** 监狱。**2.** 拘留所；依法拘留人的建筑物或处所。

jal-awning window 遮阳型窗；由一系列上下叠接的上悬式外开窗扇组成的窗［**sashes（ventilators，2）**］，由一个或多个可单独锁固的控制装置来操控。

jalousie 固定百叶窗；带有固定的或可调节角度的板条的百叶窗，以挡雨、遮光、通风和保持视觉私密。

jalousie window 百叶板；由一系列互相搭接的水平玻璃百叶组成的一种窗，将百叶及枢轴同时装于同一框架内，由一个或多个操作装置来开启，使每片百叶的下缘向外而上缘向内转动。

jamb 门窗边框；洞口如门框、窗框或壁炉两侧的竖向构件。

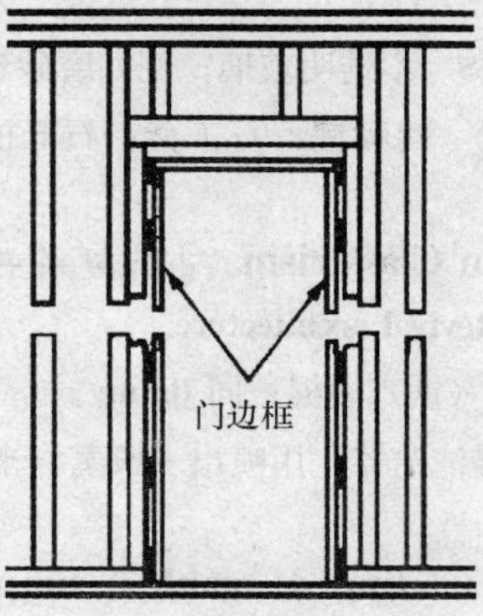

门边框

jamb anchor 门窗边框锚固件；插入到门框或窗框边框背面的墙体内的一种金属锚固件，用来将门窗框锚固在墙体上。

jamb block，sash block 门窗边框混凝土砌块，门窗框块；端头有一狭槽（企口）用来承接门窗边框的混凝土砌块。

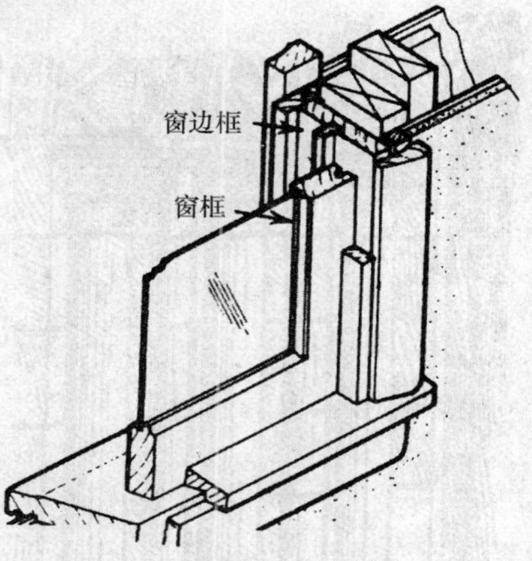

窗边框

jamb block，sash block 带有衔接门窗边框端槽的混凝土砌块。

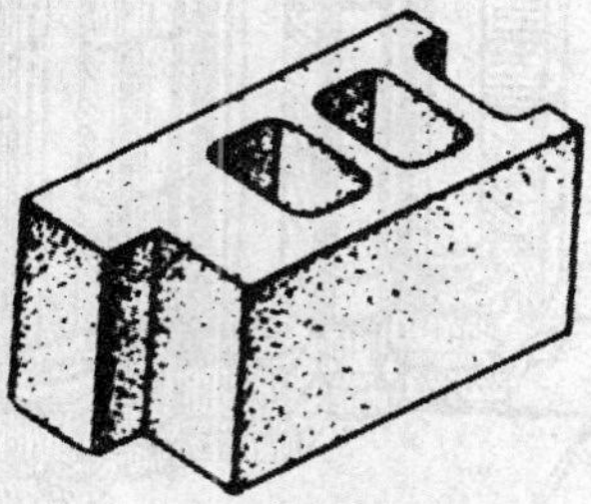

带有端槽的混凝土砌块

jamb depth 边框厚度；从正面到背面的整个门框厚度。

jamb extension 加深的边框；延伸到抹光地面之下，触及粗装地面的一段金属门侧柱。

jamb horn 边框延长段；延伸到窗台或顶框之外的窗侧柱部分。

jamb lining **1.** 门窗边框饰面；用在窗边框内缘，以加大其宽度的木条。**2.** 门套；同 **door case**。

jamb post 侧柱；洞口两侧直立的木柱；木边框（**jamb**）。

jamb shaft 门窗边框柱；有柱头和基座的小支柱，紧靠门窗边框或作为门或窗边框的一部分；多见于中世纪建筑中。

jambstone 侧壁石，边框石；构成门洞口边框的石块。

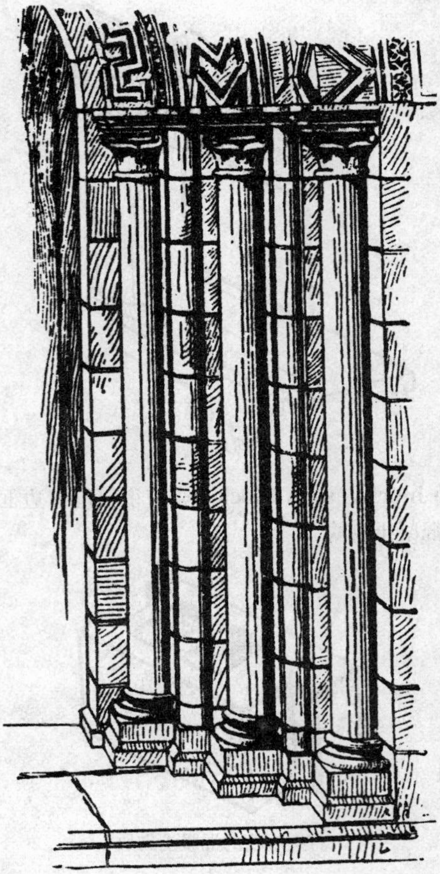

门窗边框柱

jamb stove 壁炉背面铸铁炉；18 世纪放置于壁炉后墙的生铁炉子；该炉子伸入与壁炉背面毗连的房间中，并将热量扩散到室内。

jam nut 锁紧（止动、保险）螺母；同 **locknut**。

janua 沿街前门；古罗马建筑中，开向街道的前门。

Janus 罗马神门；同 **bifrons**。

japan 亮漆，假漆；一种少油清漆，通常是暗色的，能使表面坚硬、光亮。

Japanese architecture 日式建筑；专指公元 5 世纪以后深受中国建筑影响的木结构建筑。简单的格构式结构由柱子和梁组成，柱子和系梁由平台支承，非承重灰泥或木板墙，滑动的隔段以及轻质材料制成的门窗——通常是纸的。普遍地，在精巧的托架系统上，四坡瓦屋顶屋檐出挑较深并向上起翘。石头仅用于柱基、平台和围护墙。极其强调建筑与周围环境的协调性，檐廊成为建筑与环境间的过渡。地板的尺寸和比例、墙的高度和长度遵循一定模数。现代日本建筑，尽管受西方影响很重，但是也发展了它自身充满着其木结构的传统的钢筋混凝土形式。

Japanese ash，tamo 日本岑树；质地类似于橡木的轻质微黄色木材；主要用于饰面。

Japanese lacquer 日本漆；见 **Chinese lacquer**。

Japanese tung oil 日本桐油；见 **tung oil**。

jardin anglais 英国花园（**English garden**）的字面称谓。

jaspé 斑石；由花纹和大理石纹组成的杂色石材并伪装使用标记；例如多色花纹地毯。

jawab 对称的装饰建筑；为了美观而建造的假的建筑或结构，以取得理想的平衡或比例。

jaw crusher 颚式粉碎机；利用倾斜的夹钳粉碎岩石的一种机器。

JB 缩写＝**junction box**，接（分）线盒。

JCT （制图）缩写＝“**junction**”，连接点，枢纽，接头。

jealous glass 不透明玻璃；例如磨砂玻璃。

jedding axe 鹤嘴锤，石工斧；石匠的一种工具；**kevel，1**。

Jeffersonian Classicism 古典复兴主义建筑，见 **Classical Revival architecture**。

jemmy 短（铁）撬棍；同 **jimmy**。

jenny 喷雾清洁器；用喷出一股蒸汽来清洁表面的设备。

jerkinhead，clipped gable，hipped gable，shreadhead 小犄角两坡屋顶；形式介于山墙和四坡顶之间的屋顶端部；山墙被截去尖头，取而代之的是一向后倾斜的屋顶。

jerrybuilt 以偷工减料方式建造的房屋。

Jerusalem cross 耶路撒冷十字架；一种希腊十字架，在其双臂之间四个象限中都刻有一个较小的希腊十字架。

小犄角两坡屋顶

Jesse window 画有耶稣家谱树的玻璃窗，以代表耶稣的族谱。

jesting beam 装饰性梁，假梁；为了外观的非承重梁。

jettied house 带有悬垂二层楼的房屋；也见 **garrison house**。

jetted pile 射喷桩；通过水力喷射而下沉的桩。

jetting 1. 水力沉桩法；利用水喷器使桩（**piles**）或井点管（**well points**）下沉的方法，例如在浇筑混凝土的杆件孔洞中或在喷射产生的孔洞中插入桩；在打桩可能破坏邻近建筑物的情况下特别适用该方法。2. 注射；通过压力将水注入铺设管子的管沟中，从而将管子周围的填土压密实。

jetty 建筑物的凸出部分，如凸窗或木房屋上层的外挑部分。

jib 1. 起重机或塔吊的起重臂；见 **boom**。2. 隐式门；同 **gib** 或 **jib door**。

jib boom 起重机的挺杆；起重臂（**boom**，2）上端可延伸的一段杆件。

jib crane 旋臂起重机，挺杆起重机；带有旋转悬臂的起重机（**crane**）。

jib door，gib door 与墙面齐平的门，隐式门；一种与周围墙面齐平，并与墙面外观相同的门，因此较隐蔽，在房间一侧也看不见五金件。

jib window 隐式窗；同 **jib door**。

jig 夹具；制造过程中或最后装配中，导引或将机器一部分或几部分固定在正确位置上的一种装置。

jigger saw 往复式竖线锯；同 **jigsaw**。

jigsaw 钢丝锯，竖锯；一种带有窄刀片的电动锯，它穿过工作台面，在垂直方向往复运动；尤适用于切割曲线或装饰性式样。

jimmer 成套的铰链；见 **gemel**。

jimmy，jemmy 铁撬；短撬棍（**crowbar**）。

jinnie wheel 链式起重机；同 **gin block**。

jitterbug 一种气动式混凝土振捣棒（**tamper**）。

job 1. 工程；同 **project**。2. 工作；同 **work**，1。

job captain 项目负责人；对于特定项目承担制图准备及与其他文件协调工作的建筑师。

job site 施工现场；建筑项目的现场（**site**，1）。

job superintendent 工程管理员，现场监督员，见 **superintendent**。

jog 表面不平整；直线或平面中的不规则起伏。

joggle 1. 啮合榫；在一块材料上的槽口或凸块与另一块材料上的凸块或槽口相配，以防止两块材料之间的滑移。2. 接榫；木材端部的短榫舌（**stub**），用来防止木材横向滑移；也称为 **joggle joint**，2。3. 柱身上用来支承撑杆而放大面积的部分。

joggle beam 拼接梁；各部分用啮合榫固定的一种啮合梁。

joggle joint 1. 榫接；啮合两块材料（例如砌体）之间的接头，通过啮合槽口（**joggle**，1）使一块材料与另一块咬合。2. 拼接榫；同 **joggle**，2。

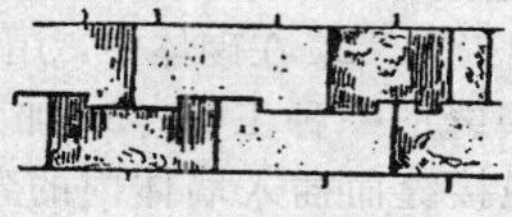

榫接

joggled lintel 啮合过梁；一系列啮合石质接头组合而成的过梁。

joggle piece 啮合中腹杆；同 **joggle post**，2。

joggle post 1. 拼接柱；由两块或多块木材榫接在一起形成的柱子。2. 桁架中，为了支撑斜腹杆底脚，下端具有肩形凸出部分或凹槽的杆件。

joggle tenon 凹凸相交榫中的凸榫；同 **stub tenon**。

joggle truss 拼接桁架；一种屋架，由一根位于中间的立柱与上弦杆以榫相连构成，立柱向下垂吊，其下端用斜撑与弦杆端部相连。

joggle work 拼接砌合；在砌筑工程中，通过啮合（**joggle**，1）将石头键接在一起。

joiner's chisel 木工凿；同 **parting chisel**。

joiner's finish 细木工的抛光；同 **carpenter's finish**。

joiner's gauge 画线规尺；同 **marking gauge**。

joinery 细木工，细木工制品；将木构件连接的木工工艺，尤指针对内部结构所作的饰面和装饰，例如门、镶板、窗扇等；区别于只是制作框架及粗活的木工（**carpentry**）。

joining 连接，接缝，连接物；通常指在单一平面内，同层砂浆的两部分之间的接缝。

joint 1. 接合处，接缝；相邻表面（例如砌体单元之间）或经由钉子、连接件、水泥、砂浆等连接的单元或构件间的连接部位。2. 接合面；在钢结构中，两个或多个表面相接触的区域；通常使用焊接或连接件进行连接。也见 **masonry joint** 或 **wood joint**。

joint backing 连接垫板；同 **backing strip**。

joint bolt 扶手螺栓；连接螺栓，见 **handrail bolt**。

joint compound 接缝剂；泛指任何用来密封管道接头的物质。

joint efficiency 连接效率；在焊接中，接缝的强度与母材（**base material**）强度之比；以百分数来表示。

jointer 1. 连接工具；一种在半湿混凝土上刻出连接缝的金属工具。2. 在砌体中，用来填补砖层或石层之间裂缝的一种工具。3. 加强筋；在砌体中，为加强接缝而插入墙体内的弯钢带。4. 长刨；一种木工长刨，特别用于将木板或木片边缘刨平，以便与其他木板之间得以紧密连接。

jointer plane 木工长刨；同 **jointer**，4。

joint factor 接合系数；同 **joint efficiency**。

joint fastener 接合片；见 **corrugated fastener**。

joint filler 1. 填缝料；用来填缝的腻子状材料，例如在石膏板结构中。2. 接缝条；用来填缝的挤压式的弹性条。

jointing 1. 勾缝；在砌体中，在砂浆硬化前修饰砖层或石层之间的灰缝。2. 修整；在木构件上修整出真正平整的边缘或表面。3. 粗磨；打磨切割工具的第一步，为了使其得以使用而对所有锯齿或刀尖进行的打磨或锉刃工作。

jointing compound 密封剂，接缝料；用来密封管道接缝的材料。

jointing rule 砌砖抹灰工用的长直尺；泥瓦匠画直线和在勾墙缝中用的直尺。

jointing tool 缝抹子，勾缝工具；用来抹平砖结构缝隙的钢质工具。

jointless flooring 无缝地面；铺设没有构造缝的地面（例如磨石子地面）。

joint mold，section mold 一种用于浇筑石膏构件的异形模板，通常由胶合板或锌板制成。

joint movement 接缝间隙；全部开起与闭合时接缝存在的宽度差值。

joint reinforcement 接缝加强筋；放在接缝砂浆层中间或上面的各种形式的钢筋，例如钢筋棒或钢丝。

joint reinforcement tape 接缝加强带；与粘结材料一同用来加强相邻石膏板间接缝强度的玻璃丝织物、金属网丝、纸或其他织物条。

joint residue 接缝残渣；密封接缝前必须从墙上去除的杂质、旧的密封材料以及隆起的堆积物。

joint rod，joint rule 斜接尺；一种金属制品，通常 2～24in（大约 5～60cm）长、4in（大约 10cm）宽、一端切成 45°角，用来涂抹檐口处倾斜的灰浆接缝。

joint runner 接缝流槽，填缝浇口；在管道系统中，用来承接喇叭口接缝中灌入铅水的耐火材料

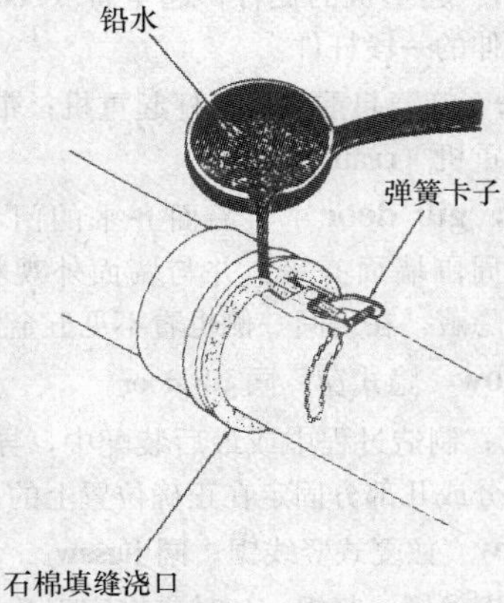

接缝流槽，填缝浇口

（如石棉），例如喇叭口套管接头。

joint sealant 1. 密封接缝胶；用来填塞混凝土或砂浆接缝或缝隙的密封剂（**sealant**）。**2.** 密封剂；见 **jointing compound**。

joint shingle 对接的屋面木板瓦；通过用钉子将边缘与边缘钉在一起，而不是采用搭接的方式连接的木板瓦。

joint tape 贴缝带；用来覆盖相邻墙板间形成的接缝的带子。

joint tenancy 共同所有者；由两人或多人共有的财产所有权，其中一人死后，他的股份转移给其他人直至唯一生存的所有者。

joint venture 合资；由两个或多个个人或组织合作经营的一项特殊项目（或多个项目），该项目具有许多合法化的合作性质。

joist 搁栅，托梁；用来支承地面或顶棚荷载的一系列平行木梁、钢筋混凝土梁或钢梁，依次由较大的梁、大梁或承重墙支承；搁栅的竖向尺寸最大。也见 **binding joist**，**boarding joist**，**bridging joist**，**ceiling joist**，**common joist**，**floor joist**，**principal joist**，**sleeper joist**。

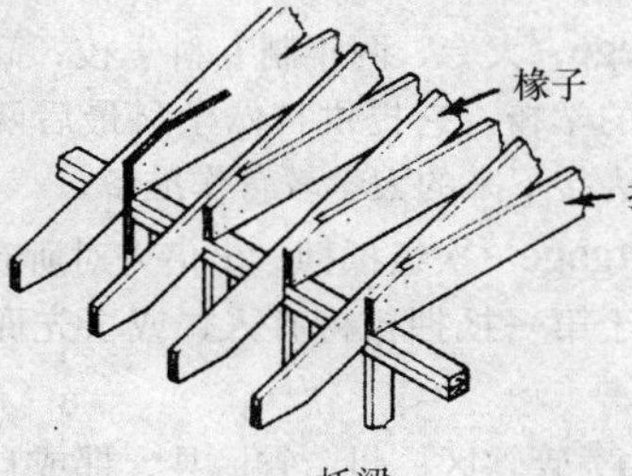

joist anchor 搁栅锚；同 **beam anchor**。

joist bridging 搁栅剪刀撑；同 **cross bridging**。

joist hanger 搁栅吊件；用来把搁栅（**joist**）固定到梁或大梁上的角钢或金属板条。

joist trimmer 搁栅托梁；同 **trimming joist**。

joule 焦耳；能量或功的单位；相当于 1N 的力使物体在力的作用方向移动 1m 距离所做的功。

journeyman 熟练工，熟手；以正式学徒身份成功任职于建筑业或手工业的人，并因此有资格接受该行业雇佣。若要任职于特定行业的中级职位，如管道工程、机械作业和电力工程，很多地方工会要求出示熟练工资质（通过接受教育、监督实习和最终检验后获得）。

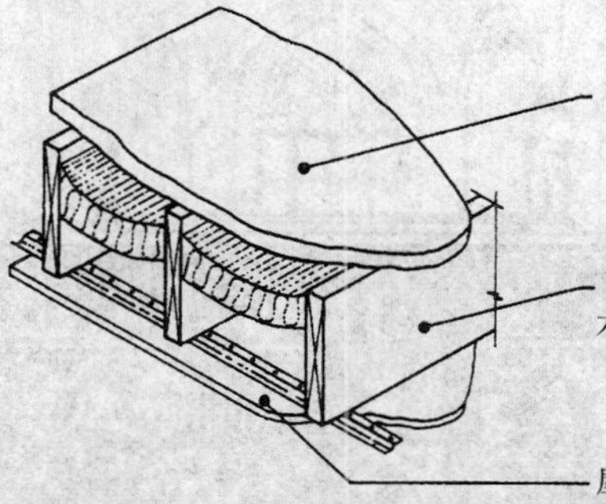

搁栅 屋顶结构

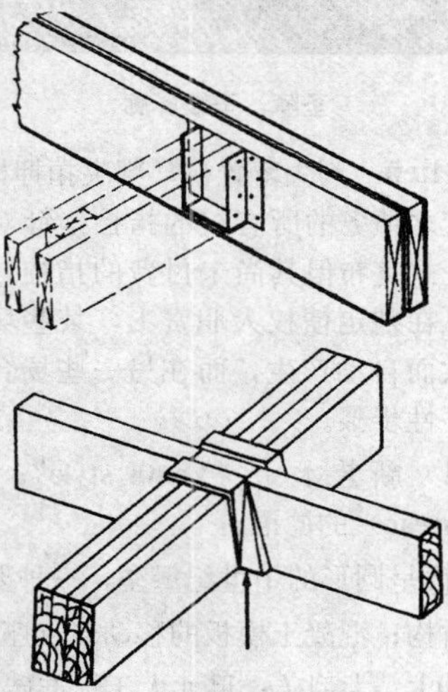

搁栅吊件

jowl 立柱等木料放大的顶端或底端；有助于同其他木料衔接。

JR （制图）缩写＝“**junior**”，初级的。

JT （制图）缩写＝“**joint**”，接缝，接合点。

jube 圣障，圣殿屏廊；分隔教堂圣殿与中殿或走廊，或两者的屏障。

judas，**judas-hole**，**judas window** 窥视孔；门上为窥视或观察而设的小口或孔洞，例如在监狱门上。

圣障，圣殿屏廊

judgment lien 判决留置权，判决扣押权；针对经法院裁定之债务的所有权的指控（针对判决已经被法庭正式宣布但其尚未付费的指控）来寻求判决费用；在判定债权人职责上，某些场合可以因法律生效而自动产生，而在另一些场合则要求特定的程序性步骤。

Jugendstil 新艺术＝**"Youth style"**；新艺术派（**Art Nouveau**）的德语。

juliet 平面呈圆形的中世纪堡垒；一种要塞。

jumbo 盾构；混凝土模板的移动式支座。

jumbo brick 大型砖；尺寸大于标准砖的砖。

jump 大放脚的梯级；砌体基础中的台阶。

jump-cut 一种避免剥落树干树皮而修剪树枝的技术。

jumper **1.** 跳线，跨接线；两端配有连接器的一小段电缆，用来跨越电路中的某些设备，以便电流绕过该设备。**2.** 钻孔器，穿孔凿；可以用手使其在地上钻孔作业时上下运动的钢杆；用作钻孔或打眼的工具。

jumper tube 跨接管，旁通管；用来绕过正常流动的液体或气体的管子或软管。

jump joint 对（头）接，平接；同 **butt joint** 或 **flush joint**。

jumpover 越过；见 **return offset**。

junction box 接线盒，分线箱；在布线中，在电线管路或电缆管道中保护接头的盒子；它有可活动的盖子以方便操作。

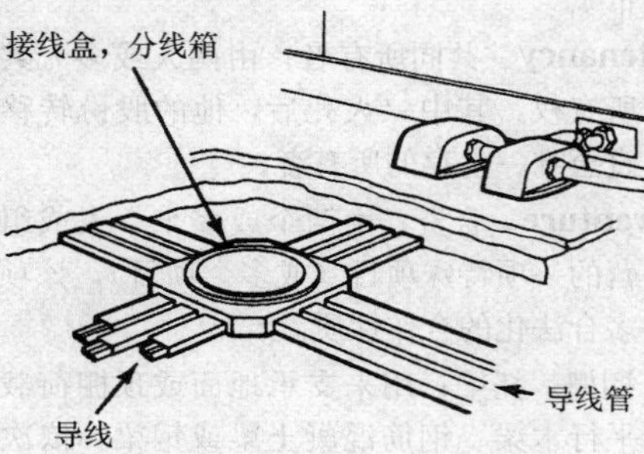

接线盒，分线箱

junior beam 简支梁；一种标准类型的热轧钢梁，断面形状为工字形。

junior channel 冷弯薄壁槽钢；轻型结构槽钢。

junior college 大专，两年制专科学校；高中毕业后可进入的学校，它提供自然学科最后两年的学习课程或为接下来的大学教育作准备。

junior mortgage 次级抵押；出借人对所有者的要求是从属于第一抵押权持有人，或事先商定好的要求。

jurisdiction 管辖区；州、省、县、郡或自治市的管辖范围，在其内部可强制执行的建筑规范、建设标准、法律和（或）规章制度。

jute 黄麻；一种植物纤维，可制成廉价、结实又耐用的麻线，用来编织帆布和粗麻布，也用于编织地毯背衬，可增加其强度和硬度。

jutty 建筑物的凸出部分；同 **jetty**。

jut window 外凸窗；伸出建筑外边线的一种窗，例如 **bow window** 或 **bay window**。

K

k 1. "kilo"的词头，表示乘以 1000。2. 符号＝"co-efficient of thermal conductivity"，导热系数。

K 1. 缩写＝"key"，开关，拱顶石，图例。2. 缩写＝"kip"，千磅。3. 缩写＝"kitchen"，厨房。4. 符号＝"Kelvin"，开氏（绝对温度）。

Kaaba 圣堂，天房；麦加大清真寺中心的一座立方形平屋顶建筑；穆斯林最神圣的神殿。

Kabah 圣堂；同 Kaaba。

kal'a，qala'a 堡垒；建造在小山上的阿拉伯堡垒或要塞。

kalamein door 外包金属的木门，包铁皮防火门；一种组合构造门，通常由木芯和外包电镀金属板构成，有时用石膏板或石棉板作面板。

kalamein fire door 包薄钢板的防火门；见 metal-clad fire door。

kalsomine 刷墙料，石灰浆底；同 calcimine。

kaolin 高岭土，瓷土；一种白色矿物质，主要成分为含水硅酸铝，含少量铁；用于生产白水泥。

kaolinite 纯高岭土；一种主要成分为含水硅酸铝的黏土材料。

kasr，qasr 阿拉伯宫殿、城堡或大厦。

katabasis 祭坛下方；在希腊东正教教堂中，祭坛下方放置圣徒遗物的地方。

katholikon 1. 教堂中殿。2. 修道院的教堂。

KD 1. 缩写＝"kiln-dried"，（窑中）烘干的。2. 缩写＝"knocked down"，拆卸的，解体的。

KDF 缩写＝"kalamein door and frame"，铁皮包门，防火门。

keblah 穆斯林礼拜时的朝向；见 kiblah。

keel 线脚的附件，通常是指线脚伸出最远处的镶嵌条。

keel arch 葱形拱；同 ogee arch。

keel molding 一种支撑式线脚（brace molding），由两条S形曲线相会成一尖棱或楞，或多或少像船形龙骨的形式。

a—支撑式线脚

Keene's cement，flooring cement，gypsum cement，hard-burnt plaster，tiling plaster 一种高强度快凝的白色饰面石膏。作为饰面具有坚固、光洁的特点，通过对石膏进行高温烧结并研磨成细粉，然后添加铝粉（加速凝固）制成。

keep，donjon 中世纪城堡的主楼；中世纪城堡的要塞，通常是巨大的塔楼，作为住所，特别是被围攻的时候。

keeper 锁舌片；同 strike plate。

keeping room 家庭起居室；殖民地的新英格兰房屋的后部的房间，用作厨房、起居室及工作间的多功能房间。

Kelly ball test，ball test 凯利球试验，稠度试验；利用由侧箍导向的金属插杆（有半球形底部）组成的装置进行的试验，通过插杆落下时插入的

中世纪城堡的主楼

深度来表示新拌混凝土的稠度。

kelvin（K） 开尔文，开氏温标；温度的国际标准单位。绝对零度等于 0K＝－273.16℃＝459.69 ℉。温度升高 1K 数量上相当于升高 1℃。

Kentish rag （肯特郡产）坚硬砂质石灰岩；见 **ragstone**。

Kentish tracery 肯特郡花窗饰；用由毛刺边分隔的叶形饰或带有叉状尖围成的窗饰。

keratin 角蛋白；用作灰泥缓凝剂的蛋白质材料。

kerb （英）**curb** 的另一种形式，路边石，路缘（道牙）。

kerbplate （英）镶边石板；见 **curb plate**。

kerbstone （英）路缘石；同 **curbstone**。

kerf 1. 切口，截口，锯口；在声学吊顶中，刻入吸声板边缘内的槽口，用于衔接接缝条或天花板悬挂系统的支承构件。2. 锯缝；在木材或金属等材料中刻切出的狭槽或切口。

kerfed beam 切口梁；锯有一系列平行的不切断的锯口的木料，可保证其不被轻易地弯曲。

kerfing 切口；在木料上锯出一系列平行的不切断的锯口，以便将木料向锯口一侧弯曲。

kerkis 剧院的楔形座位区；在古希腊剧院中，剧院座位被放射状楼梯分隔而成的楔形区域。

kettle crane 壁炉吊臂；同 **fireplace crane**。

kevel，cavel，cavil 1. 鹤嘴锤，尖锤；石匠使用的一种斧子，一面呈平面，用于敲打石料突出的角点，也可用锤尖将石料表面切割成需要的形式；也称作 **jedding axe**。2. 一块大型木料，作为两个支柱之间螺栓连接的木料。

kevil 石工斧；同 **kevel**。

key 1. 楔，栓；穿过凸榫上的孔洞并使其固定的楔子。2. 键；为了防止相邻平面间滑动而插入接缝中的一块金属或木头。3. 肋板；插入木板背面以防止其扭曲的构件。4. 楔形块；一系列木地板中的最后一块板材，断面呈锥形，当敲击该板使其楔入到位后，其他地板板材也被同时固定在合适位置。5. 连接性质；便于另一块材料与之接合的材料性质。6. 打毛；使饰面板或类似材料的下面变粗糙以助于粘胶。7. 使粗糙；为了有助于粘结砂浆，将瓦或类似物的背面打毛。8. 填缝料；在抹灰及类似工作中，用力压入背衬条板孔洞之间和孔洞中（或紧贴背衬条板的粗糙表面）的那部分塑性材料。9. 拱顶石；同 **keystone**。10. 一种刻在表面上的槽，与部构件的相应凸出物契合，如契合基础。11. 钥匙；用来启动锁的独件金属工具，通过将其插入锁中扭转门闩、门插销或门扣。

开尾键

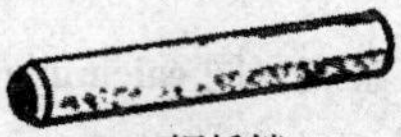

钢插销

锥形钢销

方形键

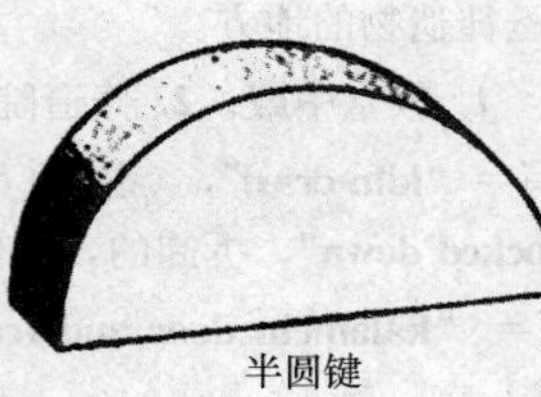

半圆键

键

key banding，key pattern 卐字形；同 **Greek key**。

key block 拱顶石，键石；同 **keystone**。

key bolt 螺杆销；同 cotter pin。

key brick 拱顶砖；一端逐渐变狭的楔形砖，用于砌砖拱。

key console 拱顶支架；作为拱顶石（keystone）的支架（console，1）。

key course 1. 成层拱顶石；当单个拱顶石不能满足深拱门所需时，在拱顶顶部布置的成层石块。2. 拱顶石层；用于砌筑筒形拱顶的成层拱顶石。

key drop 锁眼盖，钥匙孔盖片；通常由枢轴附着在锁眼上的盖片。

keyed 键入的；固定在凹槽或槽口位置的混凝土模板。

keyed-alike cylinders 同钥匙的圆筒弹子锁；由同一把钥匙开启的圆筒锁，与万能钥匙弹子锁不同，它可以用同一把主钥匙开启，但不能用同一把钥匙锁住。

keyed beam 拼合梁，键接梁；为了抵抗相邻层接触面上的水平剪力而设置垫块槽的组合梁。

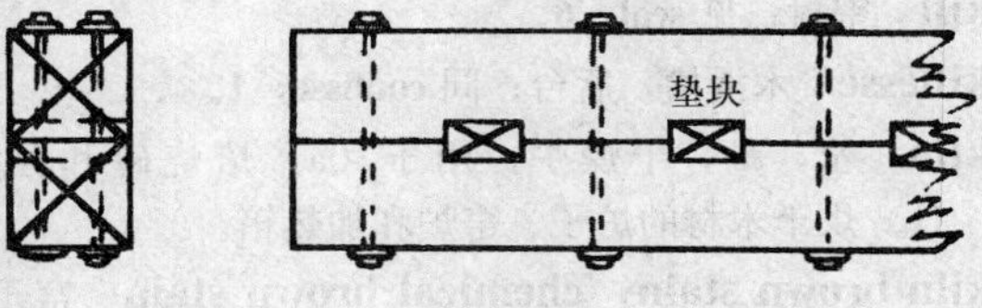

拼合梁

keyed brick 刻槽砖；一面带有凹槽的砖（通常是鸠尾形式），用来为抹灰泥或粉刷提供齿键，以增强结合力。

keyed construction joint 键接；同 joggle joint。

keyed-differently cylinders 不同钥匙的圆筒弹子锁；要求用独立特殊设计的钥匙来开启的圆筒弹子锁。

keyed-in frame 嵌入式门框；利用墙体材料安装固定在卷边开口中的门框，墙厚等于或大于门边框捲边的开口尺寸，但是不宽于边框的厚度（jamb depth）。

keyed joint 楔形缝；同 concave joint。

keyed pointing 凹圆形砂浆勾缝；见 key joint pointing。

keyed tenon 尖榫，凸榫；同 tusk tenon。

key escutcheon 锁孔盖；同 key plate。

keyhole saw 匙孔锯，键孔锯，栓孔锯；带有特别窄的锯刃和细锯齿的圆锯（compass saw）。

keying in 接槎；新砖墙与已有砖墙的砌合。

key interlock 钥匙连锁；对于一台设备，需要满足特定条件或完成了规定的操作才允许转动、插入或拔出钥匙的一种机械装置，以保证一定的安全条件并防止设备被不正确的（或未经授权的）操作。

key joint pointing，keyed pointing 凹槽形砂浆勾缝；将柔软的砂浆挤入灰缝，用边缘呈弧形凸起的工具来形成的勾缝。

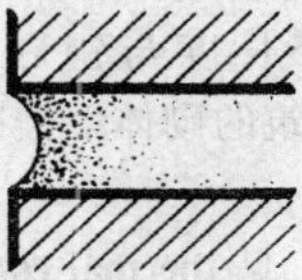

凹槽形砂浆勾缝

keypad lock 键入数字锁；只有正确“键入”阿拉伯数字序列时，才被开启的门锁。

key pattern 回纹饰；见 labyrinth fret。

key pile 嵌缝桩；一个开间的板桩工程中（sheet piling）最后打入的桩（pile），桩身通常略呈锥形。

key plan 平面布置总图；表示规划中主要建筑单元或建筑群位置的小比例平面图。

key plate 钥匙孔板；只有一个钥匙孔的小平板或锁眼盖。

key schedule 放置工程所有门钥匙的桌子。

keystone，key block 拱心石，拱顶石，冠石，楔石；位于拱中央的楔形砌块，通常是具有装饰的。只有该砌块就位后，拱体才能承接荷载。

keystone arch 有拱心石的拱；其中央有拱心石的拱，但是一般指平拱（flat arch）或圆拱（round-topped arch）。

key switch 钥匙开关；电路中，只有插入钥匙（key，11）方可启动的开关。

key valve 钥匙阀；由插入钥匙（key，11）方能操作的阀。

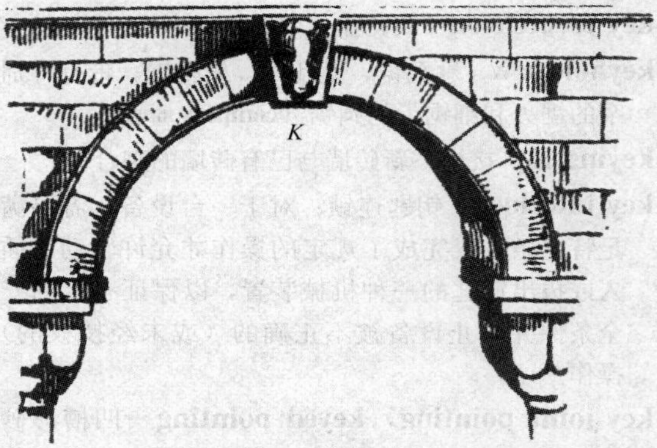

K—拱心石

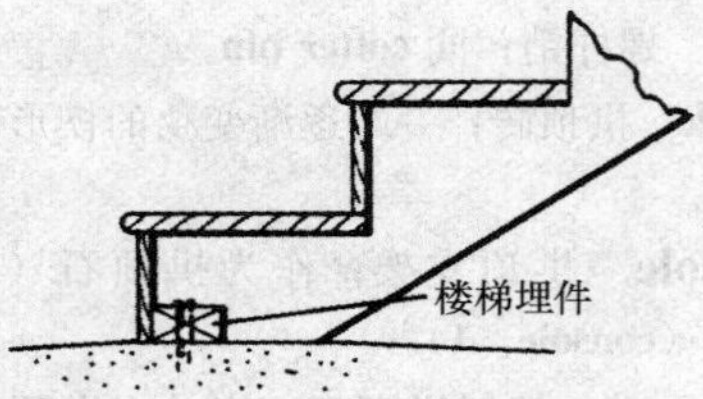

楼梯埋件

keyway 1. 钥匙槽，钥匙道；锁筒内容纳钥匙的孔道，沿整个长度与钥匙紧密啮合。2. 键槽；不同时间砌筑的砌体墙连接时用来扣搭板的槽沟。

k factor k 系数；见 **thermal conductivity**。

kg 缩写＝“**kilogram**”，千克。

khan 篷车旅馆，简陋驿站；同 **caravansary**。

khaya 非洲桃花心木；非常像红木但不是真正的红木（**mahogany**）的树木，质轻、通常较软、斑点比红木深，适用于镶板和胶合板饰面中。

khory 早期俄国戏院建筑中最高的楼座。

kiblah，keblah，qibla 穆斯林朝圣的方向，麦加殿堂的方向；伊斯兰教中，祷告需要面朝的方向，朝向麦加。

kick 凹槽；砖面中的浅凹痕或凹槽（**frog**）。

kickboard 围护侧板，踏板，踢脚板；同 **toeboard**。

kicker 1. 定位模板；同 **starter frame**。2. 框架榫头；固定在框架结构构件上的一块木头，用来承受另一个构件中的轴向力。

kicker plate 楼梯埋件；用来将楼梯底脚锚固在混凝土板面上的埋件（**plate，2**）。

kicking piece 固定在横撑（**wale**）上以便承受斜撑端部轴向力的短木材。

kickout 1. 支撑倒塌；在土方工程中，顶撑或支撑的意外倒塌或失效。2. 在垂直水落管底端，将水直接从墙上排走的弯头。

kickpipe 防踢管；给伸出地板或屋面板的电缆提供机械保护的一段管道。

kickplate 1. 门踢脚板；设于门的下横档上以防其被踢坏的保护板。2. 楼梯踢脚板在楼梯平台或楼板的开口边，或在楼梯踏板的后面或开口端部形成凸缘或缘边的竖板。

kick rail 踢档；安装在社会公共机构的大门靠近门底边的短横档，承担用脚踢开门时的冲击。

kick roof 加宽檐口的屋顶。

kick strip 踏脚板，挡板；同 **kicker，2**。

kieselguhr 硅藻土；见 **diatomite**。

kill 密封；见 **seal，6**。

killesse 木滑槽，后台；同 **coulisse，1**。

kiln 窑，炉，干燥炉；用于（a）焙烧砖和瓦；（b）烘干木材的炉子、窑炉和加热箱。

kiln brown stain，chemical brown stain 窑干褐斑；木材在窑干或风干期间，由于木材萃取物变化而出现的褐色斑点。

kiln-dried，hot-air-dried 窑内烘干的；在窑内人工干燥或风干的，通过加热去除多余水分的方式，通常仍有 6%～12%的含水量（**moisture content，1**）。

kiln-fired brick 新出窑砖；见 **burnt brick**。

kiln-run 同炉；所有从一个窑内出来的砖或瓦，在尺寸或颜色变化上未进行分类或分级。

kiln scum 窑生盐迹；见 **scum**。

kiln white，kiln scum 窑霜；在烧制期间由于干燥剂沉渣和窑内空气而在砖表面形成的白色盐霜。也见 **scum**。

kilo（k） 在国际单位制中，作为前缀时表示乘以 1000。

kilocalorie 千卡，大卡；1kg 水升高 1℃所需热

量；等于 1000 小卡。也见 **calorie**。

kilogram 千克；质量的国际单位，等于 1000g。

kilonewton 千牛；力的国际单位，等于 1000N，相当于 0.2248 千磅，或 224.8 磅。

kilovolt 千伏；电动势的国际单位，等于 1000 伏特。

kilovolt-ampere 千伏—安培；在电路中，以安培为单位的电流与所用电压（以伏特表示）的乘积除以 1000。

kilowatt 千瓦；功率的国际标准单位，等于 1000 瓦，相当于大约 1.34 马力。

kilowatt-hour 千瓦时；能的国际单位，等于 1000 瓦时，相当于 1.34 马力功率下 1 小时内消耗的功。

kingbolt 中枢销，长螺栓；取代桁架中柱（**king post**）的拉杆或长螺栓。

king closer, beveled closer 超半砖的镶接砖，斜面镶接砖；一块矩形砖，一端沿其宽度的一半对角切掉（成四分之三砖）（**three-quarter brick**）。用作镶接砖（**closer**）。

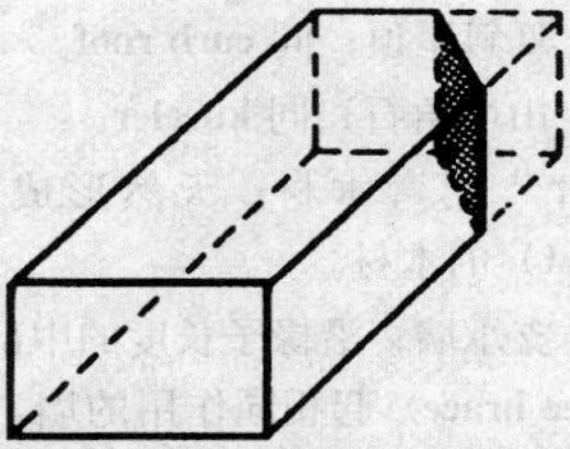

斜面镶接砖

king piece 主梁（柱），（桁架）中柱；同 **king post**。

king pile 1. 中心桩；沿宽管沟中心线的桩，用以支承横跨于开挖沟的木材。2. 支撑桩；为预制混凝土或钢板墙提供附加支撑的桩。

king post 1. 中柱；在桁架中，如对于屋架，从倾斜的椽子顶点伸到两相对倾斜椽子下端之间的连系梁上的垂直构件。2. 见 **joggle post, 2**。

king-post truss 中柱桁架，单立柱桁架；由以下构件形成的屋顶支承结构：两根相交于顶点的倾斜椽子，一根与椽子底端相连的水平系梁（**tie beam, 2**），一根被称为中柱（**king post**），用来连接顶点和系梁（**tie beam**）中点的垂直的构件。

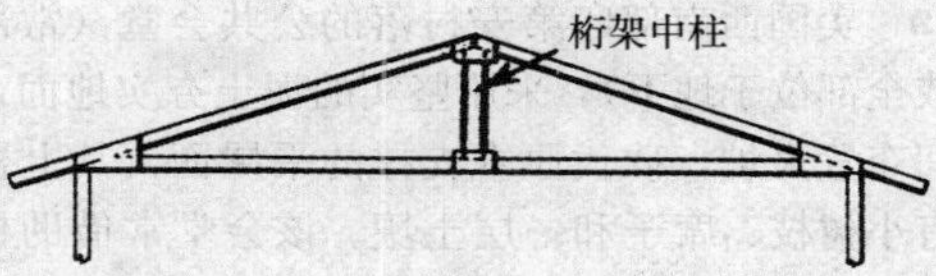

中柱

king rod （桁架的）中柱，腹杆，钢制拉杆，同 **kingbolt**。

king stud 山墙上用来支撑檩条的支柱。

king-table 在中世纪建筑中，有圆球饰的束带层（**stringcourse**），通常用在女儿墙下方。

kiosk 1. 亭子，凉亭；建于花园和公园内的小帐篷构筑物，通常是开敞的。2. 户外报刊亭，杂货摊；卖报纸或杂志等商品的类似构筑物，四周常常是围合的。

kiot 早期俄国建筑中，存放一个或多个雕像的壁龛。

kip 千磅；力的单位，等于 1000 lb（4448N）。

kirileion 东正教教堂用来盛放圣器的储藏室。

kirk 教堂，尤在苏格兰。

kiss mark 砖斑；烧制期间由于堆积焙烧而在砖表面产生的斑点。

kistvaen 凯尔特人的石墓室；见 **cistvaen**。

kitchen 厨房；用于准备和烹调食物的房间，也常在这里就餐。如果位于与主体房屋分离的独立房子里，又称为外厨房（**outkitchen**）。也见 **summer kitchen**。

kitchen cabinet 菜橱，碗柜；由门、抽屉和架子组成的盒子式组合体，主要用于储存食物、器具、桌布等。

kitchenette 小厨房；装配有厨房基本设施的小房间或壁龛。

kitchen garden 菜园；用来种植蔬菜和药草的私家花园。

kit home 组装式房屋；同 **prefabricated house**。

kite winder 盘梯斜踏步；在楼梯中的三角形的斜踏步（**winder**）。

kitsch 粗劣作品或工艺品；品质上平庸陈腐的艺术品或建筑，被认为几乎没有或毫无美学价值。

kiva 美国西南部印第安村落的公共会堂（常部分或全部位于地下），采用坚实的泥土夯实地面，中间布置火炉，砍伐原木支撑的平屋面，其上覆盖有小树枝、席子和一层土壤。该会堂常借助梯子经由屋顶进入，梯子杆伸出平屋顶以外。

klinkart 淡黄色的硬质长砖，主要用于铺路。

km 缩写＝“**kilometer**”，千米，公里。

kN 缩写＝“**kilonewton**”，千牛，力的单位。

knapped flint 敲碎的燧石；经破碎达到所需形状要求的燧石，常将劈裂面向外摆放，用作墙面上的装饰图案中。

knapping hammer 碎石锤；击碎石头的铁锤，用于劈开鹅卵石、加工铺路石或加工粗略尺寸的石料，通常两端为正方形（或矩形）平面，或一端为正方形（或矩形）平面和另一端为楔形锤尖。

knaur 木节；见 **knur**，**burl**，**1**。

kneading compaction 捏合压实；用羊足碾（**sheepsfoot roller**）压实塑性土壤。

knee **1.** 弯头；无论是天然的还是人工形成的弯头；同 **crook**，**2**。**2.** 扶手后部具有凸起上表面的弯头。**3.** 见 **label stop**，**2**。

knee brace 角隅支撑；设在横跨两构件交角之间的连接斜杆，用来增加该框架的刚度和强度。

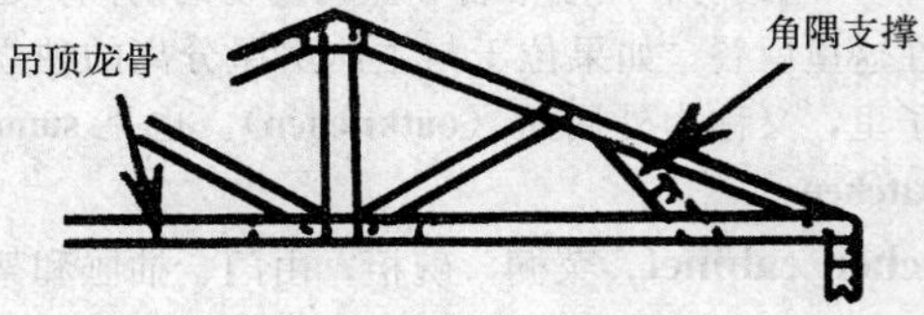

角隅支撑

knee iron 角铁，隅铁；同 **knee piece**，**2**。

kneeler，**kneestone**，**skew** **1.** 斜面平砌石；顶部倾斜底部水平的石块，如在山墙斜面上支承倾斜压顶的石块。也见 **footstone**，**gable springer**。**2.** 斜交石，斜砌石；为了打破普通砌体墙的水平—垂直砌筑方式或单元—接缝形式，而用于砌筑拱券或穹隆的曲线或角度的石块。

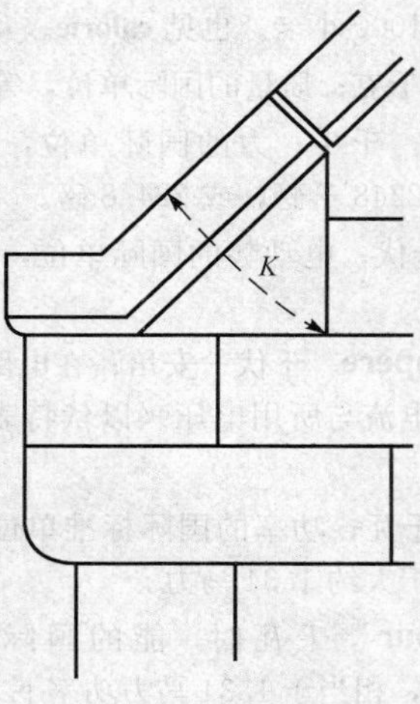

K—斜面平砌石

knee piece **1.** 曲椽，角椽；同 **knee rafter**。**2.** 连接板，三角板，肘板；用于屋顶上加强两根木头相交节点的角形木片。

knee rafter **1.** 弧形椽子，曲椽；有弯度的主椽子（**principal rafter**）。**2.** 主椽子（**principal rafter**）和拉梁（**tie beam**）之间的支撑。

knee roof 复斜屋顶；同 **curb roof**。

kneestonè 山墙角石；同 **kneeler**。

knee timber 拐弯木材；天然形成曲线或弯曲（**kneeler**，**1**）的木材。

knee wall 支承墙；沿椽子长度的中部支撑与角隅支撑（**knee brace**）起相同作用的墙，并可减小椽子的跨度。

knife-blade fuse 刀形熔断器；两端各有一刀形金属片的圆管形保险丝管（**cartridge fuse**），该金属片连接着管内的保险丝。

knife consistency，**knife grade** 刮刀稠度；用油灰刀敷设适当硬度的嵌缝或上釉材料的等级。

knife file 刀形锉；刀形横截面的锉刀，用来形成狭窄的凹槽。

knife grade 刮刀稠度；见 **knife consistency**。

knife switch 闸刀开关；由一个或多个活动铜刀片组成的一种电气开关，刀片装有铰链，通过推动刀片而使之与固定的叉状接触夹片相接触。

knob **1.** 球形把手，圆形把手；一种大半个或小半

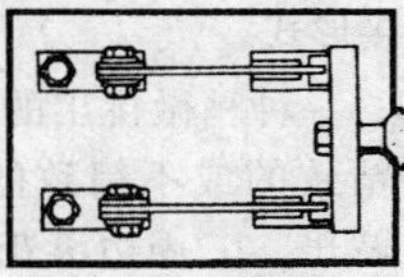

闸刀开关

个球形把手，通常用来操控锁。**2.** 球状物；类似于节疤，具有使用价值或装饰性，例如浮雕（**boss**）。

knobbing，knobbling，skiffling 粗琢块石；对石头进行粗加工，通常敲掉超出所需尺寸的凸出部分。

knob bolt 球形把手门闩；带有门闩的门锁，门闩由门一侧或两侧的球形把手所控制。

knob latch 球形把手弹簧锁；带有弹簧闩的门弹簧锁，弹簧闩由一侧或两侧的球形把手所控制。

knob lock 球形把手撞锁；带有弹簧闩的门锁，弹簧闩由一个或两个球形把手所控制，并且锁固闩由钥匙来控制。

knob rose 门把手圆盘，把手垫圈；盖在门上圆孔周围并固定在门板表面上的圆片或圆盘，门把手心轴穿过该圆孔。

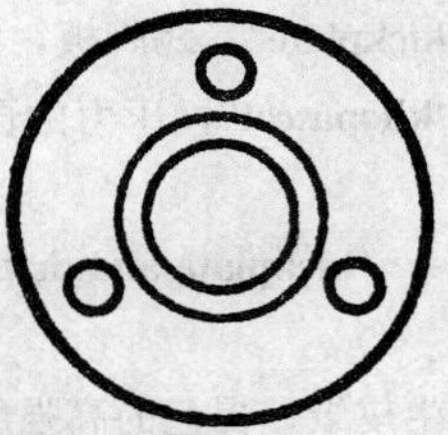

把手垫圈

knob shank 门把手柄；固定球形把手中心轴的突出的柄。

knob top 门把手头；把手的球形头。

knocked down（KD） 装配的；指预制的，送到现场装配的而不是工厂装配的。

knocked-down frame 装配式门框；制造商提供的由三个或多个部件组成的现场装配的门框。

knocker 敲门器，门环（锤）；见 **door knocker**。

knockings 碎石渣；在砌石块时敲掉的较小碎石。

knocking up **1.** 一次搅拌；准备并搅拌同一批次的混凝土、砂浆或灰泥。**2.** 为了使灰浆具有可塑性而对其进行的重新搅拌浆。

knockout 分离块，电源插座板、接线盒或配电箱表面上的圆形冲切区域，可以轻易地用锤子、钳子或螺丝起子打穿，以便电线、电缆或配件穿过。

knop 蕾形装饰，顶花；同 **knob，2**。

knot **1.** 花饰；中世纪建筑中，成束的树叶、花或类似装饰物，例如圆拱交叉点上的凸饰以及柱头上的成束的叶饰。**2.** 花结；类似交织的条带状装饰性图案。**3.** 节，瘤；在枝干与树干相交处，形成于树干上的质地坚硬、纹理交叉的树节。**4.** 瑕疵；在纤维构造中，引起表面不规则的瑕疵。

knot brush 排刷；刷毛由一组或三组（圆形或椭圆形）聚集而成的刷子；用于刷水浆涂料。

knot-cluster 节疤群；木头中三个以上节疤组成的结实粗糙的圆形节疤群，每个节疤都由扭曲的纹理环绕。

knot garden 精致的花园设计；复杂的花园设计，通常在面积较小的花园中，使用植物组成几何图案，用经修剪过的低矮灌木树篱作为边界，同时利用绿叶衬托强烈的色彩对比。

knothole 节孔；去掉木头节疤（**knot，3**）后在木板或板条中形成的孔。

knotted pillar，knotted shaft 节饰柱；罗马风格建筑中出现的一种柱子，雕刻成中间有绳节饰的柱子。

节饰柱

knotting，knot sealer 塞木节孔，节疤密封剂；

新木头中节疤的密封剂（例如虫漆、铝涂料或清漆），用来防止树脂渗出污染或影响涂料层。

knotty pine 多节松木；锯下来的松木板，利用节疤作为装饰性图案，用于室内镶板或橱柜。

knotwork 雕刻出编结工艺品；由编结在一起的条形带组成的装饰性雕刻，作为装饰性拱石或线脚等。

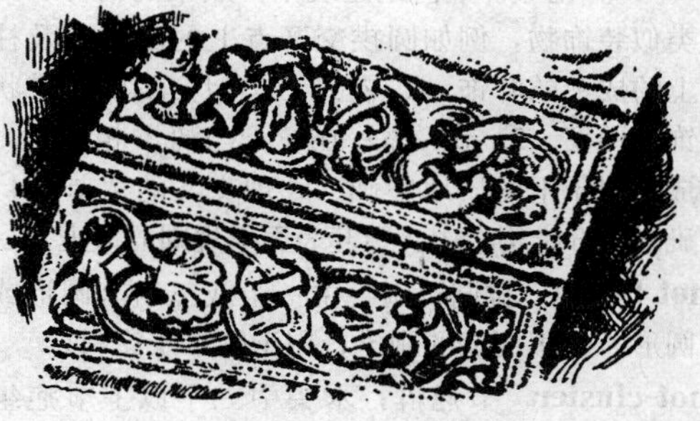

雕刻出编结工艺品

knuckle 轴套；铰链（**hinge**）上穿枢轴的圆柱形凸出的套管。

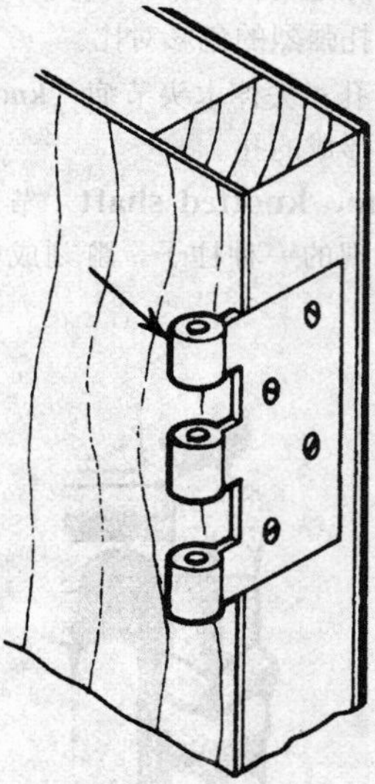

轴套

knuckle bend 小圆弯；小半径的弯曲。

knuckle joint 1. 肘形接头；见 **curb joint**。2. 两根杆件间的一种铰接形式。

knulling 1. 凸线脚；一种稍微挑出的凸起的圆线脚，由一系列非常精致的或不精致的线条组成，这些线条由凹槽分隔开。2. 周边滚花的纹饰；同 **knurling**。

knur，knurl 结节，硬的突起；木头中的节疤或树瘤（**burl，1**）

knurling 1. 滚花，压花纹；通常是在表面上铣成一系列小脊纹，以便为啮合或车削提供更好的表面；也称为 **milling**，铣。2. 周边滚花的纹饰；同 **knulling**。

KO （制图）缩写＝"**knockout**"，分离块。

koa 寇阿相思树木材；夏威夷岛的一种硬质、浅红到深褐色的有金色光泽的木材，主要特征是具有波浪线纹理，用于饰面薄板、橱柜及室内饰面。

kondo 寺院金堂；日本佛教僧院的金色殿堂。

konistra 古希腊剧院的合唱队席（**orchestra**）。

korina，limba 伦巴木，西非榄仁树；原产于非洲中部和西部的硬木，轻质到中等重量，具有顺直的纹理和良好的质地，一个品种是浅奶油色，而另一个品种是浅褐色，用作镶板面。

KP 缩写＝"**kickplate**"，踢脚板，门脚护板。

kPa 符号＝"**kilopascal**"，压力的国际单位，等于1000Pa。

KP&D 缩写＝"**kickplate and drip**"，踢脚板和滴水槽。

kraft paper 牛皮纸；褐色的高强度的厚纸，加入树脂加工而成，用作防潮纸（**building paper**）。

kremlin 1. 城堡；俄国城镇的城堡，作为行政和宗教中心。2. （词首大写）克里姆林宫；莫斯科的城堡，面积 90acre（36hm^2），由建于 15 世纪的有雉堞的城墙所包围，经过 5 个尖塔状的门楼入内。

krepidoma 古希腊古庙柱列的多阶台座；同 **crepidoma**。

ksi 缩写＝"**kilopounds per square inch**"，千磅/平方英寸。

K-truss，K-type truss K 形桁架；杆件（**panels，7**）

城堡

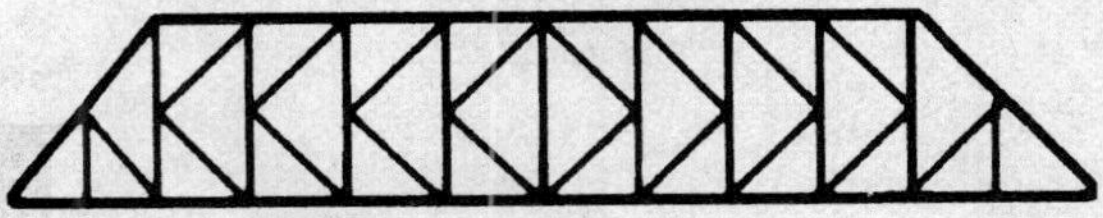

K 形桁架

的布置看起来像字母 K 的桁架。

KVA 缩写＝"**kilovolt-ampere**"，千伏安。

k-value k 值；见 **thermal conductance**。

kW **1.** 符号＝"**kilowatt**"，功率的单位。**2.**（制图）缩写＝"**kilowatt**"，千瓦。

kWh **1.** 符号＝"**kilowatt hour**"，能量的单位，等于 3.6MJ。**2.**（制图）缩写＝"**kilowatt-hour**"，千瓦时。

kyanize，kyanise 氯化汞冷浸防腐处理；将木材浸渍氯化汞溶液来防止木材腐烂。

L

L 1.（制图）缩写＝“**left**”，左。2. 缩写＝“**lambert**”，朗伯（亮度单位）。

label course 拱券可视面外围围绕的一道砖；可防止雨水流到墙面上。

labeled 1. 贴上鉴定标记的；贴有经过许可实验室实验鉴定证明的，证明某材料或结构上具有额定耐火值。如 **labeled door**，**labeled frame** 或 **labeled window**。2. 贴上鉴定标签的；按照国家电力规范（**NEC**），贴上标签、符号或其他某组织证明标记的材料或设备，该组织是被权力机构认可的。标签表示符合相应标准或规定的性能。

labeled door 贴有鉴定标记的门；贴上由保险商实验室鉴定的耐火等级证明的耐火等级门。

labeled frame 贴有鉴定标记的门框；贴上符合保险商实验室的所有适用要求和试验标签的门框。

labeled window 贴有鉴定标记的窗；除了耐火能力，还符合保险商实验室所有适用要求，就贴上他们的标签表明耐火等级。

label molding 披水线脚，**label** 披水石方拱上的滴水石（**dripstone**）或披水罩饰（**hood mold**）；水平向伸出横跨洞口上方并两端向下垂落一小段距离的线脚。

披水线脚

label stop 1. 披水端饰；披水罩饰或拱形滴水石的下端，由此沿洞口水平向外延伸。2. 端饰；位于滴水、披水、窗台等装饰性浮雕或其他端饰，同 **knee**（英国口语）。

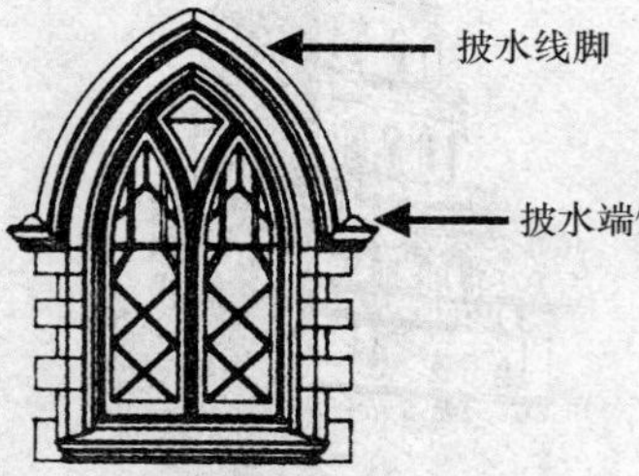

披水线脚和披水端饰

端饰

labor and material payment bond 劳务和材料付款合同；承包商（**contractor**）的合同，其中担保人（**surety**）向业主（**owner**）担保承包商付给合同履行中所用的劳务费和材料费。合同约束下，提出要求者是与承包商或其他二级承包商有直接关系者。

labor cost 人工成本，劳工成本；在建设项目中，合约文件规定的建设所需的所有劳工费用。

laboratory fume hood 实验室排烟罩；同 **exhaust fume hood**。

labyrinth 1. 曲径，迷宫；由曲线通道组成的迷宫。**2.** 迷宫纹样；中世纪大教堂中，镶嵌在地板内的迷宫式图案。**3.** 曲径；有迂回小道的花园，这些小道由树篱勾勒出轮廓，通常树篱高于视平线，也称作 **maze**，曲径。

迷宫纹样

labyrinth fret，key pattern，meander 曲折回纹，回纹花饰；有许多卷曲线的回纹。

回纹花饰

lac 紫胶，虫胶；用作虫胶漆、油漆和清漆基层的树脂样的昆虫分泌液。

laced beam 缀合（花格，空腹）梁；同 **lattice beam**；见 **lattice girder**。

laced column 缀合柱；组件由缀材（**lacing，1**）连接的组合柱。

laced valley，woven valley 封闭式斜天沟，搭瓦天沟；由两个方向的斜面屋顶上的木瓦、石板瓦或陶瓦相互交替搭接形成的屋顶斜天沟。

搭瓦天沟

lacewood 单球悬铃木；原产于澳大利亚的粗纹理木材，颜色由浅粉色到略带桃色的褐色，硬度中等，木质重，带状纹理，用于内装饰、镶板面和胶合板中。

lacework 花边饰；类似花边的建筑装饰。也见 **cast-iron lacework** 和 **jigsaw work**。

lacing **1.** 系板；用来连接由两个构件组合的梁、柱或撑杆的一种连系构件（例如缀条或缀板），以便使组合梁、撑杆或柱作为一个构件起作用。**2.** 束带层；同 **lacing course**。**3.** 撑木；放在其他支承点后面或周围作为支撑的木材。**4.** 封板；封填横挡板之间空隙的小板条，防止尘土进入基坑。**5.** 连锁板桩以构成板墙。

lacing course 拉结层，束带层；夹入粗石层或碎石层中的砖砌层或瓦砌层，如 **bond course**，砌合层。

laconicum 蒸汽浴室；古罗马浴室中的蒸汽室。

lacquer 硝基漆，清喷漆；由于挥发溶剂和稀释剂挥发而快速干燥的有光泽的磁漆；也见 **Chinese lacquer**。

lacunar，laquear 顶棚镶板；同 **coffer** 或 **coffering**。

lacunaria 廊顶；围绕庙宇内殿的回廊，或门廊的顶棚。

ladder 爬梯，梯子；一种木质或金属框架，由横杆连系的两边侧件（称为 **stiles**，边梃）构成，横杆通常是圆的（称为 **rungs**，爬梯横档），用作爬上或爬下的工具。

ladder cable tray 梯状电缆槽，电缆桥架；用于支承电线或电缆的连续钢架或铝架。

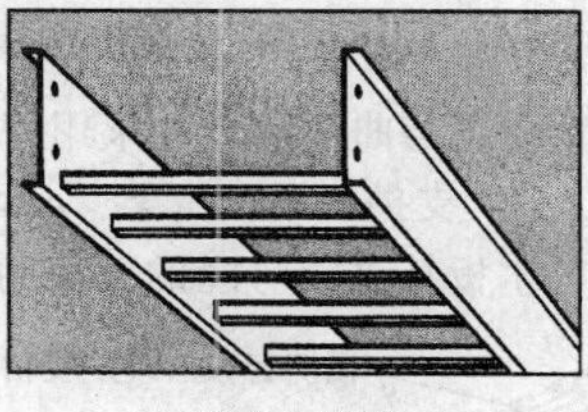

梯状电缆槽

ladder core 梯状门芯；由板条、木头替代产品或保温板组成的空腔室内门芯，其中板条水平或垂直贯穿于门芯板区域，其间留有空间。

ladder ditcher 梯形挖沟机；见 **ladder trencher**。

ladder jack scaffold 梯状轻型作业的脚手架；由与梯子连接的托架支承的轻型作业脚手架。

ladder trencher 多斗挖沟机；开挖沟渠的一种挖沟机（**ditcher**），铲斗安装在一对在起重悬臂外面移动的链条上。

ladies' room，women' room 公共女厕所，女盥洗室；公共建筑中，供女士使用，有洗手间和厕所的房间。

ladkin，latterkin 尖头工具；用于清除带槽铅条（**cames**）槽的硬木尖角片，带槽铅条将玻璃窗格固定在彩色玻璃窗和窗框中。

ladrillo 窑干砖坯；在西班牙殖民地建筑及其衍生物中，窑干的而不是太阳晒干的风干砖坯，其具有较高的耐久性、机械强度以及更强的耐湿能力。

Lady chapel 圣母礼拜堂；位于教堂轴线最东端的献有圣母玛丽亚的礼拜堂。

LAG （制图）缩写＝"**lagging**"，保温层。

lag bolt，coach screw，lag screw 方头螺栓，方头木螺栓，方头木螺钉；具有方形螺帽和短圆柱体（无螺丝部分）以及粗螺纹的螺栓。

方头螺栓

lagged pile 加套桩；附加有纵向配件（例如外套）的桩，纵向配件被固定在桩上，来加强保护并提高摩擦力以及承压面积。

lagging 1. 保温层；管子、池罐、管道等的隔热层，有时为保证与曲面吻合，采用保温块（**block insulation**）。2. 支拱板条；鹰架（**centering**）由窄板条组成的木板从拱或穹隆的鹰架肋延伸到另一个鹰架肋，在拱或穹隆闭合前作为拱砌块的支撑。3. 横挡板；沿开挖基坑侧向逐个连接的木板。4. 水平构件；竖桩（**soldier piles**）之间的水平构件。

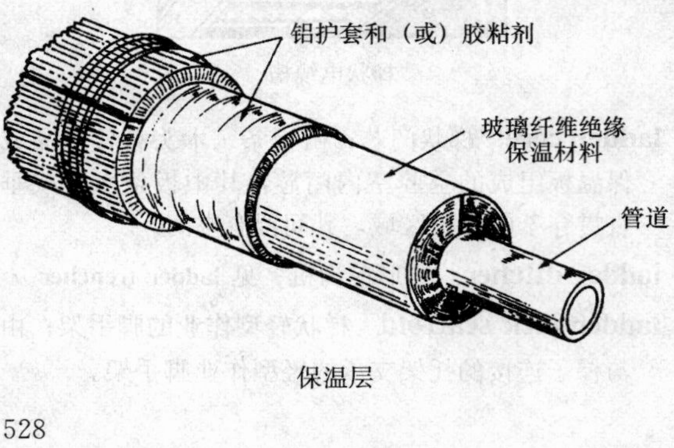

保温层

lag screw 方头螺钉；见 **lag bolt**。

laid-dry masonry 干砌砌体；同 **dry masonry**。

laid-on molding，planted molding 预制装配式线脚；用无头钉固定在工件上的预制线脚。

laid-on stop 钉在樘子上的止门条；见 **stop，1**。

laitance 浮浆；一层由水泥和集料中的细碎物（**fines**）构成的不牢固且不耐久的浮浆层，浮浆层是由于搅拌水过多而扩散到混凝土表面形成的。

laja 在西班牙建筑及其衍生物中，（铺砌用）石板，扁（板）石；同 **flagstone**。

lake 色淀；大量明亮的颜料中的一种，该颜料或从动物、植物及煤焦油色素中得到，或是合成的，用于油漆中。

lake sand 湖沙；主要由圆形颗粒组成的砂子，与岸砂（**bank sand**）不同，岸砂有尖锐的边缘而更适合用于抹灰泥。

Lally column 拉里柱；中间浇筑混凝土的圆柱的专利名字，用作支承梁或大梁的结构柱。

LAM （制图）缩写＝"**laminate**"，层压制品。

Lamassu 人头牛身像；守卫普美索不达米亚宫殿和庙宇的纪念性雕像，是具有人头并带有翅膀的公牛。

lambert 朗伯；亮度（**luminance**）单位，等于 $1/\pi cd/cm^2$，相当于表面完全漫射辐射或反射 $1lm/cm^2$ 时的亮度。缩写为 L。

Lambert's cosine law 朗伯余弦定律；该定律规定，平面上的照度与光入射角的余弦成正比。

lambrequin 门窗垂饰，装饰用的垂纬，装饰性挂帘；其底端带有流苏、剪裂开或有 V 字形切口的装饰性的水平条带。

lamb's-tongue 1. 羊舌扶手；扶手端部从栏杆处外倾或下倾并形成类似舌头的曲线。2. 羊舌刨；一种木工线脚刨，带深而窄的刀刃，形状或多或少像舌头，用以切割凹槽圆线脚（**quirk bead**）。3. 舌形装饰线脚；两圆凸形线脚的一端在一条棱

（楞）处相交，在另一端被两条棱（楞）分开的线脚。

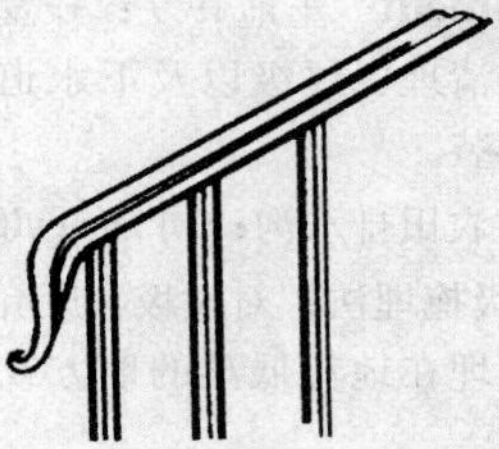

羊舌扶手

lamella 薄板条，薄板；与同样构件以十字交叉形式构成拱或穹隆屋面的钢筋混凝土、金属或木构件。

lamella roof 叠层屋顶；由薄板条构成薄壳式拱形屋顶。

lamellar flow 层流，片流；见 **streamline flow**。

laminate 1. 叠层制品；将两层或多层材料粘结在一起制成的产品，例如胶合板（**plywood**）、叠层木板（**laminated wood**）等。2. 叠层胶合；用胶粘剂粘合的多层材料。

laminated arch 叠层拱；由多层薄板或薄的叠层结构用螺栓或胶合而成的木拱。

laminated beam 叠层梁；由多块木料胶合而成的梁，有直线的，也有曲线的。

laminated glass，safty glass，shatterproof glass 由两层或多层平板玻璃、浮法玻璃或玻璃板粘结而成的透明的塑性薄板，以此形成抗碎裂的组合体。

laminated joint 燕尾榫接；同 **finger joint**。

laminated plastic 层压塑料，塑料层压板；由合成树脂浸制的或树脂复模的填充料叠加层粘结制成的一种塑性材料，粘结过程中通常需加热和加压，使之形成一体。

laminated timber 叠层木材；见 **glued-laminated timber**。

laminated wood 叠层木板，胶合板；通过粘结将多层板连接而成的木板或木材，通常其中所用木板层的纹理是平行的。

lamp 灯；产生可见光谱射线或接近可见光谱射线的人造光源，常常称为灯泡（**bulb**）或灯管（**tube**），是通过光源以及反射器等相关部件组成的整个发光单元来分类。

lamp ballast （日光灯）镇流器；见 **ballast**。

lamp base，（英）**lamp cap** 灯头；连接到灯座部分的灯部件，用来接通电。

lampblack，vegetable black 灯烟，灯黑；由碳颗粒组成的精细的黑颜料，采集自燃烧油的烟灰中。

lamp bulb 玻璃灯泡；装入电灯发光元件或材料的玻璃罩，通常由玻璃、石英或类似材料制成，其形状通常由字母来指定（例如 T-管状的，G-球形的，等），字母后的数字表示灯泡的最大直径，以八分之一英寸表示。

lamp cap （英）灯头；见 **lamp base**。

lamp depreciation 灯泡减光；灯在其使用期间发光强度的降低。

lamp holder，lamp socket 灯座；支承灯并使灯与电连通的器件。

lamp inrush current 灯合闸瞬间冲击电流；白炽灯打开时的初始冲击电流，对于大功率灯，其冲击电流可能是额定电流的 50 倍，并可能持续几个十分之一秒。

lamp jacket 玻璃球灯罩；某些灯上的第二层或外层灯泡。

lamp life 灯泡的平均寿命；见 **rated lamp life**。

lamp lumen-depreciation factor 灯管流明降落系数；额定工作条件下，灯具流明微小的损失；由于老化，损失量会在灯具的使用期内逐渐增加。

lamp post 灯柱，照明柱；泛光灯的标准支柱，其内部配有附加装置及电线，并在外部配有必要的支架。

lamp socket 灯座；见 **lamp holder**。

lanai 凉台，起居廊；完全或部分开敞的起居室或休闲区域。

lancet，lancet window 1. 狭长尖头窗，尖顶窗；大约公元 1150 年到 1250 年间，英国哥特式建筑中，形状很尖的典型尖顶拱形窄窗。2. 尖头灯；形状像尖顶窗的一种灯。

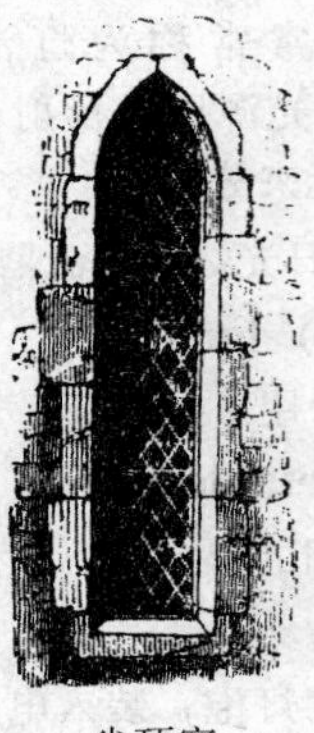

尖顶窗

lancet arch 锐尖拱，尖顶拱；两心尖拱：曲率半径远大于拱跨的两心尖拱；同 **acute arch**。

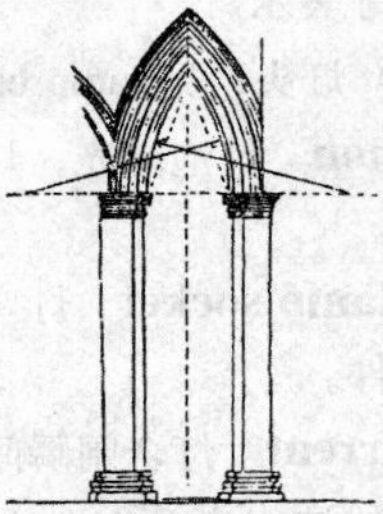

尖顶拱

lanceted 长窄尖头窗的；有尖顶拱窄窗的。

Lancet style 尖顶形式；早期英国建筑的一种形式，与尖顶拱（**lancet arch**）的应用有明显区别，有时称为英国早期哥特式尖顶建筑（**First Pointed Gothic**）。

lancet window 尖头窗，尖顶窗；有尖顶拱（**lancet arch**）形式的窄窗。

lanciform 尖顶形的，矛状的，标枪状的；有尖角的。

land 1. 土地；不被水域覆盖而裸露的土地表面。2. 地产；任何附属于该陆地的不可移动的设施或设备。

land boundary 地界；相邻地块之间的分界线，各地块可能是同一个所有权或不同的所有权，但是在由不同的法律记述时，其继承史的同一个时间下所有权是不同的。

land-clearing rake 清地耙子；加在拖拉机前部的刀形装置，在清理施工场地时，用来铲除或清除聚集的杂材。

land development 土地开发；开发一大片土地的过程；包括清理、评级以及下水道和水、气、电等设施的安装。

land drain 农田排水沟；同 **agriculture pipe drain**。

landfill 垃圾掩埋法；对垃圾、废弃物、废物的处理，将其掩埋在地势低洼的地方或埋入开挖的坑中。

landing，pace，stair landing 楼梯平台；楼梯段末端或两段楼梯段之间的平台。

landing door 电梯门；见 **hoistway door**。

landing newel，angle newel 楼梯扶手角柱；位于楼梯平台上或楼梯改变方向处的楼梯角柱（**newel**）。

landing tread 平台踏步板；在楼梯平台上，直接设在踏步竖板顶上的板，其边缘与其他踏步平板突缘框匹配并具有相同的挑出部分。

landmark 1. 纪念碑式建筑，纪念碑；有特征、特殊历史意义和（或）特殊美学意义或价值的建筑、结构或地方，作为国家、州、城市或城镇的发展、传承或文化特征的一部分。2. 陆标，明显的目标；表示地界位置的纪念碑、固定的物体或地面标记。3. 正式命名的纪念碑；由国家或当地政府为一个建筑物给出的这种地位的正式命名。也见 **National Historic Landmark** 和 **National Register of Historic Places**。

landscape architect 1. 园林建筑师，造园技师，环境美化设计家；在环境和园林的设计和开发方面受过训练的有经验的人。2. 执业园林建筑师，注册园林建筑师；有专业资格的，及时得到官方许可的人进行园林建筑服务所给予的命名。

landscaped roof 园林式屋顶；用于美化环境的屋顶，美化环境材料的重量作为恒载（**dead load**）考虑，在饱和水土壤基础上计算。

landscape improvement 环境改良；任何不动产（**real property**）或其部分由自然或人工美化所得到的物质改良的结果。

landscape screen 活动景色围屏；见 **office landscape screen**。

landscape window 景观窗；一种双悬窗（**double-hung window**），其上面窗扇用小的彩色玻璃窗格来装饰，下面窗扇大于上面窗扇，为无色玻璃，单个窗格。

land survey 土地测量；土地所有权的测量，确定或重新确定边界线的长度和方向。土地边界通常由所有权来定义，从最早的所有权开始到继承的所有权和被分隔的部分。土地测量包括原始边界的重新确定以及对分隔土地所要求的新边界的确定。

land tie 地锚拉杆；用来固定挡土墙或类似物的系杆（**tie rod**）或链条。

land tile 透水瓦管；用对接接头敷设的多孔黏土瓦管。

land-use analysis 土地利用分析；对一个区域内已存在的使用模式的研究，用于决定可能存在缺陷的自然状态和数量，以及评估与发展目标相关的模式的潜能。

land-use plan 土地利用规划图；以发展目标为导向的土地未来使用计划方案。

land-use survey 土地利用调查；对待开发土地利用的研究和记录；一般划分为商业、工业、公共、居住等类型。

lane **1.** 通道；以树木、篱笆及其他横栏界定的窄道。**2.** 车道；一个车宽的车道。

languet 由一系列竖直的舌形图案组成的装饰带。

lantern 穹隆顶塔楼，塔式天窗；屋顶或穹顶上部的装窗结构，灯笼式天窗。

lantern cross （教堂）穹顶十字架。

lanterne des morts 墓地塔，外形细高的中空柱，塔顶有灯光从镂空的角塔中射出，这种塔在中世纪的法国随处可见。

lantern light 天窗；屋顶上的一个较小的结构，其周边带有一圈窗洞，用于室内空间的采光。

lantern skylight 屋顶上的小天窗，用于室内空间的采光和通风。

lantern-type chimney 筒身靠近顶端部分穿有孔洞的烟囱，燃烧废料由此排出，而非通过被覆盖的烟囱顶端排出。

穹隆顶塔楼，塔式天窗

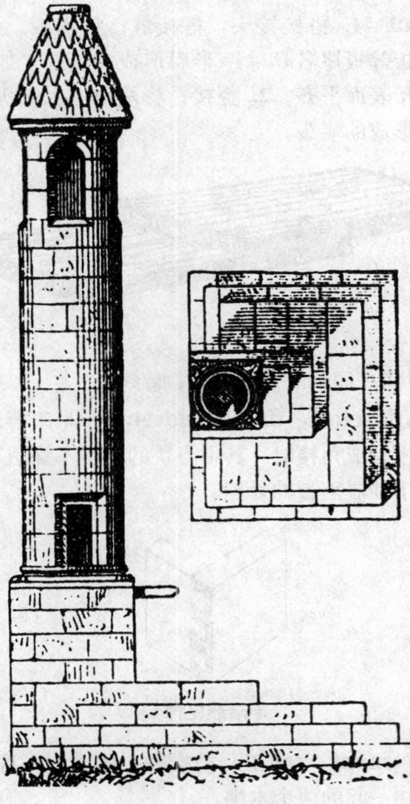

墓地塔，外形细高的中空柱

lanthorne 灯笼式天窗；见 **cupola**。

lap 1.（屋面瓦）搭接；一表面搭盖到另一表面上，如屋面瓦的搭接。2. 搭接长度；一片瓦与另一片瓦互搭的距离。

lap adhesive 接缝胶粘剂；用于管子外敷隔热层接缝处的胶粘剂。

lap cement （屋面瓦）搭接粘合材料；屋面卷材搭接所使用的一种沥青。

lap dovetail 同 **lapped dovetail**；互搭鸠尾榫。

lapies （石灰）岩沟；地表以下地质构造之间的风化岩深沟，产生于石灰石、石膏及其他易风化岩石中。这种地质不适合作为基础并将导致建设费用大增。

lapis 同 **milliarium**；路程标注（罗马）。

lapis lazuli 天青石；一种深蓝色的次等级宝石；可直接用作装饰或磨成粉用作深蓝色颜料。

lap joint 1. 搭接接头，搭接缝；将木板、条板、金属板等板厚各切除一半后形成的接头，如此可使搭接表面平齐。2. 叠接；将两块木板端头直接搭接形成的接头。

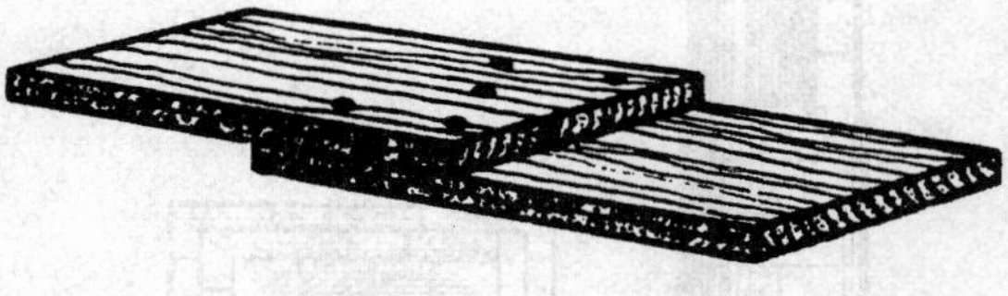

叠接

lap notch 同 **half-cut notch**；暗刻槽。

lapped dovetail，drawer dovetail 半暗燕尾榫；两块木材成角接时，其中一块的刻槽不穿透板厚，常用于抽屉面板的处理。

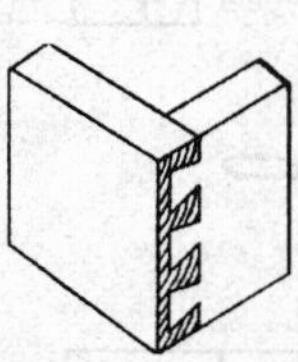

半暗燕尾榫

lapped tenons （木工）搭接榫；插入同一卯中并互搭在一起的两个木榫。

lappet 用来修饰屋檐的一系列垂饰。

lapping 搭接；钢筋混凝土中，钢筋采用的搭接方式，以使构件受弯、受拉时钢筋的拉应力得以传递。

lap-riveted 铆搭接的；两材料互搭并铆接。

lap scarf 互搭榫接，嵌接；将木板一端的槽口与另一条木板对端搭接形成的平头接缝。

lap seam 搭接缝；金属板互搭后铆接、焊接、锡焊或铜焊所形成的缝。

lap siding 互搭板壁；见 **clapboard**。

lap spice 1.（钢筋）搭接。2. 互搭接头；两块材料首尾相接后用轴钉、钉子、螺栓、铆钉等固定形成的接头。

lap weld 互搭焊接；通过焊缝将构件两端连接的焊接方式。

互搭焊接

laquear 同 **lacunar**；顶棚的镶板。

lararium 古罗马的小型家庭神位。

larch，tamarack 落叶松；纹理细腻、质地坚硬的直纹针叶树木材，其容重较重。

larder 食品室，贮藏间。

large calorie 大卡；1 千克水升高 1 度所需的热量；等同于 1000 小卡或 1 千卡。

large knot 大木节；直径大于 38cm 的树节子。

larmier，lorymer 1. 飞檐。2. 檐口处类似于飞檐的水平构件，可将雨水引离墙面。

larnite 甲型硅灰石；硅酸盐水泥、β-硅酸盐二钙的主要矿物成分。

larry 拌浆用铲；铲面带孔的长柄锄，用于灰浆拌合。

larrying，larrying-up 砖石结构中，将砖块滑向指定位置（例如空心墙的内墙和外墙）并利用灰浆填充空隙的砌筑方式。

laser 激光器；能发射出大功率强光柱的装置。光柱可用于确保建筑结构垂直或确保建筑结构达到精确高度。

LAT 1.（制图）缩写＝“latitude”，纬度。2.（制图）缩写＝“lateral”，横向。

lat 印度表柱；印度建筑中一种多用途独柱，可用于铭刻碑文或宗教图案或作为雕塑或雕像。

latanier 一种以棕榈植物作为屋顶的美国南部建筑。

latch 插销，挂钩；一种简单的、不带钥匙、可开启门闩，可两侧操纵。

简易插销

latch bolt 弹簧锁舌；锁舌端头倾斜，关门时，锁舌受压后缩，门关闭后，锁舌被弹簧推入受锁槽中。

latchet 同 tingle，2；堵漏垫，固定夹片。

latchkey 弹簧锁钥匙；可控制锁舌弹出或缩入的钥匙。

latch plate 门锁（latch）周边的遮护板（escutcheon）。

latchstring 门闩拉线；提起门闩的拉索，一端固定在门闩上，另一端通过门上部的小孔穿到门外侧，可从门外侧操控。

Late Georgian style 晚期乔治式建筑风格；见 Georgian style。

Late Gothic Revival 指 20 世纪前叶的哥特复兴末期的建筑，这个时期的建筑忠实地仿效哥特建筑原型；又见 Collegiate Gothic。

latent heat 潜热；物相改变而温度没有变化时吸收或放出的热量，如水在结冰或蒸发状态过程中。

later 罗马、希腊早期使用的一种砖，经制模、日晒、窑烧而成，比当代的砖大且薄，每块砖均印有制造者的名字或制造年代。

lateral 同 lateral sewer；污水旁管，横向沟渠。

lateral buckling，lateral-torsional buckling 横向屈曲；结构构件横向变形或弯曲。

lateral buttress 位于建筑一角的支撑墙。

lateral drift 横向位移；同 drift，1。

lateral load 1. 水平荷载；见 wind load。2. 侧向荷载；见 earth-quake load。

lateral pressure 周围土壤施加在结构上的横向压力。

lateral reinforcement 横向钢筋，箍筋；钢筋混凝土（reinforced concrete）柱中用来约束竖向钢筋的螺旋钢筋或横向钢筋。

lateral restraint 限制梁的压缩凸缘横向移动的约束条件。

lateral scroll 楼梯扶手终端的装饰，平面呈涡卷形。

lateral sewer 污水支管；只与总管或其他下水管相连，自身不再连有三通的污水管。

lateral support 侧向支撑，横（侧）撑；由横向构件（屋顶板或楼板）或竖向构件（壁柱、柱或丁字墙）对墙、梁等结构构件形成的支撑。

lateral-torsional buckling 横向扭曲，弯扭屈曲；见 lateral buckling。

later crudus 在太阳光下而非砖窑中烤制的砖块。

latericius 砖制的。

lateritum opus 古罗马的砖建筑体。

Late Rococo 晚期洛可可式风格；见 Neo-Rococo。

latest event occurrence time 最迟开工时间；施工项目管理（CPM）术语，指为使项目不至延期，某一事项（工序）必须完成的最后期限。

latest finish date 最迟完工时间；施工项目管理（CPM）术语，指为使项目不至延期，某一作业必须结束的最后期限。

latest start date 最迟开始时间；施工项目管理（CPM）术语，指为使项目不至延期，某一作业必须开始的最后期限。

Late Victorian architecture 偶指安尼女皇式

(Queen Anne style) 建筑风格；见 **Victorian architecture**。

late wood 夏（木）材；见 **summerwood**。

latex 乳胶；天然或人工合成的橡胶颗粒或乳化液。

latex foam 泡沫乳胶（软垫）；由乳胶制成的橡胶泡沫（**sponge rubber**）。

latex mortar 延缓混合砂浆凝固的一种添加剂。

latex paint 乳胶漆，乳胶涂料；由悬浮在水中的乳胶与颜料及其他添加剂混合而成的涂料。

latex patching compound 由乳胶、硅酸盐水泥及骨料结合而成的化合物，具有防潮、防霉及耐碱等特性，用于修补或楼板找平。

latex sealant 由于水分蒸发、凝固后可起修补作用的乳胶（**latex**）化合物。

lath （灰）板条，（抹灰用）金属拉网；用作抹灰作业的基层材料；见 **expanded metal lath**，**gypsum lath**，**metal lath**，**split lath**，**wood lath**。

lath brick 条形砖。

lathe （木材工业）旋切机；环向切割木材、金属等材料的车床，其操作特点是工件固定而刀具绕水平轴旋转。

lath hammer，**lathing hammer**，**lathing hatchet** 钉灰板条锤，抹灰工手锤；用于向灰板条中钉钉子的锤子，锤头的另一端有分叉，以便于起钉子。

lathhouse 花房；使用板条建造的适宜植物生长的构筑物，具有遮阴防风作用。

lathing 1. 一定数量的板条。2. 钉板条。

lathing board 墙上钉板条的板；见 **backup strip**。

lathing hammer，**lathing hatchet** 钉灰板条锤；见 **lath hammer**。

lath laid-and-set 板条打底抹面；抹灰工程中，隔墙及天花抹灰的头道灰，并以扫帚刷毛，也称基层抹灰。

lath scratcher 底灰刮毛板条；可将基层抹灰刮毛的板条，以增强其与相邻层的结合力。

latia 西班牙殖民建筑中的一种屋顶构造，它使用长约 3ft、既轻又直的小树作椽子（小树外皮有条纹），与原木梁或正交或斜交形成人字屋架，上盖苇席，再盖上一层夯土、干泥或多孔黏土作为屋顶。

latia labrada 沿长度对剖的原木椽条（**latia**），平剖面冲下正交搁置在脊梁（**vigas**）上。

Latin cross 拉丁十字架，纵向十字架；下臂较其他臂长许多的十字架。

latitude 1. 纵距；某点至东西参照轴水平面间的垂直距离。2. 测量中，横向分段中的南北方向分量（沿纬度分段）。

latrina 古罗马洗浴、如厕的地方。

latrine 1. （公共）厕所。2. 室外厕所。

latrobe 取暖火炉；上面盖有金属板的炉子，靠热辐射或对流方式给房间取暖。

latten 锌铜合金；具有类似于黄铜的黄色。

latterkin 硬木刮槽工具；见 **ladkin**。

lattice 1. 网格结构；由金属或木条制成的斜网格架，用作屏障或窗等装饰构件，产生若隐若现的效果。2. 格构桁架等构件中均匀布置的三角支撑。

lattice beam 格构梁；见 **lattice girder**。

lattice boom 格构式起重壁（**boom**），由钢角或钢管组装而成。

lattice girder，**lattice beam** 格构梁；腹板由斜向格构杆件构成的空透梁。

lattice molding 矩形断面的网格式凸木线脚；其挑出长度与其宽度有关。

lattice porch 由格网结构围合的步廊，可通风，但对视线有一定的遮挡作用。

lattice truss 格构式桁架；由上下水平弦杆与其间相互交叉的腹杆组合而成，腹杆交叉节点一般为刚性连接。

lattice window 斜格窗，花格窗；无论是固定或开启其窗扇玻璃格条均成对角布置的窗。

latticework 网格（结构）；由窄木板条或钢条交叉形成的网格结构。

lauan 产于菲律宾的柳桉木；见 **Philippine mahogany**。

laundry chute，**clothes chute** 脏衣溜槽；可使脏衣物或被服等用品靠重力从高处落下的管道。

laundry room 洗衣房；装备有洗衣机、洗衣槽、熨衣板等设备的地方，用于家务和（或）个人使用。

laundry tray，laundry tub，set tub 洗衣盆，洗衣槽；用陶瓷、石头或皂石等材料制成的深而宽大的槽子，用于洗衣服等。

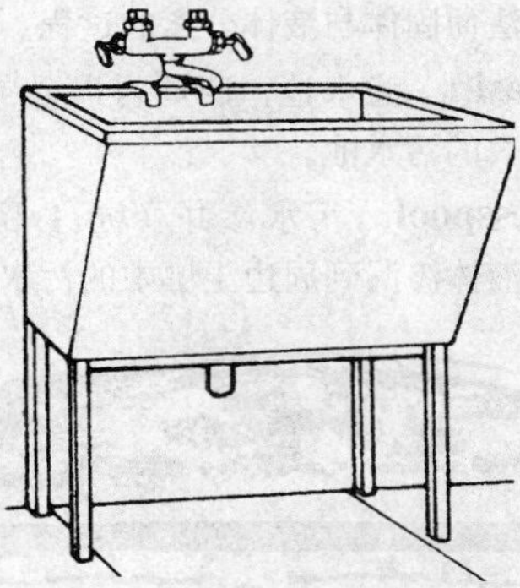

洗衣槽

LAV （制图）缩写＝"**lavatory**"，洗脸盆，盥洗室。

lavacrum 洗衣服的地方。

lavatory 1. 洗脸盆；带有上下水管的水盆。2. 盥洗室；有洗脸盆和马桶但没有浴盆的房间，或称化妆间。3. 同 **toilet**，2 或 **water closet**，2；厕所。4. 古代教堂祭坛旁供教徒洗手用的小石盆，底部有小孔可将污水排入下水管中。

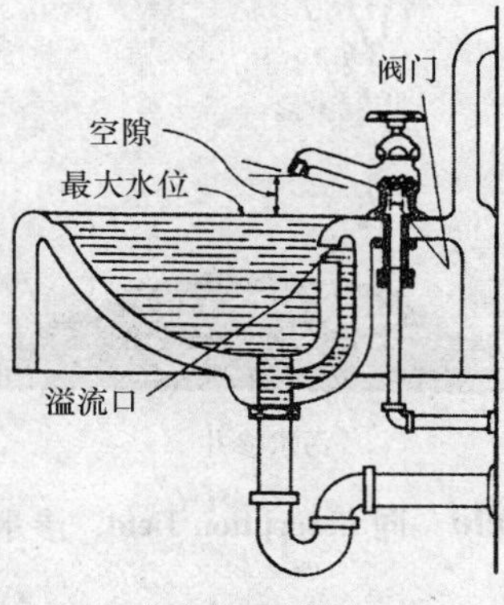

洗手池（洗脸盆）

lavabo 中世纪修道院中的大石盆，水从周边数个小喷嘴中喷出，用于宗教祈祷或用餐前按惯例举行的沐浴仪式。

洗手池

修道院的石盆

lavra 1. 希腊东正教修道院。2. 修道院中，围绕着教堂或食堂布置的一系列供修道士使用的房间。

lawn 1. 草地（坪、场）；覆盖着经修剪的草皮的开阔场地。2. 同 **qauze**，2；纱罗织物。

lawn sprinkler system 草地喷水系统；安装在草坪、高尔夫球场等处地表以下的一套可喷水的装置。

law of reflection 反射定律；光线、声波、热辐射波等遇到光滑表面发生反射时，反射角等于入射角，反射线及入射线所在平面与照射平面垂直。

lay bar 水平玻璃压（格）条（**glazing bar**）。

lay board 托板；设置在坡屋顶椽子下端承托椽子的木板，形成一个横截于坡屋面的侧立面。

layer 同 **course**；层，层次。

layer board 同 **lear board**；天沟托板，排水槽支承板。

laying 打底抹灰；见 **lath laid-and-set**。

laying length 敷设长度；按管道中心距计的安装长度。

laying off 擀匀；用毛刷轻扫以清除由滚子或刷子触动未干油漆表面留下的滚痕或刷痕。

laying-off angles 测量学中，通过旋转水平面测量两条交叉线间的夹角。

laying out 定线，放样；材料分割前事先在其表面作的标记。

laying to bond 不使用端切砖将砖块沿同一方向布置。

laylight 顶棚采光；室内采光或照明来自吊顶上玻璃窗孔中的自然或人工光亮。

layout 设计图；显示空间与物体布局的图。

lay panel 水平镶板；水平方向较竖向长的墙板。

lay-up 1. 加筋灰浆中的加筋材料。2. 浸树脂增强方式。3. 薄木片层压强化法。

lazaret，lazarette，lazaretto，lazar house 隔离病房；传染病人留验、检疫所在的地方。

lazy susan （橱柜）旋转架；厨房橱柜转角处的圆旋转台。

lb 缩写＝“**pound**”，磅。

L-beam L形梁，断面形状如倒置的字母L的梁，倒置梁的上翼可作为楼板边缘部分。

Lbr 缩写＝“**lumber**”，木料，锯木。

LCL 1. 缩写＝“**light center length**”，光心长度。2. 缩写＝“**less than carload**”，低于车辆载重量。

LCM 缩写＝“**loose cubic meter**”，略计立方米。

L&CM 缩写＝“**lime and cement mortar**”，石灰水泥砂浆。

L-column L形柱，带牛角柱；由柱、梁掖及梁构成，作为预制混凝土框架的组成部分。

LCY 缩写＝“**loose cubic yard**”，略计立方码。

LDG （制图）缩写＝“**landing**”，（楼梯）平台。

leaching 沥滤，溶滤；用将液体渗透到周围的土壤中的办法使固体与液体分离的过程。

leaching basin 滤水池；四周衬以砂或砾石，水可渗滤出去的污水池。

leaching cesspool 污水渗井（坑）；留住固体废物，允许液体渗漏到周边土壤中的污水井。

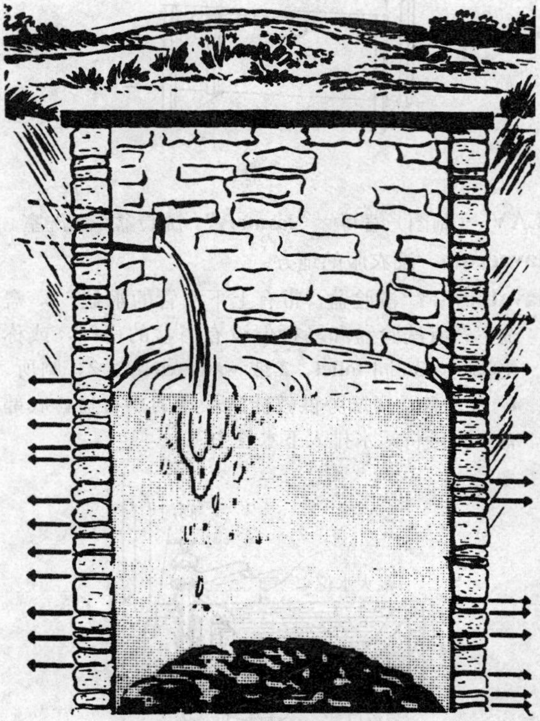

污水渗井

leaching field 同 **absorption field**；渗水场地，渗湿范围。

leaching pit 渗水井，沥水井；见 **leaching well**。

leaching well，leaching pit 渗水井，沥水井；多孔井壁的污水井，允许其中的液体渗漏到周边土壤中，保留固体废物。

lead 1. 墙角留槎；砌墙时在每个角预留一段齿形接口，作为余下墙体砌筑走向的引导。2. （复数）铅垂线；见 **leads**。3. 铅；一种金属，其密度大、熔点低、导热性好、质软易于加工，有一定延展性。

lead bat 墙上固定铅泛水的铅楔块；见 **lead wedge**。

lead burning 铅焊；铅板的焊接。

lead-capped nail 同 **lead head nail**；铅头钉。

lead chromate 铬酸铅（黄、橙、红色漆用颜料），橙色系列不透明颜料，色彩明亮。

lead chrome green 铅铬绿；见 **Brunswick green**。

lead covered cable 铅皮电缆；以金属铅包裹的电缆，具有防潮、防护作用。

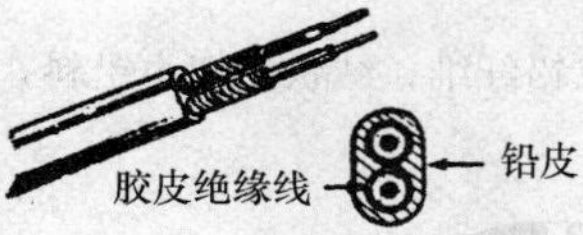

铅皮电缆

lead damp course 铅皮防潮层（**damp course**）。

lead dot 铅拴，铅铸销；用于将铅皮固定在石头上的器件。

lead drier 铅催干剂；溶解在油漆或清漆中的原铅盐，起催干及硬化漆料的作用。

leaded brass 加入铅的铜锌合金，铅可以改善其机械性能。

leaded glass （铅条镶嵌的）窗玻璃；见 **leaded light**。

leaded joint 通过在四周灌注铅水而使其衔接的管道接口。

leaded light （铅条镶嵌的）玻璃窗；由小块镶嵌在有槽铅条中的菱形或方形玻璃组成的窗。

leaded zinc oxide 铅锌白；一系列由氧化锌与硫酸铅混合成的白色颜料，主要用于外墙涂料。

leader 1. 排（落）水管（**downspout**）。2. 总管；热风采暖系统中，将热风输送到出口的管道。

leader head, conductor head, rainwater head 水落斗，雨水斗；落水管（**leader**）顶端接受檐沟雨水的阔口构件。

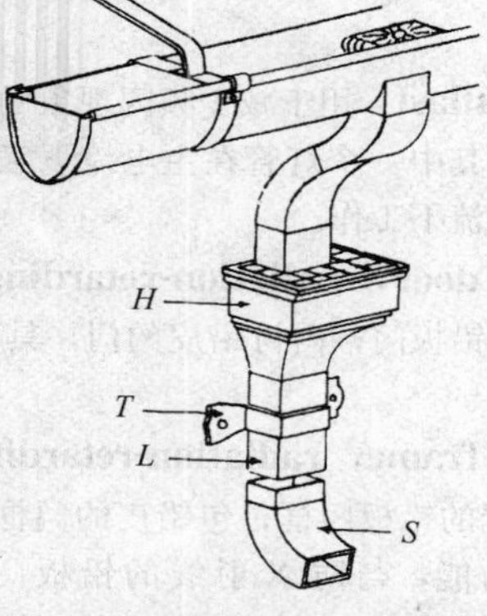

排水管，L：H—水落斗；S—水落斗转角；T—排水管金属固定带

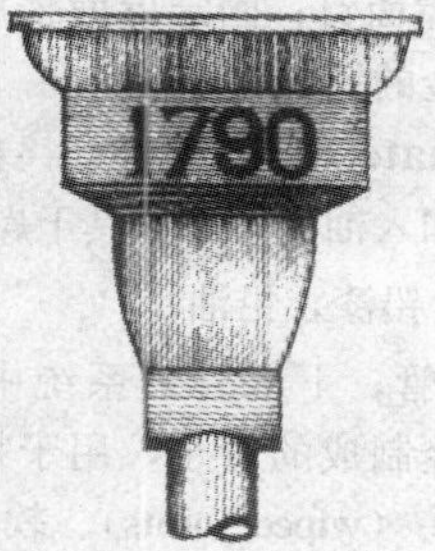

水落斗，雨水斗

lead flat 铅皮平屋顶；屋面板上包有铅皮的平屋顶。

lead foil tape 用于探测窗或玻璃是否坏损的扁导线，宽与厚分别为 12.5mm 和 0.05mm。将其粘于玻璃上并形成回路，通以弱电。如发现玻璃破损，电路断路警报启动。

lead-free paint 无铅漆（涂料、颜料）；不含有铅及其化合物的涂料。

lead glazing 铅条镶嵌的玻璃窗（**leaded light**）。

lead head nail 铅头钉；钉头为扁平的屋顶铅钉，钉入铁皮使接缝不渗水。

leading 将小块窗玻璃片镶嵌到有槽铅条中的方法。

leading edge, lock edge, strike edge 开关侧边；门窗扇安销的一侧竖梃，与合页边梃相对。

lead in oil 铅白；混入亚麻子油的白铅，早先被广泛使用，近来几乎被氧化钛所取代。

lead joint 灌铅接合，充铅接缝；将融化的铅液注入承插式水管接口（bell-and-spigot joint）处形成的接缝。

lead-lag ballast 用于减少频闪现象的双管荧光灯镇流器，其中一个灯管在主电流下工作，另一个在重叠电流下工作。

lead-lined door，radiation-retarding door 防X射线的铅板门；内衬铅皮的门，具有防X射线的功能。

lead-lined frame，radiation-retarding frame 防X射线的铅板门框；包铅皮的门框，具有防X射线的功能，与防X射线的铅板门（lead-lined doors）配合使用。

lead monoxide 同 litharge；氧化铅。

lead nail 铅屋面钉；固定屋面铅皮的钉子，通常采用铅铜合金的钉子。

lead naphthenate 环烷酸铅；一种液体，用作涂料催干剂，加入油漆可加速其干燥与硬结。

lead paint 含铅漆，铅油。

lead pipe 铅管；下水管道系统中某些含铅量达99.7%的合金制成的管子，用于特殊部位，可采用包裹式接头（wiped joints）、软焊接头（burned joints）、法兰盘接头（flanged joints）方式连接。

lead pipe cinch 铅管连接的简易方式。利用其延展性好的特点，先将铅皮卷成筒形，然后折起端部使之与筒轴垂直，再向内折叠端部并弄皱，便可形成密封接头。

lead plug 1. 预埋铅块；小铅饼压入砖墙的缝隙中作为受钉点。2. 铅销；两块石头间的铅块，用于连接两块石头，将溶化的铅液注入石头接触面上凿出的小洞冷却后形成。

lead primer 铅质底层漆；见 red lead。

lead roof 铅皮屋顶。

leads 引线；导线中用于连接用电设备的绝缘线头。

lead safe 铅座（底板、垫）；见 drip dink。

lead-sheathed cable 同 lead-covered cable；铅包电缆。

lead shield 铅罩（套）；一种锚具，即包裹在螺栓或螺钉外的铅皮，可使其连接更加牢固。

lead slate，copper slate，lead sleeve 铅泛水；由铅皮或铜皮制成的圆筒套筒，用于出屋面管道周边防止渗水。

lead sleeve 铅套筒；见 lead slate。

lead soaker 块状铅泛水板；见 soaker。

lead spitter 铅皮套管；连接檐沟与落水管之间的套管。

lead tack 1. 铅钉，将钉子一端钉入结构中，另一端弯折扣住泛水卷材上口，使其固定。2. 铅垫；矩形铅块，附着在铅管上，可使其与墙或其他支撑体靠牢。

lead-up 同 starter frame；定位模板。

lead wedge 铅楔；固定砌体泛水卷材的锥形铅条。

lead wing 铅翼；窗玻璃周边的铅条，可防雨水渗入。

lead wool 铅纤维；绒状的细小铅料，用于填塞管子接缝。

铅纤维：填塞（隙缝）使不渗水

leaf 1. 页片；平开门合页中活动的部分。2. 一对门窗扇中的一扇。3. 空心墙其中的一墙肢。

leaf and dart，heart and dart 枭混线脚；希腊风格建筑使用的由针形与三角形叶纹交替组成传统的装饰线脚。

枭混线脚

leaf and square 泥水匠用的小件工具，一端为叶尖形刀刃，另一端为直角形刀刃。

leak 裂缝；见 sound leak。

lean clay 贫黏土；液限（liquid limit）及塑性指数（plasticity index）都低的黏土。

lean concrete 贫混凝土；水泥含量低的混凝土。

leaning tower 斜塔；细高而倾斜的塔，最著名的斜塔在意大利的比萨，塔高 54.6m，倾斜达 5m。

lean lime 贫石灰；不纯的石灰，比纯石灰可塑性差。

lean mix，lean mixture 1. 少灰混合料；混凝土或灰浆中水泥含量少。2. 贫拌合；难拌合的灰浆。

lean mortar 贫砂浆；水泥含量不足的砂浆，贴抹子，难以摊开。

lean-to 披屋；作为主要房屋的扩充，其高墙一侧依附于主要房屋的单坡小房。

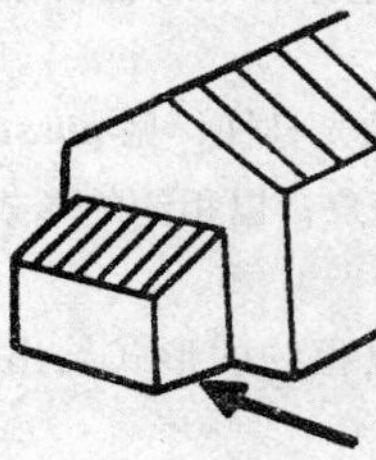
披屋

lean-to house 偶尔指斜坡盐箱式房屋。

lean-to roof，half-space roof 单坡屋顶；其一侧墙高于屋顶。

lear board，layer board 天沟托板，雨水槽支撑板；与椽子正交并固定的木板，承托雨水沟的金属内衬板。

lease 租赁合同；将房屋及财产的所有权在一段时间内转移的合同，以获得周期性的回报，称为租金。

leaseback 售后回租；见 sale-and-leaseback。

leasehold 租赁权；在保持产权不变的情况下，以租来获得的使用权。

LECA 缩写＝“light-expanded clay aggregate”轻质膨胀黏土骨料，轻质黏土陶粒骨料。

Le Chatelier apparatus 莱查得利仪；用于测定水硬水泥的坚固性。

lecithin 卵磷脂；从大豆或棉子中提取的液体，用于油漆保湿，起控制其流淌性或干燥快慢的作用。

lectern 教堂或讲堂中放讲稿、书及乐谱的小台子，其高度适中，顶面倾斜。

lectorium 基督教堂中诵读经文的地方。

LED 缩写＝“light-emitting diode”，发光二极管。

ledge 1. 线脚式小凸起。2. 肋板；将多块木板固定在一起的木构件。3. 加强板材刚性及稳定性的小构件，（但）没有形成构架。4. 岩石（架）；见 bedrock。

ledged-and-braced door 以斜撑加强的条板门（batten door）。

ledged door 同 battened door；条板门。

ledgement table，ledgment table 勒脚，墙基脚；建筑下部的横线脚。

ledger 1. 卧木；框架中，由立柱或吊钩支承的水平构件，承托木搁栅。2. 轻型木构架的大梁底部的镶条，承托搁栅。3. 脚手架中绑扎在立杆上的、与墙垂直的水平横杆，承托工人站立的跳板（put-logs）。4. 平石板，如平置在坟墓上的石板。

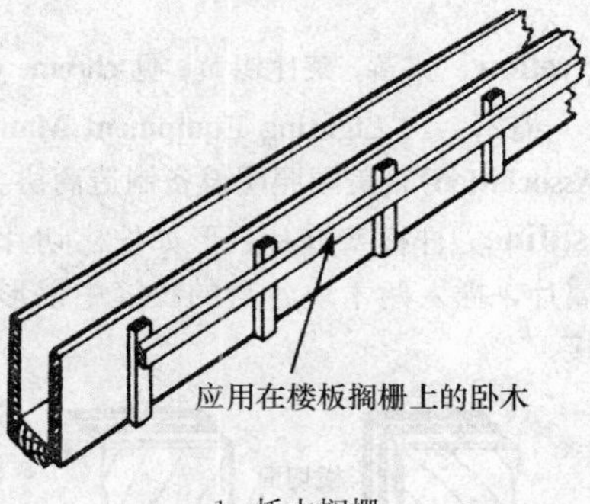

1. 托木搁栅

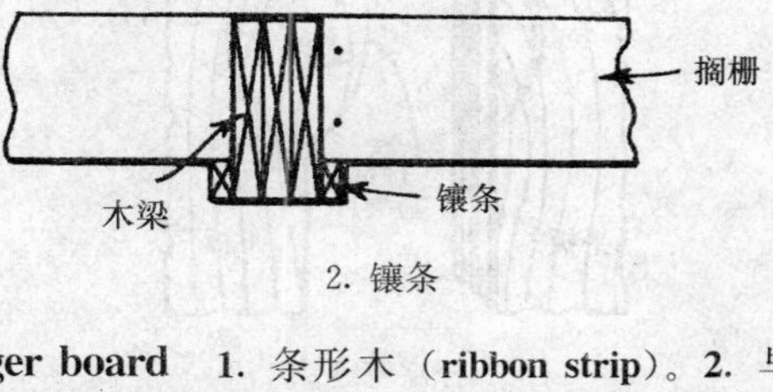

2. 镶条

ledger board 1. 条形木（ribbon strip）。2. 与一系列立柱相交的水平顶板，作为栏杆扶手。

ledge rock 岩床，岩脉；同 bedrock。

ledger plate 1. 同 ledger strip；搁栅横托木。2. 同 ledger，1；卧木。

ledger slab 教堂楼板采用的石板材。

ledger strip 1. 搁栅横托木；钉在沿大梁底边的木条，起承托搁栅作用，使搁栅顶面与梁顶面平齐。2. 条形木（ribbon strip）。

ledgment，ledgement 砖石水平装饰腰线层（stringcourse）。

left-hand door 左开门；见 hand。

left-hand lock 左开门（left-hand door）锁。

left-hand reverse door 左手外开门；见 hand。

left-hand stairway 左扶楼梯；上行方向时扶手在左侧。

legal open space 长期向公众开放的公共场所（open space）。

leg drop 舞台两侧的窄幕；挂在舞台两侧、与脚光平行的窄条幕布。

legget，leggatt 整理茅草用的工具。

legitimate house 营业性戏院，专业性演出的戏院。

lehr 用来将玻璃退火的长隧道形烤炉，流程连续不断。

Leipzig yellow 铬黄，莱比锡黄；见 chrome yellow。

LEMA 缩写＝“Lighting Equipment Manufacturers' Association”，美国照明设备制造商协会。

lemon spline 柠檬塞缝片；形如柠檬切片的木片或金属片，插入两木块各自的狭缝中以形成相互的对接。

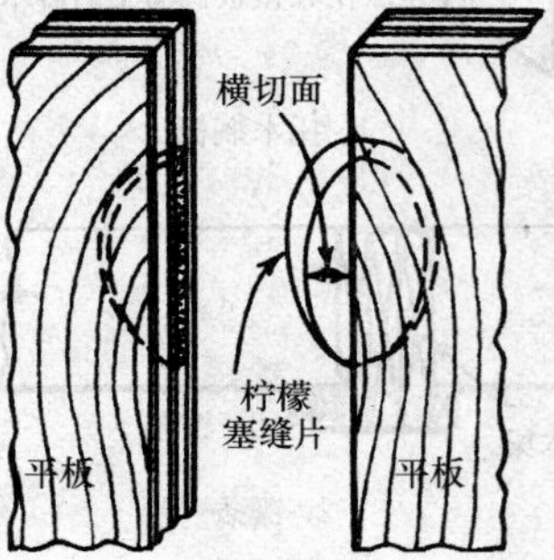

柠檬塞缝片

lengthening joint 增长接头，加长连接；为了增加木材长度，两杆件以锯接、斜接、对半嵌接方式形成的对接。

lens 1. 透镜；双曲面玻璃或塑料片，通过曲面凸凹控制光线透射，用于聚焦、扩散或瞄准的光学仪器中。2. 镜头；多片透镜组成。

lens panel，lens plate 物镜框，镜头板；多片透镜组合而成的透明材料，盖在发光灯泡上可控制光束的方向。

leopardwood 同 letterwood；豹斑木（圭亚那）。

leper's squint 教堂圣坛石面的小矮窗；见 low-side window。

Lesbian cyma 双弯曲线脚（cyma reversa）。

Lesbian leaf 同 water leaf，2；水叶装饰。

lesche 古希腊宴会厅；供人们经常光顾聊天、发布消息的地方，如俱乐部等，其室内墙面由知名画家绘画装饰，这样的场所在古希腊的各城市中随处可见。

lesene 无帽无础的光身柱；见 pilaster strip。

lessee 承租人，租户；以租约的形式得到房屋及财产的利益的人。

lessor 出租人；以租约的形式给出房屋及财产的利益的人。

let in 插入，嵌入；两块木板连接采用的方法。

let-in brace 柱斜撑杆；斜嵌入立柱的支撑。

letter agreement，letter of agreement 书信合约；声明甲乙双方均已接受所列条款的书信，具有法律效力。

letter box 同 mail box；信箱。

letter-box backplate 信箱背板；安在大门内侧盖住信箱板（letter-box plate）槽孔的板，允许信投入。

letter-box hood 同 letter-box backplate；信箱背板。

letter-box plate，letter plate 信箱板；安在大门外侧的信槽孔板，信可由孔槽投入，常带有信箱背板（letter-box backplate）。

letter chute 信件滑槽；见 mail chute。

letter-drop plate 信箱板（letter-box plate），通常带有信箱背板（letter-box backplate）。

letter of intent 意向书；正式合同（agreement）之前签署的意向性文件，通常包含合同的基本条款。

letter plate 街门投信口；见 letter-box plate。

letter slot 信槽孔；见 mail slot。

letterwood，leopardwood，snakewood 豹斑木；出产于圭亚那的杂色木料，有很好的弹性，用作饰面板。

letting of bid 开标；见 bid opening。

levecel 耳房，附属房。

level 1. 水平仪；利用与水平线之间的夹角测得高度的仪器，由附带气泡水平仪的望远镜、可转动底座和三脚架组成；又见 wye level 和 dumpy level。2. 水位；水平面所在的位置。3. 气泡水平仪；见 spirit level。4. 十倍对数与同样物理性质的基准量比值下的声学效果。

level control 水准控制；整个工程建立的一系列高程标点。

leveling 1. 涂刷时的匀饰性；见 flow，3。2. 水平调节；测量中，用水平仪与水准尺来调节两点之间高差的操作，气泡水平仪用于建立水平观测线。

leveling coat 灰浆水平面上的薄壳。

leveling course 找平层；见 asphalt leveling course。

leveling device 电梯自动平层装置；电梯轿厢中自动控制其与所在楼层地面平齐的装置

leveling instrument 水准仪，水平仪；测定两点之间高差的仪器。

leveling plate 垫片；放置在可能设置结构柱基础上的钢板。

leveling rod，leveling staff 水平标杆，水准标尺；用于测量地面上一点与测量仪瞄准线之间的垂直距离的直杆；通常为木质，前表面平整，均布地刻着刻度单位及分刻度，零刻度自一端起；金属制的表面也有刻度。一种水准尺的刻度读数是由操作水准仪的人读取的；另一种水准尺带有一个读数标卡，当读数标卡移动到水准仪操作者给出的信号位置时，固定标尺的人根据读数标卡与基准线重合的刻度值读取数值。

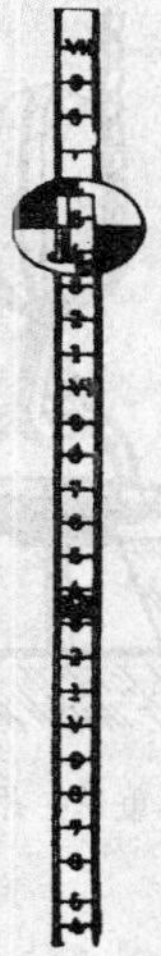

水平标杆，水准标尺

leveling rule 水平尺；泥水匠用于检查某一水平面是否高于其他地方的长尺（level）。

leveling staff 水准标尺（杆）；见 leveling rod。

level surface 水平面；各点均与铅垂线或重力方向线垂直的表面，平行于静止的水面。

level transit 水准经纬仪；同 level，1。

lever arm 作用力臂；结构构件中受拉钢筋截面形心到构件受压点的距离。

lever board 同 louver board；活动百叶窗，百叶窗板。

lever handle （杠杆式）门拉手；属于建筑五金，控制门锁的水平执手。

lever shears 杠杆式剪切机；见 alligator shear。

lever tumbler 制栓杆；随钥匙的转动作环轴运动的片式制栓。

lever-type operator 杠杆式窗开关；平开窗中用于转动操作的配件。

Levittown 莱维敦；第二次世界大战后，纽约郊区建立的一座住区，最终成为众多成功的花园社区中的一座并被效仿；其主要特点在于：蜿蜒的道路、平价的住房，每户拥有各自的地皮及附属的车位。

lewis 起重爪，吊楔；用于起吊石料、柱或大砌块的装置，断面呈燕尾形，可刚好插入砌块中预先

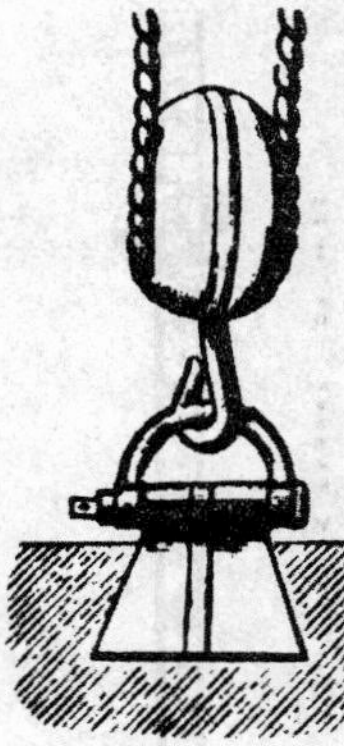
起重爪，吊楔

切出的燕尾凹槽内。

lewis bolt 1. 插销螺栓；有楔形端部的锚固螺栓，将其沉入石头上打好的孔中，用溶铅或水泥浇铸到缝隙中使其抓牢。2. 类似吊楔一样可提起大石块的组件。

lewis hole 石料表面的凹陷，吊楔（**lewis**）孔。

lewising tool 凿吊楔孔（**lewis hole**）的凿子。

LFT 缩写＝"**linear foot**"，条形基础。

LG （制图）缩写＝"**long**"或"**length**"，长度。

lgr （木材工业）缩写＝"**longer**"，较长。

lgth （木材工业）缩写＝"**length**"，长度。

LH （制图）缩写＝"**left hand**"，左手。

L-head L形撑头；顶端带有突出的水平支撑部分的支柱，形如倒置的字母L。

liability insurance 责任保险，个人义务保险；保护被保险人免于承担其他人的人身或财产伤害责任的保证。

Liberty 意大利新艺术形式的复兴；见 **Neo-Liberty** 和 **Stile Liberty**。

library 图书馆；永久保存供公众或私人使用图书的地方。规模有大有小，住宅中通常只占据单个房间；而作为公众或私人机构，则可能占据整栋建筑。

LIC （制图）缩写＝"**license**"，许可证，执照，牌照。

license 许可证，执照，牌照；一种书面文件，确认个人可以承担某些特殊工作，如建造或改造房屋，安装、改造、使用或操作房屋中的仪器设备等项任务。

licensed architect 注册建筑师；见 **architect，2**。

licensed contractor 注册承包商；个人或组织由管理机构确认其可以履行建造合同，有些地方需通过法律程序。

licensed engineer 注册工程师；见 **professional engineer**。

lich-gate 墓地廊道，停柩门道；见 **lych-gate**。

lich-stone 架棺石；见 **lych-stone**。

lien 留置权，扣押权；为使他人偿还债务而占有其财产的权利。

lien waiver 留置权的放弃；见 **waiver of lien**。

lierne rib 哥特式穹顶主肋之间的装饰性肋，不承担结构作用。

装饰性肋

lierne vault 扇形肋穹顶；使用大量装饰性肋（**lierne ribs**）的穹顶（**vault**）。

life cycle 全寿命周期；对于一栋建筑或一件设备实现其预定功能的合理性预期。

life cycle cost 全寿命费用；包括房屋或设备等初始安装费以及在全寿命周期内的维护和运行费用。

life performance curve 光源特性与寿命的关系曲线。

lift 1. 升降机，吊车；剧院舞台上、乐池下或台口用的升降机。2. （英）＝ **elevater**，电梯。3. （窗扇的）提升柄；吊窗下窗扇上用于提拉窗扇的把手，又称吊窗拉手。4. 脚手架或框架上的竖向构件。5. 多次浇筑而成的两条连续的水平施工缝间的混凝土。6. 钢筋混凝土墙、柱、基础等施工中一次浇筑的混凝土部分。7. 建筑结构中一次浇灌的砂浆的量。8. 分层开挖项目中的一台或一步。

lift gate 升降闸门；沿竖向移动而开启的门，区别于绕单边合页转动的门。

lift hole 管壁上用于提拉环插入的小孔。

lifting, raising 涂刷中涂覆新涂层时下层涂料变软并打卷的现象。

lifting beam 同 **strongback**；起吊梁，吊装托梁。

lifting pin 吊楔。

lift joint 两浇筑层之间的接缝。

lift latch, thumb latch 转动门闩，提闩；靠转动杆扣住门边框上的钩形扣将门闩牢，提起转动杆便将门打开。

转动门闩，提闩

lift-off butt hinge 活脱合页；一种特殊的平接合页（**butt hinge**），将门提起可拔出枢轴。

lift-off hinge 可拆合页；见 **loose-joint hinge**。

lift platform 同 **elevator car platform**；电梯地板。

lift shaft 电梯井；见 **hoistway**。

lift slab 1. 升板法；一种浇筑混凝土楼板的施工技术，通常将全部楼板在地面上浇筑成型后，再用千斤顶顶升就位。2. 顶升楼板；用这种技术浇筑起的楼板。

lift well （英）**hoistway**，电梯井。

ligger 1. 横托木；支托地板、脚手架等竖向构件的横木，又称横档（**ledger**）。2. 屋脊杆；压在茅草屋脊处的长杆，多用柳木。3. 小搅拌板。4. 壕沟上的跳板。

light 1. 天窗；能使阳光照入室内的窗孔。2. 玻璃片；窗或窗扇上被分格后透光的部分。3. 灯光；人造光源。又见 **ceiling light, dead light, divided light, dome light, elliptical fanlight, fanlight, lantern light, leaded light, pavement light, quarter-round light, semicircular light, semielliptical light, sidelight, sky-light, sodium light, sunburst light, transom light**。

light alloy 轻合金，铝合金。

light bridge 舞台安灯天桥；剧场舞台上空的桥架，用于吊挂灯具或在此进行控制。

light bulb 1. 同 **incandescent lamp**；白炽灯泡。2. 灯泡；见 **lamp bulb**。

light-center length 光心长度；灯泡中发光元件中心（如白炽灯丝）至灯头基准点之间的距离，每种类型灯头的基准点按常规是固定的。

light control-console 剧院舞台控制台；根据舞台表演的需要，对观众厅及舞台灯光进行控制的操作台。

light court 采光天井；由房屋外墙围合而成的，供周边有侧窗开向天井的室内空间采光通风用。

light dimmer 同 **dimmer**；遮光器，灯罩。

light-emitting diode 发光二极管；可发出单一原色的电晶体装置，但与其他电晶体装置结合下可产生其他电子看板所需的颜色。每个电晶体装置约 1cm（1/2in）长并具有非常长的使用寿命。也称 LED。

lightfast 指耐晒不退色的油漆或涂料。

lightfilter 滤光片，滤光器；可改变穿过其中的辐射光通量的大小和（或）光谱成分的装置。滤光片色彩可以选择，也可以无色彩，这取决于入射光通量的光谱分布是否需要改变。

light-gauge steel 轻量型钢；可用来制作成平板型材、角材或管道的冷轧钢材；常用作制作非结构分隔。

light globe 灯罩；见 **globe**。

light hard bricks 并非砖窑中最硬的砖；承受温度变化的能力比过烧砖要低。

light-hazard occupancy 低火灾危险性，指可燃物含量少和（或）燃烧性能低，一旦点燃，其可能释放的热量相对较低。

light house 灯塔，灯楼；顶部安装有强光源的高层构架或塔架，常置于海岸或其他航道中，为水中船只导航。直到 20 世纪后半叶逐渐被电子导航系统取代之前，它一直是远洋商业作业并保持其持续繁荣的重要设施。

lighting 1. 用于采光与照明的各类工艺、系统、方式和（或）设备。2. 舞台灯光；见 **accent lighting**，**cove lighting** 等。

lighting batten 舞台吊灯具的钢管。

lighting booth 剧院灯光控制室；根据舞台演出的需要，控制灯光的操纵台放置的地方。

lighting cost，**cost of light** 照明费用；计算照明费用时不考虑整个系统的花费，只与灯泡的购置费、更换费用及耗电量有关，单位以每兆流明小时计。

lighting fitting （英）**luminaire**，照明设备。

lighting fixture 照明装置，照明器材；能安装白炽灯、荧光灯等发光体的一套电气元件，通常包括纯功能性或兼具装饰性的罩或反射罩。

lighting instrument 照明装置（**luminaire**）；尤指便携及可聚光、聚焦或可调节的，如剧院灯光。

lighting outlet 照明电源插座；可与灯座、照明器直接相联或与灯座端头的悬吊绳连接的电源插座。

lighting panel 1. 照明配线盘；带熔断器或断路保护器、连接各照明器分支电路的电配电盘。2. 控制电灯及照明电路的配电板。

lighting panelboard 可承受 10% 过载电流、但不得超过 30A 的配电板。

lighting track 某种特殊类型的墙面布线槽（**surface raceway**），张开的 U 形槽口内带有预先安装的导线，装有特殊插头的照明器插入槽口内可以翻转 90°角。

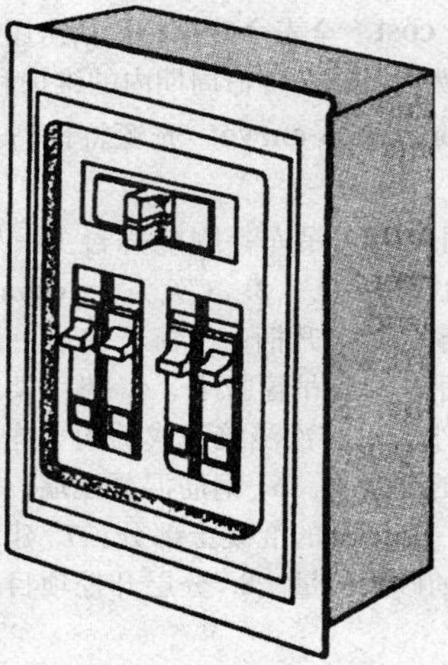

照明配线盘

lighting unit 手提式照明装置。

light loss factor 照明减光系数；照明系统经过一段时间使用后，在计算其照明减光时采用的系数，减光损失受温度变化、电压波动及镇流器变化的影响；也受灯具表面的灰尘、房间内墙面的灰尘、维护程序、空气条件等因素的影响。大致分为两类：一类是可补偿的减光，如更换旧灯泡或擦拭其表面；另一类是不可补偿的减光，如元件老化或难以控制的低电压。

lightly coated electrode 薄药皮焊接；见 **coated electrode**。

lightness 明度；以反射入射光线的多少显示颜色从黑到白的变化。

lightning arrester 避雷器；一种保护用电设备免受闪电或其他非正常高电压损坏的装置，通常与电线末端或地线连接。

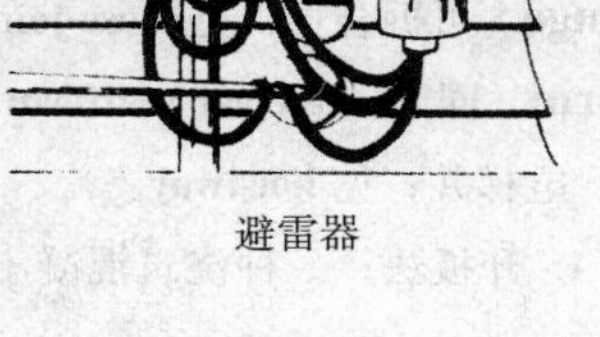

避雷器

lightning conductor，lightning rod 避雷针；一端安装在屋顶最高点，另一端与大地连接的一条金属导线，能把闪电直接引入大地，在遭雷击时保护建筑物。

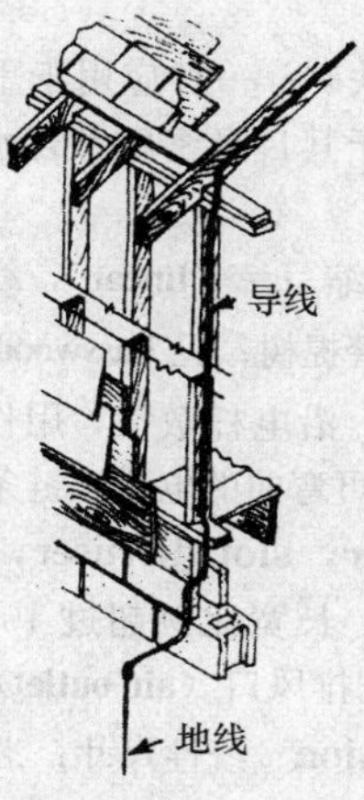

避雷针

lightning rod 避雷针；安装在建筑物最高点的棒状导体；可以把闪电直接引入大地，使建筑物免遭雷击的保护装置，由本杰明·弗兰克林于1752年发明，他还发现了雷电是电子现象。

lightning shake 放射性环裂，闪电状裂纹；由于树木在生长期遭雷击损害，形成沿木材年轮方向的裂纹。

light output 光输出；照明设备发出的总光能量。

light output ratio 光输出比；灯具发出的总光量与其上面独立光源总光量的比值。

light pipe 同 **lighting batten**；舞台吊灯具的钢管。

lightproof blind 遮光卷帘；可折叠遮光垂直屏障，可沿固定在窗两侧壁的轨道运动。当全拉下时，自然光被完全隔绝。

light reflectance 反光；见 **reflectance**。

light-reflective glass 反光玻璃；见 **reflective glass**。

light resistance 耐光性，抗光性；材料诸如塑料日晒后或紫外线照射后抵抗变色的能力。

light source A A型光源；见 **standard source A**。

light source B B型光源；见 **standard source B**。

light source C C型光源；见 **standard source C**。

light tormentor 舞台口竖边安装灯具的管柱。

light transmittance 透光率；见 **transmittance**。

lightweight aggregate 轻集（骨）料；拌制轻质混凝土时采用的低容量骨料；如烧结黏土、高炉泡沫矿渣、粉煤灰、膨胀蛭石等。

lightweight concrete 轻质混凝土；密度低于砂砾或碎石块的混凝土；常由轻质骨料或向灰浆中注入空气或气体制作而成。

light well 采光井，通风竖井；建筑物中顶部开敞，供周边的门窗洞口采光与通风的竖井。

lignin 1. 木质素；树木中含有的有机物质，与纤维素都是构成木质结构的主要成分。2. 由纸浆制成的结晶产品，作为胶粘剂与木屑混合生产电木，具有防腐作用。

limba 伦巴木（非洲榄仁树）；木质坚硬，纹理顺直而均匀，尤其适于做面板。

lime 石灰，氧化钙；通过高温加热石灰（岩）或大理石岩获取的白色或灰白色岢性物质，主要用于灰膏砂浆、水泥膏中。古代在石灰石稀少的沿海地区，以贝壳加热后获取碳酸钙；又见 **lime mortar** 和 **shell lime**。

lime-and-cement mortar 石灰水泥砂浆；由熟石灰与硅酸盐水泥及砂混合而成，用于砌筑或水泥砂浆抹灰。

lime burning 锻炼石灰。

lime concrete 石灰混凝土；由石灰、砂、砾石混合而成，在石灰基岩被波特兰水泥取代前广泛使用。

limed rosin 岢化树脂；经石灰作用的树脂，用作涂料中的胶粘剂。

lime glass 石灰玻璃，钙玻璃；含有高比例石灰物质的普通玻璃。

lime mortar 石灰砂浆；由石灰、砂及水混合而成，由于其凝结速度慢，目前已很少使用。

lime paste 石灰膏，石灰胶；将石灰浸泡在水中生成的石灰膏。

lime plaster 掺砂石灰膏；由石灰与砂骨料混合制成的基层抹灰灰膏。

lime putty, plasterer's putty 石灰膏，熟石灰；石灰经充分水化后形成的厚膏，用于抹灰中。

lime rock 石灰石岩，碳酸钙；天然固化或半固化的石灰石，其主要成分是碳酸钙，并掺有一定量的石英砂。

limestone 沉积岩；主要成分为方解石或石灰石的岩石，用作砌筑的石料、碎石骨料或生产石灰的原料。

limestone marble 石灰岩大理石；包含商业大理石在内的一种重结晶石灰石；可以被高度磨光。

limestone tuff 石灰岩；一种质软、易切割但不能被磨光的石材；主要由含碳物质组成。

lime-tallow wash 油脂石灰水涂刷；由石灰、水及油脂形成的混合物，涂于屋顶、墙或其他外表面。

limewash 刷石灰水；用水与石灰的混合物涂刷内外墙表面，亦称刷白。

limewood 北美椴木；见 **basswood**。

limit control 限额（量、位、度）控制，安全装置；当锅炉、冰箱或空调系统被探知处于不安全状态下可关闭系统或启动报警的装置；又见 **limit switch**。

limit design 极限（强度、荷载）设计；基于诸如下列使用极限的结构设计，如塑性极限、稳定极限、弹性极限、疲劳极限或变形极限等。

limited combustible material 美国全国防火协会定义的易燃材料以外的建筑材料，即其燃烧潜热不应超过 814kJ/kg，此外，至少还应符合该协会制订的标准中的另外任何一条。

limiter 限幅器；特殊用途的熔断器，通过限制流经电路或设备的电流量保护其免受频繁出现的短路电流（**available short-circuit current**）的影响。

limiting height 1. 限制高度；规范中规定的建筑最大高度。2. 在设计荷载产生的容许挠度范围内隔墙或墙体可设计并建造的最大高度。

limit of proportionality （材料）比例极限；见 **proportional limit**。

limit state 极限状态；结构不再作为其预设功能使用下的一种状态。

limit switch 限位开关，行程开关；由电机或运动的轿厢控制的电路的开关，它可改变与运行相连电路中的电流，使其在接近上下终点时自动减速或停止。开关电路独立于正常运行控制系统之外。

limonite 褐铁矿；一种应用于重混凝土中的天然矿物质，由于其自身密度及含水量均高，可有效的防辐射。

LIN （制图）缩写＝“**linear**”，线性的。

linden 椴，菩提树；见 **basswood**。

line 1. 导线；沿电杆敷设，用作配电总线的电线或电缆。2. 可弯曲的电缆、链条、绳索等。

linear diffuser, slot diffuser, strip diffuser 条形散流器；长宽比例超过 10∶1，宽度一般不大于 10cm 的排风口（**air outlet**）。

linear dimension 线性尺寸；沿直线测量的尺寸。

linear light source 线形光源；长度远大于其他各向尺寸的光源，如荧光灯管。

linear packer 条形打包机；一种自动垃圾打包机，类似于圆盘打包机，不同的是该打包机沿线形轨道呈直线移动，尤其适用于狭窄场地。

linear plan 条形平面；指一个开间两个以上进深或一个进深两个以上开间的住宅平面。

linear prestressing 线性预加应力；施加在线性结构构件如钢筋混凝土梁或柱上的预应力。

linear-type heat detector 火灾探测系统中应用的热敏头。采用对温度极敏感的热敏电线制成，其全长均可感知温度的变化并启动报警装置。

lined eaves 屋顶下直线排列的板材，沿远离外墙方向向外伸出。

line drilling 成行钻孔；岩石爆破开采的一种方法，沿待开采区域的周边间隔 10cm 钻一小洞，再行爆破，便可得到理想形状的石材。

line drop 线路电压降；指沿输电线两点之间电压差，通常是由于导线电阻所致。

line level 线水准仪；验槽时使用的特制气泡水准仪，由一个小巧的气泡水准仪与一两端带有挂钩水平管或类似的器件构成。将水平管挂在沿水平方向拉直的线上，可测其是否水平。

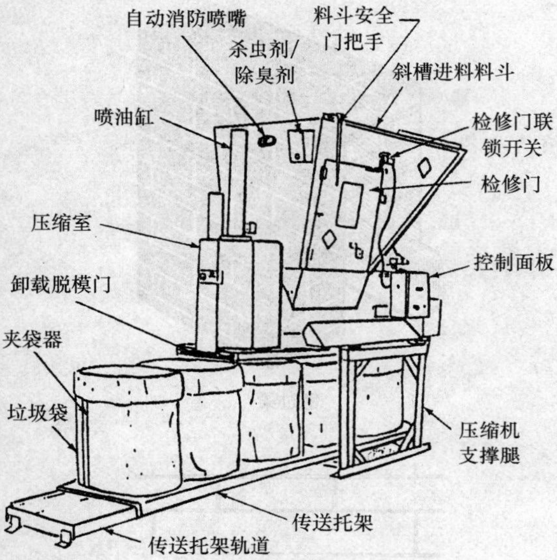

条形打包机

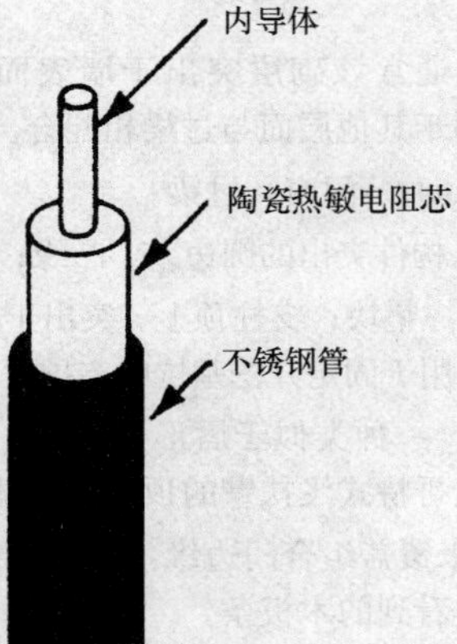

热敏头

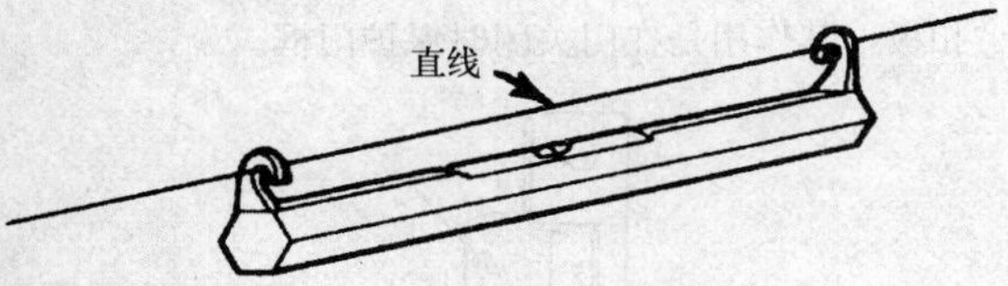

线水准仪

linenfold, linen pattern, linen scroll 有对称布褶或布卷花饰的雕刻板。

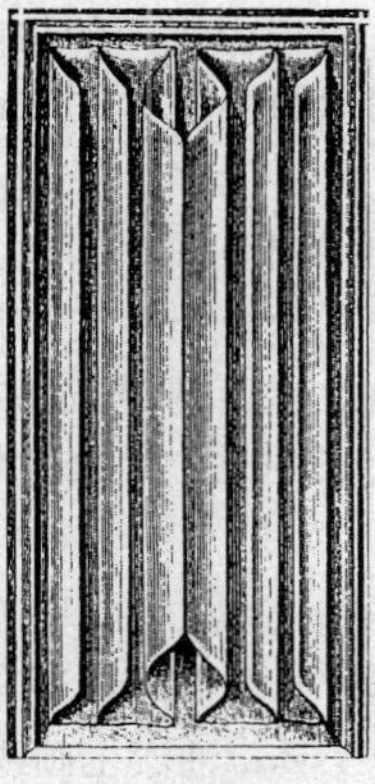
雕刻板

line of collimation 对准线，准直线；见 **line of sight**。

line of levels 水准线，标高线；指测量中的一系列等高线。

line of pressure 压力线；砌筑拱或拱肋的楔形砖上等压点之间的连线。

line of sight, line of collimation 视线；用望远镜或其他仪器观看物体时，从仪器至被观看物体之间的连线。

line of travel 楼梯行走线；见 **walking line**。

line pin 挂线销钉；泥瓦工用于固定准线的钢钉。

line pipe 干线用管，总管；主要用于输送燃气、燃油或水的焊接管或无缝钢管，其端部有各种形式，如平的、斜的、刻槽的、扩口的、带翼缘的、套丝的等等。

liner 1. 衬砌；石材（主要为大理石）薄镶面层下的石砌层，其作用是增加面层的强度及刚度，增加其表面承载力或接缝的深度。2. 直线规，画线具；油漆工所用工具。3. 连接管道用的套管。4. 同 **jamb lining**；门窗边框的筒子板。

liner plate 垫板；带有槽纹的预制钢板，端部有翼缘板，从而可用螺栓相互连接，用于坑道或竖井内支撑体系。钢板上的槽纹有增加其刚度的作用。

line voltage 线路电压；由电源线在使用点提供的电压。

LIN FT （制图）缩写＝“**linear foot**”，纵向长度。

lining 1. 镶板；覆盖内表面的材料，如门窗洞口周边框或室内墙面的板。2. 同 flue lining；烟囱内衬。

lining out 锯木前在板上画线。

lining paper 1. 防水纸；框架房屋中在墙板立筋上钉外墙板之前及屋面铺设石瓦或木瓦下敷设的防水层。2. 壁纸的衬底；装饰性墙纸面层下的基层。

lining plate 衬板；金属屋面中檐口下的金属板条，其作用是保持屋面板底边平直。

lining tool 画线工具；油漆工画线用的扁边工具。

link dormer 连接的老虎窗，大屋顶窗；围住烟囱或将一片屋顶与另一片屋顶连接起来的老虎窗。

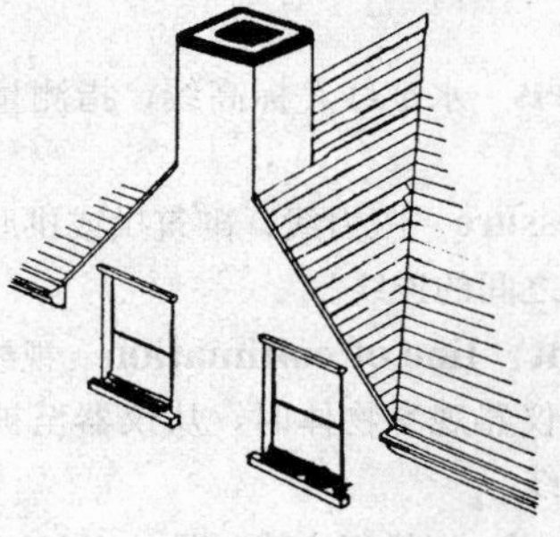

老虎窗，大屋顶窗

linked switch 联动开关；连接两个以上开关的操纵杆，以实现同时或按顺序的开关控制。

link fuse 安装在绝缘支座上的开放式熔断器（fuse）。

linoleum （亚麻）油毡，油漆布；将氧化亚麻子油与软木屑混合后，用粘结料粘在粗麻布或帆布表面制成的有弹性的屋面材料，其价格相对较低，防污性、抗腐蚀性、抗凹痕能力较差。

linseed oil 亚麻子油；作为油漆面层中的快干性油漆；又见 raw linseed oil。

lintel 楣；洞口上部由钢材、石材、木材制成的水平结构构件；又见 door lintel，eyebrow lintel，fire-place lintel，splayed lintel，through lintel。

lintel block，U-block 过梁砌块；砌筑时开口向上放置的单孔混凝土砌块，连续放置的砌块开口中灌以砂浆，有时还配以钢筋。

lintel course （门窗）过梁层；砖石砌体中过梁所

钢过梁

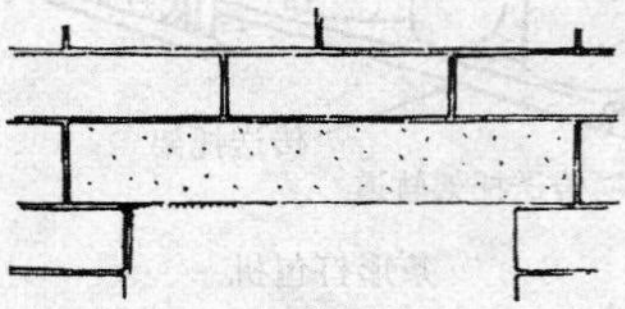

石材过梁

在的砌层，通常该砌层突出于墙表面或其面层，其厚度不同于其他层而与过梁相配合。

lintol 同 lintel；（门窗）过梁。

lip 1. 翼缘；构件突出的圆边。2. 凸缘；见 lip strike。

lip block 支撑垫块；支柱顶上、突出于横档（wale）的短木料，用于固定开挖基坑的支护框架。

lip molding 一种类似于唇形悬垂物的装饰板条；常用作垂直哥特式飞扶壁的顶端或底部装饰带。

lippage 用来覆盖组合门边缘，防止内芯与装饰面间连接件被看到的木板条。

lipping 平板门贴边木条；成品门门边的压条，用于掩盖门芯与镶板之间的接缝。

lip strike 锁舌护板；固定在门框一侧带凸缘的锁扣板，其作用是在门关闭时保护门框。

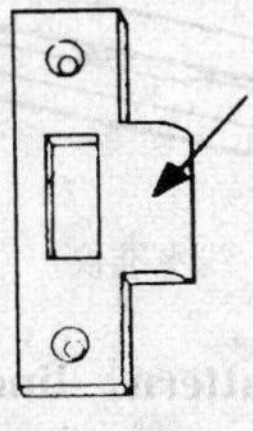

锁舌护板

lip union 内突环式连接管；接头管内侧带有突缘，可避免密封垫被压入管中。

liquefaction 1. 非黏性土体结构由于振动或很小的剪应变造成抗剪强度瞬间大幅度降低导致坍塌的现象。2. 液化；土壤从固态向液态转变的过程，由于孔隙水压力增大及抗剪强度减弱所致，如土壤下沉时暂时失去了抗剪力而显现出液体的流动属性。地震时常发生此类事件。

liquid-ash removal system 烟囱底部（连续火间歇）清除烟灰的管道系统，由压缩空气控制。

liquid asphaltic material 液化沥青材料；在常温条件下太软以至于无法用贯入度试验（penetration，2）测量其稠度的沥青产品。

liquidated damages 违约罚金；工程合同中规定的一旦认定违约所需赔偿的总金额。罚金数量在某一特定时间段内以天为计算单位，对于业主如果预期受损情况在合理范围内，罚金条款的执行不必运用法律评估程序，如果罚金数量超过合理范围，应经过法庭判决或废止合同，这时应用适当法律程序判定损失情况。

liquid chiller 流体冷却塔；1. 见 compressor-type liquid chiller；压缩式冷却塔。2. 见 absorption-type liquid chiller；吸收式冷却塔。

liquid drier 液体干燥剂；见 soluble drier；drier。

liquid-immersed transformer 油浸变压器；线轴及线圈都浸在绝缘液体（如油）中的变压器。

liquid indicator 液面指示器；置于冷冻系统的液面上与应变器结合的装置，通过上面的观察孔借助气泡的出现观察液流的情况。

liquid limit 液态极限，液限；土从塑性状态至液态转变时的含水量。

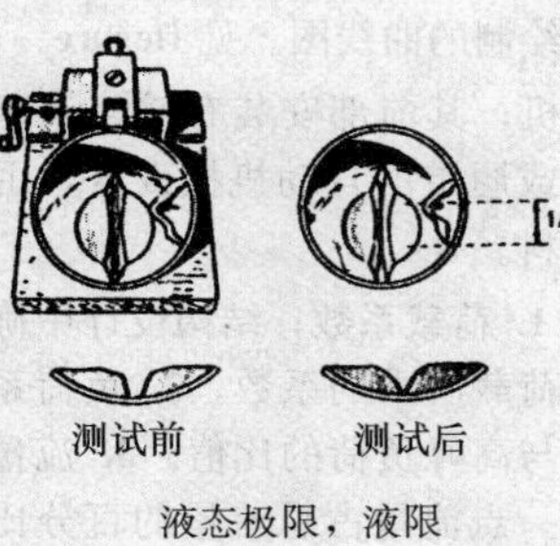

液态极限，液限

liquid line 冷冻系统中从压缩机中向减压装置输送冷冻液的管子。

liquid-membrane curing compound 液膜养护材料；用作密封胶，在液体状态下进行操作的材料。

liquid petroleum gas 液体矿脂，凡士林气；主要含有丙烷、丙烯、丁烷或丁烯成分的混合物或碳氢化合物的物质。

liquid receiver 与冷冻压缩机出入口连接的导管。

liquid roofing 液态屋面材料；在液态或半液态状态下施工、具有防水功能的无缝屋面材料。

liquid-volume measurement 液体容积计量；根据砂浆中液体与固体成分的体积比的计量方法。

liquid waste 废液，废水；从卫生洁具中排出的除粪便以外的废物。

liquified natural gas（LNG） 液化天然气；主要成分为甲烷的天然气，压力状态下呈液态储存，用作供暖或煮饭的燃料。

liquefied petroleum gas（LPG） 液化石油气；生产石油的副产品，其主要成分为丁烷和丙烷，压力状态下呈液态储存，用作供暖或煮饭的燃料。

L-iron 同 angle iron；角钢。

lisena 罗马式的壁柱条带。

listed 在册的；指包括在正式出版、被权威机构承认的设备、材料、产品名录中，该权威机构负责名录上的产品的评价和定期监察。名录上的产品必须符合相关标准并经特定方式检测合格。

listed building 登记在册的建筑物；由于其历史建筑风格而被致力于历史建筑保护组织所认定的建筑。

listel，list 平线（fillet，1）。

listing 板边裁下的边材。

lite 同 light，2；玻璃窗，窗玻璃片。

liter，litre 升；公制体积单位，等于 $1/1000m^3$ 或 $61.03ft^3$。

litharge 氧化铅；多价氧化铅的黄色粉末，用作颜料、干燥剂或油漆中的固化剂；又见 massicot。

lithic 石质的。

lithopone 锌钡白；主要成分为硫化锌及硫酸钡。

用作油漆中的白色颜料，其遮盖能力随硫化锌含量的增加而提高。

lithostrotum opus 古希腊和罗马住宅中的装饰性铺地（如马赛克）。

litmus 检测酸或碱中其成分含量的试纸，当 pH 低于 4.5 时呈红色，而高于 8.3 时呈蓝色。

litre 中世纪和文艺复兴时期主要教会创始人一系列上衣上的衣袖。

little house 18 世纪的室外厕所（**privy**）。

liturgical choir 唱诗班中作为教堂神职人员的那部分。

liturgically sited 形容教堂为了使会众面向耶路撒冷而采用的一种平面摆放方式。

live 1. 充电的；与电源带电连接。2. 活跃；指房间内具有的强烈回声或共鸣的现象。

live boom 独立变幅的动臂，边挖掘边升降的动力吊臂。

live edge 活性边；指油漆未干的边界，可与新涂的油漆融合不产生叠层现象。

live-front 指一电子仪器装备有允许从正面操作的控制元件（**live parts**）。

live knot 木材活节；见 **intergrown knot**。

live load 动（活）荷载；作用在结构上的移动外荷载，包括家具、人和设备等重量，不包括风荷载。

liveness 混响室（**live room**）中的声学质量。

live part 常电元件；用于控制设备与大地电位差的电子元件。

livering 稠化，硬化；油漆变稠至橡皮状以至于失去使用价值。

live room 混响室；几乎不吸声的房间。

live steam 流通蒸气；蒸气压力容器中刚渗出的还没液化的蒸气。

living area 居住面积；见 **dwelling unit**。

living hall, living stair hall 高级住宅入口处的大厅，常有楼梯、壁炉或休息区。简称为厅；又见 **entrance hall**。

living room 起居室；住宅中公共性活动占据的空间。

living unit 居住单元；一个家庭生活起居所占空间的总和，包括起居、睡眠、进餐、煮饭以及如厕等必不可少的空间。

LL （制图）缩写＝“**live load**”，活荷载。

L&L 缩写＝“**latch and lock**”，插销。

LL&B 缩写＝“**latch, lock, and bolt**”，插销，门闩。

lm 缩写＝“**lumen**”，流明。

LM （制图）缩写＝“**lime mortar**”，石灰砂浆。

LNG 缩写＝“**fied natural gas**”，液化天然气。

lng, Lng 缩写＝“**lining**”，垫板。

LOA （制图）缩写＝“**length overall**”，总长，全长。

load 1. 荷载；由结构或部分结构承担的力或力系。2. 负荷；任何用电设备或装置。3. 动力；向这种用电设备输送的动力。4. 热负荷；冷却系统中单位时间内将相应热量排出所需的能量。

load balancing 负载平衡；为了在使用荷载作用下梁或板材的弯矩趋向于零而在其中施加的预应力。

load-bearing partition 承重隔墙；能承担自重以外荷载的隔墙。

load-bearing tile 承重砖；砖墙中能承担附加荷载的砖。

load-bearing wall 承重墙；承担自重以外荷载的墙体。

load-carrying band 承载带；焊在搁栅侧边或端部的金属板，用于在承重杆与非承重杆之间传递荷载。

load-deflection curve 荷重挠度曲线；纵轴上记录梁上增加的弯曲荷载，横轴上记录荷载产生的挠度，以此绘制的曲线图。见 **flexure**。

loader 装载机；其前部安装有铲斗及起重臂、下边装有轮子或履带的自动机械设备，用于装载土石或其他材料。

load factor 1. 荷载系数；结构设计中确定设计荷载时将工作荷载所乘的系数。2. 负荷系数；空调中平均负荷与高峰负荷的比值。3. 流量系数；管道系统中任一点流量占总流量的百分比，代表现有流量与最大流量的比值。

装载机

load factor design 极限强度设计；结构设计的一种方法，假设给定工作荷载乘以系数后不应大于结构极限强度；又见 **limit design**。

load-indicating bolt 高强螺栓；一种特制高强螺栓，有一个小凸头，拧紧螺栓时凸头被挤压，可用千分尺测出凸头长度，从而测出螺栓中的预拉力。

loading cycles 加荷循环；结构设计中假设构件在全寿命周期间所承受的重复荷载的次数，作为确定疲劳强度的一个指标。

loading dock 货物中转站，装卸平台；见 **loading platform，1**。

loading dock leveler 装卸跳板；卡车上装卸货物时使用的高度可在上下面之间调节的平台或坡道。

loading dock seal 装卸台门周边的弹性衬垫，用以保证卡车与平台门之间连接紧密。

loading dock shelter 装卸台雨篷；从建筑上伸出的防水帆布篷，用于连接卡车与装卸台。

loading door 舞台后运送布景的门。

loading gallery 舞台天桥上的狭窄走道。

loading hopper 装料斗；可抓取混凝土或其他流体物料的料斗（**hopper，1**），物料靠自重流入手推车等容器中。

loading platform，loading dock **1.** 仓库装卸站台；与建筑物或剧院舞台相接的送货口处的可升降平台，其高度通常与卡车或火车车厢地板同高，以便装卸货物。**2.** 剧院舞台存放平衡重（**counterweights，2**）的平台。

loading ramp 斜坡装卸台，跳板；一种铰接装置，用于连接处于不同高度的平台与运输工具之间或壕沟两边，该装置可由机械或液压驱动。

loading shovel 装载机；同 **loader**。

load-transfer assembly 浇筑混凝土时连接料斗与浇筑部位之间的整套传输装置。

loam 壤土；建筑施工中，其主要成分为湿黏土，还含有大量的砂或粉砂。一度曾与石灰混合用作灰浆或加入碎稻草用作灰膏。

lobby 门（走）廊；前厅；建筑物或剧院等的入口空间。

lobe 叶片；环形石雕窗饰的一部分。

lobed arch 有花饰的拱（**cusped arch**）。

local buckling 局部压屈（纵弯）；可导致全部结构失效的压杆弯曲。

local lighting 局部照明；没有均匀照度的照明情况下，小范围内提高照度的照明。

local vent，local ventilating pipe 卫生洁具存水弯前的通风管道。

local vent stack 干管与存水弯前通风管相连的竖管。

location block 定位垫块；同 **setting block**。

location plan 同 **site plan**；总平面图，平面布置图。

location survey 定位测量；在地面测定点或线，该点或线已事先通过计算或绘图的方法获得，或是根据契约地图或其他文献资料提供的数据获得。

lock 锁，闩；使门、大门或橱柜门关闭并固定的一种装置，可由钥匙或执手操控。最初的门锁是将硬木与预制金属部件浇铸在一起，后来被全金属锁所代替，更进一步的发展是 1848 年发明的圆销弹子锁，又见 **box lock，case lock，door lock，rim lock，stock lock**。

lock backset 锁中心到门边的距离。

lockband 一层束石层（**bondstones**）。

lock bevel 锁舌倾斜的方向。

lock block 门上装锁板，嵌锁木块；平板门空芯中用于安装锁的木块（与门梃同厚）。

lock clip 门锁定位卡子；门芯内定位暗锁，使其与表面齐平的金属弹性片。

lock corner （抽屉的）角部的互锁构造，如榫一般。

lock edge 门窗扇安锁的一侧；见 **leading edge**。

locker 带锁的抽屉；存放私人物品、具有防盗功能的抽屉。

locker plant 抽屉式冷柜；在公共场所租用的可存放个人食品的带锁冷柜。

lock face 锁面；暗锁安装后门边留有的外露面。

lock faceplate 同 **lock front**；锁舌伸缩口。

lock front（英）**forend** 锁舌伸缩口；门锁或门闩中，锁舌从其中穿过的锁边缘板。

lock front bevel 锁端斜面；锁前端与锁扣板之间的夹角，以便于关门时锁舌可缩入。

locking device 制动（防松、锁固、封闭、保险）装置；防止构件、单元或生产线松动的装置，如脚手架中保持框架或平板在同一平面的十字撑。

locking stile 装锁的门梃；见 **lock stile**。

lock jamb 装锁舌盒的门框边梃；见 **strike jamb**。

lock joint 卷边互锁接缝（柔性金属屋顶的接缝）；见 **lock seam**。

lock keeper 锁舌盒；门梃上锁舌滞留的槽口。

lock miter 互锁斜角接，交叉榫斜角接（**miter joint**）。

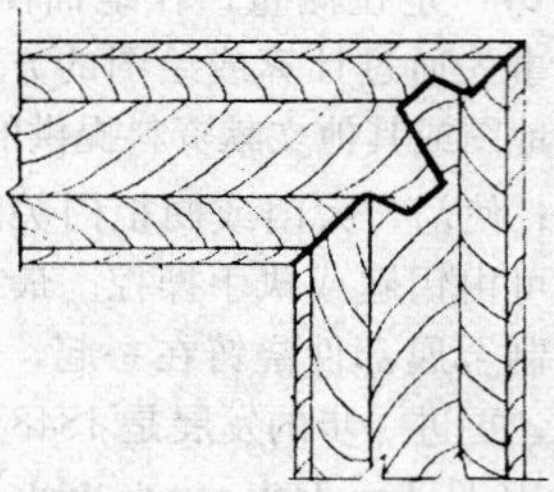

互锁斜角接

locknut 1. 防松螺母；拧紧后可锁定的特制螺母。2. 附加螺母；拧于另一螺母上的可防因振动松脱的螺母。

lock plant 1. 同 **strike plate**；锁舌（板）。2. 同 **box strike plate**；锁舌盒。

lock rail 装锁冒头；两竖梃（**stiles**）之间在装锁高度处的横档。

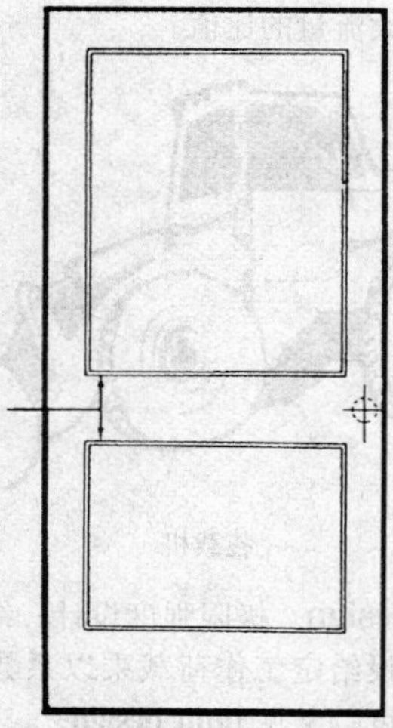

装锁冒头

lock reinforcement 门锁金属垫板；装锁门梃内侧的加强板，承托锁舌。

lock reinforcing unit 金属门上的锁具及其加固装置。

locksaw 装锁锯，曲线锯；有弹性的宽度逐渐变窄的锯，锯锁座用的。

lock seam，lock joint 卷边锁缝，交口缝；两相邻金属屋面板边向上卷起并沿同一方向折叠后再压平所形成的接缝。

lock seam door 面板两侧作互锁缝的门。

lockset 成套门锁；包括完整的组合件及所有附件，如执手、遮护板及面板等。

lockshield valve 同 **key valve**；平衡阀。

lockspit 挖掘标线；用铁锹铲出的刻痕作为挖掘或开槽工作进展的标记线、截止位置记号等。

lock stile，closing stile，locking stile，striking stile 装锁的门梃；门扇与门框侧壁相碰的一侧的门梃，即与装合页相对的一侧门梃。

lock strike 同 **strike plant**；锁舌盒。

lock-strip gasket，structural gasket 门闩圈，锁紧填隙片；用力将装锁一侧的板条压入带垫片一侧的槽中，起封闭作用。

lockup 禁闭室，拘留所；警局用于暂时囚禁犯人的房子或房间。

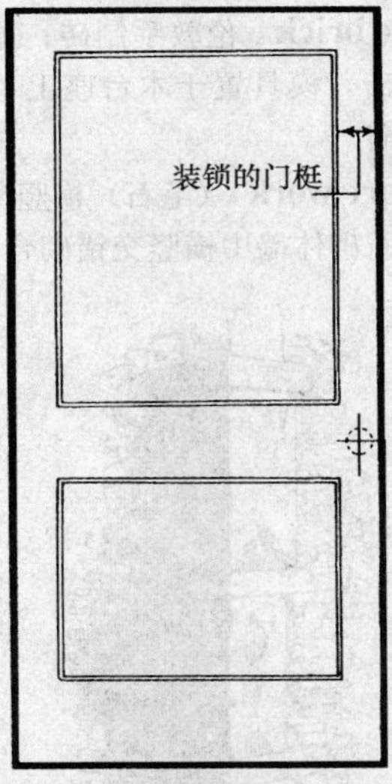

装锁的门梃

loculus 古墓中放骨灰瓮的凹坑。

locust，black locust，red locust 刺槐；纹理粗糙、质地坚硬、强度高、耐腐蚀、耐久性好的木材，适合做建筑立柱等。

locutorium 同 **locutory**；修道院会客室。

locutory 修道院会客室。

lodge 1. 小屋，工棚；公园、森林或领地中作为临时住所的小房子。2. 寺院中聚会的地方。3. 门房；某处地产入口处看门人的住所。

lodging chamber 同 **bedroom**；卧室。

lodging house 私人房屋，公寓，宿舍；有多个可供出租房间的房屋，用于住宿，其所需房间数量多少由当地适用的法规限定。

loess 黄土，大孔性土；均匀风化的壤土，具有较高的黏性。由于其中的黏土或钙化成分颗粒间的胶合作用，使其颗粒的排列呈现不成层结构。

loft 1. 阁楼；屋顶下无吊顶空间，通常用作储藏；又见 **attic**，**garret**。2. 谷仓顶棚。3. 教堂或音乐厅中的步廊或楼座。4. 未分割的大空间房屋。5. 剧院舞台前部空间。

loft building 大空间房屋；具有商业用途或适用作工业厂房的通畅空间。

loft ladder 阁楼爬梯（**disappearing stair**）。

log cabin 原木小屋；两种不同类型的住屋的统称，其共同特点是以原木建造。其中一种木屋（**log cabin**）使用笔直的去皮原木水平相叠作为结构。相反，木房（**log house**）是将作为结构的原木砍成方木。两种住屋建造区别在于工具、技术以及建造所需时间。两者均需将原木刻上凹槽或绑紧以防止其转角处散开并增加强度，但木屋所采用的原木突出于连接点；木房采用的方形木料则不突出于连接点。建造木屋只需要一把斧头、极少的技术和建造时间。通过在外墙空隙中填充类似黏土等物质使其得以防水。具有代表性的是，两种住屋均为斜屋顶。早期美国的原木小屋通常由一个房间组成并带有板条门，砖石缺乏地区会采用黏土烟囱。对比 **log house**；也见 **dogtrot cabin**，**double-pen cabin**，**notch**，**planking**，**saddlebag cabin**，**vertical log cabin**。

原木小屋

log-cabin siding 圆木屋的外墙披叠板，小房屋外墙采用披叠板给人一个圆木建造的外观效果。

loge 1. 剧院包厢。2. 前部楼座，通常由过道或栏杆与后面部分隔开。

logeion，logeum 希腊剧场中演员站立的高台，相当于现代舞台。

loggia 凉廊，敞廊；大宅子外侧的拱廊或柱廊，通常占据房屋的主要立面，形成一侧有围合的供人们户外活动的廊下空间。

log house 木房；用经斧子或其他工具修整并在端部刻槽的方形木料建造的房屋。木料水平相叠，在房屋转角处相交，但不出头，与木屋（**log cabin**）不同。房屋一般采用木瓦坡顶，一侧山墙有烟囱，与木屋相比建造稍难些。

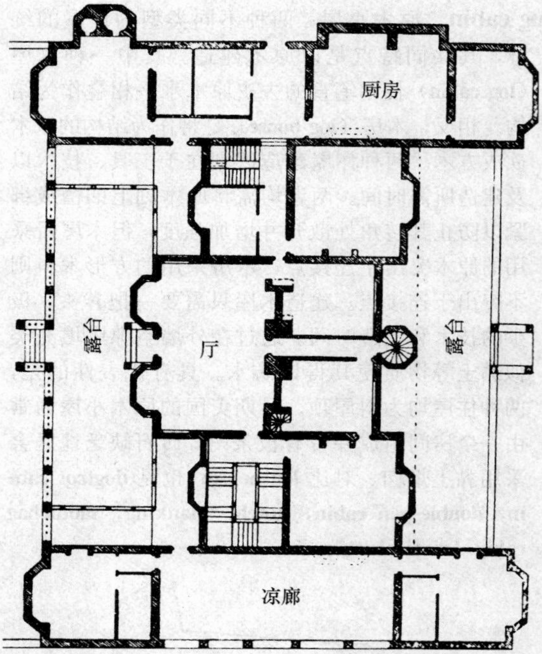

凉廊，敞廊

log notch 原木刻槽；见 **notch**。

lolly column 拉里柱；同 **Lally column**。

Lombard architecture 公元 7～8 世纪（即伦巴弟统治时期）意大利北部前罗马风建筑，建筑特征是对基督教及罗马建筑形式的运用及发展。

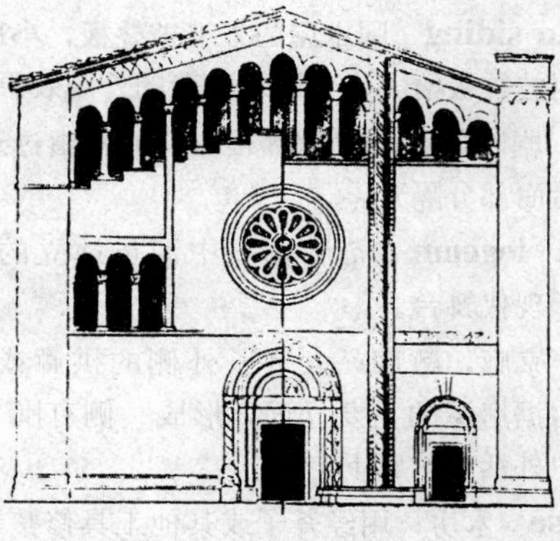
意大利北部前罗马风建筑

Lombard style **1.** 有时作为意大利式的同义词。**2.** 曾经用来指代 **Romanesque Revival**（罗马式复兴），现常被称作理查森罗马式。

London stock brick 伦敦手制砖；原指伦敦地区手工制作的砖，模具置于木台座上，现指纹理粗糙的机制黄砖。

Long-and-short work （毛石）横竖交错砌合，长短砌合；毛石砌体墙中横竖交错砌合的角部。

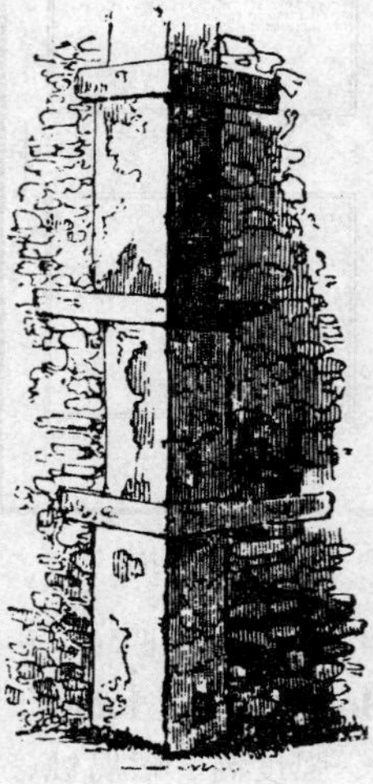
长短砌合

long column 长柱；长细比大的柱子，根据规范要求其承载力应予以折减。

long float 长抹子；一种长抹子，需两工人协同工作方能使用。

long gallery 长廊；英国伊丽莎白一世（1558—1603）或詹姆斯一世（1603—1625）时期庄园住宅楼上层的长廊，常用作散步或家庭聚集的场所。

long grip 长把手，长柄；长的螺栓或铆钉，其锚固长度大于直径的 5 倍。

long header 长丁砖；长度等于墙厚的丁砖。

longhouse **1.** 长条公寓，筒子楼；平面呈矩形的多户住宅，其纵向有一条贯通的内走廊。**2.** 20 世纪特指将住宅和饲养动物的房子混于一起的一种房屋形式。

longitudinal axis 纵轴；沿图形或物体长向的轴，通常通过该图形或物体的质量中心。

longitudinal bar 纵向钢筋，纵筋；沿长度方向布置的钢筋。

longitudinal bond 纵向拉结砌法；砌体砌筑中，

间或有几皮砖全部采用顺砌，此砌筑法有时用于厚墙中。

longitudinal bracing 纵向支撑；沿建筑物长向或沿平行于其中心线的支撑。

longitudinal joint 纵向接头，纵向接缝；将两物体沿其长向连接的接头。

longitudinal reinforcement 纵向钢筋，纵加强筋，纵向配筋；与混凝土水平面平行或沿混凝土构件长轴方向配置的钢筋。

longitudinal section 纵剖面，纵断面；在图示中沿最长轴截取的剖视图。

longitudinal shear 纵向剪力；与构件最长轴平行的剪力。

long-life lamp 耐用灯泡；设计寿命长于同类传统产品的灯泡，长寿白炽灯比相同瓦数的普通灯的亮度低。

long nipple 长螺纹管接头，双外螺丝接头；两端有阳螺纹的套管接头，中间较长一段未刻螺纹。

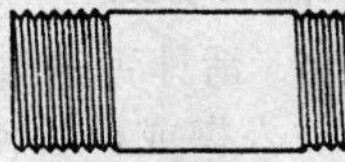

长螺纹管接头

long-oil alkyd 长油度醇酸树脂；刷磁漆用的一种醇酸树脂，超过 60％的固体成分为氧化石油。

long-oil varnish 长油度清漆，油性清漆；见 **long varnish**。

long-radius elbow 大半径弯头，大半径肘（形弯）管；半径大于标准的弯管接头，以减小摩擦堵塞，改善流动性。

long room 17 世纪和 18 世纪酒店或旅馆内的社交聚会场所。

long screw 长螺纹管，管道连接螺丝；约 6in（15cm）长的阳螺纹管，一端的螺纹超长。

long ton 长吨；即 2240 lb 或 1.016kg。

long varnish，long-oil varnish 长油度清漆，罩面漆；一种油性树脂清漆，每 100 lb 树脂含 20～100gal 油（每公斤树脂含 2～10L 油），与短度油清漆比，具有耐久性好、塑性好、少光泽和柔软的特点。

lookout 1. 悬挑支架；挑出于建筑物端墙在屋顶脊部的椽或短梁，用于支撑屋顶的悬挑部分或挑檐，也称：挑檐支架。2. 瞭望台，望楼，警戒台；在乡村提供开阔视野的高处平台，尤指防备人或动物袭击抢掠的警戒台。

lookout tower 瞭望塔；见 **belvedere**。

lookum 保护墙上附着式起重机、起重滑轮等的罩盖，棚子或披屋。

loom 绝缘绞束；见 **flexible nonmetallic tubing**。

loom house 织机房；同 **spinning house**。

loop 1. 换气孔，观察孔，透光孔，窥孔，墙洞，箭窗，箭孔，枪眼。2. 环形通气管。

loophole 1. 箭窗，箭孔；见 **arrow loop**。2. 枪眼；要塞防御墙上长而窄的开口，内侧稍宽，可使用小型兵器以较大的射角射击敌人。3. 换气孔，通风口；同 **slit ventilator**。

looping in 形成回路，形成环路，环接，环形安装；民用房屋室内电线安装时，为防止拼接而采用导线与电源插座接入、接出，形成环路。

loop vent 1. 回路通气管；为一组卫生器具设置的通气系统，包括第一个和最后一个卫生洁具之前的两个通风回路以及两回路与通气立管相通的通气管组成的系统。2. 环路通气法；此种通气法与另一环路通气法（**circuit vent**）略有区别，此方法将通气管回送，接入兼作立管通气的排污（下水）竖管，不另设置通气立管。

loop window 箭孔，环孔窗；在中世纪的要塞或建筑的墙及屋顶矮护墙上开设的长而窄的孔，内侧稍宽，箭手可射箭。

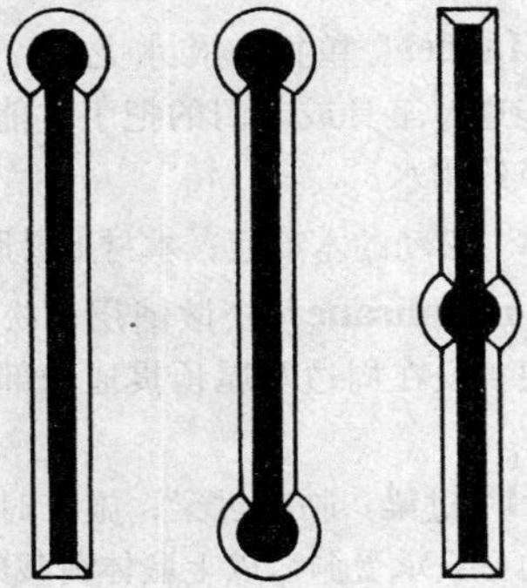

箭孔，环孔窗

loose-box 分隔式牲畜栏；见 **box stall**。

loose-butt hinge 活动铰链；同 loose-hinge。

loose core （混凝土）粗集料离析；见 strip core。

loose cubic yard (or meter) 松散立方码（立方米）；表示松散材料体积的单位。

loose-fill insulation 松散填料绝缘（绝热）；采用手工夯实、气压顶送或倾倒的方式将以颗粒、陶粒、纤维、粉末、碎片、碎条等形式存在的各种绝热材料填入空腔或倒在支撑膜上，达到绝热目的。又见 granular-fill insulation。

loose grid 用系绳法操作的舞台平衡锤系统；在舞台上，平衡锤用绳系于拴布景用的横梁上，而平衡锤不予固定。

loose insulation 松散料隔热层；同 loose-fill insulation。

loose-joint hinge, heave-off hinge, lift-off hinge, loose-joint butt 可拆铰链，可拆合页；有两个轴套的合页，其中一个轴套中的枢轴恰与另一套吻合，装卸门扇时将门提起，拔离枢轴，无需拧开螺丝。

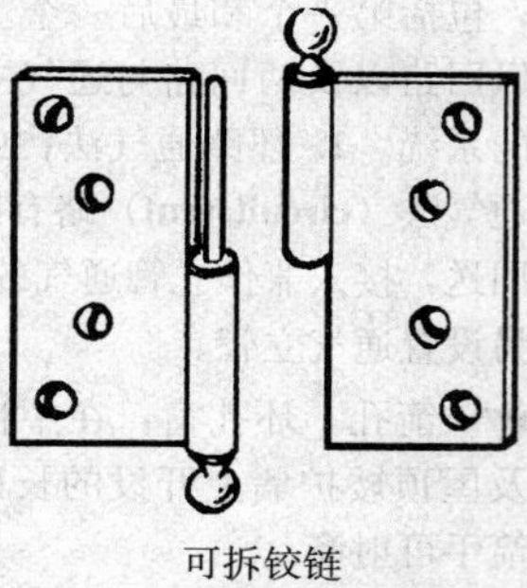

可拆铰链

loose-key faucet 单把单孔水龙头；水龙头的一种，仅能通过工具或专门的把手才能打开，目的是为了节约用水。

loose knot 松动的木节疤；木材上易脱落的树节。

loose-laid membrane 松散铺层；松散铺设的屋面碎石层，只在周边及屋顶贯通的部位与屋盖基层连接。

loose lintel 过梁，临时过梁；施工时与其他构件不连接的，只承受洞口以上墙体荷载的过梁。

loose material 松散材料；被炸碎的、破碎的岩石或松散的土。

loose molding 可拆玻璃压条；可拆木玻璃压条。

loose-pin hinge 抽芯铰链；可以拔出枢轴使两页分离的铰链。

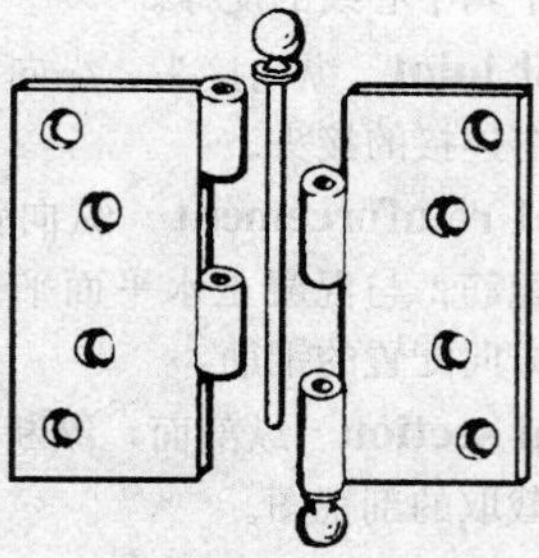

抽芯铰链

loose side, slack side 木材切割后松毛面；木材旋切时留下的有许多小裂纹的切面（缺陷）。

loose stop 贴附式门窗阻止条，活动阻止条；钉上或贴附上的门窗阻止条。镶嵌式门挡（planted stop）。

loose tongue 1. 横舌榫，嵌入榫，同 cross tongue。2. 键；键接头（spline joint）中的键。

loose-tongue miter 活榫舌斜角接；有嵌槽的斜角接头，槽内可插入楔或榫舌使接头排成直线，并可增强连接强度。

loricula 教堂内墙上开的斜形小窗洞；见 squint。

lorymer 滴水槽，飞檐（larmier）。

loss of gloss 失去光泽；涂料干后失去光泽产生的缺陷，通常存在数星期。

loss of prestress 预应力损失；预应力混凝土内，由钢筋徐变、混凝土的收缩和徐变，以及混凝土的弹性变形等因素共同作用产生的预应力损失，一般不包括摩擦引起的损失。

loss of use insurance 价值损失保险；对遭受被保险种的灾害所破坏的财产，在其修理或更换期间可能产生的价值损失实施的保险。

lost ground 漏失土（材料）；土透过挡土板（墙）漏失进已开挖的槽坑内，或由于地基冒水引起翻砂。

lost-head nail 埋头钉，小头钉；一种小钉，其钉头仅比钉子本身直径稍大，钉在木板面下。

lot 场地，地皮，地块；经过勘测的，或在地图上标示出的一块地。

lot depth 基地进深；一块地皮的前沿至后部底线

间的最大距离。

lot front 临近街道的地皮的边界线；或是当地皮临近多条街道时，由业主标示的一条街道。

lotiform 莲苞形式的，莲花形式的；柱头形状类似莲苞或莲花状，如：某些埃及柱头的样式。

莲苞柱头

lot line 地界，土地边界线，房地产边界线，区段边界线（楼群）；地皮的法定界线。

lot-line wall 地界墙；与地界毗连且平行的墙，使用权归属于墙所在地皮的拥有者。

lotus capital 莲饰柱头；古埃及建筑中像莲苞形状的柱头。

lotus column 莲饰柱；一种柱式，其上端用相同的主题——睡莲作为装饰；见 **Egyptian Revival**。

loudness 响度，音量；听觉敏感性的强度标志，声音可以由弱到强划分为响度等级，划分标准主要依据声压力、频率和声音激发的波形，以 **sones**（宋）为单位，两 **sones**（宋）的响度为一 **sones**（宋）的两倍。

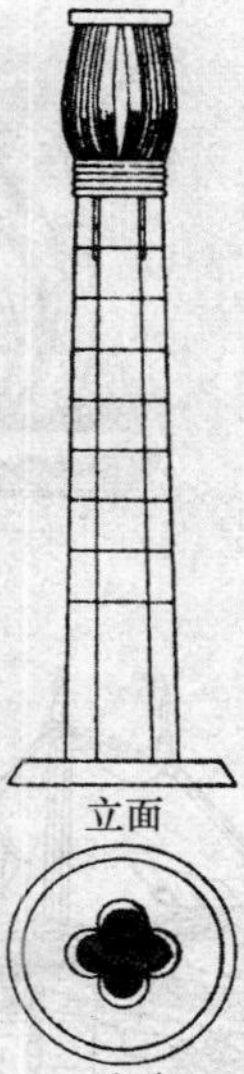

莲饰柱头

loudness level 响度级；声压强度为 1000Hz 纯音的声，为一响度级，单位为：**phones**（方）。

loudspeaker 扩音器，扬声器，喇叭；声电装置，将声能在空气中扩散，其产生的声波波形大致相当于输入的电波。

LouisXIV，Louis Quatorze style 路易十四风格；在路易十四（1643—1715）统治时期，即古典主义的全盛时期，法国的建筑、装饰及家具的风格，以凡尔赛宫（**Versailles**）为鼎盛代表。

路易十四风格：北立面中段

路易十四风格：门头饰板

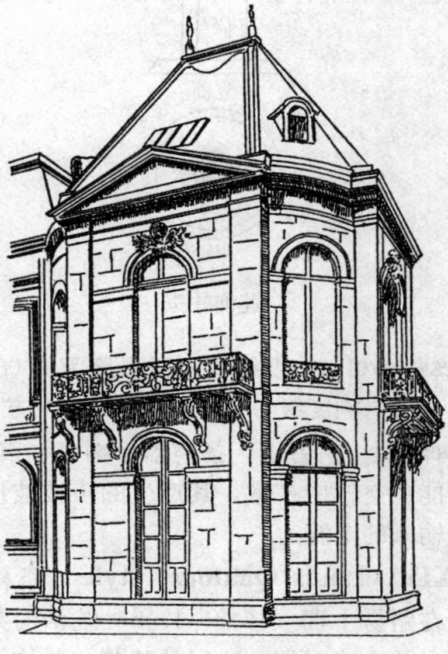

路易十四风格：
旅馆的楼阁（1730 年）

路易十六风格

LouisXV，Louis Quinze style 路易十五风格；在路易十五（1715—1774）统治时期，古典主义和洛可可式风格盛行时期，法国的建筑、装饰及家具风格。

LouisXVI，Louis Seize style 路易十六风格；18 世纪，在路易十六（1774—1792）统治时期，法国晚期洛可可式和古典主义晚期的建筑、装饰及家具风格，该风格终止于法国大革命。

LouisianaVernacular architecture 路易斯安那建筑风格。见 **French Vernacular architecture，Cajun cottage，Creole house**。

Lounge 剧场休息厅，前厅，文娱休息室，客厅；尤指旅馆、剧场、学校内的非正式休息厅。

路易十六风格

路易十六风格

louver 1. 百叶；由一系列倾斜的、重叠的叶片组成，可为固定式或活动式，经设计使其可遮挡雨、雪，同时可不同程度地透气和透光，常用在门、窗以及机械通风系统的进气和出气口处。2. 天窗，塔式天窗，屋顶上的气楼；中世纪英国民居主起居室屋顶上的圆顶烟楼或角楼，排出室内开放式壁炉的烟，又称：**lantern**（天窗）。3. 钟楼的开洞墙墙面上装有百叶窗，其中有个百叶片是固定打开的，以便将楼内的钟声传至四周。

塔式天窗

louver board 百叶窗板，天窗板；百叶窗、天窗上倾斜放置的板条，又称：**luffer board**（板条，百叶板，窗板）。

louver door 百叶门；有百叶的门，通常为横叶片，可使门在关闭时空气能流通。

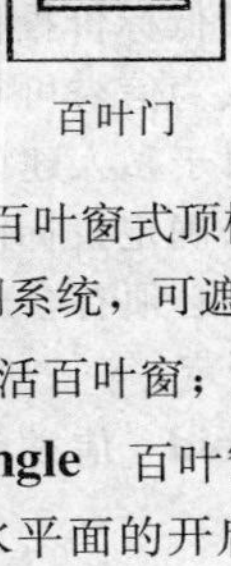

百叶门

louvered ceiling 百叶窗式顶棚，多格吊顶；由多格百叶构成的顶棚系统，可遮挡吊顶内嵌的光源。

louvered shutter 活百叶窗；见 **shutter**。

louver shielding angle 百叶窗（栅）遮蔽角；百叶窗叶片相对于水平面的开启夹角，在此夹角以外的顶线都被遮拦。

louver-type damper 百叶阀；一种减震器，有多块结构刀片彼此连接，能同时打开或关闭。

louver window 1. 百叶窗，气窗；窗洞的全部或部分采用百叶片而非玻璃的窗。2. 教堂塔楼的开窗。

百叶窗

louvre 百叶；同 louver。

low-alkali cement 低碱水泥；钠、钾含量或二者总含量较少的波特兰水泥。

low-alloy steel 低合金钢；合金含量小于 8%的钢。

low bid 合格的低价标；包括中选的备用标价在内的合格最低价标。

lowboy 矮平板拖车，矮座挂车；一种拖载施工机具用的拖车，因其底板低而便于装卸机具，无需另设装卸斜台。

low-carbon steel 低碳钢，软钢；含碳量小于 0.2%的钢。

low-density concrete 低密度混凝土；烘干密度小于 50 lb/ft^3（800kg/m^3）的混凝土。

low-emissivity glass，low-e glass 反射玻璃；同 reflective glass。

lower lateral bracing 下弦杆横向水平支撑；同 bottom lateral bracing。

lowest responsible bidder，lowest qualified bidder 有效的最低标价投标商；递交了最低价有效标书，且被认为信誉可靠，有能力完成工程项目的投标商。对于私人建设合同，一般由投资方和建筑设计师来确定投标商的责任和资格，对于公共建设合同，必须有合理理由方能否定最低投标，不能随意否定。

lowest responsive bid 信誉可靠最低标价，合格的最低标价。

lowest tender 最低价格中标；同 lowest responsive bid。

low-hazard contents 不易燃建筑物料；建筑物内不致使火自行蔓延的物品和材料。

low-heat cement，type IV cement 低热水泥，低水化热水泥，IV 型水泥；对普通波特兰水泥进行改性（修改化学成分）后得到的水泥，在凝固过程中释放很少的热量。

low-lift grouting 低砌筑层灌浆；空心砌块墙在砌筑中，当墙高为 5ft（1.7m）时，向砌块的芯柱内浇筑细石混凝土的技术。

low-noise lamp 低噪声白炽灯；具有特殊内部构造的、可降低噪声的白炽灯，尤指带有特定调节器工作的灯泡。

low-pressure boiler 低压锅炉；根据美国机械工程师协会（ASME）锅炉规范的规定，最大安全工作压力为 15 lb/in^2 的蒸汽锅炉。

low-pressure laminate 低压层压板；低压成模和养护的层压板，压力范围在层板刚好能粘结的压力至 400 lb/in^2（28kg/m^2）的压力之间。

low-pressure mercury lamp 低压水银灯；局部工作压力不超过 0.001 大气压的水银蒸发灯，荧光灯和杀菌灯属于此范畴。

low-pressure overlay 低压塑料压纹板；在高温和 150～250 lb/in^2（7.5～10.5kg/m^2）的压力下，将饰以木纹的、经热固性树脂浸泡过的耐磨纸，贴于胶合板、纤维板和刨花板之上而成的板材。

low-pressure sodium lamp 低压钠灯；具有较低局部工作压力的钠光灯，发出深黄色的单色光，由于其高效能而被广泛用于对光色要求较低的场所（如有照明的停车场）。

low-pressure steam curing 低压蒸汽养护；同 atmospheric steam curing。

low relief 低浮雕，浅雕；同 bas relief。

low-rise building 低层建筑；层数通常不超过 5 层的建筑物。

low-side window，leper's squint，offertory window，squint 老式教堂内高坛墙上的小窗，低侧窗；位于圣坛右侧，可通过它看见圣台。

low-silicon bronze 低硅青铜；见 silicon bronze。

low steel 低碳钢，软钢；含碳量低于0.25%的软钢。

low-studded 短支撑的。

low-temperature recovery （密封胶卸荷后的）低温复原能力。使物体变形荷载卸除后，密封胶恢复到在低温时的原始状态的能力。

low-temperature-water heating system 热水供热系统；同 **hot-water heating system**。

low-velocity HVAC system 低速空调系统；一种采暖，通风的空气调节系统，其中的空气在管道中的流动速度相对较低，从而限制了空气流通过它产生的噪声。

low-voltage lighting control 低压照明控制；由开关，控制变压器，继电器和辅助设备组成，这个系统能够通过一个或者多个点远程同时控制多条照明线路。

low voltage 低电压；根据 **ANSI/IEEE** 标准，系统额定电压小于或等于 1000V（伏）的电压。

low-voltage lighting control 低电压照明控制系统；由开关、控制变压器、继电器及附件组成的，从一处或多处控制数个照明回路的系统。

low-water alarm 低水位警报；在一个建筑的重力水箱中设置的警报装置，当水箱内的水位处于危险的低水位水平，补水泵不能正常工作时，装置发出警报。

low-water cutoff 低水位保险装置；根据 ASME 锅炉规范要求，对任何自动点火的蒸汽锅炉而设置的保护装置，防止锅炉在低水位状况下继续运行。

lozenge **1.** 菱形（物）；（成串出现的）小菱形，偶尔也为斜四边形的（饰）物。**2.** 小菱形窗；在两个尖拱窄窗拱顶之间的小窗。

lozenge fret，**lozenge molding** 菱形线脚。

lozenge light 菱形窗；花饰铅条窗中的菱形玻璃窗格。

LP （制图）缩写＝“**low pressure**”；低压。

L&P 缩写＝“**lath and plaster**”，板条抹灰。

LPG **1.** 缩写＝“**liquid petroleum gas**”，液体石油。**2.** 缩写＝“**liquified petroleum gas**”，液化石油气。

小菱形窗

菱形线脚

LP gas 同 **liquid petroleum gas**；液化石油气。

L-plan L形平面；平面形状像字母 L。

LPS 缩写＝“**low pressure sodium**”，低压钠。

LR 缩写＝“**living room**”，起居室。

LS **1.** 缩写＝“**left side**”，左边（侧）。**2.** 缩写＝“**loudspeaker**”，扬声器。

L-shore L形顶撑，带横杆的支撑。

LT （制图）缩写＝“**light**”，光。

lucarne 小窗，老虎窗，屋顶窗；屋顶上、尖塔上的小气窗。

lucome window 山墙上小窗；（旧时称呼）阁楼、顶楼层的山墙上用于采光的小窗。

lucullite 卢卡尔石；古罗马用的各种黑色大理石，最初由尼罗河流域的 Assan 传入罗马。

luffer 百叶窗（**louver**）的旧称呼。

luffer board 条板，百叶板，窗板；同 **louver board**。

luffing-boom crane 旋臂起重机；一种重型起重机，起重臂很长。

lug **1.** 接线片；电路中连接电线（缆）的装置，接线片用螺栓固定在线路一端。**2.** 突出部，突缘，（凸，挂，吊，箱）耳，把（手），吊环，柄；起便于把握、组合或安装作用的，与部件连接的任何小的突出部分。

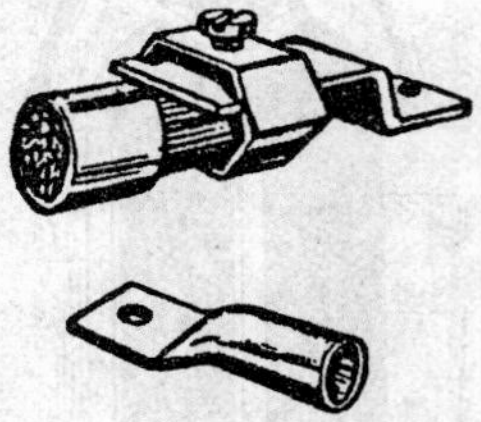

接线片

lug angle 耳状角铁，节点板短角钢；见 **clip angle**。

lug bolt 突缘螺栓：一种圆形螺栓，其上焊有一块扁平铁条。

lug sill 突缘窗台板，突端门槛；两端延伸至门窗洞口外侧，并嵌入门窗洞口侧壁砌体墙的窗台板或门槛。

lukovitsa 早期俄国建筑的葱形圆顶。

lumber 木材（料，条，板），锯木（材）；粗原木经切割而成的梁、板、厚板、桁条或托架等，尤指比粗原木小的木材。

lumber core，stave core 细杠芯板结构，拼木芯板结构：由边缘粘结在一起的窄木条组成的木芯板，常用护面将其内外包起来，护面纹理与木芯垂直。

lumber grade 木材等级 木材工业中使用的一个分级标准，包括标准化程度，结构以及实用性能。

lumen（lm） 流明；公制光通量单位，即单位表面上接受的光流量，此表面上的任何一点都与一个强度为 1**candela**（坎德拉）的均匀点光源等距。

lumen maintenance curve 光源特性与寿命的曲线；见 **life performance curve**。

lumen method，flux method 照明设计方法；确定工作面上理想的平均照明水平所需的灯泡的型号、数量或照明装置的方法，设计时考虑直射光及反射光的共同作用。

lumiline lamp 管形白炽灯；灯脚在两端的管形白炽灯。

luminaire 1. 照明装置，照明设备；包括散光装置、固定和保护装置、电源连接装置在内的，由一个或几个灯泡组成的整体照明装置，又称：**lighting fixture**。2. 没有灯泡的照明设备；词义 1. 解释中除灯泡以外的其他装置。

luminaire classification 1. 室内照明设备分级；对室内光源，根据通过照明装置中心以上（或以下）平面的光通量的百分率来确定其照明等级的分级系统。2. 探照灯分级；根据光束的角度对探照灯分级：10～18 度为 I 级，18～29 度为 II 级，29～46 度为 III 级，46～70 度为 IV 级，70～100 度为 V 级，100 度以上为 VI 级。

luminaire dirt-depreciation factor 照明物灰尘影响系数；在照明计算时使用的一个系数，表示干净崭新的照明装置的初始照度与准备清洗之前的、由于积灰而衰减的照度之间的关系。

luminaire efficiency 照明系数，发光效率；发光体的亮度与由发光体中的灯泡所产生的亮度间的比。

luminance 亮度，发光率；在任何给定方向的平面上，从此方向观察的单位投影面积上的发光强度，反映光扩散的方向性。

luminance contrast 亮度对比度，亮度反差；发光体的亮度与相邻的背景物的亮度间的对比关系。

luminance factor 照度系数，亮度系数；在特定的入射角、观察（角）和光源条件下，物体表面或介质的亮度与同等条件下无散射损失的理想表面或介质之间的比值。

luminance meter，brightness meter 测光表，照度计，亮度计；测量亮度的光学或光电学仪器。

luminescence 发冷光，冷光；非白炽光。

luminosity （发）光度，亮（照，可见）度；特定波长的光通量与其对应的辐射通量间的比值，以 **lumens/wattle**（流明/瓦特）为单位。

luminous ceiling 照明顶棚，照明吊顶；提供面光源的照明顶棚，由连续的透明材料（有发散光和控制光的性能）制成，上部有内嵌的光源。

luminous efficacy 发光效率；光源将电能转换成光能的能力，即：发出的总亮度与输入的电能之比值，以 **lumens/wattle**（流明/瓦特）为单位。

luminous efficiency 发光效率；同 **luminous efficacy**；亦称 **luminous coefficient**。

luminous energy 光能；光通量对时间的积分，如果光通量为常数，则等于光通量与其持续的时间的乘积，常以 **lumen-hours**（流明-小时）为单位。

luminous flux 光束，光通量，光（亮）度；灯光发出光能的流量。

luminous intensity （发）光强（度），照度，光力；由一点光源发出的在某一方向的单位立体角内的光通量，实践中，若测定点距发光点的距离超过光源自身最大尺寸的 5～10 倍时，可将内部光源认定为点光源，美国习惯制（Customary Unit）单位用 **candlepower**（烛光）表示，公制用 **candelas**（坎德拉）表示。

luminous-intensity distribution curve 发光强度分布曲线；光源在给定方向上发光强度的极坐标曲线。

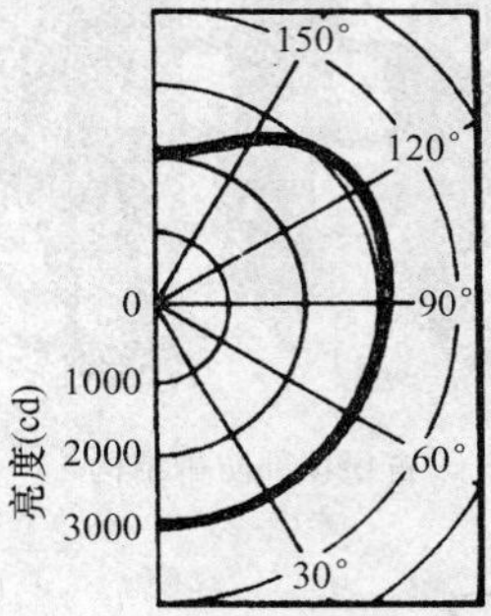

发光强度分布曲线

luminous paint 1. 磷光漆；被激活后（即使在黑暗中）可数小时发光。2. 发光（油）漆，发光涂料；具有高反射性能的漆或涂料，因其将吸收的紫外线光能反射成可见光。

luminous transmittance 透光度，透明度；镜片、散光片等物透过光的总量与射入光之比值。

lump lime 块状石灰；高品质生石灰。

lump sum agreement 总包价协议书，同 **stipulated sum agreement**。

lunding beam 系梁，水平拉杆；见 **tie beam**。

lune 弓形构件，半圆形穹顶构件。

lunette 1. 弧形洞；墙上或穹顶上由拱券或拱顶形成的半圆形或新月形区域。2. 弧形窗；词义 1 区域内的洞口或窗。3. 弧形窗画或雕塑；置于词义 1 区域内的窗画或雕塑。

luster 1. 虹彩色的装饰面。2. 有光泽（彩，亮）的表面或涂层。

lute 1. 修整平板，镘规板；塑性混凝土找平用的直刃口刮板。2. 刮刀（板，具），砌砖工刮灰用的工具。3. 硫磺水泥；见 **sulfur cement**。

Lutheran window 屋顶窗，老虎窗，天窗；同 **dormer window**。

luthern 老虎窗，天窗；同 **dormer window**。

lux 勒克司，米烛光，米-坎德拉；公制照度单位，在发光强度为 1 坎德拉的均匀点光源照射下，各点均与其相距 1m 的表面上的照度，等于 $1lm/m^2$。

LWC 缩写＝“**lightweight concrete**”；轻混凝土。

lx 缩写＝“**lux**”；勒克司。

lyceum 演讲厅，大教堂，学舍，书院；供演讲、研讨、音乐会使用的公共建筑。

lych-gate，lich-gate 教堂或公墓有屋顶的大门；教堂或公墓入口处有屋顶的大门，可临时存放准备入葬的棺。

lychnoscope 教堂圣坛南侧的小矮窗；同 **low-side window**。

lych-stone 架棺石；教堂墓地入口处的石头，放棺架用。

lying panel 1. 横镶板；木材纹理沿水平方向放置的板。2. 横向板；水平方向较竖向长的板。3. 同 **lay panel**。

lysis 檐口踏步，平台边的踏步或基石；古罗马神庙矮墙檐口上的踏步，在柱列中作为柱列脚座。

教堂或公墓有屋顶的大门

M

m 缩写＝“**meter**”，米。

M **1.** 缩写＝“**thousand**”，千。**2.**（制图）缩写＝“**bending moment**”，弯矩。

macadam，tarmac，tarmacadam **1.** 冷铺焦油沥青碎石路面；一种路面，采用碎石或卵石级配并分层夯实，最上层常用沥青材料铺面粘合，沥青面起到固定碎石、使面层光滑和阻止雨水侵入的作用。**2.** 碎石；碎石路面用的碎石。

macadam aggregate 碎石集料，锁结式集料；一种碎石集料，将轧碎的石料、火山岩石或卵石等石料过筛后而得粒径相似的粗集料，此集料压实后空隙较大。

Macassar ebody 望加锡乌木；产自东印度具有红色或褐色纹理的黑色硬木，质重，用作装饰板材或用于需要抗冲击、抗磨损之处。

macellum 室内集贸市场；罗马时期肉或其他商品贸易的室内市场。

maceria 古罗马用多种材料粗砌的墙；古罗马时用多种不同大小的材料粗砌而成的墙，没有饰面。

古罗马时用多种材料粗砌的墙

machicolation 古堡顶部防御结构；中世纪古堡顶部突出的防御结构，其底部开洞，由此可将煮沸的油和投掷物等抛向入侵之敌。

古堡顶部防御结构

machine bolt 机制螺栓，一种有直杆和传统的方形、六角形、纽扣形、埋头式栓头的螺栓。

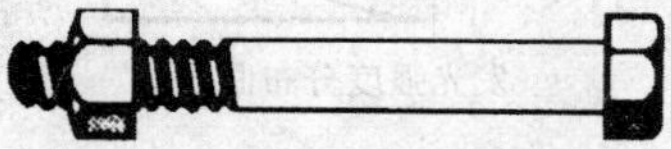

机制螺栓

machine burn 机械磨焦；在材料的机械加工过程中，由于切割刀或研磨带过热而使表面熏黑或烧焦。

machine finish 机械刨光，机械加工（光）面；见 **smooth machine finish**。

machine gouge 凹坑，凹槽；机械切割时，切割线低于设计线而导致的凹坑。

machinery room 机房；见 **mechanical equipment room**。

macroscopic 粗视的，宏观的，肉眼能见的。

made ground，made-up ground **1.** 人工填土；在人工或天然坑内填入坚硬石块：如碎砖，混凝土或碎渣等而形成的坚实的地面、地基。**2.** 填方，填土造地，垫高；见 **fill，1**。

made-up ground 填筑地；同 **made ground**。

madrasah 源于 11 世纪，安纳托利亚、波斯和埃及等国设在庭院内的神学学校。

meander 迷宫曲径，回纹饰；见 **labyrinth fret**。

maenianum **1.** 看台，楼座；古罗马剧场的观众看台。**2.** 古罗马比武场的观众席。

magazine 爆炸品仓库，弹药库；又见 **powder house**。

magazine boiler 自动加煤锅炉；热水或中央供热系统中，一种带有储料仓的燃煤或燃焦锅炉，燃料足够 24h 使用。

magnesia 氧化镁；白色氧化镁粉末。

magnesia cement 镁氧水泥，菱镁土水泥；氧化镁与水的混合物，常加入石棉纤维，用于包裹蒸汽管、锅炉等。

magnesia insulation 氧化镁绝缘层；碳酸镁水化物，可添加或不添加任何纤维加强物，因其内部有许多封闭的气孔是很好的绝热材料，可塑模成板、块或包裹管线的形状。

magnesite 菱镁矿，菱苦土，菱镁土；天然碳酸镁矿。

magnesite flooring 菱镁土地面；作为混凝土地面的面层材料，由煅烧过的菱镁矿物、氯化镁、锯末、碎石英、木粉末等混合成。

magnesium 镁（Mg）；灰白色轻质金属，质量仅为铝的 64%，易拉伸和机械加工，不易与碱反应。

magnesium alloy 镁合金；泛指添加有铝、锰、硅、银、钍、锆等中的一种或多种金属后形成的镁合金。

magnesium carbonate 碳酸镁；见 **magnesia insulation**。

magnesium hydroxide 氢氧化镁；微溶于水的白色粉末，用于砂浆的含白云石类石灰，可改善砂浆的和易性（易抹）。

magnesium lime 镁质石灰；由含有镁的石灰石制成的石灰，作饰面灰浆或砌筑灰浆。

magnetic bearing 磁方向角，磁象限角；直线的象限角，其参考子午线为局部磁子午线。

magnetic catch 磁门扣；依靠磁力使门处于关闭的门扣。

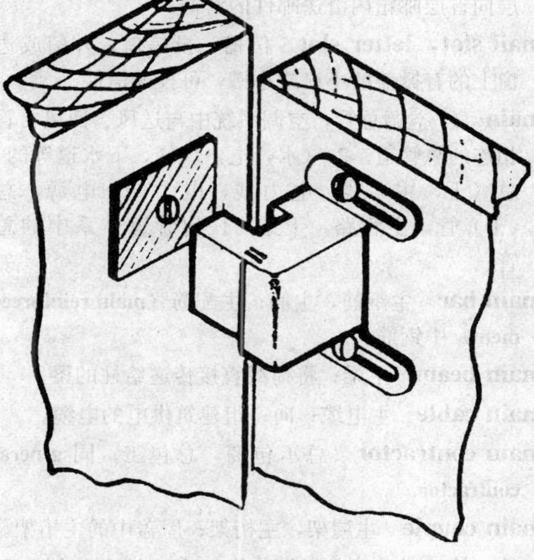

磁门扣

magnetic core 磁心；见 **core**，**1**。

magnetic declination 磁偏差，磁偏角；在某一给定位置，实际子午线（实际南北线）与磁子午线（罗盘针方向）所夹的水平角。

magnetic switch 磁开关；用电磁铁控制开关接片的电开关，尤指用在发动机电路中的开关。

magnetite 磁铁矿，天然的黑色氧化铁矿物；含 65%～72%的铁，有时含少量镍和钛，可用作高密度混凝土集料。

mahlstick，maulstick 支腕杖；画家绘画时使用的搁手用的手杖。

mahogany **1.** 桃花心木，（硬）红木；直纹理，粉红色至赤褐色硬木，中等密度，原产自印度群体和中南美，主要用于室内壁柜或装饰板。**2.** 产于热带的与 **1.** 中描述的红木（**mahogany**）类似的木材，以产地划分，如：非洲红木，菲律宾红木等。

maiden tower 处女塔，监狱或者古代城堡的一部分。

mail box 邮箱，信箱；置于建筑物核心处的接收、分发信件的多格信箱，主要用在公寓和办公大楼内。

mail chute，letter chute 邮件滑槽；高楼内从上层向首层邮箱内滑送邮件的滑槽。

mail slot，letter slot 信槽，投信口；外门或边窗上的有掀盖的小口或小槽，可投递信件。

main 1. 空调总管；空调系统中与送风、回风支管相连的总管道。2.（水，电，煤气，下水道等的）总（干，主）线，电力线，电力网，电源，总（干）管，主管路，干渠；任何管道体系中的总管。

main bar 主钢筋，主筋；主配筋（**main reinforcement**）中钢筋。

main beam 主梁；将荷载直接传递给柱的梁。

main cable 主电缆；向一组建筑供电的电缆。

main contractor 总承包商，总包工；同 **general contractor**。

main couple 主屋架，主桁架；屋盖中的主桁架。

main diagonal 主斜杆；桁架中连接上弦杆和下弦杆的斜腹杆。

main member，primary member 主要构件；房屋结构中对整体稳定起主要作用的构件。

main rafter 主椽木，主脊梁；共用椽木（**common rafter**）。

main reinforcement 主钢筋，主筋；钢筋混凝土（**reinforced concrete**）结构中，抵抗由于外加荷载和弯矩引起的应力的钢筋，与抵抗二次（附加）应力的钢筋有区别。

main runner 主搁栅，主龙骨；悬挂式顶棚中大的支撑龙骨，吊顶体系中的主要杆件-主龙骨，通常采用 1½in（3.8cm）厚金属槽形构件，通过吊挂钩或直杆固定于主体结构上，用来固定小龙骨，吊顶板固定在小龙骨上。

main sewer 1. 共用下水道，公共污水管；**public sewer**。2. 污水干管，排水总管；与一个或多个排污支管相接的服务于较大区域的排污总管，又称 **truck sewer**。

main stack 主通风管，主排气管；建筑下水管体系中的排臭气管，自下而上成直线，穿过屋顶且上口开放。

maintainer 维修（保养）工，养路机，小型平地机；同 **motor grader**。

maintenance 维护；为了保持建筑物的正常使用功能而对建筑物以及设备进行的保养；见 **condition-based maintenance，corrective maintenance，deferred maintenance，emergency maintenance，periodic maintenance，planned maintenance，preventive maintenance，scheduled maintenance**。

maintenance bond 维修保证书，保养单；承包商为业主提供的保证，当业主在规定的时间内向其反映做工或材料出现的问题和缺陷时，承包商将予以改正，直至达到按合同要求可接受为止。

maintenance curve 光源特性与寿命曲线；同 **life performance curve**。

maintenance factor （照明设备）维修系数，使用系数；在给定面积上，照明设备使用一段时间后与其初始设计时的照度之比值，用在照明计算中以考虑灯泡的老化和表面反射等因素的影响，又见 **light loss factor**。

maintenance finish 耐用涂料，维护涂料；工业和公共建筑用及结构的耐用涂料和漆，起保护和装饰作用。

main tie 主拉杆；屋架体系中上弦杆支点间的系杆。

main trap 干管存水弯，总水封；见 **building trap**。

main vent 通风干管，通气立管；通风系统中与支管连接的干管，又称 **vent stack**。

maison de maître 主人的房屋；见 **Creole house**。

maison de poteaux-en-terre 最早移居美国路易斯安那州的法人后裔的房屋；见 **poteauxen-terre house**。

maisonnette （跨二层的）公寓套房，复式住宅；同 **duplex apartment**。

maison pièce sur pièce 套间式房屋；1. 主要指 18 世纪法国路易斯安那州的乡土建筑，一种简易的小木屋，由两间单间组成，单间被一个开放且有顶的走道彼此相隔，走道为两间共享。2. 单间小木屋。亦见 **sur piece construction**。

majolica （石灰质）陶器瓦，意大利文艺复兴时期出产的花饰陶器；一种涂白色不透明釉和彩釉面的陶器，又指一种釉陶面砖（**faience tile**）。

makeup air 补风；室外的清洁空气通过空调系统对废气和漏气进行更新。

makeup water 补给水；给蒸汽锅炉或冷却塔等补给的水，补充由蒸发和渗漏损失掉的水。

makore, African cherry, cherry mahogany 西非产樱桃桃花心木，红褐色硬木；一种产于西非中等硬度硬木，粉红到红褐色，与印度红木（**mahogany**）和美洲桃木（**American cherry**）相似，用于柜橱、地板和胶合板。

maksoorah 伊斯兰教寺院中，为祈祷人围隔的祈祷空间，或围隔的坟墓。

malachite 孔雀石，石绿；碳酸铜，呈绿色，比大理石坚硬，常用于抛光面饰。

male connector 外连接器，外接线端子，阳插头；任何有外突头的电连接装置（件，器，物），其突头可插入有内凹口的插座内（内连接件）形成连接。

male plug 插头（销）；电插头（**plug, 5**），插入插座形成电流回路。

male thread 1. 外螺纹；管上的外螺纹。2. 阳螺纹；同 **external thread**。

mall 1. 公共集市场所，人行道或散步场所，通常种植树，并设计为步行者使用。2. 见 **shopping mall**。3. 手用大锤，槌，夯；木质大锤（夯，槌）。

malleability 展延性，可锻性；金属材料在挤压、卷曲等作用下或在锻造时，不产生断裂的变形能力。

malleable brass 蒙自合金，铜锌合金，熟铜；同：**Muntz metal**。

malleable iron 1. 可锻铸铁，韧性铸铁；经热处理降低脆性的白色可锻造铸铁（**cast iron**）。2. 锻件（**Wrought iron**）；经热处理缓慢冷却的低碳铸铁，可锻造成装饰性铁艺件（**iron work**）。

mallet （木，手，短）锤；木匠、石匠等使用的短木槌，主要用于敲打其他工具，类似于凿子，锤头可以是塑料等软材料制成。

mallet headed chisel 槌头凿，圆头凿；带有圆头的钢制瓦工凿子。

malm 1. 石灰质砂，钙质沙土，白垩土，泥灰岩，灰泥，麻坶（上侏罗纪）；含有大量白垩粉末的土：石灰质壤土。2. 灰砂砖；石灰质土制成的砖（**malm brick**）。

malm brick 灰砂砖，白垩砖；天然或人造石灰土制成的砖，人造石灰土由石灰质粉末、砂和炉渣混合成。

malm rubber 软白垩砖；一种软灰砂砖，可以磨制成期望的形状。

Maltese cross 马耳他十字架；由四个相同的三角形或V形顶点相接而成的十字架。

maltha 1. 古罗马建筑中用于修补水槽和屋顶的沥青，各种水泥，装饰抹灰等。2. 软沥青，半液质沥青，沥青焦油胶；一种介于沥青和石油间的物质。

malus 古罗马剧场中支撑帐篷的杆子。

MAN. 缩写＝“**manual**”，手动的，人工的。

mandapa 印度教寺院的开敞式大厅或大凉台。

mandatory and customary benefits 个人福利和惯例待遇；见 **benefits**。

mandatory standard 强制标准，约束性标准；由权威机构制定的，具有法律效力的，必须遵守的标准。

mandoral 圣像周围的光晕，光轮；同 **mandorla**。

mandoral, versica piscis 圣像周围的杏圆形光晕，光轮，描绘出圣像的整体形象。

mandrel, mandril 1. 顶杆，桩芯；打桩时，轻型金属壳筒内侧临时垫的圆芯块，以承受桩锤的冲击，灌注混凝土时将芯块撤出，又称桩芯（**pile core**）。2. 芯棒，卷筒，紧轴；机械加工和成形时用的内撑。

manganese 锰（Mn）；金属元素，合金钢的硬化剂和脱氧剂，也用作其他金属的合金元素，如：加入铜之中可增加机械阻尼（减振）。

manganese drier 锰干燥剂；乙酸锰，用于油漆、涂料使其加速干燥。

manganese greensand 新采砂，湿砂；见 **greensand**。

manganese steel 锰钢；非常坚硬、脆的钢，含11%～14%的锰，1.5%的碳，必须在水中冷却以降低脆性，使用于需高耐磨性能之处。

manger 饲料槽；牲畜棚的喂料槽。

manhole 检查（检修，维修）孔，检查井；马路上、街道上有盖的井口，由此可以进入清理路面下的下水管道，维修电线、电缆等。

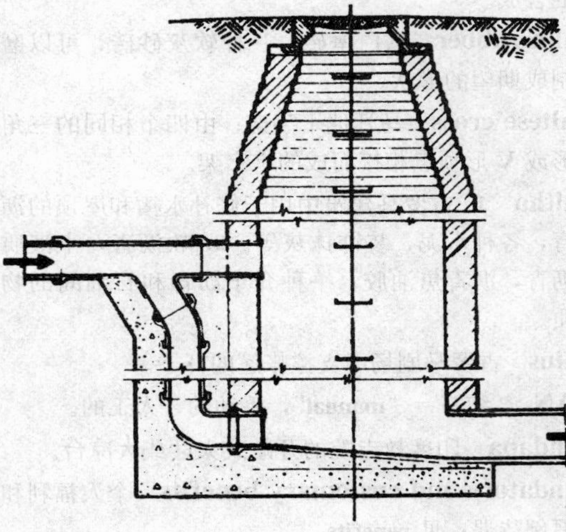

检查孔

man-hour 工时；计量工作量的单位，等于一人一小时工作的量。

manifold 集合管，连箱，多接口管段；用于多路连接的一段管道。

Mannerism 风格主义；16世纪末，特别是在意大利流行的过渡性建筑和艺术风格，在建筑上表现为古典元素的非传统用法。

manometer 流体压力计；测量压力的仪器，U形玻璃管内盛有一定量的水或水银，玻璃管一端连接待测压力，以液面移动的距离可测得压力的大小。

manor house 1. 宅第，庄园住宅；乡村壮观的宅第，通常为拥有大片土地的庄园主的住宅。2. 乡村住宅；美国早期殖民时期较为简单的单间建筑，人字坡屋顶，披迭板墙，条板门，正立面上开有实心木百叶的窗户，房屋一端或两端有烟囱。

mansard roof 1.（美国和英国）两折四坡屋顶，蔓莎屋顶（蔓莎设计）；一种两折四坡屋顶，下层坡比上层坡陡很多。2.（美国）折线形屋顶，复折式屋顶，复斜屋顶；同 **gambrle roof**。3. 四坡屋顶；同 **hipped roof**，屋顶为复合曲线，下层坡比上层坡陡得多，坡线有时也为凹下、凸上或S形。4. 突出于墙上缘的双折坡屋顶，下层坡比上层坡陡很多。

两折四坡屋顶，蔓莎屋顶

Mansard style 1.（美国英语中）有时作为“第二帝国风格”的同义词。2. 蔓莎建筑风格；屋顶为两折四坡屋顶或类似屋顶的建筑风格。

manse 教士住宅，牧师住宅。

mansion 1. 大楼，官邸；壮观、堂皇的住宅建筑。2. 土地所有者住宅；殖民时期（美国初期）的土地所有者住宅。3. 庄园住宅；同 **manor house**，又称 **mansion house**。

mantel 1. 支撑壁炉上方砖石结构的梁或拱；也称为壁炉过梁。2. 壁炉罩面；环绕壁炉的结构或饰面。3. 一种壁炉架。

mantel board 木制壁炉架。

mantelpiece 1. 壁炉面饰；壁炉上方台面装饰。2. 壁炉架（台）；壁炉罩上部的台面，常称为：壁炉架（**mantelshelf**）。3. 支撑壁炉口上方砌体结构的结构。4. 同 **mantelshelf**。

mantel register，cast-iron register 铸铁炉盘，

壁炉调节板；安在壁炉中的廉价预制铸铁件，固定后形成壁炉内膛。

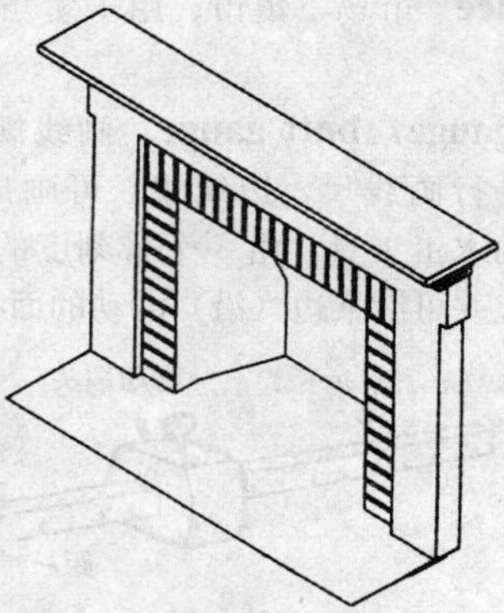

壁炉罩面

mantelshelf 壁炉架，壁炉装饰架，壁炉面饰；壁炉口处的台、架。

manteltree 壁炉过梁；横跨壁炉洞口上方的木质、石材或铸铁构件。常采用粗大的橡木过梁，其支撑上部结构荷载，与炉床保持足够距离以防止被引燃，有时也涂防火灰膏。

mantle 1. 同 **mantel**。2. 墙体面层，覆盖层；墙体外层，与内侧采用不同材料的墙外面层。

mantlet 活动掩体，移动的掩蔽物；同 **chemise**。

mantonium 蛭石防火板；一种防火石膏，由相同比例的石膏和脱落蛭石组成；用于防火结构钢构件。

mantrap 防护门，安检门；只允许一人通过的小而窄的通道，两侧有安检设备，用于安全保护要求高的地方。

manual batcher 配料计量器（箱）；装有人工控制盖或阀门的材料计量箱。

manual call point （英）火警报警器。

manual fire alarm system 人工火警系统；一种人工操作的火警报警体系，可在一处启动整幢建筑及一处或多处选定地点的警报器。

manual fire pump 手动消火泵，手动灭火泵；给喷洒头、立管供水的手动泵，它不能自动启动。

manually-propelled mobile scaffold 手旋移动脚手架；见 **mobile scaffold**。

manual operation 手工（人工）操作；设备、仪器的操作方式，无需其他动力，可以人工操作。

Manueline architecture 哥特式建筑最后时期葡萄牙的一种建筑风格，以国王 MANUAL 一世（1495—1521）命名。

manufactured building 工业建筑物，预制构件建筑物；在工厂预制大部分或全部构件，在工地装配的建筑。

manufactured home 工厂预制住房，预制居住房屋。

manufactured house 预制装配房屋；同 **prefabricated house**。

manufactured sand 人工砂；将岩石、卵石或炉渣轧碎而得的一种细骨料。

map 地图；按比例绘制的地球或其某部分的平面图形。

map cracks，map cracking 龟裂，网状裂纹，表面细裂纹；见 **checking**。

maple 枫木（树）；北美和欧洲的一种坚硬、中密度树木，由浅至深不等的棕色，纹理均匀，用于木地板、木弯头等，又见 **bird's-eye maple**。

maqsura 清真寺祈祷堂；清真寺内由透雕细工屏风围成的祈祷堂，内有祈祷壁龛，原意为：公众祈祷的苏丹。

marb 缩写＝“**marble，marbleized**”，大理石，大理石的。

marble 大理石（岩），云石（岩）；一种变质岩，主要成分为方解石和白云石，常抛光以增强外观效果，由于所含矿物质不同，可有不同颜色。

marbled，marbleized 大理石的，像大理石的，仿大理石的；外观像大理石的或经表面涂漆、整体处理仿大理石的（东西），如经表面涂漆仿大理石木制品，经整体处理的仿大理石瓦等。

marbling，marbleizing 仿石饰纹，仿大理石；一种油漆去面色留底色的技法，使漆面呈大理石效果。

marezzo，marezzo marble 人造大理石；使用金氏胶结料（金氏水泥）浇铸的人造大理石，又见 **artificial stone**。

margin 1. 边缘；门窗边梃或横档外露面，形成边框。2. 楼梯踏步边缘；楼梯踏步边上的突出部分。3. 炉围；壁炉炉床周边的斜角窄条。4. 瓦片（石板）未被其上部瓦片（石板）盖住的部分。

marginal bar 玻璃格条；分割玻璃洞口的玻璃格条，使中间的玻璃被周边的嵌条所包围。

margin draft 石面琢边，石块缘琢；砌体中，粗琢毛石表面经朴素修饰的边缘，石面中间可休整或保持自然状态；又见 draft，2。

margin light 边窗，侧光；见 side light。

margin of safety 安全系数，安全储备；同 factor of safety。

margin strip 边木条；形成地板边缘的木构件。

margin trowel 抹边镘刀，抹边抹子，卷边线脚抹子；抹灰工用的盒子状或卷边的抹子，易于在边角抹灰。

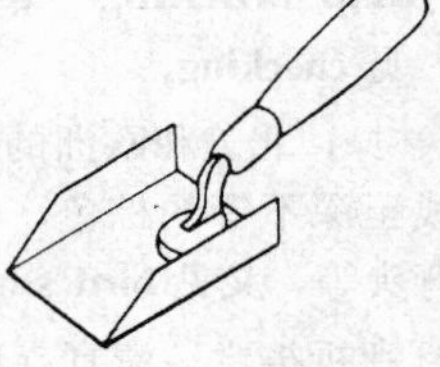

抹边抹子

marigold window 玫瑰窗，车轮窗，菊花窗；竖框呈辐射状的花格圆窗。

marine glue 防水胶，耐水胶，船用胶；不溶于水的胶，常含有橡胶和（或）树脂。

marine paint 船用漆，防水漆；能耐受日晒、淡水和盐水（海水）的胶。

marine plywood 船用胶合板；其中的胶合板层（即单板）通过一种海洋胶彼此粘合。

marked face 标定面，木材正面或表面。

marker 标志，标记，标线，纪念碑，里程碑；建筑、古迹或地界的标示物，纪念物。

market cross 同 cross，2；市场办公室；市场中的十字形房屋，常作办公室。

market house，market hall 室内市场；一层或两层的长方形建筑，肉贩子、鱼贩子、小百货商及小商贩将货物摆在地面上卖，常为开敞式的，有时设有用拱或粗柱支撑的二层，用作市政管理办公室。

marketplace 市场，集市；用于卖当地土产的建筑或场地。

marking gauge，butt gauge 画线规尺，木工画线尺，平行画线尺，边线规；可画出某边（沿）平行线的木工工具，由一个带刻度的长尺和套固在长尺上并可沿某边（沿）滑动的面板组成。

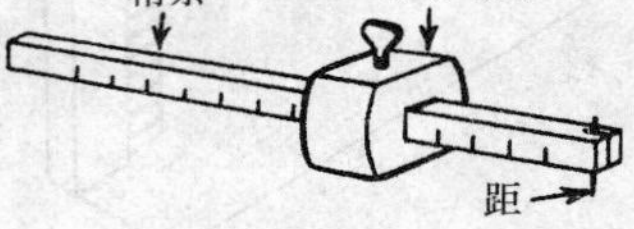

画线规尺

mark out 画线；画出切割线的木工活。

marl 泥灰（石，岩），灰泥，灰泥土；泥土和石灰的混合物。

marl brick，marl stock 泥灰岩砖；由灰泥土制成的高品质砖。

marmoratum 大理石粉石灰胶泥；古罗马建筑中砌墙和台阶用的水泥，由大理石粉末和石灰混合而成。

marmoset，marmouset 怪状丑角像装饰；13 世纪建筑中使用的奇形怪状的图案的装饰。

marouflage 粉贴壁画画布；将壁画等贴于墙上的技术。

marquee，marquise 雨搭，雨篷，雨罩，挑棚，大门罩；建筑入口处遮雨用的永久性构件。

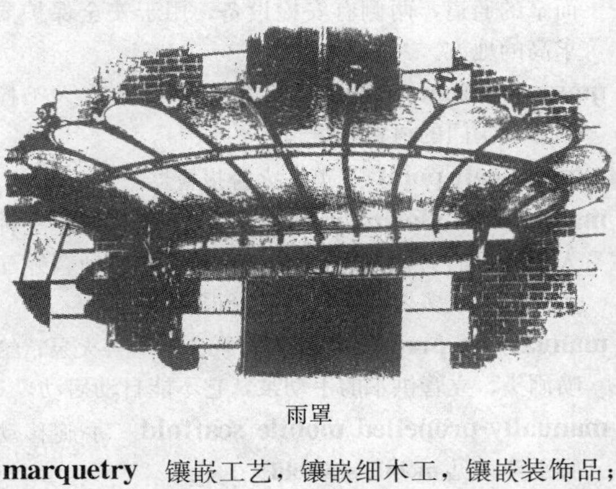

雨罩

marquetry 镶嵌工艺，镶嵌细木工，镶嵌装饰品；

将木、象牙等材料镶嵌在底层材料上的工艺；见 **inlay** 和 **intarsia**。

镶嵌装饰品

martello tower 圆堡，防御海岸用；源于意大利的16世纪防御工事。

martin hole 马丁孔；见 **owlhole**。

Martin's cement，hard-finish plaster 马丁胶结剂；类似于金氏胶结剂但加入了碳酸钾作为外加剂代替明矾的硬石膏胶结料。

martyrium 殉道堂，忠烈祠；埋葬忠烈（尤指殉道者）的地方。

mascaron，mask 怪状头饰，漫画式人头像装饰；一种多少有些夸张的人面、人、半人头像建筑装饰。

mascaron stop 掩模板；门或窗户上方端部的终止处。亦称 mask stop。

mash hammer，mash 石工短锤，小铁锤，大槌，大榔头；石工用的两头为圆形或八角形的短柄重铁锤。

mashrebeeyeh 木隔板；见 **meshrebeeyeh**。

mask 怪状头饰，漫画式人头像装饰；见 **mascaron**。

masking 1. 护面，遮护；为防止油漆沾污，用临时遮盖纸带或与纸一起使用将靠近油漆的表面覆盖起来。2. 遮蔽；将舞台的一部分遮蔽起来，使观众看不见。3. 遮盖声音；一个声音被另一声音（通常声音更大）遮盖而无法听见或听不清楚的现象。

怪状头饰

masking tape 遮盖纸带；一种背后带有胶的纸带，用于临时遮盖墙面。见 **masking，1**。

mason 石工；擅长于用整块天然或人工的矿物进行建筑雕刻的手工匠，如砖块，石头以及煤块，它们通常会用胶粘剂或用灰泥粘结成类似的整块。

masonite 绝缘纤维板；一种广泛使用的商用硬纸板的专有名称。

masonry 1. 砌筑，砌筑技术；将石材、砖、建筑砌块等凿形、摆放、砌筑成墙或其他构件的技术。2. 砖石砌体，砌块砌体，砌体结构，砌体建筑；将砌块块体用砂浆砌筑而成的结构物，块体材料可采用黏土、页岩、玻璃、石膏和石头等，也包括混凝土砌块，但不包括钢筋混凝土。

masonry anchor 砌体锚固件，将空心金属门框刨槽内，并将其固定于砌体墙内的金属锚固件。

masonry block 砌块；同 **masonry unit**。

masonry bond 砌合；见 **bond**。

masonry-bonded hollow wall 砌体空心墙，带空气层的砌体墙；有空气层的砌体墙，其内外叶（墙体）用砌体块材连接起来。

masonry cement 砌筑水泥；用于砌筑砂浆的水硬性水泥，比单独使用波特兰水泥的塑性和保水性好，此水泥常由下列一种或多种物质组成：波特兰水泥，波特兰火山灰硅酸盐水泥，天然水泥，矿渣水泥，水硬性石灰，还常含有以下一种或多种物质：熟石灰，磨碎的石灰石，白垩，滑石粉，火山灰，黏土，石膏，此外许多砌筑水泥还含有气泡和防水剂等。

masonry course 砌层；砌体（尤指）水平方向的一层。

masonry cramp 一种U形的金属扣件，用于固定相邻砖块。

masonry drill 圬工钻；同 **star drill**。

masonry filler unit 填充砌块，梁间空心块；用于浇灌混凝土楼板的梁间填充砌块。

masonry grout 砌筑砂浆；水泥混合物，用于填充砌块空隙。

masonry guard 防砂浆流入的挡板，金属门框的铰链及加固件后面安放的防砂浆罩（**plaster guard**）。

masonry joint 砌块（砖，石）接头，砌体接缝；砂浆砌合的任何砌体块材的连接接头；见 **colonial joint**，**concave joint**，**excess joint**，**extruded joint**，**flat joint**，**flush-cut joint**，**hick joint**，**hungry joint**，**keyed joint**，**raked joint**，**rodded joint**，**rough-cut joint**，**ruled joint**，**scored joint**，**scribed joint**，**skintled joint**，**spalled joint**，**struck joint**，**tooled joint**，**troweled joint**，**V-joint**，**weather joint**，**weather-struck joint**，又见 **pointing**。

masonry mortar 砌筑砂浆，砖石砌筑砂浆；见 **masonry cement** 和 **mortar**。

masonry nail 砌块钉，水泥钉，砖钉；杆身带有隆花或槽纹的、专用于砌体结构的硬钢钉。

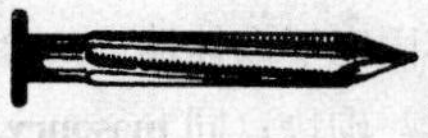

砌块钉

masonry paint 水泥漆；专门用于砌块外表面的油漆涂层，持久耐用；亦见 **cement paint**。

masonry panel 预制砌块墙板；见 **prefabricated masonry**。

masonry reinforcement 砌体配筋，砌体结构中的钢筋；见 **reinforcement**。

masonry tie 1. 砌体墙连接件，墙箍，空心墙连系件；见 **wall tie**。2. 拉杆，连接件；见 **tie**，**1**。

masonry unit 砌块，砌筑单元；天然或人工制造的砌体砌筑单元：石材，烧结黏土砖，玻璃砌块，石膏砌块等。

masonry veneer 砌体面层，砖面墙；饰面砌体：由承重墙支撑但在结构上与内侧承重墙体不形成紧密连接的砌体（砖）面层墙。

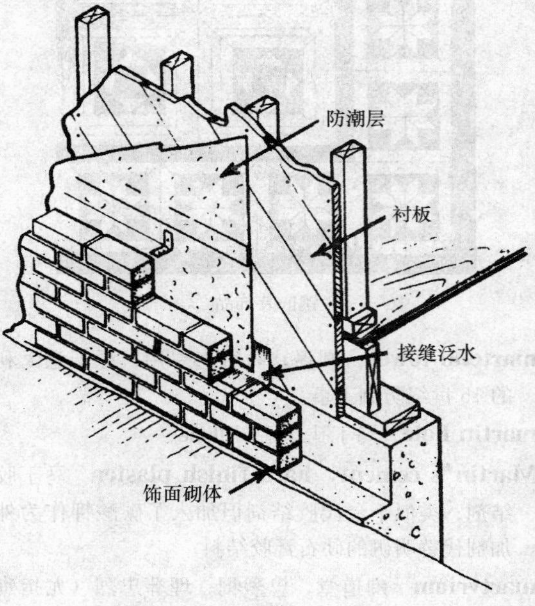

砖面墙

mason's adjustable multiple-point suspension scaffold 瓦工用可调悬挂式脚手架；脚手架的工作台面靠绳索悬挂于上部支撑，可按意图升降到预定工作高度。

mason's ax 砖石工斧，斧锤；见 **axhammer**。

mason's hammer 砖石工锤，圬工锤；重头钢锤，锤头的一端像凿子，便于修整砖或石材。

mason' joint V形砌缝，砌体砌缝，圬工接缝；同 **mason's V-joint pointing**。

mason's lead 砌砖（砌块）拉线；见 **lead 1**。

mason's level 砖石工用的水准仪，圬工水平仪；一种类似木工用的、但略长于其的水平仪。

砖石工锤

mason's lime 砌筑石灰，建筑石灰；见 building lime。

mason's mark 石工（泥瓦工）标记；见 banker-mark。

mason's measure 砌块用量测定；测定某工程砌体块材用量的方法，墙拐角用量加倍，但不考虑小开洞。

mason's miter, mason's mitre 仿斜接缝的转角石；外观像斜接缝，实际上由一块石材砌筑的接缝。

mason's putty 砌筑灰膏，石工腻子，圬工油灰；石灰加入波特兰水泥和碎石屑而成的用于琢石勾缝的砂浆。

mason's scaffold 砌筑脚手架；自承重脚手架，有两排支柱，可承受非寻常的重载。

mason's stop 砌体斜接缝；同 mason's miter。

mason's V joint pointing 墙面 V 形勾缝；砂浆勾缝的形状像扁平的 V，有时上下各有一平边。

masonwork 砖瓦工（工程），石工（工程）；砖石建筑物；同 masonry。

mass bell 同 sanctus bell；（作弥撒唱赞美诗时摇动的）圣铃。

mass burning rate 质量燃烧率；在给定燃烧条件下，材料燃烧引起的单位质量损失。

mass center 重心；同 center of gravity。

mass color 表光；当颜料和载色剂的混合物足以遮盖底色时，其在反射光下所呈现的颜色。

mass concrete 大体积混凝土，（大）块混凝土；依靠质量抵抗荷载的大体积现浇筑混凝土，通常浇筑成一整体，水泥用量低，大尺寸粗骨料掺量高。

mass curing 整体养护；混凝土在密封容器内绝热养护。

mass diagram 土方累积图；为确定土积距，应用图形计算挖填土累积量的方法，沿中心线正值表示挖土，负值表示填土。

mass foundation 大体积基础，大块基础；比按强度设计尺寸大的基础，具有附加抵抗矩，可以耗散或削弱不利的振动和冲击荷载效应。

massicot 铅黄，氧化铅，黄丹；一种黄色非晶体粉末，其晶体形式是一氧化铅（litharge），用作颜料。

mass retaining wall 重力挡土墙，大体积挡土墙；一种 gravity wall。

masstone 未稀释的颜料色块，着色的油漆（涂料）膜。

mast 1. 塔架，支柱；承载一条或多条索缆传递的荷载的塔架。2. 起重杆，桅杆；人字起重架上的承力构件或类似构件。

mastaba 古埃及石墓室；古埃及的一种独立墓穴，有长方形上部结构，侧边倾斜，从一侧沿一竖井可进入墓室和供品室。

古埃及石墓室

mast arm 照明灯具支架；从灯立柱（灯杆）上挑出的支架，可悬挂灯具。

MasterFormat 雇主表格；图中的合同文件是一份建筑说明书的范本，分为 16 个部分，每个部分都有统一的编号和命名来分类。

master key 总钥匙，万能钥匙；能开启多个各不相同的锁的钥匙。

master mason 石匠大师；指中世纪手工艺非常出色的石匠，相当于今天的建筑师。

master plan 总（平面，规划）图，总体规划，总计划；小比例的图形文件通常带有文本文件，其描述项目或计划的全貌。

master plumber 主管子工，水暖工；有执照的人，负责安装管道并对管道工程合同负责，使管道工程的安装有保证。

MASTERSPEC 主专利说明，由美国建筑师协会制定的建筑业主专利说明。

master switch 总开关，主控开关；控制整个建筑供电的电路电源或继电器以及其他遥控装置的开关。

mastic 1. 粘胶，胶粘剂，胶粘水泥，树脂；任何黏稠的团状胶粘剂。2. 密封胶，填缝材料，腻料；像腻子状的密封胶。3. 抹在或喷在保温层表面的保护层，防风雨侵蚀和防老化。

mastic asphalt 沥青砂胶；见 **asphaltic mastic**。

mat 1. 见 **matte**。2. 见 **mattress**。3. 可变形的密钢丝网罩或钢索罩，爆破作业时罩住碎石。

match 匹配，搭配；两种材料或两幢建筑相协调。

matchboards 拼花板，企口板；一边有榫舌，另一边有凹槽的木板，安装时，板的榫舌插入相邻板的凹槽内形成企口连接，又见 **dressed and matched boards**。

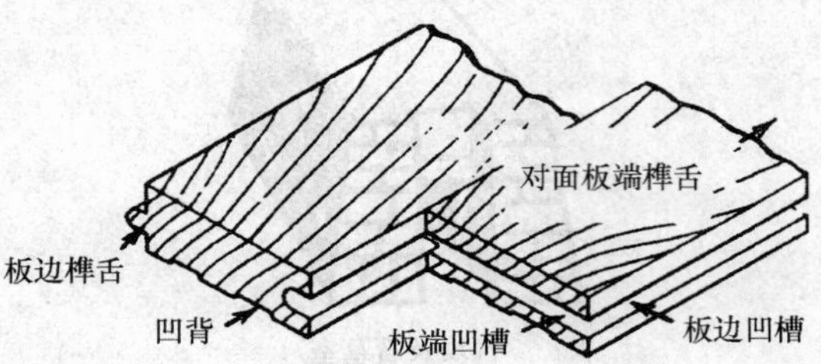

拼花板，企口板

matched floor 拼花地板，企口地板；内铺企口板的地板。

matched joint, match joint 舌槽（企口）接合，合榫；两企口板侧边间形成的企口缝。

matched lumber 企口接材；修过边的用于榫槽（企口）接合的木材。

matched roof boards 企口屋面板。

matched siding 披叠外墙壁板，外墙包层；同 **drop siding**。

matching 1. 铺企口板；铺企口板的方法。2. 镶拼花板，配木纹板；强调木材纹理搭配的木面板。

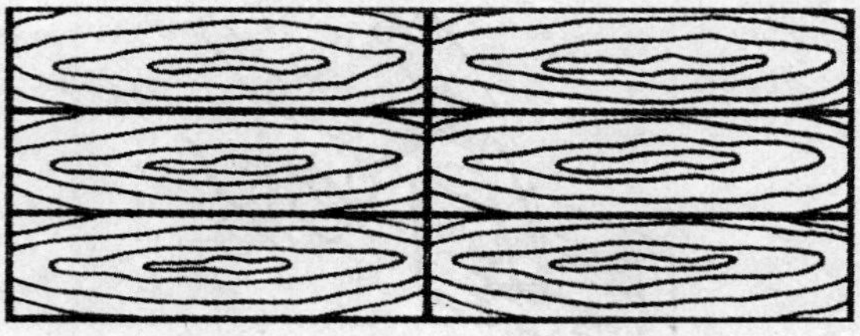

配木纹板

match plane 槽刨，开槽刨，合榫刨；刨企口板用的木工刨，成对，一个用于刨榫舌，另一个用于刨凹槽。

material costs 材料成本；在建设项目中使用的所有材料的费用，包括交付、操作、废料、存储以及税收的费用。

material hose 输料软管，混凝土输送软管；同 **delivery hose**。

material platform hoist 运料平板升降机；输送建筑材料或供给物的悬挂式平板升降机，人工或机械操作，控制室一般在升降机外。

material sample 材料样品；建筑承包商为获得批准而提交的小块能代表整体的材料，它包括颜色，装饰以及（或者）纹理。

materials cage 吊篮，吊盘；垂直升降平板，用于建筑物施工时向高层运送施工材料。

materials tower 吊机塔，升降机塔；同 **hoist tower**。

material supplier 材料（供应员）供应商；同 **supplier**。

materiato 在古罗马建筑的屋顶中所使用的全部木构件的总称。

mat foundation 筏形基础，整体基础；大而厚的混凝土板形成的基础，承受柱和（或）墙传来的荷载，也称作浮筏基础或浮基。

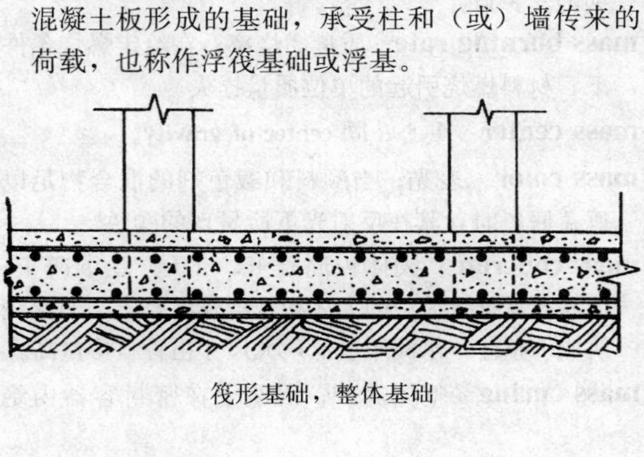

筏形基础，整体基础

Matheson joint 熟铁管的承插式接口；见 **bell and spigot joint**。

MATL （制图）缩写＝“**material**”，材料。

Matrix 填质，基质，基材，母体，结合料；**1.** 砂浆中混入细骨料的水泥浆。**2.** 混凝土中混入中粗骨料的灰浆。

matroneum 妇女席；在一些地区，教堂不允许男女性混杂在一起，于是便在最高处的楼座专门为妇女设置了坐席。

mat sink 门毯坑；同 **mat well**。

matsu 日本松；日本常见的松木，用于建造房屋。

matte，mat，matt 无泽面，无光泽地面；无光泽的、光反射率低的表面。

matte dip 无光浸涂；由两份硫酸（体积比）、一份硝酸（体积比）兑成的氧化锌或硫酸锌含量呈饱和状态的液体，用于浸泡金属使其形成无光表面。

matte-surfaced glass 毛玻璃，磨砂玻璃；玻璃的一面或两面经过蚀刻、打磨或砂洗等处理而形成的散光表面。

matte varnish 无光清漆，亚光漆；见 **flat varnish**。

mattock 十字镐，掘根斧，鹤嘴锄；挖土时松土用的工具，形似尖锄，但一头扁平，而不是尖头。

mattress 满堂式基础，筏式基础，床垫，垫板；地基上直接铺设的混凝土层或混凝土板，起基础垫层或类似的作用。

mature tree 成材树，成熟树；树干直径达到相应规范给出值的树。

maturing 硬化，成熟；混凝土、泥料、砂浆等材料的正常熟化和（或）硬化。

maturing bin 熟化箱，熟化池，滤灰池；见 **boiling tub**。

maturity 成熟度；混凝土强度的测量标准，其大小受等效养护温度和水化时间的影响。

mat well 擦鞋垫凹池，门垫塘；大门入口处放擦鞋垫的凹池。

maul，mall **1.** 木槌，大的木槌（**mallet**）。**2.** 木夯；见 **beetle**。

maulstick 一种（绘画是左手握着以支撑右手的）支腕杖（**mahlstick**）。

mausoleum **1.** 墓碑，庙；墓地入口处的纪念性建筑。**2.** 骨灰堂，陵墓；放棺木的地方。

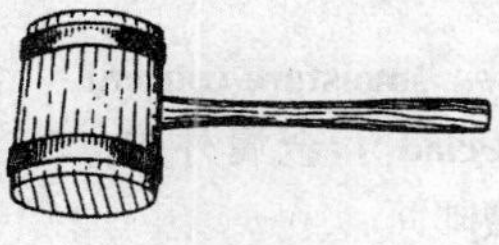

大木槌

MAX （制图）缩写＝“**maximum**”，最大。

maximum acceptable pressure 最大容许压力；给水系统中承受的最大水压力，超过此压力将导致系统内部件的过早或加速损坏。

maximum demand **1.** 电力系统在规定的时间间隔内的最大负荷，最大需要量，高峰要求。**2.** 建筑上下水系统在规定时间间隔内最大流量（排污量）。

maximum over all length **1.** 灯泡最大外形长度，灯泡总长；单灯头的灯泡从灯头到灯泡最远点间的尺寸。**2.** 灯管总长；两端有灯头的灯泡的灯头间最大尺寸。

maximum rated load 最大额定荷载；例如脚手架的最大额定荷载为：工作荷载，脚手架自重，以及其他可预见的荷载的总和。

maximum size of aggregate 集（骨）料的最大粒径；混凝土粗骨料的最大粒径，超过此粒径的骨料数量足以影响混凝土的性质，一般以筛余最大重量百分率为5%～10%的筛孔直径确定。

maximum temperature period 恒温期，最大蒸压温度限期；蒸压养护的最大恒温限期。

maximum working pressure 最大工作压力；管道材料在标准或正常状态下保证安全使用所能承受的最大压力。

may 可能，也许；表示选择或者替换的专业术语，对应 **shall** 和 **should**。

Maya architecture 玛雅建筑；中美洲和墨西哥玛雅人在公元4世纪和15世纪的建筑，以陡坡金字塔形（四锥形）庙宇为主要风格。

Mayan arch 三角形突拱，常见于尤卡坦半岛的玛雅印第安人建筑。

maze 曲径，迷宫，迷网图案；同 labyrinth，3。

M. b. m.，MBM 缩写＝“thousand（feet）board measure”，千板（英）尺；（美国木材工业）板材量度单位。

MC 1. 缩写＝“moisture conrent”，含水量。2. 缩写＝“metal-clad”，金属外包。3. 缩写＝“mail chute”，滑槽邮筒。

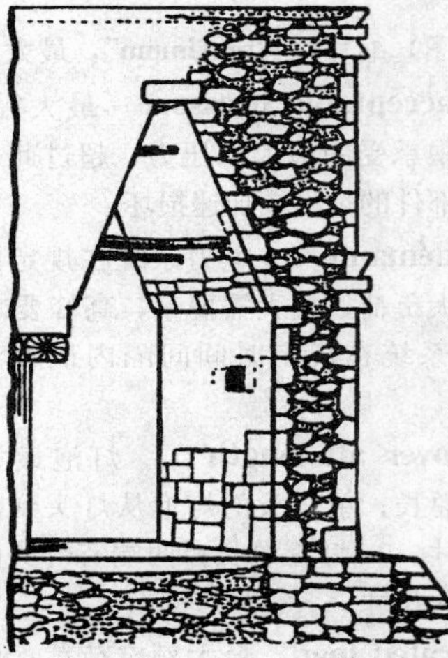

三角形突拱

MC asphalt 中凝沥青；同 medium-curing asphalt。

MCM 缩写＝thousand circular mills 千圆密耳（1英寸直径的圆周面积，表示电导体的尺寸）；见 wire size。

meager lime 不纯石灰，有杂质石灰，贫石灰；至少含有15%杂质的低纯度石灰。

meal house 储放经过加工的谷物的建筑。

meander 回纹波形饰；同 Greek key。

meandering shear wall 曲线剪力墙；平面不规则的剪力墙。

mean gradient 平均坡度（上水、下水管道等的）。

means of egress 通道，出口；建筑内的任一点通向室外地面的连续通道。

means of escape 消防安全通道；见 fire escape。

measured drawing 实测图；根据实测结果，按比例精确绘制的既有建筑、物体、场地、结构物、或其细部构造的建筑图。

measurement standard 测量标准；对按照规定的精确度，取得可靠、可复制的结果的测量操作过程的描述。

measuring chain 1. 测链；见 chain，2。见 Gunter's chain。

measuring frame 混凝土骨料计量用的无底料斗，量料框；同 batch box。

meat house 烟熏室；同 smoke house。

MECH （制图）缩写＝“mechanical”，机械的。

mechanical analysis 机械分析，粒径分析，过筛分析；确定集（骨）料、土层、沉淀物或岩石粒径分布情况的分析方法，又见 sieve analysis 和 particle-size distribution。

mechanical application 机械作业；取代手工涂抹作业的泵送喷涂灰浆或砂浆。

mechanical bond 1. 涂层的机械性粘结：（a）与其他涂层或打底层的粘结；（b）与带金属网的抹灰层的粘结。2. 钢筋混凝土结构中混凝土与变形钢筋间的粘结。

mechanical connection 机械连接；两个或多个杆件靠机械连接件连接，如：螺栓、铆钉或螺钉的连接（但不包括非机械力连接，如靠粘结作用的连接）。

mechanical core 建筑设备管线预制件；上下水、供热、通风、电线等的预制管线，其现场安装方便，用工量少。

mechanical draft chimney 机械抽风烟囱；全部或部分依靠一部分辅助的鼓风机形成气流的烟囱，鼓风机直接向锅炉内吹风，或将烟气从炉膛内抽出，并送入烟囱。

mechanical draft water cooling tower 机械通风冷却水塔；冷却水塔内设的一个或多个风扇，使空气在塔内通过。

mechanical drawing 机械制图；使用圆规、三角板、丁字尺等仪器绘制的精确图纸。

mechanical equipment room，machinery room

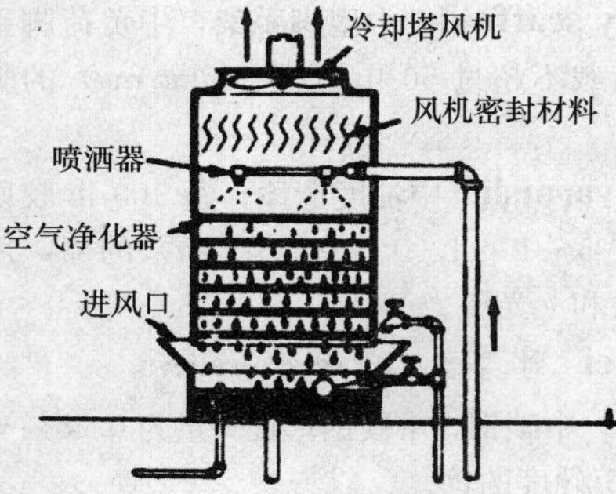

机械通风冷却水塔

（机械）设备室；长期放置冰箱、空调机或其主要零部件的房间。

mechanical equivalent of heat 热量的相当机械能量；与单位机械能数量相当的热量单位，例如：1Btu（英国热量单位）相当于 778ft·lb（107.6kg·m），1cal 相当于 4.187J。

mechanical joint **1.** 机械连接，管道法兰螺栓连接；一种气密性防渗漏连接，将金属部件连接到套管上（如法兰接头，螺纹套管接头，扩口接头等）。**2.** 管道中的一种接头，基本组成有：(a) 与管口整体浇铸的法兰盘（翼缘）；(b) 置于接口凹槽内的橡胶密封垫；(c) 压住密封垫的垫片；(d) 接口旋紧螺栓和螺母。

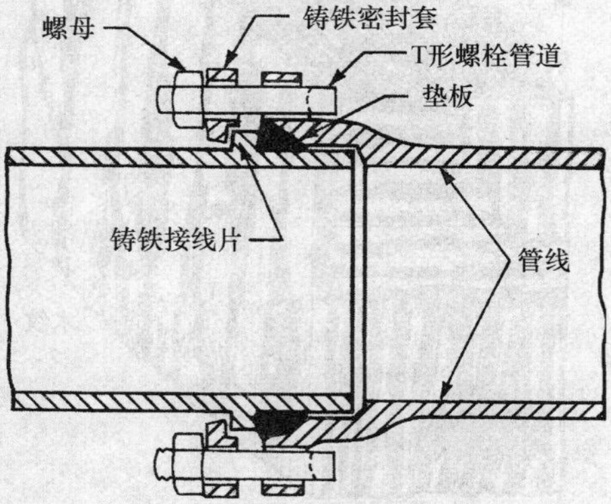

典型的机械连接

mechanically foamed plastic 机械法发泡塑料；靠机械吹气制成的发泡塑料。

mechanically galvanized nail, peencoated nail 机械镀锌钉；将钉子在盛有锌粉和玻璃小珠的容器中滚动涂覆而得到的钉子。

mechanical operator 机械开窗器；工厂、体育馆的双扇窗开启和关闭机构，通过手柄、手轮或手链等人工操纵，或由马达驱动。

mechanical property 力学性能，机械性能；材料受力后与弹性、塑性反应有关的性能，或包含应力应变关系的性能。

mechanical room 设备用房（如通风机房，电梯间，密封水箱，水泵间）；见 **mechanical equipment room**。

mechanical saw 机械锯（锯木用圆锯、带锯及竖锯）；见 **circular saw**，**band saw**，**jigsaw**。

mechanical stoker 机械加煤机；锅炉、熔炉的自动装置，可以自动向炉膛内加固体燃料（如煤），吹风，有的也可清除燃烧废料。

mechanical trowel 抹灰机，抹面机，机械抹子；金属或橡胶底面的动力驱动抹子。

mechanical ventilation 机械通风；利用通风机械使室内外空气对流的方式，如：采用风扇通风，送风经过（亦可不进行）加热、制冷或空调调节。

mechanic's lien 扣押权，留置权；房屋、结构物的建造、改扩建时，（美国）联邦法令制定的有利于材料和人力提供商的私有房地产留置权，大致相当于其所提供的人力和材料的价值。在某些州，专业服务也拥有留置权。各州法律之间关于何种情况可以使用留置权、留置金额总数、收缴留置金及偿还留置权的手续等方面有很大差异。只有留置权得到妥善解决，方能获得完整的产权。

mechanized parking equipment 机械化停车设备；机械化停车场常用的动力驱动的运输装置，可将车辆直接送到停车位。

MED （制图）缩写＝“**medium**”，中等的，中间物，中值。

medallion **1.** 装饰浮雕；具有象征意义或宗教信仰的圆形、椭圆形、方形或其他形装饰浮雕，如：图案、花草、头像等。**2.** 屋顶装饰；石膏屋顶装饰，中间常有枝形吊灯或类似发光体，又称 **rose**，**rosette**。

medallion molding 圆雕饰线脚；由系列的装饰浮雕组成的线脚，见于奢华的诺曼式晚期建筑中。

圆雕饰线脚

medicine cabinet 医用橱柜；放置医用消耗品及卫生清洁用品的橱柜。

Medieval architecture 中古时代建筑；欧洲中古时代，即公元 5～15 世纪建筑风格，尤指早期罗马风格、罗马风格及哥特式建筑风格。

Mediterranean Revival 地中海式建筑风格；（原词字面含义不确切，并非复古式建筑）指 20 世纪后半叶出现的融合教堂、意大利村舍和西班牙殖民式等复古风格的建筑，常为 1～2 层房屋，红瓦屋顶，拉毛粉饰墙面，圆形或拱形窗，有时称为 **Mediterranean style**。

medium 介质，媒质；油漆或磁漆中的液体或半液体成分，调节涂刷时的适宜性及涂刷后的外观、光泽、黏性、耐久性及化学稳定性等。

medium carbon steel 中碳钢；含碳量在 0.3%～0.6%之间的钢。

medium curing asphalt 中凝沥青；用中等挥发性煤油类稀释剂对膏体沥青进行稀释而制成的沥青。

medium curing cutback 中凝轻质地沥青；见 **medium curing asphalt**。

medium density fiberboard, medium density hardboard 中密度纤维板；容重为30～50 lb/ft³（480～800kg/m³）的纤维板，用于建筑结构及夹芯板等。

medium density overlay 中密度贴面板；通过热压法，将经过热固性树脂浸泡的贴面纸贴于胶合板、纤维板或刨花板等的表面而成的板，用以提高板的外观和耐久性。

medium duty scaffold 中型脚手架，中负荷脚手架；使用荷载不超过 50 lb/ft²（245kg/m²）的脚手架。

medium oil varnish 中油度清漆；每 100 lb 胶质的含油量在 5～15gal（0.5～1.5L/kg）的漆，用作室内油漆和上光漆。

medium relief 半浮雕；同 **mezzo-relievo**。

medium steel 中碳钢，中硬钢；含碳量为 0.25%～0.5%的中等硬度的钢。

medium temperature water heating system 中温水采暖系统；采用温度为 250～350°F（121～177℃）的水作为传热介质的供热系统，热量从中心锅炉经过管道被传至散热器。

medium voltage 中等电压；根据 ANSI/IEEE 标准，系统额定电压为 1000～72500V 的电压。

medullary ray, pith ray 木纹，木射线，髓线；树或原木横断面上的纹理组织，从髓心向外呈放射状，其粗细程度从极微的细纹到 4in（10cm）粗，橡树的纹理可能更粗，此组织在横向储存和输送树的养分。

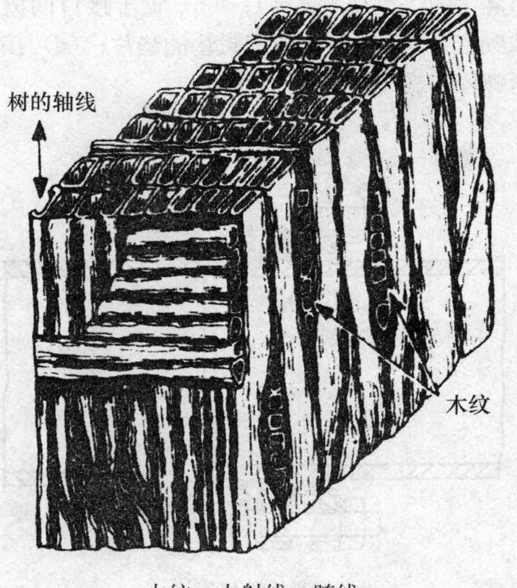

木纹，木射线，髓线

meeting house 会堂，教堂；某些新教教徒做礼拜的场所，或社区活动场所，通常为较显眼的方形平顶建筑。

meeting post，miter post 碰头门梃；门扇关闭时与框合靠的装锁的那根门梃，双开门中，两扇门上相碰合的门梃。

meeting rail 上下推拉窗框碰头横档，交会横档；指上下推拉窗的上窗扇下横档或下窗扇的上横档。

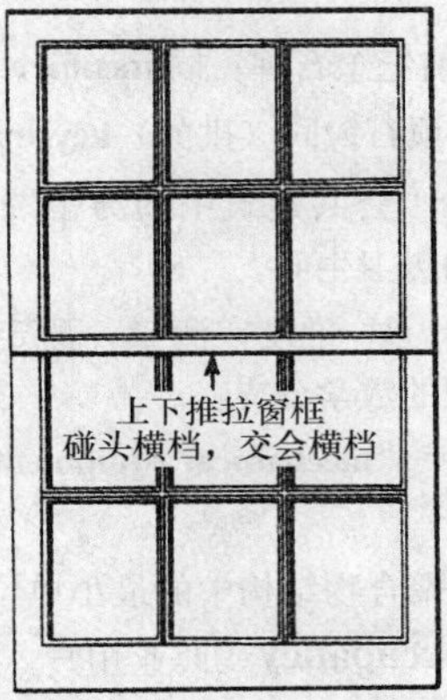

上下推拉窗框碰头横档，交会横档

meeting stile 碰头门梃，中门梃；推拉门窗相邻的一个门梃或窗梃。

megalithic 巨石建筑的；用非同寻常的石材建造的。

巨石建筑物

megalopolis，megapolis 特大城市，大型工业城镇；人口高度集中的大城市，通常由一个或数个大城市及周围的郊区组成。

megapolis 特大城市；同 **megalopolis**。

megaron 1. 在许多古希腊庙宇中一块隔离的或隐蔽的空间，有时在地下室，只有神职人员才能进入。2. 中央大厅；宫殿的中央大厅。

megascopic 肉眼可见到的。

megilp 油画的载色剂；由松油和浅色聚合油等量配制的油画载色剂。

mehrab 穆斯林教堂指向麦加的祈祷壁龛；同 **mihrab**。

MEK 甲基乙基酮；见 **methyl ethyl ketone**。

melamine formaldehyde 三聚氰胺甲醛树脂，密胺树脂；无色醇酸类合成树脂，抗碱，对大部分酸有抗酸性，用于胶合板、刨花板等板材的表面处理。

melon dome 瓜形圆屋顶；似瓜形的带肋圆屋顶（拱有时在室内有时在室外），常见于伊斯兰教建筑。

MEMB （制图）缩写＝"**membrane**"，膜，表层。

member 构件，杆件；结构中一个独立存在的组成部分。

membrane 膜，膜片，隔板，防渗护面，表层；在组合屋面材料中的防水层（柔性或半柔性的），由沥青和毛毡交替铺成，产品制成卷材，表面铺石子或涂沥青。

membrane curing 混凝土薄膜养护；一种采用密封液体（如沥青和石蜡乳化液，稀释煤沥青）或非液体保护层（如塑料薄膜）等将新拌制的混凝土覆盖，形成薄膜，减少拌合水蒸发的养护方法。

membrane fireproofing 防火隔板，隔膜防火；起防火隔热作用的涂层或隔板。

membrane forces 薄膜力；直接作用在混凝土薄壳上的剪切力。

membrane roofing 卷材屋面材料；见 **membrane**。

membrane theory 薄膜理论；一种薄壳设计理论，假定壳体由于它的偏斜不能抵抗弯矩，其任意截面只存在剪应力和压（或拉）应力。

membrane waterproofing 薄膜防水；使用薄膜使表面不渗水。

MEMO （制图）缩写＝"**memorandum**"，备忘录，摘要。

memorial 纪念物（雕塑，碑）；为纪念某人、某一事件而建的建筑、雕塑或纪念碑等。

memorial arch 纪念性拱门；为纪念某人、某事而建的拱门，流行于罗马帝国，拿破仑时代和其后期再度流行。

memorial park 公墓陵园；公共墓地，在开阔的绿地中散布着许多墓碑，它们以小树丛分界。

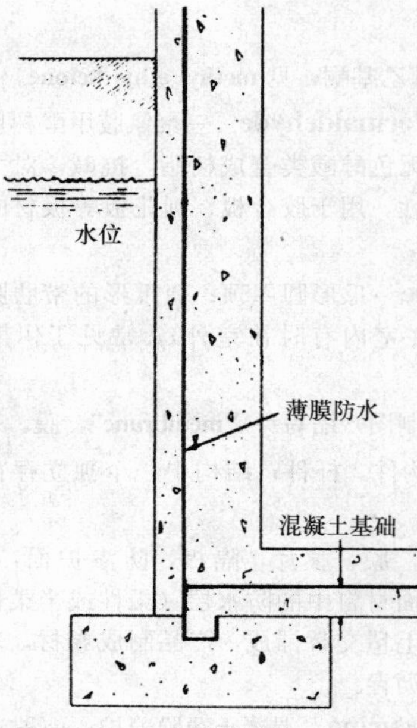

纪念性拱门建于广场上，罗马

memorial plaque 纪念碑碑匾；一种平板纪念碑，通常为金属或者石头材质，外表面做贴面标记；常用于纪念或者庆祝特别的事件。

memorial stone, memorial tablet 纪念石（碑）；树立的或刻在墙上或嵌在墙中的石碑、石匾，以纪念某人、某事。

memorial window 纪念窗；在教堂建筑中，专门设计彩色玻璃窗来纪念个人或者家庭的记忆。

memory 记忆，恢复力；材料经过压缩或延伸恢复原形的品质。

mending plate 加固板，连接盖板；预先打有交错排列螺孔的钢板条，用于加固木结构节点。

menhir 粗石巨柱；史前的独立巨石纪念柱，有时经过粗雕刻。

mensa 1. 圣坛的台面石（板）。2. 圣坛的台面面层。

mensao 史前纪念石碑；同 **menhir**。

mensole 拱顶石；同（拱的）**keystone**。

men's room 公共建筑中的男盥洗室；有马桶和盥洗设备的男卫生间。

mensuration 1. 量度，测量，测定。2. 求长度、面积、体积的数学分支。

MER 缩写＝“**mechanical equipment room**”，机械设备间。

mer 高分子聚合物结构中的最小单位。

mercantile occupancy 商业用户，商务占用；用于展示和销售商品的房间、店铺、市场、建筑或构筑物。

merchant bar iron 商品铁条，熟铁；熟铁棒条的旧称。

merchant pipe 商品管材；重量比标准管材轻5%～8%的管材。

mercury-contact switch 水银接触开关；安装在墙上的室内电路开关，带有一密封玻璃水银管，可使开启时静音。

mercury lamp 汞灯，水银灯；高强度辉光灯，其外包玻璃管，管内密封套管里通过水银蒸气发出电弧。灯光呈蓝白色，实际只有紫色、蓝色、绿色和黄色光成分。使用压力通常略高于一个大气压。

mercury switch 水银开关；同 **mercury-contact switch**。

mercury vapor lamp 水银灯，水银蒸气灯，水银荧光灯；一种辉光灯，其外包玻璃管，管内密封套管里通过水银蒸气发出电弧。灯光呈蓝白色，实际只有紫色、蓝色、绿色和黄色光成分。当水银蒸气压力为 0.001 个大气压时，认为是低压状态，大约为 1 个大气压时，为高压状态。

meridian stone 子午石；沿子午线（南北方向定

位线）上放置的石头，用以标记村镇的东或西边界。

merlon 雉堞，城齿；有垛口的城堡锯齿形女儿墙的一个垛。又见 battlement。

雉堞，城齿

meros 三陇板两槽间的平面：三槽板（陶立克建造）中两个凹槽间的平面（正面）。

mesaulos 古希腊住宅中：**1.** 连接男宾室和女宾室的过道。**2.** 在男宾室和女眷内室过道的门。

mesh **1.** 金属丝布每英寸网眼数；100号筛为每英寸双方向各有100个孔眼。**2.** 钢筋网，金属拉网，钢丝网。**3.** 用于钢筋混凝土的多孔金属网，或焊接网片。

mesh-core door，cellular-core door 蜂窝空心夹板门；一种木空心门，里层为纤维网格或蜂窝状木芯，四周用边框包围，面板用防水胶贴于木芯上。

mesh partition 金属网隔断；用坚实的金属网建造的隔断墙，禁止非许可人员进入，但可通气、散热、透光，不妨碍自动灭火消防系统工作，用以保护一个特定区域，如仓库。

meshrebeeyeh，mashrebeeyeh，moucharaby，mushrabiya **1.** 阿拉伯建筑中封闭阳台窗的精致旋转木隔板。**2.** 起其他作用的类似木隔板。**3.** 在大门上挑出的防卫阳台，护墙可以是雉碟状的，也可是平的。

mesh reinforcement 钢筋网，网状钢筋；钢筋混凝土结构中，沿两个方向布置的钢筋或钢丝，通常交汇点呈直角需焊接或绑扎。

Mesoamerican architecture 中美洲建筑；墨西

封闭阳台窗的精致旋转木隔板

大门上挑出的防卫阳台

哥和中美洲地区建筑，以西班牙早期文化作为地区文化特征，包括中、南墨西哥，幼卡坦半岛，危地马拉，萨尔瓦多，洪都拉斯的一部分，尼加拉瓜，北哥斯达黎加。

Mesopotamian architecture 美索不达米亚建筑；从公元前3000年到公元前6世纪，由幼发拉底和底格里斯河谷文明发展起来的建筑风格。主要为泥灰或沥青砌筑的黏土砖建筑。厚墙通过壁柱和壁凹连接，重要公共建筑立面采用烧制的或上釉的面砖。房间窄长，木泥屋顶，有时采用筒拱，很少采用柱，通常窗洞口较小。

messmate 桉木；各种桉木，用于粗木活。

messuage 住宅及基地；包括正屋和附属建筑及相邻建筑和庭院，以及归业主使用的宅边院地。

MET. （制图）缩写＝"metal"，金属。

meta 跑道上转弯的标志柱或标识。

metal arc welding 见 arc welding；金属电弧焊。

metal ceiling 见 pressed metal ceiling；金属天花板，金属顶棚。

metal clad cable 见 armored cable；铠装电缆。

metal-clad fire door，Kalamein fire door 包

金属的防火门，金属包皮防火门；由木质内芯、木梃、横档、隔热板和外包金属皮做成的平面门。

metal curtain wall 金属幕墙；不承受屋面和楼面荷载，全部或大部分由金属制成，或由金属、玻璃和其他面层材料共同组成的支承于金属框架上的外墙。

metal extrusion 金属轧制；同 **extrusion，1**。

metal floor decking 金属楼板；楼面金属复合板，薄壁型钢楼板，用于建筑结构承重楼板（**decking，2**）。

metal grating 金属搁栅；用于行人和（或）车辆交通的开发的金属楼面，用以覆盖楼面凹处或洞口。

metal halide lamp，metallic additive lamp 金属卤化物灯；一种辉光灯，它的亮度是通过金属蒸气（例如水银）和卤化物的离解产品相混合形成照射而产生。（例如铊，铟，铀等的卤化物）。

metal lath，metal lathing，steel lathing 抹灰金属网；钢丝网抹灰的基层，（a）将金属切割编网，再拉伸成菱形网；或（b）冲孔形成金属网片，通常归类为：带肋钢丝网，菱形网，薄冲孔板或金属丝网。

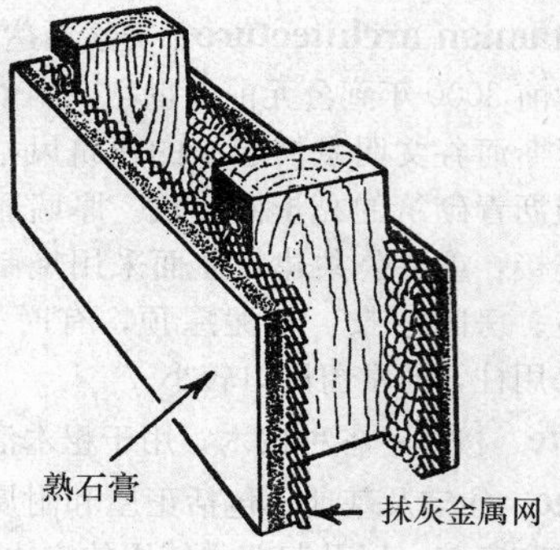

抹灰金属网

metal leaf 金属箔；极薄金属板，如金、银等，用于装饰或镶字，实用中表面涂虫胶漆或防护涂料，以防止氧化。

metallic additive lamp 金属卤化物灯；见 **metal halide lamp**。

metallic area 钢绞线面积；钢绞线的所有钢丝束的截面面积总和。

metallic paint 金属光泽涂料，金属粉涂料。

metallic sheathed cable 金属包皮电缆；见 **armored cable**。

metallic tubing 金属管材，金属管线；见 **electrical metallic tubing**。

metallize 金属喷涂；在基层材料上涂金属保护层，通常将乳液状的金属面层涂料喷涂在待涂物的表面。

mettallized lamp bulb 喷镀金属的灯泡；灯泡内、外侧表面的一部分喷涂上金属薄膜，起改变光束的方向作用。

metal molding 明装的金属电缆管道；见 **surface metal raceway**。

metal pan 金属模；见 **perforated metal pan**。

metal primer 金属底漆；金属上涂刷的第一层漆，见 **primer，1**。

metal roof covering 金属屋顶覆盖层，金属屋顶面；波形（或其他形）金属屋面板，用于屋架和屋面，又见 **sheet-metal roofing**。

metal sheeting， 金属挡板（壁板，挡板），金属鱼鳞板；同 **sheet metal**。

metal siding 金属墙板（壁板，挡板）；金属制外墙挡板，常用铝材。

metal structural cladding 金属围护结构；金属制的外墙或坡屋面非承重围护结构。

metal tie 钢枕，钢系杆；见 **tie，wall tie**。

metal trim 金属边饰；保护材料的边缘，节点，或者与其他材料（如石膏）边界的金属薄片。

metal valley 金属沟槽；金属制的边沟，雨水沟，檐沟，天沟等。

metal window 金属窗，钢窗；装玻璃用的金属框，带或不带窗扇。

metamer 条件等色光；具有不同的光谱能量分布的同颜色光。

metamorphic rock 变质岩；由于高温和（或）高压使外表、容重、晶体结构（有时矿物质成分）发生变化的岩石，如板岩（**slate**）是页岩（**shale**）的变质岩。

metatome 齿饰中两个齿间的空间。

meter，metre（m） 米；国际标准长度计量单位，等于 39.37in。

metre-candle，meter-candle 米烛光；见 **lux**。

metered demand 计量需求；建筑物中有效使用的电力和用水量的最大值。

meter rod 高精度水准仪；见 **precise leveling rod**。

meter stop （供水管道中的）开关阀；可阻止水流入建筑中。

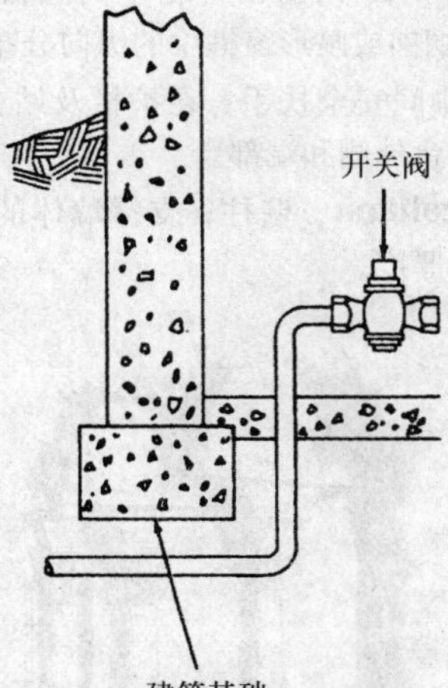

开关阀

metes and bounds （丈量标定的）地块，边界，地界；由距离和方位确定。

methylated spirit 变性酒精，含甲醇（木精）酒精；乙醇和少量甲醇混合的酒精，工业用于稀释涂料，天然漆和清漆。

methyl cellulose 甲基纤维素；颗粒状、片状白色物质，用作水溶性稠化剂，稳定剂，用于水性涂料。

methyl chloride 甲基氯化物；有压力状态呈液态的气体，用于制冷。

methyl ethyl ketone，MEK 甲基乙基酮；一种强烈的芳香族可燃溶剂，用于涂料、清漆及天然漆中。

methyl methacrylate 甲基丙烯酸甲酯；坚硬、刚度大的透明丙烯酸塑料，有较好的耐酸和抗溶解性，易开裂。

metoche 齿饰中两齿间空间；见 **metatome**。

metope 陇间壁；陶立克檐壁上在三陇板之间的平面或装饰的板壁。又见 **triglyph**。

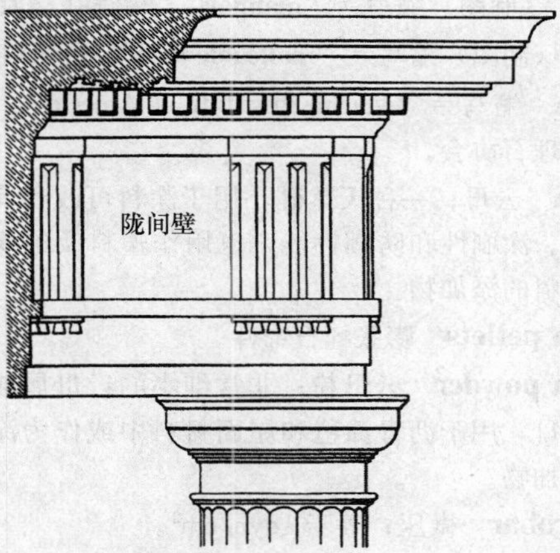

陇间壁

metre 米；见 **meter**。

metric modular unit 工制模数砖；尺寸是 10cm 倍数的模数。

metric sabin 赛宾；声吸收单位，等于 $1m^2$ 的完全吸声面积。

metric ton 吨；同 **tonne**。

metriostyle 最佳间距；相邻两个柱子间的空间，距离适中。

meurtrière 堡垒的射孔；同 **gun hole**。

mews 1. 伦敦皇家马厩；如此称呼是因为此地曾为国王的养鹰的地方，后成为大城市和城镇的马厩，马车屋。2. 马厩改建的住房，小巷。

MEZZ （制图）缩写＝“**mezzanine**”，见 **mezzanine**。

mezzanine，entresol 1. 夹层，低顶楼层，挑廊；多位于底层之上。2. 剧院中前厢座；剧场最低厢座，或厢座的前凸部分。3. 舞台下布置背景的空间；常与一升降台连接。

mezzo relievo 半浮雕；介于深浮雕（**high relief**）和浅浮雕（**bas relief**）之间的浮雕。

MF 缩写＝“**mill finish**”，精制，精轧。

MFG （制图）缩写＝“**manufacturing**”，制造的，虚构的。

MG （制图）缩写＝“**motor generator**”，电动发动机。

MH （制图）缩写＝“**manhole**”，检查井，人孔。

MI （制图）缩写＝“**malleable iron**”，可煅铸铁。

MIA 缩写＝“**Marble Institute of America**”，美国大理石协会。

mica 云母；一种天然硅，用于涂料可改善其悬浮性、涂刷性和防潮性能，也用作塑料及绝缘绝热材料的添加物。

mica pellets 膨胀蛭石饰件。

mica powder 云母粉；非常细小的云母屑或磨碎云母，用于沥青油毡和屋面材料中或作为涂料的添加物。

microbar 微压；等于 1dyn/cm^2。

micro crack 微裂纹；缝宽极细，无法用肉眼观察，但可以通过使用电子测量仪器检测的裂纹。

micron 微米；长度单位，等于 1mm 的千分之一，1m 的百万分之一（10^{-6}m）。

microorganisms 微生物；在涂料技术中，细菌和真菌对液态涂料和干燥的涂层有害，添加微生物杀菌剂，可抑制细菌和真菌的生长。

microphone 传声器，微音器，扩音器，话筒；将声波转换成等量电波的装置，当声波在装置中传播时，产生一电压值。

microsand 粉砂；一种细砂，无黏土或碎屑杂质，其细度为可通过 100 号筛（150μm）。

microscopic 显微的，微小的；微小到只能通过显微镜才能观察到。

microstrainer 微滤器（机）；水过滤初始阶段用的细筛。

microwave motion detector 微波探测仪；一种探测保护装置，在需要保护的范围内，发出一系列具有相同波长的微波，当有侵入者在此区域移动，通过侵入者反射的微波的频率发生微小改变，当这个频率变化被捕捉到，即启动警报系统。

mid-Colonial architecture 殖民地中期建筑；有时也用作格鲁吉亚式建筑的专业术语。

Middle Pointed style 中期（英格兰）哥特式，哥特建筑的装饰风格；同 **Decorated style**。

middle post **1.** 桁架中柱，门中梃。**2.** 装锁舌板横档。

middle rail （门的）中横档，中冒头，安门锁的横档；门梃中部的水平杆件，如带锁，称装锁横档。

middle strip 无梁楼盖的柱间板带；无梁混凝土楼板中柱间半跨的板带。

midfeather **1.** 吊窗吊锤箱中间隔板；见 **parting slip**。**2.** 烟囱或匣形窗框中的纵向分布板。

midrail 中间安全扶手；在护栏及站台间的护栏，固定在站台外侧和端部。

mid-wall column 壁柱；支撑墙体的柱子，直径小于墙体厚度。

壁柱

Miesian 指德裔美籍建筑师密斯·凡·德·罗风格；国际式风格的主要代表人物，代表作是 1958 年建造的纽约市海洋馆，由密斯·凡·德·罗和菲利普·约翰逊（1906）设计。

migration （胶粘剂）流动；胶粘剂向近旁表面的流动，通常对粘结有害。

mihrab 圣龛（伊斯兰教寺院的中），（清真寺院面向麦加的）米拉伯（壁龛）。

mil，MIL **1.** 密耳（等于 0.001in）。**2.** （制图）缩写＝“**military**”。

mildew 霉，霉斑；在潮湿环境中的涂料、棉花和尼龙制品上生长的真菌，引起表面脱色，腐烂。

讲经坛—位于其右侧的圣龛

mildewstat 防霉剂，一种抑制真菌生长的化学剂。

mild steel **1**. 软钢；近于纯铁，含碳量很低，通常为0.15%～0.25%，延性好，防腐，用于锅炉、水池，瓷器等。**2**. 低碳钢；同 **low steel**。

milestone，milepost 里程碑；与某点之间距离的标志，19世纪之前这样的标志对在户外旅行者有很大帮助。

mileyard 用于量度挖掘土方运输费用的单位；等于将一立方码（物体）搬运一英里的距离。

milk house 乳品存放库；19世纪前，存放乳制品的小附属建筑，通过冰冻室流出的冰水或流动的泉水使其制冷，典型的建筑风格为：挑出的遮阳屋檐，双层墙，屋顶面有绝热材料，如：木屑。地面多为混凝土地面，以便于保持清洁，设通风口，为卫生起见与畜棚分开。这个词替代了18世纪的 **dairy**，根据健康条令，目前此类建筑已被取消。

milkiness （漆膜）乳浊，发雾，泛白；一种漆膜上呈现的半透明脱色缺陷。

milk of lime 石灰乳（液），石灰浆。

milk paint 酪酸涂料，酪酸油漆；同 **casein paint**。

mill **1**. 磨；通过带齿的圆形工具（磨床）打磨金属表面 **2**. 精轧机；用于冷轧、挤压、拉伸等的机床；见 **barkmill**，**boltingmill**，**gristmill**，**sawmill**，**textilemill**，**tidemill**，**watermill**，**windmill**。

mill construction 大型木结构；见 **heavy timber construction**。

milled lead 薄铅皮，铅皮；见 **sheet lead**。

milled lumber 碾压木；经过粉碎机碾压的木材。

milled surface 磨光表面；经过磨床加工过的金属表面。

mill file 扁锉；矩形截面的扁锉刀。

mill finish 轧光，磨光；将金属板、钢筋等进行精轧加工，如冷轧，挤压成型。

milliarium 罗马路标柱；罗马道路标识里程的柱，间距1罗马里（等于0.92mile或1.48km）。

milliarium aureum 金质路标柱；公元前29世纪，奥克斯克人树立在罗马主干道终点的金质柱。

millilambert 流明；照明单位，等于1/(1000π) cd/cm²。

milling **1**. 石工中，通过锯、凿、切割等技术修琢石料的方法。**2**. 在金工中，通过各种切削刀具修整金属使其平整或内凹的方法。**3**. 滚压周边花纹；见 **knurling**。

milling machine 磨床；由带旋转轴承的切割刀和可移动的台面组成的机具，待磨件固定在移动台面上，由送料螺旋臂控制移动台面。

milliphot 毫福透；照明单位，等于1/1000lm/cm²。

mill length，random length 管子出厂长度；管子出厂长度等于16～20ft（大约4.9～6m）。

mill mixed，ready mixed 厂拌的、干拌的；对工厂配合拌制的半产品，现场只需加水即可使用。

mill practice 工厂预制；工厂的标准生产方法和程序，用于生产结构用钢。

mill run 未分等级的；出厂时未分等级的产品。

mill scale 热轧氧化皮，（钢筋的）轧屑，碎锈铁皮；铁或铁制品加热时产生的松散氧化皮。

millwork 工厂预制木构件，细木工制品；木材工厂或木制品加工的产品，如：线脚、门、门框、窗梃、楼梯、橱柜等，通常不包括：地板、顶棚和护墙板。

milori blue 亚铁、氰亚铁酸盐，铁蓝；一种用于油漆涂料的高品质颜料，是亚铁、氰亚铁酸盐与石膏或硫酸钡的混合物。

mimbar 清真寺的讲坛；同 **minbar**。

min，MIN **1.** 缩写＝“**minute**”，分钟；**2.**（制图）缩写＝“**minimum**”最小。

minah 印度纪念塔；见 **minar**。

minar，minah 印度有纪念形的塔。

minaret 清真寺尖塔，回教尖塔；清真寺内或于之比邻的一种高塔，有阶梯通向一个或多个挑台，圣人在此向祈祷者演讲。

波斯建筑入口，尖顶，两侧有尖塔

minbar 清真寺的讲经台。

minchery 女修道院。

minch house 道边客店，小旅店，休息室。

mineral aggregate 矿物骨料；见 **aggregate**。

mineral black，slate black 矿质黑颜料，天然黑颜料；通过磨碎矿石，如：页岩、煤、焦炭或泥板岩等，而得的黑颜料。

mineral dust 石屑，细骨料，矿粉；一种非常细小的矿物产品，最大粒径的颗粒可通过 74μm 的筛（200 号），常见材料为粉状石灰石。

mineral fiber 矿物纤维，物机纤维；由玻璃、岩石、矿渣生产的纤维（有或没有胶粘剂），常用于生产绝热材料。

mineral fiber pad 矿物纤维板、块；在多孔金属吸声顶棚中嵌入的松散吸声材料，有时装在极薄的透声的纸袋或塑料袋中。

mineral fiber tile 石棉瓦，矿棉瓦；由矿物质、玻璃纤维合胶粘剂制成的吸声瓦。

mineral-filled asphalt 矿质填料沥青，细砂沥青；沥青中含有大比例的可通过 74μm（200 号）筛的细矿物质。

mineral filler 细集料，石屑，矿质填料；非常细的碎矿物质，通常具有惰性，用作填料。

mineral flax 石棉毡，石棉纤维；用于生产石棉水泥制品。

mineral granules 矿渣；用于屋棉的天然或合成的集料。

mineral insulated cable 矿物绝缘电缆；有一个或多个导体的电缆，包有由压缩矿物制成的绝缘材料，外层为无缝环状铜包皮。

mineral pigment 矿物颜料；见 **earth pigment**。

mineral spirit，petroleum spirit 石油溶剂油；200 号溶剂汽油，松香水；一种从石油中提炼的低芳香族碳水化合物，广泛用于涂料油漆，又见 **odorless mineral spirit**。

mineral steak 矿物条纹，天然变色；硬木的深绿或褐色条纹，通常是由于生长中的受伤所致。

mineral surfaced felt 铺洒小粒石面层，矿物集料覆盖沥青油毡层；一种厚重的，两面沾满沥青的保护层，表面铺页岩、小粒石，用于平屋面或坡屋面。

mineral turpentine 矿物松节油，松脂油；同 **white spirit**。

mineral wool 矿物棉，矿棉，石棉，石渣棉；像棉一样的无机细纤维材料，如石棉，或由熔化的页岩、矿渣、玻璃等制成的纤维材料，填于毛毡、页岩、砌块、墙板和楼板等，用作绝热、隔声，也用于加强其他材料，如：绝热水泥，石膏墙板等。

minimalist architecture 极少主义建筑，极少使用装饰性元素（包括装饰性构件及色彩）的一类建筑风格。它遵从密斯·凡·德·罗的“少即是多”的原则，认为任何装饰都是多余的，都是不美的。

minimum acceptable pressure 最大容许压力；给水管网中允许的最低水压安全，在液压系统的最远点仍能保证管网高效，安全的运作。

minium 铅丹；四氧化三铅；作为颜料使用。

miniwarehouse 米诺斯建筑；将一个大仓库细分为几个小型，独立的空间，每一个都有单独的锁。

Minoan architecture 克里特建筑；克里特岛铜器时代的建筑样式，在公元前19～前14世纪时期之间达到巅峰。其中最重要的是宫殿建筑，其中围绕一个中央的大庭院周围，分布着许多大小不同的长方形房间，服务不同的功能，这些房间由一条迷宫般的曲折走道连接。入口大门前有柱廊，在此可通向其他一些未设防的区域，通常建立在斜坡上，通过一系列开放和封闭的楼梯来有效利用阶梯形山坡，划分和组织功能，形成多层次的建筑物，它的工程特点是天井，空气槽，精心排水和污水系统，冲水厕所。基墙，墙墩，门楣和门槛石用琢石建造，上部的墙体和木框架的使用毛石作为材料，表面用灰泥粉饰以及壁画装饰。木质天花板，端部朝下逐渐变细，如同克里特建筑中常用的柱式。

minor change 小修；工作性质的微小变更，不涉及合同金额或者合同时间的调整，可能会受建筑师发出的变更通知或其他形式的书面通知的影响。

minster 大教堂；一种修道院教堂，英国早期的教堂形制都借鉴修道院，这个词是后期对它们的发展。

minstrel gallery 室内小眺台；教堂或庄园礼堂内部的小阳台，通常位于入口上方。

minute 分，意大利建筑家巴拉提奥制定的古典柱式标准尺寸的1；圆柱直径的六十分之一；见 **module**，3。

mirador 塔楼，凸窗；西班牙建筑中的眺台，可为独立的结构，窗台或者是屋顶亭子。

mirror 1. 镜；近于完美的反射面。2. 由线脚环绕的椭圆形的小装饰。

MISC （制图）缩写＝“**miscellaneous**”，各种的，多方面的，杂的，零星的。

miscellaneous storage 杂物存储；根据（美国）全国防火协会（**NFPA**）标准，建筑物内物品的存放高度小于12ft（3.7m）的各种物品存放处。

miserere，subsellium 椅突板；教堂座椅的活动椅面下的横档，立起时座椅翻起，参拜者或唱诗班的歌唱者可以依靠。

椅突板

misericord 1. 修道院内的戒律放宽室或独立建筑。2. 同 **miserere**。

mismatched 1. 两相临板或墙不对称。2. 错缝，接缝不合拢的。

mismatch lumber 经过加工的木材或板，边缘不整齐。

mission 西班牙建筑中的教堂和由修道院和大教堂管理的附属建筑。

Mission architecture 教会建筑；西班牙宗教风格的教堂和修道院建筑，尤其见于18世纪的美洲，受当地建筑工人的技能和可用建筑材料的影响，外表有较大差异，有些地方的相对装饰少，其他地方的装饰较多。经常有精美浮华的仿巴洛克或巴洛克风格的装饰。教会建筑常表现为以下特点：土坯砖厚墙，并常扶以壁柱，以增加墙的稳定性，墙面抹混合混浆，减少风化，夯实地面并常铺以方砖，天井周边围以拱廊步道，山墙多为曲线形，有钟楼，响钟楼或双钟塔楼，平屋面或缓坡斜屋面，齿形女儿墙，屋面常由圆木作支承，毛草屋顶或瓦屋顶，朝街的窗有铁搁栅，主入口为厚重的木门，有时配繁华雕刻或镶板，常设置在有精美雕刻的门廊处。对比教堂建筑复兴的风格；又见 **Spanish Colonial architecture**。

教会建筑

mission dormer （专指教堂中）天窗；在教堂复兴建筑中，天窗具有多种曲线形，类似于西班牙殖民建筑中的天窗，位于主题屋顶之上。

mission parapet （教堂中）女儿墙；西班牙殖民建筑中，屋顶边缘的独立矮墙（女儿墙），从最高点到两侧各有至少两个弧线的波形墙。

Mission Revival，Mission style 教堂建筑复兴的风格；美国西南部及佛罗里达州地区在 1890～1930 年间流行的建筑风格，类似或模仿早期教堂建筑风格，尽管由于没有雕刻装饰而显得简单。可与西班牙殖民复古建筑风格比较。此类建筑的特征是：外墙抹灰，偶有陶砖装饰，有阳台或眺台式窗栏，上有半圆拱，屋顶由大柱支承，柱之间形成跨度较大的拱廊，曲线山墙，缓坡斜屋顶，红色拱形瓦，多为四坡屋顶，露明屋脊，外露的人字椽和长挑檐。屋脊有红瓦覆盖，常有气楼，钟楼面砖贴面，屋面有穿过女儿墙的排水管，通常为矩形上下滑动窗；主入口位于凹进的门廊。

mission tile 1. 红黏土屋面瓦；近似半圆筒形，分层铺设，相临瓦的凹面上下相间排列，也称西班牙瓦。2. 同 **pantile**，2。

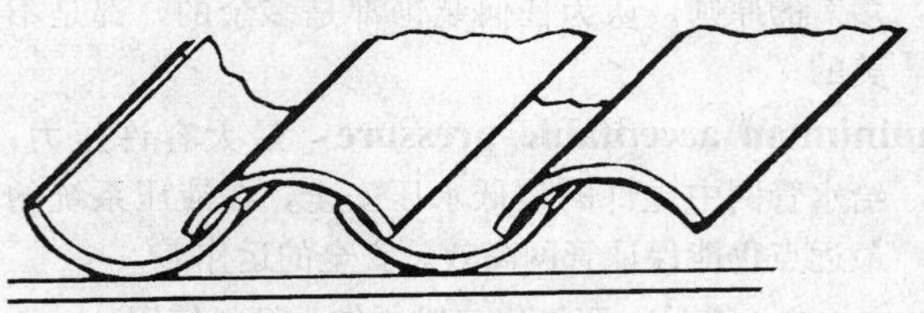

红黏土屋面瓦

mist coat 喷雾涂层，喷漆层，薄层漆罩面；一种非常稀的喷涂层，涂料漆。

miter，mitre 斜角接缝，斜面；形成斜角接缝、斜角榫的斜削面或斜边口。

miter arch，mitre arch 斜角拱，三角形拱；由斜放在洞口上方的两个直条石形成的拱，条石上端相互依靠。

三角形拱

miter bevel 等径斜面；如将一块木材切割成 45°斜面，它能够同另一块 45°斜面的木材形成一个直角接头。

miter block 斜锯架；木工中，为辅助 45°角锯木操作而设置的木块。

miter board，miter shoot 刨斜角木的模型板；待刨的木料放在板上，规和止动板讲木料固定在准备的角度上，方可刨出理想的斜面。

miter box 辅锯箱，斜锯定锯路的工具；木工中为使用手锯锯出斜角，使用一窄的木箱，有底和侧帮，侧帮上刻出锯路斜缝，使锯固定在此方向上（常为 45°）。

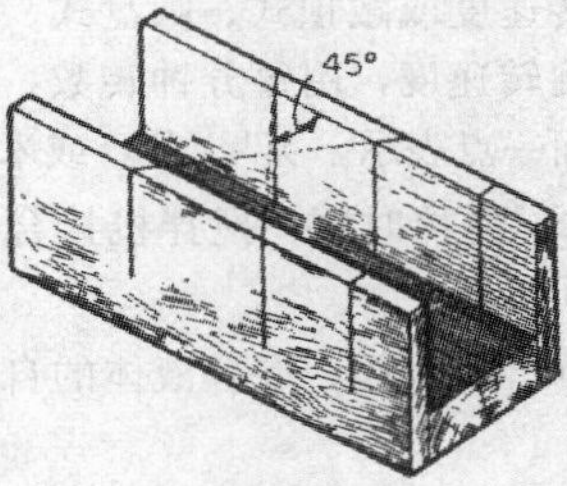

辅锯箱

miter brad 斜接波纹连接片；同 **corrugated fastener**。

miter cap, mitre cap 斜接帽盖；异形木块，由螺旋梯中支柱支承，连接斜角护栏。

miter clamp, miter cramp 斜角接头固定钳；斜角接头粘接时，用作将斜面固定在一起的临时用钳。

miter cramp 斜角接头固定钳，同 **miter clamp**。

miter cut 斜角切削；将一块板或线脚斜切为二，再将其成斜角对接。

miter dovetail 合角榫，暗燕尾榫，见 **secret dovetail**。

mitered-and-cut string 竖边与踢脚板端部斜接斜切的明楼梯斜梁；同 **cut-and-mitered string**。

mitered closer 切角镶边砖。

mitered fitting 斜接管缝配件；用于管缝斜接缝的配件。

mitered hip 斜屋脊。

mitered tile 斜瓦；切割成适当角度的瓦片，通常垂直置于天窗侧面的墙角处。

mitered valley 斜接瓦屋面沟，斜接天沟。

miter ending 斜角端；杆件端部做成斜面、燕尾榫或方形，用于与相临杆件接合。

miter gauge 定角规；确定斜面角度的规。

mitering machine 斜角切割机；用于准确切割 45°或其他角度的斜面的锯或切割机具，做斜角接用。

miter joint 斜角接头；斜角榫；两杆件间以一定角度形成接头，每个杆件端部切割成连接角的半角，通常杆件以直角连接。

miter knee 斜弯头，弯曲斜接；楼梯休息平台的水平扶手与紧邻的倾斜梯步斜扶手间的斜接。

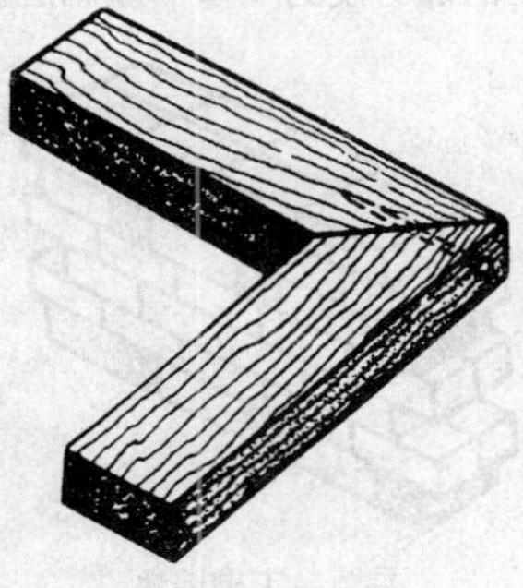

斜角榫

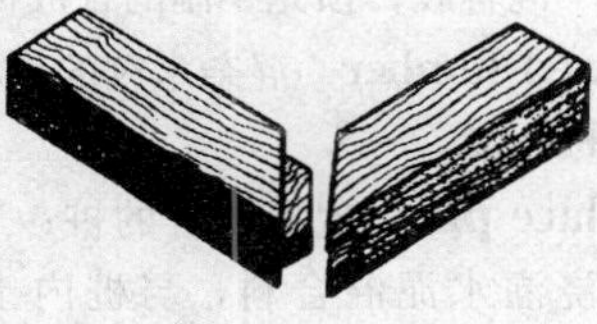

方栓

miter plane 斜刨；工匠用于准备斜接头或对接头的刨子。

miter post 碰头门梃，交会竖杆。

miter rod 45°斜角钢板；抹灰工为内角（凹角）。抹灰用的，一端切成 45°角的钢平板。

miter saw 斜榫锯，手锯；见 **tenon saw**。

miter shoot 刨斜角木的模型板；见 **miter board**。

miter square 1. 木工斜角尺；一边为 45°角的把尺，四边尺；用于斜角接画线。2. 斜角规；固定角度为 45°的切片，切割斜角前标线的斜角尺。

miter valve 斜阀，斜阀门；以与轴线呈 45°角装配在阀座上的圆盘阀。

mitre miter 英国拼法。

mix 混凝土配合比；一种混凝土配料，配合比，例 **lean mix** 贫拌合料。

MIX （制图）缩写＝“**mixture**”。

mix design 配料设计，配合比设计；同 **proportio-**

ning。

mixed arch 混合拱；如三心拱，四心拱，扁平拱。

mixed garden wall bond 三顺一丁砌墙法；类似英式花园砌墙法（**English garden wall bond**），只是“丁”砌的那一皮为一丁一顺砌法。

三顺一丁砌墙法

mixed glue 混合胶；预先拌制的合成树脂胶。

mixed-grained lumber 混杂木纹的木材；边纹与平纹混合的木纹。

mixed-in-place pile 现场拌合的桩；通过空心桩管向地下浇灌水泥混合料，与桩内土混合而成的桩。

mixed occupancy 混合占用，使用；建筑物使用用途超过两个，安全等级分开布置不能实现，除特别说明，建筑物的防水、安全出口、通道，和其他安全措施按最不利的使用情况设置。

mixed use 1. 多用途地区，多用途城市区域；如商住区。2. 多用途建筑。

mixer 搅拌机，混合器，混料机；用于搅拌混凝土、灌注浆、砂浆或涂料的机器。

mixer efficiency 搅拌机效率；搅拌机在固定时间段内将各种配料搅拌均匀的程度，通过抽检料斗内不同位置的新鲜拌合的样品的物理性能确定。

mixer truck 混凝土搅拌运料车；见 **truck mixer**。

mixing box 1. 混合室，混合装置；中、高压高速HVAC系统中，通风管内的空气减速室，采用控制阀，控制室内空气流速或控制冷热气的混合。2. 复管道；见 **dual-duct system**。

mixing cycle 搅拌周期；即两次出料的时间间隔。

mixing plant 搅拌工厂，混合装置；见 **batch plant**。

mixing speed 搅拌速度；混凝土的拌料斗中，搅拌筒的旋转速度或敞顶式、圆盘式、槽式搅拌机的搅拌臂旋转速度，用每分钟转数，或转筒最大直径的表面一点表示，英尺/分，或米/分。

mixing time 搅拌时间；搅拌机拌合一批混凝土所用的时间。

mixing valve 混合阀；混合液体的自动或手动调节阀。

mixing varnish 调和漆；往颜料漆中添加清漆的作法，使其增加亮度或密封性。

mixing water 搅拌用水；新鲜拌制的灌注用砂浆、砂浆、混凝土中的用水，不包括骨料前期吸收的水分。

mix proportion 混凝土配合比；根据干燥松散体积比或干容重比给出的混凝土中的水泥、砂、石的比例。

Mixtec architecture 米斯特克建筑；一种美索不达米亚建筑，起源于大约公元1000年前，位于墨西哥的瓦哈卡州，特征为：质厚，室内柱，强调水平线，极细致的毡毯雕饰，建筑外表雕饰。

mixture 1. 混合物，混合料；砂浆、混凝土类的拌合的集料。2. 混合比；集料配合的比例。

MK （制图）缩写＝“**mark**”，标志，界线，分数。

ML （制图）缩写＝“**material list**”，材料表，材料单。

mldg，Mldg （制图）缩写＝“**molding**”。

MLMA（制图）缩写＝“**Metal Lath Manufacturers Association**”。

mm （制图）缩写＝“**millimeter**”，毫米。

MN （制图）缩写＝“**main**”。

MO （制图）缩写＝“**month**”。

moat 城壕，护城河；城墙、堡垒边的宽、深沟，通常有水。

mobile form 滑模；同 **slipform**。

mobile scaffold 便携式滑动脚手架。

mock-up 模型；设计课使用的模型，如窗或窗件的断面，足尺或按一定比例，教学用以演示结构构造，判断其外观或性能。

MOD （制图）缩写＝“**model**”。

mode 模式；见 **architectural mode**。

model 1. 模型；通常以缩尺制作的教学或施工演示模型。2. 复制品，某物的图案、模型复制品，通常数量较多。

model code （美国）典型法规；在美国指由国家级机构制订的建筑法规（**BOCA**，**ICBO**，**SBCC**），州、县、市接受认可。

modeling（英）**modelling** 成型，黏土或灰膏表面成型。

moderately hydraulic lime 中等水硬石灰；一种油灰，设置慢，为期长达一个月。

Modern architecture 现代建筑，新派建筑；未严格界定的19世纪后叶的各种风格的建筑，特点是强调功能性，合理性，现代施工技术，与沿用历史和传统建筑风格的建筑不同。此类建筑包括：装饰艺术风格（**Art Deco**），艺术现代派风格（**Art Moderne**），包豪斯建筑风格（**Bauhaus**），现代式（**Contemporary style**），国际式（**International style**），有机建筑风格（**Organic Architecture**），流水现代派（**Streamline Moderne**）。

Moderne 现代派风格；艺术现代派，PWA现代派，流水现代派，艺术现代派的笼统称谓。

Moderne Style 现代风格；同 **Style Moderne**；又见 **Art Deco**。

Modernismo 西班牙卡达兰的新艺术形式；尤指西班牙卡达兰的 **Nouveau** 地区的艺术风格。

Modernistic style 见 **Art Deco** 和 **Art Moderne**。

modernize 现代化；通过改变使一个建筑或者结构适应当前的社会环境、人们的品位或者用法。

Modern style 现代派和平顶屋面建筑风格的笼统称谓。

Modification 1. 书面改动；已签字的合同文本的改动。2. 更改通知单。3. 建筑师签字的说明或图纸修改。4. 建筑师签字的微小改动设计通知单。

modified asphalt 改性沥青；掺入合成树脂或松香脂而改变性能的沥青。

modified portland cement, type II portland cement 变性水泥，（美国）II型水泥。施工中需要中等水化热的水泥。

modillion 在檐口处支承檐口板的螺旋卷叶形的水平托架（牛腿）。若为无装饰平块板，称：无装饰块料的水平托架。常见于科林新柱，混合柱，偶见于罗马爱奥尼古典柱。

modillion block 飞檐托饰；见 **modillion**。

飞檐托饰

modillion cornice 由一系列装饰托架支承的檐口，常见于混合式和科林斯式古典柱。

modular construction 1. 模数结构；结构中出现某一单元或模数在整个建筑中反复出现，如：箱柜或其他构件。2. 单元组合体系；采用大批量生产的预先装配式配件现场装配的结构。

modular dwelling 模数化单元房屋；全部或部分由模数单元建造的房屋。

modular masonry unit 模数砌块，砖；符合4in（10.16cm）名义尺寸模数的砖、砌块。

modular ratio 弹性模量比；钢筋和混凝土的弹性模量比。

modular system, modular design 模数制；建筑及设备的设计和施工中大量使用模数的方法。

module 1. 模数单元；有序组件。2. 尺度标准录；建筑及其他结构施工中有代表性的尺寸或尺度。3. 比例；通常为长度，据此确定建筑物各部分的比例关系。4. 建筑结构中作为标准尺度的单元。

modulus of elasticity 弹性模量；弹性材料在其应变的弹性极限内，单位应力对应的应变比。

modulus of resilience 回弹模量，回弹系数；材料在加载至其受拉弹性极限时单位体积所吸收的弹性能量。

modulus of rigidity, modulus of shear 剪切模量；应力下弹性材料的剪切应力与应变比。

modulus of rupture 抗折强度，弯曲抗拉强度；

梁的极限承载力的度量，等于弯折破坏时的弯矩与梁截面模量之比。

modulus of subgrade reaction 地基反力系数；同 **coefficient of subgrade reaction**。

modulus of toughness 韧性模量；结构材料在受到冲击荷载时至劈裂破坏单位体积所吸收的能量。

moellon 乱石砌体；在墙体护面层之间的填充乱石。

Mogen David 六角星；见 **Star of David**。

Mogul architecture 莫卧儿建筑；印度伊斯兰建筑后期风格，以莫卧儿王朝命名（1526—1707），典型代表为纪念性宫殿，清真寺和精致的装饰。泰姬陵是最著名的代表建筑。

mogul base 大功率（300W 以上）的白炽灯螺丝口灯座。

Mohammedan architecture 伊斯兰建筑；见 **Muslim architecture**，**Islamic architecture**。

Mohs' scale 摩尔尺；标定矿物硬度的尺度，分为 1（滑石）～10（钻石）级。

moist room 雾室，某温度下（通常设定为 73.4℉，23℃）的湿气室；相对湿度为 98％以上，用于水泥制品试件的养护、储存。

moisture barrier 1. 隔汽层（**vapor barrier**）。2. 防潮层（**damp course**）。

moisture content 1. 含水率；通常以占全部干容重的百分率表示。2. 土的含水率，含水量。

moisture equilibrium 湿度平衡；见 **equilibrium moisture content**。

moisture expansion 1. 见 **bulking**。2. 湿膨胀；由于吸收了水分或水汽而使材料或制品的尺寸、体积增大的现象。

moisture gradient 湿度梯度，含水率梯度；木材料内外含水量的差异。

moisture migration 1. 湿气的迁移。2. 湿度变形位移；同 **moisture movement**。

moisture movement 1. 湿气的迁移；由于气压的差距使湿气在非质密的介质中（如：墙体）迁移。2. 湿度变形位移；由于湿气的迁移使混凝土、砂浆和水泥灰浆、石材等材料的尺寸发生的变化。

moistureproofing 设置防潮层，防潮处理，防水处理。

MOL 缩写＝“**maximum overall length**”，最大总长。

mold，mould 1. 模具，模板，模型，铸模；用于铸造、灌注挤压成形的凹凸的模具。2. 样板。3. 同 **molding**，线脚。

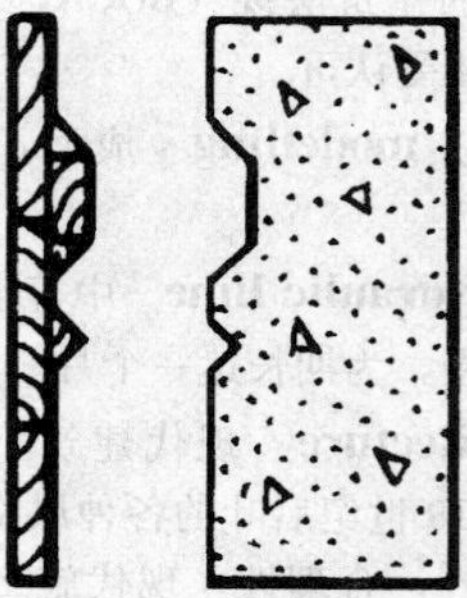

用于整饰混凝土

molded brick 1. 用于装饰的异型砖。2. 模制砖；未切割或打磨的普通砖。

molded-case circuit breaker 开关盒；一种较轻便的灵敏的电路开关，整体成型，置于一个用绝缘材料注成的封闭电控室内。

molded insulation 模制绝热制品，定型绝缘材料；用于管道、管道接缝、阀门等的预制隔热材料。

molded plastic skylight 模制塑料天窗；（透明或半透明的）模制塑料天窗，起采光作用。

molded plywood 模压胶合板，成型胶合板；经模压、养护成曲线的胶合板。

molding 线脚；起边缘或平面的分界作用的结构或装饰构件，即可是突出又可凹近，用于檐口处、柱顶、基础、门、窗框、窗梃、横档等处，可采用任何材料，但大多数（至少部分）源于木制品原型（如：古典建筑）或石制品（如：哥特式建筑）。线脚断面或凸或凹，通常分为三类：直线型，曲线型，和复合曲线型。又称为：模线脚。有关定义和说明，见 **applied molding**，**beadmolding**，**bead-and-reel molding**，**bolection molding**，**cy-**

ma, dripmolding, egganddart molding, halfround molding, head molding, hip molding, hood molding, Italian molding, label molding, laid-on molding, ogee, ovolo molding, planted molding, quarterround molding, rope molding, scotia, stop molding, struck molding, sunk molding, tongueanddart molding, treacle molding, weather molding。

molding machine 造型机；一种用于构思，定型以及切割材料以快速获得模型的机器。

molding pattern 造型式样；见 **WP-series molding pattern**。

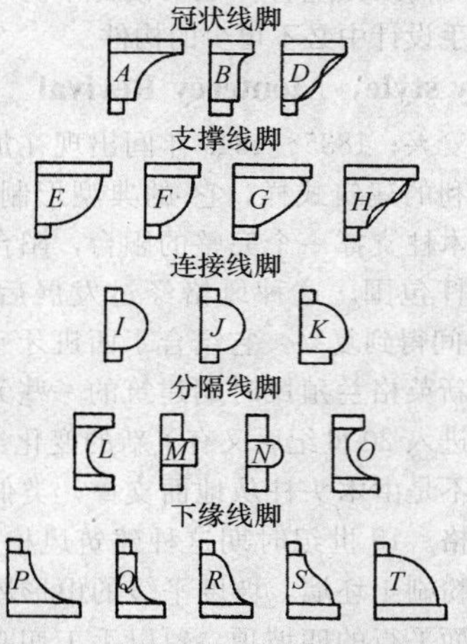

A—凹弧饰；*B*—凹（凸）形；*D*—混枭线脚（上凹下凸的波纹线脚）；*E*—四分之一凸圆线脚，扇形线脚，象限圆饰；*F*—馒形饰；*G*—钟形圆饰；*H*—枭混线脚（上凸下凹的波纹线脚）；*I*—半圆；*J*—环状半圆线脚，圆环座盘饰；*K*—拇指线脚；*L*—空心半圆；*M*—平边线脚；*N*—凸圆线脚；*O*—斯各次线脚；上收凹圆线脚；*P*—凹弧饰；*Q*—柱身柱底特大线脚；*R*—混枭线脚；*S*—枭混线脚；*T*—馒形饰

molding plastic 成型塑料；主要成分为合成树脂，一般呈粉末状，能够在加温加压的条件成型；通常添加填料以及着色剂。

molding powder 成形粉末；见 **molding plastic**

mold stone 门边石；门或者窗户的侧板。

molecular sieve 沸石；一种吸附剂，主要成分是结晶型的铝硅酸盐，其晶体结构中有规整而均匀的孔道，孔径为分子大小的数量级，它只允许分子直径比孔径小的物质进入。

mole drain 鼠洞式排水沟；地下排水沟。

moler brick 硅藻土砖；**1.** 以硅藻土为主要原料制成的隔热砖块，主是硅藻土材料中的一种。**2.** 以任何硅藻土制成的砖块。

molybdate orange 钼铬橙；是一种含有铬酸铅、钼酸铅和硫酸铅的颜料，性状呈橘红色晶体，色泽鲜艳，遮盖力强，常用于涂料。

moment 力矩；力对物体产生转动作用的物理量，这个力可使物体绕某一条轴或者某一个点转动；其大小等于力在垂直于该轴平面上的分力同此分力作用线到该轴垂直距离的乘积。

moment connection 抗弯连接，受弯连接；柱或梁之间的刚性或者半刚性连接。

moment of inertia 惯性矩；是物体相对于一个围绕旋转的点而言，其大小为截面各微元面积与各微元至截面某一指定轴线距离二次方乘积的积分。

momentum 动量；指物体保持运动的趋势，其大小为物体的质量和速度的乘积。

monastery 寺院；按照庙宇机制建设的具有多种综合功能的建筑群。

monial 直棂；同 **mullion**。

monitor, monitor roof 通风屋顶，带天窗的屋顶；屋顶的突出部分，通常跨骑屋脊，有开口，其侧设有天窗或者屋顶窗以允许光线或者空气进入。

monitor skylight 天窗；设置在屋顶突出部分的通风窗户，通常跨骑屋脊。

monk bond 两顺一丁砌法；与法式砌砖法类似，但丁砖之间砌两块顺砖。

monkeytail 卷尾扶手；楼梯扶手端部的垂直卷轴。

monkeytail bolt 卷尾扶手插销；延长的平头插销。

monkey wrench 活动扳手；扳手有一个固定的钳夹以及一个可移动的钳夹（可通过螺丝调整）。

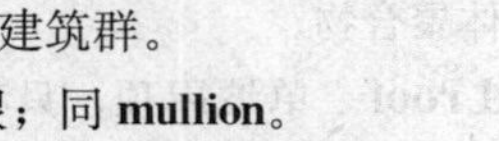

活动扳手

monolith 整料；单块石块组成的建筑构件（如方尖石塔，圆柱等）。

monolithic 整体式；**1.** 以单块石头造型，如独块巨石柱。**2.** 独块巨石。**3.** 大块以及完整统一的物体。**4.** 混凝土路面或者楼板，表面层与下部的厚平板为统一的整体。

monolithic concrete 整体浇灌混凝土。

monolithic pour 整块浇筑；所有的混凝土一次浇筑成型。亦称一次浇筑。与二次浇筑对应。

monolithic screed 整体面层；内部的 4 个单层无缝焊接。

monolithic surface treatment，dry shake 干权面；当混凝土表面的大部分水分干燥后，经过整平，再将干水泥和沙子的混合物洒在统一规格的混凝土表面进行处理；其后混凝土呈流动态。

monolithic terrazzo 整块水磨石；水磨石的顶部直接用作一种专用精制的混凝土基础层；地层一般不用。

mono lock 单锁；见 **preassembled lock**。

monomer 单体；分子量相对较低的有机液体通过自身的反应（或者和其他分子量低的混合物）来形成一个固体聚合物。

mono-pitched roof 单坡屋顶；只有一个斜坡的斜屋顶。

monopteron 圆形外柱廊式建筑（尤指庙宇）；在古希腊建筑中，一种圆形的寺庙建筑，仅有周围的一圈列柱。

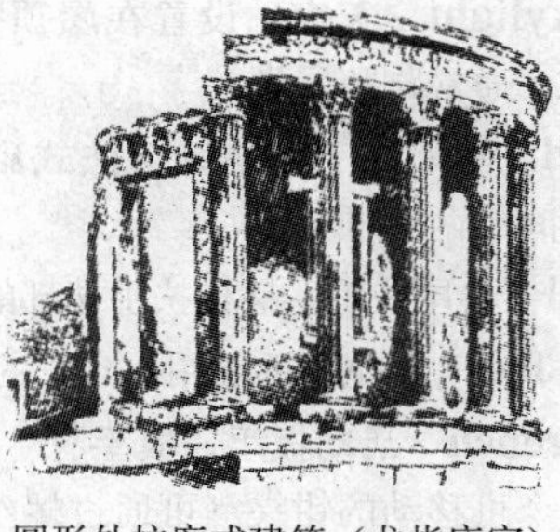

圆形外柱廊式建筑（尤指庙宇）

monostyle 周围有一圈单列柱子的殿堂 **1.** 仅有一条轴线，轴线上排列中世纪的柱子。**2.** 整个建筑具有相同的风格。

monotower crane 单塔式起重机；同 **tower crane**。

monotriglyphic 三槽板；在多立克柱式中，在相

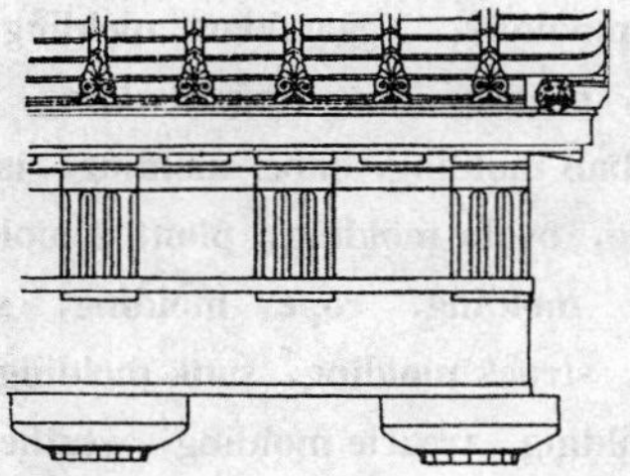

三槽板

邻两列柱子之间檐壁的三竖线花纹装饰。

monstrance （天主教）圣体匣；同 **ostensory**。

montant 构架式竖杆；框架楼梯中的一部分，规范上扶手设计中必不可少的构件。

Monterey style，Monterey Revival 蒙特利式，蒙特利复兴；1835～1849 年间出现在加利福尼亚州蒙特利的建筑式样，它的典型形制是：两层，由几根木柱支撑一个完整的阳台，阳台周围有一圈木栏杆包围。这种风格经过发展后在 1920～1960 年间得到复兴，它结合了西班牙殖民建筑以及早期新英格兰殖民时期建筑的一些元素，这种风格在进入 20 世纪后又有了新的变化：悬臂式阳台，但不是由木头柱从地面支撑，类似早期的蒙特利风格。19 世纪时期这种建筑风格的特征是：厚重的粉刷土坯墙，坡度平缓的山形屋顶或者屋脊与正面平行的四坡顶，覆以手工切割的木板做屋面，但有时也覆以瓦片，偶尔顶部设有一装饰性烟囱或烟囱罩，木质双悬窗，竖棂；通常为百叶窗；偶尔是大面积朝阳台开放的落地窗；入口形式相对简单。到了 20 世纪门的形式常常模仿殖民复兴风格的建筑，包括门上方的镶板和扇形窗，门侧设舷灯，有时会借鉴一些古希腊建筑的因素，包括木质装饰门和装饰窗。

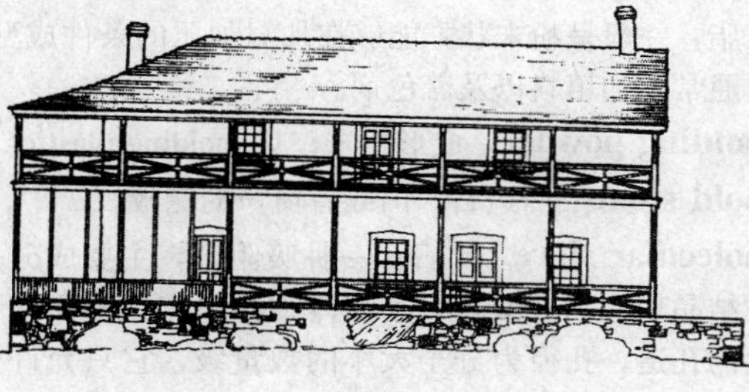

蒙特利式

montmorillonite 蒙脱土；矿物质黏土的一种，其特征是遇湿膨胀后变得柔软和油腻。

monument 纪念碑；1. 永久性的自然或者人工的构筑物，在土地的一角或边界处做标记或建立一个三角形的特定区域或其他观测点。2. 石头，柱子，巨石，结构，建筑等，建立的目的是纪念死者，事件，或一个行为。

monumental stone 纪念碑石；具有一定尺寸和质量的模数化石材，用于雕刻纪念碑或者纪念物。

moon gate 月洞门；在中国传统建筑中，用于通过墙的圆形门。

Moorish arch 摩尔式拱门；同 **horseshoe arch**。

Moorish architecture 摩尔式建筑；伊斯兰统治时期流行于北非以及西班牙地区的伊斯兰建筑。

Moorish Revival 摩尔复兴；1845～1890 年间极少使用的一种建筑式样，一般以马蹄形拱门，繁叶饰拱门以及装饰性窗为特征。

moot hall 议事厅，市政厅；用于议事、辩论和裁决的公共场所，大厅。

mop-and-flop 一种铺设屋面的施工工序，先将屋面材料（如：油毡层、露明卷材）置于待铺位置的附近，底朝上，涂抹胶粘剂后翻转过来，再粘贴在基层之上。

mopboard 踢脚板状工具。

mopping （用拖把）涂沥青；用拖把或其他工具在屋面薄膜、屋面板等面层上涂抹热沥青。

mop plate 踢板，门脚护板；固定在门底部用于防拖把玷污的一块窄木板，类似于门脚护板（**kickplate**）。

mop sink 拖把槽，墩布池；保洁员洗墩布时使用的一种深槽水池。

mopstick handrail 圆形木扶手；底部略平、断面大致为圆形的扶手。

Moresque architecture 同 **Moorish architecture**；摩尔式建筑。

morgue，mortuary 尸体陈列处，停棺处；入殓或火化前，用于陈列或辨认尸体的房间或建筑。

Mormon thatched-roof shed 同 **jacal，1**；小茅屋。

morning room 晨室；家庭住宅中的起居室，一般有阳光在早晨射入。

mortar，mortar mix 砂浆，灰浆；一种由胶凝材料（如：石膏、水泥、或石灰）混合水及细骨料（如：砂子）制成的胶结材料，在其呈黏稠状时可涂抹于物体表面，而后干燥结硬。当作为砌筑砂浆使用时，其水泥成分一般采用砌筑专用水泥或普通水泥加石灰（常有其他添加剂），以增加砂浆的可塑性和耐久性。又见 **clay-and-hair mortar，gypsum mortar，lime mortar**。

mortar aggregate 砂浆集料（砂子）；天然或人工砂子组成的集料。

mortar bed 1. 化灰池，灰浆槽；2. 砂浆垫层，灰浆层；结构构件下铺垫的一层灰浆。

mortar board，fat board，spot board 砂浆托板，托灰板；一种用于拌灰和调制灰浆的带支架的托板。

mortar box，mortar bed 灰浆池，拌灰槽，灰槽；一种拌和灰浆时使用的槽形浅池。

mortar brick 灰砂砖；18、19 世纪起开始使用的一种砖，将砂子和石灰加水拌和后注入砖模中，并使其在空气中干燥硬结而制成。常在缺少黏土砖的地区使用。

Mortar classification 砂浆砌块体系的数字分级，从 1～5 级，1 级的强度最大，5 级最弱。

mortar cube test 砂浆立方体试验；一种测定材料抗压强度的试验，根据标准（养护）条件制成的立方体试件加载至破坏测得的强度。

mortar fillet 同 **cement fillet**；砂浆圆线脚，水泥压线条。

mortar joint 见 **masonry joint**；灰缝，砂浆接缝。

mortar mill 砂浆拌合机；用于将石灰、砂子及其他材料混合以制成砂浆的机器。

mortar mix 见 **mortar**；砂浆，灰浆。

mortar tray 砌砖铺灰板；用于为 V 形砖两肋铺灰的特制铺灰板。

mortgage 抵押贷款；（债务人）以财产作为抵押进行贷款的方式。

mortgagee 受押人；抵押贷款的出借人。

mortgage lien 扣押权；扣押财产以保证偿还债务的权力。

mortgagor 出抵人，抵押人。

mortice （英）榫接；同 **mortise**。

mortise 开榫眼；在木材或其他材料上开孔、洞、空腔或刻槽等，用于与榫头相接形成榫接，偶尔用于其他用途，如锁眼等。

mortise-and-tenon joint，mortise joint 镶榫接头，凹凸榫接头；两块木构件间的连接方式，其中一个构件端部的榫头插入另一构件上的榫眼，榫头和榫眼由木槌和凿子加工成。将榫头插入榫眼后，再用钻孔机在其上钻孔，孔内插入木销以固定接头。又称榫销接头。

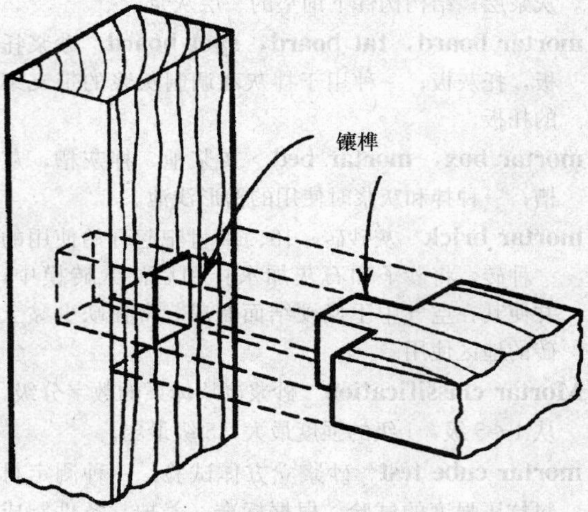

镶榫接头

mortise bolt 门（窗）暗插销；镶入门梃内而不是在门梃表面的插销。

mortise chisel，framing chisel，heading chisel，socket chisel 榫（孔）凿；专用于开榫的钢制木工凿，凿杆粗大，杆身呈燕尾形。

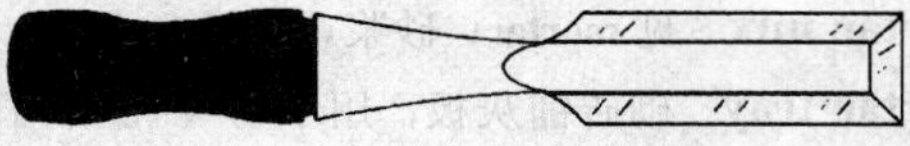

榫（孔）凿

mortised astragal 镶入式半圆件；分别镶入双开门的各扇相碰木梃上的半圆饰件。

mortise gauge 划榫器，榫规，可调量规；一种类

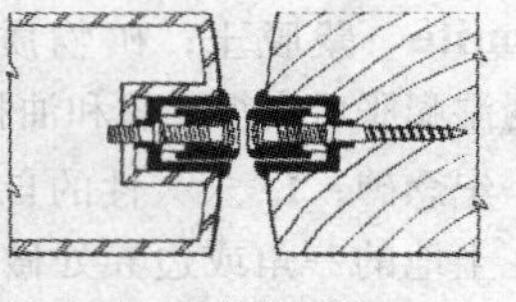

镶入式半圆件

似于画线规尺的工具，有两个划针用于划出平行线，可调节划针至加工边的距离，以确定榫头或榫眼位置。

mortise joint 见 **mortise-and-tenon joint**；镶榫接头，凹凸榫接头。

mortise latch 槛内锁，插销。

mortise lock 插锁，暗锁；销座镶入木槛内的插锁。

插锁

mortise machine 凿榫眼机，开榫机；带有凿头或环形刀的机器，可开凿方形、矩形或圆形（用环形刀）榫眼。

mortise pin 榫销；用于固定榫接头的销子，通过插入伸长的榫头或同时插入榫头及榫眼使接头固定。

mortise preparation 榫眼开凿；在门或门框上为嵌入小五金而开槽、钻孔或加固等操作。

mortuary 停尸房，太平间，殡仪馆；见 **morgue**。

mortuary temple 祭祀帝王伟人的庙宇；用于祭祀人，尤指伟人的庙宇，与神庙（**cult temple**）不同。

mosaic **1.** 马赛克，镶嵌图案；一种将小块石头、瓦片、玻璃或陶瓷镶入水泥、灰浆或石膏灰浆中形成的图案。**2.** 拼花图案；一种类似镶嵌细工的装饰手法，但常采用小木块或木屑做镶嵌设计。

Moslem architecture 穆斯林建筑；见 **Muslim architecture**。

马赛克

mosque 伊斯兰教寺院，清真寺；穆斯林纪念性建筑。

清真寺

MOT （制图）缩写＝“**motor**”。

motel 公路旅馆，有停车设施的旅馆；公路两旁为开车旅客开设的有住宿和停车设施的旅馆，通常各房间有独立入口。

motif 主题花纹，花纹图案；重复使用的主题装饰元素。

motion detector 盗窃探测器；在某区域内用于防范盗窃的探测设备，该设备以固定的频率发射和接收电磁波或红外线波，若有窃者进入防范区域，反射波频率的变化可以启动警报系统。

motor 发动机，马达；通过转动轴将电能转变为机械能的机器。

motor branch circuit 电动机分支电路；给一个或几个电动机及其附属控制器供电的分支电路。

motor-circuit switch 电动机电路开关；控制电动机分支电路的开关。

motor controller 电动机控制器；控制一个或一组电动机电源的控制器。

motor-generator set 电动发电机组；电动机与发电机机械偶连而成的机组。

motor grader 自动平地机；通过准确控制刮板或犁板的角度和高度可细致平整土地的平地机，升、降、翻转及倾斜犁板等操作都在控制室里进行。

motorized buggy cart 一种有驱动力的独轮车。

motor starter 启动器；仅用于连接或切断马达的控制器。

motte 高地，陡土坡；四周环以沟壕并有瞭望塔和原木围栏的土堆，是诺曼城堡的典型特征。

motte-and-bailey 陡坡临近或者环以城墙；中世纪城堡中的空地。

mottle 混色斑纹，杂斑模纹；花点或云纹图案形成的斑色表面，尤指大理石面，或指木材由于生长中纹理变化而形成的花纹木面层，又见 **fiddle-back**，**quilted figure**，**blister figure**。

mottler 云石纹刷，花纹刷；用以刷成杂色斑点或线纹的浓密的扁平漆刷。

mottling 斑点，色斑麻点，涂膜缺陷；喷涂漆膜上的斑状缺陷。

moucharaby 挑台窗；见 **meshrebeeyeh**。

mouchette 剑形花纹，花格窗火焰状饰；14 世纪哥特式交织线条饰及其演变形式，一种有曲线对称轴的，由椭圆形和 S 形曲线组成的匕首状装饰主题。

mould，moulding 模型，模板，线脚，线条；**mold**，**molding** 的英式拼法。

mouse，duck 坠子，线绳上的铅坠；用于拉吊窗滑轮上的吊带，或清理阻塞的管道等的铅坠。

mouse-tooth pattern，mouse-tooth finish 见 **tumbling course**，**straight-line gable**；斜砌砖层。

movable form 滑动模板；在生产混凝土模板时，对模板尺寸进行设计，使其在连续浇筑混凝土的施工中可以反复使用。

movable partition 活动隔断，可移动隔墙。

movement 胀缩交变；木工中，指木材随含水率的变化而膨胀收缩。

movement joint 同 **expansion joint**，1；伸缩缝，

活动接缝。

moving ramp 活动走道，电动步道；沿水平或坡面连续滚动的走道，行人可在其上站立或行走。

moving staircase, moving stairway 见 **escalator**；自动扶梯。

moving walkway 电动走道；一种连续移动的载客设施，行人可在其上站立或行走，其踏面连续且与前进方向平行。

mow 禾草堆积处；畜棚内的堆积禾草的阁楼。

Mozarabic architecture 摩沙拉布式建筑；9 世纪以后由摩尔教区的基督教徒建造的北西班牙建筑，具有马蹄形及其他摩尔式建筑特征。

Mozarabic style 摩沙拉布风格，当西班牙在摩尔人统治时期，一种被西班牙基督教徒在 9～16 世纪采用的建筑风格。

mpl 缩写＝"**maple**"，硬槭木，枫树。

MR 缩写＝"**mill run**"，（制材厂）出材量。

M-roof 双山墙屋顶，M 形屋顶，双跨或多跨人字屋顶；由两个平行山墙组成的形似字母 M 的屋脊。

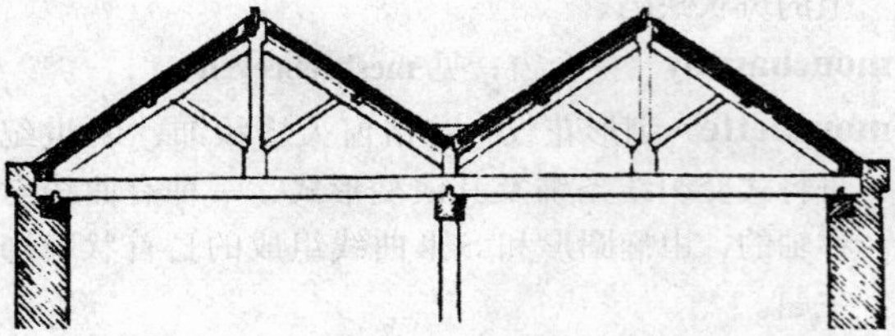

双山墙屋顶

MRT 缩写＝"**mean radiant temperature**"，平均辐射温度。

MRTR （制图）缩写＝"**mortar**"，灰浆，砂浆。

MSDS 缩写＝"**Material Safety Data Sheet**"，材料安全数据表，被美国职业安全与健康管理局（**OSHA**）用于建筑材料中。

mucilage 1. 胶水浆；由胶与水混合而成的胶粘剂。2. 黏液，黏浆；低粘结力的液体胶。

muck 1. 腐殖土，软泥，非常松软的有机土。2. 挖出土，垃圾土；黏土、泥土、粉质黏土、石头等组成。3. 被挖出的土。

muck soil 腐殖土，软泥，污泥。

mud 泥土，泥浆，烂泥，软土；含水量大的土。

mud-and-sticks chimney 黏土柴泥烟囱；同 **clay-and-sticks chimney**。

mud brick 泥土砖；土坯砖（**adobe**）的别称，是一种模制成型后自然干燥的砖。

mud-capping 泥盖爆破；一种大岩石爆破法，在药孔内填放大量炸药，药孔不阻塞住。

Mudejar architecture 马德加建筑；13、14 世纪受基督教统治的摩尔人创立的西班牙建筑形式，保留了伊斯兰教建筑的某些元素，如：马蹄拱。

mudflow 软弱泥土的流动。

mud house （由未经烧结的砖建造的）原始房屋；常由自然干燥的土坯砖砌成，土坯内混合了禾秸或其他材料以增加强度。

mud-jacking 压浆填充法，压浆法；一种填充混凝土板下的空隙使其隆起的方法，在已就位的或塌陷的混凝土板上钻孔，用压力向板下注入水泥泥浆，使其隆起。

mud plaster 泥浆；水与黏土混合的一种膏状浆体，其中混合草秸以提高其干燥后的强度。

mud room 泥鞋室；在降雨（雪）量大的地区，外门入口处用于临时存放脏、湿鞋或外衣的小厅。

mud sill 底基，下槛，卧木，底梁，地槛；木结构房屋最下层处的水平方木，通常直接置于地基上，用于分散集中荷载。

mud slab 混凝土垫层（基础），底板；在湿软土层上铺垫的一层 2～6in（5～15cm）厚的混凝土层，位于混凝土地面或基础下面。

mud wall 干打垒，夯实土墙；由黏土混合切碎的禾秸垒筑的墙，禾秸起拉结作用，有时也加入石子。

muff glass 窗用玻璃，采用现今已经过时的技术制造。玻璃在冷却前吹成圆柱形，并沿着长度方向按照窗格形式切割和平整。

muffle 1. 大型石膏模型的芯材。2. 消声，消声器。

muffler 见 **sound attenuator**；消声器，汽车上的回气管。

Mughal architecture 见：**Mogul architecture**；穆罕穆德建筑，伊斯兰教建筑，回教建筑。

mulch 覆盖，覆盖物；（用）树叶、禾秸、干草等植物覆盖地表面起到避光和防低温作用，以保护新植的树苗、娇嫩的植物。

mullion 竖框，窗（门）的直棂，中梃，中棂；划分（有时支撑）门扇、窗扇、镶板的竖梃。又见 **door mullion**。

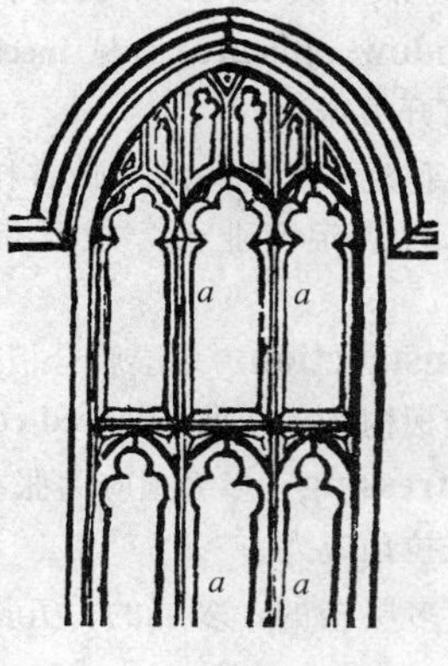

a—竖框

mullion cover 窗梃面板；钉在或旋拧在窗中棂内侧的金属活边条。

MULT （制图）缩写＝**"multiple"**，多的，多重的。

multibag packer 多袋式打包机；见 **carousel packer**，**linear packer**。

multi-blade damper 多叶式调节风闸。

multicentered arch 多心拱；由一系列不同半径的圆弧组成的近似于椭圆的拱，圆弧在中轴两侧对称排列，一般圆弧为奇数。

multicolored brick 多彩砖；见 **rustic brick**。

multicolor finish 多色饰面，多色罩面；含有小色斑的多色漆罩面。

multiconductor cable 多线电缆；共用外皮的多根导线组。

multicurved gable 屋脊两侧有复合曲线的山墙；见 **Flemish gable**。

multicurved parapet 复合曲线女儿墙；屋脊端部一段悬臂的墙，其上缘由多段弧线复合而成，

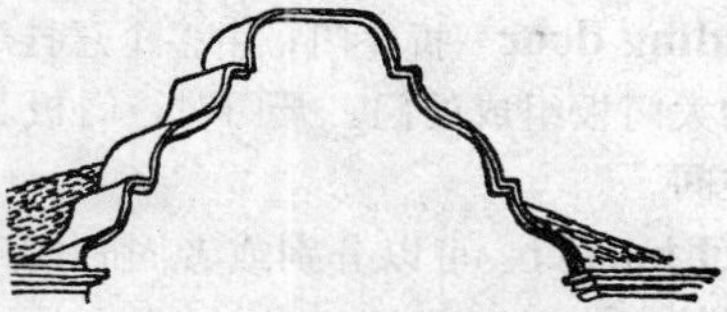

复合曲线女儿墙

例如教会建筑中的女儿墙。

multi-element prestressing 预应力拼装，多构件预应力；通过预应力将多个构件组成一个整体构件。

multifamily dwelling 一种包含另个以上居住单元的住宅类型。

multifoil 多叶饰（的）；由多于五个叶形、凸圆形或弧形装饰（的）。

多叶饰的拱

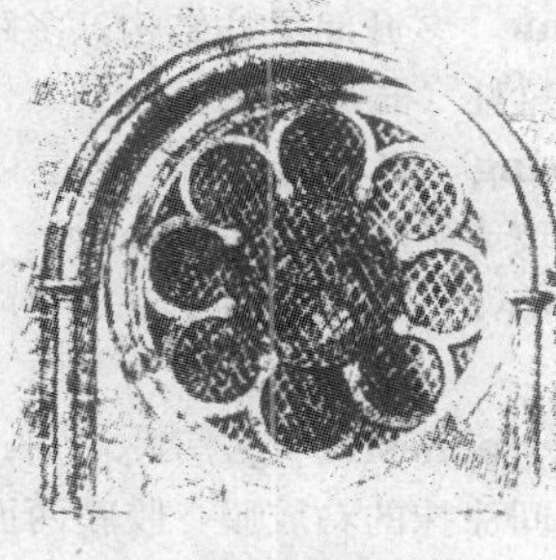

多叶饰的窗

multifolding door 折叠门；由多个悬挂于顶部轮槽内的大门板组成的门，开门时，门板互折占据较小空间。

multifuel burner 可以分别或者同时使用一种以上燃料的火炉。

multimedia filter 多层滤料过滤器；供水系统中含有多种过滤介质的过滤池。

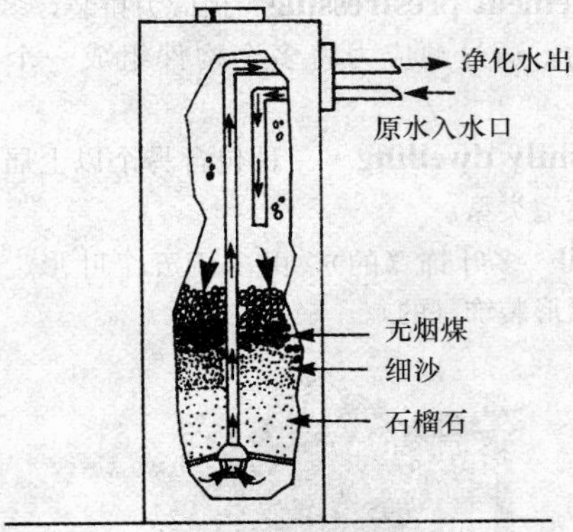

多层滤料过滤器

multi-outlet assembly 多插座集合布线槽；电路中的一种金属（或非金属）的布线槽，可固定在墙面上或嵌入墙内，用于固定导线及连接插头插座，可在工厂或现场组装。

multiple dwelling 多户住宅；一幢有三套以上住户单元的住宅建筑。

multiple echo 多重回声，复回声；见 **flutter echo**。

multiple-family 多户住宅，多家庭住宅；一幢有两套以上独立住户的住宅。

multiple-folding rule 多折尺；一种 8ft 长的折尺，用于无需精确测量的场合。

multiple frame 多开间梁柱结构，多跨框架；多于一开间的梁柱（框架）结构。

multiple glazing 多重玻璃窗；两层以上的、中间有空隙的玻璃窗；见 **double glazing**。

multiple hoistway 复式提升井；多于一个升降机的提升井。

multiple-layer adhesive 多层胶粘剂；粘结不同材料而在其间涂抹的粘胶膜，胶膜两面常使用不同的胶粘剂。

multiple-layer weld 分层焊接，多层焊接；焊接时需经过多道施焊以达到焊接厚度。

multiple of direct personnel expense （按人工、开支加权）收费估算法；一种按照直接开支及技术人工计算的对专业性劳务补偿的计费法，包括工资、法定和惯例性的津贴，再乘以约定的加权系数。

multiple prime contract 一份合同中保留一个以上的主要承包商，并在同一个项目中工作。

multiple window operator 见 **mechanical operator**；连续窗开关器。

multiplier 乘数，系数；建筑师直接个人开支乘以的系数，以决定专业劳务或其指定部分的补偿额。

multi-ply construction 多层胶合板构造；指 3 层以上的胶合板构造；又见 **balanced construction**。

multistage stressing 多级预应力张拉；随施工进展分阶段张拉预应力。

multistory 多层楼的，多层的；五层以上多层楼（的）。

multistory frame，skeleton construction 多层框架结构；指一层以上由梁柱将荷载传至基础的结构。

multi-unit wall 空心墙，多墙肢的墙，多单元墙；由两片以上墙肢构成的墙。

multivallate 一种位于山坡上的城堡，并且被三个或者更多的同心圆形沟渠和堤坝所保护。

multiway deflection 多方向偏转；出风口流出的空气沿多方向偏转，一般相差 90°。

multizone system 多区域空调系统；同时控制几个独立区域的空调系统。

municipality 市（区），自治市（区）；拥有自治区域的城市、镇、区。

municipal planning 见 **city planning** 和 **community planning**；城市规划。

muniment house，（英）**muniment room** 文件保险库房，贵重品库；储存或陈列重要文件、印章等物品的地方。

munnion **1.** 竖框，中梃。**2.** 窗户的直棂。

muntin 1. 窗格条，直棂；窗、窗隔断及玻璃门框上将玻璃固定在框内的次级框；又写作 **glazing bar，sash bar，window bar，division bar**。2. 门中梃；分隔门板的竖向构件；又见 **curved muntin**。

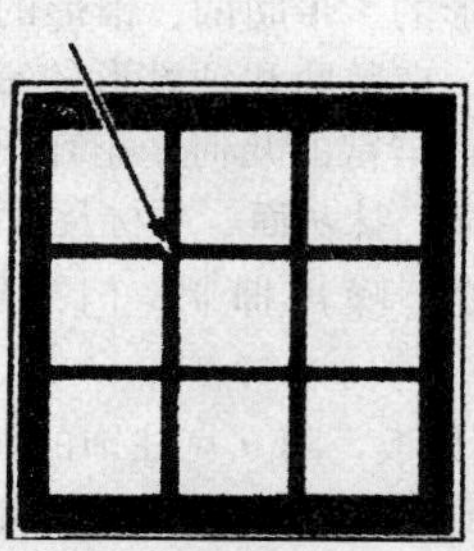

窗格条

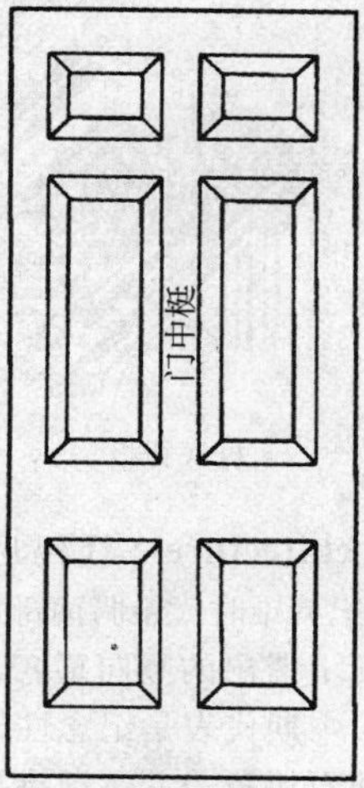

门中梃

munton 竖框，窗（门）的直棂，中梃，中棂；同 **mullion**。

Muntz metal，malleable brass（英）**yellow metal** 蒙自合金，铜锌合金，熟铜；一种含铜60%、含锌40%的铜锌合金，用于铸造，并用于挤压、滚轧及压制等制品。

muqarnas，honeycomb work，stalactite 立体挑出蜂窝式装饰；原自伊斯兰教的各种三维挑头的变换结合设计。

mural 1. 墙壁的，壁形的。2. 壁画，墙壁油画，墙壁装饰。

立体挑出蜂窝式装饰

mural arch 壁拱；中世纪建于子午线方向的用于安装天文仪器的拱。

mural tower 中世纪防御工事中，一排沿着幕墙建造的防御塔中的一个塔。

murder hole 堞口；中世纪防御工事上高悬的开口，可以用于喷射沸水、热油或者滚石等以抵抗入侵者，也被称作 **machicolation**。

murtrière 同 **murder hole**；堞口。

murus 古罗马城周围用石或砖砌成的防御墙，又见 **paries**。

murus coctilis 用砖窑中特定温度强化而成的砖砌成的墙。

museum 博物（美术）馆；收集并向公众展示各种收藏品，尤其是珍稀的、有教育价值的收藏品的机构。

mushrabiya 见 **meshrebeeyeh**；阿拉伯建筑中，用于围合凸肚窗的精致木搁栅。

mushrebeeyeh 木隔板；同 **meshrebeeyeh**。

mushroom column 蘑菇形柱；混凝土建筑中，形似蘑菇的柱，其柱头扩大以提高抗剪能力。

mushroom construction 无梁楼板结构，蘑菇形结构；钢筋混凝土无梁楼板结构，柱头呈喇叭形，板底有加厚托板。

mushroom light 设置在地坪之下的一种在蘑菇状夹具下部使用灯泡的照明装置；特别是用于指明路径并且使行走在道路上的人看不到灯泡。

mushy concrete 流态混凝土；略呈液态的混凝土，用于浇筑时需大流动度的场合，如在空隙窄小或钢筋过密处。

musicians' gallery 18 世纪欧洲教堂西边的尽端，村民用于演奏教堂音乐的廊道。

musivum 同 **opus musivum**；彩色小玻璃块马赛克。

musket-stock post 早期木结构房屋中主要的承力柱，形似倒置的滑膛枪，其顶部扩展的部分使承力面积扩大。

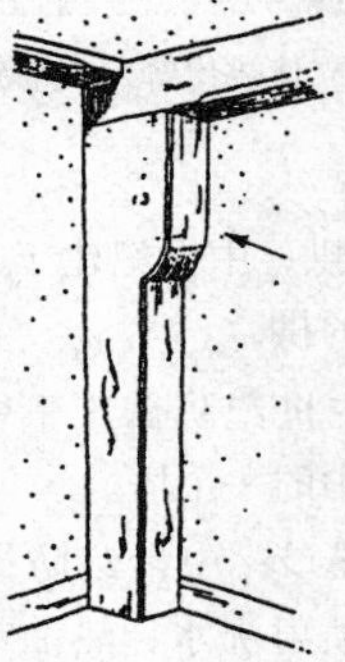

承力柱

Muslim architecture, Muhammadan architecture, Saracenic architecture 穆斯林建筑，穆罕穆德建筑，萨拉森式建筑；公元 7～16 世纪，随着穆罕穆德征服叙利亚、埃及、美索不达尼亚、伊朗、北非、西班牙、中亚和印度等地，各国家之间互相学习艺术及建筑元素，从而在早期基督教堂建筑基础上发展起来一种新型的建筑形式：多轴对称、多列柱、多拱券的清真寺；在拜占庭及萨珊的穹顶建筑基础上发展起来新的穹顶教堂、墓穴。采用了单叶（点形）、马蹄形、（饰以波斯服装的）男像柱、多叶饰及交叉拱等多种基本建筑元素，球形的、带肋的、锥形的和瓜形的圆屋顶，圆筒形、交叉肋和钟乳形的穹顶，有各种雉堞，其表面被丰富的几何、花卉图案及刻有书法装饰的石、砖、抹灰面、木材及釉砖所覆盖。

mute 减声器，噪声抑制；门上镶嵌的橡皮减声垫。

mutule 檐底托板，陶立克柱饰的托檐石；陶立克柱饰挑檐底面的托板，在三槽板饰和陇间壁饰的上部一般装饰多排每排 6 个滴锥的滴状饰。

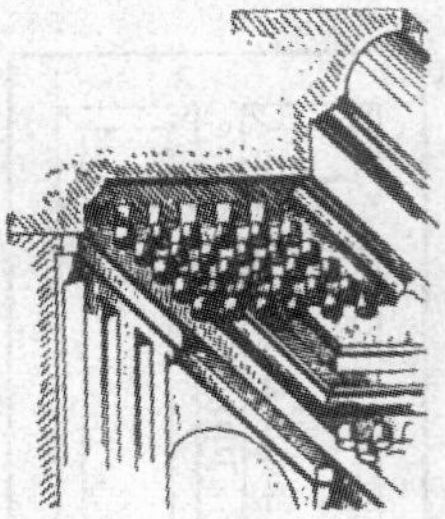

檐底托板

Mycenaean architecture 镁锡尼建筑；公元前 17～前 13 世纪英雄时代希腊南部的建筑，早期代表是倾斜岩石上凿出的竖向墓穴，带有石砌的侧墙和木屋脊；中期代表是纪念性的蜂窝形地下墓穴，由巨大的石块覆盖并逐渐挑出，形成抛物线形檐拱，倾斜的石面甬道通向入口，入口有直立的石门框，巨石过梁支撑一个镁锡尼三角浮雕；晚期代表是毛石砌墙的防御城堡，地下通道带挑拱、暗门及储水池，平面不规则，别致的门道，一个或多个不连通的列柱大厅，有走廊通向独立天井，长廊通向附属房屋和储藏室。

Mynchery 女修道院，**nunnery** 的旧语（老盎格鲁—撒克逊语）。

N

N 1.（制图）缩写＝“**north**”，北，北方。2.（制图）缩写＝“**nail**，钉子。3. 牛顿。

N1E 木工业中，缩写＝“**nosed one edge**”，一端突缘的。

N2E 木工业中，缩写＝“**nosed two edges**”，两端突缘的。

NAAMM 缩写＝“**National Association of architectural Metal Manufacturers**”，全国建筑金属生产者协会。

nab 门锁舌，锁舌片。

nail 钉，铁钉；一种直、硬、杆长的小金属件，一端尖头，另一端有可锤的钉面，用于连接木构件或将屋面瓦固定于屋面板上等。19 世纪发明制钉机前一直手工制造。见 **cut nail**，**dog nail**，**hand-wrought nail**，**wire nail**，**wrought nail**。

nailable concrete 可钉混凝土，受钉混凝土；由轻骨料制成的可钉钉子的混凝土，加或不加入添加剂。

nail claw 拔钉钳；一头弯曲并有开叉的用于拔出钉子的直钢杆。

nailer 同 **nailing strip**；受钉条，嵌入或粘结在混凝土面上的木质受钉条。

nailer joist 同 **nailing joist**；钉有木条的铁搁栅。

nail float 钉板抹子；见 **devil float**。

nail gun 气压式射钉枪。

nailhead 1. 钉头装饰，钉头状装饰；一种类似钉子端头的华丽装饰。2. 放大后的钉子端头。

nailhead molding 钉头绞脚；由一系列形状为四角锥体的钉头装饰的绞脚。

nailing 打钉，钉入；铺盖屋顶时将屋面材料钉到底板上。采用外露钉钉法时，将钉外露于环境中；

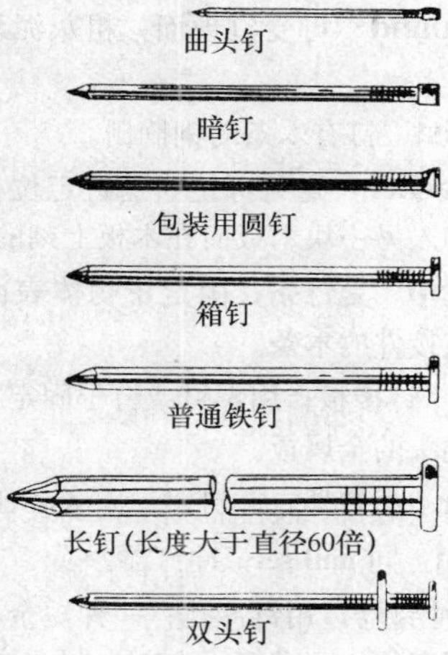

钉子的种类

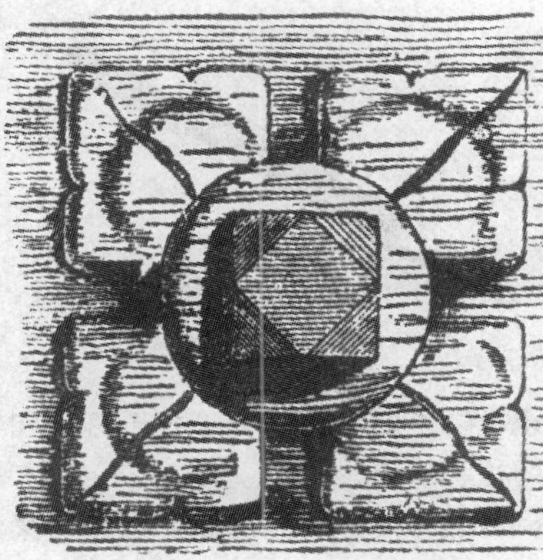

木质四叶饰上的装饰性钉头

采用暗钉钉法时，钉子被上层屋面材料覆盖。

nailing anchor 见 **wood stud anchor**；木立柱锚件，门窗钉入板墙筋的锚件。

nailing block 受钉木块，嵌入墙内木砖，木栓，可钉砌块。

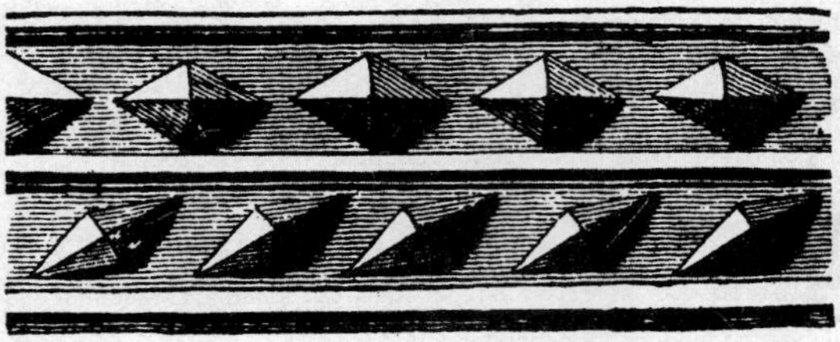

钉头线脚

nailing ground 可受钉地面，粗灰泥地面，受钉基板。

nailing joist 钉有木条的钢搁栅。

nailing marker 送钉标记，送钉定位板；为使钉子准确钉入另一块木板而在木板上刻的标记。

nailing strip 受钉条；固定于物体表面用于受钉或固定连接件的木条。

nail plate 钉接板；用螺钉或钉子固定在两块待连接木板端头的金属板。

nail puller 拔钉器，起钉钳；同 **nail claw**。

nail punch 同 **nail set**；冲钉器。

nail set 冲钉器，用钉冲孔；一种短金属棒，常呈锥形，用于将钉子或无头钉冲入木板表面以下或与表面平齐。

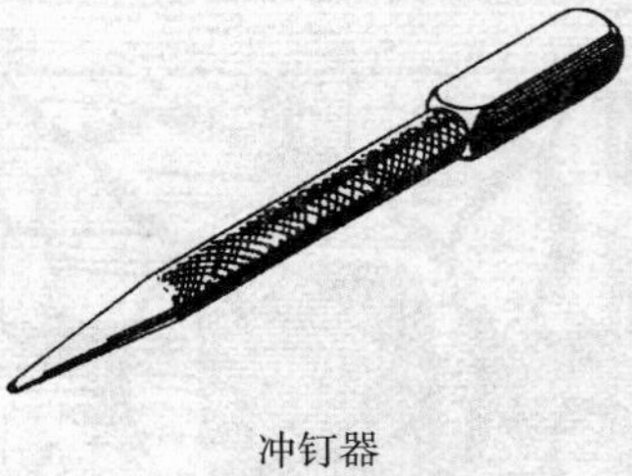

冲钉器

nail shank 钉子的主体部分；介于钉头和钉子尾部之间的柱状部分。

naked flooring 裸楼层；由地板搁栅与梁组成的未铺面层的地板。

naked wall 未抹灰板条墙，光秃墙；墙板条已就位待抹灰的墙。

nanometer 纳米，光波和光谱中可见波的长度单位，$1nm=10^{-9}m$。

naos 见 **cella**；内殿，主殿。

nap 绒毛，拉绒；形成地毯表面相对短的绒毛。

naphtha 石脑油，挥发油，粗汽油，石油精；石油或煤的提炼物质，通常具有低溶解性和高挥发性，可用于（调制）漆或清漆。

naphthenate 环烷酸盐（酯）；由环烷酸铅（钙、镁）盐制成的油漆干燥剂。

napkin pattern 同 **linenfold**；布皱纹装饰，饰有布刻雕刻板。

Naples yellow，antimony yellow 锑黄，铅锑黄；一种浅黄色的颜料，纯锑黄为锑铅，大多数锑黄为仿锑黄的混合物制品。

narrow-light door 带窄玻璃窗的门；靠近装销门梃处带竖向窄窗的门。

narrow ringed，close grained，close-grown，fine grained，slow grown 密纹木料，窄年轮的木料。

narrow side 门与门框相碰的一面。

narthex 古教堂封闭的前廊，门廊，前厅；

NAT （制图）缩写＝“**natural**”，天然的。

natatorium 1. 游泳池。2. 带游泳池的建筑。

National Building Code （美国）国家建筑规范；见 **BOCA National Building Code**，和 **Uniform Building Code**。

National Electrical Code （美国）国家电气规程；被联邦各州所接纳的电线和电力设备的安装指导原则，不作为设计标准，仅作为人员、建筑及室内供暖、照明、动力等设备的用电安全保障。规程根据国家防火协会建议，提出安装室内电线的指导性条文。根据国家防火保险要求，这些条文每三年修改一次，并与州、市等地方法规同时有效，当与地方法规条文冲突时，以地方法规优先。

National Electrical Manufacturers Association （美国）国家电气制造商协会；一个电气制造商的贸易协会，制定施工质量标准及统一规格。

National Electrical Safety Code（NESC） （美国）国家电气安全规程；由国家电气安全规程（委员会）制定，经 ANSI 批准的条文，包括：（a）接地标准；（b）安装维修供电站和设备，高架供电、通信线路，地下供电、通信线路；（c）

供电、通信线路和设备的操作使用等内容。

National Fire Protection Association （美国）国家防火协会；一个涉及防火各领域的机构。

National Historic Landmark 国家历史地标；见 **landmark**。

National Register of Historic Places （美国）国家历史建筑注册机构；美国政府为保存国家和地方的重要建筑、房屋、文物、区域和场所等有关文件设置的机构。经注册过的建筑物立有标牌，注明该建筑的历史信息。又称为：国家注册机构。地址：National Park Service，U S Department of the Interior，P. O. Box 37127，Washington，DC 20013-7127。

National style 民族形式；希腊复兴式（**Greek Revival Style**）盛行时期（1830—1850）曾作为希腊复兴式的同义词。

National Trust for Historic Preservation （美国）国家保护古迹信托；一个由国会特许的全国性非盈利私人机构，该机构鼓励公众参与保护历史性重要建筑、文物和场所。地址：1785 Massachusetts Avenue NW，Washington，DC 20036。

native asphalt 天然沥青；天然存在的、通过自然蒸发或蒸馏生产的沥青，通常只有通过提炼和采用稀释油软化至适当稠度，才适合于铺路使用；同 **natural asphalt**。

natte 花篮状编织花饰；一种仿织毯的编织线条，雕刻或喷涂于柱头上的花饰。

natural asphalt 天然沥青；天然存在的、通过自然蒸发或蒸馏生产的沥青，通常只有通过提炼和采用稀释油软化至适当稠度，才适合于铺路使用。

natural bed 天然岩层，天然岩石表面；与天然岩层平行的岩石层。

natural cement 天然水泥；将煅烧过的黏土质石灰石粉碎而制成的水泥，煅烧温度不高于去除二氧化碳所需的温度。

natural circulation 自然环流；未使用抽水泵或鼓风机，而是由于密度差引起的水或空气的循环。

natural clay tile 天然黏土瓦；一种黏土瓷砖，砖体密实，外表独特，略带纹理。

natural-cleft 天然裂缝，天然裂口；指岩石具有与

花篮状编织花饰

岩层基本平行的裂纹，表面不规整，但基本为平面。

natural cleft finish 沿着岩床方向切割而来的变质岩饰面（例如石板或者石英岩）。

natural convection 自然对流；由于环境或介质温度的变化，产生密度差而引起空气或水的运动。

natural draft 自然通风；由于烟囱内外的温差，造成烟囱内的气体重量与外部空气不同而产生的气流。

natural draft boiler 自然通风锅炉；一种通过烟囱抽走炉内烟气的锅炉系统。

natural draft chimney 自然抽风的烟囱；无需机械抽风设备辅助的自然通风烟囱，用于将燃烧产生的烟或气体从锅炉内抽出。

natural environment 自然环境；与室内环境相对应的外部自然条件和周围景物的总称，如人类建造的构筑物等环境。

natural fiber 天然纤维，任何来源于矿石，植物或者动物的纤维，与合成纤维相对。

natural finish 天然装饰，显真饰面，自然罩面；指采用透明饰面材料而做的、不明显改变原有纹理和颜色的任何饰面，如采用清漆、防水剂、密封剂或油等做的饰面。

natural finish tile 不上釉的瓷砖；瓷砖经烧制仍为陶体本色，表面不经过上釉处理。

natural foundation 天然地基，天然基础；指地

基土未经过特殊处理的基础。

natural frequency 固有频率，自然频率；一系列频率中的某特定频率，在此频率下，体系或物体在初始扰动或初始位移作用下，产生自由振动。

natural gas 天然（煤）气；石油气；一种烃类可燃气体，每立方英尺气体含 1000 英国热量单位（8 900kcal/m^3）的热值，是燃气公司供应的最常见燃气。

natural grade 原始地面的自然标高。

natural light 自然光，白天来源于太阳和天空的光线，与人工光源相对。

natural pigment 见 **earth pigment**；天然颜料，矿质颜料。

natural pozzolan 天然火山灰（材料）；天然或煅烧过的胶结材料，如火山灰。

natural resin 天然树脂；一种天然的热塑性固体有机物，具有可燃性和电绝缘性。

natural sand 天然砂；由岩石自然风化和磨蚀而形成的砂。

natural-seasoned lumber 见 **air dried lumber**；风干木材，自然干燥木材。

natural stone 天然石材，砾石；指非仿造的石材。事实上石材都以天然形式存在，形容其天然是多余的。

natural ventilation 自然通风；不使用鼓风机，靠空气在自然力作用下流动而实现的通风方式。

naval stores **1.** 油、树脂、柏油、硬柏油脂等从松树上提取的含油树脂。**2.** 树脂、松脂的旧称。

nave **1.** 教堂中殿，正厅。**2.** 扩展的中殿；包括从教堂入口至圣坛之间的正厅与西侧廊的部分。**3.** 教堂内的听众席。

nave arcade 教堂主厅的侧拱门；教堂中殿与侧廊间的明拱门。

NBC 缩写＝“**National Building Code**”，国家建筑法规。

NBFU 缩写＝“**National Board of Fire Underwriters**”，国家防火保险部。

NBS **1.** 缩写＝“**National Bureau of Standards**”，国家标准局。**2.** 缩写＝“**natural black slate**”，天然黑页岩。**3.** 缩写＝“**New British Standard**”，新英国标准。

教堂中殿，教堂主厅的侧拱门

NC 缩写＝“**Noise criterion**”，噪声标准。

NC curves 噪声评价曲线；声谱中的一系列倍频程曲线，作为室内噪声标准的基础数值。通过将测得的倍频程谱与此组曲线比较，可确定被测场所的噪声水平。

NCM 缩写＝“**noncorrosive metal**”，不锈钢，不锈金属。

NCMA （美）缩写＝“**National Concrete Masonry Association**”，国家混凝土砌体协会。

NCSBCS 缩写＝“**National Conference of States on Building Codes and Standards**”，美国国家建筑规范及标准。

neat 素灰，净浆；指未加入任何添加剂的石膏或水泥拌水混合物。

neat cement **1.** 非水化状态的水硬水泥。**2.** 净水

泥，纯水泥，未加入砂子（骨料）的水泥。

neat cement grout 1. 净水泥浆；水硬水泥与水混合的浆体。2. 结硬的净水泥浆。

neat cement paste 净水泥软膏；指凝固和硬结前（后）的水硬水泥与水的混合物。

neat gypsum plaster 净（纯）石膏灰；见 **gypsum neat plaster**。

neat line，net line 1. 施工限制线，准线；某工作（工程）的限制线，如开挖边界线、石材切削线、图表边线等。2. 不包括凸出的附属物的建筑外表面线。

neat plaster 素灰，净浆；未加入骨料的纯灰膏。

neat size 净尺寸，光洁尺寸；加工后的精确尺寸。

neat work 清水砖墙；基础之上的砖砌墙体上作直接钩缝。

nebulé molding nebuly molding 波边饰，下边为波浪形的诺尔曼式建筑饰线。

诺尔曼式建筑饰线

NEC 缩写＝"**National Electrical Code**"，美国国家电气规程。

necessarium 古城堡或修道院的室外厕所。

neck 1. 颈弯饰，柱颈；古典柱式中，柱头与柱身间的一段有凹槽或环形线脚的部分。2. 连接通风干管与空气扩散器的一段支管。

necking 1. 同 **neck**。2. 柱颈线脚；柱身与柱头间的一个或一组线脚。3. 装饰带；在柱头下端的任何装饰带。4. 颈缩；密封胶由于受力而发生不可恢复的截面减小。

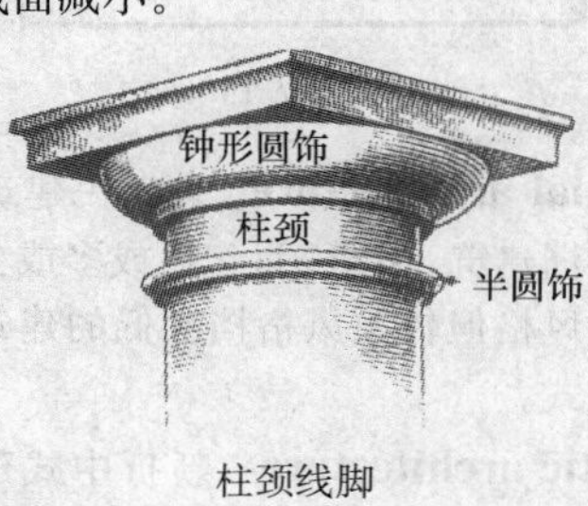

柱颈线脚

neck molding 柱颈线脚；由各种线脚构成的柱颈；同 **necking，2**。

necropolis 1. 大公墓；古埃及、希腊的公墓。2. 墓地，古代墓地。

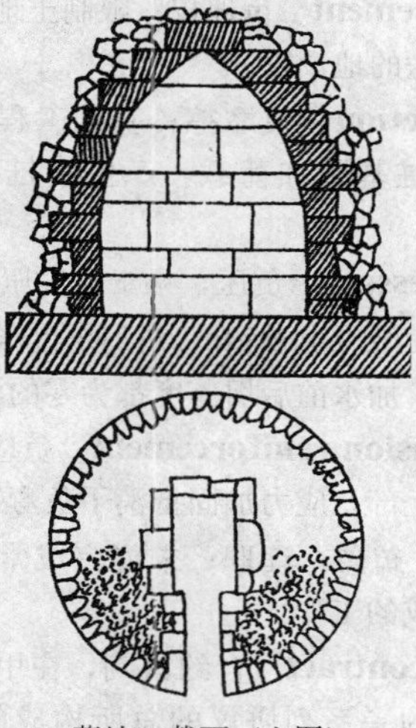

墓地，截面（上图）
平面（下图）

needle 1. 托梁，横梁；支撑在撑木上的横梁，作为更换、维修、托换基础的临时支撑。2. 墙体洞口上的短横木，支撑立撑或脚手架。

needle bath 淋浴；一种长管淋浴器，端头有许多小孔，为浴者喷出无数小水柱。

needle beam 临时托梁，横撑木；一种用于托换基墙的承重横梁，两端支撑于柱，与已有基础间留有距离。

needle beam scaffold 同 **needle scaffold**；轻型平台脚手架；托梁脚手架。

needle pile 托撑时使用的一种细长的轻钢桩。

needle scaffold 横撑木脚手架；由横撑木垂挂的脚手架。

needle spire 针状尖顶；塔顶端中心架起细长的尖塔。

needle valve 针状阀；一种阀门由锥状钢销控制的球阀，通过其滑进、滑出锥状阀座来调节流量。

needlework 木构架与砌体或灰泥填充墙的组合结构，常见于中世纪房屋。

needling 横撑木；临时支撑用的横梁。

NEG （制图）缩写＝“**negative**”，负的，倒的。

negative bending moment 负弯矩，产生于梁下部的弯矩，上部受压。

negative easement 负地权；限制土地所有人使用未授权用途的地役权。

negative friction 负摩擦；基础工程中，由于填土引起的桩基附加荷载，产生将桩拉入土内的作用。

negative pressure 负压，小于大气压的压力。

negative-slump concrete 负坍落度混凝土，干硬性混凝土；加水前后坍落度都为零的混凝土。

negative tension reinforcement 负应力加固，在梁或板的上部，应力加固抵消了负弯矩。

negligence 疏忽，渎职；未能完成常人和审慎的人应能完成的工作。

negotiated contract 合约谈判，在甲方和承建商之间达成的一系列协议的总所构成的建筑合约，而不是进行项目投标。

negotiation phase 议标阶段；见 **bidding or negotiation phase**。

NEMA 缩写＝“**National Electrical Manufacturers Association**”，国家电气制造商协会。

Neo-Adamesque style 新亚当风格；见 **Neo-Federal style**。

Neo-Baroque 新巴洛克式；19 世纪末至 20 世纪初流行的一种建筑形式，或多或少类似于 17 世纪的巴洛克建筑风格。

Neo-Byzantine 新拜占庭（建筑风格）；见 **Byzantine Revival**。

Neoclassical Revival 新古典复兴式；自 1965 年发展起来的一种建筑形式，古典主义风格的自由发挥，但不完全效仿或试图超越古典主义，常带有通高柱廊山墙。

Neoclassical style 新古典风格；一种建筑形式，多采用公共建筑或豪宅中的古典元素及式样，外观模仿盛行于 1770～1830 年间的古典复兴式（常称为“早期古典复兴”），其他方面模仿 1830～1850 年间的希腊复兴式。这种建筑的主要特征是：外观上石材贴面，带阁楼、装饰柱头及女儿墙；立面对称，以通高木质或石质的古典柱廊占据全面高；屋顶四坡或复折顶，单侧山花，屋顶线未做装饰，但屋檐常有雕刻装饰，檐部占据一层并适度挑出；屋檐上缘有扶栏，其下有宽饰带；立面上有上下推拉，带窗楣并对称布置；住宅中上下推拉窗为各 6 片或各 9 片；正立面中心有门廊，其顶部有门楣或断山花；门边环绕着装饰物。古典复兴式（**Classical Revival**）、新古典复兴式（**Neoclassical Revival**）、新古典主义（**Neoclassicism**）常作为新古典式的同义词。

Neoclassicism 新古典主义；18 世纪末、19 世纪初及其后对古典建筑原则的新解释。新古典主义常包括：联邦式、古典复兴式、希腊复兴式，其主要特征为：纪念性（作品），巨柱及门廊，严格使用希腊和罗马柱式，赘余的装饰，屋檐上缘未做装饰，不使用装饰线脚。偶尔作为新古典式（**Neoclassical style**）的同义词。

新古典主义 19 世纪

Neo-Colonial architecture 新殖民建筑；20 世纪后半叶美洲建筑，指 19 世纪后或多或少地模仿殖民复兴式风格但较原风格档次低的建筑，偶称新殖民复兴式。

Neo-Eclectic architecture 新折中式建筑；泛指

20世纪后半叶住宅建筑风格，自由借鉴早期建筑风格和细部，不刻意复制原型风格，后现代建筑（**Post-Modern architecture**）的某些风格可称为新折中式建筑。例如，见 **Neo-classical Revival**，**Neo-Colonial architecture**，**Neo-French**，**Neo-Mansard**，**Mediterranean Revival**，**Neo-Tudor architecture**，**Neo-Victorian**。

Neo-Federal style 新联邦式；20世纪20年代后颇为流行的一种类似联邦式的建筑风格，含糊地称为新联邦式。

Neo-French architecture 新法国式建筑；20世纪后期法国折中式建筑风格的自由发挥，在许多地区尤其在美洲流行，常模仿诺曼底式农舍建筑风格。其特征为：陡斜的四坡屋顶，屋檐有时做成喇叭形；带锥形顶的圆塔；偶尔使用假半木结构；窗顶常为圆或圆弧形拱，延伸过屋檐线。

Neo-Georgian 新乔治式（建筑）；一个含糊的词汇，指模仿乔治式风格和细部的建筑风格，正立面对称，但各时期有所不同，主要见于19、20世纪，至今仍在使用。

Neo-Gothic 新哥特式；19世纪后半叶、20世纪初哥特式的重新使用；见 **Gothic Revival**；又见 **Collegiate Gothic Steamboat Gothic**。

Neo-Grec 新希腊式；1870年仿照早期希腊矩形柱顶横檐梁式构造建筑（见 **Greek Revival**）开创的建筑形式；最典型的特征是砖和铁艺材料的使用。

Neo-Greek Revival 新希腊复兴式；大致在希腊复兴式基础上发展起来的建筑风格，通常较原型有所变化。

Neo-Hispanic 新西班牙式；见 **Spanish Colonial Revival**。

Neo-Liberty 新艺术复兴；20世纪中期发展的意大利的新艺术复兴（风格）。

Neo-Mansard 新曼莎式；1960年发展起来的使用曼莎式（折线式）屋顶的建筑风格，但除屋顶外，其他方面与曼莎式少有共同之处。

Neo-Mediterranean 新地中海式；见 **Mediterranean Revival**。

neon 氖，氖气；一种惰性气体，在放电灯管中发出橘红色光。

neon lamp 1. 氖灯，霓虹灯；一种冷阴极灯，发光原理是使电流通过氖气。2. 日光灯，霓虹灯；任何冷阴极玻璃管灯，如：霓虹灯等，无论管内填充的是何种气体，也无论是否填充磷或其他控制光色的物质。

Neo-Norman 新诺曼式，一种模仿11世纪和12世纪英国和法国诺曼的建筑式样。

neoprene 氯丁二烯橡胶，氯丁橡胶；一种合成橡胶，有耐光性和耐油的性质，用于屋面薄膜或泛水卷材，缓震控制缝的密封条等。

Neo-Rococo 新洛可可式，一种体现洛可可向古典复兴风格过渡时期的建筑风格。

Neo-Romanesque 新罗马式建筑；有时作为（尤指早期）理查德森罗马式（**Richardsonian Romanesque style**）或罗马复兴式（**Romanesque Revival**）的同义词；又见 **Rundbogenstil**。

Neo-Tudor 新都德式建筑；新折中式建筑的一种，大致模仿其前期的都德式和都德复兴式样，房屋大多一层或两层，正立面上有山花，通常的特征为：使用假半木结构和扁带饰作为装饰元素。底层为砌体或抹灰墙，有时上层墙体有特殊处理，偶尔上层悬挑，陡斜的四坡木瓦屋顶，凸出的屋顶烟囱，成排的细长窗户，由中梃隔开，铅条镶嵌的小格玻璃，棱形或方形，对角布置。

Neo-Victorian 新维多利亚风格；一种新折中式建筑，某种程度上模仿19世纪安娜女王式建筑的特点及细部，尤其是采用木结构托架和纺锤状栏杆的门廊。

NEPA 缩写＝"**National Environmental Policy Act**"，全国环境政策条例。

nerve 同 **nervure**；交叉侧肋。

nervure 交叉侧肋；两筒正交相贯穹顶的拱肋，尤指形成穹隆间隔室侧边的拱肋。

NESC 缩写＝"**National Electrical Safety Code**"，国家电力安全规范。

net cross-sectional area 净截面积；砌块、砖的毛截面积减去未实灌的孔洞和缝隙后的面积。

net cut 净开挖量，净挖方（量）；某特定区域的坡面上所需挖除的土方减去需填的土方的净土方量。

net fill 净填方量；某特定区域的坡面上所需填的土方减去需挖除的土方的净土方量。

net floor area 楼层净面积；不含附属面积和墙厚的实际使用面积，用于确定所需的出口通道。

net line 施工限制线，红线，净线；同 **neat line**。

net load 净负荷，有效负荷；在供热系统中，总热负荷减去热源与终端散热器间的热损耗后的负荷。

net mixing water 净拌合水；见 **mixing water**。

net positive suction head （水泵）净正吸水头，净吸水扬程；水泵进水口的绝对压力，是确定水泵工作性能的重要参数。

net room area 房间净面积；指墙与墙之间地面的净面积。

net section 净截面；扣除螺栓、铆钉孔洞后的梁净截面积。

net site area 净工地面积，净占地面积；工程项目边界线内扣除了道路后的面积。

net tensile strain 净拉应变；扣除了有效预应力、徐变、收缩或温度变形后与名义强度对应的应变。

net tracery 网式窗格；由重复的花边及小开孔组成的花格窗。

网式窗格

net vault 网架拱顶，一种肋骨形成重复主题或者钻石网格的拱顶。

network 1. 线路；由高压供电线、降压变压器、防护设备、电力主干线和用户设施连接组成的整体。2. 在关键工序线路法的定义中，同 **arrow diagram**。

neutral axis 中和轴，中性轴；在弯矩作用下，梁、柱等构件中拉、压为零，变形为零的一条理想线。

neutral conductor 1. 在有三个以上导体的电路中，某导体的电压与其他多个导体的电压相等。2. 在三相三线电路中，与其他各导体间的相差相等，并等差排列的导体。

neutralizing 中和处理；用弱酸盐对混凝土、水泥、砂浆或灰浆表面预处理，中和其中的石灰（碱）。

neutral plane 见 **neutral surface**；中和面。

neutral soil 中性土壤；pH 在 6.6～7.3 之间的弱酸、弱碱土。

neutral surface，**neutral plane** 中和面；梁受弯时，不压缩也不伸长的理想面。

New Brutalism 新粗野主义；见 **Brutalism**。

newel 1. 螺旋楼梯中柱；楼梯绕其盘旋的柱子，有支撑楼梯的作用。2. 楼梯扶手转角柱。

螺旋楼梯中柱

newel cap 楼梯扶手转角柱柱顶装饰；扶手端柱顶端经过模制、旋制加工或雕花的柱头装饰。

newel collar 楼梯柱的颈圈；旋制的木颈圈，用于加高扶手的底座。

newel drop 楼梯扶手转角柱柱脚装饰，柱饰的细圆部分；起保护作用的楼梯扶手转角柱柱脚装饰，常贯穿柱脚。

newel joint 中柱接头，望柱接头；扶手与转角柱之间或栏杆与转角柱间的接头。

newel-post 楼梯扶手转角柱，螺旋楼梯中柱，望柱；指位于梯段起步或止步处，具有支护楼梯栏杆作用，且或多或少带有装饰的梯杆。

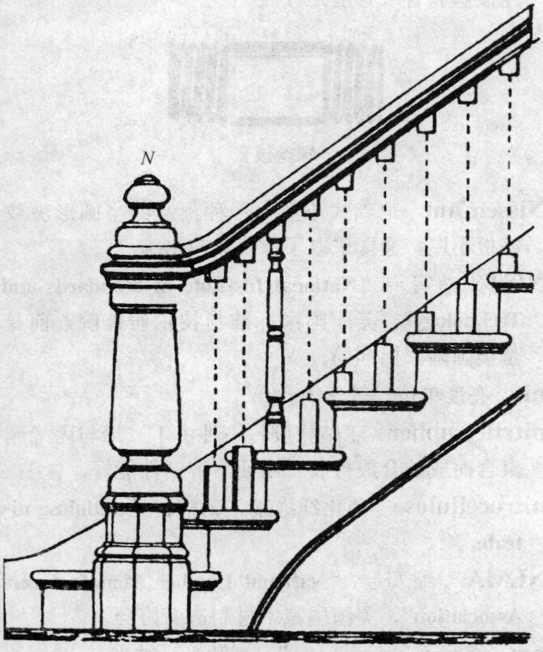

N—楼梯扶手转角柱

newel stair 1.（具有中柱的）螺旋楼梯。2. 同 **Solid newel stair**；实心中柱螺旋梯。

New England Colonial architecture 新英格兰殖民建筑；见 **Cape house**，**captain's house**，**Corporate style**，**meeting house**，**New England gambrel roof**，**Sabbath house**，**saltbox house**，**stone-ender**，**whale house**。

New England connected barn 新英格兰连接式谷仓；见 **continuous house**。

New England gambrel roof 新英格兰复折式屋顶，新英格兰折线式屋顶；一种上下坡长度基本相同的折线式屋顶，下折线坡度更陡，大约为60°。

New England method 新英格兰砌砖法；见 **pick and dip**。

New Shingle style 新木瓦房；偶尔对20世纪后期的一种木房的称谓，与1880～1900年间木瓦房有许多共同特征。

newton（N） 牛顿；公制力的单位，表示使质量为1kg的物体产生1m/s^2 加速度的力的大小。

new town 大城市周围的新城，新城。

new wood 原木；未加工的木材。

New York leveling rod 纽约水准尺；一种两件一套的水平标尺；带可移动标星。

NFC 缩写＝"**National Fire Code**"，（美国）国家防火规范。

NFPA 缩写＝"**National Fire Protection Association**"，（美国）国家消防安全协会。

NFSA 缩写＝"**National Fire Sprinkler Association**"，（美国）国家水喷淋协会。

NGR stain non grain raising stain 一种液体木材着色剂，主要原料为甲醛或其他溶剂，几乎不溶于水。

nib 突边，凸棱，凸出物；任何突出的构件、小边、小头。

nibbed tile 突边瓦，平瓦；一种边缘有小突棱的瓦，便于固定在挂瓦条上。

nib guide 吊顶压条；一种钉在顶棚底灰上的直条木，作为檐板线脚的导尺。

NIC 缩写＝"**not in the contract**"，不包括在合同内。

niche 壁龛；墙上的凹槽，放置雕塑或瓮的地方，平面呈半圆形，上部为一半圆拱顶。

nicked-bit finish 刻槽装饰面；一种由不规则的开槽刨刀凿成的石材装饰面，带有各种尺寸的间隔分布的平行凸棱。

nickel 镍；一种银白色的金属，广泛用作钢或铸铁的合金添加元素；也用于防腐电镀金属。

nickel steel 镍钢；含有3%～5%镍及0.2%～

壁龛

0.5%碳的钢；镍元素可提高强度和合金的弹性极限；与碳素钢比较，其强度高，且延性、抗腐蚀性能好。

nidge, nig 雕，琢；石工中，用尖锤（而不是用凿子和锤）琢平石材。

nidged ashlar, nigged ashlar 尖凿琢面方石；用十字镐或尖头锤琢出的石材。

nig 同 **nidge**；雕，琢。

nigged ashlar 尖凿琢面方石；见 **nidged ashlar**。

night latch, night bolt, night lock 弹簧门锁，保险插销；一种具有独立功能的辅助门锁，可用球形把手和柄式把手从室内打开，而室外只能用钥匙打开。

night stair 教堂耳堂的楼梯，是牧师用于从寝室去教堂进行夜间服务的楼梯。

night vent 透气亮子；见 **ventlight**。

nimbus 雨云；神、先知、圣人头部的光环。

nine-over-nine （指）双悬窗的上下扇各有 9 块窗格。

NIOSH 缩写＝“**National Institute of Occupational Safety and Health**”，（美国）国家职业安全及卫生研究所。

nippers 剪丝钳，起重夹钳；一种钳口平行的钳子，用于切割导线、细金属丝等。

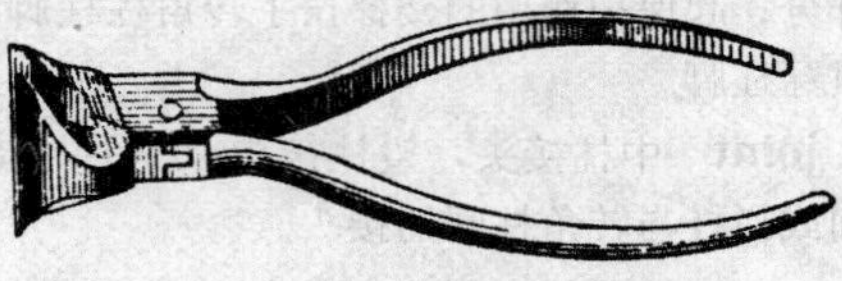

剪丝钳

nipple 螺丝接套；一段两头有套丝的短管，用于连接偶联管或管道配件。

螺丝接套

Nissen hut 尼森式小屋；一种预制的半圆形波纹钢板小屋，通常采取了保温隔热措施。

NIST 缩写＝“**National Institute of Standards and Technology**”，美国国家标准与技术研究院，前身是美国国家标准局。

nit 亮度单位；等于 $1cd/m^2$。

nitrile rubber 丁腈橡胶；一种由丁二烯与丙烯腈聚合而成的合成橡胶，耐油耐溶剂性能好。

nitrocellulose 硝化纤维素，硝棉；见 **cellulose nitrate**。

NLMA 缩写＝“**National Lumber Manufacturers Association**”，美国国家木材制造商协会。

nm 缩写＝“**nanometer**”，毫微米，纳米。

NO. （制图）缩写＝“**number**”，数，数字。

nobble 粗琢；粗琢石材，通常在采石场进行。

nodding ogee arch 一种反弧拱，其中载有圣人雕像的头部轻微弯曲，从墙平面向下，所以它看起来像坠向地板上的观众，而不是穿过对面的墙上。

node **1.** 电路中几条配电线或导线汇合的节点。**2.** 桁架节点。

nodus 拱心石，浮凸雕饰；古罗马建筑中的拱心石或穹隆上的浮雕石。

noel 古英语中的用法；同 **newel**。

no-fines concrete 无细骨料混凝土，无砂混凝土；不含或少含细骨料的混凝土。

nog 木钉（栓，砖，梢）；填于砌体内墙中的许多砖形木块，也称为木砖。

nogging 填墙（木）砖；填充于圆木小屋的圆木间或木构架房屋的构架间的填充物，用于提高木构架系统的刚度，增强保温隔热性能及防火性能。

nogging piece 立柱间的水平加固木；一水平横木，钉于填木砖墙的两侧立柱间，以提高砖墙的承载力。

noise 噪声；任何使人烦恼、干扰谈话和听觉或可能造成听觉损害的过大声音。

noise absorption 见 **sound absorption**；噪声吸收，吸声料。

noise control 噪声控制；使噪声达到可接受程度的技术，需考虑经济性和可操作性。

noise criterion curves 噪声评价曲线；见 **NC curves**。

noise insulation 隔声；见 **sound insulation**。

noise isolation class（NIC） 隔声等级；一种单一数字的评价等级，根据测得的由一条以上通道连接的两个封闭空间之间噪声减弱程度而评价。

noise level 噪声级；噪声源发出的声音高低，以分贝表示，简写为 dB；由噪声计测得。

noise reduction，NR 噪声降低，噪声衰减；在两个房间中，当噪声从其中一个房间发出时，其平均声压水平的差值，以分贝计。

noise reduction coefficient，NRC 噪声减低系数；吸声材料在 250Hz，500Hz，1000Hz，2000Hz 频率下的平均吸声系数，取整后乘以 0.05。

NOM 缩写＝"**nominal**"，正常的，标准的，法向的，正交的。

nominal diameter 标称直径；一种表示管道、螺栓、铆钉、钢筋及钢条尺寸的方法，不一定与实际尺寸相同。

nominal dimension **1.** 名义尺寸，标称尺寸；比砌块实际尺寸大一个砂浆层厚度［在美国不超过 1/2in（13mm）］的尺寸。**2.** 名义尺寸，图注尺寸；木材工业中地方规范提供的与实际尺寸可能有误差的尺寸。

nominal mix 名义配合比，标称配合比；拌制混凝土时拟定的各材料掺加比例。

nominal size 名义尺寸，毛尺寸；木材干燥或表面处理前的尺寸；又见 **dressed size**。

nominal strength 名义强度，标称强度；结构构件根据计算假定和规范条文在没有考虑任何折减系数前而计算出的强度。

nonagitating unit 无搅拌装置的混凝土运输车；将混凝土从搅拌站运至施工工地的运输车，途中不搅拌混凝土。

non-air-entrained concrete 非加气混凝土；未使用混合引气剂或加气水泥的混凝土。

nonautomatic sprinkler system 非自动喷淋系统；所有管道和喷头都处于无水状态的消防喷淋系统，供水是通过消防部门将室外消防栓的水管连通实现的。

nonautomatic standpipe system 非自动立管系统；立管系统处于无水状态，供水是通过与消防部门将室外消防栓的水管连通实现的。

nonbearing partition 非承重隔墙；见 **non-load-bearing partition**。

nonbearing wall 非承重隔墙；只承受自身重量的墙；同 **non-load-bearing wall**。

noncohesive soil 松散岩土，非黏性土；卵石、砂等其颗粒不粘结在一起的土，与黏土、黏性粉土相反。

noncollusion affidavit 非从属条文；竞标者在标书中订立的与其他条文不相关的公证过的陈述。

noncombustibility 不可燃性；材料在高温下不点燃的性能。

noncombustible **1.** 不燃物，非燃烧物；遇火不点燃也不燃烧的建筑材料。**2.** 基层为不燃物，表层为厚度不大于 1/8in（0.32cm）的、火焰蔓延等级不大于 50 的建筑材料。**3.** 除上述两种材料以外的火焰蔓延等级不大于 25 且无明显连续燃烧迹象的材料。

noncombustible construction 不燃结构；结构的

墙体、隔墙及结构构件由不燃材料或其他复合材料构成，但不符合阻燃等级。

noncombustible material 不燃烧材料；在暴露于火或高温时不点燃、不燃烧、不助燃或不释放可燃气体，仍能完成预期功能的材料。任何符合《美国材料及试验标准》第 E136 条试验方法的材料可视为不燃材料。

nonconcordant tendons 非吻合钢筋束；超静定结构中，与钢筋束引起的压力线不重合的钢筋束。

nonconcurrent forces 非共点力；不相交于共同点的力。

nonconcurrent loads 非同时作用的荷载；两种以上的可变荷载和恒载，根据设计的目的不考虑其共同作用。

nonconforming 不符合，不合格，不符规范；房屋或结构物不符合可执行规范、标准或规程的要求。

nonconforming work 不合格工程，不符合合同的工程；未完成合同要求的工程。

noncoplanar forces 非共面力系；力系中的力不在同一个平面内。

nondestructive test 非破损性试验；对材料、构件或组合件进行的不损坏试件的试验，通常通过紫外线或 X 光线进行。

nondisplacement pile 非沉管桩；由钻孔或其他挖掘方法而形成的管桩基础。

nondrying 不干性的；油或混合物在空气中不氧化，涂抹后表面不形成膜。

nondrying oil 不干性油；不易氧化的油，适于用作塑性剂。

nonelectric-delay blasting cap 非电控延迟雷管；由一套延迟机关控制的雷管，延迟机关与引爆信号相连，并控制从细小引爆索发出的引爆信号。

nonevaporable water 不消散水分；水化时与水泥发生化学反应，不能通过特定的干燥方式蒸发的水分。

nonferrous 不含铁的，非铁的，有色金属的；不含或含铁量极小的金属。

nonflammable 不易燃的，无焰的；不易燃烧的，又见 flammable。

nonfreeze sprinkler system 防冻消防喷淋系统；为寒冷冻结地区设计的防冻消防喷淋系统。

nongrain raising stain 木纹平整着色料；见 NGR stain。

nonhabitable space 不可居住面积；根据规范规定：卫生间、锅炉间、贮藏室、更衣室、加热器、厨房、洗衣房、衣物间、备餐室、洗手间、设备间等用于服务或维修的面积，相对于可居住面积。

nonhydraulic lime 非水硬性石灰，高钙石灰；一种钙质或白云石质石灰，用于面层抹灰或砌筑石灰。

non-load-bearing partition 非承重隔墙；房屋内部起分隔空间作用的隔墙，但不支承楼盖搁栅或其上部的隔墙重量。

non-load-bearing tile 非承重砖；非承重砌体墙中的陶瓷砖。

non-load-bearing wall 非承重墙；不承受外加荷载，仅承受自身重量和抗风的墙（外墙）。相对于 load-bearing wall 承重墙。

non-lustrous glaze 无光泽釉面；陶瓷釉层上带有烧结的无光面层。

nonmetallic sheathed cable 非金属包皮电缆；两个以上的绝缘导线外包非金属阻燃防潮材料。

nonmetallic tubing 非金属管系；见 electrical nonmetallic tubing。

nominal load 额定荷载；相关规范规定的荷载值。

non-performance 违约；建筑承包商未能履行合同所要求的工作。

nonplaner frame 空间框架；非共面框架；至少有一根杆件与其他杆件不共面的框架。

nonpressure pipe 非加压管；靠重力而不是压力输送液体的管道。

nonprestressed reinforcement 非预应力钢筋；在预应力混凝土结构中，未施加预应力的钢筋。

nonpublic fixture 非公用卫生器具；家庭或私人使用的卫生器具（如住宅、公寓内的抽水马桶或

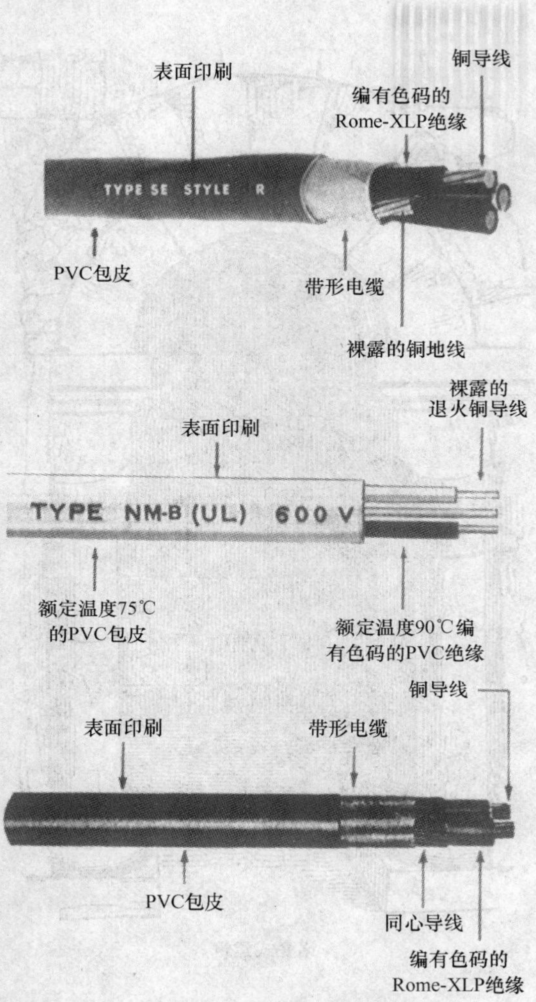

非金属包皮电缆

旅馆、汽车旅馆内的卫生套间)。

nonrenewable fuse 不能重复使用的保险丝；电路中的保险丝，其熔断后须经更换才能再次接通电路。

non-restrictive specification 非限制性规范，不限制从特定的供应商那里购买产品或特定的材料。

nonreturn valve 逆止阀，止回阀；由单向阀和球阀组合而成的用于高压锅炉排放口的阀门。

non-sag sealant 不下垂密封胶，黏稠密封胶；用于竖向或倒置接缝处的不流淌高稠度密封胶。

nonsimultaneous prestressing 非同时预应力，单根张拉预应力；后张法预应力施工中每次张拉一根预应力筋，而不是同时张拉。

nonsiphon trap 防虹吸存水弯；污水管道中的一种存水弯，水封不易破坏（通常约 7.5～10cm），弯道直径不大于 10cm，弯内可存水不少于 0.95L。

nonslip concrete 防滑混凝土，表面粗糙的混凝土；在混凝土结硬之前，向其表面喷射氧化物或通过粗硬毛刷使表面粗糙。常用于楼梯踏步。

nonslip nosing 楼梯踏步防滑条；表面粗糙的楼梯踏步小突沿。

nonstaining cement 白色水泥，含氧化铁少的水泥；按规定的试验方法测定的水溶性碱含量少于某特定指标的砌体水泥。

nonstaining mortar 无色灰浆，不污染砂浆；游离碱含量少，不引起邻近砌块起霜的砂浆。

nonstop switch 直达开关；控制电梯在叫号层不停的手动开关。

non-vision glass 毛玻璃；同 **obscure glass**。

nonvitreous tile 无釉面瓷砖，无玻璃质瓷砖；一种吸水率大于 3%的玻璃化程度低的瓷砖，无釉面地板和无釉面墙砖例外，其吸水率介于 7%～18%之间。

nonvolatile 不挥发的；指油漆中除水分、溶剂、稀释剂以外的不挥发成分。

nook 角（落），凹角，凹室，（屋）隅，岬角，转角处；使房间开敞从而空间变大或变得更匀称的转角空间，如：在壁炉附近的或与厨房相连用作餐厅的转角。

nook-rib 拱顶一角的肋骨。

nook shaft 凹角柱身；在房屋转角或门廊与外墙面交接处将柱或柱列作成方形切角。

nook window 壁炉边的窗户。

NOP 缩写＝“**not otherwise provided for**”，否则不与提供。

noraghe 同 **nuraghe**；史前撒丁岛独有的，石砌的小屋与圆塔围成建筑体系。

Norfolk latch 诺福克锁，压开锁，诺福克插销；一种指按型门插销，其锁舌与门框间有长条金属保护板。与沙福克插销比较。

normal aggregate 普通骨料，通常重量的混凝土骨料，相对于使用轻质骨料的混凝土而言。

normal cement 同 **ordinary portland cement**；普通水泥。

normal consistency **1.** 正常和易性；新鲜拌制的水泥、砂浆、混凝土等的含水量适中，使其和易性满足使用要求。**2.** 标准稠度；采用规定试验方法，通过维卡仪测得的水泥浆在拌制 30s 后的物理状态（凝固程度）。

normal consolidation 正常固结；在现有压力下已达到完全固结的且从未承受超压的沉积土所具有的状态。

normal haul 正常土方运输（费）；将土方运输费用计入开挖费用，而不另行收费的计费方法。

normal stress 正（垂直、法向）应力；与力的作用平面垂直的应力分量。

normal-weight aggregate 常（规）重（量）骨料；介于轻骨料与重骨料之间的骨料。

normal-weight concrete 常（规）重（量）混凝土；由常重骨料拌制的密度约为 $2400kg/m^3$ 的混凝土。

Norman architecture 诺曼式建筑；英国罗马式建筑，兴起于诺曼征服（公元 1066 年）时代，直至公元 1180 年哥特式的兴起。

Norman brick 诺曼砖；一种标称尺寸为 $2\frac{2}{3}$in×4in×12in 的黏土砖。

Normandy cottage 诺曼底小屋；见 **French Eclectic architecture** 和 **Neo-French architecture**。

Normandy joint 诺曼底接头；一种污水管道接头，使用套管连接两个无螺纹管头，并拧紧套管上的夹紧环使其紧固于管道上。

Norman French style 法国诺曼风格；同 **French Norman style**。

Norman slab 从吹制成的彩色玻璃瓶上切割下来的一块玻璃，用于一些染色玻璃窗上。

Norman style 同 **Romanesque style**；诺曼建筑风格。

north aisle 教堂北走廊；面向圣坛时左手侧的走廊，（如此称谓是）因为中世纪的教堂几乎都是圣殿在东侧，主入口在西侧。

诺曼式建筑

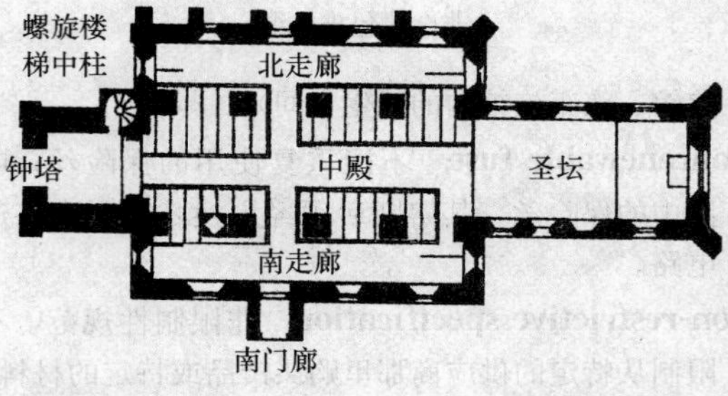

教堂北走廊

north-light roof 北向采光的屋顶；指位于北半球的采光玻璃朝向北的锯齿形屋顶。

north porch 教堂北门廊；教堂入口处的门廊，面向圣坛时其在教堂的左侧。

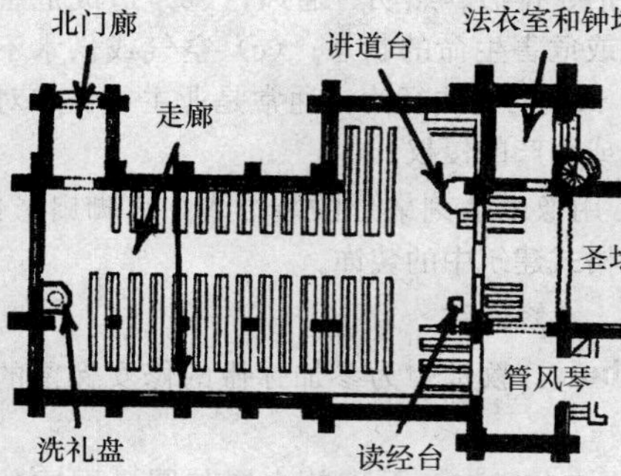

教堂北门廊

north side 教堂祭坛的左边，作为祭坛的一个面。

Norway spruce 见 **spruce**；挪威云杉。

nose 凸缘饰；见 **nosing**。

nose key 同 **foxtail wedge**；小木楔。

nosing, nose 凸缘饰，楼梯踏步小凸沿，窗台小凸沿；超出其下部立面的、通常为圆弧形的水平沿，如凸出于踏步竖板的踏步沿。

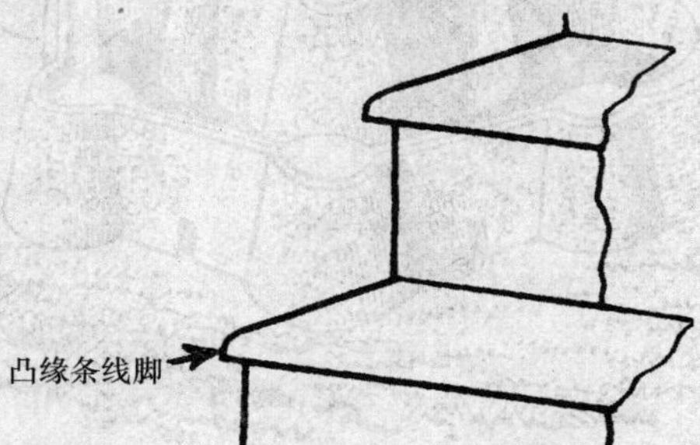

楼梯踏步小凸沿

nosing line, nose line 楼梯坡度线；由各梯阶踏板主沿或凸缘连线所确定的楼梯斜面。

nosing strip 凸缘条线脚；其轮廓与楼梯踏板的凸缘相同的线脚。

no-slump concrete 低坍落度混凝土，干硬性混凝土；新拌制时坍落度小于 1/4in（6mm）的混凝土。

notch 槽（凹，切，缺，豁）口，凹槽；圆木或方

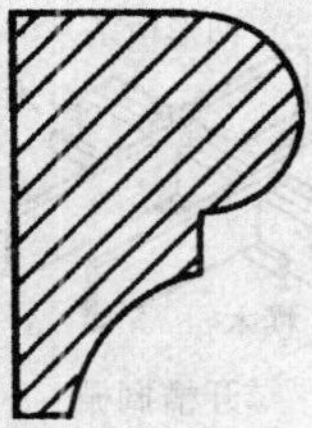
凸缘条线脚

木上的切口，通常在一侧，用于与另一木材上配套的切口形成直角固接，如在圆木屋的转角处。见 **corner notch**，**diamond notch**，**double saddle notch**，**dovetail notch**，**half-cut notch**，**half-dovetail notch**，**halved and lapped notch**，**lap notch**，**log notch**，**round notch**，**saddle notch**，**single notch**，**single saddle notch**，**square notch**，**V-notch**。

notchboard 梯级搁板，带槽口楼梯斜梁。

notched bar test 切口试验；一种抗冲击试验，试件为带缺口的金属条。又见 **Izod impact test**。

Notched lap 有凹口的搭接头；见 **notching**。

notched molding, notch ornament 凹口线脚，齿形线脚；在扁带或镶条上刻槽而成的线脚。

notched rafter 开槽椽木；椽木下端底面有一刻槽，使其可与水平撑木固定。

notching 刻凹槽，切口；为连接两木材（通常为直角连接），在其中一块或两块上开槽。

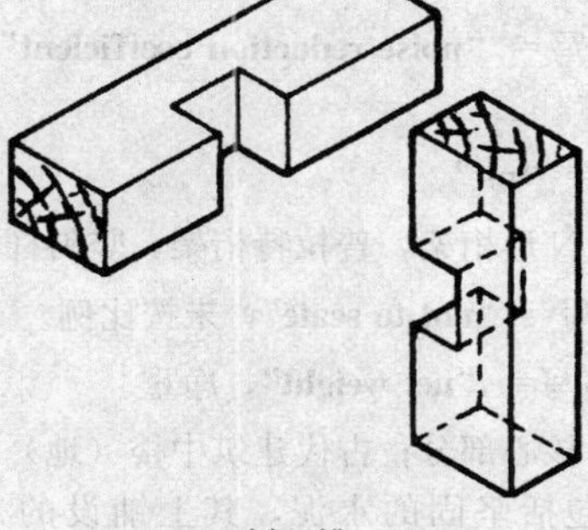
刻凹槽

notching and cogging 榫齿接合；同 **cogging joint**。

notch joist 开槽搁栅，带槽口小梁；一端开槽的搁栅，（使）其搁置并连接于主梁上，下部由横托

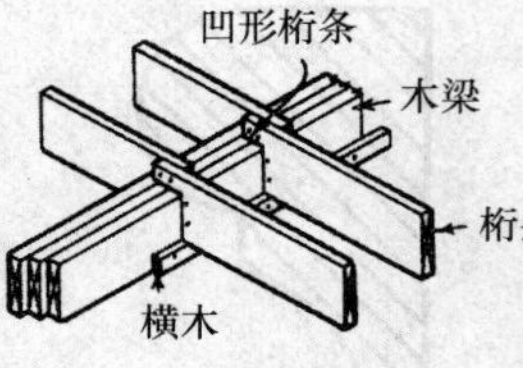

开槽搁栅

木支撑。

notch ornament 见 **notched molding**；凹口线脚，齿形线脚。

notice to bidders 投标人须知，招标通知书；列入投标条件中，向潜在投标人说明某工程的投标机会和实施步骤的通知。

notice to proceed 施工通知；业主向包工者授权开工的文字通知，并记录开工日期。

novelty flooring 新颖花纹（拼花）地板。

novelty siding 见 **drop siding**；德国式檐板，新型木墙板，下垂披叠板，企口壁板。

nozzle 1. 喷管（嘴，口，头），管嘴；水龙头的凸嘴或管道、软管的端头。2. 焊头。3. 喷嘴；喷淋灭火系统中，可使水柱按特定方向喷出特定形状或其他特点的喷头。

NPL （制图）缩写＝"**nipple**"，螺纹接管。

NPS （制图）缩写＝"**nominal pipe size**"，名义管道尺寸；公称管道尺寸。

NR 缩写＝"**noise reduction**"，噪声消减。

NRC 缩写＝"**noise reduction coefficient**"，噪声消减系数。

nt 缩写＝"**nit**"。

N-truss N形桁架，普拉特桁架，竖斜杆桁架。

NTS 缩写＝"**not to scale**"，未按比例。

nt wt 缩写＝"**net weight**"，净重。

nucleus 核心部分；古代建筑中楼（地）板的核心部分，包括坚固的水泥，其上铺设的走道板和抹灰。

nugget 焊接金属；在接缝焊、点焊、多点凸焊中，将被连接件焊在一起的金属。

nugget size 焊点尺寸；被连接件的接触面上焊点的宽或直径。

nuisance 1. 公害；建筑物、结构或房产存在以下情况之一时被认为有公害：(a) 未能按使用要求做到清洁、排污、照明、通风；(b) 造成危害公众健康或危害生命的状态；(c) 空气或供水不充足。2. 长期的违法行为，通常是业主或住户对邻居人员或财产的侵权。

nulling 用橡木雕刻扇形的装饰术，线脚扇形饰，尤指雅格式建筑中的装饰。

nunnery 女修道院。

nuns' choir 教堂中为参加弥撒的修女保留的座位区。

nuraghe, noraghe 石砌的小屋与圆塔围成的建筑体系；史前撒丁岛独有的截头圆锥形石建筑。

石砌的小屋与圆塔围成的建筑体系

nursery 1. 托儿所，育儿室。2. 苗圃，温床；栽种植物、灌木、小树的地方，然后移植到其他地方。

nursery school 幼儿园，托儿所；3～5岁儿童的托管所。

nurse's call system 呼叫护士系统；医院里的一种电控系统，病人或其他人可使用其呼叫床边或工作站的护士。

nursing home （私人）疗养所，小型疗养院；一幢建筑或其一部分，用于为存在精神或身体障碍的不能自理的病人提供膳宿及全天 24h 护理，病人一般四人以上，这种疗养院为病人提供护理和医疗服务，但其程度不及普通医院或专护医疗机构。

nut 螺母，螺套；中心带有螺纹孔的短金属块，可插入螺栓、螺钉或其他螺纹件。

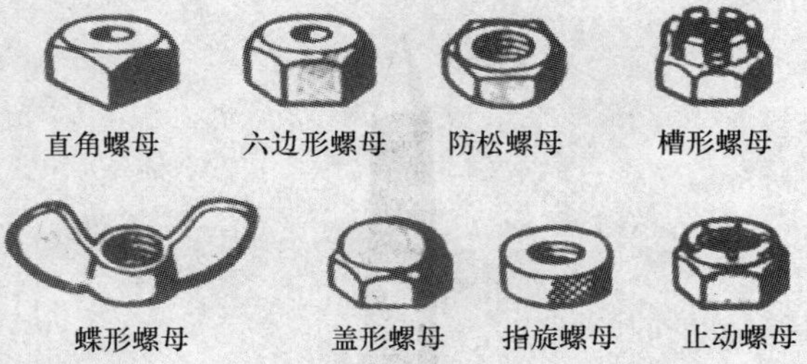

常用螺母类型

nutmeg ornament 英格兰北部早期常用的装饰做法，形似半个肉豆蔻。

nylon 尼龙，一种极具韧性的聚酰胺树脂系列通用名称，用于制造纤维和织物。

nymphaeum 古罗马休息场所；有花木、雕像和喷泉（常有仙女装饰）的用于休息的场所。

O

OA （制图）缩写＝“**overall**”，总尺寸。

O/A 缩写＝“**on approval**”不满意可以退货。

O and M manual 缩写＝“**operations and maintenance manual**”，建筑运营与维护手册的简称。又见 **owner's manual**。

OAI 缩写＝“**outside air intake**”，外部空气入口。

oak 橡木，橡树；一种坚硬的高密度木材，生长于温带，材质粗糙，颜色从浅褐色到粉或棕色，可用于结构或装修，如做木框架、地板和胶合板。

oakum 麻絮，麻刀，填絮，油麻丝；经过焦油处理的旧麻绳制成的填缝材料。

oak varnish 栎棕色凡立水，橡木清漆；一种用于室内的长油度（油和树脂的比例高）清漆，内含颜料使其呈淡黄褐色。

OB （制图）缩写＝“**obscure**”，隐蔽的，遮掩的。

obelisk 方尖碑；方尖塔，尖塔；**1.** 一种纪念性的四方形。**2.** 在埃及艺术中，一种有象形文字覆于表面的竖柱，源自于供奉太阳神的标志。

oblique arch 同 **skew arch**；斜拱。

oblique butt joint，oblique joint 斜平头接合；与被连接件轴线不呈 90°角的接头。

oblique grain 同 **diagonal grain**；斜纹理，斜木纹。

oblique section 斜截面；（机械制图）与物体长轴夹角不为 90°的截面。

oblique vault 斜拱，两堵平行但彼此不直接相对的墙体支撑的拱顶。又称为 **skew vault**。

OBS **1.**（制图）缩写＝“**obsolete**”，废弃的，陈旧的。**2.** 缩写＝“**open back strike**”。

Obscure glass，visionproof glass 不透明玻璃，毛面玻璃，压花玻璃；一面经过粗糙处理的半透明玻璃。

方尖碑

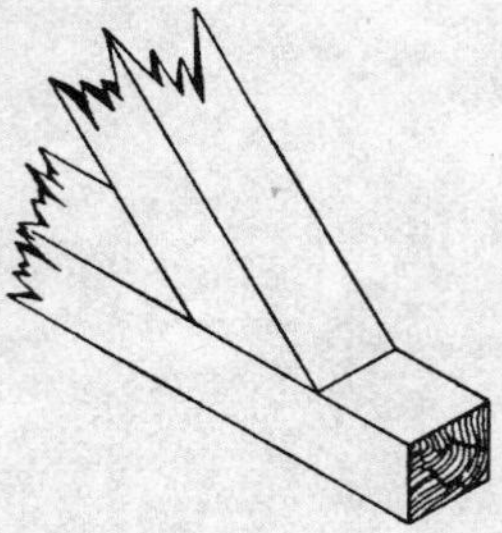

斜平头接合

obscuring window 闷光玻璃窗，不透明玻璃窗；采用闷光或点彩玻璃的窗户，可提供私密性。

observation of the work 工程检查；在工程施工阶段建筑师所起的作用，通过到工地定期视察，熟悉工程的质量和进展情况，大体确定施工作业是否符合合同文件的要求。

observatory 1. 天文台，观象台；（通常）带有可旋转穹顶的用于天文观测的建筑物。2. 观察站，瞭望台；视线开阔的地方，如上部房屋。

obsidian 黑曜岩；天然高硅质玻璃，呈黑色有亮泽，含水率低。

obtuse angle arch 钝角拱，两内心桃尖拱；两圆弧交汇于顶部形成的尖拱，其圆心距小于拱宽。

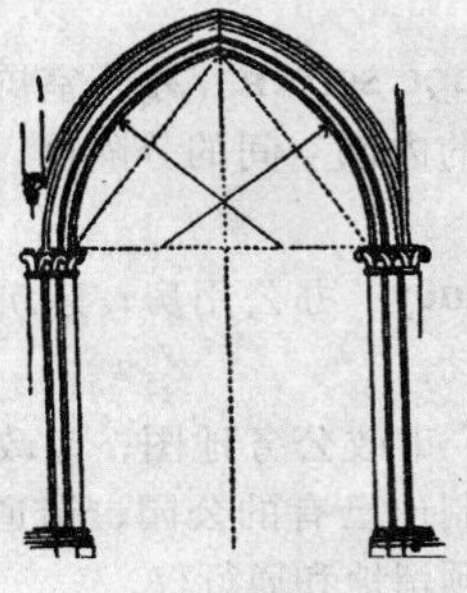

钝角拱

o. c. , oc, OC 缩写＝"**on center**"，居中。

occupancy 居住，占用，占有；建筑物的使用或预期的使用。

occupancy permit 同 **certificate of occupancy**；居住证，占用许可证；使用执照。

occupancy rate 居住占用率，使用率；某房间、房屋等的总使用人数。

occupancy sensor 感应开关，室内灯具的电控开关设备，住户进入房间时自动打开灯光，离开时自动关闭。

occupant load 居住荷载，高峰使用负荷；在任一时刻，建筑物（或其一部分）或电梯等设施可能达到的总使用人数。

Occupational Safety and Health Administration (OSHA) （美国）职业安全及健康管理机构；美国劳工部所属的一机构，其职能包括劳动安全，出版联邦法规中有关建筑施工及使用的安全标准。这些标准可直接从职业安全及健康管理机构的下面地址购买：Occupational Safety and Health Administration，U S Department of Labor，200 Constitution Avenue，NW，Washington，DC 20210。

occupiable room 可暂住的房屋；与永久住房有别的、可短暂居住的房屋。

occurrence 发生，出现，事件，事故；保险术语，指突发事故或长时间处于可导致受伤或损失的环境，这种伤害或损失不是故意或预知的。

ocher, ochre 赭色，赭土色；天然的黄褐色氧化铁水化物，用作油漆的颜料或油地毡的填料。

OCT （制图）缩写＝"**octagon**"，八边形，八角形。

octagon barn 八角形仓；建于1880年之前为数不多的八角形平面的仓房。

octagon house 八角房；这里指主要建于19世纪后半叶的八角形房屋，尽管某些古典建筑也使用了八角形平面。通常特征为：2～4层，大门廊，木或混凝土外墙，缓坡斜屋顶，盖有八角穹顶，抬高的地下室。

八角房

octastyle 八柱式的，八柱式；庙宇的正面或门廊的前或后柱列为八柱式的。

八柱式的，八柱式

octave 倍频程；八度；两频率的中间值具有2∶1的比例。

octave band 倍频；具有2∶1比例的两频率中间

的频率。

octave-band analyzer 一种用于测量倍频声压水平的电子仪器，包括麦克风，放大器，过滤器，指示仪及适当的控制器。

octave-band sound-pressure level 倍频声压水平；声音在特定倍频程内的声压水平。

octopartite vault 八瓣穹拱，八区式穹拱；方形空间的一个穹顶，由墙围起，分为八个区。

oculus 小圆窗，圆窗，牛眼窗，眼形物；见 **roundel**；见 **bull's-eye，2**。

OD 缩写＝"**outside diameter**"，外径。

odeion 同 **odeum**；古希腊或罗马小型剧院，演奏厅。

odeum，odeon 古希腊或古罗马小型音乐剧院；古希腊或古罗马的音乐演奏厅，一般有屋顶。

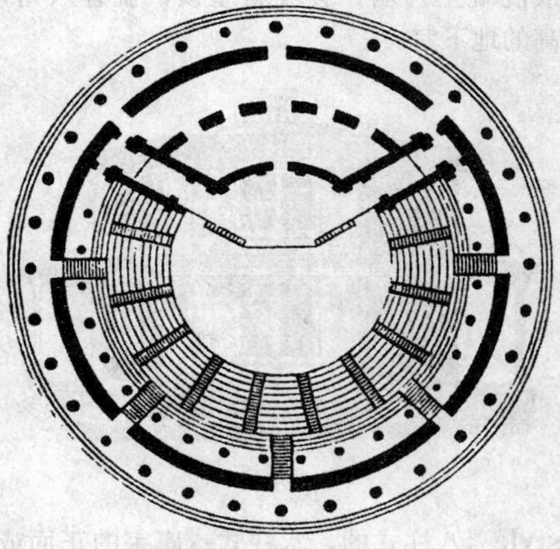

雅典古希腊音乐剧院

odorless mineral spirit 无臭石油溶剂；一种分支链烃类稀释剂，因其无臭味而用于油漆涂料。

odorless paint 无臭油漆，无臭涂料；水基乳胶涂料或油基、醇酸树脂基涂料，含有无味烃类稀释剂，使用后几乎无气味。

odor test 同 **scent test**；气味试验。

oecus 古罗马住宅中的公寓、房间或大厅。

oeil-de-boeuf，oxeye 牛眼窗；见 **bull's-eye，2**。

OFF. （制图）缩写＝"**office**"；办公室。

off-center **1.** 轴线与几何中线不平行。**2.** 偏心；不在中点，与中点不重合。

off-count mesh 支数不规则的钢丝网，长孔筛；金属丝织物的两个方向的支数不同。

offertory window 见 **lowside window**；教堂圣坛右侧的小矮窗。

office building 办公楼；以提供专业服务或办公为用途的建筑，除门房外不作为居住空间使用。

office divider 办工隔断；同 **partial height partition**。

office landscape screen 办公室屏风；固定或活动的、独立的内部空间的分隔屏，有时具有隔声功能。

office occupancy 办公用房；建筑的用途为商务或类似的活动。

official map 市政公务地图；市政当局绘制的法定地图，绘制出已有的公园、街道、排污系统及未来发展的预留地和通行权。

offlet 同 **grip**；放水管，路边引水沟。

offsaw 锯后；指木材锯过之后的实际尺寸。

offset **1.** 墙的缩进；墙体上（或其他构件、结构）的一段水平台，表明上部墙体厚度变薄。**2.** 偏置管，弯管；一段弯管。**3.** 偏置，分支，分岔；由弯管（肘管）伸出一分支管，与原管道不重合但平行。**4.** 在基线之外测量，横距；在已测得的基线上按预定距离伸出一垂直短线，可确定另一点或一条与原直线相关的直线。

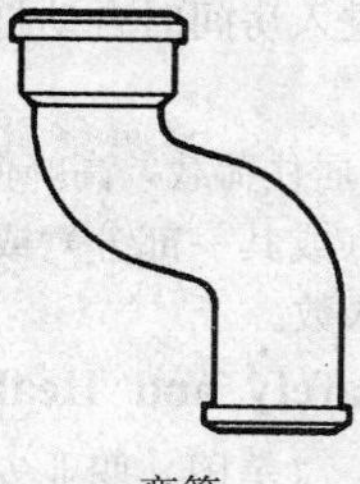

弯管

offset bend 平移弯筋，柱中竖直钢筋微弯；钢筋被弯曲偏移，但平行于原钢筋方向，常在柱中使用。

offset block 拐角混凝土砌块，异型块；用于砌体拐角处的非标准混凝土砌块，使外立面保持砌法

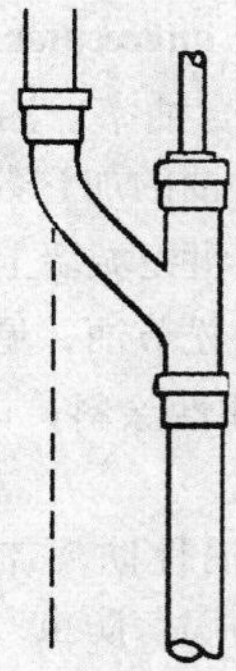

分支

不变，在厚度小于块体长度一半的单片墙中使用。

offset chimney 同 **stepped-back chimney**；偏移烟囱。

offset digging 梯式挖沟机偏离机心作业；多斗式挖土机，挖土机的动臂偏离挖斗的行进方向。

offset elbow 弯管；一种形状像S形的套管，用于连接轴心偏离但相互平行的管道。

offset line 次测量线；靠近基线且与其基本平行的次级测线，由基线推测而得。

offset pipe 见 **offset**，**3**；偏置管，分支，分岔。

offset pivot 偏置轴销，铁门偏置铰链；一套枢轴与枢座，通过单点接触连接使门悬于门框内，并可绕门轴转动，门轴通常偏出门脸 1.9cm。

offset screwdriver 弯头螺丝刀，偏头螺丝刀；锥头与柄身呈 90°的螺丝刀。

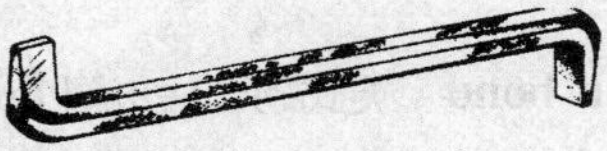

弯头螺丝刀，偏头螺丝刀

off-white 近于纯白的，灰白色的，米色的；含有少量浅灰、浅黄或其他浅色的近似白色。

o. g.，O. G. 缩写＝"**ogee**"，S形的，S形线脚，S形曲线。

OG **1.** 缩写＝"**ogee**"，S形线脚。**2.** 缩写＝"**on grade**"。

Ogee，OG **1.** S形曲线，双弯曲线；由凹凸线汇合而成的形似S的曲线。**2.** 葱形饰，S形线脚。

ogee arch 内外四心桃尖拱，葱形拱，S形拱；反向曲线构成的尖拱，下部为凸曲线，上部为内凹曲线。

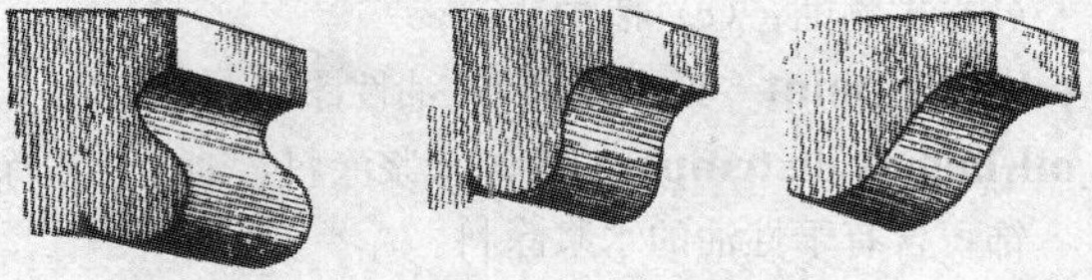

早期英格兰时期（左）；装饰时期（中）；垂直式时代（右）
S形线脚

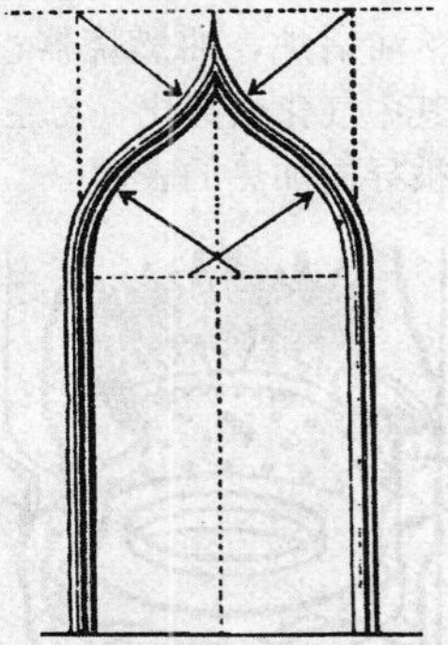

葱形拱

ogee molding S形线脚；见 **ogee**，**2**。

ogee plane 凹槽刨，浅脚刨，双弯曲刨刀；带有反向曲线刀口的木工刨，用以切削S线脚。

ogee roof S形屋顶，双弯形屋顶，葱形屋顶。

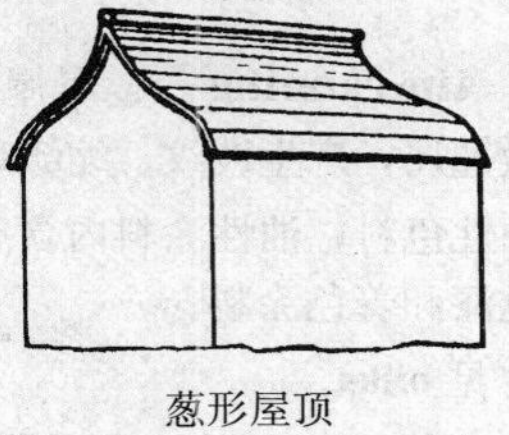

葱形屋顶

ogival arch 同 **ogee arch**；葱形拱，内外四心桃尖拱。

ogive **1.** 广义为：头部尖拱，葱形穹顶。**2.** 狭义：指哥特穹隆中的对角斜肋。

O/H 缩写＝"**overhead**"。

ohm 欧姆；导体的电阻单位，等于 1A 的恒定电流通过导体使电压降低 1V。

Ohm's law 欧姆定律；在电路中的电流与电压成正比与电阻成反比。

OHS 缩写＝"**oval headed screw**"，椭圆形螺钉。

oil 油；低黏度中性液体，分为三类：（a）动物油；（b）矿物油；（c）植物油。

oil-base paint 见 **oil paint**；油性漆。

oil-bound distemper 含油水浆涂料，油性色粉涂饰；含有干性油的水浆涂料。

oil buffer 浸油缓冲器；由油缸和活塞组成的装置，油在缸中作为介质，吸收和分散冲击动能（如下降的电梯桥箱），或平衡活塞上的压力作用。

oil burner 燃油锅炉，油燃烧器；锅炉中的燃烧室，燃油在其中气化或雾化，与空气混合后点燃，产生的火焰被导向加热的表面。

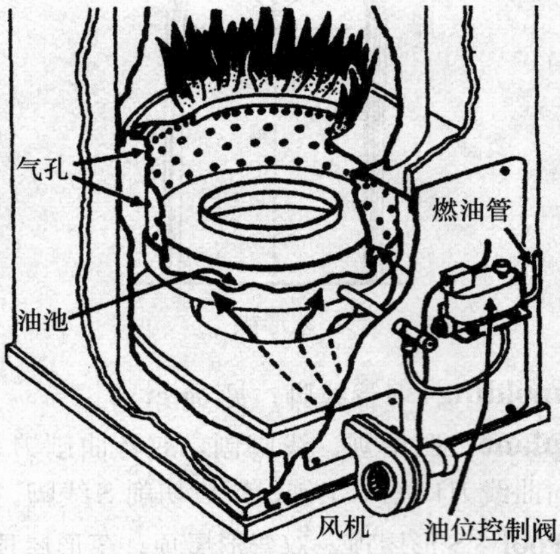

油燃烧器

oil-canning，tin-canning 金属屋面皱缩；金属薄板的轻微翘屈，产生波纹、缩皱现象。

oil color 油性色料；油性涂料内含有浓缩的颜料，常用于调色漆和着色涂料。

oilet 视孔；见 **oillet**。

oil-filled transformer 浸油变压器；浸入烃类液体或矿物油中的变压器。

oil furnace 燃油锅炉。

oil-immersed fuse 浸油保险丝；变压器或开关设备的保险丝全部或部分浸于绝缘介质液中。

oil-immersed switch 浸油开关；浸于油类等绝缘液中的开关。

oil-immersed transformer 同 **oil-filled transformer**；浸油变压器。

oil interceptor 同 **interceptor**。

oil length 油度，含油率，油长（俗称）；清漆中每 100 磅树脂所含油的加仑数。

oillet，oillette 中世纪城墙上的小孔或枪眼。

oil of turpentine 松节油；见 **turpentine**。

oil paint 油漆，油性涂料；以干性油作为颜料载体的涂料（油漆）。

oil preservative 油性防腐剂；可溶于油的化学剂，用于木材的防腐、防虫。

oil separator 油分离器；在制冷系统中，从制冷剂中分离油和油气的装置，常安装于压缩机的排气管道中。

oil stain 油渍，油污，油斑；染料、颜料混入了油或油性清漆，透过表面显出的色斑。

oilstone 油石，细磨刀石；可使刀刃锋利的细纹磨石，涂油后可使被磨表面润滑。

oilstone slip 见 **gouge slip**；油磨石，磨刀小油石，弧口凿磨石。

oil switch 同 **oil-immersed switch**；浸油开关；浸于油类等绝缘液中的开关。

oil varnish 油性清漆，油基清漆；室内用高亮度清漆，由干性油与树脂热混而成。

oil white 民用房屋漆颜料，由锌钡白与白铅或锌白合成的颜料。

okoume 见 **gaboon**；加蓬木。

okwen 见 **zebrawood**；一种非洲有条纹的木料（做家具用）。

old English bond 英式砌合法；同 **English bond**。

Old English style 旧英格兰风格；同 **Domestic Revival style**。

old wood 旧木材；重复使用已用过的木材。

olefin 烯烃，一种轻型，高强度，长链聚合物材料，具有很好的耐磨性，特别是用于室内外地毯。

oleoresin 天然含油树脂，松脂；含基油的天然树脂，用于粘结剂、清漆及各种合成物。

oleoresinous varnish 油性树脂清漆，油基树脂清漆；由干性油混合物与硬树脂合成的清漆。

olive butt 同 **olive knuckle hinge**；橄榄形铰链。

olive hinge 同 **olive knuckle hinge**；橄榄形铰链。

olive knuckle hinge 橄榄形肘状铰链；单接合点门铰链的肘节形成橄榄形。

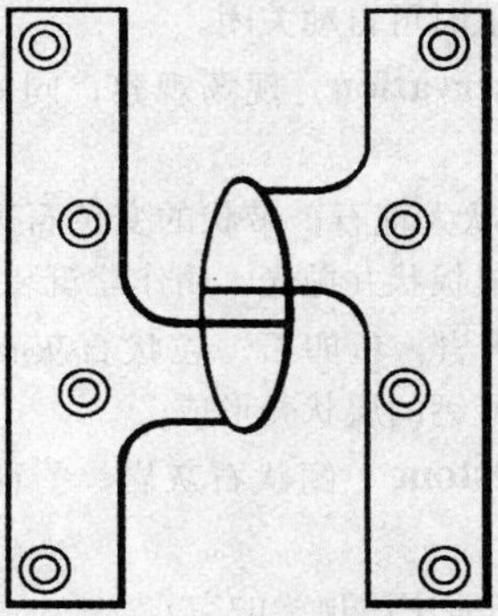

橄榄形肘状铰链

Olmec architecture 奥尔梅克建筑；中美洲最早期（公元前 1500～前 400 年）的建筑。特征为南北向的礼仪中心，带阶梯金字塔，斜墙，礼仪庭院，庙宇下有台座。

omnidirectional microphone 各向敏感度等同的麦克风。

on-center 同 **center-to-center**；中心距。

on-condition maintenance 维修保养；当机器的工作状态监视器显示该机器即将发生机械故障时而对其进行的保养。

one-and-a-half-story 一层加半层房屋；见 **story-and-a-half**。

one-and-one-half-bay cottage 同 **three-quarter Cape Cod house**；四分之三科德角式建筑。

one-and-one-half-story house 一层半房屋；有阁楼的一层房屋，山墙开窗或开屋顶窗以采光通风，使房屋增加了半层。

one-bay cottage 同 **half Cape house，1**；仅正面大门一侧有两扇双悬窗的科德角式房屋。

one-brick wall 单砖墙；见 **whole brick wall**。

one-centered arch 一心拱；泛指只有一个圆心的拱，如：圆拱、弧拱或马蹄形拱。

one-line diagram 单线电气图；由单线及图标绘成的电气系统图。

one-over-one 1. 每层有一房间的两层农舍，通常是在单层一室房上加层而扩展成的。2. 单扇上下双悬窗；上下各有一窗格的悬窗；见 **pane**。

one-part adhesive 单组分胶粘剂；未加入固化剂或硬化剂的胶粘剂。

one-pipe heating 单管式加热，一种用集中式加热器连续输送热水到家庭或办公室中的单独加热器的供暖系统。

one-pipe system 单管排污系统；同时排出污物和垃圾的排污系统。

one-pour system 一次浇筑系统，一个批次的混凝土被一次完全地浇筑。与二次浇筑系统比较而言。

one-room cottage 单室农舍；只有一个房间的农舍，一般有阁楼。

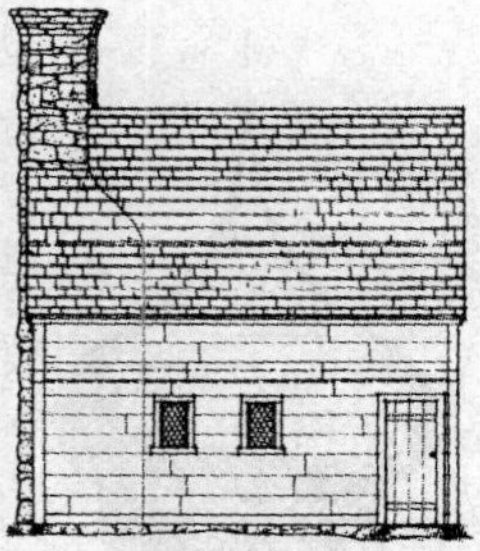

单室农舍

one-room plan 单间式房屋平面；17 世纪前常见的早期房屋的简单平面形式，通常只有一个房间，叫：主起居室，结合了起居、餐厅、厨房和工作间等功能，一般在带大烟囱的壁炉处做饭。有些地区有小门厅，而其他地区则大门直接连着大厅，门厅有楼梯或大厅里有梯子通向阁楼，许多这样的房屋后来在一层扩充了休息室（**parlor**），因而出现了主-副起居室式平面；副起居室为父母起居和休息的房间，又见 **one-over-one**。

one-room schoolhouse 单间式校舍；20 世纪前在偏远地区较普遍的学校，所有小学生在一间校舍里上课，屋脊处常挂着铃，开学前招集学生。

one-sided connection 单面接头；两构件间采用的单面不对称连接接头。

one-time fuse 一次性保险丝；同 **nonrenewable fuse**。

one-way joist construction 单向次梁结构，单向龙骨结构；一种混凝土楼面或屋面结构，一系列平行的次梁支撑在垂直方向的主梁上。

one-way slab 单向钢筋混凝土板结构；长方形混凝土板的一边尺寸远大于另一边，在此情况下，荷载主要通过短边（跨）传递。

one-way system 单向配筋系统；一种钢筋混凝土板配筋方式，可假定其沿单向弯曲。

one-way throw 单向通气搁栅，一种使空气只能向单一方向排出的搁栅。

on-glaze 釉上彩，一种瓷器上釉的装饰手法，上釉后在窑中用火的热量烘烤而不用明火烧灼。

on-grade 1. 地面。2. 首层地板。

onion dome 葱形圆顶；俄国经典教堂建筑中，圆屋或塔的尖顶球形屋顶。

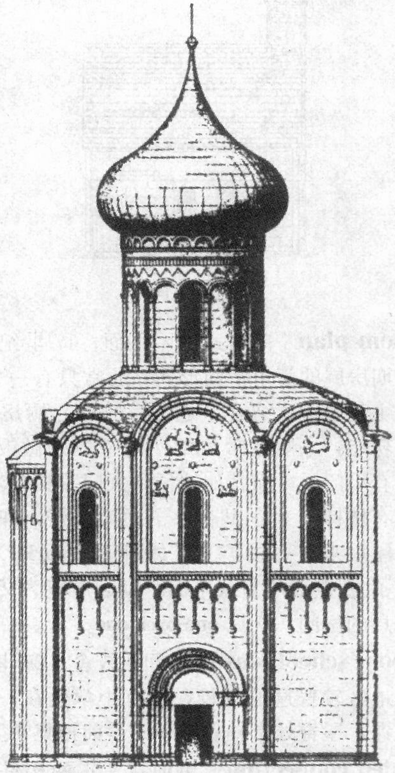

教堂葱形圆顶

onion-domed tower 将置于比自身直径大的塔顶上；曾是德国南部巴洛克教堂的特征之一，有时候葱形圆顶还会层叠起来。

on-off sprinkler 自动喷水器；一种类似于传统喷水器的喷淋防火系统，增加的功能是当温度降低到某预设值时可自动关闭。

On-site-observation 现场观察；同 **observation of the work**。

onyx 钟乳状大理石；带状的变色石英体，与玛瑙近似，切成板状并抛光，用作建筑装饰石材。

oolite 鲕状岩，鱼卵石；粒状石灰石，大多呈球形，由碳酸钙的层状壳形成。

oolitic limestone 鲕状石灰岩；一种小球粒状钙质石灰石。

opa 古典庙宇中屋顶梁的空穴。

opacity 反光性（漫射与非选择性），乳浊度，不透明度；油漆或涂料遮盖底色的能力。

opaion 1. 古希腊和罗马屋顶的气孔、气窗或出烟口。2. 希腊建筑的花格平顶凹板。

opal 硅石的水化形式，含 2%～10%的结合水，与水泥中的碱反应可生成混凝土中的有害物质。

opalescent glass 乳白光，乳白色；一种多色彩玻璃，由画家路易斯·康姆伏特·提凡尼（1848—1933）和约翰·拉法纪（1835—1910）首先使用，现称为提凡尼玻璃。

opalescent glaze 乳白色玻璃，乳色釉面。

opal glass 乳白（色）玻璃，乳白瓷；一种散光性好的玻璃，其中加入了折光率高的材料。

opaline chert 乳白燧石，乳色黑硅石；完全或大部分呈乳白色的燧石。

opal lamp bulb 乳白灯泡；灯泡的玻璃罩全部或大部由乳白散光玻璃制成。

opaque 不透（明，光）的，无光泽的；阻止可见光通过的。

opaque ceramic-glazed tile 乳浊的陶瓷釉面砖；一种面砖，其表面经过烧结覆盖了一层不透明的彩色光缎纹或玻璃面。

open assembly time （粘接的）凉置时间；将胶粘剂涂于节点（或木贴面上）与实施接合作业之间的时间差。

open bidding 开盘报价，公开招标；接收所有投标人递交的报价或标书。

open boarding 稀铺屋面板，开口铺板。

open building system 开放式建筑体系；建筑体系的各分系统、建筑单元、构件及其组合都可用其他体系的相似部分替代。

open cell （泡沫塑料）开孔，联孔；泡沫橡胶、泡沫塑料中的泡沫孔与其他孔相连。

open chapel 开放式礼拜堂，有一个面朝向户外的礼拜堂。

open-cell foam 开孔泡沫塑料；以联孔的泡沫为主要形式的泡沫塑料。

open circuit 开路，一种没有电流可以通过的不连续电路。

open-circuit grouting 开路灌浆，开放式泵送灰浆，无回路设备的灌浆系统。

open competitive selection 公开招标，是指招标人以招标公告的方式邀请不特定的法人或者其他组织投标来确定承包商的过程。

open construction 蒙盖的结构；特殊建造的建筑构件、结构及房屋，无需拆开就可在现场对其进行检查。

open cornice，open eaves 露明屋檐，敞檐；外露桁架人字木端部的屋檐。

露明屋檐

open crenelation 开放多孔锯齿形木质线脚，常见于美国殖民时期的哥特复兴式建筑。

open cut 露天开挖，明堑，明挖；由地面向下开挖的明沟，与涵洞不同。

open defect 露明缺陷，明显缺陷；木材、板、木贴面上未填补的明裂纹、节疤、斑点等。

open eaves 见 **open cornice**；露明屋檐。

open-end block 1. 顶端开口的砌块，A 形或 H 形空心砌块。2. 端肋缩进的标准空心砌块。

open-end mortgage 开放抵押，不固定期限的抵押，不限额抵押；一种抵押贷款形式，允许抵押人增加贷款额用于改建，并可延长偿还期限。

open exterior space 开敞空间；没有屋顶和围墙的空间，可用作通往街道或公共场所的出口。

open floor 露明搁栅楼板，构架肋板，空心肋板；可从下方看见搁栅的楼板。

open-floor system 大开间系统；同 **open plan system**。

open-frame girder 同 **Vierendeel truss**；空腹式大梁，空框桁架。

open-graded aggregate 间断级配骨料，开式级配集料，多孔粗晶集料；没有矿物填充料的骨料，或孔隙大的骨料。

open-grain，open-grained 疏木纹的，粗木纹的；又见 **coarse-textured，wide-ringed**。

open heart molding 线脚中的心形饰；一种常见的诺曼线脚，由一系列心形线重叠交错形成。

open impeller 开式叶轮泵；叶轮没有外罩（包住叶片的圆板）的泵，当水中含有悬浮泥土时使用。

开式叶轮泵

open industrial structure 敞开式工业结构；一种用于室外工业操作的台地，如：炼油或化学工艺操作，一般带工棚或堆料棚，但没有围护墙。

opening door 见 **active leaf**；双扇门中先开启的门扇。

opening leaf 见 **active leaf**；开合门扉，（折叠门的）铰接门扉。

opening light 可开启窗；与固定窗相反的、可开启和关闭的窗。

opening of bids 同 **bid opening**；公开开标（工程投标），公开标价。

opening protective 洞口防护装置；洞口处用于防火、防烟和防热气的装置。

opening size 见 **door opening**；门框孔尺寸，开口尺寸。

open mortise 见 **slot mortise**；明榫，狭槽榫，榫沟，滑动榫槽。

open-newel stair 露明井梯，无中心柱螺旋楼梯；与实心中柱螺旋梯不同的，绕筒形空间盘旋的无中柱螺旋梯。

open parking structure 汽车停车棚；两面或多面开敞的临时停车棚。

open pediment 三角楣饰；同 **broken pediment**，**1**。

open plan 大开间平面；在不同用途空间使用最少分隔的建筑平面方案。

open-plan educational building 用于校舍的建筑或其一部分，带有走廊，但不符合规范规定的外（出口走）廊标准。

open-plan office 开敞平面的办公室；由独立的半高式隔墙分隔的大空间，常作为容纳很多员工办公的办公室。

open plumbing 敞开式管道系统，敞开式卫生工程；一种污水管道系统，其卫生洁具下的存水弯和排污管是露明、通风的，便于检修。

open riser 空竖板，无踢板；楼梯两个踏步板间的空间没有踢板。

open-riser stair 无踢板楼梯，露空踏步楼梯，露明踏步楼梯。

open roof，open-timbered roof 开敞式屋顶，无顶棚屋顶，露木屋顶；从下方可看到屋脊和屋面板的屋顶。

open shaft 敞口通风道，露天竖井；建筑中的竖向通风管或小型封闭通道，在屋顶处开口，为与之相连的空间通风换气。又见 **light well**。

open sheathing 见 **open sheeting**；架空式支撑，间隔式挡板，敞口挡板。

open sheeting，open sheathing，open timbering 疏散背板；在开挖基坑的表面疏铺横向或竖向木板，适用于土质密实无须密铺板且地下水位较低的情况。

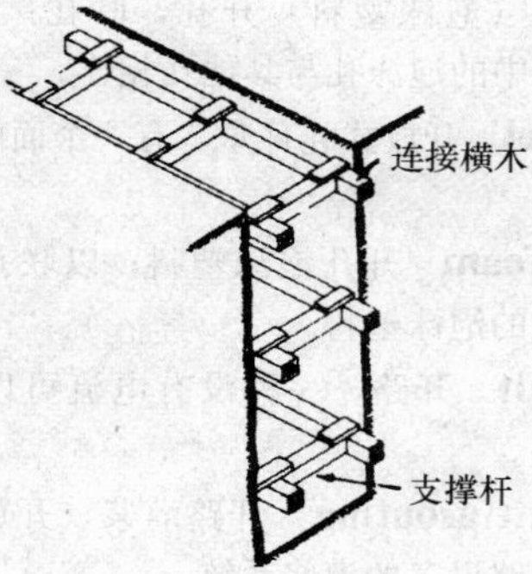

疏散背板

open shelving 露明的搁板，开式搁板；开放式的搁板（架），没有用柜门、柜板将其封挡住。

open shop 开放式，施工项目的执行不需要特定资质作为雇佣条件的。与 **closed shop** 相对。

open slating，spaced slating 疏铺石板（瓦），间隙的铺屋面石板瓦方式。

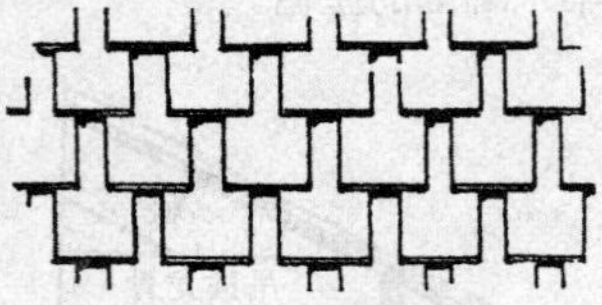

疏铺石板（瓦）

open solar energy system 开式太阳能系统；储水箱向大气开敞的太阳能系统。

open space 旷地，开放空间，无建筑物区域绿地；按城市规划为无建筑物的区域，如：公园、森林、草坪、休息场所等。

open-space index 与 **coverage**，**3** 相对。

open sprinkler 开口喷淋系统；灭火喷淋管嘴呈开启状态的系统。

open stage 敞开式舞台；没有前部拱（舞台口）的舞台。

open stair，open-string stair 开敞式楼梯，露明楼梯；从一侧或两侧可看到踏步的楼梯。

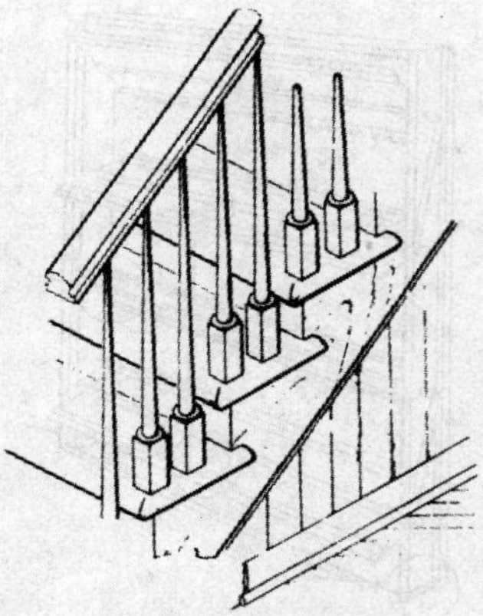

开敞式楼梯

open stairway 露明楼梯；室内楼梯的一侧或两侧为露明式的。

open string 露明楼梯的斜梁；与楼梯斜向平行的斜板，上端与踏步板和踢脚板接合，踏步板露出斜板的部分可看见，对比 **closed string**：封闭楼梯的斜梁。

open string stair 见 **open stair**；露明梁楼梯。

open system 开式泵送系统；在液体泵送系统中，循环的液体与开敞的储槽、冷却塔等相连，储槽作为液体膨胀、收缩的储备容器，而且便于观察液体的状态。

open tendering 见 **open bidding**；公开招标。

open-timbered 敞式木结构，外露式木结构；没有被屋面板、抹灰等遮盖住的木结构。

open-timbered roof 见 **open roof**；无顶棚屋面，结构外露的木屋顶。

open-timber floor 露木楼板；从下方可看见搁栅的楼板。

open timbering 见 **open sheeting**；空架式支撑。

open time （粘结）敞置时间；从涂抹胶粘剂到完成粘结的时间间隔。

open-top agitating truck 开敞式混凝土搅拌车；可用作开敞式搅拌机的特殊汽车，通过搅拌机的旋转叶片使已拌合的混凝土保持在均匀状态，其外壳为防水的金属材料，具有光滑表面、流线体形，尾部有出料口。

open-top mixer 敞顶式槽形搅拌机，敞口式搅拌机；顶部开口进料的搅拌机，混凝土用搅拌机为盘式或圆筒式，其叶片绕竖轴旋转，而水泥用搅拌机为槽式，叶片绕水平轴旋转。

open traverse 不闭合测绘，测量过程中测量终点不能与起始点相连。

open-web joist 空腹式桁架，与实体桁架相比采用了交错的钢构件，在 **web，1** 中进行了说明。

open valley 屋面天沟，明屋谷；由两屋面交汇形成的天沟，用金属板或矿物屋面卷材铺衬，天沟处不铺设木板瓦或石板瓦，使金属板外露。

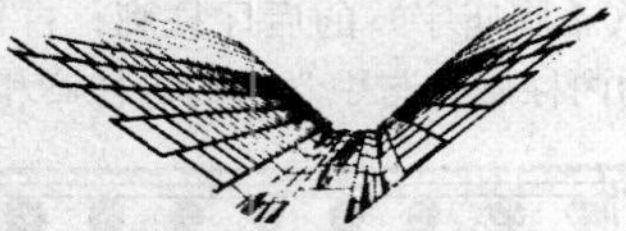

屋面天沟

open web 空腹，空腹板；由一组方格形或之字形缀件组成的非实心腹板。

open-web steel joist 空腹钢搁栅，空腹钢桁架；以热轧型钢或冷弯型钢为构件的空腹钢桁架（搁栅）。

open well 露明梯井，大口井，开敞竖井；指楼板上的一个或一系列的开洞，或两层以上的不符合规范关于封闭竖井规定的天井。

open-well stair 露明梯井楼梯；同 **open-newel stair**。

open-wire circuit 明线电路；电路中的导体分别支撑在绝缘座上。

open wiring 明线布线，明线；使用瓷板、瓷柱、柔性管及套管等对经过绝缘的导体进行支撑和保护，将其引入和引出建筑物，不使用结构构件将导线遮蔽住。

openwork 1. 透孔装饰，透雕细工，网格细工。2. 未设防工事；城堡中未使用矮护墙-凹沟防护的工事。

operable partition 可开启的隔墙，活动隔墙；悬挂于顶棚的轨槽内的一组大型墙板，可方便地将墙板从关闭的位置（形成隔墙）拉到开启的位置（板叠合在一起），板的下端也可支撑在地板轨道上。

operable transom 可开启的门楣或门顶窗，活动门亮子。

operable wall 同 **operable partition**；可开启的墙，活动隔墙。

operable window 可开启的窗，活动窗；可开启通风的窗（与固定窗相反的）。

opera house 歌剧院；主要用于公演歌剧的剧院。

operating pressure 工作压力；仪表显示的系统正常工作时的压力。

opisthodomos, epinaos, opisthodomus, posticum （希腊庙宇）的后厅柱廊；古典庙宇的圣殿后厅的内柱廊，与中堂前的内柱廊相对应。

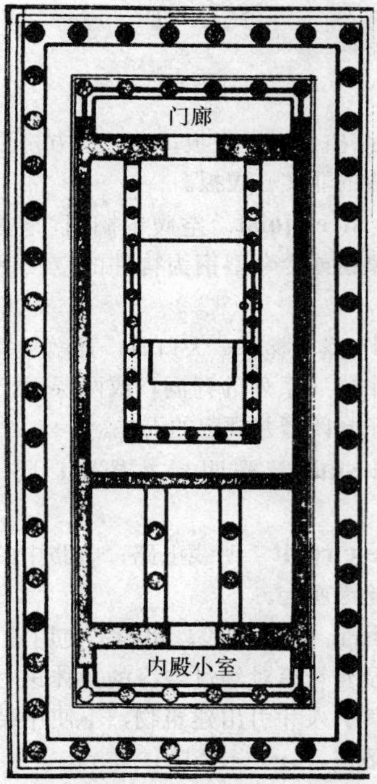

（希腊庙宇）的后厅柱廊

OPNG （制图）缩写＝"**opening**"，开洞。

OPP （制图）缩写＝"**opposite**"，相反的，对立的。

opposed-blade damper 对开叶片式风门挡板；一种风门挡板，通过由连杆连接的两片挡板调节空气，将相邻的叶片设计成相反的转动方向。

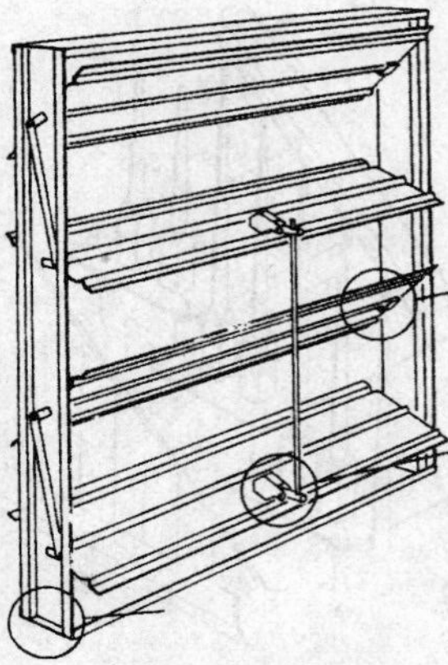

对开叶片式风门挡板

optical detector 光学探测器，光辐射探测器；见 **photoelectric smoke detector**。

optical fiber cable 光纤电缆；一种光信号传输介质，包括：(a) 玻璃或塑料纤维及外保护层；(b) 增强材料；(c) 外套。当激光或发光二极管将光脉冲输入纤维后，信号即可通过光缆传输。与电信号沿金属导线传输比较，光缆传输具有低衰减、不受电磁干扰、无需接地、尺寸小、质量轻和传输频带宽的优点。

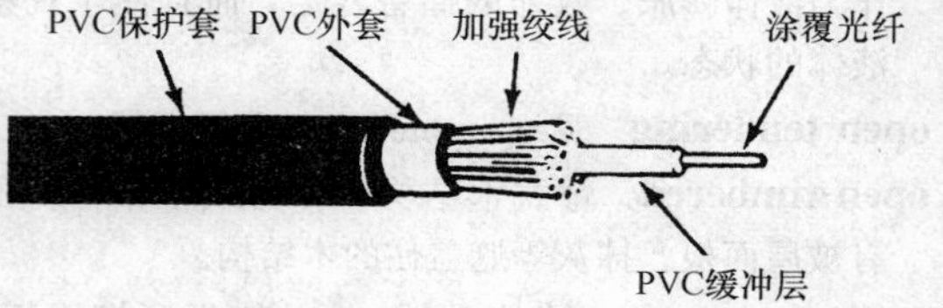

光纤电缆

optical plummet 光测悬垂；中星仪、经纬仪上的装置，用于将仪器对中某点，取代测锤，因其可随风摆动。

optical refinements 视差矫正；在希腊建筑及其演变的建筑形式中，对正常形状、间距进行调整，以抵消人类视觉习惯误差；又见 **entasis**。

optical smoke detector 光敏烟雾探测器；见 **photoelectric smoke detector**。

optimum moisture content 最优含水量；土中含水量的某种状态，在此含水量下，土在给定压力下可达到最大干密度。

optimum reverberation time 最佳交混回响时间；在室内或用于演讲的礼堂中，可提供最佳演讲效果的且与其他要求相符的混响时间；在室内或音乐厅，提供最佳弹奏和聆听音乐效果的混响时间。此最佳值与房间的使用情况、大小及频率有关。

option 选择，选择权，供选择方案；业主与用户间的协议，给后者在特定期限内以约定的总额购买或租用某财产的权利。

opus Alexandrinum 大块大理石或石材铺面；将大理石或大块石材切割成形，然后铺成几何图案。常用在步行道上，在白色的底面上用黑色和红色镶嵌块拼出几何图案。

opus antiquum 同 **opus incertum**；古罗马粗毛石砌法。

opus caementum 古罗马一种将毛石和细砂混合作为混凝土进行砌筑的形式，通常用火山灰。

opus incertum 古罗马粗毛石砌法；古罗马由小毛石乱嵌灰泥形成的砌体，有时首层砌在砖、瓦垫层上。

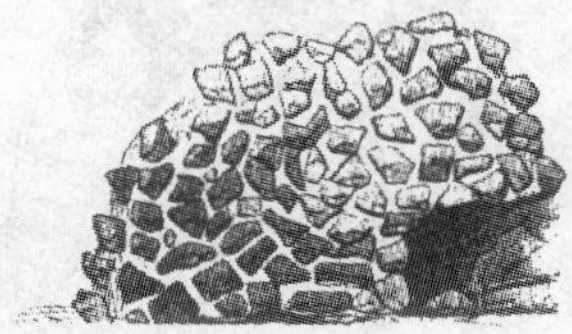

古罗马粗毛石砌体

opus interrasile 一种将背景平雕或将花纹平雕的装饰雕刻法。

opus isodomum 同 **isodomum**；古罗马、希腊整齐砌筑的规格块石。

opus latericium，opus lateritium 罗马的砖瓦砌体或嵌砖墙体。

opus listatum 一种以砖石交替叠砌的罗马城墙。

opus lithostrotum 同 **lithostrotum opus**；（古希腊、罗马任何）装饰性铺砌（如马赛克），镶面石层。

opus musivum 墙面镶嵌装饰；使用彩色小碎玻璃或搪瓷的罗马马赛克。

opus pseudoisodomum 古罗马由方石砌成的墙，各行采用不同高度。

opus quadratum 方石砌体，方石砌墙；规则砌

方石砌体

筑的方石砌体。

opus reticulatum 罗马墙上小角锥石网状镶面，方石网眼筑墙；一种罗马装饰面墙，在混凝土墙上将小角锥石的尖端嵌入墙体，方底露在外侧且斜角排布，形成网状图案。

罗马墙上小角锥石网状镶面

opus sectile 花砖地面，嵌小方块马赛克；见 **sectile opus**。

opus signinum 古罗马引水渠内灰泥或水泥抹面。

opus spicatum 同 **spicatum opus**；古罗马人字形铺砌。

opus tectorium （古罗马）仿大理石墙抹面；古罗马一种类似人造大理石的内墙抹面，在墙体上抹三至四道涂层，面层仿大理石且压光，可用于绘壁画。

opus tesselatum 古罗马彩色大理石马赛克装饰铺面，嵌云石块细工；比马赛克块大且更规则的铺面。

opus testaceum 古罗马砌体用碎瓷瓦贴面。

opus vermiculatum 按图案雕成虫迹形的马赛克装饰；见 **vermiculated mosaic**。

OR 缩写＝**“outside radius”**，外围半径。

orange peel，orange peeling 1. 橘皮（漆病），粗状表面；漆面上，一种由于漆的流动性差或由于涂刷技术差而造成的表面缺陷，像橘皮状。**2.** 橘皮纹饰，釉面缺陷；釉瓷表面像橘皮一样不规则纹理，常视为表面缺陷。

orangery 柑橘园，养橙温室；用于寒冷地区种植橘树或其他装饰性树的房屋（或其一部分），一般有朝南的高大窗户，现用在公共场所或展览厅。

orange shellac 橙紫胶，橙虫胶；溶于酒精的虫胶，含有蜡或树脂，用于木器或地板上光。

oratory 祈祷室，小礼拜堂；有十字架和圣坛的私人小礼拜堂。

爱尔兰的古代祈祷室

orb **1.** 拱肋交叉处的凸体，装饰圆形浮雕。**2.** 中世纪假窗，石墙的花格。

orbital sander 天体轨道式砂磨机，轨道磨光机；一种电动砂磨机，机座沿椭圆形轨道运行，其上夹着砂纸或砂布，用于快速粗磨。

orchestra **1.** 古希腊早期剧场中，圣坛附近舞蹈者和合唱队的席位；后指前台与观众席间用作舞蹈和合唱队区的半圆区域。**2.** 古罗马剧场前排贵宾席；在舞台与半圆形排座之间的高台贵宾席。**3.** 礼堂中正厅座席区或其前凸部分的座席区。

orchestra circle 剧院或音乐厅前排座位区后面的座位（一般在楼层挑台下面）；见 **parquet circle**。

orchestra pit 乐池；在礼堂台前的地下或半地下池子。

orchestra shell 音响反射板；围合音乐演奏区上方及两侧的大型音响反射结构，也用于露天舞台使演奏时声音直达观众。

ord 缩写＝“**order**”柱式，等级，次序，命令。

order **1.** 古典柱式，式样；古典建筑中，柱子与檐部的形式与安排，包括柱础及柱头部分。希腊发展了科林斯、陶立克及爱奥尼式柱式；罗马人增添了组合式及塔司干式。对每一种柱式，其高度和间距由柱下段直径确定；柱头和柱脚的设计也是固定的。柱檐部的高度由柱的高度确定。**2.** 形成拱的一圈砌体。

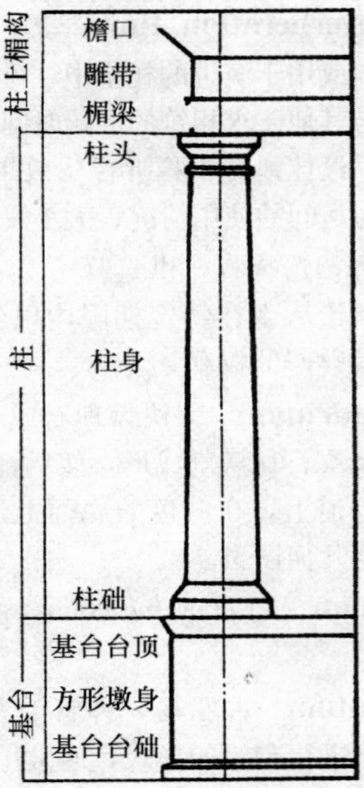

陶立克柱式

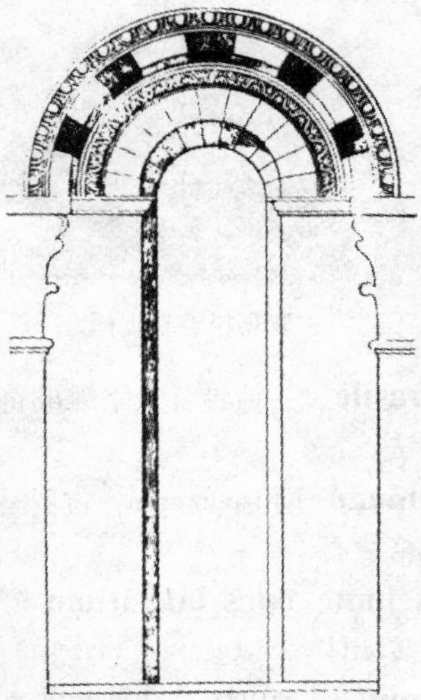

由两根刻有泻水线脚的柱子支撑的拱

ordinance 法令，法规，规格，条例；地方政府机构执行的法规、条例。

ordinary 早年美国农村的酒馆，小旅馆。

ordinary construction 普通（半防火）建筑；建筑的外承重墙（或外墙的承重部分）为非燃烧材料，具有 2 小时以上的耐燃性和稳定性；非承重外墙为不易燃材料；天花板、地板及内部构架全部或部分为木结构（或其他可燃材料），但与承重木结构相比构件尺寸较小。

ordinary-hazard contents 一般可燃物；建筑物室内一般可燃用品，具有中等燃烧速度且放出大量烟雾，但不会释放有毒气体或可引起爆炸的烟雾。

ordinary-hazard occupancy 室内所堆放的物品，遇火时以中等速度释放热量，当可燃量中等时，可燃物的堆放高度不得超过 8ft（2.4m），当燃烧量中等偏高时，堆放高度不得超过 12ft（3.7m）。

ordinary portland cement，Type I portland cement 普通硅酸盐水泥，普通水泥；用于普通建筑的未加入任何添加剂的水泥。

Oregon pine 俄勒冈（美）黄杉（近似红木），花旗松。

or equal 被承认等同；见 **approved equal**。

organic 有机的；指由植物或动物等生命体得到的材料。

Organic architecture 有机建筑理论；根据自然条件而不是外加条件设计建筑，弗兰克·劳埃德·赖特 20 世纪早期发展起来的设计理念：建筑及其外观应与其所处的环境相协调，使用的外墙材料应与场地周边相和谐，与场地相关联，就像从自然中生长出的一样。例如，使用缓坡挑檐可夏季防晒，冬季防寒，并可充分利用自然采光。

organic clay 有机黏土；有机成分高的土壤。

organic-coated glass 在玻璃的一面或两面粘合上聚合物面层。

organic coating 有机涂料；一种从植物、动物或碳水化合物中提取主要成分的涂层，如漆、喷漆、磁漆、漆膜等。

organic silt 有机粉土，有机淤泥；含有机成分高的粉土或淤泥。

organic soil 有机土；含有机成分高的土，一般孔隙大，承载力低。

organ loft 教堂风琴席；教堂内放置风琴的琴台，一般高出地面。

organ screen 1. 风琴室的石或木装饰屏。2. 支撑风琴的十字围屏。

oriel 1. 在中世纪英国建筑及其演变的其他形式中，（主要是）住宅的（a）上层挑出的凸肚窗；（b）室内墙面凸出或凹进的台；（c）外楼梯顶部带窗的廊。2. 中世纪美洲大陆建筑及其演变形式中，市内或室外的封闭辅助挑台。

挑出上层墙壁外的窗

Oriental Revival 东方复兴式；一种外来复兴式建筑，近似中东或远东的建筑形式。

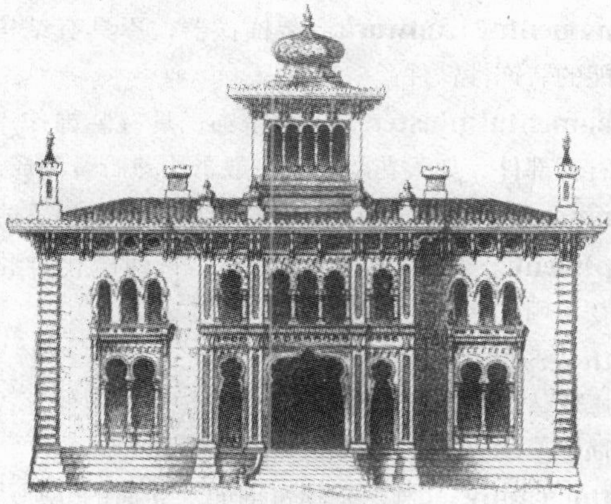

东方复兴式

orientation 1.（建筑物）朝向，定向；考虑采光、通风、排污等因素确定建筑物的朝向。2. 定位，校正方向，向东；基督教堂的定位，使圣坛坐落在建筑的东端，是一种常见的安排。

ORIG 缩写＝“**original**”，原有的。

original construction 原有建筑；第一次建造时

的建筑，区别于后期附加的、变更的或重建的。

original lean-to 整体单坡屋顶；同 **integral lean-to**。

orillon 同 **crossette**；古典门窗过梁上挑出的线脚。

O-ring O形环，胶皮垫圈；一种用于封闭接口的弹性垫圈。

orle，orlet 装饰的窄带或用系列小花饰连成的饰带。

orlo **1.** 柱基底座，扁平底座。**2.** 平行凹槽间光滑表面。**3.** 装饰窄带。

ormolu **1.** 用水银掺和碎金形成的颜料。**2.** 镀金物；用这种颜料涂于表面，然后加热除去水银，使金属均匀的、牢固地附着在表面。**3.** 锌青铜，铜锌锡合金。

ormolu varnish 金色颜料清漆；仿金或仿镀金青铜的清漆。

ornament 盛饰建筑；在建筑中使用图形、材质、和颜色等细节设计吸引观者的目光。

ornamental cast iron 装饰性浇制；见 **cast iron lacework**。

ornamental facing 装饰性饰面，一种以砖、石或瓦铺设在墙面形成优美图案的装饰效果。

ornamental ironwork 装饰铁器；不具有结构功能的装饰性铁件。

ornamental plaster 华丽粉饰；具有装饰作用的石膏部件，如天花雕饰，一般采用熟石膏制成。

ornate （装饰）华丽的，雕琢过的，装饰极重的。

orpiment 雌黄，三硫化二砷；一种硫化砷化合物，用作涂料的黄颜色。

orthographic projection 正投影，平行投影；投影物体的视图是从物体上的各点垂直延伸至投影面形成的。

orthography （制图）建筑剖面、立面的几何表示法，正投影法。

orthostat 古典神庙圣坛下部的护墙石板或古建筑的石勒脚，竖立的石块。

orthostate **1.** 竖立的石块。**2.** 高于砌墙石块的勒脚，有时用作非烧结砖的高勒脚石。

orthostyle 直线型列柱式，列柱式。

orthotropic 正交各向异性（的）；在正交的两方向上具有不同的弹性性能。

石勒脚

OSHA **1.** 缩写＝“**Occupational Safety and Health Administration，Department of Labor**”，（美国）劳动部职业安全与卫生管理局。**2.** 缩写＝“**Occupational Safety and Health Act**”，职业安全与卫生法。

osier 柳条，柳枝；见 **withe，2**。

Osiride，Osirian column 古埃及神像奥希利斯柱；古埃及的一种柱，奥希利斯像立在方柱前，与女像柱不同，柱头由柱身（而不是圣像）支撑。

ossature 房屋或其局部的骨架；如正交相贯穹顶的肋或屋架。

ossuary，bone house，ossarium 纳骨处；存放死者骨头的房屋或穹隆建筑，装饰性地摆放骨头。

ostensory，monstrance 圣餐盒；盛放圣餐饼的容器。

ostiole 小入口，小门。

ostiolum 小孔，小门。

Ottawa sand 渥太华砂；几乎为纯石英的圆粒自然砂，产于渥太华附近，通过硅砂处理而来。（美国）水泥试验用标准砂。

Ottoman architecture 奥托曼建筑；土耳其穆斯林建筑晚期（14 世纪以后）风格，受拜占庭风格影响。

Ottonian architecture 鄂图式建筑（德国）；10 世纪后半叶奥托帝国时期，德国前罗马风式的圆拱建筑。

Oubliette 秘密地牢，土牢；中古代城中最深处的土牢，唯一的入口处有活板门，从此处放下囚徒。

oundy molding 浪花式线脚，波形线脚；见 **wave molding**。

outage 停歇，故障停工，停电；供电故障引起的停电。

out and out 同 **overall**；总（全，外形，外廓，最大，极限，外界）尺寸，建筑材料的外廓尺寸，包括凸出部分（如：舌形饰）的尺寸。

outband 外圈（门窗边框凹圈），外侧带，门窗边框外砌边石。

outbond 外砌的，横叠式的，墙面（完全或大部分采用）顺砖砌合。

outbuilding 外屋，副屋，辅属建筑；附属于主体建筑（房屋）但与其分离的建筑（房屋）。

outcrop （矿层）露头；矿层露于地面的部分。

outdoor-air intake 同 **outside-air intake**；室外空气吸入口，新鲜空气吸入口。

outdoor carpet 户外地毯。一种地毯，通常为全合成物质，经过特殊工艺制作，能抵抗阳光暴晒和雨雪。

Outer bailey 外堡场，中世纪城堡中心防御的外围院落；通常包括当地居民的房屋和附属设施。

外堡场

outer court 外庭院；带部分围墙或地界的、一侧朝向街道或公共场所的露天空间。

outer hearth 壁炉炉床的外侧；见 **front hearth**。

outer lining 同 **outside casing**；外侧贴脸，外衬，外隔板。

outer string 楼梯外侧斜梁；远离墙一侧的楼梯斜梁。

outfall 河（渠出，流出，排泄）口；排污、排水系统的最终泄放口。

outfall sewer 排污总管，出水总管；汇集各排污支管内的污水，将其排放或送至处理厂的总管。

outhouse 1.（户外）厕所；户外的私家厕所，一般用木头建造，而非砖砌建筑。2. 辅属建筑物；（常位于屋后的）宠物棚或储藏室等附属结构。

outkitchen （户外）厨房，分离式厨房；与主房屋分离的厨房。这种分离的好处是避免夏季房屋过热，防火，减少房间内烹饪气味。

outlet 1. 电源插座，引出线，输出端；电路中为用电器和小型设备供电的引出点。2. 燃气管道中与燃气设备连接的螺丝口或螺栓连接盘。规范规定此连接点应设在燃气具所在的房间内。

outlet box 接线盒；电路节点处封闭一个或多个插座的金属盒。

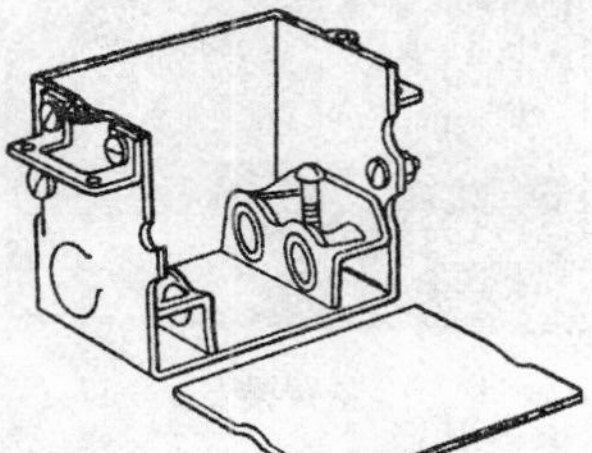

接线盒

outlet ventilator 气窗；阁楼处的排气百叶窗。

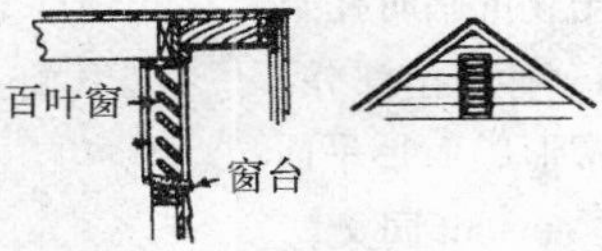

气窗

outline lighting 轮廓照明，泛光照明；用白炽灯或日光灯勾勒出建筑轮廓线或装饰窗户的图案。

outline specification 技术条件草稿。一种预备性

格式，不需要十分完备，但要包括足够细节作为合约文稿的基础；通常要包括设计进度与设计日程文件。

outlooker 1. 同 outrigger；山墙挑檐，支持探出山墙房顶的撑杆。2. 建筑正立面入口处的小挑檐；又见 hanging gable。

out-of-center 偏心；不在中点，与中点不重合；同 off-center。

out-of-plumb 不垂直，由铅垂线测得结构构件等歪斜。

out-of-sequence service 常规外的服务，不符合程序的服务。

out-of-true 不成直线（部分微扭曲）。

out of winding 平正面（无扭曲）。

outrigger 悬臂梁，外伸梁，承力外伸支架，山墙挑檐，悬臂支架；建筑物山墙处屋脊伸出的梁，用于支撑起重滑轮等；又称 outlooker，lookout。

悬臂梁

outrigger scaffold 挑出脚手架，悬臂脚手架，外挂脚手架；由固定于墙上的托架支撑的脚手架。

outrigger shore，horsing 悬臂支柱，外挑支撑；主结构凸出物的临时托架。

outshot 凸（伸）出部分；与主结构毗连的独立附加建筑，常形成 L 形平面。

outshut 与 outshot 同义。

outside-air intake 室外空气入口；空调或锅炉的进气口。

outside architrave 外侧门窗头线，外部框缘；见 outside casing。

outside caliper 外径测径器，外卡尺（规，钳）；测量圆或圆筒物体外径的特制卡尺。

outside casing，outside architrave，outside facing，outside lining，outside trim 外部框缘，外侧贴面，外门窗框，门窗外衬饰；匣形门窗框的贴面或槛在建筑立面形成外框缘。

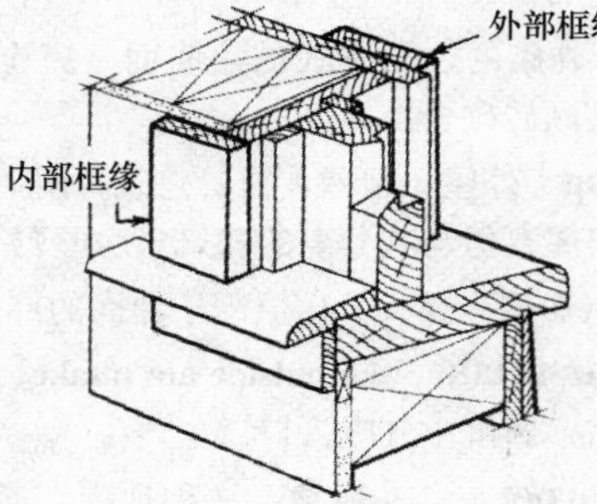

外部框缘

outside chimney 室外烟囱；位于室外的烟囱，通常紧靠住宅外墙的山墙端，斜折端或折线端；见 exterior chimney。

outside corner molding 外侧拐角线脚，外角边条；在木贴面、塑料层压板中使用的，保护或覆盖凸拐角或面层材料暴露边缘的线脚。

外角边条

outside facing 外侧贴面，窗外框；见 outside casing。

outside finish，exterior finish 外侧装修，外装修；建筑外表面的处理或装饰修边。

outside foundation line 基础边线，外侧基础线；标志基础墙外边缘的线。

outside glazing 外装窗玻璃，外镶玻璃；由外侧镶嵌的建筑玻璃。

outside gouge 锐口在凸面的半圆凿，外弧口凿。

outside lining 外侧贴面，（框架）外部镶衬（构件），框架外饰板，外衬；见 **outside casing**。

outside string 同 **outer string**；外梯梁（不连接墙的楼梯梁或楼梯帮）。

outside studding plate 外龙骨板，在木结构中，用单板或双顶板时，通常采用的同尺寸的龙骨。

outside thread 管道或筒体表面螺纹。

outstanding leg 伸出的支架；角形结构构件的一个支撑，通常与其他构件不相连接的。

out-to-out measurement 总（外廓）尺寸，测量结构外到外尺寸，总长（宽）。

out-turn cost （英）一个建筑项目的最终花销。

outwindow 伸出的凉廊或类似的结构。

oval 卵石，卵形物；经滚磨而成椭圆形的大理岩碎石，用于水磨石混凝土。

oval window 椭圆形窗；形状为椭圆或介于椭圆和圆形之间的窗。

ovendry wood，bonedry wood 窑干木料，烘干木料；在100℃温度下烘烤干燥的木材。

overall，overall dimension 总，全（外形，外廓，最大，极限，外界）尺寸，建筑材料的外廓尺寸，包括突出部分（如舌形饰）的尺寸。

overbreak 超挖；超过开挖边界线的土方开挖。

overburden 1. 上部沉积（积土）；岩层或特定持力层以上覆盖的土层厚度。2. 覆盖层，表土层，剥离层；岩层、卵石层等持力层上覆盖的不良土层。

overcloak 金属屋面板之间的搭接部分。

overconsolidated soil deposit 超固结土层；土层的负荷超过目前沉积土层压力的固结土。

overcurrent 过载电流；由短路等原因引起电流过大。

overcurrent protection 过载电流保护装置；一种防止由过载电流引起损坏的电路保护装置，可在电流超过某预定值时切断电路。

overcurrent relay 提供过载电流保护的继电器。

overdesign 偏于安全的设计；采用比使用需求更高安全标准的结构设计，通常是补偿不确定性和（或）可能的缺陷。

overdevelopment 过度开发。过度发展一片区域，街道或者社区。

overdoor，sopraporta 门头饰板，门头镶板，门口上方的装饰墙面。

门头饰板

overfire air 火顶风；在炉箅上方二次进气并产生气流，使燃烧充分，从而提高燃烧效率。

overfloor duct 地板上通信导线的（金属）护管。

overflow，overflow pipe 1. 溢水（溢流）管；卫生器皿、储水池或洁具上的辅助管道，用于排出多余的水，防止溢流。2. 排水管；储水池上防止溢流或固定水位的排出管。

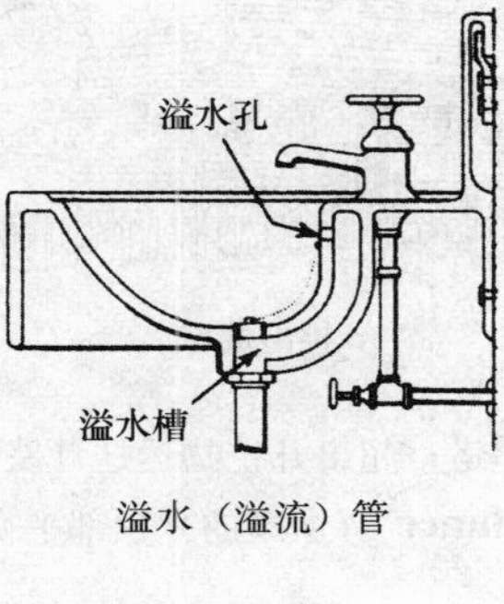

溢水（溢流）管

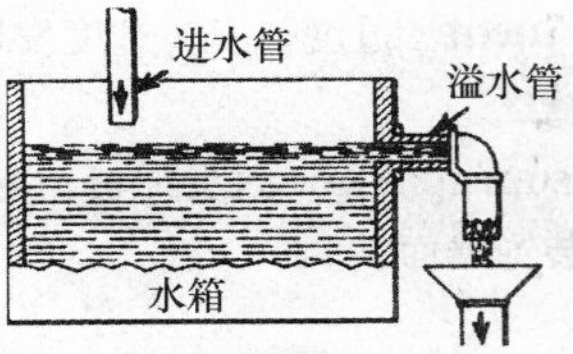

排水管

overflow channel 溢水（溢流）槽；防止溢流的排水通道（与卫士器具形成一个整体）。

overflow drain 屋面排水溢流管；屋面排水体系的一部分，在屋面排水管阻塞或部分阻塞的情况下，防止由于积水荷载导致屋面破坏。

overglaze decoration 二次上釉的装饰瓷罩；在已上釉的瓷器表面通过烧制附上瓷或金属饰面。

overgrain 加深木纹的再油漆；为使木纹加深，在油漆过的表面进行再油漆。

overgrainer 深漆木纹的工具，木纹漆刷；一种特殊的细长硬毛扁刷，用于仿木纹油漆。

overhand work 在内脚手架上或在室内进行外墙砌砖作业。

overhang 1.（建筑物的）突出部分，凸肩，撑出，挑出屋顶，挑出楼房，挑檐，挑臂，外伸，伸出物，悬伸，悬臂，悬垂物（部分）。2. 见 **jetty**。3. 桁架上弦杆伸出支座的水平部分。4. 同 **overshoot**。

挑出楼房

overhaul 超运；超出开挖物运送计费距离的运输。

overhead balance （窗扇的）顶部平衡器；安装于窗框上榻的窗扇平衡装置，由张拉弹簧作用下的钢卷带组成。

overhead concealed closer 顶部暗藏式闭门器；暗藏于门框上榻的闭门器，通过固定于上轨槽内的连杆与门相连。

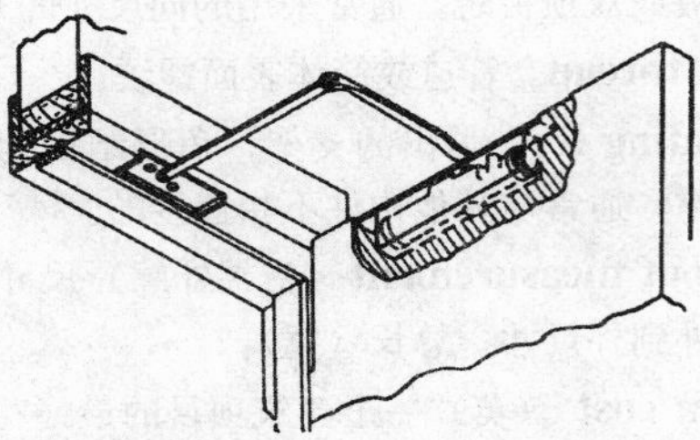
顶部暗藏式闭门器

overhead door 升降门，上升卷门，吊门；上跨式或上卷式门，开启时处于门上方水平位置，可由单片或多片组成，常用于车库门。

overhead entrance conductor 高架供电线，引入线；指（a）供电设备间的供电线；（b）最后一个电杆与建筑的户外接入点之间的供电线。

overhead expense 管理费，经常费，杂项费用；指非直接费用。

overhead shovel 后卸式挖土机，翻斗式装载机；挖铲向前开挖、向后卸荷的挖掘机。

overhead-type garage door 上跨式车库门，卷帘门，吊门；见 **overhead door**。

overhung door 悬垂门，吊门，悬挂式门；上端悬挂、向外开启的门。

overhung impeller pump 一种离心泵，叶片固定在轴端挑出的承座上。

overjacket 见 **jacket**

overlapping astragal, wraparound astragal 门扇护条；双扇门其中一扇在碰合一侧的边护条，防止门缝中漏风、穿烟或泄光等。

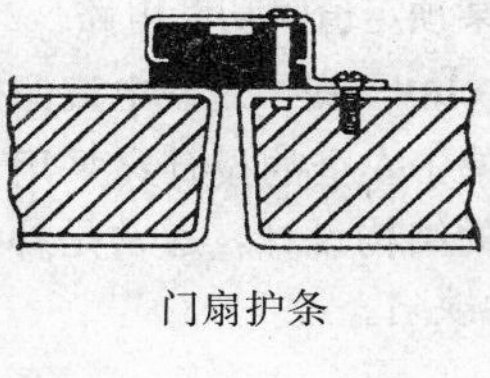
门扇护条

overlay flooring 同 strip flooring；硬木拼花地板，终饰地板，镶木地板。

overlay glass 层叠玻璃，套料玻璃；见 cased glass。

overlight 亮子。门上方的水平矩形采光窗。

overload 1. 超载，超重；作用于结构上的超过设计值的荷载。2. 超负荷；电流、功率、电压等超过电路或用电设备的设计额定值。

overload capacity 超载（能）量，过载能力（额，容量）；可造成用电设备永久损坏的超载量。

overload protector 过载保护器。当电流过高构成危险时自动切断电路的一种设备。

overload relay 电动机电路中的继电器，当电流额定值时，其将切断电动机的电源。

overmantel 壁炉架额饰；壁炉架上方的装饰性壁板或结构，在维多利亚建筑盛行期，常放一个镜子，向室内反射壁炉架上枝状烛台的光。

overpanel 门上方的不透明镶板；见 panel，4。

oversail 凸出，伸出；凸出于建筑立面。

oversailing 凸出的（圬工）层，连续凸腰层，翅托砌法；凸出于下层墙面的表面。例如，墙面的挑出砖层，挑出的山墙等。

oversailing course 挑出砖层，束带层，腰线。

oversanded 多砂的，含砂过多的；指砂浆或混凝土所含砂过多，影响了使用和易性和表面光滑度。

overshoot 建筑物的凸出部分，外挑楼层；在房屋正立面或侧立面的挑出楼层，又称 jetty。又见 framed overhang，hewn overhang。

overshot 同 jetty；建筑物的凸出部分，如凸窗或木房屋上层的外挑部分。

oversite concrete 地基混凝土板层，垫层混凝土，找平混凝土；楼板或地面下铺设的混凝土垫层，起找平、垫实、防止地下潮气的作用。

oversize brick 大尺寸砖，大型砖；$2\frac{1}{2}$in×$3\frac{1}{2}$in×$7\frac{1}{2}$in 的砖。

overstory 1. 顶（上）层。2. 同 clerestory；天窗，高侧窗。

overstretching 过拉伸，（预应力筋）超张拉；张拉应力超过初始预应力设计值的张拉方式，为达到以下目的：（a）克服预应力摩擦损失；（b）克服锚固后预应力筋的松弛；（c）补偿由于分批张拉，使先张拉的钢筋在其后各批预应力筋张拉时，产生的预应力损失。

overthrow 门柱铁活装饰物；金属门上方类似过梁的铁活装饰物。

overtime 超时。工程项目施工时间超过所商定的一日或一周的工作时长。

overtone 同 mass color；（油漆）表光，墨色。

overturning 倾覆，挡土墙在土压力作用下倾倒；抗倾覆力与挡土墙自重及底面宽度成正比。

overvibration （混凝土）过渡振捣，超振捣；浇筑混凝土时过渡使用振捣器引起离析、大量析水。

OVHD （制图）缩写＝"overhead"。

ovolo （建筑物）凸出四分之一圆饰，曼形饰，凸圆线脚；小于半圆的凸线脚，常为四分之一圆形或近似四分之一椭圆形。

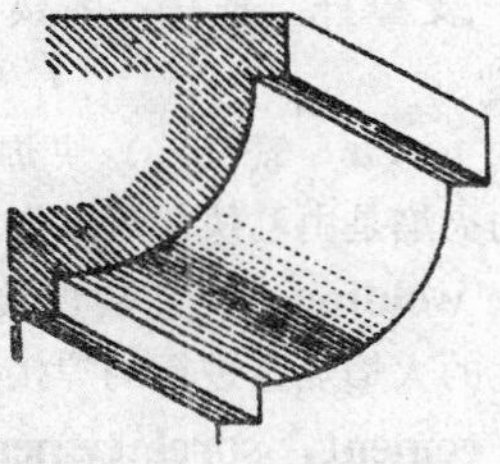

四分之一凸圆饰

ovum 古建筑中卵形装饰，卵饰。

owlhole 谷仓外墙上为食鼠鸟类开的孔，如猫头鹰、马丁圣鸟等，一般开在山墙上端，具有特色或装饰性。

owner 1. 委托人；建筑师的客户，业主与建筑师契约之一方。2. 业主，房主，物主，房屋产权所有者。

owner-architect agreement 委托人与建筑师合同，业主与建筑师契约；建筑师与被提供专业服务的客户间的合同。

owner-contractor agreement 业主与承包人合同（契约）。

owner's inspector 业主代理人，业主的监工员，业主雇用的对工程进行监察的人员。

owner's liability insurance 业主（所有人）责任保险；对由产权物引起的业主责任保险，可包括建设合同期内他人操作引起的责任保险。

owner's manual 业主手册。对建筑物和里面设备的所有图纸，保证和附属提供所需的操作和维修的信息。

oxeye 圆或椭圆的孔，卵形老虎窗。

oxeye molding 一种凹形断面的线脚；比斯各次线脚平，比凹弧线脚（**cavetto**）深。

oxeye window，oxeye 同 **bull's eye window**；牛眼窗。

oxidation 氧化反应，氧化，氧化处理；化合物与氧反应，如油漆中的油与氧气反应形成坚硬的膜。

oxidized asphalt 同 **blown asphalt**；氧化沥青，吹制沥青。

oxidized sludge 氧化污泥；污水中的有机物与氧结合形成稳定物质。

oxter piece 支撑杆，垂杆；阁楼支架中的垂直杆件。

oxyacetylene torch 氧（乙）炔焊炬，氧乙炔吹管；焊炬的火焰是由乙炔与氧燃烧形成的。

oxyacetylene welding 氧乙炔焊接；依靠乙炔与氧燃烧产生的火焰热量进行的焊接。

oxychloride cement，sorel cement 氯氧镁水泥；一种坚硬的高强度水泥，由氯化镁和煅烧的氧化镁组成，有时加入填充剂。

oxygen cutting 氧气切割；金属切割方法，工作原理是依靠高温下金属与氧气的化学反应。

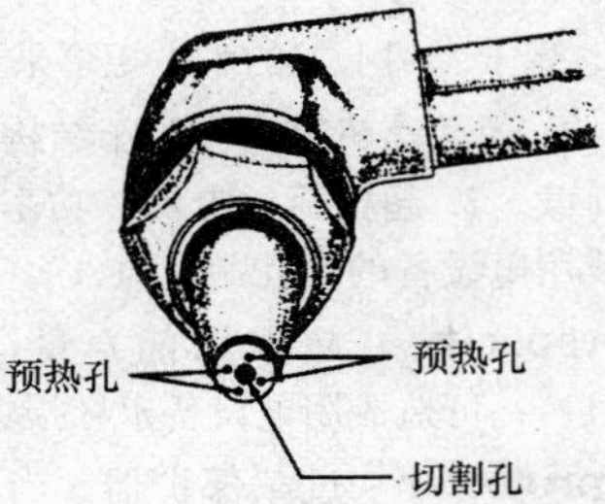

氧气切割法

oxygen starvation 缺氧腐蚀，电介质腐蚀；金属在电解质中的局部腐蚀，由于覆盖或泥敷作用，或由于金属之间或金属与其他材料间的裂缝产生。

oyelet，oylet 小孔，孔眼，（采光，通风）枪眼，窥视孔；见 **eyelet**。

oz 缩写＝“**ounce**”，英两。

ozone 臭氧；氧的不稳定形式，强氧化剂，由放电或紫外光能产生，用于除臭剂，控制霉菌、真菌、细菌，大剂量可损害人体组织。

ozone lamp 臭氧灯；一种放电灯，以 184.9nm 波长释放微量辐射能，产生臭氧。

P

P 缩写＝“**page**”，页。缩写＝“**pole**”，杆，测杆，电线杆，圆篱。

Pa 缩写＝“**pascal**”，帕斯卡（$=1N/m^2$）

P&G 缩写＝“**post and girder**”。

P&T 缩写＝“**post and timbers**”。

P1E 缩写＝“**planed one edge**”，一边刨光。

P1S 缩写＝“**planed one side**”，一面刨光。

P1S2E 缩写＝“**planed one side and two edges**”，一面两边刨光。

P4S 缩写＝“**planed four sides**”，四面刨光。

PA （制图）缩写＝“**public address system**”，扩音系统。

pace （不常使用的词汇）楼梯平台，宽台阶，梯步。

Pacific red cedar 太平洋红松；见 **thuya**。

packaged air conditioner 整体空调机，组合式空调器；见 **room air conditioner**。

packaged attenuator 同 **sound attenuator**；组装式消声器。

packaged boiler 整体锅炉；锅炉的所有部件组装为一整体，包括锅炉、燃烧器、控制器和其他辅助设备。

packaged building 成套建筑，预制构件建筑物；见 **manufactured building** 和 **precut building**。

packaged concrete 袋装混凝土干料；混凝土干料混合后装袋，现场加水拌合即成。

package deal 一揽子交易，整批交易；见 **turn-key job**。

packaged dealer 总承包人（商）；某个人或组织按照另一方的要求，根据单一的合同履行对某工程设计和建设的责任。

packaged fan equipment 空气调节装置，空气输送设备；见 **air-handling unit**。

packaged house 整体式房屋。预制房屋的建筑构件在工厂切割成一定的尺寸，和（或）制造成可在市面上销售的组件。

package stability 贮存稳定性。油漆或涂料等液体长期储存后保持其原有性能的能力。

package trim 商品门窗细木工；工厂预制的门窗贴脸，包装后运到工地，可现场组装。

packed chord 商品弦杆组合构件（型钢的）；一种组合弦杆，由螺栓将几个纵向构件连接而成。

packer 1. 密垫，灌浆栓塞；在待灌孔洞内放置的装置，一般可膨胀，防止浆体倒流入输浆管。2. 同 **compactor**，2；压土机，夯具，捣实器。

packing 1. 衬垫，紧固环；竖井、干管或接头周围防止流体渗漏的弹性填塞材料。2. 砂浆中大块石头缝隙中填塞的小石头。

packing piece, stool 衬垫，衬片，垫块；用于将一个或多个构件垫高的垫块。

pack set 压实凝结，水泥硬结；储存水泥的一种状态（在容器中或散装），采用机械压缩、静电抽吸等方法使颗粒间锁定，防止其自由流动。

pad 承梁垫石；垫石；见 **padstone**。

padauk 紫檀硬木，重木；产于印度的红色带黑条硬木，用于橱柜和面板。

paddle 搅棒，抹子，小铲；一种平板抹灰工具，用于清理抹灰或做拐角。

paddle mixer 桨叶式拌合机，叶片式拌合机，转臂式混砂机；混凝土或水泥搅拌器，电动搅拌叶片绕轴转动。

paddock 牲畜围场，围起的土地；房屋或畜棚周围的一块空地，用于圈牲畜（马）。

pad foundation 独立基础，块形基础；独立的混凝土地面板用作基础。

pad-mounted transformer 直接固定在独立平板基础上的变压器，基础内埋有高、低强度的缆线直接与变压器室内终端相联。

pad saw 圆锯，小圆锯。

padstone，pad 垫块，垫石，承梁垫石，梁端垫块；墙上分散集中荷载的垫块。

pad support 垫托，垫料支撑网；在有多孔金属板的吸声顶棚系统中（如：网格），用于固定吸声材料，免于接触多孔金属板的装置。

page 短而薄的楔子，小木楔。

PageFormat 图纸格式。一个由美国建筑规范学会制定的图纸规范。

pagoda 宝塔，多层殿堂状的塔；原于佛教的纪念性舍利塔，楼层可为木制带挑台、单坡屋顶的楼阁（流行于日本），有时为砖砌带挑檐的锥形塔。

paillasse 同 **palliase**；圬工基座，草褥。

paillette 装饰中的小块彩色铂金取得闪烁效果。

paillon 透过釉层显现光亮或改变颜色的金属箔。

pai-lou，pai-loo （中国）牌楼；中国的纪念性拱或门，一间、三间或五间，设在宫殿、陵墓或装饰道路的入口。一般用石材仿木建造。

中国厦门的牌楼

paint 油漆，涂料；以适当的油、有机溶剂或水为媒液的液体颜料溶剂，涂抹时为液体，干燥后形成黏性有防护和装饰作用的涂层。常根据稀释剂的性质分类，如水稀释或溶剂稀释涂料。又见 **acrylic paint**，**cement-water paint**，**epoxy paint**，**latex paint**，**synthetic rubber-base paint**，**vinyl paint**，**water-based paint**。

paint base 涂料载色体，油漆基料，油漆媒液；颜料的载体，与颜料混合后形成涂料或油漆。常见的形式有：醇酸树脂，乳胶，丙烯酸。

paint bridge 剧院舞台上绘制布景用的桥架；设置在剧院舞台或布景框架上方及内侧，高度可固定或调节的平台或廊，用于涂刷布景。

paint brush 漆刷，画笔；刷涂料或刷漆的工具，将长纤维材料做成的柔软刷子固定在把手上制成。

paint drier 涂料催干剂，油漆催干剂；见 **drier**。

painted glass 彩绘玻璃，印花玻璃；一种装饰玻璃，在玻璃表面涂上彩色瓷釉，放入窑内高温烧制而成，又见 **stained glass**。

Painted Lady style 彩绘少女式。一种 19 世纪的维多利亚式建筑，其中房屋的外貌是以明亮、色彩对比鲜明为特点的模式；旧金山有大量的这类房屋。

painter's putty 漆工油灰；见 **putty**。

paint frame 布景架；可升高、降低和移动的框架，用于固定制作布景的帆布。

paint kettle，paint pot 小油漆桶；一种开口的小桶，油漆时用绳子挂在梯子上。

paint loft 布景桥架，阁楼；剧院中包含布景框架和布景平台的竖向窄桥架。

paint oil 涂料干性油，调漆油；见 **drying oil**。

paint pad 油漆工具，由短纤维材料或中空的弹性材料制成，固定在把手上，通过涂刷给物体上油漆。

paint remover 脱漆剂，除漆剂，去漆工具；一种施用于干漆或清漆上的液体，使其松软从而容易除掉。

paint roller 涂漆辊；一种筒状物块，外表面为非网状纤维，如：尼龙、马海毛、羊毛等，固定在带把手的滚筒上，用于刷涂料、油漆和清漆。

paint spray booth 油漆（涂料）喷枪；见 **spray booth**。

paint sprayer 油漆（涂料）喷枪；见 **spray gun**。

paint system 涂装体系；物体表面的面层，由以下各层组成：密封基层、染色填缝、底漆、面漆和罩面漆。

paint thinner 涂料稀释剂，油漆稀料；见 **thinner**。

paired brackets 相邻较近的两个托架形成一对，又称 **coupled brackets**。

paired gables 有两个并列山墙的立面，偶见于哥特复兴式木建筑中。

palaestra 古代健身房，体育场；古希腊或罗马体育训练馆，比体育馆小，包括一个带柱廊的大厅、按摩室和浴室等。

palazzo 豪华的宫殿，意大利邸宅；意大利城市中独立的豪华宅邸，代表意大利的主要建筑风格。

Palazzo style 意大利文艺复兴风格；见 **Italian Renaissance Revival**。

paldao 拓木，菲律宾木；见 **dao**。

pale **1.** 栅（板），杆桩，栏栅，围（桩）篱；一系列的条板、圆条木形成的篱、栅栏。**2.** 由栅栏围起的空间。

pale-bodied oil 聚合亚麻子油，浅色熟油（聚合油）；见 **boiled oil**。

pale brick 同 **salmon brick**；红砖，未烧透砖。

palestra 同 **palaestra**；希腊或罗马体育训练馆。

paling 用桩篱把……围起，包围；见 **pale**。

palisade 竖管围篱；防御工事；一系列尖头的硬木桩插入地表，用作栅栏或防御屏障。又见 **stockade**。

palisade house 一种原始房屋，常见于边远地区，墙由两排插入地表的原木构成，在原木的缝隙填充泥、细枝或土石混合物。

palisander 红木；见 **Brazilian rosewood**。

palladiana 用大小不同大理石面铺的面层；见 **berliner**。

Palladian dormer 帕拉蒂奥式气楼；开窗的气楼，分为三部分，形状像 帕拉蒂奥式窗。

Palladian door 帕拉蒂奥式门；门头为圆拱，两侧为较窄的长方形固定玻璃，通常不如门高，整体形状像 帕拉蒂奥式窗。

Palladianism 模仿帕拉蒂奥建筑学派或建筑风格；严格使用罗马建筑风格的流派，意大利文艺复兴建筑师安德利亚·帕拉蒂奥（Andrea Palladio，1508—1580），主要受到 18 世纪 Lord Burlington 的影响。

模仿帕拉蒂奥建筑学派

Palladian motif，Serlian motif，Venetian motif 帕拉蒂奥式建筑特色；三孔式门或窗洞，由中立柱分开，两侧门（窗）头为平过梁，中间为圆拱。

Palladian Revival 帕拉蒂奥复兴；见 **Anglo-Palladianism**。

Palladian window 帕拉蒂奥式窗，三扇式大开窗；窗的一种组合形式，中间窗头为圆拱顶，两侧较窄窗扇为矩形，窗头为平过梁。比较 **three-part window**。

pallet **1.** 木砖，砖缝木嵌片，固定嵌条；用于在砖墙上锚固木工活。**2.** 用于提升货物的可拆装的平板。

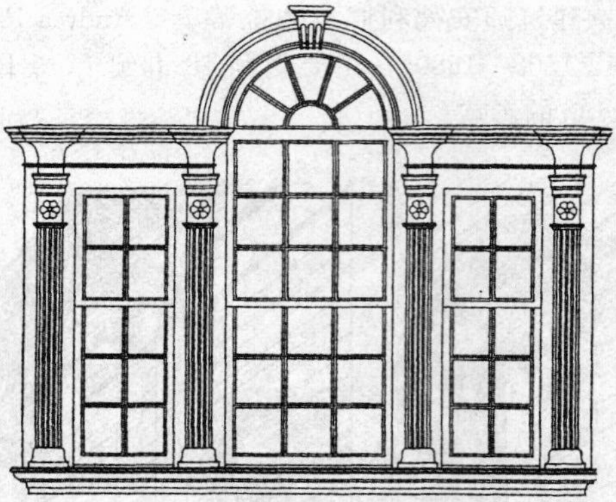

帕拉蒂奥式窗

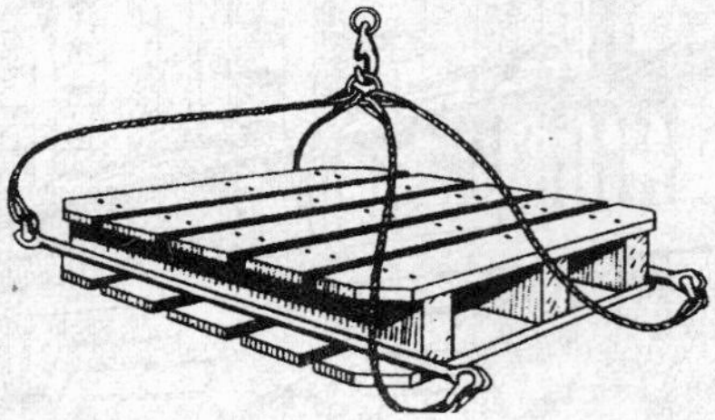

货物平板

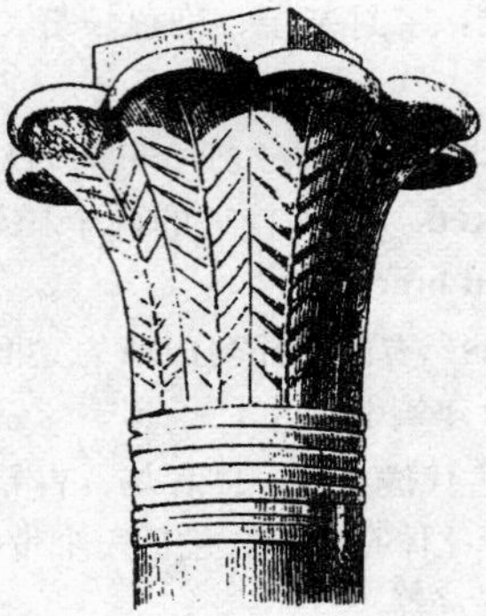

仿棕榈叶形的柱头

棕叶饰

pallet brick, pallet slip 带槽砖（放木砖用），嵌条砖，螯尖边砖；带有凹槽的、可嵌入木制砖的特制砖。

palliase 圬工基座，墙体的基座。

palma cottage 帕尔马平房。一种原始的只有一个房间的住宅。有尖锐的山墙，屋顶是重叠的棕榈枝叶和茅草，构成了一种相对防水屋顶和墙壁。早期西班牙殖民者在佛罗里达州建造了这样的临时住所。

palmate 1. 仿棕榈树叶状柱头。2. 棕叶饰，棕叶形，扇叶形。

palm capital 古埃及仿棕榈叶形的柱头。

palmette 棕叶饰。

palmiform 棕榈树叶或树冠状的装饰。

pamment 一种薄的方形路面砖。

pampre 葡萄饰；葡萄和葡萄叶形组和而成的装饰；在一组线脚中填充凹弧或其他凹坑处。

pan 1.（墙内）托梁垫板。2. 外墙的一部分，尤指在半木结构中木构件之间的墙面。3. 墙体竖向的主要分割。4. 板形构件。5. 模板单元，盘模；在浇筑混凝土或屋面时使用的模板，通常为玻璃纤维材料制成。6. 墙内固定页片的凹槽。

panache 穹顶中两支撑券间的三角形部分。

pan-and-roll roofing tile 意大利式屋面瓦，平头筒形屋面瓦；混合使用两种单向搭接的屋面瓦，一种为带翼边的锥形平底瓦，另一种是半圆锥槽形瓦。

pan breeze, breeze 炉渣，煤渣；焦炭炉盘处的小型焦炭和炉渣，适用于作轻骨料混凝土砌块中的骨料。

pancarpi 采用花、果等图案的花饰或花彩装饰穗。

pan construction 肋形结构，密肋梁式楼板结构，双向密肋楼板；反复使用预制的模板浇筑的混凝土楼板或屋面板，从下方看板呈类似“华夫”形的长条块状。

pane 1. 门窗（窗格，嵌）玻璃；将玻璃切成门、

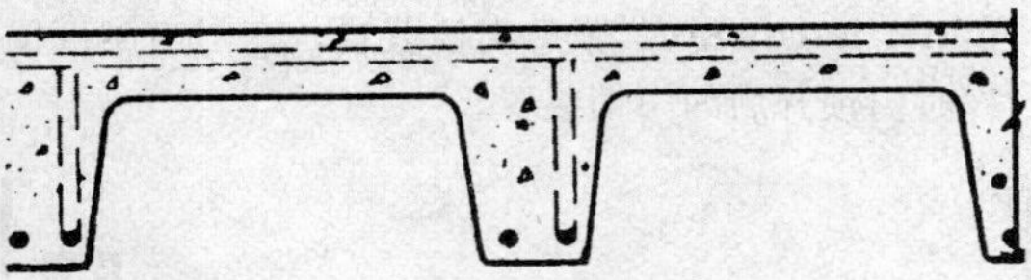

肋形结构，剖面视图

窗格大小尺寸（尺寸大的叫玻璃板），嵌于窗扇后常称为窗。窗扇常分为许多小格，作为装饰手法。上下推拉窗常根据窗格的数量描述为上扇窗格数×下扇窗格数。如 6×3 表示上扇窗分为 6 个格，下扇窗分为 3 个格。**2.** 门板，护壁板。**3.** 建筑的长方形平面。**4.**（英）同 **peen**。

panel 1. 板，护墙板；用作墙贴面的大而薄的木板、胶合板或其他材料板。**2.** 镶边薄板；薄板、大型胶合板或类似材料的板，其各边镶入由厚材料做成的边框内。**3.** 凹面；凹进的平面，其周边由线脚或其他装饰条嵌边。**4.** 板形预制件；地板、墙、顶棚、屋顶等的一部分作为独立单元，通常为预制的大尺寸构件，现场装配。**5.** 模压金属板；常内嵌绝热材料，用作工业建筑的墙板。**6.** 凹槽。**7.** 桁架结构的节间；桁架相邻节点间的弦杆部分。**8.** 同 **panelboard**。

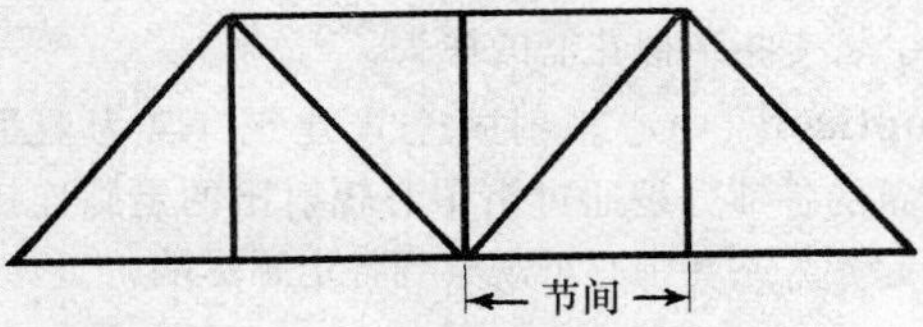

桁架结构的节间

panel board 1. 电器仪表板，配电板（盘）；在电力安装中的单一配电盘或组装配电盘（几个盘组成），包括总线、（有时包括）开关及电路超载自动保护器。配电盘设置在箱内或嵌在墙上的断路器箱内，只能从正面操作。**2.** 见 **control board**。

panel box 配电箱，配电盘；与大型配电盘有许多相同功能的小型电器仪表盘。

panel construction, panellized construction 板式结构（如装配成的墙板、地板、顶棚等），墙板化建筑；以大型板作为主要建筑单元建造的房屋。

panel divider 板材分隔线脚，面板接缝件；两块板材接缝处的分隔线脚。

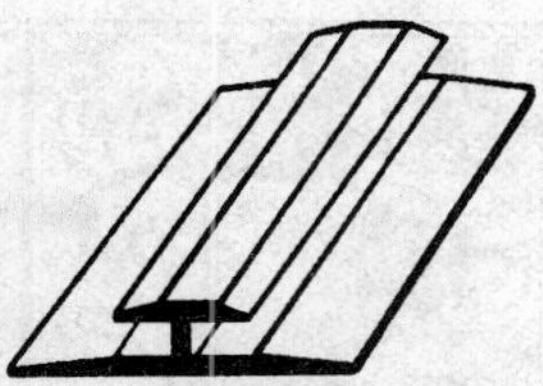

面板接缝件

panel door 镶板门，拼花板门；由门梃、横档等在凹进的门板边形成一个或两个框的门。

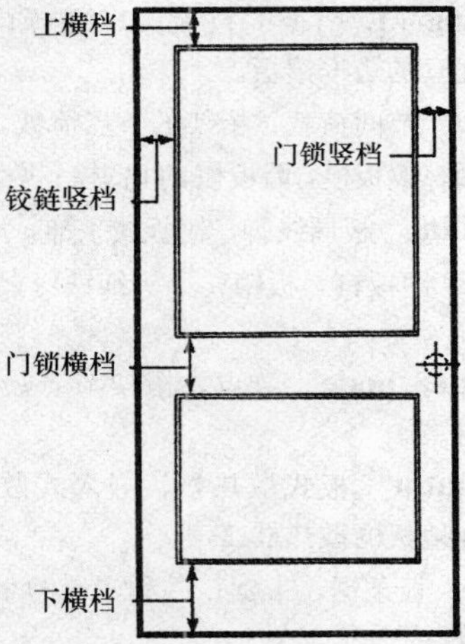

镶板门

paneled door 同 **panel door**；镶板门，拼花板门。

panel-escent lamp 同 **electro-luminescent lamp**；薄板式银光灯。

panel heating 辐射板供暖，板式采暖，嵌入式供暖；一种在墙板、地板、顶棚或踏脚板布设电暖、气暖或水暖管线的板式采暖方式。

panel house 妓院用滑动拉门分隔房间，使老顾客光顾。

paneling 镶板，镶补板，门芯板，装饰板，木板饰面；墙或顶棚上采用镶板的装饰方法。

panel insert 板门镶嵌件；采用金属板将半透凹进的板门包成金属门。

panel lamp 仪表板小灯；仪表盘的小灯泡或局部照明。

panel length 节间长度；桁架中上下弦杆的两相邻节点间的距离。

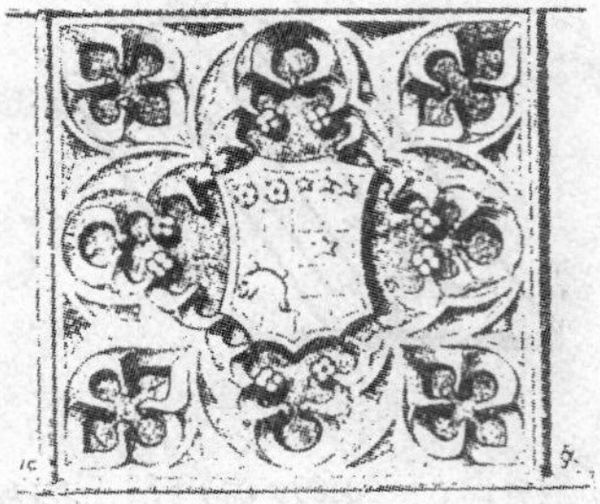

装饰板

panel lining　1. 门板的衬板。2. 镶板配套装饰；与窗扇配套的边框镶板。

panel load　节间荷载；桁架的节点荷载。

panel mold　镶板模，墙板模，间壁模；见 pan mold。

panel molding　板周线脚，镶板线条饰，墙板护条。

panel pin　镶板钉，板销；小头细铁钉，有时用于装饰。

panel point，node　节点，桁架节点；桁架杆件交汇的点。

panel radiator　板式散热器，嵌入式散热器；嵌入墙板和地板的散热器。

panel saw　板条锯，带锯；一种密齿的小锯，用于锯薄板等。

panel strip　板条，盖缝条，嵌条；覆盖两板接合缝隙的金属板条或木板条。

panel tracery　同 perpendicular tracery；哥特垂直式花格窗。

panel wall　框架结构中柱间的非承重墙，各层墙的重量支撑在该层框架上。

panel-work　同 paneling；构架工程，镶格工程。

panework　1. 都德复兴式中使用的半木结构装饰。2. 同 pane，3。

pan fraction　筛分，筛盘分级，筛余百分率；在集料、土的筛分中试样在筛上的留余量与试样总量的比值。

panhead rivet　锅头铆钉，盘形头铆钉；铆钉的钉头为截头圆锥形。

panic bolt　太平门栓，紧急出口栓，紧急保险螺栓；见 panic exit device。

panic exit device，fire-exit bolt，panic bolt，panic hardware　紧急出口装置；在门内侧推横杆时门锁开启的门锁装置。

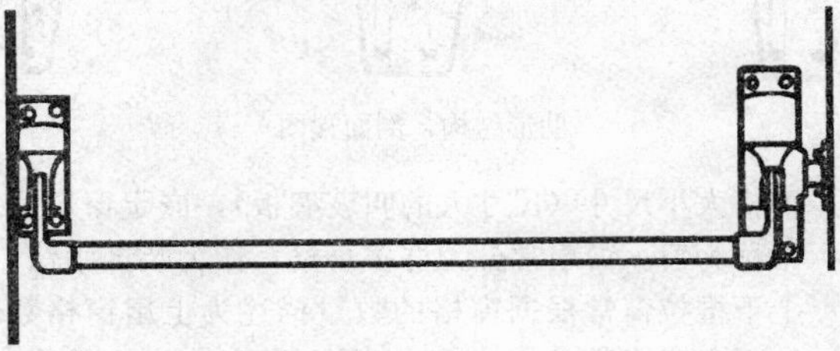

紧急出口压杆式门锁

panic hardware　紧急出口栓，太平门栓；见 panic exit device。

panic latch　安全门闩；见 panic exit device。

panic switch　紧急开关。控制室内安全照明的电气开关；通常位于主卧室。

panier　篮状物；托臂，牛腿，托臂模板，壁柱顶托座；见 corbeil。

pan mixer　盘式搅拌机，盘式混合器；见 open-top mixer。

pan mold，panel mold　浇筑塑料板用的模子。

pannier　托臂，牛腿；指任何形似花篮的建筑构件。曾专指形似花篮的柱头。

panopticon　中心辐射式全景建筑（常为监狱）；建筑的各部分是通过由中心辐射出的走廊连接在一起，人站在中心可观察到各走廊尽端。

panorama　全景（图），全景镜，全景展示厅；用大幅图画展示景观或重要事件的地方。

pantheon　1. 万神殿（供奉众神的庙宇）。2. 罗马的“罗丹达教堂”（曾为众神庙）。3. 巴黎的“邦顿”民族英雄殿，现为先哲殿，伟人殿。

罗丹达教堂

pantile 波形瓦，平放S形瓦。

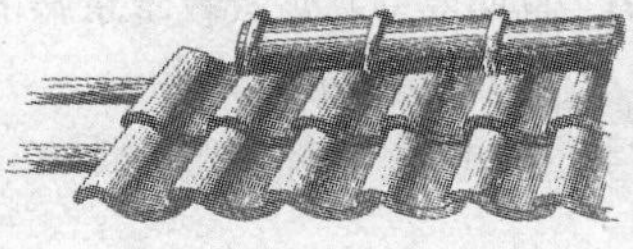

波形瓦

pantograph 比例绘图仪，缩放仪，缩图仪器，（地震）偏移位置标绘仪，放大器；用于复制平面图形的绘图仪，可采用同比例，亦可放大或缩小比例。

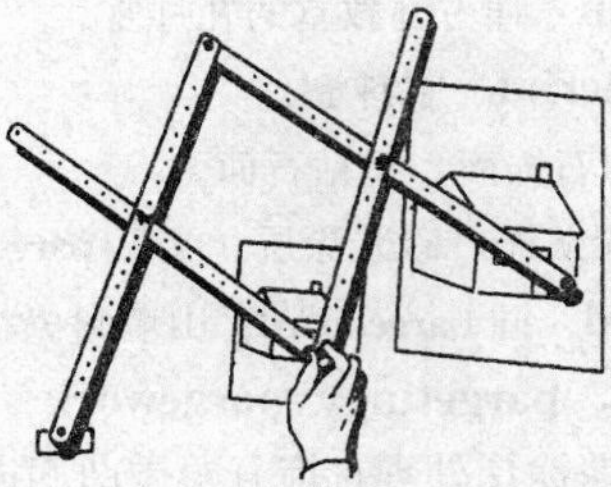

比例绘图仪

pantry 1. 厨房与餐厅间的服务室。2. 食品储藏室。3. 配膳室，备餐间；制备小点心（而不是正餐）的备餐室。

pan-type humidifier 盘式增湿器；盛有水的大浅盘，水分随空气蒸发，可使用加热器加速蒸发。

pan-type tread 盘式踏板；由金属薄板制成的盘模块作为楼梯踏步板或竖板。

pap 檐沟出水孔。

paperbacked lath 有纸垫的板条，油毡面板条；采用纸作为垫层的板条。

paper felt 纸毡，薄毡；一种建筑用纸。

paper form 硬纸模板，厚纸板模盒；采用坚硬的厚纸制作的浇筑混凝土模板。

papier-mâché 纸型，纸模，纸板，纸浆模；以纸作为主要原料制成的材料，将大量纸浆（有时加入胶粘剂）制成团状，调和并捣入预设的模中。

papyriform 纸莎草饰的埃及柱头；形似一簇纸莎草的柱头。

papyrus column 纸莎草饰柱。

p. a. r. 缩写＝“**planed all round**”，全部刨光的。

PAR 见 **PAR lamp**。

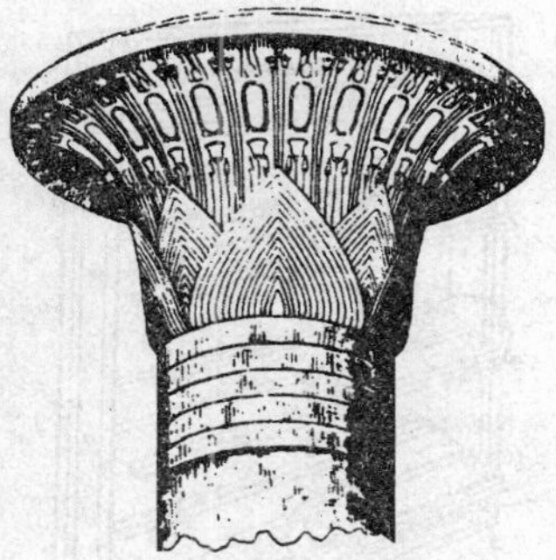

纸莎草饰的埃及柱头

PAR. （制图）缩写＝“**paragraph**”，段，节。

parabema 同 **diaconicon**；希腊教堂至圣所旁的房间。

parabolic arch 抛物线拱；形似三芯拱，但拱腹线为具有竖向对称轴的抛物线形。

parabolic reflector 抛物线反射镜，抛物面反光罩；抛物线绕轴旋转而生成的面，在此反光镜焦点放一小光源，反射镜可反射出与镜轴近似平行的光线。

parabolic vaulting 抛物线穹顶。一种穹顶形式，以抛物线为形，通常是用比较轻薄的钢筋混凝土建造；通常条件是不受拉张应力负荷的。

paracyl reflector 抛物面反光罩；一种筒状反光镜，截面为半圆与抛物面结合，抛物面焦点与半圆的中心重合，一般情况下放置在焦点上，尤其用作球形贴墙光源照亮墙面。

paradise 1. 教堂前面的庭院，教堂天井。2. 修道院花园或庭院。3. 波斯的游乐园；通常经过精心绿化。

paradisus 同 **paradise**；教堂天井，修道院花园或庭院。

parados 1. 希腊剧院的乐队入口。2. 掩体后土墙，背墙。

paragraph 款目；文章的节、段；美国建筑师学会文件中，各条款的分段目，由两个数字表明，如3.3。可再分为次分段或句。

parallel-blade damper 平行叶片气流调节器；由连杆连接的一组叶片，通过调节叶片可调节气流量，将相邻叶片设计成平行转动，对气流起微调作用，常用作开关。

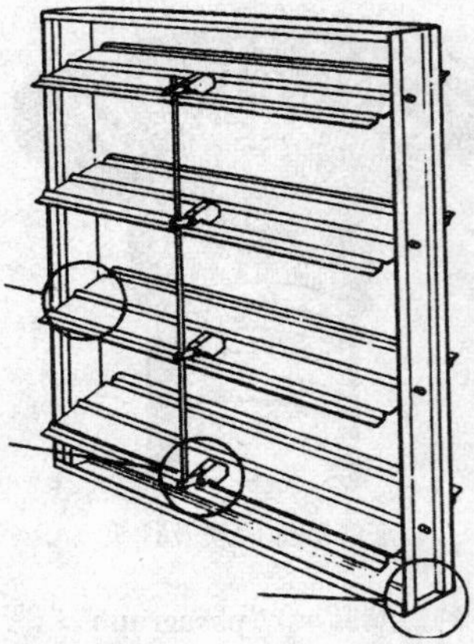

平行叶片气流调节器

parallel-chord truss 平行弦杆桁架，梯形桁架；见 **flat-chord truss**。

parallel coping 平行压顶（不泄水的），平行盖顶。

parallel gutter 箱形雨水槽，平行雨水檐沟，平行天沟；见 **box gutter**。

parallel stair 平行楼梯；梯段被一个或多个中间平台分隔的楼梯。

parallel-wire unit 后张预应力用的平行钢丝束。

parapet 1. 矮护墙，如在平台、屋顶、城堡垛口或阳台边缘的护墙。2. 防御墙。3. 女儿墙；外墙、隔火墙，界墙，屋顶以上的超出屋顶部分。

parapeted gable 带女儿墙的山墙，高出檐口线，带女儿墙的山墙，如：见 **corbie gable**，**Flemish gable**，**mission gable**，**multicurved gable**，**straight-line gable**。

parapet gutter 女儿墙排水沟，匣形天沟（如屋檐等）；设在女儿墙后面的排水沟。

parapet skirting 屋顶油毡层上卷至女儿墙。

parapet wall 护墙，女儿墙，压檐墙；屋顶以上墙体部分。

para red 褐红颜料；油漆中掺入的红色、红褐色等染料或颜料。

parascenium 古希腊剧场后台向前伸出的两翼凸台，后台两翼建筑物。

paraskenion 同 **parascenium**；古希腊剧场后台向前伸出的两翼凸台。

parastas 1. 在壁角柱处终止的墙端，如：古庙的内廊端。2. 底座似的墙。

paratorium 早期罗马基督教教堂东端的北侧放贡品的地方，希腊教堂有时在东侧。

paratory 教堂中进行准备工作的地方；祭具室或盛器室。

parcel 一块土地，小块土地，地段；属于一个土地所有者的土地，法律上注册为一块土地。

parclose，perclose 1. 中世纪教堂中分隔空间的隔断，屏障。2. 围绕观众台的矮护墙。

parecclesion 拜占庭教堂的礼拜堂。

parent material 原料土。

paretta 卵石饰面，干粘石面。

parge 粗涂灰泥，砂浆涂层。又见 **parget，3**。

parge board 同 **bargeboard**；山墙封檐板。

parge coat，pargeting，pargework 1. 灰泥抹面层，砂浆涂层处理；饰有稍微凸起图案的抹面层。2. 烟气道内抹灰，起防火作用，并使烟道平滑。3. 砌体表面的打底砂浆层。

parget，pargeting，pargetting，pargework，parging 1. 精制石膏饰面，灰泥饰面抹灰；有时饰有稍微凸起图案或刻槽。在都德时期常用的房屋外墙做法。2. 烟气道内抹灰，起防火作用，并使烟道平滑。3. 用于砌体、地基底面或地下室墙等的砂浆打底层。

精制石膏饰面

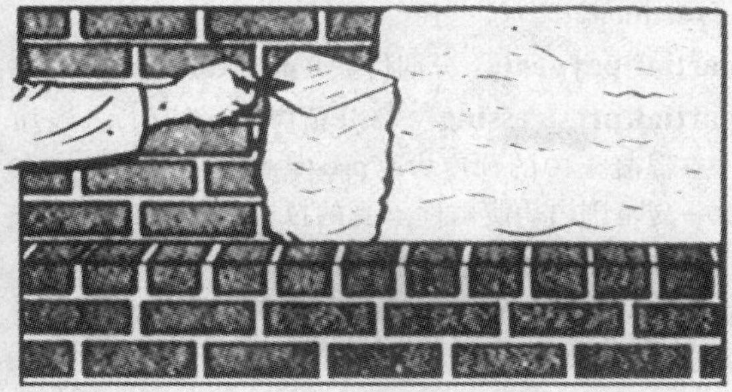

砂浆打底层

Parian cement, Parian plaster 派洛斯胶凝材料，仿云石水泥（掺有硼砂的硬质石膏水泥）。

paries 古罗马建筑中，房屋或大型建筑的墙。

paring 刨花，切片（屑），削下来的皮，凿削；通过切削边缘使尺寸或厚度减小。

paring chisel 削凿刀，扁铲；手动的长柄凿，无需木槌凿击。

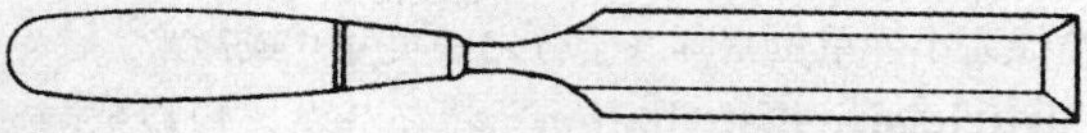

削凿刀

paring gouge 弧口凿，圆凿；木工用长而薄的弧口凿，内侧为斜面。

Paris blue 巴黎蓝，普蓝；见 **Prussian blue**。

parish house 教区大厦；教区非宗教活动的建筑。

Paris white 同 **whiting**；巴黎白，亮粉（碳酸钙）。

park 用于公共娱乐休闲的土地，由市、州、国家拥有并管理，或归属于御用，有时也为民间组织所有。

parkerized 磷化处理的，磷酸盐被膜防锈处理的；将铁、钢金属浸入沸腾的磷酸锰溶液进行防腐处理，金属表面形成的这层膜可以增加油漆和清漆的黏着强度。

Parker's cement 帕克水泥；同 **Roman cement**；罗马天然水泥，水泥。

Parker truss 曲弦（帕克式）桁架；上弦杆为多折曲线的桁架。

parking garage 停车库；客车停车库，不用作修理或其他用途的停车库。

parking lot, car park 停车地段，停车地点，停车区；短时间停车的露天停车场。

parking space 停车场，停车间距；车场标记线划定的单辆车停放的区域。

parking structure 1. 停车楼；至少有两个车位的两层以上的停车建筑，顶层可为露天或封闭的。2. 停车场机械设施。

parking tier 多层停车场的一层；用于短期停车。

PAR lamp 反射罩灯；一种反射灯，常为白炽灯，厚玻璃罩，后部内侧面为抛物面形，涂有反射涂层，前部用透镜，控制所需的发散光线。

反射罩灯

Parlatory 寺院中可接待客人的房间。

parliament hinge H 形铰链，长翼铰链；见 **H-hinge**。

parlor 1. 起居室；主要用于娱乐和接待客人的房间。2.（旅馆）接待室，营业室。

parlor chamber 两层住宅房屋中起居室上层的卧室，具有像厅堂一样的平面。

parodos 古剧院观众厅两旁的侧廊；主要为唱诗班所用，也可为公众所用。

parpend 穿墙石块，系石。

parpend stone 穿墙丁头石，系石；见 **perpend**。

parquet 1. 镶嵌木地板，通常为简单几何图形。2. 同 **parquetry**。3. 剧院的首层或歌剧院、音乐厅、剧院等从乐池到正厅后排的部分。

parquet circle, orchestra circle, parterre 剧院或音乐厅正厅后排，楼下后厅；通常在看台下。

parquetry 镶木细工；采用两种或多种色彩或材质的拼接块镶拼成几何图案的相关作业；常为石材或木料，对地板或护墙板起装饰性作用。

parquet strip flooring 同 **strip flooring**；拼花地板条。

parrel, chimney breast 壁炉及其装饰。

parsonage 牧师住宅；由教堂提供给牧师的住所。

part 缩写＝"**partition**"。隔墙（板、壁），间壁。

parterre **1.** 剧院正厅后排座位；见 **parquet circle**。**2.** 花坛，花圃；用各种形状不一或大小不同的花池或石子池组成的装饰。

Parthenon **1.** 最初特指雅典卫城中雅典娜女神庙内殿后面的房间。**2.** 整个神庙的统称。

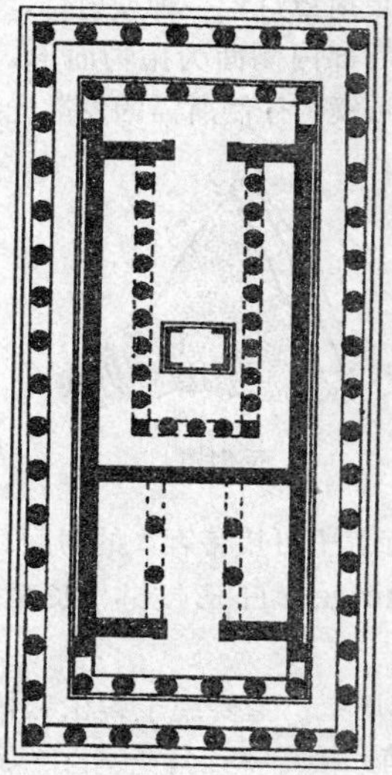

神庙

Parthian architecture 帕特亚建筑，安息建筑；公元前 3 世纪至公元 3 世纪间，在安息王朝统治时期，伊朗和西美索不达米亚地区流行的一种将古典与土著形式相结合的建筑形式。其主要成就在于利用石制或砖制的筒形穹顶覆盖纪念性的伊斯兰拱（**iwan**）。

parti 建筑设计的基本方案或概念。

partial cover plate 局部盖板；搭在搁栅翼缘上，但不覆盖整个搁栅的盖板（**cover plate，1**）。

partial-height partition 半封闭隔断；应用在开放办公空间中的独立隔断，可在相邻办公区之间形成视线遮挡，但不能隔绝声音的干扰。

partial occupancy 部分占用；业主（**owner**）对完工前的项目的部分拥有权。

partial partition 不完全隔断；见 **partial-height partition**。

partial payment 分期付款（**progress payment**）。

partial prestressing 部分预应力（结构）；施加在混凝土中的预应力（**prestressing**）大小保持在一定范围内，使构件承受的拉应力不超过预加压应力。

partial release （预应力）部分释放；预应力混凝土构件中，部分初始应力得到释放。

particleboard 木屑板，刨花板；由木屑加胶粘剂制成的建筑板材（**building boards**）的总称，其密度为 400～800kg/m³，常用作贴面；又见 **chipboard**；**coreboard**。

particle shape （骨料）颗粒的形状；又见 **angular aggregate**，**cubical aggregate**，**elongated piece**，**flat piece**。

particle size **1.** 粒径大小；评价过滤装置有效性的指标，用过滤过程中被滤除的颗粒最小粒径表示，单位微米。**2.** 涂料中，颜料或乳胶颗粒的直径大小，单位密耳（千分之一英寸）或微米。

particle-size distribution 粒径分布，颗粒集配；用筛分法（**sieve analysis**）筛得的土样或混凝土骨料中，各种粒径的颗粒重量的百分比排列。

particulate grout 含有不溶性颗粒物的砂浆。

parting agent 脱模剂，隔离剂；涂刷在面板上防止其与另一面板粘合的材料；一种剥离剂（**release agent**）。

parting bead 分隔条；双悬窗窗框中将上下两窗扇分开的窄木条；亦称 **parting stop**，**parting strip**。

parting compound 一种脱模隔离涂料（**parting agent**）。

parting lath 薄隔板；用木板条制成的分隔条（**parting strip**）。

parting slip，midfeather，wagtail 吊窗隔条，中导板；嵌在匣形窗框（**cased frame**）中空侧壁内的窄长木条，起分隔窗扇的作用；又称 **parting strip**，**parting bead**。

parting stop 双悬窗分隔木条；见 **parting bead**。

parting strip **1.** 分隔条；将两部分分隔的窄条。例如吊窗隔条（**parting slip**）。**2.** 同 **parting bead**。

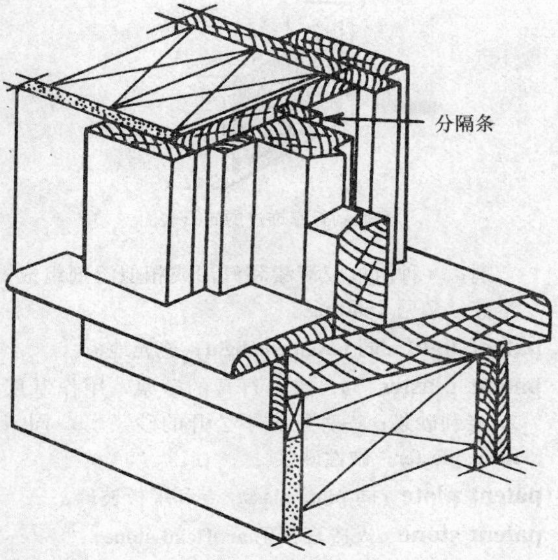

parting tool，V-tool 带有 V 形凹槽的窄刃手持工具；用于木材转弯处开槽或将木料对剖。

parting wall 同 **party wall**；分隔墙。

partition **1.** 承重或非承重隔墙。**2.** 分隔构件；分隔空间并阻挡声音传播的构件或组合构件，如墙、门、窗、屋顶或楼地板与吊顶的组合件。

partition block 隔墙砌块；砌筑非承重墙的实心混凝土块，其断面为矩形，厚度尺寸 10cm 或 15cm。

partition cap，partition head，partition plate 隔墙墙帽；隔墙顶上承托搁栅的水平构件。

partition head 隔墙顶木条；见 **partition cap**。

partition infilling **1.** 同 **fill insulation**；隔墙内填充物。**2.** 填充物；见 **infilling**。

partition plate 隔墙顶部垫板；见 **partition cap**。

partition stud 隔墙立柱；见 **stud**。

partition tile 隔墙砖；内隔墙砖，分隔空间但不承担附加荷载。

partly cloudy sky 半阴天；采光计算中有 30％～70％云量的天空。

partn 缩写＝“**partition**”，隔墙，分隔构件。

parts per million 溶解过程中，实体占总重量的百万分之一，即 0.0001％。缩写为 ppm。

party arch 公共拱，界拱；为两者共有的拱。

party fence 界栏；分隔双方所有权的围栏。

party wall 界墙；产权协议上承认为双方共有的墙，以墙为界划分双方土地所有权。

party-wall house 同 **row house**；联立式住宅。

parvis **1.** 教堂前面的广场。**2.** 寺院前庭。

pascal（Pa） 压力的标准国际单位，1Pa 等于 $1N/m^2$。

pas-de-souris 城堡外从护城河到城门口的阶梯。

pass 焊滴；沿焊缝凝成的焊蚕（**weld bead**）。

PASS （制图）缩写＝“**passenger**”，乘客，旅客。

passage grave，chamber tomb（欧洲史前时期）由巨石长道引导，被人造土丘覆盖的墓室。

passageway，passage 通道；建筑物内连接各房间或场所的空间。

pass door 通行门；舞台口侧墙上的门，联系舞台与观众厅。

passenger elevator 载客电梯；只载客不运货的电梯；又见 **freight elevator**。

passenger elevator car 电梯轿厢；见 **elevator car**。

passenger lift 客梯；见 **elevator car**。

passings 搭接长度；防雨板等板材间相互搭接的程度；同 **lap，2**。

passion cross 同 **Calvary cross**；耶稣受难十字架。

passivation 钝化；通过处理使金属表面形成保护层，从而避免与头道漆发生化学反应。

passive lateral pressure 消极的横向压力；被拦挡的土壤在挡土构筑物上施加的水平土压力。

passive solar energy system 被动式太阳能系统；一种建筑次级系统，主要采用自然方法收集并传输太阳能；利用自然对流、传导及辐射的方法，通过结构散热，从而使室内设计温度保持在一定范围内；参见 **active solar energy system**。

pass-through 隔墙上的洞口；隔墙上联系相邻空间的窗式洞口，主要用于传递东西。

paste filler 嵌缝膏；涂刷涂料前使用的呈膏状的腻子（**filler，3**），使用前需用溶剂稀释。

paste paint 彩色油漆；由油料、颜料及糊状溶剂组成的混合物；需添加额外的溶剂或油料方可使用。

pastiche 混杂；综合了不同的材料、形式、设计主题或风格的作品，通常不协调。

pastophorium，pastophorion 早期教堂至圣所两侧的房间，这种布局形式一直沿用到现代的希腊东正教堂中。

pastoral column 由树干构成的立柱，用在村舍（**cottage orné**）等建筑物中。

Pat. （木材工业）缩写＝“**pattern**”，模板，样板。

pat 试饼；直径7.6cm、中心厚1.3cm的素水泥膏制成的水泥饼，周边渐渐变薄，用于水泥安定试验。

patand 柱脚；见 **patten**。

patch 1. 石材填料；砌筑石块时填补天然孔洞或砌块加工时修补掉边掉角时用的混合物，在塑性状态下使用，并保持与石头色彩及质地相配。2. 木材补片；木工用于填补表面凹坑或替换带有缺陷的部位的木片，称 **insert** 或 **plug**。

patch board，patch panel 接线板（盘）；电路端部连接插头或插座的控电板，也用于临时连接被称作软线的电线。

patch panel 接线板（盘）；见 **patch board**。

patent board 专利建筑板材；专利保护下生产的建筑板材（**building board**）。

patent glazing 无油灰缝镶装玻璃；只使用市售工具不用油灰镶装玻璃的方法。

patent hammer 薄剁斧；用于修饰石头表面的双面斧，每面均有多条平行薄刃。

薄剁斧

patent knotting 补疤液；刷涂料时采用的一种封节剂；一种由虫胶清漆和汽油或相似溶剂组成的溶液；又见 **knotting**。

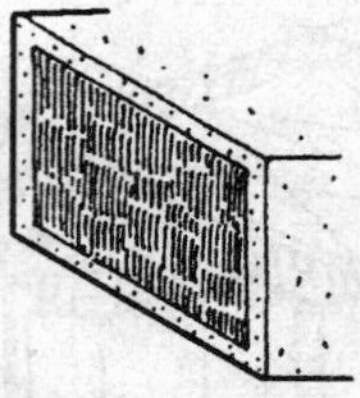

经薄剁斧修饰过的砖石表面

patent light 同 **pavement light**；透光地板。

patent plaster 1. 掺入石膏的砂浆，用作基层。2. 专利砂浆；一种配方不公开的砂浆。3. 同 **cement plaster**；硬性砂浆。

patent plate 同 **plate glass**；专利平板玻璃。

patent stone 人造石；见 **artificial stone**。

patera 圆盘花饰（**roundel**）；以叶子、花瓣等装饰的构件。用于转角处，如墙角空心砌块（**corner block**）上，又见 **rosette**。

建筑圆盘花饰

paternoster 串珠状线脚（**bead molding**）。

path 行道，小径（**footway**）。

patience 同 **miserere**；教堂折椅底下的横档。

patin 柱脚，柱底座，基石；见 **patten**。

patina，patination 1. 绿锈，铜锈；青铜表面生成的绿褐色外壳。2. 气化表层；金属表面生成的薄的复色氧化膜。3. 金属以外其他材料表面形成的膜面。4. 人工仿制的效果。5. 紫铜或紫铜合金长时间暴露在大气中，其表面形成的绿色保护层。

patio 1. 天井；由建筑外墙围合或部分围合的场地或院子。虽然起初特指西班牙住宅中的内院，现泛指靠近住宅的户外休闲场地。2. 早期西班牙-美洲式大四合院，由相互挨着的建筑围护着。

patland 垫底横木；英国早期木工中，构架底边的水平构件。

patten, patand, patin 1. 柱基。2. 柱、桩或扶壁柱的底座（groundsill）。

pattern 1. 模（型、式、板）；以易于加工材料制成的模板，作为作品加工时形状及大小的参考。2. 图案；有立意的设计单元，如菱形图案。3. 阳模；形成线脚内模的模具。

pattern book 一本指导建筑实践的手册，流行于18～19世纪的建筑师中，其内容包括：建筑的各种平面、式样及细部，如柱子、檐口、门廊和窗等。

pattern cracking 龟裂；由于靠近材料表面的混凝土体积的增减，导致表面产生的不规则裂缝。

patterned brickwork 铺砖在色彩、方向、质地或砌合方式（bond, 6）上的变化，具有装饰性。

ptterned glass 压花玻璃；一侧有花纹，另一侧光滑的玻璃。

pattern staining 结构痕迹显现；由于基底材料热传导不同，从而导致外墙内侧墙面或天花表面刷涂料时出现的暗斑。

paumelle 合页；只有一处连接的枢轴式铰链，流行于现代设计中。

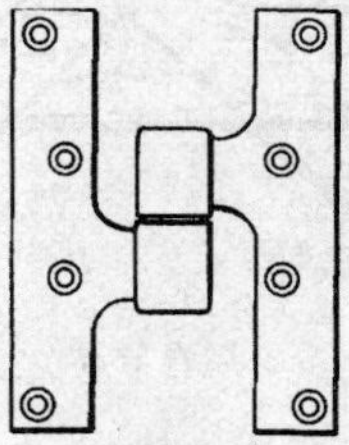

合页转轴

pavement 铺地石；道路、人行道或户外场地上的耐久铺地材料。

pavement base 铺面基层；面层与次基层之间的铺层。

pavement brick 路面砖；一种相对较薄的方形铺地砖。

pavement light 透光地板；装有厚玻璃圆盘或棱镜的路面铺装，允许光线射入下层空间中。

pavement saw 路面切缝锯；装备有圆盘踞，可在刚硬化混凝土板上平移并切出伸缩缝的机具。

pavement sealer 路面封缝料；见 **asphalt pavement sealer**。

pavement structure 基础铺砌层；地基或路基土上 所有的材料层，不包括结构找平层。

paver 1. 铺路石（paving stone），铺路砖（paving brick），铺路面砖（paver tile）。2. 一种厚度减半的铺地砖，常用作地面饰面。3. 平移式混凝土路面摊铺机。

paver tile 铺路面砖；无釉陶瓷或黏土面砖，由粉料加压法制成，其构造及物理特性类似于陶瓷锦砖，但厚度要厚些。

pavestone 铺路石板（paving stone）。

pavilion 1. 用于娱乐或特殊活动（医院中）的建筑物。2. 屋顶装饰穹形物；立面上处于中央或端部的凸出屋面部分，以其高度和特殊形状来强调自身。3. 亭；花园或公园中，通常作为装饰的临时性建筑物或帐篷。

pavilion roof 1. 亭式屋顶，攒尖式四坡顶；四坡相等，如金字塔形的屋顶。2. 多于四坡的等坡多角屋顶。3. 泛指屋脊长度较建筑底边长度短的斜截头屋顶（hipped roof）。

pavimentum 古罗马的夯实混凝土路面；由碎石、燧石、面砖及其他材料构成，用夯实机夯在水泥及火山灰层上而成。

paving aggregate 铺路集料；用于铺路的材料，如碎石、砾石、砂、炉渣、面砖、贝壳及矿渣等。

paving asphalt 铺路沥青。黑褐色的黏稠残渣，主要是从石油中提取的用作沥青混凝土（asphaltic concrete）的胶粘剂。

paving breaker, chipper 路面破碎机；装备有尖形或凿形头的气动手持工具，靠反复敲打，击碎路面或岩石。

paving brick 铺路砖；适用于有抗腐蚀要求路面的砖，又称缸砖。

paving stone, pavestone 铺路石板；经挑选或修整后，用于路面铺装的石板或石块。

paving train 联合铺路机（组）；用于混凝土路面

摊铺的成套设备。

paving unit 铺路块；用于铺路的预制砌块。

pavior，paviour 1. 铺路砖。2. 外观及色彩很好，但硬度及外形尺寸稍差的泥封窑砖（clamp brick）。

pavonaceum 一端呈圆形排列的古代面砖铺装方法，即将两相邻面砖相互搭砌，产生扇形外观。

pavonazzo，pavonazzeto 1. 呈红紫色的孔雀大理石。2. 彩色大理石；古罗马人使用的一种带有非常规则的暗红条纹并夹杂少许黄色的大理石。

pawn 有顶盖的长廊（gallery）。

PAX （制图）缩写＝"private automatic（telephone）exchange"，专用自动电话交换机。

payment bond 付款保证金，付款保函；通过向保险公司购买的一种安全保障形式，确保在建设合同所规定的权责下，订约人将支付人工、材料，以及一切与工程项目相关服务的支出。

payment request 支付条件；见 application for payment。

payments withheld 拒绝付款；建设合同一般性条款中的一条，若工程作业由于背离规范要求而导致工作落后于项目日程，则允许业主拒绝向承包人付款。

PB stucco 缩写＝"polymer-based stucco"，聚合物基底粉刷。

PBX （制图）缩写＝"private branch exchange"，专用电话交换机。

pc 缩写＝"piece"，件、块、片。

PC 1. 缩写＝"portland cement"，硅酸盐水泥。2. 缩写＝"power circuit"，电源电路。3. 缩写＝"piece"，件、块、片。4. 缩写＝"pull chain"，拉链。5. 缩写＝"Producers Council"，生产者协会。

PCA 缩写＝"Portland Cement Association"，硅酸盐水泥协会。

pcf 缩写＝"pounds per cubic foot"，磅/立方英尺。

PC stucco 缩写＝"portland cement stucco"，普通硅酸盐水泥粉刷。

PCSA 缩写＝"Power Crane and Shovel Association"，动力起重机挖掘协会。

p. e. 缩写＝"plain edged"，平光边。

PE 1. （木材工业）缩写＝"plain end"，平头。2. 缩写＝"polyethylene"，聚乙烯。

P. E. 缩写＝"professional engineer"，专业工程师。

peacock's-eye 同 bird's-eye；孔雀眼（木材缺陷）。

pea gravel 绿豆砂；直径大小在 6.4～9.5mm 的天然砾石，根据具体规定筛选。

pea gravel grout 绿豆砂砂浆（grout）。

peak arch 尖拱（pointed arch）。

peak demand 最大需求量；公用事业公司向客户提供的最大化水量或电量。

peaked roof 尖屋顶；有两个以上坡面在屋脊或顶点处汇交的屋面。

peak-head window 1. 顶头为三角形的窗如尖拱顶窄窗（lancet window），常见于哥特复兴式（Gothic Revival）教堂建筑。2. 尖拱顶窄窗。

peak joint 屋脊节点，屋架顶端接头。

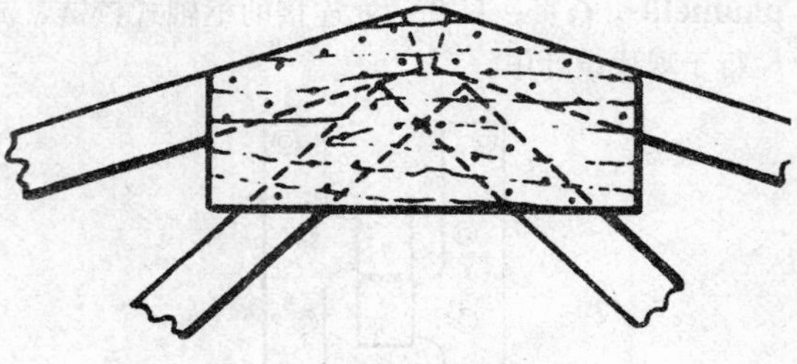

屋脊节点

peak load 最大负载，高峰负荷；设备、系统、结构在使用期最大设计负荷。

peak-load controller 峰荷控制器；电子自动监测及控制装置，用于限制建筑最大用电量。

peak sound pressure 峰值声压；最大瞬间声压值，包括：(a) 瞬间或短时间脉冲式的；或 (b) 经一段时间间歇长时间的声压值。

pean 斧头，锤头；见 peen。

peanut gallery 剧院的顶层楼座。

pear drop 1. 梨形花饰；用于手杖或柱顶的装饰。2. 18 世纪建筑中的小拱座。

pearl essence 珍珠素；从鱼鳞中获得或人工合成的透明的发光颜料，加入清漆中可获得珠光效果。

pearlite 同 **perlite**；珍珠岩。

pearl lamp （英）磨砂灯泡（**frosted lampbulb**）；灯泡内表面经蚀刻制成。

pearl molding 珠式线脚；一串珍珠形饰物的装饰线。

珠式线脚

peat 灰炭，泥炭；由不同腐蚀程度的有机物混合而成的纤维物质，通常为黑褐色、松软状。

pest moss 1. 商品腐蚀土；掺杂或其中已形成苔藓的泥炭。2. 积压着已有部分腐败垃圾的废墟。

pebble dash 同 **rock dash**；干粘石饰面。

pebble wall 1. 卵石墙；以砂浆砌筑卵石而成的墙。2. 用灰浆面层粘贴卵石作为外墙饰面，卵石形成或随意或有设计的外观。

peck 霉斑；木材上由真菌腐蚀形成各自孤立的霉点。

pecked finished 同 **picked finish**；点凿琢面饰。

pecking 同 **salmon brick**；未烧透砖。

pecky timber, peggy timber 有霉斑的木材，有蛀孔的木材；柏树或雪松等木材上的真菌斑点，干燥后腐蚀便不再继续。

pectinated 有齿的，类似梳子。

pedestal 1. 柱、雕像、纪念柱等的基座，古典建筑中的基座由基底石、基座身与基座檐口三部分组成，但在现代建筑中往往简化成一块没有装饰的石块。2. 高不大于宽三倍的竖立受压构件。

pedestal pile 就地现浇的扩底桩；柱底有扩大的底脚。

pedestal urinal 立式小便器；由独立支座支承而不是挂在墙上的小便器（**urinal**）。

pedestal washbasin 台式洗面器；支承在柱形基座上的洗面盆。

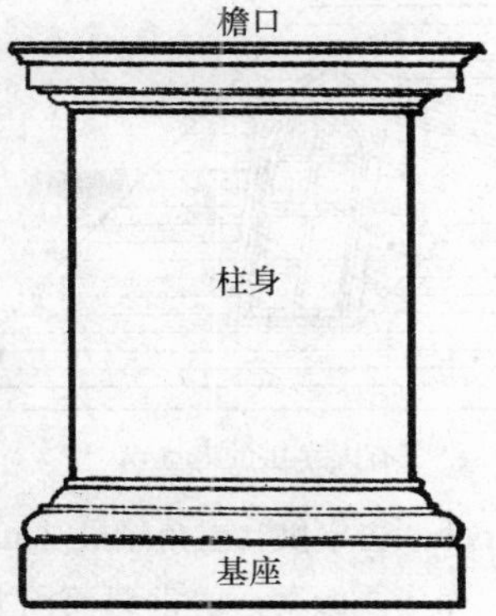

基座

pedestrian bridge 人行桥；见 **footbridge**。

pedestrian control device 行人通行控制器；通常安装在门、栏杆或柱上，用于监测行人流量或控制出入某一区域的人流等。

pede window 十字形平面教堂中对着较长一翼的窗。

pediment 1. 山墙；古典建筑中，由水平檐口与两侧斜檐组成的三角形墙，冠在立面柱廊或主要部分的端墙或列柱之上。2. 三角形楣饰；门窗顶上装饰性山墙或遮檐板，有水平檐口冠以曲线或其他形式的斜檐，顶檐可能在中间断开。特殊类型及其定义参见 **angular pediment, broken pediment, broken-scroll pediment, center-gabled pediment, curved pediment, open pediment, pointed pediment, round pediment, scroll pediment, segmental pediment, split pediment, swan's-neck pediment, triangular pediment**。

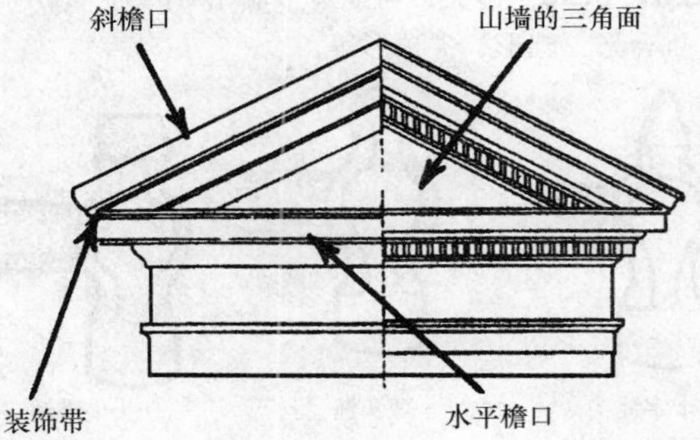

山墙

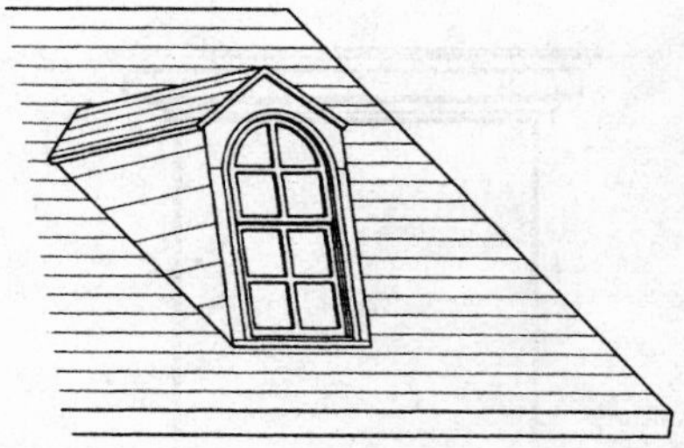

有人字拱的老虎窗

pediment arch 人字拱，三角形拱（**miter arch**）。

peel，pele 堡塔，堡寨；中世纪英国北部的小型防卫型堡宅，一半带有不高的防卫塔，也可作为居住用。

小型防卫型堡宅

peeling 1. 剥落；混凝土表面由于自然退化或表面的黏性消失后出现的薄鳞片现象。2. 起皮；油漆膜或抹灰面中的缺陷导致其失去粘结力，可以用板条剥离。

peel tower 同 **peel**；堡塔。

peen，pean 锤尖；与锤头平端相对的另一端，由锥台形、圆形、尖顶形等。

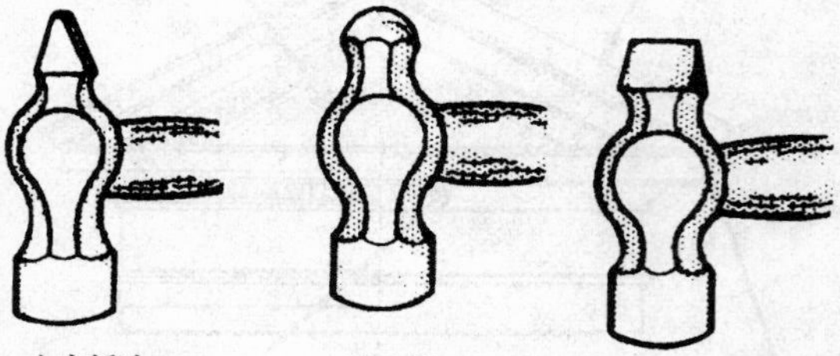

十字锤头　球头锤　直头尖嘴锤

锤尖

peen-coated nail 镀锌钉；见 **mechanically galvanized nail**。

peening 用锤敲打加工。

peg 1. 楔子；由木材或金属制成的紧固用的尖楔（**pin**）。2. 圆形木片；用作紧固木构件的暗销。

pegboard，perforated hardboard 有多排小孔的硬质纤维板，一般厚度为 0.6cm，销孔用于嵌固挂钩或木拴。

peggies 长宽不一的石板瓦。

peggy timber 同 **pecky timber**；有霉斑或蛀孔的木材。

pegma 1. 泛指一切由板材连接制成的古老建材。2. 一种应用在经典的罗马露天剧场中的机械，可以快速更换舞台上的布景。

peg mold 移动模板（**running mold**）。

peg stay 套拴式风撑；用于平开窗（**casement，1**）的一种风钩，可保持平开窗打开后不关闭。

pein 同 **peen**；锤尖（头、顶）。

pele 同 **peel**；堡塔。

pellet 1. 小圆形装饰浮雕。2. 圆形木塞用于掩盖埋头螺钉头。

pellet molding 链珠形线脚；由一系列小圆盘或半圆形突起装饰的线脚。

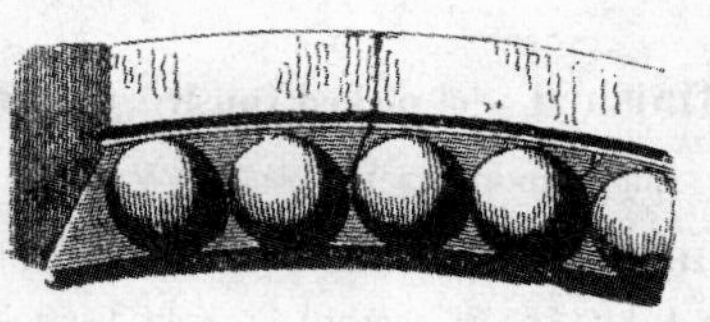

链珠形线脚

pelmet 窗帘匣；安装在窗洞檐口上可遮盖窗帘导轨或托架及配件的檐子，具有装饰性。

pelmet board 窗帘板；安装在窗顶内侧的板，作用同窗帘匣。

pelmet lighting 窗帘板顶泛光照明；见 **valance lighting**。

pen 1. 间；原木建造的矩形房屋的同义词，即一个房间的木屋称一室，两个房间的木屋称两室。2. 用于圈养猪等动物的围栏。

penal sum 罚款总额，赔偿费；合同签署人一旦没有履行合同规定的责任或没有在合同规定的时间内完成执行，他所需支付的罚款金额。

penalty-and-bonus clause 赏罚条款；见 **bonus-and-penalty clause**。

penalty clause 罚款条款；合同中约定一旦一方违约必须支付赔偿的条款。如果该条款于法律上讲过于苛刻，对可能的赔偿评估有失公正，可视为无效条款；见 **liquidated damages**。

penciled 流行于 19 世纪的一种极细的砖缝形式，其做法是：先将砖墙面连同灰缝用砖红色涂料涂刷，再在砖缝中间处用白色涂料勾缝。

pencil rod 细棒材；直径几乎等同于铅笔芯粗细的钢筋。

pendant newel 同 **newel drop**；楼梯扶手转角柱柱脚装饰。

pendant，pendent，pendent drop 1. 悬花饰；哥特式建筑的木屋架或拱券下的装饰部件。2. 垂饰；悬挂在屋架顶板柱底部的雕刻或旋木装饰物，作为正门两侧的装饰，常称为下垂物。3. 从顶上悬下用软导线连接的电子装置或设备。

A—垂花饰

pendant luminaire 悬吊式照明装置（**luminaire**），吊灯。

pendant post 悬柱；在拱脚悬臂托梁屋架（**hammer-beam roof**）中托梁下的立柱。

pendant sprinkler 悬挂式喷头；消防喷水系统中的一种喷头（**sprinkler**），喷头内有一转向器可使向下流出的水向周边散射开来。

pendant switch 悬吊式开关；悬挂在双芯导线端

垂饰—早期新英格兰房屋

头上的开关；用于控制站在地板时上无法触及的电灯或其他用电装置。

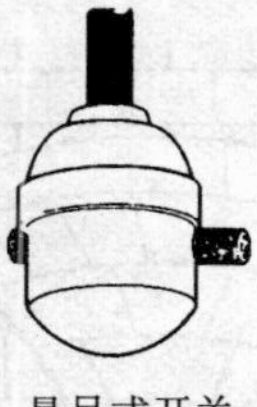

悬吊式开关

pendent 同 **pendant**；悬吊装饰，悬吊的。

pendentive 1. 穹隅；方形墙体向穹窿渐变时的曲面墙体。2. 中世纪建筑及其演化形式中，支墩、墙肩或托梁上支撑穹顶的曲面过渡墙体。

pendentive bracketing 帆拱托架；常见于摩尔或穆斯林建筑中，形式上像帆拱一样的悬挑托架。

pendentive cradling 穹顶的弧形肋，成为肋间抹灰面的支撑。

pendent post，pendant post 1. 悬柱；中世纪英国屋架的下伸小柱，依墙而立，下端由托座支承，上端承托悬臂托梁或系梁。2. 壁架柱；支承上方的拱脚。

pendent sprinkler 悬挂式喷水头；消防喷头（**fire sprinkler**）内有一带齿的转向器，管中向下的水流到转向器后可形成喷洒状水幕。

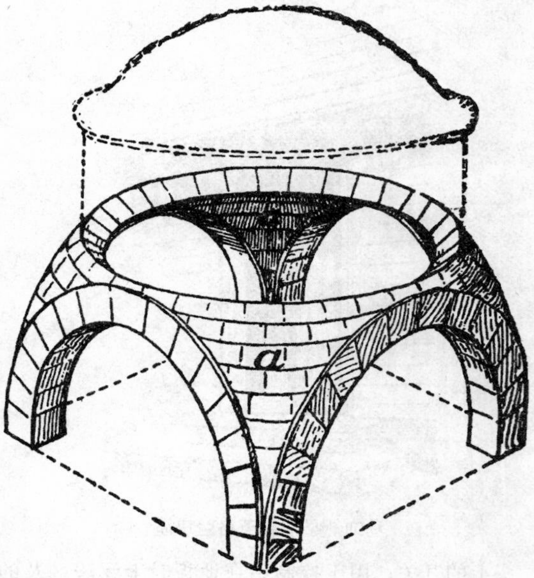

穹隅

曲面过渡墙体

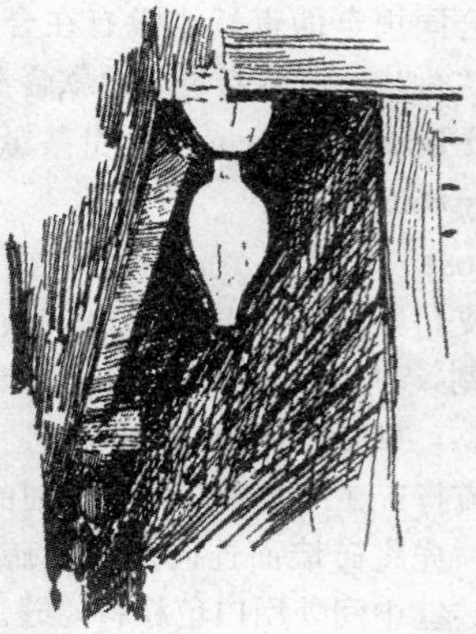

悬垂饰

pendice 平屋顶上的小屋；见 **penthouse**。

pendiculated 小墩（**pendicule**）支承的

pendicule 充当支座的小墩。

pendill 同 **pendant**，**2**；悬垂饰。

pendulum saw 摆锯，吊截锯；见 **swing saw**。

penetralia 1. 建筑物的内部，如密室（禁区）。**2.** 内部房间。

penetrating finish 浸漆涂层；用清漆浸渍木材后形成的非常薄的膜面。

penetration 1. 两拱面的相交点。**2.** 贯入度，针入度；表示沥青材料的稠度。无其他特别的标准时，试验条件应在 25°C 室温条件下，用 100g 的测针垂直放在沥青表面，测得 5s 时间内针下降的高度。

penetration resistance 1. 贯入阻力；指亚层土对贯入的阻力。其方法是记录用一定重量的锤敲击桩、试盒或土样仪产生规定的贯入度所需要的次数。**2.** 抗穿透力；见 **standard penetration resistance**。

penetration test 贯入度测试；为测量钻孔底部砂性土或砂的相对密度而进行的试验；又见 **dynamic penetration test** 和 **static penetration test**。

penetrometer 穿透计；测量标准状态下标准测针刺入材料深度的装置。

peninsula-base kitchen cabinet 伸出墙面的半岛式厨房橱柜。

Penn plan 类似于 **Quaker plan**，但有壁内烟囱（**interior chimney**），而不是外部烟囱（**exterior chimney**）。

Pennsylvania Dutch 18 世纪主要居住在宾夕法尼亚州的德语移民及后代建造的建筑形式，典型的建筑如 **bank barn**，**forebay barn**，**German Barn**，**hex barn**，**Pennsylvania Dutch barn**，**pfeiler**，**rauchkammer**，**springhouse**。

Pennsylvania Dutch barn，**Pennsylvania** 建于

山根底下的两层高车库，其底层坐在坡地上，上层挑出。

penny，penny-size 1. 分；普通钉子（common nail）的型号，其他标准的钉子还要定义钉体及钉头大小。2. 钉子尺寸的后缀（缩写为 d），指钉子标准长度及每磅的数量，如 2 号钉的长度为 1in，每磅 875 个。

pent 1. 同 **chimney pent**；烟囱披檐。2. 同 **pent roof**；单坡屋顶。3. 披檐屋；一边或多边开敞的单坡屋。

pentachlorophenol 五氯苯酚；用作木材的防腐、防霉剂。

pentacle 哥特式窗花格中心以五角星为主题的装饰。

pentastyle 五柱式；特指立面上由五根立柱构成的柱廊。

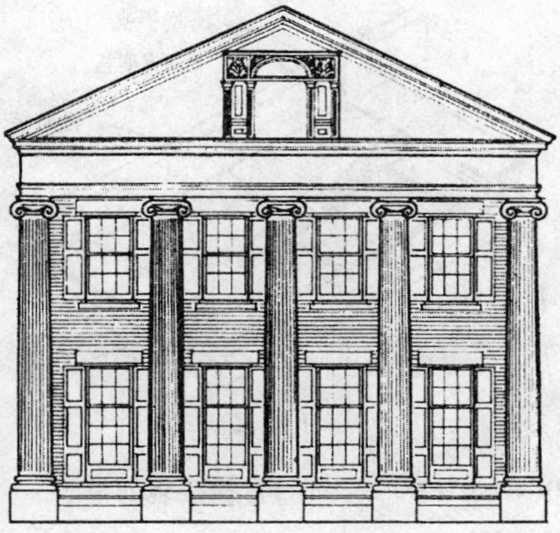

五柱式

penthouse，pendice，pentice 1. 设备用房；平屋顶上小于屋顶面积一半以下的建筑，其中可容纳该楼的电梯机房、通风或空调设备及其他机械电子设备。2. 一个以上房间的公寓，通过一部或多部楼梯或单独电梯直达。3. 披屋（**appentice**）。

pentice 1. 小披屋（**pent roof，1**）；从建筑一侧伸出的，可限定其下入口区域的空间。2. 设备用房；见 **penthouse**。

pent roof 1. 披屋，从房屋一、二层之间的外墙一侧伸出的单坡小挑檐。挑檐不限于装饰，其挑出可遮挡下方的门窗，多数情况下称为遮阳板（**visor roof**）；又见 **skirt-roof**。2. 同 **shed roof**；单坡屋顶。

pepperbox 胡椒盒；外形类似撒胡椒粉的胡椒盒的小圆塔，带有一尖顶。

pepperbox turret 圆形平面，尖顶或半圆顶的塔。

peppermint test 薄荷油试验；一种闻味探测法（**scent test**），它以薄荷油作为下水道检漏时用的味源。

pepper-pot 带有圆攒尖顶的塔楼。

percentage agreement 按总造价百分比计费的合约；以工程款（**construction cost**）的百分比作为专业服务的偿付。

percentage fee 按工程款（**construction cost**）百分比所计的费；又见 **fee**。

percentage humidity 湿度百分比；实际水蒸气重量与等体积饱和水蒸气的重量之比，以百分数表示。

percentage reinforcement 配筋率；钢筋截面积与构件有效截面积之比，以百分数表示。

percentage rental 由承租人向业主缴纳的一种租金形式，通常包含按月缴纳的最低租金，以及当月承租人商业所得中规定的比例。

percentage void 空隙率（相对）；表面积中孔洞所占面积的百分比。

percent fines 1. 细粉率，砂率；小于常规的 74μm 筛孔（No. 200）的骨料所占的百分比。2. 混凝土中细骨料体积占全部骨料体积的百分比。

percent saturation 饱和度；土样中含水的体积与所有空隙体积之比，以百分数表示。

percent voids 空隙率；见 **percentage void**。

perch 石工测量体积用的单位，通常为 5.03m×0.46m×0.30m。

perched water table 滞水面；某一区域下由于有存在不透水层，使其水位高于正常水位（**water table**）。

perclose 中世纪教堂中分隔空间的隔断；见 **parclose**。

percolation 渗透作用，渗漏；水通过多孔材料（如土）渗漏（**seepag**）的现象。

percolation test 渗透试验；确定土壤吸收水流（**effluent**）速度的试验，方法是在土上挖一个洞，注满水之后测量水位下降的速度。

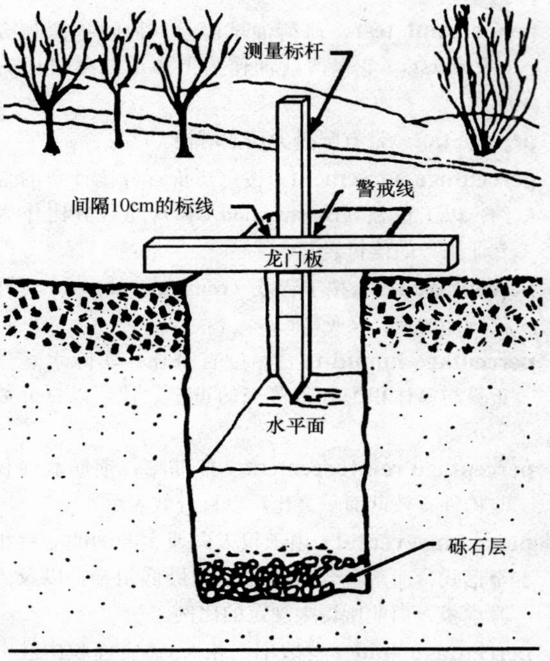

渗透试验

percussion drill 冲击钻，一种气动钻机（**drill**，**3**），钻孔实际上是由钻头经不断冲击完成的。

perennial 多年生植物；生命周期超过两年的植物或灌木。

PERF （制图）缩写＝"**perforate**"，有孔的，穿孔的。

perfect diffusion **1.** 完全散射；光波向各方向均匀发射，并保持各向亮度相同的状态。**2.** 理想散射；声波向各方相等量传播，使得各方反射相同的状态。

perfect six 每层两户、带中央入口的三层砖房；常采用经典的屋顶檐口。

perfection 木瓦；长条形红松木板瓦，其断面厚度为1.4cm。

perforated brick （英）空心多孔砖；穿透性孔的体积超过砖或砌块体积的25%，同时（根据实心砌块标准规定）单孔面积不小于32.5cm²（如3孔砖），以便于砌筑时易于把握。

perforated facing 多孔罩面板；声学构造中，用作罩面能使声音自由穿入下层吸声材料的弹性或刚性穿孔板。

perforated gypsum lath 穿孔石膏板；穿有小孔用于锁固基层灰浆的石膏板条（**gypsum lath**）。

perforated hardboard 多孔硬质纤维板，见 **pegboard**。

perforated metal 多孔金属板；穿有成排孔洞的金属板，孔洞的排列方式有多种可供选择。

perforated metal pan，**metal pan** 多孔金属盘；组成声学吊顶外饰面的一部分，其间的金属板起到承托并保护隔板或层状吸声材料的作用。

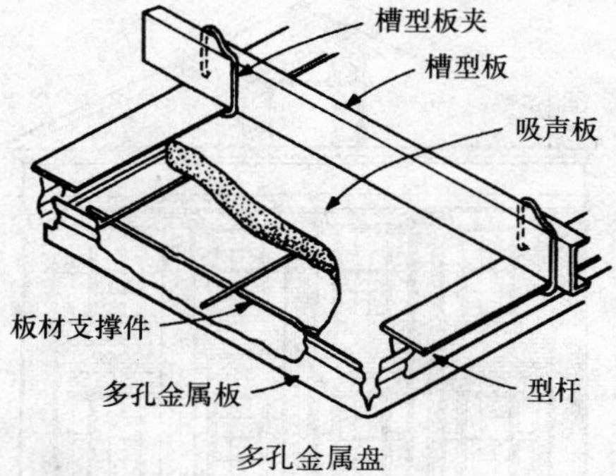

多孔金属盘

perforated tape 修饰石膏板接缝的带子。

覆盖接缝

perforated tracery 同 **net tracery**；多孔窗（花）格。

perforated wall 有孔墙，带有漏窗的墙，花墙；

见 **pierced wall**。

performance bond 履约保证（金）；能确保业主履行合同（**contract documents**）所出具的保证书。如不违背有关法规，常与工料付款承诺书（**labor and material paymant bond**）附在一起。

performance curve 表示一套设备运行状况的曲线图，如电扇单一周期功能特性变化的曲线。

performance requirement 要求材料、设备、仪器或系统必须具有的某种性能。

performance specification （产品）性能标准；成套设备、元件、仪器、装置或材料必须达到的性能标准（**specification**），这些标准与相关的标准相联系。

performance standard 功能标准；建筑结构中，建筑（作为整体）或特定构件的性能标准。

performance test 性能测试；一项针对给定配件、材料、装置、设备或系统是否满足性能所需的测试。

perget 同 **parget**；石膏花饰。

pergola 1. 花园中成排木柱支撑的棚架上攀援植物如藤萝或玫瑰形成遮阴的走廊。2. 蔓藤棚架；形成藤架的排柱。

pergula 同 **pergola**；藤架，凉亭。

periaktos 古希腊舞台两侧放置的换幕机具。

peribolus 古典寺庙周围的圣墙。

periclase 方镁石；存在于硅酸盐水泥、硅酸盐熟料及某些火山灰中的晶体矿物质。

peridrome 古代围柱式寺院中绕圣堂墙和柱子之间的空地或通道。

peridromos 围柱后建筑外侧的一圈窄通道。

periform 梨状的；指形状像梨形的屋顶或线脚（如洗礼堂和东部教堂）。

perimeter beam 圈梁；连接地板搁栅端部或侧边的木梁。

perimeter bracing 沿建筑周边设置的垂直支承构件，又称周边支承。

perimeter drain 周边排水；沿基础墙处设置的排除污水的下水管（**drain**）。

perimeter/floor ratio 建筑标准层上，楼层的全周长与封闭的建筑面积的比值。

perimeter grouting 周边压力灌浆；先用较低的压力沿区域周边灌浆（**grouting**），之后用较高的压力再一次灌浆。

perimeter heating system 周边取暖系统；系统由埋设在房屋地下室混凝土板周边的管道组成，这些管道将产自集中暖气炉中的热风通过送风口输送到指定的房间中，而回风则通过房间吊顶中的回风口送回到锅炉。

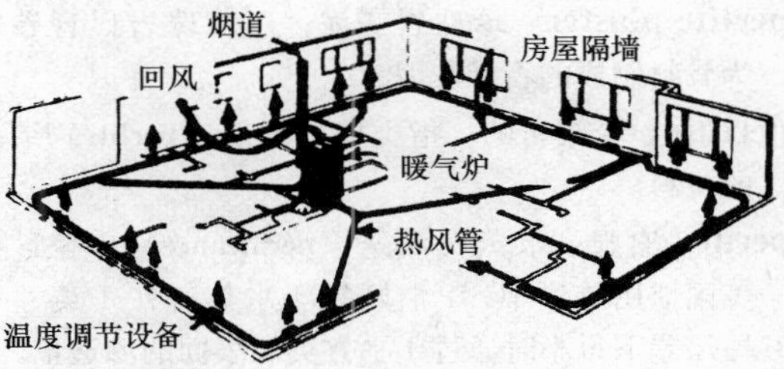

周边取暖系统

perimeter raceway 同 **baseboard raceway**；踢脚板布线槽。

Period Revival 非特定建筑风格，一般泛指某些历史建筑式样（**architectural mode**）的复兴；见 **Colonial Revival**，**Georgian Revival**，**Mission Revival**，**Pueblo Revival**，**Spanish Colonial Revival**，**Tudor Revival**。

peripheral bracing 同 **perimeter bracing**；周边支承。

periphery wall 外墙（**exterior wall**）。

peripteral 围柱式建筑；指周边围以单排柱廊的古典建筑。

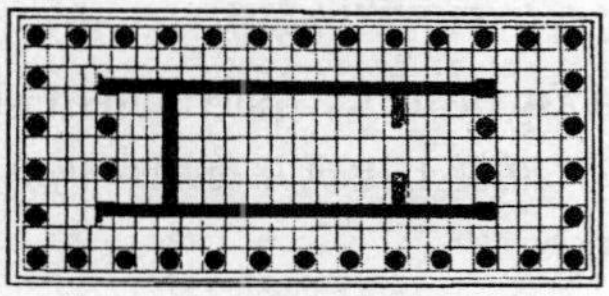

围柱式建筑

peripteros，**periptery** 单排围柱式建筑。

peristalith 环绕墓穴的竖立石，石碑圈。

peristasis 石柱；形成围柱式建筑的一圈柱子。

peristele 形成石碑圈的石柱。

peristerium 内祭坛天盖，第二坛天盖。

peristyle 1. 柱列；环绕建筑（内院子）的列柱。2. 列柱廊。

perithyride 同 **ancon**；托座。

perling 同 **purlin**；檩条，桁条。

perlite 珍珠岩；加热后其体积可膨胀 15～20 倍，可作为轻质骨料用于灰浆或石膏墙板中，亦可作为松散绝热材料或混凝土骨料。

perlite plaster 珍珠岩灰泥；用珍珠岩代替砂作为骨料制成的石膏灰泥。

perlitic 珍珠岩的；指类似珍珠岩（**perlite**）结构的材料。

perm 泊姆；水蒸气渗透（**permeance**）单位，在美国惯用单位中，1 泊姆等于水蒸气在 1 英寸汞柱压差下每小时通过 1 平方英尺表面的渗透量。

PERM （制图）缩写＝"**permanent**"，固定的，永久的。

permafrost 永久冻土；在北极或近北极地区多年不化的冻土、冻亚层土，或其他冻沉积层。

permanence 耐久性，持久性；抵抗腐蚀对黏着力影响的能力。

permanent bracing 固定拉杆，永久撑杆；构成整体结构中不可或缺的支撑。

permanent construction 永久（性）建筑；施工现场，除如下情形以外的建筑：场地的平整（例如清扫、平整和填充）；基础、地下室、地基火桥墩的挖掘；类似车库、棚屋等非主体建筑部分的附属设施的安装。

permanent form 永久模板；浇筑混凝土并具有一定强度后仍不拆除的模板（**form**）。

permanent formwork，permanent shuttering 永久模板；混凝土浇筑并凝固后仍不拆除的模板（**formwork**）。

permanent load 恒载，永久负载；由结构永久性承担的荷载，死荷载或固定荷载。

permanent seating 永久性坐席；集会场所中，在最小规定时段内保持固定的座位；时间至少是六个月或更长。

permanent set 永久（残余）变形；弹性材料经过一定标准时间段的压缩后，其长度改变（以原有长度百分比表示）得不到恢复的变形。

permanent shore 永久支柱（撑）（**dead shore**）。

permanent shuttering 永久性模板；混凝土灌浇后遗留在远处，作为结构一部分的永久模板。

permeability 1. 透气性；多孔材料允许水蒸气透过其空隙的特性；又见 **permeance**。2. 渗透性；砂、石等材料的透水性。

permeability test 渗透试验；水在压力作用下透过混凝土的试验。

permeameter 渗透仪；用于测量土壤等材料的渗透性（**permeability，2**）的仪器。

permeance 渗透率；某种材料阻止水渗透的测试，以泊姆为单位，等于（a）两平行表面之间材料中透气速度比上（b）两表面气压差。

permissible stress 同 **allowable stress**；容许应力；在结构设计中，在荷载规范规定的荷载作用下最大的容许应力。

permissible working load 允许的工作负载；结构预期的工作荷载。

permit 执照，许可证；由政府机关签发的合法的特定工作许可证。

PERP （制图）缩写＝"**perpendicular**"，垂直线（面），正交（的）。

perpend，perpend stone 贯石，控石；长边垂直于墙面的矩形石砌块，其长边等于墙厚而两端头露出。

Perpendicular style，Rectilinear style 流行于 1350～1550 年间的英国，是继装饰风格及伊丽莎白式建筑之后，哥特式建筑的最后一个阶段（也是流行时间最长的）的建筑形式。其特点是：结构中强调垂直线，常以扇拱装饰，其最终演变形式（1485～1547）称之为都德式建筑。

perpendicular tracery，rectilinear tracery 垂直窗饰；带有众多直升至窗券的窗棂的窗花格，竖梃被重复性的竖向长方格气窗间隔。

perpendiculum 铅垂线；古代砖石工等使用的。

perpend wall，perpeyn wall 单石墙；砖石砌筑

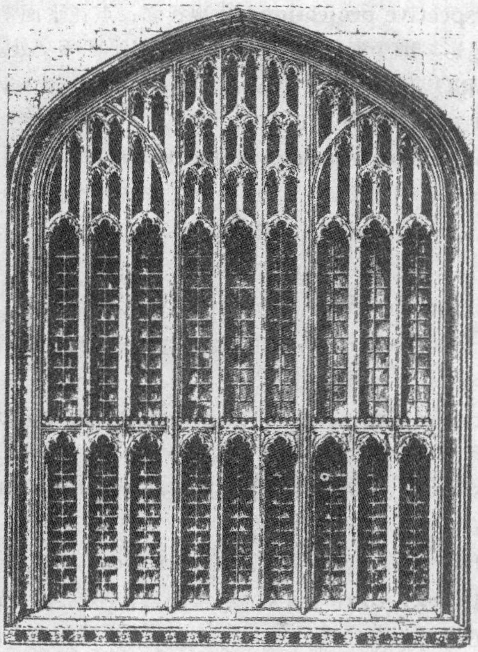

垂直窗饰

单石墙

时全部为丁头砖的墙。

perpeyn 同 **perpend**；穿墙石（丁头），拉结石。

perron **1**. 大建筑物门前的平台。**2.** 大门前引至大平台的石台阶，通常为对称式。

石台阶

Persian 饰以波斯服装的男像柱（**telamon**）。

男像柱

Persic column 埃及复兴建筑中，铃形柱头上具有莲花装饰的柱子。

persienne 可调节叶板的外百叶窗（**louver window**）

person 根据绝大多数法规（**codes**）指任何个体、合伙人、企业法人或其他合法主体。

persona 大理石面具；形状夸张的人头或动物头面具，可作为建筑瓦当、装饰性排水口或滴水嘴。

personal injury 个人伤害；保险技术术语中指个人的名声及身体方面的伤害，个人伤害保险通常包括以下情况：错误的逮捕；恶意的告发；野蛮的拘禁；诽谤、诋毁、破坏名声；错误的逐出、

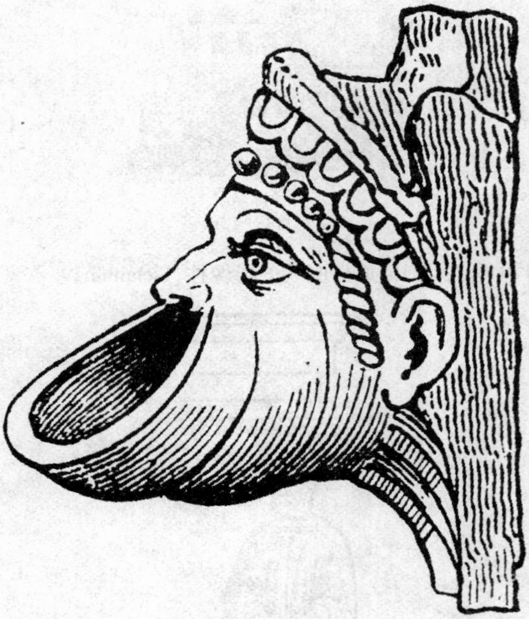

大理石面具

侵犯个人隐私以及对房屋的侵入；又见 **bodily injury**。

personal property 个人财产，动产；可移动的及不动产（**real property**）以外的其他财产。

perspective 1. 透视法；在平面上表现立体的方法。2. 透视图；用透视法画的画或图。

perspective center 灭点；一束透视线汇聚的点。

perspective drawing 透视图；表现物体及其各部分的三维图像。

perspective plane 透视图；具有灭点的平面图。

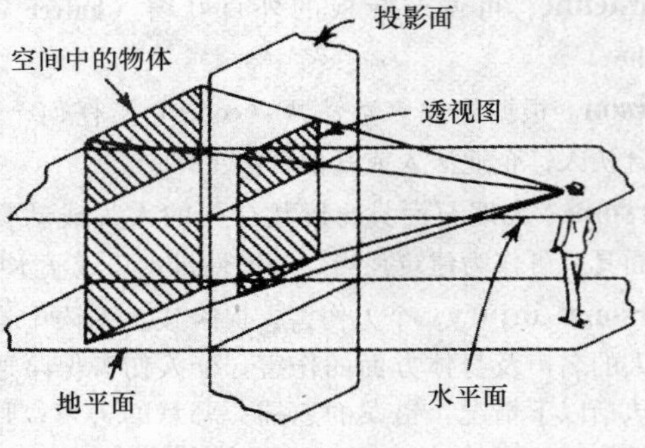

透视图

perspective projection 透视投影；点在平面上的投影，即为通过该点的直线与投影平面相交处。

PERT 1. 缩写＝“**project evaluation and review technique**”，计划评审法。2. 评估技术程序；见 **program estimation revaluation technique**。

pertica 中世纪教堂圣坛后节日悬挂圣物的梁。

PERT schedule 计划评审工作日程，评估技术程序；又见 **critical path method**。

pervious cesspool 透水污水池；见 **cesspool，1**。

pervious cover 允许雨水渗透至土壤中的植被区域。

pervious soil 透水土；允许水相对自由地运动的各种可渗透土。

pessulus 古罗马门上用于固定插销的叶片，通常有两片，门顶和门底各一片。

petal 屋面搭接叠覆木瓦（**imbrication**）中的一片。

pet cock, draw cock 小型旋塞，小活塞；安装在管道系统中或设备上的塞子，用于泄放空气的。

Petersburg standard 彼得斯堡木材体积标准；见 **Petrograd standard**。

Petit truss 普拉特桁架（**Pratt truss**）的改进型，加有副斜杆。

petrifying liquid 1. 防潮液；应用在石材表面的一种低黏度、渗透性防水材料。2. 一种涂料添加剂。

Petrograd standard 英国木材计量单位，1 标准计量单位＝4.67m^3（165ft^3）。

petrographic analysis 岩石（相）分析；试验测定岩石的矿物质和化学成分，也可分析混凝土的组成，进而得出水泥的大致成分。

petroleum asphalt 石油（地）沥青；直接从石油中提取，有两种类型：沥青基和石蜡基。

petroleum hydrocarbon 石油烃；从原油中提取的各种溶剂，用于降低油漆中油和树脂的黏（滞）度。

petroleum spirit 汽油；见 **mineral spirit**

pew 教堂祈祷室中靠背长椅；又见 **box pew**。

pfa （英）缩写＝“**pulverised-fuel ash**”，粉煤灰。

PFD （制图）缩写＝“**preferred**”，较佳的。

靠背长椅

pfeiler 宾夕法尼亚东部人的谷仓中用于支持风雨檐（forebay）的柱子。

ph 缩写＝“phot”，辐透；（照度单位，＝1lm/cm²）。

pH 溶液的酸碱度数值，中性溶液其 pH 为 7.0，碱性增加则 pH 上升，酸性增加则 pH 下降，又见 **pH value**。

PH 1.（制图）缩写＝“phase”，相（位）。2. 缩写＝“Phillips head”，十字槽螺丝头。

1PH 缩写＝“single phase”，单相。

3PH 缩写＝“three phase”，三相。

phantom line 点划线，虚线；通常由长短线段交替组成，表示一物体的一部分的替换位置、重复的细节或空缺的相对位置。

phase 阶段；建筑师提供的一项基本服务，作为建筑师与业主所达成的专业服务合约书中的一部分；分为以下几个阶段：方案设计（schematic design），设计扩初（design development），施工文件（construction documents），投标（协商）[bidding（negotiation）]，以及工程合同管理（construction contract administration）。

phased application 分阶段间隔操作；铺屋面防水材料时，两个以上施工程序应至少间隔一天。

phased construction 阶段施工法；设计与施工同时开展，以此缩短工程完工期限。

phenol 苯酚；用于生产环氧树脂、苯酚甲醛树脂、增塑剂、塑料以及木材防腐剂的酸类成分。

phenol-formaldehyde resin，phenolic resin 苯酚甲醛树脂；用苯酚及甲醛合成的廉价的具有热塑性、防水性、防霉性的高强树脂，耐久性尤为突出。用于胶粘剂、外用或船用胶合板、层压制品以及膜制物品的生产。

phenolic foam 酚醛泡沫塑料；一种用来隔热的热固性泡沫塑料。

phenolic resin 酚醛树脂；见 **phenol-formaldehyde resin**。

Philadelphia leveling rod 一个由两根带有刻度标尺组成的水准标尺，可作为自读型水准标尺使用。

Philippine ebony 菲律宾乌木；见 **ebony**。

Philippine mahogany，red lauan，white lauan 菲律宾红木；产于菲律宾的几类树木的木材，不是真正的红木，只是纹理上像红木。包括密度从很轻到很重，颜色从浅黄、粉、赭石到暗红的多种。通常质重色暗的木材耐久而且强度高，可充当作红木用；质轻色浅的可用于室内木工制作、胶合板及普通结构中。

Phillips head 有十字形窄槽的螺钉头。

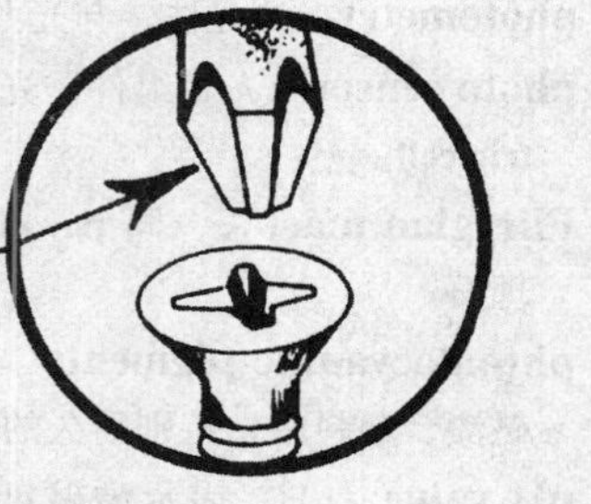

十字形螺丝刀与螺丝钉图示

Phon 方；声音响度单位。

phosphated metal 经磷酸预处理的，以备涂刷面漆的金属表面。

phosphor 磷光体，黄磷；一种具有发光能力的物质，用于各种辉光灯泡的内表面，如荧光灯粉，可吸收紫外线并发出可见光。

phosphorescence 磷光现象，磷火。吸收电磁辐射后发光并可保持一段时间的现象。

phosphorescent paint 磷光漆；见 **luminous paint**。

phosphor mercury-vapor lamp 内表面涂有黄磷的弧光玻璃管构成的高压水银灯（**mercury-vapor lamp**），其色彩是由黄磷而不是电弧产生的。

phot 辐透，（照度单位，$=1lm/cm^2$）缩写为 ph。

photisterium 同 **baptistery**；洗礼堂。

photoelectric cell 光电管，光电池；并入电路中的装置，随投在装置上的光线、输出的电流及电阻的变化而变化，用于受照度控制或间歇光柱控制的测量仪或控制仪中。

photoelectric control 光电控制；具有受瞬间变化的光线控制的功能。

photoelectric smoke detector 光电烟感探测器；一种光电探头，其工作原理是：当火灾初期产生的烟挡住了光电管的光线，火灾报警器便被启动。是一种迅速发现火灾的最为有效的方法。

photogrammetry 摄影测量法；用摄影进行远距离测量的有效方法。

photographing 同 **telegraphing**；墙面层下底层图迹在面层上的透现。

photometer 光度仪，曝光表，测光仪；测量光线质量的仪器，诸如亮度、照度、光通量及辉度。

photometry 测光法；与光照质量有关的测量。

photo sensor 光敏组件，光传感器；见 **photoelectric cell**。

Phrygian marble 同 **pavonazzo，2**；弗利吉亚大理石。

phthalocyanine pigments 酞菁颜料；用于油漆、磁漆、塑料中，特别耐久的蓝绿色颜料。

pH value pH；表示酸碱度的数值。数值 7 为中性，酸度增加数值下降；碱度增加数值上升。

physical depreciation 实物折旧，有形损耗；由于老化、使用、磨损和毁坏导致建筑的贬值。

physical disability，physical handicap 身体上的残疾，包括：需要使用轮椅的损伤；上下楼梯困难需要拐杖或其他人工支持；听觉或视觉（全部或部分）残缺造成在公共场所中存在危险，以及因年老或不协调造成的障碍等。又见 **Americans with Disabilities Act**。

physical stability 产品处于正常使用范围时保持其物理尺寸和性能的能力。

piache 有顶的拱廊或门廊。

piano hinge 长条铰链；见 **continuous hinge**。

piano nobile 文艺复兴式建筑中有正式接待室和饭厅的楼层，通常作为主要楼层，设于首层的上层。

piazza 1. 内天井；其四周处于建筑的包围之中。2. 在法国本土建筑和美国殖民建筑（尤其在南部）及其演变形式中偶尔指用柱子抬高的步廊或游廊。

piazza house 有时用于指卡尔斯顿住宅。

pick 镐；用于敲碎或弄松压实的土或岩石的手工工具。由一个一头尖或两头尖的弯曲钢镐头与一个木制手柄组成。

pick and dip，Eastern method，New England method 砌砖挤浆法，东方砌砖法或新英格兰砌砖法；砌砖工一手托砖一手持装满灰浆的抹刀进行砌筑的操作法。

pickax 手镐（**pick**）或丁字镐（**mattock**）。

pick dressing 粗琢；用大镐或楔形锤对大块方形岩石进行头道简单的修饰。

picked finish 粗琢饰面；石砌块上用手镐或尖凿琢饰的带有小点点的饰面。

picket 同 **pale，1**；尖木桩。

picket fence 尖桩栅栏；由一系列竖直的桩与水平栏杆绑扎在一起形成。

picking，stugging，wasting 同 **dabbing**；凿琢。

picking up 油漆咬底；刚涂刷的油漆与下层没有干的油漆混合的现象。

pickled 对金属表面的一种处理，其方法是将金属浸泡在强氧化剂（如酸）中，清洗其表面并形成一层强氧化膜，以增强其抗腐蚀能力。

pick point 礼堂顶棚内，用来支撑并降下条幅、扩音器、布景或其他类似物的位置。

pickup 无益的粘附；类似固体材料粘附在密封剂表面上的一种无意义的粘贴。

pickup load 启动负荷；供热系统点火启动时通常的热量消耗，表明管道及散热器在正常温度下的散热量。

picnostyle，pycnostyle 密柱式（柱距为 1.5 柱径的形式）；见 **intercolumniation**。

picowatt (pW) 动力单位，等于 10^{-12} W。

picture molding, picture rail 挂镜线；靠近天花板处用于支承挂画钩的各种水平线条。

picture plane 图面，成像面；透视图中构成物体的一系列线的投影平面，是一个假想的平面。

Picturesque Gothic 有时指浪漫哥特式（**High Victorian Gothic architecture**）。

Picturesque Movement 浪漫主义运动；从 1840～1900 年间由一批建筑师在欧洲发起的运动，他们奉行一个理念：建筑创作不应受正统的古典建筑形式的束缚，而应建立在浪漫主义的基石上。"**Picturesque**"不特指某种建筑形式，它包含了许多与浪漫主义相关的建筑形式或式样，如：异国情调的复兴（**Exotic Revival**），哥特式复兴（**Gothic Revival**），意大利式风格（**Italianate style**），安妮女王风格（**Queen Anne style**），理查森式罗马风格（**Richardsonian Romanesque style**），第二帝国风格（**Second Empire style**），美洲木结构建筑式样（**Stick style**），瑞士别墅式（**Swiss Cottage architecture**）。

picture window 借景窗，眺望窗；住宅或公寓中，可以将外部迷人景色引入室内的大型固定玻璃窗，通常其两侧有可开启窄窗扇。

piece dyeing 匹染；为编织后的织物染色，不同于编织前给纺线染色的方式。

pieced timber 1. 组合木材；由两层木片叠压形成的木料。2. 修补过的木材；用好木条补镶的木料。

piece mark 装配构件记号；构件在生产线上印制的与销售图纸上的相同的编号。

pièce sur pièce construction 法国乡土建筑的一种建造方法，由阿卡迪尼从加拿大带到路易斯安那州的，其方法是用修整好的矩形大木料建造小住宅时，在每一根水平放置的木料端头刻榫，与另一垂直放置的木料上的榫槽咬合，形成坚固的连接。

pien, piend 1. 屋脊。2. 尖脊（**arris**）。

pien check, piend check 踏步板槽口，石级间搭接扣；石头踏步块沿正面下边的槽口，与相邻下块踏步槽口相配。

piend rafter 同 **hip rafter**；四坡屋顶的坡面椽子。

pien joint 石头楼梯中两块踏步间由搭接槽口（**pein check**）互搭形成的连接。

pier 1. 承集中荷载的墩子。2. 扶壁；与墙合为一体、但断面加厚的构件，用于承受侧向荷载或竖向集中荷载。

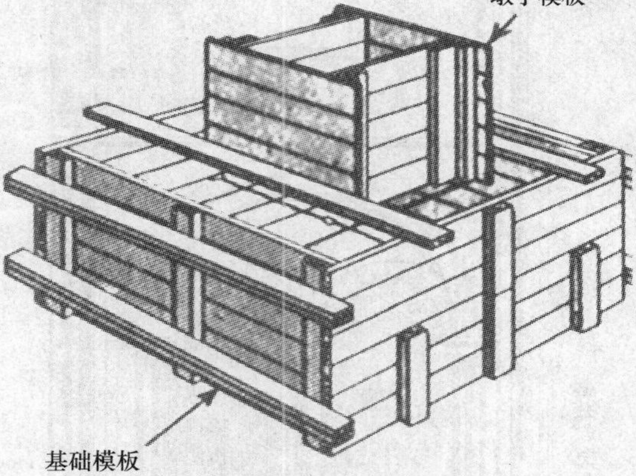

典型的混凝土墩子及其基础

pier-and-spandrel 墙体中金属竖柱，用于支撑挑窗及窗下墙（**spandrel**）。

pier arch 墩拱顶；拱脚支撑在墩子上，尤其指沿教堂主厅的侧拱廊（**nave arcade**）。

pier block 实心块材；见 **double corner block**。

pier bonding 墩子与墙体一起砌筑的砌合法。

pier buttress 承担飞拱水平推力的墩子（**pier, 1**）。

pierced louver, punched louver 装在门板上的百叶窗。

pierced wall, perforated wall, screen wall 透空墙；装饰性透空的非承重墙，由矩形和其他形式的砌块交替组砌，形成漏空效果。

pierced work 镂空的花饰；由孔洞形成的装饰图案；又见 **gingerbread** 和 **openwork**。

pier glass 窗间墙镜；覆盖两窗之间从天花到地面的大部或全部墙面的窄长镜子。

pierrotage 美国南部法国乡土建筑中使用的石膏灰泥或黏土与小石子的混合物，用于填塞在带有斜撑的半木构架之间；又见 **bousillage**。

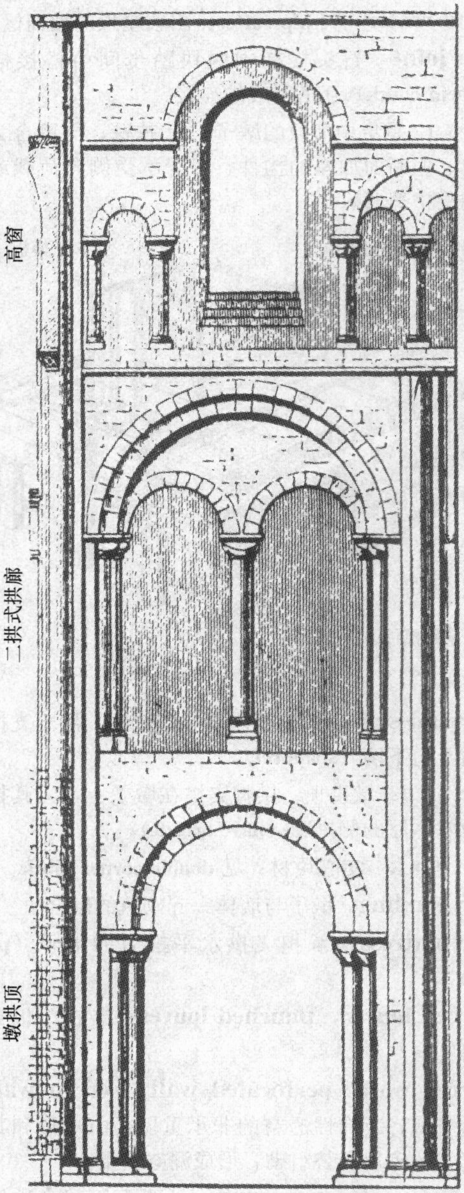

墩拱顶

镂空的花饰

pietra dura 作为装饰用的薄镶嵌石板。

pieux à travers 起源于18世纪，路易斯安那州出现的法国民居，将笔直的柏树桩埋在房前的空地上作为栅栏。

piezometer 流体压力计；用于测量土中毛细水压（**pore water pressure**）。

pigeonhole **1.** 小房间。**2.** 剧院看台最上排的座位。

pigeonhole corner 用没经修整的方头砖砌锐角墙时形成的凹凸不齐的墙角。

pigeonholed wall 同 **honeycomb wall**；多孔墙，花格墙。

pigeonnier，pigeon house 同 **dovecote**；鸽舍。

pigeon roof 汇聚在一点的四坡屋顶，亦称金字塔顶。塔尖常有装饰。

pig iron 生铁；经熔化并浇铸成锭的高碳原铁矿石，作为原料可重新熔化生产建筑铸铁产品或经进一步冶炼生产钢材。

pigment **1.** 颜料；有机或无机细粉末，可散布于液体载色剂中制成涂料。此外，可改善涂料的基本性质如：不透明性、耐疲劳性、耐久性及耐腐蚀性。**2.** 着色剂；极细的彩色粉末，用于彩色混凝土中等。

pigment figure 色素图案；青龙树和斑木树中由颜色而不是纹理形成的图案。

pigment-to-binder ratio 涂料中颜料与胶粘剂重量之比。如以百分数表示每100 lb胶粘剂中颜料的重量数。

pigment volume concentration 颜料占涂料总体积的百分比；见 **PVC，1**。

pigtail 软导线；连接用电元件与电路的。

pigtail splice 平行扭接；导线之间的一种连接方式，先将两导线头并置，然后扭在一起。

pig tin 锡锭；含99.80%以上的纯锡。

pila **1.** 意大利教堂的圣水池；钵支撑在柱身上，

而不是从墙上或柱上挑出。**2.** 支撑屋顶梁的柱顶方块石。**3.** 有考古价值和趣味的灰泥。

Pilaster 1. 壁柱，半露柱，附墙柱；附着在墙上的柱或支柱，通常有柱头和基础。2. 不起支撑作用的方形或半圆形的装饰性假柱，常用于入口和其他门口处，或作为壁炉前装饰；通常包括基础、柱身和柱头，有时作为墙体的突出部分。

pilaster base 壁柱基础；同 **base block**。

pilaster block 半露砌块；见 **double corner block**。

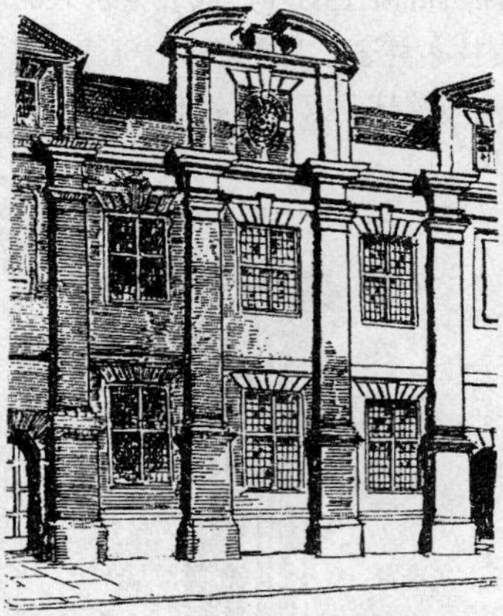

壁柱

pilaster buttress 壁柱加固；一种壁柱的宽度随高度逐渐增加的形式。

pilastered chimney 带壁柱的烟囱；烟囱的表面带有壁柱，用于装饰和（或）增加强度。

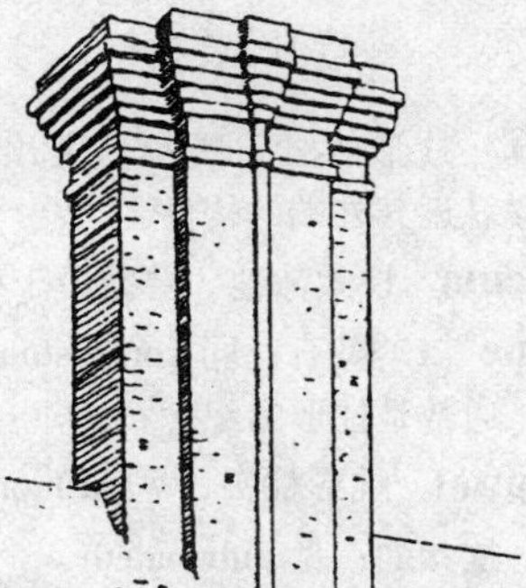

带壁柱的烟囱

pilaster face 壁柱立面；与墙面平行的壁柱外表面。

pilaster mass 短壁柱，无帽壁柱；与墙体合为一体的附墙柱，通常没有柱头和柱基。

pilaster side 壁柱侧面；与墙壁相垂直的壁柱外立面。

pilaster strip，lesene 无柱础、柱帽的壁柱，柱条，长壁柱；与无帽壁柱（**pilaster mass**）同，但通常指略突出于墙面的细扶壁柱；在中世纪风格的建筑中，常与支座结合在一起。

pilastrade 一排壁柱（**pilasters**）。

pilastrelli 一种位于窗边或门边的壁柱。

pile 1. 桩，桩柱；直径通常不超过 2 英尺（0.6m）的混凝土、钢或木柱子，沉入或插入土中，用于承受竖向荷载或提供侧向支撑。**2.** 见 **carpet pile**。**3.** 进深；一种术语，用来表示一幢房子从前到后的房间数；例如，一幢两进深的房子在正面与背面之间有两个房间。

pile bearing capacity 桩承载力；一只桩柱上或者一组桩柱中每只桩柱上承受的最大荷载。

pile bent 桩排架，桩的横向构架；横向之间通过桩承台（**pile cap**）或支撑连接在一起的成排桩。

pile butt 桩端（头）部。

pile cap 1. 桩承台；覆盖在一组桩柱端头的板或连系梁，使荷载分散至各桩，形成一组共同工作的桩基。**2.** 桩帽；预制桩端部的金属帽，在击打时为其提供临时的保护。

pile core 桩芯，钢管空心桩的芯棒；同 **mandrel，1**。

pile cushion 桩垫；桩帽和混凝土桩柱之间的部件，用于保护桩柱端部以防其被击碎。

pile driver 打桩机；对桩柱端部反复击打使其入土的一种机具；包括支撑与滑动重锤的支架和由空气或蒸汽驱动重锤升降的装置。

pile driving cap 桩帽；见 **drive cap**。

pile eccentricity 桩的偏心（倾斜）度；桩柱相对其支撑面或者铅垂线的偏差度，桩柱偏心会降低其竖向承载力。

pile encasement 桩柱套；桩柱外的保护套。

pile extracter 拔桩机；把桩柱从土壤中拔出的机具，如通过双动式打桩机与桩柱相连，击打产生对桩柱向上的力。

pile foot 桩脚；桩柱的下端。

pile forte 在六面拱顶形式中，细长肋交替穿插的形式。

pile foundation 桩基础；由桩柱、桩承台和桩带（如果需要）组成的一套承载系统，用于将荷载传递给桩柱周围的岩层或土层。

pile friction 桩柱摩擦力；作用在嵌入式桩柱柱身的摩擦力的总和，由（a）桩柱和土壤间的黏着力和（或）（b）桩柱周围的土壤的剪切强度限定。

pile hammer 桩锤；以重物（重锤）击打桩柱或承台梁使其进入土中的设备；重物可以由重力作用自由下落或者由蒸汽、压缩空气和狄塞尔内燃机（柴油机）驱动。

pile head 桩头；桩柱的上端。

pile height 绒毛高度，绒头高度；见 **carpet pile height**。

pile helmet 桩盔，桩顶帽；同 **pile cap**，**2**。

pile hoop 桩箍；同 **drive band**。

pile load test 桩载荷试验（桩承重试验）；用通常是设计荷载的150%或200%的荷载施加于桩柱的试验，用来核对或者确定设计荷载。

pile penetration 桩贯入度；桩柱端部到达的深度。

pile rig 打桩机；同 **pile driver**。

pile ring 护桩箍；同 **drive band**。

pile shoe 桩靴，桩尖，桩履；桩脚（**pile foot**）上的点状或圆形的金属装置，有助于桩柱沉入土中。

pile tolerance 桩位公差；**1.** 桩身相对于垂线方向的允许偏差。**2.** 桩身相对于水平面的允许偏差。

pile tower 中世纪英国小型堡寨，堡宅，堡塔；同 **peel**。

pile weight 绒毛重量；见 **carpet face weight**。

pilier 路易斯安那州的法国式乡土建筑（**French Vernacular architecture**）中，克里奥尔房屋中的矩形柏木（防腐的）底板，它们将荷载传给下面的土壤。

pilier cantonné 哥特式的复合墩；一种哥特式复合柱墩（**compound pier**），由四根方向互成90°角的小柱围绕巨大的核心柱组成，小柱与各向的拱廊、教堂侧廊和教堂正厅穹顶相对应。

piling （涂层）堆积；涂料在涂敷时快速获得的黏性，它使涂料不易形成光滑连续的涂膜。

piling pipe 桩管；具有便于焊接的斜边端部或平端部的无缝钢管或焊接钢管，其截面为圆筒状，可作为浇筑混凝土的外模或成为永久的承重构件。

pillar 支柱，柱子，柱状物，中心立柱；作为主要竖向支撑的圆柱、支柱、壁柱或柱形物。

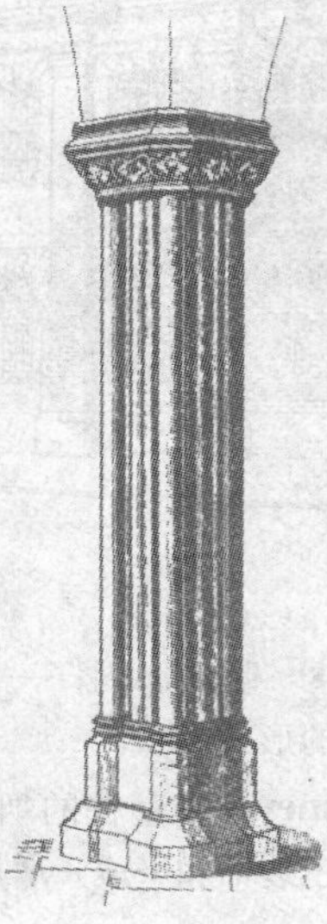

直立柱式

pillar bolt 柱形螺栓，螺撑；突出的钮状螺栓，用来支撑靠近其外端的构件。

pillar piscina 柱式泳池。单独位于柱上的泳池。

pillar-stone **1.** 隅石；同 **cornerstone**。**2.** 柱状石纪念碑；通常是柱形的纪念石。

pillow capital 枕形柱头；见 **cushion capital**。

pillowed 枕状的；见 **pulvinated**。

pillowwork 表面枕头形凸块装饰处理；对表面进行枕状凸起的装饰处理。

pilot boring 先行试钻；在基础施工中，用来确定钻探要求的初步钻探或系列钻探。

pilot hole 定位孔；作为钉子、螺丝钉的导孔或作为较大尺寸孔的辅助孔。

piloti（复数）**pilotis** （房屋）架空底层用支柱；使建筑物高出地平面其首层向外开敞的独立的柱或桩。

pilot lamp 见 **pilot light，1**；指示灯；与电路、控制装置等相联系指示其运转状态的灯。

pilot light 1. 指示灯；与电路、控制装置等相联系指示其运转状态的灯。2. 引火；用来点燃气具灯芯的不间断燃烧的小火焰。

pilot nail 定位钉，安装钉；将木板或木方临时固定在一起以便进一步固定的钉子。

pilot punch 定位打孔器，导向冲头；一种机械钻孔机，它以一颗小塞头在材料中形成小的钻孔，作为进一步扩孔的导向头。

pilot valve 控制阀；在压缩机内自动调节空气压力的阀门。

pin 1. 钉，销钉，榫钉，枢轴，枢栓；木制及金属或其他材料制成的钉子或螺栓，用来固定物体，或将物体联系在一起或作为支点。2. 铰；连接桁架杆件的钢圆轴。

pinacotheca 绘画陈列馆，美术馆。

pinaculum 古希腊或古罗马建筑中有脊的屋顶；在古希腊或古罗马建筑中以屋脊作为屋顶结束（一般作为教堂的屋顶；与之对比，私人住宅采用平屋顶）。

pinax 古希腊或古罗马剧院舞台后柱间装饰板，古希腊或古罗马剧院建筑填装在舞台后部的（**proskenion**）或门洞（复数 **thyroma**）柱子之间的装饰镶板。

pincers （咬口）钳（子），夹钳；一种用来抓取物体的工具，其两个钳爪用铰连接，可紧密和起。

pinch bar，claw bar，ripping bar，wrecking bar 撬棍，撬棒，爪杆；一端为 U 形爪，另一端为凿子的钢棍；常用作举起重物的杠杆。

pin-connected truss 铰接桁架；主要构件用铰连接的桁架。

pin drill 销钉钻，尖头钻，扩孔钻，针头钻；在桁架结构里钻销孔（**pin holes，5**）的钻子。

pine 松木；分布在世界各地的众多常绿针叶树的木材；大致分为两类：软（白）松木和硬（红）松木。是结构用木材和板材的重要原料。

pineapple 1. 卵形鳞状尖顶饰。2. 一种装饰线脚。

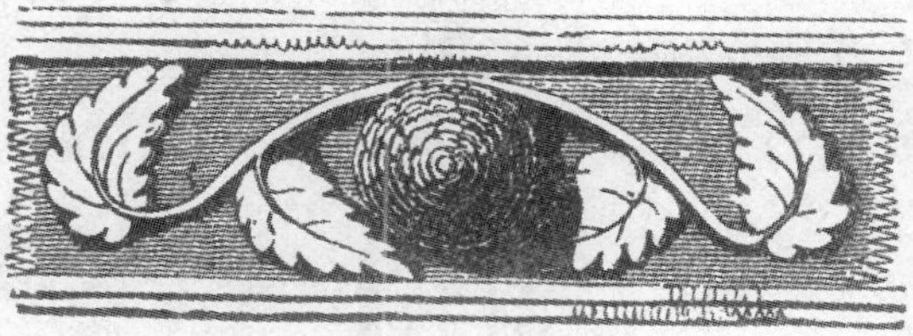

装饰线脚 2

pineapple ornament 松果形装饰；用木头或灰泥（石膏）塑造的形如松树的球果的装饰，常见于垂饰（**pendent**）或尖饰（**finial**）。

pine oil 松节油；一种从松树树脂中提炼出的浓烈的、高沸点的溶剂，可为涂料涂敷时提供良好的流动性。

pine shingles 松木瓦；一种松木瓦，常见于欧洲，一段时间也流行于美国。

pine tar 松焦油；一种半流体状的黑色物质，通过蒸馏松木获得，可用作屋顶材料。

pin hinge 抽芯铰链，销钉铰链；在枢轴处有销钉的铰链，也见 **loose-pin hinge**。

pinhole 1. 蛀虫孔；木材上在树木伐倒前由蛀虫造成的，直径不超过 1/4in（0.6cm）的孔。2. 气泡；抹灰层上由封闭空气造成的一种表面缺陷。3. 小孔；涂料的涂层表面由下列原因造成的小洞：（a）涂料里、刷子上、滚筒上或者被涂刷的表面上的杂质；（b）溶剂起泡；（c）湿气。4. 针孔，小气孔；陶瓷体、釉面或搪瓷表面由针孔造成的凹坑缺陷。5. 销孔；结构构件上用来穿过铰（**pin，2**）的孔洞，使其与其他构件连接。

pin joint 铰接，销钉连接；一个构件与另一个构件通过销钉固定，并能使两构件在接合处可自由旋转。

pin knot 针节，小木节；1.（美国）木材上直径不超过 1/2in（1.27cm）的木节。2.（英国）木材上直径不超过 1/4in（0.64cm）的木节。

pinnacle 1. 顶点。2. 尖柱，尖塔；哥特式建筑中，一种较小的，带有锥体或尖塔，并有大量装饰的构件或柱身。3. 小塔，塔楼；建筑物中比主体高出的部分或塔体。

尖塔：牛津 圣玛丽

pinned joint 铰节点；使用销钉而不是木楔接合的接头。

pinner 垫石；砖石结构中支承大块石材的小块石材。

pinning 1. 销钉（pin）连接；用销钉扣紧、固定。2. 基础墙（foundation），防护桩（underpinning）。

pinning in 嵌塞碎石片；用碎石片填塞砌体接合处的操作。

pinning up 打楔；钉进楔形物使上部构件完全支承在下部支柱或基础上的做法。

pinrail （舞台天桥上的）栏杆；见 **fly rail**。

pin spotlight 细光束聚光灯；射出狭窄的集中光束的聚光灯。

pintle 垂直枢轴；能悬挂物体并保持物体自由旋转的枢轴，尤指向上突出的枢轴。

pintle hinge 枢轴铰链；围绕一个垂直的枢轴或螺栓旋转的铰链。

pin tumbler 弹子锁销子；一种锁结构，包括一系列小的圆柱状的销钉，阻碍除合适的钥匙驱动以外的锁结构旋转。

pipe 管（子）、管道、管状物；用来输送液体和气体的连续管道，通常经过防漏处理。

pipe batten 舞台吊幕横管；剧院舞台上用于悬挂布景的横管（**batten，9**）。

pipe bend 弯管，管道弯头；一种用来改变管道方向的连接件（**fitting，1**）。

pipe bracket 管子托架，管子固定件，管钩；各种用来在墙或地板上支撑管道的成型金属组件。

pipe chase 管槽；见 **chase**。

pipe column 钢管混凝土柱；其中浇筑混凝土的钢管柱。

pipe coupling 管子连接，套管接头（**coupling**）。

pipe covering 管道保温层，管道覆盖物；绝热和（或者）隔绝蒸汽侵入的管道包裹材料。

pipe cross 十字管接头，十字管；有四个开孔的管道连接件（**fitting，1**），开孔方向互呈直角。

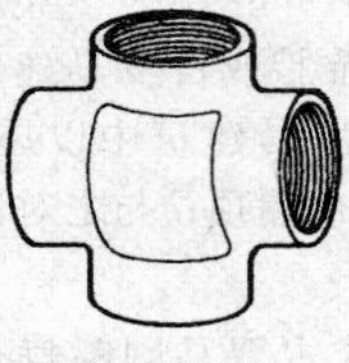

十字管接头

pipe cutter 管子切割机，割（切、截）管机；一种切割管子或管材的手动工具；工具的一端带有一个或更多锋利的轮子环绕部分被切割的管子，轮子上的刀具由另一端的螺旋手柄操纵，通过绕着管子旋转割管机实施切割。

pipe die 管子丝口板牙；管道工程中各种可在管子上刻丝的可调节的工具。

pipe duct 管沟，管渠；只铺设管道的槽沟。

pipe elbow 水平肘形弯管；见 **elbow，1**。

pipe exfiltration 管道排污量；见 **exfiltration，2**。

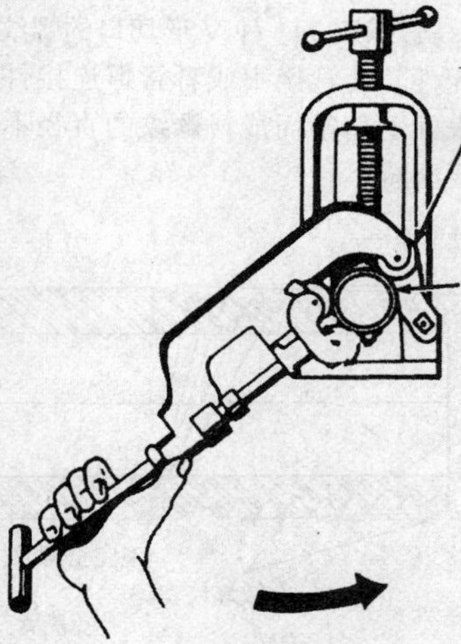

管子切割机

pipe expansion joint 管子膨胀接头；一种通过自身的扩大或收缩来补偿管道的收缩或扩大的装置，而非预制的 U 形弯头。

pipe fitting 管道配件；见 **fitting**，**1**。

pipe gasket 管垫圈，法兰垫圈；管道系统中的垫圈（**gasket**，**2**）。

pipe hanger 管子吊具，吊管钩，吊管架；一种将一根或一组管子吊挂在板、梁、天花或其他结构构件上的装置。

pipe heating cable 套管加热电缆；见 **strip heater**。

pipe hook 管钩；一种将管子支撑于墙上的装置。

pipe infiltration 管道渗水量；见 **infiltration**。

pipe insulation 管道绝缘；一种绝热材料（如玻璃纤维棉或者泡沫塑料），为满足不同管径的要求通常制成半圆形。

45°pipe lateral 一种类似三通（T 形管）的管道接头，但侧开口呈 45°角。

pipelayer 铺管机；卷扬机或其他驱动机械上的附属装置，由牵引吊杆和侧梁组成，用来将管子铺设于管沟。

pipeline heater 管道加热器；通常包裹在管道外侧的通电加热器；用于防止管道内的液体凝固或用于改变其黏性。

pipeline refrigeration 管道式制冷；用管道从中央制冷设备向各建筑物输送冷媒的制冷方式。

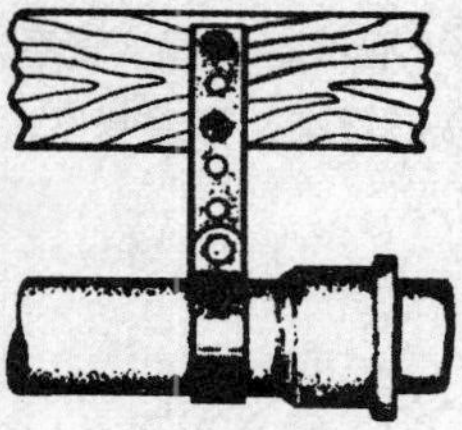

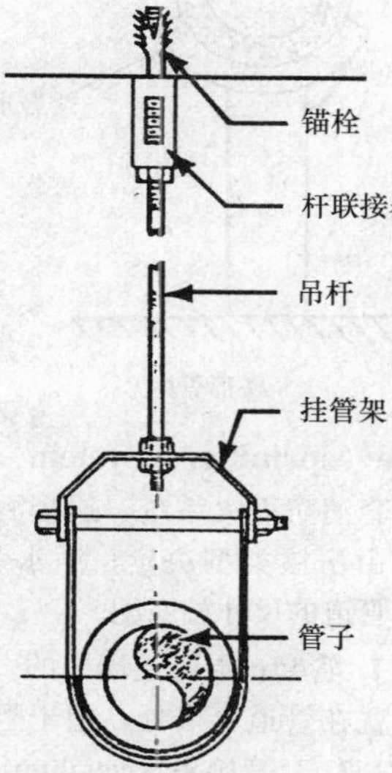

管子吊具

pipe pile 1. 管桩；一种厚壁管桩，打桩时无须插入芯棒（**mandrel**，**1**），底端开口或封闭；管桩就位后，管内需填以混凝土。2. 管柱；用作柱子的管子，其底部封闭或开敞。

pipe plug 管塞，塞头；一种刻有阳螺纹的管道配件；用来封闭套管（**ferrule**）或者带阴螺纹管道的端部。

管塞头

pipe reducer 管道变径接头，渐缩管；管道中使用的渐缩管；见 **reducer**。

pipe ring 管道吊环，管箍；将管道松弛地悬挂在悬臂杆上的环形金属装置。

pipe run 管路，管线；管道（管系）的敷设路线。

pipe saddle 鞍形管座，管道基座；一种安放管子的垂直支撑物。

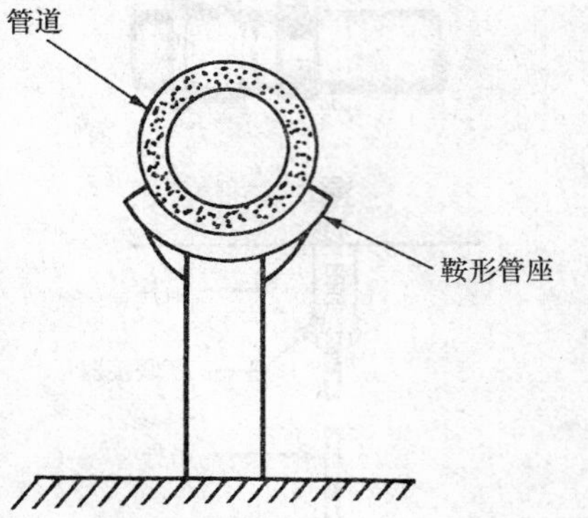

鞍形管座

pipe schedule（sprinkler）system 自动喷洒灭火系统；一套消防灭火系统，连接洒水装置的管子的管径应由房屋类型决定；洒水装置（喷头）的数量应和管道的尺寸相匹配。

pipe sleeve 1. 管套；混凝土墙中的一种圆筒状的插入物，放置在管道穿墙处，用于阻止混凝土流入管道开口。2. 套管接头（coupling）。

管套 1

pipe stock 管扳手；一种握住管子丝口板牙的装置。

pipe stop 管塞；管道里的塞子。

pipe strap 管吊带，管卡；用来吊挂管道的薄金属带。

pipe support 管支架；支托大口径管道的支架，通常放在鞍座（saddle，3）上。这种支架包括一个滚轴以允许管道因热胀冷缩引起的移动。

pipe tee 三通，T形管；具有两个出口的T形管道节点，其中一个出口与主管线呈90°夹角。

pipe thread 管螺纹；一种V形切口的螺纹，在管道（管道配件、套管接头或者管道连接件）的内表面或外表面上切割而成；螺纹的直径不是固定的，而是逐渐减小的。

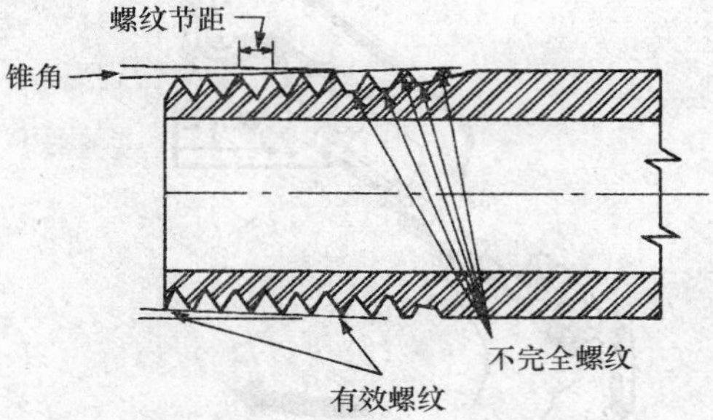

管螺纹

pipe tongs 管钳；水管工、管道装配工用来拧紧或拧松管道及其配件的一种工具。

pipe trim 供水装置中外露的金属附属物，如龙头、水管塞和外露的U形存水弯等。

pipe underlayment 管道垫层；地下管道铺设的基础，为了加固甚至承重。

pipe vise 管钳，管子台虎钳；在切割或刻螺纹的操作中夹住管子或管料的虎头钳；管子被V形锯齿状钳夹或链条（用于大管道）夹住。

pipe wrench 管子扳手，管钳；一种手工工具，有一个可活动的钳夹和另一个相对固定的钳夹，两个钳夹的形状有利于夹紧放入其中的管子并只可向一个方向旋转。

piping 1. 管涌（现象）；由渗透进土壤中的水冲刷引起的土壤颗粒的运动，会导致侵蚀性水道的发展。2. 管系；管道的布置。

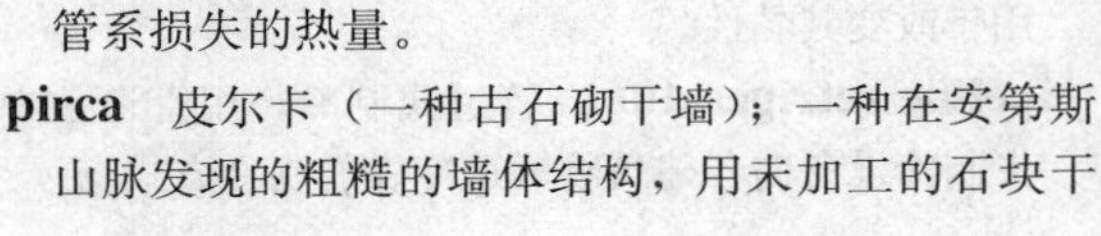

管子扳手

piping loss 管道热损失；沿热源与散热器之间的管系损失的热量。

pirca 皮尔卡（一种古石砌干墙）；一种在安第斯山脉发现的粗糙的墙体结构，用未加工的石块干铺而成。

pisay 夯土；同 **pisé**。

piscina 洗礼盆，洗圣器池；带有排水管的浅的水盆或洗池，通常放在壁龛内。

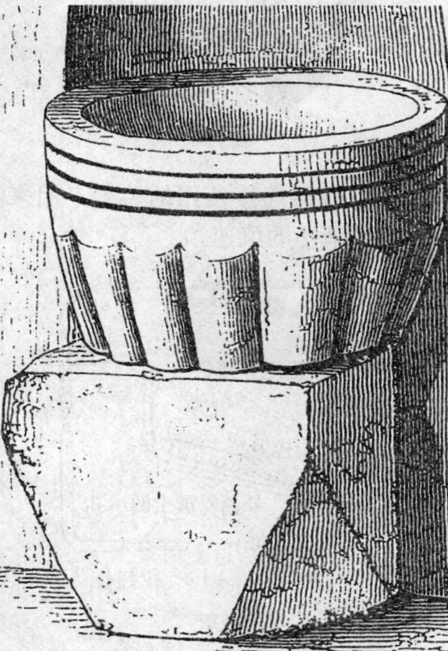

洗礼盆

pisé 1. 夯土。2. 草筋泥；黏土和剁碎的稻草的一种混合物，有时再加上砾石，主要用于墙体构造。3. 土坯砖（**cob**）；用作墙体材料。

pishtaq 在穆斯林或波斯建筑中，标志清真寺、旅店、学校或者陵墓入口的纪念性门道。

pit 1. 乐队席凹座，乐池（**orchestra pit**）。2. 漆膜内小圆孔，小凹陷，麻点，点蚀；在涂料薄膜（涂层）上的小圆洞；也见 **pockmarking**。3. 土坑；被挖掘处；地上的一个洞。

pit boards 基坑支托板；用于支护基坑周围土壤的水平挡板。

pitch 1. 屋顶坡度；通常用垂直升起的高度与水平投影长度的比例表示，或者用每英尺（米）长度升高的英寸（厘米）值表示。2. 见 **grade**。3. 楼梯梯级（段）的坡度；楼梯梯级（段）高度与宽度的比例。4. 螺距；并排的螺丝钉、铆钉等固定物的中心距。5. 见 **carpet pitch**。6. 音调；声学上声音在听觉里呈现由低音阶至高音阶排列的属性；主要由声音刺激的频率决定。7. 树脂（**resins**）。8. 硬沥青，沥青玛瑞脂；一种黑色黏稠的焦油蒸馏液，用来嵌缝和铺路。也叫作沥青玛瑞脂（**pitch mastic**）。也见 **coal tar pitch**。9. 在砌体中，用凿子修整加工石块成方形。

pitch board, gauge board 楼梯踏步三角（定线）板；通常呈正三角形的定线样板；作为设计楼梯或其他类似物剖面的模板；在楼梯构造中，三角形的底边正好是梯段踏面的宽度，其高则是楼梯梯段踢面的高度。

pitch dimension 踏步斜长，倾斜量；楼梯中一段楼梯段最上的踏步表面和最下面的踏步表面之间沿平行于楼梯坡度方向的距离。

pitched roof 1. 斜屋顶，坡屋顶；沿中央屋脊向两侧有着相同坡度的人字形屋顶。2. 偶尔用作人字屋顶，两坡屋顶（**gable roof**）的同义词。

pitched-roof dormer 两坡顶屋顶窗（天窗，老虎窗）；三角形双坡顶的屋顶窗。

pitched skylight 倾斜天窗；倾斜放置的天窗。

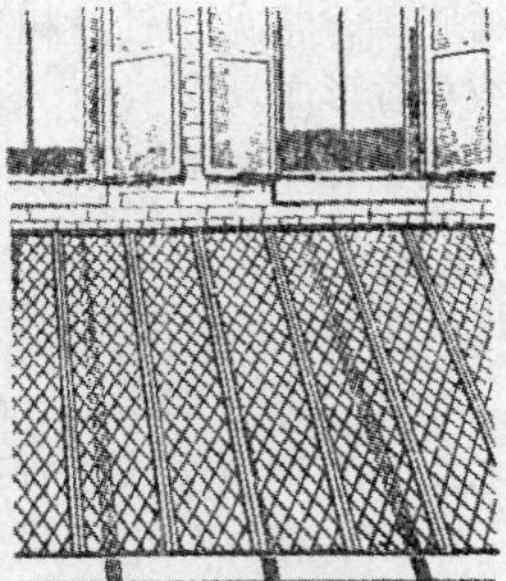

倾斜天窗

pitched stone 斜琢边石；一种表面不平的石头，外露面的周边紧靠表面处被凿出微小的斜角（坡口）。

pitcher house 酒窖；储藏葡萄酒的地窖。

pitch-faced 凿毛的面；在砖石建筑中，石料的周边表面被精细地凿成平面，而突出的棱边的表面则被宽边凿加工成相对粗糙的装饰效果。

pitch fiber pipe 沥青浸渍纤维管；同 **bituminized fiber pipe**。

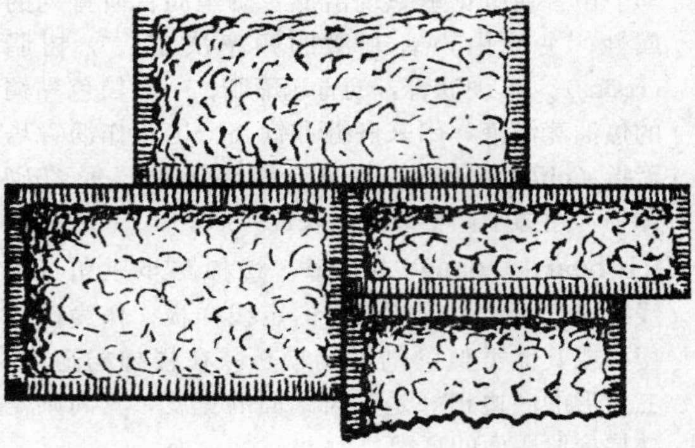

凿毛面砖

pitchhole 经雕琢准备镶嵌的石头上的凹坑；已经或多或少被加工成精细表面准备镶嵌的石料表面的凹槽或凹坑。

pitching chisel，pitching tool 宽边凿；瓦（石）工用的又宽又厚的凿子（凿刀，錾子），用于把石料加工成粗糙毛面。

pitching piece 承台梁；见 **apron piece**。

pitching tool 见 **pitching chisel**；宽边凿。

pitch knot 树脂结；常见于针叶树材上的结，由局部的树脂或松香形成。

pitch mastic 见 **pitch，8**；硬沥青。也见 **coal tar pitch**。

pitch pine 北美油松，多脂松木；同 **yellow pine**。

pitch pocket 1. 树脂孔，油眼；一种针叶树木材上的缺陷；木纹上容纳树脂或松香的孔洞，也叫 **resin pocket**。2. 沥青槽；环绕穿屋面构件底部的金属槽，用于灌注沥青或防水水泥砂浆以形成封闭的防水层。

pitch streak，resin streak 树脂条纹，树脂斑；树脂含量高的针叶树材上，树脂局部聚集形成的斑点或条纹。

pith 髓心；原木的软质中心。

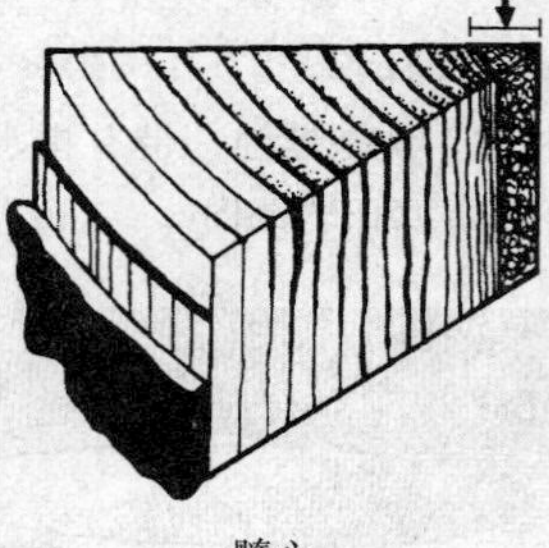

髓心

pith fleck 木髓条纹，髓状斑纹；木材上类似髓心的黑色短条纹，是由树木生长期虫害侵袭造成的。

pith knot 髓节；在木材中央带小髓洞的树节。

pith ray 髓射线；见 **medullary ray**。

pitot tube 皮托管（流速测定管）；一种与对应的压力计或测压仪器连接使用的装置，用来测定导管中的气体或液体的流速。

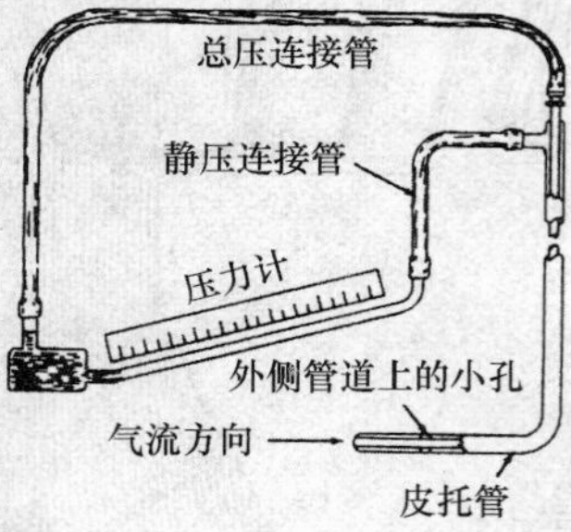

皮托管

pit-run gravel，bank-run gravel 未分选（筛）砾石；直接从砾石坑中开采出来未经筛选分级的砾石。

pit sawing 双人竖拉锯木；一种古老的沿木材纵长方向开锯的手工方法；是将原木支撑在坑沿上以便人们使用双头竖拉锯操作。

pitting 1. 蚀坑；表面出现的小凹坑，由下列现象引起：侵蚀（腐蚀，锈蚀），空蚀，或者（在混凝土中）局部崩解（剥蚀，分裂）。2. 在抹灰（粉刷）中，粉刷层起泡，见 **popping**。3. 蚀损斑；金属表面出现的局部缺陷，例如小凹陷，通常由电化腐蚀引起。4. 点腐蚀；以洞（腔，窝）等形式出现在金属表面的局部侵蚀。

pivot 1. 合页，铰链。2. 枢（轴）；窗或门绕以旋转的枢轴（枢栓）。

pivoted door 旋转门，转轴式门；悬挂在枢轴（中心轴或偏置轴）上的门，区别于吊挂门或滑动门。

pivoted window 旋转窗，转轴式窗；窗扇围绕着一个固定在中心或朝向中心的垂直轴或水平轴旋转的窗户，区别于沿窗扇一侧悬挂的窗；也见 **vertically pivoted window**。

pivot window 平开窗；通常绕着一组垂直合页转动的窗。

pixis, pix 圣体容器，放圣餐的器皿；盛装圣饼或奉献用小圆饼的神龛。

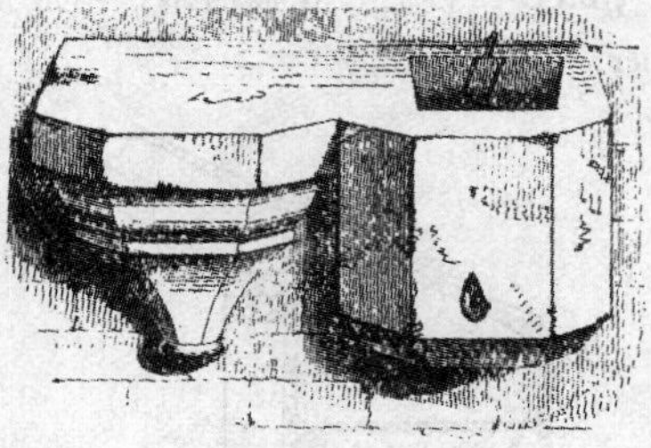

圣体容器

PL 1.（制图）缩写＝“**pile**”，桩。2.（制图）缩写＝“**plate**”，横木。3.（制图）缩写＝“**plug**”，塞子，插头。4.（制图）缩写＝“**power line**”，电力线。5.（制图）＝“**pipe line**”，管道，管线，管系。

placage 一层装饰面层，墙面装饰；砌筑在建筑物表面的薄饰面（铺砌面层）。

placard 同 **pargeting**；抹灰。

placeability 可灌注性；见 **workability**，1。

place brick 欠火砖，未烧透砖；同 **salmon brick**。

placement 浇灌，浇注（混凝土），浇筑；混凝土的浇筑（**placing**）和捣实（**consolidation**，1）。

place of assembly 1. 室内集会场所；一座建筑物（不包括住宅单元）或其部分空间内为一定数量的（实际数量由地方法典决定）人群聚集提供的场所，集会的目的可以是娱乐性的、教育的、政治的、社会的或其他各种类型，如等候交通工具或餐饮等。2. 室外集会场所；为超过指定人数的人群提供以上各种目的集会的室外场所。

placing 1. 浇筑，灌注，填注；把刚拌合好的砂浆或混凝土浇筑在需要其硬化的地方并振捣密实。2. 铺设；将可塑的水磨石拌合料敷涂在已经处理过的表面上的操作。

placita 美洲西班牙殖民农场院落；其四周被高大的土坯（砖）墙封闭，通常有一高大的入口。

plafond 有装饰的顶棚；平顶的或拱形顶的顶棚（**ceiling**），尤指带装饰的顶棚。

plain ashlar 琢面石板，磨光石板；表面被工具琢光的石板。

plain bar 光面钢筋（**reinforcing bar**）；表面没有变形的钢筋，或者表面变形不符合相应要求的钢筋。

plain concrete, unreinforced concrete 1. 素混凝土，无钢筋混凝土；无配筋或仅为防止收缩和温度变形而配筋的混凝土。2. 无外加剂混凝土；不外加某些特殊添加剂或元素的混凝土，区别于掺有添加剂的混凝土，如非加气混凝土。

plain-cut joint 平刮（灰）缝；在砌体工程中；同 **rough-cut joint**。

plain lap 简易搭接；同 **lap joint**，2。

plain masonry 无筋砌体，素砖石砌体；不配筋的砌体或只为防止收缩和温度变形而配筋的砌体。

plain rail 门窗横档，门窗冒头；双悬窗上与窗扇框架上其他构件有着相同厚度的碰头横档（**meeting rail**）。

plain reinforcement 光面钢筋，无节钢筋；（指）钢筋混凝土结构中，变形钢筋以外的其他钢筋。

plain-sawn, bastard-sawn, flat-grained, flat-sawn, slash-sawn （木材）直锯的，直开的；指被锯开的木材断面上年轮线与长边的夹角不超过 45°。

直开木材

plain slicing 直削切；与 **wood veneer**，1 同义；顺着原木削切而不考虑木材的纹路方向。

Plains cottage, Plains house 草泥房子（干打垒）；一种典型的相当简单的单层独户式住宅，主要用草泥建成，有 2～5 个居室；最早见于 19 世纪大平原地区，草泥通常是当地唯一易于获得的建筑材料。也见 **sod house** 和 **straw bale house**。

plain tile 板瓦，无楞瓦，平瓦；混凝土制或黏土烧制的长方形屋面用平瓦；每块平瓦有两个突出的凸棱以便把瓦挂在挂瓦条上。

plaisance （公寓附近的）凉亭或娱乐室；同 **pleasance**。

plan 1. 平面图；设计的一种二维图形表达（示），指俯视时建筑物在水平面上的投影图，区别于在垂直面上的投影图（如剖面图 **section**，2 或立面图 **elevation**，1）。见 **center-hall plan**，**city plan**，**cruciform plan**，**community plan**，**floor plan**，**four-square plan**，**gable-front-and-wing plan**，**gable-front plan**，**Georgian plan**，**ground-plan**，**hall-and-parlor plan**，**hall-house plan**，**H-plan**，**linear plan**，**L-plan**，**one-room plan**，**open plan**，**Penn plan**，**Quaker plan**，**reflected ceiling plan**，**side-hall plan**，**single-room plan**，**three-room plan**，**T-plan**，**two-room plan**，**U-plan**。2. 计划，规划，方案；用复数形式时指一系列图纸，包括立面图和剖面图，它们共同解读一栋建筑物。3. 见 **city plan** 和 **town plan**。

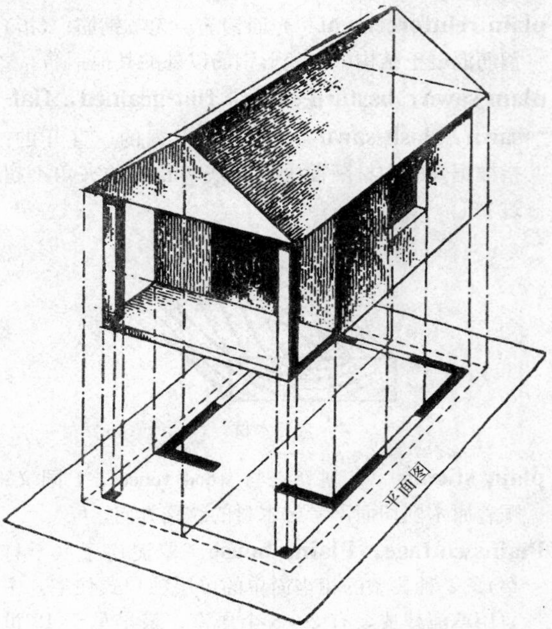

平面图

planar frame 平面框架；一种框架结构，其所有构件均在同一平面。

planch 1. 楼面板，地板。2. 毛地板。

planching 木板，地板；见 **flooring**。

plancier，**planceer**，**plancer**，**plancher** 1. 底板，挑出物底面；挑出物的下表面或底面，如挑檐底板。2. 做地板的木料（**planch**）。

plancier piece （挑檐）底板横木；组成挑檐底板（**plancier**）的木板。

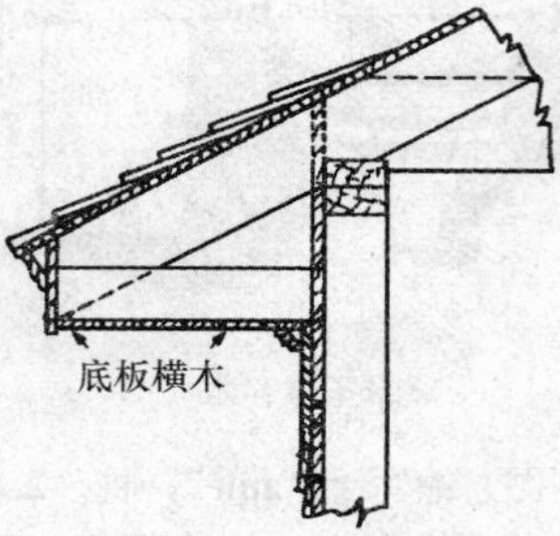

挑檐底板横木

plan deposit 投标文件押金；见 **deposit for bidding documents**。

plane 1. 木工刨；一种使木材表面光滑的加工工具，由一个光滑的刨子底板与一个倾斜的刨刀组成，刨刀从底板面轻微突出，刨刀的前面有一个开口以便刨花漏出。2. 平面；任一断面均为直线的表面。3. 纵剖面；过柱轴线的纵向截面。

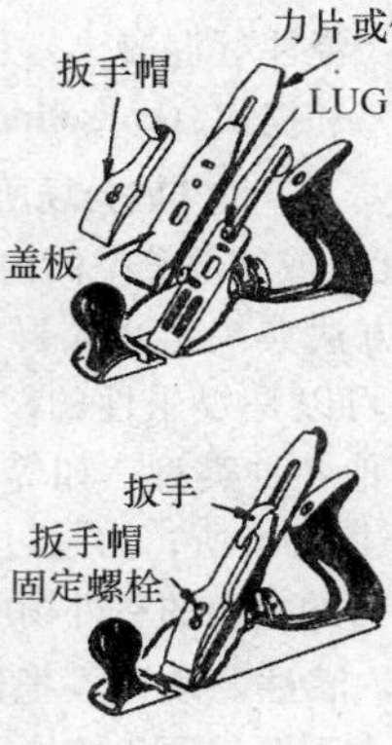

木工刨

plane ashlar 平琢石，光面琢石；表面经工具加工的石块。

planed lumber 刨光的木料；同 **dressed lumber**。

planed matchboards 创平的企口板；见 **dressed and matched boards**。

plane of weakness 软弱面，危险截面，薄弱面，（地质）弱面；由于设计、意外或结构的性质和荷载等原因，压力作用下的结构中最有可能发生断裂的截面。

plane surveying 平面测量；测量学的一个分支，它将地球表面看做一个平面；忽略地球的曲度，应用平面几何学和平面三角学的公式进行计算。

plane table 平板仪，平板测绘仪；在测量中，直接根据观测结果绘制出测量线的仪器；主要由一个支撑在三脚架上带直尺的绘图板，与能使直尺瞄准被观测物的望远镜或其他视觉仪器组成。

plane tile 冠瓦；见 **ridge tile**。

planimeter 求积仪，面积仪，积分器；测量地图上给定周长的一块平面的面积的机械集合体。

planing 刨平，材料表面整平；通过削掉材料表面小毛刺使其光滑的操作。

planing machine 1. 刨床；刨木头的机床。2. 地板刨光机；手提式刨木地板表面的机器。

planing skip 漏刨；见 **skip**。

planish finish 打平，锤光，精轧（金属板）；金属光亮平滑的表面；可通过用特殊的锤子敲打或使金属板经过碾压获得。

plank 板材，厚木板；又长又宽又厚的方木；规格有多种，但通常为宽度大于 8in（20cm），软木的厚度大于 2～4in（5～10cm），硬木的厚度大于为 1in（2.5cm）。

plank fence 板篱，木栅；同 **board fence**。

plank frame 1. 木板框架；仅将板材钉在一起构成的框架结构。2. 由连系梁、平台、支柱和底梁作为承重构件，板材作为非承重的隔墙和填充墙的框架结构。

plank-frame house 17 世纪殖民地的一种由厚板材承重的房屋，厚板直立插入基板（**sill plate，1**）的榫槽内，通过钉、栓或其他的方式将其固定。

plank house 厚板房；一种高大的，由厚木板建造，通常是矩形的房屋，多由印第安人建造和使用，偶尔也见于爱斯基摩人。

planking 1. 厚木地板；用厚木板做成的地板面层。2. 铺设厚木板。3. 见 **decking**。4. 在圆木房屋结构中，偶尔也指只在圆木的相对两侧劈开的木料。

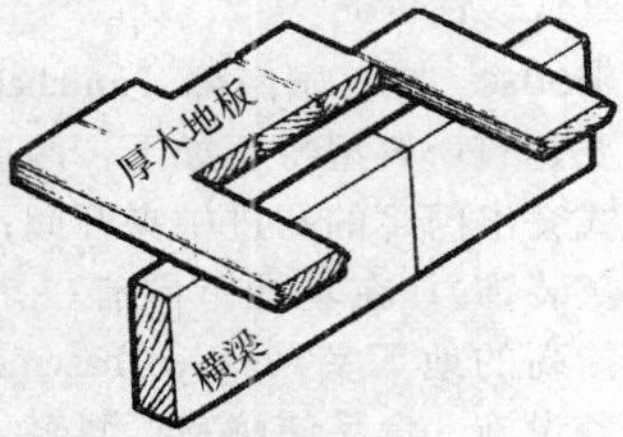

厚木地板 1

planking and strutting 板架支撑（挖土支撑）；挖土坑时坑周的临时支板。

plank-in-the-ground construction 在地面上铺板的建造方式；见 **plaunch debout en terre construction**。

plank-on-edge floor，solid-wood floor 密铺木搁栅地板，实心木地板；由木搁栅紧密排列（而不是隔开一定间距），其上再铺设抛光的地板面层的木地板。

plank truss 木屋架，木桁架；由厚板构成的屋顶桁架（**roof truss**）。

plank-type grating 板式搁栅；用作主要地板结构构件挤压成形的铝制品，由带整体成型的工字加强肋加固的金属板（**tread plate**）组成，金属板面还带有穿孔。

planned development 发展规划；住宅或商业区域的开发、维护和整体运营。

planned maintenance 维护规划；建筑物的维修，和（或）其内容，由以往的经验和业绩的结果来安排日程。也称为定期维护。与矫正维修、定期保养和预防性维护相比较而言。

planning 1. 平面布置；建筑物内部和建筑物与其他设施间的空间布置以完成一栋建筑或一群建筑的开发总方案的研究过程。2. 见 **community planning**。

planning grid 规划网格，平面草图设计网格；由一组或多组互相正交或以其他角度相交的平行线形成的网格纸，作为建筑师和工程师们进行模数化平面设计的辅助工具。

plano-convex 平凸砖；一种日晒砖，一面是平的，另一面是凸起的，构成早期的美索不达米亚建筑的一种代表性特征。

plantation house 在美国南部（**antebellum**）大种植园的主要建筑，典型特征如下：两层高；两层带古典柱式突出门廊的凹进中央开间；厚砖墙首层（常抹灰装饰）；在基地范围有一个高高的水台，一个抬高的地下室（**raised basement**），常用来设置服务设施、食品储藏室、酒窖、仆人用房等，有时也安排餐厅；通风较一层好得多的二层的正面挑出宽大的阳台，侧面和背面也都挑出阳台；开有多个高大的法式窗以形成空气对流。

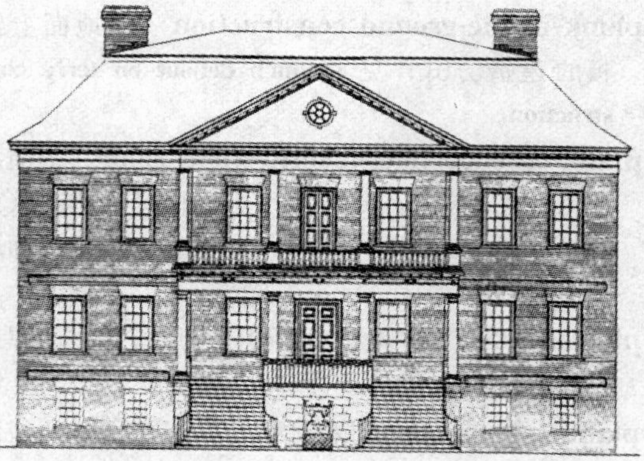

种植园建筑：美国南卡罗来纳州—德雷顿住宅

plant containerization 植物及其根系生长的容器和保护罩。

planted 镶嵌的，贴附的，安装上的；在木工装修和抹灰装修中，指单独预制的块材料（**stuff**）的安装就位，如安装线脚（**planted molding**）等。

planted molding，applied molding 贴附饰，安装线脚；用钉、铺或其他方式而不是嵌入方式与构件连接的线脚。

planted stop，loose stop 镶嵌式门档，贴附式门档，门止嵌条；钉在门框、窗框或门衬板上的嵌条式线条，用来挡住关闭门窗时的门扇或窗扇；一种 **stop，1**。

planter 花池；装盛花盆或种植箱的永久性装饰容器，常和建筑物连成一整体设计。

planting 打底，铺基础底层，基底；砌筑工程中，在平坦的地基上进行施工的第一步。

planting box 种植箱；用来种植植物并放入永久性容器中的木箱。

plant mix **1.** 厂拌混合料；在工厂生产的拌合物。**2.** 在工厂生产的沥青拌合物，表面均匀涂敷着一层沥青水泥胶结料（沥青膏）或液体沥青。

plant room 同 **mechanical room**；机房。

plasma arc cutting 等离子弧切割；用电弧和电离气体高度集中所产生的喷射热量切割金属。

plaster screed 定准灰泥条；同 **screed，3**。

plaster stop 护角；金属带置于抹灰前的墙角，用以增强墙角强度和抹灰的垂直度。

plasticizer 减水剂；用来与混凝土或砂浆混合并可使用较少的水搅拌。

plate rail，plaque rail 装饰线；窄架或线脚置于房间墙壁上部，开槽固定陶瓷板或装饰。

platform floor 平台层；一种提升的楼层，通常设计是为了提供地板下方铺设电缆的空间。

platform lift 平台升降机；一种专门类型的电梯，用以在垂直方向运送人员；特别是用于美国残疾人法案规定的地方或者需要却不能设置坡道的地方。

plating 电镀；将一层薄金属置于另外的金属表面。

plaque 碑，匾，牌；固定在墙表面或嵌进墙里的碑、匾、牌；以纪念某特殊事件或作为纪念牌匾。

plaque rail 盘碗壁架；见 **plate rail**。

plaster 灰泥；通常是石膏或石灰和砂、水的混合物，类似糊状的材料，趁湿涂敷，常涂抹于固定在墙或天花板上的板条（**lath**）上，有时直接涂抹在砖块上。当其含有的水分蒸发时，表面开始硬化。早期在某些边远的定居点，当石灰或石膏不易获得时，常用以细白黏土和切碎的稻草的混合物涂抹在墙上或天花板上以形成光滑的饰面层，牛毛、牛粪和（或）切碎的稻草常被加进灰泥里以增加其干后的机械强度。后来石膏以其优良品质取代石灰成为砂浆材料之选。也见 **mud plaster**，**ornamental plaster**，**plaster of paris**，**and stucco**。

plaster aggregate 灰泥用集料；被分选过的矿物颗粒和（或）木材纤维，用来与石膏、水泥灰泥、饰面灰泥混合以形成灰泥混合物。

plaster arch 不加装修的门洞；未经整饰的砂浆洞口。

plaster base 抹灰底层，抹灰基层；任何适合涂抹灰泥的表面，如石膏板条、金属板条、木板条、砌块、砖等。

plaster-base finish tile 灰泥饰面基底砖；表面可直接涂敷灰泥的陶瓷面砖，其表面可以是光滑的、有刻痕的、有纹理的或粗糙的。

plaster-base nail 钉石膏板的平头钉；同 **gypsum-lath nail**。

plaster bead，**plaster head**，**plaster staff** 墙角护条，灰泥护角；金属护条角，嵌入墙体阳角以增强灰泥抹灰的墙角；墙角护条，护角，墙面线脚（**corner bead**）。

plasterboard 石膏条板，纸面石膏板；同 **gypsum lath**。

plasterboard nail 石膏板钉，石膏板条用钉（**gypsum-lath nail**）；由一个平头、经机械刻痕的杆和尖头组成。

石膏板钉

plaster bond 灰泥粘结；用机械胶粘剂（**mechanical bond，1**）或化学胶粘剂（**chemical bond**）将灰泥与构件表面粘合。

plaster ceiling panel 抹灰顶棚；由凸起或下沉构成的顶棚。

plaster cornice 抹灰挑檐，灰泥檐口线脚；在墙顶端，墙和顶棚相交处的抹灰线脚。

plaster cove 凹圆抹灰线脚；顶棚与墙交接处的抹灰凹面。

plasterer's putty 石灰膏；见 **lime putty**。

plaster ground 抹灰准木；固定在门、窗等四周的木条、金属压条或准条等，作为抹灰层是否达到指定厚度的参考；也可作为盖缝条的固定件；见 **ground，2**。

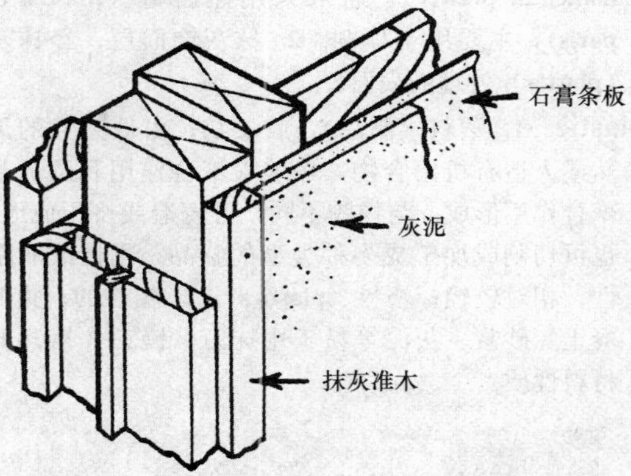

抹灰准木

Plaster guard 防灰浆罩，挡泥板；中空的金属门框上，附着在铰链及加固件背后的构件，用于在框架灌浆时防止砂浆或灰泥流入安装洞内。

plaster head 墙角护条（**plaster bead**）。

plaster lath 石膏条板；见 **metal lath**，**gypsum lath**。

plaster of paris，**hemihydrate plaster** 1. 熟石膏，烧石膏，半水石膏；不含控制凝固的外加剂的石膏；快凝灰泥，主要用于装饰性铸件。2. 罩面层石膏灰浆（**Gauging plaster**）。

plaster ring 灰泥环，抹灰垫圈；圆筒壮金属圆环，放在抹灰顶棚里，作为抹灰层达到指定厚度的参照；也作为盖缝条的固定件。

plaster set 石膏浆凝结；见 **false set**。

plaster staff 墙角护条，灰泥护角；见 **plaster bead**。

抹灰垫圈

plaster wainscot cap 护墙板抹灰压顶；盖在护

墙（壁）板（墙裙）和墙体抹光面接缝处上的水平木条。

plasterwork 1. 抹灰作业；装饰性铸塑抹灰（ornamental plaster），通常采用熟石膏（plaster of paris），主要用于顶棚。2. 抹灰饰面层；经抹灰（plaster）处理的表面。

plastic 1. 塑料（制品），胶质物；由低弹性的天然或人造有机聚合物，经缩聚聚合作用和乙烯基聚合作用形成。与橡胶不同，可铸造或挤压成形，也可切割或加工成多种类型的物品，刚性或非刚性，相对较轻；塑料（plastics）。2. 塑性的；指混凝土、砂浆、灰泥等易于用抹刀（镘刀）摊开的材料性质。

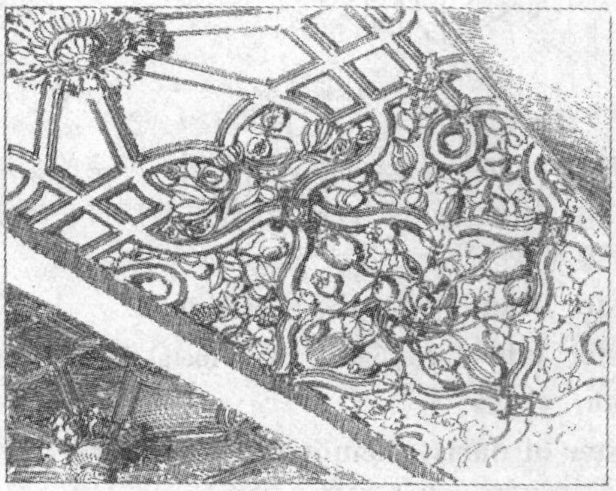

塑料制品

plastic cement 塑性粘接料，泛（防）水胶泥，披水（泛水，防漏）胶粘剂（flashing cement）。

plastic conduit 塑料导线管；包裹电线的塑料导管。

plastic consistency 塑性稠度，塑性结持（度）；刚拌合好的水泥浆、水泥砂浆或混凝土在各个方向保持变形而不开裂的状态。

plastic cracking 塑性开裂；拌合好的混凝土刚铺设后在仍存塑性时其表面出现的裂缝。

plastic deformation 塑性变形；见 plastic flow。

plastic design 塑性设计，塑线设计；同 ultimate-strength。

plastic emulsion 塑性乳剂；乳胶、乳液、乳胶液（latex）。

plastic filler 塑性填充物；同 plastic wood。

plastic floor covering 塑料面板；见 vinyl-asbestos tile。

plastic flooring 塑料地板，塑胶铺面；见 vinyl tile。

plastic flow, plastic deformation 塑性变形；塑性材料产生的超出弹性变形恢复点的变形，在压力不增加情况下仍产生持续变形；导致永久变形。

plastic foam 泡沫塑料；见 foamed plastic。

plastic glue 合成树脂胶；也见 epoxy。

plasticity 1. 塑性，可塑性；拌合好的灰浆、稠水泥浆、混凝土、砂浆或土壤等抵抗变形的性质。2. 保水性；灰浆或石灰膏保持水分的能力，以使其易于被抹刀抹平。

plasticity index 塑性指数；（土的）液态含水量（liquid limit）与塑性含水量（plastic limit）之间的差值。

plasticizer 1. 塑化剂；增加稠水泥浆、砂浆或混凝土等拌合物的塑性的外加剂。2. 柔韧剂；涂料配方中软化涂层以增强其柔韧性，抗起皮性和可塑性的添加剂。3. 增塑剂；添加进塑料合成物中提高其塑变（流变）、可加工性，减少其脆性的化学剂。

plastic laminate 塑料层压板；多层树脂浸渍纸（浸塑纸）在热压作用下融合在一起，形成一种带有坚硬、耐久（常带有装饰性）的饰面层的材料。

plastic limit （土的）可塑含水量；土壤具有塑性时所需的最小含水量。

plastic loss （预应力）塑性损失，徐变损失；同 creep。

plastic mortar 塑性灰浆，塑性砂浆；有可塑流动性的灰浆、砂浆、胶砂等材料。

plastic paint, texture-finished paint, textured paint 塑性涂料，塑料漆，皱纹漆；一种具有触变性、可在涂敷后加工的黏稠涂料，可通过点彩或使用带有纹理图案的滚筒加工等方式产生许多有不同图案的表面效果。

plastic pipe 塑料管；用含有一种或多种有机聚合物的材料制成的管道，其优点有：生产成本低，重量轻，柔韧性高，耐腐蚀性好，可制成较长的管道。缺点通常有：耐火性较差，某些类型的塑料燃烧时会释放有毒气体，抗溶解力较差，高温下的压力额定值低，并且（某些塑料）持续暴露在日光下会改变其敏感性。

plastics 见 **plastic**，**1**；塑料（制品），胶质物。

plastic shrinkage cracks 见 **hairline cracking**。

plastic skylight 见 **molded plastic skylight**。

plastic soil 塑性土，可塑土；表现出塑性（**plasticity**）的土壤。

plastic structural cladding 塑料围护结构；直接固定在并支撑于屋顶或墙体上的塑料板，形成屋顶或墙体的面层。

plastic wood 塑性木粉膏（填缝料）；油灰状的快干填充剂（填料）；主要由硝酸纤维素和分散在挥发性溶剂里的木粉组成；用来修补木料上的孔洞和裂缝。

plastic yield 塑性屈服；同 **plastic flow**。

plastigel 塑性凝胶，增塑凝胶；加入了胶凝剂以增加其黏滞性（黏度）的塑性溶胶（**plastisol**）。

plastisol 塑性溶胶，增塑溶胶，增塑糊；已溶解在增塑剂里的塑性树脂胶，如乙烯基树脂。呈可倾倒的液体状，用来注浆成形，烘干固化。

plat 地段图，地区图，土地图；城市、市镇、地块或分块土地的地图、平面图或图表，标示出每个地产的位置和边界。

platband 1. 平边，扁带饰；平整的矩形状水平线脚，其表面突出物厚度远小于其本身高度；见 **fascia**。**2.** 门洞上的装饰性横楣或假平拱。**3.** 柱子凹槽间的平缘。柱身凹槽（凸筋）（**stria**）。

plate 1. 平板，薄板。**2.** 垫头木；在木框架中，立柱、搁栅、椽木等构件端部的水平木板或方木。**3.** 卧木、地梁、柱脚垫木，梁垫、卧梁，底木条，隔墙顶部垫板，承椽板，椽木垫板；平卧在（较宽的面朝上）墙里、墙上及地上以承托其他木构件、搁栅及桁木等的方木。也见 **ground plate**，**wall plate**，**partition plate**，**pole plate**，**sill plate**。**4.** 金属板。**5.** 板材；符合下列尺寸的轧制金属平板产品：热轧钢板，厚度大于 0.18in（0.46cm），宽度大于 6in（15.2cm）；不锈钢板，厚度大于 3/16in（0.48cm），宽度大于 10in（25.4cm）；铝板，厚度大于 0.25in（0.64cm），宽度无最小值限制；铜合金板，厚度超过 3/16in（0.48cm），宽度至少 12in（30.5cm）。也见 **crown plate**，**curtail plate**，**false plate**，**gallery plate**，**head plate**，**pole plate**，**rafter plate**，**raising plate**，**roof plate**，**sill**，**sill plate**，**soleplate**，**top plate**，**wall plate**。

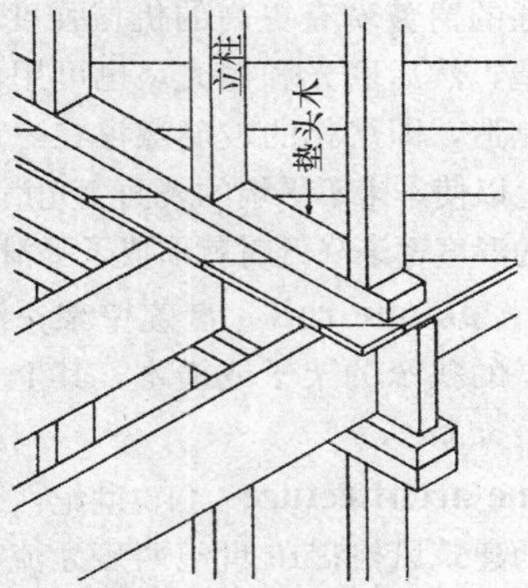

垫头木

platea 古罗马时期的宽通道或宽街道。

plate anchor 板拱；见 **sill anchor**。

plate beam 板梁，板制桁架；见 **plate girder**。

plate bolt 锚板螺栓，大帽螺栓；建筑物基础里锚固垫头木或底梁的螺栓（**plate or sill**）。

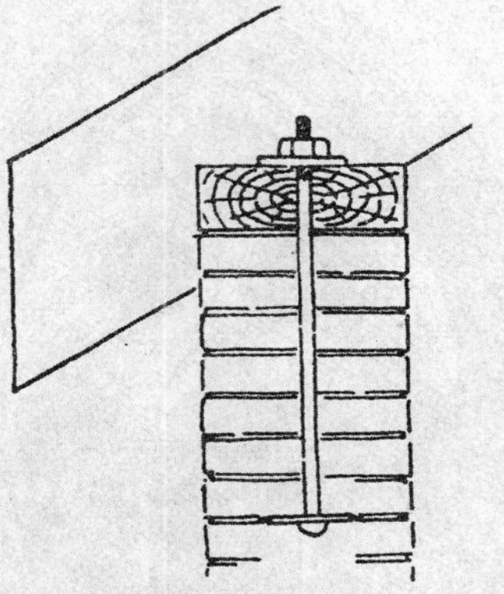

锚板螺栓

plate cut 见 **seat cut**；椽子檐端的水平截口。

plated parquet 有龙骨架的镶木地板；在龙骨架上铺硬木条镶嵌而成的拼花地板。

plated truss 板式桁架；节点处用钢板连接加固的木桁架（**truss**）。

plate girder，plate beam 板梁，板制桁架；由钢板和角钢（或其他结构型材）通过焊接或铆固拼制而成的钢梁或桁架。

plate glass 平板玻璃；两面光滑且互相平行同时没有扭曲变形和瑕疵的高品质玻璃（**glass**）板；它比普通的窗玻璃有更高的机械强度；一般用碾压法制造，然后磨光和抛光，也可用浮法玻璃生产方式制造，即熔化的玻璃漂浮在一层熔化的金属表面上以使本来不平坦的表面变光滑，当熔化的金属层的温度逐渐降低时就形成了平滑的玻璃板。

plate rail，plaque rail 盘碗壁架；沿房间墙体上部设置的狭窄的架子或横木，其上开槽以放置瓷盘或装饰品。

Plateresque architecture （16 世纪西班牙）仿银器装饰的建筑风格；16 世纪西班牙流行的一种带有大量装饰的建筑风格；因其模仿复杂的西班牙银器的精美效果而得名（plata 是西班牙语“银”之意）。尤指许多 16～18 世纪西班牙在美洲的殖民地建筑。

plate tracery （石）板雕窗花格；薄石板透雕花窗格。

（石）板雕窗花格

plate-type tread 板式梯级；由金属平板、木板、网纹板或这些板材的组合构成的踏板和踢板。

plate vibrator 平板振动器（混凝土振捣器）；带平底座的插入式机械振捣棒（**tamper**）。

platform **1.** 平台；抬高的地坪或平台，可全开敞或有顶。**2.** 楼梯平台；也见 **stair platform**。**3.** 格形基础（**grillage**）。

platform framing 平台构架；多层木结构的骨架（**framing**）系统；其立筋只有一层高，各层的地板托梁支承在下一层的上槛（**top plates**）而首层则支承在底槛（**soleplate**）上；承重墙及隔墙支承在每层的楼面底板上，即楼板面层（**finish floor**）下的基层上，也叫做平台式木框架，区别于轻型木构架（**balloon framing**）。

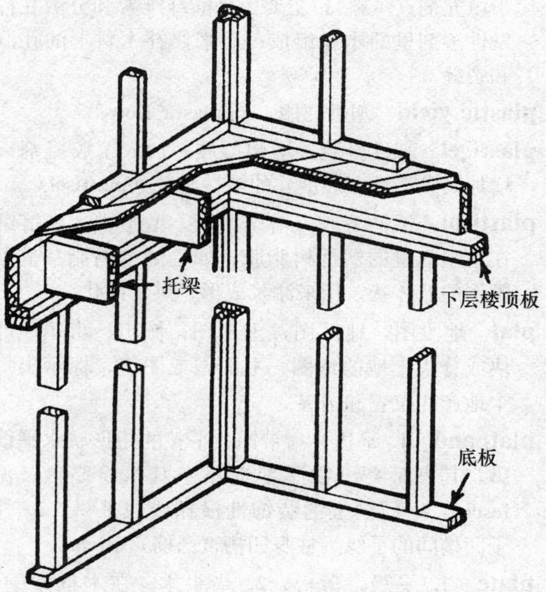

平台构架

platform framing，western framing 平台构架；平台构架（**platform frame**）式的木房屋构造方法。

platform header 木楼梯平台丁头梁；支撑楼梯平台但不支撑楼梯斜梁的水平结构构件。

platform ladder 平台式梯；带有工作平台的自支撑式梯。

platform roof 平屋顶；以水平面结束的屋顶。

platform stair 平台楼梯，层间双折楼梯；同 **dogleg stair**。

platted molding 有网状饰的线脚；同 **reticulated molding**。

plaunch debout en terre construction 曾经广泛流行于南路易丝安娜的法国乡土建筑（**French Vernacular architecture**）中的一种构造体系，排列紧密的厚板被插入土壤中几英尺深；厚板之间的空隙用 **bousillage** 加以填充，外墙面饰以水平墙板。

play 间隙；为减少摩擦，运动机件之间预留的间隙。

playfield 游戏场；为游戏设置的场地。

playhouse 1. 剧院；供戏剧演出用的集会场所。2. 儿童游戏馆；供儿童模拟家居形式用的小房屋。

play lot 儿童游戏场地。

plaza 广场，集市场所；在西班牙和西班牙后裔的社区，坐落于中心位置的公共广场。

pleach 篱笆；相互交织的一排树，形成一个屏障。

pleached 交织在一起的树枝状装饰；指编织成辫状或绳状的树枝、灌木枝或藤蔓等。

pleasance 游乐园、庭园；娱乐用园地，通常是独立的。

pleasance chamber 皇家宫殿中的礼仪室。

plenishing nail 钉木地板的大钉，安装用钉。

plenum 1. 在顶棚构造中，介于悬吊顶棚与上部主体结构之间的空间。2. 风室，送气室（**plenum chamber**）。

plenum barrier 隔声屏障；在顶棚结构的顶棚与楼（屋）顶之间，由隔墙的延伸部分或其他材料（或结构）构成的屏障；用来减少声音通过隔墙上的这个通道在相邻房间之间传递。

plenum cable 一种（燃烧时）不易产生火焰和烟的阻燃罩，设计用于顶棚与其上部楼板之间的空间（**plenum**，**1**）；以防止该空间作为建筑空调系统的回风通道时易产生的火灾危险。

plenum chamber 风室；在空调系统中，气压略高于大气压（在送风系统中）并和多个送风支管相连接的封闭空间，或者气压略低于大气压并和多个回风搁栅相连接的封闭空间；见 **plenum**，**1**。

plenum fan 送气风扇；安置在矩形风室中的向后弯曲的叶轮；与管状进气口和出气口连接；而不是封闭在一个典型的螺旋形蜗壳中。

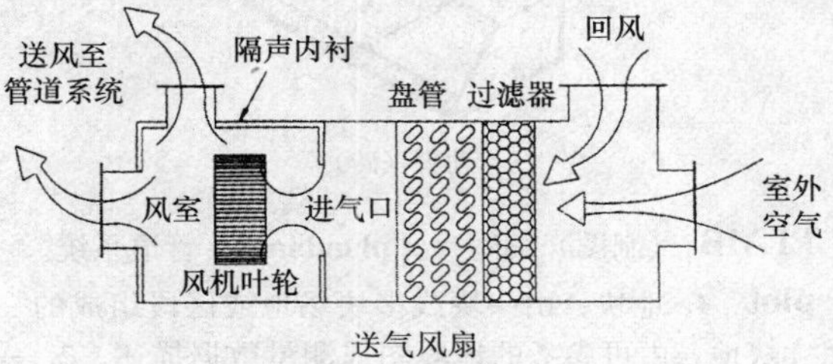

送气风扇

plexiform 网状花饰，折叠状花饰；呈网状或交叉状及花瓣状的花饰，如同凯尔特和罗马风式装饰一样。

Plexiglas 有机玻璃；一种透明的抗侵蚀的亚克力板。

plf 缩写＝ **“pounds per linear foot”**，每英寸表磅数。

PLG （制图）缩写＝ **“piling”**，打桩。

pliers 克丝钳，扁嘴钳；可剪切的钳状手工工具，通常有锯齿状的钳夹；用来握紧、把持、弯曲和切断物体。

plinth 1. 柱基座；圆柱、壁柱或门框的正方形或长方形基座。2. 底座；安放雕像或纪念碑的实心基座，通常装饰有线脚、浅浮雕或铭刻碑文。3. 勒脚；可识别的外墙基座或建筑物总体的基座层，如此处理是为了形成一个平台的外观。

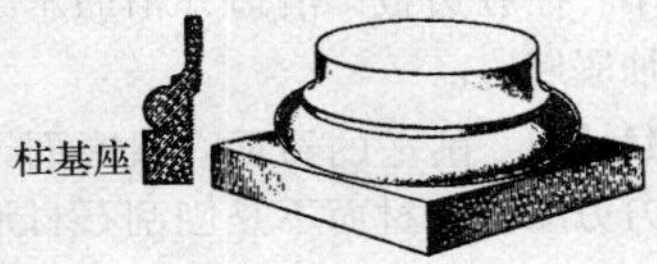

柱基座

plinth block 踢脚墩，底座木块；见 **skirting block**。

plinth brick 勒脚砖（砌勒脚用）；表面或端部有斜削角（**chamfer**，**4**）的砖块，通常砌勒脚层（**plinth course**）用。

plinth course 1. 勒脚层；连续的砖、石砌勒脚层（plinth）。2. 砖砌勒脚的顶层。

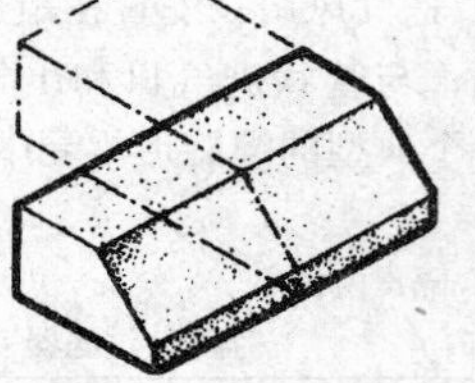

勒脚（砖）

PLMB （制图）缩写＝“plumbing”，管道系统。

plot 1. 地块；由一块或多块场地或区段组成的一块地，由可参考的地段图或测量数据描述。2. 一小块地皮。

plot ratio 容积率；同 floor area ratio。

plough 槽刨；见 plow。

ploughshare vaulting 犁头穹顶；见 vaulting，1，一种以石砌成接近三角形的框架拱顶。

plow，plough 1. 槽刨；开槽用的木工刨（plane）。2. 开槽机（router）。3. 见 groove。

plow and tongue joint 企口结合，槽榫结合；同 tongue-and-groove joint。

plowed bead 沟槽凸圆线脚；同 quirk bead，2。

plow groove 板边开槽；木板板边上开的沟槽，主要用于企口接合（槽榫接合）（tongue-and-groove joint）。

plowshare twist，plowshare vault 犁铧形穹隆；一种穹隆状屋顶，其上心拱肋与对角肋之间的开花顶面被扭曲成犁铧状。

plow strip 抽屉边板；沿边开槽的木条，尤其用于固定抽屉底边。

plucked finish 削平的石面，粗磨面，颗粒状粗面；用刀刃深剥石材而不是刨刮石材形成的纹理粗糙的石材表面。

plug 1. 木栓，塞子；钉进墙里的小的木制（或其他材料）圆柱体或销栓，用来固定扣钉。2. （木板的）补片；填塞进凹槽中弥补缺陷的一小片木板、胶合板等；插入体或补片。3. 填塞物，封填物；用来填进孔隙并补平表面的纤维或树脂材料。4. 管塞，管堵；管道系统中，排水管口的堵头；封闭管道端部的配件。5. 电插头（receptacle plug）。6. 连接插头（attachment plug）。7. 电器插头；连接插座（jack）与导线的装置。

管塞

plug center bit 扩口钻，带芯杆钻头；端部为小圆柱状而不是圆锥状的中心钻（center bit），用来扩充一个先前钻的小孔或围绕小孔形成一个锥孔。

plug cock 旋塞阀；同 ground-key faucet。

plug cutter 塞形钻孔器；动力驱动的一种小钻，用来挖切硬木地板上盖螺钉头的小木塞。

plug-driving gun 销钉枪，射钉枪，螺钉枪（stud gun）。

plug fan 送气风扇；同 plenum fan。

plug fuse 1. 插塞式保险丝；装在一个绝缘的陶瓷容器中的保险丝（fuse），其底部配有金属螺纹座，顶面有一个可观察保险丝状态的小窗口。2. Edison-base fuse，type-S fuse。

插塞式保险丝

plugging （可拧螺钉的）木塞或塑料塞；以纤维塞、木塞或塑料塞填塞砌体上的钻孔，其上再拧螺钉。

plugging chisel，plugging drill 星型长凿，钢钎；同 star drill。

plugmold 同 baseboard raceway；踢脚板导线槽；在已有建筑中，沿踢脚板布置的容纳电缆的导线槽，这种导线槽盖板可活动以方便电线安装。

plug tap 旋塞阀；同 ground-key faucet。

plug tenon 塞榫，尖榫，加塞榫；同 stub tenon。

plug valve 旋塞阀；同 ground-key valve。

plug weld 塞焊；焊接搭接接头（lap joint，2）或T形接头（tee joint）时，在其中一个构件上的环形切口处施焊，从而将构件与构件连接。

plum，plum stone 毛石，蛮石（大体积混凝土用）；在刚浇筑的大体积混凝土中掺入大块粗面石料，以节约混凝土砂浆的用量。

plumb 垂直的，恰好垂直。

plumbago 石墨，炭精；同 graphite。

plumb bob，plummet 垂球，测锤，铅锤；悬挂在绳索下端的具有特定形状的金属重物，用来指示垂直方向。

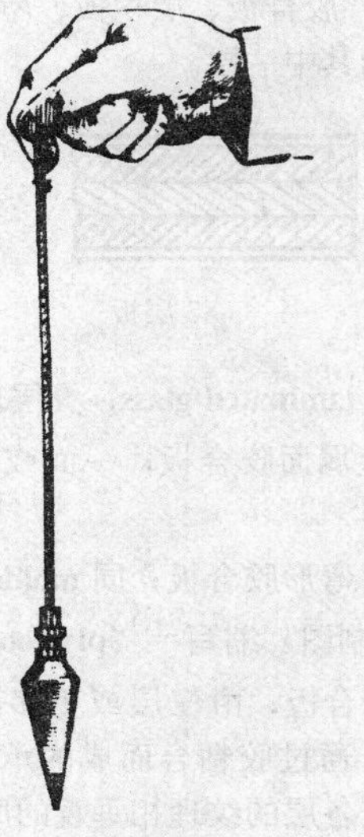

垂球

plumb bond 直缝砌法；砌体工程中，垂直接缝正好在一条线上的砌法。

plumb bond pole （砖的）垂直接缝定位杆；砌体施工中，用来保证垂直接缝在一条线上的定位杆。

plumb cut，ridge cut（屋架椽子下部的）垂直切口；椽子垂直面上的切口，它同椽子与脊檩（ridgeboard）垂直相接处的切口一样。

plumber's friend，force cup，plumber's helper，plunger （疏通管道的）揣子；由橡皮吸附杯和把手组成的一种工具；将其置于管道存水弯（或类似装置）上并做抽吸动作时可清除存水弯中的较小的阻塞物。

plumber's furnace 喷灯；手提式燃气加热器；管道工用来熔化（低温）焊料或铅，或用来加热锡焊烙铁等。

plumber's rasp 管工粗锉；一种管道工使用的用来锉平铅制品的粗锉。

plumber's round iron 管道工用圆烙铁；管道工用来焊接水箱裂缝的电烙铁（soldering iron）。

plumber's soil 管工黑油；烟墨、胶和水组成的混合物；用来涂刷在管道接头的外表面以防止焊料粘附，保证管道接头的边缘清洁。

plumber's solder 管工焊料，铅锡焊料；由大约两份铅和一份锡混合成的软焊料；用来形成包裹式嵌铅锡合金接头（wiped joints）和焊缝。

plumber's union 螺纹接头；见 union，1。

plumbing 1. 见 plumbing system；室内管道系统。2. 管道工程，卫生工程；在建筑物内装设管道、卫生设备和其他给水以及排放液体和废物的设备的工程。

plumbing appliance 管道工程用具，管道工程设备；具有特定功能的一组管道卫生设备；它们的运转受控制装置的预设值或加热元件、发动机、压力或热敏（感温）元件的性能控制。

plumbing appurtenance 管道工程附属设备（装置）；基本的管道系统和卫生设备以外的由预制元件装配而成的装置或其集成；由它们对该系统的控制、运行及补偿等功能进行操作；但既不增加供水量也不增加排水量。

plumbing conduit 同 conduit，2；用于输送流体的管道。

plumbing fitting 零件，配件，管件，连接件；同 fitting，1。

plumbing fixture 卫生设备，卫生器具；一种接收装置，用于收集水、液体及随水流走的废弃物，并将它们排放至与其相连的排水系统中。

plumbing official 市政部门官员；负责适用的管道工程法规的管理和实施的官员或其他指定的权力机构。

plumbing riser 垂直冒口；一个冒口可以保持 4 根管垂直；通常延长了建筑的总高。

plumbing system 室内管道工程系统；建筑物中热水、冷水、煤气和建筑物的液体废物等的供给和排放管道的总合；包括：给水配管，卫生设备及其存水弯管，污水管和排气管，下水管，雨水管等以及它们的附属装置、配件和所有在建筑物内或与建筑物相连的连接件。

plumbing trap 管道存水弯；见 **trap，1**。

plumbing trim 暴露的管道金属附件；见 **trim，3**。

plumbing up 铅垂；确保建筑的框架竖直。

plumb joint 锡焊搭接；金属薄板焊接中，将板边重叠搭接并平整地焊在一起。

plumb level，pendulum level 铅垂水准仪，水平仪；带有一个金属杆和一条铅垂线的平板仪；保持金属杆与铅垂线垂直以使平板处于精确的水平位置。

plumb line 铅垂线；一端系有金属测锤或重物的绳索或线段，精确指示垂直方向。

plumb pile 垂直桩（**pile**）。

plumb rise 桁架（**truss**）的端部上弦杆与下弦杆之间的垂直距离。

plumb rule 垂规，靠尺；有两个平行边的窄木条，木条中央画有一直线，直线上端系有一条绳索；木工、石瓦工用来确定垂直方向。

垂规

plume 羽状纹理木材；有着大羽毛状纹理的薄木板，通常是从树杈处锯下的。

plummet 测锤，铅锤（**plumb bob**）。

plum stone 毛石，蛮石（**plum**）。

plunger 揣子；见 **plumber's friend**。

plunger hydraulic elevator 柱塞液压提升机；将活塞（柱塞）直接置于轿厢框架或平台上的液压升降机（液压电梯 **hydraulic elevator**）；其运行机械装置包括汽缸、活塞、泵和联动阀门。

plus sight 后视；同 **backsight**。

pluteus 古罗马建筑矮墙（女儿墙）；古罗马建筑中的矮墙或胸墙；尤指封闭柱廊的柱子之间空间下部的墙体。

ply 层，片；胶合板、层积板、屋面油毡层等层叠式构造中的其中一层。

5 层板

plyglass 同 **laminated glass**；叠层玻璃。

plymetal 金属面胶合板；一面或两面饰以金属薄板的胶合板。

ply plastic 弯形胶合板；同 **molded plywood**。

PLYWD （制图）缩写＝ **"plywood"**，胶合板。

plywood 胶合板；由三层或更多层薄板（层数通常是奇数）通过胶粘合而成的承重（结构用）木板；通常按各层的纹理相垂直的原则叠加。

plywood squares，plywood parquet 胶合板地板块；专用作地板的胶合板，通常外覆一层由桦木、橡木或其他耐磨硬木制作的薄木面层。

PNEU （制图）缩写＝ **"pneumatic"**，气压。

pneumatically applied concrete 喷射混凝土；见 **shotcrete**。

pneumatically applied mortar 喷射灰浆；见 **shotcrete**。

pneumatic caisson 气压沉箱；同 **caisson，1**。

pneumatic control system 气动控制系统；由气压控制的系统，例如空调系统中由气压控制恒温箱或恒湿器。

pneumatic dispatch system 见 pneumatic tube system；气压输送管。

pneumatic drill 风镐，风钻；靠外挂式压缩空气源驱动的钻机。

pneumatic ejector 气压喷射泵（器）；用来收集和排放地下建筑排水系统污物、废水的特殊装置。

pneumatic feeding 风动送料；喷射混凝土采用以空气压缩系统运送原料的操作工艺。

pneumatic hammer 气锤；见 air hammer。

pneumatic mortar 压力喷浆；见 shotcrete。

pneumatic placement 风动给料；（指）用管道或软管将混凝土、灰浆或稀水泥浆输送到工地（施工现场）的最终位置过程中，材料通常以湿稠状态被抽吸并运送及喷射出，或者以干的状态被抽吸，当喷射时在喷嘴处添加水分（的施工方式）。

pneumatic riveter 风动（气动）铆钉机；由压缩空气驱动的一种钉铆钉（rivets）工具。

pneumatic structure 充气结构；一种非常轻的围护结构，通常由不透水的薄膜材料构成，通过结构内外的压力差而不是结构框架来支撑。必须以风扇维持其内部压力略高于大气压以防止结构缓慢漏气和倒塌。主要用作临时的围护结构或覆盖体育设施如网球场和游泳池等，也叫气承结构。

pneumatic test 气压试验；见 air test。

pneumatic tube system 气压输送管，风力输送管，气动风管；建筑物内从一处向另一处输送小型物品或纸张的系统。传送的物品被放进一个小圆柱体内，然后将圆柱体塞进连接两处的管道里，圆柱体在空气压力或真空作用下在管道内快速移动至目的地，圆柱体的外壁须与管道内壁贴紧不留空隙。

pneumatic water supply 压气供水；一种建筑供水系统，该系统中水储存在一个全封闭的水窖中，靠给封闭水窖中的空气加压保持供水。

PNL （制图）缩写＝“panel”。

Pnyx 古雅典城内的公共集会场所；古雅典靠近阿克罗波利斯的公共集会场所，是一个开敞的、铺有地砖的由墙围合的半圆形区域，演讲者在一个讲台上向人们致辞。

PO 缩写＝“purchase order”，订购单。

poché 建筑图中涂黑部分（图例）。

pocket 1. 梁窝；砌体工程中搁置梁端部的凹槽。2. 窗锤槽；双悬窗窗框滑梃上的开槽，供窗锤出入窗锤轨道时经过。3. 墙洞的顶部或侧面安装帘幕的凹槽。4. 窗框的内侧收藏开窗时的折叠的百叶窗的凹槽。5. 墙上门洞处安装折叠门的凹槽。6. 见 stage pocket。7. 木材生长过程中生成的年轮之间明显的间隔。

pocket butt 凹槽，平缝铰链；装置在内置式三合板百叶窗的第三扇上的一种铰链（butt hinge），使窗扇不被阻塞地进入它的凹槽（pocket，4）。

pocket chisel 门扇扁槽，凹槽錾子；同 sash chisel。

pocket door 可滑进门侧中空墙体里的门，这种门具有不占开启空间的优点。

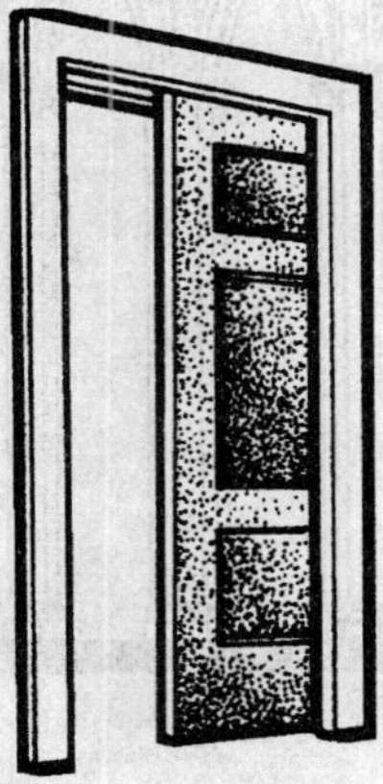

可滑进门侧中空墙体里的门

pocket-head window 上槽式窗；部分窗扇可向上滑进窗框上部的凹槽里的窗户。

pocket piece 吊窗锤匣板；在双吊式窗的窗框上滑梃内的一片小木板，可移开来放入窗锤或代替窗吊索。

pocket rot 穴腐，囊腐；木材上被腐蚀的穴状或槽形的小坑，其周围完好。

pockmarking 麻点（漆面上形成橘皮或凹斑）；漆面上的缺陷；也见 cratering，pitting，pinhole，3。

podium 1. 讲台；通常指抬高的平台，如演讲者站的台子。2. 乐队指挥台。3. 台基；古罗马庙宇所坐落的高台。

poecile 古雅典广场的拱廊（门廊）；古雅典广场上有围墙的拱廊或门廊，墙上绘有历史或宗教题材的装饰画。

poikile 古雅典广场的拱廊（门廊）；同 **poecile**。

point 1. 见 **glazier's point**。2. 尖头工具；一种砌筑用工具；见 **wasting**。3. 见 **pointing**。

point load 点负载；负载集中于很小的一个区域。

point-bearing pile 端承桩；同 **end-bearing pile**。

point arch 哥特式拱，尖拱，内二心桃尖拱；相交于顶点处（有尖顶）的拱，常见于但不限于哥特式建筑。

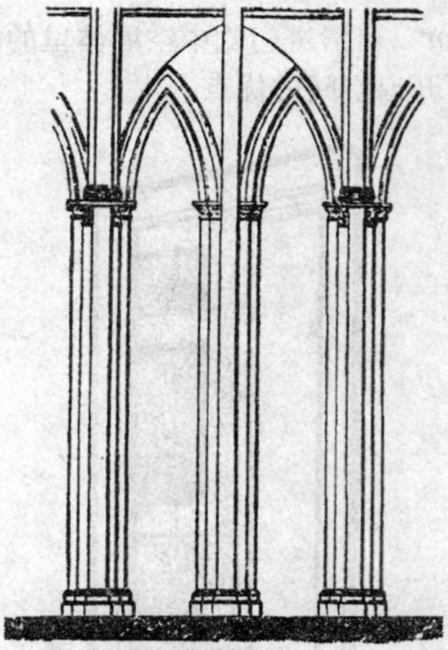

尖拱

pointed architecture 尖顶拱建筑；以哥特式尖拱为特征。

pointed ashlar 尖琢石；用点凿工具加工表面的琢石（作业）。

pointed dormer 葱头形穹顶；在最高点有尖顶的穹顶（**dormer**）。

pointed pediment 三角形檐饰（**pediment**）。

Pointed style 尖拱式，哥特式；很少用的一种建筑术语，指哥特复兴式（**Gothic Revival**）。

pointed work 点凿加工；在砌体建筑中，对石材表面用点凿工具反复击打形成的一种粗糙饰面的加工方式。

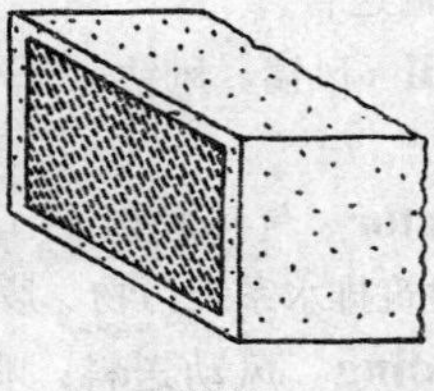

点凿加工

pointel, pointelle 1. 斜铺方砖地面；铺地砖的一种方式，由斜铺的小块方砖或菱形砖形成。2. 任何类似的样式。

pointing 1. 勾缝；砌体结构中，用尖镘刀将砂浆或腻子状填缝物抹进接缝处的最后处理；也见 **flush pointing**，**recessed pointing**，**tuck pointing**。2. 勾缝材料，填缝材料。3. 重新勾（嵌）缝；从砌块之间的接缝处除掉原有砂浆并抹上新的砂浆材料（**repointing**）。4. 石材雕刻中，从模型上取点并将其定位于要雕刻的石材上的操作。

pointing trowel 勾缝用细长抹子，溜子，尖镘刀；用来勾缝或除掉接缝处旧砂浆的一种勾缝刀（**pointing**）。

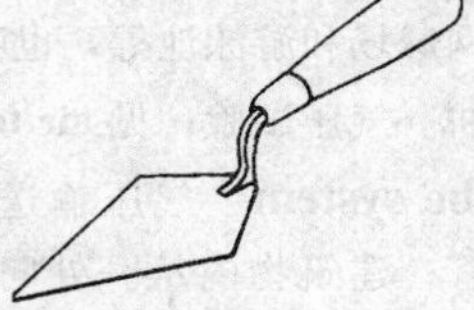

勾缝用细长抹子

point of contraflexure 反弯点；同 **point of inflection**。

point of delivery 同 **point of service**，3；连接点。

point of inflection 反弯点；出现在挠曲的结构构件长度方向上的一点，此点处弯曲方向发生改变并且弯矩为零。

point of service 1. 由电力设施公司安装的用户电缆（**service cables**）和用户引入线（**service entrance conductors**）连接在一个或更多终端附件上的位置。2. 用户引入线和电力设施公司的设施连接在变压器、变压器室或附件上的位置。3. 用户煤气管道和煤气公司从主管上接出的加长管的连接点（会合点），或者和压力调节装置（用来将未稀释的液化石油气的压力减小至送往煤气用具的常压）的连接点。

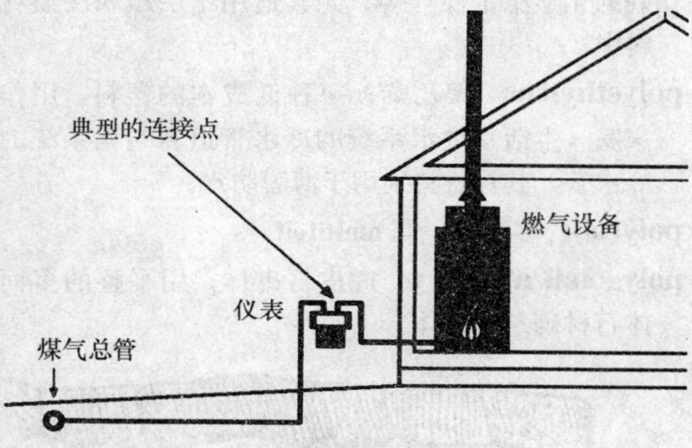

point of support 支承点，支撑点；构件上将其荷载传递给支承物的点。

point-of-use heater 独立热水器；远离其他使用热水的卫生设备位置的瞬时热水器（**instantaneous-type water heater**）。

point source 点光源；其直径相对于其照射范围相比微不足道的光源，例如：就大范围而言荧光灯可看作点光源，而就小范围而言则是线光源。

Poisson's ratio 泊松比；拉力或压力作用下的材料其横向应变和对应的纵向应变的比值的绝对值。

poker vibrator 插入式振捣器；见 **vibrator**。

POL （制图）缩写＝"**polish**"，抛光，磨光，压光。

polarized receptacle 定位插座；一种插座（**receptacle**），其触点排布使与之匹配的插头只能依一定方向插入。

定位插座

Pole 一端逐渐变细（渐尖）的圆木、杆、棒、桩或柱。

pole footing 桩基础；一种结构类型，将桩置入地下并且向上延伸作为柱子。

pole foundation 用木桩的基础；木桩的一部分埋入地下提供横向的和竖向的支撑。

pole-frame construction 木骨架建筑；同 **bent-frame construction**。

pole piece 脊板，脊梁，脊木，脊檩（**ridgeboard**）。

pole plate 承椽板，椽木垫板；位于屋顶系梁端部直接搁置在墙上的水平方木，支撑普通椽木的底端，将椽木抬起高于墙顶面。

pole-platform construction 木平台式基础结构；一种台式基础结构，木桩的端部伸出地面并支撑一个平台，该平台作为建筑物上部结构的基础。

pole-type transformer 架杆式变压器；适用于架设在立杆或相似结构上的变压器（**transformer**）。

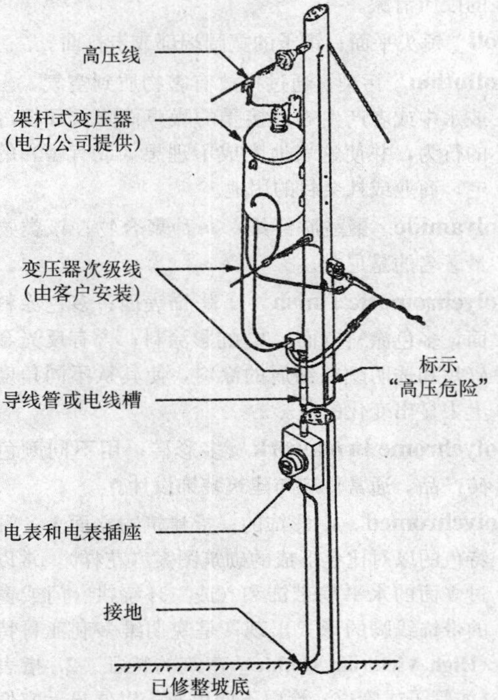

架杆式变压器

pole wall 桩墙；一种由一系列垂直木桩组成的墙。

poling board （基坑）挡土板，支撑板；敞口挡板（**open sheeting**）中的垂直板。

polish 抛光，磨光，压光；抹灰作业中，使饰面层有光泽或光彩的做法。

polished finish 抛光（饰）面；石材加工中，能形成反射面的光滑面层，通常通过在没有孔隙的石材表面进行化学处理和机械抛光获得。

polished plate glass 磨光平板玻璃；同 **plate glass**。

polished work 磨光表面，抛光表面；用研磨料对其抛光过的如同镜面的石材表面。

polish grind，final grind 磨平打光；混凝土作业中，用优良的研磨料对其表面进行研磨达预期的光洁度和外观的处理，如制作水磨石混凝土。

polishing varnish，rubbing varnish 抛光漆，亮光清漆；可被磨料和石油（矿物油）摩擦抛光的硬质清漆。

poll 锤头平面；锤子的宽阔端部或击打面。

pollution 污染；通过排放有害物质到空气、土壤或水中或者产生难以接受的噪声而降低环境等级的行为，并使这块地变成不理想（或有害）的住宅，商业或社会目的用地。

polyamide 聚酰胺纤维；一种聚合物；该类物质最著名的是尼龙。

polychromatic finish **1.** 彩饰表面；多色涂料饰面，多色涂料罩面。**2.** 虹彩涂料；含有反光金属碎片和透明颜料细屑的涂料，使其从不同角度看上去显出变化的色彩。

polychrome brickwork 多彩砖；用不同颜色的砖产品，通常供应与建筑装饰设计。

polychromed **1.** 彩饰的；指建筑物立面上一种有特色的以对比色形成的砌筑图案（花样），常以穿过立面的水平扁带饰和（或）环绕拱、门或窗洞的带饰线脚的形式出现；是晚期维多利亚哥特式（**High Victorian Gothic**）建筑的特征。**2.** 指表面（如管子或管道）涂以不同色彩，以便显示它们各自的功能。

polychromy 彩饰法，彩色（画或雕刻）艺术；用不同的色彩装饰建筑构件、雕刻等的做法。

polyester resin 聚酯树脂；固（硬）化过程中伴有聚合（作用）的合成树脂的一种，其优点是固化过程中无需高压，有优良的粘合性、高强度和好的化学稳定性等等；尤其适用于层压和浸渍材料中。

polyethylene 聚乙烯；一种低成本的塑料，用作家庭（生活）供水系统的冷水管道和空调系统的冷水管，其片材特别用于薄膜防水。

polyfoil 多叶饰；同 **multifoil**。

polygonal masonry 虎皮石砌体；用平整的多面体石材砌筑的砌体。

虎皮石砌体

polygonal roof 多边形屋顶；见 **pavilion roof，2**。

polymer 聚合物；一种像树脂的高分子有机化合物，其结构常（可以）表现为重复的小单元，有的是弹性体，有的是塑性体，有的是纤维质。

polymer-cement concrete 聚合物水泥混凝土；由水硬性水泥、骨料（集料）、水和聚合物或单基（聚物）（**monomer**）的混合制成的混凝土。

polymer concrete 聚合物混凝土；采用有机聚合物作胶凝材料的混凝土。

polymeric poured floor 由倾倒在基层上的聚合物材料形成的厚实的增强型地坪面层，其中可添加矿物的或塑料的片材、干燥剂、填料或碎片等。

polymerization 聚合（作用），凝聚；一种化学反应，其间形成的分子的分子量是初始物质分子量的倍数。

polymer-modified stucco 聚合物改性涂料；一种包含少量丙烯酸树脂的涂料，以增加其可操作性。

polymethyl methacrylate 聚甲基丙烯酸甲酯，有机玻璃；一种甲基丙烯酸甲酯（**methyl methacrylate**）的聚合物。

poly pipe 氯化聚氯乙烯管；一种聚合物管道，液体在管内流动阻力低；重量轻和低电导率。

polypropylene 聚丙烯，聚丙烯纤维；一种塑性的丙烯聚合物，是一种有良好的耐热性和化学稳定性的原材料。

polystyle 多柱式建筑（大厅或大厦）。

polystyrene foam 泡沫塑料；见 **foamed polystyrene**。

polystyrene resin 聚苯乙烯树脂；由苯乙烯在加热作用下形成的合成树脂，其应用包括混凝土涂料等。

polysulfide rubber 聚硫橡胶；一种合成聚合物，它可以抵抗光照，油和溶剂；作为密封剂特别有用。

Polytetrafluoroethylene 聚四氟乙烯；一种蜡装不透明的热塑性树脂，通常被熟知的名称是特氟龙；耐酸氧化剂和碱，有特别光滑的表面。

polythene 聚乙烯；同 **polyethylene**。

polyurethane finish 聚氨酯罩面漆；由 polyols 和多功能异氰酸酯反应生成的一种异常坚硬和耐磨的涂料式清漆。

polyurethane foam 聚氨酯泡沫；一种热塑性材料，特别是用于建筑物的隔热。

polyvinyl acetal 聚乙烯醇缩乙醛；由聚乙烯醇与 aldehyde 的缩聚作用产生的一种乙烯基塑料，主要有以下三类：聚乙烯醇缩乙醛、聚乙烯醇缩丁醛和聚乙烯醇缩甲醛，用于挥发性漆和胶粘剂；聚乙烯醇缩乙醛树脂是热塑性的，可以进行铸造、挤压、模压和涂敷等加工。

polyvinyl acetate，PVA 聚醋（乙）酸乙烯酯；一种无色的，热塑性的，不溶于水的树脂，在某些涂料中用作乳胶（液）胶粘剂。

polyvinyl chloride，PVC 聚氯乙烯；一种不溶于水，热塑性的，且对化学物质和腐蚀有很强抵抗力的树脂；广泛用作管道配件、冷水系统管道和污水系统管道。

pommel，pomel 圆形顶端饰物，球饰。

Pompadour style 洛可可式；同 **Rococo**。

ponded roof 蓄水屋顶；在屋面蓄水以便蒸发降温的屋顶。

ponding 1. 蓄水，积水；在底面低下去的凹坑内积水。2.（混凝土）围水养护；用浅浅的一层水浸没（淹没）新铺设的混凝土路面以保证持续的水合（化）作用的过程。

pontifical alter 教皇祭坛；独立的祭坛，如在罗马圣彼得大教堂的穹顶下祭坛华盖（**baldachin**）覆盖下的祭坛，常设置在大的罗马巴西利卡建筑中。

pony wall 矮墙，短墙；同 **dwarf wall，2**。

pool 水池；见 **swimming pool**。

poorhouse 贫民院；通常由社团或宗教组织提供的建筑物，为穷人提供住所和最低程度的服务；也见 **almshouse** 和 **bettering house**。

poor lime 贫石灰，劣质石灰；含有相当量的不溶于酸的矿物成分的石灰，非纯石灰。

popcorn concrete 多孔无砂混凝土；一种无细骨（集）料混凝土（无砂混凝土，大孔混凝土）（**no-fines concrete**），由于水泥（胶凝材料）浆不足以填充粗骨（集）料之间的孔隙，使粗骨（集）料只在接触点处粘结在一起。

poplar 白杨，白杨木；见 **yellow poplar**。

popout 剥落，突然爆裂；混凝土由内部压力引起的小部分表面脱落，留下一个浅的、典型形状为圆锥形的凹陷。

popping，blowing，pitting，pops 抹灰面起泡；圆锥形浅凹坑，恰在石灰膏粉刷层下，直径从针眼大小到 1/4in（64mm）不等；由未水化的石灰颗粒或外来物质的粗颗粒的膨胀引起。

poppyhead，poppy （教堂家具）顶花饰；常用于教堂靠背长凳顶端及教堂家具等的叶尖饰。

population composition 人口组成；在一组人群中特制的个人状况如性别、年龄、婚姻状况、教育、职业以及与户主的关系等的分布。

pop-up rod 弹出棒；洗脸盆上的一个控制漏塞提高和降低的金属杆。

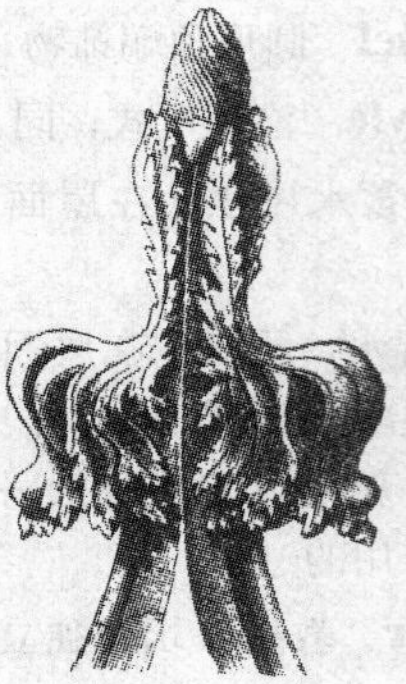

（教堂家具）顶花饰

pop valve 突开阀，安全阀；当阀门里的液体对阀门产生的压力与通常使阀门关闭的弹簧产生的压力失去平衡时能突然开启的保障安全阀门。

PORC （制图）缩写＝“**porcelain**”，瓷器的。

porcelain 瓷器，瓷料；用于电子、化学、力学、结构、热力学方面的封釉或未封釉的白色玻璃陶瓷。

porcelain enamel，vitreous enamel 搪瓷，釉瓷；一种全玻璃质的无机金属氧化物涂层，在800°F（427°C）以上熔化同金属相结合；并非真正的陶瓷。

porcelain enamel ware 搪瓷器皿，见 **double-faced ware**。

porcelain tile 铺地瓷砖，锦砖；一种平滑的、密实的、细晶粒的马赛克瓷砖或陶瓷地面材料，加工精良，表面致密，一般不透水；通常采用粉末压制法成型。这种瓷砖通常色彩纯净明亮，或带有粒状混合色。

porcelain tube 瓷管；在其一端带有小凸肩的陶瓷管；在电气配线穿越木搁栅、立柱等构件时，用以装设绝缘导体。

porch 门廊，走廊；**1.** 遮盖建筑物入口处的外部建筑。**2.** 沿着建筑物外侧延伸的一种外部建筑，通常有顶盖且边侧敞开，但也可以是部分封闭、屏蔽、玻璃围护；常作为主体结构的附属建筑。也称作 **veranda**，**galerie** 或 **piazza**。如果设置在建筑物内部，则称作 **integral porch**（整体式门廊）。**3.** 17 世纪美洲殖民时期的房屋的前门内小前厅，通常设有一部通向上部阁楼的陡梯。又见 **carriage porch**，**double-decker porch**，**double-tiered porch**，**engaged porch**，**full-facade porch**，**full-width porch**，**gabled porch**，**inset porch**，**integral porch**，**lattice porch**，**portale**，**projecting porch**，**raised porch**，**shed-roof porch**，**sleeping porch**，**storm porch**，**two-tiered porch**，**wrap-around porch**。

门廊

porch chamber 门厅寝室；在房屋不采暖的门厅或走廊上面的卧室。

porch lattice 门廊搁栅；一种基础不连续的敞开的搁栅，沿着楼板标高以下的门廊或走廊的一侧设置。

porch rail 门廊栏杆；一种造型木制构件，延伸在门廊或走廊的柱间，与栏杆支柱顶部或底部相连。

porcupine boiler 刺猬式锅炉；一种直立的、圆柱形锅炉，从其圆柱形表面外伸出很多封头短管，作为附加加热面积。

pore water 孔隙水；土壤中含有的自由水。

pore water pressure 孔隙水压力；饱和土中的水压力。

porosity 孔隙率；材料内部所含孔隙体积与其包含孔隙在内的全部体积之比，通常表示为百分比。气体或液体能透过材料内部的这种孔隙。

porous fill 同 **drainage fill**；多孔排水垫层。

porous pavement 多孔路面；采用允许水渗透进入路基的材料修筑的路面。

porous pipe 多孔管道；允许液体或气体穿透管壁的管道，可用于地基排水。

porous wood 有孔材；具有被称作“**pores**”或“**vessels**”的空心管状细胞结构的任何硬木。

porphyry 斑岩，彩色花岗石；以大块显晶质嵌入完整晶体基质为特征的火成岩，用以装饰石块或建造房屋。

porta 古罗马的城门；古罗马的城门。

portal 正门，门式框架；**1.** 通向一个建筑物或庭院的引人注目的或纪念碑式的入口，大门或通道，通常加以装饰。**2.** 由两根柱支撑的梁组成的框架结构，其连接具有足够的刚度以保持相交的构件间初始角度不变。

正门，门式框架

portal crane 门式吊车，门式起重机；龙门架起重机。

portale 有顶门廊；在西班牙建筑及其派生形式中的一种有顶门廊，通常是狭长的，沿房屋的前面或侧面设置，其房顶靠柱顶带有横撑的木柱支撑。这种走廊可供人直接进入每一个单独的房间。

portal frame 同 **portal，2**；门式框架。

PORT CEM （制图）缩写＝**"portland cement"**，波特兰水泥。

portcullis 吊门，城堡吊闸；一种防御性的闸门，由厚重的铁条或木料组成，闸门可通过防御门道的门边框上开设的槽口垂直移动。

porte cochère 车辆出入口，大门入口有雨篷的车道；**1.** 车辆门廊。**2.** 有顶盖的、通向庭院的马车或汽车出入口。

porteria **1.** 行李搬运工的门房。**2.** 修道院入口；

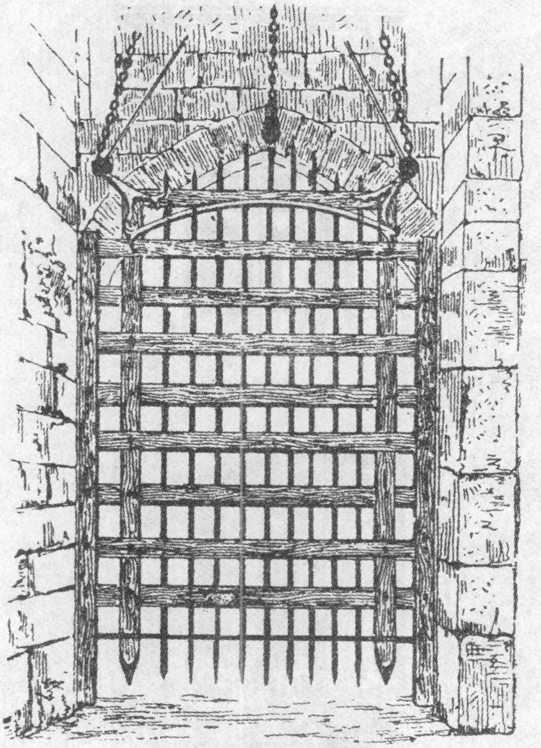

城堡吊闸

车辆出入口

通常指拱形门廊或位于教堂正面的前厅。**3.** 作为修道院入口的拱形门廊。

porthole 同 **access door**；便门，检修门（孔），观察孔；舱口。

portico 门廊，柱廊，回廊；**1.** 其顶盖由多根柱子支承的入口，通常位于建筑物的前方入口处。**2.**（古希腊建筑的）拱廊，柱廊。

portico-in-antis 反向门廊；凹进而非凸出建筑物

有雨篷的车道入口

门廊

正立面的门廊；又见 **anta**。

porticus 同 **portico**；门廊，柱廊，回廊。

portigo 门廊；同 **portico**。

portland blast-furnace slag cement，blast-furnace slag cement 矿渣硅酸盐水泥；波特兰水泥；**1.** 由波特兰水泥熟料和粒化高炉矿渣磨细而成的混合料，称为 IS 型水泥。**2.** 由波特兰水泥熟料和磨细粒化高炉矿渣组成的均质混合物。

portland cement 波特兰水泥；在大部分现代结构混凝土中使用的一种胶凝材料，它是通过将石灰石、黏土或页岩混合煅烧，再与少量的石膏混合磨细生产而成的；将这种材料与水、集料 [如砂子和（或）石子] 混合而成的稠而重的流体，可硬化成为一整体块料。尽管 **cement**（水泥）一词源于古罗马，但 **portland cement**（波特兰水泥）最早于 1824 年产于英国。从那时起，其抗拉强度有很大增长。

portland cement clinker 硅酸盐水泥熟料；部分熔融的熟料主要由硅酸钙组成。

portland cement concrete 硅酸盐水泥混凝土；见 **concrete**。

portland cement paint 硅酸盐水泥浆涂料；见 **cement paint**。

portland cement plaster 硅酸盐水泥灰浆；一种由硅酸盐水泥（或这种水泥的混合物）与砌筑水泥或石灰混合后，再与骨料混合的灰浆。

portland cement stucco 波特兰水泥粉刷；一种不含丙烯酸的粉刷，也叫 PC 粉刷。

portlandite 氢氧化钙晶体；硅酸盐水泥的一种水化产物；熟石灰。

portland-pozzolan cement 火山灰质硅酸盐水泥；**1.** 由硅酸盐水泥熟料和火山灰磨细而成的混合物，称作 IP 型水泥。**2.** 由硅酸盐水泥和磨细火山灰组成的均质混合物。

Portland stone，Portland limestone 波特兰石，波特兰石灰石；在远离英格兰海岸的波特兰小岛上开采出的一种鲕状石灰岩，普遍用作 **building stone in London**（伦敦建筑石料）。

POS （制图）缩写＝“**positive**”，正的，绝对的，正数。

posa 祈祷室，小礼拜堂；**1.** 16 世纪西班牙教堂中，位于中庭每个角成列排布的祈祷室。**2.** 位于早期加利福尼亚布道所砌墙前院中的小礼拜堂。

posada 小旅馆，客栈；在西班牙建筑及其派生形式中，指小旅馆，酒馆，客栈（尤指乡村或公路旁的）。

positioned weld 定位焊接；一种将接合点放置得便于焊接的焊接方式。

position indicator 位置指示器；在电梯升降系统中，用于指示电梯轿厢在电梯井位置的一种装置。

positive cutoff 完全截渗层；同 **cutoff，2**。这种截渗层向下延伸至低处不透水面，可完全阻隔地下渗水的通路。

positive-displacement 正压排浆装置；指湿法喷射混凝土混合料输送装置，靠活塞或螺旋推进通过输料软管以实体的形式输送物料。

positive heat supply 强制供热，有效供热；设计中向某空间直接供热，如安装加热装置；或向某空间非直接供热，如采用非绝缘表面的炉子或锅炉。

possum-trot cabin 同 dogtrot cabin；内廊式房屋。

possum-trot plan，dogtrot plan 分隔式住宅平面图；这种分隔式住宅由内廊将房屋分成共有一个屋顶的两部分。

post 柱；一种刚强的竖向结构构件或支柱，通常由木、石或金属制成，能支撑其上的结构构件，并能为横向连接构件提供坚固的节点。柱子可将建筑物的结构分成若干开间或跨度。post 柱子一词前面可加表示其位置的形容词做修饰（如角柱），或加表示其形状的形容词做修饰（如枪托柱）。对柱子具体类型的定义和描述，详见：**angle post，chimney post，corner post，crown post，doorpost，flared post，gabled post，gate post，gunstock post，hanging post，jack post，jamb post，king post，musket stock post，prick post，principal post，shouldered post，splayed post，sure post，teagle post，wall post**。

post-and-beam construction 柱梁结构；见 post-and-lintel construction。

post-and-beam framing 梁柱构架；一种由柱子而非墙体支撑水平构件的框架结构。

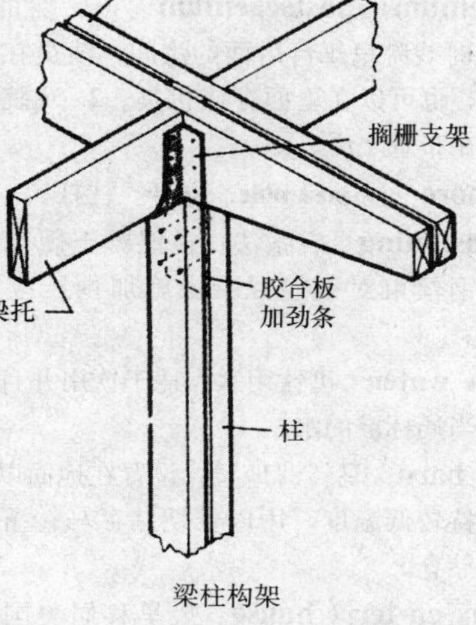

梁柱构架

post-and-girt framing 梁柱木结构；一种起源于中世纪的木结构体系。特征为：以大梁支撑楼板搁栅，以粗重的角柱、水平的柱间连系梁支撑附加荷载（活荷载）。在 19 世纪早期，（这种结构形式）大部分被轻型木构架结构所取代。这种结构构件间采用榫卯结合，靠木榫或木销固定连接。

post-and-lintel construction 立柱过梁结构，骨架结构；一种以立柱（柱）和横梁（过梁）支撑洞口上方荷载为特征的结构类型，与弓形或拱形过梁结构不同。

post and pane，post and petrail 砖木房屋；由砖墙或抹灰板墙填充木构架组成的一种结构体系，为半木结构。

post-and-rail construction 后围栏建筑；以附着在水平侧面体的立柱为特点的建筑体。

post-and-rail fence 立柱栏杆围栏；场院周围一圈立柱通常靠几道横杆相连所形成的围栏。

post-and-truss 立字桁架；一种采用立柱和桁架形成的十字形框架结构。

postbuckling strength 曲后强度；结构构件或板在压弯后所能承受的荷载。

Post-Colonial period 后殖民地时期；有时用于指代美国在 1780～1830 年那段时期，当时建造了很多具有古典复兴式（**Classical Revival style**）或联邦式（**Federal style**）风格的建筑。

post-completion services 竣工后服务；在发出竣工付款凭证后所提供的附加服务，如关于维护、工序、方法等方面的咨询。

posted occupancy and use 标明所有权或使用权；一种显示标志，通常为有效的建筑法规所要求，可表明一栋房屋法定的可容纳居住者的数量；法规也要求它标志出房屋法定的用途、楼层荷载和防火等级。

postern 便门，旁门，后门；**1.** 次要的、通常在不醒目的位置的入口。**2.** 靠近大门的小门。**3.** 小门，特别指那种在设防地区远离主要出入口的小门。**4.** 同 sally port。

postformed plywood 再加工胶合板；利用蒸汽或塑化剂重新塑型的胶合平板。

post hole 柱坑；在场地上挖出的一种埋置围栏柱子的孔洞。

旁门

post house 驿站；邮递道路（即邮件经此路递送的道路）旁的房子或旅馆，配备有马和马车供邮差和旅客使用。

postiche （建筑装饰等的）多余的添加物；工程完工后所做的，尤其指多余的、不合适的或庸俗的添加物。

posticum 后楹廊，后门；见 **opisthodomus**。

postigo （大门上的）小便门；在西班牙建筑及其派生形式中，尺寸较大的门上所设置的边门或窥视窗或小门。

post-in-the-ground house 同 **poteaux-en-terre house**；最早移居美国路易斯安那州的法人后裔的住宅。

postique 同 **postiche**；（建筑装饰等的）多余的添加物。

postis 门侧壁；古罗马建筑构造中支撑门楣（过梁）的门边框。

Post-Medieval architecture 中世纪的建筑；一个常用于描述 17 世纪和 18 世纪初期住宅的建筑术语，这种建筑具有中世纪木结构房屋的很多特点：很陡的坡屋顶、很大的壁炉、高大的烟囱和小窗户。

Post-Modern architecture 后现代主义建筑；从 20 世纪 60 年代末开始，用于描述背离国际式现代主义准则的建筑的一个术语，它摒弃实用主义（功能主义），不再强调结构的表达，更为偏爱设计的自由，包括古典的、历史的象征手法。频繁采用历史隐喻以及讽刺的手法，导致同时代的形式和素材间产生新的相互影响，例如采用非支撑的古典柱式，仿中世纪的拱门。后现代主义建筑也接受商业化大众文化的表现形式，如明亮的色调，霓虹灯和广告符号。又见 **Neo-Eclectic**。

Post-Modernism 后现代主义；在建筑流派中，后现代主义一词意味着背离国际式现代主义准则。它摒弃实用主义（功能主义），不再强调结构的表达，更为偏爱设计的自由。同时代的形式和素材间有着新的相互影响，频繁采用历史隐喻以及讽刺的手法，例如采用非支撑的古典柱式，仿中世纪的拱门甚至防御用的观察孔。后现代主义建筑也接受商业化大众文化的表现、明亮的色调，霓虹灯和拉斯维加斯式的广告标志。后现代主义纲要最有影响力的明确表达源于罗伯特·文丘里（**Robert Venturi**）的著作。菲利普·约翰逊（**Philip Johnson**）和约翰·伯吉（**John Burgee**）在纽约设计的 A. T. &T. 美国电报电话公司总部大楼，可视为最早的后现代主义建筑的重要代表作之一。

Post-occupancy services 邮报占用服务 **1.** 对有必要特定形式协议帮助设备的物主与建筑师的服务 **2.** 具有建筑师最后发布的形式协议最终委托付款证书的归还服务。

post office 邮局；信件和邮包在此处被接受和分类、并从这里分发到不同的目的地的办事处或建筑物。

post-on-siuhouse 同 **poteaux-sur-soue house**。

post pole 柱杆；单独的支撑荷载的垂直构件。

postscenium，postscaenium （戏院的）后台；**1.** 古时戏院里舞台后面的房间，演员在里面更换服装，也可以在里面存放机具。**2.** 戏院的舞台后部，在布景之后。

post shore 同 **post pole**；立杆，柱杆。

posttensioning 后张法；在混凝土硬化后张拉预应力钢丝束对钢筋混凝土施加预压应力的一种方法。

potable water 可饮用水；适于饮用并且符合主管卫生当局标准的水。

potato barn 马铃薯地窖；设置在地面以下，可全年保持较低温度，用以长期储存马铃薯的特殊用途的储仓。

poteaux-en-terre house 最早移居美国路易斯安那州的法人后裔的住宅；在法国本土建筑形式中，

最早移居美国路易斯安那州的法人后裔住宅。这种住宅以柱子作为竖向支撑，柱子埋入土里，间距很近，柱间填塞泥土和寄生藤或泥土和小石块的混合物。比较：**poteaux-sur-solle house**。

poteaux-sur-solle house 最早移居美国路易斯安那州的法人后裔的住宅；在法国本土建筑形式中，最早移居美国路易斯安那州的法人后裔住宅。类似于 **poteaux-en-terre house**，但这种住宅以立于地基横木（也就是，靠其下放置的柏木块支撑的大型横向木料）上的粗削圆木形成的构架做支承，粗削圆木间的空隙用石头和砂浆混合物（**pierrotage**）或石块填塞（**briquette-entre-poteaux**），然后以类似于中世纪半木结构建筑的方式抹灰或粉刷。这种房子一般具有木板铺面的四坡屋顶。每个房间的出口与房屋前面的通长走廊相连。

potential transformer 同 **voltage transformer**；变压器。

pot floor 陶土瓷砖地面；由瓷砖铺成的地面。

pot glass 有色玻璃；形容一种着色剂熔入玻璃体的着色玻璃。

pothead 电缆终端套管；在电缆终端所设置的防风雨装置，可作为电缆导线的绝缘出口。

pot life 有效期，适用期；**1.** 热固性塑料或橡胶在与反应引发剂混合后，保持其原有性质以满足其预期用途的时间段。**2.** 在原有包装打开后或在添加催化剂或其他成分后，涂料可适用多长的时间，也称作使用期，（涂料）适用时间（**usable life，spreadable life**）。

pot metal 制锅用铸铁；铜铅合金；**1.** 曾用于制作炊具的铸铁。**2.** 曾用于制作卫生器具的铜铅合金。

pottery 烧土制品，陶器；**1.** 由砖瓦厂工人烧制的黏土制品。**2.** 低温烧结、多孔的上色的陶器，和白色的或浅黄色的烧土制品形成鲜明对比。

potting-up 盆栽。**1.** 一株幼苗在花盆里栽培成一株成花。**2.** 在冬天，通常用在户外已培育好的成熟植株，转运在室内花盆里进行装饰或保护。

poultry house 禽舍，饲养家禽的房舍；在没有冰箱发明使用前，一直被农村、农场和庄园的人们用来保鲜鸡蛋和刚屠宰肉质品的必需房舍。

pounced 痕孔装饰的；用刻痕或孔眼来装饰的。

pound-calorie 磅卡；将一磅水温度升高一摄氏度所需要的热量。

pour 灌注，浇注；采用单一工序浇注大量的混凝土。

pour coat，top mop 顶涂层，灌涂层；**1.** 在组合屋面上的沥青顶层。**2.** 末道热沥青浇注层，其下为砾石或矿渣埋置面层。

poured concrete 浇注混凝土；见 **concrete**。

poured floor 浇注楼面（楼板）；见 **polymeric poured floor**。

poured joint 灌注接头；靠在其周围灌注后固结的绝缘介质而形成的绝缘电器接头。

pooring rope 填缝石棉绳；见 **asbestos joint runner**。

powdered asphalt 沥青粉；碾碎或磨碎成粉状的固体沥青，与稀释剂混合后软化。

powder house 火药库；与其他建筑物隔离开、储存火药的场所，曾出现在易遭敌人袭击的地区，又称作 **powder magazine**。

powdering 粉状花饰；用许多小图案，通常是相同的小图案重复排列进行装饰。

powder molding 粉末模塑法；将熔化聚乙烯粉末加工成不同形状和规格物体的制造方法，通常采用模具生产。

powder post 朽材，粉蠹；已经腐朽成粉状的木材，或已遭虫蛀、蛀孔中充满粉末的木材的蛀蚀状态。

powder room 女宾盥洗室；**1.** 女厕所内增设的前室，女人可在其间修整妆容、装束。**2.** 一座房子内底层小厕所。

power 功率；做功的效率，或能量转换或转移的效率，其单位通常以瓦特或马力来表示。

power-assisted door 助力门；通过制动一个电源开头就可打开门；尤其用于帮助残疾人并且需要《美国残疾人法案》通过。亦称作动力操纵门。

power buggy 一种材料处理机器，尺寸类似独轮手推车，由汽油发动机或电动机驱动。

power cable 动力电缆；由一个或多个电导体与一

个或更多的下列保护外套：绝缘层、内层管套、防护壳、外层管套等组装成的电缆。

power cart 同 power buggy；机动装卸车，动力小车。

机动装卸车，动力小车

power circuit protector 电源电路保护器，电力网保护器；一种装有保险丝的低压非自动断路器，有断电器类型的操纵机械装置，但其保护断电靠的是保险丝而非直接传动或继电器控制跳闸装置。

power conditioner 动力调节装置；输电线上用以提供清洁能源的小型装置单元，包括电涌放电器、谐波滤波器、隔离变压器以及稳压器。

power consumption 动力消耗量；功率乘以时间所得到的能量，以千瓦时或马力时等来计量。

power drill 电动钻；靠一种在触发式电闸合拢时能够将动力传输给夹盘的电动机进行驱动的钻。

power elevator 电动升降机；靠机械力驱动而不是靠手动或重力作用而运行的升降机。

power factor 功率因数；交流电的平均功率（用瓦特表示）与视在功率（用伏特-安培表示）之比。

power float 机动镘板，电动平整机；见 rotary float。

powerhouse 发电厂，电站，动力房；产生电能或其他形式能量的建筑。

power level 能量等级；见 sound power level。

power of attorney 授权书，委托书；授权别人为某人代理的文书。又见 attorney-in-fact。

power-operated scaffold 机动脚手架；靠电动机垂直升降的脚手架。

power outage 供电中断，断电；见 outage。

power panelboard 动力配电盘；为电动机或大负荷分支电路提供电力的配电盘。

power rouer 一种滚动油漆刷，油漆经压力供给到滚轮上。

power sander 电动打磨器，电动磨光机；上有一个可转动的研磨面、用以磨平和抛光的便携式受电动用具。

power shovel 动力铲，单斗铲土机；1. 用于挖掘和装卸土、岩石和瓦砾碎屑的动力机械，靠一个悬挂在起重臂上悬臂末端的开口铲斗工作，通过缆索或水锤泵驱动悬臂带着挖铲前后运动进入挖掘体内，随后挖铲升起并倾泻掉其中的物料。2. 有一个挖铲或铲斗用于挖掘或清除松散材料的一种机械。

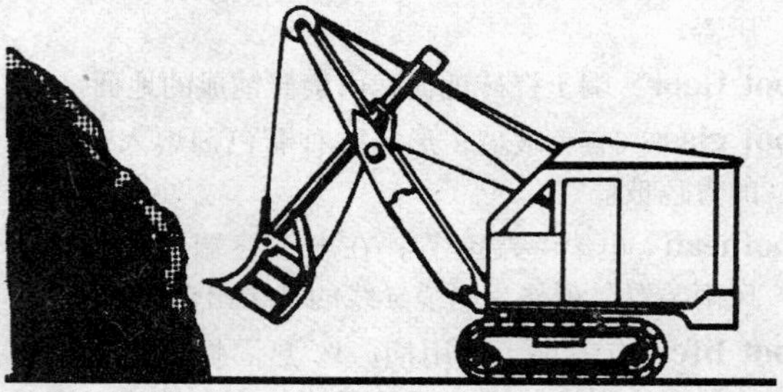

动力铲，单斗铲土机

power take-off 动力输出设备；建筑设备中用原动机的马达或引擎的动力或扭矩驱动附属设备或器械的装置。

power transformer 变压器；在交流电电气系统中，转换供电电源电压值的一种装置。

power trowel 机动抹子，机动镘刀，电铲；一种机械抹子。

power wrench 电动扳手，电动扳钳；见 impact wrench。

poyntel 同 pointel；菱形小砖铺面，对角斜铺。

pozzolan，pozzolona，pozzuolana 火山灰；一种硅质的或硅铝酸质的材料，本身具有很少的或不具有胶凝性，但在粉碎得很细及有水的条件下，在常温时可以与氢氧化钙反应，形成具有胶凝性的化合物。

pozzolan cement 火山灰水泥；磨细的火山灰与石灰的混合物，是古代使用的一种天然水泥。

pozzolanic 火山灰质的；具有火山灰特性的。

pozzuolana 火山灰；见 **pozzolan**。

PP-AC （制图）缩写＝“**power panel air-conditioning**”，空调配电盘。

PPGL （制图）缩写＝“**polished plate glass**”，磨光平板玻璃。

ppm （制图）缩写＝“**parts per million**”，百万分之几。

PR （制图）缩写＝“**pair**”，一对。

practical completion 实际完成；见 **date of substantial completion**。

praecinctio 古罗马剧院上下排座间的通道；古罗马剧院中，上下排座位间与排座平行的过道。

praetorium 同 **pretorium**；别墅，官邸。

prairie box 大草原式住宅；一种大草原风格的住房，地板平面呈方形，通常有一个对称的立面，房屋内部的四个角落各有一个房间，四坡屋顶，有的屋顶上设有斜脊的老虎窗。在 20 世纪初期有些流行，又称作 **American four-square house**。

prairie cottage 大草原式村舍；一种用风干的土坯砖建造的农舍，由美国西部大草原的定居者建造，那里石材匮乏，但在地表通常可以开挖到适宜制砖的黏土。制砖时将砂、灰和亚麻油加到黏土中，经过 10～12 天的风干，便可用灰浆将风干后的砖砌筑起来建造房屋，这并不需要更多的技术。在这类建筑中板条门很常见，通常是木瓦屋顶或茅草屋顶，屋顶外挑很宽，用以保护土坯墙面免受雨水的侵蚀。对照：**Prairie style house**。

Prairie School 草原学派；起源于一群有影响的芝加哥建筑师，与 Frank Lloyd Wright 弗兰克·劳埃德·赖特（1867—1959）的早期作品关系密切，和 Louis H. Sullivan 路易·亨利·沙利文（1856—1924）及其追随者也有少许关系。草原学派还受到了英国工艺美术运动的影响。这个学派创造的许多早期作品都属于草原风格。

Prairie style 大草原风格；一种美国本土的建筑风格，起源于草原学派，1900～1920 年间主要流行于美国中西部地区。这种风格的建筑物通常具有如下特点：房屋的中心部分常常要比相邻的侧翼高些；采用传统的材料；外墙一般采用浅色的抹灰，浅色的砖或混凝土块，与之形成对比的是楼层间的木饰；带顶盖的车辆门道和（或）走廊，走廊的顶盖很有特色地由粗大的柱子支撑，这些柱子要么横截面是方形的，要么具有倾斜的侧面；有一个花台或阳台。通常有沙利文式的中楣和（或）门周边缘饰；宽阔、坡度平缓的屋顶；宽大的挑檐；有戗脊的老虎窗或人字形屋顶窗；突出的、巨大的、较矮的矩形烟囱；通常在悬挑出的屋檐下有一系列的窗子；一般在有槽铅条中嵌有菱形窗玻璃；一个叠一个的双悬窗或高大的门式窗通常是两三个一组；门上带窗，窗玻璃上带有装饰性很强的几何图样。

大草原风格

prang 13～18 世纪泰国建筑中的神殿；在公元 13～18 世纪的泰国建筑中，由一个带有门廊的塔形主寺庙组成的圣殿。

Pratt truss 普拉特桁架；弦杆平行、竖杆受压和斜杆受拉（斜杆斜向中心）的一种桁架。

PRC 缩写＝“**precast reinforced concrete**”，预制钢筋混凝土。

PRCST （制图）缩写＝“**precast**”，预制构件，预制的。

preaction sprinkler system 自动喷水消防系统；一种干管式消防喷水系统，要由烟感和热敏激活装置开启控制阀门才能进入水。

preaching cross 布道十字架；紧邻小教堂（在公路或开阔地）而立的十字架，用以标示僧侣和其他一些人为了宗教的目的可聚集于此处。又见 **weeping cross**。在苏格兰阿盖尔郡因弗拉里镇的布道十字架。

preaction sprinkler system 自动喷水消防系统；使用安装于管线系统上的自动喷洒灭火器（喷头）

布道十字架：位于苏格兰阿盖尔郡的因弗拉里

的一种消防喷水（灭火）系统。整个系统由与喷头安装在同一区域的附加火警探测装置控制。探测装置接到报警信号开启阀门，让水流入管道并由喷洒灭火器喷出。不同于 deluge sprinkler system（集水喷洒系统），不用开式水雾喷头，系统采用自动喷洒灭火器。平常管道中没有水。

preassembled lock, mono lock, rigid lock, unit lock 预组装式止动器，单体锁，固定锁，整装门锁；在工厂里已将全部组件都装配好了的一种锁，当它装入门框边上的矩形凹槽时，只需少量或无须再进行拆卸。

preboring 预钻孔；钻一个导向孔。

precast 预制；指在现场以外的其他场所浇筑和养护的混凝土构件。

precast concrete pile 预制混凝土柱；见 **precast pile**。

precast concrete wall panel 预制混凝土墙板；预制的混凝土外墙板或隔墙板，既可以是承重墙板也可以是非承重墙板。

precast pile 预制桩；不是在现场浇筑成型的一种钢筋混凝土桩。

precast stone 同 **artificial stone**；人造石材。

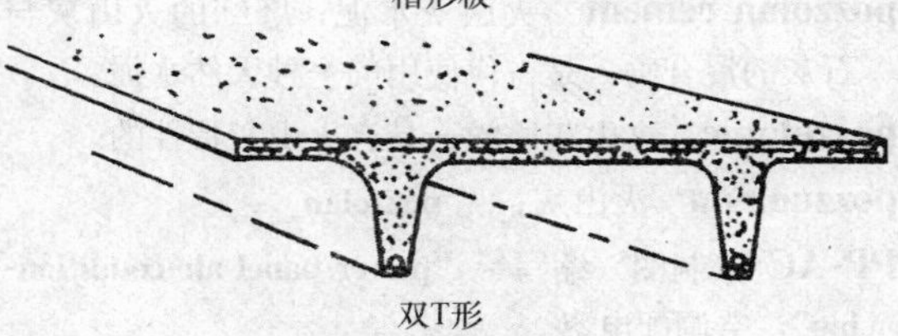

预制混凝土（双 T 形板）

precinct （尤指）教堂的围地。

precinctio 同 **praecinctio**；古罗马剧院上下级排座间的步道。

precipitation 降水量；在特定区域测得的直接由雨、雪、冰雹或冰雨所造成的总降水量，通常用每天、每月或每年的英寸（毫米）数表示。

precipitator 除尘器、聚尘器、沉淀器；见 **electrostatic precipitator**。

precise level 精密水准仪；为了采用直接水准测量技术以得到精确的测量结果而特制的一种仪器。本质上类似于工程师的带有千分尺和棱镜的水准仪，用棱镜可以同时观察标尺读数和水准气泡。

precise leveling rod 精密水准尺；一种精密水准测量尺，刻度刻在其精度几乎不受温度影响的特殊合金带上，合金带维持在恒定的拉伸状态。

precoating 预涂（层），预敷（层），底漆，上底，打底子；见 **tinning**。

Pre-Columbian architecture 哥伦比亚前期建筑；接触欧洲文明之前的美洲土著人的建筑。

precompressed zone 预压区；在预应力混凝土中，弯曲构件中由预应力筋施加压力的那部分区域。

Preconsolidation 预固结，预压实，先期固结；土体受到高压，通常源自非自然的原因，比如土体的振动或开挖土堆的载荷作用。

preconsolidation pressure 先期固结压力；土体受到的最大有效压力。

precure 预固化，预凝固；在压紧或夹紧之前固化胶接。

precut building 装配式建筑；主要由在工厂下料加工好后再在现场进行组装的各种建筑构配件装配而成的一种预制装配式建筑。

predella 祭坛座上油画（雕刻），祭坛的台，祭坛台座；**1.** 祭坛装饰的底层，位于主面板或浅浮雕与祭坛之间。**2.** 祭坛置于其上的宽阔平台。**3.** 祭坛凸出的台座。

preemption 优先购买权；优先于他人购买房地产的权利。

prefab 活动房屋；一种工厂生产的标准尺寸的房屋，不包括由汽车拖拉的活动住房或小于标准尺寸的拖车房屋。

PREFAB （制图）缩写＝"**prefabricated**"，预制装配的。

prefabricate 预制；在现场安装之前生产构件或组成单元，生产过程通常是在远离现场的工厂或车间进行。

prefabricated building 预制装配式建筑；见 **manufactured building**。

prefabricated construction 装配式施工方法；一种主要依靠采用标准化预制构配件进行施工的方法，该施工方法在现场进行的是构件装配而不是构件生产。

prefabricated flue （预制）装配烟道；完全由工厂生产的部件所组成的金属通风道，用于燃料设备的通风。

prefabricated house 预制装配式房屋；由工厂生产的定型构配件或建筑模块运到施工现场装配而成的房屋。

prefabricated joint filler 预制填缝条；一种用于填充控制缝、膨胀缝、收缩缝以及类似缝隙的可压缩材料，既可以暴露使用也可以作为接缝密封的衬背。

prefabricated masonry panel 预制砌体墙板；由砌块单元制成的预制墙板，在工厂先将砌块单元粘接叠砌起来，然后将其作为建筑构件运到施工现场以备安装。

prefabricated pipe conduit system 预制管子通道系统；一种预制机械管路户线通道，埋置于地下或设置于地上，可容纳一种或多种功能的绝缘管道。

prefabricated tie 预制墙箍，预制墙拉筋；一种用于空心墙体建筑的墙拉筋，由两道连系在一起的平行粗钢丝组成，这两根平行的粗钢丝每隔一定间距便用与之正交的短拉筋将其焊接在一起，其中每道长钢丝都要埋入墙内与墙成为一体。

prefabricated unit 预制构件，预制安装组合单元；一种组合预制件，构成建筑结构的单个构件（比如，组合梁、柱、主梁、板、撑杆或桁架），其制造应该在结构组装之前完成；通常还包括为了完成结构构架在现场的安装和连接所必需的设备。

prefabricated wall 同 **demountable partition**；预制装配式墙。

preferred angle 可选角度，较佳坡度；**1.** 楼梯在30°～35°间的任意角度。**2.** 坡道小于15°的任意角度。

prefilter 预滤器；在空调系统中的一种过滤器，安置在主滤器前面，用以排除较大颗粒的粉尘，通常其功率低于主滤器，具有低压降特征。

prefinished door, prefitted door 预制门；为某个门洞预制的门，门的正反面按清单规定由制造厂装饰，备有便于安装的门锁和铰链。

preformed asphalt joint filler 预制沥青填缝条；与细颗粒物料如锯屑或软木碎屑等混合而成的沥青胶结料预制带，用作嵌缝料。

preformed foam 预制泡沫；在与其他成分混合以形成多孔状泡沫体之前，在泡沫发生器里制造的泡沫。

preformed joint sealant 同 **preformed sealant**；预制密封层。

preformed sealant 预制密封层；制造厂预成型的密封层，可使得装配时现场工作量大大减少。

preheat coil 预热盘管；在空调系统中，在其他工艺流程开始前，先将低于冻结温度的空气预热至稍高于冻结温度的盘管。

preheater 预热器；见 **preheat coil**。

preheat fluorescent lamp, switch-start fluorescent lamp 预热荧光灯；电极需经预热以形成弧光的荧光灯，预热开关既可手动也可自动。

preheating 预热；住宅热水采暖系统中，在热水循环通过终端散热器之前，先循环通过第一阶段热交换器进行部分加热。

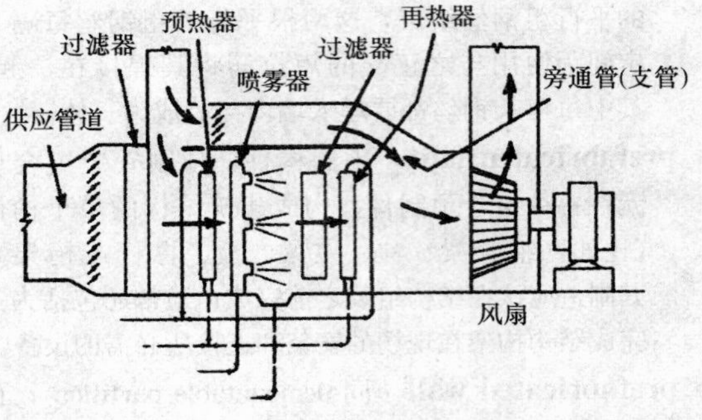

prehung door 预装门；预先装好门框和门扇及必要的五金配件和装饰物的装配体。

preliminary design 初步设计；建筑服务是建筑师在早期阶段的一个项目，包括程序审查、初步计划评估、评审的替代方法来设计和施工，并初步设计文件的准备。

preliminary drawings 初步设计图，草图；在项目初步设计阶段所绘图纸。

preliminary estimate 设计概算，估算；见 **statement of probable construction costs**。

preliminary work 准备工作；施工合同开始前在施工现场进行的工作，不作为实际合同的一部分，例如打桩。

premature stiffening 急凝，假凝现象，过早凝结；见 **false set**。

premises 房产，房屋及其周围的房基地；地皮及（或）其附属物。

premises wiring 房屋布线；一幢建筑物内部和外部的电气布线，从架空接户线或供电分支线延伸到出口，除各种配套的部件、仪器和配线设备以外，还包括动力、照明、调节装置、信号回路等。

premium-grade lumber 优等木材；在原料和工艺上都属最高等级的木材，用于细木工程。比较：**custom-grade lumber** 和 **economy-grade lumber**。

premixed concrete 预拌混凝土；除了水以外，包含所有搅拌混凝土所需添加的材料。

premixed plaster 预拌砂浆；在工厂预拌的砂浆。

premolded asphalt panel 预制沥青板；通常是压力成型的板材，芯部是沥青、矿物料和纤维的混合料，上下表面覆盖沥青油毡或沥青浸渍织物，外层涂覆热沥青。

prepacked concrete 预填骨料（灌浆）混凝土；见 **preplaced-aggregate concrete**。

prepared roofing 配置的卷材屋面；见 **asphalt prepared roofing**。

prepayment meter 预付（款）计，预付款计量表；一种投币式水或煤气表，在投入钱币后配售定量的流体。

preplaced-aggregate concrete, prepacked concrete 预填骨料混凝土；在模板里放入粗骨料后再将水泥砂浆及掺合料灌入并填满骨料间的空隙而形成的混凝土。

pre-posttensioning 先后张拉结合法；生产预应力混凝土的一种方法，预应力混凝土中的预应力筋一部分先张拉，另一部分后张拉。

prepreg 预浸料坯；生产强化塑料时，模塑前将增强材料在树脂中预浸处理。

prequalification of prospective bidders 潜在投标者的资格预审；对潜在投标人与预期项目相关的能力、信誉、职责等进行资格审查的过程。

pre-Romanesque architecture 前罗马式建筑；罗马帝国灭亡后、11 世纪罗马式建筑出现前的几种地域性、过渡期的建筑风格，包括伦巴第式、查理曼王朝式、土耳其帝国式在内。

presbytery, presbyterium 司祭席，内殿；教堂里位于唱诗班东侧、仅由司祭神职人员使用的真正的圣堂。

prescription specification 规范、说明书；指定产品、设备或系统的使用说明。

presence chamber, presence room 会见厅；名流或要人接见其来宾或那些有资格出现在他面前的客人的房间；贵宾室（礼堂）。

preservation 保存；见 **building preservation**。

preservative 1. 防腐剂；可用于木材防水或防蛀的一种产品，如杂酚油（木焦油）等。**2.** 涂覆在金属表面起保护作用的涂料。

pre-shimmed sealant 预衬垫密封层；由具有压缩性能的固体物质或离散微粒组成的一种密封材

料（如有弹力的塑胶条或橡胶条），填在接缝内的这种密封材料受压时变形受到限制。

pre-shimmed tape sealant 预衬垫密封带；用胶带做的预填密封垫片。

preshrunk 1. 缩拌；描述混凝土在转移到运送拌合机之前，在固定搅拌机中短时间的搅拌。2. 预缩；描述灌注砂浆、砂浆或混凝土浇注前搅拌1～3h以减少硬化时的收缩。

presidio 要塞；在西班牙建筑及其派生形式中，指边境前哨或堡垒。

pressed brick 压制砖；在置于砖窑中加工之前，受压以形成锐边、使表面平整的砖。

pressed edge 受压边缘；基础的侧边，在倾覆时沿着该边将产生最大的土压力。

pressed glass 压制玻璃；任何压制成型的玻璃用具，如玻璃镜砖块、路面灯等。

pressed-metal ceiling 压制金属顶棚；饰以浮雕图案的金属薄板；通常表面涂有锡和石墨涂层或底漆以防氧化；在约公元1875年以后，尤其是20世纪早期，多用作店铺顶棚。

pressed reflector lamp 同 **PAR lamp**；压型反光灯。

pressed steel 压制型钢；由模具压制而成建筑构件的钢材。

pressure 压力；由容器中匀质的液体或气体对器壁所施加的单位面积压力。

pressure bulb 压力泡；在负荷的土体中由任选的应力等值线所限定的区域。

pressure cell 压力传感器，测压仪，压（力灵）敏元件；一种用以测量土体内压力或施加于刚性墙上的土压力的装置。

pressure connector，solderless connector 压力连接器，无焊连接器；不用焊接而依靠机械压力，在两个或多个电导体间，或在一个或多个导体与一个电极间，建立连接的装置。

pressure creosoting 灌注杂酚油（木馏油）防腐；在压力作用下，将杂酚油（木馏油）作为防腐剂压入木材。

pressure drainage 加压排水（装置）；静压力安全地施加于与竖向排污总管连接的建筑物倾斜排水管入口处的状况。

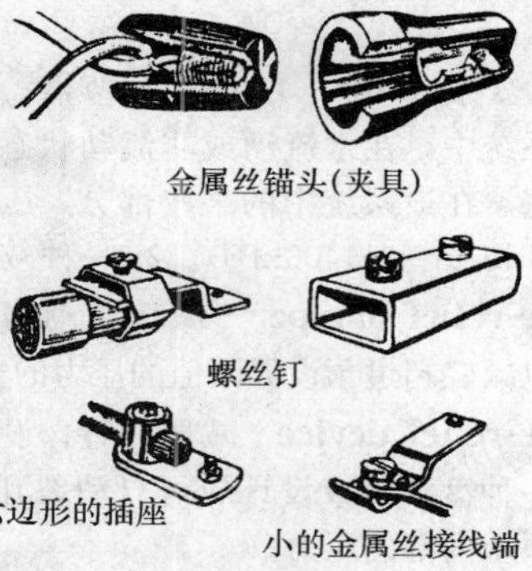

压力连接器

pressure drop 压降值，压力降；在排泄管两端间，在一个系统的两点间，穿过阀门和连接管等装置时，等等，由于摩擦阻力的损失，流体压力的减少；在供水管道系统中，流体压力的降低也会发生在高差变化的两点间。

pressure forming 压制成形，挤压成形，冲压；塑料加热成形的过程，利用压力挤压薄片靠模具表面成形，有别于利用真空法张拉薄片靠压模具成形。

pressure gauge 压力表；测量流体压力的一种装置。

pressure gun 同 **caulking gun**；压力枪，填缝枪。

pressure head 静压头，压力差；见 **static head**。

pressure-locked grating 压接金属搁栅；利用机械压力变形或模压将金属搁栅的横杆和支承杆的十字交叉点接牢而形成的一种搁栅。

pressure pipe 压力管；设计用以抵抗由其输送的介质所施加的连续压力的管道。

pressure-reflucing valve，reducing valve 1. 压力调节阀。2. 减压阀；借助于自动阀控制器保持预定压力的阀门。

pressure regulating valve（PRV） 压力调节阀；对于无论是动态流程，还是静态条件，都可以根据预定的参数自动减少和维持水压的一种装置。

pressure regulating valve station，PRV station 压力调节阀中心；在一栋建筑物的供水系统内，一个专门设置的区域里的由多种压力调节阀形成的装置。

pressure regulator 1. 压力调节器；在自动喷水灭火系统中，在水流动或非流动状态下限制水压的装置，在该系统中的某些部分，压力可能会超过 175 lb/in^2（11400kPa）。2. 一种减压阀。

pressure-relief damper 减压制动器；安装在系统中以减轻超过预设界限值的压力的安全减压器。

pressure-relief device 减压装置；设计为自动敞开的一种盘状物或设计成可自动裂开的装置，以减轻系统内部的压力。

pressure relief hatch 减压闸门；见 **smoke and fire vent**。

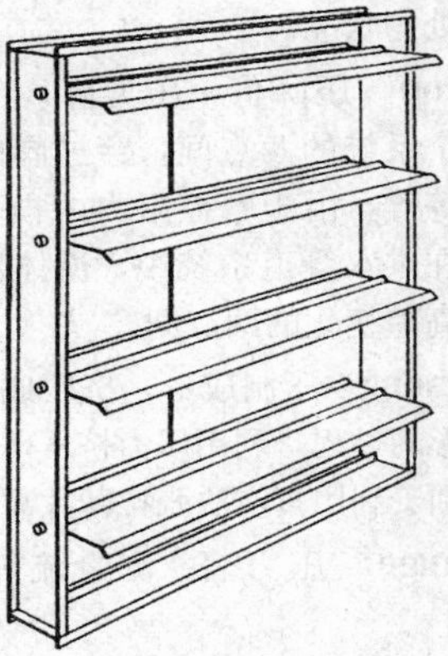

减压制动器

pressure relief valve 减压（安全）阀；在贮水的压力罐中，一种靠压力启动的安全阀，若罐中压力超过安全运转的设计值，被设计为能够自动开启以减轻压力。

pressure-relieving joint 减压缝；在镶板墙圬工建筑里，为了胀缩的需要，间隔一定水平距离所留出的敞开的缝隙；通常在每个楼层的水平支承面下面，允许胀缩，可防止较高一层的重量传到下面的砌体。这种缝隙以柔性嵌缝膏嵌填以防潮防水。

pressure-sensitive 压敏的；当受压时能粘附在物体表面的。

pressure-sensitive adhesive 压敏胶粘剂；在无溶剂状态下保持永久的黏性的一种黏弹性材料；施加很小的压力就能即刻粘附在大部分固体材料表面。

pressure tank 压力罐；一种设计用以储存压力水的封闭的圆柱形钢罐。

pressure-treated lumber 加压处理的木材；在加压条件下将化学防腐剂或阻燃剂注入其中的木材。

pressure-type vacuum breaker 压力型真空破碎机；包含一个独立操作的、内部负荷的止回阀和一个独立操作的、在止回阀泄气一侧的进气阀的真空破碎机。

pressure weather stripping 压力挡风雨条；设计成靠弹力来提供密封持续压力的挡风雨条。

pressure wire connector 压力接线器；仅靠机械压力在导线（或导线与电器设备）之间建立电路连接的装置。

pressure zone 压力区；拥有同一供水压力源或同一供水系统的一个建筑物区域（这个区域可能是一整个楼层、几个楼层或者整个建筑物）。

pressurized stairway enclosure 增压梯间；楼梯间内能维持稍高些的压力以尽量减少火灾时烟尘的污染。

presteaming period 预养期，静停期，静置期；混凝土制品从成型到开始养护升温的这段时间。

prestressed concrete 预应力混凝土；预先施加应力的混凝土，应力的大小和分布能使混凝土在受荷后的拉应力低于设计值；在钢筋混凝土中通常是采用张拉钢丝束的方法来产生预应力。

prestressed concrete wire 预应力混凝土钢丝；具有很高抗拉强度的钢丝，在受拉状态下埋于混凝土中，用于预应力混凝土。

prestressed pile 预应力桩（柱）；为了消除或减少在其运到施工现场、施工及使用过程中的开裂，而采用的预加应力或后张法生产的预应力混凝土桩。

prestressing 预加应力；在结构上加载，令其变形从而使其能更有效地抵抗使用负荷或者减少其挠度。

prestressing cable 预应力钢缆索；见 **tendon**。

prestressing steel 预应力钢材；高强度钢材（有钢筋、钢杆、钢丝等形式），用于预应力混凝土。

presumptive bearing pressure 假定承压力；在缺乏广泛的调查研究和足够的试验的条件下采用的竖向承压力。

pretensioned concrete 先张法（预应力）混凝

土；采用先张法张拉钢筋的混凝土。

pretensioning 钢筋先张法；在混凝土硬化之前张拉钢丝束，以此对钢筋混凝土预加应力的一种方法。

pretil 女儿墙；在西班牙建筑及其派生形式中，指女儿墙，齐胸高的墙，或指砖顶压檐墙。

pretorium 官邸，殿堂；在古罗马帝国，地方长官的官邸；司法大厅；宫殿。

preventive maintenance 预防性维修，预检修；机械维修，不管机械状况如何都要按固定的时间间隔周期性地替换机械零件。对照：**on-condition maintenance**。

pricking coat，pricked-up coat 同 **scratch coat**；抹灰的刮毛打底层，括糙层（即抹灰底层）。

pricking up 粗涂；打底子；在木板条上涂刷抹灰底层。

prick post 穿柱，框架侧柱；在木结构中，次要支柱或侧壁柱。

prick punch 刺孔冲头，冲心錾；用锤子击打的尖头钢冲头，用于在金属制品或金属薄片上冲出打孔的孔心标记。

刺孔冲头

prie-dieu 祷告台；人跪在其前祈祷的小桌子。

priest's door 教堂中牧师出入的门；牧师从旁边走上圣坛的门。

primacord 导爆索；引爆信管，内有一个用防水套包着的芯，用于引爆炸药。

primary air 1. 原空气；在热水器中，给炉膛送入的与燃气混合的空气。2. 一次空气；由送风管送入任何一种排气口或通风搁栅的空气。

primary battery 一次电池，原电池组；两个或更多原电池。

primary blasting 一次爆破；将原始岩层从其原有位置移开的爆破作业。

primary branch 1. 第一级支管；从竖向排污总管的底部到其与建筑物排水管的接合处的倾斜排水管。2. 主支管；建筑物中，给水管道或送风管道中最大的支管。

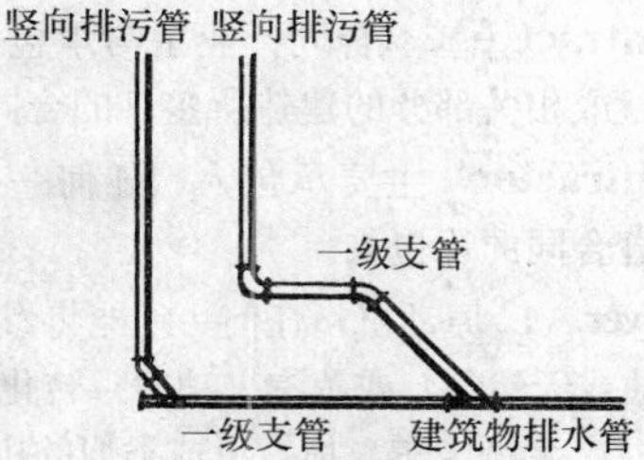

第一级支管

primary cell 原电池；通过电化学方法生成电流的电池；电流的流出会引起电池中一个电极的损耗；尽管有些电池能在有限范围内再充电，但这种电池通常不能由外部电源再充电。

primary consolidation，primary compression，primary time effect 初始固结，初始压缩，初始固结效应；由施加于土体上的持续荷载引起的土体体积的减少；主要是由于水从土体中的孔隙被挤出，并伴随着荷载由土体中的水向土粒转移造成的。

primary distribution feeder 初级馈电线；向配电线路提供初级电压的输电线。

primary entrance 主要出入口；特别用于日常人流进出的建筑物主要入口。

primary excavation 原土开挖；对以前从未动过的土层的开挖。

primary fluid，primary refrigerant 原生液，初级制冷剂；在冷藏系统中靠蒸发而吸收热量的制冷剂。

primary light source 1. 原光源；直接由能量转化而产生光的光源。2. 主光源；当几种光源出现时，其中主要的或最明显的光源。

primary member 基本（主要）杆件；见 **main member**。

primary time effect 初始固结效应；见 **primary consolidation**。

primavera 白桃花心木；一种产于中美洲和南美洲的材质较轻的木材，淡黄白色到褐色，常带有丝带状纹理；用于家具、胶合板和内部装修。

prime coat，priming coat 底漆；头道涂料；同 **primer，1**。

prime contract 基本合同；业主与承包人之间就一个项目或相关部分的建造所签订的合同。

prime contractor 主要承包人；任何一个直接与业主签订合同的承包人。

prime mover 1. 原动机；任何一种能将燃料（如柴油、汽油或天然气）或蒸汽（动力）转化为机械能的机器。2. 大型卡车、拖拉机或类似的机械。

prime professional 与业主订约的业务单位；就职业服务直接与业主签订合同的任何人士或公司。

primer 1. 底漆；一种油漆，用作头道涂层，用在木材、粉刷、砖石砌体上起绝缘、填补作用；用在金属表面可以防锈、并改善与后刷涂层的粘结力。2. 一种稀薄的液态沥青溶剂；用在屋顶面层粘结矿物颗粒，以改善下道所刷沥青粘结力。3. 雷管；一种弹药筒或炸药包，其中装有炸药或嵌有导火索。

prime standby power source 主要备用电源；见 standby power generator。

prime window 主窗；相对于附带的风雨窗而言的主窗。

priming 上底漆；涂底漆。

princess post 小立柱（辅助立柱）；在支撑屋顶的桁架中，位于双立柱和墙之间的立柱，用以辅助双立柱支撑。

principal 1. 委托人；授权被称为代理商的另一人为其代理或以其名义行事的人。2. 当事人；他人（被称为“担保人”）承诺为其偿还债务或违约责任的人。3. 负责人；在操业过程中，法定对其执业行为负责的人。4.（建筑）主结构；框架结构中最重要的构件，如用于支撑屋顶的桁架。

principal beam 主梁；框架结构中的大梁或主要的梁。

principal brace 1. 同 sway brace。2. 屋架主撑；支承主椽木的支撑。

principal elevation 主立面图；一栋建筑物的正面或主朝向的立面图。

principal façade 主立面；一幢房屋建筑的正面，常常采用较好的材料和极为用心的精雕细琢，而有别于其他立面；通常朝向大街，但有时也会面向小巷或短巷。

principal joist 主托梁；在木结构的房屋中，支撑大部分楼层荷载的大托梁。

principal post 主柱；木结构的房屋中的角柱。

principal purlin 主檩条；在木结构中，比普通檩稍大些的檩条，一般位于屋脊与檐板之间，并与屋脊平行。在屋脊每侧的唯一檩条，与主椽相连形成构架，从而为整个屋顶结构体系提供横向稳定性并支承其他普通椽子。

principal rafter 主椽木；在木结构房屋中，从屋脊下延到承梁板（埋在墙内的）间的一种椽子，比普通的椽子稍大些；常常搭在角柱、层间柱或烟囱前后的立柱上，并与水平拉杆连成构架。主椽与主檩一起，形成了有足够稳定性的屋顶构架系统。又称作 blade。

principal roof, principal rafter roof 主屋顶，主椽屋顶；靠主椽支撑的屋顶。

print 1. 石膏浇注的扁平装饰品。2. 印刷的图片，照片；见 printing。

printing 印刷术；用置于其上的物体产生的压力，在半硬质的涂膜上形成永久的印迹。

print room 墙面用印刷品装饰的房间；在18世纪的英国室内装饰及派生形式中，指墙上用油漆装饰的房间。

priory 小修道院；由小修道院院长管理的宗教机构。

prismatic billet molding 棱柱错齿线脚；一种普通的诺曼底装饰线条，由一系列的棱柱组成，交错排列成行。

棱柱错齿线脚

prismatic glass 棱柱花纹玻璃；1/8～1/4in (3.2～6.4mm)厚的压延玻璃，其一面由平行的棱柱形花纹组成，使光透过时发生折射，从而改变光线的方向。

prismatic rustication 伊丽莎白女王时代的乡村圬工建筑，每块石头的表面用钻石型凸起装饰。

prism glass 同 **prismatic glass**；棱柱花纹玻璃。

privacy landscape screen 活动隔断；见 **office landscape screen**。

private area 私人场地；不管是建筑物内部还是外部，为某一家庭独享其用的区域。

private branch exchange（PBX） 专用电话交换机；一个安装在用户楼内的专用电话转换系统，通常服务于一个机构（如一个企业或政府机构），在一座楼房内部接通电话，也可连接到外部的电话网。

private residence 私人住所；一个单独的住处（或单独的公寓住宅），仅由一个家庭中的成员们所占用。

private sewage disposal system 专用的污水处理系统；由化粪池及其排水道组成的系统，污水排到：(a) 地下的渗流场地；(b) 一个或更多的渗水井；(a) 与 (b) 两者的结合或者法令容许的其他设施。

private sewer 内部污水管；私用下水道；仅在法律允许的范围内由政府当局控制。

private stairway 户内梯，自用楼梯；仅供一个住户（或房客）使用，并非一般公用。

privy （无冲水设备的）厕所；室外厕所；用于户外使用的厕所。

privy chamber （君主或要人的）会见厅；同 **presence chamber**。

prize house 屋；在美国南部种植烟草的州，用于放置压制干燥烟草叶所用压具（称作 **prize**）的建筑物。

proaulion 教堂门廊；在早期的教堂以及在现代希腊教堂里的门廊或前厅；教堂前厅前面的外廊。

procathedral 主教教堂；当原有教堂尚未完成装修或正在修缮时，作为主教教区大礼拜堂的教堂。

processed shake 加工环裂；锯开的雪松木板，其表面有像环裂一样的木纹。

processional path 列队行进的道路；在半圆形拱顶（有时是一些方形）的教堂里，圣坛后面唱诗班的连续通道。

processional way 宗教游行之路；在一个像巴比伦似的古代城邦中，宗教典礼时队伍行进的纪念性路线。

古埃及宗教游行之路

procoeton 前室，前厅；在古希腊和古罗马住所中，指接待室，或指其他房间或卧室前面的房间。

Proctor compaction test 普氏击实试验；测定土壤中含水量的试验；根据规定的程序，进行土壤压缩，然后称取土样重量。

Proctor penetration needle 普氏贯入仪；针头面积为 0.05～$1in^2$（0.32～$6.45cm^2$）的指针，用弹簧秤调整，用以测量细土颗粒抵抗贯入的能力。

Proctor penetration resistance 普氏贯入阻力，标准贯入阻力；见 **standard penetration resistance**。

prodomos **1.** 门廊；大厅或前厅。**2.**（希腊建筑的）前殿。

producer 生产者，制作者，演出人；建筑材料或设备的制造业者，工艺师，或者装配工。

production drawings 施工图；见 **working drawings**。

production greenhouse 生产温室；一种为了生产或研究而非公众参观的目的而栽培大量的植物和花卉的花室。

professional adviser 专业顾问；由雇主聘请来指导为选拔建筑师进行的授权设计大赛的建筑师。

professional engineer （有执照的）专业工程师；一般对具有专业资格、正式执照并从事诸如结构、机械、电子、卫生、土木工程等技术服务的人或组织，而采用的法定名称。

professional liability insurance 职业责任保险；指定用来确保建筑师或工程师赔付所谓职业过失造成的损害索赔的保险。

professional practice 业务实践，工程业务；一种环境设计专业的实践，在公认的职业道德规范和有效的法律规定约束条件下实施的服务。

profile 1. 导向杆；用以准确砌筑砖或砌块的导向装置。2. 断面；土壤剖面。3. （纵）断面（图）；沿着任一固定的直线所作出的垂直于地面或地下岩层或两者的截面。在公路上，通常指沿着中心线所作的剖面。4. （纵）断面图；在建筑图中，垂直截面的轮廓图。5. 定斜板；英语中，表示 **batter board**（定斜板）。

program 计划书，任务书；在有或无建筑师帮助的条件下，由业主或为业主准备的说明书，用以阐明建筑工程的条件和目标，包括其总体功能和详细的要求，如需要的房间及其大小、专用设备等完整的清单。

program evaluation and review technique （PERT） 计划评审技术；应用于建筑施工的管理控制技术，用以确定在规定的期限内为完成施工目标必须做什么。目前的施工进程由计算机监控，与计划的进度表进行比较，为进一步的计划和决策提供管理工具。

progress chart 进度图（表）；由承包人制订的图表，每月提出日程安排；将项目的主要活动竖向列于表上，计划的施工时间从左向右横向列于表上；每个活动有两套线条，一套显示预计的开始和完成日期，另一套显示在公布之日实际施工情形。

progressive kiln, continuous kiln, step-kiln 前进式干燥炉，连续窑；干燥窑炉，新木材从窑炉一端进入，在移向另一端的过程中，逐步干燥，然后从末端移开。

progressive scaling 顺序鳞剥，进行性鳞剥；如混凝土的剥蚀，初期仅表面剥落，但逐渐向里深入。

progress payment 施工分期付款；在施工进程中，为已完工程量和（或）合理储备的材料所做的部分付款。

progress schedule 进度表；显示不同施工要素的计划以及实际的开始和结束时间的图、表，或其他图示的或书面的时间表。

PROJ （制图）缩写＝**"project"**，投影。

Project 1. 工程；一项施工任务，由一个或多个建筑物及场地设施组成，在确定的时间段内计划和实施。2. 方案；一个部门（事务所）里的一项工作或委任。3. 一个规划的大公寓楼或综合性住宅群，通常由政府投资以最小的成本为低收入家庭建造；又称为住房建造计划。4. 工程项目；由建筑师设计的全部建筑，履行合同的工程可能是其全部或一部分。

project budget 工程预算；业主所确定的整个项目可用资金总额，包括建造预算、土地费用、设备费、财务费用、专业服务费、不可预见费用以及其他类似的确定或估计的费用。

project cost 工程造价；一个项目的总费用，包括专业服务酬金、土地费用、装修和设备费、财务费和其他费用，还有建造费。

projected window 凸窗，挑窗；有一个或多个可转动的窗扇（见 **ventilators, 2**）的窗，这些窗扇可以向里或向外摆动。

projecting belt course 凸出的带层；常常制作精细，凸出于墙面的一层砖砌体。

projecting brick 凸出的砖块；许多凸出于墙面之外，通常形成某种图案的砖块中的一块。

projecting porch 外廊，凸出的门廊（走廊）；从房屋正面延伸出来的门廊（走廊），不同于房屋主要结构内设置的整体式走廊。

projecting scaffold 悬挑式脚手架；从建筑物的立面悬挑出来的施工脚手架，采用支架牢固地安装在建筑物立面上。

projecting sign 悬挑标志；附着并悬挑于建筑物外立面上的标志。

凸出的砖块

外廊，凸出的门廊（走廊）

projection 1. 凸出物；在圬工建筑中，从整个墙面向前凸出来的石头，以形成凹凸不平或乡村风格的外观。2. 悬挑物；从建筑物凸出的构件或组成部分。

projection booth 放映室；通常在观众席的后面，用以操作电影放映机、幻灯机、跟踪聚光灯的隔开的小间。

project manual 项目手册；由建筑师为项目所准备的手册，其中包括投标要求、合同条件以及技术规范。

projector 1. 聚光灯；在一个有限的立体角内，靠镜子和透镜来集中光线，沿一个方向放射出高亮照度光束的照明设备。2. 投射线；由一点垂直落到一个平面的一条线。

project representative 项目代表；建筑师在项目现场的代表，协助其进行施工合同的管理；当业主授权时，也可聘请专任的项目代表。

project site 项目现场；见 site。

projet 设计草案；建筑学的学生在设计学习过程中，通过作为作业的图样和（或）模型提出的项目方案。

promenade 散步场所；为了愉悦而进行散步的适当场所，如林荫道。

promenade tile 同 quarry tile；铺面缸砖，大铺地砖。

promoter 同 catalyst，1；促进剂、触媒、助催化剂。

prompt box 同 prompter's box；提白间、提词间。

prompter's box 提白间、提词间；尤其是在歌剧院中，为了舞台中央的提词员而设的小房间，稍高出舞台地板，有一个面向表演者的开口。

pronaos （古寺庙内殿前的）门廊；在古寺庙的内殿或内堂的前方，寺庙内的柱廊。

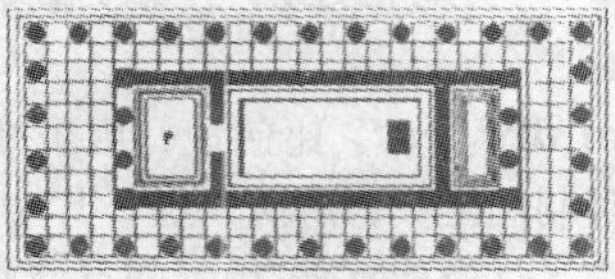

（古寺庙内殿前的）门廊

proof stress 控制应力；施加在材料上使之产生特定永久变形时所对应的拉或压应力，而材料变形通常是以原有长度的百分比来表示。

prop 支柱；柱或支撑柱。

propeller fan 螺旋桨式通风机、轴流通风机；主要用于排气和空气流通的轴流风扇，该风扇工作时静压力很小或没有。

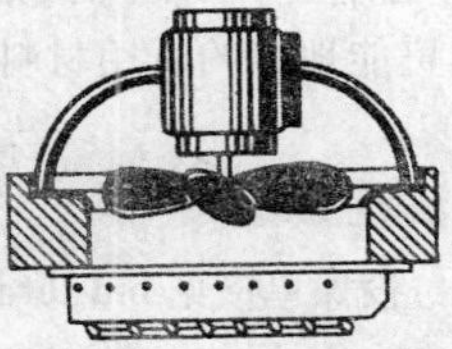

轴流通风机

property 1. 财产，所有物；任何资产，不动产或动产。2. 所有权；所有者权益。

property damage insurance 财产损失保险；普通责任保险的一部分，包括有形资产的损毁或破坏以及由此导致的损失，但通常不包括在保户看管、监管、控制下的财产。

property insurance 财产保险；工地上为了预防由火灾、雷击、延伸保险范围（风、冰雹、除了蒸汽锅炉爆炸外的爆炸、暴乱、民变、飞机、陆地交通工具和烟雾）、故意破坏行为、恶意伤害引起的损失或损害所作出的工程保险以及附加险（如另外规定或要求的）。又见 **special hazards insurance**。

property line 用地线，建筑红线，地界（权）线；一块地皮的登记界限。

property-line wall 界墙；沿着地界立起的墙。

property room 道具室，舞台储藏室；在舞台上使用的除了服装、灯具及舞台布景以外的各类物品的储藏间。

property survey 地界测绘，土地丈量；见 **boundary survey**。

proportional dividers 比例规；用于缩小或放大图画的一种制图工具；有两只腿，其端部是尖的，两腿相互交叉（类似字母 X），交点（旋转点）位置可以调节；在能够转动点那一端两脚尖的距离与另一端两者距离成一定比例。

比例规

proportional limit 比例极限；材料所能承受的、符合虎克定律的最大应力。

proportioning 配合比；对砂浆或混凝土组成比例的选择，以尽可能地节约所用材料并满足性能要求为准。

proposal 投标；见 **bid**。

proposal form 投保单；见 **bid form**。

propylaeum 1. 入口；宗教境域的巨大入口。2.（复数，首写字母大写，**Propylaea**）尤其指通往希腊雅典卫城；精致的门道。

propylon 入口；古埃及建筑宏伟的门道（入口），通常位于外轮廓呈截棱锥状的两座塔之间，单独或成列出现在庙宇或其他重要建筑物的实际入口或塔门前。

圣城入口

入口

proscenium 1. 舞台；在剧院，布景或后墙前的舞台。2. 舞台前部装置；将舞台与观众席分开所用的框架或拱形结构。3. 舞台台口，台景的框架。

proscenium arch 舞台拱框，台景的框架；舞台台口侧墙上的拱形结构或任何等效敞开框架，观众通过它能看到舞台。

proscenium box 剧场前侧包厢；邻近舞台台口侧墙的包厢；舞台旁包厢。

proscenium door 舞台口门；舞台台口侧墙上的门，演员可穿过该门上下前台。

proscenium stage 有台口的舞台；有台口拱框的

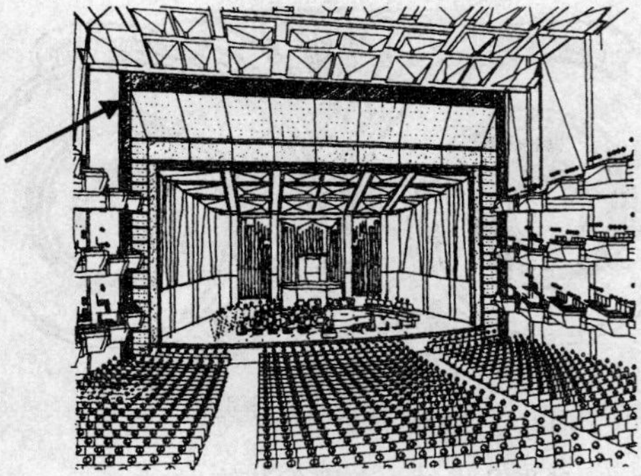

Benaroya 会堂（1998）西雅图

剧院舞台。

proscenium theatre 有台口的剧院；舞台上有台口拱框的剧院。

proscenium wall 舞台墙；将舞台或封闭平台与剧院的公众区域分开的防火墙。

proscription 不予法律保护，剥夺所有权；某人在相当长的一段时间里公开、连续地占有某项不动产，从而取得该项不动产权，则时效法禁止以前的所有者收回它（通常 20 年）。

proskenion 古希腊剧场后台房屋；古希腊剧场中，后台弧拱前房屋，早期为希腊式高台，后期为舞台前部。

prospect 视野，远景；通常指从较高的场所看到的景色。

prospect tower 同 **lookout tower**；瞭望塔。

prostas **1.** 前厅，门厅；古希腊建筑中的门廊或接待室。**2.** 同 **prostasis**，**1**。

prostasis **1.** 门廊壁柱之间；位于壁角柱之间的古庙前面部分。**2.** 门廊；内殿前的门廊。

prostoon 同 **portico**；门廊。

prostyle 前柱式的；指仅在建筑物前方有柱廊。

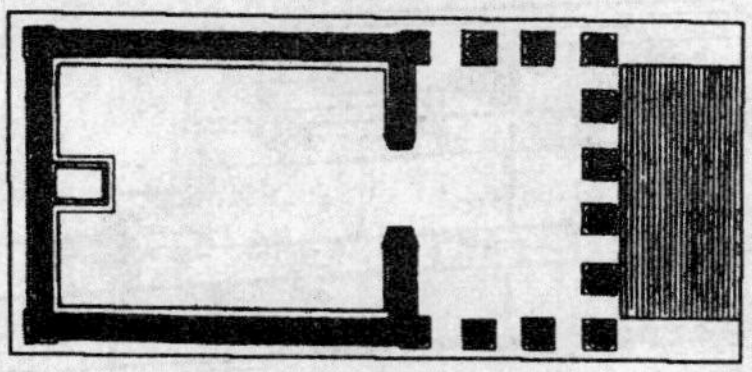

前柱式神殿见平面图

protected construction 防护结构；在消防系统中，建筑物所有构件经过化学处理、包覆或保护，其单个构件或其组合能够满足使用时特定的耐火等级的要求。

protected corner 受保护的混凝土板角，护隅；混凝土平板的角隅，通过机械方式或骨料的嵌锁作用可以从该角向邻近平板的一角传递至少 20% 的荷载。

protected equipment 保险器，防护设备；断路器负荷端的电气设备（如电动机或变压器）。

protected metal sheeting 防锈的金属薄板；包裹有沥青或其他材料保护层以防腐蚀的薄金属板。

protected noncombustible construction 耐火建筑物；不燃建筑物，指外部或内部的承重墙（或墙的承重部分），具有不少于 2h 的耐火极限，在火灾发生时能保持稳定；屋顶和楼板及其支撑，具有 1h 的耐火极限；楼梯和其他穿过楼层的洞口，由耐火极限为 1h 的隔墙所封闭。

protected opening 防火出口，耐火通道口；在墙或隔墙上的开口，安装着具有适当耐火极限的门窗或百叶窗。

protected ordinary construction 一般耐火建筑；屋顶、楼板层及其支撑具有 1h 的耐火极限，楼梯和其他穿过楼层的开口用具有 1h 耐火极限的隔墙所封，能满足普通建筑的所有要求的建筑。

protected shaft 安全竖井；由具有一定等级的防火墙、门或其他门洞所围成的竖井或楼梯间。

protected waste pipe 防护污水管，室内排水管；由不直接与排水沟、下水道、排气管或污水管相连的卫生设备上引出的污水管。

protected wood-frame construction 耐火木框架建筑；满足木框架建筑所有需要的建筑，其屋顶、楼板层及其支撑具有 1h 的耐火极限，楼梯及其他穿过楼层的洞口由具有 1h 耐火极限的隔墙所封闭。

protection 保护，安全装置；见 **building protection**。

protection screen 保护屏，防护屏；除了筛网没有受到张拉，构架稍微轻些以外，其他方面类似于加重型防护网；通常用于精神病院的窗户。

protective covenant 1. 保护性契约；限制不动产权使用的一种书面协议。2. 保护性契约中的限制条款；影响不动产权使用的一种限制（条款），出现在出让所有权的法律文书中。

protective ground 防护地线；一种与核准地线相连的电线，用来在与之相连的导体上建立和维持共同电压。

protective lighting 安全照明；用以方便工业财产（或类似物）的夜间治安的照明。

protective membrane 保护膜；用在防火构件隐蔽空间周围的外层、满足规范要求的表面材料。

protectory 流浪儿收容所，少年感化院；照料和教育那些违法的或无家可归的孩子的公共机构。

prothesis 圣餐室；希腊教堂圣堂旁的小礼拜堂，通常在圣台的北侧。

prothyron 古希腊建筑门前的游廊；古希腊房屋门前的门廊或前厅。

proto-Doric 原始陶立克柱型；外观似陶立克柱型的一种早期柱式。

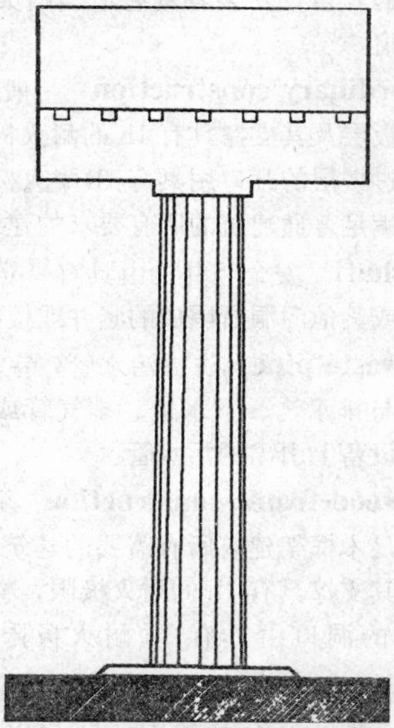

原始陶立克式柱

proto-Ionic 原始爱奥尼柱型；外观似爱奥尼柱型的一种早期柱式。

protome 人兽雕像装饰；古典建筑及其派生形式

初期爱奥尼式柱头

中，一种半凸出的人兽雕像装饰。

protomic capital 四角人兽像柱头，半兽饰柱头；一种用半凸出的兽或人或其组合的雕像装饰的柱头。

protractor 量角器；一种标上刻度用以测量或设置角度的仪器。

proximity switch 邻近开关；由邻近装置的存在而启动的一种传感器及联合装置。

Prussian blue 1. 普鲁士蓝；一种三价铁氰亚铁酸盐的深蓝色颜料，易于褪色成浅色；能与碱性物质反应；氰亚铁酸盐蓝。2. 由普鲁士蓝制造的各种颜色，如中国蓝。

PRV 调压阀；见 **pressure regulating valve**。

pry bar 撬棍，撬杠，拔钉器；用于撬动（物体）的一种大钢棍，其一端尖头，另一端形状像凿子。

prytaneum （古希腊的）城市公共会堂；古希腊城镇官员接待或招待德高望重的高贵客人、尊贵市民等的公共礼堂。

p. s. e. 缩写＝“**planed and square-edged**”，刨光且四边方正的。

pseudisodomum 皮高不同的块石墙砌法；希腊或罗马圬工建筑中，方石或规则切削的石头墙在砌筑过程中皮高不同。

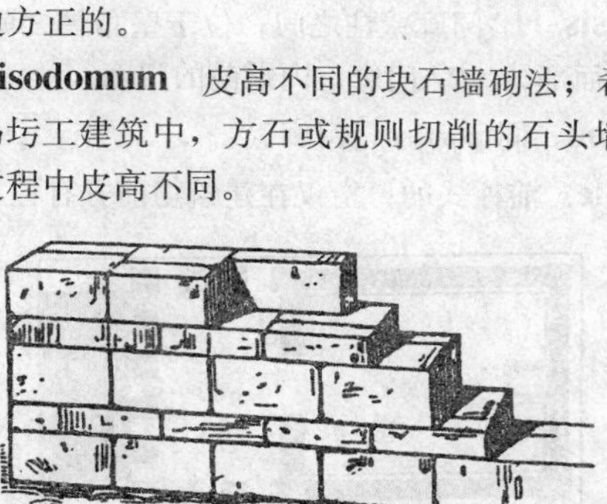

皮高不同的块石墙砌法

pseudodipteral 仿双排柱廊式；古建筑中，像双列柱廊式一样有成排柱子的一种建筑形式，但显著区别在于它没有内列的柱子，因而围绕内殿留有宽大的通道。

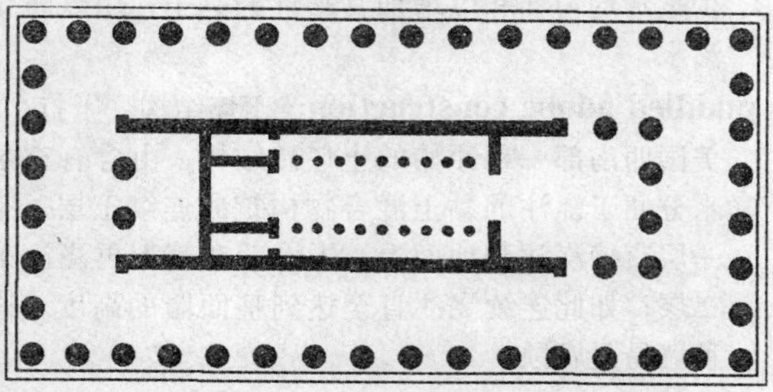

仿双排柱廊式

pseudoheader 同 clipped header；假丁头砌块，半砖。

pseudoperipteral 仿单柱廊式；指一种古庙或其他古建筑，四周有圆柱环绕，侧面和后面为附着式圆柱而非独立圆柱。

pseudoprostyle 仿柱廊式，假列柱式，半壁柱列柱式；古建筑中，同 prostyle；柱廊式，但没有 pronaos（门廊），柱廊的柱子与前墙间距小于中间柱的宽度，或柱子实际上附着在前墙上。

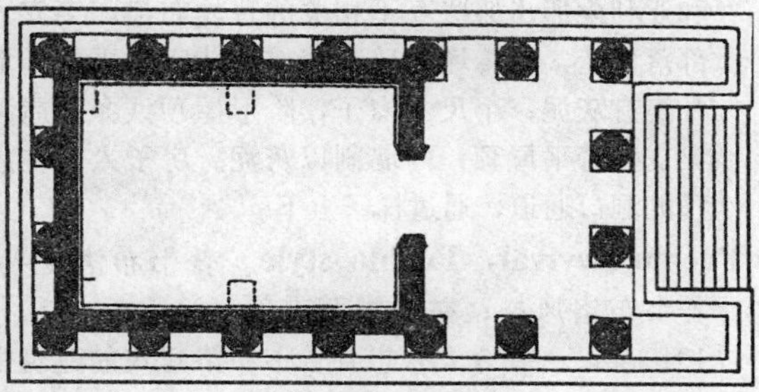

仿单柱廊式

pseudothyrum 密道；进出建筑物可不被发现的保密门。

psf 缩写＝“pounds per square foot”，磅每平方英尺。

psi 缩写＝“pounds per square inch”，磅每平方英寸。

psia 缩写＝“pounds per square inch absolute”，磅每平方英寸（绝对压力）。

psig 缩写＝“pounds per square inch gauge（pressure）”，磅每平方英寸（表压）。

p. s. j. 缩写＝“planed and square-jointed”，刨光并平头接合的。

psychiatric window 精神病房的窗；一种防腐蚀的窗，上有雨篷，内有结实的防护罩，设计用于精神病诊所；它不能被病人移动，带有易于清洁的窗台。

psychrograph 自记干湿球湿度计；自记干湿球湿度计，同时可读出干湿球温度。

psychrometer 干湿球湿度计；一种通过两支相似的温度计（一支为湿管，而另一支为干管）测量空气湿度的仪器。

psychrometric chart 温湿图；显示露点温度、干球温度、湿球温度、湿度比和相对湿度之间的关系图。

psychrometry 湿度测定法；对潮湿空气的研究。

PT 1.（制图）缩写＝“part”，部分。2.（制图）缩写＝“point”，点。

pteroma 柱廊空间；古建筑中，由柱廊、列柱走廊或拱廊围起来的空间，通常在柱列的后面。

pteron 1. 外露柱廊；古建庙宇中，在内殿墙体和列柱走廊圆柱间的过道。2. 侧翼附属；古建庙宇的一侧或沿庙宇一侧所设的柱列。

p. t. g. 缩写＝“planed，tongued，and grooved”，刨光并作企口榫。

PTN （制图）缩写＝“partition”，隔墙。

P-trap P形存水弯；在污水管中形成水封的P形存水弯，尤其适用于水池、抽水马桶。

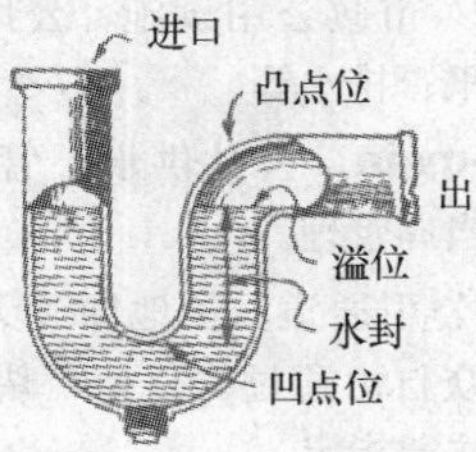

P形存水弯

Public-address system 同 sound-amplification system；扩声系统，有线广播系统。

public area 公共广场，公共场所；一直对公众免费开放的任何区域。

public corridor 公共走廊（通道）；走廊或封闭式过道，与带有楼梯间、防火瞭望塔或其他指定出口的房间或套房相连，但仅供其所在楼层的居住者使用。

public garage 公共汽车库；用于暂时停放或储藏机动车的车库，通常不负责这些车辆的修理和维护。

public hall 会堂，门厅；建筑物内部，在所有私人套房或住房之外的大厅，走廊，或过道。

public house 同 **tavern**；酒店，小旅馆。

public housing 公共住房；由市政或其他政府机构供给、拥有、建设或管理的廉价住房。

public liability insurance 公共责任保险；承保因保户过失行为所引起的，除了保户的雇员外的其他人身体伤害、疾病或死亡，和（或）财产损失的责任保险。

public nuisance 公害；见 **nuisance**。

public sewer 公共下水道，公共污水管；由政府当局直接控制的公共下水道。

public space 1. 公共场所；建筑物内公众可自由出入的场所，如大厅或休息室。2. 公共用地；在某些法典中，法定为公众使用的一块区域或空地。

public system 公共给水排水系统；一种给水或排水系统，由地方政府当局或其管理的公用事业公司拥有、经营。

public-use area 公用区域；可为普通公众使用的房间或空间。

public utility 市政公用设施；公用事业如给水、气、电、电讯、排水等。

public water main 公共供水干管；公用供水管道，由政府当局管理。

public way 公用通道；从地面到天空不受阻碍、适于普通公众自由通过的任何一块土地，其最小宽度通常由法律指定。

pudding stone 见 **cyclopean concrete**；圆砾岩；包括嵌入于含硅杂矿石中的小鹅卵石或砂砾的复合矿物。

puddle 捣密，夯实；通过先浸湿然后将其干燥的方法压密松土。

puddle，clay puddle，puddling 胶泥（土）；加少量水均匀拌和以增加其塑性的黏土；用以防止渗水。

puddled adobe construction 土坯结构，干打垒；美国西南部一种原始的土坯砖结构；由含有充足水分便于浇注的黏土混合物构筑成连续土层。第一层直接浇注到地面上，干燥后在其上再浇注第二层；如此连续浇注直至达到整面墙的高度。这种墙易受腐蚀。

puddle weld 熔焊；一种塞焊形式，用以连接两片薄壁材料；用熔融的金属填充上面那片薄板上灼出的洞，以熔合上下两片薄板。

puddling 1. 捣实；用捣固棒捣实砂浆或混凝土。2. 见 **puddle**。

pueblo 村庄，集体住所；公共住所，通常为石或砖坯砌，美国西南部普韦布洛的印第安人建成。建在峭壁上凿出的洞里或在平坦的谷地或岩石台地上。通常靠梯子进入。

pueblo architecture 普韦布洛建筑；公共住所，有五层高，包括大量单个住家单元，由新墨西哥和亚利桑那州那些互不相关的普埃布洛印第安人部落建造，用砖坯或砖石建成，结实厚重的外墙外覆有灰泥；小尺寸窗子，阶形屋顶线条；屋顶梁支撑着平屋顶；内墙刷以灰泥。房子入口在屋顶的洞口通道，通过梯子上下。

Pueblo Revival，Pueblo style 普韦布洛复兴，普韦布洛风格；在美国西南部，始建于 1910～1940 年，一种令人联想到普韦布洛建筑的建筑模式，通常这类建筑的特征是：土色灰泥粉刷的矮墙，土坯房的外观，在纵横墙交叉处有圆形的转角，偶尔有断墙，在走廊和露台处砖铺地面，仿普韦布洛建筑的阶形后屋顶线，靠排水管排水的女儿墙加平屋顶，支撑屋顶凸出墙外的一排排木梁，凹进墙内带有粗削过梁的玻璃窗和板条门。

puff pipe 反虹吸管，排气管；在存水弯出口一边的排气短管，可防虹吸作用。

pugging 填塞（泥土）隔声；用大量的散粒材料

如泥灰、沙子等填充在楼板顶棚中的搁栅间，以改善上下楼层间的隔声效果。

pug mill 搅泥机；混合并调制泥土的机械。

pug-mill brick 同 **adobe quemado**；机制砖。

pull 拉手，柄；开门、窗、抽屉等的把手。

pull box 拉线盒；布线时，嵌入一个或多个输电线槽内的一种盒子（带有可移动的盖子），能帮助拉动导线穿过线槽。

pull-chain operator 牵引链操纵器；用以控制某种装置开口大小的链条，如 **damper，1**。

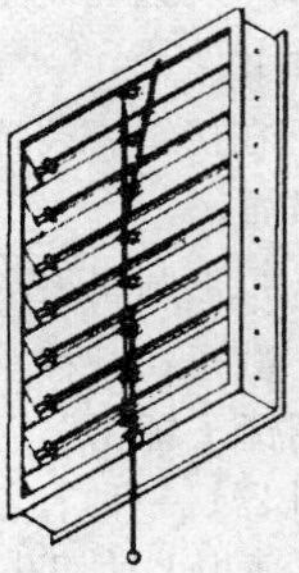

牵引链操纵器

pulldown handle 下拉把手；固定在双悬窗的下冒头上的上部窗扇把手。

pulley 1. 滑轮；在某种装置中，轮缘开槽以牵拉一根绳子或其他绳索转动的轮子。2. 一种滑轮组，包括一个或多个滑轮。

pulley block 滑轮组；一种包含有一个或多个滑轮的装置；见 **block，6**。

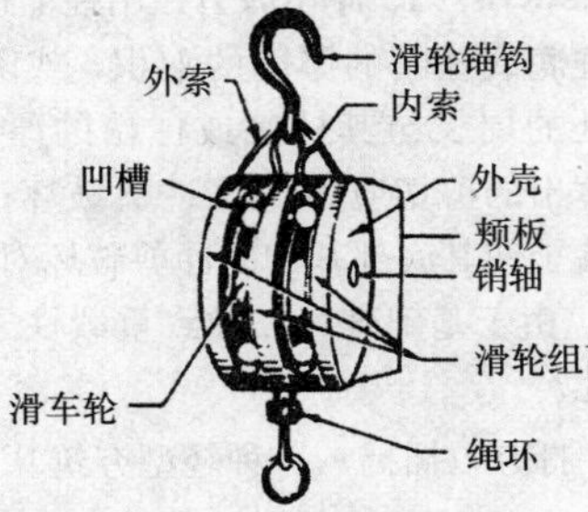

滑轮组

pulley mortise 滑轮榫槽；见 **chase mortise**。

pulley sheave 滑轮；在滑轮组中有一条绳索穿过的有槽滚筒。

pulley stile，hanging stile，sash run，window stile 吊窗滑轨窗梃，吊窗的滑轮槽，窗梃；窗框的立杆，窗扇滑轮安装其上，窗扇沿其滑动。

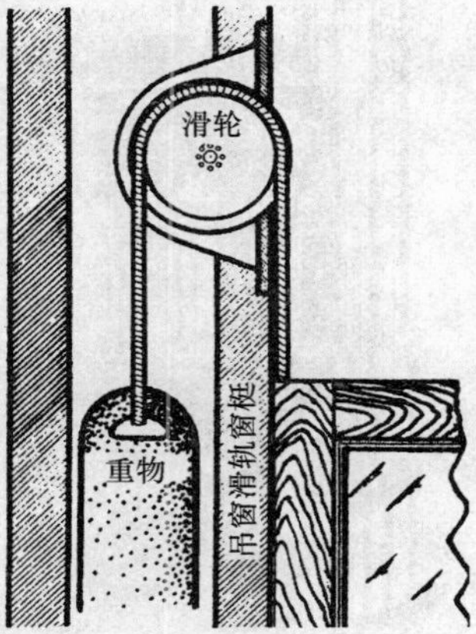

滑轨窗梃

pull hardware 门用五金，拉手；用以将门拉开的固定手柄或把手。

pulling 拖刷；刷油漆时，由于油漆过于黏稠而造成涂刷受阻。

pulling over （漆面）溶剂抛光；在木饰面中，用浸油的布磨光硝基漆的一种精加工。

pulling tension 拉伸力；安装电缆时施加在其上的拉力大小。

pulling up 咬底；刷下遍漆时，头遍漆膜软化现象。

pull scraper 拉铲；一种手工刮具，把柄上附有一直角钢刃，尤其适用于刮平木料或刮掉厚罩面层。

pull shovel 同 **backhoe**；反向铲，索铲，反铲（挖土机）。

pull switch 同 **chain-pull switch**；拉线开关。

pulpboard 纸浆板；一种实心板，通常由木浆制成。又见 **fiberboard**。

pulpit 布道坛，讲经台；教堂中围起的高台，教士布道时站立其上。

pulpitum 1. 舞台；罗马剧院中，与乐队相邻的舞

布道坛

台部分，相应于希腊剧院舞台上的说白区。2. 演讲者的讲坛；见 **tribune**，1。

pulsation 脉动；在火炉中，火焰的晃动；炉中压力快速循环变化的现象。

Pulverised-fuel ash 粉煤灰；粉煤灰的英文词汇。

pulvinarium 古罗马庙宇中举行圣餐的房间；古罗马庙宇中，为诸神在特定的宗教圣宴上陈设躺椅的房间。

pulvinated，**pillowed** 凸弯形的，鼓凸的；垫子形的，凸出的，如某些爱奥尼柱式壁缘的凸起外形。

pulvinus 1. 圆栏杆形饰；爱奥尼式柱头侧面的栏杆小柱。2. 拱顶托块；柱顶石。

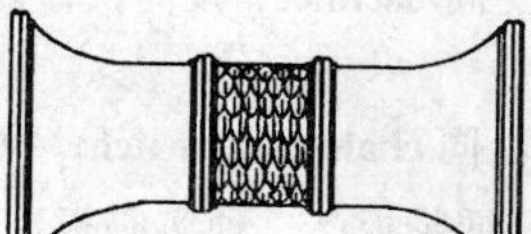

圆栏杆形饰

pumice 轻石，浮石；疏松多孔、海绵状或具有蜂窝状结构的火山岩，富含硅石，粉料可用作抛光时的研磨剂。

pumice concrete 浮石混凝土；一种用浮石做粗骨料的轻混凝土，具有较好的绝热性。

pumice stone 浮石，轻石，泡沫岩；一种用以抛光或除去油漆或清漆面层的浮石块。

pumicite 火山灰；天然存在的粉状的细浮石。

pump 泵；一种机械装置，通常靠压力或吸力或两者同时来挤压和（或）输送流体，可用来排除建筑工地的水，或从某一高度向另一高度送水。见 **water pump**。

pumped concrete 泵送混凝土；靠泵通过软管或管道输送的混凝土。

pumping 扬水；在接缝、裂缝和边缘部位，水和悬浮细颗粒的喷涌。

pumpkin dome 瓜形圆屋顶；见 **melon dome**。

punch 1. 冲头，戳子；一种小型的有锐利尖头的金属工具，需用锤子锤击，用于定中心、作标记或冲孔。2. 冲孔器；一种有着利刃的钢制穿透工具，用以在金属薄板上冲切孔洞。

punched louver 设置在门的镶板中的百叶；见 **pierced louver**。

punched work 同 **broached work**；琢痕石板，石面刻线槽；又见 **broach**，2。

puncheon 1. 短柱；在框架中所用的低矮而直立的木构件。2. 对剖半圆木料；劈开的原木或表面平滑的厚板。3. 开挖洞口周围作为临时性木构架间隔支承的短柱。

punching shear 1. 冲切剪力；用柱上荷载除以柱周长与柱底或柱帽的厚度的乘积，或除以离柱板厚一半处的周长与其柱底或柱帽的厚度的乘积，便可计算出的剪切应力。2. 冲剪破坏；较重荷载加载于柱子使其底部基础的冲剪破坏对穿成孔洞。3. 冲剪；由于基础破坏，导致重载柱子穿透基础形成冲孔。

punning 打夯，插捣；一种轻型夯筑。

pura 庙宇；巴厘岛上的一种带平台的庙宇，由墙壁围成的三个场地组成，其间由装饰华丽的门相连。

Purbeck marble 珀贝克大理石；一种灰色大理

石，产于英国南部珀贝克岩层的上部。

purchase money mortgage 购货款抵押；保证借款用于筹措购买资产所需资金的一种贷款抵押。通俗地讲，该词通常仅用以表示出售人取得的抵押，用以保证资产价未付部分得以后付。

purchaser 买方，购买者；购买或订约购买不动产的人。另见 vendor。

pure tone 纯音，正弦波音；仅有单一频率的音波；其波形为正弦波形。

purfle 给……饰花边；装饰……边缘，如采用精致的刺绣或花边。

purge 净化，清除；从管道、容器、空间或熔炉等排除空气或气体，如从制冷剂导管排出气体。

purge valve 放泄阀，清洗阀，清除阀；见 air purge valve。

purging 1. 放泄、净化、管道吹扫；清空管道燃气代之以空气的过程。2. 用燃气取代煤气管道中空气的过程。

purlin, purline 桁条，檩条；屋顶主椽木上水平放置以支撑普通椽木的木构件，其上设有屋盖。比较：subpurlin；另见 common purlin 和 principal purlin。

purlin cleat 支撑檩条的楔块，檩条扣件；用以确保檩条与其支承件连接牢固的扣件。

purlin plate 檩条板，复折屋顶转折处的檩条；复折屋顶坡度转折处的檩条，用以支承折点上面椽条的端部。

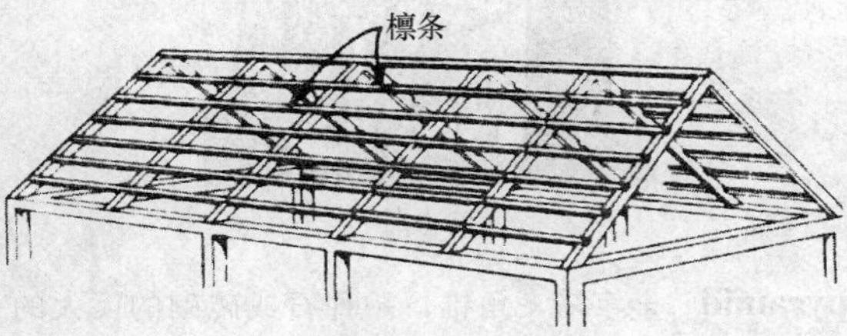

檩条

purlin post 檩柱；支撑檩条以防其下垂的一种支柱。

purlin roof 檩支屋顶；檩条置于主椽间的一种屋顶构造，这些檩条支承屋脊和屋檐间铺设的木板。

purpleheart, purple wood 紫心木，紫罗兰木；南美几种豆科树木的心材；坚硬、耐久、细纹的木材，褐色，暴露后变为紫色，特别适用于镶嵌和饰面。

purpose-made brick 特制砖；一种特殊形状的砖。

push bar 推门横杆；横跨玻璃门或水平旋转窗扇的固定粗横杆；用来开启或关闭门窗，同时可防护玻璃。

push button 按钮开关；在电路中，有一个按下时可开启或断开电路的按钮装置。

push drill 手推钻；一种小型细长的用手推动的钻孔机，靠螺旋形棘齿转动钻头。

push hardware 推门五金；用来推开门扇的固定横杆或平板。

push joint 同 shoved joint；挤浆缝。

push-on joint 承插式接头，承插接合，套筒接合；有弹性垫圈（gasket, 2）压入管道承插端（或插口）与插头端间的环形空间的一种接头。

push plate, finger plate, hand plate 执手挡板，门锁孔盖，门上手推板；装锁的门梃上所设的防污损的板。

push-pull rule 钢卷尺；一种柔韧的钢尺，不用时可卷入盒子里。

puteus 人孔；古罗马建筑中，一种设在高架沟渠上的开口或人孔。

高架沟渠上的开口（人孔）

putlog 脚手架跳板横木；砌砖时，一系列支承脚手架走道平台板的短横木，其一端搭在脚手架的横档上，另一端插在横木孔洞中。

b—横木孔洞中的脚手架跳板横木

putlog hole 横木孔洞；砖或混凝土墙上预留的孔，用来搁置脚手架的水平构件，脚手架拆除后再填补上并与墙相匹配。

putti 丘比特（或男小天使）裸像饰，爱神裸体雕像饰；**putto** 的复数形式。

putto 丘比特（或男小天使）裸像饰，爱神裸体雕像饰；在文艺复兴时期的建筑及其派生物中，一种表现胖童通常是裸体童子的装饰雕像或油画。

爱神裸体雕像饰

putty 1. 腻子（油灰）；一种由颜料如白粉与亚麻子油混合而成的稠浆，在上油漆前用来填封木材上的孔或缝，并用于嵌封窗格上的玻璃；也称作 **painter's putty**。2. 抹灰时，块灰用水消化而成的胶结料；石灰膏。现在普遍应用的还有其他预拌的或磨成粉状再与水混合的混合物。

putty coat 灰膏罩面层；抹灰时，由石灰膏和罩面石膏浆组成的刮平压光的面层。

putty knife 油灰刮刀，刮腻子刀；带有宽而韧的刀刃的刀子，用以敷涂油灰。

油灰刮刀

puzzolano 同 **pozzolan**；火山灰。

PVA 聚醋酸乙烯酯；见 **polyvinyl acetate**。

PVC 1. 颜料体积浓度，漆膜总体积中颜料体积占总体积的百分比。2. 缩写＝"**polyvinyl chloride**"，聚氯乙烯。

PWA Moderne 一种将装饰艺术风格、流线型现代风格与建筑艺术学院式风格相结合的建筑风格，在美国大萧条时期，美国政府机构市政工程局在1933年到1944年间建造的很多大型公共建筑、市政中心、剧院及其他建筑的设计采用了这种风格。

pycnostyle 列柱式；见 **intercolumniation**；柱间净距为1.5倍柱径的列柱形式。

pylon 1. 塔式门；埃及庙宇的纪念性通道，与入口相接的侧面为一对带有倾斜墙体的塔式结构。2. 塔架；在现代用法中，指塔式结构，像高压电线的钢支架。3. 在剧院中，安装射灯的移动式塔架（通常为布景的一部分）。

塔式门

pyramid 金字塔，角锥；一种石或砖砌的巨大的坟墓，带有正方形的基座，四个倾斜的三角侧面相交于顶端；主要建于古埃及。在中美洲，阶梯形金字塔形成了庙宇的基座；在印度，一些庙宇形状为截头角锥体。

pyramidal hipped roof 同 **pavilion roof**，1；金字塔状四坡屋顶。

pyramidal house 金字塔状房屋；带有金字塔状四坡屋顶的一层或两层房屋。

Pyramidal light 棱锥形天窗；有着多边形形状、玻璃窗倾斜交于顶点的一种天窗。

pyramidal roof 棱锥屋顶；一种四坡屋顶，通常有四个或六个斜面交于顶点。

pyramidion 小金字塔；小金字塔，如方尖石塔的顶角锥。

pyramid roof 棱锥屋顶；有着四个相交于顶点的斜面的屋顶。

棱锥屋顶

pyriform 同 periform；梨状的屋顶或线脚。

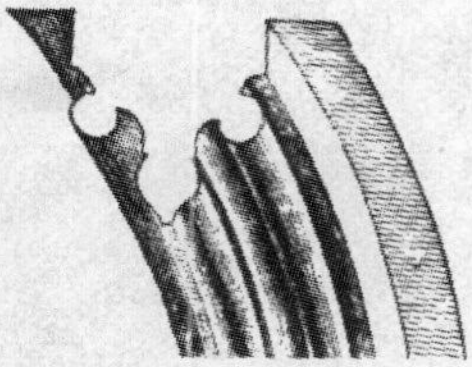

梨状的屋顶或线脚外形

pyrometer 高温计；测定高温的一种装置。

Q

qala'a 筑于山上的阿拉伯要塞或据点；见 **kal'a**。

qasr 阿拉伯宫殿（城堡，公馆）；见 **kasr**。

qibla 朝向（穆斯林礼拜的方向）；见 **kiblah**。

QR （制图）缩写＝"**quarter round**"，四分之一圆线脚，象限圆饰。

qt 缩写＝"**quart**"，夸脱。

QTR **1.** 缩写＝"**quarry-tile roof**"，方形黏土屋面瓦。**2.** （制图）缩写＝"**quarter**"，四分之一。

QUAD （制图）缩写＝"**quadrangle**"，四合院（四边形）。

quadra **1.** 围着浅浮雕的方框或缘饰。**2.** 柱墩基座的勒脚。**3.** 平面或阴阳角上任何小型线脚，如爱奥尼式柱基的凹弧边饰的上方或下方的一种楞条。

quadrangle，quad **1.** 四方院子；四方形院子或多个或一个建筑物围成的绿色院落，多数院子常与学院建筑群或城市建筑群相连。**2.** 四合院；围成四方院子的建筑物。

quadrant **1.** 角度测量仪（象限仪）；一种用以测量高度的仪器。**2.** 四分之一周缘线脚。**3.** 荷兰门上下扉的结合装置；在荷兰门上下扉的结合装置。**4.** 扇形窗风钩；扇形窗撑杆。

quadratura 室内壁画，顶棚画；在巴洛克式及其派生的室内装饰中，一种建筑油漆艺术，常常是三维空间连续装饰，由行家采用适当的透视画法完成。

quadrel 方块砖瓦，方瓷砖，方块石；四方形砖，瓷砖或石头；方形瓦。

quadrifores ianuae 古建筑折门；古罗马式门，每边有两个铰链接合的、如百叶门式的门扇。

quadriga 四马拉车雕饰；在古典装饰风格及派生物中，四马所拉双轮战车的雕饰，也就是指王室的或神圣的饰物；见 **triga**，**biga**。

quadripartite 四分构造体系；被所采用的构造体系分割成四部分，如拱顶。

quadripartite vault 四分穹顶；矩形区域上方的穹隆，该区域由边肋围成，并由交叉的对角线分割成四部分。

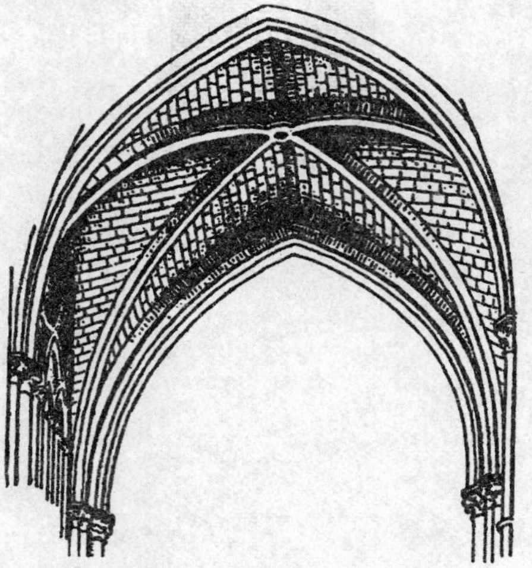

四分穹顶

quadriporticus 方庭，方厅；由柱廊围成的近似于方形的天井。

quadrivalve 四折或四扇门组之一。

quaggy timber 环裂木材；有许多环裂纹的有缺陷的木料；见 **ring shake**，**starshake**，**heart shake**。

Quaker plan 夸克式建筑平面；在17世纪晚期和18世纪早期，主要出现在宾夕法尼亚州的三居的石或砖房样式，其特征为：一大房间墙角有壁炉、室外有烟囱；两边是小房间，一间作门廊，另外一间作卧室。另见 **Penn plan**。

quaking concrete 塑性混凝土；中等稠度的混凝土，适用于大体积结构，如厚壁墙、桥墩。在塑性状态下振捣时如胶体一样震动。

QUAL （制图）缩写＝ **"quality"**，质量。

qualification test 质量鉴定试验，合格性试验；对一种产品（新的、旧的或改良的）的鉴定，以确定它对于某一确定任务或功能而言的可接受性，或确定它是否符合相应标准要求。

quality assurance 质量保证；（通常由业主或其代理进行的）检查、测试及采取的其他相关行为，用以保证要求的质量水平符合相应产品或工程标准或规范。

quality control 质量控制；检查、分析及采取的其他相关活动，用以控制正在完成、生产或制作什么，从而实现和保持必要的质量水平。

quality of steam 蒸汽的干燥度；饱和蒸汽的干燥度，表示为完全干燥程度的百分数。

quantity distance tables 同 **American table of distances**；炸药储存量、建筑物性质（如居住建筑、公路、铁路等）与其安全距离之间的关系表。

quantity survey 工程用料与设备清单；工程项目建造必需的所有材料和设备的详细分析和清单。

quantity surveyor 工料测量师，估算师；在英国指在建筑工程造价及承包程序各方面接受过特殊训练，包括对委托人选择承包人等提出建议的人。在美国没有直接对应的职位。另见 **building surveyor**。

quarrel 菱形玻璃；小玻璃片，通常是菱形或正方形，对角安放；用细长的有槽铅条（窗玻璃格条）加框固定。

菱形玻璃

quarry 1. 采石；为开采建筑石材而在地表进行的一种露天采掘。2. 同 **quarry glass**；方形玻璃片。

quarry-faced （石料）粗面的，毛面的；描述琢石粗糙的劈裂面，像刚从采石场运来一样，仅为砌筑接缝而整方。通常用于大体积石砌工程。

粗面石砌工程

quarry glass 小块方形玻璃；小的方形玻璃片；通常对角安放。

quarry run 采石场毛料；由采石场供应、颜色和质地未经选择的建筑石料。

quarry sap 天然石含水量；采石场矿层新采岩石的自然含水量；在数量上随孔隙率而变动。

quarrystone bond 粗石砌体；在圬工建筑中，不分层碎石墙的一种石头砌法。

quarry tile，promenade tile 缸砖，铺面缸砖；不上釉的陶瓷砖，由天然黏土或页岩挤压机压制成型。有时用于工厂地面。

quarter 1. 小立柱；用作隔墙垂直龙骨的小木料，其上钉木板条。2. 四方板；正方形的面板。

quarter bend 直角弯头；如在管道系统中，90°转向。

quarter-cleft 同 **quarter-sawn**；（把圆木）四开的，径锯的。

quarter closer，quarter closure 小碴（四分之一砖），二时头砖；被截成其标准长度的四分之一、其厚度和宽度不变的砖；用来填补标准尺寸砖砌筑一皮砖时的不足部分，或隔开标准砖。

quarter-cut，radial-cut 原木四开锯法；描述年轮垂直（或近似垂直）于饰板面的木板。

quartered 同 **quartersawn**；四开锯木，径向锯木。

quartered partition 方木隔墙，立楞隔墙；用木面板（**quarters，2**）做成的隔墙。

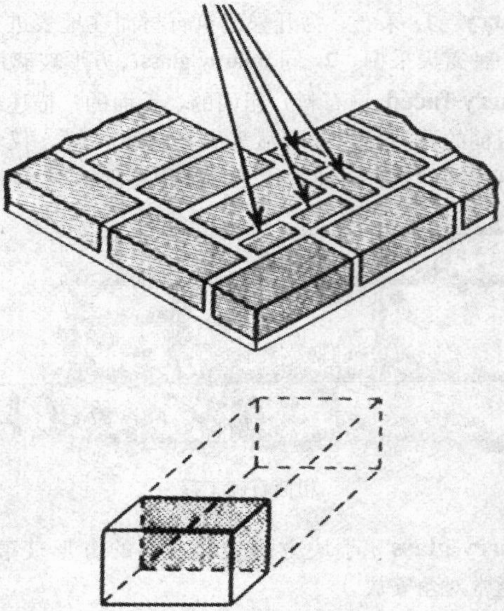

二吋头砖

quarter-girth rule 圆木折合立方数法则，圆木围长法；有时用以计算圆木体积的一种方法。

quarter grain 四开木材纹；四开（径锯）木材的纹理。

quarter-hollow molding 同 **cavetto**；四分之一凹圆线脚；凹饰线脚。

quartering **1.** 四等分取样法，立筋木，小龙骨；取得典型样品的一种方法，通过将大量样本形成的圆堆分成四等份，去除对角的样品后继续重复这一过程，直至得到所需样品尺寸，从而取得样品。**2.** 建筑物墙上的立筋。**3.** 小木方。

quartering house 分配的住房；17 世纪在美国东海岸地区中部，供仆人居住的辅助建筑，通常靠近或邻接主要建筑。

quarterpace，quanerpace landing，quarter-space landing 直角转弯梯台，楼梯直角转弯平台；楼梯平台，常为方形，在直角（90°）转弯的两个梯段间。

quarterpace stair 直角转弯楼梯；有 90°转角式楼梯，对比：**halfpace stair**（180°转弯楼梯）。

quarter panel 四方板；见 **quarter，2**。

quarter round 扇形线脚，象限圆饰；外形为或近似为四分之一圆的凸圆线脚。在瓷砖或抹灰工程中，这种圆的边或角称为：**bullnose** 墙角圆饰条（外圆角）。

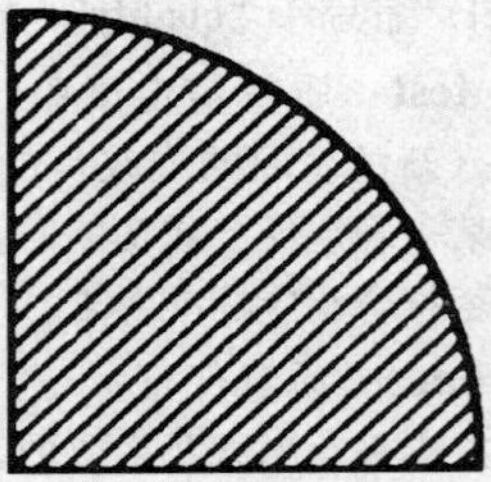

扇形线脚

quarter-round light 扇形天窗；形状为整圆的四分之一，通常成对设置的一种窗。

quartersawn，rift-sawn 四开锯木，径向锯木；描述切面与年轮线呈 45°或更大角度锯切而成的木料。又见 **edge-grained**。

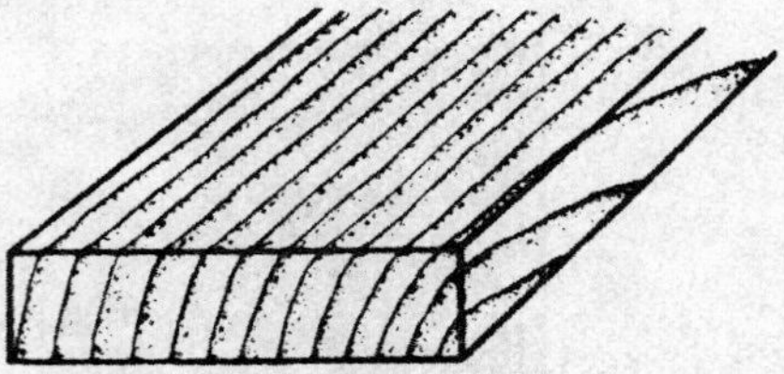

径向锯木

quarter section 约四分之一平方英里（约 160 英亩）大的土地；边长为半英里的一片方形土地。

quarter-space landing 直角转弯楼梯平台；见 **quarterpace**。

quarter-turn 直角转弯的；描述从上到下进程中有90°转角的楼梯。

quarter-turn stair 同 **quarterpace stair**；直角转弯楼梯。

quartz 石英；二氧化硅含量最多的一种矿物硅石，很硬，可用于划玻璃。

quartz glass，silica glass 石英玻璃，二氧化硅玻璃；全部或几乎全部由纯的无定形二氧化硅组成的玻璃，在所有玻璃中其耐热能力最高、紫外线穿透力最强。

quartz-halogen lamp 石英卤灯；石英外罩中具有钨丝的灯，石英代替玻璃可耐更高温度、更大电流，因而发光更强。

quartz-iodine lamp 石英卤灯；石英卤灯的旧称。

quartzite 石英岩，硅岩；一种砂岩，由大量的粒状石英组成，粒状石英为氧化硅粘结而成的均质体，具有很高的抗拉和抗碎强度。适于作建筑石材、道路工程中的砂砾层、混凝土中的集料。

quartzitic sandstone 石英质的砂石；一种介于普通砂岩和石英岩间的砂岩，其大多数细粒为石英，胶结材料为二氧化硅。

quatrefoil 四叶式饰；尖角分开而成的四叶式。另见 **foil**。

四叶式饰

Quattrocento architecture 文艺复兴时期建筑；15世纪意大利文艺复兴建筑。

Queen Anne arch 安娜女王式拱；所谓威尼斯式或帕拉第奥式窗户的三个窗洞上的拱，两侧狭窗上的拱是平直的，中间大窗上的拱是圆形的。

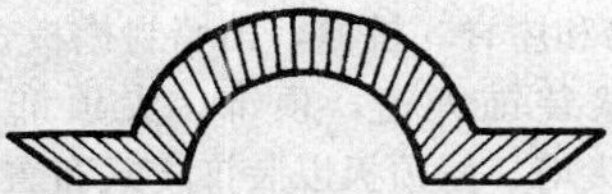

安娜女王式拱

Queen Anne style 1. 安娜女王式；从1702～1714年，安娜女王统治时期的英国式建筑，主要是一些乡村建筑和伦敦郊区的很多房子，通常为砖砌，其典型特征为：高尚而简洁，中等规模，没有宏大的外观，女儿墙遮挡着四坡屋顶，吊窗。**2.** 19世纪70年代和80年代，在英国和美国，主要指一种折中主义建筑。错以安娜女王命名，实际上是伊丽莎白式乡村建筑和别墅。都德哥特式、英国文艺复兴式与荷兰式的混合，(美国殖民地建筑风格)，这种风格的建筑特征通常有：强调垂直而不对称的立面，正面常带有人字山墙；一般为木构架，平面图和立面图不规则，装饰的桁架、托臂支柱、华而不实的纺锤形装饰，叶尖饰；有装饰纹理的木屋面板砖石建筑，墙面处理和色彩各不相同，雕刻的装饰品、组成图案的水平壁板；用在不同楼层的墙体材料装饰各异、对比鲜明；一个或多个引人注意的门廊通常设在主要房屋之中；形状不规则、坡度很大的屋顶最为典型，装

安娜女王式住宅

饰的山墙和屋脊，挑檐，山墙封檐板，二层挑台，不同形状装饰天窗，顶饰，尖顶饰，垂饰，和（或）小尖塔；屋顶板以装饰方式布置；高高的装饰烟囱；常常都有一个尖塔；主要出入口的镶板门很典型地位于正面的中轴。有时被称为维多利亚时代安娜女王建筑风格，以避免与明显不同的18世纪 **Queen Anne style，1**（安娜女王风格）混淆。

queen bolt 同 **queen rod**；双柱桁架竖杆。

queen closer 半宽接砖；顺着长度方向剖开的砖头；通常为标准厚度，但宽度仅为标准宽度的一半；用以填补标准砖砌一层砖时不足部分。

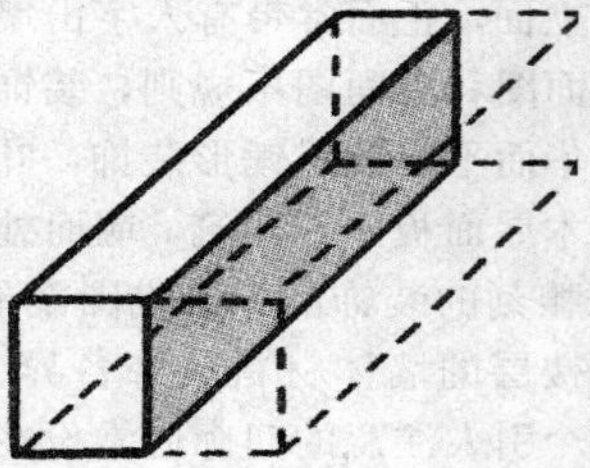

半宽接砖

queen closure 同 **queen closer**；纵剖砖，半宽接头。

queen post 双柱架，桁架副柱；在双柱桁架中两根垂直支撑。

queen post roof 双柱式屋顶；由两根桁架副柱支撑的屋顶。

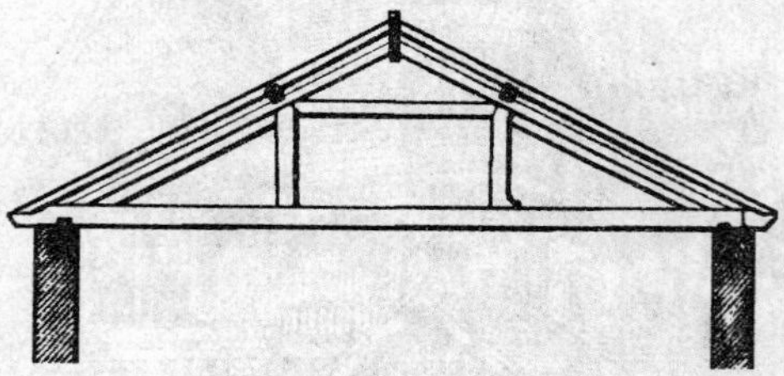

双柱式屋顶

queen post truss，queen truss 双柱式桁架；在上弦木和水平拉杆间有两个竖杆的屋架；竖杆的上端靠拉杆（**straining piece，1**）（如系杆或系索）连接。

queen rod，queen bolt 吊杆，双柱桁架金属竖杆；作为双柱桁架竖杆的金属杆。

queen truss 双柱桁架；见 **queen-post truss**。

quenched 淬火的；描述金属先经加热，然后通过接触液体、气体或固体而冷却，从而达到硬化和回火的目的。

quetta bond 砖石和钢筋混凝土组合砌体；砌砖的一种方式，先留出竖向孔洞，放入钢筋（通常连接基础、楼层和屋顶），再在孔洞内填上砂浆。

quick-break 快速断路；描述无论如何操作都能高速断开的装置。

quick-change room 剧院后台快速换装室；剧院中，舞台上或靠近舞台的更衣室，演员在此能快速换装或化妆。

quick-closing valve 速闭阀；能快速自动关闭的阀门或龙头。

quick condition 不稳定状态；水以足够的速度向上流动，颗粒间压力减少，从而明显减少了土的承载力的一种土壤状态。

quick-disconnect device **1.** 快速分离器；煤气设备离合时采用的一种手动装置。**2.** 一种配有在设备断开时能自动关闭的装置的连接器（接到煤气供应点）。

quick-hardening lime 快硬石灰；水硬性石灰。

quicklime 生石灰；见 **lime**。

quick-response early-suppression sprinkler 加快反应早期灭火洒水喷头；快速反应喷水装置，列为特定灾害的灭火装置。

quick-response extended coverage sprinkler 快速反应和扩大覆盖面洒水喷头；列为兼具快速反应洒水喷头和扩大覆盖面洒水喷头特点的消防洒水装置。

quick-response sprinkler 快速反应洒水喷头；兼具快速反应喷水装置（**fast-response sprinkler**）和喷淋式消防装置（**spray sprinkler**）特点的消防洒水喷头。

quicksand 流沙；一种细砂层，有时夹有黏土混合物，处于含水饱和状态，因而表面不能承受任何压力；快速移动状态的细砂。

quick set （混凝土）速凝；见 **flash set，false set**。

quick sweep 有急弯的木工制品；描述小曲率半径的木工或细木工制品。

quilted figure 泡沫花纹，板面中的折皱纹；见 **blister figure**。

quilt insulation 被状绝热材料；毯式绝热衬垫，在正面或正反两面覆盖着缝制的或絮有软物的柔软表面。

quincunx 梅花形；四外一中对称五点形排列。

quinquefoil，quintefoil 五叶形的装饰；见 **cinquefoil**。

quirk 1. 深槽；将一个部件与另一部件分开的凹槽，如在线条之间，或在圆柱顶板与陶立克式柱头的钟形圆饰之间。2. 线脚槽；在毗邻门或窗上的转角处，装饰抹灰层上的V形凹槽，通过分开两相邻表面来减少可能的裂缝。

quirk bead，bead and quirk，quirked bead 1. 深槽凹圆线脚；仅一侧带有深槽的凹圆线脚。2. 半圆形凸缘线脚；凹入的圆条线脚或双槽间串珠线脚，与相邻表面齐平，两侧有深槽将它与相邻表面分开；也称为 **flush bead**。3. 转角圆线脚槽；转角处串珠线脚，在互成直角的转角两侧带有深槽。4. 深槽线脚；表面带有深槽的线脚。

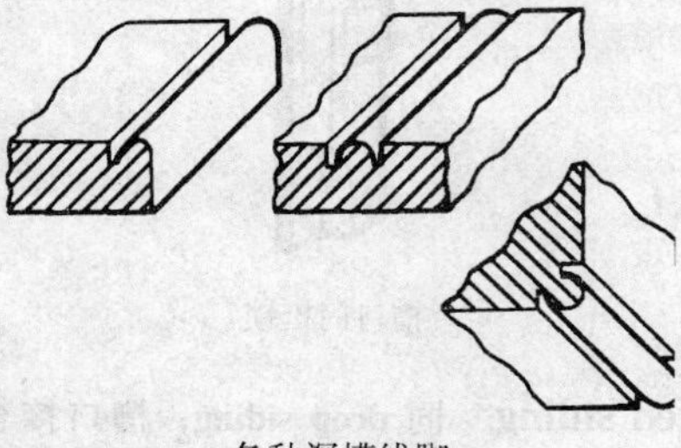

各种深槽线脚

quirk molding quirked molding 小槽线脚；一种线脚，其特征是在其尽端凸出或凸缘处有一个突然而尖锐的转角，其凸缘由一条与之平行的深槽形成。

quitclaim deed 转让契约；一种文书，借此卖方仅转让他所拥有财产的利益，但不涉及这些利益本质或无限制的授权或继承，或者也可以说他拥有这些财产的绝对权利。

quoin，coign，coin 屋角砖（石块），隅石，拐角石；在砖石建筑中，用以加强墙体外部转角或边缘或类似用途的坚硬石块或砖块，通常装饰得与相邻砖石明显不同，也可用非承重材料仿造。有时，为了装饰，换用涂饰后看似砖石的木材。

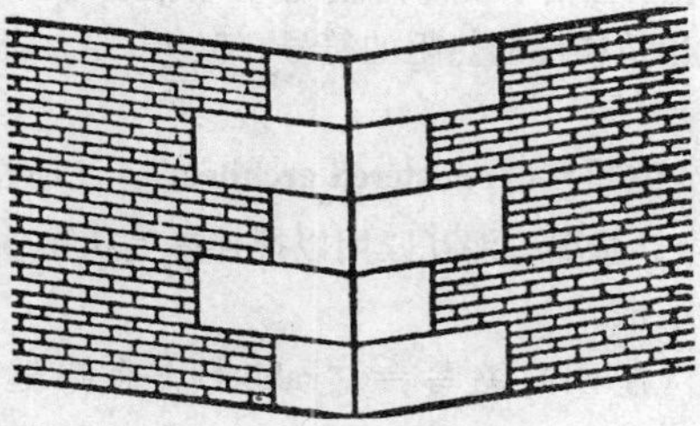

砖石构造中的隅石

quoin bonding 墙角砌合；在砖石建筑中，在转角处顺砖与顶砖交替砌筑。

quoin header 屋角砖；墙正面为丁砖，转角墙面为顺砖的屋角。

quoining 突角构件；形成屋角的建筑构件。

quoin post 同 **heelpost**，2；突角支柱。

quoin stone 屋角石；隅石

Quonset hut 半圆拱形活动房屋，半圆柱体临时房屋；二战期间发展而成的一种预制房屋，半圆柱状，一般由固定在拱形钢肋上的波纹钢板建成，拱形钢肋牢固地固定在混凝土地板上。

Quotation 报价（单）；由承包人、转包商、材料供应商或提供材料劳工的卖主，或甲乙双方所报出的价格。

R

R 1. 缩写＝"radius"，半径。2. 缩写＝"right"，右。3. 桩承载量；表示桩承载量的符号（例如，3 R 表示三倍于设计荷载）。4. 热阻；表示建筑材料或建筑构件的热阻的符号。5. 电 阻；表示电阻的符号。

R. A. 缩写＝"registered architect"，注册建筑师。

rab 拌砂浆棒；泥瓦匠用以搅拌掺毛状物砂浆的一种棒或棍。

RAB （制图）缩写＝"rabbet"，企口缝，凸凹榫接。

rab and dab 同 wattle and daub；灰板墙，篱笆抹泥墙。

rabbet，rebate 1. 企口，槽口；在构件边缘或表面所开的纵向沟、凹槽或切口，尤其指用于安装另一构件的企口，或门窗洞口安装框架的槽口，或窗扇上安装玻璃所用的玻璃槽。2. 榫头；槽舌接合。3. 嵌接；一个物体表面的浅槽，用以嵌接另一物体，如在两扇门或窗边缘处的槽口就是为了两者结合严密，门窗扇的一侧边缘突出一半，作为另一侧边缘的定位条（门窗止条）。4. 凸边刨；见 rabbet plane。

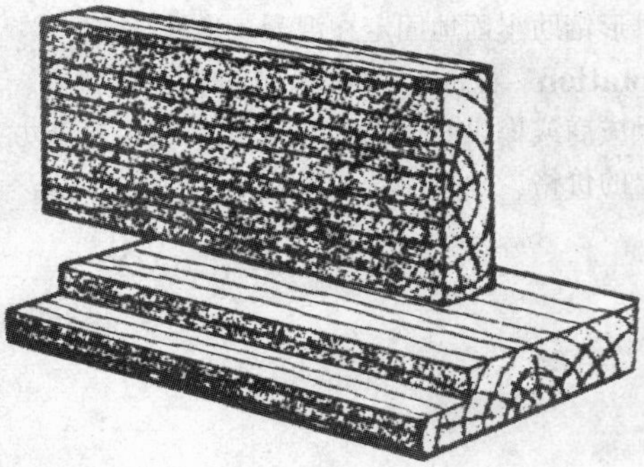

企口（槽口）

rabbet bead 槽口珠缘；槽口凹角中的凸圆线条。

rabbet depth 嵌接深度；在玻璃装配时，指镶玻璃槽口的深度，它等于搭接宽度与边缘间隙之和。

rabbeted doorjamb，rabbeted frame 有槽的门樘，槽口门框边梃；带有装门时所需槽口（rabbet，3）的门边框。

rabbeted lock，rebated lock 槽口门锁，接缝锁，门梃锁；其表面与槽口门梃槽口齐平的门锁或门插销。

槽口门梃锁

rabbeted siding 同 drop siding；槽口接合墙板，互搭（披叠）墙板。

rabbeted stop 门（窗）挡线脚，门窗止条；门档（stop，1），与门窗框架成一整体。

rabbet joint 槽舌接合，嵌接；一种边缘拼接，由开口槽木板或木料密接形成。

rabbet plane 凸边刨，槽刨，企口刨；一种刨（plane，1），可沿着平板边缘刨出凹槽；一边留有开口，（用以刨切的）刨刀从开口一侧伸出。

rabbet size 嵌玻璃的槽口尺寸；嵌玻璃时槽口的实际尺寸，等于玻璃的尺寸加上两边的间隙。

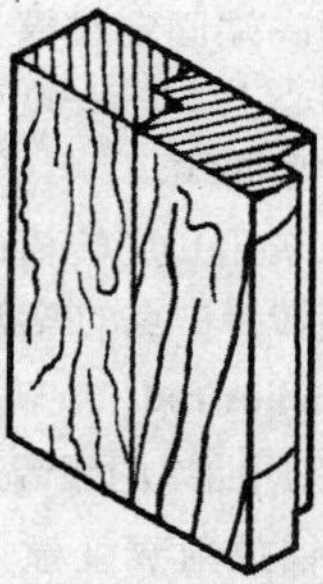

嵌接

raceway 电缆管道，布线槽；用以封装和保护电导体的各种金属或其他绝缘材料的导线管，类型包括：硬导线管、柔性金属导线管、非金属导线管、金属管道、地板下布线槽、格形楼板布线槽、表面金属布线槽、结构内置布线槽、电线槽和母线线槽以及辅助的沟槽或线脚布线。

raceway cable distribution system 电缆配电系统；用托架等悬挂于结构顶板下的吊顶内的开放式或封闭式的电缆分布系统，这种系统通常用于大型建筑物，因其复杂的电缆配电系统，故需要特殊的支撑。

rack-and-pinion elevator 齿条齿轮电梯；一种在轿厢内安装有电力驱动旋转齿条齿轮装置的电梯，齿条齿轮的旋转带动轿厢在一个固定的齿轮架上上下移动，齿轮架垂直安装在电梯井内。

racked 搭临时木架，临时支架；为防止变形用作辅助支撑的支架。

racking **1.** 框架的变形或位移。**2.** 由地震、风荷载或热胀冷缩引发结构或结构构件的倾斜。

racking back 砌墙时预留齿缝，作为墙体间的衔接。

racking load 荷载施加在构件平面内，使其产生在一条对角线上伸长另一条对角线上缩短的变形。

rack saw 阔齿锯，宽齿锯。

rad 缩写＝“**radiator**”，暖气片，散热器。

rad and dab 同 **wattle and daub**；篱笆抹泥隔墙。

radial arch 同 **segmental arch**；弓形拱。

radial arch roof 绕中柱旋转形成的穹屋顶；由一组沿径向布置的拱支撑的屋顶。

radial-arm saw, radial saw 悬臂圆锯，转向锯，摆锯；挂在悬臂上并沿着悬臂移动的圆锯，悬臂固定在锯台上方，锯刃的角度根据工作的需要可以任意设置。

radial bar 同 **radius rod, 2**；径向钢筋。

radial-blade fan 能将废料（如木屑）直接吹走的大功率工业用鼓风机。

radial brick, radius brick 扇形砖，弧形砖，楔形砖，径向砖。

radial-cut 见 **quarter-cut**；原木四开锯法，径向锯木。

radial grating 扇形排架，辐射状搁栅；非矩形的搁栅，搁栅的支撑杆从中心沿径向延伸，而横杆则是一系列同心圆。

radial-cut grating 径向切割搁栅；将矩形搁栅切割成环形，用于圆形或环形区域。

radial road 辐射式道路，放射式道路；从城市中心向四周辐射的道路系统，如同车轮上的辐条一样，呈放射状。

radial saw 见 **radial-arm saw**；旋臂锯，摆锯。

radial shrinkage 木材的径向干缩；圆木材沿着径向的尺寸损失。

radial step 同 **winder**；螺旋形楼梯的扇形踏步。

radiance 发光度，光亮度，辐射（率，密度，亮度）；辐射源在球表面一定方向上每单位立体角或每单位辐射面积上的辐射量。

radiant glass 热辐射玻璃，散热玻璃；具有热辐射源的玻璃。

radiant heating 辐射采暖，热辐射烘干；利用辐射而不是通过传导或对流的方式来获得热量。

radiant heating system 辐射式供暖系统，辐射采暖系统；通过被加热的物体表面（如通过热水或电流加热的板）主要以辐射的方式散发热量，为室内提供热量的系统。

radiant panel test 辐射板试验；美国试验与材料协会（ASTM）的一种标准试验方法，用辐射热源对材料表面作可燃性试验。

radiating brick 见 **arch brick, 1**；楔形砖，辐射形砖。

radiating chapels 辐射状小教堂（附属于大教

堂）；指沿教堂祭坛后曲廊外侧向四周径向辐射排列的小教堂，有时也指沿教堂半圆形后殿向外侧径向辐射的小教堂。

radiation 热辐射；热量在空间以电磁波的方式传递，热能通过空气在热源与被加热物体间传递，但空气并没有明显变热。

radiation-retarding door 见 **lead-lined door**；辐射阻滞门，保温门。

radiation-retarding frame 见 **lead-lined frame**；辐射阻滞门框，包铅皮樘子。

radiation-shielding concrete 防射线混凝土；用于封闭核装置的高密度混凝土，其骨料比重高，含有较大比例的高原子量物质，或者含有矿物质和大含量硼化物的合成玻璃。也见 **heavy aggregate**，**boron-loaded concrete**。

radiation-shield door 见 **lead-lined door**；辐射屏蔽门。

radiator 散热器（片），暖气片（管），辐射体（器）；一种加热用装置，通常暴露于需加热的房间或空间内，它通过传导加热周围的空气，并通过辐射将热量传递给视线可见范围内的物体，其自身通常采用蒸汽或热水获得热量，并通过自然对流进行循环。

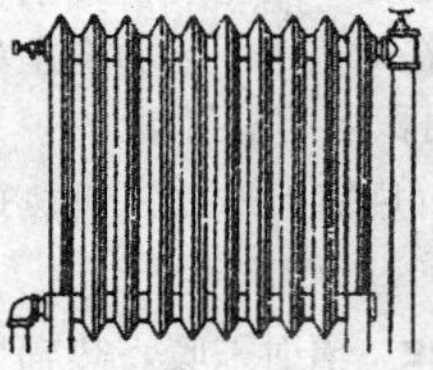

散热器（片），暖气片（管）

radius brick 见 **arch brick**，**1**；弧形砖。

radius diffusion 气流离开送风口之后，在速度从最大减小到某特定终端值之前，气流所走过的水平轴向距离。

radius gauge 见 **fillet gauge**；半径量规。

radius of gyration 回转半径；在力学中，从中轴线到一个特定点的距离，这个特定点有如下特性：如果整个物体的质量都集中在这一点上，物体的惯性矩将保持不变。

radius rod **1.**（抹灰用）旋转棒；抹灰用的一种工具，木制杆的一端固定在模具上，另一端连在它绕着旋转的圆心上。**2.** 一端带有画线笔的木制长杆，用于画大型曲线。

radius shoe （抹灰用）旋转棒的刮板；一个面连在抹灰工用的旋转棒中点的锌盘。

radius tool 见 **radius rod**；旋转棒。

radius wall 呈圆周曲率的弧墙。

radon 氡；由于镭放射衰变散发的气体，通过土壤和岩石释放出来。在通风不好的建筑物中，可能这种气体会聚集起来，从而对人的健康造成危害。

rafter 椽子；斜屋面中，从屋脊到屋檐的一系列构件中的一种，为屋面提供支撑，对于特殊形式的椽子可以见：**beveled rafter**，**binding rafter**，**common rafter**，**compass rafter**，**compound rafter**，**fly rafter**，**hip rafter**，**jack rafter**，**knee rafter**，**notched rafter**，**principal rafter**，**valley rafter**。

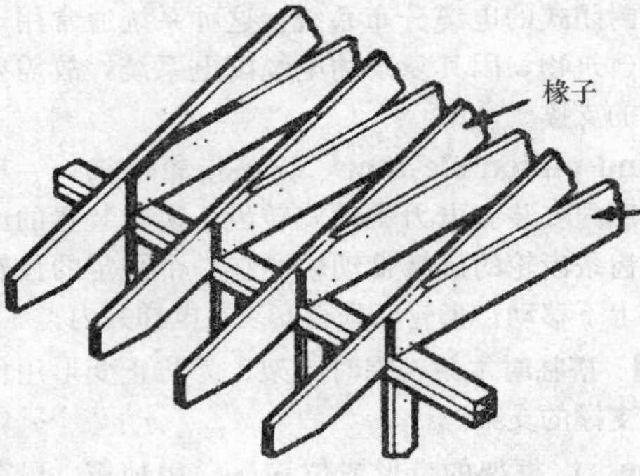

椽子

rafter fill 同 **beam fill**；梁与椽子间填充物。

rafter house 美国殖民地时期切萨皮克海湾地区一种临时性的房屋，在屋顶较低的一端，椽子被直接固定在地面上。这种房子是现代 A 字形框架房屋的前身。

rafter lookout 见 **lookout**，**1**；屋顶挑出于山墙的檩条椽子。

rafter plate 檐檩。见 **plate**，**2**；支撑椽子下端的檩条，椽子固定其上。

rafter roof 仅由加劲板支撑的无檩双层屋顶。

rafter table 椽子下料表；在直角钢尺上标刻的下

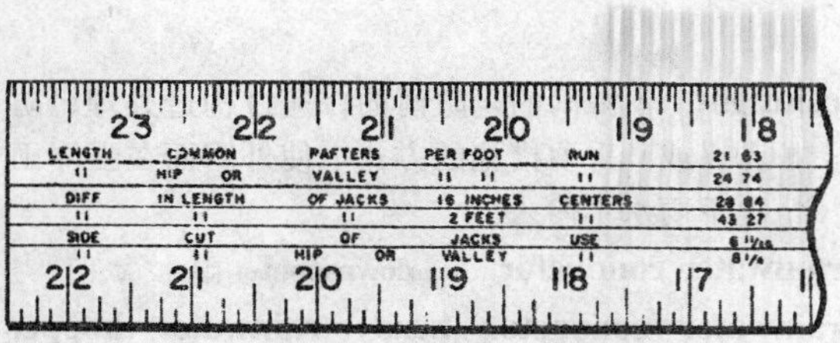

椽子下料表

料表，木匠用它来确定椽子下料的长度和角度。

rafter tail 椽尾；椽子悬出墙体外的部分。

rafter footing 见 **floating foundation**；筏基。

raft foundation 同 **floating foundation**；筏基。

rag 一边参差不齐的石板瓦。

rag bolt 同 **Lewis bolt**；地脚螺栓。

rag felt 沥青油毡；由碎布纤维制成的沥青油毡，用于屋面和墙面防潮。

raggle，raglet，raglin 1. 一种工厂制作的块料，经常由建筑用赤土制成，并带有承接雨水的沟槽，也叫 **raggle block** 或 **flashing block**。2. 墙上披水槽；石头或砖中的切槽，用于接收雨水。

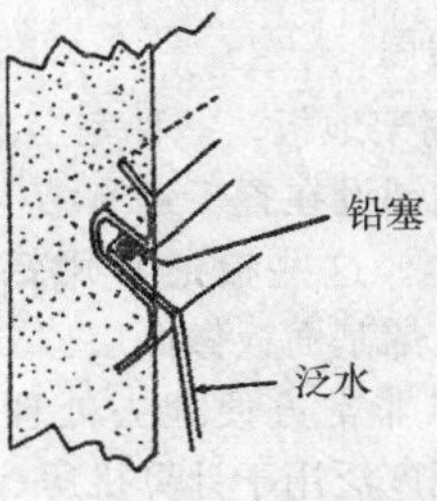

墙上披水槽

raggle block 见 **raggle，1**；盖板，盖块。

rag joint 同 **rubbed joint**；木板摩擦挤胶拼缝。

raglet 盖板，墙上披水槽。

raglin 盖板，墙上披水槽。

rag-rolled finish 乱滚花饰面；涂料表面的装饰效果；可以通过一束绕在一起的碎布在未干的涂层表面上滚动，去除部分未干的表面涂层，露出底涂来达到这种效果。用特制的涂层滚筒也可达到相似的效果。

rag rubble 毛石砌体；由细小的石头砌筑的毛石砌体。

ragstone 硬灰石，毛料石；1. 含有多层灰泥岩和砂岩的粗糙的、壳状、沙质的石灰岩。2. 在砌筑工程中采用的薄块石或石板。

ragwork 1. 毛石工程；用片状的、未经加工的毛石以随机的方式砌筑的毛石砌筑物（如铺砌石板），毛石一般水平放置。2. 作为外饰面砌筑在外边缘的多边形毛石。

毛石工程，片石砌筑

rail 1. 围栏，扶手；两端固定在立柱或其他支撑物上由木头或其他材料制成的横向杆件；楼梯的扶手。2. 横档；由横向杆件及支撑它们的各种支柱组成的围栏或分隔线，如阳台围栏。3. 门框、窗框的水平构件。

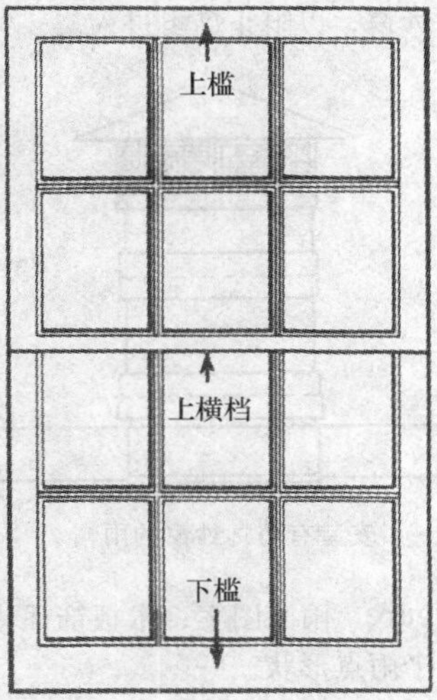

门框或窗框的水平构件

rail bead 凸条线脚；不在拐角和的窗框外露侧墙处或类似的地方，而是在均一连续表面的凸出边缘。

rail bolt 扶手螺栓。

rail fence 栏杆栅栏；一种横杆与立杆相互交织在一起的围栏，相邻横杆或者对接，或者搭接在一起。也叫做之字形围栏。

railing 1. 围栏，各种围栏之总称。2. 用作栏栅或类似功能的露天开挖工程或围栏。

rail pile 钢轨桩；由铁路轨道焊接在一起制成的桩，打桩时作为一个构件击入。

railroad flat 车厢式住宅单元；一种狭窄的公寓，其所有房间沿直线排列，没有中间走廊，房间相互穿套。只有前后房间设有窗户，中间的房间通过沿着公寓一边或两边的竖井来通风采光。最早在19世纪80年代出现于美国东海岸，也被叫做哑铃式平面公寓。

rail steel reinforcement 轨形钢筋，T形钢筋；由标准的T形断面钢轨经过热轧而制成的钢筋。

rainbow roof 1. 同 **compass roof**；半圆形屋顶，曲线形屋顶。2. 同 **ship's bottom roof**；弓形屋顶。

rain cap 雨帽，雨盖；安装在建筑物屋顶上的斜槽或通风口出口处，用于防雨水进入的装置；一般都设有纱窗，以阻止鸟类进入。

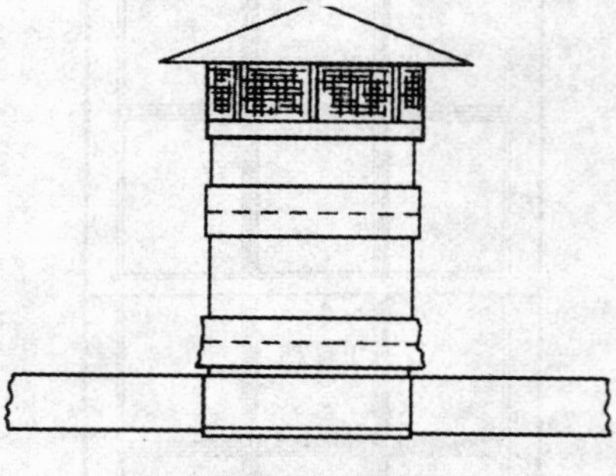

安装有防鸟纱窗的雨帽

raindrop figure 雨滴图案；木板饰面中的斑驳图案，类似于雨点形状。

rain leader 见 **downspout**；水落管。

rainproof 防雨的；通过构造处理、防护和（或）采取措施的方式，以防止由于设备运行引起的雨水浸入。

raintight 不漏雨的，防雨的；通过构造处理、防护和（或）采取措施的方式，使外露面在强降雨情况下雨水不渗入。

rainwater conductor 同 **downspout**；雨水管。

rainwater conductor head, rainwater hopper head 同 **leader head**；水落斗。

rainwater head 见 **leader head**；水落斗。

rainwater hopper 漏斗形水落斗。

rainwater pipe 水落管，雨水管。

rainwater shoe 水落管下端外倾短弯头；在水落管的下端的一个有弯度的短装置，能使建筑物上的雨水完全的排离建筑物。

raised barn 偶尔作为 **bank barn**（高架谷仓）的同义词。

raised basement 半地下室；这种地下室的地面标高比通常的地下室高，从而其顶棚要高于（通常是地上一层）室外地面。

raised cottage 1. 高架村舍小屋；建于支柱或组合桩上防止地下水侵蚀的村舍小屋。2. 同 **raised house**；高架房屋。

raised floor 高架地板；一种完全由正方形板装配的地板，它们铺设在置于建筑结构楼板上的连锁连接的基座上。这些板通常用铝制成，并用软木、地毯或乙烯基面板做面层。方形板块可以移动，从而可以非常方便地去处理置于下面的电缆。这种地板广泛用于计算机房。

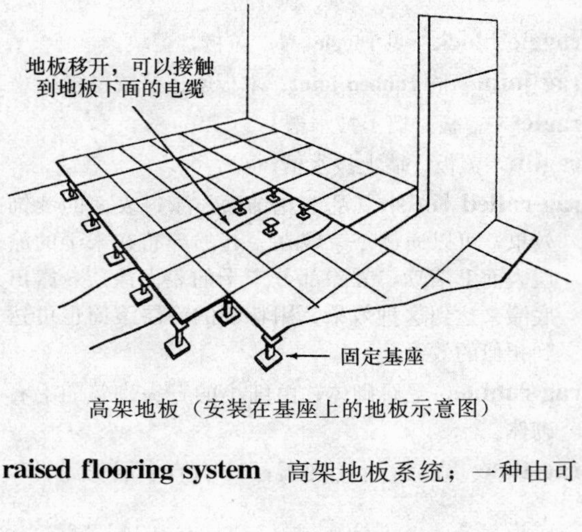

高架地板（安装在基座上的地板示意图）

raised flooring system 高架地板系统；一种由可

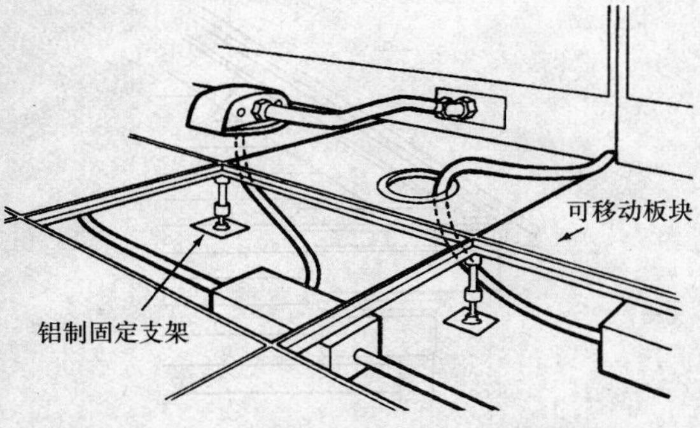

高架地板（毗邻墙的地板剖面示意图）

移动和可互换位置的地板块材组成的地板系统。系统中，地板块被固定在可调节的基座和（或）纵梁上，以便于进入地板下面的空间。

raised girt, flush girt, raised girth 与地板搁栅平行并同高的活动地板边撑。

raised grain 1. 突起纹理，凸凹（纹理）；在刨光的软质（针叶树）木材中，硬的秋材高于软的春材的表面。2. 硬木中，突出于正常表面的纤维，这通常是由木材变湿导致的。

raised house 高架村舍小屋；在美国南部，带有半地下室的房子或村舍，地下室的地板接近地面，可以作为服务区域、商店、办公室或者马房。主楼层（地上一层）布置生活起居，典型的外墙面是用石灰水刷白的砖、石头、抹灰或拉毛粉刷；门廊占据整个正面，有时也延伸至两侧；在炎热的天气里门廊上敞开的法式门能够促进空气的流动。也可见 **plantation house**；种植园房屋。

高架小屋

raised joint 同 **excess joint**；外凸节点。

raised molding 同 **bolection molding**；凸起式线脚。

raised panel, fielded panel 鼓起嵌镶板；中间部分比边缘厚，或者相对于四周框架或墙的表面突出的嵌板。当两面都外露时，（如门的两面）也被称做双面鼓起嵌板。

raised porch 18 世纪路易斯安那州法国式民居前的长廊。

raised table 一种水平抬起的公寓；它的平面面积比它的立面大。

raising 见 **lifting**；提升，向上掘进。

raising bee 见 **barn raising**；吊立谷仓。

raising hammer 圆头大木槌，突起锤；具有圆形长锤头的大锤，通常用于抬起金属薄片。

raising piece 墙（柱）顶垫木；置于砖墙、柱顶或木制框架房屋的柱子上，用于承接梁端的一块垫木。

raising plate 墙上承梁板、垫板、椽端板；水平置于墙上或框架的垂直构件顶端的木料，支撑着椽子的下部或其他构架，也被称作 **wall plate**（隔墙撑头木）。

rajones 在美国西南部的西班牙殖民地建筑中，用作 **shingles** 的代名词。

rake 1. 斜坡、倾斜；例如：观众厅地面的倾斜（相对于水平面）。2. 山墙挑檐；沿着山墙斜边覆盖外墙边缘的板或线脚。3. 封檐板；在早期的殖民地房屋的屋顶上，遮盖椽子低端的平板。

raked 泛指相对水平面倾斜的一切表面。如倾斜的线脚，或是坡顶山墙上斜挑檐的表面。

rake dimension 同 **pitch dimension**；倾斜量。

raked joint 勾缝前的砌体灰缝。当砂浆硬化前，用直角边的工具刮掉表面砂浆而形成的接缝。这种接缝防水性很差，且易在外墙面产生明显的水迹黑斑。

勾缝前的砌体灰缝

raked molding 同 **raking molding**；山墙线脚，倾斜的线脚。

rake-out，raking out 清缝，捋出；在砖石砌筑中，清除灰缝中的砂浆渣，为勾缝做准备。

raker **1.** 刮缝器；在砖石砌筑中，用于清除灰缝中的砂浆渣为勾缝做准备的工具。**2.** 斜撑；泛指所有倾斜的作为桩柱或支撑的构件。**3.** 斜撑柱。

raker pile 同 **batter shore**；斜桩。

raking 倾斜；具有倾斜度或斜坡。

raking arch 同 **rampant arch**；跛拱。

raking back 同 **raking**；倾斜。

raking bond 人字形砌合，斜纹砌合；砌砖的一种方法。在墙面上以一定的角度砌砖，或者是 **diagonal boud**（斜纹砌合），或者是 **herring bone bond**（人字形砌合）。

raking coping 倾斜的墙帽，斜面压顶；在倾斜面上设置的压顶，如在坡屋面两端的山墙上的压顶。

raking cornice 倾斜檐板，斜挑檐；顺着坡屋顶两端的山墙门窗过梁上三角形檐饰或坡屋顶面的挑檐板。

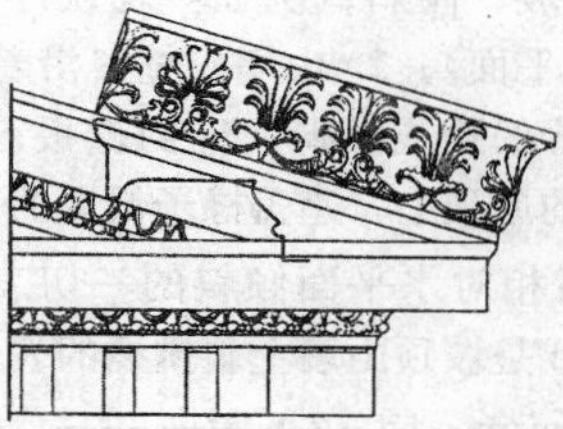

倾斜檐板，斜挑檐

raking course 斜砌砖层；在砌厚砖墙时，为了提高强度，表层砖之间砌成斜纹形的砖层。

raking flashing 斜遮雨板，斜向泛水；用于盖住烟囱和斜屋顶交界部分与屋顶坡度平行的遮雨板或斜向泛水。

raking molding，raked molding **1.** 斜面线条，倾斜的线脚；泛指适应任何倾斜，斜坡，坡面，坡道上的线条。**2.** 泛指任何向下或向外倾斜的悬挑线条。

raking-out 清缝；砌砖工程中，清除灰缝中的砂浆渣，为勾缝做准备。

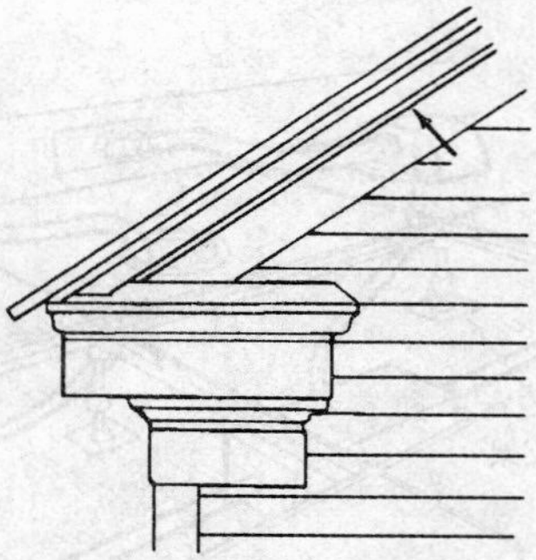

斜面线条，倾斜的线脚

raking pile 斜桩；非垂直击入的桩。

raking riser 楼梯踏步斜竖板；在楼梯中，不垂直于楼梯踏板的竖板，竖板向里倾斜，使下一踏板有更多的脚踏空间。

raking shore，inclined shore 斜撑，斜支柱；支撑墙体的倾斜构件，同 **raker，3**。

raking stretcher bond 斜纹顺砖砌法，斜条砌合；和 **stretcher bond**（顺砖）砌合相似，不同的是每一块砖相对于下皮对应砖搭接四分之一而不是搭接一半。

斜纹顺砖砌法，斜条砌合

raking strut 斜支柱；成对应用于系梁与主椽之间。

ramada **1.** 凉棚；西班牙建筑及其派生的建筑，乡村的凉亭，或类似的建筑。**2.** 敞开的门廊。

rambler 单层住房，农场（或牧场）主住宅。

rammed earth 夯实土；通常指黏土、沙或者其他集料（如海贝壳）以及水形成的混合物经过压缩和干燥后用于建筑结构中的材料。

rammer 夯（具，锤），捣锤，桩锤，夯实机；一种用于压（夯、捣、振）实土壤和其他粒状材料的电力驱动工具。

ramp 1. 斜面（坡，道），坡（滑，匝，坂）道；与两个或两个以上在不同高度上的平面相连接的斜坡表面。2. 在垂直平面的凹入弯曲。3. 斜台，装料台，滑行台；机场中连接候机室和飞机出入机库的滑行道之间，用于飞机装卸货物时停靠飞机的已铺路。4. 参照美国残疾人法案，步行路面前进坡度要小于1/20。

ramp and twist 提升（倾斜）与扭曲同时存在的面。

rampant arch，raking arch 跛拱，高低脚拱，跷拱；拱座的一端高于另一端。

跛拱，高低脚拱，跷拱

rampant vault 跛穹隆，穹肩高低的穹顶；两个拱座位于斜面上的连续的筒形拱顶，例如：形成楼梯间顶篷的穹顶。

rampart 城墙，壁垒，堡垒，防御物；位于围绕堡垒或城墙的壕沟内侧，用于防御的高土墙。

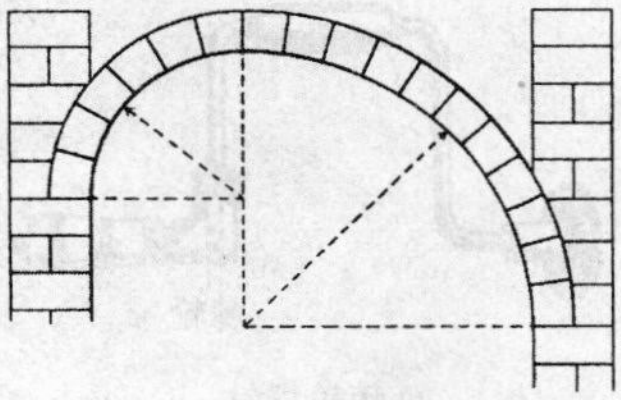

跛穹隆，穹肩高低的穹顶

rampart-walk 同 walk-walk；沿着城堡外墙的通道。

ramped step 斜坡踏步板；踏板倾斜的踏步。

ramped steps 见 stepped ramp；踏步式坡道。

ramping vault 同 rampant vault；跛穹隆。

ram's-horn figure 羊角图案；木板表面的卷曲、波纹状图形，很像波状木纹（fiddleback）。

rance 支（撑，顶）柱，撑脚（材），顶杠，斜撑木（墙壁）。

ranch house 农（牧）场住房，平房建筑；一种平面布局自由的平房，20世纪中期十分流行。通常在设计时着重平面设计。典型的特征如下：不对称的平面；外围护墙为拉毛粉刷、砖、木材或者是上述几种材料的混合体；双坡或四坡低坡斜屋面；屋檐中度出挑；椽子外露；带形窗；窗户用百叶来装饰。通常在房子的后部或侧面还有开向门廊或院子的滑动门，此外还有相连的车库。

ranch-type shingle 在顶部和侧边相互搭接的矩形屋顶板（通常是石棉水泥板）。

rand （英）在使一边缘变直的过程中，从其上切下的边或角。

randle bar 壁炉挂钩；架于壁炉侧墙上的水平铁杆，可以将锅或罐子悬在其上进行烹饪。也见 chimney hook，fireplace crane，trammel。

random ashlar 不规则砌合；砌体中，将大小各异的矩形石头随意砌筑，没有连续的接缝，表面看来没有一个固定的砌筑模式，也被称做乱砌琢石，乱砌体，或者不成层石砌体。

random bond 见 random ashlar；不规则砌筑。

random course 乱砌层；没有相同高度的许多砌体层中的一层。

random length 管子出厂长度；见 mill length。

random line 在勘测中，对于从起点无法看见的给定终点，设置的一条临时测试线。

random noise 杂乱噪声；一种类型的噪声，包含在随机的时间内发生的瞬间扰动，其瞬间的量级只能通过概率分布函数来描述，概率分布函数给出了发生某给定量级所对应的时间。

random paving 乱石路面。

random range ashlar 同 random work；不规则粗

料石工程，不成层方整石砌体。

random rubble 同 **rubblework**；毛石墙，虎皮墙。

random shingle 许多等长不等宽的屋面板中的一块。

random slate 粗石饰面；使用不同尺寸，按照不规则方式砌在一起的不规则石饰面中的一块。

random tooled ashlar 见 **random work**；乱石墙。

random widths 木材、板材、屋面板的任意宽度。

random work，broken ashlar，random range ashlar，random range work 1. 乱石墙。2. 将不同高度和宽度的矩形石头不规则地砌在一起的一种石砌体。

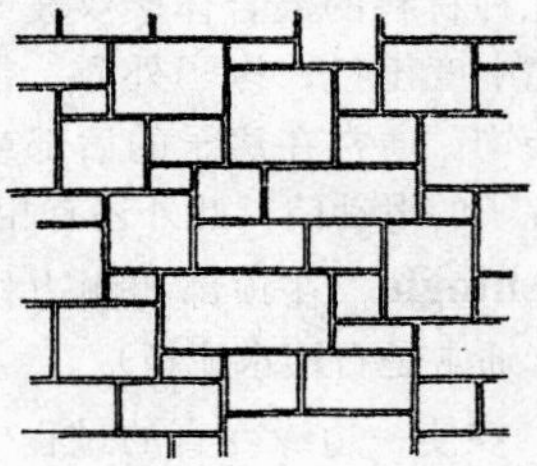

乱石墙

range 1. 砖石砌体中的一行或一层，如一层石头。2. 直接连在一起的一排物体，如一排柱子。

range closet 多蹲位厕所。

range rubble 同 **rubblework**；毛石墙，虎皮墙。

range hood 炉用排气罩；安装在炉灶上方的一种金属罩，可以排走炉灶周围空间的油烟、热气和气味。

range-in，wiggling-in 试测和误差修正定线法；测量中，一种将仪器置于前期设定的直线上的试测和误差修正的过程。

range masonry，range work 见 **coursed ashlar**；垒石工程，成层石砌体，毛石砌体。

range pile 定位桩，控制桩，为其他桩定位而用的桩。

range pole 同 **range rod**；花杆，标杆。

ranger 同 **wale**；横撑。

range rod，range pole 测杆、标杆（测量）、花杆；由木头、玻璃纤维、铝或是外包钢材制成的测量标杆，测量者用它来定位一个点或是一条线的方向，厚约 1in（2.5cm）、长约 6～10ft（大约 2～3m），通常表面用油漆刷成红白段相间的颜色。

rangework 一种砖石砌体，其每一层中石头是等高的，而不同层的石头高度可以不同。

ranging bond 石缝握裹木条（供钉罩面板用）；砖石砌体中，通过在墙面上埋置钉罩面用的小木条形成的链式砌合，小木条通常位于接缝处，并稍稍向外突出，用以将板条、龙骨等钉在墙表面。

ranging pole 同 **range rod**；测杆，花杆。

ranked 以阿拉伯数字（通常从 2～9）为前缀的名词术语，用以表明房子正面上部楼层窗户的数量。例如：一个 **six-ranked** 的房子指在上部楼层有 6 个窗户，在一层，入口处的门算做一个窗户，因此这一层有 5 个窗户加上一个门。

rapid-curing asphalt 快凝沥青，快干沥青；由沥青水泥和高挥发性的石脑油或者汽油稀释剂构成的液体沥青。

rapid-curing cutback 同 **rapid-curing asphalt**；快凝沥青。

rapid-hardening cement 快硬水泥，早强水泥。

rapid-start fluorescent lamp 快速启动荧光灯；通过带有低电压线圈的镇流器，来预热电极并发出电弧的一种荧光灯，这个过程只在预热荧光的电路中进行，而不需要启动器或者使用高电压。

rasp 毛锉（粗糙锉刀）；表面满布凸齿的粗锉。

ratchet brace 棘轮摇钻，手摇旋转机，扳钻；带有（防倒转）棘齿驱动卡盘的摇钻，当受空间所限，常规曲柄难以转上一圈时，可以使用这种摇钻，见 **brace，3**。

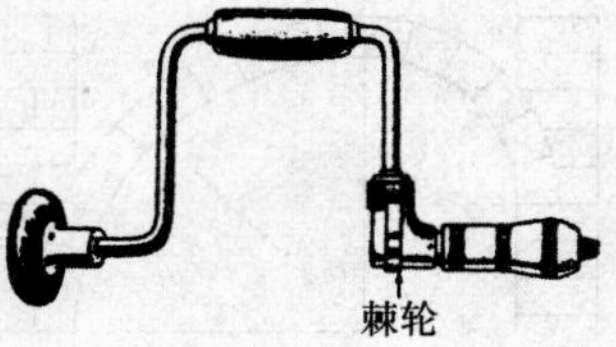

棘轮摇钻

ratchet drill 棘轮扳钻，手扳钻；带有（防倒转）棘齿驱动卡盘的一种手动钻，用于空间受限的情

手扳钻，棘轮扳钻

况；见 **drill**，**1**。

ratchet screwdriver 见 **spiral ratchet screw-driver**；棘轮螺丝起子，棘轮改锥。

rated current 额定电流；在给定条件下，电器设备所能担负的电流，并不会导致电器设备过热或超负荷。

rated horsepower 额定功率；发动机或原动机在正常持续工作的条件下所能提供的最大功率。

rated lamp life 额定的灯寿命。**1.** 通过大量样品在实验条件下获得的给定类型灯的平均寿命；但不同条件下，一组灯的平均寿命可能和额定的灯寿命不同。**2.** 在停止工作之前发光量降到一个非常低的值的这种类型的灯，其额定的灯寿命等于在控制的实验条件下大量灯样品的发光量达到初始发光量的某一特定百分比所用的时间。

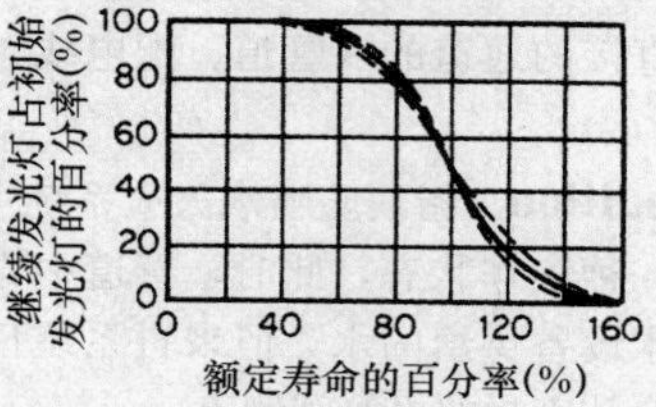

额定寿命百分率与继续发光灯百分率之间的关系

rated load 额定荷载，额定装载量；在垂直运输中，电梯、升降机以及自动扶梯以额定速度运行时的设计承载量（以英镑或者是千克计）。

rated speed 额定速度；装置、设备、运输工具以及升降机等在额定荷载条件下向上运行时的设计速度（以英尺或米每分钟计）。

rate of decay 同 **decay rate**；衰减率。

rate of growth 同 **growth rate**；生长率。

rath 许多现今尚存的爱尔兰原始的堡垒；由石头或者泥土砌成的壁垒构成的防御结构，以及一些住宅建筑的原始形式。

rating correction factor 额定修正系数；为合理估计设计总负荷，用以与额定电负荷或额定电流相乘的分数。

ratio of reduction 见 **reduction ration**；缩小比例。

rat stop 防鼠挡板；在砖石墙体结构中，为防止老鼠挖地洞而沿基础外墙设置的屏障。

rat-trap bond 空斗墙砌合；荷兰式砌合的改进，其在边缘采用顺砖。

空斗墙砌合

rauchkammer 宾夕法尼亚州中荷兰殖民地房子顶楼上位于侧边的房间，用来熏制肉食品。烟道通过此房间，并设有开口，以便烟能进入顶楼，需要熏制的肉悬挂在屋架底面的吊钩上。

ravelin，demilune 防御工事中，形成半月形的突出部分。

raveling （路面）松散，剥落；沥青路面由于骨料的松动产生从表面向下，或者是从边缘向内的渐进的蜕变。

raw brick 砖坯，未入窑的生砖。

raw linseed oil 生亚麻籽油；经过提炼但尚未进行进一步处理（如煮沸、吹炼或稠化）的亚麻籽油。

raw sewage 原污水，未经处理的污水。

raw water **1.** 除蒸馏水以外，用于制冰的各种水。**2.** 生水，未经净化的水；在使用前需要进行处理的各种来源的水，例如制作蒸汽用水。

ray 见 **medullary ray**；木心，髓线，木射线。

rayon 人造纤维，人造丝（粘胶纤维）；由再生纤维素酶构成的连续不断的人造细丝纱，在化学结构上与天然纤维相似，但人造纤维所含的聚合体单元要短些，通常通过纤维黏胶方法制造。

Rayonnant style 辐射式；13 及 14 世纪中期以辐射式窗格为特色的法国哥特式建筑。

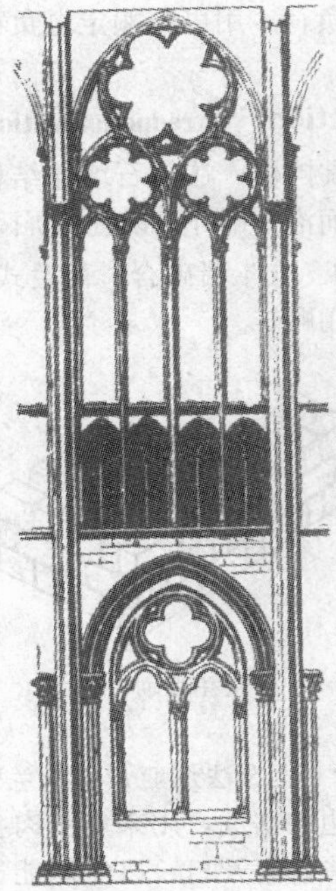

辐射式（法国哥特式建筑）

RBM 缩写＝“reinforced brick masonry”，加筋砖砌体，加筋砖圬工。

RC，R/C 缩写＝“reinforced concrete”，钢筋混凝土。

RC asphalt 同 rapid-curing asphalt；快凝沥青。

RC curves（room criterion curves） 八度音声谱的系列曲线；用于提供室内空间噪声的单一数量等级，用测得的八度音声谱与此组声谱相比较，可以决定被测空间的噪声等级。用于划分室内空间噪声等级，以确定被测空间的噪声水平。

RCD 缩写＝“residual current device”，残留的电流装置。

RCP 缩写＝“reinforced concrete pipe”，钢筋混凝土管。

¼RD （制图）缩写＝“quarter-round”，四分之一圆。

½RD （制图）缩写＝“half-round”，半圆。

RD 1. 缩写＝“roof drain”，雨水斗，屋顶排水沟。2.（制图）缩写＝“round”，圆。

reach 结构之间污水管的断面。

reach-in refrigerator 伸手可及冷藏室；用于冷藏食品和（或）饮料的预制的伸手可及的分隔室。

reaction pile 同 anchor pile；锚桩，抗拔桩。

reaction wood 经过非正常生长得到的木材。

reactive aggregate 活性集（骨）料；一种骨料，在普通的暴露条件下，它所含的特定物质能够与混凝土或者砂浆中的硅酸盐水泥的溶液或水化物发生化学反应；有时会导致有害的膨胀、开裂或者起色斑。

reactive concrete aggregate 见 reactive aggregate；混凝土活性集料。

reactive silica material 活性硅材料；泛指在高温条件下，在蒸压养护时能够和硅酸盐水泥或石灰发生化学反应的材料，如：粉煤灰、天然火山灰、或者研磨成粉状的硅等。

reader's desk 位于（教堂内）三层布道坛中间的桌子。

readily accessible 不必移动板或类似的障碍物，能提供直接的通道的（管道、配电线、空调控制器等）。

ready condition 指消防喷水灭火系统中的湿式报警阀的一种工作状态，此时，管道中充满了来自稳压供水设备供给的水，但来自系统任何出口的水流不会从密封的报警阀倒流。

ready-cut house 同 prefabricated house；装配式木房屋。

ready-mixed 见 mill-mixed；预拌的、厂拌的。

ready-mixed concrete 预拌混凝土；在尚未干硬的情况下运到现场即可使用的混凝土。

ready-mixed glue 见 mixed glue；混合胶。

real estate 不动产，房地产；以土地及其附属物的形式存在的财产，如在土地上建造的建筑物。

real property 不动产；土地和在土地上生长的一切以及对土地改良所做的投入。通常包括享有地表以下所有资源的权利，至少享有地表以上空间的一些权利。

reamer 扩孔钻，扩锥；沿着轴向带有锋利的螺旋凹槽的切削工具，用于扩孔或除去管道内部的毛

扩孔钻，扩锥

刺等。

reaming iron 用于扩大铆钉孔的扩孔钻。

rear arch 1. 背拱，后拱；洞口的内拱，尺寸上小于洞口的外拱，并且在形状上也有可能不同。2. 见 arriere-voussure；背拱，后拱，墙面内辅助拱，后楔形拱石。

rear girt 沿着房屋后墙水平延伸的连系梁，见 timber-framed house 下的插图。

rear vault 1. 背穹隆，后穹顶；位于窗户的花饰窗格或玻璃与墙体内表面之间的空间上方的小穹顶。2. 背拱，后拱，墙面内辅助拱，后楔形拱石。

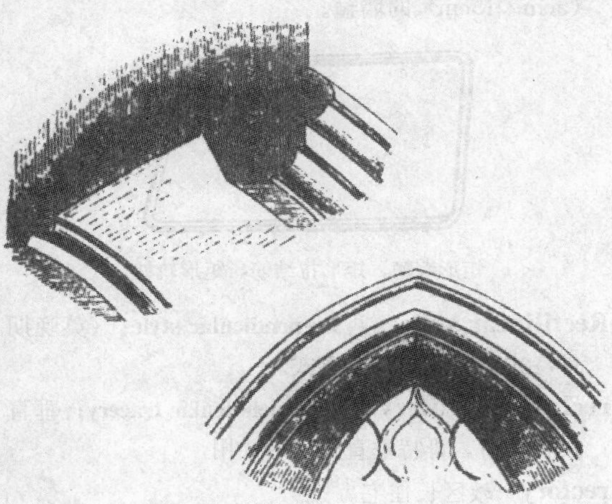

背穹隆，后穹顶

rear yard 后院；横跨整个基地，从房子的后墙线一直延伸到私有地界后边缘所形成的院子。

reasonable care and skill 见 due care；合格质量验收。

reason piece 见 raising piece；墙（柱）顶垫木。

rebar 螺纹钢筋；钢筋混凝土中，为了使钢筋与混凝土有更好的黏结力，外表面带肋或有稍微外凸纹的钢筋。

rebate 见 rabbet；企口（缝），凹凸榫（接）。

rebound 反弹，溅回；从喷射表面反弹回来的湿的喷射混凝土。

receipt of bids 标书授权仪式；业主收到密封投标书后打算邀请或通知投标人签署合同前的授权仪式。

receptacle 插座，插孔板；安装在接线盒上供电气设备或便携式仪器的电源插头接入的装置。

receptacle outlet 插座输出，输出插孔；安装有一个或多个插孔的电源插座。

receptacle plug 电插头；通常与电线连接，被插入插座，用来与电源建立连接的一种装置。

reception wall 同 retention wall；外墙防水隔层。

receptor 1. 适配器；能够使窗框适应窗洞口尺寸的槽形嵌入部件。2. 沐浴器下浅盆形集水坑。

receptorium 与古罗马长方形会堂相连的接待室。

recess 1. 任何在表面上的潜凹陷。2. 楼面上的潜凹槽。

recess bed 见 wall bed；折入凹墙或壁柜内的折叠床。

recessed arch 层叠拱；位于一个拱内部、半径稍小、形状与其相同的拱。

recessed bead 见 quick bead，2；凹入的圆条线脚。

recessed column 镶有凹槽的圆柱，作为壁龛使用；主要应用于教堂中。

recessed dormer 内老虎窗；此种老虎窗部分或全部位于主屋顶表面以下，也叫内置老虎窗。

recessed fitting 同 drainage fitting；下水管道承插式内平弯头。

recessed fixture 隐藏式照明装置，吸顶灯具；凹进顶棚的照明装置，其底边和顶棚平齐。

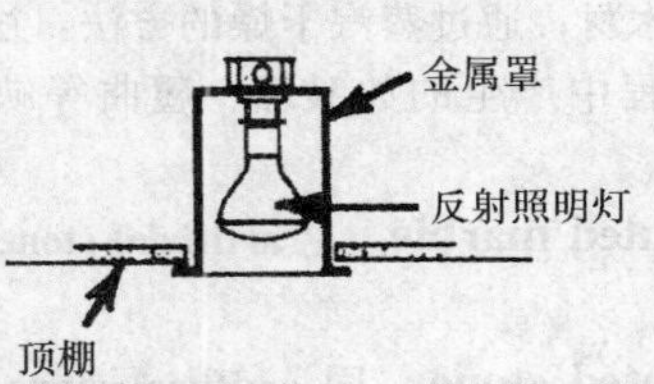

隐藏式照明装置（吸顶灯）

recessed head 在机械固定件中，在顶部表面中心处有特定形状凹痕的钉头。

recessed heater 安置在墙壁上的独立式加热装置；见 electric heating elements。

recessed joint 同 recessed pointing；凹槽勾缝。

recessed luminaire 见 recessed fixture；隐藏式照明装置，吸顶灯具。

recessed pointing 原浆勾缝；在砖石砌体中，为了使砌筑砂浆不剥落，将其从墙表面压入墙内约 1/4in（6mm）的原浆勾缝。

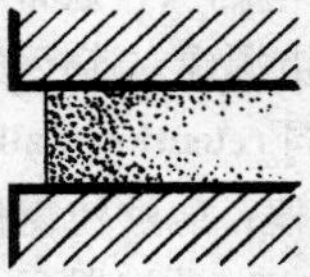

原浆勾缝

recessed sprinkler 隐藏式喷射装置；在消防系统中，许多悬挂式喷洒器中的一个，它位于凹进天花板内的杆状支柱中。

recharge，groundwater recharge 回灌（地下水），注水；地下水的补给，例如：通过来自施工场地以外的沟渠水的注入或者渗透方法补充地下水。

reciprocating drill 同 push drill；往复式手钻。

reciprocating saw 往复式锯；和军刀锯（一种手提式动力锯）相似的一种锯，但锯刃比军刀锯的更重，马力也更大。

recirculated air 循环空气；从装有空调房间中回收经空调机调节后，再送回到原来空间的空气。

recoating time 复涂时间，两次喷涂间的最小时间段。

reconditioned wood （性质）改善的木材，二次处理的木材；通过蒸汽干燥的方法，祛除在初始干燥过程中产生的如皱缩、翘曲等缺陷后的硬木材。

reconstituted marble 见 artificial stone；人造石，铸石。

reconstituted stone 同 artificial stone；人造石，铸石。

reconstruct 原样重建；仿造原建筑的形式和细节。

reconstructed stone 同 artificial stone；人造石，铸石。

record drawings 竣工图，施工记录图；经过修改的工程图，用来说明在施工过程中发生的重大变更，通常以洽商单、其他图纸以及承包商向建筑师提供的数据为基础。

record sheet 记录单；施工中，以手写或打印表格的形式进行的记录，通常包括材料的进出情况、不同工种的工人数量、工作的时间等。

recovery capacity 见 heating capacity；热容量。

RECP （制图）缩写＝“receptacle”，插座、接线盒。

rec. room 缩写＝“recreation room”，娱乐室。

rectangular tie 矩形墙箍、矩形拉结筋，矩形轨枕；用粗金属丝弯成的封闭矩形，大约 2in×6in（5cm×15cm）的墙箍。

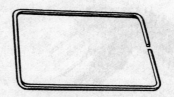

矩形墙箍，矩形拉结筋，矩形轨枕

Rectilinear style 见 Prependicular style；（英晚期哥特式建筑形式）垂直式。

reclilinear tracery 见 perpendicular tracery；垂直式花格窗，哥特垂直建筑形式用。

rectory 教区长住宅。

recycled concrete 再生混凝土；已被压碎可做为骨料使用的硬化混凝土。

redan 凸角堡，突角堡。

red brass，rich low brass 红铜；含有 85％铜，15％锌的金属合金，具有很高的抗腐蚀性，能够达到很高的磨光度，一般有薄板、杆件、金属丝及管子等供选用。

red cedar 见 eastern red cedar；美国南方大侧柏，北美圆柏。

red fir 同 Douglas fir；红杉，冷杉。

red gum 同 gum，1；赤桉，美国枫香，糖胶树。

red heart 腐朽的心材。对于一些木材，尽管腐烂呈红色，但通常被称做褐色腐烂。

red lauan 见 **Philippine mahogany**；菲律宾红柳桉木。

red lead 红铅，红丹，四氧化三铅；铅的四氧化物，颜色呈鲜红色到橙红色，通常在抗腐蚀漆中，用作铁或钢的防锈剂。

red locust 见 **locust**；红刺槐木。

red oak 红栎木，红橡木；北美洲东部的一种橡树，木材呈淡褐色或红色，木质较重、硬度大、强度高，纹理粗糙，特别适用于护墙板，也可用于内部装修。

red ocher 红赭石颜料，红赭石；一种赤铁矿的混合物，泛指一切用作红色颜料的天然土。

redoubt 从主场地分离出来的小筑垒。

red oxide 铁丹；一种天然或人工合成的无机红色颜料，用在涂料中，以低廉的价格提供耐久的色泽，根据其纯度、微粒尺寸和明亮度分有多种等级。

red rosin paper 防潮纸；油纸，隔声纸的一种。

red-shortness 热脆性；铁或钢在烧红的高温状态下的脆性。

redevelopment 再开发；完善并改进既有结构或属性。

reduced level 降低的标高；施工现场开挖后的标高，通常与给定的基准面有关。

reducing power 消色力；衡量白色添加剂调节其他颜料变淡的能力。

reduced-pressure-principle backflow preventer 减压主逆流阻断器；由两个相互独立操作的止回阀构成的逆流阻断器。两个止回阀在一个封闭的位置通过弹簧加载，并被一小室所分隔，在此小室中有一自动减压阀，使小室与大气相通，此减压阀在一开放的位置通过弹簧加载。

reduced size vent 小于规范规定尺寸的干式通气管。

reducer 1. 稀释剂或溶剂；用于降低涂料、清漆、油漆的黏滞性。2. 渐缩管，变径管（俗称大小头）。3. 减压阀。

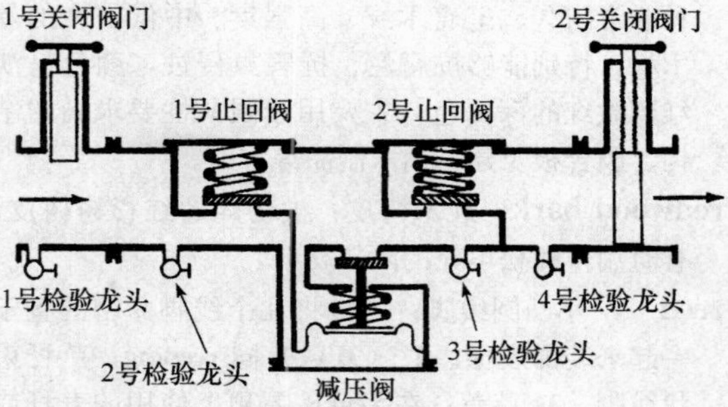

减压主逆流阻断器

渐缩管，变径管（俗称大小头）

reducing coupling 同 **reducer，2**；渐缩管，变径管（俗称大小头）。

reducing joint 缩径接头，变径接头；两个尺寸不等的电导体之间的接头。

reducing pipe 渐缩管，变径管（俗称大小头）；管子的连接构件，带有内螺纹，一端的直径小于另一端，且两端口具有共同的轴线，用于连接不同尺寸的管子。

reducing pipe fitting 渐缩管配件；一种配件（**fitting，1**），用于连接不同尺寸的管子。

reducing socket 同 **reducing pipe fitting**；渐缩管配件。

reducing valve 见 **pressure-reducing valve**；减压阀。

reduct 小块料；从大块料或构件上切割下来的小块料，以使其更均匀或对称。

reduction of area 断面收缩；试件在受拉前的初始横截面面积和试件断裂后的最小横截面面积之间的差别；用与试件的初始横截面面积的百分比表达。

reduction ratio 缩小比例；石头破碎中，破碎前后石头的最大尺寸之比。

redwood 红杉，红木；产于美国太平洋海岸的一种非常耐久、笔直木纹、高强度、中低密度的软木材，特别能够抗腐烂、抗害虫侵蚀，颜色呈淡红到微红的深褐色，主要用于耐久性要求高的结构、胶合板及建筑用木制品等方面。

redwood bark 红木树皮；被切碎的红杉树树皮，有时用作疏松填充的隔热材料。

reed 1. 小凸圆线脚；通常将几个线脚紧密的置于一起来装饰表面。2. （复数）同 reeding；芦秆束状线脚。3. 芦苇；在茅草盖屋顶上使用的麦秆或稻草状材料。

reed house 茅草屋；同 brush house。

reeding 束状小凸嵌线脚；毗连的、平行的、突出的、半圆形状的装饰物，与凹槽饰纹反义，也见 cabling。

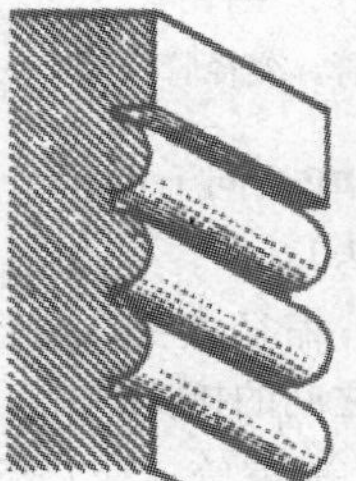

束状小凸嵌线脚

reel and beed 见 bead and reel；珠盘饰凸圆线脚。

reentrant angle 内角，凹角，一般用于小于 90°的内角度。

reentrant corner 凹墙角，内墙角；通常用来描述小于 90°的墙角。

REF （制图）缩写＝"refer 或 reference"。

refectory 修道院、寺院或公众非宗教机构的食堂、饭堂。

reference line 基准线。泛指用于测量其他量值的参照线或基线。

reference mark （测量）参考标记，假定水准点，基准标点；勘测站附近具有永久性质的补充标记，借助它可以进行精确距离和方位角（或方位）的测量，勘测站和它的基准标点之间的联系必须具有足够的精度和准确度，以满足观测站依据基准标点进行重建或恢复。

修道院、寺院或者公众非宗教机构的食堂、饭堂

reference standards 参考标准；由权威学术机构（如美国材料实验学会或英国建筑研究院）公布并得到建筑行业普遍认同的专业和通用数据；该标准可用于衡量产品或材料的品质。

reference standard specification 参考标准规范；一种建立在公认的标准基础上的非专利性规范说明，或是在建筑项目中，由产品、材料、设备等权威机构制定的要求。

reference temperature 基准温度；定义度日的标准，美国室内温度为 65 ℉（18.3℃），英国室内温度为 60 ℉（15.6℃）。

refined tar 1. 精致焦油沥青；通过蒸发或蒸馏的方法使焦油沥青中的水分达到一个预定的含量所得到的焦油沥青。2. 通过熔融含有焦油馏出物的焦油残留物而得到的沥青产品。

reflash 复燃；熄灭的易燃物在热源的作用下再次燃烧。

reflectance 反射率，反射系数；表面的反射通量与入射通量的比率。

reflectance coefficient, reflectance factor 同 reflectance；反射系数，反射率。

reflected glare 反射强光，反射眩光；在磨光或光泽的表面产生的视野内的高亮度反射强光，也见 specular surface。

reflected plan 反射平面图，投影图；平面图的一种，其特点是：从上面看，它好像是上表面投影到下面所形成的（如顶棚），因此，从下面看，物体部件如果在实际位置的左侧，那么投影图中则出现在右侧。

reflection 反射；光线、声音或者辐射热遇表面而发生的方向改变；也见 **law of reflection**。

reflective glass 反射玻璃；外表面采用透明的金属质涂层的窗玻璃，能够有效地反射到达其表面的光线和辐射热。

reflective insulation 1. 反射隔热；薄板方式热绝缘，它有一个单面或双面覆盖着具有反射作用的金属薄板，金属薄片具有很低的热辐射系数，这种热绝缘方式应用于建筑物中，建筑物的反射面面向空气流通的空间，以降低空气流通空间中的热传导（通过辐射）。2. 通过使用一个或几个具有强热反射率、低热辐射的表面，降低空气流通的空间辐射热传递的一种热绝缘方式。

reflectometer 反射计；测量材料反射系数的光度计。

reflector 1. 反射器；通过反射改变光或声的方向的装置。2. 反光罩；安装在光源上的装置，它通过反射作用控制来自灯的光线分布。

reflector lamp 反光灯；灯泡的一部分被用作反射器的白炽灯，例如：**PAR lamp**。

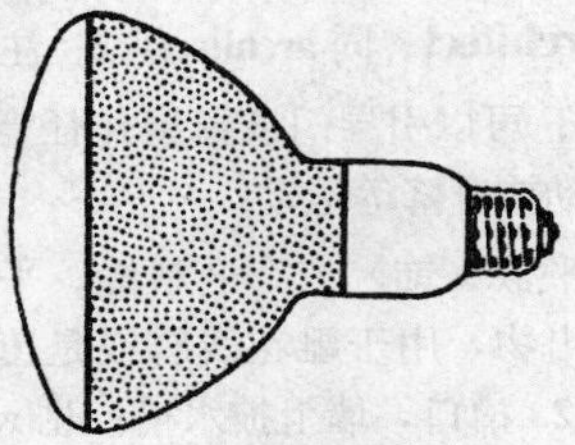

反光灯

reflux valve 见 **check valve**；逆止阀，单向阀。

REFR 1. （制图）缩写＝"**refractory**"，耐火的，难熔的材料。2. （制图）缩写＝"**refrigerate**"，制冷，致冷。

refraction 折射，折射作用；光线或声音从一种介质进入另一种介质时所发生的方向改变。

refractory 耐火材料；一种用于抵抗高温作用的材料，通常是非金属的。

refractory aggregate 耐火集（骨）料，耐高温骨料；具有耐火特性的材料，当它们通过结合料与集成物结合在一起后，就形成了耐火体。

refractory brick 耐火砖；具有耐高温特性的一种砖。

refractory cement 耐火水泥，耐火胶结材料；特制的在熔炉和烤炉的内衬中使用的水泥，通常由耐火黏土与碎砖、硅砂或硅酸钠等混合而成。

refractory concrete 耐火混凝土，耐高温混凝土；具有耐火特性的混凝土，适于高温下使用，通常由矾土水泥和耐火骨料制成。

refractory insulating concrete 耐火（耐高温）隔热混凝土；具有低热传导性的混凝土。

refractory insulation 耐火隔热材料；可以在1500 ℉（816℃）以上的高温下使用的绝热材料。

refractory materials 耐火材料，耐熔材料；在高温下不发生明显变形和化学变化的材料（如砖或砌块）。

refractory mortar 耐火灰浆；具有耐火性能的灰浆，适宜应用在高温环境中。

refrigerant 制冷剂，冷冻剂，冷却剂；制冷系统中热传递的介质，该介质在低温低压条件下蒸发吸热，高温高压条件下压缩放热。

refrigerant charge 制冷剂充注量；制冷系统中所需制冷剂总量。

refrigerant compressor unit 制冷压缩装置；制冷系统内的一套压缩装置，包括适合压缩制冷气体的压力泵、相关联的控件和附件，主驱动装置，其可能是压缩机的整体组成部分，或者是和压缩机安装在同一底座上。

refrigerant condenser 见 **condenser**；制冷冷凝器。

refrigerant condensing unit 见 **condensing unit**；制冷冷凝装置。

refrigerating medium 制冷介质；泛指用于降低其他物体或物质的温度，使物体或物质的温度低于周围环境温度的物质。

refrigeration 制冷，冷冻，冷藏；通过制冷剂的膨胀作用或汽化作用从物体或物质中吸收热量，从而使其温度低于周围环境的温度并维持低温状态的工艺过程。

refrigeration cycle 制冷循环；热力学过程的反复运行，在这个过程中，制冷剂不断从温度相对较低的制冷空间中吸取热量，然后将热量释放到温度较高的地方。

refrigeration system 制冷系统，冷却系统；一个封闭流程系统，在这个系统中，制冷剂要经历压缩、冷凝和膨胀的全过程，这样使制冷系统在较低的温度条件下制冷，并且把热量释放到温度较高的其他地方，达到从制冷空间中吸收热量的目的。

refrigerator 制冷器，制冷机，冷冻器，冰箱，冰柜，冷藏室；一种容器和冷却它的手段，例如商用冰箱，服务冰箱等。

refurbish 翻新；在不破坏和不移动的基础上对原建筑进行翻新；同 **to renovate**；整修。

refusal 桩的止点，抗沉点，桩的阻力；击桩时，桩可能再下沉的深度。

refuse 废物，垃圾；一种含废物和废料重量大致均匀的混合物，其中含有高达 50％水分和 7％难燃性的固体物质；又见 **trash**。

refuse chute 垃圾沟槽；通过斜沟槽运送废料的方式，沟槽连接高层居民住宅楼内垃圾口（或办公楼）与沟槽底部的废料收集室；也见 **gravity-type refuse chute**。

refuse compactor 垃圾压缩机；马达驱动的具有夯锤的机器，它可以通过挤压减少垃圾的体积并且使垃圾进入到可搬运的容器或包装箱中。

Reg 缩写＝**“regular”**，规则的，普通的。

REG 1.（制图）缩写＝**“register”**。2.（制图）缩写＝**“regulator”**。

Regency Revival 法国摄政时期风格复兴；20 世纪 30 年代在美国少数地方出现的一种复兴的建筑模式，它借用了乔治王时代的艺术风格和摄政时期的主要建筑形式。通常是两层，屋顶是四坡的；在角部，有时在主入口处的墙，砌有屋角砖；一般被漆成白色；采用双悬窗，并带百叶；入口有门廊；最典型的特征是在门的上方有一个小的八角形的窗户。

Régence style 一种装饰风格；法国摄政时期的洛可可式的优雅的装饰风格，盛行于路易斯十五的少数派 **Philip of Orleans**（1715—1723）摄政时期。

Regency style 一种装饰风格；融合了东方诸国的风格的华美的新古典主义风格，1811～1830 年间乔治四世摄政和统治时期盛行于英格兰，后来非常偶然的在美国被作为摄政时期复兴的建筑模式而仿效。

regenerative heating 交流换热法采暖；热循环中在某一部分释放的热量，通过热传递，在此循环中的另一部分中使用的一种采暖方式。

regia 古罗马剧院舞台中门；通向主英雄殿堂的古罗马剧院舞台正中门，王室的门。

register 1. 带有风挡的搁栅，用于调节通风量。2. 一些对于地方、国家、省或民族具有历史价值的建筑物、工程、物体或者地方的名录，这样的名录由指定的政府机构提出。

带有风挡的搁栅

registered architect 同 **architect**，**2**；注册建筑师。

regle 滑槽；可以引导门或窗扇作任意活动的沟或槽，如滑动或升降等运动。

reglet 1. 平嵌（饰）线，嵌料缝；平嵌条或小的扁平的凸出物，用于雕花线脚或是覆盖两板之间的接缝 。2. 槽口，墙上披水槽；见 **raggle**。

regrating 石面琢新；通过清除石料上一薄的面层，来翻新石料表面。

regressed luminaire 缩入（顶棚）式照明设备，泛光照明；安装于顶棚内且开口在顶棚底线之上的照明设备。

regula 扁带饰，三槽板下短条线脚；多利克柱头中，在束带饰下面一系列的短的凸出横饰线中的一个，每一个都与上面的三槽板浅槽饰相对应。

regular coursed rubble 同 **coursed ashlar**；整层乱砌的毛石。

regulated-set cement 调节凝固水泥；水硬性波特兰水泥，其中含有控制其凝固和早期强度的添加剂。

regulating valve 调节阀；调节液体流量或阻止液体流动。

regulation 泛指由立法或行政管理机构制定的允许的或禁止的行为规则、规章、规程；也见 **building code**。

regulator 调压器，稳压器；供气系统中控制和维持均匀给气压力的装置。

regulus metal 见 **antimonial lead**；锑铅、硬铅。

rehabilitation 复原；通过修复或改造恢复建筑原有风貌的过程。

reheat coil **1.** 二次加热盘管；空调系统中用于加热送风管中的空气并控制其温度的盘管。**2.** 被加热用来控制向某单独区域供给的空气温度的盘管。

reheating 再加热，二次加热；空调系统中，对已经调节过的空气进行加热，例如：对送风系统中的一部分空气进行的加热，用来维持该部分的温度。

reimbursable expenses 可偿还的支出；根据适当的协议条款，用于工程项目的支出、将由业主偿还的支出。

REINF （制图）缩写＝"**reinforce**"或者"**reinforcing**"，加固、增强。

reinforced bitumen felt 增强沥青油毡；饱含沥青并用黄麻纤维布加强的轻型屋顶用毡制品。

reinforced blockwork 加筋砌块工程；在砌体内加入钢筋，以抵抗拉力、压力和剪力作用的砌块工程。

reinforced brick masonry 见 **reinforced-grouted brick masonry**；加筋砖砌体。

reinforced brickwork 加筋砖圬工；通过在连接处设置金属杆、金属网或是金属丝增加砌体结构强度。

reinforced cames 钢芯增强铅条，用于花饰铅条窗。

reinforced column 加有钢筋或钢丝网的钢筋混凝土柱。

reinforced concrete, beton armé, ferroconcrete, steel concrete 钢筋混凝土；包含有加强筋的混凝土，在设计中，假定钢筋和混凝土共同工作来抵抗外力。

reinforced concrete joint 钢筋混凝土接头；接头两端置入加强钢筋，桥接在结构体中。

reinforced concrete masonry 钢筋混凝土砌体；在结构中加入了钢筋，并且埋入的钢筋和其他材料共同工作来抵抗外力（钢筋含量要大于最小配筋率）的混凝土砌体结构。当采用混凝土空心砌块砌筑，某些孔洞（包括插入钢筋的孔洞）需用灰浆（灌孔混凝土）灌实形成芯柱。在多层夹心墙中，钢筋被埋置在双层墙之间，双层墙之间的空隙也用灰浆灌实。

reinforced-grouted brick masonry, reinforced brick masonry 配筋灌浆砖砌体，配筋砖砌体；灌浆的砖砌体，砌体中在水平接缝处和夹心墙体两页墙体之间灌浆的垂直接缝处配有钢筋。

reinforced masonry 配筋砌体；埋置有加强筋的砌体，加强筋通常是钢筋或钢筋网，其埋置方式能使两种材料共同工作以抵抗外力。

reinforced membrane 增强薄膜；用油毡、玻动纤维毡、钢筋网和纤维或类似材料进行加强的屋顶或防水用的薄膜。

reinforced plastic 强化（增强）塑料；加入高强填充剂的塑料，以提供比普通塑料更优越的力学性能。

reinforced T-beam 钢筋混凝土 T 形梁；在混凝土被浇灌前，采用钢筋加强的混凝土 T 形梁。

reinforcement **1.** 钢增强材料；钢筋混凝土中的金属条、杆、丝或其他的细长构件，这些构件以使金属和混凝土共同工作抵抗外力为原则埋置到混凝土中。**2.** 用以提供附加强度的材料。

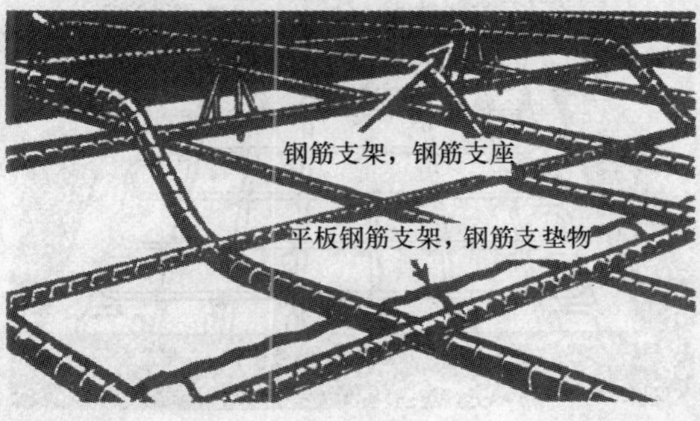

钢增强材料

reinforcement displacement 钢筋位移；模板中的钢筋从规定的位置移开。

reinforcement ratio 配筋率，配筋比；钢筋混凝土结构构件的任意断面中，钢筋的有效面积与混凝土有效面积的比值。

reinforcement schedule 同 **bending schedule**；配筋表。

reinforcement weld 加强焊接；沿着坡口焊缝超过规定的焊接尺寸进行的金属焊接。

reinforcing arch 加强拱；加强筒形拱顶强度的拱。

reinforcing bar 钢筋；用于混凝土结构中提供附加强度的钢筋（例如：在梁中或墙中）；也见 **deformed bar**，**reinforcing rod**。

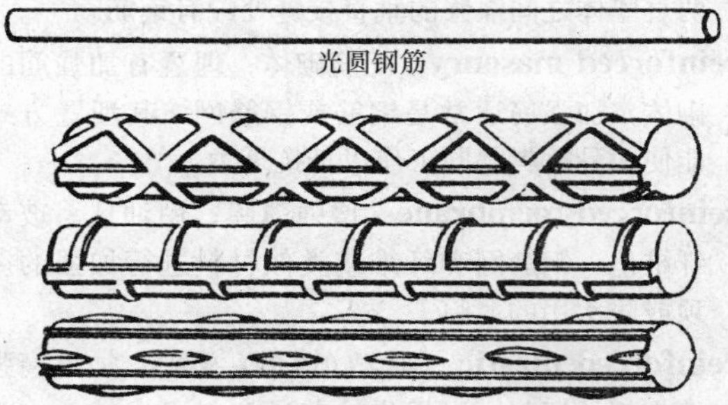

变形钢筋

钢筋

reinforcing plate 加筋板；用于增强或加强构件的附加板。

reinforcing rod 钢筋；在钢筋混凝土中使用的各种钢筋。

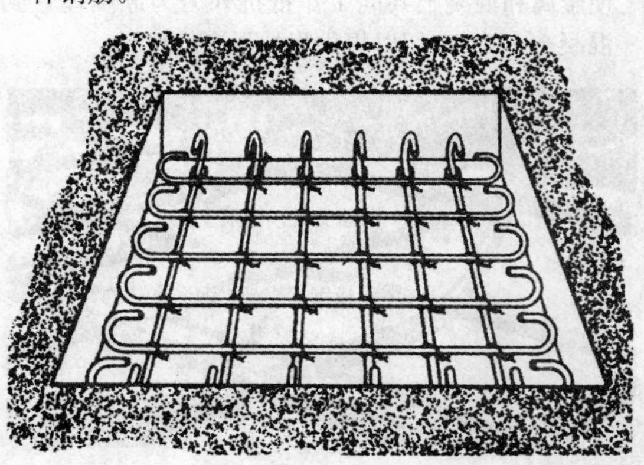

钢筋（布设于基础中）

reinforcing tape 加筋带；具有抗拉伸、扭曲和撕裂性能的高强带，平展并稍经砂磨，用于提供附加强度，并抵抗沿着平接缝和内墙角的裂缝。

reinforcing unit 加固件；金属门中的匣形加固件，其中安装有圆柱锁，为门锁提供水平和垂直的支撑。

reja 西班牙建筑及其派生建筑中，朝向街道的窗户上，从房子表面向街道一侧突出的铁格架或栅栏。

rejointing 同 **repointing**，**3**；勾缝，填缝。

relamp 更换照明系统中单个或多个损坏的灯具。

relamping 见 **spot relamping** 和 **group relamping**；更换损坏的灯具。

related trades 相关分包商，有关工种（行业）；一个系统建筑施工中的分包商，他的工作是完成建筑物中的一个系统（如暖通和空调系统），建筑物的一部分，或是整个工程项目，或指使用相似工具的工种。

relative compaction （土壤压实的）相对密实度；土壤在现场的干密度，以经过标准压实后土壤密度的百分数来表示。

relative consistency 稠度指数；评价土壤的一个指标，等于液限与天然含水量之差和塑性指数的比。

relative density 相对密度；对于一个给定的土壤孔隙率，(a) 土壤处于最松散状态时的孔隙率和给定的孔隙率的差值与 (b) 土壤处于最松散状态时的孔隙率与土壤处于最密实状态时的孔隙率的差值之间的比率。

relative humidity 相对湿度；潮湿空气中所含水汽的实际重量与在相同温度条件下空气中所能容纳的水汽可能的最大重量的比值，通常用百分数表示。

relative settlement 见 **differential settlement**；不均匀沉降，相对沉陷。

relaxation of steel **1.** 钢筋松弛；在张拉应变下，由于徐变而导致的钢筋应力的减少。**2.** 由于钢筋应变减小而导致的钢筋应力的下降，例如在预应力混凝土构件中由于混凝土的收缩和徐变所引起的应力减小。

relay 替续器，继电器；一种电动机械设备，通过改变一个回路的电流（电流流经此设备）来控制第二个回路的连通或断开。

release agent 脱膜剂，防粘剂；在模板工程中，防止混凝土和模板表面粘接的材料。

release of lien 解除财产留置权；对某项目提供劳动力、材料或者专业服务的人表示放弃他在该项目的财产留置权的文件，也可见 **mechanic's lien**。（自动留置权）（注：提供服务的人有对财产的留置权，本词例说明其放弃此权利。）

release paper 防护薄膜（纸），松脱纸；一种具有保护作用的薄膜，它的一个面上有一薄层粘结膜，能够从被粘贴的表面上很容易地揭下。

relief 浮雕，凸纹；雕刻品，雕刻术，铸造制品或者是凸显于背景平面上的雕刻凸饰，也被叫做浮雕；见 **bas-relief**，**demi-relief**，**high relief**，**mezzo-relievo**，**sunk relief**。

浮雕

relief cut （锯弯件时）防咬锯的先行锯；在一段木材中要锯出曲线时，为防止咬锯而用往复式竖锯或带锯进行的预切。

relief damper，**relief opening** 压力调整器，自动调气阀，溢流口，减压口；空调系统中自动开启的气流调节器，用于减缓建筑物内或有空调空间中空气压力的增加。

relief grille 见 **relief damper** 和 **relief opening**；压力调整器，自动调气阀，溢流口，减压口。

relief map，**hypsometric map** 地形图，立体地图；也被称做浮雕地图，运用等高线、轮廓线、指示地面倾斜的晕染线、阴影、色彩或者浮雕模型等方式来描述地球表面形状的地图。

relief opening 见 **relief damper**；压力调整器。

relief valve 保险（安全、溢流、减压）阀；安装在系统中通过释放掉系统中的一部分物质来保证

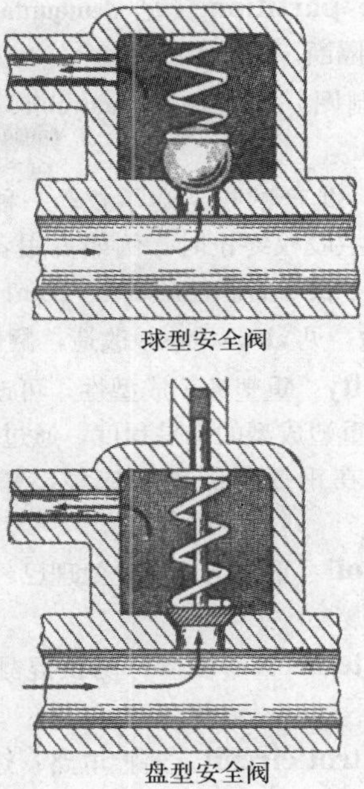

球型安全阀

盘型安全阀

保险（安全、溢流、减压）阀

系统的实际压力不超过预定压力极限的阀门。

relief vent 辅助排气管；通风竖管的一个分支，连接在第一个固定装置分支与污水或废水竖管之间的水平分支，其主要作用是为通风竖管和污水或废水竖管之间提供循环气流。

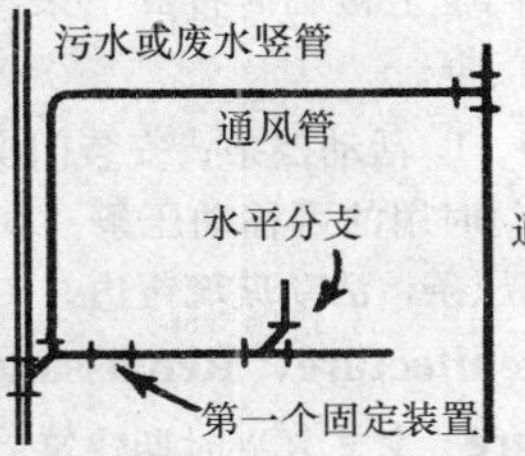

辅助排气管

relieve 为减弱亮度而将颜色变淡。

relieved work 浮雕饰品；用浮雕做的装饰品。

relieving arch 同 **discharging arch**；辅助卸荷拱。

relievo 同 **relief**，1；凸纹，浮雕。

relish 榫肩；在木工和木工装修中，榫头的侧边或周边的突出物或肩状凸起。

relocatable partition 见 demountable partition；可拆装的隔断。

REM （制图）缩写＝"removable"，可移动的，可清除的。

remainder 地产的指定继承权；一种关于财产的权利，当主股权终止时，例如占用者过世时，他把权利给予授予者或他的继承人以外的一个人。

remodeling 见 alterations；改造，翻修。

remoldability 重塑性，成型性，可改塑性；新拌混凝土的重塑成型的难易程度，通过振捣或振动，使混凝土在钢筋周围重新成型，并符合模板的形状。

remolded soil 重塑土；经过处理已经改变其自然结构的土壤。

remolding test 重塑试验；测试混凝土重塑性能的实验。

remote-control circuit 遥控电路；远距离控制另一个电路作用的电路。

remote-entry system 无线遥控门锁；同内部通信系统、闭路电视和卡片阅读器一样，需要身份识别后才可开启的电子门锁。

remote station system 远程站火灾报警系统；当系统被火灾启动后会立刻通知消防局。

removable mullion （门框）活动中梃；门的竖框，它可以从门框上被临时拆卸下来，让大体积物体能够通过门框。

removable stop 1. 活动挡条；安装门窗玻璃、固定嵌板或安装门时用的可移动压条。2. 见 glaying bead，2；玻璃压条，活动玻璃镶边。

Renaissance architecture，Renaissance Classical architecture 文艺复兴时期建筑；15 世纪早期，古典艺术和文化复兴时期出现在意大利的建筑形式，16 世纪中叶继哥特式建筑之后，成为欧洲建筑风格的主流；并且经过风格主义的阶段后发展成为巴洛克式风格，17 世纪早期发展成为古典风格；最初是以古典风格、圆拱和对称融为一体为特征的。

Renaissance Revival 偶尔被用来作为 Italian Renaissance Revival（意大利文艺复兴）的同义词。

render 1. 用墨水、颜料或其他手段在设备布置图上（如立面图上）或多或少描述出阴影的效果。2. 粉刷的头道浆，抹灰的底层；将砂浆直接抹在砖、石或瓦上，特别是用于打底。

render coat 见 scratch coat；痕抹灰层，打底砂浆层。

render，float，and set 三层抹灰（打底、中层和罩面）；直接在石头或砖上进行的三层抹灰。

render and set 两层抹灰（打底和罩面）；直接在石头墙或砖墙上进行的两层抹灰。

rendered 泛指被劈开而不是被锯开的木条。

rendered brickwork 已抹底灰的砖砌体；用防水材料做底灰粉刷过的砖砌体。

rendering 1. 打底子灰，外粉刷；直接在内墙上涂抹灰浆涂层，或直接在外墙上涂抹装饰抹灰。2. 建筑的示意图，渲染；项目或其中一部分的透视图或立面图，并包含有对其使用的材料和其阴影和影子的艺术渲染。

rendering coat 砖砌体或石头砌体的头道灰浆涂层。

rendu 渲染了的建筑设计图；已渲染的设计。

renovation 修复；通过修复使建筑呈现新的使用状态。

rent 见 lease；地租，房租，租金。

rent lath 劈开而不是锯开的板条。

rent pale 劈开而不是锯开的窄木条，尤指橡木条。

REP. （制图）缩写＝"repair"，修理，修缮。

repair 修理，修缮；为了维护建筑物、结构、装置或设备，对其任何部分采用相同或类似的材料和部件进行的替换和更新。

repeating theodolite 复测式光学经纬仪；一种类型的经纬仪，它对一个角度连续的测量可以被累加显示在刻度盘上，刻度盘上最终读数是重复测量的总量。

REPL （制图）缩写＝"replace"，替换，置换。

replum 门心板；古代门结构中，竖立于门槛和门楣之间将门框分为两部分的立柱，用于双扇门，门的两扇止于此。

repointing 同 pointing，3；重新勾缝。

repoussé 凸纹制作，敲花细工；在材料上面压铸或在下方敲打出的花纹。

reprise 砖石结构中的内角处线脚的转角。

REPRO （制图）缩写＝"reproduce"，再生产，复制，再版。

reproducible 可复制的；在复制过程中能用作原版的图纸，复印件或类似的东西等。

REQD （制图）缩写＝"required"，要求的，需要的，规定的。

request for information 信息请求；承包商通过书面形式向建筑师咨询信息。

requisition 见 application for payment；付款申请。

rere-arch 同 rear arch；扇面背拱，内拱。

reredorter 寺庙后的厕所；寺院或修道院后面的厕所。

reredos 祭坛背后的饰物；祭坛背后的饰屏或墙。

祭坛背后的饰屏或墙

reredosse 古代礼堂中，直接放于固定百叶窗下、上面点火的开口炉。

res 木材工业，缩写＝"resawn"，顺纹锯，带锯。

resealing trap 再密封存水管；管道设备中的排水管，即 trap，1；它使卫生装置排放末端的流量封住了排水管，但不引起自虹吸作用发生。

reservoir 蓄水池，贮水池；用于收集或保留水的容器或封闭的空间，容器或空间中贮存来自天然泉水、污水或人工方式汇聚的水。

reshoring 临时支撑，原始的支撑拆除之后，用于模板或整体结构的临时竖向支撑。

residence casement 1. 泛指用于住宅的平开窗扇。2. 价格低廉、轻型的钢或铝的平开窗扇。

resident engineer （驻）工地工程师；施工阶段驻在工地、代表业主权益的工程师；政府机构涉及的工程项目中经常使用的一个术语，也见 owner's inspector。

residential-custodial care facility 供膳宿的居民护理所；供四个或更多因为年龄、生理或精神的限制而不能生活自理的人膳宿的一栋建筑物或者一栋建筑物其中的一部分。

residential occupancy 住房占用率；一栋用于正常住宿的建筑物房间占用率，包括所有可以提供住宿而非社会公共机构使用的建筑物。

resident inspector 1. 见 owner's inspector。2. 见 resident engineer；驻工地工程师。

residual deflection 残余挠度，残余弯沉；卸载后仍然存在的由荷载所导致的挠度。

residual deformation 残余变形；持续荷载被撤掉后，硬化的混凝土仍旧存在的不可恢复的变形。

residual soil 残积土，原积土；由于下部矿物质侵蚀和风化后形成的土。

residual sound 残余声音；来自多个声源、多个方向（远的和近的）的合成声音，它是在排除所有能够被唯一确认的独立声音后剩余的声音。

residual stress 残余应力；卸载后在已经成为成品的构件中存在的应力，如钢材经过冷弯、冷轧或焊接等成型工艺而引起的应力。

residual tack 见 aftertack；残余黏性，发黏。

resilience 韧性，弹性；材料在变形后恢复其原有尺寸及形状的能力。

resilient channel 弹性槽形夹；隔声构造中双面带有弹性连接的金属条，用于将石膏板与墙筋或搁栅非紧固连接，来减少噪声和振动的传播。

resilient clip 弹性卡箍，弹性夹；隔声构造中的金属弹性装置，通过它将石膏板或金属板条连接在墙筋或搁栅上，来减少噪声和振动的传播。

resilient connector 弹性连接件；管道系统中的弹性连接件，用于将管道与另一受迫振动的管道连接或与泵连接，保证使其在变形和挠曲状态下不渗漏、不破裂。

resilient floor 弹性地板；垫在搁栅上的富有弹性的木地板（例如用弹簧卡箍支撑的木地板）；专门用作舞厅地板和体育馆地板等。

resilient flooring 弹性地板材料；块状或板材的形状、有弹性的、工厂制作的室内地面覆盖材料。

resilient hanger 1. 见 **resilient clip**，弹性卡箍；**resilient channel**，弹性槽形夹。2. 弹性悬挂装置（**hanger，1**）；用于弹性连接的金属弹簧挂钩。

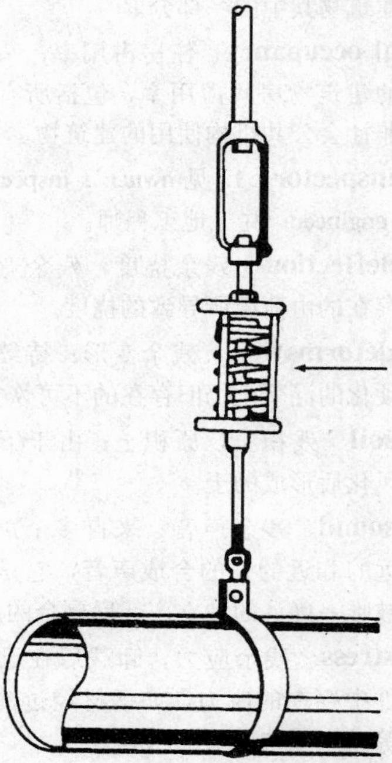

弹性悬挂装置

resin 天然树脂，合成树脂，树脂胶，合成胶粘剂；一种不挥发的固体或半固体有机材料，通常具有很高的分子量，以胶脂的形式从某些树上或者通过人工合成的方法获得，当受热或受力时容易呈流态，溶解于大多数有机溶剂但不溶解于水，是颜料或油漆的成膜成分，用于制造塑料和胶粘剂。

resin-bonded 树脂胶合的。

resin chipboard 树脂木屑板，树脂胶结碎木板；一种木屑板，其中木片的胶凝材料是树脂胶。

resin concrete 树脂混凝土；有机聚合物被用作胶凝材料的混凝土。

resin-emulsion paint 树脂乳胶漆，树脂乳液涂料；由油性改良的醇酸树脂或其他树脂胶组成的一种水性涂料，干燥后，形成树脂胶硬膜。

resin-impregnated wood，resin-treated wood 树脂浸渍木材，树脂处理木材；木材纤维中注入了合成树脂，可以提高木材的硬度，防潮能力以及耐久性等。

resin pocket 见 **pitch pocket**；树脂囊，油眼。

resin streak 见 **pitch streak**；木材渗出的树脂。

resin-treated wood 见 **resin-impregnated wood，compregnated wood**；树脂浸渍木材。

resistance 阻力；见 **electrical resistance，thermal resistance** 等。

resistance brazing 电阻钎焊；一种钎焊方法，在焊接过程中所需的热量来源于工作电路中的电阻所发热量。

resistance welding 电阻焊接；一种焊接方法，在焊接过程中，靠工作电路中的电阻提供热量，并施加压力来完成熔合过程。

resistivity 见 **electrical resistivity**；电阻率，电阻系数。

resistor 电阻器；在电路中用来控制电流的装置。

resorcinol adhesive 间苯二酚胶结剂；一种胶粘剂，在水中溶解 2～4h 后，具有不溶性和抗化学腐蚀性。

respond 支承拱的壁柱；门（窗）口帮一种支承，通常指梁托或壁柱，被附着在墙体上用于承托一般拱、交叉拱或穹隆拱肋的一端。

responsible bidder 见 **lowest responsible bidder**；可靠投标商。

ressant，ressaut 1. S形弯曲的老式名称。2. 部件或构件的凸出部分，例如：线脚的凸出部分。3. 卷花线脚，旋涡形线脚。

ressault 见 **ressant**；线脚的凸出部分。

梁托或壁柱

restaurant 饭店，酒店，餐馆；为顾客提供饭菜或三明治并（或）能提供服务的建筑物或建筑物的一部分。

rest bend 直角弯头；管子自身带有可以安装在支承物上的固定支座的直角配件。

restoration 见 **building restoration**；修缮，重建。

restricted list of bidders 见 **invited bidders**；推荐投标人名单。

restriction 限制土地使用的债权，通常为保护公众或相互保护而强制执行。

restrictive covenant 限制性契约（限制房屋、土地的契约）；紧密结合在一起的两个或两个以上个体间签定的规定土地如何使用的协议；其约束包括：财产的具体用途，围墙的位置和尺寸，建筑物从街道后退的尺寸，院子的大小，建筑类型，房屋造价等等，契约中对居民的种族和宗教不能作法律性的限制。

restrictive specification 强制性规范；用于防止从特定供货商购买产品或材料的建筑规范。

restroom 公共厕所。

resurfacing 重修表面，重做表面；为了改善其一致性或增强其强度，在既有的表面上做一个补充的表面。

RET. （制图）缩写＝“**return**”，转向线脚。

retable 祭坛后的装饰高屏，壁板；设置在祭坛后部和上部的装饰屏幕，通常将装饰画、浅浮雕或镶嵌图案框在其中间。

retainage 进程支付的扣留总额，保留金；根据业主与承包人契约中的条款，在对承包人进行的工程进程支付款中，扣留款的总额。

retaining wall 挡（土）墙；独立式的或者是有侧面支撑的墙体，挤向土体或其他填充材料的表面，以抵抗来自与墙体侧面相接触的材料的侧压力和其他力的作用，从而阻止土体（或其他材料）下滑，也见 **cantilever wall**，**counterfort wall**，**gravity wall**。

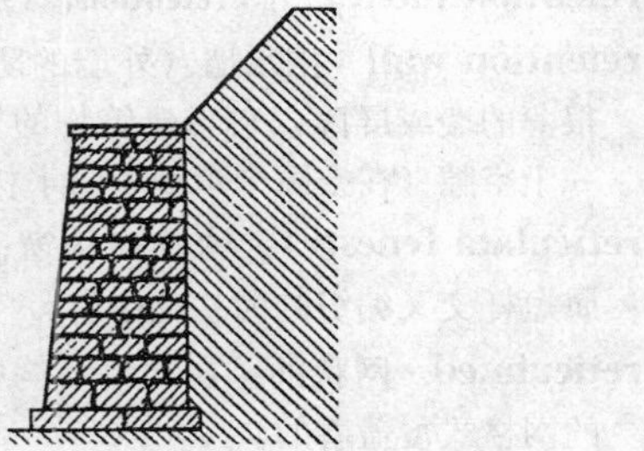

挡土墙

retardation 减速（作用），阻滞（作用）；减缓硬化或凝固速度，延长新搅拌的混凝土、砂浆、灰浆或者水泥浆等材料达到初始凝固和最终凝固或者发展早强所需要的时间。

retard chamber 自动喷水消防系统中的装置；在自动喷水消防系统中，用于将由于其供水系统中水量起伏不定而导致的错误警报减少至最小的一种装置。

retarded hemihydrate 缓凝半水石膏；加入了缓凝剂来控制其凝固过程的烧石膏。

retarder 1. 减速剂；涂料、清漆或者真漆中加入的高沸点溶剂，用来降低挥发性成分的挥发速度。2. 缓凝剂；用来减缓水泥浆或者诸如含有水泥的砂浆和混凝土凝固过程的外加剂。3. 外加剂；与灰浆混合在一起，以控制其硬化速度的添加剂。

retarding admixture 同 **retarder**，3；缓凝剂。

retemper 加水重拌；补充混合砂浆中蒸发的水分。

retempering 1. 加水重塑；对已经开始硬化的混凝土或砂浆进行的加水再搅拌。2. 将少量的水加入到已经开始凝固的灰浆或砂浆中，可以改善其和易性，易于涂抹，但是强度降低。

retention 1. 保留金；为了保证工程全面完工，根据事先的协议，在定期向承包商支付钱款时扣留的部分（通常是10%）。工程竣工并由建筑师和业主/收款人验收后，在约定的时间内保留金还需由第三者暂为保管。2. 处理或注入木材中的防腐剂、防火盐剂或树脂等的残存量。

retention basin 滞洪区；临时汇集雨水的凹地，用于减小排水区内的径流量。

retention money 同 **retention，1**；滞留金。

retention wall 挡水墙（外墙的防水隔墙）；厚度很薄的墙或屏障，它与建筑物的外墙之间形成了一个空隙（在空隙中填满了防水材料）。

reticulata fenestra 网状格构窗；由小木棒或金属短杆交叉编织的网状花格窗。

reticulated 网状的；在网格结构中，有清晰交叉的网格式覆盖着的。

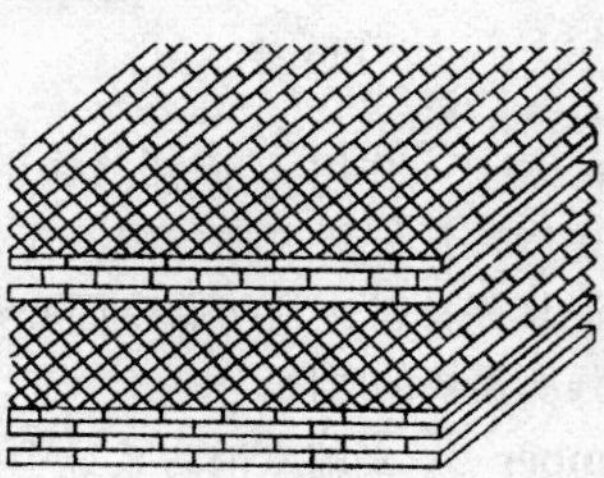

网状砌体

reticulated molding 有网状饰的装饰线脚；由嵌条交织形成的网状或类似形状的装饰线脚。

有网状饰的装饰线脚

reticulated tracery 网状窗（花）格；一种窗花格，它的洞口是由重复的类似网状的图案组成。

reticulated work 同 **opus reticulatum**；罗马墙上小角锥石网状镶面，方石网眼砌墙。

reticulatum opus 同 **opus reticulatum**；罗马墙上小角锥石网状镶面，方石网眼砌墙。

reticuline bar 波状弯曲钢筋；栅板中，两个相邻的支撑杆间的波形弯曲钢筋。

retractable roof 可开合屋盖；一种常用在礼堂上的屋盖系统。通过滑动轨道上的屋面板，室内设施将面向室外。

retrochoir 教堂主祭坛后面的小礼拜堂，但如果教堂中有圣母堂，则此小礼拜堂位于其前。

retrofit 翻新；在原有结构中添加新材料、构件及部件；见 **building retrofit**。

return 转角线脚；线脚在不同方向的延伸物、凸出部分、部件、檐饰等，与主要部分通常成90°角的延续，例如：见 **cornice return** 和 **label return**。

return air 回风；从空调机或有空调的空间返回到中央空调系统中进行处理和再循环的空气。

return air fan 送回空气的风机，回风扇；将空气从空调的空间送回到中央空调系统中的风机或风扇。

return air grille 同 **return grille**；回风花搁栅。

return air intake 回风入口；循环空气再次返回到中央空调系统流径的入口，回风口通常带有风门来调节回风量。

return bead 转延侧面的压条；线条在不同方向的延伸物，通常是直角转延；也见 **corner bead, quirk bead**。

return bend 回转弯头，U形弯头，180°弯头；具有180°转弯的管道配件（见 **fitting，1**）或预制管段。

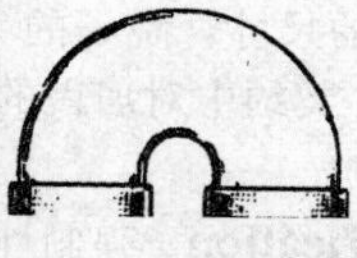

U形弯头，回转弯头

return-circulation system 见 **hot-water recirculation system**；热水循环系统。

return duct 回风管道；输送回风的管道。

returned end 复原端头，形状与主体线脚外形相同的端部线脚。

returned molding 转弯的线脚，回旋延伸式线脚；向着与线脚的主要方向不同的方向延伸的线脚。

转弯的线脚，回旋延伸式线脚

returned stall 见 **return stall**；牧师座位。

return fan 回风扇；将空气从空调的空间送回的风扇。

return fill 同 **backfill**；回填土。

return grille 回风花搁栅；见 **grille，2**；空调系统的回风搁栅，仅供回风经过，一般不配有风量调节的铁篦子。

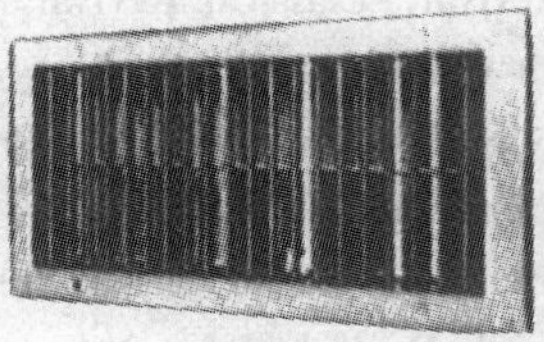

空调系统的回风搁栅

return head 转角石；正面和侧面进行相同抛光处理的隅石，用于建筑转角处。

return mains 回水（汽）总管；能够将加热的或制冷的介质从热交换器送回到热源或冷源的管道或导管。

return offset，jumpover 连续迂回管；管道系统中，为绕过障碍物而在管道中安装的双效补偿的迂回管（**offset**，3）。

return period 重现期，返回期；见 **average frequency of occurrence**。

return pipe 回水管；供暖系统中，蒸汽冷凝形成的水返回到锅炉所经过的管道。

return stall 牧师座位；位于教堂高坛上，面向祭坛的座位；也称 **returned stall**。

连续迂回管

return system 1. 回复系统；一套相互连接的风导管或管道、压力通风系统及其相关设备，通过它空气被从空调的空间送到回风扇。**2.** 管道系统中，将水返回到泵所用的管子。

return wall （连续）迂回墙，转角墙，翼墙；在无支撑墙体的末端与之相垂直的用于增加结构稳定性的短墙。

REV （制图）缩写＝“**revise**”，修订，修改。

revalé 现场雕凿的石材线脚，就位雕凿的石材线脚。

reveal 1. 门窗框的半槽边，窗侧，门侧；门、窗或门道洞口的侧壁，于外墙表面与门、窗框之间，当开洞处无门框或窗框时，指整个墙厚。**2.** 门表面至位于门轴一侧的门框表面的距离。

reveal lining 门窗口侧墙面镶衬，门窗侧壁上线脚；在门窗洞口侧壁上的线脚或其他装饰。

reveal pin，reveal tie 窗口脚手架销钉；水平放置在墙体窗口中使脚手架靠紧墙面的可调节夹具。

revel 同 **reveal**；窗侧，门侧。

revent pipe 通风管线的一部分，它直接与置于卫生器具的底部或背后的一个或一组污水管相连，并延伸到主通风管或支通风管上，也被称为专用通风管或独立排气管（**individual vent**）。

reverberation 混响，回响；在封闭空间（如房间或礼堂）中声源停止后声音的持续。

reverberation chamber 混响室；混响时间较长的房间，专门用来测量声学材料的吸声系数或测量声源的声能功率。

reverberation time 混响时间；封闭空间内混响

的量度，声源停止后，声压水平减少 60dB 所需要的时间。

reverse 反模；和需要匹配的线脚外形相反的模板。

reverse-acting diaphragm valve 反向作用隔膜阀；一种隔膜阀门，当有压力作用在隔膜上时，阀门打开，当压力去除后阀门关闭。

reverse-acting thermostat 反向作用恒温器；当感应到预先设定的高温时能够使控制电路自动启动的装置。

reverse bevel 反向弹簧锁闩；门的碰簧销或锁舌的斜面，从建筑物向外斜，与正常的锁舌斜面正好相反。

reversed door 见 reverse-swing door；反向摇门。

reversed loader 反转装载机；一种前卸式装载机，安装在驱动轮在前、操纵轮在后的轮式拖拉机上。

reversed zigzag molding 反之字形线脚；通常用于诺曼底式建筑的一组装饰用的反向之字形线脚。

反之字形线脚

reverse-flight stair 见 dogleg stair；无井双折楼梯。

reverse-swing door，reversed door 反向开启的门，外开门；开启方向与通常的方向相反的门，向外开启的房间门。

reversible grating 可翻转用的搁栅；两面均可向外，并且其外观和承载力没有差别的搁栅。

reversible lock 双向锁；通过翻转碰簧销，可以双向使用的锁；对于某几种类型的锁，需改装其他部分方成双向锁。

reversible window 可反转的窗；窗扇可以转动，使通常向外的玻璃表面转成朝向内侧，以便于清洁。

reversion 由于存留在密封剂中的潮气导致密封剂、衬垫物或填充物变质的化学反应。

reversible flue 双向烟道，可换向烟道；允许烟道中某处的烟气在压力作用下向下而不是向上流动的烟道。

revestry vestry vestry 的旧拼写形式。

revet 护坡；用石头、混凝土或类似材料对倾斜的墙、堤、基础或同类结构进行的砌面保护。

revetment 1. 在不美观或不耐久材料或结构的表面用石材、金属、木材制成的铺面。2. 挡（土）墙或防浪墙；防止堤坝冲蚀的铺面层。

revibration 重复振捣；浇筑混凝土并进行初次振捣后初凝前的再次振捣、重复振动。

revision 修正；建筑工程方案在进入施工阶段前对施工图及说明进行的改动。

Revival architecture 复旧建筑，复古建筑；使用某一早期建筑风格的要素，效仿并借鉴其典型特征建成的建筑，具体由下列名词描述，例如：见 Adam Revival，American Colonial，American Renaissance Revival，Byzantine Revival，California Mission Revival，Carpenter Gothic Revival，Chateauesque Revival，Classical Revival，Colonial Revival，Dutch Colonial Revival，Early Classical Revival，Early Gothic Revival，Early Romanesque Revival，Egyptian Revival，Exotic Revival，Federal Revival，French Revival，Georgian Revival，Gothic Revival，Greek Revival style，International Revival，Italian Renaissance Revival，Jacobethan Revival，Late Gothic Revival，Mediterranean Revival，Mission Revival，Monterey Revival，Moorish Revival，Neoclassical Revival，Neoclassical style，Neoclassicism，Neo-colonial，Neo-Eclectic，Neo-French，Neo-Georgian，Neo-Gothic，Neo-Grec，Neo-Greek Revival，Neo-Romanesque，Neo-Tudor，Neo-Victorian，Oriental Revival，Period Revival，Pueblo Revival，Regency Revival，Renaissance Revival，Romanesque Revival，Second Renaissance Revival，Spanish Colonial Revival，Spanish Pueblo Revival，Territorial Revival，Tudor Revival，Tuscan Revival。

revolving-blade mixer 同 open-top mixer；旋转桨叶搅拌机。

revolving door 转门；由四扇彼此成90°角的门组成的外门，绕同一垂直转轴旋转，转轴位于圆柱形门厅内，转门能够阻止空气经过门庭直接进入室内，因此也就阻挡了室外的气流。

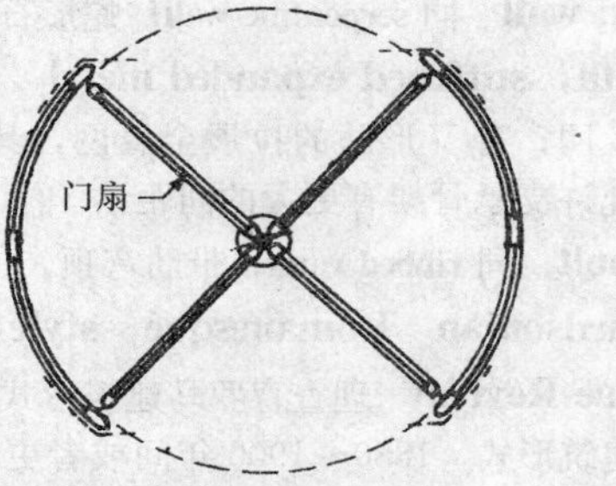

转门（平面图）

revolving-drum truck mixer 转筒式混凝土搅拌车；在运往施工现场过程中搅拌混凝土的车。搅拌站将预先配好比例的材料装入搅拌车转筒中，在转筒中进行混凝土所有的搅拌工作。

revolving shelf 见 lazy susan；旋转搁板（架）。

revolving shovel 旋转铲土机，旋转铲，回转式挖掘机；一种单斗挖土机，挖土设备可以在其中旋转，而不依赖其支撑结构。

rez-de-chaussée 房子的第一层，建筑物底层。

RF （制图）缩写＝“roof”，屋顶，屋盖。

Rfg 缩写＝“roofing”，屋面材料。

RFP 缩写＝“request for proposal”，招标通告。

rgh，RGH 木材工业，缩写＝“rough”，未加工的，未修整的。

Rh 缩写＝“Rockwell hardness”，洛（克威尔）氏硬度。

RH 1. 缩写＝“relative humidity”，相对湿度。2. 缩写＝“right hand”，右手的，右旋的，右侧的。3. 缩写＝“round head”，圆头的。

Rhenish brick 莱茵式砖；一种轻质砖。

rheology 流变学；涉及材料流动问题的科学，包括研究硬化混凝土的变形问题、新拌混凝土的运输和存放问题，以及水泥浆、灰浆等材料的性能。

rheostat 变阻器，电阻箱；可以调节电阻用于控制电流的电子装置，例如：用于某种调光器中。

RHN 缩写＝“Rockwell hardness number”，洛氏硬度等级。

rib 1. 用来支撑曲线型材或曲线形翼板的曲线形面构件的肋。2. 在穹顶中，凸出于表面将屋顶或天花板分成很多部分的线脚。3. 金属薄板中用于提高材料刚度的凸起或褶皱。

曲线形构件的一种；拱肋

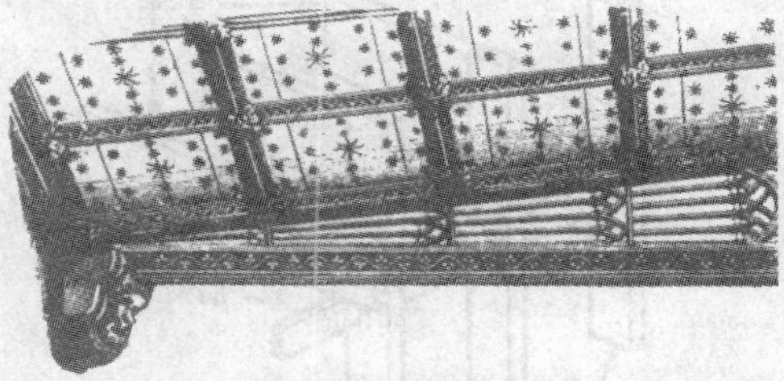

将屋顶或天花板分成很多格的线脚

RIBA 缩写＝“Royal Institute of British Architects”，英国皇家建筑师学会。

riband，ribband 同 ribbon strip；条板。

ribbed arch 肋拱；由单独的曲线构件或肋构成的拱。

ribbed fluting 1. （英）凹弧与平肋相间并用的装饰。2. 见 cabled fluting；肋形柱槽。

ribbed panel 密肋楼板；用肋系统加强的钢筋混凝土薄板。

ribbed slab 同 ribbed panel；密肋楼板。

ribbed vault 带肋穹（拱）顶；由肋支撑或看似由肋支撑的穹顶，穹顶腹板。

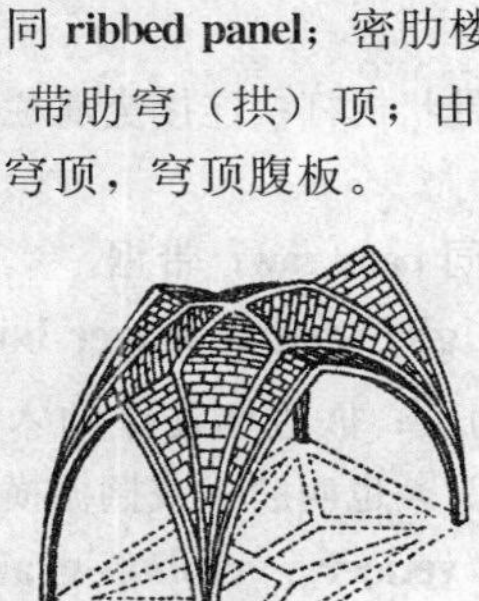

带肋穹（拱）顶

ribbing 加肋构架；肋材的组合或排列，例如支撑穹形顶棚的木结构。

ribbing up 层压圆细木工制品；将几层薄木板沿平行木纹方向粘接在一起，形成层压的圆形细木制品。

ribbon 1. 条形板，木桁条，肋梁。2. 细长木条，或是把若干细长条结合在一起的组合条板。3. 彩色玻璃窗或类似制品的加工中；用于固定玻璃的格条，也叫 **came**。

ribbon board 1. 条形板，木桁条，肋梁。2. 模板工程中用来防止墙托架散开的水平构件。

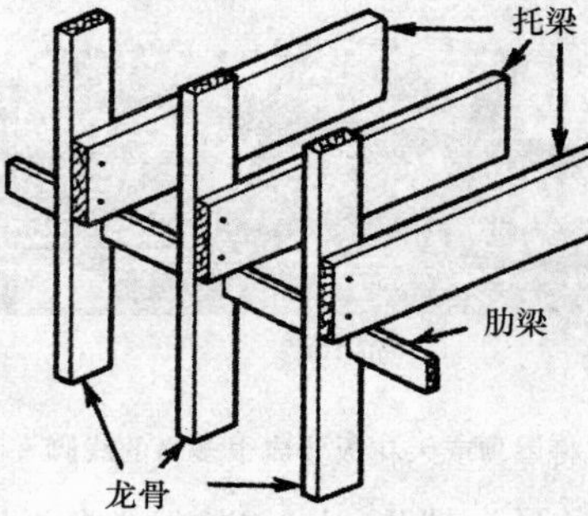

ribbon course 带状层（屋面）；屋顶的瓦片和石板等暴露的长度在上下层之间是大小交替的。

ribbon development 带状扩展；城市的扩展主要以沿着城市所辐射的道路、城市之间的快速路，或者沿河堤建立狭长形式的建筑带。

ribbon loading （混凝土搅拌）同时投料法；在配置混凝土时，同时投放所有的固体成分（有时还包括水）。

ribbon rail 带状横杆；连接金属栏杆柱顶部的金属横杆。

ribbon saw 同 **band saw**；带锯。

ribbon strip，girt strip，ledger board，riband，ribband 肋梁；嵌进墙筋中的木板或木条，支撑搁栅的端头，也叫肋梁或搁栅横托。

ribbon-strip veneer，ribbon-grained veneer，stripe veneer 带状条纹；带有明暗相间条纹并且纹理平行于木纹的薄木板；也见 **interlocked grain**。

ribbon window，ribbon lights 建筑物正面至少有三扇仅被窗棂分隔的窗户的水平带，偶尔也叫带形窗。

ribbon wall 同 **serpentine wall**；蛇形石墙或砖墙。

rib lath，stiffened expanded metal 有V形肋的钢丝网；有V形肋的拉展金属网，其刚度更大，并允许支承骨架有更大的间距。

rib vault 同 **ribbed vault**；带肋穹顶。

Richardsonian Romanesque style，Romanesque Revival 理查森罗马建筑形式；一种宏伟的建筑形式，1880～1900年间或者更长的时间内由 **Henry Hobson Richardson**（1838—1886）和他的追随者实践完成的，它利用罗马式建筑风格的建筑构件，并是其早期建筑的派生物，1840～1880年间主要用于公共建筑、教堂、火车站以及大学的建筑。这种风格的建筑物通常具有如下的特征：不同颜色和质地的毛石砌体构成建筑立面；偶尔也结合使用装饰砖砌体；宏伟的半圆形拱，有时也结合使用扁平拱、群拱或扶壁柱；装饰性门楣；山墙端带有女儿墙；短粗的柱子，偶尔也使用垫块状柱头；成组的附墙装饰柱；装饰性的饰板（磁或金属的）；铺设石板或瓦片的房顶；一个或多个的交叉双坡顶；屋脊上有装饰用的顶饰或有装饰性瓦；带有陡斜屋顶的塔式建筑，和（或）屋顶上带有饰；在屋檐处的老虎窗是四坡陡斜屋顶，带有小的挑檐；装饰性的烟囱；通常是拱形或矩形的双悬窗户；深深凹进的窗洞；有出檐线脚的圆拱形窗洞口；通常带有滴木罩端饰；通常在山墙处都有圆形或半圆形窗；有深深嵌入到厚实的半圆形或弓形砌体拱中的门，用罗马的装饰风格进行装饰。也称做新罗马式风格或罗马建筑形式的复兴。见 **Victorian Romanesque**。

rich concrete 富混凝土；高水泥含量混凝土。

rich lime 富（肥）石灰；一种 **fat lime**。

rich low brass 见 **red brass**；红铜，高铜低锌黄铜。

rich mix 富灰（多灰）混合料，富配合比；见 **fat mix**。

rich mixture 同 **fat mix**；富灰混合料。

理查森罗马建筑形式

rich mortar 富砂浆，浓砂浆，强粘砂浆；一种 **fat mortar**。

RICS （英）缩写＝"**Royal Institution of Chartered surveyors**"，英国皇家特许勘测员学会。

riddle 筛子；尤指用于粗砂的粗筛。

rider cap 同 **pile cap**；桩帽。

rider shore 斜撑木，支墙斜撑，架空斜撑；其下端抵在另一个位于外斜撑背后的木料上，而不是地面上的粗大木料。

ridge **1.** 屋脊；两个斜屋顶上缘连接处的水平线。**2.** 穹顶的内角或凹角。

ridge batten 同 **ridge roll**；屋脊圆木装饰。

ridge beam 脊梁；位于椽子上端头、在屋脊下方处的梁；同 **crown plate**，**2**。

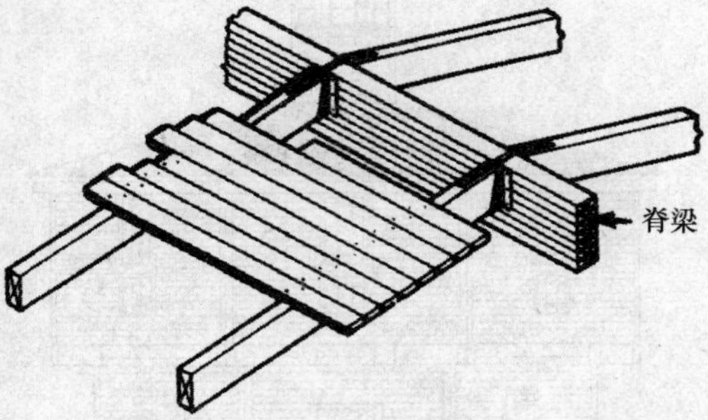

脊梁

ridgeboard，**ridgepole** 脊梁；位于屋顶顶点的纵向构件，支撑着椽子的上端头，也叫脊梁、栋木、屋脊板或屋脊木。

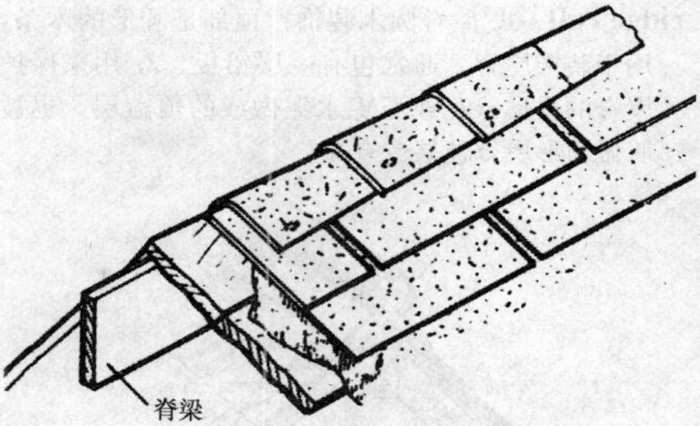

脊梁

ridgecap，**ridge capping**，**ridge covering** 屋脊盖，脊瓦；用于遮盖屋脊的覆盖材料（例如：金属、木材、屋面板等）。

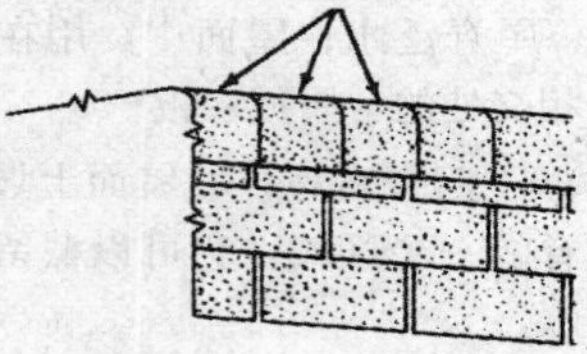

屋脊盖，脊瓦

ridge course 屋脊瓦层；屋顶瓦、屋面卷材或屋顶板的最上一层。

ridge covering 见 **ridgecap**；脊盖。

ridge crest 脊饰；屋脊的装饰物。

ridge cresting 见 **cresting**；屋顶装饰。

ridge cut 见 **plumb cut**；屋脊梁的垂直锯口。

ridge fillet 柱槽间脊；两凹槽间（例如两个柱上凹槽间）的凸楞。

ridge molding 屋脊线脚；覆盖屋脊用的铜、锌或铅制的金属线脚。

ridge plate 栋梁；通常截面为正方形的重木料，位于屋脊的正下方。

ridgepole 见 **ridgeboard**；脊梁（板、檩、杆、木）。

ridge purlin 同 **ridgeboard**；脊梁。**2.** 靠在椽子上部，位于屋顶顶端的檩条。

ridge rib **1.** 标志筒拱建筑中间最高点的水平肋，具有 13 世纪初期的英国哥特式建筑的特征，但欧洲大陆上则少见。**2.** 筒拱脊肋。

ridge roll 1. 屋脊圆木装饰；顶部是圆形的木条，用于装饰屋脊，通常包有一层铅板。2. 用来保护屋脊的金属、瓦或石棉水泥做成的覆盖层，也被叫做筒形屋脊包层或脊瓦。

屋脊圆木装饰

ridge roof 有脊屋顶，人字屋顶；一个斜屋顶，椽子在屋脊的最高点相交，端视图呈人字形。

ridge stop 屋脊泛水；屋面中，用在屋脊与伸出屋脊的墙相交处的金属披水板。

ridge terrace 起脊台地；坡屋面上坡度等高线后面形成屋脊的一个区域，它可以截留坡屋面上流下来的雨水。

ridge tile, crown tile 脊瓦；通常指断面呈曲线用来遮盖屋脊的瓦。

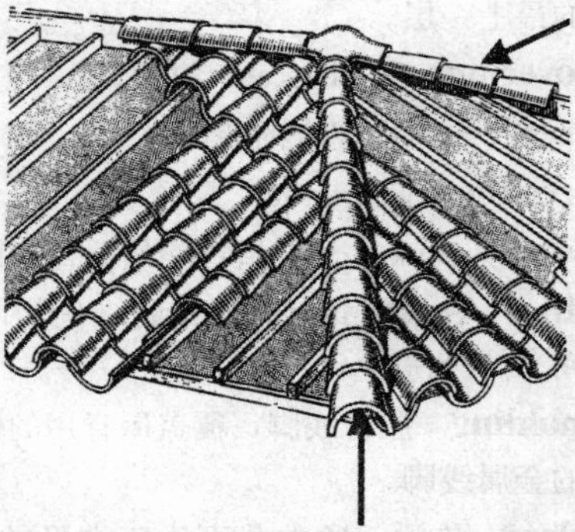

脊瓦

ridgetree 栋梁；**ridgepole** 的古体拼写形式。

ridge ventilator 屋脊通风窗；跨骑在仓库屋脊上的通风窗，通常其平面呈方形，由金属或木材制成。

ridging 1. 皱脊；在装配式屋面上，屋面表面狭长隆起的缺陷。2. 盖脊；屋脊的覆盖物。

riding house 专门设计用来教授骑马技能的建筑。

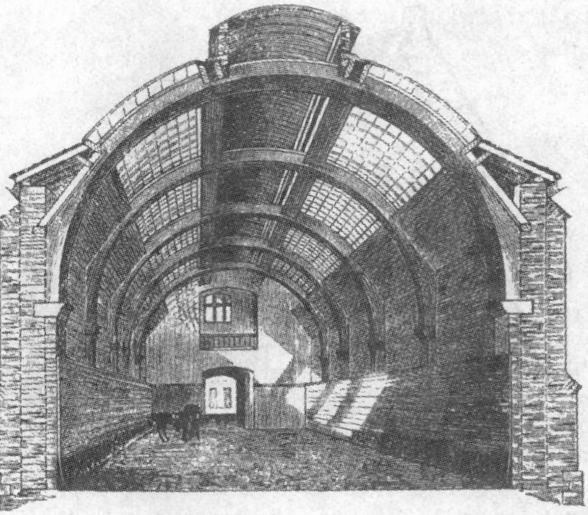

专门设计用来教授骑马技能的建筑

riding shore 同 **rider shore**；斜撑。

riding trail 见 **bridle path**；骑马的小径。

riebeckite asbestos 钠闪石，石棉；从单斜（晶系）的闪石中获取的一种矿物。

riffler 凹锉，来福锉；在凹陷处使用的曲线凹槽锉刀。

rife hole 来复孔；用于防御目的的结构（例如碉堡、堡垒以及驻军用建筑）外墙上的长方形开口。长孔呈内侧宽、外侧窄的八字形，使里边的步枪手能够在一个较宽的视角范围内射击。

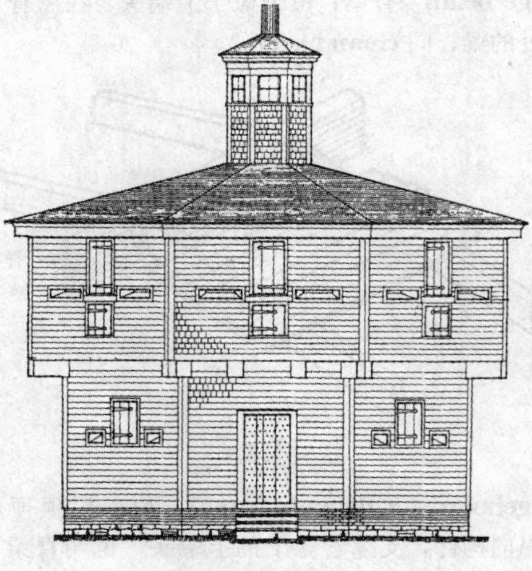

在碉堡上的来复孔

rift 断层线；石头容易被劈开的方向；是没有明显层理或叶理的花岗岩或其他石头的特性。

rift-grained 见 **edge-grained**；原木四开锯法。

rift sawn 见 **quartersawn**；板条锯。

rigger 长鬃刷；用于精细涂漆的鬃毛长而细软的刷子。

rigging 见 **stage rigging**；舞台索具。

rigging line 舞台索具绳索；用于舞台索具的绳索或钢丝索。

rigging loft 索具传动装置；正统剧院舞台上空用来悬挂和存放舞台布景以及设备的空间。

riggot 雨水槽，地面排水沟；一种开放式的排水设施，例如天沟。

right angle 直角；90°角。

right-hand door 见 **hand**；右开门，右旋门。

right-hand lock 右旋门锁；用于右旋门的锁。

right-hand reverse door 见 **hand**；右旋外开门。

right-hand stairway 右扶手楼梯；在上行方向右手边有扶手的楼梯。

right line 直线；两点之间的直线。

right-of-way 地界，权界；一条或一块土地，包括地表和上空，或者也包括地下的空间，根据契约或在其他人土地上的通行权（或其他权利），可以在其上进行特殊线路设备的建设和维修，如动力和电话线，公路，油、气、水和其他的管线设施，下水道等。

rigid arch 整体拱，刚性拱；固定在拱座的连续没有节点的拱。

rigid bent 刚性排架；抵抗弯矩的框架结构，二维受力。

rigid concrete pavement 刚性混凝土路面；砾石底基层和基层上的波特兰钢筋混凝土铺筑的路面，通常设有控制膨胀和收缩的横向缝。

rigid connection 刚性连接；两个结构构件间的连接，这种连接可以阻止一个构件相对于另一个构件的转动。

rigid dampproof course 刚性防潮层；由砖石构成的防潮层。

rigid foam **1.** 见 **cellular plastic**；泡沫塑料，蜂窝塑料。**2.** 见 **foamed plastic，1**；泡沫塑料。

rigid frame 刚架；结构框架中的所有梁和柱之间都是刚性连接的；在荷载作用下，梁和柱之间没有铰接，和角度关系始终保持不变。

rigid insulation 硬质隔热；隔热的一种方式，其中的隔热材料具有足够高的密度，因此只固定一端，隔热板就能够保持竖立。

rigid insulation board 见 **hardboard**；硬质纤维板。

rigid joint 刚性节点；保证结构部件间不发生移动的连接节点。

rigidity 刚性，刚度；材料抵抗物理变形的特性。

rigidized 刚性的，加固的；薄板金属经过轧制工艺形成凸纹或纹理，以提供附加刚度。

rigid lock 见 **preassembled lock**；预组装式止动器，预组装锁。

rigid metal conduit 刚性金属管道；电线或电缆用的管道，由标准厚度和重量并可以切削出标准螺纹的金属管制成。

rigid pavement 刚性路面；具有高抗弯能力、并能在相当大的范围内将荷载传给路基的一种路面。

riglet 同 **reglet**；平嵌线，小方线条。

rim **1.** 圆或连续曲线的边沿或外边缘。**2.** 对设计用在门窗表面而不是榫眼中的装饰小五金所做的说明。

rim joist，rim board 边梁；位于木框架边缘的木梁，与楼板搁栅末端相连。

rim latch 明插销；设置在表面的插销。

rim lock 明门锁；安装在表面的门锁，与箱形锁相比较。

rinceau 叶旋涡装饰；古典建筑及其派生建筑中的一种装饰，其形状是成细的波浪形的及其反弯的植物图形。

rind gall 隐伤，木疵；由于树皮中的擦伤导致的木材缺陷，在伤口中会产生愈合组织，后生长的层都会不带有这种缺陷。

ring cairn 环形石堆；环形排列的石堆，中间围合出一片空地。

ring course 拱圈（层），拱背（层）；拱中石头或

叶旋涡装饰

砖的外层。

ringed column 环柱；见 **banded column**。

ringing chamber 敲钟房；位于教堂塔楼下部敲钟绳所在的房间。

Ringelmann chart 林吉尔曼图表；做为测定烟囱排烟密度的基础的图表。

ring gasket 同 **gasket，2**；环状垫板，垫圈，环状密封垫。

ring-groove nail 同 **ring-shank nail**；环槽钉。

ringhiera 意大利中世纪建筑时，市政厅前面的阳台，在这里发表演讲和宣读政令。

ringlock nail 同 **ring-shank nail**；羊眼钉。

ring louver，（英）**spill ring** 环形百叶式灯具；在照明设备中，同心球形圈形式的百叶系统，通常用于有圆形孔眼的照明设备。

ring-porous wood 有春材孔的硬木材，其孔的尺寸比在生长季节晚期出现的孔的尺寸大，而且也更明显。

ring scratch awl 球形刻痕锥；专门用来装配金属板的尖锥。

ring shake，cup shake，shell shake，wind shake 在木材年轮之间或沿着年轮的环裂或年轮裂。

ring-shake nail 羊眼钉；沿着杆身带有一些增加握裹力的环状凹槽的钉子。

ring stone 拱面石，拱楔块；拱上的一块石头，它在墙上的表面，或在拱的一端；表面形成拱门饰的楔形拱石中的一块。

ring-style hanger 环形托架；主要用来支撑管子的一种托架，有整环的，或者是由两个半环固定在一起的组成。

ringwork 中世纪，环绕领域建立的单层或多层的防御性沟渠或堤岸（多呈环形或椭圆形）。

rink 1. 一种有界限的冰场，通常被圈起用来滑冰、做冰上溜石游戏或者冰上曲棍球比赛。2. 一种有界限的空间，通常被圈起，有光滑的木地板或沥青地面，用于进行滚轴溜冰。

rip 直锯，顺纹劈开；平行纹理、纵向的切割木材。

riparian right 岸线使用权，河流用水权；土地所有者使用他的土地邻接的河中的水或水中的其他物体的权力。

ripper 1. 安装在拖拉机后部或被其牵引的带有有角度的长齿的附加装置，能够穿透并将土层翻松达 3 英尺（大约 1 米）。2. 用来移动屋顶上已坏的石板瓦的工具，由一端带有凹槽钩的长的钢刀片组成，以用于拔钉子。3. 被牵引的机器，带有松动硬土和软岩的齿。

翻土机

ripping 见 **ripsawing**；顺纹锯解。

ripping bar 同 **pinch bar**；撬棍，撬杆，夹具。

ripping chisel 细长凿；木工行业中用于清理榫眼和接缝的弯凿。

ripping size 木材经粗锯加工后的尺寸，尚需按规定的完工尺寸细加工。

ripple figure 同 **riddleback** 或 **curl**；褶皱状，卷曲状。

ripple finish 皱纹（罩面）漆，波纹面饰；通常经过烧烤处理，得到的细裂纹形或皱纹性的涂料饰面。也见 **wrinkling**。

riprap 1. 形状不规则且大小不等的毛石，用于基础和护坡，尺寸范围从非常大（2～3yd^3，大约

1.5～2.3m³）到非常小（1/2ft³，大约0.014m³）。**2.** 没有进行规则的结构排列而是将石头随意堆在一起的基础或矮护墙。

ripsaw 粗木锯，粗齿锯，纵切锯；特殊用途的锯，锯齿起到类似凿子的劈裂作用，用于沿着纹理的方向锯木材。

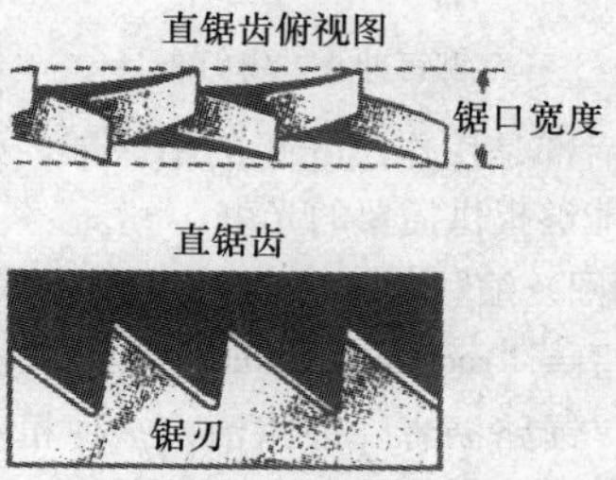

粗齿锯，纵切锯

ripsawing，flat cutting，ripping 顺纹锯解；平行于木材纹理方向锯木材。

rise **1.** 楼梯梯段高；楼梯休息平台间的高度。**2.** 楼梯踏板间的高度。**3.** 垂直距离，垂直高度，例如用以表达与斜屋顶的水平距离或距离之半相比的屋顶斜坡的高度；或表示楼梯一个踏板表面与下一个踏板表面间的垂直距离。**4.** 在拱中，从起拱线到拱底面最高点的垂直距离。**5.** 电梯行程；同 **travel**。

rise-and-fall table 圆盘锯的升降工作台；圆盘锯组件，工作时，圆盘锯不动，而台面升降。

rise and run **1.** 高宽比，高跨比，斜率；倾斜表面或构件的倾斜度，通常用垂直高度和水平宽度的比来表示。**2.** 建筑物构件的斜度，用水平方向给定距离内高度的垂直增量来表示。

risen molding 同 **bolection molding**；凸式线脚，镜框式线脚。

riser **1.** 梯级竖板；楼梯踏步的垂直面。**2.** 座位、平台等的任何竖直面。**3.** 剧院或音乐厅舞台上，表演者所在的平台。**4.** 直上总管，给水竖管；某一楼层或多楼层中，供水、排水、供燃气、供汽或者通风用的竖向管道，接通一组或几个分支装置。**5.** 室内竖向电缆；连接建筑物各楼层配电盘的竖向供电电缆，它穿越一个或多个楼层。**6.** 室内通风立管；将新鲜空气分配给建筑物各楼层支管的室内通风立管，它穿越一个或多个楼层。**7.** 自动喷水消防系统使用的竖向供水管。

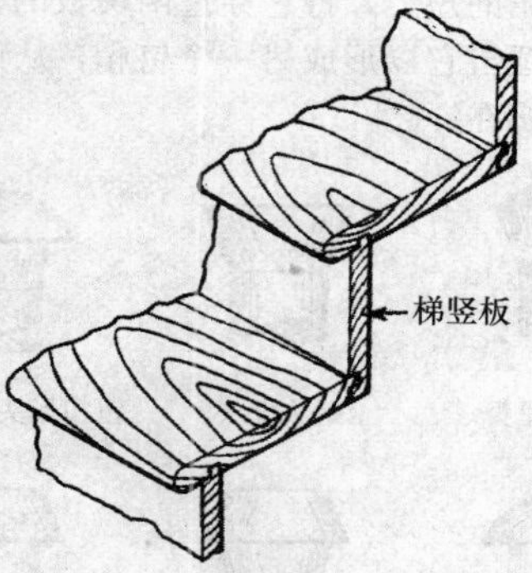

梯竖板

riser board 踏步竖板；在模板工程中，形成楼梯踏步垂直面的板。

riser diagram 标明建筑物中主要电气设备的图（二维立面的），逐层展示电源线和主要设备。

riser height 踏步竖板高度；楼梯两个逐位的楼梯踏板的顶表面之间的垂直距离。

riser pipe 见 **riser，4**；直上总管，给水竖管。

rising arch 跛拱，跷拱；起拱线不在一个水平线上的拱。

rising damp 潮气的向上运动，特指立在湿土或水中的墙体或其他结构中的潮气。

rising hinge，rising butt hinge 斜升（高）门铰链；带有螺旋凹槽的门铰链，螺旋凹槽缠绕在铰链枢轴的附近；或者是带有斜向枢轴接头的门铰链，当门被打开的时候，门被抬高不致碰上地毯。

rising main 同 **riser，4**；直上总管，给水竖管；或 **riser，5**；室内总线。

risk management 风险管理；在建筑工业中，为了避免出现过失、债务或是法律纠纷等潜在风险而进行的系统性训练。

rive 顺纹劈裂；制造木瓦板时顺着纹理劈裂木材。

rived board，riven board 通过顺纹劈裂而不是通过锯断所形成的木板。

riveling 见 **wrinkling**；皱纹，褶皱。

riven laths 劈开的板条；通过劈裂而不是通过锯

断所形成的板条。

rivet 铆钉；由可锻金属如：铁、钢或者铜制成的一端带帽的短钉，将它穿过两块板的公共孔，并用锤子锤击它以形成另一个钉帽，从而将两块金属板连接在一起。

突起的埋头　　平头埋头　　钮扣形头、圆锥形颈

钮扣形头、直颈　　平头，圆锥形颈　　平头，直颈

铆钉头

rivet centers 铆钉中心矩；沿直线排列的铆钉的中心距离，在铆固搁栅中指沿着支承杆方向铆钉间的距离。

riveted grating 铆接搁栅；由直的支承杆和弯的连接杆构成的搁栅，在连接点用铆钉铆接。

riveted joint 铆接接头，铆接；用铆钉连接的两个构件的接头。

riveted truss 铆接桁架；泛指主要构件用铆钉进行铆固连接的桁架。

rivet hole 铆钉孔；铆钉穿越的孔洞。

riveting 铆接，铆合；利用铆钉固定金属板或配件。

riveting hammer 铆钉锤，铆钉枪；具有长头、平面和窄锤顶的锤子，用于锤锻铆钉或者敲打金属板。

rivet set，**rivet snap**，**setting punch**，**snap** 铆钉冲头，铆钉工具；用于形成铆钉端头的工具。

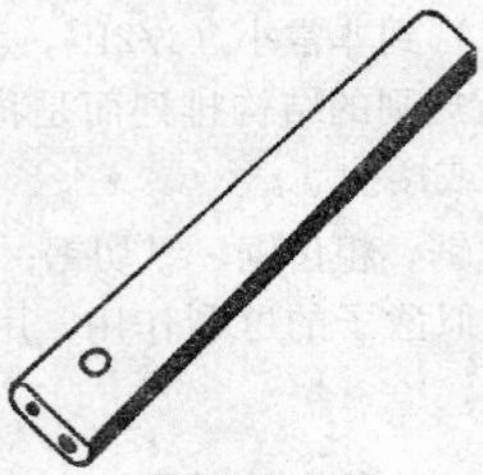

铆钉冲头，铆钉工具

rivet snap 见 **rivet set**；铆钉用具（冲头）。

riving knife，**froe**，**frow** 劈刀，劈板斧；劈裂木瓦等用的劈刀，劈板斧。

R/L 缩写＝“**random lengths**”，任意长度，不规则长度。

R lamp 带薄玻璃罩的反光灯（通常是白炽灯），灯内的后部是用作反光镜的铝涂层，如此形成的表面，能够提供需要的光束。

RM （制图）缩写＝“**room**”，房间。

rms 缩写＝“**root mean square**”，均方根。

road oil 铺路沥青，铺路油；一种粗石油，通常是许多级别的慢凝沥青中的一种。

rocaille 非对称性装饰，通常由岩石、植物或者贝壳等自然形态再加上人造形态组成，流行于 18 世纪洛可可风格盛行期。

rock **1.** 岩，石；天然固体矿物材料，以碎石或大块体的形态存在，并且需要用机械或爆破技术进行开凿。**2.** 一堆石头。**3.** 任意尺寸的石头。

rock asphalt 岩沥青，天然地沥青；通过地质变化过程已经充满了天然沥青的如砂岩或石灰岩等多孔岩石。

rock-cut 没有或仅有少量人工砌体辅助的情况下，在天然岩体中开挖的庙宇或墓穴，通常呈现出带有黑暗内室的正面，其断面由岩体雕琢而成的石柱支撑着。

在天然岩体中开挖的庙宇或墓穴

rock dash 抹灰、撒粘石子、卵石、碎壳墙面；一

种外墙拉毛粉刷装饰，其中拌有轧碎的岩石、卵石或贝壳，这些材料嵌埋在拉毛粉刷的底涂层中，也称作干粘卵石饰面或粗糙粉刷饰面。

rock drill 钻（凿）岩机，钻岩设备；用来在岩石中钻孔爆破的机器或设备，通常由压缩空气来驱动，但有时也由电力或蒸汽来驱动。

rocket tester 同 **smoke rocket**；喷烟测漏器（用于检测管道泄漏）。

rock-faced 粗（琢）石面的；指采石场劈开的石头的粗糙表面，也用来描述经过加工仿天然石头表面的粗糙表面，以及形容只将边角琢方。

rock-faced finish 同 **natural cleft finish**；沿着岩床方向切割而来的变质岩饰面（例如石板或石英岩）。

rock fill 填方，填土；见 **fill，1**；由大块松散的堆石组成。

rock flour 石粉，粉砂；非常细的粉末状岩石材料，也见 **silt**，砂性土，沉积细土。

rocking frame 振动平台；机械控制的振动平台，用于将临时放置在平台上的预制构件中处于塑性状态的混凝土振动密实。

rock lath 见 **gypsum lath**；石膏条板，纸面石膏板。

rock pocket 混凝土蜂窝；泥浆不足的硬化混凝土中的蜂窝，主要由粗骨料和连通的孔隙构成，由于浇注时泥浆渗漏、离析或者振捣不足等原因所引起。

rock rash 用异形碎石片镶嵌的图案，用在饰面边缘，通常用卵石或晶石做进一步修饰。

Rockwell hardness 洛（克威尔）氏硬度；材料抗刻痕能力的量度标准，通过洛氏硬度试验机测定。用钢或金刚石锥头压入任意固定条件下的试件，由洛（克威尔）氏硬度指数来表示—指数越高，材料越硬。

Rockwell hardness number 洛（克威尔）氏硬度指数；材料洛（克威尔）氏硬度的量度标准，通过使用可以加载的洛氏硬度试验机来测定，指数的数值通过在规定加荷条件下压入锥头在材料表面所造成的压痕深度的净增加量确定，规定加荷条件是指施加在锥头上的荷载从某一固定值增加到较高的值，然后再返回到最小值。

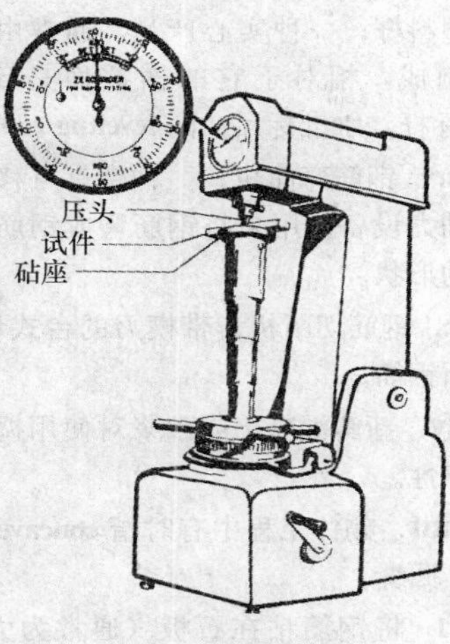

洛（克威尔）氏硬度试验机

rock storage 蓄热石；通过太阳能系统吸收大量太阳能并将热量储存到石块中，以备需要时辐射热量。

rock wool 岩棉；一种矿物棉，由熔融岩石中的成型纤维制造，用作隔热材料。

rockwork **1.** 粗面砌体。**2.** 表面不规则、粗糙的石砌体。

Rococo 洛可可式建筑形式；一种建筑和装饰形式，主要起源于法国，代表了18世纪中叶巴洛克时期艺术和建筑风格的最后阶段，以极其丰富的经常是半抽象装饰形式为特征，轻巧并色彩淡雅。

洛可可式建筑形式

rod **1.** 规板，直尺；在抹灰工程中通常用来对墙面进行找平的直尺，一般为木制的。**2.** 金属杆，木杆，塑料杆；一种实心产品，通常由金属、木或塑料制成，相对于它的横截面是比较长的。**3.** 水平标杆，水准标尺；同 **leveling rod**。

rod bender 钢筋弯曲机；一种带有可移动滚筒和夹钳的动力设备，用来将钢筋弯成钢筋混凝土中所需要的形状。

rod cutter 钢筋切断机；带楔刀的台式切割设备，用于切断钢筋。

roddability 新鲜混凝土或砂浆对使用捣棒进行捣实的敏感性。

rodded joint 砌体工程中有时指 **concave joint**；凹圆勾缝，凹缝。

rodding **1.** 将钢筋粘在石板（通常为大理石板）背面的槽内，以加强石板。**2.** 用棒捣实，通过捣棒反复的插入、拔出使砂浆或混凝土密实。**3.** 排水管中阻塞物的清除。

rodding eye 同 **cleanout**；通管孔（排水管分支端部的检查孔），通渠孔。

rode 十字架；十字架（**rood**）的中世纪英语表达方式。

rod level 水准尺上的水准器，杆式水准器；水准标尺或视距标杆上的辅件，测量读取数值前校准垂直度用的。

rod target 水准尺上的觇板；水准标尺或标杆上配有的目标指示器，测量中通过它测定视距。

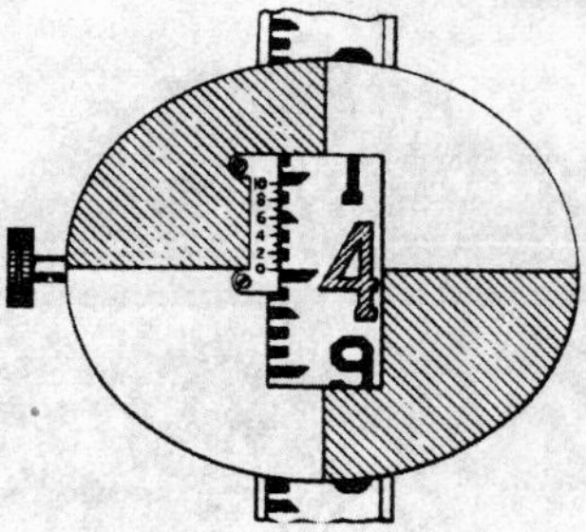

水准尺上的觇板

roe figure 鱼卵状木纹；木材中的一种木纹，在被四开后的木材中，发现的一种呈螺旋形态的木纹，常见于热带木材。

roll **1.** 盖屋脊的圆形长条材料。**2.** 金属板铺设的屋顶中，置于金属板下间隔设置的圆形长条材料，用来阻止金属板因收缩和膨胀引起的移动。**3.** 泛指圆形线脚。**4.** 被弯成圆柱体形状的材料。

roll-and-fillet molding 凸方线脚，卷筒形线脚；圆形截面且正面有窄条带或嵌条的线脚。

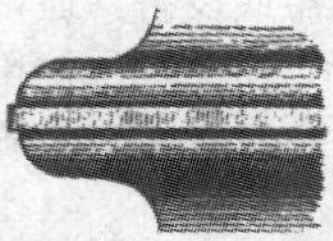

凸方线脚，卷筒形线脚

roll billet molding 短圆筒错齿线脚；由一系列错齿式线脚组成的诺曼底式建筑的常用线脚，它的横截面通常是圆筒形的，错齿饰通常在相邻行中交替排列。

短圆筒错齿线脚

roll capped 旋涡式盖顶的，旋涡形盖顶瓦，沿着屋脊顶点的圆柱形脊瓦。

rolled 碾压的，滚轧的；经过碾压机热轧或冷轧过的金属。

rolled beam, rolled steel beam 轧制钢梁；在轧钢厂里轧制的钢制梁。

rolled glass 轧制玻璃，滚轧玻璃，压延玻璃，滚花玻璃；在两个钢制碾压机中间通过熔融的玻璃流而形成的扁平玻璃板，通常宽度可达 12ft（3.66m），厚度从 1/8～1in（3.2～31.8mm），用压（轧）花碾压机可加工带图案的表面。

roll flashing 一种由轻薄、防水、不锈材料制成的可卷起式遮雨盖板。

rolled steel beam 见 **rolled beam**；轧制梁。

rolled strip roofing 见 **asphalt prepared roofing**；沥青处理的屋面卷材，预制沥青屋面板。

roller **1.** 见 **paint roller**。**2.** 自动推进或牵引的密实土壤设备。

roller coating **1.** 使用涂漆辊涂漆。**2.** 一种涂漆的方法，做法是将物体置于两个带湿漆的滚筒间做涂层。

roller coating enamel 滚涂釉；使用滚涂机涂在钢带、铝带或其他金属表面上的专用瓷釉。

roller latch 滚柱碰闩；一种门闩，此门闩不使用带斜面的弹簧闩，而是有一个处于弹簧张力下的滚柱，与带凹槽的锁舌片啮合。

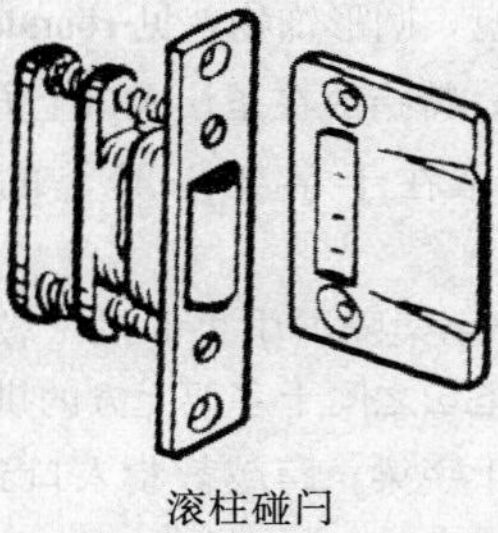

滚柱碰闩

roller strike 滚珠锁舌；一种锁舌片，在锁的弹键栓和舌片接触处有圆柱形滚柱，用来减小摩擦。

rolling 滚压、碾压、轧制；用重型金属或石头滚压机在水磨石面上滚压，用以除掉面上多余的集料。

rolling curtain 剧院舞台卷幕，在一个水平卷筒上向上卷起的剧院舞台卷幕。

rolling cyclorama 舞台天幕；能在垂直卷筒上卷动的舞台天幕，通常为电动的。

rolling grille door 卷动搁栅门；由搁栅组成的沿竖向卷动门，搁栅沿着导轨移动，在门的上方安装有水平滚动装置。

rolling shutter door 同 **roll-up door**；卷升门。

rolling shutters 见 **roll-up door**；卷升门。

roll insulation 绝缘毡，绝热卷材；卷筒式弹性毡层隔热材料，专用于（龙）骨架的横梁、立柱间。

roll joint 卷边式接缝；对金属板进行连接时，通过将毗邻的板边卷在一起，然后再压平而形成的接缝。

roll molding 圆形线脚，旋涡形线脚；凹面的圆形线脚，它的全部或部分是圆柱形的。

rollock 同 **rowlock**；丁砌的砖，丁头砖面，竖砌砖，立砖。

roll roofing 见 **asphalt prepared roofing**；沥青处理的屋面卷材，预制沥青屋面板。

roll-up door，rolling shutters 卷升门；沿着导轨移动的、由小的水平扣搭的金属板条所构成的电动或手动门，金属板条盘卷在位于门顶的卷筒内。

rolock 见 **rowlock**；丁砌的砖，丁头砖面，竖砌砖，立砖。

rolock arch 同 **row arch**；丁砌的砖，丁头砖面，竖砌砖，立砖。

rolok 见 **rowlock**；丁砌的砖，丁头砖面，竖砌砖，立砖。

Roman arch 半圆拱；一种半圆拱，如果是石拱，则所有构件都呈楔体状，是罗马建筑中常见的拱。

半圆拱

Roman bath 见 **balnea**；公共大浴场。

Roman brick 罗马式砖；标称尺寸是 2in×4in×12in（5cm×10cm×30cm）。

Roman bronze 罗马青铜；加入了少量锡来提高抗腐蚀能力和硬度的铜锌合金。

Roman cement 罗马水泥；一种能够在水下硬化的速凝天然水泥，具有一定不透水性，由精细研磨的煅烧黏土质石灰构成，该石灰已经在温度不高于除掉二氧化碳所必须的温度的干燥窑中处理过。

Roman Classicism 见 **Classical Revival style**；古典复兴的建筑形式。

Roman house 古罗马房屋；一种经典的古罗马住宅，外部入口面向四边形庭院（中庭）。中庭顶部设置连通室外屋顶方井，用于采光和收集雨水，方形蓄水池位于屋顶方井的正下方。

Romanesque Revival 1. 同 **Richardsonian Romanesque style**；理查森罗马建筑形式。2. 罗马建筑形式的复兴；有时指 **James Renwick**（1818—1895）和 **Richard Upjohn**（1802—1878）使用罗马风格元素的早期作品。

Romanesque style 罗马式建筑形式；最早于11世纪出现在西欧的一种建筑形式，一直持续到12世纪哥特式建筑形式的出现，以罗马式和拜占庭式建筑元素为基础，常见于教堂和城堡中，其一般特征是：圆形拱，铰接式厚墙，筒形穹窿，交叉穹拱，扇形拱顶，半圆形拱，这些都是理查森罗马建筑形式（**Richardson Romanesque style**）的基础，偶尔也被作为它的标志。

理查森罗马建筑形式

Roman mosaic 罗马式马赛克，镶嵌成嵌花棋盘形的路面。

Roman order 1. 混合柱式，现极少使用。2. 同 **arch order**，1；拱柱式，由附墙柱和檐头框起的拱。

Roman Revival 见 **Classic Revival**；古典复兴的建筑形式。

Roman theatre 罗马剧院（露天的）；古罗马建筑的露天剧院，有时建在山坡上，但更多时候是建在平地上——通常有装饰华丽的正立面，有柱廊和拱形公共入口；乐队演奏处通常是半圆形的，其后是装饰华丽的舞台前部装置和舞台背景。也见 **Greek theatre**。

Romantic style 泛指多种建筑风格，通常包括：**Exotic Revival**，**Gothic Revival**，**Greek Revival style**，**Italianate style**。

Roman tile 罗马式瓦；槽形、锥形、单搭接的屋顶瓦。

rone 同 **gutter**，1；天沟。

rondel 小圆盘，圆形饰物；见 **roundel**。

rood 十字架；特指放在圣坛入口上方的大十字架。

rood altar 靠在十字架隔屏上的祭坛（教堂中殿）。

rood arch 十字架隔屏中央的拱（教堂），有时也用作中殿和圣坛之间十字架上方的拱。

rood beam 十字梁；跨越教堂入口到圣坛间的支撑十字架的水平梁。

rood loft 教堂十字架隔离上的阁楼或走廊。

rood screen 教堂十字架围屏；将教堂中殿（听众席）与圣坛隔开的装饰性圣坛围屏，用于放置大的十字架。

rood spire 教堂中殿和十字形耳堂交叉处上方的尖顶。

rood stairs 上十字架隔屏高台的阶梯。

rood stairs turret 一种阶梯角楼；当教堂顶上设有上十字架隔屏高台的阶梯时，需加建阶梯角楼。

rood tower 教堂平面十字交叉处上方的塔楼，因此大约位于十字架上方。

roof 屋顶，屋面；建筑物顶部的覆盖层，包括所有必要的用来将这些覆盖物支撑在墙上或立方构件上的材料和构造，屋顶起到一种保护作用，用来阻隔雨、雪、阳光、过热的温度和风。为了定义和图示不同形式的屋顶，见 **barrel roof**，**bellcast roof**，**bonnet roof**，**bowed roof**，**broken-pitch roof**，**bunker fill roof**，**butterfly roof**，**candle-snuffer roof**，**canopy roof**，**collar-beam roof**，**compass roof**，**conical roof**，**curb roof**，**deck roof**，**double-gable roof**，**double-hipped roof**，**double-pitched roof**，**dropped roof**，**dual-pitched roof**，**Dutch gambrel roof**，**Dutch hipped roof**，**Dutch roof**，**Dutch slice-hip roof**，**earth roof**，**English gambrel roof**，**flat roof**，**Flemish roof**，**flounder roof**，**French**

roof, gable-on-hip roof, gable roof, gambrel roof, Gothic roof, helm roof, hip-on-gable roof, hyperbolic paraboloid roof, Italian roof, jack roof, jerkin-head roof, kick roof, knee roof, landscaped roof, lean-to roof, mansard roof, monitor roof, M-roof, New England gambrel roof, pavilion roof, pent roof, pigeon roof, pitched roof, ponded roof, principal roof, purlin roof, pyramidal roof, queen-post roof, rainbow roof, ridge roof, round roof, saddle-back roof, saltbox roof, segmental roof, shed roof, ship's bottom roof, single-pitched roof, shirt-roof, slice-hip roof, sod roof, span roof, square roof, Swedish gambrel roof, terrace roof, thatched roof, truncated roof, umbrella roof, visor roof, wagon roof, whaleback roof。

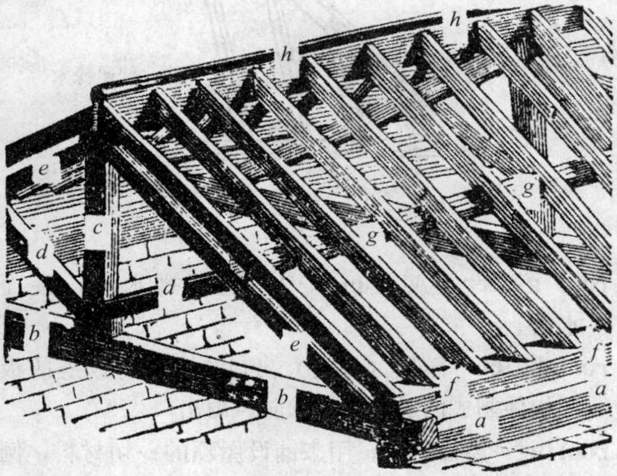

屋顶中的木构件：*a*—墙上承梁板，卧梁；*b*—条梁，水平拉杆；*c*—桁架中柱，主柱；*d*—支撑，对角撑，压杆；*e*—主椽子；*f*—承椽板，椽木垫板，檐檩；*g*—檩条，桁条；*h*—脊梁

roofage 同 **roofing**；盖屋顶的材料，屋面。

roof balustrade 屋顶围栏；屋顶上带有栏杆支柱的围栏，通常是围绕或者是位于屋顶走道处。

roof batten 同 **slate batten**；石板瓦挂瓦条。

roof board 屋顶板，屋面板；覆盖椽子上表面的许多板中的一块，作为铺设屋面如木瓦板的基础。

roof cladding 见 **roofing, 1**；屋面覆盖层。

roof comb, roof crest 屋脊饰；沿着屋脊的墙，

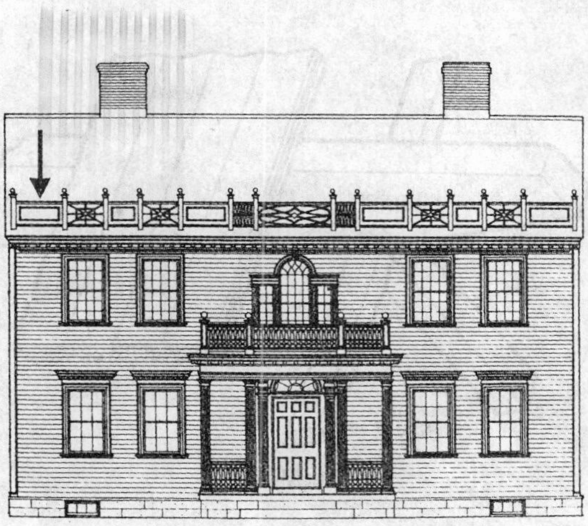

屋顶围栏

外观上起增加高度的作用。

roof covering **1.** 铺设于屋架上的所有材料，包括屋顶覆盖物、外覆层材料、油毡纸等。**2.** 不易燃烧和不易滑动的屋面材料；等级和附加的特性如下：**A** 级能够有效地抵抗大火，本身不燃烧，不传递火焰，并且对屋面板提供相当高的防火能力；**B** 级能够有效地抵抗中等的火烧，本身不易燃烧，不易传递火焰，对屋面板能够提供中等的防火能力；**C** 级能够有效地抵抗小火，本身不易燃烧，不易传递火焰，对屋面板能够提供低等级的防火能力。

roof crest 见 **roof comb**；屋脊饰。

roof cresting 见 **cresting**；屋脊装饰，脊饰。

roof-deck **1.** 屋顶平台，用作露台进行日光浴等活动。**2.** 屋面板，屋顶板；屋顶支撑之间结构材料，用作屋面覆盖系统的底板，可为金属、混凝土、木材、石膏板或者这些或类似材料的组合体。

roof decking 预制屋面板；通常是长的预制结构构件，横跨在屋架骨架系统上形成屋面板。

roof dormer 见 **dormer**；老虎窗，屋顶窗。

roof drain 雨水斗；设计用来收集屋顶表面雨水并将雨水排到水落管中的装置。

roof drainage system 屋顶排水系统；在建筑物屋顶上（或屋顶线处），由雨水收集装置和与其连接的管道组成的系统，用来将雨水排放到屋顶和建筑物之外。

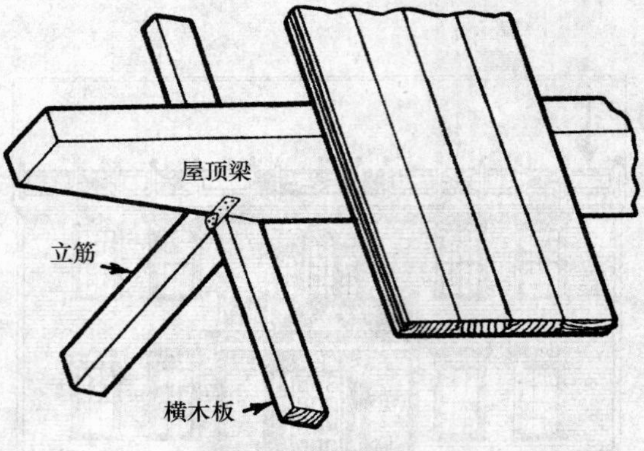

预制屋面板

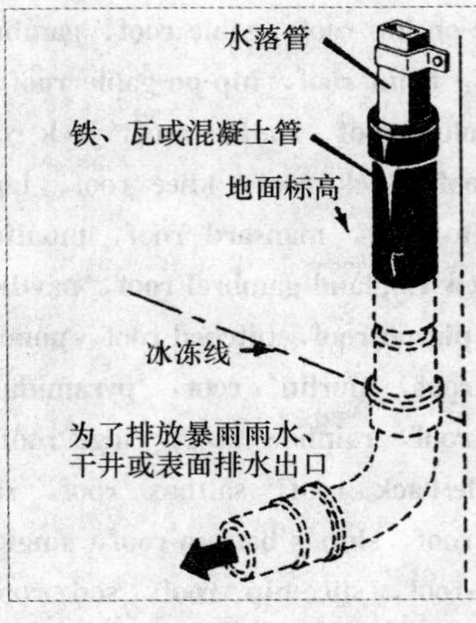

屋顶排水系统靠近地面的部分

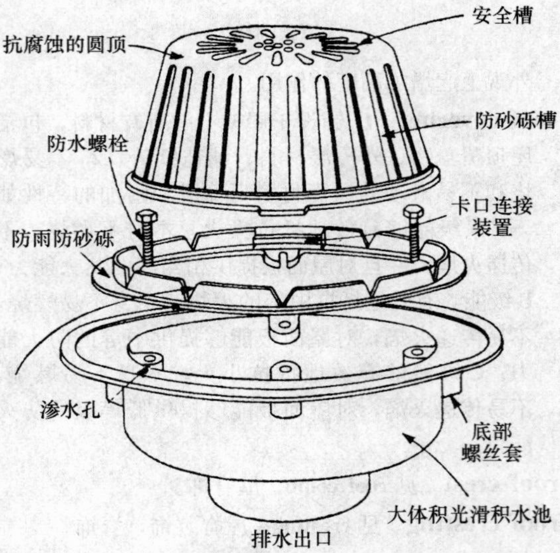

典型的雨水斗

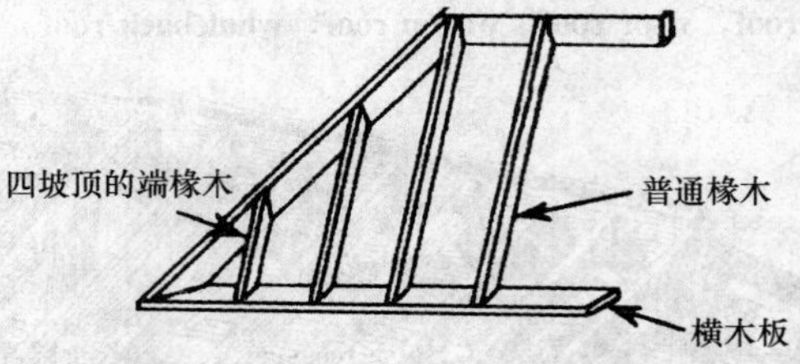

屋架

roofed ingle 壁炉墙角。

roofer 旧时用于表示 **roof board**（屋面板）的词汇。

roof flange 屋面套管；安装在穿透屋顶处的雨水管上部的周围，用来提供防水的装置。

roof framing 屋架；支撑屋盖系统的所有屋面构件。

roof gallery 见 **widow's walk**；屋顶走廊。

roof garden 屋顶花园；位于屋顶上的花园、餐厅或者类似场所。

roof guard 同 **snow guard**；屋顶挡雪板。

roof gutter 见 **gutter, 1**；屋顶排水沟，屋面水槽。

roof hatch 屋顶（有盖）出口；安装有铰链的板形构件制成的通向屋顶的防风雨出口。

roofing 屋面材料；用来铺设屋顶的一切材料，例如：波纹金属板、钢板、木瓦板、石板、茅草或者瓦片等，也可以是其中一些材料组合使用，这些材料通常都是防水、防风和隔热的。

roofing assembly 屋顶；组成屋顶的所有构件的组合体，包括：屋面板、底层或隔热层、隔热材料、隔蒸汽材料、找平层、油毡层、基层和屋面覆材。

roofing board 屋顶板；在木框架房屋中，位于椽子上部、平行于脊梁的宽木板。

roofing bond 屋顶维修保证书；担保公司提供的保证书，保证屋顶制造商将按照担保合同中所列的条款维修屋顶构件。

roofing bracket 屋面施工支架；用于斜屋面的施

工的支架，固定在屋面或由绳子悬于屋脊并固定在合适的物体上。

roofing felt 见 **asphalt prepared roofing**；沥青处理的屋面卷材，预制沥青屋面板。

roofing nail 屋面用螺丝钉，屋面钉；具有较大扁平钉帽的光面或带有毛刺、螺纹短钉，可能是电镀的或光亮的，经常带有氯丁（二烯）橡胶垫圈、铅垫圈和塑料垫圈，用其将屋面油毡或木瓦板固定在屋顶板上。

大钉头、钉身光圆的屋面钉

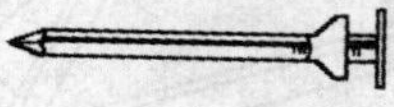
带有氯丁橡胶垫圈、钉身光圆的屋面钉

带有氯丁橡胶垫圈、钉身有螺纹的屋面钉

带有铅制垫圈、钉身带刺的屋面钉

屋面用螺丝钉，屋面钉

roofing paper 见 **asphalt prepared roofing**，**asphalt paper**，**building paper**；沥青处理的屋面卷材，预制沥青屋面板；屋面防潮纸，屋面油纸，纸底油毛毡。

roofing putty 屋面油灰；金属屋面嵌缝用沥青填缝材料。

roofing sand 屋面铺砂；一种白色细石英砂。

roofing slate 见 **slate**；铺屋面石板，石板瓦。

roofing square （屋面材料）平方数；屋顶表面 $100ft^2$（$9.3m^2$）的面积。

roofing system 屋面体系；构成屋面所有构件的组合。

roofing tile 屋面瓦；用来铺设屋顶的瓦，一般是由黏土或板岩在干燥炉中经过高温处理后制造而成的，也可由其他材料制成，外形千变万化。见 **clay tile**，**mission tile**，**panttile**，**ridge tile**，**Spanish tile**。

roof insulation 1. 屋面绝热（保温、隔热）层，屋面隔热材料；板状材料，通常是中低密度，由矿物纤维、泡沫玻璃、泡沫塑料、轻质混凝土、木纤维板或其他材料制成，其一面或两面覆盖其他材料，在屋面系统中起到保温、隔热的作用。2. 用于屋面系统中主要起保湿、隔热作用的轻质混凝土。

roof ladder 人字梯，屋顶爬梯。

roof light 同 **skylight**；采光天窗，屋顶窗。

roof-light sheet 屋顶采光板；在屋顶洞口上用作波动的透明板材。

roof line 屋顶线，屋顶轮廓线。

roof live load 屋面活荷载；作用在屋面上的除屋面体系和其支承构件自重以外的荷载。

roof pitch 屋面坡度，屋顶高跨比；屋顶坡面通常用倾斜角度数表示，或者用高度和跨度的比值表示。

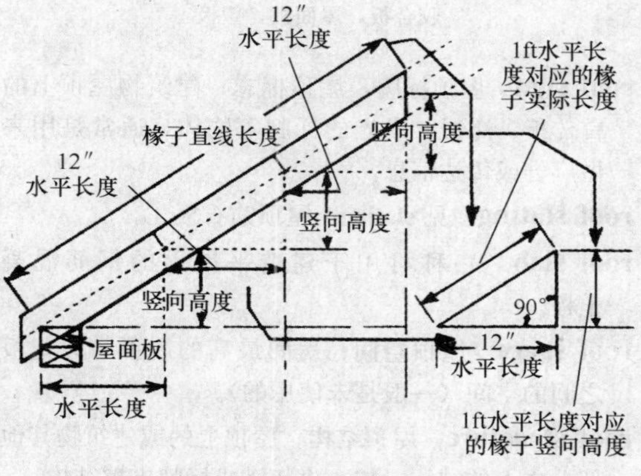

屋面坡度，屋顶高跨比

roof plate 承椽板，檐板，檐檩；用于固定和支撑屋面檩子的低端的水平结构构件，同 **top plate**，**1** 或 **wall plate**。

roof pond 屋顶水池；位于屋顶结构上的池水通过蒸发为建筑降温。池水增加了建筑的热质量，因此建筑吸收太阳能的能力得到增强，白天吸收的大量热能被储存起来，以备需要时释放。

roof principal 屋架。

roof purlin 同 **purlin**；屋顶檩条。

roof saddle 鞍形屋脊。

roof scuttle 屋顶天窗。

roof sheathing 屋面板，望板；木板或薄板状材料，尤指胶合板，固定于屋顶的椽子上，其上盖有木瓦或其他屋面覆盖材料。

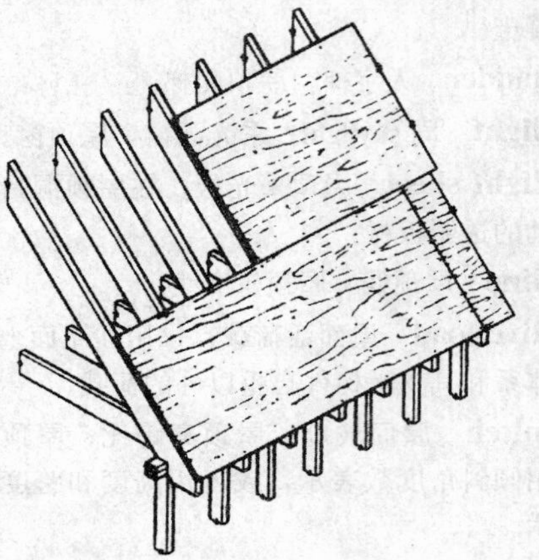

胶合板，屋面板，望板

roof sign 屋顶标牌，屋顶标志；建筑物屋顶上的宣传板、海报、发光的标牌等物体，通常是用来做广告或传达信息。

roof slating 见 **slating**；屋顶铺石板瓦。

roof slab 一种可用于建造平屋顶的钢筋混凝土板。

roof space 屋顶空间；房间最高的屋顶与天花板之间的空间（一般是未使用的）。

roof structure 屋顶结构；屋顶上的或建筑物其他部分之上的结构，如：冷却塔或标牌支撑结构。

roof tank 屋顶上储水用的水箱。

roof terminal 屋顶通风口（一般指通风管上端或烟囱等物）；屋顶上的通风管的出口。

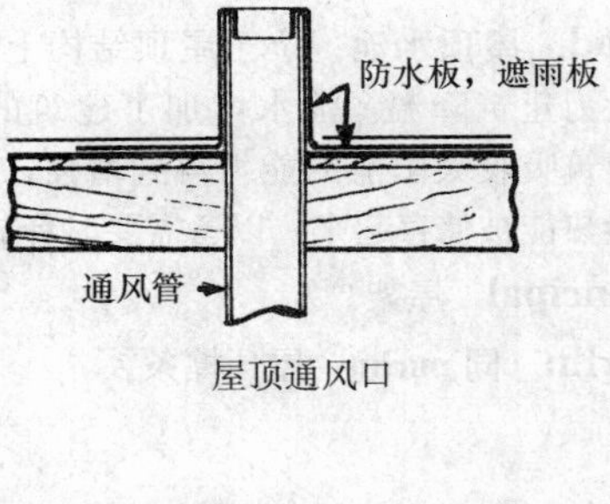

屋顶通风口

roof tie **1.** 系梁，拉梁，系杆。**2.** 系梁（连接人字形椽木中间的横梁），水平拉杆。

roof tile 见 **roofing tile**；屋面瓦。

rooftop 房子或其他建筑物的房顶。

rooftop unit 一种装在房顶上的预制装备，其内部装配的空调器可为下面的房间提供冷气。

rooftree 脊（木）梁，脊板（檩）。

roof truss 屋架，屋顶桁架；屋顶的结构支撑。

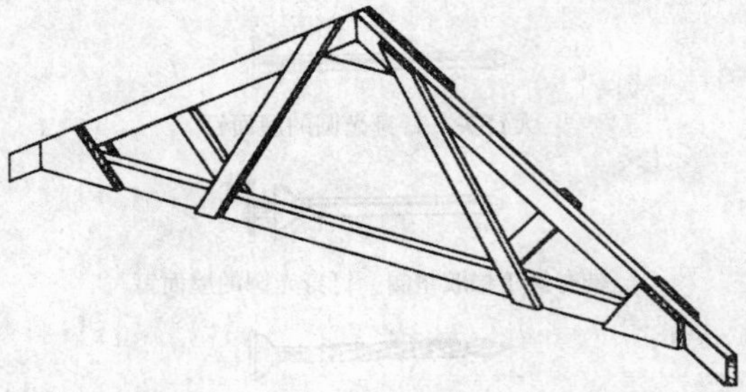

屋架，屋顶桁架

roof valley 见 **valley**；屋顶排水沟，天沟。

roof vent **1.** 用于阁楼或屋顶空腔的通风装置。**2.** 在正规的剧院中，舞台用房上方的一个、两个或多个通风设备，在火灾发生时自动开启，所有通风口可以打开的净面积加起来不低于舞台面积的百分之五。

roof ventilator 屋顶通风口；在建筑物屋顶的通风口，通常有防雨雪设计；也见 **ridge ventilator**。

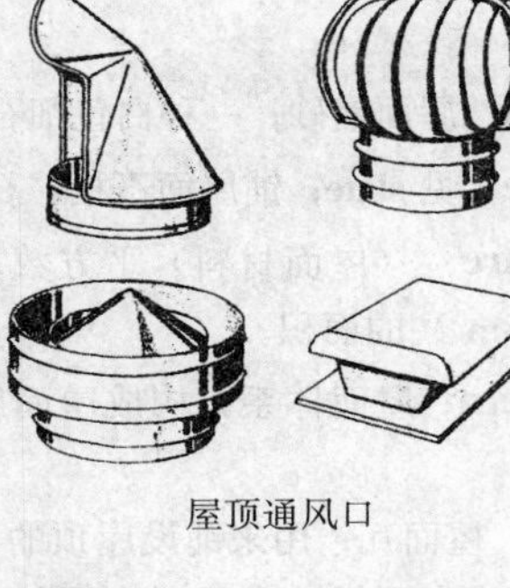

屋顶通风口

rookery **1.** 年久失修、房租较低、其装修配置刚刚达到最低标准的公寓或住房。**2.** 户型不同、房间各异的建筑物，住户层次参差不齐，例如：寄宿公寓。

room 房间；在建筑物中，通过隔墙分割出来的专门的部分。

room air conditioner，packaged air conditioner，unit air conditioner，unit cooler 室内空调器；厂家生产的箱式设备，设计用来向室内输送被调节过的空气，无须使用输送管，通常固定在窗户上或者固定在墙体的孔洞内，或是落地的。

room acoustics 同 **acoustics，2**；音响效果。

room criterion curves 见 **RC curves**；房屋标准曲线。

room-door lock 内房门锁；房间的内门锁。

room monitor 见 **monitor**；通风屋顶。

room velocity 空调空间内空气的流动速度，以英尺/秒或米/秒为单位。

root 榫根；在榫肩的表面上的榫头部分。

root-balled 指代生长中准备移植的植物；移植植物根系（包括根系周围的泥土）形成的球形体。也见 **balled and burlapped**。

root cellar 储藏块根植物（或蔬菜）的窖；地下或半地下结构，被用来在低温下储存块根植物，如：马铃薯和甜菜，也见 **potato barn**。

rooter 拔根机；可拔起树根的重型设备。

rope 绳，钢（索），绳索，缆绳，钢绞线；由若干股纤维或钢丝扭绞成的粗绳索。

rope caulk 绳状嵌缝条；有黏性的通常不渗透的堵缝密封条，一般含有加劲麻线，便于施工操作。

rope drum 盘绕缆索或绳索用的圆筒。

roped hydraulic elevator 缆式液压升降机；活塞通过缆绳连接在提升它的升降机轿箱上的一种液压机，驱动机械包括一个压力缸、活塞、槽轮（和引导它们的导轨）、油罐、液压泵和相连的阀门。

rope molding 绳索纹式线脚；模仿绳子雕刻的绳纹饰线脚；也见 **cabling**。

rope suspension equalizer 悬索平衡器；安装在升降机轿箱或平衡器中自动使缆绳中的张力平衡的设备。

ropiness 绳纹，刷痕；涂膜中由蘸漆刷子的硬毛产生的凸凹刷痕，通常是因为漆的流动性差和刷在半干膜上导致的。

rosace 见 **rosette，1**；蔷薇花饰，玫瑰花饰。

rose 门把手饰板；贴在门表面位于球形门把手周围的金属板，有时被作为这种门把手的支承面。

rose bit 扩孔锥，梅花钻，星形钻头；用来在木材中进行打孔的钻。

rose molding 玫瑰花饰线脚；常用作诺曼底式建筑的装饰，主要流行于它的繁荣时期及后期。

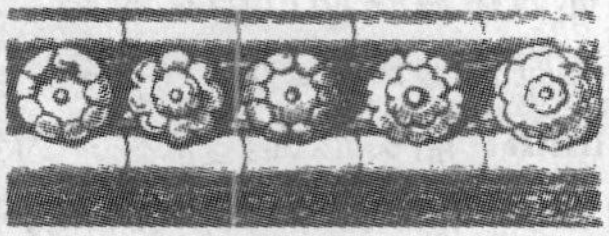

玫瑰花饰线脚

rose nail 玫瑰形锻铁钉，圆花钉；带有圆锥形钉帽的一种钉子，经锻造后，钉帽表面呈三角形面。

rosette 1. 蔷薇花饰，玫瑰花饰，圆浮雕；带有经雕刻或绘制而成的传统花饰的圆形图案。2. 用于精美的木制品中的圆形或椭圆形装饰木板，例如：用在楼梯扶手的端部与墙连接处的墙面上。3. 装饰用的钉头或螺丝头。

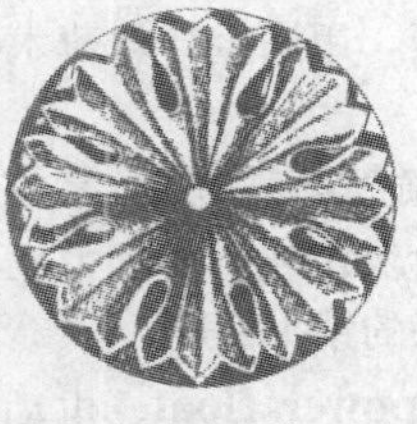

蔷薇花饰，玫瑰花饰，圆浮雕

rose window，Catherine-wheel window，marigold window，wheel window 圆花窗，车轮（花）窗，玫瑰形窗；中世纪的一种圆形尺寸很大的窗户，沿着径向有很多花饰窗格。

圆花窗，车轮（花）窗，玫瑰形窗

rosewood 见 bubinga；西非黄檀木，花梨木，青龙木。Brazilian rosewood；巴西黄檀木，巴西黑黄檀。East Italian rosewood；意大利东部黄檀木。

rosin，colophony 松脂，松香；通过蒸馏从松树树液中获得的或者从树干及树干的其他部分提取的松节原油所得到的残余树脂，前种方式获得的残余树脂称为树胶树脂或酯化树脂，后种方式获得的残余树脂称为松香。

rostral column 船头形饰纪念柱；为纪念航海获得成功用古罗马战舰的喙形舰首或船头做装饰的柱。

rostrum 演讲台，主席台；平面高架的演讲台、布道坛或其他用于向听众演讲的讲坛。

rot 腐朽，朽木；由真菌或其他微生物引起的木材腐烂、腐朽，降低了木材的强度、密度和硬度。也见 brown rot，white rot。

rotary cutting，rotary slicing 旋转式切削；一种切削木制单板的方法，圆形木材被固定在车床上，并且对着切刀旋转，以便使切削下来的单板能够成连续板，用来生产软薄木板和低等级硬薄木板。

rotary drill 旋转钻；用来在岩石或地层中开孔的机器，通常由液压或空气动力机驱动，通过使用在金属柄端头的钻头钻进。

rotary float，power float 电动抹刀；用来抹平和密实混凝土地面表层的马达驱动转盘。

电动抹刀

rotary oil burner 旋转式油烧嘴；通过向燃油炉上的急速旋转杯中添加燃油使烧嘴内产生喷雾。

rotary spreader 旋转散布机；一种用于将肥料和（或）种子向外旋转播撒的机械装置。

rotary trowel 同 rotary float；电动抹刀。

rotary veneer 旋制层（薄）板，旋切单板；通过旋转式切削获得的薄板。

roto operator 手摇曲柄；一种齿轮传动的装置，由小的手摇转动曲柄或球形把手驱动旋转，用来开关百叶窗、篷式窗、平开窗和扇形窗。

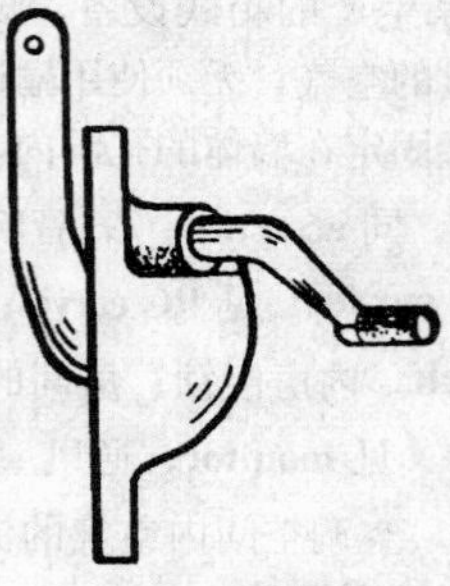

手摇曲柄

rooten knot 见 unsound knot；朽节，木料死节，松散节。

rottenstone 浮石，擦光石，蚀余硅质岩，磨石；软且脆的石灰石，用来磨光软金属和木材表面。

rotunda 1. 圆形建筑物，尤指有圆顶的圆形建筑物。2. 大建筑物中的圆形大厅，尤指带有圆顶的圆形大厅。

rough arch 同 discharging arch；用矩形砖和楔状灰缝砌筑的拱。

rough ashlar 毛方石，粗琢方石，粗方石块；由石矿开采的石块。

rough-axed brick 粗斧砍砖；一种斧砍砖。

roughback 1. 一种切边石，一边是锯切边，其余边是粗糙边，使用直锯从大块粗石料上切割下的。2. 砌体中不外露的石块边（面）。

rough bracket 固定在楼梯踏步梁上，在楼梯踏步下的支架。

rough brick arch 由矩形砖构造而成的砖拱；其中的矩形砖没有被切割也没有在某部分减小尺寸来达到拱石形状，所需的曲线是通过接缝处附加的灰泥形成的。

rough buck 见 subframe，1；辅助框架。

rough carpentry 粗木作；在木结构建筑建造中，包括箱型框、木镶板制作在内的结构建造部分。

rough carriage 未刨平的楼梯斜梁，通常是隐藏看不见的。

roughcast 同 rock dash；粗涂。

roughcast glass 见 rough plate glass；毛玻璃。

rough coat 砂浆的刮糙层。

rough-cut joint, flat joint, flush joint, hick joint 平灰缝；砌体结构中最简单的接缝，通过用泥铲边在砖面上切刮以使接缝中的砂浆能够和墙表面平齐。由于在切刮过程中产生了一些细小的裂缝，因此这种接缝不是总能防水。

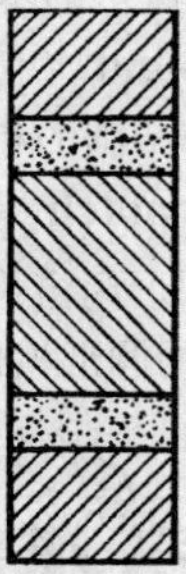

平灰缝

roughened finish tile 通过机械方式（例如：通过使用钢丝剪或钢丝刷）而使瓦的表面粗糙，其目的是使灰泥、砂浆或面饰能够和瓦之间的粘接更牢固。

rough floor 地板的底板，毛地板；钉在楼盖托梁上的一层板或胶合板层，用作铺设上部地板面层的底层或底板。

rough flooring 毛地板材料，铺粗地面板材；用于地板底层的材料，胶合板或者是粗糙的木板（通常是未刨光的）。

rough grading （路基）初步整形，（土方）初步平整，粗刨；土方初步的开挖和填充。

rough grind （水磨石地面）粗磨；使用粗糙的研磨料进行的初步研磨，在硬化的磨石地上磨掉突出的石子，使其成为一个平面。

rough ground 1. 钉罩面板的木条、木块，使罩面板固定在大致理想的位置。2. 粗地面，不平地面；见 goround，1。

rough hardware 粗五金，大五金，隐蔽的五金配件；在建筑结构中，指那些隐蔽起来的五金件，例如：螺栓，钉子，螺丝钉，道钉和其他的金属零件。

roughing-in 1. 三道抹灰的第一道灰。2. 施工中任何阶段的初步工作。3. 将管道系统中的隐蔽部分安装到与固定装置的连接点上。

roughing-out 木工中的粗加工；木工中初步成型的操作。

rough lumber 粗木料，粗锯材，毛料（木）；锯过的，但未经刨光的木材，也称作原木。

rough opening 粗开口，门窗框塞口，未竣工的孔洞；在墙内或建筑物框架中用来安装门窗框的孔洞。

rough plate glass, roughcast glass 压花玻璃，皱纹玻璃，毛玻璃板；透明的，一面浅压花的压延玻璃板。

rough pointing 粗勾缝；在砖石工程中，对砌块间的砂浆进行简易的抹灰处理。

rough rendering 粗涂灰泥，粗粉刷；在未刮平的粗糙表面抹灰。

rough rolled glass 同 patterned glass；压花玻璃。

rough rubble 粗毛石（圬工），粘接牢固的毛石墙。

rough sawn 粗锯切面；经过排锯加工后形成的木料表面。

rough service lamp 耐震灯泡；设计用来抵抗碰撞和冲击的白炽灯泡，使用了附加支托，但照明效果被削弱。

rough sill 1. 框架结构中的基石，在其上竖立起建筑框架。2. 毛下槛，未加工的窗台板（门槛）。

rough string, rough stringer 1. 楼梯踏步梁；带槽口楼梯斜梁，通常未经刨平，用来支撑木楼梯的踏板，通常在上边是看不见的。2. 木楼梯中间斜梁；同 carriage，1。

rough work 建筑中的粗木工活；包括：构架，箱式构架，加护板等。

round 1. 用于刻槽的槽刨。2. 见 round molding；圆线脚；断面是圆形（或几乎是圆形）和凸圆的相当大的圆线脚。3. 圆柱形金属棒。

round arch 半圆拱。

Round Arch style 19世纪中叶的一种不多见的建筑形式，以有拱廊的半圆拱为特征，主要用于砌体结构中。也见 **Rundbogenstil**。

半圆拱建筑形式

round barn 圆形的谷仓，圆形仓；见 **circular barn**。

round billet molding 同 **roll billet molding**；圆棍错齿线脚。

round church 圆形教堂；平面是圆形的教堂，围绕中垂轴向四外延伸，例如：多边形的、四臂长度相等的十字架形等。这些特征用于描述集中式教堂更准确。

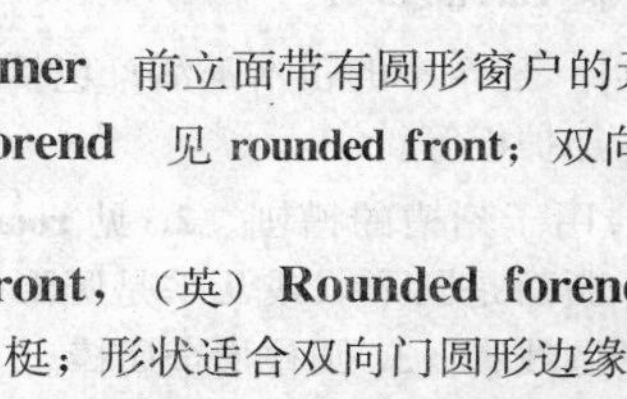

圆形教堂平面图

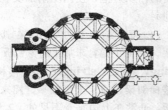

round dormer 前立面带有圆形窗户的天窗。

rounder forend 见 **rounded front**；双向门的圆形门梃。

rounded front，（英）**Rounded forend** 双向门的圆形门梃；形状适合双向门圆形边缘的锁端。

rounded step 见 **round step**；圆楼梯踏步。

rounded tile 1. 同 **Mission tile**。2. 圆边砖，圆边瓦；指在一层瓦中低端边缘是半圆形的瓦，外观呈扇贝形。见 **imbrication**。

roundel 1. 小圆窗，圆镶板。2. 窗玻璃中的小圆窗（猫眼）或者瓶底状的圆窗（光）。3. 串珠线脚，半圆饰。4. 舞台照明设备中，舞台台口灯光中使用的波动或彩色透明滤光板。

round-headed 同 **round-topped**；半圆头的。

round house 平面呈圆形没有凸角的圆形房子。

round knot 大致呈圆形的木节。

round molding，**round** 圆线脚；断面是圆形（或几乎是圆形）和凸圆的相当大的圆线脚。

round notch saddle notch 鞍形槽口的同义词。

round pediment 圆形门窗头的挑檐形线脚；用于门窗上檐的装饰性的圆形檐饰。

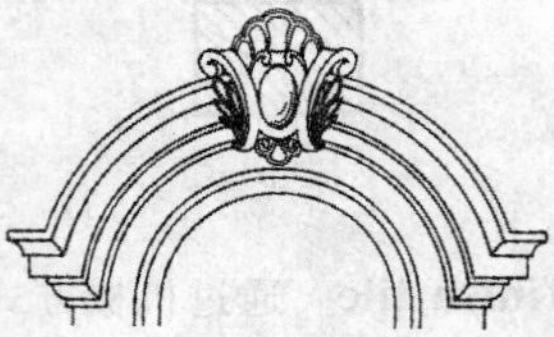

圆形门窗头的挑檐形线脚

round ridge 表面呈圆形的屋脊。

round roof 同 **rainbow roof**；圆屋顶。

round step，**rounded step**，**round-end step** 圆楼梯踏步；有圆角的踏步。

round timber 圆木，原木；被砍伐的，还未加工成木材的树木。

round-topped 圆顶旋涡状装饰；专用术语，专门形容有半圆作装饰的门、窗、圆拱顶。

round-topped roll 金属屋面盖屋脊的圆筒形长条材料的接头。

round tower 圆形塔；早期基督教建筑中，特别是在爱尔兰，一种用于防御的石结构圆形塔，有圆锥形塔顶。

rout 刻，开槽；用槽刨、刳刨或其他的机器在木材上开槽，挖空心等。

router 1. 刳刨，槽刨。2. 带有快速旋转的垂直心轴和刀具的机器，用来在木材上开槽和打榫眼等。**3.** 有弧形尖头的凿子，用来清理槽和榫眼。

带曲线窗格的圆顶窗

router gauge 刳刨器；类似于木工画线规尺的一种工具，区别是有一个用于刨槽的窄凿子而不是标刻尖头，专用于嵌入式开槽，开出窄槽后，在其中填入金属或彩色木材。

router patch （槽刨）补片；一小片薄板或胶合板，有平行的边和圆形端头，用来修补表面的缺陷。

router plane，plough，plow 槽刨，沟刨；用来切削和平整沟槽的刨子，使用时使沟槽的底面与刨子的表面平行，刨子的两端各有一个把手，中间是切削工具。

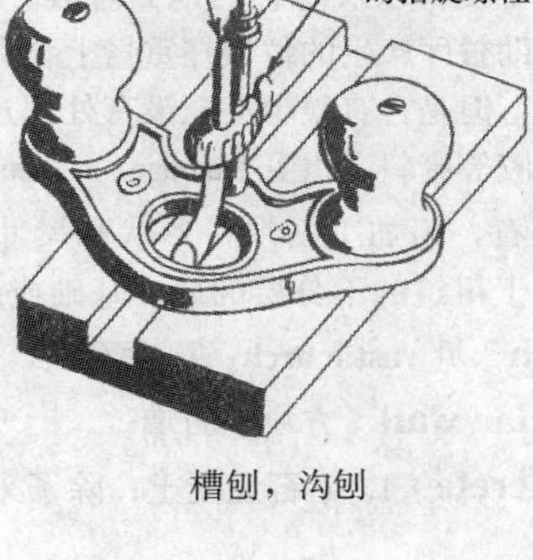

槽刨，沟刨

rover 泛指一切有曲线线脚的物件。

row house，row dwelling **1.** 联排式住宅，连排住宅中的栋相邻房屋间共用一面或多面墙的房子。**2.** 住宅开发或建设中结构相似的成排房屋中的一栋。

rowlock，rolok，rollock **1.** 丁头砖面；砌体砌筑时砖为竖砌，砖的一面丁头露在外面的砖。**2.** 竖砌砖拱的一环。

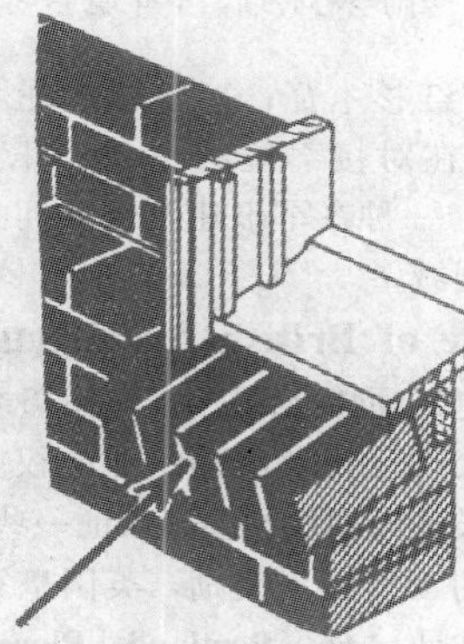

丁头砖

rowlock arch 竖砌砖拱；一种由砖砌成的拱，其中的砖或小的楔形拱石是在同心圆环中分环砌筑的。

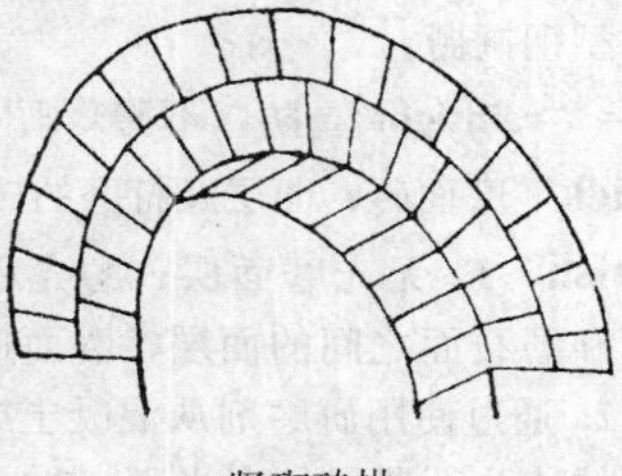

竖砌砖拱

rowlock bond 同 rat-trap bond；竖砖空斗墙。

rowlock cavity wall，all-rowlock wall，rolock wall，rolok wall，rowlock-back wall，rowlock wall 竖砌空心砖墙，空斗墙；所有的砖是竖砌的空心砖墙。

row spacing 排间距；木结构中，螺钉或类似紧固件的相临两排中心到中心的排间距。

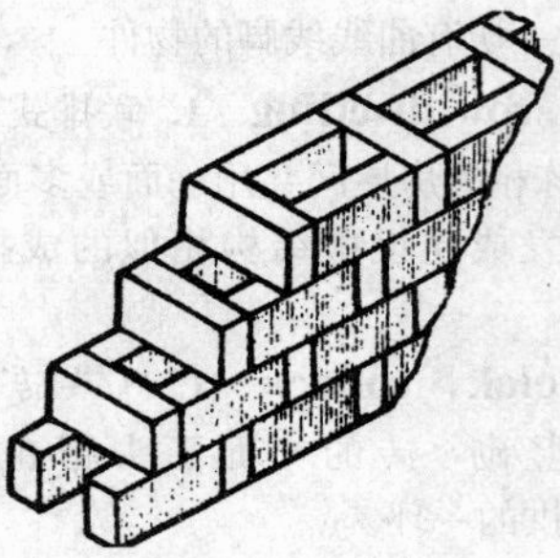

竖砌空心砖墙，空斗墙

royal 1. 西方红杉木瓦；一种杉木瓦，大约 24in（61cm）长，在对接部位约 1/2in（1.25cm）厚。2. 皇家要塞；一种在军事建筑领域拥有极强防御能力的中世纪城堡。

Royal Institute of British Architects（**RIBA**） 英国皇家建筑师学会；成立于 1835 年，英国皇家建筑师学会现已是英国建筑业的权威组织，它吸收合格的候选人加入学会，认证一些建筑学院，并且对杰出的工作授予奖励，英国皇家建筑师学会的地址是：**66 Portland Place，London，WIN4AD**。

rpm 缩写＝“**revolutions per minute**”，每分钟转数。

RSC 缩写＝“**rooled steel channel，1**”，轧制钢槽。

RSJ 缩写＝“**rolled steel joist**”，轧制钢托梁，热轧钢梁，型钢搁栅。

RT 缩写＝“**raintight**”，防（不漏）雨的。

rubbed brick 磨面砖；面层经打磨的砖。

rubbed finish 1. 无光磨面层；磨光程度介于机械细磨面和磨石面之间的面层，磨面通过机械磨制而成。2. 通过使用研磨剂从混凝土或砖表面磨去不规则的棱凸而获得的磨光面。3. 漆磨面；清漆或胶漆木材表面的无光泽的磨层，通过饱含浮石和水或油的研磨垫进行研磨获得。

rubbed joint 木板摩擦挤胶拼缝；通过粘胶涂层形成的节点，在需要连接的表面涂抹粘合胶，将对接面摩擦直到不再有胶挤出为止，不需要使用夹具。

rubbed work 磨面砌体；砖、混凝土、木材或者石头砌筑的带有无磨光表面的砌体。

rubber 1. 橡胶；一种高弹性材料，具有较大变形后迅速恢复原状的性能，由橡胶树或其他树木和植物的汁液制造而成。2. 泛指各种具有类似橡胶特性的合成材料；合成橡胶 。3. 打磨刀。

rubber-emulsion paint 见 **latex paint**；乳胶漆，乳胶涂料。

rubber set 见 **false set**；混凝土假凝现象。

rubber silencer，bumper 橡胶消声器；有弹性的物件，例如安在门框上，用来消除由门砰击而产生的噪声的橡胶垫层。

rubber tape 用于电气接点绝缘的橡胶带或类似橡胶的条带。

rubber tile （铺地面用的）橡胶地毯；一种耐用的地面材料，主要由含有黏土、纤维型滑石粉或石棉的天然橡胶或合成橡胶构成，通常通过胶粘剂铺在木地板或混凝土地板之上。

rubber-tired roller 橡胶轮胎压路机；自驱动或由别的机器牵引的橡胶轮胎压路机，有一排或多排充气轮胎。

rubbing 见 **flatting down**；擦光，研磨。

rubbing block 磨块（磨石用）；一种砂岩块，使用它对大理石进行初步的手工磨光。

rubbing brick 同 **rub brick**；金刚砂砖。

rubbing down 磨平（漆工工序之一）；表面涂漆的一道中间工序，在涂刷表层之前用柔和的研磨剂进行研磨。

rubbing stone 磨石；研磨用的石头，粗定型后，用来磨光和清除磨削过的石头或砖上的工具痕迹。

rubbing varnish 见 **polishing varnish**；耐磨清漆。

rubbish 垃圾，废物；易燃垃圾（例如：废纸、纸板箱、木材废料以及易燃的地面垃圾）的混合物，饭店或自助餐厅产生的垃圾在重量上含有达到百分之二十的，但是含有很少甚至没有处理过的纸、塑料或者橡胶等废料。也见 **garbage**，**refuse** 和 **trash**。

rubble 毛石，粗加工石块；形状和尺寸不规则的粗石，用于粗筑的不分层的墙、基础或铺路。

rubble arch 见 **rustic arch**；粗琢石拱，粗毛石拱。

rubble ashlar wall 方块毛石墙。

rubble concrete 1. 毛石混凝土；除了采用小石头

（例如一个人能搬动的石头）外，与蛮（大块）石混凝土相似的一种混凝土。**2.** 由拆除的结构中获得的毛石制成的混凝土。

rubble drain 见 **French drain**；乱石盲沟，毛石排水沟。

rubble masonry 同 **rubblework**；毛石砌体。

rubble stone masonry 毛石砌体工程；由不规则的块石构成，用砂浆砌筑而成的石砌体。

rubble wall 毛石墙；成层的或不成层的毛石墙。

rubblework 毛石砌体；由毛石砌筑而成的砌体。

毛石砌体

rub brick 磨光砖；用于磨光和清除硬化后的混凝土表面不规则物的碳化硅（磨面）砖。

rudenture 同 **cabling，2**；柱头下卷绳状雕饰。

ruderation 浆砌石路面，卵石砂浆路面；用小鹅卵石或小石头及砂浆进行铺路的方法。

rudus 位于马赛克铺面基层中的底层砂浆。

rule （界，直，缩，规）尺；一种有直线边缘的，用于测量距离和画直线的工具，通常是以英寸或厘米作为分度单位。

ruled joint 同 **scribed joint，2**；砌体的一种灰缝形式，将砖与砖之间的灰缝表面用金属工具抹平，且划刻出一条线。

rule joint 折尺接头，肘节形接头；折尺的转动接头，以其为轴的折尺的两段平直部分可以以边缘向前或向外转动，但不能转向其他方向。

ruling pen 鸭嘴笔，直线笔；用于画均匀宽度直线的笔，通常由两片刀刃组成，两片刃中间盛墨

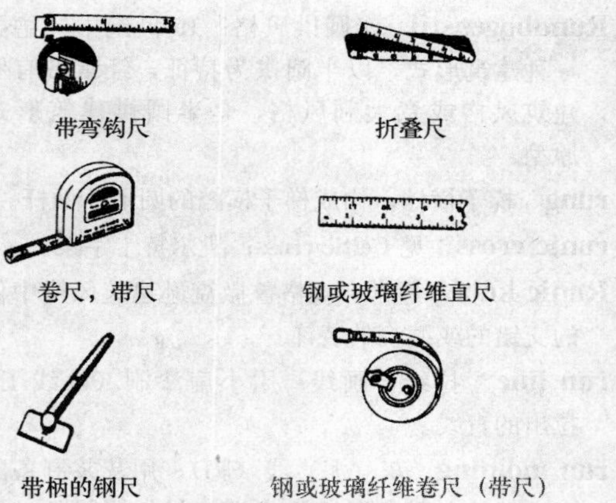

普通类型的尺子

水，两片刃之间的距离可以通过调节螺丝控制。

Rumford fireplace 拉姆福德壁炉（取暖效果较高）；汤姆逊·本杰明（1753—1814）发明的一种取暖效果很好的壁炉，汤姆逊·本杰明出生于马萨诸塞州，后来以拉姆福德伯爵而著名。他创新的壁炉设计增加了热辐射的效率，并减少了烟的散发量，壁炉的优良性能是通过下面两条途径达到的：一是减小了早期壁炉庞大的开口尺寸；二是在烟囱中引入了位于炉床上方的压缩室，从而增加了通过烟囱的气流。

rummel 同 **soakaway**；渗水坑。

run **1.** 在屋顶上，外墙面到屋脊的水平距离。**2.** 楼梯单个踏步的宽度。**3.** 一段梯段板的水平投影长度。**4.** 滑动窗的窗框滑槽（轨）。**5.** 涂漆物体上竖直流动的漆流，通常当涂层过厚时产生，且发生于搪瓷制品，也被叫做淌漆纹。**6.** 直线管段或零配件，沿所连接的管长方向连续。

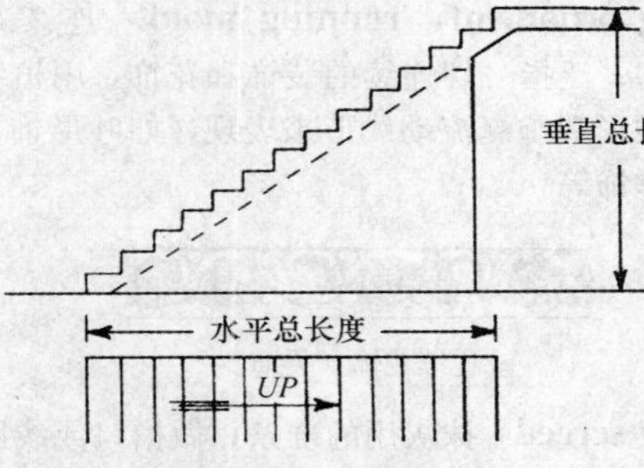

梯段板的水平投影长度

Rundbogenstil 半圆拱风格；19 世纪中叶德国的一种建筑形式，以半圆拱为特征，经常带有罗马建筑风格或意大利风格，是半圆拱建筑形式的原型。

rung 梯子横挡；构成梯子横挡的圆形断面杆。

runic cross 见 **Celtic cross**；凯尔特十字架。

Runic knot 通常在盎格鲁撒克逊建筑风格中使用的交错的或缠绕的装饰。

run line 拉线，画线；用小扁漆刷（画线工具）拉出的直线。

run molding 灰（泥）线（脚）；用灰浆制备的线脚，偶尔也用水泥或其他类似材料，制备时使处于湿态的材料通过金属或木材模板即可。

runner 1. 横龙骨，支承杆；连在钢结构或混凝土结构上的金属支撑构件，用于支撑隔墙和隔音天花板等，也见 **main runner**。2. 同 **ledger**，1。

running 1. 应用在各种各样的装饰带无论向左或向右平滑延伸的连接。2. 用模制的装饰线脚现场制作檐口线。

running bond 同 **stretcher scroll**；跑砖砌合。

running dog 见 **Vitruvian scroll**；波形涡卷纹，回转卷纹。

running ground 流动（流沙）地基，流动土；处于塑态、半塑态或沙态的土，没有挡土板不能够立住。

running mold，horse mold 模饰样板，灰线模子；安装在木制框架中形成檐口外形的模板，抹灰工用它来制备线脚，沿着顶棚边线做成所需的灰泥线脚。

running off 线脚终饰；线脚的最终装饰层。

running ornament，running mold 连续花饰（装饰）；泛指一切连续的装饰和花饰，用植物的交错线形和蜿蜒流动线形来表现，如叶形饰，回纹波形饰等。

连续花饰（装饰）

running screed 抹灰用的准条；做檐口或线脚时用的窄石膏条，在现场做抹灰准尺。

running shoe （灰线模上的）滑靴，架模靴；灰线模子上的金属板，用来防止磨损，并且可以自由地在抹灰准尺上和凸导尺上滑动。

running slope 前进坡度；对比 **cross slope**；横向坡度。

running tie 一种用于连接托梁、椽子和（或）立柱的木结构构件。

running trap U 形存水弯；排污管道中向下弯曲的 U 形部分，它允许流体自由地通过，无论管道处于何种状态，其中的水都是满的，所以形成了一个密封，来防止空气的流通。

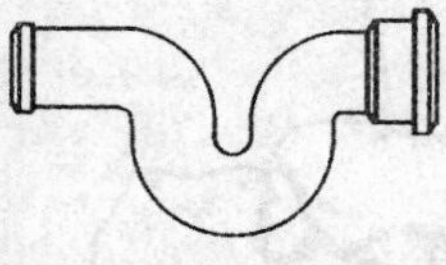

U 形存水弯

run-of-bank gravel 见 **bank-run gravel**；原岸（未筛）砾石，河岸石堆。

runoff 径流；雨水沿地表流动形成的水流。

run of rafter 同 **run**，1；外墙面到屋脊的水平距离。

run-to-breakdown maintenance 当机器发生故障之后进行的机械部件的替换，有别于无故障保养。

runout 送热支管；连接送热主管与对流器的支管。

runway 1. 剧院中舞台的狭窄突出部分，通常在乐队席上，有时深入到观众席的过道中，可以使演员在离观众很近的地方表演。2. 灌注混凝土的工作台面上使用的小运输车行走的路面。

runway barn 陡坡屋顶的梁柱木结构的仓库，通常为折线形陡坡屋面，没有前厅，依山坡而建，靠近地面层的较低一侧用于饲养动物，类似于山边避风的双层农仓（**bank barn**）；见 **Yankee barn**。

rupture disk 一种安全装置，用在压力系统中，当超过预定的压力时构成系统的圆盘很易破碎。

rupture member 泛指在达到一个预定的压力时自动破碎的安全装置。

rupture modulus 见 **modulus of rupture**；挠折模量，破（断）裂模量。

rupture strength 挠折强度，破（抗）裂强度；见 **modulus of rupture**。

Ruskinian Gothic 见 **High Victorian Gothic**；高维多利亚哥特式建筑形式。

Russo-Byzantine architecture 起源于希腊拜占庭式建筑的俄罗斯式建筑（11～16 世纪）的第一阶段，主要为石砌教堂，以十字架形平面和多重的圆形屋顶为特征。

rust （铁）锈，锈斑；一种浅褐红色物质，常为粉末状，由于氧化而在钢或铁的表面上积累，最终削弱和腐蚀了其赖以形成的钢或铁。

rustic 1. 粗面石工的；描述手工琢制的建筑用粗石材，有意用其砌成高浮雕，用于普通的乡村风格的建筑中。2. 粗琢石；建筑用石灰石的一个等级，以粗糙纹理为特征。

rustic arch，rubble arch 粗琢石拱，粗毛石拱；由粗糙和不规则的石块砌筑而成的拱，石块之间的空隙用砂浆填充。

rustic brick 粗面砖，饰面砖；烧制前，先在砖表面上覆盖了一层沙子，如此处理是为了产生一种装饰效果。

rusticated 琢制石块使其有非常显眼的凹进接缝，具有光滑的或粗糙的表面纹理，用在银行、宫殿或郡政府所在地等建筑中，来制造一种坚不可摧的外观感觉，每个石块的边沿都可能被斜向切去了一些，沿四边，或者仅仅在顶部和底部，或者在两个相邻边；石块的表面可以是平的、倾斜的或者是有钻石尖的。如果是平滑的，可能是经过了手工或机械处理。

rusticated column 见 **banded column**；分块柱，箍柱，叠合柱。

rusticating 粗琢；在黏土砖或石料表面上刻制粗糙的纹理。

rustication 同 **rustic work**；粗面石工。

rustication strip 凹槽板条，刻槽条；木条或类似物件，被固定在混凝土模板的表面，使混凝土中产生（装饰用的）凹槽。

rustic finish，washed finish 水洗石饰面，水刷石（表面处理）；一种磨石子面层，通过在凝固硬化之前进行水洗，使填料凹进，其目的是在不破坏小石片和填料之间胶结力的前提下使小石片暴露出来，为便于操作，有时需要在表面使用缓凝剂。

粗面石工

rustic joint 凹槽接缝，粗面石墙缝，深凹灰缝；石砌体中深凹的灰缝。做法是：沿相邻的石块边缘做斜切面或灰缝表面凹进石砌体表面。

Rustic order 同 **Tuscan order**；塔斯干柱式。

rustic quoin 粗琢转角石；做凹缝处理的隅石，其表面通常被粗琢，并且突出于砌体的其他部分的表面。

rustic siding 见 **drop siding**；外墙垂吊披叠板，互搭（披叠）外墙壁板，外墙包层。

rustic slate 粗面石板，粗砌石板；许多厚度不同的石板瓦中的一块，铺设后形成不规则的表面。

rustic stone 毛石；泛指所有适合于粗圬工的粗

石，最常用的是石灰岩或砂岩，砌筑时通常将细长方向水平向外。

Rustic style 表示建筑模式（**architectural mode**）而不是建筑风格的一个比较含糊的词语，常被用于美国东北部林区中猎人住的山林小屋或圆木墙小屋。特征包括：原木（通常是剥了皮的）的墙结构，鞍形咬口的拐角接缝；粗加工的木材；未加工石料砌筑的烟囱；由手劈木板瓦铺设的斜度中等至陡峭的屋顶，屋顶椽子外露，带有扁平的装饰栏杆的一个或更多的阳台或门廊。偶尔被叫作 **Adirondack Rustic style** 或 **Teddy Roosevelt Rustic style**。

rustic woodwork 原木制品，原木装饰品；由尚未剥去树皮的原木构造的装饰工程或结构工程。

rustic work 1. 由尚未剥去树皮的原木构造的装饰工程或结构工程。2. 粗面石砌体，石砌体缝间因很深的斜切面而使相互分离更加明显。

rust-inhibiting paint 防锈漆，抗腐蚀漆。

rust joint 水密接头；两个铁管断面之间的防水接头，采用任何可生锈的混合物如铁质胶合剂来填充套节缝，这种混合物也可以用来修补渗漏的接缝。

rust pocket 铁锈清扫孔；管道壁底部的清理孔，可清理聚集的铁锈。

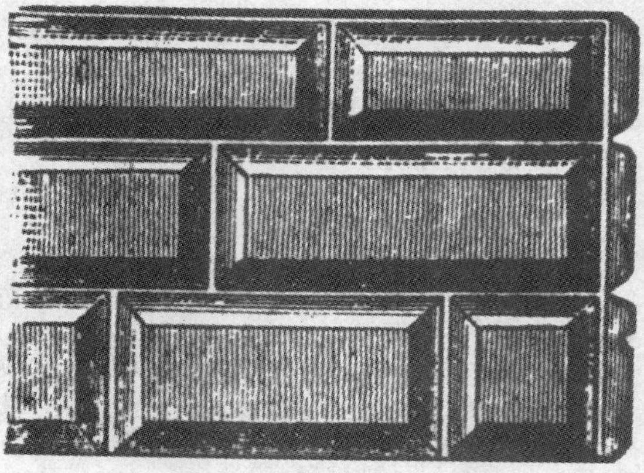

粗面石砌体

rutile 金红石；一种常见矿物，偏红的褐色或者黑色，含有60%的钛，可用于制漆，使电弧稳定的焊条涂层，陶瓷釉和玻璃中的乳浊剂等。

R-value 材料或构件热阻性能的量度指标。

R/W 1.（制图）缩写＝“**right-of-way**”，地界。2. 缩写＝“**random widths**”，任意宽度。

R/W&L 缩写＝“**random widths and lengths**”，任意的宽度和长度。

S

s second（秒）。

S **1.**（制图）缩写＝"**side**"，面，侧面。**2.**（制图）缩写＝"**south**"，南，南方的。**3.** 缩写＝"**seamless**"，没有接缝的，没漏洞的，完全连续的。

S&E 用于木材工业的，缩写＝"**surfaced one side and edge**"，单边单面加工。

S&G 缩写＝"**studs and girts**"，墙筋和围梁。

S&M 缩写＝"**surfaced and matched**"，表面加工和匹配。

S1E 用于木材工业的，缩写＝"**surfaced one edge**"，单边加工。

S1S 缩写＝"**surfaced one side**"，单面加工，单面涂层。

S1S1E 缩写＝"**surfaced one side and one edge**"，单面单边加工。

S1S2E 缩写＝"**surfaced one side and two edges**"，单面双边加工。

S2E 缩写＝"**surfaced two edges**"，双边加工。

S2S 缩写＝"**surfaced two sides**"，双面加工，双面涂层。

S2S&CM 缩写＝"**surfaced two sides and center matched**"，双面加工和中心匹配。

S2S&SL 缩写＝"**surfaced two sides and shiplapped**"，双面加工和铲口搭接。

S2S1E 缩写＝"**surfaced two sides and one edge**"，双面单边加工。

S4S 缩写＝"**surfaced four sides**"，四面加工。

S4S&CS 缩写＝"**surfaced four sides and caulking seam**"，四面加工和防水接缝充填。

S/A 缩写＝"**shipped assembled**"，运载组合。

Sabbath house，Sabbath-day house 在殖民地新英格兰，仅有一个房间的一端带有壁炉的小房子。小房子通常靠近做礼拜的地方，是在星期日的全天宗教活动间歇时被家庭用来作为取暖和进餐的地方，因为通常宗教活动是在没有取暖的教堂聚会所进行的。偶尔也有几个家庭共同使用一个有两间屋子的房子，其中的壁炉位于两个房间之间；还有一种是小两层楼，一层用来做马房。也见 **Sunday house**。

saber saw 军刀锯；带有振动锯刃的动力驱动锯，其工作原理类似于往复式竖锯。

sabin 赛宾；英制声吸收单位，等于一平方英尺理想的全吸声表面吸收的声量；也见 **metric sabin**。

sable，sable pencil 黑貂（毫）画笔；由黑貂尾部的毛制成的精良的画笔。

sable writer 非常长的黑貂（毫）画笔，毛笔，尤指写标牌的毛笔。

sacellum 小型罗马礼拜堂；小型罗马教堂，通常是露天的，四周有围墙，中间是小型祭坛；有时带屋顶，用于举行葬礼。

sack 见 **bag**；袋，包，罩，套。

sack finish 见 **sack rub**；袋擦饰面（用麻布袋修饰混凝土表面）。

sack rub，sack finish 袋擦，用麻布袋擦平混凝土表面；一种混凝土表面做法，使混凝土产生平滑均匀的纹理，并填充所有的蜂窝麻面和气孔。具体做法是：当表面被潮湿后，刮掉上面的砂浆，在混凝土表面干燥之前，用一块粗麻布或海绵状橡皮镘刀将干燥的水泥和沙子的混合物刮擦在混凝土表面上，以便填充空隙，去掉过剩的砂浆。

sacrarium 在古罗马或中世纪的建筑中任何被视为神圣的地方，例如：神殿，小礼拜堂或用来保

神殿，小礼拜堂：庞培

存用于礼拜仪式物品的圣器室。

sacrificial anode 防腐消耗阳极；用于管道或设备阴极保护（例如：防腐保护）的金属板，被保护的管道和设备与金属板用电相连。这种金属板必须有比它所保护的管道有更强的抗腐蚀能力。

sacrificial protection 牺牲涂层式防护；采用金属性涂层，例如富含锌的漆层用来保护钢材；在电解液（例如盐水）中，形成电化学电池，使金属涂层而不是钢材被腐蚀。

sacrificial timber 为提高防火能力扩大了尺寸的木料。

sacristy 教堂中圣坛附近的一个房间，用于存放礼服和作弥撒时所用的器皿，或牧师和神职人员在这里穿上服务用的教服，也可在这里处理教堂的

教堂、圣器室

一些事务；通常是一个单间，有时非常的大。

saddle 1. 同 threshold。2. （烟囱后的）泄水假屋顶，斜沟小屋顶，防热屋顶。3. 泛指使人联想到鞍形的结构，例如连接两个较高立面的中间部分或鞍形屋顶 。4. 管夹，耳形固定件；重管道的地面支撑和固定构件。

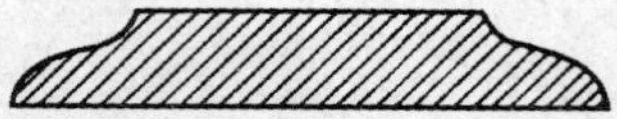

门槛，槛

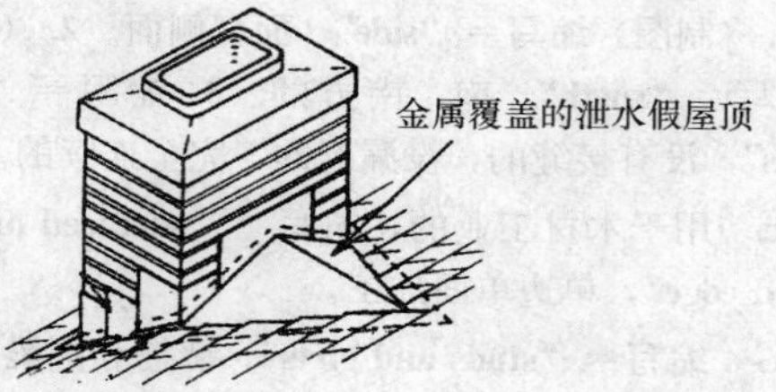

（烟囱后的）泄水假屋顶

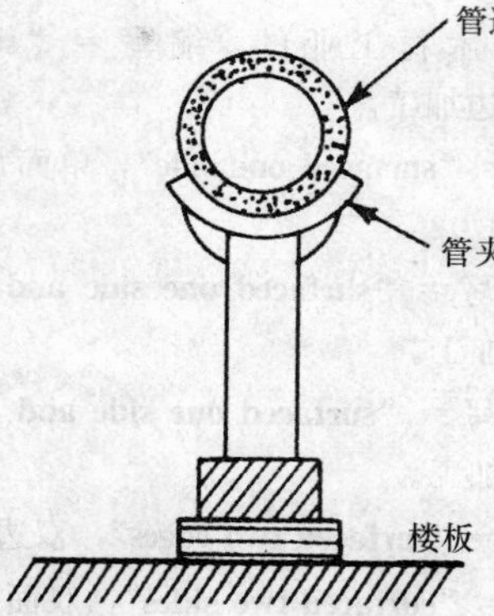

管夹，耳形固定件

saddleback 1. 鞍形接缝 。2. 鞍形压顶；上表面沿着中脊线形成双坡面的压顶石，雨水可以从两面流下。

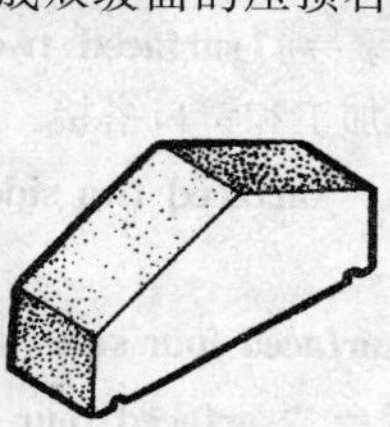

鞍形压顶

saddleback board 同 threshold；门槛，鞍形板，

衬底板。

saddle-backed coping 见 **saddleback，2**；鞍形压顶。

saddleback joint 同 **saddle joint，1**；阶形接槎；接缝上层突出的砌体或压顶，用于阻止雨水渗入。

saddleback roof 同 **saddle roof**；鞍形屋顶；连接两边较高屋脊和山墙的屋顶，屋顶的轮廓酷似鞍形。

saddlebag cabin 连在一起并共用一个木板屋顶的两个单间圆木墙小屋，屋顶在中心屋脊的两侧各有一个坡面；这两个小木屋有各自入口，在两个木屋之间通常不设内厅，通常正面全都作有门廊。在美国北部，位于中心的烟囱是常见的，因此两小木屋通常是背靠背地建在一起，共同使用一个烟囱，相比之下，在美国南部，烟囱在每个小木屋的另一端。和其对应的词是 **center-hall cabin**。

saddle bar 花饰铅条窗用的水平铁条，窗格鞍形嵌条。

saddle bead 玻璃压条；用于压紧两块波形的压条。

saddle bend （管道中的）鞍形弯头；管道相交处，一管道设置鞍形弯头，跨过另一管道。

saddle board 鞍形板，斜屋顶屋脊盖板；斜屋顶屋脊上的盖板，用于覆盖屋脊节点。也见 **comb board，ridgeboard**。

saddle coping 鞍形压顶；见 **saddleback，2**。

saddle fitting 鞍形管件；和已经安装的管道进行连接的管件，被固定在管道的外侧，并用密封垫进行密封。

saddle flange 鞍形法兰；一种曲线的法兰，通常被焊接或铆固在水箱、锅炉或者类似物件上，起防渗漏作用；被制成和曲线表面相吻合的形状并与螺纹管道连接。

saddle flashing 斜沟小屋顶上的鞍形泛水，鞍形防雨板。

saddle-jib crane 同 **hammerhead crane**；锤头式起重机。

saddle joint 1. 阶形接槎；突出的砌层或压顶上的阶形接缝，用于阻止雨水渗入。2. 咬口接缝；金属板屋顶中使用的垂直接缝，通过将需要连接的两块金属板中的一块板边向上弯起，再向下折叠，然后和相邻金属板向上弯起的板边咬合在一起，就形成了咬口接缝。

咬口接缝

saddle notch 鞍形槽口；在圆木墙小屋结构的拐角处，每根水平原木在靠近端头的下表面都被切出了一个半圆形槽口，当把同样带有槽口的原木以相互垂直的方式搭接在一起时，就形成了互相锁定的接头；偶尔的，这个词语也被用来表示为 **double-saddle notch，double-saddle notch**，表示在一根原木端头的上下两面都被切削，在这种情况下，与之相垂直搭接的另一根原木端没有槽口。

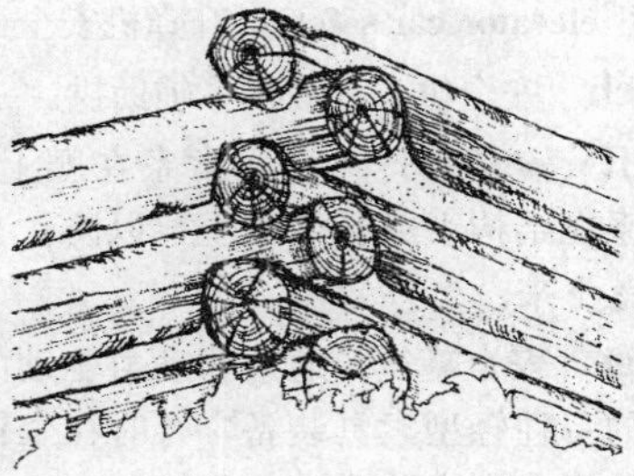

鞍形槽口

saddle piece 金属板屋顶中的金属斜沟小屋顶。

saddle roof 鞍形屋顶；连接两端较高屋脊和山墙的屋顶，屋顶的轮廓酷似鞍形。

saddle scaffold 鞍形脚手架（跨越屋脊）；骑跨在屋脊上的脚手架，尤其适用于修补烟囱。

saddle stone 1. 山墙顶石，拱顶石 。2. 用来表示鞍形石的一个陈旧的词。

saddle tenon 见 **bridlejoint，2**；啮接，双榫接，斜榫接。

saddle tie 1. 鞍形扣件；将吊钩连接到主滑行机械装置上的连接扣件。2. 鞍形连接件；通过使用一根或两根金属绳索将板条构件连接到墙或顶棚框架上。

sadl 缩写＝“saddle”，鞍，鞍状物。

SAE 用于制图的缩写＝“Society of Automotive Engineers”，汽车工程师协会。

SAF 用于制图的缩写＝“safety”，安全，安全设备，保险装置。

safe 1. 盘状收集器；带有排泄管的浅盘，被装置在卫生设备下面来接收溢出，或被放置在管道下面来接收渗漏 。2. 保险箱；内置或便携式的钢封贮物器，用来保护存储的材料免遭火灾和（或）入室行窃。

safe area 安全区域；撤离建筑物时使用的室内或室外通道，这些通道平时仍可用作出入集会空间的交通空间。

safe leg load 脚手架立柱安全荷载；允许脚手架立柱安全地施加给结构框架的荷载。

safe load 安全（容许）荷载；作用在结构上，由其产生的应力未超过结构容许应力的荷载。

safety 见 elevator car safety；升降机安全器。

safety arch 安全拱，分载拱，辅助拱。

safety belt 安全带；一种通常系在腰上的装置，另一端系在结构上或救生索上，以防止工人从结构上跌落下来。

safety cage 安全罐笼；通常和动力驱动的绞盘配合使用的一种轻型索具装备，有时在工作量较少的地方被用来代替脚手架。

safety chain 安全链；连接到设备管道上的链条，当设备的固定件失效时，此链可防止设备坠落。

safety counterweight 对重安全钳；一种附属于升降吊笼机械装置，一旦发生电梯箱超过预设速度、自由落体或是提升缆绳松弛等状况，安全钳将停止电梯箱（或对重装置）运动并固定其位置。

safety curtain 见 asbestos curtain；石棉幕帘，防火幕帘，安全幕帘。

safety factor 见 factor of safety；安全系数，安全因数，安全率。

safety fuse 安全引信，安全导火线；一条柔软的绳索，内含可燃物质，通过它，火可以被连续均匀地引到爆破雷管处，进行引爆。

safety glass 1. 夹丝安全玻璃 。2. 淬火玻璃，钢化玻璃 。3. 夹层（安全）玻璃，防弹玻璃。

safety lighting 见 emergency lighting；应急照明，事故照明。

safety lintel 安全过梁；设在门窗洞石过梁后面的辅助过梁，通常是木制的。

safety nosing 楼梯踏步防滑条；踏板表面研磨处理而成的防滑条。

safety shutoff device 安全关闭装置；煤气灶中的一个安全装置，当煤气火焰熄灭时此装置将自动切断煤气供应。

safety switch 保险（安全，紧急）开关；在室内电线中使用的开关，开关被安装在金属箱中，在箱子外部通过与开关连接的手柄进行操纵控制。

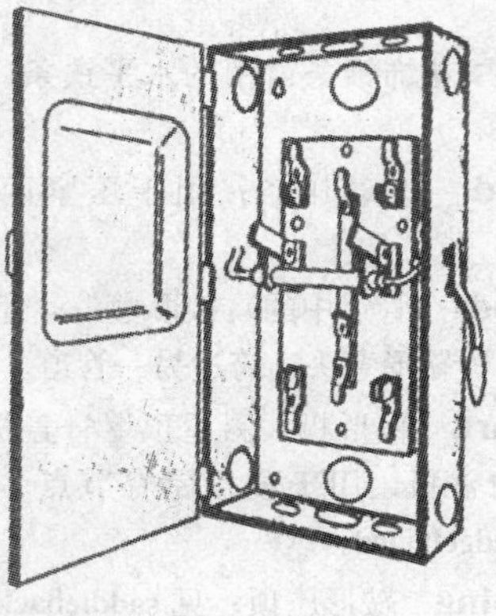

保险（安全，紧急）开关

safety tread 楼梯防滑踏板，防滑踏步；通常指表面粗糙或带有粗糙表面的楼梯板条、楼梯踏步。

safety valve 见 pressure-relief valve；安全阀，减压阀。

safe waste 由收集器伸出的废水管。

safe working pressure 容许（安全）工作压力；根据相关规范（美国机械工程师协会（ASME）锅炉规范），对于给定的容器、锅炉、烧瓶或汽缸所允许的最大工作压力，通常将其标注在这些设备上。

safflower oil 红花油；从红花籽中榨取的干性油，

用作颜料或清漆的载色体，与亚麻油的性质相似。

safing 1. 置于空气输送管中某一部件（如过滤器）周围的一道屏障，用来确保空气从该部件内部通过，而不是从其周围流过。2. 一种填充在楼板和幕墙之间的挡火物，应用于多层建筑中。3. 一种位于楼板和拱肩镶板间防火绝缘材料，用于密封墙体和楼板上的孔洞。

sagging 1. 瓦层波纹；搪瓷制品经过直立烧制后，表面出现的以波状线为特征的缺陷 。2. 陶瓷制品在烧制过程中由于支撑不足而出现的不可逆转的向下凹陷的缺陷。3. 流挂（现象）；在直立表面上涂湿漆过多而导致的问题，漆干燥后，在漆层表面会出现滴状、流淌状或帘子状的缺陷 。4. 密封剂在接缝中流动，失去了原来的形状。5. 见 **curtaining**，3。

sagitta 石拱的锁石，拱顶石，关键石。

sahn 清真寺的中央天井。

sailing course 出挑砖层，束带层，腰线。

sailor 以大面露在外面垂直铺砌的砖。与 **soldier**（长边朝外立砌砖）对比。

sail-over 挑出；超出墙正常表面的突出部分。

Saint Andrew's cross bond 见 **English cross bond**；英式交叉砌砖法，英式十字缝砌砖法，荷兰式砌合。

Saint Augustine house 圣奥古斯丁房屋（建筑风格）；当西班牙人 1565 年在佛罗里达的圣奥古斯丁安居后使用的一种房子。房子是两层的；墙体厚重；由贝壳灰砂或石灰石块砌筑；屋顶通常是由手工劈开的柏树木板铺设而成的；在底层有一个面向街道的房间，窗户由栅栏保护，并且在内部有木制百叶窗，二层有两个房间，通过外部的楼梯可以进入，通常有一个或两个阳台。也见 **palma house** 和 **tabla**。

sala 在西班牙建筑及其派生的建筑房子中，会客厅、主厅或起居室通常有朝向街道的窗户，窗户用铁格子或木栅栏保护，并且在内部有厚重的木制百叶窗。

salamander 一种便携式火炉，在冷天里用来加热新浇筑混凝土周围的空气，使混凝土能够在适宜的环境条件下凝固硬化并进行养护。

sal ammoniac，ammonium chloride 卤砂，腻子，油灰；在锡焊焊剂中使用的一种材料，也作为铁质胶合剂的一种成分。

sale-and-leaseback 售后租回；一种由房产所有人和投资商签订的合同类型。屋主将部分产权转卖给投资商用增值或开发，投资商向屋主递交一份长期的房产租约。

sal e pepe 一种晶体结构类似于盐和胡椒粉的混合物的花岗岩，由细密纹理的矿物质组成。

sales square 在美国，指覆盖 100ft^2（9.3m^2）平屋顶所需要的屋面卷材量。

saliens 人工喷泉；水经过一个收缩管，并在收缩管自身的压力作用下喷出。

salient 凸的，显著的；指任何突出的部分或部件，例如一个突出的拐角。

salient corner 阳角；向外突出的拐角，与凹进的拐角（阴角）正好相反。

sally 木椽头；一个突出的部件，位于椽子端头槽口上方，槽口是为使椽子端头与下面的水平梁相吻合。

sally port 暗门，堡垒地道；用来连接堡垒中央工事和四周工事的地下通道或隐蔽起来的门。

salmon brick 欠火砖，未烧透砖；一种缺乏抗侵蚀能力的次品砖，如此称呼它是因为其颜色粉红。一般用它来填充木框架结构房屋中两层木料中间的空隙，以提高结构的刚度，增强结构的隔热性能。

salomónica 绞绳形柱（西班牙巴罗克建筑特征），麻花形柱，螺旋形柱。

salon 1. 沙龙；主要用来展览艺术品的房间。2. 画廊，绘画室 。3. 小而时髦的商业场所。

saloon 1. 出售和消费刺激性酒精饮料的场所，是美国西部小镇的早期社会活动中心 。2. 是单词 **salon** 的变体。

saltbox house 斜盖盐箱形屋顶房；在殖民新英格兰使用的一种木结构房子，通常是两层半高，有会客室和主起居室，两端山墙，双坡屋顶，后坡比前坡长，而且后坡的倾斜度也比前坡大；这样的屋顶轮廓给了房子以一种酷似同时代在大不列

斜盖盐箱形屋顶房

颠殖民地盛盐用箱子的外形。

saltbox roof 泛指一切具有类似斜盖盐箱形状的屋顶，在美国南部，通常被叫做低坡屋顶。

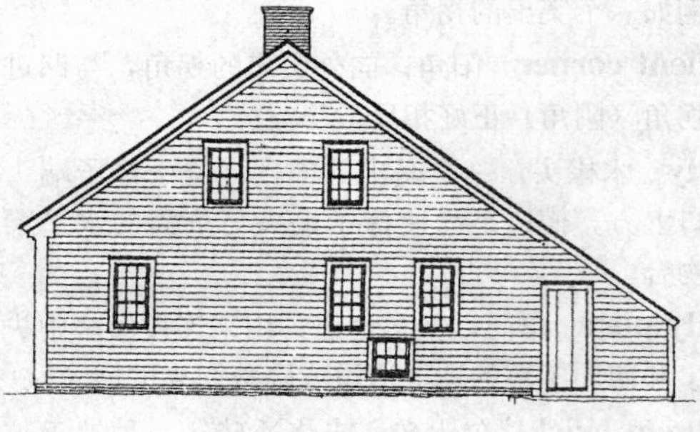

低坡屋顶

salt-glazed brick，brown-glazed brick 盐釉面砖，瓷砖；表面光泽的砖，在干燥炉中通过黏土质硅酸盐与盐蒸汽或其他物质之间发生热化学反应制得。

salt-glazed tile 釉饰面砖；表面有光泽而且非常光滑的面砖，在干燥炉中通过黏土质硅酸盐和盐蒸汽或其他物质之间发生热化学反应制得。

salutatorium 中世纪教堂职员和群众在门廊或圣器室局部的议事室。

salvage 废弃物再利用；通过对已损坏或遭废弃的建筑物进行修复或改造，使其得以使用或转售。

salvaged brick 已经使用过的砖。

samel brick 同 **salmon brick**；欠火砖，未烧透砖。

sample 取样，样品（本），试件；材料的小样品，或与规范要求相符的大量使用部件中的一个单独构件，将其先安装就位，以进行检查和正式批准，或用以建立一个鉴定工作的标准。

sample panel 样本面板；塑料、砌块或其他所需材料的小面积样板，作为材料比对的标准。

SAN （制图）缩写＝“**sanitary**”，清洁卫生的，公共厕所。

sanctuary 1. 教堂中，围绕并紧靠主祭坛的区域；高坛 。2. 宗教的圣堂。

sanctum sanctorum 1. 礼拜堂或神殿中最内部或最圣洁的场所，“圣洁中的圣洁”。2. 泛指秘密的场所或隐蔽的场所，除非被特许，否则是不能进入的。

sanctus bell 圣钟，教堂的钟；悬挂在外面塔楼或位于高坛拱附近或上方钟架内的钟，被撞击用来吸引那些没有在教堂中参加集体宗教仪式的人的注意力。

圣钟，教堂的钟

sand 1. 沙，砂；能够通过 9.51μm（3/8in）筛，几乎能够完全通过 4.76mm（4 号）筛，并且大部分存留在 74μm（200 号）筛内的粒状材料，通过岩石的自然剥蚀和破碎而形成，或者通过易碎的砂岩加工制成。2. 能够部分通过 4.76mm（4 号）筛并且大部分存留在 74μm（200 号）筛那部分集料；也见 sieve number。

sandal brick 同 salmon brick；欠火砖，未烧透砖。

sand asphalt 1. 沥青胶砂；砂与沥青的热铺混合料，制造时没有经过特殊的集料级配控制。2. 有或没有矿物填充物的砂和液体沥青的混合物。

sandbag 砂袋，堆砂袋；剧院中舞台后台上的装砂子的帆布袋，用来平衡舞台布景或其他设备。

sandblast 喷砂，喷砂清除法；用气流冲击将砂喷在金属表面、砌体表面或混凝土表面，以清除表面的污垢、泥土、铁锈或涂层，或者制造出具有装饰效果的粗糙的纹理。

sand boil 由管涌导致的砂子和水地喷出。

sand box 见 sand jack；砂支承器，砂箱。

sand clay 含黏土砂，砂黏土，粉质黏土；砂和黏土的混合物，两种材料被搅拌在一起，互异相对的性质能够使其在各种湿度条件下维持稳定的状态。

sand-coarse aggregate ratio 混凝土的砂石比，粗细骨料比；在混凝土的一次拌合量中，细骨料与粗骨料的比率，可以是体积比，也可以是重量比。

sand-dry 油漆的砂干阶段；指油漆干燥至表面不黏砂的阶段。

sanded bitumen felt 见 asphalt prepared roofing；沥青处理的屋面卷材，预制沥青屋面板。

sanded fluxed-pitch felt 砂面沥青毡；一种饱含熔融煤焦油的毡制品，表面涂上一层相同材料，并且在其两面都撒上砂，以防止在滚压中粘结。

sanded grout 薄砂浆，灌孔稀浆；掺入了细骨料或砂子的水泥浆。

sanded plaster 掺砂石膏浆。

sand equivalent 含砂当量；在细骨料中，黏土污染量的一种计量方法。

sander 1. 电动打磨器，电动磨光机。2. 抛光机，铺砂机。

sand-faced brick 砂面砖；放入高温烧窑前在表面撒过砂的砖。

sand filter 砂滤器，砂滤池，砂滤层；位于分层砂砾石上面的细砂床，用于水处理，清除水中的杂质。

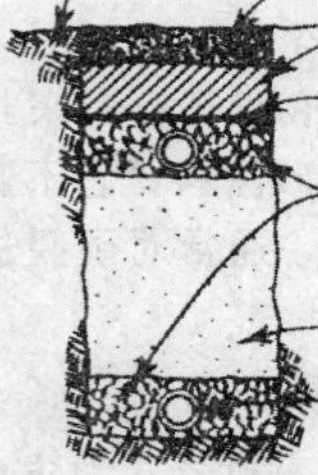

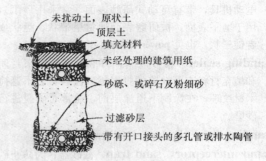

砂滤器，砂滤池，砂滤层（平面图）

sand filter trenches 砂滤槽；由多孔管道或排泄瓦沟组成的管、槽系统，这个系统被夹有过滤砂层的洁净粗骨料所包围，该系统还配有排水暗沟，用来排放过滤后的污水。

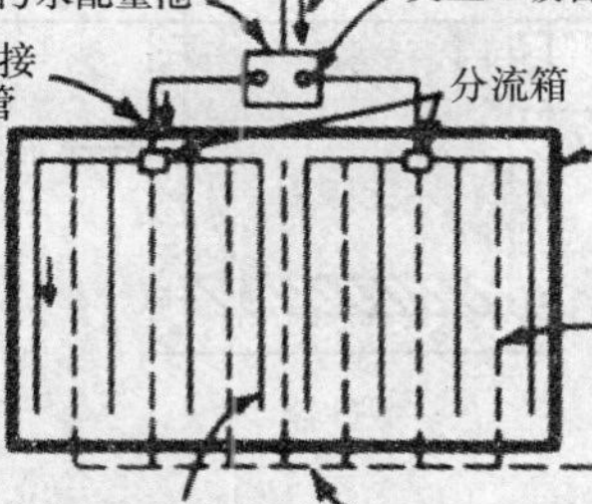

砂滤槽

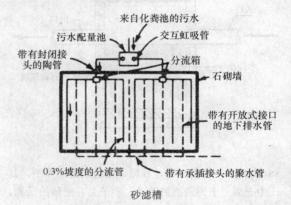

sand finish 1. 砂面；带有纹理饰面的灰泥表面，灰泥中含有砂、石灰膏和硬石膏胶结料。2. 喷砂饰面，抛光饰面，用砂修整。

sand-float finish 粗抹面，浮砂罩面；抹灰工艺中的粗砂抹面，通过木制的镘刀刮抹而得。

sand grout，sanded grout 薄砂浆；掺入了细骨料的硅酸盐水泥砂浆。

sanding，flatting down，rubbing 砂纸打磨，砂磨；用研磨纸或研磨布通过手工或机器磨平表面。

sand block 打砂纸用的垫块；用手工进行砂纸打

磨时，握裹一张砂纸的装置。

sanding machine 磨光机，抛光机；一种固定的电动机具，带有可动式研磨表面（常采用砂纸），用于磨平表面，被研磨表面通常呈带状、盘状或者锭子状，也见 **power sander**。

sanding sealer 掺砂涂料，打底腻子；用来封闭和填充材料表面缺陷的打底掺砂涂料，它不遮掩木材纹理，在涂刷下道涂层前，通常对硬膜进行砂磨。

sanding skip 见 **skip**；打磨遗漏。

sand interceptor，sand trap 截砂器；为防止砂子（或其他固体物质）进入排泄管道而设置的小捕获池，需对其定期进行清洗。

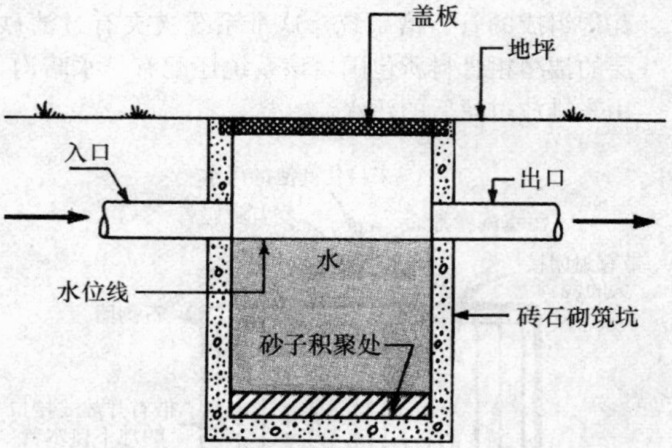

截砂器

sand jack 砂支承器，砂箱；接缝紧密的箱子，其中充满了干燥清洁的砂子，砂子上有密贴的活塞，活塞支撑着中心柱的底部；当需要降低中心时，撤掉箱子底部洞口的塞子，使砂子流出。

sand-lime brick 灰砂砖，硅酸盐砖；由砂子和熟石灰而不是由黏土制成的砖；通常呈浅灰色或白色。

sandpaper 砂纸；强度很高表面涂有研磨料的一种纸，常见的研磨料如：硅石、石榴石、金刚砂、或者氧化铝；用于磨平和抛光，根据研磨指数分级系统可以将其分为若干等级，最高的研磨指数（360～600）用于精细的磨光，最低的研磨指数（16～40）用于粗糙的磨平。砂纸也可以按照另外一套“0 级”分级系统来设计，根据这个等级系统，“精细”等级包括 10/0 到 6/0 级，“细”的等级包括 5/0 到 3/0 级，“中细”的等级包括 2/0、1/0、1/2 级，“粗糙”的等级包括 1、1½、2 级，非常粗糙的等级包括 2½、3、3½、4 级。

sandpile 砂桩，砂堆；在打入地下然后拔出的桩所留下的孔洞中注入密实的砂所形成的桩。

sand plate 焊接在栅栏支柱底部的扁平钢板。

sand pocket 混凝土或砂浆中因仅含有细骨料缺乏水泥而导致的砂团。

sand-rubbed finish 砂磨饰面；琢石工程中的一种饰面形式，以前是通过块体下的砂水混合物进行研磨，现在则是通过使用旋转的或带状的打磨机来获得。

sand-sawn finish 砂锯石面；石头雕刻中的一个相当平滑的表面，通过直锯锯刃所带的研磨料研磨而获得。

sandstone 砂岩、砂石、浮石；由细小颗粒组成的沉积岩，由矿物质自然沉淀而成。用于建筑的大部分砂岩中，富含石英；因其易被雕琢，所以常被用于装饰部件。

sand streak 混凝土中的露砂条形麻面，起砂混凝土表面；由于混凝土的泌浆而在表面形成的纹理。

sand-struck brick 见 **soft-mud brick**；软泥砖，湿性软土砖。

sand trap 见 **sand interceptor**；截砂器。

sandwich beam 见 **flitch beam**；钢木组合板梁（两根木梁中夹有钢板）。

sandwich construction 夹层板结构，层状结构；由一种薄层材料（具有高强的性能）做面层与较厚的强度低的轻型材料做芯材粘结在一起，组成的复合式结构，所形成的结构具有很高的强度重量比和刚度重量比。

sandwich girder 夹合梁；同 **flitch beam**。

sandwich panel 夹层板，夹心板，夹层预制板；夹层板结构中的夹层板，由高强高密的两块面板和二者之间的低密芯层粘结而成。

sanitary base，sanitary shoe 柱与基底连接处的瓷砖转角的凹（凸）弧形线脚。

sanitary bend 一种曲率半径大的管子弯头，能够提供一个很好的水力流动条件，并能够防止固体物质在弯头处聚集。

sanitary building drain 房屋生活排水管；将卫生设备中的污物排放出去的管道。

sanitary building house sewer 房屋生活污水管；在建筑物中仅用于承载污水的管道。

sanitary cove 楼梯中作为踏板和踢板表面过渡段的金属条，使用它便于楼梯清扫。

sanitary cross 一种在卫生设备中使用的十字管道接头，用来和（厕所的）排污管进行连接，在每一个 90°角连接的过渡段处都设置了圆滑曲线，以便支管中的粪便能够顺利流入主管道中。

十字管道接头

sanitary drainage 房屋污水和废物的排放装置；卫生设备中的污水和废物的楼面排放装置。

sanitary drainage fixture unit 生活污水管排水当量；见 **fixture unit**。

sanitary engineering 卫生工程学；将工程学应用到诸如水供应、污水排放和工业废物等与公共卫生相关的环境控制当中。

sanitary landfill 垃圾掩埋场；将垃圾埋置到地下深层，使垃圾的毒害或毒气等能被有效的控制。

sanitary plumbing fixture 卫生设备；容纳生活用水、污水及盥洗室的人体排泄物，或将其排放至相连排水系统的容器。

sanitary sewage，domestic sewage 生活（厕所）污水；含有出自盥洗室的人体排泄物或家庭废物的污水。

sanitary sewer 卫生污水管，生活下水管；排放来自卫生设备管道系统中液体或随液体流动的废物的下水管道。雨水、地表水、街道的地表径流以及地下水不包括在其中。

sanitary shoe 同 **sanitary base**；瓷砖转角的凹弧形线脚。

sanitary stop 见 **terminated stop**；医院止门件，门开 45°或 90°。

sanitary tee 一种在卫生设备中使用的直角支管；与（厕所的）排污管进行连接，在 90°角连接的过渡段处设置了圆滑曲线，以便支管中的粪便能够顺利流入主管道中。

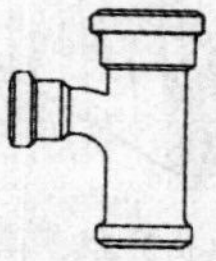

直角支管

sanitary ware 卫生器皿或陶瓷器具，例如：浴缸、污水管、抽水马桶、脸盆、碗等等。

Santa Fe style 印第安复兴建筑和西班牙殖民复兴建筑相结合而成的一种建筑形式。

santorin 圣多伦土；一种天然火山灰，重量很轻，颜色灰白，是火山喷发而形成的凝灰岩，可用作火山灰水泥原料。

sap **1.** 树液，体液；在树木和植物中循环的流质。**2.** 同 **sapwood**；边材，白木质。**3.** 见 **quarry sap**；石坑岩层含水，天然石含水量。**4.** 在中世纪城堡下挖坑道；坑道被围城军队利用，用以炸毁敌人的防御设施。

sapele，sapele mahogany 萨佩莱淡色桃花心木，黄金海岸雪松；颜色从浅到深的红褐色木材，产于中非和西非，木材的硬度大、密度高，通常带有丝带状纹理，经常带有可用于装饰的图案。

sap gum 白木质橡胶树；产自小树或原木外层的橡胶木。

sapling-frame construction 同 **bent-frame construction**；横向排架建筑物。

saponification 皂化（作用）；当碱性物质（例如：水泥中的石灰）和油漆中的油发生反应时而转化为皂，这种转化作用破坏了漆层的粘结力和强度。

sap stain **1.** 同 **blue stain**；青变（木材霉而引起变色），蓝斑，霉斑。**2.** 木材变色；用于使木材变色的一种方法，使边材具有和心材同样的颜色。

sapwood，alburnum 液（边）材，树皮下的白木质；树皮和心材之间的木材，一般颜色要比心材浅些，强度和心材相等，但抗腐蚀能力通常不如心材。

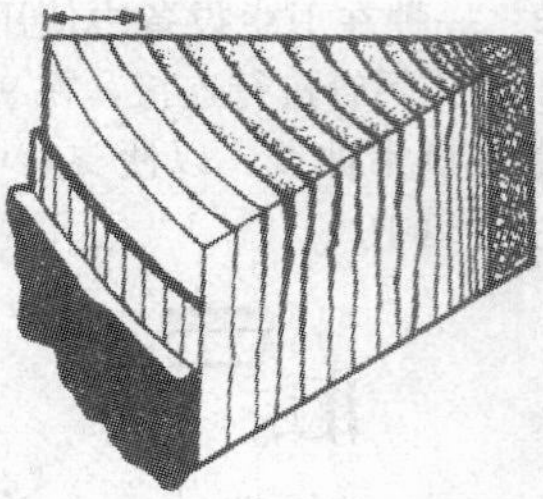

液（边）材，白木质

Saracenic architecture 同 **Muslim architecture**；穆斯林建筑，伊斯兰建筑。

sarasin 吊门，城堡吊闸。

sarcophagus 棺；有地位的名流之士使用的精雕细刻的棺材，由陶、木材、石头、金属或其他材料制成，装饰有油画和雕刻等，仅足以盛装一个人，如果再大，就变成了墓。

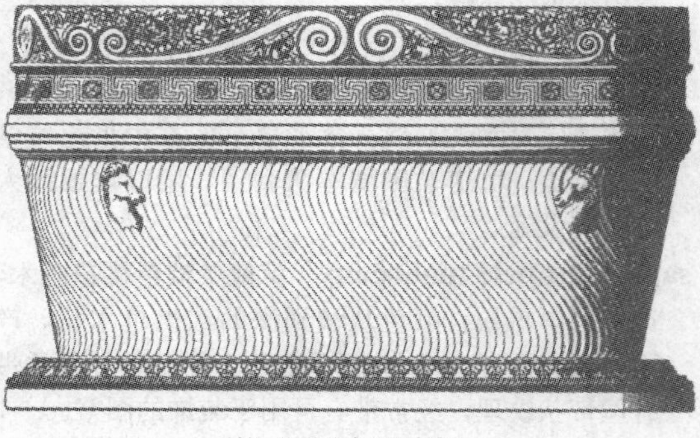

棺（罗马帝国时代）

sarking，sarking board 1. 屋面望板，衬垫板；在屋顶或板条瓦下用作盖板的薄板。2. （英）同 **underlayment**，2；油毡衬。

sarking felt 同 **underlayment**，2；油毡衬。

sarrasine 吊门，城堡吊闸。

sash，window sash 窗框格，滑窗；泛指窗户的一切框架结构，可以是活动的也可以是固定的，可以在竖直平面内滑动（例如在上下拉窗中）也可以是旋转的（例如在竖铰链窗中），旋转的窗框也叫做通风口或气窗。

sash adjuster 同 **casement adjuster**；窗扇调整器。

sash and frame 箱形窗框和一个双层窗。

sash balance 上下推拉窗的平衡锤或复位弹簧，用来平衡上下推拉窗的滑动窗扇；省去对上下推拉窗重量、上下推拉窗锁和滑轮的需要。

sash bar 棂子，窗框条；将玻璃固定于窗框、窗或玻璃门中的二级框架构件；同 **muntin**；门中梃，窗格条，直棂。

sash block 见 **jamb block**；门窗侧柱混凝土垫块，洞口砌块。

sash casing 同 **sash pocket**；窗锤箱。

sash center 窗扇心轴（中心）；水平的旋转窗扇或结构中横向构件的支撑构件，由连接在窗框上或侧柱上的轴孔和安装有枢轴的销子两部分构成。

窗扇心轴（中心）

sash chain 上下推拉窗链；用于连接垂直上下推拉窗扇的具有自平衡能力的金属链，用来代替上下推拉窗索。

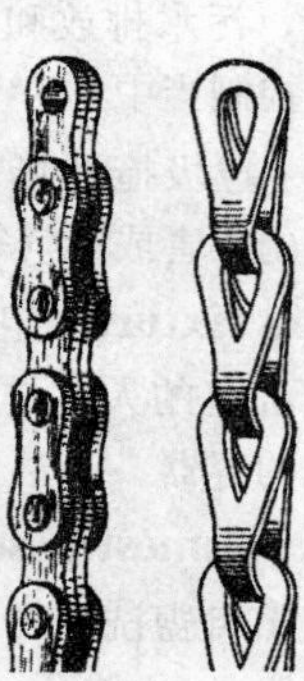

上下推拉窗链

sash chisel 窗框凿，窗棂凿；宽刃、两边削尖的凿子，用于凿制滑轮榫槽。

sash cord，sash line 上下推拉窗索；上下拉窗中使用的连接窗框与平衡锤且通过滑轮的绳索。

sash-cord iron 上下拉窗中系上下推拉窗索的铁

件；预埋在上下推拉窗扇边上的小金属夹，使窗索或窗链可以与其相连。

sash counterweight 见 sash weight；上下推拉窗平衡锤。

sash door 见 half-glass door；半玻璃门（上半部安装玻璃的）。

sash fast，sash fastener，sash holder 窗扇闩扣，窗风钩；将两扇窗户扣在一起防止它们打开的窗扇扣件、闩扣或螺栓，通常固定在上下拉窗中的横档汇合处。

窗扇闩扣，窗风钩

sash fillister 1. 窗扇槽口；在窗棂中切凿的槽口，用于镶嵌玻璃和玻璃窗部件或腻子 。2. 开凿这样槽口的一种特殊刨子。

sash hardware 扇窗附件，扇窗小五金；窗扇的所有附件，包括：上下推拉窗链、窗索、扇窗闩扣、扇窗提升装置和扇窗平衡锤等。

sash holder 见 sash fast；窗扇闩扣，窗风钩，窗撑杆。

sash lift 见 lift，3；提窗把手，上下推拉窗把手。

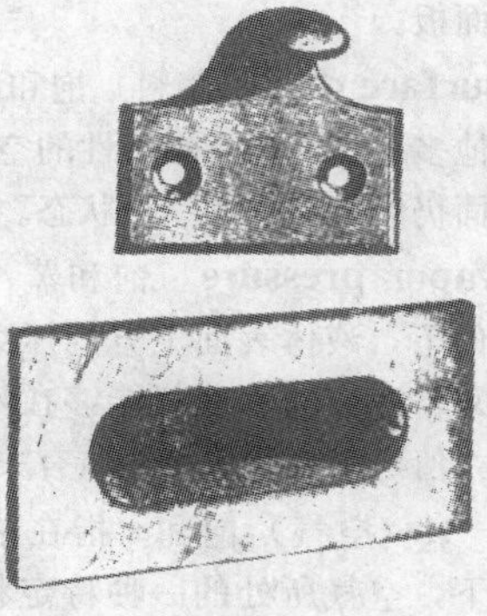

提窗把手，上下推拉窗把手

sash lift and hook，sash lift and lock 带锁钩的上下推拉窗拉手。

sash line 上下推拉窗绳，窗框吊带；用来将上下推拉窗扇悬吊在窗框上的绳子；也被叫做上下推拉窗索。

sash lock 1. 窗扇闩扣，窗风钩。2. 通过钥匙控制开闭的窗扇闩扣，窗风钩 。3. 榫眼垂直的上下推拉窗窗锁。

sash plane 窗框刨；用来清理窗框或门框内部接缝的刨子，有一个带有特殊槽口的刀具。

sash plate 窗扇转轴板；装有水平转轴的窗扇中，提供转动机构的一对板中的一块。

sash pocket 见 pocket，2；上下推拉窗锤箱，窗斗，上下推拉窗平衡锤切口。

sash-pole socket，sash socket 高窗扣窗用的钩杆开关；人手够不到的高窗上的金属板，通过插口连接在端头带有钩子的杆上，操纵窗扇升高或降低。

sash pull 上下推拉窗拉手；嵌在窗扇横杆中的小金属板或安装在横杆上的拉手，用于提升或降低上下推拉窗窗扇。

sash pulley，axle pulley 上下推拉窗中使用的上下推拉窗滑轮，滑轮通过接榫被连接到接近顶部的窗框中，上下推拉窗索或上下推拉窗链条通过滑轮连接到平衡锤上。

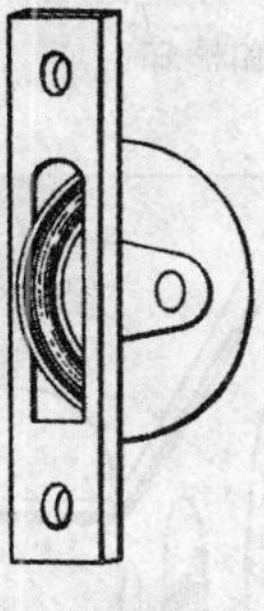

上下推拉窗滑轮

sash ribbon 上下推拉窗钢带；用于替代上下推拉窗索的金属带。

sash run 见 pulley stile；（上下推拉窗）滑车槽，滑车框条，上下推拉窗滑轨，（上下推拉窗）装滑轮窗梃。

sash saw 窗扇开榫锯，窗框锯；与手锯相似，但小于手锯的一种小锯，用于窗扇开榫。

sash sill 见 **sill, 3**；窗框底盘，窗台。

sash socket 同 **sash-pole socket**；高窗扣窗用的钩杆开关。

sash spring bolt 见 **window spring bolt**；窗扇弹簧插销。

sash stop 上下推拉窗挡条，护条，窗闩；用钉子或螺丝固定在上下推拉窗的框架周边的护条，用来使窗扇就位，也被叫做压缝条或盖缝条。

sash stuff 制作窗框用的规格木料；已经被切割或适于制作窗框用的形状和尺寸的木料。

sash tool 上下推拉窗漆刷，窗用漆刷；涂刷窗框、玻璃窗棂和其他上下推拉窗细部所用的圆形刷子。

sash weight, sash counterweight 上下推拉窗窗框平衡锤，上下推拉窗平衡锤；用来平衡竖向滑动窗框的平衡锤，通常是由铸铁制成。

sash window 泛指一切带有滑槽（竖向的或水平的）或吊扇的窗户，但是通常指上下推拉窗。

Sassanian architecture 萨桑王朝建筑；盛行于波斯萨桑王朝执政时期（公元 3～7 世纪）的一种建筑形式，华丽的大宫殿，并带有开放式的穹顶门廊，在毛石和砖砌成的突角拱上广泛使用筒形穹窿和椭圆形拱顶；砖和毛石砌筑时使用石膏灰泥，不使用鹰架，厚重的墙体外用拉毛粉刷装饰，或者装配上壁柱和檐口。

萨桑王朝建筑，塞尔维亚宫廷中的门廊

satellite community 卫星社区；一种建立在大型城市的周围主要承担居住职能的小型城镇；有时被称作卧城。

säteri roof 17～18 世纪的瑞典建筑中，一种带有天窗的四坡屋顶。

satin finish 见 **scratch-brushed finish**；刷光饰面。

satin paint 哑光漆膜表面。

satin sheen 漆膜表面柔和似缎的光泽。

satinwood 金黄色缎木；一种质地坚硬、纹理纤细、颜色从苍白到金黄的阿拉伯胶树的木材，特别适用于制作细木家具和装饰镶板。

satisfaction 偿还，赔偿；取消不动产方面的债权，一般通过支付抵押所担保的债务来完成。

satisfaction piece 还款收据；在房地产中准备和执行的一种文件，适用于房地产的登记记录，并证明债权已经解决。

saturant 浸渍剂（沥青材料），饱和剂（屋面毡料用沥青饱和）；铺设屋顶使用的一种含沥青的材料，这种材料的软化点低，用来浸渍屋面材料中的毡制品。

saturated air 饱和空气（含有饱和水蒸气的空气）；在给定的温度下，含有其所能容纳的最大数量水蒸气的空气，水蒸气的局部压力等于在相同温度条件下水的蒸汽压。

saturated color 见 **saturation, 2**；表示颜色的纯度，当一种颜色不含白色时，即被说成是饱和色。

saturated felt, saturated roofing felt 见 **asphalt prepared roofing**；沥青处理的屋面卷材，预制沥青屋面板。

saturated surface dry （集料）饱和面干的；集料颗粒或其他多孔固体中有渗透性的空隙充满水后，暴露的表面仍然是干燥的一种状态。

saturated vapor pressure 饱和蒸汽压力；温度不变的条件下，液体表面上方的压力；温度不变是为了使来自液体的水蒸气能够在液体表面上方聚积。压力值与温度和液体性质有关。

saturation 1.（空气）饱和；指在给定的温度和压力条件下，空气所处的一种特定状态，在此状态下，空气中含有此条件下所能容纳的最大水气量，并且没有水凝结现象。**2.** 表示颜色的纯度，当一种颜色不含白色时，即被说成是饱和色。

saturation coefficient 见 C/B ratio；饱和度。

saturation line 饱和线，浸润线，地下水位线；指示地下水位的线。

saturation temperature 饱和温度；在给定的水蒸气含量条件下，空气达到饱和时所对应的温度；如果温度进一步下降，水蒸气将凝结成水。

saucer dome 碟形穹顶；一种非常浅薄的穹顶，其曲率半径和高度相比矢高非常大。

sauna 桑拿浴；一种起源于芬兰的蒸汽浴，浴室中的蒸汽是通过向高温的石头泼水形成的，在现代桑拿浴中，用被加热的表面来代替高温的石头。

sausage compactor 同 extruded compactor；压土机，夯土机。

savino **1.** 美国西南部印第安人建筑中用于屋顶结构的一种幼树，横跨在屋面梁上为纤维垫层提供支撑，然后被厚厚的土或干泥浆覆盖起来。**2.** 曾经一度用在西班牙殖民建筑中使用的红松柱。

用于屋顶结构的一种幼树

saw 锯，锯片（床、机、子），锯齿状物；一种切割工具，沿着边缘带有切割齿的薄平金属刃、带、或者硬钢板，以往复式运动（例如手锯）或者是连续性运动（例如带锯）的方式进行工作。

saw bench 圆锯台架，锯台；安装圆锯的台座。

sawbuck 见 sawhorse；锯木架。

sawdust concrete 锯屑混凝土；掺入锯屑的混凝土。

sawed finish，sawn face 锯成的石面，锯过的面；任何锯过的石面，如：砂锯石面（颗粒纹理石面），或由钢丸锯锯出的粗石面。

sawed joint 锯缝；在硬化的混凝土中，通过使用特殊的金刚砂或钻石锯刃而锯成的锯缝；一般不将构件的整个深度锯透。

sawed-log house 见 board house，1。

sawhorse，sawbuck 锯木架，木凳；四腿支撑，通常成对使用，用作锯木材时的支撑架。

saw kerf 锯缝，锯截口；用锯在木材上切割出的狭槽或开口。

sawmill 锯木厂，制材厂；通过使用机械设备将木材锯成木板或厚木板的工厂；许多早期的锯木厂所使用的动力来源于河流、蒸汽、或者潮汐变化；排（组）锯的发明和发展极大地提高了工作效率，每个排（组）锯在一个趾甲上都包含了几个平行的锯刃；这个革新之后，人们又发明了圆盘锯。实际上，现在所有类型的锯都是由电力驱动的。

sawn face 见 sawed finish；锯成的石面，锯过的面。

sawn-log house 同 board house；板房，木板房。

sawn veneer 锯切单板；用薄刃锯锯成的高强高质的单板，而不是锯成段或旋刨成木片。

sawpit （上下各立一人的）锯木坑；在地面开挖的、通常用板衬砌的锯木坑，当用手锯锯木时，将被锯的原木放置在坑上，坑上坑下各立一人，合力操作；为了便于进入，锯木坑通常建在山边。

saw set 料度调整器，锯齿修理器，整锯器；用来设定和调整锯齿角度的器具，以便能使锯痕比锯刃的厚度宽些，减少锯木时的摩擦力。

saw table 锯台；动力驱动锯的锯台，在锯的过程中，将被锯的材料固定在锯台上。

sawed-tooth frieze 同 dog-tooth frieze；水平方向排列的砖倾斜摆放在砖结构边缘，形成类似雕带效果的装饰。

sawtooth molding 同 notched molding；凹口线脚，齿形线脚。

sawtooth pattern 锯齿形状；屋顶上瓦或者木板组成的类似锯齿的形状。

sawtooth roof 锯齿形屋顶；一种形状特殊的屋顶系统，屋顶表面是由一些相互平行的三角形断面组成的，断面的轮廓类似锯齿的形状；通常斜度大的一面是玻璃的，并且朝北。

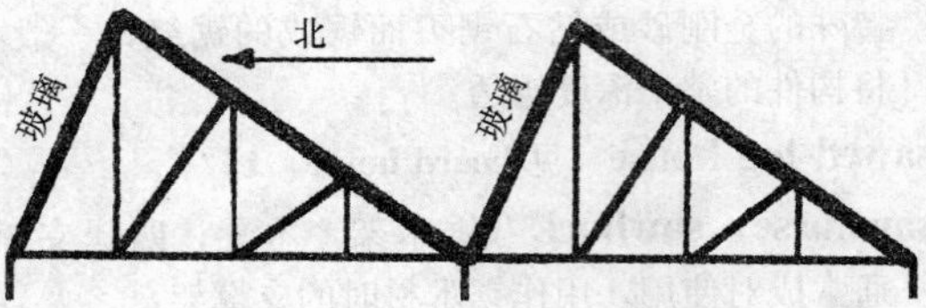

锯齿形屋顶断面

sawtooth skylight 锯齿形天窗；位于锯齿形屋顶陡峭的倾斜表面上的天窗。

sax，slate ax 石板斧，劈石斧；在斧头的背面有一个用来在石板中打制钉孔的尖端。

Saxon architecture 见 **Anglo-Saxon architecture**；(英国）撒克逊建筑形式。

Saxon shake 撒克逊木瓦，撒克逊木板屋面；由红松制成的一种长木板（瓦），宽度任意，长向厚薄不同的厚木瓦。

sb 缩写＝“**stilb**”，熙提，表面亮度单位，等于1新烛光/平方厘米。

SBCCI 缩写＝“**Southern Building Code Congress International**”，南部建筑规范国际联合会；该联合会出版标准建筑规范。

SB rubber 见 **styrene-butadiene rubber**；苯乙烯-丁二烯共聚物橡胶。

scab 拼接板；一块扁平的短木板，通过螺栓、钉子或螺丝钉连接到两块接缝板上，形成拼接接缝。

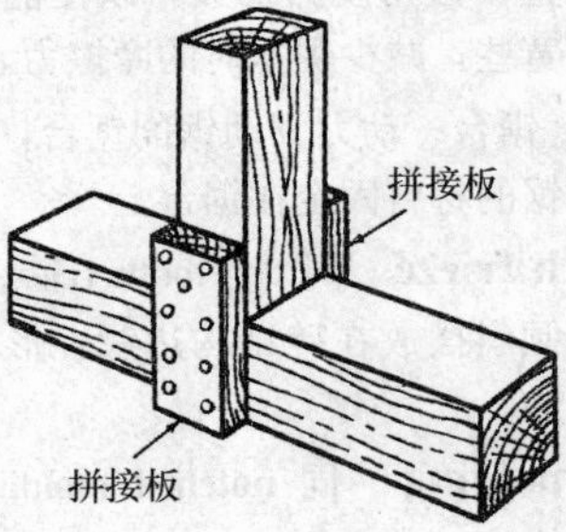

拼接板

scabbing hammer 见 **scabbling hammer**；粗琢锤，尖头锤；一端带有尖头用来粗琢石。

scabble 粗琢，粗琢石块；用凿子、粗琢（石）锤或阔粗凿子等工具打磨石头，在石头表面留下突出的工具痕迹，以便形成一个粗糙的表面，通常是为下一步细致打磨做准备。

scabbled rubble 砌体工程中的粗琢石、荒料石；只对极不规则的外形稍加修整的石材。

scabbling 石片，石屑；石头碎片或碎块。

scabbling hammer，scabbing hammer 粗琢锤，尖头锤；一端带有尖头用来粗琢石头的锤子。

scabellum 罗马建筑及其派生建筑中高的独立的台座。

scaena 古剧院舞台后演员使用的临时建筑或棚舍，后来变成了剧院后面的永久性建筑。

scaena ductilis 古剧院做演出背景的活动隔屏。

scaena fronts 装饰华丽的舞台后房屋的正面，面向观众。

scaffold 1. 脚手架；临时性的工作平台，用来支撑结构表面上的工人和材料，并且通过它可以到达地面以上的工作面。2. 泛指一切高架的平台。

scaffold board 搭建脚手架楼层工作平台的脚手板中的一块板。

scaffold height 脚手架步距，步架高度；砌体结构施工中的脚手架两个相邻平台间的距离，通常所采用的高度是使工人砌筑施工方便。

scaffold-high 需用脚手架的工程高度；砌体结构中对所需要的脚手架有效高度的表达用词。

scaffold nail 脚手架钉；见 **double-headed nail**。

scagliola 仿云石，人造大理石；仿造石头抹灰作业，由大理石碴、胶料和多种颜料的混合物制成的装饰图案；图案也可嵌入表面作装饰。

scale 1. 金属腐蚀后的产物。2. 在高温氧化的条件下铜和铜合金表面形成的厚氧化层。3. 制图中带有刻度值的测量仪器。4. 地图或制图中使用的比例系统，通过这个系统定义一定的数量代表另一个更大的数量。5. 见 **scaling**。6. 铸件的外覆层。7. 见 **architect's scale**，**engineer's scale**。8. 由于硅石和水中含有的其他物质沉积而在锅炉、热水器和管道内表面形成的水垢。

scaleboard 胶合板。

scale drawing 按比例作出的图，通常比实物如施工现场、结构或建筑物实际的尺寸小很多。

scale ornament 同 **imbrication**；边缘重叠成瓦状的，鳞状的。

scaling 混凝土或灰泥表面局部起皮或呈片状剥落。

scallop 扇贝形，扇形（图案）；一系列连续的圆弧线中的一段，作为木条外边缘的装饰部件或装饰线脚等。

扇贝形装饰，扇形线脚（图案）

scalloped capital 扇贝形柱头，贝壳饰柱头；用于中古时代垫块状柱的一个词汇（中世纪罗曼建筑中，下角抹圆的立方体柱头），当时半圆形发展成几个截顶的圆锥体。

扇贝形柱头，贝壳饰柱头

scalper 粗筛；筛除过大颗粒的筛。

scalping 筛出比规定尺寸大的颗粒。

scalp rock 筛余废料石；通过分级筛并被废弃的石头。

scamillus **1.** 柱脚下的第二阶方石座；古典主义和新古典主义的建筑中，安放在柱脚下面的扁平块体，从而与原柱脚共同形成了双柱脚。**2.** 石头块体外边缘的倾角很小的斜面，见于陶立克式柱头颈部和柱身上部的鼓柱座之间。

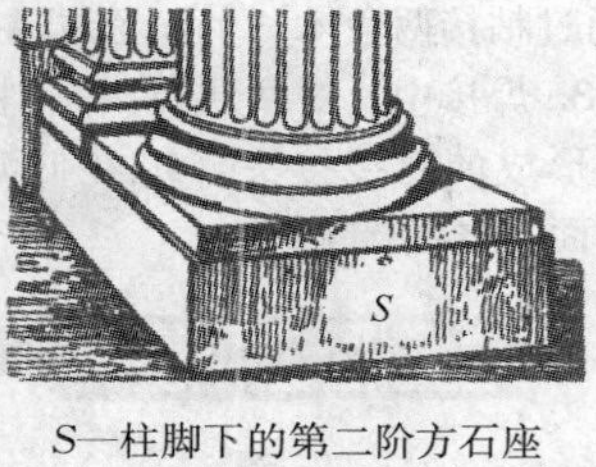

S—柱脚下的第二阶方石座

Scamozzi order 斯卡摩齐柱式；和爱奥尼柱式相似，但其卷饰呈45°放射。

scant 尺寸不够，尺寸不足；木材、板材等尺寸比规定的尺寸小，最起码、最低限尺寸。

scantle，gauge stick，size stick 材料尺寸样板，测量石板瓦用的量规，通过此样板将屋面用石板瓦切割到合适的长度。

scantling **1.** 锯制而成的方形木块，厚度从 $1^{7}/_{8}$ in（47.6mm）到小于 4in（101.6mm），宽度从 2in（50.8mm）到小于 $4^{1}/_{2}$ in（114.3mm）。**2.** 按规定尺寸切削而成的硬木料。**3.** 泛指一切非标准尺寸的方形硬木料。

scape 同 **apophyge**；凹线脚（柱身与柱头及柱脚连接处的曲线）。

scapple 同 **scabble**；粗琢石。

scapulary tablet 中美洲萨波特克建筑中使用的一种矩形框架板，悬挑在向外倾斜的护墙板上方。

scapus 柱身。

scarcement 墙壁或堤岸由于墙体内收而形成的底座或壁阶。

scarf **1.** 形成斜口接合的木材端部。**2.** 斜口接合，嵌接。

scarf connection 同 **scarf joint**。**1.** 将两段木材的端部接合在一起，形成一个连续整体的结合方式，在钉和、胶合或焊接之前，接合表面可以是斜面、槽口等形式。**2.** 通过粘接两段木材的斜面端头而形成的接缝形式。**3.** 焊接中，对两块端头是斜面的部件进行焊接而形成的对接接头。**4.** 在低温焊接之前，接口是斜面的电缆接头。

scarf joint **1.** 嵌接；将两段木材的端部接合在一起，形成一个连续整体的结合方式，在栓接、胶合或焊接之前，接合表面可以是斜面、槽口等形式。2. 通过粘接两段木材的斜面端头而形成的接缝形式。3. 焊接中，对两块端头是斜面的部件进行焊接而形成的对接接头。4. 在低温焊接之前，接口是斜面的电缆接头。

嵌接

scarifier 翻（耙）路机，松土机；拖拉机或平路机拖带的机器或可装卸设备，具有长齿或连续齿，置于低位时能够翻松土壤表面或路面。

scarify 为了提高涂漆表面的粘结力，通过砂纸打磨或其他工艺来使表面粗糙。

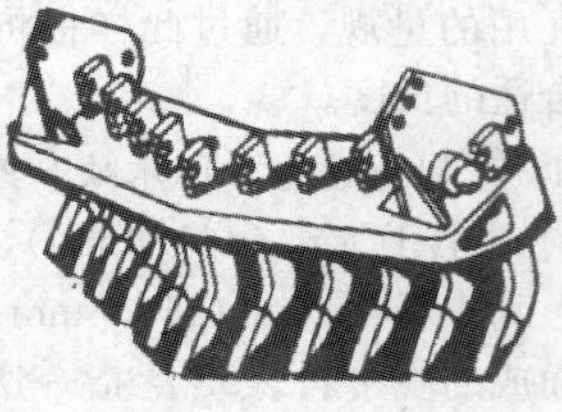

翻（耙）路机，松土机

scarp 在防御工事内建造的防御用内斜坡。

SC asphalt 同 **slow-curing asphalt**；慢凝沥青。

scena 同 **scaena**；古代剧场舞台。

scene dock 舞台布景存放处；紧挨着舞台或者在舞台下面的舞台布景存放处。

scenery 泛指在剧院舞台上使用的所有设备，例如：背景幕、幕布缘饰、作活动垂幕的透明织物、真实舞台布景、小的垂悬物等，但是不包括道具和服装。

scenery wagon（英）**boat dock** 带轮布景台，布景车；带有轮脚或辊子的低平台，用来支撑舞台上的背景，通过它可以进行快速的场景变换。

scene shop 制造剧院或戏院使用的舞台布景的工厂。

scent test，**smell test** 闻味探测；一种探测下水管道泄露处的方法，将一种具有强烈气味的材料注入管道中，通过追踪强烈气味的出处可以找到泄露处。

sceuophylacium 同 **diaconicon**，**1**；圣器室。

SCH （制图）缩写＝“**schedule**”，一览表，进度表，清单。

schedule 1. 一览表，清单；组件、条款或者需装配的配件的详细列表，例如：建筑物门种一览表，门规格表。2. 见 **steel pipe**；钢管。

scheduled maintenance 同 **preventive maintenance**；预防性维修。

schedule of defects 同 **punch list**；建设缺陷清单，承包工程项目清单，检查项目表。

schedule of values 工程分项价值表，价目表；承包商提供给建筑师的报表，报表反映了工程各个部分占合同总价的份额，作为复查按承包进度（分期）付款的依据。

schematic design phase 初步设计阶段，方案设计阶段；是建筑师基本任务的第一阶段，在这个阶段中，建筑师和业主协商，以确定工程要求并准备初步设计研究报告，初步设计研究报告包括图纸和其他阐明工程各部分的规模和相互关系的文件，备业主审批，建筑师还要向业主提交建筑成本概算表或工程费概算说明。

schematic drawing 见 **schematic design phase**；初步设计阶段，方案设计阶段；是建筑师基本任务的第一阶段，在这个阶段，建筑师和业主协商，以确定工程要求并准备初步设计研究报告，初步设计研究报告包括图纸和其他阐明工程各部分的规模和相互关系的文件，备业主审批，建筑师还要向业主提交建筑成本概算表或工程费概算说明。

scheme 1. 建筑布局草（示意，略）图；建筑各部分的基本安排。2. 设计草图。

scheme arch 平弧拱，扇形拱；比半圆小的圆弧拱。

schist 片（麻）岩，页（板）岩，结晶片岩；一种岩石，构成这种岩石的矿物或多或少的呈平行的薄层结构，这是由于变质作用而形成的，主要用作铺石材料。

schola 1. 罗马浴场中设浴缸的凹室。2. 古希腊体育训练馆中用于休息和谈话的开敞室座谈间或凹室。3. 在教堂中殿前为唱诗班预留的位置。也称 **schola cantorum**。

school 学校；对各年龄段学生提供分年级教育的公共机构，可以由一个或多个老师来完成，该机构可能位于一栋或一组分离式建筑物中，可以由私人或政府主办及赞助。

schoolhouse 学校教学用房；学校中用作教学的房子，在其中对大学之前所有年级的学生进行授课；也见 **one-room schoolhouse**。

sciagraph 投影图，房屋剖面图；能够反映房屋内部结构和布置的几何断面图。

scialbo 同 **intonaco**；掺大理石粉的细面抹灰灰浆，湿壁画的最后一层细灰泥。

scima 同 **cyma**；波纹线脚。

scimatium 同 **cymatium**；S形曲线线脚。

scintled brickwork 同 **skintled brickwork**；墙向凹凸不平的砌砖式。

scion 栽种或接枝用的幼枝，幼芽；在移植和芽接中，从嫁接到另一种植物的根茎上的木本植物切割下来的幼枝。

scissors truss 剪刀（剪式）桁架；用来支撑斜面屋顶的一种桁架，连接杆相互交叉，与对应椽子在沿其长度的中间某点连接。

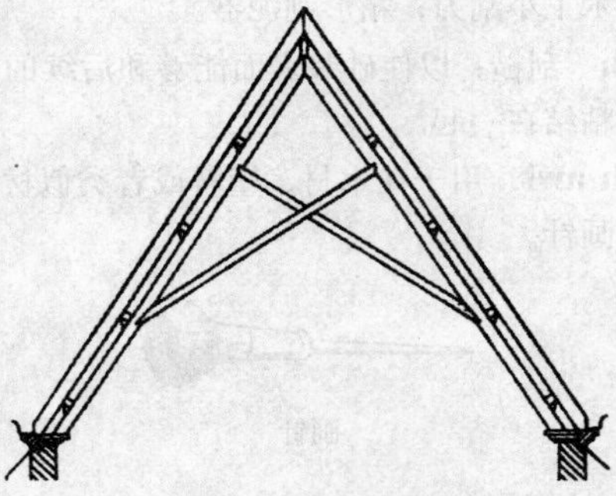

剪刀（剪式）桁架

sclerometer 硬度计；用于确定材料硬度的仪器，在规定的压力下通过金刚石尖头在材料表面进行刻划确定硬度。

scoinson arch 同 **sconcheon arch**；墙拱（承载部分墙厚的），半人墙拱。

scollop 同 **scallop**；扇贝形图案，扇形图案。

scollop capital 古罗马式风格的建筑中，一种类似垫块状柱头但是其下面呈扇贝形的柱头。

sconce 1. 壁仿烛台或一组烛台的电灯，被设计和制造用来固定在墙上。2. 小堡垒；中世纪小型的防御单位，作为独立的土方工程为城堡提供额外的安全保障。

sconcheon，esconson，scuncheon 1. 门（窗）洞侧墙面；洞口（例如门或窗）的外露侧面墙，包括框架到墙的内面。2. 见 **squinch**，2；凸角拱。

sconcheon arch，scoinson arch 包括门（窗）洞侧墙面的拱。

包括门（窗）洞侧墙面的拱

scone 同 **split**，3；长向半砖。

scone loader 同 **front-end loader**；斗式装料机。

scorched finish 炭烧饰面；通过焊枪加热火成岩或硅质岩使其表面形成小的焊坑。

score 1. 装饰刻痕；用手工工具或圆盘锯在材料表面切削出沟槽，使表面产生凹凸不平的视觉效果起到装饰的作用。2. 琢毛；用圆凿将材料表面凿制成粗糙的表面，以使其能够和灰泥、泥浆等更好的粘结在一起。3. 用工具在新浇注混凝土的表面开槽，以控制混凝土的收缩裂缝。4. 使浇筑的混凝土上表面变粗糙，以使其能和后续注入的混凝土更好的粘结在一起。

scored block 表面开槽的砖石砌块。

scored finish 粗糙饰面，刻痕饰面；建筑外观的一种特征，建造的过程中在其表面刻有凹槽。

scored joint 同 **scribed joint**，2；砌体的一种灰缝形式，将砖与砖之间的灰缝表面用金属工具持平，且划刻出一条线。

scoria 1. 一种黑色多孔的火山岩。2. 鼓风炉中的炉渣或积垢。

scotch 见 **scutch**；石工（圬工）小锤，瓦工砍刀，刨锤，刨锛（砌砖工具）。

Scotch bond 同 **common bond**；苏格兰式花园墙砌合（四顺一丁、五顺一丁或六顺一丁砌法）。

Scotch bracketing 平顶斜角板条（檐式线脚用）；以一定角度连接在墙和顶棚之间的条板，形成了中空檐口的基础。

Scotch glue 动物胶。

scotching 同 scutching；锤琢；一种使用锤子精细琢制石头的方法，锤头由一束钢制尖头构成。

Scotch method of application 见 Dutch method of application；荷兰（建筑）方法的应用。

scotia 斯各次线脚；上收凹圆线脚（四分之一圆弧上顺接半径为其二分之一的四分之一圆弧的线脚），凹圆弧饰，一种深凹的线脚，特别用于古典建筑柱基础处边饰。

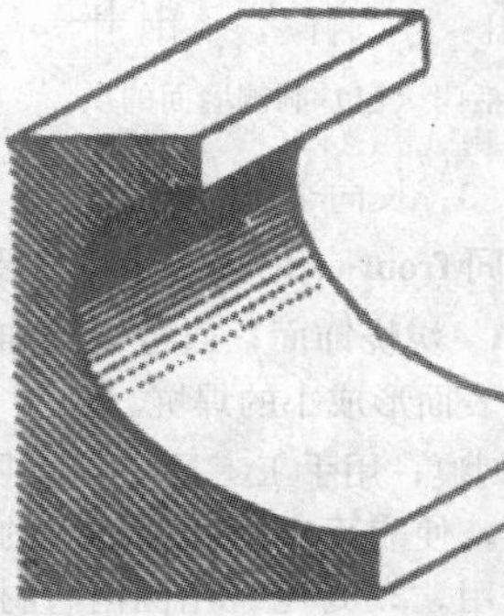

斯各次线脚

scour 剥蚀；混凝土表面的腐蚀，使骨料外露。

scouring 抹光；用木制抹子在表面做圆周运动，使泥浆或灰泥表面平滑。

scouring action 将排污管内表面的松散颗粒（包括砂子、粗砂、和一些小鹅卵石等）擦洗掉并随下水冲走，为此，水流需有足够的速度。

SCPI 缩写＝"Structural Clay Products Institute"，结构用黏土制品协会。

SCR 缩写＝"silicon-controlled rectifier"，可控硅整流器。

scrabbled rubble 同 rubblework；毛石砌体；由毛石砌筑而成的毛石工程。

scrabbled finish 刮面；一种欧洲风格的砂浆饰面，通过使用钢制工具（有时是锯齿状的）对处于凝固过程中的粉刷面进行拉毛刮磨而形成的饰面层。

scraped joint 刮磨接缝；通过刮磨达到平滑表面的接缝。

scraper 1. 刮除（土、泥）机，刮泥机，铲运机，铲土机，挖掘机，平土机；能够进行集挖掘、装载、拖拉、倾倒、和散布材料工作于一体的一种自驱动机器；当其向前运动时，用切削工具刮除泥土并将其收集到机器的容器中，然后再将泥土倾倒出去。2. 一种被拖带的机器，用来将泥土剥取掉以平整地面，或者收集泥土，并将其填充到低洼处。3. 木工小刮刀，箱形刮泥器。

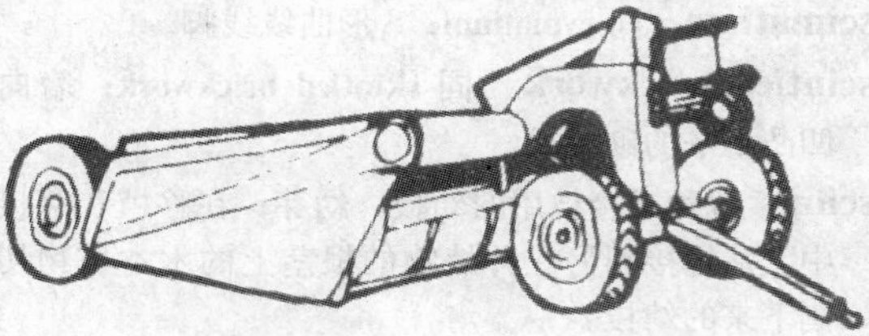

拖挂式刮除（土、泥）机，
刮泥机，铲运机，铲土机，挖掘机，平土机

scraper plane 同 cabinet scraper；刮刨，平刨，细刨；木工小刮刀；箱形刮泥器。

scratch 刮糙；以使砂浆表面能够和后续的涂层很好的粘结在一起。

scratch awl 用于在木材、塑料或者类似材料上画线的画针。

画针

scratch-brushed finish，stain finish 刷光饰面；通过使用金属丝刚毛刷或者使用带研磨复合剂的旋转磨光设备进行机械涂刷来达到这种饰面。

scratch coat 划痕抹灰层，打底砂浆层；三道粉刷中的头道粉刷，刷完后将其刮糙，以使其能和第二道粉刷（罩面基层）有更好的粘结。

scratched 表面刮糙的；表面有细小凹痕的。

scratcher 见 scratch tool；泛指一切用于刮糙砂浆表面的手动工具，刮糙的表面能够和后续的涂层有更好的粘结，例如：钢齿耙或刮痕抹子。

scratch tool，scratcher 泛指一切用于刮糙砂浆表面的手动工具，刮糙的表面能够和随后的涂层有更好的粘结，例如：钢齿靶或刮痕抹子。

scratchwork 同 **sgraffito**；五彩拉毛粉饰，五彩拉毛陶瓷。

SCR brick 名义尺寸为 $2^2/_3$in×6in×12in 的砖。

screed **1.** 标定混凝土浇筑面高度或形状的模盒标尺板条或侧模板，用于未成型混凝土找平，或形成所需形状。又称抹灰（找平）靠尺或找平样板。**2.** 刮平混凝土表面的工具。**3.** 在需要抹灰的表面以一定间距使用的长窄条的灰泥，认真地将其找准标高、厚度等，以用作抹灰厚度的准线。**4.** 覆在混凝土表面的一层灰浆，使混凝土表面均匀平整。

screed coat 抹灰时用靠尺等形成的找平层。

screeding 抹平，找平，刮平；通过使用整平板或找平板形成的混凝土表面。

screed rail 见 **screed，1**；抹灰（找平）靠尺，杠尺，找平样板。

screed strip 见 **screed，3**；抹灰靠尺，抹灰冲筋。

screed wire 同 **ground wire，2**；样板绳，整平绳，（喷射混凝土时的基准钢丝）。

screen **1.** 泛指一切用于分隔、围护、隔离或隐藏功能的非承重结构。**2.** 一种有外围护层的框架结构，移动的或者是固定的，用来防止日晒、火烧、风吹、雨淋或者严寒。**3.** 滤网；金属盘或金属板。或者是其他类似的装置，是钢丝编织物，具有规则的孔径和均匀的尺寸，固定在合适的框架上或类似的支持物，以用于根据尺寸大小来分离材料；也被叫做筛子或滤网。

screen analysis 见 **sieve analysis**；筛分析，筛分。

screen block-wall 砌块隔墙；利用混凝土砌块砌筑的隔墙。

screen door 纱门，铁丝网门，网格门；用实木或铝制竖框和横杆作为门框架，小格的金属丝网铺设在其上的一种轻型外门，可以通风并阻止蚊蝇等进入。

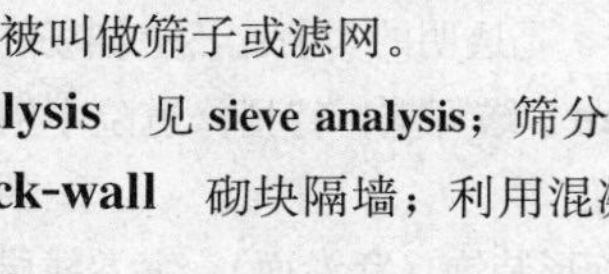

纱门闩，纱门锁止器，网格门

screen-door latch 纱门闩，纱门锁止器；用于纱门的小锁或门闩，由圆形把手或杠杆手柄来操纵，有时配有一个无弹簧锁闩。

screen façade 屏隔式立面；一种具有装饰作用而掩饰房屋实际形状或大小的非结构饰面。

screenings 筛屑，筛余物；当砂子或骨料通过筛子时，留在筛子上面的那部分。

screen molding 纱窗线脚，纱窗压条；泛指用于覆盖钢丝纱窗网布边缘的任意种类的脚线。

screen side 纤维板有网纹的一面；纤维板或类似材料中，刻有在工厂生产时留下的网纹印记的一面。

screens passage 中世纪客厅布置中的屏风过道，即屏风与服务性房间（备餐室、厨房、食品储藏箱等）的门之间的过道。

screen tile 应用于建造砌体结构中屏挡墙上的黏土瓦。

screen wall 屏挡墙，屏（蔽墙）壁；与有花洞的墙不同的实体墙的网屏，尤指柱廊的间墙。见 **pierced wall**。

screen wire cloth 纱窗或纱门上使用的（金属）丝布。

screw 螺栓，螺钉，螺杆；外表面带螺纹的扣件。

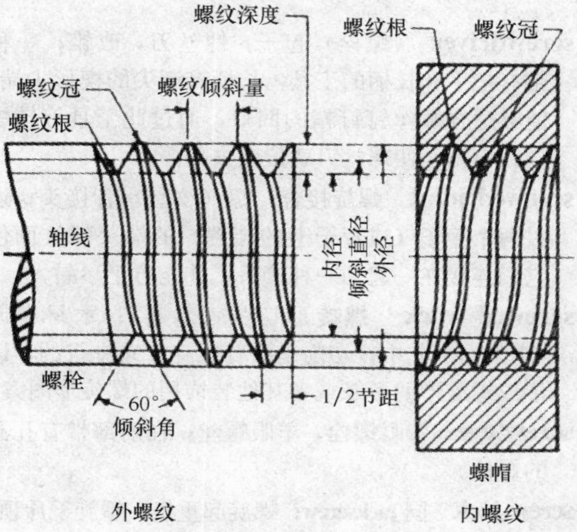

螺栓：术语

screw anchor 锚固螺栓；一种锚固件（类似于膨

胀螺栓），带有金属外壳和以中心为轴的螺栓，当金属外壳被置于孔中并旋入螺栓时，外壳膨胀，确保将其牢固地锚定在孔中。

screw auger 同 auger，1；螺丝钻，螺旋钻，麻花钻。

screw blank 见 bolt blank；螺栓毛坯。

screw clamp 螺丝夹钳（具），手旋螺旋夹；泛指所有用螺栓固定的夹子或夹具，但是尤指在木工行业中使用的带有两片大的平行的钳夹的夹具，以夹住需要被固定在一起的扣配件。

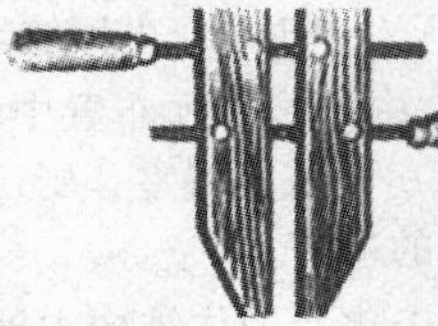

螺丝夹钳（具），手旋螺旋夹

screw dowel 定位螺栓（钉）；带有直的或锥形螺纹的金属销钉。

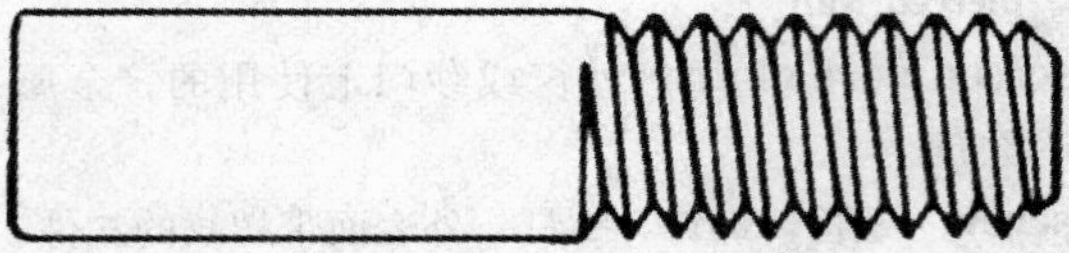

定位螺栓（钉）

screwdriver （螺栓）起子，螺丝刀，改锥；一种带有把手和长柄的工具，长柄有渐尖的楔形尖端，能够适合螺丝钉钉帽的凹口，通过此工具旋转螺丝钉钉帽，使螺丝钉就位或去除。

screwed joint 螺旋接合，螺（纹套）管接头；通过两个管子（或管子上的装置）的端头螺纹而使它们连接在一起的一种接头，并能防止渗漏。

screwed work 螺旋形切削（木料）；木材镟制（车削）工艺中，切削是沿着螺旋方向进行的，以形成螺旋形的平缘或者其他装饰用的螺旋形图案。

screw eye 带眼螺栓，羊眼螺丝；在前部带有孔洞的螺栓。

screw jack 同 jackscrew；螺旋起重机，螺旋千斤顶。

screwless knob 无螺钉门把手，使用特殊扳手将门把手固定在旋轴上，而不像通常那样采用边螺钉旋拧而上。

screwless rose 无螺纹喷水莲蓬头，无螺纹淋浴喷头；隐蔽式方法安装的莲蓬式喷嘴。

screwnail 见 driverscrew；螺（丝）钉，木螺钉，木螺丝。

screw pile 1. 在底部带有宽刃螺纹以提供更大握裹面积的一种螺旋桩。2. 在底部端头带有螺旋刀片的桩，通过转动而不是连续冲击使其进入地下。

screw shackle 同 turnbuckle；花篮螺栓。

screw stair，winding stair 有中柱的螺旋楼梯，盘旋式楼梯；踏步板沿中柱盘旋的楼梯，也称作 newel stair 或 vice stair。

screw thread 见 thread and taper thread；螺纹，螺线，丝扣。

scribbled ornament 由直线形、螺线形或者类似线形在表面无规则分布所产生的装饰效果。

scribed joint 1. 见 coped joint；盖顶接头，对缝接头，密合接缝，暗缝，搭接缝。2. 砌体的一种灰缝形式，将砖与砖之间的灰缝表面用金属工具抹平，且划刻出一条细线。

scriber 画线器（针），划片器；用于在木料、金属或砖上画线做标记以标示锯或切削方向的尖头工具。

scrim 1. 一种粗糙的网状织物，例如：粗布、玻璃纤维、或者金属网，用来连接并加固接缝，或者作为刷灰或涂漆的底层。2. 一种轻型的稀松织物，有时被漆过或染过，用作舞台上下活动的幕或者幕的一部分，是透明的，但比不上剧场的薄纱透明。

scriptorium 缮写室；特指修道院中用来抄写原稿的房间。

scroll 螺旋形装饰（窝卷面），窝卷线脚；一种装饰物，由连续的或用在端部的螺旋形饰带组成，如爱奥尼柱头螺旋饰，角撑或飞檐托上的螺旋饰。

螺旋形装饰（窝卷面），窝卷线脚

scroll molding 凸圆带形线脚，旋涡形线脚，也可见 **torsade，1**。

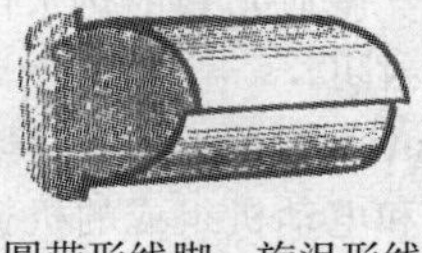

凸圆带形线脚，旋涡形线脚

scroll pediment 表示 **swan's-neck pediment**（鹅颈形山墙）的极少使用的词汇。

scroll saw 竖锯，钢丝锯，窄条锯；用于将薄板、胶合板切割成漩涡形装饰的手锯或带锯，特别适用于切削曲线。

scroll step 见 **curtail step**；卷形踏步（起步级），楼梯的圆形其始踏步。

scrollwork **1.** 使用钢丝锯或窄条锯锯制而成的带有装饰曲线图案的木制品，通常呈现一系列的旋涡形。**2.** 以旋涡形图案为主要特征的精炼铸铁装饰。

scrubboard 护壁板，踢脚板。

scrub plane 粗刨；刨刃带有圆形切削边缘刨子，用于粗木工艺中。

scrub sink （外科手术用）洗手盆；通常设置在医院手术室中的卫生器具，外科手术之前工作人员用其洗手，冷热水的供应由膝盖控制的混水阀门或手腕和脚踏控制板来调节。

scullery 餐具洗涤室，餐具储藏室；厨房的附属房间，用作烹调用备餐和（或）储藏室。

scum，scumming **1.** 砖面盐迹；黏土砖表面有时出现的盐迹，可能是由于在黏土中的可溶性盐分在干燥过程中移动到表面而形成（干燥后浮垢），也可能是在烧制过程中形成的沉积物（窑生盐迹）。**2.** 积垢浮垢；下水管道表面漂浮的大量有机物质。

scumbling 薄涂暗色；在涂漆工艺中，用含有少量不透明的或半透明的颜料的刷子在漆层表面轻轻地涂刷，以使过亮的表面柔和，或者达到某种特殊的效果，涂层可以做得相当薄以至于呈半透明状。

scuncheon 同 **sconcheon**；门（窗）洞侧墙面。

scupper **1.** 为排除屋顶的积水在墙上开的泄水口、排水口。**2.** 防止排污管道堵塞的而放置的一种有开口的设备。

排污口 箅子

scupper drain 同 **scupper**；（为排除平屋顶或楼板积水在墙上开的）泄水孔，排水孔，水沟。

scutch，scotch 瓦工砍刀；砌砖工的工具，两边带有用来切削的刀口，可以切削、修边或者琢制砖或石头。

scutcheon 同 **escutcheon**；钥匙孔盖，穹隆顶棚中央的浮雕（饰）。

scutching 锤琢；一种使用锤子精细琢制石头的方法，锤头由一束钢制尖头构成。

scuttle 有盖的小天（气）窗；为了进出屋面而在天花板或屋面板上设置的出入口，上边有盖子盖着。

scuttle door 天（气）窗门；屋顶上覆盖小天窗的门，通常是由带金属边框的金属板制成，铰式连接，且自平衡。

scutula 一块（片）大理石或其他材料，被切削成菱形或斜方形，镶嵌在地板或路面中。

SDFU（sanitary drainage fixture unit） 见 **fixture unit**；卫生器件单位。

Sdg 缩写＝"**siding**"，外墙板。

SDR 见 **standard dimension ratio**；标准尺寸比。

S/E 缩写＝"**square-edged**"，方边，直角边缘。

SE&S 木材工业用，缩写＝"**square edge and sound**"，方边和坚固。

seal **1.** 封印；一种封印用方法，通常指盖在腊、纸、干胶片上的印记印章或信件上的刻印文字"L·S"（图章印记），有时被用在正式的法律文件上，如合同或契约等。在一些州中，盖有印章的合同中的限制条例比没盖印章的合同中的限制条例的有效时间长。在大多数州中，印章已经部分失去或全部失去其法律效力。**2.** 一种压（印）纹（花）的设备或者是印花，通过图形和技术要求的职业设计，在注册登记时用来表明工厂工作地点。**3.** 水封；在卫生设备的存水弯中，从管底部水面到存水弯溢水面之间的水，是一种水封。**4.** 水封高度在卫生设备的存水弯中，从管底部水面到存水弯溢水面之间的垂直距离。**5.** 对木板纤维表面进行的密封，以防止潮气或后续涂料渗入。**6.** 用虫胶清漆或其他抗树脂材料涂抹在木料节疤上，防止树脂渗出；在木料节疤上涂腻子，防止树脂渗出 。**7.** 密封胶（剂），填缝（封面，渗补，腻）料，密封层；封闭器，保护层，隔潮层。

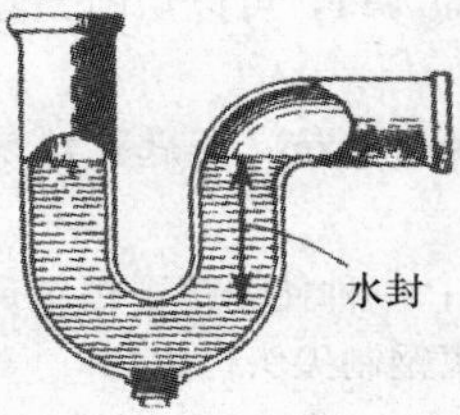

sealable equipment 密封装置，封闭器械；被封闭在箱子或密室中的电器设备，通过锁定或密封的方式使其与外界隔绝，除非打开密封层，外界的物质无法入内。

sealant 密封胶（剂），填缝（封面，渗补，腻）料，密封层；泛指一切用来防止液体或气体从接缝或孔洞中溢出的材料和设备。

sealant backing 密封衬垫；一种可压缩材料，在使用密封剂之前将其嵌入到接缝中，可以减少密封剂的厚度。

seal coat，sealing coat 同 sealer。**1.** 封闭底漆；用来密封木料、灰泥等材料的液体涂料，以防止油漆或清漆渗入材料表面，可能是透明的；也可以被用作后续涂层的底漆或表层漆。**2.** 液体涂料，覆于焦油类物质之上，防止其扩散进已刷制的漆膜内。**3.** 沥青或混凝土表面防止潮气侵入的涂层。

sealed glass unit 同 insulating glass unit；隔热隔声玻璃（窗）单元，隔层玻璃单元。

sealed hot-water system 封闭式热水供暖系统；一套加热箱上无膨胀水箱的热水供暖系统；因此整套系统完全封闭。

sealed refrigeration compress 封闭式制冷压缩机；由压缩机和电动机组成的机械压缩机，压缩机和电动机被封闭在同一个密封仓中，没有外部通风井或通风井密封层，电动机在制冷的空气环境下工作。

sealer **1.** 封闭底漆；用来密封木料、灰泥等材料的液体涂料，以防止油漆或清漆渗入材料表面，可能是透明的；也可以被用作后续涂层的底漆或表层漆。**2.** 液体涂料，覆于焦油类物质之上，防止其扩散进已刷制的漆膜内。**3.** 含沥青物质、沥青或混凝土表面防止潮气侵入的涂层。

sealing compound 封口（补胎）胶，密封油膏，油灰，腻子，嵌缝料。

sealing sleeve 同 compression coupling；密封条，密封带，密封塞。

sealing tape 密封胶带；一种硫化或部分硫化的预制密封胶带，其粘合性能满足美国材料试验学会要求。

seal weld 密封焊接；以提供特定抗渗等级为主要目的的焊接。

seam **1.** 两块板材（如金属板材）之间的接缝。**2.** 见 welt；咬口接缝，折叠接缝（柔性金属屋面），焊缝。

seamer 卷边封口器，卷边接缝手钳，卷边钳；一种手工工具，用于制作金属板接缝。

seam face 自然矿层形的石墙面；在建筑石材中，由岩石的天然缝形成的表面。

seaming 金属板边缘的卷边接缝，咬口接缝；金属板边缘的接缝，通过卷边或双层复合以及挤压形成。

seamless door **1.** 无缝门；由两块钢板形成的空心金属门，在门的表面或竖向边缘没有接缝。**2.** 复合式结构钢门，钢板面层粘结着一层坚固的矿物芯板，边缘没有接缝。

seamless floor 见 polymeric poured floor；聚合物浇注的无缝地面（地板）。

seamless flooring 无缝地板，无缝地面；没有骨料的液浇或抹涂得地面。

seamless pipe 无径向接头或接缝的钢管

seamless tubing 无缝管；周边连续、无径向接缝的管道。

seam roll 同 **hollow roll**；咬口（接缝），卷边（接缝）。

seam weld 搭接焊；沿着两个搭接构件之间的搭接缝进行的连续焊接。

season crack 1. 内应力裂缝；经过滚轧或经过其他处理的金属在其内部将产生内应力，由此内应力导致的裂缝称为内应力裂缝。2. 同 **seasoning check**；（木材的）干燥裂缝，干裂。

seasoning 1.（木材的）干燥，晾干，烘干；在自然条件下或者在烘干窑中使木材干燥。2. 混凝土的养护或硬化过程。

seasoning check （木材的）干燥裂缝，干裂；木材在干燥过程中，由于干燥不均匀或干燥过快而导致的纵向裂缝。

seat 1. 在木材工业中，同 **seat cut**；椽子檐端的水平截口，以便能使椽子安全的依托在水平垫木板上。2. 在管道系统中，同 **valve seat**；阀座。

seat angle 支座角铁（钢），垫座角铁（钢）；安装施工中，连接在柱子上用来临时支撑梁的短角铁（钢）。

seat cut 椽子檐端的水平截口，保证椽子安全地依托在卧梁等水平垫木板上；也见对 **bird's mouth** 的图解。

seating 1. 诸如剧院的座位、长椅、教堂内的靠背长凳一类的设备，作为人群的招待设备。2. 集会地的座位安排。3. 根据可用座位数确定的房间或空间的容量；会堂或礼堂中的座位总数。

seating capacity 会堂或礼堂中的座位总数。

seating section 坐席区；由走道、斜匝道、墙或隔墙围成的一组坐席。

sec 缩写＝"**second**"，秒，第二。

secco 见 **fresco secco**；抹灰面上的水彩壁画。

second 不合格料，等外材；具有次等性能或者没有达到规定尺寸的部件。

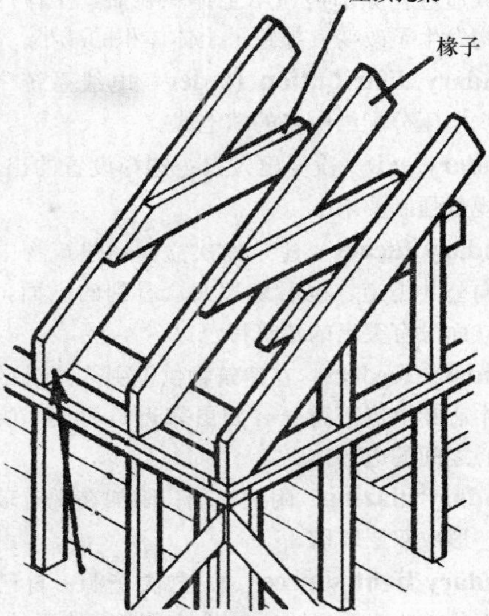

椽子檐端的水平截口

secondary air 1. 二次风，二次空气；送入鼓风炉中在火焰上方或周围运动进行助燃的空气（除开一次的与燃料混合并共同进入的空气和加煤机下面的气流）。2. 二次空气；已经处于空调空间中的空气，与进入空间中的一次空气相对。

secondary air motion 二次空气运动；由空气扩散器或任何形式的空气散流装置在房间内释放的空气所形成的房间内空气运动。

secondary arch 见 **rear arch**；背拱，后拱（厚墙门窗的拱）。

secondary beam 副梁，次梁；架在主梁上，并将之承担的荷载传给主梁的梁。

secondary blasting 二次爆炸；为将尺寸过大的材料减小到可搬运尺寸所采用的爆破方法，包括泥盖爆破（将炸药放在岩石表面，盖泥后再行爆破的方法）和巨石钻孔爆破、岩块爆破。

secondary branch 辅助支管；管道系统中，建筑物的排污管的支管或除主供水管外的其他供水管道。

secondary combustion 次燃烧；超出鼓风炉出口的无意图燃烧。

secondary consolidation 次固结；由持续荷载的作用导致的土体体积减小，主要原因是：大部分荷载通过孔隙水传递给土体颗粒后，土体内部的结构发生了改变，导致了土体体积的减小。

secondary distribution feeder 电线系统中，将二次电压分配给电路的馈电线。

secondary exit 次要出入口；选择设置的出入口，非规范强制要求。

secondary façade 建筑物次立面；建筑物中没有面向公共街道、也不易为大众看到的立面，这样的立面没有突出的建筑特色。

secondary feeders 在建筑物供电引入线处的主配电中心和电流下游处（如更靠近负荷处）的配电中心之间的电导体。

secondary glazing 附加玻璃；附加在现有玻璃窗上，形成双层玻璃。

secondary light source 1. 二次光源；自己不发光而是接收光再通过反射或传播将其传送的光源。2. 当几个光源同时呈现的时候，其中第二个最重要的或最显眼的光源。

secondary member 见 **secondary truss member**；屋架辅助杆件，次要桁架构件。

secondary reinforcement 辅助钢筋，次要钢筋；钢筋混凝土中除主筋以外的钢筋。

secondary school 见 **high school**；中学。

secondary substation 同 **distribution center**；配电中心。

secondary truss member 屋架辅助杆件，次要桁架构件；桁架或屋架中支撑主要构件或者将荷载从一个节点传递给多个节点的辅助构件。

secondary voltage 次级电压；分配给建筑物中的各个电路的低电压。

Secondary Classical Revival style 有时作为 **Italian Renaissance Revival**（意大利文艺复兴）的同义词。

second coat 二道抹灰，二道抹面；抹灰中指紧靠罩面灰底下的那层灰浆或两道抹灰中的第二道抹面。

Second Empire architecture 第二帝国建筑形式；以拿破仑三世（1852－1870）执政时期的法国第二帝国命名的折中主义风格的建筑形式及由其派生的建筑形式。

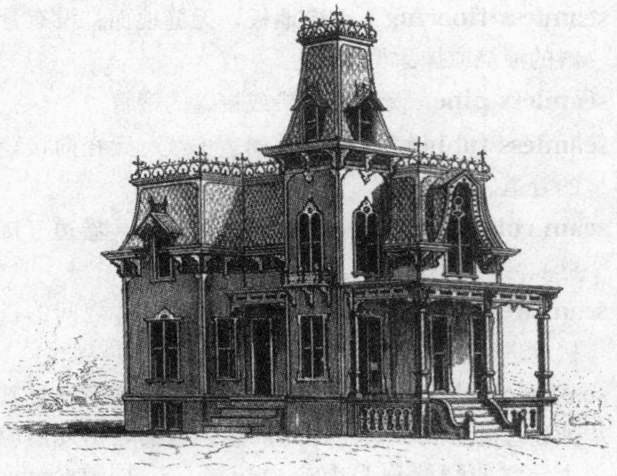

第二帝国建筑形式

Second Empire style in the United States 从1855～1890年或更长时间内盛行的一种雄伟和折中主义风格的建筑形式，主要用于公共建筑，有时也用于居住建筑，以拿破仑三世（1852－1870）执政时期的法国第二帝国命名；经常被叫做复斜屋顶建筑形式，因为这种建筑的主要特征就是具有复合折线形式的屋顶结构，这种风格下的建筑物特征如下：一层高敞亭从建筑立面正中向外突出；山墙带有精心制作的古典的三角形檐饰；一般檐口较重，由装饰支柱来支撑；多数有一个方形塔楼位于建筑物立面的正中心；山墙上开有老虎窗，镀铅锡（合金）薄钢板或者彩色的板岩形成了铺设屋顶的装饰图案；环绕着屋顶设有围栏，围栏上带有金属工艺的顶饰；窗户通常是上下两扇，中间由辅助的窗框横挡隔开，两扇大小窗户形状相似；山墙上的窗户一般上部呈方形或拱形；在一层，窗户非常高，几乎是从一层地板到顶棚的高度；双嵌板入口门的上嵌板中装有玻璃；通常有拱形门廊；一般都有从街道进入房屋因高差而设置的台阶；也被叫作 **General Grant style** 或者 **Second Empire Baroque**（第二帝国的巴洛克式建筑）。

second fixings 粉饰后安装的所有粗木活及细木活，也可包括布设电线和管道系统的木工活。

second-growth timber 次生林木；原始的林木被砍伐后长出的次生林木，小尺寸木材。

Second Period Colonial architecture 二期殖民地建筑；一个偶尔被用来指代1700～1776年间美

国殖民地建筑的专用名词。

Second Pointed style 同 Decorated style；英国哥特式建筑三个阶段中的第二阶段。

Second Renaissance 同 Italian Renaissance Revival；意大利文艺复兴。

secos 同 sekos；古希腊的神坛，庙宇的内殿，特权者使用的房屋。

secret dovetail，miter dovetail 暗鸠尾榫接头；一种在安装时表面看似简单斜角接合，内部却隐藏着鸠尾楔形榫头的接合。

暗鸠尾榫接头

secret fixing 见 secret screwing；暗螺钉连接。

secret gate lath 暗门锁，暗门插销；办公室（或类似场所）门上安装的弹簧锁，由隐蔽式门钮或电动传动装置操作。

secret gutter 隐蔽式天沟，暗天沟，屋檐暗水槽，暗槽沟，暗沟。

secretium 一间圣器收藏室。

SectionFormat 编撰模式；依照 Construction Specifications Institute（美国施工规范协会）要求，将建筑规格以三段式格式编纂成册。

secret joggle 暗啮合扣接，暗企口接；从表面看不见的粗琢拱形石中的啮合接缝。

secret nailing 见 blind nailing；暗钉，埋头钉，暗钉连接。

secret room 密室；一种常位于阁楼上且入口被隐藏起来的房间。

secret screwing，secret fixing，secret screw joint 粗木工艺中的暗螺钉接缝。

secret tenon 同 stub tenon；暗榫头。

secret valley 见 secret gutter；隐蔽式天沟，暗天沟，屋檐暗水槽，暗檐沟，暗沟。

SECT （制图）缩写＝“section”。**1.** 断面，截面。**2.** 区，部分。**3.** 地块，板块。**4.** 小节，段，项。

sectile opus 花砖地面；用大小相同的石板、玻璃瓷砖或其他材料铺设而成的地面，表面涂单色或者印有斑驳的图案，其尺寸远大于普通马赛克。

花砖地面（两种类型）

section 1. 截（断）面图；表示物体被假想的平面切开后内部结构的图形。**2.** 剖面图；表示建筑物或其一部分被假想平面竖向剖开后内部结构的图形。**3.** 表现模具或组件的轮廓或组成的图形。**4.** 结构中垂直于构件或结构中轴线的断面。**5.** 仅覆盖了一个行业的规范中的某条款的分条款。

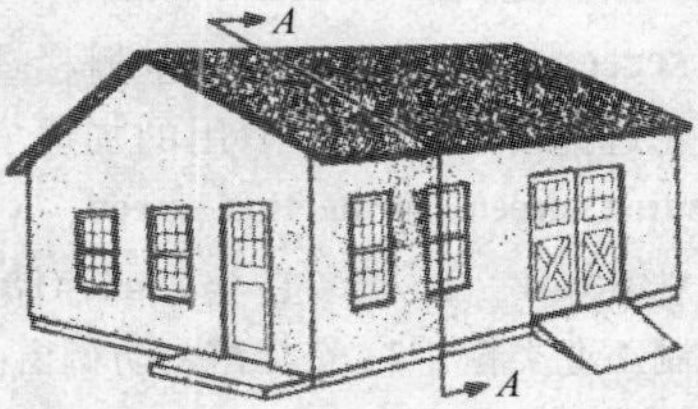

透视图

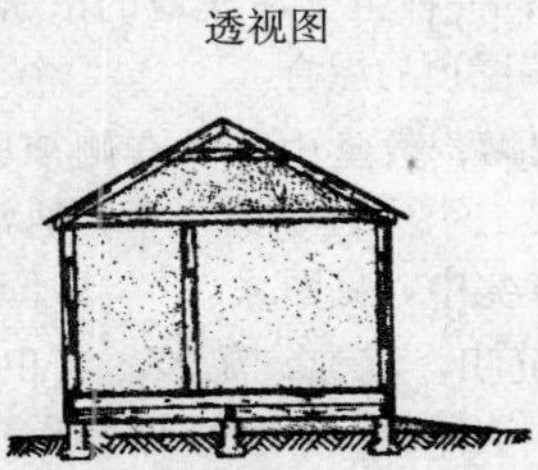

A—A 剖面图

剖面图

sectional insulation 组合式热绝缘材料或预先成型的热绝缘材料；例如由两个或更多的环状管段套叠构成的预成型热绝缘管道。

sectional ladder 组合式梯子；由两段或多段楼梯组合成一个固定长度的非自立的便携梯。

section modulus 截（断）面模量，截面抵抗矩；等于结构构件的截面的惯性矩除以从重心到截面最外边缘的距离，是对梁弯曲强度的一个量度。

section mold 见 **joint mold**；预制灰质饰件的模板。

sectroid 交叉拱棱间的曲面，穹隆中两相临拱棱的曲面。

security alarm system 见 **burglar alarm system**；防盗报警系统。

security cabinet door-contacts 固定在保险库或保密档案室门上的电接触装置，当门被打开时，电连接断开，从而拉响警报器。

security glass **1.** 见 **bullet-resisting glass**；防弹玻璃。**2.** 见 **laminated glass**；夹层（安全）玻璃，防弹玻璃。

security glazing 防盗玻璃；同 **security glass**。

security grille 安全防护栏；一种安装在门窗且可以卷起或滑动打开的金属隔栅，通过防止坏人进入提供安全保障。

security lock 见 **thief-resistant lock**。

security screen 用于防御的安全栅栏或安全屏；作为防止逃跑和闯入的屏障用的加厚安全屏蔽；见 **detention screen**，**protection screen**。

security window **1.** 安装在仓库或存储室用来防盗的钢制工业类窗。**2.** 安全窗，防御窗。

sedge 芦苇；一种生于沼泽地的浓密的丛生植物，用来做茅草屋顶的屋脊。

sedile 祭祀席；教堂中圣坛右侧神职人员坐的座位，通常是三个座位中的一个，通常位于遮有天篷的圣坛壁龛中，见图。

sediment 沉积，沉淀，泥沙，沉积层，沉淀物，水垢；水或液体中沉于底部的物质。

sedimentary rock 沉积岩；在海洋、淡水或者陆地上由沉积物的沉积作用而形成的岩石，例如：

祭祀席

石灰岩，砂岩；也见 **stratified rock**。

sedimentary test 沉淀测试；一项测定土壤黏土含量的检测方法。

sediment trap **1.** 排污管道中一种可拆装的装置，用来捕获和存留通过固定筛的细小固体物质，固体废物将在这里积累然后被处理掉。**2.** 在供气系统中，用来收集可能随气流进入的污垢或有害物质的U形阻气器，从而保护控制操作的设备。

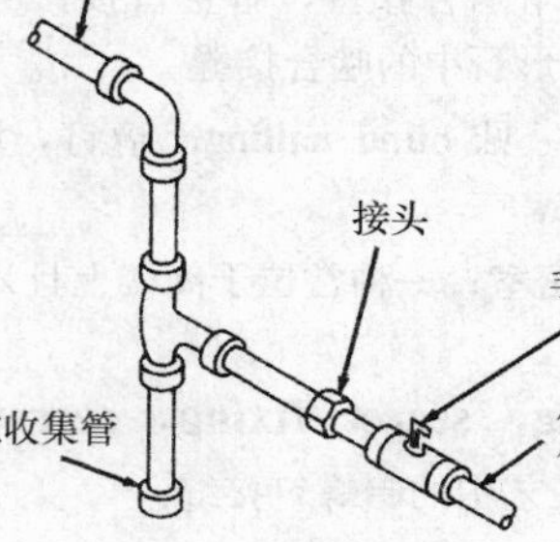

U形阻气器

seedy 起粒，起砂；对涂漆饰面的形容，这种饰面由于在涂料中未分散的颜料颗粒或是未溶解的胶质体颗料而变得不光滑。

seel canopy canpoy 的旧称。

seepage 1. 渗漏（透，流）；水通过土壤的缓慢运动。2. 渗漏量；慢速通过孔隙材料（如土壤）的水量。

seepage bed 滤床；宽度通常超过 36in（大约 1m）的沟槽，沟槽中铺有干净的粗集料和一个管网分配系统，使处理过的污水能够渗入到周围的土壤中。

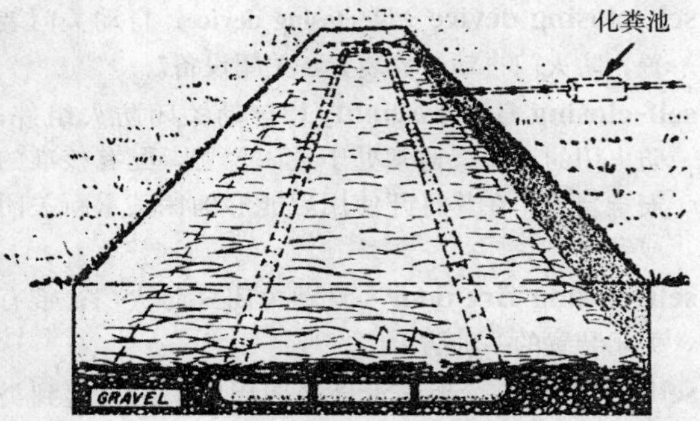

滤床

seepage force 渗透力；由渗透作用引起地传递给土壤颗粒的力。

seepage pit 渗水井，渗水坑；带有露缝接头衬砌的、带盖的井或坑，通过它化粪池的流出物能够渗透到周围的土壤中。

seggio 会议室。

segmental arch 弓形拱，平圆拱，扇形拱；拱腹内弧面（线）不足半圆的圆形拱。

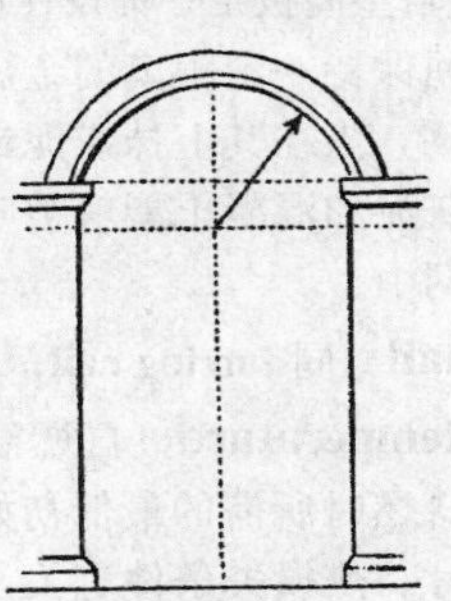

弓形拱，平圆拱，扇形拱

segmental billet 一种错齿饰，是圆棍段相隔交错

圆棍段相隔交错的花饰线脚

的花饰线脚。

segmental dormer 横断面为大曲率半径圆弧的屋顶窗。

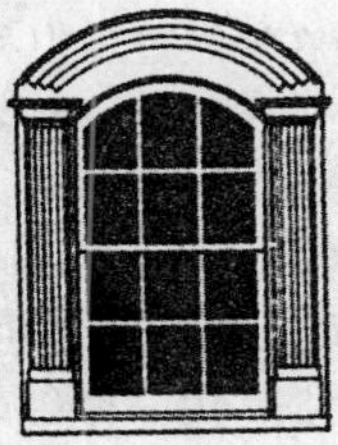

横断面为大曲率半径圆弧的屋顶窗

segmental member 预应力拼装构件，组合构件；将单独的结构构件通过预应力拼装在一起，以使其在使用荷载下作为一个整体进行工作。

segmental pediment 大曲率半径的弓形门窗檐饰；上部边界表面是大曲率半径圆弧的门窗过梁上的弓形檐饰。

大曲率半径的弓形门窗檐饰

segmental vault 横截面是弓形的一种拱。

segment head 圆弧形门楣；门楣是圆弧形的门。

segment saw 弧形锯；特殊设计的大直径圆盘踞，因为它产生的锯缝很小，所以用来锯薄木板。

segregation 离析；拌制混凝土成分的不均匀的浓度。

seismic load 地震荷载；地震作用下，由结构质量的加速度产生的作用于其上的力。

seismic protection 地震防护；采用工程设计措施和安装设备，使在地震过程中和地震后短时间内建筑物中的核心服务设施（例如：水、煤气、用电的供应及电话等）能够继续工作。

seismic strengthening 抗震加固；为了提高建筑抗震能力而对结构进行的加固和改造。

seizing 擦伤，磨损。由一种金属表面在另一种金属表面上摩擦所引起的擦伤和磨损。

sekos 在古希腊：**1.** 神殿，礼拜堂，圣堂。**2.** 庙宇的内殿。**3.** 只有享有特权的人才可进入的建筑。

Sel 用于木材工业的，缩写＝“**select**”，优（选）木材。

selected bidder 中选的投标者；由业主选中的供讨论的投标人，其具有获得建筑承包合同的可能。

selected list of bidders 同 **invited bidders**；受邀投标者。

selected tenderers 同 **invited bidders**；受邀投标者。

selection log 见 **finish and color selection log**。

selective bidding 选择性招标；邀请投标方为获得建造合同而竞争报价的过程；排除其他人选，业主从被邀请的投标者中选择建造方，区别于公开招标。

selenite 透明石膏；以透明、层状、晶体的形式存在的各种石膏，用作建筑物的装饰石。

selenitic cement，selenitic lime 含5％～10％熟石膏的石灰；在生石灰里加入起促凝作用的5％～10％的熟石膏而制成的石灰胶结料。

self-ballasted lamp 自镇流灯；电弧放电型的灯，例如：高压水银灯，它还连接有一个限电装置。

self-centering lath 自立式钢板网；在混凝土楼板搁栅中用作钢筋的带肋钢板网，或用作2in（5cm）实心抹灰隔墙中的金属拉网。

self-cleansing velocity 自动清洗速度；在排污管中足以使自动清洗开始发挥作用的流速。

self-climbing tower crane 同 **self-clinching**；自扣钉。

self-clinching 自扣钉；指当完全钉入后钉身或钉尖自动打弯而钉牢的一种钉子。

self-closing device 见 **closing device**；自动关门装置，防火门自动开关装置，关闭设备。

self-closing fire assembly 自动关闭防火组件；防火用的设备，通常处于关闭位置，配有核准的安全装置，在其打开使用后能够确保其重新关闭或锁定。

self-closing fire door 自动关闭式防火门；带有关闭装置的一种防火门。

self-coved 乙烯地饰沿地板四周向上翻起起到类似踢脚砖的作用。

self-extinguishing 自熄（灭）性材料；当外部的火源去除后，不再继续燃烧而是自行熄灭的一种材料。

self-faced stone 天然表面石材，无需加工的石板。

self-finished roofing felt 见 **asphalt prepared roofing felt**；沥青处理的屋面卷材，预制沥青屋面板。

self-furring 自垫高板条；铺设在墙上并通过某种方式与墙之间保持一定距离的金属板条或者焊接而成的金属网，当在其上抹灰泥或混凝土时，中间的空隙使灰泥和混凝土能够被咬合在金属板或焊接的金属网中。

self furring nail 同 **furring nail**；板条钉。

self-ignition temperature 自燃温度；具有自燃特性的物质自燃时所需的最低初始温度，这个温度和试件尺寸、热损失条件件有关，可能也和湿度等其他因素有关。

self-leveling sealant 自平密封胶；具有足够的流动性，可以利用自身重力自动找平的密封胶。

self-noise 内（自）噪声；在 HVAC（供暖通风）系统的消声器中，由通过消声器的空气气流所产生的噪声。

self-reading leveling rod 自读数水准标尺；带有刻度标记，并由观察者通过水准测量设备来读数的水准标尺。

self-sealing fastener 自封闭紧固件；自带密封装置的紧固件，此装置密封性能非常好，不需要另外的密封材料。

self-sealing paint 自封漆；一种油漆，当将其涂在多孔材料的表面上后，油漆将封住表面，干燥后颜色和光泽均匀。

self-service elevator 见 automatic elevator；自动升降机，自动电梯。

self-service refrigerator 自助冷藏箱；泛指在食品店或其他商店中摆放的任何款式的顾客自助用的冷藏箱，可能是开口式的，或有滑动门或合页门。

self-siphonage 自虹吸作用；由于与存水弯连接的管道装置的流注动力所形成的虹吸作用而使存水弯中的水流空（因此而破坏了水密封）。

self-spacing tile 在侧面带有用于形成泥浆接缝突缘的瓷砖。

self-spreading 一种带有劈裂钉身的钉子，从而钉身的各个分支可以从不同方向钉入材料。

self-stressing 自应力；形容由膨胀水泥混凝土、膨胀砂浆或膨胀水泥浆因膨胀受到约束而在材料内部产生的持续的压应力。

self-supporting wall, self-sustaining wall 非承重墙（仅承受自重的墙）。

self-tapping screw 同 sheet-metal screw；自攻螺钉，钣金螺钉，固定金属薄板的螺钉。

self-vulcanizing 自硫化，自固化（不加热而硬化）；指一种胶粘剂，它不需要加热而产生硫化作用。

seliana window 同 Palladian window；巴拉迪欧式窗（窗的一种组合形式，中间窗头为圆拱的，两侧窗头为平的，通常较窄）。

sellary, sellaria 配有椅子和长椅的大型起居室、绘画室或者是接待室。

selvage, selvedge 1. 饰边，镶边；地毯制品或织物四周镶的边，用来防止散开。2. 屋面卷材搭接处压在下层的边缘；锁舌通过的钢板。

selvage joint 屋顶卷材铺设时使用的压边接头，沿着边缘，铺洒小粒石面层被省略，以在连接处提供更好粘结性能。

semiarch 半拱；仅有半边的拱，如飞拱。

semiautomatic arc welding 半自动电弧焊；带有一种设备的电弧焊，这种设备仅控制填充金属的进料，焊接的进展是人工控制的。

semiautomatic batcher 半自动材料计量器，半自动配料器；一种计量给料器，带有手动开启的门或阀门，允许材料分别单独称重，当达到某种材料的设计重量时，门将自动关闭。

semibasement 半地下室；只有部分低于地面标高的地下室。

semibungalow 附有楼阁的平房；在阁楼里有一两个房间的平房或别墅。

semicircular arch 半圆拱，拱腹内弧面是完整的半圆形拱。

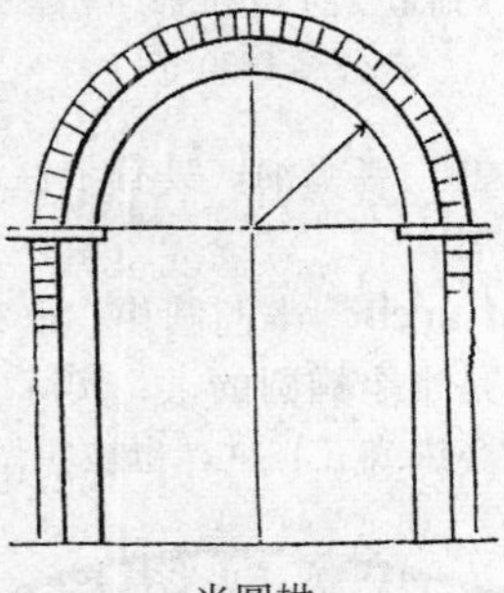

半圆拱

semicircular dome 半圆穹顶；形状是半个球面的圆屋顶。

semicircular fanlight 半圆形状的扇形窗，一般位于房子主入口正上方。

semicircular vault 筒形或隧道形穹顶。

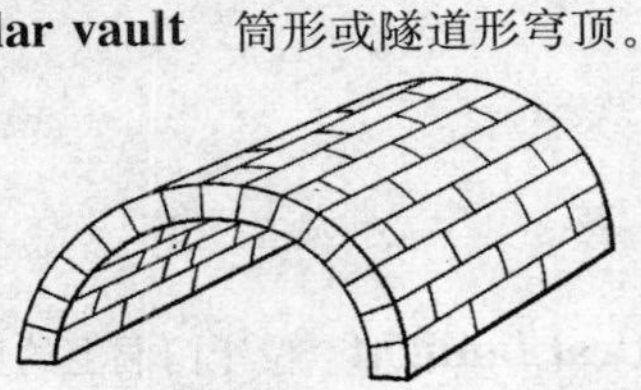

筒形或隧道形穹顶

semicircular window 1. 顶部呈半圆形的窗户。2. 半圆形窗户，一般位于门上或门楣中心处；也被称做D形窗。

semi-column 同 **half column**；半露柱。

semidetached dwelling 双连式住宅；一侧墙体与其他房屋共用或是土地边界的半独立式住宅。

semidetached house 有一面墙是共用的半独立式住宅，双连式住宅。

semidirect lighting 半直接采光，半直接照明；将60％～90％的光直接向下发射的采光方式。

semidome 四分之一球体的穹顶，覆盖着一个半圆的面积，例如：教堂半圆形的后殿。

四分之一球体的穹顶
（伊斯坦堡的 suleimanie 清真寺
公元1550年）

semi-drying oil 半干油；具有干性油的特性，但程度稍差的油。

semielliptical arch 半椭圆拱；严格地讲，是指内弧面正好是半个椭圆的拱；实际上这个词通常表示的是三心拱或五心拱，也被叫做花篮拱。

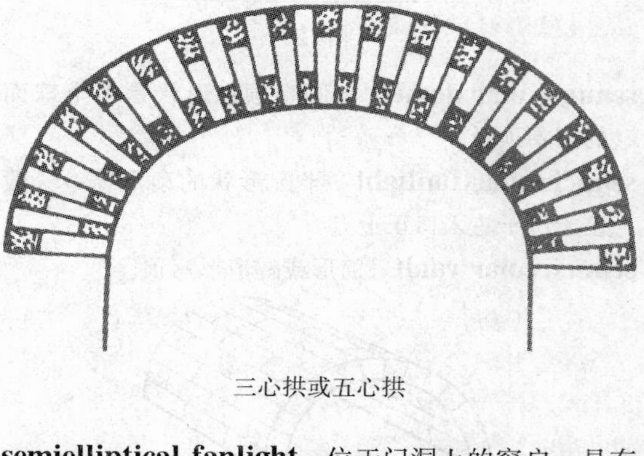

三心拱或五心拱

semielliptical fanlight 位于门洞上的窗户，具有半椭圆的形状，通常被简称为椭圆扇窗。

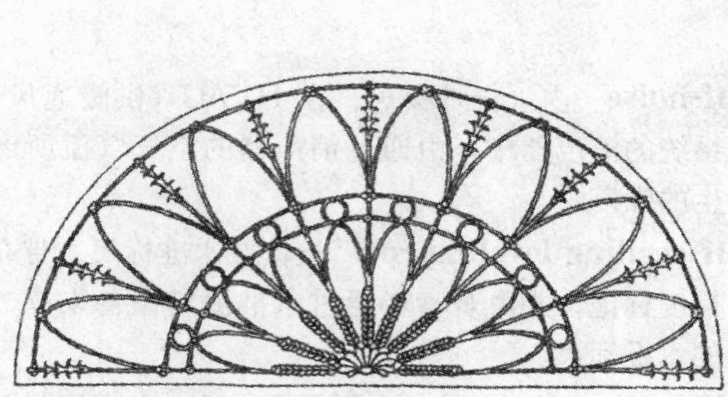

椭圆扇窗

semiengineering brick 半工程砖，其强度是中级的，高于普通砖，而低于工程砖。

semiflexible joint 半柔性结点，半柔性接头；钢筋混凝土结构中的节点，其钢筋的设计方式允许节点有一定转动自由度。

semigloss 半光泽的，近有光的；漆膜的光泽程度，它高于略有光泽彩饰低于全光泽彩饰，也可见 **gloss**。

semihydraulic lime 半水硬石灰；介于水硬石灰和高钙（不水硬）石灰之间的一种石灰。

semi-indirect lighting 半间接照明，半间接采光；将60％～90％的光向上发射的采光方式。

semi-instantaneous-type water heater 半瞬时（水流式）热水器；一种具有复杂的温度控制系统和小存储容量水箱的瞬时（水流式）热水器。

seminary 教育场所；学校，研究院，高等专科学院、大学；尤指教士接受教育的学校。

semirigid frame 半刚性框架，半刚架；一种结构框架，框架的柱和梁以在节点处有一定的自由度的方式相连接。

semirubbed finish 半磨光面的；磨光到一定程度的劈裂石头表面，其显著突出部分经砂磨已被磨平，而凹陷的部分仍旧存在。

semisteel 半钢，低碳钢；含碳量很低的一种等级的铸铁，通过在熔铸时将钢废料加入到生铁中的方法制成。

semi-vitreous 半吸水性的，半透明的；玻璃化程度的一种表述形式，以中等吸水性为标志，即：吸水率在0.3％～3.0％间的（材料或物体）；而地板砖和墙面砖除外，其吸水率在3.0％～7.0％时称为半吸水的。

sems （单数和复数）带垫圈的机器螺钉；与固定垫圈永久结合在一起的机器螺钉，垫圈是在螺纹被加工之前嵌入螺钉的。

sensible heat 显热；改变了材料的温度但未改变材料状态的热量，如：引起湿度增大的热量。

sensible heat factor 空调的空间内显热与总热荷之比。

sensing device 见 sensor；传感器，感受元件，传感元件，探测器；一种用来感知和探测异常的周围环境条件的仪器，例：感知和探测到烟或异常的高温；用来启动警报器、开启烟雾仓等等。

sensor, detector, sensing device 传感器，感受元件，传感元件，探测器；一种用来感知和探测异常的周围环境条件的仪器，例：感知和探测到烟或异常的高温；用来启动警报器、开启烟雾仓等等。

SEP 缩写＝"separate"。**1.** 独立的，单独的。**2.** 分开，区别。

separate application 分开涂胶；被粘结物一面涂树脂胶，另一面涂促进剂，然后在将两个面粘在一起，就形成了接缝。

separate-application adhesive 分涂型胶结剂；由两组成分组成的胶结剂，将胶结剂的一组成分涂在一个被粘物上，胶结剂的另外一组成分涂在另外一个被粘物上，然后再将这两个被粘物粘结在一起，就形成了接缝。

separate contract 单项合同，分包合同，分类合同；建筑工程项目中是几个主要合同之一。

separate aggregate **1.** 分级骨料；根据粒径被分成两组或更多组的粗骨料。**2.** 被区分开的的粗骨料和细骨料，有别于混合骨料。

separately-coupled pump 以机械方式连接在电动机上的水泵，由柔性联轴节带动，水泵和电动机固定在同一个结构底盘上，该底盘起支承和保持二者机身在一条直线上的作用。

separate sanitary sewer 同 sanitary sewer；卫生污水管，生活下水管。

separate sewer 同 sanitary sewer；卫生污水管，生活下水管。

separate system 同 sanitary sewer；卫生污水管，生活下水管。

separating wall 同 party wall；分隔墙。

separation 离析，析出；如果存储在罐中的油漆材料是不完全可溶、不易混合和不稳定的，就会分离成不同组分的层。

separator 见 interceptor；拦截器，窃听器，截流管，垃圾分拣机。

septic tank 化粪池，腐化槽，厌氧处理槽；密封的带盖容器，用来接收来自建筑物下水道的排泄物，将固体从液体中分离出来，分解有机物质并将分解过的固体颗粒做一段时间的滞留，允许澄清后的液体排放出去做最后的处理。

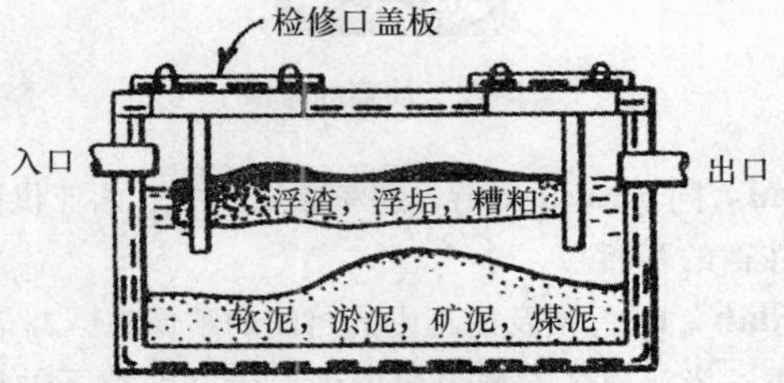

普通化粪池，腐化槽，厌氧处理槽断面图

septizonium 一种极其宏大壮丽的特殊形式的建筑物，由七层柱子组成，一层在另一层之上，支撑着七个独特的柱顶盘或环形带。

septum **1.** 将古罗马天主教堂中殿分成中间部分（供神职人员使用）和两边部分（供一般人使用）的低矮的墙或栏杆。**2.** 坟墓周围的矮墙。**3.** 由教堂中祭坛围栏构成的圣桌栏杆。

sepulcher **1.** 坟墓，石墓，圬工墓，墓地。**2.** 盛装圣徒遗物的容器，特别是在基督教的圣坛中。**3.** 教堂中弓形的浅壁龛，用来放置在濯足节（复活节前的星期四）（耶稣受难节）和东正大弥撒之间举行的圣餐献祭仪式所用的器具。

sepulchral 坟墓的或附属于坟墓的。

sequence-stressing loss 依次张拉的预应力损失；后张法预应力中，由于后续张拉使构件缩短使以前张拉的钢筋中应力减少而造成的应力损失。

seraglio **1.** 封闭的或受保护的场所。**2.** 宫殿（土耳其的），闺房（伊斯兰的）。

附属于坟墓的雕像

serai 同 **caravanseray**；篷车旅店，中、西亚供商队住宿的客店。

serdab **1.** 古埃及建筑中的封闭的雕像室。**2.** 美索不达米亚地区的城镇房屋中位于庭院地下的地下室，通过天窗进行通风和采光，夏季用作起居室。

serial distribution 串列式布置，序列式分布；一组序列式分布的吸收沟槽（或者是滤坑、滤槽），如此布置可以使每个沟槽总的有效吸收面积在液体流进下一个沟槽前得到充分的利用。

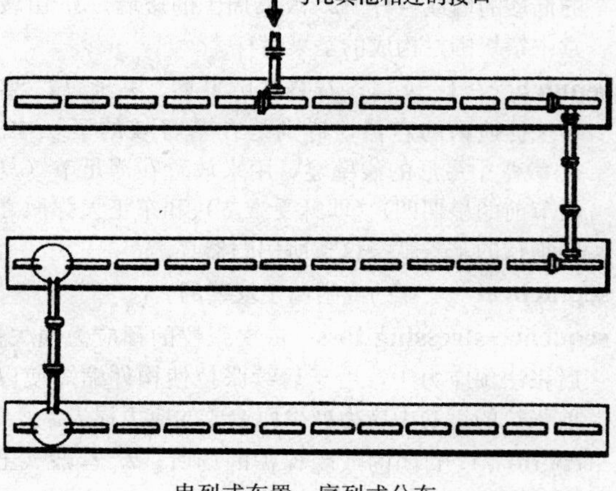

串列式布置，序列式分布

series circuit 串联电路；一种供电回路，将一组供电设置串联在一起，使通过每个电器设备的电流强度相等，电流在流经整个回路后又回到电源。

Serlian motif 见 **Palladian motif**；巴拉迪欧式建筑特色（窗）。

Serlian window 帕拉蒂奥式窗，三扇式大开窗；窗的一种组合形式，中间窗头为圆拱顶，两侧较窄窗扇为矩形，窗头为平过梁；同 **Palladian motif**。

serpent column 蛇形柱；一种在托尔特克建筑中使用的柱子类型，形状类似羽蛇，以张开的有尖牙的蛇头作为基础，蛇尾用来支撑屋顶，在墨西哥的某些地方可以看到典型的实例。

serpentine 由水合镁硅酸盐组成的矿物，或者是含有大量这种矿物的岩石，通常呈绿色的阴影色调；用作装饰石头，是具有商业价值的大理石中的突出要素。

serpentine wall 蛇形石墙或砖墙；一种在平面上不是直线而是呈蜿蜒形状的墙，也被叫做蛇行墙。

蛇形石墙或砖墙

serrated 锯齿形的；像锯一样在边缘部分刻槽。

serrated grating 锯齿形的门窗栅栏；一种栅栏，它的顶部表面通过冲孔工艺刻槽，做成支承杆或交叉杆的形式（或二者皆有）。

SERV （制图）缩写＝“**service**”，将电能从供电系统传输到使用中的电缆系统所使用的连接件和设备。

servant's room 旧时的大房子中（或附属建筑中），一个供仆人聚集、吃饭和等候传唤的房间，也被叫做仆人室。

service 公共设施；将电能从供电系统传输到房屋布线系统所使用的供电线和设备。

serviceability 适用性，服务能力；部件、材料、组装产品、结构或建筑物等完成设计和使用功能的能力。

service bar 酒吧服务柜台；酒吧中放置各种酒和饮料的柜台，专供服务员取用，以送至顾客。

service box 1. 建筑物电线系统中在建筑物内使用的进户接线盒。2. 通常上口和路面平齐的箱子，内置（水、气）入户管总阀，此箱为检修孔。

service cables 1. 电缆形式的供电导线。2. 由公用事业机构提供、归其所有并负责安装和维修的从配电系统或高架线到用户接入点间的电缆设施和中性导线。

service chute 见 building service chute；房屋服务管道（如垃圾、洗衣，信件）。

service clamp 同 saddle fitting；鞍形管件。

service conductors 电线系统中接户线或引入线；在电线系统中，在街道主干线（或变压器）与进户用供电设备之间的供电导线。

service conduit 见 service pipe；进宅（水、燃气）支管，入户管，用户管，进宅导线管。

service connection 将公用事业公司供电的电线连接到用户的接户线上的连接件。

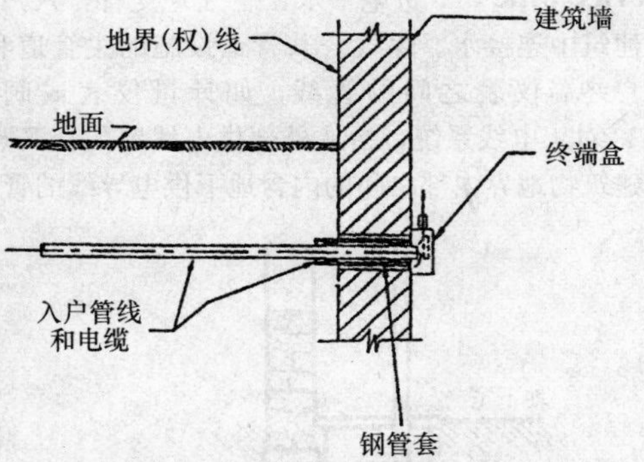

将供电的电线连接到用户的接户线上的连接件

service core 建筑物的服务中心；高层建筑中通常位于中心地带的一个多层空间，这里安装了建筑核心服务设施，如：电梯，同时也是众多其他服务设施汇集的场所，如：电线、电话线、安全设施、防火设备、通信系统和管线等。

service corridor 服务通道；一条完全封闭的通道，不是法规要求的出口通道。

service dead load 使用恒荷载；计算出来的恒载；计算出来的由构件承担的恒载。

service door，service entrance 作业用门，工作者进出的门，服务门；在建筑中的一个外门，用于设备的进出，清除废弃物，或服务人员的出入口。

service drop 架空接户线，架空引入线；供应建筑物的电线系统中，从公用事业供电电线的最后一根电线杆到入户之前与进户线相连的连接点之间的那部分被架空的接户线。

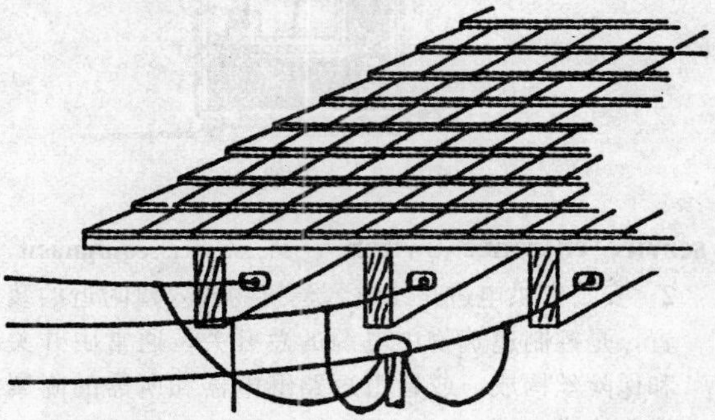

架空接户线（架空引入线）连接到住宅建筑中

service duct 管路户线通道（管沟）；将供电公用事业公司铺设的供电电缆封闭起来的管筒。

service elbow 同 service ell；卫生管道中肘形弯管，（接户用）L形螺纹管接头；一端内螺纹，另一端外螺纹的接头弯管，弯成45°或90°。

service elevator 服务电梯；人货两用电梯。

service ell，street ell 卫生管道中肘形弯管，（接户用）L形螺纹管接头；一端内螺纹，另一端外螺纹的接头弯管，弯成45°或90°，由可锻铸铁制成。

卫生管道中肘形弯管，（接户用）L形螺纹管接头

service entrance，service entry 1. 进户线，供电引入段；用户供电装置的一部分，指从供电分支线的终端到并包括用户分户供电设备之间的那

部分电线。**2.** 通信系统中，网络交换线（例如电话交换线）进入建筑物的入点。

service entrance conductors 引入线，入户线；进户线中从公用事业机构的供电线通过建筑物墙体到建筑物内部电源总开关之间的那部分。

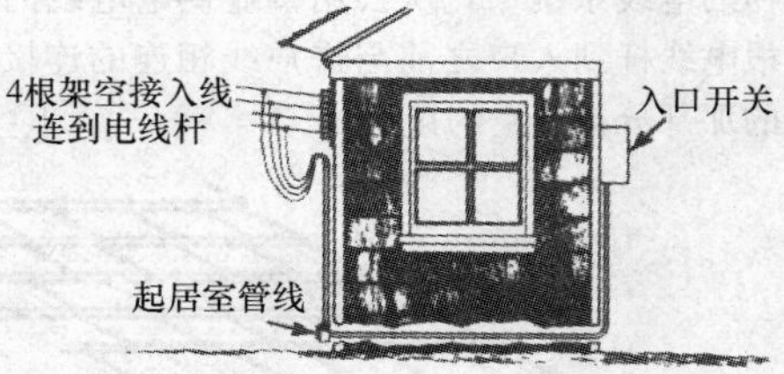

引入线，入户线

service entrance switch 见 service equipment, 2；安装在供电进户线进入建筑物的入口附近的装置，是控制建筑物中电源的总开关，通常由开关和保险丝构成，或者由短路继电器和所需的附属设备构成。

service equipment **1.** 用于取暖、照明、卫生、通风、防火、运输、废物处理等方面的设备和机器，这些设备和机器属于建筑物的永久设施，因此安装和使用要遵守相关的规程。**2.** 安装在供电进户线进入建筑物的入口附近的装置，是控制建筑物中电源的总开关，通常由开关和保险丝构成，或者由短路继电器和所需的附属设备构成。

service fitting 一端带有外螺纹的L形螺纹管接头或T形螺纹管接头。

service ground 接地线；进户线，分户配电设备或二者的接地线。

service hatch 见 hatch；门、墙壁或地板上的开口。

service head 一种入户线终端接头，具有防止雨水进入接头内部的功能。

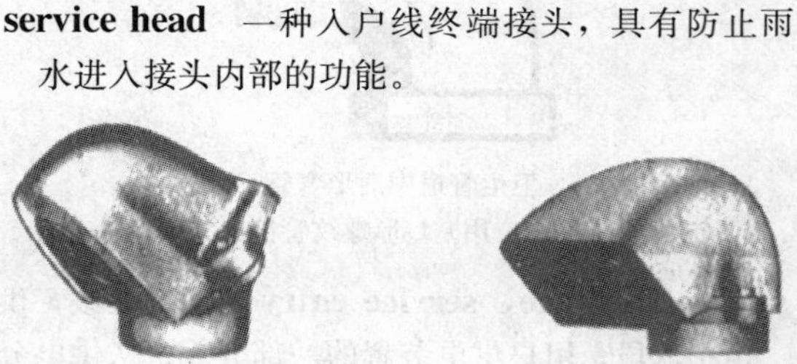

防止雨水进入的入户线终端接头

service integrated ceiling 见 integrated ceiling；声、光、空调等设施组合的吊顶。

service lateral **1.** 地下供电导线，指街道上的主电缆（包括所有的位于电线杆或其他结构以及变压器上的接线叉）和位于建筑物墙内或墙外的终端接线盒、计量仪表或其他附件中与进户线第一相连点之间的地下供电导线。**2.** 从公用事业公司的地下管线分布系统的分线盒、出入孔或变压器室到用户地产边缘或地界线之间的电线或电缆管道。

service lift 同 service elevator；服务电梯。

service live load **1.** 现行建筑规范规定的使用活荷载。**2.** 在使用条件下所施加的非永久性荷载。

service load **1.** 使用荷载；在正常使用的条件下，建筑物预期承受的荷载，名义荷载经常采用这个值。**2.** 见 working load；资用（工作、活、作用、施工）荷载。

service opening 同 intake door；维修孔。

service period 自然采光时间；照明工程中，指每天由日照提供的达到规定照明程度的小时数。

service pipe **1.** 进宅（水，燃气）支管，入户管；建筑中连接水、煤气公共管道设施的主管道和住户终端仪表之间的管线，如计量仪表或阀门。**2.** 对于电线系统，指从外部供电线路的交叉点到建筑物地界内部之间的内含地下供电导线的管道。

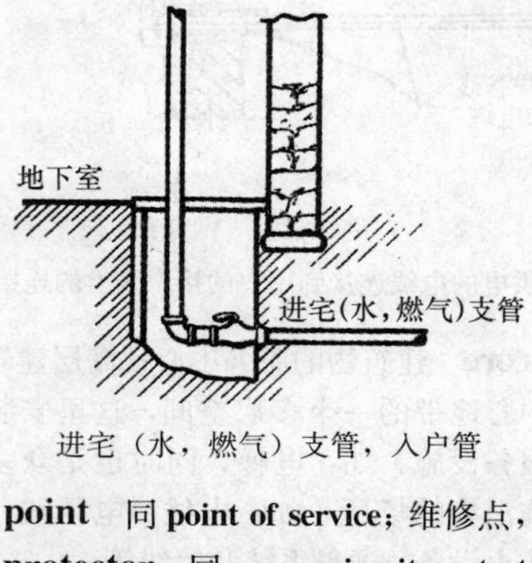

进宅（水，燃气）支管，入户管

service point 同 point of service；维修点，服务点。

service protector 同 power circuit protector；电路保护器。

service raceway 供电导管；容纳供电入口导线的导管（例如刚性的金属导线管）。

service refrigerator 商用冰柜；泛指服务员用来向顾客提供冷冻商品的商用大型冷库或冷冻商品陈列柜，与自助式冷冻商品柜不同。

service rise 供应主管；见 **riser，4**；**reser，5**；**riser，6**。

services 见 **building services**；建筑设施，（房屋）公用服务设施。

service sink 污水盆；同 **slop sink**。

service stair 1. 勤务楼梯，旁门楼梯；主要供服务员、勤务员使用的楼梯。2.（通向）地下室的楼梯。

service switch 供电开关；系统内控制全部由电表记录的动力设施（应急电力系统除外）的电闸开关。

service tee 接用户三通；一种用于带丝扣管道连接的锻铁 T 型连接件，一端是外口螺纹接头，另一端及其分支是内口螺纹接头。

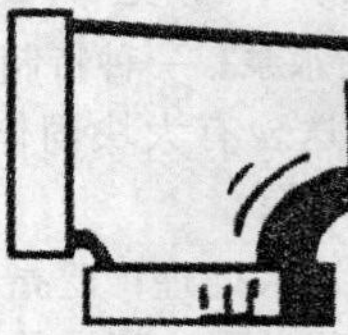

接用户三通

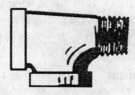

service terminatio 公用设施终端；指公用设施的管线和设备终点也是用户配线的交接点。

service valve （户外）用户管总阀；将设备或装置从管道系统其他部分隔开的阀门。

service wiring raceway 供电导管；见 **service raceway**。

servient estate 让出有限用地权的产权一方；见 **dominant estate**（地产支配权）。

serving hatch 隔墙上的洞口，上菜窗口；同 **pass-through**。

SE Sdg，S. E. Sdg. 缩写＝“**square-edge**”，方边，直角边缘。

set 1. 凝固，结硬，硬化；水泥砂浆、灰浆或混凝土的可塑性减少到一特定程度时所达到的一种状态，通常以贯入阻力或抗变形能力作为量度标准，初凝指的是初始硬化，终凝指的是硬化达到了有效的硬度。2. 石膏粉刷的水合作用和硬化作用。3. 通过化学、物理作用（例如：浓缩、聚合、氧化、硫化、凝胶化、水合或挥发性成分的蒸发）使液态树脂或胶粘剂转化为硬化状态。4. 见 **saw set**；锯齿修整器。5. 粉刷工程中的最后一道灰浆。6. 使用冲钉器将钉子钉入木材表面。7. 塑性变形，永久变形；导致变形的荷载完全释放后依旧存在的残余应变。8. 装配式：指构成戏剧舞台布景的各个部件。9. 打桩工程中，打桩锤单次打击作用下桩体入土的竖向距离。

setback 收进，缩进，房屋从合法的地界按常规或法规后退的最小距离。

setback buttress 靠近房屋的墙角（但不在墙角）的扶垛。

setback line 房屋界线，房基线；同 **building line**。

set-head nailing 同 **blind nailing**；加工面上看不到钉头的打钉法，暗钉。

set-in 同 **offset，1**；砌体砖层阶宽（缩进量）。

setoff 同 **offset，1**；砌体砖层阶宽（缩进量）。

set retarder 缓凝剂；同 **retarder，2**。

setscrew 1. 定位螺栓，固定螺栓，止动螺栓；通常用来将环形、球形以及其他突出物固定在机械轴或机器的一部分上，也叫平头螺栓。2. 夹具中使其两边紧密接触的螺栓。

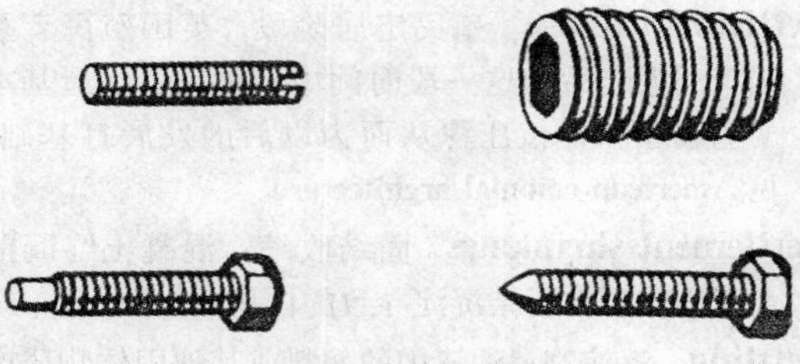

定位螺栓，固定螺栓

setting bed （水磨石面层下的）砂浆垫层，砂浆底层。

setting block 装置垫块；氯丁（二烯）橡胶、铅、木材或其他适合的材料制成的小垫块，置于玻璃板底边下端作为玻璃板在框架中的支撑块。

setting coat 见 **finishing coat**；抹灰罩面层，精修饰涂层，第三层油漆。

setting-in stick 成型棒；管道工程中，弯铅皮用的工具。

setting out 刨光木料和接口上尺寸的标志。

setting punch 见 rivet set；铆头模，铆钉用具。

setting shrinkage 凝固收缩；水泥终凝前由于固体颗粒的凝结和水与水泥之间的化合作用导致的混凝土体积减小。

setting space 安装空间，调整空间；饰面墙板（或面板）和衬墙之间的距离。

setting stuff 罩面层，中饰层的旧称。

setting temperature 固化温度，凝固温度；液体树脂或胶粘剂固化或凝固时所必须达到的温度。

setting time 1. 固化时间，凝固时间；加水后石膏硬化所需的时间。2. 模注或挤压成型的产品需加热或压缩以使树脂或粘结剂达到固化所需要的时间。3. 见 initial setting time 和 final setting time。

setting-up 1. 静置在开口容器中油漆的稠化过程。2. 随着油漆膜变干过程中油漆黏度的增加。

settlement 1. 沉降；由于基础底部土固结而导致建筑物的下沉。2. 新浇筑混凝土或泥浆中的骨料颗粒初凝前所产生的沉降。

settlement joint 沉降缝；为了保证相邻体量得以在不同速率下沉降而在建筑、结构或混凝土工程相邻部分间设置的缝隙。

settlement phase 殖民定居阶段；英国殖民者登陆美洲大陆后的这一段时间中，殖民者建造基本的遮蔽物和种植庄稼从而为以后的发展打基础。见 American colonial architecture。

settlement shrinkage 固结收缩；混凝土终凝前由于固体颗粒凝结沉淀导致的体积减小。

settling 沉淀物；油漆中的颜料或其他固体物质产生的沉淀，导致罐子的底部物质堆积。

settling basin 沉淀池；水渠中，能让悬浮的细菌、砂子等沉淀下来的池子。

set tube 见 laundry tray；洗衣槽。

Seven Wonders of the World （古代）世界七大奇迹；古代世界上最非凡的七大建筑，它们是埃及的金字塔、哈利卡那索斯的陵墓、以弗所（古希腊小亚细亚西岸的一重要贸易城市）的阿耳特弥斯神庙、古巴比伦建造的空中花园、罗得（希）巨人像（大厦）、希腊的宙斯塑像、亚历山大大帝灯塔，但现存的只有埃及的金字塔。

severy，civery 1. 拱顶龛室。2. 拱顶间；拱顶结构中的跨间。

SEW. （制图）缩写＝“sewer”，下水道。

sewage 污（废）水；泛指以液体形式存在，且悬浮液或溶液中含有动植物排泄物的污（废）物，还可能含有化学物质，与地下水、地表水或雨雪水混合经污水管排走。

sewage disposal system 污水处理系统；一套通过污水坑、化粪池或某种机械处理设备对污水进行处理的系统。无论哪种污水处理系统都与公共下水道无关，仅用于一栋或一组建筑物。

sewage ejector 污水射流泵；通过水、空气或蒸汽以高速喷射的形式将污（废）水升高而排走的一种装置。

sewage gas 沼气，污水气；见 sewer gas。

sewage pump 1. 污水泵；一种特制的离心泵，带有叶轮能顺畅的泵送含有大块固体物质的污水。2. 排除积水泵，潜水泵。

sewage treatment 污水处理；泛指对污（废）水采取的一切人工处理过程，其目的是去除或改变污（废）水中含有的有害成分，使其最大限度地降低对公众的危害性。

sewage treat plant 污水处理厂；接收排污系统排出的污水，并对污水进行处理以降低其中的有机物和细菌的含量，从而使其对公众的危害性减小的建筑物或附属构筑物，如：化粪池或污水渗井。

sewer 污水（排水）管，下水道，阴（暗、地、排水）沟；输送污水和其他废水的管道或管渠。

sewerage 污水（排水、下水）工程，排水（沟渠）系统，排水设施；对污水（排水、下水）进行收集、处理并排放的工程，包括污水（排水、下水）管道系统、泵送站和处理工厂。

sewer appurtenances 污水系统附属设施；附属于下水道但除管道和沟渠以外的其他构筑物、设备和器具，例如：下水道检查井、下水道入口等。

sewer brick 下水道用砖；一种低吸收性、耐磨蚀的用于排水工程的砖，一种青砖。

sewer gas 污水管沼气，沟道气；下水道中存在的臭气、煤气和蒸气组合的混合气体，该混合气体化学成分组成不固定，可能含有有毒或可燃性气体。

sewer pipe 1. 污水（排水）管，下水道；同 sewer。2. 下水道中使用的配管，如上釉陶土管，陶管。

sewer system 见 drainage system 和 sanitary drainage。

sewer tile 污水瓦管；圆形横断面的不透水瓦管，用作输水或排污水管。

sewer trap 同 building trap；污水管存水弯，下水道防臭弯管。

sexfoil 六叶形花饰。

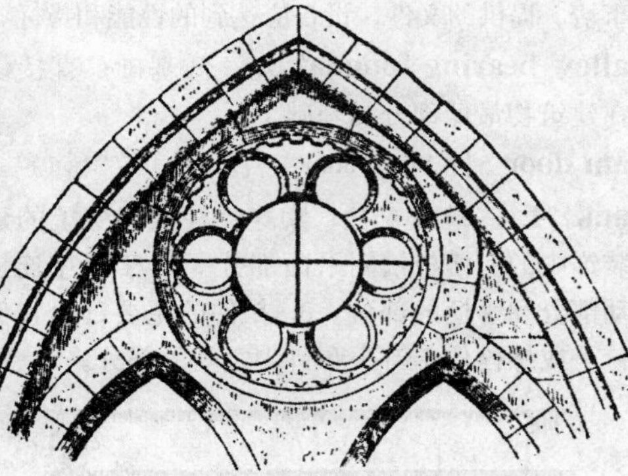

六叶形花饰

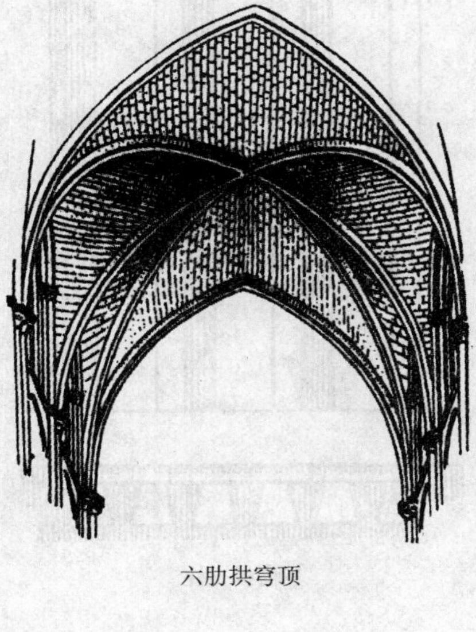

六肋拱穹顶

sexpartite vault 六肋拱穹顶；由中间横向肋等分成六个三角形的肋形拱穹顶。

sextry （天主教教堂里）圣器收藏室，圣器安置所。

Sezession 脱离派（奥地利新艺术的变体）；如此称呼是因为其拥护者从维也纳官方艺术学院脱离出来了。

SF_6 六氟化硫；硫的六氟化物，因为其具有消除电弧的特性而被用于封闭式电路开关中。

Sftwd. 缩写＝“softwood”，针叶树，针叶树材。

sfu 缩写＝“supply fixture unit”，供电设备。

SGD 缩写＝“sliding glass door”，推拉玻璃门。

sgraffito 剔花饰；以剔花的方法漏出不同于面层的底层颜色的装饰方法。

SH 1. （制图）缩写＝“sheet”，片，薄板，图表。2. （制图）缩写＝“shower”，淋浴。3. 缩写＝“single-hung”，单悬的，单挂的。

shack 棚房，茅屋，木造小房；同 shanty。

shackle 1. 挂钩，铁扣，U 形夹，马蹄铁。2. 枷形装饰。

shade 1. 一种材料卷绕在弹簧卷绕滚筒上并可拉挂下来，用来保护隐私、使房间变暗和遮挡部分太阳光。2. 暗色调，白色和彩色混入黑色后达到的一种效果。3. 见“shading and blending”；明暗融合（油画手法）。4. 见“shade screen”；遮阳篷。

shade screen，sun screen 遮阳篷；设置在窗户上的金属百叶遮阳篷，其叶片角度不影响水平和向下方向的视线并能阻止太阳光从高处射入窗户。

shading and blending 明暗融合（油画手法）；当涂料毗邻的区域通过少量加入暗色使颜色发生稍微的改变从而达到一种颜色渐变的装饰效果。过渡区域通常用毛刷或滚筒处理以使其变化均匀。

shading coefficient 遮光率；在相同条件下，太阳通过 1/8in（3mm）厚度的透明玻璃的能量，既包括直接穿过的太阳能也包括被吸收和反射的或借对流传热进入到室内的太阳能，这一量值越低表明玻璃遮光的效果越好。

shading block 遮阳挡；外观经塑型后得以在表面形成光影图案的混凝土构件。

shaft **1.** 柱（筒，桩）身；柱子、半露柱处于柱础和柱头之间的部分。**2.** 竖井建筑物中一层或多层间贯通的空间，相临楼层或板与天花板之间保持竖向相贯通。

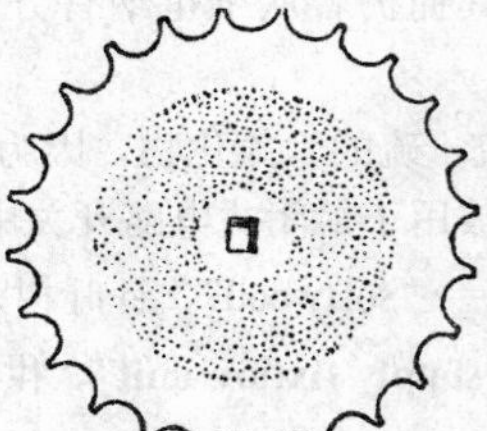

爱奥尼柱截面

shafted impost 柱丛拱墩；中世纪的建筑中，带有水平线脚的拱墩，拱墩上部拱的线脚与位于其下的线脚不同。

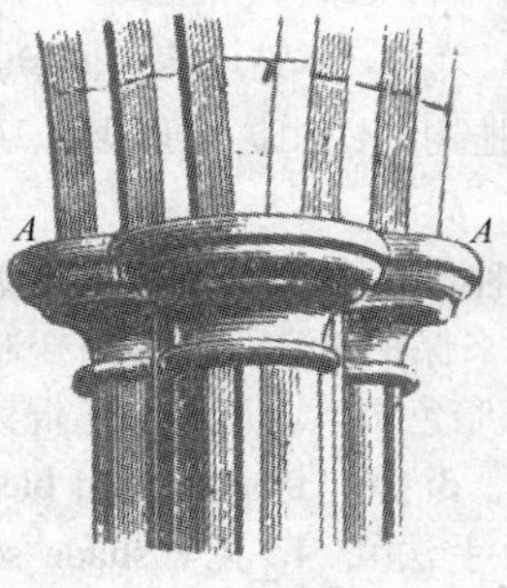

A—柱丛拱墩

shafted jamb 一种应用在墙体拐角处的门窗边框，带有一个或多个组合或离散的柱子。

shafting 在中世纪建筑中，将一组柱子合置在一块柱墩中的排列方式，因此一组相应的拱圈檐饰线脚也是从其柱帽的拱墩线上开始。

shaft ring 柱身条形圆箍线脚，柱环饰；见 **annulet**。

shaft wall 竖井墙壁，围合高层建筑的心筒是由电梯和（或）楼梯周围的防火墙组成。

shake 将原木手工劈成或锯成斜面扇形厚木瓦，成行搭铺在木板上，用作屋顶或墙面的外层材料。

Shaker architecture 震颤派建筑；“震荡派”教源于英格兰，并于 1776 年在美洲建立公社。他们的建筑由木材、石头或砖自建而成，其特点是简朴、功用。男女分开居住在同一建筑物中，但拥有相通的设施，房屋平面对称，男女各住一边。在一些公社中，甚至走廊和楼梯都是分开的。其用于宗教活动的大型会议室，通常位于独立的建筑中，内部没有隔墙和柱子，以便形成畅敞开空间供举行热烈的舞会，因为舞会是宗教仪式的重要组成部分，从舞会中教徒一般分为贵格会派和震荡派。

shale 页岩、泥板岩、油母岩；由黏土或淤泥演变而成似粘土的沉积岩，典型的特征是层积的薄板（薄片）状，并且沿平面强度很低，不适合做混凝土骨料。

shall 命令的，强制性的；规范中使用该词时指承包商或供应商必须执行的事项，特指供应商应该做的事情、提供的文件、设备应达到的性能和指标。

shallow-bearing foundation 低基础；直接设置在建筑物最低部分的基础。

sham door 同 **blind door**；百叶门。

shank **1.** 三槽板支柱；陶立克柱式檐壁上的建筑装饰中的三槽板槽间平面部分。**2.** 工具中连接活动部分和手柄的部位。**3.** 扣件的主要部分，例如钉子或螺栓位于钉头和钉尖之间的部分。

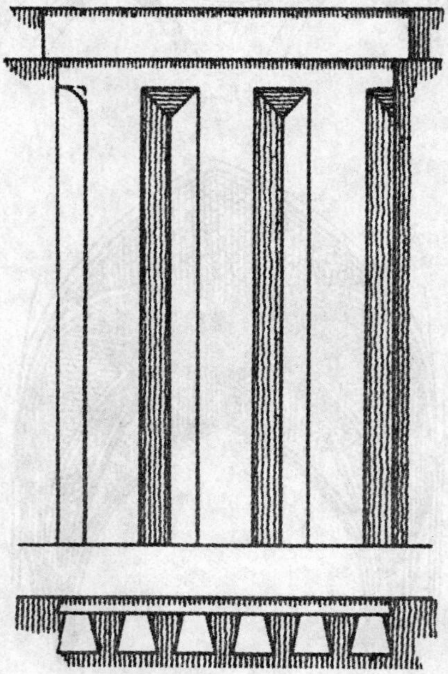

三槽板支柱

shanty 1. 木制（粗糙、简陋）小屋。2. 工地上建造的临时性建筑，用于存储物品或作为承包商的办公室。

shape 1. 型材（钢、铁）；具有等断面的金属杆件或梁，如：I形梁。2. 切削轮廓或细部，如在木板边缘上切削的珠状或圆形。3. 成（定、整）形，将材料通过成型装置制成所需的形状。

shaped brick 异型砖；泛指形状和（或）尺寸不标准的砖。

shaped gable 多曲线形山墙；山墙两边为多曲线形。

shaped parapet 异形女儿墙；边缘不为直线的女儿墙，例如成多曲线形、拱形。

shaped stone 经过雕刻、切割、打磨或其他方式加工的石材。

shaped work 造型细木工艺（雕刻木工）。

shaper 1. 木铣床，木成型机；木工行业中带有垂直旋转切削刀盘的机器，用来加工不规则形状的轮廓线或线脚；通常木材被平置于切削刀盘下方。2. 金属制造业中使用的一种机器工具——刨床（刨刀向后移动横跨整个工件）。

shaping machine 牛头刨床，成型机；见 shaper。

shark fin 屋面系统中侧边搭接或端部搭接中向上卷曲的毛毡。

sharp coat 白铅油涂层。

sharpening stone 同 whetstone；磨刀石、油石、砂轮。

sharp flute 锐缘柱槽；圆柱上的一系列凹槽，槽与槽间挨得很密以至形成棱角。

sharp paint 快干漆，用作封闭层。

sharp sand 角形颗粒的粗砂。

shatterproof glass 见 laminated glass，bullet resisting glass；不碎（耐振）玻璃，防弹玻璃。

shave hook 刮刀（管道工在锡焊前清理刮削铅管用的工具）。

shay house 同 coach house；车马房。

shear 1. 剪切变形；在梁或受弯构件中其平行平面产生相互相对滑动后仍保持平行的一种变形。2. 用一对运动的或其中一个运动另一个固定的刀片割金属。3. 剪力，剪切工具；见 shears。

shear center，center of twist，flexural center 剪切中心，扭转中心，弯曲中心；梁的任一断面上的一点，通过该点作用的横向荷载必须对该断面只产生弯曲不产生扭转。

shear connector 1. 抗剪连接件；用于抵抗组合梁构件间水平剪力的连接件（如：焊接剪力钉、螺纹钢筋或短槽钢）。2. 木材连接件，如裂环连接件。

sheared edge 经剪切机剪切过的板边。

sheared plate 1. 从一相对较大的板材中裁剪下来的板。2. 泛指边被剪切过的板。

shear failure，failure by rupture 剪切断裂，剪切破坏；土体中因剪切应力导致的足以破坏结构或使结构处于危险状态的滑动。

shearhead 抗剪柱头；在平板或无梁楼板结构的柱顶中将板上荷载传递给柱子的一种构造单元。

sheariness 漆层表面因漆层厚度不同而导致的光泽变化。

shearing machine 剪切机；用于切割金属的机器，通常由可移动的刀片和道具与之紧贴的并在上面进行切割的固定刀刃组成。

shearing strain 剪切应变，剪力变形；见 shear strain。

shearing stress 剪应力，剪切应力；见 shear stress。

shear joint 同 lap joint；搭接接头，搭接缝，叠接。

shear legs 三脚起重架；由两个或多个撑杆组成顶部配有滑轮用于提升重物的起重架。

shear lug 一种剪切件；垂直于剪力方向的预埋钢件（如螺栓、钢板或焊接柱头钉），用于将剪切荷载传递给混凝土。

shear modulus 剪切模量；见 modulus of rigidity。

shear plate 1. 抗剪加劲板；在钢梁腹板上以增加其抗剪能力的加劲板。2. 抗剪圆板；嵌入木材表面的专用圆形板，用来增强木材和金属或木材和木材之间连接处的抗剪能力，这种构造可比单纯用螺栓连接在抗剪方面具有更大的承载力。

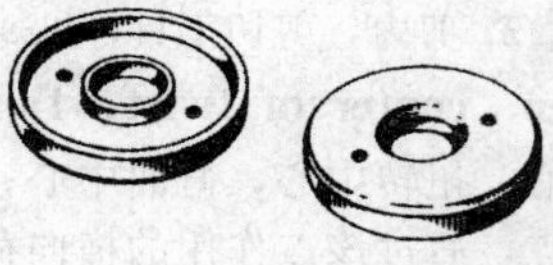

抗剪圆板

shear-plate connector 抗剪连接件；用在木材与木材之间或木材与金属之间的木制连接件。

shear reinforcement 抗剪钢筋；用于承受剪应力或斜向拉应力的钢筋。

shears 剪刀；一种将两片刀刃连接在同一枢轴上的切削工具。

shear splice 抗剪拼接；两构件间用于传递剪力的拼接。

shear strain, shearing strain 剪应变；施加在构件横断面上的剪力导致的结构构件中横向的变形（以弧度表示）。

shear strength 抗剪强度，剪切强度；材料或土体能够承受的最大剪切应力。

shear stress, shearing stress 剪应力；产生剪力的横断面中单位面积上作用的剪力。

shear wall 1. 剪力墙；平面内能够承受如风、爆炸、地震等所产生的侧向力的墙。2. 抗震墙；垂直于另一墙体并起支撑作用的墙体。

sheath 钢筋套管；用来包在后张应力的钢丝束外面的套管，以防止浇注混凝土时其与混凝土粘结。

sheathed cable 包皮电缆，铠装电缆；见 **non-metallic sheathed cable**。

sheathing, sheeting 1. 衬板安装在墙柱或椽子外缘的覆（盖、衬、望）板。2. 美国初期房屋中用作内饰面的板材。

sheathing felt 沥青浸渍油毡。

sheathing paper 绝热纸，（屋顶用）衬纸，防潮纸；见 **building paper**。

sheave 1. 同 **pulley sheave**；滑轮。2. 专门用于检查井间地下安装电缆时帮助拖动电缆的带槽滑轮。

sheave block 滑轮组；由滑轮、侧板、轮轴和绕在滑轮上的钢绳组成的滑轮装置。

she bolt 螺栓系杆，螺栓拉杆；与混凝土模板一起使用的一种螺栓拉杆，其端连接物拧入螺栓端

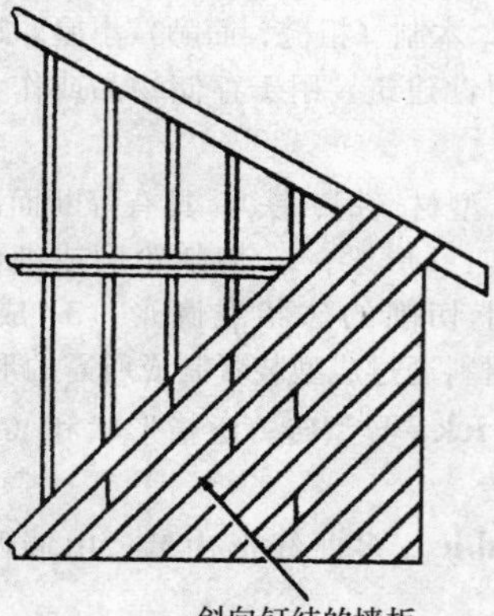

斜向墙板

部，这样可免去螺母，同时可在混凝土表面留下的孔洞减小。

shed 棚、货棚、库房、车间；用于避难、存储东西或工作的简陋房屋，可以是一个独立的建筑也可能是依靠在其他建筑上的单坡屋顶结构，通常有一个或多个出口。

shed dormer 单坡老虎窗；窗檐线和主屋顶线平行，而非人字山墙形式的老虎窗。该窗可以比双坡老虎窗提供更大的顶楼空间。

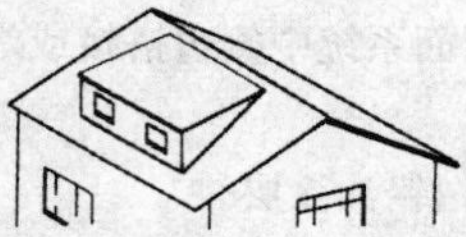

单坡老虎窗

shed roof, pent roof 棚顶，单坡屋顶；只有一个坡面的屋顶。

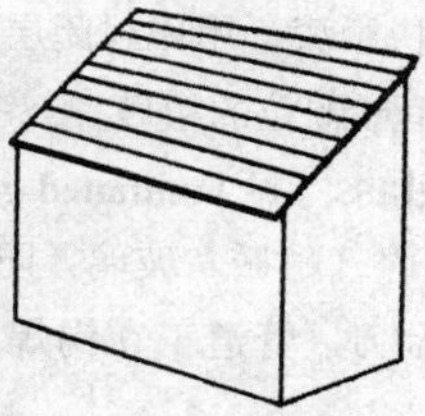

单坡屋顶

Shed style 20 世纪后半叶美国殖民建筑的一种形式，该建筑特色主要在其屋顶：一般有两个或多个在不同方向上坡度很陡的单坡屋顶，屋檐没有

明显悬挑，墙面板或竖直或水平以一定角度倾斜与其中之一的主体屋面平行，主入口不突出。

sheepsfoot roller, tamping roller 羊脚滚筒（路碾、压路机），羊足碾，羊脚夯击机；自推进式或需其他机械牵引的鼓状滚筒，滚筒上布满凸出的钉头，以穿入地表使填土纵身压实，尤其对黏土更有效。

羊脚滚筒（路碾、压路机），羊足碾

sheer legs 人字架，三脚架，起重机（支架）（梃杆），起重（吊机）臂；同 **shear legs**。

sheet 1. 薄钢板，金属板（皮，片）；见 **sheet metal**。2. 热塑树脂的平面断片，其厚度只有 10mil 或稍厚一些，其长度远大于宽度。

sheet asphalt 片状（石油）沥青，砂质（石油）沥青；沥青水泥和粒径通过 2.00mm（10 号）筛子的砂和矿物填料在工厂混合，一般限用于面层材料而更常常铺设在粘结层上。

sheetflow 坡面径流；流量变小且相对稳定区域处的雨水径流情况。

sheet glass 片（平板）玻璃，玻璃片（板），普通玻璃窗。

sheeting, sheathing 1. 护墙板，挡板；用于支撑开挖面的木材、混凝土、钢（竖直或水平向）构件，也见 **closed sheeting, open sheeting**。2. 见 **sheathing**；安装在板墙筋或椽子外缘的覆（盖、衬、望）板。3. 模板；形成混凝土建筑用模子材料表面的板。4. 同 **sheet piling**；板桩，板桩墙，板桩岸壁。5. 任何材料的板材。6. 内部存在大量密集裂纹的岩石结构。

sheeting clip 板夹；专门为不同厚度的石膏板、石棉水泥板、三合板等制造的金属板夹。

sheeting driver 打板桩机；一种打桩机的类型，

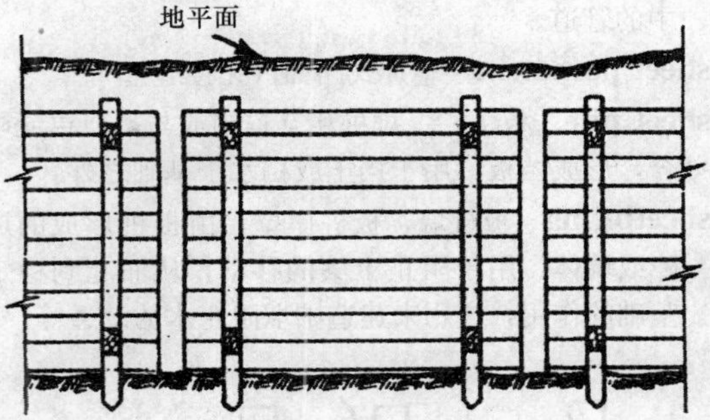

水平挡板

它带有与型钢顶部截面匹配的锤头，用作打板桩或沟壁木板桩。

sheet lath 薄板型板条；一种打孔的金属板条，比拉伸型的金属板条厚。

sheet lead 薄铅板，铅皮；冷轧过的铅板，按每平方英尺的重量标注规格，例如 2 lb 薄板（1/32in 厚），其规格为每平方英尺的面积大约重 2 lb。

sheet metal 薄（钢）板，金属板（皮，片）；一种轧制金属平板产品，其横截面为矩形，厚度在 0.006～0.249in 之间（0.015～6.32cm 之间），板边经切割、剪切或锯制加工。

sheet-metal door 金属薄板门，薄钢板门；见 **hollow-metal door**。

sheet-metal lath 见 **metal lath**；薄板金属灰板条。

sheet-metal roofing 金属板屋面；用作屋顶材料的轧制而成的金属薄板，通常有平板或波纹板；也见 **corrugated metal** 和 **zinc**。

sheet-metal screw, tapping screw 自攻螺栓，钣金螺栓；一种粗螺纹锥形螺钉，钉头有槽口供螺丝刀子拧螺钉用，用于铆固金属板和其他材料而不需打孔和螺帽。

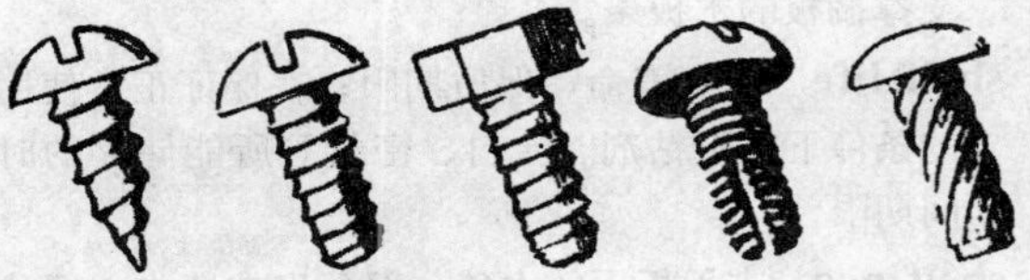

自攻螺栓，钣金螺栓

sheet-metal work 钣金（白铁）工，金属板制品，铁皮制品；泛指金属板制成的制品，如空调系统中的管道。

sheet pavement 整片式路面（无接缝）。

sheet pile 板桩；一排桩相互连锁或与类似单元咬合，形成挡板，用于挡土或挡水于基础之外。

sheetpiling 板桩墙，板桩岸壁；由板桩形成的屏障或墙体，用于阻止土壤的移动，从而起到稳定基础的作用，或用来建造围堰阻止水的浸透等。

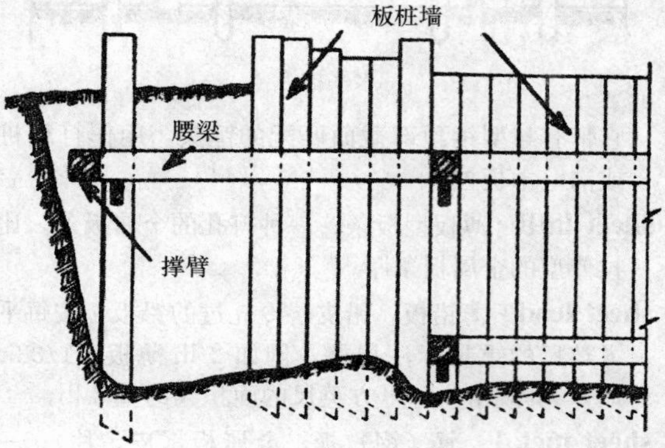

板桩墙，板桩岸壁

Sheetrock 西特洛克，一种石膏板的品牌商标。

sheet-roofing nail 薄板屋面用钉；同 **roofing nail**。

shelf 1. 搁板；水平固定的，用来支承或存放物品的平板。2. 任何凸出的平面或接近水平的表面，例如礁石。

shelf-angle 支承角钢，锚固在大梁上支承搁栅端部用的角钢。

shelf bracket 搁板支架；用来支承搁板的固定在墙上或直立并向外挑出的结构构件。

shelf cleat，shelf strip 搁板托木；用于沿边缘支撑搁板的木板条。

shelf life 贮藏寿命，保质期限；在保证正常使用的条件下，胶粘剂、涂料、密封等所能储存的时间期限。

shelf nog 支承板用的木砖；部分砌在墙内，部分挑出用于支承隔板的木块。

shelf pin 搁板支架；见 **shelf rest**。

shelf rest，shelf pin，shelf support 搁板托架，搁板座；一种小型隔板角型支架，通过用一只销钉插入墙体或橱柜（其竖向有一排销钉孔）而固定，因此支架在竖向可以调节上下高度。

shelf strip 搁板托木；见 **shelf cleat**。

shelf support 见 **shelf bracket**；搁板活动支架；**shelf rest**，搁板支架，搁板座。

shell 1. 薄壳；曲形薄板形壳体结构，结构厚度和其他尺寸及曲率半径相比极小。2. 外壳，泛指未完成的或未安装内部结构的外框结构。3. 类似贝壳状的饰品。

shellac 虫胶（漆，片）；由提纯的虫胶片溶解在酒精或类似的溶剂中制成的醇溶性清漆，又称为虫胶清漆。

shell aggregate 贝壳类骨料；由破碎的牡蛎壳、蛤蜊壳等制成的骨料，通常还搀有细砂。

shell bit 木工打孔钻头，筒形钻；一种在木头中钻孔的木钻，形状类似半圆凿。

shell construction 壳体（薄壳）结构，壳体建筑，曲线型混凝土薄壳结构。

shell-headed 装饰用语，形状上通常是凹入的，形状上和海扇贝的贝壳相似，通常在西班牙建筑及其派生建筑的构件顶部常见。

shell-headed cupboard 嵌入式的碗碟橱，通常位于房间的一个角落，顶部带有形似大海扇贝贝壳的装饰构件的圆形拱，这种碗碟橱在 18 世纪 70 年代早期很普遍。

shelling 剥落，起皮，网状裂纹，细裂纹；见 **checking**。

shell-keep 一种由石材建造的外壳或堡垒，形状常呈圆形或多边形；也见 **keep**。

shell lime 贝壳石灰；通过烧结牡蛎壳、蛤蜊壳、贻贝壳制成的石灰，曾经一度被用来制造石灰浆，特别是用在需要制造石灰浆而没有石灰石的地方。

shell ornament 任何形似贝壳的装饰；也见 **coquillage**。

shell shake （木材）环裂，壳裂，皮裂；见 **ring shake**。

shell vaulting 厚度相对较小的一种穹顶；通常由混凝土建造。

shelter belt 防护林带；由树木或高大灌木组成的挡风屏障；也见 **windbreak**。

shelving 1. 一系列的搁板，用在衣柜、亚麻织品衣橱、橱柜和其他地方，通常是可调节的。2. 用于制造搁板的板材。

sherardize 镀锌防锈法；在钢材表面涂上一层薄薄的抗腐蚀的锌镀面层。

SHGC 缩写＝“**solar heat gain coefficient**”，太阳能获得系数。

shield 屏蔽电缆中包覆在绝缘导体外面起屏蔽作用的金属层，泛指电缆的金属套管或非金属套管中的金属层，在抗静电干扰方面十分有效。

shielded conductor 屏蔽导线；封闭在金属屏蔽套中的电导线。

shielded joint 绝缘电缆接头封闭在金属屏蔽套中，因此其表面各点都没有电位差。

shielded metal-arc welding 有保护金属电弧焊；利用包剂电焊条和工件之间的电弧所产生的热量进行焊接。

shift joint 实体构件上砌体的竖向变形缝。

shim （楔形）填隙片，薄垫片；一种木材、金属或石头渐薄状薄片，插入构件的下面以调节构件高度，从而使构件表面水平。

shim spacer 窗玻璃表面和窗挡条之间的间隔垫片，使玻璃和窗挡条保证贴紧。

shingle 木瓦，盖板（片）；泛指片材层面材料，一般由木材、橡胶、石板、瓦片、混凝土、石棉水泥或其他材料切割成标准尺寸，以相互交叠的方式铺设在坡屋顶或墙面上，通常设计成以下样式：**chisel pattern**（凿子样式）、**coursed pattern**（层列样式）、**diamond pattern**（菱形图案样式）、**fish scale pattern**（鱼鳞样式）、**sawtooth pattern**（锯齿样式）。也见 **wood shingle** 和 **pine shingle**。

shingle backer 大瓦衬垫；层面系统中，铺在望板上，木瓦之下的垫层。

shingle lap 木瓦搭接；两面楔形的木瓦其搭接方式是薄面搭在厚面上。

shingle nail 木瓦钉，屋面板钉；将屋面板钉固在屋顶的钉子，一般经过电镀处理。

木瓦钉，屋面板钉

shingle ridge finish 波士顿屋脊，波纹脊饰；见 **Boston hip**。

shingle stain 大瓦涂料；涂刷在木瓦上使木瓦着色并防潮的彩色低黏度的强渗透涂料。

Shingle style 木板瓦风格；1880～1900 年间美国流行的民用建筑的一种折中风格；以用瓷瓦而非木瓦的古老英国建筑风格为原型。其平面通常不规则，并且不对称，外墙覆有未漆过的木板，使其木板墙面和水平线条突出；大型门廊设立主体结构内或者设其一部分；多重屋檐悬挑小；屋顶偶有锥形或菱形塔；通常顶上有装饰物；偶尔也有一个老虎窗；入口通道成明显的拱形。20 世纪晚期的这种建筑风格也被称作新瓦式风格。

shingle tile 平的黏土屋面瓦，以搭接的方式铺设的屋面瓦。

木板瓦风格

shinglewood 大瓦（木）材（西部红杉）；同 **thuya**。

shingle hatchet, claw hatchet 铺木瓦用的短柄斧、拔钉和锤击两用的木工工具。

ship-and-galley tile 一种表面呈锯齿状具有防滑效果的缸砖或铺地砖。

Shiplap, shiplap boards, shiplap siding 搭叠（木）墙板，鱼鳞板。板边有相互搭叠的企口的木墙板。

shipper 用作压舱物的畸形砖（一种过烧的砖，外表不规则）。

ship's bottom roof 屋脊的两侧微呈弓形而非直线形的斜坡人字形屋顶。

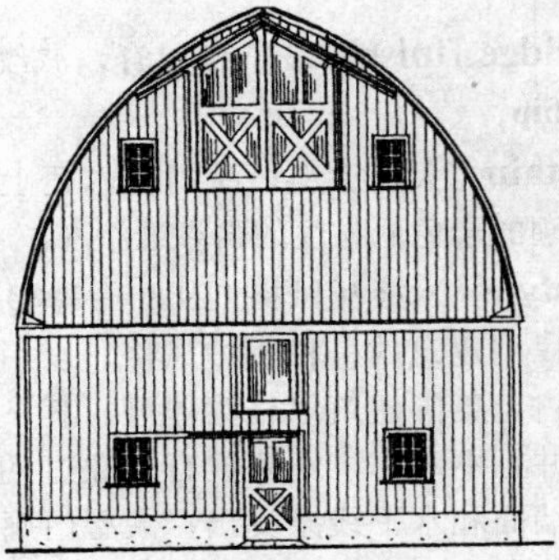

船底形屋面

ship scaffold 船式脚手架；同 **float scaffold**。

ship spike 船用长钉（用于木结构），船用大钉，固定厚木板用的大铁钉；同 **barge spike**。

shivering 碎裂；烧制的玻璃或陶瓷表面涂层因临界压应力而致的碎裂。

shock hazard 触电危险性，电击危险；根据美国职业安全与卫生条例（OSHA），定义为电路中易接触到的部件和大地之间，峰值电压超过 42.4V 并且通过 1500Ω 负荷的电流大于 5mA 时有电击危险。

shock load 冲击（突加）荷载；浇筑混凝土时，由诸如集料或混凝土等倾倒所产生的撞击。

shock mount 隔振器；同 **vibration isolator**。

shoe 1. 柱脚，底板，垫板；安放在构件底端的木板、石头板或金属板，亦称底板。2. 拱脚或桁架支座处承受侧向力的金属垫板。3. 底部线脚条；踢脚板与地板接缝间的线脚条。4. 固定在楼梯斜梁（踏步不外露）顶上安装搁杆的压制件。5. 桩尖的金属保护装置。

shoe molding 踢脚板与地板之间的线脚，地面周边饰条，地毯端头的饰条；见 **base shoe**。踢脚板与地板之间的线脚，地毯扣边，地毯端头饰条；见 **carpet strip**。

shoe rail 楼梯斜梁顶上设置栏杆的压制件。

shōji 障子；日本建筑中使用的重量极轻的推拉间壁；由一侧覆有半透明宣纸的木框架构成，格子

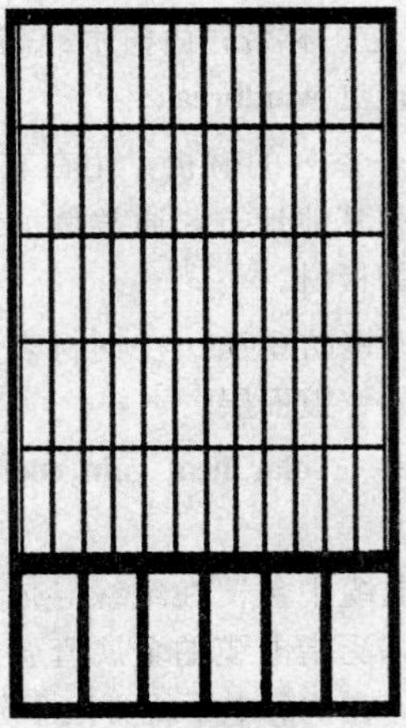

滑动间壁

通常是长方形，其下部偶尔也有加装一块薄木板。

shoot 修边；用刨子修整木板边。

shooting 喷射混凝土。

shooting board 刨木用导板，削台；刨木板时用来夹固木板的台子。

shooting plane 修边刨；用于刨木板的方边或斜边的修边刨，要与刨木用的导板一起使用。

shop coat 建筑构件运送到施工工地前在工厂里进行的油漆涂层。

shop drawings 施工图，车间生产用图，装配图；承包商、转包商、厂商、供应商或发行商所提供的用以说明产品部件如何拼装和安装的图表、图示、性能曲线、说明书、背景资料或其他数据。

shop front 店面，铺面；见 **storefront**。

shop lumber，factory lumber 工厂加工的木材；根据木材的尺寸和材质分级后进行加工的木材。

shop painting 车间油漆，上底漆；结构钢或其他金属构件在结构安装之前在工厂内所涂的油漆。

shopping center 购物中心，商业中心；商店、超市及服务设施集中设置的市中心区，一般配套有停车场。

shopping mall 购物商场；集中在一栋大建筑结构中的商业中心和购物中心，通常 2～3 层，一般沿中庭设计，周边有许多的店铺和娱乐设施，例如影剧院、快餐店、餐厅或其他公用设施。

shop rivet 工厂铆钉；工厂里铆的铆钉。

shop work 在工厂内制作或在车间内而不是在施工现场制作。

shore 顶撑；临时用来顶住一面墙的压杆，通常以倾斜的方式支撑在墙上。

shore hardness number 肖氏硬度；材料硬度的等级数，通过使用带有金刚石尖端的圆锥形锤子撞击后被测试材料的回弹的高度（回弹高度能够反映材料的硬度）通过分度（比例）尺记录下来；数值越高表示材料越硬。

shore up 撑起，撑住；用撑杆撑住。

shoring 联合式支撑；关于跟支柱共同起作用的撑杆。

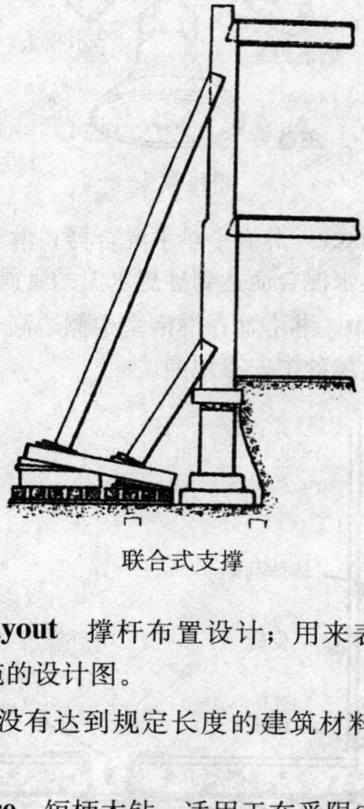

联合式支撑

shoring layout 撑杆布置设计；用来表示安装支撑杆设施的设计图。

short 1. 没有达到规定长度的建筑材料。2. 电路短路。

short brace 短柄木钻；适用于在受限空间中使用的短柄木钻。

short circuit 短路；电路中电位差的两点之间，不具有相对低电阻的非正常连接，因此导致过载电流流过。

short column 短柱；长细比在受压承载力无需折减范围内的柱子。

short-grained 脆性木料，死性木材；见 **brashy**。

short-length 1. 短料；通常指短于 8ft（244cm）的木料。2. （英）通常指短于 6ft（183cm）的阔叶树锯材。

short nipple 短接管，短螺纹接套；稍长于螺纹接口的管螺纹接套，在管螺纹间有一小段没有螺纹的部分。

short-oil alkyd 低油度醇酸树脂；其中油的含量低于 40％的醇酸树脂。

short-oil varnish 低油清漆，低油度清漆；油含量较少的一种清漆，一般在每千克树脂中油的含量要低于 1.5×10^3 L。

short ton 同 **ton，1**；与 **long ton** 相对。

short varnish 低油清漆；同 **short-oil varnish**。

short working plaster 劣质灰浆，和易性差的砂浆；骨料含量不合适的陈灰浆，就像水泥含量少砂多的砂浆一样。

shotblasting 喷净法；一种类似于喷砂清面的喷净方法，但是用的是铸造金属丸而不使用砂子。

shotcrete 喷射混凝土；在压力泵作用下通过软管高速喷射的混凝土或砂浆。

shotcrete gun 1. 混凝土喷枪；依靠压力输送混凝土的气动装置。2. 运送新拌混凝土的气动装置。

shotgun house 19 世纪末到 20 世纪初美国南部农村建造的一种房屋，通常一层或一层半高（通常建造在墩子上），一开间面宽，多间进深，所有房间及房间的门成一条直线与街道垂直，狭窄的山墙前端带有门廊，并且后山墙的端也经常带有相似的门廊。

shot hole 木材中的虫蛀孔，其直径通常大于 1/16in（1.6mm）小于 1/8in（3.2mm）。

shot-sawn finish 粗石面；在石料切割中由带有冷淬钢砂锯片的锯子锯出来的粗石表面。也见 **chat-sawn finish**。

shot tower 用砖砌成的圆形高塔，用于制造滑膛枪的铅弹。在塔的顶部，将熔化的铅金属合金从塔顶通过粗筛倾倒而下，在下降的过程中形成凝固的小铅珠，最后落入塔底的水池中。

should 一种参考规范或建议。

shoulder 1. 肩；木材、金属材、石材等型材上制成凸出或缩进，使其突然改变。**2.** 路肩，道路边界面，在紧急情况下运输工具可以停靠在该处。**3.** 在堡垒的侧面和前面间的夹角，被称为 **shoulder angle**（棱堡尖角）。

shoulder angle 棱堡尖角；见 **shoulder**，**3**。

shoulder arch 方头的三叶形拱。

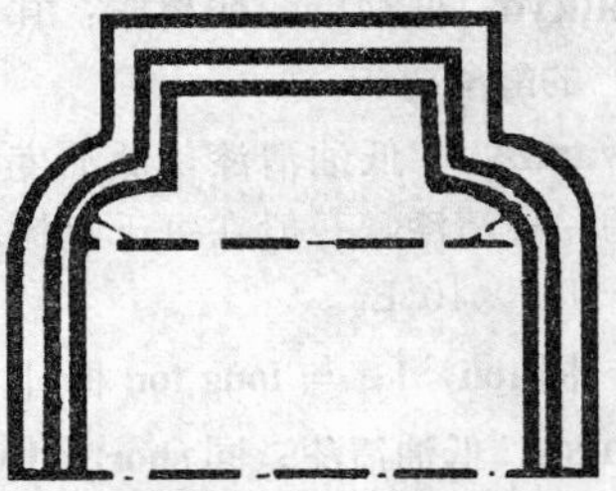

方头的三叶形拱

shouldered corner post 同 **musket-stock post**。

shoulder housed joint 套入式接头；镶嵌接头的一种，其中一个构件边缘或端头的整个厚度全部插入另一构件的套管中。

shoulder post 同 **musket-stock post**；早期木结构房屋中主要的承力柱，形似倒置的滑膛枪，其顶部扩展的部分使承力面积扩大。

shoulder-headed arch 同 **shoulder arch**；并肩状拱，方头的三叶形拱。

Shouldering 铺垫肩砂浆；在石板瓦下缘铺垫砂浆使其一端抬高，以便与相搭的石板瓦形成紧密而防水的接缝。

shoulder nipple **1.** 肩形螺纹接管，在两端丝扣之间有一小段不带丝扣的部分，比螺丝接管要长。**2.** 仅在两端而不是整个长度上带有螺纹（中间无螺纹）的螺纹管接头。

阴阳螺纹变径接头

shoulder piece 突肩，托梁；同 **crossette**，**2**。

shoved joint 挤灰竖缝，挤浆砖缝，灰浆挤缝；砌砖时充满砂浆的竖向接缝，是通过将铺在灰浆上的砖块挤向相邻砖块而形成的缝。

shovel 电铲，挖土机；见 **power shovel**。

shovel dozer 铲式推土机；同 **dozer shovel**。

shower bath，**shower** 淋浴装置；用来向身体喷洒水的装置。

shower-bath drain 淋浴室中的淋浴排水地漏。

shower head 莲蓬头，淋浴喷头，喷洒头；淋浴室中使用的喷洒水装置，通常是带有很多小孔的喷嘴。

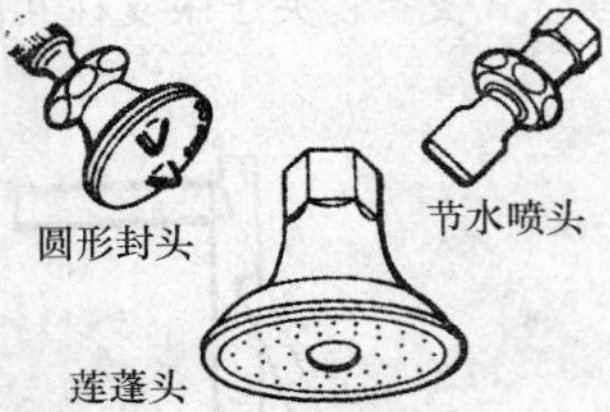

淋浴喷头

shower mixer 淋浴冷热水混合器；淋浴设施中可以将冷热水混合而达到理想水温的管阀。

shower pan 淋浴盆；淋浴室中侧边高于地板的金属盆，金属盆中安有地漏。

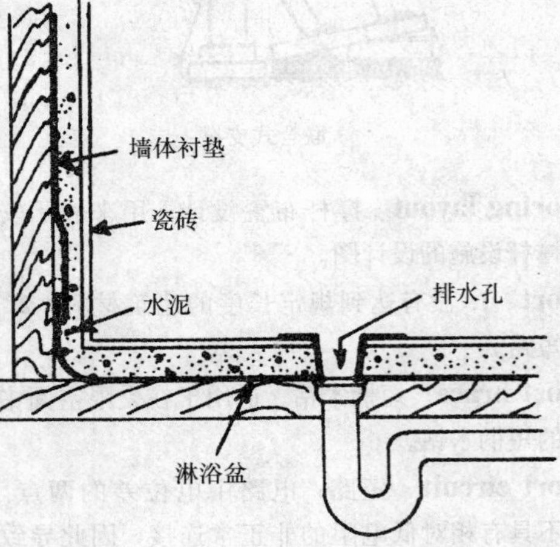

淋浴盆

shower partition 淋浴间隔墙；浴室中划分独立空间的板材、门或屏风。

shower stall door 一种装有或未装有气窗的镶玻

璃门，用在独立浴室中。

shower tray 花洒盆，淋浴盆；同 **shower pan**。

show rafter 一种暴露在檐口下的椽子，常做装饰。

showroom 陈列室；一种用作展出货物、商品等类似物的房间。

show-through 浮印，透印；见 **telegraphing**。

show window 橱窗；无论其后部是否开敞或是半封闭，指代一切用来展示商品或广告材料的窗口。

shreadhead 山墙尖；同 **jerkindead**。

shredding 椽底板条；一种安装在屋顶下起承重作用的短小、轻质木料，与其上部的椽子呈直线排列。

shrine 圣坛；用来盛放圣物的容器；引申含义也指代起同样作用的建筑。

shrine chapel 用来存放圣徒坟墓的小型封闭结构。

shrinkage 1. 木料在干燥过程中减小的尺寸；沿纹理方向损失较小，但干燥的弦切板材在宽度上可减少5%～6%。2. 混凝土在干燥和化学变化过程中减小的体积。3. 材料尺寸或体积成比例的缩小量，通常由温度变化引起。

shrinkage-compensating 收缩补偿；添加膨胀水泥的水泥浆、灰浆或混凝土所具有的一种特性，该水泥体积增长时所产生的压应力可几乎抵消材料干燥收缩过程中所产生的拉应力。

shrinkage crack 收缩裂缝；材料收缩内应力所导致的裂缝。

shrinkage cracking 收缩破裂；由于含水量增加或碳化作用或两者共同作用导致混凝土结构或构件在内部或外部荷载作用下承压能力降低而导致的破裂。

shrinkage joint 一种收缩接缝。

shrinkage limit 收缩界限；在该含水量范围内，减少含水量不会导致土体体积减小，但增加含水量会导致土体体积增加。

shrinkage loss 收缩损失；由于混凝土收缩导致其内部预应力的损失。

shrinkage reinforcement 防缩筋；在钢筋混凝土中为抵抗收缩应力而设计的钢筋。

shrink-mixed concrete 缩拌混凝土；一种部分在固定式搅拌机、部分在搅拌车中搅拌的混凝土。

shriving pew 同 **confessional**；忏悔室，告解室。

shroud 教堂地下室。

shrub 灌木；一种具有树状枝干或近邻地面的木本植物，通常比树木小。

shrunk joint 通过收缩加热后的接片从而将两条管道端部连接的接头。

shuff 同 **chuff**；低质红砖，半烧砖。

shute wire 金属丝网中沿宽度方向布置的金属线。

shuting 同 **eaves gutter**；檐沟。

shutter 百叶窗，活动遮板；一种可活动的面板，常将一对面板中的一扇盖住洞口，特别是窗洞；关闭后可保证私密性并起到隔热作用。也见 **battened shutter**，**boxing shutter**，**folding shutter**。

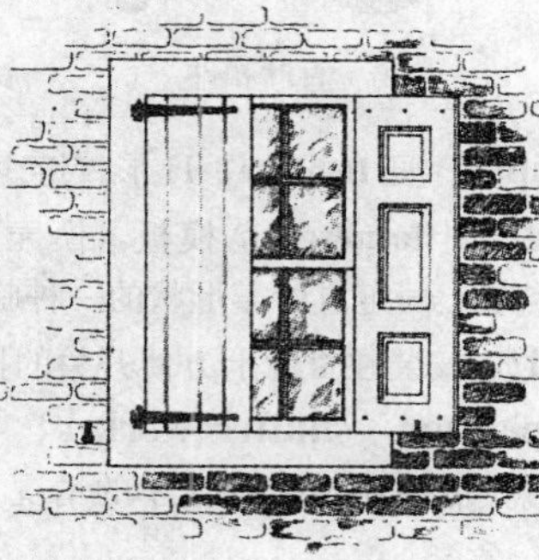

实心遮板

shutter bar 百叶闩；一种铰接杆件，可以将一对百叶窗从内部锁紧。当百叶窗处在关闭位置时，窗户将完全被覆盖住，百叶闩可防止窗子被打开，保障安全性。

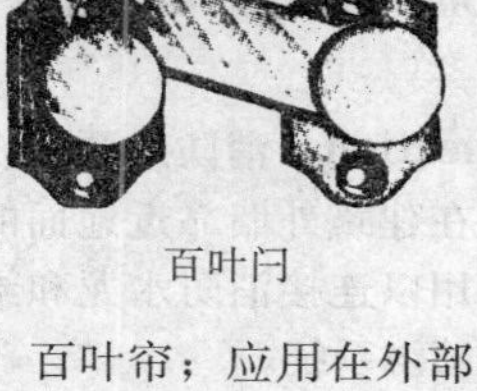

百叶闩

shutter blind 百叶帘；应用在外部、作为窗帘使用的可调节遮阳板。

shutter box 当百叶窗关闭后，窗子内部用作放置百叶的型腔或凹槽。

shutter butt 一种小（通常很窄）铰链，主要用在百叶窗和轻质门板上。

shutter dog 同 **shutter fastener**；百叶扣件。

shutter fastener 百叶扣件；位于窗子外侧打开方向上，用来支撑百叶的沿轴心旋转装置。也称 **shutter catch**，**shutter dog** 或 **shutter holdback**。

百叶扣件

shutter hinge 见 **H-hinge**；H 形铰链。

shuttering 同 **formwork**；模板，模壳，支模；将新浇注混凝土固定成所需形状的一种临时结构。

shutter lift 安装在百叶上方便开关的把手。

shutter operator，**shutter worker** 一种带有曲柄的装置，可以在不打开窗子的情况下从内部开阖百叶。

shutter worker 一种百叶开阖装置（**shutter operator**）。

shutting post 关门后支撑门扇的支柱。

shutting shoe 带肩的铁质或石质装置，下沉在入口中央，关门后支撑并加固门扇。

shutting stile 同 **lock stile**；装锁门梃。

SI International System of Units （国际单位制）的标志。

siamese connection 消防水泵接合器；一种二分接口，安装在建筑外墙靠近地面的部位，提供两个插入接口用以连接消防水龙和给水管以及建筑内部的消防喷淋系统。

SIC 缩写＝"**Standard Industrial Classification**"。

sick building 病态建筑；室内空气质量被其内部大部分居住者认为不可接受的建筑物。

消防水泵接合器

sick house 医院或医务室。

SIDD 见 **standard inside diameter dimension ratio**；管道的平均内径与管壁最小厚度的比值。

side aisle 侧道；沿教堂一侧或两侧布置，位于教堂主体侧边的过道。

side bearer 一种沿房屋侧墙水平布置起承载作用的结构构件。

side board，**side cut** 采用类似去除心材的锯法从圆木上锯下的木材。

side chapel 唱诗班席位旁边的附属教堂。

side-construction tile 主应力垂直于单元轴的瓦；单元排列呈水平向分布。

side cut **1.** 同 **cheek cut**；椽子端部斜切口。**2.** 见 **side board**。

side-dump loader 前部装有桶的装载机，通过支承轴倾斜桶体（常借助液压系统）。桶体可以向一侧或前方倾斜。

side flights 双分式楼梯的分行梯段；见 **double return stair**。

side gable 位于房屋一边（或部分单面）的山墙，垂直于正立面。

side girt 位于木构架房屋长轴两角上的梁；见 **timber-framed house**。

side grain 几乎平行于纹理走向的平面。

side gutter 坡屋面上的小水沟，交叉点位于屋顶窗、烟囱或其他垂直表面上。

side-hall plan，**side passage plan** 一种房屋平面图，走廊沿一侧外墙从前到后布置，所有房间均在走廊一侧。

side-hill barn 偶尔用来指代 **bank barn**；双层谷仓。

side hinge 侧面铰链，H 形铰链；同 **H-hinge**。

side hook 木工工作台上的边夹（卡、爪），台卡；使工件不移动的设施；同 **bench hook**。

side-hung window 平开窗，侧铰链窗；同 casement window。

side jamb （门窗）边框，侧柱。

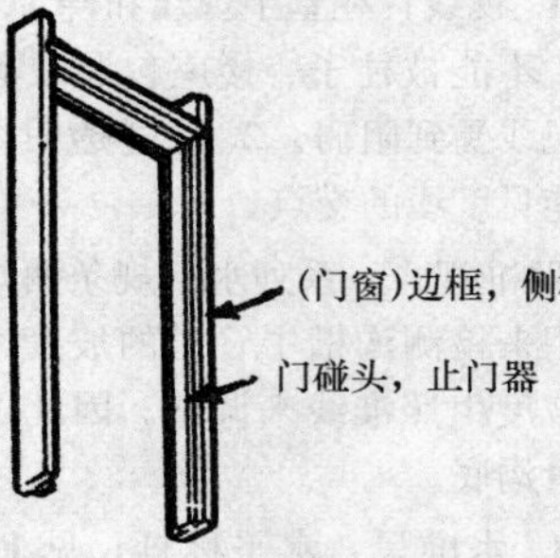

（门窗）边框，侧柱

side knob screw 球形把手的止动螺钉。

side lap 侧边搭接；一块材料（或瓦、墙板等）与相邻材料沿侧边互搭。

sidelight 侧光，侧亮子；一种固定的框式玻璃窗，常见的由一些小的固定的玻璃片组成，成对的出现在门的两侧。

侧光，侧亮子 门上方装有扇形气窗

side line 条形地的两侧边界，非端部边界。如一条街道或用地的占地界，但不适用于条形的两端。

side outlet 侧管，侧向出口；水暖工程中的一种零配件，或呈L形短管或为三通管，即出口垂直于管道走向的平面。

side-passage plan 同 side-hall plan；一种房屋平面图，走廊沿一侧外墙从前到后布置，所有房间均在走廊一侧。

side post （屋架上的）成对出现的侧柱或边柱，两根侧柱与屋架中心等距离分布，作为主椽子的支撑并悬吊下面的（水平）拉杆。

side set 斜边差，斜面倾斜；金属片或金属板两边在厚度上的不同。

side string 同 outer string；楼梯外侧小梁。

sidesway 侧移；结构在横向荷载或不对称竖向荷载作用下所产生的侧向移动。

side timber 侧支柱，侧支木；支撑普通椽子的檩条。

side vent 与排水管相通的侧通气口；通过连接件与竖向所成角度不大于45°的方式连接在排水管上的通气口。

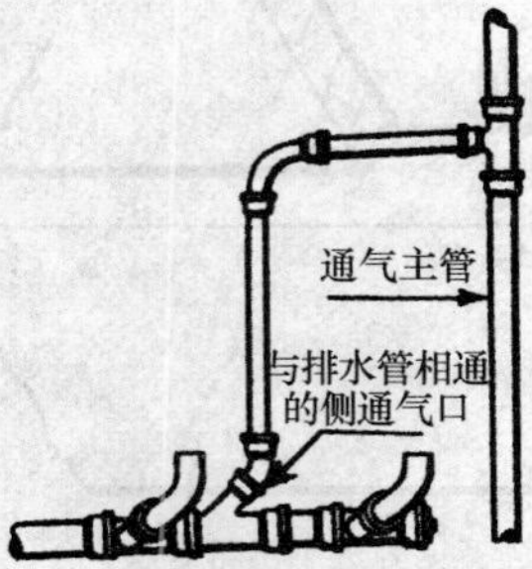

与排水管相通的侧通气口

sidewalk 人行道，侧（边）道。在街道或马路侧边有铺面的人行道。

sidewalk door 人行道门；直接开在人行道上的地下室门，关闭时，该门与人行道平齐。

sidewalk elevator 建筑物外的人行道上，运行在建筑物内各层间的运货升降机。

sidewalk shed 人行道棚；公共人行道上的棚式构筑物，其作用是保护行人免受建造或修补房屋时落物的伤害。

sidewalk vault 人行道地下室；一间低于人行道，紧靠建筑物的小室，通常在其顶盖上带有活动盖板的出入口，可以通向建筑物地下室的台阶，一般用作储藏室。

sidewall sprinkler 消防用墙面喷水器；消防系统中，从墙面向外喷出抛物线形水流的喷水器。

side yard 侧院，侧庭；建筑物侧边和相临地界线之间的庭院，包括从地界前延伸至地界后沿的全部庭院。

siding 外墙互搭批叠板，护墙板，互搭外墙壁板，建筑物外墙上的一系列水平板条组成的覆盖层，一般由木材或铝材制成。板条之间通常在水平向相互搭接以防止水渗入。也见 **bevel siding**，**bungalow siding**，**clapboard**，**colonial siding**，**drop siding**，**flush siding**，**German siding**，**lap siding**，**matched siding**，**novelty siding**，**rabbeted siding**，**rustic siding**，**shingles**，**shiplap siding**，**vertical siding**，**weather slating**。

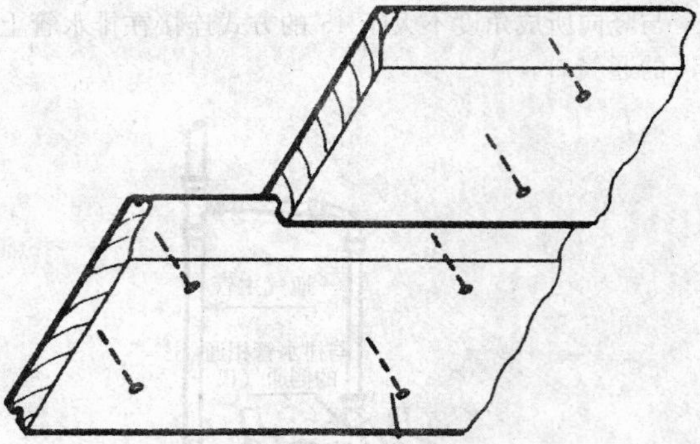

外墙垂吊批叠板

siding gauge 护墙板卡规，墙面板量规；见 **clapboard gauge**。

siding shingle 外墙覆盖板，侧壁板；石棉水泥瓦或木瓦构成的覆盖板，用于保护外墙。

siege 造型台，挖土工人，石灰池；同 **banker**。

siel 旧式英语中与 **canopy**（雨罩）同义的词。

sienna （富铁）黄土颜料；一种天然颜料，其主要成分是氧化铁，天然状态时呈黄褐色，煅烧后呈较暗的浓艳色，因此被称为煅烧富铁黄土。

sieve 筛子（网、面、板），滤网；见 **screen**，**3**。

sieve analysis，**screen analysis** 筛分析，筛分；通过不同的筛孔尺寸来确定某种尺寸范围内的颗粒在材料中所占的比例。

sieve number 筛号；用来标明筛孔尺寸大小的编号，通常以每英寸长度上含有的筛孔十字线数来大致确定筛号。

sight glass （玻璃）水位管；用来显示管道、水箱等容器中水位的玻璃管。

sighting rod 水准尺、标杆；同 **sight rod**。

sight line **1.** 视线；礼堂中观众和舞台之间虚构的连续直线，不能被柱子、楼座包厢或其他结构挡断，以防视线受到阻碍。**2.** 透过透明材料与不透明材料的能见度线的交点。

sight rail 照准规；一系列水平规条两端由板支撑的测规，用来检测沟槽中管道的坡度，该测规可按要求的坡度由照准线来调整。因此可依测规建立的线测量沟底。

sight rod **1.** 水准尺，水平标杆；见 **leveling rod**。**2.** 花杆，标杆；见 **range rod**。

sight size，**sight width** 见 **daylight width**；日照宽度，采光宽度，采光面积（宽度计算法），（总的）视域宽度。

sigma 半圆形门廊。

sign，**signboard** **1.** 标志牌，招牌；用于说明、介绍或作广告的展示板，通常包括文字、图片、图表以及装饰等，经常在背景下以组合方式呈现。**2.** 根据职业安全与卫生条例（美）规定，在有危险的地点粘贴或放置临时性或长期性的警示牌。

signage 符号、标语，其功能是提供方向、识标、信息、方向、警告、规章以及限制等。

signal light，**signal lamp** 信号灯；同 **pilot light**，**1**。

signal sash fastener 窗扇信号扣件；用于控制无法直接够到上下推拉高窗的链接装置，通过长杆来操作，在操作杆上有一圆环，其位置向上就表示窗扇未扣上。

signature stone 住宅标记石；许多 18 世纪和 19 世纪住宅中的一种石头，石头上刻有房子的完工日期和最初房主的名字，经常被镶嵌在门洞上方的墙上或山墙上。

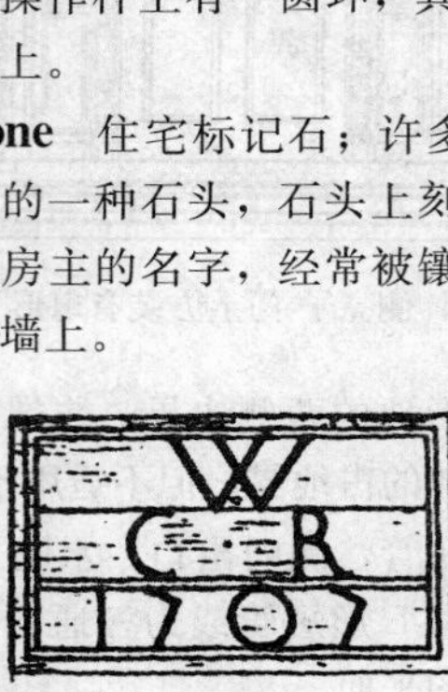

住宅标记石

significant architectural feature 显著的建筑特征；能够确定建筑特征的建筑外观的某些突出方面，例如建筑材料的颜色和质地，或者门窗的式样和尺寸等。

significant landscape improvement 显著的景观改进，在历史名胜区中能够确定该地区名胜特征的人文景观和地形地貌的任何改进。

signinum 利用灰浆将打碎的赤陶或陶土碎片混合后形成的防水结构材料。有时作为地面铺装。

signinum opus 古罗马沟渠内灰泥或水泥抹面；见 **opus signinum**。

sikhara，sikra 金字塔形或曲线形塔，像印度庙宇的上层结构。

silence chamber 消声箱；教堂上部，位于在响室和钟塔中间的房间。

silencer 消声（静声、静噪）器；见 **rubber silencer**。

silex 1. 燧石，打火石；电石。2. 广义上指一切削成多边形的硬石头。

silica，silicon dioxide 硅，二氧化硅；一种白色或无色物质，几乎不溶于水和除氢氟酸以外所有的酸，硬度极大，熔化后可形成无色的非晶质玻璃。

silica brick 硅酸盐砖，硅砖；由含硅 96％的石英，含氧化铝（亦称矾土）2％、及 2％的石灰制造而成的耐火砖。

silica gel，synthetic silica 硅胶；一种易于吸收潮气的硅类干燥剂。

silicate 硅酸盐；一种不溶性的金属盐，存在于混凝土、水泥、砖、玻璃、黏土和其他许多种材料中。

silicate paint 硅酸盐涂料；以硅酸钠为结合剂的涂料。

silicious aggregate concrete 硅质集料混凝土；由主要成分为硅酸盐的标准重量骨料配制而成的混凝土。

silicious clay 硅质黏土；含有高比例硅土含量的黏土。

silicon 硅；一种非金属元素，纯硅用于整流器中，可与氧结合形成二氧化硅。

silicon bronze 硅青铜，坚铜；以硅作为主要合金元素的一种铜合金，也可以加入锌、锰、铝、铁、镍等元素，高硅青铜合金含 96％的铜和 3％的硅，低硅轻钢合金中含 97.7％的铜和 1.5％的硅。

silicon dioxide 二氧化硅；见 **silica**。

silicone 硅酮、（有机）硅树脂；一种由硅原子和氧原子以链环形式交替组合成的聚合物，由硅和甲基氯化物提取，其主要特性是耐热性好、热膨胀系数低。

silicon-carbide paper 碳化硅纸；一种非常坚韧的防水砂纸，颜色黑亮，专用于湿砂打磨细工。

silicone oil 硅油；液态的硅树脂，专用于因高温石油润滑剂无法正常使用时的润滑剂，有时也作为防水剂。

silicone paint 硅酮涂料，有机硅涂料；一种耐高温涂料，用于烟叉、加热器、火炉及绝缘设施上，其养护和凝固需要一定温度。具有很强的耐化学腐蚀性。

silicone resin 硅酮树脂，有机硅树脂；一种含有聚合物的硅树脂，耐高温性极强、防水性能极高并且抗化学腐蚀性好，在加热情况下养护。

silicone rubber 硅橡胶；一种稳定性极高的合成橡胶，在-65～350 ℉（-54～177℃）温度范围内均能正常使用。

silicon rectifier 硅整流器；一种固体整流器，它利用硅的晶体特性可将交变电流转换成直流电，特别适用于发电机或照明电路中。

silking 丝状条纹，在漆膜中的平行丝状条纹，其走向是随操作时油漆流淌的方向。

sill 1. 底木；位于基础上部、木结构框架下部的水平木板。2. 门槛。3. 下槛；窗框或其他框架结构下部的水平构件。

sill anchor，plate anchor 底梁锚固件，地脚螺栓，槛锚；用来将底木锚固在基础上的锚栓。

sill bead 1. 窗户的止风条，防吸风压条。2. 用作窗槛的玻璃压条。

sill-beam 槛墙最底下的木梁。

sill block 窗台（门槛）砌块，用在洞口下槛的实心混凝土砌块。

sillboard 窗下槛，外窗台；同 **window sill，3**。

sill cock 水龙带龙头；外接水龙头，一个带螺纹

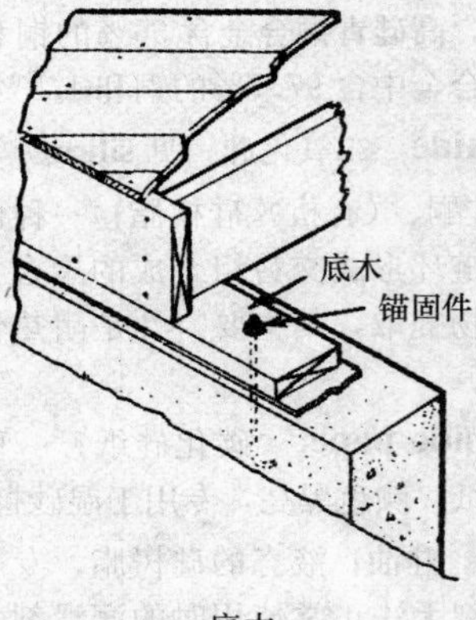

底木

的室外水龙头，便于接花园浇水的软管，该龙头一般连接在房屋的侧面，与底槛同高的位置上。

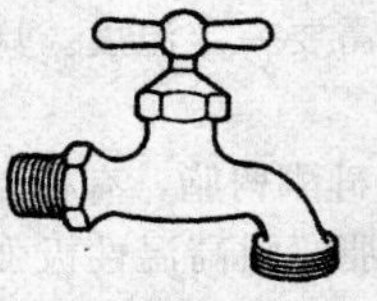

洒水栓，水龙带龙头

sill course 窗台砌层，虎头砖；砌体工程中与窗台同高度上的束带层，一般以其明显的外凸、饰面及厚度等方面有别于外墙其他砌层。

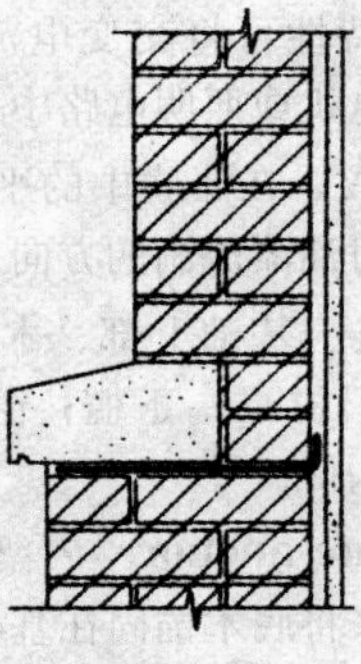

窗台砌层，虎头砖

sill drip molding 窗台滴水线脚；见 **subsill**，**1**。

sill high 1. 在楼面以上窗槛高度处。2. 在地面以上窗槛高度处。

sill plate 1. 木骨架结构的底木，门槛板。2. 卧木；同 **groundsill**。

sill-wall 为了防止底部木梁腐烂，支撑木框架结构的狭窄的矮石墙；见 **cill-wall**。

silo 1. 筒（粮、贮）仓；主要用于贮存粮食、饲料或青贮饲料等，圆柱形构筑物通常由木材、石材或混凝土筑成，圆柱形有助于使青贮饲料密实从而贮量最大。2. 用于隐藏导弹的下沉式军事结构。

silt，inorganic silt，rock flour 泥浆，沉积细土，淤泥，粉沙；通常粒径在 0.002～0.005mm 之间无塑性或略带塑性的颗粒物质，在风干后没有强度或几乎没有强度。

silt grade 粉沙大小的细颗粒。

silvered-bowl lamp 镀银的白炽灯泡；灯泡下部有一半圆形镀银反射层的白炽灯。

silver grain 银光纹理；栎树、山毛榉、鸟眼槭树、小无花果树等纵向四开木材切面上呈现明显的光泽斑纹。

silver-lock bond 1. 银锁砌合；一种类似于英吉利砌筑的砌砖形式，丁顺砖各层交替，但顺砖不露侧边而是立砌的砌合。2. 竖砖空斗墙；同 **rat-trap bond**。

silver solder 银钎焊料；含有银成分的高熔点钎焊料，通常用于焊接高强度接头。

silver white 1. 任何用在油漆中的白色颜料。2. 非常纯的各种铅白。

SIM （制图）缩写＝“**similar**”，相似的。

sima 同 **cyma**；反曲线线脚，波形线脚，葱形饰。

simple beam 简支梁；两端仅置于支座上，没有约束的梁。

simple cornice 简单的挑檐，仅由雕带和线脚组成。

simple vault 无肋、光滑的简单穹隆，无交叉拱肋。

simplex casement 单平开窗；只能向外开启的窗户，开关都需手动，没有机械装置。

simply supported 简支撑；形容可以沿支撑点自由旋转的被支撑梁，在长度上同样可延支撑点向外延伸。

simulated masonry 仿石，仿石砌体；见 **artificial stone**。

sine postico 前方和两侧均采用围柱式，但后部不采用的古典寺庙。

sine wave 正弦波；一种仅含有单一频率形式的

波，其周期振动的振幅与时间成正弦函数。

singing gallery 振鸣廊，歌唱廊；唱歌时使用的一种长廊，多见于意大利文艺复兴时期的教堂内，装饰有高贵华丽的雕刻物。

single-acting door, single-swing door 单向转动门，装置在仅能单向 90°转动的合叶或枢轴上的门。

single-acting pump 单动泵；一种往复式泵其活塞只朝一个方向做往复运动。

single-bag compactor, single-bag packer 单包垃圾压缩器；一种能将垃圾顶在前开门上压碎到规完的体积的半自动垃圾压缩器。

single bridging 单层搁栅（人字）支撑，位于搁栅中部两相邻搁栅间的剪刀撑。

single-cleat ladder 单踏步阶梯，简单横木扶梯，带有一对平衡扶手的楼梯，扶手与横档相连，有规律的间隔。也见 **double-cleat ladder**。

single contract 单独承包合同；在对整个工程负全部责任的单一工程建设合同。

single-crib barn 单栅栏畜棚；见 **crib barn**。

single-cut file 单纹锉，斜纹锉。

single-duct system 单风道空调系统；在特定条件下通过一个单一风道向多个不同空间送风的空调系统。

single-family dwelling 独院住宅；只包含一栋居住单元的独立式住宅。

single Flemish bond 荷兰式砌筑；一种采用同皮丁顺砖交错进行砌筑的砌合方式。

single floor 简单楼面；仅由搁栅和楼板组成的楼面，搁栅两端架设在墙体上，中间不设支承点。

single-framed roof 单架屋顶；通过水平板或楼层上层框架将椽子联系在一起的屋顶框架系统。

single house 仅有一个面宽的一种长形平面房屋，其狭窄端面向街道，从街道通过一小段台阶上到位于房子一侧的开敞式门廊（有时称作步廊），沿着门廊可以进入每个单独房间；也见 **Charleston house**。

single-hub pipe 单承口管；一端带有承口而另一端带有插口的管子。

single-hung window 单悬窗，单扇上下推拉窗；由一上下推拉窗扇和一固定窗扇组成的窗户。

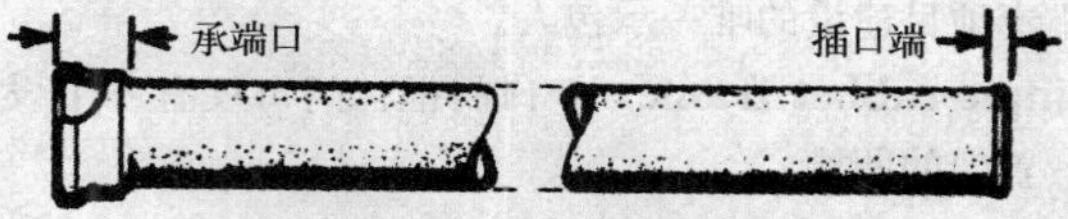

单承口管

single ladder 单梯；一种便携式的梯子，仅由一段，必须支撑在其他结构上使用，其长度不能调节。

single-lap tile 平搭瓦，单向搭接瓦；一层与其下层直接搭接的曲面屋面瓦。

single-line diagram 单线图；同 **one-line diagram**。

single-lock welt 同 **cross welt**；横向接缝；（柔性屋面材料）片状材料间平行于天沟或屋脊的接缝。

single measure 单面采取措施；指如门等只有一面有镶板的。

single notch 单线图；同 **one-line diagram**。

single-package refrigeration system 整装制冷系统；完全在工厂制造和测试的一种制冷系统，该系统不在现场安装而其外框可以分成一个或多个部件生产和运输。

single-pen cabin 一种相当简陋的仅有一个房间的单层小屋、农舍或茅舍。

single-pile house 单桩房屋，仅有一间进深的住宅；见 **pile**。

single-pitched roof 二边单坡屋面；在中间屋脊的两侧屋面都仅有一个坡面，例如人字形屋面；与 **shed roof**（单面单坡的屋顶）形成鲜明对照。

single-point adjustable suspension scaffold 单点挂式可调脚手架；用于小型工程的手动或电动平台，板悬吊在架空支承上，通过使用提升机器调节绳索可以使平台上下升降，从而到达所需的工作位置。

single-pole scaffold 单排立杆脚手架；搁置脚手架平台板的短横木，其一端支承在固定在单排立柱上的横木或横梁上，另一端架设在墙上。

single-pole switch 单刀式电闸（开关）；控制电路系统的带有一个可动接触器和一个固定接触器的电路开关。

single prime contractor 独立总承包人；全权负

责项目建设的唯一承包人。

single-rabbet frame 企口门框；门口仅有一个设置门的凹槽。

企口门框截面

single riveting 单行铆钉。

single-roller catch 单碰珠门扣；安装在门扇上，与门侧柱上的门鼻子相啮合的门扣，可以将门固定在一个关闭的位置上。

single roof 简易屋顶，普通椽屋顶；一种简易的屋顶形式，无需主椽子、檩子和屋架而仅由普通椽子作支承的屋顶。

single-room plan 单室平面设计；同 **one-room plan**。

single-saddle notch 是 **saddle notch** 的同义词。

single-sized aggregate 单一粒径集料，均匀集料；绝大部分颗粒尺寸限制在较小范围内的集料。

single spread 单面涂胶，连接缝的单面涂胶。

single-stage curing 单级养护，一种压力蒸汽养护工艺，预制混凝土制品运送前在金属托盘上的养护。

single-strength glass 单强度玻璃；在美国，厚度约为 3/32in（2.5mm）的玻璃；与 **double-strength glass** 相对。

single-suction pump 单吸泵；带有螺旋形容器的水泵，水仅能从一侧进入水泵叶轮。

single swing frame 单开式弹簧门框。

single-throw switch 单掷开关；电路中由单闸控制开启或关闭的开关。

single-web girder 单腹板大梁；两翼缘通过单一的垂直腹板连接起来的组合工字梁。

sinistral stair 左旋楼梯。

sink 洗涤盆；连接供水管与排水管的洗涤水池。

sinkage 下沉，低洼地；见 **recess**。

sink bib 洗涤槽水龙头，弯嘴龙头。

sinker nail 沉头钉，埋头钉；钉身细长、顶头扁平且稍有凹陷（钉头直径比普通钉子小）的一种钉子。

sinking 1. 凹槽，开槽。2. 在木框架表面上的切槽，用于使诸如合叶等构件能够齐平地嵌装上去。

sinking curtain 沉落幕；通过舞台地板上的开口将其沉入或卷入舞台下的幕布。

sinking in 上油漆时，油漆胶粘剂渗入到孔隙底层，导致涂层上形成较暗的光泽表面。

sink trap 同 **trap**，1；存水弯。

sinter 烧结，熔结；通过将粉末加压并加热达到近于其熔点的温度一段时间后，使这些粉末颗粒熔结在一起的过程，但该加热过程不致使形态发生改变（并不融化）。

sintered clay 烧结黏土；同 **expanded clay**。

sintered fuel ash，pulverized fuel ash 焦渣，粉煤灰；经过处理后互相粘结在一起可用作轻骨料的粉煤灰颗粒。

siphonage 虹吸作用；由液体流动产生的吸力将液体如存水弯中的水排走的现象。

siphon breaker 防回流装置，回流防止器。

siphon trap 虹吸缝气管，虹吸闸门，虹吸存水弯；管道中，起侧面在竖向平面上形如字母 S 的存水弯，弯管为水封下部。

S-iron S形铁；在两砌体墙之间的松紧螺钉杆两端外露的挡板，以防止两墙散开。

sisal 波罗麻纤维，剑麻纤维；由西沙尔麻的叶子制成的一种有机纤维，用于加工绳子或绳索，有时掺入一些石膏。

sissing 漆层轻微收缩，气度龟裂；见 **cissing**。

site 1. 场地，基址；既有或规划建设的建筑物、工程项目、公园等所占用的固定区域。2. 建筑物的特殊位置。

site analysis services 由建筑师或其顾问提供的服务，用于确定场地相关限制条件及项目所需条件。例如岩土工程勘探（**geotechnical investigations**）。

site case 同 **cast-in-place concrete**；现浇混凝土。

site characteristics 场地特性；针对场地物理特性所作的分类，包括面积、形状、土壤和地面条件、场地排布以及场地入口。

site drainage 1. 场地排水系统；在地面下布设的管网将雨水（或其他废水）排放到污水处理点例

如公共下水道。2. 被排放的废水。

site-foamed insulation 建筑现场发泡的隔热材料。

site furnishings 基地设施；户外使用的长椅、扶手椅、桌子、亭子、棚子、运动设施及种植器等。

site improvement 提升土地的价值或生产力，例如进行铺装或建造景观，也包括增建室外照明和休闲设施等。

site investigation 现场调查，工地勘测，就地踏勘；为获得基础及结构设计所需的全部信息资料而在现场地基土和地面进行的调查、勘测及测试等工作。

site marker 工地标志；见 **marker**。

site plan 现场平面布置图；标明将要建设的建筑物位置、尺寸、轮廓及地形地貌等现场平面图。

sitework 现场工程；建筑物建造期间的一些室外工程，如土方工程、景观美化、铺设块石路面以及公用服务设施。

Sitka spruce 银云杉；美国西海岸出产的一种质地软、重量轻、强度高、纹理细密的木材，通常没有树节；主要用作细木工加工木料。

sitting room 起居室，客厅；同 **parlor**，**1**。

sitzbath 坐浴盆；带有一只座位的浴盆，主要用于医院及疾病治疗。

SI units 国际标准单位；见 **International System of Units**。

six foil 同 **sexfoil**；六叶形花饰。

six-over-six 用于描述上下窗扇均由六块玻璃组成的上下推拉窗；见 **pane**。

size 1. 尺寸，大小，上胶；同 **sizing**。2. 将原材料加工成所需的尺寸。

sized slate 与其他石板瓦尺寸一致的石板瓦。

size of pipe（or tubing） 管径；除注明者外一般指的是商业标称尺寸，其实际尺寸在说明书中专门说明。

size stick 尺杆（石板工用）材料尺寸样板；见 **scantle**。

sizing，size 罩面（密封）胶，封闭底漆，耐水添加剂；一种液体，涂于木材、塑料或其他孔隙表面用以填充孔隙，从而降低孔隙对后续涂层的吸收，作为后续涂层的底层。

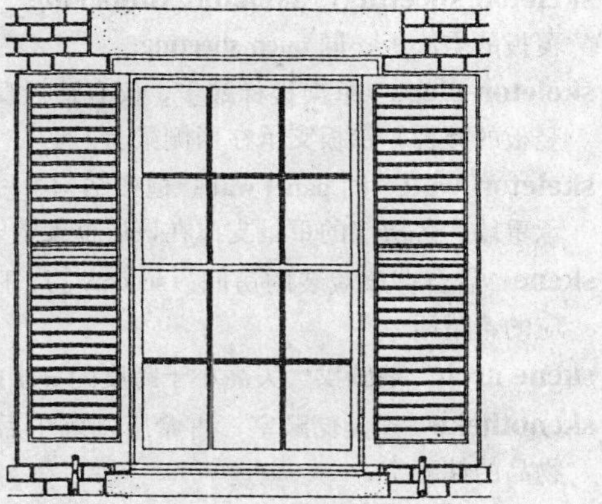

上下窗扇均由六块玻璃组成的上下推拉窗

SJI 缩写＝“**Steel Joist Institute**”，钢搁栅协会。

SK （制图）缩写＝“**sketch**”。

Skaters' cracks 屋顶防水膜发生的与膜的铺设方向和底层材料均无关的曲线形裂缝。

skeeling 椽子下的斜坡顶篷；见 **garret**，**2**。

skeen arch 平圆拱（矢高小于跨度的一半的）。

skeletal structure 骨架结构；建筑所受荷载全部经由柱子和梁传递到基础的钢框架结构；见 **skeleton-frame construction**。

skeleton construction 骨架构造，框架结构；高层建筑的一种结构形式，该形式能够使荷载和应力通过钢框架中的柱和梁传递到基础上，墙体由框架支承。

skeleton core 框格芯；隐蔽在镶面板内的空心门框架。

skeleton flashing 阶梯形披水板；同 **stepped flashing**。

skeleton frame 框架，骨架；任何不带面层或镶板的框架。

skeleton-frame construction 骨架构造，框架结构；一种钢结构构造形式，通常用于高层建筑，这种结构形式的特点是荷载及应力通过支承墙体的梁柱组成的框架传递到基础上；见 **steel-frame construction** 和 **skyscraper**。

skeleton sheeting, skeleton timbering 骨架外覆板的空心板；同 open sheeting。

skeleton steps 框架楼梯踏步，仅有踏板没有提及竖板的楼梯，踏板支承在两侧梁上。

skeleton wall 同 panel wall；框架结构中柱间的非承重墙，各层墙的重量支撑在该层框架上。

skene 后台存放戏装的房间。scaena（拉丁文）对应的希腊语。

skene arch 平圆拱（矢高小于跨度的一半的）。

skenotheke 道具储藏室；古希腊剧院中后台存储物品的储藏室。

skew 斜砌石；山墙檐口下砌筑的斜顶平底的压顶石。

skew arch 斜（交）拱；拱表面的侧壁与铅垂面不成直角的拱。

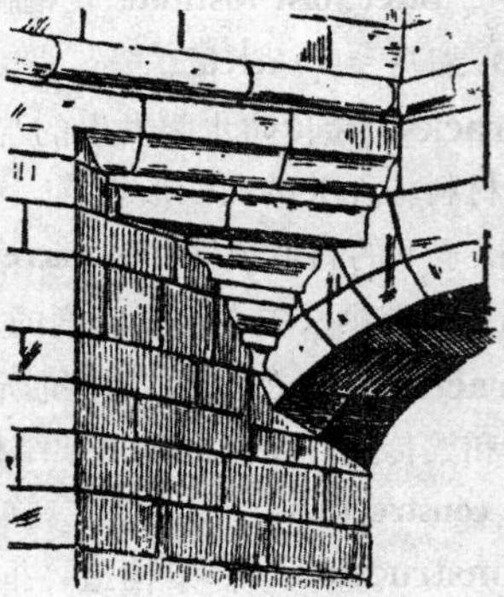

斜（交）拱

skewback 1. 斜面拱座；承受拱角推力的，表面倾斜的拱座。2. 拱基；提供倾斜支承面的石块、石块砌层或钢板。

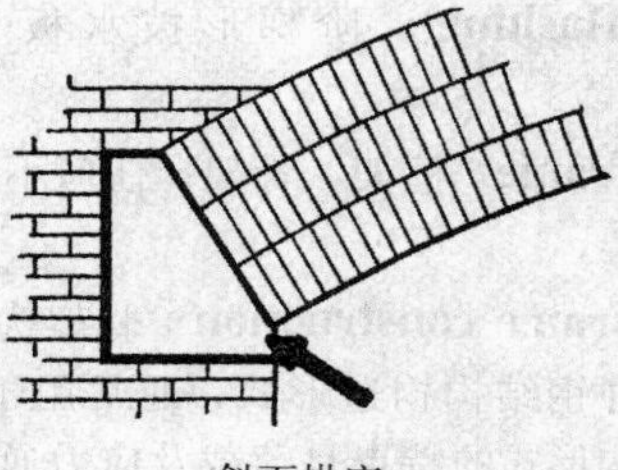

斜面拱座

skew block 山墙端挑石；见 gable springer。

skew butt 压顶石座；见 gable springer。

skew chisel 1. 斜凿；刃口倾斜两侧均带刃角的木工凿。2. 木雕时使用的带有弯手柄能够将凿刀深入凹陷表面的凿子。

skew corbel 山墙檐口斜座石；砌入人字山墙底部形成檐口压顶、檐沟或墙顶挑檐的支座。

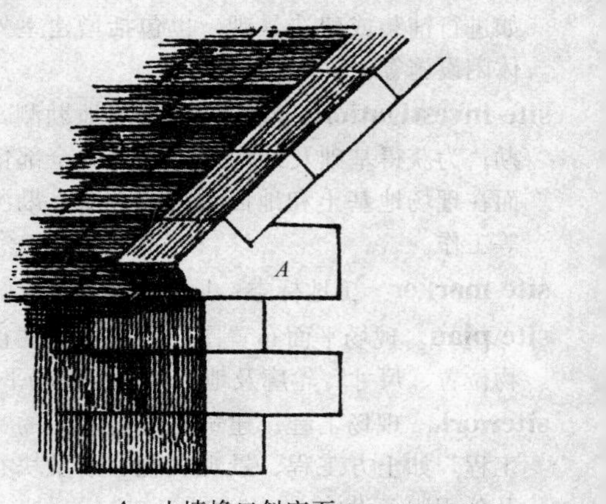

A—山墙檐口斜座石

skewed 斜交的，不垂直的；指折向一边或倾斜的。

skewed connection 斜向连接，两构件非直角相互连接。

skew fillet 斜嵌条，山墙压顶斜线脚；沿山墙顶部压顶上用钉子固定的嵌条，通过嵌条将石板瓦抬高，从而连接外处的水排走（防水的作用）。

skew flashing 山墙泛水，斜面防雨板；山墙压顶与屋面之间的泛水。

skew hinge 向上斜的铰链（开时将门抬离地面）；同 rising hinge。

skew nailing 斜钉；见 toe nailing。

skew plane 木工用的斜刃刨。

skew putt 山墙檐口斜座石；同 skew corbel。

skew table 斜承石板，用作山墙斜坡压顶上段挡止点的压顶最下段的斜承石板。

skew vault 斜拱；同 oblique vault。

skid row, skid road 美国城镇中的破落区域，如低档商店、低档浴池、低级酒吧、廉价客栈等；也指无家游民的聚集地区。

skiffling 削砍石块；将石块表面上突出部分凿去

的粗加工工艺；同 **knobbing**。

skim coat，skimming coat 罩面层，薄涂层，薄覆盖；薄薄的灰膏找平层或罩面层。

skin 悬墙；不承重的外墙，通常由预制墙板组成；也见 **curtain wall**。

skin drying，surface drying 表面干燥；指涂层表面迅速干燥而表面与底层之间的涂料仍然是湿的。

skin friction 表面摩擦（力），表面阻力；土体与结构或打桩体之间的摩擦力。

skinned bolt 磨损了的螺栓，螺纹已磨损的螺栓。

skinning 起皮，结皮；在容器内油漆表面形成的干膜，主要由油漆胶粘剂中风干的油产生的氧化作用所致。

skintled brickwork 虎皮砖砌体，墙面凹凸不平的不规则砌筑法。

skintled joint 砂浆挑出墙面的灰缝；同 **excess joint**。

skip 1. 跳过，漏掉；通过机器刨光或打磨的木材或面板表面时漏掉而没有进行处理的区域。2. 漏涂；在涂层表面漏掉的未涂层的区域，又称 **holiday**。

skirt，skirting 1. 踢脚板；同 **baseboard**。2. 墙裙。

skirting block，base block，plinth block 1. 竖向框架与带形基础相交处的转角砌块。2. 固定踢脚板的隐蔽砌块。

skirting board 踢脚板；见 **baseboard**。

skirt-roof 裙状屋顶；房屋一层和二层之间墙立面上挑出的小屋檐，一般沿房屋四周都有，可以作为其下方的门窗挑檐，如果挑檐仅仅沿着前立面挑出，其主要起装饰作用，通常被称作遮阳屋顶。

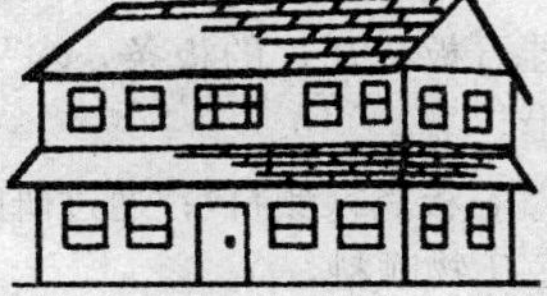

裙状屋顶

skull 焊接中熔化的填充金属产生的未熔金属渣。

skull cracker 落锤破碎机；见 **wrecking ball**。

sky-dome 在剧场中围绕并盖于舞台上，且被涂成代表天空蓝色的半圆形天顶。

sky factor 日照系数，也称采光系数；日光通过建筑物直接照射在室内某一水平面上的特定点的照度与等于可见光的天空半球无遮拦光照射而产生的均匀照度的比值称作日照系数。

sky light 天窗照明光；来自天空除太阳直射光以外的反射或漫射的光。

skylight 天窗，屋顶窗；屋顶装有玻璃或半透明材料的孔洞，用来将光漫射入室内。也见 **hip skylight，lantern skylight，monitor skylight，pitched skylight，sawtooth skylight**。

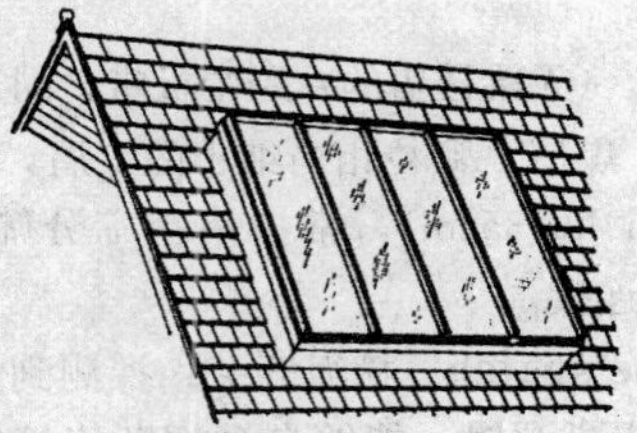

天窗，屋顶窗

skyline 天际线；建筑在天空背景映衬下形成的外轮廓线。

skyscraper 摩天大楼，高层建筑物；一幢非常高且层数很多的建筑物，通常采用幕墙，因此外墙不承重，其重量由每层的框架结构所承担；也见 **steel-frame construction** 和 **tripartite scheme**。

skyway 天桥；架设于街道上方能够使行人从一栋建筑到达另一栋建筑的封闭式天桥。

S/L，S/LAP 缩写＝“**shiplap**”，搭接，高低缝接法。

SL&C 缩写＝“**shipper's load and count**”，运货装置的载重与计数。

slab 1. 板；支承在梁上的钢筋混凝土地面部分。2. 混凝土路面；浇筑在路基上的混凝土作为非结构构件的地面。3. 厚（平，石，楼）板，如石头、木材、混凝土等。

slab board 边料板，背板；从原木侧面切削下来的一侧带有树皮和边材的板。

slab door 同 **flush door**；平面门，全板门。

slab floor 钢筋混凝土楼板。

slab form 浇筑混凝土板的模板。

slab house 粗制板坯房屋。

slab insulation 板形隔声隔热材料，绝缘板；刚性或半刚性的隔热材料。仅与块体或片状绝热材存在尺寸上的差异，即绝热材料板材设计，其面积远大于块材而小于片材，但厚度大于片材。

slab jacking 压浆（填充混凝土路面下的空隙），压浆法。见 **mud-jacking**。

slab roof 屋面板；作为屋顶的一种正方形结构板材；常采用钢筋混凝土板。

slab spacer 混凝土平板中的钢筋支架，钢筋垫块。

slab strip （无梁楼盖的）跨中板带；同 **middle strip**。

slack 1. 煤屑；颗粒相当细小的煤屑，其粒径不超过 2.5in（6.35cm），常指用粗筛分筛的煤残渣。2. 松弛连接。

slack-rope switch 松绳开关；探测到悬吊电梯的钢索变得松弛时，能够自动切断连接电梯升降机马达的安全保护器。

slack side 原本就是面向原木内侧的镶板面。

slag 炉渣；鼓风炉燃烧残留的浅灰色残留物，可以用作组合屋面的面层，也可用来生产如矿渣水泥、矿渣绒等产品；也见 **blast-furnace slag**。

slag block 炉渣混凝土砌块。

slag brick 矿（炉、熔）渣砖。

slag cement 炉（矿）渣混凝土；由掺合料炉（矿）渣和熟石灰均匀搅拌而成的颗粒细小，且具有胶结能力的一种建筑材料。

slag concrete 炉（矿）渣混凝土；用炉（矿）渣作为粗骨料拌制成的重量相当轻的混凝土。

slag inclusion 夹渣，含渣；夹在焊缝中的非金属固体物质。

slag plaster 掺炉渣颗粒的抹灰灰浆。

slag sand 碎炉（矿）渣，矿渣砂；经破碎已非常细小的炉（矿）渣，经过粒径分级用于加工砂浆、混凝土等。

slag strip 平屋顶阻挡条，封檐板；见 **gravel stop**。

slag wool 矿渣棉，炉渣绒，矿棉；加压蒸气通过熔化的炉（矿）渣而制成的一种矿物棉，通常用作隔热材料。

slake 1. 水解的，水化的；生石灰中加入水，经水化后形成的石灰膏。2. 暴露于空气或置于水中使物质水解或消解。

slaked lime 消石灰，熟石灰，水化石灰；用石灰和水发生作用所得到的混合物，用作灰浆；也见 **lime mortar**。

slaking box 消化箱；用于制造消石灰的木箱子。

slamming stile 碰锁的门梃，装锁的门梃；同 **lock stile**。

slamming strip 沿光面门碰锁门梃边的嵌条（板条）。

slant 室内下水道连接公共下水道的排水管。

slant range 两点之间的视线距离而非水平投影距离。

slap dash 粗涂，不规则的粗糙抹面；同 **rock dash**。

slasher saw 圆盘锯；固定在活动臂上的圆盘锯。

slash-grained 原木四开锯法；同 **edge-grained**。

slash-sawn 沿木材年轮切向锯开；见 **plain-sawn**。

Slat 百叶板条；用作窗户遮帘薄而窄的木条或金属条。

slate 板岩；主要成分为黏土矿物的、硬度大、脆性的变质岩，其特点是易于沿平行平面劈裂，制成各种尺寸的石板广泛用作地板、屋面、面板（起到装饰和防静电的双重作用）和黑板，其颗粒状态用于组合屋顶的面层。

slate-and-a-half slate 一块半宽的石板瓦，长度为宽度 1.5 倍的石板瓦，用在屋面的某些地方（屋脊或屋谷处）以防水的渗入。

slate ax 石板斧，劈石斧。

slate batten，slate lath，tile batten 石板瓦挂瓦条；悬挂石板或瓦片的板条，水平钉在椽子或顺水压条上。

slate black 石板黑（颜料）；通过研磨黑石板制得的一种黑色矿物颜料。

slate boarding 衬板；支承石板瓦或面层瓦的整片木板。

slate cramp 鸩尾形石板扣件；在两块石料间楔入使两者结合在一起的鸠尾形石榫。

slate hanging （垂直）挂石板瓦；垂直或近似垂

直悬挂在外墙外以阻止雨水渗入的一般形似墙板的石板。

slate knife 石斧；同 sax。

slate lath 挂瓦条；见 slate batten。

slate nail 板材钉；见 slating nail。

slate powder 石粉，板岩粉，页岩粉；通过研磨石板获得的精细石板粉，用作黑色颜料。

slate ridge 石板屋脊；见 slate roll。

slate roll, slate ridge 石板脊瓦，页岩筒瓦；将圆筒形瓦管底部作V形切口，以适应板瓦屋脊的石板脊瓦。

slaters' cement 一种主要用于屋面的密封膏；是作为堵缝用的油灰状防水材料。

slaters' felt 石板瓦屋顶的防水垫层。

slating 1. 用石板瓦盖住屋顶或铺墙面。2. 铺石板。3. 屋顶石板瓦。

slating nail, slate nail 石板瓦钉；钉头扁平，钉尖呈菱形的钉子，用于固定石板瓦。

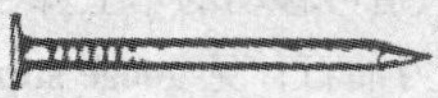

石板瓦钉

slat window 百叶窗；见 louver。

sledgehammer, sledge 双面、重达 100 lb (45kg)、要用双手轮打的大锤。

sleeper 1. 小搁栅；布置在混凝土板（或地面上）上用于钉地板的水平木板。2. 地面或接近地面处的水平长梁，用于分配来自柱体或框架的荷载。

sleeper clip 小搁栅固定夹；埋设在底层混凝土地板上固定钉地板板条的金属扣件。

sleeper joist 直接搁在枕木上的任何托梁。

sleeper plate 地垄墙上的垫板，支承垫板，轨枕垫板。

sleeper wall 小搁栅墙，地垄墙；支撑地板搁栅的小矮墙，墙上通常带有通风孔。

sleepiness 油漆面的毛斑，失去光泽；高亮度漆膜表面在干燥过程出现的光泽变暗的缺陷。

sleeping porch 晾台；用于睡眠的带窗门廊或房间，通常位于房子外扩的部分、其他门廊上面或在大门入口雨篷上面。

sleeve 管（轴）接头，套管；见 pipe sleeve。

sleeve fence 矮栅栏；房屋周围低矮的装饰性栅栏，通常由轻型木料制成。

sleeve piece 1. 套筒。2. 嵌环，套管，顶针。

slenderness 细长比；柱子最小回转半径与其有效长度的比值。

slenderness ratio 长度直径比，长细比；柱子有效长度与其最小回转半径的比值。

sliced veneer 刨平的薄镶板，从原模板或方木用机器加工成长而薄的片材。

slice-hip roof 四面均为折线形双坡式的屋顶；见 Dutch slice-hip roof。

slicing cut 刨切，平切。来回滑动的刨切。

slicker （瓦工用的）双耳抹子，刮刀，刮尺，修光工具，磨光器。

slick line 泵送混凝土管道端部埋入浇筑混凝土内并随浇筑进行而移动的活动浇注整平导管。

slide pile 抗滑桩；打入山坡土层内对土体进行加固以防止土体滑坡的桩体。

slidescape 建筑物室内或室外的直线形或螺旋形斜坡道，用作紧急情况下能够直接到达街道的应急通道。

sliding bearing 滑动支座；一部分结构物在另一部分结构物上滑动的一种支座构造形式。

sliding bevel 木工角尺；见 bevel square。

sliding door 推拉门，滑动门；沿轨道水平向滑动，与墙体平行的门；也见 accordion door。

sliding-door lock 滑动门锁（销）；滑动门上用的钩状门闩，上锁时，钩状门闩与锁舌片里的槽口啮合在一起。

sliding fire door 滑动防火门；安装在倾斜高架轨道上的门，门的关闭由可熔性的链子或磁性装置控制，当热量聚积导致链子熔化或磁性装置因烟感应器感应到烟而响应时，门会自动关闭以隔断火源。

sliding form 滑动模板，滑模；见 slip form。

sliding sash 推拉窗（门）；水平向在滑槽内或滑条间滑动的推拉窗（门）。

sliding window 水平推拉窗；见 **sliding sash**。

slimline lamp 细管荧光灯。

sling 吊索（绳、链具）；见 **elevator car-frame sling**。

sling psychrometer 带手柄的干湿球温度计，将仪器在空气中旋转，直到湿球温度计达到一个常数时停止，该常数即为测得的空气温度值。

slip 1. 嵌条，木材或其他材料的板材，特指嵌入鸠尾形槽的板条。2. 分层片，隔片。3. 木嵌条 4. 教堂内的长凳或夹板凳。5. 两栋建筑物中间狭窄的过道。6. 薄层的灰泥或砂浆，水泥薄浆。7. 滑动；预应力钢筋混凝土中混凝土和钢筋之间发生的滑动；预示着锚固失效。

slip-critical joint 需有抗滑连接的螺栓接点。

slip feather 舌榫；见 **spline**。

slip form，sliding form 滑模，滑模施工；浇灌混凝土施工的一种方式，由液压千斤顶或螺旋千斤顶进行缓慢的顶升，其底部支承在预先灌注并已硬化的混凝土上。

sliphead window 窗扇能通过窗框顶轨部滑动开闭的窗户。

slip joint 1. 新旧砖墙的竖向滑动接缝；在旧墙上开槽，并将新墙的砖与旧墙槽口相匹配。2. 管道的滑动伸缩接头，用密封剂、垫圈及衬垫对接头进行密封。

slip-joint conduit 带滑动伸缩接头的管道；一种金属电缆管道，其连接端管接头为可滑动伸缩的而非螺纹的。

slip-joint pliers 鲤鱼钳，滑动铰点钳；一种钳子，钳子铰点位置可改变使钳口能张成宽窄两种状态。

鲤鱼钳，滑动铰点钳

slip match 为了形成装饰图案，木板边缘采用的一种结合方式，但无需考虑木纹理的连贯。

slip mortise 滑动榫眼；见 **slot mortise**。

slip newel 滑动扶手中柱；底部掏空以竖直矮柱高度相适应的扶手的中柱，或一侧被切掉一边以适应隔墙的端部。

slip-on flange 滑动法兰板，套入式法兰；实心圆管法兰套在管端上能滑动，并在安装完毕后与管道焊死。

slippage 屋面卷材滑动；坡屋顶中组合屋面相邻材料层间的横向移动。

slipper 1. 模饰样板中，在抹灰准尺上滑动的金属导板。2. 勒脚；同 **plinth**。

slip pew 内置独立座位的封闭坐席。

slip piece 滑条；固定在滑动部件上用作耐磨表面上的木条。

slip-resistant tile 防滑瓷砖；因表面含有研磨混合物和研磨颗粒而比普通瓷砖具有更好抗滑作用的瓷砖（瓦）。

slip sheet 一种轻型屋顶油纸。

slip sill 活槛；长度不超过窗（门）洞的侧板间距以便在墙建好能够塞入洞内的窗（门）槛。

slipstage 有轨道可移动的车上舞台。

slip stone 磨刀油石；见 **gouge slip**。

slip tongue 雄榫片；见 **spline**。

slip-tongue joint 花键（方栓）接合，两槽相对间塞条接合。

slit ventilator 通风口，通风槽；德国谷仓砖墙上的竖向长开槽，用于向舱内输送空气，偶尔也被称作槽口窗或换气孔。

slogging chisel 切螺栓头的大凿。

slop 污（脏）水，泥浆；同 **sludge**。

slope 1. 坡度；见 **grade**。2. 斜度；见 **pitch**。3. 倾斜；见 **incline**。4. 木纹斜度；见 **grain slope**。

slope correction 斜面矫正；同 **grade correction**。

sloped footing 顶面或侧面倾斜的基础。

sloped offset chimney 阶梯式烟囱；同 **stepped-back chimney**。

slop map 地形图；标明一个地区地形地貌并附有地形特征说明的地图，所标明的地形特征已经影响或可能影响地形的发展变化。

slope ratio 坡度；斜坡水平距与向升高或降低距离的比值，例如水平距为 2ft，竖直距为 1ft 的斜坡，其坡度为2：1。

slope stake 坡度桩，边坡桩；打入在土中，标示该线路内与原有地面相比是挖方或是填方。

sloping grain 1. 斜纹；同 **diagonal grain**。2. 也见 **grain slope**。

sloping shore 与垂直向呈一定角度而非水平的横撑。

slope-molding，soft-mud process 湿模制砖；使用含水量高的黏土生产普通砖或彩色砖的方法。

slop sink 污水槽，污水盆。

污水槽，污水盆

slot diffuser 条形散流器；见 **linear diffuser**。

slot mortise，open mortise，slip mortise 狭榫槽，开口榫槽。

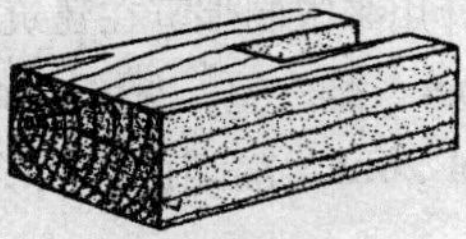

狭榫槽，开口榫槽

slot outlet 窄风道口；一种用于直接送风带有叶片的狭长通风口，其长宽比大于10：1，一般位于顶棚、侧墙、地板或窗台上。

slot weld 槽焊，切口焊缝；两构件之间的焊缝，一面构件上有一拉长孔，通过该孔背面露出另一构件，将孔中全部或部分填光焊接金属，从而将二者焊在一起（孔的一端可能开口）。

sloughing 喷射混凝土滑落；在竖向表面上喷射混凝土时，因为掺水量过多造成混凝土滑落现象。

slow burning 缓燃的，阻燃的；一个易误解的词汇，不是指材料或物品可以承受任何规模及强度火灾的特性，通常仅仅指在短时间小火焰试验条件下确定的阻燃特性。

slow-burning construction 缓燃木建筑，阻燃木建筑；设计带有抗火灾能力的木建筑；见 **textile mill**。

slow-burning insulation 缓燃绝缘材料，火烧时不产生火苗的绝缘材料。

slow-curing asphalt 慢凝沥青；由沥青水泥和低挥发性油组成的液体沥青。

slow-evaporating solvent 慢挥发溶剂；因具有高沸点而挥发速度很慢的溶剂，在涂漆时使用能够使漆面保持流态的时间更长，从而改善油漆的流动性。

slow-grown 窄年轮的（树木）；见 **narrow-ringed**。

sloyd knife 木雕刻刀；用于木雕中带有固定单刃的刀具，用于刻、切及修饰。

sludge 1. 在磨制水磨石地板时残留的半固态沉积物质。2. 持续用水冲刷喷漆房墙壁，得到的积聚蓄水池里的漆，经常再加工可得到另一种油漆。3. 下水道中积聚的含有一定水分的半液体沉积物。

sludge clear space 污泥净空；污水池出口底部与沉积物顶部之间的距离。

sluing arch 斜面拱，前拱口半径大于后拱口的喇叭形拱。

slum 贫民区；住宿条件简陋、卫生条件差、人口密度高的城市内居民区。

slump 坍落度；表征新拌混凝土、泥浆、灰泥稠度的一个量度，等于试件的高度的减少量，以装入坍落筒被移走后在离试件最近距离1/4in（6mm）处测量的垂直沉陷尺寸数表示。

slump block 混凝土塌陷砌块；混凝土块体在养护过程中，其底部稍稍的扩大，在砌筑墙体时使用。

slump cone 坍落度筒；一个其底部直径为8in（20cm）、顶部直径为4in（10cm）、高为12in（30cm）的截锥形模子，用来制作进行新拌混凝土坍落度试验的试件，高度为6in（15cm）的截锥形模子用作新拌砂浆和灰泥坍落度的试验。

slump mold 同 **slump cone**；坍落度筒。

slump test 混凝土坍落度试验；用坍落度筒进行

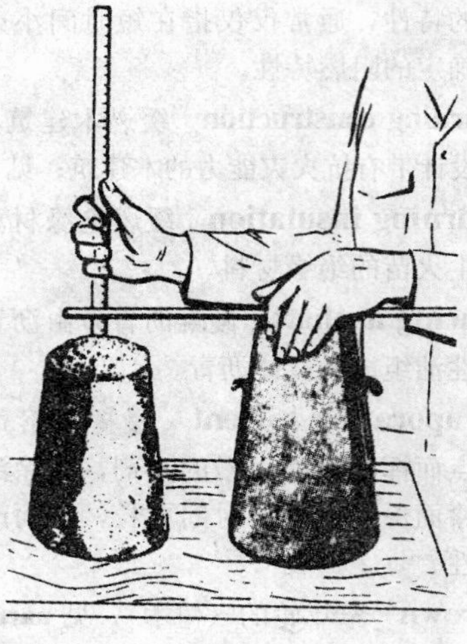

混凝土坍落度试验

的混凝土坍落度试验的方法。

slurry 1. 泥浆，砂浆，水泥浆；不溶于水的细小颗粒如黏土、硅酸盐水泥等与水的混合物。2. 泥浆；见 mud。

slurry coat 瓷砖背后可使其与基层粘接牢固的涂层。

slurry explosive 塑胶炸药；同 water-gel explosive。

slushed joint 砂浆填缝，砂浆勾缝；用泥刀边在砌体的竖接缝中填入砂浆。

slush grouting 水泥砂浆喷涂（打底连接），灌浆填缝堵眼；掺入或不掺细骨料的硅酸盐水泥浆，在岩石或混凝土表面进行的铺刷，该铺刷层作为后续浇筑混凝土的底层，其主要作用是填充混凝土或岩石表面的空隙和裂缝。

slype 两栋建筑中间的狭窄通道。

SM 1. 缩写＝"standard matched"，标准企口接和的。2. 缩写＝"surface measure"，表面措施，表面量度。

small calorie 小卡（热量单位）；见 calorie。

smalt 大青色，玻璃粉蓝色颜料；深蓝色的颜料或彩色材料；由钴、碳酸钾和煅烧过的石英制成的一种玻璃质物质，熔融后形成粉末状。

smalto 斯马托；小片彩色玻璃，小片彩色类玻璃材料，作为小方块马赛克使用。

小片彩色玻璃，小片彩色类玻璃材料

smart building 同 intelligent building。

smashing point 照明系统最优使用时间值；基于对控制照明系统的费用评价，如果旧灯泡超过一个特定的使用期限，其效率将降低，这个特定使用期限即为灯泡使用的最优时间值。

smell test 闻味探测，嗅试法；见 scent test。

smoke 1. 烟尘；空气中的悬浮颗粒，常为固体，但也可以不是固体。2. 油烟，煤烟；石油和煤炭不完全燃烧产生的尺寸小于 0.1μm 炭或煤烟颗粒。

smoke and fire vent 屋顶排烟口；在屋顶安装当温度超过 160 ℉（71.4℃）时能够自动开启排烟的排烟口。

smoke barrier 隔烟屏障；由不燃结构组成的连续屏障，设计用来限制烟雾在建筑物内的扩散。

smoke chamber 烟气室；见 rauchkammer。

smoke control zone 隔烟区；建筑中隔烟屏障围合的区域。

smoke curtain 隔烟幕；限制烟雾扩散的屏障。

smoke damper 烟气挡板，烟道调节板；一种能阻止空气在部分通风管道系统中流通的自动挡板，因此也能阻止烟气通过。

smoke density 烟浓度；某一材料燃烧所产生的烟量与标准材料燃烧所产生的烟量的比值。

smoke detector 烟雾探测（检测、传感）器；探测建筑中是否存在烟雾的仪器，通常包括光电探测器、离子探测器、紫外线探测器或热探测器。

smoke-developed rating 冒烟等级值（0～25 Ⅰ级；26～75 Ⅱ级；76～200 Ⅲ级；201～500 Ⅳ级）；由美国材料实验协会制定的表明材料表面燃

烧特性相对数字分级值。

smoke door 排烟门；在剧院防护网上面屋顶没有在失火或排烟通道切断情况下，剧院顶棚帘格中能够自动开启的排烟门，将烟雾控制在后台范围内。

smoke-dried lumber 烘干木材；将木材放在持续的烟气和热气上烘燥。

smoke exhaust system 排烟系统；一种将烟从室内排放到室外的机械或重力式排放系统，该系统通常包括净化系统及排风扇。

smoke hatch 同 smoke door；排烟门。

smoke hole 排烟孔；原始住宅屋顶上用于排放其在下方敞口炉产生的烟雾的排烟孔，这种排烟孔同时还具有通风和采光的作用。

smoke hood 排烟罩，烟囱帽。

smokehouse 烟熏室；用来熏制肉或者鱼制品的封闭的附属建筑，通常有一个排烟口和一个门而没有窗户，墙体由木板、砖、原木或者石头等建造，一般为双坡屋顶或金字塔形的屋顶。

smoke load 烟能；燃料装载量的一小部分具有产生烟雾的潜能。

smoke outlet 排烟口；见 smoke exhaust system。

smoke pipe, smoke vent 1. 烟筒，烟道；将烟雾排放到室外的管道。2. 同 breeching，1；烟道水平连接部分。

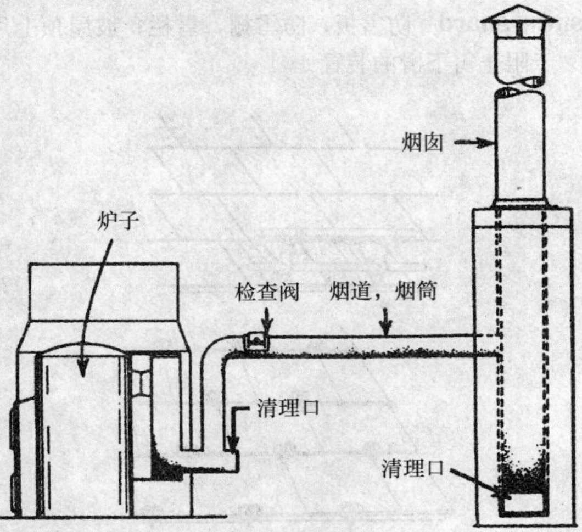

烟筒，烟道

smoke pocket 在舞台口两侧设有供石棉防火幕的边滑动的竖向金属滑槽。

smokeproof enclosure 完全封闭的通风前厅，内部气压高于大气压，火灾时作为安全的无烟通道。

smokeproof tower 防烟塔，排烟塔；满足相应规程要求，每层楼均有通向室外的排烟通道的封闭式楼梯间（smoke rocket）发烟火箭弹；用作管道分段烟雾试验的一种能提供淡烟雾的装置。

smoke shaft 排烟竖井；见 smoke pipe。

smoke shelf 导烟板，下吸式排烟；可将烟气逆向抽到烟气室前墙的向上排气口的，位于烟气室后墙上烟腔喉部上方的凹形板。

smokestack 烟囱。

smokestop 隔烟墙；阻碍烟扩散的隔墙，其上的开口由配备自动关闭装置的门进行防护。

smoke stop door 挡烟门，隔离烟气门；走廊内阻止烟气扩散从而来限制火势蔓延的门或双门。

smoke test 通烟试验；将无毒、有色的气体通入空调系统或管道系统中以检查气流流经的路线，和（或）检查气体泄露的地方。

smoke tower window 烟塔窗；在高层建筑中楼梯间和烟塔或排烟口之间设置的窗洞，该窗能够在失火情况下自动排热和排烟，其原理是如果传感器探测到烟或高温存在，则自动机械装置便会使窗户迅速打开而进行排烟和排热。

smoke vent 1. 排烟管；见 smoke pipe。2. 排烟口；见 smoke and fire vent。

smoldering 冒烟，徐燃；固体物质无火焰存在的一种燃烧方式。

smooth ashlar 待砌筑的表面光滑的光细琢石，光面方石。

smooth finish 光面修整，磨光面；见 smooth machine finisho

smooth-finish tile 光面瓷砖；制造时表面没有刻印图案而是用模子做成表面平滑的瓷砖。

smoothing plane （木工）细刨，光刨。用作表刨光。

smooth machine finish, machine finish, smooth finish, smooth planer finish 石头表面使用刀刃光滑的细刨修整后又使用砂轮对凿下

明显的工具痕迹手工打磨的表面。

smooth planer finish 刨光表面；见 **smooth machine finish**。

smooth-surfaced roofing 光面屋面；组合屋面上层以下几种材料形成的防水膜面。(a) 热沥涂刷；或 (b) 常温沥青乳剂；或 (c) 无机物上毛毡，膜面没有矿物集料颗粒。

SMS 缩写＝“**sheet-metal screw**”，金属薄板螺钉。

smudge **1.** 由手或者污物沾染而造成漆层表面存在的污点、污迹。**2.** 从漆罐中刮削下来的混合后可以用作底漆的碎屑漆。**3.** 管道工程中，胶和烟黑的混合物，涂在铅管接头表面以阻止焊料粘附。

snack bar 快餐店，小吃店。

snake **1.** 柔性电缆，蛇形引线；通常在柜台出售。一种长而有弹性的淬火钢线，通常具有矩形断面，是电工在管道或不能到达的区域布线时使用的一种牵引工具，蛇形引线先行穿过，然后再将电缆跟进布设。**2.** 通管器，管道疏通器；管道工用来疏通管道或卫生设施时使用的一种工具，这种工具通常是柔韧性很好的金属线，通过一端的转动曲柄可以使其转动从而达到疏通管道的作用。

snake fence 同 **zigzag fence**；蛇形栅栏；也见 **serpentine wall**。

snakestone 用于擦亮人造大理石的菊石、蛇纹石。

snakewood 同 **letterwood**；蛇根木，蛇纹木材。

snap 铆头模，铆钉枪头；见 **rivet set**。

snap head 同 **buttonhead**；(螺钉、铆钉等的) 圆头。

snap header 一种半砖。

snapped work 半砖砌体；大量使用半砖而不是整砖砌筑而成的砌体。

snapping line 弹线；砌工或木工使用的标记直线的细绳。整个细绳被白粉浸渍过，当需要在两点之间标记直线时，将细绳在其两端点固定并拉直，然后再将其拉起并自动弹回后物体表面便会出现所需的标记直线。

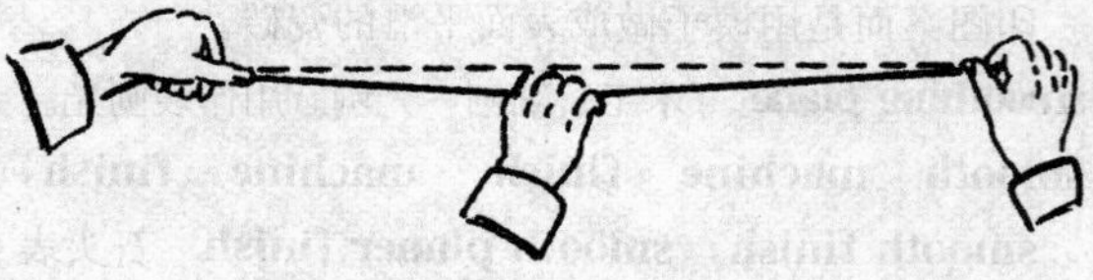

弹线

snap switch 旋钮开关；室内电线中使用的手动开关，通常用来控制照明或小马达。

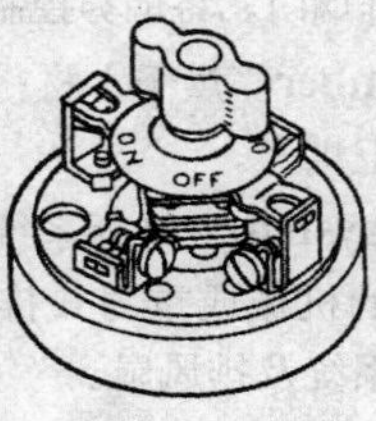

盖子移开后的旋钮开关

snatch block 紧线（扣绳）滑轮；能够在一侧打开接受绳索回线的滑轮组。

S-N curve 同 **stress-number curve**；疲劳试验的应力循环次数曲线。

sneck 毛石砌体中的填空小毛石。

snecked rubble，**snecked masonry** 干砌乱毛石墙，用杂乱毛石砌起具有牢固砌合的砌体。

snecking 同 **rubblework**；毛石砌体。

snipe's-bill 鸟嘴刨；一种细木工用的刨子。

snips 同 **tin snips**；铁剪，白铁剪。

snow board，**snow cradling** 挡雪板条，设置在屋面，坡脚上用作挡雪的全长狭木板或者板条。

snow fence 防雪围栏；用铁丝将板条固定在一起形成的围栏，与风向垂直布设，起到挡雪的作用。

snow guard 防雪板，防雪栅，雪栏；坡屋顶上用于阻止雪下滑的装置

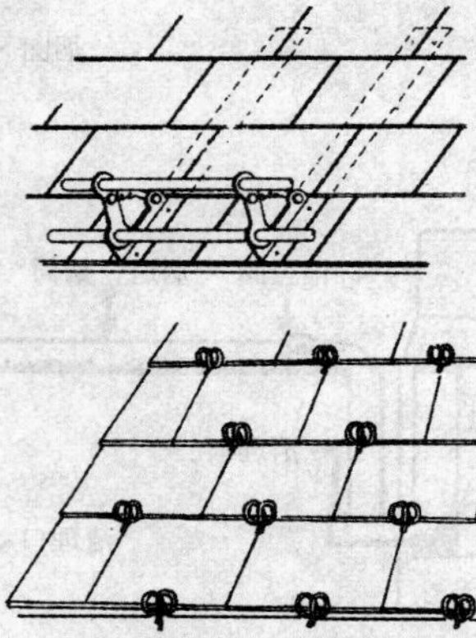

防雪板，防雪栅，雪栏（两种形式）

snow hook 挡雪圈；以金属圈或金属钩形式固定在坡顶起挡雪作用的装置。

snow house 人用硬雪块砌成的圆顶小屋；见 **igloo**。

snow load 雪荷载；由雪的重量对屋顶产生的活荷载，在设计计算时需考虑该荷载在内。

snubber 1. 减振器；一种限制水平和竖向位移的隔振器元件。2. 消声器；在大型冲出式保险丝上设置降低或消除因电路发生故障而产生高噪声的装置。

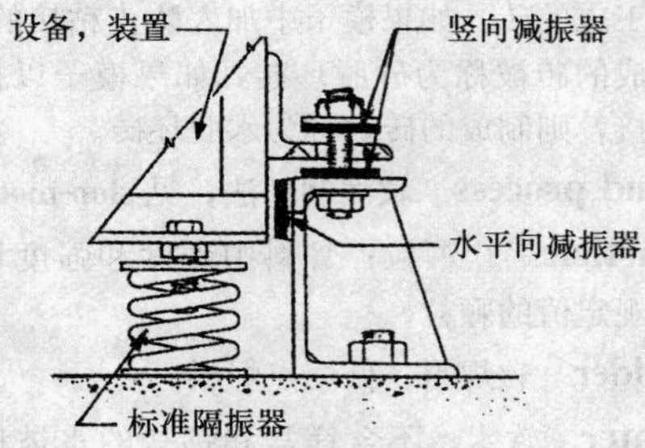

减振器，消声器

soakaway，soakpit 渗水坑，渗滤坑；凹入地表面下的坑，用于汇集地表水并让其慢慢排除。

soaker 泛水板，披水板；在石板瓦或者陶上瓦坡屋顶和竖向墙面交接处或者屋脊及天沟处用来防雨水渗漏的金属片。

soaking period 混凝土养护的浸湿期，浸润期；在进行蒸汽养护混凝土时，停止向窑内供应蒸汽后，利用窑内残余的热量和湿气进行浸润养护的阶段。

soap 四分之一砖；一种表面尺寸标准，厚度的公称尺寸为 2in（5cm）的砖。

soapstone 皂石，滑石；滑石成分含量很高的大块软岩，以成型石材的形式用于实验室水槽、实验台顶、雕刻装饰以及控制面板中；也见 **steatite**。

Society of Architectural Historians 建筑史学家协会；从事促进建筑史领域内学术研究的协会，20 世纪 40 年代，成立名为美国建筑史学家协会，1947 年后更名为建筑史学家协会，协会地址为：1365 **North Astor Street，Chicago，IL60640**。

socket 1. 同 **coupling**；插座。2. **bell** 的英式写法。3. 容器出口。

socket chisel 榫凿，錾榫眼；见 **mortise chisel**。

socket fuse 同 **lug fuse**；插入式熔断器，插头熔线。

socketing 榫接，嵌接；木结构中，通过构件上的凹凸啮合口将一构件与另一构件进行连接固定的方式。

socket outlet 1. **receptacle outlet** 的英式英语。2. 出口，出路；见 **outlet**。

socket pipe 套管，活结管；一端带有承口另一端带有套管的铸铁管。

socket plug 管塞；外表带螺纹的管塞子，塞子一端为缩口，可将扳手伸入缩口内上紧或者卸掉塞子。

socket tile 带有承插式接口的陶化黏土下水管道。

socket wrench 套筒扳手。

socle 台座、柱子，墙底。

sod 草皮；被草覆盖含有草根的土壤上层。

soda-acid fire extinguisher 碳酸灭火器；通过酸碱混合产生的二氧化碳气体，在气体压力作用下向外喷水的灭火器，水中可能含有未发生化学反应的酸或碱。

soda fountain 供应苏打水的一套系统，通常配有自备的或遥控的带有冰淇淋室的制冷系统设备，系统还包括固定的水槽和碳酸贮存器，尤其在杂货店或餐厅柜台上出售。

soda-lime glass 钠钙（硅酸盐）玻璃；通过煅烧含碳酸钠或硫酸钠的砂子和石灰制成的一种玻璃，用作窗户玻璃。

sod house，soddie 草皮房子；用挖自草地上层的厚草皮块体搭建墙体形成的住宅，这种形式的房子被早期北美中部广阔草原地带的定居者所使用，因为那里缺乏木材和石头，能达到砌砖要求的合适泥土也没有，而具有良好性能的草皮却随处可得。通常这种房子为半地下或一侧靠山，这样可以增强房屋的隔热性能，墙体通常用泥浆进行粉刷，以此保持屋内洁净干燥，并且能够阻止蚊虫群袭。也见 **Plains cottage**。

sodium light 钠光；发自低压钠蒸气灯泡中的橙黄单色光；也见 **high-pressure sodium lamp**。

sodium-vapor lamp 钠光灯，钠蒸气灯；在钠蒸

气中两电极之间电荷放电而发光，利用这种光制成的辉光灯称作钠光灯或钠蒸气灯。

sod roof 草皮屋顶；由厚草皮形成的坡屋顶，或筒形屋顶，屋顶由原木支承，这种屋顶通常易漏水。较好的做法是在草皮屋顶上盖一层木瓦，并且在木瓦上再盖一层草皮以防止木瓦被风吹走。现代高级的草皮房中，防水塑料板铺设在草皮下可很好的解决屋顶的渗漏水问题。

soffit 底面；建筑物（如拱、檐口、过梁或穹窿）悬空构件朝下外露面。

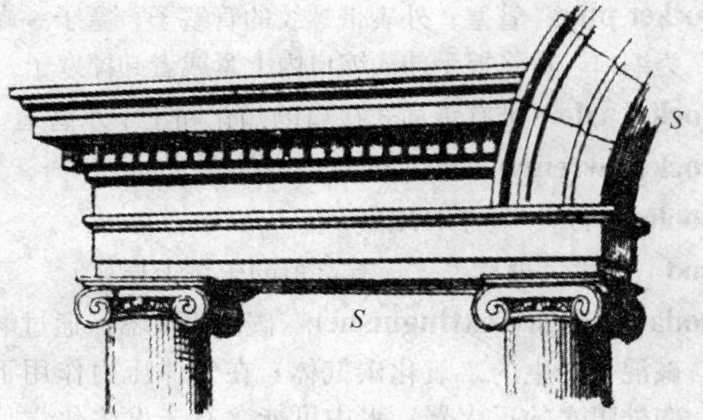

S—拱和过梁的底面

soffit block 平顶砌块，衬砌块；在混凝土拱和过梁的底面楼板中，用来遮蔽混凝土梁底面平的混凝土砌块。

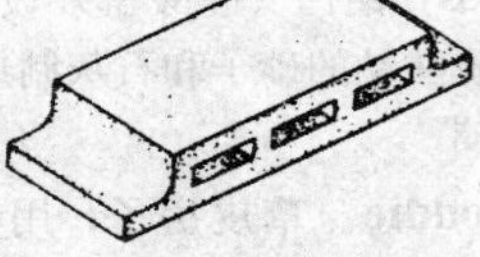

平顶砌块，衬砌块

soffit board 挑（椽、飞）檐底板，楼梯底面。

soffit bracket 门顶开关器支架：将门上面暴露在外的开关器固定到门框上槛或横档下侧面的支架。

soft brick 同 **salmon brick**；次烧砖，软性砖，半烧透砖。

soft-burnt 轻烧的，低温烧制的（黏土制品）；在低温条件下烧制的具有高吸水性和低抗压强度的一种黏土制品。

softener 软化器，软化毛刷；用来混合或软化漆表面斑纹的一种扁平的硬毛猪鬃。

softening point （沥青）软化点；沥青的液流度指标是指（用于铺设屋面及路面的）沥青软化或熔化时的温度。

soft glass 软质玻璃，钠玻璃；含有钠钙的一种玻璃，这种玻璃软化点低、热膨胀系数高，因此能够很好地承受热冲击，可以作为窗户玻璃。

soft light 柔光；产生光影不清的光。

soft-mud brick 软泥砖，湿法黏土砖；使用湿度相当高（20%～30%的湿度）的黏土通过模子手工加工成的砖，如果模子中加入防止粘接的砂子，则制成的砖被称为砂脱坯砖，如果模子以打湿防止粘接，则制成的砖被称为水脱坯砖。

soft-mud process 软泥制坯法；见 **slop-molding**。

soft particle 软颗粒；骨料中硬度和强度均低于规范规定值的颗粒。

soft solder 软焊料；低熔点焊料。

soft water 软水；不含镁盐和钙盐的水被称为软水，在这种水中肥皂易于溶解，形成没有沉淀物的肥皂泡。

softwood 软（木）材；由常青树加工的木材；这种木材通常比较容易切削和加工。美国按照这种分级属于软木的木材可能比按其他分级属于硬木的木材还要硬，之所以产生这种矛盾只是因为分级标准不同而造成的。

soil 1. 土壤；由岩石经过物理、化学分解作用产生的固体颗粒所形成的沉积物或其他未固结聚集物，其中可能含有有机物质，也可能不含有机物质。2. 同 **sewage**；污水。

soil absorption field 同 **absorption field**；吸水（收）场地，渗流（泄水）场地，吸收（水）层包括多孔管道周围填满粗骨杆的管沟，可使化粪池流出的污水渗透到周围土壤中的污水处理场。

soil absorption system 土壤吸收系统；用土壤对处理过的污水进行吸收的一套系统，例如吸收（沟）槽、滤床或渗水井及渗水坑。

soil analysis 土的粒径分析；见 **mechanical analysis**。

soil auger 螺旋取土钻；见 **auger**，**2**。

soil binder 仅能通过 420-μ（美国标准的 40 号）筛孔的土颗粒。

soil boring 土壤钻探；钻入土壤深部勘察土壤的组成物质以及获得土样标本。

soil branch 污水排水支管，排污管。

soil-cement 水泥及土混合料；矿质土、水泥和水组成的混合物，作为人行道、泳池衬砌和蓄水池提供坚固的表层，也用作路面的底层。

soil class 土壤分级，土壤分类；根据美国农业部标准按照土壤结构进行的分级或分类，土壤可分为：(1) 砾石，(2) 砂子，(3) 黏土，(4) 粉质黏土，(5) 含沙粉质黏土，(6) 粉砂土，(7) 黏壤土。

soil classification test 土壤分类试验；将土壤进行分类的试验，分类后的每一类土壤具有相似的力学和强度特性。

soil compaction 土壤压实，土壤固化；见 compaction，2。

soil cover 同 ground cover，2；土壤植被。

soil creep 土的蠕变，土的蠕动；在自重作用下土体发生的沿斜坡向下非常缓慢的移动。

soil depth 土壤深度；植物根系可以很容易伸入并汲取水分和营养的土壤厚度。

soil drain 污水排水管，排污管；水平排污管。

soil engineering 土工；土力学原理在调查、评价和设计土木工程（包括土材料的使用和检验或建筑物的试验等）过程中的应用。

soil fill 同 fill 或 backfill；填土。

soil horizon 土壤层位；大致呈水平状与相邻土体在结构和成分上均不相同的土层。

soil mechanics 土（壤）力学；应用力学和水力学的原理及准则处理将土（壤）作为工程材料时所需解决的问题。

soil pipe, soil line 粪便管，污水管，下水道；排放盥洗室或厕所内的污水和粪便的管道；也见 cast-iron soil pipe。

soil pipe bend 同 sanitary bend，下水道弯管，卫生管。

soil plug 开口管桩打入土体后在管内形成的堵塞物。

soil pressure 同 contact pressure；土压力，土压。

soil profile 土层剖面；土层的竖向剖面，剖面反映了因沉积作用或风化作用或二者共同作用而产生的各种土层的自然特征及排列次序。

soil sample 土样；通常通过钻孔获取的土体小样。

soil stabilization 土的加固，土的稳定；通过化学或物理方法对土体进行处理以增加或维持其稳定性或改善其工程特性。

soil stabilizer 1. 在现场将原位土体与增强稳定性的材料（如水泥、石灰）混合以获得更高土壤承压力的机器，这种机器快速旋转的尖头将土体和增强稳定性的材料混合在一起，从而提高土壤的稳定性。2. 稳定剂；用来改善土体物理特性和维持或提高土壤块体稳定性的化学物质。

soil stack （厕所）粪便立管，脏水（立）管。

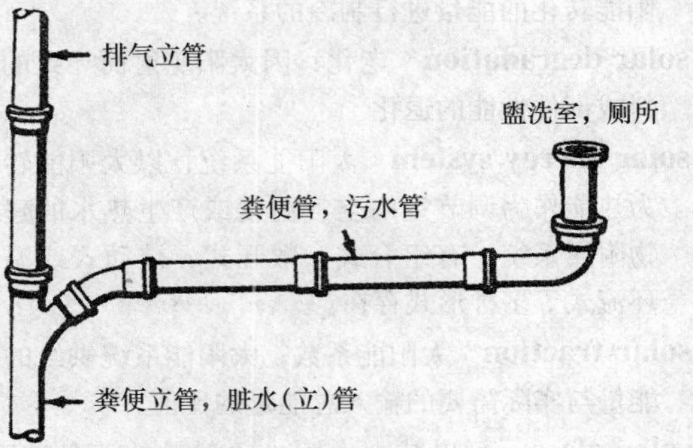

（厕所）粪便立管，脏水（立）管

soil structure 土的结构；土体中的土颗粒的排列和聚合状态。

soil subsidence 土壤沉陷；非外界施压情况下，因土壤固化而导致的土壤下陷。

soil survey 地质勘察；在建筑场区对岩土进行的详细勘察，并配有相应的文字报告，报告通常包括以下几方面：土体类型、土层厚度和强度、基岩位置。

soil suspension 土颗粒悬浮的土水混合液。

soil texture 1. 土壤结构；在大量土壤中，土壤颗粒与沙粒和粉砂的相对比例。2. 大量土壤中的颗粒分布情况。

soil vent 同 stack vent，1；污水排气口。

solar 1. 太阳的，日射状的。2. 敞亮的阁楼间，中世纪英式宅邸的屋顶层房间。

solar collector 太阳集热器；用来吸收太阳辐射并将能量传递给流经集热器的流体的一种装置。

solar collector efficiency 太阳能集热器效率；太阳能集热器产生的能量与其自身耗能的比值。

solar constant 太阳能常数，太阳能平均辐射率；地面接收到的太阳能辐射能的平均值，该值等于1h在$1ft^2$的面积上接收到的平均能量为430Btu（即1min在$1cm^2$的面积上接收到的能量为1.94cal），该值作为计算建筑上由于受太阳能影响的空气冷却荷载时所采用的一个常数。

solar control glass 见 **coated glass** 和 **tinted glass**；光照控制玻璃。

solar cooling system 太阳能制冷系统；使用由太阳能转化的能量进行制冷的系统。

solar degradation 老化；因太阳照射而导致的材料或部件性能的退化。

solar energy system 太阳能系统；以太阳能转化为热能作为调节室内空气温度或产生热水的建筑物附属系统，有组合式、敞开式、被动式或温差环流式等多种形式存在。

solar fraction 太阳能系数；太阳能系统供给的总能量与实际需要的输入总能量的比值。

solar glass 可以减少太阳光辐射量的着色玻璃；同 **tinted glass**；也见 **bronze glass**。

solar heat 太阳辐射热。

solar heat gain coefficient 太阳能获得系数；在标准的夏季条件下通过玻璃窗正常入射的太阳能系数。

solar heating and cooling system 太阳能加热、制冷系统，太阳能空调系统；将太阳能转化成热能并将转化后的热能与其他形式的辅助能源结合使用对建筑物进行加热或制冷调节的一套由附属系统和分支系统组合的系统。

solar house 太阳能房屋；最大限度的应用太阳能对屋内制热并提供热水的一种房屋，这种房屋通常还配有辅助的能源；见 **active solar energy system** 和 **passive solar-energy system**。

solarium 日光浴室；比普通房间装有更多玻璃的房间，主要用于医学治疗。

solar orientation 向阳性，向阳建筑；相对于太阳的位置来确定房子的位置及朝向，依据地理位置的不同，可以使房子选择在冬季最大程度获得太阳热量，也可以在夏季最低程度获得太阳热量的朝向。

solar reflective glass 太阳能反射玻璃；见 **reflective glass**。

solar resistance 抗太阳辐射性；物质抵抗因太阳紫外线照射或热辐射而变质或分解的性质。

solarscope 同 **heliodon**；日光模拟仪（研究建筑日照用）。

solar screen 1. 遮阳屏，非结构性的开敞式制品或沿房屋四周用作遮阳的百叶镶板。2. 遮阳花格墙。

solar screen tile 砌筑遮阳花格墙的瓷砖（玻璃砖、瓦）。

solar thermal collector 太阳能集热器；见 **solar collector**。

solar water heater 太阳能热水器；一套用太阳能对水加热的系统，太阳能热集器收集到的热量对流经集热器管路中的流体（例如水或其他不会冻结的流体）进行加热，被加热的流体再将热量传递给需加热的水从而使水温升高。也见 **direct**

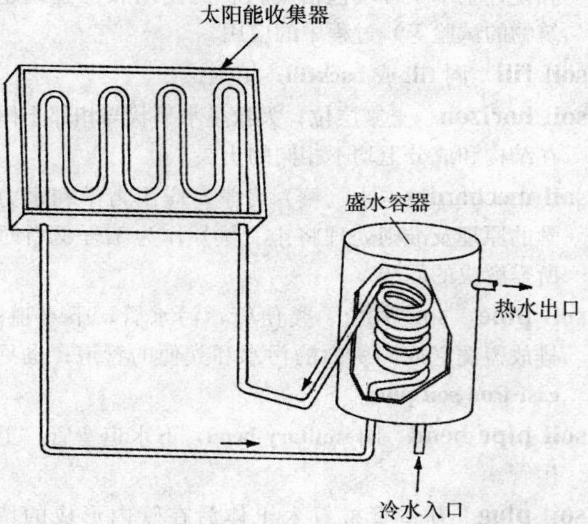

太阳能热水器

solar water heating system 和 indirect solar water heating system。

solder （低温）焊料（剂、锡、药）；通常含有铅基或锡基两种元素的合金，通过熔结可以进行金属焊接，其熔点不能超过 800 ℉（427℃）。

soldered joint 用锡焊材料焊成的气密性金属管接头。

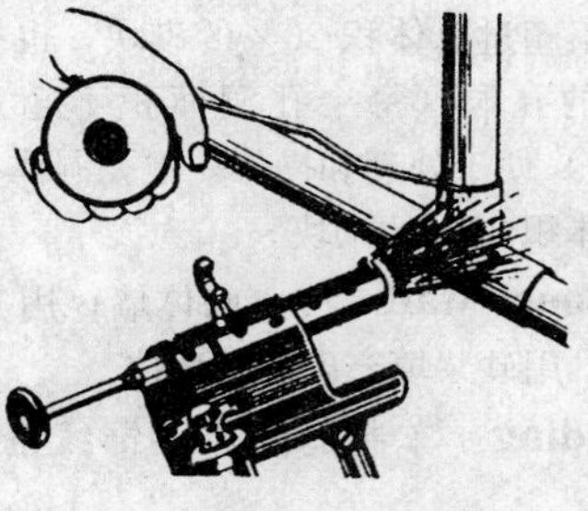

用喷灯形成的锡焊接头

soldering flux 同 flux，1；锡焊剂（料），钎剂。

soldering gun 电烙铁，烙铁枪；手枪式电烙铁能迅速达到工作温度，通常焊点较底。

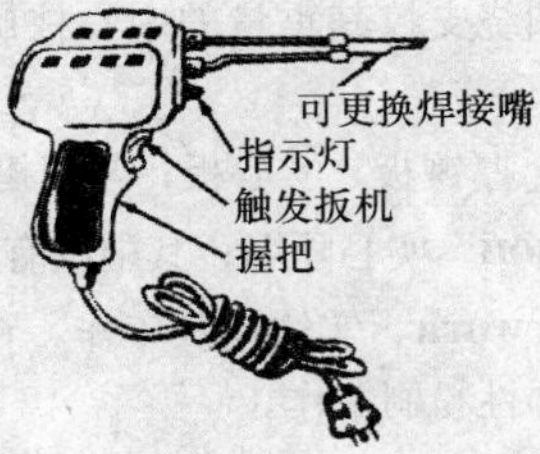

手枪式电烙铁，烙铁枪

soldering iron 锡焊（烙）铁；带有楔形铜制金属头的金属连接工具，金属头被加热后，用锡焊剂来进行金属连接。

soldering nipple 锡焊螺纹接套。一端有螺纹，另一端没螺纹的短管，无螺纹一端锡焊在管子端头上。

solderless connector 无焊连接；见 pressure connection。

solder nipple 同 soldering nipple；锡焊螺纹接套。

soldier 1. 竖砌砖；将砖竖直铺砌并使砖的窄面外露的一种砌砖方式。2. 士兵、军人。3. 同 soldier pile；支承侧向土压力的竖向桩。

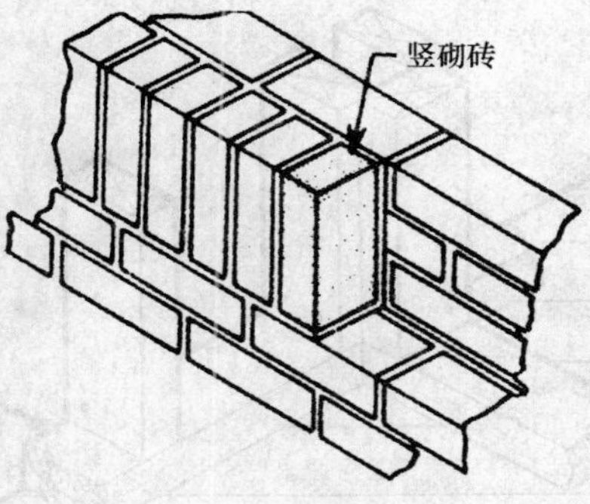

竖砌砖

soldier arch 门窗顶上的立砌砖拱，平砖拱，门窗立砌砖过梁。

soldier beam 挡土板竖桩；打入土内用以支承水平向挡土板的竖向轧制型钢桩。

soldier course 竖砌砖层，排砖竖砌；以竖砌砖连续铺砌的砖层，其狭长面外露。

soldier pile，soldier 1. 挡土板竖桩；土方工程中承受由水平挡土板或腰梁产生的侧向推力的竖向构件，这些竖向构件由横跨开挖基坑的横撑支撑。2. 用来防止模板移动的竖向构件，该构件由撑杆、螺栓或金属线等固定就位。

sole 1. 同 solepiece；垫板，垫块，支座。2. 同 soleplate；基础底板，斜撑的支座，柱脚，隔墙底槛。

solea 教堂通道；早期基督教或拜占庭教堂里从布道坛到读经台的凸起走道。

solenoid valve 电磁阀；通过电磁线圈中控制柱塞运动来开启的阀门；也能靠弹簧、重力或其他电磁线圈的作用关闭。

solepiece 1. 垫板，垫块，支座；用来分配一个或多个支柱、立柱或撑杆的侧向推力的水平构件。2. 固定斜撑木根部的构件。

soleplate 1. 同 solepiece。2. 隔墙底槛在龙骨底部用作其基础的水平木料。3. 用铆钉铆在钢板大梁下翼缘上作为支承砌体预埋板上的底板。

soler 单词 solar 在中世纪英语中的拼写形式。

solid bearing 整体支座；沿整个梁长度的支座。

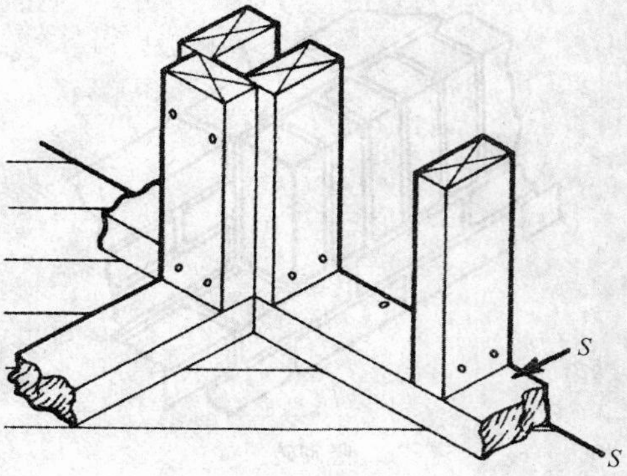

S—在墙壁龙骨底部用作其基础的水平木料

solid block （混凝土）实心砌块。

solid-borne sound 见 **structure-borne sound**；固体传声。

solid brick 坚硬砖，实心砖。

solid bridging 见 **block bridging**；小梁间加固的剪刀撑。

solid concrete block 实心混凝土块体。

solid-core door 实心门，由木材或矿石构成的实心门，不同于空心的结构。

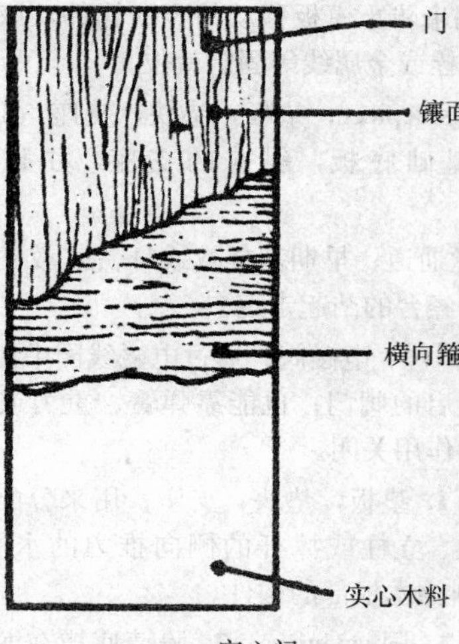

实心门

solid door 同 **solid-core door**；实心全板门。

solid floor 见 **solid-wood floor**；实心地板。

solid frame 整体门窗框；由单根木材制成的门或窗框，不同于由多根材料组合而成的那一种。

solid glass door 全玻璃门；玻璃承担全部或部分结构强度的玻璃门。

solid masonry unit 1.（美国）实心砌块；每一平行于支承面的净面积不小于其毛面积的 75%的砌块。2.（英国）实心砌块；带有宽小于 3/4in（2cm）面积小于 3/4in^2（5cm^2）的孔且孔的总体积小于块体体积 25%的砌块，或指带有的凹槽，其体积不超过总体积 20%的砌块，也指带有 3 个比较大的孔洞（每个孔洞面积不超过 5in^2，即 32.5cm^2）便于处理和操作，但孔洞体积之和小于砌块总体积 25%的砌块。

solid masonry wall 实心砌体墙；用实心块体连续砌筑，用砂浆填充砌缝的墙体。

solid molding 车制的整体装饰线条；见 **struck molding**。

solid mopping 满铺沥青，用热沥青覆盖整个屋顶，完全不留空。

solid newel 螺旋梯实心端柱。有别于设在螺旋梯中心的非承重空心柱。

solid-newel stair 实心中心柱螺旋梯；一种踏步呈楔形，围绕支撑其重量的中心柱旋转的螺旋形楼梯。

solid panel 厚镶板，实心板；与门梃平齐的镶板。

solid partition 实心隔墙；其中没有空腔的隔墙。

solid plasterwork 实体抹灰工作，在芯模上粉刷的一种装饰性粉刷工作。

solid punch 实心冲头，钉冲；将螺栓从钉孔中顶出的钢杆。

solid rib 大型拱鹰架中的弧形坚实木支架。

solid roll 在圆木棍上做成的金属屋面薄板咬口接缝。

solids 涂料在挥发性的水或溶剂蒸发后留在漆膜表面上的颜料、油、树脂、干燥剂等残留物。

solid-sawn lumber 从原木上锯下的木料，与经再加工的木料相对。

solids content 1. 固体含量；液体混合物如胶粘剂中固体的百分含量。2. 胶粘剂、涂料或密封剂中不挥发物质的百分比含量。

solid-state welding 固态焊接；不使用钎焊料，加热温度低于被焊接金属熔点的金属间的连接方式，有时需加一定压力。

solid stop 整体门框碰头，与门框企口形成整体的门档。

solid strutting 见 **block bridging**；（小梁间）加固的剪 刀撑，刚性撑。

solidum 柱脚台座。

solidus 固相点，凝固点；物质能够保持固态的最高温度。

solid wall **1.** 见 **solid masonry wall**；实心砌体墙。**2.** 实心混凝土墙，实体混凝土墙。

solid waste 固体废物，固体垃圾，固体污泥；**garbage**，**refuse**，**rubbish** 和 **trash** 这些单词的总称，根据美国国家固体废物管理协会制定的分类标准，上述的每个单词均代表一种确定类别的固体废物。

solid web 实体腹板；由一块或多块实体板组成的腹板。

solid-web steel joist 实腹钢搁栅（梁）。由轧制型钢或钢板形成的腹式钢板架。

solid-wood floor **1.** 见 **plank-on-edge-floor**。**2.** 实心木地板。

solar，soller 同 **solar**；敞亮阁楼间。

Solomonic order 见 **spiral column**；所罗门柱式。

soluble drier，liquid drier 可溶性催干剂；可溶于油或底漆，能起催干作用的液体。

solum 上层土壤。

solute，dissolved solids 溶质，溶解物；物质溶解于水中时（如溶解的盐、溶解的有机物）其平均直径小于 0.000001mm 的固体颗粒。

solvency，solvent power 溶解能力；溶剂能溶解树脂和油漆胶粘剂或降低其黏性的程度。

solvent 溶剂；用于溶解固体物质（如油漆树脂）使其具有可刷性的液体，通常是易挥发性物质，涂刷后从漆层的表面挥发掉。

solvent-activated adhesive 溶剂活化胶粘剂，使用前用溶剂对干脱膜活化，使之具有黏性而完成胶接的胶粘剂。

solvent adhesive 溶剂型胶粘剂；一种含有易挥发的有机溶剂的胶粘剂。

solvent molding 溶剂模塑法；形成热塑性物件的过程，通过将模子浸入树脂溶液中然后使溶剂挥发，留下与模子相吻合的一层塑料薄膜。

solvent power 溶解能力；见 **solvency**。

solvent-release sealant 通过所含溶剂的挥发而固化的密封剂。

solvent-weld joint 溶焊接头，溶焊缝；在两根塑料管子端头的表面上涂抹胶粘剂，使胶粘剂和塑料表面发生化学反应并使材料溶解、硬化后形成的接头，管子端头表面就连接到了一起。

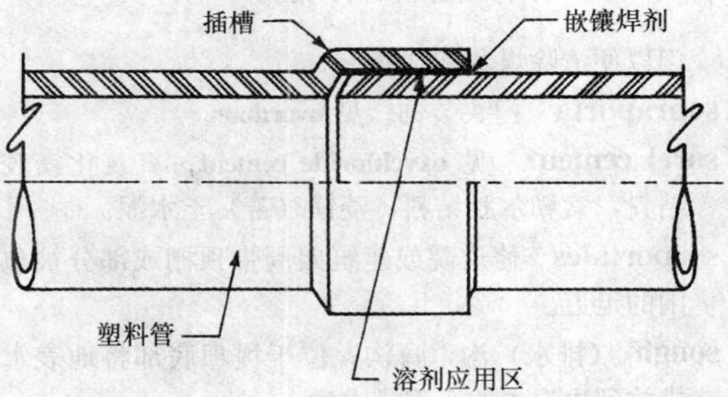

溶焊接头，溶焊缝

solvent wiping 溶解，擦拭；用在溶剂中浸泡过的抹布将油、油脂或污垢擦拭掉。

sommer 同 **summer**；大（过、地）梁。

sommering 平拱底部发散出的连接点。

sone 宋；响度单位，为 1000Hz 的基准声闻阈上为 40dB 声压级时的响度。

sonic modulus 同 **dynamic modulus of elasticity**；声波模数。

sonic pile driver 音频振动沉桩机；采用振动的锤头的振动（振动频率一般低于 6000 次/min）使桩体打入土中的机械设备，大锤的振动经桩身传递到桩尖，从而使桩体快速平静地下沉。

soot door 出灰口（门），清渣门燃气转化处的清渣或拴修小门；又见 **shpit door**。

soot pocket 烟囱集灰槽，集灰坑；烟囱底部进烟口下方聚集煤灰和烟灰的地方，通常都配有出灰

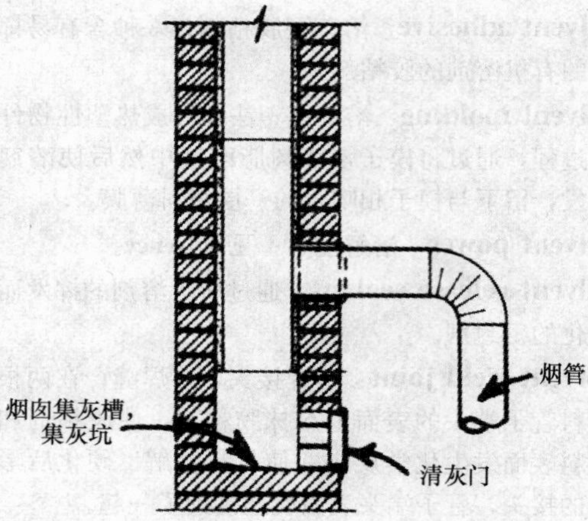

烟囱集灰槽，集灰坑

门以便清除煤灰和烟灰。

sopraporta 门头装饰；见 **overdoor**。

sorel cement 见 **oxychloride cement**；氧氯化镁胶结料，索勒尔胶结料，菱镁（苦）土水泥。

sorportales 修道院或建筑四周带顶棚或部分被包围的走道。

sough （排水）沟，盲沟；位于堤坝底部将地表水排放到边沟去的小型排水沟。

sound 声音；在空气压力下产生的一种人耳能感觉到的振荡。

sound absorption 1. 吸声；通过将声能转化成热能而使声音消散的过程。2. 物质或物体具有吸收声的性质。3. 吸声能力的量度单位；物质或物体吸收声能的能力大小的量度单位，用赛（宾）来表示 $1in^2$ 的表面所吸收的全部外来声音量。

sound absorption coefficient，α 吸声系数；被表面吸收即不被表面反射的声能（包括任何角度入射的声能）的百分率。

sound-amplification system 扩声系统；由一个或多个麦克风、扩声器、扬声器组合，并配有控制电路，用来增强声源的系统使会堂、大房间或露天剧院的各个部分的人们都能清晰地听见声源的声音。

sound analyzer 声分析仪；用来测定可听见频率范围内声音的声谱的一种仪器。

sound attenuating door 同 **sound-rated door**；消声门。

sound attenuation 音量衰减；声音从一点传递到另一点的过程中，其强度和压力的衰减。

sound attenuator 消声器；管道中用来使声能得到更大衰减的预制装置，这种装置使管道比同长度管道的消声能力要强很多。

sound barrier 声垒，隔声板；阻止声音传递的实心材料，挡在声源与声音接收点的连线之间可以使声音被相对降低。

sound-control booth 声音控制室；通常设在会堂内或会堂边的房间，装备有声音控制台及其配套设备。

sound-control console 声音控制台；会堂内用来控制扩声系统的控制台。

sound-control glass 隔声玻璃；见 **sound-insulating glass**。

sound deadening 消声，隔声；见 **sound insulation**。

sound deadening board 隔声板；用作隔声构件的板形材料。

sound door 消声门；见 **sound-rated door**。

sound focus （噪）声聚焦区；房间或会堂中声级明显高于其他地方的一小块区域。

sounding board 共鸣板，共振板；早期教堂的讲道坛上方设置的用以将声音反射给观众的实心平板。

sound-insulating glass 1. 隔声玻璃；由两块或多块固定在弹性衬垫上的玻璃板组成的组合玻璃，玻璃板中间为密封的空气夹层，空气层中有确保空气干燥的干燥剂。2. 多块厚玻璃板由塑胶叠合制成的单层玻璃。

sound insulation，sound isolation 1. 声绝缘，隔声；根据一定原理通过运用一些材料或结构来降低建筑内各房间或建筑内外的声音传递。2. 隔声度；通过采用一定的材料和结构使声音降低的程度。

sound intensity 声音强度，声强；沿某一具体方向通过单位面积声能的平均等级称为声强。

sound isolation 隔声；见 **sound insulation**。

sound knot，tight knot 硬节，不腐烂的，比其

周围木材要硬的不活动的木节。

sound leak 由隔墙上裂缝或孔洞形成的声音通路；隔墙的隔声效果因此明显降低。

sound level 噪声级，噪声程度，噪声分级，声级；用声级计三个加权网络中的一种测定出来的读数值，用分贝（缩写 dB）来表示。因此必须指定采用何种加权网络，测定噪声最常用的是 A 网络值。

sound-level meter 声级计；用来测定噪声水平和声级的仪器，其特性由美国国家标准协会规定，该仪器由一个麦克风、一个放大器、一个输出计和三种电气网络（分别称为 A 声级、B 声级、C 声级）构成，网络用于分别测定不同频段的声级。

sound lock 锁声廊，隔声空间；具有高吸声性的墙体、天花板或木地板的门廊或入口，用来降低从外界传入会堂、工作室或排演室的噪声。

soundness **1**. 没有裂缝，裂口等瑕疵的固体；**2**. 水泥制品在凝结后其体积没有大的变化；**3**. 在骨料中，能抵制腐蚀作用而使骨料外露的现象，特别是由于风化的原因。

sound power 声功率；单位时间内声源向四周辐射的全部声音能量。

sound-power level 声功率级，某一时间段内平均声功率与基准声功率之比的以 10 为底的对数，单位为贝尔，通常用分贝表示，基准值通常为 10^{-12}W。

sound pressure 声压；通过大气压力中微小脉动传递能为人耳感知的声波，通常用达因每平方厘米或牛顿每平方米表示。

sound-pressure level 声压级；声压级等于在一段时间内平均声压值的平方与基准声压值平方之比以 10 为底的对数值的 10 倍即声压级 $=10\log_{10}$（声压有效值^2/基准声压值^2），单位为 dB（分贝）参考声压值是 0.0002（0.00002N/m^2）。

soundproofing 隔声，防噪声；通过在建筑中使用隔声构件或构造，能相对地阻止声音从一个房间传递到另一个房间或从建筑外传递到建筑内。

sound-rated door 防噪声等级门；比传统门具有更有效消声的一种门，通常带有防噪声传递级别的标志。

sound ray 声波线；从声源发出的表明声波传播方向的假想线。

sound reduction index，R sound transmission loss （声衰减指数）的英式拼写法。

sound-reinforcement system 同 **sound-amplification system**；声音增强系统。

sound-resistive glass 隔声玻璃；见 **sound-insulating glass**。

sound-retardant door 消声门，隔声门；见 **acoustical door** 和 **sound-rated door**。

sound spectrum 声谱；用频率函数来表述复合声音中分量的大小。

sound transmission 声传播，声透射；声音从一点传递到另一点的路线，例如声音从建筑一个房间传递到另一个房间或从街道传递到建筑中。

sound transmission class，STC 隔声分级；根据隔间、门或窗的隔声性能而标定的单一数值，该数值来源于频率函数的隔声数值曲线，数值越高表明隔声能力越强。

sound transmission loss，transmission loss，TL 传声损失；隔墙隔声性能的一种评价，声音通过隔墙后的损失程度，通常用分贝表示。

sound trap 同 **sound attenuator**；消声器。

sound waves 声波；在空气中连续传递并能引起听觉的振动波。

sound weighting network 见 **weighting network**。

sound wood 良木，坚硬木，好材。没有腐蚀的木材。

souse，souste 同 **corbel**；（建）托臂、牛腿。

south aisle 南侧走廊；教堂内面向祭坛时的右侧走廊，之所以称为南侧走廊是因为中世纪的教堂几乎无一例外的都是将圣殿布置在东侧，将正门布置在西侧。

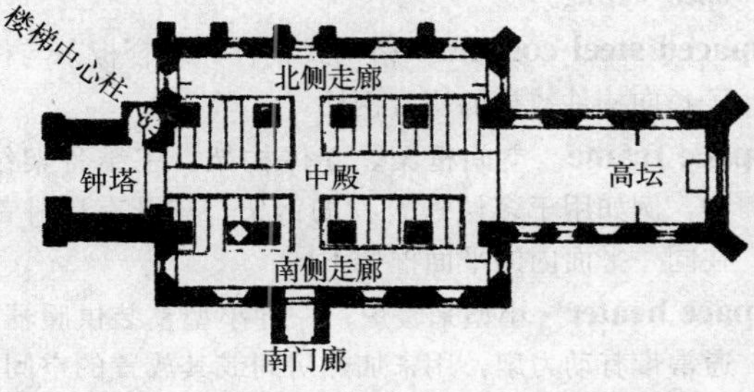

南侧走廊，南门廊

south door 南门；牧师进入高坛的小门，通常位于直达其住宅的教堂南侧。

Southern Building Code Congress International 见 SBCCI。

Southern Colonial house 1. 美国南部早期殖民建筑革命前的住宅。2. 通常指殖民地时代以后建造的全柱廊的希腊复兴式公寓。

southern pine 同 yellow pine；美国南方松木。

south-light roof 南半球使用的南向采光锯齿形天窗。

south porch 南门廊；用来庇护教堂入口，位于面向祭坛的教堂右侧的门廊。

south side 教堂中，祭坛右侧面向祭坛的那一面。

SOV 缩写＝"shutoff valve"，关闭阀。

Sovent system 既排水也通风的单竖管管道系统。

SOX lamp 硫氧化物灯；见 sodium-vapor lamp。

soya glue，soybean glue 大豆胶；从大豆碎粉中提取的植物蛋白胶，这种胶比大多数其他植物胶具有更强的粘接力和更好的防水性能，市场营销的为干胶，用于室内装饰胶合板。

soyabean oil，soya-bean oil 豆油，大豆油；从大豆中榨取的一中浅黄色油脂，用于油漆或清漆中，有时掺有亚麻子油。

SP 1. 缩写＝"soil pipe"，粪便管。2. 缩写＝"standpipe"，竖管，管体式水塔。

SPA 缩写＝"Southern Pline Association"，美国南方松木协会。

space diagram 空间图，立体图，位置图；标明结构形式、荷载及承载方式的结构图。

spaced slating 疏铺石板，间隔铺砌石板；见 open slating。

spaced steel column 格构式钢柱，缀合板条与柱子长向构件铰接的缀合钢柱。

space frame 空间框架，立体构架，三维骨架结构，例如用于多层建筑物的钢架，与既有构件都在同一平面内的平面框架不同。

space heater 小型采暖炉；一种小型整装供暖器，通常带有动力扇，用来加热房间或其放置的空间，由电力或液体燃料提供热能。

space lattice 空间网格。用格构式大梁构造的空间网格（主体网格）。

spacer 1. 间隔垫块；镶玻璃时，旋转在玻璃与门窗框玻璃片两侧的小木块或其他材料垫块用以保持玻璃的中位及密封胶的同等宽度，并可防止在侧向荷载作用下密封胶被挤出，并限制日后因各种原因引起的移位。2. 将钢筋固定在适当位置或在浇筑混凝土过程中与模板壁保持固定间距的钢筋定位装置。3. 见 edge spacer。4. 见 shim spacer。

space truss 空间桁架。

spachtling 灰腻子；见 spackle。

spackle，spachtling，spackling，sparkling 用来填补孔洞、裂缝和木材、粉刷、墙板等缺陷使其表面光滑的由合剂或粉剂混合而成的浆剂。

spade 铲；具有稍厚的刀片，通常形成接近扁平的端部边缘，在握紧铲柄的同时可利用一只脚将其压入地面的一种挖掘土地的工具。

spading 捣固，通过反复插入与拔出扁平的铁锹状工具来捣实新浇筑砂浆或混凝土。

spall 用敲击或凿子从石块或砌块表面啄下的碎屑或碎片。

spalled joint 碎裂缝；用含有胶、水和大量碎石片的骨料的砂浆修补的碎裂缝。

spalling 剥落，蜕变，散落；由于冻融、化学作用或建筑结构移动而导致的砖砌表面的片状脱落。

spalling hammer 碎石锤；带有凿刃的斧状重锤，用来对石头进行粗加工。

span 1. 跨度；结构端头间的间隔。2. 两个连续支点之间的距离，特用于开洞的拱。3. 两支承点之间的结构部分。

spandrel，spandril 1. 拱肩；位于两邻接拱背线间大致呈三角形的区域，或在该区域近似等于单拱面积一半的范围内，是中世纪建筑中经常用的石雕花等的造型装饰。2. 多层建筑中下一层窗顶与其上楼层窗台之间的墙板。3. 楼梯外斜梁以下三角形的表面。

拱上空间

spandrel beam 边梁；混凝土结构或钢结构中在柱与柱间延伸的支承外墙荷载的边梁。

spandrel face 拱上空间暴露在外的部分。

spandrel frame 三角形构架（框架）。

spandrel glass 窗肚墙（裙墙，幕墙）玻璃；用来掩蔽窗和幕墙中的墙梁的一种不透明玻璃。

spandrel panel 上下层窗空间墙盖板。

spandrel step 三角形截面实心踏步，其斜边形成楼梯的坡度底面。

spandrel wall 1. 拱肩墙；镶在拱背肩上的墙。2. 窗或门上部的填充墙。

Spanish Colonial architecture 西班牙殖民地建筑；深受西班牙当地文化、习俗、传统及可用材料影响的美洲大陆的一种建筑形式。在美洲西南部该建筑形式主要有以下特征：通常覆盖拉毛粉刷或粉刷作为保护层的厚重土坯墙；单层建筑，四周为封闭的庭院；狭长的门廊面向街道或庭院；阳台通常支承在底层柱子顶部有垫块；屋顶扁平，由圆木支撑，通过穿过屋顶周围的女儿墙的排水口排水；低或中等坡度的屋顶通常铺设红土瓦，红土瓦一般都向外伸出较大，面向街道的窗户通常用装饰性的花格形装置进行保护，不同房间的门直接开向有顶门廊或庭院。也见 **azotea**，**board house**，**canale**，**Churrigueresque style**，**common house**，**conch house**，**coqunan**，**galleria**，**Monterey style**，**palma hut**，**plank house**，**Plateresque architecture**，**Saint Augustine house**，**tabby**，**tabla house**，**viga**，**zaguan**，**zambullo door**。

Spanish Colonial Revival 西班牙殖民复兴；一个或多个时期西班牙殖民建筑中的一种折中形式，其大部分的起止时间为从 1915 年到现在。这种建筑形式的特征是立面是相互的柱毛粉刷或粉刷墙面上釉或无釉墙面砖；门廊或拱廊带有顶盖；通常有庭院；眺台式铸铁窗栏或阳台栏；缓到中等坡度的有脊瓦的四坡式或人字形屋顶；多曲线的教堂式女儿墙，沿其墙面饰有瓷砖。大部分主要窗户上都有半圆形拱；长方形窗上常带有过梁，有时冠以浓饰的挑檐；窗栅；窗四周饰有华丽的浅浮雕；木门比较厚重且有精细的镶嵌和雕刻，外门上经常有半圆形拱，落地玻璃门可以出入庭院、阳台或房屋的平顶。

西班牙殖民复兴

Spanish console 一种支撑露台的熟铁支架。

Spanish Eclectic architecture 同或早期使用的 **Spanish Colonial Revival**（西班牙殖民建筑复兴风格）。

Spanish Mission Revival，Spanish Mission style 见 **Mission Revival**。

Spanish Pueblo Revival 同 **Pueblo Revival**；也见

Spanish Colonial Revival。

Spanish Territorial style 西班牙特利陶式；见 Territorial style。

Spanish tile 1. 西班牙式筒瓦；铺设在侧边上的水平断面呈S形的红色屋面瓦。2. 同 mission tile；筒瓦。

spanner, span piece 拉杆，系杆；水平的交叉支撑或系梁。

span piece 1. 系梁；有系梁的木屋顶中连接椽子的水平梁。2. 系梁。

span rating 建筑板材支撑件间跨度。

span roof 双坡屋顶，等斜屋顶；两侧坡度相同的斜屋顶。

spar 1. 普通椽子。2. 门杠；固定大门或小门的杆。3. 圆木材，粗原木。4. 椽子；见 brotch。

spar dash 同 rock dash；干粘石饰面。

spar finish 形容可以良好反射太阳光的屋顶；例如表面采用碎石板饰面的屋顶。

sparge pipe 用于冲刷厕所的多孔喷水管。

spark arrester 火花抑制器，火花消火器，烟囱口网罩；（安装在烟囱顶部）用来抑制超过给定尺寸的火花、余烬或其他烧余残渣被排放到大气当中的装置，也称烟囱帽或阀帽。

sparking 发火花，打火花，点火；见 spackle。

spar piece 同 span piece；拉杆，系杆；水平的交叉支撑或系梁。

sparpiece 系梁，拉条，交叉支撑；见 collar beam。

sparrow peck 用硬毛刷在粉刷表面上涂刷使其产生一种织物状的饰面。

spar varnish 清光漆，船用清漆；由耐用油和树脂制成的清漆，因其具有优良的抗风化性能而被用在木材外表面防护。

spat 门框底护板；安装在门框底部用以防止或降低该处损坏的保护板（通常是不锈钢板）。

spatter dash 1. 甩灰打底，粗涂层；喷射在光滑表面上，由水泥和砂子构成的湿性混合物，其硬化后可以作为粉刷层的结合面。2. 由喷射在新刷石浆表面的水泥和砂子构成的湿性混合物形成的饰面。

spawl 同 spall；碎石，剥落。

speaking rod 同 self-reading leveling rod；自读标尺。

speaking tube 在电子时代之前使用的用金属管制成的传声器，可以将声音从建筑物的一处传递到另一处。

SPEC （制图）缩写＝"specification"，详述，规格，说明书，规范。

special assessment 特别税捐；政府对特定性质的业主施行的强制性收费，这些收费用以支付对公众或业主有益的特殊的设施进行改进或服务的开销。

special conditions 特殊条件；为适应特殊工程而准备的合同的一部分条件，不同于一般条件或附加条件；也见 conditions of the contract。

special hazards insurance 特种灾害保险，意外事故保险；包含于财产险中的附加意外保险，如消防系统渗漏、房屋倒塌、水灾、各种物品丢失，或者是其他地点提供或运输过程中的物品的保险。

special matrix terrazzo 特制水磨石地面；由彩色的集料和有机的填料制成的地面。

special moment frame 构件和节点可以同时承受弯矩和拉压力的框架结构。

special provisions 特殊规定，特殊条款；见 special conditions。

special-purpose industrial occupancy 特种工业园地，其特点是职工人口密度低，大部分区域被机器或设备占据，没有高危险等级的工作。

special-quality brick 特制砖，优质砖；在水下和（或）寒冷条件下的结构中采用的持久耐用砖。

special waste 特殊废物；泛指排放到公用下水道前需要进行特殊处理的废物。

specification 详细说明书；详细说明工作范围、使用材料、安装方法、做工质量等一系列纳入合同内容的书面公文，通常与工程建设的图纸关联使用。

specifications 技术说明书；由书面说明所组成的工程手册中的一部分合同文件，书面说明中包含材料、设备构造系统、标准和工艺等技术性能。在统一的系统下，该合同文件由16部分组成。

specific gravity 1. 密度；一种物质的密度和标准

物质密度的比值（对于液体标准物质通常是水，对于气体标准物质通常是空气）。2. 供气管道系统中，在相同条件下，一定体积的气体重量和相同体积的空气重量的比值。

specific heat 比热容；给定质量的物体升高温度1℃所需要的热量与升高相等质量的水温度1℃所需要的热量之比。

specific modulus 依据材料密度划分的弹性模数。

specific resistance 电阻率；见 **electrical resistivity**。

specific retention 岩土单位滞水量；岩土水饱和后不产生自重排水滞留水量的百分率，等于被滞留水的体积和岩土体的体积之间的比值。

specific strength 依据材料密度划分的极限强度。

specific surface 比表面积；单位重量的物质中所含颗粒的表面积。

specific yield 产水率；水饱和岩土体在重力作用下排除水量的百分比，其值等于被排出的水的体积和岩土体的体积的比值。

specifier 为建筑施工所撰写或准备的规范说明。

SPECSystem 占施工规范研究院的16部门形式中编写规范的（具有专利的）交互式专家系统。

SPECTEXT 由施工规范研究院出版发行的以其16部门形式编写的（具有专利的）指导性规范。

spectral power distribution 光谱能量分布；照明工程中波长与辐射能量（一般以瓦特每毫微米来表示）的分布关系。

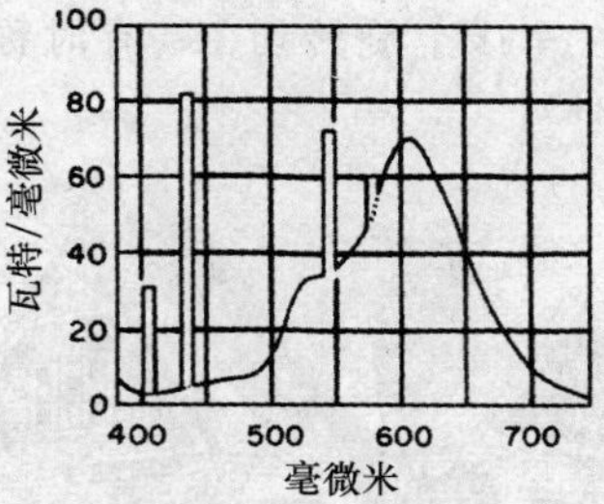

光谱能量分布：高级取暖白色荧光灯

spectrophotometer 分光光度计；作为波长的函数，测量表面和媒介光的反射和传递的仪器。

specular angle 反射角；反射光线与垂直于发射面的法线之间的夹角称为反射角，反射角在数值上等于入射角，并且与入射角位于同一平面内，分居在法线的两侧。

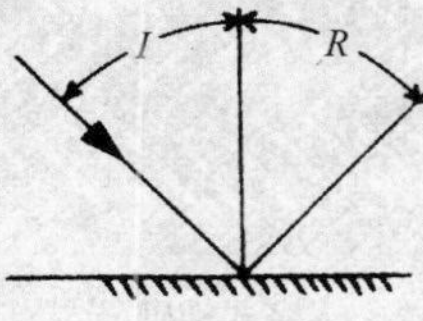

反射角：入射角 I，等于反射角 R

specularia 古罗马使用的窗玻璃；通常由薄云母片制成（lapis specularis）。

specular surface 反射面；能将光线以与入射角相等的角度反射出去的镜子样的表面。

speculative builder 开发营造商；在工地上进行建设随即出售或出租的人。

specus 水槽孔道；早期罗马建筑中有顶盖的输水槽。

speer 固定屏风；见 **spere**。

spelter 锌，锌铜爆料；同 **zinc**。

speos 古埃及建在开挖的一些有价值的装饰性基石中的庙宇或坟墓。

spere, speer, spier, spur 固定围屏，门帘；中世纪英国住宅的建筑物中，从门靠大厅一侧延伸出来的固定围屏，其作用是减轻冷风渗入。

spere-truss 中世纪大厅中的主要区域与带窗通道相隔的带拱木屋架。该拱架从固定在侧墙上的桁架上升高。

sperone 1. 扶垛墙。2. 黑榴白榴岩。

spewing 漆面结膜（积聚）微粒；由于油漆中未溶解的部分胶粘剂聚集到漆膜表面而导致。漆面结膜或颗粒积聚。

SP GR （缩写）缩写＝“**specific gravity**”，密度，相对密度。

sphaeristerium 古罗马的室内球场，通常附设在体育馆或浴室组一起。

spherical vault 球形穹顶。

sphinx 斯芬克斯（狮身人面像）；埃及的古代建筑中，带有狮子的身形和男性人头或动物的头，通常放置在通向庙宇或坟墓的街道，最著名的例子是位于开罗附近的吉萨边的伟大的斯芬克斯。

spicae testaceae 用于人字式铺砌的长方形砖。

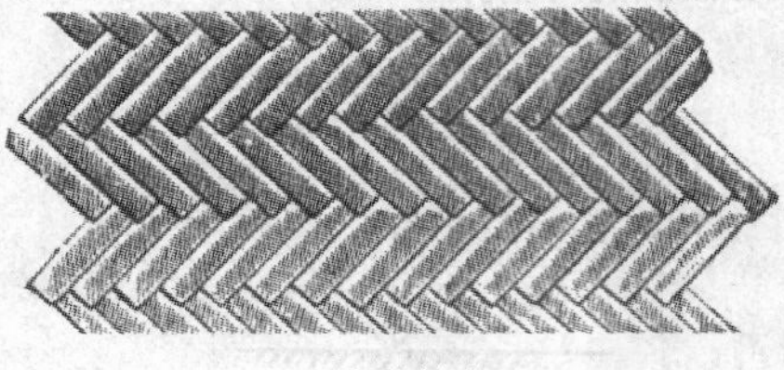

人字式铺砌

spicatum opus 古罗马的人字式铺砌。

spier 固定围屏；见 **spere**。

spigot **1.** 水龙头。**2.** 旋塞；连接钟形管口的插口。

连接钟形管口的插口

spigot-and-socket joint 承插式接（口），窝接；见 **bell-and-spigot joint**。

spigot joint 承插式接合，套管接合；见 **bell-and-spigot joint**。

spike 大钉子，长约 3～12in（7.6～30.5cm），其横断面通常呈长方形的大钉。

spike-and-ferrule installation 用大钉子和套箍固定天沟的一种安装天沟的方式。

spiked-and-linked chain 安装在围绕花园周边柱子上铸铁制成的大链条，链条以大钉及链环交替连接。

spike grid **1.** 木结构的齿环连接件。**2.** 钉格板（用于木结构接头）。

spike knot，splay knot 尖节；角状节；沿大致平行于木材节疤长度方向切割而得的细长节疤。

spile **1.** 用于填钉孔的塞子。**2.** 同 **pile**；木柱，支桩。

spiling 同 **piling**；（涂层）堆积。

spill，spill light 溢出光从聚光灯或其他聚光源发射出的无用光线，例如在舞台上产生的并不需要的光线。

spill ring 环形百叶窗；见 **ring louver**。

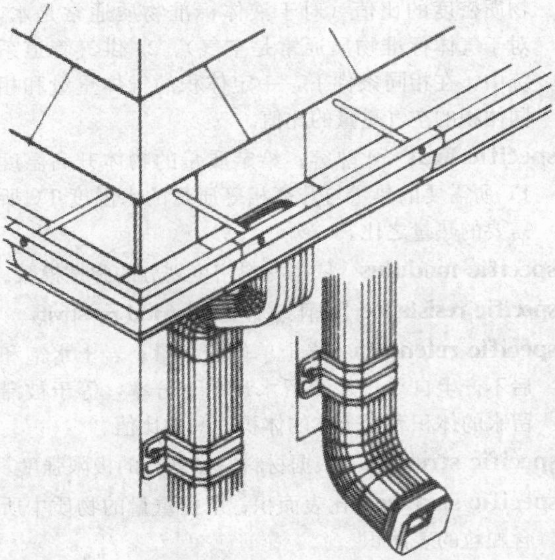

用大钉子和套箍固定天沟的安装方式

spill shield 遮光屏；一种遮光百叶。

spina 古罗马竞技场在长度方向隔开的栏栅。

spindle **1.** 轴，轴杆，心轴；可供其他构件绕其旋转的细长杆或枢轴。**2.** 锁的机械装置中，与把手或控制杆相连接的轴杆，通过锁的轴心或其他部位的机械装置将把手的转动传递给门闩。**3.** 木工中，如栏杆柱中的短弯曲部分。

spindle sander 一种磨砂机，砂纸卷在小直径竖向鼓轮上，而鼓轮安装在机器工作台上。

spindlework 圆轴木制品；断面为圆形的木制品，如栏杆在车床上旋转切割；有时称圆柱制品（**spoolwork**）。

门廊上的建筑细部

spine wall 内纵承重墙；与建筑物长轴平行的承重墙。

spinning house 纺丝房屋；一度专门用于纺纱或编织的辅助性建筑，也叫织布屋或编织屋。

S-pipe 迂回；S形管；同 **offset elbow**。

spira 柱子座盘饰，柱脚凸圆线脚。

spiral 绕成圆柱状螺旋形的钢筋。

spiral balance 双悬窗的弹簧配重。

spiral column 螺旋形柱；见 **barley-sugar column**，**calomonica**，**torso**。

spiral grain 扭转纹；树木畸形生长过程中所形成的扭转形纹理，纹理在一个方向上围绕着树轴，产生十分清晰的纹路饰面。

spiral reinforced column 螺旋形配筋柱；竖向钢筋外包裹螺旋钢筋的柱子。

spiral ratchet screwdriver 螺旋棘轮改锥，一种旋凿，当平柄推向旋凿头时，旋凿头自动绕手柄旋转，可使螺钉既方便又快捷地拧紧。

spiral reinforcement 螺旋钢筋（环），螺旋形配筋；将钢筋弯成螺旋形，保持固定螺距，在钢筋混凝土中用作配筋。

spiral stair，**caracole**，**circular stair**，**cockle stair**，**corkscrew stair**，**spiral staircase** 盘旋楼梯，螺旋形楼梯，由一个中心柱支撑若干块围绕着它的楔形踏板的楼梯；又称为 **helical stair**，**Solid newel stair**。

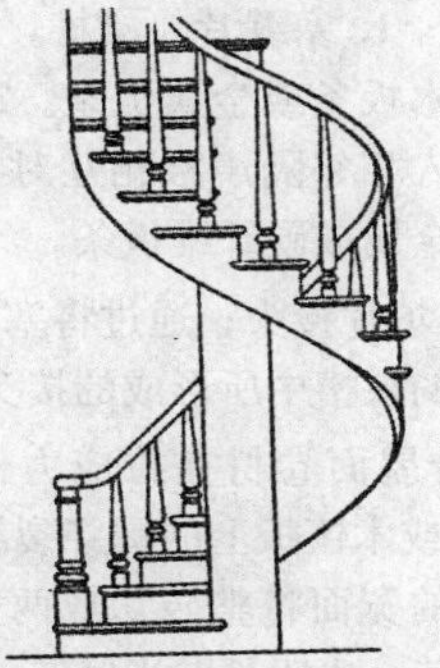

盘旋楼梯，螺旋形楼梯

spiral tower 螺旋塔；内置旋转楼梯的哥特式塔楼。

spire 塔尖；建筑物上竖在塔楼顶上的八边角锥形的修长尖顶结构。

spirelet 小尖塔。

spirelight 一种设置在尖塔形教堂变尖一侧的小型上釉开口；常应用在早期英式风格和英国装饰风格中，偶尔应用于垂直哥特式教堂中。

spire-steeple **1.** 尖塔顶。**2.** 教堂塔尖，尖塔顶的塔尖。

spiriting off 在采用法国罩光漆饰面中用在甲基化酒精中浸泡过的抹布在表面轻轻地细摩。

spirit level 气泡水准仪，水平尺；安装在装置或仪器中，内部几乎充满了液体的封闭玻璃管内的液体中留一个小气泡，以气泡居中来确定水平或垂直方向。

spirits of turpentine 樟脑油，松节油；见 **turpentine**。

spirit stain 醇溶性着色剂，醇溶性染料，在醇或酒精媒液中溶解染料形成的渗透着色剂。用于染色木材，可产生深色和稍微纤维隆起现象。

spirit varnish 醇溶性凡立水，醇溶性清漆，虫胶清漆，达玛树脂清漆；用高挥发性的醇或油为溶剂溶解树脂而形成的凡立水或清漆。

spitter 水落斗，雨水斗；见 **lead spitter**。

SPKR （制图）缩写＝“**loudspeaker**”，扩声器，喇叭。

SPL （制图）缩写＝“**special**”，特别的，特殊的，专门的。

splashback 防溅板；同 **splashboard**。

splash block 导水块；水落管底下将水排出建筑物和防止土壤侵蚀的砌块。

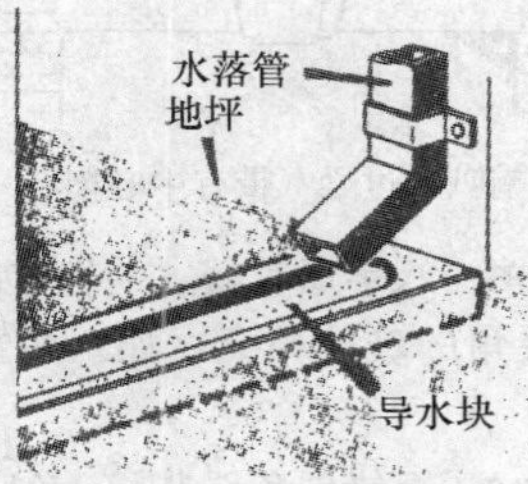

水落管下导水的砌块

splashboard 防溅板；洗涤盆等后面防止溅水保护墙面的板。

splash brush 洒水刷；在粉刷中，用泥刀抹光过程中在找面层上用来洒水的刷子。

splash lap 铁皮屋顶中的咬口接头。

splat 板间盖条，墙板缝上盖条。

splatter-dash 形容一种粗糙的灰浆墙饰面。在墙面完全干燥前将潮湿的灰浆块弹射在上面。

splay 八字角；八字面；斜面或与其他表面成一倾斜角度的表面，用于门窗等，从门窗框处向外加宽而形成的倾斜表面。

splay brick, cant brick 斜面砖。

splayed arch 八字形拱。

splayed baseboard 上沿为拱的正面直径大于后面的直径斜倾的踢脚板。

splayed coping 斜压顶；见 **featheredged coping**。

splayed-foot spire 外边缘较底座宽阔的尖塔。

splayed ground 具有楔形边缘的地面粉刷，该楔形边缘像企口一样使粉刷与地面的结合更牢固。

splayed heading joint 板间的斜接接头，相连接板的端头被切成45°角而不是90°角的斜边搭接接头。

splayed jamb 八字形竖框（门窗框的）；八字形门窗梃，与墙连接处不成直角。

splayed joint 斜缝，楔形接缝；两个相邻构件端头间的接缝，两个端头都是倾斜的，以使构件在接头处的横截面面积不变。

splayed lintel 喇叭形过梁，横楣的两端向下朝窗户的中心线倾斜，其中心有一块楔石。

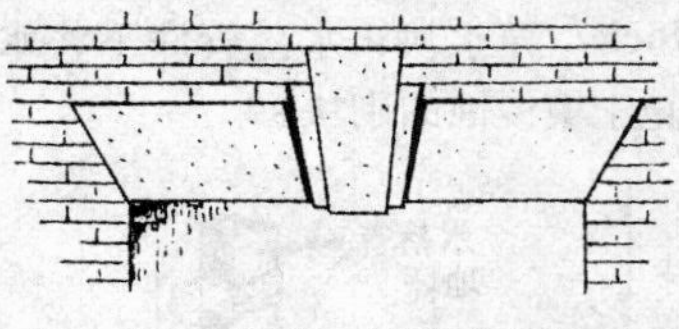

窗上喇叭形过梁（带有中心楔石）

splayed mullion 八字形直棂；一根窗间竖框连接两扇相互成夹角的玻璃单元，如八角窗中的竖框一样。

splayed skirting 上缘斜角踢脚板，斜顶踢脚板。

splayed window 八字形窗；窗框与墙表面成一定夹角的窗户。

splay end 斜砌块较小的一端。

splay knot 条状节；见 **spike knot**。

splice 拼接；将两个相似构件、柱子、板或金属线端头相互搭接形成接长的连接，接头处一般通过机械连接件或焊接进行连接。

splice box 1. 同 **manhole**；检查井。2. 与检查井相似，但比检查井要小。

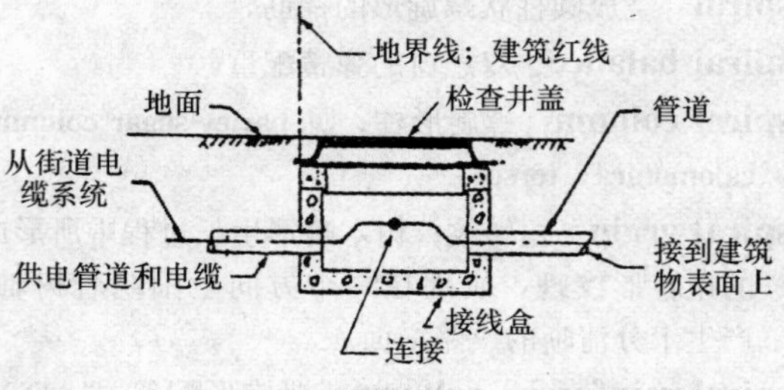

接线盒

spliced pile 拼接桩；由两个或更多个桩段通过端头相互连接形成的桩。

splice plate 拼（镶）接板；用来将两个或更多个构件连接在一起的金属板。

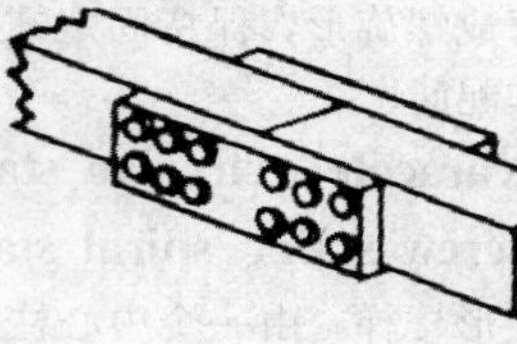

拼（镶）接板

spline, fasle tongue, feather, slip feather, slip tongue 1. 塞缝片，雄榫，榫舌，滑榫；一种长而薄的木板条或金属板条。2. 接缝条；在隔声吊顶中插入相邻隔声板相互对接处的凹槽内形成暗接缝的金属或硬纤维板条。

spline joint 填片接头；通过将塞缝片插入两个对接连接构件的狭槽中所形成的接头。

split 1. 组合屋面卷材在拉应力作用下导致的撕裂。2. 木板或木镶板上的贯穿裂缝。3. 沿纵长方向平行于砖的宽面将整砖切成两部分，由此形成的半块厚的砖，也叫长向半厚砖。

split astragal 双扇弹簧相对的每扇门边的嵌条，用来抗风，嵌条的形状可以保证使两扇门能够自由开关。

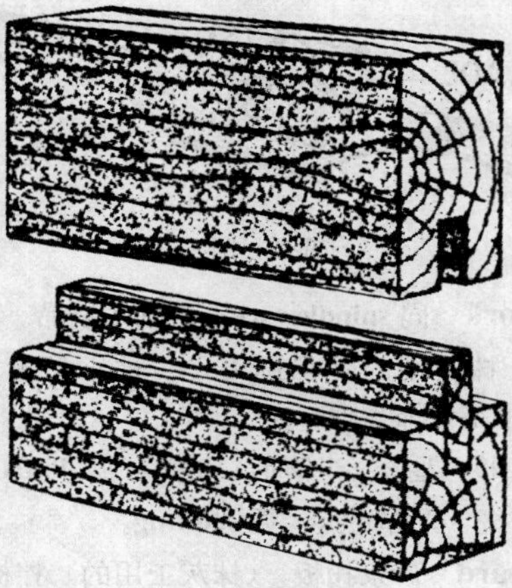

塞缝片

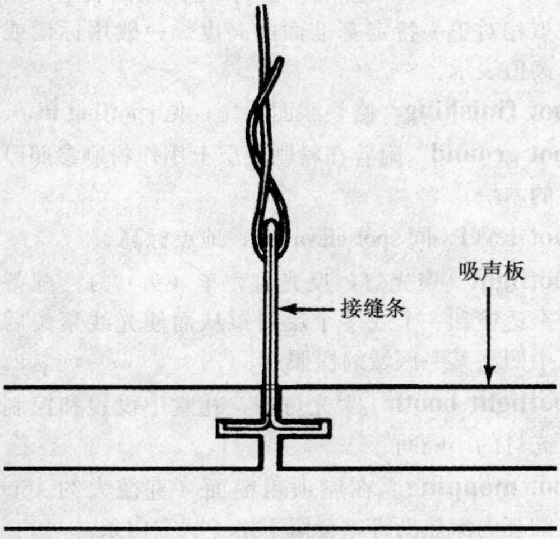

接缝条

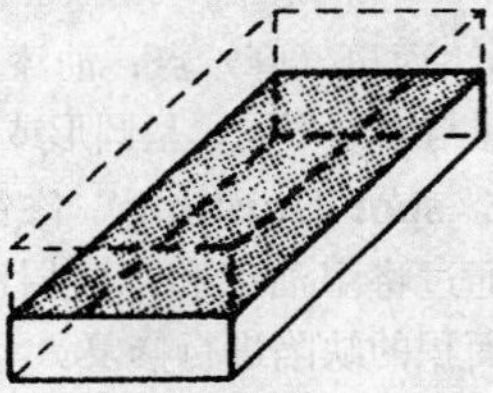

长向半厚砖

split-batch charging 分批装料；将水泥、不同颗粒的集（骨）料分别装入搅拌机的一种加料方法。

split block，split-face block （饰面用的）裂面混凝土砌块；实心或空心的混凝土砌块，在养护后沿纵向劈裂，使破裂面暴露在外，以便形成粗糙的装饰性表面。

split-conductor cable 多股绝缘线电缆。

split course 半厚砖砌层，砍薄的砖砌层，薄砖层。

split dead bolt 对开固定插销；在门的两侧各有一可由球形把手开关的插销。

split-face block 裂面混凝土砌块；见 **split block**。

spilt-face finish 裂面饰石材；表面粗糙的建筑石材，通常将分层的片状石材沿平行于基床方向锯开，以显露其自然走向的基层面，但也有一些石材被沿垂直于基层方向锯开，这种情况下显露基床的竖向破裂面。

split-face machine 剖石机，切石机；将石板切成适合砌筑的石材的机器。

split fitting 对开式配件室内布线中采用的沿纵向对开的管道配件，可以使电线拉入管中后就位，配件的两部分通过螺丝连接起来。

split frame，split jamb 对开式门框；侧柱被分成两或更多部分的门框，可以用来安装小型的滑动门或垂直的滑动的窗扇，门窗扇可推入隔墙内。

split lath 将长木板劈开所形成的木板条，这种木板条不如锯制的木板条均匀。

split-level house 错层式住宅；一种住宅形式，其中起居室位于主层，向上半层的楼梯通向卧室，向下半层通向厨房和（或）餐厅以及洗衣房后杂物间，由于经济的原因，一般没有阁楼、地下室或门廊。

split mold 分隔式模具；由两个或多个型腔组成的模具。

split pediment 对开三角檐饰；同 **broken pediment**。

split pin 开口销，开尾销。

split-rail fence 锯齿形栅栏；见 **zigzag fence**。

split-ring connector 裂环连接件；一种环形的金属嵌件，放置在预先切好的槽中通过螺栓进行固定，用作木材的环形连接器。

split rivet 开口铆钉；带有开口端头的小铆钉，通过将开口端展开可以确保铆固安全，铆钉头通

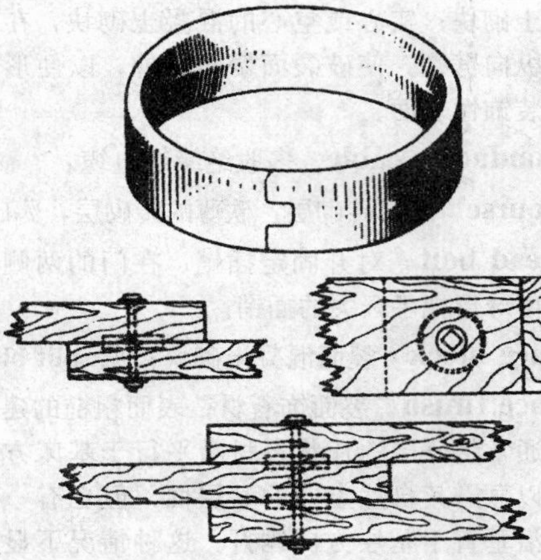

裂环连接件：典型接头示意图

常是卵形或埋头的。

split roof 木条板屋顶；由直纹木料形成的木条建成的屋顶。

split shake 同 **shake，1**；木材环裂。

split stuff 劈材；将木材切成一定长度然后劈开形成。

splitting 漆层表面的瑕疵，这种瑕疵是由新涂层的溶剂渗入到已经用过该溶剂的旧涂层中而形成的，这种情况在旧涂层打磨过头的情况下也可能会发生。

splitting tensile strength 通过劈裂抗拉试验确定混凝土的抗拉强度。

splitting tensile test 劈裂抗拉试验。对圆柱形试件施加径向压力直至其破坏的抗拉试验。

splocket 同 **sprocket**；檐椽接长木。

spoil 开挖出的泥土和岩石。

spoil area 开挖废料堆积场，弃土场。

spokeshave 辐刨，刮刀；木匠用的一种工具，刮刀或刨刀的一种，两个手柄中间带有刀刃，专门用于形成曲边。

sponge rubber，foam rubber 泡沫橡胶，海面橡胶；有孔结构的有弹性橡胶，用作垫块或绝热。

spontaneous ignition 自燃；由于内部化学反应放出热量而发生燃烧。

spontaneous liquefaction 自然液化；见 **liquefaction**。

辐刨，刮刀

spoolwork 同 **spindlework**；圆轴木制品。

spoon 抹灰用的匙状刮刀；一种小型金属工具，用于手工修饰线脚。

spoon bit 匙形（半筒形）钻头；见 **dowel bit**。

spot （斑、光焊）点；见 **spotting**。

spot board 砂浆托板，（抹灰工用的）拌板。

spot cementing 跳花式施工冷胶结剂。

spot elevation 地点高程，在地图或图表上某指定点相对于一特定基准面的高度。一般用标记或标高值表示。

spot finishing 修整漆面污斑；见 **spotting in**。

spot ground 附着在粉刷底层上用作粉刷参照厚度的木块。

spot level 同 **spot elevation**；地点标高。

spotlight 聚光灯，反光灯，车（头）灯；配备一个透镜和一个或多个反射罩从而使光线聚集后集中照亮某一区域的探照灯。

spotlight booth 聚光灯间；礼堂中设置和控制聚光灯的小隔间。

spot mopping 在屋顶粗糙面（直径大约 46cm）圆环内涂热沥青，会留下格子状空白条。

spot relamping 照明系统中对断丝灯泡的更换；也见 **group relamping**。

spotting 油漆面斑（麻）点；油漆表面的缺陷，其颜色和光泽与四周不同，呈圆形或不规则状斑点。

spotting in，spot finishing 修饰斑点；在干油漆表面，通过将湿油漆和干漆层混合的方式对漆层表面小面积的缺陷进行修复。

spot-weld 点焊；在两个相互搭接的构件上间隔性用加热和加压的方式进行的点焊。

spout 水落管，泄水管；用来排除檐沟、阳台、室外走道中雪雨水的短沟槽或管子，以使水彻底地从建筑物中排走；也见 **gargoyle**。

spraddle 同 bonnet roof；笠帽形屋顶。

sprawl （城市）扩张，（城市）蔓延；见 urban sprawl。

spray booth 喷漆间，喷涂间；为装配件喷漆的封闭或半封闭工作间，工作间中可能配备空气过滤器以保持空气清洁，配备的背景幕布可以吸收余外的喷涂，配备排气系统以将溶剂挥发的刺鼻气体排放出去。

sprayed acoustical plaster 喷涂吸声抹灰层；使用特殊的喷枪将吸声灰泥喷涂形成一个连续的纹理粗糙的表面。

sprayed asbestos 喷敷石棉层；用喷枪将掺有胶粘剂的石棉纤维喷涂在结构梁上，起防火的作用，因为这种材料中含有致癌物质，因此现在美国已经不允许较长时间使用。

sprayed concrete 喷射混凝土；见 shotcrete。

sprayed fireproofing 喷涂防火材料；直接喷涂在结构构件表面使结构增加抗火灾能力的材料；也见 sprayed asbestos。

sprayed insulation 喷涂绝缘材料；见 spray-on insulation。

sprayed mortar 喷射砂浆；见 shotcrete。

spray gun 喷（漆、射）枪，水泥喷枪；由气压或液压控制，能通过小孔将油漆、泥浆等物质喷射到待涂表面上的一种工具；也见 concrete gun。

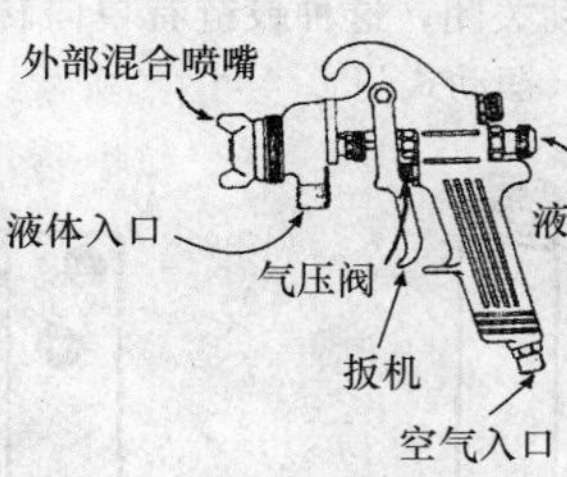

喷（漆、射）枪

spray lime 极细的熟石灰，超过 95％的颗粒直径小于 45μm。（通过 325 号筛子）。

spray-on insulation 喷涂绝缘材料；通过喷枪中的压缩空气将含有其他成分的矿物纤维混合料喷射在待喷层上，起到防火或隔热的作用。

spray painting 喷漆，喷雾涂层；使用喷枪进行喷漆，能够形成非常均匀的涂层，即使是形状不规则物体表面也一样，特别是对大批量或大面积产品喷涂也非常有用。

spray pond 喷水冷却池；采取蒸发冷却的方式降低水温的一种方法，将需要降温的水通过喷嘴喷射到水池中，水在空气中下落的过程中因蒸发作用而得到冷却。

spray-pond roof 喷水池屋顶；带有喷水冷却池的屋顶，配有一套喷水系统，通过蒸发冷却的作用可以降低屋顶的温度。

spray sprinkler 1. 消防喷射系统采用的一种喷射器，具有不同喷射能力的喷射器控制的不同火险范围。2. 一种可向下喷射抛物线形水流分布范围的喷射器，一开始有总水流的 80％～100％的水流量能够向下喷散。

spread 空调房内由空气扩散器供气时，在其出口后气流的扩散。

spreadable life （漆料）适用时间；见 pot life，2。

spreader 1. 撒料器（机），布料器（机）；从进料斗中计量颗粒料（例如砾砂或碎石）并将其撒布在给定范围内的机器。2. 板间横撑；用以间隔并顶住板的支撑。3. 预制门框的加固撑杆；在门框底部两侧柱中间临时加设的增加刚性的构件，以保证门框在运输和装卸过程中不变形。

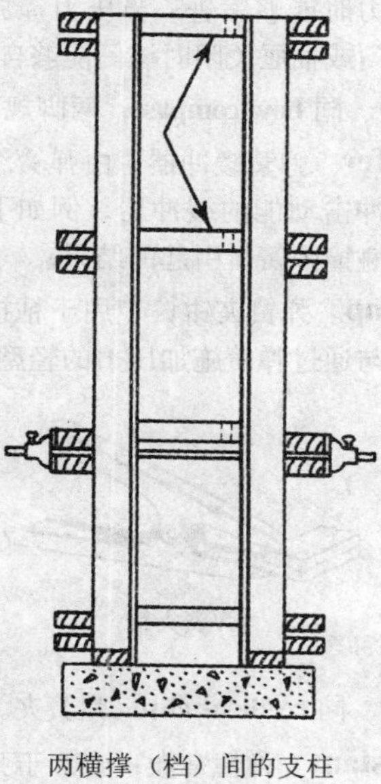
两横撑（档）间的支柱

spreader bar 预制门框的加固撑杆；在门框底部两侧柱中间临时加设的增加刚性的构件，以保证门框在运输过程中和安装前不变形。

spread footing 扩展式的底脚，向侧向扩展的钢筋混凝土结构。

spreading rate 1. 摊铺率；在屋顶上涂覆沥青或其他材料的比（定额）率。2. 涂覆率；一加仑油漆能涂覆的面积。

spread lens 散射透镜，偏光透镜；放置在直接照明或泛光照明前，用来相对狭的光束散射的透镜，可能作为照明系统的一部分也可能是附加配件。

spread-of-flame index 见 flame-spread index。

spread-of-flame test 屋顶抗火性能测试，试验是在特定风力的条件下，用指定大火焰持续对被测屋面板燃烧。

sprig 无头钉；也见 glazing sprig。

sprig bit 同 brad awl；打眼锥。

spring 1. 弹簧；被压缩时能积蓄机械能，恢复时又能将积蓄的能量释放出来的弹性体或弹性装置。2. 见 springing。3. 见 crook，1。

spring balance 吊窗定位弹簧；一种使上下推拉窗保持平衡的弹簧装置。

spring bolt，cabinet lock 弹簧闩；有斜面的闩，当受到压力时能够缩进，当压力释放时又能自动弹回，在门或抽屉关闭时该闩能够自动锁紧。

spring bow 同 bow compass；两脚规。

spring buffer 弹簧缓冲器；由弹簧组成的能够存储和释放冲击动能的缓冲器。例如下降的电梯箱或平衡重碰撞弹簧所引起的结果。

spring clamp 弹簧夹钳；专用于粘接时夹紧物体的夹钳，与通过弹簧施加压力的轻型老虎钳相似。

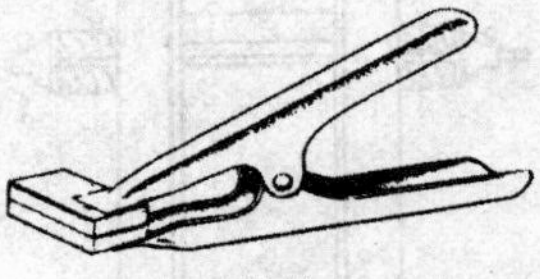

弹簧夹钳

spring clip 同 resilient clip；弹簧夹。

spring constant 弹性常数；施加于弹簧上的力与其相应位移的比值。

spring eaves 同 Dutch eaves；荷兰式屋檐。

springer，skewback，summer 1. 起拱石，拱脚（底）石；位于拱曲线起始点处的承担拱的竖向力的基石。2. 起拱石，拱脚（底）石；直接在拱脚上的拱楔块或基石。3. 山墙墙部压顶石。4. 穹窿屋顶或拱顶的肋，也见 cross-springer。

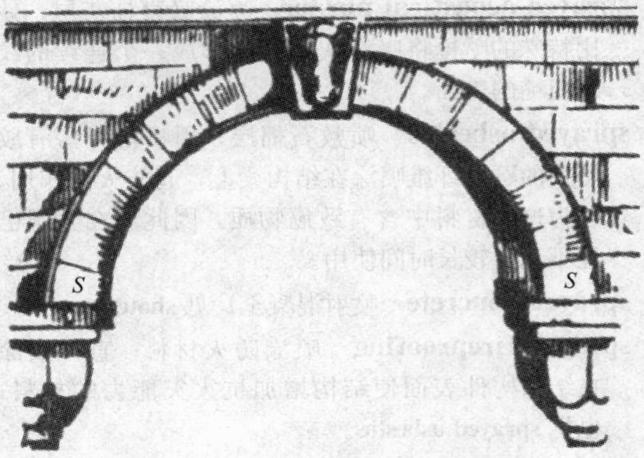

S—拱基石

spring floor 同 resilient floor；弹簧地板。

spring hanger 弹簧吊架；见 resilient hanger。

spring hinge 弹簧铰链，（旋门的）（弹簧）铰链；含有一个或多个弹簧的铰链，当门开启后，铰链可以使门自动关闭，这种铰链有单向转动的，也有双向转动（摆动式门）。

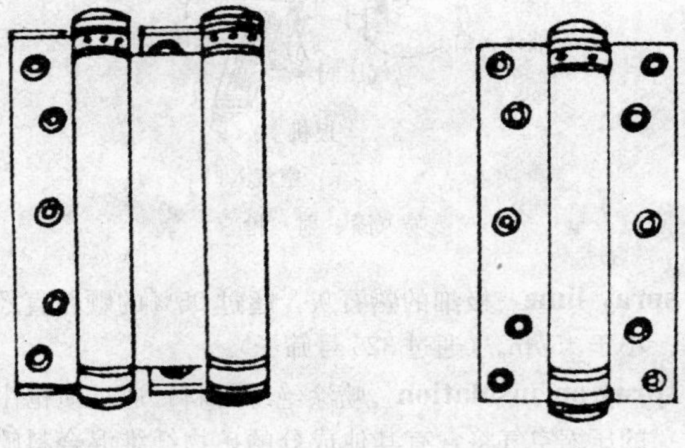

弹簧铰链

springhouse （天然泉的）冷藏室；通常为山脚下泉眼上的砌体结构的小型构筑物，其中有一小池子有泉水不断流入，使室内始终保持在低温状态，从而为日常用品和其他容易腐烂的食品提供一个非常理想的存储场所。

springing, spring 1. 起拱点。2. 拱的矢高角。

springing course 起拱层。

springing line 起拱线，在假想的水平线上拱或穹顶开始起拱形成的曲线。

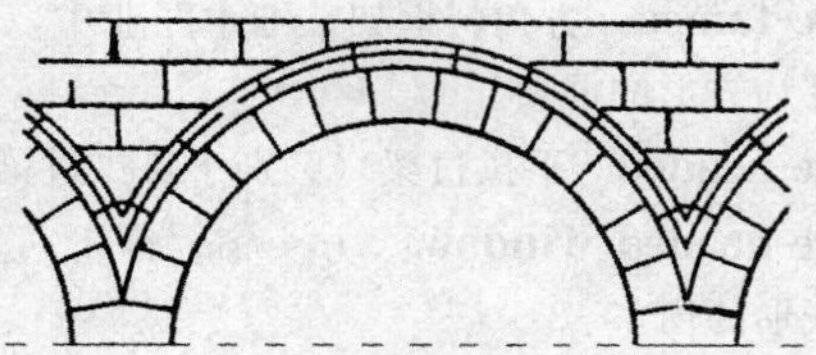

起拱线

spring wall 同 buttress；墙撑，扶垛。

spring latch 弹簧闩（插销，碰锁）；关门时能自动弹入位的门闩。

spring line 1. 同 springing line；起拱线。2. 管道横断面中水平向尺寸最大处的直线。

spring lock 碰锁，弹簧锁；当门或盖板关闭的时候将自动将其锁定的锁。

spring snib 弹性门窗钩（插销）。一种弹簧控制的窗扇扣件。

springwood 早材，春材，春生木；春季或夏初才成的木质部，其特点是：木材的细胞比其他季节形成的大而薄。

sprinkle 水磨石顶面在碾压前小石片的撒布。

sprinkle mopping 攀状面涂沥青。

sprinkler 1. 喷水灭火设备中，在防火系统中用来喷散水流并将水流按照设计的模式和水量分布在指定区域上的装置，通常是众多这种喷水口之一。2. 喷水灭火系统。

sprinkler alarm 喷水灭火系统中的报警器，当系统中有水流流经时将会报警的装置。

sprinklered 自动喷水灭火区；指装备有自动喷水灭火装置系统的建筑区域。

sprinkler head 喷洒头；喷水灭火系统中的喷洒头，在自动系统中，每个喷头中由可熔性塞子关闭，这种塞子在设定的温度下可以熔化从而使喷嘴开启。而在喷嘴自然开启的系统中，各喷嘴都单独开启，同时有一小部分喷嘴则由自动阀门控制。

sprinkler system 洒水灭火系统，自动喷水消防系统；通常是自动控制的喷水式消防系统，当被触动时，该系统将以系统化模式在大范围内进行喷水。根据防火工程标准设计的地上和地下管道组成的集合体主要包括以下部分：（a）一或多个自动供水设备；（b）建筑物或某一区域内布设的按一定尺寸或水压设计的管道网；（c）与管道连接按一定模式布设的喷嘴（也就是喷头）；（d）控制每个系统出水口或管道的阀门；和（e）当喷水消防系统工作时使报警器响动的装置。

sprinkler valve 灭火喷头阀门；见 fire-protection sprinkler valve。

sprocked eaves 屋面的接椽挑檐。

sprocket, cocking piece, sprocket piece 椽头垫木；固定在椽子上边位于屋檐处的木条，该木条将屋檐的边缘垫高，形成屋面坡线的终止点。

spruce, Norway spruce, spruce fir, white deal, white fir 云杉（木），白松（木），挪威云杉；呈白至浅褐色或红褐色、带有笔直形均匀木纹、具有中低密度和强度的木材，这种木材价格相当低廉，适于多种使用。

spruce pine 枞松；见 eastern hemlock。

sprung 指由于超载而已被弯曲的木材或其他结构构件。

sprung floor 弹簧地板；同 resilient floor。

sprung molding 弯曲形线脚。

SPT 缩写＝"standard penetration test"，标准贯入试验。

spud 1. 拆掉屋面卷材及沙粒用的细尖棒。2. 门柱底部的销钉。3. 管道系统中作为接头使用的短管。

spudding drill 同 churn drill；冲击式钻具。

spud vibrator 振动棒，插入式振捣器；通过将其插入现场新浇混凝土体中使混凝土在其作用下密实的一种振捣器。

spun concrete 通过离心作用压实混凝土上的浇制

方法，如用于浇制混凝土管。

spur 1. 爪形饰，柱底座角饰；圆柱子的方形或多边形柱基角上的附加装饰物，又称为 **griffe**。2. 一扇固定围屏（**spere**）。

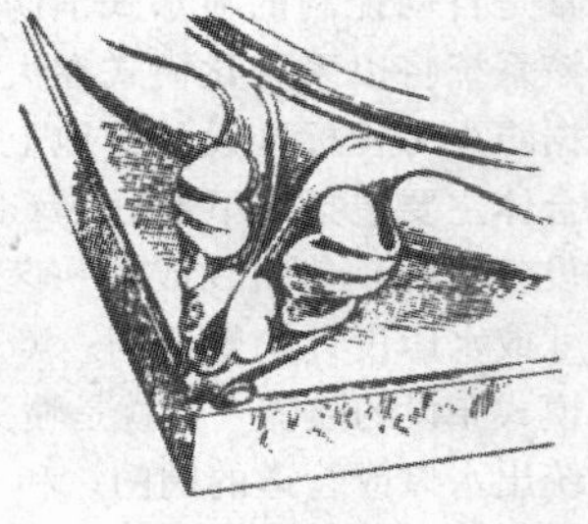

柱底座角饰

spur beam 压墙木，固定在墙板、椽子或琢石镜面上的横跨墙厚水平木料。

spur pile 斜桩；见 **batter pile**。

spur shore 斜顶撑。

spur stone 护角石；放置在拱门拐角处的石柱或石块，用来保护拐角不被汽车等撞坏。

spur tenon 短凸榫；同 **stub tenon**。

spur wall sq. 缩写＝“**square**”，①方，正方形；②平方；③直角尺；④广场。

sq. E&S 缩写＝“**square edge and sound**”。

square 1. 方；屋面材料的一种量度单位，等于 $100ft^2$（$9.29m^2$）的覆盖范围。2. 被锯成或切割成的四边相等的方形片材。3. 检验角度的钢制直角尺。

square and flat 方块平镶板，含有无线脚平镶板的框架；也见 **square-framed**。

square and rabbet 同 **annulet**；凸方或凹线圆环线脚。

square billet 直角错齿饰（诺尔曼建筑特征装饰），由一系列的间隔突出的立方体组成的条饰。

square bolt 方杆插销；可在门框中滑动的插销，与圆杆插销相似，不同之处是该插销的横断面呈方形。

squared log 系梁，大方木料。

square dome 同 **coved vault**；凹圆穹顶。

squared rubble 方块毛石墙，由大小不等的方石砌成，砌层厚度等于或大于最厚石块的石墙。

squared splice 方木叠接；见 **squared splice**。

square-edged lumber （木材锯成的）方板料；通过锯或刨的方式去掉边角而成的方边木材；也见 **square-swan lumber**。

square-edge door 竖向边缘与面成直角的门。

square end 平面呈正方形的教堂东端。

square-famed 方角料框架；细木匠业中，所有角度都为方形的框架。

square-headed 平拱过梁（区别于弧拱过梁）。

square-headed window 方头窗；窗上过梁为平直线形的窗。

square joint 平接头，平头接合；见 **straight joint，2**。

square mil 面积的单位；等于边长为 0.001in 的正方形的面积单位，有时用来表示电导体的横断面面积。

square miter 45°角连接的普通斜角缝。

square notch 方形槽口；原木建造的房屋拐角处的一种接头形式，将一原木端头的上半部分切去并按合适的角度搭接在另一端头下半部分被切去的原木上，通过钉子或其他扣件将两根原木连接在一起。

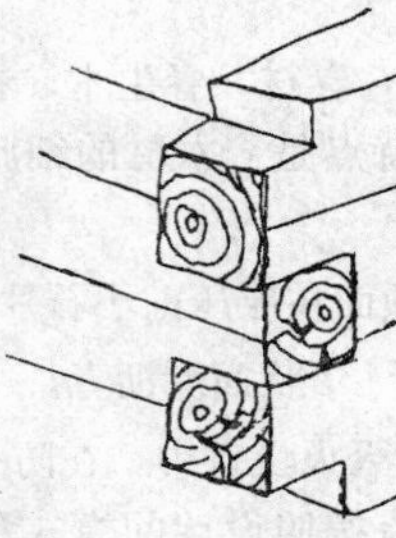

方形槽口

square-rigger house 新英格兰殖民四坡屋顶房屋，这种房屋在靠近两山墙的端头处，或者是在大厅的两侧，或者是在前后房间的中间处带有烟囱，许多这样的房屋均带有屋顶走道和（或）圆顶塔在屋顶上。

square roof 方形四坡屋面；屋脊两侧的椽子 90°相交，每边的屋脊具有 45°的坡度的屋顶。

square-sawn lumber 方锯木；横断面为方形的锯木。

square shoot 方形槽，方形木水落管。

square splice，squared splice 方木叠接；一种半厚搭嵌接方式，可以用鱼尾板进行加固，专门用于抗拉。

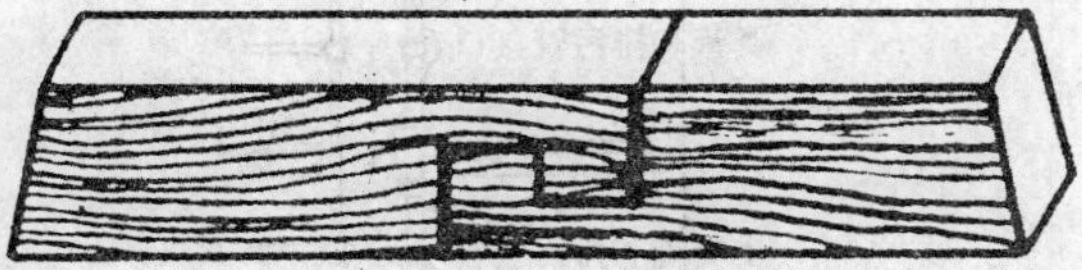

方木斜面叠接

square staff 墙角木条，护角条；抹灰时固定在房间内凸出的墙角处作为圆角线条的窄木。

square-turned 阳台等处四面装饰的方形栏；未在车床上进行旋转加工的方形栏杆。

square-turned baluster 在四周进行装饰而未在车床上进行旋转加工的栏杆。

square up 找方，形成直角；将原木或木块等进行刨修，从而使其横断面成矩形。

squaring （直角）修整；使所有的拐角处都成直角的修整和施工。

squatter's right 不是通过法律手段，而是通过长期占用取得的土地所有权；也见 **adverse possession** 和 **proscription**。

squatting closet 同 **Asiatic water closet**；蹲式厕所。

squeezed joint 粘压结合；在两个物体的表面涂抹胶水或胶合剂，然后施加压力使二者粘合。

squeeze-out 溢胶；对装配件加压后从胶层中挤出的胶粘剂。

squib 雷管，发火管，助爆剂；见 **electric squib**。

squinch 1. 突角拱；建在上层结构墙角处用作支承较小穹顶或穹顶坐圈的拱式悬挑构件。2. 抹角拱；横跨方形房间墙角支承附加物体的小拱，又称为 **sconce**。

squinch arch 跨墙角拱；见 **squinch**，2。

squint 1. 斜视窗，斜视小孔；教堂墙上倾斜开设的孔洞，用于提供一个视角能够从教堂的十字形翼部或走廊处看见高坛。2. 异型砖，斜角砖；见 **A squint brick**。

抹角拱

斜视窗

squint brick，squint quoin 斜角墙用砖；用在倾斜的墙角处的形状特殊的砖。

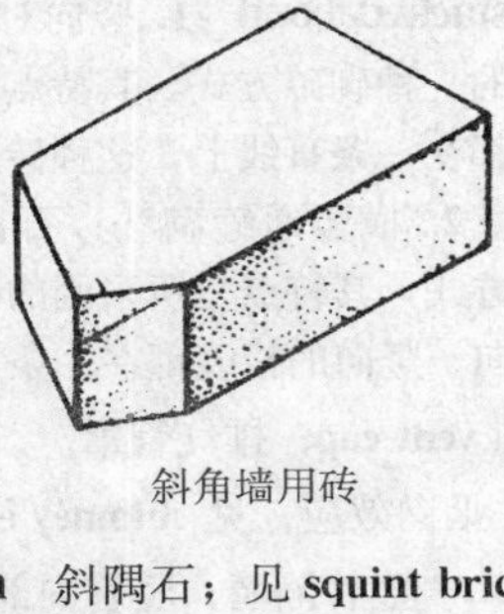

斜角墙用砖

squint quoin 斜隅石；见 **squint brick**。

squint window 斜孔小窗；见 **squint**，1。

SR 缩写＝“**stvrene rubber**”，苯乙烯橡胶。

S/S 缩写＝“stainless steel”，不锈钢。

S-shape 标准工字钢；按特殊分类为一种标准结构的热轧钢材形状，钢材构件的尺寸前都标有S字母。

SST 缩写＝“stainless steel”，不锈钢。

st 代表strainer的符号。

ST 1.（制图）缩写＝“steam”，蒸汽，水汽。2.（制图）缩写＝“street”，街道。

stab 墙面凿毛；用尖头工具在砖墙表面进行轻轻的敲击使砖墙表面变得粗糙，以便在上面抹灰。

stability 稳定性，稳定度，坚固性；结构或构件抵抗滑动、倾覆、压曲或断裂的能力。

stabilization 稳定作用；改善土体边坡稳定性的做法。

stabilizer 稳定剂；一种通过阻止溶液或悬浮液沉淀而增加其稳定性的物质。

stable （牛、马）厩，马房；用来存放和喂养马、牛和其他驯养动物的建筑物或区域。

stable door 同Dutch door；荷兰式门，双截门。

stable equilibrium 稳定平衡；平衡的结构状态；当施加在结构体上的微荷载移除后，结构体可恢复至平衡状态。与unstable equilibrium相对。

stack 1. 竖管；泛指竖直的管道，例如粪便管、排污水管、出烟孔或水落管。2. 上述管道的集合。3. 带有一个或多个排放废气的烟道的结构或结构的一部分。4. 烟囱体。5. 暖风系统中的竖向供气管。6. 多层书架。

stacked ashlar 呈横竖通缝砌筑图案的方形建筑石材。

stack bond, stacked bond 1. 竖向对缝砌法；砖砌工程中采用的一种砌砖方式，其特点是不同层砖的所有竖向缝都在一条直线上，这种砖用金属拉筋与背衬砖拉结。2. 横竖通缝砌法；石板饰面砌筑中采用的一种方式，其特点是所采用的砌块单元大小一致，水平向、竖向的接缝都在一条直线上。

stack cap 同vent cap；排气管罩。

stack effect 烟囱效应；见chimney effect。

stack partition 竖管隔墙；竖管内部的任何隔墙。

stack vent 1. 通气竖管；粪便立管或废水立管上最高的水平支管以上的延伸（通到室外空间）部

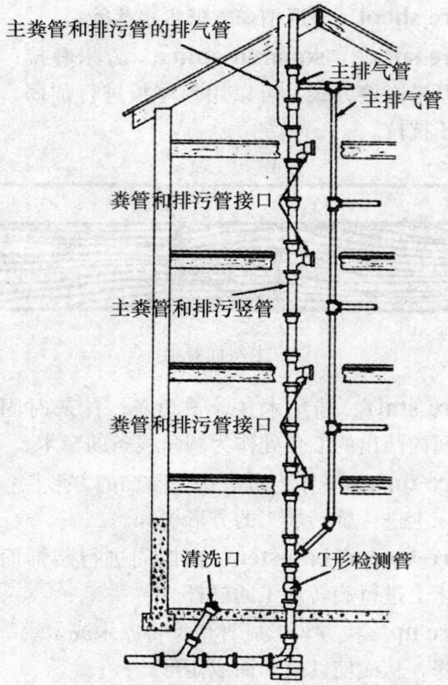

竖管：安装

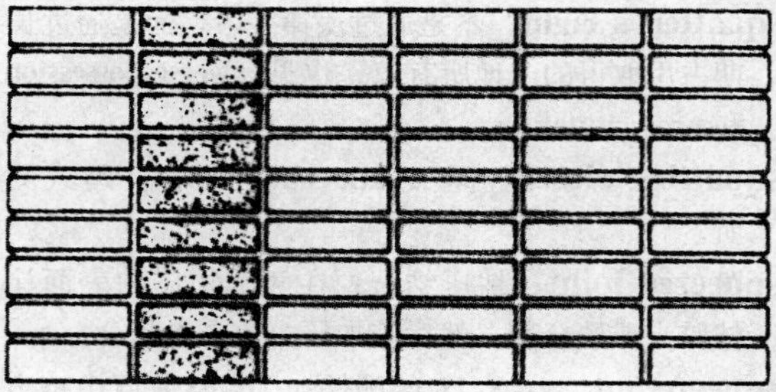

横竖通缝砌法

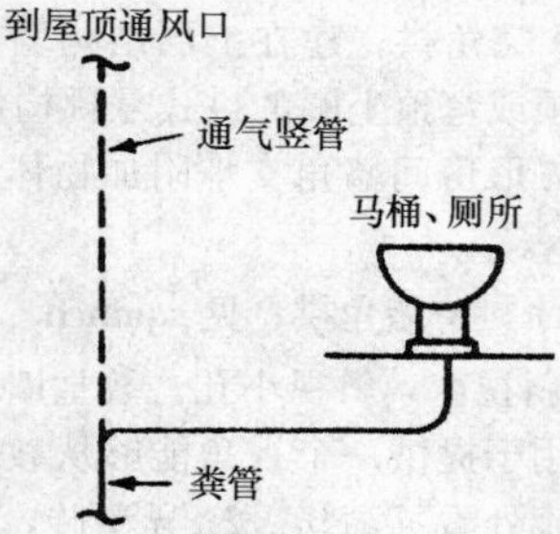

通气竖管

分，也被叫作粪便立管通气口或污水立管通气口。2. 在组合式屋顶系统中，供水蒸气排出的竖向出口。

stack venting 竖管通风；使一个或多个卫生洁具与粪便立管或排污立管间通气的一种方法；卫生洁具在预定的距离内可成组设置以达到不要每个洁具单独设通气管的目的。

staddle 支撑架。1. 在堆积物（如干草堆）下面设置的支架或其他支撑框架结构。2. 相似的支撑构件。

staddle stone 通常成蘑菇状的堆垛支承架垫石。

stadia rod, stadia 测距塔尺，视距尺；一根测量距离用的带刻度标尺，在观测点通过望远镜（经纬仪或平板测量仪上的照准仪）观察标尺上两个水平十字丝所截得那段距离（对角弧）来定出水平距离。

stadium 体育场，一般成椭圆形或马蹄形。

staff 1. 纤维灰浆花饰，通常用钉子或铁丝定位。2. 临时建筑外墙表面使用的简易抹灰。3. 墙外角护角线条，麻刀灰圆毁角。4. 用来填充窗框或门框与墙体之间接缝空隙的材料。

staff angle 护角条，麻刀灰墙角；见 angle staff。

staff bead 1. 同 angle bead，corner bead；墙外角护条。2. 贴脸；见 backband。3. 见 brick molding；压缝条。

Staffordshire blue 斯塔佛郡蓝砖（高强度砖），青砖。

stage 1. 舞台；戏剧、音乐或其他演出所使用的舞台。2. 同 staging；脚手架；工作架。

stage box 舞台旁特别包厢。

stage door 舞台后门，后台入口；剧院中主要供职员使用的由剧场外面通向后台的门。

stage equipment 舞台布景设备；专门用来布置舞台场景的各种设备。

stage grouting 分层灌浆，分期灌浆。

stagehouse 舞台的台口以内的部分。包括舞台、侧厅和贮藏区。

stage left 演员面向观众时的舞台左侧。

stage level 舞台高度（标高）。

stage lift 升降舞台；正规剧场中可以上下升降的舞台地板部分。用于在舞台布景区域间转动和（或）为了某种特殊效果将舞台标高升高或降低。

stage peg, stage screw 舞台中插入地板的用于固定布景支撑件的粗纹手动千斤顶。

stage pocket 舞台后台设在墙或地板内带活动盖板的金属盒，盒内有舞台照明的电源插座。

stage rigging 舞台索具；泛指从高架上移动舞台布景用的绳子、钢丝、滑轮及其他设备的总和。

stage right 演员面向观众时的舞台右侧。

stage wabon 同 scenery wagon；有轮布景。

stage wall pocket 舞台墙上电源插板。

staggered 错列的，交错的；扣件（如钉子、铆钉或螺栓）、接头、大头钉等在排列时采用两排或更多排相互之间成交错分布。

staggered course 交结层；屋顶板瓦或瓦片等接缝错开而不在一条水平线上。

staggered partition 同 staggered-stud partition；错列筋板条隔墙。

staggered riveting 错列铆接；铆接时将铆钉按 Z 字形排列，以使一排铆钉的间距对准相邻排铆钉间距的中心。

staggered-stud partition 用两排交错排列的木龙骨隔墙，为提高隔声效果，可以在墙龙骨间敷设玻璃纤维毛毡。

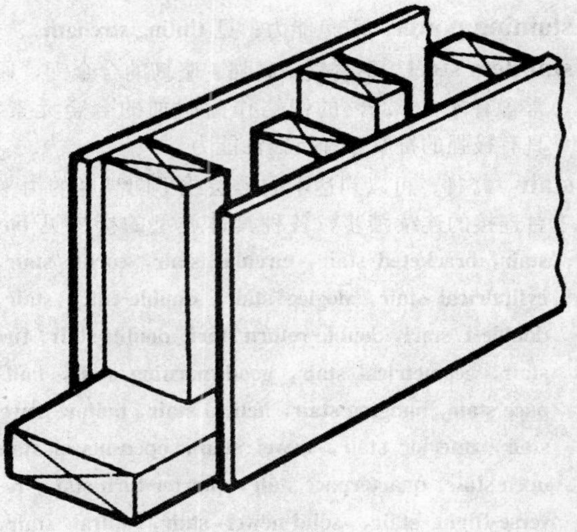

错列龙骨的隔墙

staging 1. 脚手架，在建筑安装中供工人在上面工作并堆放材料的临时平台。2. 架设在沟槽临时木支撑上供工人使用的临时平台。

stain 1. 木材、塑料、密封剂等表面上的褪色。2. 涂刷时为增强木材纹理而使用的着色剂。3. 色料，染色工人，上釉工人。

stained glass 彩色（冰屑、彩画）玻璃；一种按照需要进行着色的玻璃，并不如其名称表面所指那样是玻璃着色，而是通过几种技术中的任何一种方法制成的彩色玻璃。一种方法是将磁漆涂在无色或淡色的玻璃表面并放入火中烧制；另一种方法是将金属氧化物掺入熔化态的玻璃中，所得到的像宝石一样的玻璃，其颜色的质量与使用的金属氧化物有关；伦敦附近的工作室里的威廉·莫理斯和他的手工艺术家可以说是恢复了现代彩色玻璃制造艺术；蒂凡尼，路易斯·康福特（1848—1933 美国艺术家）发展了另一种用于生产彩色玻璃技术，称为乳化玻璃、美国玻璃。这种玻璃的特点是具有与众不同颜色的混合和介于透明和不透明度特殊效果，在玻璃本身内创造了超常的颜色变化，19 世纪末 20 世纪初这种玻璃被广泛应用于装饰物体、为建筑细部增光。

stained-glass window 彩色玻璃窗。

stainer，coloring pigment，tinter 着色剂。

staining 用液体染色剂为孔隙表面着色。

staining power 着色能力；见 **tinting strength**。

stainless steel 不锈钢；高强、坚韧的合金钢，通常含有 4%～25%的镍铬作为附加的合金元素，具有极强的抗腐蚀和抗锈蚀能力。

stair 楼梯；可以到达不同楼层或不同高度的由平台连接的连续踏步，各种具体类型的楼梯见 **box stair，bracketed stair，circular stair，cockle stair，cylindrical stair，dogleg stair，double-entry stair，double-L stari，double-return stari，double stair，fire stair，geometrical stair，good-morning stair，half-pace stair，hanging stair，helical stair，hollow-newel stair，interior stair，newel stair，open-newel stair open stair，quarterpace stair，quarter-turn stair，reverse-flight stair，solid-newel stair，spiral stair，straight-flight stair，straight-turn stair，well stair**。

stair bolt 同 **handrail bolt**；楼梯扶手螺栓。

stairbox 同 **staircase，2**；楼梯间。

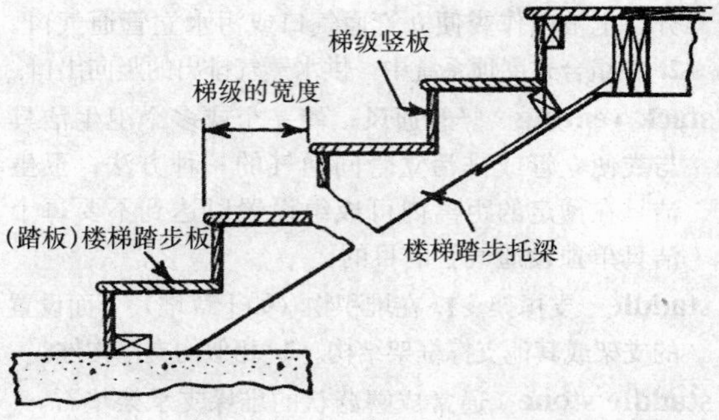

楼梯

stair bracket 楼梯踏板加劲撑板；固定在露明楼梯斜梁外侧，每一踏步小突缘下面的装饰性牛腿形板用以加固踏脚板。

楼梯踏板加劲牛腿形板

stairbuilder's truss 楼梯平台十字梁。

stair carriage 同 **carriage，1**；楼梯斜梁。

staircase 1. 楼梯；一段从一个休息平台到下一个休息平台之间连续台阶的梯段，包括支承框架和扶手。2. 楼梯间；包含一段楼梯的结构。

stair chair-lift 升降椅；见 **chairlift**。

stair clip 固定楼梯地毯的金属压条。

stair domer 有足够宽度以容得下通向阁楼或顶楼楼梯的穹顶。

stair flight 楼梯段；见 **slight**。

stair hall 楼梯厅；房屋中专门设计用来容纳和展示楼梯的房间。

Stairhead 楼梯段或楼梯顶部的楼梯起步平台。

stair headroom 楼梯净空高度；从楼梯踏步前沿至头顶上的任何障碍物的净垂直距离。

stair horse 楼梯，踏步梁。

stair landing 楼梯平台；见 **landing**。

stair nosing 楼梯踏步小突沿；见 nosing。

stair platform 楼梯平台。

stair rail 楼梯栏杆（扶手）；见 rail，1。

stair rise 同 rise，1；楼梯踏步竖板。

stair riser 见 riser，1；梯踢脚板，梯级起点。

stair rod 楼梯地毯压条（压棍），靠在楼梯踏板底部用以固定楼梯地毯的金属杆。

stair run 同 run，2，3；楼梯踏步宽度。

stair shaft 同 stairwell；楼梯井。

stair shoe 支持栏杆的楼梯梁顶的线脚；见 shoe rail。

stair string, stair stringer 楼梯斜梁；见 string。

stair tower 1. 一种楼梯。2. 一种楼梯间塔楼。

stair tread 楼梯踏步板；见 tread。

stair trimmer 楼梯段端部托梁；见 trimmer。

stair turret 1. 楼梯间塔楼；全部用于旋梯的一幢建筑。2. 屋顶上的楼梯间。

楼梯间塔楼

stair wall string 靠墙的楼梯梁；见 wall string。

stairway 楼（阶）梯，梯子，楼梯间（井）。

stairwell 楼梯井（间）；含有一个楼梯道的竖井。

stair windows 同 stepped windows；阶梯形窗户。

stair wire 楼梯地毯棍。

stake 1. 用来加工金属薄板的小铁砧，由插入工作台小孔内的竖立尖脚支撑，工人可以根据所需选择不同形状的小铁砧。2. 一端削尖并插入地下作为边界标志、支撑或固定物体的木桩。

stake-and-rider fence 一种不用地面钻孔埋桩而搭建的栅栏，该栅栏通过两个树桩上端相互交叉形成一个丫杈，并用丫杈来支撑一根水平横杆，一系列这样的结构组合形成栅栏，通常这种栅栏在横杆下还附有另一条水平横杆。

柱杆与横架栅栏

staking out 定线，放线；为固定斜板而打入地下的标桩，以确定挖方转角的位置。

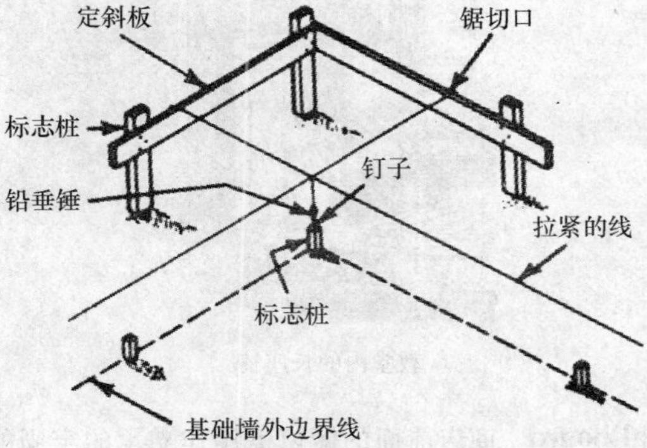

放线，定线

stalactite work 钟乳石状装饰，蜂巢状装饰；见 **muqarnad**。

钟乳石状装饰

stale sewage 腐污水（发臭的污水）。

stalk 茎梗饰；见 **cauliculus**。

stall **1.** 教堂内的长座椅；背面和侧面被整个或部分封闭的固定坐席。**2.**（英）剧院中，位于正厅前排的坐席（交响乐前排座位）。

教堂内的长座椅

stallboard 商店前面的橱窗下用作支承的牢固的窗槛（和木框架）。

stallboard light 商店橱窗邻接窗槛的采光窗。

stallboard riser 商店橱窗窗台下窗槛与路面之间的竖壁。

stallriser 同 **stallboard riser**；商店橱窗窗台下窗槛与路面之间的竖壁。

stamba，stambha 印度教及其派生建筑中柱周刻有大型标记的独立柱，纪念柱。

stamped-metal ceiling 压花金属吊顶；见 **pressed-metal ceiling**。

stamping 通过落锤的冲压作用压制金属薄板成型的方法。

stanchion **1.** 立柱；支撑屋顶、窗户或类似结构的支柱、竖杆或木料。**2.** 窗、屏风、栅栏等构件中的竖杆、梁或立柱。

standard **1.** 标准，规范；由被认证的组织编写的，规定了某一特定技术的使用方法、材料以及一致的操作规程的文件。**2.** 政府机构所采用的规定了合法范畴的文件。**3.** 见 **measurement**。**4.** “必须”字眼的强制性文件。

standard absorpiton trench 标准吸收槽；宽为 12～36in（大约 30～90cm），含 12in（30cm），清洁粗骨料和一根覆土厚度不小于 12in（30cm）配送管道的吸收槽。

standard air 标准空气；密度为 0.075 lb/in^3（0.0012g/cm^3）、干球温度计测温大约为 68 ℉（20℃）、50％相对湿度、29.9in（76.0cm）汞柱气压的空气或同压力下的 70 ℉（21.1℃）近似干空气。

standard atmosphere 标准大气压；等于 14.7 lb/in^2（$1.01\times10^6 dyn/cm^2$）的大气压力。

standard atmospheric pressure 由标准大气压作用的压力；也见 **atmospheric pressure**。

standard cubic foot of gas 标准立方英尺气体；压力等于 30in 汞柱、蒸汽饱和、温度为 60 ℉条件下，占据 $1ft^3$ 空间的气体量。

standard curing 标准养护；在特定温度和湿度下对混凝土试件进行的养护。

standard cylinder 标准圆柱体；用来测量混凝土抗压强度和极限抗拉强度的实心混凝土圆柱体；

尺寸通常为 12in（30.5cm）长、6in（15.2cm）宽。

standard dimensions ratio（SDR） 管道的平均特定外径与管壁特定最小厚度的比值。

standard hook （钢筋的）标准弯钩；按照标准在钢筋端头处形成的弯钩。

standard inside diameter dimension ratio（SIDR） 管道的平均内径与管壁最小厚度的比值。

Standard International units，SI units 标准国际单位；见 **International System of Units**。

standard knot 标准树节：直径 1.5in（36mm）及以下的木节。

standard penetration resistance，Proctor penetration resistance 1. 标准贯入阻力；在单位荷载作用下探针贯入土壤的均匀速度和深度。2. 葡式贯入阻力；在单位荷载作用下探针以规定的速度贯入土壤以产生规定的贯入深度，对于葡工密实度测定针，贯入深度为 2.5in（6.35cm），贯入速率为 0.5in（1.27cm）/s。

standard penetration test 标准进入度试验；见 **penetration test**。

standard pile 同 **guide pile**；标准桩。

standard pipe size 标准规格管；见 **iron pipe size**。

standard pressure 同 **standard atmospheric pressure**；标准压力。

standard railing 标准栏杆；按照美国管理局职业安全与卫生条例规定，在楼板开口、墙上开口、平台、走道或坡道边缘设置的防止人员跌落的栏杆。

standard sand 标准砂；一种渥太华砂，精确的分级使其能够通过 850μm（美国标准的 20 号）筛而不能通过 600μm（美国标准的 30 号）筛，在测试水泥时使用。

standards of professional practice 职业业务标准，由职业协会公布的职业道德准则声明，以使其会员在业务管理中起到指导作用。

standard source 标准光源；照明工程中，具有特定光谱分布，用作色度标准的光源。

standard source A，light source A 标准光源 A；在 2856K（2583℃）色温下工作的钨丝灯。

standard source B，light source B 标准光源 B；大致与中午阳光亮度相同色温大约 4874K（4601℃）的光源。

standard source C，light source C 标准光源 C；大致由直接太阳光和明亮天空混合而成色温大约 6774K（6501℃）的光源。

standard special 标准专用砖；一般常用的异型砖，并可从仓库里获得。

standard temperature and pressure 标准温度和压力；温度为 32 ℉（0℃）和大气压力为 29.9in（76.0cm）的汞柱。

standard tolerance 标准公差。

standard wire gauge 标准线规；以前在英国和加拿大使用的线规，随后被公制线规所替代。

standby lighting 备用照明系统；在常规照明系统失效情况下使用的照明系统，以使该区域内各种工作得以正常进行。

standby power generator 备用发电机；在常规供电系统失效时能够供电的小型装置单元，包括启动机，发电机，联合控制器以及供电设备等。

standing bevel 钝角斜面。

standing finish 固定装修；建筑物中除门，活动窗扇以外的永久而固定的部分内部配件。

standing gutter 落水槽，立式水槽；坡面屋顶低端附近的 V 形水槽，水槽的一侧由与屋檐平行的长板构成，长板的宽面与屋顶的坡面垂直，屋顶本身兼作水槽的另一侧边。

standing leaf 固定门（窗）扉；被固定在关闭位置的门窗扇。

standing panel 立式门板（高大于宽的门板）。

standing room 剧院中的站票席位，通常位于剧院乐池的后面。

standing seam 屋面立缝，直立接缝；金属屋顶中的一种接缝形式，通过将相邻金属板卷接后折叠在一起所形成。

standing waste 溢水立管，卫生器具的一种；用于控制出口和溢水的装置形成，将一根溢水管插入设备或水箱底部出水口中，使水柱保持在需要的高度上。

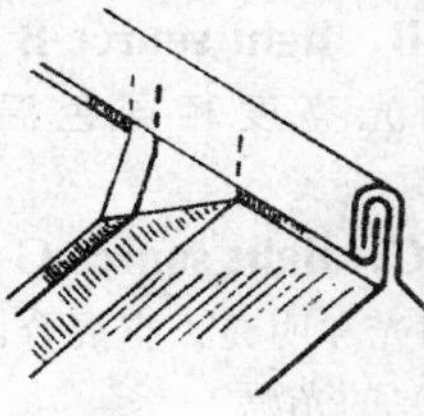

沿屋脊立缝

stand oil 熟油，厚油，稠油；在高温下加热以使其更加黏稠以便能够作为油漆介质使用的一种聚合植物油，例如亚麻子油或桐油。

standpipe 管体式水塔在紧急情况下使用的储水管道或水箱。

管道连接口

standpipe system 管体式水塔；消防系统；由储水管道或水箱、抽水机、叉形头连接件、管道组成的系统，能够提供消防用的足够水量和设备。

stand sheet 固定玻璃窗；见 **fixed light**。

stanza 房屋中的一室（如梵蒂冈的拉斐尔室）。

staple U形钉子，骑马钉；一根U形的金属条或粗金属线材，尖形端头，将其钉入板材表面起固定作用。

staple gun 射钉枪；一种用来打骑马钉的工具；专门用于固定诸如建筑纸、预制沥青屋面材料等。

staple hammer, stapling hammer 装钉锤；类似冲击锤的工具，当锤面敲击物体表面时，U形钉被钉入物体。

stapler 1. 射钉枪。2. U形钉锤，订书机。

stapling hammer 见 **staple hammer**；装钉锤。

star anchor 同 **anchor, 10**；锚形装饰。

starch gun 糊精，淀粉胶；见 **dextrin**。

star drill 星状钢凿；带星状尖头的长钢手持工具，用来在混凝土、砌体和石头上打孔，端部在锤子反复敲打下使钢凿不断钻进。

钢凿

star expansion bolt 一种八字形端部并带有两个半圆形外壳的膨胀螺栓，当螺栓被拧入时螺栓上两个半圆的壳体将被胀开。

star molding 星形饰线脚；由一系列突出表面的星状物组成的常用挪威线脚。

Star of David, Mogen David 大卫王之星；由两个全等三角形颠倒重叠组成的六角星，是犹太教的一个标志。

star-ribbed vault 同 **star vault**；星状肋拱顶。

starshake 木材的星形环裂；由原木中心放射出的一呈星状木心环裂。

木材的星形环裂

starter 1. 启辉器；与镇流器一起使用，为放电灯提供启动电压的器件。2. 控制发动机自启动到工作，转速和停止的控制器。3. 檐口稍稍向外挑出的起始瓦层。

starter frame 定位模板；突出地面标高为后续的墙或柱定位的浅模板。

starter strip, starting strip 屋面起始带（条）；沿檐口线铺设的首皮组合屋面材料。

starter tile 起坡瓦；见 **eaves tile**。

starting board 模板首先钉在基础处的板。

starting course 屋面起始层，沿着屋檐铺设在望板上的第一层屋面瓦。

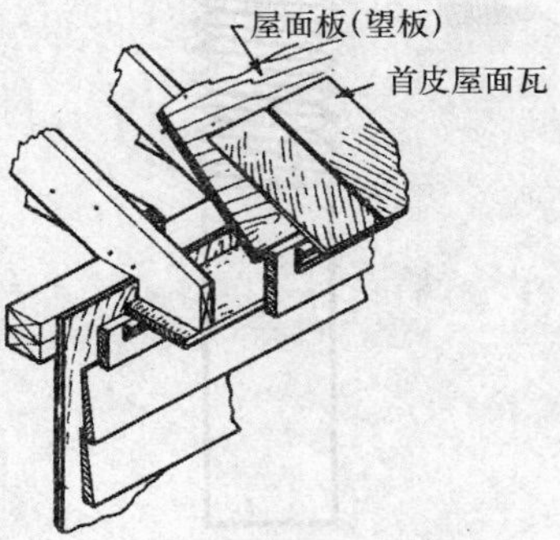

屋面起始层

starting newel 楼梯栏杆起始柱，位于楼梯角处的栏杆柱。

starting step 起始的楼梯踏板，首阶。

starting strip 屋面起始带（条）；见 **starter strip**。

start of construction 工程开工；见 **actual start construction**。

star trap 剧院舞台上的一种活板地板门，通过它站在平衡板上的演员可以突然的从舞台下上升至舞台，也可以突然的向下消失。

star vault, stellar vault 呈星状图案的肋的拱顶。

starved 缺损；见 **hungry**。

starved joint 缺胶接头，失效接缝，脆弱接合。由胶量不足而导致胶接头不牢固。

statement of probable construction cost 建筑费用预测表，工程费预测说明。在进行方案设计、试设计和施工文件等基本服务项目时，由建筑师编制的费用预测文件。作为业主的指导性文件。

static bending 在恒定荷载或缓慢施加的外荷载作用下产生的弯曲。

static deflection 同 **residual deflection**；静荷挠度。

static head, pressure head 压力水头；以流体柱高度表示的流体所能支撑的静止流体压力。

static load 静荷（负）载，恒载；作用在结构上大小和位置不随时间变化的荷载。

static modulus 静态模数；在静态条件下，压力与形变的比值。

static penetration test 静力触探试验；采取用稳定静态力将贯入器压入土中的一种触探试验方式，也可见 **dynamic penetration test**。

static pressure 1. 空气配送系统中，鼓风机必须提供的使气流克服各种阻力顺利通过系统管道和系统构件的压力。2. 静压力；静止状态下的流体作用在与其接触的表面上的力。3. 当不存在声波时某一点的大气压力，通常用帕斯卡表示。

statics 静力学；力学的一个分支，主要研究物体在平衡状态下的力学作用。

static test 静载试验；在窗和悬墙上：1. 承受一种试验单元所施加的当量最大期望风压的结构试验。2. 一种模拟水流试验单元其作用力大于飓风风压的水压试验。

static Young's modulus 静力杨氏模量；通过静力而不是动力测试应力-应变关系获得的杨氏模量值。

station 1. 位置，地点；定位点；通过测绘方法所确定的地球表面的一个确定点。2. 测站；在测绘导线上架设观测仪器的点。3. 测绘导线上给定线段一间断，直线或曲线上的桩间标准测量距离，为 100ft。

stationary hopper 固定式新拌混凝土临时储料斗。

stationary window 固定窗；玻璃直接镶嵌在不能开启的窗或窗户一部分固定框上。

station roof 1. 中间用一根柱子支撑形似伞状的屋顶，也叫伞形屋顶。2. 由单排柱子支撑的悬臂式长屋顶，悬臂可以朝向一侧，也可以朝向双侧，一般用在铁路站台上。

statute of frauds 反欺诈法；合同双方只要不书面签署或明文规定便不具有强制力的某些条款，但多数情况下，不动产出售或超过一定期限的租赁均须签署的法律。

statute of limitations 时效（法），时效限制法规；规定了所谓的伤害或破坏提起诉讼的有效时间的法规，时效长短与诉讼类型有关，（美国）各个州的时效长短也不相同。

statutory bond 法定契约，法定合同。

St. Augustine house 见 **Saint Augustine house**；圣奥古斯丁房屋。

staunchion 同 stanchion；立柱，窗、屏风、栅栏等构件中的竖杆、梁或立柱。

stave 1. 组成曲线形表面。2. 直爬梯的横档。3. 开挖用竖模板，由众多这样的竖模板组合在一起形成一条曲面。

stave church 竖向木板墙的斯堪的纳维亚木结构教堂。

斯堪的纳维亚木结构教堂

stave core 狭条木材组成的门芯；见 continuous block core。

staved lumber core 同 coreboard；胶合板的芯层。

stay 1. 支撑（承，柱）；作为撑杆或支撑，用以加固或辅助支撑框架及其他结构的构件。2. 窗风钩；见 casement stay，peg stay。

stay bar 同 casement stay；窗风钩。

stay bolt 拉杆螺栓，锚栓；端头带有螺纹的长金属杆。

stay plate 见 batten plate；缀合板。

stay rod 撑（拉）杆，用来防止连在一起的几个部分散开的拉杆。

stay rope 锚（拉）索，缆风。

STC 缩写＝“sound transmission class”，声传播等级。

STD （制图）缩写＝“standard”，标准的，规格。

拉杆螺栓，锚栓

Std. M 缩写＝“standard matched”，标准（匹配）。

steam blow 潮气泡所致瑕疵（如胶合板小部浮起）。

Steamboat Gothic 轮船形哥特式建筑；哥特式木建筑中所采用的一种极其豪华的装饰风格，精心制作和充满想象力的运用豪华物品对建筑进行装饰。主要应用在19世纪中后期，使人联想起运行在俄亥俄州和密西西比河流域华丽而辉耀装饰的轮船。

steam boiler and machinery insurance 蒸汽锅炉和蒸汽机器保险；涵盖蒸汽锅炉、其他压力容器和相关设备及机器的专门保险，由蒸汽锅炉爆炸引起物品损害和人身伤害在保险赔偿范围之内。

steam box，curing kiln 混凝土养护用的蒸汽箱、蒸汽窑。

steam cleaner 蒸汽清洗器；能够产生高压喷射蒸汽的机器，高压蒸汽直接通过喷嘴喷射并冲洗掉物体表面的污垢和油脂，蒸汽中可以添加清洁剂或化学药品。

steam curing 蒸汽养护；在高温、常压或高气压下的水蒸气中对混凝土或砂浆进行的养护。

steam-curing cycle 1. 蒸汽养护周期；起于升温期止于冷却期的时间段为蒸汽养护周期。2. 蒸汽养护制度；蒸汽养护期内养护时间和养护温度的计划安排。

steam-curing room，steam kiln 蒸汽养护室；在常压下进行混凝土产品养护的工作室。

steam curtain 蒸汽幕；剧院的舞台上由成排排放孔管道组成的能向外排放蒸汽的装置，排放的蒸汽可以遮挡或部分遮挡舞台视线。

steam grid humidifier，steam jet humidifier 蒸汽管网增湿器，蒸汽加湿器；空气输送管中的增湿器，该增湿器通过一系列多孔管道将蒸汽送入气流中去。

steam heating system 蒸汽供暖系统；将热量从锅炉或其他热源以压力大于、等于或小于大气压的蒸汽传递给散热器的系统。

steam humidifier 蒸汽加湿器将水蒸气直接注入空气中的加湿器。

steam jet humidifier 喷射式蒸汽加温器；见 **steam grid humidifier**。

steam kiln 蒸汽养护窑；见 **steam-curing room**。

steam pipe 蒸汽管道。

steam shovel 蒸汽挖土机，蒸汽挖掘机，汽铲；由自带锅炉产生的蒸汽操作的挖掘机。

steam table 自助餐厅中的餐桌或柜台，顶部开口，内部盛有煮（烹）熟的食物的容器，该容器靠其下的循环水蒸气、热空气或热水加热。

steam trap 汽水分离器；浮桶式疏水器；允许冷凝物、空气和冷凝水通过但不允许水蒸气通过的装置。

steatite 皂石；工业级的高纯度滑石，达到特定纯度的块状滑石被称为皂石。

steel 通过熔化并精炼生铁和（或）钢废料炼制而成的以铁和碳为主要成分的可锻合金，根据钢中的碳含量（范围在 0.02%～1.7%）对其分级；钢中还可以含有其他元素，如锰和硅等，以使钢具有特殊的性能。也见 **high steel** 和 **tempered steel**。

steel-cage construction 同 **skeleton construction**；钢骨架结构。

steel casement 钢窗扉；由热轧钢材制成的窗扉，一般被分成以下几类：住宅钢窗扉、中级钢窗扉和重型钢窗扉。

steel concrete 钢筋混凝土；见 **reinforced concrete**。

steel decking 铺面板；见 **decking，2** 和 **metal floor decking**。

steel-frame construction 钢框架构造；一种由钢梁、钢桁支架和钢柱连接而成整体的框架结构。

steel H-pile 见 **H-pile**；H 形钢桩。

steel joist 钢搁栅；建筑物中所有由热轧或冷弯型模钢、焊接钢杆、钢条或钢板等钢构件组成的空腹式或实腹式断面的钢结构构件。

steel lathing （抹灰）钢丝网，钢板网；见 **metal lath**。

steel measuring tape 钢测尺，钢卷尺。

steel pipe 钢管；由大量钢合金钢加工而成的管子，分为无缝钢管和有缝钢管两种，管壁厚度范围从系列号 10 号（最薄）至 16 号（最厚）。

steel sheet 薄钢板，压型钢板；钢结构工程中经冷模加工而成的金属板，在轻混凝土屋面结构中该金属板被压制成一定形状的结构构件以支承荷载（活载或静载）。

steel square 直角钢尺，钢角尺；木工用的钢直角尺。

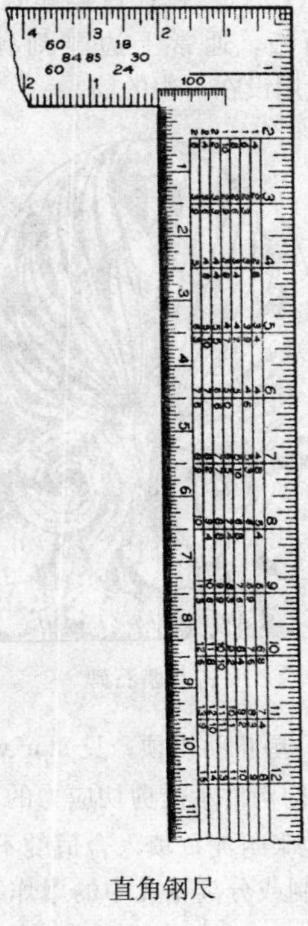

直角钢尺

steel stud 钢立筋，钢龙骨；立筋隔墙中使用的由薄钢板制成的竖向承重柱。

steel stud anchor 钢门框锚定夹；门框内配有门框与墙内钢龙骨牢固连接的金属件或钢夹。

steel tape 钢卷尺；见 tape measure。

steel troweling 钢抹光操作；采用抹子或抹光机器对混凝土表面作最后修饰，使混凝土地面或其他混凝土不平表面相对光滑的操作。

steel wool 钢棉（绒、毛）；缠结在一起的细长钢纤维，用来清洁和磨光表面。

steening 污水渗井，蓄水池或井的干砌砖石衬壁。

steep asphalt 软化点高，专门用于陡屋面的沥青。

steeple 尖塔，尖顶；较高的装饰结构；随高度增加而逐渐变细，顶部带有小金字塔、尖顶或圆顶的塔。

steeple house 教堂建筑；某些宗教信徒使用的意指教堂的词汇。

steining 同 steening；干砌砖石衬壁。

stele，stela 1. 石栓碑；古典建筑及其派生建筑中竖立的石板，通常上边雕刻有铭文的墓碑。2. 作为纪念用设在一边的墙。

古希腊石碑

stellar vault 星状肋拱顶；见 star vault。

stem T形结构构件承受剪切应力的部分。

stemming 炮眼封泥；填入合适的不燃的材料或装置，用来控制或分离钻孔中的爆炸物（炸药），或遮挡糊炮爆破中的爆炸。

stench strap 1. 见 trap，1。2. 阻止臭气进入建筑物中的防臭存水弯。

step 由一块踏步板和一块踏步竖板组成的楼梯单元。

step bracket 同 stair bracket；楼梯踏步斜梁外露面的牛脚形雕饰。

step brazing 分层降温铜焊法。在部分连续接缝上，用依次降温的填充金属铜焊，因此不致扰乱前面已钢焊的接缝的一种铜焊方法。

step-down ceiling diffuser 突出于装饰后顶棚表面的漫射灯具。

step flashing 同 stepped flashing；阶梯形披水板，踏步泛水。

step gable 阶梯式山墙，马头山墙；见 corbie gable。

step iron 附壁铁爬梯；固定在砌筑结构上U形粗金属环，一系列这样的金属环可以作为爬上爬下墙壁或烟囱的爬梯。

step joint 1. 齿式接合，台阶状接合，搭接；两个木构件以一定角度形成的锯齿状的搭接接头，作为系梁或椽子。2. 不同高度或不同断面的两个围栏端头间所形成的接头。

step-kiln 连续作业窑；见 progressive kiln。

stepladder 活梯子，梯凳，人字梯，只有平板踏步而无竖板的梯子，通常支架支承。

step log 同 notch-log ladder；做阶梯用的刻槽原木。

stepped arch 台阶形拱；拱楔块被水平或/和竖直切削，以使它们能够适合上下砌层的灰缝形成一系列台阶的一种拱。

台阶形拱

stepped back chimney 一种外置的砖烟囱，横断面呈矩形，壁炉在炉膛高度处有足够的宽度以包住室内的大型壁炉，随着高度的增加，烟囱的宽度以台阶的形式逐渐变小。

台阶式向后退进的烟囱

stepped column 阶形柱；沿高度几处断面突然改变的柱子。

stepped flashing 阶梯形披水板，台阶式防漏板；用在墙和坡面屋顶交接处的金属防水板，防水板竖立部分的上边缘随着屋顶的自然倾斜而呈台阶形降低，水平部分的边缘被固定在墙体砌砖上的槽口上。

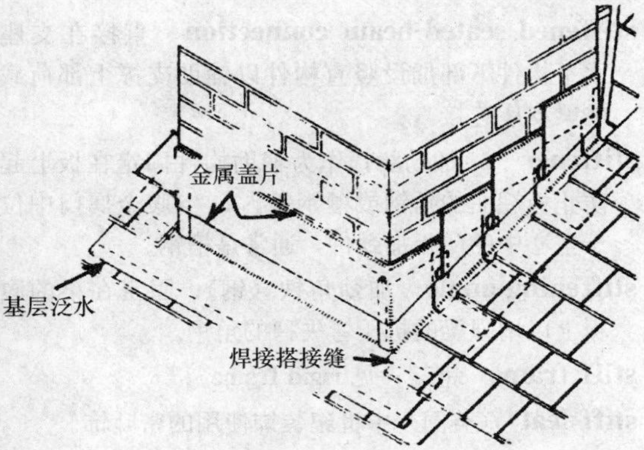

阶梯形披水板，台阶式防漏板

stepped floor 阶梯形楼地面，舞台观众厅中台阶地面，不同于斜坡地面。

stepped footing 阶式基础；横断面自上而下呈台阶式递增以便将墙或柱的荷载分散地传递给地基的一种基础。

stepped foundation 斜坡形承载地基上台阶形基础，做成台阶形是为了在受到承压荷载时防止基础滑动。

stepped gable 同 corbie gable；阶式山墙。

stepped ramp，ramped steps 台阶式坡道，由台阶连接的一系列坡道。

stepped string 同 open string；锯齿形（楼梯）斜梁，明楼梯梁。

stepped voussoir 台阶形拱石，平顶拱石；上表面为方形以使其能够适应水平砌块层的拱楔石。

stepped windows 台阶形窗；设置在靠于楼梯的外墙上的窗，随着楼梯台阶的升高，窗也以台阶的形式随之升高。

stepping 1. 适于做踏步的软质木，一般为松木或杉木。2. 踏步木板。3. 混凝土台阶形构造中的台阶式边坡。4. 测绘工程中，在斜坡测量时在一系列踏步中测链始终是水平的。

stepping off 用组合直角尺可正确地获得椽子需要的长度而下料。

steppingstone 放置在地面或放置在池塘及河流中作为人行走的平板石。

step-plank 踏步木板；厚 1¼ ～ 2in（3.2 ～ 5.1cm），专门用作踏步的硬木板。

step pyramid 台阶形金字塔；一种台阶形的早期的金字塔。

台阶形金字塔

step soldering 依次降温铜焊法；在部分连续接缝上用依次降温的填充金属进行铜焊的一种方法，如此焊接可以使接头处先焊接的部分不受后续焊接高温的影响。

step turner 阶梯式泛水板弯板器，用于将铅皮变成阶形泛水板的由硬木制成的弯板器。

stereobate 台基；上部垂直建有建筑物的基础、地基或实心平台。在列柱建筑中包括古建筑柱列三级台座（柱子立在最高一级踏步或基础平台上）。

stereohromy 水玻璃作为底层和颜料之间联系媒介的一种绘画方式。

stereotomy 切石工艺，石雕刻术。

steyre 英文中 **grees** 的英语旧词，中世纪教堂中的梯级或梯级段。

STG （制图）缩写＝"**storage**"，贮藏（量），贮藏库，存储。

stiacciato 极浅的浮雕，像似压平的浅浮雕。

stick 1. 细长木杆。2. 作为柱子使用的成型木材。

stick-and-rag work 纤维石膏制品；见 **fibrous plaster**。

sticker 1. 架杆；使成堆的木材隔开的矩形狭木条。2. 用来切削成线脚的木材。3. 装饰木条锯割机，车木机（制木模用）。

sticker machine，sticker molder 制木模用车木机。

sticking 1. 装饰线条成型。2. 碎石或类似物的胶结成型。

sticking board 粘固板；制木线脚时用来定位木料的框架。

sticks-and-clay chimney，sticks-and-mud chimney，stick chimney 同 **clay-and-sticks chimney**；麻刀灰烟囱。

Stick style 斯的克风格；大约 1860～1890 年期间在美国使用的一种折中风格的民房建筑，主要采用木框架构造，在平面和剖面上一般不对称，外墙采用木板做装饰，以突出内部的木质结构。这种建筑形式通常有以下几个主要特征：墙板和结构框架材料用作建筑立面的外装饰，或者是木板按照一定的图案形式突出的安装在墙的外表面；突出的结构角柱和宽敞的门廊都用带有木交叉支撑或半腿进行装饰；陡峭的人字屋顶和（或）与其交叉的山形墙；由大的交叉支架支承悬挑较多的屋檐；屋架和椽子外露；烟囱出檐。

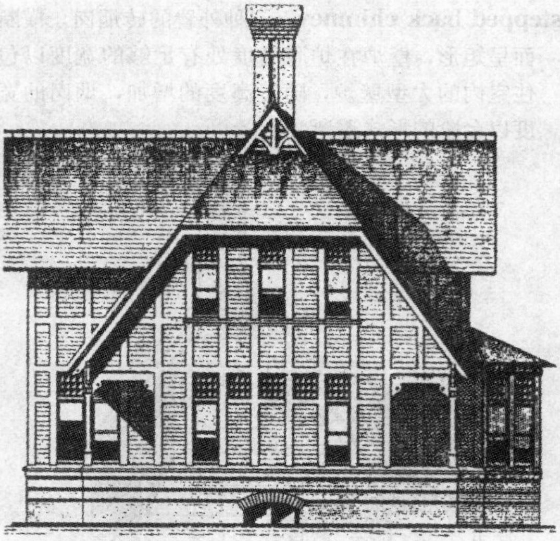

斯的克风格

stickwork 通常用在房屋的外覆层上，以水平、竖直和对角模式使用的木板。

sticky cement 因包装或仓库内硬化导致流动性降低的水泥。

stiffback 同 **strongback**；加强撑架。

stiffened compression element 加劲受压杆件；在垂直于抗弯的弱轴线方向进行加强或加固以提供防止其压弯失稳的附加抗压弯强度的结构杆件。

stiffened expanded metal 同 **self-centering lath** 或 **rib lath**；加强的金属拉网。

stiffened seated-beam connection 直接在支座水平构件下部加设竖直构件以辅助支撑上部荷载的梁支座连接。

stiffener 1. 加劲肋；作为辅助构件固定在板上起防止板翘曲的角钢或槽钢等。2. 空腹金属门中位于空心中的门板加劲件，通常是槽钢。

stiffening angle 加劲角铁（钢）；固定在梁的腹板上以增强梁的抗压弯失稳的角钢。

stiff frame 钢架；见 **rigid frame**。

stiff leaf （英国）中世纪装饰使用的密叶饰。

stiff-leg derrick 由桅杆、吊杆和两根较短的斜向固定支腿组成的起重桅杆。

stiff-mud brick 硬泥砖；用硬塑性黏土（含水量

12%～15%）通过模压制成的砖。

stiffness 刚度，劲性（度）；作用在结构或结构构件上的力与其引起的相应位移的比值。

stiffness factor 刚度系数，劲度系数；构件横断面惯性矩与其长度的比值。

stilb 熙提；亮度单位，等于1烛光/平方厘米的强度，缩写为sb，现已弃用。

S-tile S形瓦；一种坚固的波形瓦，S形曲面瓦。

stile **1.** 窗梃，门梃作为门（窗）扇外侧的框架竖向结构件。**2.** 梯磴，翻越栅栏或墙时踩踏用的踏步装置或爬梯。

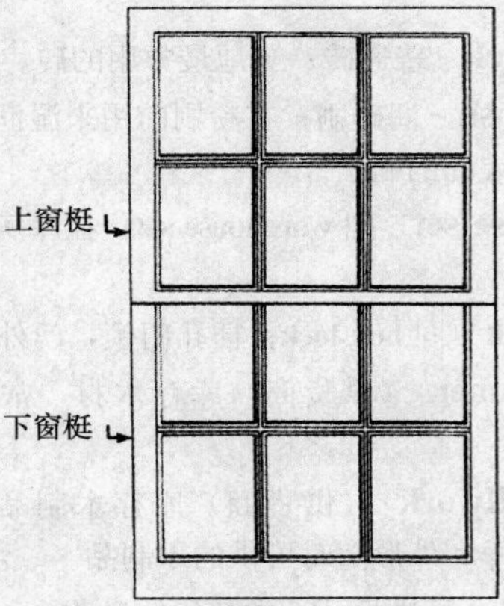

窗梃

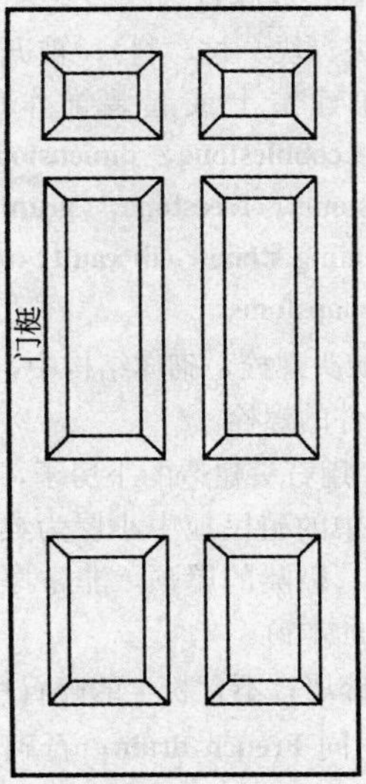

门梃

Stile Liberty 意大利版的（流行于19世纪末的）新艺术，得名于伦敦的自由商行。

stile plate 同 **push plate**；边梃推板，推门板。

stillicidium 多利安式建筑屋顶端部上的滴水檐。

stillroom 备餐室；与厨房连接放置备用的咖啡、茶和类似食品的房间。

stilt **1.** 位于另一与其相同结构上的结构单元。**2.** 支撑高于水平面或地面上的房屋桩柱。**3.** 置于另一竖向构件的上面或下面以增加其高度的构件。**4.** 见 **stilted arch**。**5.** 门框中的地锚；见 **base anchor**。**6.** 木搁栅中的支撑。

stilted arch 高架拱；拱弧线起点在拱墩以上的拱。

stilted vault 高架拱形穹顶；拱顶弧线起点在拱墩线以上的穹顶。

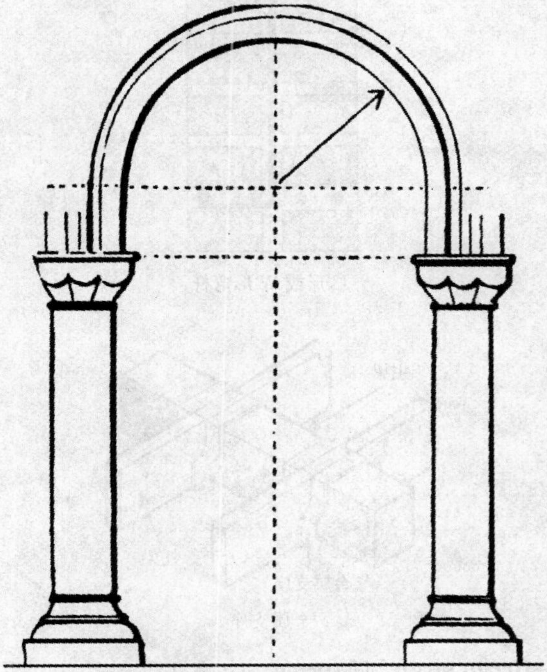

高架拱

stipple **1.** 点刻法，点画法，斑点装饰；在新涂油漆或灰泥表面刻上一些点，起到装饰性效果。**2.** 点刻刀，点画笔，画人造木纹的工具。

stippled finish 点彩饰面；用点彩刷的硬毛在未

硬化的油漆、粉刷或搪瓷表面上形成的点状或卵石状装饰表面。

stippler 1. 点彩刷，点彩工具；用来在软化的油漆、粉刷表面上形成装饰纹理的宽平底刷，带有硬毛。2. 形成点彩饰面的一切工具。

stippling 点刻，点画，点彩。

stipulated sum agreement 契约总价协定，付款协议书；合同总款额执行前需付某一特定款项的协议。

stirrup 1. 同 hanger；挂钩筋。2. 配筋砖砌体或钢筋混凝土中使用的U形或W形的弯筋。3. 梁中抗剪力和斜拉应力的箍筋。4. 镫形件；套接在墙梁或柱子或悬钩在主梁上用来支承托梁的金属支座。

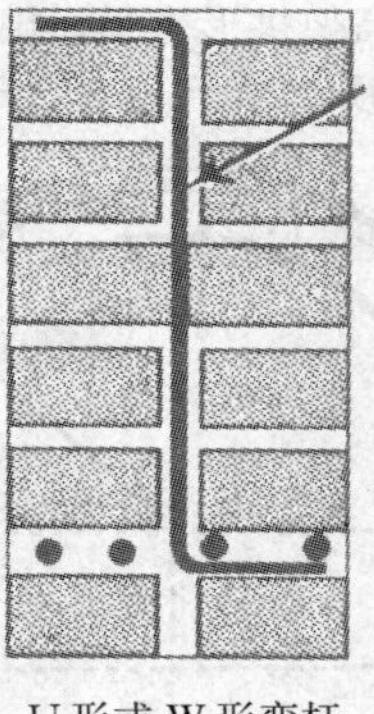

U形或W形弯杆

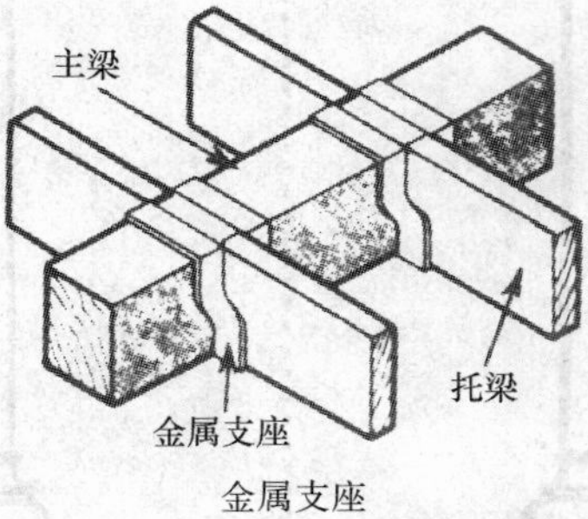

金属支座

stirrup strap 同 stirrup，4；扁钢悬托镫。

stitch nailing 缀缝钉接；用钉子钉透相互连接的两块木料外露的侧面而形成直角的一种接头方式。

stitch rivet 钎合铆钉；在两构件组成部分之间间隔放置铆钉将两者铆接在一起并可增加侧向刚度。

stitch welding 跳花焊；通过使用间断焊缝将两个或多个构件焊接在一起。

STK （制图）缩写＝“stock”。

STL （制图）缩写＝“steel”。

stoa 敞廊；古希腊建筑的柱廊，常为独立的并相当宽，用于散步或会见。

stob 如同围栏中的立杆一样的小柱。

stock 1. 木料、板、门、窗等一些常用的原材料并随时可从供应商处获得。2. 主干构件或夹具；由另一部件插入的部件作为工具的本体。3. 攻丝板把；车管道或螺栓螺纹时默写用的夹具。

stockade 围栏，由圆木或木材打入地面形成的围栏。

stock brick 普通砖；当地最常用的砖。

stock brush 润砖刷；在粉刷前用来湿润或修整砖的外层表面的刷子。

stockhouse set 同 warehouse set；在库房内块的水泥。

stock lock 同 box lock；插孔门锁，门外锁。

stock lumber （供货商）库存木材，常用规格木材。

stock millwork （供货商）库存木制品。标准尺寸、式样和外形随时可供的木制品。

stock size 标准尺寸，常备货的尺寸。

stoker 加煤机，加煤料机。

stone 石（头、块、材、料）；被开采、加工、制作用在建筑建造上或起装饰作用的岩石；见 **brownstone**，**cobblestone**，**dimension stone**，**fieldstone**，**flagstone**，**freestone**，**granite**，**limestone**，**marble**，**pudding stone**，**rib vault**，**rusticated stone**，**sandstone**，**soapstone**。

stone bolt 棘头螺栓，砌体结构中，埋固在砂浆中用以支承构件的螺栓。

stone cabin 用石头建造的小房子，以讲德语的宾夕法尼亚州中的殖民地中小屋为典型；这种房子有以下特征：极陡的屋顶，非常厚的石头墙，带滑动百叶窗的木窗。

stone chip 碎屑；不含粉尘的碎石片。

stone drain 同 French drain；石砌暗沟，石砌盲沟。

stone dust 石粉，石屑；用于铺路的石粉，也可以与砾石混合后压密形成路面，也可以砾石混合来填充不规则石头之间的空隙以形成平整的路面。

stone-ender，stone ender house 17 世纪晚期一种带梁、柱框架的房子，基本上类同于美国殖民建筑中所描述的中世纪单室小屋，最初出现在美国罗得岛州，这种房子最突出的特征是：厚重石端墙与大壁炉烟囱结合，烟囱上带有显眼的烟囱帽，小窗户上镶着带有对角布置的嵌在铅条内的玻璃板，入口板条门通向被称作门廊的小房间。

stone facing 石料镶面；应用在幕墙外表面的薄石料镶面板。例如联合国总部采用的大理石镶面。

stone-filled sheet asphalt 碎石石油沥青，绝大部分能通过 2.00mm（10 号）筛的矿物骨料的沥青混凝土并符合石油沥青的要求，通常使用在表面粗糙的结构上。

Stonehenge 巨石阵；英国威尔脱郡索尔兹伯里附近遗留的史前巨石柱群。

stone lantern 室外石灯笼（通常为日本的），用作花园的永久装饰。

stone masonry 石圬工，块石砌体，由天然采石或人造石块经砂浆粘合而成的砌体。

stone medallion 偶尔用来指代日期石（**date stone**）。

stone sand 碎石砂，破碎石头制成的砂。

stone-setter's adjustable multiple-point suspension scaffold 砌石工采用活动式悬吊脚手架；由起吊机器吊到工作面上的四角均有吊钩吊挂的脚手架。

stone slate 石板，石板瓦；形状和尺寸不规则的薄层状石板瓦或铺砌石板，通常为石灰岩或砂岩，沿层理分开可作为粗糙的屋顶板，这种石板不同于标准的石板瓦，后者是沿裂缝劈开的变质岩。

stoneware，earthenware 粗陶瓷；呈玻璃状的坚固瓷器，通常是经盐（浴）淬（火）形成的，可用作卫生设备、管道或引水道。

stonework 1. 砌石（凿石、毛石）工程，石块砌筑的砌体。2. 为石砌体备料。

stool 1. 窗户关闭在上面的扁平状窗板，与门槛的作用相似。2. 内窗台；固定在窗口内侧底部的窄搁板。3. 窗底垫板。4. 同 **packing piece**。5. 钢筋支架。

stoop 门阶；房屋入口处通常有几步台阶的平台或门廊。

房屋入口处的平台或门廊

stoothing （俗语）龙骨、板条和粉刷，普通地面等。

stop 1.（窗）门档；门、窗关闭时的框内侧挡条线脚或镶边（串珠饰）。2. 线束件；线脚的装饰端，线脚终端，突出的浮雕饰或其他装饰。3. 锁定碰簧销的按钮。

stop-and-check valve 同 **nonreturn valve**；截止阀。

stop-and-waste cock 管道供水系统中带排水口的旋塞阀，当旋塞阀旋转时可以将供水阀关闭而将排水阀打开，从而使下游水流排放到污水池中。

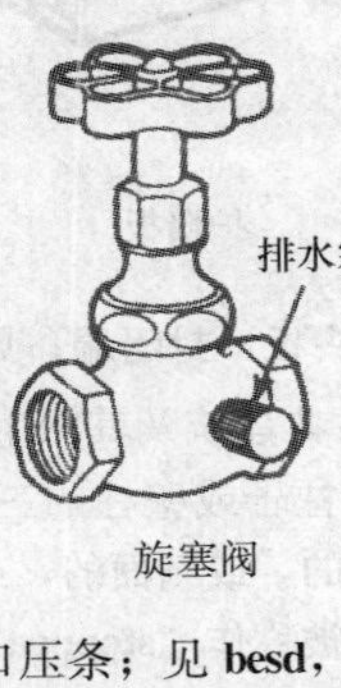

旋塞阀

stop bead 截口压条；见 **besd，2**。

stop chain 剧院中阻止防火幕撞击舞台地面的吊链。

stop chamfer, stopped chamfer 削角终止；曲线形或三角形削角，使削角间距逐渐变狭直到二者在脊棱相遇为止。

stopcock 龙头；室内配送网络支管中切断水、气的阀门。

stope 开面，梯段形开面。

stop end, stopped end 1. 沟槽或脊盖的封闭端。2. 修整过的墙端（划成方格）。

stop molding 线脚止端，不延伸的线脚，终止线脚。

stopoff 限制焊料或铜焊填充金属在焊接接头表面扩散的一种材料。

stopped chamfer 见 stop chamfer；削角终止。

stopped dado 暗榫槽，护壁板；没有刻穿木板全部的长方形平底槽的护壁板。

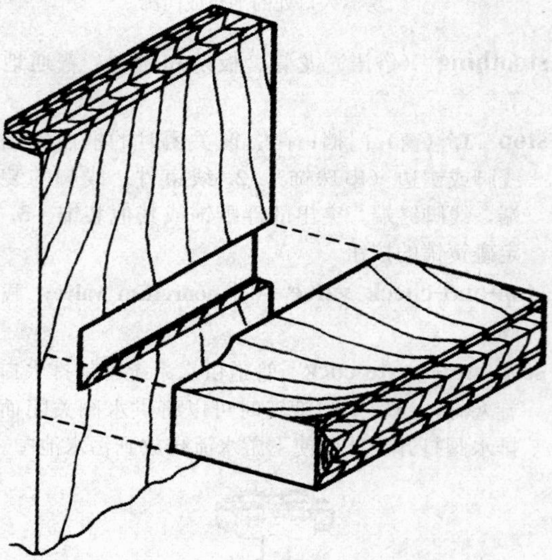

护墙板

stopped end 堵头板，封闭端；见 stop end。

stopped flute 古典建筑及其派生建筑中一种柱状沟槽的终端下到柱子或壁柱的三分之二处，在其下面可能是光面的，或刻面的，或刻短槽的柱身。卷缆式沟槽有时被称作“stopped”。

stopped mortise 暗榫；见 blind mortise。

stopper, stopping 填塞料；密封木料或金属表面小孔的诸如腻子的材料。

stopping 同 stopper；填塞料，腻子。

stopping knife 刮腻子刀，嵌油灰刀。

stop screw 用作固定门窗框上止条的木螺栓。

stop stone 双扇门中的止门石，门槛石。

stop valve 断流（停气、停止、截止）阀；管道配送网络中用来关闭某一管路的阀门。

stopwork 将锁的弹簧闩固定在弹射处以使在门外用钥匙或把手打不开门锁的机械装置，主要是用来提供附加的安全性，可以通过滑动或旋转按钮进行该功能的设定。

storage capacity factor 储水容量系数；热水器中储水容器的体积与一小时内热水最大使用量的比值。

storage cistern 贮水箱。

storage heating 蓄热式采暖；见 thermal storage。

storage hopper 贮藏斗，贮料斗，料仓；见 stationary hopper。

storage life, shelf life 贮存寿命，贮存期；材料（如一包胶粘剂或密封剂）在特定温度下能够保持正常使用的时间期限。

storage tank 储水池，储水箱；储存来自水源处的水，在需要时将水配送给使用点的储水容器。

storage-type water heater 贮热式水加热器；由水平的或竖直的容器、热源（例如电加热线圈或热交换器）和用来进行控制、安全操作和保温的多种附属零件所组成的水加热器。

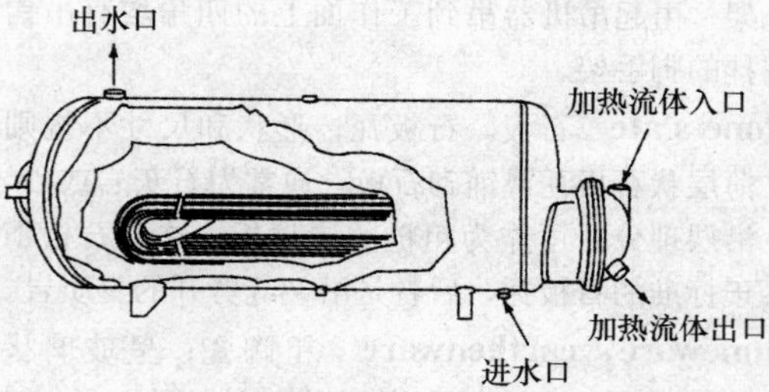

贮热式水加热器

store 1. 商店存储待售商品的地方。2. 仓库；存储将来使用的货物或材料的地方。

store door handle 仓库门把手；作为门锁一部分

的大型门拉手，通常固定在门板上，带有一拨块以供开关门插销用。

store door latch 由杠杆钮来移动弹簧闩的门闩锁。

storefront, shop front 商店沿街正面，沿街铺面；通常有陈列商品的一扇或多扇玻璃窗的商店沿街铺面。

storefront sash 商店门面上由镶玻璃的轻铜构件组成的连续窗扇。

storey （层）楼；见 story。

storey rod 量层高杆；见 story rod。

storm anchor 屋顶中平底的防腐金属锚固件，通过它将每一块下面被盖住的瓦角固定在相邻瓦片的外露边上。

storm cellar 地下避风室，防风暴（雨），如旋风，飓风，暴风，龙卷风，大雷雨等的地下室。

storm clip 防风雨玻璃窗夹，在玻璃格条外防止玻璃片脱出的卡钉。

storm door, weather door 防风雨的附加门；安装在房屋入口门门框内的防风雨的外重门，通常装玻璃，用于保护出入口门，防止骤风暴雨浸入或室外严酷气候影响。

storm drain 雨水下水道；用于排放雨水、地下水、冷凝水、冷却水或其他相似排放物（但并不排放污水或工业废水）到处理点的下水道。

storm lobby 同 storm porch；防风门斗。

storm porch 防风门斗；一般仅在冬天搭建、起挡风作用的封闭或半封闭门斗。

stormproof window 防风、冰雹、雪和暴风或飓风中的雨的一种窗。

storm sash 防暴风雨的附加外窗，风雨窗；见 storm window。

storm sewage 因下雨导致雨水和污水混合排放的下水道。

storm sewer 雨水干管，雨水沟；用来排放雨水或其他类似排放物，但并不排放污水或工业废水到处理点的下水道。

storm-sewer system 雨水排放系统，用于排放雨水、地下水、冲洗街道的水、冷却水或其他相似排放物，但不包括污水或工业废水的下水排放系统。

storm sheet 防雨板；在屋檐处边缘向下弯成弧形的起防雨作用的屋面片材。

storm water 地表径流，雨水径流；因暴雨形成的地表流动的水。

storm water channel 排水渠；用来排放地表水、次表层水或雨水的水渠。

storm-water conductor 屋面排水系统中的雨水排放管（位于建筑物内）；如果管子被固定在建筑物外侧，被叫作落水管或雨水管。

storm window, storm sash 风雨（双层）窗；通常设置在已有窗外侧起附加抗恶劣气候作用的外窗。

story （英 storey）**1.** 楼层；建筑物中楼板与楼板或顶层楼板与楼顶间的空间，在一些规范或条例中地下室也被考虑为楼层，通常地下室不算楼层。**2.** 分层；在没有楼板的建筑中按照窗户的成层排列进行的水平划分。

story-and-a-half 一层加半层房屋；二层房间在屋檐处净空相对较低的房屋。

story drift 楼层侧移；建筑物顶层与底层之间的水平位移之差。

story height 楼层高度；相临楼层装修面层间的竖直距离。

story post 支承楼板梁的立柱。

story rod, height board, story pole 量层高杆；长度等于楼层高度的木杆；被分为相等的格数，每一格等于一级踏步的高度，用于楼梯建造中；也见 gauge rod。

stoup 圣水钵；用来盛放圣水的容器，有时单独放置，但更多时候被固定或雕刻在教堂入口附近的墙上或柱上。

stovepipe 火炉烟囱管；用于将烟、气等从火炉排放到烟道的金属管。

stove room 曾用来表示用火炉加热的房间的一个词。

stoving 烤漆，烘干；见 baking。

St. Petersburg standard 见 Petersburg standard。

Stpg. 缩写＝“stepping”，踏步木，分段，分级。

Str. 缩写＝“structure”，结构。

STR. 缩写＝“strike”，撞击。

straddle pole 鞍形脚手架中设在屋面上的斜杆。

straddle scaffold 同 saddle scaffold；跨立式脚手架，鞍形脚手架。

straight arch 平拱；拱腹（也就是拱底面）水平的一种砖拱；中点两侧的砖缝向下朝中心线倾斜；也被叫作荷兰拱、平拱、法国拱。

straightedge，rod **1.** 刮平混凝土、砂浆或粉刷表面的刚性金属条或木条，一种刮板。**2.** 平尺，直尺；两边相互平行的长条干刨光木料，在建筑中用来放线和校准框架。

straight-edge gable 同 straight-line gable；顶面平直的山墙。

straight flight，straight stair 直行楼梯段，直跑楼梯；一直伸向一个方向的梯段，没有转弯或斜踏步。

straight-grained **1.** 顺纹；或多或少与锯切边平行的木材纹理。**2.** 呈现直纹理的四开方材。

straight jacket 墙加固板；固定在墙上以增加墙体刚度和强度的刚性木料。

straight joint **1.**（木地板）直缝拼合；木地板中，由相互平行的木板端头形成的连续接缝，接缝与木板长度方向相垂直。**2.** 木工活中将两个木料通过雄榫、槽口、销子或搭接形式连接所形成的接缝，也称平头接合。**3.** 由砌块的端头形成的竖直方向上的连续接缝。

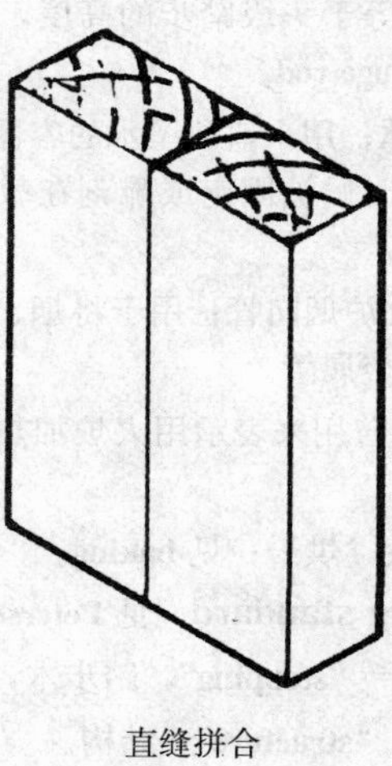

直缝拼合

straight-joint tile 直缝接头瓦，一种单一搭接式样的瓦；因此从屋檐到屋脊的瓦的拼缝均在一条直线上。

straight-line edger，straight-line ripsaw 修边机，修边锯。

straight-line gable 直线山墙；指女儿墙式的人字形屋顶山墙，其两端顶面高出斜坡屋面开成一条水平直线。源于荷兰殖民建筑和一种过渡建筑。

straight-line theory 线性理论；分析钢筋混凝土构件所采用的一种理论假说，该假说的理论认为在纯弯曲状态下应力和应变的变化与中性轴的距离成比例。

straight lock 不嵌进门和门框的平贴门锁，安装这种门锁时除打钥匙孔外不需做其他准备工作。

straight nailing 同 face nailing；垂直正面钉入。

straight-peen hammer 直头锤；具有凿子式的钝刃，锤夹其刃口与手柄平行的一种锤。

straight-run stair 同 straight-flight stair；直跑楼梯。

straight stair 见 straight flight；直跑梯段。

straight tee 等径三通；所有开口均相等的三通。

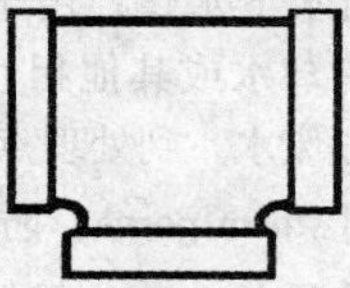

等径三通

straight tongue 直舌榫，沿板一边伸出的舌榫。

straight tread 同 flier；踏步板。

strain 变形；在外力作用下物体或材料形状的改变。

strain energy 应变能。使物体变形所做的功。

strainer 筛子；将异物从流体或气体中过滤出来的装置。

strainer arch 设置在两个平面间防止其向彼此倾斜的拱。

strainer beam 同 straining beam；系梁，跨腰梁。

strain gauge 应变仪（计，片）；在机械应变作用下显示出的成比例的相应电阻抗变化的精细金属丝或金属薄片，它们通常被固定或粘接在一些负载材料上或夹具及固定装置上，在测试应力的试验中使用。

strain hardening 变形硬化；通过冷加工产生的金属硬度增加变化。

straining arch 扶拱；在飞扶拱中用作直撑的拱。

strain beam，strain piece，strutting piece 系梁，跨腰梁；在桁架中，系梁或两腰椽子下端连接线的上面的水平撑杆，尤其在双竖腹桁架中指连接在双竖腹杆上端的撑杆。

straining piece 1. 同 **straining beam**；系梁，跨腰梁。2. 固定在反向撑杆间并承受其推力的任何构件。

straining sill 双竖腹杆桁架撑木；固定在双竖腹杆之间桁架下弦顶面上用来支撑双竖腹杆向内的推力。

strake 1. 房屋壁板上一连串的护隔板。2. 钢制高烟囱中的一排钢板。

strand 1. 绞合线，钢绞线。绞合在一起的多股钢线。2. 未经绞合的多股钢丝放在一起。3. 预应力混凝土中的钢丝束。

stranded wire 绞合电线，用作单根电线的一组细电线。

strand grip 预应力钢丝束锚具；预应力混凝土结构中，用来锚固预应力钢丝束的装置。

S-trap S形存水弯，虹吸封气管，防臭水封弯头。

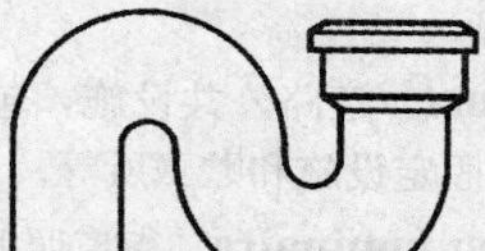

S形存水弯

strap 1. 锚固金属板；用螺栓或螺钉固定的横跨在两个或多个木料接头处的金属板。2. 系梁见 **tie beam**，1。3. 见 **pipe strap**。4. 连接桁架和墙上的承重垫板的金属件。

strap anchor 同 **strap**，1；锚固件。

strap bolt 1. 同 **lug bolt**。2. 栓身中部为扁平状可以弯曲成U形的螺栓。

strap footing，strip footing 条形基础；荷载成直线性分布的连续基础。

straphanger 吊带，条形吊杆。

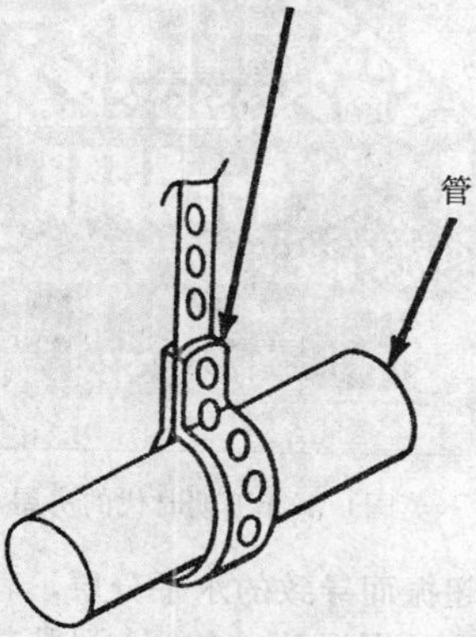

吊带，条形吊杆

strap hinge 长页铰链；固定在门板面、带有长页的铰链，通过它可以使门与相邻的柱或墙牢固的连接在一起。

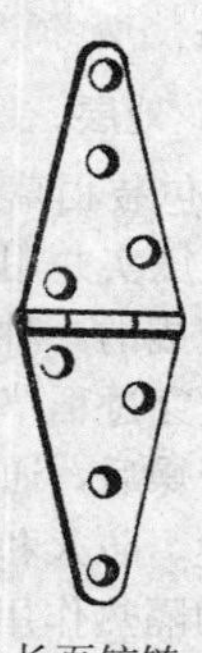

长页铰链

strap joint 铆接板条的接头；将两块对接的材料由铆接板条连接在一起的接头。

strapped elbow 同 **drop elbow**；扁弯头。

strapped wall 板条墙；见 **battened wall**。

strapping 1. 木板条。2. 同 **banding**，2；绑条。

strapwork 1. 带形饰；泛指用窄带或窄条进行折叠、交叉或交错等形式所形成的装饰。2. 坡屋两端的山墙上使用的交错窄带装饰；尤其在（英国）都铎王朝建筑中和（英国）都铎王朝复兴时期及北欧使用。

stratification 1. 混凝土成层作用；混凝土因含水

（英国）都铎王朝时代的房屋

量过大或超振而导致的水平分层，表现为逐渐变轻的物质向顶层运动，水、水泥乳浆、砂浆和粗骨料则按照次序向底下各层运动从而形成分层。**2.** 混凝土中分层构造（现象）。

stratified rock 成层岩，岩层；在压密作用、粘固作用或结晶作用下沉积后形成的成层地质岩石；同 **sedimentary rock**。

stratum 沉积岩层，地层。

straw bale house 包装稻草房屋墙由在混凝土底板上制作的稻草经压实并用金属丝捆扎所形成的大块包装稻草建造成的一种房屋，稻草砌块俨然是超大号砖；通过穿过稻草的竖杆对墙体进行加强。当稻草完全干燥后，通常在墙上涂抹一层灰泥以提高环境卫生、防火和抗风化能力，同时稻草能够起到很好的隔热作用。这种房屋被应用在美国中西部的农场地区。

strawboard，compressed straw slab 稻草板；含有胶结成分并被压缩成板形的稻草。

straw-hat theatre 夏季剧院（草顶剧院）；仅在夏季使用的剧院。

straw shed 畜棚后边的外延部分，通常在一侧，主要用来存放稻草；也可能是两层结构，顶层存放干草，底层存放农场机器。

straw light 散射（漫射）光。从光源附带入射而用作其他区域采光的散射光。

streamlined specification 施工说明书摘要；与施工手册内容相同，介采取缩略方式的说明书。

streamline flow 层流；流体（气体或液体内）通过固体物体时每一点的速度都不随时间变化的一种流动形式。

Streamline Moderne，Streamline Modern 提倡对流线形的装饰艺术阶段，设计主要是强调水平外观。尽量呈现流线形的轮廓。通常包括曲线端头墙、圆形的拐角、玻璃垫块、嵌入式玻璃窗、白色或淡色拉毛粉刷墙、水平不锈钢围栏等特征。

stream shingle 扁砾石。取自陡坡河床中具有倾斜重叠图案的层状岩石扁平砾石。

street 街道，马路，车行道；通常是铺砌好的一种公用大道，包括所有可通行的区域，如人行道；公共道路。

street elbow 同 **service ell**；带内外螺纹的弯管接头。

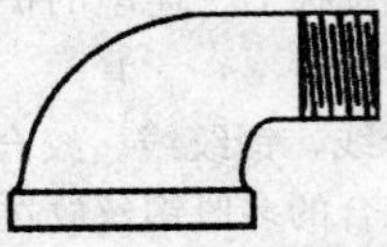

内外螺纹的弯管接头

street ell L形管接头，内外接弯头；见 **service ell**。

street floor **1.** 建筑物中与街道标高最接近的地面，通常与街道高低相差不会超过半层，作为建筑物的主层。**2.** 符合美国某些标高最接近的地面，这种地面高程建筑物入口处标高不高于 21in，也不低于 12in。

street furniture 道路公共设施，包括长椅、标志牌、路灯、固定设施和贮藏所等。

street lighting luminaire 街道照明设备；由光源和与其相配套的附属设施如灯罩、反射镜、灯头和与灯头成整体的支座灯柱和灯架不包括在内的一套街道照明设备。

street lighting unit 街道照明装置；由带托架的灯柱和街道照明组成。

street line **1.** 地段线，地界条与街道的分界线。**2.** 街道分界线，由测量仪器按规定的街道宽度确定的街道边界线。

street main 干管；见 **gas main** 和 **water main**。

street pavement 街道铺面；道路的外露或耐久表

面。

street projection 房屋突出于街道建筑线的部分，包括挑出的雨罩、安全出口、旗杆和广告牌。但建筑艺术不限。

street wall 沿街墙；房屋紧邻街道界线的墙。

strength 强度；材料承受外力的能力。

strength design 设计强度；为了保证结构安全的基本设计技术。

stress 应力；外力作用下，在弹性材料中的某一点产生的内力，以单位面积上受到的力表示，例如镑/平方英寸或千克/平方毫米。

stress analysis 应力分析；见 **structure analysis**。

stress concentration 应力集中；通常由局部荷载作用或形状突变导致局部应力明显高于平均应力的现象。

stress corrosion 金属由应力递增引起的腐蚀。

stress corrosion cracking 应力腐蚀裂纹，金属因外露面受环境中电化效应和受拉应力同时作用下产生的破坏裂缝。

stress-corrosion cracking 应力腐蚀裂纹。金属由腐蚀和应力作用下产生的裂纹。

stress crack 应力裂纹；塑料内外由张拉力作用导致的裂纹，频繁的环境变化将促进裂纹的更快发展；也见 **crazing**。

stress cracking 应力开裂；焊缝或主体金属中因残余应力导致的开裂。

stress diagram 应力-应变图；见 **stress-strain diagram**。

stressed sandwich panel 受力夹芯板；同 **stressed-skin panel**。

stressed-skin construction 受力面层结构；在建筑物外表面用以受力的薄层材料的结构。

stress-skin panel 外层受力板；由芯材与两侧承受外力的层压板或其他合适的板组成的夹芯板。

stress factor of safety 破坏应力与最大许可应力的比值。

stress-graded lumber 根据生长期、纹理倾向、结构缺陷等对木材强度进行的分级。

stressing end 当预应力混凝土仅在一端进行张拉时施加预应力的钢丝末端、张拉端。

stress-number curve 疲劳试验中表征试件破坏时的应力值和加载循环次数之间关系的曲线。

stress range 应力幅度；构件在不同荷载条件下最大应力和最小应力的差值。

stress relaxation 应力松弛；在常荷载作用受约束材料中应力将随时间而减小的一种现象。

stress-relief heat treatment，stress relieving 消除应力热处理（回火处理）；对材料进行均匀的加热，加热温度以足够消除材料中的残余应力为准，然后再均匀的冷却的处理方式。

stress relieving 应力消除；见 **stress-relief heat treatment**。

stress-strain diagram 应力-应变图；描述应力值和应变值之间变化关系的曲线图，应力值通常为纵坐标，应变值通常为横坐标。

stretch 专利玻璃的面积。

stretcher 顺（砌，边）砖，顺砌；水平放置的长度方向与墙面方向一致的砌块。

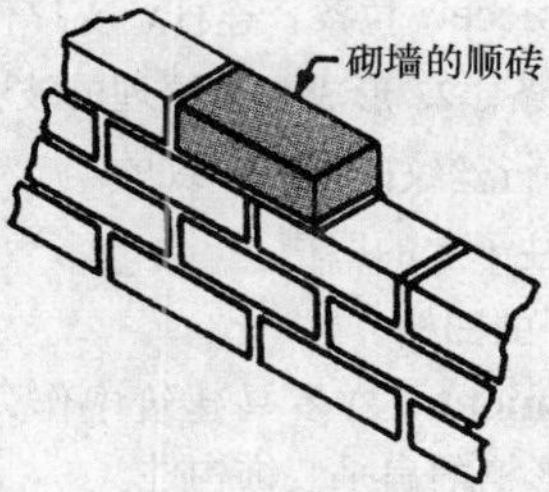

顺（砌，边）砖

stretcher block 顺砌混凝土砌块。

空心顺（砌，边）砖

stretcher bond，running bond，stretching bond 顺砖砌合；砖或砌块沿长度方向进行砌筑、相邻砌块层的砌块竖向接缝相互错开的一种砌合方式。

顺砖砌合

stretcher course，stretching course 顺砌砖层。

stretcher face 顺面；顺砌砖的长向外露面。

stretcher leveling 拉伸整平；金属板通过机械张拉进行整平。

streth-in carpet installation 将地毯拉伸覆盖到地毯衬上并在四周通过地毯钉条将其固定的地毯安装法。

stretching bond 同 stretcher bond；顺砖砌合。

stretching course 顺砌砖层。

stretching piece 拉条，连杆，支撑件。

stria 1. 线条。2. 形成表面纹理的波肋。

striated 平行丝纹的，槽形纹的。

striatura 柱子上的凹槽。

striga 柱子的凹槽。

strigil ornament 在罗马建筑中作为柱顶饰带具有竖向波形槽的扁平装饰构件。

strike 1. 清缝；用泥刀修整砖或石砌层接缝，并同时使接缝中剩余的砂浆刮去。2. 锁舌。

strike backset （撞锁）在门框上门碰头与锁舌板外边缘之间的距离。

strike block 短刨；用于装配短缝比木工长刨较短的平刨。

strike edge 见 leading edge；装锁的门窗扇侧边。

strike jamb，lock jamb 安装锁舌片的门框竖梃。

strike off 1. 刮平（多余材料）；用直木杆或金属杆除去新粉刷面或新浇混凝土表面多余的材料。2. 用来刮去表面多余材料的木杆或金属杆。3. 见 strike，1。

strike plate，strike，striking plate 锁舌板；安装在门侧柱中的金属板或金属盒，有开孔或凹进以容纳固定在门上的门闩或插销；也见 box strike plate。

striker 锁舌导板；固定在门侧柱上稍带斜面的金属板，在门关闭时引导和容纳门弹簧锁舌。

strike reinforcement 门框加固件；在空腹金属门框中与锁舌板连接并对门框进行加固的金属薄片。

strike stile 同 lock stile；安锁舌片的边梃。

strike-through （胶合板面）透胶的污迹；见 bleed-through。

striking 1. 用刨子刨制线脚。2. 拆除建筑物上的临时支撑。

striking-off lines 在粉刷中在顶棚或墙上为檐口工序画线。

striking plate 锁舌板；见 strike plate。

striking point 圆弧的曲率中心，从该点可以画出圆弧。

striking stile 装锁边梃；见 lock stile。

string 1. 楼梯斜梁；楼梯中支撑踏步端头的斜梁。2. 格构屋顶中水平系梁。3. 带饰，束带层，各种专门的带饰；见 closed string，face string，finish string，open string，outer string，outer string，rough string，stair string。

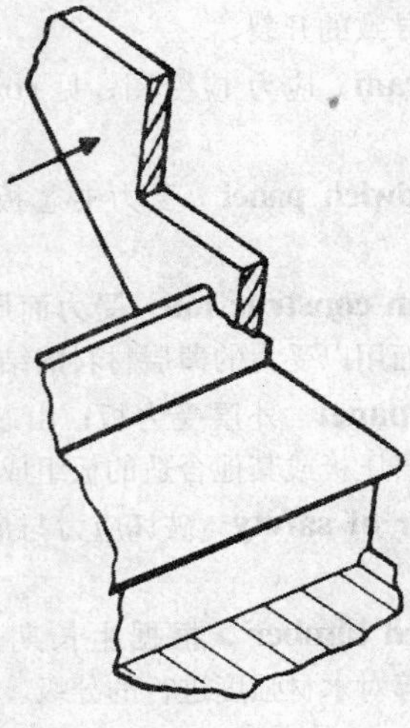

楼梯斜梁

stringboard 同 face string；露明楼梯斜梁。

stringcourse, belt course 带饰，束带层；通常比其他层窄的水平带状砌筑，贯穿建筑物的正面，也可能环绕如柱子上的饰带形式存在，砌层或与表面齐平或突出于表面。

带饰，束带层

string development 同 ribbon development；带状扩展，带形开拓区。

stringer 1. 楼梯斜梁；见 string，1。2. 见 stringpiece。3. 托梁；连接框架柱并支承接面的长而大的水平木料。

stringer bead 焊接中的一种叠珠焊珠，通过沿平行于焊珠轴向移动而没有明显侧向摆动的焊条进行焊接所形成。

stringiness 拉丝性；当涂布胶粘剂时，刷、辊与涂布面分离瞬间胶粘剂拉成细丝的特性。

stringing mortar 展铺砂浆；铺设足够砂浆可一次砌若干块砖。

stringpiece 泛指建筑物或支撑系统中长而大的水平木构件。

string wall 见 string，1；楼梯斜梁。

strip 1. 棒，束，条，带；一般等宽度且长而窄的材料或构件。2. 见 board，1。3. 破坏螺母或螺栓上的螺纹。

strip board 见 strip core；夹芯板。

strip building 平行长排的简易房屋，造价低且占地少。

strip core, blockboard, loose core, strip board 木芯板，夹芯板，细木工板；一种夹层由独立或粘接木板条制成的复合板，夹层正反面贴有面板，其纹理与夹层木板条纹理正交。

strip diffuser 见 linear diffuser；条形散流器。

stripe 镶条，色条；见 ribbon stripe。

stripe veneer 同 ribbon stripe；隔色胶合板。

strip flooring 硬木企口木地板，狭长的，带有企口木板条，通常由枫木、桃花心木或橡木制成。

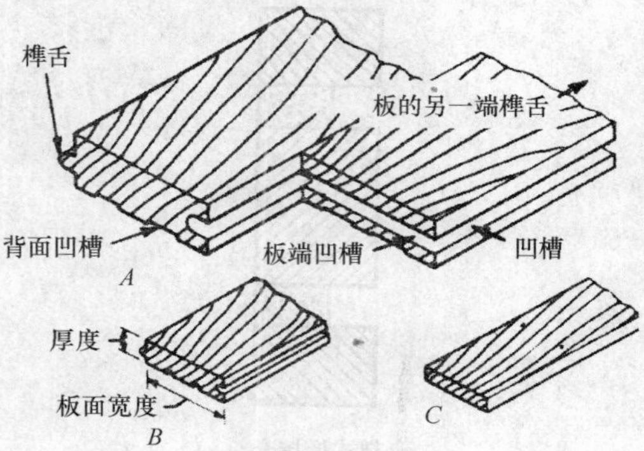

企口木地板

strip footing 条形基础；见 strap footing。

strip foundation 带状基础，条形地基；长度远大于宽度的连续基础。

strip heater 带状加热器；带状电热元件直接包裹在管道上的自动调节型的电加热器，它可以在不安装循环热水系统的条件下维持所需的热水温度。

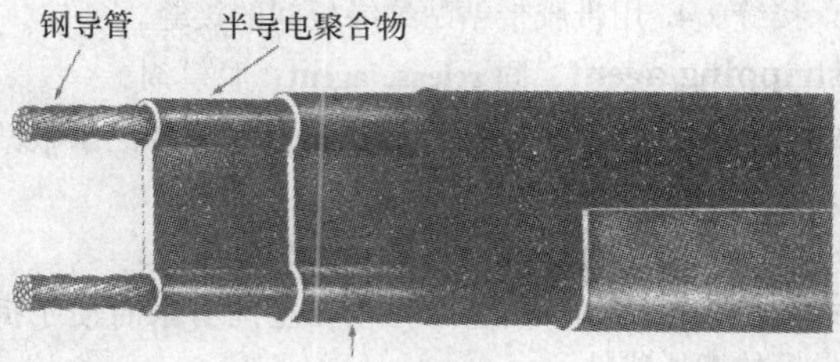

带状加热器

strip lath 窄条金属网板，用于加固石膏板条或两个不同抹灰底层接缝上的金属菱形网格板条。

striplight 1. 条形照明器；见 fluorescent strip。2. 固定在光带槽中带有反射罩和色帧用来照明剧院的整个舞台或舞台特定区域的一排照明灯。

strip mall 一种长条形排布的卖场；常位于高速公路两旁。

strip mopping 条铺沥青法；以条带形式涂敷热

沥青，通常沥青条带宽大约 8in（20cm），中间的空隙宽 4in（10cm）。

stripped joint 深槽缝；砌砖工程中粗纹砖砌筑时采用的一种接合形式。

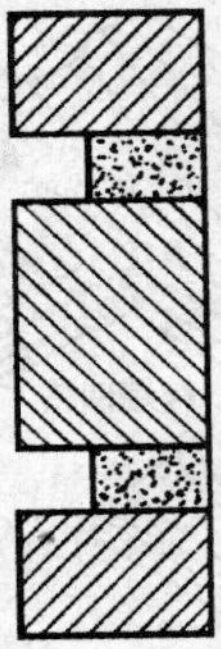

耙式形接合

stripper 脱漆剂；通过化学和（或）溶剂的作用祛除涂层的液体。

striping 1. 清除；在对待建基础的某区域进行平整时所做的初期工作如清除掉树木、灌木丛、草木和表层土等。2. 使用喷灯、脱漆剂、蒸汽脱附设备、铲刀和其他工具祛除旧油漆、墙纸和壁画颜料等。3. 封闭金属板和组合屋面防水膜之间的接缝。4. 用带胶带粘贴绝缘板间的接缝。

stripping agent 同 release agent；脱模剂。

stripping felt 油毡条；用于覆盖在金属泛水板凸缘上的狭条卷材。

stripping knife 铲刀；见 broad knife。

stripping piece 模板工程中在空间有限时便于拆模的楔形狭件。

stripping shovel 矿山表层剥离机，剥离铲。

strip slates 方板岩橡胶屋面；见 asphalt shingles。

strip soaker 屋面防漏条带；铺设在屋面木瓦、石板瓦或陶瓦下瓦槽处的狭条防水卷材。

strip taping 同 striping，4；盖缝油毡条；也见 taping strip，1。

strip welting 贴边弯下的铁皮条（用于薄钢板屋面）；见 welting strip。

strip window 建筑立面上由一系列窗子形成的水平带。

strix 柱身凹槽（凸筋）。

stroked work 细琢石料；经加工表面呈细凹槽的石料。

stroll garden 路边花园；设计用来供人行道上的行人观赏的花园，通常从一个有利观赏地点延伸到另一有利观赏地点。

strong axis 横断面主轴。

strongback 强力背板；固定在混凝土模板背面对其进行加固的框架。

strong clay 强黏土；不含任何其他物质的纯黏土。

stronghold 见 fortress，1；防御工程。

strong mortar 高强度砂浆；仅用硅酸盐水泥而不添加石灰制得的具有高收缩性的砂浆。

strong tower 同 keep；中世纪城堡的主楼，中世纪城堡的要塞，通常是巨大的塔楼，作为住所，特别是被围攻的时候。

Struc 缩写＝“structure”，结构的。

struck joint 1. 刮缝；用泥刀清除砌缝中多余的砂浆，从而形成大致齐平的接缝。2. 勾缝；砌体灰缝中的砂浆由上往下倾斜，从而在接缝底部形成凹槽的水平接缝。3. 泄水缝；见 weather-struck joint。

勾缝

struck molding，solid molding，stuck molding 一种宁可刻入构件上而不是加入或进入构件上的线脚。

structura 古希腊和古罗马用于砖石砌体一个词。

structura antiqua 同 opus incertum；古罗马粗毛

石砌法；古罗马由小毛石乱嵌灰泥形成的砌体，有时首层砌在砖、瓦垫层上。

structural 泛指建筑物的承重构件、部件等。

structural adhesive 结构胶粘剂；能够承受很高荷载的结构胶粘剂。

structural analysis，stress analysis 结构分析，应力分析；结构工程中，分析确定在荷载作用下的结构构件中的应力。

structural bond 结构性砌接，结构粘合；联合两个或多个砌体单元使之形成一个个体单元，并作为一个相同材料的个体单元具有相同的结构强度的结构砌合。

structural clay facing tile 建筑面砖；用在室内外未经粉刷的墙面、隔壁、柱子等表面采用的瓷砖。

structural clay tile 结构黏土结构空心砖，由黏土焙烧而成并有平行的空格或孔洞的空心砖。

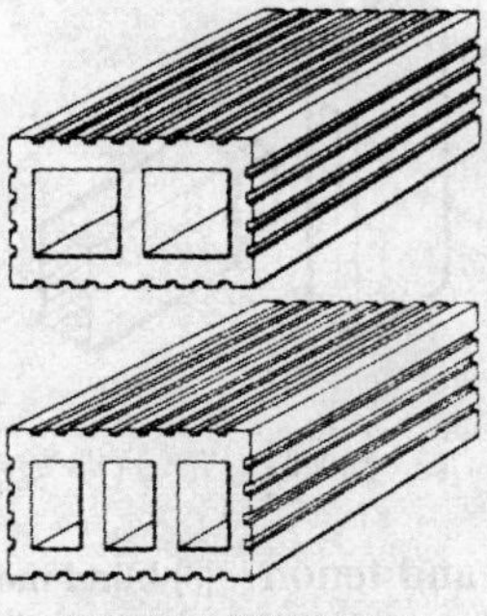

结构黏土结构空心砖

structural concrete 结构用混凝土；具有规定质量的用来承受荷载或形成整体结构的混凝土。

structural connection 结构连接；连接结构各构件的装置。

structural damage 结构破坏；指结构构件的松动、翘曲、弯曲、破裂、扭曲或破坏等，或组合构件的接头失去承载能力等。

structural design documents 结构设计文件；由结构工程师准备的包括规划、设计详图和施工要求等的文件。

structural drawings 结构图；通常由结构工程师绘制的建筑结构的设计和施工图。

structural element 组成建筑的支撑构件；例如梁、柱、楼板或墙体。

structural engineering 结构工程（学）；工程（学）中涉及结构设计和施工的一个分支，主要研究在结构能够安全正常使用的条件下受力和位移问题。

structural facing unit 建筑饰面单元；安装在墙面上一个或多个表面暴露在外的建筑，对该单元的要求可能包括颜色、平整度和任何影响其表面美观的因素。

structural failure **1.** 结构失效；结构丧失能力或稳定性。**2.** 结构中重要构件的破裂。**3.** 在荷载不变的情况下应变明显的增加。**4.** 结构的变形速度远大于结构上荷载的增加。

structural frame 结构构架，结构框架；建筑或结构中能将荷载传递给地基的所有构件。

structural gasket 见 **lock-strip gasket**；结构垫板，结构堵塞材料。

structural glass 结构玻璃，玻璃砖；浇铸成立方、矩形（实心或空心）块体、花砖或大矩形板状的玻璃，该玻璃有时也可以是彩色的，广泛应用在外墙表面。

structural glazing 板材就位后，通过高强硅胶将板材间结合点粘合的玻璃嵌板，无需金属竖框支撑。

structural glued-laminated timber 结构用的叠层胶合木构件。经特别挑选和准备的叠合木材用胶合剂粘合在一起的应力分级（MSR）叠合板。

structural lighting element 构架式照明设备；安装在构架中或构架本身也参与部分照明的照明设备。

structural lightweight concrete 承重轻质混凝土；采用轻骨料的混凝土，其重力密度通常为 90～115 lb/ft^3（1440～1840kg/m^3）。

structural lumber 结构（建筑）用木材；分类如下。**1.** 大梁（纵梁）：矩形截面，宽度≥5in，高度≥8in，根据短边加载的抗弯强度分级。**2.** 小梁，板条：矩形截面，2in≤厚度＜5in，宽度≥4in，用作梁时根据短边的抗弯强度分级；用作板时根据长边的抗弯强度分级。**3.** 柱（桩），支架：

正方形或接近正方形的木材，截面尺寸≥5in×5in，主要适用于承受纵向荷载的桩和柱并作等级划分，同时适用于抗弯强度并非特别重要的其他用途。

structural sealant 承重填缝材料；可在结构处于正常使用环境的相邻构件间传递静力或动力荷载（或二者）的填缝材料。

structural shape 型钢；结构（建筑）型材，具有标准截面、含碳量、尺寸及合金含量的热轧钢构件，包括：角钢、槽钢、T型钢、工字型钢和H型钢，通常用于结构。

structural steel 结构钢；热轧成型的各种型钢（如钢梁、角钢、钢筋、钢板、带钢等），用于制作承重结构中的焊件或构件。

structural steel fastener 钢结构连接件；将钢结构构件与其他钢结构构件、支承构件连接，或与混凝土构件连接形成组合截面的连接件。

structural stonework 砌体结构；一种重型承重砌体结构，除了承受自身重量外还可以承受其他荷载；石材幕墙与它相比，本身不能承受额外的荷载。

structural tee T型钢；截面为T形的标准热轧钢材，和由工字钢剖分制成的T型钢材。

structural terra cotta 结构用陶砖；见 **structural clay tile**。

structural timber connector 结构用木材连接件；见 **timber con-nector**。

structural timbers 结构用木材；截面边长≥5in（12.7cm），形状接近正方形的木材，主要用于柱。

structural wall 承重墙；可承受外加荷载的墙。

structura reticulate 网状结构；同 **opus reticula-tum**。

structure 结构；**1.** 单元体的组合体，其构造和内部连接方式能保持杆件间的稳定性。**2.** 各种类型的大厦。

structure-borne-sound 撞击声；到达建筑物某一点的声音，在其传递过程中至少部分是通过建筑物构件的固体介质传递的。

structure height 结构高度；**1.** 总体高度；地面到结构最高点的垂直距离。**2.** 屋顶结构高度；取屋盖的平均高度到其最高点的距离。

strut 支杆；支撑或任何框架中的承受其长度方向压力的杆件，其方向可以是垂直、斜向或水平。

strutbeam 支撑梁；同 **collar beam**。

strut guide 支撑导轨；钢门框背面缝口中的金属件，作为天棚支撑的导轨。

strutting 剪刀撑，支撑；**1.** 次梁间防止侧向变形的斜向支撑。**2.** 见 **cross bridging**。

strutting beam 支撑梁；同 **collar beam**。

strutting piece 支撑杆；同 **straining beam**。

Stuart architecture 斯图亚特王朝建筑；英国文艺复兴后期的建筑（1603—1688）。

stub 物体的突出部分，如瓷砖（瓦）的突起部分。

stub mortise 暗榫眼；加工时不穿透木材的榫眼；盲榫眼。

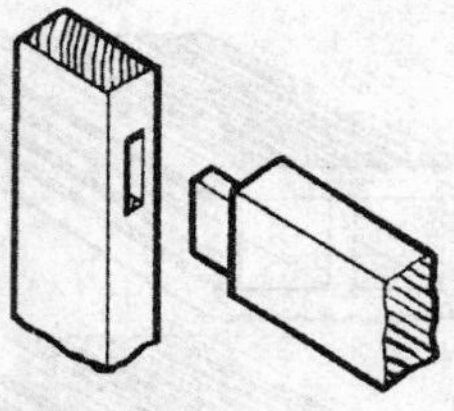

M—盲榫眼；*T*—盲榫头

stub mortise and tenon 同 **blind mortise and tenon joint**；暗榫接头。

stub pile 短粗桩。

stub tenon 短粗榫；与短粗榫眼配合。

stub wall 矮墙；与混凝土屋（楼）面（或其他构件）整体浇筑，用于控制和固定墙模板。

stuc 仿石抹灰。

stucco **1.** 外饰面层；由水泥、石灰、砂组成，与水拌合，干燥后形成坚硬的表面。**2.** 复合外饰面层；包括外保温层和饰面体系等。除了外饰面层，还包含其他材料，如环氧树脂胶粘剂。**3.** 细灰浆；用于装饰物、线脚或檐口。**4.** 还没有加工成最终成品的半熟或熟石膏。

stucco marble 一种用灰浆制成的仿真大理石（人

造大理石）；有时用在17～18世纪巴洛克时期的欧洲教会建筑上。将润湿后各种颜色的装饰灰浆混合在一起来实现一种理想的视觉效果。

stucco mesh 抹灰用网格；轻质镀锌铅丝网，一般为六角形网格，有时用于粉刷施工中。

stuck molding 雕刻线脚；见 **struck molding**。

stud 立柱，螺杆；**1.** 垂直柱或支撑；尤其是指墙或隔墙中作为支撑杆件的垂直结构杆件系列中的一个。**2.** 螺杆，双头螺栓；中等长度的圆杆，一端或两端套扣，或通长套扣。

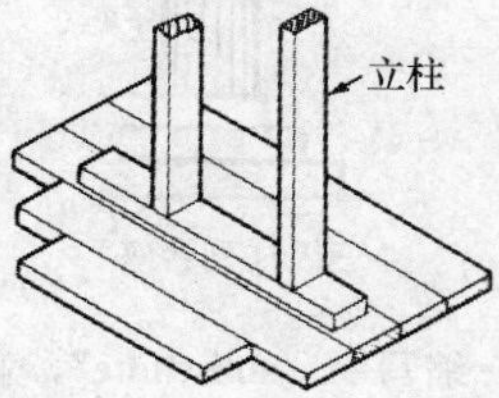

立柱

螺杆

stud anchor 锚固杆；用于墙中的钢或木制锚固杆。

stud and mud 立柱抹泥隔墙；同 **wattle and daub**。

stud bolt 一种双头螺栓；同 **stud**，2。

studding **1.** 同 **stud**。**2.** 做木立柱的材料。

stud driver 击钉器；一种将钢钉打入混凝土或其他硬质材料的设备，将装有钢钉的设备顶在混凝土上，冲击钉锤头部使钢钉进入混凝土。

stud fixing 同 **stud anchor**；锚固杆。

stud gun 射钉枪；一种击钉器，它是通过发射空包弹提供冲击力。

studio **1.** 一个艺术家的工作室或者一个从事某种艺术活动的场所。**2.** 一个配有音乐录音、无线电或电视转播设备的房间。

studio apartment 艺术家公寓；**1.** 一套有一间作为卧室、餐厅和生活间，并带有厨房设备的多功能房间，但有单独浴室的公寓。**2.** 一套公寓；具有大窗，高天棚，用作艺术家工作室的房间。

stud opening 毛洞口；木构架上的毛阔口。

stud partition 立柱隔断；用立柱作为垂直构件，通常用墙面板作为隔断面板。

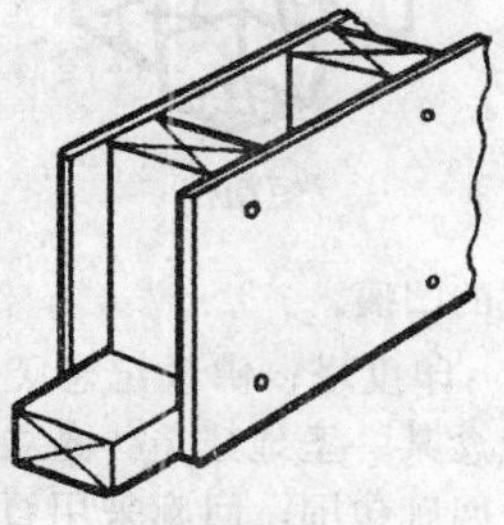

立柱隔断

stud shooting 射钉；**1.** 由射钉枪射入的钢钉。**2.** 通过射钉枪在混凝土中射入钢钉或螺栓。

stud wall 立柱墙；见 **stud partition**。

stud welding 电栓焊；一种电弧焊方法，通过电弧将金属螺栓和与其连接部位加热到适当程度，然后在压力作用下使其连接。

studwork **1.** 中间带有立柱的砖墙。**2.** 砖与立柱交错布置的构造。

study **1.** 书房；住宅或公寓中的一个房间或凹室，主要用于读书，写作和研究，通常具有私人办公室和私人图书馆的功能。**2.** 设计方案中的初步方案或草图。

stuff 成品木材；**1.** 锯材；库存木材。**2.** 见 **fine stuff**。

stuffers 填充线；见 **carpet stuffer**。

stuffing box 密封圈（垫）；轴周围的密封圈，常用于水泵防止渗漏。

stugging 同 **dabbing**；细凿，凿纹。

stumper 除根机；推土机上的附件，搬移树桩时用的。

stump tenon 短粗榫；一种榫宽变化的短粗榫，根部较宽以增加其强度。

stump tracery 窗花格；德国哥特式后期建筑，交叉的栅格犹如树桩状。

stump veneer 见 **butt veneer**；粗纹饰面。

stumpwood 见 **buttwood**；树桩木。

stunning 建筑石材上的刻痕（凹痕），特指加工不

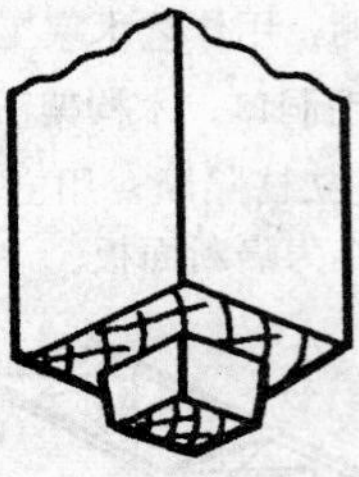

短粗榫

精细时留下的凹痕。

stupa，tope 印度塔；佛教纪念陵，为祭奉某一圣物或为纪念某一圣地建造，矗立在人造土丘平台上，外有回廊包围，回廊采用石制栏杆，设有四个入口，顶部有复杂的遮阳罩。

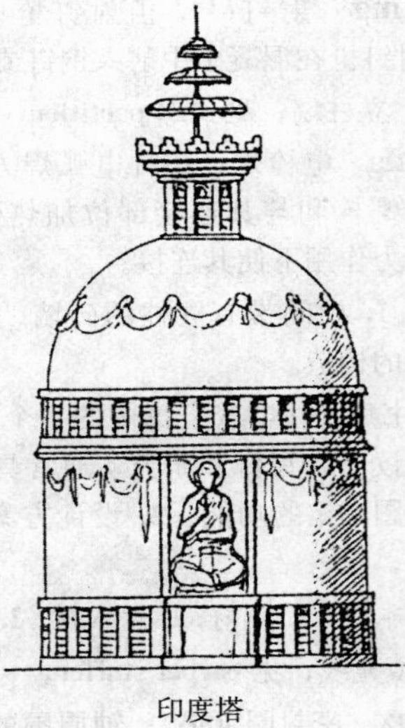

印度塔

ST W 缩写＝“**storm water**”，暴雨。

style 见 **architectural style**；建筑风格。

Style Moderne 见 **Art Modern** 和 **Art Deco**；现代建筑形式。

Style Rayonnant 见 **Rayonnant Style**；辐射式。

stylobate **1.** 古建筑中三级柱列台座。**2.** 所有连续的柱列基础；又见 **stereobate**。

stylolite 具有不规则骨节状的圆形石柱，连接两相邻的岩层，只少量地存在于石灰岩层中。

styren-butadiene rubber 苯-丁橡胶；一种应用广泛的合成橡胶，由苯乙烯和丁二烯单体聚合制造。

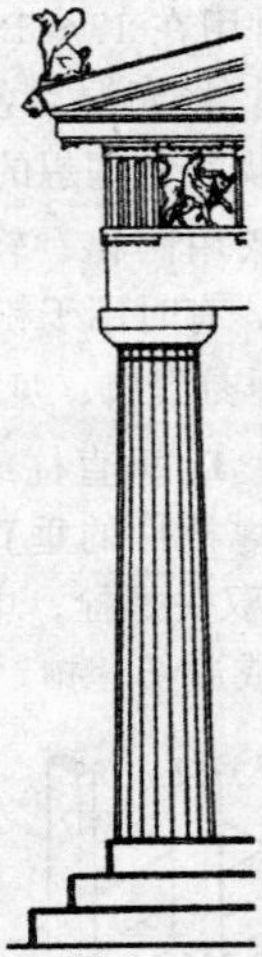

三级柱列台座

SUB （制图）缩写＝“**substitute**”，亚、次、副。

subarch 次拱；外拱内部的一个或多个小拱。

Subarcuation 副拱结构；拱券下附属的花格窗。

subbase 有多层水平分层的底座线脚或踢脚板的最下层凸出部分。

subbase course 底基层；在路基中按预定厚度铺设的一层粒状材料，用于支承路面材料及保证路面下层的排水并减小冻害。

subabsement 下层地下室；地下室下面的一层或多层地下室。

subbidder 分包投标人；向主投标人提供材料和（或）人力的分包投标人。

sub-buck 见 **subframe，1**；辅助框架。

subbuilding drainage system 地下建筑排水系统；一种非重力排水系统。

subcasing，blind casing **1.** 粗制门（窗）框。**2.** 次框架。

subcellar 下层地下储藏室；地下储藏室下面的一层或多层地下储藏室。

subcompartment 分隔间；建筑物中可用作防火、防烟隔离区的一部分，火灾发生时还可用于缩短通向安全区的距离。

subcontract 分包合同；分包商与承包商之间的协议，执行承包商与业主间合约的一部分。

subcontractor 分包商；一个人或组织，直接与承包商签定合同，负责工程的一部分。

subcontractor bond 分包保证书；分包商向承包商提供的行为保证书，保证履行合同，支付人工费、材料费。

subcrust 见 cushion course；垫层。

subdiagonal 次斜杆；桁架中的中间斜腹杆，与弦杆和斜腹杆连接。

subdivided truss 再分式桁架；任何在一个或多个节间内，用次桁架减小节间有效长度的桁架。

subdivision 分块土地；按住宅划分的土地。

subdivision regulation 土地划分条例（法规）；地方性法规，详细说明了土地划分的标准和条件。最初是针对街道平面布置和施工规范，现在许多条例规定了包括街道照明，交通信号，人行道，上下水系统的总体设计，有些还要求免费提供学校，公园和其他公用设施用地。

subdrain 见 building subdrain；暗沟，地下水排水管。

subfeeder 副馈（电）线，支电源线；在配电系统中，非主配电中心的电源线，向一个或几个分配电室供电。

subfloor，blind floor，counterfloor 毛地板，底层地板；一种铺在托梁上的粗制地板，作为面层地板的基层，施工时可作为工作平台，或作为承受结构侧向力的横隔板。

subflooring 楼面底板；加工毛地板的材料，一般为胶合板（层压板）或次级软木材。

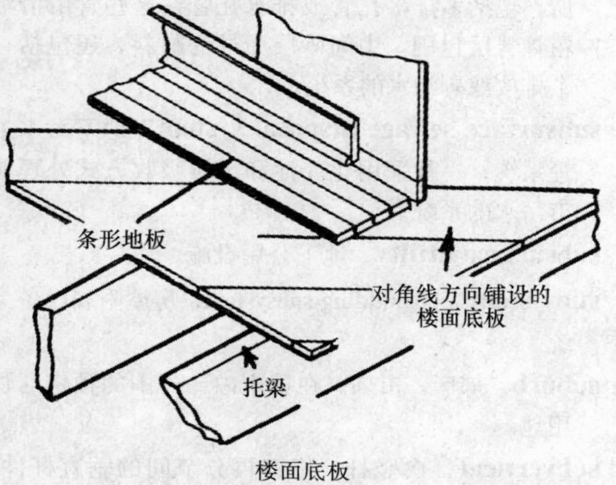

楼面底板

subframe，rough buck，sub-buck 1. 次（辅助）框架；由木材或槽形金属制成的框架，支承门窗的外面层（框），同预制门（窗）框、门（窗）外框、门（窗）边等一起与墙连接。2. 支承墙面板的框架。

subgrade 1. 地基，路基；经处理并夯实的土壤，作为支承结构或路面，其标高低于完工时的路面。2. 铺设下水管的沟底标高。

subgrade modulus 同 coefficient of subgrade reaction；路基反力系数。

subgrade reaction 同 contact pressure；接触压力。

subheading 副标题；档案系统中的再分标题（统一标准体系中的第二部分）。

subhouse drainage system 同 subbuilding drainage system；辅助建筑排水系统。

subjective brightness 见 brightness；亮度，照度。

subject to mortgage 用作抵押；经买方同意，作为财产转让时的抵押物，如在土地登记中的房地产抵押。如果无法履行抵押偿还，受押人可取消抵押赎回权，新的所有者为了保护其财产利益通常延续抵押偿还；但如果不同意（如财产的价值低于偿还价格）他也不必负责偿还；见 assumption of mortgage。

sublease 分租；承租人将部分或全部房产转租。

sublica 古建筑中打入土壤或水底地面的桩。

sublight 气窗；窗底部的小窗扇或亮子（通常为固定）。

submerged arc welding 埋弧焊；通过电弧在裸金属焊条和工件间产生热的一种电弧焊工艺，电弧被工件上的晶粒状熔解金属外壳防护，不需要施加压力。

submersible pump 潜水泵；整体电机和液体处理部件组合在一个水密性外壳内，可直接沉入液体中。

Submittals 供应表；提交类似于样品材料或者制造商数据给建筑师，以获取同意；通常作为合约文件的必要条件。

suborder 从属建筑风格；由装饰决定的，区别于由结构决定的主建筑风格。

subordinate lien 附属留置权；其次的（第二、三、四……）抵押留置权，在丧失抵押品赎回权的事件中，留置权所有人只可以要求偿还主留置权偿清后的财产剩余部分。优先权一般按抵押建立的时间顺序排列，但也可通过协商改变。

subparagraph 小节；AIA 文件中每节的第一再分，由三个数字标志，如 3.3.3；还可以再分。

subplatform 起步平台；金属楼梯中的底层地板，地板上放置一块垫板构成平台。

subplinth 次底座；有时布置在柱和柱脚基础下。

subpost，car frame 电梯轿箱；其所有构件均位于轿箱平台下。

subpurlin 副檩条；位于檩条间的轻质构件，在屋面结构中通常与主檩条垂直布置。

subrail，shoe 楼梯栏杆底座；固定在封闭式楼梯斜梁上边缘的构件，用来安装栏杆。

subrogation 代理；一个人代替另一个人执行合法权利（如追偿权）。当第三方（如保险公司）偿还被代理人的债务或向其要求索赔，同时继承了债务人或被索赔人的所有合法权利时，代理发生。

subsealing 基层防水处理；在现有路面层下铺设的防水材料，防止水流通过路面并充满路面层下的空隙。

subsellium 同 **miserere**；钻探机。

subsidence 沉降；整体下沉，相对单体结构的下沉。

subsill **1.** 副窗台；配合窗框的窗台附属构件，作为遮帘的封板，使水远离墙面滴落；又称为窗台落水板。**2.** 副门槛；固定在地槛上的辅助门槛。

subsoil 下土层；位于表层土壤下的土层。

subsoil drain 地下排水系统；收集地下水或渗水并输送到处理场的系统。

subsoil water 地下水；紧挨着地表土壤的地层中所累积的水。

substantial completion 见 **date of substantial completion**；基本完工日期。

substantial improvement 重大改建；对既有建筑的改建、重建或修缮费用等于或超过了规范规定的以该建筑市场价格计算的某一比例。建筑的市场价格以（a）改建前的价格；（b）如有损伤和修缮，损伤前的价格计算。

substation 变电站；与供电端口或其他变压设备和配电设备相关联的电气设备，如开关，变压器和总线，集中置于建筑物中的某个地方或高层建筑的某些楼面。

substitution 代用品，替代工艺；与规定材料或工艺等效。

substrate **1.** 基底，衬底；用于装修的底层材料。**2.** 粘和对象；用于胶粘剂，胶片，面层等的材料。

substrate failure 基层破坏；在混凝土墙节点中，由于混凝土表面强度低引起的破坏；由高抗拉强度的填缝材料将接缝表面混凝土或砂浆撕裂引起的破坏。

substructure 房屋的基础或地下建筑；支承上部结构。

sub-subcontractor 再分包商；一个人或组织，直接或间接与分包商有和约，负责工程的某一部分。

subsurface course 路面面层，路面顶层；承受交通磨损的面层。

subsurface investigation 工程地质勘探；土壤钻孔，取样及相关试验。需要确定土层的纵断面和相应的强度、压缩系数，以及与工程设计相关深度内各土层的其他特性。

subsurface sand filter 地下砂滤池；地下排水场所，包括多排多孔管或排水瓦管，这些管由清洁粗骨料层包围，中间砂层为过滤材料，还包括一个排放滤剩污水的系统。

subsurface sewage disposal system 地下污水处理系统；一种采用化粪池和土壤吸收方式处理城市污水的系统。

subsurface utility 地下公用设施。

subsystem 见 **building subsystem**；房屋附属设备系统。

suburb 郊区，市郊。在城市内或外围的预定居住用地。

subvertical 次竖杆；桁架再分节间的垂直杆件，

与弦杆中节间连接。

subway 1.（美）市内客运地下铁路。2.（英）地下人行通道；有时包括建筑维修和服务设施。

successful bidder 同 selected bidder；中标人，得标人。

sucker 根出条；从地下的根或茎长出的嫩芽。

suction 1. 吸力；在抹灰工程中，基层（砌块或石膏板）将面层的水分吸收使两者产生更强的粘结力。2. 附着力；砂浆与砌块间的粘结力。

suction head 负压水头；泵的负压侧每单位重量液体具有的能量。

suction lift 同 suction head；负压水头。

suction pump 真空泵，抽水泵；管道工程中的一种泵，通过在管中产生部分真空进行扬水或抽水。

suction rate 吸水率；对于砖体，同 absorption rate。

sudatorium 热气浴室；古罗马浴室中用作运动员发汗的一个热室。

Suffolk latch 沙福克插销；源于英国的一种门窗铁插销，用手工制造，具有漂亮的外观和多种设计类型；与诺福克插销的区别在于，为保护饰面插销背面无金属板。

sugarhouse 一座建筑或棚厂，常建于槭糖树林中，在这里将树浆煮沸脱水制成槭糖。

sugar pine 甜松；一种坚硬、纹理中等均匀的木材，广泛用作木材加工，特别是门和门框。

suite 一套住宅；彼此相连的一组房间，用作一个单元。

sulfate attack 硫酸盐侵蚀；地下水或土壤中硫酸盐与混凝土或砂浆产生的物理化学反应，主要破坏水泥胶凝体；采用抗硫酸盐水泥可降低对混凝土的侵蚀。

sulfate plaster 同 gypsum plaster；石膏浆。

sulfate resistance 耐硫酸盐性；混凝土或砂浆耐受硫酸盐侵蚀的能力。

sulfate-resistant cement 抗硫酸盐水泥（V 型水泥）；一种含少量铝酸三钙的水泥，铝酸三钙将水或土壤中的硫酸盐溶解，从而降低对混凝土的侵蚀性。

sulfide staining 硫化物锈蚀；在漆膜中形成的黑色污点，其原因是空气中的硫化氢与油漆中金属化合物（如铅，汞或铜）发生化学反应。

sulfoaluminate cement 同 expansive cement；膨胀水泥。

sulfur cement 硫磺水泥；一种黏土或其他强黏着力水泥，一般添加硫磺、金属氧化物、硅土和碳，用于密封节点、接缝和耐高温涂层。又见 lute。

sullage 1. 污水。2. 淤泥，流水的沉淀物。

Sullivanesque 萨利文建筑；专指路易斯 · H. 萨利文（1856—1924）的建筑风格和装饰设计。萨利文在现代功能建筑的发展中起了重要作用，提出著名的观点“形式服从功能”，关于高层建筑三阶段设计特别有影响，他的观点对以新艺术派为特征的艺术风格也有影响。

Sumerian architecture 苏美尔建筑；由苏美尔人建造的一种纪念性建筑。公元前 4000 年末至公元前 3000 年末苏马林人统治着美索不达米亚（西南亚的底格里斯和幼发拉底两河流域地区），该建筑利用了当时的各种建筑材料，包括高大的灯芯草和黏土、捆扎的芦苇和泥笆墙，为使建筑具有特性同时增加泥墙的结构强度，墙中设有扶壁或作成凸凹形。

summer 1. 大梁；支承楼板托梁的水平梁，而梁支承在柱或墙上，也称 summertree（大梁）。2. 托梁；所有作为支承面的木材或梁。3. 门窗过梁；门或窗的横楣。4. 柱顶石；放在柱上的石头，支承上部结构（如拱）。

S—柱顶石

summerbeam 1. 早期木构架房屋天棚中的水平大梁，通常端部与圈梁连接支承上部楼板，或作为横向联系梁两端与柱连接。约1750年后，它们被一些重型屋面托梁代替，这样就可将整个天花板抹成一个完整的平面；也称为“**summer**”或“**summertree**”。**2.** 同 **breastsummer**；过梁，托墙梁。**3.** 同 **fireplace lintel** 或 **manteltree**。

summer house **1.** 避暑别墅；夏天居住的乡村房屋。**2.** 花园凉亭；夏天用的有防晒及通风设计的一种花园建筑。

summer kitchen 夏季厨房；住房外的毗邻辅助厨房，尤其在夏天使用以使住房免受高温影响。

summer piece 挡炉板（夏季用）。

summer stone 同 **summer**，**4**；柱顶石。

summertree 同 **summer**，**1**；大梁。

summerwood 木材，夏材；在生长季节后期生长的木材，其特点是：木质部细胞体积小、壁厚，比春材更致密。

sump **1.** 集水坑（槽，池）；位于重力循环系统地面标高以下，收集污水或废液，必须采用机械方法排空。**2.** 蓄水槽；有时作为屋面排水系统的一部分。**3.** 汇集屋面雨水的天沟。

sump pit 集水坑（槽）；用于收集不含有机材料或可分解化合物的废液，位于重力循环系统地面标高以下，因此必须采用潜水泵排空。

sump pump，**ejector** 集水坑泵，潜水泵；一种排放集水坑中积水的泵。

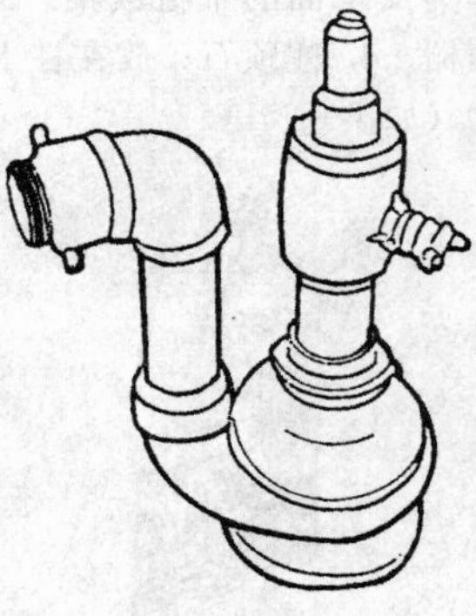

潜水泵

sump vent 充气污水泵上通气管的户外出口。

sunblind 同 **shade screen**；遮阳篷。

sunburst light （门上的）扇形气窗，楣窗。

Sunday house 通常是一个带有壁炉的单独房间，常建在教堂附近，每周住一夜。居住较远的农民或农场主在星期六谈生意、做买卖，晚上在此过夜；星期日做完礼拜后回家。又见 **Sabbath house**。

sun deck 暴露在阳光下的屋顶、阳台、开放式门廊等（供日光浴）。

sun disk 日轮；一个带翼的圆盘，象征太阳，用于埃及复兴建筑中。

sunk chamfer 凹陷线脚；同 **hollow chamfer**。

sunk draft 凹陷琢边；石材周边比其表面凹下，以获得突起的外观。

sunken garden 凹地园，盆地园；在地表主坡面以下，或被高出的平台包围的花园，有时经过几何设计。

sunken joint 暗缝，拼缝凹陷；胶合板上的一种缺陷，由于芯材加工而在接合面产生的表面缺陷。

sunken pit 下沉坑，各边均低于周围区域的坑。

sunk face 石凹面；对建筑石材的表面进行加工取到平面凹陷的效果。

sunk fence 暗墙，矮篱墙。

sunk fillet 凹饰线；由表面槽口形成的线脚。

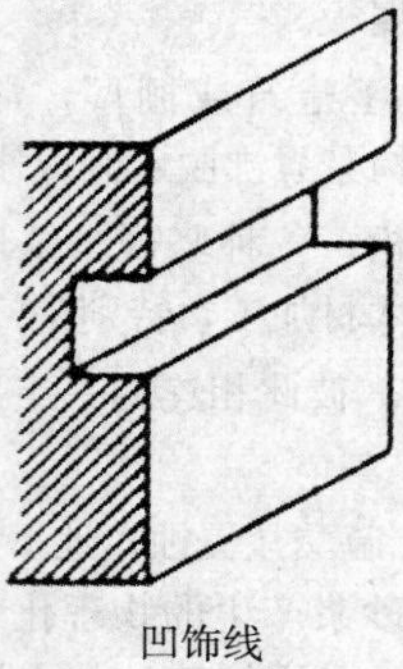

凹饰线

sunk gutter 暗天（檐）沟。

sunk molding 凹线脚；一种略凹进面层的线脚。

sunk panel 凹进嵌板，藻井；凹进周围骨架表面的镶板，或在实体的砌体或木材上刻凿形成的凹面。

sunk relief 凹浮雕，一种类型的浮雕，其突出部分不超过原来表面；也称 **cavo-relievo**。

sunk shelf 壁中放置盘、盆或装饰物的狭长架子。

凹浮雕

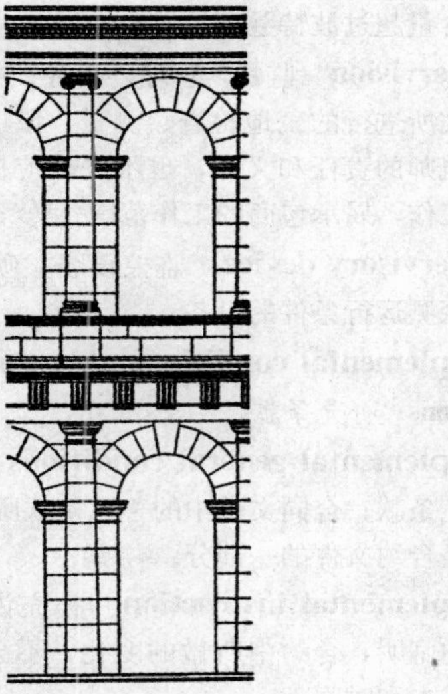

叠层柱列

sunk weathered 风化凹陷；风化后的表面低于构件原始表面。

sun-porch 日光浴室；见 solarium。

sun room 同 solarium；日光浴室。

sun screen 见 shade screen；遮阳篷。

SUP （制图）缩写＝“supply”，提供，补充。

superabacus 拱墩，拱端托。

superblock 超级街区；比普通居住区更大，没有贯通交通的。

supercapital 拱基（副柱头）。

supercilium 1. 屋檐波状花纹上部的带形线脚。2. 嵌在爱奥尼式柱基础凹圆边饰上的小线脚。

supercolumniation 叠层柱列；一列柱放在另一列上。

superficial measure 见 face measure，1；表面积。

super foot 平方英尺（＝0.0929m²）。

superheated steam 过热蒸汽；比与压力对应的饱和温度更高的蒸汽。

superheater 过热器；在大气压下，将蒸汽加热至212°F（100°C）以上的热交换器。

superimposed drainage 1. 一种自然形成的排水系统，是由于冲刷造成，与现有的地质结构无关。2. 按现有地质结构特别设计的一种排水系统。

superimposed load 作用荷载；施加在结构上的活荷载。

superintendence 监督，管理；承包商代理人在施工现场的工作。

superintendent 施工管理员，工地主管；承包商的工地代表，要负责现场巡视，协调和工程竣工，以避免工程事故，除非在承包商与业主和建筑师签定的文件中委派了第三方。

supermarket 超级市场，自选商场；大型零售自选商场，销售食品、日用品等。

supernatant liquid 上层清液；油漆容器中在底层较重颜料及其他物质上的液体层。

Superplasticizer 高效塑化剂；一种用于增强混凝土或砂浆混合活性的添加剂。

superposition 同 supercolumniation；叠层柱列。

superstructure 1. 上部结构，上层建筑；地坪面或基础以上的建筑或结构部分。2. 基础之上直接承受使用荷载的那部分建筑结构。

supersulfated cement 高硫酸盐水泥；一种水硬性水泥，直接研磨粒状高炉熔渣、硫酸钙和少量石灰、水泥或水泥熟料的混合物制造。硫酸盐的含量超过波特兰高炉熔渣水泥。

supervision 监督，管理，指导；根据合同文件条文所进行的工地检查、测量，该项工作既不是建筑师的责任和义务，也不是他应提供的专业服务工作，属承包商的工作范围。

supervisory device 监控设备；喷洒灭火系统中探测运行条件的设备。

supplemental conditions 同 **supplementary conditions**；补充条款。

supplemental general conditions 普通合约的补充条款；合同文件中的普通条款所做的书面变更，是合约文件的一部分。

supplemental instruction 补充说明；为了更好的阐明，合约中所做的变化，不会改变合约中的成本和时间表。

supplemental instructions to bidders 投标的补充说明；投标说明中的书面修改，并且成为投标文件的不可或缺的部分。

supplemental vertical exit 辅助竖向出口；封闭楼梯、坡道或自动升降机，提供通向街面安全区的出口。

supplementary conditions 附加条款；合同文件的一部分，对通用条款的补充和变更。又见 **conditions of the contract**。

supplementary lighting 辅助照明；用于特殊工作需要的附加照度的照明，不由普通照明系统提供。

supplier 供应厂商；供应工地使用的构件、设备、材料或零配件的厂商。

supply air 进风；空调系统中将新鲜空气输送到空调房间。

supply bond 供货保证书；保证按合同发送材料。

supply fan 送风机。

supply fixture unit 卫生器具供水当量；各种卫生器具可靠供水量的度量方法；某一特定器具供水量单位值与下列因素有关：供水的流量速率，单次供水的持续时间和邻次供水的平均间隔时间。

supply grille 送风搁栅；通过搁栅将空气送到有空调的房间。

supply mains 供给（传输）干管；系统中的冷、热介质通过干管从冷源或热源流向竖管，竖管与加热或冷却设备连接。

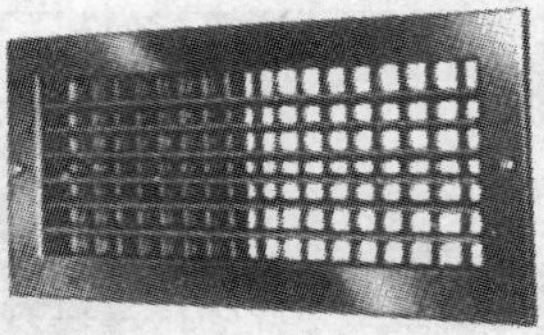

送风搁栅

supply opening，supply outlet 同 **air outlet**；排气口。

supply system 供热系统；由管道、出气口或增压器和各种配件组成的系统。通过该系统将在热交换器中加热的气体输送到欲加热房间。

supporting clamp 支撑夹具；支撑垂直管道的夹具，尤其是穿楼板或有管槽时使用。

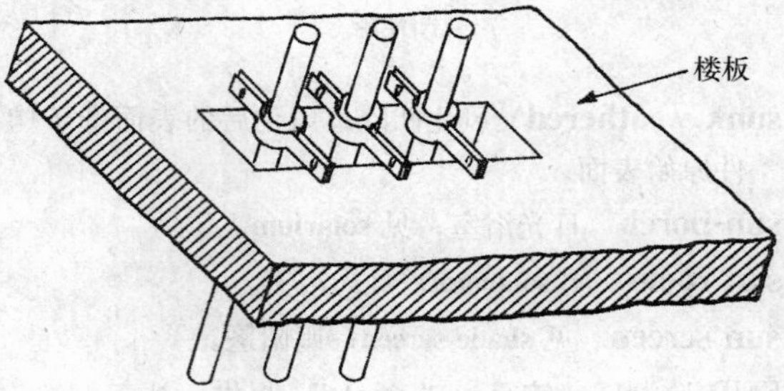

(a)

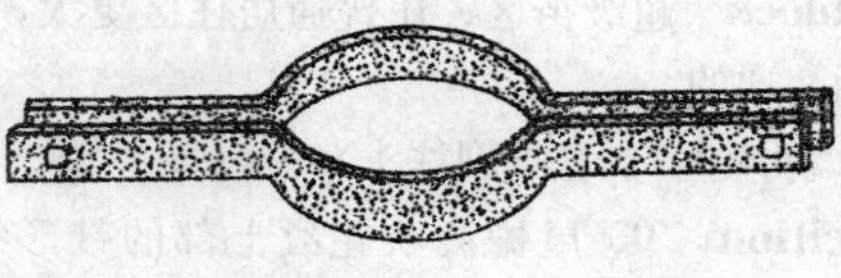

(b)

支撑夹具

SUPSD （制图）缩写＝“**supersede**”，代替，更换。

SUPT （制图）缩写＝“**superintendent**”，施工管理员，工地主管。

SUPV （制图）缩写＝“**supervise**”，监督，管理。

SUR （制图）缩写＝“**surface**”，表面，外表。

surbase **1.** 台座的凹形线脚。**2.** 勒脚板或墙裙线脚装饰。**3.** 踢脚板压顶线。

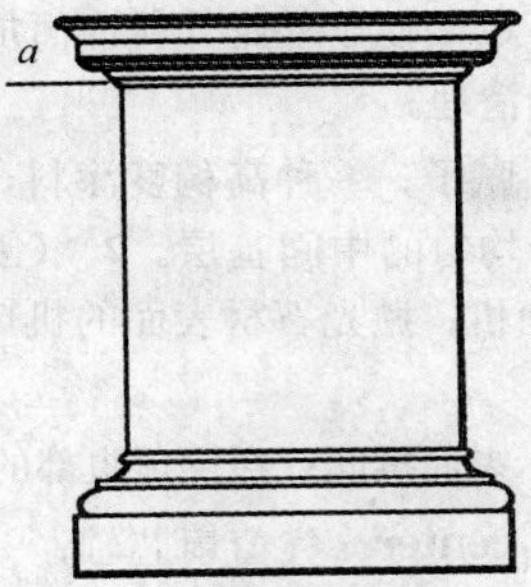

a—台座的凹形线脚

surbased arch 扁拱，矮矢拱；矢高小于跨度一半的拱。

surcharge 附加荷载；作用在地表面或基础底面的垂直荷载。

surcharged earth 超载土；挡土墙顶面以上的土层。

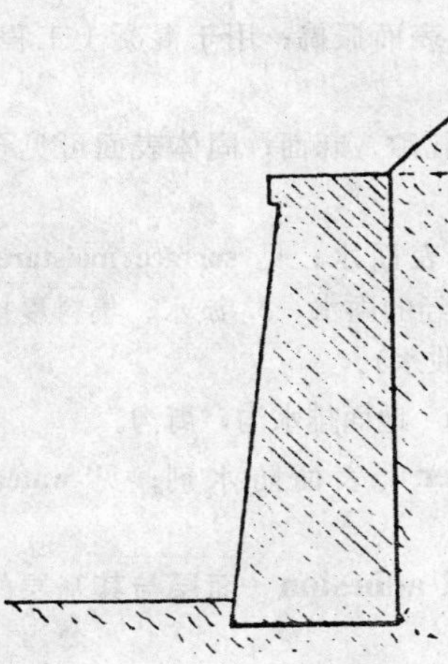

超载土

surcharged wall 超重式挡土墙；一种承受超载土的挡土墙。

sure post 稳定支柱；对竖向荷载提供辅助支撑作用的垂直木材，如置于梁或底木下方的垂直木材。

surety 担保人；一个人或组织以书面形式同意承担另一方的债务或违约。

surety bond 保证书，保证契约；一方向另一方承诺负责第三方对其的债务、违约或过失的法律文件。

surface-active agent 1. 表面活性剂；一种能减缓未凝固混凝土中水表面张力的添加剂，它有助于水的浸湿和渗透作用，并促进其他添加剂的乳化、离散、溶解和发泡，或加速其他添加剂发挥作用。2. 同 **surfactant**。

surface arcade 表面连拱，墙堵拱；同 **blind arcade**。

surface astragal 饰面半圆凹凸线脚。

surface bolt 明装插销；装在固定门扇上的插销，将门锁在门框或门槛处，由一个球形小把手手动操作。

surface bonding 表面砌合，表面粘接；在免浆砌筑（干砌）的砌体表面涂抹一薄层纤维增强砂浆。

surface burning characteristic 表面燃烧性能；见 **flame-spread index**。

surface check 表面裂缝（痕）；一块木材表面上的裂缝。

surface condensation 表面凝结水；空气湿度达饱和状态时，低于空气温度的管子表面形成的水凝结现象。

surface course 面层；路面设计中，考虑承受交通磨损的外露面层。

surfaced lumber 见 **dressed lumber**；刨光木料。

surface drying 见 **skin drying**；表面干燥。

surface flame spread 火焰蔓延；火焰在材料表面的扩散，或蔓延；见 **flame spread index**。

surface hardware preparation 后装五金准备工作；为需要在就位后再安装门面上五金件的金属门或门框进行的加强处理。

surface hinge 表面铰链；装在门面上的铰链，常为装饰品，区别于装在门边的铰链。

surface latch 明插销，明锁；装在门面上的插销（锁）。

surface measure 见 **face measure**，**1**；表面积。

surface metal raceway 明装金属电缆槽；包括金属底板（提供机械强度）和盖板（保护外壳），用于支线路电线或电源线。

surface moisture，**free water**，**surface water** 表面水，自由水（混凝土的）；滞留在集料表面的水分，是混凝土中拌合水的一部分；不同于集料

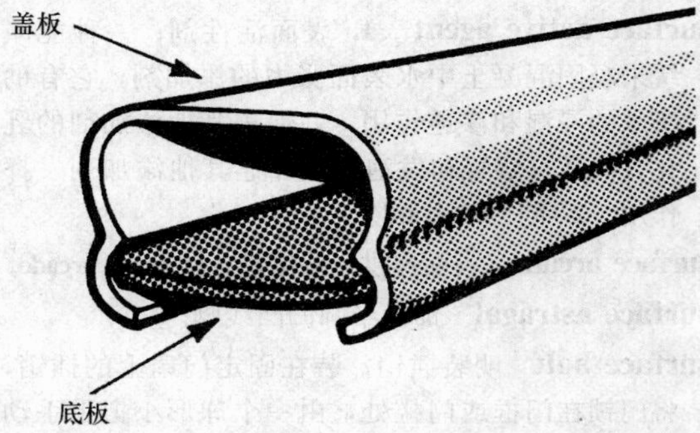

明装金属电缆槽详图

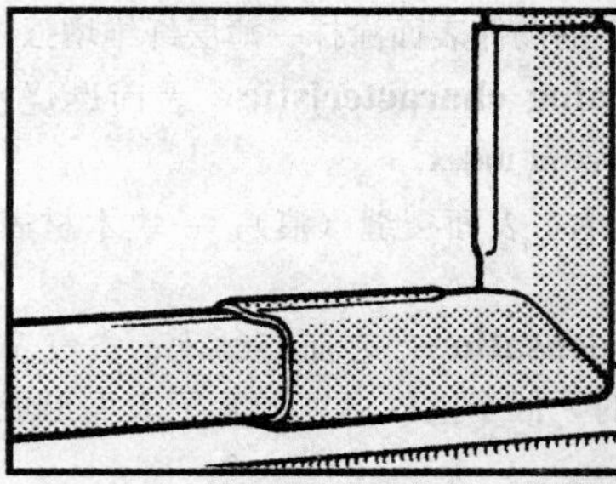
明装金属电缆槽，90°弯

孔隙内被吸收的水。

surface-mounted astragal 安装在双扇拉门门梃间沿接合面的门碰头。

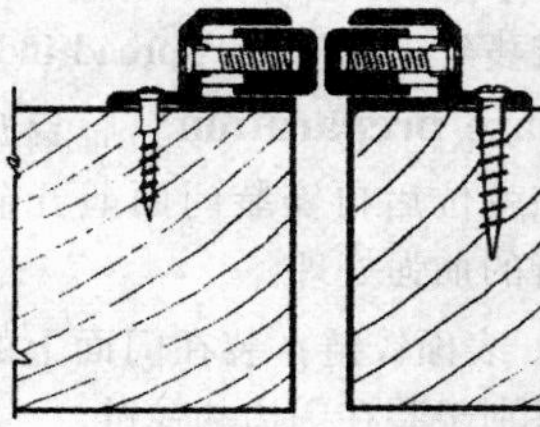
门碰头

surface-mounted luminaire 直接安装在顶棚的照明设备。

surface planer 平刨，整平机；刨平材料（如金属、石材或木材）表面的机器。

surface polishing 表面抛光；对平板玻璃所做的额外抛光处理以去除轻微缺陷。

surface retarder 表面缓凝剂；应用于新浇筑混凝土表面或模板的一种缓凝剂，其目的：（a）延缓水泥凝固；（b）便于外露骨料饰面加工；（c）便于施工接缝清理。

surfacer **1.** 腻子；一种高稠度涂料，为面层装饰提供平滑、均匀的中间基层。**2.**（刨木材的）平刨。**3.** 磨面机；抛光石材表面的机床，也称石面抛光机。

surface rib 表面拱肋；在拱顶腹部的装饰肋。

surface sash center 气窗扇芯轴；一种外露的窗扇芯轴。

surface scaling （混凝土或抹灰面）表面剥皮；见 **scaling**。

surface sealer 表面密封材料；见 **sealer**。

surface spread of flame 火焰蔓延；见 **flame spread index**。

surface texture 表面纹理；凝固的混凝土外表面或集料的粗糙度，亦表面质感。

surface vibration 表面振捣；用于混凝土工程；见 **vibration**，**1**。

surface void 表面孔隙，麻面；固体表面可见孔洞。

surface water **1.** 表面水；见 **surface moisture**。**2.** 地表水；地表流经的雨水。**3.** 淤水；集料裹挟水（不包括集料吸收水）。

surface-water drain 地面排水沟，街沟。

surface waterproofer 表面防水剂；见 **waterproofing**。

surface wetting and adhesion 面层与其基层的相互粘接力。

surface wiring switch 明线开关；安装在墙或其他表面的开关装置，开关盒几乎全露在外面。

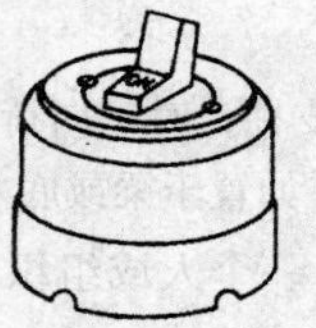
明线开关

surfacing **1.** 面层；建筑屋面、楼面、室外网球场等的面层保护材料。**2.** 焊接工艺；同 **cladding**，**3**。

surfacing weld 堆焊；一条或多条窄条或成片焊缝，在一个连续面上形成需要的外形及尺寸。

surfactant 表面活性剂；一种化学润湿剂，可改善水的渗透性。常用于减少将某种物质从其接触的表面去掉所需的用水量。

surform tool 一种加工木材的切削工具，有许多倾斜45°角的锋利刀齿，切削操作像飞机起飞似的，木屑从刀具上的孔排出，可用来加工粗大的平板或圆柱。

surge 冲击电压；电路中电压的骤增或骤降。

surge arrester 防过载放电器；限制骤变电流通过电气设备的一种保护装置。

surge drum，surge header 蓄电池。

surge tank 调压塔；给水系统中，用于水压突然降低时的辅助供水蓄水池，以维持正常流量。

Surinam mahogany 苏里南红木；见 **carapa**。

surmounted arch 超半圆拱；半圆形高跷拱。

surround 门口、壁炉或窗户周围的装饰部件或构造，如：见 **arch surround，banded surround，door surround，fireplace surround，Gibbs surround，window surround**。

surround curtain 舞台帷幕；剧院中遮盖舞台的悬挂幕布。

survey 勘测。**1.** 边界和地形图。**2.** 既有建筑测量结果汇编。**3.** 建筑物空间分析。**4.** 业主要求对某一工程的测定。**5.** 勘察报告。**6.** 确定土壤物理或化学性能的过程，如土地勘测或地质勘测。

surveying 测量学；工程学分支，涉及确定大地表面彼此相关的特征，如相对位置，面积等，并绘制成图。

surveyor 测量员，勘测员；从事测量工作的人或除艺术家以外的画图人。

surveyor's arrow 测钎；见 **chaining pin**。

surveyor's compass 罗盘；测量水平角，确定磁力线方位的仪器；包括置于枢轴上的磁针、圆形水平刻度盘和瞄准装置。

surveyor's level （测量）水准仪；同 **level，1**。

survey station 同 **station 1**；测站。

survey traverse 测量导线；测量中，地面上一系列点之间的直线长度和方向，用于确定点的位置。

罗盘

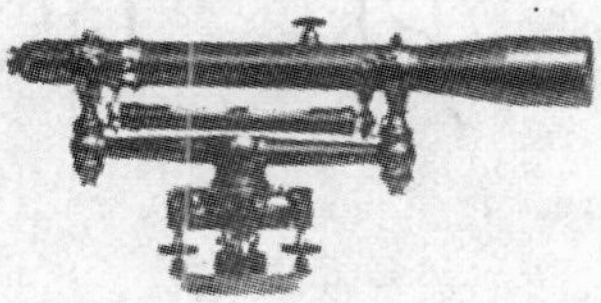

水准仪

suspended absorber 悬排式吸声体；一种具有松散结构的吸声材料，悬于室内上空。

suspended acoustical ceiling 吸声吊顶；悬挂于建筑结构，通常吸声材料本身即为吊顶，但也可将其固定在龙骨上。

suspended ceiling，dropped ceiling 吊顶，悬挂式顶棚；非结构顶棚，悬挂于结构顶板或结构构件上，无需墙面支承。

suspended floor 悬吊式地板；中间无附加支点的地板。

suspended formwork 悬吊式模板；支承于悬杆上模板。

suspended metal lath 悬空（抹灰用）金属拉网；一种金属拉网体系，用钢丝挂钩悬挂于槽形次龙骨和主龙骨，作为顶棚抹灰基层。

suspended scaffold 悬吊式脚手架；包括许多悬臂支架，钢丝绳从支架缠绕在脚手架平台上的手动绞盘上。

suspended slab 悬式板（简支板）；横跨在柱、桩

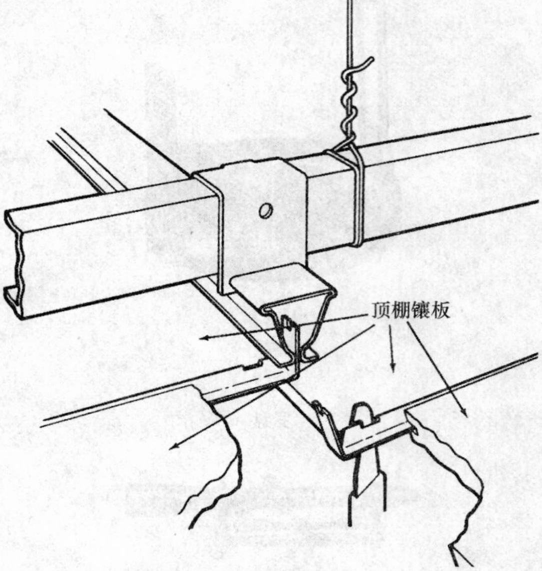

吊顶

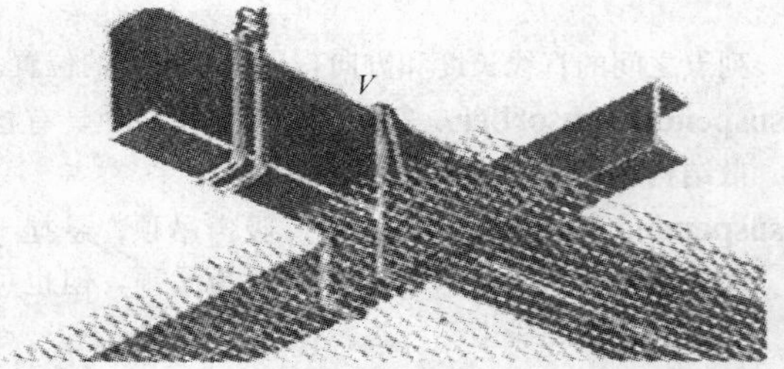

悬空金属拉网

和墙之间的混凝土板。同浮筏式地面的混凝土楼板，虽然它受到结构楼板支撑，但在空间上却是相脱离的。

suspended span 悬跨；两悬臂梁间的支承跨度。

suspended-type furnace 悬挂式散热器；自备热风锅炉，悬挂于顶棚，通过风管向其他房间输送热风。

suspending agent 悬浮剂；一种提高油漆抗色素沉淀的材料。

suspension roof 悬索屋盖；由许多钢索承受其荷载的屋盖。

suspensura 用拱券、桩、柱所支撑的水平板抬高到地面以上，从而可以下部进行加热，为辐射供暖提供了可能性，曾用在古罗马浴室的地板上。

Sussex bond 苏赛克斯砌法（每皮三顺一丁砌合）；同 **Flemish garden wall bond**。

sustaining wall 扶墙；结构墙，如承重墙、挡土墙。

SW （制图）缩写＝"**switch**"，转换开关。

swag 垂花饰。

swage **1.** 铸模；金属成型工具。**2.** 扳锯齿器；调整锯齿的工具，每次将一个锯齿弯到合适角度。**3.** 铸造；使用铸模成型金属。

swage block 型模块；铁或钢重块，在每侧打不同尺寸、形状的洞并开各种凹槽，用于大尺寸铸件或螺栓头。

swage bolt, swedge bolt 锻造螺栓；一种锚栓，螺杆锻压成型以增加其抗拔能力。

swage pile 锻造桩；一种薄壁管桩，管底连接预制尖端。

swale **1.** 沼泽地；一片低洼、潮湿土地。**2.** 低（洼）地；一片平坦土地上的沉降地。

swallow hole 燕洞；偶尔用作鹰洞的同义词，燕洞一般较小。

swallow tail 同 **dovetail**；燕尾榫。

swan-neck **1.** 扶手陡弯段；连接楼梯中立柱的扶手曲线部分，上段表面凸起，下段表面凹陷。**2.** 鹅颈形弯头；雨水口与水落管间的接头，悬置于檐口。

swanneck chisel **1.** 鹅形凿；长形曲线榫眼凿。**2.** 角凿。

swan's-neck pediment 鹅颈三角形楣饰；一种中间断开的三角形楣饰，两侧有斜向双 S 形装饰；好似一对鹅的颈。

sward 草皮，铺草皮。

swatch 样品，样本；具有代表性的碎片或材料样品，如一小片地毯或饰面样品。

sway 在茅草屋顶结构中，与屋顶成直角布置的柳木或榛木小杆，压住茅草。

sway brace 同 **wind brace**；抗风支撑。

SWBD （制图）缩写＝"**switchboard**"，配电盘。

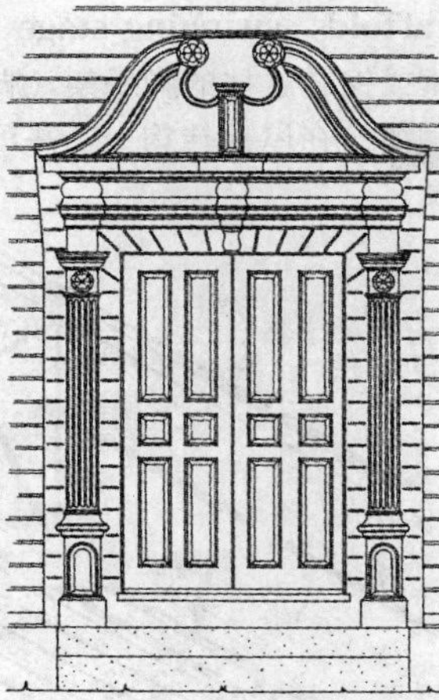
鹅颈三角形楣饰

sweated joint 熔焊接头；用黄铜或焊接剂焊接的气密的金属接头。

sweathouse，sweat lodge 1. 一种用于烟草发酵的建筑。2. 一种美国印第安人建筑，在灼热的石头上浇水产生蒸汽加热建筑，用于发汗治病或宗教仪式。

sweating 1. 抛光；在涂料或清漆膜层上，通过摩擦使灰暗不光滑的装饰面上产生光泽。2. 熔焊；在金属表面间加焊料，加热并挤压使其连接。3. 凝结；潮气在温度低于露点的表面凝聚（由于空气中潮气的冷凝）。4. 见 surface condensation。

sweat joint 焊接节点；金属管上的气密性焊接节点，用低温焊接或铜焊接。

sweat-out （抹灰面）出汗，潮坏；在抹灰面上出现的局部柔软潮湿区，通常是由于通风不畅，干燥缓慢，导致灰浆不能发展其正常强度。

Sweet's Catalog 建筑技术中一系列综合的建筑材料和设备的商业目录，这些索引的参考来源是依据合同文件下的 16 个分章解释说明而来。

swedge 同 swage；铸模，铸造。

swedge bolt 见 swage bolt；锻造螺栓。

Swedish gambrel roof 瑞典式复斜屋顶；在屋脊每侧有两个斜面的屋盖，类似新英格兰式或荷兰式复斜屋顶，其区别在于瑞典式复斜屋顶的上侧斜面较短、坡度较小，而下侧斜面较长、坡度较陡。

sweep 1. 弯曲；指大型结构或大质量物体的弯曲，如一片曲线墙的弯曲。2. 摇杆；安装在垂直柱枢轴上的长杆，杆的一端绑上水桶，用于从水井中提水。

sweep fitting 弯头；大曲线半径的连接管件。

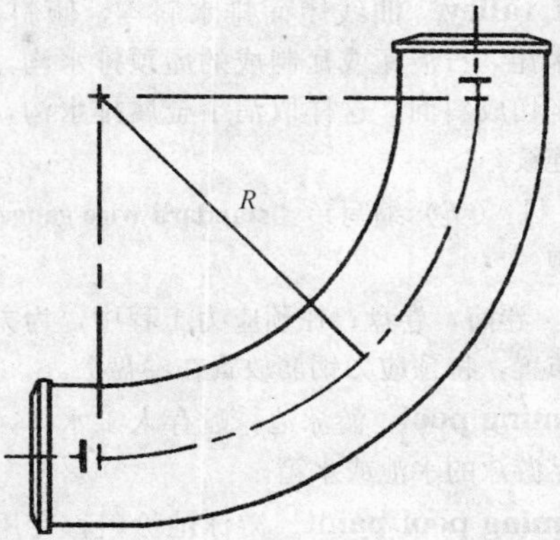

弯头

sweep lock 安全插销；一种窗扇闩扣，通常安装在窗扇交会横档上，由一个手柄控制，当手柄转到某个角度时用窗钩对其保护。

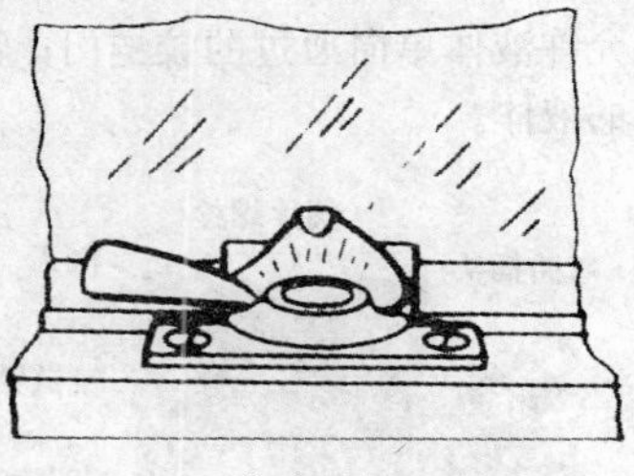
安全插销

sweep strip，door sweep 转门上下缘的弹性挡风条。

sweep tee 斜三通；一种非直角三通，两支管从主管逐渐弯曲。

sweet gum 同 gum，1；糖胶树。

Sweitzer barn 瑞士谷仓；见 German barn。

swellage 见 swelling；湿胀，膨胀。

swell box 管风琴中的琴室；置于琴室中的增减声器，其前端活动板条可通过踏板打开或关闭。

swelled chamfer 见 wave molding；波形线脚。

swell factor 膨胀系数；材料（如土壤）松散状态下每立方码（或米）重量与堆高的每立方码（或米）重量之比。

swelling 湿胀，膨胀；由于加湿吸收空气中水分或因化学变化引起的体积增加。

swept valley 曲线屋面排水斜沟，倾斜排水沟；用木瓦，石板瓦或瓦制成的屋顶排水沟，瓦管的一半切成斜面，这样取消了金属排水沟，并且外观连续。

S. W. G （英）缩写＝“**standard wire gauge**”，标准线规。

swift 卷筒，卷盘；在预应力工程中，为方便搬运和布置，将预应力钢筋放置在卷盘上。

swimming pool 游泳池；贮存人工水体，深度能满足游泳的水池或水箱。

swimming pool paint 游泳池涂料；专用防水涂料，具有良好的潮湿粘着力，用于游泳池内表面的装饰和防护。

swing 旋转，摇摆；门扇的运动，一般支承在枢轴或合页上，并围绕门梃转动。

swing check valve 平旋止回阀；一种止回阀，有一个只允许液体单向通过的铰链门；特别用于流速较低的液体。

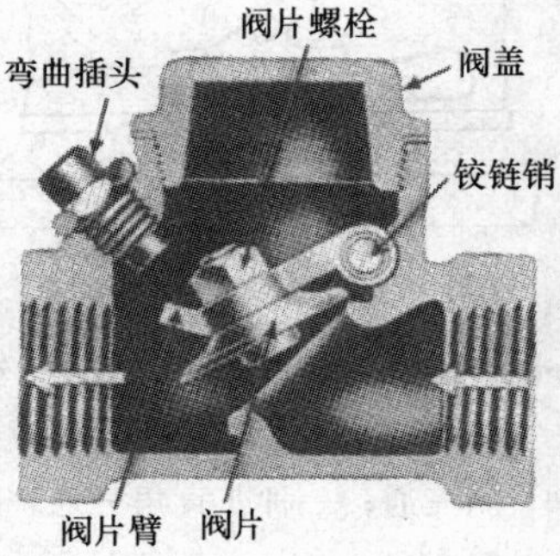

平旋止回阀

swinging door 平开门；见 **double-acting door**。

swinging latch bolt 摆动式弹簧锁闩；与锁前端绞连的一种弹簧锁闩，锁闩缩回是通过摆动而不是滑动。

swinging post 见 **hanging post**；铰链门柱，悬门柱。

swinging scaffold，swinging stage 悬吊式脚手架；由绳索或钢缆悬挂的脚手架，脚手架通过穿过滑轮的钢缆挂在屋顶挂钩上，并可以上下移动至任意高度。

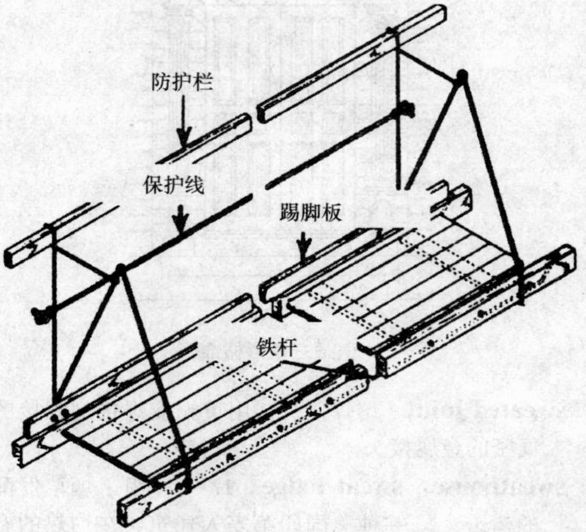

悬吊式脚手架

swing joint 膨胀接头；一种螺纹管接头，允许管子受热或遇冷时能自由伸缩而不致使管子发生弯曲，特别用于立管与散热器连接。

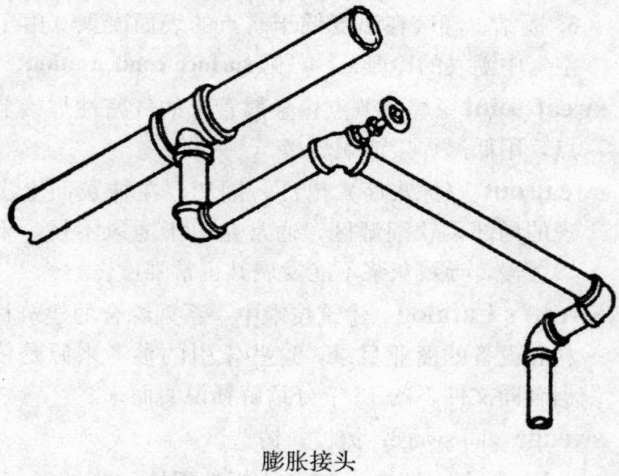

膨胀接头

swing loader 悬臂式挖掘装载机；前端挖掘，而挖料可以倾倒在机器侧面。

swing leaf **1.** 活动门扇；双扇门中的活动扇。**2.** 玻璃窗上的铰链吊窗（气窗）。

swing offset 摆动修正法；测量学中，测量点到线垂直距离的一种方法。以测点为圆心左右摆动卷尺，测出点到线的最小距离即为垂直距离。

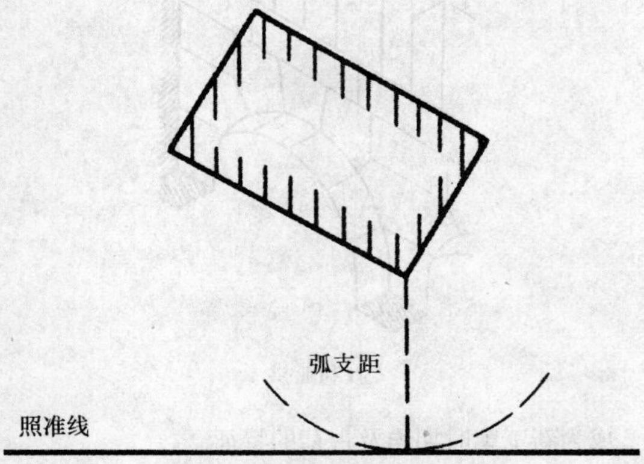

摆动修正法

swing saw，pendulum saw 摆锯；电动圆形锯，悬挂在下垂的长臂上并绕轴转动。

swing scaffold，swing stage 同 **swinging scaffold**；悬吊式脚手架。

swing-up door 上翻门；同 **swing-up garage door**。

swing-up garage door 悬摆式车库门；刚性架空门，整扇门一起开启。

swipe card reader 锁卡识读器；进入上锁门的一种安全设备，进门人需将锁卡（一侧带有磁条）快速滑过卡槽。

swirl 涡卷形木纹；树节或树杈周围不规则的木纹，尤其在胶合板上。

swirl finish 旋涡形抹面；混凝土面上的一种防滑面层，采用重叠的环形动作对表面进行镘光所得。

Swiss barn 瑞士谷仓；见 **German barn**。

Swiss Cottage architecture，Swiss Chalet architecture 瑞士乡村建筑；仿照瑞士山中牧人小屋原型的一种独特的居住建筑，通常为两层，为体现其乡村风格采用粗制木料建造；常以山墙为正立面，平缓的木瓦屋顶，偶尔也有双坡变坡屋顶；托架支出的挑檐可以出挑较深远，椽子外露，外墙采用板条盖缝构造形式，典型的门廊带有镂空或立柱连成的平直栏杆；有时称作瑞士农舍式或农社哥特式。

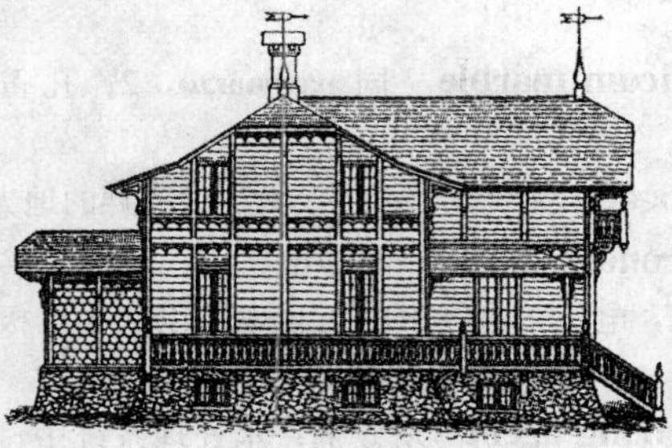
瑞士乡村建筑

switch 开关；用于打开、关闭电路或改变线路连接的装置。

switchboard 配电盘（屏、板）；大型独立的电气控制仪表板、或由多个仪表板组成，在板的后面、前面，或两面都安装有开关、电流过载或其他保护器、母线及一些常用仪表；仪表板一般不必安装在箱子中，但也可完全用金属包裹，通常前后均可操作。

switchgear 配电设备，开关设备；与控制、调节、测量和保护装置配合使用的开关和中断设备。

switch mat 开关网；一种地面护网，内包许多层压在塑料板中的金属薄片；当入侵者踏上护网时使金属片接触，报警器启动。

switch plate 电气开关的平板盖。

switch-start fluorescent lamp 见 **preheat fluorescent lamp**；预热荧光灯。

swivel joint 同 **swing joint**；膨胀接头。

swivel spindle 旋转芯轴；门用小五金，其中部带有联轴结的芯轴，可使球形把手的一端无法转动，而另一端自由操作。

swp 缩写＝“**stream working pressure**”，蒸汽工作压力。

sycamore 梧桐；一种坚硬微黄色木材，具有坚实细密的纹理，经抛光用于地板和装饰板。

SYM （制图）缩写＝“**symmetrical**”，对称的，匀称的。

Symmetrical Victorian style 维多利亚对称式建筑；偶尔用来描述华丽派民间建筑。

SYN （制图）缩写＝“**synthetic**”，人造，人工，合

成。

Synadicum marble 同 pavonazzo，2；孔雀大理石。

synagogue 犹太教堂；犹太教徒做礼拜的地方。

synchronous motor 同步电机；一种匀速转动的电机，电机转速等于电压频率除以一半电极或线圈数。

synergizing agent 增效剂；水处理系统中，增强除垢剂或防腐剂效用的物质。

synodal hall 区牧师聚会厅。

synthetic paint 合成油漆；采用人造树脂而非天然油料（树脂）制造的油漆。

synthetic resin 合成树脂；通过聚合、缩合，或变质对天然材料进行处理，制成类似树脂的产品。

synthetic rubber 合成橡胶；通过化学过程制造的人工橡胶，加工方法不同于天然橡胶但弹性与其类似。

synthetic rubber-base paint 同 latex paint；乳胶涂料。

synthetic silica 同 silica gel；硅胶。

synthetic stone 同 artificial stone；人造石，铸石。

Syrian arch 叙利亚拱；古典立面中采用拱柱对位形式。

syrinx 古埃及石墓道；从岩石中凿出的狭窄墓道

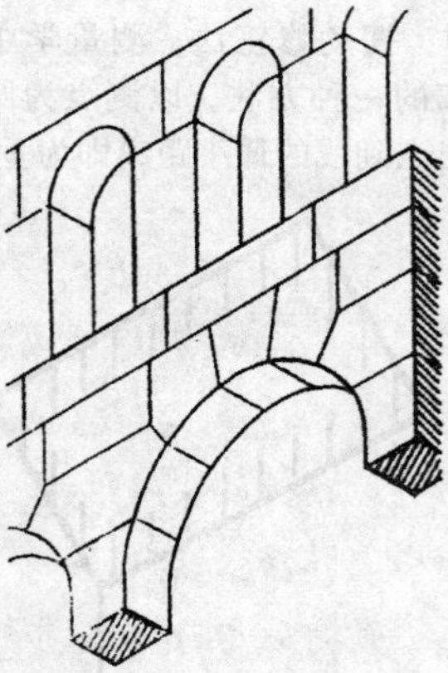

叙利亚拱

成为新王朝时期埃及古墓的特征。

SYS 缩写＝“system”，系统，体系。

system 体系；在房屋建筑中，是指采用工业化生产技术将预制构配件组合成一个完整单元的建筑。

Système International d'Unités 见 International System of Units；国际单位系统。

system riser 系统主管；在喷淋防火系统中，直接与水源连接的地上给水管。

systems building 见 prefabricated construction and industrialized building；预制装配式和工业化建筑。

systyle 见 intercolumniation；二柱径间式。

T

T （制图）缩写＝“**tee**”，T 形元件。

T&G 缩写＝“**tongue-and-groove**”，企口，榫槽。

T&G joint 见 **tongue-and groove joint**；企口接头。

tab **1.** 剧院中用于掩蔽部分舞台的窄小下垂幕布。**2.** 舞台幕布。**3.** 木瓦的下端。

tabby 贝壳灰砂土（混凝土）；石灰和水与贝壳、卵石或碎石的混合料，用作建筑材料，粘结硬化后坚如岩石。

taberna 古罗马的售货摊、店铺。

tabernacle **1.** 安放雕像，顶上带有华盖的壁龛。**2.** 新教徒举行大型集会的教堂。

tabernacle frame 门窗或其他洞口周围的框架，由两边壁柱及顶上山墙组成一个整体。

壁龛

tabernacle work 带有天蓬和雕刻的高度装饰拱廊。

tabia 白灰夯实土；掺有石灰和小卵石的夯实土。

tabla house 一种 16 世纪佛罗里达的早期西班牙殖民者居住的单间木框架房屋，采用垂直排列的粗制柏木厚板作外墙。典型形式为：棕榈叶覆盖的人字形屋顶，屋脊设有一个排放壁炉烟尘的洞口和一扇板条门。

tablas 锯开的木块；以西班牙风格建筑而衍生，锯成长方形的木材。

tablature **1.** 平板状的表面或结构。**2.** 壁画；在平展表面（如顶棚）某一部分上的绘画或图案。

table **1.** 束带层或其他具有一定尺寸和重量的水平镶边，墙内、外表面上的水平线脚。**2.** 在墙上有独特效果的矩形装饰板面。**3.** 中世纪建筑中，祭坛正面上部的三角顶饰。**4.** 桌；水平放置在支座上的平板。

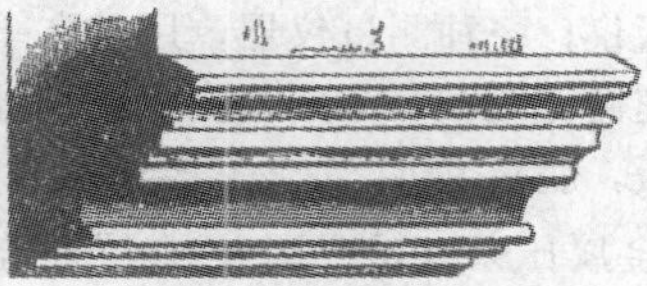

水平线脚

矩形装饰板面

table-base 基础装饰线；同 **base molding**。

tableau curtain 舞台吊起成垂花帘的幕；舞台幕

布升起时，两侧形成两个装饰穗下垂。

tabled joint 叠层嵌接；在琢石工程中，石材表面上许多浅沟（槽）形成的拼缝，其沟槽与上下石材表面的突出部分相配合。

table saw 圆盘锯；安装在桌下的圆形锯，锯片从桌面狭槽凸出。

table stone 同 **dolmen**；史前巨石墓。

tablet 1. 碑；形状规则的独立平板，或本身为一件艺术作品，常带有题文或图。2. 盖顶石，帽。3. 牌匾；常采用铭刻和雕刻，通常固定在墙上或嵌于墙内，有时用作纪念物，或为纪念某一特别事件而设。

tablet flower 华饰哥特式建筑中球形饰的一种变体，其形式为一朵有四个花瓣开放的花。

tabling 同 **tablet，2**；盖顶石，帽。

tablinum 家谱室（古罗马）；古罗马建筑中一个大的敞开场所或房间，用于记录家谱和存放祖先塑像，位于距主入口最远的中庭尽头。

tabularium 见 **archivium**；档案保管所。

tacheometer 见 **tachymeter**；速测仪，平板仪。

tachometer 见 **tachymeter**；速测仪，平板仪。

tachymeter，tacheometer，tachometer 速测仪，平板仪；一种测量仪器，用于在一次观测中便能快速测定距离、方向及高差的仪器。有一不长的底板，底板也可能是该仪器的组成部分。

tack 1. 金属压条（铅或铜）；在屋面施工中用来保护金属配件（如泛水板）的边缘。2. 平头短钉。3. 黏性；胶粘剂与粘结物在较低的压力下接合并立刻形成的粘结强度。4. 点式而不是线式的粘结、焊接或其他固定方法。

tack coat 见 **asphalt tack coat**；沥青粘结层。

tack dry 指触固化；指胶粘剂粘结层固化阶段的一个状态，此时，虽然手指触摸似乎固化，但胶粘剂与胶粘剂相触时仍存在黏性。

tack-free dry 指触干燥；指油漆或清漆漆膜干燥阶段的一个状态，此时，手指触摸不再感到有黏性。

tack-free time 指触干时间；在施工时密封胶保持黏性但还未达到使用要求的时间段。

tackle 滑轮组；用一根绳子与滑轮或一组绳子与滑轮组成的移动、提升物体或材料的机械。

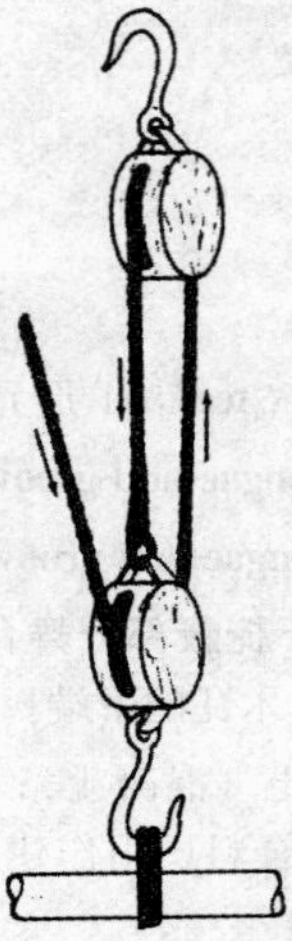

滑轮组

tackless strip 定位条；用于地毯边缘底面与地板或楼梯等固定的金属条，定位条上有许多向上向里微弯的小钩，当将地毯铺至边缘的定位条处，地毯衬被这些小钩钩住使其位置固定。

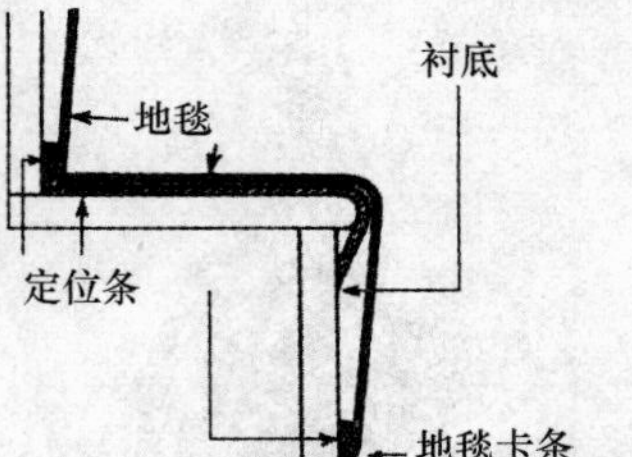

定位条

tack rag 油抹布；在油漆物体前用于擦拭灰尘、纤维屑和污垢，用缓干或不干的清漆或树脂浸透的抹布。

tack range 黏性期；胶粘剂粘结物体后保持干黏状态的时间段。

tack rivet 定位（安装）铆钉；一般为临时固定构件的铆钉，不承受荷载。

tack room 马具室；用于放置马鞍、马缰等马具的房间，通常在马厩里。

tack strip 定位条；tackless strip 词条的另一种说法。

tack weld 1. 定位焊接；临时固定金属部件的焊缝。2. 点接。

tacky dry，tacky 1. 涂层发黏期；指胶粘剂中易挥发成分已挥发或被充分吸收，从而达到理想的粘结状态的固化阶段。2. 干后黏性；指油漆与手指轻触时漆膜带有黏性的干燥阶段。

taenia，tenia 带形花边饰，束带饰；狭窄突出的镶边或嵌线，特别用于多立克式建筑中的顶端构件；又见 order。

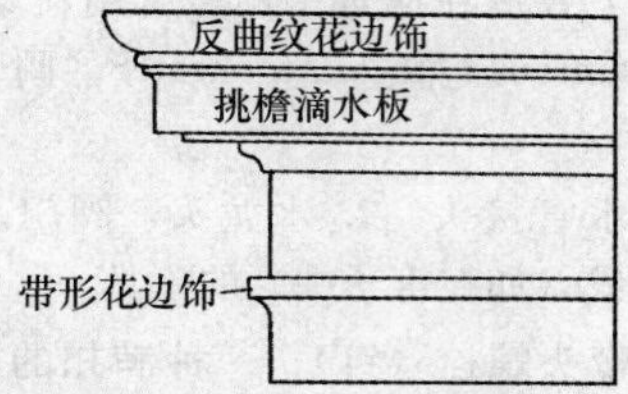

带形花边饰

tafy joint 铅管两个截面的连接处，一截面端部的直套管插入到相邻截面端部的展开端，接头处用焊接材料焊合。

tag 1.（砖石缝中嵌披水板的）折叠楔条。2. 标签；一种用来警示现存或潜在危险的临时标志，通常粘（系）在设备或结构构件上。

tagger 薄铁皮；比标准厚度薄的马口铁等材料。

t'ai 中国塔；逐层退缩的多层方形中国式塔，汉代初期打猎或娱乐的瞭望塔。

tail 1. 瓦当；石板瓦的下边缘（低端）。2. 尾渣。3. 见 rafter tail；椽尾。4. 见 lookout；外露部分（悬挑支架），最后开间，端开间。

tail bay 1. 构架地板中，墙与最近大梁之间的距离 。2. 构架地板或屋面中靠近端墙的开间，其中搁栅一端支承在端墙，另一端支承在大梁。

tail beam 见 tail piece，1；墙端短梁。

tail cut 1. 椽尾锯口；椽子下边缘（低端）有时带装饰性。2. 椽子檐端截口（以便依托在垫木板上）。

tailing 1. 砌体墙中挑出墙面的石制品（如在檐口中）。2. 见 tailings；筛余物，尾材。

tailing in 1. 挑出砌块上的护角或护边，如在檐口中。2. 使木材的一端固定，如墙上的地板搁栅。

tailing iron 砌体墙中的钢构件；用以承受其下面挑出墙外的悬臂构件的向上推力。

tailings 1. 筛余物；在分选尺寸时未能通过筛网最大孔洞的石子（如经过破碎后的石子）。2. 尾材；残余或遗留的产品。

tail joist 见 tailpiece，1；墙端短梁。

tailpiece 1. 尾端短梁；一端由短梁支承，另一端由墙支承的梁、搁栅或椽子，也称尾端梁或尾端搁栅。2. 执柄。3. 挑出山墙的檩、椽等。4. 与下沉式排水管配合使用的三通。

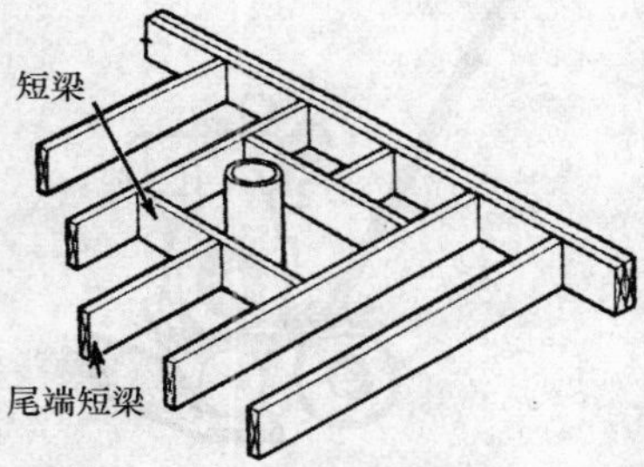

尾端短梁

tail trimmer 靠墙搁栅托梁；靠墙放置的搁栅托梁，搁栅的端部被固定而不是支承在托梁上。

takeoff 工料测算；同 quantity survey。

take-up 提升煤屑的设备或机械。

take-up block 传送带导向滑轮，其平衡块或弹性负载防止煤屑从传送线泻落。

taking 政府对私人地产使用的实质性干涉。

T&P valve 见 temperature and pressure relief valve；温度、压力释放阀。

takspan 瑞典松木屋顶盖板。

talc 滑石（粉）；一种由水化镁硅酸盐组成的松软矿物质，是硅酸镁的主要成分，用于防止屋面卷材之间的粘贴。

tallboy 烟囱风帽；一种细长形的烟囱风帽，用于改善烟囱的抽力。

tallus 见 talu；构筑物的斜面。

tallut，tallet，tallot （英）阁楼，顶楼。

talon molding 双曲形线脚，葱形饰线条。

talus，tallus 1. 构筑物的斜面；如挡土斜墙。2. 悬崖或斜坡脚下的碎石堆。

talus wall 挡土斜墙。

tamarack 见 larch；落叶松。

tambour 1. 鼓形柱。2. 所有鼓形构件。

tamo 见 Japanese ash；日本槐木。

tamp 夯实（土），捣固（混凝土）。

tamper 打夯机，振捣器；密实粒状材料如（回填）土或新拌混凝土的设备，通常由电机提供动力，又见 jitterbug。

打夯机，振捣器

tamping rod 振捣棒；一端为圆头的钢制直棒。

tamping roller 见 sheepsfoot roller；羊足碾。

tampion 塞子；管道工用的一种锥形硬木工具，当用力将其一端塞入铅管时可以扩张管口径。

T and G 缩写＝"tongue and groove"，企口，榫槽。

tanalized lumber 经过防腐处理的木材；有时木材通过防腐剂处理来保存。

tang （柄，铤）刀根；物体的细长突出部分，其作用是形成与另一物体的连接。如凿子的尖突部分，用于插入手柄。

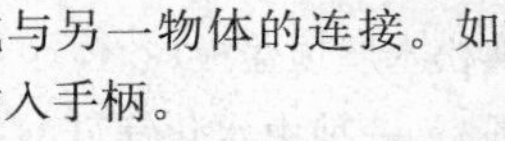

刀根

tangent 相切；直线、曲线或平面的相切，交于一点，并在此点有共同方向。

tangenial flow filtration 同 crossflow filtration；横流过滤。

tangential shrinkage 切向收缩；弦锯木料宽度方向的收缩。

tangential stress 剪应力，切向应力。

tangent-sawn 同 plain-sawn；弦锯。

tanguile，tangile 仿桃花心木；一种类似桃花心木的硬木，但在潮湿环境中的收缩和膨胀比后者大，边材木质微红，心材呈褐红色。

tanking （英）地下室防水层。

tankless heater 热水器内部有可以让电流通过的金属线圈，置放在锅炉中，经常用在家中。可参见 instantaneous-type water heater（瞬时加热热水器）。

tap 1. 供水管接头。2. 水龙头，阀门。3. 丝锥；加工内螺纹（如在管子中）的工具。

tap bolt 带头螺栓（钉）；一种满扣的机械螺栓，可以直接拧入材料上的孔洞中，不需要使用螺母。

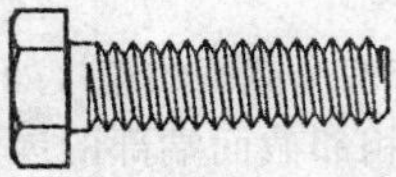

带头螺栓（钉）

tap borer 锥孔钻；管道工钻锥形孔使用的一种手动工具，如加工铅管接头。

tape 1. 见 joint tape；连接带。2. 见 aping strip；盖缝条。3. 见 tape measure；卷尺。4. 见 friction tape；摩擦胶带。5. 见 thermoplastic insulating tape；热塑绝缘胶带 6. 见 thermoplastic protective tape；（热塑防护胶带）。

tape balance 吊窗配重，其中窗扇重量由缠绕起来的金属带卷提供弹力平衡。

tape correction 钢尺测长修正值；用于钢尺测距修正，以减小由物理条件或使用方法造成的误差。

tapeista 西班牙殖民地建筑中简陋的四柱支撑的棚式结构，用于保存玉米秸、干草等，又见 jacal，1。

tape joint 带条粘接缝；平接缝，采用化合物密封，然后用一种可增加其强度的加强条覆盖。

tape measure，**tapeline** （钢）卷尺，带尺；测量距离的钢带。在美国，测量员和工程师使用的卷尺通常刻度精确至一、十分之一和百分之一英尺；施工员使用的刻度则精确至英尺、英寸和一英寸的分数。

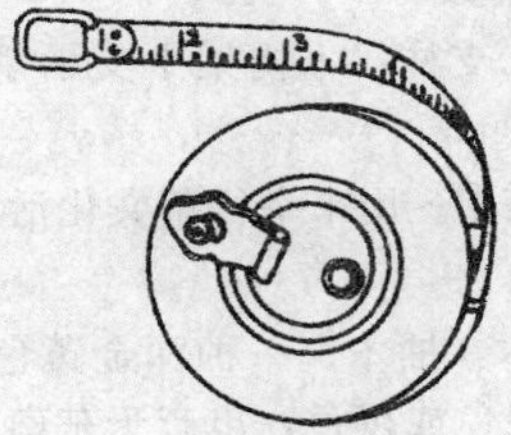

卷尺，带尺

taper 锥形；细长物体厚度的逐渐减小，如塔尖。

tapered edge strip 坡边压条；用于屋面防水材料周边易渗漏处的密封楔形压条。

tapered-roll pantile 斜削波形瓦；带卷边的波形瓦，其宽度从一端到另一端略有增加。

tapered tenon 楔形榫；宽度从根部到端部逐渐变小的榫。

tapered tread 梯形踏步；踏步水平面呈现为外部宽，内部窄，例如旋转楼梯踏步。

tapered valley 屋面上的上小下大的天沟。

taper pin 锥形钢销；具有确定的直径、长度和斜度，两端无头的实心销。

锥形钢销

taper pipe 见 **diminishing pipe**；锥形管。

taper thread 锥形螺纹；在圆锥体或截头锥体上加工的螺纹，用于某些类型的紧固件，如管道工程的管接头，以保证气密性。

tapestry 挂毯；在经纱上手工加工有图案的编织品，悬挂于墙上作饰物。

tapestry brick 同 **rustic brick**；粗面砖。

tapia 黏土坯；一种主要成分为黏土的建筑材料，黏土中掺有小卵石。该名词偶尔也用于夯实土坯。

taping 测距，量长度；用卷尺或测链测量地面距离。

taping arrow 见 **chaining pin**；测钎。

taping compound 盖缝化合物；专门配制生产的化合物，以覆盖石膏板缝处外的加强连接带。

taping pin 见 **chaining pin**；测钎。

taping strip 1. 盖缝条；铺在预制混凝土屋面板板缝处的油毡条，以防止沥青滴落。2. 覆盖在屋面隔热板板缝处的盖缝条。

tapped fitting 螺纹接头；带有内螺纹的管接头，用于与带螺纹管的连接。

tapped tee 带螺纹的三通接头；管道工程的承插式三通，有一个带螺纹接头分支或带螺纹管的分支。

tapping machine 测声器；能在地板上产生连续均匀的撞击，用于测量撞击声在地板—吊顶组合结构中传播的一种仪器。

tapping screw 见 **sheet-metal screw**；自攻螺钉。

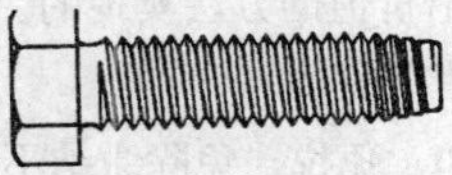

自攻螺钉

tar 见 **coal-tar pitch**；焦油沥青。

tar-and-gravel roofing 沥青砾石屋面；叠合（组合）屋面，其面层材料为厚层焦油沥青中包含砂砾。

tar cement 焦油沥青水泥；较重级别的沥青水泥，直接用于沥青路面的施工和维修。

tar concrete 沥青混凝土；见 **asphaltic concrete**。

target 在测量学中见 **leveling rod**；水准标尺。

target leveling rod 战标水准标尺；一种带有标靶的水准标尺，根据仪器员的信号移动其位置，当标靶被仪器视准线等分时，持尺人读数并记录。

target rod 见 **leveling rod**；水准标尺。

tarmac，**tarmacadam** 见 **macadam**；碎石路面。

tarnish 生锈；金属表面氧化层失去光泽，逐渐褪色。

tar paper 见 **asphalt prepared roofing**；沥青处理的

屋面材料。

tarpaulin 焦油帆布，防水油布；特别用于大面积覆盖暴露在室外的物品。

tarred felt 同 **asphaltic felt**；沥青油毡。

tarsia 同 **inlay**；镶嵌型装饰。

tas-de-charge 1. 拱基石，拱楔石；最下层的拱石，或带有水平而非径向接缝的拱或穹窿石。2. 穹顶中，在拱肋跨越和分隔线之间的一组断面。

task lighting 专用照明设备；为完成专业展出对某一特殊区域提供照明。

tasolera 西班牙殖民建筑中，圈养家畜或贮存农产品的畜棚或谷仓。

tatami 榻榻米；日本住宅地板上的草席垫，标准尺寸约 3ft×6ft（1m×2m）。

tauriform 公牛头状的；见 **bull's head**。

tavern 见 **inn**，**1**；旅店。

tax abatement 减税；减少不动产税款，一般是用减少其评估价值的方法实现的。

taxamanil 茅草屋顶。

tax exemption 免税；免除缴纳不动产税的义务。

taxpayer 纳税建筑；产生最小投资回收的建筑（经常为临时建筑），通常只略高于不动产税。

TB 缩写＝**"through bolt"**，贯穿螺栓。

T-bar 穿孔金属吸声板的吊顶中的 T 形金属龙骨，金属板是固定在龙骨的翼缘上。

T-beam T 形梁；截面类似字母 T 的钢筋混凝土梁或热轧型材。

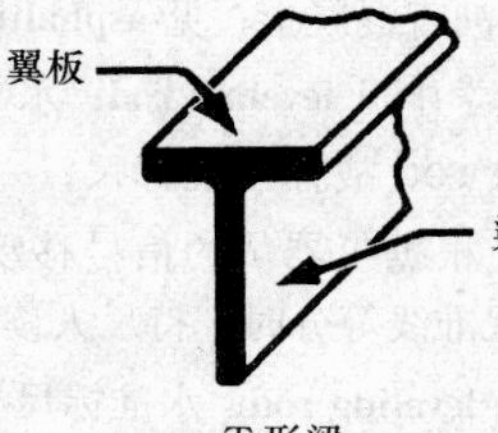

T 形梁

T-bevel 同 **bevel square**；斜角规，分度规。

TC （制图）缩写＝**"terra-cotta"**，陶瓦。

tchahar tag 莎桑尼亚建筑（公元 224—651）的四方圆穹顶；由四根拱形柱支承的一个圆形穹顶，主要用于祭坛。

tea garden 1. 毗邻茶馆小巧而宁静的日式花园。2. 公共花园中的室外茶室，提供茶、点心和饮料。

teagle 卷扬机。

teagle post 支柱；木构架中支承系梁（横拉梁）的柱。

teahouse 茶馆；用来举行茶文化活动的日式花园式建筑。

teak 麻栗木，柚木；一种深金黄色或棕色木材，脱落物呈绿色或黑色，出产于东南亚、印度和缅甸。木质不软不硬，木纹粗糙，坚固耐用；包含的油脂使其具有滑润感并免疫虫害。用于室外工程，胶合板和装饰嵌板，也称为印度橡木。

tear 见 **run**，**5**；流淌。

tearing 瓷面的弥合裂痕；瓷器彩釉面上的缺陷，特征是具有修复过的短裂纹。

tear strength 撕裂强度。

tease 漆面缺陷的修复。

teaser 顶幕；悬挂于舞台台口顶券上的横幕或帆布盖着的构架，用以遮蔽台柱并与侧幕一起框住舞台口。

tease tenon 见 **teaze tenon**；阶形榫。

teaze tenon，**tease tenon** 阶形榫；柱顶的阶梯形榫，特别用于连接两个垂直相交的水平木构件。

tebam （犹太教的）读经台。

tectiform 屋顶形的（建筑物）。

tectonic 建筑或结构构造。

tectorial 屋顶状的。

tectorium opus 见 **opus tectorium**；古罗马一种内墙抹面。

tee 1. 伞状尖顶饰；用于舍利塔、佛塔和宝塔。2. 同 **pipe tee**；三通。3. T 形截面的金属构件。

tee beam 见 **T-beam**；T 形梁。

tee bevel 同 **bevel square**；斜角规，分度规。

tee handle T 形手柄；操作锁闩的 T 形球状门把手。

tee head 见 **T-head**；T 字形柱头，丁字形支撑柱。

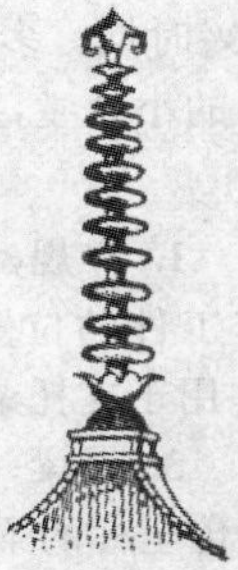

伞状尖顶饰

三道

tee hinge 见 **T-hinge**；T形铰链。

tee iron **1.** T字钢；预先钻孔的大型T形金属型材，用于加固木结构节点。**2.** T型钢。

tee joint T形节点；彼此近于成直角的两构件间的节点。

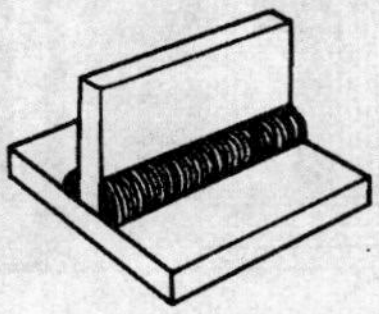

焊接T形节点

teepee 同 **tipi**；圆锥形帐篷。

tee square 见 **T-square**；丁字尺。

Teflon™ 特氟隆；**polytetra-fluoroethylene**（聚四氟乙烯）的专有名称。

tegula 尤指特殊形状或材料的瓦。

tegular 瓦状物；有关瓦或者排列方式相似的东西。

tegurium 尖形墓顶；石棺上的顶，通常为双坡由细柱支承。

teja 西班牙殖民地建筑的一种烧制黏土屋面瓦，半圆形截面，通常一端大一端小。

TEL （制图）缩写＝"**telephone**"，电话。

telamon （复 **telamones**）男人雕像；柱上的雕刻为男性雕像，用于支承挑檐、雕带和过梁。

男人雕像

telecommunications 通讯；通过电线、光纤或电磁波发送和接收（电或光）信号。

telegraphing，show-through 透底；底层的不规则、缺陷或图案隐现在墙等的饰面层。

telephone booth 电话间。

telephone station 电话局。

telescope house 套叠房屋；一个房屋包括几个单元，其高度递减，使建筑外形如同伸缩望远镜；对比于连续房屋。

telltale 模板位移指示器；专用于指示模板位移的设备。

temenos 寺院围墙；环绕寺庙或其他圣洁场所的围墙。

TEMP （制图）缩写＝"**temperature**"，温度。

temper **1.** 搅拌；将石灰、砂和水按比例混合，制成砌筑或抹面砂浆。**2.** 润湿并混合黏土使其达到制砖的稠度（在烧制前）。**3.** 回火；通过热处理使钢材或其他金属达到合适的使用硬度和弹性。**4.** 用干性油或其他氧化树脂浸渍木纤维或组合板，然后加热处理以改善其强度、硬度、防水性和耐久性。

tempera 胶质壁画颜料；一种速干颜料，含蛋白（或蛋黄，或蛋白与蛋黄混合）、树胶、色料和水，特别用于绘制壁画。

temperature and pressure relief valve 温度压力释放阀；具有压力释放阀和温度释放阀两者的功能。

temperature controller 见 **thermostat**；恒温器。

temperture cracking 温度裂缝；在混凝土构件中，由于温度降低（如果构件受到外部约束）或温差（如果构件受到内部约束）导致抗拉破坏所产生的裂缝。

temperature reinforcement 温度钢筋；钢筋混凝土中承受温度应力的钢筋。

temperature relay 温度继电器；用于保护设备在设定温度下工作的继电器。

temperature relief valve 温度控制阀；由温度驱动的安全阀，当加热水温超过设定温度时阀门自动打开。

temperature rise 温升；水泥中由于吸收热或内部产生热引起的温度上升，如混凝土中水泥的水化过程产生的热。

temperature steel 分布钢筋；配置在混凝土板等构件中，用来减小温度变化产生裂缝的可能性。

temperature stress 见 **thermal stress**；温度应力。

temperature stress rod 温度应力钢筋；钢筋混凝土中与受力钢筋垂直布置，防止产生与主筋平行的由干缩或温度应力引起的裂缝，是温度钢筋的一种。

tempered board 调质纤维板；一种坚固的木制纤维或复合板；见 **temper，4**。

tempered glass （美）钢化玻璃；（英）淬火玻璃；将玻璃加热使之产生预拉应力，然后马上淬火，由于突然冷却会在玻璃面层产生压应力，其强度是普通玻璃的2～5倍。

tempered steel 淬硬钢，回火钢；将钢材加热到某一高温，然后淬火（通常重复几次），这一过程使钢材明显变硬。也称为表面硬化（渗碳）钢。

tempered water 调和（预热）水；温度在85°F（29°C）～110°F（43°C）范围内的水。

tempietto 文艺复兴时期，多建于格局严谨的乡村、农舍、庭院中的小教堂，尤指装饰性较强的那类。

template，templet **1.** 样规，样板；通常为片状的模型，用于标定工件的位置或重复加工工件。**2.** 垫块；置于墙中用于支托梁端以分散荷载的石块、金属板或木板。**3.** 过梁；门窗洞口上用于支承搁栅并将其荷载传至柱的梁或板。**4.** 建筑砌块中的楔形块。

template hardware 金属样板；与样板底图中孔洞位置完全吻合的金属样板。

temple **1.** 为某些特定公共活动使用的建筑。**2.** 一种服务于古代神明的经典建筑，常由一系列祭拜活动联系起来。**3.** 专门用作祭拜的建筑，例如犹太教堂或佛堂。

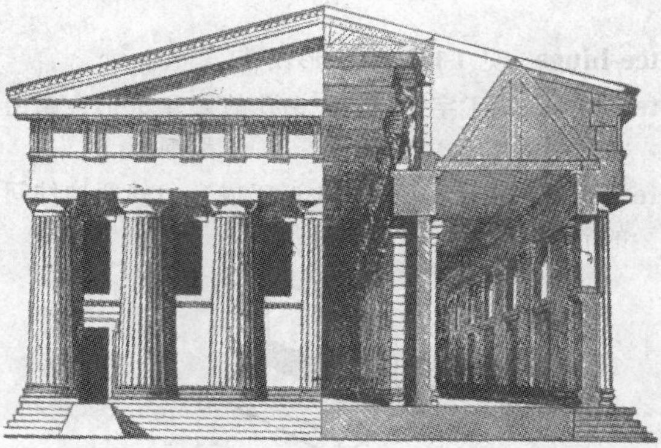

神殿

templet 同 **template**；模板，样板。

temple tower 亚述古庙塔。

templon 拜占庭教堂将讲坛围起来的檐梁式柱廊。

temporary（electrical）service 临时用电；施工、展览或其他临时用途在有限时间内使用的电力。

temporary shoring 临时支撑；施工中支撑构件或结构某部分而设置的支撑，施工结束后拆除。

temporary stress 施工应力；预制混凝土构件中或其中的某一部分，在制造，吊装，施工或试验加载时可能产生的应力。

temse 同 **screen，3**；筛子。

tenancy 租用权；按低于不动产价格的付费取得的占用权，如永久租用权或按年限租用权，后者一般通过租约建立。

tenancy in common 共同租用（或使用）权；由二人（或以上）共同享有的房地产租赁权或使用权。二人均可转移其享有的权益，如其中一人死亡则由其指定人继承。

tenant 承租人；租用某栋建筑或其中某一部分的个人或公司。

tenant's improvement 承租人自己花钱在不动产上添建物，除非有协议，否则它们将成为不动产的一部分，租期结束后承租人不可带走。

tender 投标书；承包商承包工程的申请或报价；通常为表格形式，由承包商书写，标明完成合同的估价和时间。

tendon 预应力筋；预应力混凝土中，布置在受拉区对混凝土施加预应力的钢丝、钢筋和钢绞线。

tendon profile 预应力钢筋纵向布置（侧面轮廓线）；预应力混凝土中，预应力钢筋的轨迹线。

tenement 经济公寓；供出租的多单元公寓，其状况经常是年久失修，拥挤不堪，几乎无法满足最基本的安全和卫生要求，一般位于贫民区。

tenia 见 **taenia**；带形花边，束带饰。

tenon 榫舌；木料或其他材料缩小截面的突出端，可以与另一对应榫眼形成可靠连接；又见 **mortise-and-tenon joint**。

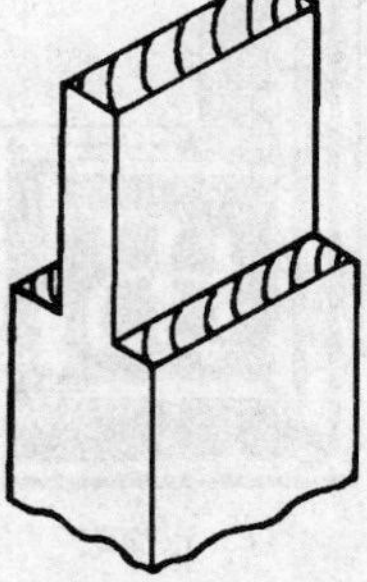

榫舌

tenon-and-slot mortise 由榫舌和槽榫眼组成彼此成直角的木节点。

tenon saw 榫锯，手锯；锯背带有加劲金属条，

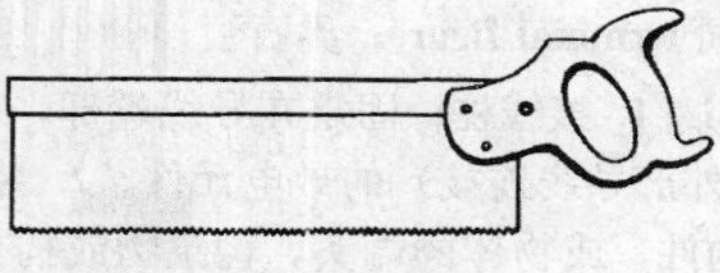

榫锯，手据

锯齿细密，用于精细、准确的锯口，如加工榫舌、鸠尾榫和斜榫。也称为斜榫锯。

tensile-frame construction 见 **bent-frame construction**；横向排架结构。

tensile modulus 拉伸模量；张应力与某个范围内的拉应变之间的比率呈现为一个恒量。

tensile strain 拉应变；在拉力作用下材料的伸长。

tensile strength 抗拉强度；材料受拉破坏时承受的最大拉应力。

tensile stress 拉应力；受拉材料初始截面的单位面积上的拉力。

tension 拉力，拉伸；处于受拉（拉伸）的状态或环境。

tension bar 受拉杆件，拉杆，拉筋；处于或抵抗拉应变的金属杆件。

tension failure 张拉破坏；见 **primary tension failure**。

tension member 受拉构件（杆件）；承受拉力的结构构件。

tension pile 受拉桩；同 **anchor pile**。

tension reinforcement 受拉钢筋，抗拉钢筋；承受拉应力的钢筋，如简支梁下侧的钢筋。

tension ring 张拉环；环状结构物用于抵抗外部穹顶产生的侧力。

tension rod 拉杆；桁架或结构中的杆件，连接相互对应的杆件，防止其相互间的伸展位移。

tension wood 收缩性大易开裂和扭曲的木材；硬木树枝和倾斜树干上侧的不规则木材，其特点是纵向收缩大且容易引起翘曲、开裂。

tent ceiling 帐篷屋顶；见 **comb ceiling**。

tepee 同 **tipi**；圆锥帐篷。

tepidarium 古罗马浴室中一间温度适中的浴间。

TER （制图）缩写＝"**terrazzo**"，水磨石。

term 同 terminal figure；界石。

terminal 1. 接线柱；固定在导线端部，或设备上（为与外部导线连接）的导电元件。2. 装饰涂层、装饰构件，或物体的端头，构筑物或构件中的零件。

terminal box 接线箱；电气设备（如电机）上将设备与电源相连的接线盒，通常盒上有一个活动盖板。

terminal expense 最终费用；合同结束时发生的费用。

terminal figure，terminal statue 柱式塑像；带有柱式基座的头部、齐胸半身或包括手臂的齐腰半身像。

terminal pedestal 胸像的基座；基座与胸像构成柱式塑像。

胸像的基座

terminal reheat system 终端二次加热系统；空调系统中的二次加热蛇形管，每个独立的控制单元配置一套，负责调节供气温度。

terminal stoping device 升降机箱行程终点的限位开关。

terminal unit 终端设备；空调系统中输送支管端部的设备，通过这些设备空气被加热或制冷并送到有空调空间。

terminal velocity 端口速率；空调系统中气流喷射末端的平均速度，是通风状况和舒适程度的指标之一。

terminal window 端窗；教堂中，通常会在走道或十字翼端部设置一扇窗。

terminated stop，hospital stop，sanitary stop 止门器；在地板面以上的门挡，设置 45°或 90°的关闭角度。

terminating enclosure 终端接装置；公用事业公司安装在服务站点的电缆负载终端接线装置（需由公用事业公司批准），通过接线装置电缆接入用户端口；包括混凝土式接线盒，检修孔，墙装接线盒和配电盘接线盒。

terminating facility 终端设备；所有电气终端的接线设备或变压器设备。

termination 最后完成建筑特征的装饰构件，如滴水。

（a）诺曼式

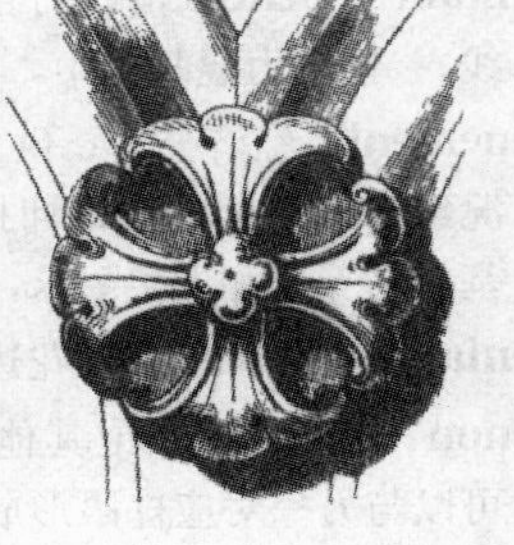

（b）早期英国式

（c）正交式

各种形式的装饰构件

terminus 胸像；安座于矩形台基之上的半身像或塑像。

termite shield 防蚁板；防止白蚁穿行的耐腐蚀金

属或无机材料防护板，通常悬挑在基础墙或墩台上（或在木门槛或梁下），或包裹在入室的管子周围。

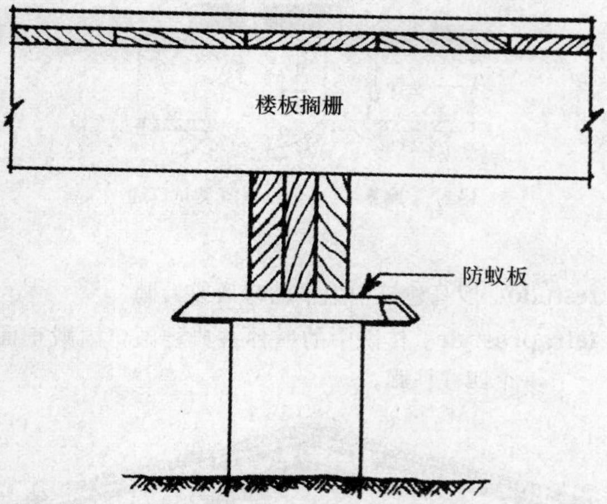

防蚁板

terne metal 锡含量大于20%的铅锡合金。

terneplate 镀铅锡的薄钢板；广泛用于屋面或建筑工程。

terra alba 未经烧制的纯白色石膏，作为涂料中的填充料。

terrace 1. 一块经铺砌、种植和装饰的地面，作为休闲娱乐场地。2. 平屋顶、凸起台地，或与建筑物相接的平台，经铺砌、种植等作为休闲娱乐场地。

terrace door 阳台门；一副玻璃门，其中一扇是固定的，另一扇门同那扇固定门铰接着。

terrace house 连栋住宅；位于建筑场地上的一排住宅中的一幢。

terrace roof 见 **cut roof**；平屋顶。

terra-cotta 陶瓦，琉璃砖瓦；黏土浇注成型，经窑中高温烧制成的陶土制品；没上釉时呈红褐色，上釉后通常为彩色，用于装饰工程中，例如建筑陶砖，地面砖和屋面瓦。

terrado 屋顶制式；在西班牙建筑中，一种用灰浆包裹的夯实密土制成的平屋顶。

terras 同 **trass**；火山灰。

terrazzo，terrazzo concrete 水磨石；现浇或预制并磨光的大理石骨料的混凝土，用于地面或墙面装修。

terreplein 顶面平坦的土台。

Territorial Revival 特利陶复兴式；大约1920年以后在美国西南，尤其是新墨西哥州一种不太流行的建筑模式，基本是对特利陶式的修改。

Territorial style 特利陶式；从1840年新墨西哥州成为美国领土约至1900年该洲的一种建筑形式。其特点是：大都为带栏杆的平屋顶单层房屋，土坯外墙灰泥抹面或灰泥粉刷，大门两侧有边窗，门窗周围采用砖饰，顶部为三角形楣饰，个别采用的木装饰则借鉴了希腊复兴式。这种形式的房屋有时建于一个封闭的庭院周边，房间大门在环绕庭院带顶的穿廊上。

terrone 一种从河底或沼泽地取草皮胚经晒干制成的土坯，由于坯中掺杂有草根，所以比普通土坯强度要高，常用作砌体材料。

tertiary beam 三重（级）梁；将一端或两端的荷载传给次梁的梁。

tessellated 小块大理石、石材、玻璃等的镶嵌工艺。

tessellated work 镶嵌工艺。

tessera 镶嵌块；近似方形的彩色大理石、玻璃或瓷的小块，用来镶嵌几何图形或图案。

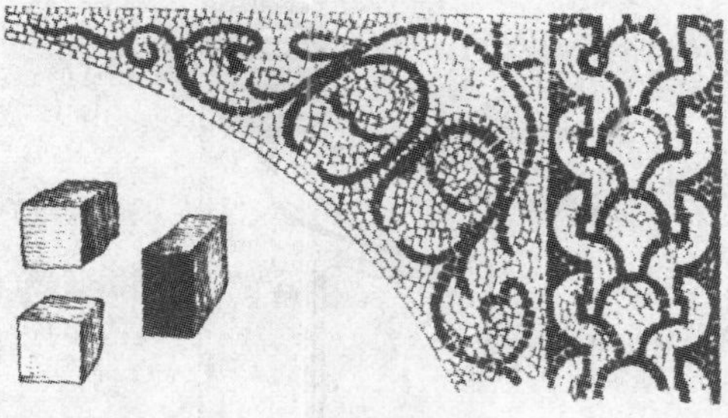

镶嵌块

tesseris structum 同 **opus tessellatum**；一种马赛克的镶嵌砖。

test 测试；对建筑组件、设施、材料、某种仪器或者是运行系统的性能进行检验，看其是否与运行标准相一致。测试可以在原型阶段，生产过程，安装时或之后，或者项目结束，或者这些时段的任意结合处进行。

testaceum 同 **opus testaceum**；碎瓦片铺地。

test code 实验规范；主要用于规定等级和类型的机械或设备的测试标准。

test cylinder 圆柱体试件；使用代表性混凝土浇筑，在标准条件下养护制作的，直径 6in（15cm），高 12in（30cm）的混凝土圆柱，用来确定规定时间后的抗压强度。

tester 1. 华盖；床、御座、讲经台或墓穴上的平面华盖。2. 在教堂中与 **sounding board** 同义。

testing machine 试验机；在标准条件下精确测试材料、产品等性能的设备或机器。

test method 试验方法；测定某一产品是否符合相关标准所必须的技术程序和操作。

test pile 试桩；测定无沉陷情况下承载力所用的桩，一般方法是在桩顶安装的平台上施加重力。

test pit 探坑，探井；检查既有基础或考查某一场地是否适合建造建筑物而进行的挖掘，包括取土样和确定地下水深度。

test plug 实验管塞；在排水系统中为测试渗漏而安装的管塞，管塞与空气压缩机连接（通过阀），空压机对管塞充气将系统密闭。

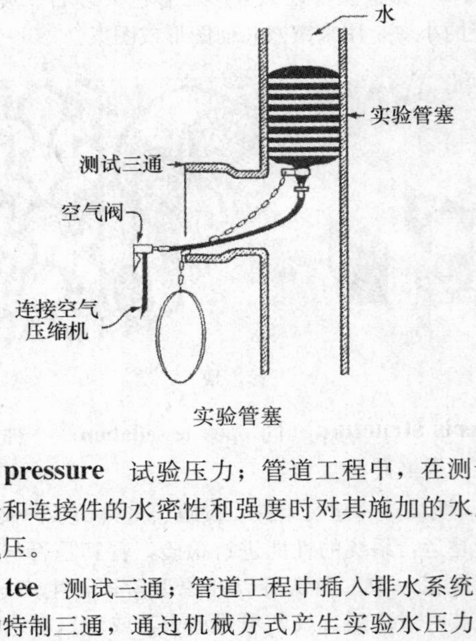

实验管塞

test pressure 试验压力；管道工程中，在测试管子和连接件的水密性和强度时对其施加的水压或气压。

test tee 测试三通；管道工程中插入排水系统的一种特制三通，通过机械方式产生实验水压力，检查系统的渗漏。

testudinate 有起脊的屋顶。

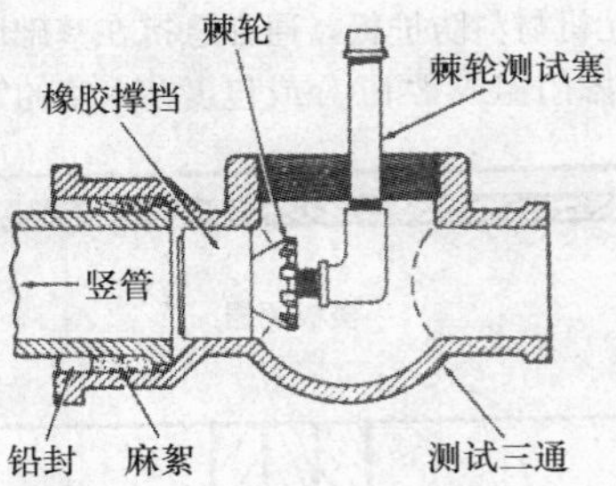

测试三通

testudo 罗马建筑中扁平的穹顶或天棚。

tetraprostyle 传说中的一种古典神殿，内殿正面有一个四柱柱廊。

神殿

tetrapylon 凯旋门；标志性建筑，其结构特征是有四个门。

tetrastoon 四边带有回廊或柱廊的庭院。

tetrastyle 四列柱式；在前列或后列有四根柱，可以是一列或多列柱。

Textile 纺织品；一种材料，由纤维或者纱线编织而成的。

textile mill 纺织厂；生产纺织品的工厂。早期的纺织厂建于（驱动机器的）水能源附近，其中大部分为木结构，所以长期处于被大火吞噬的危险中。1832年在美国罗德艾兰州，纺织厂建筑的防火安全取得了重大进展，采用特殊的防火（和缓燃）设计，即使用厚木地板、减少木梁的数量、增加每片梁的截面面积。这些标准被广泛使用，大大改善了纺织厂的防火安全。

texture 质感，纹理；表面除了色彩以外的视觉，特别是触觉特征。

texture brick 粗面砌块。

textured paint 见 **plastic paint**；纹理饰面涂料。

texture-finished paint 见 **plastic paint**；纹理饰面涂料。

TG&B 缩写＝"**tongued，grooved，and beaded**"，串珠状企口接合。

thalamus，thalamium 古希腊建筑中的内室或寝室，尤指妇女的卧室。

thatch 盖房茅草；覆盖屋顶等的材料，通常是将稻草、芦苇等材料捆扎在一起以便于排水，有时也用于隔热，热带地区广泛采用棕榈叶。

thatched hut 见 **palma hut**；棕榈茅舍。

T-head **1.** T字形柱头；预制框架中与内柱顶相交的一段主梁。**2.** 丁字形支撑柱；柱顶两端有带支撑水平杆件，共同形成T字形。**3.** 管道工程中，同 **curb cock**；路边水栓，井内的关断阀。

theatre 剧院，剧场；带有舞台（和相关设备）的室内或露天建筑，进行戏剧表演并提供观众座席。

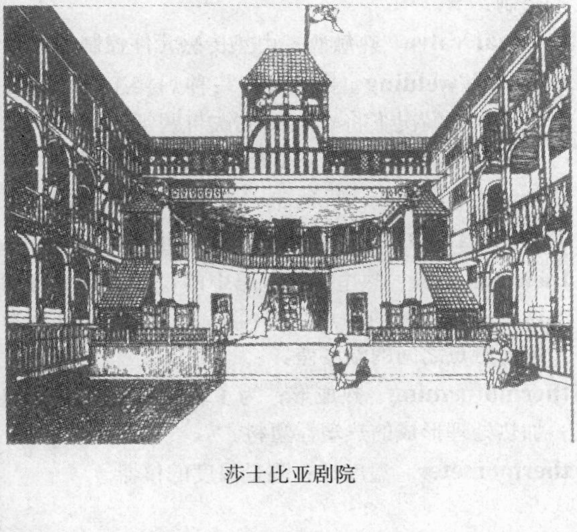

莎士比亚剧院

theatre-in-the-round 露天圆形剧场；表演场设在观众席中央的剧场，又见 **arena**，**2**。

theatre seating 同 **auditorium seating**；观众席。

theatrical gauze 剧院布景用纱网；一种通常为棉或亚麻质的坚实纱网，用于剧院舞台幕布或布景。

theodolite 经纬仪；测量用精密仪器，包括带望远镜的视准仪、调平装置和精确刻度的水平度盘，或一个垂直度盘。

theologeion，theologium 古剧院舞台上部供神职人员在此布道用的一个小舞台或包厢。

therm 色姆；热量单位，相当于10^6 Btu（英热量单位＝252cal）。

thermae 见 **bath**，3；温泉。

thermal barrier 见 **thermal break**；热障。

thermal bath 见 **bath**，3；温泉。

thermal break，thermal barrier 热障；置于高导热材料之间的低导热材料，以减小或阻止热量的传递；用于寒冷气候条件下金属窗或幕墙。

thermal bridge 热桥；同 **cold bridge**。

thermal capacity 见 **heat capacity**；热容量。

thermal conductance 导热率；在稳态条件下，某一材料的两表面温度差为一单位温度时，通过单位面积，在单位时间内从一表面至另一表面的热流量。

thermal conduction 热传导；通过导热物体的热量传递过程，此过程在没有质点总位移的情况下，将动能在材料质点间传递。

thermal conductivity 导热系数；热传导的速度，即某一材料的两表面在单位温差条件下，单位时间内，通过单位厚度，单位面积的热流量，是材料本身的性能，常用k表示，又称系数k。

thermal conductor 热导体；通过热传导的方式易传热的材料。

thermal cutout 热熔断路器；用耐热单元和可熔断元件组成的电路中过载保护设备，当电流过大时产生足够的热量将可熔元件熔断使电路断开。

thermal diffusivity 热扩散系数（导温系数）；表示材料的温度变化速度，其值等于导热系数除以已知热量与单位重量的乘积。

thermal emissivity 热辐射系数；在相同环境、相同温度下，物体发出的辐射热能率与黑体发出的辐射热能率的比值。

thermal endurance 耐热性；对玻璃抵抗热冲击的性能进行的评估。

thermal expansion 热膨胀；材料或物体受热后长度或体积的变化。

thermal finish 火烧板。同 **flamed finish**；将石材表面加热至极限温度，然后急速冷却。

thermal-fusion joint 热熔接头；同 **heat-fusion joint**。

thermal insulating cement 绝热水泥；一种经特殊处理的干燥混合物，包含粒状、片状、纤维状或粉状材料，当与适当比例的水混合成为泥浆，涂于面层干燥后便形成绝热层。

thermal insulation, heat insulation 绝热（隔热）材料；对热流有强阻力的材料，一般由矿棉、软木、石棉、泡沫玻璃、泡沫塑料、硅藻土等制成，如贝岩、毡片、砌块或板及粒状和松散填料。

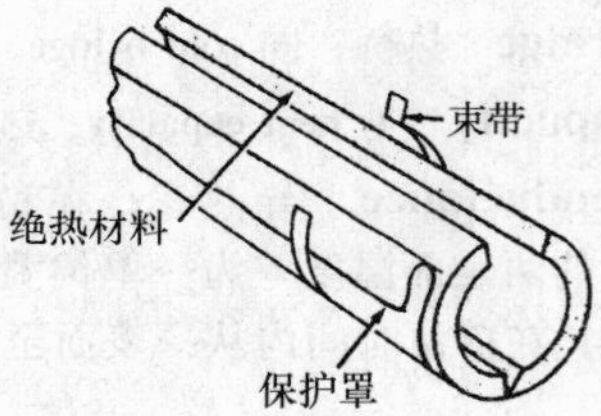

绝热材料

thermal insulation board 绝热板；预制刚性或半刚性的板状或块状隔热材料。

thermal load 温度荷载；由于温度变化在结构上产生的荷载。

thermal mass 热容；任何一种材料或者墙都能吸收冷热，并且稍后会释放出来；见 **roof pond, rock storage** 和 **Trombe wall**。

thermal movement 热位移；由于温度引起混凝土或砌体的尺寸变化。

thermal protector 过热保护装置；电机或电动压缩机的保护装置，防止电机由于启动失效或过载引起过热的危险。

thermal radiation 热辐射；热量通过电磁波的形式从热表面向冷表面的传递过程，冷表面吸收电磁波使其温度升高，但并不引起两表面间的空气温度变化。

thermal resistance 热阻；传热系数的倒数。

thermal resistivity 热阻率；材料阻止热传递的系数，等于导热系数的倒数。

thermal shock 热冲击；由于温度剧变引起物体或材料应力的突变。

thermal storage 蓄热；将太阳能收集起来，用于稍后阶段进行再辐射的方式。

thermal storage roof 蓄热屋顶；在被动太阳能系统中，屋顶起到热容作用；见 **roof pond**。

thermal storage wall 蓄热墙；在被动太阳能系统中，一面墙充当热容作用，位于蓄热装置和被加热的空间之中；见 **trombe wall**。

thermal stress, temperature stress 热（温度）应力；由于材料中温度变化引起的变形受到约束而产生的应力。

thermal stress cracking 热应力裂缝；一些热塑性塑料由于过度暴露在高温下而产生的裂缝。

thermal transference 传热；稳态热流从物体通过热阻传递到外部环境，例如：物体表面与外部环境单位温差在单位面积上热流的速度。

thermal transmittance, U-value 传热系数（U值）；稳定条件下，构件两侧的空气温度差为一单位温度时，单位时间内，单位面积上传递的热量。

thermal unit 热能单位；英制：Btu（＝252cal），公制：卡。

thermal valve 热敏阀；由热传感元件控制的阀。

thermite welding 铝热焊；一种焊接工艺，加压或不加压情况下将燃烧氧化铁与磨细的铝粒子混合物产生高温液态金属和熔渣，形成构件节点。

thermal window 见 **insulating glass**；中空玻璃。

THERMO 缩写＝“**thermostat**”，恒温器。

thermocouple 热电偶；电路中的设备，其中包括两种不同金属的触点，用两触点之间的电位差来度量触点之间的温度差。

thermoforming 热成形；为了软化材料而进行的加热处理形成的热塑性塑料。

thermometer 温度计；测量温度的仪器。

thermometer well 测温井；专门设计同管路系统连接，将温度计插入其中测量流体的温度。

Thermopane™ 一种隔热玻璃的商品名词。

thermoplastic 热塑性材料；一种加热时变软、变柔，其他性质不变，而冷却后重新变硬、变刚的材料。

thermoplastic insulating tape 热塑绝缘带；包含热塑化合物的绝缘带，用于电导体接头绝缘。

thermoplastic protective tape 热塑保护带；包含热塑化合物的保护带，用于形成电绝缘保护层。

thermosetting 热固性；用于描述某种材料（如合成树脂）加热或固化时变硬，再加热时不会变软的特点。

thermosetting resin 热固性树脂；一种合成树脂，加热成型后失去塑性。

thermosiphoning 温差环流，热虹吸；一种房间降温方法，利用屋顶风扇将室内上升的热空气排出，从而将室外冷空气从下层吸入室内的方法。

thermosiphon solar energy system 热虹吸式太阳能系统；一种太阳能系统，通过低密度的暖气流上升与高密度的冷气流对流形成热循环。

thermostat 恒温器；根据温度变化直接或间接控制温度的仪器。

thermostatic expansion valve 恒温膨胀阀；控制挥发性制冷剂向制冷器流动的设备，其启动由制冷器中的压力变化和制冷液离开制冷器时的温度控制。

thermostatic mixer 温度调节混合器；同 **shower mixer**。

thermostatic switch 恒温开关；一种安装在安全机构、金库（保险库）等部门的开关，当其内部温度明显高于正常值时开关关闭，并启动报警装置。

thermostatic trap 恒温汽阀；一种用于蒸汽负荷较小的散热器蒸汽阀，蒸汽通过时利用热气启动装置使汽阀膨胀并关闭出口，而当温度降至设定值时汽阀收缩并使冷凝蒸汽流过。

therm window 同 **Venetian window**；威尼斯窗，热窗。

thesaurus 古希腊建筑中的金库。

thickness gauge 同 **feeler gauge**；测隙规，塞尺。

thickness molding 同 **bed molding**；底层线脚。

thick set 密篱；用厚重的灰浆将瓷砖粘贴住。

thief-resistant lock 防盗锁；一种机械工具，当用于防止陌生人闯入时尤其有效。

thimble 1. 套管；穿墙烟囱的金属保护套。2. 联轴器；与钥匙孔盖（球形手柄的端部在其中旋转）配套的套节或轴承。

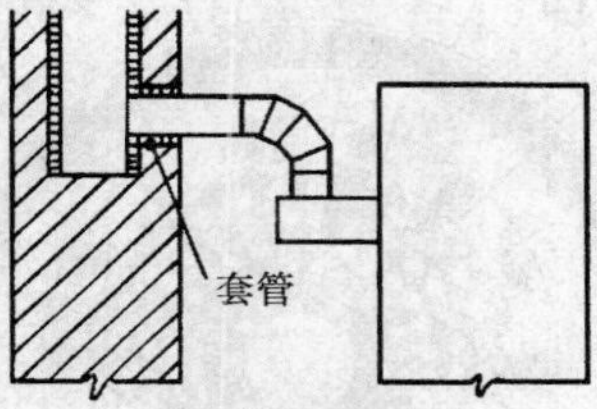

套管

T-hinge，tee hinge T 形铰链；安装在门面上的 T 形铰链，其中一个薄叶固定在门上，短而宽的另一叶则固定在门框上。

thinner，dilutent，solvent 稀料；一种挥发性液体，用于油漆、胶粘剂等的稀释以降低黏度。

thinning ratio 稀释比；对于给定量的油漆推荐使用的稀料剂用量。

thin-set 薄粘结层；形容被嵌入薄砂浆层中的瓷砖。

thin-set terrazzo 同 **special matrix terrazzo**；薄层水磨石。

thin-shell concrete 混凝土薄壳；形状为壳体或截面本身为薄壁的钢筋混凝土构件。

thin-shell precast 预制混凝土薄壳构件；板或腹板截面相对较薄的预制混凝土构件。

thin stone 薄片石材；那些厚度小于 2in（5cm）的石材。

thin-wall conduit 薄壁导管；壁厚太薄无法套丝的电气导管，导管端部用联结件连接，联结件可在管端上滑动并可用螺钉固定就位。

thixotropic 触变性；某些胶滞体经振动或搅拌变成液体的特性。

THK （制图）缩写＝“**thick**”，厚的，不透明的。

thole 1. 同 **tholos**，2；麦锡尼时期（约公元前 1500～1100 年）供奉祭品的壁龛。2. 木拱顶点的节点或遮护板。

tholobate 圆屋顶的基座。

tholos 1. 古希腊建筑中的圆形建筑。2. 麦锡尼时期承材式圆顶墓穴。3. 圆顶建筑。

tholos tomb 见 beehive tomb；蜂窝形地下墓。

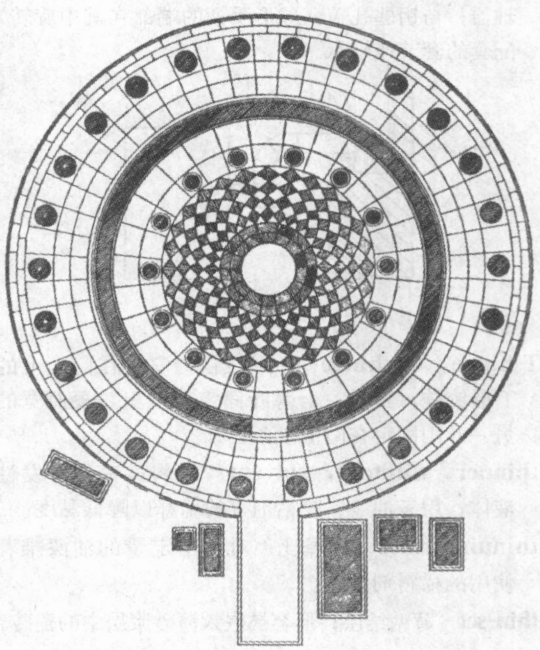

古希腊建筑中的圆形建筑

tholus 同 tholos；圆形建筑物，地下圆形建筑填墓。

thread 螺纹；螺栓头的螺旋部分，或圆筒内外表面上螺旋形均匀截面的螺脊；又见 taper thread。

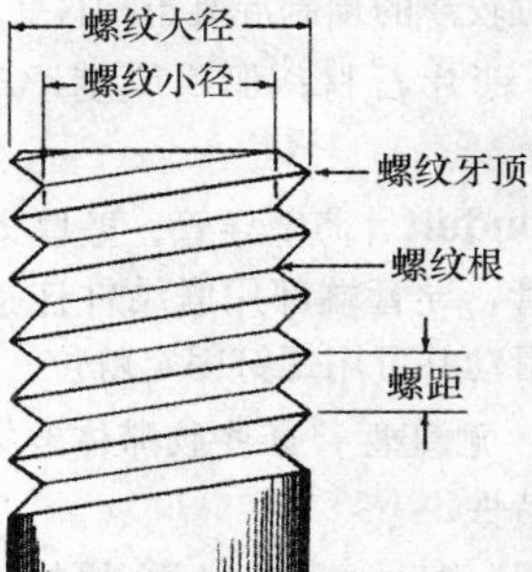

螺纹

threaded anchorage 螺纹锚具；后张法的锚固设备，螺纹使张拉设备更易安装，同时实现锚固。

threaded joint 螺纹接头；螺纹管之间或螺纹管与螺纹配件间的机械接头。

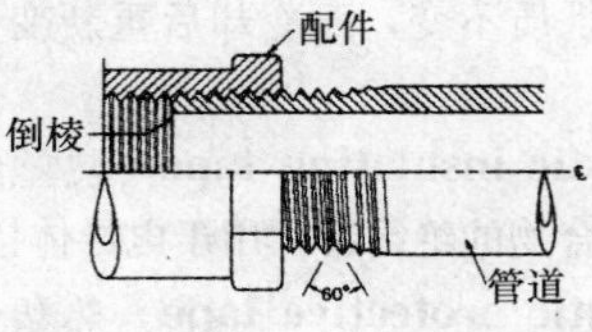

螺纹接头

thread escutcheon 螺纹遮护板；安装在小孔（如锁眼）周围的小金属板。

three-bay threshing barn, three-bay barn 同 Yankee barn；扬基式谷仓。

three-centered arch 三心拱；内曲面有三个中心点的拱，其形状近似一个半椭圆（与两心拱比较）。

three-coat work 三道抹灰作业；指抹灰中的三道工序：打底、抹光和罩面。

three-decker 三层讲坛；会议室讲坛，底层为书记员办公桌，中间为读者书桌，顶层为讲坛。

three-ended barn 见 straw shed；草棚。

three-hinged arch 三绞拱；两支座及拱顶带绞的拱。

three-hole basin 三孔脸盆，那种有两个进水口的，分别控制进冷热水，还有一个放水口的洗脸盆。

three-light window 1. 三分格玻璃窗。2. 高度或宽度方向带三分格的玻璃窗。

three-part window 1. 三扇高度相同窗扇的平窗，但中间窗扇较宽，两侧较窄；基本上与巴拉迪欧式窗相同，区别在于后者的中间窗扇为圆形。2. 同 treble sash；三重推拉窗。

three-pinned arch 同 three-hinged arch；三绞拱。

three-ply 三合板；包括三层、三种厚度或三种叠片结构等，如层压三合板，通常相邻层的纹理互相垂直。

three-pointed arch 见 equilateral arch；等边拱。

three-point lock 三点固定门锁；将双扇门活动扇三点锁定的装置；有时要求门具有 3h 的防火等级。

three quarter bat 同 three-quarter brick；四分之三砖。

three-quarter brick 四分之三砖，大半头砖。

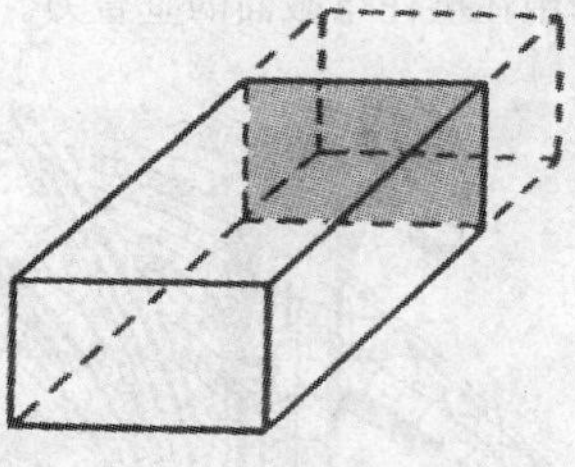

四分之三砖

three-quarter Cape house 科特角式房屋；正面大门一侧是两扇双悬窗，而另一侧则只有一扇。

科特角式房屋

three-quarter closer 同 king closer；四分之三砖，七分头（俗称）。

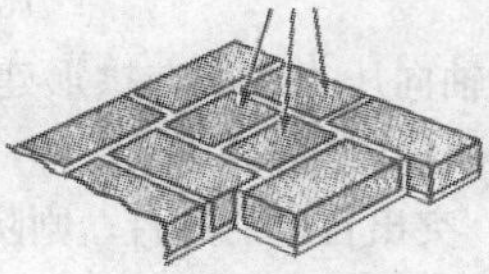

七分头砖

three-quarter header 长度等于四分之三墙厚的露头砖。

three-quarter house 正门一侧开两扇窗而另一侧开一扇窗的科特角式或斜盖盐箱形房屋。

three-quarter-turn 回转 270°的楼梯；从顶部到底部行进中旋转 270°。

three-quarter view 半侧视图；界于物体正视和侧视之间的视图。

three-room plan 三室平面布置；曾经流行的一种平面布置，起居室、门厅和厨房沿正立面并排布置，大门不在中央，通常是直接开向厨房。

three-way strap 三向系板，丁字板；使用螺栓或螺丝固定，专门用于连接木桁架三个杆件的钢板。

three-way switch 三向开关；与普通开关类似的开关，可以从不同的点（如走廊的两端）来控制同一电灯。

three-wire system 三线系统；使用三路线的供电系统，其中一路线“零线”的电位保持在其他两路线电位中间。

threshing barn 脱谷板棚；同 Yankee barn。

threshing floor 打谷场；谷仓中用于脱粒并贮存干草的场地，有些早期的谷仓脱粒工作要占据整个谷场。

threshold 1. 门槛；固定在门框下地板上的木条，一般用于遮盖门内外两种不同材料地板的接缝，外门处的门槛可以防风雨侵入；又见 doorsill。2. 阈值；照明工程中物质的色质值，所谓色质即在一定比例的时间内看到物体的清晰度不同。

throat 1. 滴水槽；沿突出构件（如腰带层）底面切出的凹槽，防止雨水回流到墙上；也称为滴水线脚。2. 同 chimney throat；烟道咽喉。

throated sill 窗台滴水槽；水平窗框最底端，会在窗框下面挖个槽，防止雨水流入到墙上。

throating 1. 滴水槽或滴水线脚。2. 见 throat；滴水槽。3. 烟道咽喉。

throat opening 钢门框外缘饰带间的接口。

throttling valve 节流（气）阀；管道系统中控制流速的管口。

through-and-through-sawn 同 plain-sawn；直锯法。

through arch 通拱；厚墙上的拱。

through bolt 贯穿螺栓，双头螺栓；完全穿过连接件的螺栓。

through bond 贯通砌缝；砌筑墙体中，在砖石或砌块之间形成的横向通缝。

through check 劈裂；木材从一侧扩展到相对另一侧的裂纹。

through dovetail 见 common dovetail；普通燕尾榫。

through gutter 等宽檐沟；两边平行的檐沟。

through lintel 贯通过梁；梁宽与支承墙厚度相同的过梁。

through lot 对穿地块；跨越两条街道或公路之间，而非两条街道或公路交角处的地块。

through penetration 贯穿防火构筑物的开洞。

through shake 贯通裂缝；木材中贯穿任何两个面的裂缝。

through stone 贯石；最长边与墙面垂直，长度等于墙厚的石材。

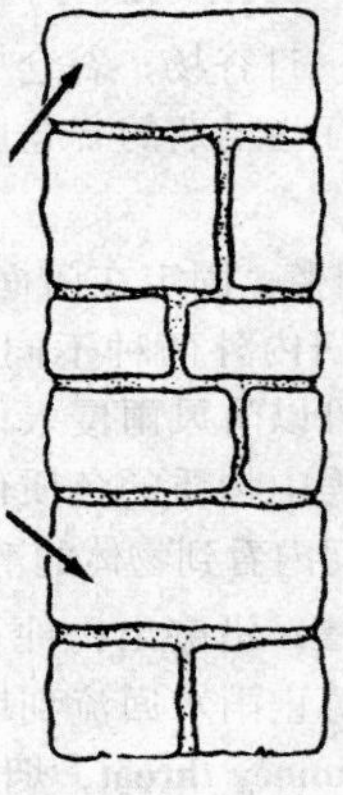

贯石

through tenon 透榫，贯通榫；完全穿透榫眼的榫。

through-the-cornice wall dormer 见 **wall dormer**；气楼。

through-wall-flashing 穿墙泛水；从墙的一面延伸到另一面的泛水。

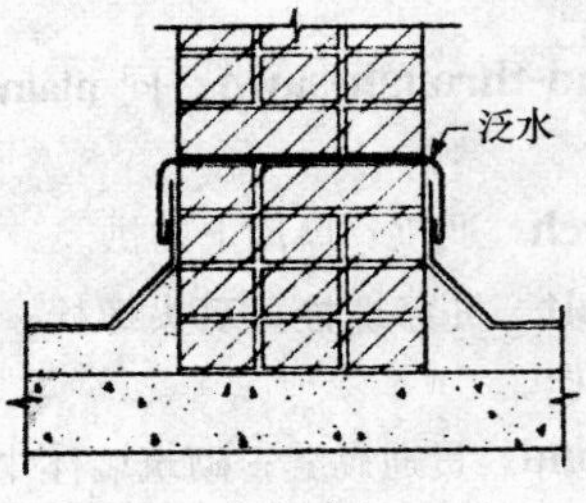

穿墙泛水

throw 1. 气流距离；气流从出风口到达其速度降至规定值的某一点的水平或垂直轴线距离。2. 照明距离；照明设备与照明区的有效距离。3. 门闩全部拉出时其最大挑出长度。

THRU （制图）缩写＝“**through**”，穿过，通过。

thrust 1. 由结构施加的推力或作用在结构上的压力。2. 作用在拱任意截面的垂直力。

中世纪的拱顶结构中，飞扶壁端头的横切面箭头表示推力的方向

thrust bearing 止推轴承；承受轴杆端部推力的支撑。

thrust line 轴向压力线；在拱形建筑里，由于压力而产生力的作用线。

thrust stage 突出台口的舞台；剧院中无台口的舞台，舞台三面被观众围绕。

thuja 同 **thuya**；侧柏，金钟柏。

thumbat 屋顶钩住铅板的钩子。

thumb knob 同 **turn knob**；门锁按钮把手。

thumb latch 一种关门后固定门的活动门闩，扁的闩锁用手指可直接推入闩孔；见 **Norfolk latch and Suffolk latch**。

thumb molding 拇指饰，扁圆凸线脚；截面扁平的凸圆形窄线脚。

thumbnail bead 四分圆线脚切入到木板边缘上，从而使得它在木材表面上有轻微的凹陷。

thumb nut 同 **wing nut**；元宝螺母，指旋螺母。

thumb piece 门锁按钮；门把手上方带枢轴的小部件，拇指按压使弹簧闩活动。

thumb plane 指形刨；非常小而窄的木工刨。

thumbscrew 指旋螺钉；宽头螺钉，头部带纹或压平这样可以用手指方便旋转。

thumb turn 同 **turn knob**；门锁按钮把手。

thurm 用锯和凿沿与木纹垂直方向加工线脚，产生类似车床车削的效果。

thuya，western red cedar，Pacific red cedar 侧柏，金钟柏；一种柔软、轻质、木纹粗直且不很结实的木材，白木质为白色，心材为微红色；由于其具有耐久性而广泛用于木瓦、木桶（箱）和其他外包装上。

thymele 古希腊剧院舞台上一个供奉巴克斯（酒神）的小祭坛，通常位于乐队中央，用白色岩石作为标志。

thyroma 1. 古建筑中邻街开的门。2. 古罗马剧院二层后台的大型门道。

thyrorion，thyroreum 古希腊建筑从入口到柱廊的通道。

tide mill 通过水车运转的加工厂，如磨粉厂或锯木厂，涨潮时打开闸门向水库储水，落潮时手动关闭闸门；之后通过涨潮后集中在水库中的水流为水车提供动力，转动水车。

Tidewater cottage 约 1630 年后，在弗吉尼亚切萨皮克湾地区兴建的一室村舍。

tie 1. 联结件；连系结构两部分的构件（如砌体与砌体）；又见 **wall tie**。2. 拉杆；只承受拉力的构架构件，受拉构件可防止侧向变形。3. 测量学中已知点到测量点之间的连线。

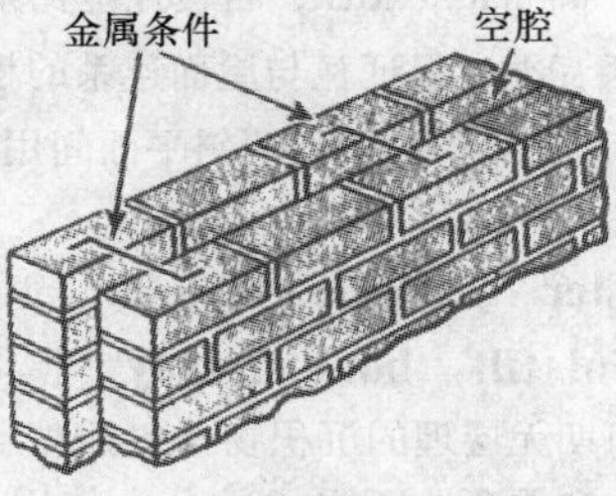

金属系材

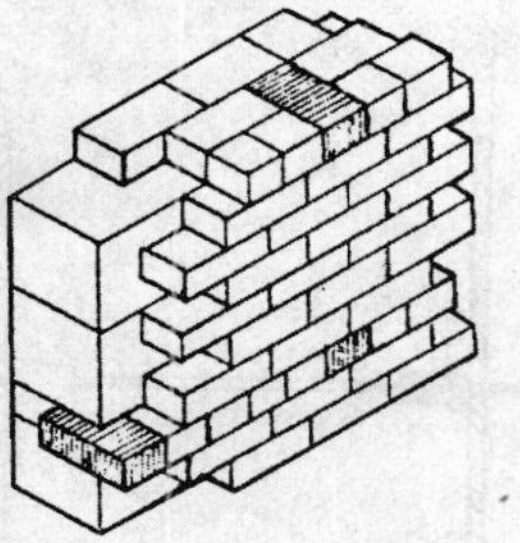
砌块系材

tieback 拉条；维护结构中抵抗横向力的受拉构件。

tie bar 1. 拉杆；用作拉杆的扁钢。2. 连接钢筋；布置在混凝土结构节点的变形钢筋，用来将相邻杆件连接固定，并不直接传递荷载。

tie beam 1. 系梁；在承受偏心荷载的多个独立桩帽或多个独立基础上，将水平力分布到其他桩帽或基础的梁（一般为钢筋混凝土）。2. 水平拉杆；在屋面构架中，连接在两相对椽子端部底面防止其横向变形的水平木构件；又见 **collar beam**。

tied arch 有拉杆的拱；在拱脚间为了抵抗水平分力设置一根拉杆的拱。

tied column 有拉杆的柱；用拉杆横向加强的柱。

tie iron 同 **wall tie**；墙箍。

tien 殿；居住、公共和宗教建筑中使用的中国式基本结构，至少由四根柱及纵横梁组成，支撑在平台上，木构架上放置悬挑的木桁架，屋面为曲线形、大坡度的瓦屋面。

tie piece 同 **tie beam，2**；水平拉杆。

tie plate 1. 系板；将两构件或组合钢构件的两平行部分连接在一起的板。2. 同 **batten plate**；缀板。

tie point 测量的终点。

tier 排，列；一排或彼此上下布置的多排，如剧院中的几排座位或结构中几列梁。

tier building 多层房屋；其楼板上可以有或者没有隔墙的。

tierceron 居间拱肋；老式拱中布置在主斜肋与横向肋（从拱墩到脊肋）之间的中间次肋。

tie rod 拉杆；将结构的两部分约束在一起。

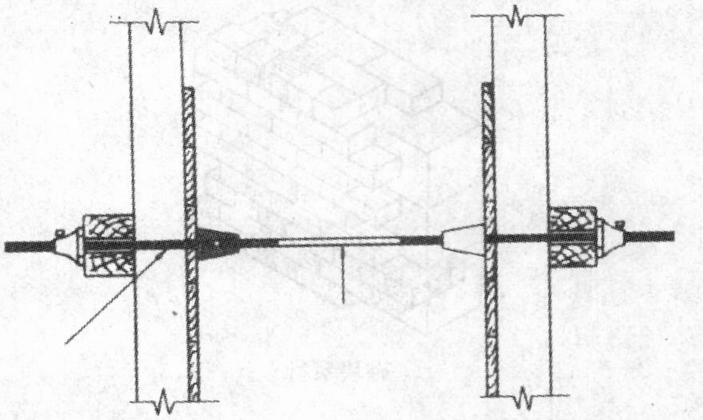

拉杆

tie stone 石头连接件；石头充当连接件；见 tie，1。

tier structure 多层框架建筑。

tie wall 横墙，拉结墙；与窗间墙（拱肩墙）垂直以增加其横向稳定性。

tie wire 绑扎铁丝；用退火铁丝将钢材绑扎起来，从而将这些钢材整体加强。

Tiffany glass 见 opalescent glass 和 strained glass；乳白色玻璃和过滤玻璃。

tige 柱身；柱干。

tigerwood 非洲核桃木；产于西非，颜色介于浅灰色与暗褐色之间的一种木材，中等密度，易于加工，光泽性好；用于室内木作。

tight building 密封建筑；将建筑的空气渗透降低到最低值，从而减少冷热量损失。

tight knot 见 sound knot；紧节，紧密节。

tight sheathing 1. 木望（衬）板；固定在椽子上或房间净高处的企口板、刨光镶板，作为外装修的基层；可以三点或对角固定。2. 封闭式板撑；同 closed sheeting；区别在于垂直木盖板为互锁连接；用于饱和土中，有时采用钢板桩代替木撑。

tight sheeting 同 closed sheeting；隐式木板支撑。

tight side 紧边；从原木或料板旋切饰面板时未切到的原始边。

tight tolerance 紧密度容限；规范中允许的公差的最小值。

tile 1. 瓷砖，面砖；装修表面（墙、地面）用的带釉或不带釉的陶瓷制品，通常与其表面尺寸相比厚度较薄。2. 瓦；表面材料，石板瓦或其他不透水合成物，又见 brick-tile，chimney tile，clay tile，corner tile，crown tile，Dutch tile，encaustic tile，fireplace tile，hollow clay tile，mission tile，pantile，ridge tile，rounded tile，Spanish tile，structural clay tile。

tile-and-a-half tile 阔瓦；长度相同，宽度为普通瓦的一倍半。

tile arch 一种地拱（floor arch），2 由赤陶制成。

tile batten 见 slate batten；挂瓦条。

tileboard 1. 仿釉面墙板；通常覆盖一层坚硬、光滑饰面材料，类似瓦的内装修墙板。2. 压实纤维板；压缩木材或植物纤维制成的正方形或矩形板，常带有斜面互锁边，用于顶棚板或墙面板。

tile creasing 砖墙外挑压顶；砖墙顶部抗侵蚀的压顶，由突出于墙面两侧的两层瓦将雨水引离墙面；又见 creasing。

tile drain 见 drain tile；排水陶管。

tile field 销售瓦的场所。

tile fillet 盖缝瓦；经切割作为盖线的瓦，用砂浆将其固定在与屋面相交的墙上，用以代替防雨板。

tile hammer 打瓦锤；小尺寸的砖工锤，用于切割釉面砖、瓦或面砖。工作量不大时可用砖工锤完成。

tile hanging 同 weather slating；墙挂石板瓦。

tile listing 泛水瓦；用在支座上做成八字形泛水的瓦。

tile pick （在瓦上凿洞的）尖头锤。

tile pin 瓦钉；穿过屋面瓦并将其固定在木基层上的销钉。

tile shell 空心砖（瓦管）的外壳。

tile shingle 见 shingle；木瓦、大瓦。

tile strip 同 slate batten；石板瓦挂瓦条。

tile tie 系瓦绳；保证瓦与屋面连系的粗绳。

tile valley 瓦天沟；屋顶两斜平面间用特制瓦做成的天沟。

tiling plaster 见 Keene's cement；金氏胶结料。

till，glacial till，boulder clay 漂石（砾）黏土；冰河期无层理的沉积物，包括黏土囊、砾石、砂、粉土和漂砾，不受水的分类作用影响，通常具有良好的承载能力。

tilting concrete mixer 见 **tilting mixer**；倾斜式搅拌机。

tilting-drum mixer 同 **tilting mixer**；倾斜式搅拌机。

tilting fillet, cant strip, doubling piece, tilting piece 垫瓦条；放置在石板瓦或屋面瓦下使基层倾斜的楔形薄木条，用于要求迅速排水的部位；又见 **arris fillet**。

tilting level 微倾水准仪；仪器的最终找平是通过望远镜绕水平轴微调而实现的。

tilting mixer 倾斜式搅拌机；鼓室可倾斜的水平轴式水泥搅拌机，鼓室出口提升时进料，倾斜鼓室时拌合料被送出。

tilting piece 见 **tilting fillet**；垫瓦条。

tilt-up construction 混凝土墙板就地平浇竖立施工法；就地水平浇筑混凝土墙板，然后竖直就位的施工方法。

timber 1. 适合加工木材的树木或原木。2. 锯成方木、板条、板等的木材，适用于木器、细木工制品和普通木结构。3. 加工成正方形的木材，包括：（美）最小截面尺寸为 5in；（英）截面尺寸＞4in×4.5in（101.6mm×114.3mm）的近似正方形。4. 用于支撑体系构件的大型木梁。

timber bond 砌体中使用木材形成的链式砌合。

timber brick 同 **wood brick**；木砖。

timber building 同 **timber-framed building**；木构架建筑。

timber connector 木结构连接件；大型木结构中连接（使用螺栓）构件的金属连接件，通常连接件有一系列的利齿，紧固螺栓时利齿陷入木材，因而可防止横向移动并减少螺栓用量；另一种用锋利圆环也具有该功能。

timber dog 木扒钉；适用于连接两木构件的扒钉。

timber-framed building 木构架建筑；使用木材作为结构构件（除基础）的建筑，该种结构中使用的主要部件见 **collar beam, girt, joist, plate, purlin, rafter, summerbeam, windbrace**。

timber-framed house 木结构房屋；房屋中的主要结构构件为大型木柱和木梁或圈梁，结构木

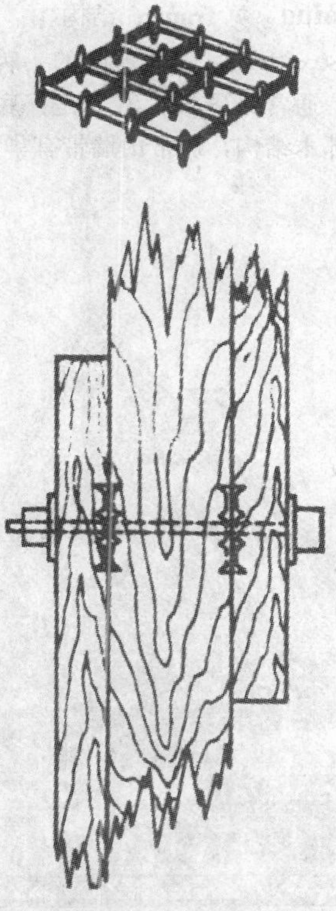

木结构齿环连接件及两连接件的节点

构件间通常采用砖、灰泥、泥浆、篱笆泥墙等填充；建筑外侧经常抹一道硬质灰泥，然后覆盖外墙板，或采用石板、木墙板防止雨水渗漏，并改善保温隔热性能。

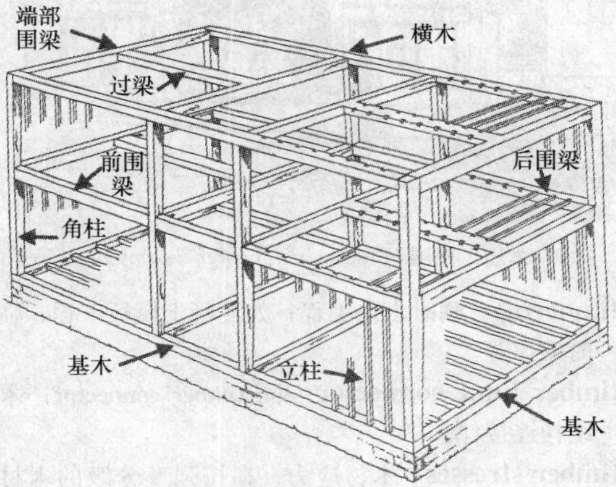

木构架房屋

timber framing 见 **frame**；结构。

timber house 木屋；中欧地区的一种哥特式非宗教性建筑，通常带阁楼，特点是：底层的砌体结构支承上部木结构，通常山墙带有华丽的雕刻。

木屋：德国 Hildesheim，Lower Saxony 市

timbering 临时木作工程；如混凝土模板工程、临时支撑等。

timber joint connector 同 **timber connector**；木结构连接件。

timber stresses 木材应力；在按强度分级的木材中，与分级值相符的应力。

time 合同工期；合同中规定的时间范围或周期。施工合同中"时间（time）是合同的要素"条款表明所有各方均应认识到在合同的时间范围或周期内按时完成是履行合同至关重要的一部分，不按时完成就是违约，受害方有权要求与损失相同的赔偿金，或免去后续履约，或以上两者。

time and materials（T&M） 工料成本加利润费；完成一项施工作业所需要的时间和材料总费用，经常用于采用其他方式难于估算工程费的情况。

time-delay fuse 延时保险丝；当电路中达到两倍负荷时，所有 12s 后熔断的保险丝。

timely completion 按期竣工；工程或指定的其中某一部分在要求的日期或之前完成。

time of completion 竣工期限；在合同中通过指定日期或天数确定的竣工期限；也见 **completion data** 和 **contract time**。

time of concentration 集水时间；泄洪系统中，洪水从最远的支流域流到某个入口或排放口所需的时间。

time of haul 搅拌运输时间；商品混凝土生产中，从水与水泥开始拌合到成品混凝土卸货的时间。

time of set 见 **initial setting time**，**final setting time**；初凝时间，终凝时间。

time system 报时系统；计时器和控制设备组成的报时系统（带或不带标准时钟），将显示每个遥控位置的时间；标准时钟可附带装置来操纵其他系统，如铃。

tin 1. 白铁皮；具有白色光泽，可卷的软金属，熔点低，不易在大气中锈蚀；用于制造合金和焊料及面层金属薄板。2. 表面镀锡，包锡。

tin-canning 见 **oil-canning**；白铁罐。

tin cap 用于屋面钉下的金属平垫圈。

tin ceiling 见 **metal ceiling and pressed-metal ceiling**；金属顶棚与压制金属顶棚。

tin-clad fire door （金属）包层防火门；两或三层的胶合板芯，表面用 30 号镀锌或镀铅锡钢板，或 24 号镀锌钢板封包。

tinfoil 锡箔；很薄的锡片，目前用其他金属（如铝）薄片替代。

t'ing （中国）亭；起源于中国的开敞式四边形木制楼阁；立柱通过系梁和托座支撑一个有起翘屋面。

tingle 1. 砌砖用线垫；砌砖时减小各层沿水平线下垂的垫片。2.（金属）固定夹片；柔韧灵活的金属夹，用来固定玻璃板、金属板等。

tinning，precoating 镀锡；在锡焊或铜焊前，用焊锡或锡合金在金属上镀层。

tinplate 马口铁皮；为防止氧化而镀锡的薄铁板或薄钢板。

tin roofing 白铁皮屋面；用柔韧白铁皮或镀铅锡金属覆盖的屋面。

tin saw 砖锯；在砖上截口的锯。

tin snips 金属薄板剪；刃口平钝的剪刀，用于剪裁金属薄板。

tint 淡色，浅色；将少量纯色彩与大量白色混合得到的浅颜色。

tinted glass 彩色玻璃；一种浅色玻璃，通常用于阻挡近红外太阳能，从而减少通过玻璃的热量，降低空调系统的负荷。

tinter 见 stainer；色料。

tinting strength，staining strength 着色力，色度；颜料修正标准白色或彩色涂料的能力。

tipi 起源于美国格雷特平原印第安人便于拆装、搬运便捷的轻质、圆锥形住所，卵形底平面，入口端较窄；骨架由底端固定于地面，顶端绑扎在一起的大型木杆组成，骨架上覆盖着装饰性防水兽皮，其间用兽筋缝合，底部周边用木销与地面固定。在美国东部地区部落使用的另一种 tipi 为圆形骨架，木杆经弯折绑扎，用兽筋缝合的树皮或兽皮覆盖作为防水层，也拼作 tepee 或 teepee。

tirant 1. 系梁。2. 系杆。

T-iron 见 tee iron；T形铁。

titanium dioxide 二氧化钛；一种用于涂料的遮盖性很强的白色颜料，以锐钛矿和金红石两种结晶体形式存在，后者更不透明。

titanium white 钛白；一种主要成分为二氧化钛的颜料，亮白色，具有很强的遮盖能力和良好的耐久性。

tithe barn 税谷仓；一种农夫用来储存上交给教堂食品的粮仓，商家数量大约为每年农民收成的十分之一。

title 所有权，产权；财产的合法拥有权；又见 abstract of title。

title insurance 所有权保险；由保险公司为买主提供的，使产权明晰或通过解决具体纠纷使产权明晰，免受损失的保险。

title search 所有权调查；为了确定财产的真正所有权和可能存在影响财产出售的留置权或地役权，对财产所有权的历史所进行的调查。

tjandi 印度墓塔；8～14 世纪在爪哇流行的印度墓塔，包括方形基座，殿堂般寺庙和突出的金字塔形屋盖；基座内的小室存放此墓塔所纪念的王子的骨灰坛。

T-joint 见 tee joint；T形节点。

TL 缩写＝“transmission loss”，传递损失。

TMA 缩写＝“Tile Manufacturers Association”，瓷砖（瓦）生产协会。

tobacco barn 烟草仓；处理烟叶的堆房（带或不带辅助加热），在房内将烟叶挂在水平竿上，有时称为烟草房。根据采用的处理方法（自然处理、炉火处理和暖气处理）设计成三种常用的烟草仓。

toe 1. 基趾；为增大承载力，提高稳定性从物体或结构基座凸出的部分。2. 混凝土挡土墙的基础部分，向前突出并采用不同于挡土墙的材料。3. 开挖路基下部的护板。4. 装锁门梃的底部。5. 焊缝接界；基材与焊面的接合处。6. 斜敲钉子。

toeboard 1. 围护侧板；为防止工人或材料坠落，围绕脚手架操作平台或在坡屋面上设置的木板。2. 踢脚板；在踢脚高度处构成厨房橱柜等最下垂直面的挡板。

toe crack 焊缝接界处基材上的裂缝。

toed 斜钉的；木结构中的板、支撑等采用斜钉固定端部。

toehold 立足板条（板）；临时钉在坡屋面上工人操作时用的板条或木板。

toe in 塑料管切割端外径的少许减小。

toe joint 斜连接；水平木构件和另一与其近似成直角的构件间的连接，如椽子和墙板之间的连接。

toenailing，skew nailing，tusk nailing 斜钉；斜钉在被连接面，为增加把持力可以在相反方向交替斜钉。

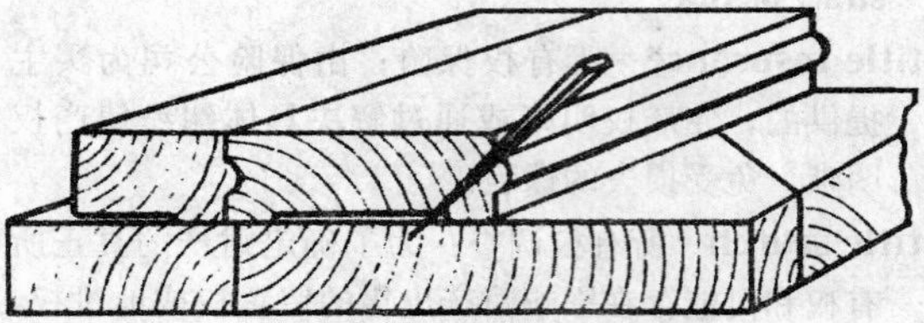

木条地板的斜钉

toe piece 梯梁凸片；同 **ledger，2**。

toeplate 1. 同 **kickplate**；踢脚板。2. 贴在金属箅子盖外缘或踏板后缘的扁平金属条，形成箅子的顶部或踏步板表面的凸缘。

toe wall 路堤护墙，趾墙；建在路基底部，防止土壤滑落、塌散的矮墙。

toggle bolt 系墙螺栓；配有带轴的螺母和凸缘翼板的螺栓，穿洞时压紧弹簧关闭翼板，出洞后翼板张开，用于将物体固定在空腹墙或仅可以一侧穿孔的墙。

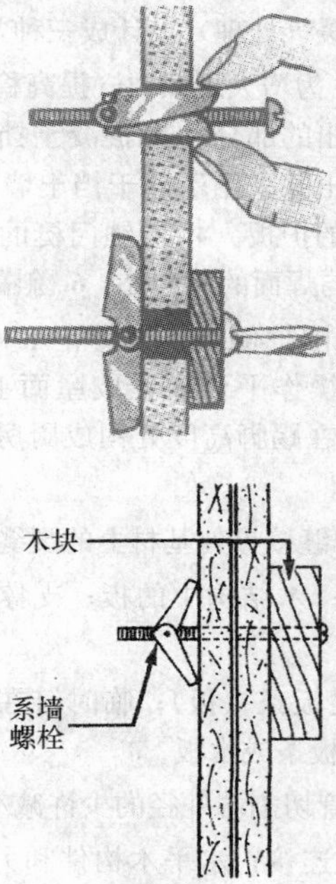

系墙螺栓

toggle switch 一种杠杆式瞬动（弹簧）开关。

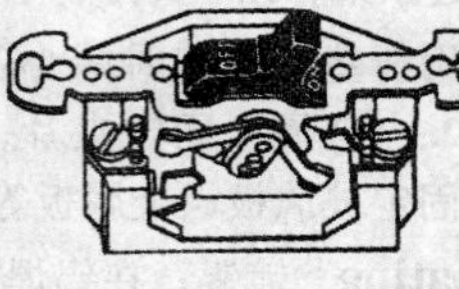

齐平放置的弹簧开关

toilet 1. 厕所。2. 盥洗间。

toilet enclosure 卫生间中的小隔间。

toilet partition 卫生间隔板；构成卫生间小隔间的隔板。

toilet room 盥洗室，化妆室；包括一个或多个抽水式马桶、盥洗盆、小隔间、小便池和其他洁具的空间；又见 **bathroom**。

tokonoma 日本房间的壁龛；高于地板之上，展示卷形悬挂饰物和布置花卉的凹壁。

TOL （制图）缩写＝“**tolerance**”，公差。

tolerance 容许偏差，公差。

tollhouse 1. 道房；靠近高速公路或桥梁收费站的房屋，作为看护员的住所。2. 收费亭。

Toltec architecture 托儿特克建筑；公元前 1000 年，一种朴实几何的中期美洲建筑，它形成了阿兹台克建筑和中期美洲建筑的基础。

tom 同 **shore**；支柱，顶撑。

tomb 墓碑；墓穴上或旁边的纪念性构造物。

tomb chest 墓柜，柜式石棺。

ton 1. 美吨；相当于 2000 lb（907.2kg）；又见 **metric ton**（公吨）。2. 制冷量单位，等于 200Btu/min，相当于每小时融化一美吨冰的温降。

tondino 1. 小型圆浮雕。2. 圆形线脚。

tondo 圆形装饰板，圆形浮雕。

toner 有机调色剂；未稀释的有机颜料，包含很少，甚至不包含惰性材料。

tongue 舌形脊，榫；突出构件，既可作为沿木板边缘的连续脊，也可作为木构件端头的榫，与另一构件相应的槽或孔口配合形成节点。

tongue-and-dart molding 舌箭形饰条（线脚）；由舌形饰物与箭头饰物间隔布置组成的带形饰物。

舌箭形饰条

tongue and egg molding 舌卵形装饰条（线脚）；由舌形饰物与卵形饰物间隔不执行组成的带型装饰物。同卵箭式相区别。

tongue-and-groove boards 见 **dressed-and-matched boards**；刨光企口板。

tongue-and-groove joint，T and G joint 企口接合；将某一构件上的舌状物插入另一构件的凹槽形成的接合。

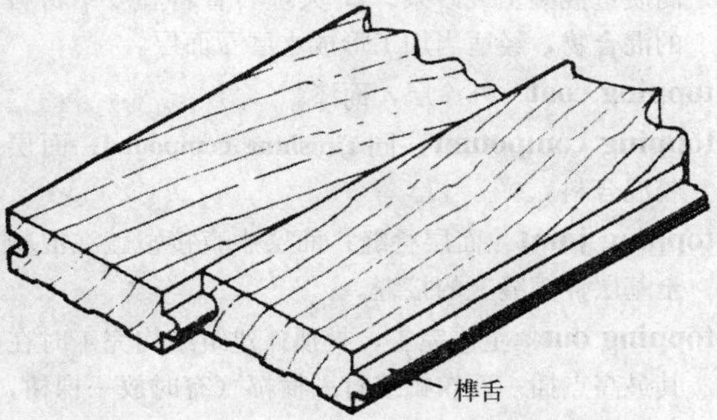

企口接合

tongue-and-groove material 见 **dressed-and matched boards**；刨光企口板。

tongue-and-lip joint 楔形榫槽接合；一种企口接合，其中接缝被榫板上的平挡条覆盖（隐蔽）。

tongued miter 舌榫斜拼合；一种带榫的斜面接合。

tongue joint 企口接头；将构件上的榫或楔形物插入另一构件对应的凹槽中形成的拼合接头，如果是金属材料，接头可焊接。

tonk strip 通克条；（书柜内）支撑搁板的可调钢条。

tonne 吨；公制重量单位，等于1000kg（约2205 lb）。

ton of refrigeration 制冷吨；制冷效果等于12000Btu（3024cal）/h。

ton slate 称重出售的任意尺寸的石板瓦。

tooled ashlar 凿琢石板；带琢纹饰面的石材。

tooled border 凿琢木板；凿琢的石板表面上带装饰的木板，上面是两个轮流交替的方形。

tooled finish，tooled surface 琢纹饰面；石板中有槽纹的平面，通常每英寸有 2～12 道凹槽（每厘米 5～30 道）；也称凿面。

tooled joint 勾缝；在灰缝砂浆硬化前，用（专用）工具勾缝的砌体灰缝。

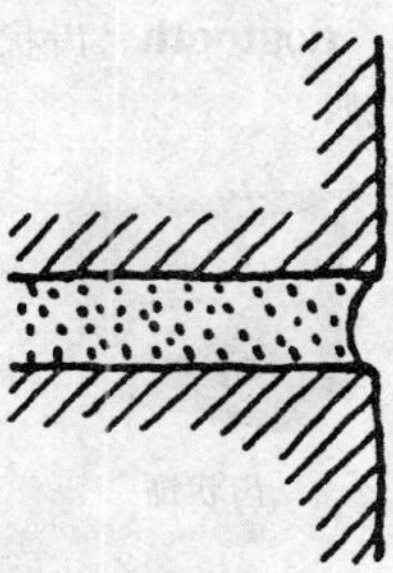

勾缝

tooled surface 凿琢面。

tooled work 见 **batted work**；压实勾缝。

tooling 1. 压缝；使砂浆受压成形。2. 见 **tooled finish**；琢纹饰面。3. 见 **batted work**；压实勾缝。4. 接缝中压实密封层并勾勒轮廓线。

tooling time 密封层铺设后，可进行压实勾缝的时间。

tool pad 多用工具柄；夹持小件工具，如钻头（锥针）、改锥刃等的工具，由手柄、夹具或夹盘组成。

tooth 1. 通过上颜料或砂磨在漆膜中产生的精细纹理，为下道漆层提供了良好的附着力。2. 犬牙形。

tooth chiseling 齿凿；用凿石刀在石片表面上切出平行的条状带。

toothed plate，bulldog plate 齿状连接件；用作木结构连接件的齿状金属板。

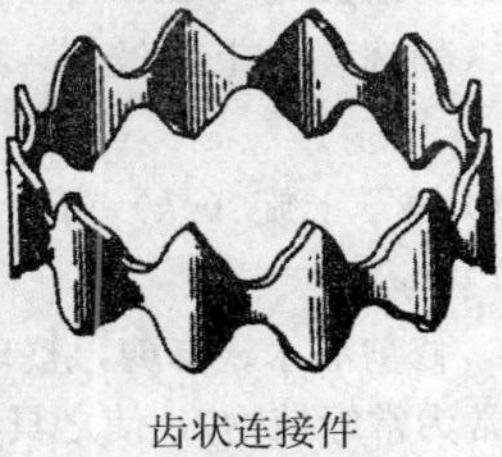

齿状连接件

toothed ring 齿环；用作木结构连接件带齿边的金属环。

toother 同 dogtooth，2；齿形砖墙。

toothing 凿面；在旧工作面上交替凿毛，为新工作面提供粘结。

toothing plane 带齿刨刀；刀刃带齿的木工刨刀，通常用于使表面粗糙。

tooth ornament，dogtooth 齿状饰中凸的四瓣花装饰的哥特式线脚。

齿状饰

top-and-bottom cap 现场安装在空腹金属门顶部和底部的水平金属槽。

top beam 系梁。

top car clearance 电梯轿厢上部净空；轿厢顶部（或梯厢上的十字横梁）到其上空最近障碍物之间的最小垂直距离，此时轿厢踏板与顶层楼面齐平。

topcoat 外涂层，面漆；通常涂刷在一道或几道底漆上，或刮腻子面上的最后涂层。

top-course tile 顶层瓦；沿屋脊铺设的最后一层瓦（与脊瓦相邻），一般比其他瓦短。

top cut 椽条顶端的垂直截断。

top dressing 土面施肥；施加一层（通常较薄）粪肥、腐殖土、沃土等，以改善种植土壤的状态。

tope 见 stupa；印度塔。

top form 上模，外模；浇筑混凝土斜面板、薄壳等的上表面或外表面需要的模板。

top-hinged in-swinging window 上旋内开窗；有一扇窗扇（通风窗）上端铰接，下端向内旋开的窗。

top-hung window 上旋（悬）窗；上端铰接的平开窗。

topiary work 修剪灌木；修剪，整理植物、树木、灌木等（通常为常绿植物），使之具有观赏和奇妙的形状。

top lap 搭接长度；瓦屋面中，瓦的底边与之搭接瓦的顶边之间的最小距离。

toplighting 顶部照明。

top mop 见 pour coat；顶涂层。

topographic survey 地形测量；自然和人造地表的定位和起伏形态的组合图形，通常绘制在地形图上，并用等高线表示地表相对于某测量基准点的起伏变化。

top out 封顶；完成建筑物的最上层或最高结构构件的施工。

topping 1. 面层；混凝土基层上作为地面面层的高质量混凝土或砂浆。2. 大理石骨料和胶结材料的混合物，经适当加工形成水磨石面层。

topping coat 外涂层，面漆。

topping compound 同 finishing compound；面层胶混合料。

topping joint 面层叠缝；面层中直接覆盖在混凝土基层伸缩缝上的接缝。

topping out 主体完工，封顶；建筑结构完工时在其最高点插一面旗帜或打一横幅（有时放一棵树，尤其在圣诞节时）。

top plate 1. 构架建筑中固定椽条的水平构件。2. 隔墙柱顶的水平构件。

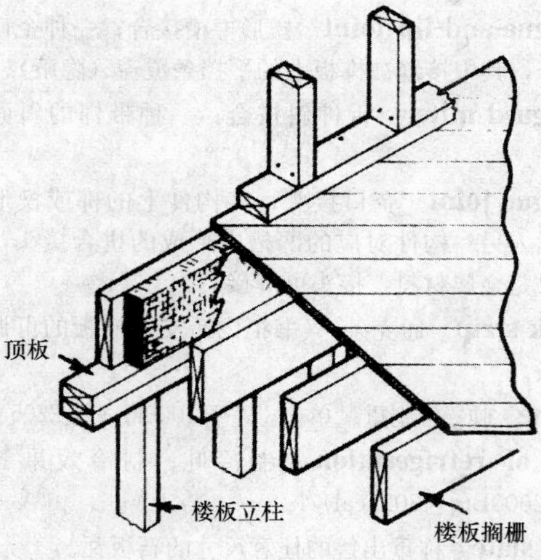

隔墙柱顶的水平构件

top rail 1. 上横档；门或窗扇等构架的顶部水平结构构件。2. 栏杆扶手。

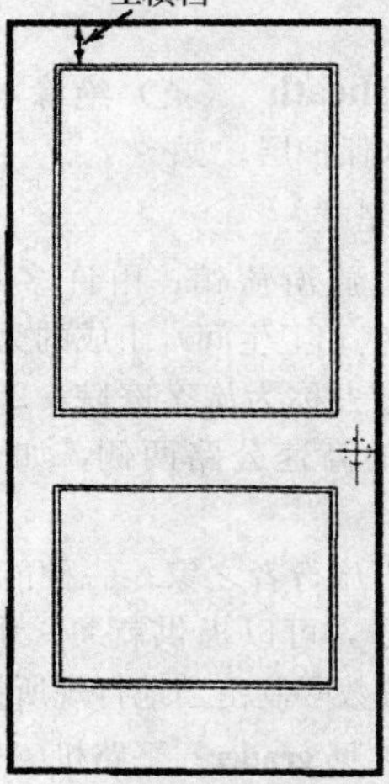

门的上横档

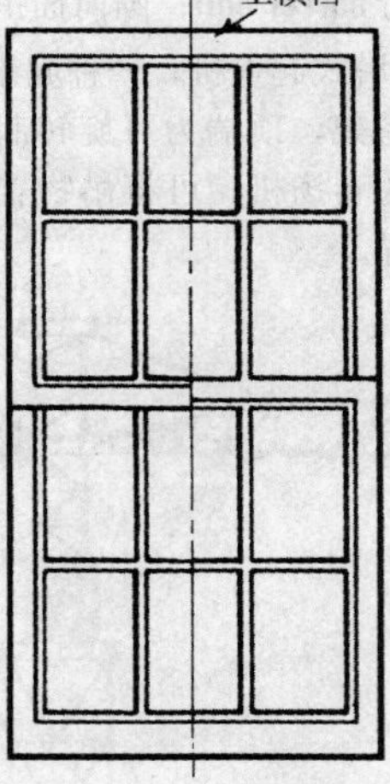

格窗的上横档

topsoil 1. 沃土层；土壤的上表层，与下层土明显不同，通常包含有机物质。2. 见 **loam**；壤土。

torana，toran 印度佛塔的围栏中，装饰华丽的高大门道。

torch brazing 气焰铜焊；由气焰提供所需热度的铜焊。

torchère 1. 设于地板上的上射灯光。2. 烛台或其他光源的装饰性支座。

torching 屋面瓦（板）顶边缘下的嵌灰泥；在满嵌灰泥屋面中，挂瓦条之间的石板瓦底面均抹砂浆。

torch soldering 气焊；靠燃气火焰提供热量的焊接过程。

tore 同 **torus**；圆环形凸圆线脚。

torii 通向日本神社之神殿的高大独立门道，包括两根立柱、柱顶水平横档和门楣，通常向上弯曲。

日本日光（Nikko）的独立门道

tormentor 舞台侧幕；剧院中一对幕布中的一个，或平行于舞台前部移动的刚性框架结构；用于构成舞台内台口的侧面，同时遮挡台内的两侧。

torn grain 木材裂口面呈模糊或须状纹理特征，通常是由于使用钝锯切割引起。

torque 扭矩；使物体产生扭转趋势的力与力臂的乘积，如扳手转动螺母的作用。

torque viscometer 旋转黏度计；测量泥浆黏度的仪器。

torque wrench 扭矩扳手；一种结合着像刻度盘这样量具的扳手，它能将把手上所用的转矩量化出来。

torreón 见于某些西班牙殖民地的一种抵抗敌人入侵的防御塔楼。

torsade，cable molding，rope molding 1. 麻花形式的螺旋形线脚。2. 编织装饰。

torsel 梁垫块；在梁或托梁端部起支撑作用并分布荷载的木块、钢板或石块。

torsion 扭转；结构构件在两端大小相等方向的扭矩作用下绕其纵轴的扭转。

torsional strength 抗扭强度；材料抵抗绕其轴线扭转的能力。

torsional stress 扭转应力；在扭矩作用下横截面上产生的剪应力。

torso 中世纪和文艺复兴时期的螺旋形柱。

torus 座盘饰，半圆形线脚；一种凸露的曲线形线脚，一般构成基座上柱脚的最下部分。

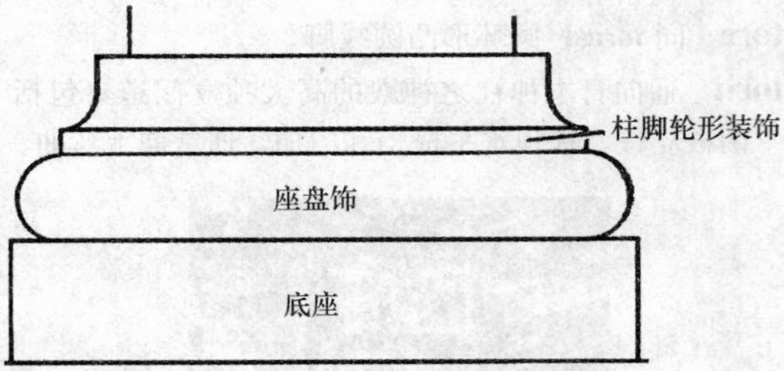

座盘饰

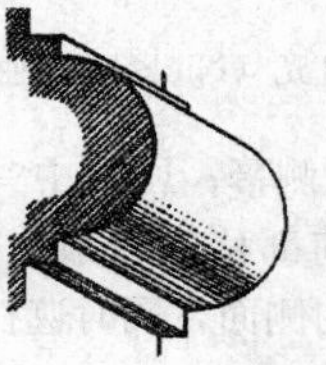

半圆形线脚

torus roll 圆凸卷边接缝；在金属板或铅板屋面中，在不同坡度的两斜面接合处设置的允许不均匀位移的接缝。

toshnailing 埋头倾斜钉入。

TOT. （制图）缩写＝“**Total**”，总的，全部的。

total float 总时差；“关键线路法”施工中的术语，完成某道工序的可能时限与要求时限间的差值。

total load 总荷载；见 **service load**。

tot lot 幼儿游戏场；幼儿的户外运动场。

touch catch 触感门扣；通过推动关闭的门可以自动开启的门扣。

touch dry 表干，指触干；漆膜干燥过程中的一个阶段，此时手指轻触漆面，再移开时不会粘着漆膜。

tougened glass 英国术语＝“**tempered glass**”，钢化玻璃。

toughness 1. 韧性；结构材料抵抗振动或冲击荷载的能力，即断裂前吸收能量的能力。2. 覆盖层、涂层或漆膜耐磨损，抗起皮，抗开裂的能力。

tough-rubber sheath （英）绝缘电缆的耐磨损、抗腐蚀、防水保护层。

tourelle 出挑塔楼。

tourist cabin 旅游旅馆；由许多小型独立单元（通常包括卧室和卫生间）组成的为旅游者提供的过夜住所，过去称为旅客庭院，20 世纪前 50 年分布在繁忙的高速公路两侧，如今被汽车旅馆取代。

tourist house 旅行者之家；一种能够提供给旅行者住宿的房子，可以提供就餐，也可以不提供，所能容纳的人数限制由当地行规所指定。

towed grader 见 **grader**；平路机。

tower 塔状建筑；高度比其水平尺寸大很多的结构或建筑；又见 **shot tower** 和 **torreón**。

tower bolt 同 **barrel bolt**；圆筒插销。

tower crane 塔式起重机；一种起重机类型，包括垂直固定的塔架，顶端为可旋转起重臂，其上配备起吊重物的卷扬机，可将吊物置于起重臂半径内的任意位置。

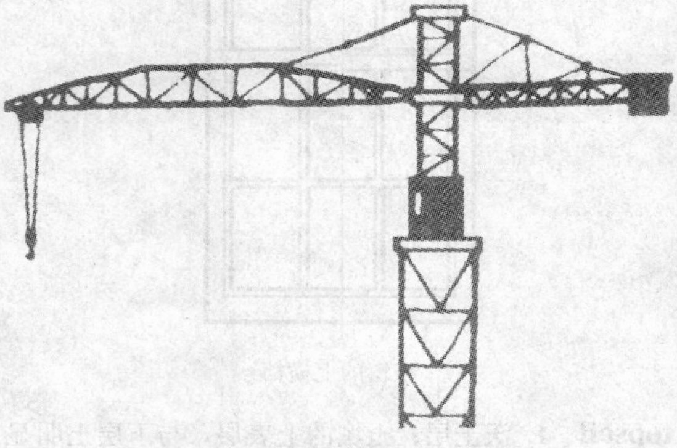

塔式起重机

tower hoist 塔式升降机；在高层建筑施工中运送混凝土的升降机，一般包括塔架、升降吊斗和水平运输料车，升降料斗可在塔架范围内及外侧提升。

tower house 钟塔；一种城堡主要或全部由一个单

独的塔组成。

tower keep 警戒塔，哨塔；见 keep。

town hall 市政厅；某座城市的公共大厅或建筑，其中设有政府机关，是举行市议会，群众集会的场所。

town house 1. 市内舒适豪华的住宅。2. 由共用隔墙分隔的联立式住宅，经常带有较平的屋顶。3. 高档联立式住宅。

town plan 城市规划；大比例的城镇（城市）综合性详图，按比例详细描绘了街道、重要建筑和其他城市特征。又见 city plan。

town planning 见 city planning and community planning；城市规划与社区规划。

townscape 1. 城市景观；从某一有利位置观看到的一个城镇或一座城市的景色。2. 为了达到总体美观协调效果，对城市建筑的规划和建设。

T-plan T形建筑的标准楼层平面图。

T-plate T形板；用于连接两个平接的木构件，或加强节点的T形金属平板。

trabeated 1. 立柱过梁构造；指采用的是（立）柱（过）梁的构造原则，有别于采用拱券结构。2. 安装柱上楣构。

trabeated system 立柱过梁构造体系；采用梁或过梁支承洞口上部荷载的建筑构造体系。

trabeation 梁立柱构造；过梁式结构。

trabes，trabs 古罗马顶棚搁栅梁。

tracery 雕花窗格；哥特式窗或类似的洞口上部用石材或木材制作的曲线形镂空图案，用作具有装饰作用的中梃；类似的图案也用于墙或嵌板；见 bar tracery，branch tracery，fan tracery 等。

雕花窗格

trachelium 古典式建筑的柱颈饰。

traceing cloth 描图布；光滑的亚麻布，涂上胶料使其透明以适于描图。

tracing paper 描图纸；用于描图或绘图的透明纸。

track U形（滑）槽；安装在地板或顶棚，用于固定隔墙板的立柱，或作为推拉隔墙板、窗、帷幕等的导轨。

track lighting 安装在灯轨上的照明设备。

traction load 牵引荷载；移动的车辆在其运动方向施加在结构上的，由摩擦力、牵引力或制动力引起的荷载。

traction machine 牵引机；电梯上提升轿箱的机器，通过机器上的滑轮与钢丝绳之间的摩擦力使轿箱运动。

tractor 拖拉机，牵引机；发动机驱动的大马力运载工具，有轮胎式和履带式，用于推、拉附属装备或机具。

tractor loader，tractor shovel 牵引式挖掘装载机；带铲斗的拖拉机，铲斗可挖掘、提升并将载重倾倒于运输卡车。

履带式挖土机

trade 专业或工种。1. 一个人的专业或工种。通常包括手工技能的职业或手艺。2. 建筑施工中工作的分类，如砖石工、木工、抹灰工等。

trade granite 见 gneiss；片麻岩。

trading post 商栈，贸易站；通常设立在人迹稀少地区的商场，居民可用自已制造、种植或捕获的物品交换商店的商品。

trafficable roof 上人屋顶；窄平屋顶上铺上沥青

防止人流量大对屋顶产生破坏。

traffic board 交通板；防止人们在屋顶表面上行走而产生破坏的保护木板。

traffic deck surfacing 见 **topping**；面层，路面。

traffic paint 路标漆；耐车辆摩擦，并且在夜间具有高可视性的特殊配方油漆，用来标注道路中线、车道、人行横道等。

traffic topping 见 **topping**；路面。

trammel **1.** 壁炉中悬挂饭锅的可调节挂钩，挂钩从一端固定在炉壁上的可旋转横棍上伸出。**2.** 椭圆规。

trammel point 长脚圆规的金属规尖。

TRANS （制图）缩写＝"**transformer**"，变压器。

transducer 换能器；将一种形式的动力转换成另一种形式的设备，如扬声器将电能转换为声能。

transenna 护龛格；大理石或金属质的网格状神龛围饰。

护龛格

transept 十字形教堂的两翼，与中殿垂直，形成十字形平面。

transept aisle 十字形教堂两翼的走廊。

transept chapel 十字形教堂两翼的礼拜堂；入口通常设在东侧翼部。

transfer 应力传递；张拉预应力钢筋是将预应力钢筋的应力从千斤顶（或张拉台座）向混凝土构件的传递作用。

transfer beam 传力梁；将结构上面的荷载直接传递到其下部紧邻结构的梁。

transfer bond 传递握裹力；预应力工程中，通过握裹应力将预应力钢筋中的应力传递到混凝土中去。

transfer column 抽柱，传力柱；不伸到基础的多层框架柱，而是通过中间层构件的支承将其荷载传到相邻柱。

transfer girder 托梁，传力梁；支承抽柱的梁。

transfer grille 送气搁栅；空调系统中允许气流通过的搁栅，有时在墙或门等两侧成对安装。

transfer length 同 **transmission length**；传递长度。

transfer molding 采用热固材料灌注成型。

transfer register 送风调节器；带有机械装置的送气搁栅，可控制气流的大小。

transfer strength 传递强度；预应力工程中，应力从张拉设备传给混凝土前，混凝土必须达到的强度。

transfer switch 切换开关；在不中断电流的情况下，将电导体从一个电路转换到另一个电路的装置。

transformer 变压器；包括两对或两对以上的线圈，用来将输入电压值转换为另一个电压值。

transformer bank 变压器组；在同一空间内，如变压器室，设置两个或两个以上的变压器。

transformer box 见 **instrument transformer**；仪器变压器。

transformer room 变压器房；一个无人看守的用来放置变压器及其附属设备的房屋。

transformer vault 变压器室；一个无人看守的具有防火墙、防火顶棚和地板的独立空间，用来放置变压器及其附属设备，经常位于地面以下。

transillumination 透射；材料背面的光线穿透该材料的照射。

transit 经纬仪；用于定线和量测水平和垂直角度、距离、方向及高差的测量仪器，有一种典型的经纬仪，有一个带望远镜的照准仪，并可以倒转方向。

transit-and-stadia survey 视距经纬仪测量；水平和垂直方向或角度由经纬仪测量，距离则由经纬仪和视距尺测量。

transitional style 过渡式建筑；两种不同建筑风格流行期间的一段时间内使用的建筑形式，如后

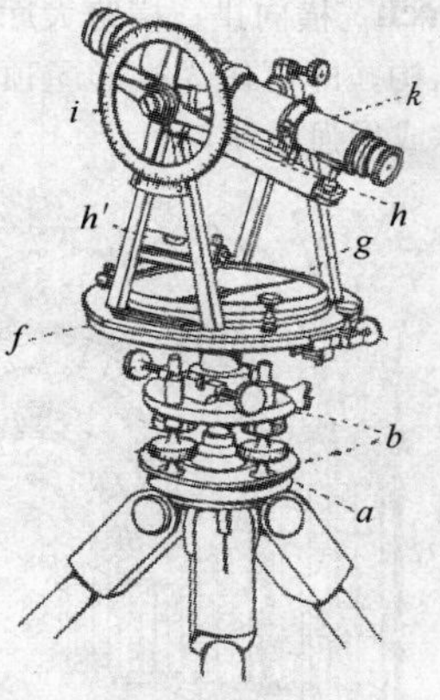

经纬仪

a—三脚架；*b*—水平板；*f*—游标尺；*g*—罗盘；*h*、*h*′—水准；*i*—垂直度盘；*k*—望远镜

乔治时代式（1714—1760）与早期美国联邦古典复兴式（1790—1830）之间的过渡建筑风格，这一过渡期在一个国家的不同地区出现的时间可能不同。

过渡式建筑：纽伦堡，圣-塞巴德斯教堂的柱头

transit line 照准线，导线；使用经纬仪等确定的测量导线，导线可以有也可以无尺度。

transit mix，transit-mixed concrete，truck-mixed concrete 车拌混凝土；在带有转动拌合筒的搅拌车上拌合的混凝土。

transit-mix truck 同 **truck mixer**；搅拌车。

translation 平移；线性位移。在运动学中，保持物体的直角坐标系与空间坐标系平行的运动方式。

translucent 半透明；指某种材料，既能透射光线又能使其充分散射的性质，从而透过材料无法清晰地看到另一侧的图（影）像。

translucent coating 半透明涂层；干燥后形成半透明漆膜的一种液体配方（如清漆、虫胶漆片或真漆）。

translucent concrete 透光混凝土制品；玻璃和混凝土组合的预制混凝土或预应力混凝土板。

transmission coefficient 见 **thermal trans-mittance**；传热系数。

transmission factor 见 **transmittance**；透射比。

transmission length 传递长度；预应力钢筋从末端，通过握裹应力使其发展至最大钢筋应力需要的距离。

transmission loss 透射损失；入射声音传过隔墙后分贝的降低值，一种测量隔墙隔声性能的方法，下降值越大隔声性越好。

transmissivity 透射比；表示材料传播辐射能的能力。

transmittance 透射系数；辐射流入射在介质上，透射流量与入射流量的比值。

transom **1.**（门窗）横档；分隔门与门上的窗、气窗或镶板的水平构件，通常为木制或石制。**2.** 门上方铰连于门窗横档可开启的窗。**3.** 窗框上水平分隔窗户的横撑；又见 **operable transom**。

transom bar **1.** 横撑；门框、窗框或其他类似结构的中间水平构件。**2.**（门窗）横档；分隔门与门上的窗、镶板或气窗的水平构件。

transom bracket 气窗托架；当门没有金属上框或横档时，支撑全玻璃门上的全玻璃气窗的托架。

transom catch 气窗插销；安装在气窗上带有圆环的扣件，通过长杆钩子勾住圆环可将锁栓收回。

transom chain 气窗链；限制气窗开启程度的短链，通常窗两侧各有一块安装平板。

transom frame 带气窗的门框；门框上有横档以及门洞上的玻璃、镶板或气窗。

transom lift 气窗梃销；安装在门框和气窗上可垂直操纵开关气窗的装置。

transom light 上亮；门窗横档上方的玻璃窗。

气窗梃销

上亮

transom window 1. 可开启的气窗。2. 靠气窗梃销操纵的窗。3. 被门窗横档分隔的窗。

transparent coating 透明涂层；干燥后形成透明漆膜的一种液体配方（如清漆、虫胶漆片或真漆）。

transtrum 古罗马建筑中的横梁。

transverse 见 chambranle；门窗框饰。

transverse arch 横向拱；横跨大厅、教堂中殿等建造的拱结构，即可作为拱形屋顶的一部分，也可用来支撑或加强屋顶。

横向拱

transverse load 横向荷载；与结构纵轴平面垂直的荷载，如风荷载。

transverse prestress 横向预应力；与构件主轴垂直施加的预应力。

transverse reinforcement 横向钢筋，箍筋；与构件主受力钢筋垂直布置的钢筋。

transverse rib 横肋；横跨教堂中殿、教堂走廊或十字形教堂两翼（与结构纵轴垂直），并将长度方向分成若干隔间的拱肋。

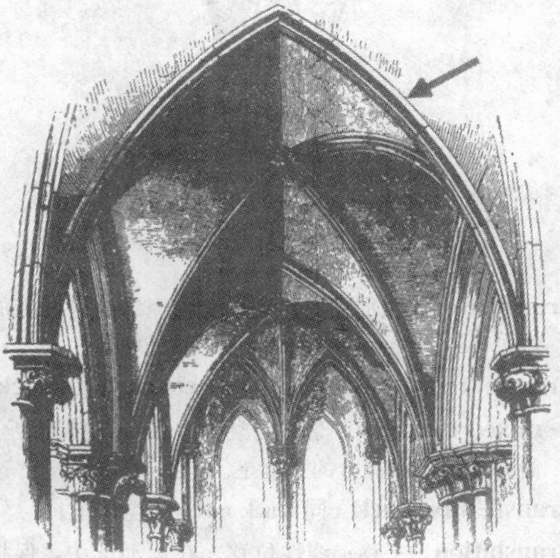

横肋

transverse seam 见 **cross welt**；横盖缝条。

transverse section 同 **cross section**；横截面。

transverse shear 横向剪切；与物体横轴平行的剪切。

transverse strength 1. 挠曲强度；承受与梁的中性轴垂直的破坏荷载。2. 同 **modulus of rupture**；断裂模量。

transyte 见 **tresaunce**；中世纪建筑中的狭窄门廊或过道。

trap 1. 存水弯；防阴沟臭气、空气和气味溢出的水封装置，也称臭气封。2. 舞台地板的活动部分。3. 同 **traprock**；深色火成岩。

trapdoor 翻板门；安装在地板，顶棚或屋面板上的活动门。

trapdoor monitor 坡屋面的局部隆起部分，其坡度缓于屋面其他部分，沿其上边缘铰链一通气门。

trap elevator 舞台剧院中，通过活动地板直达舞台地板下面的小电梯。

trapeze hanger 悬挂托架；由吊杆悬挂的水平刚性构件，在其上支撑和（或）夹紧管路。

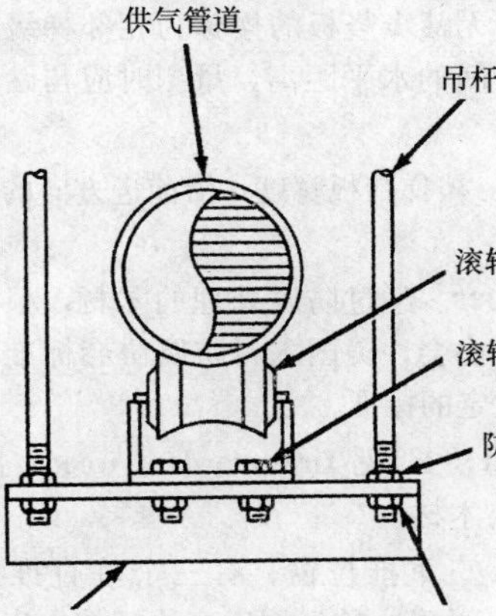

带滚轴支撑的悬挂托架

traprock 深色火成岩；细粒的具有近似柱状结构的岩石。

trap seal 水封深度；管道工程中，存水弯溢水面与下垂顶面之间的垂直距离。

trap vent 水封通气管；同 **back vent**。

trascoro 西班牙教堂的唱诗班席位；西班牙教堂的部分唱诗班席位，由十字交叉处的四通走道将其与唱诗班主要席位分开。

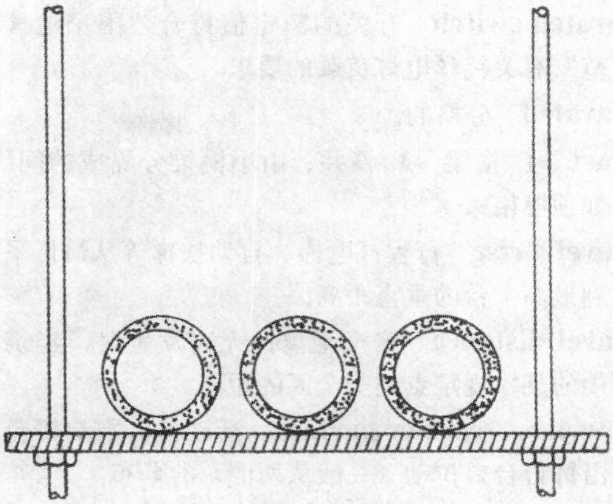

悬挂托架

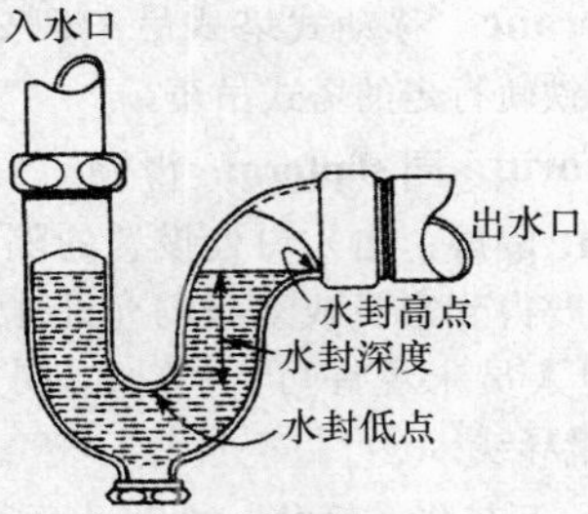

水封深度

trash 垃圾，废料；易燃废料，如纸张、纸板箱、木箱和易燃地面垃圾的混合物，其中包括10%（重量）以上的塑料袋、包装纸、层压纸、波纹纸板、浸油抹布和塑料或橡胶碎片，10%左右的水分和5%左右的不可燃固体；又见 **garbage**，**rufuse** 和 **rubbish**。

trash chute 1. 垃圾道；房屋中的竖向光滑井道，用以将上层的垃圾或废料，传递到底层井道末端的垃圾箱或贮藏室中。2. 多层建筑施工中为运送建筑垃圾设置的临时竖井。3. 见 **refuse chute**；垃圾槽。

trass 火山灰；火山喷发形成的天然胶凝材料。

trass mortar 火山灰砂浆；由石灰和火山灰混合物制成的灰浆，其中可掺加或不加砂子；火山灰可起防潮作用。

T-rated switch 开关的额定值符合“国家电气规范”有关钨丝电灯负载的要求。

travated 分格的。

trave 1. 横梁。2. 藻井；由小横梁分隔成的间隔，如顶棚格。

travel, rise 行程；电梯、自动扶梯等从最低平台到最高平台的垂直距离。

travel distance 安全距离；火灾发生时，建筑物中的某一规定点到安全区的距离。

traveler, traveler curtain 活动幕；剧院舞台上沿舞台台口拉动（一般从两侧）的幕布。

traveling cable 移动电缆；电梯或小型升降机轿箱与竖井内固定电源插口间的连接电缆。

traveling crane 移动式塔式吊车；安装有履带、轮胎或沿铁轨行走的塔式吊车。

traveling form 同 slipform；滑模。

traverse 1. 隔屏；出入口处设置的隔屏、栏栅等障阻物，要得到官员或上级的允许才能通过，不允许其他人员未经许可入内。2. 同 survey traverse；测量导线。

travertine 石灰华，钙华；由泉水沉积的各种石灰岩（通常带夹层），一般为粗糙蜂窝状，用作建筑石材，尤其是用作室内表面和地面，有些品种作为大理石在建筑市场销售。

traviated 横向分格的，分成开间的；具有一系列的横向分隔或横向开间，如在顶棚中。

travis 见 trave, 2；藻井。

tray ceiling 槽形顶棚；人字屋顶下，局部突向屋脊的水平天棚。

trayle 见 vinette；蔓叶花饰。

tray rail 托盘轨道；见 food tray rail。

treacle molding 突圆边饰；底部经过深切形成上凹的圆形饰或突缘饰，可用作排泄雨水的滴水。

tread （楼梯）踏板；踏步的水平面，通常边缘呈圆形且略突出于梯级竖板。

treading barn 旧时专门用于脱粒的两层圆形谷仓；在二层铺上小麦，将马或牛放入其中，通过马或牛蹄的碾压作用使麦粒与麦秸分离，麦粒从地板缝隙落入下层的谷仓。

tread length 踏步长度；与楼梯前进方向垂直的踏步尺寸。

tread plate 网纹板；金属（如铝）制造的地面铺板。

tread return 探头踏步板；露明楼梯中，踏步板突出于楼梯斜梁的水平圆沿。

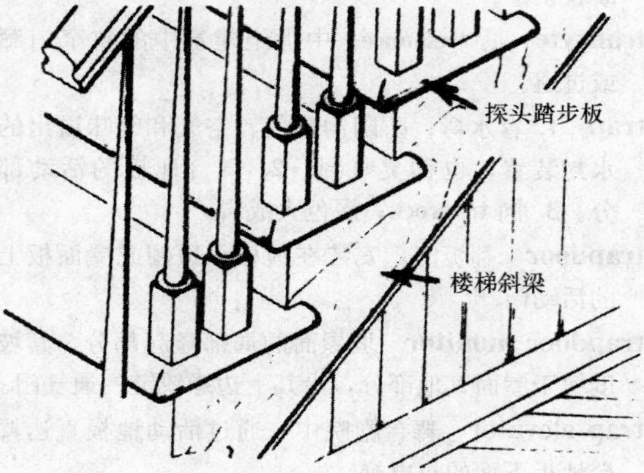

探头踏步板

tread run 踏步级宽；相邻楼梯踏步竖板间的水平距离，对于无踏步竖板的楼梯为相邻梯级前缘或踏板外边缘间的水平距离，量测时应与踏板前缘垂直。

tread width 楼梯踏板宽度；沿前进方向的踏板尺寸。

treated lumber 经过防腐处理的木材，根据美国材料与试验协会，美国木材防腐协会标准或者相似的组织设定的标准。

treated wood 1. 见 fire-retardant wood；阻燃木材。2. 防腐木材。

treble sash 三重推拉窗；有三个垂直推拉窗扇（上下布置）的窗，曾经用于高顶棚的大房间，不同于三扇窗。

tredly 旧式英语的 grees（楼梯，梯级踏步）。

tree belt 绿化带；人行道与路缘间种植的草，有时还有遮阴树木。

tree-dozer 推树机；拖拉机前端的附属装置，包括金属杆和一个切削刀，用来清除小树和灌木丛等。

tree grate 树木围栅；平嵌在人行道中围绕树干的金属箅子。

treenail 木销钉，木栓；用于木构架房屋，固定厚木板或木料间拼缝的硬木长钉（栓）。

trefoil 三叶饰；洞口中的三花瓣图案，见 **foil**。

三叶饰

trefoil arch 三心花瓣拱；拱的内表面有三个圆心，拱的外形根据相连弧的曲率中心和曲率半径确定。

treillage 支托攀缘植物或强墙式树木的格架。

trellage 同 **treillage**；支托攀缘植物或强墙式树木的格架。

trellis **1.** 金属或木制的室外栅栏或格子式装饰。**2.** 支托攀缘植物的藤架或构架。

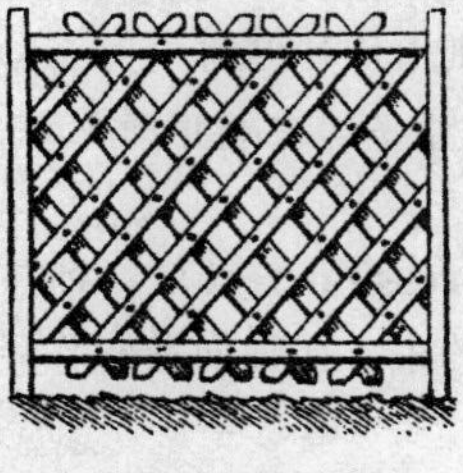

木制的室外栅栏

trellis molding，trellice molding 格子饰线脚；诺曼式建筑中的装饰，包括一系列重叠锯齿形线条，从而产生一种格子状效果。

trellis window 花格窗；玻璃格条对角布置的玻璃窗，无论其是否可开启。也称格子窗。

tremie 导管；水下浇筑混凝土用的钢管，顶端有填料漏斗和起吊吊环。

tremie concrete 导管浇筑的水下混凝土。

tremie seal 水下混凝土止水层；用导管浇筑的封堵围堰或沉箱的水下混凝土。

trenail 同 **treenail**；木销钉，木栓。

trench **1.** 側刨沟槽。**2.** 榫眼，榫槽。

trench box，trench shield 挖沟防护箱，挖沟防护屏；随挖掘和铺管而沿沟底移动的有强劲支撑的木箱或钢箱，用于没有护坡的深沟。在没有条件采用其他方式做护坡或支撑的情况下也用于浅开槽，此时护坡从沟底延伸至地面。

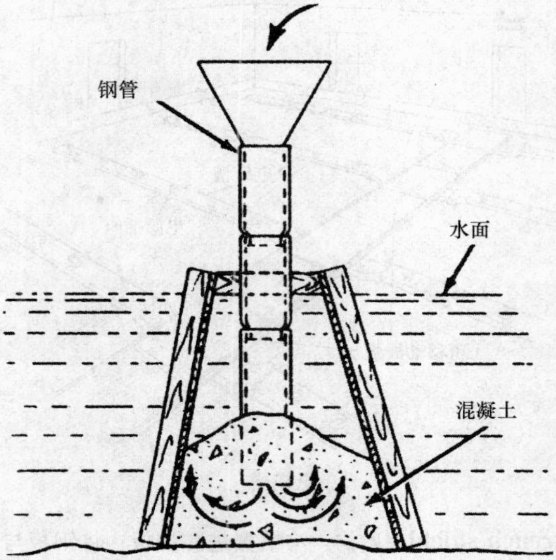

导管：用于水下浇筑混凝土

挖沟防护箱

trench brace 沟槽支撑（水平杆件）；长度可调节，用来支撑防止沟槽侧墙坍塌的护墙板或其他材料。

trench duct 电缆槽；埋于混凝土地板并带有活动盖板的金属槽，盖板与地板顶面齐平；用于敷设电缆。

trench jack 沟槽（脚手）斜撑；沟槽支撑系统中用作交叉支撑的螺旋千斤顶或液压千斤顶。

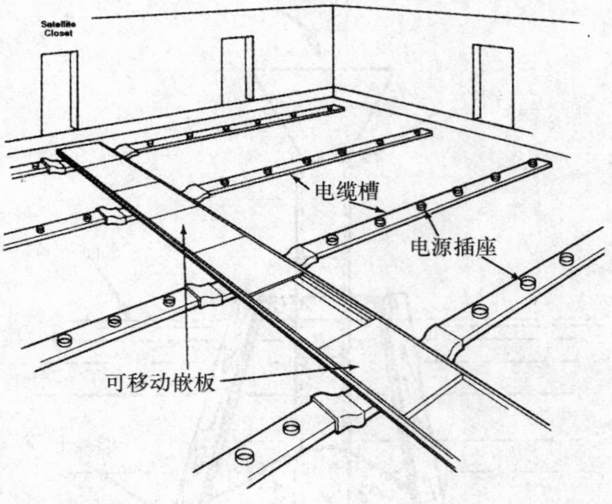

电缆槽

trench shield 盾构，沟槽掘进防护板；将钢板与支柱焊接或栓接组成的支撑系统，支撑系统从地坪面至沟底支撑沟壁，并可以随工作进展向前移动。

tresaunce, transyte, trisantia 中世纪建筑中的狭窄门廊或过道。

tresse 缠绕在一起的平面或凸面装饰细线条，尤指装饰中的交叉线脚。

交叉线脚

trestle ladder 自立支架梯；长度固定的便携式梯子，两部分梯段铰链于顶部，两梯脚与地面夹角相同。

trevis 见 trave，2；藻井。

trial batch 试验性拌合；一份混凝土配料，用来确定或核对其配合比例。

trial pit 探坑，探井；在地面开挖的小直径孔洞，用以勘察土壤的特性和确定基岩的深度。

triangular arch 1. 三角拱；由两个对角布置的大型石材彼此互相支撑形成的拱，用以跨过一个洞口，又称作斜角拱。2. 玛雅拱。

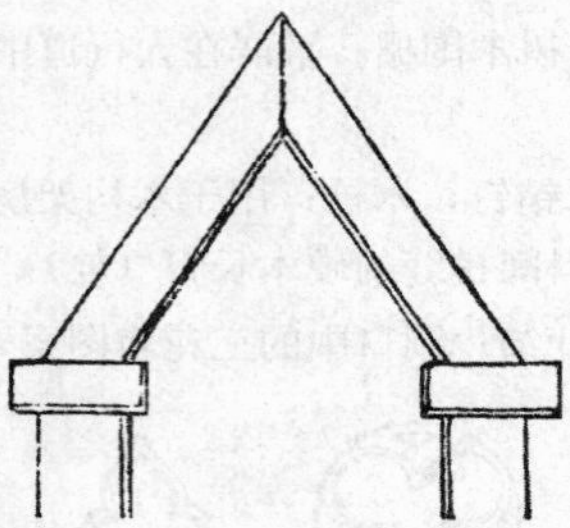

三角拱

triangular dormer 三角形天窗；有三角形屋顶的天窗。

triangular fret molding 见 dovetail molding；三角鸠尾连锁式饰脚。

triangular pediment 带有水平檐口的三角形山墙檐饰，也称角形檐饰。

triangulation 三角测量法；一种测量方法，其定测站所在地面上的点，是位于一个三角形系列网络的交点上。通过仪器测出三角形的角度，然后选择一边作为“基线”，基线的长度在地面直接测量，其他边则由计算得到。

triapsidal 教堂圣殿末端并排或苜蓿叶状的三个半圆形室。

triaxial compression test 三轴压缩试验；试件受静水压力约束，在轴向荷载作用下直到破坏的试验。

triaxial test 三轴试验；试件在横向和轴向荷载共同作用下的试验

tribelon 教堂中将中殿与前廊相连的三重拱廊。

tribunal 显要席；古罗马巴西利卡中用来设置地方官员显贵席位的高起平台。

tribune 1. 讲坛；为演讲者设置的略微抬高的平台或讲台。2. 教堂半圆形的后殿。

tricalcium silicate 硅酸三钙；波特兰水泥的主要成分。

trickle irrigation 滴灌；在景观建筑学中，浇灌植物或者树木最有效的方式就是直接让根部能够得到水。

triclinium 古罗马房屋中的餐厅，其中有一矮桌，三面有躺椅。

triconch 三边为半圆（带穹顶）的四方平面布置，一些教堂、小礼拜堂和墓碑采用此方案建造。

triforium 楼廊；中世纪教堂中殿拱券和唱诗班席位的上方，侧高窗下方的连续通道，其特点是与中殿相通。

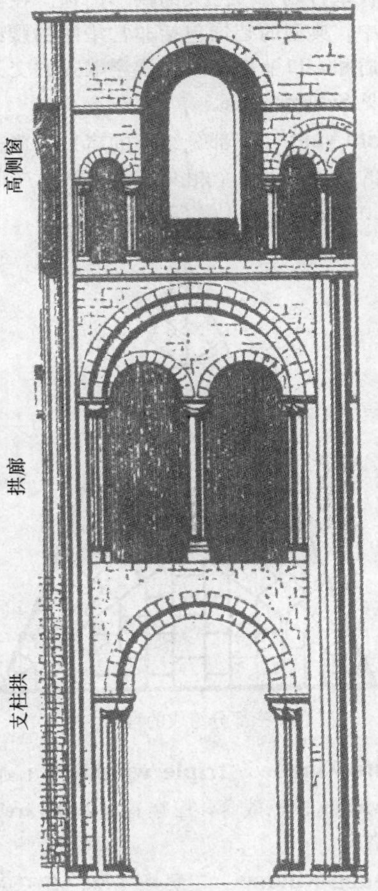

楼廊

triga 三驾双轮马车；一种类似四马双轮马车的车子，但由三匹马拉。

trigger bolt 见 **auxiliary dead latch**；固死锁舌的附加锁闩。

triglyph 三陇板；陶立克檐壁的装饰。由微突的、被V形凹槽分隔的三个垂直条组成，与被称为陇间壁的平板或雕刻面板间隔交替布置；又见 **order**。

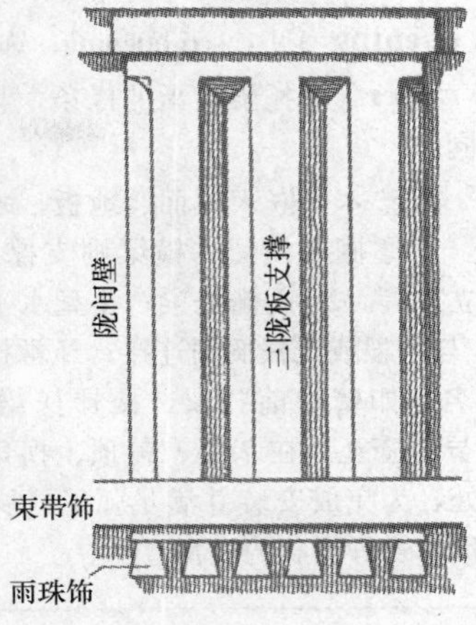

三陇板

trigonum 三角形镶嵌物；用三角形大理石、陶砖、玻璃或其他材料组成的镶嵌物。

trilateration 三边测量；测量方法。三角形、多边形或四边形（或其中任意组合）系列的各边长度采用电子仪器测量，而角度可以通过边长计算。

trilithon 巨石纪念碑；两垂直石柱上架石梁。

trilobe arch 同 **trefoil arch**；三叶拱。

trim **1.** 房间可见的木制品或装饰线，如踢脚板、檐口、（门、窗的）框等。**2.** 覆盖或保护接缝、边缘或其他材料端头的可见部件，一般为金属或木制；环绕装配部件或洞口的装饰，如门、窗框贴脸等。**3.** 管道设备中暴露的金属附件，如水龙头、阀门、暴露的存水弯等。**4.** 门用小五金。**5.** 剧院中调节悬挂于索具的布景或设备的垂直位置。**6.** 同 **trimstone**；镶边石。**7.** 微调。**8.** 装配并修饰。

trim band 带箍；焊在格网面板一边（端）不承受荷载的扁平金属板，主要用于修饰外观。

trim block 同 **corner block**；墙角用空心砌块。

trim bronze 装饰青铜；有明亮抛光面的铜锌合金，通常含90%青铜或85%红铜，条带状，用于建筑装修。

trim hardware 装饰小五金；用来操作或本身具有实用功能的小五金件。

trimmed joist 由托梁支承的搁栅，与普通搁栅截面相同。

trimmed opening 见 cased opening；饰边门洞。

trimmed rafter 由托梁支承的椽条，与普通椽条截面相同。

trimmer 1. 垫木；嵌入屋面、地板、木隔板等中的木块，支撑搁栅横梁，横梁则支撑地板托梁、椽条、立柱等。2. 搁栅托梁；小型水平梁（如地板中），与一根或几根搁栅连接；经常按其使用的位置命名，如壁炉前托梁、楼梯托梁。3. 托梁拱。4. 异形瓷瓦；在基层、盖顶、拐角、线脚和墙角等处，为完成安装并满足弧形线脚和建筑要求所使用的各种形状的瓷瓦。

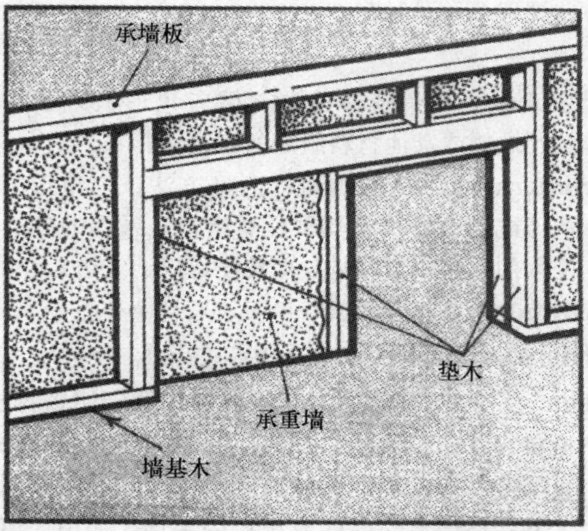

垫木

tripartite scheme 一种多层商业建筑形式，多与路易斯·H·沙利文（1856—1924）的作品相似，建筑立面为三段式：最下面的二或三层为底座，顶部一到四层为盖顶，中间包括若干层，平屋顶，檐口突出，带有雄伟的拱形或圆顶窗，窗被粗大的直棂垂直划分，巨大的拱形门道。在沙利文的设计中，典型的装饰包括非常华丽的腰线，一般在拱肩和入口上部会出现浅浮雕式的交叉叶状设计，见 Sullivanesque。

tripartite vault 三部分组成的穹顶；覆盖三角形空间的穹顶，由三个相交的筒形穹顶或截面较大的穹顶组成，在罗马建筑中尤为普遍。

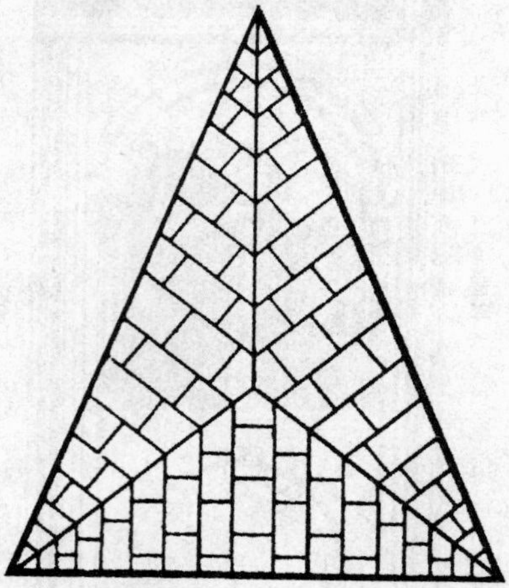

三部分组成的穹顶

trimmer arch 壁炉前拱；支撑壁炉炉膛的近似平拱，通常为低平的砖拱。

trimming 修整，修饰（椽条或托梁）。

trimming joist 支托托梁的搁栅；比普通搁栅截面大但长度相同，并与其平行布置。

trimming machine 见 bench trimmer；台式修边机。

trimming piece 同 camber piece；砌拱垫块。

trimming rafter 支撑托梁的椽条，比普通椽子截面大但长度相同，并与其平行布置。

trimstone，trim 镶边石；砖、瓷砖、砌块或陶瓦等材料砌筑的砖石结构中，起装饰作用的石构件，包括窗台、门窗边框、门楣、墙帽、檐口和突角。

tringle 小正方形嵌条装饰。

tripartite window，triple window 1. 同 three-part window；三截窗，三扇窗。2. 同 treble sash；三重格窗。

triple-hung window 三层悬挂窗；有三扇垂直推拉窗扇的窗，每一扇关闭窗子的一个不同部位，因其重量相互平衡，所以易于开关；同 treble sash。

triplex cable 三芯电缆；三根单独绝缘的导线绞在一起，共用一个外保护层。

triplex house 三联式住宅；供三个家庭居住的住宅，通常为三层，每层为一户，每个家庭有一个单独的入口。

tripteral 有三个侧厅或三行柱的。

triquetra 三角形饰；三个半圆或三个椭圆相交并

在端部相连形成的装饰。

trisantia 见 **tresaunce**；中世纪建筑中的狭窄门廊或过道。

tristyle in antis 一种在两端壁角柱之间有三颗柱子的古典门廊；同 **distyle in antis**。

Tritostile 西班牙建筑中的一种换气孔。

triumphal arch 凯旋门；为纪念部队凯旋修建的拱门，通常位于部队行进的路线上。

trivet 矮三脚架；在普通三脚架无法使用的场合用于支撑测量仪器的三脚架。

trochilus 凹弧饰，凹弧饰线脚。

troffer 顶棚隐装的照明设备；一般灯槽的开口与顶棚平齐。

trolley beam 吊车梁；安装在上部结构上的钢梁，为轨道式吊车提供支撑并作为导轨。

Trombe wall 特隆布墙；一种房间中的被动太阳能存储装置，包括厚度为8～16in（20～40cm）的石材或混凝土制成的太阳能存储墙，在墙表面覆盖一层深色吸热材料，还包含放在墙面前的玻璃幕墙，玻璃和墙体之间空气间层的厚度大约为3/4～6in（2～15cm）。日间墙面所吸收的入射到玻璃上的太阳能，在夜间将这些太阳能释放到房间内。

trompe 穹窿一角的形状；圆锥形或半球形穹窿；或回廊穹拱的一角。

trompe l'oeil 错视画；能够蒙蔽眼睛的墙面或者顶棚上所绘制的图案，创造出三维的错觉。

trophy 战利品雕饰；武器和盔甲的雕塑品，象征战斗胜利或纪念部队凯旋。

trough 电缆槽；用于安放电缆的槽形构件。

trough cable tray 带通风孔的连续电缆槽。

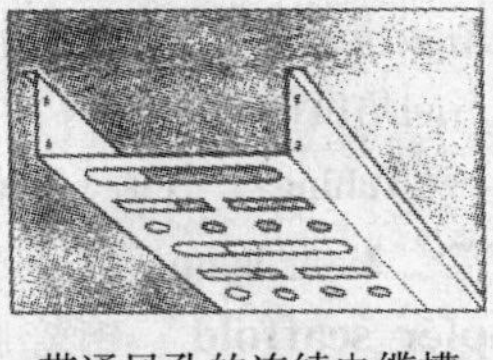

带通风孔的连续电缆槽

troughed roof 同 **valley roof**；带天沟的屋顶。

trough gutter 箱形檐沟。

trough mixer 见 **open-top mixer**；敞口式搅拌机。

trough roof 见 **M-roof**；M形屋顶。

trough urinal 小便槽；供几位男士同时使用的窄条形小便池；装备有供水系统和用来冲便的排水槽。

trowel 抹子，镘刀；带有钢制宽刀片的抹平工具，用来抹砌、摊铺成型灰泥或砂浆，或在混凝土楼板和其他混凝土面的最后饰面阶段抹平以形成相对平整的表面。

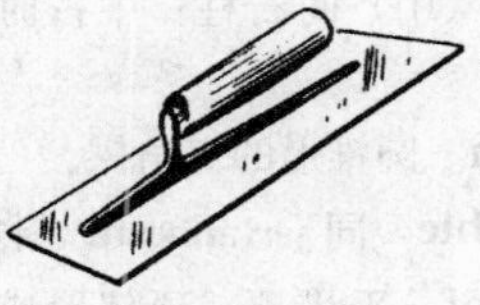

抹子，镘刀

trowel finish 镘光，抹平；通过抹光产生的平滑装修面。

troweled joint 抹平接缝；一种砌筑墙上的砂浆接缝；利用抹子将多余的砂浆去除后抹平。

troweling machine 抹光机；一种电机驱动的设备，操作旋臂上的钢抹子绕一垂直轴转动，用来抹平混凝土。

truck crane 汽车吊；一种材料装卸机械，包括一个吊车，固定在一辆卡车类型的车上，具备机动性和灵活性。

truck-mixed concrete 路拌混凝土；在搅拌车上拌合的混凝土。

truck mixer 搅拌车，汽车式搅拌机；运输和搅拌混凝土的汽车，由卡车底盘和一个安装在其上的转动鼓室（混凝土材料放入其中）组成。

搅拌车

truck zoning device 轿箱就位设备；货运电梯上的设备；允许操作员在轿箱和梯井门开启的状态

下，使轿箱在平台上方移动一定距离。

true bearing 相对当地地理经线的方位角线，用于美国早期的陆地边界图。

true horizontal 通过视点或透视中心点的水平面。

true north 正北；从观测位置到北极的方向。

trullo 圆平面、圆顶的干垒毛石房屋，类似古建筑，在意大利南部仍在使用。

trumeau 门（中）间石柱；中古时代门道的中间支撑。

trumpet arch 圆锥形的突角拱。

truncated gable 同 **jerkinhead**；斜坡山墙尖。

truncated roof 平塔顶；顶部形成一水平面的截顶人字形屋顶或斜脊屋顶。

trunk lift 货梯；同 **freight lift** 或 **goods lift**。

trunk sewer 污水干管；在一个较大区域范围内作为污水出口，接纳许多支管的污水干管；又见 **main sewer**，**2**。

trunnel 见 **treenail**；木销钉，木栓。

truss 桁架；由弦杆、斜杆和腹杆组成的结构，通常由一系列的三角形构成一刚性结构。见 **king-post truss**，**plated truss**，**queen-post truss**，**Vierendeel truss**；又见 **bowstring beam**。

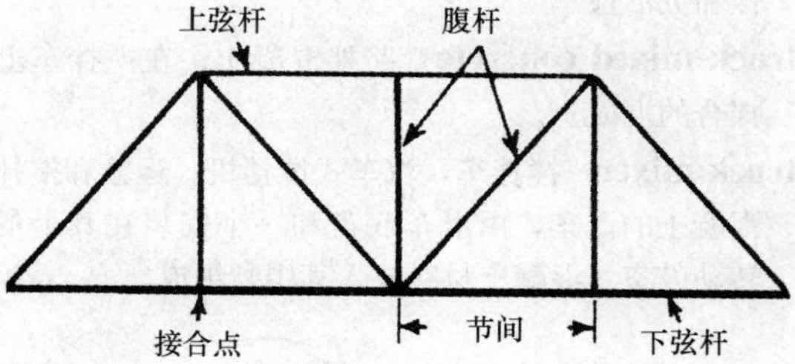

桁架

truss beam 同 **trussed beam**；平行弦桁架。

truss blade 同 **principal rafter**；上弦木，主椽木。

truss chord 弦桁架；桁架的基本组成部分，由腹杆所支撑着。

truss clip 桁架夹板；连接桁架和墙上承梁板的金属部件，用来抵抗向上的风力。

trussed 桁架式；某种桁架的形式。

trussed beam **1.** 用一根或多根钢筋拉杆加强的梁（通常为木制梁）。**2.** 桁架梁；由一根或多根竖撑支承的桁架式梁，而竖撑则支承在梁端的斜拉杆上。

trussed joist 桁架式搁栅，如轻型托梁。

trussed partition **1.** 端部自承重的框架式隔墙。**2.** 由连续支承的填充框架组成的隔墙，包括隔墙面板和填料。

trussed purlin 桁架式檩条；用作檩条的轻质桁架梁。

trussed-rafter roof 人字形桁架屋顶；对称的椽条全部（或部分）斜撑的人字形屋架。

trussed ridge roof 桁架式屋脊坡屋顶；椽条上端在屋脊处支承在一个桁架上的双坡屋顶。

trussed-wall opening 桁架式开洞；框架结构中由桁架支承上部荷载的洞口。

truss plate 同 **nail plate**；一种用于多合钉孔的三角金属板。

truss rod **1.** 圆钢拉杆；桁架中用于加劲的受拉杆件。**2.** 圆钢斜拉杆。

try square 直角尺，验方尺；尺的两边成 90°角，可使所画直线垂直于一条边或一个面，作为画（放）线工作的标尺或用来检验边、表面等的平（垂）直度。

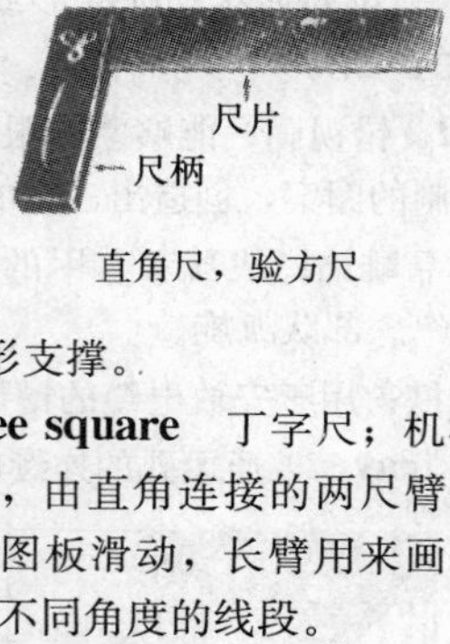

直角尺，验方尺

T-shore T形支撑。

T-square，tee square 丁字尺；机械和建筑制图中的导向尺，由直角连接的两尺臂组成，短臂沿绘图桌或绘图板滑动，长臂用来画平行线，或支撑三角板画不同角度的线段。

TUB. 缩写＝“**Tubing**”，管道，管材。

tube **1.** 薄壁管。**2.** 见 **lamp**；灯。

tube-and-coupler scaffold 钢管脚手架；由钢管、支撑立柱的基脚和专用连接器组成的体系；钢管用作立柱、托架、支撑、拉杆和滑道，连接器则将立柱和各种构件相连。

tubeaxial fan **1.** 轴流风机；由圆筒内的螺旋桨或圆

盘转轮组成的风扇，即可由皮带驱动，也可直接安装在电机上。2. 一种类似叶轮式的轴流风机，但没有下游导向叶片；效率比叶轮式低，但价格便宜。

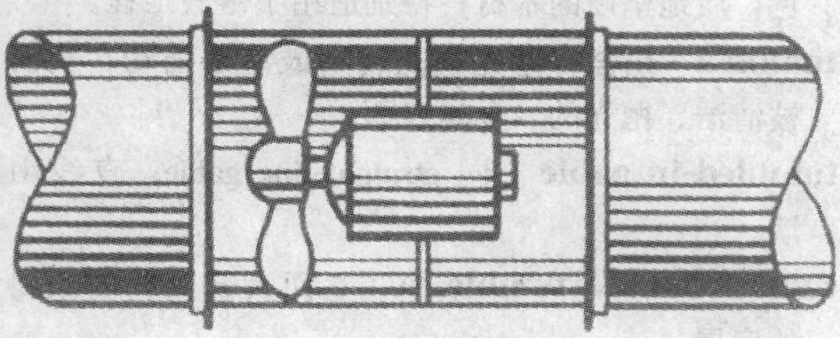
轴流风机

tube pile 管桩。

tubing 管材。

tub mixer 见 **open-top mixer**；敞口式搅拌机。

tubular discharge lamp 管状白炽灯；直线或曲线形的管状白炽灯。

tubular lock 一种锁舌隐藏在管中的圆柱锁。

tubular saw 同 **crown saw**；圆筒锯。

tubular scaffolding 金属管脚手架；采用铝管或镀锌钢管建造，并通过管卡固定的脚手架。

tubular-welded-frame scaffold 焊接管构脚手架；由立柱、水平支撑件或其他构件等预制焊接部件组成的板式或构架式装配式脚手架。

tuck 凹槽；水平灰缝中经刮缝处理后的凹槽，用于嵌凸缝。

tuck and pat pointing 嵌凸缝；见 **tuck pointing**。

tuck-in 嵌入；泛水板、踢脚板或屋面油毡嵌入墙中凹槽的部分。

tuck-pointing, tuck and pat pointing, tuck joint pointing 嵌凸缝；老砖石结构砌缝的最后的修整：先将砌缝清理，然后用优质砂浆填充并略微凸出，或用灰泥或石灰嵌缝。

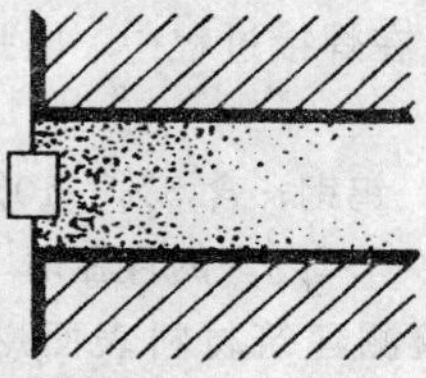
嵌凸缝

Tudor arch 都德式拱；较平的尖拱，其内表面弧线有四个圆心，常用于英格兰都德式建筑。

都德式拱

Tudor architecture 英国都德式建筑；亨利七世和亨利八世时期竖直式建筑的最终发展形式，继承了早期伊丽莎白式建筑风格，其特征是都德拱、菱形图案砌合、扁带饰、竖棂窗上的滴水罩和滴水罩端饰和装饰华丽的砖砌烟囱。

都德式建筑

Tudor chimney 都德式烟囱；偶尔指阶梯状烟囱。

Tudor flower 都德花饰，三叶花饰；英国竖直哥特式建筑的一种装饰，一朵苜蓿花从十字交点或一带叶拱顶端展开。

Tudor Revival, Tudor style 都德式建筑；约1880～1940年及以后流行的一种独特的住宅形式，模仿都德建筑原型。房间一般为不对称布置，砖砌墙面、抹灰，间或用木材饰面，产生半木结构的效果。墙面有带装凸饰，坡度大的砖木混合山墙，其屋檐少有凸出物，山墙带封檐板，木瓦屋顶；高大、厚重、精致的烟囱常带有装饰顶管；铅条窗高大、狭窄；装饰主入口门道常与都德拱或圆顶结合。比较、参见新都德式建筑、伊丽莎白一世建筑、詹姆斯一世建筑。

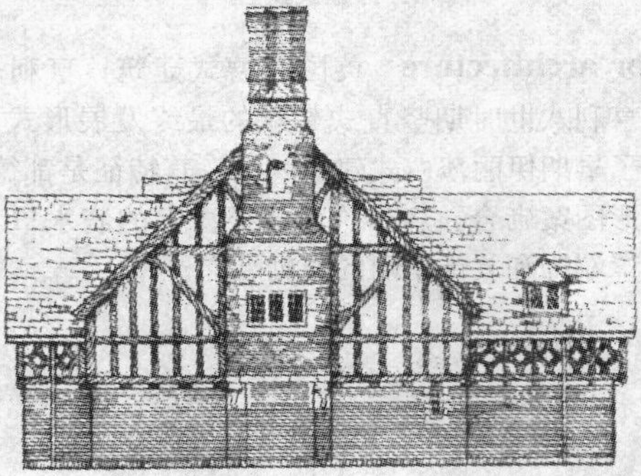

都德式建筑

Tudor rose 都德王室的玫瑰花饰；一种有五个花瓣的程式化玫瑰图案，红白玫瑰重叠布置，是都德王朝的标志。

tufa 石灰华；一种用于砖石结构的多孔石灰石。

tuff, volcanic tuff 凝灰岩；一种低密度、高空隙率的岩石，将粒径从火山灰至小砾石范围内的火山颗粒压实或胶凝而形成岩石，有时用作建筑石材或作为绝热材料。

tuft bind 毛撮固着力；根据行业标准测试，将毛毯上的一绺毛拔下来需要很大的力量。

tuffted carpet 簇绒地毯；将绒线穿过预先织好的地毯基层，再剪断而编织成的地毯。

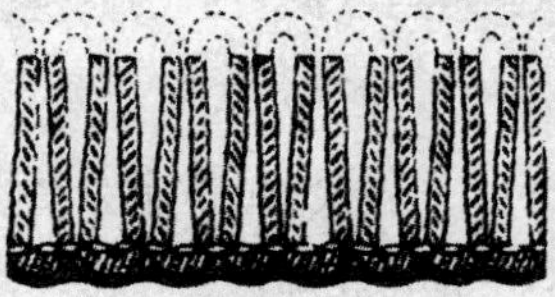

簇绒地毯

tulipwood 1. 鹅掌楸木；一种柔软、木纹封闭的耐久性好的木材，颜色微黄；用于细木工制品和饰面板。2. 南美红木；一种产于巴西，玫瑰红色，质地坚硬的木材；特别适用于镶嵌工程。

tumbled 在含有抛光剂的转动鼓室中摇动，从而被清洁、抛光的（金属表面）。

tumbled-in gable 同 **straight-line gable**；直线山墙。

tumble home, tumble in 立面大部分向内倾斜的房屋。

tumbler （锁的）制栓；锁中阻住锁栓的锁定机构。

tumbler switch 双联开关；电路中根据杠杆原理工作的按钮开关。

tumbling 见 **barreling**；滚动涂漆。

tumbling course 斜砌砖层；荷兰建筑或其派生建筑中，与一直线山墙垂直的斜砌砖列，这种做法比山墙全部采用水平砖列有更好的防潮效果。斜砌砖列与水平砖列相交位置的砌合方式称为鼠齿形。

tumbling in 向内倾斜；见 **tumbling course**。

tumulus 保护墓室或坟墓的土堆或石堆。

tung oil 桐油；一种氧化迅速的干燥用油，其氧化速度约为亚麻油的两倍，掺入油漆或清漆中干燥后形成坚固的漆膜；虽然桐油有时称为“中国木油”和“木油”，但它并非从木材中提炼的。

tungsten-filament lamp 钨丝灯；见 **incandescent lamp**。

tungsten-halogen lamp 钨丝卤化灯；充满含卤素气体的钨丝白炽灯，外壳由石英或其他耐高温材料制造，比相同功率的标准灯泡小，过去称为石英碘灯。

tungsten inert-gas weld 钨极惰性气体保护弧焊；通过电弧焊机敲打将非自耗的钨电极和工作部件焊合在一起，在焊接过程中，电弧中始终有恒定电流通过。

tungsten steel 钨钢；含5%～10%钨（有时可达24%）和0.4%～2%碳的合金钢。

tunnel test 检测建筑材料表面燃烧特性的一项ASTM标准试验。

tunnel vault 隧道拱顶；各截面相等的拱顶。

turbidimeter 浊度计；测量细微材料（如硅酸盐水泥）粒径分布的仪器，其方法是连续测量液体中悬浮体的浑浊度。

turbidimeter fineness 浊度计纯（细）度；采用浊度计测出的材料细度，通常用每克材料的总表面积（平方厘米）表示。

turbine mixer 见 **open-top mixer**；敞口式搅拌机。

turbulent flow 湍流；液体在流动过程中，内部速度和液压呈现剧烈波动和不规则状态，同 **streamline flow**（线流）相反。

turf 草根土；土壤和种植土的上表层，其中草根和其他小植物形成厚厚的覆盖层。

turf sprinkler system 同 **lawn sprinkler system**；草地喷洒系统。

turnbuckle 花篮螺栓；连接和绷紧拉索、连杆或支撑的装置，由连接成一对的左旋螺栓和右旋螺栓组成。

turn button，button 门窗旋扣；窗或门扣件，安装在窗（门）框上，并可绕一轴转动。

turned bolt 紧配螺栓；机制螺栓，一般带有六角形栓头，栓杆加工精度很高。

turned drop 车制挂饰；一种车床加工（有时用手工雕刻）的悬挂木装饰，尤其在美洲早期的木构架殖民房屋中见到，经常在正立面端角或前门附近的位置悬挂于二层，参见 **pendant**。

turned work 车制构件；加工石材和木材时具有圆柱形的构件，如柱、栏杆柱等，一般在车床上加工，偶尔手工制作。

turning 车削；将材料在车床上快速旋转，使物体在车刀的切削下成型。

turning bar 见 **chimney bar**；壁炉炉门过梁。

turning gouge 弧口旋凿；所有刀口带圆角，用于车旋加工的旋凿。

turning piece 1. 砌拱弧形模板；泥瓦工使用的用于砌筑不要求对中的小型拱模板。2. 同 **camber piece**；砌拱垫块。

turning vane 导向叶片；安装在空调系统中管道转弯处的一组曲线形叶片，使气流更加均匀，同时缓解流速的降低。

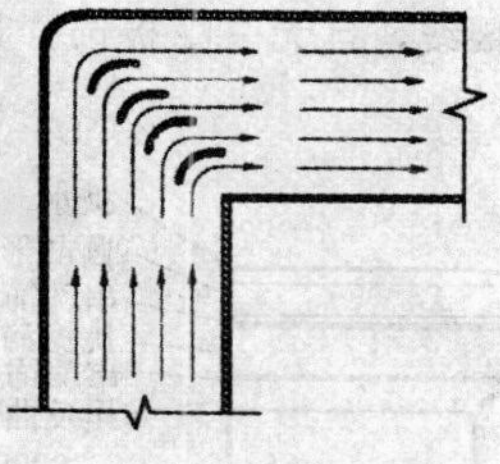

导向叶片

turn-key job 全承包工程，交钥匙工程；承包人负责全部工程及建筑装备，交工后可以马上投入使用。

turn knob 门锁控制钮把手；常为椭圆形或月牙形，用来从门内侧控制门闩。

turn piece 锁闩控制钮把手；带芯轴的门把手，用来操作暗锁的锁定插销或门闩。

turnpike stair 螺旋式楼梯。

turnstile 回转栏；绕轴旋转的栅栏，通常一次只允许一个人从单方向通过。

turn tread 扇形踏步，斜踏步；楼梯改变方向处的踏步。

turnup 翻卷边；屋面材料遇垂直面向上翻卷的部分。

turpentine，oil of turpentine 松节油；通过蒸馏松柏类树木的渗出物得到的一种挥发性液体，过去广泛用于漆料，现在已被从石油或煤焦油中提炼的溶剂取代；又见 **wood turpentine**。

turret，tourelle 角塔；从转角外挑出的小塔。

turret step 塔楼踏步，旋转楼梯踏步；一种截面为三角形的石制踏步，用这些踏步可形成旋转楼梯或转角楼梯。旋转踏步是楔形的，端部经过加工定型，将踏步叠起后，形成一个中心柱子或实心转角柱。

turriculated 有小角塔的；形容一幢建筑，其典型特征是有一排小塔。

turris 塔楼，以一定间距在古城墙或其他设防围墙上构筑的塔。

turtleback 1. 见 **blistering，1**；局部隆起。2. 抹灰工程中，检验时的局部条件。

Tuscan order 塔斯干柱式；五种古典柱式之一，是对罗马陶立克柱式的简化；但线脚少而粗，柱无凹槽，平腰线，且无三陇板饰；其唯一的细部装饰是线脚。

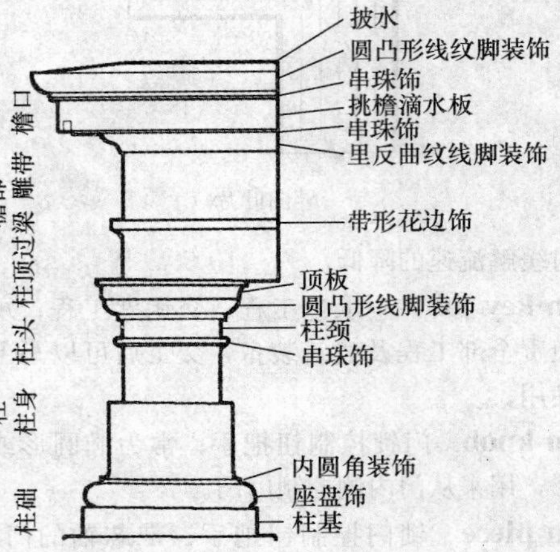

塔斯干柱式

Tuscan Revival 塔斯干复兴式；17 世纪后期的一种建筑形式，它模仿和借鉴了塔斯干式建筑风格。

Tuscan Villa style 塔斯干别墅式；类似意大利式别墅的一种建筑形式。其形状像盒子，平面对称，平屋顶；在屋顶中央经常有一方形观景楼，窗户常为圆拱顶形。

tusk 1. 斜榫；为增加强度，将榫舌加工成斜面。2. 马牙槎；砌成齿状的石材或砖。

tusk nailing 见 **toenailing**；斜钉。

tusk tenon 齿榫；为增加强度，靠近榫舌根部加工成阶梯状，而榫肩可做成斜面。

twelve-over-twelve 见 **pane**；窗格玻璃。

twin archway 有两个并排拱门的通道。

twin brick 同 **double-sized brick**；大号砖。

twin cable 双芯电缆；由两根并排布置的绝缘导线组成，固定在共用的外保护层或绝缘层中；又见 **doplex cable**。

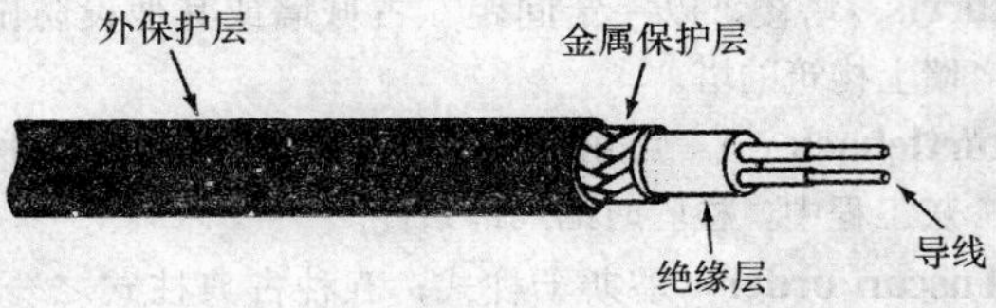

双芯电缆

twin-filament lamp 双灯丝白炽灯；一种有两根单独灯丝的白炽灯。

twining stem molding 诺曼底式普通线脚，由一个被植物卷须缠绕的半圆组成。

twin tendons（复） 同 **double tenons，1**；双榫。

twin-twisted bar reinforcement 双绞钢筋；两根直径相同扭绞在一起的钢筋。

twist 扭转，翘曲；使板的某平面四个角（变形后）不在同一个平面的扭曲，或一种螺旋状变形。

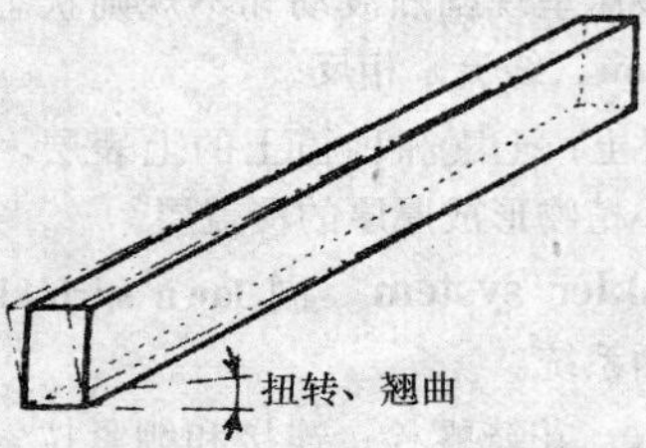

扭转，翘曲

twist drill 麻花钻；带有一个或几个螺旋切削槽的钻头，用来在金属、木材等上打孔。

twisted column 见 **wreathed column**；扭形柱，螺旋柱。

twisted grain 同 **interlocked grain**；扭曲木纹。

twisted pair 双绞线；两根绝缘的导线扭绞在一起，没有共同外皮。

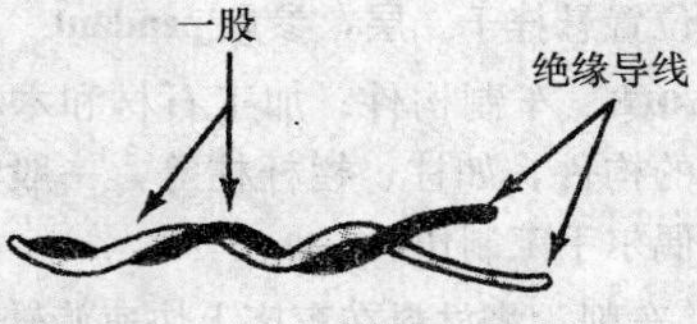

双绞线

two-and-one-half-story house 带阁楼的两层房屋；一种两层房屋，其二楼顶板与屋面间的阁楼空间通过天窗和（或）山墙窗进行自然采光和通风。

two-bay cottage 前门每侧有两扇窗的科德角式房屋，又称全海角房屋。

two-by-four 2in×4in 木枋；名义上为 2in（5cm）厚，4in（10cm）宽的木材，实际尺寸为 1⅝in×3⅝in（4.13cm×9.21cm）。

two-centered arch 双心拱；内表面由两个不同圆心的圆弧组成的尖拱，拱的形状由相交两圆弧的圆心和曲率半径确定；又见 **equilateral arch**。

two-coat work 两道抹灰；抹灰时，先抹一道灰（底灰），再抹第二道灰（面灰）。

two-family house 独立双户住宅；有两个独立住户的两层房屋，每个住户有一个单独的入口。

two-hinged arch 双铰拱；两端铰支承的拱。

two-light window 1. 双格玻璃窗。2. 双格高或双格宽的玻璃窗。3. 对窗。

two-over-two 窗的上下窗扇均为双格玻璃的上下推拉窗；见 pane。

two-part-adhesive 双组分粘合剂；为了固化需要在树脂中加入促凝剂的粘合剂，如环氧树脂（**epoxy**）。

two-point latch 两点插销；一种门插销，有时用于需要在顶部和底部锁定固定扇的双扇门。

two-point suspension scaffold 同 **swinging scaffold**；悬挂式脚手架。

two-pour system 二次灌浇系统；分两次灌浇混凝土；区别整体式灌浇（**monolithic pour**）。

two-room plan 在新英格兰、大西洋中部地区和南方的殖民建筑中，一种两居室住宅普遍采用的平面布置，其具体形式有许多变化，但通常由一多功能房间（厅）和一邻接的房间（起居室）组成，起居室内布置最好的家具和一张父母用的床。又见 **half-and-parlor plan**。

two-stage curing 两阶段养护；混凝土构件先在低压蒸汽，然后在高压蒸汽下进行养护的过程。

two-tiered porch 双层门廊；两层门廊完全相同。

two-way draw 一种可以从两面绘制的面料。

two-way joist construction 井字梁结构；楼面或屋面结构中，在水平面内两组相互垂直的平行梁体系，用于支承楼板或屋面。

two-way-reinforced footing 双向配筋基础；沿两个方向（通常为互相垂直）配筋的基础。

two-way reinforcement 双向配筋；钢筋采用直角网格布置。

two-way slab 1. 双向配筋混凝土板；受力钢筋沿两个方向配置的混凝土楼板。2. 双向板；长跨小于两倍短跨的矩形钢筋混凝土板。

T-wrench T形手扳钳；手柄带套节（固定的或可拆卸的）的T形扳钳。

tympanum 1. 山墙处水平与斜檐口或曲线檐口所包围的三角形或扇形墙面，有时采用饰物、雕塑或窗户作装饰。2. 与"1"类似的其他门过梁与拱圈间上的弧形部分。

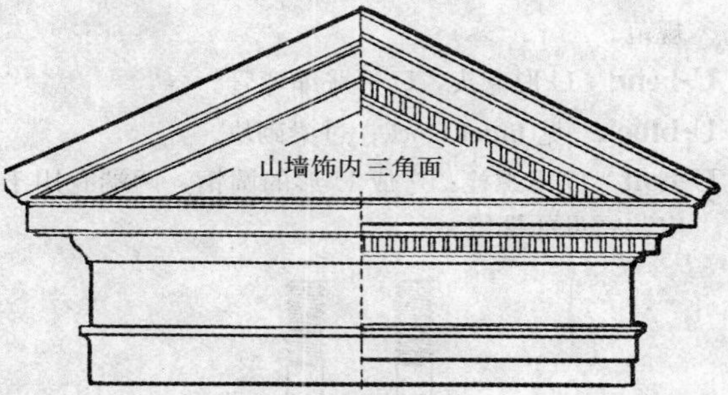

山墙饰内三角面

TYP （制图）缩写＝"**typical**"标准的，典型的。

type-DWV tubing DWV型管；主要用在排水、废水和通风管线的薄壁铜管。

type-S fuse S型保险丝；装在玻璃或陶瓷罩内的保险丝，可以拧在螺旋外壳的插口内；其上有一个观察保险丝是否熔断的窗口，有三种容量（15A、20A和30A）。

S型保险丝

type-X gypsum lath X型滞火石膏板条；特制的具有特殊防火性能的石膏板条。

type-X gypsum wallboard X型滞火石膏墙板；特制的具有防火特性的石膏板。

Tyrolean finish 提罗尔饰面；用手动机械在墙面抛砂浆产生的一种糙面粉饰。

U

UBC 缩写＝"Uniform Building Code"，统一建筑规范。

U-bend U形弯头，U形胀缩弯管。

U-block 见 lintel block；过梁砌块。

U-bolt U形螺栓；弯成U形的圆钢，两端有用于安装螺母的螺纹。

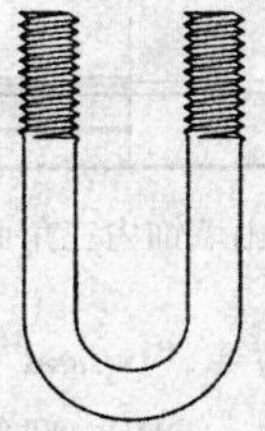

U形螺栓

U/E 缩写＝"unedged"，毛边的，边圆的。

U-factor 见 thermal transmittance；传热系数。

UFAS 缩写＝"Uniform Federal Accessibility Standards"，联邦统一无障碍标准。

U-gauge 同 manometer；压力计。

uintahite 见 gilsonite；黑沥青。

UL 缩写＝"Underwriters' Laboratories, Inc"，保险商试验公司。

UL Certified 一种制造商对其生产的产品发布的证书，这表明产品已在美国保险商试验公司经过测试并符合标准。

UL Label 保险商试验公司标签；由保险商试验公司授权，粘贴在建筑材料或构件上的标签，说明该产品：(a) 根据性能试验确定的产品等级；(b) 抽样检测产品的制成材料并且加工过程基本与样品相同，满足正常的防火、电绝缘或其他安全要求；(c) 接受保险商试验公司的复检。

UL Listed 保险商试验公司标签；见 UL Label。

ultimate bearing capacity 极限承载能力；地基土破坏时单位面积上的平均荷载。

ultimate bearing pressure 极限承压力；基础沉降所承受的压力，当荷载大小不再进一步增加的终极状态压力。

ultimate load 见 breaking load；破坏荷载。

ultimate set 最终固化度；塑性化合物经养护、蒸发和表面聚合后达到的最终坚硬度。

ultimate shear strength 极限抗剪强度；构件产生剪切破坏时截面上的荷载。

ultimate shear stress 最大剪应力；加载到最大剪力时截面上的应力。

ultimate strength 极限强度；材料的拉力、压力或剪力的极限强度，是指材料在破坏前可承受的最大拉力、压力或剪力值。

ultimate stress 极限应力；测试中材料发生破坏时的应力大小。

ultramarine 群青；蓝色的涂料颜料，过去从磨细的天青石提取，而现在则通过焙烧硅酸铝和硫化钠人工合成，具有较好的耐碱性，但不耐酸。

ultramarine ash 群青色的灰，天青石屑；从天青石中提取群青后的残余物，用于涂料颜料。

ultrasonic motion detector 超声波运动检测仪；采用20000Hz以上声波的运动检测仪。

ultrasonic soldering 超声焊接；一种焊接工艺，高频超声波传播，通过熔化的焊料将金属基层表面的膜层清除，因而促进了金属与焊料的相融，一般不需要使用助焊剂。

ultrasonic testing 超声波测试；一种利用高频声波确定金属缺陷的无损检测。

ultrasonic welding 超声焊接；一种固态焊接工艺，通过局部的高频声波在压力作用下使金属连接。

ultrasound 超声；声音的振动频率超过了最大可听见限值（20000Hz 以上）。

ultraviolet radiation 紫外线；波长小于可见光谱的电磁波，波长范围 10～380nm；按波长可分为：远紫外波（10～280nm），中紫外波（280～315nm），近紫外波（315～380nm）。按其作用可分为：产生臭氧（180～220nm），杀菌（220～300nm），引起红斑（280～320nm），不可见光（320～400nm）。两种分法均没有明显的波段界限。

umber 棕土，赭土；天然褐色硅质土壤，包含水化氧化铁（含少量氧化锰），用作涂料颜料。煅烧时由红色变为红褐色，此时称为烧制赭土。

Umbrage 1. 主体建筑凹进去的开场区域（俗称灰空间），往往由雨篷或者楼板来遮蔽。2. 露天中的阴影空间，通常相对较小。

umbral 西班牙殖民建筑中的门楣。

umbrella roof 伞形屋顶；法国路易斯安那乡土建筑，其中脊的两侧各有一单坡顶，用于覆盖房顶每侧的眺台。

umbrella vault 伞状穹顶；一种肋骨从中心支撑展开的穹顶。

unbonded member 无粘结预应力构件；将张拉力施加在锚固端的后张预应力混凝土构件，预应力钢筋在构件内可自由移动，与混凝土不粘结。

unbonded posttensioning 无粘结后张法；施加应力后不灌浆的后张法预应力混凝土。

unbonded tendon 无粘结钢筋束；预应力混凝土中，与混凝土无粘结的预应力钢筋。

unbraced frame 无支撑框架；通过结构杆件及连接的抗弯能力来抵抗横向荷载的框架结构。

unbraced length 无支撑长度；阻止结构构件（如：柱）发生垂直于构件轴向变形的支撑或楼板间的距离长度。

unburnt brick 免烧砖；通过风干而非窑烧制成的砖，如土坯砖；参见 **burnt brick**。

uncased 无框的；形容无框的拱、门洞或其他洞口，无框洞口常见于西班牙折中主义建筑中。

unclassified excavation 不分类挖方；采用单一价格清运挖方，而不区分普通挖方和岩石挖方（不同于分类挖方）。

unconsolidated backfill 不压实回填；填放在沟渠中的不压实材料。

uncoursed 不分层（砌筑）；指无连续水平灰缝的不规则砌体。

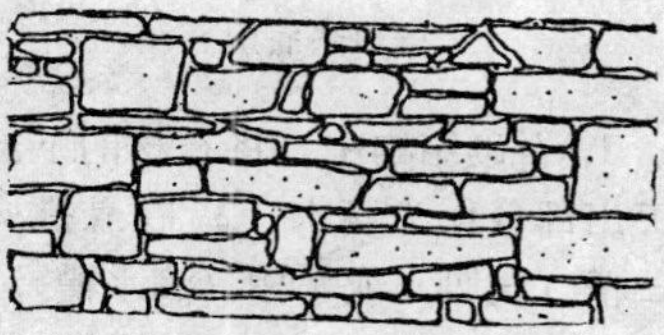

不分层砌筑的砌体

unctuarium 同 **alipterion**；古罗马浴场涂油室。

uncut modillion 见 **modillion**；飞檐托。

undé，undée 见 **waved molding**；波形饰。

underbed 底灰；一般为水平的基层砂浆，上铺水磨石面层。

underboarding 衬板；钉在木结构房屋框架外侧的木板，作为固定外层覆盖材料（如木瓦或壁板）的基层。

undercloak 1. 檐口处垫瓦；屋面檐口处用在第一道瓦材下的平瓦或石板瓦。2. 厚端安装在山墙外伸边缘的木瓦，沿该边缘形成铺瓦的坡度。3. 金属屋面板下层板加工咬口的部分。

undercoat 1. 底漆，内涂层；涂刷在木材、底漆或上一层油漆上的漆层，以提高密闭性和作为面漆的基层。2. 搪瓷底料；作为瓷釉基层的涂料。3. 着色的底漆。

underconsolidated soil deposit 欠压实填土；在现有表土压力下压实不够的填土层。

undercourse 檐口（木瓦或瓷瓦）垫底层。

undercroft 1. 穹隆状地下室；教堂或秘密通道的拱形地下室，一般是全地下或半地下。2. 地窖。

undercured 未充分养护的，未硬结的；指混凝土、密封层、胶粘剂、涂料等没有足够的时间和（或）适当的自然环境达到完全硬化。

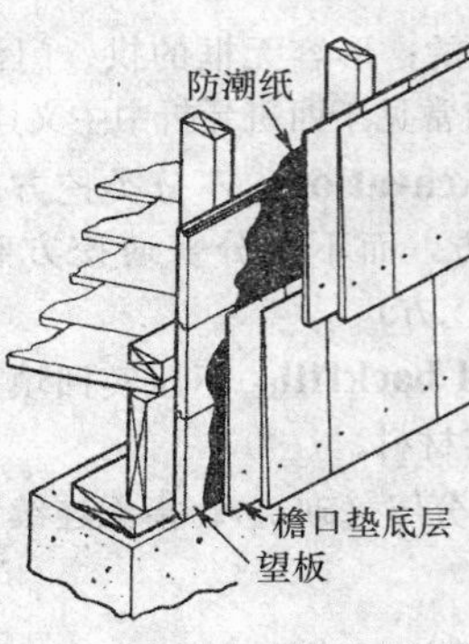

檐口垫底层

undercut 1. 石砌结构中，将石材的下部切掉，留下上部突出部分作为滴水。2. 在悬挑构件的边缘开一个凹槽（线脚）或水槽（滴水槽）。

undercut door 截底门；无气窗的门，门扇底至地面有较大净空以利于通风。

undercut tenon 燕尾榫，合角榫；为保证榫接头配合紧密而将一侧榫肩斜切。

underdrain 地下排水管；安置在可渗性填土中的排水管，以排除地表水或土壤水，如：楼板下的水。

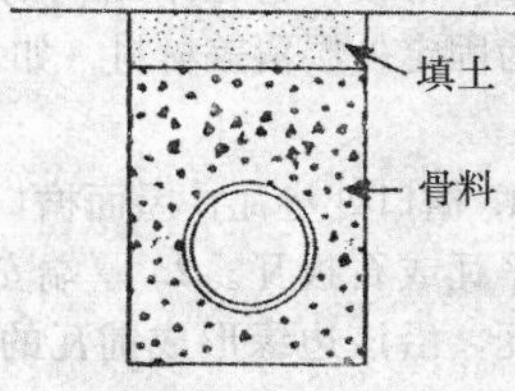

地下排水管

underdrawing 同 **torching**；嵌灰泥屋面。

under-eaves course 檐口瓦；屋檐下的一层短瓦。

underfelt 垫油毡；一层干铺沥青油毡，见 **underlayment**，2。

underfill 焊缝不满；焊缝表面的凹陷，凹陷延伸至被焊件表面以下。

underfloor 同 **subfloor**；毛地板。

underfloor conduit system 地板下导线系统；在房屋地板内布设通讯电缆的方法。金属管（保护电缆）从设备室（或配电箱）向各服务区呈辐射状布置，这种布线方式适用于终端设备比较固定

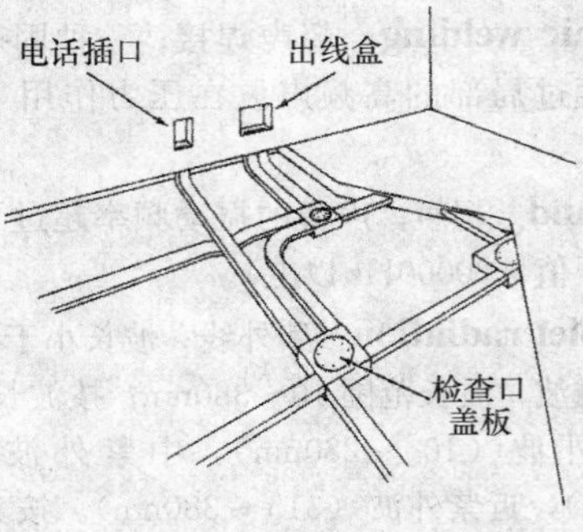

地板下导线管

的建筑。

underfloor heating 地板下供暖；在楼板面层下，一般通过热水管或加热电缆供暖。

underfloor raceway 地板下线槽；适用于在地板中布置导线的线槽，如在混凝土楼板中埋设的线管。

undergird 底层加固；为了固定、支撑或者加固某个结构，而将结构背面下的单独构件绑扎起来。

underglaze decoration 釉下陶瓷花饰；直接涂在陶器（素瓷）表面上的陶瓷花饰，然后覆盖一层透明的瓷釉。

underground 地下；地面以下的，如地下排水管或地下电缆。

underground construction 地下工程；见 **earth-sheltered constructure**。

underground distribution system 地下配电系统；在公共通道、公共设施建筑的特定区域下，通过使用地下结构、地下电缆和其他设施供电的系统，但不包括用户电缆。

underground piping 地下管线；直接与土壤接触，或被土壤覆盖的管线。

underground service 地下设施；建筑设施的组成部分，例如电缆和管道，全都埋置在土壤中。

underground structure 地下结构；管道、检修孔、地下接线盒和安装电缆、变压器等设备的地下室。

underlay 1. 同 **underlayment**；衬底、屋面衬毡。2. 同 **carpet underlayment**；地毯垫层。3. 隔离层；如将屋面覆盖层与下部结构隔离的沥青油毡。

underlayment 1. 衬底；布置在底层地板上的胶合板或硬木板，为面层装修提供光滑平坦的表面。2. 屋面衬毡；铺设木瓦前用来覆盖屋顶板的材料，一般为15号油毡。3. 见 **carpet underlayment**；地毯垫层。

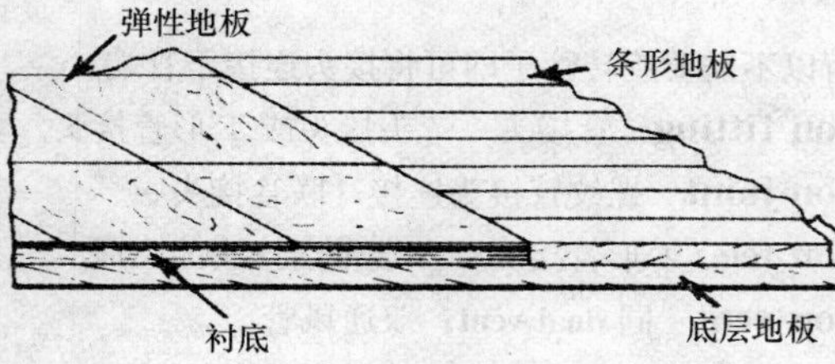

衬底

underlining felt 同 **underlayment**，2；屋面衬毡。

underpinning 挖掘支撑，防护桩；对既有建筑的基础重建或加深以提高承载力，例如当相邻地界开挖的新基坑比既有建筑的基础深时，需增加现有基础的承载力。

underpitch groin 交叉穹棱；高低交叉穹形成的穹棱。

underpitch vault，Welsh vault 高低交叉穹；两个尺寸不同但拱脚相齐的穹交叉形成的结构。

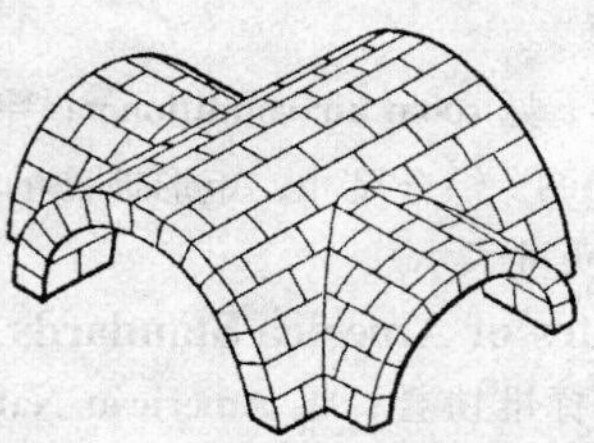
高低交叉穹

under plate 见 **armored front**；防撬护面板。

undersanded concrete 少砂混凝土；混凝土中的细骨料比例不够，不能使混凝土有良好的拌合性能，尤其是和易性和表面加工性能。

undersealing 同 **subsealing**；基层防水处理。

underslating felt 同 **underlayment**，2；屋面衬毡。

underslung car frame 悬挂式电梯缆绳箱架；电梯轿厢的缆索固定件或滑轮组安装在电梯厢平台下。

underthroating 檐板下滴水槽；外檐口作为滴水的凹槽。

undertone 1. 底彩；通过底层色彩修饰颜色，如在薄漆层上上釉产生的效果。2. 淡色，浅色；用大量白色稀释颜料后出现的颜色。

Underwriters' Laboratories，Inc 由全国火灾保险商委员会赞助的非营利非政府组织，负责分类、测试和检查电气设备以保证符合国家电气规范。

Underwriters' loop 连接到蒸汽锅炉上的回水管的设计；以保证锅炉的供回端之间的压力平衡，以防止沸水从锅炉反向流入回水端；见 **Hartford loop**。

undisturbed sample 原状土样；采取减小对土壤扰动的各种预防措施得到的土样。

undressed lumber，rough lumber，（英）**unwrought timber** 原木；已锯伐但未加工的木材。

undue burden 不当负担；一个法律术语，用于说明特殊案例研究中，要想满足美国残疾人法案所有方面将是十分困难和（或）昂贵的负担。

undulating molding 见 **wave molding**；波形饰。

undulating tracery 见 **flowing tracery**；流线形窗花格。

undy molding 见 **wave molding**；波形饰。

uneven grain 不均匀木纹；春材和夏材的年轮木纹有明显差异，在环孔硬木（如橡木）和软木（如黄松）中可以看到，春材松软、均匀，而夏材坚硬、密实。

unfinished bolt 粗制螺栓；用低碳钢制成的螺栓。

unfired brick 耐火砖；在高温的烧窑中，不能燃烧的砌块。

unframed door 无框门，如板条门。

ungauged lime plaster 纯石灰砂浆；不含石膏的砂浆，通常由石灰、砂和水组成。

unglazed tile 滞光瓷砖，无釉砖；坚硬、密实的地面或墙面瓷砖，材质均匀，其颜色和质地与制成材料和加工方法有关。

unidirectional microphone 单向麦克风；麦克风的响应主要来自一个方向。

Uniform Building Code（**UBC**） 统一建筑规范；美国国家建筑规范，由建筑规范国际联合会起草并颁布；又见 **BOCA National Building Code**。

uniform construction index 统一建筑索引；建筑行业和建筑产品大纲，按行业和施工程序分为16个部分（在合同文件中引用）。

Uniform Federal Accessibility Standard（**UFAS**） 又见 **Americans with Disabilities Act**；美国残疾人法案。

uniform grading 均匀级配；骨料颗粒尺寸分布的状态，其中各种粒径均存在且没有一种或某一类尺寸的颗粒特别多。

uniformity coefficient 均匀系数；粒状材料（如砂）的粒径分布系数，其值等于颗粒的一种粒径（60%重量的颗粒小于该粒径）除以另一种粒径（10%重量的颗粒小于该粒径）。

uniform load 均布荷载；均匀分布在一个结构物上或其中一部分的荷载。

uniform settlement 均匀沉降；建筑的各个组成部分在土壤中以相同的速度沉降。

uniform system 协调系统；将建筑技术标准，技术数据和产品档案及建筑成本会计等，根据区域、行业、功能和材料的相互关系分为16个部分。

uninterruptible power system 不间断电力系统；向仪器设备不间断供电的电力系统，当正常电源失效时不会出现可察觉的断电。

union 螺纹接头，活接头；连接两段不弯转管道的接头；由三部分组成，带内螺纹的两端将被连接管固定，旋转中间部分将两端拉紧实现密封；又见 **flange union**。

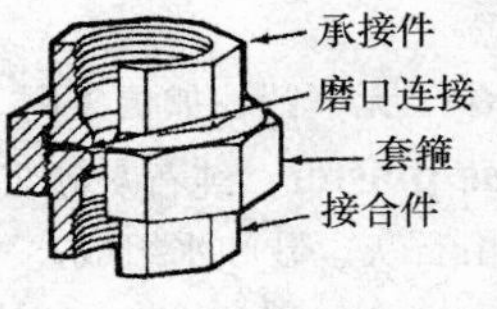

螺纹接头

union bend 见 **union elbow**；弯头接头。

union clip 连接套箍；连接雨水管的配件。

union elbow 弯头接头；一端带活接头的弯头，

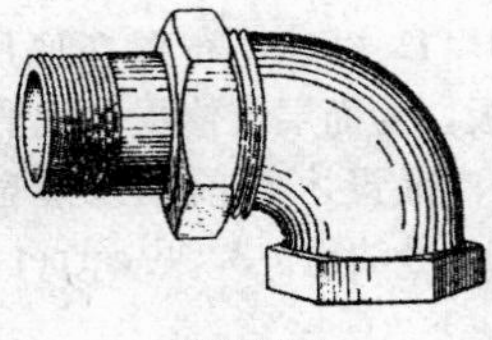

弯头接头

所以不需要旋转管子即可将接头连接于管端。

union fitting 管接头；弯头接头或T形管接头。

union joint 螺纹管接头连接，联管接头。

union tee T形管接头；一端带活接头的三通。

union vent 同 **dual vent**；双通风管。

unit absorber 吸声构件；用于墙或顶棚的独立吸声构件，通常为间隔布置。

unit air conditioner 同 **room air conditioner**；室内空调机。

unitary air conditioner 整装式空气调节器，整体式空气调节机组；由一个或一个以上工厂化生产的组件组成的设备，用于实现空气流通、清洁、制冷和除湿功能；其组件一般包括风扇、蒸发器（或制冷盘管）及压缩机与冷凝器机组，还可能包括加热元件。

unit construction 同 **modular construction**；单元组合结构。

unit cooler 见 **room air conditioner**；室内空调机。

united inches 综合尺寸；矩形玻璃的长度与宽度之和（用英寸表示）。

United States of America Standards Institute 美国国家标准协会；见 **American National Standards Institute**。

unit heater 单位供暖器；工厂化制造的直接供暖的箱式设备，由空气加热器、通风机、电机和定向出口组成。

unit lock 整装门锁；组装好的门锁。

unit masonry 见 **masonry unit**；砌块。

unit price 单价；合同文件中规定的每单位材料或服务的价格。

unit stress 单位应力；用总应力除以断面受力面积所取得的数值。

unit substation 单位变电站；一个或几个变压器

通过机械或电气方式连接（同时按设计组合）到一个或几个开关设备，或电机调节组件，或以上两者。

unit system 单元式；一种幕墙，全是由预制构件挂到结构上。

unit-type vent 单元式屋顶通风管；分布在屋顶的小洞口，数量由居住人数确定，通常有一个轻质金属框和外壳；带有铰接风挡板，可手动操作，或在发生火灾时自动打开。

unit vent 见 **dual vent**；双通风口。

unit ventilator 单位通风器；一个允许室外空气进入室内的可调节进气门，可带有过滤器及加热和（或）制冷盘管。

unit water content 单位体积含水量；**1.** 单位体积新拌混凝土的含水量。**2.** 计算水灰比采用的含水量，不包括骨料吸收的水分。

universal 通用的；形容左旋门和右旋门均适用的门锁、闭门器等。

universal motor 通用式（交直流两用）电机。

unloader 减压器；电机驱动压缩机的控制机构，用来控制压缩机的压头；在运转初期通过消除负荷可使电机以低转矩启动。

unprotected corner 无防护板角；板角未采取充分的荷载传递措施，所以必须承受80%以上的荷载。

unprotected metal construction 不防火金属结构；构件未经防火处理的钢框架结构。

unreinforced concrete 见 **plain concrete**；素混凝土。

unrestrained member 无约束构件；允许在支点处自由转动的构件。

unseasoned lumber 无干燥木材；同 **green lumber**。

unsound 稳定性差的；形容含可膨胀颗粒的灰膏、熟石灰、水泥，或其他灰浆。

unsound knot，decayed knot，rotten knot 朽木节；比其周围木材松软的木节。

unsound plaster 不安定灰浆；含有未水化颗粒的水合石灰、灰膏或砂浆，未水化颗粒可能膨胀并引起爆裂或凹陷。

unsound wood 同 **decayed wood**；腐朽木材。

unstable equilibrium 不稳定平衡；结构在平衡时的一种状态，当受到某种外界微小的作用，将外界作用去除以后，结构仍不能恢复到原来的平衡状态。同 **stable equilibrium**（稳定平衡）相区别。

unstable soil 不稳定土壤；由于土壤自身特性或相关地质条件的影响，不加支撑易坍塌的土体，例如需要加支撑系统的土体。

unstiffened member 未加劲的构件；承受压力的构件（或构件的一部分），沿其最易弯曲的垂直方向无加强措施。

unsupported length 跨距；梁两端支点之间的距离。

unwrought timber，unwrot timber （英）原木，未加工木材。

up-and-down sash 上下拉动窗（旧式名词）；在垂直平面内上下移动的矩形窗扇，一扇上下推拉窗。

up-and-over door 上卷门；单门扉卷升门。

UPC 缩写＝“**Uniform Plumbing Code**”，统一卫生管道工程规范。

upfeed system 上行下给式；通过立管将水送到系统的最高点，然后利用水压力进行分配的配水系统。

upheaval 土壤隆起；土体的向上推顶。

U-plan U形平面；房屋的基本平面形状类似大写字母U。

uplift **1.** 向上水压力；由于下面的水作用在结构上引起的向上压力。**2.** 上浮力；由于外力（如风力）引起的作用在材料上并使其有离开支座或固定件趋势的负压力。

uplift capacity 浮托能力；桩抵抗拔出地面的能力。

upper capital 同 **dosseret**；副柱头。

upping block 同 **horse block**；（上马或下马用的）踏台。

upright **1.** 立放的木材或石材。**2.** 垂直结构构件。

upset **1.** 镦粗，镦锻；通过锤打缩短并变粗，如对加热的金属杆进行镦头。2. 镦焊；在压力作用下引起焊接区局部体积的增大。3. 由于猛烈冲击产生的木材横纹断裂的木材瑕疵。

upset price 见 guaranteed maximum cost；合约规定工程总费用最高限额。

upsetting 镦锻；使金属杆的截面面积局部增大的热锻作业。

upset welding 压力焊；一种电阻焊工艺，通过对待焊接触面通电使其加热，并施加压力而实现。

upside-down roof 倒置屋顶；同 inverted roof。

upstage 舞台后部，后台；舞台的后部，与观众隔离。

up stairs 上行楼梯；专门为上行设计的楼梯，如在一些学校和学院（医院、教会）建筑中。

upstairs 上层，楼上；房屋或小型建筑中位于主楼层或入口楼层之上的楼层。

upstand，upturn 泛水；屋顶覆盖层沿垂直面向上翻起的部分。

upstanding beam 倒梁；向上突出于混凝土楼板的梁。

Upzoning 提升用途分区；将建筑的使用分区从低等级用途提升到高级别用途的改变，例如将住宅用途改变成商业用途。

UR （制图）缩写＝“urinal”，小便池。

urban area 城区；指城市区域，或共用城区公共设施和供给，并与城市紧密相连的区域。

urban planning 见 city planning and com-munity planning；城市规划和社区规划。

urban renewal 市区改造，城市更新；对城市贫民区，生活条件恶化和未充分利用地区的改造，通常指对市、州、尤其是联邦政府计划指定区域的改造，包括清除和改建贫民区、对相对完好建筑的修缮，并采取必要的措施防止环境进一步恶化。

urban sprawl 城市无序扩张；一种城市空地的无规划发展，通常发生在城市外围地区。

urea-formaldehyde 同 urea resin adhesive；尿素树脂胶粘剂。

urea resin adhesive 尿素树脂胶粘剂；一种干粉胶粘剂，与水混合后有较高的早期强度和良好的绝热性，不适用于接合不严的接缝或室外。

Urilla 同 volute，1；螺旋形。

urinal 小便斗；卫生洁具，配有冲洗尿液的给水和排水。

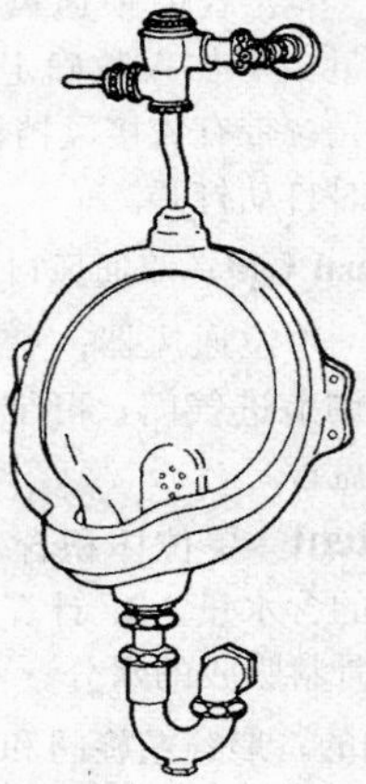

小便斗（壁挂式）

usable floor area 使用面积；扣除门厅、走廊、休息室、自助餐厅等所占面积后建筑物的净面积。

usable life 见 pot life；适用期。

USASI 缩写＝“American National Standards Institute”，美国国家标准协会。

U. S. Customary Units 美国常用单位；如长度单位为英寸、英尺、码和英里。

use district 可用区域；市区分区条例中指定的区域，此区域内的土地可用于指定用途，禁止做其他用途。

USG （制图）缩写＝“United States gauge”，美国标准线规。

U-stirrup （钢筋混凝土结构中的）U 形箍筋。

U-tie U 形拉杆；用作墙拉杆的大型线材。

utility 见 public utility；市政公用设施。

utility pole 电杆；由公共电话或电力公司安装在室外，用于支架电线和其他电力或电话设备。

utility sheet 净面金属板；有各种尺寸，适用于一般建筑施工。

utility tractor 多用途拖拉机；一种中低马力的拖

拉机，主要用于牵引辅助设备，但在施工中装配附属装置后也用于开挖管沟、推土、破碎等工作。

多用途拖拉机

utility vent 在卫生洁具最高水位以上设置的通风口，然后向下弯转与主通风口连接。

utility window 采光窗；用于地下室采光井、汽车库、商场等的廉价热轧钢窗，在固定采光窗上有一旋转气窗。

utilization equipment 用电设备；使用电能的机械、供热、照明或其他类似用途的设备。

utilization factor **1.** 利用率；系统（或系统的一部分）的最大需求量除以其额定负荷。**2.** 见 **coefficient of utilization**；利用系数。

U-trap U 形存水弯。

U-tube 同 **manometer**；流体压力计。

U-value 见 **thermal transmittance**；传热系数。

V

V 1.（制图）缩写＝“**volt**”，电压。2.（制图）缩写＝“**valve**”，阀门。3.（制图）缩写＝“**vacuum**”，真空。

V1S 缩写＝“**vee one side**”，单侧Ｖ形。

VA 电压—电流符号，伏特—安培。

vacuum breaker 真空阻断器；供水系统中防止由于真空引起回流的设备。

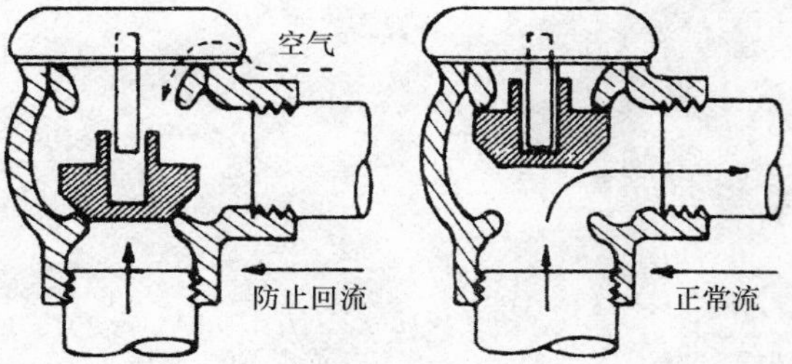

真空阻断器

vacuum circuit breaker 真空断路器；开、关触点密封在真空中的电动断路器。

vacuum concrete 真空混凝土；硬化前利用真空作用将水分吸出的混凝土。

vacuum lifting 真空起重机；利用真空设备作为连接方法来提升物体。

vacuum pump 真空泵；可将容器或系统中的空气或蒸汽抽出，在封闭的空间产生部分真空的抽真空泵。

vacuum relief valve 真空释放阀，真空式自动转换阀门；为释放热水供应系统内的空气，可实现自动打开、关闭转换的阀门。

vagina 终端基座的上部，半身像或人像矗立其上。

valance 1. 窗顶部隐蔽装饰窗幕的框架。2. 帷幕。

valance lighting，pelmet lighting 窗帘盒顶部泛光照明；由与窗顶墙平行的窗帘盒隐蔽光源所产生的向上和（或）向下的泛光照明。

valley 天沟；在屋顶两斜面相交处形成的凹槽或排水沟。

valley board 天沟底板；钉在屋顶天沟椽条上的木板，木板上铺设金属天沟。

valley flashing 天沟泛水；用于屋顶天沟的金属薄板。

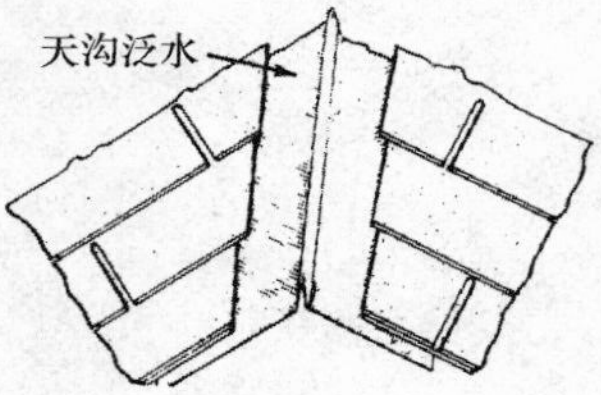

天沟泛水

valley gutter 斜天沟；天沟中的露天斜面排水槽。

valley jack 天沟小椽条；比普通椽条短，一端固定于屋脊，另一端固定于天沟椽条。

valley rafter 天沟椽条；屋面构架系统中沿天沟布置的椽条；将屋脊与沿垂直相交墙体上斜屋顶面交线相连的椽条。

valley roof 带天沟屋面；所有有一个或一个以上天沟的坡屋面。

valley shingle 斜沟木瓦；与天沟邻接的木瓦，经特殊加工使其铺设方向与天沟平行。

valley tile 槽形瓦；经特殊加工和铺设形成天沟的屋面瓦。

Vallum 壁垒；在中世纪防御工事中，一种用泥土或石头建成的防御墙，用栏杆围绕着。

value engineering 价值工程学；一门用于研究各种材料和建造技术的相对货币价值的工程学科，

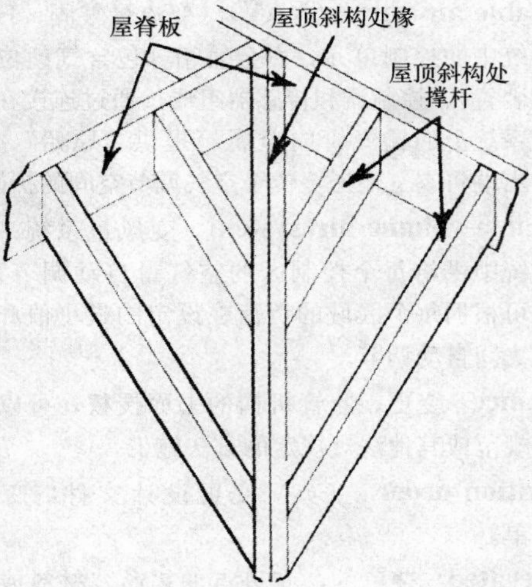

天沟椽条

包括原始成本，能耗成本，设备更新成本以及预计使用寿命。

valve 阀门；调节或关闭流体流量的装置。

valve bag 包装纸袋，自封袋；装水泥及类似材料的纸袋，其上带一个自密闭纸阀，通过纸阀将材料装入袋中。

valve motor 阀电机；空调系统中用来远程控制阀门的气动或电动设备。

valve seat 阀座；阀的固定部分，当与活动部分接触时完全阻止流动。

vamure，vaimure，vauntmure 1. 要塞中建在主墙前的伪装墙。2. 屋顶女儿墙后的走廊或通道。

vanadium steel 钒钢；含少量钒的合金钢，可以提高钢材的弹性极限和极限强度。

Vandyke brown，Cassel brown 1. 一种深褐色颜料，通常从泥煤或褐煤中提取。2. 类似颜色的合成颜料。

vane 见 weather vane；气候风标。

vaneaxial fan 1. 叶轮式轴流风机；由圆桶内的圆盘叶轮组成的风机，在叶轮前方或后方有一套导流叶片；风机即可由皮带驱动，也可直接安装在电机上。2. 翼式轴流风机；装有下游导流叶片的一种轴流风机，其效率高于其他任何形式的轴流风机。

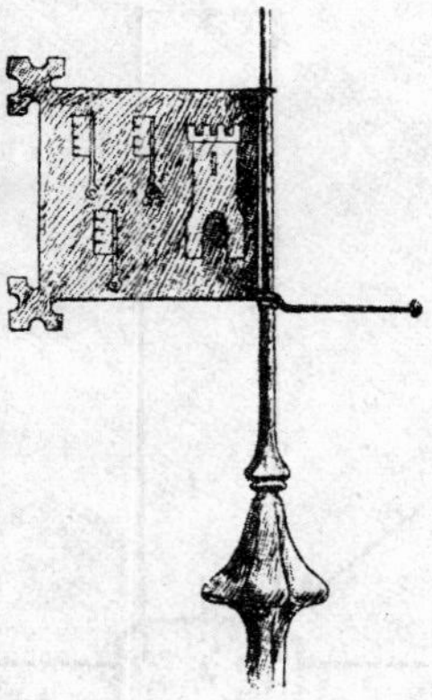
风标

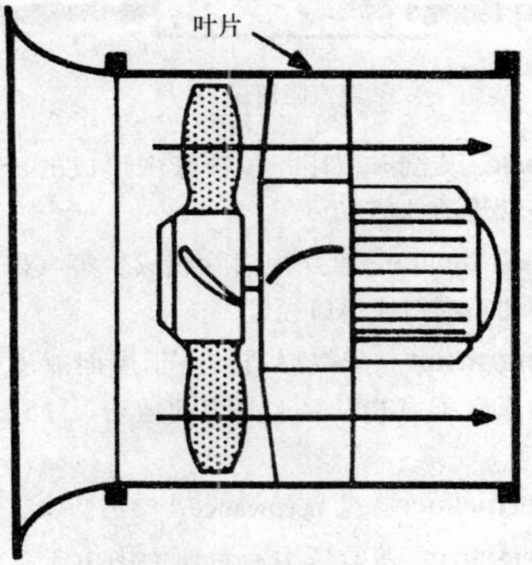

轴流风机

vaned outlet 叶片式出风口；安装了可调节气流方向的垂直和（或）水平叶片的送风调节阀或搁栅。

vane ratio 导风率；（搁栅式空气分布器的）叶片的深度与相邻两叶片间最小距离之比。

vanishing point 灭点；透视图中，一系列平行线仿佛汇集于该点。

Vanity 梳洗台；在浴室里，一种盥洗盆和落地柜相结合的家具。

VAP （制图）缩写＝“**vapor**”，蒸汽。

vapor barrier 见 vapor retarder；蒸汽阻滞层。

vapor heating system 蒸汽供热系统；在接近大气压力下运行，其冷凝回水靠重力流回锅炉房或回收器的一种蒸汽供热系统。

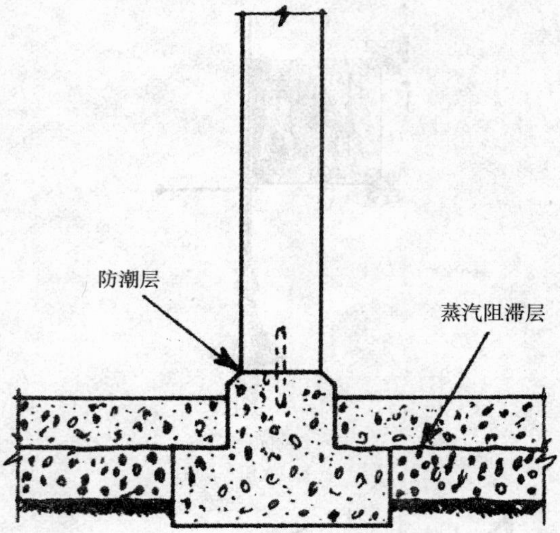

蒸汽阻滞层

vapor lock 汽封，汽阻；输液管中形成的，影响液体正常流动的蒸汽。

vapor lock device 管路中消除或减少蒸汽积聚的装置，如喷嘴口或小口径管。

vapor migration 蒸汽渗透；由于屋面或墙面与外界的蒸汽压力差引起水蒸汽的运动，导致蒸汽渗透。

vapor permeance 见 **permeance**；渗透。

vapor pressure 蒸汽压力；总压力中由于蒸汽产生的分压力，如空气中水蒸气产生的压力。

vapor resistance 蒸汽抗渗性；水蒸气流动时受到的阻碍，与 **permeance**（渗透性）相反。

vapor retarder 蒸汽阻滞层；1. 包有绝缘材料的冷水管外表面覆盖的隔膜，用于防止水蒸气渗入绝缘材料。2. 隔汽层；用来减少水蒸气流入屋面层系统的单层或叠层材料。

vapor-tight 指用于防止蒸汽通过而密封的面层，其周围通常设有密封层。

vapor transmission 蒸汽渗透；见 **water vapor transmission**。

vapor vent，vapor relief vent 同 **local vent**；局部排气口。

vapour 见 **vapor**；蒸汽。

variable air valve（VAV） 变流量气阀；HVAC系统中的控制单元，由金属箱（包含气门位置控制装置）、控制器和传感器组成。通过连接在主分配系统上的输气管向金属箱提供“原始”空气，输出端将空气输送至位于空气调节空间的扩散器。

variable-volume air system 变风量系统；空调系统中供给每个控制区的空气量自动调节系统，即可根据每个区域的负荷在设定的最小值和最大值之间自动调节。

variance 变更；监管机构的书面授权，可以不按照规范或其他法规规定的方法施工。

variation order （英）变更设计文件，变更通知单。

variegated 杂色的，有斑点的；形容材料或表面的颜色毫无规律。

varnish 清漆；无颜料的透明漆，含有在酒精（酒精清漆）或其他挥发性液体中溶解的树脂材料，或含有在油（油清漆）中溶解的树脂材料。在表面薄薄涂刷一层，干燥后形成一坚硬、光滑、透明、有光泽的保护膜。

varnish drier 见 **drier**；干燥剂，干燥器。

varnish remover 除漆剂；一种软化或溶解干燥清漆膜的液体，使漆膜便于清除。

varnish stain 有色清漆；一种用某种透明材料调色的清漆，涂刷后在物体表面留下带色涂层，比真正的着色剂渗透力低。

varved clay 成层黏土；在不同季节由于沉积变化形成的交替薄层淤砂（或细砂）与黏土，当部分干燥时经常出现对比强烈的颜色。

vase 见 **bell，1**；钟形柱头。

vat 见 **wat**；（泰国等的）佛寺，寺院。

VAT 缩写＝“**vinyl-asbestos tile**”，乙烯基石棉瓦。

vault 1. 穹隆建筑；根据拱的原理建造的结构，经常采用砖石建造，典型的用法是将拱组合来覆盖下面的空间，也见 **barrel vault，cradle vault，cylindrical vault，fan vault，groined vault，lierne vault，rampant vault，ribbed vault，segmental vault，sidewalk vault，stilted vault，tunnel vault，wagon vault，Welsh vault**。2. 埋葬墓室；尤其是

指在教堂下。**3.** 变压器室；专用于维修电气设备的地下房间。**4.** 保险库；保存贵重物品的房间。

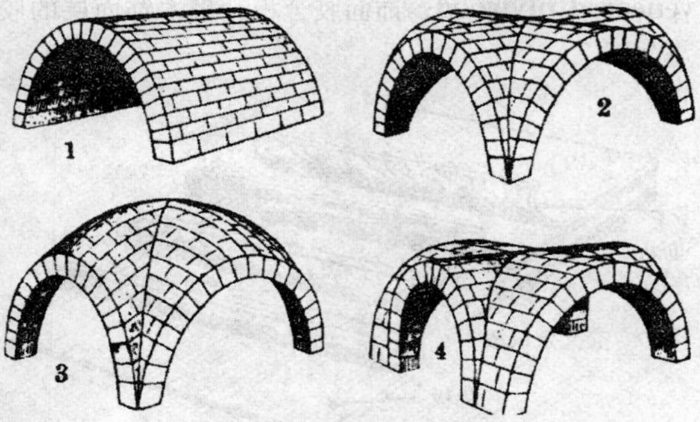

穹隆建筑

1. 筒形穹顶；2. 相交穹顶；3. 拱形穹顶；4. 上心拱形穹顶

vault bay 穹窿开间；两横肋间的面积；穹顶的开间。

vault door 保险库门；工厂生产的带门框和五金件的组装门，专用于仓库防火和（或）防盗。

vaulted **1.** 类似穹窿的构造。**2.** 用穹隆覆盖或封闭。

vaulting **1.** 建造穹隆。**2.** 穹隆群。

vaulting boss 一种浮雕，在带肋穹顶中间隔出现，就在肋骨的结合处设置。

vaulting capital 支持穹隆或穹隆肋的柱顶（头）。

vaulting cell 穹隆的一个隔间；这种穹隆设计成可以每次只建造整体的一个单元。

vaulting course 穹隆的拱脚横带。

vaulting shaft 支穹柱；分肢柱中支持穹肋的小柱。

vaulting tile 穹隆用空心砖；为减轻穹隆上部砌体自重而特制的空心砖，其形状根据需要确定。

vault light 同 **pavement light**；顶窗。

vault rib 穹隆拱肋；穹隆拱腹下的拱，仿佛支撑着穹隆。

vault shell 穹壳；位于支撑（或看似支撑）拱腹的穹肋之间的腹板。

vault springing 穹顶起拱处；拱顶肋骨从拱座、柱头或梁托开始向上抬升的那个位置。

V-beam sheeting V 形折板；类似波纹板，但是由一系列斜角形平面而不是曲面组成。

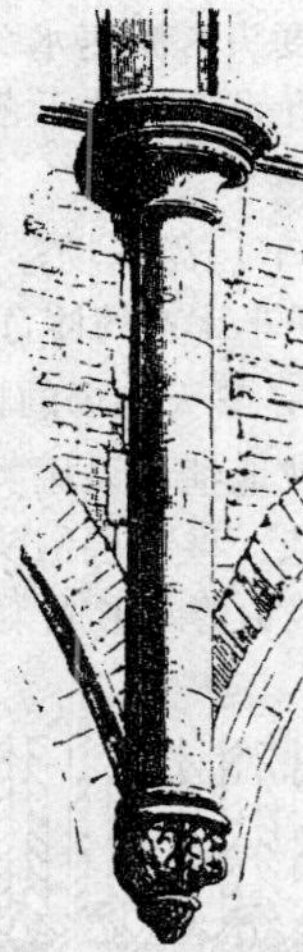

支穹柱

V-brick 多孔砖；垂直穿孔的砖。

V-cut V 形切割；**1.** 形容在石材上刻字，其切口为锐角三角形。**2.** 木材上的 V 形锯口或切口。

VDT 缩写＝“**video display terminal**”，视频显示终端。

VDU 缩写＝“**visual display unit**”，图像显示器。

Vebe apparatus 维比仪；一种测量新拌混凝土稠度的仪器，其方法是量测将混凝土截锥体（头圆）振动成为圆柱体所需的时间。

vee- 缩写＝“**V-**”，V 形的。

vee-joint 缩写＝“**V-joint**”，V 形节点（接缝）。

vegetable black 同 **lampblack**；灯黑。

vegetable glue 植物胶，树胶；一种易于涂抹的水溶性胶，低强度，不防潮，特别适于粘贴壁纸。

vegetable oil 植物油；一种从植物中榨取的油，尤其是蓖麻、亚麻籽、红花、大豆和桐油，用于涂料和塑料制品中。

vehicle 展色料；涂料中分散颜料的液体。

vehicular way 车行道；专门用来供车辆行驶的道路，例如沿街路。

vein cut 加工石材应垂直切向于它的自然层面。

velarium 露天剧场的帐篷；古罗马剧场或圆形露天剧场中遮挡座席的帐篷。

vellum glaze 半无光釉；外观像缎子。

velocity head 速度头，流速水头；液体按某一特定速度流动，其值等于物体下落当量高度所获得的速度。

velodrome （摩托车）赛车场；带倾斜转弯线路，用于自行车或摩托车比赛的体育场或竞技场。

velum 同 **velarium**；露天剧场的帐篷。

velvet carpet 剪绒地毯；采用类似织布的方法在织机上编织的地毯，将几层绒头纱线圈捆扎在亚麻层上，然后将绒头剪断形成柔软的顶面。

剪绒地毯

vendor 1. 供货商；供应材料或设备，但并不参与生产的个人或组织，又见 **supplier**。2. 销售或承包销售房地产，又见 **purchaser**。

veneer 1. 饰面；从原木上旋转切下或锯下的薄木板，经常作为饰面材料用于层压板的面层，或作为防火材料的饰面。2. 饰面砖；外墙面层用的砖、石材等的饰面，提供装饰、防护表面，但不承受荷载。3. 见 **brick veneer**；砖饰面。

veneer base 石膏饰面基层；石膏板，通常 4ft（121.9cm）宽，有各种厚度和长度，在石膏芯材外贴一层特制的纸，可以涂抹饰面灰。

veneered construction 镶面构造；采用大理石、玻璃幕或其他材料镶面的钢筋混凝土或钢框架结构（或木结构）。

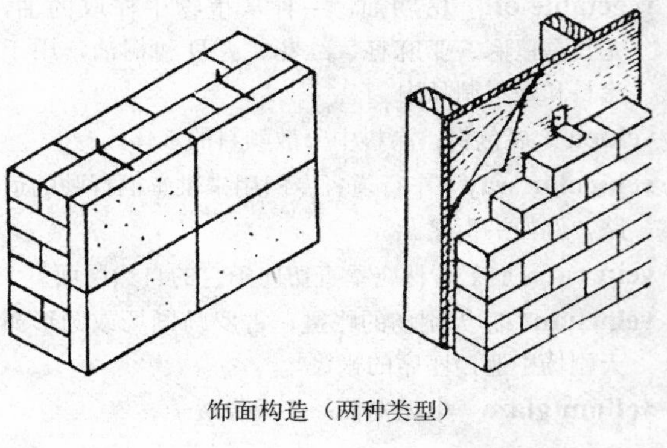

饰面构造（两种类型）

veneered door 镶胶合板门；胶合板饰面的实腹或空腹门。

veneered plywood 饰面胶合板；带木饰面层的胶合板。

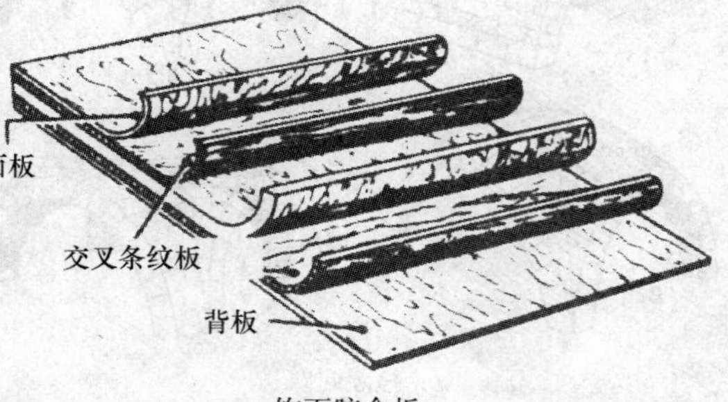

饰面胶合板

veneered wall 饰面墙；饰面构造墙，例如墙的面层用砖或其他抗老化非易燃材料，饰面材料与基层应有可靠的连接，但不是粘接。

veneer plaster 表面饰面灰；单组分或双组分搅拌混合石膏灰浆，最大抹灰厚度约 3/32in（0.25cm），粘结好、强度高。

veneer tie 饰面系墙件；专门用来将饰面固定于墙（主体）结构的连接件。

veneer wall，veneered wall 饰面墙；所有带饰面的墙体（非粘接饰面）；又见 **brick veneer**。

veneer wall tie 镶板墙拉杆；用来将饰面与墙体拉结的金属件。

Venetian，Venetain mosaic 威尼斯镶面板，水磨石板；一种含大颗粒石子的水磨石面层。

Venetian arch 威尼斯拱；拱腹和拱背在顶点比在拱脚相距更远的尖拱。

Venetian blind 1. 软百叶窗。2. 活动百叶窗。

Venetian dentil 威尼斯齿饰；一种齿状装饰，由一连串立方投影块与斜面交替出现而成。

Venetian door 威尼斯式门；类似于威尼斯式窗的一种门，两侧各带有一狭长的窄窗。

Venetian Gothic 威尼斯哥特式建筑；同 **High Victorian Gothic**。

Venetian mosaic 威尼斯面板，威尼斯水磨石板；见 **Venetian**。

Venetian motif 帕拉迪奥主题；见 **Palladian motif**。

Venetian red 威尼斯红，铁红；含有大量氧化铁红的一种红色的颜料。

Venetian window，Palladian window，Diocletian window 威尼斯式窗；一种新古典主义风格的大窗户，中间被两根柱子或墩子分割成三扇窗，通常其中间的一扇比两侧的窗扇宽，而且有时是弧形的。

vent 1. 通气管；排水系统中的通气管，保持系统空气循环，避免管道中虹吸和负压现象的出现。2. 同 **vent connector**。3. 同 **vent system**，通气管系统。4. 同 **ventilator**，3。5. 排风口；用来将建筑物内部或建筑设备中的湿气或其他气体排放到室外。

VENT. （制图）缩写＝“**ventilate**”，通风。

vent cap 排气管罩；一种保护排风管，排粪管或排污管开口处的配件，用以防止其他物体落入管道。

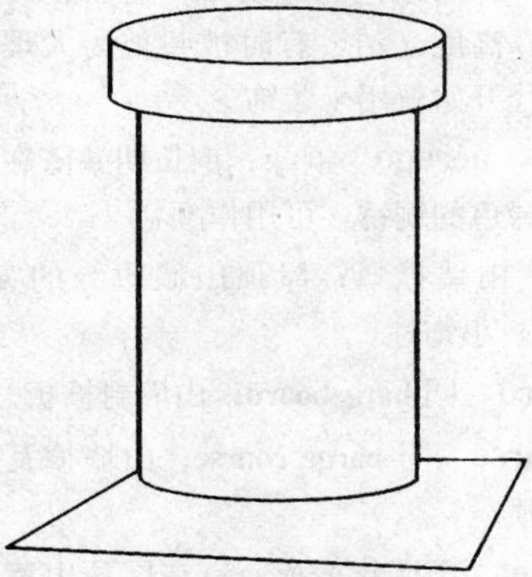

排气管罩

vent connector 通气连通装置；一种连接排气装置和烟囱的金属管。

vented form 透气模板；一种能保留混凝土的固体成分但允许水和气体逸出的模板。

vented wall furnace 有烟囱的壁炉；与建筑结构紧密结合的或建筑物的永久附属结构、带有成套排风设备的壁炉。

vent extension 与排水支管最顶端相连，穿过屋顶通往室外的通气管。

vent flue 同 **vent**，1；通气管，排气管。

vent header 通气横管；连接排风竖管的顶端或通风竖管顶部的横管，并延伸到屋顶户外的一根管道。

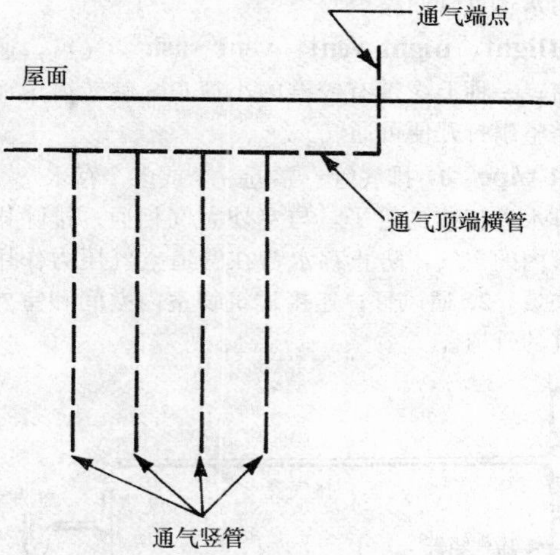

通气横管

ventilated ceiling 通风顶棚（吊顶）；由多个风口作为整体通风体系的顶棚（不能作为独立通风设备）。

ventilating bead 窗户的挡风条；见 **draft bead**。

ventilating brick 通风空心砖，通风砖；具有多孔可通风的砖块。

ventilating eyebrow 同 **eyebrow**；屋顶通气窗。

ventilating jack 通风管罩；一种罩在通风管道进口处的金属罩子，用来增加管子的进风量。

ventilation 排（换，通）气；采用自然或机械的方式为某一空间供给或排除经过调节或没经过调节的空气的过程。

ventilation pipe 同 **vent pipe**；排气管，通风管。

ventilator 1. 通风机；用来为一个房间或一栋建筑物提供新鲜空气或排除室内污浊气体的装置或设备。见 **ridge ventilator**，**roof ventilator** 和 **silt ventilator**。2. 气楼；一种支架结构，安装有多扇绕铰链转动的玻璃窗扇。3. 同 **ventlight**；气窗，通风窗。

ventilator frame 通气窗框；包含两个轨道和两个窗梃的单元，用来支撑带有转轴窗扇的玻璃。

venting 换气；排除建筑物内由排水和排污管出来的空气。

venting loop 同 **loop vent**；若干卫生设备公用的污水透气管回路。

ventlight，night vent，vent sash 气窗，通气窗；一种上缘带有铰链的小窗户，旋转窗扇而无需整扇打开便可通气。

vent pipe 1. 排气管；靠近一个或多个存水弯、与排水管相连的管子，与室外大气相通；排除排水管内的空气，防止存水弯在管道空气压力作用下失效。2. 通风管；连接建筑物室内空间和室外大气的管道。

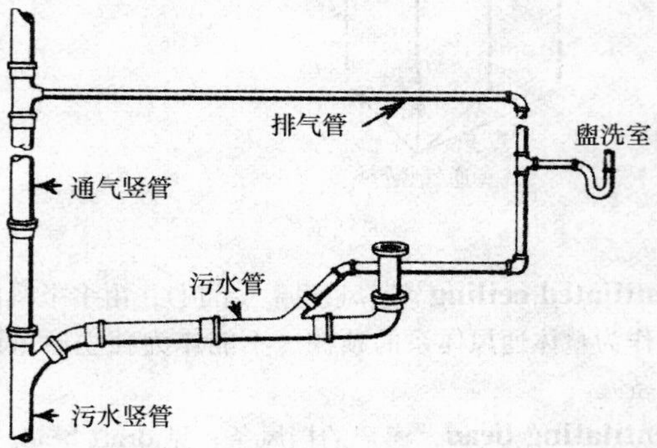

排气管

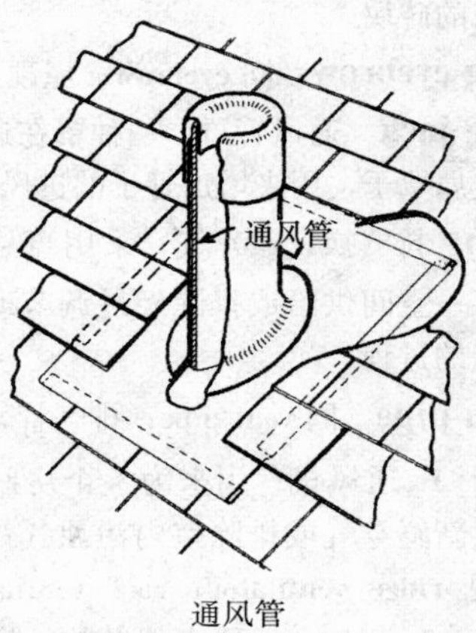

通风管

vent sash 同 **ventlight**；通气窗，腰头气窗。

vent stack，main vent 通风竖管；一种垂直的排气管，用于建筑内排水系统中任何一部分的空气循环，以防止存水弯水封发生虹吸作用。

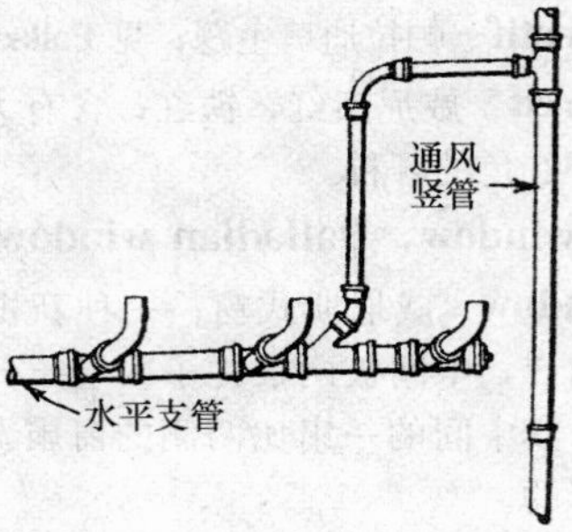

通风竖管

vent system 通气管系统；与通风管连接的煤气通风道或烟囱，形成一条连续而畅通的从煤气燃烧设备向户外大气排除燃烧气体的管道。

veranda，verandah 敞廊，平台；沿建筑物外面一侧延伸的开敞的走廊或阳台，通常带顶；有时称作 **piazza**；又见 **galerie** 和 **galeria**。

verd antique，verde antique （古）绿石，杂蛇纹石；一种深绿色的蛇纹石，上面有白色的方解石纹理，高度光洁，有时被归类为大理石。自古罗马时代开始就用于装饰。

verdigris，aerugo 铜绿；铜长期暴露在空气中产生的蓝绿色的铜锈，可用作颜料。

verge 1. 山墙檐口；屋顶山墙边缘的突出部分。2. 柱身，小饰柱。

vergeboard 同 **bargeboard**；山墙封檐板。

verge course 同 **barge course**；山墙檐瓦，挑砖砌的墙压顶。

verge fillet 山墙封檐板；钉在屋顶山墙上沿屋面板端部的封檐角形木条。

verge rafter 檐口椽；见 **barge couple**，2。

verge tile 檐瓦；位于屋顶边缘的瓦，从山墙上挑出，通常比屋顶上的其他瓦宽。

vermiculated 虫蚀状。

vermiculated mosaic 古罗马最复杂而华丽的镶嵌图案作品，根据明暗设计将镶嵌块按曲线波浪线形排布。

vermiculated work 1. 虫蚀状装饰；砖石表面上的蜿蜒不连续的凹槽，如蠕虫留下的痕迹。2. 一种马赛克路面上由蜿蜒回纹或节点组成的装饰形

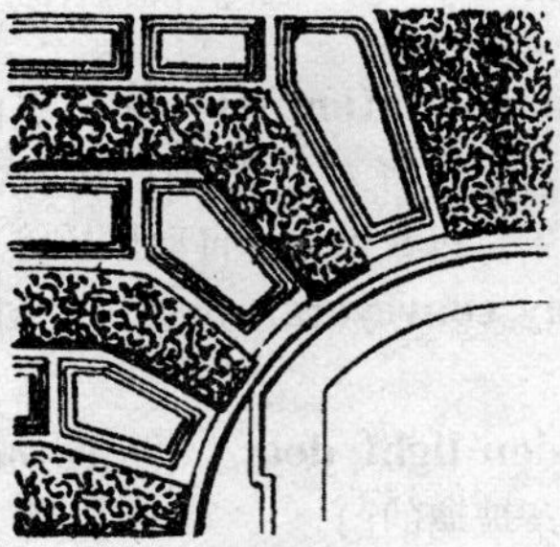

虫蚀状装饰

式，好似蠕虫留下的痕迹。

vermiculite 蛭石（一种隔热材料）；由天然云母加热后膨胀而成的轻型隔热材料，作为单一材料以松散状态用于填充，或作为骨料与其他材料混合使用。

vermiculite concrete 蛭石混凝土；掺入了片状蛭石的混凝土。

vermiculite plaster 蛭石粉饰；混合精细片状蛭石的灰泥，用作钢梁、混凝土板等的阻燃覆面材料。

vernacular architecture 乡土建筑；某一特定历史时期住宅所有者用当地材料，根据当地的气候条件，采用当地的传统和建筑技术建造的一种建筑风格，有时也受外来民族文化的影响。其特征通常是朴素自然，将传统和现代或多种风格相融合。详见 **folk architecture**。

vernier 游标；阅读主尺刻度用的辅助滑动标尺，在游标上已知刻度分格数（n）的总长度等于主尺上刻度数（$n-1$）或（$n+1$）的长度，从而增加主尺读数的精确度。

versurae 古罗马剧场舞台左右侧翼。

VERT （制图）缩写＝“**vertical**”，垂直。

vertical **1.** 桁架中竖向杆件。**2.** 与水平线成直角的重力方向。

vertical angle 顶角；垂直面上的角。

vertical bar 竖向的窗格条或门中梃。

vertical blind 竖向百叶窗；一种安装在窗户上的百叶窗，由竖向条板组成，可以调节令室内变暗并起到阻隔视线的作用。

vertical bond 同 **stack bond**；垂直对缝砌。

vertical circle 垂直度盘；设置在仪器上有刻度的圆盘，有刻度的表面位于垂直平面内。

vertical curve 竖向曲线；垂直平面内光滑的抛物线，用于连接不同坡度的斜面，避免从这一斜面到另一斜面的突然过渡。

vertical cut 同 **plumb cut**；切成垂直面。

vertical diaphragm 同 **shear wall**；剪力墙。

vertical exit 竖向出口，竖向安全出口；楼梯、斜坡道、自动扶梯、防火梯等通道，用作地面层以上或以下的楼层出口。

vertical-fiber brick 凸条砖；用钢丝切割制成的一种路面砖，铺设时切割面向上。

vertical firing 锅炉中的燃料（如汽油、石油，或粉煤），从下面的燃烧口向上或从顶端的燃烧口向下垂直注入。

vertical-grained 径面纹理；见 **edge-grained**。

vertical-log cabin 外墙是由垂直原木而非水平原木建造的原木小屋，这种构造通常比水平构造费时而且技术复杂，比如原木需垂直打入地面等，见 **poteaux-en-terre**，又见 **poteauxsur-sole**，与木材立于木基础的构造技术相似。

vertically pivoted window, reversible window 立转窗；窗扇绕垂直轴或其中心旋转（通常 360°）的窗户，打开窗户可便于擦洗外表面的玻璃。

立转窗

vertical meeting rail 门窗相碰的边梃；见 **meeting stile**。

vertical opening 垂直洞口；楼板、屋顶或其他水平面上的洞口。

vertical pipe 立管；与垂直方向成 45°或更小角度

的管子或配件。

vertical plane 垂直面；与水平面成直角的平面，其中可观测夹角和距离。

vertical-plank door 同 battened door；竖板门。

vertical pump 立式泵；长而细的多级泵，主要用来从深井中抽水。

vertical riser diagram 同 riser diagram；竖向管道扬水系统图。

vertical sash 同 vertical sliding window；竖拉窗。

vertical saw 竖直往复锯；在垂直面上操作的锯。

vertical section 垂直剖面；描述物体垂直切开面的视图。

vertical siding 竖向墙板；一种竖向覆于墙体上的外墙板，通常板面较宽，沿板的竖向一侧为凸舌状而另一侧为凹槽，又见 siding 和 tongue-and-groove joint。

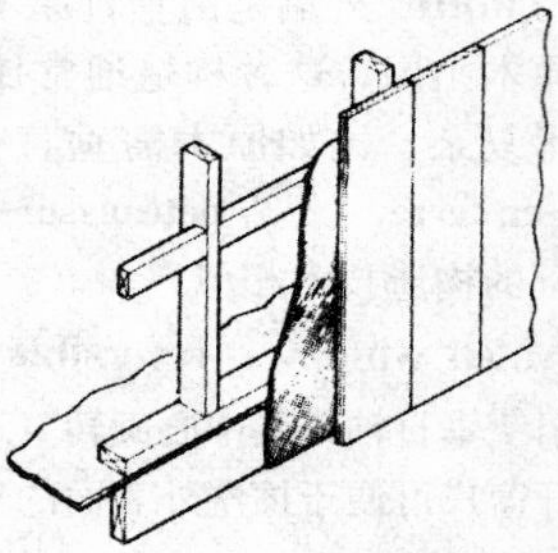

竖向墙板

vertical sliding window 竖拉窗；由一个或多个窗扇组成，靠摩擦或棘轮装置而不是靠重锤保持在不同开启位置的垂直方向滑动的窗户。

vertical slip form 竖向滑动模板；浇筑混凝土用的可沿竖向不断顶升的模板。

vertical spring-pivot hinge 竖轴弹簧铰链；用榫眼接合于门底部的弹性铰链；将门连接在地面上而转轴在门顶上。

竖轴弹簧铰链

vertical tiling 墙体贴面砖；垂直铺贴在墙面上的瓷砖，用于防潮。

vertical transportation services 竖向运输装置；在建筑中，用来将人或货物在不同水平高度传送的机械装置，包含电梯、自动扶梯等。

vertical tray conveyors 运送货盘和货箱的垂直运输系统。

vertical-vision-light door 同 narrow-light door；镶嵌竖窄条玻璃的门。

very-high-output fluorescent lamp 一种快启荧光灯；其通过电流比大功率荧光灯高，单位长度灯管的照度随电流增加相应增加。

vesica piscis 尖椭圆形光轮；作为早期基督教基督的徽志。

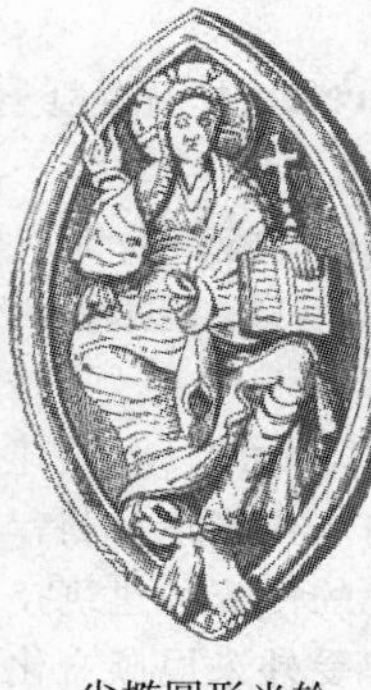

尖椭圆形光轮

vestiary 藏衣室；储藏衣服的房间，衣橱。

vestibule 接待室、前厅或通向大空间的小厅。

vest-pocket park 小型公园。

vestry, revestry 法衣室，祭具室；教堂圣殿旁的小室，用来存放圣器和牧师、唱诗班的长袍。

VG 缩写＝“vertical grain”，径切纹理，径切处理，垂直木纹，四分开板材。

V-groove V形小槽；见 quirk，2。

V-gutter 斜沟槽，雨水槽，斜排水沟。

via de crujía 西班牙大教堂中，位于主祭坛和唱诗班间的封闭通路。

vibrated concrete 振捣混凝土；随浇筑随振捣密实后的混凝土。

vibrating pile driver 同 sonic pile driver；振动打桩机。

vibrating roller 振动式碾压机；由动力驱动偏心块使土壤密实的碾压机。

vibrating screed 振动刮板；使新浇筑的混凝土板面平整的机具，同时也可用作振捣器。

vibration 振捣；如捣实混凝土；见 **concrete vibration**

vibration isolator 隔振器；安装在机器、管道、通风管道等振动源下的弹性支座，用以减小传递到建筑结构的振动。

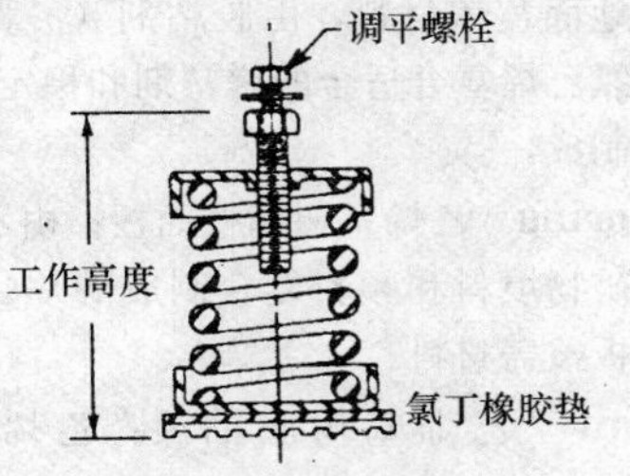

隔振器（螺旋弹簧型）

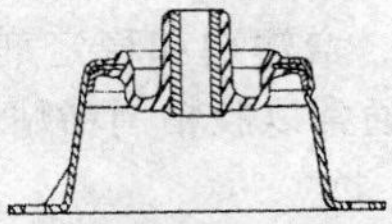

隔振器（橡胶剪切型）

vibration limit 振动限度；新浇筑的混凝土充分硬化，不受震动影响所需要的时间。

vibration meter 振动仪，测振仪；测量振动物体的位移、速度或加速度的仪器。

vibration mount 同 **vibration isolator**；隔振器。

vibration service lamp 耐振灯泡；比一般灯耐机器振动的钨丝白炽灯。

vibrator 振捣器；用于振荡和捣实新浇筑混凝土的电动振捣工具，以消除混凝土中的空隙及夹带（但不是加入的）的空气，保证混凝土表面的密实及其与埋置钢筋的紧密接触。

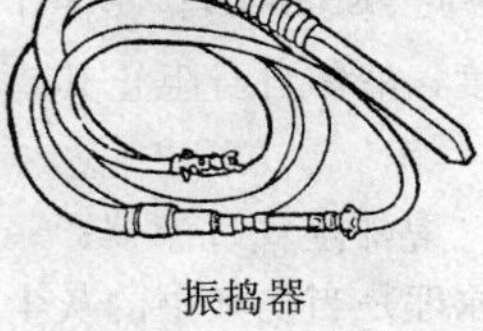

振捣器

vicarage 英格兰的牧师住宅。

Vicat apparatus 维卡仪；测量水凝水泥和类似材料的稠度及初凝和终凝时间的贯入装置。

vice 古建筑中的螺旋式楼梯；见 **vis**。

vice stair 螺旋楼梯。

vickers number 维氏硬度值；用来表示金属硬度的数值；向金属表面上倒金字塔状放置的金刚石施加已知力，通过测量凹陷面积和穿透深度得出该金属硬度值。

Victorian architecture 1. 维多利亚建筑；19世纪流行于英国和美国的复古和折中主义建筑，得名于维多利亚女王的统治时期（1837—1901）。因为形容词“**Victorian**”多指装饰高度华丽的建筑风格，因此，许多建筑史学家一般回避使用 **Victorian architecture** 一词。2. 偶尔用来粗略概括美国建筑三个阶段：包括维多利亚早期（1840—1860），维多利亚盛期（1860—1880），维多利亚晚期（1880—1890）及以后，“**Victorian**”一词多指装饰高度华丽的建筑风格，比如意大利维多利亚盛期风格（**Hing Victorrian Italianate**）（1860—1885），维多利亚哥特盛期风格（**Hing Victorian Gothic**）（1860—1890），第二帝国风格（1855—1890），板条风格（1860—1885），木板瓦风格（**Shingle style**）（1880—1890），维多利亚罗马风（1870—1900），俗厌风格（**Gingerbread Folk architecture**）（1870—1910），和安娜女王式风格（1870—1910）等，**Victorian** 或 **High Victorian** 有时指哥特式复兴式和意大利风格时表示它们后来更精细装饰更华丽的阶段。

Victorian Gothic 同 **High Victorian Gothic**；维多利亚哥特盛期风格；也见 **Gothic Revival**。

Victorian Queen Anne style 安娜女王式风格；见 **Queen Anne style**。

Victorian Romanesque 维多利亚罗马风；一种流行于1870～1900年间的理查森罗马风的派生风格，两者在颜色的运用和石材的质感方面有所不同，不是完全意义上的罗马风。其特点是：多彩的装饰性石墙面、砖墙面及瓷砖墙面；类似于罗马风式的半圆拱和组合拱；首层的壁柱拱廊；陡峭的山墙；多曲的栏杆；石拱窗套；门周围以多色同心拱券。

Vierendeel truss，**Vierendeel girder** 空腹桁架；没有斜杆，仅有上下平行的弦杆与垂直的腹杆刚性联结成的空腹桁架。

viga 西班牙殖民建筑及派生建筑中使用的椽子，由原木剥皮制成，不经刀斧砍削，其截面通常是圆形。用作屋面梁间隔均匀地设置在房屋跨度方向上两相对的土墙上，椽子上依次盖上小树枝和芦苇席，以支撑上面的泥屋顶。

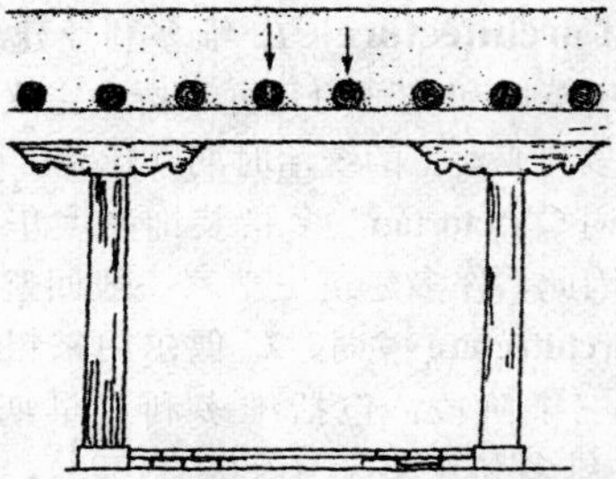

西班牙殖民建筑及派生建筑中使用的椽子

vignette 葡萄（蔓叶花）饰；见 **vinette**。

vihara 印度佛教或耆那教的庙宇。

Viking style 维京风格，海资风格；见 **Dragon style**。

villa 1. 罗马和文艺复兴时期指包括住屋、附属用房和精美花园的一套乡间别墅。2. 别墅；现代指有些自命不凡的独立式近郊或乡间的住宅。

village green 村庄广场；早先村庄中心处的开放空间或公共公园，至今许多城镇仍然存在；又见 **common**。

Villa style 别墅风格；见 **Italianate style**。

vimana 1. 印度的德干和南部地区的庙宇。2. 印度庙宇中供奉神的圣堂。

vine 蔓，藤本植物；其茎自己不能自持的植物。

vinette，**trayle**，**vignette** 蔓藤花饰；由葡萄串、叶子组成的蔓藤装饰。

蔓藤花饰

vinyl 乙烯基塑料；由聚氯乙烯、偏二氯乙烯或醋酸乙烯制成的热塑性塑料；包括一些由苯乙烯和其他化学品制成的塑料。

vinyl-asbestos tile 乙烯基树脂石棉板（瓦、砖）；一种有弹性的并有一定韧性的地面砖，由石棉纤维、磨细的石灰石、增塑剂、颜料和聚氯乙烯树脂胶粘剂制成，有良好的耐磨性、耐油性和较好的弹性。

vinyl composition tile 乙烯基树脂复合面板；有弹性的地面覆盖材料，由胶粘剂（一种或多种树脂如聚氯乙烯复合适合的增塑剂和稳定剂）、填料和颜料制成。

vinyl flooring 乙烯基树脂楼面板；由乙烯塑料胶粘剂、矿物填料和颜料复合制成的片状或块状的弹性地板覆盖材料。

vinyl paint 乙烯基树脂油漆；乙烯基的水性油漆。

vinyl tile 乙烯基地板块；主要由聚氯乙烯混合矿物填料、颜料、增塑剂和稳定剂制成的地板块。不需要打蜡，通常以胶粘剂粘贴于木质或混凝土基层上。

Virginia house 弗吉尼亚房屋；17 世纪在弗吉尼亚州的切萨皮克海湾地区建造的简单木结构房屋，框架柱子直接埋入土中，没有基础，外墙覆以手工劈制木墙板，使结构更加坚固。

Virginia I-house 美国南部常见的一种资讯屋；屋顶坡度比较缓，有中央天窗，基础向上抬升。

Virginia rail fence 同 **zigzag fence**；弗吉尼亚栅栏。

vis，**vice**，**vise** 螺旋式楼梯；由石头台阶围绕一个中心轴或柱形成的螺旋楼梯。

viscometer 黏（滞）度计，黏（滞）度仪；测定黏度的仪器，多用于测定泥浆包括新拌合混凝土的黏性。

viscosimeter 同 **viscometer**；黏度计，黏度仪。

viscosity 黏度；液体自身阻止其趋于流动的摩擦阻力。

viscous filter 黏滞空气过滤器；一种清洁空气的过滤器。其原理是当空气中的灰尘微粒撞击到黏滞的液体或油的表面，便被黏附住。

vise 1. 老虎钳，台钳；一种固定的或可移动的夹具，用来夹持被加工的物体，其可动的两钳夹由螺钉或杠杆连在一起。2. 螺旋式楼梯；见 **vis**。

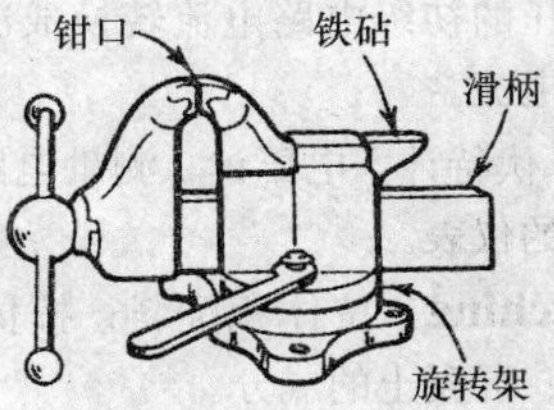

老虎钳，台钳

visibility 1. 能见度；能被眼睛观察到的质量或状态。2. 视界，视程；在室外眼睛可以看清物体的距离。3. 在标准的观测条件下，标准测试物体的尺寸，与已知物体有同样的阈值。

vision cloth 剧院舞台上纱网或麻棉布的幕，其厚度可以使幕帘后的演员（或布景）在灯光照射下被观众看到。

vision light 1. 观察窗；装有透明玻璃、用于观察的窗户。2. 防火门上的观察窗，通常必须采用夹丝玻璃，其尺寸应满足有关规范要求。

vision-light door 带观察窗的门；仅在门的上部有一个小的观察窗，通常位于门的竖向中心线上。

visionproof glass 不透明玻璃；见 **obscure glass**。

visitá 美洲西南部地区的西班牙殖民建筑中，一种仅有定期到访牧师的小教堂，因为教徒人数太少而没有固定的牧师。

visor roof 遮阳板；沿建筑正面挑出的单坡屋顶。

vista 远景，深景；不被遮挡的视觉深度，通常由透视一条路或一行树来确定其深度。

visual acuity 视觉敏锐度；视觉分辨细部能力的度量；临界细部视角的倒数正好足以看清细部。

visual angle 视角；物体和细部相对于观察点所成的角度，通常以弧分来计量。

visual field 视野；人的头和眼睛固定时视觉延伸所能感觉到的空间区域。

visual inspection 肉眼鉴定；不使用检测仪器的检查。

visual photometer 光度计；见 **photometer**。

VIT （制图）缩写＝“**vitreous**”，上釉的，透明的。

vitreous 玻璃状的；指透明程度，以低吸水率来表示；一般以低于 0.3％吸水率来表示（除了地砖和墙砖以及低压瓷瓶外，因为它们吸水率少于3％）。

vitreous china 玻化陶瓷；被玻璃化的上釉陶瓷，表面特别光滑。

vitreous enamel 搪瓷；见 **porcelain enamel**。

vitreous sand 同 **smalt**；釉瓷，搪瓷，珐琅。

vitreous tile 同 **glazed tile**；釉面砖；熔铸了不透水釉面（无色、白色或者彩色）的瓷砖，该釉面通过将陶瓷材料熔融到砖表面形成；制成的砖可能是透水的（未釉面化的）、半透水的或不透水的。

vitrification 玻璃化，琉璃化，陶化；黏土制品在窑炉高温条件下，其颗粒融化使表面微孔闭合的状态，从而不透水。

vitrified 同 **vutreous**；玻璃化的，陶瓷的，陶化的。

vitrified brick （釉面）陶砖；防水并耐强化学腐蚀的釉面砖。

vitrified-clay pipe 陶管；用上釉的陶土制成的防水和耐强化学腐蚀的管子，在美国有时用作房屋下水管道和地下排水管。

vitrified sewer pipe 见 **vitrified-clay pipe**；缸瓦下水管。

Vitruvian scroll，**Vitruvian wave** 维特鲁维涡卷饰，波状涡纹饰，条带旋涡式；经典的程式化装饰图案，由一系列涡卷、波浪连接而成；也叫 **wave scroll** 或 **running dog**。

波状涡纹饰

vivarium 动物饲养园；用于观察动物的动物饲养园。

V-joint，**vee-joint** V 形缝；用 V 形金属勾缝工具抹成凹入砌块接缝的砂浆槽。

V-notch V 形槽键；原木结构房屋中所使用的木

料近端部切成 V 形槽，用来与另一相匹配的木料上的凹口形成坚固的连接。

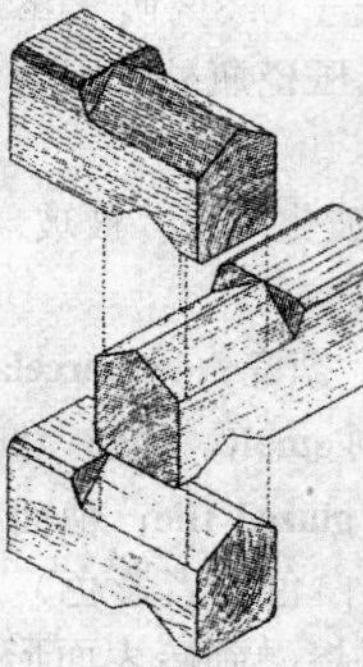

V 形槽键

void-cement ratio （水泥）隙灰比，孔隙比；空气加水的体积与水泥体积之比。

void ratio 孔隙比；土体中，孔隙体积与固体颗粒体积的比率。

voids 1. 存在于水泥浆、灰浆或混凝土中所有集料之间和集料中的空隙。2. 土壤中土颗粒之间的空隙体积，其中部分充满了水和空气。

void-solid ratio 门窗—墙面积之比；建筑外墙门窗洞口面积与外墙总面积之比。

VOL （制图）缩写＝“**volume**”，容积，体积。

volatile 挥发性，易挥发的；指如汽油、蒸汽等易于挥发的物质的特性。

volatile thinner 挥发性稀释剂；挥发特别快的稀释剂，用来减小油漆、胶粘剂等的黏滞性，但不改变其他属性。

volcanic tuff 火山凝灰岩；见 **tuff**。

volt 伏特；电力系统中电位差或电动势的单位，定义为：电阻为 1Ω 的导体上通过 1A 的电流所消耗的功率。

voltage 电压；电路中任何两导体之间电位差的最大均方根值。

voltage drop 电压降；电路中任意两点电动势之差。

voltage regulator 电压调节器，稳压器；即一种自动控制装置，能使线路中输入电压发生变化时，使输出电压保持恒定。

voltage-to-ground 1. 接地系统中，某一导体与该点接地线路之间的电压。2. 非接地系统中，某一导体与电路中任意导体间的最大电压。

voltage transformer 变压器；一种电气装置；能将中等电压的初级电路电流转换成次级电路中各种低电压电流。

voltmeter 伏特计，电压计；测量电路中任意两点的电压降的仪表。

volume batching 按体积配料；按体积而非质量配置砂浆、混凝土的成分。

volume method 体积估算法；估计结构大致价格的方法，等于经调整的建筑总体积乘以单位体积的预定价格。

volume strain 体积应变；见 **bulk strain**。

volumeter 1. 体积计，容积计；测量气体或液体体积的仪器。2. 一种冲洗传感器（用于小便池）。

volumetric absorption 体积吸湿率；被物体吸收的液体体积与物体体积之比。

volume yield 单位产率（单位重量水泥配置混凝土的体积）；见 **yield，1**。

voluntary standard 无论法律上还是事实上都没有义务遵守的标准。

volute 1. 卷涡；爱奥尼、科林斯和混合柱式的柱头上的螺旋形、卷形装饰。2. 螺旋形楼梯转弯处扶手的缓和曲线部分。

卷涡

vomitorium 古罗马剧场或圆形剧场。

vomitory 看台入口；剧场、运动场等布置在坐席中的一系列作为入口的洞口。

voussoir 拱楔块；构成拱门或拱顶的楔形砌块，其两侧面延长线会聚于拱心。

voussoir brick 同 **arch brick**；拱楔形砌块。

VP （制图）缩写＝“**vent pipe**”，通气管。

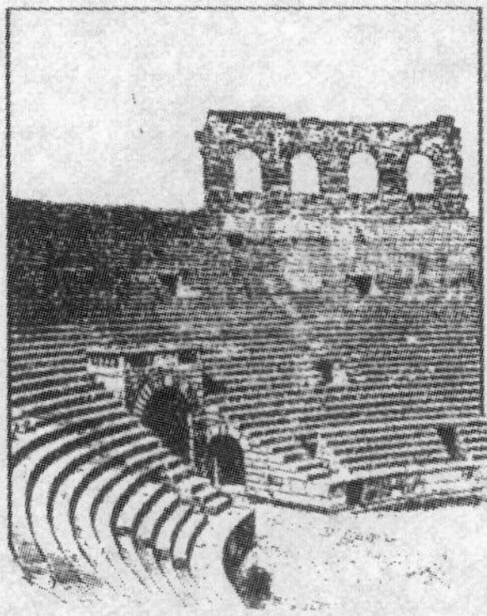
看台入口

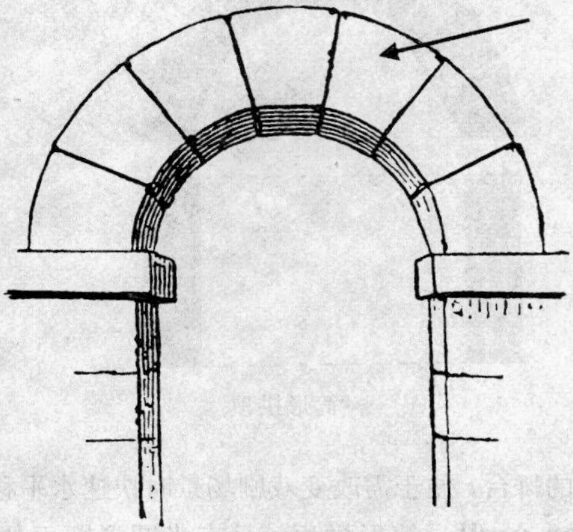
拱楔块

V-roof V形尖屋顶，双坡屋顶。

VS 1.（制图）缩写＝“**versus**”，对抗，与……对比。2. 缩写＝“**vent stack**”，通气立管。3. 缩写＝“**vapor seal**”，汽封。

V-shaped joint，V-joint，V-tooled joint 1. V形勾缝；用金属勾缝工具勾出的水平V形砂浆缝，抗雨水冲刷十分有效。2. 两块木板同一平面内相接形成的有斜边的接缝。

V形勾缝

V-tool 同 **parting tool**；V形切边的凿，三角凿。

V-tooled joint V形勾缝；见 **V-shaped joint**。

vug 天然岩石如白云石、石灰石和大理石中存在的直径小于一英寸或几英寸的小洞，可能夹在结晶层或矿物层中。

vulcanization 硫化作用；橡胶处理的不可逆过程。通过改变橡胶的化学结构，使其塑性减少，遇有机液体时更能抗膨胀并增加弹性（或弹性扩展到较大温度范围内）。

vys 螺旋楼梯；见 **vis**。

vyse 螺旋式楼梯；见 **vis**。

W

W 1. 缩写＝"watt"，瓦（特）。2.（制图）缩写＝"west"，西，西部，西方。3.（制图）缩写＝"width"，宽度。

W/ （制图）缩写＝"with"，与，有，同……和……一致。

WAF 缩写＝"wiring around frame"，结构配线。

waferboard 华夫板；通过粘胶树脂粘合木碎屑制成的硬质建筑板材。

wafer check valve（WCV） 蝶形阀；见 **butterfly check valve**。

waffle 搁栅结构形（的），（密肋）穹顶；见 **dome，2**。

waffle floor 双向密肋楼板；见 **waffle slab**。

waffle slab 双向密肋楼板；用类似华夫饼干状的双向肋加强的混凝土平板。

Wagner fineness 华格纳细度；材料的细度是用华格纳浊度计和工艺规程测定。如普通水泥，其细度等于每克材料以平方厘米为单位的颗粒总表面积。

wagon ceiling 半圆形截面的顶棚，如筒形穹顶。

wagon drill 钻机车，车装钻机；用来定位并搬运风钻的成套设备，由钻头联动带、移动轮和定位装置构成。

wagon-headed 筒形拱顶的；统指长圆拱顶或顶棚。

wagonhead vault 筒形拱顶。

wagon roof 筒形屋顶；见 **barrel roof，1**。

wagon shed，wagon house 没有汽车的年代里用于临时停放马车的车棚。通常与主要建筑如教堂脱开，并至少有一边敞开，以便于马车直接进出。

wagon stage 有轮舞台；安装在轮子上、由电力驱动的舞台，便于需改变戏剧场景时快速水平移动。

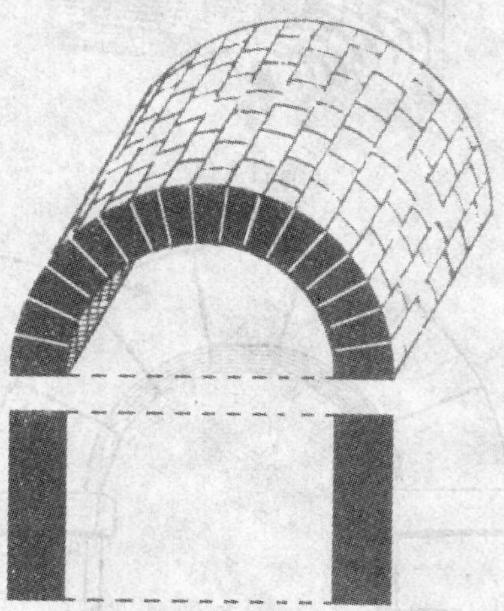

筒形拱顶

wagon vault 筒形拱顶；具有半圆形断面的一种拱顶。

wagtail 分隔条，分隔片；见 **parting slip**。

wainscot 护壁镶板饰面；过去通常指整面内墙护板；现代尤指用于内墙或隔墙下部的护板；同 **falling wainscot**。

wainscot cap 护墙板压顶。

wainscot oak 橡木护壁板；特选 1/4 径向锯橡木，用作护墙板。

waist 梯段板厚度；混凝土楼梯最狭部分的板厚。

waiver of lien 放弃留置权；拥有技工留置权的个人或组织放弃该权力；同 **mechanic's lien，release of lien**。

wale，waler，whaler 水平横梁；用作支撑或支承竖向构件如护墙板、混凝土模板等的水平原木或梁。

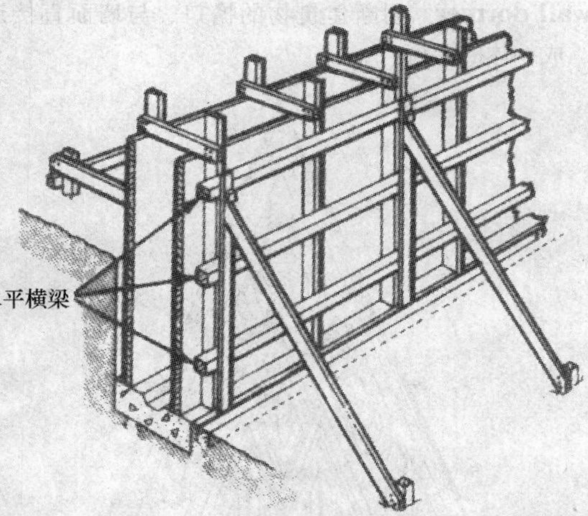

水平横梁

waling 见 wale；水平横梁。

walk 步行通道或走廊。

walk-in 将保温隔热板铺在热沥青或粘合剂上后立即在上面行走使其结合。

walk-in box 大小可容纳一人或多人的冷柜或冷藏箱。

walking beam pivot 一种可收缩的中心枢轴。

walking line, line of travel 行走线；距扶手中心线大约 18in（46cm）的一条线，作为攀登楼梯的走线。

walk-out basement 同 **American basement**；美国式地下室。

walk-up 1. 无电梯的公寓或商业建筑。2. 大楼入口层以上的公寓或办公室。

walk-walk 沿着城堡外墙的通道；常位于幕墙栏杆后。

walkway 1. 通（过，走，人行）道；人行或车行道，特指连接工厂各个部门的通道或沿屋顶的走道。2. 公园里的人行道。

wall 1. 墙；用来围合或分割建筑空间的连续表面的结构；（除门窗及类似的洞口以外）。2. 城墙。3. 挡土墙；对于特别的类型，见 **battered wall, bearing wall, blank wall, blind wall, boarded wall, breakaway wall, cavity wall, common wall, composite wall, counter-wall, curtain wall, dead wall, dry wall, dry-stacked surface-bonded wall, fire wall, gable-end wall, hollow wall, load-bearing wall, masonry-bonded hollow wall, mud wall, non-load-bearing wall, partition, party wall, retaining wall, serpentine wall, spandrel wall, springing wall, street wall, structural wall, sustaining wall, veneered wall**。

wall anchor 墙锚，墙钩；一种熟铁的锚钩，安装在砖砌墙外面，通过系杆拉结两相对的墙以防止其分离；同 **anchor, 10**。

wall arcade 实心拱廊；墙上装饰用的假拱廊。

wall base 墙基，踢脚板；见 **base, 2**。

wall beam 起梁端锚固作用的金属构件。

wall bearer 墙斜撑，斜拉索；见 **bearer**。

wall-bearing partition 承重隔墙

wall bed, recess bed 壁龛床；特指公寓中当不用时可折叠并直立于壁橱或墙壁凹进处的床。

wallboard 壁板；由木屑、石膏或其他材料制成的板材，用于固定于房屋框架作为室内墙面，板的长边通常是斜的以利于接缝的处理；同 **dry wall**。

wall box, beam box, wall frame 1. 嵌于砖石墙中的梁座或梁托以承接木梁或搁栅。2. 墙内电器盒；嵌在墙体内，用于安装电路开关、插座的金属接线盒。

wall bracket 1. 固定在墙上以支撑结构构件的墙托。2. 支撑脚手架的托架。3. 支撑管道、电器元件或照明器材的托架。

wall chase 墙槽（敷设管线用的）；见 **chase, 1**。

wall cladding 墙面覆面层；非结构材料的墙面覆盖层；见 **cladding**

wall clamp 墙撑杆，墙拉杆；连接两片墙或双墙的两部分的支撑或拉杆。

wall cleanout 墙壁上的清理口、检查口，洞口上安装有可移动的嵌板，用于清理暗埋在墙壁后面的下水管。

wall clip 锚固墙的支架。

wall column 墙柱，壁柱；嵌入或部分嵌入墙的柱子。

wall coping 墙压顶，墙帽；见 **coping**。

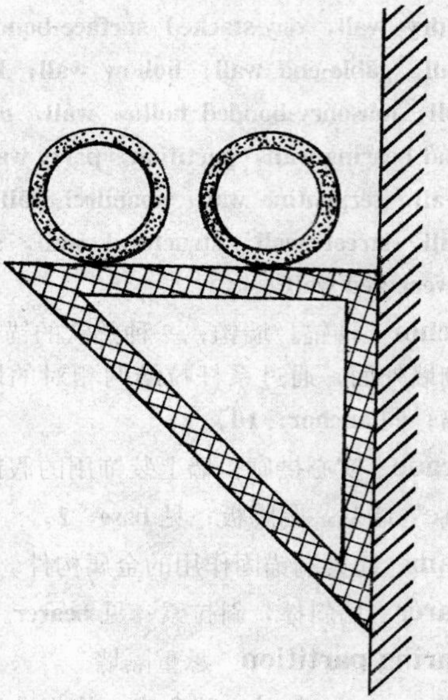

托架

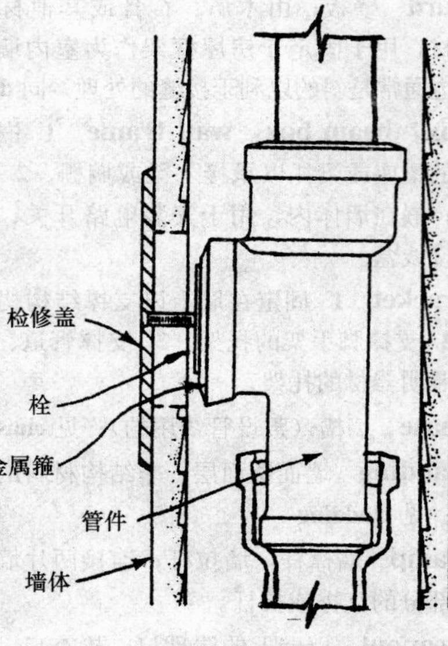

墙上清理口

wall covering 墙面涂料，墙面装修材料；墙的面层而不是墙体的必要组成部分。

wall crane 墙上的起重机；有水平臂（有或没有载重滑车）的起重机，由建筑物的侧墙或一排柱支撑，其最大旋转范围为半圆。

wall dormer 切断建筑物的檐口、与墙面直接连成一体的天窗。

切断建筑物檐口的天窗

wall flange 同 **wall clip**；固定墙的支架。

wall form 墙体模板；用于混凝土墙浇筑、支撑和形成饰面的模板。

wall frame 墙内电器盒；见 **wall box，1**。

wall furnace 壁炉；嵌于墙内的通风壁炉，其通风搁栅永久附设在墙上。在重力作用下或依靠鼓风机通过通风口搁栅直接向房间供暖散热。

wall furring 墙上板条；粗糙的墙面上用于铺钉饰面材料或装饰如灰板条、木嵌板、镶板、壁板等的木条、金属条或挂瓦条等；同 **furring**。

wall gable 突出于屋顶面线的三角形墙体部分。

wall garden 植物生长在石墙缝中的花园，石缝中的土腔是事先排列好的。

wall grille 墙洞栅，墙栅；覆盖在墙洞口外或作为散热外壳等网孔板或铸铁栏杆，用于阻挡视线但不影响空气流动。

wall guard 护墙栏；安装在墙表面（特别是沿着走

廊）的有弹性的栏杆，保护墙面免遭车撞等损坏。

wall handrail 附联在墙上的楼梯扶手，其斜度平行于楼梯的坡度。

wall hanger 墙锚件，墙上梁托；埋置在砌体墙中的镫形物或托架，用于支承水平构件的端部。

wall height 从墙基、托梁或其他直接支承墙体构件到墙顶端的垂直距离。

wall hook 1. 墙钩，墙托钩；用作梁端锚固或固定墙板的特别大的钉子或钩子。2. 同 **wall iron**；墙铁件。

wall-hung water closet 壁挂式水箱抽水马桶；水箱附着在墙上，不接触地面的抽水马桶。

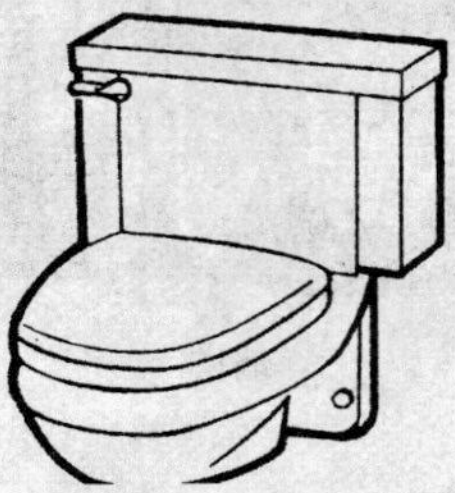

壁挂式水箱抽水马桶

walling 1. 墙体。2. 砌墙的材料。

wall iron 墙铁件；固定在砌体墙上支撑水落管、避雷针等的钩子或托架；同 **wall hook，2**。

wall joint 墙接头；砖墙横转间的砂浆接缝；端部接缝以直角相连。

wall line 墙界线；沿墙外表面的线。

wall liner 墙壁衬里；贴在墙体上的纤维膜，防止产生裂缝、小空隙，形似墙纸一样的覆盖层。

wall opening 墙洞；根据职业安全与卫生条例的规定：承重墙上或隔墙上高度大于 30in（76.2cm），宽度大于 18in（45.8cm）的开孔，人有可能跌落，如沟槽开口处。

wall outlet 墙上电源插座；可以插入插销，与墙面齐平的电源插座面板。

wall panel 护墙板，镶板，墙面格间。

wallpaper 墙纸；贴于墙面或顶棚上的彩色的纸或类似纸的材料。

wall piece 墙上承梁板，梁垫；见 **wall plate，2**。

wall plate 墙上承梁板；沿木框架墙、石墙或水泥墙顶的水平构件（如横木），承受并分配由支承屋面构件传来的重量。

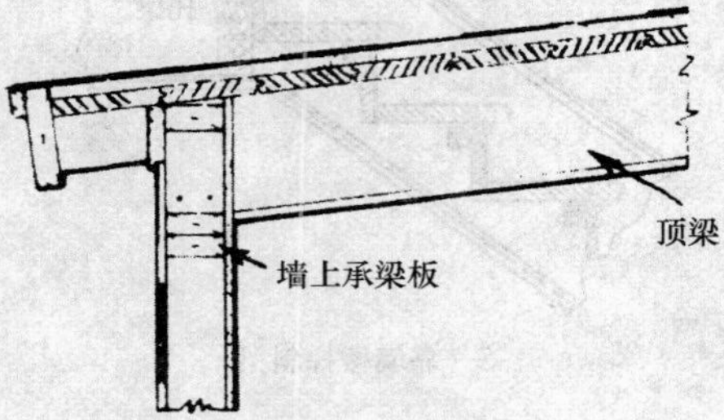

墙上承梁板

wall plug 1. 同 **wall outlet**。2. 墙上插座。

wall pocket 同 **wall box**；墙内电器盒。

wall post 1. 壁柱，墙柱；靠墙或埋在隔墙内的柱子。2. 位于墙端，支撑栅栏或挂门的柱子。3. 支撑墙板的柱。

wall rail 同 **wall handrail**；靠墙扶手。

wall rib 在中世纪穹顶中，支承在拱顶室外墙上的纵向肋。

wall shaft 墙面支承穹肋的装饰性小柱。

wall siding 木构架房屋的外墙木板；见 **siding**。

wall sign 1. 镶嵌或固定在墙上的标志。2. 在美国某些规范中，规定贴于建筑物外墙和突出物的符号不得超过 15in。

wall socket 墙上电源插座。

wall spacer 混凝土浇灌和硬化过程中保持模板固定用的金属拉条。

wall stay 同 **anchor，10**；锚形装饰；铸铁夹具，出于弗兰芝语人，为了防止相邻砖墙分离，采用钢筋拉链。拉筋端部的锚形夹具外露于砖墙表面，连接件通常做成数字的形式以说明建筑的年代，或者做成字母的形状表示主人名字的缩写，或者只是简单而有趣的形状。

wall string，wall stringer 靠墙楼梯斜梁。

wall tie 系墙铁，空心砖墙（空心砌块墙）连系杆；砖石建筑中的饰面拉结件（通常为金属条），固定饰面层与背衬墙或拉结在空心墙的两层之间，拉结件埋在砌体墙的灰缝中；也见 **butterfly wall**

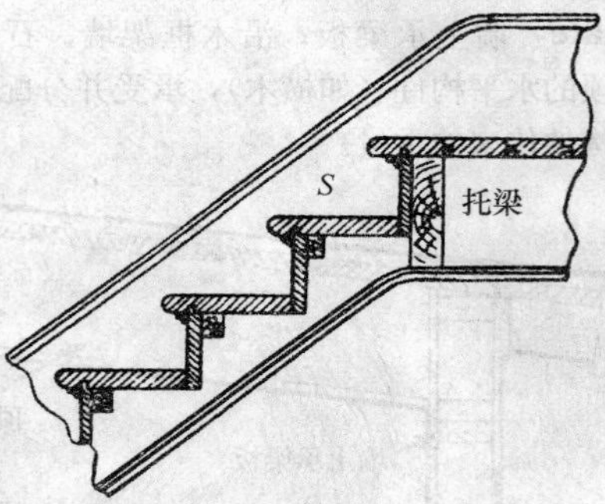

S—靠墙楼梯斜梁

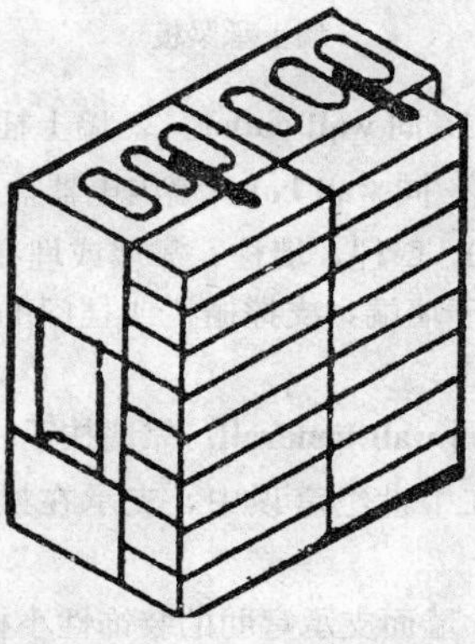

系墙铁，空心砖墙（空心砌块墙）连系杆

tie，cavity wall tie，veneer wall tie。

wall tile 墙面砖；上釉的瓷砖，作为饰墙面砖。

wall tower 墙塔；构成防御墙的主体部分的塔，尤指为加强防御的一系列塔中的一个。

wall tracery 墙花格；附着在实体墙上的假花饰窗格，没有镂透的雕饰。

wall vent 墙通风口；用作墙空腔、狭小空间或阁楼的通风装置。

wall-washing 用贴近墙面的光源照亮墙壁。

wall-wash luminaire 墙面照明装置；对直立墙面直接照射的照明设施。

walnut 胡桃木；一种坚韧的、棕黑色的木材，质密，不易劈开；纹理粗糙；可高度抛光。

wane 缺角方木；木料的圆角或边棱上带树皮，通常因为锯木头时太靠近原木表面所致。

ward 1. 锁孔中的金属凸出物，防止不匹配的钥匙插入或开锁。2. 城堡的外部防御；又见 bailey。

墙塔

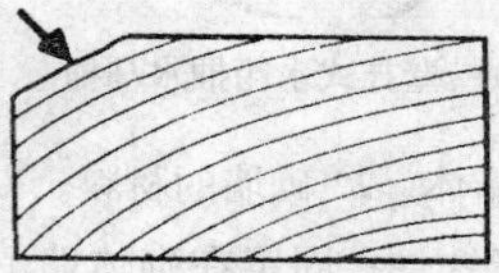

缺角方木

3. 医院的病房。

wardrobe，garderobe 藏衣室。

warehouse 仓库；用来储存各种物品的房屋。

warehouse set （水泥）库内结硬；水泥储存过程中暴露在潮湿环境下一段时间后出现的部分水合现象。

ware pipe 同 vitrified-clay pipe；陶管；用上釉的陶土制成的防水和耐强化学腐蚀的管子，在美国有时用作房屋下水管道和地下排水管。

warm-air furnace 热风炉；由燃烧炉组成的成套空气加热设备，由此热空气通过管道输送或直接吹入需要加热的空间。

warm-air heating system 热风供暖系统；由整装燃烧炉组成的热风供暖站。由此被加热的空气通过管道输送到建筑物的各个房间。

warming-house 同 calefactory；修道院暖室；修道院内有取暖的公共房间。

warm-setting adhesive 中温固化胶粘剂。

warning pipe 露天溢流管；管口设在引人瞩目的位置的溢流管，一旦有液体流出很快能发现。

warp 1. 见 carpet warp。2. 翘曲；木板表面出现的扭曲，一般是由于含水率变化引起的。

warped 翘曲的；指浅埋岩石天然弯曲或如木头表面翘曲般的波浪形卷曲。

warping 扭曲，翘曲，卷曲；特指由于潮湿或温度变化导致的混凝土板面或墙面出现的与原有墙面的偏差。

warping joint 翘变（接）缝；允许路面因潮湿或/和温度变化造成翘曲的接缝。

warp wire 金属丝布上与丝布长度平行的金属线。

warranty 保证书，保单；见 guarantee。

warranty deed （房地产）担保契约；一种书面协议书，它保证了授权人合法的代表身份资格和自由不受阻碍。

Warren truss，Warren girder 华伦式桁架；一种形式的桁架，由上下平行的弦杆和斜腹杆组成一系列等边三角形构成。

wash 1. 披水；建筑构件如压顶或窗台向外倾斜的顶面，用以排除、引流雨水；同 drip cap。2. 以水彩退晕的一种方法；又见 wall-washing。

washable 不造成重大腐蚀和不改变外观或功能特性的可重复冲洗的能力。

washable distemper 可洗的水浆颜料；含有乳化油的可洗的水粉画颜料涂层。

washbasin 同 lavatory，1；洗面器，盥洗件，厕所。

washboard 同 baseboard；搓板。

wash boring 在地下钻孔中钻取带水的土样。

wash coat 罩面层；很薄的半透明涂料层，涂于物体表面的初始涂层，用作密封材料或打底层。

washed finish 水刷石；见 rustic finish。

washer 垫圈；由金属、橡胶或其他材料制成的扁平的薄垫圈，用来防漏、绝缘、减振；作为扣件头如螺栓下的支撑面，使连接牢固、改善应力分布或跨越大孔径等。

垫圈

wash fountain 公用洗涤池；供应温水供集体洗手洗脸的大盥洗池。

wash light 同 wall-wash luminaire；贴墙面光源照射墙面。

wash primer （金属表面）蚀洗用涂料；含聚乙烯丁缩醛、铬酸锌、酒精和磷酸的涂料，对裸露的钢表面腐蚀后形成薄膜，提高后续涂料的黏附性。

washroom 提供洗涤的房间，如厕所、洗手间。

wash water，flush waster 洗涤水，冲洗水；混凝土搅拌罐车上特备储水池中的水，用于混凝土输送完后冲洗罐的内壁。

waste 1. 废物；从卫生洁具、管道或配件中流出的排泄物质的总称。2. 排泄物；见 sanitary waste。3. 垃圾；废弃的材料；如 garbage，refuse，rubbish 和 trash。

waste branch 同 waste pipe；废水管。

waste compactor 废物压实机；见 compactor，2。

waste-disposal unit 废物处理设施；一种电力驱

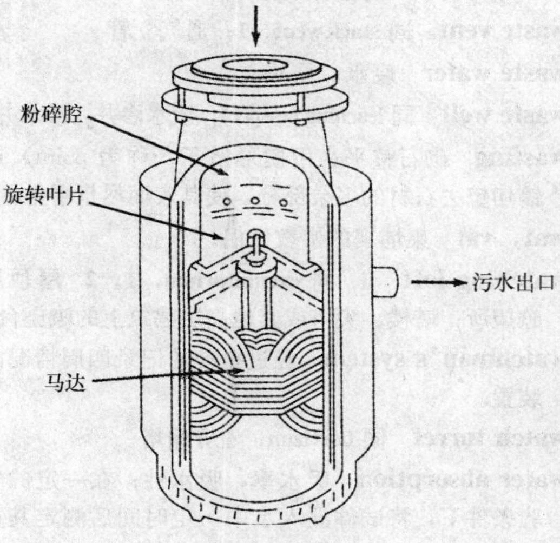

废物处理设施

动装置，用于将废弃的食物磨碎并通过排水管道排走，住宅中使用的无需安装润滑脂分离器。

waste-food grinder 同 **waste-disposal unit**；废物处理设施。

waste fuel 废燃料；废弃燃料，是一种某些工业处理过程中废弃的副产品。

waste-heat recovery 余热回收；利用在建筑中余热预热进入热水加热器中的冷水。

waste management **1.** 废弃物管理；一套应用于公共区域实现高效处理住区或某一区域内废弃物的制度；需要制定相关的环境标准，收集并处理废弃物，监测空气、土壤和水源质量以及建立强制的管理规定。**2.** 除了强制执行外，提供公共服务的营利性组织需履行类似的管理制度。

waste material 废物；见 **garbage**，**refuse**，**rubbish trash**。

waste pipe 废水管；输送除马桶或小便池以外的排水装置排出的废水的管道；也见 **indirect waste pipe**。

waste plug 水塞；防止水从洗面盆等的排水管流走的楔形装置。

waster 废品，次品。

waste receptacle 废物贮存器；存放垃圾的容器或清运废物的装置。

waste stack 废水立管；输送除马桶或小便池废物以外的废水的垂直管道。

waste vent 同 **stack vent**，**1**；通气立管。

waste water 废水；见 **waste**。

waste well 同 **leaching cesspool**；废水渗井，渗水井。

wasting 砌石整平；用楔形凿子（称为 point）或镐切铲去石材的多余部分，使其表面尽量平整。

wat，**vat** 柬埔寨的佛教僧侣。

watching loft **1.** 同 **excubitorium**，**1**。**2.** 屋顶层瞭望所；塔楼、尖塔或其他高层建筑上的瞭望台。

watchman's system 经过批准的记录四周情况的装置。

watch turret 同 **bartizan**；看守角塔。

water absorption 吸水率，吸水性；在一定的实验条件下，将试件浸入水中一定时间后测定其重量的增加，以其与干燥时的重量的百分比表示。

water analysis 对溶解于水中物质的化学成分的分析，包括固体悬浮量和 pH 值两方面。

water back 加热管道，壁炉后热水箱；壁炉或其他加热装置后的管道系统或储水箱，利用其热量供应热水。

water bar，**weather bar** 挡水条，止水带；固定在门槛或窗台上的木条或金属条，用来防止渗水。

water-base paint 水溶性涂料；以水作为稀释剂的涂料，如酪系涂料、乳胶涂料、乙烯基树脂涂料。

water blasting 用高压水枪喷射的水流切削或打磨物体外表面。

waterboard 泄水板；watertable，1 的旧称。

waterborne preservative 水溶性防腐剂；用于木材防蚀、防虫处理的水溶性化学试剂。

water cement 同 **hydraulic cement**；水硬水泥。

water-cement ratio 水灰比；混凝土或砂浆中单位体积内搅拌水和水泥之间的比率。

water channel，**condensation channel** 凝水槽；玻璃窗的室内窗台上留有的凹槽，用来聚集和排除室内窗玻璃表面形成的凝结水。

water check 同 **upstand**；逆流截门，阻水活塞。

water-checked casement 阻水窗框；窗台下带有凹槽的窗框，其凹槽延伸至两侧窗梃，以阻止毛细水运动。

water closet，**W. C.** 抽水马桶；一套接收人类的排泄物并以水为冲洗手段通过废水管排出的固定卫生洁具。

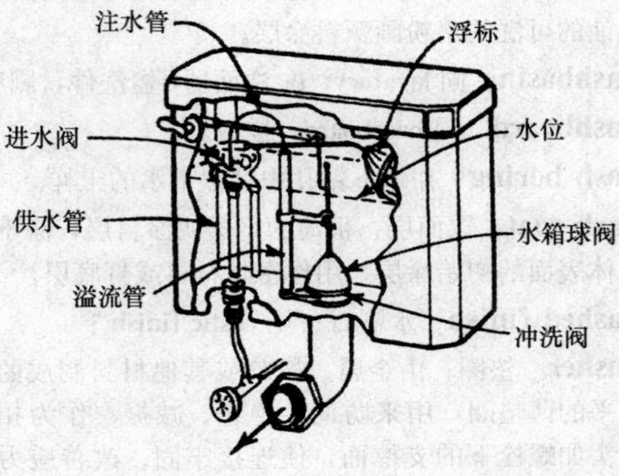

抽水马桶

water content 同 moisture content；含水量。

water cooler 同 drinking-water cooler；（水）冷却器。

water-cooling tower 水冷却塔；通常安装在屋顶的构筑物，通过水的循环直接向空气蒸发从而起到冷却的作用。

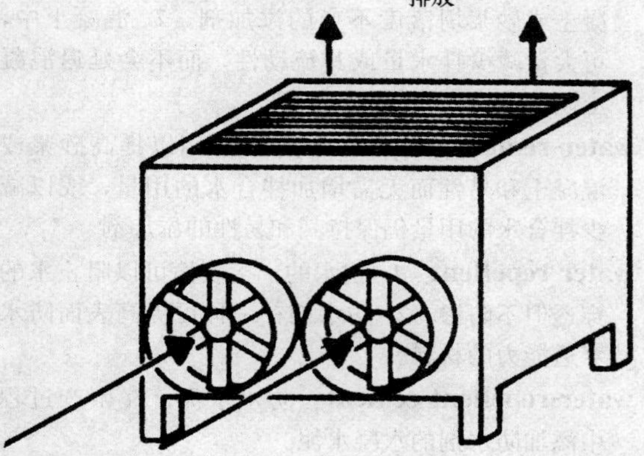

水冷却塔

water course 水道，河道；见 damp course。

water crack 抹灰时抹灰层上留下的细裂纹，是由于底层抹灰未干或抹灰中含水过量所致。

water curtain 水幕；剧院舞台上的喷水装置系统。

water deactivation 减活化；见 deactivation。

water distributing pipe 配水管；建筑物内，由供水管接到卫生设备或出水口的输送管道。

water filter 滤水器，滤水池；一种能除去或减少水中的悬浮固体污染物的装置，通过让水经过多孔渗水介质来完成。

water filtration 水过滤；见 filtration。

waterflow-alarm 消防喷水系统中，当流经喷水系统的水量超过设定的最大量时便启动的报警器。

water fountain 1. 喷水池；见 architectural fountain。2. 饮水喷头；见 drinking fountain。3. 团体洗手池；见 wash fountain。

water gain 泛浆（混凝土）；见 bleeding，4。

water garden 水生植物园；使用水池的花园，适于水生或其他喜水植物生长。

water gauge 水压表；充水的压力计。

water-gel explosive 水胶炸药；多种爆破材料中的一种，含有大比例的水和部分溶解在水里的高比例的硝酸铵。

water harvesting 降水收集；就地收集降水备用的技术统称。

water hammer 1. 水锤；水管中，由于管道中水流突然堵塞而产生的噪声。2. 蒸汽管中，干管中高速流过的水蒸气形成凝结水，当流向改变，水分子撞击管壁发出的噪声。

water-hammer arrester 水锤消声器；安装在管道系统中以吸收水力冲击并消除噪声的装置。

water-hardened 指金属被加热到临界温度后放入水中进行淬火处理。

water heater 水加热器；一种家用热水装置，通常供热范围为 120～140 ℉（大约 50～60℃）。

water joint 1. 石铺路面的一种接缝，由略高于周边的石头构成，高出的石头表面可以防止水在接缝中停留。2. 一种水密接头。

water leaf 1. 罗马和希腊早期的装饰中一种莲叶或常青藤图案。2. 与莲叶及常青藤装饰相似，但被突出对称的棱分割的形式，也叫水叶装饰。3. 12 世纪晚期流行的一种四角各有一个宽大、平滑而弯曲的大叶子的柱头，叶子由柱角向内卷曲。

水叶装饰

water-leaf capital 同 water leaf，3；叶子柱头。

water level 水平面，水位，水准器；能使两点处于同一标高的简单仪器，由一段充满水的软管（其中的空气已排除）及其两端的玻璃管组成，通过玻璃管可观察到水平面（水位）。

water-level control 能维持锅炉内水位在小范围内变化的控制器，使得锅炉始终都不必大量补水。

water lime 水硬性石灰；能在水中凝结的水硬性石灰或水凝水泥。

waterline 水位线；蓄水池内的最高水位，使浮球阀调节到该水位时自动关闭。

water main 给水总管；公共或社区送水系统中主要的供应管道，由公共主管当局控制。

water meter 水表；测量经过管道或出水口水量的机械装置。

water mill 由水流如冲力驱动的磨；也见 **tidemill**。

water motor alarm 消防喷水系统中水力驱动的报警装置，当水流过报警阀时发出四周可听到的警报。

water outlet 1. 出水口；安装在卫生洁具、锅炉、供暖系统以及任何由水控制的非上下水管道系统中设备或设施的出水口。2. 水排出室外的出水口。

waterproof 防水的；建筑行业中指任何不渗水的材料或结构。

waterproofing 防水层；通常为薄膜或化合物的表面防水材料，用于形成不透水层。

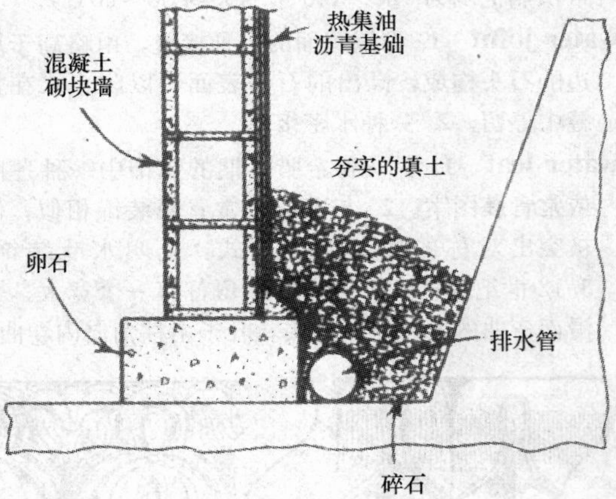

防水层

waterproofing compound 防水化合物，防水剂；泛指具有表面防水性质的材料。

waterproof paper 防水纸；通常在纸浆或混合胶料中加入了合成树脂制成的纸。

waterproof portland cement 加入防水材料如硬脂酸盐（如钠或铝）的水泥，以减少近零压力下毛细水的作用，但并不完全阻止水气的传输。

water pump 水泵，抽水机；将淡水从较低处提升到较高处所使用的装置，当无电力驱动时，通常以风力驱动。

water putty 水调腻子；一种粉末与水调合后成腻子状，用于填充木材的小孔或裂缝。

water ramp 跌落水池；一系列相邻排列的水池，水可以从一个流入另一个。

water-reducing admixture 1. 减水添加剂；无需增加拌合水量而提高新拌混凝土或砂浆的坍落度，或减少掺水量（空气加入除外）而仍维持新拌混凝土或砂浆坍落度不变的添加剂。2. 混凝土中，可大量减少拌水量或其流动性，而不会延迟混凝土硬化或进入空气的添加剂。

water-reducing agent 减水剂；用以提高砂浆或混凝土和易性而无需增加拌合水的用量，或以减少拌合水的用量仍保持其和易性的添加剂。

water repellent 1. 抗水的；指表面可以阻止水的穿透但不防渗。2. 防水剂；一种可提高表面防水穿透能力的材料。

water-repellent cement 防水水泥；在生产过程中添加防水剂的水凝水泥。

water-repellent preservative 防水防腐剂；一种为防止木头腐烂而具有适当防腐功能的防水剂。

water resistant 抗（防，隔）水的；指能够防水的，耐水的任何材料。

water retentivity 保水性，保水率；砂浆的一种特性，可以防止水分被砌块吸收而快速失水，防止砂浆与相对不透水的砌块接触时出现泌水现象。

water riser pipe 给水立管；见 **riser**，**4**。

water seal 水封，止水；阻止空气通过的存水弯；在排水管的存水弯中充满水即可形成水封；见 **seal**，**3**。

water seasoning 浸水风干法；在木材风干前将其浸水一段时间，然后风干的方法。

water-service pipe 供水管，接户水管；由自来水部门或公司安装的、符合法规的建筑供水干管。

watershed 1. 汇水区域间的分界线。2. 汇水区。3. 披水。

watershed dormer 同 **shed dormer**；牛眼窗，天窗。

water softener 软水器；通过离子交换法除去水中的钙和镁盐的一种设备；也见 **zeolite**。

water spotting，**white spots** 水玷污白斑，油漆水斑；漆膜上留下的白斑，由其上小水滴蒸发或由密封的潮气泡所致。

waterspout 水落管，排水口，滴水嘴；用于排除屋顶或檐沟中的雨水的泄水装置；见 **gargoyle** 和 **canale**。

water-spray fixed system 固定喷雾灭火系统；一种按照预先设定的水量、水速和密度洒水的消防喷淋系统；水通常由特别设计的喷嘴喷出。

water stain 1. 由于水使锯制木材产生的褪色。2. 水性着色剂；用于木材着色的溶于水的染色剂。

water standpipe system 给排水立管系统；见 **standpipe system**。

water stop 止水带；嵌入接缝中以阻止水通过的隔片。

water-struck brick 水脱模砖；见 **soft-mud brick**。

water supply fixture unit（**WSFU**） 一个系数，不同种类卫生设备的用水负荷效应和供水条件可以用该系数的倍数来表示。

water supply stub 长度短于一层楼的垂直管道，有一个或多个固定装置。

water-supply system 供水系统；建筑物中，供水管道、水分配管道和其他必要的连接管道、装置、控制阀和建筑物内部或附近的所有附属装置。

water table 1. 泄水台；墙、扶壁、墩子等上的水平外突束带层，也叫壁阶。其顶面一般倾斜并有滴水线以防止水流到其下的外表面上；又见 **base course**，**drip cap**。2. 同 **groundwater level**。

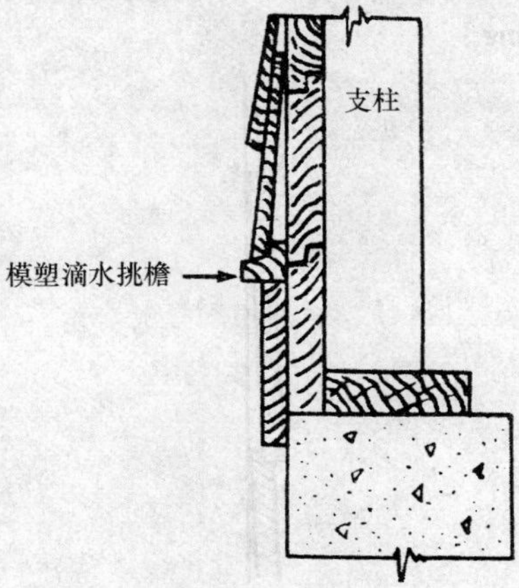

泄水台

water tank 水箱，水柜；供水系统中的一种封闭的储水容器，通常由水泵将水抽到较高处以增加供水的压力。

water tap 出水的阀门，水龙头。

water test 1. 供水管道系统中是否漏水的检测；也见 **test plug** 和 **test pressure**。2. 排水和排气系统是否渗漏的检测，检测点的温度不应低于冰点；也见 **air test**。

water theater 水剧场；水由位于阶梯状结构高处的平台流向低处的平台。

watertight 1. 不渗（漏）水的；指阻止水蒸气渗漏的屏障或外壳。2. 指表面能承受不致使结构破坏的水压。

water tower 水塔；为使供水配水系统产生所需的水压，水被泵到一个足够高度的水塔。

water valve 水阀；配水系统中开启、中断、调节或防止水在系统中倒流的装置。

water vapor barrier 水蒸气阻塞层；见 **vapor barrier**。

water vapor diffusion 水蒸气扩散；水蒸气由于不同的蒸汽压力作用下通过透水材料的过程。

water vapor permeability 水蒸气渗透度；材料允许水蒸气通过的特性，即特定温度和湿度及单位蒸气压力条件下，水蒸气通过单位面积大小的单位厚度材料所需的时间。

water vapor retarder 水蒸气阻塞；见 **vapor barrier**。

water vapor transmission（**WVT**） 水蒸气透湿性；在稳定的条件下，水蒸气通过单位面积材料的两平行面之间（和该表面法线）的速率。

water well 水井；见 **well**，**4**。

waterworks 水厂，给水系统；连接在向社区供水的一个或多个蓄水池之前的一套完整系统和管线、管网，用于净化和配送给水的。

watt 瓦特；电路中功率单位，也即以 1J/S 速率所做的功需要的功率或 1A 电流通过 1V 电位差所消耗的功率。

watt-hour 瓦特-小时；能量单位，等于 3600J 或 1W 的功率工作 1h。

watt-hour meter 瓦特-小时表；测量和记录电路中在一定时间内的有效功率的仪表。

wattle 篱笆；由柳条、芦苇或树枝交织成编织搁栅。

wattle-and-daub 篱笆抹泥墙；一种简单墙体结构形式，由垂直的杆和树枝编织成搁栅，再在其间覆盖灰泥、黏土和麦秆混合物（草土泥）而成，常被填充在木框架结构墙体的空隙中以增加墙体的隔热性；也见 **jacal，2**。

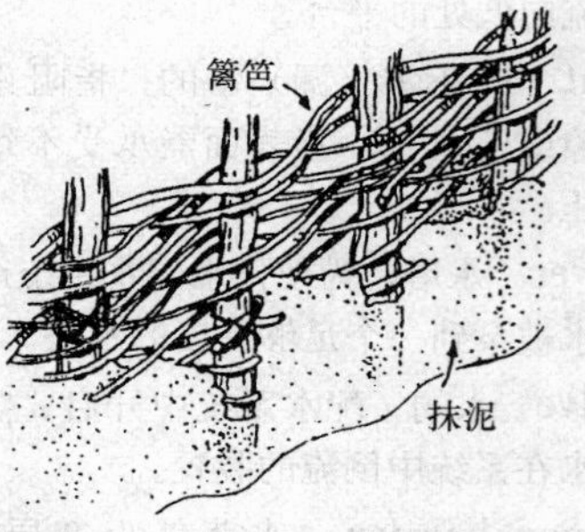

篱笆抹泥墙

wave front 波阵面；声波中，已知瞬间同相位各个点构成的连续的、假设的传播波的面。

wavelength 波长；光波或声波中，在传播方向上周期性波具有同相位摆动的两点之间的距离。光波的波长有三个单位，微米（10^{-6} m）、纳米（10^{-9} m）和埃米（10^{-10} m）。

wave molding，oundy molding，swelled chamfer，undulating molding，undy molding 波浪形线脚；有一系列波浪形组成的线脚。

wave scroll 同 **Virtruvian scroll**；维特鲁威涡卷饰。

wavy grain 波形纹理；木材上的类似于梧桐木的纹理，所不同的是纹样更单一些。

wax 蜡；由植物、矿物和动物体中提炼的一种热塑性固体材料，可溶解于有机溶剂。以软膏状或液态状使用，用作木材和金属表面的保护或上光材料，也可作为颜料中的添加剂。

waxing 与要修饰的大理石颜色和纹理相匹配的材料进行填补其表面孔隙。

way 路，同路，通道；供行人或车辆通行的永久性的街道、马路等。

WB 缩写＝“**welded base**”，焊接基础。

WBT 缩写＝“**wet-bulb temperature**”，湿球温度。

W. C. 缩写＝“**water closet**”，厕所，盥洗室。

WCV 缩写＝“**butterfly（wafer）check valve**”，蝶形阀。

wd 缩写＝“**wood**”，木材，木料，树林。

Wdr （木材工业中）缩写＝“**wider**”，宽材。

weak axis 一个断面的次轴。

weakened-plane joint 同 **groove joint**；（路面的）弱面缝，假（半，槽，凹）缝。

wearing surface，wearing course 1.（路面的）磨耗层；机动车通行的路面层。2. 同 **topping**；面层。

weather 木墙板外露部分。

weather back 设于墙内侧的抗风化材料。

weather bar 防水条，止水条；见 **water bar**。

weather barrier 设在保温隔热层外侧的材料层，可以保护保温绝热层免受潮湿、太阳辐射及其他因素的侵袭。

weatherboard 墙面板，挡风板；木构架房屋外侧对其中的填料起保护作用的水平铺设的墙板，墙板上部有较薄的楔形边缘，以便使上面墙面的下边搭盖在上面以利于防水；又见 **clapboards**；只是同样用途的墙面板会更薄些；又见 **siding**。

weatherboarding 1. 外墙板，围护板；美国早期的木框架房屋中采用的一种外墙板，墙板上下有槽口，之间形成搭盖以利于防水。2. 同 **clapboard** 或 **siding**。

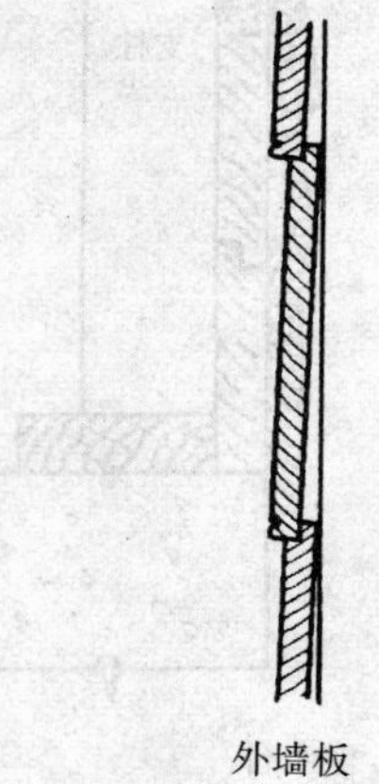

外墙板

weather check 同 throat，2；屋檐，滴水槽。

weathercock 风标，定风针。

weather door 防风门，外重门；见 storm door。

weathered 1. 风化的，老化的，指材料或表面长时间暴露在自然环境中。2. 泄水的，倾斜的；指有一倾斜可排水的表面。

weathered joint 泄水缝；见 weather-struck joint。

weathered pointing 同 weather-struck joint；泄水勾缝。

weathered steel 锈蚀钢筋；一种表面锈蚀后可以防止锈蚀继续进行的高强度钢筋。

weathered stone 风化石料；由于长时间暴露在自然环境中，从而导致光泽改变或产生腐蚀物的石材。

weathered fillet 水泥砂浆防水填角；见 cement fillet。

weathering 1. 风化，老化；由于气候的作用使天然或人造材料的颜色、组织、强度、化学成分等发生的改变。2. 披水；见 sill offset。3. 披水面；排泄建筑物上雨水的覆盖表面。

weather joint 泄水缝；见 weather-struck joint。

weather molding 同 dripmold；挡水条（设于门下）。

weatherometer 老化测试机；提供加速老化的试样以确定材料抗老化性的设备，以电弧、水雾和加热元件模仿阳光、雨水和温度的变化等条件。

weatherproof 不受气候影响的，全天候的。

weather resistance 抗风化的，抗老化的；材料或漆膜等经受风雨侵袭与日晒并保持其原有外观和成分的能力。

weatherseal channel 挡风雨槽钢；门顶上埋置在玛蹄脂（胶泥）上翼缘朝下的槽钢。

weather shingling 防潮贴面；用钉垂直悬挂在墙面上的墙面板，防止潮气从墙面渗透过来。

weather slating，weather tiling 墙挂石板瓦；挂在外墙面上用于防雨水渗透的石板瓦。

weather strip 挡风（雨）条；设置在外门窗门槛、门框或洞口缝隙上的木条、金属条等，用来防风、雨、雪和冷空气等。

weather-struck joint，weathered joint 防水刮缝，泄水勾缝；用抹子在砂浆缝上端向内压平抹光而形成的一种利于泄水的坡面。

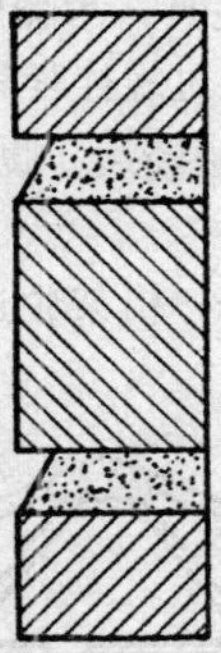

泄水勾缝

weathertight 不透风雨的；指防止风霜雨雪侵入的。

weather tiling，tile hanging 墙面挂瓦；外墙面上以钉子吊挂的竖直瓦片，用于防止墙面受潮。

weather vane 风向标，风信标；安装在塔尖或建筑屋顶上的可绕竖轴自由转动的金属片，用来指示风的方向。金属片通常带有装饰或具有某种特殊的形状。

weave bead 沿焊缝方向横向摆动而形成的焊缝。

weaving 交错搭接铺设；木板屋顶面的相邻片材相互交错搭接的铺设。

weaving house 同 spinning house；纺织厂。

web 1. 腹板；连接在桁架或大梁的弦杆或翼缘之间的部分，主要承受跨度方向的剪力。2. 肋板；空心砌块中间的隔板。

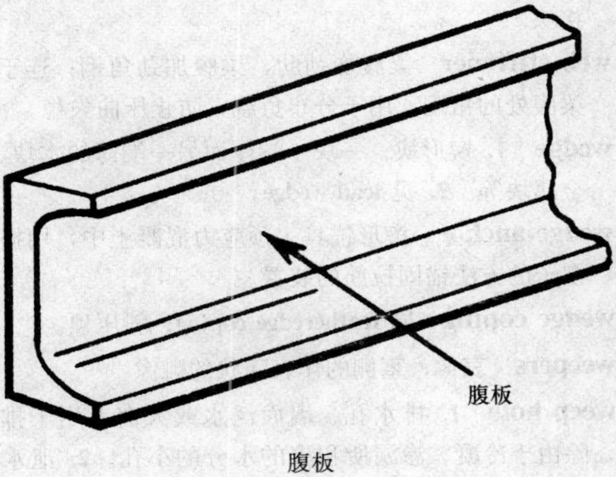

腹板

web bar 抗剪钢筋；钢筋混凝土中承受剪力和斜向拉力的钢筋。

web clamp 薄板夹具；木器胶结时使用的一种夹具，由尼龙带和通过螺栓紧固的金属紧固件组成。

web crippling 腹板断裂；腹板由于受到集中力的作用而局部破坏。

web member 腹杆；桁架中连接上下弦杆的任何杆件。

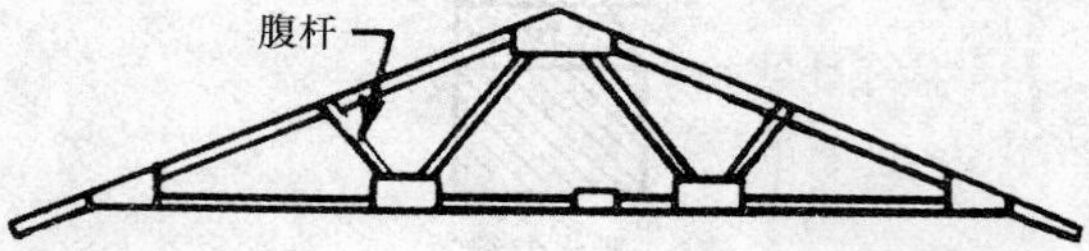

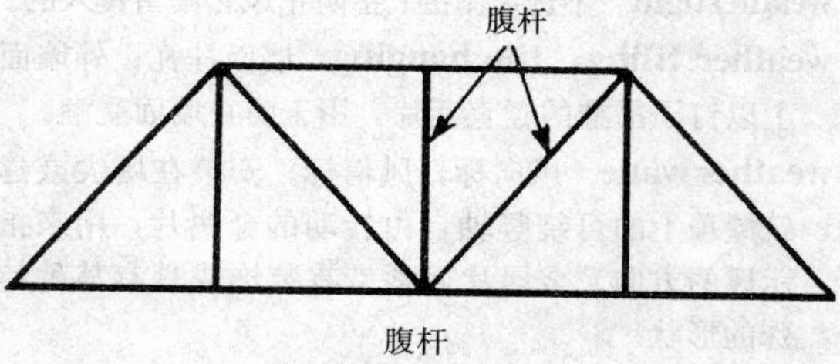

web plate 腹板；形成梁、板大梁或桁架腹部的钢板。

web reinforcement 1. 横向钢筋；由钢筋箍或弯筋构成，配置于混凝土梁中以抵抗剪力或斜向拉力。2. 附加到钢梁或主梁腹板上的钢板，以提高腹板的强度。

web splice 梁腹接头（搭接）；两块腹板的连接接头。

web stiffener 梁腹加劲肋，梁腹加劲角钢；连于梁腹处的角钢，用于分布负载，防止压曲失稳。

wedge 1. 楔形块；一块一端厚而另一端薄的木块、金属块等。2. 见 **lead wedge**。

wedge anchor 楔形锚具；预应力混凝土中，用插楔子的方法锚固拉筋的装置。

wedge coping 同 **featheredge coping**；斜压顶。

weepers 哀像；墓侧的作哀痛状的雕像。

weep hole 1. 排水孔、墙面泛水或天窗上用于排除由于冷凝、渗漏所积聚的水分的小孔。2. 泄水孔；设置在挡土墙底部的开孔，使墙后的水能排到墙外，以减少墙后的水压力。挡土墙背后填以砂砾或其他透水材料。

weep hole tile 泄水瓦；一种穿洞的瓦，位于瓦面的首排，排水沟上方。水经由空洞直接落到排水沟内。见 **weep hole**。

weeping cross 哀悼十字架；布道十字架的一种，特别用于天主教公益补赎。

weft 纬线（丝）；见 **carpet weft**。

weight batching 混凝土或砂浆拌合中按重量而不是体积配料。

weight box 窗锤箱；上下推拉窗框中容纳平衡重的沟槽。

weight pocket, weight space 双锤窗的锤箱。

weighting network 听觉校正回路；一种可以改变声级计的灵敏度和频率的电回路，用来提高仪表读数和个人对于噪声的主观判断的关联性。见 **A-scale**，是一种被广泛用于测量建筑或社区中设备噪声等级的听觉校正回路。

weld 焊接；用加热使两部分金属连接的方法，有时加压力或添加填充金属。

weld axis 沿焊缝长度与其截面垂直的一条线。

weld bead 焊缝；沿着接缝连续施焊后形成的电焊熔积缝。

weld decay 发生在焊缝或邻近焊缝的局部腐蚀。

welded butt splice 对接焊接接头；钢筋对接焊接形成的接头。

welded cover plate 焊接盖板；焊接在梁或大梁的盖板。

welded joint 焊接缝，焊接接头；密封接头是由两金属材料如钢、铁之间需要在塑性或熔融状态下焊接而形成的焊缝。

welded reinforcement 焊接钢筋；以焊接方式连接接头的钢筋。

welded system 焊接系统，焊接管道系统；采用焊接方式连接所有输送流体的管道系统，以防止其中的液体渗漏。

welded truss 焊接桁架；采用焊接方式连接主要构件而成的任何桁架。

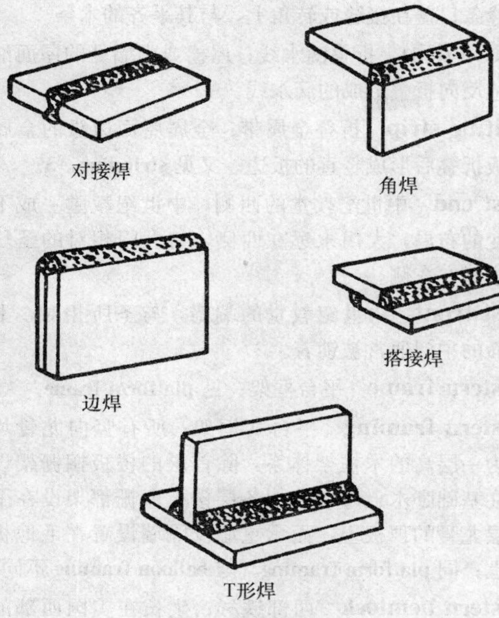

焊接缝

welded tube 焊接（缝）管；由金属板材或条进行纵向或螺旋形焊接而形成的管道。

welded-wire fabric, welded wire mesh 焊接钢丝网；由纵向和横向钢丝或钢筋在相交各点焊接形成的网搁栅，用作钢筋混凝土中的钢筋。

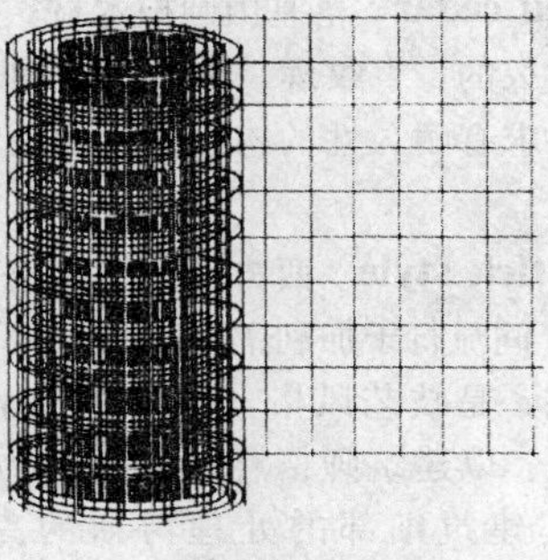
焊接钢丝网

welded-wire fabric reinforcement 焊接钢丝网配筋。

welded wire lath 同 **wire lath**；焊接钢丝网。

weld gauge 检测焊缝形状和尺寸的工具。

welding cables 焊机电缆；连接焊机与施焊工件的一对电缆，其一连接焊机与焊条电极夹，其二连接焊机和施焊工件。

welding nozzle 用于对接焊的一小段管子，其一端与导管焊接，另一端形成倒角。

welding rod 焊条；用于气焊或钎焊工艺的填充金属丝或金属条。而在电弧焊工艺中采用电焊条，不用提供填充金属。

welding screw 使用电阻焊时，作为接触金属部分的焊枪头顶上或底下凸缘的螺栓。

weldment 焊接成品；由焊接方式连接各个部件而成的构件。

weld metal 焊接时被熔的电焊部分。

weld nut 焊装螺母；电阻焊时作为接触金属的触头的螺母。

well-burnt 同 **hard-burnt**。

well, wellhole **1.** 楼梯转弯处的竖向空间。**2.** 楼梯井，容纳楼梯或电梯的竖向空间。**3.** 面积较小而高度相对较高的通风竖井等。**4.** 井；钻井、挖井；见 **bored well**, **dug well**。

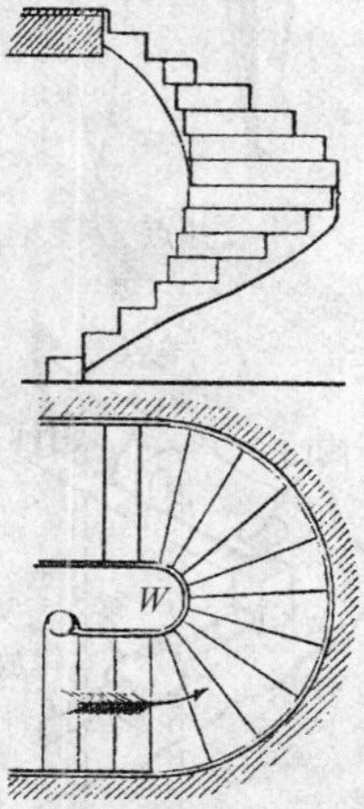

W—楼梯转弯处的竖向空间

well curb 井栏，井圈；围绕井缘周边的保护性装置，以防止物体落入井中，也用于提升水桶的机械的架设。

well curbing 同 **pit boards**；井壁挡土板，井壁支护板。

well-graded aggregate 级配良好的集料；颗粒配比产生最大密实度，最小孔隙率的集料。

wellhole 楼梯井；两墙之间用于安置楼梯的竖向空间。

well house，wellhead 井房；搭在水井上的罩棚。

well point 井点；打入地下的一根空心管；其低端带有多孔并与一台水泵连接，用于收集排除挖土坑周边的地下水。

well-point system 井点降水系统；一系列井点均与水泵相连，用来降低挖土坑的地下水位。

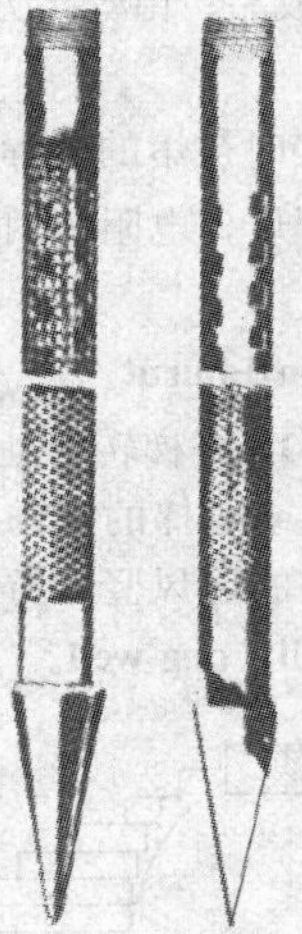

井点

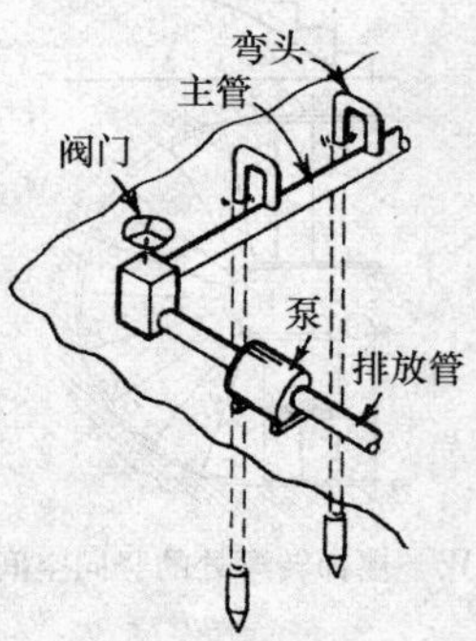

井点降水系统

well stair 楼梯井。

Welsh arch 威尔士拱；有楔形拱心石的平拱。

Welsh groin 交叉穹棱，威尔士穹顶肋。

Welsh vault 威尔士穹隆；见 **underpitch vault**。

welt **1.** 折叠接缝；铁皮屋顶中的咬口接缝。**2.** 盖缝条；盖在接缝或转角上，与其平齐的木条。

welted drip 折叠滴水线；屋檐或山墙处的屋面油毡反向折叠形成的滴水线。

welting strip 折叠金属带；金属屋面边缘的金属板折叠后形成竖直的板边；又见 **stripping，3**。

west end 中世纪教堂的西侧；中世纪教堂一成不变的布局，大门永远在西侧，与大门相对的圣坛永远在东侧。

west front 中世纪教堂的端墙，与圣所相对，上面的主门通常被锁着。

western frame 平台框架；见 **platform frame**。

western framing 平台式框架；所有竖向龙骨均为一层高的木框架体系，除首层的楼板搁栅架设在基础卧木上外，其他各层楼板搁栅都架设在下层龙骨的顶板上，而承重墙及隔墙设置在毛地板上；同 **platform framing**。与 **balloon framing** 不同。

western hemlock 西部铁杉；生长在美国西部的一种直纹理、中低密度、浅黄色或褐色的木材，硬度比北美黄杉差，一般用于普通结构或层压板中。

western larch 西部落叶松；生长在美国西部的中等硬度、高密度、粗纹理、红褐色的木材，在普通木结构中用作大梁和地板。

western red cedar 落基山圆柏木材；生长在美国西部的耐久的、直纹理、中低密度的木材，用作结构中要求有耐久性的构件如屋面板或木瓦，又称侧柏。

Western Stick style 西方斯的克风格建筑；1905～1920 年间流行于加利福尼亚的一种单层木构架结构住宅，是技艺风格（**craftmen style**）的最佳代表形式。以建筑师格林（**Greene**）及其作品为代表，其建筑细部的处理与斯的克风格建筑（**Stick style**）相比已达到很高的艺术水准。

West Indian mahogany 西印度红木；见 **carapa**。

westwork 西面塔堂；在罗马式教堂的西侧，拥有一个低矮门厅的塔状结构，上部的房间开向中殿。

wet-alarm valve 湿管系统警报阀；在（a）使水流入湿管式消防系统中；（b）防止水倒流；和（c）在设定水流条件下能启动报警的阀门。

wet-bulb depression 干湿球之间的温差。

wet-bulb temperature 湿球温度；干湿球温度计中湿球温度计记录的湿度。

wet-bulb thermometer 湿球温度计；蒸发式湿度计中，感温包一直保持潮湿状态的温度计。

wet cleaning 湿式清洁；用浸湿了的拖把、抹布和其他清洁工具吸附石棉污染物中的石棉以达到将其清除的方法。

wet construction 湿法施工；筑墙所用的材料（如混凝土、砂浆、粉刷等）其施工均在湿的环境下进行。

wet glazing 湿法安装玻璃；安装玻璃时用刀或枪施涂玻璃与框架之间的密封胶。

wet hide 同 **hiding power**；（涂料）覆盖能力。

wet mix 湿拌混合料；具有较高含水量拌合的混凝土，未硬化时具有较好的流动性。

wet-mix shotcrete 湿拌喷射混凝土；所有的成分（包括水）均在添入喷射管之前拌合好。

wet-on-wet painting 湿压湿涂漆法；在底层漆料干透之前喷涂第二层漆的技术。

wet pipe sprinkler system 湿管灭火系统；在足够的水压下，含有水的自动喷水消防系统。发生火灾时可立即自动开启洒水喷头，直接、连续喷水。

wet riser 湿立管。

wet rot （木材）腐朽；木材在高湿度环境中由于真菌作用产生的腐烂。

wet screening，wet sieving 湿筛；新拌混凝土在可塑状态下筛除大于筛网孔的骨料。

wet sieving 湿筛；见 **wet screening**。

wet sprinkler system 同 **wet pipesprinkler system**；湿管灭火系统。

wet stable consistency 湿稳定稠度；水泥浆或砂浆不出现坍落所能具有的最大含水量。

wet standpipe system 湿立管系统；充满水的立管系统，火灾发生时在水压力作用下可立即喷水。

wet storage stain 同 **white rust**；白锈（白膜）。

wet strength 湿润强度；胶结接缝从所浸入液体中刚拿出时的强度。

wet system 湿式系统；见 **wet pipe sprinkler system**。

wetting 润湿；低温焊或铜焊时，在基层金属块上熔化填充金属的过程。

wetting agent 润湿剂；能降低液体表面张力，使固体表面易于湿润，并使液体渗透进入固体毛细孔中的物质。

wet trades 湿作业；需要将干的建材与水混合的建筑作业，例如搅拌混凝土、抹灰和涂石膏。

wet-use adhesive 湿用胶粘剂；层压胶合板制作中使用的胶粘剂，其能在较宽泛条件下充分发挥作用，包括暴露在大气中、干湿使用和加压处理的过程中。

wet vent 排气污水管；其功能既能作污水管或废水管又可作通气管的一个尺寸较大的管子。

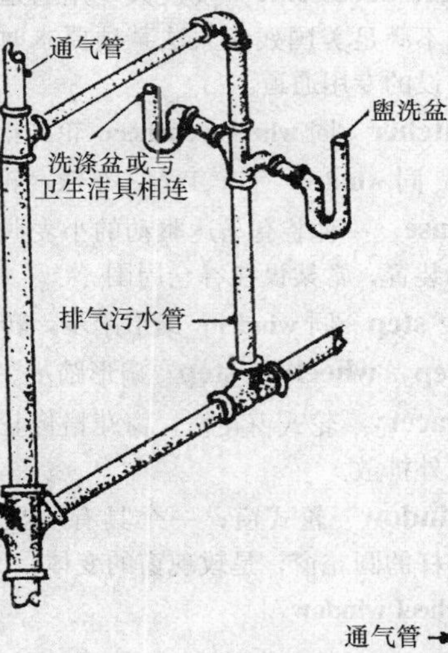

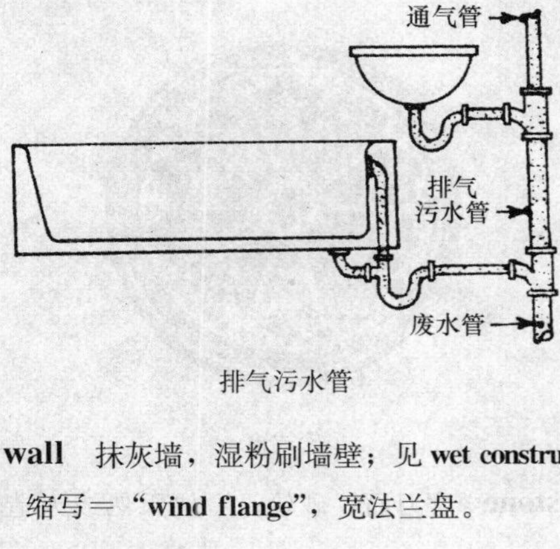

排气污水管

wet wall 抹灰墙，湿粉刷墙壁；见 **wet construction**。

WF 缩写＝“**wind flange**”，宽法兰盘。

WG 缩写=“wire gauge”，线规。

WH 缩写=“water heater”，水暖。

whaleback roof 1. 同 ship's bottom roof；凸弧形坡屋顶。2. 同 compass roof；拱形坡屋顶。3. 同 rainbow roof。

whale house 鲸鱼屋；18世纪早期马萨诸塞州的捕鲸者们特别欢迎的一种简单住宅，其后面有一厨房，厨房两侧各有一小卧室，厨房内的壁炉与大厅中的主要壁炉相向而设。

whaler 模板横挡；见 wale。

wheat-threshing barn 麦草库；见 bank barn。

wheelbarrow （独轮）手推车；前面安装一个轱辘，后面有两只腿，并有两个扶手的手推车，用于短距离运送材料。

wheelchair accessible 残疾人专用通道；当入口处设施不满足美国残疾人法某项要求时，会在入口处加设的专用通道。

wheel ditcher 同 wheel trencher；轮式挖沟机。

wheeler 同 winder；手车工人，车辙，轮辙。

wheelhouse 一种装有马达驱动的小麦脱粒机的循环结构装置，常架设在谷仓周围。

wheeling step 同 winder；扇形踏步，转向踏步。

wheel step, wheeling step 扇形踏步。

wheel tracery 轮式窗花格；窗花格像轮辐一样由中心向外扩散。

wheel window 轮式窗；一个具有明显放射形窗棂或支杆的圆花窗，是玫瑰窗的变体，又称 Catherine wheel window。

轮式窗

whetstone 磨刀石，砂轮；一块天然或人造的石块，用于磨砺刀具。

Whipple truss 惠伯桁架；交叉式腹杆的伯拉特桁架，其斜杆为拉杆，竖腹杆为压杆。

whirley crane 摇臂起重机，回转式起重机；摇臂可回转360°的起重机。

whispering gallery, whispering dome 回声廊；在穹顶或拱顶下的空间或回廊，在其中任何一点发出的微小响声皆可在远离的一点听到。

white cement 白水泥；类似于普通水泥特性的纯方解石石灰岩水泥，只是细度更细。

white coat 白灰罩面层；涂抹于平整结实饰面上的石灰膏饰面层。

white deal, white fir 白杉；见 spruce。

white lauan （菲律宾）白柳桉木；见 Philippine mahogany。

white lead 白铅（漆），白铅粉；基本成分为碳酸铅，以粉状或与松油或蓖麻油调合成的膏状，用作外墙漆中不透明白颜料或用于陶瓷和腻子中。

white lead putty 白铅油灰；由碳酸铅与蓖麻油调合成的高质量油灰，碳酸铅含量至少达到10%。

white lime 1. 同 high-calcium lime；熟（消）石灰，白涂料。2. 同 pure lime；纯石灰。

white mahogany 白桃花心木；见 avodire。

whitening 泛白；由于采用不正确的饰面技术或面层局部起泡造成的木器表面纹理发白的现象。

white noise 白噪声；在感兴趣的频率范围内具有水平频谱的噪声；即单位频率的能量与频率无关。

white oak 白橡木，白栎木；一种坚硬而耐久的灰或红褐色木材，适用作地板、镶板或贴面。

white pine 白松；一种重量轻而质地较软的木材；易于加工，钉钉子不易劈裂，不那么起鼓或翘曲，广泛用于建筑结构中。

white portlant cement 白水泥；用含低氧化铁和低氧化锰的原料生产的硅酸盐水泥，经水化作用而形成白色浆体。用于配制白色混凝土。

whiteprint 白图；在白纸上用黑色线条复制的施工图。对比蓝图。

white rot 白斑朽；木材上由真菌留下的白色排泄物形成的一种类型的腐烂。

white rust 白锈（白膜）；镀锌层表面的白色腐蚀物。

white spirit 白节油，石油溶剂。

white spots 白斑；见 **water spotting**。

white walnut 灰胡桃木；见 **butternut**。

white wash 石灰粉刷；为了使外墙面呈白色而涂刷的非永久性涂层，通常由熟石灰与水调合制成，典型的成分组成为磨细的白垩（白铅粉）、石灰、粉末、胶和水，有时还加有肥皂或动物油脂。

whitewood 同 **tulipwood**；鹅掌楸木，白木。

whiting 白铅粉；碳酸钙粉末，用作油漆、油灰和石灰水的填料。

whole-brick wall 整砖墙；墙厚为一砖长的砖墙。

whole pitch 其矢高等于其跨度的人字形屋面。

whole timber 整材，整方木，大木。

WHSE （制图）缩写＝"**warehouse**"，货栈，仓库。

WI 1.（制图）缩写＝"**wrough iron**"，铸铁，熟铁。2.（制图）缩写＝"**water inlet**"，进水口，取水口。

wicket 大门框架中的小门或出入口。

wicking 依靠毛细管作用形成的吸收作用。

wickiup 同 **wikiup**；美国西南部 **Apache** 印第安人居住的一种临时性小圆屋，

wide-flange beam 宽翼缘梁；断面如字母 H 形的热轧结构钢梁或混凝土结构梁，其两翼比工字形梁宽。

宽翼缘梁

wind-ringed, coarse-grained, open-grained 粗木纹的，宽年轮的；指树木因为生长速度快而使年轮变宽，其木质要较窄年轮的树木软，强度较弱。

wide-throw hing 宽叶铰链；两翼超宽的矩形铰链。

wide tolerance 大于标准公差的公差。

widow's walk 屋顶走道，带栏杆屋面；有时可以看到海的屋顶平台或观赏台，通常由四坡屋面上截去顶部形成，并由栏杆围住。又称屋顶便道。

wiggle nail 波形扣件。

wiggling-in 试测和误差修正定线法；见 **range-in**。

wigwam 圆篷；美国东北部印第安人的住所，形式各异，一般用小树干立在地面上，顶部弯成弧形，绑扎呈圆形穹顶框架结构。框架上覆盖防水的编织物或兽皮。在穹顶上有一孔洞，用于排除下面火坑中的烟气，侧边有一出入口。（而在 tipi 帐篷中是没有的）。

wikiup 美国西南部 **Apache** 印第安人居住的一种临时性小圆屋。其搭建较为方便快捷，将小树枝顶上绑扎在一起形成圆穹形或圆锥形的框架，框架周边钉上木桩以使其更加稳固，框架上面覆盖编织物（草席）。

will 单词"**will**"用于与业主或建筑师/工程师的要求做法相关的事项；是用于业主或销售商自我约束的要求；意味着业主在合适的时间所需提供的信息；所需审阅和批准的文件。

Williot diagram 威洛图解；桁架变位图；用图解的方法确定框架结构在荷载作用下的变形。

Wilton carpet 威尔顿提花地毯；一种编织工艺高超的丝绒剪绒地毯，由丝绒线在提花织机上织成。

winch 绞盘（车），卷扬机，绞车辘轳；由一转动的辘轳和一根绕在辘轳上的长绳组成的机械，用于拖拉和提起重物；一种起重机。

wind 1. **twist** 的英式名词。2. 曾作为 **warped** 或 **wined** 的同义词。

windage loss 系统中（如空调系统的冷却塔中）被循环流动空气带走的细小水珠造成的水量损失是由补给水不断补充这部分损失的水量，通常用循环速率的百分比表示。

wind beam 抗风梁，抗风系杆。

wind box 风箱；用于不断补充燃煤、燃气或燃油燃烧器的空气的供气箱。

wind brace 抗风支撑；屋架椽子和檩条间抗风撑，用于加强屋面框架的刚度。

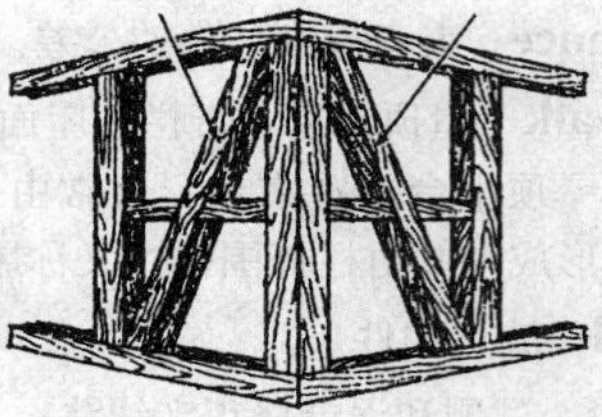

抗风支撑

windbreak 防风墙（篱、林、设备）；用于保护花园或建筑抵抗风的侵袭的密树丛、栅栏或矮墙等。

wind catcher 同 **wind scoop**；风斗；一种利用自然风使房间内空气流动的装置，常见于中东热带地区。装置呈小塔状，位于屋顶，开口面向温度低于室温的主导风方向。由于开口处的风速比低窗处高，因此塔状装置内的空气在压力作用下进入房间并降低室温。

wind-cut tree 强风环境中生长成形的树。

winder，wheel step 螺旋楼梯踏步；如螺旋楼梯中或多或少呈楔形的踏步，踏步的一端宽于另一端。

wind filling 同 **beam fill**；梁间填充的砌石砌体。

wind force 同 **wind load**；风荷载。

wind guard 1. 防风构造；用于挡风的任何构造措施，如烟囱的防风帽。2. 同 **draft fillet**；窗镶条。3. 窗户的止风条。

winding-drum machine 卷扬机；升降机中齿轮驱动的机器，带有一个轮毂，用于缠绕一根提升轿厢的钢绳。

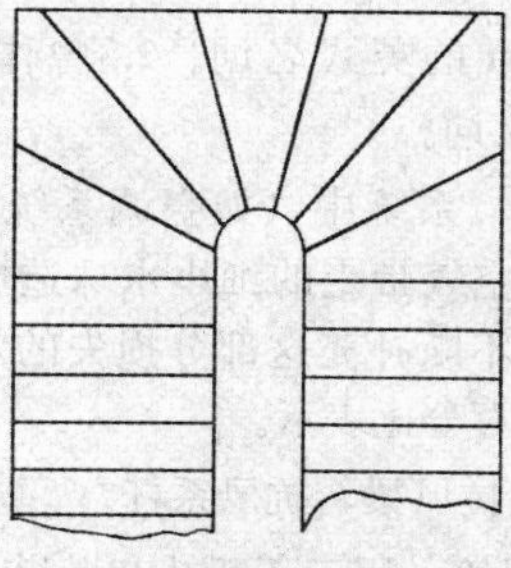

楼梯的斜踏步

winding stair 1. 螺旋式楼梯；主要由或全部由扇形踏步构成的楼梯。2. 盘旋式楼梯；见 **screw stair**。

winding strips，winding sticks 带有平行边的两根短木条，用来放置于平面上检测其是否平整。

windlass 小绞车，辘轳，小卷扬机；一个轮轴的改进装置，由一根轴、一个摇把和一卷绕在轴上的链或绳组成，用于提升重物。

wind load 风荷载；作用在结构或结构某部分上总的风荷载。

windmill 风车；由风推动一系列叶片绕轴转动的一种大型机械，所产生的动力广泛用于磨谷子、锯木头及抽水等。美国早期的风车由四片转动较慢的巨大的布糊成的叶片制成，并需要操作人员经常维修。1854 年一种完全新型的风车发明并注册，它由众多小叶片组成，可不依靠人力自行启动，这一特点使其具有广泛的应用价值，尤其适用于抽水；20 世纪后半期一种被环境之友组织称为“农庄”的风车出现，它由巨大的两叶片组成，用于发电。

window 窗；建筑物外墙上用于通风和采光的洞口，通常配有玻璃的窗框称为窗扇，安装在窗框内形成可开启窗扇或成为窗户透光一部分（如不可开启）的平板玻璃称为玻璃片；各种类型的窗详见 **angled bay window，art window，awning window，band window，bay window，blank window，bow window，bull's-eye window，camber window，cant-bay window，cantilevered window，cant window，casement window，Chicago window，circle-head window，circular window，clerestory window compass，diamond window，Diocletian window，dormant window，dormer window，double-hung window，double-lancet window，drop-head window，D-window，eyebrow window，false window，fanlight，flank window French window frieze-band window，frieze window，gable window，hopper window，jalousie，jib window，lancet window，landscape window，lattice window，leaded window leper's squint，louver window，low-side window，lucarne，lucome window，Lutheran window，lynchnosocope，marigold window，oculus，oeil-de-boeuf，operable window，oriel，oval window，reversible**

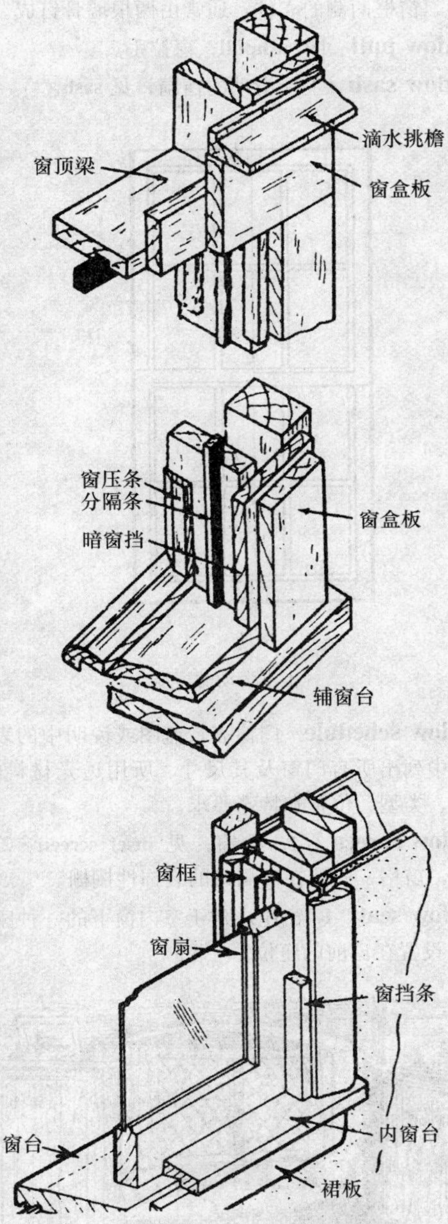

窗详图

window，ribbon window，rise window，round-topped window，sash window，semicircular window，serliana window，single-hung window，skylight，sliding window，sliphead window，square-headded window，stationary window，stepped windows，storm window，three-part window transom window，trellis window，tripartite window，triple-hung window，Venetain window，wheel window，Yorkshire light。

window apron 内窗台下的护板，裙板。

window back 窗腰；窗台与地面之间墙的内表面。

window band 同 **ribbon window**；带形窗。

window bar **1.** 窗樘。**2.** 玻璃分隔条。**3.** 窗挡。**4.** 保持窗扇固定的小条。

window bay 凸出墙外的小窗。

window bead 窗内侧挡条；见 **inside stop**，**draft bead**。

window blind 窗帘，遮光帘或百叶窗。

window board 同 **window stool**；内窗台。

window bole 采光通风孔；墙上用于采光和通风的装有百叶的孔洞。

window box 同 **weight box**；窗锤箱。

window casing 窗套，窗四周可见的饰面。

window catch 窗插销，窗栓，窗钩；安装在窗扇上的固定窗扇，防止窗扇从外面被开启的装置。

window-cill 同 **windowsill**；窗槛（台）。

window cleaner's anchor 擦窗人系安全带锚钩；连接在窗框外面（或窗框旁边的墙）的挂钩，供擦窗人系安全带用的。

window cleaner's platform 擦窗吊篮；由绳子或钢缆从屋面悬挂下来的手动或电动的平台，用于承载擦窗人和维修人员。

window configuration 窗外观；窗的形状、数量和采光玻璃、边梃、中梃、窗花格和（或）窗框的相互关系；又见 **fenestration**。

window crown 窗楣；窗户上部如山花一样的装饰物。

window divider 窗户分格；见 **mullion** 和 **muntin**。

window dressing 窗框四周由木头或石头制作的装饰。

window frame 窗框；安装窗扇或平开窗扇和所有必要的五金件的框架，窗框是固定的、不可开启的。

窗楣

window furniture 同 **window hardware**；窗上金属五金件。

window glass, sheet glass 窗玻璃；一种钠钙（硅酸盐）玻璃，由美国生产的平板玻璃宽度达 6ft（1.83m），厚度从 0.05～0.22in（1.27～5.57mm）。玻璃根据质量分为 AA，A，B 级，但实际质量随生产厂家而定。

window glazing bar 同 **muntin**；中梃。

window guard 1. 窗棂。2. 窗铁栅，护窗网；金属保护性栅栏，常具有装饰特征。

window hardware 窗（金属）五金件；用于开关窗扇、支撑窗扇、保持其开启或锁紧的配件或附件，包括插销、门链、吊索、紧固件、合页、滑窗把手、滑窗滑轨、锁、拉手、滑轮滑窗平衡器、窗锤和风撑。

window head 窗头，窗框上槛；窗框上面横跨的水平构件。

window jack 同 **builder's jack**；窗洞伸出脚手架。

window jack scaffold 窗洞伸出的脚手架。

window lead 镶玻璃铅条；铸就的有沟槽的细铅条，用于镶嵌窗玻璃片。

window ledge 同 **windowsill**；窗台板，窗台。

window lift, sash lift 提窗把手，滑窗把手；固定在滑窗上的把手（通常在下滑窗上），可使窗提起或放下。

windowlight 窗扇玻璃；安装在窗扇框格内的玻璃片。

window lining 窗框镶板，窗衬套；见 **lining**。

window lock 同 **sashlock**；窗插销。

windowpane 安装在窗扇内的玻璃片。

window post 窗间柱，（窗）樘子梃；木框架房屋中，窗框两侧的立柱，通常由两根墙骨钉成。

window pull 同 **sashpull**；窗拉手。

window sash 上下滑动的窗扇；见 **sash**。

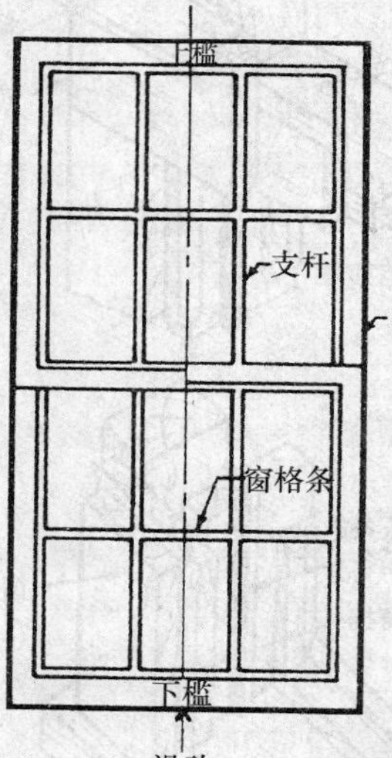

上下滑动的窗扇

window schedule 门窗表：蓝图或说明中的表格，其中列出所有门窗及其尺寸、所用透光材料的数量、类型、位置和特殊要求。

window screen 1. 纱窗；见 **inset screen**。2. 窗栅，窗格；安装在窗洞口的装饰性搁栅。

window seat 1. 窗座，建于室内窗下的一种座位。2. 设置在窗前的座位。

窗座

window shutter 百叶窗；见 **shutter, 1**。

windowsill 窗下槛，外窗台；见 sill，3。

window space 房间或房屋中窗前区域。

window spring bolt 窗扇弹簧插销；可保持窗扇处于任一位置的弹簧销（不是平衡器）。

window stile 窗扇边梃，窗梃；见 pulley stile。

window stool，window board，elbow board 窗台（板）；水平放置在窗下槛上、处于窗扇两边梃之间的板，抵靠住下窗扇的下冒头，成为窗套的下收头，通常由木头制成，但也有金属或其他材料的面层。

window stop 窗内侧挡条；见 sash stop。

window surround 外窗四周；窗四周外墙表面上的装饰细部或构件。

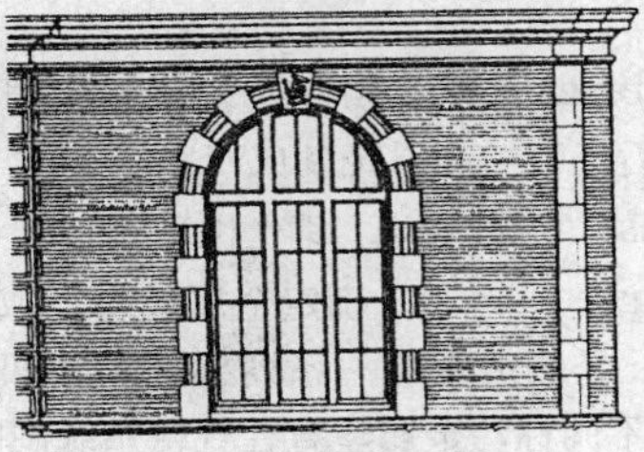

外窗四周

window trim 窗饰，饰窗花格；室内一侧的装饰性窗套细部。

window unit 窗组合体，窗单元；可运输或在建筑中安装的一套完整的窗制成品，包括窗扇或平开窗扇。

window wall 窗墙，玻璃幕墙；一种基本上由水平及垂直的金属构件组成的幕墙，包括固定采光扇、活动扇或不透明平板或其组合。

window weigth 滑窗平衡锤；见 sash weigth。

window well 窗井；下槛低于相邻地面，由挡土墙围成的窗前空间。

window yoke 窗框上槛；上下推拉窗窗框顶部的水平构件，连接两侧滑轨。

wind pressure 风压；承受风吹在表面上的压力。

windproof 同 windtight；防风的。

wind scoop，wind catcher 风斗；一种利用自然风使房间内空气流动的装置，常见于中东热带地区。装置呈小塔状，位于屋顶，开口面向温度低于室温的主导风方向。由于开口处的风速比低窗处高，因此塔状装置内的空气在压力作用下进入房间并降低室温。

wind shake （木材）顺年轮的干裂，木材环裂；木材生长过程中由于风应变引起的裂纹。

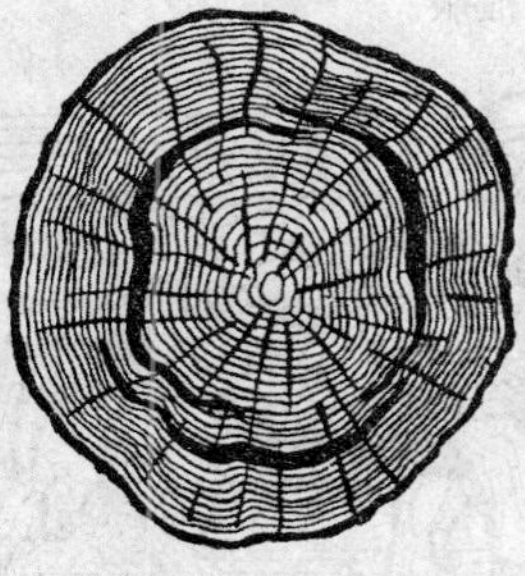

（木材）顺年轮的干裂

wind-speed rating 风速等级；墙体可以抵御最高风速。

wind stop 1. 挡风雨条；门窗周围的挡风条。2. 盖在窗扇或平开窗扇与相邻窗梃间缝隙上的木条或金属条。3. 盖在房屋任意类型的缝隙上的木条或金属条，用以防风吹入。

windtight 不透风的；指所有孔洞和缝隙都用盖缝条严密封闭的构造。

wind uplift 作用在屋面上的负风压（如向上的吸力）。

wine cellar，wine vault 酒窖；储存酒的地下室，一般是低温又不见光的。

wing 1. 厢房；一栋建筑物从其主要部分伸出的或从属的一部分。2. 侧台；剧院舞台侧面的台面和空间。3. 转门门扇；四扇转门的门扇。

wing balcony 侧包厢；观众席中沿剧场正厅侧墙向舞台伸展的一部分包厢。

wing compass 弓形两脚规；一对脚规由一片弧形条固定在一条腿上，并穿过带有定位螺栓的另一条腿，用来控制其张开的角度。

wing dividers 分规；构造上类似于弓形两脚规的分规。

winged bull 人首翼狮像；古代亚述建筑中常见的

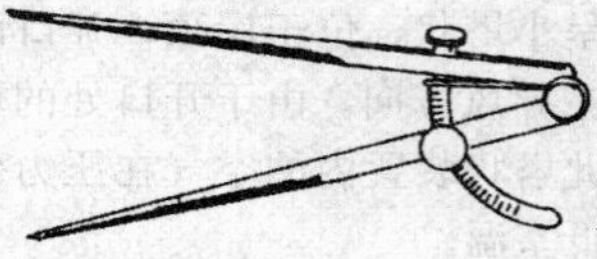

分规

一对人头狮身带翅膀的石雕，守卫在宫殿入口处，代表力量和征服。

亚述石雕

winged disk 埃及复兴建筑中，同 **sundisk**；日盘。

winglight 侧窗；见 **sidelight，1**。

wing nut 翼形螺母；由两个突出的薄片便于用拇指和食指拧紧的螺母。

翼形螺母

wing pile 翼桩；端部加宽的支承桩（一般为混凝土的桩）。

wing screw 翼形螺钉，蝶形螺钉；具有翼形端头，便于用手拧动而不是用螺丝刀的螺钉。

wing wall 抵在拱座一侧作为支撑兼作挡土墙的辅助性墙。

wiped joint 包裹式嵌铅锡合金接头；在接缝上浇注熔融的焊锡，然后用布或衬垫包裹形成所需形状的接缝。

wire 线材，金属丝；金属制成的细丝或细棒。

wire brad 角钉，曲头钉，铁丝钉。

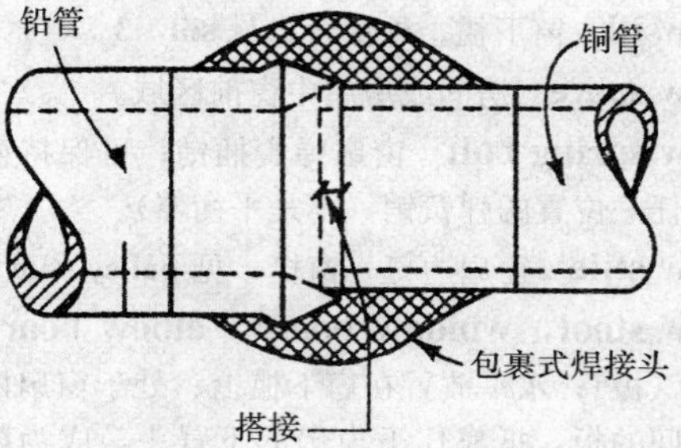

包裹式焊接头

wire cloth 钢丝布；用于像纱窗、筛子这类的金属编织品，其每英寸的网格数称为筛孔。

wire comb，wire scratcher 钢丝梳，钢齿耙；用于刮毛抹灰表面，以增强其与底层结合的划痕工具。

wire-cut brick 钢丝切割砖；用钢丝切割的黏土砖坯，后经窑炉高温烧制成砖。

wired glass 夹丝玻璃，钢丝网玻璃；见 **wire glass**。

wire gauge 1. 线规；确定金属丝直径或薄板厚度的量规，是侧边带有一系列标准尺寸凹槽的薄钢板。2. 不同标注金属丝直径规格系统中的一种。

wire gauze 金属丝网，铁丝网；细纹金属网布。

wire glass，wired glass，safety glass 夹丝玻璃；其中埋有金属网以防撞击时碎裂的平板夹层玻璃。

wire height 同 **carpet pile height**；地毯绒毛厚度，地毯毛束高度；地毯基材以上的绒毛高度，一般以英寸或毫微米表示。

wire holder 绝缘子；具有紧固螺钉或螺栓和一个孔洞以固定导线的绝缘子。

wire lath 抹灰用钢丝网；焊接钢丝网，通常带有纸褙衬，用作抹灰的基层。

wire mesh 金属丝网，铁（钢）丝网；见 **welded-wire fabric**。

wire mesh partition 同 **mesh partition**；钢丝网隔墙。

wire nail 线钉；由线材制成的钉，尤其是涂锌钉（表面处理的钉）。

wire nut 接线螺套；一种小型机械接线器，包含带有螺纹或铰合金属插座的绝缘护套，将待接电

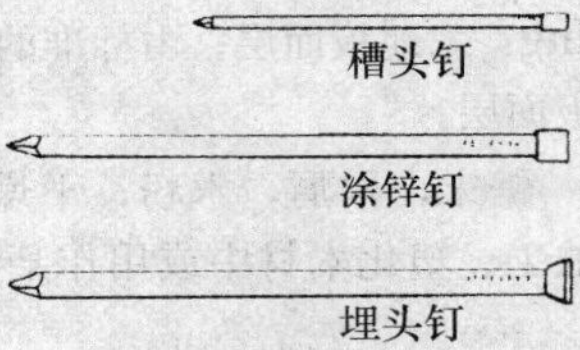

线钉

线端头的绝缘剥掉后插入接线螺套内，用手将接线螺套拧到电线接牢为止。

接线螺套

wire rope 钢丝绳；由多股钢丝绳拧制成的钢丝绳，通常中间夹芯线。

wire saw 钢丝锯；可带动砂石或其他研磨料的稀浆快速拉动的连续钢丝套件，用来锯石头。

wire scratcher 同 **wire comb**；钢丝刷，刮痕抹子，带钉镘板。

wire size 根据美国线规（AWG）的规定划分的导线规格和（或）根据 MCM 的规定专用于划分铜导线的规格。

wire tie 同 **tie wire**；绑扎铁丝；用退火铁丝将钢材绑扎起来，从而将这些钢材整体加强。

wireway 同 **raceway**；电线槽。

wire wrapping 用来缠绕混凝土抗拉构件或环形混凝土墙等处的高强钢丝。

wiring box 接线盒；带有插头和连接点或开关的室内金属接线盒，可分为地板接线盒、接线盒、部分开关接线盒或公用设施接线盒。

wiring channel 布线通道；一种金属套；见 **fluorescent lamp** 图示。

wiring device 连接并控制低压电接线盒、照明系统和应用设备（如墙上电开关和插孔）的装置。

witch door 门的最下块镶板形成一个大写字母 X，曾被某些人认为具有避邪的意义，与 **Christian door** 不同。

避邪门

witch's hat 1. 特别陡峭的锥形屋顶。2. 同 **bonnet roof**；帐篷屋顶。

withdrawing room 是画图室一词（**drawing room**）的旧称

withe, wythe 1. 一个烟囱纵向分成两个烟道的隔墙。2. 枝条；柔韧的细枝条，尤其指捆住屋顶茅草所用的枝条。3. 一片墙砌体；每一竖向连续截面为一块砌体的厚度。

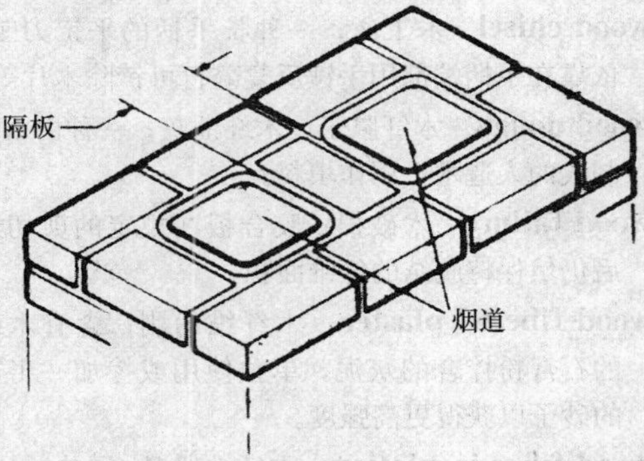

双烟道烟囱的纵向分隔板

with-the-bed cut 同 **fleuri cut**。

witness corner 测量参考角标；设置在接近地产的转角而不是在地产上的标志，因为恰好在地产转角处的标志不可能保留下来。

WK 1.（制图）缩写＝“**week**”，工作日。2.（制图）缩写＝“**work**”，制品。

W/O （制图）缩写＝“**without**”，无。

wobble friction 偏移摩擦；在预应力混凝土中由预应力钢丝束偏移产生的摩擦力。

wobble saw 摇摆锯。

women's room 女休息室；见 ladies' room。

wood 木材；在树皮和髓心之间质地坚韧的纤维物质，它构成树的干和枝。

wood block 1. 地板木块；用胶粘剂粘在混凝土楼板面上的刨光的小木块，作为耐久性地板面层。2. 木块；放置在混凝土模板中的木块，用于防止模板移动或作填充空间用。

wood brick, fixing brick, nailing block 1. 木砖；嵌入砖墙中的砖块尺寸大小的木块，作为固定饰面的钉钉处。2. 木砖；见 nog。

wood-cement concrete 木屑水泥混凝土；以木屑和小木片作为骨料合成的混凝土，饰成表面光滑没有明显的孔洞。

wood chimney 木烟囱；由木板或木料建造的烟囱，其内表面通常以黏土抹灰进行防火处理，因为这种烟囱极易着火，所以只有在没有砖或石头的地方才允许使用；见 clay-and-sticks chimney。

wood chipboard 碎木胶合板；见 particleboard。

wood chisel 木工凿；一种长手柄的平铲刀工具；依靠在手柄端部用手锤反复敲打可铲除木片等。

wood dough 木纤腻子，木纤油灰；一种由木纤维制成的人造木，用作填料。

wood failure 木破损；胶合板在规定的剪切试验后仍然保持胶结的纤维面积。

wood-fibered plaster 木纤维粉刷；含有木纤维的石膏粉拌合的灰泥，单独使用或掺加一半重量的砂子以获得更高强度。

wood-fiber insulation 木纤维保温（隔热）材料。

wood-fiber slab 木质纤维板，木丝板；由木丝和水泥混合不经压实制成的平板，用于需要保温的地方，作为抹灰的基层。

wood filler 木材腻子，木质填料；用于木器涂漆或上蜡前嵌填其表面小孔的液体或膏状混合物。

wood finishing 木饰面，木制品装修；对木制品表面进行刨光、打磨、着色、刷清漆、打蜡或涂漆等处理。

wood fire-retardant treatment 木材阻燃处理；对木材或木制品进行加压注入树脂处理，以减少其可燃性或易燃性。

wood flooring 木地板面层；由标准的刨光的镶板构成的地板面层。

wood flour 锯末，木屑，木粉；干燥的细木粉，用在线脚加工、塑化木材中或用作某些胶合剂的添加物。

wood form 木模板；见 form。

wood-frame construction 木框架结构，木建筑，木结构房屋；房屋的外墙、承重墙、和隔墙、楼板、屋顶及其他结构部分均由木材建造；见 balloom framing, iron framing, platform framing, post-and-beam framing, post-and-girt framing, weatern framing；又见 timber-framed building, timber framed house，与 steel-frame construction 不同。

wood-framed house 木框架房屋；见 timber-framed house。

woodgraining 同 false woodgraining；木纹的。

wood-grain print 木纹印花；一种仿木纹图案，用有花纹的辊子印在各种各样的木质基层上，如硬木板和次等级胶合板上。

wood ground 同 ground, 1；受钉的埋墙木砖。

wood gutter 木天沟；沿屋檐而设的木天沟，一般由木板制成，也有由一整块木头制成。

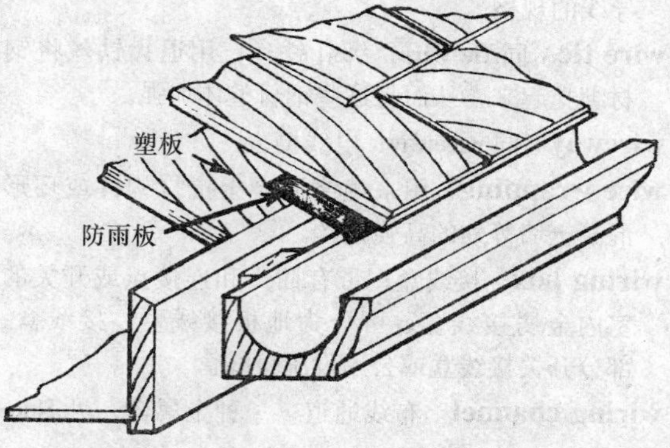

木天沟

wood joint 木接头；两块木板、木片或木料有钉子、紧固件或木栓等形成的接缝，各种类型的木接头详见 bronken joint, butt joint, cogged joint, dado joint, dovetail joint, extruded joint, finger joint，half-dovetail，half-lap joint，hewn-and-peg joint，housed joint，mortise-and-tenon joint，rabbet joint，scarf joint，shiplap joint，spalled joint，spline joint，straight joint，tongue-and-groove joint。

woodland 林地；一大片主要被乔木覆盖的土地，也包含部分灌木和其他植物。

wood lath 抹灰板条；用作抹灰基层的窄木板条，一般被间隔均匀的钉在墙或顶棚内的墙骨或底板上。直到19世纪早期人们才改变了用手工劈制板条的方式，改用圆锯加工宽窄厚度基本一致的板条。最近在新结构中木板条已经被金属板条网所取代。

wood moisture 同 moisture content，1；含水率；通常以占全部干密度的百分率表示。

wood molding 木线脚，木模；见 WP-series molding pattern。

wood mosaic 1. 镶嵌细木工；见 mosaic。2. 拼花木地板块；见 parquetry。

wood nog 木栓，木榫，木钉；见 nog。

wood oil 1. 桐油；见 tungoil。2. 油树脂；用于嵌缝和防水的油树脂。

wood preservative 木材防腐；用于防止或减缓木材因真菌或白蚁造成的腐坏，广泛采用的防腐剂有防腐油、沥青、氟化钠和焦油，尤其适用于与地基接触部分的木头。

wood rasp 同 rasp；木锉。

wood roll 柱头涡卷状装饰；见 roll，1，2。

wood rosin 松香；见 rosin。

wood screw 木螺钉；一种带有尖头的螺钉金属紧固件，当用改锥拧入木头时，可在木头中形成与之相配的螺纹。

wood shingle 木板瓦；一种薄木屋面片材，由烘干的木料或顺纹劈开或按一定长度、宽度和厚度截锯制成，以搭接方式成排铺设在坡屋顶和外墙面上；又见 shingle。

wood sill 木门槛，窗下槛；见 sill。

wood slip 嵌缝木条，木滑道。

wood stud anchor，nailing anchor 木龙骨锚件；带在木门框内侧的一金属片，用于将门框固定在隔墙龙骨上。

wood treatment 1. 木材防火处理；见 fire-retardant wood。2. 木材防腐处理。

wood turning 木工车床；见 turning。

wood turpentine，oil of turpentine 松节油；由锯末、碎木屑和废木头蒸馏制成的松节油，与纯松节油稍有不同，两者均有油的特征。

wood veneer 同 veneer，1；木单板，饰面板，镶板。

wood window 木窗；镶有玻璃的木框或包木框，无论有或没有通风开启扇。

wood-wool 木丝；见 excelsior。

wood-wool slab 木丝板；一种硬质复合板，由木丝和胶粘剂制成。

woodwork 木工制品；由木工或细木工的技艺制作的产品，通常用作物品或木结构的局部而不是全部木结构。

woodworker's vise 一种台钳，其工作台前端带有与台面平齐的钳子，加工木工活时用来夹紧木块。

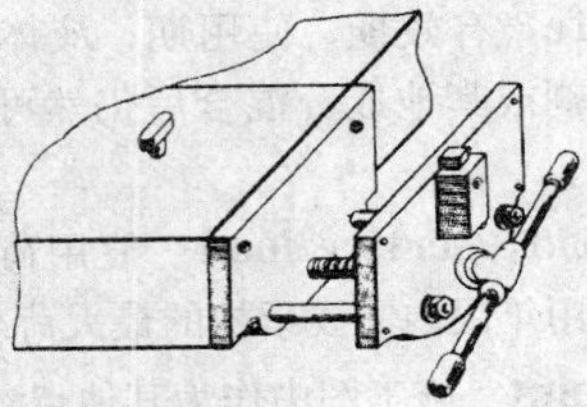

台钳

wolly grain 模糊的木纹；由于锯木头时不彻底而对其进行拉扯所导致的木料表面状况。

work 1. 根据合同完成某项工程和与工程相配套的材料和设备所需劳动力的总和。2. 功；力和相应作用点的运动距离的乘积。

workability 1. 和易性；对新拌合混凝土或砂浆进行输送、浇筑、捣实及修整的相对难易程度。2. 可加工性；各种木头用手工或机器加工的难易程度或加工后的质量。

work edge，face edge，working edge 木工件的基准面；加工木工活时，最先刨光的边，作为加工或测量其他边的基准。

worked lumber 加工过的木材；除油漆以外已被

拼装、搭接或刻花的木材。

work end 木工件的基准端；加工木工活时，最先刨光的端面。

worker's hoist 在垂直方向上上下运动的机械平台，主要在施工现场用作运送工人到不同施工高度的工作面。

work face, face side, working face 木工件的基准面；加工木工活时，最先刨光的面，作为加工或测量其他面的基准。

workhouse 1. 习艺所；用来作为个人服刑场所，一般为一年以下的机构。2.（英）养育院。

working 胀缩交变；木材在风干处理中因周围空气相对湿度变化而使木材含水量随之变化，从而导致木材出现胀缩交替现象。

working drawings 施工图；供承包商或制造商使用的图纸，是建筑物项目合同文件的一部分，内容包括该项目或结构的制作或安装所需信息。

working edge 加工面，工作边；见 **work edge**。

working face 规准面，工作面；见 **work face**。

working life 有效期，使用期；液体树脂或胶粘剂与溶解剂或其他成分混合后仍然可以使用所持续的时间。

working load, service load 使用荷载；结构在其合理使用年限内需要承担的最大荷载。

working point 施工图中作为其他点参考的一点。

working rail 舞台天桥栏杆；见 **fly rail**。

working stage 舞台工作间；由舞台侧墙将其与观众厅隔开的半封闭空间，其中装备有布景、支架、天桥和灯光设备，从后墙到舞台幕布的最小间距由法规限定。

working stress 资用应力；见 **allowable stress**。

working stress design 资用应力设计；一种设计方法，使结构或构件在规定的使用荷载作用下，其应力大大低于极限值，假设弯曲应力是线性分布的。

work light 工作照明；剧院台面或后台上进行排练、架设布景或其他工作时所需的照明。

workmen's comensation insurance 劳工保险；与劳工在雇用中发生受伤、疾病或死亡有关的法规规定雇主有责任对其雇员投补偿和其他福利的保险。

work order 工作指令，工作单，工作程序；见 **notice to proceed**。

work place 工作场地；建筑使用面积中的一部分，是个人或团体的工作空间。

work plane 工作面；在其上工作并规定和测定其照度的水平面，一般假定工作面离地面 30in (762mm) 高。

works （英）工厂。

workshop 车间，工场；手工艺作坊所用的房屋或房间。

work station 工作站；指位于建筑中的部分或全部工作场地，工作任务在场地中分配；由单独区域或是排列的家具、设备组成。

worm fence 同 **zigzag fence**；之字形栅栏。

wormhole, bore hole 虫蛀眼，虫孔；由虫子在木头上留下的大大小小的蛀眼。

wound paint 一种用于覆盖树木创伤面的油漆，特别用于树木被虫蛀或修剪后。

woven board 木板条交织成的篱笆；见 **interlaced fencing**。

woven carpet 机织地毯；在织机上将绒线与衬垫纱同时交织而成的地毯，如阿克斯明斯特地毯、剪绒地毯、威尔顿提花地毯。

woven fencing 封闭围墙；见 **interwoven fencing**。

woven valley 封闭式斜天沟；见 **laced valley**。

woven-wire fabric 编织钢丝网；将冷拔钢丝用机器编织成六角形网眼的钢丝网，用作钢筋混凝土的预制配筋网。

woven-wire reinforcement 织网钢筋；见 **welded-wire fabric**。

WP 1.（制图）缩写＝"**waterproof**"，防水。2.（制图）缩写＝"**weatherproof**"，防风雨。

WP-series molding pattern 西部木产品协会公布的大量的市售线脚的样式。

wrack 1. 最低级的软质木材。2. 不合格木材。

wraparound astragal 搭接的半圆饰；见 **overlapping astragal**。

wraparound frame 同 **keyed-in frame**；包墙的门窗框。

wraparound porch 环绕房屋四周的全宽度院子。

wreath 1. 曲扶手，曲线形楼梯外斜梁；楼梯扶手或斜梁的弯曲部分。2. 花冠（环、圈）；用来装饰以象征花朵、果实、枝叶等的缠绕的带子、花冠或花环。

wreathed column 绞花柱，旋卷柱；用一条带子缠绕以形成绞花外观的柱子。

绞花柱，旋卷柱

wreathed stair 同 **geometrical stair**；盘绕楼梯，几何形旋转楼梯。

wreathed string 旋转楼梯梁；见 **wreath，1**。

wreath piece 曲楼梯斜梁；楼梯斜梁的弯曲部分。

wrecking 拆毁房屋；对建筑物进行摧毁的行动。

wrecking ball，skull cracker 拆房铁球；摧毁房屋用的重铁球，通常悬挂在起重机上来进行工作。

wrecking bar 撬棍，拔钉撬棍；见 **pinch bar**。

wrecking strip 模板的活络搭扣；与混凝土模板配套使用的一种小型金属扣件，可以先于主要模板卸下，从而能使主要模板较容易地拆离构件。

wrench 扳手（钳、头）；由一金属把手和一端是适合于螺母尺寸的钳夹构成的手工具，可夹住螺母自由转动。

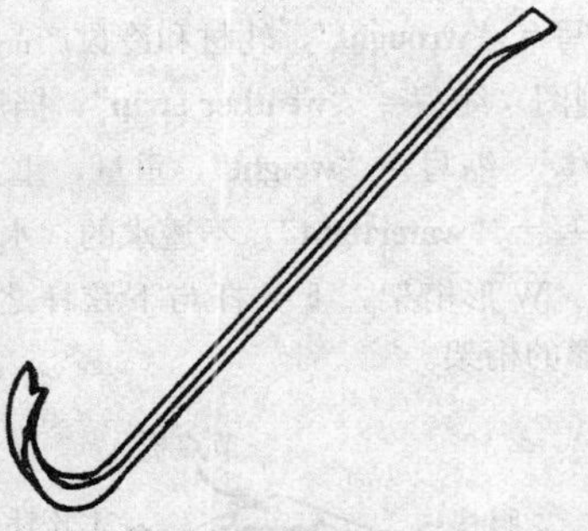

拔钉撬棍

Wrightian 特指弗兰克·劳埃德·赖特（1867—1959）及其追随者的建筑风格，赖特的作品不能归纳为单一的风格，比如其早期的建筑受草原学派的深刻影响，明显不同于其晚期的设计作品；又见 **Organic architecture** 和 **Prairie style**。

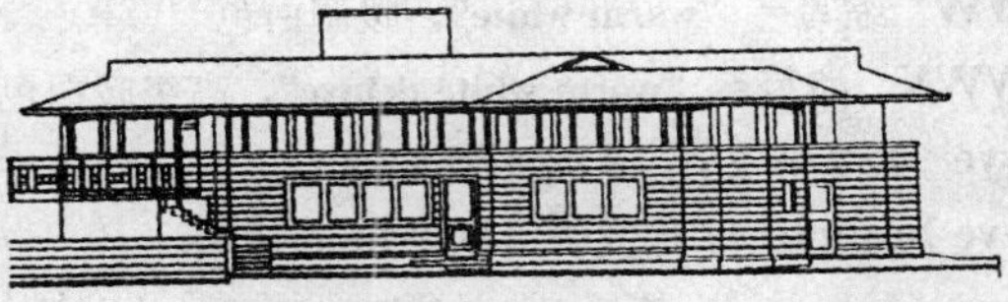

Wrightian 弗兰克·劳埃德·赖特及其追随者的建筑风格

wrinkling，crinkling，riveling 1. 皱纹；漆膜表面出现的犹如波纹的变形，可能是出于装饰效果的目的特意制作出的，或是由于干燥环境的原因或漆膜太厚所致。2. 褶皱；密封膏表皮出现的影响其表观但通常不影响其密封效果的褶皱。

wrist control 利用轴压控制水龙头中的水流向污水槽，而不采用杠杆，常用在医院中。

wrot lumber （英）刨光的木料。

wrought 指由锤锻打成形的物质。

wrought iron 锻铁（熟铁）；市售的具有良好的耐腐蚀性和延展性的纤维构造铁，用来制造水管、水箱板、铆钉、锚栓和锻制件等。

wrought-iron work 锻工；通过锻造将高温或低温铁塑型，使之具有装饰性。

wrought lumber （英）刨光的木料。

wrought nail 锻钉；手工单独锻制的钉子，其端头常锻有装饰性花纹，现已不再使用。

wrt 缩写＝“**wrought**”，轧材和冷拔产品的总称。

WS （制图）缩写＝“**weather strip**”，挡风雨条。

wt.，Wt. 缩写＝“**weight**”，重量，重力。

WT 缩写＝“**watertight**”，不透水的，水密的。

W-truss W形桁架；上弦杆与下弦杆之间的腹杆呈W形的桁架。

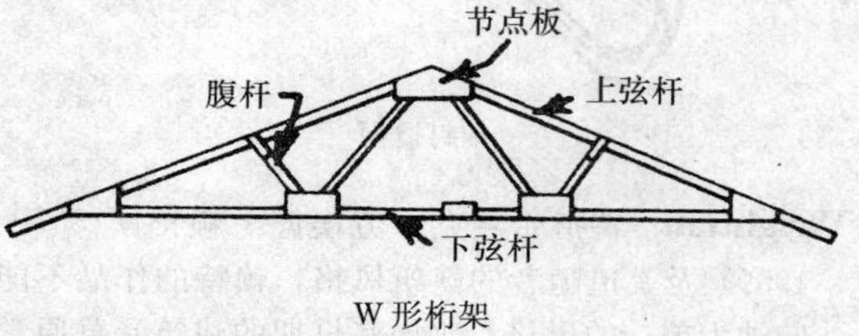

W形桁架

WVT 缩写＝“**water vapor transmission**”，水蒸气渗透。

WW 缩写＝“**warm white**”，暖调白色

WWX 缩写＝“**warm white deluxe**”，高级暖白色。

wye **1.** Y形支管。**2.** Y形管配件

wye branch Y形支管；见**Y-branch**。

wye（Y）connection **1.** 多相变压器的多线圈端子的一种连接方法，将三个线圈一端连在一点上，而其他端子便形成两线之间的电压，与**delta connection**不同。**2.** 管道的双入口连接或二重连接，供消防用。

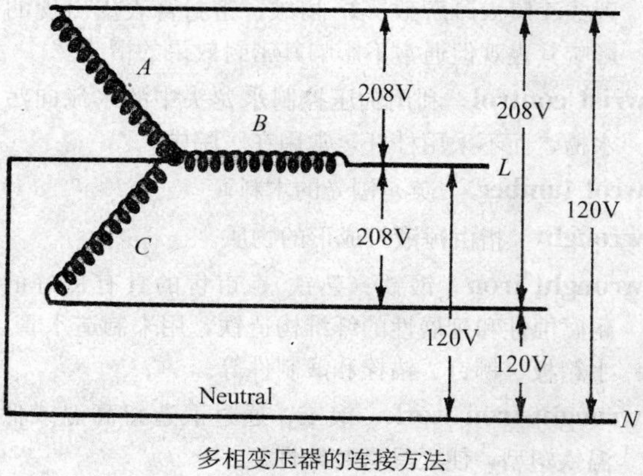

多相变压器的连接方法

管道的二重连接

wye fitting Y形管接头；见**Y-fitting**。

wye level Y形水准仪；测量员用的带有一望远镜及其气泡水准仪的测量仪，测量仪架设在可升降和水平转动的Y形支架上，用在直接测量不同高度。

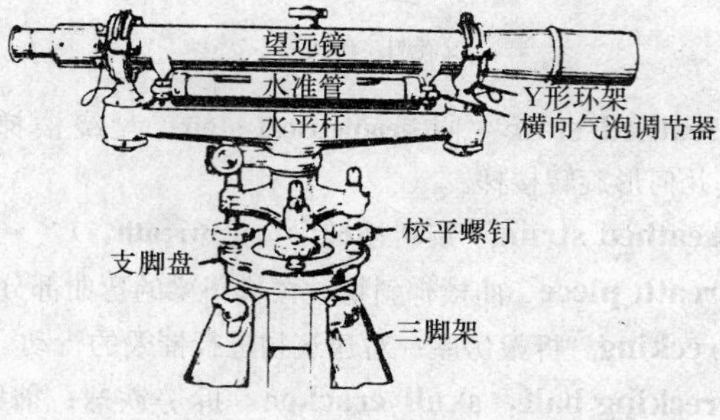

Y形水准仪

wye tracery Y形窗花；见**Y-tracery**。

wythe 一片墙砌体；见**withe**。

X

XBAR （制图）缩写＝“crossbar”，门闩，四通管。

X-brace，cross brace 交叉支撑；相互交叉形成X形任何的支撑。

X-bracing 交叉支撑；见 cross bracing，1。

XCU 保险术语中分别代表不同的免责项目，字母X代表由于爆炸或疾风造成的财产损失，字母C代表建筑结构的坍塌和损坏，字母U代表使用机械设备引起的地基损坏。

xenodocheum 古希腊的客栈或旅店；古代为旅客提供接待或住宿的房间或房屋。

xenon lamp 氙气灯；内部装有氙气的灯泡，通过电弧放电激发，可以放射出类似日光的光线。

X HVY （制图）缩写＝“extra heavy”，超重的。

XL 缩写＝“extra large”，超大型的。

X-mark （木作业）的表面记号；见 face mark。

XSECT （制图）缩写＝“cross section”，横截面。

X STR （制图）缩写＝“extra strong”，超强的。

XXH （制图）缩写＝“double extra heavy”，特重级的。

xylol 混合二甲苯；一种液态碳氢化合物，其无色、有香味，用作油漆和清漆的溶剂。

xyst，xystum 1.（古代）连在体育馆旁的长廊；古代用于在雨天里做体育训练的有顶的柱廊。2. 古罗马时代指一种长长的公众散步的林荫道。3. 一种有行道树的步道。

（古代）连在体育馆旁的长廊

Y

Yale lock cylindrical lock 的注册商标。

Yankee barn 陡坡屋顶的梁柱木结构的仓库，通常为折线形陡坡屋面，没有前厅，依山坡而建，靠近地面层的较低一侧用于饲养动物，类似于山边避风的双层农仓（bank barn）。

Yankee gutter 同 arris gutter；V 形天沟，固定于屋檐的 V 形木天沟。

yard 院子；建筑基地内没有被房屋占据的敞开的部分。

yardage 1. 土方数；挖方或填方的立方码数。2. 用平方码表示的面积。

yard drain 场地排水沟；用于排除场地地表水的地表排水沟。

yard line 从燃气供应站到用户的一段燃气管道及配件。

yard lumber 用于一般房屋工程的最厚达 5in（12.5mm）的木料。

yarn count 棉纱支数；见 carpet face weight。

Y-branch，wye branch Y 形三通管；上下水系统中形如字母 Y 的三通管。

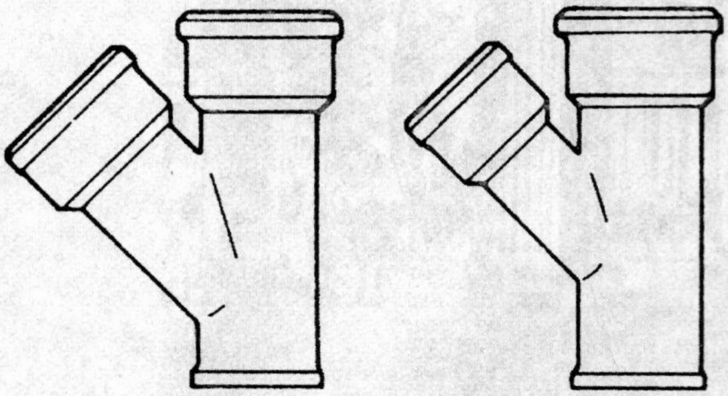

Y 形三通管

Y-connection Y 形接头；见 wye（Y）connection。

yd 缩写＝"yard"，码。

year ring 同 annual；年轮。

yellow fir 黄枞木；见 Douglas fir。

yellowing 泛黄，变黄；白色或清洁的表面经历长时间后发黄的变化。

yellow metal 同 Muntz metal；蒙自合金，锌铜合金。

yellow ocher，yellow ochre 赭石，赭色；褐铁矿土，用作黄色颜料。

yellow pine 黄松；一种常青针叶树的硬树脂性木材，有着深色夏材与浅色春材交替的条纹，用作地板或用在一般结构中。

yellow poplar，poplar 美国鹅掌楸木；产于美国中部及南部的一种中低密度的硬木材，颜色有黄白色、褐色、绿褐色，用作胶合板的单板，其芯材用作细木工。

yellow poplar 同 tulipwood，1；美国鹅掌楸木。

yelm 铺屋顶用的芦苇或茅草捆。

yett 指主要出现在苏格兰的大门，如城堡吊闸。

Y-fitting，wye fitting Y 形管接头；三通接头的两分叉与主线管夹 45°角。

yield 1. 产量；已知量的原料拌合出的混凝土的体积数。2. 每包水泥或每桶混凝土出产的产品（如砌块）的数量。

yield point 屈服点；材料出现塑性变形的最低应力，超出此应力时材料的应力不再随应变增大而提高。

yield strain 屈服应变；钢铁呈现最大弹性形变时的形变量。

yield strength 屈服强度；材料出现偏离应力和应变成正比的规定限制时的应力。

Y-level 同 wye level；Y 形水准仪。

yoke 1. 环绕柱模板四周的水平构架。2. 门窗框顶木；门窗框顶上的水平构件。3. 上下水管中形如字母 Y 的接头。4. 卡箍式通风管。

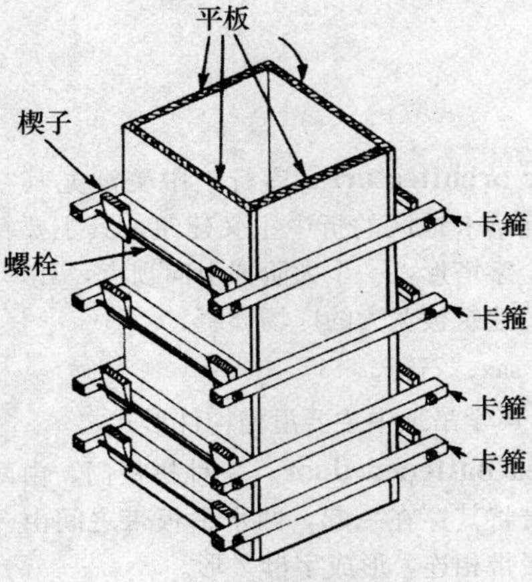

卡箍式通风管

yoke relief vent, yoke vent 卡箍式通风管；见 yoke vent，2。1. 从粪便立管或废水立管到通风立管的连接管，用于防止立管中压力的改变。2. 垂直或倾斜 45°的连续式污水通风管，由垂直或倾斜 45°的 Y 形支管组成，通过水平支管与排气管相连。当两个水平支管与同一个斜管相连时，将形成一对结合式通风管。3. 连接污水或废水立管的通风管，上部与通风管相连，以此减少立管内气压的变化。

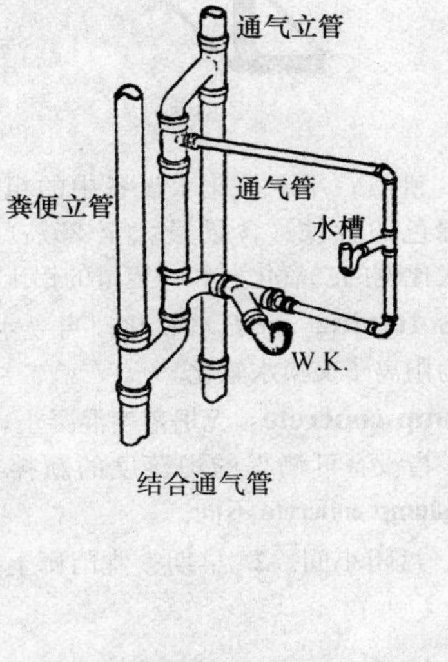

结合通气管

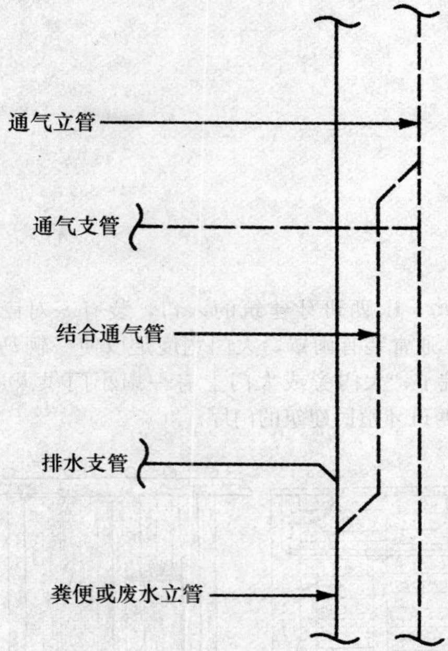

结合通气管

Yorkshire bond 同 monk bond；跳丁砖砌合，每皮二顺一丁砌合。

Yorkshire light 约克郡窗；由一扇或多扇固定窗扇和一扇水平滑动的窗扇组成的窗。

young's modulus 杨氏模量；材料的弹性系数，在弹性极限内，表示为拉伸应力与相应的拉伸应变之比。

YP （制图）缩写＝"yield point"，屈服点。

YR （制图）缩写＝"year"，年。

YS （制图）缩写＝"yield strength"，屈服强度。

Y-tracery Y 形窗花；窗棂如字母 Y 形分开的一类花窗。

yurt 蒙古包；应用于亚洲北部形似帐篷的圆形住房。可以快速的拆除、转移并在其他地方重建。在木框架的支撑下，展开的毛毡或毛皮形成结构的主体。

Z

zaguán　**1.** 西班牙建筑的入口，装有一对巨大木门，通常装有雨罩，大门宽度足以使一辆马车进入院子，大门旁或大门上有一扇小门供人通行。**2.** 西班牙殖民建筑的门厅。

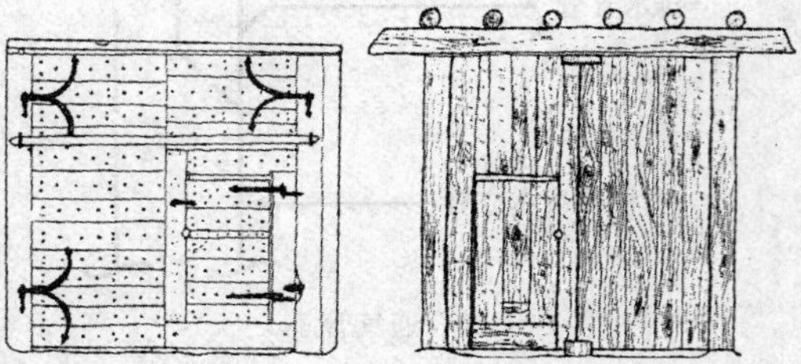

西班牙建筑的入口大门

zambullo door　在早期西班牙殖民建筑中，一种悬挂在木轴上的木门，以美国新墨西哥州为代表。

zapata　北美西班牙殖民建筑中位于柱顶上的一个水平木构件，类似于垫木，可以更大的承压面积承担来自上部的荷载，通常经过雕刻，具有装饰性。

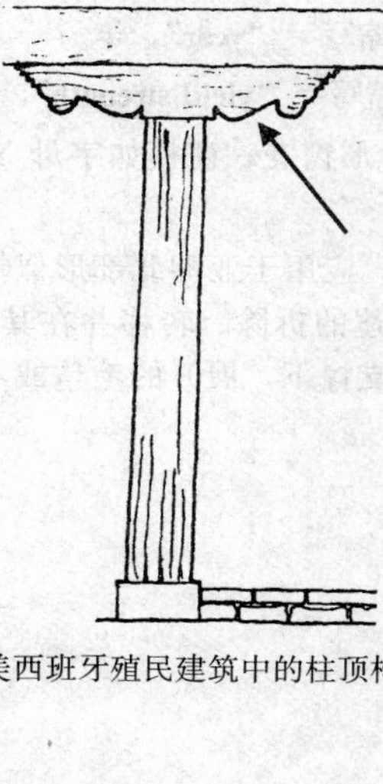

北美西班牙殖民建筑中的柱顶构件

Zapotec architecture　盛行于中美洲尤其在墨西哥的瓦哈卡地区的折中主义建筑，其主要特征是多层金字塔形，一个大阶梯引向顶点，环形支柱，独立的建筑被宽大的广场环绕。

zax　同 sax；石斧。

Z-bar　声学吊顶中主要滑槽构件形式之一。

Z-braced battened door　一种拼板门，由两根水平板带将其穿在一起，两水平板带之间由一块对角斜板带相连，形成字母 Z 形。

zebrawood, zebrano　斑马纹木；出产于中非和西非洲的一种中等硬度和密度的木材，浅黄或浅褐色，有明显黑条纹，用于层压板或装饰细木工中。

zee　Z 型钢；具有内侧是直角的 Z 形截面的轧制金属构件。

Z 型钢

zeolite　沸石；用于软化水设备中的粗粒化合物，由浅绿色的含铁（含量最大至 25%）颗粒状材料、大比例的二氧化硅和一定量的铝土和钾组成。

zeolite softening　沸石水软化；当今水软化的过程称为阳离子交换水软化。

zero-slump concrete　无坍落度混凝土，干硬性混凝土；指没有可测得的坍落度的新拌合混凝土，与 no-slump concrete 不同。

zeta　**1.** 封闭小间。**2.** 早期教堂门廊上面的房间，用作教堂司事居住和藏书。

ziggurat 塔庙；起源于公元前三世纪末的中美洲地区的一种塔庙，从3～7层逐层收进的方形或矩形台，泥砖筑成，面层用烧砖以沥青粘贴。

zigzag，dancette 由连续的V字形组成的装饰线脚。

zigzag bond 同 **herringbone bond**；人字砌合。

zigzag fence 之字形栅栏；栅栏所用的对开横木交替改变方向（在平面内），相互间夹角约为120°。两根横木交叉处常打一根竖桩并用绳索将横木系牢，以加强栅栏的稳定性。

Zigzag Moderne 人字形装饰（现代艺术）；见 **Art moderne**。

zigzag molding，dancette 人字纹线脚；由连续的V字形组成的装饰线脚；又见 **reversed zigzag molding**。

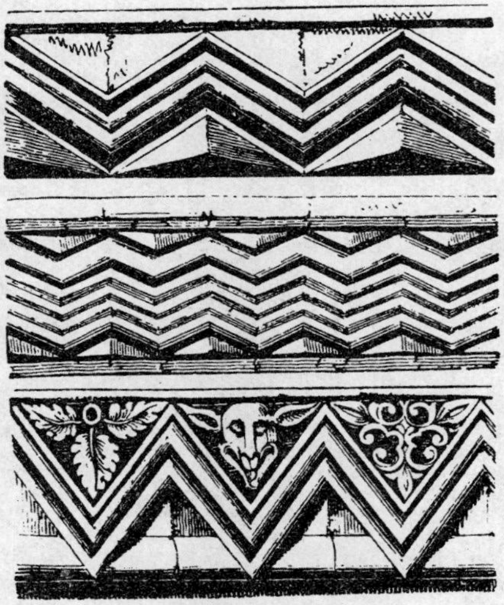

人字纹线脚

zigzag riveting 同 **staggered riveting**；交错铆接。

zigzag rule 折尺，曲尺；各段均可转动的折尺，全部打开时呈刚性。

zinc 锌；青白色的金属，常温下具脆性，加热后具延展性，耐腐蚀，用来镀在钢和铁板上、制成各种合金以及作为白色涂料的氧化剂。

zinc chromate，buttercup yellow，zinc yellow 锌铬黄；油漆中使用的一种明亮的黄色颜料，尤其作为防锈底漆用于涂刷金属表面。

zinc coating 镀锌；见 **galvanizing**。

zinc dust 锌粉；纯度大于97％的锌元素金属灰色细粉末，用于涂刷铁和其他金属的防锈漆中。

zinc oxide，zinc white 氧化锌，锌白；一种不溶于水的几乎没有遮盖能力的白色颜料，用于油漆中以增强其耐久性、色彩的牢固度和硬度，和减少油漆的流挂现象。

zinc white 锌白，氧化锌；见 **zinc oxide**。

zinc yellow 锌铬黄，锌黄粉；见 **zinc chromate**。

zocco 同 **socle**；柱子的方石座，柱脚。

zone 1. 区段；建筑物内空气温度和空气质量被单独控制的一个或一组空间。2. 供水系统中、消防系统中或喷淋系统中的垂直或水平分支。3. 见 **pressure zone**；声压区。

zoned heating 独立于建筑整体进行单独加热或制冷的某一建筑区域。

zone of saturation 饱和区；位于土壤中完全浸透饱和的底层土和岩体下方的区域；见 **groundwater** 图示。

zoning 分区，区划；市政当局为保证总体规划的贯彻执行所作的具体控制，包括对土地和房屋的使用、房屋高度和体量、人口密度、建筑覆盖率、院子的大小和设置以及后退道路和某些辅助设施（停车位）的设置等。具体的区划须通过城市条例的调整而生效。

zoning ordinance 分区法规；在特定区域内对于位置、土地利用和建筑所作的相关法律法规。

zoning permit 区划许可证；由相应的政府部门批准土地用于某种用途所签署的许可证。

zoological garden 动物园；用来展示野生动物的大型动物园。

zoomorph 兽形；动物形象的标志。

zoophoric column 兽形柱；承载了一个或多个人或动物的雕像的柱子。

zoophorus 雕带；有雕刻的人或动物形象的水平板带，尤其用在爱奥尼檐壁中。

zotheca 近东及其流派建筑中起居室外的凹室。

zwinger 茨温格；一座城市的防卫性城堡。